T0281678

HANDBUCH DER LEBENSMITTELCHEMIE

HERAUSGEGEBEN VON

L. ACKER · K.-G. BERGNER · W. DIEMAIR · W. HEIMANN
F. KIERMEIER · J. SCHORMÜLLER · S. W. SOUCI

GESAMTREDAKTION

J. SCHORMÜLLER

BAND II/1. TEIL

ANALYTIK DER LEBENSMITTEL

PHYSIKALISCHE UND PHYSIKALISCH-CHEMISCHE UNTERSUCHUNGSMETHODEN

Springer-Verlag Berlin Heidelberg GmbH

1965

ANALYTIK DER LEBENSMITTEL

PHYSIKALISCHE UND PHYSIKALISCH-CHEMISCHE UNTERSUCHUNGSMETHODEN

BEARBEITET VON

H.-D. BELITZ · K.-G. BERGNER · D. BERNDT · W. DIEMAIR
F. DRAWERT · J. EISENBRAND · K. FEILING · J. FLÜGGE
H. FREUND · A. GRÜNE · E. HECKER · W. HEIMANN
H.-J. HENNING · P. JÄGERHUBER · H. JOHANNSEN · A. MAHLING
KARL PFEILSTICKER · KONRAD PFEILSTICKER · R. RAMB
A. SEHER · K. E. SLEVOGT · K. VOLZ · F. WALTER · H. WERNER
K. WISSER · G. WOHLLEBEN · H. WOLLENBERG

SCHRIFTLEITUNG

J. SCHORMÜLLER

MIT 539 ABBILDUNGEN

Springer-Verlag Berlin Heidelberg GmbH

1965

© Springer-Verlag Berlin Heidelberg 1965
Ursprünglich erschienen bei Springer-Verlag Berlin Heidelberg New York 1965
Softcover reprint of the hardcover 1st edition 1965

Library of Congress Catalog Card Number 65-18301

ISBN 978-3-662-31477-7   ISBN 978-3-662-31684-9 (eBook)
DOI 10.1007/978-3-662-31684-9

Titel Nr. 5577

Druck der Brühlschen Universitätsdruckerei Gießen

Inhaltsverzeichnis

Verzeichnis der Mitarbeiter

Priv.-Doz. Dr.-Ing. HANS-DIETER BELITZ,
Institut für Lebensmittelchemie und
Lebensmitteltechnologie der Technischen
Universität,
1 Berlin 12. Hardenbergstraße 34

Prof. Dr. KARL-GUSTAV BERGNER,
7 Stuttgart 1, Kienestraße 18

Dr. rer. nat. DIETRICH BERNDT,
6242 Schönberg/Ts., Oberurseler Str. 2

Prof. Dr. phil. Dr.-Ing. WILLIBALD DIEMAIR,
Direktor des Univ.-Instituts für Lebensmittelchemie,
6 Frankfurt a. M., Georg-Voigt-Straße 16

Dr. FRIEDRICH DRAWERT,
Forsch.-Inst. f. Rebenzüchtung
Abt. Biochemie u. Physiologie,
6741 Siebeldingen (Pfalz)

Prof. Dr. JOSEF EISENBRAND, Direktor d.
Chemischen Unters.Amtes f. d. Saarland,
66 Saarbrücken, Großherzog-Friedrich-
Straße 134

Dr. rer. nat., Dipl-Chem. KARLHEINZ FEILING,
633 Wetzlar, Langgasse 68

Dr. phil. JOHANNES FLÜGGE, wissenschaftl.
Mitarbeiter bei Carl Zeiss, Werk Winkel,
34 Göttingen, Sandweg 17

Dr. phil. Dr. med. vet. h.c. HUGO FREUND,
633 Wetzlar, Bergstraße 27

Dr. phil. Dipl.-Chem. AUGUSTE MARIE
BERNHARDINE GRÜNE,
562 Velbert (Rheinl.), Burgstraße 46

Prof. Dr. rer. nat., Dipl.-Chem. ERICH
HECKER, Deutsches Krebsforschungs-
zentrum, Biochemisches Institut,
69 Heidelberg, Berliner Straße 23

Prof. Dr.-Ing. WERNER HEIMANN, Direktor
des Instituts für Lebensmittelchemie der
Techn. Hochschule,
75 Karlsruhe, Kaiserstraße 12

Dr. rer. nat., Dipl.-Chem., Apotheker HANS-
JÜRGEN HENNING, Lebensmittelchemiker,
Oberchemierat bei der Landesanstalt für
Lebensmittel-, Arzneimittel- und gericht-
liche Chemie Berlin,
1 Berlin 45, Ortlerweg 23

Regierungschemierat Dr. PAUL JÄGERHUBER,
7 Stuttgart 1, Kienestraße 18

Eichdirektor Dipl.-Ing. HEINRICH JOHANN-
SEN, Eichdirektion Berlin,
1 Berlin 10, Abbestraße 5—7

Dr. rer. nat., Dipl.-Chem. ANDREAS MAHLING,
1 Berlin 19, Fredericiastraße 4a

Dr. rer. nat., Dipl.-Chem., Oberchemierat a.D.
KARL PFEILSTICKER,
7 Stuttgart-Schönberg, Rotwiesenstr. 26

Dipl.-Chem. Dr. KONRAD PFEILSTICKER,
Univ.-Institut für Lebensmittelchemie,
6 Frankfurt a. M., Georg-Voigt-Straße 16

Dr. phil. nat. RUDOLF RAMB,
645 Hanau a. Main, Lehár-Straße 6

Prof. Dr.-Ing. ARTUR SEHER,
44 Münster/Westf., Hedwigstraße 10

Doz. Dr. rer. nat. habil. KARL EUGEN SLEVOGT,
812 Weilheim/Obb., Trifthofstraße

Dr.-Ing. Dipl.-Ing. Oberregierungschemierat
KURT VOLZ,
7060 Schorndorf/Krs. Waiblingen,
Künkelinstraße 46

Dr. phil. FRIEDRICH WALTER, Wiss. Mitarbeiter der Fa. Ernst Leitz GmbH,
Wetzlar,
6333 Braunfels/Lahn, Karl-Broll-Straße 12

Prof. Dr. rer. nat. habil. HANS WERNER,
Leiter der Chemischen und Lebensmittel-
untersuchungsanstalt Hamburg,
2 Hamburg 36, Gorch-Fock-Wall 15

Dr. rer. nat., Dipl.-Chem., Akademischer Rat
KARL WISSER,
7505 Ettlingen/Baden, J.-B.-Göring-Str. 6

Dipl.-Chem. GÜNTHER WOHLLEBEN,
c/o M. Woelm,
344 Eschwege

Oberchemierat, Lebensmittelchemiker und
Apotheker HANS WOLLENBERG,
1 Berlin 28, Ludolfinger Weg 28

Probenahme

Von

Prof. Dr. HANS WERNER, Hamburg

Mit 10 Abbildungen

A. Allgemeines

Für die Zuverlässigkeit und den Aussagewert von Untersuchungsbefunden über die stoffliche Zusammensetzung und Beschaffenheit eines Gegenstandes ist die Art der Probenahme und die weitere Behandlung der Proben ausschlaggebend. Erstes Erfordernis ist, daß die Probenmenge ausreicht, alle erforderlichen Untersuchungen nach den üblichen Verfahren zu ermöglichen. Darüber hinaus muß die gezogene Probe so verpackt, bezeichnet und zum Gutachter verbracht werden, daß eine Verwechselung ausgeschlossen und die Beschaffenheit der Probe zum Zeitpunkt der Einlieferung beim Gutachter noch die gleiche ist wie zum Zeitpunkt ihrer Entnahme. Proben leicht verderblicher Waren müssen deshalb so schnell wie möglich dem Gutachter zugeleitet und von diesem unverzüglich untersucht werden, auch dann, wenn eine Veränderung der Ware oder ihr Verderb durch besondere Maßnahmen während der Aufbewahrung aufgehalten werden kann.

Wie die Probenahme auszuführen ist, hängt von der Fragestellung ab. Diese kann sie wesentlich beeinflussen.

I. Probearten

1. Durchschnittsprobe

Eine Probe, die einen Schluß auf die durchschnittliche Beschaffenheit des Gesamtbestandes einer Ware ermöglicht, wird als Durchschnittsprobe bezeichnet. Ihre richtige Entnahme ist für Handel und Wirtschaft oftmals von großer Bedeutung. Die Durchschnittsprobe muß so gezogen werden, daß ihre im Vergleich zu der zu überprüfenden Ware meist verschwindend kleine Menge dieselbe Beschaffenheit aufweist, die sich ergäbe, wenn der gesamte Warenbestand vor der Probenahme gründlich durchgemischt würde, was nur selten möglich ist.

Die Gewinnung einer Durchschnittsprobe von großen Warenmengen ist aber nur dann gerechtfertigt, wenn nach der Art und den Mindestmengen, in denen die betreffende Ware weitergegeben werden soll, außer Zweifel steht, daß jeder Empfänger diese Ware in ihrer durchschnittlichen, sich bei ordnungsgemäßer Mischung ergebenden Beschaffenheit bzw. in solchen Mengen unterschiedlicher Beschaffenheit geliefert bekommt, daß er selbst durch eine ihm nach den Handelsbräuchen zukommende Durchmischung diese durchschnittliche Beschaffenheit herstellen kann.

2. Stichprobe

Als Stichprobe bezeichnet man eine Probe, die nur von einer einzigen Stelle der zu überprüfenden Warenmenge stammt. Sie läßt keinen Schluß auf die durchschnittliche Beschaffenheit einer größeren Warenmenge zu. Sie ist aber wertvoll, um feststellen zu können, daß z. B. lebensmittelrechtliche Mindestanforderungen auch bei nicht völlig einheitlichen Warenmengen an keiner Stelle unterschritten werden.

3. Gegenprobe

Unter einer Gegenprobe versteht man eine Probe, die dem über die Ware Verfügungsberechtigten bei der Probenahme überlassen wird und die auf die gleiche Weise, in der gleichen Menge und unter Berücksichtigung der gleichen Vorsichtsmaßnahme gezogen wurde wie die entnommene Probe. Sie soll die gleichen Untersuchungsmöglichkeiten wie die entnommene Probe selbst bieten und eine Kontrolle des Untersuchungsbefundes der entnommenen Probe ermöglichen.

Die Gegenprobe ist als Teil der entnommenen Probe anzusehen. Eine Gegenprobe kann daher nur dann hinterlassen werden, wenn die entnommene Probe geteilt werden kann, ohne den Untersuchungszweck zu gefährden. Dies ist z. B. nicht möglich, wenn die Warenmenge zu klein ist oder wenn die Probe sich in einem luftdicht verschlossenen Behältnis oder einer anderen Originalpackung befindet, bei deren Teilung eine Veränderung des Inhalts nicht ausgeschlossen werden kann. Eine zweite Originalpackung, auch wenn sie von der gleichen Art und dem gleichen Hersteller ist, kann nicht als ein Teil der entnommenen Probe angesehen werden.

Da sie aus einem anderen Herstellungsgang stammen kann, ist die Übereinstimmung mit der entnommenen Probe nicht gewährleistet. Sogar in demselben Herstellungsgang können z. B. die einzelnen Abfüllmengen, der Grad der Durchmischung oder die Verschlußdichte der einzelnen Packungen unterschiedlich sein. Diese möglichen Unterschiede müssen bei der vergleichenden Auswertung der Untersuchungsbefunde der Probe und der Zweitprobe berücksichtigt werden.

II. Durchführung der Probenahme

Wegen der Vielfältigkeit der Einzelbedingungen ist es hier nicht möglich, Vorschriften für die Probenahme festzulegen, die allen Umständen gerecht werden. Im folgenden können nur Richtlinien gegeben werden, welche die bei der Probenahme häufiger auftretenden Schwierigkeiten berücksichtigen. Darüber hinaus müssen die für bestimmte Waren bestehenden Sonderregeln beachtet werden.

1. Probenahme aus kleineren Warenbeständen

Sollen Proben aus kleineren Beständen fester oder flüssiger Waren, wie Mehl in Schubkästen oder Öl in Kannen, entnommen werden, so genügt es in der Regel, die Ware mit Löffeln, Spateln oder ähnlichen Geräten vorher gründlich durchzumischen.

Schwieriger ist die richtige Probenahme aus größeren Warenbeständen, bei denen eine sorgfältige Durchmischung des gesamten Bestandes nicht durchführbar ist.

2. Probenahme aus großen Warenbeständen

Wenn ein großer Warenbestand beurteilt werden soll, der vermutbar uneinheitlich zusammengesetzt ist, z. B. weil er zur Entmischung neigt, dann ist es erforderlich, von möglichst vielen verschiedenen Stellen des Warenbestandes Teilproben zu ziehen, die zu einer Gesamtprobe vereinigt werden. Weichen bestimmte Teile des Warenbestandes in ihrer Beschaffenheit so wesentlich vom Durchschnitt der Ware ab, daß sie mit anderen Teilen der Ware nicht vermischt werden dürfen, so sind solche Teile bei der Gewinnung einer Durchschnittsprobe des gesamten Warenbestandes auszuschließen. Von ihnen sind gesonderte Proben zu ziehen.

a) Probenahme bei loser Ware in Schiffs- und Wagenladungen

Bei Waren, die in ganzen Schiffsladungen, Eisenbahnzügen oder Lastkraftwagen lose verfrachtet werden, empfiehlt es sich, die Probe gleich bei der Entladung in der Weise zu ziehen, daß man in regelmäßigen Abständen annähernd gleich große Teilmengen aus der fließenden oder aus dem Greifer fallenden Ware entnimmt, z. B. nach jeweils drei bis fünf Tonnen etwa zwei bis drei Kilogramm

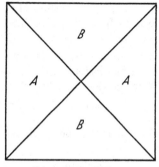

Abb. 1. Diagonalteilung

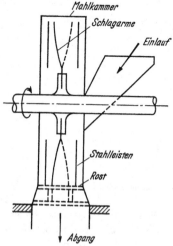

Abb. 2. Schlagkreuzmühle

oder bei Handentladung jeden fünften, zehnten oder zwanzigsten Schubkarren- oder Schaufelinhalt. Die Teilmengen werden in Säcken oder Kisten gesammelt, nach beendeter Musterziehung auf einer ebenen Fläche entleert, gut durchgemischt und in einer quadratischen Schicht ausgebreitet. Hierbei ist eine möglichst gleichmäßige Verteilung der gröberen und feineren Bestandteile anzustreben. Die quadratische Schicht wird diagonal in vier gleiche Teile zerlegt (Diagonalteilung; vgl. Abb. 1). Zwei gegenüberliegende Viertel (AA oder BB) werden mit dem zugehörigen Staub verworfen. Die beiden anderen Viertel werden wieder miteinander vermischt. In der Mischung etwa vorhandene größere Stücke werden durch Zerschlagen mit einem Hammer oder auf maschinellem Wege (z. B. mittels Schlagkreuzmühle; Abb. 2) bis auf Walnußgröße zerkleinert. Die Mischung wird dann in der gleichen Weise wie vorher geteilt. Diese Aufteilung wird solange fortgesetzt, bis eine Probe von etwa fünf Kilogramm übrigbleibt. Die so erhaltene Durchschnittsprobe wird für die Hinterlassung einer Gegenprobe noch einmal halbiert.

Zur Erleichterung der Probenahme aus großen Warenbeständen sind automatische Probensammler entwickelt worden.

Man unterscheidet hier zwei Gruppen: a) Geräte, die einem Teilstrom Einzelproben entnehmen (Einzel-Probennehmer) und b) Geräte, die von einem Förderstrom durch verschieden ausgeführte Öffnungen einen Teilstrom abzweigen (Teilstrom-Probennehmer). Dieser Teilstrom wird entweder unmittelbar in ein Probensammelgefäß geleitet oder auf einen Teiler gegeben, der die Probe einmal oder mehrmals teilt. Ein recht einfach gebauter Teilstrom-Probennehmer, der sich bei der Probenahme von Kies, Salz, Getreide, Kaffee, Tee, Kakaobohnen und ähnlichen Erzeugnissen bewährt hat, ist von O. BINDER entwickelt worden [Z. analyt. Chemie **48**, 32—35 (1909)] (Abb. 3).

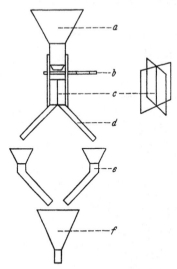

Abb. 3. Automatischer Probenehmer

Die Ware wird in den Trichter (a) gefüllt, dessen untere Öffnung durch einen Schieber (b) verschlossen ist. Wird dieser Schieber geöffnet, so fällt die Probe auf zwei senkrecht gestellte Platten (c). Hierbei wird die Probe wie bei der Diagonalteilung geviertelt. Je zwei Teile werden über (d) und (e) in dem Trichter (f) vereinigt. Bei einer größeren Probenmenge kann dieser Vorgang wiederholt werden.

b) Probenahme aus Lagerbeständen

Bei lose gelagerter Ware muß damit gerechnet werden, daß die Partie uneinheitlich zusammengesetzt ist und sich zum Teil entmischt haben kann. Daher ist es erforderlich, an den verschiedensten Lagerstellen Proben zu ziehen, und zwar bei Mengen

bis zu 2 t an mindestens 5 Stellen

bis zu 5 t an mindestens 10 Stellen

über   5 t an mindestens 20 Stellen.

Die Probenmenge soll zwei bis drei Kilogramm betragen.

Bei Ware, die in Säcken, Fässern, Kisten oder anderen größeren Behältnissen lagert, nimmt man Teilproben bei einer Partie

bis zu   10 Packstücken aus jedem   Packstück

bis zu   25 Packstücken aus mindestens 10 Packstücken

bis zu   50 Packstücken aus mindestens 15 Packstücken

bis zu 100 Packstücken aus mindestens 20 Packstücken

bis zu 150 Packstücken aus mindestens 25 Packstücken

bis zu 300 Packstücken aus mindestens 30 Packstücken

über   300 Packstücken aus jedem   10. Packstück.

α) Probenahme von festen Stoffen

Samen, feinkörnige, mehlartige oder ähnliche Stoffe in Säcken, Ballen, Fässern, Kisten oder auch in hohen Haufen (etwa bei Schiffsladungen) können mit Hilfe von Probestechern entnommen werden, die in mannigfachen Formen in Gebrauch sind.

Der Probestecher Abb. 4 besteht aus zwei ineinander beweglichen Messingzylindern, von denen der innere, längere mit einem röhrenförmigen Ausschnitt versehen ist und unten spitz zuläuft. Wird der Apparat geschlossen in das Probegut gesteckt und dann der äußere Zylinder in die Höhe gezogen, so füllt sich der röhrenförmige Ausschnitt durch Drehen des Handgriffs mit der Substanz. Darauf schiebt man den äußeren Zylinder in seine ursprüngliche Lage zurück, wodurch der Ausschnitt geschlossen und jede Beimischung von den übrigen Teilen des Probegutes beim Herausziehen verhindert wird. Bei genügender Länge des Probestechers lassen sich auf diese Weise Proben aus verschieden tiefen Schichten entnehmen, für sich allein untersuchen oder auch, zur Feststellung der durchschnittlichen Zusammensetzung, vermischen.

In einfacherer Weise ermöglicht dies der sog. Kornprobestecher (Abb. 5), der das Aussehen eines Spazierstockes hat und ebenfalls aus zwei ineinander beweglichen Messinghülsen besteht, von denen die innere aber auf der gegen 1 m betragenden Gesamtlänge 10 Ausschnitte hat, so daß man beim Einführen in den Sack oder Haufen jedesmal gleich aus ebensoviel Schichten der Masse eine kleine Teilprobe erhält. Ähnlich ist der sog. Samen- oder Fruchtspazierstock eingerichtet.

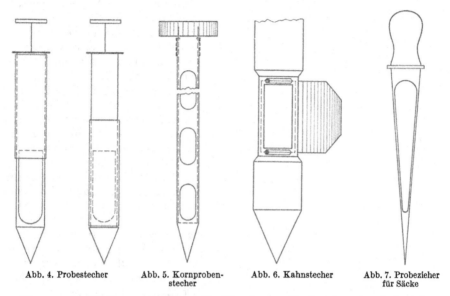

Abb. 4. Probestecher   Abb. 5. Kornproben-   Abb. 6. Kahnstecher   Abb. 7. Probezieher
stecher   für Säcke

Um aus der Tiefe von Schiffen oder Kornlagern Proben herauszuholen, kann man sich des Kahnstechers (Abb. 6) bedienen.

Sollen Proben aus geschlossenen Säcken entnommen werden, so verwendet man spitze Probezieher von der in Abb. 7 dargestellten Form, von dem ein großes Modell zur Entnahme von Getreide, ein kleineres zur Entnahme von Mehl benutzt wird.

Demselben Zweck dient ein Probestecher, der aus einer in eine Stahlspitze auslaufenden Röhre besteht, die, 3 cm von der Spitze entfernt, einen 3 cm langen Ausschnitt zur Aufnahme des Probegutes besitzt.

β) Probenahme von Flüssigkeiten

Flüssigkeiten, wie Milch, Öle, Essig, Bier, Wein, Branntwein usw., werden, wenn irgend möglich, vor der Probenahme sorgfältig gemischt, bei großen Behältern zweckmäßig unter Verwendung eines Rührers (Abb. 8). Bei in Fässern befindlichen Flüssigkeiten gelingt das Vermischen auch durch längeres Rollen der Gebinde. Der Inhalt von Kannen wird

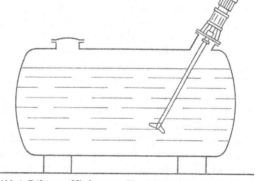

Abb. 8. Rührer zur Mischung von Flüssigkeiten in großen Behältern

vor der Probenahme durch Auf- und Abwärtsrühren vermischt oder auch bei kleineren Flüssigkeitsmengen durch wiederholtes Umgießen in andere Gefäße.

Ganz oder teilweise gefrorene, kristallisierte oder erstarrte Flüssigkeiten müssen vor der Probenahme vollständig verflüssigt und wie oben beschrieben gut durch-gemischt werden. Die Entnahme erfolgt bei ausfließenden Flüssigkeiten (Zisterne, Tankwagen) oder bei Gefäßen mit weiter Öffnung mittels eines Schöpflöffels, sonst mit Hilfe verschiedenartig geformter Stechheber (Abb. 9).

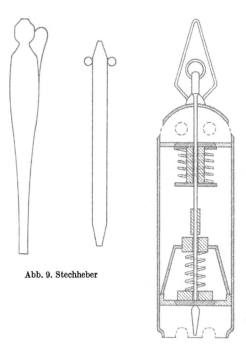

Abb. 9. Stechheber

Abb. 10. Tankprobegerät

Läßt sich eine Durchmischung nicht ermöglichen und müssen wegen einer voraussichtlichen Entmischung gesonderte Proben aus verschiedenen Schichten entnommen werden, so führt man den mit einem Daumen verschlossenen Heber bis zu der ge-wünschten Tiefe ein, öffnet ihn dann und zieht ihn nach abermaligem Auf-setzen des Daumens heraus. Auf diese Weise gelingt es, die untersten Teile mit einem etwaigen Bodensatz ge-sondert herauszuheben.

Bei Lagerbehältern von größerer Tiefe verwendet man zur Probeent-nahme anstelle von Stechhebern das Tankprobegerät (Abb. 10). Es besteht aus einem zylindrischen Behälter von etwa $1/2$ l Inhalt mit doppeltem Ventilverschluß. Um ein Muster aus einer bestimmten Höhe zu ziehen, wird das Gerät mit Hilfe einer Schnur oder Kette auf die benötigte Höhe herabgelassen. Dann wird mit Hilfe einer zweiten Schnur die Ventilspin-del geöffnet und nach Eintritt der Flüssigkeit wieder geschlossen. Die Ventile müssen so gut schließen, daß das Probe-gerät ohne Verlust und ohne daß sich sein Inhalt mit dem des Tanks mischt, zurück-genommen werden kann.

γ) Probenahme von Milch und Milcherzeugnissen

Bei der Probenahme von Milch und Milcherzeugnissen ist besonders zu berück-sichtigen, daß diese leicht einer physikalischen und chemischen Veränderung unter-worfen sind. Bei der Entnahme von Milch ist wegen der Aufrahmung auf eine besonders gründliche Durchmischung zu achten. Rahm darf durch das Rühren nicht aufgeschlagen oder angebuttert werden. Als Mischgeräte zur Probenahme von Milch werden Rührstäbe (mit Lochscheibe und Stiel) oder Rührer empfohlen, die eine genügend große Oberfläche aufweisen sollen, um eine gleichmäßige Um-wälzung der Milch zu erzielen. Der Inhalt größerer Behälter wird am besten durch mechanisches Rühren oder durch Preßluft gemischt. Die zur Entnahme der Proben verwendeten Schöpflöffel, Ventilheber, Stechheber oder Pipetten sollen vorzugs-weise aus rostfreiem Stahl oder eloxiertem Aluminium bestehen, ihre Oberflächen frei von Rissen sein.

Butterproben werden aus größeren Gebinden mit Butterbohrern aus rost-freiem Stahl entnommen. Diese sollen einen Durchmesser von mindestens 30 mm und eine ausreichende Länge haben, um die Proben auch diagonal bis zum Boden des Gefäßes entnehmen zu können.

Bei Käse hängt die Art der Probenahme weitgehend von seiner physikalischen Beschaffenheit ab. Bei Hart- und Schnittkäse verwendet man Bohrer ähnlich den Butterbohrern. In anderen Fällen gewinnt man die Probe durch Ausschneiden eines Sektors.

δ) Probenahme von Obst und Gemüse

Die Probenahme von Obst und Gemüse ist wegen der oft sehr uneinheitlichen Zusammensetzung besonders schwierig. Selbst bei genetisch einheitlichen Erzeugnissen kann die Zusammensetzung je nach der Größe der Individuen, dem Reifezustand, den örtlichen Wachstumsverhältnissen und anderen Bedingungen sehr verschieden sein. Die Größe der zu entnehmenden Probe hängt daher hier ganz besonders auch von der Größe der Einzelstücke ab. Von großen Einzelstücken, wie Kohlköpfen, Rüben oder dergleichen, entnimmt man zweckmäßig Hälften, Viertel oder noch kleinere Sektoren und vereinigt diese zu einer Probe.

3. Probenahme für mikrobiologische Untersuchungen

Die Probenahme für mikrobiologische Untersuchungen muß unter Bedingungen erfolgen, die einen Befall der Probe mit Mikroorganismen durch die Probenahme selbst und für die Zeit bis zur Untersuchung der Probe ausschließen. Auch muß dafür gesorgt werden, daß nach Möglichkeit das Wachstum jeglicher zur Zeit der Probenahme auf oder in der Probe vorhandener Mikroorganismen bis zur Untersuchung gehemmt wird. Die Probenahme für mikrobiologische Untersuchungen stößt daher nur dann auf keine besonderen Schwierigkeiten, wenn es sich um Waren handelt, die infolge ihrer Verpackung (z. B. in dicht verschlossenen Gläsern, Flaschen, Blechdosen, Kunststoffbeuteln usw.) vor dem Eindringen von Mikroorganismen geschützt sind. Ähnlich verhält es sich mit festen Waren (z. B. gewissen Lebensmitteln, wie Wurstwaren, Brot, bestimmten Käsesorten in unzerkleinertem Zustand usw.), soweit diese dank ihrer Beschaffenheit das Eindringen von Mikroorganismen in ihr Inneres in der Zeit zwischen der Probenahme und der Untersuchung nicht zulassen. Allerdings ist es in diesen Fällen notwendig, daß die mikrobiologische Untersuchung nach der Probenahme möglichst schnell durchgeführt wird.

Mit besonderer Sorgfalt muß die Probenahme für mikrobiologische Untersuchungen in all jenen Fällen vorgenommen werden, in denen Proben von flüssigen oder halbfesten Waren, z. B. Wasser, Milch, Wein, Marmelade, Speiseeis usw., aus Leitungen oder größeren Behältern unter sterilen Bedingungen zu entnehmen sind. Derartige Proben sollen in sterile Flaschen oder Gläser von 100 bis 150 ml Inhalt abgefüllt und so bald wie möglich untersucht werden. Ist ein längerer Transport zur Untersuchungsstelle notwendig, so müssen solche Proben mittels Eis, Kohlensäureschnee oder dergleichen ausreichend gekühlt werden, um das weitere Wachsen von Mikroorganismen zu hemmen. Nur so kann ein zuverlässiger Schluß auf den Zustand der Ware zur Zeit der Probenahme gezogen werden.

Probenahmen für mikrobiologische Untersuchungen sollten nur von Bakteriologen oder von Personen vorgenommen werden, welche die besondere Handhabung der Probenahme für mikrobiologische Untersuchungen beherrschen. Alle Geräte müssen völlig steril sein. Im allgemeinen wird eine zweistündige Behandlung mit heißer Luft bei 160 bis 170° C oder eine 15 min lange Behandlung mit Wasserdampf im Autoklaven bei 120° C zur Sterilisation der Geräte ausreichen. Stehen keine derart vorbehandelten Geräte zur Verfügung, so können sie unter Umständen auch durch Eintauchen in 70%igen Alkohol und Abflammen des Alkohols unmittelbar vor Gebrauch keimfrei gemacht werden.

III. Verpackung und Kennzeichnung der Proben

Die entnommenen Proben und Gegenproben sind bei der Probenahme so zu verpacken, zu verschließen und zu bezeichnen, daß bis zur nachfolgenden Untersuchung eine stoffliche Veränderung, eine Verwechselung oder ein Verlust ausgeschlossen ist.

1. Verpackung der Proben

Bei festen körnigen oder pulverförmigen Stoffen, die nicht feucht oder hygroskopisch sind, wie Getreide, Sämereien, Mehl, Gewürze und dergleichen, genügt es in der Regel, sie in Papierbeuteln bzw. Papiersäcken zu verpacken, sofern die Proben schon bald nach der Entnahme untersucht werden. Zu empfehlen ist eine zusätzliche äußere Umhüllung mit Pergamentpapier oder Kunststoff-Folie. Für die Verpackung von Fetten, fetthaltigen, sowie feuchten, hygroskopischen und geruchsempfindlichen Waren (Seife, Salz, Butter, Schmalz, Fleisch, Früchte usw.) empfiehlt es sich, Gefäße aus Glas, Porzellan, Steingut, geeigneten Kunststoffen und dergleichen zu verwenden, die mit Glasstopfen, neuen Korkstopfen oder Schraubdeckeln aus Metall oder Kunststoff verschlossen werden können. Proben von flüssigen Lebensmitteln werden im allgemeinen in Flaschen gefüllt. Alle Gefäße sind zuvor sorgfältig zu reinigen und vollständig auszutrocknen. Proben originalverpackter Lebensmittel können in der Regel in ihren Originalverpackungen belassen werden.

2. Versiegelung der Proben

Die verpackten Proben und Gegenproben sind vom Probenehmer unmittelbar nach der Probenahme so zu verschließen und zu versiegeln, daß jede nachträgliche absichtliche oder unabsichtliche Veränderung des Inhalts ausgeschlossen ist, ohne das Siegel zu verletzen.

Als Siegel verwendet man Lacksiegel, Plomben mit Aufdruck, Druckknöpfe, die nur einmal zugedrückt werden können, und andere Verschlußarten, die nicht in unauffälliger Weise geöffnet werden können.

Läßt sich das Siegel an dem zur unmittelbaren Aufnahme der Probe verwendeten Behältnis nur schwer oder nicht hinreichend sicher anbringen, so verpackt man das Probengefäß zusätzlich in eine Tüte aus ausreichend starkem Papier, die dann in der beschriebenen Weise versiegelt wird. Werden gleichzeitig mehrere Proben genommen, so können diese auch in einem gemeinsamen Behälter untergebracht werden, der dann verschlossen und versiegelt wird.

3. Bezeichnung der Proben

Jede entnommene Probe und Gegenprobe ist so zu bezeichnen, daß eine Verwechselung ausgeschlossen ist. Bei Papierumhüllungen wird die Bezeichnung am einfachsten unmittelbar auf die Umhüllung aufgeschrieben. Auf Behältnissen, die eine unmittelbare Beschriftung nicht gestatten, wie Gläser, Flaschen, Dosen usw., sind Etiketten oder Anhängeschilder mit der Bezeichnung zuverlässig zu befestigen. Bei Proben in Originalverpackungen ist besonders darauf zu achten, daß die auf der Originalverpackung befindliche Warenbezeichnung und sonstige wichtige Angaben nicht durch die Probenbezeichnung unleserlich gemacht werden. Neben der Bezeichnung der Ware ist das Gewicht der entnommenen Menge, der Name und der Wohnort des Betriebsinhabers, der Zeitpunkt und der Ort der Probenahme sowie der Name des Probenehmers zu vermerken.

4. Übersendung der Proben an die Untersuchungsstelle

Um nachträgliche Veränderungen soweit wie möglich auszuschließen, soll die Probe nach der Entnahme unverzüglich und auf schnellstem Wege an die zuständige Untersuchungsstelle verbracht werden. Hierbei ist besonders darauf zu achten, daß wärmeempfindliche Proben unter ausreichender Kühlung, stoßempfindliche Proben möglichst ohne Erschütterungen befördert werden.

5. Begleitschreiben der Proben

Jeder Probe ist bei ihrer Einsendung an die Untersuchungsstelle ein Begleitschreiben mitzugeben, das nach Möglichkeit alle für den Begutachter der Probe beachtlichen Wahrnehmungen und Feststellungen des Probenehmers enthält, insbesondere Zeitpunkt und Anlaß der Probenahme, Zahl der entnommenen Proben, deren Bezeichnung, Einzelheiten des Probenahmeverfahrens, insbesondere dann, wenn von den üblichen Verfahren abgewichen worden ist, Hinweise auf eine etwa vorgenommene Konservierung, auf sinnfällige Mängel, Ergebnisse einer etwa vorgenommenen Vorprüfung, Herkunft der Ware und Zeitpunkt des Bezuges bzw. ihrer Erzeugung, Art und Dauer der Lagerung sowie Menge des zur Zeit der Probenahme noch vorhandenen Vorrats der zu beurteilenden Ware, Name des Probenehmers und etwaige Zeugen. Auch empfiehlt es sich, die Hinterlassung einer Gegenprobe im Probenbegleitschreiben anzugeben.

B. Probenahme bei der amtlichen Überwachung des Verkehrs mit Lebensmitteln

Im Rahmen der amtlichen Überwachung des Verkehrs mit Lebensmitteln kommt der Probenahme große Bedeutung zu. Nachgewiesene Verstöße gegen lebensmittelrechtliche Bestimmungen führen in der Regel zu Strafverfahren; daher ist es hier besonders notwendig, die Probenahme sachgemäß und einwandfrei durchzuführen. Um dies sicherzustellen, sind die mit der Probenahme beauftragten Personen entsprechend eingehend zu unterweisen und insbesondere auch mit der normalen Beschaffenheit der Lebensmittel, ihren Verfälschungen und Nachmachungen sowie mit den einschlägigen gesetzlichen Bestimmungen vertraut zu machen. Bei umfangreicheren Beschlagnahmungen und bei Waren, die eine besonders vorsichtige Entnahme fordern, sind Sachverständige, in der Regel Lebensmittelchemiker, hinzuzuziehen.

I. Gesetzliche Grundlagen

Für die Durchführung der Probenahme im Rahmen der amtlichen Überwachung des Verkehrs mit Lebensmitteln sind die gesetzlichen Grundlagen im Gesetz über den Verkehr mit Lebensmitteln und Bedarfsgegenständen (Lebensmittelgesetz) vom 5. Juli 1927 (RGBl. I S. 134) in der Fassung vom 17. Januar 1936 (RGBl. I S. 17) mit den Änderungen vom 14. August 1943 (RGBl. I S. 488) und vom 21. Dezember 1958 (BGBl. I S. 950) festgelegt, insbesondere in den Paragraphen 6, 8, 9 und 10. Diese lauten:

§ 6

(1) Die mit der Überwachung des Verkehrs mit Lebensmitteln und Bedarfsgegenständen beauftragten Verwaltungsangehörigen und Sachverständigen, bei

Gefahr im Verzug auch alle Beamten der Polizei, sind befugt, in die Räume, in denen

1. Lebensmittel gewerbsmäßig oder für Mitglieder von Genossenschaften oder ähnlichen Vereinigungen oder für Teilnehmer an Gemeinschaftsverpflegungen gewonnen, hergestellt, zubereitet, abgemessen, ausgewogen, verpackt, aufbewahrt, feilgehalten oder verkauft werden,

2. Bedarfsgegenstände zum Verkauf vorrätig gehalten oder feilgehalten werden, sowie in die dazugehörigen Geschäftsräume einzutreten, dort Besichtigungen vorzunehmen und gegen Empfangsbescheinigung Proben nach ihrer Auswahl zum Zwecke der Untersuchung zu fordern oder zu entnehmen. Geschäftliche Aufzeichnungen, Frachtbriefe und Bücher, mit Ausnahme von Herstellungsbeschreibungen, können eingesehen werden, soweit das für die Prüfung der vorschriftsmäßigen Behandlung, Beschaffenheit und Kenntlichmachung der Lebensmittel und Bedarfsgegenstände, ihrer Herkunft und Verteilung erforderlich ist und die Besichtigung oder das Ergebnis der Probenahme dies als geboten erscheinen läßt. Ein Teil der Probe ist amtlich verschlossen oder versiegelt zurückzulassen und für die entnommene Probe eine angemessene Entschädigung zu leisten.

(2) Soweit Erzeugnisse vorwiegend zu anderen Zwecken als zum menschlichen Genusse bestimmt sind, beschränkt sich die in Abs. 1 Nr. 1 bezeichnete Befugnis auf die Räume, in denen diese Erzeugnisse als Lebensmittel zum Verkaufe vorrätig gehalten oder feilgehalten werden.

(3) Die Befugnis zur Besichtigung erstreckt sich auch auf die Einrichtungen und Geräte zur Beförderung von Lebensmitteln, die Befugnis der Probeentnahme auch auf Lebensmittel und Bedarfsgegenstände, die an öffentlichen Orten, insbesondere auf Märkten, Plätzen und Straßen oder im Umherziehen zum Verkaufe vorrätig gehalten, feilgehalten oder verkauft werden oder die vor Abgabe an den Verbraucher unterwegs sind.

(4) Als Sachverständige (Abs. 1) können auch die von den Berufsvertretungen und Berufsverbänden der Landwirtschaft, der Industrie, des Handwerks und des Handels zur Überwachung der Betriebe bestellten technischen Berater berufen werden.

§ 8

Die Inhaber der im § 6 bezeichneten Räume, Einrichtungen und Geräte und die von ihnen bestellten Betriebs- oder Geschäftsleiter und Aufseher sowie die Händler, die an öffentlichen Orten, insbesondere auf Märkten, Plätzen und Straßen oder im Umherziehen, Lebensmittel oder Bedarfsgegenstände zum Verkaufe vorrätig halten, feilhalten oder verkaufen, sind verpflichtet, die Beamten und Sachverständigen bei der Ausübung der im § 6 bezeichneten Befugnisse zu unterstützen, insbesondere ihnen auf Verlangen die Räume zu bezeichnen, die Gegenstände zugänglich zu machen, verschlossene Behältnisse zu öffnen, angeforderte Proben auszuhändigen, die Entnahme von Proben zu ermöglichen und für die Aufnahme der Proben geeignete Gefäße oder Umhüllungen, soweit solche vorrätig sind, gegen angemessene Entschädigung zu überlassen.

§ 9

(1) Die Beamten der Polizei und die von der zuständigen Behörde beauftragten Sachverständigen sind, vorbehaltlich der dienstlichen Berichterstattung und der Anzeige von Gesetzwidrigkeiten, verpflichtet, über die Tatsachen und Einrichtungen, die durch die Ausübung der im § 6 bezeichneten Befugnisse zu ihrer Kenntnis kommen, Verschwiegenheit zu beobachten und sich der Mitteilung und

Verwertung von Geschäfts- und Betriebsgeheimnissen zu enthalten, auch wenn sie nicht mehr im Dienste sind.

(2) Die Sachverständigen sind hierauf zu vereidigen.

§ 10

(1) Die Zuständigkeit der Behörden und Beamten für die im § 6 bezeichneten Maßnahmen richtet sich nach Landesrecht.

(2) Landesrechtliche Bestimmungen, die den Behörden weitergehende Befugnisse als die im § 6 bezeichneten geben, bleiben unberührt.

(3) Der Vollzug des Gesetzes liegt den Landesregierungen ob.

II. Zahl, Art und Größe der Proben

Wie die amtliche Überwachung des Verkehrs mit Lebensmitteln und damit auch die Probenahme im einzelnen durchgeführt wird, ist den Bundesländern überlassen. Um eine möglichst einheitliche Durchführung zu erreichen, hat der Reichsminister des Innern in einem Rundschreiben vom 21. Juni 1934 (RGBl. S. 590) Vorschriften für die einheitliche Durchführung des Lebensmittelgesetzes als Empfehlung bekanntgegeben. Diese Vorschriften sind in den einzelnen Ländern, z. T. mit einigen Abweichungen, durch die zuständigen Behörden in Kraft gesetzt worden. Hiernach sollte die Zahl der planmäßig zu entnehmenden Proben so bemessen sein, daß jährlich auf je 1000 Einwohner mindestens fünf Proben von Lebensmitteln und auf je 2000 Einwohner mindestens eine Probe von Bedarfsgegenständen zur Untersuchung entnommen werden. Hierbei sind Verkehrs- und Einkaufszentren stärker als Wohngegenden zu berücksichtigen. Die Probenahme sollte über das ganze Jahr etwa gleichmäßig verteilt sein. Die Art der Proben ist den örtlichen Verhältnissen anzupassen, wobei auch die mehr oder minder große Bedeutung, die den einzelnen Lebensmitteln für die menschliche Ernährung zukommt, berücksichtigt werden soll. Im Einzelhandel sind vorzugsweise „offene" Lebensmittel zu entnehmen; bei Lebensmitteln in Originalpackungen sollte die Probenahme vorzugsweise ausländische Erzeugnisse sowie solche Waren erfassen, die auf Überlagerung, Verdorbenheit oder sonstige Veränderungen, die nach der Abpackung oder dem Abfüllen erfolgt sein können, geprüft werden sollen.

Für die Entnahme von Lebensmittelproben im Rahmen der planmäßigen Lebensmittelüberwachung werden folgende Mengen vorgeschlagen:

1. Fleisch und Fleischwaren	250 g
2. Wurstwaren	250 g
3. Fisch einschl. Räucherfisch, Trockenfisch, Salzfisch	1—3 Fische, jedoch mindestens 250 g
4. Sonstige Fischerzeugnisse	2—5 Dosen, jedoch mindestens 250 g
5. Würze und Würzeerzeugnisse	50—100 g
6. Feinkosterzeugnisse einschl. Fleischsalat u. ä.	250 g
7. Milch	250 ml
8. Milchdauerwaren (Trockenmilch, Kaffeesahne u. ä.)	150 g
9. Käse	200 g
10. Eier	4 Stück

11. Trockeneierzeugnisse	100—150 g
12. Butter und Butterschmalz	250 g
13. Margarine	250 g
14. Speiseöl	125—250 g
15. Schmalz	250 g
16. Brot	250—1000 g
17. Feinbackwaren	125—250 g
18. Kleingebäck	125—250 g
19. Dauerbackwaren	125—250 g
20. Backpulver	2 Originalbeutel
21. Getreide und sonstige Mühlenerzeugnisse	250 g
22. Puddingpulver	2—3 Originalbeutel
23. Soßenpulver	4 Originalbeutel
24. Sonstige Stärkeprodukte	250 g
25. Hülsenfrüchte	250 g
26. Teigwaren	125 g
27. Kochfertige Suppen	3 Originalpackungen, mindestens 150 g
28. Mittagessen	1 Originalportion
29. Zucker und Zuckerwaren	250—500 g
30. Bienen- und Kunsthonig	500 g/250 g
31. Kakaopulver	125 g
32. Pralinen und sonstige Schokoladenerzeugnisse	125 g
33. Schokolade in Tafelform	100 g
34. Speiseeis	4 Portionen, mindestens 300 g
35. Obst und Obsterzeugnisse	250—500 g
36. Trockenobst	100 g
37. Marmelade/Konfitüre	500 g
38. Walnüsse	1000 g
39. Sonstige Nüsse	500 g
40. Gemüse und Gemüseerzeugnisse	250—1000 g
41. Spirituosen	0.33—0,7 l
42. Biere	2 Originalflaschen
43. Wein, Schaumwein, Obstwein	1 Originalflasche
44. Bohnenkaffee	25 g
45. Kaffee-Ersatz	250 g
46. Tee	25 g
47. Tee-Ersatz	100 g
48. Tabakwaren	10—12 Zigaretten 5 Zigarren 5 Zigarillos 50 g Tabak
49. Gewürze	3 Originalpackungen, mindestens 30 g
50. Pökelsalze	100 g
51. Essig, Essigessenz	1 Originalflasche
52. Selters	3 Originalflaschen
53. Proben bei Imprägnieranlagenkontrollen	3 Flaschen
54. Limonaden	3 Originalflaschen
55. Wasser	1000 ml
56. Bedarfsgegenstände	1 Stück

III. Gegenprobe

Auf Grund von § 6 des Lebensmittelgesetzes sind die mit der Überwachung Beauftragten verpflichtet, einen Teil der entnommenen Probe amtlich verschlossen oder versiegelt als Gegenprobe zurückzulassen. Lehnt der Betriebsinhaber die Annahme oder Aufbewahrung ab, so verletzt er seine Unterstützungspflicht nach § 8 des Lebensmittelgesetzes und macht sich nach § 16 des Lebensmittelgesetzes wegen einer Übertretung strafbar.

Der mit der Lebensmittelüberwachung Beauftragte darf sich daher nicht mit der Ablehnung des Betriebsinhabers zur Annahme der Gegenprobe begnügen, vielmehr muß er diesen unter Hinweis auf die entstehenden Folgen veranlassen, die Gegenprobe an sich zu nehmen und aufzubewahren.

Die Gegenprobe dient in erster Linie der Beweissicherung für den Hersteller oder Händler. Der Besitzer kann über diese Probe nicht frei verfügen. Er darf sie nicht eigenmächtig aus ihrem Verschluß lösen, um sie etwa von seinen Angestellten untersuchen zu lassen. Er darf sie auch nicht vernichten. Er hat jedoch das Recht, falls er die Gegenprobe bei einem etwaigen Ermittlungs- oder Strafverfahren als Beweisstück verwerten will, sie auf seine Kosten von einem für die Untersuchung amtlich entnommener Gegenproben zugelassenen Sachverständigen untersuchen zu lassen.

Die grundsätzliche Forderung, eine Gegenprobe zurückzulassen, ist nicht immer erfüllbar, insbesondere dann nicht, wenn die Probe überhaupt nicht oder nicht ohne Gefährdung der amtlichen Untersuchung geteilt werden kann. Dies ist z. B. der Fall, wenn bei Resten von Lebensmitteln die Warenmenge zu klein ist oder es sich um eine luftdicht verschlossene Konservendose handelt, die Fleisch, Gemüse oder dergleichen enthält. Bei nicht teilbaren Originalpackungen kann zwar auf Verlangen des Betriebsinhabers eine zweite gleichartige Packung entnommen und zurückgelassen werden. Diese Zweitprobe ist jedoch keine echte Gegenprobe und ihr Beweiswert entsprechend begrenzt.

Bibliographie

Amtliche Probenziehung und Beschlagnahme von Waren. In: Österreichisches Lebensmittelbuch (Codex Alimentarius Austriacus), 3. Auflage. Wien: Verlag Brüder Hollinek 1954.

Die Dichte

Von

Dr. ANDREAS MAHLING, Berlin

Mit 10 Abbildungen

A. Die Dichte von Flüssigkeiten und Festkörpern

I. Theoretischer Teil

1. Begriffsbestimmungen

Unter der *Dichte* $\varrho(t)$ versteht man die in der Volumeneinheit $V(t)$ enthaltene Masse m:

$$\varrho(t) = \frac{m}{V(t)} \cdot \tag{1}$$

Zu Unterscheidungszwecken verwendet man auch den Begriff *Massendichte*

Da sich das Volumen eines Körpers mit der Temperatur t ändert, ist auch $\varrho(t)$ eine Funktion der Temperatur t. Es ist gebräuchlich, die Masse m in Gramm und das Volumen V in Millilitern zu messen, so daß die Dichte $\varrho(t)$ die Dimension g/ml erhält (JOHANNSEN).

Der Zahlenwert der Dichte, gemessen in g/ml, entspricht nicht genau ihrem Zahlenwert, gemessen in g/cm³, denn zwischen dem in Millilitern (V_{ml}) und dem in Kubikzentimetern (V_{ccm}) ausgedrückten Volumen besteht die Beziehung:

$$V_{ccm} = 1,000028 \cdot V_{ml} \cdot \tag{2}$$

Daraus folgt:

$$\varrho_{ml} = 1,000028 \cdot \varrho_{ccm} \cdot \tag{3}$$

Unter der *Wichte* $\gamma(t)$ versteht man das Normgewicht G einer Substanz je Volumeneinheit:

$$\gamma(t) = \frac{G}{V(t)} = g_n \cdot \varrho(t) , \tag{4}$$

wobei g_n den Normalwert der Erdbeschleunigung bedeutet. Mißt man die Dichte eines Stoffes im physikalischen Maßsystem, also in g/cm³, und seine Wichte im technischen, also in kp/dm³, so sind die Zahlenwerte einander gleich.

Die *relative Dichte* $d_{t'}^t$, gibt an, wieviele Male die Dichte $\varrho(t)$ eines Körpers von der Temperatur t größer ist als die Dichte ϱ(vgl., t') eines Vergleichskörpers von der Temperatur t' (DIN 1306):

$$d_{t'}^t = \frac{\varrho(t)}{\varrho(\text{vgl.}, t')} , \tag{5}$$

$d_{t'}^t$ ist eine unbenannte Zahl; wenn der Vergleichskörper die gleiche Temperatur wie der Probekörper hat, wird $d_{t'}^t$ auch *Dichteverhältnis* genannt (DIN 1306). Wird als Vergleichskörper reines Wasser von der Temperatur seiner größten Dichte $t' = 3,98°$ C $\approx 4°$ C gewählt, also

$$d_4^t = \frac{\varrho(t)}{\varrho(\text{H}_2\text{O}; 4)} , \tag{6}$$

werden relative Dichte d_4^t und Dichte $\varrho\,(t)$, gemessen in g/ml, zahlenmäßig gleich, da $\varrho\,(H_2O;\,4)$ nach der Eichordnung (JOHANNSEN) unter dem Druck einer Atmosphäre gleich der Dichteeinheit in g/ml gesetzt wurde.

Aus den Gleichungen (5) und (6) folgt für die Beziehung zwischen den Zahlenwerten von d_4^t und $d_{t'}^t$:

$$d_4^t = \varrho\,(\text{vgl.},\,t') \cdot d_{t'}^t\,. \tag{7}$$

Die Dichte $\varrho\,(\text{vgl.},\,t')$ muß dabei in g/ml gemessen werden.

Dichte, relative Dichte oder Dichteverhältnis oder auch die Wichte wurden früher als spezifisches Gewicht bezeichnet. Wegen dieser Begriffsverwirrung wird empfohlen, auf den Begriff „spezifisches Gewicht" vorerst ganz zu verzichten (DIN 1306).

2. Die Temperatur- und Druckabhängigkeit der Dichte

Die Volumenänderung eines Körpers mit Temperatur und Druck wird durch *Ausdehnungs-* (β_t) und *Kompressipilitätskoeffizienten* (β_p) beschrieben:

$$\frac{1}{V}\left(\frac{\partial V}{\partial t}\right)_p = \beta_t\,, \tag{8}$$

$$\frac{1}{V}\left(\frac{\partial V}{\partial p}\right)_t = -\,\beta_p\,. \tag{9}$$

Aus Gleichung (1) und (8) folgt:

$$\left(\frac{\partial \varrho}{\partial t}\right)_p = -\,\frac{m}{V^2}\left(\frac{\partial V}{\partial t}\right)_p = -\,\varrho \cdot \beta_t \tag{10}$$

und entsprechend aus Gleichung (1) und (9):

$$\left(\frac{\partial \varrho}{\partial p}\right)_t = +\,\varrho \cdot \beta_p\,, \tag{11}$$

$(\partial \varrho/\partial t)_p$ und $(\partial \varrho/\partial p)_t$ geben an, um wieviel sich die Dichte eines Körpers ändert, wenn die Temperatur oder der Druck um eine Einheit geändert wird. Während der Temperaturänderung soll der Druck und während der Druckänderung soll die Temperatur konstant gehalten werden. β_t und β_p können noch von Temperatur und Druck abhängen. Man begeht jedoch keinen schwerwiegenden Fehler, wenn man sie in den Bereichen von 15 bis 25° C und 700—800 Torr als Konstante betrachtet. Tab. 1 enthält Dichten, Ausdehnungskoeffizienten und Dichteänderung je Grad bei 20° C und einer Atmosphäre Druck für eine Reihe von Substanzen.

Tabelle 1. *Dichte, Ausdehnungskoeffizient und Dichteänderung bei 20° C und 1 at Druck*

Substanz	$\varrho\,(20°)$ g/ml	$\beta_{20°} \cdot 10^{+4}$ (°C)$^{-1}$	$+\varrho \cdot \beta_{20°}$ g/(ml · °C)
Wasser	0,99823	1,94	0,00019
Äthanol — Wasser			
30 Vol.-%	0,96344	5,77	0,00055
50 Vol.-%	0,9302	8,14	0,00076
99,3 Vol.-%	0,7930	10,77	0,00085
Methanol	0,7928	11,99	0,00095
Schwefelkohlenstoff . .	1,2628	12,18	0,00154
Tetrachlorkohlenstoff .	1,595	12,36	0,00197
Äther	0,7135	16,56	0,00118
Aceton	0,792	14,87	0,00118
Essigsäure	1,049	10,71	0,00112
Schwefelsäure	1,8305	5,58	0,00102
Quarz	2,2	0,02	0,0000044
Glas	2,5	0,25	0,000051
Eisen	7,9	0,35	0,00028
Silber	10,50	0,58	0,00061
Platin	21,37	0,26	0,00056
Paraffin	0,9	5,88	0,00053

Aus Gleichung (10) folgt für konstanten Druck:

$$d\varrho = \left(\frac{\partial \varrho}{\partial t}\right)_p \cdot dt = -\,\varrho \cdot \beta_t \cdot dt\,. \tag{12}$$

Soll die Dichte des Wassers z. B. noch in der 4. Dezimale richtig sein, also $d\varrho = 0{,}00005$ g/ml, so muß, wie aus Gleichung (12) und dem Zahlenwert der Tab. 1 folgt, die Temperatur bis auf $0{,}00005/0{,}00019 \approx 0{,}2°$ C konstant gehalten werden. Für eine 30%ige Alkohol-Wasser-Mischung reicht diese Temperaturkonstanz schon nicht mehr aus, denn $0{,}00005/0{,}00055 \approx 0{,}09°$ C.

Durch Integration der Gleichung (12) und einer darauffolgenden Reihenentwicklung der Exponentialfunktion, die man nach dem in t linearen Gliede abbricht, erhält man Gleichung (12a):

$$\varrho(t_0) = \varrho(t)\,[1 + \beta_t(t - t_0)]\,, \tag{12a}$$

mit deren Hilfe man eine bei der Temperatur t bestimmte Dichte $\varrho(t)$ auf die Dichte $\varrho(t_0)$ bei einer Standardtemperatur t_0 (z. B. 20° C) umrechnen kann. In einem Temperaturintervall von $t_0 - 5°$ bis $t_0 + 5°$ gibt Gleichung (12a) die auf die Standardtemperatur bezogene Dichte mit einer in der 4. Dezimalen liegenden Unsicherheit wieder.

Der kubische Ausdehnungskoeffizient fester Substanzen ist etwa eine halbe Zehnerpotenz kleiner als der von Flüssigkeiten, damit werden auch die Anforderungen an die Temperaturkonstanz entsprechend geringer.

Tabelle 2. *Dichte, isothermer Kompressibilitätskoeffizient und Dichteänderung bei 20° C und 760 Torr*

Substanz	$\varrho\,(20°)$ g/ml	$\beta_{760} \cdot 10^{+8}$ (Torr^{-1})	$\varrho \cdot \beta_{760} \cdot 60$ g/ml
Wasser	0,99823	6,11	0,000003
Äthanol	0,78933	14,77	0,000006
Methanol	0,7928	16,18	0,000009
Schwefelkohlenstoff . .	1,2628	12,37	0,000009
Tetrachlorkohlenstoff .	1,595	14,01	0,000012
Äther	0,7135	24,66	0,000012
Aceton	0,792	16,90	0,000009
Essigsäure	1,049	12,11	0,000006
Quarz	2,2	0,37	0,0000005
Glas	2,5	0,29	0,0000004
Eisen	7,9	0,08	0,0000004
Silber	10,50	0,12	0,0000008
Platin	21,37	0,05	0,0000006

Dichten, isotherme Kompressibilitätskoeffizienten und die einer Druckänderung von 60 Torr entsprechenden Dichteänderungen bei 20° C und 760 Torr sind in der Tab. 2 angeführt.

Mittels einer der Gleichung (12) analogen Beziehung wurden die einer Druckänderung von 60 Torr entsprechenden Dichteänderungen berechnet und in der Spalte $\varrho \cdot \beta_{760} \cdot 60$ eingetragen. Luftdruckänderungen im Laboratorium können solche Beträge annehmen. Bei Dichtebestimmungen an Flüssigkeiten müssen sie dann berücksichtigt werden, wenn die Genauigkeit in der 5. bis 6. Dezimale liegen soll. Bei Festkörpern braucht man wohl im allgemeinen Luftdruckänderungen nicht zu beachten.

3. Volumenänderungen bei Mischungen

In der Regel tritt beim Vermischen zweier oder mehrerer Komponenten eine Volumenänderung derart ein, daß das Volumen der Mischung kleiner oder größer als die Summe der Volumina der Komponenten ist. Tab. 3 enthält die prozentualen Volumenänderungen, die beim Vermischen äquimolarer Mengen zweier verschiedener Flüssigkeiten miteinander bei Zimmertemperatur beobachtet werden (K. JELLINEK 1933, N. BAUER und S. Z. LEWIN 1959).

Nach dieser Tabelle findet z. B. beim Vermischen 1 Moles Wasser mit einem Mol Äthylalkohol bei Zimmertemperatur eine Volumenkontraktion von 2,56% statt. Ein Mol Wasser der Dichte 0,99823 g/ml besitzt ein Volumen von 18,016/

0,99823 = 18,05 ml und ein Mol Alkohol von der Dichte 0,7893 g/ml eines von 46,07/0,7893 = 58,37 ml. Die Volumenkontraktion beim Vermischen beträgt $\Delta V = -2{,}56 \cdot 10^{-2} \cdot (18{,}05 + 58{,}37) = -1{,}96$ ml.

Den Kehrwert der Dichte eines Körpers nennt man sein *spezifisches Volumen:*

$$v = \frac{1}{\varrho}. \tag{13}$$

Das Volumen, das 1 g einer Substanz 1 in einer Mischung vom Volumen V besetzt, nennt man ihr *partielles spezifisches Volumen* $\bar{v}_1$. Es wird thermodynamisch definiert als die Volumenänderung einer Mischung bei Zusatz von 1 g der Substanz 1:

$$\bar{v}_1 = \left(\frac{\partial V}{\partial m_1}\right)_{p,\,t,\,m_2,\,\ldots,\,m_i}. \tag{14}$$

Druck, Temperatur und die Massen m_i der übrigen Komponenten müssen konstant gehalten werden (vgl. G. N. Lewis und M. Randall 1961).

Das partielle spezifische Volumen wird experimentell über das *scheinbare spezifische Volumen* φ_1 ermittelt, welches das Volumen angibt, das die Komponente 1 einnehmen würde, wenn die Volumenänderung der Mischung nur auf Kosten dieser Komponente erfolgte und die übrigen

Tabelle 3. *Volumeneffekte bei Mischungen*

Komponenten der Mischung	$100 \cdot \dfrac{\Delta V}{V}$
Wasser — Schwefelsäure	— 9,5
Wasser — Essigsäure	— 3,07
Wasser — Propanol	— 2,98
Wasser — Methanol	— 2,98
Wasser — Äthanol	— 2,56
Wasser — t — Butanol	— 1,60
Äthyläther — Chloroform	— 1,40
Chloroform — Aceton	— 0,23
Hexan — Octan	— 0,053
Benzol — Toluol	+ 0,05
Methanol — Propanol	+ 0,05
Nitrobenzol — Anilin	+ 0,26
Benzol — Hexan	+ 0,52
Schwefelkohlenstoff — Aceton	+ 1,21

Komponenten ihr Volumen beim Mischen nicht veränderten. φ_1 kann unmittelbar aus den Dichten der Mischung (ϱ) und der reinen Komponente 2 (ϱ_2) und dem Massenbruch der Komponente 1 $p_1 = m_1/(m_1 + m_2)$[1] erhalten werden:

$$\varphi_1 = \frac{1}{\varrho_2}\left(\frac{\varrho_2 - \varrho}{p_1 \cdot \varrho} + 1\right). \tag{15}$$

Aus Gleichung (14) und der Definition des scheinbaren spezifischen Volumens folgt dann für das partielle spezifische Volumen der Komponente 1:

$$\bar{v}_1 = \varphi_1 + p_1(1 - p_1)\left(\frac{\partial \varphi_1}{\partial p_1}\right)_{p,\,t}. \tag{16}$$

Scheinbares und partielles spezifisches Volumen des Äthylalkoholes in Alkohol-Wasser-Mischungen von 20° C und 1 at Druck sind in Abhängigkeit vom Massenbruch p_1 auf der Abb. 1 dargestellt, in der außerdem als Parallele zur Abszisse das spezifische Volumen des reinen Äthylalkohols eingezeichnet wurde. Der Raumbedarf des Alkohols in der Mischung ist kleiner als in reinem Zustande und hängt in ziemlich komplizierter Weise vom Massenbruch ab. An der Volumenänderung der Mischung gegenüber der Summe der Volumina der beiden reinen Komponenten sind beide Bestandteile beteiligt, da der Verlauf des partiellen spezifischen Volumens sich von dem des scheinbaren Volumens deutlich unterscheidet.

Qualitativ Ähnliches findet man bei fast allen Mischungen und Lösungen. Nur in Ausnahmefällen sind die partiellen spezifischen Volumina gleich den spezifischen Volumina der reinen Komponenten, dann nämlich, wenn es sich um chemisch

---

[1] $100 \cdot p_1$ gibt den prozentualen Gehalt der Komponente 1 mit der Masse m_1 in der Mischung mit der Masse $m_1 + m_2$ an.

nahe verwandte Stoffe handelt. Das scheinbare spezifische Volumen von Proteinen in Pufferlösungen ist häufig mit dem partiellen spezifischen Volumen identisch.

Es ist übrigens nicht notwendig, daß chemisch definierte oder gar reine Substanzen betrachtet werden: es hat durchaus einen Sinn, z. B. nach dem partiellen spezifischen Volumen von Proteinen in Pufferlösungen zu fragen.

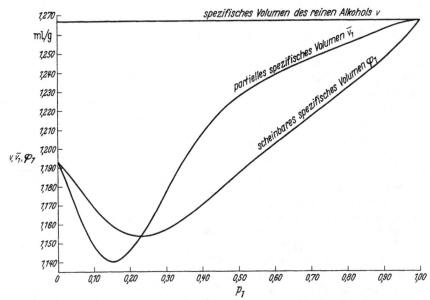

Abb. 1. Partielles spezifisches Volumen $\bar{v}_1$ und scheinbares spezifisches Volumen φ_1 des Äthylalkohols in wäßrigen Lösungen und das spezifische Volumen reinen Äthanols bei 20° C und normalem Luftdruck in Abhängigkeit vom Massenbruch p_1 des Äthylalkohols; [berechnet nach Gl. (16) aus der Alkoholtabelle des National Bureau of Standards im Handbook]

4. Die Konzentrationsabhängigkeit der Dichte von Mischungen

Wegen des im vorigen Kapitel geschilderten komplizierten Zusammenhanges zwischen dem Raumbedarf der einzelnen Komponenten und ihrer Konzentration in Mischungen ist auch von vornherein keine einfache mathematische Beziehung zwischen Dichte und Konzentration zu erwarten. Nur dann, wenn beim Vermischen keinerlei Volumenänderungen eintreten, das System sich also ideal verhält, existiert eine lineare Gleichung zwischen der Konzentration der Komponente 1 c_1 — gemessen in g/ml — und der Dichte ϱ der Mischung[1]:

$$c_1 = \varrho_1 \, \frac{\varrho_2 - \varrho}{\varrho_2 - \varrho_1} \, , \qquad (17)[2]$$

worin ϱ_1 und ϱ_2 die Dichten der reinen Komponenten 1 und 2 bedeuten. Ist an einer flüssigen Mischung eine feste Komponente beteiligt, verwendet man zweckmäßig die Formel:

$$c_1 = c_B \, \frac{\varrho_2 - \varrho}{\varrho_2 - \varrho_B} \, , \qquad (18)$$

c_B ist die Konzentration einer willkürlich wählbaren Lösung aus der betrachteten Mischungsreihe. Dazu eignet sich am besten die gesättigte Lösung. ϱ_B ist die Dichte

---

[1] Zwischen dem *Massenbruch* p_1 und der Konzentration c_1 besteht die ohne Einschränkung gültige Beziehung $c_1 = \varrho \cdot p_1$. Deshalb kann auch unter idealen Bedingungen keine lineare Gleichung zwischen p_1 und ϱ existieren.

[2] Wenn man für ϱ_1 und ϱ_2 die Partialdichten $1/\bar{v}_1$ und $1/\bar{v}_2$ einsetzt, gilt Gleichung (17) streng.

der Bezugslösung. Den realen Verlauf der Dichte mit der Konzentration zeigen die Abb. 2—4 für eine Reihe wäßriger Mischungen. Die nach den Gleichungen (17) oder (18) berechneten Geraden sind eingezeichnet.

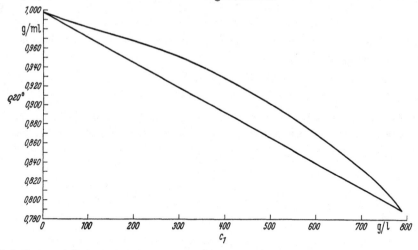

Abb. 2. Realer und idealer Verlauf der Dichte von Äthylalkohol-Wasser-Mischungen bei 20° C und normalem Luftdruck in Abhängigkeit von der Konzentration des Äthylalkohols c_1 in g/l

Wegen der großen Diskrepanzen zwischen realem und idealem Verhalten von Mischungen ist man zur Ermittelung der Konzentration aus Dichtemessungen auf Tabellen angewiesen.

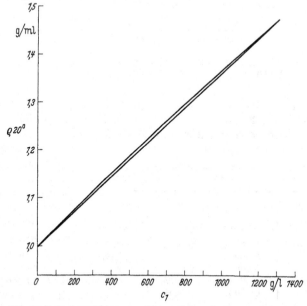

Abb. 3. Realer und idealer Verlauf der Dichte von wäßrigen Rohrzuckerlösungen bei 20° C und normalem Luftdruck in Abhängigkeit von der Konzentration des Rohrzuckers c_1 in g/l. Konzentration der Bezugslösung: $c_B = 1311$ g/l

Auch ohne Kenntnis einer analytisch darstellbaren Funktion kann mit Hilfe einer Tabelle die Genauigkeit für die Dichtebestimmung $d\varrho$ für eine gegebene

Genauigkeit der Konzentration dc oder vice versa abgeschätzt werden. Es gilt nämlich bei konstantem Druck und konstanter Temperatur:

$$d\varrho = \left(\frac{\partial \varrho}{\partial c}\right)_{p,\,t} \cdot dc . \tag{19}$$

$(\partial \varrho/\partial c)_{p,\,t}$ kann der Tabelle für den in Frage kommenden Konzentrationsbereich $\Delta c = c' - c''$ als Differenzenquotient entnommen werden.

$$\left(\frac{\partial \varrho}{\partial c}\right)_{p,\,t} \approx \frac{\varrho' - \varrho''}{c' - c''} . \tag{20}$$

Die Anforderungen, die bei der Konzentrationsbestimmung von Äthanol in wäßrigen Mischungen an die Dichtemessung gestellt werden müssen, sind in Tab. 4

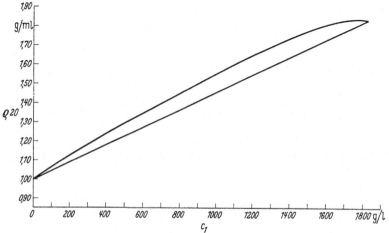

Abb. 4. Realer und idealer Verlauf von Schwefelsäure-Wasser-Mischungen bei 20° C und normalem Luftdruck in Abhängigkeit von der Schwefelsäurekonzentration c_1 in g/l

enthalten. Den Konzentrationsintervallen Δc (gemessen in Volumenprozenten) entsprechen die in der 2. Spalte aufgeführten Differentialquotienten $(\partial d_{15,56}^{15,56}/\partial c)$ des auf Wasser bezogenen Dichteverhältnisses $d_{15,56}^{15,56}$ [vgl. Gleichung (5)]. Die 3. Spalte enthält für verschiedene, vorgegebene Genauigkeiten in der Konzentration dc die korrespondierenden Genauigkeiten für die Bestimmung des Dichteverhältnisses $d(d_{15,56}^{15,56})$.

Danach sind die höchsten Anforderungen an die Dichtebestimmungen im Bereich von 10—30 Vol.-% zu stellen. Die geringsten Ansprüche werden im Bereich von 90—100 Vol.-% erhoben. Eine Bestimmung auf 0,05 Vol.-% genau ist im Bereich von 0—50 Vol.-% nur dann möglich, wenn die Dichte bis auf die 5. Dezimale genau erfaßt wird.

Tabelle 4. *Korrespondierende Genauigkeiten für Dichte und Konzentration. (Berechnet nach der Tabelle des Handbook)*

Δc (Vol.-%)	$-(\partial d_{15,56}^{15,56}/\partial c) \cdot 10^{+3}$	$d\,(d_{15,56}^{15,56})$ für		
		$dc = 0{,}05$ Vol.-%	0,1 Vol.-%	0,5%
0—1	1,5	0,00008	0,0002	0,0008
10—30	1,1	0,00005	0,0001	0,0005
30—50	1,5	0,00008	0,0002	0,0008
50—90	2,5	0,0001	0,0003	0,001
90—100	4,0	0,0002	0,0004	0,002

II. Praktischer Teil

1. Die Bestimmung der Dichte von Flüssigkeiten

a) Pyknometrie

α) Beschreibung verschiedener Pyknometertypen

Abbildung 5 zeigt eine Auswahl aus den zahlreichen in der Literatur beschriebenen Pyknometertypen.

Typ I ist das Pyknometer nach A. BESSON (1910), mit dem neuerdings gute Erfahrungen gemacht wurden (H. HADORN u. a. 1962). Das Pyknometer wird mit

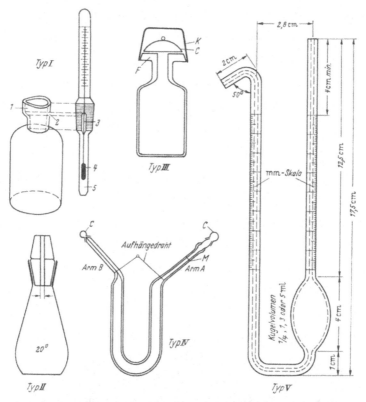

Abb. 5. Verschiedene Pyknometertypen (vgl. Text).

einem eingeschliffenen Thermometer verschlossen, dessen Schliff mit einer Rinne *3* versehen ist. Der Hals des Pyknometers trägt eine Ausbuchtung *1*, die über die Rinne *3* mit dem Inhalt verbunden werden kann, so daß er sich bei Temperatursteigerungen ausdehnen kann. Nach Füllung des Pyknometers wird das Thermometer so eingesetzt, daß die Rinne *3* mit dem Loch *2* im Pyknometerhals kommunizieren kann und der überschüssigen Flüssigkeit einen Ausweg verschafft[1].

Typ II wird vom Deutschen Normenausschuß empfohlen (DIN 12796 und 12797). Pyknometer mit Inhaltsbezeichnung haben eine enge und mit Größenbezeichnung eine weite Justierfehlergrenze (DIN 12795). Die Stopfen sind von einer Capillaren durchzogen, durch die die überschüssige Flüssigkeit beim Füllen

---

[1] Hersteller: Firma *Stofer*, Thermometerfabrik, Basel, Dorfstraße 46.

abfließen kann. Die Temperatur während des Füllens muß höher liegen als beim Auswiegen, weil anders die Flüssigkeit während des Wägens austritt und verdampft[1].

Typ III ist das Pyknometer nach J. JOHNSTON und L. H. ADAMS (1912), dessen ziemlich weiter Hals in einen Flansch F ausläuft; die Oberseite des Flansches und die Unterseite des Verschlusses C sind plangeschliffen und poliert, wodurch eine besonders genaue Abgrenzung des Volumens erreicht wird. Bei korrekter Füllung müssen die Adhäsionskräfte zwischen Verschlußdeckel C und

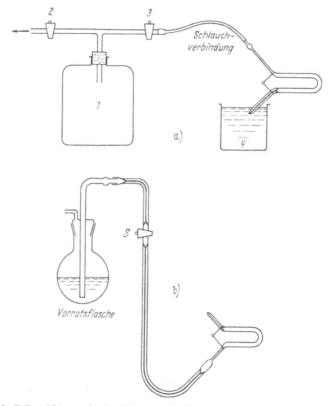

Abb. 6a u. b. Füllvorrichtungen für den Pyknometertyp IV; a) Saugvorrichtung; b) Druckvorrichtung

Flansch größer sein als das Gewicht des gefüllten Pyknometers. Wenn die Temperatur während des Wägens über die der Füllung ansteigt, treten trotz der Kappe K Verdampfungsverluste auf.

Typ IV ist eine Modifikation des altbekannten und bewährten Pyknometers nach OSTWALD-SPRENGEL. Der innere Durchmesser des Armes B soll bei 0,2 mm und der des Armes A bei 1 mm liegen. Die Kappen C sind, wenn es sich nicht um sehr flüchtige Substanzen handelt, entbehrlich. Das Volumen wird durch die Spitze des Armes B und die Marke am Arm A begrenzt. Das Pyknometer wird mit Hilfe der auf Abb. 6a dargestellten Vorrichtung gefüllt. In der Flasche 1 wird bei geschlossenem Hahn 3 ein leichtes Vakuum hergestellt, durch das die Probeflüssigkeit 4, nachdem Hahn 3 geöffnet und Hahn 2 geschlossen wurde, unter milden Bedingungen in das Pyknometer gesaugt wird. Die Saugtechnik ist dann

---

[1] Hersteller: Firma *Rudolf Brand*, Wertheim/Main; Normschliff-Glasgeräte KG, Wertheim/Main.

unvorteilhaft, wenn die Probeflüssigkeit ein Gemisch mit einer oder mehreren leicht flüchtigen Komponenten oder hygroskopisch ist. Das Konzentrationsverhältnis kann nämlich während des Füllvorganges verschoben werden. Man bedient sich in solchen Fällen der auf Abb. 6 b gezeichneten Vorrichtung. In einer Vorratsflasche befindet sich die Probeflüssigkeit, ein Gummi- oder Kunststoffschlauch verbindet über ein Steigrohr und einen Hahn S mit dem Pyknometer. Ein leichter Druck auf die Probeflüssigkeit läßt die Flüssigkeit in das Steigrohr wandern, bis ein Hebereffekt auftreten kann, der das Pyknometer füllt. Die Geschwindigkeit des Flüssigkeitsstromes wird durch den Hahn S reguliert. Zur genauen Volumeneinstellung saugt man mit einem Filtrierpapier etwas Flüssigkeit von der Spitze des Armes B ab. Befindet sich zu wenig Flüssigkeit im Pyknometer, berührt man die Spitze mit einem hängenden Tropfen.

Für leicht flüchtige Substanzen eignet sich besonders der Pyknometertyp V (M. R. LIPKIN u. a. 1944). Der innere Durchmesser der kalibrierten Capillaren beträgt 0,6—1 mm. Taucht man das abgebogene Ende des linken Schenkels in die Flüssigkeit, so steigt sie infolge der Capillarattraktion in ihm hoch, worauf ein Hebereffekt eintritt, der das Pyknometer selbsttätig füllt. Die Menisken der Probeflüssigkeit sollen mindestens 5 cm unter den Capillarenden stehen, dann werden nämlich auch bei sehr leicht flüchtigen Stoffen, wie z. B. Isopentan mit Kp = 28° C, Verdunstungsverluste während des Wägens infolge des langen Diffusionsweges fast vollständig vermieden. Zur genauen Festlegung des Volumens liest man die Stellung der Menisken in den kalibrierten Capillaren ab[1].

Pyknometer sind unter bestimmten Voraussetzungen eichfähig (JOHANNSEN).

β) Meßvorgang

Vor jedem Gebrauch sollten Pyknometer sorgfältig gereinigt und getrocknet werden. Man vermeide thermische oder mechanische Schocks, wie sie beim Erwärmen im Trockenschrank oder beim Evakuieren auftreten; denn die dadurch erzeugten Volumenänderungen pflegen nur sehr langsam zurückzugehen.

Vor der genauen Volumeneinstellung wird das Pyknometer möglichst in einem Thermostaten temperiert. Luftthermostate eignen sich dazu weniger gut. Von der Qualität der Temperierung hängt die Genauigkeit der Dichtebestimmung in hohem Maße ab [vgl. Tab. 1 und Gleichung (12)].

Die handelsüblichen Umlaufthermostate gewährleisten in der Nähe der Raumtemperatur eine Temperaturkonstanz von ± 0,01° C, wenn man folgende Punkte beachtet: Die Durchflußgeschwindigkeit des Kühlwassers soll möglichst konstant gehalten werden und so groß sein, daß das Verhältnis von Heiz- und Kühlperiode bei 1 liegt. Die Stärke der Heizung soll eine Heizperiode von 5—15 sec gewährleisten. Die den Thermostaten von den Herstellern mitgegebenen Gebrauchsanweisungen müssen genau beachtet werden, weil anders die Temperaturkonstanz schnell um eine Zehnerpotenz, oder mehr, schlechter werden kann.

Wird eine Genauigkeit der Dichte in der 5. Dezimale verlangt, so müssen alle Wägungen mit einem ausgeglichenen Gewichtssatz oder mit Feingewichten durchgeführt und das Balkenverhältnis der Wage berücksichtigt werden. (Über das Ausgleichen von Gewichtssätzen und genaues Wägen unter Berücksichtigung des Balkenverhältnisses vgl. KOHLRAUSCH.) Die einzelnen Gewichtsangaben sollten unter Berücksichtigung von Luftdruck, -temperatur und -feuchte aufs Vakuum reduziert werden. Diese Reduktion wird erleichtert, wenn man das Pyknometer gegen ein zweites bis auf 200 mg austariert; man verwende dazu gegebenenfalls Glasperlen.

---

[1] Hersteller: Ace Glass, Inc. Vineland, N. Y. USA.

Vor der Feststellung des Leergewichtes spült man das oder die Pyknometer mit der Luft des Wägezimmers aus. Die Außenflächen des Pyknometers adsorbieren Wasser. Man erreicht eine gleichmäßige und zeitlich konstante Wasserhaut, indem man das Gefäß mit einem nicht fasernden Tuch vorsichtig abreibt, wobei eine Temperaturerhöhung durch die Handwärme bei den Typen II und III vermieden werden muß. Das Pyknometer bleibt dann 20 min lang im Wagenraum stehen. Die Verwendung eines leeren Pyknometers als Taragewicht vermindert die durch eine Wasserhaut bedingte Unsicherheit.

Einer Steigerung der Genauigkeit durch Vergrößerung des Pyknometervolumens steht eine Abnahme der Wagenempfindlichkeit mit wachsender Belastung und andere Faktoren wie die Unsicherheit der Gewichtsbestimmung infolge Wasseradsorption entgegen. Es existiert ein Optimum bei etwa 30 ml.

Sehr große Wägefehler können durch elektrostatische Aufladung der Glasoberfläche des Pyknometers entstehen. M. R. LIPKIN (1944) u. a. empfehlen zur Vermeidung solcher Ladungseffekte, die Luftfeuchte im Wägezimmer auf 60% einzustellen. Nach A. H. CORWIN (1959) werden Ladungen, die übrigens auch an den Schneiden einer Wage auftreten können, durch im Wagenraum untergebrachte, schwach radioaktive Präparate unterdrückt.

Pyknometervolumina werden mit Wasser, seltener mit Quecksilber bestimmt. Die Dichte des Wassers kann vom Tabellenwert (Handbook, KÜSTER-THIEL-FISCHBECK) in nicht zu vernachlässigender Weise abweichen, wenn z. B. durch zu häufiges Destillieren sein natürliches Isotopenverhältnis verschoben wurde. N. BAUER und S. Z. LEWIN (1959) empfehlen als Ausgangsmaterial einfaches Leitungswasser, das nach Zusatz von 0,2 g $KMnO_4$ und 0,5 g NaOH je Liter aus einer Quarzapparatur 2—3mal destilliert wird. Ein Verfahren für besonders hohe Ansprüche geben A. J. SCHATENSTEIN und J. N. SWJAGINZEWA (1957).

γ) Auswertung

Unter strenger Berücksichtigung des Luftauftriebes erhält man für die Dichte der Probeflüssigkeit nach H. SCHOENECK (1956):

$$\varrho_f = \frac{\left[m_f \cdot (1 - \varrho_L^f/\varrho_G) - m_l \, \dfrac{1 - \varrho_L^l/\varrho_G}{1 - \varrho_L^l/\varrho_P} \cdot (1 - \varrho_L^w/\varrho_P) \right] (\varrho_w - \varrho_L^w)}{\left[m_w (1 - \varrho_L^w/\varrho_G) - m_l \cdot \dfrac{1 - \varrho_L^l/\varrho_G}{1 - \varrho_L^l/\varrho_P} \cdot (1 - \varrho_L^w/\varrho_P) \right] [1 + \beta \, (t_f - t_w)]} + \varrho_L^f \qquad (21)$$

ϱ_f = Dichte der Probeflüssigkeit in g/ml bei der Temperatur t_f.

m_f = Masse der Gewichtsstücke, die dem mit der Probeflüssigkeit gefüllten Pyknometer das Gleichgewicht halten, in g.

ϱ_L^f = Luftdichte bei der Wägung der Probeflüssigkeit in g/ml.

m_w = Masse der Gewichtsstücke, die dem mit Wasser gefüllten Pyknometer das Gleichgewicht halten, in g.

ϱ_L^w = Luftdichte bei der Wägung des Wassers in g/ml.

m_l = Masse der Gewichtsstücke, die dem leeren Pyknometer das Gleichgewicht halten, in g.

ϱ_L^l = Luftdichte bei der Wägung des leeren Pyknometers in g/ml.

ϱ_G = Dichte der Gewichtsstücke in g/ml.

ϱ_P = Dichte des Pyknometermaterials in g/ml.

β = kubischer Ausdehnungskoeffizient des Pyknometermaterials in $(°C)^{-1}$, für Glas liegt β zwischen 1,4 und $2,5 \cdot 10^{-5}$ $(°C)^{-1}$.

ϱ_w = Dichte des Wassers bei der Temperatur t_w.

t_f = Temperatur des Pyknometers bei seiner Füllung mit Probeflüssigkeit in °C.

t_w = Temperatur des Pyknometers bei seiner Füllung mit Wasser in °C.

Die Luftdichte läßt sich mit Hilfe der Formel:

$$\varrho_L = 1{,}2929 \cdot 10^{-3} \cdot \frac{B - 0{,}3783 \cdot 10^{-2} \cdot p_w(t) \cdot H}{760 \cdot (1 + 0{,}003661 \cdot t)} \tag{22}$$

ausrechnen.

ϱ_L = Luftdichte in g/ml.

B = Luftdruck in Torr.

$p_w(t)$ = Sättigungsdruck des Wasserdampfes bei der Temperatur t in mmHg.

H = relative Luftfeuchte in %.

t = Lufttemperatur in °C.

Zur Messung des Luftdruckes genügt ein gutes, auf den wahren Luftdruck justiertes Dosenbarometer. Die relative Luftfeuchtigkeit kann an einem Haar-hygrometer abgelesen werden. Den Sättigungsdampfdruck des Wassers in Ab-hängigkeit von der Temperatur findet man in Tabellen (KOHLRAUSCH, Handbook). Es existieren Tabellen, die die Berechnung der Luftdichte erleichtern (Handbook).

Eine Unsicherheit in der Luftdichte beeinflußt das Ergebnis stärker als Un-genauigkeiten in ϱ_G und ϱ_P. Wenn die Dichte auf $\pm 3 \cdot 10^{-5}$ g/ml genau bestimmt werden soll, so müssen, wenn man ein 50 ml-Pyknometer verwendet, ϱ_L auf $\pm 5 \cdot 10^{-5}$ g/ml, ϱ_P und ϱ_G auf $\pm 0{,}1$ g/ml genau bekannt sein, und die Gewichte müssen auf $0{,}5 - 1$ mg genau bestimmt werden.

Bevor einige Vereinfachungen der kompliziert anmutenden Gleichung (21) dis-kutiert werden, sei auf Folgendes hingewiesen: Die Berechnung wird vereinfacht, wenn man sich anstelle der heute noch weitverbreiteten Logarithmentafeln einer Rechenmaschine bedient. Wasser- und Leergewicht des Pyknometers brauchen bei Routinemessungen nicht immer mitbestimmt zu werden, man kann sich vielmehr auf gelegentliches Nachkontrollieren beschränken. Damit werden für ein gegebenes Pyknometer alle Produkte, die m_w und m_l als Faktoren enthalten, zu konstanten Größen, die nur ab und zu einmal berechnet werden müssen.

Die Auswirkungen einer jeden Vereinfachung sind unübersichtlich und schwer abzuschätzen, sie können aber ganz erhebliche Beträge annehmen. A. KALLMANN (1961) hat gezeigt, daß bei der pyknometrischen Alkoholbestimmung Fehler bis zu 0,15 Vol.-% Alkohol auftreten können, wenn die Wägungen bei verschiedenen Luftdichten durchgeführt werden.

Setzt man $\varrho_L' = \varrho_L^w = \varrho_L^l = \varrho_L$, unterstellt also gleiche Luftdichte bei allen Wägungen, so geht Gleichung (21) über in:

$$\varrho_f = \frac{m_f - m_l}{m_w - m_l} \cdot (\varrho_w - \varrho_L) \cdot [1 - \beta(t_f - t_w)] + \varrho_L \tag{23}$$

oder

$$\varrho_f = \tau \cdot (\varrho_w - \varrho_L) \cdot [1 - \beta(t_f - t_w)] + \varrho_L . \tag{24}$$

$\tau = \dfrac{m_f - m_l}{m_w - m_l}$ nennt man das Tauchgewichtsverhältnis (vgl. DIN 1305). Ein auf der Gleichung (24) beruhendes Auswertungsverfahren empfiehlt der Deutsche Normenausschuß (DIN 12795) und gibt Tabellen an, welche die Ausrechnung erleichtern sollen.

Falls man dafür gesorgt hatte, daß die Temperaturen bei der Füllung des Pyknometers mit Wasser und mit Probeflüssigkeit gleich waren, wird $t_f - t_w = 0$ und man erhält:

$$\varrho_f = \tau \cdot (\varrho_w - \varrho_L) + \varrho_L = \tau - K . \tag{25}$$

K ist eine vom Tauchgewichtsverhältnis abhängige Korrekturgröße, die man der Tab. 5 entnehmen kann; sie gilt für $t_f = t_w = 20°$ C, $\varrho_w = 0,99823$ g/ml und $\varrho_L = 0,0012$ g/ml.

Tabelle 5. *Die Korrekturgröße K in Abhängigkeit von τ für 20° C nach* Schoeneck

τ	K (g/ml)	τ	K (g/ml)
0,6	0,00058	1,3	0,00266
0,7	0,00088	1,4	0,00296
0,8	0,00118	1,5	0,00325
0,9	0,00147	1,6	0,00355
1,0	0,00177	1,7	0,00385
1,1	0,00207	1,8	0,00415
1,2	0,00236	1,9	0,00444

Dieses von H. Schoeneck (1956) vorgeschlagene Verfahren ist den Methoden von N. Bauer und S. Z. Lewin (1959) bzw. Küster-Thiel-Fischbeck mathematisch äquivalent; es erspart ihnen gegenüber Rechenarbeit, setzt aber das genaue Einhalten der Temperaturen voraus. Die Unsicherheit der Dichtebestimmung liegt in der 4. Dezimalen.

Falls Unsicherheiten in der 3. Dezimalen hingenommen werden können, läßt sich Gleichung (25) noch weiter vereinfachen, indem man $\varrho_L - \tau \cdot \varrho_L = 0$ setzt; man erhält dann

$$\varrho_f = \tau \cdot \varrho_w . \qquad (26)[1]$$

b) Hydrostatische Wägung

α) Beschreibung der Geräte

Jede gute Analysenwaage kann mittels einfacher Zusatzgeräte in eine hydrostatische Waage verwandelt werden, wie man auf Abb. 7[2] erkennt. Man hängt an die eine Seite des Waagenbalkens vermittels eines dünnen Drahtes einen Senkkörper, der meistens aus Glas besteht, und stellt über die Waagschale eine Brücke zur Aufnahme eines Gefäßes für die Flüssigkeit derart, daß die Waage frei schwingen kann. Hydrostatische Waagen sind eichfähig, wenn die Senkkörper Volumina von 10, 50 oder 100 ml und Massen von 30, 150 und 300 g besitzen (Johannsen).

Eine Modifikation der Hydrostatischen Waage ist die Mohr-Westphalsche Waage,

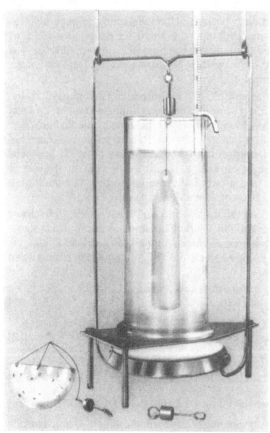

Abb. 7a). Brücke, Senkkörper und Körbchen für Festkörper einer hydrostatischen Waage.

---

[1] *Manche Tabellen, die das Dichteverhältnis $d_t^t = \varrho_f/\varrho_w$ zur Gehaltsbestimmung heranziehen, setzen $d_t^t = \tau$. Die Unsicherheit der Gehaltsbestimmung entspricht dann also der von τ und nicht der von ϱ_f; τ läßt sich höchstens bis auf die 4. Dezimale reproduzieren.*

[2] Für die Überlassung der Aufnahmen hat der Verfasser der Firma Sartorius-Werke AG, Göttingen, zu danken.

bei der die Dichte aus Größe und Lage von Reitergewichten direkt abgelesen werden kann.

Abb. 7b). Gesamtansicht der hydrostatischen Waage mit Senkkörper

β) Meßvorgang und Auswertung

Senkkörper und Aufhängedraht müssen fettfrei und sauber sein. Zur Reinigung verwendet man am besten organische Lösungsmittel. Stärkere Erwärmung des Glaskörpers, etwa das Trocknen im Trockenschrank sollte möglichst vermieden werden, weil Glas zu Hystereseerscheinungen bei der thermischen Expansion neigt und infolgedessen nur sehr langsam sein ursprüngliches Volumen wieder annimmt. Plötzliche Druckänderungen können zu ähnlichen Erscheinungen führen.

Das Gewicht des Glaskörpers wird einmal in Luft und zum andern in der zu untersuchenden Flüssigkeit festgestellt. Für genaue Messungen muß das Volumen des Glaskörpers durch Wägung in einer Flüssigkeit bekannter Dichte und Temperatur bestimmt werden. Die Eintauchtiefe des Drahtes soll bei allen Messungen die gleiche sein. Die Wägungen dürfen erst dann abgelesen werden, wenn sich

Temperaturdifferenzen zwischen Senkkörper und Flüssigkeit ausgeglichen haben. Die Temperatur der Probeflüssigkeit wird an einem Thermometer abgelesen.

Unter Berücksichtigung des Luftauftriebes erhält man für die Dichte der Probeflüssigkeit:

$$\varrho_f = \frac{m_l - m_f}{V_s}\left(1 - \frac{\varrho_L}{\varrho_G}\right) + \varrho_L \,. \tag{27}$$

ϱ_f = Dichte der Probeflüssigkeit in g/ml.
m_l = Masse der Gewichtsstücke, die dem Senkkörper in Luft das Gleichgewicht halten, in g.
m_f = Masse der Gewichtsstücke, die dem Senkkörper in der Probeflüssigkeit das Gleichgewicht halten, in g.
ϱ_L = Dichte der Luft zum Zeitpunkt der Wägung in g/ml.
ϱ_G = Dichte der Gewichtsstücke in g/ml.
V_s = Volumen des Senkkörpers in ml.

Zur Bestimmung des Senkkörpervolumens formt man Gleichung (27) um:

$$V_s = \frac{m_l - m_v}{\varrho_v - \varrho_L}\left(1 - \frac{\varrho_L}{\varrho_G}\right), \tag{28}$$

worin m_v und ϱ_v sich auf eine Vergleichsflüssigkeit bekannter Dichte und Temperatur beziehen.

Hat man das Volumen des Senkkörpers bei der Temperatur $t'\,°$C bestimmt und mißt die Dichte der Probeflüssigkeit bei $t\,°$C, so gilt für das Volumen $V_s(t)$:

$$V_s(t) = V_s(t')\,[1 + \beta\,(t - t')]\,. \tag{29}$$

β bedeutet den kubischen Ausdehnungskoeffizienten des Senkkörpermaterials. Für Glas liegt β zwischen 1,4 und $2,5 \cdot 10^{-5}\,(°$C$)^{-1}$.

Infolge der Oberflächenspannung bildet sich am Draht ein Flüssigkeitswulst aus, der mit seinem Gewicht den Senkkörper schwerer macht, also muß seine Masse m_{Wulst} von m_f bzw. m_v abgezogen werden. Es gilt:

$$m_{\text{Wulst}} = 2\,\pi\,r\,\frac{\sigma\cos\vartheta}{g} \tag{30}$$

m_{Wulst} = Masse des Flüssigkeitswulstes in g.
π = halber Umfang des Einheitskreises (= 3,14 . . .).
r = Radius des Drahtes in cm.
σ = Oberflächenspannung der Flüssigkeit in dyn/cm (zur Bestimmung der Oberflächenspannung vgl. Wollenberg).
ϑ = Randwinkel zwischen Flüssigkeit und Drahtmaterial.
g = Erdbeschleunigung in cm/s².

Bis auf den Randwinkel sind alle Größen der Gleichung (30) mit ausreichender Genauigkeit bestimmbar. Bei der Messung des Randwinkels ergeben sich jedoch Schwierigkeiten; nach G. Grau und J. L. v. Eichborn (1956) ist er zeitabhängig; schiebt man den Draht in die Flüssigkeit hinein, so nimmt er einen anderen Wert an als beim Zurückziehen. Außerdem hängt er von der Vorbehandlung des Drahtes und der Zusammensetzung der die Kontaktstelle umgebenden Atmosphäre ab. Grau und v. Eichborn geben für den Kontaktwinkel Wasser—Platin Werte zwischen 0° und 60° an. Bei einem 0,2 mm starken Platindraht und Wasser mit einer Oberflächenspannung von 72,75 dyn/cm erhält man für die Masse des Wulstes: 9,31 mg beim Randwinkel $\vartheta = 0°$ und 4,65 mg beim Randwinkel $\vartheta = 60°$.

Die Genauigkeit der hydrostatischen Dichtebestimmung liegt aus diesem Grunde gewöhnlich bei $\pm\,0{,}001$ g/ml; unter Verwendung schwererer Senkkörper kann sie bis auf $\pm\,0{,}0001$ g/ml gesteigert werde (Johannsen).

Es kommt der Genauigkeit zugute, wenn man die Oberflächenspannungskorrektur möglichst klein zu halten versucht. W. PRIMAK (1958) empfiehlt die Verwendung von Drähten aus einer Pt/Ir-Legierung (4:1) der Stärke 1 mil (0,025 mm).

H. E. WIRTH (1937) und von ihm unabhängig W. PRANG (1938) konnten Dichteunterschiede zweier Lösungen mit einer Genauigkeit von $0,4 \cdot 10^{-6}$ bis $0,8 \cdot 10^{-6}$ g/ml messen. Sie verwendeten zwei Senkkörper, die an Platindrähten von 0,02—0,05 mm Durchmesser befestigt waren.

Für flüchtige und hygroskopische Flüssigkeiten beschreibt G. SCHULZ (1938) eine Meßzelle zur hydrostatischen Wägung, die eine genau dosierbare Zugabe von Substanzen während der Messung gestattet.

H. SCHOENECK und W. WANNINGER (1960) geben Korrekturtabellen für die Dichtebestimmung mit hydrostatischen Waagen.

E. SANDEGREN u. Mitarb. (1959) verwenden hydrostatische Wägungen für Brauerei-Analysen, wobei sie gegenüber der Pyknometrie bei gleicher Genauigkeit eine Zeitersparnis von 50% erreichen.

Die Mohr-Westphalsche Waage erreicht kaum größere Genauigkeiten als $\pm$ 0,001 g/ml, wenn man einen 10 ml Senkkörper verwendet. Bei Verwendung kleinerer Senkkörper wird nicht einmal diese Genauigkeit erreicht. Korrekturen, die eine höhere Genauigkeit ergeben, müssen für jeden Reiter und für jede Reiterposition einzeln bestimmt werden (BLOCK 1917, 1928). Dabei büßt sie aber ihren Hauptvorteil — einfache Auswertung — wieder ein.

c) Aräometrie

α) Beschreibung der Geräte

Aräometer bestehen aus einem zylindrischen Glaskörper, dessen Enden schwach kegelförmig ausgebildet sind. Ein Ende läuft in einen dünnen, hohlen Stengel aus, das andere wird durch Schrotkugeln oder dergleichen beschwert. Erstere wurden mit einem nicht unter 70° C schmelzenden Bindemittel fixiert (Abb. 8; DIN 12790).

Die Vorschriften des Deutschen Normenausschusses sehen drei Sätze von Spindeln vor.

1. **Laboratoriumsspindeln für analytische Zwecke (DIN 12791).** Dieser Satz besteht aus 14 Spindeln, die den Dichtebereich von 0,630—2,000 g/ml überstreichen und durch die Nummern 1—14 gekennzeichnet werden. Die Fehlergrenze beträgt $\pm$ 0,001 g/ml und entspricht der Ablesegenauigkeit.

2. **Betriebsspindeln für technische Zwecke (DIN 12792).** Hier erfassen 9 Spindeln den Dichtebereich von 0,610—2,000 g/ml. Die einzelnen Spindeln werden durch römische Ziffern von I—IX unterschieden. Die Fehlergrenze beträgt $\pm$ 0,002 g/ml und entspricht der Ablesegenauigkeit.

3. **Suchspindeln für Vormessung und rohe Betriebsmessung (DIN 12793).** 4 Spindeln mit den Buchstaben A, B, C, D gestatten orientierende Messungen im Bereich von 0,60—2,00 g/ml. Auch hier entspricht ein kleinster Teilabschnitt der Fehlergrenze.

Abb. 8 a u. b. a) Aräometer nach den Vorschriften des Deutschen Normenausschusses;

b) Querschnitt des Aräometerstengels

Alle Spindeln bis auf die mit den Bezeichnungen 14, IX und D sind eichfähig. Sie zeigen nur bei 20° C bei Ablesung im Flüssigkeitsspiegel und nur in der

Flüssigkeit, für die sie justiert wurden, echte Dichtewerte an. Die Tab. 6 und 7
enthalten die vom Normenausschuß empfohlenen Justierflüssigkeiten.

Tabelle 6. *Justierflüssigkeiten für die Spindeln 1—14 und I—IX nach DIN 12790*

Dichtebereich in g/ml	
0,61—0,79	justiert in Mineralölen für Mineralöle
0,79—0,95	justiert in Alkohol-Wasser für Alkohol-Wasser
0,95—1,00	justiert in Sulfosprit[1] für Alkohol-Wasser
1,00—1,84	justiert in Sulfosprit für Schwefelsäure

Neben den oben beschriebenen 3 Spindelsätzen sehen die Normen zwei eichfähige Aräometertypen für Dichtemessungen an Milch, eingedickter Milch, Mager-
milch, Buttermilch und Buttermilchserum (DIN 10290) und zur Bestimmung des
Fremdwassergehaltes von Buttermilch aus der Dichte des Hitzeserums vor (DIN
10293). Das erste umfaßt den Meßbereich von 1,020—1,045 g/ml mit einer Fehler-

Tabelle 7. *Justierflüssigkeiten für die Spindeln A bis D nach DIN 12793*

Dichtebereich in g/ml	
0,60—0,85	justiert in Mineralölen für Mineralöle
0,85—1,10	justiert in Sulfosprit für Mineralöle
1,10—1,50	justiert in Sulfosprit für Schwefelsäure-Wasser
1,50—1,84	justiert in Sulfosprit für Schwefelsäure-Wasser
1,85—2,00	justiert in Quecksilberoxidnitrat[2]-Lösung für Quecksilberoxidnitrat-Lösung

grenze von ± 0,0005 g/ml. Es ist für eine Flüssigkeit mit einer Oberflächenspannung von 44 dyn/cm und von 20° C bei Ablesung am oberen Wulstrand justiert.
Das Buttermilchserum-Aräometer umfaßt den Meßbereich von 1,014—1,030 g/ml
mit einer Fehlergrenze von ± 0,0002 g/ml. Die Justierung erfolgt für eine Flüssigkeit mit einer Oberflächenspannung von 44 dyn/cm, 20° C und Ablesung im
Flüssigkeitsspiegel.

Eine lineare Dichteteilung der Aräometerskalen ist nur dann zu erwarten,
wenn das Volumen des Stengels gegenüber dem Volumen des Senkkörpers sehr
klein und der Querschnitt des Stengels über die ganze Stengellänge hin konstant
bleibt. Nur Aräometer mit gleichmäßig geteilter Skale sind eichfähig (Johannsen).

Ältere Aräometertypen, die die Bedingungen für die Linearität der Dichteteilung nicht erfüllten, tragen daher häufig lineare Gradeinteilungen wie die nach
Baume oder Twaddle. Die Umrechnung auf Dichteeinheiten kann mit Formeln
oder Tabellen vorgenommen werden (Kux, Handbook). Aräometer werden auch
mit Skalen ausgerüstet, die den Prozentgehalt einer Komponente in meist wäßriger
Lösung direkt abzulesen gestatten, z. B. den Alkohol- oder Zuckergehalt (Alkoholo-
oder Saccharimeter) oder den Gehalt an Schwefelsäure. Gegenüber den Aräometern, deren Skalen in Dichteeinheiten eingeteilt sind, haben sie den Nachteil, daß
Meßwerte, welche nicht bei der Justiertemperatur erhalten wurden, sich nur umständlich auf die Justiertemperatur beziehen lassen. Um so entstandene Fehlmessungen zu korrigieren, verwendet man Tabellen (Bundesmonopolamt, Kaiserliche Normaleichungskommission). Aus diesem Grunde empfiehlt J. Spaepen

---

[1] Sulfosprit ist eine Mischung aus 80%igen (g/g) Alkohol und konzentrierter Schwefelsäure der Dichte 1,841 g/ml.
[2] Quecksilberoxidnitrat in Schwefelsäure der Dichte 1,2 g/ml.

(1955) (vgl. auch W. HOFFMANN 1957) die Verwendung reiner Dichtearäometer. Aräometer, die der unmittelbaren Gehaltsbestimmung dienen, sind mit Ausnahme der Alkoholo- und Saccharimeter nicht eichfähig (JOHANNSEN).

R. NEUBAUER (1951) beschrieb ein Aräometer, das eine mit der Temperatur veränderliche Marke besitzt, die über eine feste Skala an der Wandung des Meßgefäßes abgelesen wird. Der Meniscus einer in das Aräomter eingeschlossenen Flüssigkeit bildet diese Marke. Bei Temperaturänderung der Außenflüssigkeit bewegt sich der Meniscus in einer der Bewegung des Aräometerkörpers entgegengesetzten Richtung. Bei geeigneter Konstruktion dieses „temperaturkompensierten" Aräometers läßt sich erreichen, daß in einem beschränkten Temperaturintervall stets die Dichte bei einer bestimmten Temperatur angezeigt wird, unabhängig von der in der Probeflüssigkeit gerade herrschenden Temperatur. Die Unsicherheit der Messung soll bei ± 0,00001 g/ml liegen. Die Ablesungen lassen sich mittels einer Eichkurve direkt in Konzentrationsmaße umformen (R. WICKBOLD 1952). Das Aräometer eignet sich auch zu Messungen in strömenden Flüssigkeiten.

β) Meßvorgang und Auswertung

Verunreinigungen des Aräometers verändern seinen Auftrieb oder die Oberflächenspannung der Probeflüssigkeit. Am Aräometer dürfen keine Luftblasen haften, es muß frei schwimmen. Temperaturdifferenzen zwischen Flüssigkeit und Glaskörper müssen sich ausgeglichen haben; das dauert im allgemeinen 1−2 min. Jede überflüssige Benetzung ist zu vermeiden (H. SCHOENECK 1956, W. HOFFMANN 1957). Die Ablesung soll im Flüssigkeitsspiegel gemäß Abb. 9 erfolgen. Am Spindelstengel bildet sich infolge der Oberflächenspannung ein Flüssigkeitswulst aus, der mit seinem Gewicht auf die Spindel drückt. Haben zwei Flüssigkeiten genau gleiche Dichten, aber verschiedene Oberflächenspannungen, so zeigt ein und dieselbe Spindel in ihnen verschiedene Werte an. Sie werden als Spindelwerte bezeichnet und sind als solche durchaus verkehrsfähig, da sie reproduzierbar gemessen werden können (DIN 12970).

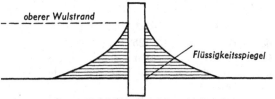

Abb. 9. Wulstbildung am Aräometerstengel

Zur Umrechnung des Spindelwertes S in die Dichte ϱ dient die Formel:

$$\varrho_{20} = S_{20} \left[1 + \frac{\pi \cdot d \cdot (\sigma - \sigma_0)}{m \cdot g} \right]$$
$$= S_{20} + 4s \, \frac{\sigma - \sigma_0}{g \cdot l \cdot d \cdot S_{20}} \, . \tag{31}$$

ϱ_{20} = Dichte in g/ml bei 20° C,
S_{20} = Spindelwert in g/ml bei 20° C,
π = halber Umfang des Einheitskreises (= 3,14 . . .),
d = mittlerer Durchmesser des Stengels in cm = $\frac{p+q}{2}$ (vgl. Abb. 8b),
σ = Oberflächenspannung der Probeflüssigkeit in dyn/cm,
σ_0 = Oberflächenspannung der Justierflüssigkeit in dyn/cm,
m = Masse der Spindel in g,
g = Erdbeschleunigung in cm/s²,
l = Abstand zweier unmittelbar benachbarter Teilstriche in cm,
s = Dichteänderung, die dem Abstande l entspricht, in g/ml.

Für eine 30 g schwere Spindel, deren Stengel einen mittleren Durchmesser von 0,27 cm hat, ergibt Gleichung (31):

$$\varrho_{20} = S_{20}[1 + 2,9 \cdot 10^{-4}(\sigma - \sigma_0)] \, .$$

Dichte und Spindelwert unterscheiden sich also je 1 dyn/cm Unterschied in den Oberflächenspannungen von Probe- und Justierflüssigkeit um etwa 3 in der 4. Dezimale.

Ist die Oberflächenspannung der Justierflüssigkeit unbekannt, so kann man sich mit einer Vergleichsflüssigkeit bekannter Dichte und Oberflächenspannung behelfen und mit Hilfe von Gleichung (31) σ_0 berechnen. (Über die Bestimmung der Oberflächenspannung vgl. Wollenberg.)

Manchmal erlauben stark gefärbte oder trübe Flüssigkeiten die Ablesung im Flüssigkeitsspiegel nicht. Man liest dann am oberen Wulstrande ab (vgl. Abb. 9) und rechnet mittels Gleichung (32) auf Ablesung im Flüssigkeitsspiegel um (Langberg):

$$S = S_0 + \frac{s \cdot \sigma}{l \cdot d \cdot g \cdot S_0} \left(\sqrt{1 + \frac{2 \cdot d^2 \cdot S_0 \cdot g}{\sigma}} - 1 \right). \tag{32}$$

S_0 bedeutet den am oberen Wulstrand abgelesenen Spindelwert, während die Bedeutung der übrigen Symbole dieselbe ist wie in Gleichung (31). Die Umrechnung kann man sich mit Tabellen oder Nomogrammen erleichtern (Mitteilungen der Physikalisch-Technischen Reichsanstalt). Eine Umrechnung ist selbstredend dann nicht am Platze, wenn ein Aräometer für Ablesung am oberen Wulstrand justiert wurde.

Wenn eine Flüssigkeit bei einer von 20° C (der Justiertemperatur) abweichenden Temperatur gespindelt wird, so dient Gleichung (33) (DIN 12790; Kux) der Umrechnung auf 20° C

$$S_{20} = S_t [1 + (\beta_{20} - \beta) \cdot (t - 20)] \, , \tag{33}$$

die im Bereich von 15−25° C gültig ist.

S_t = bei der Temperatur t abgelesener Spindelwert,

β_{20} = Ausdehnungskoeffizient der Probeflüssigkeit gemäß Gleichung (8) (vgl. Tab. 1),

β = Ausdehnungskoeffizient des Spindelmaterials [für Glas liegt β zwischen 1,4 und 2,5 · 10⁻⁵ (° C)⁻¹],

S_{20} = Spindelwert bei 20° C.

Die Masse älterer Aräometer kann im Laufe der Zeit bis zu 11 mg zunehmen und sein Volumen eine deutliche Kontraktion erfahren (W. Hoffmann 1954). Dadurch kommt es zu Fehlmessungen, die sich nur umständlich korrigieren lassen. Aräometer sollten daher von Zeit zu Zeit nachgeprüft und, falls die Meßwerte unter Berücksichtigung der Korrekturen (31), (32) und (33) zu stark vom Sollwert abweichen, durch neue Geräte ersetzt werden.

d) Sonstige Methoden zur Dichtebestimmung in Flüssigkeiten

Die Nachteile der hydrostatischen Waage lassen sich vermeiden, wenn man auf eine Aufhängung des Senkkörpers verzichtet und seinen Auftrieb auf andere Weise mißt. G. H. Wagner u. Mitarb. (1942) befestigen einen Hohlkörper aus Quarz an einer Quarzhelix und tauchen das ganze System in die Probeflüssigkeit (oder in das Probegas) ein. Die vom Auftrieb erzeugte Dehnung der Quarzspirale ist ein Maß für die Dichte, die auf diese Art und Weise bis auf ± 3 · 10⁻⁶ g/ml gemessen werden kann. G. L. Gaines jr und C. P. Rutkowski (1958) setzten dieses Verfahren für schnelle Reihenmessungen mit Reproduzierbarkeiten von ± 0,00005 bis ± 0,00010 g/ml ein.

D. A. McInnes u. a. (1951) griffen eine alte Idee von A. B. Lamb und R. E. Lee (1913) auf, nach der der Auftrieb eines Schwimmers durch ein magnetisches Feld kompensiert wird, und bauten ein Gerät, das Dichtemessungen bis auf die 6. Dezimale gestattet. Der Schwimmer besteht aus einem kölbchenförmigen, hohlen Glaskörper, dessen Hals einen permanenten Stabmagneten umschließt. Sein flacher Boden zeigt nach oben und kann mit Platingewichten belastet werden, so daß sein Auftrieb beinahe kompensiert wird. Am sich verjüngenden unteren Teil des die Probeflüssigkeit enthaltenden Gefäßes wird eine Drahtspule angebracht, durch die in der Flüssigkeit ein magnetisches Feld erzeugt werden kann, welches den Auftrieb des Schwimmers aufhebt. Durch ein Mikroskop läßt sich sein Bewegungszustand genau beobachten. Aus der Stärke des in der Spule fließenden Stromes wird auf die Dichte geschlossen.

Die Dichten kleiner Volumina von der Größenordnung eines Kubikmillimeters bestimmt K. Linderstrøm-Lang (1938) mit Hilfe eines Dichtegradienten, der bei der Diffusion von Kerosin in Brombenzol entsteht. Der Gradient ist praktisch linear. Wenn ein Tropfen der Probeflüssigkeit durch den Gradienten hindurchfällt, nimmt seine Geschwindigkeit in dem Maße ab, in dem der Dichteunterschied zwischen dem Tropfen und seiner Umgebung kleiner wird. Bei passend gewähltem Gradienten bleibt er schließlich stehen, wenn der Dichteunterschied Null geworden ist. Mittels einiger Standardlösungen bekannter Dichte wird die Position des Tröpfchens, welche man mit einem Kathetometer mißt, mit seiner Dichte korreliert. Das Verfahren besitzt eine Empfindlichkeit von $4 \cdot 10^{-6}$ g/ml. Es ist beschränkt auf Flüssigkeiten, die sich mit dem System Brombenzol — Kerosin nicht vermischen. Selbstverständlich können auch andere Flüssigkeitspaare zur Erzeugung eines Dichtegradienten herangezogen werden. Linderstrøm-Lang hat mit dieser Methode die zeitlichen Volumenänderungen bei enzymatischen Spaltungen in wäßrigen Lösungen verfolgt. C. M. Jacobsen und Linderstrøm-Lang (1940) beschreiben eine vereinfachte Technik dieser Methode, wobei der Dichtegradient in einem Meßzylinder hergestellt wird; auf die Verwendung eines Thermostaten kann verzichtet werden. J. M. H. Fortuin (1960) und G. L. Miller und J. M. Gasek (1960) haben in neuerer Zeit die Bedingungen näher untersucht, die bei der Herstellung des Dichtegradienten eingehalten werden müssen, und die Stabilität der Säule als Funktion ihrer Länge und der Diffusionskoeffizienten angegeben. Ein Dichtegradient kann über mehrere Wochen hin stabil sein. Die Tröpfchen lassen sich leicht ohne Störung des Gradienten entfernen.

Die Absorption radioaktiver β- oder γ-Strahlen durch flüssige oder gasförmige Körper ist eine Funktion der Dichte dieser Körper. Dichteänderungen werden in elektrische Signale verwandelt, die sich leicht registrieren lassen. Deshalb eignet sich diese Methode besonders zur kontinuierlichen Dichtemessung (R. Berthold 1958). Das elektrische Signal kann auch auf Regelglieder übertragen werden, welche in der Lage sind, die Dichte eines Mediums selbsttätig auf vorgeschriebenen Werten zu halten (B. J. Verkhovskii 1959). Das Verfahren wurde in der Nahrungsmittelindustrie angewandt (A. Kundzins u. a. 1959).

2. Die Bestimmung der Dichte von Festkörpern

Die geometrische Gestalt fester Substanzen ist meistens unbestimmt; ihr Volumen läßt sich deshalb nicht aus irgendwelchen linearen Abmessungen berechnen. Man muß es vielmehr durch Verdrängung einer Flüssigkeit oder eines Gases bestimmen. Die Gasverdrängung erfordert einen ziemlich großen apparativen Aufwand. Bei einer Flüssigkeit muß man damit rechnen, daß mikroskopische Risse oder Ausbuchtungen infolge der Grenzflächenspannung zwischen Flüssigkeit und festem Körper nicht vollständig erfüllt werden. Allseitig umschlossene Hohlräume innerhalb der festen Substanz werden von der Flüssigkeit gar nicht erreicht. Solche Kavitäten können mit Luft, Feuchtigkeit oder Resten der Mutterlauge erfüllt sein. Aus diesen Gründen ist die Genauigkeit der Dichtebestimmung bei Festkörpern wesentlich geringer als bei Flüssigkeiten; die Unsicherheiten liegen bei Routinebestimmungen im allgemeinen in der 2. Dezimalen; die 3. oder gar 4. Dezimale wird nur bei sehr sorgfältigem und zeitraubendem Arbeiten erfaßt.

a) Pyknometrie

Zur Bestimmung der Dichte fester Substanzen eignen sich die Pyknometertypen I, II und III (vgl. Abb. 5), weil sie eine genügend weite Öffnung besitzen, durch die der Probekörper eingeführt werden kann. Die Substanz soll vor der Dichtebestimmung möglichst fein zerkleinert werden, um Hohlräume zu beseitigen. Um den Einfluß adsorbierter Gase auszuschalten, empfiehlt es sich, die Substanz mit der Verdrängungsflüssigkeit unter Vakuum zu vereinigen (P. WULFF und A. HEIGL 1931). Die Verdrängungsflüssigkeit soll die Substanz gut benetzen, ihre Viscosität darf nicht zu hoch sein; der Probekörper muß in ihr unlöslich sein, daher verwendet man mit Vorteil eine gesättigte Lösung der Substanz im Verdrängungsmittel. Für Füllung, Temperierung und Wägung des Pyknometers gelten die gleichen Grundsätze wie bei der pyknometrischen Dichtebestimmung von Flüssigkeiten.

Vier Wägungen sind erforderlich:

1. Wägung des leeren Pyknometers,
2. Wägung des mit der Verdrängungsflüssigkeit gefüllten Pyknometers,
3. Wägung des Pyknometers mit der festen Substanz ohne Verdrängungsflüssigkeit und
4. Wägung des mit fester Substanz und Verdrängungsflüssigkeit gefüllten Pyknometers.

Es versteht sich von selbst, daß die Verdrängungsflüssigkeit bei der 2. und 4. Wägung bis zur gleichen Marke eingestellt wird.

Unter Berücksichtigung des Luftauftriebes erhält man für die Dichte des festen Körpers folgenden Ausdruck:

$$\varrho_s = (\varrho_f - \varrho_L) \frac{m_3 - m_1}{(m_2 - m_1) - (m_4 - m_3)} + \varrho_L \,. \tag{34}$$

ϱ_s = Dichte des festen Körpers in g/ml,
ϱ_f = Dichte der Verdrängungsflüssigkeit in g/ml,
ϱ_L = Dichte der Luft in g/ml,
m_1 = Masse der Gewichtsstücke, die dem leeren Pyknometer das Gleichgewicht halten, in g,
m_2 = Masse der Gewichtsstücke, die dem nur mit der Verdrängungsflüssigkeit gefüllten Pyknometer das Gleichgewicht halten, in g,
m_3 = Masse der Gewichtsstücke, die dem nur mit der festen Substanz gefüllten Pyknometer das Gleichgewicht halten, in g,
m_4 = Masse der Gewichtsstücke, die dem mit Verdrängungsflüssigkeit und fester Substanz gefülltem Pyknometer das Gleichgewicht halten, in g.

Eine Berücksichtigung der Luftdichte für jede einzelne Wägung entsprechend der Gleichung (21) ist zwar prinzipiell möglich, würde aber eine sehr unhandliche Formel ergeben. Die Genauigkeiten der Dichtebestimmung fester Körper rechtfertigt die Verwendung der Gleichung (34), wenn man für ϱ_L einen Mittelwert einsetzt, den man aus den bei den einzelnen Wägungen herrschenden Luftdichten zu bilden hat. Die Dichte der Verdrängungsflüssigkeit muß, falls man sie einer

Tabelle nicht entnehmen kann, gesondert bestimmt werden. Gleichung (34) setzt voraus, daß die Temperaturen bei der zweiten und vierten Wägung und gegebenenfalls auch bei der Bestimmung der Dichte der Verdrängungsflüssigkeit gleich sind.

b) Hydrostatische Wägung

Wie bei der Dichtebestimmung an Flüssigkeiten kann auch bei festen Körpern eine hydrostatische Waage verwendet werden. An Stelle des Senkkörpers befestigt man an der Wage ein Körbchen, das die feste Substanz aufnimmt (vgl. Abb. 7a). Besonders gut eignen sich dafür kompakte feste Körper; Substanzen mit einem definierten Schmelzpunkt lassen sich verhältnismäßig leicht in diese Gestalt überführen.

Die Dichte wird wie bei der Pyknometrie aus vier Wägungen ermittelt:

1. Wägung des leeren Körbchens in Luft,
2. Wägung des leeren Körbchens in der Verdrängungsflüssigkeit,
3. Wägung des mit der festen Substanz gefüllten Körbchens in Luft und
4. Wägung des mit der festen Substanz gefüllten Körbchens in der Verdrängungsflüssigkeit.

Die Dichte ϱ_s folgt dann aus der Gleichung (35), die formal völlig mit Gleichung (34) übereinstimmt:

$$\varrho_s = (\varrho_f - \varrho_L) \frac{m_3 - m_1}{(m_2 - m_1) - (m_4 - m_3)} + \varrho_L . \tag{35}$$

ϱ_s = Dichte der festen Substanz in g/ml,
ϱ_f = Dichte der Verdrängungsflüssigkeit in g/ml,
ϱ_L = Dichte der Luft in g/ml,
m_1 = Masse der Gewichtsstücke, die dem leeren Körbchen in Luft das Gleichgewicht halten, in g,
m_2 = Masse der Gewichtsstücke, die dem leeren Körbchen in der Verdrängungsflüssigkeit das Gleichgewicht halten, in g,
m_3 = Masse der Gewichtsstücke, die dem mit der Probesubstanz gefüllten Körbchen in Luft das Gleichgewicht halten, in g,
m_4 = Masse der Gewichtsstücke, die dem mit der Probesubstanz gefüllten Körbchen in der Verdrängungsflüssigkeit das Gleichgewicht halten, in g.

Für die Luftdichte gilt das bei der Pyknometrie Gesagte; die Temperatur der Verdrängungsflüssigkeit und die Eintauchtiefe des Drahtes, an dem das Körbchen befestigt ist, müssen bei der 2. und 4. Wägung gleich sein. Die Massen m_i sind positiv zu rechnen, wenn sie die dem Körbchen gegenüberliegende Waageschale belasten, anderenfalls negativ. Man muß die Dichte der Verdrängungsflüssigkeit für dieselbe Temperatur kennen, bei der die 2. und 4. Wägung vorgenommen wurden.

Während bei der hydrostatischen Wägung von Flüssigkeiten eine beträchtliche Unsicherheit durch die Ausbildung eines Flüssigkeitswulstes an der Eintauchstelle des Drahtes entstand, heben sich bei der hydrostatischen Wägung fester Körper die Massen der Wulste bei der 2. und 4. Wägung gegenseitig auf.

c) Sonstige Methoden zur Dichtebestimmung fester Körper

Liegt ein fester Körper in kompakter Form oder als Pulver ohne Hohlräume vor, so kann seine Dichte mittels der Schwebemethode ermittelt werden (KOHLRAUSCH). Zu diesem Zweck mischt man zwei Flüssigkeiten, deren Dichten in reiner

Form kleiner und größer als die des Probekörpers ist, miteinander. Bei einem bestimmten Mischungsverhältnis schwebt der Körper in der Flüssigkeit; er hat dann die gleiche Dichte wie das Einbettungsmedium, die z. B. mit einer hydrostatischen Waage oder einem Aräometer gemessen werden kann. Die in der Tab. 8 (G. Linck und H. Jung 1954) aufgeführten Flüssigkeiten überstreichen einen Dichtebereich von 2,9—4,3 g/ml und haben sich bei der Bestimmung der Dichte von Mineralien bewährt.

Tabelle 8. *Flüssigkeitspaare zur Dichtebestimmung nach der Schwebemethode*

Flüssigkeit	Dichte in g/ml	Verdünnungsmittel
1. Bromoform $CHBr_3$	2,9	Benzol
2. Acetylentetrabromid $CHBr_2 — CHBr_2$	2,98	Benzol oder Toluol
3. Thouletsche Lösung $HgJ_2 + KJ$ in Wasser	3,2	Wasser
4. Methylenjodid CH_2J_2	3,3	Benzol oder Toluol
5. Indiumjodid	3,4	Wasser
6. Clerici-Lösung (Thalliumverbindung)	4,3	Wasser

C. A. Hutchison und H. L. Johnston (1940) bestimmten mittels einer Modifikation dieser Methode die Dichte von festem Lithiumfluorid bis auf die 4. Dezimale. Als Suspensionsmedium diente eine Mischung aus Bromoform mit ein paar Tropfen Hexanol und Pentanol. Der Schwebezustand wurde jedoch nicht durch Variation des Mischungsverhältnisses der einzelnen Komponenten, sondern durch Temperaturänderung erzeugt, welche die Verfasser mit einem kalibrierten Beckmannthermometer maßen. Die Abhängigkeit der Dichte des Einbettungsmediums von der Temperatur wurde mit einer hydrostatischen Waage festgestellt.

Eine andere Abart der Schwebemethode verwendet einen Dichtegradienten nach K. Linderstrøm-Lang (1938), der mit festen oder flüssigen Körpern bekannter Dichte kalibriert wird. An der Stelle, an der die Dichte des Einbettungsmediums gleich der des Probekörpers geworden ist, hört die Fallbewegung auf. Es genügt, seine Position im Dichtegradienten relativ zu den Körpern bekannter Dichte mit einem Lineal zu messen, um die Dichte bis auf die 3. Dezimale genau zu erhalten.

Nach dieser Methode haben B. W. Low und F. M. Richards (1954) die Dichten von kristallisierten Aminosäuren und kristallisiertem Insulin und β-Lactoglobulin bestimmt. Der Gradient wurde aus Brombenzol und Xylol hergestellt und mit wäßrigen Lösungen von Kaliumphosphat kalibriert. Man erzeugte ihn in Zentrifugengläsern von 10 ml Inhalt auf einer Strecke von 5 cm. Nachdem man den Gradienten mit einer Suspension des Probekörpers in der leichteren Komponente überschichtet hatte, wurden die Proben 1—2 min lang bei 2500 U/min zentrifugiert, damit die Gleichgewichtseinstellung beschleunigt werde. Mit diesem Verfahren konnten die Verfasser nicht nur Dichten bestimmen, sondern auch Verunreinigungen in Kristallpräparaten ermitteln, deren Mengenanteil bei 1% lag.

H. Kraus (1963) verwendete eine ähnliche Methode, um Fettgewebe, Skeletmuskulatur und Bindegewebe bzw. Innereien in Brühwürsten zum Zwecke der histologischen Untersuchung von einander zu trennen. 80 g zerkleinerter Wurst und 80 g auf 40° C erwärmter Gelatinelösung (25%ig mit 0,5% Phenolzusatz in Wasser) wurden in einem vorgewärmten Mixer gründlich gemischt. 50 g der Mischung brachte er in vorgewärmte große Zentrifugengläser und zentrifugierte

30 min lang bei 3500 U/min. Auf Grund der Dichteunterschiede trennten sich die einzelnen Wurstkomponenten gemäß Abb. 10.

Abb. 10. Links: Kalbsleberwurst; von oben nach unten: breite weiße Fettschicht, darunter eine schmale Schicht von fettreichem Bindegewebe, dunkle Gelatineschicht, schwere Gewebstelle. Rechts: Leberwurst einfach; von oben nach unten: weiße Fettschicht, fetthaltiges Bindegewebe, dunkle Gelatineschicht, Innereien

B. Die Dichte von Gasen

Die experimentelle Gasdichtebestimmung ist für den Lebensmittelchemiker von geringer Bedeutung, deshalb sei an dieser Stelle auf die einschlägige Literatur verwiesen (KOHLRAUSCH, N. BAUER und S. Z. LEWIN 1959, H. KIENITZ 1955).

In vielen Fällen können die Dichten bestimmter Gase aus Tabellen entnommen werden (Handbook, LANDOLT-BÖRNSTEIN). Außerdem lassen sie sich leicht errechnen, wie es für die Dichte feuchter Luft mittels Gleichung (22) geschehen kann.

Unter der Voraussetzung, daß für ein Gas die ideale Gasgleichung gilt, also bei kleinen Drucken und hohen Temperaturen, wird:

$$\varrho_g = \frac{p \cdot M}{R \cdot T} \cdot \tag{36}$$

ϱ_g = Dichte des Gases in g/ml,
p = Druck des Gases in Torr,
M = Molekulargewicht des Gases,
T = absolute Temperatur in $^\circ$K = 273,16 + t,
t = Temperatur in $^\circ$C,
R = allgemeine Gaskonstante = 62361,04 Torr · ml/Grad · Mol.

Für die Dichte von Gasmischungen erhält man:

$$\varrho_g = \frac{p}{R \cdot T} \cdot \frac{100}{\sum\limits_i \frac{q_i}{M_i}} = \frac{p}{R \cdot T} \cdot \frac{1}{100} \cdot \sum\limits_i \varphi_i \cdot M_i \cdot \tag{37}$$

ϱ_g = Dichte der Gasmischung in g/ml,
p = Druck der Gasmischung in Torr,
q_i = Gehalt der Mischung an der i-ten Gassorte in Gew.-%,
φ_i = Gehalt der Mischung an der i-ten Gassorte in Vol.-%,

$M_i =$ Molekulargewicht der i-ten Gassorte,
R und T haben dieselbe Bedeutung wie oben.
Die Summation hat sich über alle in der Mischung vorhandenen Gassorten zu erstrecken.

Ist die Dichte eines Gases oder einer Gasmischung bei einem Druck p_0 und einer Temperatur T_0 bekannt, so kann man die Dichte beim Druck p und der Temperatur T nach folgender Formel berechnen:

$$\varrho(p,\, T) = \frac{p \cdot T_0}{p_0 \cdot T} \cdot \varrho(p_0,\, T_0)\,. \tag{38}$$

Die Gleichungen (36) bis (38) lassen erkennen, daß die Dichte von Gasen in sehr viel stärkerem Maße von Druck und Temperatur abhängen als die Dichten fester oder flüssiger Körper. Die Dichte eines Gases bei 760 Torr und 0° C = 273,16° K nennt man die Normdichte des Gases (DIN 1306).

Bibliographie

BAUER, N., and S. Z. LEWIN: Determination of Density. In: WEISSBERGER, A., Physical Methods of Organic Chemistry. Vol. I, Part I. P. 131—190. New York, London: Interscience Publishers 1959.

BLOCK, W.: Messen und Wägen. Leipzig: Verlag Otto Spamer 1928.

CORWIN, A. H.: Weighing. In: WEISSBERGER, A., Physical Methods of Organic Chemistry. Vol. I, Part I. P. 125. New York, London: Interscience Publishers 1959.

DOMKE, J., u. E. REIMERDES: Handbuch der Aräometrie. Berlin: Springer-Verlag 1912.

HARMS, H.: Dichte flüssiger und fester Stoffe. Braunschweig: Vieweg u. Sohn 1940.

HIDNERT, P., and E. L. PEFFER: Density of Solids and Liquids. Natl. Bur. of Standards Circ. No. 487 (1950).

JELLINEK, K.: Lehrbuch der physikalischen Chemie. Bd. 4, S. 360. Stuttgart: Enke 1933.

KIENITZ, H.: Bestimmung der Dichte. In: HOUBEN-WEYL, Methoden der organischen Chemie. Bd. III, Teil 1, S. 163—217. Stuttgart: Thieme 1955.

KIWILLIS, Ss. Ss.: Die Technik der Dichtemessung von Flüssigkeiten und festen Körpern. Moskau: Standardgis 1959.

KOHLRAUSCH, F.: Praktische Physik, 21. Aufl. Bd. I. Stuttgart: Teubner 1960.

KRÖNERT, J.: Messung des spezifischen Gewichts von Flüssigkeiten. Arch. techn. Messen V 9121—1 (1931).

KUX, C.: Aräometrie. In: LANDOLT-BÖRNSTEIN, Zahlenwerte und Funktionen aus Physik, Chemie, Astronomie, Geophysik, Technik. Bd. IV, Teil 1, S. 103—126. Berlin-Göttingen-Heidelberg: Springer 1955.

LEWIS, G. N., and M. RANDALL: Thermodynamics. Revised by PITZER, K. S., and L. BREWER. New York, Toronto, London: McGraw-Hill Book Company, Inc. 1961.

Zeitschriftenliteratur

BERTHOLD, R.: Kontinuierliche Dichtemessung in Flüssigkeiten und Gasen mit Gamma- und Betastrahlen. Arch. techn. Messen V 9121—4, 25—28 (1958).

BESSON, A.: Über ein neues vereinfachtes Pyknometer. Chem.-Ztg. **34**, 824, 932 (1910).

BLOCK, W.: Die Mohr-Westphalsche Waage zur Dichtebestimmung von Flüssigkeiten. Chem.-Ztg. **41**, 641—642 (1917).

Bundesmonopolamt: Tafeln für die amtliche Weingeistermittlung. Berlin 1954.

Deutscher Normenausschuß:

DIN 1305: Gewicht, Masse, Menge. Juli 1938.

DIN 1306: Dichte (Begriffe). August 1958.

DIN 10290: Aräometer für Dichtemessungen in der Milchwirtschaft. März 1960.

DIN 10293: Aräometer für die Dichtemessung von Buttermilchserum. März 1961.

DIN 12790: Meßgeräte: Spindeln (Erläuterungen). April 1941.

DIN 12791: Meßgeräte: Laboratoriumsspindeln (Aräometer) für analytische Zwecke. April 1941.

DIN 12792: Meßgeräte: Betriebsspindeln (Aräometer) für technische Zwecke. April 1941.

DIN 12793: Meßgeräte: Suchspindeln (Aräometer) für Vormessung und rohe Betriebsmessung. Juli 1941.

DIN 12795: Meßgeräte: Pyknometer. Erläuterungen zu DIN 12796 und 12797. Juli 1943.

DIN 12796: Meßgeräte: Pyknometer mit Inhaltsbezeichnung (enge Justierfehlergrenze). Juli 1943.

DIN 12797: Meßgeräte: Pyknometer mit Größenbezeichnung (weite Justierfehlergrenze). Juli 1943.

Verkauf der Normenblätter durch: *Beuth*-Vertrieb GmbH., 1 Berlin 15, Uhlandstraße 175.

FORTUIN, J. M. H.: Theory and application of two supplementary methods of constructing density-gradient columns. J. Polymer Sci. **44**, 505—515 (1960); zit. nach Chem. Abstr. **54**, 23452f (1960).

GAINES, G. L. JR., and C. P. RUTKOWSKI: Method for the rapid and precise determination of the densities of liquids. Rev. Sci. Instr. **29**, 509—510 (1958); zit. nach Chem. Abstr. **54**, 12678b (1960).

GRAU, G. G., u. J. L. V. EICHBORN: Randwinkel an fest-flüssigen Grenzflächen. In: LANDOLT-BÖRNSTEIN: Zahlenwerte und Funktionen aus Physik, Chemie, Astronomie, Geophysik und Technik. 6. Aufl. Bd. II, Teil 3, S. 473—486. Berlin-Göttingen-Heidelberg: Springer-Verlag 1956.

HADORN, H., F. H. DOEVELAR u. H. ZÜRCHER: Erfahrungen mit dem Pyknometer nach BESSON. Mitt. Lebensmitteluntersuch.-Hyg. **53**, 320—326 (1962).

Handbook of Chemistry and Physics: Edited by CH. D. HODGMANN, R. C. WEAST, R. S. SHANKLAND, and S. M. SELBY. Cleveland, Ohio, USA: The Chemical Rubber Publishing Co. 1962—1963.

HOFFMANN, W.: Über die zeitliche Veränderlichkeit von Aräometern aus Glas. Chemiker-Ztg. **78**, 83—84 (1954).

— Dichtebestimmung mittels Aräometer. Arch. techn. Messen 9121—3. 79—82 (1957).

HUTCHISON, C. A., and H. L. JOHNSTON: Determination of crystal densities by the temperature flotation method. Density and lattice constant of lithium. J. Amer. chem. Soc. **62**, 3165—3168 (1940); vgl. JOHNSTON, H. L., and C. A. HUTCHISON: Efficiency of the electrolytic separation of lithium isotopes. J. Chem. Phys. **8**, 869—877 (1940).

JACOBSEN, C. M., u. K. LINDERSTRØM-LANG: Acta Physiol Scand. **2**, 149 (1940); zit. nach Low, B. W. u. a. (vgl. unten).

JOHANNSEN, H.: Eichung von Meßgeräten. Dieses Handbuch.

JOHNSTON, J., and L. H. ADAMS: On the density of solid substances with especial reference to permanent changes produced by high pressures. J. amer. chem. Soc. **34**, 563—584 (1912).

Kaiserliche Normaleichungskommission: Tafeln zur Ermittlung des Zuckergehaltes von Zuckerlösungen. Berlin: Springer-Verlag 1911.

KALLMANN, A.: Über einige Fehlerursachen bei der pyknometrischen Alkoholbestimmung. Branntweinwirtschaft **101**, 313—320 (1961); vgl. KÄMPF, W.: Fehlerquellen bei Extraktbestimmungen mittels Spindel oder Pyknometer. Brauerei **10**, 640—644 (1956); zit. nach Chem. Zbl. **131**, 1700 (1960).

KRAUS, H.: Aktuelle Fragen der Lebensmitteluntersuchung, insbesondere der histologischen Wurstanalyse. Dtsch. Lebensmittel-Rdsch. **59**, 168—170 (1963).

KUNDZINS, A., G. J. LADA, I. M. TAKSAR, K. K. SCHPOR, and V. A. YANUSHKOWSKII: Radioactive method of automatic regulation of density in the food industry. In: SHUMILOVSKI, N. N., and L. V. MEL'TSER: Automatic Production Controll by Using Radiation. (Radioaktiv. metody kontrola i regulirovan. proizvodstv. protsessov.) Trudy Nauch.-Tekh. Konf. (1957) Riga: Izdatel. Akad. Nauk Latv. SSR 1959; zit. nach Chem. Abstr. **54**, 23123 (1960).

KÜSTER, F. W., A. THIEL u. K. FISCHBECK: Logarithmische Rechentafeln für Chemiker, Pharmazeuten, Mediziner und Physiker. Berlin: Walter de Gruyter & Co. 1958.

LAMB, A. B., and R. E. LEE: The densities of certain dilute aqueous solutions by a new and precise method. J. amer. chem. Soc. **35**, 1666—1693 (1913).

LANGBERG: Poggendorfs Ann. **106**, 303 (1859); zit. nach DIN 12790.

LINDERSTRØM-LANG, K., and H. LANZ JR.: Dilatometric micro-estimation of peptidase activity. Mikrochim. Acta (Wien) **3**, 210—230 (1938).

LINCK, G., u. H. JUNG: Grundriß der Mineralogie und Petrographie. S. 77. Jena: VEB Gustav Fischer-Verlag 1954.

LIPKIN, M. R., J. A. DAVISON, W. T. HARVEY, and S. S. KURTZ: Pycnometer for volatile liquids. Industr. Engin. Chem. Anal. Ed. **16**, 55—57 (1944).

Low, B. W., and F. M. RICHARDS: The use of the density tube for the determination of crystal densities. J. amer. chem. Soc. **74**, 1660—1666 (1954); vgl. Low, B. W., and F. M. RICHARDS: Measurement of the density, composition and related unit cell dimensions of some protein crystals. J. amer. chem. Soc. **76**, 2511—2518 (1954).

McINNES, D. A., M. O. DAYHOFF, and B. R. RAY: Magnetic float for determining the densities of solutions. Rev. Sci. Instr. **22**, 642—646 (1951); vgl. McINNES, D. A., and O. M. DAYHOFF: The partial molal volumes of potassium chloride, potassium and sodium iodides and of iodine in aqueous solutions at 25° C. J. amer. chem. Soc. **74**, 1017—1020 (1952).

Miller, G. L., and J. M. Gasek: Drift of drops in density gradient columns. Anal. Biochem. 1, 78—87 (1960); zit. nach Chem. Abstr. 54, 20350 h (1960).

Mitteilungen der Phys. Techn. Reichsanstalt 11. Reihe Nr. 1, 1927.

Neubauer, R.: Hochempfindliches, temperaturkompensiertes Aräometer für Betrieb und Laboratorium. Chem.-Ing.-Techn. 23, 502—503 (1951).

Prang, W.: Über die Konzentrationsabhängigkeit von Dichte und Brechungsindex sehr verdünnter wäßriger Lösungen starker Elektrolyte. Eine Differentialmethode zur Bestimmung kleiner Dichtedifferenzen. Ann. Phys. 31, 681—713 (1938).

Primak, W.: Oberflächenspannungskorrektur bei hydrostatischen Wägungen. Rev. Sci. Instr. 29, 177—178 (1958); zit. nach Chem. Zbl. 132, 11061 (1961).

Sandegren, E., D. Ekström u. I. Jonsson: Die Sinkkörpermethode als Brauerei-Analyse. Bestimmung des spezifischen Gewichtes von Lösungen nach dem Archimedischen Prinzip. Svensk Bryggeritidskr. 74, 51—65 (1959); zit. nach Chem. Zbl. 131, 1700 (1960).

Schatenstein, A. J., u. Je. N. Swjaginzewa: Methoden der Isotopenanalyse des Wassers. Schwimmermethode mit einer Genauigkeit von ± 0,2 γ. J. analyt. Chem. (russisch). 12, 516—522 (1957); zit. nach Chem. Zbl. 131, 16201 (1960).

Schoeneck, H.: Messung der Dichte von Flüssigkeiten. Arch. techn. Messen V 9121—2, 135—138 (1956).

—, u. W. Wanninger: Schnelle und genaue Bestimmung von Flüssigkeitsdichten mit hydrostatischen Waagen. Chem.-Ing.-Techn. 32, 409—412 (1960).

Schulz, G.: Dichtemessungen an Lösungen organischer Säuren in Benzol, Dioxan und Cyclohexan. Z. phys. Chem. 40 B, 151—157 (1938).

Spaepen, J.: L'unification indispensable en matiéré des graduation des aréomeètres utilisés en alcoométrie. Bulletin de Métrologie Nr. 175, Bruxelles 1955.

Verkhovskii, B. J.: Theoretical problems and considerations in designing of radioactive autocompensating density meters for liquids. In: Shumilovski, N., and L. V. Mel'tser, (vgl. unter Kundzins, A., u. a.) S. 35—45; vgl. Furman, K. S.: Radioactive densimeter for liquids with halogen contents. Nauch. Tekh. Byell. Nauch.-Issledovatel. Inst. Teploenerget. Priborostroeniya (1957), Nr. 4, S. 11—19; zit. nach Chem. Abstr. 54, 14811 (1960).

Wagner, G. H., G. C. Bailey, and W. G. Eversole: Determining liquid and vapor densities in closed systems. Ind. Eng. Chem. Anal. Ed. 14, 129—131 (1942).

Wickbold, R.: Gehaltsbestimmung in Lösungen durch temperaturunabhängige Dichtemessung. Chem.-Ing.-Techn. 24, 403—404 (1952).

Wirth, H. E.: The partial molal volumes of potassium chloride, potassiumbromide and potassium sulfate in sodium chloride solutions. J. amer. chem. Soc. 59, 2549—2554 (1937).

Wollenberg, H.: Erscheinungen an Phasengrenzflächen: Oberflächenspannung u. Adsorptionserscheinungen. Dieses Handbuch.

Wulff, P., u. A. Heigl: Methodisches zur Dichtebestimmung fester Stoffe, insbesondere anorganischer Salze. Z. phys. Chem. A 153, 187—209 (1931).

Die Viscosität

Von

Dr. ANDREAS MAHLING, Berlin

Mit 25 Abbildungen

A. Das physikalische Phänomen der Viscosität

I. Die allgemeinen Fließgesetze

1. Das Newtonsche Viscositätsgesetz

Um zu einer physikalisch sinnvollen Definition der Viscosität zu gelangen, kann man von einem Gedankenexperiment ausgehen: Eine Flüssigkeit oder ein

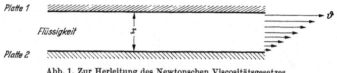

Abb. 1. Zur Herleitung des Newtonschen Viscositätsgesetzes

Gas befinde sich zwischen zwei ebenen Platten (Abb. 1), deren Abstand voneinander x betrage. x ist dann gleich der Dicke der Flüssigkeitsschicht zwischen den Platten.

Bewegt man die Platte 1 mit einer bestimmten Geschwindigkeit v in tangentialer Richtung parallel zur Platte 2, die sich in Ruhe befinden möge, so wird auf die der Platte 1 unmittelbar benachbarte Flüssigkeitsschicht infolge Adhäsion die gleiche Geschwindigkeit v übertragen. Die der Platte 2 adhärierende Schicht befindet sich in Ruhe. Die dazwischen liegenden Schichten bewegen sich mit Geschwindigkeiten, die zwischen Null und v liegen, so daß in der Flüssigkeitsschicht ein Geschwindigkeitsgefälle dv/dx erzeugt wird. Jede Flüssigkeitsschicht wird auf Grund der inneren Reibung durch die unter ihr liegende Schicht gebremst; die sich über ihr befindende Schicht beschleunigt sie.

Wenn die Geschwindigkeit v der Platte 1 über einen längeren Zeitraum erhalten bleiben soll, so muß eine tangentiale Kraft K an der Platte 1 angreifen, deren Größe dem Flächeninhalt F der Platte proportional ist. Die auf die Flächeneinheit bezogene tangentiale Kraft $\tau = K/F$ nennt man *Schubspannung*. Sie tritt nur in strömenden Flüssigkeiten oder Gasen auf.

Je größer die auf die Platte 1 wirkende Schubspannung wird, um so größer wird auch das in der Flüssigkeitsschicht erzeugte Geschwindigkeitsgefälle:

$$\tau = \eta \cdot \frac{dv}{dx} . \tag{1}$$

Den Proportionalitätsfaktor η bezeichnet man als Koeffizienten der inneren Reibung, als *dynamische Zähigkeit* oder *Viscosität* (DIN 1342). Man pflegt die Schubspannung τ in dyn/cm² und das Geschwindigkeitsgefälle in s^{-1} zu messen, so daß η die Dimension dyn $\cdot$ cm^{-2} $\cdot$ s erhält. 1 dyn $\cdot$ cm^{-2} $\cdot$ s nennt man 1 Poise (abgekürzt P). Wasser von 20° C hat eine Zähigkeit von 0,01002 P = 1,002 cP (Centipoise) (DIN 51550). Den Kehrwert der Viscosität nennt man *Fluidität*.

Das Verhältnis aus Viscosität η und Dichte ϱ, η/ϱ, heißt kinematische Zähigkeit. Sie hat die Dimension cm^2 $\cdot$ s^{-1}. 1 cm^2 $\cdot$ s^{-1} nennt man 1 Stokes (abgekürzt St).

Gleichung (1) stellt das Newtonsche Viscositätsgesetz dar. Setzt man $D = dv/dx$, so folgt aus Gleichung (1):

$$D = \frac{1}{\eta} \cdot \tau$$

$$\text{oder} \quad \eta = \frac{\tau}{D} .$$

(2)

Trägt man in einem Diagramm das Geschwindigkeitsgefälle D als Ordinate und die Schubspannung τ als Abszisse auf, dann erhält man eine Gerade mit dem Anstieg $1/\eta$ (Abb. 2).

Es ist verhältnismäßig leicht, τ und D über viele Zehnerpotenzen zu bestimmen. In solchen Fällen bedient man sich einer doppelt logarithmischen Darstellung. Wie man durch Logarithmieren der Gleichung (2) erkennt, erhält man dabei

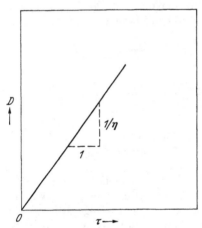

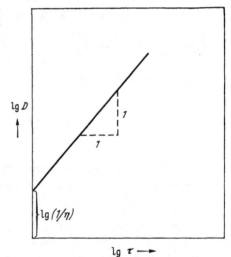

Abb. 2. Die Abhängigkeit des Schergefälles D von der Schubspannung τ für einen Newtonschen Körper; D gegen τ

Abb. 3. Die Abhängigkeit des Schergefälles D von der Schubspannung τ in doppeltlogarithmischer Darstellung; lg D gegen lg τ

ebenfalls eine gerade Linie, die den Anstieg 1 und den Ordinatenabschnitt lg $(1/\eta)$ besitzt (Abb. 3).

Solche $D - \tau$-Diagramme heißen Fließkurven, die ihnen zugrunde liegenden Gleichungen [z. B. Gleichung (2)] Fließgesetze.

2. Strukturviscosität

Lösungen hochmolekularer Stoffe, aber auch viele Schmelzen zeigen Abweichungen vom Fließgesetz der Gleichung (2). Solche nicht-Newtonschen Systeme bezeichnet man als *strukturviscos*.

Ein allgemeines Fließgesetz läßt sich für strukturviscose Systeme nicht aufstellen. Jedoch kann man für bestimmte Systeme geeignete Gleichungen angeben. S. Winkler (1957) fand für Lösungen von Stärke und Stärkederivaten ein Fließgesetz der Form

$$D = A \cdot \tau^n ,$$

(3)

worin A und n konstante Größen sind. Die entsprechenden Fließkurven sind auf Abb. 4 dargestellt: in der doppeltlogarithmischen Darstellung erhält man gerade Linien mit dem Anstieg $n \neq 1$.

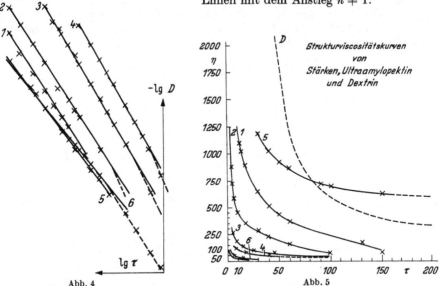

Abb. 4

Abb. 5

Abb. 4. Strukturviscose Systeme in doppeltlogarithmischer Darstellung. Kurven 1—4: Nativstärke verschiedener Konzentration (0,5; 0,6; 1,0 und 1,2%). Kurve 5: 1%ige Ultraamylopektinlösung. Kurve 6: 2%ige Methylcelluloselösung (nach S. WINKLER 1957)

Abb. 5. Die Abhängigkeit der Viscosität η strukturviscoser Systeme von der Schubspannung τ; η und τ in willkürlichen Einheiten. *Kurve D* (gestrichelt): Dextrin (40%); *Kurve 1:* Nativstärke (0,6%); *Kurve 2:* Nativstärke (1,0%); *Kurve 3:* Handelsstärke (0,6%); *Kurve 4:* Nativstärke der Kurve *1* nach Verkleisterung (Methode Wolff); *Kurve 5:* Nativstärke der Kurve *1* nach Verkleisterung (Methode Lindemann); *Kurve 6:* Ultraamylopektin (0,6%); letzte Kurve: Calciumstärke, aus Nativstärke 1 gewonnen (nach S. WINKLER 1957)

Auch bei strukturviscosen Systemen wird die Viscosität aus der Gleichung (2) berechnet. Diese Größe ist aber keine Konstante mehr, sondern hängt noch von der Schubspannung ab: mit wachsender Schubspannung wird η kleiner (Abb. 5).

Abb. 6 zeigt Fließkurven von verschieden konzentrierten Nitrocelluloselösungen in Butylacetat in doppelt logarithmischer Darstellung (W. PHILIPPOFF und K. HESS 1936). Die Kurven wurden mit einem Capillarviscosimeter aufgenommen. Auf der Ordinate ist das Geschwindigkeitsgefälle am Rande der Capillare und auf der Abszisse sind die entsprechenden Schubspannungen aufgetragen.

Die Fließkurve des reinen Butylacetates (oberste Kurve) ist eine Gerade mit dem Anstieg 1; das Fließgesetz entspricht der

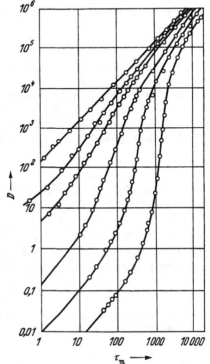

Abb. 6. Fließkurven von verschieden konzentrierten Nitrocelluloselösungen in Butylacetat bei doppeltlogarithmischer Darstellung; Konzentrationen (von oben nach unten): 0; 0,05; 0,10; 0,25; 0,5 und 1,0 g/100 ml (nach W. PHILIPPOFF und K. HESS 1936)

Gleichung (2), so daß das reine Lösungsmittel als Newtonsche Flüssigkeit zu betrachten ist. Mit steigender Konzentration an Nitrocellulose krümmen sich die Fließkurven. Dabei treten sowohl bei kleinen als auch bei großen Schubspannungen Kurvenabschnitte auf, die sich durch Geraden mit dem Anstieg 1 approximieren lassen. Die Viscosität wird mit wachsender Schubspannung kleiner, um bei sehr hohen Schubspannungen einen konstanten Wert zu erreichen.

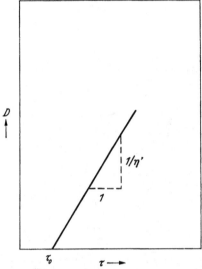

Abb. 7. Die Fließkurven eines Bingham-Körpers

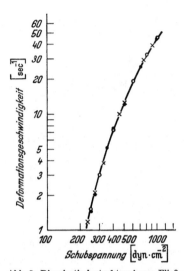

Abb. 8. Die plastisch-strukturviscose Fließkurve einer Schokoladenmasse von 38° C in doppeltlogarithmischer Darstellung (nach A. FINCKE und W. HEINZ 1961)

Ähnliche Fließkurven, die von Gleichung (3) nicht wiedergegeben werden, findet man häufig bei Lösungen makromolekularer Substanzen.

3. Plastizität

Systeme, die erst dann zu fließen beginnen, wenn sie von einer endlichen Schubspannung beansprucht werden, nennt man plastisch. Die Schubspannung, bei welcher der Fließvorgang einsetzt, heißt *Fließgrenze*. Abb. 7 zeigt die Fließkurve eines ideal plastischen Systems, bei dem nach Erreichen der Fließgrenze ein Newtonscher Verlauf festgestellt wird. Ideal plastische Systeme werden auch als Bingham-Körper bezeichnet. Das Fließgesetz für Bingham-Körper lautet:

$$D = \frac{\tau - \tau_0}{\eta'}, \tag{4}$$

worin τ_0 die Fließgrenze bedeutet. η' wird *plastische Viscosität* genannt (E. C. BINGHAM 1916).

Viele plastische Systeme verhalten sich nicht wie ein Bingham-Körper, sondern zeigen nach Überschreiten der Fließgrenze Strukturviscosität, z. B. geschmolzene Schokoladenmassen (Abb. 8). Häufig kann das Fließgesetz durch eine von N. CASSON (1959) angegebene Gleichung dargestellt werden:

$$\sqrt[2]{\tau} = \sqrt[2]{\tau_0} + \sqrt[2]{\eta_\infty} \cdot \sqrt[2]{D}. \tag{5}$$

$\tau_0 =$ Fließgrenze; $\eta_\infty =$ Viscosität bei sehr hohen Schubspannungen. Geschmolzene Schokoladenmassen (A. FINCKE und W. HEINZ 1960) und geschmolzene

Vaseline (H. Bruss 1960) sind Casson-Körper. Zahnpasta, Creme, Butter, Gallerte und Schmierfett sind Beispiele für plastische Substanzen. Oft handelt es sich dabei um dickflüssige Suspensionen.

Die Fließkurven plastischer Massen lassen sich durch Zusätze leicht beeinflussen. Abb. 9 und 10 zeigen, daß die Fließkurven von Kuvertüren durch Änderung des Fettgehaltes oder durch Lecithinzusatz verschoben werden. Auch der

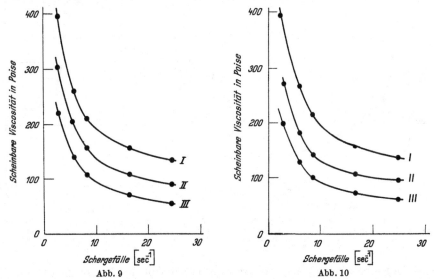

Abb. 9

Abb. 10

Abb. 9. Die Änderungen der η-D-Kurven einer Kuvertüre von 37,8° C bei Variation des Fett- und Zuckergehaltes. Kurve Nr.*I* Fettgehalt 35,5%, Zuckergehalt 37,9%; *II* Fettgehalt 37,4%, Zuckergehalt 36,8%; *III* Fettgehalt 39,2%, Zuckergehalt 35,8% (nach A. Fincke 1956)

Abb. 10. Die Änderungen der η-D-Kurven einer Kuvertüre von 37,8° C bei Variation des Lecithingehaltes. Lecithingehalte: Kurve *I*: 0,0%; Kurve *II*: 0,1%; Kurve *III*: 0,4% (nach A. Fincke 1956)

Wassergehalt, die Conchierdauer oder der Conchentyp wirken sich auf das Fließverhalten geschmolzener Schokoladenmassen aus (A. Fincke 1956).

Die Kenntnis der Fließkurven oder wenigstens der Fließgrenzen kann die Beantwortung technischer Fragen erleichtern. Die Dicke eines Schokoladenüberzuges ist mit dem rheologischen Verhalten der Kuvertüre verknüpft (A. Fincke 1956). Bei der Anlage von Rohrleitungen für den Transport plastischer oder strukturviscoser Körper vermeidet man kostspielige Überdimensionierung, wenn die Fließkurven der betreffenden Stoffe gebührende Berücksichtigung finden (A. Fincke und W. Heinz 1960).

Plastische Substanzen, wie z. B. Butter, dürfen bei der Lagerung nur so hoch gestapelt werden, daß der Druck der oberen auf die unteren Schichten die Fließgrenze nicht überschreitet.

„Das Erscheinungsbild eines pastenförmigen Cremestreifens auf der Hand wird vorwiegend durch die Fließgrenze, die dem Strang Formstabilität gibt, bestimmt." (H. Bruss 1960.)

Iv. R. Rutgers (1958) weist plastisches Verhalten bei Graupensuppen nach und macht den Versuch, seinen rheologischen Befund mit dem psychologischen Eindruck auf den Verbraucher zu verknüpfen.

4. Thixotropie und Rheopexie

Das Fließgesetz zahlreicher, insbesondere plastischer Systeme, ist nicht allein durch den Zusammenhang zwischen Schergefälle und Schubspannung bestimmt,

sondern auch noch durch die Zeitdauer, während der die Schubspannung einwirkt. Bei thixotropen Substanzen nimmt die Viscosität mit der Dauer der
Schwerung ab, bei rheopexen Körpern nimmt sie zu. A. FINCKE und W. HEINZ

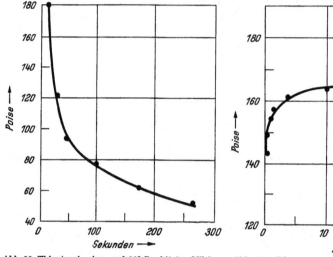

Abb. 11 Thixotropie einer auf 80° C erhitzten Milch-
kuvertüre. Die Änderung der Viscosität mit der Zeit
wurde bei einem Schergefälle von 13,7 s⁻¹ aufgenommen
(nach A. FINCKE und W. HEINZ 1956)

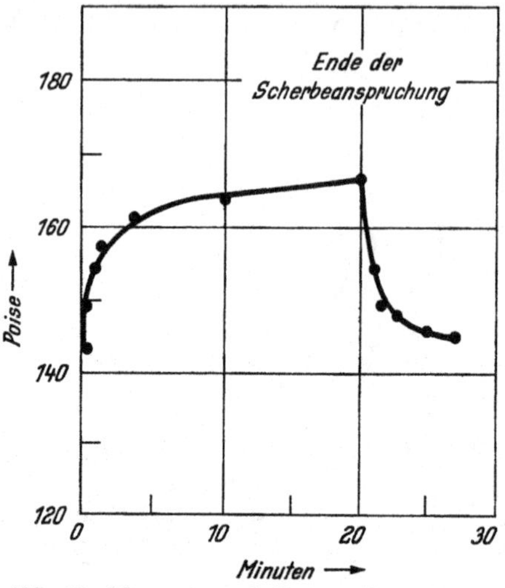

Abb. 12. Rheopexie und Regeneration einer auf
37,8° C erwärmten Kuvertüre, aufgenommen bei
einem Schergefälle von 16,3 s⁻¹ (nach A. FINCKE und
W. HEINZ 1956)

(1956) fanden bei einer auf 80° C erhitzten Milchschokolade Thixotropie (Abb. 11),
eine Kuvertüre war dagegen rheopex (Abb. 12). Schaltet man die Einwirkung der
Schubspannung aus, so regenerieren sich
häufig solche Systeme und nehmen allmählich den Ausgangswert der Viscosität wieder
an (Abb. 12).

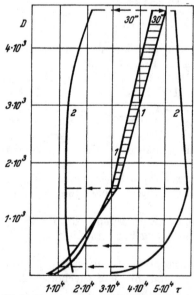

Eine anschauliche und bequeme, aber
nicht sehr exakte Art, das Fließverhalten
thixotroper oder rheopexer Substanzen darzustellen, besteht in der Aufnahme von
Hysteresekurven, indem man das Schergefälle zunächst bei steigenden und hernach
bei fallenden Schubspannungen mißt.

Abb. 13 zeigt derartige Hysteresekurven
für zwei Salbensysteme (H. VOGT 1961).
Die Schubspannungswerte für System 2
liegen anfangs bedeutend höher als die von
1, nach 30 s Scherzeit erfolgt jedoch ein
„thixotroper Zusammenbruch", der durch
einen sprunghaften Rückgang der Schubspannungen gekennzeichnet ist. Ein thixotroper Zusammenbruch wird auch beim
System 1 beobachtet, er hat jedoch ein viel
geringeres Ausmaß. Auch Fließgrenzen können thixotropen Veränderungen unterliegen.
Um eine ausgeruhte Schokoladenmasse zum
Fließen zu bringen, kann ein viel größerer

Abb. 13. Hysteresekurven zweier thixotroper Sal-
bensyteme in doppeltlogarithmischer Darstellung,
aufgenommen bei 20° C. Kurve *1:* 50% Oleum
Arachidis hydrogenatum + 35% H₂O + 15%
Polyäthylenglykol-sorbitanoleat. Kurve *2:* 85 %
Oleum Arachidis hydrogenatum + 15% H₂O
(nach H. VOGT 1961)

Kraftaufwand nötig sein als für eine kurz vorher bewegte Masse (A. FINCKE und W. HEINZ 1957).

Thixotropie ist bei Pasten oder Cremes in Tuben eine wertvolle Eigenschaft: Der Verbraucher wünscht ein gutaussehendes Produkt, das aus der offenen Tube nicht herausfließt, also eine entsprechend hohe Fließgrenze und hohe Viscositätswerte besitzt. Der Produktionstechniker dagegen wünscht möglichst niedrige Viscositäten, um gute Verarbeitungseigenschaften, z. B. beim Abfüllen, zu erreichen. Ein thixotroper Körper wird durch die mechanische Verarbeitung während der Produktion dünnflüssig. Nach der Abfüllung regeneriert das System seine hohe Ruheviscosität und entspricht damit den Anforderungen, die der Verbraucher an das Produkt stellt (H. BRUSS 1960).

Thixotropie kann durch Zusatz von Gelierungsmitteln wie Gelatine oder oberflächenreiche Kieselsäure (Aerosil) erzeugt werden, durch Detergentien wird sie verringert.

Da fast alle plastischen Körper mehr oder weniger Thixotropie oder seltener Rheopexie zeigen, können sie durch eine Fließkurve allein nicht mehr ausreichend charakterisiert werden: ihre mechanische Vorbehandlung (Rühren, Schütteln, Ruhezeit usw.) muß außerdem beschrieben werden.

II. Die Viscosität von Lösungen

1. Die Konzentrationsabhängigkeit der Viscosität

Unter „*relativer Viscosität*" η_{rel} versteht man das Verhältnis aus der Viscosität der Lösung η zur Viscosität des Lösungsmittels η_0:

$$\eta_{rel} = \frac{\eta}{\eta_0} \, . \tag{6}$$

„*Spezifische Viscosität*" η_{sp} nennt man den Überschuß der relativen Viscosität über 1:

$$\eta_{sp} = \eta_{rel} - 1 = \frac{\eta}{\eta_0} - 1 \, . \tag{7}$$

Bei der Konzentration Null wird die relative Viscosität 1 und die spezifische Viscosität Null. Eine konzentrationsunabhängige Größe $[\eta]$ erhält man, wenn man den Quotienten η_{sp}/c auf die Konzentration $c = 0$ extrapoliert:

$$\lim_{c \to o} \frac{\eta_{sp}}{c} = [\eta] \, . \tag{8}$$

Nach einer Empfehlung des IUPAC (1952) wird die Konzentration in g/ml gemessen und $[\eta]$ die *Viscositätsgrenzzahl* (limiting viscosity number) genannt[1]. Mit Hilfe der Viscositätsgrenzzahl formuliert M. L. HUGGINS (1942) folgende Gleichung für die Konzentrationsabhängigkeit der spezifischen Viscosität:

$$\eta_{sp} = [\eta] \cdot c + k \cdot [\eta]^2 \cdot c^2 + \cdots \tag{9}$$

Die Konstante k bleibt innerhalb einer polymerhomologen Reihe konstant, ihre Zahlenwerte liegen zwischen 0 und 10. Es gibt zahlreiche andere Formeln, welche die Konzentrationsabhängigkeit sowohl der relativen als auch der spezifischen Viscosität wiederzugeben versuchen (vgl. A. PETERLIN 1953a, K. H. MEYER und H. MARK 1953).

---

[1] In älteren Publikationen findet man häufig den von E. O. KRAEMER und W. O. LANSING (1935) eingeführten Begriff der Eigenviscosität (intrinsic viscosity). Er ist entsprechend Gl. (8) definiert, c wird jedoch in g/100 ml gemessen. Auch die Viscositätszahl Z_η STAUDINGERs ist gemäß Gl. (8) definiert, c wird in g/l gemessen.

Auf die Anwendung einer Formel kann man verzichten, wenn man die Viscositätsgrenzzahl durch graphische Extrapolation auf die Konzentration Null ermittelt, indem man entweder η_{sp}/c oder $(\ln \eta_{rel})/c$ gegen die Konzentration c aufträgt. Es läßt sich nämlich leicht zeigen, daß

$$\lim_{c \to o} \frac{\eta_{sp}}{c} = \lim_{c \to o} \frac{\ln \eta_{rel}}{c} = [\eta], \qquad (10)$$

ist. Oft kann die Extrapolation in der logarithmischen Darstellung über einen größeren Konzentrationsbereich linear erfolgen als in einem Diagramm η_{sp}/c gegen c.

Bei theoretischen Betrachtungen spielt der Ausdruck

$$\lim_{\varphi \to 0} \frac{\eta_{sp}}{\varphi} = [\eta]_v, \qquad (11)$$

eine Rolle, in welchem φ die Volumenfraktion des Gelösten in der Lösung bedeutet. $[\eta]_v$ wird als *Viscositätsinkrement* (viscosity increment) bezeichnet. Zwischen der Viscositätsgrenzzahl und dem Viscositätsinkrement besteht die Beziehung

$$[\eta]_v = \frac{1}{\bar{v}_2} \cdot [\eta], \qquad (12)$$

worin $\bar{v}_2$ das partielle spezifische Volumen des Gelösten in der Lösung bedeutet.

2. Viscosität und Molekülform

Für kugelförmige, ungeladene und inkompressible Teilchen, deren Radien gegenüber denen der Lösungsmittelmoleküle so groß sind, daß das Solvens als Kontinuum betrachtet werden darf, entwickelte A. Einstein (1906, 1911) theoretisch unter der Voraussetzung einer so starken Verdünnung, daß die einzelnen Kugelteilchen sich in ihrer Bewegung gegenseitig nicht behindern, folgende Formel:

$$[\eta]_v = 2,5. \qquad (13)$$

Mit den Gleichungen (8) und (12) folgt aus (13)

$$[\eta] = \lim_{c \to 0} \frac{\eta_{sp}}{c} = 2,5 \cdot \bar{v}_2. \qquad (14)$$

Die Gültigkeit der Gleichungen (13) bzw. (14) ist häufig experimentell bestätigt worden, z. B. von F. Eirich u. Mitarb. (1936).

Die Einsteinsche Viscositätstheorie wurde von R. Simha (1940) auf Rotationsellipsoide erweitert. Auf Grund der Simhaschen Gleichungen wurde von J. W. Mehl u. Mitarb. (1940) die in der nebenstehenden Tabelle wiedergegebene Abhängigkeit des Viscositätsinkrementes $[\eta]_v$ vom Achsenverhältnis p berechnet.

Auch andere Autoren haben das Problem des Viscositätsinkrementes für Rotationsellip-

Tabelle. *Die Abhängigkeit des Viscositätsinkrementes $[\eta]_v$ vom Achsenverhältnis p nach der Simhaschen Gleichung für Rotationsellipsoide*[1]

p bzw. p^{-1}	$[\eta]_v$	
	abgeplattet	länglich
1,0	2,50	2,50
1,5	2,63	2,62
2,0	2,91	2,85
3,0	3,68	3,43
4,0	4,66	4,06
5,0	5,81	4,71
6,0	7,10	5,36
8,0	10,10	6,70
10,0	13,63	8,04
12,0	17,76	9,30
15,0	24,8	11,42
20,0	38,6	14,80
25,0	55,2	18,19
30,0	74,5	21,6
40,0	120,8	28,3
50,0	176,5	35,0
60,0	242,0	41,7
80,0	400,0	55,1
100,0	593,0	68,6
150,0	1222,0	102,3
200,0	2051,0	136,2
300,0	4278,0	204,1

[1] Das Achsenverhältnis p wurde so definiert, daß die Rotationsachse des Ellipsoides im Nenner steht. Es bezieht sich also p auf abgeplattete und p^{-1} auf längliche Rotationsellipsoide.

soide behandelt. Sie erhalten qualitativ dasselbe Ergebnis, nämlich ein um so größeres $[\eta]_v$ je stärker die Abweichung von der Kugelgestalt ist (vgl. A. PETERLIN 1953 b). Die nach der Simhaschen Formel berechneten Achsenverhältnisse einiger Proteine stimmen gut mit den Abmessungen überein, die man aus Sedimentation und Diffusion erhalten hat (J. W. MEHL u. a. 1940).

Das Viscositätsinkrement hängt nicht nur vom Achsenverhältnis, sondern auch von der Volumenbeanspruchung des Teilchens in der Lösung ab. Nur dann, wenn die Teilchen kaum eine Solvathülle besitzen, stimmt das tatsächlich vom Teilchen in der Lösung besetzte Volumen mit seinem partiellen spezifischen Volumen überein. Unter Voraussetzung eines kugelförmigen Moleküls kann aus dem Viscositätsinkrement der Volumenbedarf des Teilchens in der Lösung und daraus durch Vergleich mit dem partiellen spezifischen Volumen die Solvatation bestimmt werden. Andererseits kann für ein nicht solvatisiertes Teilchen das Achsenverhältnis angegeben werden. J. L. ONCLEY (1941) veröffentlichte ein Diagramm, aus dem die für ein bestimmtes gemessenes Viscositätsinkrement miteinander verträglichen Wertepaare für Achsenverhältnis und Hydratation entnommen werden können.

Eine exakte Anwendung der Simhaschen Gleichung macht eine Extrapolation des Viscositätsinkrementes auf das Schergefälle Null notwendig (H. A. SHERAGA 1955); je stärker die Gestalt der Teilchen von der Kugel abweicht, um so ausgeprägter wird die Strukturviscosität solcher Suspensionen.

Während bei starren, corpuscularen Teilchen das Viscositätsverhalten nur von der Molekülgeometrie, nicht aber vom Molekulargewicht abhängt, findet man bei flexiblen, kettenförmigen Molekülen eine ausgeprägte Abhängigkeit der Viscositätsgrenzzahl vom Molekulargewicht.

Untersuchungen an relativ niedermolekularen Paraffinen, Äthern, Estern und ähnlichen Verbindungen führten H. STAUDINGER zu der linearen Formel

$$[\eta] = K \cdot M , \qquad (15)$$

(H. STAUDINGER 1950), worin K eine vom Lösungsmittel und dem gelösten Grundmolekül abhängige Konstante und M das Molekulargewicht des gelösten Stoffes aus einer polymerhomologen Reihe bedeuten. Es kann gezeigt werden, daß Gleichung (15) immer dann gilt, wenn die gelösten Moleküle vom Lösungsmittel frei durchspült werden, unverzweigt und statistisch verknäult sind (A. PETERLIN 1953 b).

Ist ein statistisch verknäultes Molekül für das Lösungsmittel undurchlässig, so gilt ein Viscositätsgesetz der Form

$$[\eta] = K \cdot M^{0,5} . \qquad (16)$$

Für partiell durchspülte Knäulmoleküle gilt der empirische Ansatz

$$[\eta] = K \cdot M^a , \qquad (17)$$

worin a einen Wert zwischen 0 und 1 annehmen kann. a-Werte über Eins, wie man sie bei Amyloseacetaten in Chloroform ($a = 1,5$) findet, lassen sich theoretisch nur schwer verstehen (A. PETERLIN 1953 b; eine ausführliche Tabelle von K- und a-Werten bei A. PETERLIN 1953 a).

Die Strukturviscosität flexibler Knäulmoleküle ist viel weniger ausgeprägt als die länglicher starrer Teilchen (A. PETERLIN 1953 b). Von einer Extrapolation auf das Schergefälle Null wird in der Praxis meist abgesehen.

3. Die Viscosität hochmolekularer Elektrolyte

Hochmolekulare Elektrolyte zeigen eine starke Abhängigkeit der Viscositätsgrenzzahl vom pH-Wert. Am isoelektrischen Punkt, bei dem positive und negative Ladungen sich gerade gegenseitig aufheben, hat $[\eta]$ ein Minimum, da das Molekül an diesem Punkt infolge der intramolekularen Attraktion ein minimales Volumen aufweist. Zu beiden Seiten des isoelektrischen Punktes steigt $[\eta]$ stark

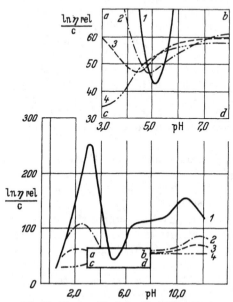

an, weil sich das Molekül durch die abstoßenden Kräfte, die seine Ladungen aufeinander ausüben, streckt. Durch Zusatz von Neutralsalzen, die die Ladungen des Moleküls abschirmen, kann der pH-Effekt abgeschwächt werden. Abb. 14 zeigt die Abhängigkeit der logarithmischen Viscositätszahl vom pH-Wert für 0,2%ige Gelatinelösungen in Wasser mit und ohne Kochsalzzusatz (G. Stainsby 1952).

Der Abfall der Viscosität im stark Sauren und stark Alkalischen ist auf die abschirmende Wirkung der bei der pH-Einstellung zugefügten Gegenionen zurückzuführen.

Nach M. Fuoss (s. U. P. Strauss u. R. M. Fuoss 1953) kann in salzfreien Lösungen die Konzentrationsabhängigkeit der Viscosität von Polyvinylbutylpyridiniumbromid durch die Gleichung

Abb. 14. Die logarithmische Viscositätszahl einer 0,2%igen Gelatine-Lösung in 1. Wasser, 2. 0,2 M NaCl, 3. 0,5 M NaCl, 4. 1 M NaCl (nach G. Stainsby 1952)

$$\frac{\eta_{sp}}{c} = \frac{[\eta]}{1 + k\sqrt{c}}, \qquad (18)$$

dargestellt werden. k bedeutet hierin eine konzentrationsunabhängige Konstante. Zwischen der Viscositätsgrenzzahl und dem Molekulargewicht besteht eine Beziehung gemäß Gleichung (17) mit $a = 2$; das gilt jedoch nur für das vollständig ionisierte und damit fast gestreckte Molekül. Mit abnehmendem Ionisationsgrad oder mit stärker werdender Abschirmung durch Neutralsalze rollt sich das Molekül zu einem statistischen Knäuel zusammen, für das der Exponent a wieder zwischen $1/2$ und 1 liegt (A. Peterlin 1953a).

Die Strukturviscosität von Polyelektrolyten ist naturgemäß um so stärker ausgeprägt, je vollständiger das Molekül ionisiert und je schwächer seine Ladungen durch Gegenionen abgeschirmt werden.

III. Die Temperaturabhängigkeit der Viscosität

Eine recht allgemeingültige Formel für die Temperaturabhängigkeit der Viscosität ist die Gleichung

$$\eta = A \cdot e^{B/T}, \qquad (19)$$

in der A und B temperaturabhängige Konstanten und T die absolute Temperatur bedeuten. Trägt man $\lg \eta$ gegen $1/T$ graphisch auf, so erhält man eine Gerade. Aus Abb. 15 geht hervor, daß Gleichung (19) für viele chemisch ganz verschiedenartige Stoffe in einem nicht zu großen Temperaturintervall (von etwa 100° C) Gültigkeit besitzt.

Messungen, die sich über einen größeren Temperaturbereich erstrecken, erfüllen dagegen Gleichung (19) häufig nicht (Abb. 16). Um das Verhalten solcher „anomaler" Flüssigkeiten zu beschreiben, sind eine ganze Reihe von Abwandlungen der Gleichung (19) vorgeschlagen worden, über die R. H. Ewell (1938) in einer Zusammenstellung berichtet.

Auch die Viscosität plastischer Systeme kann durch Gleichung (19) wiedergegeben werden, wie aus Abb. 17 hervorgeht. Hier bleibt die Gültigkeit der Gleichung (19) ebenfalls auf ein relativ enges Temperaturintervall beschränkt. Aus der Parallelverschiebung der $\lg \eta - 1/T$-Geraden bei sich veränderndem Schergefälle kann geschlossen werden, daß im wesentlichen die Konstante A der Gleichung (19) sich mit dem Schergefälle ändert, während B davon unabhängig zu sein scheint (A. Fincke u. W. Heinz 1956).

Die relative (bzw. spezifische) Viscosität ist entweder temperaturunabhängig oder wird nur sehr wenig von ihr

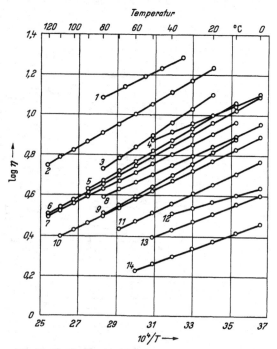

Abb. 15. Die Temperaturabhängigkeit der Viscosität einiger der Gleichung (19) gehorchender Körper. *1* Phosphor, *2* Äthylendibromid, *3* Dioxan, *4* Brom, *5* Tetrachlorkohlenstoff, *6* Essigsäureanhydrid, *7* Chlorbenzol, *8* Isopropyljodid, *9* Benzol, *10* Toluol, *11* Äthylacetat, *12* Schwefelkohlenstoff, *13* Aceton, *14* Diäthyläther (nach R. H. Ewell 1938)

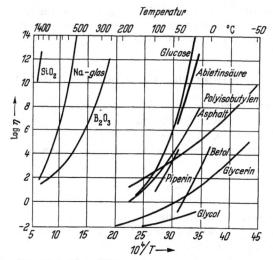

Abb. 16. Die Temperaturabhängigkeit einiger nicht der Gleichung (19) gehorchender Körper (nach R. H. Ewell 1938)

beeinflußt, wenn durch Temperaturveränderung eine Veränderung der Solvathülle bewirkt wird. In Lösungen mit ausgeprägter Strukturviscosität, die auf eine

4*

Orientierung der gelösten Partikel durch das Schergefälle zurückgeführt werden kann, nimmt die relative Viscosität mit wachsender Temperatur zu, da die Orientierung durch verstärkte Brownsche Bewegung abgebaut wird. Wenn durch Tem-

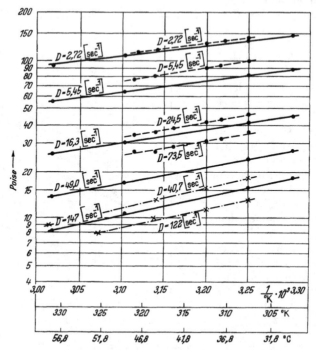

Abb. 17. lg η — $1/T$-Geraden dreier verschiedener Kuvertüren in Abhängigkeit von Schergefälle D (nach A. Fincke und W. Heinz 1956)

peraturänderungen Änderungen des Molekulargewichtes durch Dissoziations- oder Aggregationsvorgänge bewirkt werden, so hat man mit einer anomal hohen Änderung der relativen Viscosität zu rechnen.

IV. Die Strömung von Flüssigkeiten durch Röhren

Wenn unter der Wirkung einer Kraft eine Flüssigkeit durch eine Röhre strömt, kann das in der Zeiteinheit hindurchfließende Volumen nur dann auf einfache Art berechnet werden, wenn die Strömung laminar, d. h. wirbelfrei, erfolgt. Eine Strömung ist immer dann laminar, wenn die dimensionslose Reynoldsche Zahl

$$R_e = \frac{2R \cdot \bar{v} \cdot \varrho}{\eta},$$

ϱ = Dichte des strömenden Mediums; R = Radius der Röhre; $\bar{v}$ = mittlere Strömungsgeschwindigkeit, kleiner als 2300 wird. Überschreitet sie diesen Wert, so wird die Strömung turbulent.

Die der Wandung unmittelbar benachbarte Flüssigkeitsschicht haftet an ihr, die darauf folgende Schichten fließen mit immer größerer Geschwindigkeit, bis diese in der Mitte der Röhre ein Maximum erreicht. Zeichnet man die Geschwindigkeiten als Pfeile entsprechender Länge in den Längsschnitt der Röhre ein, so erhält man das Strömungsprofil. Abb. 18a zeigt das Profil einer Newtonschen Flüssigkeit. Es läßt sich beweisen, daß die Pfeilspitzen auf einer Parabel liegen.

Die Schubspannung, die an einer röhrenförmigen Flüssigkeitsschicht mit dem Abstand r von der Röhrenmitte angreift, ist

$$\tau = \frac{r \cdot p}{2l} , \tag{20}$$

$p =$ Förderdruck; $r =$ Radius der betrachteten Flüssigkeitsröhre; $l =$ Länge des Rohres.

An der Röhrenwandung wird r gleich dem Radius R des von der Flüssigkeit durchströmten Rohres. Die Schubspannung

$$\tau_R = \frac{R \cdot p}{2l} , \tag{21}$$

hat also an der Rohrwandung ihren größten Wert; in der Rohrmitte wird $r = 0$ und damit auch $\tau = 0$. Für das Geschwindigkeitsgefälle gilt:

$$D = \frac{dv}{dr} = \frac{r \cdot p}{2\eta \cdot l} . \tag{22}$$

Auch das Geschwindigkeitsgefälle hat an der Rohrwandung sein Maximum und wird in der Rohrmitte Null.

Bei einem strukturviscosen System nimmt die Viscosität mit wachsender

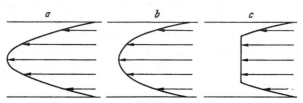

Abb. 18. Strömungsprofile a) Newtonscher, b) strukturviscoser, c) plastischer Körper

Schubspannung ab, so daß das Stromprofil gegenüber einer Newtonschen Flüssigkeit nach der Rohrwand zu abflacht (Abb. 18b). Bei einer plastischen Substanz wird bei einer bestimmten Entfernung vom Rohrmittelpunkt die Schubspannung kleiner als die Fließgrenze: Der Stoff bewegt sich im Innern des Rohres wie ein Pfropfen (Abb. 18c).

Für das in der Zeiteinheit durch ein Rohr hindurchfließende Volumen $\frac{\Delta V}{\Delta t}$ gilt ganz allgemein sowohl für Newtonsche als auch für nicht-Newtonsche Systeme

$$\frac{\Delta V}{\Delta t} = \frac{8\pi \cdot l^3}{p^3} \cdot \int\limits_0^{\tau_R} D \cdot \tau^2 \cdot d\tau , \tag{23}$$

Für einen Newton-Körper folgt aus den Gleichungen (23), (22), (21), (20) und (2):

$$\frac{\Delta V}{\Delta t} = \frac{\pi}{8} \cdot \frac{R^4 \cdot p}{\eta \cdot l} , \tag{24}$$

Gleichung (24) ist das Hagen-Poiseuillesche Gesetz.

Ist für einen nicht-Newtonschen Körper ein Fließgesetz, etwa entsprechend den Gleichungen (3), (4) oder (5) bekannt, so kann mittels der Gleichungen (20) und (23) das Durchflußvolumen in der Zeiteinheit jederzeit berechnet werden. Bei einem plastischen Körper ist als untere Grenze des Integrals in Gleichung (23) natürlich die Fließgrenze τ_0 einzusetzen.

Auch wenn für ein System ein Fließgesetz nicht bekannt ist, wohl aber eine Fließkurve vorliegt, kann durch graphische oder numerische Auswertung des Integrals in Gleichung (23) das Durchflußvolumen ermittelt werden (A. FINCKE u. W. HEINZ 1960).

B. Die Messung der Viscosität

I. Capillarviscosimeter

Das auf Abb. 19 dargestellte Viscosimeter nach Ostwald besitzt Erweiterungen in beiden Schenkeln. Die Flüssigkeit wird in den Schenkel 2 über die Marke A an-

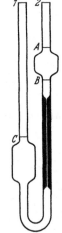

gesaugt. Es wird die Zeit gemessen, die das von den Marken A und B eingeschlossene Volumen benötigt, um durch die Capillare in den Schenkel 1 abzufließen. Man setzt die Stoppuhr in Gang, wenn der Meniskus die Marke A durchläuft und stoppt sie bei seinem Durchgang durch B ab.

Der Druck, der die Flüssigkeit durch die Capillare treibt, wird durch den Niveauunterschied der Flüssigkeitssäulen in den beiden Schenkeln erzeugt. Die absolute Viscosität kann mit Hilfe des Hagen-Poiseuilleschen Gesetzes — Gleichung (24) — berechnet werden. Das Ergebnis ist jedoch nicht sehr genau, weil die Länge l nicht gleich der Länge der Capillare gesetzt und weil der Radius R an den Übergangsstellen zu den Erweiterungen schlecht definiert werden kann. Wenn man dafür sorgt, daß die Probeflüssigkeit durch den Schenkel 1 stets bis zur Marke C eingefüllt wird, bleibt die Niveaudifferenz während des Fließvorganges reproduzierbar. Der treibende Druck ist der Dichte der Probeflüssigkeit proportional. Gleichung (24) ergibt dann nach η aufgelöst:

Abb. 19. Capillarviscosimeter nach Ostwald

$$\eta = \frac{\pi}{8} \cdot \frac{R^4}{\Delta V \cdot l} \cdot g \cdot \overline{\Delta h} \cdot \varrho \cdot \Delta t \, . \tag{25}$$

η = Viscosität
R = Radius der Capillare
$\overline{\Delta h}$ = mittlere Niveaudifferenz
ΔV = Volumen zwischen den Marken A und B
g = Erdbeschleunigung
ϱ = Dichte der Probeflüssigkeit
Δt = Zeitdauer zwischen den Durchgängen des Meniskus durch die Marken A u. B.

Für ein gegebenes Viscosimeter ist der Ausdruck

$$\frac{\pi}{8} \cdot \frac{R^4}{\Delta V \cdot l} \cdot g \cdot \overline{\Delta h} = C \, , \tag{26}$$

konstant. Gleichung (25) kann mit (26) in der Form

$$\eta = C \cdot \varrho \cdot \Delta t \, , \tag{27}$$

geschrieben werden. Wegen der oben erwähnten Schwierigkeiten in bezug auf Länge und Radius der Capillare ist eine experimentelle Bestimmung der Konstante C mittels einer Flüssigkeit bekannter Viscosität und Dichte angebracht.

Bei genaueren Messungen muß berücksichtigt werden, daß nicht die gesamte potentielle Energie als innere Reibungswärme verbraucht wird, sondern zum Teil als kinetische Energie am Capillarende abfließt, und daß an den Übergängen zur Capillare der laminare Fluß gestört werden kann. Diese Einflüsse werden durch ein der Zeit umgekehrt proportionales Korrekturglied weitgehend ausgeschaltet. Gleichung (27) erhält mit dieser „Korrektur für die kinetische Energie", auch Hagenbach-Korrektur genannt, die Gestalt:

$$\eta = C \cdot \varrho \cdot \Delta t - \frac{k \cdot \varrho}{\Delta t} \, , \tag{28}$$

worin k eine Konstante bedeutet. Mit Hilfe zweier Flüssigkeiten bekannter Viscosität und Dichte können C und k für ein bestimmtes Viscosimeter ermittelt werden (A. KRAGH 1961, DIN 53012).

Die geometrischen Abmessungen der Capillare wählt man zweckmäßig so, daß die Durchflußzeit nicht unter 100 s und nicht über 500 s liegt. Auf Staubfreiheit des Viscosimeters und der Flüssigkeit muß streng geachtet werden, anderenfalls werden die Messungen schlecht reproduzierbar. Filtration der Probe durch eine Glasfritte G 4 oder besser noch Ultrazentrifugation ist notwendig. Wegen der Temperaturabhängigkeit der Viscosität muß für Temperaturkonstanz und Temperaturausgleich Sorge getragen werden. Temperierung mit einem guten Thermostaten wird empfohlen. Für eine möglichst lotrechte und reproduzierbare Halterung des Viscosimeters sollte gesorgt werden.

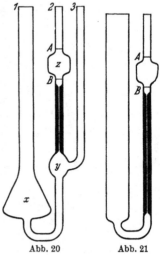

Das *Ostwald-Viscosimeter* eignet sich besonders gut zur Bestimmung der relativen Viscosität; unter Vernachlässigung der Korrektur für die kinetische Energie erhält man aus den Gleichungen (6) und (27)

$$\eta_{rel} = \frac{\varrho \cdot \varDelta t}{\varrho_0 \cdot \varDelta t_0}, \qquad (29)$$

Abb. 20   Abb. 21

Abb. 20. Capillarviscosimeter nach UBBELOHDE

η_{rel} = relative Viscosität
ϱ = Dichte der Lösung
ϱ_0 = Dichte des Lösungsmittels
$\varDelta t$ = Durchflußzeit der Lösung
$\varDelta t_0$ = Durchflußzeit des Lösungsmittels.

Abb. 21. Modifiziertes Ostwald-Viscosimeter zur Messung strukturviscoser Systeme (nach T. G. FOX u. Mitarb. 1951)

Eine Weiterentwicklung des Ostwaldschen ist das *Viscosimeter nach* UBBELOHDE, Abb. 20 (Din 51562). Beim Ansaugen der Probeflüssigkeit aus dem Schenkel 1 in den Schenkel 2 wird das Ansatzrohr 3 mit dem Finger verschlossen. Bevor man die Stoppuhr in Gang setzt, wird das Rohr 3 wieder freigegeben, dadurch kann in die Erweiterung Y Luft eindringen, ‘wodurch die Flüssigkeitssäule am Capillarausgang abreißt. Es entsteht ein „hängendes Niveau". Der Vorzug dieses Viscosimeters liegt in einer vom eingefüllten Volumen unabhängigen Niveaudifferenz. Daher können Verdünnungsreihen, wie sie zur Bestimmung der Viscositätsgrenzzahl benötigt werden, im Viscosimeter selbst hergestellt werden.

T. G. FOX u. Mitarb. (1951) beschreiben ein modifiziertes Ostwald-Viscosimeter, mit dem die Abhängigkeit der Viscosität vom Schergefälle bei strukturviscosen Systemen bestimmt werden kann (Abb. 21). Das Viscosimeter wird mit verschiedenen Volumina gefüllt, dadurch ändern sich die mittleren Niveaudifferenzen und damit auch der Förderdruck, der nach den Gleichungen (20) und (22) Schubspannung und Schergefälle bestimmt.

W. OSTWALD und H. MALSS (1933) bauten ein Viscosimeter mit waagerechter Capillare, die Förderdrucke wurden in einem separaten System erzeugt und gemessen.

II. Kugelfallviscosimeter

Die Geschwindigkeit eines durch eine Flüssigkeit fallenden festen Körpers wird um so größer, je größer der Dichteunterschied zwischen Körper und Flüssigkeit und je kleiner die Viscosität der letzteren ist. Diese Gesetzmäßigkeit wird beim *Kugelfallviscosimeter* zur Viscositätsmessung ausgenutzt.

Abb. 22 zeigt ein *Höppler-Viscosimeter*[1] nach DIN 53015. Eine exzentrisch fallende oder rollende Kugel B, die in ihrer Geometrie eine große Präzision aufweisen muß, bewegt sich in einem mit der Probeflüssigkeit gefüllten Fallrohr F,

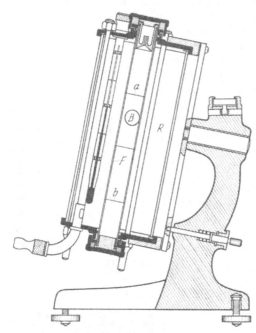

dessen lichte Weite etwa 16 mm beträgt. Es wird die Zeit gemessen, die die Kugel zum Durchlaufen einer durch zwei Ringmarken a und b markierten Fallstrecke benötigt. Das Rohr ist von einem Mantel R umgeben, der der Temperierung mittels eines Umlaufthermostaten dient.

Das Fallrohr ist unter einem konstanten Winkel von etwa 80° fest montiert; das Gerät wird mit einer Dosenlibelle justiert. Damit werden Schwierigkeiten umgangen, die beim freien Fall in einem senkrechten Rohr durch Justagefehler auftreten. Ein weiterer Vorteil des exzentrischen Falles besteht darin, daß das Volumen des Rohres und also auch der Probeflüssigkeit relativ klein gehalten werden kann, nämlich etwa 40 ml. Ein senkrechtes Rohr würde ein viel weiteres Lumen benötigen, um Behinderung des freien Falles durch die Rohrwandung zu vermeiden. Nachteilig

Abb. 22. Kugelfall-Viscosimeter nach Höppler. F Fallrohr; a, b Ringmarken; R Temperiermantel; B rollende Kugel

wirkt sich aus, daß das Gerät nicht zur Absolutbestimmung der Viscosität verwendet werden kann, sondern stets der Eichung mit Hilfe von Flüssigkeiten bekannter Viscosität bedarf.

Vermittels eines Satzes von 6 Kugeln aus Glas oder Metall wird ein Viscositätsbereich von 0,6—250000 cP in einem Temperaturbereich von −20° C bis +120° C überstrichen. Mit einer Spezialkugel können Messungen auch an Gasen durchgeführt werden.

Die Anwendung des Höppler-Viscosimeters ist beschränkt auf Newtonsche Körper. Allenfalls kann mit seiner Hilfe thixotropes oder rheopexes Verhalten qualitativ erkannt werden, wenn sich nämlich die Viscositäten bei mehrmaligem Durchgang einer Kugel ändern.

Die Auswertung erfolgt mit Hilfe der Gleichung:

$$\eta = K(\varrho_1 - \varrho_2) \cdot \Delta t, \tag{30}$$

η = Viscosität
K = Kugelkonstante
ϱ_1 = Dichte des Kugelmaterials
ϱ_2 = Dichte der Probeflüssigkeit
Δt = Laufzeit der Kugel zwischen den beiden Ringmarken.

Die Dichten ϱ_1 und die Konstanten K der Kugeln werden vom Hersteller angegeben. Der Vergleichsstreubereich beträgt 1—3%.

---

[1] Hersteller Gebrüder Haake KG, Berlin-Steglitz, Siemensstraße 27.

III. Rotationsviscosimeter

Bei Rotations- oder Couette-Viscosimetern befindet sich das Meßgut zwischen zwei koaxialen Zylindern. Einer von ihnen kann um seine Längsachse rotieren, während der andere ruht. Diese Anordnung kommt also dem Schema der Abb. 1 sehr nahe: Die den Zylinderflächen unmittelbar benachbarten Schichten haften an ihnen. Da der eine Zylinder ruht und der andere sich dreht, stellt sich im Meßgut ein Geschwindigkeits- oder Schergefälle ein, dessen Größe von dem auf den bewegten Zylinder wirkenden Drehmoment abhängt.

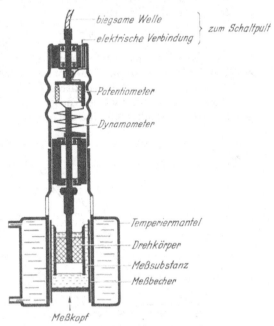

Abb. 23 stellt ein von W. Heinz (1956) konstruiertes *Rotationsviscometer* „Rotovisko"[1] (DBP 950 696) dar. Der innere Zylinder ist über eine biegsame Welle und einer als Dynamometer wirkenden Torsionsfeder mit einem Wechselgetriebe verbunden, durch das ihm verschiedene Rotationsgeschwindigkeiten erteilt werden. Die Verdrillung der Torsionsfeder ist ein Maß für die wirksame Kraft oder, besser gesagt, für das wirksame Drehmoment. Die Verdrillung steuert ein Drehpotentiometer, wodurch das Drehmoment in ein elektrisches

Abb. 23. Rotationsviscosimeter „Rotovisko" nach W. Heinz (1956)

Signal verwandelt wird. Der rotierende Zylinder ist so gebaut, daß nur von seinen Zylinderflächen aus eine Schubspannung auf das Meßgut wirkt, da sich an seiner Grundfläche eine Luftblase befindet. Der äußere Zylinder ist von einem Temperiermantel umgeben, durch den das Meßgut bei Temperaturen zwischen $-30°$ C und $+150°$ C temperiert werden kann. Die Einstellung der Geschwindigkeiten und die Ablesungen erfolgen an einem Schaltpult.

Mit Hilfe verschiedener Zylinder und verschiedener Torsionsfedern können Viscositäten zwischen 1 und 10^{10} cP mit Schubspannungen zwischen 5 und 10^7 dyn/cm^2 und mit Schergefällen zwischen 10^{-2} und 10^4 s^{-1} gemessen werden. Die Meßgenauigkeit liegt nach Angabe der Hersteller bei etwa 2%.

Zwischen dem Parallelplattenversuch gemäß Abb. 1 und der Scherung an zwei koaxialen Zylindern besteht ein Unterschied: Während nämlich bei ersterem die Schubspannung, die auf die eine Platte wirkt, mit ihrem vollen Betrage auf die zweite übertragen wird, ist sie am inneren Zylinder größer als am äußeren, weil die Fläche seines Zylindermantels naturgemäß größer sein muß. Infolgedessen ist das Schergefälle nicht linear.

Für die am inneren Zylinder wirksame Schubspannung gilt:

$$\tau = \frac{M}{2\pi \cdot h \cdot R_i^2}, \qquad (31)$$

τ = Schubspannung, M = Drehmoment, R_i = Radius des Innenzylinders, h = Höhe des Zylinders.

---

[1] Hersteller Gebrüder Haake, Berlin-Steglitz, Siemensstraße 27.

Das Schergefälle am Innenzylinder beträgt für Newtonsche Körper:

$$D_N = 2\omega \cdot \frac{R_a^2}{R_a^2 - R_i^2}, \tag{32}$$

D_N = Schergefälle für Newton-Körper, ω = Winkelgeschwindigkeit, R_a, R_i = Radius des Außen- bzw. Innenzylinders. Aus den Gleichungen (2), (31) und (32) erhält man für die Viscosität

$$\eta = \frac{M}{\omega} \frac{R_a^2 - R_i^2}{4\pi \cdot h \cdot R_i^2 \cdot R_a^2}. \tag{33}$$

Bei nicht-Newtonschen Systemen ist D_N nur dann mit dem wahren Schergefälle identisch, wenn der Spalt zwischen den beiden Zylindern sehr klein oder, anders gesagt, das Radienverhältnis R_i/R_a nahe bei Eins liegt. Trägt man also für einen nicht-Newtonschen Körper D_N gegen τ auf, so erhält man eine apparente

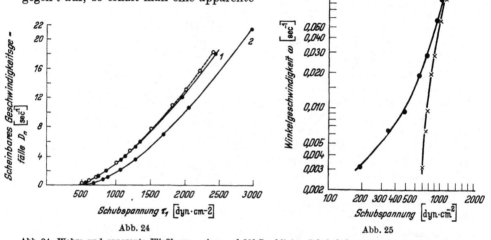

Abb. 24. Wahre und apparente Fließkurven einer auf 38° C erhitzten Schokoladenmasse. Gestrichelte Kurve: wahre Fließkurve; Kurve *1*: $R_i/R_a = 0,952$; Kurve *2*: $R_i/R_a = 0,724$ (nach W. HEINZ und A. FINCKE 1958)

Abb. 25. Einfluß der Oberflächenbeschaffenheit der Zylinder auf die Fließkurve einer auf 38° C erwärmten Schokoladenmasse im Bereich sehr kleiner Deformationsgeschwindigkeiten. ● glatte Zylinderoberfläche, × profilierte Zylinderoberfläche (nach A. FINCKE und W. HEINZ 1957)

Fließkurve, die sich der wahren Kurve um so mehr annähert, je näher das Radienverhältnis bei Eins liegt (Abb. 24). Wenn man das Radienverhältnis kennt, kann die wahre aus der scheinbaren Fließkurve mit Hilfe eines Näherungsverfahrens ermittelt werden (W. HEINZ und A. FINCKE 1958). Für praktische Zwecke stimmen scheinbare und wahre Fließkurve hinreichend miteinander überein, wenn $R_i/R_a > 0,85$ wird.

Die Fließgrenze plastischer Substanzen läßt sich im Prinzip leicht mit einem Rotationsviscosimeter messen. Denn wenn eine solche vorhanden ist, dreht sich der innere Zylinder erst dann, wenn an ihn ein ganz bestimmtes, von Null verschiedenes Drehmoment angelegt wird. Das Drehmoment, bei dem sich der Zylinder gerade anfängt zu bewegen, ergibt mit Gleichung (31) die Fließgrenze.

Experimentell kann man jedoch bei plastischen Substanzen auch bei sehr kleinen Schubspannungen Drehbewegungen des Zylinders und damit scheinbar von Null abweichende Schergefälle beobachten (Abb. 25). Dieser Effekt beruht auf einer Gleitung des Meßgutes an der glatten Zylinderwand infolge mangelnder Adhäsion. Diese kann man verstärken, wenn man die Oberflächen von Außen- und Innenzylinder mit einem Profil versieht oder aufrauht (A. FINCKE und W. HEINZ 1961).

Bibliographie

KRAGH, A. M.: Viscosity. In P. ALEXANDER and R. J. BLOCK: A Laboratory Manual of Analytical Methods of Protein Chemistry, Vol. 3, P. 173—209; Oxford, London, New York, Paris: Pergamon Press 1961.

McGOURY, T. E., and H. MARK: Determination of Viscosity. In A. WEISSBERGER: Technic of Organic Chemistry, Vol. I, Part. I: Physical Methods of Organic Chemistry, P. 327—353. New York: Interscience Publishers, Inc., 1949.

MEYER, K. H., u. H. MARK: Makromolekulare Chemie. Leipzig: Akademische Verlagsgesellschaft Geest und Portig 1953.

PETERLIN, A.: Viscosität. In: STUART, H. A.: Die Physik der Hochpolymeren; 2. Bd.: Das Makromolekül in Lösungen; S. 280—332. Berlin, Göttingen, Heidelberg: Springer 1953 a.

— Viskosität und Form. In: H. A. STUART: Die Physik der Hochpolymeren; 2. Bd.: Das Makromolekül in Lösungen; S. 535—568. Berlin, Göttingen, Heidelberg: Springer 1953 b.

PHILIPPOFF, W.: Viskosität der Kolloide. Dresden, Leipzig: Steinkoppf-Verlag 1942.

SCHULZ, G. V., H. J. CANTOW u. G. MEYERHOFF: Molekulargewichtsbestimmungen an Makromolekularen Stoffen; Viskosimetrische Methode. In: HOUBEN-WEYL: Methoden der organischen Chemie, Bd. III, Teil 1: Physikalische Methoden, S. 431—445. Stuttgart: Thieme-Verlag 1955.

STAUDINGER, H.: Organische Kolloidchemie. Braunschweig: Vieweg-Verlag 1950.

STRAUSS, U. D., and R. M. FUOSS: Polyelectrolytes. In: H. A. STUART: Die Physik der Hochpolymeren, 2. Bd.: Das Makromolekül in Lösungen, S. 680—701. Berlin, Göttingen, Heidelberg: Springer 1953.

UMSTÄTTER, H.: Einführung in die Viskosimetrie und Rheometrie. Berlin, Göttingen, Heidelberg: Springer 1952

Reologie und Rheometrie mit Rotationsviskosimetern. Herausgegeben von der Gebrüder Haake KG, Berlin.

Zeitschriftenliteratur

BINGHAM, E. C.: Plastisches Fließen. J. Franklin Inst. 181, 845—848 (1916); zit. nach Chem. Zbl. 87, II, 1102 (1916).

BRUSS, H.: Die Bedeutung der Viskosimetrie in der kosmetischen und pharmazeutischen Industrie. Parfüm und Kosmetik 41, 141—146 (1960).

CASSON, N.: A flow equation for pigment — oil suspensions of the printing ink type. In C. C. MILL: Rheology of Disperse Systems, P. 84—104. New York, London, Paris, Los Angeles: Pergamon Press 1959.

DIN 1342: Viskosität bei Newtonschen Flüssigkeiten. April 1957.

DIN 51550: Viskosimetrie. Bestimmung der Viskosität. Allgemeines. März 1960.

DIN 51562: Viskosimetrie. Messung der Viskosität mit dem Ubbelohde-Viskosimeter. April 1955.

DIN 53012: Viskosimetrie. Kapillarviskosimetrie Newtonscher Flüssigkeiten. Fehlerquellen und Korrekturen. Februar 1959.

DIN 53015: Viskosimetrie. Messung der Viskosität mit dem Kugelfallviskosimeter nach HÖPPLER. Februar 1959.

EINSTEIN, A.: Eine neue Bestimmung der Moleküldimensionen. Ann. Physik 19, 289—306 (1906).

— Berichtigung zu meiner Arbeit: Eine neue Bestimmung der Moleküldimensionen. Ann. Physik 34, 591—592 (1911).

EIRICH, F., M. BUNZL u. H. MORGARETHA: Untersuchungen über die Viskosität von Suspensionen und Lösungen. 4. Über die Viskosität von Kugelsuspensionen. Kolloid-Z. 74, 276—285 (1936).

EWELL, R. H.: The reaction rate theory of viscosity and some of its applications. J. appl. Phys. 9, 252—269 (1938).

FINCKE, A.: Rheologische Untersuchungen an Schokoladen. Zucker- u. Süßwaren-Wirtsch. 9, 1—12 (1956).

—, u. W. HEINZ: Untersuchungen zur Rheologie der Schokolade. Fette, Seifen, Anstrichmittel 58, 902—906 (1956).

— — Untersuchungen zur Rheologie geschmolzener Schokoladen I: Über die Bestimmung der Fließgrenze. Fette, Seifen, Anstrichmittel. 59, 646—651 (1957).

— — Untersuchungen zur Rheometrie und Rheologie geschmolzener Schokoladen III. Die Berechnung des Durchflusses geschmolzener Schokoladen durch Rohrleitungen. Fette, Seifen, Anstrichmittel 62, 197—204 (1960).

— — Zur Bestimmung der Fließgrenze grobdisperser Systeme. Rheologica Acta 1, 530—538 (1961).

FOX, T. G., J. C. FOX, and P. J. FLORY: The effect of rate of shear on the viscosity of dilute solutions of polyisobutylene. J. amer. chem. Soc. **73**, 1901—1904 (1951).

HEINZ, W.: Ein neues Konsistometer und ein neuartiges Elektro-Rotationsviskosimeter. Kolloid-Z. **145**, 119—125 (1956).

—, u. A. FINCKE: Untersuchungen zur Rheometrie und Rheologie geschmolzener Schokoladen II. Die Berechnung des Fließgesetzes. Fette, Seifen, Anstrichmittel **60**, 675—679 (1958).

HUGGINS, M. L.: The viscosity of dilute solutions of long-chain molecules. IV. Dependence on concentration. J. amer. chem. Soc. **64**, 2716—2718 (1942).

IUPAC: Report on the Nomenclature of the IUPAC. J. Poly. Sci. **8**, 257—277 (1952).

KRAEMER, E. O., and W. O. LANSING: Molecular weights of cellulose and cellulose derivatives. J. Phys. Chem. **39**, 153—168 (1935).

MEHL, J. W., J. L. ONCLEY, and R. SIMHA: Viscosity and the shape of protein molecules. Science **92**, 132—133 (1940).

ONCLEY, J. L.: Evidence from physical chemistry regarding the size and shape of protein molecules from ultracentrifugation, diffusion, viscosity, dielectric dispersion and double refraction of flow. Ann. N. Y. Acad. Sci. **41**, 121—150 (1941).

OSTWALD, W., u. H. MALSS: Über Viskositätsanomalien sich entmischender Systeme. I. Über Strukturviskosität kritischer Flüssigkeitsgemische. Kolloid-Z. **63**, 61—77 (1933).

PHILIPPOFF, W., u. K. HESS: Zum Viscositätsproblem bei organischen Kolloiden. Z. phys. Chem. B **31**, 237—255 (1936).

RUTGERS, IR. R.: Konsistenzmessungen an Graupensuppen. Getreide und Mehl 8, 90—95 (1958).

SHERAGA, H. A.: Non-Newtonian viscosity of solutions of ellipsoidal particles. J. Chem. Phys. **23**, 1526—1532 (1955).

SIMHA, R.: The influence of Brownian movement on the viscosity of solutions. J. Phys. Chem. **44**, 25—34 (1940); vgl. auch: SIMHA, R.: The influence of molecular flexibility on the intrinsic viscosity, sedimentation and diffusion of high polymers. J. Chem. Phys. **13**, 188—195 (1945).

STAINSBY, G.: Viscosity of dilute gelatin solutions. Nature **169**, 662—665 (1952); zit. nach A. M. KRAGH (1961).

VOGT, H.: Beeinflussung des rheologischen Verhaltens von Polyäthylenglykol-Sorbitanoleat-Wasser-Systemen durch den Wasseranteil. Fette, Seifen, Anstrichmittel **63**, 541—545 (1961).

WINKLER, S.: Viskositäts- und Strukturviskositätsmessungen von Stärke und Stärkederivaten an der Viskowaage. Stärke **9**, 213—220 (1957).

Die Ultrazentrifuge

Von

Dr. Andreas Mahling, Berlin

Mit 22 Abbildungen

A. Einleitung

T. Svedberg entwickelte die Ultrazentrifuge, um mit ihrer Hilfe den bei mikroskopischen Partikeln beobachtbaren Effekt der Sedimentation im Schwerefeld der Erde so zu verstärken, daß auch submikroskopische Teilchen von kolloidaler Größe sedimentierten (T. Svedberg und H. Rinde 1924). Zwei Jahre später publizierten T. Svedberg und R. Fahraeus (1926) eine Arbeit über die Bestimmung des Molekulargewichtes von Proteinen durch Sedimentation in der Ultrazentrifuge und durch Messung des Diffusionskoeffizienten.

Drei Faktoren bestimmen die Sedimentationsgeschwindigkeit: das Molekulargewicht, die Reibung des sedimentierenden Teilchens im Einbettungsmedium, die von der geometrischen Gestalt des Teilchens und seiner Solvathülle maßgebend beeinflußt wird, und der Auftrieb des Teilchens, der vom Dichteverhältnis Teilchen zu Lösungsmittel abhängt. Bei Stoffgemischen kann im Zentrifugalfeld eine Differenzierung in verschiedene Teilchenklassen eintreten, wenn sie sich wenigstens in einem der genannten drei Faktoren hinreichend voneinander unterscheiden.

B. Beschreibung der Geräte

I. Zentrifugen und Rotoren

Die Svedbergsche Ultrazentrifuge wurde von einer Ölturbine angetrieben. Sie diente nicht nur dem Studium hochmolekularer Stoffe, sondern auch der Erforschung der Ultrazentrifugenkonstruktion. Über die Ergebnisse dieser Arbeiten berichten T. Svedberg und K. O. Pedersen (1940) in einer grundlegenden Monographie.

Auf den Svedbergschen Arbeiten fußend konstruierten J. W. Beams u. Mitarb. (1933) ein von einer Luftturbine angetriebenes Gerät, das man auch kommerziell herstellt (Abb. 1 und 2). Der Rotor R befindet sich in einem starkwandigen Gehäuse G, dessen Wandung mittels der Kühlschlange K temperiert werden kann. Die Rotorachse trägt zwei Turbinenlaufräder T als Antriebs- und Bremsrad (Abb. 3) und ist außerdem mit einem Tachometer M verbunden. Die Luft wird durch die Düsen D gegen die Laufräder geblasen. Um Erschütterungen, die den Sedimentationsvorgang empfindlich stören, zu dämpfen, ist die Rotorkammer auf Federn F gelagert. Der Sedimentationsprozeß wird mittels des von der Lichtquelle L erzeugten Lichtes beobachtet; das Licht nimmt den Weg des Strahles S, der in der Kamera Ka ein photographisches Bild erzeugt.

Black u. Mitarb. beschreiben 1938 eine elektrisch angetriebene Ultrazentrifuge, die ebenfalls fabrikmäßig hergestellt wird. Das Gerät ist ähnlich aufgebaut wie die luftgetriebene Zentrifuge (Abb. 4 und 5).

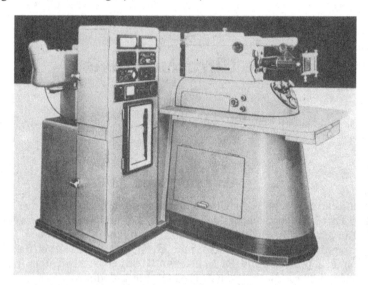

Abb. 1. Gesamtansicht einer luftgetriebenen Ultrazentrifuge

Beide Maschinen besitzen eine dickwandige, panzerartige Rotorkammer, die als Schutz dient, wenn der Rotor unter der Einwirkung der großen Zentrifugalkräfte explodieren sollte.

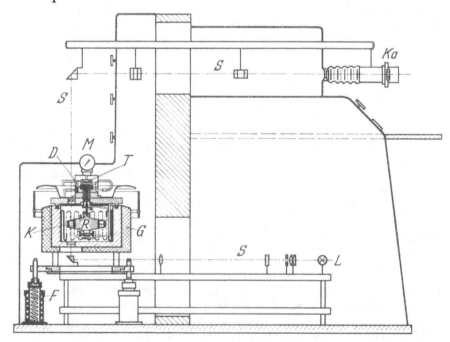

Abb. 2. Schematischer Querschnitt durch eine luftgetriebene Ultrazentrifuge; Erklärungen im Text

Bei normalem Luftdruck in der Rotorkammer würde infolge Reibung eine starke Erwärmung des Rotors während des Betriebes eintreten. Bei der luftgetriebenen Zentrifuge wird die Reibungswärme durch Spülung mit Wasserstoffgas unter vermindertem Druck abgeführt. In der elektrischen Zentrifuge verhindert man die Entstehung der Reibungswärme durch Auspumpen der Rotorkammer bis auf einen Druck von etwa 10^{-3} Torr; die Restwärme wird von der gekühlten Wandung der Rotorkammer aufgenommen.

Der Rotor (Abb. 3) besteht aus einer sehr festen Aluminiumlegierung, neuerdings auch aus Titanmetall. Er hat die Form eines Ellipsoids mit drei verschiedenen Achsen und zwei Löchern etwa in den Brennpunkten der größten Querschnittsellipse, in welche die Zelle mit der Probelösung und ein Gegengewicht

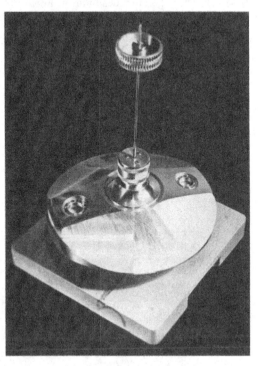

Abb. 3. Rotor mit Zellen und Turbinenlaufrädern

Abb. 4. Gesamtansicht einer elektrisch angetriebenen Ultrazentrifuge

eingeführt werden. Der Abstand von der Lochmitte zur Rotorachse beträgt 6,5 cm. Die Beanspruchung des Rotormaterials an den Stellen, an denen sich die Löcher befinden, ist wegen der besonderen Form des Rotors möglichst gering.

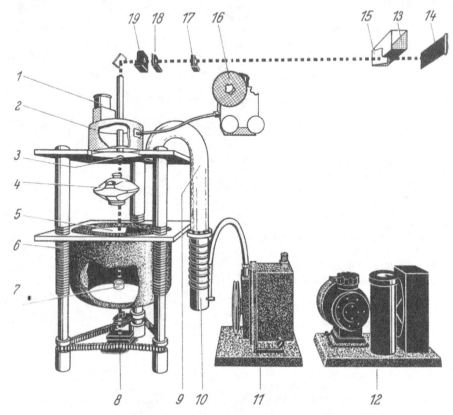

Abb. 5. Schematischer Aufbau einer elektrisch angetriebenen Ultrazentrifuge. *1* Motorgehäuse, *2* Antriebsgetriebe, *3* Kondensorlinsen, *4* Rotor, *5* bewegliche Rotorkammer, *6* Liftspindel für den Transport der Rotorkammer, *7* Kollimatorlinse, *8* Lichtquelle, *9* Verbindung zwischen Rotorkammer und Vakuumpumpe, *10* Öldiffusionspumpe, *11* Vakuumpumpe, *12* Kühlaggregat, *13* Einblick zur Direktbeobachtung, *14* photographische Platte, *15* Ausschwenkspiegel, *16* Geschwindigkeitskontrollgetriebe, *17* Zylinderlinse, *18* Kameralinse, *19* Phasenplatte

II. Zellen

1. Zellkonstruktion

Zwei Schwierigkeiten mußten bei der Konstruktion der Zellen für die Probelösungen überwunden werden: nämlich die Bruchgefahr der für die Lichtpassage notwendigen Zellfenster infolge der Zentrifugalkraft und die Abdichtung der Zelle. Die Zellfenster werden aus Quarz- oder Saphirglas hergestellt; es ist wichtig, daß beide Werkstoffe ultraviolettes Licht hindurchlassen. Für Dichtigkeit sorgt die Formgestaltung der einzelnen Zellelemente und die Verwendung von wohlangepaßten Dichtungsringen aus Kunststoff (Abb. 6). Das Zentralstück (centerpiece) nimmt die Probeflüssigkeit auf; die Einfüllöffnung wird der Rotorachse zugewandt. Die Zelle wird nie vollständig gefüllt, so daß sich während des Laufes zwischen Einfüllöffnung und Meniscus eine Luftschicht befindet. Der Querschnitt der Zelle ist sektorförmig und damit dem Verlaufe der Kraftlinien im Zentrifugalfeld angepaßt. Die Höhe des Zentralstückes entspricht der Weglänge, die das Licht in der Probeflüssigkeit zurücklegt. Bei einer Standardzelle beträgt sie 12 mm, und die Zelle hat einen Rauminhalt von etwa 0,8 ml.

2. Spezialzellen

a) Zellen zur Erzeugung einer künstlichen Grenzschicht

Mit einer Spezialzelle kann eine Probelösung während des Laufes mit einer anderen Lösung oder dem Lösungsmittel über- oder unterschichtet werden, so daß eine künstliche Grenzschicht (synthetic boundary) erzeugt wird (G. KEGELES 1952; E. G. PICKELS u. Mitarb. 1952; G. MEYERHOFF 1955). Sie hat zahlreiche Anwendungsmöglichkeiten gefunden: Messung sehr kleiner Sedimentationsgeschwindigkeiten wie die von Rohrzucker (H. K. SCHACHMANN und W. F. HARRINTON 1954. Beobachtung einer langsamen Komponente in Gegenwart einer schnellen (R. T. HERSH und H. K. SCHACHMANN 1958), Messung des Diffusionskoeffizienten (W. K. HORNUNG und G. TRÄXLER 1960), Messung der Konzentrationsabhängigkeit des Sedimentationskoeffizienten in einem einzigen Lauf mit Hilfe einer Differentialgrenzschicht (R. T. HERSH und H. K. SCHACHMANN 1955; A. MAHLING 1963). Messung des Brechungsindexinkrementes (S. M. KLAINER und G. KEGELES 1955).

b) Doppelsektorzellen

Die Doppelsektorzelle (double sector cell) besitzt ein Zentralstück mit zwei sektorförmigen Räumen, von denen der eine z. B. die Probeflüssigkeit und der andere das reine Lösungsmittel aufnehmen kann (J. ST. L. PHILPOT und G. H. COOK 1948; J. W. BEAMS und H. M. DIXON III 1953). Sie wird für interferenzoptische Aufnahmen des Sedimentationsvorganges benötigt. Bei schlierenoptischen Aufnahmen hat sie sich zur Erzeugung einer Grundlinie bewährt (Abb. 14 und 18). Kleine Differenzen zwischen Sedimentationskoeffizienten lassen sich mit ihr messen (E. G. RICHARDS und H. K. SCHACHMANN 1957).

Abb. 6. Schematischer Aufbau einer Ultrazentrifugenzelle. Die zahlreichen Dichtungen zwischen den einzelnen Zellelementen sind nicht eingezeichnet

c) Zellen mit prismatischem Fenster

Wenn die Flachseiten der Fenster nicht ganz parallel sind, wirkt die fertig montierte Zelle wie ein kleines Prisma (wedge window cell). Man setzt diese Zelle in die für das Gegengewicht vorgesehene Bohrung im Rotor ein, so daß in einem

Lauf zwei Probelösungen untersucht werden können. Das Bild der Prismazelle liegt über dem der Normalzelle. Prismazellen haben sich auch bei der Aufnahme flotierender Substanzen bewährt.

d) Trennzellen

Die präparative Abtrennung einer langsameren Komponente unter visueller Kontrolle ermöglichen Trennzellen. Der Sektorraum des Zentralstückes wird durch eine poröse Trennwand geteilt (A. TISELIUS u. Mitarb. 1937), durch die die Sedimentation praktisch nicht behindert wird. Eine Vermischung der Flüssigkeiten in den beiden getrennten Räumen nach Beendigung des Laufes tritt nicht ein (separation oder partition cell). Eine Trennzelle, deren Trennwand durch die Zentrifugalkraft an den Boden der Zelle gedrückt wird und erst beim Auslaufen der Zentrifuge sich vorsichtig in den Zellraum hineinschiebt, wird von D. A. YPHANTIS und D. F. WAUGH (1956) beschrieben. Mit derartigen Zellen können Sedimentationskoeffizienten solcher Substanzen gemessen werden, die man zwar optisch nicht mehr verfolgen kann, für die aber empfindliche analytische Nachweismethoden existieren, z. B. biologisch aktive (D. A. YPHANTIS und D. F. WAUGH 1956) oder radioaktiv markierte Stoffe (H. L. PETERMANN u. Mitarb. 1954).

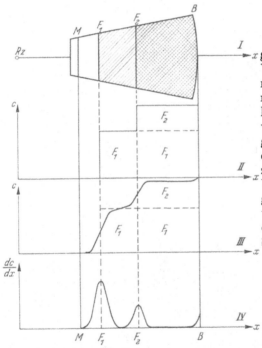

Abb. 7. Die Sedimentation eines Systems mit zwei Fronten. Rz = Rotationszentrum, M = Meniscus, F_1 = langsame Front, F_2 = schnelle Front, B = Boden, c = Konzentration, x = Zellkoordinate; weitere Erklärungen im Text

e) Vielkanalzellen

Messungen des Sedimentationsgleichgewichtes lassen sich in einer Vielkanalzelle (multichannel cell) nach D. A. YPHANTIS (1960) ausführen. In ihr können mehrere Probelösungen gleichzeitig zentrifugiert werden, so daß man in einem Lauf genügend Informationen erhält, um das Molekulargewicht auf die Konzentration Null zu extrapolieren. Das Volumen der einzelnen Probelösungen beträgt 0,015 ml; die Gleichgewichtseinstellung benötigt beim Rinderserumalbumin 70 min und bei der Saccharose 15 min.

III. Aufnahmeverfahren

1. Der Sedimentationsvorgang

Eine sedimentierende Substanz bildet im Lösungsmittel eine Grenzschicht oder Front (boundary), an der ein Konzentrationssprung auftritt. Sind mehrere Komponenten vorhanden, so können sich auch mehrere Fronten ausbilden. Abb. 7, I stellt den Querschnitt einer sektorförmigen Zelle mit zwei Fronten F_1 und F_2 dar, die in der x-Richtung sedimentieren. Im Raum zwischen dem Meniscus M und der Front F_1 befindet sich reines Lösungsmittel; die Konzentration der die Front F_1 bildenden Komponente F_1 ist in diesem Raum Null (Abb. 7, II). Zwischen den Fronten F_1 und F_2 befindet sich die reine Komponente F_1, die mit der kleineren Geschwindigkeit sedimentiert; zwischen der Front F_2 und dem Boden der Zelle befindet sich ein Gemisch der Komponenten F_1 und F_2. Infolge der Konzentrationssprünge an den Fronten setzt eine Diffusion ein, welche die Konzentrationsunterschiede auszugleichen bestrebt ist; an den Fronten treten deshalb keine scharfen, sondern verwaschene Konzentrations-änderungen auf (Abb. 7, III). Deutlicher als an dem Verlaufe der Konzentration längs der Zellkoordinate x, die den Abstand vom Rotationszentrum mißt, werden die Fronten an den auf ein sehr kleines Intervall der Zellachse dx bezogenen Konzentrationsänderungen dc erkannt: der Konzentrationsgradient dc/dx weist nämlich an den Stellen, an denen sich die Konzentration am stärksten ändert, ein deutliches Maximum auf und fällt auf dessen beiden Seiten mehr oder weniger schnell auf den Wert Null herab, je nach dem Grade der Verschmierung der Fronten, die mit zunehmender Diffusionsgeschwindigkeit größer wird (Abb. 7, IV).

2. Absorptionsaufnahmen

Wenn man als Maß der Konzentration die Absorption monochromatischen Lichtes bei der Passage durch die Probelösung verwendet, erhält man photographische Aufnahmen gemäß Abb. 8. Die Schwärzung der Platte ist ein Maß für

Abb. 8. Absorptionsaufnahmen der Sedimentation von β-Lactoglobulin zu 11 verschiedenen Zeitpunkten; M = Meniscus, B = Boden. (Nach H. K. SCHACHMANN 1959)

die Konzentration der sedimentierenden Komponente. Sie kann mit einem geeigneten Densitometer ausgemessen werden. Der resultierende Kurvenzug – auf Abb. 9 für ein System mit nur einer sedimentierenden Komponente – entspricht der Abb. 7, III. Die mit R bezeichneten Kurvenzüge wurden von Referenzmarken erzeugt, deren Abstand vom Rotationszentrum genau bekannt ist. Sie stellen Bezugslinien zum Ausmessen der Aufnahmen dar.

Die Schwärzung einer Photoplatte ist nicht unbedingt dem Logarithmus der Lichtintensität und damit der Konzentration

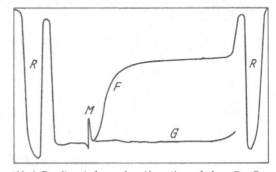

Abb. 9. Densitometerkurve einer Absorptionsaufnahme. R = Referenzlinien, M = Meniscus, F = Front, G = Grundlinie

direkt proportional. Diese Schwierigkeit wird umgangen, wenn man die Lichtintensität längs der Zellkoordinate mit einem Photomultiplyer abtastet (S. HANLON u. Mitarb. 1962, H. K. SCHACHMANN u. Mitarb. 1962).

Mit Absorptionsaufnahmen läßt sich die Sedimentation von Proteinen bis zu Konzentrationen von 0,001 g/ml photographisch bei 230 mμ verfolgen. Nucleinsäure-Lösungen der gleichen Konzentration können noch bei 260 mμ gemessen werden.

5*

3. Interferenzaufnahmen

Zwischen dem Brechungsindex einer Lösung und ihrer Konzentration besteht die in guter Näherung gültige Beziehung:

$$\varDelta n = n_L - n_0 = k \cdot c . \tag{1}$$

n_L = Brechungsindex der Lösung,
n_0 = Brechungsindex des Lösungsmittels,
c = Konzentration der gelösten Substanz,
k = Konstante

k nennt man das Brechungsindexinkrement; es hängt von der Temperatur, der Wellenlänge des Meßlichtes und den Konzentrationen der Lösungspartner ab (Tabelle).

Tabelle. *Brechungsindexinkremente bestimmter Proteine. Die meisten Messungen wurden in verdünnten Natriumchlorid-Lösungen (0,1 bis 0,3 M) mit pH-Werten zwischen 5 und 7 durchgeführt. Nach* P. Doty *und* E. P. Geiduschek *(1953)*

Protein	k in ml/g bei 25° C u. den Wellenlängen:		
	577 mμ	546 mμ	435,8 mμ
Human-Serum-Albumin	0,1854	0,1868	0,1938
Human-Serum-γ-Globulin	0,1875	0,1890	0,1960
β-Lipoprotein	0,171		
β-Lactoglobulin	0,1842	0,1856/0,1822	0,1926/0,1890
Ovalbumin	0,1851	0,1865/0,1820	0,1935/0,1883
Rinder-Serum-Albumin	0,1869	0,1883/0,1854	0,1954/0,1925
Lysozym		0,1888	0,1955

(Zwei durch Schrägstrich getrennte Zahlenangaben beziehen sich auf verschiedene Autoren.)

Der Brechungsindex kann sehr genau und empfindlich mit Hilfe verschiedener Interferenzverfahren gemessen werden. Am gebräuchlichsten sind Rayleigh-Interferenzen (Abb. 10). Die Aufnahmen werden unter einem Meßmikroskop aus-

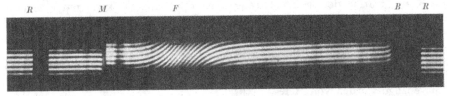

Abb. 10. Interferenzaufnahme eines sedimentierenden Systems. R = Referenzlinien, M = Meniscus, F = Front, B = Boden

gemessen und numerisch ausgewertet. Trägt man die Meßwerte graphisch auf, so erhält man der Abb. 7, III entsprechende Kurvenzüge. Einzelheiten der Auswertung findet man bei H. K. Schachmann (1959) und H.-G. Elias (1961a).

4. Schlierenaufnahmen

Brechungsindexänderungen innerhalb einer Lösung werden an einer Schlierenbildung erkannt. J. St. L. Philpot (1938) und H. Svensson (1939, 1940) entwarfen ein optisches System, mit dessen Hilfe ein Brechungsindexgradient direkt photographiert werden kann. In neuerer Zeit hat H. Wolter (1950) eine als Schlierendiaphragma dienende Phasenplatte entwickelt, mit der die Präzision der Aufnahmen erheblich gesteigert werden konnte.

Auf der photographischen Aufnahme (Abb. 11) erkennt man Kurvenzüge, die der Abb. 7, IV entsprechen; an die Stelle des Konzentrationsgradienten tritt der

Gradient des Brechungsindex:

$$\frac{dn}{dx} = k \cdot \frac{dc}{dx}.$$ (2)

Das schlierenoptische Verfahren wird häufig und gern verwendet, weil es unmittelbare qualitative Aussagen gestattet und die quantitative Interpretation ziemlich einfach gestaltet werden kann.

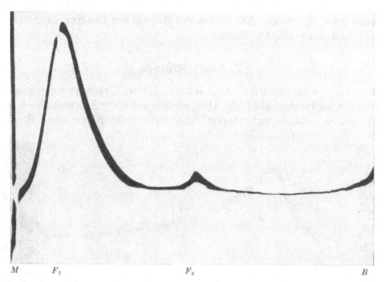

Abb. 11. Schlierenaufnahme, zwei Fronten zeigend; M = Meniscus, F_1 = langsame Front; F_2 = schnelle Front; B = Boden

C. Die Interpretation von Sedimentationsdiagrammen

I. Qualitative Betrachtungen

1. Einheitlich sedimentierende Körper

Bei einer einheitlich sedimentierenden Substanz wird die wandernde Front in einer Philpot-Svensson-Aufnahme durch einen nahezu symmetrischen Peak dargestellt; nur an seinen Rändern treten zuweilen Abweichungen von der Symmetrie auf; zu beiden Seiten des Peaks verläuft die Kurve praktisch horizontal (Abb. 12).

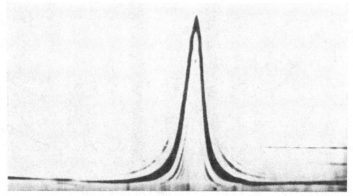

Abb. 12. Einheitlich sedimentierender Körper

Vor der Front (dem Peak) ist die Konzentration der sedimentierenden Substanz Null, das gleiche gilt für die Konzentrations*änderung* mit der Zellkoordinate (Abstand vom Rotationszentrum). Hinter dem Peak hat sie einen von der Ausgangskonzentration abhängigen Wert, der sich längs eines bestimmten Intervalles der Zellkoordinate nicht mehr wesentlich ändert, so daß also der Brechungsindexgradient wieder Null wird.

Ein Intervall der Zellkoordinate, in dem die Konzentrationsänderung Null wird, nennt man „Plateau". Am Boden der Zelle steigt die Konzentration wieder an, da sich hier das Sediment ablagert.

2. Konvektionen

In manchen Fällen kann man beobachten, daß im Gradienten oder im Plateau Zickzacklinien auftreten (Abb. 13). Dies beruht auf einer Störung durch Konvektionen, die durch plötzlich auftretende Temperaturänderungen innerhalb der Zelle,

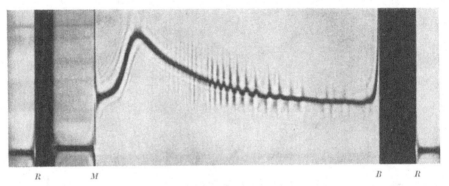

R   M   B   R

Abb. 13. Sedimentationsdiagramm mit Konvektionen (nach H. K. Schachmann 1959)

durch Erschütterungen oder durch teilweises Auslaufen der Zelle verursacht werden. Letzteres erkennt man auch an der Verschiebung des Meniscus. Aber auch das Probenmaterial kann Veranlassung zu Konvektionen geben, wenn nämlich in einer Front mehrere Komponenten vorhanden sind, die assoziieren oder dissoziieren können (H. K. Schachmann und W. F. Harrington 1954).

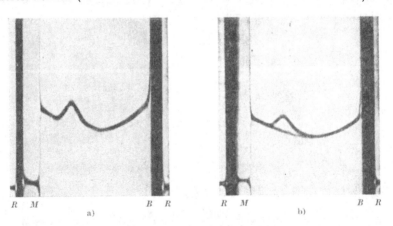

R   M   B   R   R   M   B   R
          a)   b)

Abb. 14a u. b. Gekrümmte Grundlinie; 0,3 g/dl Rinderserumalbumin in 2 M Natriumchlorid-Lösung; *a* Normalzelle, *b* Doppelsektorzelle (nach H. K. Schachmann 1959). *R* = Referenzlinien, *M* = Meniscus, *B* = Boden

3. Gekrümmte Grundlinien

Es gibt Systeme, bei denen sich die Plateau- oder auch Grundlinie krümmt (Abb. 14). Die sedimentierende Komponente hat dann niedermolekulare Lösungspartner, die ebenfalls merklich sedimentieren. Je höher die Konzentration der Lösungspartner, um so ausgeprägter ist der Effekt. Der wahre Verlauf der Grundlinie kann mit Hilfe einer Doppelsektorzelle dargestellt werden, wenn man den einen Sektor mit dem alle Lösungspartner — außer der hochmolekularen Komponente — enthaltenden Lösungsmittel füllt, während der andere Sektor die Probelösung enthält.

Bei genügend hohen Drehzahlen kann das Material der Zellfenster verformt werden; auch dadurch wird die Grundlinie verbogen. Fenster aus Quarz neigen eher zu dieser Erscheinung als die aus Saphir.

4. Am Meniskus haftende Front

Die Front mancher Stoffe löst sich auch bei größtmöglicher Umdrehungsgeschwindigkeit der Zentrifuge schwer oder gar nicht vom Meniscus ab (Abb. 15): vor dem Peak entsteht kein Plateau. Solche Stoffe haben entweder eine sehr kleine

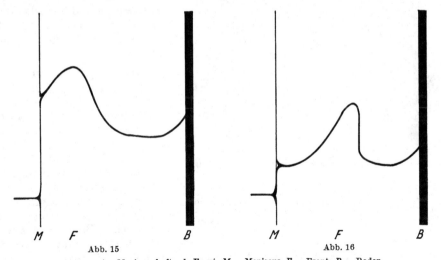

Abb. 15

Abb. 16

Abb. 15. Am Meniscus haftende Front. M = Meniscus, F = Front, B = Boden

Abb. 16. Ausbildung einer Schleppe aus niedermolekularen Anteilen, nachdem die Ablösung der Front durch Überschichtung erzwungen wurde. M = Meniscus, F = Front, B = Boden

Sedimentationskonstante oder sie bestehen aus einem Gemisch von Molekülen mit einer kontinuierlichen Verteilung der Molekulargewichte. Bei künstlich erzeugten Hochpolymeren ist letzteres häufig der Fall. Mit einer Über- oder Unterschichtungszelle kann ein Plateau vor der Front künstlich erzeugt werden. Niedermolekulare Anteile bilden dann eine Schleppe (Abb. 16).

5. Selbstschärfung einer Front

Die Sedimentationsgeschwindigkeit hängt mehr oder weniger von der Konzentration der *sedimentierenden* Stoffe ab. Im allgemeinen wird sie um so kleiner, je größer die Konzentration wird. Die Teilchen an der Vorderseite einer Front sedimentieren deshalb schneller als die, welche sich an der dem Boden der Zelle zugewandten Seite des Peaks befinden, denn an der Vorderseite nimmt die Konzentration ja kontinuierlich bis auf den Wert Null ab. Ist die Konzentrations-abhängigkeit der Sedimentationsgeschwindigkeit stark ausgeprägt, so kommt es zu einer Selbstschärfung der Front, die man an einem spitzen Peak erkennen kann (Abb. 17). Diese Erscheinung kann besonders gut bei Nucleinsäuren oder der Makroglobulinkomponente des Serums beobachtet werden. Die Selbstschärfung

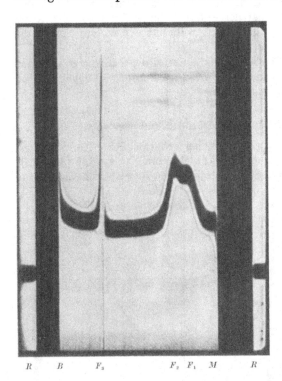

kann bei molekular uneinheit-lichen Stoffen Einheitlichkeit vortäuschen. Je kleiner die Aus-gangskonzentration, um so ge-ringer ist die Selbstschärfung der Front. M. Gehatia u. Mit-arb. (1960) konnten den ur-sprünglich überscharfen Peak einer Desoxyribonucleinsäure durch Versuche in hochverdünn-ten Lösungen, deren Sedimen-tationsverhalten mit Hilfe der Absorptionstechnik verfolgt wurde, so weit auflösen, daß die molekulare Uneinheitlichkeit des Präparates deutlich zutage trat.

R B F_3 F_2 F_1 M R

Abb. 17. Pathologisches Humanserum (Makroglobulinämie); die Front F_3 (schnellste Front) zeigt typische Selbstschärfung; R = Referenzlinien, M = Meniscus, F_i = Fronten, B = Boden (nach K. Jahnke und W. Scholtan 1960)

6. Aufspaltung in mehrere Fronten

Bei einem paucidispersen System können sich während der Sedimentation mehrere Fronten ausbilden (Abb. 17; vgl. Abb. 7). Die einzelnen Peaks brauchen nicht unbedingt einheitliche Substanzen darzustellen. Das Sedimentationsdiagramm des menschlichen Blutserums zeigt in der Ultrazentrifuge 3 bis 4 Fronten, während es elektrophoretisch in 5 Fraktionen aufgespalten werden kann. Immunoelektrophoretisch können sogar mehr als 20 Proteinindividuen nachgewiesen werden.

Geringe Beimengungen zu einer Hauptkomponente lassen sich manchmal nur undeutlich erkennen. Bei einem Lauf in einer Doppelsektorzelle treten sie besser zutage (Abb. 18).

7. Reagierende Systeme

In manchen Fällen können Bindungsreaktionen zwischen den sedimentierenden Komponenten im Sedimentationsdiagramm leicht erkannt werden: wenn nämlich einer der Reaktionspartner ein Farbstoff ist, so wandert bei genügend fester Bin-dung die Farbstofffront mit der Front des Bindungspartners (Abb. 19; vgl. N. B. Kurnick 1954). Bindungsreaktionen, deren Gleichgewichtslage durch den Sedi-mentationsprozeß gestört wird, machen sich manchmal, wie schon erwähnt, durch Konvektionen bemerkbar (Abb. 13).

Bei einer Polymerisationsreaktion des Typs:

$$nA \rightleftharpoons A_n$$

bilden die sedimentierenden Komponenten eine einzige, allerdings unsymmetrische Front, wenn $n = 2$ ist. Wird $n > 2$, so können mehr Fronten beobachtet werden (G. A. GILBERT 1953, 1955; G. A. GILBERT und R. C. LL. JENKINS 1956).

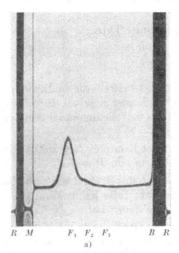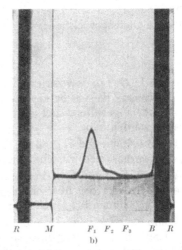

Abb. 18. Ein System mit drei Fronten in *a* Normalzelle, *b* Doppelsektorzelle. Die 3. Front F_3 tritt erst in der Doppelsektorzelle deutlich in Erscheinung. R = Referenzlinien, M = Meniscus, F_i = Fronten, B = Boden (nach H. K. SCHACHMANN 1959)

Besonders sorgfältig wurde eine Isomerisationsreaktion vom Typ

$$A \underset{k_2}{\overset{k_1}{\rightleftharpoons}} B$$

durch P. C. SCHOLTEN (1961) theoretisch untersucht. k_1 und k_2 bedeuten die Geschwindigkeitskonstanten der Hin- und Rückreaktion. Danach können ein- oder

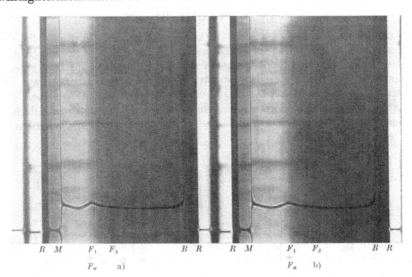

Abb. 19. Sedimentationsdiagramme von Chloroplastenbruchstücken; das Chlorophyll wandert mit der F_1-Front als Farbstofffront F_a. Aufnahme *b* wurde 4 min später als Aufnahme *a* aufgenommen. M = Meniscus, R = Referenzlinien, B = Boden

zweigipflige Sedimentationsdiagramme entstehen. Die Ausbildung zweigipfliger Kurven wird durch kleine Diffusionskoeffizienten, kleine Reaktionsgeschwindigkeitskonstanten und eine große Differenz zwischen den Sedimentationsgeschwindigkeiten der beiden Reaktionspartner begünstigt; je stärker das Verhältnis der Geschwindigkeitskonstanten zueinander vom Werte 1 abweicht, um so mehr verwischt sich die Zweigipfligkeit zugunsten einer einzigen Front mit einer langen Schleppe.

Für eine Gleichgewichtsreaktion des allgemeinen Typs:

$$P + nN \; \frac{k_1}{k_2} \; PN_n \,,$$

wurden von L. G. Longsworth und D. A. McInnes (1942) die schlierenoptischen Bilder diskutiert, die sich bei der freien Elektrophorese ergeben. Ihre Diskussion ist so allgemein gehalten, daß sie ohne weiteres auf Sedimentationsdiagramme übertragen werden kann.

1. Wenn k_1 klein und k_2 groß ist, dissoziiert der Komplex fast vollständig, und das System verhält sich wie eine normale Mischung von P und N.

2. Wenn k_1 groß und k_2 klein ist, so verhält sich das System wie eine Mischung des Komplexes mit der überschüssigen Substanz; falls keine Komponente im Überschuß vorhanden ist, taucht nur eine einzige Front auf.

3. Wenn k_1 und k_2 beide klein und von gleicher Größenordnung sind, existieren im Gleichgewicht endliche Konzentrationen an P, N und PN_n: das System verhält sich wie eine nicht reagierende Mischung der drei Komponenten.

4. Wenn die Geschwindigkeit der Gleichgewichtseinstellung vergleichbar mit der Auftrennungsgeschwindigkeit der Komponenten wird, hängt die Form des Diagrammes von der Umdrehungsgeschwindigkeit der Zentrifuge ab.

5. Wenn k_1 und k_2 groß und von gleicher Größenordnung sind, stellen sich die Gleichgewichte in den Fronten so schnell ein, wie es die Auftrennung im Schwerefeld erfordert, so daß höchstens zwei Fronten auftauchen.

8. Polymolekulare Systeme

Polymolekulare Systeme zeigen starke Spreizung der Fronten. Die Peaks brauchen nicht symmetrisch zu sein, sondern können zum Meniscus (Abb. 16) oder zum Boden hin eine Schleppe aufweisen; sie entsprechen qualitativ der Verteilungskurve für die Molekulargewichte. Einen sicheren Hinweis auf Polymolekularität kann man aber erst aus einer mathematischen Analyse der die Fronten anzeigenden Kurven des Brechungsindexgradienten gewinnen, da sicherzustellen ist, daß die Spreizung nicht auf Diffusion zurückgeführt werden muß (H. K. Schachmann 1959).

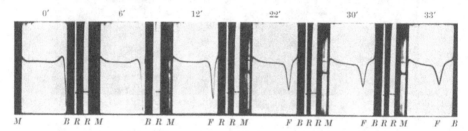

Abb. 20. Flotationsdiagramm eines Lipoproteinkonzentrates. Die Aufnahmezeiten rechnen vom Zeitpunkt des Erreichens der vorgewählten Drehzahl (nach K. Jahnke und W. Scholtan 1960)

9. Flotationsdiagramme

Ist die Dichte des Lösungsmittels größer als die Dichte der gelösten Partikel, so wandern diese nicht zum Boden der Zelle, sondern zum Meniscus hin. Die Substanz sedimentiert nicht, sondern flotiert. Die Konzentration nimmt vom Boden zum Meniscus hin zu; infolgedessen hat der Konzentrationsgradient kein Maximum, sondern ein Minimum (Abb. 20). Im übrigen entspricht das Flotationsdiagramm dem Sedimentationsdiagramm.

II. Die quantitative Auswertung von Sedimentationsdiagrammen

1. Die Berechnung des Sedimentationskoeffizienten

Die Sedimentationsgeschwindigkeit einer Substanz wird durch den Sedimentationskoeffizienten beschrieben, der die Wanderungsgeschwindigkeit einer Front in cm/s unter der Wirkung einer Zentrifugalbeschleunigung von 1 cm/s² angibt. Die Zentrifugalbeschleunigung hängt vom Quadrat der Winkelgeschwindigkeit des Rotors und dem Abstande der Front vom Rotationszentrum ab. Da sich während eines Laufes der Abstand der Front vom Rotationszentrum ändert, bleibt auch die Zentrifugalbeschleunigung nicht konstant; der Sedimentationskoeffizient dagegen behält in erster Näherung seinen Wert:

$$s = \frac{1}{\omega^2 \cdot x} \cdot \frac{dx}{dt} \, . \tag{3}$$

s = Sedimentationskoeffizient in sec,
ω = Winkelgeschwindigkeit des Rotors in sec^{-1},
x = Abstand der Front vom Rotationszentrum in cm,
dx/dt = Wanderungsgeschwindigkeit der Front in cm/sec.

Bei flotierenden Substanzen rechnet man dx/dt negativ; der Sedimentationskoeffizient wird damit ebenfalls negativ. Man setzt $s_f = -s$ und nennt s_f den Flotationskoeffizienten.

Unter der Voraussetzung eines konstanten Sedimentationskoeffizienten ergibt die Integration der Gleichung (3):

$$\ln x = s \cdot \omega^2 \cdot t + \text{const.} \tag{4}$$

Trägt man also den natürlichen Logarithmus des Frontabstandes vom Rotationszentrum in Abhängigkeit von der Zeit auf, so erhält man eine Gerade, aus deren Anstieg der Sedimentationskoeffizient berechnet werden kann. Als Frontabstand vom Rotationszentrum betrachtet man im allgemeinen den Abstand des Peakmaximums vom Rotationszentrum. Solange der Peak symmetrisch ist, bestehen dagegen keine Bedenken (R. L. BALDWIN 1957). Bei unsymmetrischen Fronten muß man jedoch umständlicher verfahren (R. J. GOLDBERG 1953).

Der Sedimentationskoeffizient hat häufig die Größenordnung 10^{-13} sec. Man sagt, ein Sedimentationskoeffizient von $1 \cdot 10^{-13}$ sec habe den Wert 1 Svedberg oder abgekürzt 1 S.

Die Gleichungen (3) oder (4) dürfen nur auf solche Fronten angewendet werden, die sich vom Meniscus ablösen, so daß beiderseits des Peaks Plateauzonen entstehen. In einem der Abb. 15 entsprechenden Fall ohne Plateau auf der Meniscusseite läßt sich der Sedimentationskoeffizient nach einem von R. L. BALDWIN (1953) angegebenen Verfahren bestimmen.

2. Die Konzentrationsabhängigkeit des Sedimentationskoeffizienten

Der Sedimentationskoeffizient vieler Stoffe hängt von der Ausgangskonzentration ab:

$$s = \frac{s_0}{1 + k_s \cdot c} \ . \tag{5}$$

s = Sedimentationskoeffizient in S,
s_0 = Sedimentationskonstante in S,
k_s = Konstante in ml/g; $k_s > 0$,
c = Konzentration in g/ml.

Ist die Konzentrationsabhängigkeit weniger ausgeprägt, so genügt die Gleichung:

$$s = s_0(1 - k_s \cdot c) \ . \tag{6}$$

Die k_s-Werte vieler Proteine liegen zwischen 5 und 15 ml/g.

Die Gleichungen (5) und (6) erfordern, daß der Sedimentationskoeffizient mit abnehmender Konzentration wächst; damit wird die Sedimentations*konstante* stets

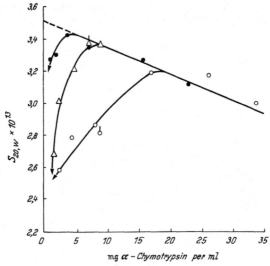

Abb. 21. Die Konzentrationsabhängigkeit des Sedimentationskoeffizienten von α-Chymotrypsin (nach G. SCHWERT 1949)

größer als der Sedimentations*koeffizient*. In manchen Fällen, z. B. beim α-Chymotrypsin, durchläuft der Sedimentationskoeffizient bei einer bestimmten Konzentration ein Maximum (Abb. 21). Solche Substanzen neigen zu reversibler Dissoziation in kleinere Bruchstücke mit abnehmender Konzentration.

3. Die Umrechnung des Sedimentationskoeffizienten auf Standardbedingungen

In der Literatur hat es sich eingebürgert, den Sedimentationskoeffizienten auf eine Standardtemperatur, etwa 20° C oder 25° C, und ein Standardlösungsmittel, gebräuchlich ist Wasser, umzurechnen:

$$s_{20, W} = s_{t, L} \cdot \frac{\eta_{t, L}}{\eta_{20, W}} \cdot \frac{1 - \bar{v}_{20, W} \cdot \varrho_{20, W}}{1 - \bar{v}_{t, L} \cdot \varrho_{t, L}} \ . \tag{7}$$

$s_{20, W}$ = auf 20° C und Wasser bezogener Sedimentationskoeffizient,

$s_{t, L}$ = bei der Temperatur t im Lösungsmittel L gemessener Sedimentations-koeffizient,

$\eta_{t, L}$ = Viscosität des Lösungsmittels L bei der Temperatur t,

$\eta_{20, W}$ = Viscosität des Wassers bei 20° C,

$\bar{v}_{20, W}$ = partielles spezifisches Volumen der sedimentierenden Komponente in Wasser bei 20° C,

$\varrho_{20, W}$ = Dichte des Wassers bei 20° C,

$\bar{v}_{t, L}$ = partielles spezifisches Volumen der sedimentierenden Komponente im Lösungsmittel L bei der Temperatur t,

$\varrho_{t, L}$ = Dichte des Lösungsmittels L bei der Temperatur t.

Das Lösungsmittel L braucht keine chemisch reine Substanz zu sein; es kann sich dabei z. B. auch um eine wäßrige Salzlösung handeln.

Nach Gleichung (7) wird die Temperaturabhängigkeit des Sedimentations-koeffizienten $s_{t, L}$ durch die Temperaturabhängigkeit des Verhältnisses $(1 - \bar{v}_{t, L})/\eta_{t, L}$ bestimmt. Das ist tatsächlich in guter Näherung der Fall; jedoch ist die Umrechnung von einem anderen Lösungsmittel, z. B. einer wäßrigen Salzlösung, auf Wasser ziemlich umstritten (vgl. T. Svedberg und K. O. Pedersen 1940; H. K. Schachmann 1959).

4. Die Berechnung des Molekulargewichtes

Zwischen der Sedimentationskonstanten und dem Molekulargewicht der sedimentierenden Substanz besteht die Beziehung:

$$M = \frac{f_s \cdot s_0 \cdot N_L}{1 - \bar{v} \cdot \varrho} \,. \tag{8}$$

M = Molekulargewicht,

f_s = Reibungsfaktor der Sedimentation,

N_L = Loschmidtsche Zahl,

$\bar{v}$ = partielles spezifisches Volumen der sedimentierenden Substanz,

ϱ = Dichte des Lösungsmittels,

s_0 = Sedimentationskonstante [vgl. Gleichungen (5) und (6)].

Neben der Sedimentationskonstanten, die man durch Extrapolation des Sedimentationskoeffizienten auf die Konzentration Null erhält, muß das partielle spezifische Volumen der sedimentierenden Substanz und die Dichte des Lösungsmittels bestimmt werden (vgl. dieses Handbuch S. 17). Der Ausdruck $1 - \bar{v} \cdot \varrho$ ist ein Maß für den Auftrieb, den das sedimentierende Teilchen in der Lösung infolge seines Dichteunterschiedes zum Lösungsmittel erfährt. Verschwindet der Dichteunterschied ($\bar{v} \cdot \varrho = 1$), so findet auch keine Sedimentation mehr statt. Wird $\bar{v} \cdot \varrho > 1$, flotiert die Substanz. f_s – der Reibungskoeffizient der Sedimentation – ist ein Maß für die Reibungskraft, die das Teilchen während der Sedimentation bremst. Er hängt daher in erster Linie von der Viscosität des Lösungsmittels, aber auch von den linearen Abmessungen und der Solvathülle des sedimentierenden Teilchens ab.

Auch bei der Diffusion gelöster Teilchen in ein Lösungsmittel hinein hemmen Reibungskräfte seine Ausbreitungsgeschwindigkeit. Diese Tatsache findet ihren Ausdruck in der von A. Einstein (1905) und unabhängig von ihm auch durch W. Sutherland (1905) aufgestellten Formel für die Diffusionskonstante, die diese mit der Wärmeenergie ($R \cdot T$) und dem Reibungskoeffizienten der Diffusion f_D verknüpft:

$$D_0 = \frac{R \cdot T}{f_D \cdot N_L} \,. \tag{9}$$

D_0 = Diffusionskonstante[1],
R = allgemeine Gaskonstante,
T = absolute Temperatur,
f_D = Reibungskoeffizient der Diffusion,
N_L = Loschmidtsche Zahl.

Indem T. Svedberg (1925) die Reibungskoeffizienten der Sedimentation und der Diffusion einander gleichsetzte, erhielt er seine bekannte Gleichung:

$$M = \frac{R \cdot T \cdot s_0}{D_0(1 - \bar{v} \cdot \varrho)} .$$ (10)

Die Berechtigung dieser Gleichsetzung konnte durch das Experiment bestätigt werden (M. C. Baker u. a. 1955). Gleichung (10) ergibt das Molekulargewicht der nicht solvatisierten Partikel unabhängig vom Zustande ihrer Solvathülle bei den einzelnen Messungen.

5. Der Reibungskoeffizient

Der Reibungskoeffizient kann theoretisch berechnet werden, wenn für die sedimentierenden Teilchen eine bestimmte geometrische Gestalt, z. B. Kugeln oder Rotationsellipsoide, vorausgesetzt werden darf (F. Perrin 1936). J. L. Onkley (1941) hat den Reibungskoeffizienten theoretisch in zwei Faktoren aufspalten können, von denen der eine vom Achsenverhältnis des als Rotationsellipsoid vorausgesetzten sedimentierenden Teilchens und der andere von seiner Solvathülle bestimmt wird. Es ist jedoch nicht möglich, ohne zusätzliche Informationen diese beiden Einflüsse von einander zu trennen; es gelingt mit Hilfe von Viscositätsmessungen (H. A. Scheraga und L. Mandelkern 1953). Berechnungen von Gestaltsabmessungen aus dem Reibungsfaktor haben wegen der unsicheren Voraussetzungen, auf denen die Theorien aufbauen, orientierenden Charakter.

6. Konzentrationsbestimmungen aus Sedimentationsdiagrammen

Gleichung (2) läßt nach Integration erkennen, daß der Flächeninhalt unter der die Front darstellenden Kurve des Brechungsindexgradienten ein Maß für die Konzentration des sedimentierenden Stoffes darstellt. Praktisch geht man folgendermaßen vor: Die Kurve auf der photographischen Platte wird mit einem Vergrößerungsapparat vergrößert projiziert und auf Papier nachgezeichnet. Nachdem man die Grundlinie passend ergänzt hat, wird der Flächeninhalt mit einem geeigneten Verfahren bestimmt (z. B. Planimetrierung oder Wägung). Liegen mehrere Fronten vor, so werden die einzelnen Flächen in der auf Abb. 22 dargestellten Weise voneinander abgegrenzt und getrennt ausgemessen. Zwischen dem Flächeninhalt der i-ten Komponente und ihrer Konzentration besteht der Zusammenhang:

$$F_i = a_1 \cdot a_2 \cdot k_i \cdot c_i .$$ (12)

F_i = Flächeninhalt unter der i-ten Gradientenkurve,
a_1 = Apparatekonstante des optischen Systems der Ultrazentrifuge,
a_2 = Vergrößerungsfaktor des Vergrößerungsapparates,
k_i = Brechungsindexinkrement der i-ten Komponente,
c_i = Konzentration der i-ten Komponente beim Abstande x_i ihres Gradientenmaximums vom Rotationszentrum.

---

[1] Der Diffusionskoeffizient D hängt ebenfalls von der Konzentration ab; es gilt in guter Näherung:

$$D = D_0(1 + k_D \cdot c) .$$ (11)

D_0 heißt Diffusionskonstante. Über die Bestimmung des Diffusionskoeffizienten vgl. die zusammenfassenden Arbeiten von L. J. Gosting (1956) und H. Svensson und T. E. Thompson (1961); vgl. W. K. Hornung und G. Träxler (1960).

Infolge des sektorförmigen Querschnittes der Zelle wird eine sedimentierende Komponente bei ihrer Wanderung vom Meniscus zum Boden hin verdünnt. Beträgt der Abstand der Front der Komponente i vom Rotationszentrum x_i und der Abstand des Meniscus vom Rotationszentrum x_m, so gilt für die Ausgangskonzentration c_{0i} der i-ten Komponente:

$$c_{0i} = \left(\frac{x_i}{x_m}\right)^2 \cdot c_i \ . \qquad (13)$$

Aus den Gleichungen (12) und (13) folgt:

$$c_{0i} = \frac{F_i}{a_1 \cdot a_2 \cdot k_i} \cdot \left(\frac{x_i}{x_m}\right)^2 \qquad (14)$$

In vielen Fällen interessiert bei einem Mehrkomponenten-System nur der prozentuale Anteil der einzelnen Komponenten in dem Gemisch, also die Größe:

$$p_{0i} = 100 \cdot \frac{c_{0i}}{\sum\limits_i c_{0i}} = 100 \cdot \frac{\dfrac{F_i \cdot x_i^2}{k_i}}{\sum\limits_i \dfrac{F_i \cdot x_i^2}{k_i}} \ . \qquad (15)$$

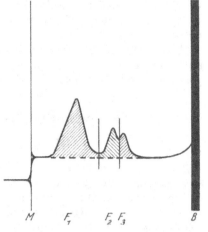

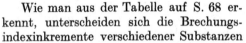

Abb. 22. Zur Konzentrationsbestimmung aus Sedimentationsdiagrammen; Erklärungen im Text

Wie man aus der Tabelle auf S. 68 erkennt, unterscheiden sich die Brechungsindexinkremente verschiedener Substanzen nicht sehr voneinander, so daß man keinen großen Fehler begeht, wenn man in Gleichung (15) für die verschiedenen k_i einen konstanten Wert annimmt; man erhält dann:

$$p_{0i} = 100 \cdot \frac{F_i \cdot x_i^2}{\sum\limits_i F_i \cdot x_i^2} \ . \qquad (16)$$

p_{0i} = relative Ausgangskonzentration der i-ten Komponente,
F_i = Flächeninhalt unter der Gradientenkurve der i-ten Komponente (vgl. Abb. 22),
x_i = Abstand des Gradientenmaximums der i-ten Komponente vom Rotationszentrum.

Gleichung (16) ist der allgemein gebräuchliche Ausdruck zur Ermittlung der relativen Konzentration einer Komponente in einem sedimentierenden Gemisch. Wie die Ableitung zeigt, gilt sie nur unter der Voraussetzung streng, daß die Brechungsindexinkremente der verschiedenen Bestandteile gleich sind. Aber auch wenn diese Bedingung nicht sehr gut erfüllt sein sollte, sind die mit ihrer Hilfe errechneten Konzentrationen recht gut reproduzierbar.

Beimengungen bis zu 1 % können noch mit ausreichender Genauigkeit erfaßt werden. Kleine Begleitkomponenten werden in einer Doppelsektorzelle besser erkannt, weil mit ihrer Hilfe eine Grundlinie erzeugt werden kann (Abb. 18).

Bei sehr genauen Konzentrationsmessungen muß die Tatsache berücksichtigt werden, daß der Sedimentationskoeffizient einer Komponente konzentrationsabhängig ist. Er hängt nicht nur von der Konzentration der die Front bildenden Substanz, sondern auch von den Konzentrationen aller übrigen Komponenten ab. Je höher die Gesamtkonzentration, um so langsamer sedimentieren die Teilchen. Der Einfachheit halber möge ein Zweikomponentensystem betrachtet werden, in dem die schnelle Komponente ja in Gegenwart der langsameren sedimentiert. Die Teilchen der langsamen Komponente, die sich zwischen der Front der schnellen Teilchen und dem Boden befinden, sedimentieren langsamer als die, welche sich zwischen der langsamen und der schnellen Front befinden; infolgedessen reichern sich die langsamen Teilchen vor der schnellen Front an. Der Brechungsindexgradient der schnellen Front setzt sich also aus zwei Anteilen zusammen: dem positiven Konzentrationssprung der schnellen Teilchen und dem negativen Konzentrationssprung der langsamen Komponente. Der Flächeninhalt unter der Gradientenkurve der schnellen Front ist daher zu klein. Dieser Effekt wurde von J. P. Johnston und A. G. Ogston (1946) richtig gedeutet; man nennt ihn daher den Johnston-Ogston-Effekt.

Wenn man eine Mischung bei verschiedenen Ausgangskonzentrationen untersucht, kann man die wahren relativen Konzentrationen der einzelnen Komponenten durch Extrapolation auf die Ausgangskonzentration Null ermitteln.

D. Spezielle Ultrazentrifugenverfahren

I. Gleichgewichtszentrifugation

Nach genügend langer Laufzeit der Zentrifuge stellt sich ein Gleichgewichtszustand ein, in welchem die Konzentrationsverteilung längs der Zellachse keine zeitlichen Veränderungen mehr erfährt. Es sedimentieren dann in der Zeiteinheit gerade so viele Teilchen in Richtung Zellboden, wie durch Rückdiffusion zum Meniscus wandern. Die quantitative Auswertung der Gleichgewichtsdiagramme gestattet Aussagen über das Molekulargewicht der sedimentierenden Substanz.

Die Zeitspanne, die verstreichen muß, bis sich das Gleichgewicht eingestellt hat, wird um so kürzer, je kleiner die Flüssigkeitssäule in der Zelle wird. (Zur Auswertung von Gleichgewichtsdiagrammen vgl. T. Svedberg und K. O. Pedersen 1940, H.-G. Elias 1961a, D. A. Yphantis 1960.)

II. Das Archibald-Verfahren

Eine schnelle und elegante Methode zur Molekulargewichtsbestimmung in der Ultrazentrifuge verwendet die Tatsache, daß Meniscus und Zellboden für die sedimentierenden Partikel undurchlässig sind. Das Verfahren liefert direkt das für die Auswertung in der Svedberg-Gleichung (10) benötigte Verhältnis s/D, so daß gesonderte Diffusionsmessungen überflüssig werden. Die theoretischen Grundlagen wurden von W. J. Archibald (1947) erarbeitet, der dem Verfahren auch den Namen gab; daneben findet man in der Literatur auch die Bezeichnungen: Molekulargewichtsbestimmung durch Annäherung an das Gleichgewicht (approach to equilibrium) oder durch Messung im Übergangszustand (transient state). In den letzten Jahren wurde das Verfahren so modifiziert, daß es auch für schnelle Routinebestimmungen eingesetzt werden kann (H.-G. Elias 1961b).

Die nach dem Archibald-Verfahren bestimmten Molekulargewichte sind apparent, da sie bei endlichen Konzentrationen gemessen werden. Das wahre Molekulargewicht erhält man durch Extrapolation auf die Konzentration Null, indem man die reziproken Werte der apparenten Molekulargewichte, gemessen bei verschiedenen Konzentrationen, gegen die Konzentrationen graphisch aufträgt.

III. Sedimentation im Dichtegradienten

1. Sedimentation im flachen Dichtegradienten

Die präparativen Ultrazentrifugen verwenden häufig Winkelrotoren, in denen die Achse des Zentrifugenröhrchens einen von 90° abweichenden Winkel mit der

Rotationsachse bildet. In einem solchen Röhrchen wandern die sedimentierenden Teilchen zunächst an die der Rotationsachse abgewandten Wand, an der sich infolgedessen eine Zone erhöhter Dichte ausbildet, die nach unten absinkt; auf der der Rotationsachse zugekehrten Seite des Röhrchens steigt daher das Lösungsmittel nach oben, so daß sich ein Konvektionsstrom ausbildet, durch den die schweren Partikel an den Boden des Röhrchens befördert werden. Der Konvektionsstrom beschleunigt ihre Ablagerung.

Dieser kann ausgeschaltet werden, wenn die Sedimentation in einem flachen Dichtgradienten ausgeführt wird (stabilized moving boundary centrifugation). Indem man Rohrzuckerlösungen verschiedener Konzentrationen übereinanderschichtet und genügend lange wartet, bis die Grenzflächen zwischen den einzelnen Schichten sich durch Diffusion verwischt haben, erzeugt man beispielsweise einen Dichtegradienten. In den Rohrzuckerlösungen werden die sedimentierenden Komponenten suspendiert. Nach der Zentrifugation wird der Inhalt des Röhrchens schichtweise entnommen; die Schichten werden getrennt analysiert. Auf diese Art und Weise lassen sich die Sedimentationskoeffizienten der einzelnen Komponenten eines Gemisches bestimmen (E. G. PICKELS 1943). Mit Schwenkbecherrotoren liefert dieses Verfahren bessere Ergebnisse als mit Winkelrotoren (H. KAHLER und B. J. LLOYD JR. 1951). G. H. HOGEBOOM und E. L. KUFF (1954) beschreiben eine einfache Technik zur Herstellung eines Dichtegradienten aus bis zu 3%igen Rohrzuckerlösungen, die vorsichtige Entnahme von Schichten nach der Zentrifugation und die Bestimmung des Sedimentationskoeffizienten aus den Analysenergebnissen. Als Proben dienten ihnen verschiedene Proteine und Latex-Partikelchen mit Sedimentationskoeffizienten zwischen 4 und 2000 S. Auch sehr verdünnte Proben lieferten brauchbare Ergebnisse, da die Empfindlichkeit der Methode durch die des Analysenverfahrens bestimmt wird. In reiner Form kann nur die langsamste Komponente isoliert werden, die übrigen Fraktionen sind stets durch die langsameren Partikel verunreinigt.

2. Zonenzentrifugation

Mit Hilfe eines steilen Dichtegradienten (z. B. von 10% bis 40% Rohrzucker in Wasser) kann eine Zentrifugation so durchgeführt werden, daß die Komponenten eines Gemisches in separate Zonen aufgespalten werden. Der Gradient wird mit dem zu trennenden Gemisch überschichtet; während der Zentrifugation wandern die einzelnen Bestandteile mit den ihren Sedimentationskoeffizienten entsprechenden Geschwindigkeiten durch die Säule hindurch, wobei sie sich in Zonen auftrennen. Wenn der Dichteunterschied zwischen dem Lösungsmittel und dem Gelösten hinreichend klein geworden ist, wird eine Gleichgewichtslage erreicht, aus der sich die entsprechende Zone nicht mehr entfernen kann. Je nach der Dauer der Zentrifugation wird also die Fraktionierung entweder nach den Sedimentationskoeffizienten oder nach der Dichte vorgenommen. Schwenkbecherrotoren liefern auch bei dieser Methode bessere Resultate als Winkelrotoren. Nach der Zentrifugation werden die Gradientensäulen in Schichten zerlegt, die getrennt analysiert werden können. Häufig erkennt man aber die Zonen schon mit bloßem Auge, auch dann, wenn sie nur sehr wenig Substanz enthalten.

Die Methode der Zonenzentrifugation wurde von M. K. BRAKKE (1951) konzipiert. Er untersuchte damit Viren. Zonen, die nur 0,001 mg Substanz enthielten, konnte er noch mit bloßem Auge erkennen (M. K. BRAKKE 1953). Die Brakkesche Zonenzentrifugation hat in den letzten Jahren besonders zur Fraktionierung von Zellbestandteilen Anwendung gefunden (C. DE DUVE u. Mitarb. 1959).

3. Isopyknische Gradientenzentrifugation

Die Auftrennung eines Gemisches nach der Dichte durch Zentrifugation wurde von N. G. Anderson (1956) als „isopyknische Gradientenzentrifugation" bezeichnet.

Nach M. Meselson und J. Vinograd (1957) kann der Dichtegradient während der Zentrifugation gebildet werden, wenn das Lösungsmittel eine Komponente enthält, die bereits merklich sedimentiert und so am Meniscus eine Zone geringerer und am Boden eine Zone größerer Dichte erzeugt. Als geeignet erwiesen sich wäßrige Kaliumbromid- oder Caesiumchlorid-Lösungen. Die zu untersuchende hochmolekulare Substanz wird in solchen wäßrigen Salzlösungen suspendiert. Während der Zentrifugation bildet sich nun zunächst ein Dichtegradient aus, und die hochmolekularen Teilchen wandern entsprechend ihrer Dichte im Dichtegradienten an die Stelle, an der die Dichte des umgebenden Lösungsmittels gerade der ihren gleich wird. Die Ausgangskonzentration der den Dichtegradienten erzeugenden Salze muß natürlich so gewählt werden, daß eine isopyknische Position an einem gut beobachtbaren Ort innerhalb der Zelle existiert. Diese Methode wird gern in Verbindung mit der UV-Absorptions-Technik in analytischen Zellen angewandt. Sie hat sich bei der Untersuchung von Desoxyribonucleinsäure bewährt (M. Meselson und F. W. Stahl 1958).

Der Verfasser dankt den Firmen *Phywe AG*, Göttingen, für die Abbildungen 1, 3, 5, 11 und 12 und *Beckmann GmbH*, München, für die Abbildungen 2, 4, 6, 10 und 19.

Bibliographie

Anderson, N. G.: Techniques for the mass isolation of cellular components. In Oster, G., and A. W. Pollister: Physical techniques in biological research; Vol. III, Cells and tissues. New York: Acedemic Press 1956.

Beckman-Instruments: Eine Einführung in die Dichtegradienten-Zentrifugation. Beckman Instruments GmbH, München 1962.

Claesson, S., and I. Morning-Claesson: Ultracentrifugation. In Alexander, P., and R. J. Block: A Laboratory Manuel of Analytical Methods of Protein Chemistry, Vol. 3 P. 121—171. Oxford, London, New York, Paris: Pergamon Press 1961.

Elias, H.-G.: Ultrazentrifugen — Methoden. Beckmann Instruments GmbH, München 1961 a.

Fujita, H.: The mathematical theory of sedimentation analysis. New York: Academic Press 1962.

Hengstenberg, J.: Sedimentation und Diffusion von Makromolekülen. In Stuart, H. A.: Die Physik der Hochpolymeren. Bd. II, S. 411—494. Berlin, Göttingen, Heidelberg: Springer 1953.

Jahnke, K., u. W. Scholtan: Die Bluteiweißkörper in der Ultrazentrifuge. Stuttgart: Thieme 1960.

Meyerhoff, G.: Bestimmung des Molekulargewichtes durch Diffusions- und Sedimentationsmessungen. In Houben-Weyl: Methoden der organischen Chemie, Bd. III, 1 S. 350. Stuttgart: Thieme 1955.

Nichols, J. B., and E. D. Bailey: Determinations with the Ultracentrifuge. In Weissberger, A.: Technique in Organic Chemistry, Vol. I, 1: Physical Methods of Organic Chemistry. New York, London: Interscience Publ. 1959.

Schachmann, H. K.: Ultracentrifugation in Biochemistry. New York, London: Academic Press 1959.

Svedberg, T., u. K. O. Pedersen: Die Ultrazentrifuge. Dresden und Leipzig: Theodor Steinkopff 1940.

Zeitschriftenliteratur

Archibald, W. J.: A demonstration of some new methods for determining molecular weights from data of the ultracentrifuge. J. phys. Colloid Chem. 51, 1204—1214 (1947).

Baker, M. C., P. A. Lyons, and S. J. Singer: Velocity ultracentrifugation and diffusion of silicotungstic acid. J. amer. chem. Soc. 77, 2011—2012 (1955).

BALDWIN, R. L.: Sedimentation coefficients of small molecules. Methods for measurement based on the refractive index gradient curve. The sedimentation coefficient of polyglucose A. Biochem. J. **55**, 644—648 (1953); zit. nach Chem. Abstr. **48**, 1462h (1954).
— Boundary spreading in sedimentation velocity experiments. I. Measurement of the diffusion coefficient of bovine albumin by FUJITA's equation. Biochem. J. **65**, 503—512 (1957); zit. nach Chem. Abstr. **51**, 7452c, (1957).
BEAMS, J. W., and H. M. DIXON III: An ultracentrifuge double cell. Rev. Sci. Instruments **24**, 228—229 (1953).
— A. J. WEED, and E. G. PICKELS: Die Ultrazentrifuge. Science **78**, 338—340 (1933); zit. nach Chem. Zbl. **105 II**, 86 (1934).
BLACK, S. A., J. W. BEAMS, and L. B. SNODDY: Elektrisch angetriebene Vakuumzentrifuge. Phys. Rev. **53**, Ser. II 924 (1938); zit. nach Chem. Zbl. **109 II**, 2304 (1938).
BRAKKE, M. K.: Density gradient centrifugation: A new separation technique. J. amer. chem. Soc. **73**, 1847—1848 (1951).
— Zonal separations by density-gradient centrifugation. Arch. Biochem. Biophys. **45**, 275—290 (1953); zit. nach Chem. Abstr. **47**, 11310a (1953).
DOTY, P., and E. P. GEIDUSCHEK: Optical Properties of Proteins. In: NEURATH, H., and K. BAILEY: The Proteins; Chemistry, Biological Activity, and Methods. Vol. I A, S. 393—460. New York: Academic Press Inc., Publishers 1953.
DUVE, C. DE, J. BERTHET, and H. BEAUFAY: Gradient centrifugation of cell particulates. Theory and applications. Progr. in Biophys. and Biophys. Chem. **9**, 325—369 (1959).
EINSTEIN, A.: Über die von der molekularkinetischen Theorie der Wärme geforderte Bewegung von in ruhenden Flüssigkeiten suspendierten Teilchen. Ann. Physik **17**, 549—560 (1905).
ELIAS, H.-G.: Bestimmung des Molekulargewichts in der Ultrazentrifuge nach dem Archibald-Verfahren. Angew. Chem. **73**, 209—215 (1961 b).
GEHATIA, M., R. K. ZAHN u. A. KLEINSCHMIDT: Über die Molekulargewichtsverteilung von Desoxyribonukleinsäure in der Ultrazentrifuge. Kolloid-Z. **169**, 162—170 (1960).
GILBERT, G. A.: Diskussionsbemerkungen. Discussions Faraday. Soc. **13**, 159—161 (1953).
— Diskussionsbemerkungen. Discussions Faraday Soc. **20**, 68—71 (1955).
—, and R. C. LL. JENKINS: Boundary problems in the sedimentation and electrophoresis of complex systems in rapid reversible equilibrium. Nature (Lond.) **177**, 853—854 (1956).
GOLDBERG, R. J.: Sedimentation in the ultracentrifuge. J. Phys. Chem. **57**, 194—202 (1953).
GOSTING, L. J.: Measurement and interpretation of diffusion coefficients of proteins. Advanc. Protein Chem. **11**, 429—554 (1956).
HANLON, S., K. LAMERS, G. LAUTERBACH, R. JOHNSON, and H. K. SCHACHMANN: Ultracentrifuge studies with absorption optics. I. An automatic photoelectric scanning absorption system. Arch. Biochem. Biophys. **99**, 157—174 (1962).
HERSH, R. T., and H. K. SCHACHMANN: Ultracentrifuge studies with a synthetic boundary cell. II. Differential sedimentation. J. amer. chem. Soc. **77**, 5228—5234 (1955).
— — Ultracentrifuge studies with a synthetic boundary cell. III. Sedimentation of a slow component in the presence of a faster species. J. Phys. Chem. **62**, 170—178 (1958).
HOGEBOOM, G. H., and E. L. KUFF: Sedimentation behavior of proteins and other materials in a horizontal preparative rotor. J. biol. Chem. **210**, 733—751 (1954).
HORNUNG, W. K., u. G. TRÄXLER: Vergleichende Diffusionsmessungen in verschiedenen Schwerefeldern. Proc. 5th Inter. Instruments and Measurement Conference Stockholm September 1960; S. 447—454. New York, London: Academic Press 1960.
JOHNSTON, J. P., and A. G. OGSTON: A boundary anomaly found in the ultracentrifugal sedimentation of mixtures. Trans. Faraday Soc. **42**, 789—799 (1946).
KAHLER, H., and B. J. LLOYD JR.: Sedimentation of ploystyrene latex in a swinging tube rotor. J. phys. Colloid. Chem. **55**, 1344—1350 (1951); zit. nach Chem. Abstr. **46**, 1803g (1952).
KEGELES, G.: A boundary forming technique for the ultracentrifuge. J. amer. chem. Soc. **74**, 5532—5534 (1952).
KLAINER, S. M., and G. KEGELES: Simultanous determination of molecular weights and sedimentation constants. J. Phys. Chem. **59**, 952—955 (1955).
KURNICK, N. B.: Mechanism of desoxyribonuclease depolymerisation. Effect of physical and enzymatic depolymerisation on the affinity of methyl green and of desoxyribonuclease for desoxyribonucleic acid. J. amer. chem. Soc. **76**, 417—424 (1954).
LONGSWORTH, L. G., and D. A. MCINNES: Electrophoretic study of mixtures of ovalbumin and yeast nucleic acid. J. Gen. Physiol. **25**, 507—516 (1942); zit. nach Chem. Abstr. **36**, 4530[5] (1942).
MAHLING, A.: Die Konzentrationsabhängigkeit des Sedimentationskoeffizienten von Transferrinen. Z. Naturforsch. **18 b**, 1—3 (1963).

Meselson, M., and F. W. Stahl: Replication of deoxyribonucleic acid in Escherichia coli. Proc. nat. Acad. Sci. USA 44, 671—682 (1958); zit. nach Chem. Abstr. 52, 20 376i (1958).
— —, and J. Vinograd: Equilibrium sedimentation of macromolecules in density gradients. Proc. nat. Acad. Sci. USA 43, 581—588 (1957).
Meyerhoff, G.: Über eine Unterschichtungszelle zur Bestimmung niedriger Molekulargewichte in der Geschwindigkeitsultrazentrifuge. Makromol. Chem. 15, 68—73 (1955).
Onkley, J. L.: Evidence from physical chemistry regarding the size and shape of protein molecules from ultracentrifugation, diffusion, viscosity, dielectric dispersion and double refraction of flow. Ann. N. Y. Acad. Sci. 41, 121—150 (1941); zit. nach Chem. Abstr. 35, 5918[1] (1941).
Perrin, F.: Mouvement Brownien d'un ellipsoide. II. Rotation libre et depolarisation des fluorescens. Translation et diffusion de molecules ellipsoidales. J. Phys. Radium VII, 7, 1—11 (1936).
Petermann, M. L., J. Robbins, and M. G. Hamilton: Sedimentation of the thyroxine binding protein of serum in the partition cell. J. biol. Chem. 208, 369—375 (1954).
Philpot, J. St. L.: Direct photography of ultracentrifuge sedimentation curves. Nature (Lond.) 141, 283—284 (1938).
—, and G. H. Cook: A self — plotting interferometric optical system for the ultracentrifuge. Research 1, 234—236 (1948).
Pickels, E. G.: Sedimentation in the angle centrifuge. J. Gen. Physiol. 26, 341—360 (1943).
— W. F. Harrington, and H. K. Schachmann: An ultracentrifuge cell for producing boundaries synthetically by a layering technique. Proc. nat. Acad. Sci. USA 38, 943—948 (1952).
Richards, E. G., and H. K. Schachmann: A differential ultracentrifuge technique for measuring small changes in sedimentation coefficients. J. amer. chem. Soc. 79, 5324—5325 (1957).
Schachmann, H. K., and W. F. Harrington: Ultracentrifuge studies with a synthetic boundary cell. I. General applications. J. Polymer Sci. 12, 379—390 (1954).
— L. Gropper, S. Hanlon, and F. Putney: Ultracentrifuge studies with absorptions optics. II. Incorporation of a monochromator and its application to the study of proteins and interacting systems. Arch. Biochem. Biophys. 99, 175—190 (1962).
Scheraga, H. A., and L. Mandelkern: Consideration of the hydrodynamic properties of proteins. J. amer. chem. Soc. 75, 179—184 (1953).
Scholten, P. C.: Electrophoresis and sedimentation of isomerizing systems. Arch. Biochem. Biophys. 93, 568—575 (1961).
Schwert, G. W.: The molecular size and shape of the pancreatic proteases. I. Sedimentation studies on chymotrypsinogen and on α- and γ-chymotrypsin. J. biol. Chem. 179, 655—664 (1949).
Sutherland, W.: A dynamical theory of diffusion for non-electrolytes and the molecular mass of albumin. Phil. Mag. 9, 781—785 (1905).
Svedberg, T., and H. Rinde: The ultracentrifuge, a new instrument for the determination of size and distribution of size of particle in amicroscopic colloids. J. amer. chem. Soc. 46, 2677—2693 (1924).
—, and R. Fahraeus: A new method for the determination of the molecular weight of the proteins. J. amer. chem. Soc. 48, 430—438 (1926).
Svensson, H.: Direkte photographische Aufnahme von Elektrophorese-Diagrammen. Kolloid-Z. 87, 181—186 (1939).
— Theorie der Beobachtungsmethode der gekreuzten Spalte. Kolloid-Z. 90, 141—156 (1940).
—, and T. E. Thompson: Translational diffusion methods in protein chemistry. In: Alexander, P., and R. J. Block: A Laboratory Manuel of Analytical Methods of Protein Chemistry Vol. 3 P. 57—118. Oxford, London, New York, Paris: Pergamon Press 1961.
Tiselius, A., K. O. Pedersen, and T. Svedberg: Analytische Messungen bei der Sedimentation in der Ultrazentrifuge. Nature (Lond.) 140, 848—849 (1937); zit. nach Chem. Zbl. 109 II, 533 (1938).
Wolter, H.: Verbesserung der abbildenden Schlierenverfahren durch Minimumstrahlkennzeichnung. Ann. Phys. 7, 182—192 (1950).
Yphantis, D. A., and D. F. Waugh: Ultracentrifugal characterization by direct measurement of activity. I. Theoretical. II. Experimental. J. Phys. Chem. 60, 623—635 (1956).
— Rapid determination of molecular weights of peptides and proteins. Ann. N. Y. Acad. Sci. 88, 586—601 (1960).

Ultrafiltration, Dialyse und Elektrodialyse

Von

Oberchemierat HANS WOLLENBERG, Berlin

Mit 17 Abbildungen

I. Grundsätzliches, Definitionen

Zur Trennung eines Systems aus festen und flüssigen Stoffen kann man je nach den vorliegenden Verhältnissen nach verschiedenen Methoden vorgehen. Bei spezifisch schweren, gut sedimentierenden Substanzen kommt man oft schon durch Dekantieren zu befriedigenden Ergebnissen. Andere feste Stoffe lassen sich durch Filtrieren über Filtertücher, Papierfilter, Asbestplatten, Glassinterscheiben, keramische Massen usw. von ihrem Dispersionsmittel trennen. Schwierigkeiten ergeben sich, wenn die abzutrennenden Teilchen so klein sind, daß sie die Poren der üblichen Filter ungehindert passieren können. Derartige Teilchengrößen treten bei feinstkristallin ausfallenden Niederschlägen, insbesondere aber bei Kolloiden auf.

Solche feinzerteilten Substanzen lassen sich nur nach Anwendung bestimmter Maßnahmen über normale Filter abtrennen. Dazu gehören z. B. Verfahren zur Vergrößerung des Teilchenvolumens. Oft gelingt es schon durch Anwendung von Wärme (Aufkochen der Mischungen) die feindispersen Teilchen zu größeren Aggregationen zu vereinigen. Kolloide flocken an ihrem isoelektrischen Punkt (I. E.) aus und lassen sich dann meist gut abfiltrieren. Eine weitere Maßnahme zur Entfernung kolloiddisperser Teilchen aus einer flüssigen Phase ist die Anwendung von Filtrationshilfsmitteln, die die kolloiden Teilchen an ihrer aktiven Oberfläche adsorbieren. Derartige Filtrationen mit Adsorptionsmitteln wie Aktivkohle, Kieselgur, Asbest usw. werden in der Lebensmitteltechnologie zur Klärung und Entkeimung (EK-Filtration) von Bier, Wein, Fruchtsaft, Zuckerlösungen, Speiseölen usw. verbreitet angewandt. Auch im Laboratorium sind Filtrationen mit Adsorptionsmitteln zur Beseitigung feiner Trübungen üblich; z. B. werden milchige Schwefeltrübungen aus Analysenlösungen nach dem Aufkochen der Lösung mit Filtrierpapierschnitzeln durch Adsorption entfernt.

Bei all diesen Verfahren soll als gemeinsames Ziel die zur Weiterverarbeitung bestimmte flüssige Phase von der kolloiddispersen Phase befreit werden. Letztere gilt als Verunreinigung und wird nach dem Sammeln auf den Filterschichten verworfen.

Soll dagegen die kolloiddisperse Phase in reinem Zustande auf einem Filter oder in einer von Ionen oder molekulardispers gelösten Stoffen befreiten Lösung gewonnen werden, so bedient man sich anderer Verfahren. Zur Abtrennung der Kolloide werden dabei äußerst feinporige Diaphragmen benötigt, die aufgrund ihrer Siebwirkung Kolloide, Bakterien, Viren, Phagen oder auch Makromoleküle zurückhalten.

Bei der *Ultrafiltration* läßt man die flüssige Phase durch ihren hydrostatischen Druck oder unter leichtem Absaugen bzw. Anwendung von zusätzlichem Druck die feinporige Membran passieren. Diffundieren die echt gelösten Teilchen (z. B. Ionen) aufgrund eines Konzentrationsgefälles in ein Lösungsmittel mit niedrigerem osmotischem Druck, so spricht man von *Dialyse*.

1. Ultrafiltration

Bei diesem Verfahren zur Abtrennung kolloiddisperser Teilchen werden diese auf einer Porenmembran gesammelt, deren Poren so eng sein müssen, daß die abzufiltrierenden Teilchen zurückgehalten werden. Das Dispersionsmittel fließt als Ultrafiltrat ab. Das ursprünglich kolloide System wird in seine Bestandteile zerlegt und dabei zerstört.

Kennt man die Porenweite der verwendeten Membranen, so lassen sich Aussagen über die Größe der Kolloidteilchen bzw. über das Molekulargewicht von Makromolekülen machen. Bei stufenweiser Anwendung von Ultrafiltern verschiedener Porenweite kann man polykolloiddisperse Systeme fraktioniert trennen. Nach Wo. OSTWALD (1918) ist die Ultrafiltration als Umkehrung der Osmose bzw. Dialyse aufzufassen. Die Trennung kolloider Teilchen von ihrem Dispersionsmittel muß demnach schon bei geringem Druck (z. B. hydrostatischer Druck der Lösung) ablaufen können, da kolloide Lösungen infolge ihrer geringen Teilchenkonzentration nur einen sehr kleinen osmotischen Druck auszuüben vermögen. Das trifft im wesentlichen auch bei hydrophoben Kolloiden zu. Bei hydrophilen Kolloiden mit starken Solvatationshüllen muß der hydrostatische Druck sehr häufig verstärkt werden, entweder durch Absaugen der Lösung oder durch Druckfiltration.

2. Elektro-Ultrafiltration

Bei dieser Form der Ultrafiltration wird durch Anlegen eines elektrischen Potentialgefälles das Abtrennen der Elektrolyte mit der flüssigen Phase wesentlich beschleunigt. Bei elektrolytarmen Lösungen tritt Kataphorese auf. Dadurch kommt es einmal zu einer raschen Entfernung der molekulardispers gelösten Nichtelektrolyte und zum anderen zu einer Konzentrierung der kolloiden Lösung. Diese Erscheinungen bei der Elektro-Ultrafiltration können sich je nach den gegebenen Umständen als bedeutsame Vorteile auswirken.

3. Dialyse

Die von TH. GRAHAM (1861) begründete Dialyse ist die älteste Form zur Abtrennung von Stoffen kolloider Dispersität. Sie beruht auf der Erscheinung der Diffusion. Aufgrund dieser Erscheinung gleichen sich Konzentrationsunterschiede zweier sich berührender Flüssigkeiten selbsttätig aus. Der hierzu notwendige Stofftransport wird durch Wanderung der Moleküle in Richtung des Konzentrationsgefälles geleistet. Ionen diffundieren am schnellsten, dann folgen die molekulardispers gelösten Stoffe und schließlich die Kolloide.

Schaltet man zwischen beide Flüssigkeiten als Diaphragma eine Porenmembran ein, die infolge ihrer geringen Porenweite für kolloide Teilchen nicht mehr durchlässig ist, so wandern nur Ionen und molekulardispers gelöste Teilchen durch die Membran hindurch und zwar mit nahezu unveränderter Geschwindigkeit, als ob die Membran überhaupt nicht vorhanden wäre. Die kolloiden Teilchen bleiben in der Lösung hinter der Membran zurück, ohne daß das kolloide System zerstört wird wie bei der Ultrafiltration.

Die Trennung eines kolloiddispersen Systems von ionogen und niedermolekular gelösten Stoffen durch Dialyse wird in allen Fällen, bei denen es auf eine Erhaltung der kolloiden Lösung ankommt, anstelle der Ultrafiltration anzuwenden sein.

Das zur Dialyse benutzte Diaphragma ist nicht nur Trennwand, sondern auch Trägerin der die Diffusion ermöglichenden Poren und gleicht somit den zur Ultrafiltration verwendeten Membranen.

4. Elektrodialyse

Die gewissermaßen selbsttätig, nur durch Dispersionskräfte ablaufende Dialyse wurde durch das Verfahren der Elektrodialyse erweitert. Hierbei handelt es sich um eine Dialyse, bei der der Stofftransport membrandurchgängiger Ionen durch eine kolloidundurchlässige Membran beim Anlegen eines elektrischen Potentialgefälles beschleunigt wird. Man kann die Elektrodialyse als eine sich durch Porenmembranen abspielende Elektrolyse auffassen. Sie wird von einer Flüssigkeitsbewegung – meist in Richtung von der Anode zur Kathode – als elektroosmotischen Effekt begleitet. Nach E. HEYMANN (1925) erfolgt die Abwanderung der Ionen je nach Versuchsbedingungen unterschiedlich, mindestens aber vierzigmal schneller als bei der gewöhnlichen Dialyse. Die Beschleunigung durch Anlegen eines elektrischen Potentials erstreckt sich nur auf Elektrolyte. Besonders gegen Ende ihres Verlaufs vollzieht sich die Elektrodialyse rascher. Die Entfernung der Ionen aus der zu dialysierenden Lösung ist vollständiger als bei der gewöhnlichen Dialyse. Die Abwanderung ungeladener moleculardispers gelöster Stoffe bleibt allerdings im wesentlichen unbeeinflußt und läuft mit der gleichen Wanderungsgeschwindigkeit ab wie bei der normalen Dialyse.

5. Diasolyse

Während sich bei der Dialyse der Stofftransport durch die Poren einer semipermeablen Membran vollzieht, eine Porenmembran demnach Voraussetzung für den Stoffaustausch ist, erfolgt die Wanderung der Stoffe bei der Diasolyse durch eine porenfreie Membran.

Hier wirkt das Material der Membran als Lösungsmittel für den abzutrennenden Stoff. Es handelt sich bei diesem Verfahren zur Stofftrennung um ein Hindurchlösen bestimmter Substanzen durch das in der Regel hydrophobe Membranmaterial (Kautschuk, Kunstharze, Acetylcellulose).

II. Quantitative Gesetzmäßigkeiten

1. Ultrafiltration

Die Wirkungsweise der Membranen zur Ultrafiltration und auch zur Dialyse beruht in erster Linie auf einer Art Siebwirkung der filtrierenden Schicht. Die Bewertung eines Ultrafilters ist aufs engste verknüpft mit der Kenntnis seiner Porenweite. Als Meßgröße für die mittlere Porenweite kann man die Durchlaufzeit für bestimmte Flüssigkeiten heranziehen. Aus dem Hagen-Poiseuilleschen Gesetz läßt sich nach E. MANEGOLD (1937) für die Durchlaufgeschwindigkeit folgende Beziehung ableiten:

$$\frac{v}{t} = W \cdot F \cdot r \cdot \frac{\Delta p}{8 \cdot d \cdot \eta} \, . \tag{1}$$

$\dfrac{v}{t}$ = Durchlaufgeschwindigkeit (cm³· Zeiteinheit^{-1}),

d = Dicke der Membran (cm),
F = Fläche der Membran (cm²),
W = Hohlraumvolumen der Membran (cm³),
r = mittlerer Porenradius (cm),
Δp = Druckdifferenz,
η = Zähigkeit der Flüssigkeit.

Die Durchflußgeschwindigkeit ist demnach dem Porenradius proportional.

2. Dialyse

Das Zustandekommen einer Dialyse beruht auf Diffusionsvorgängen, d. h. auf jener Erscheinung, aufgrund derer Konzentrationsunterschiede innerhalb von Flüssigkeiten sich durch die thermische Bewegung der Molekeln selbst ausgleichen. Es gilt die von A. FICK (1855) zunächst empirisch aufgestellte Beziehung:

$$\frac{dn}{dt} = -D \cdot \frac{dc}{dx}, \tag{2}$$

in der n die Menge der in der Zeit t diffundierenden Substanz, c ihre Konzentration, x der Diffusionsweg und D die Diffusionskonstante ist.

Bei der Diffusion durch eine Membran (= Dialyse) wird die Geschwindigkeit des Stoffaustausches nicht nur durch die Teilchengröße und den Konzentrationsgradienten $\frac{dc}{dx}$ bestimmt, sondern außerdem durch die Art der Membran, ihre Stärke und spezifische Oberfläche beeinflußt. Bezeichnet man die wirksame Fläche einer Membran der Dicke dx mit F und setzt für $dc = c_0$ bzw. c_1 als Konzentration der diffundierenden Molekelart vor und hinter der Membran ein, so geht die allgemein formulierte Gleichung 2 in die speziellere Form 3 über:

$$\frac{dn}{dt} = P \cdot F \cdot \frac{(c_0 - c_1)}{dx}. \tag{3}$$

P = Permeabilitätskonstante.

Für eine Membran mit konstanter Dicke dx erhält man durch Integrieren für die Permeabilitätskonstante P folgende Beziehung:

$$P = \frac{n}{F \cdot t \cdot (c_0 - c_1)} \tag{4}$$

Die Permeabilitätskonstante P kennzeichnet demnach die Eigenschaften einer Membran für eine bestimmte diffusible Substanz. Die in der Zeiteinheit dialysierende Stoffmenge läßt sich erhöhen, wenn man die Membranfläche vergrößert und für einen möglichst großen Konzentrationsunterschied $c_0 - c_1$ auf beiden Seiten der Membran sorgt. Die letztgenannte Bedingung wird optimal, wenn durch ein geeignetes Spülverfahren die zur Außenseite der Membran diffundierenden Bestandteile des Dialysiergutes laufend beseitigt werden.

Bei konstanter Temperatur und Einhalten der Konzentration Null an der Außenfläche der Membran verläuft die Dialyse nach dem Abklingungsgesetz

$$c_t = c_0 \cdot e^{-\lambda t} \tag{5}$$

c_t = Konzentration einer diffundierenden Substanz nach der Zeit t,
c_0 = Konzentration einer diffundierenden Substanz bei der Zeit Null.

Der Dialysekoeffizient $\lambda = \dfrac{\log c_0 - \log c_t}{t - \log e}$ läßt sich über zwei Konzentrationsbestimmungen ermitteln.

Aus dem Dialysekoeffizienten λ_N einer bestimmten Substanz N mit dem Molekulargewicht M_N und dem unter gleichen Bedingungen gemessenen Dialysekoeffizienten λ_x einer Substanz x läßt sich das unbekannte Molekulargewicht M_x nach folgender Gleichung ermitteln:

$$M_x = \left(\frac{\lambda_N}{\lambda_x}\right)^2 \cdot M_N. \tag{6}$$

Die Abhängigkeit des Molekulargewichtes einer gelösten Substanz von seiner Diffusionsgeschwindigkeit durch eine Dialysiermembran geht auch aus folgender

Beziehung hervor:

$$\lambda \cdot \sqrt{M} = k \qquad (k = \text{Konstante}) \tag{7}$$

Bei den Molekulargewichtsbestimmungen aus dem Ablauf einer Dialyse wird im Gegensatz zu anderen Verfahren das wahre Gewicht der aus einer Lösung abwandernden Teilchen (z. B. Makromoleküle) einschließlich ihrer Solvathüllen bzw. ihres Assoziationszustandes ermittelt.

Die Abhängigkeit der Diffusions- bzw. Dialysiergeschwindigkeit von der Viscosität und der Temperatur wird in der von A. Einstein und M. v. Smoluchowski (1916) aufgestellten Gleichung behandelt.

$$D = K \cdot \frac{1}{W} = \frac{R \cdot T}{N} \cdot \frac{1}{W} \tag{8}$$

Demnach ist die Geschwindigkeit der sich in einem Kraftfeld (Konzentrationsgefälle) bewegenden Teilchen proportional der antreibenden Kraft K und umgekehrt proportional dem Reibungswiderstand W. Für den Reibungswiderstand kugelförmiger Teilchen fand C. G. Stokes (1856) folgende Beziehung

$$W = 6 \, \eta \cdot \pi \cdot r \, . \tag{9}$$

Die Diffusionskonstante D läßt sich bei kugelförmigen Teilchen aus folgenden Faktoren errechnen:

$$D = \frac{R \cdot T}{N} \cdot \frac{1}{6 \, \eta \cdot \pi \cdot r} \, . \tag{10}$$

R = allgemeine Gaskonstante,
T = absolute Temperatur,
η = Viscosität,
r = Radius der wandernden Teilchen,
N = Avogadrosche Zahl.

a) Donnansches Membrangleichgewicht

Makromoleküle oder Kolloidteilchen mit basischen und sauren Gruppen (z. B. Eiweißmoleküle) spalten je nach dem pH-Wert der sie umgebenden flüssigen Phase H^+ oder OH^--Ionen ab und werden dadurch selbst zu positiv oder negativ geladenen Teilchen (Kolloidionen). Derartige Kolloidionen (R^+ bzw. R^-) verursachen bei der Dialyse besondere Gleichgewichtsbedingungen bei der Verteilung der membrandurchgängigen Elektrolyte zwischen Dialysat und der diesseits der Membran vorhandenen Lösung. Während bei alleiniger Anwesenheit diffusibler Elektrolyte (z. B. NaCl) dessen Ionen solange in das reine Lösungsmittel diffundieren, bis sich die Konzentrationen in beiden durch die Membran getrennten Räumen ausgeglichen haben, kommt es beim Vorhandensein von Kolloidionen nicht zu einem analogen Ausgleich der Elektrolytkonzentrationen. Es stellt sich vielmehr eine ungleichmäßige Verteilung der Elektrolytbestandteile ein, die von Konzentration und Ladung der Kolloidionen beeinflußt werden. Das Kolloidion verhindert den vollständigen Konzentrationsausgleich des Elektrolyten auf beiden Seiten der Membran. Die Elektrolytkonzentration ist stets auf derjenigen Membranseite geringer, wo sich das nichtdiffusionsfähige Kolloidion befindet. Diese Erscheinung wurde von F. G. Donnan gedeutet und die sich einstellenden besonderen Gleichgewichte Donnansche Membrangleichgewichte genannt.

3. Elektrodialyse

Die bei der Elektrodialyse ablaufenden Vorgänge: Elektrolyse, Dialyse und Filtration durch die Membran hat E. Manegold (1937) in einer Differentialgleichung zusammengefaßt:

$$dc_e = \frac{1}{V_0} \cdot \left[\frac{I}{96\,500} - (P - D \cdot (p_1 - p_2) \cdot c_e \cdot F) \right] \cdot dt \tag{11}$$

$$\phantom{dc_e = \frac{1}{V_0} \cdot \Big[}\;\; \text{Elektrolyse} \qquad \text{Dialyse} \quad \text{Filtration}$$

c_e = Konzentration des Elektrolyten,
V_0 = Volumen des Dialysates bei Beginn der Elektrodialyse,
I = Stromstärke (A), P = Permeabilitätskonstante,
D = Wasserdurchlässigkeitszahl der Membran,
$p_1 - p_2$ = Druckunterschied bei der Filtration,
F = Fläche der Membran (cm²),
t = Zeit (sec).

Bei dieser Gleichung wird vorausgesetzt, daß das Volumen des Dialysates konstant bleibt und daß störende Erscheinungen an der Membran (Bethe-Toropoff-Effekt) vernachlässigbar klein sind. Nach dieser Gleichung kommt es zu einem stärkeren Stofftransport bei der Elektrodialyse,
1. wenn die Fläche (F) der Membran vergrößert wird,
2. wenn höhere Stromstärken verwendet werden.

Integriert man die obige Gleichung, so erhält man eine Beziehung, aus der sich die Zeit errechnen läßt, die erforderlich ist, um den abzutrennenden Elektrolyten von der Anfangskonzentration $c_e{}^\circ$ auf c_e zu reduzieren:

$$t = \frac{V_0}{F \cdot (P + D \cdot (p_1 - p_2)) \cdot 0{,}4343} - \log \frac{I + c_e{}^\circ (P + D(p_1 - p_2)) \cdot F \cdot 96\,500}{I + c_e (P + D(p_1 - p_2)) \cdot F \cdot 96\,500} \tag{12}$$

Bei der Elektrodialyse spielen zwei Membranerscheinungen eine Rolle, die unter der Bezeichnung „Bethe-Toropoff-Effekt" zusammengefaßt werden. Es handelt sich einmal um den elektroosmotischen Transport von Wasser durch die Membran in Richtung des Dialysates. Dieser Vorgang hat eine Volumenvermehrung und Verdünnung des Dialysates zur Folge. Zum anderen kommt es zu einer Aufladung der Membranoberflächen. Dabei wird die der Anode zugewandte Oberfläche der Membran negativ, die der Kathode zugewandte positiv aufgeladen. Als Folge dieser Ladungsverteilung sammeln sich an der Anodenseite Hydroxylionen, an der Kathodenseite Wasserstoffionen an und beeinflussen den Ionentransport bei der Elektrodialyse. Die Größe dieses Effektes wird von der Art der Membran und der Wasserstoffionenkonzentration stark beeinflußt. Insbesondere werden bei Biokolloiden erhebliche Schwierigkeiten durch die beschriebenen Erscheinungen verursacht. Die Kolloidteilchen werden dicht vor der Membranoberfläche koaguliert, denaturiert und ausgefällt.

Eingehendere theoretische Betrachtungen der Erscheinungen an Membranen bei der Dialyse und Elektrodialyse unter elektrochemischen Gesichtspunkten haben K. H. Meyer und I. F. Sievers (1936) sowie T. Teorell (1951) veröffentlicht.

III. Semipermeable Membranen

1. Allgemeines

Die zur Ultrafiltration oder zur Dialyse erforderlichen Diaphragmen erfüllen nur dann ihre Aufgabe, wenn ihre Poren oder Porenkanäle eng genug sind, daß kolloiddisperse Teilchen bzw. Makromoleküle einschließlich ihrer Solvathüllen nicht passieren können. Die geringe „Porenweite" ist demnach eine gemeinsame Eigenschaft von Ultrafiltern und Dialysiermembranen.

Eingehende Untersuchungen über den Aufbau von Membranen haben ergeben, daß diese eine schwammartige Struktur mit Hohlräumen ungleicher Form und Größe haben. Diese Erkenntnisse haben die früheren Vorstellungen über einen siebartigen Aufbau mit Poren bestimmter Weite aber nicht verdrängen können.

Der Begriff der ,,Porenmembran'' soll auch hier aus Gründen der Anschaulichkeit noch verwendet werden.

K. H. MAIER und E. A. SCHEUERMANN (1960) haben durch elektronenmikroskopische Aufnahmen die schaumartige Struktur des Hohlblasensystems nachweisen können und diese mit dem Aufbau einer Cellulosefaser verglichen. An künstlich hergestellten Membranen aus Celluloseesterlösungen konnten sie die Bildungsweise derartiger Membranen erkennen. Es handelte sich nicht um einen einfachen Abscheidungsvorgang nach Verdunsten des Lösungsmittels, sondern um einen komplizierten Ablauf mehrerer sich teilweise überlappender Prozesse. Beim Verflüchtigen des Lösungsmittels kommt es an einem bestimmten Punkt zur kolloiden Entmischung (Koazervation). In diesem frühen Stadium der Gelbildung entstehen Kugeltröpfchen, bei denen der Feststoffanteil kugelschalig in der Tröpfchenwandung angeordnet ist. Bei weiterem Verdunsten des Lösungsmittels kommt es innerhalb des entstehenden engen Verbandes von zusammengelagerten Tröpfchen zu polyedrischen Verformungen. An den Berührungsstellen der Tröpfchen reichert sich der Feststoffanteil an auf Kosten einer Verdünnung der übrigen Wandstärke. Durch den Kontraktionsdruck werden die dünneren Wandstellen schließlich teilweise aufgerissen. Das bis dahin in den Kugeltröpfchen eingeschlossene Lösungsmittel fließt aus und hinterläßt die für die Wirksamkeit der Membran verantwortliche schaumartige Struktur mit Porenkanälen. Die Zusammensetzung der Lösung, insbesondere das Verhältnis von echten und unechten Lösungsmitteln der gerüstbildenden Substanzen sowie klimatische Faktoren bei der Verdunstung haben auf die Feinheit der Struktur großen Einfluß.

Die beschriebene Bildungsweise einer Vacuolenstruktur mit durchbrochenen Wandungen gilt nicht nur für Membranen aus Cellulosederivaten, sondern ist allgemeingültiges Prinzip bei allen Membranen aus Fadenmolekülen.

2. Membranen zur Dialyse und Ultrafiltration

Anstelle der früher vielfach verwendeten Naturerzeugnisse tierischer Herkunft wie Schweinsblasen, Fischblasen, Därme usw. benutzt man heute künstlich erzeugte Membranen aus Celluloseabkömmlingen und Kunststoffen.

Kollodiummembranen: Kollodiummembranen lassen sich je nach Art ihrer Herstellung hinsichtlich ihrer Permeabilität in einem weiten Bereich verändern und hinreichend reproduzierbar einstellen. Um Kollodiummembranen bestimmter Porenweite herzustellen, empfiehlt es sich, von frischen Lösungen fester Nitrocellulose auszugehen. Infolge Polymerisation der Nitrocellulose entstehen aus älteren Lösungen Membranen mit größerer Porenweite. Sind derartig weitporige Membranen erwünscht, so kann man Eisessig-Kollodium-Lösungen künstlich ,,altern'' lassen, wenn man sie 2—3 Std auf 98° C erwärmt.

Als Lösungsmittel für Nitrocellulose kommen Eisessig, Alkohol, Äther und Aceton in Frage. Alle Lösungsmittel sollen soweit wie möglich wasserfrei sein. Die Auflösung von 1—10 g Nitrocellulose in 100 ml des Lösungsmittels läßt sich durch ständiges Schütteln beschleunigen.

Aus Eisessig-Kollodium entstehen auch ohne künstlichen Alterungsprozeß ziemlich weitporige Membranen mit nur geringer mechanischer Festigkeit. Sie werden deshalb auf einer festen Unterlage aus Filtrierpapier oder auf Gewebe aus Seide bzw. feinem Metalldraht ausgefällt. Auch poröses Porzellan eignet sich als Unterlage. Das im Vakuum entgaste Stützmaterial wird mit der Kollodium-Eisessig-Lösung getränkt und zwar zunächst unter vermindertem Luftdruck, schließlich unter normalem Druck. Nach Abtropfenlassen der überschüssigen Kollodiumlösung wird das getränkte Membranmaterial in reichlich destilliertem Wasser

eingetaucht. Das Kollodium geliert. Die Wässerung wird bis zum Verschwinden
der sauren Reaktion fortgesetzt. Die nach dieser Behandlung gebrauchsfertigen
Kollodiummembranen lassen sich in 3%iger Formalinlösung haltbar aufbewahren.
Die Porenweite der aus Eisessig-Kollodium-Lösungen erhaltenen Membranen
nimmt mit steigender Nitrocellulosekonzentration ab. Die Porengröße ist sehr
uneinheitlich. Die Weite der größten Poren verhält sich zur Weite der kleinsten
etwa wie 10:1.

Aus Äther-Alkohol-Kollodium-Lösungen werden dagegen Membranen mit
engeren Poren ziemlich gleichmäßiger Weite erhalten. Sie sind ausreichend stabil
und brauchen zur Verwendung als Dialysiermembranen kein stützendes Gerüst.

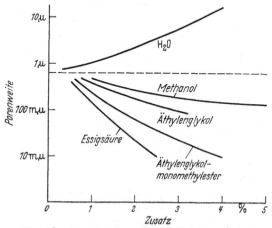

Abb. 1. Änderung der Porenweite von Kollodiummembranen
aus Äther-Alkohol-Kollodium bei Zusatz verschiedener Substanzen (nach W. J. ELFORD 1937)

Die Membranen werden auf waa-
gerechte Glasplatten gegossen (R.
ZSIGMONDY, 1925), oder, falls
Membranhülsen gewünscht werden, durch Benetzen der Außen-
oder Innenwand geeigneter Glas-
gefäße hergestellt (z. B. H. PORT-
ZEHL, 1950). Die Nitrocellulose
geliert beim Abdunsten des Lösungsmittels und kann nach dem
Behandeln mit Wasser leicht von
der Glasunterlage abgelöst werden. N. BJERRUM und E. MANE-
GOLD benutzten als Unterlage für
die sich bildende Kollodiumfolie
die Oberfläche von Quecksilber.
Die Kollodiumlösung wurde in
auf diesem Metall schwimmende
Eisenringe eingegossen. Zum Ge-
brauch von Kollodiummembranen als spontane Ultrafilter empfiehlt sich die Verwendung von Filterhütchen (Schleicher u. Schüll) als mechanisch feste Unterlage.
Die Filterhütchen werden in einem Trichter mit heißem Wasser angefeuchtet
und mit 4%iger Kollodiumlösung in Alkohol-Äther ausgeschwenkt. Nach dem
Verdunsten des Lösungsmittels wird das Ausschwenken mit Kollodiumlösung
wiederholt. Nach 5—10 min dauerndem Trocknen an der Luft wird das Filterhütchen mit der Kollodiummembran in destilliertes Wasser getaucht und ist nach
30 min langem Wässern gebrauchsfertig.

Die Poren der Membranen aus Äther-Alkohol-Kollodium werden um so enger,
je höher der Äthergehalt oder der Nitrocelluloseanteil der Ausgangslösung war.
Zusätze wie Aceton, Methylacetat, Äthylacetat, Glycerin, Äthylenglykol oder
Milchsäure erhöhen die Porenweite. Die Durchlässigkeit von Kollodiummembran-
en läßt sich demnach je nach den Herstellungsbedingungen weitgehend variieren.
W. J. ELFORD (1937) hat sich eingehend mit der Herstellung von Kollodium-
membranen abgestufter Porenweite beschäftigt. Abb. 1 gibt den Einfluß verschie-
dener Zusätze zu einer aus 8 Teilen Nitrocellulose in 40 Teilen einer Mischung von
Alkohol und Äther (1 + 9) bereiteten Kollodiumlösung wieder. Die von W. J.
ELFORD erhaltenen „Gradocoll-Membranen" haben ziemlich einheitliche Porenweiten. Das Verhältnis von maximalem zu mittlerem Porendurchmesser soll im
Bereich von nur 1:2 liegen.

H. P. GREGOR und K. SOLLNER (1946) haben die Herstellung von mit Natronlauge behandelten, dreischichtigen Kollodiummembranen beschrieben. Sie zeichnen sich durch hohe Permeabilität und hohe Membranpotentiale aus und sind

außerdem zu Ionenaustauschreaktionen fähig. Durch Änderungen der Herstellungsbedingungen lassen sich auch hier Membranen mit unterschiedlichen, aber gut reproduzierbaren Durchlässigkeitsstufen herstellen.

Cellophanmembranen. Cellophanmembranen zeichnen sich durch eine hohe mechanische Festigkeit aus. Sie haben insbesondere in Form nahtloser Schläuche bei der Ausführung von Dialysen verbreitet Anwendung gefunden.

Eine Selbstherstellung von Membranen aus Celluloseregeneraten haben L. ETTISCH und H. HELLRIEGEL (1932) beschrieben. Die geringe Porenweite der handelsüblichen Cellophanfolien kann durch Behandeln mit Natronlauge oder 63%iger Zinkchloridlösung vergrößert werden (W. JAMES, MC. BAIN, R. F. STUEVER (1936)). Einwirkung von kalter Natronlauge steigert die Durchlässigkeit mehr als warme Lauge. Die mit NaOH behandelten Cellophanmembranen werden jedoch leicht brüchig. Bei den in Zinkchlorid gequollenen Cellophanfolien verändert sich während des Trocknens die Porenstruktur irreversibel. Um die durch Behandeln mit Zinkchlorid eingestellte Permeabilität zu erhalten, müssen die Folien in 50%ig. Glycerinlösung aufbewahrt werden.

Als besonders günstig für Dialysezwecke haben sich die nur etwa 10 μ starken Cellophanfolien der Fa. J. P. Bemberg, Wuppertal-Elberfeld „Cuprophan" bewährt. Die Durchlässigkeit – und damit die Dialysiergeschwindigkeit – der trotz ihrer geringen Stärke mechanisch noch ausreichend festen Cuprophanfolie ist doppelt so groß wie bei Cellophanmembranen und achtmal größer als die Durchlässigkeit von „Pergamentpapier zur Dialyse". Pergamentpapier hat eine verhältnismäßig geringe Permeabilität, wird aber zuweilen noch in der Technik wegen seiner hohen mechanischen Festigkeit zur Dialyse verwendet.

Membranfilter: Die im Laboratorium häufig angewendeten Membranfilter nach Professor ZSIGMONDY der Membranfiltergesellschaft Göttingen bestehen aus Cellulosenitraten bzw. Celluloseacetat und dienen vorwiegend zur Fein- und Ultrafiltration. Die Membranfilter werden in ihrer heutigen Ausführungsform als trockene Häutchen mit guten Festigkeitseigenschaften hergestellt. Sie sind widerstandsfähig gegenüber dem Angriff zahlreicher Reagentien und gestatten eine einfache und sichere Handhabung bei der Anwendung und Aufbewahrung. Sie werden in abgestuften Porenweiten innerhalb eines Bereiches von 5000—100 mμ in den Durchlässigkeitsstufen grob, mittel, fein und feinst angeboten. Die Ultrafein-Filter der Membranfiltergesellschaft Göttingen haben Porenweiten von 100—5 mμ und werden ebenfalls in analog bezeichneten Durchlässigkeitsstufen in den Handel gebracht. Im Gegensatz zu den trocken aufzubewahrenden Membranfiltern müssen die Ultrafeinfilter bei der Aufbewahrung und bei ihrer Anwendung stets ausreichend feucht gehalten werden, da sie beim Austrocknen irreversible Strukturveränderungen erleiden. Cella- und Ultracellafilter sind Filtermembranen aus regenerierter Cellulose, die im Gegensatz zu den für wäßrige Lösungen gedachten Membran- und Ultrafein-Filtern gegen den Angriff vieler organischer Lösungsmittel unempfindlich sind. Aus der folgenden Tabelle ist die chemische Beständigkeit der verschiedenen Membranfilterarten gegenüber der Einwirkung von anorganischen und organischen Lösungsmitteln zu entnehmen. Die Tabelle wurde aus den Membranfilter-Informationen (Mi 122) übernommen. Es ist zu beachten, daß organische Lösungsmittel, die einzeln ein Membranfilter nicht oder kaum angreifen, im Gemisch miteinander das Filtermaterial auflösen können. Derartige Erscheinungen wurden beim Behandeln von Membranfiltern (MF) mit Mischungen aus Aethanol-Benzol und Äthanol-Toluol sowie bei der Einwirkung von Mischungen aus Butanol bzw. Isobutanol und Methylenchlorid auf Membranfilter „Oel" und Membranfolien beobachtet.

Tabelle. *Beständigkeits-Tabelle für Membran- und Ultrafilter*

Die Zahlen bedeuten: 0 = beständig, 1 = bedingt beständig, geringer Angriff, 2 = unbeständig.
Einwirkungsdauer: 20 Std; Prüftemperatur: Raumtemperatur (20° C).

Reagentien	Konzentration in %[1]	MF grob, feinst, MF-AF MF-Schichten	Cellafilter	MF-Öl Membranfolie	Ultrafeinfilter	Ultracellafilter	Ultrafilter Lsg. 60
Ammoniaklösung	25	2	1	0	0	1	2
	10	2	0	0	0	0	1
	5	1	0	0	0	0	0
Natron- bzw. Kalilauge	50	2	2	2	2	2	2
	3	2	2	2	2	2	2
	1	1	0	0	0	0	1
Königswasser (kochd. 30 min)	—	0	2	2	2	2	0
	—	2	2	2	2	2	2
Salpetersäure	70	2	2	2	2	2	2
	25	0	0	2	2	2	0
	20	0	0	2	2	2	0
	15	0	0	2	2	2	0
Salzsäure	32	2	2	2	2	2	2
	25	1	2	2	2	2	0
	20	0	0	2	2	2	0
	15	0	0	2	2	2	0
Schwefelsäure	96	2	2	2	2	2	2
	25	1	2	2	2	2	0
	20	0	0	1	1	2	0
	15	0	0	0	0	0	0
Unterphosphorige Säure (H_3PO_2)	50	1	0	1	1	0	0
	25	0	0	0	0	0	0
	20	0	0	0	0	0	0
	15	0	0	0	0	0	0
Aceton	—	2	0	2	2	0	2
Ameisensäure	—	0	0	2	2	0	0
Ammoniakalische Kupfersulfatlsg.	$2\,NH_4OH + 5\,CuSO_4$	0	0	1	1	0	0
Amylalkohol	—	0	0	0	0	0	0
Anilin	—	1	0	2	2	0	0
Äthylalkohol	96	2	0	0	0	0	2
	70	0	0	0	0	0	0
Äther	—	2	0	0	0	0	2
Benzin (Sdp 120—180°)	—	0	0	0	0	0	0
Benzol	—	0	0	1	1	0	0
Butylacetat	—	2	0	1	1	0	2
Butylalkohol	—	0	0	0	0	0	0
Chloroform	—	0	0	2	2	0	0
Cyclohexanol	—	0	0	0	0	0	0
Cyclohexanon	—	2	0	2	2	0	2
Dekalin	—	0	0	0	0	0	0
Diäthylcarbinol	—	0	0	0	0	0	0
Diäthylenglycol	—	2	0	1	1	0	2
Dichlorbenzol	—	0	0	2	2	0	0
Dimethylacetamid	—	2	2	0	2	0	2

Tabelle (Fortsetzung)

Reagentien	Konzentration in %[1]	MF grob, feinst, MF-AF MF-Schichten	Cellafilter	MF-Öl Membranfolie	Ultrafeinfilter	Ultracellafilter	Ultrafilter Lsg. 60
Dimethylmethoxy acetamid	—	2	0	2	2	0	2
Dioxan	—	2	0	2	2	0	2
Essigsäure.	96	2	0	2	2	0	2
	30	0	0	2	0	0	0
Glycerin	—	0	0	0	0	0	0
Glycerol	—	0	0	0	0	0	0
Hexylalkohol	—	0	0	0	0	0	0
Isobutylalkohol	—	0	0	0	0	0	0
Isopropylalkohol	—	0	0	0	0	0	0
Karion fl. (Sorbitlsg.)	—	0	0	0	0	0	0
Maschinenöl	—	0	0	0	0	0	0
Methylacetat	—	2	0	2	2	0	2
Methylalkohol	90	2	0	1	1	0	2
	70	0	0	0	0	0	0
Methyläthylketon	—	2	0	2	2	0	2
Methylenchlorid	—	0	0	2	2	0	0
Monochlorbenzol	—	0	0	2	2	0	0
Oktylalkohol	—	0	0	0	0	0	0
Petroläther (Sdp. 40—60°)	—	0	0	0	0	0	0
Phenol	—	0	0	2	2	0	0
Pyridin	—	2	0	2	2	0	2
Ricinusöl	—	0	1	0	0	2	1
Tetrachlorkohlenstoff	—	0	0	1	1	0	0
Tetralin.	—	0	1	1	1	1	2
Toluol	—	0	0	0	0	0	0
Trichloräthylen	—	0	0	1	1	0	0
Urotropin (Hexamethylentetramin) .	50	0	1	1	0	1	0
	25	0	0	0	0	0	0
	10	0	0	0	0	0	0
Xylol.	—	0	0	0	0	0	0
Zaponlack.	—	2	0	2	2	0	2
Zimtaldehyd.	—	2	0	2	2	0	2

[1] Wenn keine Konzentrationen angegeben, wurden die Stoffe in handelsüblicher Konzentration unverdünnt verwendet.

H. BEUTELSPACHER (1954) hat elektronenmikroskopische Untersuchungen über den Filtrationsmechanismus der Membranfilter veröffentlicht. Gold- und Silbersole wurden durch Filter verschiedener Porenweite gesaugt und die von beiden Filterseiten hergestellten Platin-Aluminiumabdrücke im Elektronenmikroskop untersucht. Danach werden bei der Filtration die Kolloide zuerst von der schalenförmigen Haut und den Streben des Hohlraumsystems zurückgehalten. Mit zunehmendem Filtrationsdurchsatz ballen sich die Teilchen zusammen und begünstigen die mechanische Aussiebung solange, bis es schließlich zu einem Verstopfen der Durchlässe kommt.

Über den inneren Aufbau von Membranfiltern liegen zahlreiche Arbeiten vor (J. G. Helmcke, 1954, G. Henneberg u. B. Crodel, 1954, K. H. Maier und H. Beulelspacher, 1954, H. Spandau und U. E. Zapp, 1954 u. a. m.). In allen Arbeiten wurde der bei Membranen aus Fasermolekülen bereits erwähnte Aufbau in Form eines schwammartigen Hohlraumsystems mit durch Poren unterbrochenen Wandungen nachgewiesen. G. Kanig und A. M. D'Ans (1956) haben gequollene Membranfilter mit Methacrylsäuremethylester getränkt und nach anschließender Polymerisation des Einschlußmittels Querschnitte der Filter elektronenmikroskopisch untersucht. Es zeigte sich, daß die vorher aus den Durchlaufzeiten errechneten Porendurchmesser mit den aus den Aufnahmen meßbaren gut übereinstimmten. Nur bei den Ultracellafiltern „fein" und „allerfeinst" waren die Poren weitaus größer als die errechneten.

Bei einer Filterstärke von 80 μ und einer durchschnittlichen Weite der Hohlräume von 125 mμ muß ein Makromolekülknäuel aber wenigstens durch 650 Hohlräume wandern, um durch das ganze Filter zu permeieren. Da es dabei ebensoviele Wanddurchbrüche (Poren) passieren muß, ist auf Grund der Verteilungsbreite der Porenweiten die Wahrscheinlichkeit sehr groß, daß es auf seinem Wege von irgendeiner Pore zurückgehalten wird, die zufällig kleiner ist als der Durchmesser des Teilchens. Das Molekülknäuel sitzt dann in dem betreffenden Hohlraum fest. Die Semipermeabilität des Filters ist in diesem Falle durch das Vorhandensein einer genügenden Anzahl von kleinsten Durchlässen gewährleistet.

M. F. Vaugham (1958) hat eine Methode zur weiteren Verbesserung der Trennwirkung bei Ultrafein- und Ultracellafiltern angegeben. Die Membranen werden nach dem Behandeln mit Polydiallylphthalatlösungen weniger durchlässig und noch selektiver. Ursache für dieses Verhalten dürfte die Adsorption von Polydiallylphthalatmolekülen in den Porenkanälen sein.

Kunststoffmembranen: Fortschritte auf dem Gebiet der Kunststoffchemie haben zur Erprobung und Entwicklung zahlreicher Folien aus Polymerisations- und Kondensationsprodukten als semipermeable Membranen geführt. Bei Kunststoffmembranen läßt sich durch geeignete Herstellungsbedingungen und Zusatzstoffe die Anpassung an den gewünschten Membrantyp besonders gut steuern.

H. Th. Hookway u. Mitarb. (1957) beschreiben die Herstellung von semipermeablen Membranen für Dialyse, Osmose und Ultrafiltration aus Polyamiden. D. Pihert (1958) hat sich mit der Herstellung von Ultrafilter-Membranen aus Polyvinylchlorid beschäftigt. Zusätze von Äthanol oder Tetrachlorkohlenstoff zu dem in Methylcyclohexanol gelösten Vinylchlorid beeinflussen bei der Polymerisation zur Folie die Porenweiten im Sinne einer Vergrößerung.

Membranen zur Dialyse und Ultrafiltration aus Kunststoffen lassen sich auch mit Laboratoriumshilfsmitteln erzeugen:

Membranen aus Polyvinylbutyraldehyd: Eine 5%ige Vinylbutyraldehydlösung in Äthanol wird in dünner Schicht auf einen waagerecht rotierenden Zylinder (14—20 U/min) aufgetragen. Nach je 5 min Wartezeit wird das Auftragen noch zweimal wiederholt. Wenn nach dem letzten Auftragen der Film nicht mehr fließt, sondern einen gelartigen Zustand erreicht hat, wird der ganze Zylinder für eine bestimmte Zeit in Wasser getaucht. Die Zeitdauer der Wässerung beeinflußt die Porosität. Die günstigste Zeit muß durch Versuche ermittelt werden. Es genügen meist weniger als 10 min.

Membranen aus Polytrifluorchloräthylen: Eine 20%ige Lösung aus Trifluorchloräthylen-Harz wird aus einer Standard-Kel-F-Dispersion (M. W. Kellog Co., Jersey City, New York), die 34% feste Bestandteile enthält, durch Verdünnen mit Xylol hergestellt. Verwendet man ein Lösungsmittelgemisch aus 35% Diacetonalkohol, 33% Essigsäureäthylester und 33% Toluol, so erhält man glattere Filme.

Auf eine heizbare Platte aus rostfreiem Stahl oder mit verchromter Oberfläche wird Silicon-Formentrennmittel (z. B. Dow Corning DC 200, Viscosität 100 Centistokes) aufgetragen und anschließend 15 min auf 250° C erhitzt. Das überschüssige Silicon wird nach dem Abkühlen mit einem Tuch entfernt. Auf die so vorbehandelte Platte wird mit einer Sprühvorrichtung die 20%ige Trifluorchloräthylen-Lösung in gleichmäßiger Schicht aufgetragen und anschließend 15 min auf 250° C erhitzt. Danach trägt man eine zweite Schicht auf und erhitzt abermals 15 min auf 250° C. Schließlich wird eine dritte Schicht aufgesprüht. Die Größe der Poren hängt von der Dauer des Erhitzens auf die Polymerisationstemperatur von 250° C ab. Bei einer Hitzeeinwirkung von 30 min erhält man sehr durchlässige Membranen, nach 120 min ist die Folie zusammengeschmolzen und völlig undurchlässig. Die Lebensdauer einer auf diese Weise hergestellten Membranfolie ist praktisch unbegrenzt.

Membranen aus anorganischem Material: Zur Ultrafiltration können auch Glas- oder keramische Filter verwendet werden. Die Werke Schott & Gen., Mainz, stellen sehr engporige Glasfritten mit einem mittleren Porendurchmesser von $0,7\,\mu$ her. Diese Fritten müssen sehr dünn gehalten werden, um noch eine ausreichend schnelle Filtration zu gewährleisten. Die dünne Filterplatte G 5 wird mit einer mittelfeinen Glasfritte G 3 unterlegt. Auf diese Weise erreicht man eine genügend hohe mechanische Festigkeit des gesamten Filters.

3. Membranen zur Elektrodialyse

Der Ionentransport im elektrischen Feld gibt bei der Elektrodialyse zu einer Reihe von Störeffekten Anlaß. Der Bethe-Toropoff-Effekt wurde schon erwähnt. Weitere Schwierigkeiten ergeben sich durch die unterschiedlichen Wanderungsgeschwindigkeiten der Ionen und durch die unterschiedliche Permeabilität der Membranen für die einzelnen Ionenarten. Da die Membranen aus den bisher besprochenen Materialien aufgrund ihrer chemischen Zusammensetzung in wäßriger Lösung negativ geladen sind, sind sie für Anionen viel weniger durchlässig als für Kationen. Es kommt deshalb infolge der Stauung von Anionen vor der Anodenmembran zu einem Überschuß negativer Ladungen im Dialysiergut und somit zu einer Unterdrückung des Stromflusses und zu pH-Verschiebungen. Zahlreiche Eiweißkolloide können aber schon durch geringe pH-Änderungen irreversibel geschädigt werden. Es ist deshalb in vielen Fällen notwendig, die Membranen für die Elektrodialyse den jeweiligen Verhältnissen besonders anzupassen.

So empfiehlt es sich, die Fläche der Anodenmembran gegenüber der Fläche der Kathodenmembran zu vergrößern und Membranen verschiedener Eigenladung zu verwenden. Als Kathodenmembranen eignen sich die negativ geladenen Cellophanfolien. Positiv geladene Anodenmembranen können z. B. aus Chromgelatine hergestellt werden.

Nach W. G. RUPPEL (1924) erhält man derartige Membranen, wenn man Gewebe (Wolle, Seide) mit einer Lösung aus 10 g Gelatine, 3 g Ammoniumdichromat und 5 g Glycerin in 100 ml Wasser tränkt und durch anschließende Belichtung härtet.

Durch Anwendung abgestimmter Membranen lassen sich die bei Serum-Elektrodialysen gefürchteten pH-Verschiebungen weitgehend unterdrücken (E. MANEGOLD und K. KALAUCH, 1939).

Anstelle von Membranen mit positiver Ladung können auch solche mit amphoteren Eigenschaften bei der Elektrodialyse von Eiweißlösungen auf der Anodenseite mit gutem Erfolg verwendet werden. Zur Herstellung einer amphoteren Glykokollmembran werden nach G. ETTICH und I. A. DE LAUREIRO (1933) 2 mg feingepulvertes Glykokoll in 50 ml einer Äther-Alkohol-Kollodium-Lösung suspendiert und zur Membranbildung auf eine ebene Glasplatte ausgegossen (15 ml Suspension/100 cm² der Platte).

Fortschritte auf dem Gebiet der Membrananpassung brachte insbesondere die Entwicklung von „permselektiven" Membranen (J. D. Shaw, 1960, P. Cloos und J. J. Fripiat, 1960, D. Mackay und P. Menus, 1960, u. a.). Es handelt sich um Folien aus synthetischen Ionenaustauschermaterialien. Sie werden sowohl als Kationen- als auch als Anionenaustauschermembranen hergestellt. Die Membranen sind semipermeabel und jede Type ist nur für Ionen einer Ladungsrichtung durchlässig. Beim Anlegen einer Spannung an eine Membranzelle transportiert der elektrische Strom nur Ionen einer Ladungsart durch die Membran, d. h., die Überführungszahl für die betreffende Ionenart ist sehr groß gegenüber der Überführungszahl der entgegengesetzt geladenen Ionen. Die Verwendung derartiger Membranen bei der Elektrodialyse erfordert keine periodische Regeneration wie bei den sonst üblichen Ionenaustauschverfahren. Das Eluieren und Beladen mit den entsprechenden Ionen erfolgt kontinuierlich durch die Wanderung der Ionen im elektrischen Feld. Kationenaustauschermembranen enthalten in der Regel stark ionisierbare SO_3H-Gruppen, Anionenaustauschermembranen quaternäre Ammoniumionen (z. B. Permaplex C 20 und Permaplex A 20 der Permutit AG., Berlin-Duisburg.)

IV. Prüfung der Membranen

1. Membranfehler

Fehlerhafte Stellen in den Membranen werden bei Testdialysen erkannt. Man verwendet Lösungen von Farbstoffen bestimmter Teilchengröße, wie z. B. Niloder Nachtblau und Kongorot. In die Außenflüssigkeit abwandernde Farbstoffteilchen geben Aufschluß über Membranfehler.

Cellophanmembranen in Form nahtloser Schläuche enthalten zuweilen feine Luftblasen. Diese Fehlstellen können ähnlich wie schadhafte Stellen an dünnen Gummischläuchen (Fahrradschläuchen) an der Abgabe von Luftblasen erkannt werden, wenn man den mit Luft aufgepumpten Cellophanschlauch unter Wasser beobachtet.

2. Bestimmung der Porengröße

Für die Beurteilung von Membranen ist die Kenntnis der Porenweite von ausschlaggebender Bedeutung. Bei der Anwendung in der Bakteriologie müssen insbesondere die größten Porenweiten bekannt sein, um abschätzen zu können, welche Keime noch durch die Membran in das Ultrafiltrat gelangen. Die „mittlere Porenweite" ist eine Maßzahl für die Leistung einer Membran bei der Ultrafiltration und Dialyse. Angestrebt wird die Herstellung von Membranen, bei denen sich die mittlere und die maximale Porenweite möglichst wenig unterscheiden.

a) Kolloidfiltrationsmethode

Durch Dialyse oder Ultrafiltration von kolloiden Lösungen mit Teilchen unterschiedlicher aber bekannter Größe kann man den Porendurchmesser von semipermeablen Membranen annähernd ermitteln (R. Zsigmondy und C. Carius, 1927). Teilchengrößen, die gerade noch zurückgehalten werden, erlauben Rückschlüsse auf die maximale Porenweite. Können Teilchen von bestimmter Größe gerade noch passieren, so befindet man sich im Bereich der kleinsten Porenweite. H. Bechhold, M. Schlesinger und K. Silbereisen (1931) haben nachweisen können, daß der Porendurchmesser etwa 8—10mal größer sein muß, als das betreffende

Teilchen (z. B. Bakterienkeim). Zur Bestimmung der Porenweite nach der Kolloid-filtrationsmethode werden negativ geladene Suspensionen (z. B. Goldhydrosole) benutzt, um insbesondere bei sehr feinporigen Filtern Fehlschlüsse infolge von Adsorptionserscheinungen möglichst auszuschalten. Leicht deformierbare Emulsionskolloide sind nicht geeignet.

b) Blasendruckverfahren

Mit diesem Verfahren kann die maximale Porenweite von Filtern und semipermeablen Membranen gemessen werden. Zur Durchführung der Messung wird ein Filter mit einer Flüssigkeit der Oberflächenspannung G (dyn · cm^{-1}) völlig getränkt und dann ein Gasstrom durch die Poren gedrückt. Der beim ersten Gasdurchtritt an einer bestimmten Stelle der Membranfläche sich ergebende Druck p (Torr) kann an einem empfindlichen Manometer abgelesen werden. Der mittlere Durchmesser der weitesten Pore gemessen in μ ergibt sich dann nach der von P. H. PRAUSNITZ (1933) angegebenen Formel:

$$2\,r_{max} = \frac{4\,\sigma \cdot b \cdot 10^4}{p \cdot 1{,}033} \qquad b = \text{Luftdruck (Torr)} . \tag{13}$$

Diese Gleichung wurde aus der Castorschen Formel $p = \dfrac{2\sigma}{r}$ abgeleitet, deren Gültigkeit kreisrunde Capillaren konstanten Querschnittes sowie völlige Benetzbarkeit voraussetzt. Mit der praktischen Durchführung und kritischen Betrachtung dieser Methode hat sich H. KNÖLL (1914 und 1939) ausführlich beschäftigt. Bei der Prüfung von Membranen mit sehr kleinen Poren und der Verwendung von Wasser als Sperrflüssigkeit führt der wegen der hohen Oberflächenspannung des Wassers (72,5 dyn · cm^{-1}) erforderliche Druck schon zu Deformierungen der feinen Porengänge. Es hat sich deshalb als zweckmäßig erwiesen, anstelle von Wasser nicht-mischbare Flüssigkeitspaare mit niedriger Grenzflächenspannung γ, wie z. B. Isobutylalkohol-Wasser ($\gamma = 1{,}73$ dyn · cm^{-1}) einzusetzen. Die Untersuchung engporiger Membranen ließ sich dann bei niederen Druckwerten gut durchführen (H. BECHHOLD, M. SCHLESINGER und K. SILBEREISEN, 1931, H. WITZMANN, 1939).

c) Messung der Durchflußgeschwindigkeit

Durch Messen der Durchflußgeschwindigkeit von Flüssigkeiten oder Gasen läßt sich der mittlere Porenradius r_m von Filtern und Membranen bestimmen. Nach den von I. H. BAUER und T. P. HUGHES (1939) sowie von E. MANEGOLD u. Mitarb. (1937 u. 1940) auf Grund des Hagen-Poiseuilléschen Gesetzes geschaffenen Grundlagen errechnet sich der mittlere Porenradius r_m aus der auf Zeit und Flächeneinheit bezogenen Membrandurchlässigkeit

$$D = \frac{Q}{p \cdot t \cdot F} . \tag{14}$$

Q = Durchflußmenge (cm³),
t = Durchflußzeit (sec),
p = Druckdifferenz (cm WS),
F = wirksame Filterfläche (cm²).

Der mittlere Porenradius ergibt sich aus:

$$r_m = \frac{8 \cdot D \cdot d \cdot r_j}{W} . \tag{15}$$

d = Dicke des Filters,
η = Viscosität,
W = Strömungsvolumen bzw. Anteil des Hohlraumsystems = Differenz des Trockengewichtes zum Naßgewicht des Filters pro cm² dividiert durch die Dichte der Einschlußflüssigkeit.

Untersuchungen von G. HENNEBERG und B. CRODEL (1954) an zahlreichen
Membran- und Ultrafiltern haben ergeben, daß bei sehr kleinen Porendurchmessern
die Ergebnisse gut mit denen der Blasendruckmethode übereinstimmen. Bei grob-
porigen Membranen weichen die Meßergebnisse der Durchflußmessungen von
denen der Blasendruckmethode erheblich ab. Demnach muß bei diesen Filtern das
Verhältnis von maximaler zur mittleren Porenweite größer sein.

3. Bestimmung der Porenverteilung (Porenstatistik)

Die meisten semipermeablen Membranen enthalten Poren ganz verschiedener
Weite. Nach der Blasendruckmethode gelingt es, nur den Durchmesser der größten
Poren zu messen. Um stufenweise auch die engeren Poren erfassen zu können,
machte H. KARPLUS den Vorschlag, die Methode des Blasendruckes mit dem Verfahren zur Messung der Durchflußgeschwindigkeit zu verknüpfen. Zunächst wird
wie bei der Blasendruckmethode ein konstanter Druck auf die mit Flüssigkeit
getränkte Membran ausgeübt, bei dem die größten Poren geöffnet werden. Dabei
wird das in der Zeiteinheit passierende Strömungsvolumen der Luft gemessen und
solange verfolgt, bis Strömungskonstants eintritt. Bei Drucksteigerung wird eine
weitere Gruppe kleinerer Poren geöffnet und die Strömungsmessung wiederholt.
Die diskontinuierliche Drucksteigerung wird solange fortgesetzt, bis bei weiterer
Erhöhung des Druckes die Strömung nur noch proportional mit dem Druck
zunimmt (Hagen-Poiseuillesches Gesetz). In diesem Punkt sind alle Poren geöffnet. Die Meßergebnisse werden in einer Strömungs-Druck-Kurve ($S = f(p)$)
eingetragen. Diese Kurve läßt sich für eine Reihe beliebiger Druckintervalle
graphisch auswerten zu Porenzahl-Porenweite-, Querschnitt-Porenweite- und
Strömungs-Porenweite-Kurven (M. PISA, 1933 und F. ERBE, 1933). Die technische
Durchführung der Messungen ist von P. GRABAR u. Mitarb. (1936) verbessert worden. E. MANEGOLD u. Mitarb. (1940) haben sich mit den theoretischen Grundlagen
beschäftigt.

V. Geräte zur Dialyse, Elektrodialyse und Ultrafiltration

1. Geräte zur Dialyse

Der von TH. GRAHAM (1862) beschriebene Dialysator (s. Abb. 2) eignet sich auch
heute noch grundsätzlich für alle Dialysen und wird insbesondere bei analytischen
Messungen noch eingesetzt. Die ein-
fachste Ausführung der Apparatur besteht aus einem beiderseits offenen
Glaszylinder, über dessen unteres Ende
eine Dialysiermembran gespannt und
mit einer einfachen Klemmvorrichtung (Gummiring) gehalten wird. Der
so vorbereitete Zylinder wird mit der
zu dialysierenden Flüssigkeit beschickt
und in ein Gefäß mit reinem Lösungsmittel (meist Wasser) eingetaucht. Der
Ablauf der Dialyse kann beschleunigt
werden, wenn mittels einer einfachen
Zu- und Ablaufvorrichtung das die

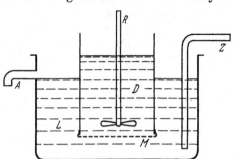

Abb. 2. Dialysator nach TH. GRAHAM. M = Membran,
D = Dialysiergut, R = Rührwerk, L = Lösungsmittel,
A = Abfluß und Z = Zufluß des Lösungsmittels

diffusiblen Stoffe aufnehmende Lösungsmittel kontinuierlich erneuert wird. Um
in der Nähe der Membran eine Verarmung der zu dialysierenden Lösung an membrandurchgängigen Stoffen zu vermeiden, empfiehlt sich die Verwendung eines
Rührwerkes.

Insbesondere bei analytischen Arbeiten müssen die den Ablauf einer Dialyse beeinflussenden Faktoren möglichst konstant gehalten werden. Wegen des großen Einflusses der Temperatur von Dialysiergut und Lösungsmittel ist zur Konstanthaltung der Einsatz eines Thermostaten erforderlich. Temperatursteuerung über einen Thermostaten erlaubt auch, Dialysen bei höheren Temperaturen durchzuführen. Das Fortschreiten der Dialyse kann dadurch erheblich beschleunigt werden, die Dialysiergeschwindigkeit steht in linearem Zusammenhang mit der Höhe der Temperatur. Einen insbesondere zur Bestimmung des Molekulargewichtes aus dem Dialysekoeffizienten eingerichteten Dialysator, der auf die Konstruktion von TH. GRAHAM zurückgeht, beschreiben H. BRINTZINGER u. Mitarb. (1931) (s. Abb. 3). Eine ähnliche Anordnung benutzten R. SUHRMANN u. Mitarb. (1953) zur Aufklärung des Wanderungsmechanismus von H^+-Ionen.

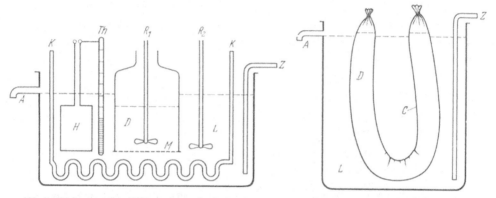

Abb. 3. Dialysator nach H. BRINTZINGER u. R. SUHRMANN. M = Membran, D = Dialysiergut, R_1 u. R_2 = Rührwerke, A = Abfluß und Z = Zufluß des Lösungsmittels L, K = Kühlung, H = Heizung, Th = Kontaktthermometer

Abb. 4. Dialyse im Cellophanschlauch. C = Cellophanschlauch, D = Dialysiergut, A = Abfluß und Z = Zufluß des Lösungsmittels L

Zur präparativen Dialyse verwendet man heute im Laboratorium vorzugsweise nahtlos gezogene Schläuche aus Cellophan, die sich durch zwar enge aber verhältnismäßig gleichmäßige Poren und durch große Festigkeit auszeichnen. Wenn es erforderlich ist, können sie im strömenden Wasserdampf sterilisiert werden.

Cellophanschläuche sollen zur Quellung und Entfernung von Weichmachern zunächst mehrere Stunden gewässert und dann gut durchgespült werden. Da gereinigte Cellophanschläuche im trockenen Zustand leicht brüchig werden, sind sie stets feucht zu halten. Dies gilt auch für die bei der Dialyse nicht vom Lösungsmittel oder Dialysiergut benetzten Schlauchenden. Vor Entnahme des Dialysates sind die trockenen Enden des Schlauches gut mit Wasser zu befeuchten.

Zur Ausführung der Dialyse wird das Dialysiergut in den Cellophanschlauch gefüllt, dieser an beiden Enden zugeschnürt und in ein Gefäß mit Lösungsmittel gehängt, das mit einem regelbaren Zu- und Abfluß ausgestattet ist (s. Abb. 4).

Wegen der geringen Durchlässigkeit von Cellophanmembranen benötigen Dialysen mit Cellophanschläuchen längere Zeit, zuweilen mehrere Tage oder bei schwer diffusiblen Substanzen sogar mehrere Wochen. Eine Beschleunigung des Dialysevorganges läßt sich erzielen, wenn das Dialysiergut in den Schläuchen ständig bewegt wird. Nach F. K. DANIEL u. Mitarb. (1949) entsteht zwar schon bei nichtbewegten vertikal hängenden Schläuchen infolge der Dichteänderung im Dialysiergut durch Abwanderung der membrandurchgängigen Substanzen ein Konvektionsstrom, der die Dialyse beschleunigt. G. A. KRITZKII (1948) läßt zur

gleichmäßigen Durchmischung eine in den Dialysierschlauch miteingeschlossene
Luftblase das Dialysiergut beim Bewegen des Schlauches durchwandern.

Die beste Beschleunigung des Dialyseablaufes erreicht man, wenn die Membranfläche im Verhältnis zur Menge des Dialysiergutes erhöht wird. Diese Bedingung
erfüllt der von W. H. Seegers u. Mitarb. (1943) beschriebene Schnelldialysator
(s. Abb. 5). Bei dieser Apparatur wird
das Hauptvolumen des unten zugebun-
denen Dialysierschlauches von einem
mit Quecksilber beschwerten hohlen

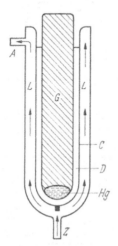

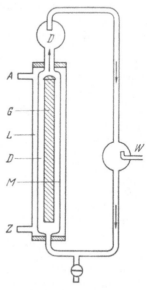

Abb. 5. Dialysator nach W. H. Seegers. C = Cellophanschlauch, D = Dialysiergut, G = Glaskörper
(hohl) mit Quecksilberbeschwerung (Hg), A = Abfluß
und Z = Zufluß des Lösungsmittels L

Abb. 6. Zirkulationsdialysator nach A. R. Taylor u.
Mitarb. W = Vakuumleitung zur Wasserstrahlpumpe,
M = Membran, D = Dialysiergut, G = Füllkörper aus
Glas, A = Abfluß und Z = Zufluß des Lösungsmittels L

Glaskörper ausgefüllt. Das Dialysiergut befindet sich in dem zwischen Füllkörper
und Membran noch verbleibenden Raum. Der Cellophanschlauch hängt auch hier
wieder in einem Glasgefäß, das einen kontinuierlichen Zu- und Abfluß des Lösungsmittels ermöglicht.

L. M. Wentzel u. Mitarb. (1949) arbeiteten mit zwei ineinandergesteckten
Cellophanschläuchen unterschiedlicher Weite. Das Dialysiergut befindet sich
zwischen beiden Schläuchen. Das Lösungsmittel umspült hier die Innen- und
Außenwandung des durch die Cellophanschläuche gebildeten Zylinderraumes.
A. R. Taylor u. Mitarb. (1939) lassen in ihrem Zirkulationsdialysator (s. Abb. 6)
das Dialysiergut mit Hilfe einer Wasserstrahlpumpe zirkulieren und führen es in
dünner Schicht an der Innenwand eines Cellophanschlauches vorbei. Ähnlich wie
bei dem Schnelldialysator nach Seegers wird auch hier der größte Teil des
Schlauchvolumens durch einen Glaskörper ausgefüllt. Die Außenwand des
Schlauches wird vom Lösungsmittel in Richtung des Pfeiles umspült.

Will man die permeablen Substanzen eines Dialysiergutes auffangen, so empfiehlt sich die Anwendung des kontinuierlich arbeitenden Extraktionsdialysators
nach F. V. v. Hahn (1922) und M. Mann (1920). In einer Vakuumdestillierein-
richtung aus Glas wird durch ständige Zuleitung des Destillates aus F über T das
die Dialysierhülse D umfließende Lösungsmittel kontinuierlich erneuert. Die nicht-
flüchtigen diffusiblen Substanzen sammeln sich im Destillationskolben F (s. Abb.7).

Für Arbeiten mit planen Membranfolien hat sich der Sterndialysator von
R. Zsigmondy u. Mitarb. (1910) hervorragend bewährt. Der Apparat arbeitet mit

strömendem Wasser, verbraucht aber verhältnismäßig wenig Lösungsmittel (20–25 l/Tag), da die an der Membran entlangspülende Wasserschicht nur etwa 4 mm stark ist (s. Abb. 8). Ein Gefäß mit einer plan gespannten Membran – in ähnlicher Ausführung wie beim Dialysator nach GRAHAM – sitzt auf dem etwa 4 mm hohen Rand eines flachen Tel-lers. Acht schmale radial verlaufende Leisten von gleicher Höhe wie der Tel-lerrand verteilen das durch die Teller-mitte zufließende Wasser, das durch kleine Einkerbungen am oberen Teller-rand wieder abfließt. Das gleichmäßige

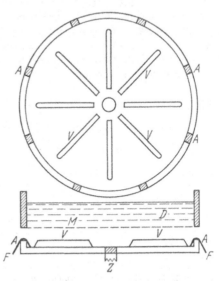

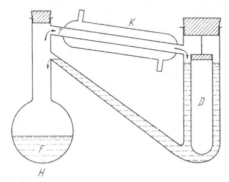

Abb. 7. Extraktionsdialysator nach F. V. v. HAHN u. H. MANN. *D* = Dialysierhülle mit Dialysiergut, *K* = Kühler, *F* = Destillierkolben mit Lösungsmittel und Heizquelle *H*

Abb. 8. Sterndialysator nach R. ZSIGMONDY. *M* = Membran, *D* = Dialysiergut, *A* = Abflußschlitze mit Filtrierpapierstreifen *F*, *Z* = Zufluß und *V* = Vertei-lerleisten für das Lösungsmittel

Abfließen wird durch Filtrierpapierstreifen geregelt, die zwischen Dialysiergefäß und Tellerrand eingeklemmt werden und so als Heber dienen.

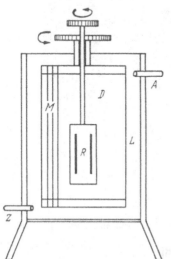

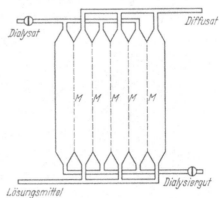

Abb. 10. Laboratoriumsdialysator zur Verarbeitung größerer Mengen Dialysiergut. *M* = Membranen

Abb. 9. Schnelldialysator nach A. GUTBIER u. Mitarb. *M* = Membran in Falten angeordnet, *D* = Dialysiergut, *R* = Rühr-werk, *A* = Abfluß und *Z* = Zufluß für das Lösungsmittel *L*

Kleinste Flüssigkeitsmengen kann man nach dem Prinzip des Wasserrosen-blatt-Dialysators nach R. WOOD (1923) dialysieren. Auf flache wie Seerosenblätter auf der Wasseroberfläche schwimmende Membranen wird das Dialysiergut

(1–2 Tropfen) aufgebracht. Die diffusiblen Bestandteile des „schwimmenden Tropfens" dialysieren nach unten ab.

Als Laboratoriumsdialysator für größere Flüssigkeitsmengen (1–3 l) eignet sich der von A. Gutbier (1922) beschriebene „Schnelldialysator". Die aus glasiertem Hartsteingut hergestellte Apparatur arbeitet mit einer auf ein Steingutgerüst aufgezogenen, in Falten gelegten, rotierenden Membran. Dem Dialysiergut erteilt ein Rührwerk eine entgegengesetzte Strömungsrichtung. Das Lösungsmittel im Außenmantel des Gefäßes wird kontinuierlich erneuert (s. Abb. 9).

Größere Laboratoriumsdialysatoren arbeiten nach dem Prinzip von Filterpressen mit Dialysiermembranen anstelle von Filterplatten (s. Abb. 10).

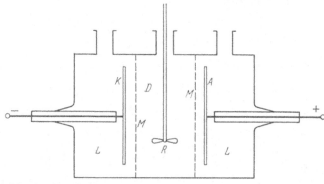

Abb. 11. Elektrodialysator. M = Membran, D = Dialysiergut, L = Lösungsmittel, K = Kathode, A = Anode, R = Rührwerk

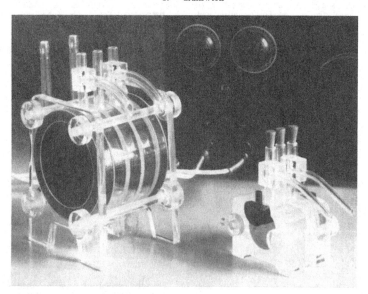

Abb. 12. Elektrodialysator nach H. Thiele, Typ ED 40 aus Plexiglas der Membranfiltergesellschaft Göttingen

2. Geräte zur Elektrodialyse

Geräte zur Elektrodialyse bestehen aus den Elektrodenkammern für die Anode und Kathode und einer mit ihren Membranen an diese Kammern grenzenden Mittelzelle für das Dialysiergut (s. Abb. 11). Die Elektrodenkammern werden vom Lösungsmittel durchspült.

Elektrodialysatoren für den Laboratoriumsbetrieb, die nach diesem Prinzip aufgebaut sind, wurden in der Literatur mehrfach beschrieben (z. B. W. PAULI, 1924, E. MANEGOLD, 1937, H. THIELE, 1957 u. a. m.). Die nach dem Baukastenprinzip aus austauschbaren Kammerteilen mit Spülstutzen und Ablaufheber, Scheibenelektroden usw. zusammensetzbaren Geräte sind leicht zu handhaben

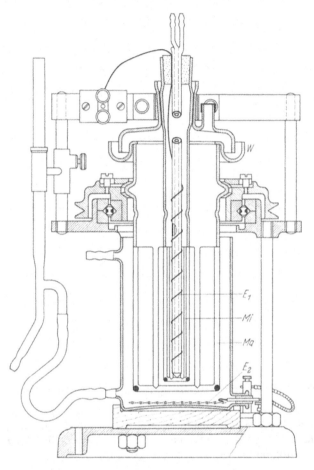

Abb. 13a. Elektroschnelldialysator nach H. BRINTZINGER u. Mitarb. Mi = innerer und Ma = äußerer Membranträger, E_1 und E_2 = Elektroden, W = Wasserverschluß

und zu reinigen. Sie lassen sich den jeweiligen Arbeitsbedingungen gut anpassen und sind außerdem zur Elektroosmose und Elektroultrafiltration verwendbar.

Die früher aus Glasteilen mit Gummidichtungen und Metallelektroden aufgebauten Apparaturen (E. MANEGOLD, 1937) werden heute aus durchsichtigen Kunststoffen (Plexiglas) und Graphitplatten als Elektroden hergestellt, wie z. B. der Elektrodialysator nach H. THIELE der Membranfiltergesellschaft GmbH., Göttingen (s. Abb. 12). Das Gerät kann je nach Ausführung in seiner Mittelkammer 12—2000 ml Dialysiergut aufnehmen.

Sehr wirksam arbeitet auch der in Anlehnung an den Gutbierschen Schnelldialysator von H. BRINTZINGER u. Mitarb. (1934) konstruierte Elektroschnelldialysator (s. Abb. 13a). Dieses aus Jenaer Glas hergestellte Gerät faßt 1 l

Dialysiergut. Die Membranträger (Ma und Mi) bestehen aus einem äußeren und einem inneren aus Glasstäben gebildeten Korb, über den die Membranen gespannt werden. Ein Durchmischen der zu dialysierenden Flüssigkeit erfolgt durch die

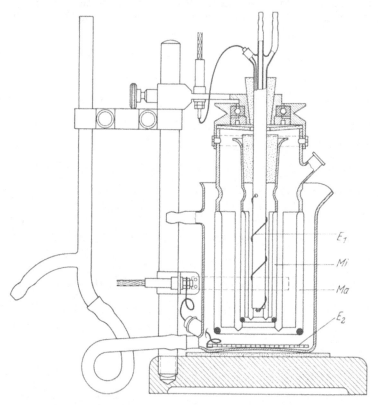

Abb. 13b. Elektroschnelldialysator nach H. BRINTZINGER u. Mitarb. Mi = innerer und Ma = äußerer Membranträger, E_1 und E_2 = Elektroden

Drehung des äußeren Membranträgers Ma. Das Dialysiergut wird durch einen Wasserverschluß W von der Umgebung steril getrennt. Abb. 13b zeigt eine einfachere Ausführung ohne sterilen Wasserverschluß.

3. Geräte zur Ultrafiltration

Zur Gewinnung von spontanen Ultrafiltraten eignen sich Filterhütchen, die durch Behandeln mit Kollodiumlösung semipermeabel gemacht wurden (s. Abschnitt III) und zu ihrer Verwendung in einfache Glastrichter eingelegt werden können.

Für plane Membranen werden Trichterapparate mit einer Siebplatte benutzt, die das Ultrafilter trägt sowie einen flüssigkeitsdicht schließenden Aufsatz, der das Filtriergut aufnimmt. Derartige Geräte eignen sich auch für Filtrationen mit Unterdruck. Dabei wird die Trichterapparatur auf eine Saugflasche aufgesetzt, die mit einer Vakuumleitung in Verbindung steht (s. Abb. 14).

Zur Filtration kleinerer Flüssigkeitsmengen unter Anwendung von schwachem Überdruck (bis 5 Atm.) eignet sich das Gerät von P. A. THIESSEN (1929). Die in diesem Gerät enthaltene, die Membran tragende Filterplatte ist auf der Unterseite konvex gewölbt. Es wird dadurch erreicht, daß das Ultrafiltrat stets gleichmäßig nur von der Mitte der Filterplatte abtropft und nicht am Rande des Auffangtrichters abläuft (s. Abb. 15).

Höheren Arbeitsdruck bis 30 atü erlauben die aus Metall hergestellten Druckfiltrationsgeräte der Membranfiltergesellschaft GmbH., Göttingen. Abb. 16 zeigt ein derartiges Gerät für den Laboratoriumsgebrauch. B. BRUCKNER und W. OVERBECK (1925) haben ein Druckfiltrationsgerät beschrieben, mit dem bis zu Druckwerten

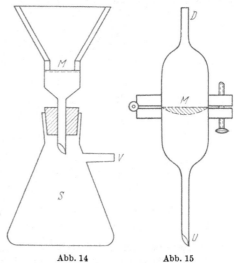

Abb. 14. Gerät zur Ultrafiltration. Trichterapparat mit Saugflasche *S*, *M* = Membran auf Siebplatte, *V* = Anschluß an Vakuumleitung

Abb. 15. Ultrafiltrationsgerät nach P. A. THIESSEN. *M* = Membran auf Siebplatte, *D* = Anschluß an Druckleitung, *U* = Abfluß des Ultrafiltrates

Abb. 14   Abb. 15

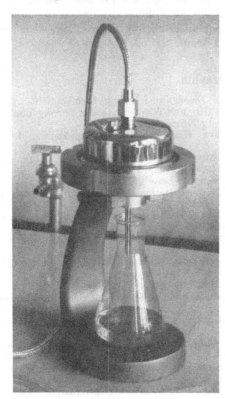

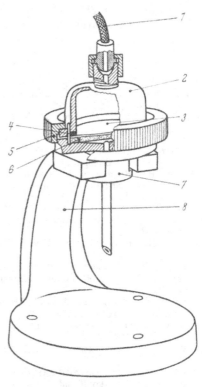

Abb. 16. Druckfiltrationsgerät aus Metall der Membranfiltergesellschaft Göttingen

1 Metalldruckschlauch	*5* Überwurfring
2 Oberteil (Druckglocke)	*6* Metallfritte
3 Filterscheibe	*7* Unterteil (Trichterteil)
4 Dichtungsring aus Silikon	*8* Gestell aus Silumin

von 125 Atm. gearbeitet werden kann. Die vorteilhafte Filtrationsleistung eines Druckfilters gegenüber der Ultrafiltration mit Unterdruck gibt das in Abb. 17 wiedergegebene Schaubild der Membranfiltergesellschaft Göttingen wieder.

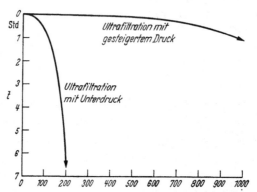

Abb. 17. Filtrationsleistung bei Anwendung von Druck und Unterdruck

Als beschleunigende Kraft für die Ultrafiltration wurde von A. Toth (1928) mit gutem Erfolg die Zentrifugalkraft eingesetzt. Die von ihm beschriebene Vorrichtung eignet sich zur Ultrafiltration kleinerer Flüssigkeitsmengen (5—25 ml). M. Marinseco (1938) hat mit befriedigendem Erfolg Ultraschallwellen zur Steigerung der Filtrationsgeschwindigkeit benutzt.

Bibliographie

Aehnelt, W. E.: Entfärbungs- und Klärmittel. Dresden und Leipzig: Steinkopff 1943.
— Dekantieren, Filtrieren, Ultrafiltration. In: Houben-Weyl, Methoden der organischen Chemie, Bd. I/1, S. 135—177. Stuttgart: Georg Thieme 1958.
Bauer, J. H., u. T. P. Hughes: In E. Hagen, Handbuch der Viruskrankheiten. Jena: G. Fischer 1959.
Bechhold, H.: In Alexander, Colloid Chemistry Bd. I, S. 820—837, Ultrafiltration und Elektroultrafiltration. New York: Chemical Catalog Comp. 1926.
— Die Kolloide in Biologie und Medizin. Dresden und Leipzig: Steinkopff 1929.
Berg, E. W.: Physical and chemical methods of separation. New York, San Franzisco, Toronto, London: McGraw Hill Book Comp. 1963.
Daniel, F. K.: In Kirk, R. E. und D. F. Othmer: Encyclopedia of Chemical Technology, Bd. V. New York: Interscience Encyclopedia Inc. 1949.
Davson, S., and H. Danielli: The permeability of natural membranes. Cambridge: Univers. Press 1943.
Erbring, H., u. H. Müller: Kolloidchemie makromolekularer Naturstoffe. Darmstadt: Steinkopff 1958.
Hartmann, R. J.: Colloid Chemistry. Boston: Houghton Mifflin Company 1947.
Jürgensons, B.: Organic Colloids. Amsterdam, London, New York, Princeton: Elsevier Publishing Comp. 1957.
—, and M. E. Straumanis: A short Textbook of Colloid Chemistry. Oxford, London, New York, Paris: Pergamon Press 1962.
Kuhn, A.: Kolloidchemisches Taschenbuch. Leipzig: Akademische Verlagsgesellschaft Geest u. Portig K.G. 1960.
Mysels, K. J.: Introduktion to Colloid Chemistry. New York: Interscience Publishers, Inc. 1959.
Prausnitz, F., u. S. Reitstötter: Elektroosmose, Elektrophorese, Elektrodialyse. Dresden und Leipzig: Steinkopff 1931.
Schultze, H. E.: Dialyse und Elektrodialyse, in: Houben-Weyl, Methoden der organischen Chemie, Bd. I/1, S. 653—680. Stuttgart: Georg Thieme 1958.
Stauffer, R. E.: Dialysis and Elektrodialysis, in: Arnold Weissberger, Technik of organic chemistry, Bd. III, New York, London: Interscience Publishers 1950.

Zeitschriftenliteratur

AKOBJANOFF, L., and E. D. HOWE: Distribution, shape and size of pores in capillary ultrafilters. Kolloid-Z. 162, 100—109 (1959).

BECHHOLD, H., M. SCHLESINGER u. K. SILBEREISEN: Porenweite von Ultrafiltern. Kolloid-Z. 55, 172—198 (1939).

BEUTELSPACHER, H.: Elektronenmikroskopische Untersuchungen über den Filtrationsmechanismus der Membranfilter. Kolloid-Z. 137, 32—33 (1954).

BOLLEN, N.: Diffusion durch Phasengrenzen. Z. physik. Chem. 21, 130—132 (1959).

BREITENBACH, J. W., u. E. L. FORSTER: Zur Kenntnis der Durchlässigkeit von Ultracellafiltern-Membranen für niedrigmolekulare Flüssigkeiten. Makromol. Chem. 8, 140—147 (1952).

BRINTZINGER, H.: Beitrag zur Kenntnis der Dialyse. Z. anorg. allg. Chem. 168, 145—153 (1927).

— Die Verwendung des Dialysekoeffizienten zur Bestimmung des Molekulargewichtes. Naturwiss. 18, 354—355 (1930).

—, u. H. OSSWALD: Cellophan und Cuprophan als Membran für die Dialyse und Elektrodialyse. Kolloid-Z. 70, 198—200 (1935).

— A. ROTHAAR u. H. G. BEIER: Ein Elektroschnelldialysator. Kolloid-Z. 66, 183—188 (1937).

—, u. W. BRINTZINGER: Die Bestimmung des Molekulargewichtes aus dem Dialysekoeffizienten. Z. anorg. allg. Chem. 196, 33—43 (1939).

— Die Bestimmung von Molekular und Ionengewichten gelöster Stoffe nach den Methoden der Dialyse und freien Diffusion. Z. physik. Chem. (A) 187, 317—334 (1940).

BRUCKNER, B., u. W. OVERBECK: Ultrafiltration unter Druck. Kolloid-Z. 36. Ergänzungsband, 192—196 (1925).

BUB, G. J., and W. H. WEBB: Elektrodialysis unit for fissionprodukt separation. Rev. sci. Instruments 32, 857—858 (1961).

CLOOS, P., and J. J. FRIPIAT: The elektrochemical behavior of membranes, permselektive membranes — ion exchange membranes. Bull. sos. chim. France 2109—2113 (1960); ref. in Chem. Abstr. 55, 14128 e, f (1961).

CRAIG, L. C., and WM. H. KONIGSBERG: Dialysis studies, Modification of pore size and shape in cellophane membranes. J. physik. Chem. 65, 166—172 (1961).

ELFORD, W. J.: Principles governing the preparation of membranes having graded porosities. Trans. Faraday Soc. 33, 1094—1106 (1937).

ERBE, F.: Die Bestimmung der Porenverteilung nach ihrer Größe in Filtern und Ultrafiltern. Kolloid-Z. 63, 274—285 (1933).

GARDON, J. L., and S. G. MARON: Type of ultrafilter. Canad. J. Chem. 33, 1625—1629 (1955).

GRABAR, P., u. S. NIKITINE: Über Porendurchmesser der bei der Ultrafiltration benutzten Kollodiummembranen. J. Chim. phys. 33, 721—740 (1936).

GRAHAM, TH.: Anwendung der Diffusion der Flüssigkeiten zur Analyse. Lieb. Ann. Chem. Phys. 121, 1—77 (1862).

GREGOR, H. P., u. K. SOLLNER: Improved methods of preparation of permselective collodion membranes combining extrem ionic selectivity with high permeability. J. physic. Chem. 50, 53—70 (1946).

GUTBIER, A., J. HUBER u. W. SCHIEBER: Über einen Schnelldialysator. Ber. dtsch. chem. Ges. 55, 1518—1523 (1923).

HAHN, F., v.: Zur Kenntnis der Sulfidsole. Kolloid-Z. 31, 200—203 (1922).

HANSMANN, G., u. H. PIETSCH: Elektronenmikroskopische Abbildung von Membranfilteroberflächen. Naturwiss. 36, 250—251 (1949).

HELMCKE, J. G.: Neuere Erkenntnisse über den Aufbau von Membranfiltern. Kolloid-Z. 135, 29—43 (1954).

— Unregelmäßige Strukturen im Feinbau von Membranfiltern. Kolloid-Z. 135, 101—105 (1954).

— Elektronenmikroskopische Untersuchungen an Membranfiltern nach Filtrationen. Kolloid-Z. 135, 106—107 (1954).

HENNEBERG, G., u. B. CRODEL: Untersuchungen an Membranfiltern. Zbl. Parasitenkunde 160, 605—606 (1954).

HOCH, H., and R. C. WILLIAMS: Dialysis as an analytical Tool. Analytic. Chem. 30, 1258—1262 (1958).

JAMES, W., F. MCBAIN, and R. I. STUEWER: Ultrafiltration through cellophane of porosity adjusted between colloidal and molecular dimensiones. J. physic. Chem. 40, 1157—1168 (1936).

JANDER, G., u. H. SPANDAU: Die Bestimmung von Molekular- und Ionengewichten gelöster Stoffe nach den Methoden der Dialyse und freien Diffusion. Z. physik. Chem. 185, 325—366 (1939); 187, 13—26 (1940); 188, 65—89 (1941).

Kanig, G., u. A. M. Dáns: Elektronenmikroskopische Untersuchungen an gequollenen Membranfiltern. Kolloid-Z. 149, 1—6 (1956).

Kiss, A. v.,,u. V. Aós: Zur Bestimmung der Ionengewichte nach der Dialysemethode. Z. anorg. allg. Chem. 247, 190—204 (1941).

Knoll, H.: Über Bakterienfiltration. Ergebn.·Hyg., Immun.-Forsch. exp. Ther. 24, 266—296 (1914).

Knoll, H.: Kapillarsysteme an der Grenzfläche Gas-Flüssigkeit. Kolloid-Z. 86, 9—10 (1939).

Kóči, J.: Einfache Apparatur zur Dialyse und Ultrafiltration kleiner Volumina. Chem. Listy 55, 1229—1230 (1961).

Koops, J.: Beschreibung zweier Ultrafiltrationsapparate zum Gebrauch im Laboratorium. Chem. Weekbl. 53, 404—408 (1957).

Kratz, L.: Untersuchungen über Reinigung von Kolloiden durch Elektrodialyse. Kolloid-Z. 80, 33—43 (1957).

Kritskii, G. A.: Dialyzer for hastening dialysis. Biochemija (Moskau) 13, 453—455 (1958).

Mackay, D., and P. Menus: Ion exchange across a cationic membrane in dilute solutions. Kolloid-Z. 171, 139—149 (1960).

Maier, K. H., u. H. Beutelspacher: Beiträge zur Kenntnis der Hohlraumsysteme von Membranfiltern. Kolloid-Z. 135, 10—28 (1954).

— — Struktur und Porenverteilung in Filtermembranen. Naturwiss. 40, 605—606 (1953).

—, u. E. A. Scheuermann: Über die Bildungsweise teildurchlässiger Membranen. Kolloid-Z. 171, 122—135 (1960).

Manegold, E.: Über Kapillarsysteme. Kolloid-Z. 78, 129—148 (1937).

—, u. K. Solf: Über Kapillarsysteme. Kolloid-Z. 81, 36—40 (1937).

—, u. K. Kalauch: Die Neutralisationsstörungen an stromdurchflossenen Membranen. Kolloid-Z. 86, 313—339 (1939).

— S. Komagata u. E. Albrecht: Über Kapillarsysteme. Kolloid-Z. 93, 160—199 (1940).

Marinesco, N.: Physikalisch-chemische Eigenschaften von elastischen Wellen hoher Frequenz, Physikalische Katalysatoren, Ultrafiltration und Ultraschallzentrifuge. Génie Civil 113, 317—322 (1938).

Metcalfe, L. D.: The role of separations in organic analysis. Analytic. Chem. 33, 1559—1562 (1961).

Meyer, K. H., et J. F. Sievers: La perméabilité des membranes. Helv. chim. Acta 19, 649—677 (1936).

Niemierko, W., W. Drabikowski, u. H. Strzelecka-Golaszewska: Ein neues Ultrafiltrationsverfahren und seine Anpassung zur Untersuchung der Bindung von Nucleotiden an Proteine. Acta biochiml. polonica 8, 143—155 (1961); ref. in Kolloid-Z. 185, 186 (1962).

Ongaro, D.: La ionsellettivita degli scambiatori di ioni, Ellettrodialysi ionselletiva semplice e multipla. Chim. e Ind. (Milano) 36, 875—882 (1954).

Passons, J. S.: Permselective membrane elektrodes. Analytic. Chem. 30, 1262—1265 (1958).

Pauli, Wo.: Aus der Kolloidchemie der Eiweißkörper. Kolloid-Z. 31, 252—256 (1962).

Pisa, M.: Versuche zur Porenstatistik und Siebwirkung bei Ultrafiltern und tierischen Membranen. Kolloid-Z. 63, 139—148 (1933).

Portzehl, H.: Die Herstellung hochpermeabler Kollodiumhülsen. Makromol. Chem. 4, 237—239 (1950).

Seegers, W. H.: A convenient arrangement for rapid dialysis. J. Lab. clin. Med. 28, 899—898 (1943).

Spandau, H.: Teilchengewichtsbestimmung organischer Verbindungen mit Hilfe der Dialysemethode. Angew. Chem. 63, 41—43 (1951).

—, u. W. Gross: Zur Molekulargewichtsbestimmung organischer Stoffe durch Dialyse. Ber. dtsch. chem. Ges. 74, 362—374 (1941).

—, u. U. E. Zapp: Beiträge zur Kenntnis des Hohlraumsystems von Membranfiltern. Kolloid-Z. 137, 29—31 (1954).

Stewart, A. M., D. J. Perkins, and J. R. Greening: A rapid rock and roll dialyzer. Anal. Biochem. 3, 264—266 (1962).

Suhrmann, R., u. I. Wiedersich: Dialyseversuche an H^+-Ionen in wäßrigen Salzlösungen zur Aufklärung des Wanderungsmechanismus der H^+-Ionen. Z. Elektrochem. angew. physik. Chem. 57, 93—100 (1953).

Taylor, A. R., A. K. Purpat and R. Ballentine: A rapid circulating dialyzer. Ind. Engng. Chem. 11, 659—663 (1939).

Teorell, T.: Zur quantitativen Behandlung der Membranpermeabilität. Z. Elektrochem. angew. physik. Chem. 55, 460—569 (1951).

Thiele, H., u. L. Langmark: Über einige Polyelektrolyte als Anionen, Kationen und Amphiionen. Z. physik. Chem. 207, 118—136 (1957).

Thiessen, A.: Ultrafiltration kleiner Mengen: Apparatur für Mikroultrafiltration unter Druck. Angew. Chem. 37, 76—77 (1929).

Toth, A.: Ultrafiltration kleiner Flüssigkeitsmengen mittels der Zentrifuge. Biochem. Z. **191**, 355—362 (1927).

Vaugham, M. F.: A method for improving the solute selectivity of osmotic membranes. Nature (Lond.) **182**, 1730—1731 (1958).

— Cellulose acetate membranes suitable for osmotic measurments. Nature (Lond.) **183**, 43—44 (1959).

Wentzel, L. M., and M. Sterne: A simple double-surface dialysing membrane. Science (Washington) **110**, 259—260 (1949).

Winger, A. G., R. Ferguson, and R. Kunin: The electroosmotic transport of water across permselective membranes. J. physic. Chem. **60**, 556—558 (1956).

Witzmann, H.: Beitrag zur Messung der Porosität von Filtern. Chem. Fabrik **12**, 345—353 (1939).

Wood, R. W.: Dialysis of small volumens of liquid: The lilypad dialyzer. J. physic. Chem. **27**, 565—566 (1923).

Wood, T.: A Laboratory electrodialyzer and desalter. Biochem. J. **62**, 611—613 (1956).

Zsigmondy, R., u. R. Heyer: Über die Reinigung von Kolloiden durch Dialyse. Z. anorg. Chem. **62**, 169—187 (1910).

—, u. C. Carius: Einfache Versuche zur ungefähren Ermittlung der Teilchengrößen in Hydrosolen. Ber. dtsch. Chem. Ges. **60**, 1047—1049 (1927).

Patente:

Hoch, H., and R. C. Williams: Dialysis Apparatus. U.S.P. 2-985587 (angem. 23. Mai 1961).

Hookway, H. Th., H. M. Paisley u. M. F. Vaugham: Semipermeable Membranen für die Dialyse, Osmose und Ultrafiltration aus Polyamiden. Franz.P. 1138373 (angem. 23. Sept. 1955).

Manecke, G.: Apparat zur kontinuierlichen Elektrodialyse. DBP. 1101364 (erteilt am 5. Okt. 1953).

Pihert, D.: Ultrafilter membranes from polyvinylchloride. Czech.P. 99371 (erteilt am 22. April 1958).

Ruppel, W. G., u. C. K. Wolf: Elektroosmotische Reinigung von Leim und Gelatine. U.S.P. 1577660 (erteilt am 13. März 1924).

Shaw, J. D.: Ionexchange Membranes. Franz.P. 1206406 (angem. am 9. Febr. 1960).

Tye, F. L.: Elektrodialyse Zellen. DBP. 1094712 (erteilt am 15. Dez. 1960).

Erscheinungen an Phasengrenzflächen: Oberflächenspannung und Adsorptionserscheinungen

Von

Oberchemierat Hans Wollenberg, Berlin

Mit 19 Abbildungen

A. Begriff der Phasengrenzfläche

Flüssigkeiten in Tropfenform oder feste Körper, z. B. Kristalle, erscheinen uns als stoffliche Gebilde endlicher Ausdehnung. Bei makroskopischer Betrachtung lassen sie eindeutige räumliche Abgrenzungen gegen ihre Umgebung erkennen. Vorstellungen über eine homogene und kontinuierliche Verteilung aller physikalischen und physikalisch-chemischen Eigenschaften innerhalb derartiger Körper treffen jedoch nur bedingt zu. In Wirklichkeit existiert an der Oberfläche als Phasengrenze ein Übergangsgebiet mit bestimmten, vom Innern der Phase abweichenden Merkmalen. Die Ausdehnung dieses Phasengrenzgebietes übersteigt nicht die Größenordnung molekularer Dimensionen. Die besonderen Eigenschaften dieses Zustandsgebietes treten deshalb nur dann hervor, wenn die Phasengrenzflächen im Verhältnis zu dem sie einschließenden Stoff eine beträchtliche Ausdehnung angenommen haben. Das ist insbesondere bei kolloiden Zerteilungen der Fall.

Von den zahlreichen durch oberflächenmolekulare Gegebenheiten beeinflußten Erscheinungen soll im Rahmen dieses Abschnittes zunächst die Grenzflächen- bzw. Oberflächenspannung behandelt werden. Die Wirkungen einer derartigen „Spannung" treten an den Phasenübergängen gasförmig/flüssig, gasförmig/fest, flüssig/flüssig und flüssig/fest besonders auffallend hervor. Auf ihr beruhen die im folgenden ebenfalls beschriebenen Erscheinungen der Capillarität und Adsorption.

B. Oberflächenspannung — Grenzflächenspannung

I. Grundlagen und Wesen

Man kann beobachten, daß beliebig verformbare Körper, die äußeren Kräften nicht ausgesetzt sind, bestrebt sind, innerhalb der Vielfalt von möglichen Formen diejenige anzunehmen, die die Ausbildung der kleinstmöglichen Oberfläche erlaubt. Das Ziel jedes Strebens nach der Form mit kleinster Oberfläche ist die kugelförmige Gestalt. Jede Flüssigkeit versucht diese Form anzunehmen, solange Gravitations- oder andere äußere Kräfte nicht störend auf sie einwirken oder nicht vernachlässigbar klein bleiben. Fast ideale Kugelformen findet man bei fein verteilten Flüssigkeitströpfchen (Nebel), kleinen Quecksilbertröpfchen oder Paraffintropfen in einem spezifisch gleich schweren Gemisch aus Alkohol und Wasser (Plateaus Versuch, 1840).

Während Flüssigkeiten mit ihren leicht verschiebbaren molekularen Bausteinen ihre äußere Form dem Streben nach einer möglichst kleinen Oberfläche leicht anpassen können, ist dies bei festen Körpern nur bedingt der Fall. Infolge der eingeschränkten Bewegungsmöglichkeit der atomaren Grundelemente durch Einordnung in bestimmte Raumgitterstrukturen tritt hier die Wirkung von Oberflächenkräften auf die äußere Gestalt gegenüber dem Ordnungsstreben der Gitterkräfte weitgehend zurück. Daß aber auch feste Stoffe eine Verkleinerung ihrer Oberfläche anstreben, geht daraus hervor, daß z. B. feine Beschläge kristalliner Stoffe (Sublimate) sich allmählich zu größeren Kristallen vereinigen.

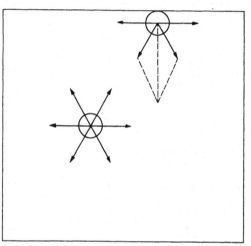

Diese Erscheinungen deuten zunächst darauf hin, daß offenbar tangential zur Oberfläche angreifende Kräfte vorhanden sind, die die Oberfläche aller Stoffe nach Art einer elastisch gespannten Membran zusammenzuziehen versuchen (VAN DER WAALS). Diese anschauliche Vorstellung hat sich jedoch nicht als haltbar erwiesen.

Moleküle im Innern von Flüssigkeiten unterliegen der gleichen Beeinflussung von allen Seiten. Die auf ein solches Molekül einwirkenden zwischenmolekularen Kräfte

Abb. 1. Wirkung von zwischenmolekularen Kräften auf Moleküle an der Oberfläche und im Innern einer Flüssigkeit

sind kugelsymmetrisch verteilt und heben sich in ihrer Wirkung im Mittel auf, so daß die Resultierende dieser Kräfte Null wird. Bei oberflächennahen Molekülen werden diese Kräfte z. B. durch die angrenzende stoffärmere Phase eines Gases nicht vollständig kompensiert. Auf ein in der Oberflächenschicht befindliches Molekül wirkt deshalb eine Kraft, deren Vektor senkrecht ins Innere der Flüssigkeit gerichtet ist (s. Abb. 1). Diese Kraft muß überwunden werden, wenn ein Flüssigkeitsmolekül an die Oberfläche gehoben werden soll. Man bezeichnet die richtungsmäßig als „Binnendruck" wirksame Kraft als Oberflächen- oder Grenzflächenspannung. Sie ist an allen Punkten und in allen Richtungen der Oberfläche gleich groß und wird im CGS-System in $dyn \cdot cm^{-1}$ gemessen.

Das Überwinden dieser Kraft zur Ausbildung bzw. Vergrößerung der Oberfläche erfordert einen bestimmten Arbeitsaufwand, der einen entsprechenden Anstieg der freien Energie in der Oberflächenschicht zur Folge hat. Zur Bestimmung der Oberflächenspannung kann man deshalb auch die mechanische Arbeit heranziehen, die zur isothermen und umkehrbaren Vergrößerung der Oberfläche um eine Flächeneinheit aufgewendet werden muß. Diese flächenspezifische Oberflächenarbeit ist in ihrem Betrage gleich der Änderung der freien Oberflächenenergie und wird in $erg \cdot cm^{-2}$ angegeben. Die Oberflächenspannung entspricht demnach der spezifischen freien Oberflächenenergie im Sinne der Thermodynamik. Es handelt sich um eine von äußeren Bedingungen wie Druck und Temperatur abhängige stoffspezifische Materialkonstante.

Tabelle 1. *a) Oberflächenspannungswerte anorganischer Flüssigkeiten*

Flüssigkeit	Meßtemperatur °C	Oberflächenspannung erg · cm^{-2}
Helium	−269,6	0,16
Wasserstoff	−258,1	2,83
Stickstoff	−203	10,5
Sauerstoff	−203	18,3
Fluor	−200	10,2
Chlor	− 72	33,6
Brom	20	38,0
Fluorwasserstoff	− 82	17,6
Chlorwasserstoff	− 80,5	22,4
Bromwasserstoff	− 79	27,8
Cyanwasserstoff	20	18,1
Ammoniak	− 29	41,8
Phosphorwasserstoff	− 94	20,8
Schwefelwasserstoff	− 83	33,5
Wasserstoffperoxid	20	78,7
Wasser	20	72,58
Kohlenoxid	− 89	26
Schwefeldioxid	− 25	33,5
Schwefelsäure	25	54,5
Schwefelkohlenstoff	22	30,2
Tetrachlorkohlenstoff	22	28,0
Siliciumtetrachlorid	19	16,3
Siliconöl 300	22	21,0
Hexamethyldisiloxan	22	15,6
Bortrichlorid	22	16,4
Phosphortrichlorid	35	25,8
Arsentrichlorid	50	36,6
Antimontrichlorid	74,5	49,6

b) Oberflächenspannungswerte geschmolzener Salze

Salz	Meßtemperatur °C	Oberflächenspannung erg · cm^{-2}
Lithiumfluorid	870	250
Lithiumchlorid	610	140
Natriumfluorid	990	202
Natriumchlorid	800	114
Natriumbromid	770	117
Natriumjodid	660	88
Natriumnitrat	310	121
Natriumsulfat	880	196
Natriumcarbonat	850	213
Kaliumfluorid	860	142
Kaliumchlorid	800	96
Kaliumbromid	730	89
Kaliumjodid	680	78
Kaliumnitrat	340	113
Kaliumsulfat	1070	144
Kaliumcarbonat	880	170
Calciumchlorid	780	160
Strontiumchlorid	850	180
Silberchlorid	450	125

c) Oberflächenspannungswerte geschmolzener Metalle

Metall	Meßtemperatur °C	Oberflächenspannung erg · cm^{-2}
Silber	1000	922
Gold	1100	1130
Blei	350	442
Wismut	300	376
Quecksilber	20	480
Natrium	100	427
Kalium	64	412
Zink	600	768
Cadmium	500	592
Platin	2000	1800

d) Oberflächenspannungswerte organischer Flüssigkeiten

Flüssigkeit	Meßtemperatur °C	Oberflächenspannung erg · cm^{-2}
Pentan	20	16,9
Hexan	20	18,43
Heptan	20	20,3
Octan	20	21,7
Nonan	20	22,9
Dekan	20	23,9
Cyclopentan	22	22,3
Cyclohexan	22	24,7
Benzol	22	28,4
Methanol	22	22,5
Äthanol	22	22,3
Propanol	22	23,7
Butanol	22	24,5
Pentanol	22	25,4
Hexanol	22	26,4
Octanol	22	27,0
i-Propanol	22	21,4
i-Butanol	22	23,4
Cyclopentanol	22	32,7
Cyclohexanol	22	35,0
Glykol	22	47,6
Glycerin	22	66,4
Ameisensäure	35	36,1
Essigsäure	22	27,5
Propionsäure	22	26,5
Buttersäure	22	26,6
Valeriansäure	22	26,9
Ölsäure	20	33,3
Aceton	22	23,3
Methyläthylketon	22	23,5
Diäthyläther	22	16,5
Chloroform	25	26,3
Anilin	22	43,5
Dioxan	22	33,0
Pyridin	25	34,9
Phenol	22	42,2

Derartige Vorstellungen über die Ursache der Oberflächenspannung lassen das eingangs erwähnte Bestreben von Körpern erklären, ihre Oberfläche so weit wie möglich zu verkleinern, bzw. einer Vergrößerung der Oberfläche meßbare Kräfte entgegenzusetzen. Nach den Erfahrungssätzen der Thermodynamik sind freiwillig ablaufende Prozesse mit einer Verminderung der freien Energie bis zu einem Minimum gekennzeichnet. Im Falle der freien Oberflächenenergie wird dieses Ziel durch das Streben nach einer Oberfläche mit minimaler Ausdehnung verfolgt.

Die an der Berührungsfläche zweier Phasen wirksamen Kräfte werden als Grenzflächenspannung bezeichnet. Strenggenommen kann man von „Oberflächenspannung" nur dann sprechen, wenn die Phasengrenzfläche von Körpern durch den leeren Raum begrenzt wird. Dieser Zustand ist jedoch bei endlichen Temperaturen nicht zu verwirklichen. In der Praxis sind Körper immer von der Phase ihres eigenen Dampfes umgeben. Es hat sich jedoch gezeigt, daß die für einen leeren Raum umgerechnete Oberflächenspannung nur unmerklich größer ist als die Grenzflächenspannung gegen den eigenen Dampf. Dies gilt, solange der Dampfdruck nicht abnorm groß wird. Ebenso fällt die Änderung der Oberflächenspannung noch nicht ins Gewicht, wenn Flüssigkeiten oder feste Körper durch chemisch indifferente Gase bei Druckwerten bis zur Größenordnung der Atmosphäre begrenzt werden. Es hat sich deshalb eingebürgert, Grenzflächenspannungen von Stoffen endlicher Ausdehnung gegen ihren eigenen Dampf oder gegen Luft und ähnliche Gase schlechthin als „Oberflächenspannung" zu bezeichnen.

II. Quantitative Gesetzmäßigkeiten

1. Größe der Oberflächenspannung

Zahlenwerte der Oberflächenspannungen anorganischer und organischer Flüssigkeiten sowie von Salzen und Metallen im geschmolzenen Zustand sind aus der Tab. 1 zu entnehmen. Allgemein kann gesagt werden, daß geschmolzene Metalle und Salze große Werte zeigen; auch Wasser und hydroxylhaltige organische Flüssigkeiten besitzen noch relativ hohe Oberflächenspannungen. Die Zahlenwerte der anderen Substanzen, insbesondere der verflüssigten Gase, bewegen sich meist in erheblich niedrigeren Größenordnungen.

Die Werte der Grenzflächenspannungen von miteinander nicht oder kaum mischbaren Flüssigkeiten sind von gleicher Größenordnung wie die Oberflächenspannungen. Die Grenzflächenspannung an der Phasengrenze flüssig/flüssig ist jedoch stets kleiner als die Oberflächenspannung des Phasenpartners mit der größten Oberflächenspannung.

2. Temperaturabhängigkeit, freie und gesamte Oberflächenenergie

Mit steigender Temperatur wird die Oberflächenspannung σ eines Stoffes langsam und monoton kleiner. Das Absinken erfolgt fast linear (s. Abb. 2) und kann mit großer Annäherung schon durch die Beziehung

$$\sigma = ks[T_k - T] \tag{1}$$

T = absolute Temperatur,
T_k = kritische Temperatur.

ausgedrückt werden. Die Temperaturgradienten $-d\sigma/dT = ks$ liegen in der Größenordnung von 10^{-1} bis 10^{-2} erg je cm^2 und Grad und sind entsprechend dem Absinken der Oberflächenspannung mit der Temperatur stets negativ.

Diese Erscheinung deutet darauf hin, daß die durch die Oberflächenspannung σ erfaßte freie Energie einer mechanischen Oberflächenarbeit nur Teil der gesamten Oberflächenenergie Σ ist. Bei einer isotherm verlaufenden Vergrößerung der

Oberfläche muß neben der mechanischen Arbeit auch eine bestimmte Wärmemenge zugeführt werden. Nach Gibbs-Helmholtz gilt:

$$\Sigma = \sigma - T \cdot \frac{d\sigma}{dT} = \sigma + q_0 \,. \tag{2}$$

Da $\dfrac{d\sigma}{dt} = ks$ stets negativ ist, wird q_0 (= latente Wärme) positiv. Die gesamte Oberflächenenergie ist demnach immer größer als die mechanische Arbeit der Oberflächenspannung σ.

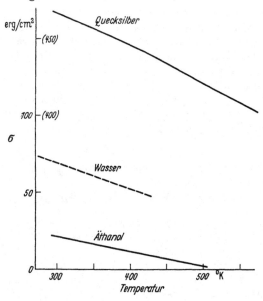

Abb. 2. Temperaturabhängigkeit der Oberflächenspannung ∂. Die Zahlen in Klammern gelten für Quecksilber

3. Regel von Eötvös: Parachor

Nach Umrechnung der Oberflächenspannung σ in die molare Oberflächenspannung σ_M hat man versucht, zu vergleichenden Aussagen über molekulare Eigenschaften von Flüssigkeiten zu gelangen. Eötvös fand (1886) für den negativen Temperaturkoeffizienten $- \dfrac{d\sigma_M}{dt} = k_E$ der molaren Oberflächenspannung bei den meisten nichtassoziierenden Flüssigkeiten nahezu den gleichen Wert von 2,1 erg/Grad.

Tabelle 2. *Atomparachore und Inkremente* (J.W. Philips, 1929)

Element	Parachor	Bindungstyp	Inkrement
Wasserstoff.	15,4	Einfachbindung	0
Kohlenstoff.	9,2	Doppelbindung	19
Sauerstoff .	20	Dreifachbindung	38
Stickstoff .	17,5	Semipolare Doppelbindung	0
Fluor . . .	25,5	Vier-Ring	6
Chlor . . .	55	Fünf-Ring	3
Brom . . .	69	Sechs-Ring	0,8
Jod	90	Sieben-Ring	4

Einen Zusammenhang zwischen Oberflächenspannung und chemischer Konstitution bei organischen Verbindungen versuchte Sudgen (1924) unter dem Namen „Parachor" (P) einzuführen. Unter Berücksichtigung experimenteller Ergebnisse formulierte er eine von der Temperatur weitgehend unabhängige

Funktion:

$$P = V_M \cdot \sqrt[4]{\sigma} \; . \tag{3}$$

$V_M =$ Molvolumen.

Diese additive molare Größe hat sich bei der Aufklärung einer Reihe von Konstitutionseigentümlichkeiten durchaus bewährt. Sie hat heute aber durch die Verwendung zuverlässigerer Konstitutionskriterien ebenso wie die Eötvös-Konstante an Bedeutung verloren.

4. Satz von STEPHAN

J. STEPHAN fand (1886) aufgrund kinetischer Betrachtungen über den Verdampfungsvorgang, daß die zur Überführung von N_L Molekeln in die Oberfläche erforderliche gesamte Energie Σ_M ebenso groß ist, wie die zur weiteren Überführung dieser Molekeln in den Dampfraum notwendige Energie. Die molare innere Verdampfungswärme

$$Li = L - p \cdot \Delta V \; , \tag{4}$$

$L =$ äußere Verdampfungswärme.

ist demnach doppelt so groß wie die gesamte molare Oberflächenenergie Σ_M.

III. Spreitung, Benetzung, Randwinkel

Tropft man eine spezifisch leichtere Flüssigkeit auf eine zweite, die spezifisch schwerer und mit der ersten nicht oder nur unvollständig mischbar ist, so bleiben die Tropfen entweder in Form linsenförmiger Körper auf der Unterlage liegen oder sie breiten sich auf der Flüssigkeitsoberfläche aus. Bei Berührung der beiden Flüssigkeiten konkurrieren deren Oberflächenspannungen σ_1 und σ_2 sowie die Grenzflächenspannung $\gamma_{1,2}$ an der Berührungsfläche in ihrem Streben nach einer minimalen Wirkung der Oberflächen- bzw. Grenzflächenkräfte miteinander.

Tabelle 3. *Temperaturabhängigkeit der Oberflächenspannung*

Stoff	Temperatur °K	Oberflächenspannung erg · cm⁻²
Wasser	273	73,2
	283	71,9
	293	70,6
	313	67,5
	333	64,3
	353	60,9
	373	57,2
	393	53,3
	403	51,4
	413	49,4
Äthanol	293	22,03
	353	16,61
	373	14,67
	413	10,59
	453	6,23
	483	2,91
	503	0,91
	509	0,43
	513	0,15
Quecksilber	293	468
	373	452
	423	441
	443	429
	523	415
	573	402
	623	387

Zu einer Ausbreitung oder „Spreitung" kommt es immer dann, wenn dabei Arbeit gewonnen wird. Zieht man die Summe aus der Oberflächenspannung der sich ausbreitenden Flüssigkeit σ_2 und der Grenzflächenspannung an der sich neu bildenden Berührungsfläche $\gamma_{1,2}$ von der Oberflächenspannung σ_1 der als Unterlage dienenden Flüssigkeit ab, so muß im Falle der Spreitung ein positiver Wert für den Spreitungsdruck P_{sp} resultieren.

$$P_{sp} = \sigma_1 - (\sigma_2 + \gamma_{1,2}) \; . \tag{5}$$

Der Spreitungsdruck kann auch ausgedrückt werden als Differenz zwischen Adhäsionsarbeit $\zeta_{1,2}$ und Kohäsionsarbeit $2\,\sigma_2$.

$$P_{sp} = \zeta_{1,2} - 2\,\sigma_2 \; . \tag{6}$$

Der Vorgang des Spreitens einer Flüssigkeit auf einer anderen ist — wie sich aus der ersten Gleichung ergibt — nicht umkehrbar. Wenn die Flüssigkeit A auf einer zweiten Flüssigkeit B spreitet, so kann B sich nicht auf A ausbreiten. Voraussetzung für das Spreiten ist eine möglichst hohe Oberflächenspannung der Unterlage im Vergleich zu der spreitenden Flüssigkeit. Die hohe Oberflächenspannung des Quecksilbers läßt praktisch alle anderen Flüssigkeiten auf diesem flüssigen Metall spreiten. Aufgrund dieses Verhaltens kommt es sehr leicht zu „Verunreinigungen" der Quecksilberoberfläche bei Berührung mit irgendwelchen Flüssigkeiten. Auch beim Wasser ist dessen relativ hohe Oberflächenspannung von 72 erg · cm^{-2} Ursache für das Spreiten vieler organischer Flüssigkeiten.

Die Voraussetzungen für das Spreiten zweier Flüssigkeiten sind in gleicher Weise auch auf das Spreitungsverhalten zwischen Flüssigkeiten und Festkörpern übertragbar.

$$P_{sp} = \sigma_s - (\sigma_f + \gamma_{s,f}) . \qquad (7)$$

Tabelle 4. *Spreitungsdruck von Flüssigkeiten bei Zimmertemperatur*

Flüssigkeit	Spreitungsdruck (dyn · cm^{-1})	
	auf Wasser	auf Quecksilber
Äthanol	50,0	75
Propanol	49,0	77
Butanol	46,5	78
Octanol	37,0	100
Aceton	42,5	88
Diäthyläther	45,5	85
Anilin	24,5	95
Chloroform	13,0	96
Benzol	10,8	88
Toluol	7,5	93,5
o-Xylol	6,9	92
Tetrachlorkohlenstoff	1,2	94
Hexan	1,8	80,5
Octan	0,0	83
Dekan	—2,5	
Cyclohexan	—3,2	78
Schwefelkohlenstoff	—6,0	109
Dioxan		70
Wasser		22,5
Siliconöl 300		70

σ_s = Oberflächenspannung der festen Phase,

σ_f = Oberflächenspannung der flüssigen Phase,

$\gamma_{s,f}$ = Grenzflächenspannung an der Berührungsfläche beider Phasen.

Definiert man die Differenz $\sigma_s - \gamma_{s,f}$ als Benetzungsspannung $\sigma_{s,f}$ und führt diesen Ausdruck in die erste Gleichung ein, so erhält man folgende Beziehung:

$$P_{sp} = \sigma_{s,f} - \sigma_f . \qquad (8)$$

Demnach ist eine den festen Körper benetzende Spreitung stets dann zu erwarten, wenn die Benetzungsspannung größer ist als die Oberflächenspannung der Flüssigkeit.

Ebenso wie bei Flüssigkeiten ist der Spreitungsvorgang auch zwischen Festkörper und Flüssigkeit nicht umkehrbar. Es spreiten entweder die Flüssigkeit auf dem Festkörper oder der feste Stoff auf der Flüssigkeit. Beispiele für die letztgenannte Möglichkeit sind das Ausbreiten von Kampfer oder Benzoesäure auf Wasser, wobei diese Substanzen infolge der Rückstoßwirkung des Ausbreitungsdruckes auf der Flüssigkeitsoberfläche umherfahren (Kampfertanz). Voraussetzung für die Spreitung dieser Stoffe auf Wasser und erst recht auf Quecksilber ist wieder die kleinere Oberflächenspannung der organischen Substanzen gegenüber ihrer Unterlage.

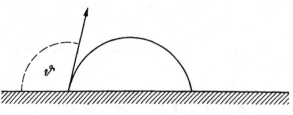

Abb. 3. Randwinkel ϑ beim liegenden Tropfen

Randwinkel. Bei einem auf einer festen Unterlage ruhenden Tropfen einer nichtspreitenden Flüssigkeit kommt es zur Ausbildung eines meßbaren Randwinkels ϑ zwischen der Unterlage und der Randlinie der Tropfenoberfläche (s. Abb. 3). Die Größe des Randwinkels wird bestimmt durch die Oberflächenspannung σ des festen Körpers, die Oberflächenspannung σ_f der Flüssigkeit und der Grenzflächenspannung $\gamma_{s,f}$ zwischen ihnen.

$$\cos \vartheta = \frac{\sigma_s - \gamma_{s,f}}{\sigma_f} \ . \tag{9}$$

Aus dieser Definition des Randwinkels kommt man durch folgende Überlegung zu der in Gleichung (7) beschriebenen Beziehung des Spreitungsverhaltens: Wird σ_s gegen gegebenen Werten von σ_f und $\gamma_{s,f}$ sehr groß, so geht $\cos \vartheta$ gegen 1. In diesem Falle läßt sich Gleichung (9) wieder in Gleichung (7) überleiten.

$$\sigma_s - (\sigma_f + \gamma_{s,f}) = P_{sp} > 0 \ .$$

Ist dagegen $\sigma_s < (\sigma_f + \gamma_{s,f})$, so wird die Bedingung für das Spreiten nicht erfüllt und der Tropfen mit der Oberflächenspannung σ_f bleibt als rotationssymmetrischer Körper liegen unter Ausbildung eines Randwinkels ϑ, dessen Größe durch Gleichung (9) bestimmt ist.

Der Randwinkel hat für das Verhalten von Flüssigkeiten auf festen Oberflächen eine erhebliche Bedeutung. Als Parameter zur Bestimmung der Grenzflächenspannung $\gamma_{s,f}$ eignet er sich jedoch nur bedingt. Einmal stößt man auf erhebliche Schwierigkeiten bei der genauen Ausmessung des Randwinkels. Er reagiert außerordentlich empfindlich gegen geringste Verunreinigungen durch oberflächenaktive Stoffe (z. B. Fettspuren). Obwohl diese Verunreinigungen nur geringen Einfluß auf die Grenzflächenspannung $\gamma_{s,f}$ haben, verkleinern sie den Randwinkel ϑ beträchtlich durch Veränderung der Oberflächenspannung σ_f. Weitere Schwierigkeiten für die Messung des Randwinkels beruhen auf der Erscheinung der ,,Randlinienhysterese" (J. L. v. EICHBORN, 1944). Man kann beobachten, daß die Randlinie eines ruhenden Tropfens dem Einfluß äußerer Kräfte nicht sofort folgt, sondern Widerstand entgegensetzt und bei geringer Verschiebung sich überhaupt nicht ändert. Bei der Einstellung eines Gleichgewichtes im Sinne der Gleichung (5) kann man deshalb nicht mit einem bestimmten Randwinkel rechnen, sondern innerhalb eines gewissen Bereiches sind eine ganze Reihe von Randwinkeleinstellungen möglich.

IV. Capillaritätserscheinungen

Spreitet beim Eintauchen einer Capillare in eine Flüssigkeit letztere infolge positiver Benetzungsspannung über die innere Wandung der Capillare, so entsteht zunächst eine im Verhältnis zur benetzenden Flüssigkeitsmenge sehr große, an den Gasraum grenzende Oberfläche. In dem Bestreben diese Oberfläche wieder auf ein Minimum zu verkleinern steigt die Flüssigkeit, z. B. Wasser, im Volumen der Capillare nach oben und bildet eine konkav gekrümmte Oberfläche aus (Capillarattraktion). Die die Flüssigkeitssäule nachziehenden Grenzflächenkräfte wirken solange, bis ihnen das Gewicht der gehobenen Flüssigkeitsmenge gleichkommt. Bei nichtbenetzenden Flüssigkeiten, z. B. Quecksilber, beobachtet man die umgekehrte Erscheinung. Das in die Capillare eintretende Quecksilber bleibt unter dem äußeren Quecksilberniveau zurück und bildet eine konvex gekrümmte Oberflächenkuppe aus (Capillardepression) (s. Abb. 4).

Der Niveauunterschied h zwischen der Flüssigkeitssäule in der Capillare und der Flüssigkeitsoberfläche außerhalb der Capillare wird durch die am inneren Rohrmantel angreifende Oberflächenkraft $2 \pi r \sigma$ sowie durch die ausgleichende Gewichtskraft der Flüssigkeitssäule $r^2 \pi \varrho \cdot g \cdot h$ bestimmt.

r = Capillarenradius (cm),
h = Steighöhe (cm),
g = Schwerebeschleunigung (cm $\cdot$ sec^{-2}),
ϱ = Dichte (g $\cdot$ cm^{-3}).

$$2 \pi r \sigma = \varrho \cdot g \cdot h \cdot r^2 \cdot \pi \ . \tag{10}$$

Nach Division mit $\pi\, r^2$ erhält man

$$\frac{2\,\sigma}{r} = \varrho \cdot g \cdot h = pK \quad (\mathrm{dyn} \cdot \mathrm{cm}^{-2})\,. \tag{11}$$

Die mit dem hydrostatischen Druck $\varrho \cdot g \cdot h$ im Gleichgewicht stehende Größe $\dfrac{2\,\sigma}{r}$ wird als Krümmungsdruck pK bezeichnet. Ist A ein Punkt innerhalb einer beliebig gekrümmten Oberfläche, deren Radius des kleinsten Krümmungskreises

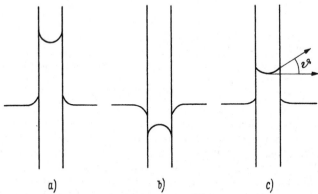

a)   b)   c)

Abb. 4a—c. Capillaritätserscheinungen. a) Capillarattraktion bei vollständiger Benetzung; b) Capillardepression bei Nichtbenetzung; c) Capillarattraktion bei partieller Benetzung mit Randwinkel ϑ

mit r_1 und der des größten Krümmungskreises mit r_2 bezeichnet wird, so ergibt sich für den Krümmungsdruck

$$pK = \sigma \cdot \left(\frac{1}{r_1} + \frac{1}{r_2}\right) \quad [\mathrm{dyn} \cdot \mathrm{cm}^{-2}]\,. \tag{12}$$

Diese als Gauß-Laplacesche-Gleichung bekannte Beziehung ist Grundlage aller statischen Verfahren zur Messung der Oberflächenspannung.

Werden die Krümmungsradien als Differentialquotienten ausgedrückt, so dient sie als Differentialgleichung zur Berechnung der Oberflächenspannung bei den dynamischen Meßverfahren.

V. Oberflächenspannung von Lösungen

Werden in einer Flüssigkeit fremde Molekeln gelöst, so ändert sich die Oberflächenspannung um einen mehr oder weniger hohen Betrag. Die meisten leichtwasserlöslichen anorganischen Salze, aber auch organische Verbindungen, wie z. B. Zucker und Eiweißstoffe, beeinflussen die Oberflächenspannung von Wasser nur wenig, wenn sie in kleinen Mengen dem Lösungsmittel zugesetzt werden. Bei mittleren und höheren Konzentrationen kommt es zu einem deutlichen Anstieg der Oberflächenspannung des Wassers, wenn die gelösten Substanzen selbst eine hohe Oberflächenspannung und einen hohen Schmelzpunkt hatten, wie z. B. NaCl und NaOH usw. Andere Stoffe mit niedrigem Schmelzpunkt und kleiner Oberflächenspannung, wie Ammoniumsalze, Halogenwasserstoffe, Schwefel- und Salpetersäure erniedrigen die Oberflächenspannung des Wassers um einen geringen Betrag.

Daneben kennt man eine Gruppe von Verbindungen, die schon bei Zusatz in kleinen Mengen die Oberflächenspannung eines Lösungsmittels beträchtlich und nahezu sprunghaft herabsetzen. Derartige Stoffe wurden früher als ,,capillaraktiv'' bezeichnet. Heute haben sich die Begriffe „oberflächenaktiv" bzw. „grenzflächenaktiv" durchgesetzt (s. Abb. 5). Bei näherer Untersuchung dieser Erscheinung konnte man nachweisen, daß oberflächenaktive Substanzen sich nicht homogen in ihrem Lösungsmittel verteilen, sondern vorzugsweise in der Oberflächenschicht angereichert werden. Das früher durch vergleichende Konzentrationsbestimmungen des oberflächenreichen Schaumes und der Lösungsphase überprüfte besondere Verhalten oberflächenaktiver Stoffe wurde in neuerer Zeit durch Untersuchungen mit radioaktiv markierten Substanzen in überzeugender Weise bestätigt (NILSSON 1955).

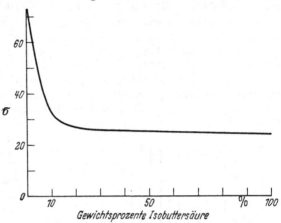

Abb. 5. Änderung der Oberflächenspannung bei Isobuttersäure-Wasser-Mischungen in Abhängigkeit von der Konzentration

Zur Anreicherung in der Oberflächenschicht von Flüssigkeiten neigen Stoffe mit kleinen Solvatationsenergien, deren Molekeln unter geringem Energieaufwand aus dem Innern einer Lösung an die Oberfläche gebracht werden können und dort die Oberflächenspannung herabsetzen. Oberflächeninaktive Substanzen, die beim Auftragen auf die Flüssigkeitsoberfläche infolge ihrer hohen Solvatationsenergien die Oberflächenspannung erhöhen würden, streben dagegen von der Oberfläche zum Lösungsinnern. In kleiner Konzentration beeinflussen sie die Oberflächenspannung fast gar nicht (s. Tab. 5).

Die Oberflächenspannung einer Lösung ist demnach von der Konzentration der in der Oberfläche enthaltenen Molekeln des gelösten Stoffes stark abhängig. Auf Grund thermodynamischer Überlegungen gelangte GIBBS (1877) zu folgender Beziehung:

$$a = - \frac{c}{R \cdot T} \cdot \frac{d\sigma}{dc} \cdot \qquad (13)$$

c = mittlere Konzentration im Lösungsinnern,
a = Konzentration an der Oberfläche — c.

Tabelle 5. *Oberflächenspannung von Lösungen (1,498 m wäßrige Lösungen anorganischer Salze, Säuren und Basen)*

Stoff	Oberflächenspannung erg cm^{-2}
Wasser	73,0
NaOH	75,9
KOH	75,7
NH$_4$OH	70,0
HCl	72,6
HBr	72,3
HNO$_3$	71,9
H$_2$SO$_4$	73,3

Nach diesem Gibbsschen Adsorptionsgesetz wird durch Stoffe, die mit wachsender Konzentration die Oberflächenspannung herabsetzen ($d\sigma/dc < 0$) a positiv, d. h. oberflächenaktive Stoffe werden an der Lösungsoberfläche angereichert oder „positiv adsorbiert".

Zu den oberflächenaktiven Stoffen gehören bei Zusatz zu Wasser insbesondere Alkohole, Aldehyde, Fettsäuren und deren Ester. Nach der „Traubeschen Regel" (1891) erhöht sich die Oberflächenaktivität innerhalb homologer Reihen aktiver Verbindungstypen mit steigendem Molgewicht.

Höhere Alkohole und Fettsäuren verteilen sich in Wasser nicht mehr im Innern des Lösungsmittels, sondern reichern sich nur noch an der Oberfläche unter Ausbildung eines zunächst monomolekularen Films und unter starker Herabsetzung der Oberflächenspannung an. Der Extremfall solcher „zweidimensionaler Oberflächenlösungen" (A. MARCELIN, 1933) ist der schon beschriebenen Erscheinung des „Spreitens" gleichzusetzen. Unterhalb der stoffspezifischen Spreitungstemperatur „kristallisieren" die Oberflächenfilme in monomolekularen Schichten. Dabei richtet sich der lyophile Teil des spreitenden Moleküls zum Lösungsinnern aus.

Eine derartige strenge Ausrichtung ist auch zu beobachten, wenn man die Fläche monomolekularer, auf einer Flüssigkeit gespreiteter Schichten durch mechanische Verschiebungskräfte stetig verkleinert. Mißt man den Gegendruck der monomolekularen Schicht (I. LANGMUIR und W. D. HARKINS, 1916), so kommt man zu einem Punkt P, bei dem jeder weiteren Verkleinerung der Fläche ein hoher Widerstand entgegengesetzt wird. In diesem Punkt haben die Moleküle einer kondensierten monomolekularen Schicht ihren kleinsten Flächenbedarf erreicht. Weitere Flächenverkleinerung hat nach Überwinden des Druckes ein schollenartiges Übereinanderschieben von Molekellagen zur Folge. Aus der Menge des monomolekular verteilten Stoffes und der Flächengröße im Punkt P läßt sich der Flächenbedarf für jedes einzelne Molekül bis auf den Bruchteil eines (Ångströms)^2 ausrechnen.

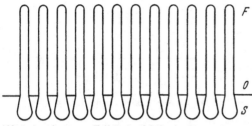

Abb. 6. Anordnung von Fettsäuremolekülen in einem monomolekularen Film an der Oberfläche von Wasser. Der hydrophobe Teil F ragt über die Wasseroberfläche O hinaus (Molekelbürste)

Derartige Spreitungsmessungen gehören zu den wenigen Methoden, die direkte mechanische Messungen an Molekülen erlauben. Man hat bei solchen Messungen festgestellt, daß sich für die verschiedensten hochmolekularen Fettsäuren, unabhängig von der Länge ihrer Kohlenstoffkette, der gleiche Flächenbedarf je Molekül errechnete. Diese Erscheinung ist nur so zu deuten, daß sich in dem kondensierten Oberflächenfilm im Punkt P die Fettsäureketten einheitlich senkrecht zur Flüssigkeitsoberfläche angeordnet haben. Bei einer Spreitung auf Wasser sind die polaren, hydrophilen Carboxylgruppen dem Wasser zugewandt, während die lipophilen Kohlenstoffketten nach außen ragen (Molekelbürste, s. Abb. 6).

Die Ausrichtung zu „Molekelbürsten" spielt bei einer Reihe von Anwendungen grenzflächenaktiver Stoffe eine bedeutende Rolle. Will man eine feste Phase mit einer Flüssigkeit (z. B. Wasser) in engste Berührung bringen, so muß die Grenzflächenspannung so weit wie möglich erniedrigt werden. Die hierzu geeigneten oberflächenaktiven Netzmittel überziehen die Oberfläche eines festen Körpers schnell mit einer Molekelbürste, deren hydrophiler Teil dem Wasser zugewandt ist.

Netzmittel unterstützen den Waschvorgang und ermöglichen eine gleichmäßige Ausbreitung von versprühten Schädlingsbekämpfungsmitteln auf der Oberfläche von Blättern. Sie bewirken als Emulgatoren eine intensive Verteilung zweier nicht mischbarer Flüssigkeiten (z. B. Öl in Wasser) ineinander bis zu kolloiden Dispersionen. Überwiegt die Solvatation des hydrophilen Anteiles des Emulgators mit Wassermolekülen, so bilden sich Öl in Wasser-Emulsionen. Ist der hydrophobe Anteil durch Ölmoleküle stärker „solvatisiert", d. h. stärker mit Öl benetzbar, so entstehen Wasser in Öl-Emulsionen. Durch Zusatz von Kationen, z. B. Ca^{++}, läßt sich das Solvatationsgleichgewicht so weit verschieben, daß eine Phasenumkehr eintreten kann. Öl in Wasser-Emulsionen wandeln sich nach Zusatz von Calciumchlorid in Wasser-in-Öl-Emulsionen um (F. SEELISCH, 1939).

Lösungen oberflächenaktiver Stoffe neigen wegen ihrer geringen Oberflächenspannung leicht zur Schaumbildung. Dieser Schaum ist aber nur bei besonderen

Strukturvoraussetzungen beständig. Das Maximum der Schaumstabilität liegt in der Regel nicht bei der Sättigungskonzentration des oberflächenaktiven Stoffes, sondern bei einer kleineren Konzentration.

Unerwünschte Schaumbildungen kann man durch „Schaumzerstörer" unterdrücken. Diese Stoffe (z. B. Siliconemulsionen) werden wirksam, wenn folgende Bedingungen erfüllt sind:

$$\sigma_L - (\sigma_Z + \gamma_{L,Z}) > 0 \,. \tag{14}$$

σ_L = Oberflächenspannung der schaumbildenden Lösung,
σ_Z = Oberflächenspannung des Schaumzerstörers,
$\gamma_{L,Z}$ = Grenzflächenspannung.

Der Schaumzerstörer muß sich also auf Grund seiner niedrigeren Oberflächenspannung auf der Schaumoberfläche ausbreiten können, um die Schaumblasen zum Zerreißen zu bringen (D. G. DERVICHIAN, 1955).

VI. Methoden zur Messung der Oberflächenspannung

Die Wirkung der Oberflächenspannung äußert sich insbesondere bei Flüssigkeiten in vielfältiger Weise. Es gibt deshalb eine verhältnismäßig große Anzahl verschiedener Verfahren, mit denen diese Materialkonstante gemessen werden kann. Mit allen Methoden werden jedoch nur dann einwandfreie Werte erhalten, wenn die Zusammensetzung des zu messenden Stoffes genau bekannt ist. Schon geringfügige Verunreinigungen durch oberflächenaktive Stoffe können die Meßwerte stark beeinflussen, so daß es zu unbrauchbaren Ergebnissen kommt, wenn die Oberflächenspannung des reinen Stoffes bestimmt werden soll.

Man unterscheidet im wesentlichen zwei Hauptgruppen von Meßverfahren:

a) Bei den *statischen Verfahren* werden zur Messung Gleichgewichtsformen von Oberflächen zugrundegelegt. Zu den bekanntesten Verfahren dieser Gruppe gehören: die Messung des maximalen Blasendruckes, der Steighöhe von Flüssigkeiten in Capillaren, der Oberflächenkrümmung und des Abreißens einer Flüssigkeitslamelle.

b) Bei den *dynamischen Methoden* werden Bewegungsvorgänge von Oberflächen, wie z. B. Schwingungen, beobachtet und zur Messung ausgenutzt. Da bei diesen Verfahren die Oberfläche während des Meßvorganges ständig erneuert wird, stören geringfügige Verunreinigungen durch oberflächenaktive Stoffe nicht. Andererseits kann es gerade bei der Messung verdünnter Lösungen grenzflächenaktiver Stoffe zu erheblichen systematischen Fehlern kommen, da bei dem zeitlich schnellen Wechsel der Oberfläche der für die Oberflächenspannung charakteristische Ordnungszustand sich nicht schnell genug einstellt.

Zu den dynamischen Meßverfahren gehören die Methode der schwingenden Tropfen oder Strahlen, der Oberflächenwellen sowie die Bestimmung der Zahl oder des Gewichtes fallender Tropfen.

Aus der Fülle der Meßverfahren sollen im folgenden nur einige vielfach erprobte beschrieben werden, die sich zur Bestimmung der Oberflächen- bzw. Grenzflächenspannung der in der Praxis vor allem bedeutsamen Phasenpaare flüssig/gasförmig und flüssig/flüssig eignen.

1. Methode des maximalen Blasendruckes

Von allen Methoden zur Messung der Oberflächenspannung dürfte dieses auf H. SIMON (1851) zurückgehende Verfahren am vielseitigsten anwendbar sein. Es ermöglicht sowohl Absolut- wie auch Relativmessungen und bietet den Vorteil, daß die Oberfläche wie bei einem dynamischen Verfahren bei jeder Messung erneuert wird. Da der Meßvorgang im Innern von Flüssigkeiten erfolgt, werden auch alle durch Verdunstungserscheinungen an der Flüssigkeitsoberfläche möglichen Fehler ausgeschaltet. Die Methode hat sich auch unter extremen Bedingungen bewährt. Sie erlaubt z. B. die Messung der Oberflächenspannung geschmolzener Metalle (Druckgas, Wasserstoff oder Stickstoff) und eignet sich hervorragend zur Bestimmung von Oberflächenspannungsänderungen innerhalb eines größeren Temperaturbereiches.

Aus einer senkrecht in eine Flüssigkeit tauchenden Capillare vom Radius r, deren Innenwand mit einer möglichst scharfen Kante endet, wird eine Luft- oder Gasblase langsam in die zu messende Flüssigkeit gedrückt. Der zur Überwindung der Oberflächenspannung der Flüssigkeit erforderliche Druck erreicht bei einer bestimmten Form der Blase (annähernd Halbkugelform) einen Maximalwert p und fällt bei weiterer Vergrößerung der Blase wieder ab. Die Gasblasen lösen sich kurz nach dem Überschreiten des maximalen Blasendruckes von der Capillarenbasis ab und steigen in der Flüssigkeit nach oben (s. Abb. 7a).

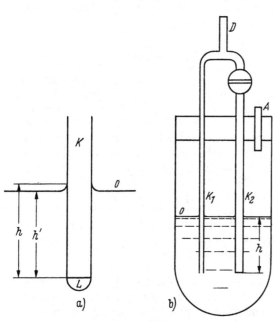

Der manometrisch gut meßbare Blasendruck p wird im Falle seines Maximums durch die Oberflächenspannung der Flüssigkeit σ und dem von der Eintauchtiefe h der Capillare abhängenden hydrostatischen Druck $g \cdot h \cdot \varrho$ kompensiert.

$$p = 2\frac{\sigma}{r} + g \cdot h \cdot \varrho . \qquad (15)$$

σ = Oberflächenspannung der Flüssigkeit [erg/cm²],
r = Radius der Capillare [cm],
g = Schwerebeschleunigung, [cm · sec⁻²]
ϱ = Dichte der Flüssigkeit [g/cm³],
h = Eintauchtiefe der Capillare [cm].

Abb. 7 a u. b. Messung der Oberflächenspannung nach der Methode des maximalen Blasendrucks. a) Zur Demonstration der Eintauchtiefe; b) Meßanordnung nach S. Sudgen. O = Wasseroberfläche, D = Anschluß zur Druckleitung und zum Manometer, A = Druckausgleichröhrchen, L = Luftblase kurz vor dem Augenblick des Abreißens, K, K_1, K_2 = Capillare, h, h' = Eintauchtiefen der Capillaren

Es ist bei diesem Verfahren schwierig, die Eintauchtiefe h der Capillare mit der notwendigen Genauigkeit zu ermitteln, da das Niveau des Flüssigkeitsspiegels infolge von Adhäsionskräften an der Außenwand des eintauchenden Rohres mehr oder weniger hoch steigt.

Sudgen (1924) verwendet deshalb in seiner Meßanordnung zwei Capillaren K_1 und K_2 mit gleicher Eintauchtiefe aber verschiedenen Weiten und mißt die Druckdifferenz beim Blasenaustritt zwischen beiden Capillaren (s. Abb. 7b). Die Oberflächenspannung ergibt sich dann aus folgender Beziehung, in der die Eintauchtiefe h nicht mehr auftritt.

$$\sigma = A \cdot \Delta p + B \cdot \varrho . \qquad (16)$$

A und B sind in erster Näherung vom Durchmesser der Capillaren abhängige Apparatekonstanten. Sie werden am besten durch Eichmessungen mit Flüssigkeiten bekannter Oberflächenspannung bestimmt. Die Genauigkeit des Meß-verfahrens liegt günstigstenfalls bei $\pm 1\%$.

Eine verbesserte Apparatur zur Präzisierung des Differentialverfahrens von Sudgen mit zwei Capillaren beschreiben K. H. KUNY und K. L. WOLF (1956). Den Verbesserungen liegen u. a. Erkenntnisse aus folgender Gleichung zugrunde, die aus dem Schrödingerschen Näherungsverfahren abgeleitet wurde

$$\sigma = A \cdot \varDelta p + B \cdot \varrho + C \cdot \frac{\varrho^2}{\sigma} \; . \tag{17}$$

Die Apparatekonstanten A, B und C entsprechen folgenden Beziehungen

$$A = 981 \cdot \varrho_M \cdot \left(\frac{1}{r_1} - \frac{1}{r_2} \right), \tag{18}$$

$$B = 981 \cdot \frac{\dfrac{(r_2 - r_1)}{3} - \dfrac{\varDelta t}{2}}{\dfrac{1}{r_1} - \dfrac{1}{r_2}} \; , \tag{19}$$

$$C = 40098 \cdot \frac{(r_2{}^3 - r_1{}^3)}{\dfrac{1}{r_1} - \dfrac{1}{r_2}} \; . \tag{20}$$

r_1 und r_2 = Capillarenradien $(r_1 < r_2)$ [cm],
p = Höhendifferenz der Manometerflüssigkeit $(p_1 \cdot p_2)$ [cm],
t = Differenz der Eintauchtiefen der Capillaren K_1 und K_2 [cm],
ϱ = Dichte der zu untersuchenden Flüssigkeit [g/cm³],
ϱ_M = Dichte der Manometerflüssigkeit [g/cm³].

Der Zahlenwert der Oberflächenspannung wird im wesentlichen durch das erste Glied der Grundgleichung bestimmt. Das zweite ebenfalls noch bedeutsame Glied wird zu Null, wenn die Capillaren in ihrer Eintauchtiefe t_1 und t_2 so gegeneinander verschoben werden, daß die Differenz

$$\varDelta t = \frac{2 \, (r_2 - r_1)}{3} \tag{21}$$

beträgt. Das dritte Glied beeinflußt den Zahlenwert der Oberflächen-spannung nur noch geringfügig und muß nur bei sehr genauen Messun-gen mit berücksichtigt werden.

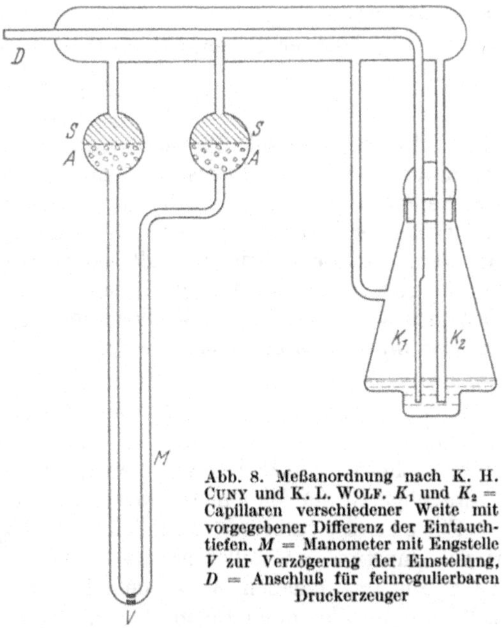

Aufgrund dieser Überlegungen arbeiteten K. H. CUNY und K. L. WOLF nicht mit übereinstimmen-den Eintauchtiefen der Capillaren, sondern mit einer aus den Capil-larenradien errechneten vorgege-benen Differenz, die möglichst nahe dem Wert $\varDelta t$ eingestellt wird.

Als Capillaren werden am unte-ren Ende scharfkantig zugeschliffe-ne Platinröhrchen mit bekannter Weite und maximalem Radienun-

Abb. 8. Meßanordnung nach K. H. CUNY und K. L. WOLF. K_1 und K_2 = Capillaren verschiedener Weite mit vorgegebener Differenz der Eintauch-tiefen. M = Manometer mit Engstelle V zur Verzögerung der Einstellung, D = Anschluß für feinregulierbaren Druckerzeuger

terschied $(r_1 = 0{,}015$ cm, $r_2 = 0{,}18$ cm$)$ verwendet. Die Manometerflüssigkeit mit genau bekannter Dichte (z. B. Nonylsäure) wird durch vorgeschaltete Filter aus

Aktivkohle (A) und Silikagel (S) gegen Verunreinigungen geschützt. Der offene Schenkel des Manometers hat Verbindung mit dem Probengefäß, so daß das Überschreiten der Halbkugelform der mit maximaler Langsamkeit erzeugten Blase sich durch Rückgang und Wiederanstieg des Manometers bemerkbar macht. Die Apparatur ist in Abb. 8 schematisch dargestellt. Die Genauigkeit des Verfahrens erreicht 0,3⁰/₀₀.

Die Empfindlichkeit der Blasendruckmethode ist um so höher, je enger die Capillaren sind, durch die die Gasblasen in die zu untersuchende Flüssigkeit gedrückt werden. Sehr enge Capillaren neigen aber leicht zur Verstopfung. Will man die Meßgenauigkeit noch weiter steigern, so muß man das Verfahren zur Druckmessung präzisieren.

H. Umstätter (1947) hat das Verfahren von H. Sudgen durch die Verwendung eines Glockenmanometers verbessert. Er ging dabei von folgenden Überlegungen aus: Der Druck, der erforderlich ist, um eine Gasometerglocke hochzuheben, muß um so größer sein, je größer der Querschnitt der Glocke ist. Bringt man die das Gewicht der Glocke bestimmende Wandstärke zum Querschnitt der Glocke etwa auf das Verhältnis 1 : 50, so kann man mit einfachen Hilfsmitteln noch eine Druckdifferenz von 1/100 mm WS messen. Folgende Gleichgewichtsbedingung liegt der Druckmessung zugrunde:

$$G = h \cdot F \cdot \varrho' + H_0 \cdot f \cdot \varrho' + \left(h \cdot \frac{F}{F' - f} - H \right) \cdot f \cdot \varrho' \,. \qquad (22)$$

G = Gewicht der Glocke,
h = hydrostatische Niveaudifferenz,
ϱ' = Dichte der Sperrflüssigkeit im Glockenmanometer,
F = Glockenquerschnitt,
H_0 = Schwellenwert des Hubes, der erforderlich ist, um die Glocke gerade anzuheben (schwimmen zu lassen),
f = Wandstärke des Glockenmantels,
F' = Querschnitt des Sperrflüssigkeitsbehälters,
H = Hub der Glocke.

Es ist leicht zu erkennen, daß für $G = H_0 \cdot \varrho' \cdot f$ sich das Übersetzungsverhältnis

$$\frac{H}{h} = \frac{F}{f} \left(\frac{F'}{F' - f} \right) \approx \frac{F}{f} \qquad (23)$$

ergibt. Der Hub der Glocke bezogen auf den Ausschlag eines U-Rohrmanometers ist proportional dem Verhältnis von Glockenquerschnitt zur Wandstärke des Glockenmantels. Es lassen sich Blasendruckgefäße anfertigen, bei denen die Eintauchtiefe der Capillaren an einer Graduierung ablesbar ist und so eingestellt werden kann, daß beim Druck des Blasenaustritts aus der weiteren Capillare sich die Glocke gerade abhebt, also schwimmt (H_0). Der dazu erforderliche Druck geht als Bezugsdruck p_1 in die folgende Gleichung ein. Von p_1 ist der für den Blasenaustritt aus der engeren Capillare erforderliche Druck p_2 abzuziehen.

$$\sigma = A \cdot (p_1 - p_2) - \frac{2}{3} \varrho \, (r_2 - r_1) \,. \qquad (24)$$

$r_1 < r_2$.

Abb. 9 zeigt die von H. Umstätter verwendete Apparatur. Blasendruckgefäß und Eintauchgefäß der Manometerglocke sind mit einem Temperiermantel umgeben.

Ein neueres, verbessertes Modell mit 4 Capillaren erlaubt durch Auswahl des jeweils günstigsten Capillarenpaares einen großen Meßbereich zu bestreichen. Mit dieser Apparatur haben W. Wachs, H. Umstätter und S. Reitstötter (1949) z. B. die alternierenden Eigenschaften der höheren Fettsäuren bei ihrem Grenzphasenverhalten untersucht. Es lassen sich auch Saponingehalte bestimmen, die bisher nur über physiologische Methoden (Hämolyse des Blutes) ermittelt werden konnten.

Eine weitere Modifikation der Blasendruckmethode beschreibt G. PASSOTH (1958). Diese Methode gestattet nicht nur exakte Messungen der Oberflächenspannung, sondern erlaubt außerdem, das Verhältnis der Oberflächenspannung einer Lösung (σ_c) zu der-jenigen von z. B. Wasser (σ_w) mit großer Genauigkeit zu bestimmen. Die Grenze der Empfindlichkeit dieses Meßverfahrens ist durch die thermischen Druckschwankungen des in den Capillaren eingeschlossenen Gases gegeben.

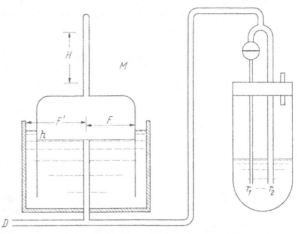

Das Verfahren arbeitet mit folgender Meßapparatur (s. Abb. 10). An einem Stahlbalken (S) sind zwei Capillaren verschiedener Weite (K_1 und K_2) befestigt, die über ein T-Stück miteinander und über eine Drosselcapillare (D) mit einem Gasvorratsvolumen

Abb. 9. Messung der Oberflächenspannung: Meßanordnung nach H. UMSTÄTTER. r_1 und r_2 = Capillaren verschiedener Weite, $r_1 r_2$, M = Glockenmanometer, h = hydrostatische Niveaudifferenz, F = Glockenquerschnitt, F' = Querschnitt des Sperrflüssigkeitsbehälters, H = Hub der Glocke, D = Anschluß für Druckerzeuger und U-Rohrmanometer

verbunden sind. In letzterem wird ein konstanter Überdruck durch automatische Druckregelung aufrechterhalten. Das eine Ende des Stahlbalkens ist bei Punkt A drehbar gelagert. Durch Heben und Senken des anderen Endes kann die Eintauchtiefe (h) der Capillaren verändert werden. Die Änderung von h läßt sich an einer empfindlichen Meßuhr (U) ablesen und aus der Geometrie der Anordnung genau berechnen.

Bei einer bestimmten, von den Capillarenradien und der Oberflächenspannung der Lösung abhängigen Eintauchtiefe h_0 wird an beiden Capillarenöffnungen der Abreißdruck gleichzeitig überschritten. Es gilt dann in erster Näherung:

$$h_0 = \frac{2\,\sigma}{\varrho \cdot g} \cdot \left(\frac{1}{r_1} - \frac{1}{r_2} \right). \quad (25)$$

ϱ = Dichte der Lösung, g = Schwerebeschleunigung.

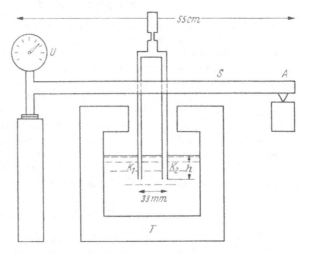

Abb. 10. Messung der Oberflächenspannung, Apparatur nach G. PASSOTH. S = Stahlbalken mit Drehpunkt A, U = Meßuhr für Balkenhub, K_1 und K_2 = Capillaren verschiedener Weite, h = Eintauchtiefe der Capillaren, D = Drosselcapillare, T = Thermostat

Das zeitlich übereinstimmende Austreten der Blasen aus beiden Capillaren ist jedoch praktisch nicht streng erreichbar, vielmehr treten in der Nähe dieses Wertes die Blasen in statistischer Verteilung bald aus der einen, bald aus der anderen

Capillare aus. Zählt man die Blasen, die während einer genügend langen Meßzeit aus beiden Capillaren herausgedrückt werden und stellt dann das Verhältnis der Zahl der Blasen, die aus der einen Capillare austreten (n_1) zur Gesamtzahl der Blasen aus beiden Capillaren ($n_1 + n_2$) als Funktion der Änderung von h dar, so erhält man Gaußsche Fehlerintegralkurven (s. Abb. 11). Aus diesen Kurven läßt sich der Wert von h_0 für den $\dfrac{n_1}{n_1 + n_2} = 0{,}5$ ist, entnehmen, sowie aus der Steigung der Kurven bei $h = h_0$, die mittlere Schwankung von h_0. Bestimmt man zunächst die Eintauchtiefe h_0 für Wasser (w) und anschließend für eine Lösung der Konzentration c, so erhält man in erster Näherung:

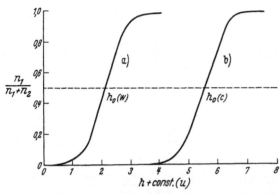

$$\frac{\sigma_c}{\sigma_w} = \frac{\varrho_c}{\varrho_w} \cdot \left(1 + \frac{\Delta h}{h_{0w}}\right) . \quad (26)$$

σ_w = Oberflächenspannung, ϱ_w = Dichte und h_{0w} = Eintauchtiefe der Capillaren für Wasser, σ_c = Oberflächenspannung, ϱ_c = Dichte und h_{0c} = Eintauchtiefe der Capillaren für eine Lösung der Konzentration c.

$$\Delta h = h_{0w} - h_{0c} .$$

Abb. 11. Gaußsche Fehlerintegralkurven zur Bestimmung der Gleichgewichtslage für die Eintauchtiefe H_0. Kurve a) = Wasser, Kurve b) = NaCl-Lösung (1,3 · 10⁻³ Mol/l) bei kleinen Blasenfrequenzen

Die Empfindlichkeit der Methode ist sehr groß. Bei entsprechend präziser Ausführung der Meßanordnung lassen sich Änderungen von h_0 von weniger als 1 μm erfassen.

2. Steighöhenmethode

Das von LEONARDO DA VINCI (1490) beobachtete und beschriebene spezifische Verhalten von Flüssigkeiten beim Eintauchen von Capillaren kann man ebenfalls zur Messung der Oberflächenspannung heranziehen. Bei der als Capillarattraktion bekannten Erscheinung bewirken benetzende Flüssigkeiten in gut gereinigten Capillaren infolge ihrer Oberflächenspannung ein Ansteigen der Flüssigkeit bis zu einer Höhe, die durch den hydrostatischen Druck kompensiert wird. Bei nichtbenetzenden Flüssigkeiten (Quecksilber) bleibt dagegen die in die Capillare eintretende Flüssigkeit um einen bestimmten Betrag unter dem die Capillare umgebenden Flüssigkeitsniveau zurück (Capillardepression).

Bei vollständiger Benetzung bzw. Nichtbenetzung haben die konkaven oder konvexen Menisken der Flüssigkeitssäulen in engen Capillaren Halbkugelform. In diesen Fällen gilt die Gauß-Laplacesche Gleichung in der Form

$$\frac{2\,\sigma}{r} = \varrho \cdot g \cdot h$$
$$\text{bzw.} \quad \sigma = \frac{1}{2} \cdot r \cdot \varrho \cdot g \cdot h . \quad (27)$$

σ = Oberflächenspannung (dyn · cm⁻¹),
r = Capillarenradius (cm),
ϱ = Dichte der Flüssigkeit (g · cm⁻³),
h = Steighöhe (cm),
g = Schwerebeschleunigung (cm · sec⁻²).

Die Steighöhe h ist dem Capillarenradius umgekehrt proportional. Man benutzt deshalb möglichst enge Capillaren (0,2 mm). Der genaue Radius kann durch Wiegen eingezogener Quecksilberfäden bekannter Länge bestimmt werden.

Die mit einfachem apparativen Aufwand (graduierte Capillaren = Capillarimeter) ausführbare Bestimmung der Oberflächenspannung bietet jedoch auch unter günstigen Bedingungen allenfalls eine Genauigkeit von 3 %. Schwierigkeiten entstehen insbesondere dadurch, daß die Bedingungen der vollständigen Benetzung oder Nichtbenetzung nur in wenigen Fällen hinreichend ideal erfüllt sind. Die Menisken der Flüssigkeitssäulen haben meist nicht die Form tangential in die Rohrwandung auslaufender Halbkugeln, sondern bilden mit der inneren Wandung einen endlichen Randwinkel (s. Abb. 4). Die obige Gleichung gilt dann nur, wenn der Cosinus des Randwinkels ϑ mitberücksichtigt wird.

$$\sigma \cdot \cos\vartheta = \frac{1}{2}\, r \cdot \varrho \cdot h \cdot g \,. \tag{28}$$

Da der Randwinkel in Capillaren schwer bestimmt werden kann, ist die Steighöhenmethode nur zu orientierenden Messungen gebräuchlich. Durch Relativmessungen mit zwei Capillaren verschiedener Weite läßt sich die Genauigkeit etwas steigern (S. SUDGEN, 1921; G. L. MACK und F. E. BARTELL, 1932). Der Höhenunterschied der beiden Flüssigkeitssäulen ist der Oberflächenspannung proportional.

Zur Bestimmung der Grenzflächenspannung zweier Flüssigkeiten ist für ϱ die Differenz der Dichten beider Flüssigkeiten ($\varrho_1 - \varrho_2 = \varDelta\varrho$) in die obige Gleichung einzusetzen.

Für Oberflächenspannungsmessungen viscoser Flüssigkeiten ist die Steighöhenmethode nicht anwendbar. Bei der Messung von wäßrigen Lösungen grenzflächenaktiver Stoffe treten Störungen auf, deren Ursachen bis heute noch nicht erkannt werden konnten.

3. Tropfengewichts- und Tropfenvolumenmethode

Ein langsam aus einer Capillare mit dem Radius r austretender Tropfen steht unter dem konkurrierenden Einfluß von Schwerkraft und Oberflächenspannung. Kann die Oberflächenspannung bei Vergrößerung des Tropfens die Wirkung der Schwerkraft nicht mehr kompensieren, so reißt er ab. Kurz vor dem Abreißen wird der größtmögliche Tropfen durch die Kraft $2\,\pi\,r \cdot \sigma$ gehalten. Infolge der komplizierten Vorgänge beim Abreißvorgang stimmt das Gewicht des abgefallenen Tropfens G_T mit dem Gewicht des Tropfens kurz vor dem Abreißen nicht genau überein, sondern ist diesem allenfalls proportional.

$$G_T = k \cdot 2\,\pi r \sigma \,. \tag{29}$$

r = Capillarenradius (cm),
k = Proportionalitätsfaktor.

Auf Anwendung dieser Beziehung gründet sich die von I. TRAUBE (1887) eingeführte Stalagmometermethode. Dieses Verfahren ist einfach und schnell auszuführen und zu orientierenden Messungen durchaus brauchbar. Läßt man unter Verwendung des gleichen Abtropfgefäßes zwei Flüssigkeiten mit verschiedenen Oberflächenspannungen austropfen, so verhalten sich die Oberflächenspannungen wie die Tropfengewichte:

$$\sigma_x : \sigma_E = G_{Tx} : G_{TE} \,. \tag{30}$$

Das Gewicht eines Tropfens ist gleich $\dfrac{\varrho \cdot V}{n}$.

V = Volumen der ausgetropften Flüssigkeit (cm^3),
n = Tropfenzahl, ϱ = Dichte (g · cm^{-3}).

$$\frac{\sigma_x}{\sigma_E} = \frac{\varrho_x \cdot n_E}{\varrho_E \cdot n_x} \qquad\qquad \sigma_x = \frac{\sigma_E \cdot n_E}{\varrho_E} \cdot \frac{\varrho_x}{n_x} \,. \tag{31}$$

Aus der Tropfenzahl n_E des Volumens V einer Eichflüssigkeit mit bekannter Oberflächenspannung σ_E und Dichte ϱ_E läßt sich die Oberflächenspannung σ_x einer zu
untersuchenden Flüssigkeit mit der Dichte ϱ_x bestim-
men, wenn die bei dem gleichen Volumen V aus der
gleichen Capillare austretenden Tropfen gezählt werden. Zur Messung der Tropfenzahl eines bestimmten

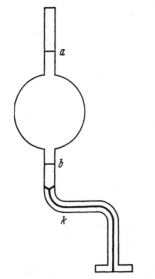

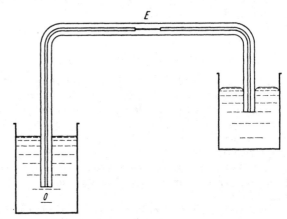

Abb. 12. Stalagmometer nach J.
Traube. K = Capillare, a und b =
Meßmarken

Abb. 13. Gerät zur Messung der Oberflächenspannung aus dem Tropfengewicht nach H. Dunken. E = Engstelle der Capillare zur Verzögerung
der Tropfenbildung

Volumens dient das nebenstehend abgebildete Stalagmometer (s. Abb. 12). Die
Messung berücksichtigt nicht den Proportionalitätsfaktor k der Gleichung (29).

Tabelle 6. *Korrektur der Oberflächenspannung nach* H. Dunken

$\frac{V}{r^3}$	Φ	$\frac{V}{r^3}$	Φ
5000	0,172	1,2109	0,26407
250	0,198	1,124	0,512
58,1	0,215	1,048	0,483
24,6	0,2256	0,980	0,2602
17,7	0,2305	0,912	0,2585
10,29	0,23976	0,865	0,403
8,190	0,24398	0,816	0,2550
6,662	0,24786	0,771	0,2534
5,522	0,25135	0,729	0,2517
4,653	0,25419	0,692	0,2499
3,975	0,25661	0,658	0,2482
3,433	0,25874	0,626	0,2464
2,995	0,26065	0,597	0,2445
2,637	0,26224	0,570	0,2430
2,3414	0,26350	0,541	0,2430
2,0929	0,26452	0,512	0,2441
1,8839	0,26522	0,483	0,2460
1,7062	0,26562	0,455	0,2491
1,5545	0,26566	0,428	0,2526
1,4235	0,26544	0,403	0,2559
1,3096	0,26495		

Es muß deshalb mit Feh-
lern von 10 % und mehr
gerechnet werden. Eine
Präzisierung dieser Me-
thode haben W. D. Har-
kins und H. Brown
(1920) sowie H. Dunken
(1940) beschrieben.

Ein von H. Dunken
(1940) entwickeltes Ge-
rät erzeugt die Tropfen
mittels einer Capillare
von 2—3 mm lichter
Weite nach dem Heber-
prinzip (s. Abb. 13). Das
horizontale Mittelstück
der Capillare wurde auf
wenige hundertstel mm
verengt. Dadurch
kommt es zu einer
hinreichend langsamen
Tropfenfolge im Abstand
von jeweils 2—3 min. Das

Tropfengewicht G_T wird durch Wägung mehrerer Tropfen und Division durch die
Tropfenzahl ermittelt, das für die Berechnung der Oberflächenspannung σ ebenfalls

benötigte Tropfenvolumen V durch Multiplikation von G_T mit dem spezifischen Gewicht ϱ der Flüssigkeit. Berücksichtigt man außerdem die Funktion Φ der Tab. 6 bei dem jeweiligen Wert für $\frac{V}{r^3}$, so liegen die Fehler der Oberflächenspannungsmessung nur bei einigen $^{0}/_{00}$ von σ.

$$\sigma = \frac{G_T}{r} \cdot \Phi \, . \tag{32}$$

r = Radius der Capillare (cm).

Das Verfahren bietet ebenso wie die Blasendruckmethode den Vorteil, daß für die Messung bei jedem Tropfen eine neue Oberfläche gebildet wird. Bei der langsamen Vergrößerung des Tropfens bleibt hinreichend Zeit, in der sich die für eine exakte Oberflächenspannungsmessung vorauszusetzenden Gleichgewichtsbedingungen der Oberflächenkräfte einstellen können.

4. Abreißmethode

Die zur Vergrößerung einer Oberfläche erforderliche Arbeit läßt sich in einfacher Weise mit folgender auf L. F. WILHELMY (1863) zurückgehenden Anordnung durch Kraftmessung bestimmen.

Ein Drahtbügel mit einem zwischen den beiden Enden waagerecht gespannten, möglichst dünnen und gut benetzbaren Faden bekannter Länge l (s. Abb. 14) wird in die zu messende Flüssigkeit eingetaucht. Beim langsamen Herausheben des Bügels aus der Flüssigkeit zieht der Bügel eine Lamelle mit zwei Oberflächen der

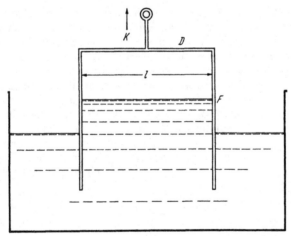

Abb. 14. Messung der Oberflächenspannung nach der Drahtbügelmethode, D = Drahtbügel, F = Faden der Länge l

Breite l mit. Bestimmt man, z. B. mit Hilfe einer Federwaage, die Zugkraft K, bei deren Überschreiten die Lamelle zerreißt, so ergibt sich die Oberflächenspannung σ aus folgender Beziehung

$$\sigma = \frac{K}{2\,l} \; [\text{dyn} \cdot \text{cm}^{-1}] \, . \tag{33}$$

Für genauere Messungen ist zu beachten, daß die Zugkraft K auch von der Gestalt der Lamelle beeinflußt wird. Beim langsamen Anheben des Fadens über das Flüssigkeitsniveau ändert die mitgezogene Lamelle ihren Querschnitt wie in

Abb. 15 dargestellt. Der Höchstwert der zum Ausgleich der Oberflächenspannung erforderlichen Zugkraft $K = 2\,\sigma \cdot l$ wird benötigt, wenn bei einer bestimmten Höhe des Bügels die Oberfläche der Lamelle wie in Abb. 15b senkrecht am Bügelfaden hängt. Wird der Bügel noch mehr angehoben, so schnürt sich die Lamelle ein. Dabei nimmt die Zugkraft wieder ab. Weiteres Herausheben des Bügels zerstört diese labile Form der Lamelle. Sie zerreißt an der Stelle der stärksten Einschnürung.

Um den schon vor dem Abreißen der Lamelle maximalen Wert von K zu erfassen, haben sich zweiarmige Torsionswaagen bewährt. Die Wirkungsweise einer

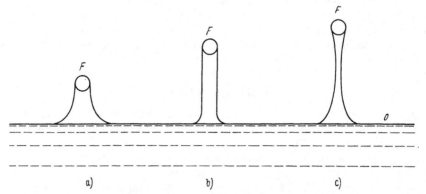

Abb. 15. Phasen der Lamellenbildung. F = Faden mit Lamelle im Querschnitt, O = Oberfläche der Flüssigkeit

solchen Waage ist aus der Abb. 16 zu entnehmen. Zur Messung von K senkt man das Meßgefäß und hält beim Herausheben der Lamelle durch entsprechende Einstellung des Meßzeigers den Nullzeiger auf die Gleichgewichtsmarke. Von dem am Meßzeiger abgelesenen maximalen Wert K_1 muß zur Präzisierung noch der Auftrieb des untergetauchten Bügelteiles abgezogen werden. Der Wert für den Auftrieb K_2 läßt sich bei bekanntem Leergewicht des Bügels für die Eintauchtiefe bei K_1 berechnen. Genauere Ergebnisse erhält man durch eine zweite Wägung, bei der der Bügel in der Eintauchstellung von K_1 keine Lamelle trägt.

Die Oberflächenspannung der zu untersuchenden Flüssigkeit errechnet sich dann mit einem Fehler von nur einigen $^0/_{00}$ nach der Näherungsformel:

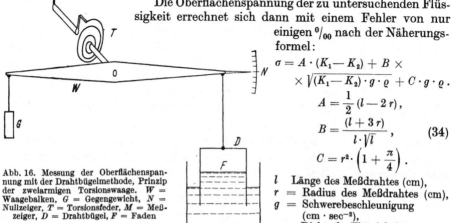

Abb. 16. Messung der Oberflächenspannung mit der Drahtbügelmethode, Prinzip der zweiarmigen Torsionswaage. W = Waagebalken, G = Gegengewicht, N = Nullzeiger, T = Torsionsfeder, M = Meßzeiger, D = Drahtbügel, F = Faden

$$\sigma = A \cdot (K_1 - K_2) + B \times$$
$$\times \sqrt{(K_1 - K_2) \cdot g \cdot \varrho} + C \cdot g \cdot \varrho\,.$$
$$A = \frac{1}{2}\,(l - 2\,r),$$
$$B = \frac{(l + 3\,r)}{l \cdot \sqrt{l}}\,, \qquad (34)$$
$$C = r^2 \cdot \left(1 + \frac{\pi}{4}\right).$$

l Länge des Meßdrahtes (cm),
r = Radius des Meßdrahtes (cm),
g = Schwerebeschleunigung (cm $\cdot$ sec^{-2}),
ϱ = Dichte der Flüssigkeit (g $\cdot$ cm^{-3}).

Werden K_1 und K_2 in dyn gemessen, so erhält man den Wert für σ direkt in dyn mal cm^{-2}.

Auf Kraftmessung beruht auch die Wirkung des von E. C. PETERSON (1962) beschriebenen Film-Tensiometers. Es handelt sich um eine Vorrichtung, mit der man insbesondere bei Lösungen mit sich ständig ändernder Oberflächenaktivität die Oberflächenspannung kontinuierlich messend verfolgen kann. Die Oberflächenspannung wird als eine Funktion der Zugkraft gemessen, die von einem dünnen fließenden Flüssigkeitsfilm auf zwei vertikale Stäbe ausgeübt wird. Der Flüssigkeitsfilm wird von beiden Stäben gestützt (s. Abb. 17). Eine Änderung der Oberflächenspannung verursacht Schwankungen der Zugkraft, so daß einer der Stäbe, der von Federn gehalten wird, sich bewegt. Die Bewegungsänderungen lassen sich auf elektrischem Wege erfassen und einem Proportionalschreiber zuleiten.

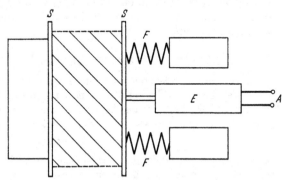

Die Kraft, die der Flüssigkeitsfilm auf die Stäbe ausübt, ist direkt proportional der Oberflächenspannung multipliziert mit der doppelten Länge des Flüssigkeitsfilmes. Sie ist praktisch unabhängig von der Breite und Dicke des Flüssigkeitsfilmes. Die Meßanordnung kann auf eine Genauigkeit von $\pm 0,5 \, \mathrm{dyn \cdot cm^{-1}}$ geeicht werden und läßt Änderungen von weniger als $0,3 \, \mathrm{dyn \cdot cm^{-1}}$ erkennen. Leichte Verschmutzungen der Lösung sollen die Messung nicht beeinflussen. Die Meßapparatur kann zu direkten Messungen und zur Verfahrenskontrolle eingesetzt werden.

Abb. 17. Film-Tensiometer nach E. C. PETERSON. S = Stäbe, F = Federn, E = Empfänger, A = Ausgang zum Proportionalschreiber

C. Adsorptionserscheinungen

I. Grundlagen und Definition

Reichert sich ein Stoff an der Grenzfläche zweier benachbarter Phasen an, so spricht man von einer positiven Adsorption dieses Stoffes. Derartige Adsorptionen sind fast immer bei Berührung von Gasen oder Flüssigkeiten mit einer festen Phase zu erwarten. Sie machen sich um so deutlicher bemerkbar, je größer die relative Oberfläche der adsorbierenden festen Phase ist.

Als Ursache der Adsorption muß das Wirken von Kräften zwischen der Oberfläche des Adsorbens und der adsorbierten Substanz angenommen werden. Die Reichweite dieser Kräfte ist sehr gering und übersteigt in den meisten Fällen nicht molekulare Dimensionen. Die von einem Molekül ausgehenden in alle Raumrichtungen weisenden Anziehungskräfte sind nur im Innern einer Phase vollständig abgesättigt, nicht aber in der Grenzschicht. Nach F. HUBER (1914) sind es die nach außen gerichteten, nicht abgesättigten „Restvalenzen", die auf die angrenzende Phase einzuwirken versuchen. Dadurch kann es zu einer Anreicherung bestimmter Substanzen auf der Grenzfläche eines festen Adsorbens kommen.

Je nach der Natur der Kräfte, durch die ein Festhalten des adsorbierten Stoffes bewirkt wird, spricht man von „physikalischer" oder „aktivierter" Adsorption. Im ersteren Fall wirken unspezifische Anziehungskräfte nach Art der van der Waalsschen Kräfte oder elektrostatische Dipolkräfte (elektrische Theorie, E.

HÜCKEL, 1927). Gegenseitige kurzperiodische Störungen von Elektronenbewegungen im Innern eines Moleküls sind ebenfalls als Ursache eines beträchtlichen Teiles der Anziehungskräfte anzusehen (wellenmechanische Theorie, F. LONDON, 1930).

Im Falle der aktivierten Adsorption (H. S. TAYLOR, 1924) kommt es zu einer wesentlich festeren Anlagerung nach Art einer chemischen Bindung (Chemisorption). Bei der Adsorption von Wasserstoff an einige Metalle (Pt, Pd, Cu, Ni, U) bilden sich an der Metalloberfläche hydridartige Verbindungen. Bei einer derartigen Anlagerung wird die Bindung zwischen den Atomen im Wasserstoffmolekül gelockert bzw. aufgehoben. Der adsorbierte Wasserstoff wird dadurch chemisch aktiver. Diese auch bei anderen Gasen (O_2, N_2) zu beobachtende Folge der aktivierten Adsorption wird bei kontaktkatalytischen Synthesen, z. B. Hydrierungen, ausgenutzt.

II. Quantitative Gesetzmäßigkeiten der Adsorption

Die von einem Adsorbens aufgenommene Substanzmenge (a) wird von Druck (p) und Temperatur (T) beeinflußt und ist somit als Zustandsvariable aufzufassen. Zwischen der Oberfläche des Adsorbens und der angrenzenden Phase stellt sich ein divariantes Gleichgewicht ein, das durch die allgemeine Funktion

$$a = f(p)_T \qquad (35)$$

gekennzeichnet ist. Gleichgewichtseinstellungen für bestimmte Temperaturwerte werden durch Adsorptionsisothermen beschrieben (s. Abb. 18).

Die quantitativen Zusammenhänge bei der Adsorption von Gasen wurden zuerst von E. BOEDECKE und W. OSTWALD (1893) empirisch gefunden, später von H. FREUNDLICH (1930) bestätigt und auf flüssige Systeme ausgedehnt. Die aus experimentellen Ergebnissen abgeleitete Beziehung

$$a = k \cdot p^{\frac{1}{n}}, \qquad (36)$$

wird als Freundlichsche Adsorptionsisotherme bezeichnet.

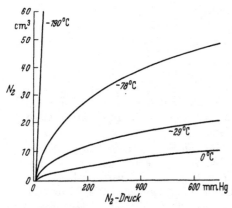

Abb. 18. Adsorptionsisothermen des Stickstoffs. Adsorption an Aktivkohle bei verschiedenen Temperaturen

a = adsorbierte Substanzmenge (g/g Adsorbens) bzw. Oberflächenkonzentration (Mol/cm² Oberfläche),

k = von der Natur des Adsorbens bestimmte Konstante,

$\frac{1}{n}$ = Adsorptionsexponent (Materialkonstante, 0,2—1,0),

p = Gasdruck bzw. Konzentration einer Lösung.

Es hat sich gezeigt, daß die Formel 36 mit dem Adsorptionsexponenten $\frac{1}{n}$ für mittlere Druckbereiche die Verhältnisse durchaus richtig wiedergibt, aber nicht bei niedrigen Druckwerten. Hier verlaufen die Adsorptionsisothermen nicht mehr parabelartig, sondern haben annähernd die Form einer Geraden. Die von I. LANGMUIR (1918) aufgrund kinetischer Überlegungen als Gleichung einer Hyperbel abgeleitete Adsorptionsisotherme (37) zeigt diesen Nachteil nicht:

$$a = \frac{a_\infty \cdot p}{p + b} \qquad (37)$$

a = adsorbierte Substanzmenge (g/g Adsorbens), b = Konstante,

a_∞ = Sättigungskonzentration, p = Gasdruck.

Bei sehr kleinem Druck ($p \ll b$) verläuft die Adsorptionsisotherme nach dieser Gleichung linear.

Die auf glatte Oberflächen und unter Annahme von monomolekularer Belegung der Oberfläche bei der Sättigungskonzentration a_∞ abgestellte Beziehung von LANGMUIR wurde durch S. BRUNAUER, P. H. EMMET und E. TELLER (1938) für polymolekulare Gas- bzw. Dampfadsorption in folgender Weise umgeformt (B.E.T.-Gleichung)

$$a = \frac{a_\infty \cdot c \cdot p}{(p_0 - p) \cdot (1 + (c-1)) \cdot \dfrac{p}{p_0}} . \tag{38}$$

p_0 = Druck des gesättigten Dampfes,
a = Sättigungskonzentration bei monomolekularer Adsorption (g/g Adsorbens),

$c = e^{\frac{(E_1 - E_2)}{R \cdot T}}$ E_1 = Adsorptionswärme für die erste Monoschicht,
                E_2 = Kondensationswärme des Dampfes.

In engen Capillaren können sich monomolekulare Schichten nur in beschränkter Anzahl (n) übereinander lagern. Die Gleichung (38) erhält für diesen Fall die folgende Form

$$a = \frac{a_\infty \cdot c \cdot x}{1 - x} \cdot \frac{1 - (n+1) \cdot x^n + n \cdot x^{n+1}}{1 + (c-1) \cdot x - cx^{n+1}} \qquad x = \frac{p}{p_0} \tag{39}$$

Die jeweilige Bezugstemperatur hat auf die Form der Adsorptionsisotherme einen großen Einfluß. Bei hohen Temperaturen werden nur verhältnismäßig geringe Substanzmengen adsorbiert. Die Kurve ändert sich mit steigendem Druck fast linear. Bei niedrigen Temperaturen werden höhere Substanzmengen aufgenommen. Die Isotherme steigt deshalb insbesondere anfangs stark an.

Bei physikalischer Adsorption stellt sich das isotherme Gleichgewicht in allen Temperaturbereichen in der Regel sehr schnell ein, wenn man die bei der Adsorption freiwerdende Wärme (Adsorptionsenthalpie) gut ableitet. Bei der Chemisorption beschleunigen hohe Temperaturen die Gleichgewichtseinstellung deutlich. Tiefe Temperaturen lassen die Einstellung nur sehr träge ablaufen.

Weniger einfach liegen die Verhältnisse bei der Adsorption von Substanzen aus Lösungen, da man hier mindestens Dreistoffsysteme vor sich hat. Das Adsorbens wird nicht nur auf die gelöste Substanz, sondern auch auf das Lösungsmittel seine Wirkung ausüben. Die Moleküle beider konkurrieren um die wirksamen Stellen der adsorbierenden Grenzfläche.

In einfacheren Fällen gelten für die Adsorption gelöster Stoffe die gleichen Gesetzmäßigkeiten wie bei der Gasadsorption. Innerhalb mittlerer Konzentrationen ist die Freundlichsche Adsorptionsisotherme gut anwendbar.

Adsorptionen sind stets mit einem Energieumsatz verbunden, sie verlaufen exotherm. Unter Verringerung der freien Energie $\varDelta G$ wird Adsorptionswärme $\varDelta H$ freigesetzt.

$$\varDelta G = \varDelta H - T \varDelta S . \tag{40}$$

S = Entropie, T = absolute Temperatur.

Verringert sich die freie Energie, so wird $\varDelta G$ negativ. Da adsorbierte Moleküle eines Gases oder einer Lösung im Zustand der Adsorption bestimmten ordnenden Kräften unterworfen werden, muß auch der Wert für die Entropie $\varDelta S$ negativ werden. Aus diesen Bedingungen folgt auch für $\varDelta H$ ein negativer Wert, d. h. spontan ablaufende Adsorptionsvorgänge verlaufen exotherm.

Wird die Adsorption durch schwache, z. B. van der Waalssche Kräfte bewirkt (physikalische Adsorption), so liegen die Adsorptionsenthalpien in der Größenordnung von Verdampfungsenthalpien zwischen 10^3 und 10^4 cal/Mol. Ebenso wie die Siedepunkte steigen die Enthalpiewerte mit der Größe des Moleküls an, z. B. in der homologen Reihe der normalen Paraffinkohlenwasserstoffe bei jeder zukommenden CH_2-Gruppe um einen bestimmten Betrag (A. V. Kiselev, 1957).

Im Falle von Chemisorption liegen die Enthalpiewerte in der Größenordnung chemischer Reaktionsenthalpien, also zwischen 10^4 und 10^5 cal/Mol.

Adsorptionsenthalpien lassen sich kalorimetrisch bestimmen oder nach der Clausius-Clapeyronschen Gleichung aus der Temperaturabhängigkeit des Gleichgewichtsdruckes p berechnen.

$$-\Delta H = \frac{R \cdot T_2 \cdot T_1}{T_2 - T_1} \cdot (\ln p_2 - \ln p_1) \,. \tag{41}$$

p_1 und p_2 Gleichgewichtsdruck bei den Temperaturen T_1 und T_2, R = Gaskonstante.

III. Adsorption von Gasen

1. Adsorptionsmittel

Als Adsorptionsmittel sind Substanzen geeignet, die auf Grund ihrer hohen Porosität bzw. ihrer inneren Zerklüftung eine große innere Oberfläche besitzen. Verwendet werden in erster Linie Aktivkohlen, Kieselsäure- und Tonerdegele. Die innere Oberfläche von 1 g Aktivkohle kann 1000 m² und mehr betragen (s. Tab. 7).

Die Adsorptionsfähigkeit für bestimmte Gase und Dämpfe hängt nicht nur von der Ausdehnung der inneren Oberfläche ab, sondern auch von der „Porenweite" der das Adsorbens durchsetzenden Capillaren und Hohlräume. Zur Aufnahme hochsiedender Dämpfe verwendet man zweckmäßig weitporige Aktivkohlen mit niedrigem Litergewicht. Für niedrigsiedende Dämpfe und Gase sind vorzugsweise feinporige Adsorbentien mit hohem Litergewicht geeignet. Das leicht zu ermittelnde Gewicht eines bis zur Volumenkonstanz zusammengerüttelten Adsorbens (= Litergewicht) gibt in recht zuverlässiger Weise Auskunft über die Porosität und somit über die Aktivität des vorliegenden Adsorptionsmitteltypes.

Tabelle 7. *Oberfläche des Capillarsystems von Adsorptionsmitteln*

Adsorptionsmittel	Innere Oberfläche (m²)
Aktivkohlen aus Cocosnußschalen. . .	1700
Daco G 50	1300
Norit.	930
Zuckerkohle.	850
Knochen-Kohle	120
Graphit	30
Aluminiumoxid	175—223
Asbest	4—18
Bentonit	18
Kieselgur	4—22
Fullererde	129
Silcagel.	400—860
Zinkoxid	2—9

Von leichtkondensierbaren Gasen und Dämpfen werden oft erstaunlich große Mengen sorbiert. Die Stoffaufnahme kann bis zu 50% des Gewichtes der mikroporösen Phase betragen. Derartige hohe Sorptionsleistungen lassen sich durch die üblichen Vorstellungen von der Adsorption nicht erklären. An den primären Vorgang der Adsorption muß sich hier die oftmals diskutierte Erscheinung der Capillarkondensation anschließen, wie neuerlich von P. Kubelka (1954) bewiesen wurde. Nur bei sehr niedrigem Gasdruck bleibt es bei einer Anreicherung von Molekülen der Gasphase in monomolekularer Schichtdicke an der Grenzfläche. Mit steigendem Gasdruck lassen sich vier aufeinanderfolgende Stadien der Adsorption beobachten:

1. Erhöhung der Konzentration der Gasphase in unmittelbarer Nähe der festen Phasenoberfläche.

2. Kondensation zu einem monomolekularen Flüssigkeitsfilm an der Oberfläche.

3. Anwachsen des Filmes zu polymolekularer Schichtdicke.

4. Ausfüllen der Capillaren der festen Phase mit verflüssigtem Gas, d. h. Capillarkondensation (s. auch Abb. 19).

Für die selektive Wirkung auf die einzelnen Substanzen sind außerdem chemische Eigenschaften des Adsorbens verantwortlich, wie z. B. das Vorhandensein von basischen oder sauren Gruppen.

Um ein Adsorbens nicht über seine Kapazität hinaus zu belasten, ist die Kenntnis seiner Adsorptionsisothermen von Bedeutung. Bei den hydrophoben Aktivkohlen bestimmt man die Isotherme aus Gleichgewichtseinstellungen in einem Benzol-Trägergasgemisch mit regelbaren Benzolanteilen. Hydrophile Kiesel- und Tonerdegele werden durch Beladen mit Wasserdampf geprüft.

a)   b)   c)

Abb. 19 a—c. Erscheinung der Capillarkondensation. a) Kondensation eines Gases zu einem monomolekularen Flüssigkeitsfilm; b) Anwachsen des Filmes zu polymolekularer Schichtdicke; c) Ausfüllen der Capillare mit verflüssigtem Gas

Tabelle 8. *Adsorption von Gasen: 1 g Aktivkohle adsorbiert bei 15° C folgende Gasmengen: unter 760 mm Hg Druck*

Gas	adsorb. Menge cm³	Sdp °C	Krit. Temp. °C	Molekulargewicht
$COCl_2$	440	— 8	183	99
SO_2	380	— 10	137	64
CH_3Cl	277	— 24	143	50,5
NH_3	181	— 33	132	17
H_2S	99	— 62	100	34
HCl	72	— 83	52	36,5
N_2O	54	— 90	37	44
C_2H_2	49	— 84	— 84	36
CO_2	48	— 78	31	44
CH_4	16	—164	— 87	18
CO	9	—190	—140	30
O_2	8	—182	—118	32
N_2	8	—195	—142	28
H_2	5	—252	—241	2

(Nach W. HENE, Dissertation Hamburg, 1927).

Die Anreicherung an Grenzflächen bei der Adsorption von Gasen ist vergleichbar mit Kondensationsvorgängen. Deshalb steigt die Absorbierbarkeit der Gase etwa parallel mit ihren Siedepunkten bzw. mit ihren Molekulargewichten an. 1 g aktive Kohle nimmt bei Zimmertemperatur etwa 5 ml Wasserstoff mit dem Molekulargewicht 2 und dem Siedepunkt −260° C auf. Bei Ammoniak mit dem Molekulargewicht 17 und dem Siedepunkt −33° C wird dagegen die 36 fache Menge (= 180 ml) adsorbiert (vgl. auch Tab. 8). Bei Temperaturerniedrigung verschiebt sich das Adsorptionsgleichgewicht zugunsten der adsorbierten Menge. In der Nähe ihrer kritischen Temperaturen werden Gase praktisch vollständig von ihren Adsorptionsmitteln aufgenommen.

2. Anwendungsmöglichkeiten der Gasadsorption

Gastrocknung und Gasreinigung. Zum Trocknen von Gasen dienen vorzugsweise die hydrophilen Kiesel- und Tonerdegele oder mit Calciumchlorid imprägnierte Kohlepräparate. Zugesetzte Kobalt-II-salze zeigen durch ihren Farbumschlag von Blau nach Rosa (Hydratbildung) die Grenze der Beladungsfähigkeit an. In den Trocknungsgeräten des Laboratoriums (Exsiccatoren, Trockenpistolen, Trockenröhrchen usw.) hat das mit Kobalt-Indicator ausgestattete „Silicagel" zur Aufnahme abdunstenden Wassers verbreitet Anwendung gefunden.

Um Gase von unerwünschten Bestandteilen zu reinigen, z. B. Luft oder Leucht-gas von Benzol, läßt man sie über Aktivkohle strömen. Halogene und Schwefel-dioxyd werden durch die katalytischen Eigenschaften der porösen Kohle in Gegen-wart von Wasserdampf zunächst in die Halogenwasserstoffsäuren bzw. in Schwefel-säure umgesetzt und erst in dieser Form adsorbiert. Schwefelwasserstoff, Hydride des Phosphors, Arsens und Selens werden über mit Jodat, Arsenit und Arsenat imprägnierte Aktivkohlen geleitet und nach katalytischer Oxydation durch das Imprägnierungsmittel adsorbiert.

3. Gastrennung

Zur Trennung von Gasgemischen läßt man letztere auf ein unter hohem Vakuum entgastes, in reichlichem Überschuß vorhandenes Adsorptionsmittel (meist Aktivkohle) strömen und bei tiefen Temperaturen vollständig adsorbieren. Bei langsamer Steigerung der Temperatur erzielt man aufgrund des unterschied-lichen Desorptionsverhaltens der Gase eindeutige Trennungen, wenn die kritische Adsorptionstemperatur des abzutrennenden Gases überschritten wird, und die kritische Adsorptionstemperatur des zurückzuhaltenden Gases noch ausreichend weit entfernt liegt. Die kritischen Adsorptionstemperaturen liegen etwa in gleicher Höhe wie die kritischen Temperaturen der Gase. Oberhalb dieser Temperaturen kann jeder adsorbierte Gasbestandteil durch Abpumpen bis zu einem möglichst hohen Vakuum quantitativ desorbiert werden. Anstelle eines Vakuums läßt sich auch ein Spülgas verwenden, um einen bei tiefer Temperatur adsorbierten Gas-bestandteil zu vertreiben. Als Spül- oder Trägergase haben sich insbesondere Helium, Wasserstoff, Stickstoff und Kohlendioxyd bewährt.

Bei der „Sorptionsverdrängung" wird ein unter normalem Druck auf Kohle adsorbiertes Gasgemisch beim allmählichen Erwärmen der Kohle selektiv desorbiert und getrennt. Ein Absaugen des desorbierten Gases erhöht die Trennwirkung be-trächtlich und verhütet am Ende der Desorption die störende Restbeladung des Adsorbens mit dem schwerflüchtigsten Bestandteil der Gasmischung.

Gaschromatographie. Analytische Anwendung haben die Methoden zur Gas-trennung in Form der Gaschromatographie gefunden. Mit dieser jüngsten Methode der chromatographischen Analysenverfahren lassen sich ganz allgemein Stoff-gemische trennen, die sich im Temperaturbereich eines Gaschromatographen unzersetzt verdampfen lassen. Als mobile Phase dient ein Schleppgas (Helium, Wasserstoff). Je nachdem, ob das zu trennende Substanzgemisch von einem Adsorbens selektiv aufgenommen wird oder sich zwischen der mobilen und einer stationären (meist flüssigen) Phase verteilt, unterscheidet man zwischen a) Adsorp-tions-Gaschromatographie und b) Gas-Verteilungschromatographie.

Nach Entwicklung störungsfrei arbeitender, hochempfindlicher Detektoren, wie z. B. Wärmeleitfähigkeitszellen und Flammenionisationsdetektoren gelingt es heute Trennungen kleinster flüchtiger Stoffmengen analytisch auszuwerten (Nähe-res s. Kapitel Gaschromatographie).

IV. Adsorption aus Lösungen

Es wurde schon erwähnt, daß bei der Adsorption aus Lösungen kompliziertere Verhältnisse vorliegen, da stets das Lösungsmittel als konkurrierender Partner beim Belegen der wirksamen Stellen auf der Grenzfläche mit auftritt. Wie bei der Gasadsorption sinkt das Adsorptionsvermögen mit steigender Temperatur. Andererseits nimmt die Diffusion einer Lösung durch das Adsorptionsmittel bei höheren Temperaturen zu, so daß es zu einer schnelleren Einstellung des Adsorptionsgleichgewichtes kommt. Es kann deshalb zuweilen vorteilhaft sein, wenn man Substanzen aus erwärmten Lösungen adsorbiert.

Amorphe und poröse Adsorptionsmittel sind wirksamer als kristalline. Existieren mehrere kristalline Modifikationen, so ist das Adsorptionsvermögen der unbeständigeren Form stärker als das der beständigeren. Aktive Kohle ist ein für viele Substanzen geeignetes Adsorbens. Wegen der hydrophoben Eigenschaften der Kohle werden allerdings lipoidlösliche Verbindungen bevorzugt. Vergleicht man Adsorbentien in ihrer Adsorptionsaktivität auf neutrale Stoffe in unpolaren, wasserfreien Lösungsmitteln, so lassen sie sich nach fallender Aktivität in folgender Reihe anordnen: (Aktivkohle) < Eisenoxyd < Magnesiumsilicat < Kieselgel < Aluminiumhydroxyd Calciumhydroxyd Calciumcarbonat < Calciumsulfat < Talk < Zucker < Stärke < Cellulosepulver.

Behandelt man Adsorptionsmittel mit Substanzen, die stark adsorbiert werden, wie z. B. Wasser, so läßt sich jede gewünschte Aktivität unter der ursprünglichen einstellen. Derartige vorbelegte Adsorbentien haben sich in der Praxis gut bewährt. Wegen ihrer gleichmäßigeren Oberfläche erlauben sie eine leichtere und vollständigere Elution der adsorbierten Substanzen. Vorbelegte Adsorptionsmittel werden hinsichtlich ihres Aktivitätsgrades standardisiert (z. B. Aluminiumoxyd nach BROCKMANN der Firma Merck, Aluminiumoxyd Woelm usw.). Es ist jedoch zu beachten, daß beim Aufbewahren in feuchter Luft oder beim Behandeln mit auch nur geringfügig wasserhaltigen Lösungsmitteln starke Änderungen der Aktivität eintreten können. Es empfiehlt sich deshalb, standardisierte Adsorptionsmittel vor ihrer Verwendung auf ihre Aktivitätsstufe mit bestimmten Farbstofflösungen zu testen.

Nach H. BROCKMANN und H. SCHODDER (1941) eignen sich dazu Lösungen von je 20 mg der in der folgenden Tabelle genannten Farbstoffpaare. Die Farbstoffe werden in einer Mischung aus 10 ml Benzol p.A. und 40 ml Normalbenzin „Merck" gelöst. Man füllt das zu überprüfende Adsorbens in Röhrchen von 15 mm lichter Weite 5 cm hoch ein und deckt es mit einer Filtrierpapierscheibe des gleichen Durchmessers ab. Die auf Grund der zu beobachtenden Adsorptionserscheinungen festgelegten Aktivitätsstufen können folgender Tabelle 9 entnommen werden:

Tabelle 9. *Prüfung von Adsorptionsmitteln*

Aktivitäts-stufe	Adsorption in		Filtrat	Farbstoff-lösung
	oberer Zone	unterer Zone		
I	Methoxyazobenzol	Azobenzol		a
II		Methoxyazobenzol	Azobenzol	a
II	Sudangelb	Methoxyazobenzol		b
III		Sudangelb	Methoxyazobenzol	b
III	Sudanrot	Sudangelb		c
IV		Sudanrot	Sudangelb	c
IV	Aminoazobenzol	Sudanrot		d
V	Oxyazobenzol	Aminoazobenzol		e

Belegt man Adsorptionsmittel mit fluorescierenden Stoffen (z. B. Morin, Fluorescin, Berberin usw.), so bleibt die Adsorptionsfähigkeit für eine Reihe von Stoffen erhalten. Die Adsorptionszonen fluorescenslöschender Verbindungen können beim Betrachten im UV-Licht als dunkele Bezirke leicht erkannt werden. Zur Herstellung fluorescierender Adsorptionsmittel werden 500 g Aluminiumoxyd „Merck" mit 500 ml einer 0,06% methanolischen Morinlösung geschüttelt, bis die Farbstofflösung entfärbt ist. Für gleiche Gewichtsmengen Calciumcarbonat oder Magnesiumoxyd verwende man 500 ml einer 0,03% Lösung von Morin in Methanol.

Die gewünschten Aktivitätsstufen lassen sich durch längere oder kürzere Trocknungszeiten im Trockenschrank einstellen.

1. Einfluß des Adsorptivs

Oberflächenaktive Stoffe werden aus Lösungen leichter adsorbiert als oberflächeninaktive, große Moleküle besser als kleinere. Die Adsorption organischer Verbindungen nimmt innerhalb homologer Reihen mit steigendem Molekulargewicht zu (Traubesche Regel). Aromatische Verbindungen werden stärker adsorbiert als aliphatische gleichen Molekulargewichtes.

Anorganische Säuren, Basen und Salze werden in wäßriger Lösung im allgemeinen nur schwach adsorbiert, ebenso organische Verbindungen mit vielen Hydroxygruppen (Zuckerarten, Polyalkohole). Die in einem Lösungsmittel schwer löslichen Stoffe werden meist stärker adsorbiert als die leichtlöslichen. Kolloide werden von Adsorbentien besser aufgenommen als kristalloide Stoffe. Bei hydrophoben Kolloiden beeinflussen die Ladungsverhältnisse von Adsorbens und Kolloid den Adsorptionseffekt erheblich.

Infolge der bei der Adsorption eintretenden Polarisation kommt es zuweilen zu reversiblen Farbänderungen der adsorbierten Substanz. Außerdem sind polarisierte Moleküle chemisch reaktionsfähiger und gegenüber dem Angriff von Oxydationsmitteln (Luftsauerstoff) sehr empfindlich. Die Zersetzung adsorbierter organischer Substanzen (z. B. Chlorophyll an Aluminiumoxyd) kann oft auch als Folge der sauren oder basischen Eigenschaften des Adsorbens oder durch den Einfluß von Schwermetallspuren ausgelöst werden.

2. Anwendungsmöglichkeiten der Adsorption aus Lösungen

In der Lebensmitteltechnologie werden Adsorptionsmittel in großem Umfange zum Entfärben, Klären und Beseitigen unerwünschter Geruchs- und Geschmacksstoffe eingesetzt. Speiseöle werden zur Entfärbung mit Bleicherden (Fullererde, Floridaerde, Frankonit usw.) im Einrühr- oder Filtrationsverfahren behandelt. Bei der Reinigung des Rohzuckersaftes werden durch Zusatz von Calciumhydroxyd (Scheidung) und Kohlendioxyd (Saturation) oberflächenreiche Substanzen ausgeflockt, die Farbstoffe und kolloide Trübungen adsorbieren. Zur Raffination von Zuckerlösungen verwendet man Kohlepräparate. Aktive Kohle wird auch zur Klärung von Glucoselösungen, Pektinlösungen, Bier, Spirituosen, Würzen usw. eingesetzt.

In der Laboratoriumspraxis verwendet man zur Entfärbung von Lösungen in der Regel aktive Kohle, zur Klärung Kieselgur oder oberflächenreiche Fällungen nach Zusatz von Bleiessig bzw. Kaliumferrocyanid- und Zinksulfatlösungen (Klärung nach Carrez).

Äther läßt sich durch Filtration über Aluminiumoxydsäulen (25 g Aluminiumoxyd Woelm, Aktivitätsstufe I) von Peroxyden befreien. Kohlenwasserstoffe werden auf die gleiche Weise von UV-adsorbierenden Verunreinigungen gereinigt (G. HESSE und H. SCHILDKNECHT, 1955).

Präparative Bedeutung haben Adsorptionsmittel bei der Abtrennung und Isolierung von wertvollen Substanzen, wie Vitamin B_1 und B_{12}, Antibiotica, Glykosiden usw., erlangt. Zur Anreicherung und Abtrennung von Fermenten benutzt man vorzugsweise oberflächenreiche Gele, wie z. B. Aluminiumoxyd C γ oder Calciumphosphatgel.

3. Chromatographische Trennungen

Zu den wichtigsten Anwendungen der Adsorption aus Lösungen gehört die Adsorptionschromatographie. Mit diesem Verfahren lassen sich mehrere in einer

Lösung befindliche Stoffe aufgrund ihres unterschiedlichen Adsorptionsverhaltens trennen. Sie können auf diese Weise analytisch erkannt bzw. präparativ einzeln isoliert werden. Bei der auf Arbeiten von M. S. Tswett (1901) zurückgehenden Säulenchromatographie werden die eingangs erwähnten Adsorptionsmittel, meist in standardisierter Form, als Säulenfüllungen verwendet. Säulenchromatographische Trennverfahren dienen sowohl präparativen als auch analytischen Zwecken. In Form der Dünnschichtchromatographie (G. Stahl, 1958) wird die Adsorptionschromatographie fast ausschließlich zur schnellen analytischen Trennung von Stoffgemischen angewendet. Insbesondere lipoidlösliche Stoffe lassen sich auf den Adsorptionsschichten der Dünnschichtplatten gut trennen.

4. Capillaranalyse und Papierchromatographie

F. F. Runge (1850) sowie Ch. F. Schoenbein und F. Goppelsröder (1860) trennten schon auf Filtrierpapierstreifen Farbstofflösungen in ihre Einzelkomponenten auf. Sie bezeichneten ihr Untersuchungsverfahren als Capillaranalyse. Die Auftrennung eines Stoffgemisches wurde anfangs besonderen „capillaren Kräften" zugeschrieben, später insbesondere von F. Goppelröder (1901) durch Adsorption erklärt.

Die Capillaranalyse wurde durch die von R. Consden, A. H. Gordon, A. J. P. Martin und R. L. M. Synge (1944) begründete Papierchromatographie (s. diesen Abschnitt) abgelöst. Die zahlreichen Arbeiten über capillaranalytische Trennungen haben heute nur noch historischen Wert, obwohl viele bei der Papierchromatographie „wiederentdeckte" technische Einzelheiten schon den Praktikern der Capillaranalyse bekannt waren. Während bei der Capillaranalyse ein Papierstreifen mit einem Ende direkt in die zu untersuchende Lösung tauchte (Frontanalyse), werden beim Verfahren der Papierchromatographie die auf dem Papier an einem Startpunkt aufgetragenen Substanzen mit einem geeigneten Laufmittelgemisch auf- oder absteigend entwickelt (Elutionsentwicklung). Inzwischen hat man erkannt, daß der Trenneffekt nur in wenigen besonderen Fällen auf Adsorption beruht. Im allgemeinen handelt es sich um eine durch Verteilungsfunktionen zu beschreibende Verteilung von Substanzen zwischen einer mobilen (Laufmittel) und einer stationären Phase. Letztere ist entweder die Cellulose des Papiers mit dem darin verankerten Wasser oder eine vom Papier bis zur Sättigung aufgenommene besondere Flüssigkeit. Hinsichtlich der Ausführung der vielseitig anwendbaren papierchromatographischen Arbeitstechnik und ihrer Grundlagen wird auf das Kapitel „Papierchromatographie" verwiesen.

Bibliographie

Adam, N. K.: The Physics and Chemistry of Surfaces. Oxford: University Press 1952.

Adamson, A. W.: Physical Chemistry of Surfaces. New York-London: Interscience Publishers 1960.

Bailleul, G., K. Bratzeler, W. Herbert u. W. Vollmer: Aktive Kohle. Stuttgart: Ferdinand Enke 1953.

Bikerman, J. J.: Surface Chemistry. London: Academic Press 1958.

Bratzeler, K.: Isolierung, Reinigung und Trennung durch Adsorption aus gasförmigem Aggregatzustand. In: Houben-Weyl, Methoden der organischen Chemie, Bd. I/1, S. 493 bis 520. Stuttgart: Thieme 1958.

— Adsorption von Gasen und Dämpfen in Laboratorium und Technik. Dresden: Theodor Steinkopff 1944.

Brunauer, S.: The Adsorption of Gases and Vapores. Princeton: Princeton University Press 1943.

Cassidy, H. G.: Adsorption and Chromatography. In Arnold Weissberger, Technik of organic Chemistry, Bd. V. New York-London: Interscience Publishers Inc. 1951.

Clayton, A.: The Theorie of Emulsions and their technical Treatment. London: J. A. Churchill 1935.
Goppelsröder, F.: Capillaranalyse beruhend auf Capillaritäts- und Adsorptionserscheinungen mit dem Schlußkapitel: Das Emporsteigen der Farbstoffe in den Pflanzen. 545. S. Basel: E. Birkhäuser 1901.
— Anregung zum Studium der auf Capillar- und Adsorptionserscheinungen beruhenden Capillaranalyse. S. 239. Basel: Helbing und Lichtenhain 1901.
Gregy, S. J.: The Surface Chemistry of Solids. London: Chapman and Hall 1961.
Hais, I. M., u. K. Macek: Handbuch der Papierchromatographie. Jena: Gustav Fischer 1960.
Harkins, W. D: Determination of Surface and Intierfacal Tension. In Arnold Weissberger, Technik of organic Chemistry. Bd. I/IX, S. 356—425. New York-London: Interscience Publishers Inc. 1949.
— The Physikal Chemistry of Surface Films. London: Reinhold 1952.
Hesse, G.: Isolierung, Reinigung und Trennung durch Adsorption im flüssigen Aggregatzustand. In Houben-Weyl, Methoden der organischen Chemie, Bd. I/1, S. 465—492. Stuttgart: Georg Thieme 1958.
Hückel, E.: Adsorption und Kapillarkondensation. Leipzig: Akademische Verlagsgesellschaft Geert & Portig K. G. 1958.
Kausch, O.: Das Kieselsäuregel und die Bleicherden. Berlin: Springer 1935.
Keulemanns, A. I. M.: Gas-Chromatography. Weinheim/Bergstraße: Verlag Chemie GmbH. 1953.
Krczil, F.: Aktive Tonerde, ihre Herstellung und Anwendung. Stuttgart: F. Enke 1938.
— Untersuchung und Bewertung technischer Adsorptionsstoffe. Leipzig: Akademische Verlagsgesellschaft 1931.
Marcelin, A.: Oberflächenlösungen. Leipzig und Dresden: Steinkopff 1933.
Noman, P.: Handbook of the Second International Congress of Surface Activity. London: Butterworths Scientific Publications 1957.
Platz, H.: Über Capillaranalyse und ihre Anwendung im pharmazeutischen Laboratorium. Leipzig: Schwabe 1922.
Riddiford, A. C., J. F. Danielli, and K. G. A. Panhurst: Surface Phenomena in Chemistry and Biology. London, New York, Paris, Los Angeles: Pergamon Press 1958.
Roginski, S. S.: Adsorption und Katalyse an inhomogenen Oberflächen. Berlin: Akademie-Verlag 1958.
Rosen, M. J., and H. A. Goldsmith: Systematic Analysis of Surface Active Agents .In Chemical Analysis, Vol. 12/XVII, 422 S. New York: Interscience Publishers Inc. 1960.
Runge, F. F.: Zur Farbenchemie, Musterbilder für Freunde des Schönen und zum Gebrauch für Zeichner, Maler, Verzierer und Zeugdrucker. Berlin: Mittler u. Sohn 1850.
— Farbenchemie III. Berlin: Mittler und Sohn 1850.
— Der Bildungstrieb der Stoffe, veranschaulicht in selbständig gewachsenen Bildern. Oranienburg: Selbstverlag 1855.
Stauff, J.: Kolloidchemie. Berlin, Göttingen, Heidelberg: Springer 1960.
Trapnell, B. M. W.: Chemisorption. London: Butterworths 1955.
Wolf, K. L.: Physik und Chemie der Grenzflächen. Bd. 1. Die Phänomene im allgemeinen. Bd. 2. Die Phänomene im Besonderen. Berlin, Göttingen, Heidelberg: Springer 1957 und 1959.

Zeitschriftenliteratur

Brunauer, S., P. H. Emmet, and F. Teller: Adsorption of gases in multimolekular layers. J. amer. Chem. Soc. 60, 309—319 (1938).
Brockmann, H., u. H. Schodder: Aluminiumoxyd mit abgestuftem Adsorptionsvermögen zur chromatographischen Adsorption. Ber. dtsch. chem. Ges. 74, 73—82 (1941).
Cremer, E.: Grundgesetze der Adsorption. Z. physik. Chem. 196, 196—204 (1951).
Consden, R., A. H. Gordon, J. J. P. Martin, and R. L. M. Synge: Qualitative analysis of proteins, a partition chromatographic method using paper. Biochem. J. 38, 224—232 (1944).
Cuny, K. H., u. K. L. Wolf: Präzisierung der Blasendruckmethode zur Bestimmung der Oberflächenspannung von Flüssigkeiten. Ann. Physik 17, 57—77 (1956).
Dervichian, D. G.: Adsorption in wäßriger Phase und van der Waals'sche Kräfte. Kolloid-Z. 146, 96—107 (1955).
— Schäume und Schaumzerstörung. Bericht über die Diskussionstagung der Deutschen Bunsengesellschaft für physikalische Chemie in Ludwigshafen a. Rh. am 28. u. 29. 10. 1954 über grenzflächenaktive Stoffe; ref. in Kolloid-Z. 143, 106—107 (1955).
Dunken, H.: Über die Grenzflächenspannung von Lösungen gegen Quecksilber. Z. physik. Chem. (B) 47, 195—219 (1940).
Ehrlich, G.: Energieparameter in der Adsorption. J. chem. Physics 36, 1499—1503 (1962).

EICHBORN, J. L. v.: Zur Frage des gegenseitigen Haftens räumlich nicht mischbarer Stoffe. Kolloid-Z. **107**, 107—128 (1944).

FLOOD, H.: Adsorption von Anionen in der anorganischen Kapillaranalyse. Tidsskr. Kjemi, Bergvesen, Met. **3**, 9—16 (1943).

—, u. A. SMEDSANS: Adsorption bei der anorganischen Capillaranalyse. Tidskr. Kjemi, Bergvesen, Met. **1**, 150—156 (1941).

— — Anorganische Capillaranalyse von Metallkomplexen. Tidsskr. Kjemi, Bergvesen, Mt. **2**, 17—26 (1941).

— — Einfluß der Kationen aufeinander bei der anorganischen Capillaranalyse. Tidsskr. Kjemi, Bergvesen, Met. **2**, 1—9 (1942).

GIDESON, J., u. W. SCHMATZ: Die Oberflächenspannung von Flüssigkeiten unter Fremdgasdruck bis zu 1000 kp/cm^2. Z. physik. Chem. **27**, 157—170 (1961).

GÖRING, W.: Zur Abhängigkeit der Oberflächenspannung von der Bildungs- und Alterungsgeschwindigkeit der Oberfläche. Z. Elektrochem. angew. physik. Chem. **63**, 1069—1077 (1959).

GÖTTE, E.: Die Eigenschaften der Salze primärer unverzweigter Alkylsulfate und ihrer Lösungen im Hinblick auf ihren technischen Einsatz. Fette u. Seifen, **56**, 583 bis 587 (1954).

GRIESS, W.: Über die Beziehungen zwischen der Konstitution und den Eigenschaften von Alkylbenzolsulfonaten mit jeweils einer geraden oder verzweigten Alkylkette bis zu 18 Kohlenstoffatomen. Fette u. Seifen **57**, 24—32, 168—172, 236—240 (1955).

HABER, F.: In der Diskussion zu R. MARC, Über die Kinetik der Adsorption. Z. Elektrochem. angew. physik. Chem. **20**, 515—524 (1914).

HÄUSSERMANN, H., u. W. KANGRO: Die Oberflächenspannung kapillaraktiver Lösungen als Funktion der Konzentration. Z. physik. Chem. **195**, 37—52 (1950).

HARTMANN, H.: Über die Oberflächenspannung nichtassoziierender polar unpolarer Lösungen. Z. physik. Chem. **195**, 53—57 (1950).

HAUL, R.: Molekularphysikalische Modellbetrachtungen zur Benetzung. Z. Elektrochem. angew. physik. Chem. **54**, 152—159 (1950).

HESSE, G., u. H. SCHILDKNECHT: Reinigung von Kohlenwasserstoffen als Lösungsmittel für die UV-Spektroskopie. Angew. Chem. **67**, 737—739 (1955).

HEYNIS, I. W. G., u. L. MANSKANT: Eine verbesserte Apparatur zur Messung von Oberflächenspannungen. J. physik. Colloid Chem. **54**, 1222—1228 (1950).

HOFFMANN, W., u. F. W. SEEMANN: Die Oberflächenspannung von Schwefelsäure-Wasser-Gemischen im Temperaturbereich von 15—25° C. Z. physik. Chem. **29**, 300—306 (1960).

— H. SCHOENECK u. W. WANNINGER: Die Oberflächenspannung aräometrischer Prüfungsflüssigkeiten im Temperaturbereich von 15—25° C. Z. physik. Chem. **11**, 56—64 (1957).

JASPER, J. J., and K. D. HARRINGTON: A new type of precision capillarimeter. J. amer. chem. Soc. **68**, 2142+2144 (1946).

KALLWEIT, M.: Zur Berechnung der Grenzflächenspannung zwischen zwei Phasen eines binären Systems. Z. physik. Chem. **34**, 163—181 (1962).

KISELEV, A. V.: Research of adsorption by the chemical faculty of Moscow State University. Uchenye Zapiski, Moskow Gosudarst. Univ. im M. V. Lomonosova 174, 229—234 (1955).

KÖLBEL, H., D. KHAMANN u. P. KURZENDÖRFER: Konstitution und Eigenschaften grenzflächenaktiver Stoffe, Einfluß der Strukturelemente auf physikalische und anwendungstechnische Phänomene. Angew. Chem. **73**, 290—298 (1961).

KUBELKA, P.: Adsorption und Kapillarkondensation an Aktivkohle. Kolloid-Z. **135**, 96—101 (1954).

LANGMUIR, I.: The adsorption of gases on plane surfaces of glass, mica and platinum. J. amer. chem. Soc. **40**, 1361—1403 (1918).

LENARD, P., R. v. DALLWITZ u. E. ZUCHMANN: Über die Oberflächenspannungsmessung besonders nach der Abreißmethode und über die Oberflächenspannung des Wassers. Ann. Physik. **74**, 381—404 (1924).

LONDON, F.: Über einige Eigenschaften und Anwendungen der Molekularkräfte. Z. physik. Chem. (B) **11**, 223—251 (1930).

— The general theory of molekular forces. Trans. Faraday Soc. **33**, 8—26 (1957).

LIESEGANG, R. E.: Kreuz-Kapillaranalyse. Naturwiss. **31**, 348 (1943).

— Capillaranalyse. Z. analyt. Chem. **126**, 172 (1943).

MACK, G. L., u. F. E. BARTELL: Vergleich der Methoden zur Bestimmung der Oberfläche von adsorbierten Molekülen in Grenzflächenfilmen. J. physik. Chem. **36**, 65—85 (1932); ref. in Chem. Zbl. **103**, 2442 (1932).

MITRA, S. S., and N. K. SANAYAL-ALLAHABAD: Surface tension temperature relation. J. chem. Physics **23**, 1737—1742 (1955).

NEUMANN, A. W., u. K. L. WOLF: Über Grenzflächenaktivität, Adsorption und Mischadsorption. Z. physik. Chem. **219**, 60—84 (1962).

—, u. E. BASCHANT: Über Grenzflächenaktivität, Adsorption und Assoziation. Z. physik. Chem. **219**, 85—105 (1962).

NILSSON, G.: Proportional flow counter with high humidity. Nucleonics 13, 38—39 (1958).
PASSOTH, G.: Thermische Druckschwankungen in einem Gas als natürliche Grenze für Messungen der Oberflächenspannung nach der Blasendruckmethode. Ann. Physik. 12, 13—22 (1958).
— Über den Jones-Ray-Effekt und die Oberflächenspannung verdünnter Elektrolytlösungen. Z. physik. Chem. 211, 129—147 (1959).
PETERSON, E. C.: The film tensiometer, an instrument for continuous measurement of surface tension of liquids and solutions. Kolloid-Z. 183, 141—145 (1962).
PHILLIPS, J. W., and A. MUMFORD: The evaluation and interpretation of parachors. J. chem. Soc. 1929, 2112—2133.
SCHOENBEIN, CH. F.: Über einige durch Haarröhrchenanziehung hervorgebrachte Trennungswirkungen. Ann. Physik u. Chem. 114, 275—297 (1860).
— Kapillaranalyse. Verhandl. naturforsch. Ges. Basel 4, Nr. 1 (1864).
SEELISCH, F.: Über einige physikalisch-chemische Bedingungen der Emulsionsbildung und der Emulsionsstabilität. Fette u. Seifen 46, 139—142 (1939).
STAHL, G.: Dünnschicht-Chromatographie, Methode, Einflußfaktoren und einige Anwendungsbeispiele. Pharmazie 11, 633—637 (1956).
— Dünnschicht-Chromatographie, Standardisierung, Sichtbarmachung, Dokumentation und Anwendung. Chemiker-Ztg. 82, 323—329 (1958).
SUDGEN, S.: Relation between surface tension, density and chemical compositions. J. chem. Soc. 125, 1177—1189 (1924).
— The determination of surface tension from the rise in capillary tubes. J. chem. Soc. 119, 1483—1492 (1921); 121, 858—870 (1922).
TAYLOR, H. S.: The adsorption of gases by solids. Trans. Faraday Soc. 28, 131—138 (1932).
— Activated adsorption of hydrogen and the para-hydrogen conversion. Trans. Faraday Soc. 28, 247—253 (1932).
TRURNIT, H. J., u. G. SCHIDLOVSKY: Elektronenmikroskopische Aufnahmen von Querschnitten der Filme fettsaurer Seifen. Colloid-Symposium Lehigh Univers. Bethlehem Penn. USA 1960.
TSWETT, M. S.: Über eine neue Kategorie der Adsorptionserscheinungen und ihre Anwendung zur biochemischen Analyse. Trudy kasansk. Obschtschesstwa Jessterstoi rspytat Otd. Biol. 14, 20—26 (1903).
— Adsorptionsanalyse und chromatographische Methode, Anwendung auf die Chemie des Chlorophylls. Ber. dtsch. bot. Ges. 24, 316 u. 384 (1906).
UMSTÄTTER, H.: Messung der Grenzphasenspannung von Flüssigkeiten. Angew. Chem. 19, 207—211 (1947).
VINASSA, E.: Kapillaranalyse der Farbstoffe und Lebensmittel. Arch. Pharmaz. (Weinheim) 230, 353—368 (1892).
VAN DER WAALS, S., H. HULSHOF u. C. BAKKER: Zur Theorie der Kapillarschicht einer Flüssigkeit in Berührung mit ihrem gesättigten Dampf. Z. physik. Chem. 107, 97—110 (1923).
WACHS, W., H. UMSTÄTTER u. S. REITSTÖTTER: Über das Grenzflächenverhalten homologer Fettsäuren und Paraffine. Kolloid-Z. 114, 15—29 (1949).

Schmelzpunkt oder Erstarrungspunkt (Gefrierpunkt) und Siedepunkt oder Kondensationspunkt

Von

Dr. HANS-JÜRGEN HENNING, Berlin

Mit 31 Abbildungen

A. Allgemeines

Als Schmelzpunkt oder Erstarrungspunkt sowie Siedepunkt oder Kondensationspunkt bezeichnet man diejenigen Temperaturwerte, bei denen ein Stoff seinen Aggregatzustand ändert; sie sind für den reinen Stoff nur vom Druck abhängige charakteristische Konstanten.

Das Gleichgewicht eines Einkomponentensystems zwischen der festen Phase, der flüssigen Phase und der dampfförmigen Phase ist nur im sog. Tripelpunkt gegeben. Für das System Wasser beträgt z. B. die Tripelpunktstemperatur 0,0098° C, der Tripelpunktsdruck 4,6 Torr. Normalerweise mißt man jedoch nicht diesen Tripelpunkt, sondern einen Punkt, bei dem die Substanz in Berührung mit Luft bei einem Gesamtdruck von 1 at schmilzt oder erstarrt. Das System ist somit kein reines Einkomponentensystem mehr. Die so gemessenen Temperaturen unterscheiden sich allerdings nur geringfügig von den Tripelpunktstemperaturen; so beträgt die Schmelztemperatur von reinem Wasser mit 0,0023° C nur um 0,0075° C weniger als die wahre Tripelpunktstemperatur. Ist das Wasser mit Luft gesättigt, so sinkt die Schmelztemperatur weiter auf 0° C ab, den so definierten Gefrierpunkt des Wassers, der als Fixpunkt der internationalen Temperaturskala die Bezeichnung Eispunkt trägt (vgl. F. KOHLRAUSCH 1960).

Die in Anwesenheit von Luft unter normalem Luftdruck gemessene Phasenumwandlungstemperatur nennt man Schmelzpunkt, wenn man sich dem Gleichgewicht durch Erhitzen der Substanz nähert, Erstarrungspunkt, wenn man die Phasenumwandlung durch Abkühlen herbeiführt. Den Erstarrungspunkt bei Zimmertemperatur flüssiger Stoffe, insbesondere den wäßriger Lösungen, bezeichnet man in Ableitung von der entsprechenden Zustandsänderung des Wassers auch als Gefrierpunkt. Der Temperaturwert des Erstarrungspunktes stimmt mit dem des Schmelzpunktes vollkommen überein.

Ausgehend von dem festen Stoff gelangt man durch Zuführung von Wärmeenergie nach Zusammenbruch des Gittergefüges zur Schmelze. Im Temperatur-Zeit-Diagramm tritt ein Haltepunkt der Temperatur ein, bis alle festen Kristalle verschwunden sind; erst dann steigt die Temperatur weiter an. Kühlt man den flüssigen Stoff nun wieder ab, so stellt sich mit dem Auftreten der ersten Kristalle der gleiche Haltepunkt ein; die Temperatur der Schmelze bleibt solange konstant, wie flüssige und feste Phase nebeneinander bestehen (Abb. 1). Die im Haltepunkt zugeführte oder entzogene Wärme nennt man Schmelzwärme bzw. Erstarrungswärme; die Schmelzwärme wird zu einem kleinen Teil als mechanische Arbeit zur Volumenvergrößerung verbraucht, die in der Regel mit dem Schmelzvorgang verbunden ist (Ausnahmen: Wasser, Wismut, Gallium, Germanium: Stoffe, bei denen das Schmelzen eine Volumenverminderung bewirkt), größtenteils aber als latente oder innere Wärme zur Erhöhung der inneren Energie des Stoffes.

Erhitzt man den flüssigen Stoff weiter, so wächst der Dampfdruck der Flüssigkeit ständig an; erreicht er die Höhe des außen herrschenden Druckes, so siedet

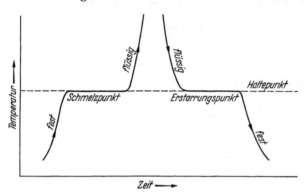

die Flüssigkeit. Das Sieden dauert bei einer bestimmten Temperatur, dem Siedepunkt, solange an, bis die gesamte Flüssigkeit verdampft ist. Auch hier kann die Phasengleichgewichtstemperatur durch Abkühlen (des Dampfes) eingestellt werden und wird dann als Kondensationspunkt bezeichnet. Die während des Siedens zugeführte Energie, die Verdampfungswärme, wird wie die Schmelzwärme hauptsächlich zur

Abb. 1. Schmelz- und Erstarrungsdiagramm (schematisch)

Erhöhung der inneren Energie des Stoffes verbraucht (innere Verdampfungswärme), der Rest in mechanische Arbeit umgewandelt (Volumenvergrößerung).

Über den Zusammenhang zwischen den Phasengleichgewichtstemperaturen und dem Molekülbau sind gewisse begrenzte Aussagen möglich (vgl. H. Kienitz 1953). R. J. Sieraski und G. M. Machwart (1960) geben ein Nomogramm wieder, mit dem sie den Siedepunkt aus Molekulargewicht, Dichten (Flüssigkeit und Dampf), Refraktion (n_D) und Oberflächenspannung der Substanz ermitteln; zusätzlich geht eine Konstante ein, die die Verbindungsklasse der Substanz charakterisiert.

Die Genauigkeit, mit der die Temperaturen der Phasengleichgewichte ermittelt werden, hängt außer von den speziellen Verfahren maßgebend von den Eigenschaften des verwendeten Thermometers ab.

B. Thermometer[1]

Zur Messung des Schmelzpunktes und des Siedepunktes werden in erster Linie Ausdehnungsthermometer benutzt, bei Präzisionsmessungen meist Widerstandsthermometer oder Thermoelemente, seltener optische Pyrometer (vgl. F. Kohlrausch 1960; J. M. Sturtevant 1959a).

I. Quecksilberthermometer

Von den Ausdehnungsthermometern spielen die Flüssigkeitsthermometer, unter diesen das Quecksilberthermometer, die wichtigste Rolle. Einschlußthermometer, bei denen Capillare und Skala in einem Glasrohr eingeschlossen sind, lassen sich wegen geringerer Parallaxe besser ablesen als Stabthermometer, die die Temperaturskala außen auf dem Capillarstab tragen (Abb. 2c). Bei diesen ver-

---

[1] Deutsche Normen s. DIN-Normblatt-Verzeichnis 1964, S. 32/33 (Beuth-Vertrieb GmbH., Berlin u. Köln).

meidet man Parallaxfehler, indem man die Skalenteilung an der Ablesestelle mit ihrem Spiegelbild auf dem Quecksilberfaden in Deckung bringt.

Mit einem guten Quecksilberthermometer läßt sich die Temperatur zwischen 0 und 100°C auf 0,01—0,02° genau messen. Bei engen Capillaren empfiehlt es sich, vor der Ablesung zu klopfen. Durch Einschaltung capillarer Erweiterungen lassen sich verschiedene Meßbereiche in einem Thermometer unterbringen (Abb. 2c).

„Luftfreie" Quecksilberthermometer sind von −38 bis +200°C verwendbar. Füllt man die Capillare mit einer Thallium (8,5%)-Quecksilberlegierung, so können Temperaturen ab −59°C gemessen werden. Bei noch tieferen Temperaturen füllt man mit organischen Flüssigkeiten wie Äthylalkohol, Toluol (bis −100°C) oder technischem Pentan (bis zur Temperatur flüssiger Luft). Organische Flüssigkeiten sind allerdings schlechte Wärmeleiter, verändern sich mit der Zeit, benetzen die Capillare und bringen daher eine Herabsetzung der Meßgenauigkeit um eine Zehnerpotenz mit sich.

„Hochgradige" Quecksilberthermometer für Temperaturen über 300°C enthalten über dem Quecksilber ein inertes Gas (Stickstoff oder Argon), dessen Dampfdruck höher sein muß als der des Quecksilbers bei der höchsten Gebrauchstemperatur. Während derartige Thermometer explosionsgefährdet sind, erfordern Thermometer aus Quarzglas mit Galliumfüllung, die für Temperaturen bis 1100°C hergestellt werden, wegen des hohen Siedepunkts von Gallium (2000°C) keinen Gasdruck.

Beckmann-Thermometer, die nur für die Messung von Temperaturdifferenzen in Höhe einiger Grad Celsius bestimmt sind, erlauben eine Meßgenauigkeit bis zu 0,002°C. Sie sind immer „luftfrei" und besitzen am oberen Ende der Capillare verschiedenartige Erweiterungen (Abb. 2a, b), in die ein Teil des Quecksilbers gebracht werden kann, so daß Temperaturdifferenzen in verschiedenen Temperaturbereichen zu bestimmen sind. Wenn man eine $a°$C entsprechende Quecksilbermenge abgetrennt hat, steigt der einem Grad der Teilung entsprechende Temperaturwert (Gradwert) von G auf G':

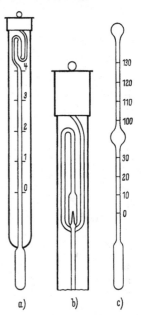

Abb. 2a—c. Thermometerformen

$$G' = \frac{G}{1 - 0{,}00016 \cdot a} \, . \tag{1}$$

Die höchste mit Quecksilberthermometern überhaupt erreichbare Meßgenauigkeit von 0,0001°C ist mit sog. kalorischen Thermometern erreicht worden, die ebenfalls nur wenige °C umfassen, bei denen aber die Quecksilbermenge im Meßsystem nicht verändert werden kann.

Bei genauen Temperaturmessungen ist der Eispunkt (vgl. S. 145) des Thermometers in gewissen Zeitabständen zu überprüfen; statt dessen kann auch ein anderer Fixpunkt, z. B. der Wassersiedepunkt (bei bekanntem Luftdruck) oder der Vergleich mit einem Thermometer, dessen Fehler genau bekannt sind (Normalthermometer), zur Kontrolle verwendet werden.

Benutzt man das Thermometer nicht in vertikaler Stellung, so zeigt es wegen des veränderten Innendruckes deutlich höher an. Bei empfindlichen Thermometern spielt auch die Eintauchtiefe und der wechselnde Barometerstand eine Rolle (Druckabhängigkeit des Volumens des Quecksilbergefäßes).

Alterung: Aus frischgeblasenem Glas hergestellte Thermometer zeigen noch jahrelang infolge fortlaufender Volumenkontraktion ein Ansteigen des Eispunktes, dessen Ausmaß von der Glassorte abhängt. Daher werden die meisten Thermometer bei der Herstellung durch langes Erwärmen auf hohe Temperaturen künstlich gealtert.

Nullpunktsdepression: Auch Thermometer aus gut gealtertem Glas zeigen infolge Trägheit der Einstellung des Glases auf ein neues Volumen nach einer Erwärmung eine zu tiefe Lage des Eispunktes. Diese Abweichung darf bei guten Thermometergläsern nach Erwärmung auf 100°C höchstens 0,06°C betragen. Bei genaueren Messungen ist jedenfalls die Temperatur immer von dem Nullpunkt (Eispunkt) unmittelbar nach der Messung an zu rechnen.

Trennung des Fadens: Bei „luftfreien" Quecksilberthermometern fügt man den durch Luftspuren aufgetrennten Faden dadurch zusammen, daß man entweder abkühlt, bis sich das gesamte Quecksilber im Thermometergefäß befindet, oder vorsichtig erhitzt, bis sich der Faden im oberen erweiterten Ende der Capillare vereinigt. Bei gasgefüllten Thermometern ist die Beseitigung von Gasbläschen wesentlich schwieriger.

Korrektur des herausragenden Fadens: Die meisten Thermometer sind für den Fall justiert, daß sich der ganze Faden auf der Meßtemperatur t befindet. Hat ein Teil des Fadens von der Länge a (in °C) eine von t abweichende mittlere Temperatur t_0, so ergibt sich die korrigierte Temperatur t_k aus der abgelesenen Temperatur t_a als

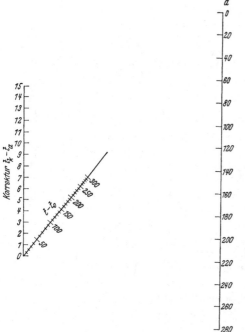

Abb. 3. Nomogramm zur Bestimmung der Fadenkorrektur bei Quecksilberthermometern ($k = 1,6 \cdot 10^{-4}$)

$$t_k = t_a + k \cdot a \cdot (t - t_0), \qquad (2)$$

wobei k der scheinbare Ausdehnungskoeffizient des Quecksilbers in dem betreffenden Glas ist; er beträgt für Jenaer Thermometerglas 16 III $1,57 \cdot 10^{-4}$, für Glas 2954 III $1,63 \cdot 10^{-4}$ (im Durchschnitt der gebräuchlichen Gläser: $1,6 \cdot 10^{-4}$); für nichtmetallische Flüssigkeiten gilt der Durchschnittswert $k = 13 \cdot 10^{-4}$. Die mittlere Temperatur des herausragenden Fadens wird oft an einem kleinen Hilfsthermometer abgelesen, dessen Gefäß man in der Mitte des Fadenteils mit dem Thermometer in Berührung bringt. Am sichersten läßt sich t_0 mit einem Fadenthermometer bestimmen, dessen langes dünnes Quecksilbergefäß in die Badflüssigkeit eintaucht und bis zur Ablesestelle des Hauptthermometers reicht. Die Temperaturkorrektur $t_k - t_a$ kann auch dem nachstehenden Nomogramm entnommen werden (Abb. 3).

Kaliberfehler der Capillare werden durch Messung der Länge eines Teilabschnittes des Quecksilberfadens über die ganze Länge der Capillare hinweg bestimmt; der Fadenabschnitt läßt sich bei luftfreien Thermometern durch Anstoßen des umgekehrten Thermometers abtrennen. Derartige Messungen werden praktisch nur bei Beckmann-Thermometern durchgeführt. Alle anderen Quecksilberthermometer höchster Meßgenauigkeit vergleicht man mit einem Normal-Platin-Widerstandsthermometer (vgl. Abschn. II).

Eichung: Flüssigkeitsthermometer aus Glas können von den Eichbehörden geeicht werden. Die Thermometer müssen der Eichordnung entsprechen, d. h. eichfähig sein. Dazu gehört eine bestimmte Mindestanforderung an die Qualität des Glases sowie die Einhaltung der als höchstzulässige Abweichungen von der internationalen Temperaturskala festgelegten Eichfehlergrenzen. In den von den Behörden ausgestellten Eichscheinen werden die Fehler der Thermometer recht genau angegeben.

II. Widerstandsthermometer

Die Änderung des elektrischen Widerstandes eines Metalls mit der Temperatur ermöglicht eine der besten Methoden der Temperaturmessung. Mit Widerstandsthermometern kann im Vergleich zu anderen Temperaturmeßgeräten die größte Meßsicherheit erreicht werden. Ihr Anwendungsbereich erstreckt sich von −260° bis +600° C und darüber. Von allen Metallen eignet sich Platin hierfür am besten. Es ist bei einem mittleren Widerstandskoeffizienten von 0,004 (relative Widerstandsänderung je °C, bezogen auf den Widerstand bei 0°C) leicht in gleichbleibend reinem Zustand herstellbar und widerstandsfähiger gegen Alterungserscheinungen und äußere chemische Einflüsse als andere Metalle.

Das Platinwiderstandsthermometer dient als Fundamentalinstrument zur Verwirklichung der internationalen Temperaturskala zwischen − 182,97° und + 630,5°C.

Zur Herstellung wird ein 0,05−0,2 mm starker gut ausgeglühter Platindraht möglichst spannungsfrei auf einen Glimmer- oder Porzellanträger gewickelt. An die Enden des Meßdrahtes schweißt man je zwei dickere Platindrähte an, führt diese durch entsprechende Lochscheiben oberhalb des Trägers und verbindet sie über angeschweißte Gold- oder Silberdrähte mit den vier Klemmen am oberen Ende des Thermometers − 2 Stromleitungen, 2 Spannungsleitungen − (Abb. 4). Zum Schutz dienen Rohre aus Glas, Quarzglas oder glasiertem Porzellan. Bisweilen werden auch Hüllen aus mattiertem Metall verwendet, um die Verzögerung der Temperaturanzeige zu verringern.

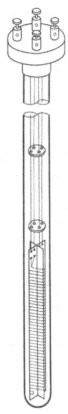

Abb. 4. Widerstandsthermometer

Die Thermometer werden zur Alterung solange der extremsten zu messenden Temperatur ausgesetzt, bis der Eispunkt unverändert bleibt. Mit guten Platinwiderstandsthermometern erreicht man eine Konstanz des Eispunktes bis auf 0,001°C.

Die Meßgenauigkeit richtet sich wesentlich nach der Versuchsanordnung zur Messung des elektrischen Widerstandes. Vorwiegend werden die Wheatstonesche Brücke, die Thomson-Brücke oder der Diesselhorstsche Kompensationsapparat verwendet. Kleinste Temperaturänderungen (bis 10^{-4}°C) kann man nach der Kohlrausch-Methode mit Differentialgalvanometer und übergreifendem Nebenschluß bestimmen.

Die Berechnung der Temperatur t erfolgt nach der quadratischen Formel

$$R_t = R_0 \cdot (1 + A \cdot t + B \cdot t^2) . \tag{3}$$

Nach CALLENDAR führt man zunächst die Platintemperatur t_P ein:

$$R_t = R_0 \cdot (1 + \alpha \cdot t_P) \tag{4}$$

und berechnet in sukzessiver Annäherung:

$$t = t_P + \delta \cdot \frac{t}{100} \cdot \left(\frac{t}{100} - 1\right) = \frac{1}{\alpha} \cdot \left(\frac{R_t}{R_0} - 1\right) + \delta \cdot \frac{t}{100} \cdot \left(\frac{t}{100} - 1\right). \tag{5}$$

Für das reinste Platin ist $\alpha = 0{,}0003927$ und $\delta = 1{,}49$; $A = \alpha \cdot \left(1 + \frac{\delta}{100}\right)$ und

$B = \frac{\alpha \cdot \delta}{100^2}$.

Diese Gleichung gilt zwischen $0°$ und $+630{,}5° \text{C}$; für Temperaturen von $0°$ bis $-182{,}97° \text{C}$ muß die kubische Formel

$$R_t = R_0 \cdot [1 + At + Bt^2 + C(t - 100)\, t^3] \tag{6}$$

verwendet und daher der Gleichung (5) noch auf der rechten Seite das Glied $\beta \cdot \frac{t^3}{100^3} \cdot \left(\frac{t}{100} - 1\right)$ zugefügt werden. Die Konstante β hat den Wert $0{,}11$; $C = -\frac{\alpha}{100^4} \cdot \beta$.

Am Eispunkt beträgt die Meßgenauigkeit bis zu $0{,}0001° \text{C}$, zwischen $0°$ und $100° \text{C}$ etwa $0{,}001° \text{C}$, am Schwefelpunkt ($444{,}6° \text{C}$) $0{,}01° \text{C}$ und am Goldpunkt ($1063° \text{C}$) noch $0{,}1° \text{C}$.

Platinwiderstandsthermometer können von einer technischen Oberbehörde amtlich geprüft und mit Prüfschein versehen werden.

Ist die chemische und physikalische Widerstandsfähigkeit des Platins entbehrlich, so benutzt man auch andere Metalle mit größeren Widerstand-Temperatur-Koeffizienten, z. B. Nickel ($k = 0{,}006$). In neuerer Zeit werden auch Halbleiter wie Mischungen von Metalloxyden, bekannt als Thermistoren, für Widerstandsthermometer verwendet. Thermistoren besitzen negative Temperaturkoeffizienten des Widerstandes, die bei normalen Temperaturen 10 mal so groß sind wie der des Platins (Abb. 5). Die Abhängigkeit des Thermistorwiderstandes von der Temperatur ist (in erster Näherung) durch

$$R = R_0 \cdot e^{B/T} \tag{7}$$

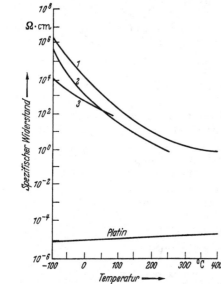

Abb. 5. Der Logarithmus des spezifischen Widerstandes der Thermistoren 1, 2, 3 und des Platins in Abhängigkeit von der Temperatur

gegeben; $B =$ Konstante, $T =$ absolute Temperatur (E. F. G. Herington und R. Handley 1948). Vgl. auch J. A. Becker u. Mitarb. (1946). Derartige Meßanordnungen werden heute in den verschiedensten Formen und Größen hergestellt. Es gibt z. B. Thermistoren als glasüberzogene Kügelchen von 0,2 mm Durchmesser mit dünnen Edelmetalleitungen, die in aggressive Medien eingeführt werden können und extrem geringe Wärmekapazität und thermische Verzögerung zeigen.

III. Thermoelemente

Die Temperaturabhängigkeit der Berührungsspannung zwischen zwei Metallen bildet die Grundlage der Thermoelemente, die neben den Widerstandsthermometern besonders im Bereich hoher Temperaturen häufig zu Präzisionsmessungen des Schmelz- und Siedevorganges herangezogen werden. Sie sind zwar unterhalb

600° C etwa um eine Zehnerpotenz weniger empfindlich als die Widerstandsthermometer, sind dafür aber recht leicht herzustellen, haben sehr geringe räumliche Ausdehnung (Punktmessung) und sind verhältnismäßig trägheitsfrei. Eine Stromquelle ist meist unnötig, wenn man ein hochohmiges Millivoltmeter in einer geeigneten Kompensationsschaltung benutzt. Für höchste Genauigkeit verwendet man den Diesselhorstschen Kompensationsapparat und vergleicht die Thermokräfte mit der EMK eines Normalelementes. Die Thermokräfte lassen sich meist angenähert als quadratische Funktion der Temperatur darstellen.

Zur Herstellung eines Thermoelementes werden zwei gleichlange thermoelektrisch wirksame Drähte, die vorher oberhalb der extremsten Gebrauchstemperaturen gealtert sind, an den einen Enden zusammen-(Hauptlötstelle), an den anderen Enden an Kupferdrähte (Nebenlötstellen) gelötet oder geschweißt. Die Nebenlötstellen müssen während der Messung entweder in Eiswasser oder in einem Thermostaten auf bekannter und konstanter Temperatur gehalten werden. Die Thermoelementdrähte isoliert man zweckmäßig in Porzellanstäben mit doppelter Durchbohrung und setzt sie dann in ein elektrisch isolierendes, möglichst gasdichtes Schutzrohr. Ungeschützte Thermoelemente werden leicht durch Gase und Dämpfe angegriffen. Störeinflüsse durch Inhomogenität der Drähte begrenzen die Meßgenauigkeit der Thermoelemente.

Neben dem Platin-Platinrhodium-Element, das meist für hohe Temperaturen verwendet wird, ist Kupfer/Konstantan wie Silber/Konstantan von -200 bis $+400°$ C brauchbar. Eisen/Konstantan zeigt unterhalb $0°$ C linearen Verlauf der Thermokraft-Temperatur-Kurve.

Auch Thermoelemente können bei einer technischen Oberbehörde geprüft und mit amtlichem Prüfschein ausgeliefert werden.

C. Bestimmung des Schmelzpunktes[1] (Erstarrungspunktes, Gefrierpunktes)

I. Einleitung

Für feste Substanzen, die ohne Zersetzung schmelzen, ist der Schmelzpunkt die wichtigste physikalische Eigenschaft. Bei jeder neu synthetisierten Verbindung mißt man als erstes den Schmelzpunkt, und auch bei der Analyse organischer Verbindungen steht die Bestimmung dieser Konstanten als Grundlage für die Charakterisierung, Identifizierung und Reinheitsprüfung von Stoffen an hervorragender Stelle. Sie ist schon mit geringen Substanzmengen apparativ und methodisch einfach durchzuführen, Berücksichtigung von Druckabhängigkeit und Überhitzungserscheinungen wie z. B. bei der Siedepunktsbestimmung ist nicht nötig, und nur relativ wenige Substanzen zersetzen sich bei ihrer Schmelztemperatur. Weiterhin hat man in der Methode des Mischschmelzpunktes ein vorzügliches Mittel zur Identitätsbestimmung.

Die Reinheit einer Substanz kann in der Regel an einem scharfen Schmelzpunkt erkannt werden; Stoffgemische wie die meisten Fette, Paraffine und Glas zeigen ein Schmelzintervall. Spricht man in solchen Fällen von einem Schmelz*punkt*, (Erweichungs-, Fließ-, Tropf*punkt*), so hat man sich auf einen konventionellen Punkt geeinigt. Zersetzung, Polymerisation oder polymorphe Umwandlungen können auch bei einer an sich reinen Substanz einen scharfen Schmelzpunkt verhindern. Eine Verunreinigung der Substanz bewirkt in der Regel eine Depression des Schmelzpunktes.

---

[1] Dtsch.: Schmelzpunkt = Smp., F.; franz.: point de fusion = F.; engl., amer.: melting point = M.P. (m.p.); ital.: punto di fusione = f.

Die Wahl der Methode ist von der Genauigkeit abhängig, mit der der Schmelz-punkt bestimmt werden soll. Handelt es sich lediglich um die Identifizierung bekannter Stoffe, so genügen meist Methoden geringerer Genauigkeit. Soll eine neue Verbindung charakterisiert werden, ist größere Genauigkeit erforderlich. Bei Präzisionsmessungen nimmt man die ganze Schmelz- bzw. Erstarrungskurve auf. Nach der gewünschten Genauigkeit richtet sich auch die Art des anzuwendenden Temperaturmeßgerätes. Man muß sich immer über die möglichen Fehler im klaren sein, sie vermeiden oder entsprechende Korrekturen vornehmen (vgl. Abschn. B).

Zur schnellen Orientierung über die Lage des Schmelzpunktes ist die von L. und W. Kofler (1949) konstruierte Heizbank (Abb. 6) verbreitet in Verwendung.

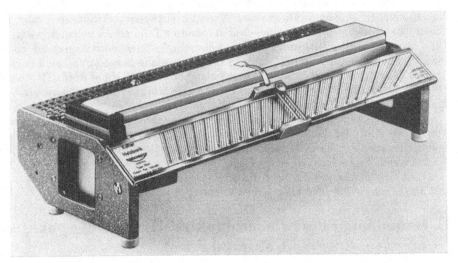

Abb. 6. Heizbank nach Kofler

Sie besteht aus einem 37 cm langen, 4 cm breiten flachen Körper, der aus zwei Metallen verschiedener Wärmeleitfähigkeit hergestellt ist und bei einseitiger elek-trischer Heizung auf seiner verchromten Oberfläche ein annähernd lineares Tem-peraturgefälle zeigt. Die Ablesung erfolgt über einen Abdeckzeiger an Temperatur-linien von 2 zu 2° C. Schwankungen der Zimmertemperatur können berücksichtigt werden. Ein Spannungsstabilisator sorgt für gleichbleibende Erwärmung. Die gepulverte Substanz wird auf die Oberfläche der Bank aufgestreut. Je nach Rein-heit des Stoffes zeigt sich eine mehr oder weniger scharfe Grenze zwischen fester und flüssiger Phase. Die Meßgenauigkeit beträgt $1-2°$ C.

Das Prinzip der Kofler-Bank ist nicht neu. Schon 1930 beschrieben L. M. Den-nis und R. S. Shelton einen 63 cm langen Kupferblock, auf dessen Oberfläche sie durch einseitige Beheizung einen Temperaturgradienten erzeugten; sie bestimmten mit ihrem Gerät Schmelzpunkte organischer Substanzen bis zu etwa 300° C. Zur Temperaturmessung wurde ein Thermoelement benutzt. Die Meßgenauigkeit betrug 0,25° C und die Zeit der Schmelzpunktsbestimmung 30 sec. Dieser Apparat erlaubt es wie die Koflerbank, doch erheblich genauer als diese, auch Schmelzpunkte von Substanzen zu bestimmen, die unterhalb der Phasenumwandlungstemperatur sublimieren oder sich zersetzen. Die in derartigen Fällen von Dennis und Shelton gefundenen Schmelzpunktswerte sind höher (genauer) als die mit allen anderen Methoden erhaltenen.

II. Bestimmung des Schmelzpunktes in der Capillare

1. Allgemeines

Bei dieser meist angewendeten Methode der Schmelzpunktsbestimmung wird eine kleine Probe der fein zerteilten Substanz in eine einseitig zugeschmolzene Glascapillare gebracht und diese dann in ein Bad eingeführt, dessen Temperatur langsam erhöht wird. Man hält die Temperatur fest, bei der man das Schmelzen der Substanz beobachtet. Die Zeit, während der feste und flüssige Phase in der Schmelze nebeneinander vorliegen, soll etwa eine halbe Minute betragen. Dazu darf die Temperatursteigerung in Nähe des Schmelzpunktes nicht größer sein als $1°$C je Minute. Obwohl vielfach einfache Wärmekonvektion oder -zirkulation ausreicht, ist gutes Rühren der Badflüssigkeit doch als zuverlässiger anzusehen. Die Apparatur muß gleichzeitige gute Beobachtung der Substanz und des Thermometers zulassen. Gewöhnlich werden die gefüllten Capillaren erst bei Temperaturen $5-10°$C unterhalb der Schmelztemperatur in das Bad eingesetzt.

Die Capillaren sollen aus dünnwandigen Rohren eines weichen Glases gezogen werden und etwa 1 mm Durchmesser haben. Für Fette, Wachse u. dgl. benutzt man etwas weitere Capillaren. Je enger die Capillare, desto leichter stellt sich das Temperaturgleichgewicht innerhalb der zu schmelzenden Probe ein. Die Röhren, aus denen die Capillaren hergestellt werden, sollen vorher gut gewaschen und getrocknet sein. Nach dem Ausziehen sollen die Capillaren in etwa 10 cm lange Abschnitte geteilt, zur Vermeidung nachträglicher Verschmutzung an beiden Enden zugeschmolzen und so aufbewahrt werden. Erst kurz vor dem Gebrauch wird die Capillare durch Anritzen und Absprengen an einem Ende geöffnet.

Die Substanz wird fein gepulvert und — meist über konzentrierter Schwefelsäure — scharf getrocknet. Jede Verunreinigung bei der Vorbereitung ist sorgfältig zu vermeiden.

Zum Einfüllen der Substanz sind verschiedene Verfahren in Anwendung. Meist taucht man die Capillare wiederholt mit dem offenen Ende in die auf dem Uhrglas oder im Achatmörser zerdrückte Substanz und bringt so von dem Pulver die erforderliche Menge in das Röhrchen. Man läßt nun die Capillare mit dem offenen Ende nach oben durch ein senkrecht gestelltes Glasrohr mehrfach auf eine Holz- oder Glasunterlage fallen, bis sich die Substanz in engster Packung in $2-3$ mm hoher Schicht am Boden der Capillare befindet. Wenn man die Substanz von der Außenluft abschließen will oder Schmelzröhrchen längere Zeit vor der Messung füllt, empfiehlt es sich, die Capillare ganz zuzuschmelzen. Hierfür ist allerdings Voraussetzung, daß das zuzuschmelzende Ende des Röhrchens völlig frei von Substanz ist, um Schmelzpunktsdepressionen durch nachträgliche Verunreinigung der Probe mit Zersetzungsprodukten zu vermeiden.

Die Capillaren werden derart am Thermometer befestigt, daß Probe und Thermometerfühler in möglichst enger Berührung sind, so daß weitgehende Identität der Temperatur gewährleistet ist. Die Befestigung am Quecksilberthermometer erfolgt am besten oberhalb der Badoberfläche mit einem Tropfen der Badflüssigkeit. Vorteilhaft taucht das Thermometer zur Vermeidung nachträglicher Fadenkorrektur bis zur Höhe der Meßtemperatur in das Heizbad ein. Soweit unumgänglich, werden Gummiringe zur Befestigung der Capillaren verwendet.

Die Heizbadflüssigkeit soll möglichst hitzebeständig, schwer flüchtig und nicht zu viscos sein. Flüssiges Paraffin eignet sich gut für mäßige Temperaturen, bei denen noch kein Qualmen oder Verfärben auftritt. Oberhalb $200°$C werden konzentrierte Schwefelsäure, Phosphorsäure, eine Mischung von 6 Teilen Schwefelsäure mit 4 Teilen Kaliumsulfat (bei Zimmertemperatur fest) oder eine Lösung von 10%

Lithiumsulfat in Schwefelsäure (bei 20° C flüssig) benutzt. Wenn sich die konzentrierte Schwefelsäure verfärbt hat, genügt Erhitzen mit einigen Kriställchen Kaliumnitrat, um sie wieder aufzuhellen. Da Phosphorsäure bei höheren Temperaturen Wasser abgibt, muß man dieses jeweils bis zum ursprünglichen Volumen ersetzen.

Das häufig oberhalb 150° C benutzte Dibutylphthalat zeigt bei niederen Temperaturen hohe Viscosität. Neuerdings werden mit gutem Erfolg bis zu Temperaturen von 440° C Silikonöle als Heizbadflüssigkeit verwendet; sie sind farblos, gut hitzebeständig, chemisch nicht aggressiv und nicht hygroskopisch.

Als Heizquelle werden außer der Gasflamme vielfach auch elektrische Heizungen benutzt. Sie komplizieren allerdings ebenso wie Rühreinrichtungen den Aufbau der Schmelzpunktsapparate.

Beim Übergang der fein gepulverten Substanz vom festen zum flüssigen Zustand sind in der Capillare drei Stufen zu beobachten: Zunächst zieht sich die Substanz, ohne daß eine Verflüssigung sichtbar wird, etwas zusammen und löst sich von den Wänden (Schwinden). Anschließend backt sie zusammen (Sintern), und an den Glaswänden zeigen sich (meist) feine Flüssigkeitströpfchen. Schließlich tritt das eigentliche Schmelzen ein, wobei sich in der Capillare neben der Flüssigkeit noch feste Teilchen befinden.

2. Apparate und Verfahren

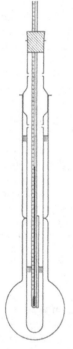

Abb. 7. Schmelzpunktsapparat nach Roth

Der einfachste Apparat zur Schmelzpunktsbestimmung in der Capillare besteht aus einem zu $^3/_4$ mit konzentrierter Schwefelsäure oder einer anderen Badflüssigkeit gefüllten langhalsigen Rundkolben, in den ein entsprechend langes Quecksilberthermometer mittels eines durchbohrten Korkstopfens eingesetzt wird. Um die Thermometerteilung vollständig beobachten zu können und zum Luftausgleich ist aus dem Korkstopfen ein Sektor der Länge nach herausgeschnitten.

Gut brauchbar ist eine Modifikation dieses Apparates nach C. F. Roth (1886), die vom Deutschen Arzneibuch, 6. Ausg. (1926), vorgeschrieben ist (Abb. 7). Die Kugel des Rundkolbens faßt 80—100 ml, der Hals ist etwa 3 cm weit und 20 cm lang und, trägt innen 3 Nasen zur Zentrierung des etwa 15 mm weiten, 30 cm langen Probierrohres, dessen im oberen Drittel ausgeblasene stopfenartige Erweiterung nach dem Einführen des Rohres der Mündung des Kolbenhalses aufsitzt. Das Einsatzrohr wird möglichst knapp, so daß das Thermometergefäß mit anliegendem Capillarenteil gerade bedeckt ist, der Kolben so weit wie möglich mit der Badflüssigkeit, in der Regel mit Schwefelsäure, gefüllt. Dabei muß die Volumenausdehnung der Flüssigkeit bis zur Schmelztemperatur berücksichtigt werden. Der Luftausgleich ist durch je einen Kranz von drei Löchern in dem Einsatzrohr unterhalb und oberhalb der stopfenartigen Erweiterung sichergestellt. Der Apparat läßt sich mit der regelbaren Gasflamme leicht so beheizen, daß die Temperatur der Probe in Schmelzpunktnähe nicht mehr als 1° C je Minute zunimmt. Außerdem ist der Quecksilberfaden — bei Wahl einer geeigneten Thermometerteilung — über seine ganze Länge praktisch auf der Meßtemperatur, so daß man annähernd korrigierte Schmelzpunkte abliest.

Viel verwendet, aber weniger zuverlässig ist der Schmelzpunktsapparat nach J. Thiele (1907). Beim Erhitzen des bis über den Ansatz des oberen Schenkels gefüllten Apparates (Abb. 8) etwa in der Mitte des unteren Schenkels beginnt die

Badflüssigkeit zu zirkulieren, wobei sie in dem senkrechten Teil des Rohres von oben nach unten strömt. Thermometergefäß und Capillare sollen sich in mittlerer Höhe der Badflüssigkeit befinden. Es erfordert ziemlich viel Übung, hier die Heizung so zu regulieren, daß eine gleichmäßige, genügend langsame Temperatur-

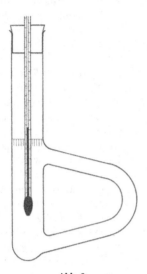

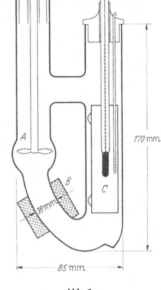

Abb. 8   Abb. 9

Abb. 8. Schmelzpunktsapparat nach THIELE

Abb. 9. Modifikation des Thieleschen Apparates nach HERSHBERG; A = Rührer, B = elektr. Heizung, C = Platinnetz zum Ausgleich von Temperaturunterschieden

steigerung gewährleistet ist. Außerdem variiert der mit dem Thieleschen Apparat ermittelte Schmelzpunkt deutlich mit der Stelle, an der sich — in der Achse des senkrechten Rohres — die Probe befindet.

Verschiedene Verbesserungen des Thieleschen Apparates sind empfohlen worden. Eine von E. B. HERSHBERG (1936) beschriebene Modifikation verwendet einen

Rührer und ein Platinnetz zum Ausgleich der Temperaturunterschiede im senkrechten Rohr, so daß zwischen oberer und unterer Öffnung des Einsatzes nur noch eine Temperaturdifferenz von $\pm$ 0,025° C besteht; ohne das Platinnetz beträgt diese Differenz $\pm$ 0,2°C (Abb. 9).

J. THIELE selbst hat zur Behebung der Fehlerquellen

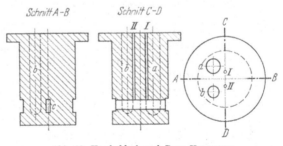

Abb. 10. Kupferblock nach BERL-KULLMANN

der zirkulierenden Heizflüssigkeit eine Vorrichtung entwickelt, die heute noch in der Modifikation von E. BERL und A. KULLMANN (1927) als Kupferblock Verwendung findet (Abb. 10). Sie besteht aus einem Kupferzylinder mit 2 weiten Bohrungen (a und b) für die Thermometer und 2 engeren (I und II) für die Capillaren. Thermometer und Capillaren müssen zur bestmöglichen Wärmeleitung dem Metall allseits fest anliegen. Zur Beobachtung der Schmelzproben ist senkrecht zu den

Capillarenbohrungen und diese kreuzend ein rechteckiger Schaukanal (c) ausgebohrt, der zweckmäßig durch Quarzglas- oder Glimmerfenster verschlossen wird, um Luftströmungen in dem Kanal zu vermeiden. Der Zylinder ist mit Asbest umkleidet und außen mit Widerstandsdraht zur elektrischen Beheizung umwickelt. Man erhitzt langsam und beobachtet die Probe mit einer Lupe gegen eine mit Papier diffus abgeblendete Lichtquelle hinter dem gegenüberliegenden Fenster.

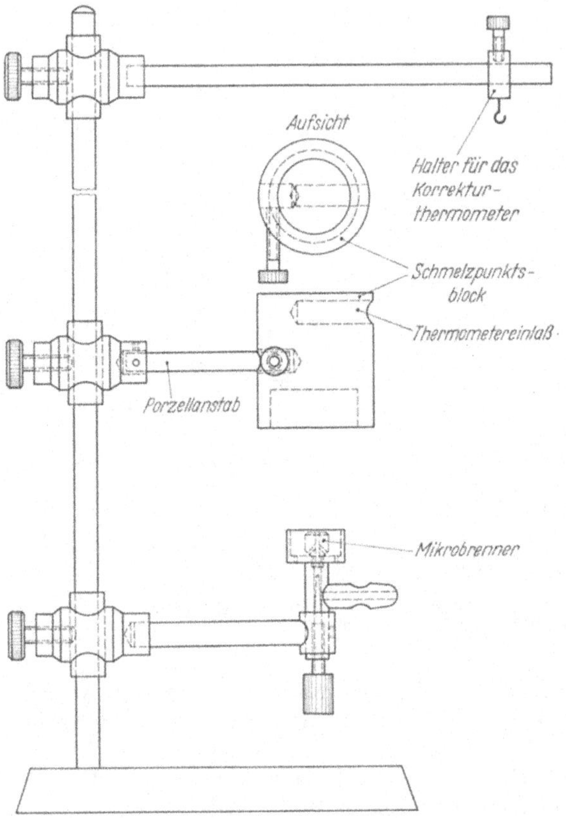

H. Böhme (1964a) schlägt für das neue Deutsche Arzneibuch (DAB 7) eine Modifikation des Metallblocks der Pharmacopée Française (Pharmacopoea Gallica) VII (1950) vor, deren Aufbau aus Abb. 11 ersichtlich ist. Das Thermometer wird vor dem Einführen in die Bohrung des Blocks zur besseren Wärmeübertragung am unteren Ende gleichmäßig mit Silberwolle umwickelt. Man erhitzt mit dem Mikrobrenner vom zylindrisch ausgebohrten Unterteil des Blocks her. In Nähe des zu erwartenden Schmelzpunktes wird die Temperatursteigerung auf etwa 2° C je Minute eingeregelt. Dann werden in kurzen Zeitabständen kleine Mengen der gepulverten und getrockneten Substanz auf den polierten Mittelkreis der Blockoberfläche gestreut. Die Temperatur, bei der die auffallenden

Abb. 11. Schmelzpunktsapparat nach Böhme

Kristalle ohne Verzögerung schmelzen, ist der *Sofortschmelzpunkt*. Die erhaltenen Temperaturen entsprechen jenen, die auf der Kofler-Bank bzw. auf dem Kupferblock von Dennis und Shelton ermittelt werden (vgl. S. 152). S. auch H. Böhme und H.-P. Teltz (1955).

Andere Metall-Schmelzpunktsblocks sind in großer Zahl beschrieben worden. M. L. Maquenne (1904) bringt die Substanz ohne Capillare in die Aushöhlungen seines Blockes. C. E. Linström (1934) und nach ihm G. Matthäus und H. Sauthoff (1935) verwenden einen Block, bei dem die Beobachtung der Probe im schräg seitwärts einfallenden und im durchfallenden Licht, im letzteren Falle auch unter Verwendung polarisierten Lichtes, möglich ist. Während diese Blocks mit Gas beheizt werden, ist der Apparat von F. Hippenmeyer (1952) mit elektrischer Heizung und Wasserkühlung versehen.

Die Bestimmung des Schmelzpunktes bei tiefen Temperaturen läßt sich ebenfalls in der Capillare mit Metallblocks durchführen. An die Stelle der Heizung tritt eine ausreichend wirksame Kühlung. Ein Spezialverfahren für diesen Zweck, das ohne Capillare arbeitet, hat A. Stock (1917) entwickelt: In einem evakuierbaren

Glasröhrchen von 6 mm Durchmesser und etwa 20 cm Länge läßt sich ein Glaszeigereinsatz mit eingeschmolzenem Eisenring mittels eines äußeren Magneten auf- und abwärts bewegen. Man benötigt nur eine sehr geringe Menge Substanz, die man in das mit flüssigem Stickstoff gekühlte evakuierte Röhrchen so hineindestilliert, daß sie sich in fester Form als Ring am unteren Teil der Rohrwandung befindet. Diesem Substanzring wird der Glaszeigereinsatz mit seinem kreuzförmigen Fuß direkt aufgesetzt. Nun wird der flüssige Stickstoff durch ein anderes geeignetes Kühlbad (Alkohol, Aceton, Pentan) ersetzt, dessen Temperatur einige Grade unter dem Schmelzpunkt der Substanz liegt. Die Temperatur des Bades wird unter dauerndem Rühren langsam gesteigert. Bei der Schmelztemperatur verflüssigt sich der Substanzring, und der Glaszeigereinsatz gleitet nach unten. Die in diesem Augenblick abgelesene Kühlbadtemperatur gibt den Schmelzpunkt mit einer Genauigkeit von einigen Zehnteln Grad wieder.

Nach dem Prinzip des Verfahrens von A. STOCK haben J. T. STOCK und M. A. FILL (1948) eine Einrichtung konstruiert, die bei der Schmelzpunktsbestimmung in der Capillare das Vorstadium des Schmelzens durch ein akustisches Signal anzeigt und die visuelle Beobachtung des Schmelzens selbst erleichtert. Ein feiner Glasstab drückt leicht auf die Substanzsäule am Boden der Capillare. Das Sintern der Probe wird durch eine winzige Abwärtsbewegung des Stabes angezeigt. Dieser trägt an seinem oberen Ende eine leichte Platinbrücke, die mit einem Paar Quecksilbergefäßen Kontakt gibt, wenn der Stab sich senkt, und dabei über einen Stromkreis das Signal gibt. An den unteren Enden der Capillare und des Glasstäbchens angeschmolzene gefärbte Glasperlen lassen den Schmelzvorgang gut beobachten. L. F. BERHENKE (1961) kombiniert dieses Prinzip mit einem Kupferblock und einer elektronischen Registriereinrichtung; die Temperaturmessung erfolgt mit einem Thermoelement.

Bei der Bestimmung des Schmelzpunktes von Fetten und Fettsäuren in der Capillare unterscheidet man zwei charakteristische Temperaturpunkte, den Fließschmelzpunkt (nicht zu verwechseln mit dem Fließpunkt) – das Fett wird flüssig – und den Klarschmelzpunkt – die Probe wird völlig klar.

Diese Temperaturen variieren mit dem jeweiligen Erstarrungszustand des untersuchten Fettes. Als normal wird der Zustand angesehen, in dem sich ein vorher verflüssigtes Fett nach 24stündigem (bei Kakaobutter nach 48stündigem) Liegen bei Temperaturen zwischen 0 und 10°C befindet.

Zur annähernden Bestimmung der Verflüssigungstemperatur füllt man die Fettprobe bis zu einer Säule von etwa 1 cm Länge in eine beidseitig offene Capillare von 50–80 mm Länge und 1–1,2 mm lichter Weite. Das Röhrchen wird mit einem Gummiring so am Thermometer befestigt, daß sich die Fettsäule in Höhe des Quecksilbergefäßes befindet. Die Bestimmung erfolgt in einem mit Wasser gefüllten, auf einem Wasserbad stehenden Becherglas mit Rührer. Man stellt die Temperatur fest, bei der die Fettsäule vom Wasser in die Höhe geschoben wird, und erhält den Steigschmelzpunkt.

Zur Bestimmung des Fließschmelzpunktes und des Klarschmelzpunktes verwendet man U-förmige Glasröhrchen gleichmäßiger lichter Weite, die zwischen 1,4 und 1,5 mm liegen soll, bei einer Wandstärke von 0,15–0,2 mm. Der eine Schenkel des Röhrchens ist 60 mm, der andere 80 mm lang, und der Abstand beider beträgt etwa 5 mm. Die Probe wird flüssig oder erstarrt in den längeren Schenkel eingefüllt, derart, daß sich eine etwa 1 cm hohe Fettsäule ungefähr 1 cm oberhalb der Biegung befindet. Als Apparatur verwendet man zwei ineinandergehängte Bechergläser von 100 und 400 ml Inhalt mit Ringrührer. Die Badflüssigkeit ist luftfreies Wasser. Als Fließschmelzpunkt wird diejenige Temperatur angesehen, bei der sich die Fettsäule in dem Glasröhrchen so abwärtsbewegt, daß die Bewegung mit dem bloßen Auge deutlich wahrgenommen wird. Der Klarschmelzpunkt ist die Temperatur, bei der das hellbeleuchtete und gegen einen dunklen Hintergrund beobachtete Fett eine Trübung nicht mehr erkennen läßt. Als Vergleich dient notwendigenfalls eine Probe des über den Klarschmelzpunkt hinaus erhitzten Fettes, die völlig klar ist. Im übrigen gelten hier die allgemeinen Gesichtspunkte der Schmelzpunktsbestimmung in der Capillare.

Der Erstarrungspunkt von Fetten und Fettsäuren wird nicht in der Capillare bestimmt; hier finden zwei Methoden Anwendung, bei denen die geschmolzene Substanz abgekühlt und die nach Aufhebung der Unterkühlung auftretende höchste Temperatur abgelesen wird (vgl. Abschn. IV). Bei der Methode nach Shukoff verwendet man ein kleines Dewargefäß (Shukoffkölbchen), läßt ohne Temperaturbad, zuletzt unter Schütteln, bis zur deutlichen Trübung abkühlen, stellt das Kölbchen erschütterungsfrei ab und liest an dem mittels Stopfens in die Schmelze eingehängten Thermometer das Maximum des — meist sofort einsetzenden — Temperaturanstiegs ab. Nach Dalican benutzt man ein großes Becherglas mit Wasser als Kühlbad; in diesem steht eine Weithalsflasche, an deren durchbohrtem Korkstopfen ein weites Reagensglas mit der Probe in das Luftbad eingehängt wird. Der Stopfen des Probeglases trägt das Thermometer und besitzt eine zweite Durchbohrung für den Rührer. Man rührt solange, bis die Temperatur 30 sec lang konstant bleibt oder zu steigen beginnt, entfernt den Rührer und notiert die auftretende höchste Temperatur.

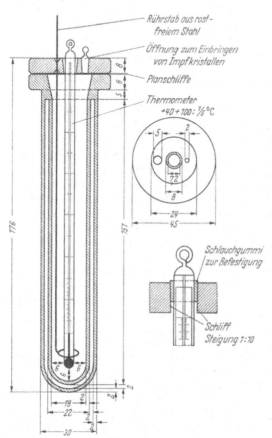

Abb. 12. Erstarrungspunktsapparat nach Böhme

Konventionelle Einzelheiten sowie Angaben über die Reproduzierbarkeit der Meßergebnisse zur Bestimmung des Schmelz- oder Erstarrungspunktes bei Fetten u.ä. vgl. DGF-Einheitsmethoden (ab 1950).

Für das neue Deutsche Arzneibuch wird zur Bestimmung des Erstarrungspunktes von H. Böhme (1964b) die aus Abb. 12 ersichtliche Apparatur vorgeschlagen. Man füllt 6—8 g Substanz ein, erhitzt gegebenenfalls im Wasserbad zur Schmelze und taucht das Gerät in ein Bad, dessen Temperatur etwa um 5° C tiefer liegt als die zu erwartende Erstarrungstemperatur. Nun läßt man unter ständigem Rühren erstarren. Die höchste beobachtete Temperatur ist der Erstarrungspunkt. Sinkt die Temperatur um mehr als 2° C unter die zu erwartende Erstarrungstemperatur, ohne daß die Substanz erstarrt, so wird durch die hierfür vorgesehene Öffnung des Apparats ein Impfkristall eingebracht.

Eine interessante Einrichtung zur laufenden automatischen Kontrolle des Kristallisationspunktes der durch die Leitungen fließenden Produkte der Erdöl-industrie beschreibt G. PAUVERT (1962). Die Kühlung erfolgt durch direktes Ein-spritzen von flüssiger Kohlensäure in den Flüssigkeitsstrom. Bei eben einsetzender Trübung wird die Kühlung durch Signal eines in die Strömung eingebauten photo-elektrischen Trübungsmessers unterbrochen, bis die Flüssigkeit gerade wieder klar ist. Auf diese Weise hält man die Flüssigkeit immer auf der Temperatur des Kristallisationspunktes. Diese wird automatisch registriert.

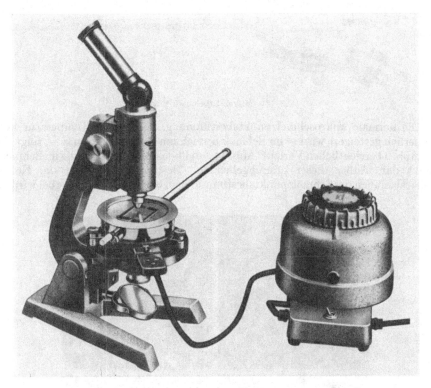

Abb. 13a. Mikroschmelzpunktsapparat mit Regeltransformator (nach KOFLER)

III. Bestimmung des Schmelzpunktes unter dem Mikroskop

Bei der Mikro-Schmelzpunktsbestimmung wird das Schmelzen kleinster Sub-stanzmengen zwischen Objektträger und Deckglas unter dem Mikroskop verfolgt. Da man das Verhalten jedes einzelnen Kristalles vor, bei und nach dem Schmelzen beobachten kann, ergeben sich gegenüber der Bestimmung in der Capillare zusätz-liche Informationen über Identität, Einheitlichkeit und Reinheit des untersuchten Stoffes.

Heiztische für Mikroskope sind in Verbindung sowohl mit Quecksilberthermo-metern als auch mit Thermoelementen entwickelt worden. C. WEYGAND (1948) beschreibt eine einfach herzustellende Vorrichtung, bestehend aus einem von unten gasbeheizten Kupferblock mit Thermometerbohrung, bei der die Beob-achtung im auffallenden Licht erfolgt, sowie den elektrisch beheizten Mikro-manipulator mit Beobachtung auch im durchfallenden Licht (C. WEYGAND und W. GRÜNTZIG 1931). Heute ist der Mikroschmelzpunktsapparat von L. KOFLER (1947) weit verbreitet im Gebrauch (Abb. 13). Die Heizung des Tisches erfolgt elektrisch; der Temperaturanstieg ist durch einen Regeltransformator der zu erwartenden Schmelztemperatur anzupassen. Die Temperaturmessung wird thermoelektrisch oder mit dem Quecksilberthermometer vorgenommen. Der Schmelzvorgang kann im auffallenden Licht wie in der Durchsicht beobachtet werden. Sehr vorteilhaft ist die Verwendung von polarisiertem Licht.

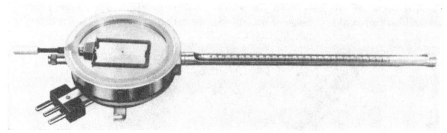

Abb. 13b. Mikroheiztisch nach Kofler

Die normale Mikroschmelzpunktsbestimmung, bei der die Temperatur kontinuierlich gesteigert wird – im Schmelzbereich um 2–4°C je Minute –, zeigt den aus Abb. 14 ersichtlichen Verlauf. Abb. 14c stellt das Bild der Kristalle im Schmelzpunkt dar. Außer dieser „durchgehenden" Bestimmung erlaubt die Kofler-Apparatur auch die Schmelzpunktsbestimmung im Gleichgewicht. Hierbei wird die

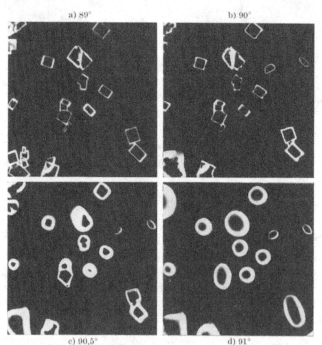

a) 89°   b) 90°

c) 90,5°   d) 91°

Abb. 14a—d. „Durchgehende" Schmelzpunktsbestimmung: Anästhesin

Heizung abgestellt, bevor der Kristall vollständig geschmolzen ist; beim Sinken der Temperatur beginnen die Kristallreste zu wachsen und können durch erneutes Anheizen wieder geschmolzen werden. Auf diese Weise ist eine ziemlich genaue Feststellung der Gleichgewichtstemperatur möglich.

Unter dem Mikroskop lassen sich auch Zersetzungen, Polymerisationen, polymorphe Umwandlungen u. dgl. viel besser beobachten als in der Capillare. Zum Beispiel werden die bei der Sublimation auftretenden, oft instabilen Kristallformen verschiedenen Schmelzpunkts in die Identitätsbestimmung einbezogen. Bei leicht flüchtigen Substanzen muß man den Raum zwischen Objektträger und Deckglas abdichten, z. B. mit Lack, um ein Entweichen der Substanz unterhalb der Schmelztemperatur zu verhindern. Gut geeignet für derartige Fälle ist auch die zu dem Kofler-Apparat entwickelte Mikroküvette. Eines dieser Verfahren empfiehlt sich auch bei hygroskopischen Stoffen.

Ein statt des Heiztisches aufsetzbarer Mikrokühltisch erlaubt die Bestimmung von Schmelzpunkten unter 0° C bis −40° C mit einer Genauigkeit von 0,5° C. Auch hierbei zeigen sich erhebliche Vorteile gegenüber dem Arbeiten mit Capillaren.

Die verwendeten Thermometer und Thermoelemente sind mit Testsubstanzen justiert und zeigen bereits korrigierte Schmelzpunkte an. Benutzt man normale Thermometer, so kann man die Justierung mit reinen Substanzen leicht selbst durchführen.

IV. Präzisionsmessungen

1. Theoretisches

Für eine reine Substanz ist die Umwandlung vom festen in den flüssigen Zustand mit einer sprungartigen Erhöhung der Entropie, des Wärmeinhalts und, von den schon erwähnten Ausnahmen (s. S. 146) abgesehen, auch des Volumens verbunden, wie Abb. 15 schematisch zeigt. Die Differenz $y_2 - y_1$ kann sowohl für die molare Entropieänderung als auch für die molare Schmelzwärme oder die Änderung des Molvolumens stehen. Die gleiche diskontinuierliche Veränderung der physikalischen Eigenschaften, nur in umgekehrter Richtung, erleidet die reine Substanz beim Übergang von der flüssigen zur festen Phase. In diesem Falle wird die Schmelzwärme auch als Kristallisationswärme bezeichnet.

Der Einfluß des Druckes auf die Schmelztemperatur wird durch die Clausius-Clapeyronsche Gleichung wiedergegeben:

$$\frac{dT}{dp} = \frac{T \cdot (V_{\text{flüssig}} - V_{\text{fest}})}{\Delta H}, \qquad (8)$$

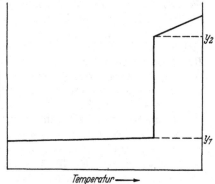

Abb. 15. Änderung von Entropie, Wärmeinhalt und Volumen beim Schmelzvorgang

worin $V_{\text{flüssig}}$ und V_{fest} die Molvolumina des flüssigen und des festen Stoffes, ΔH seine molare Schmelzwärme, p der Druck und T die Schmelztemperatur in ° K sind. Da, von den wenigen Ausnahmen abgesehen, die Dichte des festen größer als die des flüssigen Stoffes und daher $V_{\text{fl}} - V_{\text{fest}}$ positiv ist, bewirkt steigender Druck grundsätzlich eine Erhöhung des Schmelzpunktes. Dieser Einfluß ist im Bereich des natürlichen Luftdrucks so gering, daß er auch bei Präzisionsmessungen meist zu vernachlässigen ist. Erst Druckänderungen von etwa 100 at bewirken eine Temperaturänderung um 1° C.

Wie schon angedeutet, liegt der Schmelzpunkt nicht vollständig reiner Substanzen immer niedriger als der der absolut reinen Substanz. Selbst bei Verunreinigungen von nur einigen Zehnteln Mol % (99,9 % Reinheit) kann die Temperaturdifferenz leicht 0,1° C betragen. Aus der Thermodynamik (vgl. E. A. GUGGENHEIM

1950) folgt für die Schmelzpunktsdepression in erster Annäherung:

$$\Delta T = -\frac{R \cdot T \cdot T_0}{\Delta H} \cdot \ln N_A = -\frac{2{,}303 \cdot R \cdot T \cdot T_0}{\Delta H} \cdot \log N_A , \qquad (9)$$

worin: R = Gaskonstante,
$\quad\quad T$ = Schmelzpunkt der unreinen Substanz in °K,
$\quad\quad T_0$ = Schmelzpunkt der reinen Substanz in °K,
$\quad\quad \Delta H$ = molare Schmelzwärme der reinen Substanz,
$\quad\quad N_A$ = Molenbruch der reinen Substanz
bedeuten.

Danach ist die Schmelzpunktsdepression eine direkte Funktion der Molkonzentration der reinen Substanz und außerdem abhängig von deren molarer Schmelzwärme und der absoluten Temperatur ihres Schmelzpunktes. Je größer die molare Schmelzwärme, um so geringer, je höher die absolute Schmelztemperatur, desto größer ist die Depression. Dagegen wird sie nicht beeinflußt durch die *Art* der Verunreinigung, so daß z. B. 1 Mol % einer beliebigen Substanz den Erstarrungspunkt von Benzol um 0,65°C herabsetzt, immer vorausgesetzt, daß eine ideale Lösung gewährleistet ist. Diese Voraussetzung ist in vielen Fällen erfüllt, bedarf aber grundsätzlich der Nachprüfung, selbst bei extrem verdünnten Lösungen, da auch hier Assoziationserscheinungen, Bildung von Molekülverbindungen oder Dissoziation die Anwendung der Gleichung (9) in Frage stellen können.

Im Gegensatz zu dem Schema der Abb. 1 ändert sich im thermodynamischen Phasengleichgewicht fest-flüssig bei nicht ganz reinen Substanzen oder Mischungen ständig die Temperatur. Will man diese Fälle analysieren, so muß man in Erweiterung der Definition auf S. 145 den Schmelzpunkt als diejenige Temperatur verstehen, bei der eine Flüssigkeit gegebener Zusammensetzung im Gleichgewicht steht mit denjenigen Kristallen, die als erste aus der Flüssigkeit auskristallisieren. Führt man diesem momentanen Gleichgewicht Wärme zu, so lösen sich Kristalle auf, entzieht man ihm Wärme, so bilden sich weitere Kristalle. Die Gleichgewichtstemperatur hängt nur von der Zusammensetzung der flüssigen Phase in jedem Zeitpunkt und nicht von dem Mengenverhältnis flüssige Phase: feste Phase ab. Haben die Kristalle die gleiche Zusammensetzung wie die Flüssigkeit, so bleibt während des Schmelzens oder Erstarrens die Zusammensetzung der Flüssigkeit gleich und infolgedessen die Temperatur konstant. Weicht jedoch, wie es in der Regel bei verunreinigten oder vermischten Substanzen der Fall ist, die Zusammensetzung der Kristalle von der der flüssigen Phase ab, so ändert sich die Gleichgewichtstemperatur mit zunehmender Ausscheidung der festen Phase laufend. Diese Tatsachen bilden die Grundlage für das Verständnis der bei der Aufnahme von Schmelz- oder Erstarrungskurven auftretenden Erscheinungen.

Welche verschiedenen Formen von Kurven die thermische Analyse binärer Mischungen ergibt, ist in den Lehrbüchern der physikalischen Chemie ausführlich behandelt (vgl. auch H. Rheinboldt 1953). An dieser Stelle interessieren mehr die Fragen, die bei der exakten Bestimmung des Schmelz- und Erstarrungspunktes annähernd reiner Stoffe auftreten. Abb. 16 zeigt im linken Teil die Erstarrungskurve von n-Dodecan mit einer Verunreinigung von 0,5 Mol %. Nach einer anfänglichen starken Unterkühlung stellt sich nach etwa 10 min ein thermodynamisches Gleichgewicht ein. Die reine Substanz beginnt auszukristallisieren. Bei weiterem gleichmäßigen langsamen Wärmeentzug nimmt infolge ständig zunehmender Verunreinigung der flüssigen Phase die Temperatur um so mehr ab, je mehr reine Substanz auskristallisiert. Der Verlauf der Kurve kann solange verfolgt werden, wie die einwandfreie Durchmischung der beiden Phasen mit dem Rührer möglich ist. Den Erstarrungspunkt der verunreinigten Substanz erhält man, wie die Abb. zeigt, durch Extrapolation der Erstarrungskurve, die nach F. D. Rossini u. Mitarb.

(1944) im Bereich des Gleichgewichtes annähernd eine Hyperbel darstellt, auf die Temperatur, bei der sich in unendlicher Verdünnung durch die Schmelze gerade der erste Kristallkeim im Gleichgewicht mit der Schmelze befindet. In gleicher Weise kann auch die Schmelzkurve ausgewertet werden (rechter Teil der Abb. 16), die ebenfalls annähernd als Hyperbel angesehen werden kann. Die Extrapolation, die hier zum Schmelzpunkt führt, hat die Überhitzung auszuschalten, wie die der Erstarrungskurve die Unterkühlung eliminiert. In der Regel wird bei derartigen Präzisionsmessungen die Aufnahme der Erstarrungskurve bevorzugt.

F. D. ROSSINI u. Mitarb. haben gezeigt, daß man aus derartigen Erstarrungskurven nicht nur den Erstarrungspunkt T des unreinen Stoffes bestimmen kann, sondern — auf rechnerischem und auf graphischem Wege — auch den Phasenumwandlungspunkt T_0 der reinen Substanz. Bedingung ist allerdings, daß 1. die Kurve das vollständige thermodynamische Gleichgewicht über einen langen Zeitraum wiedergibt, während dessen eine große Menge Substanz auskristallisiert, und daß 2. die Verunreinigung der Substanz gering ist. In diesem Falle ist es auch möglich, den molaren Anteil der verunreinigenden Substanz zu berechnen. Diese Möglichkeit ist von er-

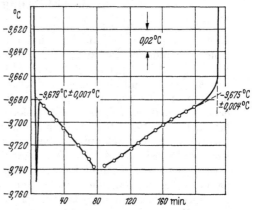

Abb. 16. Erstarrungs- und Schmelzkurve von n-Dodecan (mit 0,5 Mol % Trimethylcyclohexan verunreinigt) nach ROSSINI u. Mitarb.

heblicher praktischer Bedeutung, da sie eine absolute Methode zur Bestimmung des Reinheitsgrades einer weitgehend reinen Substanz (95 Mol % und mehr) begründet. Hierzu wenden ROSSINI u. Mitarb. Gleichung (9) unter Hinzufügung eines die Temperaturabhängigkeit von ΔH beschreibenden Gliedes an:

$$-\ln N_A = A \cdot \Delta T + A \cdot B \cdot (\Delta T)^2 \, , \tag{10}$$

$$A = \frac{\Delta H}{R \cdot T^2} \; ; \quad B = \frac{1}{T} - \frac{\Delta C_p}{2 \cdot \Delta H} \; ; \quad \Delta C_p = \text{Differenz der spezifischen Wärmen von}$$
fester und flüssiger Phase.

Hieraus ergibt sich in dekadischen Logarithmen, wenn $R = (1 - N_A) \cdot 100$ die Reinheit der Substanz in Mol% darstellt:

$$\log R = 2 - \frac{A}{2,303} \cdot \Delta T \cdot (1 + B \cdot \Delta T). \tag{11}$$

Die kryoskopischen Konstanten A und B sind entweder aus der Literatur bekannt oder sie werden an der vorliegenden Probe bestimmt. Dazu fügt man der Substanz zweimal bestimmte Mengen möglichst der schon gegebenen Verunreinigung zu und bestimmt jeweils die Gefrierpunktserniedrigung. Man erhält sowohl die Konstanten A und B als auch den Reinheitsgrad als Unbekannte dreier Gleichungen nach (11).

Die gleichzeitige Ermittlung der Erstarrungspunkte der verunreinigten Probe und der reinen Substanz, des Reinheitsgrades der Probe sowie der Schmelzwärme ΔH und damit der kryoskopischen Konstanten A in einem Versuch ist auf dem Wege präziser kalorimetrischer Messungen möglich (vgl. J. M. STURTEVANT 1959 b). Hierbei wird die Gleichgewichtstemperatur als Funktion des geschmolzenen Anteils der Probe gemessen. Die Differenz der beiden Erstarrungspunkte kann mit dieser Technik genauer bestimmt werden als mit Zeit-Temperatur-Methoden. Die Genauigkeit der ermittelten Phasenumwandlungspunkte selbst ist die gleiche wie bei den besten dieser Methoden (0,001–0,002°C). Während diese verbreitet zur Bestimmung der Gleichgewichtstemperatur in Luft und bei 1 at Druck verwendet werden, ist die kalorimetrische Technik allgemein zur Messung der Temperatur des Phasengleichgewichtes bei dem Sättigungsdampfdruck der Substanz, d. h. zur Bestimmung des Tripelpunktes, im Gebrauch (vgl. G. PILCHER 1957).

2. Durchführung der Messungen

Eine Apparatur zur Aufnahme von Erstarrungskurven besteht aus einem Mantelgefäß, das langsame gleichmäßige Abkühlung der Probe gewährleistet, einem inneren Behälter zur Aufnahme der Probe, der nötigenfalls auch erwärmt werden kann, einem geeigneten Rührer für den Temperaturausgleich innerhalb der Probesubstanz und einem empfindlichen Quecksilber- bzw. Widerstandsthermometer oder Thermoelement möglichst geringer Wärmekapazität. Für nicht sehr genaue Messungen haben sich Modifikationen des Beckmannapparates (Abb. 21) bewährt. G. LYNN (1927) hat einen derartigen Apparat für genauere Messungen entwickelt. 1–5 g Substanz werden im inneren Rohr zum Schmelzen erhitzt. Dann wird das Rohr in das Mantelgefäß eingesetzt. Unter dauerndem Rühren der Probe wird langsam und gleichmäßig abgekühlt. Das äußere Temperaturbad erlaubt eine besonders gute Kontrolle des Wärmeentzugs. Eine gewisse Unterkühlung ist erforderlich, damit beim Einsetzen der Kristallisation sofort Kristallausscheidung durch die ganze Probe hindurch eintritt. Dann wird das Gleichgewicht durch stetiges langsames Rühren bei langsamer weiterer Abkühlung möglichst lange aufrechterhalten. Die Unterkühlung darf andererseits nicht so groß sein, daß die freiwerdende Kristallisationswärme nicht mehr ausreicht, die Temperatur vor dem völligen Erstarren der Probe auf den Schmelzpunkt zurückzuführen. Die Zeit-Temperatur-Ablesungen erfolgen regelmäßig während des ganzen Abkühlungsprozesses und werden sofort in das Diagramm eingetragen. Oft muß man die Unterkühlung durch Impfen, kurzen Stoß mit dem Thermometer oder durch plötzliches heftiges Rühren von außen einleiten.

Wenn die Substanz rein ist, bleibt die Temperatur im Gleichgewicht während ungefähr der Hälfte der für die ganze Bestimmung benötigten Zeit konstant. Mit steigender Verunreinigung wird der horizontale Teil der Kurve immer kürzer. Für die Bestimmung der Erstarrungspunkte binärer Systeme (thermische Analyse) ist ein derartiger Apparat nicht geeignet. Außerdem ist zu beachten, daß ein zu großer Temperaturabfall zwischen Temperaturbad und Probe zu niedrige Erstarrungstemperaturen liefern kann. Auch gut ausgebildete Erstarrungskurven können einen derartigen Fehler enthalten, der bis zu einem gewissen Grade durch Erhöhung der Unterkühlung behoben werden kann. Auf jeden Fall sollte man die Erstarrungskurve mehrfach und mit verschieden großer Unterkühlung aufnehmen. Die höchste ermittelte Gleichgewichtstemperatur kommt dem wahren Erstarrungspunkt am nächsten.

F. D. ROSSINI u. Mitarb. (1941) beschreiben einen Apparat, der 50 ml Substanz benötigt und die Ermittlung des Erstarrungspunktes auf 0,002–0,005°C genau gestattet (Abb. 17). Das doppelwandige, zum Evakuieren des Mantels mit einem Absperrhahn B versehene Probegefäß A ist mit Hilfe des Asbestringes H in dem Messingzylinder I zentriert. Der Korkstopfen C ist mit Bohrungen für das Widerstandsthermometer D, den Rührer E, ein Röhrchen F zum Einleiten trockener Luft und (nicht abgebildet) für den Impfdraht versehen. Die Flüssigkeit in dem Dewargefäß G dient als Kühl- oder Heizbad.

S. Kaye (1952) schlägt einen besonders gestalteten Rührer für derartige Bestimmungen vor, der eine geringere Reibungswärme und eine gleichmäßigere Temperatur in der Probe gewährleistet. Mit diesem Rührer konnten auch — besser als bei Verwendung anderer Rührer — die Erstarrungskurven von Substanzen aufgenommen werden, die zwei kristalline Modifikationen mit verschiedenen Erstarrungspunkten aufweisen (Abb. 18).

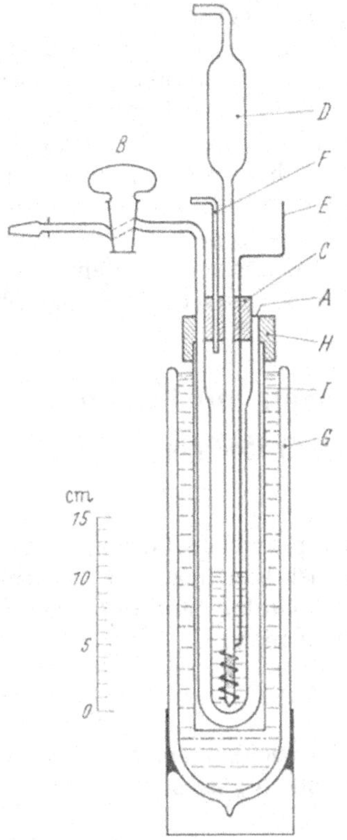

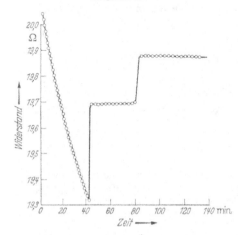

Abb. 17. Apparat von Rossini u. Mitarb. für Präzisionsmessung von Schmelz- und Erstarrungskurven

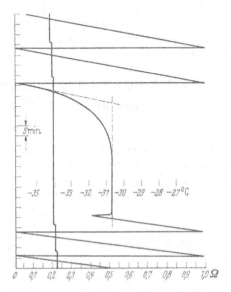

Abb. 19. Diagramm mit automatisch registrierter Erstarrungskurve von Styrol

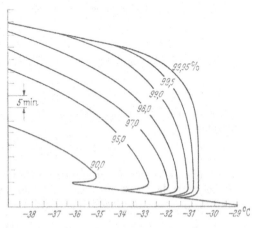

Abb. 18. Erstarrungskurve von Allylbenzol

Abb. 20. Automatisch registrierte Erstarrungskurven von Styrol verschiedenen Reinheitsgrades. Verunreinigung = Äthylbenzol

D. R. Stull (1946) hat für Präzisionsmessungen von Schmelz- und Erstarrungskurven in Verbindung mit dem Platinwiderstandsthermometer eine automatisch registrierende Wheatstonesche Brücke entwickelt. Genauigkeit $\pm$ 0,02° C. Für eine ähnliche automatische Meßeinrichtung von C. R. Witschonke (1952) wird eine Genauigkeit von $\pm$ 0,01° C zwischen -40 und $+200$° C angegeben. E. F. G. Herington und R. Handley (1948) entwickelten für den gleichen Zweck eine mit einem Thermistor arbeitende automatische Apparatur, während die von J. N. Lyashkevich (1961) auf Proben von nur 0,05 g abgestellte automatisch registrierende Einrichtung zur Temperaturmessung ein Thermoelement benutzt. Auch der ebenfalls mit einem Thermoelement arbeitende Apparat von St. R. Gunn (1962) kann leicht auf automatische Registrierung umgestellt werden. Abb. 19 und 20 zeigen Diagrammstreifen mit automatisch registrierten Erstarrungskurven, wie sie Stull für reines und unterschiedlich verunreinigtes Styrol aufgenommen hat.

Apparate zur kalorimetrischen Bestimmung von Schmelzpunkt, Reinheitsgrad und Schmelzwärme beschreiben u. a. J. G. Aston u. Mitarb. (1947) sowie G. Pilcher (1957).

V. Bestimmung des Molekulargewichts mit Hilfe der Gefrierpunktserniedrigung (Kryoskopie)

1. Theorie

Da nach Gleichung (9) die Gefrierpunktserniedrigung eines Lösungsmittels A dem Logarithmus des Molenbruchs N_A proportional ist, kann man diese Gleichung auch zur Bestimmung des Molekulargewichtes des gelösten Stoffes B benutzen. Setzt man für N_A in der Gleichung $1 - N_B$, so erhält man:

$$\Delta T = -\frac{R \cdot T \cdot T_0}{\Delta H} \cdot \ln (1 - N_B) \ . \tag{12}$$

In verdünnten Lösungen, bei denen N_B und ΔT klein sind, kann man ohne wesentlichen Fehler für den Ausdruck $- \ln (1 - N_B)$ die Größe N_B selbst setzen und statt $T \cdot T_0$ schreiben: $T_0{}^2$. Dann gilt:

$$\Delta T = \frac{R \cdot T_0{}^2}{\Delta H} \cdot N_B \ . \tag{13}$$

Wenn m die Molzahl des gelösten Stoffes in 1000 g Lösungsmittel ist, ergibt sich:

$$N_B = \frac{m}{m + 1000/M_A} \ , \tag{14}$$

worin M_A das Molekulargewicht des Lösungsmittels darstellt. Somit ist

$$\Delta T = \frac{R \cdot T_0{}^2}{\Delta H} \cdot \frac{m}{m + 1000/M_A} \ . \tag{15}$$

Für stark verdünnte Lösungen kann man im Nenner m gegenüber $1000/M_A$ vernachlässigen:

$$\Delta T = \frac{R \cdot T_0{}^2 \cdot M_A}{1000 \cdot \Delta H} \cdot m = K \cdot m \ . \tag{16}$$

K ist die molekulare Gefrierpunktserniedrigung oder kryoskopische Konstante des Lösungsmittels. Setzt man die Anzahl Gramm des gelösten Stoffes G_B und die Grammzahl des Lösungsmittels G_A in die Gleichung ein, so ergibt sich:

$$\Delta T = K \cdot \frac{G_B \cdot 1000}{G_A \cdot M_B} \ , \tag{17}$$

worin M_B das Molekulargewicht des gelösten Stoffes ist. Anstatt den Bruch in Gleichung (16) auszurechnen, bestimmt man die kryoskopische Konstante meist empirisch durch Verwendung einer Substanz B mit bekanntem Molekulargewicht.

Die Genauigkeit kryoskopischer Bestimmungen ist um so größer, je größer der Wert der kryoskopischen Konstanten des Lösungsmittels ist, sie hängt außerdem von der Untersuchungssubstanz und von der Konzentration der Lösung ab (vgl. S. 162) und übersteigt in der Regel nicht ± 5%. Konstanten einer Reihe von Lösungsmitteln sind in Tab. 1 wiedergegeben.

Wasser besitzt von allen Substanzen die kleinste, also für die Messung ungünstigste Konstante; trotzdem ist man oft dazu gezwungen, mit wäßrigen Lösungen zu arbeiten. Campher hat dagegen eine extrem hohe molekulare Gefrierpunktserniedrigung. Die Tabelle erlaubt auch einen Vergleich der errechneten mit den empirisch ermittelten Werten der Konstanten.

Gleichung (17) wird in erster Linie — nach M_S aufgelöst — zur Ermittlung des Molekulargewichts niedermolekularer organischer Verbindungen benutzt. Von einem bekannten Wert des Molekulargewichts abweichende Ergebnisse erlauben ferner die Berechnung des Dissoziationsgrades oder der Assoziation des gelösten Stoffes in dem betreffenden Lösungsmittel. Außerdem wird die

Tabelle 1. *Kryoskopische Konstanten*

	errechnet	beobachtet
Essigsäure	3,57	3,9
Benzol	5,069	5,085
Campher	37,7	40,0
Dioxan	4,71	4,63
Naphthalin	6,98	6,90
Nitrobenzol	6,9	8,1
Phenol		7,27
Trimethylcarbinol .	8,15	8,37
Wasser	1,859	1,853

Ausführliche Tabellen befinden sich in den in der Bibliographie genannten Sammelwerken.

Gefrierpunktserniedrigung zur Charakterisierung und Überprüfung der Zusammensetzung gewisser wäßriger Lösungen wie Milch und Blut bestimmt. Abweichung von dem innerhalb der biologischen Schwankungen feststehenden Gefrierpunkt dieser Flüssigkeiten bzw. ihrer Seren deuten auf Verfälschungen (Milch) oder krankhafte Veränderungen (Blut, Harn) hin.

2. Messung der Gefrierpunktserniedrigung

a) Allgemeines

Man wägt das reine Lösungsmittel in den sorgfältig gereinigten und getrockneten Behälter ein und stellt mit einem Beckmannthermometer den Gefrierpunkt fest; nun fügt man die abgewogene Substanz zu dem Lösungsmittel, wartet ihre Auflösung ab und bestimmt dann nochmals den Gefrierpunkt. Die Differenz der beiden abgelesenen Temperaturen ist die Gefrierpunktserniedrigung. Für die Durchführung der Messungen gelten die Ausführungen in Abschn. IV. Bei verdünnten Lösungen lassen sich die Erstarrungstemperaturen gut erkennen. Bei der gewöhnlichen Kryoskopie verwendet man 30—50 g Lösungsmittel. Von der Substanz wird soviel zugesetzt, daß die Depression 0,2—0,5° C beträgt.

Bei der Camphermethode nach K. RAST (1922) arbeitet man im gewöhnlichen Schmelzpunktsapparat mit unten rund abgeschmolzenen Glascapillaren und einfachem Thermometer. Man bestimmt einmal den Schmelzpunkt des reinen Camphers, danach den der durch Schmelzen hergestellten, wieder erstarrten Campherlösung des zu untersuchenden Stoffes. Man wählt die Konzentration so, daß sich Depressionen zwischen 5 und 40° C ergeben. L. KOFLER und M. BRANDSTÄTTER (1946) haben die Camphermethode zu einer eleganten Mikromethode umgestaltet, sie arbeiten in der Schmelzpunktscapillare auf einem Mikroskop mit Heizblock. B. HARGITAY u. Mitarb. (1951) berichten über eine weitere Mikromethode zur kryoskopischen Molekulargewichtsbestimmung mit einer Genauigkeit von 0,002° C bei einem Substanzbedarf von 0,1—1 μg.

b) Apparaturen

Der zur Kryoskopie meist angewandte Apparat geht auf E. Beckmann (1888) zurück; Abb. 21 zeigt ihn in seinem ursprünglichen Aufbau. Das Gefrierrohr A ist ein etwa 20 cm langes dickwandiges Reagenzglas mit seitlichem, schräg angeschmolzenem Ansatz von etwa 3 cm Länge. Dieses Rohr befindet sich bis zur Höhe des Ansatzes in einem als Luftmantel dienenden etwas weiteren Reagenzrohr B, das durch einen Korkring an dem Gefrierrohr befestigt ist. Die zusammenhängenden

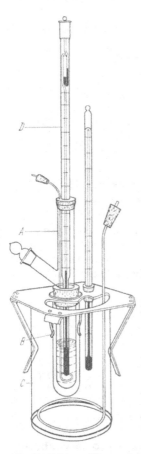

Rohre A und B sind in den Metalldeckel des Glasstutzens C eingehängt, der das Kältebad enthält. Der Deckel hat außer dieser Öffnung noch je eine für Rührer und normales Thermometer des Kältebades. Rohr A ist durch einen doppelt durchbohrten Stopfen verschlossen; durch die mittlere Bohrung wird das Beckmannthermometer D eingeführt, die andere dient als Führung für den gewöhnlich mit Platin verkleideten Rührer des Gefrierrohres. Beckmannapparate in moderner Form haben folgende Änderungen erfahren:

1. Magnetischer Hubrührer aus Glas mit Eisenkern anstelle des Handrührers im Gefrierrohr, gesteuert durch einen Schweckendieckschen Unterbrecher (Elektromotor, der einen in einer Glasröhre abgeschmolzenen Quecksilberkontakt periodisch zum Kippen bringt);

2. anklemmbare Ableselupe mit Lämpchen für das Beckmannthermometer;

3. Ersatz des Glasstutzens durch ein Dewargefäß;

4. Weglassen des Deckels und Halterung der Einsätze durch ein Stativ;

5. Verwendung eines Beckmannthermometers mit Normalschliff, der in die passende Schliffhülse des Gefrierrohres eingesetzt wird.

Neueste Entwicklungen zielen auf weitgehende Automatisierung auch der kryoskopischen Technik hin. So schlägt z. B. W. F. Shipe (1961) als Ergebnis einer kollaborativen Untersuchung vor, neben dem im Methodenbuch der AOAC von 1960 verbindlich vorgeschriebenen Standard-Hortvet-Kryoskop für die Prüfung der Milch auf Wasserzusatz auch das Fiske-Kryoskop zuzulassen. Während jenes bei sonst weitgehender Übereinstimmung mit dem Beckmannapparat ein Standard-

Abb. 21. Gefrierpunktsapparat nach Beckmann

Thermometer mit unveränderlicher Quecksilbermenge im System und 0,001°C Ablesegenauigkeit aufweist, arbeitet das Fiske-Kryoskop mit Thermistor, Wheatstonescher Brücke und Galvanometer. Den nächsten Schritt, die automatische Registrierung, zeigt z. B. das Halbmikroverfahren von J. A. Knight u. Mitarb. (1961), das Molekulargewichtsbestimmungen an 0,3-ml-Proben mit einem durchschnittlichen Fehler von 1,2% erlaubt.

c) Durchführung der Messung mit dem Beckmannapparat

Für das Kältebad werden je nach Gefriertemperatur die gebräuchlichen Kältemischungen verwendet (vgl. F. Kohlrausch 1960). Die Temperatur liegt zweckmäßig 2—5°C unter dem zu erwartenden Gefrierpunkt.

Das Beckmannthermometer mit einem Temperaturbereich von etwa 6° C und einer Ablesegenauigkeit von 0,01° C (direkt) und 0,001° C (schätzbar) wird auf den Gefrierpunkt eingestellt. Hierzu bringt man durch vorsichtiges Klopfen mit der Thermometerhülse das in der oberen Erweiterung der Capillare befindliche Quecksilber an das Ende der Capillare und erwärmt das Thermometergefäß vorsichtig so lange, bis sich der Quecksilberfaden mit dem Quecksilbervorrat vereinigt hat. Nun kühlt man in vertikaler Stellung des Thermometers langsam bis etwa 2−3° C über dem zu erwartenden Gefrierpunkt ab und trennt den Faden vom Quecksilber im Vorratsgefäß durch leichten Schlag auf das Gelenk der Hand, die das Thermometer hält.

Die notwendigen Korrekturen können zusammengefaßt durch Justierung der Apparatur mit der Lösung eines Stoffes bekannten Molekulargewichts erfaßt werden, deren Gefriertemperatur mit der der Untersuchungslösung etwa übereinstimmt. Für wäßrige Lösungen wird hierzu z. B. Harnstoff benutzt. Man ermittelt den Gefrierpunkt einer Lösung von 2 g Harnstoff in 100 g Wasser und errechnet den Wert für die kryoskopische Konstante K. Ergibt sich $K = a$, so ist der Korrekturfaktor $F = \dfrac{1,853}{a}$, d. h. mit diesem Wert sind die bei der Bestimmung des Gefrierpunktes der wäßrigen Untersuchungslösung abgelesenen Temperaturen zu multiplizieren.

Bei der Bestimmung wird die Temperatur des Außenbades unter Rühren laufend kontrolliert. Am Beckmannthermometer beobachtet man das Abkühlen der ebenfalls ständig gerührten Untersuchungsflüssigkeit und trägt die Beobachtungen regelmäßig in das Temperatur-Zeit-Diagramm ein. Von einer Temperatur 0,1° C über dem Gefrierpunkt an soll alle 20 sec abgelesen werden (Lupe). Vor jeder Ablesung ist das Thermometer mit seiner Hülse zu klopfen. Hinsichtlich der Unterkühlung vgl. S. 164; zu ihrer Aufhebung können auch kleine Glasperlen verwendet werden, die im Kältebad mit einer fein erstarrten Haut versehen und dann in das Gefrierrohr eingeworfen werden. Die danach abgelesene höchste Temperatur ist der Gefrierpunkt.

Der erste Versuch dient nur der groben Orientierung. Zur genauen Bestimmung wird der Gefriervorgang mehrfach wiederholt. Das Gefriergefäß wird aus dem Apparat herausgenommen, der Inhalt durch Handwärme aufgetaut und das Gefäß wieder eingesetzt. Während man für das reine Lösungsmittel meist einen deutlichen Haltepunkt beobachtet, sinkt die Temperatur der Lösung von ihrem höchsten Wert nach Aufhebung der Unterkühlung langsam ab. Extrapolation der Erstarrungskurve ist aber hier in der Regel nicht erforderlich (vgl. S. 162).

D. Bestimmung des Siedepunktes[1] oder Kondensationspunktes

I. Allgemeines

Während selbst bei Präzisionsmessungen des Schmelzpunktes in der Regel der Druck unberücksichtigt bleibt, ist der Siede- bzw. Kondensationspunkt sehr stark abhängig von dem Druck in der Dampfphase. Das Phasengleichgewicht flüssig-dampfförmig wird daher im allgemeinen durch die Messung der Dampfdruckkurve (vgl. H. KIENITZ 1953) miterfaßt. Üblicherweise versteht man unter dem Siedepunkt

---

[1] Dtsch.: Siedepunkt = Sdp., S.P. oder Kochpunkt = Kp.; franz.: point d'ébullition = P.E. oder Eb.; engl., am.: boiling point = B.P. (b.p.); ital.: punto di ebullizione = p.e.

bzw. Kondensationspunkt einer Substanz die Temperatur des Phasengleich-
gewichts bei 760 Torr. Dennoch ist bei Angabe von Siedetemperaturen stets der
Druck mitanzugeben.

Im Gegensatz zu der statischen Definition des Siedepunktes stellt der Siedevor-
gang ein unregelmäßig verlaufendes dynamisches Phänomen dar. Als Folge der
zugeführten Wärme entwickeln sich Dampfblasen an den verschiedensten Orten
innerhalb der Flüssigkeit, steigen, indem sie die Flüssigkeit in Bewegung bringen,
zur Oberfläche auf und durchbrechen diese schließlich. Die Stellen, an denen sich
die Blasen entwickeln, zeigen unterschiedliche Temperaturen, da das Gleichgewicht flüssig-dampfförmig innerhalb der Flüssigkeit außer vom Außendruck
auch vom hydrostatischen Druck abhängt. Wenn die Flüssigkeit sich im Sieden
befindet, zeigt sie in ihrer gesamten Masse eine höhere Temperatur als ihren Siedepunkt. Diese Überhitzung schwankt stark, und ihre Größe bestimmt die Heftig-
keit des Siedevorganges.

Läßt sich die Flüssigkeit durch das Sieden in verschiedene Bestandteile zerlegen, so unterscheiden sich siedende Flüssigkeit und entweichender Dampf in
ihrer Zusammensetzung, und keine der Phasen hat den gleichen Siedepunkt wie
die Flüssigkeit, bevor sie zu sieden begann.

So wird verständlich, daß es recht schwierig ist, den wahren Siedepunkt oder
Kondensationspunkt einer Flüssigkeit experimentell zu ermitteln. Im praktischen
Versuch sind folgende Temperaturen zu beobachten:

1. die Siedetemperatur, definiert als Temperatur einer Oberfläche (gewöhnlich
der des Thermometergefäßes) in Berührung mit einem dünnen beweglichen Flüssigkeitsfilm, der gerade aufgehört hat zu sieden,

2. die Kondensationstemperatur als Temperatur einer Oberfläche wie zu 1., an
der ein dünner beweglicher Flüssigkeitsfilm gleichzeitig mit dem Dampf vorhanden
ist, aus dem er sich kondensiert hat, wobei die Dampfphase im Augenblick der
Messung von einer siedenden flüssigen Phase aufgefüllt worden ist (W. Swietoslawski und J. R. Anderson 1959).

Die thermodynamische Bedeutung dieser beiden Temperaturen ist nicht so
sicher wie die Genauigkeit, mit der diese bestimmt werden können. Sie können
z. B. bei reinen Substanzen mit dem Siedepunkt bzw. Kondensationspunkt gut
übereinstimmen, können aber erhebliche Abweichungen zeigen, wenn es sich um
Mischungen oder Lösungen handelt.

Präzisionsmessungen von Siede- und Kondensationstemperaturen haben zum
Ziel

a) Bestimmung der Siedepunkte reiner Substanzen, gewöhnlich als Funktion
des Druckes,

b) Bestimmung der Siedepunkte von Mischungen zweier Flüssigkeiten als
Funktion der Konzentration (und des Druckes),

c) Bestimmung der Siedetemperaturen von Lösungen bei konstantem Druck als
Funktion der Konzentration, für analytische Zwecke unter Benutzung des
Raoultschen Gesetzes (Ebullioskopie).

Mit Hilfe derartiger Messungen lassen sich Labor- und Handelspräparate charakterisieren, Thermometer kalibrieren, Druckbestimmungen, Molekulargewichtsbestimmungen, Löslichkeitsbestimmungen, Reinheitsprüfungen durchführen sowie
die Charakteristik binärer Systeme, Gleichgewichtskonstanten, Hitzebeständigkeit
am Siedepunkt und die Adsorption von Dämpfen an feste Stoffe bestimmen.

Die Problematik liegt nicht in der Präzision, mit der die Messungen durchgeführt werden, sondern in der kritischen Beurteilung und Auswertung der Meßergebnisse, deren Aussagewert durch Vernachlässigung von systematischen Fehlern
oder Sekundäreffekten zunichte gemacht werden kann (Swietoslawski).

II. Apparate und Messungen

Eine Reihe von Siedepunktsapparaten geht auf F. G. COTTRELL (1919) zurück, der erstmals auf die Schwierigkeiten der exakten Messung des Siedepunktes hinwies. Abb. 22 und 23 zeigen den Apparat von COTTRELL und einen vollkommen aus Glas gefertigten Apparat gleichen Prinzips von E. W. WASHBURN und J. W. READ (1919). Das Quecksilbergefäß des Thermometers befindet sich im Dampfraum. Mit Hilfe eines umgekehrten Trichterrohres werden Teile der siedenden Flüssigkeit in den Dampfraum versprüht, wo sie in Form eines dünnen Flüssigkeitsfilmes mit

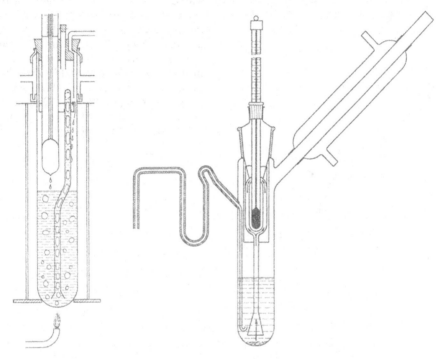

Abb. 22. Apparat nach COTTRELL   Abb. 23. Apparat nach WASHBURN u. READ

Gleichgewichtstemperatur an dem Thermometergefäß herabrinnen. WASHBURN und READ vergleichen in ihrem Apparat bestimmte Siedepunktserhöhungen benzolischer Lösungen von Diphenyl und Naphtalin mit dem aus der Thermodynamik folgenden Gesetz für ideale Lösungen, wobei die Abweichung zwischen Experiment und Theorie nicht größer ist als die experimentellen Fehlergrenzen. Sie leiten außerdem einen allgemeinen Ausdruck für die Druckabhängigkeit der Siedepunktserhöhung ab, aus dem sie für benzolische Lösungen folgern, daß die Siedepunktserhöhung um 0,03 % zunimmt, wenn der Druck um 1 Torr ansteigt.

Einen besonders einfachen Siedepunktsapparat hat W. SWIETOSLAWSKI (1959) entwickelt (Abb. 24). Die Flüssigkeit bei A wird durch elektrische Heizung zum stetigen Sieden gebracht. Die Dampfphase reißt beim Verlassen von A Teile der siedenden Flüssigkeit mit, trägt sie durch das enge Rohr I und sprüht sie bei C auf die eingeschmolzene Glashülse B, die außen einen spiralförmig aufgeschmolzenen Glasstab, innen das Thermometer trägt. Der Dampf strömt weiter zum Kühler D und die kondensierte Phase tropft durch den Tropfenzähler F nach A zurück.

Swietoslawski beschreibt auch einen Apparat zur Bestimmung der Kondensationstemperatur (Abb. 25); er besteht aus einer Thermometerhülse *B* und einem Tropfenzähler *F*; bei *E* ist eine Destillationseinrichtung angeschmolzen, bei *D* ein Kondensationsaufsatz. Der Dampf steigt durch *E*, umspült die Thermometerhülse und strömt von da zum Rückflußkühler. Etwas flüssige Phase bildet sich als Film um die Thermometerhülse und tropft dort sehr langsam ab. Das Kondensat läuft durch *D* zum Tropfenzähler und sammelt sich in dem U-Rohr *G*. Von hier kann es durch einen Glashahn abgelassen werden, anderenfalls läuft es über *E* in den Siedekolben zurück.

Das Prinzip des Transportes der siedenden Flüssigkeit stimmt bei den drei ersten Apparaten (Abb. 22—24) überein (vapor lift pump). Bei den beiden letztgenannten Apparaturen (Abb. 24 u. 25) ist das Quecksilbergefäß des Thermometers nur wenig kleiner als der Durchmesser der Glashülse; der Zwischenraum wird zum besseren Wärmeübergang mit einigen Tropfen Quecksilber gefüllt, bedeckt mit einer Schicht Schweröl oder Silikonöl.

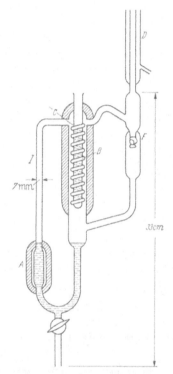

Abb. 24. Ebulliometer nach Swietoslawski

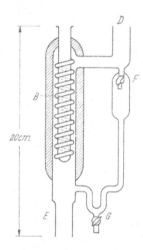

Abb. 25. Aufsatz zur Bestimmung der Kondensationstemperatur nach Swietoslawski

Für die Konstruktion und die Anwendung der Apparate ist es wesentlich, daß die durch die lift pump mitgeführte überhitzte Flüssigkeit gerade die Gleichgewichtstemperatur erreichen soll, wenn sie die Oberfläche der Temperaturmeßanordnung benetzt, andererseits vorher möglichst wenig Gelegenheit haben darf, gegebenenfalls Fraktionen verschiedener Siedepunkte zu bilden. Obwohl diese Voraussetzungen durch geeignete Dimensionierung der Geräteteile und durch genau festgelegte, an der rückfließenden Tropfenzahl zu kontrollierende Wärmezufuhr weitgehend erfüllt werden können, bleibt die Übereinstimmung der gemessenen Temperaturen des Flüssigkeitsfilms (Siedetemperatur) mit dem wahren Siedepunkt bei Lösungen oder Mischungen immer unsicher. Dagegen haben exakte Untersuchungen ergeben, daß die Differenz zweier in dem gleichen Apparat gemessener Siedetemperaturen recht genau gleich der Differenz der Siedepunkte der beiden

Flüssigkeiten ist. Die zusätzliche Messung der Kondensationstemperatur kann im günstigen Fall allerdings auch den genauen Siedepunkt einer Lösung oder eines Gemisches liefern, nämlich dann, wenn Siedetemperatur und Kondensationstemperatur übereinstimmen; anderenfalls ist die Angabe der wahren Gleichgewichtstemperatur nicht möglich.

Durch Erweiterung bzw. Kombination der oben beschriebenen Geräte erhält man Apparaturen, mit denen in einem Arbeitsgang sowohl die Siedetemperatur der Flüssigkeit als auch die Kondensationstemperatur ihres Dampfes gemessen werden kann (man stelle sich in Abb. 24 statt des Kühlers D den Aufsatz der Abb. 25 angeschlossen vor). Derartige Differential-Ebulliometer sind u. a. auch − mit zwischengeschalteter Fraktionierungskolonne − für die Messung zweier Kondensationstemperaturen zur Ermittlung des Reinheitsgrades von Flüssigkeiten entwickelt worden (Aufsatz der Abb. 25 über die Kolonne an einen gleichen Aufsatz angeschlossen).

Wegen der Trägheit des Quecksilberthermometers und der stets notwendigen Fadenkorrektur benutzt man vielfach an dessen Stelle wie für Präzisionsmessungen des Schmelzpunktes Platin-Widerstandsthermometer, Thermoelemente oder Thermistoren, bei den Differential-Ebulliometern oft auch in Differentialschaltung.

Der während der Bestimmung herrschende Druck muß mit einem guten Quecksilberbarometer gemessen werden. Die ermittelten Temperaturwerte werden auf 760 Torr umgerechnet. Diese Umrechnung entfällt, wenn die Apparatur während der Messung mit einem auf 760 Torr eingestellten Manostaten verbunden wird.

III. Molekulargewichtsbestimmung durch Messung der Siedepunktserhöhung (Ebullioskopie)

Nach RAOULT ist die Erhöhung des Siedepunktes einer Lösung gegenüber dem des reinen Lösungsmittels proportional der molaren Konzentration des gelösten Stoffes. Entsprechend der kryoskopischen Gleichung (17) ergibt sich:

$$M_B = E \cdot \frac{G_B \cdot 1000}{G_A \cdot \varDelta T}, \qquad (18)$$

worin M_B das Molekulargewicht des gelösten Stoffes, G_B dessen Gewicht in g, G_A das Gewicht des Lösungsmittels in g und E die ebullioskopische Konstante oder molekulare Siedepunktserhöhung bedeutet. Diese ist aus dem Bruch in Gleichung (14) zu berechnen, wenn man für $\varDelta H$ statt der Schmelzwärme die Verdampfungswärme des Lösungsmittels einsetzt.

Die Ebullioskopie hat gegenüber der Kryoskopie wesentliche Nachteile: die schon besprochenen Überhitzungserscheinungen der Flüssigkeit, die Druckabhängigkeit und die durchweg viel kleineren Konstanten (Tab. 2).

Tabelle 2. *Ebullioskopische Konstanten* (nach K. RAST)

Benzol	2,66
Chloroform	3,59
Eisessig	2,53
Essigester	2,68
Wasser	0,51

Die allgemeine Arbeitsweise besteht hier wie bei der Kryoskopie darin, daß man das Lösungsmittel in das trockene Siedegefäß einwägt, die Siedetemperatur bestimmt, die gewogene Substanz einwirft, deren Auflösung abwartet und die Siedetemperatur der Lösung feststellt. Die Differenz der beiden abgelesenen Temperaturwerte ist die Siedepunktserhöhung ΔT. Voraussetzung ist, daß beide Messungen bei dem gleichen Luftdruck durchgeführt werden.

Die elegante Methode von A. W. C. Menzies und S. L. Wright (1921) kombiniert in ihrer Apparatur (Abb. 26) Cottrells lift pump mit dem Differential-thermometer von Menzies. Dieses Tensionsthermometer besteht aus einem luftleer gepumpten und mit etwas Wasser beschickten gläsernen ungleichschenkligen U-Rohr, dessen langer Schenkel enger als der

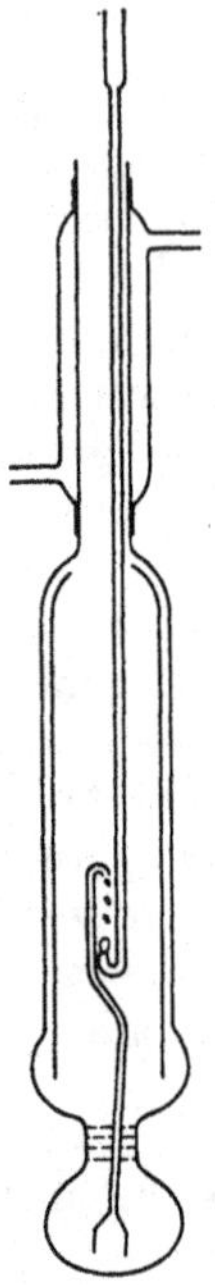

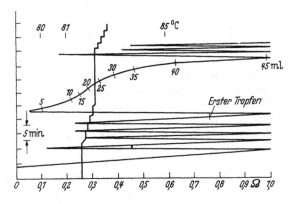

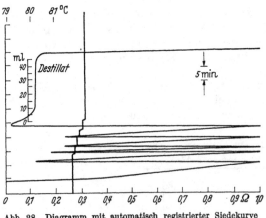

Abb. 26. Differential-Ebullio-meter nach Menzies u. Wright

Abb. 27. Diagramm mit automatisch registrierter Siedekurve von Roh-benzol

kurze ist. Daher liegt der rechte Meniskus hoch im Dampfraum, während der untere linke Meniskus durch die lift pump laufend mit siedender Lösung besprüht wird. Das Tensionsthermometer mißt also direkt die Differenz der Siedetempera-turen und somit auch die der Siedepunkte (vgl. S. 172) von Lösungsmittel und Lösung. Die Gradienten der verschiedenen Temperaturbereiche des Ther-mometers werden experimentell bestimmt und stehen dann in Ta-bellenform zur Verfügung. Wenn der gelöste Stoff nicht flüchtig ist, wenn er keine flüchtigen Verunreinigungen (oder Wasser) enthält und wenn während der Messung keine größeren Druck-schwankungen auftreten, arbei-tet diese Methode einwandfrei.

Abb. 28. Diagramm mit automatisch registrierter Siedekurve von reinem Benzol

O. R. Abolafia (1961) be-schreibt ein modifiziertes Ebul-liometer des Menzies-Wright-Typs, mit dem auch das Molekulargewicht von niederen Polymeren (bis zu Werten von einigen Tausend) mit befriedigender Genauigkeit bestimmt werden kann.

Für Messungen höchster Genauigkeit verbieten sich Verfahren, die wie das von MENZIES und WRIGHT nur Temperaturdifferenzen messen; dann ist vielmehr ein Differential-Ebulliometer der auf S. 173 beschriebenen Art zu verwenden oder — noch besser — die Messung mit einem einfachen *und* mit einem Differential-Ebulliometer durchzuführen, unter zusätzlicher Verwendung eines Stoffes mit genau bekanntem Molekulargewicht als Standard. Auf diese Weise können neben dem Dampfdruck der Untersuchungssubstanz und Schwankungen des Luftdrucks auch geringste Mengen an Verunreinigungen (oder Feuchtigkeit) sowie auch Thermometerfehler eliminiert werden. Man kommt so bei Ausschaltung aller Fehlerquellen auf eine Genauigkeit des Molekulargewichtsvergleichs mit der Standardsubstanz von 0,5—0,05% (SWIETOSLAWSKI).

Auch in der Ebulliometrie dringt die Automatisierung immer weiter vor. Während D. R. STULL (1946) automatisch registrierende Ebulliometer zur Bestimmung der Siedetemperatur und des Siedebereichs in Verbindung mit dem Platinwiderstandsthermometer beschreibt (Abb. 27 u. 28), benutzen E. F. G. HERINGTON und R. HANDLEY (1948) für ihre ebenfalls automatisch registrierenden Apparate zur Temperaturmessung Thermistoren.

IV. Sonstige Methoden zur Bestimmung des Siedepunktes

Die in Abschn. II/III behandelten Verfahren benötigen stets größere Flüssigkeitsmengen (30—100 ml). Für geringere Ansprüche an die Genauigkeit der Siedepunktsbestimmung sind auch Methoden entwickelt worden, die mit sehr geringen Substanzmengen auskommen. So schreibt das Deutsche Arzneibuch, 6. Ausg. (1926), eine von A. SIWOLOBOFF (1886) vorgeschlagene Methode vor, bei der man in ein unten zugeschmolzenes Glasröhrchen von 3 mm lichter Weite 1—2 Tropfen der Untersuchungsflüssigkeit und eine unten offene Schmelzpunktscapillare gibt, die 2 mm von dem eintauchenden Ende eine zugeschmolzene Stelle hat. Das Glasrohr wird an einem Thermometer befestigt und in ein Heizbad eingesetzt. Es wird grundsätzlich wie bei der Schmelzpunktbestimmung in der Capillare verfahren (vgl. S. 153ff.). Als Siedepunkt wird diejenige Temperatur notiert, bei der aus der Flüssigkeit eine ununterbrochene Reihe von Bläschen aufzusteigen beginnt (Abb. 29). Weitere Mikromethoden zur Siedepunktsbestimmung mit Capillaren sind von F. EMICH (1917) und von A. SCHLEIERMACHER (1891) beschrieben worden. Die Genauigkeit dieser Verfahren beträgt ± 0,5—2°C. H. BÖHME und R.-H. BÖHM haben 1959 eine neue Mikromethode angegeben, bei der die Temperaturmessung mit einem direkt im Dampfraum befindlichen Thermometer erfolgt. 1 Tropfen (0,05 ml) der Untersuchungsflüssigkeit wird am halbrund geschmolzenen Boden eines Glasrohres von etwa 6 mm lichter Weite über einem Drahtnetz mit dem Mikrobrenner zum Verdampfen gebracht. Das Thermometer wird in das Glasrohr eingehängt, das im unteren Teil von einem abgeschlossenen Luftraum, im oberen von Kühlwasser umgeben ist (Abb. 30). Man leitet das Erhitzen so, daß sich das Quecksilbergefäß gerade im Grenzgebiet aufsteigenden Dampfes und herabfließenden Kondensates, also auf der Phasengleichgewichtstemperatur, befindet. Die Autoren fanden einen mittleren Fehler des Verfahrens von ± 0,2° C gegenüber ± 0,1° C bei einer von ihnen früher (1958) beschriebenen gleichartigen Methode mit nur wenig abweichender Apparatur und 0.5 ml Flüssigkeitsbedarf, die sie zur Aufnahme in das neue Deutsche Arzneibuch vorschlagen[1].

---

[1] H. BÖHME sieht bei den für das DAB 7 vorgeschlagenen Apparaten (s. auch S. 156 u. 158) in Fünftel-Grade geteilte Thermometer eines Anschütz-Satzes vor (Länge 175 mm, Dicke 6 mm, Skalenlänge 110—130 mm beginnend 15—20 mm über dem unteren Ende, Einschlußtype mit prismatischer Capillare).

Sehr verbreitet wird der Siedepunkt einer Flüssigkeit auch dynamisch durch
Destillation im Verlaufe einer Siedeanalyse bestimmt. Man bedient sich eines
Siedeaufsatzes nach Kahlbaum (Abb. 31). Die Destillation ist sehr langsam durchzuführen (1—2 Tropfen Kondensat je Sekunde). Das Thermometer wird tief in das
dampfumspülte Ableitungsrohr des Aufsatzes eingeführt, der Aufsatz vor Zugluft
sorgfältig geschützt. Man kann so einen Siedebereich von günstigenfalls 1°C feststellen, innerhalb dessen die Probe oder eine Fraktion der Flüssigkeit übergeht.

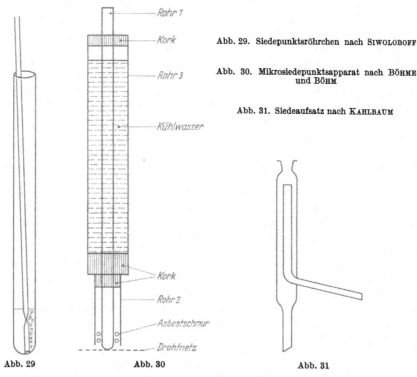

Abb. 29. Siedepunktsröhrchen nach Siwoloboff

Abb. 30. Mikrosiedepunktsapparat nach Böhme
und Böhm

Abb. 31. Siedeaufsatz nach Kahlbaum

Abb. 29   Abb. 30   Abb. 31

Für genaue Siedepunktsbestimmungen kann die Siedeanalyse als Vorprobe dienen.
Für die Siedeanalyse unter vermindertem Druck benutzt man in bekannter Weise
einen Claisenkolben mit selbst ausgezogener elastischer Glascapillare im Haupthals
und Thermometer im Nebenhals des Kolbens.

Bibliographie

AOAC-Methodenbuch: Official methods of analysis. 9th ed. Washington: Association of
    official agricultural chemists 1960.
D'Ans, J., u. E. Lax: Taschenbuch für Chemiker und Physiker. 3. Aufl. Berlin-Göttingen-
    Heidelberg: Springer 1964.
DGF-Einheitsmethoden (Deutsche Gesellschaft für Fettwissenschaft). Stuttgart: Wissenschaftl.
    Verlagsgesellsch. ab 1950.
Eucken, A., u. E. Wicke: Grundriß der physikalischen Chemie. 10. Aufl. Leipzig: Geest & Por-
    tig 1959.
Guggenheim, E. A.: Thermodynamics. 2nd ed. Amsterdam: North-Holland Publishing
    Comp./New York: Interscience Publ. 1950.
Handbook of chemistry and physics: Cleveland: Rubber Publ. 1963.
International critical tables: New York: McGraw-Hill 1929.
Kienitz, H.: Bestimmung der Schmelz- und Gefriertemperatur, der Siede- und Kondensations-
    temperatur. In: Houben-Weyl: Methoden der organischen Chemie. 4. Aufl., Bd. II,
    S. 783—826. Stuttgart: Thieme 1953.

KOFLER, L., u. A. KOFLER, unter Mitarbeit von M. BRANDSTÄTTER: Thermo-Mikromethoden zur Kennzeichnung organischer Stoffe und Stoffgemische. Innsbruck: Wagner 1954.
KOHLRAUSCH, F.: Praktische Physik. 21. Aufl., Bd. I. Stuttgart: Teubner 1960.
KÜSTER, F. W., A. THIEL u. K. FISCHBECK: Logarithmische Rechentafeln für Chemiker, Pharmazeuten, Mediziner und Physiker. 84.—93. Aufl. Berlin: De Gruyter 1962.
LANDOLT-BÖRNSTEIN: Physikalisch-chemische Tabellen. Berlin: Springer 1923—1936.
RAST, K.: Bestimmung des Molekulargewichts von niedermolekularen Stoffen. In: HOUBEN-WEYL: Methoden der organischen Chemie. 4. Aufl., Bd. III, Teil 1, S. 327—370. Stuttgart: Thieme 1955.
RHEINBOLDT, H.: Thermische Analyse. In: HOUBEN-WEYL: Methoden der organischen Chemie. 4. Aufl., Bd. II, S. 827—865. Stuttgart: Thieme 1953.
SKAU, E. L., J. C. ARTHUR JR. and H. WAKEHAM: Determination of melting and freezing temperatures. In: WEISSBERGER: Technique of organic chemistry, 3rd ed. Vol. I, Part I: Physical methods, pag. 287—355. New York, London: Interscience Publ. 1959.
STAUDE, H.: Physikalisch-chemisches Taschenbuch. Leipzig: Geest & Portig 1949.
STURTEVANT, J. M. (a): Temperature measurement. In: WEISSBERGER, l. c., pag. 259—285.
— (b): Calorimetry. In: WEISSBERGER, l. c., pag. 523—654.
SWIETOSLAWSKI, W.: Ebulliometric measurements. New York: Reinhold 1945.
—, and J. R. ANDERSON: Determination of boiling and condensation temperatures. In: WEISSBERGER, l. c., pag. 357—399.
—, u. K. ZIEBORAK: Neue Typen von Ebulliometern und Kryometern (engl.). Nemzetközi Méréstech. Konf. Közleményei, Budapest 1958, 311—322; zit. nach Chem. Abstr. 55, 5047 (1961).
WEYGAND, C.: Organisch-chemische Experimentierkunst. Leipzig: Barth 1948.

Zeitschriftenliteratur

ABOLAFIA, O. R.: An ebulliometer for low-molecular-weight polymers. U.S. Dept. Com., Office Tech. Serv. AD 261 345, 31 pp (1961); zit. nach Chem. Abstr. 57, 16838 (1962).
ASTON, J. G., H. L. FINK, J. W. TOOK and M. R. CINES: Melting point calorimeter for purity determinations. Analytic. Chem. 19, 218—221 (1947).
BECKER, J. A., C. B. GREEN and G. L. PEARSON: Properties and uses of thermistors-thermally sensitive resistors. Electric. Engineering 65, 711—725 (1946).
BERHENKE, L. F.: Automatic melting point recorder. Analytic. Chem. 33, 65—67 (1961).
BERL, E., u. A. KULLMANN: Über Schmelzpunktsbestimmungen. Ber. dtsch. chem. Ges. 60, 811—814 (1927).
BÖHME, H. (a) u. (b): Privatmitteilungen 1964.
—, u. R.-H. BÖHM: Über eine neue Methode zur Siedepunktsbestimmung. Arch. Pharmaz. (Weinheim) 291, 413—428 u. 514—531 (1958).
— — Eine Mikromethode zur Siedepunktsbestimmung mit direkter Temperaturmessung. Microchim. Acta (Wien) 1959, S. 270—273.
—, u. H. P. TELTZ: Zur Frage der Schmelzpunktsbestimmung in einem neuen Arzneibuch. Dtsch. Apoth.-Ztg. 95, 153—157 (1955).
COTTRELL, F. G.: On the determination of boiling points of solutions. J. amer. chem. Soc. 41, 721—729 (1919).
DENNIS, L. M., and R. S. SHELTON: An apparatus for the determination of melting points. J. amer. chem. Soc. 52, 3128—3132 (1930).
EMICH, F.: Über Siedepunktsbestimmung im Kapillarröhrchen. Mh. Chem. 38, 219—223 (1917).
GUNN, ST. R.: Simple Melting curve method for quantitative purity determination. Analytic. Chem. 34, 1292—1296 (1962).
HARGITAY, B., W. KUHN u. H. WIRZ: Eine mikrokryoskopische Methode für sehr kleine Lösungsmengen (0,1—1 γ). Experientia (Basel) 7, 276—278 (1951).
HERINGTON, E. F. G., and R. HANDLEY: The use of thermistors for the automatic recording of small temperature differences. J. sci. Instr. 25, 434—437 (1948).
HERSHBERG, E. B.: A precision melting point apparatus. Industr. Engin. Chem. Analyt. Ed. 8, 312—313 (1936).
HIPPENMEYER, F.: Ein neuer Mikroschmelzpunktsbestimmungs- und Sublimationsapparat. Mikrochemie 39, 409—414 (1952).
KAYE, S.: Improved stirrer for special freezing point determinations. Analytic. Chem. 24, 1038—1040 (1952).
KNIGHT, J. A., B. WILKINS JR., D. K. DAVIS and F. SICILIO: Semimicro cryoscopic molecular weight determination with a thermistor thermometer. Analyt. chim. Acta (Amsterdam) 25, 317—321 (1961).
LINSTRÖM, C. F.: Ein neuer Schmelzpunktsbestimmungsapparat aus Kupfer. Chem. Fabrik 7, 270 (1934).

Lyashkevich, J. N.: Cryoscopic analysis with small samples. Russ. J. physic. Chem. **35**, 1365—1367 (1961).

Lynn, G.: A convenient form of apparatus for the determination of melting temperature. J. physic. Chem. **31**, 1381—1382 (1927).

Maquenne, M. L.: Sur la détermination des points de fusion. Bull. Soc. chim. France **31**, 471—474 (1904).

Matthäus, G., u. H. Sauthoff: Bemerkungen zu den Mitteilungen über Schmelzpunktsblöcke von E. Berl und A. Kullmann und von C. F. Linström. Chem. Fabrik 8, 92—93 (1935).

Menzies, A. W. C.: A differential thermometer. J. amer. chem. Soc. **43**, 2309—2314 (1921).

—, and S. L. Wright: The application of a differential thermometer in ebullioscopy. J. amer. chem. Soc. **43**, 2314—2323 (1921).

Pauvert, G.: Fortlaufende automatische Kontrolle von Krystallisationspunkten (franz.). Bull. Assoc. Franc. Techniciens Petrole **153**, 329—387 (1962); zit. nach Chem. Abstr. **57**, 15418 (1962).

Pilcher, G.: A simplified calorimeter for the precise determination of purity. Analytic. chim. Acta (Amsterdam) **17**, 144—160 (1957).

Rossini, F. D. u. Mitarb. [vgl. auch: Analytic. Chem. **20**, 410—422 (1948)]: Mair, B. J., A. R. Glasgow and F. D. Rossini: Determination of freezing points and amounts of impurity in hydrocarbons from freezing and melting curves. J. Research Natl. Bur. Standards **26**, 591—620 (1941). — Taylor, J. W., and F. D. Rossini: Theoretical analysis of certain time temperature freezing and melting curves as applied to hydrocarbons. J. Research Natl. Bur. Standards **32**, 197—213 (1944).

Roth, C. F.: Ein neuer Apparat zur Bestimmung von Schmelzpunkten. Ber. dtsch. chem. Ges. **19**, 1970—1973 (1886).

Schleiermacher, A.: Siedepunktsbestimmung mit kleinen Substanzmengen. Ber. dtsch. chem. Ges. **24**, 944—949 (1891).

Shipe, W. F.: Cryoscopy of milk: collaborative comparison of Fiske and Hortvet cryoscopes. J. Ass. off. agric. Chem. **44**, 438—444 (1961).

Sieraski, R. J., and G. M. Machwart: A nomograph for boiling temperature by the Meissner method. Industr. engin. Chem. **52**, 869—870 (1960).

Siwoloboff, A.: Über die Siedepunktsbestimmung kleiner Mengen Flüssigkeit. Ber. dtsch. chem. Ges. **19**, 795—796 (1886).

Stock, A.: Schmelzpunktsbestimmungen bei tiefen Temperaturen. Ber. dtsch. chem. Ges. **50**, 156—158 (1917).

Stock, J. T., and M. A. Fill: A melting point indicating device. Analyt. chim. Acta (Amsterdam) **2**, 282 (1948).

Stull, D. R.: Application of platinum resistance thermometry to some industrial physico-chemical problems. Industr. Engin. Chem. Analyt. Ed. **18**, 234—242 (1946).

Thiele, J.: Ein neuer Apparat zur Schmelzpunktsbestimmung. Ber. dtsch. chem. Ges. **40**, 996—997 (1907).

Washburn, E. W., and J. W. Read: The laws of concentrated solutions: VI. The general boiling point law. J. amer. chem. Soc. **41**, 729—741 (1919).

Weygand, C., u. W. Grüntzig: Ein neuer Mikroskopheiztisch zur Beobachtung und zur Schmelzpunktsbestimmung im durchfallenden und auffallenden Licht. Mikrochemie **10**, 1—9 (1931).

Witschonke, C. R.: Freezing points in determination of product purity. Analytic. Chem. **24**, 350—355 (1952).

Löslichkeit

Von

Dr. HANS-JÜRGEN HENNING, Berlin

Mit 11 Abbildungen

A. Allgemeines

Löslichkeit ist allgemein definiert als die Eigenschaft zweier oder mehrerer Substanzen, miteinander ohne sichtbare chemische Reaktion eine homogene Phase zu bilden. Der gelöste feste, flüssige oder gasförmige Stoff kann sowohl molekular als auch kolloidal oder als Ionen in dem festen, flüssigen oder gasförmigen Lösungsmittel verteilt sein. Die Lösung kann fest (kristallin, mesomorph oder amorph), flüssig oder auch gasförmig (Aerosol) sein; ihre Konzentration wird durch die in der Lösung befindliche Menge an gelöstem Stoff bestimmt. Die Unterscheidung von Lösungsmittel und gelöstem Stoff ist oft, z. B. bei Lösungen von zwei Flüssigkeiten ineinander, schwierig; bei diesen treten auch besonders häufig durch Änderung des Raumbedarfs der Komponenten Volumenkontraktionen oder Volumendilatationen auf.

Der Vorgang des Lösens bedingt infolge Änderung des molekularen Verteilungszustandes und der umgebenden Kraftfelder thermodynamisch einen Verlust an freier Energie durch Abnahme der Enthalpie (Wärmeinhalt) und durch Zunahme der Entropie; je nach Art der Komponenten überwiegt die eine oder die andere Art des Energieverlustes. Die dabei auftretenden Wärmetönungen nennt man Lösungswärmen bzw., wenn es sich um flüssige Ausgangsstoffe handelt, Mischungswärmen. Die einzelnen Wärmen werden auf 1 Mol gelösten Stoffes bezogen. Man unterscheidet integrale Wärmen und differentielle Wärmen. Beide hängen von der jeweiligen Konzentration der Lösung ab[1]. Unter einer integralen Lösungswärme versteht man diejenige Wärmemenge, die umgesetzt wird, wenn man mit der erforderlichen Anzahl von Molen des aufzulösenden Stoffes und des Lösungsmittels eine Lösung ganz bestimmter Konzentration auf einmal herstellt. Eine differentielle Lösungswärme ist dagegen diejenige Wärmetönung, die auftritt, wenn man zu einer sehr großen Menge einer Lösung noch ein Mol des aufzulösenden Stoffes hinzugibt. Von den integralen Lösungswärmen bezeichnet man die bei der Herstellung einer gesättigten Lösung pro Mol Gelöstes auftretende Wärmetönung als „ganze" Lösungswärme, unter den differentiellen Lösungswärmen die für den Sättigungszustand als „letzte", die für den hochverdünnten Zustand als „erste" Lösungswärme. Bezieht man nicht auf den aufzulösenden Stoff sondern auf das Lösungsmittel, so erhält man die Verdünnungswärmen. Die differentiellen Ver-

---

[1] Selbstverständlich hängen die Wärmemengen alle von der Temperatur und vom Druck ab; hier wird also der isobar-isotherme Zustand betrachtet.

dünnungswärmen sind entsprechend den differentiellen Lösungswärmen definiert; als „intermediäre" Verdünnungswärme bezeichnet man die umgesetzte Wärmemenge, wenn man von einer vorgegebenen Konzentration auf eine niedrigere Konzentration verdünnt, als integrale Verdünnungswärme, wenn man eine Lösung gegebener Konzentration unendlich verdünnt. Experimentell am leichtesten zugänglich ist die auf 1 Mol *Lösung* bezogene mittlere molare integrale Lösungswärme. Trägt man deren Werte gegen den Molenbruch des aufzulösenden Stoffes auf, so lassen sich differentielle Lösungswärme und differentielle Verdünnungswärme leicht graphisch ermitteln (vgl. A. Eucken und E. Wicke 1959; G. N. Lewis und M. Randall 1961).

Gesättigt ist eine Lösung, wenn zwischen dem im Überschuß vorliegenden gelösten Stoff und der Lösung Gleichgewicht besteht (z. B. System fest/flüssig mit Bodenkörper). Die Sättigungskonzentration oder Löslichkeit (in engerem Sinne) ist außer von der Art der Komponenten von der Temperatur abhängig, bei Lösungen von Gasen in festen Stoffen oder in Flüssigkeiten außerdem vom Druck.

Wenn aus der gesättigten Lösung, z. B. eines festen Stoffes in einer Flüssigkeit, das Lösungsmittel rasch genug entfernt wird, oder durch vorsichtige Abkühlung unter die Gleichgewichtstemperatur gelingt es oft, die Konzentration des gelösten Stoffes vorübergehend über die Sättigungskonzentration hinaus zu steigern.Eine solche Lösung nennt man übersättigt. Bei Berührung mit einem Kristall, durch Stoß oder auch spontan kann es zu einer Ausscheidung der überschüssig gelösten Substanz kommen.

Die Sättigungskonzentration als Folge des Gleichgewichtszustandes zweier Phasen gilt nur für die am Gleichgewicht beteiligten Komponenten. Andere Stoffe können von der gesättigten Lösung eines gegebenen Stoffes noch aufgelöst werden, z. B. Kochsalz in einer gesättigten wäßrigen Zuckerlösung. Da in diesem Falle das Lösungsmittel nicht Wasser sondern Zuckerlösung ist, ergibt sich hier natürlich eine andere Löslichkeit des Kochsalzes als in Wasser. Allgemein treten, wenn das Lösungsmittel bereits eine Lösung eines anderen Stoffes ist, je nach den Bedingungen Einsalz- oder Aussalzeffekte auf (vgl. Abschn. B). Letztere spielen u. a. bei der fraktionierten Ausfällung von Proteinen eine wichtige Rolle.

Die durch Temperatur und Druck bestimmte Sättigungskonzentration einer Lösung kann auf verschiedene Weise angegeben werden. Für feste oder flüssige Substanzen sind folgende Einheiten gebräuchlich:

c: die Gewichtsmenge Substanz in g, die in 100 g der gesättigten Lösung gelöst ist. Dabei wird immer auf die wasserfreie Substanz berechnet, auch bei kristallwasserhaltigen Salzen:

$$c = 100 \cdot \frac{m_S}{m_S + m_{Lm}} \tag{1}$$

c_{Lm}: die Gewichtsmenge Substanz in g, die sich in 100 g reinem Lösungsmittel löst (nach F. M. Raoult):

$$c_{Lm} = 100 \cdot \frac{m_S}{m_{Lm}} \tag{2}$$

N_S: der Molenbruch, d. h. das Verhältnis der Anzahl Mole der gelösten Substanz (n_S) zur gesamten Molzahl der gesättigten Lösung ($n_S + n_{Lm}$):

$$N_S = \frac{n_S}{n_S + n_{Lm}} = \frac{\dfrac{m_S}{M_S}}{\dfrac{m_S}{M_S} + \dfrac{m_{Lm}}{M_{Lm}}} \tag{3}$$

Zur Umrechnung der Einheiten c, c_{Lm} und N_S dienen folgende Gleichungen:

$$c = \frac{100 \cdot c_{Lm}}{100 + c_{Lm}}, \tag{4}$$

$$c_{Lm} = \frac{100 \cdot c}{100 - c}, \tag{5}$$

$$N_S = \frac{a \cdot c}{(a - 1) \cdot c + 100} \tag{6}$$

$$\text{mit } a = \frac{M_{Lm}}{M_S}.$$

m_S und m_{Lm} sind die Gewichtsmengen in g, M_S und M_{Lm} die Molgewichte der gelösten Substanz bzw. des Lösungsmittels. Häufig wird die Konzentration nicht auf das Gewicht 100 g sondern auf das Volumen 100 ml der Lösung bzw. des Lösungsmittels bezogen (nach S. ARRHENIUS). Die entsprechenden Einheiten,

$$c_{Vol} = \frac{m_S}{V_{Lös}} \tag{7}$$

und

$$c_{Lm\,Vol} = \frac{m_S}{V_{Lm}}, \tag{8}$$

lassen sich mit Hilfe der Dichte ϱ (Lösung) bzw. ϱ_{Lm} (Lösungsmittel) in die gewichtsbezogenen Einheiten umrechnen:

$$c = \frac{c_{Vol}}{\varrho}, \tag{9}$$

$$c_{Lm} = \frac{c_{Lm\,Vol}}{\varrho_{Lm}}. \tag{10}$$

Die Löslichkeit von Gasen kann grundsätzlich in den gleichen Einheiten angegeben werden:

$q\,(= c_{Lm})$: die Gewichtsmenge des Gases in g, die von 100 g Lösungsmittel gelöst wird, bei einem Gesamtdruck (Partialdruck des gelösten Gases + Dampfdruck des Lösungsmittels) von 760 Torr in der Gasphase,

$r\,(= c_{Lm\,Vol})$: die Gewichtsmenge des Gases in g, die von 100 ml Lösungsmittel bei einem Partialdruck des Gases von 760 Torr in der Gasphase aufgenommen wird (Raoultscher Löslichkeitskoeffizient).

Da Gase in der Regel nicht nach Gewicht sondern nach ihrem Volumen gemessen werden, sind aber die volumenbezogenen Löslichkeitskoeffizienten hier gebräuchlicher:

α (Bunsenscher Löslichkeitskoeffizient): das von der Volumeneinheit des Lösungsmittels bei der betr. Temperatur aufgenommene, auf 0°C und 760 Torr reduzierte Volumen des Gases, wobei der Partialdruck des Gases in der Gasphase 760 Torr beträgt,

l: definiert wie α, bezogen wird aber auf einen Gesamtdruck von 760 Torr in der Gasphase,

β (Kuenenscher Löslichkeitskoeffizient): das Volumen des Gases, reduziert auf 0°C und 760 Torr, in ml, das von 1 g Lösungsmittel bei der betr. Temperatur und bei einem Partialdruck des Gases in der Gasphase von 760 Torr aufgenommen wird,

α' (Ostwaldscher Löslichkeitskoeffizient): das Verhältnis eines Gasvolumens zu dem Volumen der dieses Gasvolumen enthaltenden gesättigten Lösung bei gleicher Temperatur von Gas und Lösung. Nach dem Henry-Daltonschen Gesetz ist α' unabhängig vom Druck.

Die Umrechnung der Löslichkeitskoeffizienten untereinander läßt sich nach folgenden Gleichungen vornehmen:

$$q = \alpha \cdot \frac{100 \cdot M_{Gas} \cdot (760 - p_{Lm})}{\varrho_{Lm} \cdot R \cdot 273} \,, \tag{11}$$

$$r = \alpha \cdot \frac{100 \cdot M_{Gas} \cdot 760}{R \cdot 273} \,, \tag{12}$$

$$\alpha = l \cdot \frac{760}{760 - p_{Lm}} \,, \tag{13}$$

$$\beta = \frac{\alpha}{\varrho_{Lm}} \,, \tag{14}$$

$$\alpha' = \alpha \cdot \frac{T}{273} \,. \tag{15}$$

M_{Gas} = Molekulargewicht des Gases, p_{Lm} = Dampfdruck des Lösungsmittels, ϱ_{Lm} = Dichte des Lösungsmittels, R = Gaskonstante = 6,24 · 10⁴ (ml · Torr/ °C · Mol), T = absolute Temperatur des Gleichgewichtes (°K).

Bei allen Löslichkeitsangaben ist die Angabe der Temperatur, bei der die Sättigungskonzentration bestimmt wurde, unerläßlich. Bei den Löslichkeitskoeffizienten der Gase ist immer dann auch der Druck anzugeben, wenn er von 760 Torr abweicht.

B. Thermodynamische Betrachtungen zur Löslichkeit

Eine Phase α, die aus einer reinen Substanz 1 besteht, befindet sich mit einer Mischphase β im Gleichgewicht, wenn das chemische Potential der Substanz 1 in der Phase α, μ_1^α, ihrem chemischen Potential in der Phase β, μ_1^β, gleichgeworden ist:

$$\mu_1^\alpha = \mu_1^\beta \,. \tag{16}$$

Gleichgewicht nennt man den Zustand eines abgeschlossenen Systems, in dem alle das System beschreibenden Parameter keinerlei Veränderungen mit der Zeit mehr zeigen.

Das chemische Potential μ_1^α der reinen Substanz 1 in der Phase α hängt nur von Druck und Temperatur ab. Ist der Stoff 1 ein ideales Gas, so gilt:

$$\mu_1^\alpha = \mu_{01}^\alpha + RT \cdot \ln(p/p_0) \,, \tag{17}$$

worin R die Gaskonstante, T die absolute Temperatur, p den Druck und p_0 einen den Grundzustand mit dem chemischen Potential μ_{01}^α definierenden Druckwert, üblicherweise 1 at, bedeuten.

Das chemische Potential der Substanz 1 in der Mischphase β wird:

$$\mu_1^\beta = \mu_{01}^\beta + RT \cdot \ln a_1 \,. \tag{18}$$

a_1 ist die Aktivität der Substanz 1 in der Mischphase β und μ_{01}^β ihr chemisches Potential im Grundzustand mit der Aktivität 1. Zwischen der Aktivität a_1 und der Konzentration c_1 besteht die Beziehung (G. N. LEWIS und M. RANDALL 1961):

$$a_1 = f_1 \cdot c_1 \,. \tag{19}$$

f_1 heißt Aktivitätskoeffizient der Substanz 1 in der Mischphase β. Er kann von Druck, Temperatur, Konzentration der Substanz 1 und den Konzentrationen irgendwelcher Lösungspartner in der Mischphase β abhängen. Mit abnehmender Konzentration der Substanz 1 nähert sich f_1 dem Zahlenwert 1.

Für die Löslichkeit eines idealen Gases als Phase α in einer festen oder flüssigen Substanz als Phase β erhält man aus den Gleichungen (16), (17), (18) und (19) unter Vernachlässigung der Druckabhängigkeit des chemischen Potentials der Substanz 1 (des idealen Gases) in der Phase β:

$$p = p_0 \cdot e^{(\mu_{01}^{\beta} - \mu_{01}^{\alpha})/RT} \cdot a_1$$
$$= p_0 \cdot e^{(\mu_{01}^{\beta} - \mu_{01}^{\alpha})/RT} \cdot f_1 \cdot c_1 . \qquad (20)$$

Bei konstanter Temperatur wird der Ausdruck

$$p_0 \cdot e^{(\mu_{01}^{\beta} - \mu_{01}^{\alpha})/RT}$$

eine nur von der Temperatur und der Maßeinheit des Druckes abhängige Konstante $K(T)$:

$$p = K(T) \cdot a_1 = K(T) \cdot f_1 \cdot c_1 , \qquad (21)$$

d. h. die Aktivität des idealen Gases in der Phase β (in der Lösung) ist bei gegebener Temperatur seinem Druck in der Phase α direkt proportional. Bei gleichzeitiger Anwesenheit mehrerer idealer Gase in der Phase α gilt (21) für jedes Gas, wenn man für p den Partialdruck und für $K(T)$ den für das betreffende Gas geltenden Zahlenwert (s. Tab. 1) einsetzt.

Tabelle 1. *Löslichkeit verschiedener Gase in Wasser. Konstante des Henry-Daltonschen Gesetzes* (Handbook of chemistry and physics)

Gas	$K(T) \cdot 10^{-7}$ (vgl. Gleichung 22)									
	$t = 0°$	10°	20°	30°	38°	40°	50°	60°	70°	80° C
Argon	1,65	2,18	2,58	3,02	3,41	3,49	3,76	3,92	4,12	4,25
Kohlendioxid	0,0555	0,0788	0,108	0,139	0,168	0,173	0,217	0,258		
Helium . . .	10,0	10,5	10,9	11,1	11,0	10,9	10,5	10,3	9,88	
Wasserstoff .	4,42	4,82	5,20	5,51	5,72	5,78	5,82	5,80	5,77	5,73
Krypton. . .	0,853	1,20	1,52	1,85	2,13	2,18	2,43	2,66	2,83	2,94
Neon	7,68	8,49	9,14	9,45	9,76	9,80	10,0			
Stickstoff . .	4,09	4,87	5,75	6,68	7,51	7,60	8,20	8,70	9,20	
Sauerstoff . .	1,91	2,48	2,95	3,52	4,04	4,14	4,50	4,84	5,13	5,28
Radon . . .	0,186	0,286	0,391	0,529	0,651	0,683	0,839	0,976	1,07	
Xenon . . .	0,392	0,555	0,742	0,945	1,12	1,16	1,31	1,46	1,59	1,66
Stickoxid . .	0,074	0,108	0,155	0,210	0,242	0,246	0,279			
Acetylen. . .	0,0555	0,0716	0,0900	0,112	0,131	0,133				
Äthylen . . .	0,370	0,552	0,753	1,00	1,21	1,23				

Wenn die Löslichkeit des Gases gering ist, darf man $f_1 \approx 1$ setzen und man erhält das Henry-Daltonsche Gesetz:

$$p = K(T) \cdot c_1 . \qquad (22)$$

Besteht die Phase α aus einer festen oder flüssigen reinen Substanz, so wird $\mu_1^{\alpha} = \mu_{01}^{\alpha}$ eine in der Hauptsache nur von der Temperatur abhängige Größe. Aus den Gleichungen (16) und (18) folgt dann:

$$a_1 = f_1 \cdot c_1 = e^{(\mu_{01}^{\alpha} - \mu_{01}^{\beta})/RT} = K(T) , \qquad (23)$$

d. h. die Aktivität der Substanz 1 in der Mischphase hängt im wesentlichen nur von der Temperatur ab.[1] Ist die Löslichkeit der Substanz 1 in der Mischphase β

---

[1] Die Druckabhängigkeit kann bei kondensierten Phasen im Bereich des normalen Luftdruckes immer vernachlässigt werden, bei höheren Drucken muß man sie natürlich berücksichtigen.

gering, darf man für den Aktivitätskoeffizienten $f_1 \approx 1$ setzen und Gleichung (23) geht über in:

$$c_1 = K(T) . \tag{24}$$

In diesem Falle hängt also die Konzentration der Substanz 1 in der Mischphase β (in der Lösung) nur noch von der Temperatur ab. Da im Gleichgewicht die Phase α nicht verschwindet, bedeutet c_1 die Sättigungskonzentration. Die Gleichungen (23) bzw. (24) gelten nur unter der Voraussetzung, daß es sich beim Bodenkörper in der Phase α um eine reine Substanz handelt; enthält sie Beimengungen, wird $\mu_1^\alpha \neq \mu_{01}^\alpha$ und die Aktivität der Substanz 1 in der Phase α muß in Gleichung (16) berücksichtigt werden.

Die Aktivität eines binären Elektrolyten, der in der Mischphase β (in der Lösung) gemäß der Reaktion

$$KA \to K^+ + A^-$$

zerfällt, ist gleich dem Produkt der Aktivitäten der Einzelionen:

$$a_{KA} = a_{K^+} \cdot a_{A^-} . \tag{25}$$

Da hier der reine Stoff KA ist, wird die Aktivität a_1 der Gleichung (23) mit a_{KA} gleichzusetzen sein, und aus den Gleichungen (23) und (25) folgt:

$$a_{KA} = a_{K^+} \cdot a_{A^-} = K(T) . \tag{26}$$

Für die Aktivitäten der Einzelionen gilt eine der Gleichung (19) entsprechende Beziehung:

$$a_{K^+} = f_+ \cdot c_+ ; \qquad a_{A^-} = f_- \cdot c_- . \tag{27}$$

Aus den Gleichungen (26) und (27) folgt:

$$c_+ \cdot c_- \cdot f_+ \cdot f_- = K(T) . \tag{28}$$

Man pflegt

$$c_+ \cdot c_- = K_L(T) \tag{29}$$

zu setzen und nennt $K_L(T)$ das Löslichkeitsprodukt.

Diese Überlegungen können ohne weiteres auch auf mehrfach geladene Ionen übertragen werden (vgl. G. KORTÜM 1962; H. FALKENHAGEN 1953).

Da die Aktivitätskoeffizienten der einzelnen Ionen nicht bestimmbar sind, pflegt man mit einem Mittelwert $f_\pm$ zu rechnen, für den man

$$f_\pm^2 = f_+ \cdot f_- \tag{30}$$

setzt. Aus den Gleichungen (28), (29) und (30) folgt:

$$K_L(T) \cdot f_\pm^2 = K(T) . \tag{31}$$

Gleichung (31) läßt sofort erkennen, daß das Löslichkeitsprodukt nur dann konstant wird, wenn der mittlere Aktivitätskoeffizient gegen 1 konvergiert. Das ist aber bei Elektrolyten erst in sehr kleinen Konzentrationen der Fall ($< 10^{-3}$ val/l), oder anders ausgedrückt: erst wenn das Löslichkeitsprodukt einer Substanz 1 kleiner wird als 10^{-6} val/l, darf es als wahre thermodynamische Konstante betrachtet werden.

Mit Hilfe der Debye-Hückelschen Theorie der starken Elektrolyte (vgl. FALKENHAGEN) kann der Aktivitätskoeffizient berechnet werden. Die Abhängigkeit des Aktivitätskoeffizienten sowohl von der Konzentration der Substanz 1 als auch von den Konzentrationen der Lösungsgenossen, die den Charakter starker Elektrolyte haben, wird in dieser Theorie durch den Begriff der Ionenstärke J beschrieben, der allein durch die Konzentrationen c_i und die Ladungen z_i aller in der Lösung vorhandenen Ionensorten i gegeben ist:

$$J = \tfrac{1}{2} \cdot \sum c_i \cdot z_i^2 . \tag{32}$$

In diesem Ausdruck bleibt die chemische Qualität der Ionensorten, wenn man von ihrem Ladungszustand absieht, unberücksichtigt. Zur Berechnung von J vgl. F. W. Küster, A. Thiel und K. Fischbeck (1962).

Die Debye-Hückelsche Theorie ist ein Grenzgesetz, das den Verlauf des Aktivitätskoeffizienten und damit auch den der Löslichkeit recht allgemein bis zur Ionenstärke 0,01 mit ausreichender Näherung beschreibt; darüber hinaus versagt sie. Dieser Sachverhalt wird durch Abb. 1 dargestellt, auf der die Abhängigkeit des mittleren Aktivitätskoeffizienten des 2,4-Dinitrophenols von der Ionenstärke einiger starker Elektrolyte eingezeichnet wurde. Die gestrichelte Gerade errechnet sich aus der Theorie (Kortüm). In Verbindung mit Gleichung (31) wird klar, daß das Löslichkeitsprodukt mit kleiner werdenden Aktivitätskoeffizienten größer

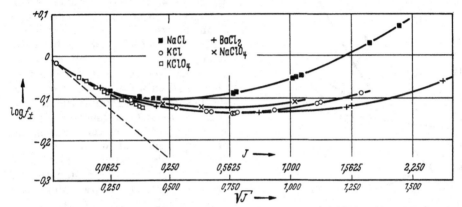

Abb. 1. Mittlerer Aktivitätskoeffizient $f \pm$ des 2,4-Dinitrophenols in verschiedenen Neutralsalzlösungen

wird (Einsalzeffekt). Wächst der Aktivitätskoeffizient, so verringert sich das Löslichkeitsprodukt (Aussalzeffekt). Bei höheren Ionenstärken muß auch die chemische Qualität der Lösungspartner berücksichtigt werden. Die quantitative Beschreibung derartiger Systeme wie auch solcher, die als Lösungspartner neutrale Moleküle enthalten, muß weitgehend der Empirie überlassen werden (Lewis und Randell; R. A. Robinson und R. H. Stokes 1959).

C. Löslichkeit von festen Substanzen in Flüssigkeiten

Wegen der starken Abhängigkeit der Löslichkeit von der Natur des zu lösenden Stoffes ist die Beschaffenheit der festen Substanz, die sich mit der Lösung im Gleichgewicht befindet, zu beachten; Änderungen in ihren chemischen oder physikalischen Eigenschaften können eine Änderung der Löslichkeit bewirken. Mangelnde Reinheit des festen Stoffes wie der Flüssigkeit beeinflußt die Sättigungskonzentration je nach Art der Komponenten unterschiedlich stark und ist ebenfalls zu berücksichtigen.

Wie der Dampfdruck von Flüssigkeitstropfen von der Größe der Tropfen abhängt und kleinste Tröpfchen einen höheren Dampfdruck aufweisen als Tropfen normaler Größe (Thomson 1871), so besitzen auch kleinste Kristallite höheren Dampfdruck als größere Kristalle, daneben auch einen niedrigeren Schmelzpunkt und größere Löslichkeit. Bei der Löslichkeitsbestimmung ist daher die Verwendung zu fein gepulverter Substanzen zu vermeiden. H. Kienitz (1955) empfiehlt, immer Proben zu verwenden, die teils aus feineren, teils aus etwas gröberen Kristallen bestehen. W. J. Mader u. Mitarb. (1959) sind dagegen der Auffassung, daß dieser Einfluß ohne wesentliche Bedeutung ist und daß, abgesehen von kolloidalen Suspensionen, die experimentell ermittelte Löslichkeit praktisch unabhängig von der Teilchengröße des zu lösenden Stoffes ist.

Deutlich beschleunigt wird mit abnehmender Teilchengröße die Auflösungsgeschwindigkeit. Umgekehrt verzögert sich mit steigender Viscosität der Lösung wegen der langsameren Diffusion die Einstellung des Sättigungsgleichgewichtes, ohne den Wert der Gleichgewichtskonzentration zu ändern.

Die Abhängigkeit der Löslichkeit von der Temperatur wird außer durch Tabellen meist durch die graphische Darstellung wiedergegeben. Sie differiert deutlich von Substanz zu Substanz. Die Änderung der Sättigungskonzentration je Temperaturgrad, der Temperaturkoeffizient der Löslichkeit, ist in den meisten Fällen positiv (Abb. 2, Kurve D). Es gibt jedoch genügend Beispiele, in denen er extrem klein (Kurven B und C) oder auch negativ (Kurve F) ist. Die Löslichkeitskurve kann im Einzelfall auch ein Maximum (Kurve A) oder ein Minimum (Kurve B) aufweisen. Diskontinuitäten des Löslichkeitsdiagramms treten dann auf, wenn das Lösungsmittel mit dem gelösten Stoff in einem zusätzlichen Gleichgewicht steht, wenn sich bei bestimmten Temperaturen verschiedene Hydrate der gelösten Substanz bilden (Kurve E, Beispiel: Umwandlung von $Na_2SO_4 \cdot 10 H_2O$ bei 32°C zu Na_2SO_4 in wäßriger Lösung), wenn sich die Dissoziationskonstante der Substanz ändert oder wenn es zur Bildung von

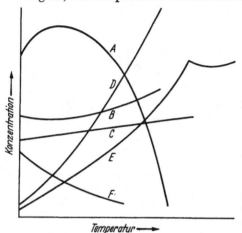

Abb. 2. Abhängigkeit der Löslichkeit von der Temperatur

Wasserstoffbrücken oder anderen Umwandlungen kommt. In diesen Fällen ist in den einzelnen Kurvenästen die Löslichkeit verschiedener Substanzen maßgebend.

Die feste Phase, die sich in der Regel als schwerere am Boden des Gefäßes absetzt, nennt man den Bodenkörper, die mit ihm im Gleichgewicht befindliche flüssige Lösung die Mutterlauge.

Genügend große Unterschiede in der Löslichkeit verschiedener fester Stoffe in einem gegebenen Lösungsmittel machen die Trennung der Stoffe durch fraktionierte Kristallisation möglich. Wenn man die Temperatur herabsetzt und dadurch das Löslichkeitsgleichgewicht der Komponenten verändert, so kann man *eine* Substanz zur Abscheidung bringen, während die andere Komponente noch in Lösung bleibt. Andererseits nutzt man große Unterschiede des Lösungsvermögens von Lösungsmitteln gegenüber einem gegebenen Stoff für eine Reihe wichtiger Verfahren zur Trennung und Anreicherung des Stoffes in Labor und Technik aus (Solvent-Extraktion; fraktionierte Verteilung). Diesen Verfahren liegt der Nernstsche Verteilungssatz zugrunde. Danach verteilt sich die Substanz auf die beiden Flüssigkeiten ohne Rücksicht auf die Gesamtmenge der Komponenten derart, daß das Verhältnis der Konzentrationen konstant ist:

$$\frac{c_1}{c_2} = \text{konst.} \tag{33}$$

Die Konstante wird als Verteilungskoeffizient bezeichnet; ihr Wert hängt von den beiden Lösungsmitteln, dem gelösten Stoff und der Temperatur ab. Dieses einfache Verhältnis gilt allerdings nur, wenn der Molekularzustand der Substanz in den beiden unvermischbaren Flüssigkeiten gleich ist. Im allgemeinen Fall sind statt der Konzentrationen hier die Aktivitäten zu setzen.

Die unterschiedliche Löslichkeit kristalliner Stoffe liegt auch einem Verfahren zur Bestimmung der Reinheit einer gegebenen Substanz zugrunde, das u. a. bei der Isolierung von Proteinen angewendet wird (vgl. E. J. COHN und J. T. EDSALL 1943; J. F. TAYLOR 1953). Schüttelt man bei konstanter Temperatur in verschiedenen Ansätzen jeweils die gleiche Menge Lösungsmittel mit steigenden Mengen einer reinen Substanz bis zum Gleichgewicht, analysiert die Lösung und trägt deren Konzentration c_L als Ordinate gegen die Konzentration im gesamten System (gegebenenfalls einschließlich Bodenkörper) c_S als Abszisse graphisch auf, so erhält man die aus Abb. 3 ersichtliche Kurve ABC. Bis zur Sättigungskonzentration in B wächst c_L linear an, weitere Erhöhung von c_S hat dann keine Steigerung von c_L mehr zu Folge: die Kurve verläuft parallel zur Abszisse. Bei den gleichen Versuchen mit einer aus zwei Stoffen bestehenden festen Substanz (Kurve $ADEF$) steigt c_L bis zur Sättigungskonzentration des einen Stoffes in D wiederum linear an, knickt dann zu einer Geraden geringerer Steigung ab und geht bei E, wenn die Lösung an beiden Stoffen gesättigt ist, in eine Parallele zur Abszisse über. Dieser Verlauf der Kurven ergibt sich aus dem Gibbsschen Phasengesetz, das bei Konstanz von Druck und Temperatur die Form

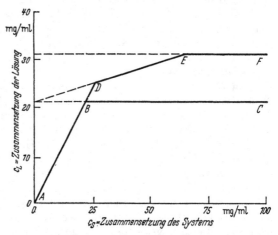

Abb. 3. Löslichkeitskurven bei 30° C; ABC: reines Isoleucin in Wasser; ADEF: 85% Isoleucin und 25% Glutaminsäure in Wasser

$$F = C - P \tag{34}$$

annimmt, wobei F die Zahl der Freiheitsgrade, C die Zahl der Komponenten und P die Zahl der Phasen bedeuten. Im Falle der reinen Substanz sind von A bis B zwei Komponenten und eine Phase gegeben: das System hat noch einen Freiheitsgrad (die Konzentration der Lösung ist noch veränderlich). Zwischen B und C ist Bodenkörper vorhanden: das System besitzt keinen Freiheitsgrad mehr. Im Falle der verunreinigten Substanz liegen drei Komponenten und bis D nur eine Phase vor, die Konzentrationen beider fester Stoffe in der Lösung sind noch variabel; zwischen D und E tritt Bodenkörper der einen Substanz als zweite Phase auf. Von E ab liegen beide festen Komponenten als eigene Phasen im Bodenkörper vor: das System ist nonvariant geworden. Aus derartigen Löslichkeitskurven lassen sich auch die einzelnen Konzentrationen und Löslichkeiten der festen Komponenten ermitteln (vgl. W. J. MADER 1954).

Hochpolymere zeigen gegenüber flüssigen Lösungsmitteln ein völlig anderes Verhalten als niedermolekulare Stoffe. Kettenförmige Polymere werden entweder überhaupt nicht gelöst oder lösen sich kontinuierlich ohne Ausbildung eines Sättigungsgleichgewichtes; Netz- und Raum-Polymere zeigen zwar meist eine gewisse Begrenzung ihrer Löslichkeit – falls sie überhaupt gelöst werden –, ihre Lösungen weisen aber keine molekulare Verteilung auf. Das unterschiedliche Verhalten der Hochpolymeren gegenüber Lösungsmitteln dient zu ihrer Identifizierung. Auch diese Verbindungen lassen sich aus ihren Lösungen fraktioniert ausfällen, wenn man eine Flüssigkeit zusetzt, die mit dem Lösungsmittel unbegrenzt mischbar ist, die polymere Substanz aber nicht oder nur wenig löst. Dabei zeigen gewöhnlich die ersten Fraktionen den höchsten, die letzten den niedrigsten Polymerisationsgrad.

Nicht weniger schwierig ist die systematische Beschreibung der Löslichkeit der Proteine. Das wechselnde Verhältnis von unpolaren hydrophoben und polaren hydrophilen Gruppen im Eiweißmolekül sowie der Einfluß der elektrostatischen Kräfte der polaren Gruppen aufeinander und auf die Moleküle bzw. Ionen der Lösungspartner und des Lösungsmittels bewirkt außerordentliche Unterschiede in der Löslichkeit der einzelnen Eiweißkörper. Die wesentlichen Parameter der Löslichkeit eines Proteins sind Dielektrizitätskonstante, Ionenstärke, pH und Temperatur. Näheres hierüber sowie über die zur Reingewinnung von Proteinen wichtigsten Verfahren der Ausfällung im isoelektrischen Punkt und des Aussalzens vgl. bei E. J. Cohn und J. T. Edsall (1943), J. F. Taylor (1953) und in Bd. I dieses Handbuches.

Obwohl man aus Dampfdruckwerten des Lösungsmittels und des gelösten Stoffes sowie dessen Schmelzwärme und Schmelztemperatur unter „idealen" Bedingungen die Löslichkeit bei gegebener Temperatur theoretisch berechnen kann (J. H. Hildebrand 1936), ist eine Vorausbestimmung der Löslichkeit in der Praxis nur qualitativ empirisch möglich. Bei der Überwindung der Gitterkräfte der zu lösenden Substanz durch die Solvationskräfte des Lösungsmittels kommt es nicht nur auf die Größe dieser Kräfte sondern auch auf ihre Natur an. Man kann daher nur in großen Zügen geltende Regeln angeben. Da die Gitterkräfte die Höhe des Schmelzpunktes mitbestimmen, sind unter verwandten oder isomeren Stoffen im allgemeinen niedriger schmelzende leichter löslich. Dem gelösten Stoff chemisch nahestehende Lösungsmittel lösen am besten. Wie man empirisch eine Reihe zunehmender Wasserlöslichkeit organischer Verbindungen von den praktisch unlöslichen Kohlenwasserstoffen bis zu den sehr leicht löslichen Sulfonsäuren aufgestellt hat, so kann man ähnlich die Lösungsmittel zwischen den Extremen Petroläther und Wasser nach ihrer Lösungsfähigkeit einordnen. Zu beachten ist auch der Dipolcharakter; so ist Chloroform fast immer ein besseres Lösungsmittel als der unpolare Tetrachlorkohlenstoff.

Die Bestimmung der Löslichkeit kann auf analytischem oder synthetischem Wege erfolgen.

I. Bestimmung nach der analytischen Methode

Bei der analytischen Methode wird bei konstanter Temperatur eine gesättigte, d. h. mit der im Überschuß vorhandenen festen Substanz im Gleichgewicht befindliche Lösung hergestellt und deren Konzentration nach chemischen oder physikalischen Verfahren ermittelt. Chemische Analysenverfahren verdienen den Vorzug, wenn die gelöste Substanz oder ihre Ionen durch quantitative Bestimmungsmethoden (gravimetrisch oder maßanalytisch) erfaßbar sind. Wenn der Dampfdruck des gelösten Stoffes vernachlässigt werden darf, genügt vielfach die Ermittlung des Gewichtsverlustes, der nach dem vollständigen Verdampfen des Lösungsmittels eingetreten ist. Das Eindampfen der Lösung erfolgt vorteilhaft im Vakuum.

Die physikalischen Methoden sind im allgemeinen ungenauer als die chemischen; man wird sie daher nur verwenden, wenn diese versagen. Grundsätzlich ist jede physikalische Meßgröße geeignet, für die ausreichende Vergleichswerte gegeben sind. Im wesentlichen kommen die Dichte, der Brechungsindex und die Lichtabsorption in Betracht. In speziellen Fällen werden auch die elektrische Leitfähigkeit und die elektromotorische Kraft für die Konzentrationsbestimmung bei

Elektrolyten in wäßriger Lösung herangezogen. Auf die Möglichkeit der Löslichkeitsbestimmung durch radioaktive Tracer-Methoden sei hier ebenfalls hingewiesen
(vgl. J. S. Bresler 1957; C. E. Crouthamel und D. S. Martin jr. 1950; I. M.
Korenman und A. A. Tumanov 1960).

Vorbedingung für die Genauigkeit der Löslichkeitsbestimmung sind einwandfreie Konstanthaltung der Temperatur, exakte Temperaturmessung und intensives
Umrühren von Lösung und fester Substanz. Man muß sich in jedem Fall durch
wiederholte unabhängige Versuche davon überzeugen, daß tatsächlich der der
Temperatur entsprechende Gleichgewichtszustand erreicht
ist. Noch sicherer ist es, zusätzlich das Gleichgewicht auch von
der Seite der übersättigten Lösung her einzustellen. Auch durch
eine geeignete Methode der Schlierenbeobachtung im Grenz-
bereich Bodenkörper – Lösung ist die Überprüfung des
Gleichgewichtszustandes möglich (vgl. J. Mýl und J. Kvapil
1960).

Für die Löslichkeitsbestimmung nach der analytischen Methode ist eine ganze Anzahl von Apparaten erdacht worden. Ein
einfaches und sehr zweckmäßiges Gerät geht auf V. Meyer
(1875) zurück und ist verschiedentlich modifiziert worden
(Abb. 4).

Der ganze Apparat befindet sich zur Einstellung und
Konstanthaltung der Meßtemperatur in einem Thermostaten,
der an der Vorderseite zur Beobachtung des Lösevorganges
mit einem Glasfenster versehen ist. In a befinden sich die feste
Substanz und das Lösungsmittel mit Rührer und Glasstab, der
durch einen über sein unteres Ende gezogenen durchbohrten
Gummistopfen den Sättigungsraum a von dem Filterraum b
abtrennt; dieser trägt am unteren verjüngten Ende einen kleinen
Pfropfen Glaswolle. Ist die Sättigung der Lösung erreicht, so
hebt man den Glasstab mit dem Gummistopfen etwas an und
läßt einen Teil der Lösung über das Glaswollefilter in das
Wägegläschen d einfließen. Die Filtration läßt sich durch Saugen
an dem Rohr l noch beschleunigen. Die in dem Wägegläschen
enthaltene Lösung wird gewogen und analysiert. Nach einer
Stunde, während der bei konstanter Temperatur weitergerührt
wird, entnimmt man einen neuen Anteil der Lösung zur Kon-
trollanalyse.

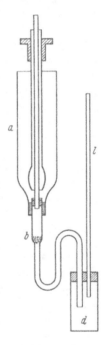

Abb. 4. Apparatur zur
Bestimmung der Lös-
lichkeit fester Substan-
zen in Flüssigkeiten
nach der analytischen
Methode

Da hier Lösung sowie Substanz gewogen wird, erhält man die Sättigungskonzentration in 100 g Lösung (c) wie in 100 g Lösungsmittel (c_{Lm}). Durch Ermittlung der Dichten von Lösung und Lösungsmittel läßt sich auch die Gewichtsmenge
fester Stoff in 100 ml Lösung (c_{Vol}) bzw. in 100 ml Lösungsmittel ($c_{Lm\,Vol}$) nach den
Gleichungen (9) und (10) errechnen.

Diese Methode wird mit Vorzug auch zur Bestimmung der Löslichkeit bei
hohen Temperaturen angewendet, da alle Arbeitsgänge im Thermostaten durchgeführt werden und dadurch ein Auskristallisieren von fester Substanz vermieden
wird.

Weniger genau ist eine vielfach benutzte andere Methode, bei der man einen
Überschuß an fester Substanz und das Lösungsmittel in einer gut verschlossenen
Flasche bei konstanter Temperatur gut durchmischt, den Bodenkörper absitzen
läßt, dann von der Lösung ein bestimmtes Volumen abpipettiert und analysiert.
Die Durchmischung wird zweckmäßig mit mehreren Flaschen gleichzeitig im
Thermostaten durchgeführt, wie von A. A. Noyes (1892) zuerst beschrieben

(Abb. 5). Die Flaschen sind dabei an einer waagerechten Achse befestigt, die sich langsam (etwa 20 Umdrehungen je Minute) und, wenn möglich, exzentrisch und in wechselnder Richtung dreht. Auch jede andere in den Thermostaten passende turbulent durchmischende Schüttel- oder Rühreinrichtung führt zum Ziel der gesättigten Lösung (vgl. z. B. R. H. Schmitt und E. L. Grove 1960). Die Flaschen werden mit Glas- oder besser mit Gummistopfen und mit übergezogener Gummikappe gut verschlossen. Bei leicht flüchtigen Lösungsmitteln muß der leere Raum über der Lösung vor dem Verschließen der Flaschen mit dem Dampf des Lösungsmittels gefüllt sein (Evakuieren, durchbohrter Gummistopfen mit Glasrohr,

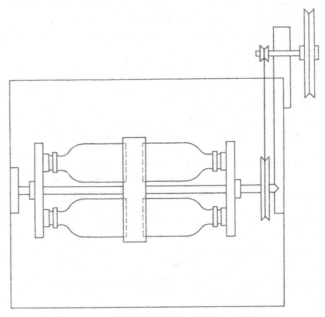

Abb. 5. Schüttelvorrichtung

Schlauch und Klemme). Beträgt der Dampfdruck des Lösungsmittels 1 at oder mehr, so wird die Bestimmung in einer Bombe durchgeführt.

Die hauptsächliche Schwierigkeit liegt bei einem derartigen Verfahren darin, daß beim Abpipettieren der Lösung einmal das Eindringen feiner Kristalle des Bodenkörpers, zum anderen ein Verdampfen des Lösungsmittels und ein Auskristallisieren fester Substanz aus der Lösung sorgfältig vermieden werden müssen. Dazu schaltet man der Pipette an ihrem Ausflußende mit Hilfe eines Schlauchstückes ein mit Glaswolle oder Watte gefülltes Glasröhrchen vor und füllt die Pipette, die sich bis über ihren Eichstrich in der Thermostatenflüssigkeit befindet, mittels Druckluft (Abb. 6). Man kann nun einfach den Rauminhalt der bis zum Eichstrich gefüllten Pipette feststellen. Braucht man das Gewicht, so bringt man den Pipetteninhalt in geeigneter Weise zur Wägung; für diesen Zweck sind auch besondere Formen von Entnahmepipetten entwickelt worden (z. B. von J. H. van't Hoff und W. Meyerhoffer 1898).

Orientierende Löslichkeitsbestimmungen lassen sich nach einem einfachen Verfahren von T. J. Ward (1919) durchführen. Man erhitzt Substanz und Lösungsmittel in einem weiten Reagensglas 10—20° über die Temperatur, bei der die Sättigungskonzentration bestimmt werden soll. Unter dauerndem Schütteln wird eine gesättigte Lösung hergestellt, die noch Bodenkörper aufweist. Das Rohr wird dann unter wiederholtem Schütteln solange in einen auf die Meßtemperatur eingestellten Thermostaten getaucht, bis sich das Meß-Gleichgewicht eingestellt hat. Zuletzt wird in das Reagensglas ein Faltenfilter (mit der Spitze nach unten) oder ein Filterrohr nach Soxhlet getaucht. Aus dem Inhalt des Filters entnimmt man eine bestimmte Menge der klaren Lösung und analysiert. Erweitert man diese Methode, indem man eine zweite Probe der bei höherer Temperatur gesättigten Lösung zunächst unter die Meßtemperatur abkühlt, bis merkliche Mengen des gelösten Stoffes auskristallisiert sind, und dann *beide* Proben unter Schütteln auf die Meßtemperatur einstellt, so ergeben sich in vielen Fällen recht genaue Ergebnisse, so daß das Verfahren auch für Reihenversuche gut brauchbar ist.

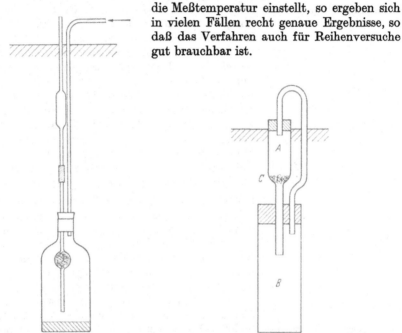

Abb. 6. Abmessen der gesättigten Lösung   Abb. 7. Bestimmung der Löslichkeit durch Perkolation

Eine weitere einfache, auf Perkolation beruhende Methode hat J. J. Fox (1909) beschrieben. Das Prinzip des Verfahrens geht aus Abb. 7 hervor. Der Apparat steht bis zum Stopfen von A im Thermostaten. Der zu lösende feste Stoff wird auf die Asbestschicht bei C gebracht. Das Lösungsmittel wird in A eingegossen und perkoliert langsam in B. Wenn die Flüssigkeit vollständig durchgelaufen ist, wird sie erneut in A überführt. Die Perkolation ist beendet, wenn sich die Dichte der Lösung nicht mehr ändert.

II. Bestimmung nach der synthetischen Methode

Bei den synthetischen Verfahren der Löslichkeitsbestimmung ist die Konzentration vorgegeben; es wird die Temperatur ermittelt, bei der die Sättigungskonzentration erreicht ist, d. h. bei der sich aus den vorher gewogenen Komponenten gerade eine gesättigte Lösung gebildet hat. Durch eine Reihe von Versuchen erhält man Sättigungskonzentration-Temperatur-Wertepaare, aus denen man die Kurve der Löslichkeit in Abhängigkeit von der Temperatur graphisch darstellen kann.

Da die Konzentration der Lösung genau bekannt ist, kommt es also darauf an, den Punkt der Sättigung sicher zu erkennen. Man kann sich diesem Punkt von der

Untersättigung oder von der Übersättigung her nähern, d. h. die Temperatur ermitteln, bei der (beim Erwärmen) gerade die letzten Kristalle verschwinden, oder die Temperatur, bei der (beim Abkühlen) gerade die ersten Kristalle entstehen. Zur Sicherheit sollten immer beide Verfahren angewendet werden.

Die abgewogenen Mengen feste Substanz und Lösungsmittel werden in ein dickwandiges Glasrohr gefüllt, das danach zugeschmolzen wird. Man erwärmt bis zur vollständigen Auflösung und kühlt dann zur Abscheidung feiner Kristalle rasch ab. Das Heizbad wird nun langsam – in der Nähe des Gleichgewichtes höchstens um 0,5° C je Minute – erwärmt; dabei hält man das Rohr ständig in Bewegung, so daß die Kristalle stets in guter Verteilung in der Lösung bleiben. Die Gleichgewichtstemperatur ist erreicht, wenn die letzte Spur von Kristallen gerade verschwindet. Entsprechendes gilt für die Abkühlung und die Beobachtung der ersten gerade auftretenden Kristalle bei der – schwierigeren – Einstellung des Gleichgewichtes von der Seite der Übersättigung her. In jedem Falle werden an die Genauigkeit der Temperaturmessung hohe Anforderungen gestellt. Beim Mikroverfahren wird das Verschwinden der letzten Kristalle unter dem Mikroskop beobachtet.

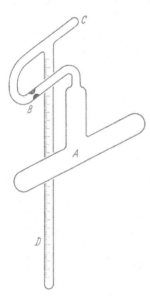

Abb. 8. Apparat von Menzies

Während in der Regel die analytische Löslichkeitsbestimmung im System fest-flüssig einfacher durchzuführen ist, zieht man die synthetische Methode immer dann vor, wenn es sich um Lösungskomponenten handelt, die nicht der Luft ausgesetzt werden sollen oder wenn nur sehr kleine Mengen Lösungsmittel oder zu lösender fester Stoff zur Verfügung stehen. A. W. C. Menzies (1936) beschreibt einen Apparat, der es erlaubt, die Löslichkeitskurve einer festen Substanz mit 1 ml Lösungsmittel aufzunehmen (Abb. 8). In A befindet sich eine bekannte Menge fester Substanz, in dem graduierten Rohr D der aus einer ursprünglich bei C angeschmolzenen Ampulle umkondensierte Lösungsmittelvorrat. Die bei dem Einzelversuch verwendete, jeweils an der Graduierung von D ablesbare Menge Lösungsmittel wird von D über B nach A destilliert. Die Verengung bei B wird während des Versuches dadurch geschlossen, daß man ein an der Glaswand oberhalb der Verjüngung haftendes Kügelchen Silberchlorid-Silberjodid schmilzt und in der Verengung erstarren läßt.

D. Löslichkeit einer Flüssigkeit in einer anderen Flüssigkeit

Zwei Flüssigkeiten können unbegrenzt oder unvollständig miteinander mischbar sein. Im letzteren Falle bilden sich zwei Phasen als deutlich getrennte Schichten aus, die miteinander im Gleichgewicht stehen und deren Gehalt an den einzelnen Komponenten temperaturabhängig ist. Grundsätzlich wird die in einer Phase im Überschuß befindliche Flüssigkeit als das Lösungsmittel angesehen; bei wäßrigen Lösungen gilt allerdings immer das Wasser als Lösungsmittel.

Als Beispiel für unvollständige Mischbarkeit sei das System Phenol-Wasser genannt (Abb. 9). Man sieht im Diagramm die starke Temperaturabhängigkeit der

Löslichkeit. Bei 20° C lösen sich etwa 8% Phenol in Wasser und 28% Wasser in Phenol, d. h. wenn man Wasser und Phenol bei 20° ins Gleichgewicht bringt, enthält die phenolreiche Schicht 28% Wasser, die wasserreiche Phase 8% Phenol. Wird die Temperatur erhöht, so gleichen sich die Gleichgewichtskonzentrationen immer mehr an, und bei 69° C ist die Konzentration beider Schichten gleich geworden, es existiert nur noch eine Phase. Phenol und Wasser sind also oberhalb 69° C, der sog. oberen kritischen Lösungstemperatur dieses Systems, in allen Verhältnissen mischbar.

Die Löslichkeit zweier Flüssigkeiten ineinander nimmt nicht immer mit steigender Temperatur zu. So gibt es Systeme mit einer unteren kritischen Lösungstemperatur (Butylalkohol-Wasser; Äthyläther-Wasser) sowie solche mit einer unteren *und* einer oberen kritischen Lösungstemperatur (Nicotin-Wasser). Diese Temperaturen sind in Tab. 2 für eine Reihe von in Wasser gelösten organischen Flüssigkeiten wiedergegeben.

Das Sättigungsgleichgewicht ist bei nichtviscosen Flüssigkeiten durch kurzes Durchmischen leicht herzustellen; sorgfältiger muß man bei emulsionsbildenden

Tabelle 2. *Kritische Lösungstemperaturen von in Wasser gelösten organischen Flüssigkeiten*
(LANDOLT-BÖRNSTEIN)

Organische Flüssigkeit	Obere krit. Lt. (°C)	Untere krit. Lt. (°C)	% der gelösten Flüssigkeit i. d. Lg. am kr. Lösungspunkt
Acetylaceton	87,7	—	56,8
1-Äthyl-Piperidin	—	7,4	—/27
o-Amidobenzoesäure	78,0	—	38,0
Isoamylalkohol	187,5	—	36,6
Anilin	167	—	48,6
Benzoesäure	115,5	—	35,2
Bernsteinsäurenitril	55,4	—	51,0
n-Buttersäure	3,8	—	40,0
Isobuttersäure	23,2	—	33,9
sek. Butylalkohol	113,8	—	36,0
Isobutylalkohol	131,5	—	35,0
o-Chlorbenzoesäure	126,2	—	34,9
m-Chlorbenzoesäure	142,8	—	34,3
Diäthylamin	—	143,5	—/37,4
2,6-Dimethylpyridin	164,9	45,3	33,8/27,2
1,3,5-Dinitrobenzoesäure	123,8	—	30
Diphenylamin	305	—	52,5
Furfurol	122,8	—	52,1
Methyläthylketon (150 at)	132,8	–6,1	44/62,4
p-Methoxybenzoesäure	138,2	—	40
2-Methylpiperidin	227	79,3	28,3/19,4
3-Methylpiperidin	235	56,9	29,2/19,2
4-Methylpiperidin	189,5	84,9	36,2/23,7
3-Methylpyridin	152,5	49,4	26,4/26,4
Nicotin	208	60,8	34,0/34,0
Nitrobenzol	235	—	50
o-Nitrobenzoesäure	52,0	—	29,8
m-Nitrobenzoesäure	107,5	—	29,9
p-Nitrophenol	90,3	—	37,2
Nitrotoluol	245	—	51
Salicylsäure	87,2	—	22,7
Phenol	69 (66,5)	—	36 (34)
Phenylhydrazin	55,2	—	33,6
Propionitril	113,5	—	48,8
o-Toluylsäure	158,6	—	39,7
m-Toluylsäure	160,4	—	40,0
p-Toluylsäure	158,2	—	25,0
Triäthylamin	—	18,6	—/51,9

Flüssigkeiten vorgehen. Da eine Störung der Phasentrennlinie in solchen Fällen streng vermieden werden muß, kann die Einstellung des Gleichgewichtes hier einige Stunden in Anspruch nehmen.

Für die Bestimmung der Sättigungskonzentration zweier Flüssigkeiten ineinander wird außer der analytischen und synthetischen Methode auch die thermostatische Methode angewendet.

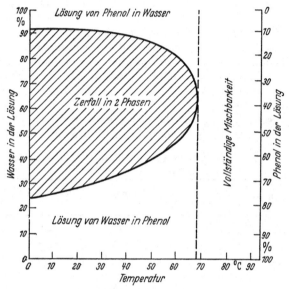

Abb. 9. Löslichkeitskurve von Phenol in Wasser

I. Bestimmung nach der analytischen Methode

Die analytische Methode ist grundsätzlich so durchzuführen wie beim System fest-flüssig (vgl. S. 188 ff.). Beim Abpipettieren der unteren Schicht ist dafür zu sorgen, daß nichts von der oberen Phase in die Pipette gelangt. Dazu verschließt man diese beim Einführen fest mit dem Finger oder leitet – besser noch – Preßluft unter schwachem Überdruck ein; man kann auch am unteren Pipettenende vorsichtig eine dünne Glasmembran anschmelzen, die dann am Boden des Gefäßes zerstoßen wird. Durch Auswägen bekannter Volumina der beiden Schichten verschafft man sich die restlichen Daten. Als Analysenverfahren sind hier physikalische Methoden wie Messung der Refraktion oder der Dichte am einfachsten.

II. Bestimmung nach der synthetischen Methode

Am häufigsten wird die Löslichkeit des Systems flüssig-flüssig nach der synthetischen Methode ermittelt. Die Einstellung des Gleichgewichtes erkennt man hier an der eintretenden bzw. verschwindenden Trübung. Man schmilzt die beiden Flüssigkeiten, deren Mengen vor dem Einfüllen gewogen werden, in ein dickwandiges Glasrohr ein, schüttelt dieses ständig im Heizbad und stellt unter wiederholtem langsamen Erwärmen und Wiederabkühlen die genaue Temperatur der eintretenden vollständigen Lösung und die der beginnenden Entmischung fest. Das Mittel beider Werte stellt die Temperatur der Gleichgewichtskonzentration dar. Die zu beobachtende Trübung darf nicht verwechselt werden mit der in der Nähe der kritischen Lösungstemperaturen auftretenden Trübung. Diese ist opalisierend durchsichtig und beliebig lange haltbar, während die Trübung bei der Phasentrennung dicht und undurchsichtig ist und sich danach die beiden Flüssigkeiten klar voneinander abgrenzen. Ist die Trübung schlecht sichtbar, so hilft manchmal der Zusatz eines Farbstoffes, dessen Tönung in der einheitlichen Lösung und in den getrennten Phasen verschieden ist (E. A. KLOBBIE 1897).

III. Bestimmung nach der thermostatischen Methode

Bei der thermostatischen Methode von W. HERZ (1898) wird eine gewichts- und volumenmäßig bekannte Menge der einen Flüssigkeit in einem Maßkolben vorgelegt, der sich in einem Thermostaten auf konstanter Temperatur befindet und geschüttelt wird. Die zweite Flüssigkeit wird aus einer Bürette tropfenweise in den Kolben gegeben. Nach einem orientierenden Versuch, bei dem man aus der Bürette soviel zufließen läßt, bis eine deutliche Trübung eintritt, bestimmt man die Menge der zweiten Flüssigkeit, bei deren Überschreiten um einen Tropfen eben eine Trübung entsteht. Dieses Verfahren ist nicht sehr genau; es ist von H. SOBOTKA und J. KAHN (1931) bei der Bestimmung der Löslichkeit von Estern in Wasser verfeinert worden: Zu der ersten Flüssigkeit (Wasser) werden einige mg Sudan IV gegeben; die Kriställchen lösen sich zum größten Teil nicht, sondern schwimmen an der Wasseroberfläche. Bei Zugabe des ersten nicht mehr aufgelösten Tropfens Ester ändert sich augenblicklich das Bild; die Farbstoffkristalle werden in den überschüssigen Estertröpfchen unter kräftiger Färbung gelöst.

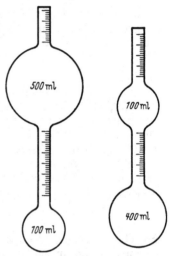

Abb. 10. Löslichkeitsgefäße nach HILL

Eine sehr elegante und exakte thermostatische Methode ist von A. E. HILL (1923) entwickelt worden. Bei diesem Verfahren werden die beiden Flüssigkeiten in zwei Versuchen bei gleicher Temperatur in jeweils verschiedenem, jedoch immer die vollständige Sättigung gewährleistendem Gewichtsverhältnis bis zum Gleichgewicht geschüttelt. Die Volumina der sich nach Sättigung einstellenden Schichten werden in besonderen Gefäßen (Abb. 10) gemessen. Da es erforderlich ist, daß sich die Trennungslinie der Schichten und der obere Meniskus der oberen Schicht in den graduierten Teilen des Gefäßes befinden, wird durch einen Vorversuch in Meßzylindern die richtige Größe der Gefäße ermittelt. Da nach dem Phasengesetz die Zusammensetzung der Schichten bei beiden Versuchen bei gleicher Temperatur gleich sein muß, lassen sich Konzentration und Dichte jeder Schicht aus den Einwaagen der reinen Komponenten und den Volumina der Mischphasen berechnen. Dabei wird nur die Gültigkeit des Massenerhaltungssatzes und des Gibbsschen Phasengesetzes vorausgesetzt. In derselben Arbeit beschreibt HILL auch eine andere elegante Methode zur thermostatischen Löslichkeitsbestimmung unter Verwendung von Silberperchlorat als Indicatorsubstanz.

E. Löslichkeiten von Gasen in Flüssigkeiten

Die Bestimmung der Löslichkeit eines Gases in einer Flüssigkeit ist dadurch grundsätzlich von den Messungen der Phasengleichgewichte fest-flüssig und flüssig-flüssig verschieden, daß hier zusätzlich die Druckabhängigkeit des Gleichgewichtes berücksichtigt werden muß. Die Löslichkeit ist in diesem Falle nur eindeutig definiert, wenn die Temperatur *und* der Druck, dieser entweder als Partialdruck des Gases oder als Gesamtdruck (Partialdruck des Gases + Dampfdruck der Flüssigkeit) über der gesättigten Lösung angegeben werden. Neben der genauen Temperaturmessung ist daher exakte Druckmessung Voraussetzung.

Bei geringer Sättigungskonzentration, wenn die lösliche gasförmige Substanz sich in beiden Phasen in verdünntem Zustand befindet, für den das ideale Gasgesetz noch anwendbar ist, und sofern sich bei der Auflösung der Molekularzustand des Gases nicht ändert, etwa durch Assoziation zu Doppelmolekülen oder durch Dissoziation in kleinere Bestandteile, gilt das Henry-Daltonsche Gesetz, wonach bei konstanter Temperatur die Konzentration des Gases in der Lösung proportional ist dem Druck des Gases in der Gasphase:

$$c_{L\ddot{o}s} = k \cdot p_{Gas}{}^1 , \tag{35}$$

worin k eine von der Art des Gases, der der Flüssigkeit und von der Temperatur abhängige Konstante darstellt. Führt man mittels des Gasgesetzes auch für den Gasraum die Konzentration ein, so nimmt Gleichung (35) die Form

$$\frac{c_{L\ddot{o}s}}{c_{Gas}} = \frac{V_{Gas}}{V_{L\ddot{o}s}} = \alpha' \tag{36}$$

an, worin $V_{L\ddot{o}s}$ das Volumen der Lösung, V_{Gas} das des Gasraumes bedeutet, in dem die gleiche Gewichtsmenge Gas enthalten ist. α', der Ostwaldsche Löslichkeitskoeffizient, steht zu den übrigen für die Angabe der Löslichkeit von Gasen in Flüssigkeiten gebräuchlichen Löslichkeitskoeffizienten in den durch die Gleichungen (11) bis (15) gegebenen Beziehungen.

Bei Gasen, von denen sich mehr als hundert Volumina in einem Volumen des Lösungsmittels lösen, verliert die nach dem Henry-Daltonschen Gesetz bestehende Beziehung

$$\frac{c_{L\ddot{o}s}}{c'_{L\ddot{o}s}} = \frac{p_{Gas}}{p'_{Gas}} \tag{37}$$

ihre Gültigkeit. Das Volumen der gesättigten Lösung ist dann größer als das Volumen des Lösungsmittels, und auch die Dichten von Lösung und Lösungsmittel stimmen meist nicht mehr überein.

Gegenüber dem in der Regel positiven Temperaturkoeffizienten der Phasengleichgewichte fest-flüssig und flüssig-flüssig bedingt eine Temperatursteigerung bei Lösungen von Gasen in Flüssigkeiten fast immer eine Verminderung der Löslichkeit (Tab. 1).

Für die Löslichkeitsbestimmung verwendete Gase und Flüssigkeiten müssen möglichst rein sein; das Lösungsmittel ist stets vor Gebrauch durch Kochen oder unter Vakuum einwandfrei zu entgasen. Bei Flüssigkeiten mit hohem Dampfdruck schließt man zum Evakuieren an den Behälter vakuumdicht einen größeren Kolben an, der mit einem Manometer sowie über einen Hahn oder einen Quecksilberverschluß (bei Fettlösungsmitteln) mit der Vakuumpumpe verbunden ist. Der Flüssigkeitsbehälter wird soweit abgekühlt, bis der Dampfdruck genügend klein ist, und dann der Kolben weitgehend evakuiert. Dann sperrt man die Pumpe ab und entfernt die Kühlung des Behälters. Wenn die Flüssigkeit einen Teil des gelösten Gases abgegeben hat, wird der Behälter schnell wieder abgekühlt und erneut evakuiert. Man fährt fort, bis das Manometer keine merklichen abgegebenen Gasmengen mehr anzeigt.

Der Gleichgewichtszustand wird bei Gasen wesentlich schneller erreicht als bei festen und flüssigen Stoffen. Übersättigungen treten leichter auf, lassen sich aber ebenso leicht wieder aufheben, z. B. durch einfaches Schütteln der Lösung.

---

[1] Mit $K(T) = \dfrac{1}{k}$ geht Gleichung (22) in Gleichung (35) über.

Die Bestimmung kann nach der Gassättigungsmethode, nach der Entspannungsmethode oder nach Dampfdruckmethoden erfolgen. In neuerer Zeit sind auch Verfahren beschrieben worden, die auf der Auswertung gaschromatographischer Daten beruhen (A. B. Littlewood u. Mitarb. 1955; N. Takamiya u. Mitarb. 1959).

I. Bestimmung nach der Gassättigungsmethode

Prinzip: Man mißt das Gasvolumen, das bei konstantem Druck und konstanter Temperatur von dem flüssigen Lösungsmittel bis zur vollständigen Sättigung gelöst wird.

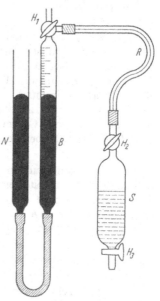

Abb. 11. Apparat für die Gassättigungsmethode nach Ostwald

Häufig wird der auf W. Ostwald (1891) zurückgehende Apparat benutzt (Abb. 11). B ist eine Gasbürette mit über einen Gummischlauch angeschlossenem Niveaugefäß N. Die Brüette ist über ihren Dreiwegehahn H_1, ein biegsames capillares Bleirohr (oder eine Glasspirale) R und den Dreiwegehahn H_2 der Schüttelpipette S mit dieser verbunden. Das Volumen der Pipette ist genau bekannt.

Am Anfang des Versuches wird die Pipette S vollständig mit dem gasfreien Lösungsmittel und die Bürette B bis an den Hahn H_1 mit Quecksilber gefüllt. Dann wird durch entsprechende Stellung der Hähne H_1 und H_2 das Verbindungsrohr R mit dem trockenen Untersuchungsgas gespült, das man aus einem bei H_1 angeschlossenen Behälter zuführt. Man füllt nun die Bürette mit einer bestimmten Menge Gas und stellt das Anfangsvolumen V_A bei dem herrschenden Luftdruck p und der Raumtemperatur t fest. Durch Umstellung der Hähne H_1 und H_2 verbindet man anschließend die Bürette mit der Pipette, öffnet den Einweghahn H_3 am unteren Ende der Pipette, hebt das Niveaugefäß und drückt dadurch eine bestimmte Teilmenge des Gases in die Pipette.

Die verdrängte Lösungsmittelmenge wird genau gemessen; ihr Volumen stellt das Volumen des Gasraumes V_G in der Pipette dar; gleichzeitig ist damit das Volumen des verbleibenden Lösungsmittels V_L bekannt. Nach Schließen des Hahnes H_3 wird die Pipette geschüttelt. Hierbei hält man durch Einstellen des Quecksilberniveaus auf gleiche Höhe stets den Druck konstant. Ändert sich das Niveau nicht mehr, d. h. tritt über eine längere Zeitspanne keine neue Volumenabnahme in der Bürette ein, so ist die Sättigung erreicht. Schließlich wird das Endvolumen des Gases V_E in der Bürette gemessen. Luftdruck und Temperatur sollen sich im Laufe des Versuches nicht ändern.

Nach der Ostwaldschen Definition (vgl. S. 181) ergibt sich die Löslichkeit als

$$\alpha' = \frac{V_{Gas}}{V_{Lös}} = \frac{V_A - V_E - V_S}{V_L}. \tag{38}$$

Diese Berechnung setzt voraus, daß das Gas im gesamten Gasraum der Apparatur mit dem Dampf des Lösungsmittels vollständig gesättigt ist. Da diese Bedingung bei dem beschriebenen Versuch nicht erfüllt ist, muß das von Lösungsmitteldämpfen freie Gasvolumen in der Bürette auf den Partialdruck des Gases in der

Pipette umgerechnet werden. Ist der Dampfdruck des Lösungsmittel p_d, so ergibt sich:

$$\alpha' = \frac{(V_A - V_E) \cdot \dfrac{p}{p - p_d} - V_S}{V_L} \, . \tag{39}$$

Weitere Korrekturen sind erforderlich, wenn das Volumen der gesättigten Lösung in der Pipette merklich von dem des gasfreien Lösungsmittels abweicht (bei gut löslichen Gasen), wenn während des Versuchs die Temperaturen von Bürette und Pipette nicht übereinstimmen oder wenn das Anfangs- und das Endvolumen in der Bürette nicht bei gleichem Druck und gleicher Temperatur gemessen werden.

Die Ostwaldsche Apparatur ist vielfach modifiziert worden. R. A. McDaniel (1911) hat einen vollständig aus Glas bestehenden Apparat entwickelt, mit starrer Verbindung zwischen Bürette und Pipette. Zum Durchmischen wird die ganze Vorrichtung geschüttelt. Bürette und Pipette besitzen je einen Wassermantel, deren Temperatur durch Heizspiralen annähernd gleich und konstant gehalten werden kann. Durch Einleitung über eine Waschflasche wird das in der Bürette zur Messung kommende Gas mit Lösungsmitteldampf gesättigt. Eine Korrektur des nach Gleichung (38) berechneten Löslichkeitskoeffizienten ist daher nicht erforderlich.

Andere Veränderungen, die H. Kienitz (1955) beschreibt, betreffen die Herstellung des flüssigkeitsfreien Raumes in der Pipette bzw. in anderen geeigneten Lösungsgefäßen, z. B. durch Füllung des unteren Teiles der Pipette mit Quecksilber, das man dann abläßt und wägt, oder durch nur teilweise Beschickung einer Schüttelente mit dem Lösungsmittel und anschließendes Evakuieren.

Man kann ferner durch Einrichten des Systems Bürette-Niveaurohr als Nullmanometer mit angeschlossener Vakuumpumpe die Sättigungskonzentration bei beliebigem Unterdruck messen.

Kienitz beschreibt auch eine Apparatur, die das Schütteln des Lösungsgefäßes oder der ganzen Vorrichtung und die damit wegen der Quecksilberfüllung verbundene Bruchgefahr vermeidet. Bürette und Pipette besitzen hierbei je ein Niveaugefäß, und durch abwechselndes Heben des einen und Senken des anderen wird das zu lösende Gas wiederholt – bis zur Sättigung – in beiden Richtungen durch das Lösungsmittel gedrückt; eine Glasfritte sorgt für feine Verteilung.

W. J. Mader u. Mitarb. (1959) empfehlen besonders den Apparat von M. W. Cook und D. N. Hanson (1957), dessen Handhabung sie in allen Einzelheiten beschreiben. Dieses Verfahren erlaubt die Bestimmung der Löslichkeit von Gasen in Flüssigkeiten mit einer Genauigkeit von 0,1%.

II. Bestimmung nach der Entgasungsmethode

Bei dieser Methode wird einer bei bestimmtem Druck und bestimmter Temperatur mit dem Gas gesättigten, bekannten Menge Lösung das gelöste Gas quantitativ entzogen und volumetrisch oder durch chemische oder physikalische Analyse bestimmt. Neben dem älteren Verfahren von D. D. van Slyke und J. M. Neill (1924) schlägt H. Kienitz (1955) eine Apparatur höherer Genauigkeit vor. Statt der chemischen Analyse des isolierten Gases ist in manchen Fällen auch die direkte Bestimmung der in der gesättigten Lösung enthaltenen Gasmenge möglich (z. B. Chlorwasserstoff, Ammoniak).

III. Bestimmung nach der Dampfdruckmethode

Eine bekannte Menge des gasfreien Lösungsmittels wird bei konstanter Temperatur in einem geeigneten Absorptionsgefäß mit einer bekannten Menge des Untersuchungsgases geschüttelt. Den Lösungsvorgang verfolgt man durch Beobachtung der Druckabnahme in dem geschlossenen System an einem Glasfedermanometer (vgl. F. Kohlrausch 1960) bis zum Sättigungsgleichgewicht. Für die Ermittlung des Ostwaldschen Löslichkeitskoeffizienten gehen hierbei neben dem manometrisch gemessenen Anfangsvolumen des Gases und dem Volumen des Lösungsmittels Anfangs- und Enddruck in die Rechnung ein. Auch eine Korrektur für Gleichheit der Partialdrucke im System ist erforderlich (vgl. H. Kienitz).

Die Methode erlaubt es, auch die Löslichkeitskoeffizienten sehr gut löslicher Gase zu bestimmen, da die Sättigungskonzentration noch bei kleinem Partialdruck, d. h. im Bereich der Gültigkeit des Henry-Daltonschen Gesetzes gemessen werden kann; sie ist ferner auch für Gase geeignet, die Quecksilber angreifen.

Bibliographie

Bresler, J. S.: Die radioaktiven Elemente. Berlin: VEB-Verlag Technik 1957.

Cohn, E. J., and J. T. Edsall: Proteins, amino acids and peptides. New York: Reinhold 1943.

D'Ans, J., u. E. Lax: Taschenbuch für Chemiker und Physiker. 3. Aufl. Berlin-Göttingen-Heidelberg: Springer 1964

Eucken, A., u. E. Wicke: Grundriß der physikalischen Chemie. 10. Aufl. Leipzig: Geest & Portig 1959.

Falkenhagen, H.: Elektrolyte. Leipzig: Hirzel 1953.

Handbook of chemistry and physics. Cleveland: Rubber Publ. 1963.

Hildebrand, J. H.: Solubility. 2nd ed. New York: Reinhold 1936.

Kienitz, H.: Bestimmung der Löslichkeit. In: Houben-Weyl, Methoden der organischen Chemie. 4. Aufl., Bd. III, Teil 1, S. 219—254. Stuttgart: Thieme 1955.

Kogan, V. B., V. M. Fridman u. V. V. Kafarov: Handbuch der Löslichkeit (russ.). Leningrad: Izd. Akad. Nauk. SSSR 1961; zit. nach Chem. Abstr. 57, 82 (1962).

Kohlrausch, F.: Praktische Physik. 21. Aufl., Bd. 1. Stuttgart: Teubner 1960.

Kortüm, G.: Lehrbuch der Elektrochemie. 3. Aufl. Weinheim: Verlag Chemie 1962.

Küster, F. W., A. Thiel u. K. Fischbeck: Logarithmische Rechentafeln für Chemiker, Pharmazeuten, Mediziner und Physiker. 84.—93. Aufl. Berlin: De Gruyter 1962.

Landolt-Börnstein: Physikalisch-chemische Tabellen. Berlin: Springer 1923—1936.

Lewis, G. N., and M. Randall: Thermodynamics. Revised by K. S. Pitzer, and L. Brewer. New York, Toronto, London: McGraw-Hill 1961.

Mader, W. J.: Phase solubility analysis. In: Organic analysis. Vol. II, pag. 253—275. New York, London: Interscience Publ. 1954.

—, R. D. Vold and M. J. Vold: Determination of solubility. In: Weissberger, Technique of organic chemistry. 3rd ed., Vol. I, Part I: Physical methods, pag. 655—688. New York, London: Interscience Publ. 1959.

Ostwald, W.: Lehrbuch der Allgemeinen Chemie. Bd. I. Leipzig: Engelmann 1891.

Robinson, R. A., and R. H. Stokes: Electrolytic solution. 2nd ed. London: Butterworth's 1959.

Staude, H.: Physikalisch-chemisches Taschenbuch. Leipzig: Geest & Portig 1949.

Taylor, J. F.: The isolation of proteins. In: The proteins. Vol. I, Part A. New York: Academic Press 1953.

Zdanovskii, A. B., E. F. Solov'eva, L. L. Ezrokhi u. E. I. Lyakhovskaya: Handbuch experimenteller Daten über die Löslichkeit von Salz-Systemen (russ.). Leningrad: Gos. Nauchn.-Tekhn. Izd. Khim. Lit. 1961; zit. nach Chem. Abstr. 57, 142 (1962).

Zeitschriftenliteratur

Cook, M. W., and D. N. Hanson: Accurate measurement of gas solubility. Rev. sci. Instr. 28, 370—374 (1957).

Crouthamel, C. E., and D. S. Martin jr.: The solubility of Ytterbium oxalate and complex ion formation in oxalate solutions. J. amer. chem. Soc. 72, 1382—1386 (1950).

Fox, J. J.: Solubility of lead sulphate in concentrated solutions of sodium and potassium acetates. J. chem. Soc. 95, 878—889 (1909).

Herz, W.: Über die Löslichkeit einiger mit Wasser schwer mischbarer Flüssigkeiten. Ber. dtsch. chem. Ges. 31, 2669—2672 (1898).

Hill, A. E.: The mutual solubility of liquids: I. The mutual solubility of ethyl ether and water. II. The solubility of water in benzene. J. amer. chem. Soc. 45, 1143—1155 (1923).

van't Hoff, J. H., u. W. Meyerhoffer: Über Anwendungen der Gleichgewichtslehre auf die Bildung oceanischer Salzablagerungen mit besonderer Berücksichtigung des Staßfurter Salzlagers. Z. physikal. Chem. 27, 75—93 (1898).

Klobbie, E. A.: Gleichgewichte in den Systemen Äther-Wasser und Äther-Wasser-Malonsäure. Z. physikal. Chem. 24, 615—632 (1897).

Korenman, I. M., u. A. A. Tumanov: Löslichkeit als eine Methode der physikalisch-chemischen Analyse (russ.). Trudy po Khim. i Khim. Tekhnol. 3, 437—442 (1960); zit. nach Chem. Abstr. 56, 999 (1962).

Littlewood, A. B., C. S. G. Phillips and D. T. Price: The chromatography of gases and vapors: V. Partition analyses with columns of silicone 702 and of tritoyl phosphate. J. chem. Soc. 1955, 1480—1489.

McDaniel, A. S.: The absorption of hydrocarbon gases by nonaqueous liquids. J. physic. Chem. 15, 587—610 (1911).

Menzies, A. W. C.: A method of solubility measurement. Solubilities in the system $SrCl_2$—H_2O from 20 to 200°. J. amer. chem. Soc. 58, 934—937 (1936).

Meyer, V.: Über die Bestimmung der Löslichkeit. Ber. dtsch. chem. Ges. 8, 998—1003 (1875).

Mýl, J., u. J. Kvapil: Eine Anwendung von Töplers Methode auf die Bestimmung der Löslichkeit von festen Stoffen in Flüssigkeiten (tschech.). Collection Czechoslov. Chem. Commun. 25, 194—197 (1960); zit. nach Chem. Abstr. 54, 16117 (1960).

Noyes, A. A.: Über die Bestimmung der elektrischen Dissoziation von Salzen mittels Löslichkeitsversuchen. Z. physikal. Chem. 9, 603—632 (1892).

Schmitt, R. H., and E. L. Grove: An inexpensive apparatus for solubility measurements. J. chem. Education 37, 150 (1960).

Slyke, D. D. van, and J. M. Neill: The determination of gases in blood and other solutions by vacuum extraction and manometric measurement. J. biol. Chem. 61, 523—573 (1924).

Sobotka, H., and J. Kahn: Determination of solubility of sparingly soluble liquids in water. J. amer. chem. Soc. 53, 2935—2938 (1931).

Takamiya, N., J. Kojima u. S. Murai: Eine Methode zur Berechnung der Löslichkeitsparameter aus gaschromatographischen Daten (japan.). Kogyo Kagaku Zasshi 62, 1371—1373 (1959); zit. nach Chem. Abstr. 57, 7975 (1962).

Ward, T. J.: Schnelle Bestimmung der Löslichkeit (engl.). Analyst 44, 137 (1919); zit. nach Chem. Zbl. 90, IV. 483 (1919).

Calorimetrie

Von

Dr. **K. Volz**, Stuttgart

Mit 4 Abbildungen

A. Aufgabe der Calorimetrie

Die Calorimetrie dient zur Bestimmung der Wärmemengen, die z. B. bei Phasenumwandlungen, bei Mischungs-, Lösungs- und Verdünnungsvorgängen, bei chemischen Reaktionen, besonders bei der Verbrennung fester, flüssiger und gasförmiger Stoffe und beim Stoffwechsel der Lebewesen auftreten.

Die Messung der Wärmemengen geschieht mit Calorimetern, die der erforderlichen Untersuchung angepaßt sein müssen. Für die Untersuchung von Lebensmitteln auf ihren Caloriengehalt eignet sich die Verbrennung in einer calorimetrischen Bombe, wobei die Messung der entstehenden Wärmemengen mit einem anisothermen oder adiabatischen Calorimeter erfolgen kann.

B. Definition der Verbrennungswärme

Unter der Verbrennungswärme versteht man die Wärmemenge, die bei vollständiger Verbrennung von 1 g oder 1 kg eines zu verbrennenden Stoffes frei wird. Sie hängt ab von der Art und dem Zustand des zu verbrennenden Stoffes und der durch die Verbrennung entstehenden Stoffe. In der Heiz- und Feuerungstechnik wird die Verbrennungswärme oberer Heizwert, neuerdings auch Verbrennungswert genannt und mit Ho bezeichnet. Bei wasser- bzw. wasserstoffhaltigen Brennstoffen unterscheidet man zwischen oberem und unterem Heizwert. Der obere Heizwert gibt die Verbrennungswärme an, die bei der Verbrennung eines Brennstoffes in einer Calorimeterbombe frei wird. In ihm ist auch die Wärmemenge enthalten, die sich durch Kondensation des bei der Verbrennung entstehenden Wasserdampfs bildet. Zieht man diese Wärmemenge von dem oberen Heizwert ab, erhält man den unteren Heizwert Hu, der in der Regel als Berechnungsgrundlage für Heiz- und Feuerungsanlagen dient. Die Verbrennungswärme wird in Kilocalorien/Kilogramm = kcal/kg oder in Calorien/Gramm = cal/g angegeben. Wegen der Begriffsbestimmung von Verbrennungswärme, Verbrennungswert und Heizwert sei besonders auf die Normblätter DIN 51 708, Ausgabe April 1956, und DIN 51 900, Entwurf September 1961, verwiesen.

Die Verbrennungswärme gibt auch eine Berechnungsgrundlage für die Ernährung von Mensch und Tier und ermöglicht, die Nahrungs- und Futtermittel nach ihrem Gehalt an Calorien zu bewerten. Die Umsetzung der Nahrungs- und Futtermittel im Organismus führt jedoch nicht in jedem Fall zu denselben Verbrennungsprodukten und zu denselben Wärmemengen wie bei der vollständigen Verbrennung in der calorimetrischen Bombe.

Von Rubner wurde schon 1883 nachgewiesen, daß die Proteine zum Teil in andere Stickstoffverbindungen übergehen, die mit dem Harn und mit dem Kot ausgeschieden werden, oder daß ein Teil der Nahrungs- und Futtermittel nicht vollständig ausgenutzt wird. Es mußten deshalb verschiedene Korrekturen angebracht werden, um auf die vom Körper ausnutzbare Wärmemenge zu kommen. Dagegen stimmen die bei der calorimetrischen Verbrennung von Fetten und resorbierbaren Kohlenhydraten gefundenen Werte mit den Wärmemengen überein, die im Körper entstehen, weil sie experimentell und im Organismus zu denselben Verbrennungsprodukten Kohlendioxid und Wasser führen. Auf Vorschlag von Rubner wurden folgende Standardwerte international anerkannt und der Berechnung der ausnutzbaren Wärmemengen zugrunde gelegt. Für Fette 9,3, für verdauliche Kohlenhydrate 4,1 und für Proteine 4,1 cal/g (C. Rechenberg und M. Rubner 1901 und J. Schormüller 1961).

C. Bestimmungsmethoden und Apparaturen

Zur calorimetrischen Untersuchung der Energieumwandlungen im Körper haben Lavoisier und Laplace im Jahre 1783 Tierversuche mit dem Eiscalorimeter durchgeführt. Brauchbare Werte erhielten erst Dulong und Despretz 1824, als sie mit dem Wassercalorimeter die Calorien bestimmten, die der tierische Körper in einer gewissen Zeit produziert. Die Untersuchung des Energieumsatzes haben Atwater und Benedict durch die Bestimmung der Wärmemenge ausgeführt, die eine in einem Raum eingeschlossene Versuchsperson an das diesen Raum durchströmende Kühlwasser abgibt unter Berücksichtigung der an die Atemluft abgegebenen und der durch Wasserverdunstung gebundenen Wärme. Sie verwendeten dazu ein Respirationscalorimeter, bei dem nicht nur die abgegebene Wärme, sondern auch der Sauerstoffverbrauch und die Kohlensäureabgabe der Versuchsperson gemessen werden kann. Da diese Methode verhältnismäßig schwierig durchzuführen ist, wurde neuerdings das Gradienten-Calorimeter entwickelt, bei dem die Versuchsperson in einer geschlossenen, isolierten Kammer mit einer Plastikhaut umhüllt und die Wärmeabgabe mittels einer großen Zahl von Thermoelementen gemessen wird (M. Schneider und H. Rein 1960).

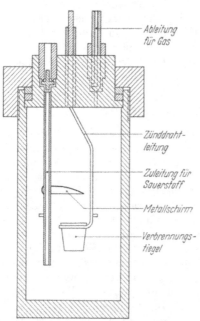

Die Beschriftungen in der Abbildung:
Ableitung für Gas
Zünddraht-leitung
Zuleitung für Sauerstoff
Metallschirm
Verbrennungs-tiegel

Abb. 1. Calorimetrische Bombe (aus Normblatt DIN 51708, Prüfung fester Brennstoffe, Bestimmung der Verbrennungswärme und des Heizwerts, Ausgabe April 1956)

Die vollständige Verbrennung von Nahrungs- und Futtermitteln kann in einer calorimetrischen Bombe, die auf Berthelot zurückgeht und von Mahler, Kröcker, Langbein, Roth und anderen weiterentwickelt wurde, durchgeführt werden (F. F. Flanders 1934). Moderne Modelle der Bombe sind mit einem automatischen Verschluß versehen, der von Hand betätigt werden kann, und aus V2A Stahl hergestellt, damit sie gegen die korrodierende Einwirkung der Verbrennungsprodukte weitgehend geschützt sind (vgl. Abb. 1). Zur Verbrennung wird wasserstofffreier Sauerstoff, der bis zu einem Druck von 25 bis 30 atü eingefüllt wird, verwendet. Die Messung der Verbrennungswärme kann in einem anisothermen Calorimeter (Abb. 2), das während des Versuchs eine Temperaturerhöhung oder eine -erniedrigung erfährt, erfolgen. Zu diesem Zweck wird die Bombe in ein mit einer bestimmten Menge Wasser gefülltes Calorimetergefäß gestellt, das sich zu Abschirmung gegen äußere Temperatureinflüsse in einem mit Wasser gefüllten Thermostaten befindet (vgl. Abb. 3). Die bei der Verbrennung entstehende Wärmemenge überträgt sich auf das Wasser des Calorimetergefäßes und wird in bestimmten Zeitabständen gemessen. Bei dem anisothermen Verfahren muß eine Temperaturzeitkurve aufgenommen werden, die sich auf den

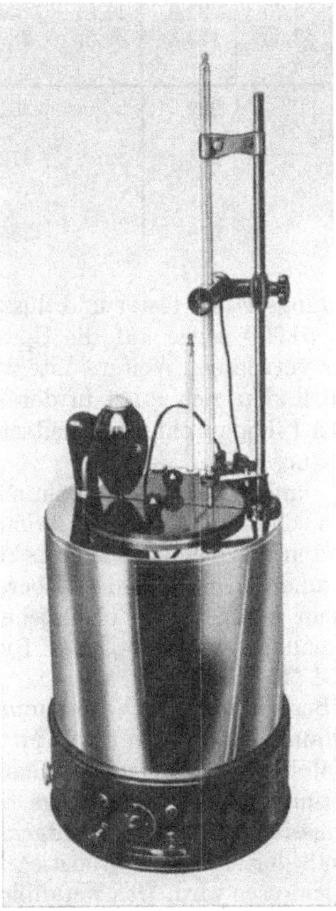

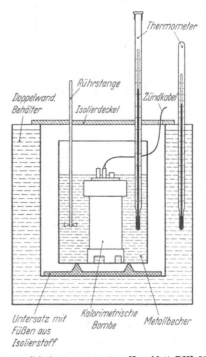

Abb. 2. Anisothermes Calorimeter (aus Prospekten der Fa. Janke & Kunkel KG, Staufen i. Brsg.)

Abb. 3. Calorimetersystem (aus Normblatt DIN 51708 Prüfung fester Brennstoffe, Bestimmung der Verbrennungswärme und des Heizwerts, Ausgabe April 1956)

Vorversuch, den Hauptversuch und den Nachversuch erstreckt und die Grundlage für die Berechnung der Verbrennungswärme bildet.

Zur Berechnung der Verbrennungswärme ist die Kenntnis des Wasserwerts oder der Wärmekapazität, d. h. der Anzahl der Calorien, durch die die Temperatur der Bombe, des mit Wasser gefüllten Calorimetergefäßes, des Rührers und des Thermometers um 1° C erhöht wird, erforderlich. Der Wasserwert kann durch Verbrennung von Eichsubstanzen mit garantierter Verbrennungswärme z. B. Benzoesäure (6329 kcal/kg) oder Bernsteinsäure (3027,5 kcal/kg) ermittelt werden (W. A. Roth und G. Becker 1937).

Die erreichbare Meßgenauigkeit der calorimetrischen Bestimmungsmethode in der Bombe beträgt bei der Verwendung hochempfindlicher Meßgeräte und unter Berücksichtigung von Korrekturen 0,01% (F. Becker 1961). Zur genaueren

Tabelle

	Brot 1		Mehl 1		Brot 2		Mehl 2	
	%	kcal	%	kcal	%	kcal	%	kcal
Wasser	42,74	—	13,76	—	44,19	—	12,92	—
Asche	2,15	—	1,94	—	2,30	—	1,84	—
Rohfaser	1,56	—	2,46	—	1,61	—	1,74	—
Fett	1,55	14,4	2,28	21,2	1,85	17,2	2,17	20,2
N-Substanz . . .	8,50	34,9	12,28	50,4	7,70	31,6	11,81	48,4
Kohlenhydrate . (Differenz)	43,50	178,4	67,28	275,8	42,35	173,6	69,52	285,0
je 100 g		228		347		222		354
Verbrennungs- wert (Ho). . .		243		377		236		379
korrigiert für Rohfaser und N-Substanz . .		226		350		218		355

Unterrichtung über die Bestimmung der Verbrennungswärme fester und flüssiger Stoffe sei auf die Normblätter DIN 51708 und 51900 sowie auf die Spezial-literatur verwiesen. Weitere Literatur-angaben finden sich auch in den Ab-schnitten Bibliographie und Zeitschrif-tenliteratur.

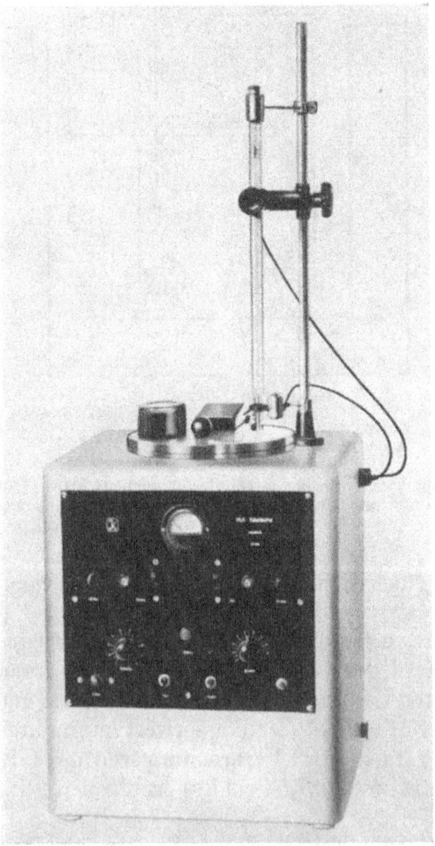

Wie gut die Übereinstimmung zwischen den im Bombencalorimeter bestimmten Wärmemengen von Lebens-mitteln und den nach Rubner berech-neten sein kann, zeigen obenstehende Untersuchungsergebnisse [K. G. Berg-ner 1954 (Tabelle)].

Die Bestimmung der Verbrennungs-wärme kann ebensogut in einem Metall-block-Calorimeter erfolgen, bei dem die zu bestimmende Wärmemenge von einem massiven Metallkörper aufgenom-men und der Temperaturanstieg des Blocks gemessen wird. Das Metallblock-Calorimeter wird auch als Mikrocalori-meter zur Untersuchung kleiner Sub-stanzmengen gebaut.

Eine weitere Meßmöglichkeit bietet das adiabatische Calorimeter (Abb. 4), bei dem der Wärmeaustausch vermieden wird, indem die Umgebung des Calori-meters stets auf der gleichen Temperatur gehalten wird. Bei der adiabatischen Arbeitsweise muß der umgebende Was-sermantel mit derselben Geschwindig-keit auf geheizt werden, mit der die Temperatur im Calorimeter steigt. Die adiabatische Calorimetrie erfordert da-her eine exakte, am besten elektronisch

Abb. 4. Adiabatisches Calorimeter mit elektrisch gesteu-erter Temperaturregelung (aus Prospekten der Fa. Jan-ke & Kunkel KG, Staufen i. Brsg.)

gesteuerte Temperaturregelung. Sie hat den Vorteil, daß insgesamt nur zwei Temperaturen am Anfang und am Schluß eines Versuchs abgelesen werden müssen und daraus die Wärmemenge berechnet werden kann. Die Zeit, die bis zum Ablauf eines Versuchs verstreicht, kann für andere Arbeiten verwendet werden.

Bibliographie

AUFHÄUSER, D., u. K. MAYER: Die calorimetrische Heizwertbestimmung. In BERL-LUNGE, Chemisch-Technische Untersuchungsmethoden, Bd. II, 1. S. 16—31, 8. Aufl. Berlin: Springer 1932.

BECKER, F.: Calorimetrie. In ULLMANNs Encyklopädie der technischen Chemie, Bd. 2/1, S. 664—686, 3. Aufl. München-Berlin: Urban und Schwarzenberg 1961.

KÜMMERLE, H. P.: Klinische Calorimetrie und Thermometrie. Stuttgart: Thieme 1958.

REIN, H., u. M. SCHNEIDER: Bestimmung des Energieumsatzes. In Einführung in die Physiologie des Menschen, S. 205—210, 13./14. Aufl. Berlin-Göttingen-Heidelberg: Springer 1960.

ROTH, W. A., u. F. BECKER: Kalorimetrische Methoden zur Bestimmung chemischer Reaktionswärmen. Braunschweig: Vieweg 1956.

SCHORMÜLLER, J.: Der Energiestoffwechsel. In: Lehrbuch der Lebensmittelchemie, S. 181/182. Berlin-Göttingen-Heidelberg: Springer 1961.

Zeitschriftenliteratur

BERGNER, K. G.: Versuche einer erweiterten Auswertung chemischer Befunde der Lebensmittelüberwachung. Dtsch. Lebensmittel-Rdsch. 50, 245—248 (1954).

Bericht der Kommission für Thermochemie der Union Internationale de Chemie über Bernsteinsäure und Benzoesäure als Eichsubstanzen; ref. Z. analyt. Chem. 118, 107 (1939/40).

BERNER, E.: Über die wichtigsten Fehlerquellen bei der Bestimmung der Verbrennungswärme. Tidskr. Kemi Bergvaesen 7, 17—20 (1927) (schwedisch); ref. Chem. Zbl. 1927, 1, 2344.

DIENSKE, I. W., u. K. NES: Das genaue Messen der Verbrennungswärme mit dem Calorimeter von BERTHELOT. Chem. Weckbl. 1942, 238—242 (holländisch); ref. Z. Untersuch. Lebensmittel 85, 84 (1943).

Fachnormenausschuß Materialprüfung im Deutschen Normenausschuß: Prüfung fester Brennstoffe, Bestimmung der Verbrennungswärme und des Heizwertes DIN 51708, Ausgabe: April 1956, und Prüfung fester und flüssiger Brennstoffe, Bestimmung des Verbrennungswertes und des Heizwertes DIN 51900, Entwurf September 1961. Berlin und Köln: Beuthvertrieb.

FLANDERS, F. F.: Eine Bombe aus nichtrostendem Stahl als Calorimeter zur Verbrennung im Sauerstoff. Ind. Eng. Chem. Analyt. Edit. 6, 258 (1934); ref. Chem. Zbl. 1934, 2, 2556.

FUCHS, P.: Theoretische und praktische Kunstgriffe in der Calorimetrie. Z. analyt. Chem. 130, 21—29 (1949/50).

GOLDBERG, A. M.: Bestimmung des Caloriengehalts und der chemischen Zusammensetzung von Mittagessen. Z. Untersuch. Lebensmittel 71, 580—591 (1936).

KEFFLER, L. I. P.: Systematische Untersuchung über eine neue Fehlerquelle bei der Bestimmung der Verbrennungswärme organischer Substanzen in der calorimetrischen Bombe. Journ. de chim. physique 32, 91—100 (1935); ref. Chem. Zbl. 1935, 1, 3572.

KRAMER, K., u. I. SEEMANN: Ein neues Calorimeter. Klin. Wschr. 24, 25, 440—441 (1947).

LJUBIN, B. O.: Zur Bestimmung des Calorimeterwerts und der chemischen Zusammensetzung von Nahrungsmitteln mit Hilfe des Calorimeters. Vopr. Pitanija 7, Nr. 6, 105—111 (1938) (russisch); ref. Z. Untersuch. Lebensmittel 80, 467 (1940).

RECHENBERG, C., u. M. RUBNER: Z. Biologie 42, 295 (1901).

ROTH, W. A., u. G. BECKER: Bernsteinsäure als sekundäre Eichsubstanz für Verbrennungsbomben. Z. phys. Chem. Abt. A 179, 450—456 (1937); ref. Chem. Zbl. 1938, 1, 1408.

pH-Messung

Von

Dr. **D. Berndt**, Schönberg/Taunus

Mit 14 Abbildungen

A. Definition des pH-Wertes

Für alle in wäßriger Lösung ablaufenden Reaktionen ist das Dissoziations-gleichgewicht des Wassers

$$H_2O \rightleftharpoons H^+ + OH^- \tag{1}$$

von großer Bedeutung[1].

Auf Grund des Massenwirkungsgesetzes gilt für die Dissoziationskonstante

$$K = \frac{a_{H^+}\, a_{OH^-}}{a_{H_2O}} = \frac{c_{H^+}\, c_{OH^-}}{c_{H_2O}} \cdot \frac{f_{H^+}\, f_{OH^-}}{f_{H_2O}}, \tag{2}$$

a sind die Aktivitäten, f die Aktivitätskoeffizienten und c die Konzentrationen. Die Aktivitätskoeffizienten der Ionen werden nur für sehr große Verdünnungen (ideale Lösung) gleich eins. Dann sind auch für Ionen die Aktivitäten gleich den Konzentrationen, was sonst nur angenähert gilt.

Da die Konzentrationen von c_{H^+} und c_{OH^-} im Wasser sehr klein sind, kann man die Konzentration c_{H_2O} als konstant annehmen (bei $T = 25°\,C$ 55,51 mol/l) und sie in die Gleichgewichtskonstante einbeziehen. Dann erhält man das Löslichkeits-produkt

$$P_{H_2O} = a_{H^+} \cdot a_{OH^-} \cong c_{H^+} \cdot c_{OH^-} = 10^{-14} \text{ bei } 25°\,C. \tag{3}$$

In reinem Wasser beträgt die H^+-Ionenkonzentration bei $25°\,C$ also 10^{-7} mol/l, da $c_{H^+} = c_{OH^-}$ nach Gl. (1).

Substanzen, in deren wäßriger Lösung die Wasserstoffionenkonzentration grö-ßer als 10^{-7} mol/l ist, werden als Säuren bezeichnet; Stoffe, deren wäßrige Lösung eine Wasserstoffionenkonzentration kleiner 10^{-7} mol/l hat, nennt man Basen oder Laugen. Aus Gl. (3) geht hervor, daß eine wäßrige Lösung, deren OH^--Konzen-tration 1 mol/l beträgt, die Wasserstoffionenkonzentration 10^{-14} mol/l hat (vgl. Tab. 1).

Der wirksame Teil der Wasserstoffionenkonzentration, die Wasserstoffionen-aktivität, wird als Acidität der Lösung bezeichnet (vgl. K. Schwabe 1959). Sie hat auf fast alle chemischen und biologischen Reaktionen, die in der betreffenden Lösung ablaufen, großen Einfluß.

---

[1] Die Schreibweise H^+ ist symbolisch, da freie Protonen in der Lösung nicht auftreten können, sondern sich an Wassermoleküle anlagern, so daß im allgemeinen H_3O^+-Ionen vor-liegen. Im folgenden ist, wenn von gelösten Wasserstoffionen gesprochen wird, immer diese hydratisierte Form gemeint; auch die Buchstaben c_{H^+} und a_{H^+} beziehen sich darauf.

Die Einführung des pH-Wertes als Maß für die Acidität geht auf SØRENSEN zurück, der zunächst (1909) die Definition (vgl. G. KORTÜM 1942, R. G. BATES 1954)

$$pH = -\log c_{H^+} \tag{4}$$

verwendete, d. h. als pH-Wert einer Lösung den negativen Logarithmus der Wasserstoffionenkonzentration einführte. Diese Definition ist jedoch nur für sehr verdünnte Lösungen sinnvoll. Bei chemischen Reaktionen in konzentrierteren Lösungen, vor allem in Ionenlösungen, ist nicht die Konzentration, sondern die Aktivität der Wasserstoffionen maßgebend. Daher ist die allgemeinere Definition des pH-Wertes, die später ebenfalls von SØRENSEN gegeben wurde,

$$pH = -\log a_{H^+}, \tag{5}$$

wobei a_{H^+} die Aktivität der Wasserstoffionen ist. Zwischen der Konzentration c_{H^+} und der Aktivität a_{H^+} besteht die oben schon benutzte Beziehung

$$a_{H^+} = c_{H^+} \cdot f_{H^+}, \tag{6}$$

mit dem Aktivitätskoeffizienten f_{H^+}, der bei sehr großer Verdünnung (ideale Lösung) den Wert eins annimmt.

Der durch die Gleichungen (5) und (3) gegebene Zusammenhang zwischen pH-Wert und H^+- bzw. OH^--Aktivität ist in Tab. 1 zusammengestellt.

Tabelle 1. *Die Aktivitäten der H^+- und OH^--Ionen bei verschiedenen pH-Werten* [Gl. (5) und Gl. (3)]

		sauer											alkalisch			
pH	—1	0	1	2	3	4	5	6	7	8	9	10	11	12	13	14
c_{H^+} (mol/l)	10	1	10^{-1}	10^{-2}	10^{-3}	10^{-4}	10^{-5}	10^{-6}	10^{-7}	10^{-8}	10^{-9}	10^{-10}	10^{-11}	10^{-12}	10^{-13}	10^{-14}
c_{OH^-} (mol/l)	10^{-15}	10^{-14}	10^{-13}	10^{-12}	10^{-11}	10^{-10}	10^{-9}	10^{-8}	10^{-7}	10^{-6}	10^{-5}	10^{-4}	10^{-3}	10^{-2}	10^{-1}	1

Der nach Gl. (5) definierte pH-Wert läßt sich aber nur für sehr verdünnte Lösungen im Bereich der Debye-Hückelschen Grenzgesetze exakt ermitteln, da nur in diesem Konzentrationsbereich die individuelle Aktivität der Wasserstoffionen berechnet werden kann (vgl. G. KORTÜM 1957, S. 283; K. SCHWABE 1958, S. 12f.; K. SCHWABE 1960, S. 9f.). Für praktische pH-Messungen hat man daher die konventionelle pH-Skala (vgl. unten) eingeführt, die durch ein elektrochemisches Meßverfahren definiert ist. Mit Hilfe dieser Skala gewinnt man reproduzierbare pH-Werte, die aber keine exakte thermodynamische Bedeutung entsprechend G. (5) haben.

B. Elektrometrische pH-Messung

Die elektrometrische pH-Messung ist die heute am meisten angewendete Methode. Da die Grundlagen dieser Methode die elektrolytische Zelle und ihre Zellspannung sind, sollen diese in den nächsten Abschnitten behandelt werden.

I. Die elektrolytische Meßkette

1. Aufbau der Meßkette, Zellspannung

Elektrochemische Messungen werden in einer elektrolytischen Zelle durchgeführt. Diese Zelle besteht aus (mindestens) zwei Elektroden, die in einen Elektrolyten eintauchen. Zwischen jeder dieser Elektroden und dem Elektrolyten muß sich im Gleichgewicht eine Potentialdifferenz einstellen. Diese sog. Einzelpotentiale sind jedoch nicht meßbar; sondern man kann nur die Spannungsdifferenz zwischen den beiden Elektroden, die Gleichgewichtszellspannung E, bestimmen.

Fließt durch die Zelle ein Strom, so finden an den Elektroden elektrochemische Reaktionen statt, in denen Substanzen entsprechend den Faradayschen Gesetzen umgesetzt werden. Die Summe der an beiden Elektroden ablaufenden Elektrodenreaktionen ist die Zellreaktion. Ihre freie Reaktionsenthalpie ΔG[1] bestimmt die Größe der Gleichgewichtszellspannung, und zwar gilt

$$E = \frac{\Delta G}{nF}, \qquad (7)$$

n ist die Anzahl der bei Ablauf der Zellreaktion ausgetauschten Elektronen, die sog. Elektrodenreaktionswertigkeit, F die Faradaysche Konstante ($F = 96\,500$ As/val). [Zum Vorzeichen von Gl. (7) vgl. K. J. Vetter 1961 a, S. 12.]

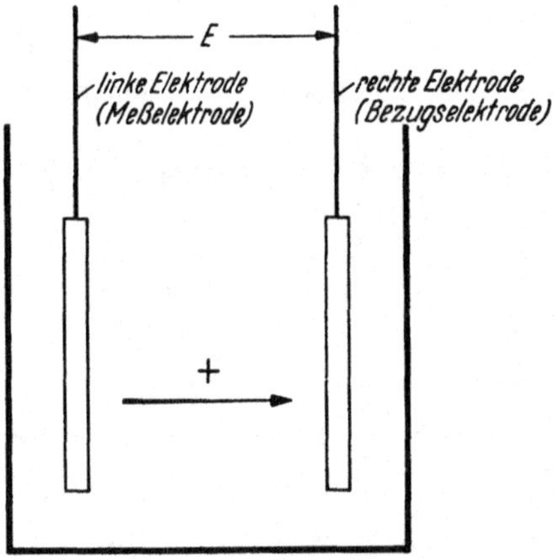

Häufig wird die Bezeichnung Elektromotorische Kraft verwendet, die gleich der negativen Zellspannung ist, d. h.

$$\text{EMK} = -E. \qquad (8)$$

Beispiel: Bei unserer Schreibweise von Gl. (7) soll vorausgesetzt werden, daß die Zellspannung als Differenz linke Elektrode — rechte Elektrode gemessen wird, d. h., die rechte Elektrode ist Bezugselektrode. Die Reaktion soll so ablaufen, daß die Meßelektrode von einem anodischen Strom durchflossen wird, ein positiver Strom soll in Abb. 1 also von links nach rechts durch die Zelle fließen.

Lassen wir im Beispiel als linke Elektrode eine Wasserstoffelektrode arbeiten, an der die Reaktion

$$H_2 \rightarrow 2\,H^+ + 2\,e^- \qquad (9)$$

Abb. 1. Zur Erläuterung von Gl. (7)

abläuft. (Elektronen treten von dem Elektrolyten in die Elektrode, was einem positiven Strom in der gewünschten Richtung entspricht.)

Die rechte Elektrode soll eine Sauerstoffelektrode sein mit der Elektrodenreaktion

$$1/2\,O_2 + 2\,e^- \rightarrow O^{2-}. \qquad (10)$$

Die Zellreaktion ist die Summe beider Elektrodenreaktionen, also

$$H_2 + 1/2\,O_2 \rightarrow H_2O. \qquad (11)$$

Die freie Reaktionsenthalpie dieser Reaktion ist $\Delta G = -56{,}69$ kcal unter Normalbedingungen (Temperatur $T = 25°$ C, Partialdrücke 1 atm, Verbrennung zu flüssigem Wasser). Die Elektrodenreaktionswertigkeit ist nach Gl. (9) und (10) $n = 2$, daher folgt aus Gl. (7) mit Hilfe des Umrechnungsfaktors 1 cal = 4,186 Ws

$$E = \frac{-56{,}69 \cdot 10^3 \cdot 4{,}186}{2 \cdot 96\,500} = -1{,}229\,\text{V}, \qquad (12)$$

d. h., unter Normalbedingungen ist die Wasserstoffelektrode 1,229 V negativer als die Sauerstoffelektrode.

Die Beziehung Gl. (7) gilt nur im thermodynamischen Gleichgewicht, d. h. bei reversiblem Reaktionsablauf. Bei elektrochemischen Messungen wird dieser Zustand durch stromloses Messen erreicht, da dann die Zellreaktion unendlich langsam und damit reversibel abläuft.

---

[1] Die freie Reaktionsenthalpie ΔG ist definiert als Summe der freien Enthalpien G aller Reaktionspartner nach der Reaktion minus der Summe der freien Enthalpien der Reaktionspartner vor der Reaktion.

2. Einzelpotentiale (allgemein)

Die Zellspannung ist die Differenz zwischen zwei Einzelpotentialen, deren Entstehung im folgenden besprochen werden soll. Die Größe dieser Einzelpotentiale kann experimentell nicht bestimmt werden.

a) Metall/Metallionenpotentiale

Die Potentialdifferenz zwischen einer Elektrode und dem Elektrolyten kann dadurch hervorgerufen werden, daß sich zwischen den Metallatomen der Elektrode und den in dem Elektrolyten gelösten Metallionen ein thermodynamisches Gleichgewicht ausbildet. Die Elektrodenreaktion ist dann:

$$Me \rightleftharpoons Me^{z+} + z\,e^- . \tag{13}$$

Durch die Phasengrenze Elektrode/Elektrolyt treten bei dieser Elektrode Metallionen hindurch. Die Elektrodenreaktionswertigkeit (allgemein mit n bezeichnet) ist bei der Metall/Metallionenelektrode gleich der Ladungszahl z der Ionen.

Schaltet man die Metallionenelektrode gegen eine Normalwasserstoffelektrode, deren Einzelpotential per Definition null ist (vgl. unten), so erhält man folgende Zellreaktion:

$$Me \rightleftharpoons Me^{z+} + z\,e^- \quad \text{Metallionenelektrode} \tag{14a}$$
$$z\,H^+ + z\,e^- \rightleftharpoons z/2\,H_2 \quad \text{Wasserstoffelektrode} \tag{14b}$$

$$z\,H^+ + Me \rightleftharpoons Me^{z+} + z/2\,H_2 \quad \text{Zellreaktion} \tag{14}$$

Die Gleichgewichtszellspannung E ist die Differenz zwischen den Einzelpotentialen ε von Gl. (14a) und (14b) und wird nach Gl. (7) durch die freie Reaktionsenthalpie $\varDelta G$ der Reaktion nach Gl. (14) gegeben.

Auf Grund der Konzentrationsabhängigkeit von $\varDelta G$ (vgl. z. B. G. KORTÜM 1957, S. 46) erhält man für das Gleichgewichtspotential[1] die Nernstsche Gleichung:

$$E = \varepsilon_{\text{Metallionenel.}} - \varepsilon_{\text{Normalwasserst.}} = E_{0,h} + \frac{RT}{zF} \ln \frac{a_{Me^{z+}}}{a_{Me}} \tag{15}$$

mit $\varepsilon_{\text{Normalwasserst.}} = 0$. $a_{Me^{z+}}$ ist die Aktivität der Metallionen in der Lösung, a_{Me} die Aktivität der Metallatome, die in reinen Metallen $a_{Me} = 1$ ist, bei Elektroden aus Legierungen aber berücksichtigt werden muß. $E_{0,h}$ wird als Normalpotential bezeichnet, R ist die allgemeine Gaskonstante $R = 1,9867$ cal · grad^{-1} · mol^{-1}. Der Index h soll angeben, daß $E_{0,h}$ auf die Normalwasserstoffelektrode bezogen wurde. Sind alle Aktivitäten gleich eins (Normalzustand), so erhält man aus Gl. (15) als Gleichgewichtspotential das Normalpotential.

Führt man in Gl. (15) den dekadischen Logarithmus ein, so ergibt sich

$$E = E_{0,h} + \frac{2,303 \cdot RT}{zF} \log \frac{a_{Me^{z+}}}{a_{Me}} \tag{16}$$

Bei 25° C ist der Faktor

$$\frac{2,303 \cdot R \cdot T}{F} = 0,0591 \text{ V} . \tag{17}$$

Beispiel: Das Normalpotential einer Silber/Silberionen-Elektrode ist

$$E_{0,h}(Ag/Ag^+) = +0,7991 \text{ V} . \tag{18}$$

Eine Silbersalzlösung mit der Aktivität (angenähert = Konzentration) $c = 0,01$ mol/l hat demnach das Gleichgewichtspotential (Zellspannung gegen die Normalwasserstoffelektrode) ($a_{Me} = 1$)

$$\begin{aligned} E &= 0,7991 + 0,0591 \log 10^{-2} \\ &= 0,7991 - 0,1182 \\ E &= +0,6809 \text{ V} . \end{aligned} \tag{19}$$

---

[1] Die gegen die Normalwasserstoffelektrode gemessene Gleichgewichtszellspannung wird als Gleichgewichtspotential bezeichnet, obgleich es sich eigentlich um eine Zellspannung handelt.

b) Elektroden 2. Art

Als Elektroden 2. Art werden Metall/Metallionenelektroden bezeichnet, bei denen die Metallionen mit Anionen des Elektrolyten eine schwerlösliche Verbindung bilden, die als Bodenkörper im Elektrolyten vorhanden ist. (Die folgende Ableitung ist für die einfache Verbindung MeA gegeben; sie läßt sich leicht auf andere Verbindungen $Me_\nu A_\mu$ übertragen.)

Da der Elektrolyt am Bodenkörper gesättigt ist, liegt das Löslichkeitsprodukt der schwerlöslichen Verbindung bei einer bestimmten Temperatur fest:

$$P = a_{Me^{z+}} \, a_{A^{z-}} \quad (A = Anion) \,. \tag{20}$$

Löst man Gl. (20) nach $a_{Me^{z+}}$ auf und führt das Ergebnis in Gl. (15) ein, so erhält man:

$$E = E_{0,h} + \frac{RT}{zF} \ln \frac{P}{a_{Me} \, a_{A^{z-}}} \tag{21}$$

oder, da P konstant ist,

$$E = E'_{0,h} - \frac{RT}{zF} \ln (a_{Me} \, a_{A^{z-}}) \,. \tag{22}$$

Das Gleichgewichtspotential hängt also außer von der Aktivität der Metallatome von der Anionenaktivität ab. Elektroden 2. Art werden häufig als Bezugselektroden verwendet (vgl. dort), da verschiedene von ihnen ihr Gleichgewichtspotential gut einstellen und wenig polarisierbar sind.

c) Redoxpotentiale

Bei Redoxelektroden, eigentlich Reduktions-Oxydationselektroden, treten Elektronen durch die Phasengrenze Elektrode/Elektrolyt. Die Elektrodensubstanz nimmt also an der Elektrodenreaktion nicht teil, sondern führt nur Elektronen zu oder ab. Da freie Elektronen in dem Elektrolyten nicht vorhanden sein können, muß in dem Elektrolyten eine Substanz sein, die Elektronen aufnehmen kann (oxydierter Stoff S_0), und eine Substanz, die Elektronen abgeben kann (reduzierter Stoff S_r).

An der Phasengrenze Elektrode/Elektrolyt stellt sich das elektrochemische Gleichgewicht

$$\nu_r S_r \rightleftharpoons \nu_0 S_0 + n \, e^- \tag{23}$$

ein. Damit nur diese Reaktion abläuft, muß das Elektrodenmetall inert sein (z. B. ein Edelmetall), sonst stellt sich zusätzlich ein Metall/Metallionenpotential [Gl. (13)] ein und führt zu einem Mischpotential.

Schaltet man die Redoxelektrode gegen eine Normalwasserstoffelektrode, so erhält man:

$$\nu_r S_r \rightleftharpoons \nu_0 S_0 + n \, e^- \qquad \text{Redoxelektrode} \tag{24a}$$
$$n \, H^+ + n \, e^- \rightleftharpoons n/2 \, H_2 \qquad \text{Wasserstoffelektrode} \tag{24b}$$
$$\overline{n \, H^+ + \nu_r S_r \rightleftharpoons \nu_0 S_0 + n/2 \, H_2 \qquad \text{Zellreaktion}} \tag{24}$$

Aus der freien Reaktionsenthalpie ΔG von Reaktion (24) läßt sich nach Gl. (7) wieder die Gleichgewichtszellspannung errechnen. Für die Konzentrationsabhängigkeit des Gleichgewichtspotentials erhält man die Nernstsche Gleichung für Redoxelektroden

$$E = E_{0,h} + \frac{RT}{nF} \ln \frac{a_{S_0}^{\nu_0}}{a_{S_r}^{\nu_r}} \,, \tag{25}$$

die der Gl. (15) für Metall/Metallionenelektroden entspricht.

d) Diffusionspotentiale

Innerhalb der Berührungszone von zwei verschiedenen Elektrolytlösungen bildet sich ein Diffusionspotential aus, das aber kein Gleichgewichtspotential ist, denn es wird durch die irreversibel ablaufende Diffusion hervorgerufen. An der Grenze zwischen den beiden Lösungen entstehen für die Ionen Konzentrationsgradienten, welche neben den Diffusionskonstanten die Diffusionsgeschwindigkeit der Ionen beeinflussen. Diffundieren z. B. positive Ionen von der Lösung 1 schneller in die Lösung 2 als in umgekehrter Richtung, so wird die Lösung 2 positiv geladen. Durch diese Aufladung wird der Ionenstrom in der einen Richtung gebremst und in der anderen beschleunigt, so daß im Mittel kein Stromtransport mehr durch die Phasengrenze erfolgt. Die dann entstandene Aufladung der beiden Elektrolytlösungen gegeneinander ist das Diffusionspotential E_d, das eigentlich als Diffusionspotentialdifferenz bezeichnet werden müßte.

Die exakte Berechnung des Diffusionspotentials E_d ist nicht möglich, da man den Konzentrationsgradienten der einzelnen Ionenarten innerhalb der Berührungszone nicht kennt (vgl. K. J. Vetter 1961a, S. 43f.). Zur Berechnung werden deshalb Näherungsgleichungen verwendet, von denen die bekannteste die Hendersonsche Gleichung ist:

$$E_d = E_1 - E_2 = \frac{\sum \frac{u_j}{z_j}(c_{j,2} - c_{j,1})}{\sum u_j (c_{j,2} - c_{j,1})} \frac{RT}{F} \ln \frac{\sum u_j c_{j,2}}{\sum u_j c_{j,1}} \qquad (26)$$

Darin sind: u_j die Beweglichkeit (cm/sec pro Volt/cm) des Ions J, z_j seine Ladung (mit Vorzeichen) und $c_{j,1}$ bzw. $c_{j,2}$ seine Konzentration in dem Elektrolyten 1 bzw. 2. Die Beweglichkeit kann auch durch die Ionenäquivalentleitfähigkeit Λ ($\Omega^{-1} cm^2$) ersetzt werden, da zwischen beiden die Beziehung $u = \Lambda/F$ besteht (Voraussetzungen von Gl. (26) vgl. z. B. G. Kortüm 1957, S. 257).

Das Diffusionspotential läßt sich zum großen Teil dadurch eliminieren, daß man die verschiedenen Elektrolytlösungen durch eine sog. „Salzbrücke" (auch „Stromschlüssel" genannt) verbindet, die mit einer Lösung gefüllt ist, in der Anion und Kation gleich große Beweglichkeit haben. Hauptsächlich (gesättigte) KCl-Lösung wird hierfür verwendet, aber auch KNO_3- und NH_4NO_3-Lösung. Eine vollständige Unterdrückung des Diffusionspotentials ist jedoch auch auf diese Weise nicht möglich. Besonders in konzentrierten Lösungen können trotz der Salzbrücke noch Diffusionspotentiale von einigen mV auftreten. Durch Variation der Konzentration der Lösung in der Salzbrücke kann man die Wirksamkeit des Verfahrens abschätzen (vgl. G. Kortüm 1957, S. 258f.).

Beispiel: Wendet man auf die Phasengrenze zwischen gesättigter (4,2 molarer) KCl-Lösung und einer HCl-Lösung der Konzentration c (mol/l) [c HCl (1)/4,2 m KCl (2)] die Gl. (26) an, so erhält man ($-z_{Cl^-} = z_{K^+} = z_{H^+} = 1$; $c_{Cl^-,1} = c_{H^+,1} = c$; $c_{K^+,2} = c_{Cl^-,2} = 4,2$; $c_{K^+,1} = c_{H^+,2} = 0$)

$$E_d = \frac{4,2\,(u_{K^+} - u_{Cl^-}) - c\,(u_{H^+} - u_{Cl^-})}{4,2\,(u_{K^+} + u_{Cl^-}) - c\,(u_{H^+} + u_{Cl^-})} \frac{RT}{F} \ln \frac{4,2\,(u_{K^+} + u_{Cl^-})}{c\,(u_{H^+} + u_{Cl^-})}. \qquad (27)$$

Da $u_{K^+} \cong u_{Cl^-}$, wird der erste Summand im Zähler des ersten Faktors nahezu null. Für sehr kleine c wird daher auch das Diffusionspotential sehr klein. Die Wirkung eines Stromschlüssels wird dadurch verstärkt, daß an seinen beiden Enden Potentialdifferenzen auftreten, die sich zum größten Teil gegenseitig aufheben.

3. Indicatorelektroden für die pH-Messung

Zur Bestimmung des pH-Wertes sind alle Elektroden geeignet, deren Gleichgewichtspotential von der Wasserstoffionenaktivität abhängt. Das sind Elektroden, an deren Elektrodenreaktion Wasserstoffionen teilnehmen. Die gebräuchlichsten sollen im folgenden besprochen werden.

a) Redoxelektroden

α) Die Wasserstoffelektrode

Die für die pH-Bestimmung wichtigste Elektrode ist die Wasserstoffelektrode, da durch sie die konventionelle pH-Skala definiert ist. In der praktischen Anwendung der pH-Meßtechnik werden allerdings meist andere Elektroden verwendet, deren Handhabung und Unempfindlichkeit Vorteile bieten; für Präzisionsmessungen ist sie jedoch unerläßlich.

Die Wasserstoffelektrode gehört zu den Redoxelektroden. Sie besteht aus einem unangreifbaren Elektrodenmetall (meist Platin, gelegentlich auch Gold oder Palladium), das von Wasserstoffgas umspült wird und in die Wasserstoffionen enthaltende Lösung taucht. Als Elektrodenreaktion bildet sich zwischen dem im Elektrolyten gelösten Wasserstoff und den Wasserstoffionen folgendes Gleichgewicht aus:

$$1/2\ H_2 \rightleftharpoons H^+ + e^- . \tag{28}$$

Vergleichen wir diese Reaktion mit Gl. (23), so ist der reduzierte Stoff S_r der Wasserstoff, während der oxydierte Stoff S_0 die Wasserstoffionen sind. Die Elektrodenreaktionswertigkeit ist $n = 1$. Für das Gleichgewichtspotential erhält man nach Gl. (25)

$$E = E_{0,h} + \frac{RT}{F} \ln \frac{a_{H^+}}{(a_{H_2})^{1/2}} . \tag{29}$$

Da der im Elektrolyten gelöste Wasserstoff mit dem gasförmigen Wasserstoff im Gleichgewicht steht, gilt *(Henry-Daltonsches Gesetz)*

$$a_{H^+} \approx c_{H^+} = \text{const. } p_{H_2} . \tag{30}$$

p_{H_2}: Druck des gelösten Wasserstoffs.

Führt man diese Beziehung in Gl. (29) ein, so kann man schreiben, wenn man die Konstanten in $E'_{0,h}$ zusammenzieht und den dekadischen Logarithmus einführt:

$$E = E'_{0,h} + \frac{2{,}303 \cdot R \cdot T}{F} \log \frac{a_{H^+}}{\sqrt{p_{H_2}}} . \tag{31}$$

Da die Einzelpotentiale (Absolutpotentiale) nicht meßbar sind, hat man, um einen willkürlichen Bezugspunkt zu schaffen, $E'_{0,h}$ in Gl. (31) gleich null gesetzt. Eine Wasserstoffelektrode mit $a_{H^+} = 1$ (mol/l) (z. B. 2 n-H_2SO_4) und $p_{H_2} = 1$ (atm), die sog. Normalwasserstoffelektrode, hat daher das Gleichgewichtspotential

$$E = 0 . \tag{32}$$

Dieser Nullpunkt ist willkürlich und sagt über die wahre Potentialdifferenz zwischen Lösung und Elektrode nichts aus.

Die Gl. (31) kann man unter Verwendung von Gl. (5) noch umformen ($E'_{0,h} = 0$)

$$E = -\frac{2{,}303 \cdot R \cdot T}{F} \log (p_{H_2})^{1/2} + \frac{2{,}303 \cdot R \cdot T}{F} \log a_{H^+} \tag{33a}$$

$$= -\frac{2{,}303 \cdot R \cdot T}{2 \cdot F} \log p_{H_2} - \frac{2{,}303 \cdot R \cdot T}{F} \text{pH} . \tag{33b}$$

Mit steigendem pH-Wert fällt also das Gleichgewichtspotential der Wasserstoffelektrode bei 25° C um 59,1 mV [Gl. (17)] pro pH-Einheit.

Beispiel: Eine Wasserstoffelektrode, die von Wasserstoff mit dem Druck $p_{H_2} = 1$ atm umspült wird, hat in einer Lösung mit dem pH-Wert 7 gegenüber der Normalwasserstoffelektrode das Gleichgewichtspotential

$$E = -0{,}414\ \text{V} .$$

In einer Lösung mit dem pH-Wert 13 ist das Gleichgewichtspotential

$$E = -0{,}768\ \text{V} .$$

Bei der Anwendung der Wasserstoffelektrode sind verschiedene Vorsichtsmaßregeln zu beachten (Einzelheiten z. B. bei D. J. G. Ives u. J. J. Janz 1961,
S. 91f.). Damit das Gleichgewicht (28) sich einstellt, muß die Oberfläche der
Elektrode „aktiv" sein. Man überzieht die Elektroden deshalb im allgemeinen mit
einer Schicht von schwammigem Platinschwarz, das vor allem eine Vergrößerung
der Oberfläche bewirkt. Der Elektrolyt darf keine Kontaktgifte (z. B. Schwefel
und Arsen) enthalten, da durch deren Adsorption die Pt-Fläche inaktiv wird.
Außerdem dürfen oxydierende Substanzen nicht vorhanden sein, weil sich sonst
ein Mischpotential einstellt bzw. die zu untersuchende Substanz von dem Wasserstoff reduziert wird. In ungepufferten Lösungen können geringe Strommengen, die
bei der Messung durch die Elektrode fließen, den pH-Wert verschieben (durch
Bildung oder Verbrauch von H^+-Ionen). Bei der Messung des Wasserstoffdruckes
muß der Wasserdampfpartialdruck und bei sehr genauen Messungen auch die
hydrostatische Druckdifferenz, die durch die Flüssigkeitshöhe über dem Wasser-
stoffzuleitungsrohr hervorgerufen wird, berücksichtigt werden.

β) Die Chinhydronelektrode

Die Chinhydronelektrode, die genauer als Chinon-Hydrochinon-Redoxelektrode
bezeichnet werden müßte, ist eine organische Redoxelektrode, die ebenfalls zur
pH-Messung geeignet ist. In dem Elektrolyten befinden sich Hydrochinon als
reduzierte Substanz und Chinon als oxydierte Substanz. Die Elektrode besteht
im allgemeinen aus blankem Platin. Die der Gl. (23) entsprechende Elektrodenreaktion lautet:

$$\text{Hydrochinon} \rightleftharpoons \text{Chinon} + 2\,H^+ + 2\,e^-$$

oder

$$HO-\langle\ \rangle-OH \rightleftharpoons O=\langle\ \rangle=O + 2\,H^+ + 2\,e^- . \tag{34}$$

Diese Elektrodenreaktion führt zu dem Gleichgewichtspotential

$$E = E_{0,h} + \frac{RT}{2F} \ln \frac{a_{\text{Chinon}}}{a_{\text{Hydrochinon}}} + \frac{RT}{F} \ln a_{H^+} , \tag{35}$$

mit dem Normalpotential

$$E_{0,h} = +\,0{,}6994\,\text{V} . \tag{36}$$

Löst man nicht Chinon und Hydrochinon, sondern Chinhydron, das eine Molekül-
verbindung ist, die beide Stoffe im Verhältnis 1:1 enthält und in der Lösung fast
vollständig dissoziiert, so ist die Konzentration und damit angenähert auch die
Aktivität beider Substanzen gleich. Der zweite Summand in Gl. (35) verschwindet
daher, und man erhält:

$$E = +\,0{,}6994 - 0{,}0591\ \text{pH} \quad (\text{Volt}) . \tag{37}$$

Das Gleichgewichtspotential der Chinhydronelektrode fällt also wie das der
Wasserstoffelektrode um 59,1 mV pro pH-Einheit.

Das Messen mit der Chinhydronelektrode ist sehr einfach: Man fügt der zu
untersuchenden Lösung etwas Chinhydron zu und mißt an einer eintauchenden
Platinelektrode das sich einstellende Gleichgewichtspotential.

Allerdings stören starke Oxydations- und Reduktionsmittel, auch ist die Chinhydronelektrode nur im Bereich pH < 8 brauchbar. In stärker alkalischen Lösungen treten chemische Veränderungen, auch Oxydation durch Luftsauerstoff, auf.
Ferner ist der sog. Salzfehler zu beachten, der durch unterschiedliche Wirkung
von gelösten Substanzen, besonders Ionen, auf die Aktivitätskoeffizienten von
Chinon und Hydrochinon hervorgerufen wird. Der zweite Summand in Gl. (35)
wird dann nicht mehr null (vgl. D. J. G. Ives u. J. J. Janz 1961, S. 289f.).

b) Oxidelektroden

Die Oxidelektroden können als Elektroden 2. Art bezeichnet werden. Sie bestehen aus einem Metall, das mit einer Deckschicht aus seinem Oxid bzw. Hydroxid überzogen ist.

Die allgemeine Reaktionsgleichung lautet:

$$Me + n\,H_2O \rightleftharpoons Me(OH)_n + n\,H^+ + n\,e^- . \tag{38}$$

α) Die Antimonelektrode

Für grobe pH-Messungen hat die Antimonelektrode gewisse Bedeutung erlangt. Ihre Elektrodenreaktion ist

$$2\,Sb + x\,H_2O \rightleftharpoons Sb_2O_x + x\,H^+ + x\,e^- . \tag{39}$$

Der Buchstabe x in Gl. (39) soll andeuten, daß eine exakt definierte Elektrodenreaktion nicht vorliegt. Für die Potentialeinstellung sind offensichtlich zwei Reaktionen maßgebend:

$$Sb \rightleftharpoons Sb_2O_3 \quad \text{mit} \quad E_{0,h} = 0{,}152\ V , \tag{40}$$

$$Sb \rightleftharpoons Sb_2O_4 \quad \text{mit} \quad E_{0,h} = 0{,}330\ V . \tag{41}$$

Experimentell erhält man das Gleichgewichtspotential

$$E = E_{0,h} - \frac{2{,}303 \cdot R \cdot T}{F}\ \text{pH} , \tag{42}$$

mit

$$E_{0,h} = 0{,}245\ V . \tag{43}$$

Das experimentelle Normalpotential liegt also zwischen den Werten der Gleichungen (40) und (41).

Das Gleichgewichtspotential der Antimonelektrode stellt sich nicht sehr gut ein und ist nur mäßig reproduzierbar. Die pH-Abhängigkeit nach Gl. (42) ist daher auch nur beschränkt gültig (vgl. D. J. G. Ives u. J. J. Janz 1961, S. 350). Der experimentelle Wert wird im allgemeinen für jede Elektrode durch Eichen mit Lösungen bekannten pH-Wertes ermittelt. Dabei muß man darauf achten, daß alle Bedingungen gleich bleiben.

Vorteilhaft ist die einfache Anwendung, denn die Elektrode besteht nur aus einem Metallstab, der in die zu untersuchende Lösung eintaucht. Deshalb wird sie für pH-Messungen, an deren Genauigkeit nicht zu hohe Ansprüche gestellt werden, gern benutzt.

β) Die Wismutelektrode

Ähnlich der eben beschriebenen Antimonelektrode verhält sich die Wismutelektrode mit dem experimentellen Normalpotential

$$E_{0,h} = 0{,}384\ V , \tag{44}$$

das dem Normalpotential der Reaktion $Bi \rightarrow Bi_2O_3$ nahezu entspricht.

c) Die Glaselektrode

Die Glaselektrode ist die am häufigsten verwendete pH-Indicatorelektrode, nachdem es gelungen ist, ihren hohen elektrischen Widerstand (bis zu $5 \cdot 10^9\ \Omega$) durch elektronische Meßgeräte zu bewältigen.

Die Abb. 2 zeigt schematisch den Aufbau einer pH-Meßkette mit einer Glaselektrode. Die Glaselektrode ist ein geschlossenes Glasgefäß, das zum Teil aus einer Membran aus einem Spezialglas besteht (in Abb. 2 kugelförmig eingezeichnet), an der sich das pH-abhängige Potential einstellt. Im Innern der Glaselektrode befindet sich eine Pufferlösung (vgl. S. 235) mit vorgegebenem pH-Wert, die Bezugslösung. In die Bezugslösung taucht als sog. Ableitelektrode eine Bezugselektrode, wie wir sie im nächsten Kapitel besprechen, d. h., zwischen Ableit-

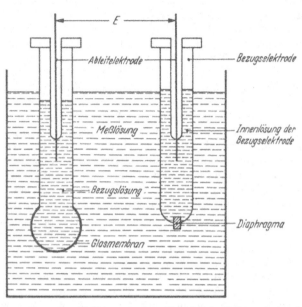

Abb. 2. Schematische Darstellung einer Meßkette aus einer Glaselektrode (links) und einer Bezugselektrode

elektrode und Bezugslösung besteht eine bestimmte Potentialdifferenz. Zur Messung der Gleichgewichtszellspannung wird eine weitere Bezugselektrode benötigt, die in Abb. 2 rechts eingezeichnet ist. Zwischen ihrer Ableitelektrode und der Innenlösung besteht wieder eine konstante Potentialdifferenz. Die Innenlösung der

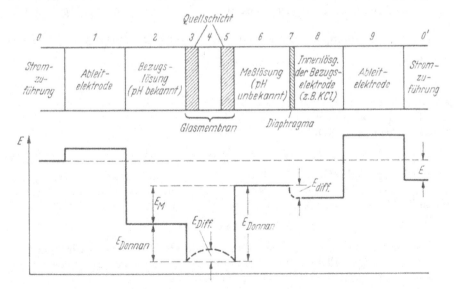

Abb. 3. Phasenschema der Meßkette nach Abb. 2 und der wahrscheinliche Potentialverlauf (Vorzeichen und Größe der einzelnen Potentialsprünge meist unbekannt) (nach VETTER 1961a, S. 65)

Bezugselektrode ist mit der Meßlösung direkt verbunden, meist ist zwischen beiden Lösungen allerdings ein Diaphragma zur Verzögerung der Durchmischung angebracht.

Zur Veranschaulichung der auftretenden Potentialdifferenzen ist in Abb. 3 eine schematische Aneinanderreihung der in der Meßkette der Abb. 2 auftretenden Phasen, das sog. Phasenschema, dargestellt, darunter der Potentialverlauf. Da man die Einzelpotentiale nicht messen kann, sind Vorzeichen und Größe der eingezeichneten Potentialdifferenzen willkürlich; außerdem ist auch der Mechanismus der Glaselektrode noch nicht vollständig geklärt, so daß Abb. 3 auch einige hypothetische Annahmen enthält (vgl. K. J. Vetter 1961 a, S. 65).

Die Potentialdifferenz zwischen der Stromzuführung und dem Metall der Ableitelektrode (0/1), die Voltaspannung, ist konstant. So lange die Bezugslösung unverändert ist, bleibt auch die Potentialdifferenz (1/2), die je nach Art der Ableitelektrode ein Metall/Metallionenpotential oder ein Redoxpotential ist, konstant. Das gleiche gilt für die Potentialdifferenzen an den Phasengrenzen (0'/9) und (9/8). Die Glasmembran umfaßt die Phasen 3—5. Auf Grund der elektrischen Leitfähigkeit der Membran muß man eine gewisse Beweglichkeit der Alkaliionen (hauptsächlich Na^+-Ionen) in dem Glas voraussetzen. In den Randschichten, den sog. Quellschichten, wirkt die Glasmembran dem Elektrolyten gegenüber als Ionenaustauscher, indem hier ein Teil der Alkaliionen gegen H^+-Ionen ausgetauscht wird. Dadurch entstehen an diesen Phasengrenzen nach F. G. Donnan benannte Potentialdifferenzen, E_{Donnan}, die von der H^+-Ionenkonzentration abhängen. Im Inneren der Glasmembran (Phase 4) treten für H^+- und Alkali-Ionen Diffusionspotentiale auf, über deren Größe man kaum Aussagen machen kann. Jedoch dürften beide sich einander aufheben (wie es in Abb. 3 eingezeichnet ist), wenn die Lösungen 2 und 6 nicht sehr verschieden voneinander sind, da dann auch die Zusammensetzung der Quellschichten ähnlich sein dürfte. Die an der Glasmembran entstehende Potentialdifferenz E_M ist die Summe dieser Potentialdifferenzen, wie man in Abb. 3 erkennt.

Die Phasen 7 — 0' gehören nicht direkt zur Glaselektrode. Hier soll deshalb nur erwähnt werden, daß durch das Diffusionspotential $E_{diff.}$ zwischen Meßlösung und Innenlösung der Bezugselektrode die Meßgenauigkeit häufig begrenzt wird (vgl. S. 211).

Für das Membranpotential E_M gilt (unter der Voraussetzung $E_{diff.} = E_{3/4} + + E_{4/5} = 0$)

$$E_M = \frac{2,303 \cdot R \cdot T}{F} \, [pH\,(2) - pH\,(6)] \,. \tag{45}$$

Hat die Bezugslösung einen bestimmten pH-Wert, und sind alle übrigen Potentialdifferenzen der Kette konstant, so gilt für die Gleichgewichtszellspannung der Meßkette nach Abb. 2 und 3

$$E = E_0 - 0{,}059 \cdot pH \text{ (Meßlösung) (V)} \,. \tag{46}$$

Verwendet man gleiche Ableitelektroden für die Glaselektrode und die Bezugselektrode (sog. symmetrische Kette), so heben sich bis auf E_M und $E_{diff.}$ alle Potentialdifferenzen auf. Vernachlässigt man $E_{diff.}$, so gilt:

$$E = -0{,}059 \, pH \quad (V) \,. \tag{47}$$

Diese der Wasserstoffelektrode entsprechende pH-Abhängigkeit wird meist nur von dünnwandigen Elektroden eingehalten, wenn außerdem Bezugslösung und Meßlösung ähnliche pH-Werte haben. Im allgemeinen gilt:

$$E = E_0 - S \cdot pH \,. \tag{48}$$

Das Normalpotential E_0 und der als Steilheit bezeichnete Faktor S werden mit Hilfe von Pufferlösungen mit bekannten pH-Werten, die anstelle der Meßlösung eingefüllt werden, experimentell bestimmt. Da die Glaselektrode Alterungserscheinungen unterworfen ist, muß diese Eichung von Zeit zu Zeit wiederholt werden.

Die Abweichung von dem idealen Verhalten nach Gl. (47) wird hauptsächlich durch folgende Fehler verursacht: Die in Abb. 3 gezeichnete Potentialverteilung in der Glasmembran trifft meist nur für dünnwandige Elektroden zu. Im allgemeinen tritt noch ein sog. Asymmetriepotential auf, das in der Größenordnung ± 60 mV (K. Schwabe 1958, S. 96) liegen kann. Das Asymmetriepotential beruht vermutlich auf unterschiedlichen Quellungszuständen.

Ein weiterer Fehler, der vor allem bei der Alterung der Elektrode eine Rolle spielt, wird durch den Austausch von Alkaliionen der Glasmembran gegen H^+-Ionen der Bezugslösung verursacht, wodurch deren pH-Wert verschoben wird.

In stark alkalischen Lösungen, besonders in Gegenwart der Kationen, die auch in dem Glas der Elektrode vorhanden sind, tritt der sog. Alkalifehler auf. Die für die einzelnen Elektroden meist angegebenen Korrekturwerte sind unsicher, zumal der Alkalifehler sich mit der Zeit ändert. Auch in stark sauren Lösungen treten Abweichungen (Säurefehler) auf. Da Alkali- und Säurefehler auf Veränderungen der Quellschicht beruhen, empfiehlt es sich, die Glaselektrode nur für kurze Zeit in stark saure oder alkalische Lösungen zu tauchen (vgl. S. 227).

Ein sog. *Benetzungsfehler* oder auch *Fehlerfilm* (deviation film) (vgl. F. Ender 1953, S. 581) kann auftreten, wenn der elektrische Widerstand des Elektrodenschaftes nicht sehr viel größer als der Widerstand der Membran ist, oder wenn die Membran nur teilweise eintaucht. Es tritt dann ein elektrischer Nebenschluß auf bzw. wird der Meßwert verfälscht, weil der Benetzungsfilm einen anderen pH-Wert als die Lösung hat (vgl. L. Kratz 1949, S. 106). Man muß daher darauf achten, daß die gesamte Membran mit der Meßlösung Kontakt hat (besonders zu beachten bei Pasten, Fleisch u. dgl.).

Auf Grund der besprochenen Abweichungen der Glaselektrode vom idealen Verhalten gibt es eine universell verwendbare Glaselektrode nicht; sondern man muß dem Verwendungszweck angepaßte Elektroden auswählen und bei Messungen unter ungünstigen Bedingungen größere Abweichungen vom idealen Verhalten in Kauf nehmen.

Der große Vorteil der Glaselektrode ist, daß man sie in allen Elektrolyten bis auf Flußsäure verwenden kann, da weder Redox-Systeme noch „Kontaktgifte" stören. Außerdem beeinflußt die eingetauchte Glaselektrode die untersuchte Lösung nicht.

Eine Variante der hier besprochenen ist die metallisierte Glaselektrode (vgl. L. Kratz 1950, S. 58f.), bei der die Innenwand des Glaskolbens mit einem Metallüberzug versehen ist, an den die Stromzuführung angeschlossen ist. Dieser Metallüberzug stellt die Ableitelektrode dar, die Elektrode enthält keine Bezugslösung. Metallisierte Glaselektroden haben sich jedoch nicht bewährt und werden heute kaum noch verwendet.

4. Bezugselektroden

Die Gleichgewichtspotentiale der Elektroden sind, wie oben ausgeführt wurde, auf die Normalwasserstoffelektrode bezogen. Man kann natürlich anstelle der Normalwasserstoffelektrode eine andere Bezugselektrode benutzen, wenn diese in der Meßlösung gegenüber der Normalwasserstoffelektrode ein bestimmtes Gleichgewichtspotential hat.

a) Die Kalomelelektrode

Zu den am meisten verwendeten Bezugselektroden gehört die Kalomelelektrode. Schematisch ist ihr Aufbau in Abb. 4 dargestellt. Der in das innere Glasrohr eingeschmolzene Platindraht stellt die elektrische Verbindung zu dem Quecksilber her. Als Bodenkörper ist Kalomel (Hg_2Cl_2) vorhanden. Die Kalomelelektrode gehört zu den Elektroden 2. Art, ihr Gleichgewichtspotential wird daher durch Gl. (22) gegeben. Da Quecksilber als reines Metall vorliegt, ist $a_{Me} = 1$, es gilt also

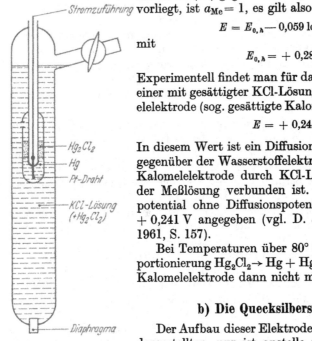

$$E = E_{0,h} - 0,059 \log a_{Cl^-} \text{ (V)} . \tag{49}$$

mit

$$E_{0,h} = +0,2861 \text{ V} . \tag{50}$$

Experimentell findet man für das Gleichgewichtspotential einer mit gesättigter KCl-Lösung (4,2 m) gefüllten Kalomelelektrode (sog. gesättigte Kalomelelektrode)

$$E = +0,245 \text{ V} . \tag{51}$$

In diesem Wert ist ein Diffusionspotential enthalten, das gegenüber der Wasserstoffelektrode auftritt, obgleich die Kalomelelektrode durch KCl-Lösung [vgl. Gl. (27)] mit der Meßlösung verbunden ist. Für das Gleichgewichtspotential ohne Diffusionspotential wird der Wert $E = +0,241$ V angegeben (vgl. D. J. G. Ives u. J. J. Janz 1961, S. 157).

Bei Temperaturen über 80° C macht sich die Disproportionierung $Hg_2Cl_2 \rightarrow Hg + HgCl_2$ bemerkbar, so daß die Kalomelelektrode dann nicht mehr einwandfrei arbeitet.

Abb. 4. Schematische Darstellung der Kalomel-Elektrode

b) Die Quecksilbersulfatelektrode

Der Aufbau dieser Elektrode entspricht dem in Abb. 4 dargestellten, nur ist anstelle von Kalomel Hg_2SO_4 als Bodenkörper vorhanden, und die Elektrode ist mit H_2SO_4- oder K_2SO_4-Lösung gefüllt. Das Normalpotential dieser Elektrode ist $+0,615$ V. Da wegen der unvollständigen Dissoziation der Schwefelsäure die Konzentration der SO_4^{2-}-Ionen nur etwa 1,3% der Konzentration der Schwefelsäure beträgt, findet man für das Gleichgewichtspotential einer mit 1 n-H_2SO_4 gefüllten Elektrode

$$E = +0,680 \text{ V} . \tag{52}$$

Die Quecksilbersulfatelektrode wird in SO_4^{2-}-Lösungen verwendet, da dann das in Abb. 4 eingezeichnete Diaphragma nicht erforderlich ist. Gegenüber anderen Lösungen ist diese Elektrode als Bezugselektrode ungünstig, da sich dann große Diffusionspotentiale ausbilden [$u_{Anion} \neq u_{Kation}$, vgl. Gl. (27)].

c) Die Thalliumamalgam/Thalliumchloridelektrode

Der Aufbau dieser Elektrode, die von der Firma Schott u. Gen., Mainz, unter der Bezeichnung „Thalamidelektrode" in den Handel gebracht wird, entspricht ebenfalls Abb. 4. An die Stelle des Quecksilbers tritt ein 40%iges Thalliumamalgam. TlCl ist der Bodenkörper (schwerlösliche Verbindung), der mit KCl-Lösung überschichtet ist. Das Gleichgewichtspotential wird wieder durch Gl. (22) gegeben, wobei hier neben der Aktivität der Cl^--Ionen auch die Aktivität des Thalliums in dem Amalgam (a_{Me}) potentialbestimmend ist.

Das Gleichgewichtspotential ist bei 25° C, 40%igem Tl-Amalgam und gesättigter KCl-Lösung (vgl. H. K. FRICKE 1960, S. 10)

$$E = -0,575 \text{ V} .\tag{53}$$

Die Thalliumamalgamelektrode zeichnet sich durch gute Potentialeinstellung auch bei hohen und tiefen Temperaturen aus und ist bei höheren Temperaturen der Kalomelelektrode überlegen.

d) Die Silberchloridelektrode

Die Silberchloridelektrode, mitunter auch als Chlorsilberelektrode bezeichnet, ist ebenfalls eine Elektrode 2. Art. Ihr Aufbau unterscheidet sich von dem der bisher besprochenen Bezugselektroden etwas. Sie besteht aus einem Silberdraht (meist einem versilberten Pt-Draht, da Silber sich nicht in Glas einschmelzen läßt), der durch einen anodischen Strom in KCl-Lösung mit einer AgCl-Schicht überzogen wird. Dieser Draht taucht in eine HCl- oder KCl-Lösung (vgl. Abb. 8). Aus der Gl. (22) folgt für das System Ag/AgCl/Cl$^-$

$$E = E_{0,h} - 0,059 \log a_{Cl^-} \text{ (V)}\tag{54}$$

mit dem Normalpotential

$$E_{0,h} = + 0,2225 \text{ V} .\tag{55}$$

Eine durch besondere Vorbehandlung für die Messung auch bei höheren Temperaturen (bis 130° C) geeignete Silberchloridelektrode wird unter der Bezeichnung „*Argenthal-Elektrode*" von der Firma Ingold, Frankfurt a. M., in den Handel gebracht.

5. Die konventionelle pH-Skala

Wie in der Einleitung schon angedeutet wurde, stehen der exakten Bestimmung des pH-Wertes grundsätzliche Schwierigkeiten entgegen. Für die praktische Anwendung muß das Aciditätsmaß aber eindeutig bestimmbar und jederzeit reproduzierbar sein. Um das zu erreichen, hat man die konventionelle pH-Skala eingeführt, die auf einer Reihe von Pufferlösungen beruht, deren pH-Wert möglichst exakt ermittelt wurde [Nat. Bur. Standards (U.S.A.) (1950)]. Der pH-Wert der zu untersuchenden Lösung wird mit dem pH-Wert dieser Pufferlösungen verglichen und dadurch bestimmt. Der Vergleich der Aciditäten erfolgt durch Messen der Gleichgewichtszellspannung einer Elektrodenkette, und zwar ist die konventionelle pH-Skala durch die Gleichgewichtszellspannung der Kette

$$\overset{1}{}\quad\overset{2}{}\quad\overset{3}{}\quad\overset{4}{}$$
$$\text{Pt(H}_2\text{)/Meßlösung/KCl(ges.)/Bezugselektrode}\tag{56}$$

festgelegt, d. h. einer Elektrodenkette aus der Wasserstoffelektrode und einer Bezugselektrode.

Die Gleichgewichtszellspannung dieser Elektrodenkette ist [vgl. Gl. (33b)]

$$E = E_0 - 0,0591 \text{ pH} + E_{\text{diff}} \text{ (V)} .\tag{57}$$

In dem konstanten Faktor E_0 sind enthalten: der erste Faktor von Gl. (33b) (konstanter Wasserstoffdruck) und die Potentialdifferenz 3/4. E_0 ist also nur konstant, wenn immer die gleiche Bezugselektrode verwendet wird. Neben dieser Konstanten treten der pH-Wert der Meßlösung und das Diffusionspotential E_{diff} zwischen Meßlösung und KCl-Brücke in Gl. (57) auf.

Ersetzt man die Meßlösung durch eine Standard-Pufferlösung mit bekanntem pH-Wert, so kann man aus der gemessenen Gleichgewichtszellspannung E die Summe

$$E_0 + E_{\text{diff}} .\tag{58}$$

bestimmen. Unter der Voraussetzung, daß diese Summe auch bei der Verwendung anderer Meßlösungen gleich bleibt, lassen sich mit der so geeichten Meßkette die pH-Werte beliebiger Lösungen messen. Diese Voraussetzung ist aber für $E_{\text{diff.}}$ nicht streng gültig, daher stimmt die konventionelle pH-Skala nicht exakt mit der thermodynamischen pH-Definition nach Gl. (5) überein.

Als besonders zuverlässig gelten die Standard-Bezugslösungen der Tab. 2, deren pH-Werte vom National Bureau of Standards (USA) bestimmt wurden.

Tabelle 2. *pH-Werte von Pufferlösungen zur Festlegung der konventionellen pH-Skala (National Bureau of Standards, USA)* (vgl. Schwabe 1960)

Temperatur (°C)	0,05 m KH₃(C₂O₄)₂ · 2 H₂O (pH)	Bei 25° C ges. KH-tartrat (pH)	0,05 m KH-phthalat (pH)	0,0205 m KH₂PO₄ + Na₂HPO₄ (pH)	0,01 m Borax (pH)	Ca(OH)₂ ges. bei 25° C (pH)
0	1,67	—	4,01	6,98	9,46	13,43
5	1,67	—	4,01	6,95	9,39	13,21
10	1,67	—	4,00	6,92	9,33	13,00
15	1,67	—	4,00	6,90	9,27	12,81
20	1,68	—	4,00	6,88	9,22	12,63
25	1,68	3,56	4,01	6,86	9,18	12,45
30	1,69	3,55	4,01	6,85	9,14	12,30
35	1,69	3,55	4,02	6,84	9,10	12,14
40	1,70	3,54	4,03	6,84	9,07	11,99
45	1,70	3,55	4,04	6,83	9,04	11,84
50	1,71	3,55	4,06	6,83	9,01	11,70
55	1,72	3,56	4,07	6,84	8,99	11,58
60	1,72	3,56	4,09	6,84	8,96	11,45
70	1,74	3,58	4,12	6,85	8,93	—
80	1,77	3,61	4,16	6,86	8,89	—
90	1,80	3,65	4,20	6,88	8,85	—
95	1,81	3,68	4,23	6,89	8,83	—

Mit diesen Standard-Pufferlösungen kann man jede Elektrodenkette eichen, so daß die pH-Messung unabhängig von der speziellen Meßkette wird. An die Stelle der Wasserstoffelektrode kann dabei eine andere Indicatorelektrode treten, deren pH-Abhängigkeit gegenüber der Wasserstoffelektrode man allerdings kennen oder durch Eichen bei verschiedenen pH-Werten ermitteln muß. Bei diesen Messungen wird immer vorausgesetzt, daß alle nicht direkt auf den pH-Wert ansprechenden Potentialdifferenzen konstant bleiben ($E_0 + E_{\text{diff.}}$), was häufig nur angenähert zutrifft. Deshalb sollte der pH-Wert der zum Eichen der Elektrodenkette verwendeten Standard-Pufferlösung dem pH-Wert der Meßlösung ähnlich sein.

Beispiel: Eine Elektrodenkette, die aus einer Glaselektrode und einer Bezugselektrode besteht (vgl. Abb. 2), hat, wenn als Meßlösungen Standard-Pufferlösungen nach Tab. 2 verwendet werden, folgende Gleichgewichtszellspannungen bei 25° C:

$$E = \varepsilon_{\text{Glasel.}} - \varepsilon_{\text{Bezugselektr.}} = -0{,}372 \text{ V} \tag{59a}$$

Meßlösung: 0,025 m-KH₂PO₄ + 0,025 m-Na₂HPO₄ ,

$$E = \varepsilon_{\text{Glasel.}} - \varepsilon_{\text{Bezugselektr.}} = -0{,}236 \text{ V} \tag{59b}$$

Meßlösung: 0,05 m-KH-phthalat .

Die Gleichgewichtszellspannung der Elektrodenkette ist entsprechend Gl. (57)

$$E = E_0 + E_{\text{diff.}} - S \text{ pH} . \tag{60}$$

E_0 enthält hier auch die Abweichungen der Glaselektrode, z. B. das Asymmetriepotential, S ist die Steilheit der Glaselektrode, die für eine „ideale Glaselektrode" gleich dem Faktor 0,0591 V wäre.

Mit Hilfe der pH-Werte der Standard-Lösungen (pH = 6,86 bzw. 4,01) kann man aus Gl. (60) berechnen:

$$E_0 + E_{\text{diff.}} = 0,0320 \text{ V} , \qquad (61)$$

$$S = 0,0589 \text{ V} . \qquad (62)$$

Für eine unbekannte Meßlösung gilt nach Gl. (60)

$$\text{pH} = \frac{E - (E_0 + E_{\text{diff.}})}{S} \qquad (63)$$

Findet man z. B. für die Zellspannung

$$E = -0,312 \text{ V} , \qquad (64)$$

so ergibt Gl. (63) mit den Werten aus Gl. (61) und (62)

$$\text{pH} = 4,75 . \qquad (65)$$

6. Technischer Aufbau der Meßkette

In den vorangegangenen Kapiteln wurden die Indicator- und Bezugselektroden allgemein besprochen und in den Abbildungen schematisch dargestellt. Die technische Ausführung der Meßketten wird natürlich weitgehend von dem Verwendungszweck der Elektrodenkette bestimmt. Da die Anwendung sehr vielfältig ist, gibt es auch eine große Anzahl verschiedener Elektroden, deren äußere Form von den schematischen Abbildungen oft erheblich abweicht. Da ein Überblick im Rahmen dieses Artikels ausgeschlossen ist, sollen im folgenden nur einige Beispiele für Elektrodenkonstruktionen angeführt werden.

a) Technische Ausführung von Indicatorelektroden

Von den Indicatorelektroden wird hier nur die Glaselektrode beschrieben. Die technische Ausführung anderer Indicatorelektroden wird in der angeführten Literatur (z. B. O. PETERSEN 1957; U. FRITZE 1957; K. SCHWABE 1958) besprochen.

Abb. 5 zeigt eine Glaselektrode, die weitgehend der in Abb. 2 dargestellten entspricht. Als Ableitelektrode ist hier eine Kalomelelektrode verwendet. Das Gefäß mit der Glasmembran ist in ein Schutzrohr eingeschmolzen, wodurch der oben beschriebene Benetzungsfehler ausgeschaltet wird. Zwischen dem Schutzrohr und dem Innengefäß ist eine Abschirmung aus einer Metallfolie angebracht, die mit dem metallischen Abschirmmantel des Zuleitungskabels verbunden ist. Diese Abschirmung ist erforderlich, weil die Elektrode und ihr Zuleitungskabel als Antenne wirken können.

Die Form der Glasmembran ist bei den technischen Elektrodenausführungen vielfältig. So gibt es z. B. konische Glasmembranen, die mechanisch sehr fest sind und sich gut reinigen lassen. Die Membran kann auch zu einer Nadel ausgezogen sein, so daß man sie in das Meßobjekt einstechen kann.

Als Membrangläser sind nur wenige Glassorten geeignet, von denen spezielle Sorten wieder nach dem Verwendungszweck ausgewählt werden. Elektroden mit geringem Alkalifehler und nicht zu hohem elektrischen Widerstand sind nur bei tieferen Temperaturen verwendbar.

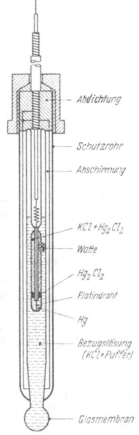

— Abdichtung

— Schutzrohr

— Abschirmung

— $KCl + Hg_2Cl_2$

— Watte

— Hg_2Cl_2

— Platindraht

— Hg

— Bezugslösung (KCl+Puffer)

— Glasmembran

Abb. 5. Glaselektrode (Ingold, Frankfurt a. M.)

Für Messungen bei höheren Temperaturen und in stark sauren Lösungen muß man hohe Elektrodenwiderstände in Kauf nehmen.

Da für die Potentialeinstellung an der Glaselektrode die Quellschicht von entscheidender Bedeutung ist, muß die Elektrode vor Gebrauch längere Zeit quellen und sollte zwischen den Messungen in einer der Meßlösung möglichst ähnlichen (pH-Wert) Lösung aufbewahrt werden. Mechanische Beschädigung der Quellschicht, z. B. beim Reinigen, muß vermieden werden; auch wasserentziehende Substanzen, z. B. Chromschwefelsäure, sind mit größter Vorsicht anzuwenden. Durch längeres Wässern läßt sich vielfach die Quellschicht wieder regenerieren.

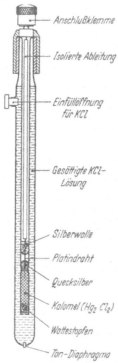

Anschlußklemme

Isolierte Ableitung

Einfüllöffnung für KCl

Gesättigte KCl-Lösung

Silberwolle

Platindraht

Quecksilber

Kalomel (Hg₂Cl₂)

Wattestopfen

Ton-Diaphragma

Abb. 6. Kalomel-Elektrode
(Ingold, Frankfurt a. M.)

b) Technische Ausführung von Bezugselektroden

Die technische Ausführung einer Kalomel-Bezugselektrode ist in Abb. 6 dargestellt. Bei dieser Elektrode ist aus fabrikatorischen Gründen das Gefäß mit dem Quecksilber und dem Kalomel nach unten geöffnet. Um das Herausfallen aus dem Röhrchen zu verhindern, ist die Paste fest in das Röhrchen eingepreßt, zusätzlich ist ein Wattestopfen als Verschluß angebracht. Die in dem oberen Röhrchen vorhandene Silberwatte stellt den elektrischen Kontakt zwischen dem Platindraht und dem zur Anschlußklemme führenden Kupferdraht her.

Die eingezeichnete Einfüllöffnung dient zum Nachfüllen der KCl-Lösung. Es gibt auch Elektroden ohne Nachfüllstutzen, die sehr engporige Diaphragmen haben, so daß Innenlösung nicht austreten kann.

Die käuflichen Bezugselektroden sind mit gesättigter $(4,2 \text{ n})$ [$E = 0,245$ V, Gl. (51)] oder 3,5 n ($E = 0,250$ V) KCl-Lösung gefüllt.

Die Thalliumamalgam/Thalliumchlorid-Elektrode ist entsprechend aufgebaut. Bei der Silberchloridelektrode entfällt das untere Glasröhrchen in Abb. 6. Der Platindraht ist versilbert und mit einer AgCl-Schicht überzogen (vgl. Abb. 8).

Entsprechend dem Anwendungszweck variiert die äußere Form der Bezugselektrode. An die Stelle des in Abb. 6 eingezeichneten Tondiaphragmas kann ein Schliffdiaphragma (vgl. unten) treten. Soll die Lösung auf keinen Fall mit der Bezugselektrode in Berührung kommen, so kann eine Bezugselektrode verwendet werden, die in ein weiteres Rohr eingeschmolzen ist, das mit KCl- oder NH₄NO₃-Lösung gefüllt ist und durch ein Diaphragma mit der Meßlösung in Verbindung steht.

c) Diaphragmen

Wie schon häufig erwähnt, spielt das Diaphragma zwischen der Innenlösung der Bezugselektrode und der Meßflüssigkeit für die Genauigkeit der pH-Messung eine große Rolle; denn in diesem Diaphragma bildet sich das Diffusionspotential zwischen den beiden Lösungen aus. Da die Diffusion von den geometrischen Abmessungen des Diaphragmas abhängt, wird auch das Diffusionspotential, besonders seine Reproduzierbarkeit, von dem Aufbau des Diaphragmas beeinflußt.

Als einfachste Diaphragmen lassen sich Asbestfäden in die Glaswand einschmelzen. Asbestdiaphragmen haben allerdings viele Nachteile: Sie verstopfen leicht, und da ihre geometrische Form ganz unregelmäßig ist, sind auch die Diffusionspotentiale nicht reproduzierbar. Außerdem hängt der elektrische Widerstand vom Zufall beim Einschmelzen ab und erhöht sich während der Messung oft erheblich durch Verstopfen der engen Poren, z. B. durch ausfallende Kristalle.

Die industriell hergestellten Bezugselektroden sind mit Tondiaphragmen oder Schliffdiaphragmen ausgerüstet. Sehr feinporige Tondiaphragmen bilden eine sehr gute Trennung zwischen den Elektrolytlösungen, sie wirken außerdem als Bakterienfilter, was bei Messungen in sterilen Lösungen wichtig ist (vgl. H. K. FRICKE 1961, S. 9), ihr Nachteil ist aber der sehr hohe elektrische Widerstand. Diaphragmen mit geringem Widerstand lassen dagegen größere Mengen Lösung hindurchtreten. Störungen treten bei Tondiaphragmen durch Verstopfen der Poren und Adsorptionserscheinungen auf, wodurch ebenfalls die Reproduzierbarkeit des Diffusionspotentials in Frage gestellt wird.

Das Schliffdiaphragma besteht aus einer Glashülse, in die ein Glasstopfen, der sog. Kern, durch Schleifen eingepaßt ist. Die Verbindung zwischen der Meßlösung und der Innenlösung der Bezugselektrode wird durch den Benetzungsfilm zwischen dem Schliffkern und seiner Hülse hergestellt (vgl. Abb. 7 u. 8). Das Schliffdiaphragma hat im allgemeinen einen etwas höheren elektrischen Widerstand als übliche Tondiaphragmen. Durch die einfachen geometrischen

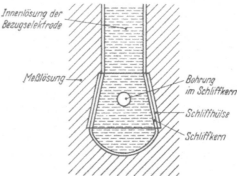

Abb. 7. Schliffdiaphragma mit verschiebbarer Hülse

Verhältnisse stellt sich bei ihm das Diffusionspotential verhältnismäßig gut reproduzierbar ein. Deshalb ist für Lösungen, bei denen sich gegenüber der Innenlösung der Bezugselektrode größere Diffusionspotentiale ausbilden (z. B. bei starken Säuren und Laugen sowie ionenarmen Lösungen), die Verwendung von Schliffdiaphragmen zu empfehlen.

Für Messungen, bei denen das Diaphragma leicht verstopft, kann man das Schliffdiaphragma nach Abb. 7 anwenden, bei dem man die Schliffhülse zur Reinigung des Schliffdiaphragmas nach oben verschieben kann. Durch Bohrungen im Schliffkern (innerer Schliff) kann die Lösung zwischen Schliffkern und Hülse eindringen. Der Nachteil dieser Konstruktion gegenüber feststehendem Schliff (wie z. B. in Abb. 8) ist, daß sich beim Eintauchen in die Lösung die Schliffhülse verschieben kann, wodurch der Abstand zwischen Schliffkern und Hülse, d. h. auch die Diffusionsschicht und damit das Diffusionspotential sich verändern.

d) Einstabmeßketten

Aus den oben beschriebenen Glas- und Bezugselektroden kann man entsprechend Abb. 2 Meßketten aufbauen. Dabei wird man möglichst gleichartige Ableitelektroden verwenden (symmetrische Kette), um unnötige Potentialdifferenzen auszuschalten [vgl. Gl. (47)]. Von der Industrie werden Glas- und Bezugselektrode zu einer Einheit zusammengefaßt, als sog. *Einstabmeßkette*. Im folgenden werden als Beispiele einige Einstabmeßketten besprochen, die zugleich zeigen sollen, wie verschiedenartig die Elektrodenformen sein können.

Abb. 8 zeigt eine Einstabmeßkette mit zwei Silberchlorid-Ableitelektroden. Man erkennt die beiden Silberdrähte. Die Verdickungen an ihren Enden sind überschüssiges AgCl, das außerdem als Bodenkörper im Elektrodenraum vorhanden ist, damit die Lösung auf jeden Fall gesättigt bleibt. Das Innenrohr ist die Glaselektrode, deren Membran aus dem Schliff herausragt. Das Außenrohr ist die Bezugselektrode, die durch das Schliffdiaphragma mit der Meßlösung verbunden ist. Der Einfüllstutzen dient zum Auffüllen der KCl-Lösung. Das Schliffdiaphragma kann hier, im Gegensatz zu Abb. 7, nicht geöffnet werden. Die KCl-Lösung der Bezugselektrode dient hier und in den beiden folgenden Abbildungen zur elektrischen Abschirmung der Glaselektrode (Metallfolie in Abb. 5), sie ist deshalb an die Abschirmung des Kabels angeschlossen.

Abb. 9 zeigt eine *Napfelektrode*, bei der die Meßlösung in die Glaselektroden-Membran eingefüllt wird. Die Bezugselektrode ist wieder der äußere Glasmantel (zugleich Abschirmung), ihr

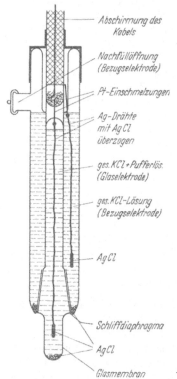

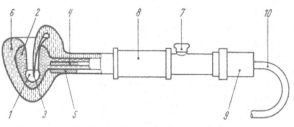

Abb. 9. Mikro-Titrierzelle (Schott und Gen., Mainz). *1* Glaselektroden-Membran; *2* Glaselektroden-Bezugsflüssigkeit (pH 7); *3* Diaphragma; *4* bzw. *5* Ableitelektrode (Kalomel); *6* KCl-Lösung der Bezugselektrode bzw. Abschirmungslösung; *7* KCl-Nachfüllstutzen; *8* Muffe aus V 4 A-Stahl; *9* Abschlußkappe aus V 4 A-Stahl; *10* Elektrodenkabel

Abb. 8. Einstabmeßkette mit Silberchlorid-Ableit-Elektroden und Schliffdiaphragma (Ingold, Frankfurt a. M.)

Diaphragma ist in die Spitze, die in den Napf eintaucht, eingeschmolzen. Die Kalomelelektroden sind feine Röhrchen entsprechend Abb. 6.

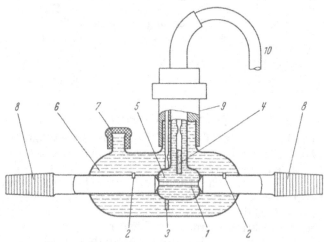

Abb. 10. Durchfluß-Meßkette (Schott und Gen., Mainz). *1* Elektroden-Membran; *2* Diaphragmen; *3* bzw. *4* Bezugs- und Ableitelektrode (Thalamid); *5* Glaselektroden-Bezugsflüssigkeit; *6* KCl-Lösung; *7* Nachfüllstutzen; *8* NS 7,5/16; *9* Elektrodenkopf aus V 4 A-Stahl; *10* Elektrodenkabel

Die *Durchfluß-Meßkette* der Abb. 10 hat eine von der Meßlösung durchströmte rohrförmige Glasmembran. Im Prinzip gleicht ihr Aufbau dem der beiden vorangegangenen Einstabketten, nur ist der äußere Aufbau dem Anwendungszweck entsprechend abgewandelt.

II. Die Meßanordnung

Wie eingangs schon erwähnt wurde, ist ein reversibler Ablauf der Zellreaktion Voraussetzung für die Ausbildung der Gleichgewichtszellspannung nach Gl. (7). Der Zelle darf daher bei der Potentialmessung kein Strom entnommen werden.

1. Poggendorffscher Kompensator

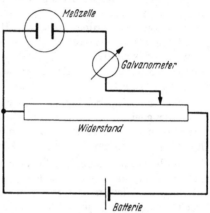

Abb. 11. Schematische Darstellung der Poggendorffschen Kompensationsmethode

Bei der Poggendorffschen Kompensationsmethode wird der Zellspannung eine an einem Widerstand abgegriffene Spannung aus einer Batterie entgegengeschaltet. Man verändert den Abgriff an dem Widerstand, bis das empfindliche Galvanometer keinen Strom anzeigt. Dann ist die entgegengeschaltete Spannung gleich der Zellspannung. Wenn der Widerstand geeicht ist, kann man aus der Stellung des Abgriffs die Zellspannung ermitteln. Die Genauigkeit der Kompensationsmethode wird durch die Genauigkeit des Widerstandes und durch die Empfindlichkeit des Galvanometers begrenzt. Für Glaselektroden ist sie nicht geeignet, da deren Widerstand zu hoch ist.

Bei einem Widerstand der Glaselektrode von 500 MΩ ruft ein Strom von 10^{-10} A schon einen Spannungsabfall von 50 mV hervor.

Eine automatische Anwendung der Poggendorffschen Kompensationsmethode wird in Kompensationsschreibern durchgeführt. In diesen Geräten wird über eine Brückenschaltung ein Motor angetrieben, der den Widerstandsabgriff verschiebt, bis die Zellspannung erreicht ist. Ein mit dem Widerstandsabgriff mechanisch verbundener Drucker markiert dann auf einem Registrierstreifen den entsprechenden Wert. Kompensationsschreiber benötigen zur Ansteuerung eine gewisse Strommenge. Sie sind daher nur für Elektroden verwendbar, deren Widerstand nicht sehr hoch ist und deren Gleichgewichtspotential durch einen geringen Strom nicht nennenswert verschoben (polarisiert) wird.

2. Gleichspannungsverstärker

Die große Verbreitung der elektrometrischen pH-Messung und die Verwendung von Glaselektroden mit hohem elektrischem Widerstand wurde erst durch die Einführung entsprechender elektronischer Verstärker möglich.

Beispiel: Wenn eine Kette mit einer Glaselektrode von 1000 MΩ Widerstand auf 1 mV genau gemessen werden soll, dürfen durch den Verstärker höchstens 10^{-12} A fließen, sonst tritt nach dem Ohmschen Gesetz ein größerer Spannungsabfall als 1 mV an der Glaselektrode auf. Hat die Zellspannung die Größe 1 V, so folgt wieder aus dem Ohmschen Gesetz, daß der Verstärker einen Eingangswiderstand von 10^{12} Ω haben muß.

Man erreicht den hohen Eingangswiderstand des Verstärkers entweder durch spezielle Eingangsröhren, sog. Elektrometerröhren, oder durch sehr starke Gegenkopplung. Das ist eine spezielle Schaltung, bei der nur ein Bruchteil der Zellspannung an dem Verstärkereingang liegt, so daß auch der in den Verstärker fließende Strom sehr klein ist.

Zu unterscheiden sind direkte Verstärker, die die gemessene Spannung als Gleichspannung verstärken, und Zerhackerverstärker, bei denen die Gleichspannung durch mechanische oder elektronische Zerhacker in eine Wechselspannung umgewandelt wird, die dann verstärkt wird. Einen kurzen Überblick über die verschiedenen Verstärker gibt F. LIENEWEG (1961) S. 584f.; vgl. auch U. FRITZE (1957).

Das an die elektronischen Verstärker angeschlossene Meßgerät ist im allgemeinen sowohl in mV als auch in pH-Einheiten geeicht, so daß der Meßwert direkt abgelesen werden kann. Zur Registrierung können vielfach Schreiber angeschlossen werden. Durch Variation des Verstärkungsgrades und des Nullpunktes kann man das elektronische pH-Meßgerät der Steilheit und dem Normalpotential der verwendeten Glaselektrode anpassen, sowie die Meßtemperatur berücksichtigen (vgl. unten).

Zur gleichzeitigen Untersuchung einer größeren Anzahl von Zellen sind Digitalvoltmeter geeignet. Bei diesen Geräten wird das Meßergebnis nicht durch einen Zeigerausschlag angezeigt, sondern in die entsprechende Ziffernfolge umgewandelt. Durch angeschlossene Druckgeräte können die Ergebnisse registriert werden.

Die elektronischen pH-Meßgeräte sind natürlich hervorragend geeignet, Regeleinrichtungen zu steuern. Solche Regelanlagen zur automatischen Kontrolle und Regelung chemischer Reaktionen werden auch in großem Maße angewendet. Ihre Beschreibung würde jedoch den Rahmen dieses Artikels überschreiten; es muß deshalb auf die erwähnten Monographien und ausführlichen Zusammenfassungen verwiesen werden.

III. Schwierigkeiten der elektrometrischen pH-Messung

Durch die technische Entwicklung sind die für die pH-Messung angebotenen Meßgeräte so gut, daß einfache Geräte im allgemeinen eine Ablesung auf 0,1 pH gestatten, während Präzisionsgeräte eine Ablesegenauigkeit von 0,01 pH und besser haben. Diese hohe Präzision der Meßgeräte verführt leicht zu einer Überschätzung der Meßgenauigkeit bei pH-Messungen, denn die Unsicherheit bei der pH-Messung wird im wesentlichen durch die Meßkette hervorgerufen. Besonders bei den in den folgenden Kapiteln besprochenen Messungen unter ungünstigen Bedingungen sind Verfälschungen der Meßwerte zu beachten.

1. Messung in extremen Konzentrationen

Bei Messungen in höheren Ionenkonzentrationen, besonders in starken Säuren und Laugen, sowie in ionenarmen Lösungen machen sich die Diffusionspotentiale sehr störend bemerkbar. Zwischen Bezugselektrode und Meßlösung muß in starken Säuren und Basen mit Diffusionspotentialen bis zu 20 mV gerechnet werden. Deshalb sind die Diffusionspotentiale besonders zu berücksichtigen. Zu empfehlen sind Schliffdiaphragmen mit relativ hohen elektrischen Widerständen, da bei ihrer Verwendung die Zeitabhängigkeit der Diffusionspotentiale gering ist (Reproduzierbarkeit der Diffusionsverhältnisse).

Als Indicatorelektrode kommt neben der Wasserstoffelektrode hauptsächlich die Glaselektrode in Betracht. In fluor-haltigen Lösungen kann die Chinhydronelektrode verwendet werden. Spezielle Gläser gibt es für Messungen im sauren und im alkalischen Gebiet. Beachten muß man, daß die Glaselektroden bei längerem Eintauchen in die saure oder basische Lösung ihre Eigenschaften ändern. Deshalb muß man sehr schnell messen oder die Glaselektrode immer in einer gleichartigen Lösung aufbewahren, damit die Quellschicht sich anpaßt.

In konzentrierten Säuren und Basen kann die Meßgenauigkeit nicht über 0,05 pH-Einheiten gesteigert werden, deshalb wird unter anderem die pH-Bestimmung durch Leitfähigkeitsmessungen empfohlen (K. SCHWABE 1960, S. 22f.).

2. Messung bei höheren und tieferen Temperaturen

Die Gleichgewichtszellspannung ist durch Gl. (7) gegeben. Läßt man die Zellreaktion unter Normalbedingungen ablaufen (Aktivitäten bzw. Gasdrucke der Reaktionspartner gleich eins, Temperatur 25° C) und benutzt als Bezugselektrode die Normalwasserstoffelektrode, so erhält man aus Gl. (7) das Normalpotential

$$E_{0,h} = \frac{\Delta G_0}{nF} \,. \tag{66}$$

Differenziert man diese Gleichung nach der Temperatur, so ergibt das die Temperaturabhängigkeit des Normalpotentials

$$\frac{\partial E_{0,h}}{\partial T} = \frac{1}{nF} \frac{\partial \Delta G_0}{\partial T} \,. \tag{67}$$

Für die Temperaturabhängigkeit der freien Reaktionsenthalpie ΔG besteht die allgemeine thermodynamische Beziehung

$$\frac{\partial \Delta G}{\partial T} = -\Delta S \,, \tag{68}$$

in der ΔS die Reaktionsentropie, d. h. die Änderung der Entropie bei Ablauf der Zellreaktion, ist.

Setzt man Gl. (68) in Gl. (67) ein und integriert, so erhält man das Normalpotential bei der Temperatur T

$$E_{0,h}(T) = E_{0\,h}(T = 25° \text{C}) - \int\limits_{25°\text{C}}^{T} \frac{\Delta S}{nF} \, dT \,, \tag{69}$$

das man also mit Hilfe der Reaktionsentropie berechnen kann.

Zur Ermittlung der Gleichgewichtszellspannung bei den vom Normalzustand abweichenden Aktivitäten der Reaktionspartner muß man das aus Gl. (69) gewonnene Normalpotential in die Nernstsche Gleichung einsetzen. Aus Gl. (25) erhält man z. B.

$$E(T) = E_{0,h}(T) + \frac{RT}{nF} \ln \frac{a_{S_0}^{v_0}}{a_{S_r}^{v_r}} \,. \tag{70}$$

Neben dem Normalpotential ändert sich in der Nernstschen Gleichung auch der Faktor RT/nF mit der Temperatur. Bei höherer Temperatur ändert sich das Elektrodenpotential daher stärker, wenn der pH-Wert verändert wird, bei 80° C z. B. um 70 mV pro pH-Einheit [vgl. Gl. (33b)].

Die Definition der Temperaturabhängigkeit des pH-Wertes stößt auf besondere Schwierigkeiten, weil das Potential der Normalwasserstoffelektrode für alle Temperaturen willkürlich gleich Null gesetzt ist. Alle für Einzelelektroden angegebenen Temperaturkoeffizienten sind eigentlich Temperaturkoeffizienten entsprechender Elektrodenketten mit der Normalwasserstoffelektrode als Bezugselektrode.

Auf Grund dieser Festlegung läßt sich für den durch die Wasserstoff- oder Indicatorelektrode gemessenen pH-Wert keine Temperaturabhängigkeit definieren. Vielmehr muß man für jede Temperatur eine neue pH/Elektrodenpotential-Skala aufstellen.

In der Praxis benutzt man auch für die Temperaturabhängigkeit des pH-Wertes die koventionelle pH-Skala, d. h. die Festlegung durch Pufferlösungen. Die pH-Werte der in Tab. 2 (S. 220) zusammengestellten Pufferlösungen sind in möglichst guter Annäherung an die thermodynamische Definition [Gl. (5)] für verschiedene Temperaturen bestimmt worden. Mit diesen Pufferlösungen eicht man die Meßkette, wie oben beschrieben, für die bei der pH-Messung verwendeten Temperaturen. Für höhere Temperaturen (bis 147° C) hat K. Schwabe (1960), S. 37, die pH-Werte weiterer Pufferlösungen bestimmt.

Bei der Anwendung der pH-Messung wird dieses Verfahren häufig als zu umständlich empfunden. Man möchte die pH-Messung auch bei verschiedenen Temperaturen durchführen, ohne die Meßkette für jede Temperatur eichen zu müssen. Dazu hat man für die Glaselektrode das Verfahren des Isothermenschnittpunktes eingeführt. Dabei geht man von der Voraussetzung aus, daß bei einer symmetrischen Meßkette nur das Membranpotential nach Gl. (45) auftritt. Die Zellspannung der Kette ist dann

$$E = -\frac{2{,}303\,RT}{F}\,[\text{pH (Meßlösung)} - \text{pH (Bezugslösung)}]\,. \tag{71}$$

Setzt man weiter voraus, daß der pH-Wert der Bezugslösung temperaturunabhängig ist, so erhält man aus Gl. (71) für die Zellspannung in Abhängigkeit vom pH-Wert bei Variation der Temperatur Geraden mit verschiedenem Anstieg, der durch den Faktor $2{,}303 \cdot R \cdot T/F$ (Steilheit) gegeben ist. Diese Geraden schneiden sich alle in dem Punkt pH (Meßlös.) = pH (Bezugslös.), der als Isothermenschnittpunkt bezeichnet wird. Kennt man den Isothermenschnittpunkt der Meßkette, so kann man aus der Steilheit der Glaselektrode die Beziehung $E = f$ (pH) für alle Temperaturen berechnen, und damit hat man den Zusammenhang zwischen Elektrodenpotential (Zellspannung) und pH-Wert für alle Temperaturen, ohne die Kette jeweils eichen zu müssen. Die elektronischen pH-Meßgeräte haben vielfach Vorrichtungen, bei denen die Temperaturabhängigkeit des pH-Wertes nach diesem Verfahren, zum Teil automatisch durch gleichzeitige Temperaturmessung (Widerstandsthermometer), korrigiert wird.

Das Verfahren des Isothermenschnittpunktes beruht allerdings auf Voraussetzungen, die in den meisten Fällen nicht exakt zutreffend sind. Wie man in Abb. 3 erkennt, treten in der Meßkette neben dem Membranpotential noch Diffusionspotentialdifferenzen auf, deren Temperaturabhängigkeit man nicht vernachlässigen dürfte. Auch das bei der Glaselektrode immer vorhandene Asymmetriepotential ist im allgemeinen temperaturabhängig (K. Schwabe 1960, S. 39). Die experimentell ermittelten Isothermen schneiden sich in ungünstigen Fällen daher nicht in einem Punkt, sondern in einem größeren Bereich. Zumindest wird fast immer der Isothermenschnittpunkt gegenüber dem Punkt pH (Meßlös.) = pH (Bezugslös.) verschoben (Beispiele bei H. K. Fricke 1960). Das Isothermenschnittpunktverfahren ist daher nur als Näherung aufzufassen und mit entsprechender Vorsicht anzuwenden. Vor allem sollte man prüfen, wie weit für die vorliegende Elektrodenkette seine Voraussetzungen zutreffen.

Die bei der Besprechung der Glaselektrode schon erwähnten Fehler durch den Umbau der Quellschicht treten bei höherer Temperatur viel schneller ein. Deshalb ändert sich das Potential bei Beginn der Messungen schneller. Bei längeren Messungen in heißen Lösungen treten Änderungen des Glasgefüges ein, wodurch sich der elektrische Widerstand der Elektrode erheblich erhöht, er kann auf ein Mehrfaches seines ursprünglichen Wertes ansteigen. Diese Schwierigkeit tritt auch bei Elektroden auf, die bei höherer Temperatur sterilisiert werden müssen. Bei solchen Messungen müssen deshalb entsprechend hochohmige Meßgeräte verwendet werden.

Bei tiefen Temperaturen macht sich ebenfalls eine starke Zunahme des elektrischen Widerstandes von Glaselektroden bemerkbar. Da die Elektroden bei tiefen Temperaturen durch die Lösung nicht so stark angegriffen werden, kann man meist empfindlichere Glaselektroden mit ursprünglich geringem elektrischem Widerstand verwenden und so die Widerstandszunahme in gewissem Maß kompensieren.

Bezugselektroden sind bei höheren Temperaturen nur begrenzt verwendbar. Mitunter muß man daher die Bezugselektrode auf einer tieferen Temperatur halten als die Meßlösung. Dann treten zwischen Meßlösung und Bezugselektrode noch Thermodiffusionspotentiale auf, die durch die unterschiedliche Temperaturabhängigkeit der Diffusionsgeschwindigkeit der einzelnen Ionen hervorgerufen werden.

3. Messung bei höherem oder tieferem Druck

Die pH-Messung bei höherem oder tieferem Druck stellt für die Indicatorelektroden kein Problem dar. Für die Chinhydron-, Antimon- und Wismutelektrode bestehen keinerlei Schwierigkeiten, aber auch für die Wasserstoffelektrode wurde die Gültigkeit der Druckabhängigkeit nach Gl. (31) bzw. (33) zwischen 10^{-2} und 10^3 atm bestätigt (vgl. VETTER 1961, S. 19). Glaselektroden können so hergestellt werden, daß sie ebenfalls bei höherem Druck verwendbar sind (bis etwa 20 atü).

Die Schwierigkeiten der Messung bei höherem oder tieferem Druck werden durch die direkte Verbindung zwischen Innenlösung der Bezugselektrode und der Meßlösung hervorgerufen. Der Druckausgleich führt dazu, daß die Bezugselektrode entweder ausläuft oder Meßlösung in die Bezugselektrode eindringt und deren Potentialeinstellung stört. Auch sehr feine Diaphragmen schützen dagegen nicht.

Für Einzelmessungen kann man Bezugselektroden mit einer zusätzlichen Zwischenlösung (vgl. S. 222) verwenden, die nach dem Versuch erneuert werden muß. Für Dauermessungen kann man z. B. die Bezugselektrode mit dem Stromschlüssel unter einen gegenüber der Meßlösung erhöhten Druck setzen, wobei ständig Lösung in den Stromschlüssel nachgepumpt werden muß, da sie durch das Diaphragma des Stromschlüssels in die Meßlösung abfließt. Die Konstruktion einer Bezugselektrode, bei der sich automatisch der gleiche Druck wie in der Meßlösung einstellt, gibt K. SCHWABE [(1961) S. 64] an.

4. Messung in nichtwäßrigen Lösungsmitteln

Die pH-Messung wird auch in nichtwäßrigen Lösungen durchgeführt oder in Lösungen, die eine nichtwäßrige Komponente enthalten (z. B. Wasser-Alkohol-Mischungen). Man kann die in solchen Lösungen gefundenen pH-Werte nicht ohne weiteres mit denen wäßriger Lösungen vergleichen. Die elektrometrische pH-Messung bedeutet nach Gl. (7) die Bestimmung der freien Reaktionsenthalpie der Zellreaktion. Da die freie Reaktionsenthalpie aus den freien Enthalpien aller Reaktionspartner gebildet wird (vgl. Fußnote S. 208), wirkt sich auf die Zellspannung die Änderung jedes Reaktionspartners aus. Man kann daher aus Unterschieden der Zellspannungen einer Meßkette in wäßriger und nichtwäßriger Lösung nicht auf einen entsprechenden Unterschied der Wasserstoffionenaktivität in den

Lösungen schließen, da die Potentialänderung, zum Teil zumindest, auch durch die Änderung der Aktivitäten der übrigen Reaktionspartner hervorgerufen sein kann.

Man muß deshalb für jedes Lösungsmittel und jede Mischung eine eigene pH-Skala aufstellen und bei Messungen in nichtwäßrigen Lösungsmitteln immer beachten, daß die gemessenen Werte nicht der pH-Definition nach Gl. (5) entsprechen, sondern nur innerhalb der gleichen Meßlösung als Vergleichswerte, deren thermodynamische Bedeutung nicht angegeben werden kann, anzusehen sind. Die Möglichkeit, pH-Werte in verschiedenen Lösungsmitteln aufeinander zu beziehen, wird bei K. Schwabe [(1960) S. 68 f.] diskutiert (vgl. auch K. Schwabe 1959 und K. Cruse und U. Fritze 1955).

Als Indicatorelektrode wird fast ausschließlich die Glaselektrode benutzt, obgleich auch die Wasserstoff- und die Chinhydronelektrode in vielen Lösungen anwendbar sind. Die Potentialeinstellung an der Glaselektrode wird, wie oben beschrieben wurde, auf Veränderungen der Quellschicht zurückgeführt. Da die Wirkung der verschiedenen Lösungsmittel auf die Quellschicht vermutlich unterschiedlich ist, sollte die Elektrode in einer der Meßlösung gleichen Lösung aufbewahrt werden. Sonst treten zu Beginn der Messung Veränderungen der Quellschicht und damit Potentialänderungen auf.

Auch in nichtwäßrigen Lösungen können alle oben besprochenen Bezugselektroden verwendet werden. Da dabei große Diffusionspotentiale auftreten können, muß man darauf achten, daß die Reproduzierbarkeit dieser Diffusionspotentiale gut ist. Daher benutzt man meist Schliffdiaphragmen. Soll vermieden werden, daß Lösung aus der Bezugselektrode in die wasserfreie oder wasserarme Meßlösung eindringt, so können Bezugselektroden mit Zwischenlösungen verwendet werden. Einige wasserfreie Bezugselektroden werden von K. Schwabe (1960), S. 86, angegeben.

Die elektrische Leitfähigkeit nichtwäßriger Lösungen ist im allgemeinen niedrig, so daß man entsprechend hochohmige Meßgeräte, die nur sehr geringe Ströme aufnehmen, verwenden muß.

IV. Analytische Anwendungen von pH-Meßanordnungen

Die beiden folgenden Kapitel gehören eigentlich nicht zur pH-Messung. Da die meisten pH-Meßgeräte jedoch Vorrichtungen zur Durchführung dieser analytischen Verfahren haben, sollen sie hier kurz besprochen werden.

1. Die potentiometrische Titration

Die potentiometrische Titration entspricht der maßanalytischen Titration. Es werden also der zu titrierenden Lösung bestimmte Mengen Titrierlösung zugefügt, nur wird bei der potentiometrischen Titration die Gleichgewichtszellspannung als Indicator benutzt. Als Titriergefäß wird eine elektrolytische Zelle verwendet, in der neben der Bezugselektrode eine Meßelektrode vorhanden ist, die auf ein Ion anspricht, das an der Titration beteiligt ist und dessen Konzentration daher starken Änderungen unterworfen ist.

Bei der Neutralisationsanalyse verwendet man pH-Indicatorelektroden, hauptsächlich Glaselektroden. Bei konstantem Wasserstoffdruck wird das Potential durch Gl. (33) gegeben, wenn man $a_{H^+} \cong c_{H^+}$ setzt:

$$E \cong \frac{2{,}303 \cdot R \cdot T}{F} \log c_{H^+} \cong - \frac{2{,}303 \cdot R \cdot T}{F} \text{pH} \ . \tag{72}$$

Ändert man z. B. durch Zufügen von Lauge zu der vorhandenen Säure die H⁺-Konzentration, so ändert sich auch die Gleichgewichtszellspannung um den Betrag

$$\Delta E = \frac{2{,}303 \cdot R \cdot T}{F} \log \frac{\Delta c_{H^+}}{c_{H^+}} \,. \tag{73}$$

Bei kleinen Änderungen kann man eine Reihenentwicklung nach dem ersten Glied abbrechen und erhält

$$\Delta E \cong \frac{2{,}303 \cdot R \cdot T}{F} \frac{\Delta c_{H^+}}{c_{H^+}} \,, \tag{74}$$

d. h., die Änderung der Gleichgewichtszellspannung ist proportional der relativen Änderung der H⁺-Ionenkonzentration. Sie ist deshalb am größten am Neutralpunkt. Abb. 12 zeigt die Titrationskurve einer starken Säure mit einer starken Base (Kurve a). Geht man von einer schwachen Säure aus, so liegt der linke Teil der Kurve entsprechend höher (geringere Dissoziation), außerdem wird durch Hydrolyse der Umschlagspunkt geringfügig gegen den Äquivalenzpunkt verschoben (Kurve in b Abb. 12).

Man muß bei der Titration darauf achten, daß die Konzentration in Elektrodennähe gleich der Konzentration der übrigen Lösung ist. Daher muß man im allgemeinen die Lösung rühren. Glaselektroden mit Schutzkappen sind wegen des schlechten Konzentrationsausgleichs ungünstig.

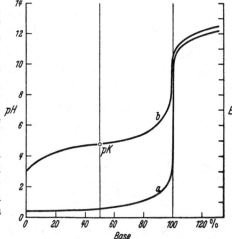

Abb. 12. Potentiometrische Titration einer starken Säure (a) und einer schwachen Säure (b) mit einer starken Base (nach KORTÜM 1957, S. 296)

Bei der Fällungstitration von Silberhalogenen verwendet man Silberelektroden. Treten mehrere schwerlösliche Verbindungen verschiedener Löslichkeit nebeneinander auf (z. B. die Silberhalogenide), so hat die Titrationskurve mehrere Stufen. Unter günstigen Umständen kann man daher mehrere Substanzen nebeneinander titrieren.

Man kann auch zwei Redoxsysteme zur Titration benutzen, nur müssen die beiden Redoxpotentiale so weit voneinander entfernt liegen, daß der Umschlagspunkt erkennbar wird.

Die potentiometrische Titration ist besonders vorteilhaft bei trüben und gefärbten sowie bei sehr verdünnten Lösungen. Da der Umschlagspunkt sich als Wendepunkt der Titrationskurve ergibt, braucht man ihn vor der Titration nicht zu kennen.

Ausführliche Beschreibung der potentiometrischen Titration mit Beispielen bei G. JANDER u. K. F. JAHR (1961) und E. ABRAHAMCZIK (1955).

2. Polarisationsanalyse oder Dead-Stop-Verfahren

Diese Methode stellt ein apparativ sehr einfaches, zugleich recht genaues Titrationsverfahren dar (Nähere Beschreibung z. B. K. J. VETTER 1961 b). Voraussetzung ist, daß eine Substanz, deren Konzentration sich bei der Titration ändert, an der Platinelektrode ein reversibles Potential bildet (Redoxsystem).

Als elektrolytische Zelle tauchen zwei blanke Platinelektroden in die Lösung ein. Wegen des vorhandenen Redoxsystems nehmen beide Elektroden, solange kein Strom fließt, das gleiche Potential an (Gleichgewichtspotential).

Zur Titration legt man zwischen die beiden Elektroden eine kleine, konstante Spannung (10—100 mV), die so klein sein muß, daß an den Elektroden neben der eingestellten Gleichgewichtsreaktion kein anderer elektrochemischer Vorgang ablaufen kann. Der sich zwischen beiden Elektroden einstellende Strom ist dann durch die Überspannung (Reaktionshemmung) der Gleichgewichtsreaktion begrenzt. Da die Überspannung sehr stark von der Konzentration abhängt, erhält man am Äquivalenzpunkt eine starke Stromänderung, die man als Indicator benutzt.

C. Colorimetrische pH-Messung

Zu der colorimetrischen pH-Messung werden schwache Säuren und Basen, sog. Indicatoren benutzt, die in dissoziierter und undissoziierter Form verschiedene Absorptionsspektren haben. Aus der Färbung der Lösung kann man daher den Dissoziationsgrad des Indicators ermitteln, der, wie in dem folgenden Kapitel gezeigt wird, mit dem pH-Wert der Lösung verknüpft ist.

I. Die pH-Abhängigkeit der Dissoziation schwacher Säuren und Basen, Pufferlösungen

Nach der von ARRHENIUS zunächst für wäßrige Lösungen aufgestellten Dissoziationstheorie der Salze, Säuren und Basen sind Salze sowie starke Säuren und Basen in wäßriger Lösung vollständig dissoziiert.

Für eine starke Säure z. B. ist das Dissoziationsgleichgewicht

$$HA \rightleftharpoons H^+ + A^- , \tag{75}$$

so weit nach rechts verschoben, daß die undissoziierte Säure HA in unmeßbar kleiner Konzentration vorliegt. Bei einer schwachen Säure dagegen kann man das Massenwirkungsgesetz anwenden und erhält mit der Gleichgewichtskonstanten (Dissoziationskonstanten) K

$$K = \frac{a_{H^+} a_{A^-}}{a_{HA}} = \frac{f_{H^+} f_{A^-}}{f_{HA}} \cdot \frac{c_{H^+} c_{A^-}}{c_{HA}} \tag{76}$$

a sind die Aktivitäten, c die Konzentrationen und f die Aktivitätskoeffizienten der Reaktionspartner. Löst man Gl. (76) nach a_{H^+} auf und logarithmiert sie, so erhält man nach Multiplikation mit -1

$$-\log a_{H^+} = -\log K + \log \frac{a_{A^-}}{a_{HA}} . \tag{77}$$

Als Dissoziationsgrad α wird folgende Größe definiert

$$\alpha = \frac{\text{Anzahl der dissoziierten Moleküle}}{\text{Anzahl der ursprünglich vorhandenen Moleküle}} . \tag{78}$$

Auf Grund der Reaktionsgleichung (75) sind in Gl. (77) $a_{A^-} \cong \alpha c_0$ und $a_{HA} \cong (1 - \alpha) c_0$, wenn c_0 die Ausgangskonzentration ist und man die Aktivitätskoeffizienten als Näherung gleich eins setzt. Benutzt man noch die Abkürzung (pK-Wert)

$$-\log K = pK , \tag{79}$$

und führt außerdem die Gl. (5) ein, so erhält man aus Gl. (77)

$$pH \cong pK + \log \frac{\alpha}{1 - \alpha} \tag{80}$$

Gl. (80) stellt eine Beziehung zwischen dem Dissoziationsgrad, dem pH-Wert und der Dissoziationskonstanten der schwachen Säure HA her. Kennt man die Dissoziationskonstante und läßt sich der Dissoziationsgrad messen, so kann man den pH-Wert der Lösung errechnen.

Abb. 13 ist eine graphische Darstellung der Gl. (80). Man erkennt, daß für pH = pK der Dissoziationsgrad der Säure 50% ist. Für kleinere pH-Werte (stärker sauer) geht die Dissoziation zurück, während sie für größere pH-Werte (stärker basisch) nahezu vollständig wird. Sind die dissoziierte und die undissoziierte Form

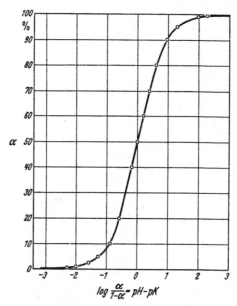

Abb. 13. Zusammenhang zwischen pH-Wert und Dissoziationsgrad einer schwachen Säure

verschieden gefärbt, so kann man durch Farbvergleich den steilen Anstieg der Kurve in Abb. 13 etwa zwischen $\alpha = 10\%$ und 90% ausnutzen, so daß man den Indicator zur Bestimmung des pH-Wertes etwa zwischen zwei zum pK-Wert symmetrisch gelegenen Einheiten benutzen kann.

Beispiel: Eine als Indicator geeignete schwache Säure hat die Dissoziationskonstante

$$K = \frac{a_{H^+}\, a_{A^-}}{a_{HA}} = 5 \cdot 10^{-6}\ \text{mol/l}\,.$$

Ihr pK-Wert ist

$$pK = -\,(0{,}7 - 6) = 5{,}3\,.$$

Sie ist also für pH-Bestimmungen etwa zwischen pH = 4,3 und 6,3 geeignet.

Der Farbumschlag eines Indicators erfolgt exakt entsprechend der Abb. 13 nur, wenn das Dissoziationsgleichgewicht der Gl. (75) entspricht. Bei Indicatoren, die mehrbasische Säuren oder zugleich schwache Säuren und Basen sind und bei denen die Dissoziationskonstanten der verschiedenen Dissoziationsstufen dicht beieinander liegen, trifft die Gl. (80) nicht zu. Die Umschlagskurve (Abb. 13) hat dann eine etwas andere Form. Das gilt z. B. für das Phenolphthalein (vgl. A. THIEL-MARBURG 1933).

Bei höheren oder tieferen Temperaturen verschieben sich die pK-Werte und damit die Umschlagsbereiche der Indicatoren.

Das Gebiet, in dem der Indicator verwendbar ist, hängt natürlich davon ab, wie genau im Einzelfall die Farbkontraste feststellbar sind. Deshalb sind die in Abb. 14 eingezeichneten Bereiche für die Anwendbarkeit der Indicatoren verschieden groß. (Ausführliche Besprechung von Indicatoren vgl. A. Thiel-Marburg 1933; K. Rast 1955; R. Appel 1961).

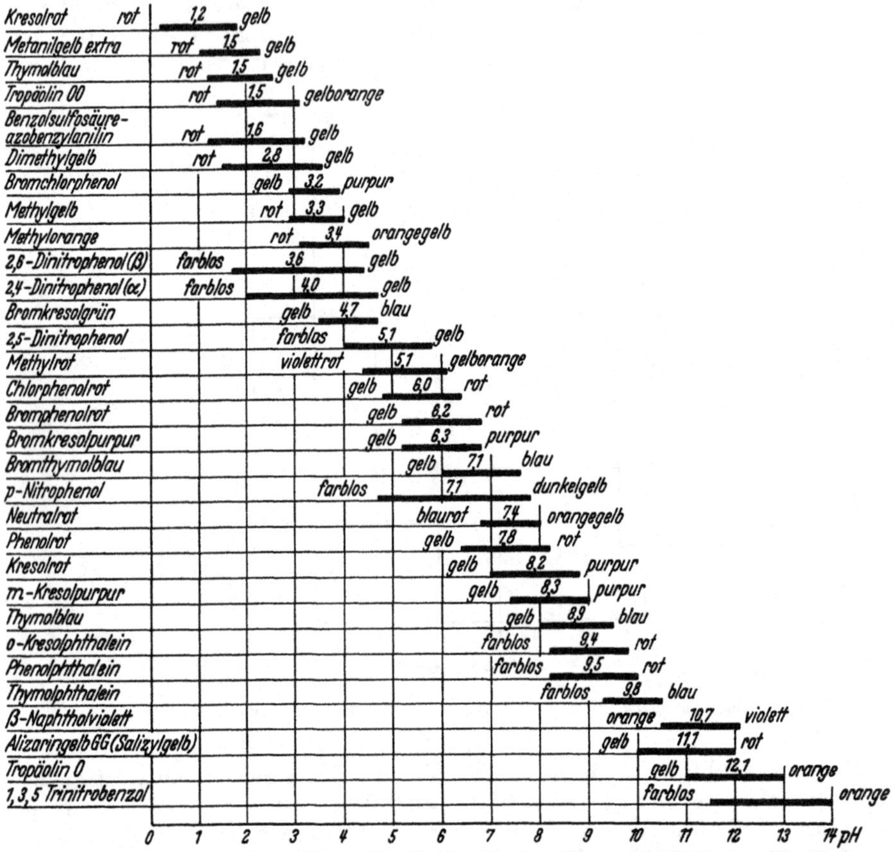

Indicator	saure Farbe	pK	basische Farbe
Kresolrot	rot	1,2	gelb
Metanilgelb extra	rot	1,5	gelb
Thymolblau	rot	1,5	gelb
Tropäolin 00	rot	1,5	gelborange
Benzolsulfosäure-azobenzylanilin	rot	1,6	gelb
Dimethylgelb	rot	2,8	gelb
Bromchlorphenol	gelb	3,2	purpur
Methylgelb	rot	3,3	gelb
Methylorange	rot	3,4	orangegelb
2,6-Dinitrophenol (β)	farblos	3,6	gelb
2,4-Dinitrophenol (α)	farblos	4,0	gelb
Bromkresolgrün	gelb	4,7	blau
2,5-Dinitrophenol	farblos	5,1	gelb
Methylrot	violettrot	5,1	gelborange
Chlorphenolrot	gelb	6,0	rot
Bromphenolrot	gelb	6,2	rot
Bromkresolpurpur	gelb	6,3	purpur
Bromthymolblau	gelb	7,1	blau
p-Nitrophenol	farblos	7,1	dunkelgelb
Neutralrot	blaurot	7,4	orangegelb
Phenolrot	gelb	7,8	rot
Kresolrot	gelb	8,2	purpur
m-Kresolpurpur	gelb	8,3	purpur
Thymolblau	gelb	8,9	blau
o-Kresolphthalein	farblos	9,4	rot
Phenolphthalein	farblos	9,5	rot
Thymolphthalein	farblos	9,6	blau
β-Naphtholviolett	orange	10,7	violett
Alizaringelb GG (Salizylgelb)	gelb	11,1	rot
Tropäolin 0	gelb	12,1	orange
1,3,5 Trinitrobenzol	farblos		orange

Abb. 14. Einige Indicatoren mit ungefährem Umschlagsbereich, Umschlagspunkt (pK-Wert) und Farbänderung

Die oben für eine schwache Säure abgeleiteten Gleichungen gelten auch für eine schwache Base mit dem Dissoziationsgleichgewicht

$$BOH \rightleftharpoons B^+ + OH^- \tag{81}$$

und der Dissoziationskonstanten

$$K' = \frac{a_{B^+}\, a_{OH^-}}{a_{BOH}} . \tag{82}$$

Da in wäßriger Lösung das Dissoziationsgleichgewicht Gl. (1) immer erfüllt sein muß, kann man das Löslichkeitsprodukt des Wassers [Gl. (3)] einsetzen und erhält

$$K = \frac{P_{H_2O}}{K'} = \frac{a_{BOH}\, a_{H^+}}{a_{B^+}} . \tag{83}$$

Das führt zu einer Gl. (80) entsprechenden Beziehung

$$pH \cong pK + \log \frac{1 - \alpha}{\alpha} . \tag{84}$$

Der gegenüber Gl. (80) reziproke Quotient in dem Logarithmus bedeutet, daß der Dissoziationsgrad bei höherem pH-Wert der Lösung zurückgeht, während bei kleineren pH-Werten die Dissoziation der Base zunimmt.

Die Gleichungen (76) bzw. (83) ergeben sich aus der allgemeineren Definition von Säuren und Basen nach BRÖNSTED

$$\text{Säure} \leftrightharpoons \text{Base} + H^+ , \tag{85}$$

als Aciditätskonstante

$$K = \frac{a_{H^+} \, a_{\text{Base}}}{a_{\text{Säure}}} , \tag{86}$$

(vgl. G. KORTÜM 1957, S. 306f.).

Die in diesem Kapitel besprochenen Gesetzmäßigkeiten betreffen auch die Pufferlösungen, die schon öfter erwähnt wurden und die eine große Bedeutung haben, z. B. für die Festlegung der konventionellen pH-Skala (vgl. Tab. 2, sowie z. B. G. G. GRAU 1961).

Pufferlösungen sind durch einen bestimmten pH-Wert gekennzeichnet, der durch Zugabe von H^+- und OH^--Ionen nur relativ geringfügig verschoben wird. Man benutzt sie deshalb zur Stabilisierung von pH-Werten vor allem im Gebiet mittlerer pH-Werte, in dem ungepufferte Lösungen sehr empfindlich gegen die Zugabe von H^+- oder OH^--Ionen sind.

Zur Erklärung der Pufferwirkung können wir von Gl. (77) ausgehen, in die wir Gl. (5) und Gl. (79) einsetzen

$$pH = pK + \log \frac{a_{A^-}}{a_{HA}} \cong pK + \log \frac{c_{A^-}}{c_{HA}} . \tag{87}$$

Ein bestimmtes Verhältnis c_{A^-}/c_{HA} liegt in der Lösung einer schwachen Säure und ihres Salzes vor. Die schwache Säure ist dann praktisch völlig undissoziiert, d. h. $c_{\text{Säure}} \cong c_{HA}$, während das Salz völlig dissoziiert ist, d. h. $c_{\text{Salz}} = c_{A^-}$. Fügt man dieser Lösung H^+-Ionen zu, so werden aus H^+- und A^--Ionen undissoziierte HA-Moleküle gebildet, die H^+-Ionen werden „weggepuffert". Beim Zufügen von OH^--Ionen dissoziiert dagegen Säure, deren Protonen mit den OH^--Ionen H_2O bilden. Die dadurch hervorgerufene Veränderung des c_{A^-}/c_{HA}-Verhältnisses hat relativ geringe Auswirkung auf den pH-Wert.

Beispiel: Fügt man 100 cm³ ungepufferter Lösung vom pH = 5 ein cm³ einer starken 1 normalen Säure zu, so steigt die H^+ Konzentration auf $1{,}001 \cdot 10^{-2}$ mol/l, d. h., der pH-Wert fällt auf ≈ 2. Der pH-Wert verschiebt sich also um drei Einheiten.

Geht man dagegen von 100 cm³ Lösung einer Puffersubstanz aus, deren pK = 5 ist und deren Konzentration $c_{A^-} = c_{HA} = 5 \cdot 10^{-2}$ mol/l betragen, so wird durch die Bildung von HA aus H^+ und A^- sich das Verhältnis einstellen: $c_{A^-}/c_{HA} = 4/6$. Setzt man diesen Wert in Gl. (87) ein, so erhält man pH = 5 — 0,18. Der pH-Wert hat sich trotz der großen Zugabe nur wenig verschoben.

Die für eine schwache Säure und ihr Salz durchgeführte Betrachtung gilt auch für eine Pufferlösung aus einer schwachen Base und ihrem Salz.

Die Pufferwirkung wächst mit steigender Konzentration der Puffersubstanz. Das gilt allerdings nur, solange die Aktivitätskoeffizienten noch keinen merklichen Einfluß haben. Die Pufferkapazität, d. h. die mögliche Konzentrationsänderung pro pH-Verschiebung, ist am größten, wenn $c_{A^-} = c_{HA}$ ist [Gl. (87)]. Dann ist der pH-Wert gleich dem pK-Wert.

Da Gl. (87) nur eine Näherungsgleichung ist, kann man mit ihrer Hilfe den genauen pH-Wert einer Lösung nicht errechnen, sondern muß ihn elektrometrisch bestimmen.

II. Experimentelle Bestimmung des Dissoziationsgrades

1. Methoden ohne optische Hilfsmittel

Diese Methoden der pH-Messung spielen überall dort eine große Rolle, wo man den pH-Wert auf möglichst einfache Weise bestimmen will, ohne sehr große Genauigkeit zu fordern.

a) Farbvergleich mit Indicatorlösungen

Man gibt zu der zu untersuchenden Lösung und zu einer Reihe von Pufferlösungen jeweils die gleiche Menge Indicator und stellt durch Farbvergleich fest, welcher der Pufferlösungen die Farbe der Lösung am nächsten liegt. Dieser Farbvergleich läßt sich z. B. in Reagensgläsern durchführen. Zur Berücksichtigung einer eventuell vorliegenden Trübung oder geringen Eigenfarbe der Meßlösung kann man hinter das Glas der Pufferlösung ein mit Meßlösung ohne Indicator gefülltes Reagensglas stellen und im durchscheinenden Licht betrachten. Hinter dem Glas mit der Meßlösung muß in diesem Fall ein Glas mit reinem Wasser stehen, damit die größere Schichtdicke und die doppelte Glaswand auch hier vorhanden sind.

Benutzt man Indicatoren, bei denen nur eine Komponente gefärbt ist, so kann man ungepufferte Bezugslösungen herstellen, die diese Komponente in bestimmter Konzentration enthalten (Verfahren von Michaelis). Durch Farbvergleich kann man auf die Konzentration dieser Komponente und damit den Dissoziationsgrad des Indicators in der Meßlösung schließen. Die auf diese Weise gewonnenen pH-Werte entsprechen jedoch nicht genau der konventionellen pH-Skala, die durch Pufferlösungen festgelegt ist.

Durch vorgesetzte Filter kann man den Farbumschlag mitunter in für das Auge günstigere Gebiete verschieben.

b) Indicatorpapier und -folie

Mit den Indicator-Lösungen kann man Folien und Papiere tränken und trocknen. Taucht man diese Papiere in die Meßlösung ein, so nimmt der Indicator, der meist aus einer Mischung besteht, eine entsprechende Farbe an. Man vergleicht mit einer gedruckten Farbskala oder mit einer auf dem Papierstreifen angebrachten Vergleichsskala. Die pH-Messung mit pH-Papieren oder -Folien ist wegen ihrer bequemen Anwendung sehr verbreitet. Ihre Genauigkeit ist allerdings begrenzt (nicht besser als $\pm$ 0,2 pH). Fehler werden hauptsächlich dadurch hervorgerufen, daß sich in dem Papier oder der Folie ein etwas anderer pH-Wert einstellen kann als in der Lösung, da in dem Papier die Indicator-Konzentration sehr groß ist. Außerdem können in ungepufferten Lösungen die Hydrolyse des Indicators und auch der pH-Wert des Papiers das Meßergebnis beeinflussen.

pH-Folien bestehen aus neutraler, chemisch inaktiver Cellulose. Sie sind besonders für trübe Medien geeignet, da sie die Lösung aufsaugen und nach einigen Minuten herausgenommen und abgespült werden können, so daß die Farbe gut zu erkennen ist.

(Ausführliche Zusammenstellung bei K. Rast 1955).

2. Optische Hilfsmittel

Die pH-Messung mit Hilfe von Colorimetern und Spektralphotometern ist heute durch die elektrometrische pH-Messung weitgehend verdrängt.

a) Colorimeter

Colorimeter sind Geräte, in denen man Farbtöne verschiedener Lösungen vergleichen kann. Durch direkten Farbvergleich wird der Dissoziationsgrad des Indicators in der Meßlösung bestimmt.

Der Begriff Colorimeter wird nicht immer in dieser strengen Bedeutung verwendet, sondern vielfach werden Geräte ebenfalls als Colorimeter bezeichnet, die eigentlich Photometer sind, da sie nicht Farbvergleiche, sondern Extinktionsmessungen durchführen (vgl. B. Lange 1956, F. G. Kortüm 1962).

Als einfachstes Colorimeter kann ein Gestell aufgefaßt werden, in dem der unter 1a) beschriebene Farbvergleich stattfindet. In diesem sog. Komparator sind die Schichtdicken der Lösung konstant, während die Indicator-Konzentration variiert wird.

In den meisten Colorimetern wird die Indicatorkonzentration konstant gehalten, während man die Schichtdicke der Lösung variiert. Das kann nach dem Doppelkeilverfahren dadurch geschehen, daß man zwei keilförmige Gefäße, die mit den Lösungen beider Indicatorformen gefüllt sind, so aneinandersetzt, daß man durch einen verschiebbaren Spalt immer die gleiche Schichtdicke betrachtet, während sich das Verhältnis $c_{\text{dissoz.}}/c_{\text{undissoz.}}$ kontinuierlich ändert.

Häufig läßt man das Licht durch Glasstäbe hindurchtreten, die in die Lösung eintauchen (Tauchcolorimeter). Die Veränderung der Tauchtiefe ergibt eine Veränderung der Schichtdicke der Meß- bzw. Vergleichslösung. Ist eine Form des Indicators farblos, so benutzt man die Lösung der gefärbten Form als Vergleichslösung. Sind beide Formen des Indicators gefärbt, so muß man das Mischfarbencolorimeter benutzen, bei dem zwei Gefäße mit den beiden Indicatorformen verwendet werden, von denen das eine in das andere eintaucht. Durch Variation dieser Tauchtiefe und Veränderung der Schichtdicke in dem oberen Gefäß kann man jedes Konzentrationsverhältnis der beiden Indicatorformen einstellen.

Die Ablesung erfolgt meist visuell, indem die Farbe der Vergleichs- und der Meßlösung im allgemeinen in einem Ocular nebeneinander abgebildet werden. Man kann zum Abgleich natürlich auch Photozellen benutzen.

Colorimeter haben den Nachteil, daß man immer Vergleichslösungen herstellen muß. Ihre Genauigkeit entspricht der elektrometrischen pH-Messung. Colorimeter und Photometer werden eingehend beschrieben in den Monographien von B. LANGE (1956) und G. KORTÜM (1962).

b) Photometer

Photometer messen die Schwächung des Lichtes (Extinktion) bei dem Durchtritt durch die Indicatorlösung. Man kann daher die Vergleichslösung z. B. durch Filter und die Schichtdickenänderung durch ein gleichmäßig absorbierendes Medium (Graukeile oder andere optische Mittel zur gleichmäßigen Abschwächung) ersetzen. Der Nachteil gegenüber dem Colorimeter ist aber, daß eine Abhängigkeit der Extinktion von der spektralen Zusammensetzung des eingestrahlten Lichtes vorhanden ist. Bei photometrischen Messungen muß man daher mit monochromatischem Licht arbeiten. Der Vorteil ist, daß man nur eine Vergleichskurve aufnehmen muß, dann keine Vergleichslösungen mehr benötigt. Allerdings kann man mit photometrischen Methoden die Genauigkeit colorimetrischer Messungen nicht erreichen. Eine ausführliche Gegenüberstellung beider Methoden bringt die Monographie von G. KORTÜM (1962).

III. Schwierigkeiten der colorimetrischen pH-Messung

Im folgenden sollen einige grundsätzliche Schwierigkeiten, die neben den meßtechnischen Problemen bei dem Farbvergleich auftreten, besprochen werden.

Die Indicatormethode läßt sich in gefärbten oder trüben Lösungen vielfach nicht mehr anwenden. Weitere Schwierigkeiten können dadurch auftreten, daß die zu untersuchende Lösung Substanzen enthält, die mit dem Indicator reagieren. In ungepufferten Lösungen kann es sich bemerkbar machen, daß der Indicator eine schwache Säure oder Base ist, die den pH-Wert verschiebt. Verwendet man das neutrale Salz als Indicator, so kann die eintretende Hydrolyse den pH-Wert der Lösung ebenfalls verändern. Deshalb muß man die Indicator-konzentration möglichst niedrig halten.

1. Der Salzfehler

Die colorimetrischen und spektralphotometrischen Verfahren messen das Verhältnis der Konzentrationen der undissoziierten und der dissoziierten Form des Indicators. Wie aus der Ableitung der Gl. (80) aus Gl. (77) zu ersehen ist, müßte man für die exakte Bestimmung des pH-Wertes das Verhältnis der Aktivitäten messen.

Da der Aktivitätskoeffizient der Ionen von der Gesamtkonzentration (ionale Konzentration) der Lösung abhängt, tritt bei der Indicator-Methode eine Abhängigkeit des gemessenen pH-Wertes von der Konzentration in der Lösung vorhandener Salze auf, die bei höheren Konzentrationen ± 0,2 pH-Einheiten betragen kann. Diese als Salzfehler bezeichnete Abweichung hängt sowohl von dem Indicator als auch von den zugesetzten speziellen Salzen ab, so daß man eine allgemein gültige Korrektur nicht angeben kann.

Bei spektralphotometrischen Messungen wird der Salzfehler dadurch verstärkt, daß sich das Absorptionsspektrum des Indicators bei höherer Fremdionenkonzentration verschiebt.

Eine ganz genaue pH-Wert-Bestimmung ist daher nur im Gebiet verdünnter Lösungen möglich, in dem die Aktivitätskoeffizienten aus der Debye-Hückelschen Theorie berechnet werden können. Es treten also bei der colorimetrischen pH-Bestimmung die gleichen Schwierigkeiten auf, wie bei der elektrometrischen pH-Messung.

2. Kolloid- und Eiweißfehler

In kolloid- und eiweißhaltigen Lösungen tritt häufig eine Verschiebung des Konzentrationsverhältnisses der beiden Indicatorformen dadurch ein, daß eine Komponente des Indicators adsorbiert bzw. chemisch gebunden wird. Besonders für den Eiweißfehler gibt es Korrekturtabellen (vgl. z. B. W. Kordatzki 1949). Die Korrekturwerte sind jedoch sehr unsicher, da der Fehler von allen Komponenten der Lösung abhängt.

IV. Die Hammett-Funktion

Die Hammett-Funktion ist ein Maß für die Acidität einer Lösung, das aus colorimetrischen Messungen bestimmt wird. Es hat große Bedeutung für den Aciditätsvergleich starker Säuren und Basen sowie nichtwäßriger Lösungen, da in diesen Medien die elektrometrische pH-Wert-Bestimmung sehr unsicher wird.

Gehen wir von der allgemeinen Definition der Aciditätskonstanten nach Gl. (86) aus, so kann man schreiben [vgl. Gl. (6)]

$$K = \frac{a_{H^+} \, a_{Base}}{a_{Säure}} = a_{H^+} \, \frac{c_{Base}}{c_{Säure}} \, \frac{f_{Base}}{f_{Säure}} \, . \tag{88}$$

Logarithmiert man diese Gleichung, so kann man sie umformen zu

$$-\log \left(a_{H^+} \frac{f_{Base}}{f_{Säure}} \right) = -\log K + \log \frac{c_{Base}}{c_{Säure}} \, , \tag{89}$$

oder, wenn man den ersten Summanden als Hammett-Funktion H definiert und Gl. (79) einführt,

$$-\log \left(a_{H^+} \frac{f_{Base}}{f_{Säure}} \right) = H = pK + \log \frac{c_{Base}}{c_{Säure}} \, . \tag{90}$$

Kennt man den pK-Wert des Indicators (Aciditätskonstante), so kann man mit Hilfe des colorimetrisch bestimmten Verhältnisses $c_{Base}/c_{Säure}$ die Hammett-Funktion berechnen.

Der Vergleich von Gl. (90) mit Gl. (77) zeigt, daß für ideal verdünnte Lösungen (Aktivitätskoeffizienten gleich eins) H mit dem durch Gl. (5) definierten pH-Wert identisch wird. Die Hammett-Funktion schließt sich also an die pH-Skala an.

Zur Aufstellung einer brauchbaren Aciditätsskala muß man voraussetzen, daß verschiedene Indicatoren in der gleichen Lösung den gleichen Wert der Hammett-Funktion ergeben. Das bedeutet, das Verhältnis $f_{Base}/f_{Säure}$ muß für alle Indicatoren in der gleichen Lösung konstant sein, was sicher allgemein nicht zutrifft. Man hat die Hammett-Funktion daher jeweils für bestimmte Gruppen von Indicatoren aufgestellt. Innerhalb dieser Gruppen dürfte die angegebene Voraussetzung in gewissen Grenzen zutreffen.

Am eingehendsten ist die Hammett-Funktion für Indicatorbasen [Base in Gl. (85) neutral] untersucht. Sie wird für diese Indicatorenklasse als H_0 bezeichnet. Als Bezugspunkt wurde p-Nitrilanilin mit dem pK-Wert 1,11 (in ideal verdünnter Lösung) gewählt. H_- ist die entsprechende Funktion für Indicatorsäuren [Base in Gl. (85) negativ geladen].

Da die Voraussetzung $f_{Base}/f_{Säure}=$ konst. nur beschränkt gültig ist, kann die Hammett-Funktion nicht als exaktes Aciditätsmaß aufgefaßt werden. Hinzu kommen Schwierigkeiten bei der Bestimmung von $c_{Base}/c_{Säure}$ besonders in höheren Konzentrationen. Für bestimmte Gruppen von Lösungsmitteln und Gemischen aus Lösungsmitteln findet man aber gute Übereinstimmung der H_0-Werte, so daß die Funktion zum Vergleich der Acidität solcher Lösungen geeignet ist.

Mit den elektrometrisch für starke Basen und Säuren sowie für wasserarme oder wasserfreie Lösungen ermittelten pH-Werten stimmt die Hammett-Funktion nicht überein.

(Lit.: M. A. PAUL u. F. A. LONG 1957; K. SCHWABE 1959.)

D. Bestimmung der Acidität aus der katalytischen Wirksamkeit der Wasserstoffionen

Eine weitere Möglichkeit, die Acidität einer Lösung zu bestimmen, wird durch die katalytische Wirksamkeit der Wasserstoffionen bei vielen chemischen Prozessen gegeben. Aus Messungen der Reaktionsgeschwindigkeit kann man eine Skala dieser Wirksamkeit aufstellen. Das daraus gewonnene Aciditätsmaß stimmt weder mit dem pH-Wert aus elektrometrischen Messungen noch mit der Hammett-Funktion überein, sondern bildet einen weiteren Maßstab für die Acidität.

Für praktische Aciditätsbestimmungen hat die katalytische Methode jedoch keine Bedeutung und soll deshalb hier nicht weiter besprochen werden. Näheres bei K. SCHWABE (1958) und (1959).

Bibliographie

ABRAHAMCZIK, E.: Potentiometrische und konduktometrische Titrationen. In: HOUBEN-WEYL, Methoden der organischen Chemie, Bd. III/2, S. 135—206. Stuttgart: G. Thieme 1955.

APPEL, R.: Säure — Base — Indikatoren. In: LANDOLT-BÖRNSTEIN, Zahlenwerte und Funktionen, Eigenschaften der Materie in ihren Aggregatzuständen. 7. Teil, Elektrische Eigenschaften II, S. 938—953, Berlin-Göttingen-Heidelberg: Springer 1961.

BATES, R. G.: Electrometric pH Determinations. New York: J. Wiley and Sons; London: Chopman & Hall 1954.

CRUSE, K., u. U. FRITZE: Methoden der pH-Messung. In: HOUBEN-WEYL, Methoden der organischen Chemie, Bd. III/2 S. 21—100. Stuttgart: G. Thieme 1955.

ENDER, F.: Wasserstoffionenkonzentration. In: HOPPE-SEYLER/THIERFELDER, Handbuch der physiologischen und pathologischen Analyse. Bd. I/1 S. 527—607. Berlin-Göttingen-Heidelberg: Springer 1953.

FRITZE, U.: Technische Ausführung von pH-Meßanlagen. In: J. HENGSTENBERG, B. STURM u. O. WINKLER: Messen und Regeln in der chemischen Technik. Berlin-Göttingen-Heidelberg: Springer 1957

GINER, J., u. W. VIELSTICH: pH-Messung. In: DECHEMA-Erfahrungsaustausch, herausgegeben von H. BRETSCHNEIDER u. K. FISCHBECK, Frankfurt a. Main, DECHEMA 1963

GRAU, G. G.: pH-Werte von Puffergemischen. In: LANDOLT-BÖRNSTEIN, Zahlenwerte und Funktionen, Eigenschaften der Materie in ihren Aggregatzuständen. 7. Teil, Elektrische Eigenschaften II, S. 954—958, Berlin-Göttingen-Heidelberg: Springer 1961.

IVES, D. J. G., and J. J. JANZ: Reference Electrodes. New York-London: Academic Press 1961.

JANDER, G., u. K. F. JAHR: Maßanalyse. Sammlung Göschen, Bd. 221/221a, 9. Aufl. Berlin: Walter de Gruyter u. Co 1961.

KORDATZKI, W.: Taschenbuch der praktischen pH-Messung. München: Müller u. Steinicke 1949.

KORTÜM, G.: Lehrbuch der Elektrochemie. 2. Aufl. Weinheim: Verlag Chemie 1957.
— Kolorimetrie, Photometrie und Spektrometrie. 4. Aufl. Berlin-Göttingen-Heidelberg: Springer 1962.

KRATZ, L.: Die Glaselektrode und ihre Anwendungen. Frankfurt a. M.: Steinkopff 1950.

LANGE, B.: Kolorimetrische Analyse. 5. Aufl. Weinheim: Verlag Chemie 1956.

LIENEWEG, F.: pH-Messung. In: ULLMANNs Encyklopädie der technischen Chemie, Bd. 2/1 S. 578—590. München-Berlin: Urban und Schwarzenberg 1961.

NEBE, E.: Kleiner Leitfaden für die praktische pH-Messung. Weilheim (Obb.): Selbstverlag WTW GmbH 1960.

PETERSEN, O.: Grundlagen der pH-Messung, Meßfühler Anpassung. In: J. HENGSTENBERG, B. STURM u. O. WINKLER: Messen und Regeln in der chemischen Technik. Berlin-Göttingen-Heidelberg: Springer 1957.

RAST, K.: Indikatoren und Reagenzpapiere. In: HOUBEN-WEYL, Methoden der organischen Chemie, Bd. III/2 S. 101—133. Stuttgart: G. Thieme 1955.

SCHWABE, K.: Fortschritte der pH-Meßtechnik. Berlin: VEB-Verlag-Technik 1958.
— Über Aziditätsmaße. Berlin: Akademie-Verlag 1959.
— Elektrometrische pH-Messungen unter extremen Bedingungen. Weinheim: Verlag Chemie 1960.

THIEL-MARBURG, A.: Indicatorenkunde. In: BÖMER-JUCKENACK-TILLMANNS, Handbuch der Lebensmittelchemie, Bd. 2/1 S. 174—195. Berlin: Springer 1933.

VETTER, K. J.: Elektrochemische Kinetik. Berlin-Göttingen-Heidelberg: Springer 1961a.
— Elektrochemische Methoden zur Endpunktbestimmung. In: ULLMANNs Encyklopädie der technischen Chemie, Bd. 2/1 S. 601—606. München-Berlin: Urban und Schwarzenberg 1961b.

Zeitschriftenliteratur

BATES, R. G.: Definitions of pH-Scales. Chem. Rev. **42**, 1—61 (1948).

FRICKE, H. K.: Zum Problem der pH-Messung bei höheren Temperaturen. Beitr. angew. Glasforschung, S. 175—198 (1960).
— Moderne Glaselektroden-Meßketten — Möglichkeiten und Grenzen. Druckschrift Nr. 2500 der Glaswerke Schott u. Gen., Mainz. Zucker **7/8**, 3—12 (1961).

KORTÜM, G.: Die Theorie der interionischen Wechselwirkung und die praktische pH-Messung. Z. Elektrochem. **48**, 145—166 (1942).

PAUL, M. A., and F. A. LONG: H_0 and Related Indicator Acidity Functions. Chem. Rev. **57**, 1—45 (1957).

Das Redox-Potential

Von

Prof. Dr. W. Heimann und Dr. K. Wisser, Karlsruhe

Mit 19 Abbildungen

A. Einleitung

I. Allgemeines über Redox-Vorgänge

Da jeder Oxydationsvorgang in der Weise abläuft, daß ein Oxydationsmittel von einem Reduktionsmittel reduziert wird, also jede Oxydation prinzipiell mit einer Reduktion gekoppelt ist, spricht man allgemeiner von *Reduktions-Oxydations-* Vorgängen, kurz von Redox-Prozessen.

Versuche einer theoretischen Fundierung der Redox-Prozesse begannen vor fast 200 Jahren nach der Entdeckung des Sauerstoffs. Aus dem Stadium der Spekulation und Hypothese heraus traten diese Betrachtungen kurz vor der Jahrhundertwende durch die Arbeiten von W. Ostwald, B. Neumann, W. Nernst und R. Peters. Um den Ausbau von Theorie und Meßmethoden bemühten sich später vor allem L. Michaelis, L. F. Fieser, W. M. Clark, J. B. Conant, T. Thunberg u. a.

Es ist festzustellen, daß dieses vorwiegend physikalisch-chemische Arbeitsgebiet nach den anfänglichen Untersuchungen starke Impulse von seiten der Biochemie erhielt, denn hier bestand kein Zweifel, daß der Energiebedarf der lebenden (aeroben) Zelle durch den Transport von Wasserstoff aus wasserstoffabgebenden (oxydierbaren) Substraten über viele Zwischenstufen bis zum Luftsauerstoff in einer terminalen Redox-Reaktion gedeckt wird.

Unter *Oxydation* versteht man heute keineswegs mehr nur den Umsatz eines Stoffes mit Sauerstoff, denn die *Oxydation* des Hydrochinons zum Chinon,

$$\text{HO}\!-\!\!\langle\rangle\!-\!\text{OH} + {}^1\!/_2\,O_2 \longrightarrow O\!=\!\!\langle\rangle\!=\!O + H_2O ,$$

läßt sich z. B. durchaus *ohne* Mitwirkung des Sauerstoffs erreichen, wenn Hydrochinon in Lösung mit einer positiven, also als Elektronen-Acceptor wirkenden „elektronenanziehenden" Elektrode (Anode) in Berührung steht. Es spielt sich summarisch der Vorgang ab — ohne auf die Zwischenstufe des Einelektronen-Überganges (one step reaction) nach Michaelis einzugehen—:

$$\text{HO}\!-\!\!\langle\rangle\!-\!\text{OH} \underset{\text{Gleichgew.}}{\overset{\text{Diss.}}{\rightleftharpoons}} {}^{(-)}\text{O}\!-\!\!\langle\rangle\!-\!\text{O}^{(-)} + 2\,H^+ \underset{+2e^-}{\overset{-2e^-}{\rightleftharpoons}} O\!=\!\!\langle\rangle\!=\!O + 2\,H^+$$

Man spricht hier von *anodischer Oxydation*. Die Oxydation stellt sich somit als *Elektronenentzug* dar. An einer negativen „elektronenspendenden" Elektrode kann der umgekehrte Vorgang der Reduktion des Chinons zum Hydrochinon stattfinden: *kathodische Reduktion*. Die Reduktion entspricht also einer *Elektronenzufuhr*.

Die allgemeinste Definition für Oxydation ist also Elektronenentzug, für Reduktion Elektronenzufuhr.

Es ist jedoch — wie soeben beschrieben — eine *Oxydation* auch auf elektrischem Wege nicht durchzuführen, ohne daß (wegen Erhaltung der Elektro-Neutralität) gleichzeitig eine mit diesem Vorgang gekoppelte stöchiometrisch äquivalente *Reduktion* stattfindet: Bei der elektrochemischen Umsetzung muß zur Schließung des Stromkreises eine weitere Elektrode in der Lösung zugegen sein, an der — was die Richtung des Elektronenflusses betrifft — ein gegensätzlicher Vorgang abläuft.

In Abb. 1 sind die eben beschriebenen Abläufe skizziert: Zwei Platinelektroden tauchen in wäßrige Hydrochinon-Lösung, in der sich (nach Anlegen einer Betriebsspannung von 0,8 Volt), folgende Vorgänge abspielen:

$$\text{Anode:} \qquad \text{HO}-\!\!\bigcirc\!\!-\text{OH} \quad -2e^- \longrightarrow \quad \text{O}=\!\!\bigcirc\!\!=\text{O} \quad +\,2\,H^+$$

$$\text{Kathode:} \qquad 2\,H^+ + 2\,e^- \longrightarrow H_2$$

$$\text{Summe:} \qquad \text{HO}-\!\!\bigcirc\!\!-\text{OH} \quad \longrightarrow \quad \text{O}=\!\!\bigcirc\!\!=\text{O} \quad +\,H_2\,.$$

An der Anode wird Hydrochinon oxydiert, an der Kathode die äquivalente Menge Wasserstoff-Ion (aus dem Wasser) reduziert.

Somit ist jeder elektro-chemische Vorgang als Redox-Prozeß anzusehen; es hat sich jedoch eingebürgert, nur solche Prozesse als Redox-Vorgänge zu bezeichnen, bei denen gelöste Stoffe auf eine andere Wertigkeitsstufe umgeladen werden, *nicht* dagegen die vollständige Entladung eines Ions *oder die zugehörige Aufladung*. Prinzipiell unterscheiden sich diese Umsetzungen nicht, wie man auch weiter unten bei ihrer theoretischen Behandlung sehen wird.

Der in Abb. 1 beschriebene Vorgang vollzieht sich freiwillig *nicht* in dieser Art. Wasserstoff-Ionen können Hydrochinon (praktisch) nicht oxydieren. Durch Zufuhr äußerer Energie (Anlegen einer Spannung an die Elektroden) wird er hier erzwungen. In umgekehrter Richtung läuft die Reaktion freiwillig ab: p-Chinon wird durch Wasserstoff reduziert.

Betrachten wir nun folgenden Redox-Vorgang: zu einer Lösung von Ce^{4+}-Ionen geben wir in gleicher Menge eine Lösung von Fe^{2+}-Ionen. Der Umsatz

$$Ce^{4+} + Fe^{2+} \to Ce^{3+} + Fe^{3+}$$

verläuft hier freiwillig und praktisch quantitativ, indem jedes Fe^{2+}-Ion ein Elektron an ein Ce^{4+}-Ion abgibt.

Der vorgenannte Ablauf kann sich auch in einem sog. *Element* (Abb. 2) vollziehen. Ein Gefäß enthält die Ce^{4+}-Lösung, das andere die Fe^{2+}-Lösung in *äquivalenter Menge.* In jedes Gefäß taucht eine unangreifbare (chemisch resistente) Metallelektrode (z. B. Platin oder Gold). Die Elektroden sind außen leitend verbunden. Die Reaktionsgefäße sind zur Schließung des Stromkreises über eine Brücke mit gesättigter KCl-Lösung ebenfalls leitend verbunden. Das in den Stromkreis geschaltete Galvanometer A zeigt an, daß in diesem Element ein elektrischer Strom fließt. Die Richtung des Elektronenflusses verläuft von der Fe^{2+}- nach der Ce^{4+}-Lösung, wobei die Pt-Elektrode in der Ce^{4+}-Lösung den positiven Pol des Elementes darstellt. Der Strom wird im Laufe der Umsetzung geringer und kommt dann zum Stillstand, wenn im linken Gefäß (praktisch) nur noch Ce^{3+}-, im rechten nur noch Fe^{3+}-Ionen vorhanden sind. Es spielen sich folgende Vorgänge ab:

$$\text{rechts:} \quad Fe^{2+} \to Fe^{3+} + e^-$$
$$\downarrow\cdots\cdots\cdots\cdots\cdots|$$
$$\text{links:} \quad e^- + Ce^{4+} \to Ce^{3+}$$

$$\text{Summe:}\ Fe^{2+} + Ce^{4+} \to Fe^{3+} + Ce^{3+}$$

Der Vorgang der Elektronenübertragung bei Redox-Prozessen kann also auch über einen äußeren Leiter stattfinden.

Die treibende Kraft des Strom-(Elektronen-)Flusses ist bedingt durch die elektrische Potential-Differenz zwischen dem Fe^{2+}- und dem Ce^{4+}-System.

Einen derartigen Unterschied nennen wir ganz allgemein *Redox-Potential*.

Aus dem gewählten Beispiel geht hervor, daß das Ce-System positiv gegenüber dem Fe-System sein muß, da die Elektronen vom Fe- zum Ce-System fließen. *Das positivere System kann also das negativere oxydieren.*

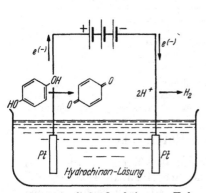

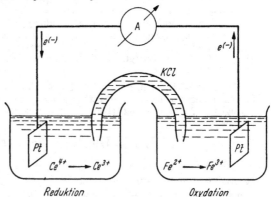

Abb. 1. Anodische Oxydation von Hydro-chinon

Abb. 2. Freiwilliger Redox-Umsatz auf elektrischem Wege

Da bei dem beschriebenen Vorgang keine Konzentrationsänderung stattfindet (d. h. keine osmotische Arbeit geleistet wird) und wenn bei unendlich langsamer und isothermer Führung des Vorgangs (durch Anlegen einer entsprechenden Gegenspannung) keine Temperatur- und Konzentrationsgefälle auftreten, muß die auf diese Weise freigewordene elektrische Arbeit der *freien Enthalpie* und damit der chemischen Affinität des zugrunde liegenden Redox-Vorganges entsprechen[1].

Die *elektrische Arbeit* ist gleich dem Produkt aus Potentialdifferenz und der Elektrizitätsmenge, d. h.

$$A_{elektr.} = \text{Potentialdifferenz} \times \text{Elektrizitätsmenge} .$$
$$[\text{Joule}] \qquad [\text{Volt}] \qquad\qquad [\text{Coulomb}]$$

Die *Normal-Enthalpie* eines chemischen Vorgangs ist definitionsgemäß auf einen „Formelumsatz"[2] bezogen, so daß die umgesetzte Elektrizitätsmenge damit zu $n \cdot F$ gegeben ist.

F ist ein Mol Elektronen, also $N_L \cdot e^-$, und entspricht 96500 Coulomb; n ist die Zahl der ausgetauschten Elektronen pro Elementarvorgang und bedeutet den *Wertigkeitswechsel* bei dem betreffenden Vorgang.

Die *Normal-Arbeit* eines Redox-Vorganges beträgt also:

$$A_{elektr.} \; = \Delta\varepsilon \cdot n \cdot F \qquad [\text{Joule}]$$

oder

$$A_{thermisch} = \Delta\varepsilon \cdot n \cdot F \cdot 0{,}239 \quad [\text{cal}] ,$$

wobei $\Delta\varepsilon$ die Potentialdifferenz und $0{,}239 \left[\dfrac{\text{cal}}{\text{Joule}}\right]$ das elektrische Wärmeäquivalent sind.

Da für einen Formelumsatz n und F gegeben sind, können wir also

$$\Delta\varepsilon = \frac{A_{elektr.}}{n \cdot F} \qquad [\text{Volt}]$$

$$\Delta\varepsilon = \frac{A_{thermisch}}{0{,}239 \cdot n \cdot F} \quad [\text{Volt}]$$

als Maß für die *freie Enthalpie* eines Redox-Vorganges ansehen und erkennen hiermit die eigentliche Bedeutung des Redox-Potentials ($\Delta\varepsilon$).

---

[1] Diese Art der Versuchsführung ist ein Analogon zur Bestimmung der maximalen Nutzarbeit (= freie Enthalpie) bei der isothermen Ausdehnung eines idealen Gases.

[2] Ein Formelumsatz ist der Umsatz in Gramm-Mol bei der niedrigsten ganzzahligen Schreibweise der Reaktionsgleichung, dergestalt, daß alle Reaktionsteilnehmer in der Konzentration 1 in solchen Mengen vorliegen, daß ein Formelumsatz praktisch keine Konzentrationsänderung bewirkt (van't Hoffsche Reaktions-Isotherme).

Es sei an dieser Stelle darauf hingewiesen, daß sich jede potentielle Energie als Produkt von zwei Faktoren darstellen läßt: Eines *intensiven* oder *Potential*-Faktors und eines *extensiven* oder *Kapazitäts*-Faktors. Beim Zusammenfügen zweier gleicher Systeme addieren sich die potentiellen Energien, weil sich die Kapazitätsfaktoren addieren, die Potentialfaktoren jedoch nicht (Tab. 1).

Tabelle 1

Potentielle Energie	=	Intensitätsfaktor (nicht additiv) × Kapazitätsfaktor (additiv)
Lageenergie	=	Höhen-Differenz × Gewicht
Wärmeenergie	=	Temperatur-Differenz × Wärmekapazität
Elektrische Energie	=	Potential-Differenz × Elektrizitätsmenge
Chemische Energie	=	Chem. Potential-Differenz × Molzahl

Daraus ersieht man, daß die Größe der Gefäße (Volumina) für eine Redox-Messung an Systemen gegebener Konzentration beliebig variieren kann; es ändert sich nur die gesamte verfügbare Arbeitsleistung (Kapazität), *nicht* jedoch das elektrische (Redox-)Potential (Intensität).

II. Die Deutung des Redox-Potentials

Die Ausbildung einer elektrisch meßbaren Potential-Differenz zwischen zwei Redox-Systemen kann man nach W. M. Clark u. Mitarb. (1923) auf eine verschieden starke Lösungstension „beweglicher Elektronen" in jedem der beiden Systeme zurückführen. Dieser unterschiedliche Lösungsdruck führt bei metallischer Verbindung der beiden Halb-Elemente zu einem Potential-Ausgleich.

Im Redox-System Fe^{3+}/Fe^{2+} liegt nach dieser Anschauung das Gleichgewicht

$$Fe^{3+} + e^- \rightleftharpoons Fe^{2+}$$

vor. Die Gleichgewichtskonstante dieses Systems ist dann

$$K = \frac{[Fe^{2+}]}{[Fe^{3+}][e^-]}$$

und die Konzentration „beweglicher Elektronen"

$$[e^-] = \frac{[Fe^{2+}]}{[Fe^{3+}] \cdot K} . \tag{1}$$

Nun kann auch den Elektronen der Metallelektrode eine bestimmte Konzentration $[e^-]_m$ zugeordnet werden. Beim Eintauchen der Elektrode findet ein Konzentrationsausgleich der freien Elektronen der Elektrode und der des gelösten Redox-Systems statt. Es wird pro Mol die „*osmotische*" Arbeit

$$R T \int_{[e^-]}^{[e^-]_m} \frac{1}{[e^-]} \, d[e^-] = R T \cdot \ln[e^-]_m - R T \cdot \ln[e^-]$$

geleistet[1]. Durch diesen Konzentrationsausgleich der Elektronen, der eine Ladungsverschiebung darstellt, tritt eine Potentialdifferenz ε zwischen Elektrode und Lösung auf. Es wird pro Mol die *elektrische* Arbeit

$$\varepsilon \cdot F$$

aufgewendet. Beide Arbeiten müssen notwendig einander gleich sein:

$$\varepsilon \cdot F = R T \cdot \ln[e^-]_m - R T \cdot \ln[e^-] .$$

Das Potential der Elektrode gegen die Lösung ist somit

$$\varepsilon = \frac{R T}{F} \ln[e^-]_m - \frac{R T}{F} \cdot \ln[e^-] ;$$

---

[1] Die Elektronen werden als ideal gelöst betrachtet, so daß die bekannten Gesetze der Osmose gelten.

darin können wir $[e^-]$ aus Gl. (1) ersetzen:

$$\varepsilon = \frac{RT}{F} \ln [e^-]_m + \frac{RT}{F} \ln K + \frac{RT}{F} \ln \frac{[Fe^{3+}]}{[Fe^{2+}]}.$$

Die beiden ersten Glieder der rechten Seite sind Konstante, die einzeln der Berechnung oder Messung unzugänglich sind. Wir können sie zusammenfassen und erhalten

$$\varepsilon = \varepsilon_m + \frac{RT}{F} \ln \frac{[Fe^{3+}]}{[Fe^{2+}]}.$$

ε_m wird als das *Normal-Redoxpotential*[1] bezeichnet.

Für $[Fe^{3+}] = [Fe^{2+}]$ wird also $\varepsilon = \varepsilon_m$.

Man sollte nun annehmen, daß bei zwei *verschiedenen* (edlen) Metallen, die als Elektroden in das *gleiche* Redox-System eintauchen, eine Potentialdifferenz auftritt, die in den für jedes Metall a priori verschiedenen Werten von $[e^-]_m$ begründet liegt. Soll diese Potentialdifferenz gemessen werden, so müssen beide Metalle direkt oder unter Zuhilfenahme anderer Metalle in Verbindung gebracht werden. Nach dem Gesetz der Kontaktpotentiale an den Berührungsstellen verschiedener Metalle kompensieren sich aber diese Potentiale in einem geschlossenen Stromkreis, so daß zwischen verschiedenen (edlen) Metallen in der gleichen Redox-Lösung *keine* Potentialdifferenz gemessen wird.

Für das Potential einer unangreifbaren Elektrode in einem Fe^{3+}/Fe^{2+}-System haben wir die Gleichung

$$\varepsilon^{Fe} = \varepsilon_m^{Fe} + \frac{RT}{F} \ln \frac{[Fe^{3+}]}{[Fe^{2+}]}$$

abgeleitet. Analog würden wir für das Ce^{4+}/Ce^{3+}-System die Gleichung

$$\varepsilon^{Ce} = \varepsilon_m^{Ce} + \frac{RT}{F} \ln \frac{[Ce^{4+}]}{[Ce^{3+}]}$$

finden. ε_m^{Ce} ist von ε_m^{Fe} verschieden, weil beide Werte einen verschiedenen K-Wert enthalten (vgl. Ableitung).

Bringen wir beide Systeme analog Abb. 2 in Verbindung, so messen wir eine Potentialdifferenz

$$\varepsilon^{Ce} - \varepsilon^{Fe} = \Delta\varepsilon = \Delta\varepsilon_m + \frac{RT}{F} \ln \frac{[Ce^{4+}] [Fe^{2+}]}{[Ce^{3+}] [Fe^{3+}]},$$

die bei der Konzentration 1 aller Teilnehmer der *Differenz* der *Normal-Redoxpotentiale* entspricht.

Wie bereits dargelegt, ist $\Delta\varepsilon$ der Intensitätsfaktor für die freie Enthalpie des zugrundeliegenden Redox-Vorganges. Die freie Enthalpie beträgt (als elektrische Arbeit ausgedrückt) also $n \cdot F \cdot \Delta\varepsilon$ (hier $n = 1$); somit gilt für die freie Enthalpie des Vorgangs $Ce^{4+} + Fe^{2+} \rightarrow Ce^{3+} + Fe^{3+}$:

$$F \cdot \Delta\varepsilon = F \cdot \Delta\varepsilon_m + RT \ln \frac{[Ce^{4+}] [Fe^{2+}]}{[Ce^{3+}] [Fe^{3+}]}.$$

Die *van't Hoffsche Reaktionsisotherme* gibt für den gleichen Vorgang

$$G = G_0 - RT \ln \frac{[Ce^{4+}][Fe^{2+}]}{[Ce^{3+}][Fe^{3+}]}.$$

Da die freie Enthalpie eines freiwillig ablaufenden Vorgangs (vom System aus gesehen) negativ zu werten ist, erkennen wir die Identität beider Ausdrücke und ersehen aus der Beziehung

$$F \cdot \Delta\varepsilon_m = -G_0,$$

daß die Differenz der Normalpotentiale zweier Redox-Systeme ein Maß für die freie normale Enthalpie des resultierenden Redox-Vorgangs ist:

$$\Delta\varepsilon_m = -\frac{G_0}{F} \text{ [Volt]}.$$

---

[1] Seltener wird dafür auch der Ausdruck *Pegel*-Potential gebraucht.

Bei der praktischen Berechung sind die unterschiedlichen Energiemaße zu beachten: Die G-Werte sind meist in cal, die elektrischen Energiewerte in Joule (Volt · Coulomb) pro Mol angegeben. Das elektrische Wärmeäquivalent ist $0,23899 \dfrac{\text{cal}}{\text{Joule}}$.

B. Die theoretische Behandlung der reversiblen Redox-Vorgänge

I. Die Peterssche Gleichung

Für jedes Redox-System läßt sich (analog dem Fe^{3+}/Fe^{2+}-System) die Gleichung für das Elektroden-Potential ableiten; man erhält dann allgemein für das *Einzelpotential* der Elektrode

$$\varepsilon = \varepsilon_m + \frac{RT}{nF} \ln \frac{[\text{Ox}]}{[\text{Red}]}, \qquad (2)$$

worin [Ox] die Konzentration der oxydierten, [Red] die Konzentration der reduzierten Form des gleichen Systems darstellt. Die Zahl n gibt die pro Elementarvorgang umgesetzten Elektronen (die *Wertigkeit* des Redox-Prozesses) an.

Nach früheren Ausführungen (vgl. S. 245) ist das Potential, das eine unangreifbare Elektrode gegen die Redox-Lösung annimmt, experimentell nicht meßbar. Somit bleibt uns auch das absolute Nullpotential unbekannt[1]. Im allgemeinen interessiert dieses Nullpotential jedoch nicht, da der eigentliche Aussagewert für die praktische Anwendung der Redox-Potential-Messung den Potential-*Differenzen* zwischen den betrachteten Systemen zukommt.

Man könnte jetzt beliebig viele Potentialdifferenzen zwischen je zweien von einer Vielzahl möglicher Redox-Systeme bestimmen, doch ist es — genau wie bei der Spannungsreihe der Metalle — zur Tabellierung praktisch, das Potential *eines* Systems als *Bezugswert* zu setzen und alle anderen Systeme gegen dieses Bezugssystem zu vermessen. Nach einem Vorschlag von Nernst wird die *Normal-Wasserstoffelektrode* (heute die *Standard-Wasserstoffelektrode*) als Bezugssystem gewählt.

Das Potential der Wasserstoffelektrode, einer sog. *Elektrode I. Art*, gehorcht der Beziehung

$$\varepsilon = \varepsilon_{0,\,H_2} + \frac{RT}{F} \ln \frac{[H^+]}{\sqrt{p_{H_2}}},$$

worin p_{H_2} der Druck des gasförmigen Wasserstoffs ist, mit dem der gelöste (molekulare) Wasserstoff im Lösungsgleichgewicht steht. An einer in diese Lösung der Wasserstoff-Ionen-Konzentration $[H^+]$ tauchenden platinierten Platinelektrode stellt sich das potentialbestimmende Gleichgewicht

$$H_2 \rightleftharpoons 2\,H \rightleftharpoons 2\,H^+ + 2\,e^-$$

ein, was zu obiger Potentialeinstellung führt. Arbeitet die Wasserstoffelektrode in einer Lösung von der H-Ionen-Konzentration 1 (mol/l) und unter strömendem Wasserstoff vom Druck 1 (at) *(Normal-Wasserstoffelektrode)*, so wird

$$\varepsilon = \varepsilon_{0,\,H_2}$$

für alle Temperaturen nach Übereinkunft als *Null* angenommen. Nernst arbeitete in einer 2 n-H_2SO_4-Lösung, in der nach Leitfähigkeitsmessungen $[H^+] = 1$ g-Ion/l ist. Aus der heutigen Sicht, durch die Kenntnis der Aktivitäten und ihrer Beziehungen zu den Konzentrationen, benutzt man die *Standard-Wasserstoffelektrode* mit der H-Ionen-*Aktivität* 1 und teilt ihr das Potential Null zu.

---

[1] Zur Bestimmung müßten wir, um einen Stromkreis herzustellen, eine weitere Elektrode in die Lösung bringen, die aber ihrerseits wieder eine Potentialdifferenz zur Lösung einstellen wird. Messungen der Oberflächenspannung von Quecksilber gegen Lösungen in Abhängigkeit von der angelegten Potentialdifferenz weisen auf ein absolutes Nullpotential von $-0,277$ Volt gegen die Standard-H_2-Elektrode hin. Die Beweiskraft dieses Versuchs ist jedoch anzuzweifeln.

Abb. 3 zeigt, wie man sich das Prinzip der Messung vorzustellen hat. Genaugenommen mißt man die Differenz der (unbekannten) Einzel-Potentiale der beiden Elektroden gegen die Lösungen:

$$\Delta\varepsilon = \varepsilon_{m,\,\text{Redox}} - \varepsilon_{0,\,\text{H}_2} = E_{m,\,\text{Redox}} \,.$$

Mit der Bezeichnung E für die Potentialdifferenz eines Systems gegen die Standard-H_2-Elektrode erhalten wir nun anstelle von Gl. (2)

$$E = E_m + \frac{RT}{nF}\ln\frac{[\text{Ox}]}{[\text{Red}]} \,. \tag{3}$$

Diese Gleichung wurde von R. PETERS (1898) erstmals am Fe^{3+}/Fe^{2+}-System experimentell bestätigt, aber schon früher von G. BREDIG und R. LUTHER angegeben, später von W. NERNST thermodynamisch untermauert.

Zur praktischen Ausführung der Messung wird man heute in den seltensten Fällen eine Standard-H_2-Elektrode als Bezugssystem verwenden. Es gibt handlichere Bezugselektroden mit sehr konstantem Eigenpotential (*Elektroden II. Art*, z. B. die Kalomel-Elektrode). Da alle Potentialangaben nach der Konvention auf die Standard-H_2-Elektrode bezogen sind, müssen die Meßergebnisse mit einer anderen Bezugselektrode natürlich auf die Wasserstoffelektrode umgerechnet werden, was jedoch keinerlei Schwierigkeiten bietet (siehe weiter unten). Zur theoretischen Behandlung setzen wir hier jedoch immer die Standard-H_2-Elektrode voraus.

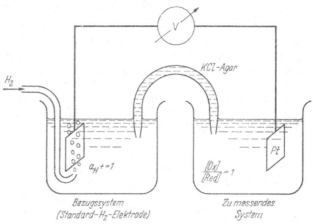

Abb. 3. Schema der Messung eines Redox-Potentials

Für den Fall, daß eine *beliebige* Metallelektrode in die Lösung der gleichen Metall-Ionen taucht, ist diese Beziehung gleichermaßen anzuwenden. Die Metallelektrode stellt dann einerseits die reduzierte Form des Redox-Systems Me^{n+}/Me dar, andererseits übernimmt sie gleichzeitig als Leiter den Elektronentransport zum Bezugssystem. Die Konzentration (genauer: Aktivität) des reinen Metalls kann nun nicht in einer der Ionenkonzentration der Lösung adäquaten Form angegeben werden. Aber sie ist jedenfalls konstant[1]. Es wird aus Gl. (3):

$$E = E_m' + \frac{RT}{nF}\ln\frac{[\text{Me}^{n+}]}{\text{const.}} \,,$$

d. h. $\quad E = E_m' - \dfrac{RT}{nF}\ln \text{const.} + \dfrac{RT}{nF}\ln[\text{Me}^{n+}] \,.$

Die beiden ersten Terme auf der rechten Seite dieser Gleichung sind konstant und man definiert

$$E_m' - \frac{RT}{nF}\ln \text{const.} = E_0 \,,$$

so daß

$$E = E_0 + \frac{RT}{nF}\ln[\text{Me}^{n+}] \,.$$

---

[1] Manchmal findet man die Angabe, daß man die Konzentration des Metalls „definitionsgemäß gleich 1" setzt. Diese Definition ist unbegründet und unnötig.

E_0 wird als das *Standard-Potential* eines Metalls gegenüber seinen gelösten
Ionen bezeichnet. Die Standard-Potentiale sind ebenfalls auf die Standard-H_2-
Elektrode bezogen.

Während das Maß des Redox-Normal-Potentials E_m vom Konzentrationsmaß *unabhängig*
ist (der Ausdruck [Ox]/[Red] ist dimensionslos), ist das Maß für das Standard-Potential einer
Metallelektrode *abhängig* vom Konzentrationsmaß. Da das allgemein übliche Konzentrations-
maß die Normalität $\left(\dfrac{\text{Grammäquivalent}}{\text{Liter}}\right)$ ist, definiert man als *Standard-Potential* einer Metallelektrode ihr Potential beim Eintauchen in die 1-normale Lösung (genauer: Lösung der
Aktivität 1) ihrer Ionen gegen die Standard-H_2-Elektrode.

Die nach steigendem Potential geordnete Tabelle der Standard-Potentiale ist
identisch mit der sog. „*Spannungsreihe der chemischen Elemente*".

II. Die Ionenaktivität

Für die genauen Formulierungen aller Gleichungen, in denen mit Konzentrationen gerechnet wird, muß mit der sog. *Aktivität* gearbeitet werden, die man auch als
„wirksame Konzentration" bezeichnen kann. In dem Maße, wie sich durch Verdünnung einer Lösung deren Eigenschaften denen einer idealen Lösung nähern,
wird Aktivität gleich Konzentration. Im allgemeinen ist dies bei Konzentrationen
unter 0,001 molar der Fall. Die Aktivität eines gelösten Stoffes bezeichnen wir
mit [ ]$_a$. Sie läßt sich als Produkt von Konzentration und Aktivitätskoeffizient
definieren, z. B. für den Fall des Fe^{2+}-Ions

$$[Fe^{2+}]_a = [Fe^{2+}] \cdot f_a \, .$$

Der Wert f_a hängt von der Gesamtkonzentration der Lösung („Ionen-Stärke")
ab und nähert sich bei hinreichend verdünnten Lösungen dem Wert 1.

Die theoretische Betrachtung über den Aktivitätskoeffizienten abzuhandeln, ist hier nicht
der Ort. Es sei nur die erste Näherung der nach Debye-Hückel abgeleiteten Gleichung angegeben:

$$\lg f_a = -0{,}5\, z^2 \sqrt{\mu} \, .$$

Hierin ist z die Wertigkeit des betreffenden Ions und μ die sog. *ionale Gesamtkonzentration*
der Lösung. Man kann diesen Ansatz im allgemeinen bis zu Konzentrationen von 0,01 mol/l
anwenden.

Die Durchrechnung für bestimmte Fälle zeigt, daß für „große" Ionen die Aktivitäten der
oxydierten und reduzierten Form bei gleicher Konzentration sehr verschieden sein können.
So ist z. B. die Aktivität einer 0,001 m-$K_3[Fe(CN)_6]$-Lösung etwa dreimal größer als die einer
0,001 m-$K_4[Fe(CN)_6]$-Lösung.

In der Praxis hilft man sich jedoch meist so, daß man einen elektro-chemisch inaktiven
Fremdelektrolyten in hoher Konzentration der Lösung der Redox-Komponenten zusetzt,
wodurch deren Aktivitätskoeffizienten — wenn auch der Berechnung schlecht zugänglich —
bei einer Änderung des Mischungsverhältnisses praktisch konstant bleiben.

Um nun weiterhin bei Berechnungen nicht mit den unbequemen natürlichen (Neperschen)
Logarithmen umgehen zu müssen, stellt man die Peterssche Gleichung (3) auf dekadische
(Briggsche) Logarithmen um:

$$E = E_m + \frac{RT}{nF} \ln \frac{[Ox]}{[Red]} = E_m + \frac{2{,}3026\,RT}{nF} \lg \frac{[Ox]}{[Red]} \, .$$

Der Ausdruck $\dfrac{2{,}306\,RT}{F}$ wird als *Nernstscher Potentialfaktor* E_N bezeichnet. Mit $R = 8{,}314$
[Joule/Grad] und $F = 96500$ [Coulomb] sind seine Werte für die gebräuchlichsten Temperaturen der Tab. 2 zu entnehmen.

Tabelle 2. *Wert des Nernstschen Potentialfaktors für verschiedene Temperaturen*

$t\,[^\circ C]$	0	10	18	20	25	30
$E_N = \dfrac{2{,}3026\,RT}{F}$ [Volt]	0,0542	0,0562	0,0577	0,0582	0,0591	0,0601

Wir schreiben also kurz

$$E = E_m + \frac{E_N}{n} \lg \frac{[Ox]}{[Red]} \,.$$ (3a)

Den Anteil der oxydierten Form an der gesamten Konzentration des Redox-Systems, also $\dfrac{[Ox]}{[Ox] + [Red]}$, nennt man *Redoxquote* α (= Molenbruch der oxydierten Form).

Liegt nur die oxydierte Form vor, so ist $\alpha = 1$; bei $[Ox] = [Red]$ ist $\alpha = 0,5$ und im Falle der reinen reduzierten Form $\alpha = 0$.

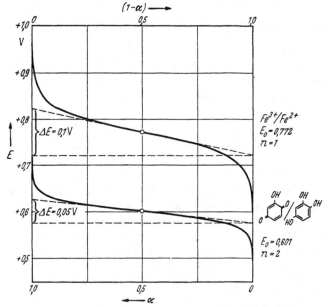

Abb. 4. Potentialeinstellung in Abhängigkeit von der Redoxquote α [vgl. Gl. (3b)]. Obere Kurve: System Fe^{3+}/Fe^{2+}; untere Kurve: System Hydroxy-p-chinon/Hydroxyhydrochinon; beide Systeme beim pH 0

Aus Gl. (3a) sehen wir, daß für jedes Redox-System beim alleinigen Vorliegen der oxydierten Form ([Red] = 0; $\alpha = 1$) das zu messende Potential $E = +\infty$, bei Vorliegen nur der reduzierten Form ([Ox] = 0; $\alpha = 0$) $E = -\infty$ sein müßte, was der experimentellen Erfahrung widerspricht. Es ist nun so, daß bei Verwendung eines reinsten Präparates, z. B. von p-Chinon (oxydierte Form des Redox-Systems p-Chinon/Hydrochinon), auf Grund des resultierenden hohen Potentials sofort eine Reaktion mit dem Lösungsmittel (Wasser) eintritt, etwa nach

$$\text{(Struktur } O{=}\bigcirc{=}O) + H_2O \longrightarrow \text{(Struktur } HO{-}\bigcirc{-}OH) + \tfrac{1}{2} O_2 \,,$$

so daß das (bereits in nicht erfaßbaren Spuren) auftretende Hydrochinon den Wert des logarithmischen Gliedes *endlich* werden läßt. Ganz allgemein lassen sich definierte Potentiale bei Konzentrations-Unterschieden der beiden Formen eines Redox-Systems von höchstens zwei Zehnerpotenzen erzielen, also bei Redoxquoten zwischen 0,01 und 0,99, was aber, wie wir sahen, nicht die Ungültigkeit der Gl. (3a) bedeutet.

Mit der Redoxquote α können wir Gl. (3a) auch schreiben

$$E = E_m + \frac{E_N}{n} \lg \frac{\alpha}{1 - \alpha} \,.$$ (3b)

Abb. 4 zeigt die Abhängigkeit des gemessenen Potentials E (gegen die Standard-H_2-Elektrode) von der Redoxquote α für ein System mit $n = 1$ und eines mit $n = 2$.

Bei $\alpha = 0{,}5$ (d. h. $[Ox] = [Red]$) messen wir das *Redox-Normal-Potential*. Durch Differentiation findet man die Neigung der Tangente im Wendepunkt;

$$\left(\frac{dE}{d\alpha}\right)_{\alpha\,=\,0{,}5} = \frac{4 \cdot E_N}{n \cdot 2{,}3026} \,.$$

Bei Temperaturen um $20°$ C ist also der Abschnitt der Tangente an der Potentialachse für $\varDelta\,\alpha = 1$ mit $n = 1$ durch $E \approx 0{,}1$ Volt, mit $n = 2$ durch $E \approx 0{,}05$ Volt gegeben (vgl. Abb. 4). Auf diese Weise kann aus einer potentiometrischen Titrationskurve (vgl. weiter unten) die *Wertigkeit* des Redoxprozesses (n) bestimmt werden. Diese Bestimmung der *Wertigkeit* ist bei wissenschaftlich durchgeführten Redox-Messungen wichtig.

III. Die Abhängigkeit des Redox-Potentials vom pH

Bei vielen Redox-Systemen, vor allem bei den organischen, läuft der Vorgang des Elektronenaustausches im allgemeinen unter Mitwirkung von Protonen (oder Hydroxonium-Ionen) ab, wie z. B.

Es ist zu erwarten, daß ein solcher Redox-Vorgang eine Abhängigkeit von der Hydroxonium-Ionen-Aktivität (meist kurz H^+-Ionenaktivität) – also vom pH – der Lösung zeigt.

Bei dem gewählten Beispiel des Hydrochinons liegt die reduzierte Form (der Einfachheit halber mit R bezeichnet) in drei Formen vor: RH_2, RH^- und R^{2-}; die oxydierte Form, das p-Chinon ($= Ox$), nur in einer. Der *reine* Redox-Prozeß (Elektronen-Vorgang) spielt sich nur zwischen $[R^{2-}]$ und $[Ox]$ ab. Die Gl. (3a) erscheint hierfür in der Form

$$E = E'_m + \frac{E_N}{2}\lg\frac{[Ox]}{[R^{2-}]}\,. \tag{4}$$

Die Gesamtkonzentration an reduzierter Form ist

$$S_r = [RH_2] + [RH^-] + [R^{2-}] \tag{5}$$

und an oxydierter Form

$$S_0 = [Ox]\,.$$

Für die Dissoziation der reduzierten Form gelten nach dem *Massenwirkungsgesetz* die beiden Ionisationskonstanten

$$K_1 = \frac{[RH^-]\cdot[H^+]}{[RH^2]}\ (\text{aus } RH_2 \rightleftharpoons RH^- + H^+), \tag{6}$$

$$K_2 = \frac{[R^{2-}]\cdot[H^+]}{[RH^-]}\ (\text{aus } RH^- \rightleftharpoons R^{2-} + H^+)\,. \tag{7}$$

Aus den Gl. (5), (6) und (7) ergibt sich

$$[R^{2-}] = S_r \cdot \frac{K_1\cdot K_2}{[H^+]^2 + K_1\,[H^+] + K_1 K_2}\,.$$

Setzen wir diesen Ausdruck für $[R^{2-}]$ in Gl. (4) ein, so erhält man nach Umstellung

$$E = E'_m - \frac{E_N}{2}\lg K_1 K_2 + \frac{E_N}{2}\lg\frac{S_0}{S_r} + \frac{E_N}{2}\lg\big([H^+]^2 + K_1[H^+] + K_1 K_2\big)\,.$$

Die ersten beiden Glieder der rechten Seite sind konstant; definieren wir das Normal-Redox-Potential weiterhin wieder durch die Bedingung $S_0 = S_r$, so gilt für seine pH-Abhängigkeit

$$E_m = E_0 + \frac{E_N}{2} \lg ([H^+]^2 + K_1[H^+] + K_1 K_2) \tag{8}$$

und das Redox-Potential des Systems mit $S_0 \neq S_r$ ist

$$E = E_0 + \frac{E_N}{2} \lg \frac{S_0}{S_r} + \frac{E_N}{2} \lg ([H^+]^2 + K_1[H^+] + K_1 K_2) \ .$$

Man bezeichnet

E_0 = *Standard-Redox-Potential* $(S_0 = S_r, \text{pH } 0)$,
E_m = *Normal-Redox-Potential* $(S_0 = S_r, \text{pH angegeben, z. B.}$
$\qquad\qquad\qquad\qquad E_{m5}$ = Normal-Redox-Potential beim pH 5) ,
E = *Redox-Potential* $(S_0 \neq S_r, \text{pH angegeben}).$

Alle Potentialwerte sind auf die *Standard-Wasserstoffelektrode* (früher *Normal-Wasserstoffelektrode*) bezogen.

Für das Chinon/Hydrochinon-System gelten bei 20° C:

$$E_0 = 0{,}703 \text{ V}, \quad K_1 = 1{,}33 \cdot 10^{-10} \quad \text{(d. h. } pK_1 = 9{,}76) ,$$
$$K_2 = 4 \cdot 10^{-12} \quad \text{(d. h. } pK_2 = 11{,}4) ;$$

außerdem ist E_N (20° C) = 0,0582 [Volt].

Somit ist für dieses System die Abhängigkeit des Normal-Redox-Potentials vom pH [Gl. (8)] in völliger Übereinstimmung mit den Messungen durch Abb. 5 dargestellt.

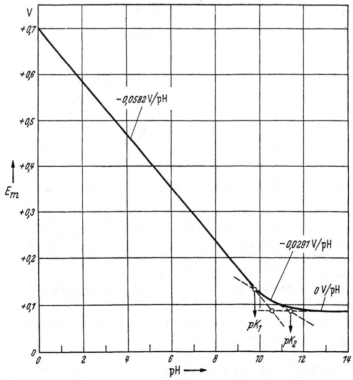

Abb. 5. Abhängigkeit des Normal-Redox-Potentials des Chinhydrons vom pH ($t = 20°$ C)

Es lassen sich also auch aus den Schnittpunkten der verlängerten linearen Kurventeile die pK-Werte bestimmen[1].

Weiterhin kann man auf Grund des (praktisch) linearen Zusammenhanges von E_m und pH beim Chinhydron (= Chinon/Hydrochinon, $S_0/S_r = 1$) mit Hilfe des gemessenen Potentials einer mit Chinhydron versetzten wäßrigen Lösung den pH-Wert dieser Lösung bestimmen (bis pH 8)[2].

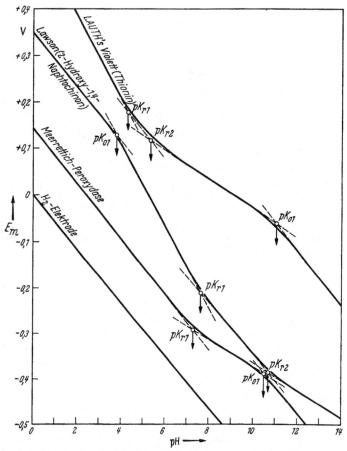

Abb. 6. Abhängigkeit der Normal-Potentiale einiger Redox-Systeme vom pH. K_{01}, $K_{02} \ldots = 1., 2., \ldots$ Säuredissoziationskonstante der oxyd. Form; K_{r1}, $K_{r2} \ldots = 1., 2., \ldots$ Säuredissoziationskonstante der reduz. Form
$$(pK = -\lg K)$$

Sind noch mehr saure, dissoziierende Gruppen im Molekül (und evtl. auch bei der oxydierten Form) vorhanden, so werden die Verhältnisse komplizierter, lassen sich aber auch in der gleichen Weise ableiten und formelmäßig gut erfassen. Einige derartige Systeme sind in Abb. 6 dargestellt.

Theoretische Betrachtungen und experimentelle Untersuchungen stimmen völlig darin überein, daß die Steigungen der linearen Teile der E_m/pH-Kurven für die 2-Elektronen-Systeme ganzzahlige Vielfache von $\dfrac{E_N}{2}$ (~30 mV) je pH-Einheit sind (vgl. Abb. 5 und 6).

---

[1] Näheres siehe bei W. M. CLARK (1960), R. BRDIČKA (1958) und L. F. HEWITT (1950).
[2] Vgl. Kapitel „pH-Messung" in diesem Band.

Aus der Kenntnis der für die verschiedenen Redox-Systeme unterschiedlichen pH-Abhängigkeit ihres Normal-Potentials erklären sich zwanglos eine Reihe von pH-abhängigen Reaktionen.

Abb. 7 bringt einige typische Beispiele, die zugleich den Instruktionswert derartiger Darstellungen demonstrieren.

Die Systeme mit dem positiv liegenden Normal-Potential wirken oxydierend gegenüber den Systemen negativeren Potentials, oder umgekehrt, die negativeren Potentiale wirken reduzierend gegenüber den positiveren. So ist z. B. das Fe^{3+}/Fe^{2+}-System für das MnO_4^-/Mn^{2+}-System ein Reduktionsmittel, für das Cu^{2+}/Cu^+-System ein Oxydationsmittel (vgl. Abb. 7).

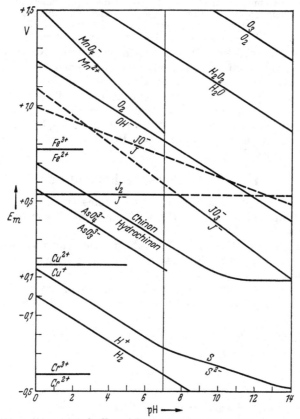

Abb. 7. Abhängigkeit der Normal-Potentiale einiger Redox-Systeme vom pH

Das MnO_4^-/Mn^{2+}-System ist pH-abhängig, weil über sein Redox-Potential das Gleichgewicht

$$MnO_4^- + 8\,H^+ + 5\,e^- \rightleftharpoons Mn^{2+} + 4\,H_2O$$

entscheidet, also H^+-Ionen an der Redox-Reaktion beteiligt sind. Sein Potential/pH-Gang ist $-\dfrac{8}{5}\,E_N/pH$, d. h. $-0{,}095$ V/pH.

Es ist aus Abb. 7 beispielsweise zu ersehen, daß Ozon, Wasserstoffperoxyd, Permanganat und Sauerstoff starke Oxydationsmittel, Wasserstoff und Schwefelwasserstoff starke Reduktionsmittel sind.

Das S/S^{2-}-System ist in stark saurer Lösung (pH < 0) von ähnlichem Potential wie das Cu^{2+}/Cu^+-System. Beim Einleiten von H_2S in Cu^{++}-Lösung bildet sich deshalb vorwiegend CuS. In weniger saurer Lösung ist das S/S^{2-}-System viel negativer als das Cu^{2+}/Cu-System, so daß zunächst Reduktion des Cu^{2+} und dann mit überschüssigem H_2S Ausfällung von Cu_2S eintritt.

Aus Abb. 7 geht weiter hervor, daß das J_2/J^--System in schwach saurer bis neutraler Lösung von AsO_4^{3-}/AsO_3^{3-}-System reduziert wird, in stark saurer Lösung sich jedoch die Verhältnisse umkehren. Das Experiment zeigt bekanntlich, daß in schwach saurer Lösung, in der Jod durch arsenige Säure entfärbt wird, beim stärkeren Ansäuern die Jodfarbe wieder auftaucht.

Besonders gut geht aus der Darstellung in Abb. 7 das Verhalten der verschiedenen Wertigkeitsstufen des Jods bei Veränderung des pH hervor: In saurer Lösung ist das J_2/J^--System negativer als das JO_3^-/J^--System, in alkalischer Lösung umgekehrt. Deshalb disproportioniert J_2 in alkalischer Lösung über die Stufe JO^- in das stabilere JO_3^- und J^-. Letzteres ist die reduzierte Form sowohl des JO_3^-/J^- als auch des J_2/J^--Systems. In saurer Lösung, wo das J_2/J^--System das negativere ist, wird demgemäß J^- von JO_3^- zu J_2 oxydiert.

Das JO^-/J^--System, das ebenfalls über J^- mit den beiden genannten Systemen verbunden ist, ist über den gesamten pH-Bereich positiver als *eines* der beiden anderen Systeme; daraus erklärt sich seine Instabilität: In alkalischer Lösung disproportioniert JO^- zu JO_3^-/J^-, in schwach saurer Lösung folgt dieser Reaktion die Synproportionierung $JO_3^-/J^- \rightarrow J_2$, in stark saurer Lösung erfolgt die sofortige Synproportionierung $JO^-/J^- \rightarrow J_2$. Die Zusammensetzung des Jodsystems bewegt sich also auf der in Abb. 7 *ausgezogenen* Linie.

Manche Systeme scheinen nicht die ihnen nach ihrem Normal-Potential zukommende Oxydations- oder Reduktionskraft zu besitzen; so werden z. B. Cu^{2+} nicht von Wasserstoff reduziert, Hydrochinon und J^- in saurer (sehr reiner) Lösung nicht von Sauerstoff oxydiert, wie es nach Lage ihrer Normal-Potentiale zu erwarten wäre. H^+/H_2 und O_2/OH^- sind sog. „gehemmte Systeme"[1], die der Aktivierung durch Katalysatoren (z. B. Schwermetall-Ionen, Platinmohr, Enzyme) bedürfen, um ihre volle Oxydations- oder Reduktionskraft zu entfalten (vgl. hierzu auch Abschnitt F).

IV. Die Luthersche Beziehung

Das Redox-Potential eines Metall-Ionen-Systems (z. B. Cu^{2+}/Cu^+) kann aus den Standard-Potentialen (vgl. S. 247) des Metalls mit jedem der beiden Ionen abgeleitet werden.

Die maximale Arbeit, die mit der Überführung von einem Mol eines Metalls in seine Ionen der höheren Wertigkeitsstufe verbunden ist, kann man sich nämlich zusammengesetzt denken aus der Arbeit, die mit der Überführung von 1 Mol des Metalls in die Ionen der niedrigeren Wertigkeitsstufe verbunden ist, und der Arbeit, die zu der Oxydation der niedrigeren in die höhere Wertigkeitsstufe notwendig ist.

Für das Kupfer wurde z. B. gemessen:

a) $Cu \rightarrow Cu^{2+} + 2e^-$: $E_{0,\,Cu^{2+}/Cu} = 0,34$ V

b) $Cu \rightarrow Cu^+ + e^-$: $E_{0,\,Cu^+/Cu} = 0,52$ V

c) $Cu^+ \rightarrow Cu^{2+} + e^-$: $E_{m,\,Cu^{2+}/Cu^+} = 0,16$ V

Die entsprechenden Normalarbeiten sind also

a) $A_{Cu^{2+}/Cu} = 2 \cdot F\, E_{0,\,Cu^{2+}/Cu} = 2 \cdot 0,34 \cdot F$ [Joule]

b) $A_{Cu^+/Cu} = F \cdot E_{0,\,Cu^+/Cu} = 0,52\,F$ [Joule]

c) $A_{Cu^{2+}/Cu^+} = F \cdot E_{m,\,Cu^{2+}/Cu^+} = 0,16\,F$ [Joule]

Es muß gelten:

$$A_{Cu^{2+}/Cu} = A_{Cu^+/Cu} + A_{Cu^{2+}/Cu^+},$$

d. h.

$$2 \cdot F \cdot E_{0,\,Cu^{2+}/Cu} = F \cdot E_{0,\,Cu^+/Cu} + F \cdot E_{m,\,Cu^{2+}/Cu^+}$$

und

$$2 \cdot 0,34 \cdot F = 0,52 \cdot F + 0,16 \cdot F,$$

woran man sofort die Richtigkeit erkennt.

---

[1] Deshalb sind fast alle chemischen Reaktionssysteme, an denen Sauerstoff beteiligt ist, gehemmt (z. B. O_2/Ascorbinsäure).

Man kann also nach Division durch F und für ein beliebiges ähnliches System schreiben:

$$(m - n) \cdot E_{m,\ \mathrm{Me}^{m+}/\mathrm{Me}^{n+}} = m \cdot E_{0,\ \mathrm{Me}^{m+}/\mathrm{Me}} - n \cdot E_{0,\ \mathrm{Me}^{n+}/\mathrm{Me}},$$

worin m und n die verschiedenen Wertigkeitsstufen der Metall-Ionen bedeuten. Diese Beziehung wurde bereits von R. LUTHER (1901) angegeben. Sie dient (analog dem Heßschen Satz) der Berechnung *eines* Potentials, wenn die beiden anderen bekannt sind.

Es ist zu bemerken, daß hier genau genommen die Summen von *Arbeiten* auftreten. Da jedoch der Kapazitätsfaktor dieser Arbeiten, F, immer der gleiche ist (es handelt sich um *Normalarbeiten*), kann man die resultierenden Gleichungen durch ihn dividieren und erhält so scheinbar Potentialsummen. In diesem Falle (bei gleichen Kapazitätsfaktoren) können an Stelle der Arbeitsbeträge deren Intensitätsfaktoren (hier die Potentiale) addiert werden, was aber nur unter den eben genannten Bedingungen erlaubt ist.

V. Mischungen von Redox-Systemen

Vermischen wir die Lösungen zweier verschiedener (reversibler) Redox-Systeme, so tritt die entsprechende Redox-Reaktion ein, bis beide Systeme das gleiche Redox-Potential haben.

Betrachten wir z. B. das System 1 mit der Redox-Reaktion (sog. *Halbreaktion*)

$$\mathrm{Ox}_1 + n_1 \mathrm{e}^- = \mathrm{Red}_1$$

und das System 2 mit:

$$\mathrm{Ox}_2 + n_2 \mathrm{e}^- = \mathrm{Red}_2.$$

Die zugehörigen Gleichungen sind

$$E_1 = E_{m,\,1} + \frac{E_N}{n_1} \lg \frac{[\mathrm{Ox}_1]}{[\mathrm{Red}_1]}$$

$$\text{und } E_2 = E_{m,\,2} + \frac{E_N}{n_2} \lg \frac{[\mathrm{Ox}_2]}{[\mathrm{Red}_2]}.$$

Die Reaktion

$$n_2 \cdot \mathrm{Ox}_1 + n_1 \cdot \mathrm{Red}_2 = n_1 \cdot \mathrm{Ox}_2 + n_2 \cdot \mathrm{Red}_1$$

läuft so weit, bis $E_1 = E_2$; dann ist, wie sich leicht errechnen läßt,

$$\frac{n_1 \cdot n_2 (E_{m,\,1} - E_{m,\,2})}{E_N} = \lg \frac{[\mathrm{Ox}_2]^{n_1} \cdot [\mathrm{Red}_1]^{n_2}}{[\mathrm{Red}_2]^{n_1} \cdot [\mathrm{Ox}_1]^{n_2}}.$$

Nun ist der Ausdruck hinter dem Logarithmus gleich dem Wert K_c der thermodynamischen Gleichgewichtskonstanten der angegebenen Reaktion, so daß

$$\lg K_c = \frac{n_1 \cdot n_2 (E_{m,\,1} - E_{m,\,2})}{E_N}. \tag{9}$$

Man kann also bei Kenntnis der Normal-Redoxpotentiale der an einer Reaktion teilnehmenden Redox-Systeme die Gleichgewichtskonstante der resultierenden Reaktion bestimmen.

Beispiel: Betrachten wir die Reaktion

$$2\ \mathrm{Fe}^{3+} + \mathrm{Sn}^{2+} \leftrightarrows 2\ \mathrm{Fe}^{2+} + \mathrm{Sn}^{4+}$$

beim pH $= 0$, $t = 20°$ C, und den Standard-Potentialen

$$E_{0,\ \mathrm{Fe}^{3+}/\mathrm{Fe}^{2+}} = 0{,}75\ \mathrm{V} \quad \text{und} \quad E_{0,\ \mathrm{Sn}^{4+}/\mathrm{Sn}^{2+}} = -0{,}15\ \mathrm{V},$$

so gilt nach Gl. (9)

$$\lg K_c = \lg \frac{[\mathrm{Fe}^{2+}]^2 \cdot [\mathrm{Sn}^{4+}]}{[\mathrm{Fe}^{3+}]^2 \cdot [\mathrm{Sn}^{2+}]} = \frac{2 \cdot (0{,}75 + 0{,}15)}{0{,}0582} = 30{,}92,$$

d. h. $K_c = 8{,}32 \cdot 10^{30}$.

Bei der angegebenen Reaktion zwischen Eisen- und Zinn-Ionen liegt das Gleichgewicht völlig auf der rechten Seite; die Reaktion verläuft damit praktisch quantitativ nach rechts; das Gleichgewicht ist analytisch nicht mehr festzustellen.

Aus Gl. (9) sieht man weiter: je näher die Normal-Potentiale zweier Redox-Systeme beieinander liegen, desto mehr geht $\lg K_c$ nach Null, d. h. K_c nach 1. In solchen Fällen stellen die entsprechenden Reaktionen eine deutlich feststellbare Gleichgewichtslage ein, bei der die Konzentrationen aller vier Reaktionsteilnehmer meßbar sind.

VI. Die Beschwerung

In einem Säure-Base-*Puffersystem* spricht man von der größten Puffer-*Kapazität*, wenn das Säure-Base-Konzentrationsverhältnis (z. B. Essigsäure/ Acetat) gerade so ist, daß weiter zugefügte starke Säure oder Base die geringste pH-Verschiebung bewirkt.

In ähnlicher Weise definiert man für ein *Redox-System* die größte *Beschwerung*[1] bei demjenigen Verhältnis [Ox]/[Red] $\left(\text{oder auch } \dfrac{\alpha}{1-\alpha}\right)$, bei dem zugesetztes Oxydations- oder Reduktionsmittel die geringste Änderung des Redox-Potentials bewirkt.

Das hieße, wenn $\dfrac{dE}{d\alpha}$ am kleinsten ist, ist die Beschwerung am größten. Man definiert also den reziproken Wert von $\dfrac{dE}{d\alpha}$ als die Beschwerung β.

Ausgehend von

$$E = E_m + \frac{RT}{nF} \ln \frac{\alpha}{1-\alpha}$$

erhält man durch Differentiation

$$\frac{dE}{d\alpha} = \frac{RT}{nF} \cdot \frac{1}{\alpha - \alpha^2},$$

so daß die Beschwerung

$$\beta = 1 \bigg/ \frac{dE}{d\alpha} = \frac{nF}{RT}(\alpha - \alpha^2).$$

Die stärkste Beschwerung ergibt sich bei

$$\frac{d\beta}{d\alpha} = \frac{nF}{RT}(1 - 2\alpha) = 0,$$

d. h.

$$\text{für } \alpha = {}^1/_2.$$

Die Beschwerung eines Redox-Systems ist am größten bei der Redoxquote $\alpha = {}^1/_2$, *also beim Konzentrationsverhältnis (Mischungsverhältnis)* [Ox]/[Red] = 1 *(d. h. beim Normal-Redox-Potential)*.

Die weitere Betrachtung zeigt, daß die Beschwerung für eine gegebene Redox-quote außerdem mit der *Gesamtkonzentration* [Ox] + [Red] steigt (analog der Pufferung im Säure-Basen-System).

Die Beschwerung eines Systems läßt sich durch Titration mit einem Oxydations- bzw. Reduktionsmittel untersuchen. Sie ist bei irgendeinem Punkt der Titrationskurve um so größer, je flacher in diesem Punkt die Tangente liegt (vgl. Abb. 4).

Für Redox-Systeme mit komplizierterem (mehrstufigem) Mechanismus muß die Redox-quote der größten Beschwerung von Fall zu Fall berechnet werden; man erhält hier andere Ergebnisse.

---

[1] Engl. poised capacity oder poising action. Den reziproken Wert der Beschwerung bezeichnet man bei uns manchmal noch als „*Nachgiebigkeit*" des Redox-Systems.

VII. Zweistufige Redox-Systeme

Manche, mindestens zweielektronige Redox-Prozesse können mehrstufig ablaufen, wenn das durch einen Einelektronen-Prozeß entstandene radikalische Zwischenprodukt eine merkliche Stabilität hat.

Derartige Zwischenprodukte liegen echt radikalisch (z. B. semichinoid) vor, wie das bekannte Wurstersche Rot:

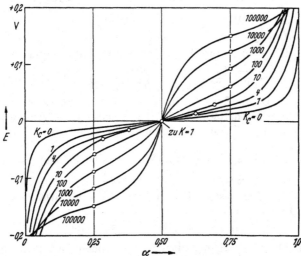

Dagegen sind chinhydronartige Molekülverbindungen zwischen der oxydierten und der reduzierten Form eines Systems nicht als Semichinone (Radikale) aufzufassen, wie durch magnetische und spektroskopische Untersuchungen gezeigt werden kann.

Auf die mathematische Behandlung dieser Fälle soll hier aus Raumgründen verzichtet werden.

Man kann die oxydierte und die semichinoide Form als ein Redox-System mit einem bestimmten Normal-Potential ($E_{m,1}$), die semichinoide und reduzierte Form als ein zweites System mit einem negativeren Normal-Potential ($E_{m,2}$) auffassen.

Unter Zugrundelegung der Gleichung

$$Ox + Red \rightleftharpoons 2\ Sem$$

resultiert die Bildungskonstante des Semichinons als

$$K_c = \frac{[Sem]^2}{[Ox]\,[Red]} \, .$$

Die mathematische Behandlung ergibt

$$\lg K_c = \frac{E_{m,1} - E_{m,2}}{E_N} \, .$$

Die Abhängigkeit des Redox-Potentials von der Redoxquote für solche Fälle mit verschiedenen K_c-Werten zeigt Abb. 8.

Abb. 8. Abhängigkeit des Redox-Potentials E von der Redoxquote α bei der Bildung von Semichinonen. Parameter der Kurvenschar ist die Semichinonbildungskonstante K_c. Die Potentiale sind auf den Symmetriepunkt = 0 bezogen

Da K_e meist mit fallendem pH größer wird, d. h. die Semichinon-Zwischenstufe bei steigender Acidität stabiler wird, kann der Verlauf der Potentialkurve desselben zweistufigen Redox-Systems bei verschiedenen pH-Werten alle möglichen der in Abb. 8 gezeigten Verlaufsarten annehmen. In dieser Weise verhalten sich z. B. Pyocyanin, Oxythiazin, Chloraphin und Lactoflavin.

C. Die nicht-reversiblen Redox-Vorgänge

I. Allgemeines

In der Lehre von den Redox-Potentialen hat es sich eingebürgert, solche Redox-Systeme als *reversibel* zu bezeichnen, bei denen sowohl die oxydierte als auch die reduzierte Form (evtl. auch eine semichinoide Zwischenstufe) in ungehindertem Elektronenaustausch mit der Metallelektrode stehen, also dieser Metallelektrode ein definiertes Potential erteilen.

Ist dieser Austausch bei einer oder beiden Formen gehemmt und nur mit Redox-*Indicatoren* (vgl. weiter unten), *Enzymen* oder auch *gar nicht* zu erzielen, so spricht man von *halb-(semi-)reversiblen* und *irreversiblen* Redox-Systemen.

Der hier gebrauchte Ausdruck „reversibel" hat mit der *thermodynamischen* Reversibilität nichts zu tun. Eine größere Anzahl von sog. irreversiblen Redox-Systemen reagiert über Vermittlersysteme mit anderen Redox-Systemen zu definierten Gleichgewichtslagen, die bei Änderung der Konzentration eines Partners im Sinne des MWG nachrücken, sich also (thermodynamisch gesehen) durchaus reversibel verhalten.

Die reversible Redox-Eigenschaft eines Systems läßt sich zwar in vielen Fällen durch die Erteilung eines definierten Potentials an eine inerte Metallelektrode durch das *reine* Redox-System zeigen und messen; dies ist aber nicht Bedingung für die thermodynamische Reversibilität.

Um Unklarheiten zu vermeiden, müßte man die thermodynamisch reversiblen, aber elektrochemisch irreversiblen Systeme besser als „*gehemmt*" bezeichnen.

II. Irreversible Systeme

Am Beispiel des Fumarat/Succinat-Systems seien die irreversiblen Systeme erläutert.

Fumarsäure läßt sich katalytisch durch Wasserstoff zu Bernsteinsäure reduzieren:

$$\begin{array}{ccc} \text{HOOC—CH} + H_2 & \longrightarrow & \text{HOOC—CH}_2 \\ \quad \| & & \quad | \\ \text{HC—COOH} & & H_2\text{C—COOH} \end{array} \qquad [\Delta G_0 \ (25° \ C) = -20180 \ \text{cal}]$$

Das Fumarat/Succinat-System müßte also gegenüber dem H^+/H_2-System (vom gleichen pH) einen Unterschied des Normal-Redox-Potentials von

$$\Delta E_m = \frac{-\Delta G_0}{n \cdot F \cdot 0{,}23899} = \frac{20180}{2 \cdot 96500 \cdot 0{,}23899} = 0{,}436 \ \text{[Volt]}$$

haben (vgl. S. 245). Da die Reaktion in der angegebenen Richtung unter Abnahme der freien Reaktions-Enthalpie abläuft (ΔG_0 negativ!), die Fumarsäure also von Wasserstoff reduziert wird, muß das Fumarat/Succinat-System positiver als das H^+/H_2-System sein.

Beim pH 7 hat das H^+/H_2-System (Wasserstoffelektrode) ein Potential von:

$$E_0 \ (\text{pH } 7; 25° \ C) = -0{,}412 \ \text{[Volt]}$$

(vgl. Abschnitt B I.). Bei diesem pH hätte also das Fumarat/Succinat-System ein Normal-Redox-Potential von

$$-0{,}412 + 0{,}436 = +0{,}024 \ \text{[Volt]}.$$

Das System ist aber (wegen fehlenden Elektronenübergangs) an der inerten Metallelektrode *elektrochemisch inaktiv* („irreversibel"), erteilt der Elektrode also *kein* definiertes Potential.

Setzt man jedoch einer Bernsteinsäurelösung Methylenblau[1] und als (Bio-) Katalysator eine spezifische (aus Pferdemuskeln gewonnene) Dehydrase zu, so spielt sich über eine Gleichgewichtseinstellung folgende Reaktion ab:

$$\text{Methylenblau} + \text{Succinat} \underset{}{\overset{\text{Dehydrase}}{\rightleftarrows}} \text{Leukomethylenblau} + \text{Fumarat}$$
$$\text{Ox}_1 \quad + \quad \text{Red}_2 \qquad\qquad \text{Red}_1 \quad + \quad \text{Ox}_2$$

Da sich das Methylenblau/Leukomethylenblau-System elektrochemisch aktiv verhält ($E_{m7} = +0,011$ V), kann man das in dieser Lösung sich einstellende Potential messen (vgl. Abschnitt E) und anhand des Umsatzes und des gemessenen Potentials das *Normal-Redox-Potential* des Fumarat/Succinat-Systems berechnen.

Setzt man äquivalente Mengen Methylenblau und Bernsteinsäure beim pH 7 ein und wartet nach Zugabe des Enzyms die Potentialeinstellung ab, so findet man 0,0175 V (gegen die Standard-Wasserstoffelektrode).

Aus der Potentialgleichung für das Methylenblau-System

$$E_1 = 0{,}011 + \frac{E_N}{2} \lg \frac{[\text{Mb}]}{[\text{LMb}]} ,$$

d. h. hier

$$0{,}0175 = 0{,}011 + \frac{0{,}0591}{2} \lg \frac{\alpha}{1 - \alpha} ,$$

findet man den umgesetzten Teil $1 - \alpha$ zu 0,376.

Suchen wir nun das Potential des Succinat-Systems nach

$$E_2 = E_{m,7} + \frac{E_N}{2} \lg \frac{[\text{Fumarat}]}{[\text{Succinat}]} ,$$

so kennen wir auch hier bei bekannter Ausgangskonzentration an Succinat den Umsatz aus dem des Methylenblaus und wissen, daß die Potentiale beider Systeme im Gleichgewicht einander gleich sein müssen. Also

$$0{,}0175 = E_{m,7} + \frac{0{,}0591}{2} \lg \frac{\alpha}{1 - \alpha} .$$

Hieraus läßt sich für $\alpha = 0{,}376$ leicht errechnen, daß das Normal-Redox-Potential des Fumarat/Succinat-Systems beim pH 7, $E_{m,7} = +0{,}024$ V, in Übereinstimmung mit dem thermodynamisch ermittelten Wert steht.

Statt der Wasserstoffelektrode benutzt man im Labor als Bezugselektrode am günstigsten die Kalomelelektrode (vgl. S. 263). Eine solche Elektrode ist leicht selbst herstellbar und hinsichtlich ihres Potentials genau reproduzierbar. Das Potential der n-Kalomelelektrode beträgt gegenüber der *Standard*-Wasserstoffelektrode $+0{,}280$ V (25° C).

Genau wie bei der Verwendung der Wasserstoffelektrode gibt man auch hier dem Potential einer *unbekannten* zu messenden Elektrode ein *positives* Vorzeichen, wenn sie in Verbindung mit der Kalomelelektrode *positiv* ist, umgekehrt ein *negatives* Vorzeichen, wenn sie dabei *negativ* wird. Aus den gegenüber der Kalomelelektrode gemessenen Spannungen kann man leicht das Potential der betreffenden Elektrode gegen die Normal-Wasserstoffelektrode errechnen, indem man dazu unter Beachtung des festgestellten Vorzeichens $+0{,}280$ addiert.

Ist z. B. eine gegen die Kalomelelektrode gemessene Spannung $-0{,}120$ V, so entspräche dies einer gegen die Wasserstoffelektrode gemessenen Spannung von

$$-0{,}120 + 0{,}280 = +0{,}160 \text{ [V]} ,$$

d. h. $-0{,}120$ V gegen die n-Kalomelelektrode entsprechen $+0{,}160$ V gegen die Standard-H_2-Elektrode.

Um die *Reversibilität* der Gesamtreaktion zu prüfen, gibt man verschiedene bekannte Konzentrationen der Ausgangssubstanzen vor und muß immer das gleiche Normal-Potential finden.

---

[1] Das Redoxsystem Methylenblau/Leukomethylenblau fungiert als Potential-Vermittler. Die Funktion von Potential-Vermittlern ist so zu verstehen, daß sie einerseits der Elektrode selbst ihr Potential aufprägen und andererseits mit dem zu prüfenden Redoxsystem ins Gleichgewicht treten.

Dieses Beispiel steht allgemein für die Art, wie man die Normal-Potentiale elektro-chemisch irreversibler (meist biologisch interessanter) Redox-Systeme ermitteln kann.

Weitere Möglichkeiten werden später (bei den colorimetrischen und polarographischen Meßmethoden) beschrieben.

In Teil G II sind die Standard-Redox-Potentiale einer Reihe „irreversibler" Systeme tabelliert.

III. Semireversible Systeme

Bei einer Gruppe von Redox-Systemen ist nur die eine der beiden Formen imstande, reversibel mit einer unangreifbaren *Elektrode* Elektronen auszutauschen; im allgemeinen ist es die reduzierte Form.

Die sich an der Elektrode einstellenden Potentiale sind dann *nur* von der Konzentration der reduzierten Form abhängig:

$$E = E_0 - \frac{E_N}{n} \lg \, [\text{Red}].$$

Als Redox-Normal-Potential E_0 wird in diesen Fällen das Potential für [Red] = 1 Mol/l — analog den Metall/Metall-Ion-Systemen — bezeichnet.

Zu dieser Gruppe gehören z. B. die Ascorbinsäure, das Sulfition, das Quercetin.

Die Gründe für die elektrochemische Inaktivität der oxydierten Formen dieser Systeme sind stoffbedingt verschieden: Die oxydierte Form der Ascorbinsäure, die Dehydroascorbinsäure, bildet in wäßriger Lösung ein elektrochemisch inaktives Hydrat (ähnlich wie Formaldehyd); das Sulfat-Ion als oxydierte Form des Sulfit-Ions ist durch die besonderen Bindungsverhältnisse des tetraedrischen Systems offenbar derartig stabilisiert, daß der Schwefel unter normalen Bedingungen nicht mehr als Elektronenacceptor fungieren kann. Quercetin gehört zu der lebensmittelchemisch bzw. lebensmitteltechnologisch bedeutsamen Gruppe von Polyphenolen (auch Aminophenole verhalten sich so), deren oxydierte Formen sofort zu höhermolekularen, elektrochemisch inaktiven Produkten weiterkondensieren.

Die allgemeine Behandlung solcher Fälle übersteigt den hier gesetzten Rahmen. Sie wurde von J. B. Conant (1926) begonnen und von W. M. Clark (1960) eingehend abgehandelt.

D. Die Maßsysteme für das Redox-Potential

I. Das elektrische Maßsystem

Das elektrische Maßsystem für die Festlegung der Potentiale hat sich zwanglos aus der methodischen Behandlung der Materie ergeben. Sein Gebrauch geht aus dem bisher Gesagten genügend hervor und bedarf keiner weiteren Erläuterung.

II. Das calorische Maßsystem

Für thermodynamische Fragestellungen bei Oxydationen und Reduktionen oder für Untersuchungen über den Energie-Umsatz (besonders biochemischer Reaktionen) wird im allgemeinen das calorische Maß verwendet. Darauf wurde schon auf den S. 243 u. 245 eingegangen.

Es sei hier nochmals darauf hingewiesen, daß schon die Potentialangabe in *Volt* ein Maß der *Energie darstellt;* denn bei elektrischen Potentialangaben über chemische Arbeiten (= Energie) handelt es sich immer um *Normalarbeiten* bei sog. *Formelumsätzen.* Da ein Äquivalent Elektronen (= $N_L \cdot e^{(-)}$ = 6,023 · 10^{23} · $e^{(-)}$ = F = 96 500 Coulomb) unter der Potentialdifferenz V Volt die Arbeit

$$96\,500 \cdot V \quad [\text{Volt} \cdot \text{Coulomb} = \text{Joule}]$$

zu leisten imstande ist, entspricht einem Unterschied der Normal-Redox-Potentiale zweier Systeme von ΔE_m und einem Austausch von n Elektronen je Elementarakt die freie Normalarbeit (Enthalpie) von

$$\Delta G_{\text{elektr.}} = \Delta E_m \cdot n \cdot F \quad [\text{Joule}].$$

Mit dem elektrischen Wärmeäquivalent von $0,23899 \left[\dfrac{\text{cal}}{\text{Joule}}\right]$ wird

$$\Delta G_{\text{therm.}} = 0,23899 \cdot \Delta G_{\text{elektr.}} = \Delta E_m \cdot n \cdot F \cdot 0,23899 \, [\text{cal}] .$$

III. Der rH-Wert

Mit dem rH-Wert wollte CLARK ursprünglich ein pH-unabhängiges Maß für das Redox-Potential schaffen.

Das Potential einer Wasserstoffelektrode hat einen linearen Gang mit dem pH von $E_N \approx -0,06$ V je pH-Einheit (vgl. Abb. 9 und die folgende Ableitung). Am Anfang der Redox-Untersuchungen glaubte man auch für die *2-Elektronensysteme* den *gleichen* Gang gefunden zu haben, so daß für diese Systeme die Potentialdifferenz gegen eine Wasserstoffelektrode von gleichem pH über den gesamten pH-Bereich *konstant* schien.

Diese konstante Potentialdifferenz (übrigens zahlengleich mit dem betreffenden Standard-Redox-Potential) hätte die gewünschte Bedingung bereits erfüllt.

Man ersetzte sie jedoch wie folgt durch den rH-Wert:

Die Abhängigkeit des Potentials der Wasserstoffelektrode[1] vom *Druck* des umspülenden Wasserstoffs (p_{H_2}) *und* von der H^+-*Ionen-Konzentration* der Lösung ist

$$E = \frac{RT}{F} \ln \frac{[H^+]}{\sqrt{p_{H_2}}}$$

Die Gleichung kann umgeformt auch so formuliert werden:

$$E = -\frac{E_N}{2} \lg p_{H_2} - E_N \cdot pH . \quad (10)$$

Beim Wasserstoffdruck $p_{H_2} = 1$ at gilt also

$$E = -E_N \cdot pH .$$

Dies ist die Abhängigkeit des Potentials der Wasserstoffelektrode mit 1 at Wasserstoffdruck vom pH.

Aus Gl. (10) ersieht man auch die Druckabhängigkeit der Wasserstoffelektrode; je Zehnerpotenz *Druckabfall* steigt das Potential um $\dfrac{E_N}{2} \approx 0,030$ V. Der gesamte Zusammenhang ist in Abb. 9 dargestellt.

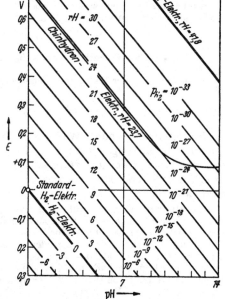

Abb. 9. Abhängigkeit des Potentials der Wasserstoffelektrode vom pH und vom Wasserstoffdruck (p_{H_2})

Jedes *beliebige* Redox-System, dessen Normal-Potential ebenfalls eine pH-Abhängigkeit von $-E_N$ pro pH-Einheit hat, würde sich also mit einer dieser Geraden decken, d. h. es hätte bei jedem pH die gleiche Reduktionsintensität wie

---

[1] Die Wasserstoffelektrode ist ebenfalls ein reversibles Redox-System, an der sich folgender Vorgang abspielt:

$$^1/_2 \, H_2 \rightleftharpoons H^+ + e^-$$

die Wasserstoffelektrode des betreffenden Wasserstoffdrucks. Chinhydron ($E_0 = 0,699$ V) hätte somit das gleiche Reduktionsvermögen wie die Wasserstoffelektrode unter dem Wasserstoffdruck $10^{-23,7}$ at bei jedem pH.

Damit wäre für die wichtigen 2-Elektronen-Redox-Systeme ein pH-*unabhängiges* Maß für das Redox-Vermögen vorhanden, nämlich der Wasserstoffdruck, unter dem eine Wasserstoffelektrode *vom gleichen pH* das gleiche Reduktionsvermögen wie das betrachtete System zeigt.

In formaler Analogie zum Sörensenschen Wasserstoffexponenten pH $= -$ lg [H$^+$] definiert man:

$$rH = - \lg p_{H_2} .$$

Das bedeutet: der rH-Wert eines Redox-Systems ist der negative Logarithmus des Wasserstoffdrucks, unter welchem eine in die Meßlösung tauchende Edelmetallelektrode das gleiche Redox-Potential hat.

Das oben genannte Chinon/Hydrochinon-System hätte somit ein rH $= 23,7$ oder anders ausgedrückt, das gleiche Reduktionsvermögen wie eine Wasserstoffelektrode unter dem Wasserstoffdruck $p_{H_2} = 10^{-23,7}$ at *unter allen pH-Bedingungen*. Allgemein gilt für ein 2-Elektronen-System mit dem Standard-Redox-Potential E_0:

$$rH = \frac{2\,E_0}{E_N} = 2 \left(\frac{E_m}{E_N} + pH \right)^1 .$$

Beispiel: In einem Fruchtsaft werden bei 25° C (und striktem O$_2$-Ausschluß) an der blanken Platinelektrode gegen eine gesättigte Kalomelelektrode $-0,019$ V gemessen. Der pH-Wert sei zu 3,2 bestimmt worden. Zunächst ist der gemessene Potentialwert auf die Wasserstoff-Skala umzurechnen (vgl. S. 259 u. 263):

$$-0,019 + 0,241 = 0,222 \text{ Volt}$$

($+0,241$ V ist das Potential der *gesättigten* Kalomel-Elektrode gegen die Standard-H$_2$-Elektrode).

Beim Einsetzen der Werte in die letzte Formel erhält man:

$$rH = 2 \left(\frac{0,222}{0,0591} + 3,2 \right) = 13,92 .$$

Da mit abnehmendem Wasserstoff-Druck auch die Reduktionskraft abnimmt, nimmt also mit steigendem rH-Wert das Reduktionsvermögen ab und vice versa das Oxydationsvermögen zu. Somit läßt sich die Fähigkeit eines Systems oder Stoffes, oxydierend oder reduzierend zu wirken, durch die Einstufung in die rH-Skala ausdrücken.

Die rH-Skala wird für wäßrige Lösungen durch die Potentialdifferenz zwischen der Sauerstoffelektrode und der Wasserstoffelektrode umgrenzt (von den Gebieten der Wasserstoff- und Sauerstoff-Überspannung sei hier abgesehen).

Da das Potential E zwischen beiden Elektroden 1230 mV beträgt, ist der rH-Wert der Sauerstoffelektrode 1230/29,5 $= 42$, entsprechend dem Wert der Wasserstoffelektrode von 1 at Sauerstoffdruck und (definitionsgemäß) einem Wasserstoffdruck von 10^{-42} at. Umgekehrt entspricht ein rH-Wert von 0 einer Wasserstoffelektrode mit dem Wasserstoff-Druck von 1 at und einem Sauerstoff-Druck von 10^{-42} at.

Ein rH $= 20$ z. B. würde bedeuten, daß die entsprechende Lösung dieselbe Reduktionsintensität besäße, wie (aktivierter!) Wasserstoff von 10^{-20} at Druck. Wenn auch derart niedrigen Druckwerten eine reelle physikalische Bedeutung nicht zukommt, so bedeutet der rH-Wert doch eine relative Charakterisierung vor allem biologischer Redoxverhältnisse. Der „Redox-Neutralpunkt" — formal vergleichbar mit dem pH 7 der pH-Skala — läge etwa bei rH $= 21$.

Bereits beim Chinon/Hydrochinon-System (vgl. Abb. 9) sehen wir, daß diese pH-Unabhängigkeit des rH nur bis etwa pH $= 8$ gilt. Sie reicht überhaupt

---

[1] E_m ist das gegen die Standard-Wasserstoffelektrode gemessene Potential.

nur so weit, als ein Redox-System über den ganzen pH-Bereich den gleichen pH-Gang wie die Wasserstoffelektrode, $\frac{\Delta E_m}{\Delta \mathrm{pH}} = -E_N$, hat; dies ist jedoch selten der Fall (vgl. Abb. 6 u. 7).

Der Schöpfer des rH-Begriffs, W. M. CLARK (1923), riet daher später nach näheren Studien über die doch kompliziertere pH-Abhängigkeit auch der 2-Elektronen-Systeme vom Gebrauch des rH-Begriffes wieder ab. Außerdem ist ein Redox-System bereits durch die Kenntnis des gemessenen Redox-Potentials und des pH-Wertes genau definiert. Dies geht auch aus Abb. 5, 6 u. 7 deutlich hervor. Das rH-Maß hat jedoch inzwischen, vor allem in der Physiologie, eine so häufige Anwendung gefunden, daß es nicht mehr ohne weiteres zu eliminieren ist. Der Grund dafür liegt auch darin, daß der rH begrifflich recht klar erscheint und für zahlreiche in der Natur vorkommende Redox-Systeme vergleichsweise hinreichend genaue Maßzahlen (innerhalb des physiologischen pH-Bereichs) liefert.

E. Die Messung von Redox-Potentialen

I. Das elektrometrische Verfahren

1. Die Bezugselektroden

Zur Potentialmessung dient eine Anordnung, der, so kompliziert sie auch sein mag, immer das Prinzip von Abb. 3 zugrunde liegt: es wird die Potentialdifferenz zwischen einer *Bezugshalbzelle* (mit bekanntem Potential) und der *Meß-Halbzelle* (mit dem zu bestimmenden unbekannten Potential) gemessen. Beide *Halbzellen* (oder Halbelemente) bilden die sog. elektrische *Zelle*.

Da man vereinbarungsgemäß der *Standard-Wasserstoff-Halbzelle* (vgl. B I und D III!) als Bezugselektrode das Potential Null zugrunde legt, entspricht bei ihrer Verwendung die gemessene Potentialdifferenz dem Redox-Potential.

Die Wasserstoff-Halbzelle ist jedoch unbequem in der praktischen Handhabung und auf Grund ihrer (zwangsläufig) offenen Bauart empfindlich gegen Verunreinigungen; auch benötigt sie (nach Einschalten des Wasserstoffstroms) eine gewisse Zeit, bis sich ihr Gleichgewichts-Potential eingestellt hat.

Man verwendet daher in der Praxis meist andere Bezugshalbzellen mit konstantem Eigenpotential und rechnet gemessene Potentialwerte bei Bedarf auf Werte gegen die Standard-Wasserstoffelektrode um.

Die *Kalomel-Halbzelle* – eine sog. Elektrode II. Art – ist die gebräuchlichste Bezugselektrode. Den Aufbau einer „*gesättigten* Kalomelelektrode" (die man

Tabelle 3. *Potentiale verschiedener Kalomelelektroden*

Aufbau	Potential [Volt]
Hg/Hg$_2$Cl$_2$(fest)/KCl gesättigt	$E_{\text{Kal sat.}} = +0{,}2412 - 7{,}6 \cdot 10^{-4} \cdot (t - 25^\circ \text{C})$
Hg/Hg$_2$Cl$_2$(fest)/KCl (1 n)	$E_{\text{Kal 1n}} = +0{,}2802 - 2{,}4 \cdot 10^{-4} \cdot (t - 25^\circ \text{C})$
Hg/Hg$_2$Cl$_2$(fest)/KCl (0,1 n)	$E_{\text{Kal 0,1n}} = +0{,}3335 - 7 \cdot 10^{-5} \cdot (t - 25^\circ \text{C})$

leicht selbst herstellen kann) zeigt Abb. 10 (vgl. die Vorschriften der physikalisch-chemischen Praktika).

Man bereitet die KCl-Lösung auch manchmal 1- oder 0,1 normal. Das *Potential der Halbzelle* unter verschiedenen Bedingungen gibt Tab. 3 an.

Auf dem gleichen Prinzip sind die Silberchloridelektroden aufgebaut. Abb. 11 zeigt eine Silberchlorid-Stab-Elektrode. Das Potential einer Silberelektrode in 1 n-KCl ist bei 25° C +0,235 V.

Zum Gebrauch weiterer spezieller Bezugselektroden vgl. die Spezialliteratur.

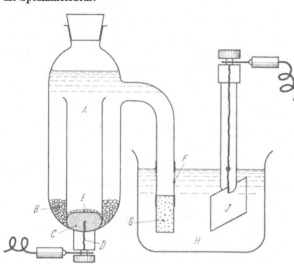

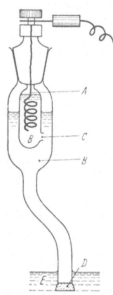

Abb. 10. Gesättigte Kalomelelektrode bei der Redox-Messung. *A* Ges. KCl-Lösung; *B* festes KCl; *C* Hg; *D* Pt-Drahtzuführung; *E* Hg/Hg$_2$Cl$_2$-Schicht; *F* Schlauchstück; *G* (Ton-) Diaphragma; *H* Redox-Lösung; *I* Platinelektrode

Abb. 11. Silberchloridelektrode. *A* Silberdraht (mit AgCl-Überzug); *B* Cl$^-$-Lösung; *C* Verbindungsöffnung; *D* Diaphragma (Fritte); *E* Redox-Lösung

2. Die Meß-Elektroden

Die *Meß-Elektroden* bestehen aus chemisch inertem (unangreifbarem), elektrisch leitendem Material, wobei sich vornehmlich Platin, Gold und für spezielle Fälle

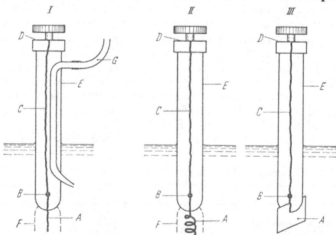

Abb. 12. Verschiedene Formen von Platinelektroden. *I* Elektrode für potentiometrische Titrationen; *II* Spiralförmige Elektrode; *III* Plättchenelektrode. *A* Pt; *B* Lötverbindung; *C* Cu- oder Ag-Draht; *D* Elektr. Anschlußklemme; *E* Glaskörper; *F* Durchbrochener, gläserner Elektrodenschutz; *G* Zulauf der Titrationsflüssigkeit (von der Bürette)

(Polarographie, vgl. E III) Quecksilber bewährt haben. Sie werden als gerade oder spiralförmige Drahtenden, als Plättchen oder — im Falle des Quecksilbers — als Tropfen verwandt. Abb. 12 zeigt einige gebräuchliche Formen.

3. Die Spannungsmessung

Die *Messung des Redox-Potentials* erfolgt prinzipiell so, daß man die zwischen *Bezugs-* und *Meß*elektrode auftretende Potentialdifferenz feststellt. Man könnte dazu ein Voltmeter benutzen, wie es z. B. Abb. 3 zeigt.

Da jedoch der innere Widerstand des potentialerzeugenden Elektrodensystems groß ist (im allgemeinen einige $k\Omega$), würde die Spannung infolge des Stromflusses durch das Voltmeter[1] absinken und als zu gering gemessen werden. Da selbst durch die „hochohmigen" Voltmeter (50 $k\Omega$/V) noch ein kleiner Strom fließt, würden somit an der Meßelektrode Redox-Vorgänge ablaufen, die die stofflichen Verhältnisse an der Elektrodenoberfläche veränderten, so daß „Gegenpolarisation" entstünde, die sich der Anfangspolarisation überlagerte.

Aus diesen Gründen mißt man in der chemischen Potentiometrie *stromlos*.

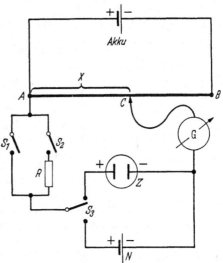

Abb. 13. Schema einer Kompensationsschaltung. *A B* Widerstandsdraht (Präzisionspotentiometer); *C* Abgriff; *S₁*, *S₂* Schalter; *S₃* Umschalter; *R* hoher Widerstand (10—50 $k\Omega$); *Z* zu messende Zelle; *N* Normalelement; *G* Empfindliches Strommeßgerät (z. B. Galvanometer)

Längere Zeit verwendete man zur stromlosen Spannungsmessung Quadranten-Elektrometer oder auch Lippmannsche Capillar-Elektrometer. Diese Instrumente haben sich nicht eingeführt.

In der Genauigkeit kaum übertroffen ist die *Poggendorfsche Kompensationsmethode*. Hierbei wird die gesuchte Spannung der Kette mit einer bekannten Spannung verglichen, die beim Stromfluß durch einen Widerstandsdraht entsteht. Das Schaltprinzip zeigt Abb. 13.

Arbeitsweise. Man schaltet über S_3 das Normalelement N von bekannter Spannung[2] E_S plus gegen plus über den Abgriff AC gegen den Akkumulator. Unter kurzem Antippen des Schalters S_2 verschiebt man C, bis der Strommesser G keinen Ausschlag mehr zeigt; durch Antippen des Schalters S_1 wird die Einstellung verfeinert. Man findet den Potentiometer-Abgriff x_S. Dann wird mit S_3 die zu messende Zelle gegen den Akkumulator geschaltet und genauso verfahren. Man findet den Abgriff x_Z. Daraus ergibt sich die gesuchte Zellspannung zu

$$E = \frac{x_Z}{x_S} \cdot E_S .$$

Als empfindlichen Strommesser nimmt man am besten ein Spiegel-Reflex-Galvanometer (Empfindlichkeit etwa 10^{-9} A/mm).

In den letzten Jahrzehnten sind die *Elektronenröhren* so zuverlässig geworden, daß man zur stromlosen Spannungsmessung die sog. *Röhrenvoltmeter* entwickeln konnte:

Der Anodenstrom einer Triode (Dreielektrodenröhre) ist abhängig von der Gitterspannung (Spannung zwischen Gitter und Kathode). Der Anodenstrom ist somit ein Maß für die am Gitter liegende Spannung und wird auf Spannung geeicht.

4. Die potentiometrische Titration

Zur Bestimmung des Potentials einer unbekannten Zelle verfährt man wie im Abschnitt E I 1—3 beschrieben. Will man das Normal-Potential eines Redox-Systems messen, so kann man, falls dies möglich ist, eine Lösung vorlegen, die die oxydierte *und* reduzierte Form des Systems im Verhältnis 1 : 1 enthält ($\alpha = 0,5$) und das Potential, wie angegeben, messen.

---

[1] Ein normales Voltmeter ist im Prinzip ein auf Spannung geeichtes Amperemeter.

[2] Zum Beispiel Weston-Element mit $E_S = 1,0183$ V bei 20°C; Temperatur-Koeffizient nur $4 \cdot 10^{-5}$ V/° C.

Man kann auch eine Lösung der *oxydierten* Form vorgeben, sie successiv mit irgendeinem Reduktionsmittel versetzen, und nach jeder Zugabe das Potential messen (reduktive Redoxtitration). Die Redoxquote durchläuft dabei eine Reihe von Werten zwischen 1 und 0, und es entsteht eine sog. *potentiometrische Titrationskurve* (Abb. 14).

Wenn die oxydierte Form völlig reduziert ist, tritt bei weiterer Zugabe von Reduktionsmittel ein abruptes Absinken des Potentials ein, worauf die Kurve, wieder flacher werdend, sich dem Redox-Potential des zugesetzten Reduktionsmittels nähert. Der Potentialabfall ist also um so ausgeprägter, je weiter die Normal-Potentiale des vorgegebenen und des zugesetzten Systems auseinanderliegen.

Genauso läßt sich die *oxydative* Redox-Titration durchführen, wobei eine Kurve gleicher Art wie in Abb. 14, jedoch mit steigendem Verlauf, erhalten wird.

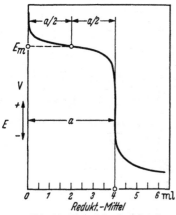

Abb. 14. Potentialverlauf bei der *reduktiven* Titration

Auf diesem Wege wurde z. B. die antioxydative Aktivität reiner, natürlicher Tokopherole bestimmt (W. Wachs 1949).

Das Normal-Potential läßt sich, wie in Abb. 14 gezeigt, leicht aus dem aufgezeichneten Kurvenverlauf ermitteln und ergibt sich als der Potentialwert an der Stelle, an der die 50% der zum Erreichen des Endpunktes notwendigen Reagensmenge zugesetzt sind.

Verwendet man als Titrationsmittel eine *eingestellte* Lösung, so zeigt der Potentialsprung den Titrationsendpunkt an. Auf der Abszissenachse der gewonnenen Darstellung (analog Abb. 14) läßt sich dann die verbrauchte Menge Titrationslösung ablesen. Dies ist die häufigste Art der Anwendung der *Potentiometrie* in der Analytik.

Es sind heute Geräte im Handel, die die Zugabe automatisch durchführen und die Titrationskurve mittels eines Kompensationsschreibers aufzeichnen. Auch kann die Zugabe durch eine sinnreiche elektronische Regelung beim Potentialsprung gestoppt werden, so daß ohne Gefahr des Übertitrierens der Bürettenstand abzulesen ist.

II. Die colorimetrische Methode

Es existiert eine große Zahl von reversiblen Redox-Verbindungen, bei denen oxydierte und reduzierte Form verschiedenfarbig sind. Meist ist die reduzierte Form sogar farblos. Man kann so bei diesen Verbindungen durch eine colorimetrische Analyse bei bekannter Gesamtkonzentration den Anteil der oxydierten Form und somit die Redoxquote α $\left(\text{oder das Verhältnis} \dfrac{[Ox]}{[Red]}\right)$ bestimmen. Ist darüber hinaus das Redox-Normal-Potential dieser Verbindung bekannt, so kann man mit Hilfe der Petersschen Gleichung (3a oder 3b [vgl. S. 249]) das Lösungspotential errechnen[1].

Solche Stoffe nennt man Redox-Indicatoren. Bei ihrer Anwendung darf man jedoch — wie bei Indicatoren üblich — nur so viel zusetzen, daß die Einstellung des Redox-Gleichgewichtes (vgl. Abschnitt B V, S. 255) einen nur unwesentlichen Umsatz des zu messenden Systems bewirkt.

Hat man eine Reihe solcher Indicatoren mit bekannten, abgestuften Normal-Potentialen, so kann man sie zur Bestimmung des Potentials einer Lösung der

---

[1] Ist das Lambert-Beersche Gesetz durch die betreffende Verbindung nicht erfüllt, stellt man sich auf die übliche Weise eine Eichkurve für die Extinktion her.

Reihe nach zusetzen. Die positiveren Indicatoren werden entfärbt, die negativeren behalten ihre Farbe. So kann man zunächst das gesuchte Potential zwischen 2 Potentialwerten eingrenzen und dann mit einem günstigen, dazwischenliegenden Indicator durch eine colorimetrische Analyse die Potentialmessung präzisieren.

Die Reihe der Potentialwerte der bekannten Indicatoren liegt so dicht, daß man oft schon durch die Eingrenzung einen genügend genauen Wert erhält.

Bei der colorimetrischen Redox-Indikation fermentativer Systeme, besonders bei der Untersuchung ihrer Kinetik, muß man sich jedoch erst überzeugen, ob der angewandte Indicator kein Fermentgift ist.

Im Kapitel G III (S. 278) ist eine Auswahl von Redox-Indicatoren zusammengestellt[1].

III. Das polarographische Verfahren

Theorie und Technik der Polarographie[2] sind in einem eigenen Beitrag dieses Bandes abgehandelt, so daß wir hier nur ihre Anwendung in der Redox-Messung beschreiben.

Die Polarographie beschreitet in Hinsicht auf die Potential-Messung den umgekehrten Weg wie die Potentiometrie.

Während bei der Potentiometrie das Konzentrationsverhältnis [Ox]/[Red] vorgegeben und das sich einstellende Potential gemessen wird, erteilt man bei der Polarographie der (tropfenden Quecksilber-) Elektrode ein gleichsinnig sich änderndes Potential und mißt das zu jedem Potential infolge Konzentrations-Polarisation an der Tropfenoberfläche sich einstellende Konzentrationsverhältnis. Beim Verhältnis [Ox]/[Red] = 1 herrscht gerade das Normal-Redox-Potential ($\equiv$ Halbwellen-Potential $E_{1/2}$).

Das Halbwellen-Potential $E_{1/2}$ ist mit dem Normal-Redox-Potential E_m allerdings nur unter folgenden Bedingungen identisch:

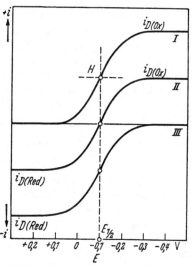

Abb. 15. Polarographische Aufnahme eines Redox-Systems von konstanter Gesamtkonzentration ([Ox] + [Red] = const.). *I* Nur oxydierte Form in der Lösung; *II* Oxydierte und reduzierte Form in gleicher Konzentration; *III* Nur reduzierte Form. Kurven in idealisierter Darstellung. Weitere Erklärungen im Text

a) Der Elektronenaustausch beider Formen des Redox-Systems mit der Elektrode ist *reversibel;*

b) eine Form des Systems braucht nicht stabil zu sein, wenn nur die Halbwertszeit ihrer Beständigkeit wesentlich größer als die Tropfzeit der Elektrode ist.

Zu a). Der Elektronenaustausch am Quecksilbertropfen muß wesentlich rascher verlaufen als die Tropfenfolge an der Elektrode.

Anhand der Abb. 15 sei das Verfahren bei der polarographischen Redox-Analyse erklärt.

Es befinde sich die reversibel reduzierbare, oxydierte Form eines Redox-Systems in Lösung. Die Abhängigkeit des Diffusionsstromes von der durchlaufenden Spannung zeigt Kurve I. Die Diffusionsgrenzstromstärke i_D ist proportional der Konzentration des gelösten Oxydans. Sie entspricht völliger Reduktion der durch *Diffusion* an die Elektrodenoberfläche gelangenden Moleküle des Oxydans. Die

---

[1] Die vielen Varianten der colorimetrischen Redox-Analyse und auch ihre Grenzen wurden ausgezeichnet von W. M. CLARK (1960) dargestellt.
[2] Das polarographische Analysenverfahren wurde in der Hauptsache von J. HEYROVSKÝ von Beginn der zwanziger Jahre an entwickelt.

anderen Teile der Kurve I ($i < i_D$) entsprechen einer nur teilweisen Reduktion des an die Elektrodenoberfläche diffundierenden Oxydans, dergestalt, daß sich (nur direkt an der Elektrodenoberfläche) ein Verhältnis [Ox]/[Red] einstellt, dessen Redox-Potential das an die Elektrode gelegte Potential gerade kompensiert (sog. Konzentrationsgegenpolarisation). Da die dazu umgesetzte Elektrizitätsmenge proportional der reduzierten Menge Oxydans ist, gilt für jeden Punkt dieser Kurve $\dfrac{[Ox]}{[Red]} = \dfrac{i_D - i}{i}$ [1].

Diesen Ausdruck in die Peterssche Gleichung (3a) eingesetzt, ergibt:

$$E = E_m + \frac{E_N}{n} \lg \frac{i_D - i}{i} \,. \tag{3c}$$

Hieraus ersieht man zunächst, daß die polarographische Kurve eines Redox-Systems identisch ist mit einer potentiometrischen Kurve [vgl. Gl. (3b) u. S. 9][2].

Setzt man weiterhin $i = 0.5 \cdot i_D$, so wird in Gl. (3c) $E = E_m$, d. h. wenn das vorgegebene Potential gleich dem Normal-Redox-Potential ist, hat die Kurve die halbe Diffusionsstromstärke erreicht (vgl. Abb. 15, Kurve I, Punkt H).

Liegt die reine reduzierte Form des Systems vor, so gilt die gleiche Betrachtung; da hier der Strom bei der Einstellung der Konzentrationspolarisation in der entgegengesetzten Richtung fließt, liegt die Kurve unterhalb der Galvanometer-Null-Linie (Abb. 15, Kurve III).

Bei der Mischung von oxydierter und reduzierter Form entspricht das Verhältnis der Grenzstromstärken $\dfrac{i_D[Ox]}{i_D[Red]}$ dem Konzentrationsverhältnis $\dfrac{[Ox]}{[Red]}$ (Abb. 15, Kurve II).

Zu der halben Stufenhöhe gehört im Falle der Reversibilität des Redox-Systems immer das Normal-Redox-Potential (Abb. 15).

Wie man sich leicht ableiten kann, gehört der Schnittpunkt der polarographischen Kurve mit der Nullinie zum herrschenden Redox-Potential (E).

Bei Bestimmung der Wertigkeiten des Systems (Zahl der austauschbaren Elektronen) verfährt man im übrigen genauso wie bei der Potentiometrie (vgl. Abb. 4 und S. 250 oben).

Die Polarographie liefert somit ein wichtiges Reversibilitätskriterium für ein Redox-System: Oxydierte und reduzierte Form (und beliebige Mischungen beider) müssen das *gleiche* Halbwellenpotential aufweisen (Abb. 15)[3].

IV. Kombinierte Meßverfahren

Da die Untersuchungen von Redox-Systemen trotz der weit fortgeschrittenen theoretischen Klärung in der Praxis noch in vielen Fällen Schwierigkeiten bereiten, ist man experimentell manchmal gezwungen, die konventionellen Methoden abzuändern und den stofflichen Besonderheiten des zu untersuchenden Materials anzupassen.

So kann man z. B. die in C II (S. 258) beschriebene Untersuchung des Fumarat-Succinat-Systems (und analoge Untersuchungen in anderen irreversiblen Systemen, wie Lactat/Pyruvat, Malat/Oxalacetat und viele andere) auch so durchführen, daß man die Konzentration des zugesetzten Methylenblaus (oder eines anderen

---

[1] Es wird dabei vorausgesetzt, daß sich die Diffusionskonstanten der oxydierten und der reduzierten Form praktisch nicht unterscheiden, was fast ausnahmslos zutrifft.

[2] Da man bei der graphischen Darstellung im allgemeinen für die vorgegebene (unabhängige) Variable die Abszisse benutzt, d. h. bei der potentiometrischen Darstellung [Ox]/[Red] oder α, bei der polarographischen E, sind die Kurven um 90° gegeneinander gedreht.

[3] Wegen der $i \cdot R$-Korrektur der gemessenen Potentiale vgl. den Beitrag „Polarographie" in diesem Band. Über weitere polarographische Reversibilitätskriterien, Untersuchungen von zweistufigen und gehemmten Redox-Systemen vgl. vor allem W. M. Clark (1960), F. Ender (1953) und L. F. Hewitt (1950).

potentialgemäßen Indicators) spektralphotometrisch verfolgt, was manchmal einfacher und genauer ist.

Da alle *Redox-Indicatoren* sich auch polarographisch *reversibel* verhalten, läßt sich in einer Redox-Mischung das *Verhältnis* [Ox]/[Red] des zugesetzten Indicators polarographisch sofort bestimmen, da man sehr schnell $\dfrac{i_D[\text{Ox}]}{i_D[\text{Red}]}$ (vgl. E III und Abb. 15) ermitteln kann. Da hier zugleich der Schnittpunkt der polarographischen Indicator-Kurve mit der Nullinie das in der Lösung herrschende Redox-Potential anzeigen muß, kommt man gleich auf zwei Wegen mit *einer* Untersuchung zum Ziele, wodurch die erhaltenen Werte an Sicherheit gewinnen.

Zur Untersuchung des semi-reversiblen Systems der L(+)-Ascorbinsäure haben W. HEIMANN und K. WISSER (1962) die Indicator-Methode ebenfalls mit der polarographischen kombiniert.

Sollten bei zu untersuchenden Redox-Systemen die üblichen Methoden nicht oder nicht eindeutig zum Ziele führen, so verhilft die Kenntnis und Anwendung der breiten Skala physikalisch-chemischer Methoden oft zur Lösung des Problems.

V. Praktische Hinweise für Potential-Messungen

Die verschiedenen *Methoden* zur Messung der Redox-Potentiale wurden bereits im Abschnitt E dieses Beitrages beschrieben[1]. Daneben müssen jedoch noch gewisse andere Hinweise für die Bestimmung der Redox-Potentiale in der Praxis gegeben werden, weil aus vielen bisher vorliegenden Arbeiten (auch auf lebensmittelchemischem und biochemischem Gebiet) hervorgeht, daß bestimmte, unabdingliche experimentelle Voraussetzungen für exakte und reproduzierbare Messungen nur selten eingehalten werden.

Die hier gegebenen Hinweise beziehen sich auf:
1. Wahl und Behandlung des Elektrodenmaterials.
2. Einfluß des Luftsauerstoffs bei Redoxmessungen.
3. Vorbehandlung des Inertgases für Redoxmessungen.
4. Beachtung des pH-Einflusses bei Redoxmessungen.

ad 1: Zur Potentialmessung wird die Redox-Elektrode mit einer gebräuchlichen Bezugselektrode (im allg. Kalomelelektrode) kombiniert. Die Messung selbst erfolgt mit den bei elektrochemischen Potentialmessungen gebräuchlichen Vorrichtungen, die im Abschnitt E I dieses Beitrages angegeben sind. Im allgemeinen gibt man blanken Platinelektroden und Kalomelelektroden den Vorzug. Da die Potentialeinstellung — besonders bei weniger ausgeprägten Redox-Systemen — wesentlich von dem individuellen Zustand der Elektrode beeinflußt werden kann, wird man zur Sicherheit eine vorherige Reinigung und Überprüfung der zu verwendenden Elektroden vornehmen[2].

Das kann praktisch z. B. so geschehen, daß man die *blanke* Platinelektrode mit einer zweiten Platinelektrode zu einer Meßkette verbindet und beide in die gleiche Meßlösung (z. B. Chinhydron-Lösung) taucht; analog erfolgt die Prüfung einer Kalomelelektrode durch Kombination mit einer zweiten Kalomelelektrode. Bei einwandfreier Beschaffenheit der Elektroden darf bei dieser Schaltanordnung das Meßgerät kein Potential anzeigen (Nullstellung des Gerätes). Beim Auftreten eines Potentials liegen häufig unsaubere oder polarisierte Elektroden vor, die so lange zu reinigen sind — z. B. durch einstündiges Einstellen in heiße (80° C) Salpetersäure, gründliches starkes Abspülen und nachfolgendes 10 min langes Auskochen in destilliertem Wasser mit anschließendem Trocknen im elektrischen Trockenschrank —, bis sie die geforderten Bedingungen erfüllen. Bei Nichtgebrauch erfolgt die Aufbewahrung der Pt-Elektrode in destilliertem Wasser, während die Kalomelelektrode stets in eine gleich konzentrierte KCl-Lösung getaucht sein soll.

ad 2: Redoxmessungen sollten grundsätzlich bei *Ausschluß* von Sauerstoff vorgenommen werden[3], wenngleich auch gut *beschwerte* Systeme (z. B. das Chinhydronsystem) unempfindlich gegen den O_2-Gehalt der Lösung sein können. Außerdem sind bei dem sehr positiven Potential des Sauerstoffs auch die Platinmetalle nicht mehr ganz „unangreifbar", und können sich, wie der Sauerstoff auch gebunden sein möge, unter schnellerem oder langsamerem Aufbau einer „Sauerstoffelektrode" an der Potentialbildung beteiligen. Bei der Messung unbekannter

---

[1] Vgl. auch die Beiträge über Polarographie und Potentiometrie in diesem Band.
[2] Vgl. spezielle Einzelheiten bei Praktikumsanleitungen in der physikalischen Chemie.
[3] Ausgenommen sind Redoxmessungen zum Studium biologischer bzw. mikrobiologischer Vorgänge, die man bewußt unter Lufteinfluß studieren will.

Systeme ist aber die Beschwerung (vgl. S. 256) von vornherein nicht bekannt. Es ist deshalb auch von Bedeutung, Elektroden zu verwenden, die möglichst wenig auf Sauerstoff ansprechen. Für Redoxmessungen sind daher *blanke* Platin- (oder Gold-)Elektroden vorteilhafter

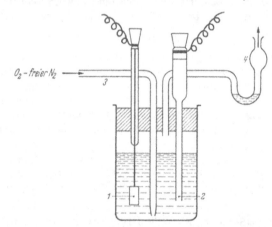

Abb. 16. Einfaches Gefäß für Redoxpotentialmessungen. *1* Platinelektrode; *2* Kalomelelektrode; *3* u. *4* Ein- und Ableitungsrohr für Stickstoff

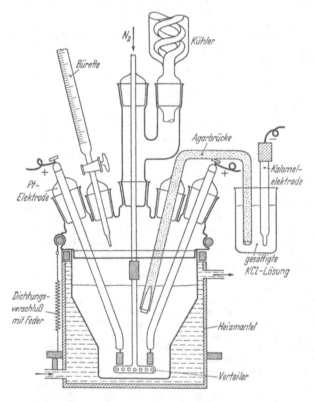

Abb. 17. Gefäß für potentiometrische Redoxtitrationen (n. W. WACHS 1949)

als *platinierte* Platinelektroden. Grundsätzlich gesehen kommt es (im Hinblick auf die Störung durch Luftsauerstoff) bei den Redoxmessungen mit auf die *Geschwindigkeit* der Potentialeinstellung durch das zu untersuchende Redoxsystem an. Handelt es sich um sehr reaktionsfähige Redoxsysteme, die der (unangreifbaren) Elektrode leicht und schnell ihr Potential aufprägen (wie z. B. Chinon/Hydrochinon, Fe^{+++}/Fe^{++}), so stört die Anwesenheit von Sauerstoff wenig, und man ist *bei schnellem Arbeiten* diesfalls *nicht* gezwungen, die Messung unter Luftausschluß durchzuführen. Je langsamer ein Redoxsystem an der Elektrode reagiert, desto mehr stört die Anwesenheit von Luftsauerstoff. Sehr viele organisch-biochemische Redoxsysteme und damit auch solche auf lebensmittelchemischem Gebiet besitzen gerade die Eigenart, daß die Potentialeinstellung länger (bis zu einigen Stunden) benötigt. In solchen Fällen ist — wie oben schon dargelegt — Sauerstoff-Ausschluß unerläßlich[1].

Die Entfernung des *Sauerstoffs* aus der *Meßlösung* erfolgt durch langsames Durchleiten von Stickstoff (Schäumen kann durch Zugabe einiger Tropfen Octylalkohol vermieden werden).

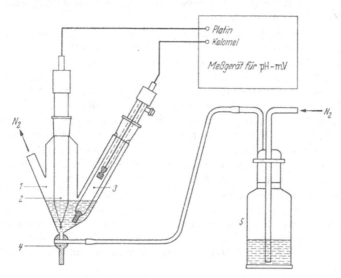

Abb. 18. Anordnung für rH-Messung (Spezial-Gefäß der Fa. Metrohm AG. Herisau, Schweiz). *1* Meßgefäß; *2* Platinelektrode; *3* Kalomelelektrode; *4* Dreiweghahn (Einleitung von Stickstoff); *5* Waschflasche (alkalische Pyrogallollösung)

Der gewöhnliche Bombenstickstoff enthält unterschiedliche Mengen (0,3—0,02%) an Sauerstoff. Ein praktisch O_2-freier Stickstoff (Lampenstickstoff) ist ebenfalls im Handel.

ad 3: Die Entfernung des Sauerstoffs aus dem *Bombenstickstoff* kann erfolgen durch:

a) Überleiten des Bombenstickstoffs über elektrisch beheizte Kupfer-Späne oder Kupfer-Drahtnetze in einem Hartglas-, Porzellan- oder Kupfer-Rohr (450—600° C, schwache Rotglut).

b) Reinigung mittels geeigneter Absorptionslösungen (alkalische Pyrogallol- oder Hyposulfitlösung).

c) Arbeiten im Vakuum (Evakuieren des Spezial-Elektroden-Gefäßes oder einfacher unter Benutzung eines Vakuumexsiccators).

ad 4: Die pH-Abhängigkeit von Redoxsystemen wurde schon auf S. 250 besprochen. Redoxmessungen sind ohne gleichzeitige Berücksichtigung des jeweils vorliegenden pH-Wertes wertlos.

Der Vollständigkeit halber sind vorstehend noch 3 Abbildungen (Abb. 16, 17, 18) von einfachen Anordnungen, wie sie häufig in der Praxis der Redoxmessungen verwendet werden, angeführt. Eine Reihe seriöser Firmen liefert heute Spezialausrüstungen und -geräte für Redoxmessungen.

---

[1] Prüfung auf Sauerstoff-Freiheit erfolgt z. B. nach Michaelis durch längeres Durchleiten des N_2 durch eine Leuko-Indigokarminlösung (Indigosulfonat), die keine Blaufärbung annehmen darf. *Sauerstoff-freier* Stickstoff verursacht auch beim Schütteln des Meßgefäßes bei gleichzeitig veränderter Strömungsgeschwindigkeit des Inertgases *keine* Potentialverschiebung.

Durch eine Parallel- (Vergleichs-)-Messung *mit* und *ohne* Luftzutritt während der Messung des Redoxpotentials kann man leicht entscheiden, ob das vorliegende Redoxsystem auch bei Luftgegenwart gemessen werden kann.

F. Das Redox-Potential aus biologischer und lebensmittelchemischer Sicht

I. Biologische Probleme

Das biologische Geschehen im pflanzlichen und tierischen Organismus ist zwar noch weitgehend unserer Einsicht verschlossen, doch sind genügend Einzelvorgänge erforscht, um die Bedeutung der Redox-Vorgänge bei der Energiegewinnung der lebenden Zelle evident zu machen.

Der Energiebedarf der aeroben Zelle wird in der Hauptsache durch die beim Redox-Vorgang der Atmung freiwerdende Energie gedeckt.

Die chemischen Vorgänge in der *tierischen* Zelle spielen sich in wäßriger Lösung beim pH um 7 ab. Da *Wasser* das Lösungsmittel ist, müssen alle gelösten Redox-Systeme Normal-Potentiale aufweisen, die zwischen dem des O_2/OH^-- und dem des H^+/H_2-Systems liegen, d. h. zwischen $+ 800$ und $- 400$ mV beim pH 7 (Abb. 9). Da in biologischen (tierischen) Systemen die pH-Werte um 7 liegen und experimentell nicht beim pH 0 (wegen Einweißdenaturierung, Fermentinaktivierung u. s. f.) gearbeitet werden kann, definiert man in der Biologie die Standard-Redox-Potentiale für den pH 7. Sie wären in der üblichen Terminologie mit E_{m7} zu bezeichnen und werden in der Literatur allgemein mit E_0' benannt.

In pflanzlichen Zellen schwankt das pH normalerweise etwa von 2,3—7,5. Wegen der Abhängigkeit des Redox-Potentials vom pH (vgl. S. 250) muß letzterer bei Redoxmessungen in pflanzlichem Material unbedingt berücksichtigt, d. h. gleichzeitig mit vermessen werden. Angaben von Redox-Potentialen bei biologischen Systemen sind daher ohne die gleichzeitige Angabe des gemessenen pH-Wertes sinnlos.

Im Teil G II sind die Standard-Potentiale (E_0') einiger biologisch wichtiger Redox-Systeme festgehalten.

Der aufgenommene Sauerstoff oxidiert in biologisch aktiven Systemen nicht sofort die negativsten Redox-Systeme; in diesem Falle wäre nach den Gesetzen der Thermodynamik die Wärmeentwicklung („geringwertige Energie") groß und die Enthalphie („verfügbare Nutzarbeit") gering.

Es werden vielmehr zunächst nur im Potential wenig unter dem Sauerstoff-Potential liegende Systeme oxidiert, die ihrerseits wieder nur wenig negativere Systeme oxidieren, und so fortlaufend bis zu den negativsten Systemen („terminale H-Donatoren"). Auf diese Weise werden schrittweise, gewissermaßen kaskadenförmig, nutzbare Energiemengen frei, die die Zelle in dieser Größenordnung für andere („gekoppelte") Stoffwechselreaktionen benötigt, z. B. für Synthesen über energiereiche Phosphatbindungen.

Dieser Ablauf („Oxydationskaskade") wäre nicht möglich, wenn die beteiligten Redox-Systeme alle reversibel wären (im elektrochemischen, nicht thermodynamischen Sinne!). Es würde sich augenblicklich ein Gleichgewichtszustand über sämtliche beteiligten Systeme legen, und jede Änderung des Zustandes an der Sauerstoffseite hätte das sofortige glatte Nachrücken an der negativsten Stelle zur Folge („Leerlauf").

Das Absinken der anfänglichen Oxydationskapazität des Sauerstoffs *in Stufen* wird dadurch ermöglicht, daß die meisten der an biologischen Redox-Ketten teilnehmenden Systeme „gehemmt" (elektrochemisch irreversibel) sind. Sie treten mit anderen Redox-Systemen nur über „Aktivatoren" (Redox-Katalysatoren, Biokatalysatoren, Enzyme) in Reaktion. Diese Aktivatoren sind im allgemeinen sehr kompliziert aufgebaute Eiweißstoffe und können jeweils nur eine oder einige spezifische Reaktionen zwischen bestimmten Redox-Systemen auslösen[1].

Mit Hilfe dieser Enzyme hat der Organismus die Möglichkeit, die in ihm ablaufenden Reaktionen nach *Richtung* und *Geschwindigkeit* zu steuern.

Die für die Oxydationsketten spezifischen Enzyme — die „Oxydo-Reduktasen", z. B. Dehydrasen, Cytochromoxydasen, Polyphenolasen — sind selbst Redox-Systeme, deren Potential *zwischen* den Potentialen derjenigen Redoxsysteme liegt, deren Reaktion sie vermitteln können. Sie reagieren reversibel mit *beiden* Systemen: die Reaktionsvermittlung entsteht durch „Pendeln" zwischen oxydiertem und reduziertem Zustand. Eine derartige biologische Redoxkette hat allgemein den in Abb. 19 gezeigten Aufbau.

Bereits das O_2/OH^--System ist gehemmt; wäre dies nicht der Fall, so könnte organisches Leben in der uns bekannten Form nicht existieren, da alle organische Substanz (z. B. Cellulose, Zucker, Organe) freiwillig an der Luft verbrennen würde.

Der Atmungsvorgang ist also eine stufenweise Oxydation. Vom negativen Potential-Ende (H-Donatoren) der Atmungskette aus kann man genauso gut von einem stufenweisen Weg des Wasserstoffs zum Sauerstoff (positiven Ende) sprechen. Da aber die Oxydation genau genommen nicht als Wasserstoff-, sondern als Elektronentransport[2] zu betrachten ist, ist die Bedeutung der Erhaltung der Potentialdifferenzen zwischen den einzelnen Systemen evident, weil die Elektronen eben nur durch Potential-*Differenzen* wandern.

Nur durch das Bestehen der Potential-*Differenzen* ist es möglich, daß die Atmung oder andere Stoffwechselabläufe vonstatten gehen.

Es ist somit auch verständlich, daß man nicht vom „Redoxpotential der Zelle" sprechen kann. Jede Zelle ist in sich stofflich sehr differenziert und durchaus nicht homogen aufgebaut. An verschiedenen Bezirken in der Zelle herrscht je nach stofflichem Aufbau und je nach der dort bestehenden Art von Fermenttätigkeit bzw. Art des Stoffwechsels ein anderes Potential.

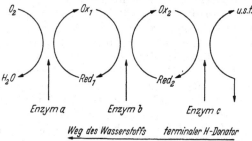

Abb. 19. Schema einer biologischen Redox-Kette

Die Angabe des Redox-Potentials von unversehrtem biologischem Material (z. B. Muskelgewebe) ist daher sowohl im Hinblick auf Methodik als auch Aussagewert problematisch, denn man mißt im unzerstörten Zellverband nur das Potential nicht lokalisierter Bezirke. Bei Fruchtsäften, Bier, Wein, Fleischsaft usw. oder ganz allgemein zellfreien, *homogenen* Systemen mißt man nach Zerstörung der Zellen ein vorhandenes „*Misch-Potential*", dessen Lage und Veränderung unter verschiedenen Bedingungen — wie Sauerstoff-Anwesenheit oder Sauerstoff-Ausschluß, z. B. bei Gärungsabläufen — den physikalischen, den chemischen und den organoleptischen Zustand entscheidend beeinflussen kann.

Arbeitet man zur Bestimmung des Redox-Potentials oder des rH-Wertes mit *Redox-Indicatoren*, so besteht noch zusätzlich die Gefahr der Potentialverschiebung, weil die zelleigenen Redoxsysteme meist nur in sehr geringer Konzentration (und dadurch sehr geringer *Beschwerung*) (vgl. S. 256) vorliegen. Bei Verwendung von Redox-Indicatoren erhält man daher für die Praxis zwar wertvolle Orientierungen über die Redoxlage eines Systems[3], doch sind sie meist nur als Anhaltswerte in wissenschaftlicher Hinsicht zu betrachten.

---

[1] Diese Reaktionen müssen jedoch thermodynamisch möglich sein, d. h. eine *negative* *freie Enthalpie* haben.

[2] Vgl. die Reduktion des p-Chinons: Durch Aufnahme von zwei Elektronen ist das Chinon bereits reduziert, denn es ist das Hydrochinon-*Ion* entstanden. Die weitere Reaktion dieses Ions mit H-Ionen (Protonen) hat ebensowenig mit der Reduktion zu tun als etwa die Anlagerung von H-Ionen an irgendein Anion.

[3] Vgl. dazu die Bestimmung des ITT-(Indicator-Time-Test)-Wertes im Abschnitt Bier, Bd. VII.

Die bisherigen Ergebnisse auf biologischem Gebiet lassen vielfach gewisse Zusammenhänge zwischen Redox-Potential und dem Sauerstoff-Bedarf der Mikroben erkennen. So zeigen *anaerob* lebende Zellen und Bakterien ein relativ niedriges rH zwischen 8 und 14. Die obligat *aeroben* Mikroorganismen verlangen die Anwesenheit von molekularem Sauerstoff und benötigen ein Substrat mit relativ hohem Redox-Potential. Eine vielfältige Reaktionsmöglichkeit entfalten die *fakultativ anaeroben—fakultativ aeroben* Mikroorganismen. Je nach der Lage des Oxydations-Reduktions-Potentials des Substrates vermögen sie unterschiedliche Reaktionen mit Sauerstoff auszuführen: Bei reichlicher Zufuhr werden organische Substanzen vollständig unter Bildung von Wasser und CO_2 oxydiert, bei beschränktem Sauerstoff-Angebot entstehen durch unvollständige Oxydation aus Kohlenhydraten organische Säuren. Bei niedrigerem rH vermögen sie sogar als Anaerobier zu fungieren. *Bacterium coli* kann sich z. B. bei rH-Werten von etwa 25 bis nahezu 0 vermehren. Der Proteinabbau unter *anaeroben* Bedingungen ist charakterisiert durch übelriechende, teilweise toxische Fäulnisprodukte, unter *aeroben* Bedingungen sind diese Vorgänge wesentlich zurückgedrängt.

Im allgemeinen erniedrigen Mikroorganismen während ihrer Aktivität, die jeweils durch spezifische Fermente bedingt ist, das Redox-Potential ihres Nährbodens. Da die Wirkung der Mikrobenfermente nur innerhalb bestimmter Potential-Grenzen möglich ist, stagnieren Stoffwechsel und Vermehrung der Mikroorganismen, sobald das Redox-Potential unter den Aktivitätsbereich der die Wirksamkeit der Mikrobe bestimmenden Fermente herabgesunken ist. Es kann aber auch im Gefolge der durch ein bei relativ hohem Redox-Potential wirksames Mikrobenenzym erfolgten Senkung des Redox-Potentials ein weiteres Ferment aktiv werden, das für seine Reaktionen ein niedrigeres Redox-Potential erfordert.

Von entscheidendem Einfluß auf die Herabsetzung des Redox-Potentials durch Mikroorganismen ist auch die Zusammensetzung des vorliegenden Substrates. Zum Beispiel erniedrigt *Saccharomyces cerevisiae* das Redox-Potential des Substrates bei *aerober* Verwertung von Lactat auf einen weniger tiefen Endwert als bei der *anaeroben* Vergärung von Glucose.

II. Lebensmittelchemische Probleme

Diskussionen über Zusammenhänge zwischen chemischen, biochemisch oder mikrobiologisch bedingten Veränderungen und den Redox-Verhältnissen in Lebensmitteln sind nicht neu. Schon J. Tillmanns sprach sich in den zwanziger Jahren (vor allem in Anknüpfung an die Arbeiten von W. M. Clark über die Bedeutung der Redox-Potentiale auf biologischem Gebiet) für eine systematische Untersuchung und Anwendung auf nahrungsmittelchemische Probleme aus. Der Anstoß hierzu ging mit davon aus, daß man den Redox-Indicator Methylenblau[1] (damals allerdings noch in Unkenntnis der physikalisch-chemischen Zusammenhänge) in der Lebensmittelchemie benutzte und ferner durch von Tillmans ausgeführte Arbeiten, die zur Auffindung des Vitamins C führten und in denen der bis heute vielbenutzte Redox-Indicator 2,6-Dichlorphenolindophenol eingesetzt wurde.

In konsequenter Fortführung obiger Gedankengänge war es daher naheliegend und erfolgversprechend, auf dem breiten, sich ständig ausweitenden Gebiet der Lebensmittelchemie und -technologie durch Redox-Messungen und Verfolg von Redox-Veränderungen Zusammenhänge zu studieren, die geeignet sein könnten, für Praxis und Wissenschaft gesicherte Aussagen zur qualitativen Beurteilung bestimmter Lebensmittel und deren Qualitätserhaltung zu ermöglichen.

Im Rahmen des hier vorliegenden, die physikalisch-chemischen Grundlagen und die Meßmethodik darstellenden Beitrags über *Redox-Potentiale* ist es nicht

---

[1] Vgl. Schardinger-Reaktion im Abschnitt „Milch", Bd. III.

möglich, eine vollständige und systematische Übersicht über bisher vorliegende Arbeiten und Ergebnisse von Redox-Messungen auf dem Gebiete der Lebensmittelchemie und -technologie zu geben. Es können vielmehr nur Einblicke und Hinweise auf die Vielfältigkeit der Anwendung angedeutet werden. Sachliche und methodische Einzelheiten über Redox-Vorgänge für unser Gebiet sollen innerhalb der Bearbeitung einzelner Lebensmittel und Lebensmittelgruppen behandelt werden.

Je nach *Art, Zustand* und *chemischer Zusammensetzung* der Lebensmittel treten im Verlauf der Gewinnung und Behandlung, bei Lagerung, Transport, Vorratshaltung und bei Verderbensvorgängen Reaktionen ein, die mit Änderungen der Redox-Verhältnisse auf den verschiedenen Stufen einhergehen. Besonders schnell laufen solche Vorgänge ab, wenn in Lebensmitteln von Natur aus oxydierbare Stoffe, z. B. ungesättigte Fette vorliegen, oder bei chemischen und enzymatischen Vorgängen in Anwesenheit oder bei Ausschluß von Luftsauerstoff sich leicht veränderliche Stoffe und Stoffsysteme bilden. Dadurch kann die Natur eines Lebensmittels oder spezifischer Inhaltsbestandteile (Vitamine, Aromastoffe), z. B. in Fruchtsäften, Wein, Bier, Milch, Käse, Mehl, Teig, Brot entscheidend im erwünschten oder unerwünschten Sinne verändert werden.

Hingewiesen sei unter dem Aspekt der Redox-Vorgänge auf spezielle *mikrobielle* Einflüsse und Umsetzungen in Lebensmitteln, auf Gärungsabläufe und Fäulnisvorgänge, auf *chemische* Reaktionen, z. B. auf die reinen und katalysierten Autoxydationen und deren Beeinflussung (Pro- und Antioxydantien). Auch enzymatisch gesteuerte Vorgänge in Lebensmitteln wie Hydrolysen (durch Hydrolasen) und Reduktions-Oxydations-Vorgänge (durch Redoxasen) stehen in der gleichen Abhängigkeit vom *Redox-Potential* wie optimale Leistungs- oder Reaktionsfähigkeit enzymatischer Systeme von bestimmten *pH- oder Temperatur-Bedingungen*. Es ist daher verständlich, daß Eiweiß-, Fett- und Kohlenhydrat-Veränderungen, Veränderungen gewisser Vitamine, Aromabildungen und -veränderungen, Aromaverluste usw. auch in Lebensmitteln bei An- oder Abwesenheit von Luftsauerstoff an bestimmte Redox-Potential-Intervalle gebunden sind, wie dies aus Biochemie und Physiologie bekannt ist.

Es muß jedoch hier hervorgehoben werden, daß bis heute auf dem Gebiet der Lebensmittelchemie und -technologie — trotz vieler Bemühungen — eindeutig geklärte, durch exakte Untersuchungen belegte und somit vergleichbare Ergebnisse nur in relativ wenigen Fällen vorliegen.

Es wurden zwar Lebensmittel *gleicher Art* (wie Fruchtsäfte, Wein, Bier usw.) auf ihre Redox-Verhältnisse untersucht, doch führten:

1. Unterschiedliche Vorbehandlung der Lebensmittel,

2. Außerachtlassung prinzipieller, experimenteller Voruntersuchungen,

3. Vernachlässigung chemischer und physikalischer Faktoren (wie An- und Abwesenheit von Sauerstoff, CO_2, Inertgas, unberücksichtigte pH-Verhältnisse) zu undiskutablen, über einen weiten Bereich streuenden Potentialwerten. Es läßt sich leicht einsehen, daß auf solchen Grundlagen Vergleiche, Diskussionen und Folgerungen für Praxis und Wissenschaft nicht zulässig sind.

Sicher stehen wir hier auf dem breiten Gebiet der Lebensmittelchemie und -technologie erst am Anfang erfolgversprechender Arbeiten. Es ist zu erwarten, daß unter Berücksichtigung der physikochemisch-analytischen Kenntnisse und Postulate, wie sie hier zusammengestellt wurden, weitere Ergebnisse erzielt werden, die einerseits die lebensmittelchemischen, lebensmitteltechnologischen wie auch die ernährungsphysiologischen Forschungen befruchten und andererseits exaktere Möglichkeiten in analytischer Richtung eröffnen werden. Der derzeitige praktische Wert des Verfolges und der Auswertung der Redox-Verhältnisse auf unserem Sektor liegt zunächst vor allem darin, die chemisch-analytischen und organoleptischen Befunde in der Bewertung eines Lebensmittels ergänzend zu unterstützen.

G. Tabellen-Anhang

I. Verzeichnis der benutzten Symbole

A = Arbeit (chemisch, thermisch, elektrisch)
c = Konzentration
E = Potential, Redox-Potential (gegen die Standard-H_2-Elektrode)
E_m = Normal-Redox-Potential (bei angegebenem pH)
E_0 = Standard-Redox-Potential (beim pH 0), Standard-Potential für Metall/Metallion-Elektroden (falls pH-abhängig, beim pH 0)
E'_0 = „Biologisches Normal-Redox-Potential" ($E_{m\,7}$, Normalpotential beim pH 7)
E_N = Nernstscher Potentialfaktor 2,3026 RT/F
$E^{1/2}$ = Polarographisches Halbwellenpotential
$e^{(-)}$ = Elektron (elektr. Elementarquantum), kleinste Einheit der negativen elektrischen Ladung
F = Faradaysches Äquivalent, 96 500 Coulomb
f_a = Aktivitätskoeffizient
G = Gibbssche freie Energie, Enthalpie
K_c = Reaktionsgleichgewichtskonstante
n = Anzahl der bei Elementar-Redox-Prozessen ausgetauschten Elektronen, Wertigkeit des Prozesses
p = Atmosphärischer Druck [at]
T = absolute Temperatur ($^\circ$ K)
t = Temperatur ($^\circ$ C)
z = Ionenwertigkeit
α = Redox-Quote [auch als $100 \cdot \alpha$ (%)]
ε = Potentialdifferenz zwischen Elektrode und Lösung, „Galvani-Potential" (nicht meßbar)
μ = Ionenstärke, ionale Gesamtkonzentration
$\neq$ = nicht gleich

II. Standard-Potentiale

1. Kationenbildung [nach E. WIBERG (1951) und Intern. Crit. Tab., Bd. IV, S. 332]

Red $\rightleftarrows$ Ox	$+$ n$e^{(-)}$	E_0 [Volt]	Red $\rightleftarrows$ Ox	$+$ n$e^{(-)}$	E_0 [Volt]
Li $\rightleftarrows$ Li$^+$	$+$ $e^{(-)}$	$-2,959$	Co $\rightleftarrows$ Co^{++}	$+$ 2$e^{(-)}$	$-0,28$
K $\rightleftarrows$ K$^+$	$+$ $e^{(-)}$	$-2,924$	Ni $\rightleftarrows$ Ni^{++}	$+$ 2$e^{(-)}$	$-0,230$
Ba $\rightleftarrows$ Ba^{++}	$+$ 2$e^{(-)}$	$-2,90$	Sn $\rightleftarrows$ Sn^{++}	$+$ 2$e^{(-)}$	$-0,136$
Sr $\rightleftarrows$ Sr^{++}	$+$ 2$e^{(-)}$	$-2,89$	Pb $\rightleftarrows$ Pb^{++}	$+$ 2$e^{(-)}$	$-0,122$
Ca $\rightleftarrows$ Ca^{++}	$+$ 2$e^{(-)}$	$-2,76$	Fe $\rightleftarrows$ Fe^{+++}	$+$ 3$e^{(-)}$	$-0,04$
Na $\rightleftarrows$ Na$^+$	$+$ $e^{(-)}$	$-2,715$	H_2 $\rightleftarrows$ 2 H$^+$	$+$ 2$e^{(-)}$	$0,000$
Mg $\rightleftarrows$ Mg^{++}	$+$ 2$e^{(-)}$	$-2,34$	Sb $\rightleftarrows$ Sb^{+++}	$+$ 3$e^{(-)}$	$+0,1$
H $\rightleftarrows$ H$^+$	$+$ $e^{(-)}$	$-2,10$	Bi $\rightleftarrows$ Bi^{+++}	$+$ 3$e^{(-)}$	$+0,206$
Al $\rightleftarrows$ Al^{+++}	$+$ 3$e^{(-)}$	$-1,33$	Cu $\rightleftarrows$ Cu^{++}	$+$ 2$e^{(-)}$	$+0,34$
Mn $\rightleftarrows$ Mn^{++}	$+$ 2$e^{(-)}$	$-1,1$	Cu $\rightleftarrows$ Cu$^+$	$+$ $e^{(-)}$	$+0,52$
Zn $\rightleftarrows$ Zn^{++}	$+$ 2$e^{(-)}$	$-0,762$	Ag $\rightleftarrows$ Ag$^+$	$+$ $e^{(-)}$	$+0,799$
Cr $\rightleftarrows$ Cr^{+++}	$+$ 3$e^{(-)}$	$-0,71$	Hg $\rightleftarrows$ $^1/_2$ Hg$_2{}^{++}$	$+$ $e^{(-)}$	$+0,799$
Fe $\rightleftarrows$ Fe^{++}	$+$ 2$e^{(-)}$	$-0,441$	Hg $\rightleftarrows$ Hg^{++}	$+$ 2$e^{(-)}$	$+0,859$
Cd $\rightleftarrows$ Cd^{++}	$+$ 2$e^{(-)}$	$-0,401$	Au $\rightleftarrows$ Au^{+++}	$+$ 3$e^{(-)}$	$+1,36$
			Au $\rightleftarrows$ Au$^+$	$+$ $e^{(-)}$	$+1,5$

2. Anionen-Entladung [nach E. WIBERG (1951) und Intern. Crit. Tab., Bd. IV, S. 332]

Red $\rightleftarrows$ Ox	$+$ n$e^{(-)}$	E_0 [Volt]	Red $\rightleftarrows$ Ox	$+$ n$e^{(-)}$	E_0 [Volt]
H$'$ $\rightleftarrows$ $^1/_2$ H_2	$+$ $e^{(-)}$	$-2,23$	Br$'$ $\rightleftarrows$ $^1/_2$ Br$_2$(sat)	$+$ $e^{(-)}$	$+1,066$
S$''$ $\rightleftarrows$ S	$+2e^{(-)}$	$-0,478$	Cl$'$ $\rightleftarrows$ $^1/_2$ Cl$_2$(1 Atm)	$+$ $e^{(-)}$	$+1,358$
OH$'$ $\rightleftarrows$ $^1/_2$ O_2	$+$ $e^{(-)}$	$+0,401$	F$'$ $\rightleftarrows$ $^1/_2$ F$_2$(1 Atm)	$+$ $e^{(-)}$	$+2,85$
J$'$ $\rightleftarrows$ $^1/_2$ J$_2$(sat)	$+$ $e^{(-)}$	$+0,536$			

3. Ionen-Umladung (Redox-Prozesse)

a) Anorganische Systeme [nach R. BRDIČKA (1958)]

Elektrode	E_0 [Volt]	Elektrode	E_0 [Volt]
Co^{+++}/Co^{++}	$+1,817$	Fe^{+++}/Fe^{++}	$+0,772$
Pb^{++++}/Pb^{++}	$+1,75$	$Fe(CN)_6^{+++}/Fe(CN)_6^{++}$.	$+0,356$
Mn^{++++}/Mn^{++}	$+1,642$	Cu^{++}/Cu^{+}	$+0,16$
Ce^{++++}/Ce^{+++}	$+1,60$	Ti^{++++}/Ti^{+++}	$+0,06$
Mn^{+++}/Mn^{++}	$+1,576$	Sn^{++++}/Sn^{++}	$-0,15$
MnO_4^{+}/Mn^{++}	$+1,45$	V^{+++}/V^{++}	$-0,2$
Tl^{+++}/Tl^{+}	$+1,221$	Ti^{+++}/Ti^{++}	$-0,37$
$JO_3^{+}/^1/_2 J_2$	$+1,197$	Cr^{+++}/Cr^{++}	$-0,412$
$Hg^{++}/^1/_2 Hg_2^{++}$	$+0,909$		

b) Organische Systeme [nach W. M. CLARK (1960)][1]

Elektrode	E_0 [Volt]	t [°C]
4,4′-Dihydroxydiphenyl	$+0,954$	—
p-Benzochinon	$+0,699$	25
Hydroxy-p-benzochinon	$+0,594$	25
2,5-Dihydroxy-p-benzochinon . .	$+0,441$	25
Chlor-p-benzochinon	$+0,7124$	25
2,5-Dichloro-p-benzochinon . . .	$+0,7230$	25
2,5-Dimethoxy-p-benzochinon . .	$+0,5900$	25
2,5-Dimethyl-p-benzochinon . . .	$+0,6014$	—
o-Benzochinon	$+0,792$	30
Protocatechusäure	$+0,883$	30
Pyrogallol	$+0,713$	30
Gallussäure	$+0,799$	30
Gentisinsäure	$+0,793$	30
1,4-Naphtochinon	$+0,470$	25
2,3-Dimethyl-1,4-naphtochinon .	$+0,289$	25
1,4-Naphtochinon-2-sulfonsäure. .	$+0,533$	25
1,2-Naphtochinon	$+0,547$	25
1,2-Naphtochinon-4-sulfonsäure	$+0,628$	25

c) Biologische Systeme [nach W. M. CLARK (1960)]

Wenn von dem korrespondierenden Redox-Paar nur eine Form angegeben ist, ist deren Oxydationszustand in Klammern beigefügt.

System	E_0' [Volt]	t [°C]
Kohlendioxid/Ameisensäure . . .	$-0,42$	30
DPN$^+$/DPNH	$-0,320$	25
Acetessigsäure/β-Hydroxybutter-		
säure	$-0,284$	25
Riboflavin (Lactoflavin) (Ox) . .	$-0,208$	30
Brenztraubensäure/Milchsäure . .	$-0,184$	25
Phtiokol (Ox)	$-0,180$	30
Oxalessigsäure/Äpfelsäure	$-0,166$	25
Gelbes Atmungsferment (Ox) . .	$-0,130$	30
Pyocyanin (Ox)	$-0,034$	—
2-Methyl-1,4-naphtochinon,		
Menadion, Vit. K$_3$ (Ox)	$+0,009$	25
Fumarsäure/Bernsteinsäure . . .	$+0,024$	25
Metmyoglobin/Myoglobin . . .	$+0,046$	30
Alloxan/Dialursäure	$+0,0625$	30
Methämoglobin/Hämoglobin . . .	$+0,144$	30
Ferricytochrom c/Ferrocytochrom c	$+0,250$	30
Ferricytochrom a/Ferrocytochrom a	$+0,290$	20
DOPA-Chinon/DOPA	$+0,380$	30
Adrenalin, Epinephrin (Red) . . .	$+0,389$	30

---

[1] In dieser Tabelle ist aus Platzgründen vom betreffenden Redox-System entweder nur die oxydierte oder nur die reduzierte Form genannt.

III. Redox-Indicatoren

[nach F. Ender (1953)]

Verbindung	Bruttoformel Molgewicht	Farbumschlag Ox ⇌ Red	E_{m7} [Volt]
2,6-Dibromphenol-indophenol-2'-Na-sulfonat	$C_{12}H_6O_5NBr_2SNa$ 459	sauer rötlich ⇌ farblos basisch azurblau ⇌ farblos	$+0,273$
2,6-Dibromphenol-indophenol-3'-Na-sulfonat	$C_{12}H_6O_5NBr_2SNa$ 459	sauer rötlich ⇌ farblos basisch azurblau ⇌ farblos	$+0,24$
Bindschedlers Grün	$C_{16}H_{20}N_3Cl$ 290	grün ⇌ farblos	$+0,224$
o-Kresol-indophenol . . .	$C_{13}H_{11}O_2N$ 213	sauer rötlich ⇌ farblos basisch blau ⇌ farblos	$+0,191$
Thymol-indophenol . . .	$C_{16}H_{17}O_7N$ 255	sauer rötlich ⇌ farblos basisch blau ⇌ farblos	$+0,174$
Guajacol-indo-2,6-dibrom-phenol	$C_{13}H_9O_3NBr_2$ 467	sauer rötlich ⇌ farblos basisch blau ⇌ farblos	$+0,159$
m-Toluylen-diamin-indo-phenol	$C_{13}H_{13}ON_3$ 227	sauer rötlich ⇌ farblos basisch blau ⇌ farblos	$+0,125$
Echt Baumwollblau (Neublau B)	$C_{26}H_{25}ON_4Cl$ 445	blau ⇌ farblos	$+0,080$
Thionin (Lauths Violett) .	$C_{12}H_9N_3S$ 227	violett ⇌ farblos	$+0,062$
Methylenblau	$C_{16}H_{18}N_3SCl$ 320	blau ⇌ farblos	$+0,011$
Indigotetrasulfonat (5,7,5',7')	$C_{16}H_6N_2O_2(SO_3K)_4$ 734	blau ⇌ gelblich	$-0,046$
Indigotrisulfonat (5,7,5') .	$C_{16}H_7N_2O_2(SO_3K)_3$ 616	blau ⇌ gelblich	$-0,081$
Indigodisulfonat (5,5') . . .	$C_{16}H_8N_2O_2(SO_3K)_2$ 458	blau ⇌ gelblich	$-0,125$
Indigomonosulfonat (5) . .	$C_{16}H_9N_2O_2(SO_3K)$ 380	blau ⇌ farblos	$-0,159$
Brillantalizarinblau	$C_{18}H_{14}N_2O_5S_2$ 402	violett ⇌ farblos	$-0,173$
Neutralblau	$C_{24}H_{20}N_3Cl$ 386	violett ⇌ farblos	$-0,250$
Rosindulin G 2	$C_{22}H_{13}O_4N_2SNa$ 426	scharlachrot ⇌ farblos	$-0,281$
Neutralrot	$C_{13}H_{12}N_4$ 224	rot ⇌ farblos	$-0,340$
Methylviologen	$C_{12}H_{14}N_2Cl_2$ 257	farblos ⇌ dunkelblau	$-0,440$

IV. Die Index-Potentiale

Die Indexpotentiale sind die Potential-Differenzen zwischen Redox- und Normal-Redox-Potential in Abhängigkeit von der Redoxquote. Sie sind bezeichnet nach

$$E_{\text{Index}} = \frac{RT}{nF} \lg \frac{\alpha}{1-\alpha} = \frac{E_N}{n} \lg \frac{\alpha}{1-\alpha}.$$

Die Werte dieser Tafel sind für $t = 25°C$ und n = 2 berechnet. Für einwertige Redox-Prozesse sind die Index-Potentiale zu verdoppeln.

Man benutzt die Indexpotentiale zur ersten Überprüfung der Reversibilität ermittelter potentiometrischer Kurven.

Redoxquote 100 · α [%]	Indexpotential [mV]	Redoxquote 100 · α [%]	Indexpotential [mV]
99	+ 59,0	45	— 2,6
97	+ 44,7	40	— 5,2
95	+ 37,8	35	— 7,9
90	+ 28,2	30	—10,9
85	+ 22,3	25	—14,1
75	+ 14,1	20	—17,8
70	+ 10,9	15	—22,3
65	+ 7,9	10	—28,2
60	+ 5,2	5	—37,8
55	+ 2,6	3	—44,7
50	0,0	1	—59,0

Bibliographie

BERSIN, TH.: Kurzes Lehrbuch der Enzymologie. 3. Aufl. Leipzig: Akademische Verlags-Gesellschaft 1951.

BLADERGROEN, W.: Physikalische Chemie in Medizin und Biologie. Basel: Wepf & Co. 1949.
— Einführung in die Energetik und Kinetik biologischer Vorgänge. Basel: Wepf & Co. 1955.

BRDIČKA, R.: Grundlagen der physikalischen Chemie. S. 590—702. Berlin: Deutscher Verlag der Wissenschaften 1958.

CLARK, W. M.: Oxidation-Reduction Potentials of Organic Systems. Baltimore: The Williams & Wilkins Co. 1960.

ENDER, F.: „Redox-Potentiale". In: HOPPE-SEYLER/THIERFELDER, Handbuch der physiologisch- und pathologisch-chemischen Analyse. 10. Aufl. Bd. I, S. 617—713. Berlin-Göttingen-Heidelberg: Springer 1953.

FRITZE, U.: Die technische Messung der Redox-Spannung. In: Messen und Regeln in der Chemischen Technik. Hrsg. von J. HENGSTENBERG, B. STURM und O. WINKLER. 2. Aufl., S. 822—837. Berlin-Göttingen-Heidelberg: Springer 1964.

FRUTON, I. S., and S. SIMMONDS: General Biochemistry. 2. Aufl. New York: John Wiley & Sons, Inc. 1958.

GORTNER, R. A.: Outlines of Biochemistry. 3. Aufl. New York: John Wiley & Sons 1949.

HAEHN, H.: Biochemie der Gärung. Berlin: Walter de Gruyter u. Co. 1952.

HEWITT, L. F.: Oxidation-Reduction Potentials in Bacteriology and Biochemistry. 6. Aufl. Edinburgh: E. & S. Livingstone Ltd. 1950.

HIRSCH, P.: Reduktions-Oxydations-Potentiale. In: Handbuch der Lebensmittelchemie II/1, S. 216—232. Berlin: Springer 1933.

HEYROVSKÝ, J.: Polarographie. Wien: Springer 1941.

JANKE, A.: Arbeitsmethoden der Mikrobiologie. Bd. I, 2. Aufl. Dresden und Leipzig: Theodor Steinkopff 1946.

MICHAELIS, L.: Oxydations-Reduktions-Potentiale. 2. Aufl. Berlin: Springer 1933.

NETTER, H.: Theoretische Biochemie. Berlin-Göttingen-Heidelberg: Springer 1959.

NORD, F. F., u. R. WEIDENHAGEN: Handbuch der Enzymologie. Leipzig: Akademische Verlags-Gesellschaft Becher & Erler Kom.-Ges. 1940.

PAECH, K., u. M. V. TRACEY: Moderne Methoden der Pflanzenanalyse. Bd. I. Berlin-Göttingen-Heidelberg: Springer 1956.

RIPPEL-BALDES, A.: Grundriß der Mikrobiologie. 3. Aufl. Berlin-Göttingen-Heidelberg: Springer 1955.

RUHLAND, W.: Handbuch der Pflanzenphysiologie. Bd. XII/1. Berlin-Göttingen-Heidelberg: Springer 1960.

Stackelberg, M. v.: Polarographische Arbeitsmethoden. Berlin: Walter de Gruyter & Co. 1950.
— Elektrochemische Potentiale organischer Stoffe. In: Methoden der organischen Chemie (Houben/Weyl). 4. Aufl. Bd. III, Teil 2, S. 255—294. Stuttgart: Georg Thieme Verlag 1955.
Wiberg, E.: Die chemische Affinität. Berlin: Walter de Gruyter & Co. 1951.

Zeitschriftenliteratur

Clark, W. M., and B. Cohen: Studies on Oxidation-Reduction II. An Analysis of the Theoretical Relation between Reduction Potentials and pH. U.S. Publ. Health Reports 38, 666 (1923).
Conant, J. B.: The Electrochemical Formulation of the Irreversible Reduction and Oxidation of Organic Compounds. Chem. Rev. 3, 1—40 (1926).
Deibner, L.: Annales des Falsifications et des Fraudes. Juli/Sept., S. 238—246 (1950).
Heimann, W., u. K. Wisser: Über das Redox-Verhalten der Ascorbinsäure. Liebigs Ann. Chem. 633, 23—32 (1962).
Herrmann, J., u. H. G. Grossmann: Redoxpotentialmessungen in Obst- und Gemüsesäften unter Berücksichtigung der L-Ascorbinsäure. Nahrung 3, 489—500 (1959).
Koch, J.: Über die Bedeutung des Redoxpotentials bei der Beurteilung des Geschmacks. Dtsch. Lebensmittel-Rdsch. 47, 195—196 (1951).
Kordatzki, W.: Grundlagen der potentiometrischen rH-Messung. Arch. Pharmaz. (Weinheim) 286. 58, 43—62 (1953).
Lubieniecka-von Schelhorn, M.: Das Oxydations-Reduktions-Potential, ein bestimmender Faktor bei mikrobiologischen Umsetzungen in Lebensmitteln. Dtsch. Lebensmittel-Rdsch. 55, 213—216 (1959).
Mühlbauer, I.: Das Redoxpotential in der Abfülltechnik. Brauwiss. 5, 69—75 (1951).
Peters, R.: Über Oxydations- und Reduktionsketten und den Einfluß komplexer Ionen auf ihre elektromotorische Kraft. Z. phys. Chem. 26, 193—236 (1898).
Rentschler, H., u. H. Tanner: Über die Redox-Potentiale von Getränken. Mitt. Lebensmitteluntersuch. Hyg. 43, 294—303 (1952).
Schanderl, H.: Die Reduktions-Oxydations-Potentiale während der Entwicklungsphasen des Weines. Der Weinbau, Wissenschaftl. Beih. 7 und 8, S. 191—198 u. 209—229 (1948).
Wachs, W.: Elektrometrische Redoxmessungen an natürlichen Antioxydantien. Biochem. Z. 319, 561—570 (1949).

Konduktometrie und Dielektrometrie

Von

Dr. Karl E. SLEVOGT-Weilheim/Obb.

Mit 37 Abbildungen

A. Einleitung

Die enge Zusammenarbeit zwischen Chemie und Physik hat zur Folge, daß physikalische Meßmethoden immer mehr Anwendung in den verschiedensten chemischen Betriebs- und Forschungslaboratorien finden. Man bedient sich ihrer vorzugsweise zur Strukturuntersuchung, Identifizierung und für chemische Analysen sowie Reinheitskontrollen.

Die Messung der *elektrolytischen Leitfähigkeit (Konduktometrie)* und der Dielektrizitätskonstante *(Dielektrometrie)* beinhalten physikalische Meßverfahren, die schon vor der Jahrhundertwende durch KOHLRAUSCH und HOHLBORN einerseits und durch DRUDE andererseits bekannt wurden. Aber erst in neuerer Zeit beginnen sich diese Methoden, nachdem die einschlägige Meßgeräteindustrie zuverlässige und einfach zu bedienende Geräte in dieser Richtung herstellt, in breiterem Umfange in Industrie und Wissenschaft durchzusetzen.

Im folgenden sollen in einem 1. Kapitel die *Konduktometrie* und in einem 2. Kapitel die *Dielektrometrie* behandelt werden, wobei es nicht der Zweck der kurzen Kapitel ist, alles zu beschreiben und zu behandeln, was auf diesen Gebieten in den letzten 70—80 Jahren erarbeitet worden ist. Vielmehr kam es dem Verfasser darauf an, die für den Chemiker zum Verständnis der Methodik wichtigen Gesichtspunkte herauszuarbeiten, damit ihm ein einwandfreies Anwenden und Umgehen mit den von der Industrie hergestellten Apparaten möglich ist.

B. Die Konduktometrie (elektrolytische Leitfähigkeit)

I. Definition der Leitfähigkeit

Zum Unterschied vom Elektrizitätstransport in metallischen Leitern durch wandernde Elektronen geschieht derselbe in den sog. Leitern II. Klasse (Elektrolyte) durch die Bewegung geladener Atome oder Atomgruppen (Ionen). Dabei ist noch zu beachten, daß die Metalleitung unipolar ist (fast reine Elektronenwanderung), während die Bewegung in den Elektrolyten bipolar (negative und positive Ionen) erfolgt. In dieser Art findet bei Flüssigkeiten, wie bei Lösungen von Salzen, Säuren und Basen im Wasser und anderen geeigneten polaren Lösungsmitteln sowie bei reinen Salzen und Salzgemischen im geschmolzenen Zustand der Ladungstransport und damit die Leitung statt.

Infolge der Verschiedenheit des Ladungstransportes findet man auch hinsichtlich des Temperaturkoeffizienten bei metallischer (negativer Temperaturkoeffizient) gegenüber der elektrolytischen Leitfähigkeit (positiver Temperaturkoeffizient) umgekehrte Verhältnisse vor. Der letztgenannte Temperaturkoeffizient liegt in der Größenordnung von $1-3\%/^\circ$ C. Darüber hinaus ist das Leitvermögen der elektrolytischen Lösungen und Schmelzen wesentlich kleiner als das der Metalle (vgl. Tab. 1).

Aus der Tabelle kann man ersehen, daß das Leitvermögen konzentrierter wäßriger Lösungen nur annähernd 1 Millionstel von dem der Metalle beträgt. Reine

Tabelle 1. *Spezifische Leitfähigkeit elektrolytischer und metallischer Leiter*

Substanz	°C	$\varkappa\ [\Omega^{-1}\,cm^{-1}]$
Elektrolytische Leiter		
H_2O reinst (theoretisch) . .	18	$3{,}6 \times 10^{-8}$
H_2O rein	18	etwa $10^{-6}-10^{-7}$
Leitungswasser	18	$10^{-3}-10^{-4}$
30% H_2SO_4-Lösung	18	0,74
LiCl geschmolzen	800	6,6
NaCl fest	700	$7 \cdot 10^{-5}$
n-KCl-Lösung	18	0,098
0,01 n-KCl-Lösung	18	0,0012
15% $CuSO_4$-Lösung	18	0,042
Metallische Leiter		
Ag	18	625 000
Cu	18	588 000
Fe	18	$\sim 100 000$
Retortenkohle	18	~ 200
Messing	18	$\sim 125 000$
Konstantan	18	$\sim 20 000$
Na	18	$\sim 200 000$

Lösungsmittel unterscheiden sich demgegenüber noch um viele Zehnerpotenzen. Betrachtet man diese Umstände, so kann man sagen, daß der Leitfähigkeitsbereich der elektrolytischen Lösungen und Schmelzen von etwas über 1 bis zu annähernd $10^{-8}\ \Omega^{-1}\,cm^{-1}$ geht. Unter Berücksichtigung der möglichen Variation der Zellenkonstante sind danach die Geräte in bezug auf Meßbereich und Meßspannung bei vorgegebener gewünschter Meßgenauigkeit auszulegen. Dabei ist von vornherein einzusehen, daß abgesehen von sehr kleinen Leitfähigkeiten, $<10^{-8}\ \Omega^{-1}\,cm^{-1}$, die Meßspannung eine Wechselspannung sein muß, da durch eine Gleichspannung eine immer größer werdende Polarisation infolge der wandernden Ionen des Elektrolyten eintreten würde. Bei Verwendung einer Wechselspannung bildet sich infolge der Trägheit der Ionen lediglich eine elektrische Doppelschicht aus, die als *Polarisationskapazität* aufgefaßt und rechnerisch oder durch Kompensation im Meßgerät eliminiert werden kann.

Da die Bewegung der Ionen entlang elektrischer Feldlinien in der Substanz das Leitvermögen darstellt, hängt dieses von den molekularen Eigenschaften des Elektrolyten (Ionenbeweglichkeit und Wertigkeit), aber auch wesentlich von den geometrischen Dimensionen der Elektroden ab, die mit der Substanz galvanischen Kontakt haben.

Haben die beiden Elektroden (mit der Fläche F und dem Abstand d) Kontakt mit der Substanz (Abb. 1), so ergibt sich für das Leitvermögen (den reziproken Wert des Widerstandes R):

$$G = \frac{1}{R} = \varkappa \cdot \frac{F}{d} \qquad (1)$$

Dabei ist $\varkappa$ die *spezifische Leitfähigkeit*, d. h. das Leitvermögen eines Kubikzentimeterwürfels Substanz mit gegenüberliegenden Elektrodenflächen von 1 cm². Schreiben wir die Gl. (1) nach $\varkappa$ aufgelöst,

$$\varkappa = \frac{d}{F} \cdot \frac{1}{R} \quad \left[\frac{cm}{cm^2} \, \frac{1}{\Omega} \right] \qquad (2)$$

$$= k \cdot 1/R$$

so ergibt sich für die Dimension der spezifischen Leitfähigkeit

$$\Omega^{-1} \, cm^{-1} = S \, cm^{-1}$$

$$= mho \, cm^{-1 \, +)} \qquad (3)$$

Der Proportionalitätsfaktor $\frac{d}{F} = k$ zwischen

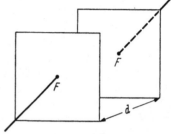

Abb. 1. Elektrodenanordnung

dem an den Elektroden liegenden Ohmschen Widerstand R und der spezifischen Leitfähigkeit $\varkappa$ der Substanz ist nur von der Gestaltung (Fläche, Formgebung, Abstand usw.) des Elektrodenpaares abhängig und damit eine der benutzten Meßzelle eigentümliche Größe. Man nennt sie daher auch *Zellenkonstante* oder *Widerstandskapazität*.

Für den Chemiker ist ferner noch die sog. *molare Leitfähigkeit* sowie die *Äquivalenzleitfähigkeit* von Interesse. Die molare Leitfähigkeit ist als der Quotient von Leitfähigkeit und molarer Konzentration definiert, während die Äquivalentleitfähigkeit zusätzlich noch die Wertigkeit der in der Lösung enthaltenen Ionen berücksichtigt. Näheres, z. B. auch der Zusammenhang zwischen Äquivalentleitfähigkeit und Dissoziationskonstar.te, das Verhalten starker und schwacher Elektrolyte usw., ist den diesbezüglichen Monographien (F. KOHLRAUSCH u. L. HOHLBORN 1916, F. OEHME 1961, R. M. FUOSS u. F. ACCASCINA 1959, R. A. ROBINSON u. R. H. STOKES 1959, H. FALKENHAGEN 1953, WIEN-HARMS 1932, W. MANNCHEN u. A. WIBRANETZ 1959, G. KORTÜM 1957) zu entnehmen.

II. Leitfähigkeitsmeßzellen

Maßgebend für die Form und den Aufbau der Meßzelle ist der Meßzweck und das Leitvermögen der zu untersuchenden Substanz.

Man unterscheidet:

a) Eintauchzellen

b) Einfüllzellen

c) Durchflußzellen

d) Spezialtitrierzellen

Für Laborzwecke sind die Meßzellen in den meisten Fällen aus Glas mit ein- oder aufgeschmolzenen Elektroden aus Platin hergestellt. Platin als Elektrodenmaterial hat neben der guten Korrosionsbeständigkeit noch den großen Vorteil, daß man es leicht elektrolytisch mit Platinmohr[1] überziehen kann, das dann der besseren Haltbarkeit wegen gesintert wird. Der Überzug hat den Zweck, die Polarisationskapazität zu vergrößern. Für Absolutmessungen der Leitfähigkeit ist es

+ Für den reziproken Widerstand wurde in Deutschland die Einheit 1 Siemens (1 S = $10^6 \, \mu$S) eingeführt, während in Englisch sprechenden Ländern das Wort Ohm von hinten gelesen (mho) den Kehrwert als Einheit bezeichnet.

[1] siehe S. 287

notwendig, die Meßzellen zu eichen, d. h. die Zellenkonstante mittels Eichlösungen
zu ermitteln bzw. justierbare Zellen auf eine durch die Konstruktion festgelegten
Wert (meistens 1,00) einzustellen. Letztere Konstruktion (vgl. Abb. 2), die als
Eintauch- und Durchflußelektrode (Veränderung
des Feldlinienverlaufes zwischen den Elektroden
durch eine Rohrverjüngung oder durch Ein-
schieben eines Isolierstückes) aufgebaut werden
kann, hat den großen Vorteil, daß jegliche
Rechenarbeit (Proportionalitätsfaktor $k = 1,00$)
entfällt.

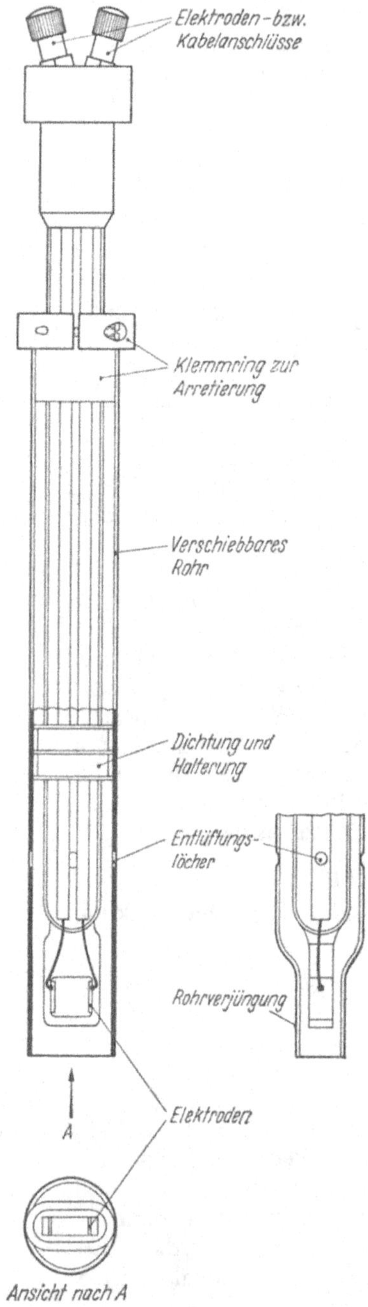

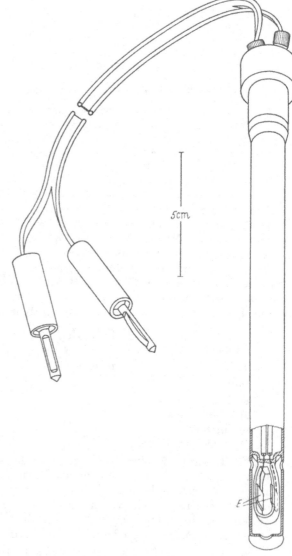

Abb. 3a

Abb. 2. Eintauchzelle mit justierbarer
Konstante

Abb. 3a—d. Verschiedene Zellentypen (WTW), Weilheim/Obb.

Als Eichlösungen dienen die von KOHLRAUSCH angegebenen Werte für KCl-Lösungen verschiedener Konzentrationen (Tab. 2).

Gegebenenfalls muß der Wert des lösenden Wassers mit berücksichtigt werden, damit man die notwendige Genauigkeit erzielt.

Abb. 3a—d bis Abb. 4 zeigen verschiedene Labormeßzellen. Bei der Eintauchzelle (LTA) sind die Elektroden auf einem

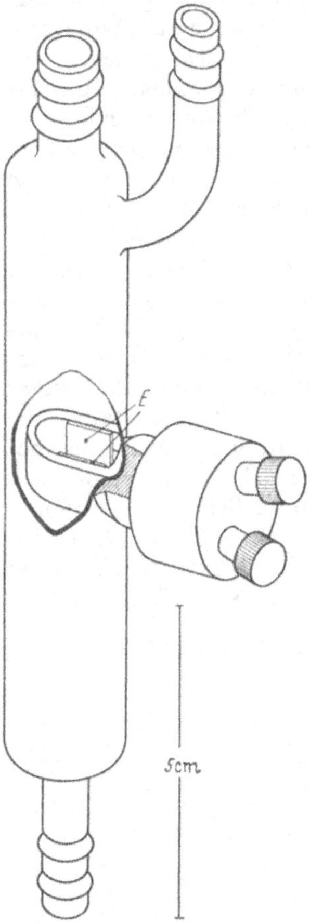

Abb. 3b

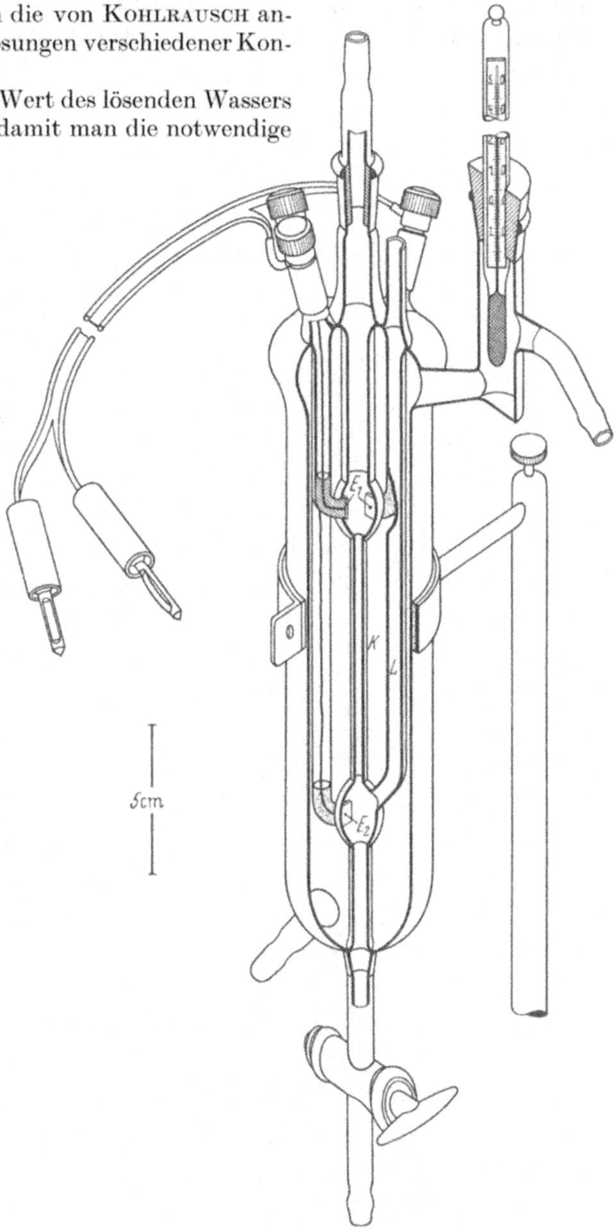

Abb. 3c

Tabelle 2. *Spezifische Leitfähigkeit* $\varkappa$ *(in* Ω^{-1} cm^{-1}*) vo· KCl-Lösungen*

°C	n-KCl	0,1 n-KCl	01 n-KCl
15	0,09254	0,01048	0,001147
18	0,09824	0,01119	,001225
20	0,10209	0,01167	0,001278
25	0,11180	0,01288	0,001413

Glasbügel aufgeschmolzen. Dies gewährleistet auch bei rauhem Betrieb eine sichere Eichung. Darüber hinaus ist über der Elektrodenanordnung noch ein perforiertes Schutzrohr aus Glas angeordnet, damit erstere nicht berührt werden kann. Die Durchflußzelle(LDU)erlaubt eine kontinuierliche Messung unter gleichzeitiger Beobachtung der Temperatur. Auch hier sind die Elektroden der Stabilität halber auf einen Glasbügel aufgeschmolzen. Die Meßzelle (LDT) stellt eine Präzisions-Doppelzelle mit Thermostatenmantel dar. Sie ist auch für Durchflußmessungen geeignet. Die Füllung der Zelle findet über den mittleren unteren mit Hahn versehenen Stutzen statt. Eine Kapillare L, seitlich an der unteren Kugel angebracht, ermöglicht das Entweichen von Luftblasen während der Füllung. Ein zusätzlicher Stutzen gestattet die Einführung eines Thermometers in den Thermostatenmantel. Bei kleinen Leitfähigkeiten wird zwischen den beiden Elektroden E_1 in der oberen Kugel (kleine Zellen-

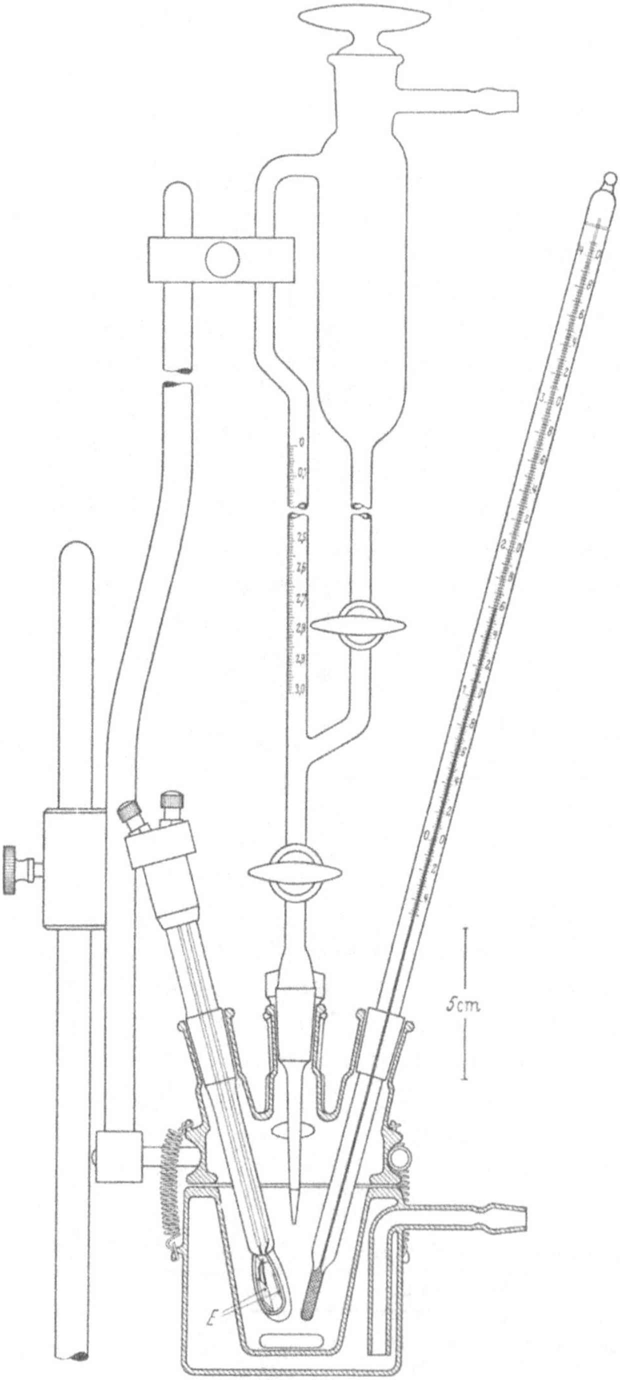

5cm

Abb. 3 d

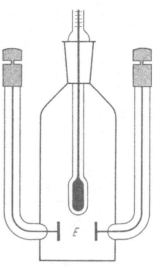

Abb. 4. Einfüllzelle

konstante $\sim 1,0$) gemessen. Bei größeren Leitfähigkeiten kann man aber auch
zwischen je einer Elektrode der oberen (E_1) und der unteren Kugel (E_2), die durch
eine Kapillare K mit 3 mm Innendurchmesser und etwa 10 cm Länge verbunden
sind (große Zellenkonstante ~ 100), messen.

Platinierung der Elektroden: Ein neuer Überzug mit Platinmohr kann, wenn nötig,
nach folgendem Rezept selbst vorgenommen werden: Lösung von 1 g Platinchlorid und 0,01 g
Bleiacetat auf 30 ml destilliertem Wasser. Unter Vorschalten eines regelbaren Widerstandes
von 1000 Ω den Strom einer 2—6 V-Batterie (beide Elektroden anschließen) so einstellen,
daß gleichmäßige, leichte Gasentwicklung eintritt (20 mA/cm² Elektrodenfläche). Nach dieser
Vorschrift wird eine Elektrode 10 min behandelt, danach wird die Stromquelle umgepolt und
die zweite Elektrode platiniert. Die Elektroden verbrauchen sich nicht, da das Platinmohr
von der Lösung geliefert wird. Diese verbraucht sich demnach und ist von Zeit zu Zeit zu
erneuern. Nach Beendigung der Platinierung werden die Elektroden zunächst mit destilliertem
Wasser abgespült und dann in Wasser, das durch Zusatz von 1 Tropfen verdünnter Schwefelsäure leitend gemacht wurde, einer Nachelektrolyse zur Reinigung unterworfen. Nach 5 min
wird die Stromquelle umgepolt und weitere 5 min elektrolysiert. Anschließend wird mit
destilliertem Wasser gespült, in dem auch die Elektroden aufbewahrt werden. Vor einer Neu-
platinierung wird der alte Überzug von Platinmohr mit heißem Königswasser von den Elektroden gelöst.

Die Titrierzelle (LTI) ist speziell für die Durchführung der konduktometrischen
Titration gebaut. Ein Thermostatenmantel ermöglicht die Temperaturkonstanz.
Die Bewegung der Flüssigkeit im Titrationsraum, der etwa 40—100 cm³ Volumen
hat, erfolgt durch Aufsetzen der gesamten Meßzelle auf einen Magnetrührer. Die
Elektroden und die Bürette stecken in Normalschliffen und sind daher leicht zu
reinigen. Ein weiterer Schliff gestattet die Einführung eines Thermometers.

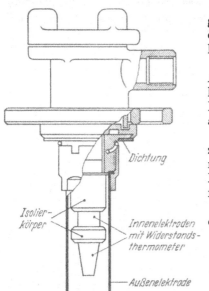

Abb. 4 zeigt eine Einfüllzelle. Die Füllung
geschieht, nachdem das Thermometer, das
die Meßtemperatur zu bestimmen gestattet,
herausgezogen worden ist.

Eine *Industrie-Durchflußzelle* zeigt die
Abb. 5. Die Meßzelle in Metallausführung
kann als Eintauchzelle angeflanscht werden.
Die Elektroden sind mit Keramik voneinander isoliert.

Um die Fehlermöglichkeiten bei Benutzung einer Meßzelle kurz diskutieren zu können, sei zunächst von dem vereinfachten
Ersatzbild (Abb. 6), einer Leitfähigkeits-
meßzelle, ausgegangen.

Die Abb. 6 zeigt, daß neben dem durch
das Leitvermögen — unter Berücksich-

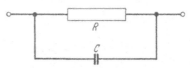

Abb. 5. Industriemeßzelle in Ganzmetallausführung   Abb. 6. Vereinfachtes Ersatzbild

tigung der Zellenkonstante — sich zwischen den beiden Elektroden ausbildenden
Widerstand R noch eine Kapazität C vorhanden ist, die durch die Kapazität der
Zuleitung zusammen mit der Kapazität zwischen den Elektroden über das Di-
elektrikum (Lösung) gebildet wird. Betrachtet man die Verhältnisse genauer, so
tritt an Stelle des vereinfachten ein kompliziertes Ersatzbild (Abb. 7). In diesem
Ersatzbild bedeutet C_Z zunächst die Kapazität der Zuleitung und R_1 den durch die
Ionenleitung verursachten Widerstand.

C_1 stellt die Kapazität der beiden Elektroden über die als Dielektrikum wirkende Substanz dar. Die wichtige, in Reihe mit R_1 liegende Kapazität nennt man die schon oben erwähnte Polarisationskapazität C_p. Da die Polarisation mit der Stromdichte und der Konzentration zunimmt, überzieht man zur chemisch wirksamen Vergrößerung der Elektrodenoberfläche diese mit sog. *Platinmohr*. Es ist nun gut zu verstehen, daß die durch rauhe Oberfläche erzielte scheinbare Vergrößerung der Elektrodenfläche einer Verkleinerung des Blindwiderstandes $\dfrac{1}{\omega C_p}$ gleich kommt. Aber auch eine Vergrößerung der Frequenz f $(2\,\pi f = \omega)$ wirkt stark in dieser Richtung, vor allem deswegen, weil mit größer werdender Frequenz die Stär-

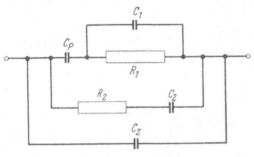

Abb. 7. Erweitertes Ersatzbild

Tabelle 3. *Frequenzabhängigkeit der Polarisation*

Meßfrequenz Hz	Polarisationsfehler %
50	20
1000	2
3000	0,2

ke der Doppelschicht immer kleiner wird, was mit einer entsprechenden Vergrößerung der Polarisationskapazität C_p eng zusammenhängt. Da die Polarisationskapazität C_p mit dem zu messenden Widerstand R_1 in Reihe liegt, wird damit der Fehler, der durch die Polarisation verursacht wird, kleiner.

Schon Kohlrausch hat zwei Faustformeln angegeben, die in einfacher Weise überschlagen lassen, wann der Fehler bei blanken und platinierten Elektroden bei einer Meßfrequenz von einigen 100 Hz größer als $1^0/_{00}$ wird.

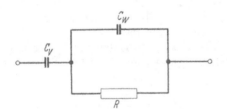

Abb. 8. Ersatzbild einer kontaktlosen Meßzelle

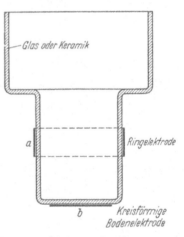

Abb. 9. Kontaktlose Titrierzelle (Schnittzeichnung)

Platinierte Elektroden:

$$R_{\min} = \frac{50}{F}\,\Omega$$

Blanke Elektroden:

$$R_{\min} = \frac{2500}{F}\,\Omega \tag{4}$$

Bei der Messung darf also bei blanker Elektrode ein Widerstand von $\dfrac{2500}{F}$ Ohm und bei platinierten Elektroden von $\dfrac{50}{F}$ Ohm nicht unterschritten werden, wenn der Fehler $1^0/_{00}$ nicht überschreiten soll.

Betrachten wir noch die oben angedeutete Frequenzabhängigkeit der Polarisation, so erhält man Werte wie in Tab. 3.

Durch die Platinierung ist aber in verdünnten Lösungen evtl. der Nachteil vorhanden, daß das Platinmohr gelöste Stoffe absorbieren oder gar bei chemischen Prozessen katalytisch wirken kann. Daher ist von Fall zu Fall immer eine Überlegung anzustellen, ob mit blanken oder platinierten Elektroden gemessen werden kann.

Gehen wir nun noch auf die Reihenschaltung von C_2 und R_2 im Ersatzbild ein: Die Verbindung von C_2 und R_2 stellt einen Nebenkreis dar, der durch die Zuführung der Leitungen zu den Elektroden über Teile der Isolation (C_2) und Teile des Elektrolyten (R_2) entsteht. Durch sachgemäßen Aufbau der Zelle kann man diesen nach PARKER benannten Fehler genügend klein halten. Der Parkerfehler ist bei gegebener Zelle konzentrations- und frequenzabhängig.

Bei genügend hoher Meßfrequenz besteht noch die Möglichkeit mit kontaktlosen, auch oft „*elektrodenlos*" genannten, Zellen zu arbeiten. Die Elektroden haben dabei keinen direkten galvanischen Kontakt mit der Meßsubstanz, sondern befinden sich auf der äußeren Seite des Meßgefäßes, das aus Glas, Keramik oder einem anderen geeigneten Isolierstoff angefertigt ist.

Das Ersatzbild einer solchen kontaktlosen Meßzelle zeigt Abb. 8.

C_v ist dabei die Kapazität, die von dem äußeren Belag durch die Gefäßwandung auf die Meßsubstanz wirkt, während C_w der Kapazität entspricht, die von den Innenwänden (den Elektroden gegenüberliegend) durch die Meßsubstanz als Dielektrikum geht.

Abb. 9 zeigt als Beispiel eine solche Elektrode. Die Elektroden werden am zweckmäßigsten mit Leitsilber aufgetragen (vorheriges Aufrauhen des Glases ist zweckmäßig) und mittels einer geeigneten Kontakteinrichtung mit dem zugehörigen Meßgerät (vgl. später) verbunden.

III. Leitfähigkeitsmeßgeräte

Ein Leitfähigkeitsmeßgerät stellt nichts anderes als ein Widerstandsmeßgerät dar, das auf Grund der Besonderheit des Leitungsmechanismus bei Elektrolytlösungen die schon weiter oben angegebenen Forderungen erfüllt:

1. Die zu messenden Widerstände sind bei geeigneter Zellenwahl größer als 10 Ω und kleiner als 10—100 MΩ.

Der Meßbereich braucht daher im äußersten Fall den Bereich von 10Ω—100MΩ und für die meisten praktischen Fälle den Bereich von 100 Ω bis 1 MΩ nach beiden Seiten hin nicht zu überschreiten.

2. Es muß zur Vermeidung von Polarisationsfehlern möglichst mit Wechselstrom (evtl. verschiedener Frequenz) gemessen werden.

3. Dort, wo es schaltungsmäßig möglich ist, sind veränderliche Kapazitäten zur Kompensation der Polarisationskapazität C_p vorzusehen.

4. Die Ablesung des Wertes soll direkt in Siemens bei möglichst linearer Anzeige und guter Ablesegenauigkeit möglich sein.

Diese vier Gesichtspunkte stehen bei der Entwicklung eines Leitfähigkeitsgerätes zunächst am Anfang aller Überlegungen. Für Spezialzwecke sowie für Betriebsmeßgeräte kommen dann noch andere Überlegungen hinzu.

Grundsätzlich kann man 2 verschiedene Meßprinzipien unterscheiden:

1. *Manuell einzustellende Geräte* (meistens Brückenschaltungen).

2. *Direktanzeigende* (bzw. registrierende) *Geräte*.

Die Messung beruht bei Brückenschaltungen auf dem bekannten Prinzip der *Wheatstoneschen Brücke* (Abb. 10).

Bei dieser sind vier Widerstände derart geschaltet, daß sich der von einem Wechselstromgenerator ($\approx$) gelieferte Strom verzweigt. Zwischen den beiden Stromwegen stellt sich ein Spannungsabfall ein, der mittels der Widerstände R_1, R_2, R_3 und R_4 so eingestellt wird, daß die Punkte 2 und 3 gleiches elektrisches Potential haben. In diesem Fall fließt durch den Indicator J kein Strom, d. h. es ist ein Strom-Minimum vorhanden. Es gilt dann die bekannte Beziehung:

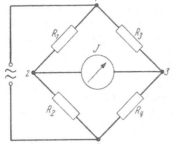

$$R_1 : R_2 = R_3 : R_4 \tag{5}$$

$$R_1 = R_2 \cdot \frac{R_3}{R_4} \tag{6}$$

Wenn nun R_1 den unbekannten zu messenden Widerstand darstellt und R_2 ein bekannter Vergleichswiderstand ist, so braucht man nach Gl. (6) nur noch das Verhältnis von R_3 zu R_4 zu kennen. R_3 und R_4 sind zusammen meistens durch einen Schleifdraht oder ein Potentiometer gegeben. Die Abschnitte (a und b), die der Schleifer auf dem Schleifdraht oder dem Drahtwinkel des Potentiometers teilt, können unabhängig von der eigentlichen Widerstandsgröße in die Formel eingeführt werden.

Abb. 10. Wheatstonesche Brückenschaltung

$$R_1 = R_2 \cdot \frac{a}{b} \tag{7}$$

Der Vergleichswiderstand R_2 muß in Anbetracht des großen Bereiches bei Leitfähigkeitsmessungen zweckmäßig in Zehnerpotenzen veränderbar sein. Dies

Abb. 11. Leitfähigkeitsmesser, Type LBR (WTW, Weilheim/Obb.)

geschieht meistens durch einen entsprechenden Bereichsschalter. Technisch müssen an den Vergleichswiderstand die Forderungen großer Genauigkeit, auch bei

Wechselstrom (bifilare Wicklung), bei großer zeitlicher Konstanz gestellt werden. Zur Vermeidung störender Polarisation muß mit Wechselstrom gemessen werden, dabei ist es zweckmäßig, neben dem technischen Wechselstrom von 50 Hz auch noch eine höhere Meßfrequenz (z. B. aus einem Röhrengenerator) zur Verfügung zu haben.

Die Beobachtung des Minimums erfordert einen empfindlichen Indicator, der auf Wechselstrom anspricht. Der geringe Wechselstrom in der Umgebung des

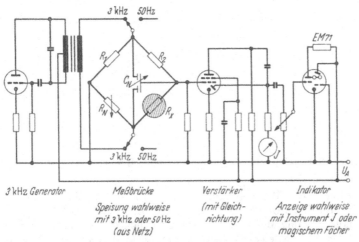

Abb. 12. Blockschaltbild des Leitfähigkeitsmessers, Type LBR

Minimums wird am besten durch einen elektronischen Verstärker verstärkt und nach Gleichrichtung entweder durch ein empfindliches Meßinstrument oder durch ein magisches Auge angezeigt.

Die Abb. 11 zeigt einen derartigen industriellen Leitfähigkeitsmesser.

Der Leitfähigkeitsmesser, Type LBR der WTW, Weilheim/Obb., (Abb. 12 zeigt das Blockschaltbild) arbeitet nach ebengenanntem Prinzip, mit einer Meßgenauigkeit von $\pm 0,5\%$ bei einem Meßbereich von 10^{-1} bis 10^{-9} Siemens (bei Verwendung entsprechender Meßzellen von 10^2 bis 10^{-9} Siemens cm^{-1}).

Es kann wahlweise 50 Hz oder 3000 Hz als Meßfrequenz benutzt werden. Durch eine Besonderheit der Schaltung wurde eine vollkommen lineare Skala (diese ist individuell geeicht) mit großer Ablesegenauigkeit erreicht. Das Minimum kann entweder am eingebauten magischen Auge oder an einem Aufsteckinstrument eingestellt werden. Ähnliche Meßbrücken werden noch von den Firmen Philips, Dr. Kuntze, Metrohm und Pusl hergestellt.

Präzisionsmeßbrücken mit Genauigkeiten bis zu 0,02% werden von der Fa. LKB, Stockholm (Type LKB 3216 B) und den WTW, Weilheim/Obb. (Typen WBR mit TAV und LF 2) geliefert. Dabei ist das Präzisionsgerät Type LF 2 (Meßgenauigkeit $\pm 0,1\%$) so eingerichtet, daß die Meßfrequenz zwischen 50 Hz und 10 000 Hz variiert werden kann.

Als Beispiel für direktanzeigende Geräte ist in Abb. 13 ein Prinzipschaltbild eines Leitfähigkeitsmessers der Fa. Metrohm S. A. aufgezeigt.

Der durch die Meßzelle R_x fließende Strom erzeugt an einem Widerstand R_N einen Spannungsabfall, der mit einem Röhrenvoltmeter (RVM) gemessen wird. Durch eine zweite Trafowicklung kann über den Spannungsabfall an R_K eine gegenläufige Spannung zugeschaltet werden. Dies erlaubt beim Titrieren eine

19*

Unterdrückung der Anfangswerte und mittels veränderlichen R_N eine Erhöhung der Ansprechempfindlichkeit des Gerätes.

Zur Erhöhung der Spannungskonstanz von U_m ist vor dem Transformator ein Regelteil eingebaut.

Ein weiteres Beispiel, das auch eine Direktanzeige mit Empfindlichkeitserhöhung bei der Titration erlaubt, zeigt Abb. 14, einen Leitfähigkeitsmesser,

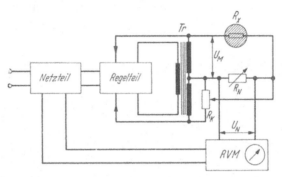

Abb. 13. Prinzipschaltbild eines direktanzeigenden Leitfähigkeitsmeßgerätes der Fa. Metrohm

Type LF 3 der WTW, Weilheim/Obb. Dieses Meßgerät besitzt ebenfalls eine Meßbrücke, die von einem Generator G wahlweise mit 50 Hz oder 3 kHz gespeist wird.

In Schalterstellung Messen „M" wird die Brückenabweichspannung, die durch den fehlenden Nullabgleich entsteht, vorverstärkt und in einer Kompensationsstufe mit der Generatorspannung verglichen. Dadurch wird der eindeutige Zusammenhang zwischen der Anzeige (des Spannungsbetrages) und der Meßgröße hergestellt. Eine Endstufe sorgt für entsprechende Leistungsverstärkung, so daß ein robustes Anzeigeinstrument Verwendung finden kann.

In Schalterstellung Titrieren „T" kann die Brücke mit dem „Äquivalenzpunktpotentiometer, ÄP", für die Nähe des Äquivalenzpunktes abgeglichen wer-

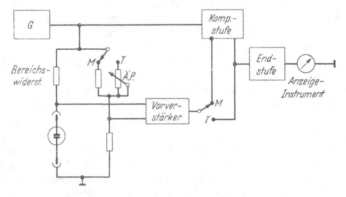

Abb. 14. Blockschaltbild des direktanzeigenden Leitfähigkeitsmessers Type LF 3 (WTW, Weilheim/Obb.)

den. Für diesen Fall kann die Kompensationsstufe umgangen werden, Dafür wird die Anzeigeempfindlichkeit bis maximal um das 10fache erhöht, so daß das Äquivalenzgebiet genauer beobachtbar ist.

Ein transistoriertes Taschengerät (Abb. 15) mit eingebauter Akkuspeisung erlaubt ambulante Messungen im Gelände.

Das Kombinationsgerät „Chemometer" der WTW gestattet eine direktanzeigende Leitfähigkeitsmessung und daneben noch die Messung des pH-Wertes sowie von Hochohmwiderständen (bis 10^{12} Ω). Ein ähnliches Gerät stellt auch die Fa. Lautenschläger her.

Weitere direktanzeigende Leitfähigkeitsmeßgeräte für Laboratorium und Betrieb können unter anderem folgende Firmen liefern: Dr. Kuntze, Lautenschläger, Metrohm, Philips, Polymetron. Pusl, Radiometer, Siemens, Wösthoff und WTW.

Für Messungen bei höheren Frequenzen mit normalen und kontaktlosen Zellen eignen sich entsprechende $\tan\delta$-Meßgeräte (Dekameter usw.), wie sie im nächsten Kapitel näher beschrieben werden. Dabei ist der Zusammenhang zwischen $\varkappa$ und $\tan\delta$ (Verlustfaktor) durch folgende Beziehung gegeben:

$$\tan\delta = 1{,}8 \cdot \frac{\varkappa}{f\cdot\varepsilon'} \cdot 10^{12} \qquad (8)$$

$\varkappa$ = in $\Omega^{-1}\,\mathrm{cm}^{-1}$

f = Meßfrequenz in Hertz

ε' = Dielektrizitätskonstante

Im Hochfrequenzgebiet hat sich vor allem in den letzten Jahren eine Methode durchgesetzt, die mit kontaktlosen Zellen zum Zwecke der Titration arbeitet. Wegen der auf S. 288 im Ersatzbild für eine kontaktlose Zelle aufgezeigten Reihenschaltung einer Kapazität C_v und eines Widerstandes R ist die Ansprechempfindlichkeit über den gesamten zu überstreichenden Leitfähigkeitsbereich nicht gleichmäßig.

Abb. 15. Taschengerät (netzunabhängig) Type LF 54 für Leitfähigkeitsmessungen (WTW, Weilheim/Obb.)

Dabei ist noch, weil das ganze einen Wechselstromwiderstand repräsentiert, zu berücksichtigen, daß in gewissen $\varkappa$-Bereichen eine starke Veränderung der *Blindkomponente* und in anderen $\varkappa$-Bereichen der *Wirkkomponente* stattfindet. Die Prinzipschaltung eines serienmäßigen Hochfrequenztitrimeters zeigt Abb. 16.

Die im rechten Teil der Schaltung zu sehende Röhrenbrücke wird von einem 30 MHz-Generator gespeist. Im Kathodenkreis der einen Triode befindet sich parallel zu einem veränderbaren Schwingungskreis die kontaktlose Meßzelle Z_x. Verändert sich nun die Blindkomponente, so muß mit dem Drehkondensator C immer jeweils bis zur Resonanz nachgedreht werden. Diese Resonanz kann am Meßinstrument beobachtet werden. Zur Aufstellung der Titrationskurve werden aber die Werte an der Skala des Drehkondensators abgelesen *(Blindkomponentenmethode)*. Ändert sich dagegen die Wirkkomponente stärker, so werden bei voller Resonanz (durch Verändern von C) die Größe der Ausschläge am Meßinstrument J abgelesen und aufgetragen *(Wirkkomponentenmethode)*. Beide eben genannten Methoden setzen voraus, daß eine manuelle Abstimmung vorgenommen wird.

Sie eignen sich daher schlecht für registrierende Messungen usw. Es ist nun aber möglich, nach einer am Anfang getätigten Abstimmung auf jede weitere Nachstimmung zu verzichten und nur die Veränderung des Instrumentenausschlages zu

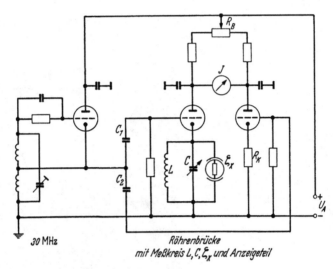

Abb. 16. Prinzipschaltbild des Hochfrequenztitrimeters Type HFT 30 C (WTW, Weilheim/Obb.)

benutzen. Diese dritte mit demselben Gerät durchführbare Methode nennt man *Ausschlagmethode*.

Eine Zusammenstellung der von der Industrie gelieferten Hochfrequenztitrimeter zeigt Tab. 4, dabei ist noch mit angegeben, nach welcher Methode das Gerät arbeitet.

Tabelle 4. *Zusammenstellung der von der einschlägigen Industrie gelieferten Hochfrequenztitrimeter*

Gerätetyp	Hersteller	Meß-frequenz MHz	Meßtechnik
Hochfrequenz-Titrimeter HFT 30 C	Wissenschaftlich-Technische Werkstätten, Weilheim/Obb. (Deutschland)	30	Blind- und Wirk-komponente, Ausschlags-methode
Chemical Oscillometer, Type V	E. H. Sargent & Co., Chicago (USA)	5	Blindkomponente
Sargent-Jensen-Titrator	E. H. Sargent & Co., Chicago (USA)	5	Ausschlagsmethode
Oscillometer, DSM	Export Agencies von Drenthem (Niederlande)	?	Ausschlagsmethode
H.F.-Titrimeter	The Morgan Crucible Comp. London S.W. 11	2	Blindkomponen-tenmethode
R.F.-Titrimeter nach Pungor	Metrimpex, Budapest (Ungarn)	120	Ausschlagsmethode
Titrimètre H. F.	Tonzart & Matignon Paris V (France)	3	Ausschlagsmethode
High Frequency Titration Indicator, Type HF 102A	Handelscompagnie N. V. Rotterdam (Niederlande)	8,15 und 30	Ausschlagsmethode

IV. Kurze Übersicht über die Anwendungsgebiete von Leitfähigkeitsmessungen

Die Anwendungsgebiete der Konduktometrie sind sehr mannigfaltig und reichen von Reinheitskontrollen über die quantitative Analyse binärer bzw. pseudobinärer Systeme, die Verfolgung reaktionskinetischer Vorgänge sowie Strukturuntersuchungen bis zu Titrationen. Die spezifische Leitfähigkeit ist für viele Elektrolyte ein ähnlich gutes Reinheitskriterium, wie es die Dielektrizitätskonstante für Nichtelektrolyte ist, obwohl hier keine absolut scharfen Abgrenzungen gezogen werden können.

Die Reinheitskontrolle ist vielleicht das häufigste Anwendungsgebiet, wobei die industrielle Bestimmung und Registrierung der Leitfähigkeit besonders in der Wasseraufbereitung eine bedeutende Rolle spielt, da mit Hilfe der spezifischen Leitfähigkeit sehr scharfe Aussagen gemacht werden können. In entsprechender Weise läßt sich die Reinheit wäßriger, wasserähnlicher und nichtwäßriger Lösungsmittel kontrollieren (Beispiel: ,,Leitfähigkeitswasser''). Die spezifischen Leitfähigkeiten der nichtwäßrigen Lösungsmittel sind aber häufig so niedrig, daß sie mit normalen Leitfähigkeitsgeräten nicht mehr erfaßt werden können. Hier müssen dann sog. *Teraohmmeter* eingesetzt werden, deren Bereich bis 10^{15} Ω geht.

Wie die *Wassergehaltsbestimmung* verschiedener Stoffe, wie z. B. von Mauerwerk, Beton, Keramik, Seife, Böden, Holz usw. oder von verschiedenen Lösungsmitteln durch Messung von $\varkappa$ ermöglicht wird, lassen sich auch Unterscheidungen von Fraktionierungen durchführen. So ist eine scharfe Beurteilung der Reinheit vieler präparativer Darstellungen mittels Leitfähigkeitsmessungen genauso möglich wie die Kontrolle der Wasserfreiheit oder der Entwässerung. Wasserspuren lassen sich besonders dann nachweisen, wenn die vorliegende Grundsubstanz eine über Wasserstoffbrückenbindungen assoziierte Flüssigkeit ist oder gegenüber Protonen als Acceptor wirken kann. Die dabei auftretende Protonen-Leitfähigkeit ist meist eine ausgeprägte Funktion des Wassergehaltes (z. B. hochkonzentrierte Essigsäure zwischen 90 und 100%, vgl. Tab. 5).

Tabelle 5. *Leitfähigkeiten von Essigsäure im Konzentrationsbereich von 90—100% Gew.-%*
bei 25° C

Konz. (Gew.-%)	90,2	92,3	94,3	95,1	98,12
10^8 (Ω^{-1} cm^{-1})	1333	655	275,7	96,3	24,8
Konz. (Gew.-%)	98,46	99,18	99,69	99,84	99,93
10^8 (Ω^{-1} cm^{-1})	18,73	9,10	4,23	2,91	2,24

Die Erwähnung der Wassergehaltsbestimmung bzw. der Reinheitskontrolle binärer oder pseudobinärer Systeme bringt uns bereits zur *quantitativen Analyse*. Es gibt in der Labor- und Betriebspraxis eine Vielzahl von Anwendungen, von denen nur einige wenige erwähnt sein sollen:

Die Konzentrationsbestimmung hochkonzentrierter Schwefelsäure (75—80 Gew.-% und 86—90 Gew.-%), Titerkontrolle von Meßlösungen, die Analyse roter rauchender Salpetersäure und viele andere mehr.

Schließlich sollen auch quantitative Gasanalysen nicht unerwähnt bleiben, wobei der Gasstrom durch einen Elektrolyten geleitet wird, dessen Änderung der spezifischen Leitfähigkeit eindeutig von Art und Menge des durchgeleiteten Gases abhängt.

Eine besondere Bedeutung kommt der Konduktometrie durch die Ermöglichung der *konduktometrischen Maßanalyse (Leitfähigkeitstitration)* zu. Das Prinzip der Leitfähigkeitstitration (erste Anwendung vor etwa 70 Jahren) besteht in der Messung der Leitfähigkeit von Elektrolytlösungen beim anteilweise erfolgenden Zusatz geeigneter Titerlösung.

Die Leitfähigkeitstitration unterscheidet sich grundsätzlich von anderen Titrationsmethoden dadurch, daß sie nicht nur einen Punkt — nämlich den Äquivalenzpunkt — aus dem Gang der Reaktion herausgreift, sondern anhand der Titrationskurve den ganzen Reaktionsverlauf erkennen läßt.

Hierauf beruht z. B. die Möglichkeit, mehrere Stoffe nebeneinander durch eine einzige Titration zu bestimmen, wenn diese mit dem gleichen Reagens praktisch nacheinander reagieren und dabei den Leitfähigkeitsverlauf in verschiedener Weise beeinflussen (Simultanbestimmungen). Dadurch lassen sich u. U. langwierige Trennungen vermeiden. Ein weiterer Vorteil der Leitfähigkeitstitration liegt in der Möglichkeit, eine Gewichtsanalyse durch eine bedeutend schneller und einfacher auszuführende maßanalytische Bestimmung zu ersetzen. Ferner ist in manchen Fällen die Verwendung von Farbindicatoren nicht möglich, so etwa bei gefärbten oder getrübten Lösungen, auch in diesen Fällen leistet die Leitfähigkeitstitration gute Dienste.

Die Konduktometrie soll die Indicatormethoden nicht verdrängen, sondern sie lediglich ergänzen. Daß allerdings ihr Anwendungsbereich wesentlich über den der Indicatoren hinausgeht, geht bereits aus dem oben Gesagten hervor.

Die elektrochemischen Grundlagen der Leitfähigkeitstitration macht man sich am besten an einem Beispiel klar. Die Reaktionsgleichung für die Fällung von Silber-Ionen mit Chloridlösung lautet:

$$Ag^+ + NO_3^- + Na^+ + Cl^- = AgCl + Na^+ + NO_3^- \tag{9}$$

Wesentlich für das Leitvermögen der Lösung ist es, daß während der Titration Silber-Ionen verschwinden und dafür die gleiche Anzahl Natrium-Ionen in die Lösung gelangen. Der Leitfähigkeitsverlauf wird nun durch das Verhältnis der Ionenbeweglichkeit dieser beiden Partner bestimmt. Die Natrium-Ionen wandern im elektrischen Feld langsamer als die Silber-Ionen; die Leitfähigkeit der Lösung wird also während der Fällung langsam abnehmen. Setzt man nach Erreichen des Äquivalenzpunktes weiter Reagenslösung zu, so wird die Leitfähigkeit ansteigen, da neue Na^+- und Cl^--Ionen hinzukommen, ohne daß weitere Ag^+-Ionen ausfallen. (Vgl. Abb. 17). Die beiden Kurvenabschnitte bezeichnet man als Reaktions- und Reagens- oder Überschußgerade.

Eine Reaktion, die bei erster Betrachtung als für eine Leitfähigkeitstitration ungeeignet erscheinen mag, weil ihr Kurvenverlauf nur einen sehr schwachen Knick zeigt, kann man häufig durch Wahl einer geeigneteren Reagenslösung günstiger gestalten, da die Überschuß-Gerade im allgemeinen eine aufsteigende Richtung hat. Wenn die Beweglichkeit des zugesetzten Ions merklich kleiner als die des zu bestimmenden Ions ist, kann man durch Auswahl des zugesetzten Ions zu günstigeren Titrationskurven kommen. Beim Vergleich der Kurven a, b und c der Abb. 17 erkennt man, daß im Falle der Titration von Silbersalzen die Verwendung von Lithiumchlorid die geeignetste Kurvenform ergibt; die Beweglichkeit der Lithium-Ionen liegt innerhalb dieser Reihe am weitesten unter der der Silber-Ionen.

Liegen in einer Lösung eine starke und eine schwache Säure nebeneinander vor, so erlaubt die Titration mit Lauge die gleichzeitige Analyse beider Säuren. Während des ersten steil abfallenden Kurvenstückes wird die starke, während des zweiten schwach ansteigenden Astes die schwache Säure neutralisiert (vgl. Abb. 18).

Einen ganz entsprechenden Leitfähigkeitsverlauf erhält man bei der Bestimmung starker und schwacher Basen nebeneinander sowie bei der Titration mehrbasischer Säuren, sofern deren einzelne Dissoziationskonstanten genügend große Unterschiede aufweisen.

Ein ganz anderes Anwendungsgebiet stellen die *Strukturuntersuchungen* mittels Leitfähigkeitsmessungen dar.

Bei reaktionskinetischen Forschungs- und Untersuchungsarbeiten tritt eine Änderung im Leitfähigkeitsverhalten ein, wenn beim Bindungswechsel leicht bewegliche gegen schwerer bewegliche (oder umgekehrt) Ionen (Beispiel: Verseifung

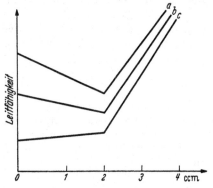 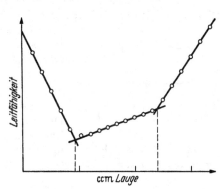

Abb. 17. Titration einer Silbernitratlösung mit a) Lithiumchlorid, b) Natriumchlorid, c) Kaliumchlorid

Abb. 18. Titration einer starken und einer schwachen Säure nebeneinander (Simultan-Titration)

von Estern) ausgetauscht werden, oder ein Übergang von einer koordinativen zu einer ionogenen (oder umgekehrt) Bindung stattfindet. (Beispiel: Hydrolyse von Harnstoff zu Ammoniak und Kohlendioxyd im Beisein des Fermentes Urease.)

Solche Erkenntnisse haben in der Strukturforschung komplexer Verbindungen und bei reaktionskinetischen Studien große Bedeutung gewonnen. Wie oben schon kurz erwähnt, kann es nicht die Aufgabe dieser kurzen Abhandlung sein, einen geschlossenen Überblick über das weitläufige Anwendungsgebiet der Leitfähigkeitsmessung zu geben. Es sollte lediglich anhand kurzer Hinweise darauf aufmerksam gemacht werden, daß sich hier für die Strukturforschung wie für die Analytik oder die Betriebsmeßtechnik ausgezeichnete Möglichkeiten bieten. Auf ein ausführliches Literaturverzeichnis soll hier an dieser Stelle verzichtet und lediglich auf einige Lehrbücher zur weiteren Information hingewiesen werden. Auf die etwa 300 Literaturzitate im Buch von F. OEHME (1961) sei dabei besonders hingewiesen.

C. Dielektrometrie

I. Definition der Dielektrizitätskonstante und Debyesche Theorie

Die *Dielektrometrie*, d. h. die Anwendung der Messung der Dielektrizitätskonstante (DK) bzw. des dielektrischen Verlustes (DV) steht den anderen physikalischen Methoden in bezug auf Einfachheit ihrer Ausführung und der Zuverlässigkeit der Meßergebnisse nicht nach, wenn sie dem Problem richtig angepaßt ist. Man bedient sich ihrer vorzugsweise zur chemischen Analyse, Strukturforschung, Reinheitskontrolle, Betriebskontrolle und zur Werkstoffprüfung.

Fast die meisten DK-Messungen laufen auf eine Präzisionsmessung einer *Kapazität* hinaus. So können wir auch zunächst als DK einer Substanz das Verhältnis der Kapazität des mit der Substanz gefüllten Kondensators (C_M) zu der Kapazität des evakuierten Kondensators (C_W) *definieren*.

$$\varepsilon' = \frac{C_M}{C_W} \tag{9}$$

Die DK ε' nennt man auch *relative Dielektrizitätskonstante*. Sie beherrscht das Gebiet der Nichtelektrolyte (der Nichtleiter oder der Isolierstoffe). In der Regel sind aber die meisten Dielektrika nicht ideal, d. h. keine reinen Nichtleiter, sondern sie nehmen aus dem angelegten Feld Energie auf und weisen damit Verluste (dielektrische Verluste, DV) auf. Ersatzbildmäßig kann man dies durch einen Widerstand R, der die Kapazität C_M überbrückt, ausdrücken (Abb. 19).

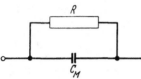

Abb. 19. Ersatzbild einer kapazitiven Meßzelle

Statt des dielektrischen Verlustes DV wird in der Praxis auch oft der *dielektrische Verlustfaktor* $\tan\delta$ benutzt:

$$\tan\delta = \frac{\varepsilon''}{\varepsilon'} = \frac{1}{\omega \cdot R \cdot C_M} \tag{10}$$

Der dielektrische Verlust (ε'') ist also über die Dielektrizitätskonstante ε' mit dem dielektrischen Verlustfaktor $\tan\delta$ in linearer Beziehung verbunden. ε' und ε'' sind darüber hinaus auch noch als der Real- bzw. Lateralteil einer *komplexen Dielektrizitätskonstante* ε aufzufassen:

$$\varepsilon = \varepsilon' - i \cdot \varepsilon'' \tag{11}$$

Die oben angegebene Energieaufnahme aus dem Feld bei vorhandenen dielektrischen Verlusten ist durch folgende Beziehung gegeben:

$$N = U^2 \cdot \omega \cdot C_M \cdot \tan\delta \tag{12}$$

U stellt dabei die am Kondensator anliegende Wechselspannung dar. Weist ein Dielektrikum eine gewisse Ionenleitfähigkeit $\varkappa$ auf, so hängen $\tan\delta$ und ε'' durch Gl. (10) zusammen.

Bei vielen dielektrischen Untersuchungen ist zu berücksichtigen, daß die dielektrischen Kennzahlen frequenzabhängig sind (Abb. 20).

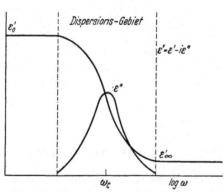

Abb. 20. Frequenzabhängigkeit der DK und des DV

Diese Frequenzabhängigkeit von ε' und ε'' drückt sich so aus, daß ε' von einem statischen Wert ε'_0 (bei sehr kleiner Frequenz) in einem sog. quasistatischen Gebiet stark abnimmt, um dann bei sehr hohen Frequenzen wieder einem konstanten, aber wesentlich kleineren Wert ε'_∞ (quasioptische DK) zuzustreben. Der Hauptabfall der DK findet im Gebiet um die sog. *kritische Frequenz* ω_c statt. Man nennt dieses Gebiet das *Dispersionsgebiet*. In diesem Gebiet findet auch die größte Absorption von Energie statt (Maximum von ε''), daher auch die andere Benennung: „*Absorptionsgebiet*".

DEBYE erklärte dieses anomale Verhalten der DK und des DV über die Frequenz mit dem Vorhandensein permanenter Dipole, die sich in Richtung des elektrischen Feldes einzustellen versuchen. Diese zur Ladungsverschiebung *(Verschiebungspolarisation)* zusätzliche Polarisation durch Orientierung permanenter Dipole im Feld *(Orientierungspolarisation)* bewirkt die oben aufgezeigte Frequenzabhängigkeit der dielektrischen Kennzahlen. Formelmäßig drückt sich das Verhalten so aus:

$$\varepsilon' = \varepsilon'_\infty + \frac{\varepsilon'_0 - \varepsilon'_\infty}{1 + \omega^2 \tau^2} \qquad (13)$$

$$\varepsilon'' = \varepsilon' \cdot \tan\delta = (\varepsilon'_0 - \varepsilon'_\infty) \frac{\omega\tau}{1 + \omega^2 \tau^2} \qquad (14)$$

Die in den Gleichungen (13) und (14) auftretende Größe τ wird als *Relaxationszeit* bezeichnet und charakteririert die Lage des Dispersionsgebietes und Absorptionsgebietes.

$$\tau = \frac{1}{\omega_c} = \frac{\lambda_c}{2\pi c} = \frac{4\pi\eta\alpha^3}{kT} \qquad (15)$$

η = innere Viscosität
α = Molekülradius
c = Lichtgeschwindigkeit in cm sec^{-1}
λ_c = kritische Wellenlänge in cm
k = Boltzmannsche Konstante

Tab. 6 zeigt die Lage des Dispersionsgebietes für verschiedene Flüssigkeiten auf.

Tabelle 6. *Kritische Frequenz bzw. Wellenlänge für einige Alkohole und Wasser*

Substanz	λ_c [cm]	ω_c
		Werte ohne 2π
Wasser	1,85	16,2 GHz
Methylalkohol	11,6	2,58 GHz
Äthylalkohol	28,2	1,06 GHz
Propylalkohol	70	428 MHz
Butylalkohol	116	258 MHz

Die Gleichungen und die Tabelle lassen erkennen, daß die Lage der starken Frequenzabhängigkeit der DK bzw. des DV stark von bestimmten molekularen Eigenschaften abhängt. Hieraus ergeben sich zahlreiche dielektrische Anwendungen zum Zwecke der Strukturuntersuchung von Molekülen.

II. Meßgeräte und Meßzellen

Die starke Frequenzabhängigkeit der dielektrischen Kennzahlen zeigt, daß die Meßmethodik sich über 11 bis 12 Zehnerpotenzen in bezug auf die Frequenz erstrecken kann. Es ist von vornherein verständlich, daß man dieses große Frequenzgebiet nicht mit einem generellen Meßprinzip überdecken kann, vielmehr kann man grundsätzlich 4 verschiedene Meßmethoden unterscheiden. Tab. 7 zeigt diese 4 verschiedenen Meßmethoden mit entsprechenden Ausführungsbeispielen.

Tabelle 7

Wellenlänge: bis 3000 m	bis 3 m	bis herab auf 3 cm	kleiner als 3 cm
Frequenz: bis 10^5 Hz	bis 10^8 Hz	bis etwa 10^{10} Hz	größer als 10^{10} Hz
Meßmethode: Meßbrücken *Ausführungsbeispiele:* Meßbrücke, Type 1610-A bzw. A 2 der General Radio Co. Verlustfaktor-Meßbrücke, Type VKB der Fa. Rohde und Schwarz, München NF-Dekameter, Type DK 05, WTW, Weilheim	Schwingkreisschaltungen Verlustfaktor-Meßbrücke, Type TF 704C — Marconi Instruments Multi-Dekameter, Type DK 06 WTW, Weilheim	Konzentrische Leitungen Meßleitung, Type 874-LM der Fa. General Radio Co. Stoffkonstanten-Meßplatz der Fa. Rohde u. Schwarz, München Dezi-Dekameter, Type DK 08 WTW, Weilheim	Hohlraumresonatoren

Darüber hinaus interessieren noch Geräte, die für bestimmte Zwecke (z. B. Routine-Analyse oder Bestimmung des elektrischen molekularen Dipolmomentes) nur bei einer bestimmten Frequenz arbeiten. Die Arbeitsfrequenz dieser DK-Meßgeräte auf einer festen Frequenz ist dabei so niedrig zu wählen, daß das sog. „*Gebiet der anomalen dielektrischen Dispersion*" für die meisten Substanzen nicht erreicht wird, also die DK noch quasistatisch ist. Für reine Betriebsmessungen erscheint es ferner sinnvoll, auch ein DK-Meßgerät zu schaffen, das es erlaubt, die

Tabelle 8. *Herstellerfirmen von DK-Meßgeräten sowie DK-Meßzellen*

Firma	Bemerkungen
Balsbaugh Laboratories, Duxburg, Mass. (USA)	Nur DK-Meßzellen
The Foxboro Company, Foxboro, Mass.(USA)	Kontinuierliche DK-Messung im Betrieb
General Radio Company, West Concord, Mass. (USA)	DK-Meßbrücken und DK-Meßleitungen
Franz Küstner Nachf. KG, Dresden A 21	DK-Meter, Type 60 GK
Paul Lippke, Neuwied/Rhein	Feuchtigkeitsmessung an Massengütern und Materialbahnen (kontinuierlich)
Marconi Instruments Ltd., St. Albans, Hertfordshire (England)	Verlustfaktormeßbrücke
Rohde und Schwarz, München	Meßbrücke, Leitwertmesser und Stoffkonstantenmeßplatz
Wissenschaftlich-Technische Werkstätten GmbH (WTW), Weilheim/Obb.	Verschiedenste Dekameter-Typen sowie Meßzellen

DK (evtl. auch den Verlust) kontinuierlich im Substanzstrom zu messen, zu registrieren und gegebenenfalls mit der laufend erfaßten DK irgendwelche Regelvorgänge auszulösen.

Im folgenden soll nun kurz auf die je nach Frequenzgebiet verschiedenen *Meßprinzipien* eingegangen und abschließend einige Betrachtungen über *Meßzellen* zur DK- und DV-Messung angestellt werden.

Die Tab. 8 bringt Herstellerfirmen von DK- und DV-Meßgeräten sowie DK-Meßzellen.

1. Meßbrücken

Wenn zu den Widerständen R_1 und R_2 in der Wechselstrommeßbrücke noch je eine Kapazität C_1 bzw. C_2 parallel geschaltet ist, so ergänzt sich die Gl. (5):

$$R_1 : R_2 = R_3 : R_4 = C_2 : C_1 \tag{16}$$

Da die eben genannte Parallelschaltung dem Ersatzschaltbild einer verlustbehafteten DK-Meßzelle entspricht, können mit einer solchen Meßbrücke DK und DV (bzw. $\tan\delta$) durch Doppelabstimmung (R_i und C_i oder, anders ausgedrückt, Amplitude und Phase) in einem Meßvorgang bestimmt werden. Als Ausführungsbeispiel sei hier auf das NF-Dekameter der WTW näher hingewiesen.

Die verwendete modifizierte Schering-Brücke (vgl. Abb. 21) des NF-Dekameters ermöglicht die Messung der DK und des $\tan\delta$. Die Brücke ist abgeglichen, wenn zwischen den Punkten 2 und 0 die Spannung gleich Null ist. Die Rechnung ergibt in erster Näherung für die Brücke folgende Nullbedingungen:

1. $C_x = C_N - C_M$

2. $\tan\delta = \dfrac{1}{2\,\pi f \cdot C_N \cdot R_x} = 2\,\pi \cdot f \cdot R \cdot (C_P - C_K).$

Gl. 1 wird durch Veränderung von C_M (Meßkondensator) erfüllt, Gl. 2 durch die richtige Wahl von R (tan δ-Bereichsschalter) sowie durch Änderung von

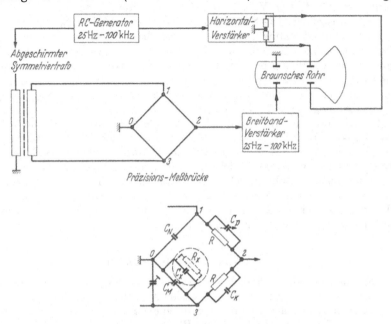

Abb. 21. Blockschaltbild des NF-Dekameters

$(C_P - C_K)$ entweder durch die tan δ-Korrektur oder durch C_P (tan δ – Feinabgleich F). Da es meßtechnisch günstig ist, das Meßobjekt einseitig auf Erdpotential zu legen, wurde die Brücke im Punkt Null geerdet. Die dadurch auftretenden Kor-

Abb. 22. Ansicht des NF-Dekameters, Type DK 05

rekturen in der Auswertung sind aber rechnerisch erfaßbar und kommen überhaupt erst bei höheren tan δ-Werten (ab tan $\delta \geq 3 \times 10^{-2}$) in Berücksichtigung.

Die Brücke wird durch einen vierfach abgeschirmten Transformator eingespeist. Damit wird eine weitgehende Unabhängigkeit der Potentiale der Brückenpunkte 1 und 3 von der Primärseite ereicht und eine Erdung des Punktes 0 (Meßzelle) ermöglicht. Die Brückenausgangsspannung zwischen Punkt 2 und 0 wird im Meßverstärker verstärkt. Der Verstärkungsfaktor ist durch den Verstärkungsregler verschieden einstellbar. Die Spannung für den Horizontalverstärker wird direkt dem RC-Summer entnommen. Ein eingebauter Phasenregler gestattet es, zwischen der Brückenausgangsspannung und der horizontalen Ablenkspannung eine bestimmte bevorzugte Phasenbeziehung herzustellen, um damit den Brückenabgleich zu erleichtern. Durch eine spezielle Schaltung vor dem Braunschen Rohr wurde erreicht, daß der wirkliche Nullwert der Brückenausgangsspannung (Abgleichpunkt) unabhängig von der Einbaulage des Anzeigerohrs gefunden werden kann. Der auf dem Braunschen Rohr durch die angelegte Ablenkspannung und durch die Brückenausgangsspannung entstehende Strich (bzw. flache Ellipse) stellt eine Art Halbzeiger dar. Durch die gewählte Art der Abstimmanzeige ist es daher leicht, den Nullpunkt (waagerechter Strich) festzustellen, andererseits bietet die Abbildung am Braunschen Rohr in bekannter Weise die Möglichkeit, Phase und Amplitude der Brückenausgangsspannung unabhängig voneinander zu beobachten und bringt damit eine wesentliche Erleichterung bei der Brückenabstimmung gegenüber reiner Instrumentenanzeige mit sich.

2. Schwingkreisschaltungen

Bei Frequenzen, die größer als einige 100 kHz sind, ist es zweckmäßig, das Brückenprinzip zu verlassen und auf Schwingkreisschaltungen überzugehen.

Bekanntlich ändert der Betrag einer in einem Parallelschwingkreis (Abb. 23) eingeschalteten Kapazität die Größe der Resonanzfrequenz eines solchen Kreises. Es besteht nun die Möglichkeit, diese Änderung durch eine parallel geschaltete veränderbare Kapazität zu kompensieren oder die eben angedeutete Frequenzänderung meßtechnisch auszunutzen.

Ein typischer Repräsentant dieses Frequenzgebietes ist das Multi-Dekameter, Type DK 06.

Das Multi-Dekameter, Type DK 06 (Abb. 24) schließt mit seinem untersten Frequenzbereich (100 kHz) direkt an das NF-Dekameter (bis 100 kHz) an. Es dient zur Messung der Dielektrizitätskonstante (DK) und der dielektrischen Verluste (DV) in einem Frequenzbereich von 0,1–12 MHz. Die Messungen können an Flüssigkeiten, Pulvern und Feststoffen vorgenommen werden. Für die verschiedenen Arten der Meßsubstanzen stehen ebenfalls eine Anzahl von Meßzellen zur Verfügung, die weiter hinten beschrieben werden.

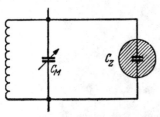

Abb. 23. Schwingkreis mit Meßkondensator und Meßzelle

Bei der DK-Messung wird nach dem Überlagerungsverfahren gearbeitet. Zwei Meßgeneratoren (Gen. I und Gen. II), welche beide in der Frequenz variabel sind (0,1–12 MHz, aufgeteilt in 6 Frequenzbereiche), werden in einem gesonderten Mischteil mit regelbarer Verstärkung zur Überlagerung gebracht und die entstehenden Schwebungen (Lissajoussche Figuren) auf dem Schirm einer Kathodenstrahlröhre sichtbar gemacht. Dabei ist es möglich, beide Sender bis auf Bruchteile von 1 Hz genau frequenzgleich einzustellen, um damit eine sehr hohe Anzeigeempfindlichkeit zu erreichen. Die Basis (Ablenkung) der Kathodenstrahlröhre ist gleich der Netzfrequenz (50 Hz). Bestimmte Schwebungsfrequenzen bei der Überlagerung der Sender werden als Lissajous-Figuren auf dem Schirm der Kathodenstrahlröhre aufgezeichnet.

Die zu messende Substanz bildet das Dielektrikum einer Meßzelle, welche dem Schwingkreis des einen Senders parallel geschaltet ist. Ändert sich die Dielektrizitätskonstante (DK), so verändert sich damit auch die Kapazität der Meßzelle; es tritt eine Verstimmung gegenüber dem anderen Sender, der auf die gleiche Frequenz abgestimmt ist, ein. Diese Verstimmung wird durch Veränderung des

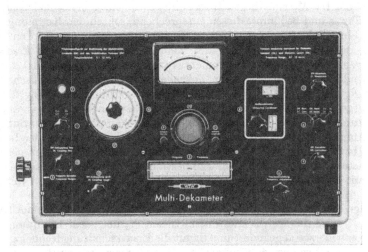

Abb. 24. Ansicht des Multi-Dekameters, Type DK 06 (WTW, Weilheim/Obb.)

mit einer übersetzten Doppelskala ausgerüsteten Meßdrehkondensators wieder ausgeglichen. Diese Größe der skalenteilmäßigen Veränderung des Meßdrehkondensators ist damit das Maß für die Größe der DK der Substanz. Entsprechende für die verschiedenen Meßzellen dem Gerät beigegebene Unterlagen sowie eine Korrekturkurve erlauben eine leichte Auswertung bei der DK-Messung.

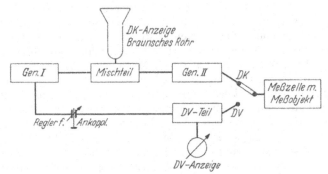

Abb. 25. Blockschaltbild des Multi-Dekameters, Type DK 06

Um alle unkontrollierbaren Frequenzwanderungen des einen oder anderen Senders z. B. durch Temperatur, Alterung der Röhren usw.) auszugleichen, kann in einer Korrekturstellung durch Einschalten eines eingebauten Vergleichskondensators mittels eines Korrekturreglers bei jeder Messung eine Nachjustierung des Gerätes in schneller und einfacher Weise vorgenommen werden.

Die DV-Messung wird nach der *Differenz-Substitutionsmethode* (Abb. 25) vorgenommen. Hierzu wird von dem frequenzbestimmenden Sender (Gen. I) über einen Kopplungskondensator die Hochfrequenz auf einen Meßkreis gegeben. Dem Meßkreis (Schwingkreis) ist eine Dämpfungsdiode mit regelbarem Kathodenwiderstand (im DV-Teil) parallel geschaltet. Die am Meßkreis auftretende Resonanzspannung wird mit einem Röhrenvoltmeter gemessen. Dieses zeigt nur Spannungen um 8 V an. Niedere Spannungen werden in der Anzeige unterdrückt und höhere Spannungen so begrenzt, daß das Anzeigeinstrument nicht überlastet wird. Bei der DV-Messung liegt das Meßobjekt (Substanz in der Meßzelle) parallel zum Meßkreis und bedämpft diesen entsprechend. Durch den Kopplungskondensator (grob und fein) wird nun soviel Hochfrequenzspannung auf den Meßkreis gegeben, daß der Zeigerausschlag des Meßinstrumentes *bei voller Resonanz* des Kreises genau die Mitte des Instrumentes (roter Strich) erreicht. Jetzt wird das zu messende Dielektrikum aus der Meßzelle entfernt bzw. der Meßschalter vom DV auf R_x geschaltet und der Kathodenwiderstand der Dämpfungsdiode nach wiederhergestellter Resonanz (mit Regler DV-Resonanz) so weit verändert, bis der Instrumentenzeiger wieder den roten Strich genau erreicht hat (Substitution mittels Amplitudengleichheit bei voller Resonanz). Der Kathodenwiderstand R_x ist in Ohm (bzw. kΩ und MΩ) geeicht, so daß hierdurch die Möglichkeit gegeben ist, die Verluste des Meßobjektes in Ohm zu bestimmen. Das Dämpfungsglied (Diodenstrecke mit Kathodenwiderstand) ist bis zu einer Kreisgüte über $\varrho = 15$ frequenzunabhängig.

Zufolge Verzerrung der sinusförmigen Schwingungen unterhalb einer Kreisgüte von $\varrho = 15$ wird das feste Verhältnis zwischen R_x und dem Dämpfungsdiodengleichstromwiderstand geändert und damit die Ersatzschaltung frequenzabhängig. Es ist daher notwendig, daß bei großen Dämpfungen ($\tan \delta > 0,1$) beim Multi-Dekameter der Frequenzkondensator möglichst voll *eingedreht* ist. Andererseits soll bei sehr kleiner Dämpfung der Frequenzkondensator möglichst weit ausgedreht sein, weil dort die Messung am empfindlichsten ist.

In das Frequenzgebiet des Multi-Dekameters fallen noch die speziellen Geräte, die nur auf *einer* Frequenz arbeiten. Typische Vertreter dieser Geräte sind das DK-Meßgerät (früher nach OEHME), Type 60 GK der Firma Küstner sowie das Dekameter (1,8 MHz) bzw. das Dipolmeter (2 MHz) der WTW. Auch diese Geräte arbeiten nach dem Resonanz- bzw. Überlagerungsverfahren. Diese Geräte dienen zu Routineuntersuchungen für die chemische Analyse bzw. zur Bestimmung des molekularen elektrischen Dipolmomentes durch eine Präzisionsbestimmung der DK. Zur kontinuierlichen Messung (evtl. mit angeschlossenem Regelteil) muß die Veränderung der DK entweder auf einem Meßinstrument direkt angezeigt oder auf einem Schreiber registriert werden können.

Die kontinuierliche Meßmethodik kann grundsätzlich mit Brücken, Überlagerungs- und Resonanzschaltungen durchgeführt werden. Bei Brückenschaltungen bedient man sich dabei solcher Vorrichtungen, die einen automatischen Abgleich der Brücke nach Phase und Amplitude durch entsprechende Servo-Motoren durchführen. Die Veränderungen der Brückenabgleiche können dann in geeigneter Weise auf einem Schreiber zur Aufzeichnung gebracht werden. Brücken benutzt man in erster Linie im Niederfrequenzgebiet (bis etwa 100 kHz), da bei höheren Frequenzen die Abschirmung und Symmetrierung einer Brücke nicht ganz einfach ist. Aus diesem Grunde und in Hinblick auf Erfahrungen, wonach die im chemischen Betrieb vorkommenden Substanzen (meist organischer Natur) meist eine gewisse Eigenleitfähigkeit besitzen, ist es zweckmäßiger, bei hoher Frequenz zu messen. Als Beispiel sei hier das kontinuierlich messende Dekameter „Dekagraph" angeführt.

Abb. 26 zeigt das Blockschaltbild dieses Gerätes. Zwei Meßgeneratoren, von denen der eine die Durchflußmeßzelle für die zu messende Substanz und der andere

Generator gegebenenfalls eine zweite Meßzelle, die mit der Sollsubstanz angefüllt ist, enthält, werden in bezug auf ihre Frequenz zur Überlagerung, Verstärkung und nachfolgenden Anzeige gebracht. Wichtig bei dieser Anlage ist, daß alle Spannungs- und Stromquellen genügend hoch stabilisiert sind, damit Netzspannungsschwankungen keinen zu großen Einfluß ausüben können. Das Prinzip der Benutzung zweier Meßzellen, von denen die eine die Sollsubstanz und die andere die zu messende Substanz enthält, hier anzuwenden, bedeutet die Benutzung des allbekannten Prinzips der Kompensation eines Vorganges durch sich selbst.

Abb. 27 zeigt für Flüssigkeiten den Flüssigkeitsstromlauf durch die beiden Meßzellen. Dabei sei besonders darauf hingewiesen, daß die zu messende Flüssigkeit die Sollflüssigkeit umspült und damit diese auf dieselbe Temperatur bringt.

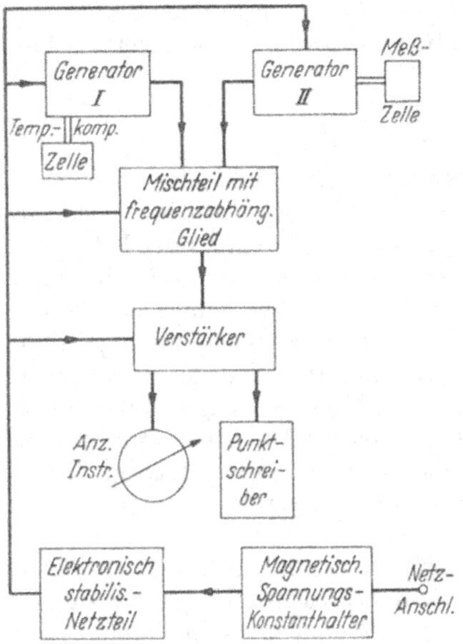

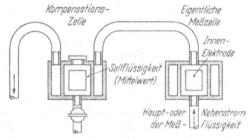

Abb. 26. Blockdiagramm eines registrierenden Dekameters, Type Elo-2

Abb. 27. Schematische Darstellung einer Temperaturkompensation durch Vergleich der Meßwerte zweier Zellen

So werden die beiden Meßgeneratoren in bezug auf die Meßzelle gleiche Temperaturverhältnisse schaffen und der Einfluß der Temperatur in weiten Bereichen ausgeschaltet.

Ähnlich arbeitende Geräte zur kontinuierlichen Messung der DK bzw. des Wassergehaltes von Massengütern, Papierbahnen usw. stellen noch die Firmen Foxboro und Paul Lippke (vgl. Tab. 8) her.

3. Konzentrische Meßleitungen

Im Frequenzgebiet über einige 100 MHz würde schon jede kurze Zuleitung zu einer konzentrierten Kapazität (wie beim Schwingungskreis) eine Selbstinduktion bzw. eine Kapazität darstellen. Diese Tatsache würde, abgesehen davon, daß die Meßkapazität sehr klein gehalten werden müßte, zu großen Meßfehlern führen. Es ist daher besser, in diesem Gebiet mit dem Prinzip der Fortpflanzung und Reflexion elektromagnetischer Wellen längs zweier paralleler Leiter *(Lecherdrähte)* zu arbeiten. Die alte Form der Lecherdrähte, mit Hilfe derer DRUDE schon Ausgang des vorigen Jahrhunderts die ersten DK-Messungen durchführte, ist heute durch ein *konzentrisches Leitungssystem* (metallisches Außenrohr, in dessen Zentrum der Innenleiter sich befindet) ersetzt worden. Es würde zu weit führen, über die Theorie der verschiedenen Meßverfahren, die mittels einer solchen Leitung durchzuführen sind, hier nähere Angaben zu machen; daher sei hier auf die einschlägige Literatur verwiesen.

4. Messung mittels Hohlraumresonatoren

Bei noch größeren Frequenzen (Zenti- und Millimeterwellen) bringt die konzentrische Leitung wegen der Kleinheit ihrer Abmessungen erhebliche Schwierigkeiten feinmechanischer Art mit sich. In diesem Gebiet benutzt man daher *Hohlraumleitungen* bzw. *Hohlraumresonatoren*. Mit anderen Worten: man benutzt die freie Wellenausbreitung in geeignet gestalteten metallischen Hohlräumen. Die Veränderung der Resonanzfrequenz eines solchen Hohlraumes nach Einbringen der zu messenden Probe erlaubt rechnerische Rückschlüsse auf ihre dielektrischen Eigenschaften.

5. Meßzellen für Dielektrometrie

Zur Durchführung einer dielektrischen Messung an einer Substanz, einer Flüssigkeit, Paste, an Pulver oder Granulat, oder an einem Probekörper, benötigt man eine Meßstrecke, mit deren Hilfe die Verbindung vom Meßgerät zu der betreffenden Substanz unter reproduzierbaren Verhältnissen hergestellt wird. Bei der Vielschichtigkeit der Probleme und der Weitläufigkeit der Anwendungsgebiete, die von Reinheitsprüfungen, Feuchtigkeitsbestimmungen, Analysen binärer, pseudobinärer und ternärer Systeme, Komponentenbestimmung, reaktionskinetischen Untersuchungen und Strukturuntersuchungen bis zur Überwachung und Steuerung chemischer Prozesse reichen, wobei die verschiedensten Anforderungen gestellt werden, ist die Frage der Meßstrecke (Meßzelle) nicht immer einfach zu lösen, da eine gute Kontaktgabe mit dem Prüfling Voraussetzung für reproduzierbare Meßergebnisse ist.

Die Zellen zur Messung dielektrischer Kenngrößen stellen in den meisten Fällen *Platten-* oder *Zylinderkondensatoren* je nach dem beabsichtigten Verwendungszweck dar. Zwei getrennte Leiter, Metallplatten bestimmter Größe, stehen sich in einem fixen Abstand gegenüber. Die Form des Kondensators wird durch den Aggregatzustand der Substanz, den Meßzweck und Meßbereich bestimmt, dem er jeweils so angepaßt werden kann, daß die größtmögliche Genauigkeit erzielt wird.

Grundsätzlich gilt dabei die Regel, daß die Schaltkapazität C_F der Meßzelle[1] möglichst viel kleiner sein soll als die wirksame Kapazität C_W[2], letztere jedoch den größtmöglichen Wert haben soll, um gute Empfindlichkeit und große Genauigkeit erzielen zu können. Aus diesem Grunde ist z. B. bei den Flüssigkeitszellen der WTW der DK-Bereich von 1—100 auf 3 Typen in jeder Typenreihe aufgeteilt worden.

Eingehende Kenntnis der Meßsubstanzen und der methodischen Probleme sollten die Voraussetzung für Konstruktion und Bau geeigneter Meßzellen geben, bei denen auf dielektrisch einwandfreie Isolierung, lösungsmittelfeste Abdichtung, Temperierbarkeit, Bruchsicherheit, Abschirmung und Kalibrierbarkeit Wert zu legen ist. Für Flüssigkeiten genügt zumeist ein Temperaturbereich von -20 bis $+200°$ C, während bei Kunststoffolien ein Bereich von etwa $+200°$ C bis $-150°$ C von Interesse ist.

Auf Grund jahrelanger Erfahrungen im Meßzellenbau haben die WTW GmbH, Weilheim/Obb., unter Berücksichtigung der oben genannten Punkte eine Reihe serienmäßiger Typen für Flüssigkeiten (Labor und Betriebsmessungen), Pasten und zähflüssige Medien, erstarrende Medien, Platten, Folien und dünne Schichten, Schutzring-Messungen nach DIN, Kleinkondensatoren und als Adapter auf den Markt gebracht, mit denen praktisch alle auftretenden Probleme gelöst werden können.

---

[1] C_F = die vom Medium nicht beeinflußbare Kapazität der Zuleitungen usw.

[2] C_W = die vom Medium veränderbare Vakuumkapazität.

Die *Meßzellen für Flüssigkeiten* stellen stets Zylinderkondensatoren dar, die den weiten DK-Bereich von 1,8 bis etwa 100 dieser Substanzen der größeren Meßgenauigkeit wegen in 3 Bereiche (1,8 bis 7, 7 bis 20, 20 bis 100) aufteilt. Die vorstehende Abbildung zeigt eine WTW-Meßzelle, Typ MFL 1, für Flüssigkeiten (Abb. 28). Diese kann durch den unteren Hahnstutzen nach der Messung abgelas-

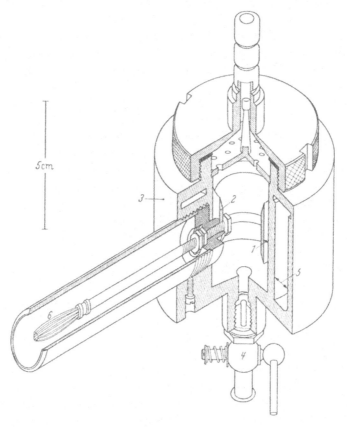

Abb. 28. Flüssigkeitsmeßzelle Type MFL 1—3 (WTW, Weilheim/Obb.) *1* Meßraum; *2* Innenelektrode; *3* Zellenkörper; *4* Ablaßhahn; *5* Thermostatenraum; *6* Zentralstecker

sen werden. Für Durchflußmessungen kann diese durch einen Schlauchstutzen ersetzt werden. Die Meßzelle ist durch Anschluß eines Umlaufthermostaten temperierbar. Volumen des Meßraumes etwa 40 ml.

Für Arbeiten im Halbmikromaßstab wurde die Typenreihe MFL 1/s bis 3/s geschaffen. Sie hat ein Volumen von nur 8—10 ml, ohne Ablaßhahn und mit Schraubdeckel. Darüber hinaus steht eine Meßzellenreihe mit Füllvolumen von 0,5—1 ml zur Verfügung, die mittels Schliffen ohne Totvolumen an eine Umlaufapparatur angeschlossen werden kann. Für diskontinuierliche Messung ist die Serie MFL 1/ms bis 3/ms (Abb. 29) bestimmt, die von unten mit einer Rekordspritze gefüllt wird und oben mittels Schliffhähnen verschlossen ist.

Die Meßzellen für Präzisionsmessungen der DK mit Hilfe des WTW-Dipolmeters Type DM 01 sind nach den gleichen Prinzipien gebaut und haben einen vergoldeten Meßraum. Die Meßzelle, Type DFL 1 hat einen DK-Bereich von 1,0 bis 3,3 und ein Volumen von 20 ml und kann mittels Normalschliff NS 14,5 an

Umlaufapparaturen angeschlossen werden. Eine andere Type für das Dipolmeter Type DFL 2 umfaßt den DK-Bereich von 1,8 bis 4,5 bei 4 ml Füllvolumen. Sie hat keine Anschlußmöglichkeit an eine Umlaufapparatur.

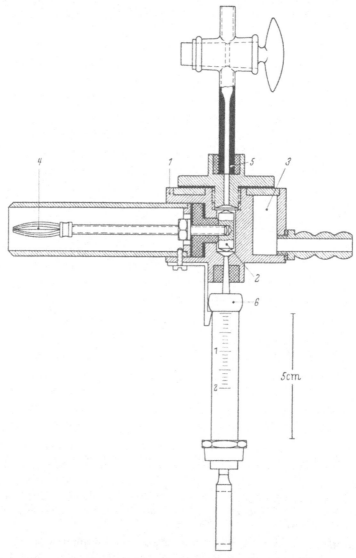

Abb. 29. Mikro-Flüssigkeitsmeßzelle (Type MFL 1/ms, WTW). *1* Zellenkörper; *2* Innenelektrode; *3* Thermostaten-raum; *4* Zentralstecker; *5* Glashahn; *6* Spritze

Für Messungen im *Eintauchverfahren*, z. B. bei Technikumsversuchen, steht eine Eintauchmeßzelle Type MTA (Abb. 30) zur Verfügung, deren auswechselbarer Innenkörper optimal dem Meßbereich angepaßt werden kann.

Für besonders stark korrodierende Flüssigkeiten können nur Glas-Platin-Zellen verwendet werden, obwohl sie hinsichtlich Abschirmung und Bruchsicher-heit den Metallzellen unterlegen sind. Nachstehende Abb. 31 zeigt ein Beispiel dieser Art.

Für registrierende *Betriebsmessungen* der DK, z. B. mit dem Dekagraphen der WTW GmbH, werden Meßzellen, die den vorgenannten Prinzipien entsprechen, in die Rohrleitungen eingeflanscht.

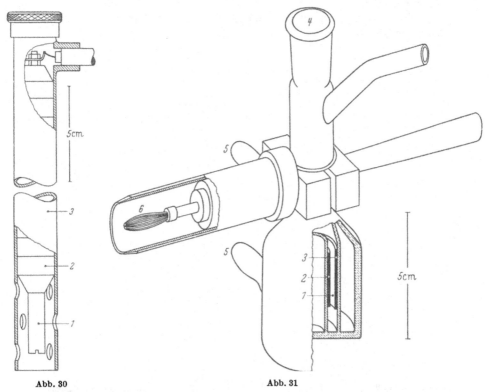

Abb. 30 Abb. 31

Abb. 30. Eintauchmeßzelle (Type MTA, WTW). *1* Elektrode; *2* Isolation; *3* Zellenkörper

Abb. 31. Glas-Platinmeßzelle (Type MGP 15, WTW). *1* Meßraum; *2* Innenelektrode, Platin; *3* Außenelektrode, Platin; *4* Normschliff NS 14,5; *5* Thermostatenanschluß; *6* Zentralstecker; *7* Halter

Pasten und Cremes werden ebenfalls in temperierbaren Zylinderkondensatoren gemessen. Nur kann man hier der einfacheren Reinigung wegen die äußere Elektrode abziehen, wie aus nachfolgender Abb. 32 ersichtlich ist. Zufolge der besonderen Form der Innenelektrode ist der Verlauf der Feldlinien so, daß ein Auflegen des Einlegedeckels wie z. B. bei den Flüssigkeitsmeßzellen MFL 1—3 nicht nötig ist.

Substanzen, deren Polymerisation z. B. zur Erstarrung führt, deren Verlauf jedoch dielektrisch interessiert, stellen besondere Probleme, da nicht zu jeder Meßreihe eine neue Metallzelle verwendet werden kann.

Man hat hierfür die sog. „*Reagensglaszellen*" geschaffen, die entweder mit Steckelektroden, die in die Substanz eintauchen, arbeiten, oder mit Elektroden, die außen auf das Glas aufgebracht werden. Nach Beendigung der Meßreihe wird das Reagensglas mit den Elektroden, die sehr billig sind, weggeworfen und durch ein neues ersetzt. Es ist empfehlenswert, für eine Meßreihe Gläser gleicher Wandstärke auszusuchen.

Die Messung der DK von *Schüttgütern*, Granulat, Pulver und Faserstoffe, kann nach 3 verschiedenen Methoden durchgeführt werden, wobei von Fall zu Fall zu entscheiden ist, welche die jeweils geeignete ist:

1. a) Man mißt das Pulver direkt nach Einfüllung in die Meßzelle, wobei der Meßraum stets gleichmäßig gefüllt sein muß.

b) Man verpreßt die Substanz zu einer Tablette, auf die die Elektroden aufgebracht werden.

2. Man arbeitet nach der Immersionsmethode d. h. bettet sie in eine Substanz geeigneter DK ein.

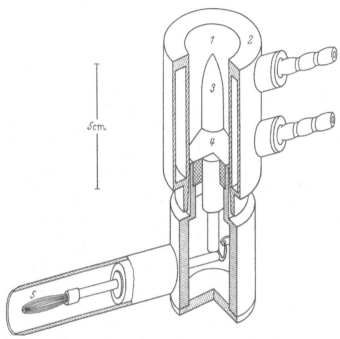

Abb. 32. Pastenmeßzelle (Type MPA 12 T, WTW). *1* Meßraum; *2* Thermostatenmantel (abnehmbar); *3* Innenelektrode; *4* Keramikisolierung; *5* Zentralstecker

Die „*Schnellwassergehaltsbestimmung*" wird häufig mit Hilfe einer DK-Messung durchgeführt. Hier liegt eine Hauptanwendung der Pulverzelle (typisches Beispiel nachf. Abb. 33).

Für die Messung nach Methode 2 wurde die WTW Immersions-Meßzelle Type MPI 4 T entwickelt, die schematisch im Schnitt nachstehend gezeigt ist (Abb. 34).

Der Meßraum *M* hat zwei Meßstrecken 1 und 2, gleicher Kapazität, die ineinander angeordnet sind. Durch wechselweises Anlegen dieser Meßstrecke mittels des Umschalters *U* werden sie miteinander verglichen und müssen bei Füllung mit Immersionsflüssigkeit (z. B. Benzol) gleiche Kapazität zeigen. Nach Füllung des äußeren Meßraumes 1 mit Substanz zeigen beide Meßstrecken einen Unterschied der Kapazität, es sei denn, die Immersionsflüssigkeit hat die gleiche DK wie die Substanz. Mittels zweier Immersionsflüssigkeiten verschiedener DK und einer graphischen Auswertung kann die DK des Pulvers oder Granulates recht genau ermittelt werden.

Bei der Messung der dielektrischen Kennzahlen *von Platten und Folien* kann man prinzipiell zwei verschiedene Methoden anwenden:

1. Die Probe wird unter Andrücken von Elektroden definierter geometrischer Abmessungen in eine Meßstrecke eingespannt.

2. Auf der Probe selbst werden Elektroden geeigneter Abmessungen angebracht.

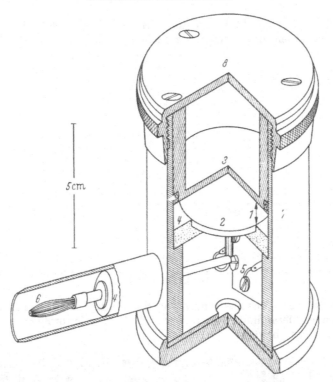

Abb. 33. Pulvermeßzelle (Type MKK 6, WTW). *1* Meßraum; *2* Untere Elektrode; *3* obere Elektrode; *4* Isolation; *5* Trimmer; *6* Zentralstecker; *7* Zellenkörper; *8* Schraubdeckel

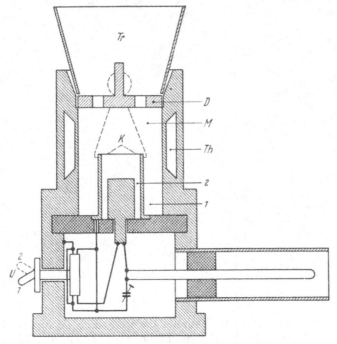

Abb. 34. Immersions-Pulvermeßzelle (Type MPI 4 T, WTW). *Tr* Abnehmbarer Schüttrichter; *D* Einlegedeckel; *K* Leitkegel; *M* Meßraum; *Th* Thermostatenmantel (Anschlüsse nicht gezeichnet); *U* Umschalter für die Meßstrecken 1 und 2

Methode 1 bringt leicht Fehler durch mangelnde Planparallelität oder Oberflächenunebenheiten, die Luftspalte zwischen Prüfling und Elektrode erzeugen.

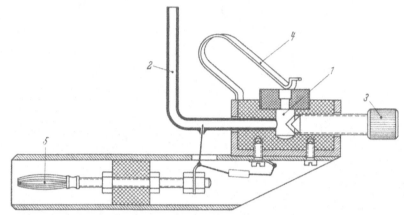

Abb. 35. Lackschichtenmeßzelle (Type MFO 21, WTW). *1* Vorratsraum; *2* Manometerrohr; *3* Verdrängungskolben; *4* Druckfeder; *5* Zentralstecker

Bei Methode 2 ist das Aufbringen von Haftelektroden auf den Prüfling (Leitsilber, Graphit, Metallfilm) nicht immer einfach. Das Aufbringen von Metallfilm hat sich am besten bewährt.

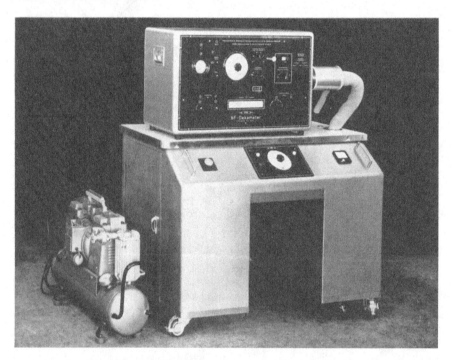

Abb. 36. Tieftemperaturmeßplatz (Type TM 2, WTW)

Ein typischer Vertreter der Meßzelle für Methode 1 ist die WTW-Meßzelle Type MFM 5 T. Die streifenförmige Probe wird durch den Schlitz in den Meßraum eingeführt. Zur Erzielung eines gleichmäßigen Andruckes ist eine

Ratsche angebracht. Beide Elektroden sind temperierbar. Die Zelle kann für Platten von 1,5 bis 10 mm Dicke verwendet werden. Die Auswertung der Meßergebnisse erfolgt über Diagramme, in die die Korrektur für den Randlinienfehler, der bei Messungen ohne Schutzring bei so starken Proben auftritt, bereits eingeeicht ist.

Dünne Lackschichten und Filme bringt man auf einen metallischen Träger, der dann mit einer Meßzelle wie die nachstehend abgebildete Type MFO 21 (Abb. 35) gemessen wird.

Hier wird von unten eine Quecksilberelektrode, deren Durchmesser variiert werden kann, unter definiertem Andruck gegen die Folie oder Filmschicht gedrückt.

Für Strukturuntersuchungen ist es nötig, ε' und $\tan \delta$ in Abhängigkeit von der Temperatur zu messen. Hierfür wurden die Meßzellen Type MFO 18 T (Temperaturbereich $+20$ bis $+200°$ C) und MFO 23 (Bereich $+20$ bis $-150°$ C) geschaffen, die beide mit Luftthermostaten versehen sind. Type MFO 23 wird dabei an einen kompletten Tieftemperaturmeßplatz angeschlossen (Abb. 36), der die gewünschte Temperatur automatisch auf $\pm0,3°$ C regelt und noch als Arbeitstisch zur Aufstellung des Meßgerätes dient.

Die Zelle MFO 18 T ist ebenfalls mit automatischer Temperaturregelung ausgestattet. Die Regelgenauigkeit beträgt $\pm1°$ C bei z. B. $200°$ C.

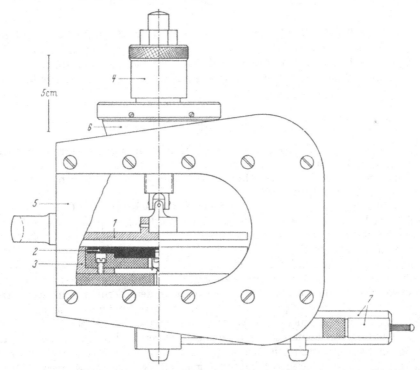

Abb. 37. Schutzringkondensator (Type NSR, WTW). *1* Gegenelektrode; *2* Elektrode; *3* Schutzring; *4* Ratsche; *5* Schutzmantel; *6* Mikrometerring; *7* Steckeranschlüsse

Viele Messungen werden nach dem *Schutzringprinzip* ausgeführt. Dieser Schutzring, der von der „heißen" Elektrode durch einen dünnen Spalt getrennt ist, nimmt das störende Randfeld auf, so daß die eigentliche Meßstrecke nur ein homogenes Feld aufweist. Der nachstehend abgebildete *Schutzringkondensator* Type NSR (Abb. 37) läßt in der Abbildung die „heiße" Elektrode (1), den Schutzring (2) und die Gegenelektrode (3) erkennen, die als Taumelscheibe ausgebildet wurde. Eine Ratsche (4) gewährleistet den konstanten Andruck. Das Gehäuse (5) dient nach Aufstecken zur Abschirmung gegen Streufehler.

6. Eichung der Meßzellen

Zur Eichung der Flüssigkeitsmeßzellen stehen Standard-Flüssigkeiten zur Verfügung (Tab. 9).

Tabelle 9. *Zusammenstellung von Eichflüssigkeiten*

Substanz	ε' [20°C]	$\Delta\varepsilon'/\Delta t$
Cyclohexan	2,0228	—1,6 · 10^{-3}
Tetrachlorkohlenstoff	2,2363	—2,0 · 10^{-3}
Benzol	2,2828	—1,96 · 10^{-3}
Dibuthyläther	3,0820	—7,09 · 10^{-3}
Fluorbenzol	5,4665	—1,7 · 10^{-2}
Äthylenchlorid	10,663	—5,5 · 10^{-2}
Benzylalkohol	13,74	—9,4 · 10^{-2}
Aceton	21,40	—1,24 · 10^{-1}
Nitrobenzol	35,75	—1,64 · 10^{-1}
Wasser	80,36	—0,326

Die in der Tabelle angegebenen Eichflüssigkeiten sind auf 3—4 Stellen hinter dem Komma nur dann genau, wenn sie hochrein und völlig trocken sind. Besondere Reinigungsmethoden [vgl. F. Oehme (1962), S. 37] werden dabei angewandt.

Plattenmeßzellen können mit geeigneten Platten aus Trolitul, Pertinax und Glas (Minosglas) kalibriert werden.

III. Anwendung von DK-Messungen

Mittels DK- und DV-Messungen sind Strukturbestimmungen an Einzelmolekülen und Molekülverbänden sowie chemischen Analysen von nichtelektrolytischen Stoffgemischen möglich. Darüber hinaus finden derartige Messungen noch in der elektrischen Werkstoffprüfung statt.

Strukturbestimmungen können entweder im quasistatischen Gebiet oder im Bereich der kritischen Frequenz durchgeführt werden. Die quasistatische Dielektrizitätskonstante hängt direkt mit dem elektrischen molekularen Dipolmoment zusammen. Sie spricht daher deutlich auf Veränderungen der chemischen Struktur an. Bei Einzelmolekülen können daher auf Grund des gemessenen gesamten Dipolmomentes durch rechnerische Aufspaltung Teilmomente funktioneller Gruppen sowie einzelne Bindungsmomente bestimmt werden. Ferner ist ein Abschätzen des polaren Anteils heteropolarer Bindungen, eine Berechnung von Valenzwinkeln, Valenzwinkeldeformationen sowie von stabilisierenden Energieschwellen gegeben. Auch Strukturuntersuchungen an Rotationsisomeren sind möglich. Bei Molekülverbänden können durch DK-Messungen Aussagen über Assoziationsvorgänge, Mischassoziate und Molekülverbindungen gemacht werden. Messungen über die Frequenz im Gebiet der kritischen Frequenz ω_c lassen darüber hinaus noch Betrachtungen über die „*innere Viscosität*" η und den „*Molekülradius*" α (Gl. 15) zu.

Da die DK-Messungen mit großer Empfindlichkeit über einen großen numerischen Bereich (z. B. Benzol $\varepsilon' = 2,28$, H_2O $\varepsilon' = 80,4$) durchgeführt werden können, eignen sie sich ausgezeichnet zu *Reinheitskontrollen* und für *quantitative Analysen* binärer und pseudobinärer Systeme. Ternäre und höhere Systeme können nicht mehr allein durch DK-Messungen beherrscht werden. Hier ist vielmehr die Kombination anderer physikalischer Meßgrößen mit der DK notwendig.

Eines der häufigsten Anwendungsgebiete dielektrischer Analysenmethoden ist die *Wassergehaltsbestimmung*. Grundlage der Arbeitstechnik ist die ungewöhnlich hohe DK des Wassers, die bei 20° $\varepsilon' = 80,4$ beträgt. Dieser Wert gilt allerdings nur für das freie Wasser, das in flüssiger Phase vorliegt und das auch in den meisten Fällen von Interesse ist. Liegt das Wasser nicht mehr als Viererassoziat mit Tridymit-Struktur vor oder wird diese Assoziation z. B. durch hohe Verdünnung mit einem indifferenten Lösungsmittel zerstört, oder wird die freie Beweglichkeit der Dipole, wie z. B. durch Einbau als Hydratwasser oder absorptiv gebundener monomolekularer Schicht aufgehoben, so sinkt die DK des Wassers und somit sein Beitrag zur DK eines Systems ganz erheblich ab.

Eine lineare Mischungsregel ist für Wasser-Substanzmischungen nur in den seltensten Fällen anwendbar. Meistens sind die Kurven durch molekulare Wechselwirkungen gekrümmt. so daß nur eine Eichung des Systems zu den besten Ergebnissen führen wird.

Trotz dieser verschiedenen Effekte werden DK-Messungen sehr häufig erfolgreich zur Wassergehaltbestimmung bei festen, flüssigen und pastösen Substanzen herangezogen und weisen besonders in der Betriebskontrolle erhebliche Bedeutung auf. Einzelne Messungen sind bei manchen Substanzen so genau, daß Gerät und Methode zur Eichung durch staatliche Behörden zugelassen wurde (Getreidegesetz: Wassergehaltsbestimmungen in Weizen, Roggen, Industriegerste und Hafer).

Die Wassergehaltsbestimmung kann sowohl im *direkten Meßverfahren* wie auch mit Hilfe der sog. *Extraktionsmethode* durchgeführt werden, bei der mit Hilfe eines Extraktionsmittels, z. B. Dioxan, der Probe das Wasser entzogen und dann das Gemisch Lösungsmittel-Wasser gemessen wird. Auch hier hängt die erreichbare Nachweisgrenze des Wassers von der DK und Struktur der Grundkomponente ab. Bei Kohlenwasserstoffen liegt die Nachweisgrenze bei etwa 1 mg/kg, während sie bei Methanol oder Glycerin bei etwa 0,3—0,5% liegt.

DK-Messungen an wasserbeladenen Substanzen können auch strukturelle Bedeutung haben, da es möglich ist, aus dem Betrag und dem Vorzeichen des Temperaturkoeffizienten Rückschlüsse auf die Wasserbindung zu ziehen. Die *Reinheitskontrolle* bezieht sich meistens auf Nichtelektrolyte, die einen weiten DK-Bereich einnehmen. DK-Messungen sind daher der Messung des Brechungsindex und der Dichte überlegen und werden nur noch durch Gaschromatographie und kryoskopische Methoden übertroffen. Da flüssige Nichtelektrolyte für ε' den Bereich von etwa 1,8 bis 200 umfassen, der Bereich des Brechungsindexes nur von 1,3 bis 1,7 reicht, ist diese Behauptung leicht einzusehen, wenn man sich vor Augen führt, daß beide Größen mit der gleichen Empfindlichkeit gemessen werden können. Die DK-Messung entspricht hier in ihrer Empfindlichkeit etwa der Ultrarotspektroskopie, nur ist sie viel einfacher und mit einem erheblich kleineren apparativen Aufwand verbunden.

Besonders genaue Aussagen über die Reinheit einer Verbindung liefert die DK-Messung, wenn diese mit einer physikalischen Vortrennung oder Anreicherung verbunden ist, wie sie speziell destillative oder absorptive Verfahren liefern, da nur bei sehr reinen Substanzen die DK der einzelnen geprüften Fraktionen konstant bleibt. Da es sehr einfach ist, DK-Meßzellen auch in Vakuum-Destillationsanlagen einzubauen, bieten sich hier sehr wirksame Möglichkeiten für die Betriebskontrolle mit registrierenden Geräten, wie z. B. dem Elographen, Type Elo 2. Sehr gute Aussagemöglichkeiten bietet z. B. auch die Säulenchromatographie, wenn die Substanz nach Passieren der Säule dekametrisch gemessen wird. Molekularsiebe oder aktives Aluminiumoxyd können mit Erfolg zur Darstellung hochreiner Substanzen verwendet werden, wobei die chromatographische Säule direkt vor die Meßzelle geschaltet wird.

Diese kurzen Angaben über die Reinheitskontrolle sind leicht auf den gesamten Konzentrationsbereich *binärer* Gemische anwendbar. Meist kann man jedoch dabei nicht einfach nach einer linearen Mischungsformel gehen, sondern eicht zweckmäßigerweise das System mit Mischungen bekannter Konzentrationen.

Kinetische Untersuchungen, die meist pseudobinär erfaßt werden können, lassen sich ebenfalls gut durch DK-Messungen durchführen, da sich die im Reaktionsverlauf geänderte Bindungsart bzw. die Änderung des Bindungs- und Gruppenmomentes in einer Änderung der DK ausdrückt.

Zusammenfassend kann gesagt werden, daß die Analyse von binären und ternären Systemen ein sehr gutes Anwendungsfeld der DK ist. Sie kann bei Kombination mit anderen Meßtechniken noch auf viele weitere, noch nicht untersuchte Systeme erweitert werden, zumal die DK-Meßtechnik gegenüber der zwar sehr viel leistungsfähigeren Gaschromatographie wesentlich einfacher ist, weniger Aufwand verlangt, die Ergebnisse innerhalb weniger Minuten vorliegen und auch wasserhaltige Systeme untersucht werden können.

Untersuchungen an *Festkörpern* (Pulvern, Folien, Pasten) sind schwieriger als an Flüssigkeiten oder Pasten. DK-Messungen an Pulvern werden meistens nach der sog. Immersionsmethode durchgeführt, für die eine besondere Meßzelle und -technik entwickelt wurde, die recht genaue Ergebnisse liefert.

Arbeitet man nicht mit einem flüssigen Medium, so kann hierfür auch Luft herangezogen werden, wobei aus der gemessenen DK des Pulver-Luftgemisches die DK des Pulvers berechnet werden kann. Für Routinemessungen können beide Verfahren durch Eichung sehr vereinfacht werden.

Der beschränkte Rahmen dieser Abhandlung ließ nur Raum für einen kurzen Streifzug durch das Gebiet der Strukturbestimmung und der Analyse, ohne näher auf spezielle Beispiele eingehen zu können. Aus der unten aufgeführten Literatur (Monographien) kann Näheres entnommen werden. Dabei sei besonders auf die Monographie von F. OEHME (1962) mit 429 Literaturzitaten hingewiesen.

Bibliographie

ABRAHAMCZIK, E.: Potentiometrische und konduktometrische Titrationen. In: HOUBEN-WEYL, Methoden der organischen Chemie, Bd. 3, Teil 2, Stuttgart: Thieme 1955.

BIRKS, J. B.: Progress in Dielectrics, Vol. 3.: Heywood & Company Ltd. 1961.

BLAKE, G. G.: Conductometric Analysis at Radio-Frequency. Essex: Verlag Chapman, 9 Hall Ltd. 1950.

BÖTTCHER, C. J. F.: Theory of Electric Polarisation. Amsterdam-Houston-London-New York: Elsevier Publ. Company 1952.

CRUSE, K., u. R. HUBER: Hochfrequenztitration. Weinheim: Verlag Chemie GmbH. 1957.

FALKENHAGEN, H.: Elektrolyte. Leipzig: S. Hirzel Verlag 1953.

FULLER, W. jr.: „Dielektrika". In: Handbuch der Physik, Bd. XVII. Berlin-Göttingen-Heidelberg: Springer 1956.

FUOSS, R. M., u. F. ACCASCINA: Electrolytic Conductance. New York: Interscience Publishers Inc. 1959.

HIPPEL, A. R. VON: Dielectrics and Waves. London: Chapman & Hall Ltd. 1954.

— Dielectric Materials and Applications. London: Chapman & Hall 1954.

ILSCHNER-GENSCH, CH., u. K. E. SLEVOGT: Einführung in die konduktometrische Maßanalyse. Firmenschrift der WTW GmbH., Weilheim/Obb.

JANDER, G., u. O. PFUNDT: Die konduktometrische Maßanalyse. Stuttgart: F. Enke Verlag 1945.

KOHLRAUSCH, F.: Praktische Physik, Bd. II. Leipzig-Berlin: Verlag B. G. Teubner 1943.

— u. L. HOHLBORN: Das Leitvermögen der Elektrolyte. Leipzig-Berlin: Verlag B. G. Teubner 1916.

KORTÜM, G.: Lehrbuch der Elektrochemie. Weinheim: Verlag Chemie GmbH. 1957.

MANNCHEN, W., u. A. WIBRANETZ: Elektrochemie. Freiberg: Bergakademie 1959.

OEHME, F.: Angewandte Konduktometrie. Heidelberg: Dr. Alfred Hüthig, Verlag GmbH. 1961.

— Dielektrische Meßmethoden. Weinheim: Verlag Chemie GmbH. 1962.

— u. K. SLEVOGT: Die Dekameter. Weilheim: Firmenschrift der WTW GmbH. 1960.

OEHME, F., u. H. WIRTH: Die Bestimmung des molekularen Dipolmomentes. Weilheim: Firmenschrift der WTW GmbH. 1960.

ROBINSON, R. A., u. R. H. STOKES: Elektrolyte Solutions. London: Butterworths Scientific Publications 1959.

SMYTH, C. P. Dielectric Behavior and Structure. New York: McGraw-Hill Book Company Inc. 1955.

STURM, B.: Stoffanalyse durch Messung der elektrolytischen Leitfähigkeit. (Aus „Messen und Regeln in der chemischen Technik"). Berlin-Göttingen-Heidelberg: Springer 1957.

Table of Dielectric Constants of Pure Liquids. United States Department of Commerce NBS, Circular 514.

Tables of Dielectric Dispersion. Data for Pure Liquids and Dilute Solutions. United States Department of Commerce NBS, Circular 589.

WESSON, L. G.: Tables of Electric Dipole Moments.: The Technology Press of MJT 1948.

WIEN-HARMS: Handbuch der Experimentalphysik, Bd. 12, 1. Teil. Leipzig: Akademische Verlagsgesellschaft 1932.

Refraktometrie

Von

Dr. R. RAMB-Frankfurt/Main

Siehe Seite 874 dieses Bandes

Emissionsspektralanalyse

Von

Dr. KARL PFEILSTICKER, Stuttgart

Mit 15 Abbildungen

A. Allgemeines

I. Abgrenzung

Die Emissionsspektralanalyse (ESPA) ist die älteste Form der Spektroskopie. Sie muß gegen zahlreiche andere, später entstandene spektroskopische Verfahren abgegrenzt werden. Die *Abgrenzung* kann nach verschiedenen Gesichtspunkten erfolgen. Wie schon der Name sagt, verwendet die ESPA Licht, das von der Probesubstanz emittiert wird. Im Gegensatz dazu arbeiten andere Methoden mit Fremdlicht (Absorptions-, Raman-, Fluorescenzanalyse). Besser ist es, nicht nach Fremdlicht oder Eigenlicht zu unterscheiden, sondern alle Methoden zusammenzufassen, die die Untersuchung des Atoms zum Ziele haben (ESPA mit Flammenphotometrie und Atomabsorptionsanalyse sowie Röntgenfluorescenz- und Aktivierungsanalyse) und diese *Atomspektralanalyse* der *Molekülspektroskopie* gegenüberzustellen. Die ESPA hat es im wesentlichen mit den Atomen zu tun, weil bei den zur Lichtemission erforderlichen hohen Temperaturen fast alle Verbindungen außer den einfachsten, wie z. B. CN, instabil sind und in die Atome zerfallen. Zusätzlich wird nach dem Wellenlängenbereich unterschieden, der für die ESPA im sichtbaren und im UV-Gebiet liegt.

II. Aufgaben

Die *Aufgaben* der ESPA sind der qualitative Nachweis und die quantitative Bestimmung der chemischen Elemente, unabhängig von der chemischen Verbindungsform. In erster Linie werden die Metalle erfaßt, daneben aber auch Übergangsmetalle und Nichtmetalle wie Arsen, Silicium, Bor, Phosphor. Die übrigen Nichtmetalle erfordern besondere Einrichtungen. Feste, flüssige und gasförmige Substanzen jeder Art können untersucht werden. Besonders geeignet ist die ESPA zur qualitativen und quantitativen Bestimmung von Mineralstoff- und Spurenelementen einschließlich der Metallgifte. Mit einem gut ausgearbeiteten Verfahren ist die Reproduzierbarkeit ($\pm$ 5—10%) besser als gewöhnlich angenommen wird.

III. Vorzüge

Zu den *Vorzügen* der Methode gehören die sehr hohe *Empfindlichkeit*, die absolute *Spezifität* und die relative *Einfachheit* und *Schnelligkeit*. Man kommt mit einer sehr kleinen Probemenge aus, die ESPA ist ein mikroanalytisches Verfahren. Von besonderer Bedeutung ist, daß viele Elemente gleichzeitig in einem und demselben

Arbeitsgang untersucht werden können. In der Photoplatte mit den Spektren hat man ein jederzeit nachprüfbares Dokument. Die früher oft nicht ausreichende Genauigkeit wird immer mehr verbessert. Allerdings setzt die Emissionsspektralanalyse auch heute noch besondere Kenntnisse und Erfahrungen voraus.

IV. Geschichte

Zur *Geschichte der Spektralanalyse:* Nachdem NEWTON 1672 das Sonnenlicht durch ein Prisma in Farben zerlegen konnte, zeigte FRAUNHOFER 1821, daß ein Beugungsgitter die gleiche Wirkung hatte. Er entdeckte 1814 die nach ihm benannten Linien im Sonnenspektrum, die von KIRCHHOFF und BUNSEN als Absorptionslinien gedeutet wurden. G. KIRCHHOFF bewies 1859 die Übereinstimmung der Wellenlänge des Lichtes in Emission und Absorption. Das Auftreten der Fraunhoferschen D-Linie konnte 1857 von SWAN auf die Anwesenheit von Natrium in der Lichtquelle zurückgeführt werden. Natriumspuren als Verunreinigungen in scheinbar Na-freien Lichtquellen hatten bis dahin die richtige Erklärung der D-Linie verhindert. Weiterhin war bekannt, daß Funken aus Leidener Flaschen Linienspektren ergaben, die für die Elektroden und für die Atmosphäre charakteristisch waren.

Auf dieser Grundlage wurde 1859 die Spektralanalyse als Analysenmethode von G. KIRCHHOFF und R. W. BUNSEN entwickelt. Mit der neuen Methode wurden bald Rubidium und Caesium entdeckt, andere Forscher fanden Indium und Thallium. Dagegen verliefen die Versuche, quantitative Ergebnisse zu erzielen, lange Zeit negativ. Weder HARTLEY (1882) noch DE GRAMONT (1907) konnten durch Beobachtung des Auftretens oder der Dauer von Spektrallinien die Konzentration eines Elementes bestimmen. Die *„Letzten Linien"*, die als letzte noch sichtbar waren, wenn die Konzentration des zugehörigen Elementes abnahm, gewannen deshalb keine bleibende Bedeutung. Die Spektralanalyse geriet in Vergessenheit. Zwei Umstände bewirkten einen neuen Aufschwung. Das Atommodell von N. BOHR (1913) ermöglichte die Erklärung der bis dahin rätselhaften diskontinuierlichen Linienspektren. Schon früher (1885) hatte J. J. BALMER die bekannte empirische Formel zur Berechnung der Wasserstofflinien aufgestellt. Andererseits gelang es von 1925 ab W. GERLACH und E. SCHWEITZER mit der Methode der homologen Linienpaare und G. SCHEIBE mit dem Dreilinienverfahren, die Spektralanalyse auch für quantitative Aussagen zu verwenden.

V. Das Prinzip

1. Verdampfung und Anregung

Das *Prinzip der ESPA* ist einfach. Es sind drei Schritte: Die *Verdampfung* und *Anregung* der Untersuchungsprobe in der Flamme oder in elektrischen Entladungen wie Lichtbogen und Funken. Kann die Probe nicht selbst als Elektrode dienen, so wird sie auf einer Hilfselektrode in die Entladung gebracht, auch eingesprüht und eingeblasen. In der hohen Temperatur der Entladung verdampft die Probe. Sie wird im Gasraum „*angeregt*", d. h. ein mehr oder weniger großer Teil der Atome wird ionisiert, ein Teil der Atome und Ionen wird angeregt. Die angeregten Atome und Ionen senden beim nachfolgenden Übergang in Zustände niedrigerer Energie Licht von charakteristischer Wellenlänge aus. Unbedingt notwendig ist es, die Substanz in den gasförmigen Zustand zu versetzen. Glühende feste und flüssige Körper senden ein kontinuierliches Spektrum aus, das nicht ihre Zusammensetzung widerspiegelt, sondern nur ihre Temperatur. Gase und ebenso die in den gasförmigen Zustand übergeführte Analysenprobe haben dagegen ein diskontinuierliches oder Linienspektrum, das für das emittierende Atom oder Ion charakteristisch ist.

2. Trennung des Lichtes nach Wellenlängen

Die *Trennung des ausgesandten Lichtes nach Wellenlängen* durch das Prisma oder das Beugungsgitter des Spektrographen. Farbfilter sind nur in der Flammenphotometrie gebräuchlich. Die Spektrallinien sind Abbildungen des Spektrographenspaltes. Je nach der Wellenlänge wird das Licht durch das Prisma oder das Beugungsgitter verschieden stark abgelenkt, der Ort der Abbildung ändert sich daher mit der Wellenlänge, es entsteht ein Spektrum. Ein Linienspektrum ergibt sich, wenn das Licht nicht alle Wellenlängen enthält, sondern nur einzelne bevorzugte.

3. Registrierung des Spektrums

Die *Registrierung des Spektrums* durch das Auge *(Spektroskopie)*, mit Photoplatte oder Film *(Spektrographie)* oder direkt mit Photozellen *(Spektrometrie)*.

Eine emissionsspektrographische Analyse geht also nach dem folgenden Schema vor sich: Probenvorbereitung, Elektrodenbeschickung, Abfunken, Entwickeln der Photoplatte, qualitative und quantitative Auswertung der aufgenommenen Spektren.

VI. Anwendungsbeispiele

Die ESPA ermöglicht einen sehr raschen und vollständigen Überblick über die *qualitative* und größenordnungsmäßige Zusammensetzung der anorganischen Bestandteile von Lebensmitteln, Bedarfsgegenständen und technischen Produkten (Mineralstoff- und Spurenelemente einschließlich der Metallgifte). Gerade die bei der Lebensmittelüberwachung unentbehrlichen Reihenanalysen werden wegen der Einfachheit der ESPA und wegen des nur geringen Bedarfs an Probematerial sehr erleichtert. Man erkennt sofort, ob ein Lebensmittel Metallgifte enthält.

Quantitative Untersuchungen erfordern zwar etwas mehr Zeit. Trotzdem liegen die Ergebnisse namentlich bei Reihenuntersuchungen auf mehrere Elemente gleichzeitig verhältnismäßig rasch vor. Mit der üblichen Einrichtung können nachgewiesen und bestimmt werden: die Mineralstoffelemente Na, K, Ca, Mg, P, Si, und die Spurenelemente Fe, Cu, Zn, Mn, Al, Pb, Sn, Ag, Cd, Ni, Co, Cr, Ti, Mo, V, Ge, In, Ga, Sr, Ba, Be, Li, B, Hg, Tl, As, Sb, Bi, Au, die Platinmetalle, die seltenen Erden und andere Elemente.

Beispiele für die Anwendung der quantitativen ESPA in der *Lebensmittelchemie* gibt K. Pfeilsticker (1952, 1960). Unerwünschte metallische Fremdstoffe wie Fe, Cu, Zn, Sn, Pb, Al, Ni, Cr, die aus Apparaturen, Kesseln, Leitungen, Pumpen, Aufbewahrungsgefäßen, Konservendosen, Kochgeschirren in die Lebensmittel, z. B. Milch und Milchprodukte (vgl. C. W. Gehrke u. Mitarb. 1954), Bier, Fette gelangen, lassen sich quantitativ in einem einzigen Arbeitsgang bestimmen. Das gleiche gilt für den normalen Gehalt der Lebensmittel an Spurenelementen, der einem zunehmenden Interesse begegnet. Erwähnt sei die umfassende Untersuchung von Wein durch H. Eschnauer (1959). Konrad Pfeilsticker (1961) benutzt die ESPA zur Bestimmung von Spurenelementen in Schmalz und Bier. Auch Lebensmittelfarben könnten mit Hilfe der ESPA leicht auf die vorgeschriebene Freiheit von Metallgiften untersucht werden.

In der *Toxikologie* ist die ESPA für die quantitative Bestimmung von Pb (K. Pfeilsticker 1956), von Tl (W. Geilmann und K.-H. Neeb 1959), von As, Be, Hg, Cd, Sb, Ba und anderen Metallgiften geeignet. Ein Beispiel für die Untersuchung eines technischen Produktes ist die emissionsspektralanalytische Bestimmung der anorganischen Additive in Mineralöl (vgl. H. Luther und G. Bergmann 1955). Zu erwähnen ist noch die Möglichkeit der Herkunftsbestimmung von Lebensmitteln auf Grund des Mineralstoff- und Spurenelementgehaltes in ähnlicher Weise, wie bei kriminaltechnischen Untersuchungen mit Hilfe der ESPA der Nachweis der Identität geführt wird.

VII. Vergleich mit anderen Methoden

Ein *Vergleich mit anderen Methoden* zeigt, daß die ESPA von keiner anderen übertroffen wird, wenn es sich um die *qualitative* Feststellung der anorganischen Bestandteile einer beliebigen Substanz handelt. Die ESPA ist meist an Empfindlichkeit, Einfachheit, Schnelligkeit, Spezifität und Sicherheit des Nachweises und Umfang der Information — auch nicht erwartete Elemente werden gefunden — weit überlegen. Nachteilig ist nur die Notwendigkeit einer teueren Apparatur.

Die *Genauigkeit* der ESPA bei *quantitativen* Untersuchungen ist zwar trotz wesentlicher Verbesserungen noch nicht ganz so gut wie bei manchen konkurrierenden Methoden, sie genügt aber für die Ansprüche der Lebensmittelchemie vollständig, besonders auch für die Bestimmung der Spurenelemente. Dagegen kommt hier die überlegene *Empfindlichkeit* der ESPA zur Geltung, die nur von der Aktivierungsanalyse übertroffen und in einzelnen Fällen z. B. von der Coulometrie erreicht wird. Sind die zu bestimmenden Gehalte groß genug, so können Titrationen, elektrochemische Methoden wie Polarographie und Coulometrie oder spektralphotometrische Verfahren für die Bestimmung einzelner Elemente vorzuziehen sein, namentlich wenn reine Lösungen ohne störende Begleitstoffe zu untersuchen sind. *Störmöglichkeiten* durch Begleitstoffe gibt es zwar auch bei der ESPA, die Störanfälligkeit ist aber nicht so groß wie bei anderen Methoden. Der Aufschluß der organischen Substanz braucht z. B. meist nicht so vollständig zu sein wie für polarographische Bestimmungen. Außerdem kann die Untersuchungsprobe bei der ESPA feste oder flüssige Form haben. Ob man die ESPA mit elektrischer Anregung anwendet oder die Flammenphotometrie und ihre Abwandlung, die Atomabsorptionsanalyse, hängt von verschiedenen Umständen ab. Die Anregung in der Flamme ist besser reproduzierbar als die elektrische Anregung. Die absolute Empfindlichkeit ist in der Flamme etwas kleiner, die Störanfälligkeit gegenüber Begleitstoffen größer. (Hinsichtlich der Empfindlichkeit bringt die Atomabsorptionsanalyse eine Verbesserung.) In der Flamme können nur Lösungen untersucht werden. Die große Analysengeschwindigkeit ist eine Folge der direkten Anzeige, die ebenso bei elektrischer Anregung möglich ist. Die gleichzeitige Bestimmung vieler Elemente kommt mit der Flamme meist nicht in Betracht, weil die Geräte dafür nicht eingerichtet sind. Die Röntgenfluorescenzanalyse ist ebenfalls etwas genauer, aber nicht ganz so empfindlich wie die Spektralanalyse und erfordert bei geringen Gehalten mehr Zeit. Sie hat Vorzüge für die Bestimmung von schweren Elementen, auch Nichtmetallen, in nicht zu kleinen Mengen. Leichtere Elemente als Natrium können nicht erfaßt werden. Von einem Vergleich mit der Aktivierungsanalyse und der Massenspektrometrie soll hier abgesehen werden. Wie der Vergleich mit den anderen Methoden zeigt, ist die ESPA ganz besonders geeignet für Reihenuntersuchungen, bei denen eine größere Zahl von Spurenelementen gleichzeitig erfaßt werden soll.

B. Die Spektralapparate

Man unterscheidet *Prismen-* und *Gitterspektrographen*. Andere Einteilungen der Spektralgeräte berücksichtigen den Wellenlängenbereich (sichtbares Licht oder UV), die Größe (groß, mittel, klein) oder die Art der Registrierung des Spektrums (visuell, photographisch, lichtelektrisch).

I. Der Prismenspektrograph

Der *Prismenspektrograph* zerlegt das Licht, weil die Lichtbrechung durch das Prismenmaterial wellenlängenabhängig ist (Dispersion D des Materials). Er besteht aus drei Teilen: aus dem Kollimator Kl, der das Licht parallel richtet, dem Prisma P und der Kamera Km (Strahlengang Abb. 1).

Das durch den Spalt Sp eintretende Licht der Lichtquelle ○ durchsetzt als paralleles Lichtbündel das Prisma P und wird dort um so mehr abgelenkt, je kleiner seine Wellenlänge ist. Die Photoplatte Pl hat eine mehr oder weniger große Neigung zur optischen Achse, weil die Brennweite von L_2 für kürzere Wellenlängen kleiner ist als für längere. Sp wird durch die Optik ($L_1 + P + L_2$) auf Pl abgebildet. Die Punkte der schärfsten Abbildung liegen nicht auf einer Ebene, deshalb hat die Photoplatte eine leichte Krümmung, die ihr durch die Kassette erteilt wird. Nach jeder Aufnahme wird die Kassette weiterbewegt, so daß auf einer 6 cm breiten Platte je nach der Spektrenhöhe 16—50 Spektren untergebracht

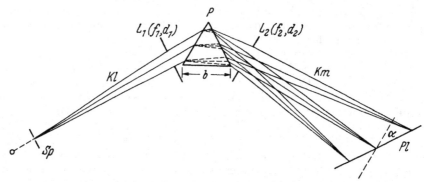

Abb. 1. Strahlengang im Prismenspektrographen. ○ Lichtquelle, Kl Kollimator mit Spalt Sp und Linse L_1 (Brennweite f_1, ⌀ d_1), P Prisma (Basislänge b), Km Kamera mit Linse L_2 (mit Blende) und Photoplatte Pl (Neigungswinkel α)

werden können. Häufig kann eine Wellenlängenskala mit einer Beleuchtungseinrichtung auf die Photoplatte kopiert werden. Dadurch wird die Auswertung der Spektren wesentlich erleichtert. Manche Spektrographen haben Vorrichtungen zur Vermeidung von Bedienungsfehlern. Zur Scharfeinstellung der Spektrallinien kann Sp in Richtung L_1 bewegt werden. Die richtige Justierung wird in Probeaufnahmen mit systematisch veränderter Einstellung der Entfernung Sp—L_1 ermittelt. Bei Prismenapparaten erzeugt ein gerader Spalt grundsätzlich gekrümmte Spektrallinien. Die Hohlseite liegt in Richtung der kürzeren Wellenlängen. Der empfindliche Präzisionsspalt Sp (Breite etwa zwischen 5 und 80 μ) ist stets sorgfältig vor Schmutz und Beschädigung zu schützen. Schmutzteilchen an den Spaltbacken erzeugen helle, überall scharfe Querstreifen im Spektrum. Reinigung nur mit weichem Holzstäbchen, nie mit einem harten Gegenstand oder mit Alkohol und dgl. (vgl. Seith-Ruthardt-Rollwagen 1958 S. 31).

Prismenmaterial ist für das sichtbare Gebiet Glas, für das UV Quarz. Glas ist für UV-Licht undurchlässig, im sichtbaren Gebiet ist es dagegen wegen seiner höheren Dispersion dem Quarz überlegen. Glasspektrographen umfassen deshalb das sichtbare Gebiet, Quarzspektrographen das UV. Quarzprismen werden aus Naturquarz und aus Quarzglas hergestellt, seit es gelungen ist, im Quarzglas Schlieren zu vermeiden und die störenden besonderen Absorptionsbanden zu beseitigen.

Zwei mittlere Quarz-Prismenspektrographen sind der bekannte Qu 24 (VEB Opt. Werke, Jena) und 110 M (Fuess, Berlin). 110 M hat eine um 20% größere lineare Dispersion als Qu 24.

II. Der Gitterspektrograph

An die Stelle des Prismas tritt ein *Beugungsgitter*. Auch die Beugung des Lichtes an einem Gitter ist wellenlängenabhängig. Umgekehrt wie beim Prisma werden die kurzwelligen Strahlen weniger stark abgelenkt als die langwelligen. Es entsteht nicht ein einziges Spektrum, man beobachtet vielmehr mehrere Ordnungen von Spektren, die sich vom Vielfachen n der Wellenlänge λ ableiten und sich gegenseitig bis zu einem gewissen Grad überlappen. Um Verwechslungen auszuschließen, wird manchmal eine Vorzerlegung des Lichtes vorgenommen. Die Strichgitter haben bis zu 1200 Striche je mm, die völlig gleichmäßig eingeritzt sein müssen. Fehler bei der Herstellung verursachen die sog. Gittergeister, d. h. scheinbare

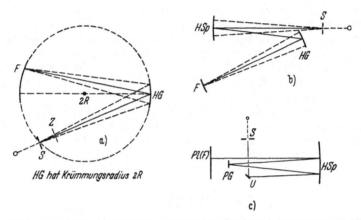

Abb. 2a—c. Gitteraufstellungen. a) Hohlgitter nach RUNGE-PASCHEN; b) nach WADSWORTH; c) Plangitter nach EBERT. *S* Spalt, *HG* Hohlgitter, *PG* Plangitter, *HSp* Hohlspiegel, *F* Film, *Pl* Platte, *U* Umlenkspiegel. In b) von *HSp* nach *HG,* in c) von *HSp* nach *PG* paralleles Licht. c) schematisch, in Wirklichkeit befindet sich *U* wie *PG* und *Pl(F)* auf der Mittellinie von *HSp*, auch liegen *S, U, PG* und *Pl(F)* nicht auf gleicher Höhe

Linien in der Nachbarschaft starker Spektrallinien. Sie wurden durch eine erheblich verbesserte Technik bei der Herstellung der Gitter und ihrer Kopien fast ganz beseitigt. Eine besondere Formgebung des Strichprofils sorgt dafür, daß der Hauptanteil des Lichtes in eine bestimmte Ordnung gelenkt wird. Die Intensität dieses Spektrums wird dadurch wesentlich erhöht, so daß die Gitterspektrographen den Prismengeräten in dieser Hinsicht nicht mehr nachstehen.

In den Geräten werden ebene oder konkave Reflexionsgitter in verschiedenen Aufstellungen verwendet. Bei der Runge-Paschen-Aufstellung (Abb. 2a) befinden sich der Spalt *S*, ein Hohlgitter *HG* und der Empfänger (Film oder Photozelle) auf einem Kreis, dem *Rowland*-Kreis. Das Licht wird nicht parallel gerichtet. Die Abbildung des Spaltes ist deshalb astigmatisch, d. h. nur die seitliche Begrenzung der Linien ist scharf, nicht aber die obere und untere. Der Astigmatismus hat nur bei photographischer Registrierung Bedeutung. Durch eine Zylinderlinse *Z* hinter dem Spalt kann er beseitigt werden. Vermieden wird der Astigmatismus in den Aufstellungen nach WADSWORTH (Abb. 2b) und nach EBERT (Abb. 2c). Bei WADSWORTH wird das Licht durch den Hohlspiegel *HSp* parallel gerichtet, das Hohlgitter *HG* übernimmt neben seiner eigentlichen Aufgabe auch die eines Kameraobjektives. Bei der Plangitteraufstellung nach EBERT werden Kollimator- und Kameraspiegel zu einem Hohlspiegel *HSp* vereinigt.

Beispiele für Gitterspektrographen vgl. SEITH-RUTHARDT-ROLLWAGEN 1958.

III. Beurteilung der Spektrographen

Für die *Beurteilung* eines Spektrographen wichtige Größen sind abgesehen von der Schärfe der Linien die *Helligkeit* (Lichtstärke), das *Auflösungsvermögen* und die *lineare Dispersion*.

1. Die Helligkeit

Für die *Helligkeit* H gilt angenähert $H = \left(\dfrac{d}{f}\right)^2$. H ist nur abhängig vom Durchmesser d der Kameralinse (oder des Hohlspiegels) und ihrer Brennweite f. Hat die Photoplatte den Neigungswinkel α (Abb. 1), so ist H angenähert $= \left(\dfrac{d^2}{f}\right) \cos\alpha$. Ist die Kameralinse nicht voll ausgeleuchtet, so hängt die Intensität des Spektrums nicht von d ab, sondern vom Durchmesser des Lichtbündels.

Lichtverluste im Spektrographen können durch eine Vergütung der Optik verringert werden. Ein Hohlspiegel, der hinter der Lichtquelle angebracht wird, erhöht die Lichtausbeute um etwa 70%. Von der Spaltbreite ist die Linienintensität bei nicht zu schmalem Spalt unabhängig. Nur bei sehr engem Spalt, unterhalb der „förderlichen" Spaltbreite, fallen die Verluste durch die Beugung des Lichtes an den Spalträndern ins Gewicht.

Die Bedeutung der Helligkeit des Spektralgerätes ergibt sich daraus, daß eine begrenzte Menge einer Probesubstanz auf einer Trägerelektrode sinnvoll nur so lange abgefunkt werden kann, bis sie vollständig verdampft ist. Bei ungenügender Helligkeit ist das erzeugte Spektrum zu schwach, und Linien kleiner Beimengungen in der Probe können unterhalb der Nachweisgrenze bleiben.

2. Das Auflösungsvermögen

Das *Auflösungsvermögen* A gibt an, welchen Wellenlängenunterschied $d\lambda$ zwei Spektrallinien mindestens haben müssen, damit sie von einem gegebenen Prisma oder Gitter noch getrennt werden. Man setzt $A = \dfrac{\lambda}{d\lambda}$, die Werte werden daher um so größer, je kleiner der Wellenlängenunterschied $d\lambda$ zweier Linien sein darf. Für ein gleichseitiges oder rechtwinkeliges, voll ausgeleuchtetes Prisma mit der Basislänge b aus einem Material der Dispersion D ist $A = bD$, für ein Gitter mit N ausgeleuchteten Strichen in n-ter Ordnung $A = nN$. Das so berechnete Auflösungsvermögen setzt den Grenzwert fest, den $\lambda/d\lambda$ höchstens haben darf. Ist $\lambda/d\lambda$ größer, so ist stets nur eine einzige Linie zu sehen. Um Prismenmaterial zu sparen, verwirklicht man eine große Prismenbasislänge b auch durch mehrere kleinere Prismen, die das Licht nacheinander durchläuft. Eine Verdoppelung von b erreicht man in *Autokollimations-* (oder *Littrow-*)*Spektrographen*, indem man das Licht mit Hilfe eines Spiegels das Prisma ein zweites Mal durchlaufen läßt.

3. Die lineare Dispersion D_L

D_L ist $da/d\lambda$, wenn da den Abstand zweier Linien im Spektrum bezeichnet und $d\lambda$ ihren Wellenlängenunterschied. Sie wird in mm/Å angegeben und ist nicht zu verwechseln mit der Dispersion D des Prismenmaterials. Häufig gibt man auch den Kehrwert von D_L an in Å/mm als (reziproke) Dispersion des Spektrographen. Er hat den Nachteil, daß er mit zunehmendem Abstand der Linien kleiner wird. Bei Prismenspektrographen nimmt D_L nach kürzeren Wellenlängen zu, bleibt dagegen bei Gittergeräten fast konstant. Eine große Lineardispersion verringert Störungen der Spektrallinien durch andere Linien, z. B. Linien des fast immer anwesenden linienreichen Eisens, Störungen durch Banden und durch den spektralen Untergrund und erhöht dadurch die Nachweisempfindlichkeit, sofern die Helligkeit ausreicht. Eine große Lineardispersion ist häufig mit einer verminderten Helligkeit verbunden.

4. Vergleichende Bemerkungen über Spektralgeräte

Die Frage, ob man im Sichtbaren oder im UV untersuchen soll, die sich besonders bei Prismengeräten stellt, ist im allgemeinen zugunsten des UV zu beantworten. Einige Elemente, wie P, As, B, haben brauchbare Linien nur im UV, andere, wie Cu, Ag, Sn, Hg, Si, Sb, haben ihre stärksten Linien dort. Allerdings liegen die empfindlichsten Linien der Alkalimetalle und von Ca, Sr, Ba im Sichtbaren. Bei manchen stehen aber auch im UV zufriedenstellende Linien zur Verfügung, außerdem reichen mittlere Quarzspektrographen bis etwa 5000 Å. Glasspektrographen sind umgekehrt höchstens bis 3700 Å herunter brauchbar.

Im sichtbaren Gebiet ist die *visuelle* Beobachtung besonders rasch, die Geräte können eine sehr große Lineardispersion haben und sind nicht kostspielig. Es lassen sich aber nur eine kleine Zahl benachbarter Linien gleichzeitig überblicken. Visuell ist auch eine außerordentlich schnelle quantitative Analyse möglich, doch ist sie für das Auge auf längere Zeit ermüdend.

Apparate mit *elektrischer* Registrierung haben meist eine große Lineardispersion, schon um Platz für zahlreiche Photozellen zu gewinnen. Ihr Preis ist hoch, sie ermöglichen aber routinemäßige quantitative Analysen vieler Elemente gleichzeitig unter erheblicher Arbeits- und Zeitersparnis. Die direkte Anzeige ist für Vakuum-Spektralapparate unentbehrlich, die den Bereich des fernen UV mit wichtigen Linien von S, Se, As, Hg, der Halogene und anderer Elemente zugänglich machen.

Für Übersichtsanalysen unbekannter Substanzen und für die quantitative Bestimmung einzelner und nicht häufig zu analysierender Elemente ist die photographische Arbeitsweise auch heute noch hervorragend geeignet. Hier ist auch ein mittlerer Spektrograph am Platze, besonders weil er mit einer einzigen Aufnahme einen Überblick über ein größeres Gebiet des Spektrums gibt. Zu klein sollte das Gerät aber nicht sein, weil sonst die schon erwähnten Störungen überhand nehmen. K.-D. MIELENZ (1957b) gibt einen Vergleich von 20 Quarzspektrographen und fügt als weitere Kenngrößen den Spektralbereich und die Klarheit hinzu. Unter Klarheit wird das Verhältnis der Intensität des Linienspektrums zur Intensität des Untergrundes verstanden. Näheres über Spektralgeräte in SEITH-RUTHARDT-ROLLWAGEN 1958.

IV. Zubehör zum Spektralapparat

Blenden vor dem Spalt dienen zur Begrenzung der Spektrenhöhe und zur „Koppelung" von Spektren (vgl. E, I). *Stufenfilter*, z. B. Dreistufenfilter mit Lichtdurchlässigkeiten von 100%, 40—50% und 15—20% und Sechs- oder Siebenstufenfilter, vereinfachen die quantitative Analyse mit photographischer Messung. Das Stufenfilter ist auf eine Linse aufgedampft, es muß so dicht wie möglich vor dem Spalt sitzen.

Das *Stativ*, das mit dem Spektrographen durch eine optische Bank verbunden ist, trägt die Elektrodenhalter mit den Elektroden. Die isolierten Stativ-Arme sind schwenkbar und nach allen Richtungen verstellbar, einzeln oder gemeinsam, überdies kann ihr Abstand voneinander verändert werden. Manche Stative haben eine Haube zum Schutze gegen eine Berührung während der elektrischen Entladung. Die Bedienung wird dadurch etwas umständlicher. Eine gute Konstruktion des Stativs und namentlich der *Elektrodenhalter* trägt viel zur Schnelligkeit der Analyse bei. Eine besonders einzurichtende *Absaugvorrichtung* sorgt dafür, daß die bei der Anregung der Untersuchungsprobe entstehenden Dämpfe entfernt werden, damit sie weder die nachfolgende Analyse beeinflussen noch die Gesundheit des Analytikers schädigen können. Wegen der Justierung der optischen Bank und des Statives vgl. SEITH-RUTHARDT-ROLLWAGEN S. 25. Für die rasche Auswechslung der Elektroden sind Federn an den Haltern zweckmäßiger als Schrauben. Nach jedem Wechsel wird die richtige Lage der Elektroden mit einer *Justiereinrichtung* nachgeprüft. Die Elektroden werden vergrößert auf eine Fläche projiziert, auf der die richtige Einstellung markiert ist. Erwähnt seien Elektrodenhalter mit *Wasserkühlung*. Für kleine Probestücke und Stäbchen wurden Mikro-Elektrodenhalter geschaffen. Vorteilhaft sind *Zündhilfen* (Lockspitze oder besser Lockkabel) an den Elektrodenhaltern (G. Balz 1944).

Um die Entladung in anderen Gasen als Luft übergehen zu lassen, verwendet man die einfache *Quarzkammer* nach Schöntag[1].

Niederdruckkammern erlauben die Analyse der sonst nicht zu erfassenden Nichtmetalle[2]. Der *Lichtführung* von der Lichtquelle zum Spektrographenspalt dienen verschiedene Linsen (für das UV aus Quarz). Die Abbildung der Lichtquelle auf den Spalt erfolgt durch eine Linse, deren Durchmesser groß genug ist, daß die Kollimatorlinse voll ausgeleuchtet wird. Die für die quantitative Analyse häufig benutzte Zwischenabbildung, mit der man die Lichtquelle überprüfen und justieren und einzelne Teile von ihr ausblenden kann, erfordert zwei Linsen, außerdem eine Linse unmittelbar vor dem Spalt. Die Lichtquelle und jede Linse wird jeweils durch die nachfolgende in die übernächste abgebildet. Nach M. Nordmeyer (1955) können die beiden Linsen der Zwischenabbildung mit erheblichem Lichtgewinn durch zwei Hohlspiegel ersetzt werden. Wenn alle Teile einer (inhomogenen) Lichtquelle unbedingt gleichmäßig zur Linienschwärzung beitragen sollen, empfiehlt E. Preuss (1957) eine *Rasterlinse*[3].

Photographische Spezialeinrichtungen: Doppelwandige Entwicklerschalen mit einfachem Thermostaten für Schaukelentwicklung, Schnellwässerungsgerät, Trockengerät[4].

C. Die Anregung der Spektren

Der zentrale Vorgang der ESPA, die Anregung der Spektren, wird trotz vieler Bemühungen auch heute noch nicht ganz befriedigend beherrscht, hauptsächlich deshalb, weil mit ihm die Verdampfung der Probesubstanz verbunden ist.

I. Allgemeine Bemerkungen

Zur Anregung der Spektren werden in der ESPA der *Lichtbogen* und der *Funken* in zahlreichen Abwandlungen verwendet. Während man früher diese beiden Anregungsarten als etwas ganz Verschiedenes ansah und annahm, der Funkencharakter werde hauptsächlich durch die hohe Ladespannung des Kondensators hervorgerufen, der die Energie für den Funken liefert, weiß man heute, nicht zuletzt durch die Erfahrungen der ESPA, daß der Funken als der erste kurze Zeitabschnitt eines stromstarken Bogens aufgefaßt werden kann, gewissermaßen als ein im Anfangsstadium der Entladung unterbrochener Bogen (mit Wiederholungen). Die Lücke, die zwischen Bogen und Hochspannungsfunken hinsichtlich der Eigenschaften bestanden hatte, wurde durch den *Niederspannungsfunken* geschlossen. Die Unterschiede zwischen dem Bogen, dem Niederspannungsfunken und dem Hochspannungsfunken sind nur gradueller Art, sie betreffen im wesentlichen die Anregungstemperatur im Gasraum und die Temperatur der Elektroden.

Damit der Strom im Gasraum zwischen zwei Elektroden übergehen kann, muß das Gas leitend sein, d. h. es muß Elektronen und Ionen enthalten. Der Strom erzeugt sie, indem er das Gas auf so hohe Temperaturen bringt, daß ein Teil der Atome in Ionen und Elektronen zerfällt. Ein hocherhitztes, leitendes Gas wird *Plasma* genannt. Gleichzeitig wird ein Teil der Atome und Ionen angeregt, vom Grundzustand auf höhere Energiezustände gehoben. Beim darauffolgenden Übergang zu niedrigeren Energiezuständen strahlt das Atom oder Ion Licht einer ganz

---

[1] Bezugsquelle: Ringsdorff-Werke, Bad Godesberg-Mehlem.

[2] Vakuumkammer: Heraeus Quarzschmelze, Hanau; Elektrodenhalter dazu: Karl Kinzler, Mechanikermeister, Stuttgart-Botnang.

[3] Rasterlinse: Steinheil, München.

[4] Bezugsquelle für die genannten Geräte: Karl Fleischhacker, Laborbedarf, Dortmund-Aplerbeck.

bestimmten Wellenlänge aus. Sie entspricht der Energiedifferenz des oberen und unteren Zustandes und ist für das betreffende Element und den Bau des Atoms charakteristisch (vgl. das bekannte *Grotrian*schema).

Man unterscheidet die eigentliche *Strombahn* und *Dampfwolken*, die von den Elektroden ausgehen und eine wesentlich tiefere Temperatur haben. Im Bogen hat die Strombahn eine Temperatur von 4000—7000 ° K. Leicht ionisierbare Elemente erniedrigen die Temperatur. Der Funken kann eine Anregungstemperatur (= Geschwindigkeit der anregenden freien Elektronen) von 10000—50000 ° K und mehr haben.

Die verschiedene Temperatur bewirkt, daß im Funken im Mittel mehr Zustände höherer Energie angeregt werden als im Bogen. Die Linien des Funkenspektrums haben eine größere mittlere Anregungsenergie als die des Bogenspektrums. Die mittlere Anregungshöhe wird auch mit ,,*Spektralcharakter*'' bezeichnet, man spricht von einem bogenartigen und funkenartigen Spektralcharakter. Als Maß für den Spektralcharakter gilt das Intensitätsverhältnis zweier Spektrallinien verschiedener Anregungsenergie, z. B. einer Funken- und einer Bogenlinie des gleichen Elementes.

Weil die Atomlinien der meisten Elemente verhältnismäßig leicht anregbar sind und deshalb besonders im Bogen erscheinen, werden sie allgemein *Bogenlinien* genannt, die Linien des einfach oder mehrfach ionisierten Elementes *Funkenlinien*. *Atomlinien* (Bogenlinien) bezeichnet man mit I, *Ionenlinien* (Funkenlinien) je nach der Ionisationsstufe mit II, III, IV usw. Alle diese Spektren sind voneinander verschieden.

Im Spektrum des Bogens sind auch Funkenlinien sichtbar, im Funkenspektrum Bogenlinien. Durch eine allmähliche Änderung der Anregungsbedingungen läßt sich das Spektrum eines Bogens kontinuierlich in das Spektrum eines Funkens überführen. Dabei nimmt die Intensität der Bogenlinien immer mehr ab, während die Funkenlinien intensiver werden.

Im einzelnen sind die Anregungsarten:

der *Lichtbogen* als

Gleichstrom- und Wechselstrombogen

Dauerbogen und Abreißbogen

Niederspannungs- und Hochspannungsbogen;

der *Funken* als

Niederspannungs- und Hochspannungsfunken

oszillierender und aperiodischer Funken

kombinierte Anregung: Bogen von Funken überlagert;

die Anregung unter *vermindertem Druck:*

Bogen oder Funken

Anregung in der Hohlkathode

elektrodenlose Anregung;

die Anregung mit *Bogenplasma;*

die Anregung in der *Flamme* (vgl. Kap. Flammenphotometrie).

Besonders gebräuchlich sind der Gleichstromdauerbogen, der Gleichstrom- und Wechselstrom-Abreißbogen, der Niederspannungsfunken und der Hochspannungsfunken.

II. Der Lichtbogen

Der mit Netzspannung betriebene *Gleichstrom-Dauerbogen* ist mit den einfachsten Mitteln zu verwirklichen. Außer der Analysenstrecke wird nur ein veränderlicher Widerstand und ein Amperemeter in den Stromkreis geschaltet. Wechselstrom wird gleichgerichtet und mit einem großen Kondensator geglättet. Der

Gleichrichter darf nicht zu schwach dimensioniert sein, man sollte bis 10 A, besser noch bis 20 A gehen können. Gezündet wird der Bogen durch Niederdrücken des oberen, federnden Stativarmes bis zur Berührung der Elektroden oder durch den Zündfunken des Abreißbogens.

Der *Wechselstrombogen* läßt sich mit Netzspannung nur mit Kohleelektroden und einer Stromstärke von über 5 A betreiben, in Ar/O_2-Atmosphäre nach A. Schöntag (1955) mit 4 A. Der früher manchmal verwendete *Hochspannungs-Wechselstrombogen* zündet selbsttätig auch bei kleinen Stromstärken und anderen Elektroden. In allen anderen Fällen ist der Wechselstrombogen nur möglich mit Fremdzündung (vgl. Abreißbogen).

Um die im Dauerbogen auftretende starke Erhitzung der Elektroden zu verringern, führte Wa. Gerlach 1933 den *Abreißbogen* ein. Der Bogen wurde durch eine mechanische Auf- und Abwärtsbewegung der oberen Elektrode periodisch gezündet und gelöscht. K. Pfeilsticker entwickelte ihn 1937 weiter zum Abreißbogen mit Hochfrequenzzündung (engl. *triggered arc*, Schaltschema Abb. 3). Netzstrom wird der Analysenstrecke AS über einen veränderlichen Widerstand R und eine Sperrkette $L_1 L_2 C_1 C_2$ zugeleitet. Im Teslatransformator TT wird ihm ein hochgespannter, hochfrequenter Strom überlagert, der die Zündung des Bogens bewirkt.

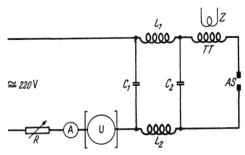

Abb. 3. Abreißbogen mit Hochfrequenzzündung. R 100—10 Ohm, *A* Amperemeter, *U* Unterbrecher (nur bei Gleichstrom). C_1 0,1 μF, C_2 0,001 μF, L_1 und L_2 je etwa 0,1 mH, *TT* Teslatransformator, *Z* hochfrequenter Zündstrom, *AS* Analysenstrecke

Feussner-Funkenerzeuger (C, IV) geliefert, er kann aber auch auf andere Weise erzeugt werden. Der Zündstrom wird in dem für den Abreißbogen notwendigen Rhythmus unterbrochen. Der *Gleichstrom*-Abreißbogen muß außerdem mit einem besonderen Unterbrecher *U* im Netzkreis unterbrochen werden. Bei *Wechselstrom* erlischt der durch die Zündung eingeleitete Bogen im nächsten Nulldurchgang, er muß in jeder Halbwelle neu gezündet werden. Die Zündimpulse sollen mit dem Wechselstrom des Bogens synchronisiert sein. Je nachdem, ob der Zündstrom am Anfang, in der Mitte oder am Schluß jeder Halbwelle einsetzt, dauert der einzelne Bogenübergang verschieden lang. Erfolgt die Zündung erst gegen Ende jeder Halbwelle, so zündet der Bogen nicht mehr.

Im Bogen werden Stromstärken von 2—20 A und mehr angewandt. Der Abreißbogen hat eine Brenndauer von 0,05—1 sec und einen Rhythmus Brenndauer-Pause von etwa 1 : 1 bis 1 : 10. Im fremdgezündeten Wechselstrombogen tritt außerdem in jeder Halbwelle eine kleine Pause auf, die bis zur Hälfte einer Halbwelle dauern kann.

III. Der Niederspannungsfunken

Unter *Niederspannungsfunken* versteht man die Entladung eines Kondensators, dessen Ladespannung zur Zündung nicht ausreicht. Ohne Fremdzündung ist der Niederspannungsfunken nicht möglich.

Aus praktischen Gründen wird gelegentlich noch der *Mittelspannungsfunken* mit Ladespannungen von etwa 1000 V abgetrennt, die aber zur selbsttätigen Zündung ebenfalls nicht genügen. Der *Niederspannungsfunken* wurde 1938 von K. Pfeilsticker eingeführt und auch in einem U.S.Patent angegeben, spätere Veröffentlichungen erfolgten 1940, 1941 und 1955. Der Name wurde von ihm gewählt, weil die Entladung trotz niedriger Spannung einen funkenartigen Charakter hat. Der Niederspannungsfunken entsteht aus dem fremdgezündeten Bogen, indem ein Kondensator C_3 mit veränderlicher Kapazität, $0,5-100\,\mu F$, parallel zu C_2 geschaltet wird (Abb. 4). C_3 wird vom Netzstrom aufgeladen und entlädt sich im Augenblick des Zündstrom-Überganges über die Analysenstrecke AS. In den Entladungskreis ist die veränderliche Selbstinduktion L_3 und der veränderliche Widerstand R_2 eingeschaltet. Damit auch mit größerem L_3 die Zündung sicher eintritt, wird parallel zu AS noch der Kondensator C_4 mit dem Widerstand R_3 gelegt (D. A. SINCLAIR 1948). Namentlich bei höheren Spannungen genügt auch ein kleinerer Kondensator ohne vorgeschalteten Widerstand.

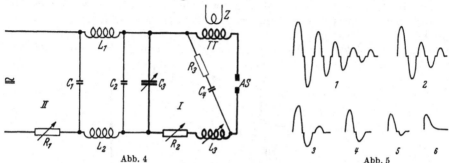

Abb. 4. Niederspannungsfunken. *I* Entladungskreis: C_3 $0,5-100\,\mu F$, R_2 $0-20$ Ohm, L_3 $0-10$ mH, AS Analysenstrecke, TT Teslatransformator, Z hochfrequenter Zündstrom. Zündhilfe nach SINCLAIR für großes L_3: C_4 $1-2$ μF, R_3 etwa 100 Ohm. *II* Ladekreis: R_1 $200-15$ (10) Ohm, $C_1C_2L_1L_2$ wie beim Abreißbogen. Ladespannung 220 V und mehr. Von $500-1500$ V auch Mittelspannungsfunken genannt

Abb. 5. Formen einer Kondensatorentladung (schematisch). *1—6* steigender Widerstand R bei gleichbleibendem C und L. Stromstärke gegen Zeit. Gezeichnet nach Oscillogrammen eines RSV-Anregungsgerätes. Bei jedem Nulldurchgang ein kurzes Aussetzen der Entladung. In Nr. 6 ist sie aperiodisch

Die Kondensatorladung kann *oscillieren* oder sie kann *aperiodisch* (überdämpft) sein. Welche Form die Entladung annimmt, wird von der Größe von R_2, L_3 und C_3 entschieden (Abb. 5). Der kritische Dämpfungswiderstand liegt bei $R = 2\sqrt{\dfrac{L}{C}}$. Ist der Widerstand kleiner, so schwingt die Entladung, mit größerem Widerstand wird sie aperiodisch. Wegen des Widerstandes der Analysenstrecke und der Zuleitungen verringert sich der in den Entladungskreis zusätzlich einzuschaltende Widerstand etwas. Zur Beobachtung der Entladungsform hat das Anregungsgerät von RSV einen Kathodenstrahloscillographen. Mit Hilfe der nichtschwingenden Entladung ist es möglich, das Spektrum der Gegenelektrode vollständig zu unterdrücken, so daß selbst so linienreiche Elemente wie Eisen für die Gegenelektrode verwendet werden können. Die Entladung muß dabei *unipolar* sein, mit der Gegenelektrode als Anode, und in einem Edelgas (z. B. Ar) übergehen (vgl. G. GRAUE u. Mitarb. 1963).

Im Niederspannungsfunken liegt die Stromstärke der Einzelentladung zwischen $20-200$ A und mehr, die Dauer zwischen 10^{-5} und 10^{-3} sec, je nach der Größe von C, L und R im Entladungskreis. Die Zündfrequenz (Funkenfolge) ist in der Regel 100/sec oder auch 50/sec[1].

IV. Der Hochspannungsfunken

Für den *Hochspannungsfunken* wird der Kondensator auf eine zur Zündung ausreichende hohe Spannung ($12000-20000$ V und mehr) aufgeladen. Die Zünd-

[1] Bezugsquellen für Abreißbogen- und Niederspannungsfunkengeräte: RSV Hechendorf-Pilsensee, VEB Opt. Werke, Jena, ARL Lausanne, Hilger (London), Optica (Mailand) u. a.

spannung hängt aber von vielen Eigenschaften der Elektroden und der Atmosphäre ab, so von der Form, der Art und der Temperatur der Elektroden und von ihrem Abstand, und vor allem ändert sie sich während der Analyse. Um eine im Augenblick der Entladung konstante und von den Bedingungen der Analysenstrecke unabhängige Ladespannung zu erreichen, legte O. FEUSSNER 1932 den rotierenden Unterbrecher U in den Entladungskreis des Hochspannungs-Kondensators C (Abb. 6). Die Unterbrecherscheibe trägt an zwei einander gegenüberliegenden Stellen Elektroden, die miteinander leitend verbunden sind. Die Entladung des Kondensators C kommt nur dann zustande, wenn die Elektroden der Scheibe zwei außerhalb liegenden Elektroden gegenüberstehen und der Stromkreis über diese beiden Hilfsfunkenstrecken geschlossen wird. Die Unterbrecherscheibe wird von einem Synchronmotor angetrieben. Der Entladungskreis wird dadurch immer im gleichen Phasenpunkt geschlossen, die Ladespannung des Kondensators ist deshalb im Augenblick der Entladung immer gleich. Wenn die Hilfsfunkenstrecken

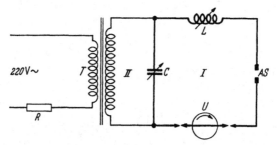

Abb. 6. Hochspannungsfunken nach FEUSSNER. *I* Entladungskreis: *C* 700—6500 pF, *L* 0—0,8 mH, *AS* Analysenstrecke, *U* Synchron-Unterbrecher. *II* Ladekreis: *T* Hochspannungs-Transformator, sekundär 12000—17000 V, *R* Vorwiderstand 60 Ohm

und die Analysenstrecke nach H. KAISER mit Hochohmwiderständen überbrückt und überall Lockspitzen angebracht werden, setzen die Funken gleichmäßiger ein. Die Wolfram-Elektroden müssen von Zeit zu Zeit abgeschliffen und von einem durchsichtigen, nichtleitenden Belag befreit werden.

Ein anderer Weg, die Ladespannung von C konstant zu halten, besteht darin, daß eine feststehende Hilfsfunkenstrecke in den Entladungskreis geschaltet wird, die eine größere Zündspannung erfordert als die Analysenstrecke. Häufig wird ein Luftstrom durch die Hilfsfunkenstrecke geblasen. Die Zündspannung der Hilfsfunkenstrecke bleibt konstant und damit auch die Ladespannung des Kondensators im Augenblick der Entladung. A. BARDOCZ (1955) hat die Anwendung der Hilfsfunkenstrecke verfeinert.

Durch eine rasche Aufladung des Kondensators erhält man mehrere Entladungen je Halbwelle. Empfohlen wird auch eine *kombinierte* Entladung, wobei ein Gleichstrom- oder besser Wechselstrombogen von Hochspannungsfunken überlagert wird, z. B. mit 4 Entladungen je Halbwelle (vgl. H. E. BIBER und S. LEVY 1959). Verdampfung und Anregung werden hier bis zu einem gewissen Grade getrennt. Die kombinierte Entladung ist stabiler als der gewöhnliche Bogen, ihre Intensität ist größer als die Summe der Intensitäten des Bogens und Funkens bei getrennter Anregung. In ihr können Linien angeregt werden, die eine sehr große Anregungs- und Ionisierungsenergie haben. Im Unterschied zum fremdgezündeten normalen Bogen trägt hier der überlagerte Hochspannungsfunken einen sehr wesentlichen Teil der Lichtemission.

Der gewöhnliche Hochspannungsfunken hat eine Stromstärke der Einzelentladung von etwa 20—200 A und mehr. Die Dauer einer Entladung einschließlich der

Oscillationen liegt zwischen 10^{-6} und 10^{-4} sec. Während jeder Halbwelle des Netzstromes erfolgt im FEUSSNER-Funkenerzeuger ein Funkenübergang, in anderen Geräten zwei oder auch noch mehr Entladungen[1].

V. Andere Anregungsarten

Der *stromstarke* Niederspannungsfunken unter vermindertem Druck ermöglicht die Anregung von Linien, die eine verhältnismäßig hohe Anregungsenergie (und Ionisierungsenergie) haben und deshalb unter gewöhnlichen Bedingungen nicht erscheinen, z. B. Linien des Schwefels, des Selens und der Halogene, deren empfindlichste Linien im fernen UV liegen. Kapazität und Selbstinduktion des Entladungskreises (Abb. 4) werden so gewählt, daß sich maximale Stromstärken von etwa 500—2000 A bei kurzer Dauer ergeben. Wenn die Überlagerung durch den Zündstrom nicht induktiv erfolgt wie in Abb. 4, sondern unter Verwendung einer Hilfsfunkenstrecke, läßt sich die gesamte Selbstinduktion im Entladungskreis beträchtlich herabsetzen. Der Druck ist etwa 2—20 Torr. Zündschwierigkeiten werden durch eine besondere Zündelektrode beseitigt.

Die *elektrodenlose* Anregung unter vermindertem Druck nach A. GATTERER und V. FRODL (vgl. D. v. BEZOLD 1955) dient ebenfalls der Erfassung der Nichtmetalle. Die Probesubstanz ist in einem auf etwa 0,01 Torr evakuierten Rohr untergebracht, das von mehreren Drahtwindungen umgeben ist. Ein Ultrakurzwellengenerator, Wellenlänge 6 m, liefert die Anregungsenergie. Durch Erhöhung der Frequenz wird die Nachweisempfindlichkeit gesteigert. Die Probe erhitzt sich unter dem Einfluß der Kurzwellen so stark, daß sie zum Teil verdampft.

Auch die Anregung in der *Hohlkathode*[2] (vgl. F. T. BIRKS 1954) erfordert eine Verminderung des Druckes (auf 1—10 Torr). Trägergas ist meist Argon oder Helium. Die Kathodenglimmschicht einer Glimmentladung (0,1—0,5 A) konzentriert sich auf einen Hohlraum in der Kathode und erzeugt dort eine Zone hoher Anregungsenergie. Die Analysensubstanz wird in den Hohlraum gebracht und dort verdampft und angeregt. Es genügen sehr kleine Mengen, die Anregungsart besitzt eine sehr große Nachweisempfindlichkeit. Die Bedeutung der Methode nimmt wohl noch zu.

Eine andere, sehr aussichtsreiche Methode ist die Anregung in einer *Bogenplasmaflamme*. Die hocherhitzten Gase (Plasma) eines Lichtbogens werden mit einem Trägergasstrom, gewöhnlich Argon, vom Bogen weggeführt und durch eine Düse geblasen. Es entsteht eine Art Flamme von sehr hoher und konstanter Temperatur, die sich sehr gut als Anregungsquelle eignet (vgl. M. MARGOSHES u. B. F. SCRIBNER 1959, F. A. KOROLEW u. JU. K. KWARATSCHELI 1961). Erwähnt sei auch die Anregung in einem LASER-Strahl.

VI. Der Spektralcharakter

Der *Spektralcharakter* (SPCH) wird vor allem von der *Zeitdauer* und der *Stromstärke* der einzelnen Entladung beeinflußt sowie vom *Druck*. Die angelegte Spannung (Betriebsspannung) hat keine Bedeutung. Sie muß nur genügen, die Entladung aufrecht zu erhalten. Die Brennspannung zwischen den Elektroden während der Entladung ist im Bogen und Funken etwa gleich, sie beträgt zwischen Cu-Elektroden in Luft ungefähr 50 V. Bei Kondensatorentladungen beeinflußt die Ladespannung den SPCH nur scheinbar, weil von ihr die Stromstärke des Funkens abhängt.

---

[1] Bezugsquellen für Hochspannungsfunkengeräte: RSV Präzisionsmeßgeräte, Hechendorf-Pilsensee (Bayern), VEB Opt. Werke Jena, ARL Lausanne (Schweiz).

[2] Bezugsquelle für die Hohlkathode: Präzisionsmeßgeräte RSV Hechendorf/Pilsensee.

Je länger dagegen die Entladung dauert, um so bogenartiger wird das Spektrum (K. Pfeilsticker 1941, S. 268, J. van Calker 1952, K. Laqua 1952). Intensitätsmessungen in kurzen Zeitabschnitten (Zeitauflösung des Spektrums) zeigen, daß in der ersten Mikrosekunde ein ausgeprägter Funkencharakter besteht, der aber rasch einem zunehmend bogenartigeren SPCH Platz macht (D. W. Steinhaus u. Mitarb. 1953).

Die Dauer einer Schwingung im Funken ist $2\,\pi\sqrt{CL}$, wenn der Widerstand R vernachlässigt werden kann. Im Hochspannungsfunken treten bis zu 20 Schwingungen auf, im Niederspannungsfunken bis etwa 5.

Die Abhängigkeit des SPCH von der Stromstärke ist nicht eindeutig. Bei kleinen Stromstärken, unter etwa 10 A, erhält das Spektrum mehr Bogencharakter, wenn die Stromstärke zunimmt, über 10 A wird es dagegen mit wachsender Stromstärke funkenartiger. Im Funken ist die maximale Stromstärke I_{max} der Einzelentladung $= U\sqrt{\dfrac{C}{L}}$, mit der Ladespannung U. Die mittlere Stromstärke ist etwa $= 0,7\,I_{max}$, die Stromstärke der nachfolgenden Schwingungen nimmt gesetzmäßig ab.

Eine Änderung der Selbstinduktion wirkt sich auf den SPCH im allgemeinen viel stärker aus als eine Änderung der Kapazität. Bei gegebenem C und L hat die Einzelentladung die kürzeste Dauer und damit den funkenartigsten SPCH, wenn

$$R = 2\,\sqrt{\frac{L}{C}}\ \text{ist.}$$

Andere Einflüsse auf den SPCH: Wird der *Druck* im Gasraum vermindert, so wird das Spektrum gewöhnlich mehr funkenartig. Der SPCH ist nicht nur *zeitlich*, sondern auch *örtlich* nicht konstant. Nach außen nimmt die Anregungshöhe in radialer Richtung ab. Unmittelbar vor den beiden Elektroden befindet sich eine Zone besonders hoher Anregung. Die Funkenlinien werden im wesentlichen von diesen beiden Zonen ausgestrahlt. Deshalb ist auch der *Abstand* der Elektroden voneinander von Bedeutung für den SPCH. Wird er verkleinert, so werden die Zonen der Funkenlinien nicht in Mitleidenschaft gezogen, dagegen wird die Dampfwolke, von der die Bogenlinien ausgehen, durch die näher stehenden Elektroden stärker abgekühlt. Die Intensität der Bogenlinien nimmt ab, die Funkenlinien bleiben konstant (H. Kaiser). Das gleiche gilt von der *Form* der Elektroden. Eine Spitze hat eine kleinere Ausdehnung und wird heißer, sie hat eine kleinere Kühlwirkung als eine Fläche. Mit einer Spitze ist das Spektrum bogenartiger. Ebenso wirkt sich ein kleiner Durchmesser oder eine kleine Masse der Elektroden aus, ganz allgemein kleine Kühlflächen und eine höhere Elektrodentemperatur. Zwischen dieser und der Temperatur im Gasraum ist streng zu unterscheiden. Der Dampf der *Grundsubstanz (matrix)* oder von *Begleitelementen* in einer Untersuchungsprobe kann, soweit es sich um leicht ionisierbare Elemente handelt, die Temperatur im Gasraum herabsetzen, d. h. ein bogenartigeres Spektrum zur Folge haben (vgl. F, VII).

Keine der Anregungsarten ist in jeder Hinsicht befriedigend. Nachweisempfindlichkeit, Reproduzierbarkeit, geringe Störanfälligkeit stellen verschiedene, oft einander entgegengesetzte Anforderungen an die Anregung. Der Bogen ist empfindlicher, der Funken besser reproduzierbar. Die lange Dauer der Einzelentladung im Bogen hat eine hohe Elektrodentemperatur, eine große Dampfmenge und eine gute Empfindlichkeit zur Folge. Die viel kürzere Dauer der Einzelentladung im Funken ergibt dagegen eine bessere Reproduzierbarkeit. Die Dampfmenge ist hier kleiner, dadurch verringert sich die Selbstabsorption. Auch tritt die fraktionierte Verdampfung zurück. Anregungsarten von einer mittleren Dauer stehen auch in ihren Eigenschaften zwischen dem Bogen und dem Funken.

Die Störanfälligkeit hängt u. a. mit der fraktionierten Verdampfung und mit Oxydationsprozessen zusammen. Der Bogen kann *stabilisiert* und seine Intensität weitgehend konstant gehalten werden, wenn er nach B. J. STALLWOOD (1954) von einem Luftstrom umgeben wird, der aus einer mit der Probeelektrode konzentrischen Düse fließt. Selbstabsorption und fraktionierte Verdampfung werden auf diese Weise weitgehend vermieden, die Reproduzierbarkeit wird wesentlich verbessert. Zusammenfassende Berichte über den Bogen haben W. ROLLWAGEN (1939) und W. LOCHTE-HOLTGREVEN (1957) gegeben, H. KAISER (1957) über den Funken.

D. Das Einführen der Untersuchungsprobe in die Entladung

I. Metalle als „Selbstelektroden"

Kompakte Metallproben werden am einfachsten selbst als Elektroden (Selbstelektroden) benutzt. Die Gegenelektrode ist häufig aus Kohle (Graphit). Schwierigkeiten können sich aus Inhomogenitäten des Probematerials ergeben, weil die abgefunkte Fläche sehr klein ist. Man begegnet ihnen durch zahlreiche Paralleluntersuchungen. Ein Hauptproblem bei der direkten quantitativen Untersuchung der Metalle bildet die Beschaffung geeigneter Testproben[1]. Soweit die Proben gegossen werden, erfolgt der Guß in Kokillen mit guter Wärmeleitfähigkeit oder auf Metallplatten. Rasche Abkühlung vermeidet Inhomogenitäten.

Elektrodenformen sind z. B. *Rundstäbe* von verschiedenem Durchmesser mit ebener oder halbkugelförmiger Stirnfläche, Rundstäbe mit einer Spitze von 90° (im Funken) oder 120° (im Bogen), *Scheiben* als ebene Fläche, die in manchen Fällen geschliffen werden. Für qualitative Untersuchungen ist die Form beliebig. Dünne *Bleche* oder *Folien* werden eng über eine Stabelektrode gezogen. Eine runde Scheibe des Materials (von Folien mehrere Lagen) wird auf ein Metallstück über eine Bohrung gelegt, dann wird die ein wenig dünnere Stabelektrode in die Bohrung geschlagen. Dünne *Drähte* können auf einen stärkeren Draht kompakt aufgewickelt oder gepreßt oder in kleine Teile zerschnitten und wie Metallspäne behandelt werden. Die empfindliche *Kugelbogenmethode* ist für kleine Metallproben und für Metallspäne gut geeignet. Das Metallstück wird auf eine Trägerelektrode aus Kohle oder Kupfer von nicht zu kleinem Durchmesser gelegt, die auf der Stirnseite eben oder mit einer flachen Mulde versehen ist. Der (Dauer-) Bogen bringt das Metallstück zum Schmelzen, weil die Wärmeableitung zur Trägerelektrode wegen der kleinen Berührungsfläche nur gering ist. Die Entladung springt nicht auf die Trägerelektrode über. Das (abgewogene, z. B. 40 mg) Metallstück kann in der Bohrung einer besonderen Kohleelektrode mit einem außen an der Wand ansetzenden Lichtbogen schon vorher zu einer kleinen Kugel geschmolzen werden. *Metallspäne* lassen sich auch wie nichtleitendes Material untersuchen, ebenso *Metallpulver*. Näheres über die ESPA der Metalle bei H. MORITZ (1956), W. SEITH und H. DE LAFFOLIE (1958).

II. Das Material der Hilfselektroden

Zur Untersuchung von *nichtleitenden* Probesubstanzen braucht man Hilfselektroden (Träger- und Gegenelektroden). Beide Elektroden mit Analysensubstanz zu versehen, bringt keine Vorteile. Zwei Schwierigkeiten ergeben sich bei der ESPA nichtleitender Proben: der Anregungsraum ist verhältnismäßig klein, und

---

[1] Bezugsquellen: Bundesanstalt für Materialprüfung, Berlin-Dahlem; Wieland-Werke, Ulm.

die Substanz wird durch die Entladung leicht von der Elektrode herabgeschleudert. Außerdem müssen neben Pulvern, Aschen, Niederschlägen auch Lösungen zu analysieren sein.

Die Hilfselektroden bestehen gewöhnlich aus Kohle (Graphit)[1], daneben auch aus Kupfer, Aluminium, Silber und einigen anderen Metallen. Die beiden Zustandsformen des Kohlenstoffs, amorphe Kohle und Graphit, weichen in wesentlichen Eigenschaften wie Wärmeleitfähigkeit, Porosität, Härte, Bearbeitbarkeit erheblich voneinander ab (H. H. Rüssmann 1957). Ist die Porosität unerwünscht, so wird die Elektrode abgedichtet, indem man ihr Ende in eine 3%ige Lösung von Polystyrol in CCl_4 oder Benzol eintaucht und sie hierauf einer Temperatur von 100° C aussetzt. Die Belästigung durch Kohlenstaub bei der Bearbeitung der Elektroden wird durch das Kohlebearbeitungsgerät nach W. Koehler (1958)[2] vermieden.

Metall-Elektroden haben Vorzüge und Nachteile gegenüber Kohleelektroden. Sie können nach kurzem Abdrehen mit einem Formstahl z. B. auf einer Uhrmacherdrehbank[3] (Al-Oxide vorher abschleifen) und Reinigung mit warmer, verdünnter Salpetersäure immer wieder verwendet werden, auch ist Metall sauberer zu handhaben als Kohle. Nachteilig ist dagegen, daß das Element der Elektrode für die Analyse ausfällt. Ihr eigenes Spektrum stört mehr als das des Kohlenstoffs wegen des größeren Linienreichtums, bei Al auch wegen des stärkeren spektralen Untergrundes. Gegen die Einwirkung von Säuren können Metallelektroden durch einen Kollodiumfilm geschützt werden. Infolge ihrer größeren Wärmeleitfähigkeit und ihres tieferen Siedepunktes sind Metallelektroden kühler als Kohleelektroden. Zu beachten ist auch, daß die Oxydierbarkeit des Elektrodenmaterials und die Flüchtigkeit der Oxydationsprodukte verschieden sind. Alle Hilfselektroden sollen so rein wie möglich sein. Die Metalle sollen einen Metallgehalt von mindestens 99,99% haben, besser aber noch reiner sein.

III. Trägerelektroden mit Hohlraum

Pulverförmige Proben werden oft in die Bohrung einer Kohleelektrode, gelegentlich auch einer Cu-Elektrode gegeben. Die Formen der Elektroden wechseln von Methode zu Methode (Abb. 7, Nr. 4—11). Sehr verbreitet ist die Methode von R. Mannkopff und Cl. Peters (1931). Die Trägerelektrode ist dabei Kathode, sie hat die Form Nr. 4. Die für die quantitative Analyse wichtige gleichmäßige, feste Füllung mit dem Probematerial wird durch Stopfgeräte (A. Stetter[4], A. Strasheim und E. J. Tappere 1959) sichergestellt. Nach Verringerung des Durchmessers und der Tiefe der Bohrung eignet sich die Methode auch für sehr kleine Substanzmengen (E. Preuss 1956).

Die drei Elektrodenformen Nr. 5, 6 und 7 verwendet Ch. E. Harvey (1950). Nr. 6 dient zur Untersuchung von Substanzen mit mittlerer Flüchtigkeit. Für leichtflüchtige Proben ist die Bohrung vertieft (Nr. 5), damit die Verdampfung nicht zu rasch vor sich geht. Nr. 7 für schwerflüchtige Proben hat dagegen unterhalb der Bohrung eine Verengerung des Querschnittes, wodurch die Wärme langsamer abgeleitet wird und die Probe eine höhere Temperatur annimmt. Als Gegenelektroden sind hier wie in anderen Fällen die Formen Nr. 2 und 13 zweckmäßig, namentlich für Graphit. Man beobachtet oft ein Klettern des Bogens, wenn Alkalimetalle anwesend sind (H. H. Rüssmann 1957). Das Klettern wird verhindert,

---

[1] Kohleelektroden: Ringsdorff-Werke, Bad Godesberg-Mehlem; Schunk und Ebe, Gießen.
[2] Kohlebearbeitungsgerät: Karl Fleischhacker, Labor-Bedarf, Dortmund-Aplerbeck.
[3] Uhrmacherdrehbank: Boley und Leinen, Eßlingen.
[4] Bezugsquelle für Stopfgerät nach Stetter: Ringsdorff-Werke, Bad Godesberg-Mehlem.

wenn die Wärmeleitfähigkeit der Elektrode durch eine Einschnürung herabgesetzt wird. Die Form Nr. 13 bietet dem Bogen einen besseren Ansatzpunkt als Nr. 2. Die Elektrode nach N. W. H. ADDINK (1955) hat die Form Nr. 11 mit flacher, konischer Vertiefung und einem etwas größeren Durchmesser (10 mm).

Zur Fixierung des Bogens namentlich bei der Zündung wurde die Mittelstift-elektrode (center post, Form Nr. 9) geschaffen (M. F. HASLER). Günstig ist es, wenn der Mittelstift ein wenig über den Becher herausragt. Der Mittelstift erübrigt eine Überschichtung der Probe mit Kohlepulver. Wird die Tiefe des Bechers mit Mittelstift immer mehr verringert, so erhält man die Ringrinne für besonders

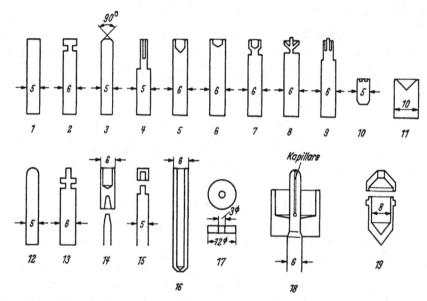

Abb. 7. Elektrodenformen. 1. Fläche, 5 mm ⌀, 2. mit Verengung, 3. Fläche 3,5 mm ⌀, 4. nach MANNKOPFF/PETERS. 5.—7. nach HARVEY, 8. Tellerelektrode mit Mittelstift, 9. Mittelstiftelektrode, 10. Ringrinne, 11. nach ADDINK, 12. halbkugelförmig, 13. Gegenelektrode mit Mittelstift, 14. nach SCRIBNER u. MULLIN, 15. Kappenelektrode, 16. nach FELDMAN, 17. Radelektrode, 18. nach ZINK, 19. Doppelbogenelektrode

kleine Substanzmengen und rasche Verdampfung auch schwer flüchtiger Elemente (G. HOLDT 1959). Eine *Tellerelektrode* mit Mittelstift und Querschnittver-engerung Form Nr. 8 ist geeignet, kleine Mengen von Metallspänen oder pul-verförmigen Proben aufzunehmen.

Zur Anreicherung von leicht und mittelschwer flüchtigen Elementen aus schwer-flüchtigen Grundsubstanzen (im Gasraum während der Anregung) dient der Doppel-bogen (D. M. SHAW u. Mitarb. 1950). Ein kleiner Graphittiegel, Form Nr. 19, Inhalt etwa 0,5 ml, nimmt die Probe auf. Er wird durch einen mit der Analysen-strecke in Serie geschalteten zweiten Lichtbogen aufgeheizt. Die entstehenden Dämpfe entweichen durch eine Öffnung im Tiegeldeckel und gelangen dort direkt in den Analysenbogen. Die schwer flüchtigen Bestandteile der Probe bleiben im Tiegel zurück. Eine besonders starke Erhitzung der Probe wird auch in der ein-facheren Elektrode nach SCRIBNER und MULLIN, Form Nr. 14, erreicht, nicht durch eine zusätzliche Wärmequelle, sondern weil die Wärmeableitung zwischen den beiden Teilen der Elektrode schlecht ist.

Die Substanz im Tiegel des Doppelbogens und in anderen Elektroden kann mit einem *Bläserstoff* gemischt werden (M. F. HASLER). Dieser Stoff, z. B. NH_4Cl oder Traubenzucker, verdampft sehr rasch, fast explosionsartig, und bläst dabei die Analysensubstanz in den Gasraum der elektrischen Entladung. Dadurch gelangt eine größere Menge der Probe in den Entladungsraum, und zwar ohne fraktionierte Verdampfung.

IV. Poröse Elektroden

Schon frühzeitig wurde die Porosität der Kohle ausgenutzt, um Lösungen von den Elektroden einsaugen zu lassen und auf diese Weise in die Entladung zu bringen (G. Scheibe u. A. Rivas 1936). Je nach der Porosität der Kohle dringt die Lösung mehr oder weniger tief in die Elektrode ein, die Inhaltsstoffe werden dabei nach Art der Chromatographie selektiv absorbiert (H. H. Rüssmann 1957). Dieser Nachteil besteht bei der *Sickermethode* (porous cup, C. Feldman 1949) nicht. Eine Bohrung in der oberen Elektrode (Abb. 7, Nr. 16), die sehr nahe an die untere Stirnfläche reicht, nimmt die zu untersuchende Lösung auf. Die Flüssigkeit sickert durch die dünne, poröse Kohleschicht ständig in die Entladung nach und ersetzt die durch die Verdampfung eintretenden Verluste. Außer poröser Kohle wurde auch die poröse Oberflächenschicht von eloxiertem Aluminium schon für die Lösungsanalyse verwendet.

Eine *Saugelektrode* mit *Teflonbecher* (vacuum cup, Abb. 7, Nr. 18), bei der die Lösung infolge des durch die Entladung erzeugten Unterdruckes angesaugt wird, wurde von T. H. Zink (1959) angegeben. Die Flüssigkeit wird durch die Kapillare aus dem Becher in dem Umfang nachgesaugt, wie sie in der Entladung verbraucht wird.

V. Klebemittel und festhaftende Überzüge

Der Vorschlag, die Probe mit Vaseline oder einem anderen Klebemittel auf der Elektrode zu befestigen, wurde von Wa. Gerlach 1939 gemacht. R. C. Hughes (1952) verwendet Glykol, das mit der Analysenprobe zu einer Paste verrieben und in eine 1,5 mm tiefe Mulde einer heißen Elektrode oder auf die ebene Oberfläche einer kalten Elektrode gebracht wird. Die Elektrode wird anschließend auf eine solche Temperatur erwärmt, daß sich das Glykol langsam verflüchtigt.

Allgemein anwendbar ist ein Filmüberzug aus einem Kondensationsprodukt von Glucose, Glykokoll und Harnstoff 5 : 1 : 1 (K. Pfeilsticker 1950 S. 109; 1956) Die gesondert durchgeführte, mit Gasbildung verbundene Kondensation geht schon bei Wasserbadtemperatur vor sich, sie wird bis zu einem Gewichtsverlust von etwa 10% der angesetzten Menge weitergeführt. Das braune Kondensationsprodukt ist leicht wasserlöslich und gut abmeßbar, es bildet nach der Trocknung bei 95° C, z. B. auf einem Aluminiumblock, einen harten, festhaftenden Film auf der Elektrode. Sowohl feste Stoffe wie Lösungen lassen sich damit auf den Elektroden fixieren. Lösungen werden mit einer 20%igen Lösung des Kondensationsproduktes (Haftlösung) im Verhältnis 1 : 1 gemischt, Niederschläge in der Haftlösung unter Zusatz eines Verdickungsmittels[1] suspendiert. Pulverförmige Proben können unmittelbar auf ebene 5 mm-Elektroden gebracht werden. Man befeuchtet sie mit sehr wenig Alkohol und setzt 0,010 ml Haftlösung zu. Die Elektroden dürfen nicht porös sein (vgl. D, II), der Durchmesser ihrer ebenen Stirnfläche ist je nach der Probemenge 5; 3,5; 2,5; 1,5 mm, bei 3,5 mm und weniger in der Form gekappter Spitzen mit 90° Spitzenwinkel (Abb. 7, Nr. 3). Auf die Elektroden mit 3,5 mm ∅ und weniger bringt man die Lösungen oder Suspensionen aus kleinen Zentrifugengläsern mit Hilfe einer mit Ansaug-Schraube versehenen Mikropipette (Abb. 8), die sich in einem (Kunststoff-) Stativ befindet. Die Methode mit *Fixierungsfilm*

---

[1] „Tylose" HEC niederviscos von Kalle AG., Wiesbaden-Biebrich. Anwendung in 1%iger, täglich frisch bereiteter Lösung.

sichert eine rasche und vollständige Verdampfung der Probe, sie ist deshalb empfindlich. Die mit Haftlösung vermischte Probe kann auch auf abgedichteten Kappen (Abb. 7, Nr. 15) eingetrocknet werden (Ko. PFEILSTICKER 1961). Wegen des schlechten Wärmeüberganges zum unteren Elektrodenteil erreichen sie beim Abfunken eine hohe Temperatur.

Eine Gasbildung auf der Elektrode infolge zu hoher Temperatur bei der Trocknung soll vermieden werden. Wird die Glucose durch Sorbit („Karion") ersetzt, so ist eine höhere Trocknungstemperatur möglich. Die Kondensationstemperatur liegt dann bei 140° C. Der Film aus diesem Kondensationsprodukt bietet aber der elektrischen Entladung einen größeren Widerstand. In schwächeren Niederspannungsfunken wird er z. B. auf 5 mm-Elektroden nur zum Teil abgebrannt, im Gegensatz zum Film mit Glucose. Der Abbrand im Hochspannungsfunken beschränkt sich bei beiden Filmen auf eine kleine Fläche.

VI. Die Brikettierung

Aus nichtleitendem Pulver wird eine den Strom leitende Elektrode hergestellt, indem man es mit einem mehr oder weniger großen Zusatz eines geeigneten, spektralreinen Kohlepulvers in eine Form preßt. Das *Mischungsverhältnis* Probe zu Kohlepulver ist z. B. 1 : 10, es kann bei verschiedenen Verfahren innerhalb weiter Grenzen schwanken. Für quantitative Untersuchungen werden häufig *Bezugselemente* (vgl. F, II) in Form von Metallpulver (Cu, Ag) oder von Oxiden und spektrochemische Puffer (vgl. F, VII) hinzugefügt. Mit einer Tablettenpresse preßt man aus der Mischung, die für quantitative Zwecke sorgfältig homogenisiert werden muß, Tabletten (Pillen), die verschiedene Abmessungen haben können.

Tabletten erfordern eine verhältnismäßig große Probemenge, auch ist der Abbrand in der Entladung oft nicht ganz gleichmäßig.

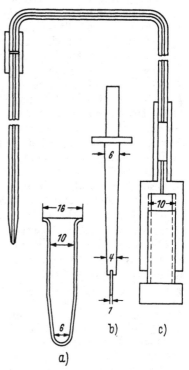

Abb. 8. *a* Mikrozentrifugenglas, *b* Mikrorührer aus Plexiglas mit Perlonschnur, *c* Mikropipette mit Ansaug-Schraube (Kunststoff). Für 0,10; 0,20 und 0,50 ml Präzisions-Vollpipetten ∅ der Ansaug-Schraube 16 mm. Dichtung: zähes Fett. Rührer zum Homogenisieren sehr kleiner Mengen (0,1 ml) von Suspensionen oder Lösungen: Motor 220 V, 10 Watt, 4000 U/min mit Drehwiderstand 5000 Ω(20 P von Rosenthal-Isolatoren, Selb)

Die Ungleichmäßigkeit sucht man durch eine (exzentrische) Drehbewegung der Tabletten-Elektrode relativ zur Entladung zu beseitigen. Einfacher erreicht man nach W. SEIDEL einen gleichmäßigen Abbrand und mit wenig Probematerial, wenn man Stäbchen herstellt. In einem besonderen Elektroden-Preßgesenk[1] werden Vierkant-Stäbchen (2; 2; 20 mm) mit einer kleinen hydraulischen Presse[2] unter einem Druck von 5—6 t/cm² gepreßt. Zur Aufnahme werden sie in Mikro-Elektrodenhalter[1] eingespannt. Statt Kohlepulver verwenden A. KVALHEIM und K. S. VESTRE (1959) Cellulosepulver, das viel leichter abbrennt als Kohle.

---

[1] Preßgesenk nach SEIDEL und Mikro-Elektrodenhalter: Ringsdorff-Werke, Bad Godesberg-Mehlem.

[2] Presse dazu (Laborpresse PW 10): Paul Weber, Apparatebau, Stuttgart-Uhlach.

VII. Bewegte Elektroden

Eine Rotation der Elektroden kann aus verschiedenen Gründen vorteilhaft sein: neue Teile der Elektrode und mehr Probesubstanz werden in die Entladung gebracht, die Entladung wird stabilisiert, die Genauigkeit erhöht. Durch eine ziemlich rasche Rotation einer oder besser beider Elektroden erhöht sich die Reproduzierbarkeit, auch wenn eine Lösung in die Entladung eingesprüht wird (W. Guttmann u. Mitarb. 1960).

Bei der *Radmethode* werden der Entladung ständig neue kleine Mengen der Untersuchungsflüssigkeit zugeführt (M. Pierucci u. L. Barbanti-Silva 1940). Ein senkrecht gestelltes, kleines Kohlerad[1] (Abb. 7, Nr. 17) taucht mit dem unteren Rand in die Untersuchungsflüssigkeit ein. Es dreht sich langsam und führt dabei einen kleinen Teil der Flüssigkeit nach oben in die Entladung, die zwischen dem Rad und einer Gegenelektrode übergeht. Auch Mineralöle lassen sich nach dieser Methode untersuchen. Die Empfindlichkeit ist gut, ebenso die Reproduzierbarkeit. Eine fraktionierte Verdampfung tritt nicht auf (A. G. Herrmann 1956). Die Reproduzierbarkeit wird noch verbessert, wenn die Flüssigkeit nicht mit einem Rad, sondern mit mehreren Stabelektroden in die Entladung transportiert wird, die wie Speichen eines Rades auf einer gemeinsamen Achse sitzen (A. Bardocz u. F. Varsanyi 1956). Bei der Radmethode ist es nach Konrad Pfeilsticker (1961) vorteilhaft, die Untersuchungslösung mit Haftlösung (vgl. D, V) vermischt auf der abgedichteten Oberfläche des Rades einzutrocknen.

Die Oberfläche eines Metallstabes wird bei der Analyse bevorzugt, wenn der Stab in horizontaler Lage sich unter der Gegenelektrode wie eine Schraube dreht, also gleichzeitig vorwärts bewegt (W. Seith u. J. Herrmann 1941). Nach T. Török u. Mitarb. (1960) wird durch schraubenförmig bewegte Kohleelektroden zwar nicht die Nachweisempfindlichkeit, wohl aber die Genauigkeit erhöht. I. A. Berezin u. K. W. Alexandrowitsch (1960) berichten dagegen über eine wesentlich höhere Empfindlichkeit, wenn die Analysenprobe in alkoholischer Kollodiumlösung aufgeschwemmt und auf der Oberfläche eines Kohlezylinders, ⌀ 40 mm, eingetrocknet wird. Bei der Aufnahme mit dem Wechselstrom-Abreißbogen führt der Kohlezylinder eine langsame schraubenförmige Umdrehung aus (1 U/min mit 0,5 cm Vorschub).

VIII. Unmittelbare Zuführung der Probe in den Gasraum

Unerwünschte fraktionierte Verdampfung kann durch Zuführung der Probe unmittelbar in den Gasraum der Entladung verhindert werden. Wie in die Flamme wird die Untersuchungslösung mit einem Gasstrom in die elektrische Entladung versprüht, entweder durch eine Bohrung in einer der Elektroden oder besser durch eine besondere Düse (W. Guttmann u. Mitarb. 1960).

Pulver werden mit einem Gasstrom in die Entladung eingeblasen oder in einen horizontal angeordneten Lichtbogen mittels Trichter und Vibrator eingeschüttet. Die Linienintensität ist erheblich größer als bei der gewöhnlichen Verdampfung aus einer Elektrode, ebenso ist die Reproduzierbarkeit besser. Liegt die Teilchengröße unter 0,04 mm, so findet eine fraktionierte Verdampfung nicht statt (A. K. Russanow u. N. T. Batowa 1961). Auch in die Plasma-Flamme (vgl. C, V) werden die Proben eingesprüht oder eingeblasen.

C. Feldman u. J. Y. Ellenburg (1955) führen pulverförmiges Material durch eine *Sieb-Elektrode* in die Entladung ein. Die obere Elektrode ist hohl, sie weist

---

[1] Bezugsquelle für die Einrichtung: R. Fuess, Berlin; für das Kohlerad: Ringsdorff-Werke, Bad Godesberg-Mehlem; Schunk und Ebe, Gießen.

an der unteren Stirnfläche einige kleine Öffnungen auf. Das eingefüllte Pulver fließt durch diese Öffnungen in die Entladung.

Ein für nicht zu kleine pulverförmige Probemengen wertvolles Verfahren haben A. DANIELSSON u. Mitarb. (1959) mit der *Band-(tape-) Methode* angegeben. Ein klebendes Kunststoffband wird in einem Sonderstativ langsam durch die Entladung hindurchgezogen. Wie ein Förderband nimmt es das kontinuierlich zufließende Probematerial in die Entladung mit. Der besondere Vorzug der Methode besteht darin, daß die gleiche Eichkurve bei den verschiedenartigsten Grundsubstanzen gilt.

E. Die qualitative Analyse

Zur qualitativen Auswertung eines Spektrums prüft man, ob seine Linien der Lage nach mit Linien von Vergleichsspektren übereinstimmen. In zweifelhaften Fällen werden unbekannte Linien identifiziert, indem man ihre genaue Wellenlänge mit Hilfe bekannter Linien bestimmt. Die zugehörigen Elemente ergeben sich aus Spektrallinien-Tabellen.

I. Die Auswertung mit Vergleichsspektren

Die qualitative Auswertung wird im *Spektrenprojektor* vorgenommen (Geräte von Fuess, Steinheil, VEB Opt. Werke Jena u. a.). Das Spektrum wird in 10—20-facher Vergrößerung auf eine weiße Fläche projiziert. Ein erster Anhaltspunkt für die Wellenlänge einer Linie ergibt sich aus der aufkopierten Wellenlängenskala. Die Skala ist nicht genau. Eine genaue „*Wellenlängenskala*" bildet ein mit aufgenommenes Eisenspektrum. Die Wellenlängen der Eisenlinien sind aus einem Atlas des Eisenspektrums (SCHEIBE, GATTERER) zu ersehen. Gut ist es, selbst ein Eisenspektrum aufzuzeichnen in der linearen Dispersion, die sich aus den Daten des Spektrographen und des Projektors ergibt.

Am schnellsten gelingt der Nachweis eines Elementes, wenn ein *Vergleichsspektrum* des reinen Elementes unmittelbar an das Probespektrum angelegt werden kann. In nicht sehr linienreichen Spektren erkennt man die Anwesenheit eines Elementes auf den ersten Blick. Die Methode ist sehr einfach, wenn die notwendigen Vergleichsspektren vorhanden sind. Die Lineardispersion muß selbstverständlich übereinstimmen, Doppelprojektoren sind für die gleichzeitige Projektion eines Probespektrums und eines Vergleichsspektrums unmittelbar nebeneinander besonders eingerichtet.

In manchen Spektralapparaten für das sichtbare Gebiet erfolgt der Vergleich mit anderen Spektren schon während der Aufnahme, so im Dreiprismen-Glasspektrographen von Steinheil und im Spektravist von Fuess. Der Spektravist zeigt gleichzeitig mit dem Probespektrum das Spektrum eines Vergleichsmaterials, das in einem zweiten, in Serie geschalteten Lichtbogen angeregt wird.

Die Spektren der Elemente sind in dem Spektrenatlas von GATTERER und JUNKES wiedergegeben.

Besteht eine Vermutung über die Zusammensetzung der Probe, so können die in der Probe vermuteten Elemente neben der Probe aufgenommen werden. Damit zwischen den Aufnahmen keine wenn auch noch so kleine seitliche Verschiebung der Spektren eintritt, die bei einer Weiterbewegung der Kassette unvermeidlich ist, werden die Spektren mit Hilfe einer Keilblende (für 2 Spektren) oder einer Mehrstufenblende *gekoppelt* (Zeiss, Fuess). Nach jeder Aufnahme wird nur die Blende um eine Stufe verschoben, die Kassette bleibt dagegen in Ruhe. Die 9-Stufenblende ist z. B. so eingerichtet, daß das Probespektrum mit einer Aufnahme dreimal erscheint und jedes der 6 Vergleichsspektren in unmittelbarer Verbindung mit einem der drei Probespektren. Die Spektren stimmen seitlich genau überein. Die Linien eines Vergleichselementes, das auch in der Probe vorhanden ist, verlängern sich von seinem Spektrum in das Spektrum der Probe.

Dieses Verfahren ist zwar manchmal nützlich, meist aber zu umständlich. Auch trifft die vermutete Zusammensetzung der Probe oft nicht zu. Allgemein anwendbar und einfach ist die *Koppelung* des Probespektrums *mit einem Eisenspektrum.* Das gekoppelte Eisenspektrum wird unter dem Spektrenprojektor mit dem Eisenspektrum eines Eisen-Spektralatlanten zur Deckung gebracht, in dem die stärksten Linien der anderen Elemente (Analysenlinien) mit Marken eingezeichnet sind (Eisenatlas von Gössler und von Intonti). Die Lineardispersion der Spektren muß im Notfall durch eine Vorsatzlinse im Projektor aneinander angeglichen werden. Je nach der Anregung im Bogen oder Funken braucht man verschiedene Eisenspektren. Nach Möglichkeit begnügt man sich nicht mit dem Nachweis nur einer Linie, sondern sieht die Anwesenheit eines Elementes erst dann als gegeben an, wenn mehrere Linien von ihm sicher nachgewiesen sind. Dabei ist darauf zu achten, daß immer auch die intensivsten Linien anwesend sind. Die mit abnehmender Konzentration eines Elementes von allen seinen Linien zuletzt verschwindenden heißen auch *Letzte Linien* (LL). Die stärksten Linien der Elemente sind in den Tabellen von Gerlach und Riedl und anderen Tabellenwerken (Saidel, Meggers) nach den Wellenlängen zusammengestellt.

II. Die Identifizierung unbekannter Linien durch Vermessung

Die Wellenlänge einer unbekannten Linie kann sehr genau bestimmt werden, wenn sie in der Nachbarschaft zweier bekannter Linien liegt. Die beiden bekannten Linien sollen nicht weit voneinander entfernt sein, so daß die Lineardispersion in ihrem Bereich auch bei Prismengeräten als konstant angenommen werden darf. Als bekannte Linien sind wieder Linien des linienreichen und genau bekannten Eisenspektrums sehr gut geeignet, doch kann man ebenso auch von Linien anderer Elemente ausgehen oder von einer Kombination. Mit den bekannten Linien a und b und der unbekannten Linie x wird (Abb. 9)

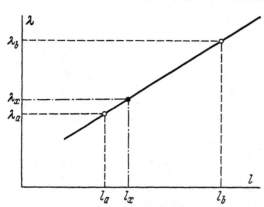

$$\lambda_x - \lambda_{a(b)} = (\lambda_b - \lambda_a)\frac{l_x - l_{a(b)}}{l_b - l_a}$$

Abb. 9. Bestimmung der Wellenlänge λ aus der Lage l der Linien. Bekannte Linien a und b

Man mißt die Abstände $l_x - l_{a(b)}$ und $l_b - l_a$ unter dem Spektrenprojektor möglichst genau, die Wellenlängen λ von a und b werden einem der angegebenen Tabellenwerke entnommen. Der daraus berechnete Wellenlängenunterschied $\lambda_x - \lambda_{a(b)}$ wird je nach der Lage der unbekannten Linie zur Wellenlänge von $a(b)$ hinzugezählt oder von ihr abgezogen.

Das Ergebnis kann auf einige Zehntel Å genau sein. Eine größere Genauigkeit, einige Hundertstel Å, wird erreicht, wenn die Abstände mit einem Spektrallinienphotometer (F, III) gemessen werden. Manche Geräte haben zu diesem Zweck Mikrometerschrauben für die Messung seitlicher Verschiebungen bis herab zu 0,001 mm.

Aus den Spektrallinien-Tabellen ist zu ersehen, welche Linien für die festgestellte Wellenlänge innerhalb des etwas erweiterten Genauigkeitsbereiches in Frage kommen. Man prüft hierauf, ob auch die LL und andere Analysenlinien der nach dem Meßergebnis möglichen Elemente im Spektrum vorhanden sind. Strenge Kritik ist bei der Beurteilung notwendig. Wie schon erwähnt, gilt die Anwesenheit eines Elementes erst dann als gesichert, wenn mehrere seiner stärksten Linien einwandfrei nachgewiesen sind. Auch die bekannte Reihenfolge der Linienintensitäten innerhalb eines Elementspektrums und einer Ionisierungsstufe muß in groben Zügen gewahrt sein. Eine eingehende Kenntnis der Spektren vermittelt der Spektrenatlas von GATTERER und JUNKES.

Das Verfahren der Ausmessung kann auch angewandt werden, um ein linienreiches Spektrum eines reinen Elementes, z. B. von Fe, Schritt für Schritt kennenzulernen. Durch die Bestimmung der Wellenlänge wird aus der unbekannten Linie eine bekannte, die ihrerseits wieder zur Bestimmung der nächsten unbekannten Linie dienen kann.

III. Fehlerquellen bei der qualitativen Analyse

Die Koinzidenz. Häufig tritt der Fall ein, daß an der gleichen Stelle wie eine interessierende Analysenlinie oder in nächster Nähe von ihr eine Linie eines anderen Elementes liegt (Koinzidenz). Oft stören Linien des sehr linienreichen und in der Probe fast immer anwesenden Eisens. Koinzidenzen sind besonders lästig, wenn auch die Störlinie eine starke Analysenlinie ist.

Trotz einer Koinzidenz kann in vielen Fällen entschieden werden, ob eine fragliche Linie vorhanden ist oder nicht. Zwei Bedingungen müssen erfüllt sein: das störende Element muß in der Nähe eine zweite Linie (= Kontroll-Linie) haben, die gleich stark oder etwas stärker als die störende Linie ist, und das Intensitätsverhältnis dieser beiden Linien muß stets konstant sein, unabhängig von den Anregungsbedingungen. Ist nun in dem Spektrum einer Probe die Störlinie stärker als die Kontroll-Linie, so ist mit Sicherheit auch die gestörte Analysenlinie des fraglichen Elementes anwesend, weil nach der Voraussetzung die Störlinie allein schwächer ist als die Kontroll-Linie oder höchstens gleich stark. Kontroll-Linien findet man in GERLACH und RIEDL (1949).

Besonders bei der Spurensuche bildet die Möglichkeit von Koinzidenzen eine gewisse Schwierigkeit. Es können Zweifel entstehen, ob eine schwache Linie die Analysenlinie eines nur in Spuren anwesenden Elementes ist oder eine schwache Linie eines Hauptelementes, die nicht in die Tabellen aufgenommen wurde. Andere Analysenlinien können ebenfalls gestört oder zu schwach sein. Hier hilft u. U. eine Anreicherung des zu untersuchenden Elementes. Auch in einem Spektralgerät mit großer Lineardispersion werden die Störungen durch Koinzidenz sehr verringert. Ebenso wirkt ein enger Spalt, weil dadurch das praktische Auflösungsvermögen vergrößert wird.

Auch mit Linien und Banden, die von der Luft herrühren, können Koinzidenzen auftreten, besonders im Hochspannungsfunken. Die CN-Banden entstehen immer, wenn in der Entladung Kohlenstoff und Luft anwesend sind. Abhilfe bringt die Ersetzung der Luft durch ein anderes Gas (Edelgase, O_2, CO_2). Einen Überblick über die Banden gibt der Bandenatlas von A. GATTERER u. Mitarb. (1957).

Eine zweite wichtige Fehlerquelle bei der Spurensuche sind die zufälligen *Verunreinigungen.* Für Verunreinigungen gibt es vielfachen Anlaß: nicht genügend reine Träger- und Gegenelektroden, nachträgliche Verunreinigung der Elektroden

bei der Handhabung und Bearbeitung, Verunreinigung durch die Elektrodenhalter, durch die Pinzette beim Einsetzen der Elektrode in den Halter (auch rost-
freie Pinzetten müssen einen Überzug von Kunststoffschlauch erhalten), durch
Laboratoriumsstaub und durch Metalldämpfe der vorhergehenden Analyse
(Dämpfe absaugen).

IV. Die Nachweisempfindlichkeit

Die Nachweisempfindlichkeit ist für die einzelnen Elemente verschieden groß.
Leichte Elemente können wegen ihres kleineren Atomgewichtes empfindlicher
nachgewiesen werden als schwere, ebenso Elemente der ersten Gruppen des periodi-
schen Systems im Verhältnis zu denen der höheren Gruppen, weil sich bei diesen
die zur Verfügung stehende Energie auf eine viel größere Zahl von Linien verteilt.
Die *Nachweisgrenze* liegt in Metallen als Selbstelektroden bei einer Konzentration
von 0,00001 % bis 0,01 %, in Substanzen auf Trägerelektroden bei 0,0001 % bis
0,01 % oder einer absoluten Menge von 0,001 μg bis 0,1 μg.

Sie hängt auch davon ab, welche Linien zur Verfügung stehen. Namentlich
bei einigen Nichtmetallen liegen die empfindlichsten Linien außerhalb des Wellenlängenbereiches der gewöhnlichen Spektrographen.

In photographisch aufgenommenen Spektren wird die Nachweisempfindlichkeit durch den *spektralen Untergrund* begrenzt. Die Linienintensität und damit die
Empfindlichkeit kann zwar durch längere Belichtung und andere Maßnahmen
gesteigert werden. Schließlich erscheint aber der Untergrund zwischen den Linien.
Hat der Untergrund eine Schwärzung $S = 0.2$ (vgl. F, III) erreicht, so verbessert
eine weitere Steigerung der Intensität des Spektrums die Nachweisempfindlichkeit
nicht mehr (H. Kaiser 1947). Schwärzungsmessungen des Untergrundes zeigen
statistische Schwankungen. Eine Linie auf dem Untergrund kann erst dann als
real angesehen werden, wenn die Schwärzung von Linie + Untergrund die Schwärzung des Untergrundes um mindestens die dreifache mittlere Streuung des Untergrundes übertrifft. Damit ist die Nachweisgrenze gegeben. Bei Spektralapparaten
mit direkter Anzeige ist das Verhältnis Signal : Rauschen für die Nachweisempfindlichkeit ausschlaggebend.

V. Die Verbesserung der Nachweisempfindlichkeit

Die Maßnahmen zur Erzielung einer maximalen Empfindlichkeit wurden zum
Teil schon besprochen, sie werden hier zusammengefaßt. Bei den *Geräten:* Große
Lineardispersion, kleine, aber nicht unter der „förderlichen" (B, III) liegende
Spaltbreite. Genügende Helligkeit und gute Ausnutzung des Lichtes z. B. durch
Spiegel hinter der Lichtquelle oder durch Lichtführung mit Spiegeloptik für kleine
Substanzmengen auf Trägerelektroden. Schließlich die Abbildung auf den Spalt.
Hier wird eine örtlich begrenzte Strahlung der Lichtquelle nicht wie sonst über
die ganze Fläche der Linie verteilt. Eine Abschwächung wird dadurch vermieden.

Bei der *Anregung:* Die Empfindlichkeit leicht anregbarer Linien nimmt ab in
der Reihenfolge: Gleichstrom-Dauerbogen, Wechselstrom-Abreißbogen, Niederspannungsfunken (große Kapazität C und große Induktivität L oder statt L großer
Widerstand R im Entladungskreis, vgl. C, III), Hochspannungsfunken (großes C
und L, vgl. C, IV). Für Linien mit größerer Anregungs- oder Ionisierungsspannung,
auch für schwerer anregbare Atomlinien, ist die Funkenanregung empfindlicher.
Die Empfindlichkeit ändert sich mit C, L und R. Außer dem Bogen hat auch die
Anregung in der Hohlkathode eine sehr gute absolute Empfindlichkeit.

Belichtung: Bis eine Untergrundschwärzung $S_U = 0.1 - 0.2$ erreicht ist (wegen
der Messung von S vgl. F, III). Substanzen auf Trägerelektroden jedoch nicht

länger abfunken als bis zur völligen Verdampfung. Eine vollständige Ausleuchtung der Spektrographen-Optik ist hier von Bedeutung. Bei leichter flüchtigen Elementen steigert unvollständige Verdampfung die Empfindlichkeit.

Die Empfindlichkeit wird auch verbessert, wenn nur der *Teil der Entladung* zur Belichtung beiträgt, der ein besonders günstiges Intensitätsverhältnis der Analysenlinien zum Untergrund aufweist, z. B. die Zone vor der Kathode. Durch *Zeitauflösung* wird auch der Funken für Bogenlinien empfindlich. Im ersten Augenblick jeder Einzelentladung werden fast nur Funkenlinien und ein intensiver Untergrund ausgestrahlt. Blendet man ihn ab, so erhält man auch vom Funken ein Bogenspektrum (vgl. C, VI).

Eine *hohe Temperatur* der *Elektrode* an der Stelle, an der die Probesubstanz in die Entladung verdampft, ist für eine gute Empfindlichkeit wesentlich. Maßnahmen zur Erreichung einer hohen Temperatur an der Elektrodenstirnfläche: hohe Stromstärke im Bogen, lange Dauer der Einzelentladung (= bogenartiger Spektralcharakter), geringe Wärmeleitfähigkeit und hoher Siedepunkt des Elektrodenmaterials, Verringerung des Elektrodenquerschnittes. Sauerstoff in der Gasatmosphäre erhöht die Temperatur an den Elektroden, besonders an der Anode, wegen der freiwerdenden Oxydationsenergie (vgl. A. SCHÖNTAG 1955). Umgekehrt vermindert Feuchtigkeit an den Elektroden die Intensität des Spektrums, weil sie Energie zur Verdampfung verbraucht. Für kleine Probemengen steigt die Nachweisempfindlichkeit, wenn die Stirnfläche der Trägerelektrode einen kleinen Durchmesser hat (eigene unveröffentlichte Versuche).

Für leichtflüchtige Elemente und Verbindungen kann die Elektrodentemperatur auch zu hoch werden. Sie verdampfen vorzeitig und gehen für die Anregung verloren. Für sie verwendet man Elektroden mit besonders tiefer Bohrung oder Kupferelektroden, die keine so hohe Temperatur annehmen wie Kohleelektroden.

Die Nachweisempfindlichkeit hängt allgemein von der Flüchtigkeit des nachzuweisenden Elementes ab. Ausschlaggebend ist dabei der *Siedepunkt* der Verbindungsform (freies Element oder Verbindung), die tatsächlich verdampft (O. LEUCHS 1950, K. PFEILSTICKER 1950, S. 105). In manchen Fällen ist für den Siedepunkt eine Reaktionstemperatur einzusetzen. Oxydationen und Reduktionen spielen oft eine Rolle.

Ein Teil des Einflusses, den *Begleitstoffe, „dritte Partner"*, auf die Nachweisempfindlichkeit haben können, beruht auf der von ihnen hervorgerufenen Änderung der Flüchtigkeit des zu untersuchenden Elementes. Besonders Chloride (NaCl, AgCl) und Fluoride (NaF, CaF_2) sind in dieser Hinsicht wirksam. Sie bringen das zu analysierende Element in eine andere Verbindungsform mit anderem Siedepunkt.

Durch das Eindringen der Probelösung in poröse Kohleelektroden wird die in der Entladung zur Verfügung stehende Substanzmenge mehr oder weniger vermindert, die Empfindlichkeit wird dadurch herabgesetzt. F. J. HAFTKA (1957) gewinnt die verlorene Nachweisempfindlichkeit zurück, indem er die Probelösung auf eine sehr kurze, poröse Kohleelektrode bringt und sie anschließend von der Rückseite der Elektrode her wieder an die Oberfläche eluiert. Eine erhöhte Empfindlichkeit können auch Methoden haben, die eine größere Probemenge anwenden. Eine wirkliche Steigerung der Empfindlichkeit ergibt sich nur dann, wenn der Untergrund unter den Linien nicht ebensosehr verstärkt wird wie die Linien selbst.

Einige Analysenlinien für qualitative und quantitative Untersuchungen bringt die nachfolgende Tabelle.

F. Die quantitative Analyse

Die quantitative Analyse beruht auf Intensitäts- und Schwärzungsmessungen. Die *Verfahren* sind:

a) *visuell* oder *photographisch-visuell* durch Feststellung der Intensitäts- oder der Schwärzungs-Gleichheit zweier Linien;

b) *photographisch-photometrisch* durch Messung der Linienschwärzung im Spektrallinienphotometer;

c) durch *direkte Messung* mit Photozellen-Verstärkern.

Für das Spektrallinien-Photometer (ebenso für das Auge) muß die Linie über ihre ganze Länge gleichmäßig geschwärzt sein, weil das Maximum der Schwärzung gemessen wird. Eine gleichmäßige Schwärzung wird durch eine Linse vor dem

Tabelle. *Einige Analysenlinien für spektralanalytische Untersuchungen in der Lebensmittelchemie*

Element	Analysenlinien (Å)				Element	Analysenlinien (Å)			
Ag	I 3281	3383			Mo	I 3133	3170	(II 2816)	
Al	I 3961/44	3092/82	2660/52		Ni	I 3415	3051	3058	
As	I 2350	2288,1	2780,2	2860	P	I 2535,6	2553		
B	I 2497,7	2496,8			Pb	I 2833	4058	2802	
Ba	II 4554/4934	2335/04			Sb	I 2598	2878	2311	
Be	I 2348,6	II 3130/31			Si	I 2516	2882	2435	
Ca	II 3934/68	3179/59			Sn	I 3175	2840	3262	2785
Cd	I 2288,0	3261	II 2265		Sr	I 4607	II 4078	3464	
Co	I 3453,5	3405	3412		Ti	II 3349	3261,6	3168	
Cr	I 3593	4254	2677	II 2836	Tl	I 5350,5	3776	3519	2768
Cu	I 3247/74	2824	2492		V	I 3184/85	4379	II 3102/11	
Fe	I 3020,6	2825	II 2599/98		Zn	I 3345	3282	4810	3072
Hg	I 2536,5				K	I 4044/47			
Mg	I 2852	2780	II 2795/2803		Na	I 3302,3	3303		
Mn	I 2801	4031	II 2576/94 2939						

Spektrographenspalt erreicht, die die Lichtquelle in die Optik des Spektrographen abbildet. Voraussetzung ist dabei, daß sich die (inhomogene) Lichtquelle nicht zu nahe am Spalt befindet und daß im Spektrographen keine Vignettierung eintritt. Vgl. dazu K.-D. Mielenz (1957a) und E. Preuss (1957).

Für die quantitative Analyse mit Photoplatte (oder Film), die besondere Schwierigkeiten bietet, gibt es mehrere Methoden, so die vereinfachte Analyse, die Methode der homologen Linienpaare, die $\varDelta S$-Methode und die $\varDelta Y$-Methode.

I. Die vereinfachte Analyse

Die *vereinfachte* Analyse, auch *halbquantitative* oder *Übersichtsanalyse* genannt, begnügt sich mit einer geringeren Genauigkeit, dafür ist sie aber allgemein anwendbar und einfach durchzuführen. Eine Bezugslinie (vgl. F, II) wird nicht verwendet. Hierher gehören u. a. die Vergleichsanalyse und die Methoden nach Harvey und nach Addink.

Bei der *Vergleichsanalyse* vergleicht man die Schwärzung einer geeigneten Linie des zu bestimmenden Elementes im Probespektrum mit der Schwärzung der gleichen Linie in den Spektren einer Testreihe. Der Gehalt der Probe muß *innerhalb* der Gehalte der Testreihe liegen. Die Testproben sollen in chemischer und physikalischer Hinsicht mit der Untersuchungsprobe übereinstimmen, selbstverständlich müssen auch die Aufnahmebedingungen gleich bleiben, da von ihrer Konstanz die Genauigkeit der Analyse abhängt. Je nach den Schwankungen der beeinflussenden Faktoren während der Aufnahme hat die Vergleichsanalyse manchmal nur *orientierenden* Charakter mit Fehlern von über 50—100%.

C. E. Harvey (1947 u. 1950) mißt im Probespektrum die Schwärzungen der Analysenlinie (mit darunterliegendem Untergrund) $L + U$ sowie des Untergrundes U daneben und ermittelt aus ihnen die Intensitäten I (vgl. F, IV). Der Gehalt C wird hierauf nach $C(\%) = 2\,k(I_{L+U}/I_U - 1)$ berechnet. Die rechte Seite der Formel ist gleichbedeutend mit $2\,k(I_{L+U} - I_U)/I_U$, ebenso mit $2\,k I_L/I_U$. Die Intensität der reinen Linie I_L nach Abzug des Untergrundes wird also auf I_U bezogen, die Methode ist auf der Intensität des spektralen Untergrundes aufgebaut. k ist ein Empfindlichkeitsfaktor, der jeweils nur für eine bestimmte Linie und für einen bestimmten Konzentrationsbereich in einer bestimmten Grundsubstanz (matrix) gilt. k wird durch eine einmalige Eichung mit abgestuften Eichproben festgestellt, die in ihrer Grundsubstanz qualitativ und, soweit notwendig, auch quantitativ mit der Untersuchungsprobe übereinstimmen. Die angegebene Formel wird zu diesem Zweck nach k umgeformt. Jede neue Grundsubstanz erfordert eine besondere Bestimmung von k. Wird dem Kohlepulver weniger als 5% Fremdsubstanz beigemischt, verwendet man das für Kohle geltende k. Der Faktor 2 der Gleichung geht auf die Annahme zurück, daß die kleinste noch meßbare Linienintensität $I_{L\,min} = 0{,}5\,I_U$ ist. $I_{L\,min}$ entspricht einem Gehalt von k %.

Zur Aufnahme werden 10 mg Probe mit 10 mg Kohlepulver gemischt in einer Kohle-Anode (Abb. 7, Nr. 5—7) im Gleichstrom-Dauerbogen (13 A Zündstromstärke) vollständig verdampft. Der Elektrodenabstand (9 mm) wird ständig nachgestellt. Die prozentuale Standardabweichung beträgt ± 30—50%.

N. W. H. Addink u. Mitarb. (1955) schaffen für alle vorkommenden Grundsubstanzen ziemlich konstante Bedingungen, indem sie die Probemenge auf 5 mg verringern und mit der Trägerelektrode (Abb. 7, Nr. 11) mehr Kohlenstoff in den Entladungsraum bringen. Durch die Verdünnung des Probeanteils im Gasraum wird der Einfluß der Grundsubstanz auf die Linienintensität weitgehend unterdrückt. Die Verdampfungsgeschwindigkeit wird geregelt, indem man sie bei leicht verdampfbaren Substanzen durch einen Zusatz von SiO_2 (über der Probe) herabsetzt, bei schwer flüchtigen Proben dagegen durch einen Verdampfungsträger, wie z. B. Ni-Pulver (unter der Probe) erhöht. Dieser muß leichter verdampfen als das Untersuchungsmaterial, aber nicht zu leicht. Die Intensität der Analysenlinie wird gemessen, am besten mit einer s.p.d.-Skala[1] (N. W. H. Addink 1950). Die s. p. d.-Skala ergibt die Intensität I der Analysenlinie unmittelbar durch einen visuellen Vergleich dieser Linie mit einer Linie der Skala unter dem Spektrenprojektor. Dabei wird der spektrale Untergrund, wenn er nicht zu hoch ist, automatisch ausgeschaltet. Schwache Linien eignen sich für diese Messung besonders, die Streuung ist etwa ± 10%.

Berechnung: $C(\%) = K \cdot I$. Die Konstante K für jede Linie wird bei der Eichung der Methode bestimmt. Zur Kontrolle der K-Werte werden 5 mg Eisenpulver unter den gleichen Bedingungen aufgenommen und der Fe-Gehalt mit verschiedenen Linien bestimmt. Ist der Mittelwert nicht 100, sondern a, so werden alle Ergebnisse mit $\dfrac{100}{a}$ multipliziert.

II. Die Methode der homologen Linienpaare

Die Methode der homologen Linienpaare von Wa. Gerlach und E. Schweitzer (1930) war das erste brauchbare quantitative Verfahren. Hier wurde zum ersten Mal eine *Bezugslinie* eingeführt. Die Bezugslinie ist eine ausgewählte Linie eines

---

[1] Bezugsquelle für die s.p.d.- (standard paper density-) Skala: R. Fuess, Berlin.

zweiten Elementes, des Bezugselementes. Bei Selbstelektroden ist es meist das Grundmetall. Harvey (F, I) verwendet statt einer Bezugslinie den Untergrund als Bezug. Das Bezugselement muß in der Untersuchungsprobe und in den Testproben in gleicher Menge anwesend sein. Unterliegt die Bezugslinie den Schwankungen der Intensität und der Schwärzung in gleicher Weise wie die Analysenlinie, so wird der Einfluß dieser Schwankungen auf das Analysenergebnis ausgeschaltet.

Homolog ist ein Linienpaar, das aus der Analysenlinie und der Bezugslinie besteht, wenn auf der Photoplatte beide Linien die gleiche Schwärzung haben. Außerdem sollen sie nahe beieinander liegen. Sind die Anregungsbedingungen festgelegt, so ergibt sich Schwärzungsgleichheit der beiden Linien bei einer ganz bestimmten Konzentration des zu analysierenden Elementes. Der Punkt der Schwärzungsgleichheit ist unabhängig von der Plattensorte und der Entwicklung. Werden späterhin Aufnahmen unter den gleichen Anregungsbedingungen gemacht, so zeigt Schwärzungsgleichheit der beiden Linien die gleiche Konzentration an, die bei der Eichung des Verfahrens festgestellt wurde *(leitprobenfreies Verfahren)*. Nur zur Eichung braucht man Testproben, später nicht mehr. Jeder andere zu bestimmende Gehalt der Untersuchungsprobe erfordert aber ein eigenes homologes Linienpaar.

Gegenüber Änderungen der Anregungsbedingungen soll das homologe Linienpaar möglichst invariant sein, d. h. die Schwärzungsgleichheit soll erhalten bleiben. Die Invarianz wird durch Änderung der Bedingungen geprüft, z. B. im Funken durch Änderung der Selbstinduktion. Heute lassen sich Voraussagen über die Eignung der Linien machen (vgl. F, VI).

Die Anregungsbedingungen werden ebenfalls durch ein Linienpaar kontrolliert, das Fixierungspaar. Es muß auf Änderungen der Anregungsbedingungen sehr stark reagieren. Man wählt deshalb gewöhnlich ein Linienpaar aus einer Funken- und einer Bogenlinie, und zwar vom gleichen Element, damit Verdampfungseffekte keine Rolle spielen. Auch hier arbeitet man mit Schwärzungsgleichheit eines bei der Eichung ausgesuchten Linienpaares. Sind nun bei Aufnahmen von Untersuchungsproben die beiden Linien des Fixierungspaares gleich stark geschwärzt, so weiß man, daß die Anregungsbedingungen mit denen der (früheren) Eichaufnahmen übereinstimmen. Damit ist man berechtigt, das homologe Linienpaar und die dafür bei der Eichung festgestellte Konzentration auf das Spektrum der Untersuchungsprobe anzuwenden.

Die *Methode der homologen Linienpaare* wird auch heute noch angewandt, z. B. im Spektravist von Fuess mit visueller Beurteilung der Intensitätsgleichheit. Darüber hinaus hat das Gerät eine Einrichtung zur Abschwächung einer der beiden Linien, so daß die Analyse nicht auf die Gehalte beschränkt bleibt, die den homologen Linienpaaren entsprechen.

Obwohl die Methode sehr einfach und schnell ist und bei richtiger Linienwahl auch zuverlässig, hat sie doch den Nachteil, daß die Gehalte nicht stufenlos zu erfassen sind und daß jeder Gehalt ein neues Linienpaar erfordert. Man mißt deshalb die Schwärzung S der Linien und gelangt zur ΔS-Methode.

III. Die Methode des Schwärzungsvergleichs (ΔS-Methode)

Prinzip: Die Differenz $S_a - S_b = \Delta S$ der Schwärzungen S_a und S_b der Analysenlinie und der Bezugslinie wird gegen den Logarithmus der Konzentration $\log c$ von Testproben aufgetragen. Man erhält die Eichkurve. Aus ihr ergibt sich mit dem ΔS der Untersuchungsprobe der Logarithmus der unbekannten Konzentration $\log c_x$. Aus einem Eichdiagramm auf einfach logarithmischem Papier mit c auf der logarithmischen Teilung kann c_x direkt abgelesen werden.

Die Schwärzungen werden mit einem *Spektrallinienphotometer* gemessen (Geräte von Fuess, Steinheil, VEB Opt.W.). Die Spektrallinie wird mit konstantem Licht (Akku oder Präzisionskonstanthalter) beleuchtet und die durchgelassene Lichtmenge mit einer Photozelle oder einem Sekundärelektronenvervielfacher (SEV) gemessen. Das Streulicht im Photometer soll möglichst klein gehalten sein. Es geht auf helle Flächen neben den Spektrallinien zurück. Starke Linien werden dadurch mit einem zu niedrigen Wert gemessen.

Die Schwärzung S ist definiert durch $S = \log \dfrac{A_0}{A}$.

A_0 = maximaler Ausschlag auf einer unbelichteten Stelle der Photoplatte
A = Ausschlag auf der Linie
Damit ist

$$S_a - S_b = \Delta S = \log \frac{A_0}{A_a} - \log \frac{A_0}{A_b} = \log \frac{A_b}{A_a}.$$

Zu beachten ist, daß der Ausschlag auf der Bezugslinie im Zähler steht. Vorteilhaft ist eine Schwärzungsskala am Photometer. Im anderen Fall wird die Logarithmierung durch Verwendung doppelt logarithmischen Papieres erspart. Die zweite log-Teilung wird für die Konzentration c verwendet.

Die Testreihe muß auf jede Photoplatte neu aufgenommen werden. Außer wenn er Null ist, hängt der Wert von ΔS von der Plattensorte und von der Entwicklung ab. $\Delta S = 0$ bedeutet: das Linienpaar ist homolog.

Die Photoplatte und ihre *Entwicklung*. Geeignet ist eine harte, gleichmäßig arbeitende Plattensorte, z. B. Perutz Spektral blau hart. Für quantitative Untersuchungen muß die Entwicklung[1] besonders sorgfältig erfolgen: Pinsel- (vgl. SEITH-RUTHARDT-ROLLWAGEN S. 136) oder Schaukelentwicklung bei konstanter Temperatur (auf 0,1° C), Entwickler z. B. Agfa 100 oder Perutz Repro RS. Die Wirbel, die sich bei der Schaukelentwicklung an den Plattenrändern bilden und dort eine verstärkte Entwicklung und Schwärzung zur Folge haben, unterdrückt man durch neben die Platte gelegte, gleichstarke Glas- oder Kunststoffstreifen. Der Entwickler ist jedesmal frisch anzusetzen. Entwicklung erfolgt nach Zeit. Unterbrecherbad mit etwa 2%iger Essigsäure. Besonderes Augenmerk ist auf die Trocknung zu richten. Die Platte wird vor dem Trocknen mit dest. Wasser gespült (nach der Wässerung) und mit einem Viscoseschwamm[2] auf der Schichtseite ebenso wie auf der Rückseite von tropfbarem Wasser befreit. Wassertropfen verursachen eine Verringerung der Schwärzung. Die Trocknung muß staubfrei und an allen Stellen der Platte gleichmäßig vor sich gehen. Vorsicht wegen einer möglichen Verflüssigung der Gelatine. Die Lichtverhältnisse der Dunkelkammer sind mit unbelichteten Platten nachzuprüfen. Nach der Entwicklung soll der Plattenschleier gegen eine von der Gelatine befreite Stelle nicht mehr als $S = 0.02$ haben.

Die *Schwärzungskurve* (Abb. 10), die Schwärzung S gegen den Logarithmus der Lichtintensität $\log I$, hat einen geradlinigen mittleren Teil. Er folgt der Gleichung $S = \gamma \log I - b$ oder $S = \gamma Y - b$ mit $Y = \log I$. Der Kontrastfaktor $\gamma = \mathrm{tg}\,\alpha$ ist um so größer, je härter die Platte ist. Für quantitative Analysen ist ein $\gamma = 1.0{-}1.5$ am besten. Die Konstante b bezeichnet die Plattenempfindlichkeit. Für die ΔS-Methode müssen die Schwärzungen auf dem geradlinigen Teil der Schwärzungskurve liegen ($S =$ etwa 0.5 bis 1.8

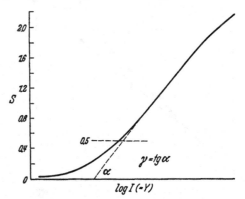

Abb. 10. Schwärzungskurve. S Schwärzung, I Intensität des Lichtes, das die Schwärzung erzeugt hat

---

[1] Spezialgeräte für die Entwicklung, Wässerung und Trocknung: Karl Fleischhacker, Labor.-Bedarf, Dortmund-Aplerbeck.
[2] Schwammtuch von Kalle AG, Wiesbaden-Biebrich.

und darüber). Bei hohen Schwärzungen nimmt die Genauigkeit der Messung ab. Optimal sind S-Werte in der Nähe von 1.0. Um immer S-Werte von geeigneter Höhe zur Verfügung zu haben, schwächt man das Licht durch ein Stufenfilter vor dem Spektrographenspalt in mehreren (meist 3) Durchlässigkeitsstufen ab.

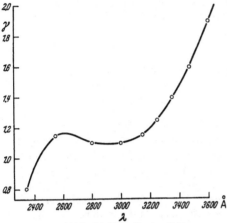

Abb. 11. Abhängigkeit des Kontrastfaktors γ von der Wellenlänge λ

Die Schwärzungskurve und der Kontrastfaktor γ ändern sich mit der Wellenlänge (Abb. 11). Der Kontrastfaktor nimmt im allgemeinen mit λ zu, besonders stark zwischen 3300 Å und 4000 Å. Für die bisher besprochenen Methoden dürfen nur Linienpaare benutzt werden, deren Linien der gleichen S-Kurve mit dem gleichen Kontrastfaktor gehorchen. Zwischen 2500 Å und 3300 Å ist γ relativ konstant, deshalb dürfen innerhalb dieses Gebietes auch Linien für ein Linienpaar verwendet werden, die nicht nahe beieinander liegen.

Im *Linienbreitenverfahren* wird statt der Schwärzung die Linienbreite gemessen (J. Junkes u. E. W. Salpeter 1957). Die Breite der Linien, die hauptsächlich durch den Diffusionslichthof in der photographischen Schicht bestimmt wird, nimmt mit der Linienintensität gesetzmäßig zu. Zur Messung der Linienbreite (auf 0,01—0,001 mm) wird der Photometerspalt so weit geöffnet, bis eine passend vorgewählte, einheitliche Transparenz $T = A/A_0$ wieder erreicht ist. Die abgelesene Spaltbreite ist die „*effektive*" Linienbreite. Ihr Logarithmus wird wie ein S-Wert weiterverwendet. Mit diesem Verfahren lassen sich auch starke und sehr starke Linien einwandfrei messen.

Das *Dreilinienverfahren* von Scheibe und Schnettler ist eine ΔS-Methode unter Verwendung homologer Linienpaare. Vorausgesetzt wird dabei, daß die S-Werte im geradlinigen Teil der S-Kurve liegen und daß die Eichlinie gerade ist. Die Eichlinie ist dann durch zwei Punkte festgelegt. Diese Punkte ergeben sich nach dem Prinzip der homologen Linienpaare aus der Schwärzungsgleichheit der Analysenlinie a und zweier verschieden starker Linien b_1 und b_2 des Bezugselementes. b_1 und b_2 müssen ein konstantes Intensitätsverhältnis, am besten etwa 1:4, zueinander haben. Bei der (einmaligen) Eichung werden die beiden Konzentrationen c_1 und c_2 ermittelt, c_1 für $S_{a(c1)} - S_{b1} = 0$, c_2 für $S_{a(c2)} - S_{b2} = 0$. Eine der beiden

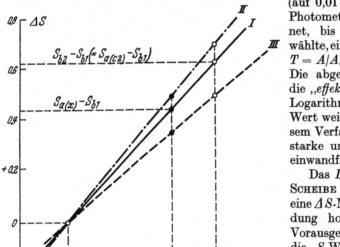

Abb. 12. Dreilinienverfahren nach Scheibe und Schnettler. Kontrastfaktor in *II* größer, in *III* kleiner als in *I*

Linien des Bezugselementes ist Bezugslinie, z. B. b_1. Aus dem Spektrum der Untersuchungsprobe wird die zugehörige Eichlinie folgendermaßen aufgestellt (Abb. 12): Der erste Punkt der Eichgeraden hat die Koordinaten $\log c_1$ und $\Delta S = 0$, der zweite $\log c_2$ und $\Delta S = S_{b2} - S_{b1}$. Im Probespektrum fehlt $S_{a(c2)}$ für die Konzentration c_2. Da jedoch $S_{a(c2)}$ der Eichung entsprechend $= S_{b2}$ ist, kann S_{b2} statt eines nicht vorhandenen $S_{a(c2)}$ eingesetzt und damit das ΔS für c_2 gemessen werden. Im Probespektrum mißt man noch $S_{a(x)}$ und findet mit $S_{a(x)} - S_{b1} = \Delta S_x$ über die Eichgerade das gesuchte c_x.

Die Methode ist *leitprobenfrei*. Die Eichgerade darf aber nicht extrapoliert werden. In einem Bereich von etwa 1 : 5 werden alle Gehalte stufenlos erfaßt, andere Bereiche erfordern neue Linienpaare, b_1 und b_2 können auch durch zwei Stufen (Stufenfilter) einer einzigen Linie ersetzt werden (Zweilinienverfahren).

IV. Die Methode des Intensitätsvergleichs (ΔY-Methode)

In der ΔY-Methode werden die gemessenen S-Werte über die Schwärzungskurve zuerst in die Logarithmen der Intensitäten ($\log I$, kürzer Y) umgewandelt. Die Eichkurve ergibt sich aus $\log c$ und $\Delta Y = Y_a - Y_b$ der Analysen- und Bezugslinien einer Testreihe (Abb. 15), mit ihr $\log c_x$ aus ΔY_x oder auf einfach logarithmischem Papier direkt c_x.

Vorteile der ΔY-Methode: Auch kleine S-Werte im gekrümmten Teil der S-Kurve sind verwertbar. Der spektrale Untergrund ist leicht zu berücksichtigen. Beides ist besonders bedeutungsvoll für *Spurenbestimmungen*. Linien mit verschiedenen S-Kurven und Kontrastfaktoren können zu Linienpaaren zusammengefaßt werden. Die Eichkurve ist unabhängig von der Photoplatte, deshalb auch als Nomogramm anwendbar. Die Methode ist *leitprobenfrei*, doch ist die ständige Analyse von Kontrollproben und Berücksichtigung der sich daraus ergebenden Korrektur sehr zu empfehlen. Notwendig ist die Kontrolle, wenn die S-Kurve der beiden Linien verschieden ist.

Für jede Photoplatte muß die S-Kurve aufgestellt werden. Die *Aufstellung der Schwärzungskurve* (Abb. 10) erfordert eine Reihe abgestufter Schwärzungen. Man erhält sie z. B. durch Abstufung der Lichtintensität mit einem Stufenfilter vor dem Spektrographenspalt oder mit einer Auswahl geeigneter Fe-Linien. Wegen des Schwarzschildeffektes soll die Intensität abgestuft werden und nicht die Zeit wie bei einem rotierenden Stufensektor.

Die Anwendung der Eisenlinien (H. M. CROSSWHITE 1950) ist einfach. Innerhalb des Geltungsbereichs einer Schwärzungskurve müssen aber eine genügende Zahl von Linien zur Verfügung stehen, deren Intensitätsverhältnisse (I. V.) genau bekannt, gut abgestuft und konstant sind, unabhängig von den Anregungsbedingungen. Zusammen mit der Untersuchungsprobe wird ein Fe-Spektrum aufgenommen. Die S-Werte der ausgewählten Fe-Linien werden gegen die Logarithmen der aus den I. V. bekannten relativen Intensitäten aufgetragen. Der Anfang ist beliebig.

Noch einfacher ist es, die Intensität des Lichtes durch ein Sechs- oder Siebenstufenfilter abzustufen, das allerdings nicht vollkommen neutral grau ist. Zur Aufstellung der S-Kurve wird eine passende Linie in allen Stufen gemessen. Die S-Werte werden über den logarithmierten, bekannten Durchlässigkeiten des Stufenfilters aufgetragen.

Um die Genauigkeit zu erhöhen, stellt J. R. CHURCHILL (1944) zunächst eine Vorkurve auf. In zwei Stufen eines (Fe-)Spektrums, z. B. in der 100%- und in der 50%-Stufe eines Dreistufenfilters, werden im Bereich der interessierenden S-Kurve möglichst viele Linien aller Intensitäten gemessen. Aus den S-Werten der starken

und der schwachen Stufe erhält man ein Diagramm (Abb. 13a). Nun kann die
S-Kurve gezeichnet werden (Abb. 13b): Die $\log I$-Achse wird in Abschnitte
$= \log(I_1/I_2)$ eingeteilt. I ist die Durchlässigkeit einer Filterstufe, mit 100% und
50% Durchlässigkeit wird ein Abschnitt z. B. = 0.3 (= log [100/50]). Aus der

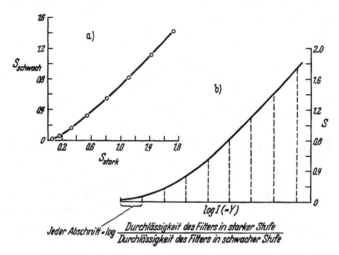

Abb. 13. *a* Vorkurve nach Churchill; *b* Schwärzungskurve aus der Vorkurve

Vorkurve entnimmt man die S-Werte, die zum Anfang und zum Ende eines Abschnitts gehören. Der erste Punkt der S-Kurve ist willkürlich. Zwischenwerte

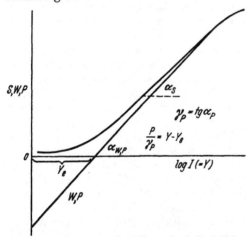

erhält man, wenn man von einem
passenden Punkt im geradlinigen
Teil der aufgezeichneten S-Kurve
ausgeht und das Verfahren mit
neuen Abschnitten wiederholt.

Die *Seideltransformation*. Ersetzt
man die Schwärzung $S = \log(A_0/A)$
durch die Seideltransformation $W =
\log(A_0/A - 1)$, so wird die Schwär-
zungskurve in ihrem Anfang annähernd gerade gestreckt (Abb. 14). Die
Vollkommenheit der Geradestrek-
kung hängt von der Plattensorte und
von der Wellenlänge ab. Für eine
bestimmte Wellenlänge, z. B. 3700 Å,
wird die Schwärzungskurve fast
völlig gerade, bei kleinerer Wellenlänge ist die Korrektur meist zu groß.

Abb. 14. Geradestreckung der S-Kurve durch die Seideltransformation W oder kombinierte Transformationen P

H. Kaiser (1948) führt deshalb Transformationen P ein, die sich aus wechselnden
Anteilen von S und W zusammensetzen:

$P = (1 - \varkappa)\,S + \varkappa\,W = S - \varkappa\,(S - W) = S - \varkappa\,D$. Der Geradlinigkeitsfaktor $\varkappa$
ist der Anteil von W in P; $D = S - W = \log \dfrac{A_0}{A} - \log \left(\dfrac{A_0}{A} - 1\right)$. Die Differenz D kann
den Subtraktionslogarithmen von Gauss entnommen werden ($D = B - A$ bei Gauss). Um $\varkappa$
festzustellen, mißt man zwei verschieden starke Linien a und b je in zwei Filterstufen von
z. B. 100% und 50% Durchlässigkeit. In der stärkeren Stufe soll S_a etwa = 1.2 bis 1.4 sein,

S_b etwa $= 0.5$. Dann ist

$$\varkappa = \frac{\Delta S_a - \Delta S_b}{(\Delta S_a - \Delta S_b) - (\Delta W_a - \Delta W_b)} = \frac{\Delta S_a - \Delta S_b}{\Delta D_a - \Delta D_b}$$

mit ΔS als Schwärzungsdifferenz der beiden Filterstufen.

Eine Vorkurve erhöht die Genauigkeit auch für die Bestimmung von $\varkappa$ wie für die Aufstellung der transformierten Schwärzungslinien mit W- und P-Werten. Im übrigen braucht $\varkappa$ nicht besonders genau bestimmt zu werden, namentlich wenn der spektrale Untergrund berücksichtigt wird und der Kontrastfaktor in der Nähe von 1 liegt.

Die Berücksichtigung des *spektralen Untergrundes* ist notwendig, wenn sich die Schwärzung von Linie + Untergrund ($= S_{L+U}$) nicht stark über die Schwärzung des Untergrundes S_U erhebt. Zur Untergrundkorrektur wird S_U neben der Linie an einer Stelle gemessen, wo der Untergrund gleich stark ist wie unter der Linie. Liegt die Linie auf einem kontinuierlich ansteigenden Untergrund, so wird das Mittel aus zwei Messungen zu beiden Seiten der Linie verwendet. In Zweifelsfällen wird der kleinere Wert zugrunde gelegt.

S_{L+U} und S_U werden über die Schwärzungskurve in Y_{L+U} und Y_U umgewandelt. Gesucht ist Y_L der reinen Linie. Die Berechnung ist etwas umständlich, weil nicht die Y-Werte, sondern die Intensitäten I voneinander abzuziehen sind. Sie wird vereinfacht, indem man Y_L direkt aus Y_{L+U} und Y_U mit Hilfe der Subtraktionslogarithmen von GAUSS berechnet. Mit $Y_{L+U} - Y_U$ ($= B$ der Gauss-Tabelle) ergibt sich aus diesen Tabellen der log der um 1 kleineren Zahl ($= A$ der Tabelle). Y_L ist dann $= Y_{L+U} - D$, wobei $D = B - A$. (vgl. M. HOHNERJÄGER-SOHM u. H. KAISER 1944).

Mit den geradlinigen transformierten Schwärzungen P kann die Umwandlung von P_{L+U} und P_U in Y_{L+U} und Y_U auch rein rechnerisch erfolgen, wenn der Kontrastfaktor γ bekannt ist:

$$Y - Y_e = \frac{P}{\gamma}; \quad \frac{P_{L+U}}{\gamma} - \frac{P_U}{\gamma} = B, \text{ daraus } A \text{ und } D \text{ wie vorhin. } Y_e \text{ ist eine Kon-}$$

stante (Abb. 14), die herausfällt. Dann wird

$$Y_L = \frac{P_{L+U}}{\gamma} - D$$

Die mühsame Berechnung von Y_L wird wesentlich erleichtert und mechanisiert, wenn man sie in einem Rechengerät nach H. KAISER (1951)[1] vornimmt. Es besteht aus einer Zeichenfläche für die Schwärzungslinien, aus der Transformationswalze, aus dem beweglichen Schlitten mit der Konzentrationsleiter und dem Läufer und aus dem Untergrundband, das die Subtraktionslogarithmen anschaulich darstellt. Prinzip: $Y_{L+U} - Y_U = B$. Von B wird man durch das Band nach A geleitet. Damit ist Y_L eingestellt, da $Y_L = Y_U + A$ ist. Ein Stern verschiedenfarbiger Schwärzungsgeraden von verschiedenem γ, der dauerhaft eingezeichnet wird, vereinfacht das Arbeiten mit dem Rechengerät.

Bei der ΔS-Methode ist eine einfache, aber im allgemeinen nur angenäherte Korrektur für den Untergrund möglich. Aus S_{L+U} und S_U wird, ebenfalls über die Subtraktionslogarithmen, S_L berechnet und mit den S_L-Werten wie früher weiter verfahren. Bei $\gamma = 1.0$ ist diese Untergrundkorrektur genau. Sie wirkt sich im übrigen so aus, als wäre die S-Kurve gerade gestreckt worden. Auch kleine Schwärzungen können dann benutzt werden.

V. Die quantitative Analyse mit direkter Anzeige

Für größere, fortlaufende Reihenuntersuchungen vieler Elemente gleichzeitig ist der Arbeits- und Zeitaufwand der photographischen ΔY- und ΔS-Methode immer noch zu groß, in manchen Fällen genügt die Genauigkeit der Photoplatte

---

[1] Rechengerät nach KAISER: Dennert und Pape, Hamburg.

nicht. Hier bedeutet die direkte Messung der Linien in einem Spektrometer einen
großen Fortschritt (vgl. z. B. H. Diebel und W. Hanle 1957). Es gibt zwei Möglichkeiten. Im Spectrolecteur (Cameca, Courbevoie bei Paris) wird das Spektrum
während der Aufnahme mit einem SEV abgetastet. Während der Verweilzeit auf
einer Linie wird der Photostrom in einem Kondensator gespeichert und sofort
registriert. Für Substanzen auf Trägerelektroden ist aber das andere, gewöhnlich
angewandte Verfahren besser geeignet. Für jede zu messende Linie ist ein eigener
SEV und Kondensator vorgesehen. Jedes Element erfordert also mindestens eine
lichtelektrische Einrichtung, manchmal auch zwei, wenn der Gehaltsbereich groß
ist und die empfindliche Linie eine große Selbstabsorption hat. Der Photostrom
wird während der gesamten Aufnahmedauer gespeichert. Am Schluß der Aufnahme wird die Spannung der Kondensatoren automatisch nacheinander z. B.
mit einem Schreiber registriert. Die Aufnahme wird nicht nach einer bestimmten
Zeit beendet, sondern wenn eine Bezugslinie oder die Intensität des gesamten
Spektrums (Nullstrahl bei Gittern) einen bestimmten Wert erreicht hat. Auch
wird nicht das Maximum der Linie gemessen, sondern die Gesamtintensität. Der
Austrittsspalt ist also breiter als der Eintrittsspalt. Die seitliche Justierung der
Photozelle auf ihre Linie ist von der Raumtemperatur abhängig, man muß den
Raum deshalb auf etwa 0,2° C konstant halten. Da eine so genaue Konstanthal-
tung hohe Kosten verursacht, wird das Spektralgerät selbst thermostabilisiert oder
es wird ein Monitor eingebaut, der eine häufig vorzunehmende Justierung erleichtert. Dann genügt eine Temperaturkonstanz des Raumes von einigen Graden[1].

Die Nachweisempfindlichkeit hängt zunächst vom Verhältnis Signal : Rauschen
ab. Kann die Intensität des spektralen Untergrundes mit einer größten, durch
das Rauschen begrenzten Verstärkung registriert werden, so wird die Nachweisempfindlichkeit durch eine individuelle Berücksichtigung des Untergrundes wesentlich verbessert (H. de Laffolie 1959). Der Untergrund muß individuell in
jedem Spektrum gleichzeitig mit der Linie gemessen werden. Es ist aber nicht
immer notwendig, ihn sehr nahe bei der Linie zu messen, er kann in einiger Entfernung gleich stark sein wie unter der Linie.

VI. Abfunkeffekte, Linienauswahl, Eichkurve, Testproben

1. Die Abfunkeffekte und das Vorfunken

Die Intensitäten der Spektrallinien und die Intensitätsverhältnisse bleiben
während der Aufnahme in der Regel nicht konstant. Auch Linien des gleichen Elementes können in ganz verschiedener Weise und Richtung verlaufen. Besonders
ausgeprägt sind die Änderungen im Anfang der Aufnahme. Diese Schwankungen
werden durch das Vorfunken nach Möglichkeit unschädlich gemacht. Belichtet wird
erst nach Ablauf einer vorher durch Versuche festgestellten Vorfunkzeit, ohne
daß die Entladung unterbrochen wird. Bei Selbstelektroden wird regelmäßig
vorgefunkt. Für Substanzen auf Trägerelektroden ist das Vorfunken dagegen weniger geeignet. Die Nachweisempfindlichkeit der leichter flüchtigen Elemente wird
dadurch erheblich vermindert. Die passende Vorfunkzeit wird aus Abfunkdiagram-
men ermittelt. Ohne den Bogen oder Funken zu unterbrechen, macht man eine
Reihe von Aufnahmen über kurze Zeiten, z. B. je 5—15 sec. Die Y- und ΔY-Werte
der *interessierenden* Linien und Linienpaare werden über der Abfunkzeit aufgetragen.

---

[1] Spektralgeräte mit direkter Anzeige: RSV Präzisionsmeßgeräte, Hechendorf/Pilsensee
(Bayern), ARL, Lausanne (Schweiz), Hilger, London, Optica, Milano (Italien)

2. Die Wahl der Linien und des Bezugselementes

Wird das Linienpaar Analysenlinie/Bezugslinie und das Bezugselement nicht richtig ausgewählt, so kann die Reproduzierbarkeit durch die Anwendung einer Bezugslinie sinken (A. C. OERTEL 1955). Die Reproduzierbarkeit wird durch die Bezugslinie nur verbessert, wenn die mittlere Streuung der beiden Linien etwa gleich ist und wenn sie eine gute Korrelation haben, d. h. Intensitätsänderungen immer möglichst gleichzeitig und gleichsinnig verlaufen und gleich groß sind. Die beiden Linien sollen also möglichst übereinstimmende Abfunkdiagramme haben und auch innerhalb der Einzelentladung übereinstimmen. Für die Wahl der Linien und des Bezugselementes wird gefordert:

Gleichzeitige Verdampfung. Das Bezugselement soll in der gleichen Zeit verdampfen wie das Analysenelement. Kurzzeitige Einflüsse auf die Anregung der Analysenlinie können durch die Bezugslinie nur dann ausgeglichen werden, wenn das Bezugselement und das Analysenelement gleichzeitig verdampfen und gleichzeitig angeregt werden. Eine besonders große Bedeutung hat die gleichzeitige Verdampfung, wenn die Probe nur zum Teil verflüchtigt wird. Selbstverständlich muß sich die Verdampfbarkeit auf die tatsächlich verdampfende Verbindungsform beziehen, z. B. auf das freie Element, das Oxid, Carbid, Sulfid, Halogenid usw. In manchen Fällen kommt nicht ein Siedepunkt in Betracht, sondern eine Reaktionstemperatur. Begleitstoffe können die Verdampfbarkeit eines Elementes verändern (vgl. E, V).

Es genügt im allgemeinen, wenn drei Bereiche der Verdampfbarkeit berücksichtigt werden: leicht-, mittel- und schwerflüchtige Elemente und Verbindungen. Die Bezugselemente dürfen vorher in der Analysenprobe höchstens in unwesentlichen Spuren enthalten und nicht selbst gefragt sein. Für lebensmittelchemische und für biologische Untersuchungen auf Spurenelemente haben sich Indium für leichter flüchtige und Pd für mittelschwer flüchtige Elemente bewährt. Für schwerflüchtige Elemente und Verbindungen wie Al_2O_3 ist Yttrium geeignet, doch ist hier auf Koinzidenzen z. B. mit Chrom-, Zink- und Kobaltlinien zu achten. Bezugselemente für die Hauptmineralstoffe: Sr für Ca, Be für Mg und Si, Sb für P.

Gleiche Anregbarkeit. Analysen- und Bezugslinie sollen eine möglichst übereinstimmende Anregungsspannung des oberen Energiezustandes haben. Unterschiede von 10—20% sind ohne Bedeutung. Bei Funken-(Ionen-)Linien darf die Ionisierungsspannung nicht zur Anregungsspannung hinzugezählt werden (N. W. H. ADDINK 1957). Ausschlaggebend ist vielmehr der höhere der beiden Werte für sich allein. Ein Beispiel für die Bedeutung der Anregungsspannung: Cd I 3404 (7,37 eV) ist für Zn I 3345 (7,78 eV) eine wesentlich bessere Bezugslinie als Cd I 3261 (3,80 eV).

Eine **möglichst kleine Selbstabsorption** beider Linien. Analysenlinien mit großer Selbstabsorption lassen sich wegen ihrer großen Empfindlichkeit oft nicht vermeiden, die Bezugslinie soll aber auf jeden Fall möglichst wenig Selbstabsorption haben. Selbstabsorption der Analysenlinie wie der Bezugslinie macht das Ergebnis von der auf die Elektrode gebrachten und verdampften Probemenge abhängig, sie verringert die Reproduzierbarkeit und kann zu systematischen Fehlern führen.

Die drei Forderungen sind um so strenger einzuhalten, je weniger die Anregungsbedingungen konstant gehalten und beherrscht werden können.

Die Zugabe der Bezugselemente zur Probe soll im Verlauf der Analyse frühzeitig erfolgen, damit Bezugs- und Analysenelemente die einzelnen Schritte der Analyse in gleicher Weise mitmachen. Nach der Zugabe sind kleine Verluste an Substanz belanglos, wenn die ganze Menge homogen ist. Nicht zu empfehlen ist die getrennte Zugabe von Probe und Bezug auf die Elektrode. Auch Flüssig-

keiten sollen vorher gemischt werden. Für die Mischung kleiner Flüssigkeitsmengen (ml und Bruchteile davon) genügt ein Rühren von Hand nicht. Die Fehler
werden wesentlich herabgesetzt, wenn mit einem kleinen (Kunststoff-)Rührer
mit Motor gerührt wird. Zur Mischung und Homogenisierung fester, pulverförmiger Substanzen muß man sie von Hand mindestens 20 min in einer Achatschale
verreiben oder mechanisch in einer Achat-Mikrokugelmühle[1]. Besser ist ein Vibrator nach Ardenne[2] mit Kunststoff-Behälter. Metallkugeln sind dabei zu vermeiden, weil auch Kugeln aus nichtrostendem Stahl Metallspuren an die Probe abgeben. Zu beachten ist, daß Niederschläge und besonders Trockenrückstände
meist nicht homogen sind.

3. Die Form der Eichlinie. Die Testproben

ΔY gegen $\log c$ ist über nicht zu große Konzentrationsbereiche häufig eine
Gerade unter einem Winkel von 45° (Abb. 15a). Die Intensität I ist dann proportional c. Abweichungen von der Geradlinigkeit und vom Neigungswinkel sind gewöhnlich auf eine der drei folgenden Ursachen zurückzuführen:

Nichtberücksichtigung des Untergrundes (F, IV) (Abb. 15b_1);

Selbstabsorption der Analysenlinie (Abb. 15c oder d);

Abnahme des Grundmetalls (Bezugselement) bei Selbstelektroden infolge steigender Zulegierung (Abb. 15b_2).

Der Neigungswinkel der Eichlinie ändert sich auch, wenn die Verdampfung
nicht proportional c verläuft.

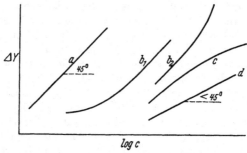

Abb. 15. Formen der Eichlinie. a „normal"; b_1 mit Untergrund; b_2 höher legierte Metalle; c und d mit Selbstabsorption

Bei höher legierten Metallen wird die Eichlinie gerade, wenn man von c zu
den relativen Konzentrationen q übergeht, für die das Grundmetall = 100 gesetzt
wird. Die Testgehalte sind in q-Werte umzurechnen, die gefundenen q-Werte der
Probe in c-Werte zurückzuverwandeln.

Die *Testproben* sollen die gleiche Behandlung erfahren wie die Analysenprobe,
sie müssen ebenso homogen sein. Sie werden in geometrischer Abstufung angesetzt,
für größere Gehaltsbereiche im Verhältnis 1 : 3, sonst 1 : 2. Ein Nulltest ist fast
immer notwendig. Daneben sind oft Blind- und Kontrollproben für den vollständigen Analysengang trotzdem nicht überflüssig. Die Stammlösungen für die Teste
werden kontrolliert, z. B. durch Titration mit ÄDTA. Sie sind in Kunststoff-
Flaschen aufzubewahren, namentlich die Verdünnungen unter 0,1%. Die ESPA
bezieht den Gehalt immer auf das Element selbst. Lösungen unter 0,01% sind
durch Hinzufügen von Säuren, Komplex- oder Chelatbildnern vor Änderungen
des Gehaltes während der Aufbewahrung zu schützen. Verdünnungen unter

---

[1] Mikrokugelmühle: Ludwig Hormuth, Wiesloch/Baden.
[2] Vibrator nach Ardenne: Paul Weber, Stuttgart-Uhlbach.

0,0001 % sind jeweils frisch zu bereiten. An Metallteste als Selbstelektroden werden in Beziehung auf Homogenität ganz besondere Anforderungen gestellt (Bezugsquellen vgl. D, I).

Es ist mühsam, gute Testreihen herzustellen, die viele Elemente gleichzeitig umfassen und in der Grundsubstanz mit der Probe übereinstimmen. Viel einfacher erzielt man Probegleichheit mit einem Additionsverfahren (vgl. H. J. EICHHOFF und E. MAINKA 1955). Die Analysenprobe erhält dabei bekannte Zusätze des zu bestimmenden Elementes. Die Genauigkeit des Verfahrens befriedigt aber nur, wenn die Eichlinie gerade ist.

Für Herkunftsuntersuchungen und kriminaltechnische Identitätsbestimmungen ist es vorzuziehen, nur Intensitätsverhältnisse oder ΔY-Werte festzustellen und auf Teste zu verzichten. Diese Größen können mit höherer Genauigkeit bestimmt werden als die Konzentrationen, bei Identität müssen sie in gleicher Weise übereinstimmen. Viel bedeutungsvoller als die absoluten Gehalte ist die Zahl der voneinander unabhängigen Bestimmungen. Für die Bildung der Element- und Linienpaare gelten die gleichen Regeln wie für die Wahl der Bezugselemente und der Bezugslinien.

VII. Die Genauigkeit und die Hauptfehlerquellen

Je nach den Arbeitsbedingungen ist die *Reproduzierbarkeit* sehr verschieden. Die prozentuale Standardabweichung liegt gewöhnlich bei $\pm 5-10\%$, sie kann aber von $\pm 2\%$ bis über $\pm 50\%$ schwanken. Die niedrigen Werte werden nur mit direkter Anzeige erreicht. Systematische Fehler, von denen die *Richtigkeit* des Ergebnisses abhängt, beruhen auf einem chemischen oder physikalischen Unterschied zwischen der Probe und den Testen oder Kontrollproben. Unter ungünstigen Umständen können sie erhebliche Werte annehmen. Sie werden durch einen Vergleich mit mehreren voneinander unabhängigen Analysenverfahren festgestellt. Die Reproduzierbarkeit kann trotz einem hohen systematischen Fehler gut sein.

Die systematischen Fehler und die Schwankungen gehen zum größten Teil auf die Verdampfung zurück. Durch sie wird die Zusammensetzung der Gasphase und weiterhin die Anregung und die Selbstabsorption beeinflußt. *Dritte Partner* können die Intensitätsverhältnisse von Linienpaaren ändern und dadurch zu falschen Ergebnissen führen (G. BALZ 1938, J. VAN CALKER und H. BRAUNISCH 1959). Die hauptsächlichen Ursachen sind dabei Änderungen des Kristallgefüges, der Flüchtigkeit, der Oxydationsenergie, des Spektralcharakters und der Selbstabsorption. Zur besseren Konstanz der Temperatur in der Gasphase und damit des Spektralcharakters (C, VI) werden zu Proben auf Trägerelektroden *spektrochemische Puffer* zugesetzt, d. h. leicht ionisierbare Elemente, die eine bestimmte (niedrige) Temperatur in der Gasphase aufrechterhalten. Nach ihrer Verdampfung hört jedoch die Pufferung auf. Die kristallographische Struktur kommt bei Mineralien zur Geltung. Eine einheitliche Eichlinie ergibt sich bei ihnen nur nach einem Aufschluß z. B. in einer Schmelze mit $Li_2CO_3 + B_2O_3$. Mit der Band-(tape-)Methode (vgl. D, VIII) erhält man dagegen auch ohne Aufschluß eine übereinstimmende Eichlinie. Bei fraktionierter Verdampfung sind Siedepunkte wesentlich, vor allem ihre Änderung durch dritte Partner oder durch Oxydations- und Reduktionsvorgänge. Auch infolge der Oxydationsenergie kann sich die Verdampfung ändern. Die Schnelligkeit der Verdampfung und verdampfende Begleitelemente beeinflussen die Selbstabsorption und damit manchmal Intensitätsverhältnisse (vgl. z. B. R. M. McKENZIE 1959).

Wechselnde *Verdampfung* und dadurch hervorgerufene Änderungen der Zusammensetzung der Gasphase, der *Anregungstemperatur* und der *Selbstabsorption* gehören zu den Hauptfehlerquellen der Emissionsanalyse. Dazu kommen noch als wichtige Fehlerquellen die *Inhomogenität* der Probe und *Verunreinigungen*.

VIII. Geeignete Anreicherungsverfahren

Obwohl die Nachweisempfindlichkeit der ESPA sehr hoch ist, genügt sie doch nicht für die Untersuchung mancher Spurenelemente, Metallgifte und Verunreinigungen. Die notwendige Anreicherung hat überdies den Vorteil, daß zum Schluß eine einheitliche, konstante Grundsubstanz für die Anregung vorliegt. Das Anreicherungsverfahren soll den Bedürfnissen der ESPA angepaßt sein: kleines Endvolumen (0,1—1 ml oder einige mg), gleichzeitige Bestimmung möglichst vieler Elemente, leichte Durchführbarkeit von Reihenanalysen. Für die Anreicherung von Spurenelementen, Anreicherungsfaktor etwa 100, sind nicht spezifische und vollständige Trennungen notwendig, sondern nur die Entfernung der Hauptmenge der Mineralstoffe. Gruppenreagentien, auch Kombinationen von Reagentien, haben den Vorzug vor spezifischen Reagentien.

Einfache Konzentrierung von Lösungen: Lösung + Bezugselement(e) in kleinen Schalen (10 ml, halbrund ohne Ausguß, aus Quarz, Platin oder Teflon) eintrocknen (Wasserbad + Infrarotstrahler). Mit 0,10 ml 10%iger Haftlösung, die außerdem 10% ÄDTA und einen spektrochemischen Puffer, z. B. ein Li-Salz, enthält und mit NH_3 auf pH 8 eingestellt ist, aufnehmen und mechanisch rühren (10 mm Perlonschnur, $\varnothing$ 1 mm, an Mikrorührer, Abb. 8). Davon je 0,020 ml auf flache, abgedichtete 5 mm-Graphitelektroden. Bei 95° C eintrocknen.

Zur *Anreicherung der Spurenelemente* kann die Probe (entsprechend 0,2 bis 0,5 g Trockensubstanz) naß aufgeschlossen oder trocken verascht werden. Die Veraschung in kleinen Schalen ist einfacher und der Gefahr einer Verunreinigung viel weniger ausgesetzt, die allenfalls im Ofen eintreten kann. Die Veraschung läßt sich mit der Entfernung der Mineralstoffe verbinden. Mit Veraschungshilfen wie Magnesiumnitrat genügt eine Veraschungstemperatur von 450—500° C. Zink und Blei sind nicht flüchtig, wenn eine genügende Menge Phosphat und Oxalsäure anwesend ist. Thallium verflüchtigt sich dagegen bei der Veraschung vollständig. Zur Frage der Flüchtigkeit der gewöhnlich untersuchten Elemente vgl. T. T. Gorsuch (1959).

Leichter flüchtige Elemente, z. B. Thallium, können im O_2- oder H_2-Strom bei 1000° C verflüchtigt und auf Elektroden für die Spektralanalyse kondensiert werden (W. Geilmann und K.-H. Neeb 1959). E. Preuss (1940) wendet die Verdampfungsmethode in der Art an, daß er die in einem Kohlerohrofen entstehenden Dämpfe durch eine Bohrung der Elektrode unmittelbar in den Bogen leitet.

Nach dem Aufschluß oder der Veraschung sind mehrere Wege möglich, die Spurenelemente von den Mineralstoffen zu trennen: Die Mitfällung der Spurenelemente zusammen mit Trägerelementen, die am besten gleichzeitig die Bezugselemente sind (R. L. Mitchell 1948, 1957). Die Mineralstoffe können aus der Asche mit einem organischen Fällungsreagens für Schwermetalle extrahiert werden (K. Pfeilsticker 1946, 1956). Andere Trennverfahren sind die Ausschüttelung (F. A. Pohl 1953, A. Stetter und E. Exler 1955), der Ionenaustausch und die Verteilungschromatographie. Nach der letzten Methode läßt sich Bier auch ohne Aufschluß untersuchen (Konrad Pfeilsticker 1961). Eine elektrochemische Trennung bevorzugen J. van Calker (1936) und A. Schleicher (1935).

Bibliographie

Ahrens, L. H., and S. R. Taylor: Spectrochemical Analysis 2. ed. London-Paris: Pergamon Press 1961.

ASTM Committee E-2: Methods for Emission Spectrochemical Analysis. Philadelphia: Amer. Soc. for Testing Mat. 1957. 4. ed. 1963.

Gerlach, Wa., u. E. Schweitzer: Die chemische Emissionsspektralanalyse. I. Methode und Grundlagen. Leipzig: Leopold Voss 1930. — II.: Gerlach, Wa., u. We. Gerlach: Anwendung in Medizin, Chemie und Mineralogie 1933.

Harvey, C. E.: A Method of Semi-quantitative Spectrographic Analysis. Glendale (Calif.): Appl. Res. Lab. 1947.

— Spectrochemical Procedures. Glendale (Calif.): Appl. Res. Lab. 1950.

Mitchell, R. L.: The Spectrographic Analysis of Soils, Plants and Related Materials. Harpenden (England): Techn. Commun. No. 44, Commonwealth Bur. Soil Sci. 1948.

— Emission Spectrochemical Analysis: The Spectrochemical Determination of Trace Elements in Plants and other Biological Materials. In: J. H. Yoe and H. J. Koch: Trace Analysis, Kap. 14. New York: John Wiley & Sons 1957.

Moritz, H.: Spektrochemische Betriebsanalyse. 2. Aufl. Stuttgart: F. Enke 1956.

Seith, W., u. K. Ruthardt: Chemische Spektralanalyse. 5. Aufl. bearbeitet von W. Rollwagen. Berlin-Göttingen-Heidelberg: Springer 1958.

—, u. H. de Laffolie: Spektrochemische Analyse. Kap. XII des Handbuches der Werkstoffprüfung, Bd. 1. 2. Aufl. Hrsg. von E. Siebel u. N. Ludwig. Berlin-Göttingen-Heidelberg: Springer 1958.

Tabellenwerke

Gerlach, Wa., u. E. Riedl: Chemische Emissionsspektralanalyse III. Tabellen zur qualitativen Analyse. 2. Aufl. Leipzig: Leopold Voss 1949.

Harrison, G. R.: M.I.T. Wavelength Tables. New York: John Wiley & Sons 1939.

Kayser, H., u. R. Ritschl: Tabelle der Hauptlinien der Linienspektren aller Elemente. 2. Aufl. Berlin: Springer 1939.

Meggers, W. F., C. H. Corliss, and B. F. Scribner: Tables of Spectral-line Intensities. Part I: Arranged by Elements. Part II: In Order of Wavelengths. Washington: National Bureau of Standards Monograph 32, 1961.

Saidel, A. N., V. K. Prokofjew u. S. M. Raiski: Spektrallinientabellen. Berlin: VEB Verlag Technik 1955.

Spektren-Atlanten

Eisenspektren

Gatterer, A., u. J. Junkes: Funkenspektrum des Eisens von 4650—2242 Å. Castel Gandolfo: Specola Vaticana 1935.

— — Arc Spectrum of Iron from 8388—2242 Å. Castel Gandolfo: Specola Veticana 1935.

— Grating Spectrum of Iron. Città del Vaticano: Verlag Specola Vaticana 1951.

Scheibe, G.: Tabellen des Funken- und Bogenspektrums des Eisens zur Wellenlängenbestimmung bei der technischen Emissionsspektralanalyse. I: 3700—2300 Å (C. F. Linström), II: 3620—6680 Å (G. Limmer), III: 6400—9260 Å (C. D. Coryell). Berlin-Steglitz: Fuess 1932 und 1935.

Eisenspektren mit Analysenlinien

Gössler, F.: Bogen- und Funkenspektrum des Eisens von 4555 Å bis 2227 Å mit gleichzeitiger Angabe der Analysenlinien der wichtigsten Elemente. Jena: Gustav Fischer 1942.

Intonti, R., e A. Taddeucci: Spettro di Arco de Ferro e Righe Analitiche di 55 Elementi (2327—6750 Å). Milano: Associazione Italiana di Metallurgia, Centro Ricerche Spettrochimiche 1961.

Spektren der Elemente und Banden

Gatterer, A., u. J. Junkes: Atlas der Restlinien. 1. Spektren von 30 chemischen Elementen. 2. Spektren der seltenen Erden. 3. Spektren seltener Metalle und einiger Metalloide. Città del Vaticano: Verlag Specola Vaticana 1937—1949.

Gatterer, A., J. Junkes, and E. W. Salpeter: Molecular Spectra of Metallic Oxides. Città del Vaticano: Specola Vaticana 1957.

Zeitschriftenliteratur

Addink, N. W. H.: A rapid and accurate method of measuring line intensities in spectrochemical analysis. Spectrochim. Acta 4, 36—42 (1950).

— J. A. M. Dikhoff, C. Schipper, A. Witmer u. T. Groot: Quantitative Spektrochemische Analyse mittels des Gleichstrom-Kohlebogens. Spectrochim. Acta 7, 45—59 (1955).

— Excitation energies in line spectra. Spectrochim. Acta 9, 159 (1957).

BALZ, G.: Zur quantitativen spektrographischen Analyse von Legierungen. Beeinflussung des Intensitätsverhältnisses Al/Mg durch einen dritten Legierungsbestandteil. Z. Metallkunde **30**, 206 (1938).
— Die Erzielung gleichmäßiger Entladungen zwischen Funkenstrecken zur spektrochemischen Analyse. Aluminium **26**, 60 (1944).
BARDOCZ, A.: IV. High-voltage spark source with electronic control. Spectrochim. Acta **7**, 306—320 (1955).
—, and F. VARSANYI: Spectrographic Determination of Rhodium in Platinum-Rhodium Alloys. Analytic. Chem. **28**, 989—993 (1956).
BEREZIN, I. A., u. K. W. ALEXANDROWITSCH: Spektralanalytische Phosphorbestimmung in BeO. Z. analyt. Chim. **15**, 509—510 (1960) [russ.]; zit. nach Z. analyt. Chem. **180**, 306 (1961).
BEZOLD, D. v.: Vorgänge in der Gasentladung beim spektrochemischen Nachweis von Nichtmetallen durch Anregung mit Ultrakurzwellen nach Gatterer und Frodl. Z. angew. Physik **8**, 269—281 (1956).
BIBER, H. E., and S. LEVY: Characteristics of a Combination Discharge and its Applicability in Spectrochemical Analysis. J. Opt. Soc. Am. **49**, 349—355 (1959).
BIRKS, F. T.: The application of the hollow cathode source to spectrographic analysis. Spectrochim. Acta **6**, 169—179 (1954).
CALKER, J. VAN: Neue spektralanalytische Untersuchungen. Z. analyt. Chem. **105**, 402—405 (1936).
— Spektroskopische und elektrische Messungen an Funken. Spectrochim. Acta **5**, 19—23 (1952).
— u. H. BRAUNISCH: Untersuchungen über Änderungen der Intensitätsverhältnisse in den Spektren von Cu/Zn-Legierungen beim Hinzufügen dritter Legierungs-Partner. Z. angew. Physik **11**, 247—255 (1959).
CHURCHILL, J. R.: Techniques of Quantitative Spectrographic Analysis. Industr. Engng. Chem. Anal. Ed. **16**, 653—670 (1944). Vgl. A. STRASHEIM: The Preliminary Curve Method. Densities Measured in Seidel Values. Appl. Spectrosc. **12**, 137—139 (1958).
CROSSWHITE, H. M.: Photoelectric intensity measurements in the iron arc. Spectrochim. Acta **4**, 122—151 (1950).
DANIELSSON, A., F. LUNDGREN, and G. SUNDKVIST: The tape machine. Spectrochim. Acta **15**, 122—137 (1959).
DIEBEL, H., u. W. HANLE: Praktische Erfahrungen mit einem neuen Gitterspektrometer. Arch. Eisenhüttenwesen **28**, 127—143 (1957).
EICHHOFF, H. J., u. E. MAINKA: Über die Genauigkeit spektrochemischer Additionsverfahren. Mikrochim. Acta **1955**, 298—303.
ESCHNAUER, H.: Spurenelemente im Wein. Angew. Chem. **71**, 667—671 (1959).
FELDMAN, C.: Direct Spectrochemical Analysis of Solutions, Using Spark Excitation and the Porous Cup Electrode. Analytic. Chem. **21**, 1041—1046 (1949).
—, and J. Y. ELLENBURG: Spectrographic Determination of Boron in Carbon and Graphite. Analytic. Chem. **27**, 1714—1721 (1955).
GEHRKE, C. W., C. V. RUNYON u. E. E. PICKETT: Eine quantitative spektrographische Methode zur Bestimmung von Sn, Cu, Fe und Pb in Milch und Milchprodukten. J. Dairy Sci. **37**, 1401—1408 (1954); zit. n. Chem. Zbl. **1956**, 14523.
GEILMANN, W., u. K.-H. NEEB: Die Verwendung der Verdampfungsanalyse zur Erfassung geringster Stoffmengen. II. Der Nachweis und die Bestimmung kleinster Tl-Gehalte. Z. analyt. Chem. **165**, 251—268 (1959).
GERLACH, WA.: Methoden und Anwendungen der Emissions-Spektralanalyse in der medizinischen Praxis und der medizinisch-biologischen Forschung. Zeiss-Nachrichten, 3. Folge, H. 1—5, Juli 1939.
GORSUCH, T. T.: Radiochemical Investigations on the Recovery for Analysis of Trace Elements in Organic and Biological Materials. Analyst **84**, 135—173 (1959).
GRAUE, G., R. MAROTZ u. S. ECKHARD: Entwicklung und Stand der Vakuumspektrometrie. Z. analyt. Chem. **192**, 137—156 (1963).
GUTTMANN, W., H. BECKER u. G. MÜLLER-URI: Lösungsspektralanalyse mit zwei rotierenden Elektroden. Naturwiss. **47**, 128—129 (1960). Vgl. W. GUTTMANN u. H.-J. SIEBERT: Ernährungsforsch. **5**, 110—118 (1960); zit. n. Chem. Zbl. **1961**, 2727.
HAFTKA, F. J.: Eine Methode zur Steigerung der Nachweisempfindlichkeit bei der spektrochemischen Lösungsanalyse auf Kohleelektroden. Spectrochim. Acta **11**, 382—385 (1957).
HERRMANN, A. G.: Bedeutung des Verdampfungsgleichgewichtes bei der Anwendung von Kohlerädchen und Stabelektroden für spektrochemische Lösungsanalysen. Chem. Techn. **8**, 132—134 (1956).
HOLDT, G.: Die Verdampfung aus der Ringrinne. Rev. Univ. des Mines **15**, 383—389 (1959).

HOHNERJÄGER-SOHM, M., u. H. KAISER: Berücksichtigung des Untergrundes bei der Messung von Intensitätsverhältnissen. Spectrochim. Acta **2**, 396—416 (1944).

HUGHES, R. C.: Application of Powdered Samples to Graphite Electrodes for Spectrochemical Analysis. Analytic. Chem. **24**, 1406—1409 (1952).

JUNKES, J., u. E. W. SALPETER: Photographische Spektralphotometrie mit effektiven Linienbreiten. Spectrochim. Acta **11**, 386—393 (1957).

KAISER, H.: Zur Berechnung von Funkenentladungen. Spectrochim. Acta **2**, 229—242 (1942).

— Die Berechnung der Nachweisempfindlichkeit. Spectrochim. Acta **3**, 40—67 (1947).

— Über Schwärzungstransformationen. Spectrochim. Acta **3**, 159—190 (1948).

— Über ein „vollständiges" Rechengerät für spektrochemische Analysen. Spectrochim. Acta **4**, 351—365 (1951).

— Allgemeine Betrachtungen über Funkenentladungen als spektrochemische Lichtquelle. Spectrochim. Acta **11**, 233—235 (1957).

KOEHLER, W.: Vorrichtung für die Bearbeitung von Kohleelektroden für die Spektralanalyse. Metall **12**, 1092—1093 (1958).

KOROLEW, F. A., and JU. K. KWARATSCHELI: The Plasmotron (Plasma Jet) as a Light Source for Spectroscopy. Opt. and Spectr. **10**, 200—202 (1961).

KVALHEIM, A., and K. S. VESTRE: Studies on the Application of the *Noar* Cellulose Pellet Arc Method to the Quantometer. Colloquium Spectroscop. Internat. **8**, 198—204 (1959).

LAFFOLIE, H. DE: Vergleichende Betrachtungen über die Nachweisgrenzen bei photographischen und lichtelektrischen spektrochemischen Analysen. Colloquium Spectrosc. Internat. **8**, 76—81 (1959).

LAQUA, K.: Über den spektralen Charakter von Funkenentladungen. Spectrochim. Acta **4**, 446—466 (1952).

LEUCHS, O.: Chemische Vorgänge in Kohleelektroden. Spectrochim. Acta **4**, 237—251 (1950).

LOCHTE-HOLTGREVEN, W.: Die Abhängigkeit der Emission eines elektrischen Lichtbogens von äußeren Einflüssen. Spectrochim. Acta **11**, 111—118 (1957).

LUTHER, H., u. G. BERGMANN: I. Emissionsspektroskopische Analyse anorganischer Bestandteile in Motorenölen. Erdöl u. Kohle **8**, 298—304 (1955).

MANNKOPFF, R., u. CL. PETERS: Über quantitative Spektralanalyse mit Hilfe der negativen Glimmschicht im Lichtbogen. Z. Physik **70**, 444—453 (1931).

McKENZIE, R. M.: The Reduction of Self-Absorption in the Spectrographic Analysis of Mineral Powders. Austral. J. appl. Sci. **10**, 488—493 (1959).

MARGOSHES, M., and B. F. SCRIBNER: The plasma jet as a spectroscopic source. Spectrochim. Acta **15**, 138—145 (1959).

MIELENZ, K.-D.: Zur Ausleuchtung der Spektrographen durch Zwischenabbildung der Lichtquelle. Spectrochim. Acta **10**, 99—104 (1957a).

— Die optische Leistung von Prismenspektrographen unter besonderer Berücksichtigung der Spektrochemie. Chemiker-Ztg. **81**, 179—182; 211—213; 252—253 (1957b).

NORDMEYER, M.: Über die Ausleuchtung von Spektrographen. Spectrochim. Acta **7**, 128—133 (1955).

OERTEL, A. C.: Internal Standards in Arc Excitation of Soil and Plant Ash. Austral. J. appl. Sci. **6**, 467—475 (1955).

PFEILSTICKER, KARL: Niederspannungsfunken und spektralanalytischer Nachweis der schwer anregbaren Nichtmetalle. Z. Metallkunde **33**, 267—272 (1941).

— In W. SEITH: Die chemische Spektralanalyse. Naturforschung und Medizin in Deutschland 1939—1946, Bd. **29**, Analytische Chemie anorganischer Substanzen, S. 92 (1948).

— Die gleichzeitige spektrochemische Bestimmung von Na, K, Ca, Mg und P im Blutserum ohne Veraschung. Spectrochim. Acta **4**, 100—115 (1950).

— Einige Anwendungen der Spektralanalyse in der Lebensmittelchemie. Z. Lebensmittel-Untersuch. u. -Forsch. **95**, 24—31 (1952).

— Fortschritte in der spektrochemischen Analyse der Nichtmetalle mit den stromstarken Niederspannungsfunken. Mikrochim. Acta (Wien) **1955**, 358—375.

— Eine spektrochemische Mikrobestimmung des Bleis in biologischem Material. Mikrochim. Acta (Wien) **1956**, 319—333.

— Lebensmittelchemie und Spektralanalyse. Dtsch. Lebensmittel-Rdsch. **56**, 285—289 (1960).

PFEILSTICKER, KONRAD: Über die chromatographische Anreicherung der Spurenmetalle aus Lebensmitteln und ihre spektrochemische Bestimmung. Diss. Frankfurt a. M. 1961.

PIERUCCI, M., e L. BARBANTI-SILVA: Nuovo Cimento **17**, 275—279 (1940). Vgl. J. P. PAGLIASOTTI and F. W. PORSCHE: Spectrographic Determination of P in Lubricating Oil. Analytic. Chem. **23**, 198—200 und 1820—1823 (1951).

POHL, F. A.: Methoden zur spektrochemischen Spurenanalyse. I. Wasser. Z. analyt. Chem. **139**, 241—249 (1953); II. Pflanzliches Material 423—429. Vgl. H. SCHÜLLER: Bestimmung der Spurenelemente in der Agrikulturchemie. Mikrochim. Acta (Wien) **1956**, 393—400.

Preuss, E.: Beiträge zur spektralanalytischen Methodik II. Bestimmung von Zn, Cd, Hg, In, Tl, Ge, Sn, Pb, Sb und Bi durch fraktionierte Destillation. Z. angew. Mineral. 3, 8 (1940).
— Zur Spektralanalyse kleiner Substanzmengen. Mikrochim. Acta (Wien) 1956, 382—392.
— Der Linsenraster-Kondensor zur Ausleuchtung von Spektrographen. Spectrochim. Acta 11, 457—461 (1957).
Rollwagen, W.: Die physikalischen Erscheinungen der Bogenentladung in ihrer Bedeutung für die spektralanalytischen Untersuchungsmethoden. Spectrochim. Acta 1, 66—82 (1941).
Rüssmann, H. H.: Methodische Untersuchungen an Spektralkohlen. Diss. TH München 1957.
Russanow, A. K., u. N. T. Batowa: Einfluß der Zusammensetzung der gepulverten Analysensubstanz auf die Spektrallinienintensitäten beim Einblasen des Pulvers in den Lichtbogen. Zavodskaja Labor. 27, 299—306 (1961) [russisch]; zit. n. Z. analyt. Chem. 186, 307 (1962).
Scheibe, G., u. A. Rivas: Eine neue Methode der quantitativen Emissionsspektralanalyse. Angew. Chem. 49, 443—446 (1936).
Schleicher, A.: Qualitative Mikroanalyse durch Elektrolyse und Spektrographie. Z. analyt. Chem. 101, 241—254 (1935).
Schöntag, A.: Die spektrographischen Folgen der Variation des Entladungsgases beim Kohlebogen und Hochspannungsfunken. Mikrochim. Acta 1955, 376—389.
Seith, W., u. J. Herrmann: Spektralanalyse der Verunreinigungen im Zink. Spectrochim. Acta 1, 548—559 (1941).
Shaw, D. M., O. I. Joensuu and L. H. Ahrens: A double-arc method for spectrochemical analysis of geological materials. Spectrochim. Acta 4, 233—236 (1950).
Sinclair, D. A.: A Condensed Arc Source Unit for Spectrochemical Analysis. J. Opt. Soc. Am. 38, 547—553 (1948).
Stallwood, B. J.: Air Cooled Electrodes for the Spectrochemical Analysis of Powders. J. Opt. Soc. Am. 44, 171—176 (1954).
Steinhaus, D. W., H. M. Crosswhite and G. H. Dieke: Short period spectral intensity measurements. Spectrochim. Acta 5, 436—451 (1953).
Stetter, A., u. H. Exler: Eine Schnellmethode zur Anreicherung von Schwermetallspuren mittels Na-t-carbat. Naturwiss. 42, 45 (1955); vgl. K. Scharrer u. G. K. Judel: Ein spektrochemisches Analysenverfahren zur quantitativen Bestimmung von Spurenelementen in Böden, Düngemitteln und biologischem Material. Z. analyt. Chem. 156, 340—352 (1957).
Strasheim, A., and E. J. Tappere: An Induced Percussion Electrode Packing Machine. Appl. Spectrosc. 13, 12—14 (1959).
Török, T., O. Szakas u. Z. L. Szabo: Schraubenförmig rotierende Elektrode zur Vermeidung chemischer Veränderungen der Probe. Magyar Kemiai Folybirat 66, 487 (1960); zit. n. Z. analyt. Chem. 183, 461 (1961).
Zink, T. H.: A "Vacuum Cup" Electrode for the Spectrochemical Analysis of Solutions. Appl. Spectrosc. 13, 94—97 (1959).

Flammenphotometrie

Von

Prof. Dr. Dr. WILLIBALD DIEMAIR

und Dr. KONRAD PFEILSTICKER, Frankfurt/M.

Mit 8 Abbildungen

A. Allgemeine Einführung

Die quantitative Emissionsspektralanalyse[1], die insbesondere zur Bestimmung der metallischen Elemente seit langem herangezogen wird, beruht darauf, daß die Untersuchungsprobe in einer Lichtquelle verdampft, angeregt und das für das gesuchte Element charakteristische Licht bestimmter Wellenlänge isoliert und seine Intensität gemessen wird. Die Lichtintensität ist dann ein Maß für die Konzentration der Probenkomponente. Seit den grundlegenden Arbeiten des Pflanzenphysiologen LUNDEGARDH (1934) verwendet man als Licht- und Anregungsquelle neben dem Funken und dem Bogen eine Acetylen-Luftflamme, in die die Probelösung mit Hilfe einer Zerstäuber-Einrichtung eingesprüht wird. Zur Abtrennung von Licht bestimmter Wellenlänge und zu seiner Intensitätsmessung diente ihm der in der Emissionsspektralanalyse übliche Spektrograph und die Photoplatte. Nachteilig ist dabei vor allem die kostspielige Apparatur und die schwierige Auswertung der Meßergebnisse. ,,In dem Bestreben, auch mit einfacheren Mitteln kleine Kalium-Konzentrationen bestimmen zu können", versuchte SCHUHKNECHT (1937), ,,die Anwendung des Spektrographen zu vermeiden und statt dessen ein selektives Farbfilter zur Aussonderung der Kaliumlinien anzuwenden". Zur Messung der Strahlungsintensität wird in fortschrittlicher Weise eine lichtelektrische Anordnung gewählt. Damit ist die *Flammenphotometrie* im eigentlichen Sinne geschaffen[2].

Die Vorteile des Verfahrens beruhen auf der einfachen Ausführung und Schnelligkeit der Bestimmung, den geringen chemischen Aufbereitungsarbeiten der Probe, der guten Reproduzierbarkeit der Ergebnisse, dem geringen Substanzbedarf, der Selektivität und Empfindlichkeit des Nachweises, der leichten Auswertung der Meßergebnisse, der relativ billigen Apparatur[3] und der Möglichkeit, Reihenanalysen durchführen zu können. Deshalb hat sich dieses emissionsspektralanalytische Verfahren auch auf solchen Arbeitsgebieten eingeführt, in denen physikalisch-chemische Grundlagen weniger geläufig sind. Darin liegt eine gewisse Gefahr insofern, als die Einfachheit der Methodik dazu verleitet, die äußerst komplizierten Vorgänge der Verdampfung und Anregung in der Flamme zu unterschätzen und die Grenzen einer bestimmten Arbeitsvorschrift nicht genügend zu beachten.

---

[1] Siehe ,,Emissionsspektralanalyse"

[2] Wenig später hat S. GOY ein ähnlich einfaches Verfahren angegeben, das visuell mit dem Pulfrich-Photometer von Zeiss arbeitet.

[3] Gilt nicht für die modernen hochgezüchteten registrierenden Flammenspektrophotometer und die Flammen-Absorptionsspektrometer.

Die Nachteile der Flammenphotometrie sind vor allem dadurch bedingt, daß bei der Neueinrichtung eines Analysenverfahrens viel Arbeit und Zeit aufgewendet werden muß, einerseits zur Aufstellung der Eichkurve und zur Erkennung und Beseitigung von Störeinflüssen durch andere Lösungskomponenten (Kationen und Anionen), andererseits zur Ermittlung der optimalen Arbeitsbedingungen bezüglich der verwendeten Analysenlinien oder Banden, des Brenngasdruckes und einiger anderer Faktoren. Wirklich einwandfreie Ergebnisse werden deshalb nur dann zu erzielen sein, wenn solche Vorarbeiten mit Gründlichkeit durchgeführt werden. Das setzt im allgemeinen voraus, daß dann auch regelmäßig viele Analysen derselben Art zu bearbeiten sind. Ist das nicht der Fall, so wird man fragen müssen, ob sich die Anschaffung einer Apparatur lohnt, mit der man nur eine begrenzte Anzahl von Elementen erfassen kann.

Die Anwendungen der Flammenphotometrie erstrecken sich auf die Analyse landwirtschaftlicher Produkte, botanischer und zoologischer Proben, auf die Untersuchung von Lebensmitteln, Wasser, Böden und Bodenextrakten, medizinischen Substraten, wie Seren und anderen Körperflüssigkeiten, auf die Analyse von Glas, keramischen Produkten, Zement, Treibstoffen und Heizölen und schließlich auf kriminaltechnisches Material. Dabei werden vorzugsweise Kalium, Natrium und Calcium (selten auch Lithium, Rubidium und Caesium) bestimmt. Die Erfassung der schwerer anregbaren Elemente wie Magnesium, Mangan, Strontium, Kupfer, Eisen, Blei, Thallium u. a. erfordert heiße Flammen und teuere Spektralphotometer (anstelle des einfachen Filterphotometers) mit hochempfindlichen Sekundärelektronen-Vervielfachern (SEV). Die Reproduzierbarkeit der Bestimmungen liegt in günstigen Fällen für Kalium und Natrium unter 1%, für Calcium unter 2%. Man muß in anderen Fällen aber mit Fehlern zwischen 3—5% rechnen. Insbesondere die flammenphotometrische Bestimmung von Calcium ist mit zum Teil erheblichen systematischen Fehlern behaftet, die nur schwer durch Eineichen zu beseitigen sind. Störend wirken besonders Phosphat, Aluminium und Sulfat.

In den letzten Jahren geht man in zunehmendem Maß dazu über, zur Abtrennung der Analysenlinien und Banden Monochromatoren, d. h. Spektralphotometer, zu verwenden. Da die Geräte lichtschwächer sind als die Filterphotometer, erfordert die Intensitätsanzeige eine erhebliche elektrische Verstärkung. Solche Einrichtungen sind relativ teuer und ihre Bedienung ist komplizierter. Sie bieten u. a. den Vorteil, mit Hilfe eines zusätzlichen Kompensationsschreibers und Servomotors das ganze erfaßbare Spektrum registrieren zu können.

Unter dem Begriff Flammenphotometrie faßt man demnach zusammen:

1. Flammenphotometrie im engeren Sinn (Verwendung von Filtern);
2. Flammenspektrophotometrie (Verwendung eines Spektralphotometers);
3. Flammenspektrographie (Verwendung eines Spektrographen und einer Photoplatte).

B. Aufbau und Wirkungsweise der Einrichtungen

I. Flammenphotometrie

1. Die ursprüngliche apparative Anordnung

Die von W. Schuhknecht (1937) entwickelte einfachste flammenphotometrische Anordnung ist in Abb. 1a, S. 363 dargestellt. Sie ist aus drei Grundeinheiten aufgebaut: aus der Zerstäubungseinrichtung, dem Brenner und der lichtelektrischen Zelle mit vorgeschaltetem Lichtfilter. Durch die Innenkanüle der Ringspaltdüse *1* wird Preßluft unter etwa 4 atü eingepreßt und dadurch Probelösung aus *2* über das Kniestück *3* angesaugt und sehr fein verteilt. Der freie Raum hinter der Düse *4* sorgt für die Abscheidung der größeren Tröpfchen, während die feinen Tröpfchen als Aerosol mit dem Luftstrom in den Brenner *5* wandern, wo sie in dessen unterem Teil mit dem Brenngas Acetylen gemischt werden. Die laminare Flamme brennt über einer Siebplatte fast geräuschlos. In ihr werden die Tröpfchen zur Trockne gebracht, verdampft, die Moleküle teilweise atomisiert und die Atome und Moleküle angeregt. Dabei senden die angeregten Teilchen eine für sie charakteristische Strahlung in Form von Spektrallinien oder Banden aus. Gleichzeitig wird aber auch kontinuierliches Licht emittiert, das man als Flammenuntergrund bezeichnet. Aus dieser Misch-Strahlung wird mit Hilfe des Filters *6* die für

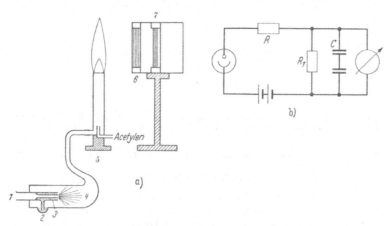

Abb. 1a u. b. a) Einfachste Versuchsanordnung mit Photozelle nach W. SCHUHKNECHT (1937); b) Die elektrische Schaltung dieser Anordnung

das gesuchte Element charakteristische Linie (etwa das rote Kaliumduplett = 7665/7699 Å) oder auch eine typische Bande (etwa Bandenkopf bei 6220 Å für Calcium) isoliert. Das durchgehende Licht fällt dann auf die Photozelle *7*, in der bei passender spektraler Empfindlichkeit ein lichtelektrischer Strom fließt, der direkt durch ein hochempfindliches Spiegelgalvanometer ($5 \cdot 10^{-9}$ A/mm bei 1 m Skalenabstand) auf einer Skala angezeigt wird. Wie Abb. 1b zeigt, ist dieses Galvanometer durch den Dämpfungswiderstand R_1 und zwei Kondensatoren gedämpft, damit rasche Ausschläge unterdrückt werden. Die Empfindlichkeit der Anordnung wird durch Veränderung der Zellspannung mit dem Widerstand R reguliert.

Die Einrichtung zur Zerstäubung der Probelösung und der Bau des Brenners sowie die Verwendung von Acetylen als Brenngas beruhen auf den Angaben von H. LUNDEGARDH (1934).

Diese einfache Anordnung hat einige Nachteile. Zunächst einmal stört bei der Messung das Flackern der Flamme. Deshalb bildet man heute nur *den* Teil der Flamme, der ruhig brennt und hinsichtlich der Anregung für das betreffende Element günstig liegt, mit einer Kondensorlinse und einer davorgeschalteten Blende verschiedener Gestalt auf die Photozelle ab. Diese wird so angeordnet, daß sie voll ausgeleuchtet ist. Der betreffende Flammenausschnitt liegt etwa 5 mm über dem Flammeninnenkegel, hat eine Höhe von 10—20 mm und erstreckt sich über die ganze Flammenbreite (W. SCHUHKNECHT 1961). Um die Lichtausbeute zu erhöhen, wird meist ein konkaver Reflexionsspiegel in der optischen Achse so

hinter dem Brenner angebracht, daß die Flamme in sich selbst abgebildet ist.
Zur Steigerung der Lichtausbeute sind noch andere Spiegelanordnungen angegeben
worden. Das optische System eines modernen Flammenphotometers ist in Abb. 2.
wiedergegeben.

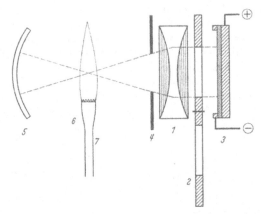

Abb. 2. Das optische System eines modernen Flammenphotometers. *1* Kondensor *2* Interferenzfilter (Revolver),
3 Photozelle, *4* Blende, *5* Konkav-Reflexionsspiegel, *6* Siebplatte des Brenners, *7* Brenner

2. Bau und Wirkungsweise der Einzelteile der Apparatur

a) Der Zerstäuber

Für eine reproduzierbare und empfindliche flammenphotometrische Bestimmung muß die Probesubstanz in fein verteilter Form in die Flamme eingebracht
werden. Zu diesem Zweck vernebelt man die Analysenlösung mit einem Zerstäuber.
Es sind zahlreiche Konstruktionen, wie etwa elektrolytische Zerstäuber, Zentri-
fugalzerstäuber, Funkenzerstäuber, Ultraschall-Zerstäuber und Druckgaszerstäu-
ber beschrieben worden, von denen sich nur die mit Druckgas arbeitenden Anordnungen praktisch durchgesetzt haben. Man unterscheidet bei ihnen zwischen

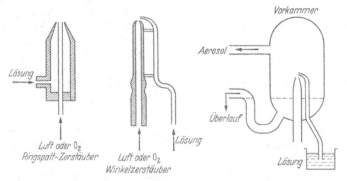

Abb. 3. Vorkammerzerstäuber und Anordnung der Vorkammer

Vorkammerzerstäubern, bei denen der Zerstäuber in einer vor dem Brenner liegenden Vorkammer untergebracht ist — Anordnung nach H. Lundegardh, Abb.
1 a — und *Direktzerstäuber-Brennern*, bei denen der Brenner *gleichzeitig* als Zerstäuber dient (vgl. bei „Brenner"). In Abb. 3 sind Beispiele für Vorkammer-
Zerstäuber wiedergegeben. Man verwendet insbesondere Ringspalt- und Winkel-
zerstäuber. Theoretisch erhält man um so feinere Tröpfchen und damit einen hohen

Wirkungsgrad, je höher der Druck des Gases vor der Zerstäuberdüse ist. Damit der Druckgasverbrauch in Grenzen bleibt, muß die Düse eng gehalten werden. Dadurch tritt leicht Verstopfung ein durch Filterfasern oder dergleichen. Die Konstruktionen stellen deshalb einen Kompromiß dar. Sie sind in handelsüblichen Geräten selten für Drucke über 0,9 kg/cm² eingerichtet. Die Form der Zerstäuber wird empirisch ermittelt, da eine Theorie der Zerstäubungsvorgänge fehlt. Als günstig hat sich erwiesen, den Luftstrom und die Flüssigkeit so zu führen, daß ein möglichst kleiner und dünner Flüssigkeitsfilm an der Stelle mit dem Luftstrom zusammenkommt, an der die größte Strömungsgeschwindigkeit herrscht. Die Zufuhr der Flüssigkeit erfolgt entweder dadurch, daß die Saugwirkung der Anordnung ausgenutzt wird oder durch Zufließenlassen. Die erstgenannte Art findet am meisten Anwendung. Man verwendet aber möglichst flache Probegefäße (Petrischälchen, Uhrgläser), um den Niveauunterschied vor und nach der Messung klein zu halten, da bei absinkendem Niveau etwas weniger Flüssigkeit vernebelt wird und Fehler entstehen. In Spezialfällen wird zur sicheren Ausschaltung des Einflusses der Ansaughöhe eine kontrollierte Flüssigkeitszufuhr mit Hilfe einer motorgetriebenen Rekordspritze eingerichtet (HERRMANN, R. und H. SCHELL-HORN 1955).

Die Vorkammer (vgl. Abb. 3) hat vor allem die Aufgabe, die bei der Vernebelung entstehenden, unerwünschten großen Tröpfchen abzuscheiden und nach außen (oder in die Probe zurück) zu leiten. Bei geeigneter Konstruktion wirkt sie außerdem als Prallfläche und fördert die Zerteilung. Prinzipiell wird eine möglichst schmale Größenverteilungskurve der Tröpfchen mit möglichst kleiner mittlerer Größe und guter Reproduzierbarkeit angestrebt.

b) Der Brenner und die Flamme

Die Aufgabe des Brenners ist die Erzeugung einer stabilen Flamme. Seine ursprünglichste Form ist die des Bunsen-Brenners, der für die Flammenspektral-analyse erstmalig konstruiert wurde. Die entstehende Flamme ist laminar. Die Gasmischung strömt ohne Wirbel. Die Kegelform der ersten Reaktionszone (Innenkegel) kommt dadurch zustande, daß sich das Brenngasgemisch mit einer vom Rande nach der Mitte des Brennerrohres hin zunehmenden Geschwindigkeit vom Brennerkopf entfernt, während sich die Verbrennungsreaktion mit der Verbrennungsgeschwindigkeit auf die Brennermündung zu bewegt. Einer solchen Flamme wird das Aerosol der zerstäubten Probeflüssigkeit dadurch zugeführt, daß es an irgend einer Stelle vor dem Brennerrohr mit dem Brenngas vermischt wird. Die Vermischung muß vollständig erfolgen. Die Dimensionen und Spezialformen der Brenner sind auf ein jeweiliges Gasgemisch und entsprechende Drucke berechnet. Deshalb muß beim Wechsel der Gasmischung im allgemeinen auch der Brennerkopf ausgetauscht werden. Ausführungsformen der Brenner für laminare Flammen sind in Abb. 4a und b S. 366 dargestellt.

Zur Stabilisierung der Flammen werden meist Brennerköpfe in Siebform (Mekerbrenner) aus korrosionsfestem Metall oder aus Quarz verwendet. Hinsichtlich der Stabilität der Flamme werden hohe Ausströmungsgeschwindigkeiten der Gase, hinsichtlich der möglichst langen Verweilzeit der Teilchen in der Flamme aber niedere Strömungsgeschwindigkeiten angestrebt. Der Brenner ist ein Kompromiß aus beiden Forderungen.

Der Direktzerstäuber-Brenner unterscheidet sich auf Grund seiner turbulenten Flamme in Konstruktion und Eigenschaften wesentlich vom Vorkammer-zerstäuber-Brenner. Er ist ein Gebläsebrenner ähnlich einem Schweißbrenner (Abb. 4c), der gleichzeitig als Ringspaltzerstäuber wirkt. Die angesaugte Lösung wird *quantitativ direkt* in die Flamme hineingesprüht. Dabei muß der Brenner so dimensioniert sein, daß trotz der hohen Ausströmungsgeschwindigkeit der Gase, die für die Zerstäubung notwendig ist, die Flamme stabil brennt und nicht weggeblasen wird. Zum Betrieb solcher Konstruktionen kommen daher nur Gasgemische mit hoher Verbrennungsgeschwindigkeit (z. B.: Wasserstoff/Sauerstoff) in

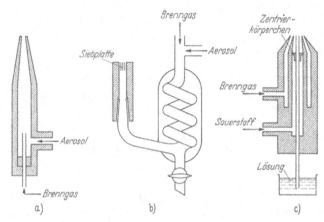

Abb. 4a—c. a) und b) Brenner für Vorkammer-Zerstäuber; b) Brenner nach W. Schuhknecht, c) Direktzerstäuber-Brenner nach Zeiss

Frage. Die Flamme brennt unter starkem Geräusch, und wird deshalb in schalldämpfenden Kammern untergebracht. Die Vorteile dieses Systems ergeben sich daraus, daß nicht wie beim Vorkammerzerstäuber-Brenner nur 1—3% der zerstäubten Probeflüssigkeit, sondern 100% in die Flamme gelangen. Die Empfindlichkeitssteigerung ist allerdings nicht, wie man danach erwarten sollte, das 30 bis 100fache, sondern nur das 5fache. Unregelmäßigkeiten, die mit der Vorkammerzerstäubung verbunden sind, fallen weg. Die Flamme kann nicht zurückschlagen. Schließlich lassen sich im Gegensatz zum Vorkammerzerstäuber-Brenner — auch organische Lösungsmittel (Benzine, Öle) gefahrlos vernebeln.

c) Die Filter

Zur Isolierung von Licht eines schmalen Wellenlängenbereiches stehen folgende Filtermöglichkeiten zur Verfügung: 1. Absorptionsfilter (a) Flüssigkeitsfilter, b) Farbglasfilter, c) Gelatinefilter) und 2. Metallinterferenzfilter. Von wesentlicher praktischer Bedeutung sind nur die Farbgläser und die Metallinterferenzfilter. Farbgläser werden durch Auflösen von Metalloxiden, -sulfiden und -seleniden in Glasschmelzen hergestellt. Sie sind meist in einem, manchmal in mehreren, relativ breiten Spektralbereichen durchlässig. Die

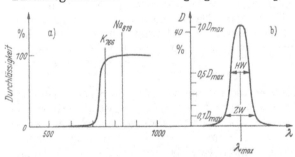

Abb. 5a u. b. a) Durchlässigkeit eines Farbglas-Rotfilters; b) Durchlässigkeit eines Interferenzfilters

Durchlässigkeitskurve eines Rotfilters zur Isolierung der roten Kaliumlinie $\lambda = 766{,}5$ nm ist in Abb. 5a dargestellt. Das Filter absorbiert alles kürzerwellige Licht, nicht dagegen längerwelliges. Die Linien von Rubidium und Caesium

würden stören, ebenso die Natriumlinie $\lambda = 819{,}5$ nm. Man nennt nach W. Schuhknecht (1937) eine störende Beeinflussung dieser Art „Querempfindlichkeit". Sie
ist z. B. bei der Kalium- und Natriumbestimmung gegeben und einzuzeichen.

Anstelle dieser Farbgläser oder Farbglaskombinationen verwendet man heute
fast ausschließlich sog. *Interferenzfilter*. Sie beruhen auf dem Prinzip des Fabry-
Pérot-Etalons, bei dem die Strahlung an zwei teildurchlässigen parallelen Spiegeln
reflektiert wird. Wenn die Schicht zwischen den Spiegeln die Schichtdicke d und
die Brechungszahl n hat[1], dann ist die Wellenlänge des durchgelassenen, durch
Interferenz nicht gelöschten Lichtes gegeben auf Grund der Beziehung

$$\lambda_{max} = \frac{2 \cdot d \cdot n}{m} \, ,$$

wobei $m = 1, 2, 3, 4 \ldots$ ist. Man kann damit durch Änderung der Schichtdicke
d und der Brechungszahl n jede beliebige Wellenlänge erfassen. Zur Unterdrük-
kung der höheren und tieferen „Ordnungen" ($m = 1, 2, 3 \ldots$) vereinigt man ein
solches System noch mit einem einfachen Farbglasfilter. Die Durchlässigkeitskurve eines solchen Interferenzfilters ist in Abb. 5 b S. 366 wiedergegeben. Die charakteristischen Größen eines Interferenzfilters sind: 1. Die Wellenlänge maximaler
Durchlässigkeit (λ_{max}), 2. die maximale Durchlässigkeit (D_{max}), 3. die Halbwertsbreite HW, d. h. der bei halber Durchlässigkeit erfaßte Wellenlängenbereich
und 4. die Zehntelwertsbreite ZW, entsprechend bei $^1/_{10}$ D_{max}. Ein modernes
Interferenzfilter ist z. B. durch folgende Werte gekennzeichnet: $D_{max} = 42\%$,
$HW = 10$ nm, $ZW = 18$ nm.

Neben diesen Haupttypen werden noch gelegentlich die sog. „*Multilayer Inter-
ference Filter*" eingesetzt, die aus einer größeren Zahl von Schichten verschiedener
Brechungszahl (ohne Spiegel) hergestellt werden. Sie haben eine hohe Maximaldurchlässigkeit und geringe Halbwertsbreite, allerdings auch eine höhere Rest-
durchlässigkeit in den Sperrgebieten und höheren Preis. Die *Polarisations-Inter-
ferenzfilter* nach Lyot-Öhman zeichnen sich durch ausgezeichnete Trennschärfe
aus. Die Halbwertsbreite kann noch unter 0,1 nm liegen. Der Preis ist sehr hoch.

d) Die lichtelektrischen Empfänger

Die Strahlungsempfänger haben die Aufgabe, die Intensität einer mit dem
Filter isolierten Spektrallinie oder Spektralbande in einen elektrischen Strom um-
zuwandeln, der dann mit einem empfindlichen Galvanometer oder einem ähnlichen
Meßinstrument nach der Ausschlagmethode gemessen wird. Der erstmals verwendete Strahlungsempfänger ist das Photoelement oder die Sperrschichtzelle,
deren Aufbau in Abb. 6 a S. 368 schematisch dargestellt ist. Durch Lichteinstrahlung
werden aus der Sperrschicht Elektronen freigemacht, die ohne Hilfsspannung kräftige Photoströme hervorrufen. Das Element liefert ohne Belichtung keinen Dunkelstrom, es ist unzerbrechlich, klein und leicht. Nachteilig ist eine gewisse Temperaturabhängigkeit des Photostromes. Da die früher beobachteten Ermüdungserscheinungen weitgehend behoben sind, treten Photoelemente heute in der
Flammenphotometrie in Konkurrenz mit den hauptsächlich verwendeten Alkalizellen (Photozellen) und den Sekundärelektronenvervielfachern (SEV) (Multipliers).
Die Alkalizellen (Vakuumzellen) sind evakuierte Glasbehälter, an deren Rückwand
eine mit Alkali-Alkalioxid belegte Metallschicht als lichtempfindliche Kathode angebracht ist, vor der sich eine gitterartige Anode befindet (Abb. 6 b). Durch Anlegen
einer gewissen Spannung werden bei Belichtung die Photoelektronen abgesaugt.

---

[1] $d \cdot n =$ „optische Schichtdicke".

(Nähere Angaben vgl. bei „Messung der Lichtabsorption" S. 377.) Die Vorteile dieser Alkalizellen liegen in der guten Proportionalität zwischen Strom und Lichtintensität und in der Möglichkeit, den Photostrom nachverstärken zu können. Weiter kann die Selektivität der flammenphotometrischen Bestimmung durch die begrenzte spektrale Empfindlichkeit solcher Zellen in Kombination mit Filtern erhöht werden.

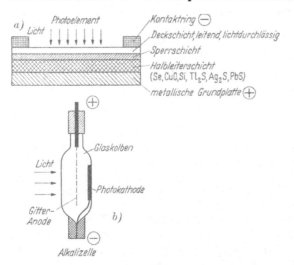

SEV oder Multipliers sind Alkalizellen, bei denen die Photoelektronen in einem elektronenoptischen System in der Zelle selbst durch Aufprall auf zahlreiche weitere Elektroden bis um das 10^6 fache vermehrt werden können.

Abb. 6a u. b. Photoelement und Alkalizelle.
a) Photoelement; b) Photozelle (= Alkalizelle)

II. Flammen-spektrophotometrie

Die Flammenspektrophotometrie unterscheidet sich von der eigentlichen Flammenphotometrie im wesentlichen dadurch, daß anstelle der Filter zur Abtrennung der Analysenlinien und -Banden ein Monochromator verwendet wird. Der Aufbau und die Wirkungsweise dieser Geräte ist in

Tabelle 1. *Spektrophotometrisch erfaßbare Elemente und ihre untere Grenzkonzentration in mg/l. Kursiv gesetzte Elemente werden allgemein auch mit dem Filterphotometer bestimmt. Banden sind 3stellig, Linien 4stellig.*

Ag	0,05	(338,3 nm)	*In*	0,01	(451,1 nm)
Al	2	(484,2 nm)	*K*	0,001	(766,5 nm)
Au	20	(267,6 nm)	*Li*	0,002	(670,8 nm)
B	0,1	(548 nm)	*Mg*	0,1	(371 nm)
Ba	0,3	(553,6 nm)	*Mn*	0,01	(403,3 nm)
Be	25	(471 nm)	Mo	3	(600 nm)
Bi	30	(472,3 nm)	*Na*	0,0002	(589,0 nm)
Ca	0,003	(422,7 nm)	Ni	1	(352,5 nm)
Cd	2	(326,1 nm)	Pb	2—5	(405,8 nm)
Ce	2	(481 nm)	Pd	0,1	(363,5 nm)
Co	1	(353,0 nm)	*Rb*	0,01	(780,0 nm)
Cr	0,1[2]	(425,4 nm)	Rh	0,1	(369,2 nm)
Cs	0,1	(852,1 nm)	Sn	1	(317,5 nm)
Cu	0,01[1]	(324,8 nm)	*Sr*	0,01	(681 nm)
Fe	0,2[2]	(372,0 nm)	Te	10	(364 nm)
Ga	0,1	(417,2 nm)	Tl	0,1	(377,6 nm)
Hg	10	(253,7 nm)	Zn	200	(500 nm)

[1] In Methanol.
[2] O_2-Methan-Flamme.

dem Kapitel „Messung der Lichtabsorption" S. 377 u. in „Emissionsspektralanalyse" S. 318 behandelt. Für die flammenphotometrische Praxis von Bedeutung ist die Tatsache, daß die Monochromatoren im allgemeinen zur Abtrennung eng beieinander liegender Analysenlinien besser geeignet sind als Filter. Man wird ein solches Gerät dann wählen, wenn linienreiche Schwermetalle oder eine größere Zahl von Elementen bestimmt werden sollen. Da der Lichtleitwert der Geräte kleiner ist als bei Filterphotometern, sind heiße, wirksame Flammen (Direktzerstäuberbrenner) und hohe Verstärkungen der Photoströme notwendig. Dabei erhöhen sich die verschiedenen Fehlermöglichkeiten (Koincidenz[1], Anregungsbeeinflussung, Untergrund), so daß das Arbeiten unter diesen Bedingungen größere Anforderungen stellt. Es gelten dann in erhöhtem Maß die im Kapitel „Emissionsspektralanalyse" gegebenen Arbeitshinweise. Die befriedigende Analyse zahlreicher Elemente ist auch bei der Flammenspektrophotometrie an Spektralphotometer mit hoher Auflösung und guter Dispersion gebunden, da im

Tabelle 2. *Nachweisempfindlichkeit für verschiedene Elemente bei der Flammen-Absorptions-Spektrophotometrie (nach H. KAHN u. W. SLAVIN). Werte in ppm — mg/kg, also vergleichbar mit den Werten der Tab. 1*

Ag	0,05	Ga	1,5	Pt	0,7
Au	0,3	Hg	5	Rb	0,1
Ba	5	In	0,2	Rh	0,3
Be	100	K	0,03	Sb	0,5
Bi	0,5	Li	0,03	Se	5
Ca	0,1	Mg	0,01	Sn	5
Cd	0,03	Mn	0,05	Sr	0,15
Co	0,2	Mo	0,5	Te	0,5
Cr	0,05	Na	0,03	Tl	0,03
Cs	0,15	Ni	0,15	Zn	0,03
Cu	0,1	Pb	0,3		
Fe	0,1	Pd	0,3		

Flammenspektrum nur wenige Analysenlinien zur Verfügung stehen und einer Koincidenz weniger ausgewichen werden kann. In Tab. 1, S. 368 sind die meisten der miteinem Flammenspektrophotometer bestimmbaren Elemente und die Grenzkonzentrationen in mg/l angegeben (nach R. HERRMANN 1956). Die Konzentrationswerte der Tabelle können nur zur Orientierung dienen, da sie erheblich von den im Einzelfall angewendeten Untersuchungsbedingungen (Gerät, Flamme, Lösungsmittel) abhängen. Die kursiv gesetzten Elemente werden auch von Filtergeräten erfaßt.

III. Das Flammen-Absorptionsspektrophotometer nach WALSH

Bei dieser Anordnung wird nicht die Emission der Flamme bezüglich eines bestimmten Elementes, sondern ihre Absorption gemessen. Es wird also die sonst unangenehme Erscheinung der Selbstabsorption analytisch ausgewertet. Dazu dient eine Hohlkathodenlampe als Lichtquelle, die das Spektrum des Analysenelementes emittiert. In den Strahlengang wird die Flamme gebracht, in der die Analysenlösung zur Verdampfung kommt. Die Schwächung der Intensität einer von der Hohlkathodenlampe ausgesandten Spektrallinie durch die Flamme dient als Maß der Konzentration des Analysenelementes. Das Verfahren ist aufwendig. Jedes Element erfordert im allgemeinen eine eigene Hohlkathodenlampe. Zu ihrem Betrieb ist ein hochwertiges Stromversorgungsgerät notwendig. Das Verfahren zeichnet sich besonders bei der Bestimmung von Zink durch höhere Empfindlichkeit und Reproduzierbarkeit aus, wenn der Untergrund der Flamme nach der Zweistrahl-Wechsellicht-Methode ausgeschaltet wird. Dann können noch 0,1—0,03 mg/l Zink erfaßt werden. Die Grenzkonzentration läßt sich auf 0,006 mg/l Zink herabdrücken, wenn man die Flamme in Richtung der optischen Achse durch eine Quarzröhre brennen läßt. In anderen Fällen haben sich die großen Erwartungen noch nicht bestätigen lassen. Tab. 2 zeigt eine Auswahl der Nachweisempfindlichkeiten für verschiedene Elemente bei der Atomabsorptionsanalyse (nach H. KAHN und W. SLAVIN).

---

[1] Siehe „Emissionsspektralanalyse".

C. Theoretische Grundlagen und ihre Bedeutung für die Praxis der Flammenphotometrie

I. Die Zerstäubung

Um bei gegebener Konzentration des gesuchten Analysenelementes eine immer gleiche Intensität der emittierten Strahlung zu erhalten, muß die Aerosolkonzentration und das Tröpfchenspektrum dieses Aerosols jederzeit definiert und konstant sein. Beide Größen sind abhängig von der Dichte der Lösung, ihrer Viscosität, Oberflächenspannung und Temperatur. Da die Probelösungen in allen diesen Eigenschaften nicht ohne weiteres übereinstimmen, muß man auf irgend eine Art ihren Einfluß ausschalten. Zunächst muß für gleiche Temperatur bei den Messungen gesorgt werden. Wesentlich ist dabei die Temperatur des Aerosols, nicht die der Probelösung selbst, da durch die Oberflächenvergrößerung Lösungsmittel verdampft und die Temperatur sinkt. In gleicher Richtung wirkt die Druckentspannung an der Zerstäubungsdüse. Zur Konstanthaltung der Temperatur ist zwischen den einzelnen Messungen destilliertes Wasser zu zerstäuben. Eine Abweichung der Temperatur um 1° C verursacht einen Fehler zwischen 0,1—1%. Das Optimum der Aerosoltemperatur liegt bei 30—40° C.

Der Einfluß der Dichte kann im allgemeinen durch geeignete Konstruktion des Zerstäubers (Vorkammer, Art der Probezufuhr) ausgeschaltet werden. Das ist nicht ohne weiteres der Fall bei Viscosität und Oberflächenspannung. Um ihre Einwirkung auf das Meßergebnis zu beseitigen, setzt man den Lösungen geeignete Salze oder wasserlösliche Alkohole in so hoher Konzentration zu, daß ihre physikalischen Eigenschaften nur durch diese Zusätze bestimmt werden. Die Alkohole, insbesondere i-Amyl- bzw. i-Butylalkohol, haben dabei den Vorteil, daß sie die Aerosolkonzentration stark erhöhen, so daß die Intensität der Strahlung beträchtlich angehoben wird. Bei Direktzerstäuber-Brennern kommt noch die Heizwirkung solcher organischen Stoffe hinzu, die die Flammentemperatur steigert.

II. Die Vorgänge in der Flamme

1. Verbindungsbildung

Beim Weg des Aerosols in und durch die Flamme werden die Tröpfchen teilweise oder vollständig zur Trockne gebracht. Dabei finden *chemische Umsetzungen* in der flüssigen oder festen Phase des Tröpfchens statt, die abhängen von der chemischen Natur und Konzentration der Lösungspartner, der Art der Flammengase, der Flammentemperatur und der Verweilzeit der Teilchen in der Flamme. Da eine Anregung und Lichtemission nur erfolgen kann, wenn vorher die Substanz thermisch verdampft worden ist, muß sich in den Fällen, in denen schwer verdampfbare chemische Verbindungen entstehen, ein zum Teil erheblicher Einfluß auf die Emission geltend machen. Man spricht in diesen Fällen von ,,*Verdampfungsblockierung*". Das schon klassische Beispiel ist die Beeinflussung der Emission der Erdalkalien, insbesondere von Calcium durch Aluminium, Silikat, *Phosphorsäure* und Titansalze. Es bilden sich in jedem Fall schwerverdampfbare Verbindungen. Die Verdampfungsblockierung von Calcium durch Phosphorsäure kann durch Zusatz von Strontiumsalzen behoben werden. Sie binden bevorzugt Phosphorsäure, wodurch Calcium freigemacht wird.

2. Anregung

Die Verdampfung und Dissoziation der Teilchen wird durch eine hohe Flammen- und Teilchentemperatur, durch geringe Substanzzufuhr in die Flamme und hohe Verweilzeit in der Flamme gefördert. Es stellt sich im gasförmigen Zustand ein Gleichgewicht ein zwischen Molekülen, Atomen, Ionen und Elektronen, das von der Temperatur (der Teilchen), der Ionisationsenergie und der Konzentration der betrachteten Atomart (in gasförmigem Zustand) abhängt; für die Atomart A gilt vereinfacht:

$$A \rightleftharpoons A^+ + \theta \tag{1}$$

Die Ionisationsverhältnisse lassen sich demnach (in 1. Näherung) durch eine Gleichgewichtskonstante K_i beschreiben:

$$K_i = \frac{p_A{}^+ \cdot p_\theta}{p_A}, \tag{2}$$

(A = nichtionisiertes Atom, A^+ = Ion der Atomart A, θ = Elektron, p_A = Partialdruck der Atome A, $p_A{}^+$ = Partialdruck der Ionen, p_θ = Partialdruck der Elektronen).

Diese Beziehung (2) besagt, daß die von Atomen A abgestrahlte Intensität bestimmter Wellenlänge *(Atomlinie!)* bei gegebenem Anregungspotential E_a (dieser Atomlinie) nicht einfach durch die *insgesamt* verdampfte Menge an Atomen A bedingt ist, sondern daß sie vielmehr vom Ionisationsgrad $I = p_A{}^+/p_A$ abhängt, wobei in Funktion der Ionisierungsenergie E_i der Atomart A (und der Temperatur) mehr oder weniger Atome ionisiert werden und damit für die Aussendung des Lichts dieser Atomlinie verloren sind. Für die Praxis ergibt sich zunächst, daß bei der Bestimmung leicht anregbarer und leicht ionisierbarer Elemente, wie etwa der Alkalien, keine heiße Flamme verwendet werden soll (vgl. Tab. 3), insbesondere bei kleinen Konzentrationen, da sonst der Ionisationsgrad hoch, die Intensität einer Atomlinie nieder ist. Umgekehrt muß man bei der Verwendung heißer Flammen, wie etwa bei der Bestimmung der Erdalkalien zur Verdampfung schwer flüchtiger Verbindungen (Verdampfungsblockierung), einen hohen Ionisationsgrad I in Kauf nehmen. Dann ist möglicherweise die Intensität einer Ionenlinie stärker als die einer Atomlinie. Das muß bei der Wahl der Analysenlinie berücksichtigt werden[1].

3. Zusammenhang zwischen Intensität der Spektrallinie und Konzentration des Analysenelementes in der Probe

Die Form einer Eichkurve läßt sich auf Grund der Beziehung (2) erklären. Bei Verwendung einer *Atomlinie* wird mit zunehmender Konzentration der Atome A in der Probelösung der Ionisationsgrad I in der Flamme abnehmen, weil nach

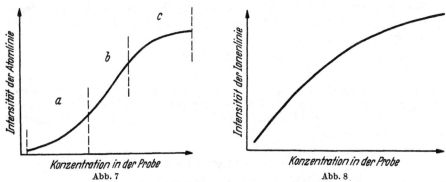

Abb. 7. Eichkurve, mit Hilfe einer Atomlinie aufgestellt. a) Bereich abnehmenden Ionisationsgrades I; b) Proportionalbereich; c) Bereich vorherrschender Selbstabsorption

Abb. 8. Eichkurve, mit Hilfe einer Ionenlinie aufgestellt

---

[1] Siehe Kapitel „Emissionsspektralanalyse".

Gl. (2) $p_A{}^+$ langsamer wächst als p_A. In Abb. 7 sind die Verhältnisse dargestellt; sie sind schematisiert und treten nur bei leicht ionisierbaren Elementen, Linien hoher Selbstabsorption und bei Betrachtung eines großen Konzentrationsintervalls auf. Auf den nach oben konkaven Bereich der Ionisationsverminderung folgt ein Mittelbereich weitgehender Proportionalität zwischen Konzentration und Intensität. Der oberste Ast der Kurve ist durch *Selbstabsorption* bedingt. Hier wird in den inneren Flammenbezirken emittierte Strahlung in den äußeren kälteren Teilen der Flamme wieder absorbiert und zwar zunehmend mit steigender Konzentration. Eine entsprechende Kurvenform ergibt sich für Banden.

Bei Verwendung einer *Ionenlinie* erhält man den in Abb. 8 dargestellten Verlauf einer Eichkurve. Mit zunehmender Konzentration der Atomart A wird der Ionisationsgrad gemäß Gl. (2) kleiner und damit auch die Intensität einer Ionenlinie (Die Selbstabsorption ergibt eine gleichsinnige Wirkung).

4. Anregungsbeeinflussung

Die Beeinflussung der Emission von Licht bestimmter Wellenlänge wird bei Anwesenheit eines Fremdelementes auf Grund der Beziehung (2) um so höher sein, je kleiner die Ionisierungsenergie E_i dieses Störelementes und des Analysenelementes A und je höher die Temperatur ist, weil das Störelement genauso wie das Analysenelement gemäß Gl. (2) ionisiert wird. Dabei entstehen zusätzliche Elektronen. Der Partialdruck p_θ steigt und entsprechend sinkt $p_A{}^+$, damit das Gleichgewicht erhalten bleibt. Die Folge ist eine Erhöhung von p_A und also eine Erhöhung (Erniedrigung) der Intensität der betrachteten Atomlinie (Ionenlinie).

Zur Beseitigung solcher Störungen ist vorgeschlagen worden, einen *spektroskopischen Puffer* in Form eines leicht anregbaren und ionisierbaren Caesiumsalzes im Überschuß zuzusetzen. Durch dieses Element wird der Partialdruck der Elektronen p_θ auf einem großen konstanten Wert gehalten. Der hohe Preis dieser Salze hat eine breite Anwendung in der Flammenphotometrie verhindert. Eine andere Möglichkeit ist der *kontrollierte Zusatz des Störelements* selbst. Man gibt entweder einen hohen Überschuß in Probe und Eichlösung vor, oder stellt sich eine Schar von Eichkurven her, bei deren Aufstellung die Eichlösungen jeweils einen definierten, von Eichreihe zu Eichreihe wechselnden Zusatz an Störelement erhalten haben (Eichkurvenschar). Bei Proben konstanter Zusammensetzung genügt oft eine einzige Konzentration des Störelementes.

Eine weniger in Erscheinung tretende Art der Anregungsbeeinflussung ist die *Dissoziationsbeeinflussung*. Sie wird durch Anionen verursacht, indem auf Grund der Beziehung

$$K_{\text{Dissoziation}} = \frac{p_A \cdot p_B}{p_{AB}}, \tag{3}$$

bei Erhöhung des Partialdrucks der Anionen p_B der Partialdruck p_A des Elementes A kleiner werden muß, damit das Gleichgewicht (3) erhalten bleibt. Also würde die Emission entsprechend sinken. In der Praxis sind solche Einflüsse unmerklich und zu vernachlässigen.

5. Der Flammenuntergrund

Maßgebend für die spektralanalytische Bestimmung eines Elementes ist streng genommen nicht die absolute Intensität der Analysenlinie, sondern das Intensitätsverhältnis ($I.V.$) Linie/Flammenuntergrund. Bei Intensitäten der Analysenlinie, die in der Größenordnung des Untergrundes liegen, muß vom Meßwert

„Linie + Untergrund" (LU) der Untergrund (U) abgezogen und das Verhältnis der Intensitäten (I)

$$I.V. = (I_{LU} - I_U)/I_U, \qquad (4)$$

gebildet werden. Dabei ist anzumerken, daß die Größe $I.V.$ abhängt einmal von der Einrichtung, mit der die Linie isoliert wird (Halbwertsbreite des Filters, Spaltbreite), dann von der Art der Lichtquelle, ihrer Temperatur, welches Lösungsmittel versprüht wird, welche Menge an Substanz pro Zeiteinheit in die Flamme eingeführt wird und schließlich vom Brenngas und dem Brenner. Direktzerstäuberbrenner weisen eine erhöhte Aerosolkonzentration in der Flamme auf und zeigen deshalb ein etwas größeres Intensitätsverhältnis $I.V.$

D. Die Methodik

I. Allgemeine Gesichtspunkte

In Tab. 3 sind die bei der Ausarbeitung einer Analysenvorschrift zu beachtenden Fehlermöglichkeiten und ihre Beseitigungen zusammengestellt.

Grundsätzlich muß bei der flammenphotometrischen Analyse einer neuartigen Probe geprüft werden, ob Störungen der angegebenen Art bei der vorgenommenen Arbeitsweise eintreten. Die kritiklose Verwendung einer Eichkurve, die mit

Tabelle 3. *Fehlermöglichkeiten und ihre Beseitigung*

Störfaktor	Beseitigung
Meß- und Eichlösungen weichen in ihren physikalischen Eigenschaften voneinander ab (Dichte, Oberflächenspannung, Viscosität)	Zusätze: Al(NO$_3$), AlCl$_3$, MgSO$_4$, Glykol, Zuckerlösung
Verdampfungsblockierung	heiße Flamme; lange Verweilzeit der Teilchen in der Flamme, Zusätze: Sr-Salze bei der Bestimmung von Ca! ÄDTE
Anregungsbeeinflussung	niedere Flammentemperatur, hohe Konzentration der Analysenkomponente. Zusätze: spektrographischer Puffer, Störelement im Überschuß zugeben, Eineichen der Störkomponente
Querempfindlichkeit	eineichen, (messen und abziehen)
Änderung der Flammentemperatur	keine Beseitigung möglich

„reinen", nur das Analysenelement enthaltenden Lösungen aufgestellt wurde, ist nicht zulässig. Außer auf die Berücksichtigung von Störungen erstreckt sich die Ermittlung günstiger Arbeitsbedingungen auf die Auswahl der Analysenlinie (oder Bande) auf die Festlegung der Anregungsbedingungen und der absoluten Konzentration der Probelösung. Für die Anregung ist von wesentlicher Bedeutung die Wahl des Brenngaspaares. In Tab. 4, S. 374 sind gebräuchliche Gaspaare und die damit zu erreichenden Flammentemperaturen angegeben. Das schon von LUNDEGARDH eingeführte Paar Acetylen–Luft stellt einen sehr guten Kompromiß dar zwischen den verschiedenen an die Flamme gestellten Forderungen. Für die Calciumbestimmung ist die Wasserstoff-Sauerstoff-Flamme vorteilhaft. Direktzerstäuberbrenner werden meist mit dieser Flamme betrieben.

Der Flüssigkeitsverbrauch bei flammenphotometrischen Analysen beträgt je nach der lichten Weite der Ansaugdüse und je nach der Art der Probenzuführung zwischen 0,1 und 20 ml je Messung.

Tabelle 4. *Gaspaare für die Erzeugung der Flamme*
(W. SCHUHKNECHT 1961)

Brenngas	Sauerstoffträger	Max. Flammentemperatur °C	
Stadtgas	Luft	1918	} kalte
Propan	Luft	1925	} Flammen
Wasserstoff	Luft	2045	}
Acetylen	Luft	2325	mittel
Wasserstoff	Sauerstoff	2660	} heiße
Acetylen	Sauerstoff	3135	} Flammen
Zyan	Sauerstoff	4580	[1]
Wasserstoff	Perchlorsäure-fluorid	über 4000	[1]

[1] Nicht gebräuchlich.

II. Eichung - Messung - Auswertung

1. Das Standardverfahren

Da die Flamme eine Anregungsquelle ist, die sehr gut reproduzierbare Werte liefert, kann bei geeigneter Arbeitsvorschrift die Konzentration einer Probenkomponente durch einfachen Vergleich der Lichtintensität der Analysenlinie mit der Intensität der Eichlinie bestimmt werden. Man stellt eine Eichkurve auf, indem man abgestufte Konzentrationen des Analysenelementes in Eichlösungen herstellt, die außerdem nach Bedarf noch Zusätze immer gleicher Konzentration enthalten. Die am Meßinstrument abgelesenen Zeigerausschläge (angegeben in Skalenteilen) werden auf mm-Papier aufgezeichnet gegen die jeweils vorgegebene Konzentration. Dann wird die Probe ebenfalls auf geeignete Konzentration gebracht (Vorversuche!), (evtl. Zusätze beigegeben) und gemessen. Die abgelesenen Skalenteile ergeben anhand der Eichkurve sofort die gesuchte Konzentration. Zur Vereinfachung kann die Skala am Instrument direkt auf Konzentrationswerte eingestellt werden (mit Hilfe der Eichkurve).

2. Das Bezugslinien-Verfahren (Leitlinien-Verfahren)[1]

Dieses Verfahren stellt eine Abwandlung des Verfahrens der homologen Linienpaare nach W. GERLACH (1925) dar. Es beruht darauf, daß jeder Eichlösung und jeder Probelösung ein sog. Bezugselement in genau gleicher und immer konstanter Konzentration zugesetzt wird. Die Intensität der Analysenlinie wird dann auf die Intensität der Bezugs- oder Leitlinie bezogen. Die Methode ist im Fall der Flammenphotometrie nicht wesentlich genauer als das Standardverfahren.

3. Das Kurvenschar-Verfahren

Wenn ein oder mehrere Störelemente in der Probe vorhanden sind und ihre Konzentration hoch ist, so daß die Zugabe eines Überschusses nicht ratsam erscheint, stellt man eine ganze Schar von Eichkurven für ein und dasselbe Analysen-

[1] Vgl. „Emissionsspektralanalyse".

element her, indem man in die Eichlösungen einer Eichreihe jeweils konstante, genau definierte Mengen des Störelementes gibt. Bei der Analyse der Untersuchungsprobe bestimmt man dann jeweils zuerst das Störelement und daran anschließend das Analysenelement. Zur Auswertung benutzt man diejenige Eichkurve, bei der die gefundene Störelementkonzentration eingeeicht worden ist.

4. Das Profilierungsverfahren

Das Profilierungsverfahren ist nur bei Verwendung eines Flammenspektralphotometers verwendbar. Man zeichnet dabei das Profil der ganzen Spektrallinie durch Abtasten eines Spektralbereiches und mißt die Höhe zwischen Basislinie und Spitze. Dadurch wird der Untergrund abgezogen. Dieses Verfahren gewinnt durch die zunehmende Anwendung von registrierenden Spektralphotometern und damit einer durchgehenden Registrierung des Spektrums an Bedeutung.

Das *Einschachtelungsverfahren* ist etwas umständlich. Es wird auf die einschlägige Literatur hingewiesen.

E. Anwendungen in der Lebensmittelchemie

Die flammenphotometrischen Untersuchungen in Lebensmitteln betreffen im wesentlichen Natrium, Kalium und Calciumbestimmungen in Pflanzenaschen, Milch, Butter, Fruchtsäften, Essig und vor allem in Wein (Kalium-Natrium-Verhältnis) (J. R. KEIRS u. S. J. SPEEK 1950). Vereinzelt wurde das Calcium-Magnesium-Verhältnis in Milch und ebenso Kupfer und Eisen in Zuckersyrup bestimmt. Bei der toxikologischen Untersuchung wird Thallium ermittelt. Im allgemeinen muß die Probe verascht werden. Das gilt insbesondere, wenn Alkohol oder Zucker anwesend sind. Frische Milch kann auch direkt analysiert werden, wenn die Eichkurve entsprechend aufgestellt wurde. Bei solchen direkten Bestimmungen wird gelegentlich die abgewandelte Leitlinienmethode (Bezugselement) verwendet, indem den Eich- und Analysenlösungen eine konstante Menge eines Bezugselementes zugesetzt wird. Aus der Abweichung der Intensität der Bezugslinie in der Analysenlösung, bezogen auf die Intensität in der Eichlösung, berechnet sich ein Korrekturfaktor, der dann berücksichtigt wird (H. M. BAUSERMANN u. R. R. CERNEY 1953). Bei der Ermittlung sehr geringer Natriumgehalte, wie sie in Pflanzenaschen vorkommen, sind erhebliche Fehler durch gegenseitige Beeinflussung (insbesondere von Kalium auf Natrium) möglich. Dann stellt man nach dem Zumisch- oder Verdünnungsverfahren eine Korrekturkurve auf, mit der man jeweils das erhaltene Meßergebnis zu korrigieren hat.

Bibliographie

BURRIEL-MARTI, F., and J. RAMIREZ-MOÑOZ: Flame-Photometry. London: Elsevier Publishing Co. 1957.

ELWELL, W. T., and J. A. F. GIDLEY: Atomic Absorption Spectrophotometry. London: Pergamon Press 1962.

HERRMANN, R., u. C. TH. J. ALKEMADE: Flammenphotometrie. 2. neubearb. Auflage, 1960.

LUNDEGARDH, H.: Die quantitative Spektralanalyse der Elemente, 1. Teil, Jena: Verlag G. Fischer 1929; 2. Teil, Jena: Verlag G. Fischer 1934.

MELOCHE, V. M.: A Review of Flame Photometry. Am. Soc. Testing Materials (Preprint, 126).

SCHUHKNECHT, W.: Die Flammenspektralanalyse. Stuttgart: Ferdinand Enke 1961.

Zeitschriftenliteratur

BAUSERMANN, H. M., u. R. R. CERNEY: Flame spectrophotometric determination of sodium and potassium. Analytic. Chem. **25**, 1821—1824 (1953).

Eisenbrand, J.: Beitrag zur Unterscheidung verschiedener Essigarten mit Hilfe flammen-
photometrischer Messungen. Z. Lebensmitt.-Untersuch. u. -Forsch. 98, 196—205 (1954).
Gerlach, W.: Zur Frage der richtigen Ausführung und Deutung der quantitativen Spektralanalyse. Z. anorg. Chem. 142, 383—398 (1925).
Herrmann, R.: Entwicklung der modernen Flammenphotometrie. Chem. Labor u. Betrieb
4, 586—592 (1960).
—, u. H. Schellhorn: Eine Zerstäuber-Brenner-Kombination für die Flammenspektrometrie.
Z. angew. Physik 7, 572—575 (1955).
Kahn, H., and W. Slawin: Atomic Absorption Analysis. Science and Technology. Nov. 1962.
Keirs, R. J., u. S. J. Speek: Die Bestimmung von Natrium, Kalium und Calcium in Nahrungs-
mitteln, insbesondere Milch. J. Dairy Science 33, 413 (1950).
Pietzka, G., u. H. Chun: Flammenphotometrie I. Angew. Chem. 71, 276—283 (1959).
Schmitz, W.: Flammenphotometrische Analysenverfahren in der Wasseranalyse. Jahres-
bericht der Limnologischen Flußstation Freudenthal 1950.
Schuhknecht, W.: Spektralanalytische Bestimmung von Kalium. Angew. Chem. 50, 299
bis 301 (1937).
— Beitrag zur Methodik und Technik von Flammenspektrographie und Flammenphotometrie.
Optik 10, 245—268 (1953).
Walsh, E. G.: The Application of Atomic Absorption Spectra to Chemical Analysis. Spectro-
chim. Acta 7, 108—117 (1955).
West, P. W., P. Folse, and D. Montgomery: Application of Flame Spectrophotometry to
Water Analysis. Anal. Chem. 22, 667—670 (1950).
Ziegler, M.: Über die Anwendbarkeit der Spektralanalyse auf die Lebensmitteluntersuchung
(flammenphotometrische Kaliumbestimmung). Vorratspfl. u. Lebensmittelforsch. 2, 13
bis 17 (1939).

Messung der Lichtabsorption

Von

Prof. Dr. **J. Eisenbrand**, Saarbrücken

Mit 23 Abbildungen

A. Einführung und Grundlagen

Bei der Anwendung der Untersuchung von Absorptionsspektren auf chemische Probleme bieten sich diese dem analysierenden Untersucher von einer ganz anderen Seite dar als dem theoretisch tätigen Chemiker.

Der Theoretiker fragt nach der Ausdeutungsmöglichkeit chemischer Formeln in konstitutioneller Beziehung zwecks Erringung eines tieferen Verständnisses des Molekülaufbaues. Der untersuchende und analysierende Chemiker fragt nach der Brauchbarkeit der Spektra zur Bestimmung einzelner Substanzen in mehr oder minder komplizierten Gemischen. Diese Fragestellung soll daher hier vor allem behandelt werden. Konstitutionsbetrachtungen dienen in diesem Falle nur als Hilfsmittel um abzuschätzen, welche Komponenten eines Gemisches erwartungsgemäß die größte Lichtabsorption haben können und daher am leichtesten und in geringsten Mengen zu bestimmen seien. Fragen der chemischen Konstitutionsermittlungen treten allerdings ab und zu auch hier auf. Hier erweisen sich vielfach Analogiebetrachtungen als nützlich, d. h. man vergleicht das Spektrum der unbekannten Verbindung mit verwandten Spektren anderer Verbindungen. Die Spektra werden dabei einfach als Charakteristika benutzt, wie etwa ein Paßbild, ohne daß es nötig ist, die vielfach aus mehreren Schwingungsvorgängen sich zusammensetzende innere Struktur solcher Banden zu kennen. Über das Zustandekommen solcher Bandenstrukturen auf theoretischer Grundlage soll daher später nur das zum tieferen Verständnis unbedingt erforderliche gesagt werden.

Lichtabsorptionsmessungen sind demgemäß für den Lebensmittelchemiker in erster Linie zur Bestimmung zahlreicher Inhaltsstoffe von Lebensmitteln und Bedarfsgegenständen von Bedeutung. Und zwar können sowohl diese selbst bestimmt werden, als auch ihr kinetisches Verhalten unter dem Einfluß verschiedener Reagentien, von Bestrahlung, von elektrischem Strom u. a. m.

Vielfach hat die Lichtabsorptionsmethode den Charakter eines zerstörungsfreien Prüfverfahrens. Allerdings ist die Meßtechnik der Absorptionsspektralanalyse erst in den letzten Jahrzehnten so entwickelt worden, daß sie für den Chemiker ein allgemein verwendbares und beinahe unentbehrliches Hilfsmittel geworden ist.

Zwar liegt der Beginn der genauen Ausmessung von photographischen Absorptionsspektren noch im 1. und 2. Jahrzehnt unsres Jahrhunderts (V. Henri 1919), die ersten lichtelektrischen Apparaturen, die eine hohe Genauigkeit der Konzentrationsbestimmung gewährleisteten, wurden in den 20er Jahren von H. v. Halban u. Mitarb. (1920, 1922) beschrieben.

Heute gestatten lichtelektrische und thermoelektrische Spektralphotometer eine genaue objektive Festlegung der Absorptionsintensität als Funktion der Wellenlänge oder der Schwingungszahl, die weit über das sichtbare Gebiet hinausgehen.

Zusammenfassende Darstellungen über die Messung der Lichtabsorption bringen folgende Autoren:

A. Albert; E. V. Angerer; L. J. Bellamy; W. Brügel (1957, 1961); R. Houwink; D. Hummel (1958 a, b); H. H. Jaffe und Milton Orchin; P. Karlson; G. Kortüm; A. E. Martell und M. Calvin; A. E. H. Meyer und E. O. Seitz; L. Pauling; C. Sandorfy; F. Weigert.

Das folgende Übersichtsbild zeigt den Umfang des der Messung heute gut zugänglichen Spektralgebietes.

Dabei bedeutet J auf der Ordinate eine mit irgendeinem Instrument festzustellende Intensität, λ auf der Abszisse die Wellenlänge der Strahlen, sie ist in μ ($^{1}/_{1000}$ mm) ausgedrückt. Die Darstellung auf der Ordinate ist linear, auf der Abszisse dagegen sind gleiche Abstände einer geometrischen Reihe entsprechend gewählt. Beachtet man die Beziehung $\bar{\nu} = \dfrac{1}{\lambda}$, wobei $\bar{\nu}$ die der Schwingungsfre-

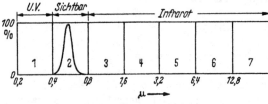

Abb. 1. Übersichtsbild

quenz proportionale Schwingungszahl darstellt, so erkennt man leicht, daß der Verdoppelung von λ die Halbierung von $\bar{\nu}$ entspricht. Bei einer Halbierung der Frequenz kann man nun, analogen Gepflogenheiten folgend, wie sie bei Schallschwingungen üblich sind, von Oktaven sprechen. Selbstverständlich wird damit nichts über die Art des Schwingungsvorganges selbst gesagt, der ja bei Schallschwingungen anders geartet ist als bei Lichtschwingungen.

Abb. 1 läßt nun anschaulich folgendes ersehen: Das sichtbare Spektralgebiet umfaßt nur eine Oktave des gesamten, heute der Messung leicht zugänglichen Gebietes von 7 Oktaven.

Aber selbst hier ist dem Auge nur das mittlere Gebiet bei etwa 0,5 μ (grün) gut zugänglich. Wie die Kurve, die die Augenempfindlichkeit darstellt, zeigt, ist bei 0,4 μ (violett) und 0,8 μ (rot) die Augenempfindlichkeit schon sehr gering geworden, so daß diese Strahlungen schon sehr schlecht sichtbar sind, es erleidet daher hier bereits ein Meßverfahren der Lichtabsorption mit dem Auge gegenüber dem grünen Spektralteil Empfindlichkeitseinbußen. Dies ist einer der Gründe, weshalb man heute sogar im sichtbaren Spektralgebiet ähnliche Meßanordnungen, wie im UV und IR benützt.

Grundlagen: Der Vorgang der Lichtabsorption im ganzen Gebiet, wie es Abb. 1 darstellt, kann nun zunächst formal völlig gleichartig behandelt werden, wenngleich die Schwingungsvorgänge im UV und im Sichtbaren Elektronenschwingungen darstellen, die im IR dagegen Atom- und Molekülschwingungen, worauf später noch einzugehen ist.

Wenn monochromatische Strahlung der Wellenlänge λ_x, welche je sec und je cm^2 Querschnitt die Energie J_0 (ausgedrückt in erg cm^{-2}, sec^{-1} oder in Watt/sec oder cal/sec) liefert, auf einen in planparalleler Schicht angeordneten Stoff fällt, z. B. auf eine Küvette mit Benzol, so zerfällt J_0 in drei Komponenten, und zwar in

J_R, J_A und J_D. Es gilt also:

$$J_O = J_R + J_A + J_D$$

J_R wird reflektiert, J_A wird absorbiert und J_D wird durchgelassen.

Nun ist wesentlich für die weitere Behandlung, daß die Verteilung der ursprünglichen Strahlungsintensität J_0 auf die drei Anteile J_R, J_A und J_D unabhängig von dem Werte J_0 ist (J. Eggert). Man hat daher die Möglichkeit, J_0 wie folgt aufzuteilen:

$$\frac{J_R}{J_O} + \frac{J_A}{J_O} + \frac{J_D}{J_O} = 1 \, .$$

Die Bedeutung der drei Brüche auf der linken Seite der Gleichung ist: (Reflexionsvermögen + Absorptionsvermögen + Durchlässigkeitsvermögen) = 1.

Die durch Reflexion bedingte Abnahme der eingestrahlten Lichtintensität kann man nun eliminieren, indem man Vergleichsmessungen macht, bei denen eine Küvette mit Lösung verglichen wird mit einer Küvette mit Lösungsmittel. Die Reflexionsverluste sind praktisch an beiden Küvetten in den meisten Fällen gleich, da es sich fast stets um verdünnte Lösungen handelt, deren Lichtbrechung nahezu identisch ist mit der des Lösungsmittels. Durch Differenzbildung J_D Lösung $- J_D$ Lösungsmittel wird also der Reflexionsverlust eliminiert. Dann gilt:

$$\vartheta = \frac{J_D}{J_O} = \frac{J_O - J_A}{J_O} \, .$$

Bei Lichtabsorptionsmessungen wird $\frac{J_D}{J_O}$ bestimmt, man bezeichnet diesen Quotienten auch als *Durchlässigkeitsgrad* und ist übereingekommen, J_D mit J zu bezeichnen. $\frac{J}{J_O}$ ist stets ein echter Bruch und vom Absolutwert der eingestrahlten Energie sowie von ihren Einheiten unabhängig. Die reziproke Durchlässigkeit: $\frac{J_0}{J}$ steht nun mit molarer Konzentration (c) und Schichtdicke (d) in folgender Beziehung:

$$\lg \frac{J_0}{J} = \varepsilon \times c \times d \, \cdot$$

In dieser Gleichung bedeutet ε den molekularen Extinktionskoeffizienten. Die linke Seite der Gleichung besitzt den Wert 1, für $J_0 = 100$ und $J = 10$, d. h. wenn 10% des eingestrahlten Lichtes die Lösung verlassen und 90% in der Lösung absorbiert werden. Für diesen Fall und ferner, wenn $d = 1$ (cm) und $c = 1$ mol/l wird $\varepsilon = 1$.

Farbstoffe und chemische Substanzen mit Doppelbindungen erreichen häufig in bestimmten Spektralgebieten $\varepsilon = 10\,000$ bis $\varepsilon = 100\,000$. Setzt man letzteren Wert in obige Gleichung für $c = 1$ ein, so ist:

$$\varepsilon \times c \times d = \lg \frac{J_0}{J} = 1 \, ,$$

$$100\,000 \times 1 \times d = 1 \, ,$$

$$d = \frac{1}{100\,000} \, \cdot$$

Eine 1-molare Lösung eines solchen Farbstoffes verschluckt daher in einer Schichtdicke von $\frac{1}{100\,000}$ cm $= \frac{1}{10}$ μ 90% des Lichtes. Lg $\frac{J_0}{J}$ bezeichnet man häufig mit E (Extinktion). Es lautet daher das Gesetz in seiner meist verwendeten Formulierung:

$$E = \varepsilon \times c \times d \, .$$

Dies ist das sogenannte Lambert-Beersche Gesetz[1].

In dieser Form läßt es sich nicht mehr als Expotentialgleichung erkennen, wie die erste Formulierung mit $\lg \frac{J_0}{J}$ ermöglichte. Es ist jedoch besonders bei später zu behandelnden Fehlerbetrachtungen unbedingt nötig, auf die Formulierung als Exponentialgesetz zu achten, während für gängige Routinemessungen die 2. Formulierung genügt. Häufig ist an modernen Spektralphotometern außer J_0 und J auch E direkt abzulesen.

Das Lambert-Beer'sche Gesetz ist das grundlegende Gesetz für die Messung der Lichtabsorption und damit für die Absorptionsspektralphotometrie. Die Extinktion E ist bei den Meßmethoden die eigentlich zu bestimmende Größe. Sie

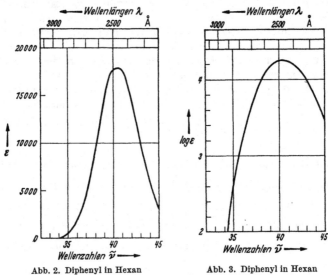

Abb. 2. Diphenyl in Hexan   Abb. 3. Diphenyl in Hexan

kann, da ihr Wert von Konzentration und Schichtdicke abhängt, in weiten Grenzen variiert werden. Der Extinktionskoeffizient ist nach diesem Gesetz bei konstanten Bedingungen und gegebener Wellenlänge eine konzentrationsunabhängige Stoffkonstante.

Das Absorptionsspektrum erfaßt nun die Extinktionskoeffizienten ε über ein größeres oder ein kleineres Spektralgebiet im allgemeinen als Extinktionskurven. Abb. 2 und 3 zeigen zwei solche Kurven, 2 im gewöhnlichen, 3 in logarithmischem Maßstab. Die Zahlen auf der Ordinatenachse sind Logarithmen des molekularen Extinktionskoeffizienten ε, als Abszissenmaßstab ist $\tilde{\nu} = \frac{1}{\lambda}$ und hilfsweise oben auch λ selbst angegeben.

Die Darstellung auf der Ordinate mit $\lg \varepsilon$ hat manche Vorzüge gegenüber der Auftragung von ε, wenn es gilt, Spektra verschiedener Stoffe zu vergleichen. 1. lassen sich Spektra mit sehr großen Unterschieden in ε, z. B. $\varepsilon = 100$ und $\varepsilon = 10000$, auf einem Diagramm unterbringen, ohne daß das Diagramm zu groß

---

[1] Anmerkung: Der wirkliche Erstentdecker des Gesetzes war Bouguer 1729, welcher fand, daß bei arithmetischer Zunahme von d, J sich geometrisch ändert. Lambert formulierte dann das Gesetz 1760 unter Bezugnahme auf Bouguer mathematisch und führte für Gasmischungen schon die Konzentration ein. Beer 1852 stellte zuerst Absorptionsmessungen mit Lösungen an und stellte die Behauptung auf, daß E konstant sei, wenn $c \cdot d$ konstant sei (Kortüm G).

wird, 2. können Kurven, bei denen die Extinktionskoeffizienten im Spektrum gleichartig verlaufen, durch Verschiebung in senkrechter Richtung unmittelbar miteinander verglichen und gegebenenfalls zur Deckung gebracht werden, 3. bleibt die Form der Kurve auch bei Unkenntnis der Konzentration stets die gleiche („typische Spektralkurven"), während bei Auftragung von ε z. B. dann, wenn schwache Banden vorliegen, die nur den 100. Teil der Bandenhöhe der Hauptbande oder weniger erreichen, diese einfach nicht mehr im Diagramm sichtbar werden. Dies ist besonders wertvoll bei Konstitutionsermittlungen. Selbstverständlich darf dabei nie übersehen werden, daß $\lg \varepsilon$ mit $\lg c$ wie folgt funktionell verbunden ist: $\lg \varepsilon = \lg E - (\lg c + \lg d)$ entsprechend $\varepsilon = \dfrac{E}{c \cdot d}$.

Immer handelt es sich aber um Extinktionskurven, die mit Hilfe von Extinktionsmessungen aufgestellt werden. Dies führt zunächst zur Frage der Fehler, mit denen solche Extinktionsmessungen behaftet sein können. Mögliche Fehler bei Wägungen sind linear von der Einwaage abhängig, liegt die Einwaage z. B. bei 10 mg und ist die Fehlergrenze 0,1 mg, so ist der mögliche mittlere relative Fehler $\pm 1\%$. Liegt die Einwaage bei 100 mg, so ist er nur noch $\pm 0,1\%$. Diese Fehlerabhängigkeit ist bei optischen Messungen meist nicht gegeben (siehe später).

Zunächst darf wohl ganz allgemein gesagt werden, daß der relative Fehler bei geeigneter Versuchsanordnung meist klein und in der Größe von Titrierfehlern, also von Bruchteilen eines Prozentes, gehalten werden kann. Hierzu ist allerdings eine gewisse Kenntnis der Besonderheiten der jeweils verwendeten Meßapparatur erforderlich.

Zusammenfassend kann also gesagt werden, daß die *meßtechnische Behandlung der Lichtabsorptionsvorgänge* tatsächlich hinsichtlich der Auswertung für Konzentrationsbestimmungen und Konstitutionsermittlungen im gesamten Gebiet *weitgehend gleichartig erfolgen kann*, in allen Fällen handelt es sich um Messung der Schwächung des eingestrahlten Lichtes J_0 auf den Betrag J und um Bestimmung der Extinktion $E = \lg \dfrac{J_0}{J}$ bei einer bestimmten Frequenz $\tilde{\nu}$ oder bei einer bestimmten Wellenlänge λ oder auch über einen größeren Spektralbereich.

Die Unterschiede zwischen den verschiedenen Strahlungsarten treten dabei in den Hintergrund. Sie gewinnen erst dann Bedeutung, wenn photochemische Reaktionen durch das eingestrahlte Licht verursacht werden, die man ja bei Messungen der Lichtabsorption nach Möglichkeit vermeidet. Immerhin ist es nützlich, sich diese verschiedene Wirksamkeit der Strahlungsarten zu vergegenwärtigen: Dies ist auf der Grundlage der Quantentheorie mit Hilfe des Einsteinschen Äquivalenz-Gesetzes möglich. Dieses sagt aus, daß die Energie, die pro Mol aufgenommen wird, proportional $N \cdot h \cdot \nu$ ist ($N = $ Loschmidt'-sche Zahl), wobei $h\nu$ das Planck'sche Wirkungsquantum darstellt und $\nu = \dfrac{c}{\lambda}$

Tabelle 1

$\lambda\ (\mu)$	Cal/Mol	e.V.
0,2	142	12,2
0,4	71	6,1
0,8	35,6	3,05
1,6	17,8	1,5
3,2	8,9	0,75
6,4	4,5	0,38
12,8	2,3	0,19
25,6	1,15	0,09

ist (Tab. 1). Es errechnen sich hieraus für Strahlungen verschiedener Wellenlängen Beträge an Cal/Mol oder Elektronenvolt (eV) eingestrahlter Energie (F. WEIGERT).

Man ersieht hieraus leicht, daß ultraviolette Strahlung Energien zuführt, die den Wärmetönungen entsprechen, wie sie bei intensivsten chemischen Reaktionen, z. B. bei der Chlor-Knallgas-Reaktion frei werden. Die im Infrarot zugeführten

Energien sind im kurzwelligen IR von der Größenordnung der Neutralisations-
wärme des Wassers in verdünnten Elektrolytlösungen im längerwelligen IR werden
sie schließlich so klein, daß sie die Bildungs- und Zersetzungswärme lockerer
Komplexe und leicht dissoziierender Molekülverbindungen nicht überschreiten.

I. Abweichungen vom Lambert-Beerschen Gesetz

Das Lambert-Beer'sche Gesetz ist ein Grenzgesetz für verdünnte Lösungen.
Nach G. Kortüm ist es im allgemeinen für Konzentrationen $c < 10^{-2}$ mol/l erfüllt mit einer Unsicherheitsgrenze von 0,01%. Bei höheren Konzentrationen sind
Variationen im Brechungsindex zu berücksichtigen (E. W. Pohl; G. Kortüm
1962).

Insgesamt spielen diese Abweichungen für die hier in Frage stehenden Anwendungen meist keine Rolle. Es können jedoch noch andere Abweichungen vom
Gesetz auftreten, die erheblich größer als die eben besprochenen werden können
und deshalb auch für die Spektraluntersuchungen und für die Konzentrationsbestimmungen erhebliche Fehlerquellen bringen können. Solche Abweichungen
zeigen sich dann, wenn stillschweigende Voraussetzungen, die in der Formulierung
des Gesetzes begründet sind, nicht erfüllt sind.

Für die Verwendung der Lichtabsorption zu Untersuchungszwecken ergeben
sich zwei Hauptanwendungen:

1. die Charakterisierung bzw. Identifizierung eines Stoffes durch sein Spektrum,

2. die Bestimmung unbekannter Konzentrationen eines Stoffes, dessen Absorptionsspektrum bekannt ist.

Für beide Anwendungsweisen bildet das Lambert-Beer'sche Gesetz die Grundlage.

Zu 1. Bei bekannter Konzentration und Schichtdicke wird ε leicht aus
$\varepsilon = \dfrac{E}{c \times d}$ bestimmt. Auch mit Prozentgehalten statt der molaren Konzentrationen
lassen sich analoge Rechnungen durchführen.

Zu 2. Bei bekanntem ε wird die Konzentration c in mol/l leicht nach
$c = \dfrac{E}{\varepsilon \times d}$ bestimmt. Die Meßgröße ist E.

Die Formulierung $E = \varepsilon \cdot c \cdot d$ besagt, daß erstens E der Konzentration eines
Stoffes proportional ist. Verdünnt man die Konzentration c_1 auf 1/10 und bezeichnet sie mit c_2, so ist

$$E_1 = \varepsilon \cdot c_1 \cdot d \,,$$
$$E_2 = \varepsilon \cdot c_2 \cdot d \,,$$
$$E_1 = 10 \, E_2 \,.$$

Dies kann, wie sofort ersichtlich, jedoch nur dann der Fall sein, wenn der fragliche Stoff beim Verdünnen keine Veränderung durchmacht, z. B. durch Um-
lagerung, Dissoziation oder andere chemische Prozesse, wobei er in einen, mehrere
Stoffe mit anderen spektralen Eigenschaften übergeht. Ähnliche Änderungen
können auch durch Wechsel des pH-Wertes (Indikatoren) oder des Lösungsmittels eintreten. Es hat sich in vielen Fällen gezeigt, daß unter Berücksichtigung
der spektralen Eigenschaften, sowohl des Ausgangsstoffes als auch der entstehenden Stoffe, das Gesetz für jede einzelne Komponente doch wieder gilt, bezogen auf
ihre Einzelkonzentrationen.

Insbesondere sind Fälle interessant, bei denen aus einem Stoff ein zweiter entsteht, deren beide Spektra erheblich voneinander verschieden sind, sich jedoch

in einem Teilbereich ihrer Banden überdecken. In diesen Fällen treten sogenannte „isosbestische" Punkte auf. Die Darstellung solcher Spektra zeigt die folgende Abb. 4.

Der „isosbestische" Punkt liegt, wie ersichtlich, bei Akridinorange (V. Zanker) für verschiedene pH-Werte bei $\tilde{\nu} = 22\,450$ cm^{-1} entsprechend $\lambda = 446$ mµ. Der isosbestische Punkt hat die ausgezeichnete Eigenschaft, daß er im untersuchten pH-Intervall von 1,8 bis 12,0 unabhängig vom pH-Wert ist, bleibt also hier bei sämtlichen pH-Werten konstant, das Lambert-Beer'sche Gesetz gilt hier ohne Rücksicht auf dissoziierte und undissoziierte Anteile, während dies in den anderen Spektralregionen nicht der Fall ist. Solche ausgezeichnete Punkte im Spektrum besitzen viele Indikatoren, wie z. B. Methylrot, oder auch andere Stoffgemische, wie z. B. Jod und Dioxan in Cyclohexanlösungen (G. Kortüm 1962), für Komplexe siehe A. Bull und F. Wolldorf.

Die zweite stillschweigende Voraussetzung ist die genügende spektrale Reinheit des Lichtes. Die Anforderungen dafür sind verschieden, je nach der Form des Absorptionsspektrums. Es ist leicht ersichtlich, daß im Maximum einer breiten Absorptionsbande die Reinheit des Lichtes (die bei Spektrophotometern weitgehend durch die Spaltbreite variiert werden kann) nicht so groß zu sein braucht, wie wenn man sich an der Kante einer solchen Bande befindet, denn wendet man hier einen breiten Spalt an, so hat man innerhalb dieser

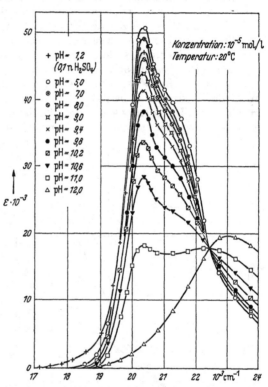

Abb. 4. Spektren einer 10^{-5} molaren Lösung von Acridinorange

Spaltbreite eine große Variation von ε, im Maximum dagegen fast keine. Ähnlich verhält er sich bei Banden mit Feinstruktur. Wie bereits aus den klassischen Arbeiten der Spektralphotometrie bekannt, läßt sich diese andere stillschweigende Voraussetzung u. a. durch Wechsel der Schichtdicke bei gleichbleibender Konzentration prüfen. Ist $E_1 = \varepsilon \cdot c \cdot d_1$ und $E_2 = \varepsilon \cdot c \cdot d_2$ und verhalten sich die Schichtdicken wie 10/1 (z. B. $d_1 = 5$ cm, $d_2 = 0{,}5$ cm), so muß auch $E_1 = 10 \cdot E_2$ sein.

Die Notwendigkeit weiter Spektrophotometer-Spalte kann sich in manchen Fällen durch zu geringe Lichtstärke der Lichtquelle ergeben. Die gleiche Situation liegt bei vielen kolorimetrischen Anordnungen vor, die nur mit Lichtfiltern arbeiten. Hier ist es möglich, mit Hilfe von Eichkurven vielfach, trotz Ungültigkeit des Gesetzes, noch sehr genaue Konzentrationsbestimmungen anzuführen. Besonders ist dies der Fall, wenn man das Prinzip der Feinkolorimetrie anwendet, d. h. gleiche Extinktion unter Variation der Schichtdicke oder Konzentration einstellt.

B. Methodik der Lichtabsorptionsmessungen

I. Apparative Einrichtungen

1. Strahlungsquellen

Als Strahlungsquellen verwendet man solche, die möglichst konstant brennen, punktförmige sind vorzuziehen, da sich von ihnen ausgehend, parallele Lichtbündel herstellen lassen. Man strebt außerdem möglichst große Strahlungsstärken an. Die Strahlungsquellen kann man in zwei Klassen einteilen, in solche mit kontinuierlichem und andere mit diskontinuierlichem Spektrum. Für die Wahl der Strahlungsquelle ist das Ziel der Untersuchung maßgebend.

Will man Absorptionsspektra, die sich über einen größeren Spektralbereich erstrecken, aufnehmen, so sind Strahlungsquellen mit kontinuierlichem Spektrum (Nitralampen, Wasserstofflampen, Xenon-Hochdrucklampen) besonders geeignet. Sie gestatten eine weitgehende Auflösung auch dann, wenn ein Absorptionsspektrum Feinstruktur besitzt. Dies wirkt sich besonders vorteilhaft bei photographischen Methoden aus. Bei der okkularen und lichtelektrischen Photometrie zieht man dagegen vielfach Strahlungsquellen mit diskontinuierlichem Spektrum vor, weil man dann einzelne Spektrallinien sehr weitgehend von störendem Licht benachbarter Wellenlängen reinigen kann.

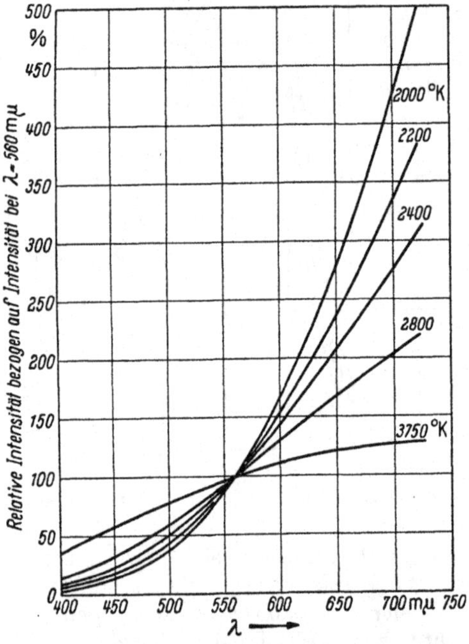

Abb. 5. Relative spektrale Energieverteilung des schwarzen Strahlers bei verschiedenen Temperaturen, bei 555 mμ gleich 100 gesetzt. (Aus: Anleitung für die chem. Laboratoriumspraxis, hrsg. von H. Mayer-Kaupp, Bd. II; Kortüm, G.: Colorimetrie, Photometrie u. Spektrometrie, 4. Aufl. Berlin-Göttingen-Heidelberg: Springer 1962)

a) Strahlungsquellen für das Sichtbare

Für den sichtbaren Spektralbereich sind Nitralampen die gebräuchlichsten Lichtquellen. Sie sind praktisch punktförmig in Form von Niedervoltlampen mit kurzer Leuchtwendel, die mit hohen Stromstärken betrieben werden, und Wolfram- Punktlichtlampen, bei denen eine Bogenentladung zwischen zwei Elektroden übergeht. Da die Strahlungsstärke einer Glühlampe mit der Temperatur und damit etwa mit der 3. bis 4. Potenz der angelegten Spannung variiert, muß diese außerordentlich konstant gehalten werden, wenn für eine Meßanordnung konstante Intensität erforderlich ist (Abb. 5).

Gegen das UV nimmt die Strahlungsintensität von Glühlampen rasch ab. Glühlampen sind außerdem nur bis etwa 320 mμ genügend lichtstark, da die Glashülle das kürzerwellige UV stark absorbiert.

b) Strahlungsquellen für das UV

Als kontinuierliche Strahlungsquelle für das UV haben sich in den modernen lichtelektrischen Spektralphotometern Niedervolt-Wasserstofflampen mit Heizkathoden am besten bewährt. Über lichtstarke Wasserstoffentladungsrohre mit Wasserkühlung siehe Z. Bay und W. Steiner (1927).

Eine weitere Strahlungsquelle für kontinuierliche Strahlung hoher Leucht-dichte ist die Xenon-Hochdrucklampe (Osram). Die Belastbarkeit dieser Lampe liegt zwischen 25 und 70 A je nach Größe der Lampentype. Die Leuchtdichte ist außerordentlich hoch. Sie wird erzielt durch eine praktisch punktförmige Bogen-entladung zwischen Wolframelektroden in einem Quarzröhrchen, das mit Xenon von 40 at gefüllt ist. Die Brennspannung beträgt 20 bis 30 V. Das Spektrum ist völlig kontinuierlich mit einem flachen Maximum bei 450 mμ, schwache Linien-gruppen im Sichtbaren stören nicht. Im IR besitzt die Lampe eine Gruppe inten-siver Linien.

Das UV-Gebiet unterhalb 170 mμ, d. h. unterhalb der Quarzdurchlässigkeit, hat neuerdings größere Bedeutung erlangt. Auch hierfür wurden eine Reihe kon-tinuierlicher Strahlungsquellen entwickelt.

c) Strahlungsquellen für das IR

Im mittleren IR wird vielfach der Nernststift verwendet (W. NERNST). Der etwa 1 bis 3 mm dicke Leuchtstab besteht aus einem Gemisch von seltenen Erd-oxyden (Zirkon, Yttrium, Cer und Thorium) und ist bei Zimmertemperatur ein Nichtleiter. Er muß deshalb durch Erwärmung auf etwa 800° C gezündet werden. Das Strahlungsmaximum liegt bei etwa 1,4 μ. Nachteile des Nernststiftes sind seine ungenügende mechanische Stabilität, die geringe Intensität im langwelligen IR. Statt der Nernststifte werden für das mittlere IR neuerdings Silicium-carbidstäbe verwendet. Das Maximum der Intensität liegt hier bei etwa 1,8 μ.

Eine *punktförmige*, insbesondere für Mikrospektroskopie im IR geeignete Strahlungsquelle, liefert der Zirkonoxydbogen. Weitere Strahlungsquellen für das langwellige IR sind der Auer-Brenner und die Quarz-Quecksilber-Hochdrucklampe. Auch Glühlampen mit Wolframfaden sind verwendbar, und zwar für das nahe IR bis etwa 2 μ, ferner Wolframbandlampen (J. H. TAYLOR u. Mitarb.).

d) Spektrallampen

Während Funken- und Bogenentladungen für die Absorptionsspektrometrie kaum noch gebräuchlich sind, behalten sie ihre Bedeutung für die Wellenlängen-eichung von spektroskopischen Aufnahmen sowie für die Herstellung möglichst spektralreiner monochromatischer Strahlung für die quantitative Photometrie.

Zur Herstellung und Isolierung monochromatischer Strahlung eignen sich am besten Gasentladungslampen (M. ZELIKOFF u. Mitarb.; A. T. FORRESTER u. Mit-arb.), die im allgemeinen nur wenige, aber intensive Linien aussenden, welche sich durch Monochromatoren oder auch Filter leicht isolieren lassen. Von den Firmen Osram, Philips und Hilger & Watts werden diese Spektrallampen mit Füllungen von He, A, Ne, N_2, CO_2, Na, K, Rb, Cs, Zn, Cd, Hg, Tl geliefert. Die Metall-dampflampen dürfen erst gezündet werden, wenn mittels einer zusätzlichen Heiz-wendel genügend Dampf zur Aufrechterhaltung der Entladung entstanden ist. Es sind daher jeweils die Bedienungsvorschriften genau zu beachten.[1]

Die am meisten verwendete Spektrallampe ist die Quarz-Quecksilberdampf-lampe. Die relative Intensität der Spektrallinien variiert stark mit dem Typ der Lampe und dem Druck des Gases in der Lampe (A. E. H. MEYER und E. O. SEITZ). Die folgende Tabelle enthält eine Zusammenstellung der Quecksilberlinien und

---

[1] Anmerkung: Lichtquellen, die zu Beginn der Entwicklung der UV-Spektrophotometrie eine Rolle spielten, wie z. B. der Unterwasserfunken oder der kondensierte Funken, haben heute nur noch historisches Interesse und kommen höchstens gelegentlich für eine Spezial-anwendung in Betracht (L. GREBE; V. HENRY 1913).

ihren Intensitäten (Tab. 2). Neuerdings kommen auch zunehmend Leuchtröhren mit Quecksilber in Verwendung. Sie haben zwei Vorzüge: erstens strahlen sie die Resonanzlinie 253,7 mμ mit einer Intensität aus, die die aller anderen Linien übertrifft, zweitens sind sie „kalte Strahlungsquellen", so daß man Küvetten und u. a. sehr nahe an sie heranbringen kann.

Tabelle 2. *Spektrallinien und ihre Intensität der Hochdruckquecksilberdampflampe*

λ [mμ]	Relative Intensität	λ [mμ]	Relative Intensität
365,0/366,3	100	280,4	14,4
334,1	7,4	275,3	3,85
312,6 /313,2	66,0	269,9	4,7
302,3	29,6	265,3	23,4
296,7	17,1	248,2	9,8
292,5	1,7	240,0	3,3
289,4	6,5	237,8	3,0

Außer diesen Quecksilberlampen werden Quecksilber-Höchstdrucklampen (R. Rompe und W. Thouret; W. Elenbaas 1937; W. Thouret) hergestellt, die ähnlich wie die Xenon-Hochdrucklampe ein weitgehend kontinuierliches Spektrum liefern, überlagert von den stark verbreiterten Spektrallinien. Die Resonanzlinie 253,6 mμ ist hier durch Reabsorption praktisch völlig unterdrückt. Sie sind zur Zeit die intensivsten Strahlungsquellen für das UV. Freilich besitzen sie nur kurze Lebensdauer. Sie können auch mit Zusätzen von Zink und Cadmium hergestellt werden (W. A. Baum und L. Dunkelman; H. A. Stahl; W. Elenbaas 1948; W. Gefecken: Landolt-Börnstein 1957; N. M. Mohler und J. R. Loofbourow).

2. Strahlungsfilter

Solche Filter werden an Stelle von Monochromatoren benutzt, wenn es nicht auf äußerste spektrale Reinheit der Strahlung ankommt, sondern auf die Erzielung

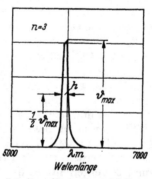

Abb. 6. Durchlässigkeitskurven eines Interferenzfilters. (Aus: Anleitung für die chem. Laboratoriumspraxis, hrsg. von H. Mayer-Kaupp, Bd. II; Kortüm, G.: Colorimetrie, Photometrie u. Spektrometrie, 4. Aufl. Berlin-Göttingen-Heidelberg: Springer 1962)

hoher Strahlungsintensitäten. Man verzichtet dann zugunsten der Erhöhung der Intensität für die erregende Strahlung auf äußerste Monochromasie. Die Wirksamkeit eines Filters drückt man aus, durch die Halbwertsbreite h, und durch die maximale Durchlässigkeit ϑ_{max}. Unter der *Halbwertsbreite* versteht man den Spektralbereich, innerhalb dessen die Durchlässigkeit des Filters von ihrem Maximalwert beiderseitig auf die Hälfte herabgesunken ist (vgl. Abb. 6). Ein Filter ist um

Tabelle 3. *Durch Filter isolierbare Serienlinien*

Wellenlänge der Spektrallinien mμ	Lampe	Filterkombinationen nach Tab. 4 und 5	Durchlässigkeitsgrad bei Raumtemperatur etwa %	Zur Unterdrückung der Infrarot- und restlichen Rotstrahlung Nr.	Ausgesonderte Spektrallinien
308	Zn	4 + 30 + 31	6	34	
313	Hg	4 + 32	35	34	
326	Cd[1]	4 + 30 + 32	6	34	
334	Hg	4 + 30 + 33	10	34	
328/30/35	Zn	4 + 30 + 33	2	34	
352/53	Tl	2 + 9 + 30	8	34	
365	Hg	2 + 9	20	34	
378	Tl	2 + 20	30	34	
404/7	Hg	1 + 3 + 18 + 8	0,8	34	
435/6	Hg	9 + 15 + 5	3,7	34	
456/9[2]	Cs	8 + 20	40	34	
468/80	Cd[1]	8 + 16	27/22	34	
486/72/81	Zn	8 + 16	27/28/22	34	
509	Cd[1]	6 + 19 + 7	20	34	
535	Tl	12 + 17	34	34	
546	Hg	14 + 21 + 11 + 7	8	34	
577/79	Hg	10 + 22 + 10[1]	14	34	
588	He	10 + 23 + 10	10	34	
589	Na	10 + 23 + 10	10	34	
636	Zn	24	86	—	
644	Cd[1]	24	89	—	
668	He	25 + 29	—	—	
707	He	28 + 29	65	—	
767/70[2]	K	13 + 27	25	—	
780/95[2]	Rb	13 + 27	25	—	
794/921[2]	Cs	13 + 27	10	—	
852/921[2]	Cs	13 + 26	1	—	

300   500   700 mμ 900
Wellenlänge

---

[1] Die Schärfe der Linien wird größer bei schwächerer Belastung (Mindeststrom jedoch 1 Amp.)

25*

so besser, je geringer die Halbwertsbreite h und je höher die Durchlässigkeit im Maximum ist. Die Wirksamkeit hängt selbstverständlich außerdem von der mit dem Filter kombinierten Strahlungsquelle ab.

a) Farbglas-, Flüssigkeits- und Gelatinefilter

Bei den oben erwähnten Gasentladungslampen, die nur wenige Spektrallinien in großem gegenseitigem Abstand haben, gelingt es häufig, durch einfache Farb-

Tabelle 4. *Bezeichnung der Filter. Glas- und Gelatinefilter*

Nr.	Bezeichnung	Schichtdicke [mm]	Nr.	Bezeichnung	Schichtdicke [mm]	Nr.	Bezeichnung	Schichtdicke [mm]
1	UG 2	1	11	BG 18	3	21	OG 1	1
2	UG 2	2	12	BG 18	5	22	OG 2	3
3	UG 3	2	13	KG 1	2	23	OG 3	2
4	UG 5	3	14	BG 20	5	24	RG 1	2
5	BG 3	2	15	GG 3	4	25	RG 5	1
6	BG 7	1	16	GG 5	1	26	RG 7	2
7	BG 7	2	17	GG 11	2	27	GR 9	2
8	BG 12	2	18	GG 13	5	28	Zeiss A	—
9	BG 12	4	19	GG 14	2	29	Zeiss B	—
10	BG 18	2	20	GG 18	2			

Hersteller der Glasfilter: Schott & Gen., Mainz.

glas- bzw. Gelatinefilter und ihre Kombinationen, zum Teil auch durch Flüssigkeitsfilter, einzelne dieser Linien so gut zu isolieren, daß man praktisch monochromatische Strahlung erhält. In Tab. 3 sind die Spektrallinien von Gasentladungslampen angegeben, die mit Hilfe der in Tab. 4 aufgeführten Glas-, Gelatine- und Flüssigkeitsfilter ausgesondert werden können (J. d' Ans und E. Lax). Diese Filter sind meist nicht sehr selektiv (große Halbwertsbreiten). (Hersteller-Firmen Schott & Genosse, Corning glass international SA). Durch Kombination mehrerer solcher Filter kann man bisweilen auch schmale Spektralbereiche aussondern.

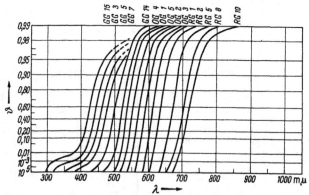

Abb. 7. Durchlässigkeitskurven einiger Kantenfilter (3 mm) von Schott & Gen. (Aus: Anleitung für die chem. Laboratoriumspraxis, hersg. von H. Mayer-Kaupp, Bd. II; Kortüm, G.: Colorimetrie, Photometrie u. Spektrometrie, 4. Aufl. Berlin-Göttingen-Heidelberg: Springer 1962)

In Abb. 7 sind als Beispiel die Durchlässigkeitskurven einiger Kantenfilter der Firma Schott & Gen. wiedergegeben. Sie eignen sich speziell als Sperrfilter zur Unterdrückung größerer Spektralbereiche und werden auch zusätzlich zur Lichtreinigung in Spektrophotometern benutzt (Tab. 4).

Als Flüssigkeitsfilter verwendet man Tröge mit aufgeschmolzenen planparallelen Platten (LEYBOLD, HELLIGE, HELLMA), in welche geeignete Lösungen eingefüllt sind (E. v. ANGERER und EBERT; J. D'ANS und E. LAX; W. GEFFCKEN: Landolt-Börnstein 1957; M. KASHA; L. A. STRAIT u. Mitarb.). Ein besonders selektives Filter für die viel benutzte Hg-Linie 436 mμ haben A. BURAWOY und A. G. ROACH

Tabelle 5. *Flüssigkeitsfilter*

Nr.	Bezeichnung	Menge je Liter H_2O	Schichtdicke (lichte Weite der Küvette) [mm]
30	Nickel-Kobaltsulfat NiSO$_4$ + CoSO$_4$	303 g + 86,5 g	20
31	Pikrinsäure	16 mg	20
32	Kaliumchromat K$_2$CrO$_4$ . . .	150 mg	20
33	Salpetersäure HNO$_3$	n/5	20
34	Kupfersulfat CuSO$_4$ + 5 H$_2$O	57 g	10

angegeben: Eine Lösung von 0,0125% Kristallviolett-Perchlorat und 0,02% 9,10-Dibromanthracen in Äthanol-Toluol-Lösung läßt bei 1 cm Schichtdicke 81% der Linie 436 mμ, dagegen weniger als 10^{-4}% der Linie 405 mμ und weniger als 10^{-10}% der Linie 546 mμ durch (vgl. ferner A. SIMON und H. HAMANN).

Für Remissionsmessungen wird ebenfalls von Zeiss eine Serie mit sieben R-Filtern geliefert mit etwas größerer Maximaldurchlässigkeit und größerer Halbwertsbreite als bei den S-Filtern. Filtersätze ähnlicher Art sind die Wrattenfilter (Eastman Codac Co.), die Filter zum Leifophotometer (E. LEITZ), die Lifafilter (E. LIFA) und zahlreiche andere.

Für besondere Zwecke sind in der Literatur gelegentlich Spezialfilter beschrieben, die sich durch große Selektivität und hohe Maximaldurchlässigkeit auszeichnen.

Hierher gehören z. B. dünne Silberfilme von 0,05 bis 0,02 μ Dicke auf Quarzunterlage für 313 mμ (Silberfilme L. W. SCOTT; F. RÖSSLER), eine teilweise mit flüssigem Chlor gefüllte und abgeschmolzene Quarzküvette von etwa 3 cm Schichtdicke, deren gesättigter Dampf (6 at) zur Isolierung der Hg-Resonanzlinie 253,65 mμ dient. Diese läßt sich auch mit Hilfe von gekreuzten Polarisationsfolien (aus Polyvinylalkohol mit Jod angefärbt) recht gut isolieren (Kunststoffolien als Polarisations-Filter, F. DÖRR).

Für den Vergleich der Leistungsfähigkeit von Filtern bzw. Monochromatoren ist der Zusammenhang zwischen Gesamtdurchlässigkeit J, Maximaldurchlässigkeit ϑ_0 und Halbwertsbreite h wichtig (E. HANSEN).

Infrarotfilter werden teils unter Verwendung geeigneter Farbstoffe (H. K. WEICHMANN; O. MERKELBACH), teils mit Hilfe dünner Selenschichten (R. B. BARNES und L. G. BONNER) oder neuerdings dünner Schichten von Te, Bi, Sb und MgO (E. K. PLYLER und J. J. BALL) hergestellt. Auch optische Gläser verschiedener Zusammensetzung (G. W. CLEEK, J. H. VILLA und C. H. HAHNER, N. J. KREIDEL, R. A. WEIDEL und H. C. HAFNER; W. BRÜGEL 1957) sowie Gläser aus As$_2$S$_3$ unter Zusatz verschiedener Metallsulfide sind auf ihre selektive Durchlässigkeit im IR untersucht worden (R. FRERICHS). IR-Filter, die das Gebiet zwischen 1 und 3 μ und zwischen 3,5 und 5,8 μ durchlassen und das Sichtbare absorbieren, kann man aus Polyvinylchlorid bzw. Polyvinylidenchlorid durch Abspaltung von HCl herstellen (E. R. BLOUT, S. R. CORLEY und P. L. SNOW).

b) Interferenzfilter

Interferenzfilter unterscheiden sich dadurch von den bisher besprochenen Typen, daß sie bei hoher Maximaldurchlässigkeit sehr viel geringer Halbwertsbreiten besitzen als diese. Sie können daher vielfach einen Monochromator ersetzen. Ihre Lichtausbeute kann dann sogar größer sein. Es gibt heute folgende Arten: Metallinterferenzfilter, Dielektricinterferenzfilter und Polarisationsinterferenzfilter. Ein Metallinterferenzfilter ist ein „Fabry-Perot-Etalon" niedriger Ordnung. Den Aufbau eines solchen Filters zeigt Abb. 8. N ist eine auf einem Träger G aufgebrachte durchsichtige Distanzschicht der Dicke d, z. B. aus MgF_2 zwischen zwei halbdurchlässigen Silberfilmen M_1 und M_2. Zum Schutz der dünnen Schichten dient eine aufgekittete Deckplatte D aus Farbglas. Das Filter wirkt wie folgt: ein senkrecht auffallendes paralleles Strahlenbündel wird an jeder der beiden Spiegelschichten in einen durchgehenden und einen reflektierten Anteil aufgespalten. Infolge der Mehrfachreflexion tritt Interferenz auf, wobei nur die Strahlung derjenigen Wellenlänge verstärkt wird, bei der die Schichtdicke der Distanzschicht ein ganzes Vielfaches von $\lambda/2$ ist. Alle übrigen Wellenlängen werden durch Interferenz geschwächt bzw. ausgelöscht.

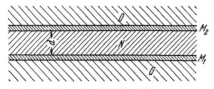

Abb. 8. Aufbau eines Interferenzfilters (schematisch). (Aus: Anleitung für die chem. Laboratoriumspraxis, hrsg. von H. MAYER-KAUPP, Bd. II; KORTÜM, G.: Colorimetrie, Photometrie u. Spektrometrie, 4. Aufl. Berlin-Göttingen-Heidelberg: Springer 1962)

Die Durchlässigkeitskurve eines solchen Filters ist in Abb. 6 wiedergegeben. Mit Hilfe zusätzlicher Farbglasfilter läßt sich leicht ein einziges Maximum isolieren.

Der Schwerpunkt von solchen „Linienfiltern", die zuerst von W. GEFFCKEN beschrieben wurden, läßt sich durch die Dicke d der Distanzschicht variieren, die maximale Durchlässigkeit ϑ_{max} und die Halbwertsbreits h durch die Wahl des Reflexionsvermögens der Spiegelschichten. Um die Absorption der Strahlung in der Silberschicht herabzusetzen, benutzt man heute als teildurchlässige Spiegelschichten Systeme von Metall- und Mehrfachschichten von verschiedenem Brechungsindex, wodurch ϑ_{max} erheblich vergrößert wird (bis zu 75%) bei unveränderter Halbwertsbreite. Verkittet man zwei derartige Einzelfilter zu einem „Doppellinienfilter", so geht zwar ϑ_{max} auf etwa die Hälfte zurück, dafür sinkt jedoch die Halbwertsbreite auf $h\,\sqrt{2}$, und die Steilheit der Kurvenflanken wird beträchtlich größer, so daß der Anteil filterfremder Strahlung stark herabgesetzt wird.

Durch Verwendung von drei Metall-Spiegelschichten mit zwei dielektrischen Zwischenschichten erhält man die sogenannten „Bandfilter" (W. GEFFCKEN 1954; R. SCHLÄFER) mit gleichhoher Durchlässigkeit, aber breiterem Durchlaßbereich und sehr viel steileren Flanken. Durch ein „Doppelbandfilter" wird der Anteil filterfremder Strahlung an den Ausläufern der Kurven noch weiter herabgesetzt. Sie eignen sich speziell zur Aussonderung einzelner Linien aus einem Metalldampfspektrum. Macht man die Distanzschicht keilförmig, so erhält man sogenannte „Verlauffilter", wobei ϑ_{max} und h konstant gehalten und die Dispersion linear gewählt werden kann. Verschiebt man ein solches Verlauffilter vor einen Spalt, so kann man jede gewünschte Wellenlänge auf maximale Durchlässigkeit einstellen, man kann ein Verlauffilter als Ersatz für einen lichtstarken Monochromator verwenden, wobei insbesondere beim Verlaufbandfilter das Auflösungsvermögen von der benutzten Spaltbreite kaum abhängig ist.

Die spektrale Lage des Durchlässigkeitsmaximum hängt bei allen Interferenzfiltern vom Einfallswinkel α der Strahlung ab, und zwar verschiebt sie sich mit wachsendem Einfallswinkel etwa proportional zu $\sin^2\alpha$ gegen kürzere Wellen. Man kann deshalb durch Neigung des Filters λ_{max} um einige mμ verschieben. In einem konvergenten Strahlengang gelten deshalb für verschiedene Strahlenrichtungen auch verschiedene λ_{max} Werte. Durch Wahl eines stärker brechenden Materials für die Distanzschichten kann man diese Winkelabhängigkeit der Durchlaßkurve herabsetzen, so daß die modernen Filter, insbesondere die Bandfilter, sich durch relativ geringe Winkelabhängigkeit auszeichnen. Sie können deshalb in konvergentem Strahlengang bis annähernd 60° Öffnung verwendet werden, d. h. auch in Apparaturen mit hohem Lichtleitwert.

Dielektrikinterferenzfilter: Man kann die teilweise Absorption der Strahlung in den Metallschichten ganz vermeiden, wenn man diese durch ein Vielschichtensystem aus Schichten mit abwechselnd hohem und niedrigem Brechungsindex ersetzt, wobei die Dicken der einzelnen Schichten zwischen λ und $\lambda/4$ liegen (H. D. Polster, P. W. Baumeister und F. A. Jenkins; S. D. Smith). Durch geeignete Schichtenfolge (bis zu 25 Schichten) erhält man auf Grund von Interferenz schmale Durchlaßbereiche sehr geringer Halbwertsbreite (3 bis 8 mμ) und mit hohem ϑ_{max}.

Zur Beurteilung der verschiedenen Interferenzfilter benutzt man am besten eine graphische Darstellung, aus welcher das Durchlaßverhältnis bei einer bestimmten Wellenlänge bezogen wird auf den maximalen Durchlaß (ϑ_{max}) auf der Abszisse und auf die Ordinate die auf die Halbwertsbreite bezogene Differenz der fraglichen Wellenlänge mit λ_{max}, dies zeigt die folgende Abb. 9. Wie sich leicht ergibt, ist für den Wert $\Delta\lambda/h = 1$, dann ist $\Delta\lambda = h$. In diesem Falle ist also der Abstand von der Wellenlänge des maximalen Durchlasses gleich der Halbwertsbreite. Je steiler eine Kurve abfällt, desto besser ist die Wirkung des betreffenden Interferenzfilters.

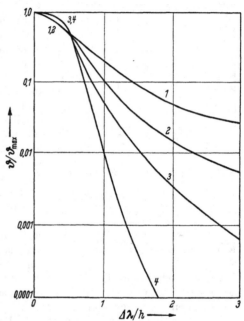

Abb. 9. Charakteristische Kurven von Interferenzfiltern verschiedenen Typs. *1* Fabry-Perot-Filter, Dielektrikfilter; *2* Doppel-Fabry-Perot-Filter, Doppeldielektrikfilter; *3* Bandfilter; *4* Doppelbandfilter. (Aus: Anleitung für die chem. Laboratoriumspraxis, hrsg. von H. MAYER-KAUPP, Bd. II; KORTÜM, G.: Colorimetrie, Photometrie u. Spektrometrie, 4. Aufl. Berlin-Göttingen-Heidelberg: Springer 1962)

Es gibt ferner Breitbandfilter, die ein breites Spektralgebiet durchlassen und rechts und links von diesem Gebiet praktisch undurchlässig sind, die Kanten sind sehr steil.

Insgesamt kann heute mit Interferenzfiltern ein Strahlenbereich von 310 mμ bis 2 μ gefiltert werden. Bezüglich der Herstellung von Interferenzfiltern sehr geringer Halbwertsbreite, welche z. B. die beiden Natrium-d-Linien zu trennen gestatten, sei verwiesen auf B. Lyot; Y. Öhman und J. W. Evans. Ebenso bezüglich Dispersionsfilter und Polarisationsfilter (B. Halle Nachf. Berlin-Steglitz).

3. Meßvorrichtungen für die Strahlungsschwächung

Der rotierende Sektor ist bei weitem die sicherste und genaueste Vorrichtung zur absoluten Strahlungsschwächung. Er besteht gewöhnlich aus zwei gegeneinander verstellbaren Scheiben, die je zwei Ausschnitte von 90° besitzen, so daß sich der Durchlaß von 0—50% variieren läßt, die auf einer Welle angeordnet sind und welche mit Hilfe eines Motors betrieben werden kann.

Die größte Ablesegenauigkeit wird erreicht für $E = 0{,}4343$. Bei maximalem Durchlaß (50% bzw. 180°) ist $E = 0{,}3010$, es lassen sich also Extinktionen von 0,3 an aufwärts einstellen.

Bei einer von Kortüm angegebenen Konstruktion kann die Öffnung an einer auf dem Umfang angebrachten Kreisteilung (Heyde Dresden; v. Schmidt & Haensch Berlin; Möller Wedel/Holstein) mittels Nonius auf $2 \cdot 10^{-5}$ des Gesamtumfangs abgelesen werden. Das entspricht einer Ablesestreuung von 10^{-2}%

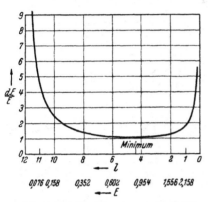

Abb. 10. Relative Ablesestreuung der Extinktion einer quadratischen Meßblende in Abhängigkeit von ihren Diagonalen. (Aus: Anleitung für die chem. Laboratoriumspraxis, hrsg. von H. Mayer-Kaupp, Bd. II; Kortüm, G.: Colorimetrie, Photometrie u. Spektrometrie, 4. Aufl. Berlin-Göttingen-Heidelberg: Springer 1962)

bei $E = 0{,}4343$, was die größte bisher mit einem Sektor erreichte Genauigkeit der Strahlungsschwächung darstellt.

Andere Konstruktionen, vgl. G. Kortüm, Kolorimetrie, Photometrie und Spektrometrie (1962), S. 89—91.

Verstellbare Blenden werden in verschiedener Form zur meßbaren Strahlungsschwächung benutzt. Zwei übereinanderliegende Spaltbacken mit rechtwinkligem Ausschnitt, die eine quadratische Öffnung haben, können symmetrisch gegeneinander bewegt werden, so daß der Mittelpunkt der Öffnung seine Lage beibehält.

Dabei ist vorausgesetzt, daß die Stellung J_0 die volle Öffnung ohne Fehler einstellen läßt (z. B. durch Anschlag). Setzt man $J_0 = 12$ mm (l), wie dies beim Pulfrich-Photometer der Fall ist, so wird die Funktion $J \cdot \lg (J_0/J)$ für $J = 4{,}415$ mm bzw. $E = 0{,}8686$ ein Maximum und entsprechend die relative Streuung ein Minimum. Wie aus Abb. 10 hervorgeht, steigt sie innerhalb der Grenzen $9{,}5 > J > 0{,}8$ bzw. $0{,}2 < E < 2{,}2$ auf etwa den doppelten Wert der minimalen Streuung an.

Die wesentliche Voraussetzung für die Richtigkeit der mit einer solchen Blende gemessenen Schwächungen ist die Homogenität der Strahlungsleistung über den gesamten Querschnitt der Blende, die in Praxis nur mit einer mehr oder minder guten Näherung erreicht werden kann.

Sonstige Blenden sind die sogenannten Sektoren-Blenden (verwendet man z. B. Elko II), und die Kammblenden (z. B. im Infrarotspektrometer, Modell 21 von Perkin-Elmer).

Über die Verwendung von Rastern und Strichgittern, Polarisationsprismen, Abstandsänderung der Strahlungsquelle und Graukeile bzw. Graulösungen vgl. G. Kortüm (1962), S. 93—97.

4. Optik

a) Durchlässigkeitsbereiche und Reflexionsvermögen

Als Optik sollen die zwischen Strahlungsquelle und Empfänger eingeschalteten optischen Teile zur Herstellung des definierten Strahlenganges bezeichnet werden. Es handelt sich demnach im wesentlichen um Linsen, Prismen, Gitter, Spiegel und Polarisatoren. Sie sollen die Strahlungsleistung so wenig wie möglich verringern. Daher sind in erster Linie ihre spektralen Durchlässigkeitsbereiche bzw. ihr spektrales Reflexionsvermögen von Bedeutung. Die Durchlässigkeitsbereiche sind in Tab. 6 zusammengestellt (M. Czerny und H. Röder; W. Z. Williams; R. W. Ditschburn; E. K. Plyler und N. Acquista 1958). Das Reflexionsvermögen eines Stoffes ist definiert durch $R = J_{refl.}/J_{einf.}$ und ist bei senkrechtem Einfall der Strahlung gegeben durch die Fresnel'sche Formel.

Tabelle 6. *Durchlässigkeitsgrenzen optischer Materialien*

Material	Durchlässigkeit im Sichtbaren und UV	Material	Durchlässigkeit im IR
Flintglas	bis etwa 4000 Å	Glas	bis 2,5 μ
Gewöhnliches Glas	etwa 3500 Å	Quarzglas „Infrasil"	3,3 μ
Glimmer	etwa 2800 Å	Quarz (kristallin)	4,4 μ
Uviolglas	etwa 2500 Å	Glimmer (Na-Al-Silicat)	5,3 μ
Quarzglas	etwa 2000 Å	Saphir (Al_2O_3)[1]	6,5 μ
Glimmer, synth.	etwa 2000 Å	Lithiumfluorid (LiF)	7 μ
Bariumflorid	etwa 2000 Å	Periclas (MgO)[2]	10 μ
Natriumchlorid	etwa 2200 Å	Flußspat (CaF_2)	10,5 μ
Kaliumchlorid	etwa 2200 Å	Natriumfluorid (NaF)	10 μ
Saphir	etwa 1850 Å	Arsensulfid (As_2S_2)	12 μ
Flußspat	etwa 1250 Å	Irtran-2 (Eastman-Kodak)	13 μ
Lithiumfluorid	etwa 1200 Å	Cadmiumsulfid CdS[3]	15 μ
		Bariumfluorid (BaF_2)	15 μ
		Steinsalz (NaCl)	20 μ
		Selen	20 μ
		Germanium	21 μ
		Sylvin (KCl)	25 μ
		Hornsilber (AgCl)	28 μ
		Kaliumbromid (KBr)	32 μ
		Kaliumjodid (KJ)	37 μ
		Polystyrol	37 μ
		Polyäthylen	37 μ
		Caesiumbromid (CsBr)	50 μ
		KRS 5 (TlBr + TlJ)	50 μ
		Caesiumjodid (CsJ)	60 μ

Das größte Reflexionsvermögen im UV zeigt Aluminium. Spiegel, Prismen und auf Glas geritzte Gitter werden daher vielfach mit einer aufgedampften Aluminium-Schicht versehen (G. Hass, W. R. Hunter und R. Tousey). Umgekehrt führt die Reflexion an den Oberflächen der Durchsichtsoptik zu Verlusten, die man möglichst klein zu machen sucht. Z. B. werden an jeder Glasfläche etwa 5% des sichtbaren Lichtes reflektiert. Liegen zwei einander parallele Flächen so nah beieinander, daß analog wie bei den Interferenzfiltern die an den verschiedenen Flächen reflektierten Strahlen miteinander interferieren, so kann je nach der optischen Dicke der Zwischenschicht völlige Durchlässigkeit oder völlige Auslöschung eintreten.

Durch eine aufgedampfte Schicht mit geeignetem (kleinen) Brechungsindex gelingt es, den Reflexionsverlust der darunterliegenden Oberfläche stark herabzusetzen. Für einzelne Wellenlängen kann man sogar die Reflexion vollständig unterdrücken, wenn man die Schichtdicken und Brechungen so abgleicht, daß der resultierende Reflexionsvektor gleich 0 wird. Dieses Verfahren wird auch für die Entspiegelung von Metallschichten (z. B. Photozellen) verwendet (W. Geffcken 1954).

---

[1] Bezugsquelle: Linde Air Products Comp., Tonawanda, N. Y.

[2] Bis 1500° geeignet; Bezugsquelle: Infrared Development Comp., Welwyn Garden City, Hertfordshire, England.

[3] Francis, A. B., u. A. I. Carlson: J. opt. Soc. Amer. **50**, 118 (1960).

b) Linsen

Linsen sind in allen optischen Meßanordnungen zur Richtung der von einer Strahlungsquelle ausgehenden Strahlungsbündel erforderlich.

Einfache Linsen zeigen eine Reihe von Abbildungsfehlern, die man durch Verwendung von Mehrfachlinsen teilweise beheben oder jedenfalls verringern kann. Die wichtigsten Bildfehler sind die chromatische und die sphärische Aberration, Koma, Astigmatismus und Bildfeldwölbungen. Diese Fehler müssen bei dem Durchgang des Lichtes durch spektralphotometrische Anordnungen möglichst klein gemacht werden. Dies ist durch Kombination verschiedener Linsen möglich. Allerdings gelingt es meist nicht vollständig, die genannten Abbildungsfehler so weit herabzusetzen, daß sie überhaupt nicht mehr stören, immerhin gelingt eine weitgehende Herabsetzung der Störungen.

c) Prismen

Prismen dienen zur Strahlungszerlegung. Als Prismenmaterial verwendet man im wesentlichen die gleichen Stoffe wie für Linsen (vgl. Tab. 7). Außer den Durchlässigkeitsbereichen interessiert in erster Linie die Dispersion, die möglichst groß, und der Temperaturkoeffizient, der möglichst klein sein sollte.

Die bestgeeigneten Materialien für die verschiedenen Spektralgebiete im IR sind in der folgenden Tabelle zusammengestellt (E. Lippert; E. K. Plyler und F. P. Pheps 1951, 1952 b; K. E. Plyler und N. Acquista 1953).

Tabelle 7. *Prismenmaterialien für die Spektralgebiete des IR*

Spektralbereiche in μ	Material
0,7 bis 2,7	Quarz
2,7 bis 6	LiF
5 bis 8	CaF_2
8 bis 16	NaCl
15 bis 27	KBr
15 bis 39	CsBr
24 bis 40	Tl (Br, J)
38 bis 50	CsJ

Flüssigkeitsprismen besitzen hohe Dispersion im Sichtbaren, ihr Nachteil ist ein hoher Temperaturkoeffizient, so daß sie nur bei hoher Temperaturkonstanz verwendet werden können.

Quarz ist doppelbrechend und hat für den ordentlichen und den außerordentlichen Strahl verschiedene Indices. Kristalline Quarzprismen werden deshalb so geschnitten, daß die optische Achse in der Hauptebene parallel zur Basis des Prismas liegt. Strahlen minimaler Ablenkung erleiden dann keine Doppelbrechung, für andere Strahlen ist die Doppelbrechung so gering, daß sie nicht stört. Quarzglas, das heute in vorzüglicher und gleichwertig durchlässiger Qualität in großen Stücken zugänglich ist, besitzt wegen seiner Isotropie weder Doppelbrechung noch optische Aktivität. Es hat deshalb den kristallinen Quarz mehr und mehr verdrängt.

Über den Einfluß der optischen Aktivität, Einzelprismen, Prismenkombinationen, Spiegel, Gitter, das Fabry-Perot-Etalon und Polarisatoren vgl. G. Kortüm, (1962), S. 108—122.

d) Der Lichtleitwert

Der „Lichtleitwert" kennzeichnet die Leistungsfähigkeit der zwischen Lichtquelle und Empfänger eingeschalteten Optik.

Die beste Ausnutzung der Strahlungsleistung erhält man stets dann, wenn man an jeder Blende eine Sammellinse anbringt, die die vorhergehende Blende auf der nachfolgenden Blende scharf abbildet in der Weise, daß dieses Bild in seiner Größe mit der Öffnung dieser letzteren Blende exakt übereinstimmt [sogenannte vollständige Abbildung (G. Hansen 1949)]. In diesem Fall wird der in die erste Blende eintretende Strahlungsstrom ohne Verluste (abgesehen von Absorption und Reflexion) durch die ganze Anordnung hindurchgeleitet.

Der von HANSEN eingeführte Lichtleitwert einer solchen optischen Anordnung ist nach folgender Gleichung in erster Näherung definiert durch:

$$L = \frac{n^2 F_1 F_2}{a^2} \ [\text{cm}^2] \ ,$$

wobei F_1 und F_2 den Flächeninhalt zweier solcher Blenden bedeuten, die sich im Abstand a gegenüberstehen. Tritt dabei die Strahlung in ein Medium von höherem Brechungsvermögen ein (z. B. eine Flüssigkeit), so wird der Öffnungswinkel des Bündels kleiner, d. h. man muß noch den Faktor n^2 hinzufügen. Die Lichtleitwerte z. B. verschiedener Photometer können außerordentlich verschieden sein. So ist z. B. für das für visuelle Messungen bestimmte Pulfrich-Photometer $L = 0,0003$, für lichtelektrische Photometer hat L Werte von der Größenordnung 1.

5. Küvetten

Die Meßgenauigkeit visueller, elektrischer und photographischer Methoden ist in einem mittleren Extinktionsbereich am größten. Da andererseits die Extinktionskoeffizienten über viele Zehnerpotenzen variieren und Konzentration bzw. Druck in vielen Fällen von vornherein festliegen, muß man nach Gleichung S. 3 die durchstrahlte Schichtdicke d so wählen, daß man in diesen günstigen Extinktionsbereich gelangt. Das bedeutet, daß man die Schichtdicken ebenfalls über mehrere Zehnerpotenzen variieren muß, insbesondere dann, wenn man mit dem gleichen Gerät Gase, Lösungen verschiedener Konzentration (Prüfung des Beerschen Gesetzes) und reine flüssige Stoffe untersuchen will. Es ist deshalb eine große Mannigfaltigkeit von Küvettentypen entwickelt worden.

Nach Möglichkeit sollten die Küvetten aus dem gleichen Material bestehen wie etwa das zur Zerlegung der Strahlung benutzte Prisma (vgl. Tab. 6). Wichtig ist ferner, daß bei Versuchsmessungen gegenüber reinem Lösungsmittel Fenster gleicher Dicke und Qualität verwendet werden.

Am meisten arbeitet man heute mit Flüssigkeitsküvetten. Solche Küvetten müssen in ihrer Schichtdicke sehr genau definiert sein, dies ist meist auf Promille möglich. Außerdem sollen die von Licht durchsetzten Flächen planparallel geschliffen sein, vgl. G. KORTÜM (1962), S. 123—137.

6. Strahlungsempfänger (R. C. JONES 1947, 1949; P. B. FELLGETT)

Man unterscheidet zweckmäßig zwischen nichtselektiven und selektiven Empfängern. Zu den nichtselektiven Typen gehören Thermoelemente, Thermosäulen und Bolometer, zu den selektiven gehören das menschliche Auge, ferner die photoelektrischen Empfänger und photographische Platten.

a) Das menschliche Auge

Das Auge ist nicht in der Lage, das Verhältnis verschiedener Leuchtdichten anzugeben, sondern kann lediglich die Gleichheit oder Ungleichheit zweier Leuchtdichten feststellen, die von zwei möglichst eng benachbarten, genügend ausgedehnten Feldern ausgestrahlt werden. Bei Gleichheit verschwindet dann die Grenzlinie der beiden Felder. Alle visuellen Apparate sind daher in der Weise konstruiert, daß zwei die beiden zu vergleichenden Lösungen bzw. Lösung und Lichtschwächung durchsetzende Lichtbündel durch ein Prisma so vereinigt werden, daß im Okular zwei unmittelbar aneinander grenzende Felder erscheinen. Die vom

Auge eben noch wahrnehmbare Änderung ihrer Leuchtdichte hängt nun praktisch ausschließlich von deren Größe ab; ihr reziproker Wert wird als „Kontrastempfindlichkeit" des Auges bezeichnet. Diese ist im Bereich einer Leuchtdichte von etwa 20 bis 10000 Apostilb angenähert konstant und hat hier ihren maximalen Wert, bei größeren und kleineren Leuchtdichten sinkt sie stark ab. Dabei ist gute Adaptation des Auges vorausgesetzt, welche die Empfindlichkeit des Auges im Verhältnis $1:10^5$ zu steigern vermag. Nach dem Gesetz von Weber-Fechner macht innerhalb dieses Intensitätsintervalls der eben noch wahrnehmbare Leuchtdichtenzuwachs immer einen konstanten Bruchteil der schon vorhandenen Leuchtdichte aus. Wie sich bei zahlreichen Beobachtern übereinstimmend gezeigt hat, ist eine geringere Streuung als etwa 1% bei der Einstellung auf gleiche Leuchtdichte im allgemeinen nicht zu erreichen.

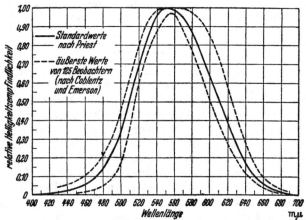

Abb. 11. Relative spektrale Empfindlichkeitskurve des Auges, bezogen auf ein energiegleiches Spektrum. (Aus: Anleitung für die chem. Laboratoriumspraxis, hrsg. von H. Mayer-Kaupp, Bd. II; Kortüm, G.: Colorimetrie, Photometrie u. Spektrometrie, 4. Aufl. Berlin-Göttingen-Heidelberg: Springer 1962)

Die Empfindlichkeit des Auges wird definiert als das Verhältnis Lichtstärke : Strahlungsstärke, sie hat also die Dimension Lumen/Watt und ist von der Wellenlänge des Lichtes abhängig. Sie hat für das helladaptierte Auge (Leuchtdichten > 10 asb; Zäpfchensehen oder photooptisches Sehen) nach Messungen von zahlreichen Beobachtern ein Maximum von 682 Lumen/Watt bei 555 mμ, also im Grün, und sinkt bei 510 bzw. 610 mμ auf die Hälfte, bei 470 mμ bzw. 650 mμ bereits auf ein Zehntel des maximalen Wertes ab (vgl. Abb. 11).

Der reziproke Wert dieses Maximums, $1{,}466 \cdot 10^{-3}$ Watt/Lumen, ist das durch Gleichung definierte „mechanische Lichtäquivalent". Bei kleineren Leuchtdichten 1/100 asb (im Bereich des Stäbchensehens oder skotoptischen Sehens) ist die spektrale Empfindlichkeitskurve des dunkel adaptierten Auges nach kürzeren Wellen verschoben; das Maximum liegt dann bei etwa 510 mμ. Bei vielen visuellen photometrischen Messungen dürfte sich das Auge des Beobachters in Adaptationszuständen zwischen diesen beiden Extremen befinden (L. M. Hurvich und D. Jameson; J. A. Smith Kinney; Landolt-Börnstein 1957, S. 845ff.).

b) Lichtelektrische und thermoelektrische Empfänger
Allgemeines

Auf dem *äußeren* lichtelektrischen Effekt beruhen die Vakuumphotozellen, die gasgefüllte Photozelle und der Sekundärelektronenvervielfacher (Multiplier). Der *innere* lichtelektrische Effekt tritt vorwiegend bei sogenannten Halbleitern in

Erscheinung. Auf ihm beruhen die sogenannten Widerstandszellen, die neuerdings als IR-Empfänger eine wichtige Rolle spielen.

Neben dem inneren lichtelektrischen Effekt beobachtet man an der Phasengrenze zwischen einem Halbleiter und einer darüberliegenden Metallelektrode den sogenannten *Sperrschichtphotoeffekt* (W. Schottky, Grohndahl; B. Lange). Die Sperrschicht, die teils physikalischer Natur (Randzone geringer Dichte von Ladungsträgern) (W. Schottky), teils chemischer Natur (Veränderungen in der Zusammensetzung der Sperrschicht gegenüber den angrenzenden Phasen) (P. Görlich und W. Lang) sein mag, besitzt eine unipolare Leitfähigkeit für Elektronen, was zur Folge hat, daß an ihr eine elektromotorische Kraft auftritt (Photo-EMK) weswegen man diesen Typ der lichtelektrischen Empfänger auch als Photoelemente bezeichnet. Sie besitzen den Photozellen gegenüber den Vorteil, daß sie ohne äußere Spannungsquelle arbeiten.

α) Photozellen

Die spektrale Empfindlichkeit von Photozellen mit Alkaliphotokathoden aus verschiedenem Material zeigt Abb. 12 (A. E. H. Meyer und E. O. Seitz).

Photozellen lassen sich ferner mit Silber, Wismut, Antimon usw. herstellen. Auch für sie ist die Charakteristik bekannt, siehe G. Kortüm (1962), S. 150ff.

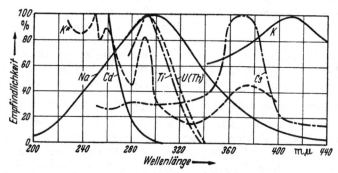

Abb. 12. Relative spektrale Empfindlichkeit verschiedener Photozellen. (Aus: Meyer, H., u. E. Seitz: Ultraviolette Strahlen, 2. Aufl. Berlin: Walter de Gruyter & Co. 1949)

Man kann auch den spektralen Anwendungsbereich der Alkaliphotozellen dadurch erweitern, daß man Leuchtstoffe vor der Kathode anbringt, die die zu messende Strahlung in Strahlung anderer Wellenlänge umwandeln, für die die Kathode genügend empfindlich ist. Das Verfahren eignet sich zur Messung kurzwelliger UV- (bis 150 mμ) oder von Röntgenstrahlung. Als Leuchtstoff für das UV wird Na-salicylat benutzt (F. S. Johnson, K. Watanabe und R. Tousey), für die Erweiterung des Spektralbereiches nach dem IR hin eignen sich z. B. Cer-Samariumphosphore (N. Schaetti und W. Baumgartner).

β) Sekundär elektrische Vervielfacher (G. Glaser) (SEV)

Sekundärelektronenvervielfacher sind Vakuumphotozellen mit eingebautem Verstärker, deren Photostrom durch Sekundäremission erhöht wird, wobei Verstärkungsfaktoren von 10^6 und mehr erreicht werden (vgl. W. Schuhknecht). Widerstandszellen vgl. G. Kortüm (1962), S. 158.

γ) Photoelemente, Photodioden und Phototransistoren

Die Wirkungsweise der Photoelemente beruht auf Vorgängen, die in der Phasengrenze zwischen einem sogenannten p-Halbleiter mit eingebauten „Akzeptoren" und einem n-Halbleiter mit eingebauten „Donatoren" als Störstellen bzw. Fremdatomen stattfinden.

δ) Wichtigste photometrische Eigenschaften lichtelektrischer Empfänger

Die Brauchbarkeit lichtelektrischer Empfänger für photometrische und spektrometrische Messungen aller Art hängt von folgenden Bedingungen ab: 1. Zeitlicher Konstanz des Photostroms bei gleichbleibender Bestrahlung und konstanten äußeren Bedingungen, 2. der Proportionalität von Photostrom und Beleuchtungsstärke, 3. dem Signal-Rausch-Verhältnis des Photodetektors. Daneben spielen von Fall zu Fall weitere Eigenschaften der Empfänger eine Rolle, wie etwa die Temperatur- und Frequenzabhängigkeit des Photostroms, die variable Oberflächenempfindlichkeit an verschiedenen Stellen der Kathode u. a. m.

ε) Thermische Empfänger (R. Suhrmann und H. Luther; L. Geiling; R. A. Smith, F. E. Jones und R. P. Chasmar; T. S. Moss; G. K. T. Conn and D. G. Avery)

Hochempfindliche Thermosäulen sind vor allem von Schwarz entwickelt worden.

c) Photographische Schichten (E. v. Angerer und G. Jones)

Die photographische Schicht ist allen bisher besprochenen Strahlungsempfängern in zwei Beziehungen überlegen: sie ist imstande, die Einwirkung der Strahlung zu summieren, was für die Messung sehr kleiner Intensitäten von besonderer Bedeutung ist, und sie vermag die verschiedenen mit Hilfe eines Dispersionssystems erhaltenen Strahlenarten gleichzeitig zu registrieren.

Die Allgemeinempfindlichkeit E wird definiert mit Hilfe des Kehrwerts der Strahlungsenergie (Lux · sec), die für eine bestimmte Schwärzung erforderlich ist. Es gilt nach der sogenannten DIN-Skala Empfindlichkeit $= \lg \dfrac{J_0 t}{Jt}$ wobei $J_0 t$ eine an ein genormtes Verfahren gebundene Konstante (0,24 Lux · sec) darstellt. Jt ist die Strahlungsmenge, die eine Schwärzung 0,1 über den Schleier erzeugt. Ist z. B. Jt gleich $J_0 t/10$, so ist die Empfindlichkeit gleich 1° oder 10/10° DIN, da man die Zahlen gewöhnlich in $n/10°$ angibt. Eine um 3/10° DIN höhere Zahl bedeutet also Verdoppelung der Empfindlichkeit. Gegenüber empfindlichen Photozellen ist die Empfindlichkeit photographischer Schichten sehr gering. Eine Bestrahlungsstärke von 10^{-14} Watt/cm², die noch einen nachweisbaren Photostrom hervorruft, ergibt erst bei Belichtungszeiten von mehreren Stunden eine meßbare Schwärzung (E. v. Angerer, Kortüm).

Für das mittlere UV bis etwa 250 mμ sind fast sämtliche Plattensorten geeignet, wobei man unsensibilisierte Platten vorzieht, weil sie leichter zu verarbeiten sind und weniger zum Schleiern neigen. Für die Spektrometrie im kurzwelligen UV (insbesondere unterhalb von 230 mμ, wo die Gelatine zu absorbieren beginnt) pflegt man die Platten mit fluorescierenden Schichten (Vaseline oder Mineralöl in Benzol, 5%ige Lösung in Alkohol von Na-salicylat (G. R. Harrison und F. Leighton) zu sensibilisieren.

Das photographisch erfaßbare Gebiet im IR ist ebenfalls in den letzten Jahren durch die Einführung neuer Sensibilisatoren bis zu etwa 1,2 μ erweitert worden. Die „Agfa-Infrarot-Platten" besitzen die Zahlenbezeichnungen 770, 750, 800, 850, 950, 1050 die gleichzeitig die ungefähre Lage ihrer Empfindlichkeitsmaxima in mμ angeben.

Über die Stabilisierung von Stromquellen vgl. G. Kortüm (1962), S. 195 bis 199.

C. Colorimetrie

Die Colorimetrie kann als eine Spezialanwendung der Messung von Lichtabsorptionen aufgefaßt werden.

Historisch gesehen hat sie sich allerdings lange vor den spektralphotometrischen Methoden entwickelt. Ihr hauptsächlichstes Anwendungsgebiet ist das sichtbare Spektralgebiet, wenngleich auch vereinzelte Versuche diese Methodik im UV und im Infrarot anzuwenden, vorliegen.

Die Colorimetrie benützte ursprünglich das Prinzip, zwei zu vergleichende Lösungen im durchfallenden Licht mit Hilfe des Auges einzustellen. Dies wurde entweder durch Schichtdickenänderungen oder durch Konzentrationsänderungen auf Grund des Lambert-Beerschen Gesetzes erreicht, denn es ist für zwei Lösungen der Konzentration c_1 und c_2 die Extinktion E_1 und E_2 gegeben durch

$$E_1 = \varepsilon \cdot c_1 \cdot d_1 \qquad \text{und}$$
$$E_2 = \varepsilon \cdot c_2 \cdot d_2$$

für $E_1 = E_2$ ist dann $c_1 \cdot d_1 = c_2 \cdot d_2$. Diese Beziehung sagt aus, daß lediglich das Produkt aus Konzentration und Schichtdicke konstant sein muß, damit die Bedingung der Colorimetrie: Extinktionsgleichheit beider zu vergleichender Lösungen erfüllt werden kann.

Bei der bekannten Reagensglascolorimetrie mit bloßem Auge vergleicht man daher eine unbekannte Lösung eines Stoffes mit der einer gestuften Konzentrationsserie in nebeneinander gehaltenen Reagensgläsern, die am besten flachbödig sind und in die man dann von oben einblickt. Die verfeinerte okulare Colorimetrie benützt nur eine einzige Standardlösung und erreicht Einstellung auf Gleichheit der Extinktion durch Schichtdickenänderung. Das Colorimeter besitzt zudem eine optische Anordnung (Hüfner Rhombus, Photometerprisma usw.) um die beiden Lösungen in aneinandergrenzenden Vergleichsfeldern betrachten zu können. In diesem Fall kann mit dem Auge eine maximale Genauigkeit von $dE = 0,004$ in der Feststellung der Gleichheit der beiden Felder erreicht werden. Bei der Colorimetrie werden heute jedoch vorwiegend lichtelektrische Instrumente benützt. Durch die Einstellung zweier Lösungen auf Farb- bzw. Extinktionsgleichheit wird der Einfluß ungenügender Reinheit des Lichtes ausgeschaltet. Dann, wie experimentell heute vollkommen gesichert ist, ist der Extinktionskoeffizient für beide Lösungen immer derselbe, wenn die Gesamtextinktionen der beiden Lösungen einander gleich sind. Dies ist der Grund, weshalb colorimetrische Methoden in vielen Fällen photometrischen vorzuziehen sind, denn man erhält dadurch die Möglichkeit, die den visuellen Methoden überlegene Genauigkeit photoelektrischer Methoden auszunützen und Extinktionen auf 1 Promille genau und darunter zu messen (G. Kortüm 1962).

In der Lebensmittelchemie wird die Colorimetrie seit langem methodisch verwendet (Beythien-Diemair), es bereitet im allgemeinen keine Schwierigkeiten, auch ältere Methoden auf die neuen photoelektrischen Instrumente umzustellen.

D. Struktur der Spektra

I. Allgemeines

Die Lichtabsorptionsspektra im Sichtbaren und im UV sind solche, die durch Wechselwirkung zwischen Licht und den Elektronen der äußeren Atomhüllen, die im Molekül die Bindung der Atome aneinander bewirken, zustande kommen. Die IR-Spektren hängen mit Verschiebungen der Atomkerne in den Molekülen zusammen. Die Spektren im Sichtbaren und im UV bestehen bei der Mehrzahl der chemischen Verbindungen aus breiten Gebieten selektiver Absorption. Nur selten findet man eine Differenzierung in schmälere Banden. Sowohl die Spektra im Sichtbaren und im UV, als auch die im IR, lassen sich zu folgenden beiden Zwecken verwenden:

1. Konstitutionsermittlung, 2. Quantitative Analyse.

II. Elektronenspektra im Sichtbaren und im UV

Wie oben erwähnt, entstehen diese Absorptionsspektra durch Wechselwirkung zwischen Licht und Elektronen der äußeren Atomhüllen im Molekül.

Meistens liegen hier breite Absorptionsgebiete vor und nicht schmale Absorptionslinien oder Banden, wie bei Atom- oder Atomionen-Spektren. Über die Struktur dieser Spektren vgl. C. Sandorfy. 1. Abhängigkeit der Absorptionsspektra im Sichtbaren und UV von der Konstitution.

a) Anorganische Verbindungen

Wasser absorbiert nur im äußersten UV unter 200 mμ schwach, dann allerdings bereits wieder im kurzwelligen IR bei 1,5 μ. Im längerwelligen IR ist die Absorption groß. Auch das OH-Ion absorbiert erst im kurzwelligen UV, dort allerdings wesentlich stärker als Wasser.

Sehr starke Lichtabsorption im UV besitzen die Halogene. Sie greift vom Chlor zum Jod immer mehr ins Sichtbare über. Die Halogenionen sind dagegen weitgehend durchlässig und absorbieren erst unter 250 mμ stark.

Interessante Absorptionsverhältnisse liegen auch bei den anorganischen Schwefelverbindungen vor.

Über die Verhältnisse bei den anorganischen Stickstoffverbindungen vgl. LB[1].

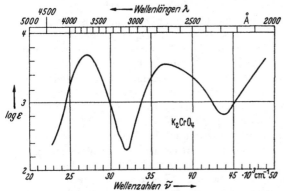

Abb. 13. Kaliumchromat i. 0,05 n-NaOH; 1569, 677. (Aus: Landolt-Börnstein, Bd. I, 3. Teil, Molekeln II, hrsg. von A. Eucken u. K. H. Hellwege. Berlin-Göttingen-Heidelberg: Springer 1951)

Chromat (Abb. 13) und Nitrat werden häufig als Standards benützt. Feinbandenstruktur haben die Spektra einer Anzahl von Kationen, vor allem der seltenen Erden (A. E. Martell und M. Calvin; R. Schäfer). In der anorganischen Chemie eignet sich die Lichtabsorption vielfach hervorragend zur Messung von Komplexbildungen. Die Spektra anorganischer Ionen haben bei der Entwicklung der modernen Elektrolyttheorie eine große Rolle gespielt (H. v. Halban 1928).

Die Bestimmung von Dissoziationsgleichgewichten von Elektrolyten mit geeigneten Absorptionsspektren ist heute ein oft geübtes Verfahren (vgl. G. Kortüm 1962).

Über die Verwendung bei Dissoziationsgleichgewichten organischer Verbindungen vgl. D, II, b.

---

[1] Anmerkung: LB = Landolt-Börnstein, Physik.-chem. Tabellen.

b) Organische Verbindungen

α) Allgemeines

Bei organischen Verbindungen sind die Träger gelockerter Elektronen in erster Linie Doppelbindungen. Insbesondere Substanzen mit mehreren Doppelbindungen und hier wieder ganz besonders solche, die konjugiert sind, besitzen sehr starke Lichtabsorption im UV und im Sichtbaren. Auch in Ringsystemen wirkt sich die Doppelbindung so aus, insbesondere sehr stark in „annelierten Ringen".

Tabelle 8. *Lösungsmittel für das UV*

Lösungsmittel	Kp. korr. 760 mm	Fp.	Durchlässigkeitsgrenze im Ultraviolett in Å		
			reines Handelsprodukt	nach der Reinigung, Schichtdicke	
				~ cm	0,3 mm
Petroläther	40—60		2450		
Ligroin	60—120				
n-Hexan	68,7			1950	1705
n-Heptan	98,4				
n-Octan	125,6				
i-Octan	116,0				1780
Cyclohexan	80,8	6,6	2750—2650	1950	
Hexahydrotoluol	101				
Decalin	191,7			2100	
Benzol	80,2	5,5		2700	
Toluol	110,8			2750	
Methylenchlorid	40,7			2400	
Chloroform	61,2		2450		
Tetrachlorkohlenstoff	76,7		2700	2570	2450
Schwefelkohlenstoff	46,2—46,5			3400	
Methanol	64,7		2250	2000	1890
Äthanol 95%	78,17		2350		
Äthanol abs.	78,3				
Diäthyläther	34,6		2250	2000	1980
Tetrahydrofuran	64—67			2740	
Dioxan	101,3	11,8		2400	
Wasser	100,0	0	2000	1850	1790

Stoffe ohne Doppelbindung haben daher höchstens im äußersten UV unter 200 mμ Lichtabsorption, z. B. Methan, Hexan, Octan und andere Kohlenwasserstoffe. Solche Stoffe eignen sich daher gut als Lösungsmittel für Spektraluntersuchungen (vgl. Tab. 8).

β) Struktur der Elektronenspektren der organischen Stoffe im Sichtbaren und im UV

Die Breite der Absorptionsbanden bei organischen Stoffen und ihre oft sehr charakteristische Struktur ist offenbar dadurch verursacht, daß jede Anregung von Elektronen von einer größeren Anzahl verschiedener Rotations- und Schwingungsübergänge begleitet sein kann (SANDORFY).

Während die Analyse solcher Rotations- und Schwingungsstrukturen bei verschiedenen zweiatomigen Molekülen ziemlich vollständig durchgeführt wurde, ist dies bei höher molekularen Verbindungen zur Zeit nicht möglich. Jedoch gestattet das sogenannte Franck-Condon-Prinzip, aus qualitativen Betrachtungen der Schwingungsstruktur der Elektronenspektren einige Anhaltspunkte für die Auswirkung der Elektronenanregung auf die Bindefestigkeit zu gewinnen (H. STAAB).

Die Erhöhung der inneren Starrheit der Moleküle oder Ionen z. B. durch Ringschluß oder auch durch Adsorption im festen Zustand bewirkt also meist eine Zunahme der Feinstruktur. Die Azo-Gruppierung —N = N— hat einen löschenden Einfluß auf die Feinstruktur, der so weit geht, daß selbst bei dem völlig symmetrischen Benztriazol die Schwingungsstruktur verschwunden ist.

Das Auffinden von Schwingungsstruktur auch in Fällen, wo dies Lichtabsorptionsmessungen allein, wegen Überlagerung sehr nahe beieinander liegender Elektronenbanden, nicht gestatten, ermöglicht vielfach die ergänzende Untersuchung von Fluorescenzspektren (vgl. H. A. Staab 1960, S. 405).

Liegen statt konjugierter Bindungen mit π-Elektronen nur einfache σ-Elektronenbindungen vor, die sehr fest sind, so bedarf es zur Anregung einer viel größeren Energiezufuhr. Daher absorbieren solche Verbindungen erst das kurzwellige UV unter 200 mμ. Hierher gehören die gesättigten aliphatischen Kohlenwasserstoffe. Da alle Absorptionsbanden der gesättigten aliphatischen Kohlenwasserstoffe unterhalb der Grenze von 200 mμ liegen, erfordert die spektroskopische Untersuchung dieser einfachsten organischen Verbindungen den besonders großen experimentellen Aufwand der Vakuum-Spektroskopie (A. H. Staab 1960), auf den früher schon hingewiesen wurde (A. D. Walsh; E. C. Y. Inn; I. Romand und B. Bodar).

Tabelle 9. *Absorptionsmaxima einiger gesättigter Verbindungen*

Stoff	λ_{max} in mμ	Stoff	λ_{max} in mμ
H_2O	167,0	CH_3Cl	172,5
NH_3	192,0	CH_3Br	204,0
CH_3CH	183,0	CH_3J	257,7
CH_3NH_2	213,3		

Bei den gesättigten Verbindungen, die Heteroatome mit einsamen Elektronenpaaren enthalten, ist die erste Absorptionsbande nach längeren Wellen („bathochrom") verschoben, und zwar um so mehr, je geringer die Elektronegativität des betreffenden Elementes ist: Während Alkohole und Äther noch unterhalb 200 mμ absorbieren, beginnt die Absorption der aliphatischen Amine schon in der Gegend von 250 m, und für Mercaptane und Thioäther liegt der Absorptionsbeginn bei noch längeren Wellen. Auch Halogen-Substituenten bewirken eine langwellige Absorptionsverschiebung, die mit abnehmender Elektronegativität stark zunimmt.

Tab. 9 gibt für einige dieser Verbindungen die Absorptionsmaxima an.

γ) Mesomerieeinflüsse

Die Spektren mesomerer Verbindungen zeichnen sich nicht nur durch eine besonders langwellige Absorption aus, sondern auch durch relativ hohe Absorptionsintensitäten. Nach R. S. Mulliken beruht dies darauf, daß die hohe Polarisierbarkeit der π-Elektronen mesomerer Systeme den Übergang aus unpolaren Grundzuständen in polare (zwitterionische) Anregungszustände besonders begünstigt. Mit solchen Übergängen ist innerhalb der Molekel ein Ladungstransport ("charge transfer") zwischen benachbarten Atomen oder sogar über längere Ketten von Atomen hinweg verbunden. Es treten also bei mesomeren Verbindungen besonders große Übergangsmomente auf, die die hohen Absorptionsintensitäten der $\pi \rightarrow \pi^*$ Elektronenübergänge bewirken.

Für Äthylen, Butadien und Hexatrien lassen sich die bindenden und nicht bindenden π Molekularbahnen nach Hückel berechnen.

Da anderseits die Energie der tiefsten unbesetzten π-Bahnen mit zunehmender Länge des Konjugationssystems abnimmt, werden die ersten Absorptionsbanden beträchtlich nach längeren Wellen verschoben: Das Absorptionsmaximum des Butadiens liegt bei 217 m (46 100 cm^{-1}), das des Hexatriens bei 258 m (38 800 cm^{-1}).

Gleichzeitig mit der langwelligen Verschiebung nimmt bei einer Verlängerung des Konjugationssystems die Intensität der $\pi \to \pi^*$ Banden zu, da das Übergangsmoment vergrößert wird: Butadien ε_{max}, 2100 Hexatrien ε_{max} 35 000.

Über den Einfluß der Einführung von Alkylgruppen auch bei konjugierten Doppelbindungen vgl. H. BOOKER, L. K. EVANS und A. E. GILLAN; E. P. CARR, L. W. PICKETT und H. STÜCKLEN.

Qualitativ ganz analoge Verhältnisse finden wir bei den ungesättigten Aldehyden und Ketonen.

Über die Abhängigkeit der Spektren von Dienen, Trienen, Dienonen und verwandten Verbindungen von der Alkylsubstitution usw. (K. DIMROTH; L. F. FIESER, M. FIESER und S. RAJAGOPALAN; L. DORFMAN). Dabei hat sich unter anderem ergeben, daß für die Absorption außer der Zahl und dem Substitutionsgrad der Doppelbindungen auch von Bedeutung ist, ob sie in „durchlaufender" oder „gekreuzter Konjugation angeordnet sind:

$$>C=C-C=C-C=C< \qquad\qquad >\underset{\underset{O}{\|}}{C}=C-C-C=C<$$

Bei sonst gleicher Konstitution bringt für die meisten Isomerenpaare der Übergang von durchlaufender zu gekreuzter Konjugation eine erhebliche hypsochrome Verschiebung mit sich (E. D. BERGMANN und Y. HIRSHBERG; R. KUHN und H. A. STAAB).

$C=C$ und $C=O$ Doppelbindungen lassen sich in Konjugationssystemen ohne eine grundsätzliche Änderung der π-Elektronenabsorption austauschen (J. R. PLATT).

Atomen mit einsamen Elektronenpaaren wie z. B. N, O oder S kommt ein beträchtlicher „chromolatorischer" Effekt zu. Er bewirkt, daß die Spektren solcher Verbindungen nicht additiv aus den Spektren der isolierten Chromophore X und Y zusammengesetzt werden können, sondern so erhebliche Abweichungen von der Additivität zeigen, daß hier die gesamte Molekel als zusammenhängende Absorptionseinheit aufzufassen ist (E. A. BRAUDE),

Über eine Beeinflussung der Lichtabsorption durch sterische Hinderung der Mesomerie liegt ein umfangreiches Material vor (H. A. STAAB).

Polymethin- und Triphenylmethan-Farbstoffe. Der Einfluß einer Verlängerung des Konjugationssystems auf die Lichtabsorption wurde zuerst am Beispiel der Polymethinfarbstoffe systematisch untersucht. Polymethinfarbstoffe sind nach der Definition von W. KÖNIG ionoid aufgebaute Verbindungen, die zwischen zwei Heteroatomen eine ungerade Anzahl von Methingruppen $-CH=$ enthalten. Vielfach kann hier, ähnlich wie bei Metallen, ein sogenanntes Elektronengasmodell verwendet werden (vgl. H. A. STAAB).

δ) Einfluß der Salzbildung

Bei allen tiefgefärbten Verbindungen, die bisher besprochen wurden, handelt es sich um Farbsalze, bei denen der farbgebende Teil der Molekel entweder ein Anion oder ein Kation ist. Man hat früher die Farbigkeit dieser Verbindungen ursächlich mit der Salzbildung in Zusammenhang gebracht und von der „Halochromie" als von einer allgemeingültigen Erscheinung gesprochen. Demgegenüber ist festzustellen, daß die Salzbildung nur dann einen stärkeren Einfluß auf die Lichtabsorption haben kann, wenn durch sie das chromophore System in größerem Ausmaß verändert wird. So bleibt z. B. bei der Salzbildung an der Sulfonsäuregruppe eines organischen Farbstoffes das Spektrum fast unverändert, weil diese Gruppe an dem chromophoren System praktisch nicht beteiligt ist. Ähnliches gilt für

Salicylsäure. Ebenso absorbieren Pyridin und das durch Protonaddition an das freie Elektronenpaar des Stickstoffes entstehende Pyridinium-Kation +HN ⟨⟩ nahezu an der gleichen Stelle, weil auch hier das für die langwellige Absorption verantwortliche π-Elektronensystem durch die Salzbildung kaum beeinflußt wird (zahlreiche weitere Beispiele bei H. A. Staab).

ε) Heterocyclen

Wenn der heterocyclische Ring sich von einem carbocyclischen ableitet, unter Ersatz von =CH— durch =N—, so hat das Heteroatom eine elektronenanziehende Wirkung und kann durch Anziehung von π-Elektronen den übrigen Ringatomen positive Ladungen erteilen. So ist im Pyridin das elektronenreichste Atom der N, während alle Kohlenstoffatome einen Mangel an π-Elektronen haben. Man bezeichnet solche Heterocyclen nach Longuet-Higgins und Coulson als π-Mangel-Heteroaromaten. Die Einführung von Heteroatomen hat auf die Spektra bei diesen Heterocyclen nur geringen Einfluß. π-Überschuß-Aromaten nennt man dagegen solche, die ein elektronenspendendes Atom enthalten. In erster Linie kommt hier wieder Stickstoff (=CH—NH—CH=) in Betracht, ferner auch Sauerstoff und Schwefel. Solche Verbindungen enthalten mindestens einen Fünfring (Pyrrol, Furan, Thiophen). Der π-Elektronenüberschuß fällt vom Pyrrol über Furan zum Thiophen ab. Auch bei diesen Heterocyclen bestehen nahe Beziehungen zum Spektrum des Benzols und anderen Aromaten, wenngleich die Unterschiede meist etwas stärker hervortreten. Der Schlüssel zum Verständnis der Spektren heteroaromatischer Verbindungen liegt darin, daß jedes Spektrum dem des korrespondierenden aromatischen Kohlenwasserstoffs ähnelt. Dies gilt am eindeutigsten, wenn N das Heteroatom ist, weniger wenn es Schwefel und am wenigsten wenn es Sauerstoff ist.

In Abb. 14 werden die Spektren von Benzol und Pyridin verglichen. Da oberhalb 210 mμ nur wenig zu sehen ist, wurde bei dieser Gelegenheit auch das Vakuum-UV-Gebiet unterhalb 200 mμ abgebildet. Die Ähnlichkeit der beiden Spektren ist auffallend: Die kurzwellige Bande des Pyridins ist nach kürzeren Wellenlängen verschoben, die Lage der mittleren Bande ist nur wenig, die der langwelligen Bande nicht verändert. Bei der letztgenannten findet sich wieder die erhöhte Intensität und fehlende Feinstruktur. Anderen Autoren gelang jedoch die Aufspaltung des langwelligen Astes bei 240 bis 260 mμ in vier Teilbanden (Menczel).

Werden π-Mangel-N-Heterocyclen in saurer Lösung in die Kationen übergeführt, so sind die damit verbundenen Änderungen der Spektren völlig anders als bei aromatischen Basen.

Das Absorptionsspektrum eines π-Mangel-N-Heterocyclus bleibt bei der Salzbildung im Verlauf *in der Form* meist unverändert (Pyridin, Chinolin, 1,8-Naphthyridin), es wird jedoch vielfach etwas verbreitert und schwach bathochrom verschoben (Isochinolin, Chinoxalin, Acridin). Quaternisierung durch Alkylgruppen übt auf das Spektrum den gleichen Einfluß aus wie Protonisierung. Dieses eindeutig verschiedene Verhalten der aromatischen Amine und der π-Mangel-N-Heterocyclen läßt erkennen, daß Aminoderivate der π-Mangel-Heterocyclen das erste Proton fast stets am Ringstickstoff aufnehmen (Craig und Short; Ewing und Steck 1948; Hearn, Morton und Simpson) (Ausnahme z. B. Pterin). Addiert man bei sehr niedrigen pH zwei Protonen an das Aminoderivat eines π-Mangel-N-Heterocyclus, so wird das Spektrum dem des Kations der nicht durch die Aminogruppe substituierten Verbindung sehr ähnlich (Craig und Short; Hearn, Morton und Simpson). So bildet sich aus 3-Amino-acridin in 10n-Salzsäure das Di-Kation, dessen Spektren dem des Acridin-Kations völlig gleicht.

Die Einführung eines dritten Stickstoffatoms zwischen die beiden schon vorhandenen führt zu keinen ungewöhnlichen Veränderungen. Das Spektrum des Benztriazols ähnelt dem von Benzimidazol.

Das Spektrum von Pyrrol ist wenig ausgeprägt, und es läßt sich nur aussagen, daß die Absorption der 3-Bande im gleichen Bereich wie bei Benzol liegt und etwas intensiver ist. Im Vakuum-UV erscheint bei 210 m ein weiterer, gut ausgebildeter Zacken (KLEVENS und PLATT).

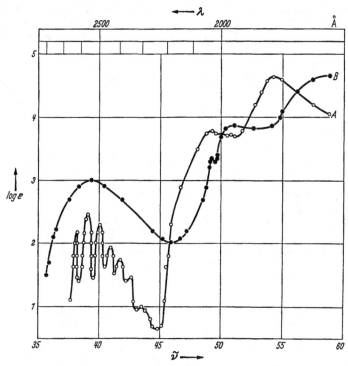

Abb. 14. *A* Benzol; *B* Pyridin

Der Einbau eines doppelt gebundenen Ringstickstoffs beeinflußt die Spektren der O- und S-Heterocyclen nicht mehr als die der entsprechenden N-Heterocyclen. Benzthiazol und Benzothiophen besitzen beinahe identische Spektren (CERNIANI und PASSERINI), ebenso Benzoxazol und Benzofuran (PASSERINI). Das Spektrum des Benzoxazols gleicht dem des Naphthalins sogar mehr als das Benzofuranspektrum. Auch Thiazol und Thiophen sowie Oxazol und Furan (CORNFORTH und CORNFORTH) besitzen jeweils ähnliche Spektren.

1,2- und 1,4-Dihydropyridine absorbieren bei wesentlich größeren Wellenlängen als die entsprechenden Pyridine. Das Absorptionsmaximum von Nicotinamid (Pyridin-3-carbonsäureamid) z. B. liegt bei 260 mµ, während die 1,2- und 1,4-Dihydroderivate bei 360 mµ absorbieren (TRABER und KARRER).

Zusammenfassend ist zu den Elektronenspektren des sichtbaren und ultravioletten Gebietes zu sagen, daß sie sich, obwohl es sich vielfach um breite, wenig differenzierte Banden handelt, zu analytischen Untersuchungen meist gut verwenden lassen. Dies ist besonders dann der Fall, wenn die Extinktionskoeffizienten über 10 000 liegen. Für die Schichtdicke 1 cm sind dann bei $E = 0,1$ noch $1 \cdot 10^{-5}$ Mol/Liter erfaßbar, für die Schichtdicke 10 cm sogar $1 \cdot 10^{-6}$ Mol/Liter.

III. Spektra im Infrarot

1. Allgemeines

Entsprechend dem in der Einführung dargelegten geben die IR-Spektra ein Bild innerer Molekülschwingungen, die wesentlich geringerer Anregungsenergieen bedürfen als die Elektronenspektra. Sie sind heute der Messung gut zugänglich zwischen 0,8 μ, dem Ende des sichtbaren Gebietes und etwa 15 μ. Die Intensitätsmaxima des absorbierten Lichtes erreichen hier nicht die Größe wie im Sichtbaren und im UV. Extinktionskoeffizienten von der Größenordnung $\varepsilon = 10$ sind beachtlich und kommen häufig vor. Selten liegen die Werte wesentlich höher.

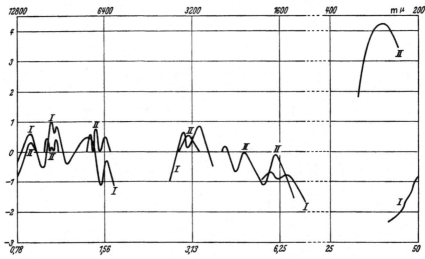

Abb. 15. *I* Äthylalkohol; *II* Diphenyl in Tetrachlorkohlenstoff

Daher eignen sich die IR-Spektra nicht in dem Maße zu mikroanalytischen Untersuchungen, wie die Spektra vieler Stoffe im UV und im Sichtbaren. Dort jedoch, wo Mischungen von Flüssigkeiten vorliegen, bei denen die Mischungsprozente etwa kommensurabel sind, z. B. bei verschiedenen Alkoholgemischen mit 10 bis 100% jeder Komponente, lassen sich diese so sehr gut analysieren. Fördernd für solche analytischen Zwecke wirkt auch die Tatsache, daß hier im Gegensatz zu den meisten Elektronenspektren stets eine Anzahl schmaler Banden gefunden wird.

Die Abb. 15 zeigt ein Übersichtsbild für Äthylalkohol (I) und für Diphenyl (II). Es ist besonders interessant zu sehen, daß Alkohole im extremen UV nur eine breite, mäßig hohe Bande besitzen, mit $\varepsilon_{max} = 150$ bei $\bar{\nu} = 60$, von welcher nur der beginnende Anstieg sichtbar ist, Diphenyl dagegen eine starke Bande mit $\varepsilon_{max} \sim 10\,000$ bei $\bar{\nu} \cdot 10^3 = 40$. Auf der Ordinate ist $\log \varepsilon$ angegeben.

Im IR sind bei beiden schmalen Banden erkennbar, die in der Intensität nicht sehr von einander verschieden sind. Die ε-Werte erreichen sowohl bei den Alkoholen als auch bei dem Diphenyl nur mäßige Werte $\varepsilon_{max} \gtrless 10$. Zwischen dem IR und dem UV liegt für beide Substanzen ein Gebiet völliger Durchlässigkeit, das sichtbare und das langwellige UV.

2. Struktur der Molekülspektra im IR

Im Gegensatz zu den meist breiten Banden der Elektronenspektra größerer organischer Moleküle, zeigen die IR-Spektra organischer Verbindungen schmale Banden. Daher eignen sie sich vor allem sehr gut zur Konstitutionsaufklärung. Dies soll hier zunächst behandelt werden, da es auch für die später zu behandelnden analytischen Anwendungen nützlich ist.

Die folgende Abb. 16 zeigt eine mit einem registrierenden Spektralphotometer aufgenommene Spektralkurve[1] einer zunächst unbekannten Substanz. Es handelte sich um eine wasserklare Flüssigkeit, deren Bruttoformel bereits durch Elementaranalyse zu $C_9H_{10}O$ ermittelt war. Aus dem Spektrum ergibt sich folgendes (Bandenlage in Klammern)

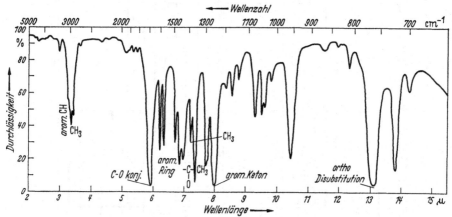

Abb. 16. Ultrarotspektrum von o-Methylacetophenon als Beispiel einer spektroskopischen Konstitutionsaufklärung. (Aus: BRÜGEL, W.: Einführung in die Ultrarotspektroskopie, 2. Aufl., Wiss. Forsch.-Berichte, Naturwiss. Reihe. Darmstadt: Steinkopff 1957)

1. Es muß sich im einen aromatischen Stoff handeln (6,2; 67)
2. Carbonylgruppe vorhanden (5,9) ⎫ Benzoyl, da Banden
3. Aromatischer Charakter (6,2; 6,3) ⎭ fast gleich stark
4. Substitution des Benzolringes in ortho (13,1)
5. Methylgruppe (3,37; 3,42; 3,5)

Im Verein mit der Bruttoformel ergibt sich:

o-Methylacetophenon

Der optische Befund wurde durch Synthese erhärtet (BRÜGEL, 1957).

Es ist darauf hinzuweisen, daß die Bandenlage hier so genau durch Wellenlänge und Frequenz festgelegt ist, daß die Ermittlung der Intensität der Linien hier als sekundär betrachtet werden kann. Infolgedessen braucht auch die Schichtdicke nicht so exakt festgelegt zu sein, wie bei den später zu besprechenden Analysen von Gemischen. Man hat lediglich die Schichtdicke so weit zu variieren, daß die Bandenlagen gut zu erkennen sind.

Diese Bandenlagen sind heute sehr eingehend und an einer großen Zahl von Verbindungen untersucht. Die folgende Tabelle 10 gibt eine Übersicht:

---

[1] Anmerkung: Es hat sich hier historisch eine Aufzeichnung mit der Durchlässigkeit als Ordinate entwickelt, die Banden stehen dabei gegenüber den Kurven mit Extinktionen als Ordinate auf dem Kopf.

Tabelle 10. Spektrale Zuordnungstafel zwischen Molekülbauteilen und charakteristischen Ultrarotbanden nach Colthup

Tabelle 10 (Fortsetzung)

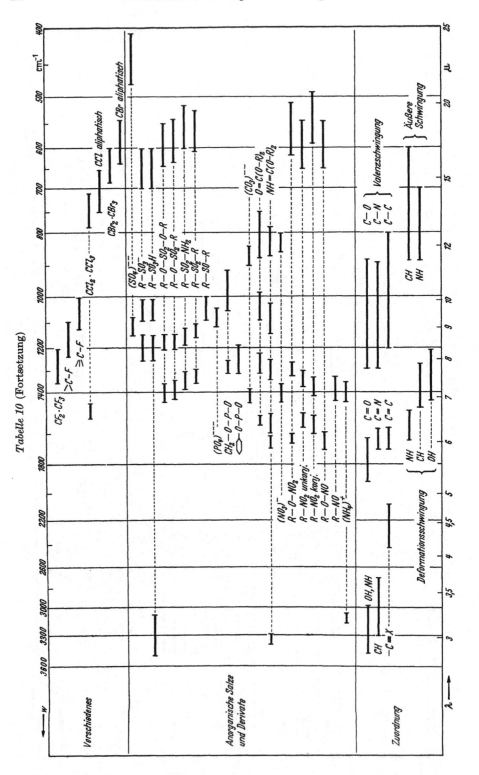

Tabelle 10 (Fortsetzung)

Die quantitative Analyse gründet sich ebenso wie bei den Elektronenspektren auf das Lambert-Beersche Gesetz. Über die Bedeutung des *kurzwelligen Infrarot* für die Feststellung von Dissoziations- und Assoziationsvorgängen, sowie von Wasserstoffbrückenverbindungen (vgl. W. BRÜGEL 1957). Diese Spektralregion ist jetzt gut zugänglich geworden. Zahlreiche Registrierphotometer für das Sichtbare und für das UV sind neuerdings mit Empfängern für das kurzwellige Infrarot ergänzend ausgerüstet. Meist gestatten sie eine Registrierung der Spektra bis 2,5 μ. Möglicherweise ergeben sich hier noch nützliche Anwendungsgebiete für die Lebensmitteluntersuchung, z. B. für schnelle Wasserbestimmungen[1].

E. Anwendungsgebiete

Für Lebensmittel kommen heute am meisten Spektren im Sichtbaren und UV in Betracht. Da bei UV-Spektren, wie sich im Vorhergehenden zeigte, die Elektronenkonfigurationen das Entscheidende für die Lage und Intensität der Banden sind, so ist es verständlich, daß oft in der Bruttozusammensetzung recht heterogene Verbindungen sehr ähnliche Spektra zeigen, wenn sie nur ähnliche Elektronenkonfigurationen besitzen. Dies zeigen die folgenden Abbildungen 17, 18 und 19, und zwar erkennt man aus Abb. 17 sehr ähnliche Spektra für Acetessigester, Ascorbinsäure und Sorbinsäure, Abb. 18 für Diphenyl, Thioharnstoff und Inden, Abb. 19 für p-Aminobenzoesäure, Diphenylamin, Diphenylenoxid, Phenylpentadien und cis- und trans-Zimtsäure[2].

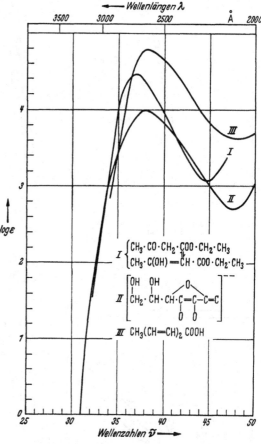

Abb. 17. *I* Acetessigester in wäßriger NaOH; *II* Ascorbinsäure in wäßriger KCN; *III* Sorbinsäure in Hexan

Dies bedeutet für die analytischen Anwendungen eine gewisse Einschränkung, die in den meisten Fällen allerdings deswegen wenig störend wirkt, weil die Wahrscheinlichkeit, daß in Analysenproben, wie sie in der Lebensmittelchemie vorkommen, so verschiedene Stoffe wie sie in Abb. 17 bis 19 dargestellt sind, zusammen in vergleichbarer Menge vorkommen, doch sehr gering ist. Andrerseits ist natürlich das gleichzeitige Vorhandensein von Ascorbinsäure und Sorbinsäure (vgl. Abb. 17) in Lebensmitteln (z. B. in verschiedenen Obsterzeugnissen) durchaus möglich.

---

[1] Die Küvetten können dabei aus Quarz sein (im längerwelligen Infrarot haben die Küvetten Fenster aus NaCl).

[2] Die Kurven dieser Abbildung sind entnommen aus LANDOLT-BÖRNSTEIN Bd. I, 3. Teil, II, herausgegeben von A. EUCKEN u. K. H. HELLWEGE. Berlin-Göttingen-Heidelberg: Springer 1962.

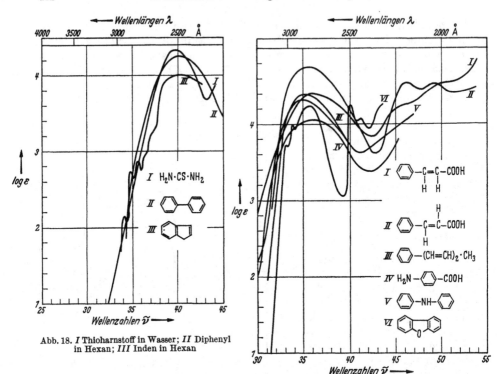

Abb. 18. *I* Thioharnstoff in Wasser; *II* Diphenyl in Hexan; *III* Inden in Hexan

Abb. 19. *I* cis-Zimtsäure in Hexan; *II* trans-Zimtsäure in Hexan; *III* Phenyl-pentadien; *IV* p-Aminobenzoesäure in Wasser; *V* Diphenylamin in Hexan; *VI* Diphenylenoxid in Hexan

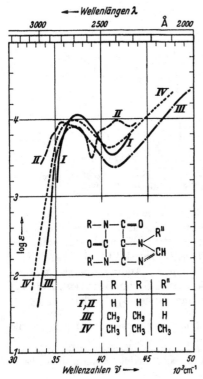

Die Beachtung der Abhängigkeit verschiedener Spektren von pH Lösungsmittel u. a. m. schafft hier meist ausreichende Differenzierungsmöglichkeiten. Auch das Verhalten gegen Reagentien kann in manchen Fällen herangezogen werden.

Diese Punkte müssen besonders beachtet werden, wenn man Spektra konstitutionell unbekannter Stoffe in Extrakten von pflanzlichen und tierischen Erzeugnissen untersucht. Hier ist es daher zunächst nicht möglich, mit dem molaren Extinktionskoeffizienten Berechnungen der Konzentration anzustellen. Am besten bezieht man in solchen Fällen die Extinktion auf 1 g/l oder auf 1 g/100 ml (spezifischer dekadischer Extinktionkoeffizient) in 1 cm Schichtdicke als Aushilfe für den nicht bekannten molaren Extinktionskoeffizienten ε.

Abb. 20. *I* ——— Xanthin pH = 3; 1678; *II* - - - - Xanthin pH = 11,0; 1678; *III* -·-·-· Theophyllin (1,3-Dimethylxanthin) i. W.; *IV* - - - - Coffein (1,3,7-Trimethylxanthin) i. W.; 263. (Aus: Landolt-Börnstein, Bd. I, 3. Teil, Molekeln II, hrsg. von A. Eucken u. K. H. Hellwege. Berlin-Göttingen-Heidelberg: Springer 1951)

Es ist bemerkenswert, wie wenig die Extinktion in verdünnten Lösungen durch nicht absorbierende Lösungsgenossen beeinflußt wird. Nur verhältnismäßig wenige Lösungsgenossen, die zur Komplexbildung befähigt sind, können auch in verdünnten Lösungen kräftige Wirkungen auf lichtabsorbierende Substanzen ausüben. So überlagert sich das Spektrum des Coffeins (Abb. 20) in einem Kaffeeaufguß oder in einem Teeaufguß über die Spektra anderer Substanzen so, daß sich das Coffein mit nur geringerem Fehler im Aufguß direkt bestimmen läßt (J. EISENBRAND und D. PFEIL; J. EISENBRAND und M. RAISCH).

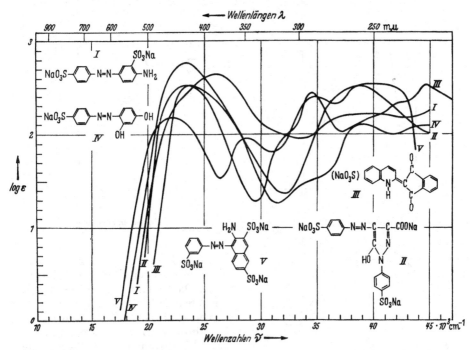

Abb. 21. Gelbe Lebensmittelfarbstoffe. (8. Mitteilung der Deutschen Forschungsgemeinschaft Farbkommission, vom 23. 11. 1956)

Auch nach vorhergehender chromatographischer Trennung lassen sich vielfach mit genügender Genauigkeit absorptionsspektrophotometrische Konzentrationsbestimmungen durch Ablösen der Substanzen von den ausgeschnittenen Flecken machen.

In anderen Fällen können einfache Ausschüttelverfahren und Spektrophotometrieren einer Phase weiterhelfen (Diphenyl).

Auch bei künstlichen organischen Farbstoffen, die zur Färbung bestimmter Lebensmittel zugelassen wurden, kann die Messung der Lichtabsorption manchmal zur Identifizierung herangezogen werden. Die Abb. 21—22 zeigen die Lichtabsorptionsspektra im UV und Sichtbaren für die gelben und orangen Lebensmittelfarbstoffe und für den roten Farbstoff Ponceau 6 R[1].

Aus Abb. 21 ersieht man, daß hier erhebliche Unterschiede vorliegen, die wohl in geeigneten Fällen (z. B. bei gefärbten Brausen oder bei gewissen Zuckerwaren) eine Identifizierung in wäßriger Lösung ohne Isolierung gestatten.

---

[1] In Abb. 21 und 22 bedeutet ε nicht den molekularen Extinktionskoeffizienten, sondern den für eine Farbstofflösung von 1 g in 100 ml.

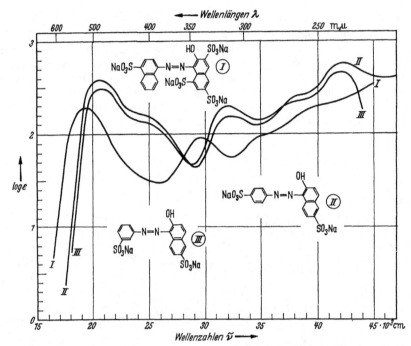

Abb. 22. Orange Lebensmittelfarbstoffe und Ponceaurot 6 R. (8. Mitteilung der Deutschen Forschungsgemeinschaft Farbkommission, vom 23. 11. 1956)

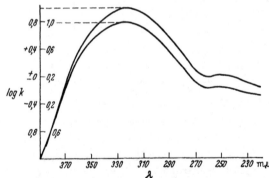

Abb. 23. Typische Farbkurven von Vitamin A₁-Alkohol (o-o-o-o-) und -Acetat (o-o-o-o-o-) in Äthanol. (Die absoluten Werte von $\log k$ wurden willkürlich so gewählt, daß $\log k_{\max} = 1{,}000$)

In anderen ist dies dagegen nicht ohne weiteres möglich, wie Abb. 22 zeigt. Die beiden orangen Lebensmittelstoffe sind in ihrem Spektrum hier so wenig verschieden, daß man andere Verfahren z. B. chromatographische zur Identifizierung zu Hilfe nehmen muß (vgl. hierzu J. Eisenbrand; B. Koether).

Von besonderem Nutzen sind die Spektra von Vitaminen. Abb. 23 zeigt von H. J. Henning aufgenommene Spektra.

Auch in der Untersuchung von Weinen und Spirituosen ist das Absorptionsspektralphotometer mit Nutzen angewandt worden (Mohler u. Mitarb.).

Tabelle 11 zeigt die Absorptionskoeffizienten des Malvidins und seines Diglucosides des Malvins im Sichtbaren und im UV nach P. Ribereau-Gayon sowie nach J. Eisenbrand und O. Hett[1].

Tabelle 11. *Vergleich der Absorptionsmaxima des Malvidins mit denen seines Diglucosides (Malvin)*

	λ_1	ε_1	λ_2	ε_2	λ_3	ε_3
Malvidin	557	36200	277	13300	211	27200
Malvidin-3,5-Diglucosid .	520	28000	270	14600	—	—

[1] Eisenbrand, J., u. O. Hett: Über die Anregbarkeit der Fluoreszenz von Malvin auf Filtrierpapier. Z. Lebensmittel-Untersuch. u. -Forsch. **125**, 385—390 (1964)

Weitere Arbeiten über Bestimmungen im Sichtbaren und UV sind erschienen von:

W. Diemair u. K. Franzen (Katalase); W. Diemair u. E. Jury (5-Hydroxymethylfurfurol); W. Diemair u. G. Weinberger (Thujon); J. Eisenbrand u. H. W. Eich (Kunststoffe: Styrol); J. Eisenbrand u. H. Meyer (Naphthionsäure); J. Eisenbrand u. D. Pfeil (Coffein); J. Eisenbrand u. M. Raisch (Chinolinsulfat); G. J. v. Esch, H. v. Genderen, u. H. H. Vink (Annatto); C. Franske (Fette, Öle: Fettsäuren); W. Fuchs u. G. Addicks (Technische Wachse); L. Grlic (Analyse pflanzlicher Rohdrogen); S. F. Herb, P. Magidman u. R. W. Riemenschneider (Fette und Öle); H. P. Kaufmann, J. G. Thieme u. F. Volbert [Schmalz (1957), Raffination von Schweineschmalz (1956 a, b)]; F. Kiermeier u. G. Semper (Tryptophan, Tyrosin); B. Koether [Lebensmittelfarbstoffe (1960) und Diphenyl (1958)]; H. Kühn u. H. Lück (Fette, Öle); W. Lamprecht (Lösungsmittel-Analyse); H. Lück u. A. Schillinger [Butterfett (1958), Carotin (1959)]; H. Lück, A. Schillinger u. R. Kohn (Fette, Öle); H. Lück u. A. Pavlitz (Aminosäuren, Milch); R. Mattei u. G. Volpi (Italienische Olivenöle); A. Mirna (Schlachtfette; K. Möhler (Pökelfarbstoff); A. Montefredini u. L. Laporta (Olivenöle); D. Pfeil (Kreatinin); P. Ribereau-Gayon (Anthocyane, Anthocyanidine); J. B. Roos u. A. Versnel (Benzoesäure); E. Schauenstein (Fette); E. Schauenstein u. G. Benedikt (Isolen-Fettsäuren); J. Schormüller, G. Bressau u. H. D. Belitz (Pepton: Chesterkäse); G. F. Schubiger (Kakaopolyphenole); G. F. Schubiger, E. Roesch u. R. H. Egli (Kakaopolyphenole); S. W. Souci u. G. Maier-Harländer (Diphenyl); R. Strohecker, G. Wolff u. W. Lörcher (Vitamin A); K. Täufel, C. Franzke u. H. Hoppe (Fette, Öle); K. Täufel u. K. Barthel (Spurenmetalle in Fetten); A. Uzzan (Olivenöle); W. Wachs u. H. Kockert (Oxydation von β-Carotin); G. Wildbrett u. F. Kiermeier (Kunststoffsuspensionen).

Arbeiten im IR sind erschienen von:

J. C. Bartlet (Nachweis der Verfälschung von Speiseölen); H. Bayzer, E. Schauenstein u. K. Winsauer (Bestimmung des Hydroxyl-Gehaltes von C_{18}-Fettsäuren); E. Bottini u. C. Sapetti (Nachweis von Verfälschungen des Olivenöls); D. Chapman (Charakterisierung von Glyceriden); W. Diemair u. G. Weinberger (Thujon); H. W. Eich (Untersuchung auf fettlösliche Weichmacher); A. J. Feuton u. R. O. Crisler (Bestimmung von cis-Doppelbindungen in Ölen); W. Fischer u. U. Uhlich (Nachweis von Pflanzenwirkstoffen); W. Fuchs (Höhere Fettsäuren); W. Fuchs u. R. Dieberg (Montansäure); P. Gelli u. U. Pallota (Nachweis der Verfälschung von Speisefetten); C. A. Glass u. E. H. Melvin (Vinyl-Copolymerisation); F. A. Gunther, R. C. Blinn u. I. H. Barkey (Bestimmung von Tedion); E. Hansen, W. Sturm u. H. J. Drachenfels (Fette, Öle); H. J. Hediger (Fette); K. Heller u. U. Wagner (Organische Verbindungen); M. Ihlhoff u. M. Kalitzky (Wachse: auf Citrusfrüchten); H. P. Kaufmann u. H. H. Thomas (Autoxydation synthetischer Triglyceride); H. P. Kaufmann, F. Volpert u. G. Mankel [Fettsäureester mehrwertiger Alkohole (1961 a), trans-ungesättigte Fettsäuren von Milchfetten (1961 b), trans-ungesättigte Fettsäuren in Gemischen mit cis-isomeren u. gesättigten Verbindungen (1959)]; F. L. Kauffman u. G. D. Lee (Octodecensäure); H. Kühn u. H. Lück (Fette, Öle); H. Lück u. A. Schillinger (Carotin); H. Lück, A. Schillinger u. R. Kohn (Fette, Öle); G. Paulig (DDT: Dichlorphenyltrichloräthylen); L. M. Smith u. N. K. Freeman (Milchphospholipoide).

Wie bereits unter S. 406 bemerkt, sind die Anwendungsmöglichkeiten der Infrarot-Spektroskopie nicht so zahlreich, wie die der Spektrophotometrie im Sichtbaren und im UV. Dies hat folgende Gründe:

1. Die meisten Lebensmittel enthalten Wasser in erheblichen Mengen. In vielen, wie z. B. in Milch, magerem Fleisch, Obstsäften, Wein, Bier, Limonaden, ist Wasser sogar der prozentual höchste Bestandteil. Gerade weil nun die molaren Lichtabsorptionskoeffizienten intensitätsmäßig im Infrarot von Substanz zu Substanz nicht so stark differieren, wie die Elektronenspektra im Sichtbaren und im UV, so fällt die molare Lichtabsorption des Wassers mit seinem kleinen Molekül besonders stark ins Gewicht. Die Anwendung des Infrarot ist daher von vornherein auf Lebensmittel beschränkt die wenig Wasser enthalten, wie z.B. auf Fette und Öle, ferner wurden sie mit Nutzen für Bedarfsgegenstände wie Verpackungsfolien und Gebrauchsartikel aus Kunststoff verwendet. Auch für die Identifizierung einer Reihe von Schädlingsbekämpfungsmitteln wurde sie mit Nutzen verwendet (vgl. obiges Verzeichnis).

2. Die verhältnismäßig geringe Intensität der Lichtabsorption ermöglicht es meist nicht, Spurenstoffe zu bestimmen. Die Infrarot-Spektroskopie ist dagegen für die Untersuchung von Kunststoffen, Verpackungsmaterialien und für die Konstitutionsermittlung unbekannter Stoffe u. a. m., so weit entwickelt, daß für die Aufnahme der Spektra fast nur noch vollautomatische registrierende Geräte verwendet werden. Es existieren ferner Spektralsammlungen und Sachkarteien, deren Benutzung empfohlen wird (vgl. Dokumentation F).

F. Dokumentation

Die Messung der Lichtabsorption im Sichtbaren, im UV und im IR ist heute eines der am meisten angewendeten Verfahren für Analyse und Konstitutionsbestimmung chemischer Verbindungen. In den verschiedensten Sprachen der Welt erscheinen jährlich mehrere tausend Veröffentlichungen hierüber. Viele, besonders organisch chemische Arbeiten, lassen bedauerlicherweise im Titel keineswegs erkennen, daß in der Arbeit spektrale Untersuchungen mitgeteilt werden. Eine besonders große Rolle hat die Frage der Sammlung von Spektren im IR gespielt.

Seit einer Reihe von Jahren kann man alljährlich mit einigen Hunderten mehr oder weniger ausgedehnter veröffentlichter Arbeiten und Untersuchungen auf dem Gebiet der Infrarotspektroskopie rechnen. Zusammenfassende Berichte mit ausführlichem Literaturverzeichnis findet man für eine Reihe von Jahren in der amerikanischen Zeitschrift Analytical Chemistry (der letzte Bericht stammt von J. C. Evans 1962). Seit Anfang 1956 gewährleistet nunmehr die aus der intensiven Zusammenarbeit interessierter deutscher und englischer Fachleute erwachsene und kommerziell vertriebene „Dokumentation der Molekül-Spektroskopie" (Bezug durch den Verlag Chemie Weinheim/Bergstraße, oder Butterworths, Ltd., London) die fachgerechte Erfassung und Auswertung der gesamten anfallenden Literatur auf dem Gebiet der Molekülspektroskopie, wobei zunächst nur die Infrarot- und Raman-Spektren berücksichtigt werden, die Einbeziehung der UV- und anderer hierher gehörenden Spektren aber nur eine Frage der Zeit und der Finanzierung ist (Bergmann und Kresze; Thompson).

Das im Rahmen der DMS in engster Anlehnung an die Schriftleitung des „Chemischen Zentralblattes" arbeitende Redaktionskomitee erfaßt jede irgendwo in der Öffentlichkeit zugänglichen Zeitschriften erscheinende Arbeit mit molekülspektroskopischem Inhalt und teilt sie den angeschlossenen Abonnenten in Form einer Literatur-Randlochkarte nach einem ein für alle Male festgelegten Schlüssel nebst einem kurzen Referat mit.

In den USA hat man das dort genau so brennende Problem in anderer Weise angepackt. Man verzichtet dort auf die systematische Erfassung der laufend anfallenden Literatur, sondern bemüht sich, schon vorhandenes Spektrenmaterial und ausgewählte Spektren aus der Literatur in einer handlichen, mitteilsamen und leicht auswertbaren Form zu erfassen. Diese Arbeit hat die "American Society for Testing Materials" übernommen. Spektren und sonstige Aussagen von Belang werden neben der chemischen Konstitution einer Verbindung nach Art des Hollerith-Systems in maschinell auswertbaren und sortierbaren Flächenlochkarten niedergelegt. Derartige Karten gibt es derzeit für die Infrarotspektroskopie etwa 15 000; daneben existieren Tausende von Karten für Raman-, UV-, Röntgen- und Massenspektren. Im Gegensatz zu dem oben geschilderten europäischen DMS-System enthält die Flächenlochkarte ihrem Charakter nach praktisch keinerlei Text und auch keine Abbildung des Spektrums, ist also ohne Sortiermaschine fast wertlos. Ihre Aussagemöglichkeiten sind jedoch vermöge ihrer großen Lochzahl —

12×80 gegenüber 2×104 der Randlochkarte — größer; ebenso ist der Kartenzahl mit Rücksicht auf die Manipulationsfähigkeit keine Grenze gesetzt (eine normale „langsame" Relais-Sortiermaschine verarbeitet in der Stunde 24 000 Karten, wobei allerdings nur Fragestellungen beantwortet werden können, die in ein und derselben Spalte verschlüsselt sind). Hinsichtlich des Inhalts ist der wesentliche Unterschied, daß das ASTM-System — wenigstens zur Zeit, wenn es auch irgendwann in der Zukunft sich ändern wird — in der Hauptsache auf schon vorhandenem Spektralmaterial fußt, im wesentlichen auf der API-Sammlung und dem Sadtler-Atlas. Preislich ist das ASTM-System, wenn man die Sortiermaschine als gegeben ansieht, weit überlegen (der ASTM-Satz von UR-Hollerith-Karten besteht z. B. aus fast 13 000 Karten; für UV-Spektren gibt es etwa 7 000 Karten).

Ein weiteres amerikanisches Dokumentationsunternehmen ist das vom Committee on Spectral Absorption Data des National Research Council in Zusammenarbeit mit dem National Bureau of Standards in Washington herausgegebene und in Fachkreisen unter dem Namen Creitz-System bekannt gewordene Randlochkartensystem. Seine Einrichtung ist ähnlich dem europäischen DMS-System, jedoch wurde der Versuch offenbar auf nicht ausreichender Basis unternommen. Demzufolge hat es dem ASTM-System gegenüber jede Bedeutung verloren und wird in dieses übernommen. Weitere Dokumentationssysteme, wie sie in der Literatur gelegentlich angeregt oder beschrieben werden (C. Clark, Shreve und Heether, Baker u. a.), haben nur historische oder lokale Bedeutung.

Alle Dokumentationssysteme — es sei denn, sie geben eine ausreichende bildliche Darstellung des behandelten Spektrums — befriedigen heute noch nicht die Forderung nach umfangreichen, jedermann zugänglichen Spektrensammlungen (W. Brügel 1957).

Weitere kleinere Sammlungen vgl. W. Brügel (1957).

G. Zusammenfassung und Ausblick

Zweifellos ist der Höhepunkt für die Anwendung der besprochenen optischen Methoden in der Lebensmittelchemie noch nicht erreicht.

Die Einführung der photoelektrischen Instrumente schreitet weiter fort, vollautomatisch registrierende Photometer werden zunehmend verwendet. Die Zeit der Aufnahme eines Spektrums wird durch diese auf wenige Minuten verkürzt. Dies schafft für die Zukunft auch die Möglichkeit technologische Prozesse bei Stoffen mit geeigneten optischen Eigenschaften laufend registrierend verfolgen zu können. Selbst sehr rasch verlaufende Prozesse werden der Untersuchung zugänglich durch die vor einigen Jahren von Porter beschriebene Blitzlicht-Spektrophotometrie. Als „zerstörungsfreie Prüfverfahren" werden diese optischen Methoden in einer großen Zahl anderer Fälle bisher nicht ausgeschöpfte Analysenmöglichkeiten bieten.

Bibliographie

Albert, A.: Heterocyclic chemistry. London: The athlone press university 1959.
Angerer, E. v.: Wissenschaftliche Photographie. Leipzig: Akademische Verlagsgesellschaft Geest & Portig K.-G. 1952.
—, u. H. Ebert: Technische Kunstgriffe. Braunschweig 1952.
—, u. G. Joos: Wissenschaftliche Photographie. Leipzig 1956.
Ans, J. de, u. E. Lax: Taschenbuch für Chemiker und Physiker. Berlin 1943.
Bellamy, L. J.: Ultrarot-Spektrum und chemische Konstitution. Darmstadt: Steinkopff 1955.
Brügel, W.: Einführung in die Ultrarotspektroskopie. Darmstadt: Steinkopff 1957.
— Physik und Technik der Ultrarot-Strahlung. Hannover: Curt R. Vincentz-Verlag 1961.
Conn, G. K. T., and D. G. Avery: Infrared methods. New York and London 1960.

EGGERT, J.: Lehrbuch der physikalischen Chemie. 8. Aufl. Leipzig: Hirzel 1960.

ELENBAAS, W.: The high pressure mercury vapour discharge. Amsterdam 1951.

EUCKEN, A., u. K. H. HELLWEGE: Atom- und Molekularphysik. 3. Teil, Molekeln II. Berlin-Göttingen-Heidelberg: Springer-Verlag 1951.

GEFFCKEN, W.: Landolt-Börnstein. 6. Aufl. IV. Bd. 3. Teil, S. 929ff. Berlin-Göttingen-Heidelberg: Springer-Verlag 1957.

GÖRLICH, P.: Photoeffekte. Band 1. Leipzig: Akademische Verlagsgesellschaft Geest & Portig 1962.

HENNING, H. J.: Probleme der chemisch-physikalischen Vitaminbestimmung. Dissertation: Tech. Universität Berlin 1954.

HOPPE-SEYLER, F., u. H. THIERFELDER: Handbuch der physiologisch- und pathologisch-chemischen Analyse. 10. Aufl. I. Band. Berlin-Göttingen-Heidelberg: Springer-Verlag 1953.

— — Allgemeine Untersuchungsmethoden. 1. Teil. Berlin-Göttingen-Heidelberg: Springer-Verlag 1953.

HUMMEL, D.: Kunststoff-, Lack- und Gummi-Analyse. München: Hanser-Verlag 1958.

— Kunststoff-, Lack- und Gummi-Analyse (Tafelband). München: Hanser-Verlag 1958.

HOUWINK, R.: Chemie und Technologie der Kunststoffe. 3. Aufl. Band II. Leipzig: Akademische Verlagsgesellschaft Geest & Portig K.G. 1956.

JAFFE, H. H., and M. ORCHIN: Theory and Applications of Ultraviolet Spectroscopy. New York, London: John Wiley and Sons, Inc. 1962.

KARLSON, P.: Biochemie. Stuttgart: Thieme 1962.

KORTÜM, G.: Kolorimetrie — Photometrie — Spektrometrie. Band II, 4. Aufl. Berlin-Göttingen-Heidelberg: Springer-Verlag 1962.

LANDOLT-BÖRNSTEIN: Physikalisch-chemische Tabellen. 2. Band. Berlin: Springer-Verlag 1923.

— H. v. HALBAN u. J. EISENBRAND: Physikalisch-chemische Tabellen. 2. Ergänzungsband 1926.

— — Physikalisch-chemische Tabellen. 3. Ergänzungsband 1935.

— M. PESTEMER, G. SCHEIBE u. A. SCHÖNTAG: Atom- und Molekularphysik. 3. Teil, Molekeln II. Berlin-Göttingen-Heidelberg: Springer-Verlag 1951.

— Zusammenfassende Übersicht. 6. Aufl. Bd. IV, 3 1957.

MARTELL, A. E., u. M. CALVIN: Die Chemie der Metallchelat-Verbindungen. Weinheim/Bergstraße: Verlag Chemie G.m.b.H. 1958.

MEYER, A. E. H., u. E. O. SEITZ: Ultraviolette Strahlen. 2. erweiterte Aufl. Berlin: Walter de Gruyter & Co. 1949.

MOSS, T. S.: Modern Infrared Detectors in Advances in Spectroscopy. Vol. I. New York 1955.

PAULING, L.: Die Natur der chemischen Bindung. Weinheim/Bergstraße: Verlag Chemie G.m.b.H. 1962.

POHL, R. W.: Optik. Berlin 1941.

SANDORFY, C.: Die Elektronenspektra in der theoretischen Chemie. Weinheim/Bergstraße: Verlag Chemie G.m.b.H. 1961.

SMITH, R. A., F. E. JONES, and R. P. CHASMAR: Detection and Measurement of Infrared Radiation. London and New York 1957.

STAAB, H. A.: Einführung in die theoretische organische Chemie. 2. Aufl. Weinheim/Bergstraße: Verlag Chemie G.m.b.H. 1960.

STROHECKER, R., u. H. HENNING: Vitaminbestimmungen (E. Merck). Weinheim/Bergstraße: Verlag Chemie G.m.b.H. 1963.

Zeitschriftenliteratur

BADGER, J. M., B. and J. CHRISTIE: Polynuclear heterocyclic systems XI. Absorptionspectra of compounds containing five-membered rings. J. chem. Soc. 1956, 3438—3442.

BAKER, A. W., N. WRIGHT, and A. OPLER: Automatic infrared punched-carel identification of mixtures. Analytic. Chem. 25, 1457—1460 (1953).

BARNES, R. B., and L. G. BONNER: Filters for the infrared. J. Opt. Soc. Am. 26, 428—433 (1936).

BARTLET, J. C.: Identifizierung von Speiseölen und der Nachweis von Verfälschungen durch Differential-Infrarotspektroskopie. Nature 180, 1071 (1957).

BAUM, W. A., and L. DUNKELMAN: Ultraviolet radiation of the heigh pressure Xenon-are. J. Opt. Soc. Am. 40, 782—806 (1950).

BAUMEISTER, P. W., and F. A. JENKINS: Dispersion of the phase change for dielectric multi-layers. Application to the interferencefilter. J. Opt. Soc. Am. 47, 57—61 (1957).

BAY, Z., u. W. STEINER: Das kontinuierliche Wasserstoffspektrum als Lichtquelle für Absorptionsversuche in Ultraviolett. I und II. Z. Physik 45, 337—343 (1927) I; 59, 48—53 (1929) II.

BAYZER, H., E. SCHAUENSTEIN u. K. WINSAUER: Die infrarotspektrometrische Bestimmung des Hydroxyl-Gehaltes in C_{18}-Fettsäuren und deren Estern. Mh. Chem. 89, 15—22 (1958).

BECQUEREL, E.: Mémoire sur les effets électriques produits sous l'influence des rayons solaires. Compt. rend. 9, 561—567 (1839).

BERGMANN, E. D., et Y. HIRSHBERG: Fulvènes et éthylines thermochromes, 3. Le spectre d'absorption des fulvènes dans l'ultraviolet. Bull. Soc. chim. France (5), 17, 1091—1097 (1950).

BERGMANN, G., u. G. KRESZE: Kartei zur Dokumentation in der Molekülspektroskopie. Angew. Chem. 67, 685—694 (1955).

BLOUT, E. R., R. S. CORLEY, and P. L. SNOW: Infrared transmitting filters. The region 1 to 6 μ. J. Opt. Soc. 40, 415—418 (1950).

BOOKER, H., L. K. EVANS, and A. E. GILLAM: Effect of the molecular environment on the absorptionspectra of organic compounds in solution. I Conjugated dienes. J. chem. Soc. 1940, 1453—1463.

BOTTINI, E., u. C. SAPETTI: Die Spektrometrie beim Nachweis von Verfälschungen des Olivenöls. Ann. Sperimentanz. agrar. 12, 1007 (1958); zit. nach Fette, Seifen, Anstrichmittel 62, 1167 (1960).

BOWDEN, K., and E. A. BRAUDE: Light absorption X. Further observations on ultraviolet auxochromes. A survey of the effect of the less common elements. J. chem. Soc. 1952, 1068—1077.

BRAUDE, E. A.: Light absorption VIII. Biphenyl and stilbene derivates. Interaltion between unconjugated chromophores. J. chem. Soc. 1949, 1902—1909.

BULL, A., u. F. WALLDORF: Die Methode des isosbestischen Punktes zur Ermittlung von Komplexzusammensetzungen. Z. analyt. Chem. 193, 81—85 (1963).

BURAWOY, A., and A. G. ROACH: Colorfilters for the 4358 Å-line of the mercury discharge spectrum. Nature 181, 762—763 (1958).

CARR, E. P., L. W. PICKETT, and H. STÜCKLEN: The absorption spectra of a series of dienes. Rev. Modern Phys. 14, 260—264 (1942).

CERNIANI, A., and R. PASSERINI: The near-ultraviolet absorption spectra of some heterocyclic compounds. II. Benzothiazoles. J. chem. Soc. 1954, 2261—2264.

CHAPMAN, D.: Die Infrarot-spektroskopische Charakterisierung von Glyceriden. J. amer. Oil Chem. Soc. 37, 73 (1960); zit. nach Fette, Seifen, Anstrichmittel 63, 660 (1961).

CLARK, C.: Cataloguing of infrared spectra. Science (Washington) 111, 632—633 (1950).

CLEEK, G. W., J. H. VILLA, and C. H. HAHNER: Refractive indexes and transmittances of several optical glasses in the infrared. J. Opt. Soc. Am. 49, 1090—1095 (1959).

CORNFORTH, J. W., and R. H. CORNFORTH: Synthesis of Oxazoles. J. chem. Soc. 1947, 96—102.

CRAIG, D. P., and L. N. SHORT: Absorption spectra of acridines. I. some aminoacridines. J. chem. Soc. 1945, 419—422.

CZERNY, M., u. H. RÖDER: Fortschritte auf dem Gebiet der Ultrarottechnik. Ergb. exakt. Naturw. 17, 70—107 (1938).

DIEKE, G. H., and S. P. CUNNINGHAM: A new type of hydrogen discharge lamp. J. Opt. Soc. Am. 42, 187—189 (1952).

DIEMAIR, W., u. K. FRANZEN: Über das Vorkommen der Parasorbinsäure und der Sorbinsäure. Z. Lebensmittel-Untersuch. u. -Forsch. 109, 373—378 (1959).

—, u. E. JURY: Beitrag zur Veränderung und Bildung von 5-Hydroxymethylfurfurol. Z. Lebensmittel-Untersuch. u. -Forsch. 113, 189—197 (1960).

—, u. G. WEINBERGER: Über den Nachweis und die Bestimmung von Thujon in Wein. Z. Lebensmittel- Untersuch. u. -Forsch. 113, 374—380 (1960).

DIMROTH, K.: Beziehungen zwischen den Absorptionsspektren im Ultraviolett und der Konstitution. Angew. Chem. 52, 545—556 (1939).

DITCHBURN, R. W.: Absorption of ultraviolet radiation by the atmospheric gases. Proc. roy. Soc., Ser. A (Lond.) 236, 216—226 (1956).

DÖRR, F.: Ein UV-Filter für die Linie 253.7 Å. Naturwiss. 44, 256 (1957).

DORFMAN, L.: Ultraviolet absorption of steroides. Chem. Rev. 53, 47—144 (1953).

EGGERT, J.: Die technisch wichtigsten lichtempfindlichen Systeme. Z. techn. Physik. 15, 436—443 (1934).

EICH, H. W.: Ultrarotspektroskopische Untersuchung von Kunststoff-Folien auf fettlösliche Weichmacher. Z. Lebensmittel-Untersuch. u. -Forsch. 115, 46—54 (1961).

EISENBRAND, J., u. D. PFEIL: Beitrag zur Bestimmung des Coffeins in verschiedenen Lebensmitteln. Z. analyt. Chem. 151, 241—258 (1956).

—, u. H. W. EICH: Untersuchung von Polystyrolbedarfsgegenständen auf ihren Anteil an Monomeren. Z. Lebensmittel-Untersuch. u. -Forsch. 112, 194—197 (1960).

—, u. H. MEYER: Beiträge zur Fluorimetrie. III. Die fluorimetrische Bestimmung der Naphthionsäure. Z. analyt. Chem. 174, 414—418 (1960).

—, u. M. RAISCH: Beiträge zur Fluorimetrie. IV. Die fluorimetrische Bestimmung des Glycerins nach Überführung in Chinolin. Z. analyt. Chem. 177, 1—4 (1960).

Elenbaas, W.: Die Gesamtstrahlung der Quecksilberhochdruckentladung als Funktion der Leistung, des Durchmessers und des Druckes. Physica 4, 413—417 (1937).
— Intensity measurements on water-cooled high-pressure mercury lamps with addition of cadmium and zinc. Rev. opt. 27, 683—692 (1948).
Elster, J., u. H. Geitel: Entladung negativ elektrischer Körper durch das Sonnen- und Tageslicht. Ann. Physik 38, 497—514 (1889).
— — Hemmender Einfluß des Magnetismus auf lichtelektrische Entladungen in verdünnten Gasen. Ann. Physik 41, 161—172 (1890).
Engström, R. W.: Multiplier phototube characteristics: application to low light levels. J. Opt. Soc. Am. 37, 420—431 (1947).
Esch, G. J. v., H. v. Genderen u. H. H. Vink: Über die chronische Verträglichkeit von Annattofarbstoffen. Z. Lebensmittel-Untersuch. u. -Forsch. 111, 93—108 (1959).
Evans, J. C.: Infrared spectrometry. Analytic. Chem. 34, 225 R—232 R (1962).
Evans, J. W.: Birefringent filter. J. Opt. Soc. Am. 39, 229, 412 (1949).
Ewing, G. W., and E. A. Steck: Absorption spectra of heterocyclic compounds. I. Quinolinols and isoquinolinols. II. Aminoderivates of pyridine, quinoline and isoquinoline. J. amer. chem. Soc. 68, 2181—2187 (1946); 70, 3397—3406 (1948).
Felgett, P. B.: On the ultimate sensivity and practical performance of radiation detectors. J. Opt. Soc. Am. 39, 970—976 (1949).
Fenton, A. J. jr., u. R. O. Crisler: Die Bestimmung von cis-Doppelbindungen in Ölen durch die Spektroskopie im nahen Infrarot. J. amer. Oil Chem. Soc. 36, 620 (1959); zit. nach Fette, Seifen, Anstrichmittel 63, 591 (1961).
Fieser, L. F., M. Fieser, and S. Rajagopalan: Absorption spectroscopy and the structures of the diosterols. J. organ. Chem. 13, 800—806 (1948).
Fischer, W., u. U. Uhlich: Nachweis von Pflanzenschutzwirkstoffen in Mischung miteinander mit Hilfe der Infrarotspektroskopie. Z. analyt. Chem. 172, 175—192 (1960).
Forester, A. T., A. Ch. Juresch, R. A. Gudmundsen, and Ph. O. Johnson: High efficiency microwave excitation of light sources. J. Opt. Soc. Am. 46, 339—342 (1956).
Franske, C.: UV-spektralanalytische Studien über die quantitative Bestimmung der Linol- und Linolensäure nach Konjuenisierung. Nahrung 3, 238—251 (1959); zit. nach Z. Lebensmittel-Untersuch. u. -Forsch. 112, 235 (1960).
Frerichs, R.: New optical glasses with good transparency in the infrared. J. Opt. Soc. Am. 43, 1153—1157 (1953).
Fuchs, W.: Die Infrarot-Spektren der höheren Fettsäuren und ihre Bedeutung für das Problem der Montansäure. Fette, Seifen, Anstrichmittel 58, 3—7 (1956).
—, u. R. Dieberg: Zur Lösung des Montansäureproblems durch Chromatographie und Infrarotspektroskopie. Fette, Seifen, Anstrichmittel 58, 826—831 (1956).
—, u. G. Addicks: Entwicklung von Arbeitsmethoden zur Messung der Absorptionsspektra von technischen Wachsen und deren Komponenten im Ultraviolett- und Ultrarot-Gebiet. Fette, Seifen, Anstrichmittel 60, 907—909 (1958).
Geffcken, W.: Das Wellenbandfilter, ein Interferenzfilter mit besonders hoher Leistung. Z. angew. Phys. 6, 249—250 (1954); D.R.P. (1944) 716, 153 [2].
Geiling, L.: Das Thermoelement als Strahlungsmesser. Z. angew. Phys. 3, 467—477 (1951).
Gelli, P., u. U. Pallota: Über die Verwendung der IR-Spektroskopie für den Nachweis der Verfälschung von Speisefetten. Olearia 13, 222 (1959); zit. nach Fette, Seifen, Anstrichmittel 63, 102 (1961).
Glass, C. A., and E. H. Melvin: Die Bestimmung der Zusammensetzung von Vinyl-Copolymerisaten mit Hilfe des Infrarotspektrums. J. amer. Oil Chem. Soc. 36, 100 (1959); zit. nach Fette, Seifen, Anstrichmittel 62, 457 (1960).
Görlich, P., u. W. Lang: Der Einfluß des Deckelektrodenmaterials auf die Empfindlichkeit von Selensperrschichtzellen. Z. physik. Chem. (Leipzig) B 41, 23—32 (1938).
Grebe, L.: Absorption der Dämpfe des Benzols und einiger seiner Derivate im Ultraviolett. Z. wiss. Phot. 3, 376—395 (1905).
Grlic, L.: Direkte Ultraviolett-Spektrophotometrie bei der Analyse pflanzlicher Rohdrogen und ihrer Extrakte. J. Pharm. Belg. N.S. 14, 45—55 (1959); zit. nach Z. Lebensmittel-Untersuch- u. -Forsch. 114, 260 (1961 I).
Gunther, F. A., R. C. Blinn u. I. H. Barkley: Eine Methode zur quantitativen Bestimmung von 2,4,4,5,-Tetrachlordiphenylsulfon (Tedion) auf der Schale von Citrusfrüchten durch Infrarot-Spektrographie. J. agric. Food Chem. 7, 104 (1959); zit. nach Fette, Seifen, Anstrichmittel 62, 880 (1960).
Halban, H. v., u. H. Geigel: Über die Verwendung von photoelektrischen Zellen zur Messung der Lichtabsorption von Lösung I. Z. physik. Chem. 96, 214—232 (1920), (Leipzig).
—, u. K. Siedentopf: Über die Verwendung von photoelektrischen Zellen zur Messung der Lichtabsorption von Lösung II. Z. physik. Chem. 100, 208—230 (1922), (Leipzig).

HALBAN, H. V.: Die Lichtabsorption der starken Elektrolyte. Réunion internationale de chimie physique Paris octobre (1928) 64—88. Z. Elektrochem. **34**, 489—497 (1928).

HANSEN, E., W. STURM u. H. J. V. DRACHENFELS: Untersuchung an einem synthetischen Butterfett. Z. Lebensmittel-Untersuch. u. -Forsch. **111**, 381—392 (1959).

HANSEN, G.: Entwurf lichtelektrischer Absorptionsmeßgeräte. Zeiss-Nachr. **4**, 8—26 (1941).

—, u. E. MOHR: Wirksame Schichtlänge bei zylindrischen Küvetten. Spectrochim. Acta **3**, 584—598 (1949).

HARRISON, G. R., and P. A. LEIGHTON: Homochromatic spectrophotometry in the extreme ultraviolet. J. Opt. Soc. Am. **20**, 313—330 (1930).

HASS, G., W. R. HUNTER, and R. TOUSEY: Reflectanel of evaporated aluminium in the vacuum ultraviolet. J. Opt. Soc. Am. **46**, 1009—1012 (1956).

HEARN, J. M., R. A. MORTON, and J. C. E. SIMPSON: Ultraviolet absorption spectra of some derivates of quinoline, quinazoline and cinnoline. J. chem. Soc. **1951**, 3318—3329.

HEDIGER, H. J.: Neue Ergebnisse in der Untersuchung von Fetten durch Infrarot-Spektroskopie. Fette, Seifen, Anstrichmittel **59**, 53—54 (1957).

HELLER, K., u. U. WAGNER: Quantitative Ultrarotspektralanalyse fester organischer Verbindungen. Z. analyt. Chem. **167**, 90 (1959); zit. nach Fette, Seifen, Anstrichmittel **62**, 347 (1960).

HENRI, V.: Études de Photochemie. Paris: Verlag Gauthier-Villars 1919.

HERB, S. F., P. MAGIDMAN u. R. W. RIEMENSCHNEIDER: Die Analyse von Fetten und Ölen durch Gas-Flüssigkeits-Chromatographie und UV-Spektrophotometrie. J. Am. Oil Chem. Soc. **37**, 127 (1960); zit. nach Fette, Seifen, Anstrichmittel **63**, 662 (1961).

HÖFERT, H. J.: Ein Filterphotometer zur Reflexionsmessung. Z. Instrumentenk. **67**, 188 bis 124 (1959).

HÜCKEL, E.: Zur modernen Theorie ungesättigter und aromatischer Verbindungen. Z. Elektrochem. **61**, 866—890 (1957).

HURVICH, L. M., and D. JAMESON: Spectral sensitivity of the fovea. I. Neutral adaptation. J. Opt. Soc. Am. **43**, 485—494 (1953).

IHLOFF, M., u. M. KALITZKI: Über natürliche und künstliche Citrusfruchtwachse. Z. Lebensmittel-Untersuch. u. -Forsch. **112**, 391—394 (1960).

INN, E. C. Y.: Vacuum ultraviolet spectroscopy. Spectrochim. Acta **7**, 65—87 (1955).

JOHNSON, F. S., K. WATANABE, and R. TOUSEY: Fluorescentsensitized photomultipliers for heterochromatic photometry in the ultraviolet. J. Opt. Soc. Am. **41**, 702—708 (1951).

JONES, R. C.: The ultimate sensitivity of radiation detectors. J. Opt. Soc. Am. **37**, 879—890 (1947).

— A new classification system for radiation detectors. J. Opt. Soc. Am. **39**, 327—345 (1949).

KAUFMANN, H. P., J. G. THIEME u. F. VOLBERT: Der Nachweis der Raffination von Schweineschmalz. II. Das UV-Absorptionsspektrum. Fette, Seifen, Anstrichmittel **58**, 995—996 (1956a); **58**, 1046—1057 (1956b).

— — — Qualitätsbeurteilung von Schmalz auf spektroskopischer Grundlage. Fette, Seifen, Anstrichmittel **59**, 1037—1048 (1957).

— F. VOLBERT u. G. MANKEL: Anwendung der Infrarot-Spektrographie auf dem Fettgebiet. II. Quantitative Bestimmung trans-ungesättigter Fettsäuren in Gemischen mit cis-isomeren und gesättigten Verbindungen. Fette, Seifen, Anstrichmittel **61**, 643—651 (1959).

—, u. H. H. THOMAS: Anwendung der Infrarot-Spektrographie auf dem Fettgebiet. III. Untersuchung der Autoxydation synthetischer Triglyceride. Z. Lebensmittel-Untersuch. u. -Forsch. **113**, 410 (1960); zit. nach Fette, Seifen, Anstrichmittel **62**, 315—318 (1960).

— F. VOLBERT u. G. MANKEL: Die Anwendung der Infrarot-Spektrographie auf dem Fettgebiet. IV. Untersuchung der Fettsäureester mehrwertiger Alkohole. Fette, Seifen, Anstrichmittel **63**, 8 (1961a); V. Untersuchung von Milchfetten auf trans-ungesättigte Fettsäuren. Fette, Seifen, Anstrichmittel **63**, 261—268 (1961b).

KAUFFMAN, F. L., u. G. D. LEE: Eine Studie über die Octadecensäure mit Hilfe der Gas-Flüssigkeits-Verteilungs-Chromatographie und der Infrarot-Spektrophotographie. J. amer. Oil Chem. Soc. **37**, 385 (1960); zit. nach Fette, Seifen, Anstrichmittel **63**, 1177 (1961).

KIERMEIER, F., u. G. SEMPER: Über das Vorkommen eines proteolytischen Enzyms und eines Trypsin-Inhibitors in Kuhmilch (Tryptophan, Tyrosin). Z. Lebensmittel-Untersuch. u. -Forsch. **111**, 282—307 (1960).

KÖNIG, W.: Begriff der Polymethinfarbstoffe und eine davon ableitbare allgemeine Farbstoff-Formel als Grundlage einer neuen Systematik der Farbenchemie. J. prakt. Chem. (2) **112**, 1—36 (1926).

KOETHER, B.: Beitrag zur quantitativen Bestimmung des Diphenyls in Citrusfrüchten. Z. Lebensmittel-Untersuch. u. -Forsch. **108**, 158—163 (1958).

— Über die quantitative Bestimmung von 15 zum Färben von Lebensmitteln verwendeten Farbstoffen. Dtsch. Lebensmittel-Rdsch. **56**, 7—13 (1960).

Kortüm, G.: Neuer rotierender Sektor für Lichtschwächung großer Genauigkeit. Z. Instrumentenk. **54**, 373 (1934).
— Das optische Verhalten gelöster Ionen und seine Bedeutung für die Struktur elektrolytischer Lösungen. (Prüfung des Lambert-Beerschen Gesetzes.) Z. physik. Chem. (Leipzig) B **33**, 243—264 (1936).
Kreidl, N. J., R. A. Weidel, and H. C. Hafner: Optical and physical properties of some calciumaluminate glasses. J. Am. Ceramic Soc. **41**, 315—323 (1958).
Kühn, H., u. H. Lück: Der trans-Oefin-Gehalt verschiedener natürlich vorkommender Fette und seine Veränderung durch UV-Bestrahlung. Z. Lebensmittel-Untersuch. u. -Forsch. **109**, 306—315 (1959).
— — Einwirkung ionisierender Strahlen auf Fette. Z. Lebensmittel-Untersuch. u. -Forsch. **110**, 430—442 (1959).
Kuentzel, L. E.: New codes for Hollerith-type punched cards. Anal. Chem. **23**, 1413—1418 (1951).
Kuhn, R., u. H. A. Staab: Synthese von Polyenylphenylketonen. Chem. Ber. **87**, 262—272 (1954).
Lamprecht, W.: Die UV-Absorption in der Lösungsmittelanalyse. Fette, Seifen, Anstrichmittel **61**, 96—99 (1959).
Lange, B.: Photozellen. 2. Mitt. Physik. Z. **31**, 964—972 (1930).
Lewis, G. N., and M. Calvin: The color of organic substances. Chem. Rev. **25**, 273—328 (1939).
Lippert, E.: Apparative Fortschritte in der Infrarot-Spektroskopie. Z. angew. Phys. **4**, 390 bis 397 (1952).
Longuet-Higgins, H. C., and C. A. Coulson: A theoretical investigation of the distribution of electrons in some heterocyclic molecules containing nitrogen. Trans. Faraday Soc. **43**, 87—94 (1947).
— — Electronic structure of some azo derivates of naphthalene, anthrazene and phenanthrene. J. chem. Soc. **1949**, 971—980.
Lück, H., u. A. Pavlik: Einfluß der UV-Bestrahlung auf die freien nicht eiweißgebundenen Aminosäuren der Milch. Z. Lebensmittel-Untersuch. u. -Forsch. **119**, 30—38 (1962/63).
—, u. A. Schillinger: Untersuchung zur H_2O_2-Behandlung der Milch. Z. Lebensmittel-Untersuch. u. -Forsch. **108**, 341—346 (1958).
— — Über den Einfluß von Sauerstoff auf verschiedene Milchbestandteile (β-Carotin). Z. Lebensmittel-Untersuch. u. -Forsch. **110**, 267—283 (1959).
— — u. R. Kohn: Einfluß von Elektronenstrahlen auf Karottenpulver (Fette, Öle). Z. Lebensmittel-Untersuch. u. -Forsch. **111**, 307—318 (1959).
Lyot, E.: Un monochromateur à grand champ utilisant les interférences en lumière polarisée. Compt. rend. **197**, 1593—1595 (1933).
Mattei, R., u. G. Volpi: Ultraviolett-spektrographische Eigenschaften italienischer Olivenöle—Nachweis von zugesetztem Raffinat und Fremdölen. Olearia **13**, 55 (1959); zit. nach Fette, Seifen, Anstrichmittel **62**, 127 (1960).
Menczel, S.: Absorptionsspektra von fünfgliedrigen heterocyklischen Verbindungen. Z. physik. Chem. (Leipzig) **125**, 161—219 (1927).
Merkelbach, O.: Strahlenfilter für das infrarote und rote Spektralgebiet. Strahlentherapie **57**, 689—702 (1936).
Mirna, A.: Über Veränderungen der UV-Spektren bei Schlachtfetten während der Autoxydation. Fette, Seifen, Anstrichmittel **62**, 577—579 (1960).
Möhler, K.: Zur Bestimmung des Pökelfarbstoffes. Z. Lebensmittel-Untersuch. u. -Forsch. **108**, 20—28 (1958).
Mohler, N. M., and I. R. Loofbourow: Optical filters I., II. Am. J. Phys. **20**, 449—515, 579—588 (1952).
Montefredini, A., u. L. Laporta: Anwendung der Spektralphotometrie auf die Analyse von Olivenölen. I. Verwendung der UV-Spektralphotometrie zur Charakterisierung äußerst reiner Jungfernöle. Olii minerali, grassi e saponi, colori e vernici **36**, 63 (1959); zit. nach Fette, Seifen u. Öle **63**, 476 (1961).
Nernst, W.: Über die elektrolytische Leitung fester Körper bei sehr hohen Temperaturen. Z. Elektrochem. **6**, 41—43 (1899).
Öhman, Y.: A new monochromator. Nature (Lond.) **141**, 157—158, 291 (1938).
Passerini, R.: The near ultraviolet absorption spectra of some heterocyclic compounds. I. Benzoxazoles. J. chem. Soc. **1954**, 2256—2261.
Paulig, G.: Über eine Methode zur Schnellbestimmung von DDT und Gammexan in Mehl und Getreide. Dtsch. Lebensmittel-Rdsch. **56**, 223—224 (1960).
Pfeil, D.: Beitrag zur Bestimmung des Gesamtkreatinins in Lebensmitteln. Z. analyt. Chem. **154**, Heft 1 (1957).
Plyler, E. K., and F. P. Phelps: The transmittance of cesium bromide crystals. J. Opt. Soc. Am. **41**, 209—210 (1951).

PLYLER, E. K., u. J. J. BALL: Filters for the infrared region. J. Opt. Soc. Am. **42**, 266—268 (1952a).

—, and F. P. PHELPS: Growth and infrared transmission of cesium jodide crystals. J. Opt. Soc. Am. **42**, 432—433 (1952b).

—, and N. ACQUISTA: Infrared spectrometry with a cesium jodide prism. J. Opt. Soc. Am. **43**, 212—213 (1953).

— — Transmittance and reflectance of cesium jodide in the far infrared region. J. Opt. Soc. Am. **48**, 668—669 (1958).

POLSTER, H. D.: Dielectric interferometer filter. J. Opt. Soc. Am. **39**, 1054—1055 (1949).

RIBEREAU-GAYON, P.: Untersuchung über die Farbstoffe roter Trauben (Anthocyane, Anthocyanide). Dtsch. Lebensmittel-Rdsch. **56**, 217—223 (1960).

RÖSSLER, F.: Strahlungsmessungen im kurzwelligen Ultraviolett mit der Selensperrschichtzelle. Z. techn. Physik **20**, 290—293 (1939).

ROMAND, I., et V. VODAR: Contribution à l'étude de l'ultraviolet lointain. Spectrochim. Acta 8, 229—248 (1956).

ROMPE, R., u. W. THOURET: Die Leuchtdichte der Quecksilberentladung bei hohen Drucken. Z. techn. Phys. **17**, 377—380 (1936).

— Quecksilberdampflampen hoher Leuchtdichte. Z. tech. Phys. **19**, 352—355 (1938).

ROOS, J. B., u. A. VERSNEL: Spektralphotometrische Schnellmethode zur simultanen Bestimmung von Benzoesäure und Sorbinsäure in Margarine und in Butter. Dtsch. Lebensmittel-Rdsch. **56**, 128—133 (1960).

SCHAETTI, N., u. W. BAUMGARTNER: Dunkelstrom von Photozellen mit Sekundärelektronenvervielfachung. Helv. Phys. Acta **25**, 605—611 (1952).

SCHAUENSTEIN, E.: Möglichkeiten und Grenzen der Anwendung der UV-Spektrometrie in der Fettforschung. Nahrung **3**, 1123—1140 (1959); zit. nach Z. Lebensmittel-Untersuch. u. -Forsch. **113**, 408 (1960).

—, u. G. BENEDIKT: Über die UV-Absorption der Isolen-Fettsäuren. Fette, Seifen, Anstrichmittel **62**, 687—691 (1960).

SCHEIBE, G.: Über die Veränderlichkeit der Absorptionsspektra in Lösungen und die Nebenvalenzen als ihre Ursache. Angew. Chem. **50**, 212—219 (1937).

SCHLÄFER, R.: Neue Interferenzmonochromatfilter. Spectrochim. Acta **11**, Coll. Spectr. Intern VI, 361—367 (1958).

SCHORMÜLLER, J., G. BRESSAU u. H. D. BELITZ: Beiträge zur Biochemie der Käsereifung. Z. Lebensmittel-Untersuch. u. -Forsch. **108**, 346—355 (1958); Wiss. Arbeitstagung: Inst. f. Lebensmittelbedarfsgegenstände u. Verpackung. München 1957.

SCHOTTKY, W.: Vereinfachte und erweiterte Theorie der Randschichtgleichrichter. Z. Physik **118**, 539—592 (1942).

SCHUBIGER, G. F.: Zur Kenntnis der Kakaopolyphenole und verwandten Substanzen unter Anwendung der Spektrophotometrie, Chromatographie und Elektrophorese. Dtsch. Lebensmittel-Rdsch. **53**, 210 (1957). Vortragsreferat.

— E. ROESCH u. R. H. EGLI: Beitrag zur Kenntnis der Kakao-Polyphenole und verwandten Substanzen unter Anwendung der Spektrophotometrie, Chromatographie und Elektrophorese. Fette, Seifen, Anstrichmittel **59**, 631—636 (1957).

SCHUHKNECHT, W.: Eine einfache Vorrichtung zur automatischen Inbetriebnahme von Metalldampflampen. Optik 8, 367—368 (1951).

SCHWARZ, E.: Photoconductive cells of cadmium selenide. Proc. Phys. Soc. (London) **65 B**, 783—788 (1952).

SHREVE, O. D., and M. R. HEETHER: Method for facilitating, recording, filing, and intercomparison of infrared spectra. Analytic. Chem. **22**, 836—837 (1950).

SIMON, A., u. H. HAMANN: Beiträge zur Verbesserung der ramanspektroskopischen Aufnahmetechnik. III. Filter für die blauen und violetten Quecksilberlinien. Z. physik. Chem. (Leipzig) **209**, 222—254 (1958).

SMITH, L. M., u. N. K. FREEMAN: Die Analyse von Milchphospholipoiden mit Hilfe der Chromatographie und der Infrarot-Spektrophotometrie. J. Dairy Sci. **42**, 1450 (1959); zit. nach Fette, Seifen, Anstrichmittel **63**, 1180 (1961).

SMITH, S. D.: Design of multilayer filters by considering two effective interfaces. J. Opt. Soc. Am. **48**, 43—50 (1958).

SMITH KINNEY, J. A.: Sensitivity of the eye to spectral radiation at scotopic and mesopic intensita levels. J. Opt. Soc. Am. **45**, 507—514 (1955).

SOUCI, S. W., u. G. MAIER-HAARLÄNDER: Untersuchungen zur Analytik des Diphenyls. Z. Lebensmittel-Untersuch. u. -Forsch. **119**, 217—222 (1962).

STAAB, H. A.: Transacylierungen. III. Über die Reaktionsfähigkeit der N-Acyl-Derivate in der Reihe Indol, Benzimidazol, Bentriazol. Chem. Ber. **90**, 1320—1325 (1957).

STAHL, H. A.: Radiation of the Huggin-Bol, Type A, high pressure mercury lamp. J. Opt. Soc. Am. **49**, 381—384 (1959).

424   J. EISENBRAND: Messung der Lichtabsorption

STRAIT, L. A., F. M. GOYAN, and W. D. KUMLER: Semisolid nicel sulfate filter. J. Opt. Soc.
    Am. **46**, 1038—1042 (1956).
STROHECKER, R., jr., G. WOLFF u. W. LÖRCHER: Zur Frage der Aufbesserung des Vitamin-
    gehaltes in der Großküchenverpflegung. Z. Lebensmittel-Untersuch. u. -Forsch. **113**, 298
    bis 303 (1960).
SUHRMANN, R., u. H. LUTHER: Aufbau und Verwendung von Ultrarotgeräten. Chem.-Ing.-
    Techn. **22**, 409—415 (1950).
TÄUFEL, K., u. K. BARTHEL: Über den emissionsspektrographischen Nachweis von Spuren-
    metallen in Fetten. Fette, Seifen, Anstrichmittel **60**, 534—536 (1958).
— C. FRANZKE u. H. HOPPE: Zur chemischen Physiologie und Analytik polymerisierter Fette.
    Dtsch. Lebensmittel-Rdsch. **54**, 245—252 (1958).
TAYLOR, J. H., C. S. RUPPERT, and J. STRONG: An incandescent tungsten source for infrared
    spectroscopy. J. Opt. Soc. Am. **41**, 626—629 (1951).
THOMPSON, H. W.: The documentation of molecular spectra. J. chem. Soc. **1955**, 4501—4509.
TRABER, W., u. P. KARRER: Zur Kenntnis der Dihydro-pyridinverbindungen. Helv. chim.
    Acta **41**, 2066—2094 (1958).
UZZAN, A.: Verwendung der UV-Spektrophotometrie für die Qualitätsbestimmung von
    Olivenölen. zit. nach Fette, Seifen, Anstrichmittel **63**, 373 (1961); Olii minerali, grassi
    e saponi, colori e vernici **36**, 307 (1959).
WACHS, W., u. H. KOCKERT: Über die potentiometrische und spektrophotometrische Ver-
    folgung der Oxydation von β-Carotin bei Lichtausschluß. Nahrung **3**, 391 (1959); zit.
    nach Fette, Seifen, Anstrichmittel **63**, 482 (1961).
WILDBRETT, G., u. F. KIERMEIER: Untersuchungen zur Anwendung von Kunststoffen für
    Lebensmittel. Z. Lebensmittel-Untersuch. u. -Forsch. **108**, 32—44 (1958).
ZANKER, V.: Über den Nachweis definierter reversibler Assoziate (reversibler Polymerisate)
    des Acridinorange durch Absorptions- und Fluoreszenzmessungen in wäßriger Lösung.
    Z. physik. Chem. (Leipzig) **199**, 225—258 (1952).
ZELLIKOFF, M., P. H. WYCKOFF, L. M. ASCHENBRAND, and R. S. LOOMIS: Electrodeless
    discharge lamps containing metallic vapours. J. Opt. Soc. Am. **42**, 818—819 (1952).

Farbtonmessung

Von

Prof. Dr. J. EISENBRAND, Saarbrücken

Mit 3 Abbildungen

A. Allgemeine Grundlagen

Das Wort „Farbe" kann in der Umgangssprache sehr verschiedene Erscheinungen bezeichnen, z. B. hat eine durch Lithiumsalze gefärbte Flamme eine „rote Farbe", ebenso aber auch das Licht einer Dunkelkammerlampe oder man spricht von einem „roten Farbstoff".

Die hier zu behandelnde Farbmessung im engeren Sinne, die als Farbtonmessung bezeichnet werden soll, beschäftigt sich mit der Festlegung der Farbe undurchsichtiger Substanzen im reflektierten Licht. Darüber hinaus hat man auch versucht, Lumineszenzfarben durch Farbtonmessungen festzulegen.

Bei Farbtonmessungen muß man, um eine eindeutige Systematik zu erreichen, unterscheiden zwischen Farbempfindungen, farbigen Lichtern und Körperfarben. Es handelt sich bei den letztgenannten um Licht aus mehr oder minder breiten Spektralregionen, niemals aber um Licht einer einzigen Wellenlänge.

B. Meßmethodik

Die Meßmethodik, die eine zahlenmäßige Festlegung von Körperfarben, wie sie das menschliche Auge sieht, zum Ziel hat, beruht auf folgenden physiologischen Gegebenheiten:

I. Das Auge

Das Auge nimmt mit Hilfe der Netzhaut die Licht- und Farbreize auf. Diese werden dann zum Gehirn geleitet, wo die Farbempfindungen zustande kommen. Die Stärke der Empfindungen richtet sich nach dem Weber-Fechnerschen Gesetz. Dieses besagt, daß bei arithmetischer Zunahme der Stärke der Empfindungen die die Empfindung auslösenden Lichtreize in geometrischer Reihe zunehmen. Ein solches „Exponentialgesetz" kann für Meßzwecke am geeignetsten in logarithmierter Form mathematisch ausgedrückt werden.

Setzt man diesen Lichtreizen, die ins Auge gelangenden Lichtintensitäten proportional (was allerdings nur innerhalb eines für die Messungen günstigen Gebietes gilt), so ergibt sich

$$\text{Empfindungsstärke} = C \cdot (\lg I_1 - \lg I_2) \,,$$

wobei I_1 und I_2 zwei verschiedene Lichtintensitäten (Reizintensitäten) sind und C eine Konstante darstellt. Man ersieht hieraus sofort, daß innerhalb gewisser Intensitätsgrenzen zwei Lichtströme, deren Intensitäten in demselben Verhältnis zueinander stehen, unabhängig von ihrer absoluten Größe, stets den gleichen Empfindungsunterschied hervorrufen.

Ein gerade noch zu erkennender Unterschied von I_1 und I_2 wird als „Reizschwelle" oder auch Unterschiedsschwelle bezeichnet. Das Gesetz, das übrigens nicht nur für Farbreize gilt, kann um so besser geprüft werden, d. h. die Reizschwelle liegt also um so niedriger, je näher die zu vergleichenden Farbtöne aneinander gerückt sind und je länger die gemeinsame Grenze ist. Unter günstigen Verhältnissen können noch Helligkeitsunterschiede von etwa 1% wahrgenommen werden. Die Unterschiedsschwelle ist dann $(\lg I_1 - \lg I_2) = 0,004$ (vgl. auch Messung der Lichtabsorption). Meistens ist dieser hohe Grad an Genauigkeit nur bei geübten und nicht übermüdeten Beobachtern zu erreichen. Ferner ist die Empfindlichkeit bei mittlerer Beleuchtung am größten, bei zu starker tritt Blendung auf, bei zu schwacher ist naturgemäß die Empfindlichkeit ebenfalls geringer.

Neben der Helligkeitsschwelle besitzt das Auge eine Farbunterschiedsschwelle, die ebenfalls von der Beleuchtungsstärke abhängig ist. Individuelle Sehfehler können hier sehr stören. Es ist daher wichtig zu wissen, ob der Beobachter normales Farbunterscheidungsvermögen besitzt oder nicht.

II. Die Dreifarbentheorie von Young-Helmholtz

Sie nimmt zur Erklärung des Farbensehens an, daß die Netzhaut drei verschiedene Arten von Zäpfchen enthält, die sich anatomisch allerdings bisher nicht nachweisen ließen, und die hauptsächlich entweder für Rot oder Grün oder Blau empfindlich sind.

Hierauf baut sich bis heute die praktische Meßtechnik für Farbtonmessungen auf. Wenngleich nach Born in neuerer Zeit an dieser Theorie Kritik geübt wird, und auf Grund von Versuchen die Auffassung vertreten wird, daß drei Grundfarben nicht nötig sind und zwei genügen (Land, vgl. auch H. M. Wilson 1960), so bleibt doch die Dreifarbentheorie nach wie vor die Grundlage der Auswertungen. Aus dieser ergibt sich nun, daß man alle vorkommenden Farbtöne in ihrer großen Vielfalt durch Mischung von drei passend gewählten Grundfarben (Lichtern) darstellen kann, die je eine der drei Grundempfindungen im Auge auslösen. Die Farbenblindheit läßt sich danach durch den Ausfall von mindestens einer der drei Grundempfindungen erklären.

III. Farbengeometrie

Hierbei wird als Koordinate im Spektrum die durch Interferenz gemessene Wellenlänge λ des monochromatischen Lichtes benützt und als Maß der Intensität die Lichtenergie. Für eine einheitliche Farbempfindung gebraucht man das Wort Farbvalenz.

Man kann nun jede Farbvalenz innerhalb eines gleichseitigen Dreiecks darstellen, an dessen drei Ecken die drei Grundfarben Rot, Grün und Blau liegen.

Der Schwerpunkt dieses Dreiecks ergibt dann den *Weißpunkt*. Alle vorkommenden Farben liegen dann innerhalb dieses Dreieckes. Man ist heute von diesen Darstellungen mit Dreieckskoordinaten abgekommen und bevorzugt ein rechtwinkeliges Koordinatensystem.

Dieses liegt auch den deutschen DIN-Normen (DIN 5053) zugrunde und ist in Abb. 1 dargestellt.

Zeichnet man die Spektralfarben in dieses Koordinatensystem ein, so erhält man die aus der Abb. 1 ersichtliche Kurve. Verbindet man die Endpunkte der Kurve, die dem roten und dem violetten Ende des Spektrums entsprechen, durch eine Gerade, so liegen auf dieser die Purpurtöne, die durch Mischung von Rot und Violett erhalten werden. Innerhalb der von der „Purpurgeraden" und dem durch die Spektralfarben gebildeten Kurvenzug eingeschlossenen Fläche liegen alle Farben, die durch Mischung herstellbar sind, für eine bestimmte mittlere Helligkeit. *E* ist die *Mittelpunktsvalenz* (gegebenenfalls der Weißpunkt). Aus Abb. 1 läßt sich ferner folgendes erkennen. Weiß läßt sich durch Mischen von Lichtern zweier passender Wellenlängen, die auf dem Spektralkurvenzug liegen, herstellen. Jede Gerade, die durch *E* geht und den Kurvenzug schneidet, läßt die Farbanteile jeweils ablesen, die für das Zustandekommen der Farbempfindung Weiß erforderlich sind. Ferner läßt sich jeder Punkt innerhalb der von dem Kurvenzug umschlossenen Fläche durch unendlich viele Mischungen darstellen, also auch Weiß.

Ergibt sich das Weiß durch Mischung von Spektralfarben von nur zwei Wellenlängen, so bezeichnet man die diesen zugehörigen Farben als Gegenfarben oder Komplementärfarben. Auch Grün und Purpur sind Komplementärfarben. Ferner können Farben aus Spektralfarben und Weiß zusammengesetzt werden. Alle Farben außer den Spektralfarben besitzen daher einen mehr oder weniger großen Weißgehalt.

Die Lage der Punkte in der Farbenebene ist durch zwei Variable *x* und *y* gegeben. Da aber durch die 3 Grundempfindungen jede Farbe durch drei unabhängige Variable definiert ist, so muß zur eindeutigen Definition noch eine dritte Variable hinzukommen. SCHRÖDINGER wählte als solche die Helligkeit und

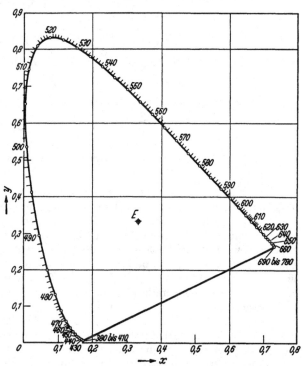

Abb. 1. Farbenebene mit Spektralzug, DIN 5033, Blatt 3, Seite 3. [Aus: Naturwiss. **50**, Heft 2, S. 32 (1963)]

erweiterte das zweidimensionale Farbendreieck von HELMHOLTZ zum dreidimensionalen Farbkörper, der die Form einer dreiseitigen Pyramide hat. Die Spitze ist dann der Punkt, der die Farbempfindung *O* darstellt, auch Schwarzpunkt genannt. Mit zunehmendem Abstand vom Schwarzpunkt wächst die Helligkeit. Die Achse der Pyramide bildet wieder ähnlich wie bei dem Farbdreieck eine Graureihe.

Denkt man sich in die den verschiedenen Helligkeiten entsprechenden senkrecht zur Achse liegenden Dreiecke die Spektralkurven eingezeichnet, so umschließen diese einen tütenförmigen Körper, der alle realisierbaren Farben enthält und der von B. SCHRÖDINGER (1920) als „*reelle Farbtüte*" bezeichnet wurde (Abb. 2).

Die räumliche Farbengeometrie von SCHRÖDINGER, die in der Praxis noch wenig ausgenützt worden ist, dürfte zweifellos auf dem Wege der eindeutigen Kennzeichnung von Farbtönen ein großer Fortschritt sein. Die künftige Entwicklung wird zeigen, inwieweit sie die jetzt in der Technik gebräuchliche ebene Farbgeometrie ablösen wird.

Für die praktische Anwendung, die auch in der Lebensmittelchemie gewisse Bereiche besitzt, ist die elementare Farbgeometrie meist völlig ausreichend. Hier liegen für die technische Anwendung der Farbenlehre bereits internationale Übereinkommen für bestimmte Bezeichnungen und Formeln sowie auch für Methoden vor, die in den Deutschen Normblättern DIN 5033 zusammengestellt sind. Man kann damit jede Farbvalenz durch ihre Koordinaten in der Farbebene charakterisieren, die durch eine festgelegte Meßvorschrift gefunden werden.

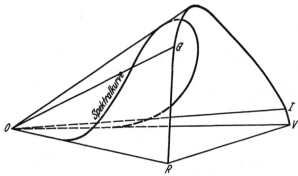

Abb. 2. Farbentüte nach Schrödinger. [Aus: Naturwiss. 50, Heft 2, S. 33 (1963)]

Nimmt man x, y als rechtwinklige Koordinaten, so ist der Spektralzug eine im allgemeinen konvexe Linie; nur die Enden sind praktisch geradlinig (Abb. 1). Alle reellen Farbvalenzen liegen in dem Gebiet, das von dem Spektralzug und der ihn abschließenden Verbindungsgeraden der Endpunkte begrenzt wird; auf dieser liegen die aus Rot und Violett gemischten Purpurtöne, man spricht daher von der Purpurgeraden. Der „Weißpunkt" E (man spricht heute oft vom „Unbuntpunkt", weil er je nach Intensität auch die grauen Töne darstellt) hat die Koordinaten $x = y = z = {}^{1}/_{3}$. Eine gerade Linie durch E stellt Farbvalenzen gleichen Farbtons und verschiedener Sättigung dar; dem Schnittpunkt der Geraden mit dem Spektralzug entspricht die höchste Sättigung. Da die Zuordnung von Wellenlängen und monochromatischer Spektralfarbe dem Fachmann geläufig ist, kann er sich so eine Vorstellung von der Verteilung der Farben über das Diagramm machen. Nur über die *farblosen Grauempfindungen*, ferner über die *Brauns* und *Olivs* ist eine Bemerkung nötig. Wenn diese als besondere Farbqualitäten empfunden werden, haben sie in der belegten Farbebene keinen Platz. Man muß dann die räumliche Darstellung von Schrödinger (Farbentüte) benutzen, wo die Unterscheidung zwischen Farbton, Sättigung und Intensität vermieden wird. Will man an der üblichen Darstellung in der Farbebene festgehalten, so muß man sich damit abfinden, die genannten Farben als Verdunkelungen oder Schwärzungen gewisser gesättigter Farbtöne anzusehen. Die Graus sind dann verdunkeltes Weiß, die Brauns verdunkeltes Rot oder Orange, die Olive verdunkeltes Gelbgrün. Man kann natürlich auch eine dritte Koordinate senkrecht zur Farbebene auftragen, so daß den genannten Farben Punkte über oder unter der Farbebene entsprechen; so liegen die Graus auf der Vertikalen durch den Weißpunkt usw. Man erhält so Darstellungen mit Hilfe von Farbkörpern (z. B. nach Wilhelm Ostwald), die allerdings durch die von Schrödinger gegebene Lösung heute überholt sind.

An der Brauchbarkeit dieser Farbengeometrie ist nicht zu zweifeln. Denn sie wird von zahlreichen Industrien erfolgreich benutzt, insbesondere von den Herstellern von Filmen für Farbphotographie, die sozusagen die Dreifarbenlehre der Farbmischung in jedes Haus tragen (M. Born 1963). Allerdings handelt es sich dabei nicht um „additive" Farbmischung, sondern um „subtraktive" Mischung. Der Unterschied der beiden Verfahren wird im folgenden erläutert.

IV. Additive und subtraktive Farbmischung

Die *additive Mischung* ist auf die Mischung von farbigen Lichtern beschränkt. Die Intensitäten der Komponenten addieren sich, die Gesamtintensität ist also größer als die der einzelnen Komponenten. Beispiele für die additive Farbmischung sind die Überlagerung zweier Spektren oder von Teilen von Spektren, die Beleuchtung einer weißen Fläche mit verschiedenfarbigen Lichtern oder die mit dem Farbkreisel hergestellten Mischungen. Erzeugt man z. B. mit *zwei* Projektionsapparaten und geeigneten Filtern einen blauen und einen gelben *Lichtstrahl*, die sich auf der Projektionswand teilweise überlagern, so erscheint die Wand an dieser Stelle fast weiß.

Mischt man dagegen einen gelben mit einem blauen *Farbstoff*, so sieht die Mischung bei Beleuchtung mit weißem Licht grün aus. Der gelbe Farbstoff remittiert einen Teil der (kurzwelligen) roten, die gelben und die grünen Strahlen,

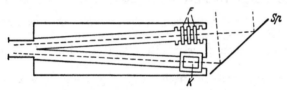

Abb. 3. Tintometer von LOVIBOND. *F* Filter, *K* Küvette. *Sp* Spiegel. (Aus: Handb. der Lebensmittelchemie, Bd. II/1, S. 438. Berlin: Springer 1933)

der Rest des Spektrums wird absorbiert. Der blaue Farbstoff dagegen absorbiert das ganze langwellige Ende des Spektrums bis zum Grün, er remittiert Grün, Grünblau, Blau und Violett. Es wird also von beiden Bestandteilen dieser Mischung nur das Grün vollständig remittiert, alle anderen Strahlen werden entweder von dem gelben oder dem blauen Farbstoff durch Absorption so stark geschwächt, daß das Auge nur grün empfindet. Da jede Komponente einen großen Teil des auffallenden Lichtes absorbiert, ist die Intensität des remittierten Lichtes kleiner als die der einzelnen Komponenten. Diese Art der Farbmischung wird als *subtraktive Farbmischung* bezeichnet. Man muß von dem auffallenden Licht die verschluckten Anteile subtrahieren, um das remittierte Licht zu erhalten. Subtraktive Farbmischung liegt außer bei der Mischung von Farbstoffen vor, wenn man zwei Farbfilter, etwa ein gelbes oder ein blaues, *hintereinander schaltet* – auch dann wird nur Grün durchgelassen–, oder wenn man farbige Objekte durch ein Farbfilter betrachtet oder farbige Flüssigkeiten miteinander mischt.

Das Auge kann zweifellos eine ungeheure Menge von Farbtönen unterscheiden. Bei praktischer Anwendung werden jedoch immer nur Farbenskalen aufgestellt, die eine begrenzte Anzahl von Farbtönen enthalten. So hat WILHELM OSTWALD z. B. einen 24teiligen Farbenkreis empfohlen (vgl. auch später die Tab. auf S. 431). Praktisch kann man für solche Farbtonmessungen eine ganze Anzahl gebräuchlicher Photometer verwenden z. B. das Pulfrich-Stufenphotometer mit einer Zusatzapparatur von KRÜGER, ferner den Farbmesser von BLOCH sowie den Polarisationsfarbenmischapparat von OSTWALD. Das Tintometer von LOVIBOND hat, obwohl die Farbenangaben vollständig willkürlich sind, wegen seiner einfachen Konstruktion und Handhabung weitgehend Anwendung in der Industrie gefunden, besonders zur Bestimmung der Farbe von Ölen, Fetten, Melassen usw. Das Verfahren beruht auf subtraktiver Farbmischung. Abb. 3 zeigt das Gerät.

Es besteht aus zwei viereckigen Holzröhren ohne jede optische Einrichtung, die also nur als Dunkelröhre dienen (vgl. auch F. Volbert 1933). Das eine Rohr enthält eine Einrichtung zur Aufnahme von ein oder mehreren hintereinandergeschalteten Glasfiltern, das andere bleibt frei und dient zur Beobachtung der zu prüfenden Substanz. Bei der Untersuchung von Lösungen können Flüssigkeitsküvetten in dieses Rohr eingesetzt werden. Das Wichtigste am Tintometer sind die von Lovibond hergestellten Filter, im Glasfluß gefärbte Gläser von großer Haltbarkeit und gleichmäßiger Beschaffenheit. Kleine Änderungen in der Farbtiefe werden bei der Herstellung sehr sorgfältig durch geringe Änderungen in der Dicke ausgeglichen. Es werden Sätze von roten, gelben und blauen Filtern hergestellt, insgesamt 470 verschiedene Farbtöne; durch Hintereinanderschalten verschiedener Töne läßt sich die Skala noch erheblich erweitern. Die Farbe der Probe wird lediglich durch die auf den Filterplättchen angegebenen Zahlen charakterisiert, doch geben wegen der ausgezeichneten Beschaffenheit der Filter die Messungen mit verschiedenen Tintometern sehr genau übereinstimmende Resultate.

V. Direkte Vergleichsmethode mit Hilfe von Farbatlanten

Der bedeutendste, nach wissenschaftlichen Grundsätzen hergestellte Atlas ist der *Farbnormenatlas* von Ostwald. Er gilt immer noch als vorzüglich, wenn er auch von neueren Werken überholt ist (H. Hönl 1954, G. Wyszecki 1960, M. Born 1963).

Er enthält in Form von Aufstrichen auf Papier die Farbtöne. Außer diesen Atlas ist mit den Ostwaldschen Farbaufstrichen eine große Anzahl von Farbnormen in Form von Farbkreisen oder Farbtonleitern hergestellt. Die Normen können auch, auf Wolle oder Seide ausgefärbt, bezogen werden.

Bestimmung des Schwarz- und Weißgehaltes mit Lichtfiltern und Grauleitern:

Die Bestimmung des Schwarzgehaltes geht auf eine Beobachtung von Lambert zurück. Betrachtet man eine farbige und eine danebenliegende weiße Fläche durch ein Filter, das die gleiche Farbe hat wie die Farbfläche, so ist diese stets dunkler als die weiße Fläche, die durch das Filter in der gleichen Farbe erscheint. Die Farbe enthält infolge ihres Absorptionsvermögens einen scheinbaren Schwarzgehalt.

Die Grauleiter besteht aus auf Papierstreifen aufgeklebten Grauplättchen (Aufstriche auf Papier), die (entsprechend den früher *erwähnten* Normen) abgestuft sind. Die Beobachtung geschieht zweckmäßig durch ein Dunkelrohr, um alle fremden Lichteinflüsse zu beseitigen. Das Rohr enthält außerdem eine Vorrichtung zur Aufnahme der Filter.

Die zu untersuchende Probe wird mit der Grauleiter auf einen schwarzen Untergrund gelegt und das Rohr darübergestellt. Es ist darauf zu achten, daß die Probe und das danebenliegende Stück der Grauleiter gleichmäßig von weißem Licht beleuchtet werden; es darf kein Schatten auf die zu vergleichenden Flächen fallen. Man macht die Messung entweder in einigem Abstand von einem nach Norden gelegenen Fenster oder benutzt als künstliche Lichtquelle eine Tageslichtlampe. Zuerst wird nun ein Filter eingesetzt, das im Farbton möglichst mit der Probe übereinstimmt. Es soll Licht derselben Wellenlängen passieren lassen, die von der Probe remittiert werden, und wird daher als Paßfilter bezeichnet. Bei der Betrachtung erscheinen nun die Probe und die Grauleiter gleich gefärbt, allerdings im allgemeinen von verschiedener Helligkeit. Man verschiebt dann die Grauleiter solange, bis irgendeine Graustufe und die Probe gleich hell erscheinen. Der für diese Stufe angegebene Schwarzgehalt ist gleich dem Schwarzgehalt der Probe.

Die Bestimmung des Weißgehaltes geht in der gleichen Weise vor sich. Nur benutzt man jetzt ein „Sperrfilter", d. h. ein Filter, das alle von der Probe remittierten Strahlen absorbiert; es muß also dem Paßfilter komplementär sein. Wieder erscheinen Probe und Grauleiter in der gleichen Farbe, gleiche Helligkeit wird durch Verschieben der Grauleiter hergestellt und der Weißgehalt an der eingestellten Graustufe abgelesen.

Die Hauptfehlerquelle dieser Methode liegt darin, daß man nur Mittelwerte bekommt. Das Durchlässigkeitsgebiet des Paßfilters deckt sich niemals vollständig mit dem von der Probe remittierten Spektralgebiet, meist wird durch das Filter ein Teil aus diesem herausgeschnitten und die Messung des Schwarzgehaltes erstreckt sich nur auf diesen Teil. Man muß darauf achten, daß die Farbe des Paßfilters möglichst genau mit der der Probe übereinstimmt, damit der Filterschwerpunkt mit der Mitte des remittierten Spektralgebietes annähernd zusammenfällt.

Tabelle. *Farbennamen* [nach BUCHWALD, (vgl. auch M. BORN) Naturwiss. S. 38. **50**, 2 (1963)]

1	2	3	4	5	6	7
Nummer des Farbtons	Farbtongleiche Wellenlänge λ_f			Benennung		
	OSTWALD	BOUMA	MANUAL	OSTWALD	MAYER	MANUAL
1	572,1	573,20	573,0	1. Gelb	Zitrone	Bright Lemon Yellow
2	577,7	577,35	578,8	2. Gelb	Sonnenblume	Buttercup
3	582,0	581,98	582,4	3. Gelb	Rainfarn	Sunflower
4	593	587,96	587,3	1. Kreß	Orange	Brite Orange
5	616	598,10	593,4	2. Kreß	Judenkirsche	Tangerine
6	641	—494,03	601,7	3. Kreß	Vogelbeere	Vermillon
7	700	—501,04	616,5	1. Rot	Himbeere	Scarlet
8	—492,0	—514,97	—493,9	2. Rot	Fuchsschwanz	Rose Red
9	—501,7	—539,18	—500,0	3. Rot	Malve	Fuchsia Red
10	—535,3	—554,44	—527,0	1. Veil	Wicke	Fuchsia Purple
11	—553,9	—562,80	—554,5	2. Veil	Glockenblume	Purple
12	423	—568,64	—565,8	3. Veil	Veilchen	Violet
13	440	464,47	469,0	1. Ublau	Kornblume	Ultramarine
14	464	475,89	477,0	2. Ublau	Meerstern	Vivid Blue
15	475,4	481,58	481,2	3. Ublau	Himmelblau	Cerulean Blue
16	480,6	485,75	484,2	1. Eisblau	Pfauenblau	Peacock Blue
17	483,1	489,54	486,9	2. Eisblau	Bergblau	Turquoise Blue
18	484,8	494,03	489,2	3. Eisblau	Türkis	Vivid Turquoise
19	487,1	501,04	491,4	1. Seegrün	Meergrün	Vivid Turquoise Green
20	491,6	514,97	494,5	2. Seegrün	Grünspan	Vivid Turquoise Green
21	500,4	539,18	501,3	3. Seegrün	Smaragd	Vivid Green
22	530,0	554,44	527,2	1. Laubgrün	Grasgrün	Bright Kelly Green
23	555,3	562,80	554,3	2. Laubgrün	Maigrün	Paris Green
24	566,3	568,64	564,7	3. Laubgrün	Wolfsmilch	Bright Lime Green

VI. Kennzeichnung von Farbempfindungen durch Zuordnung bekannter natürlicher Farbtöne

Es soll abschließend noch auf eine andere Art der möglichen Objektivierung bei der Zuordnung von Farbäußerungen hingewiesen werden. Es handelt sich dabei nach M. BORN um die Zuordnung der Farbempfindungen zu anderen Lebensäußerungen. Man ordnet die Farbe einem bekannten gefärbten Ding zu, z. B. einer Kornblume, einem Veilchen, dem blauen Himmel, einem Smaragd, als

Kornblumenblau, Veilchenblau, Himmelblau, Smaragdgrün. Die Tabelle 1 zeigt eine solche Zusammenstellung von Farbennamen nach E. Buchwald, die für praktische Zwecke recht nützlich sein kann, obwohl die Übereinstimmung in der Zuordnung keine vollständige ist.

C. Anwendung von Farbtonmessungen

In der Lebensmittelchemie haben Farbtonmessungen bis jetzt nur eine begrenzte Anwendung gefunden, so z. B. zur Farbtonmessung von Ölen mit dem Lovibond-Tintometer. Auch Haitinger und seine Mitarbeiter haben Farbtonmessungen zur Charakterisierung der Farbe bei Fluorescenzerscheinungen benützt. Sicherlich kann eine exakte Farbtonangabe auf dieser Grundlage auch für die Lebensmittelindustrie noch manches Nützliche bringen, indem man so Farbnuancen, z. B. von Obst oder von Kaffee oder von Gewürzen, genauer festlegen kann als durch subjektive Beschreibungen.

Für analytische Untersuchungen dürfte diese Kennzeichnungsmethode allerdings durch die modernen spektralphotometrischen Methoden weitgehend abgelöst sein.

Bibliographie

Deutscher Normenausschuß: Farbmessung, DIN 5033, Blatt 1 bis 8. Berlin und Köln: Wiesbaden, Göttingen, Berlin, Frankfurt/Main. Beuth-Vertrieb GmbH.
Heimendahl, E.: Licht und Farbe. Berlin: W. de Gruyter & Co. 1961.
Land, H.: Vgl. M. Born.
Löwe, F.: Optische Messungen des Chemikers und des Mediziners. 6. Aufl. S. 192. Dresden und Leipzig: Th. Steinkopff 1954.
—, u. M. Richter: Internationale Bibliographie der Farbenlehre und ihrer Grenzgebiete. Folge 1 (1940—1949). Göttingen: Musterschmidt 1952.
Ostwald, W., u. E. Ristenpart: Chemische Farblehre. III. Buch, 2. Aufl. Berlin und Camburg a. d. Saale: F. R. Blau-Verlag 1951.
— — Die Ostwaldsche Farblehre und ihre Nutzen. Berlin und Camburg a. d. Saale: F. R. Blau-Verlag 1948.
Volbert, F.: Farbtonmessung. Handbuch der Lebensmittelchemie. Bd. II/1, S. 419—438. Berlin: Springer-Verlag 1933.
Wilson, H.: Year Book of the Physical Society. S. 92. London: Two colour projektion phenomena 1960.
Wyszecki, G.: Farbsystem (National Research Council, Canada). Göttingen: Musterschmidt 1960.

Zeitschriftenliteratur

Born, M.: Betrachtungen zur Farbenlehre. Naturwiss. **50**, 29—39 (1963).
Buchwald, E.: Ostwalds Farbenlehre. Farbe **2**, 69—90 (1933).
Haitinger, M.: Versuch einer quantitativen Bestimmung der Farbe und Fluoreszenzintensität von Fluoreszenzerscheinungen. Mikrochemie **9**, 441—451 (1931).
Haschek, E., u. M. Haitinger: Eine einfache Methode zur Farbbestimmung. Sitzber. Akad. Wiss. Wien IIa **141**, 621—631 (1932).
— — Eine einfache Methode zur Farbbestimmung, angewendet auf Fluoreszenzfarben. Mikrochemie **13** (N. F.), 55—82 (1963).
Hönl, H.: Die Ostwaldsche Systematik der Pigmentfarben in ihrem Verhältnis zur Young-Helmholtzschen Dreikomponenten-Theorie. Naturwiss. **41**, 487—494, 520—524 (1954).
Lovibond, J. C.: The tintometer, a new instrument for the analysis synthesis, matching and measurment of colour. J. Soc. Dyers Coluristes 1887, **3**, 186. Tintometer. London 1905.
Schrödinger, E.: Grundlinien einer Theorie der Farbenmetrik im Tagessehen. Ann. Physik IV. **63**, 379—502 (1920).

Luminescenzanalyse

Von

Prof. Dr. J. EISENBRAND, Saarbrücken

Mit 8 Abbildungen

Allgemein betrachtet, ist die analytische Untersuchung von Luminescenz-erscheinungen eine Untersuchung von Lichtemissionsvorgängen. Es ergeben sich daher Parallelen zur klassischen Emissionsspektralanalyse. Die Unterschiede liegen andererseits auf der Hand. Denn gegenüber den meist schmalen Spektrallinien liegen bei der Luminescenz fester und gelöster Stoffe fast stets mehr oder weniger breite Banden vor. Daher verwendet man hier nicht nur die Spektralphotometrie, sondern auch die sog. Fluorimetrie, welche oft mit einer Lichtreinigung mit Hilfe von Lichtfiltern auskommt.

Das Wort „Luminescenz" definiert, wie bereits P. W. DANCKWORTT (1933) ausgeführt hat, eine umfassendere Gruppe von Erscheinungen, als das Wort „Fluorescenz". Unter letzterer Bezeichnung faßt man heute ganz allgemein Leuchterscheinungen zusammen, die nur *während* der Erregung durch Primärlicht wahrnehmbar sind und nach Abschaltung der erregenden Lichtquelle innerhalb der sehr kurzen Zeit von 10^{-8} sec abklingen (TH. FÖRSTER 1951). Solche Fluorescenzen treten in erster Linie in Gasen und Lösungen auf. Im festen Zustand, der auf zahlreichen Gebieten der analytischen Chemie zunehmend interessiert, klingen vielfach die erregten Leuchterscheinungen nach Abschaltung der erregenden Lichtquelle langsamer ab (Phosphore und langsam abklingende Fluorescenzen). Die Technik der analytischen Untersuchung ist aber, so lange die Abklingzeit $^1/_{100}$ sec nicht überschreitet, keine andere als die bei den sehr schnell abklingenden Leuchtprozessen, soweit es sich um Konzentrationsbestimmungen oder Aufnahme von Spektren handelt. Insofern lassen sich tatsächlich alle diese Prozesse unter dem Begriff „Luminescenz" zusammenfassen und stehen abgegrenzt gegenüber den langsam abklingenden Phosphorescenzen.

Die Luminescenzanalyse ist heute eine weit verbreitete Arbeitsmethode, die als qualitatives und quantitatives Analysenverfahren benützt wird. Vgl. hierzu die unter „Bibliographie" aufgeführte Literatur. Die Methodik ist in ihren Grundzügen relativ einfach: Man bestrahlt mit unsichtbaren ultravioletten Strahlen und beobachtet oder registriert dann die durch diese Strahlen ausgelösten Lichterscheinungen. Die ersten Strahlungsquellen, die in ausreichendem Maße ultraviolettes Licht für solche Zwecke lieferten, waren die Analysenquarzlampen der Quarzlampengesellschaft Hanau. Heute stellen zahlreiche Firmen solche Lampen her (Abbildungen dieser Lampen vgl. bei P. W. DANCKWORTT u. J. EISENBRAND 1964). Das Wesentliche ist dabei, daß das von der Lampe ausgesandte störende, sichtbare Licht durch Lichtfilter praktisch völlig beseitigt wird, so daß auf die Beobachtungsobjekte nur ultraviolette Strahlung auffällt. Abb. 1 zeigt, welche Spektralgebiete durch solche Lampen zugänglich sind. Die Quecksilberlinie 366 mμ wird durch das Filter UG-2 (2 mm Schichtdicke) zu etwa 80% isoliert. In der ersten Entwicklungszeit wurde praktisch nur mit dieser Linie gearbeitet. Es gibt eine Reihe anderer UG-Filter, welche mehr oder weniger von dieser Linie durchlassen (Abb. 1, UG-4 bis UG-11). Das Filter UG-5 läßt das ganze Ultraviolett hindurch und schirmt das sichtbare Licht fast völlig ab, nur im Rot und im Violett wird etwas Licht durchgelassen. Die Verwendung dieses Filters ermöglicht es hauptsächlich, die Linie 254 mµ aus Niederdruck-Leuchtstoffröhren mit relativ guter Intensität von etwa 40—50% Ausbeute herauszublenden (P. W. Danckwortt u. J. Eisenbrand). Bei diesen Niederdruckbrennern treten alle anderen Linien an Stärke hinter 254 mµ zurück (Abb. 2). Man darf jedoch nicht übersehen, daß diese Schwarzglasfilter bei der Beobachtung sehr schwacher Lichterscheinungen keinesfalls ideal sind; denn wenn man z. B. von der Quecksilberlinie 254 mµ bei schwachen Lichterscheinungen nur $^1/_{100}$—$^1/_{1000}$ ausnützt, dann werden die Intensitäten der anderen längerwelligen UV-Quecksilberlinien in ihrer Intensität nicht mehr zu vernachlässigen sein. Eine Küvette aus UG-5, welche mit einer Lösung von Chlorgas in Tetrachlorkohlenstoff gefüllt ist, ist ein besseres Filter für diese Linie, aber für praktische Zwecke wieder zu unhandlich. Die Filter OG-1 und RG-1 in Abb. 1 sind Sperrfilter für das erregende Licht.

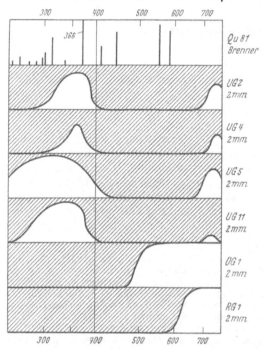

Die neuere Entwicklung des Gebietes hat zu einer wesentlich verfeinerten Technik der Benützung von Filtern geführt.

Abb. 1. Übersicht über die Spektralgebiete der Strahlungsemission der Quecksilber-Quarzlampe Q 81 und über den Strahlendurchlaß der verwendeten Lichtfilter (Eisenbrand, 1963)

Unter anderem können auch sehr wirksame Flüssigkeitsfilter in Anwendung gebracht werden. Ein solches Filter für die Quecksilberlinie 313 mµ wurde von Bäckström angegeben. Auch sehr brauchbare Interferenzfilter zur Isolierung ultravioletten Lichtes, sowie für Sperrfilter sind beschrieben worden (G. Kortüm).

Wie weit die sehr intensiven neuen Lichtquellen „Der Laser" (Light Amplification by stimulated emission of radiation) auch in der Luminescenzanalyse anwendbar sein werden, muß die zukünftige Entwicklung zeigen (W. Braunbek).

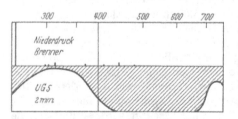

Durch die Benützung von Ultraviolett aussendenden Strahlenquellen wird im Prinzip ermöglicht, daß im Tageslicht Unsichtbares sichtbar gemacht werden kann, und zwar mit Hilfe der Luminescenzerscheinungen.

Sie können nach zwei Richtungen verwendet werden:

Abb. 2. Übersicht über das Spektralgebiet der Strahlungsemission des Quecksilber-Niederdruckbrenners und über den Strahlungsdurchlaß des verwendeten Lichtfilters (Eisenbrand, 1963)

1. Durch die unsichtbaren ultravioletten Strahlen werden zum Leuchten angeregt und können wahrgenommen werden, Fluorescenzstoffe, wie Chininsulfat, Natriumsalicylat oder Hydrastinin. Sie heben sich dann leicht durch ihre Luminescenzfarben von einer dunkleren Umgebung ab.

2. Im Ultraviolett Strahlung absorbierende, nicht luminescierende Stoffe können auf Luminescenzschirmen als dunkle Flecke sichtbar gemacht werden.

Im letzteren Fall können die meisten Filtrierpapiere als luminescierende Licht-
schirme benützt werden.

Solche Luminescenzerscheinungen lassen sich auch gut photographieren, wie
die folgende Abb. 3 zeigt. Hier ist ein Tropfen einer verdünnten Coffeinlösung auf
das Filtrierpapier aufgebracht und eingetrocknet. Im Tageslicht zeigt die Photographie nur eine weiße Fläche (Abb. 3a), im UV-Licht (254 mμ) ist der Coffein-
tropfen deutlich erkennbar [J. EISENBRAND u. D. PFEIL (1956)]. Der Grund ist
die große Lichtabsorption des Coffeins im Ultraviolett. Die folgende Tab. 1 zeigt

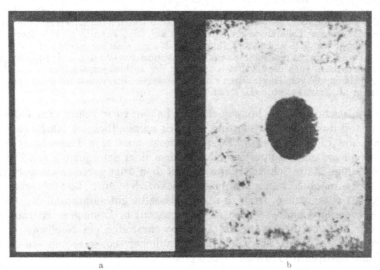

Abb. 3. Kontaktaufnahmen von Filtrierpapier (Schleicher & Schüll, 204356), auf welches 1 Tropfen einer Coffeinlösung (0,01%ig) aufgetropft wurde. a im Tageslicht aufgenommen; b mit Niederdruckbrenner ($\lambda = 254$ nm)
aufgenommen

eine Zusammenstellung anorganischer Substanzen, welche Lichtabsorption im
Ultraviolett besitzen und daher dunkle Flecken geben. Die Flecken haben einen

Tabelle 1. *Wahrnehmbarkeit einiger anorganischer Salze bei 253,7 mμ und 366 mμ auf
chromatographischem Papier, Schleicher & Schüll 2043b*

Substanz	Konzentr. %	253,7 mμ		366 mμ	
		ohne Filter	mit Filter	ohne Filter	mit Filter
Natriumnitrat . .	10	dunkelblau	grauschwarz	0	0
Natriumjodid . . .	1	dunkelblau	grauschwarz	0	0
Natriumnitrit . . .	1	dunkelblau	grauschwarz	dunkelblau	grauschwarz
Natriumthiosulfat .	1	dunkelblau	grauschwarz	0	0

Durchmesser von etwa 1 cm und waren im allgemeinen mit 0,1—0,5 ml Lösung
hergestellt.

Die Flecken sehen alle gleichartig aus, obwohl es sich um chemisch ganz verschiedene Substanzen handelt, außer Natriumnitrit zeigen die genannten Salze nur
mit kurzwelligem Ultraviolett die Erscheinungen. Dies steht im Einklang mit den
Daten der Lichtabsorption (vgl. auch den Abschnitt Lichtabsorption dieses Handbuches).

Auch viele organische Verbindungen können auf diese Weise nachgewiesen werden. Es
sind so z. B. mit Hilfe von 254 mμ nachweisbar in Lösungen von 1 mg-%: Ascorbinsäure,

Äthylvanillin, Benzidin, Coffein, Harnsäure, Kreatinin, Natriumnucleinat, Theobromin, Trigonellin, Tryptophan, Vanillin, in Lösungen von 10 mg-% sind nachweisbar: Anilinsulfat, Benzoesäure, Kreatinin, Natriumdiphenylhydantoinat, Phloroglucin, Pyrogallol, Resorcin, Tyrosin [J. Eisenbrand u. D. Pfeil (1956), D. Pfeil (1957)].

In allen Fällen sieht man dunkle Flecken auf hellem Papier. Diese Beispiele lassen sich beliebig vermehren. Alle diese Verbindungen fluorescieren selbst nicht oder höchstens nur schwach.

Fluorescierende Verbindungen können auf Papier ebenfalls nachgewiesen werden, allerdings müssen dann die Fluorescenzen stärker sein als die des Papieres.

Noch besser ist es für diese Zwecke Spezialpapiere zu verwenden, welche z. B. von Schleicher & Schüll hergestellt werden, besonders vorbehandelt sind und nur sehr schwach luminescieren oder auch grau oder schwarz gefärbt sind. Dann treten auch schwache Luminescenzen als mehr oder weniger hellluminescierende Flecken auf. Man kann so z. B. Natriumsalicylat schon in Mengen von 0,01 μg bei Bestrahlung mit 254 mμ sichtbar machen. Bei Bestrahlung mit 366 mμ wird dagegen die Luminescenz des Natriumsalicylats mit einer Erfassungsgrenze von 0,3 μg sichtbar. Auch dies läßt sich an Hand der Lichtabsorptionskurve des Natriumsalicylats erklären, die vom langwelligen zum kurzwelligen Ultraviolett hin einen sehr starken Anstieg zeigt [J. Eisenbrand u. D. Pfeil (1957)].

Wie zahlreiche Untersuchungen ergeben haben, ist in sehr vielen Fällen beim gleichen Stoff durch die Luminescenz ein weit empfindlicherer Nachweis möglich als durch die Lichtabsorption. Denn während man eine Lichtabsorption von $E = 0,004$, die auf einen fluorescierenden Schirm einer Schwächung von 1 % gegenüber der Helligkeit des Schirmes darstellt, mit dem Auge gerade noch wahrnehmen kann, ist es möglich luminescierende Flecke, die einer Lichtabsorption von $E = 0,000001$ entsprechen, noch zu sehen. Dasselbe gilt sinngemäß für die später zu besprechenden Luminescenzen (Fluorescenzen) in Lösungen. Hieraus ersieht man leicht, daß bei den stärksten Luminescenzstoffen ein Nachweis etwa um 3 Zehnerpotenzen der Konzentration empfindlicher sein kann, als ein Nachweis durch Lichtabsorption [J. Eisenbrand (1953)].

So wird z. B. das Sichtbarwerden von Haarrissen bei Metallstücken oder auch bei Gläsern nach Eintauchen in fluorescierende Lösungen dadurch bedingt, daß sich in dem dünnen Haarriß ausreichend Fluorescenzstoff ansammelt, um eine genügende Leuchterscheinung zu geben, während man mit Hilfe eines lichtabsorbierenden Farbstoffes den Haarriß nicht finden würde. Ähnliches gilt für viele analoge Fälle. Viele chromatographische Nachweise mit Hilfe der Quarzlampe beruhen dagegen auf Wirkungen der Lichtabsorption, wie dies oben beim Coffein gezeigt wurde. Beide Nachweisverfahren haben bei Anwendung auf die Papier-Dünnschicht- und Säulenchromatographie der Verwendung der Quarzlampen einen neuen großen Auftrieb gegeben.

Zusammenfassend kann gesagt werden, daß heute die analytischen Anwendungen dieses Verfahrens nach zwei Richtungen gehen, einmal wird es als Vorprobe verwendet, zum zweiten als quantitative Analysenmethode.

I. Verwendung der Luminescenz zu Vorproben und qualitativen Feststellungen

Zahlreiche bei Lebensmitteln beobachtete Luminescenzerscheinungen haben den Charakter einer Vorprobe [G. Popp (1926), Y. Vollmar (1927), W. Ekhard (1927), M. Haitinger (1928), J. Heestermann u. J. E. H. van Waegningh (1932), J. Grant (1933)]. Hierzu gehören nicht nur die Eigenfluorescenzen von Lebensmitteln, sondern auch Fluorescenzreaktionen [vgl. J. Eisenbrand (1951)]. Auch das Anfärben mit „Fluorochromen" [M. Haitinger (1928)] ist hier zu erwähnen. Schließlich erkannte man, daß ganz bestimmte Inhaltsstoffe der Lebensmittel, wie z. B. Vitamin B$_2$ starke Fluorescenzen zeigen. Im folgenden sind einige auffallende qualitative Luminescenzerscheinungen bei Lebensmitteln aufgeführt.

Fleisch und Fleischwarenerzeugnisse

Muskelfleisch ist unter der Lampe rot, Knorpel und Sehnen heben sich davon ab, dadurch, daß sie stark bläulich leuchten.

Dies wird für die qualitative Untersuchung verschiedener Wurstsorten benützt zur Feststellung von Flechsen und Sehnen [vgl. hierzu J. Lehnfeld u. E. Novacek (1929), J. Ehrlich (1948), O. H. Henneberg (1942)]. Über die Feststellung von Zersetzungserscheinungen und von Fleischparasiten [vgl. R. Koller (1943a, b), E. A. Menzel (1949), H. Hütten (1949)]. Der qualitative Nachweis von Konservierungsmitteln als Vorprobe gelingt bisweilen ebenfalls unter der Lampe [G. Popp (1926), Y. Vollmar (1927), J. Eisenbrand u. D. Pfeil (1956)].

Fischwaren

Fischwaren, vor allem Heringe, Seelachs, Dorsch, Schellfisch und Goldbarsch fangen manchmal im Dunkeln schon ohne Bestrahlung zu leuchten an, wenn sie einige Zeit liegen.

Dies bewirken sog. Leuchtbakterien. Auch unter der Quarzlampe läßt sich bei solchen Fischen vielfach eine Luminescenz feststellen [vgl. J. Heestermann u. J. E. H. van Waegeningh (1932), S. W. Roach (1949)]. Nach Anfärben mit Fluorochromen konnte R. Hintersatz Fischfleisch in Wurstwaren unter dem Mikroskop nachweisen. Über Luminescenzerscheinungen bei Krebsdauerwaren vgl. K. Büttner u. A. Miermeister.

Eier und Eikonserven

Eier und Eikonserven werden seit langem im ultravioletten Licht untersucht. Hühnereier zeigen eine mehr oder weniger starke rote Fluorescenz.

Sie beruht auf der Anwesenheit von Porphyrinen [H. Bierry u. B. Gouzon (1932), Ch. Dhéré (1933), G. Gaggermeier (1932), Wehner (1930), K. Braunsdorf u. W. Reidenmiester (1934), K. Beller, W. Wedemann u. K. Priebe (1934), J. Grossfeld (1935a, b), B. H. Molanus (1936), C. F. van Oyen (1936), M. Déribéré (1935), G. G. Wundram (1936)]. Im filtrierten Ultraviolett zeigt die Eischale ein schönes, sattrotes Aufleuchten. Falls dabei ein samtartiger Glanz vorhanden ist, kann angenommen werden, daß es sich um Eier, die nicht älter als 10 Tage sind, handelt. Nach längerem Lagern der Eier wird der Farbton der Eischale unter der Quarzlampe mehr violett bis bläulich. Die Eigenleuchtkraft läßt nach, der Farbton wird stumpf. Die Luminescenz wird bewirkt durch das Ovo-Porphyrin. Die Probe wird heute in einer Anzahl von Kühlhäusern als laufende Probe am Fließband, über welchem eine Quarzlampe angebracht ist, durchgeführt [F. Schönberg (1959)]. Sie hat den Vorzug sehr rascher Durchführbarkeit. Auch hier ist zu beachten, daß sie als Vorprobe zu werten ist. In Zweifelsfällen müssen die bekannten anderen Methoden zur Prüfung des Eialters, wie Gefrierpunktbestimmung von Eiweiß und Dotter, Refraktionsbestimmung des Dotters, Bestimmung des Austauschens an organisch gebundener Phosphorsäure zur Stützung der Vorprobe herangezogen werden. Auch frischgelegte Gänse- und Enteneier haben eine rote Fluorescenz [W. Gisske u. K. Weber (1943), R. Koller (1942), B. H. Molanus (1936), P. W. Danckwortt u. J. Eisenbrand].

Milch und Milcherzeugnisse

Auch hier haben sich die Untersuchungsmethoden so entwickelt, daß man zwischen Vorproben einerseits und quantitativen fluorimetrischen Bestimmungen andererseits unterscheiden muß. Zwei Proben, die als Vorproben zu werten sind, sind hier besonders zu erwähnen. Die erste betrifft die Unterscheidung von Frauenmilch und Kuhmilch. Frauenmilch fluoresciert blau, Kuhmilch kanariengelb.

Dies ist nach R. Kuhn, P. György u. Th. Wagner-Jauregg (1933) darauf zurückzuführen, daß das Vitamin B_2 (Lactoflavin), welches ja von Natur aus eine grüngelbe Fluorescenz besitzt, in der Kuhmilch frei vorkommt, während es in der Frauenmilch gebunden an Eiweiß vorliegt. Daher fluoresciert Frauenmilch schwach blau, was auf andere Bestandteile zurückzuführen ist [vgl. C. Griebel (1936), M. E. Kayser (1937), R. Müller (1937)].

Eine weitere nützliche Vorprobe bei der Milchuntersuchung ist die Prüfung auf die bekannte rote Fluorescenz des Chlorophylls.

Je nach der mehr oder weniger hygienisch einwandfreien Aufarbeitung beim Melken können Reste von Kuhkot in die Milch gelangen. Nun enthält dieser stets vegetabilische Anteile, z. B. von Blättern oder Gräsern, die Chlorophyll enthalten, dessen außerordentlich intensive rote Fluorescenz bei geeigneter Aufarbeitung wahrgenommen werden kann. Es handelt sich um Untersuchungen des Milchschmutzes, der auf Wattefiltern gewonnen werden kann. Beim Bestreichen dieser einige Zentimeter im Durchmesser großen Wattefilter mit Zaponlack leuchten die chlorophyllhaltigen Teile in rötlichen Farbnuancen von rötlichgelb über rosa bis himbeerrot [F. M. LITTERSCHEID (1927b), J. STARK (1931), P. W. DANCKWORTT u. E. PFAU (1927)].

E. THOMAE (1940), hat die Leuchtsubstanz der Trockenmilch eingehend untersucht und gefunden, daß die kräftigen blauweißen Leuchterscheinungen auf der Anwesenheit von Salzen der Milch- und Citronensäure, sowie einigen niedrigen Oxysäuren der Fettreihe beruhen. Zahlreiche weitere Untersuchungen über Milch referieren P. W. DANCKWORTT u. J. EISENBRAND (1964).

Fette und Öle

Fettsäureester gesättigter Fettsäuren besitzen im gesamten Ultraviolett von 254 mμ bis 366 μ keine nennenswerte Lichtabsorption und damit auch keine Fluorescenz.

Ester der Ölsäuren und anderer ungesättigter Fettsäuren besitzen ebenfalls in langwelligen Ultraviolett (366 mμ) keine Lichtabsorption, jedoch im kurzwelligen (254 mμ). Daher ist die Fluorescenzanalyse bei Fetten eine Analyse der in ihnen vorkommenden Spurenstoffe (Vitamine, Folsäure, Polyensäuren u. a. m.).

Tierische Fette und Öle

Aus dem kritischen Vergleich der zahlreichen hier erschienenen Arbeiten ergibt sich, daß man sich in erster Linie mit der Untersuchung von Schmalzen, insbesondere von Schweineschmalz beschäftigte, ferner daß die in der Literatur beschriebenen Luminescenzen, die sich vielfach auf das langwellige Ultraviolett beziehen, keine spezifische und charakteristische Eigenschaft der untersuchten Schmalze darstellen [vgl. P. W. DANCKWORTT u. J. EISENBRAND (1964)].

Pflanzliche Fette und Öle

Zuerst wiesen M. HAITINGER u. Mitarb. (1928) auf das unterschiedliche Verhalten der gepreßten und extrahierten *Kakaobutter* hin.

Die Ergebnisse der verschiedensten Forscher sind hier sehr widersprüchlich [P. W. DANCKWORTT u. J. EISENBRAND (1964)].

Öle

Ein besonderes Kennzeichen der rohen Olivenöle und auch der Öle erster Pressung ist ihr Gehalt an Chlorophyll. Dieses fluoresciert in öliger Lösung feuerrot.

Raffinierte Öle zeigen die rote Bande nicht mehr [M. DÉRIBÉRÉ (1936, 1937), M. FREHSE (1925), A. BAUD u. COURTOIS (1927, 1928, 1929, 1933), R. MARCILLE (1928), R. STRATTA u. A. MANGINI (1928), J. L. DEUBLE u. R. E. SCHOETZOW (1931), S. MUSHER u. C. E. WILLOUGHBY (1929), A. BAUD (1938), A. LENDER (1933), T. PAVOLINI (1930), W. CIUSA (1938), D. CORTESSE (1934), J. GUILLOT (1935), S. FACHINI u. G. MARINENGHI (1937)]. Davon abgesehen treten bei Ölen je nach Herkunft und Behandlung auch gelbe, grüne und blaue Fluorescenzen auf (vgl. P. W. DANCKWORTT u. J. EISENBRAND (1964)]. Interessant sind hier besonders die Feststellungen von L. JUNG (1963), daß die Fluorescenzen verschiedener pflanzlicher Öle außer durch Chlorophyll und Xantophyll durch kleine Mengen von 1,2- und 3,4-Benzpyren (Violett) hervorgerufen werden.

Wein

Hier ist zu erwähnen vor allem die Untersuchung von Wein auf Hybriden. Das Prinzip des von P. RIBEREAU-GAYON gefundenen Verfahrens ist folgendes: Rotweine aus Hybridentrauben enthalten Malvin, das in der Weintraube von Europäerreben nicht vorkommt und eine rote Fluorescenz zeigt. Es ist dies ein Dicyanidindiglucosid [Nachweisverfahren vgl. Bundesgesundheitsblatt 2, 27 (1961)].

Daß sowohl beim Nachweis der Anthocyane als auch bei dem verwandter Stoffe, die den Polyphenolen des Weines zugehören, sowie von aromatischen Oxycarbonsäuren, vor allem Chlorogensäure, für die Weinanalyse sehr viel brauchbares teils gefunden wurde, teils noch zu erwarten ist, zeigen die Arbeiten von F. Drawert; R. Burkhardt; K. Hennig u. R. Burkhardt (1957, 1958 a, b, 1960, 1962). Vor allem erscheint eine von den letztgenannten, aufgezeigte neue Möglichkeit der Charakterisierung von Weinbränden bemerkenswert.

Untersuchung von Trockenbeerweinen

Hier wird das Verfahren von W. Diemair u. Mitarb. (1934, 1960) angewendet.

Dieses Verfahren wurde in letzter Zeit von W. Diemair dahingehend ausgebaut, daß zur Festlegung der Fluorescenzen ein Chininstandard angegeben wurde.

Obstweine

Über den Nachweis des Verschnittes und der Verfälschung von Traubenweinen mit Obstweinen liegt eine Reihe von Untersuchungen vor (F. M. Litterscheid). Die Meinungen über den Wert des Verfahrens sind geteilt. Wesentlich dürfte hier sein, daß man diese Untersuchungen unter Zuhilfenahme chromatographischer Methoden neu aufnimmt (P. W. Danckwortt u. J. Eisenbrand, C. von der Heide).

Kirschwasser

H. Mohler u. W. Hämmerle entwickeln aus Kirschwässern Chromatogramme mit deutlicher Fluorescenzzone.

Auf ähnliche Weise arbeiten E. J. Kocsis, P. Csokan u. R. Horvai mit Hilfe der Capillarluminescenzanalyse (A. Röhling u. J. Richard).

Gärungsessig

Gärungsessig unterscheidet sich von Essenzessig dadurch, daß die Essigsäurebakterien Luminescenzstoffe produzieren. Über die chemische Natur dieser Stoffe differieren die Ansichten verschiedener Forscher [W. Wüstenfeld u. H. Kreipe (1928), E. J. Kraus (1934), A. Janke u. H. Lacrois (1929), A. Janke (1930), F. Flury (1929)].

Trinkwasser

Vom gesundheitlichen Standpunkt einwandfreie Wässer dürfen keine Fluorescenz zeigen.

Es ist hier jedoch folgendes zu beachten: Bei der großen Empfindlichkeit moderner Meßgeräte kann man, wie J. Eisenbrand, H. Picher gezeigt haben, auch beim reinsten destillierten Wasser bei Bestrahlung mit ultravioletten Strahlen eine Eigenluminescenz feststellen. Und zwar erhält man bei Einstrahlung von 366 mμ eine sichtbare Luminescenz bei 418 mμ während man bei Einstrahlung von 313 und 254 mμ unsichtbare (ultraviolette) Luminescenzen erhält. Diese Luminescenzen sind jedoch keine Fluorescenzstrahlungen, sondern Ramanbanden. Eine Täuschung kann man dadurch vermeiden, daß man das zu untersuchendeTrinkwasser stets mit einem Blindwert von reinstem destilliertem Wasser vergleicht. Vielfach entstehen in Gebrauchswässern Fluorescenzen durch die Tätigkeit lebender Organismen wie Pflanzen oder Bakterien, oder auch durch Verunreinigung mit Abläufen usw. Es empfiehlt sich dann eine Paralleluntersuchung auf den Permanganatverbrauch auszuführen. Unter Beachtung der oben genannten Fehlerquellen ist die Fluorescenzprüfung als Mittel zur schnellen Vororientierung besonders bei großen Probezahlen hervorragend geeignet [vgl. J. A. Radley u. E. Merker (1931 a, b)].

Kaffee, Kakao, Schokolade

Auch hier hatte die Luminescenzuntersuchung zunächst nur den Charakter einer Vorprobe.

Später allerdings zeigte sich, daß man Inhaltsstoffe wie Coffein, Theobromin und Theophyllin quantitativ nach folgendem Prinzip nachweisen kann: Man macht eine chromatographische Trennung, z. B. eine papierchromatographische und sucht unter der Lampe mit Hilfe eines vor das Auge gebrachten Gelbfilters oder einer gelben Brille auf dem Papier dunkle

Flecken. Diese können von den genannten Stoffen herrühren, welche infolge ihrer großen Lichtabsorption an der Stelle, an der sie sitzen, das als Fluorescenzschirm wirkende Papier dunkel erscheinen lassen. Über die quantitative Bestimmung von Coffein, Theobromin und Theophyllin vgl. J. Eisenbrand u. D. Pfeil (1956), G. T. Englis u. J. W. Miles (1954), J. W. Miles u. D. T. Englis (1948) vgl. hiezu auch S. 435.

Honig

Honige stellen sehr komplizierte Systeme verschiedener Stoffe dar, wenngleich die Hauptmenge durch Invertzucker gegeben ist. Unter diesen Stoffen befinden sich Fluorescenzstoffe, die meist in Spuren vorhanden sind.

Zuckerwaren

Arbeiten über die Luminescenz von Zuckern, besonders in Zusammenhang mit Bräunungsreaktionen wurden veröffentlicht von T. Bersin u. A. Müller (1952), B. D. Graham (1949), A. R. Patton u. P. Chism (1951).

Speiseeis

J. Kottasz bestimmte den Gesamtsäuregehalt von Speiseeis mit Hilfe der Luminescenzanalyse. Speiseeise mit relativ hohem Gehalt an Bakterien, insbesondere Milchsäurebakterien führen Azofarbstoffe in fluorescierende Naphthylaminosulfosäuren über [K. Brohm u. E. Frohwein (1937)].

J. Eisenbrand u. H. Meyer (1960) haben gezeigt, daß man die Reduktionswirkungen von Milchsäurebakterien mit Hilfe dieser starken Fluorescenzstoffe schon nach etwa 20 min nachweisen kann, was einer einzigen Zellteilungsperiode entspricht.

Gefrierkonserven, Obst, Gemüse

K. Hermann bestimmt Kaffeesäure und Chlorogensäure in Obst und Gemüse mit Hilfe ihrer Fluorescenz nach papierchromatographischer Trennung. In Blättern von Steinobstbäumen bestimmt J. Wolff (1958) Chlorogensäure und ihre Isomeren, Ch. van Sumbre u. Mitarb. (1959) veröffentlichten über die gegenseitige Umwandlung von Kaffeesäure und Aesculin.

Samenprüfung

Hier erweist sich die Luminescenzanalyse oft als recht nützlich [F. Albrecht (1927), J. Tausz u. H. Rumm (1928), E. Berliner u. R. Rüter (1929), K. Seidel (1930), W. Brunotte (1959)] kommt zu einer Feststellung von Auswuchs im Getreide unter der Quarzlampe, wenn dieser im Tageslicht noch nicht sichtbar ist [vgl. P. W. Danckwortt u. J. Eisenbrand (1964)].

Bier, Brauereiwesen

Bemerkenswert ist, daß Farbmalzbiere eine hellblaue Fluorescenz besitzen. C. Klatzkin u. Mitarb. (1949) haben eingehende Versuche über die Bestimmung von Vitamin B_2 (Riboflavin) in Malzzubereitungen durchgeführt [vgl. V. Beermann (1930), R. Baelsle u. J. de Wever (1934), J. Grant (1933), F. H. Loewe (1937), A. R. Dennington (1940), F. Albrecht (1927), S. Pickholz (1932)].

Mehl, Brot, Backwaren

Die Betrachtung von Mehlsorten unter der Quarzlampe hat auch bei diesen Lebensmitteln nur Vorprobencharakter. Nach E. Berliner u. R. Rüter (1929) sind hier keine weitergehenden Schlüsse möglich [vgl. P. W. Danckwortt u. J. Eisenbrand (1964)]. Brot zeigt Eigenfluorescenz, ebenso wie viele Backwaren, z. B. Kekse. Einzelheiten hierzu vgl. Fluorescenzmikroskopie von M. Haitinger (1959). Es war E. Hanssen (1956) auf diese Weise möglich, durch photographische Aufnahmen interessante neue Erkenntnisse über die Struktur von Gebäcken zu gewinnen. Insbesondere erkannte er, daß die Gebäcke in zwei Klassen zu teilen sind, und zwar in solche, die ein Stärkegerüst, und solche, die ein Eiweißgerüst besitzen.

Die stark bläuliche Eigenlumineszenz von Weizenmehlen und von daraus bereiteten Teigen wird durch Eierzusatz allmählich aufgehoben [J. Tillmanns u. Mitarb. (1930), A. Karsten (1935), E. Grünsteidl (1931, 1930)].

Hefe

Preßhefe enthält, wie bekannt, zahlreiche biologisch interessante Stoffe, darunter auch Vitamine. Die fluorimetrische Bestimmung von Vitamin B_1 kann wegen des relativ hohen Gehaltes relativ einfach durchgeführt werden (vgl. Teil II). Interessant ist auch die Bestimmung der reduzierenden Kraft gärender Hefen durch Zusatz von Farbstoffen (vgl. später Azofarbstoffe).

Gewürze

Auch hier gilt, daß die luminescenzanalytische Vorprobe durch einfaches Betrachten unter der Lampe ohne Chromatographie nur begrenzten Wert hat (vgl. K. G. BERGNER u. H. SPERLICH).

Lebensmittelfarbstoffe

Der in Bonbons schön grüngelb fluorescierende Farbstoff Auramin, welcher früher vor allem in Citronendrops verwendet wurde, ist jetzt nicht mehr zugelassen.

Azofarbstoffe

Ihr Nachweis kann in kleinsten Mengen durch Reduktion erfolgen, wobei sehr stark fluorescierende Naphthylaminosulfosäuren entstehen. Die bekannteste dieser Sulfosäuren ist die Naphthionsäure [J. EISENBRAND u. A. KLAUCK (1958), J. EISENBRAND u. D. PFEIL (1957)].

Tabak

Die Entstehung krebserregender Kohlenwasserstoffe im Tabakrauch, in erster Linie von 3,4-Benzpyren, fand in letzter Zeit zunehmendes Interesse [D. SCHMÄHL (1955), D. SCHMÄHL u. H. SCHNEIDER (1955), G. O. SCHENCK (1956)], D. SCHMÄHL, U. CONSBRUCH u. H. DRUCKREY.

Das Fluorescenzspektrum des Benzpyrens zeigt die folgende Abb. 4 [H. J. EICHHOFF u. G. TITSCHACK (1958)].

Bedarfsgegenstände aus Kunststoff

Einer der Hilfsstoffe für die Herstellung von Kunststoffolien ist Paraffin. Dieser Stoff wird außerdem auch zur Herstellung von Kaugummi verwendet, der als Lebensmittel nach dem Gesetz behandelt wird. Es hat sich gezeigt, daß auch bei Paraffin die Verunreinigung mit cancerogenem Kohlenwasserstoffen beachtet werden muß (vgl. quantitative Messungen II). Unterscheidung von Kunststoffen vgl. P. W. DANCKWORTT u. J. EISENBRAND, siehe auch Abb. 4.

Über die Verwendung der Luminescenzprobe in der gerichtlichen Chemie (zur Unterscheidung von Papiersorten, Feststellung von Rasuren, Echtheitsprüfung von Schriften, Gemälden, Schecks, Geldscheinen) vgl. P. W. DANCKWORTT u. J. EISENBRAND (1964).

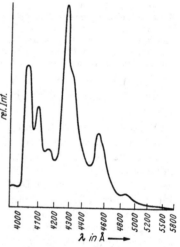

Abb. 4. Benzpyren. Fluorescenzspektrum des Benzpyrens im festen Paraffin (H. J. EICHHOFF u. G. TITSCHACK, Arzneimittelforschung 8, 378 (1958)

Bei der Anwendung der Quarzlampe in der Chromatographie definierter Stoffe geht allerdings der Wert der qualitativen Luminescenzprobe über den einer Vorprobe hinaus, sie wird dann meist zu einer Identifizierungsmethode (R_f-Wert).

II. Die quantitative Untersuchung von Fluorescenzen in Lösungen

Das einfachste war hier zunächst, daß man die fluorescierenden Lösungen in Reagensgläsern unter die Lampe hielt. Hatte man unbekannte Fluorescenzen, so versuchte man diese als „brillant", „mittel" oder „schwach" zu charakterisieren [P. W. DANCKWORTT u. J. EISENBRAND (1964)]. Hatte man den Gehalt eines bekannten Fluorescenzstoffes – wie z. B. Chinin – in einer Probe zu bestimmen, so machte man sich Vergleichslösungen des Chinins und konnte so mit einer Genauigkeit von etwa 20—30% relativen Fehlers quantitative Bestimmungen machen. Man hatte so die einfachste Art der Fluorimetrie. Daß solche Abschätzungen oft für praktische Zwecke ausreichen können, zeigt eine Abbildung in der Monographie für Züchtungsforschung von W. RUDORF (1959).

Man verwendet eine Anzahl von mit Lösungen gefüllten Zentrifugengläsern, welche sehr helle Leuchterscheinungen aussenden. Diese kommen von dem stark fluorescierenden Cumarin, die Lösungen sind Extrakte aus Honigklee. Daneben stehen Gläser, welche eine nicht-leuchtende Flüssigkeit enthalten. Diese stammt aus Honigklee-Proben ohne Cumarin. Auf diese Weise kann man sehr leicht feststellen, ob es gelungen ist, cumarinfreie Züchtungen zu erhalten. Dies ist insofern von praktischem Wert, als das Vieh cumarinhaltiges Heu wegen seines Geschmackes nicht gerne frißt oder sogar ablehnt.

Eine weitere einfache Anwendung von Fluorescenzuntersuchungen in Lösungen findet man bei D. Schmähl u. Mitarb. (1954). Es werden dort drei unter einer Quarzlampe stehende Küvetten dargestellt, von welchem eine sehr stark leuchtet, die zweite wenig und die dritte gar nicht. Die in der ersten Küvette befindliche Flüssigkeit wurde durch Einblasen von nicht-inhaliertem Zigarettenrauch behandelt, die zweite Küvette enthält Flüssigkeit mit inhaliertem Zigarettenrauch, die dritte Küvette das reine Lösungsmittel Benzol. Man erkennt deutlich, daß bei dem inhalierten Rauch im Gegensatz zu den nicht inhalierten Rauch nur noch schwache Fluorescenzen vorhanden sind. Dies beweist den Verbleib von Fluorescenzstoffen in der Lunge.

Die Beispiele sollten zeigen, was man mit einfachen Mitteln über Lösungen mit Hilfe von Fluorescenzbeobachtungen aussagen kann.

Für zahlreiche andere Probleme genügt dies nicht. Es müssen dann viel umfangreichere Mittel eingesetzt werden. Das nächste war, daß man Fluorimetrie mit bisher gebräuchlichen Instrumenten, wie Colorimeter oder Trübungsmesser oder Photometer, betrieb, die sonst für andere Zwecke verwendet wurden (vgl. dazu P. W. Danckwortt, Bibliographie, 1933). Auch die photographische Platte wurde besonders für die Aufnahme von Fluorescenzspektren von biologischen Chemikern häufig herangezogen.

Geht man zu solchen verfeinerten Beobachtungen über, so ist bei der Untersuchung von Fluorescenzen in Lösungen noch auf folgende Punkte besonders zu achten:

Viele Fluorescenzen sind pH-abhängig, es sind die Fluorescenzstoffe, kurz gesagt, Fluorescenz-Indicatoren [P. W. Danckwortt u. J. Eisenbrand (1964), P. Pringsheim u. H. Vogel (1951), J. A. Radley u. J. Grant (1954)]. Ein anderer Einfluß, dem viele Fluorescenzen in Lösungen unterliegen, ist die Fluo-rescenzlöschung. Man versteht darunter die Beeinflussung der Fluorescenz nicht durch Wasserstoffionen, sondern durch andere Lösungsgenossen [J. Eisenbrand u. M. Raisch (1961 a, b)]. Diese können sowohl Ionen als auch neutrale Stoffe sein. Die Beeinflussung durch Ionen kann man besonders schön bei Chinolin-abkömmlingen, insbesondere bei Chinin, sichtbar machen [J. Eisenbrand u. M. Raisch (1962)]. Die Chinin-Fluorescenz stellt eine Kationenfluorescenz dar. Es ist daher besonders wertvoll, hier löschende Anionen und löschende Neutral-stoffe miteinander vergleichen zu können. Dabei ergibt sich folgendes: Erhöht man die Konzentration von Schwefelsäure oder Perchlorsäure immer mehr, während man die des Lösch-Ions konstant hält, so läßt sich die Ionen-Löschung praktisch völlig aufheben, die Löschung eines Neutralstoffes dagegen wird von der Säure-konzentration kaum beeinflußt [M. Raisch (1961)]. Im übrigen kann auch auf diese Löschvorgänge das Massenwirkungsgesetz angewendet werden [J. Eisen-brand (1936,1951)]. Für die praktische Durchführung von Fluorescenzanalysen sind noch folgende Fragen zu beantworten. Sind solche Löschungen häufig? Gibt es auch Fluorescenzstoffe, bei denen keine Löschungen auftreten? Wie beseitigt man gegebenenfalls die Störungen? Es zeigt sich dabei, daß die Fluorescenzlöschung sehr individuell durch die feinere Struktur des Fluorescenzstoffes bedingt ist, daß es aber immer Gebiete gibt, in denen man die Löschung vernachlässigen kann [P. W. Danckwortt u. J. Eisenbrand (1964)]. Nach G. K. Rollefson u. G. W. Stoughton (1941) gibt es ferner Stoffe, die durch Halogenionen gelöscht werden und nicht durch die Ionen der Halogensauerstoffsäuren und umgekehrt. Die ersteren Löschungen bezeichnen die Autoren als „reduzierende", die letzteren als „oxydierende". Trotz dieser Beeinflußbarkeit gibt es jedoch Bedingungen, unter denen man auch empfindliche Fluorescenzstoffe in Lösungen sehr genau definieren kann. Der Einfluß der Wasserstoff-Ionenkonzentration ist z. B. außerordentlich gering für Chininionen in einer Konzentrationsspanne von 0,01—0,1 n wäßriger Schwefelsäure. Solche Chininlösungen eignen sich daher sehr gut als Fluorescenz-Standards. Dies gilt auch deshalb, weil Chininsulfat gut kristallisierbar und rein darstellbar ist [J. EISENBRAND (1961)]. Die höchste Intensität der Fluorescenz erreicht man allerdings nicht bei sauren wäßrigen Chininsulfatlösungen, sondern bei Lösungen von Chinin in Eisessig [J. EISENBRAND (1961)] unter Zusatz von Schwefelsäure oder Perchlorsäure. C. A. PARKER u. W. A. PARNES geben die Fluorescenzbeute von Chinin in Wasser zu 60% an. Wir fanden [J. EISENBRAND (1961)] die Intensität in Eisessig gegenüber Wasser um ein Drittel erhöht. Die Ausbeute in Eisessig ist daher etwa 80%. Sehr genaue Messungen über die spektralen Intensitätsverteilungen von Chininsulfatspektren liegen in letzter Zeit von G. KORTÜM u. W. HESS (1959) und von E. LIPPERT u. Mitarb. (1959) vor. Auf diese Standards, die energiegleiche Spektren darstellen, kann man irgendwelche Fluorescenzmessungen sehr gut beziehen, wenn man selbst immer eine Chininlösung als Vergleich heranzieht. Das Chinin eignet sich auch deswegen gut, weil sein Fluorescenzspektrum sich über den weiten Bereich von 400 mμ bis 590 mμ ausdehnt.

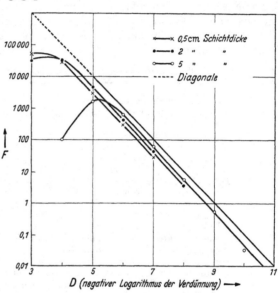

Abb. 5. Abhängigkeit der Fluorescenzintensität F von der Verdünnung bei wäßrigen Lösungen von oxypyrentrisulfosaurem Natrium (EISENBRAND, 1953)

Quantitative Fluorescenzuntersuchungen bekommen zunehmend Bedeutung für die Spurenanalyse [P. W. DANCKWORTT u. J. EISENBRAND (1964), P. PRINGS-HEIM u. H. VOGEL (1964) und J. A. RADLEY u. J. GRANT (1954)], und zwar auf den verschiedensten Gebieten z. B. zur Bestimmung von carcinogenen Kohlenwasserstoffen, Chlorophyll, Porphyrinen, Vitaminen und anderen mehr. Die Entwicklung moderner Meßgeräte macht es möglich, geeignete Fluorescenzstoffe, deren spektrale Verteilung günstig zum Maximum der Augenempfindlichkeit liegt, mit ocularen Photometern bis herab zu so kleinen Mengen wie 10^{-10} g/ml zu bestimmen [J. EISENBRAND (1953)]. Stoffe dieser Art sind z. B. Chininsulfat, Fluorescëin, Oxypyrentrisulfo-saures Natrium, Vitamin B_2 und Thiochrom, das Oxydationsprodukt von Vitamin B_1.

Abb. 5 zeigt die Abhängigkeit der Fluorescenzintensität F von der Verdünnung in wäßrigen Lösungen von oxypyrentrisulfosaurem Natrium, gemessen in verschiedenen Schichtdicken mit dem Pulfrich-Photometer unter Verwendung des Grünfilters L_2 und einer Quarzlampe mit der erregenden Linie 366 mμ. Für das Photometer wurde dabei ein besonderer Fluorescenzansatz verwendet. Die Werte auf Abszisse und Ordinate sind bilogarithmisch aufgetragen. Die Konzentration 0,0001 g/ml (D_4) wurde = 100 gesetzt (F). Man ersieht daraus, daß von D_5 bis D_{10} der Log. der Fluorescenzintensität bei den Schichtdicken unter 5 cm linear mit dem Log. der Konzentration fällt. In diesem Konzentrationsgebiet sind daher auch Fluorescenz und Konzentration einander direkt proportional. Das bei der Schichtdicke 5 cm auftretende Fluorescenzmaximum ist auf Lichtabsorption zurückzuführen. Ferner sind Lichtabsorption und Fluorescenz unmittelbar miteinander verknüpft. Nur Licht, das vorher absorbiert wurde, kann zur Fluorescenz führen. Wie die oben gebrachte Abbildung zeigt, können außerordentlich kleine Fluorescenzintensitäten gemessen werden. Es gilt hier auch quantitativ was für die qualitative Wahrnehmung für das Auge bereits unter I ausgeführt wurde. Die geringsten mit ocularen Messungen erfaßen Fluorescenzen entsprechen etwa einem Bruchteil von $^2/_{1\,000\,000}$ des eingestrahlten erregenden Lichtes. Andererseits gestattet die Tatsache, daß Lichtabsorption und Fluorescenz eng verknüpft sind, bei organischen Stoffen sofort eine Übersicht, ob bei Einstrahlung einer bestimmten erregenden Wellenlänge Fluorescenz auftreten kann oder nicht. Die folgende Tab. 2, die keine Vollständigkeit beansprucht, gibt eine Übersicht bei Einstrahlung von 366 mμ.

Tabelle 2. *Verbindungen, die keine Lichtabsorption bei 366 mμ zeigen*

Kohlenwasserstoffe (Paraffine)
Halogenalkyle, außer Jodalkylen (z. B. Chloroform, Tetrachlorkohlenstoff)
Alkohole (Methyl- bis Decylalkohol und höhere Alkohole)
Säuren (Ameisensäure und ihre Homologen, Milchsäure, Weinsäure, Citronensäure, Oxalsäure)
Äther (Dimethyläther und Homologe, Dioxan)
Ester (Essigsäureäthylester, Fette mit gesättigten Säuren, Ölsäureester)
Amine (Methylamin und Homologe, Anilin, Chinolin)
Aminocarbonsäuren (z. B. Glykokoll, Alanin, Valin, Leucin, Asparaginsäure, Prolin, Hydroxyprolin, Histidin, Tryptophan, Tyrosin)
Amide (z. B. Harnstoff, Urethane, Acetamid)
Kohlenhydrate (z. B. Rohrzucker, Glucose, Fruktose)
Aldehyde, außer Formaldehyd (Acetaldehyd, Butyraldehyd usw.)
Ketone (Aceton, Methylpropylketon usw.)
p-Aminobenzolsulfonamid, Anilin, Barbitursäure, Benzoesäure, Benzol, Cholesterin, Coffein, Cyclohexanon, Diphenyl, Harnsäure, Kreatin, Naphthalin, Phenole (Phenol, Brenzcatechin, Hydrochinon u. a.)
Phthalsäure, Pyridin, Styrol, Terephthalsäure, Thioharnstoff.

Ähnliche Tabellen über Stoffe, die keine Lichtabsorption und demgemäß auch keine Fluorescenz bei Bestrahlung mit einem bestimmten Spektralgebiet haben, lassen sich auch für andere Linien der Quarzlampe z. B. für 254 mμ oder 313 mμ aufstellen. Aus der Tab. 2 kann man z. B. ersehen, daß reinste aliphatische Kohlenwasserstoffe keine Fluorescenz bei Bestrahlung mit 366 mμ zeigen.

Treten bei der praktischen Beobachtung von technischen Paraffinen doch Fluorescenzen auf, so sind diese irgendwelchen Begleitstoffen oder Verunreinigungen zuzuschreiben. Im Falle der Paraffine, die neuerdings für die Fruchtbehandlung, ferner für Kaugummi und für Verpackungen Bedeutung erlangt haben, führt dies zu nützlichen Hinweisen über die Verunreinigungen (vgl. später). Vor Beginn von Fluorescenzuntersuchungen ist es in jedem Fall empfehlenswert, sich ein Bild über die Lichtabsorption der fluorescierenden Verbindung zu machen (vgl. dazu auch den Abschnitt Messung der Lichtabsorption).

Wie lange bekannt, zeigen jedoch nicht alle Verbindungen, welche große Lichtabsorption besitzen, auch Fluorescenz. Die Fluorescenzfähigkeit ist anscheinend noch mehr, als dies bereits früher bei der Lichtabsorption ausgeführt wurde, an die Existenz von Molekülen oder Ionen gebunden, die durch Ringschluß oder andere Prozesse, z. B. Adsorption, eine gewisse Starrheit erlangt haben. Bekannt ist z. B. der Unterschied Fluorescëin/Phenophthalein. Nur ersteres fluoresciert als Natriumsalz in Lösung, letzteres nicht. Beide Stoffe unterscheiden sich dadurch, daß das Fluorescëin eine Sauerstoffbrücke mehr enthält als das Phenophthalein, welche zu starren flächenhaft orientierten Ionen führt [vgl. TH. FÖRSTER (1951)].

Auch photographische Methoden eignen sich ähnlich wie in der Emissionsspektralanalyse sehr gut zur Untersuchung von Fluorescenzerscheinungen in Lösungen.

Es liegen darüber aus den dreißiger Jahren unter anderen zahlreiche Arbeiten aus der physiologischen Chemie besonders von C. DHÉRÉ (1937, 1939) vor. Die photographische Methode hat ja den großen Vorteil, daß man durch genügend langes Belichten auch sehr schwache Fluorescenzerscheinungen sichtbar machen kann.

Alle diese apparativen Entwicklungen aber, die außerordentlich viel zur Kenntnis der Luminescenz- und insbesondere der Fluorescenzerscheinungen beigetragen haben, wurden weit überflügelt durch die Entwicklung photoelektrischer Methoden, die − beginnend 1922 − etwa seit 1930 auf breitester Basis einsetzte [P. W. DANCKWORTT u. J. EISENBRAND (1964), P. PRINGSHEIM u. H. VOGEL (1951), J. A. RADLEY u. J. GRANT (1954)]. Das Ziel dieser Entwicklung sind vollautomatisch registrierende Geräte. Ein solches wird z. B. von TH. FÖRSTER u. E. KASPER (1955) beschrieben. Später wurden solche registrierende Fluorescenz-Spektralphotometer von einer ganzen Anzahl in- und ausländischer Firmen gebaut.

Der Aufbau solcher Anordnungen erfolgt unter Benützung gleicher Einzelteile wie sie im Kapitel Messung der Lichtabsorption beschrieben wurden. Die Einführung solcher Instrumente dürfte für Laboratorien, die sehr viel laufende Untersuchungen mit Hilfe von Fluorescenzmessungen zu bewältigen haben, im Laufe der Zeit eine dringende Notwendigkeit werden. Andererseits sollten im Rahmen dieser Entwicklung bis jetzt noch nicht überwindbare Grenzen beachtet werden, die durch folgende Umstände bedingt sind:

Man sollte meinen, daß die moderne Verstärkertechnik es auch ohne weiteres gestatten würde, die Nachweisempfindlichkeit von Fluorescenzstoffen, die in günstigen Fällen mit Hilfe des Auges 10^{-10} g/ml erreicht hat (vgl. oben), um Zehnerpotenzen zu erhöhen. Dies ist jedoch bisher nicht in dem Maße gelungen, wie man es wünschen möchte. Der Grund hierfür liegt nicht in der mangelnden Leistungsfähigkeit der elektrischen Verstärkertechnik, sondern in ganz anderen Ursachen.

Besonders zu beachten ist hier vor allem die sog. Raman-Streuung der Lösungsmittel [J. EISENBRAND (1954), J. EISENBRAND u. H. PICHER (1944), C. A. PARKER (1959)], die Fluorescenzen vortäuschen kann. Das Zusammenspiel von Ramaneffekt und Fluorescenz schwacher Intensität hat vor allem bei der Untersuchung von Paraffinen eine Bedeutung, wie oben bereits erwähnt wurde. Dabei kann es sich bei den auftretenden Fluorescenzen um Verunreinigungen mit aromatischen Kohlenwasserstoffen handeln, vgl. Abb. 4. Man hat daher versucht, mit Hilfe von Fluorescenzuntersuchungen unter Verwendung von Fluorescenzstandards, eine obere Grenze für solche Aromaten festzusetzen [K. FISCHER, G. BRANDES u. W. H. GODES (1957), CHR. GÜNZEL, G. WEIDNER u. F. WEISS (1955), vgl. auch P. W. DANCKWORTT u. J. EISENBRAND (1964)]. Es wurden ferner Chininlösungen von $1 \cdot 10^{-7}$ g/ml als Standard festgelegt. Das Ergebnis spektralanalytischer Untersuchungen zeigt Abb. 6.

Die Paraffinspektra wurden mit Hilfe einer Chininlösung als Standard auf energiegleiche Spektra umgerechnet. Hierzu wurden die Standardeichungen von G. KORTÜM u. W. HESS (1959), E. LIPPERT u. Mitarb. (1959) benützt. Man ersieht aus der Abbildung (Kurve I) die Fluorescenzintensität einer Chininlösung von $1 \cdot 10^{-8}$ g/ml. Kurve II zeigt das Fluorescenzspektrum von Paraffinum liquidum bzw. subliquidum des dritten Nachtrags zum DAB 6. Kurve III zeigt die Luminescenz des verwendeten Hexans und Kurve IV zeigt die Fluorescenzintensität des Paraffins bei längerer Bestrahlung wobei sich neue Fluorescenzstoffe bilden. Erregende Linie war 366 mμ. Man erkennt deutlich, sowohl bei Paraffin als auch bei Hexan eine schmale Bande bei 408 mμ. Es ist die Ramanbande der CH-Schwingung

der Paraffinkohlenwasserstoffe. Da die Ramanbanden sehr schwache Luminescenzen darstellen, so ergibt sich daraus, auf einem zweiten Wege, der von dem
Vergleich mit einem Chininstandard unabhängig ist, daß die Fluorescenzen des
flüssigen Paraffins sehr schwach und von der Größenordnung der Ramanstrahlung
sind. Bei diesen Fluorescenzstoffen handelt es sich offenbar um solche, die eine
andere Struktur besitzen als die Kohlenwasserstoffe vom Typ des cancerogenen

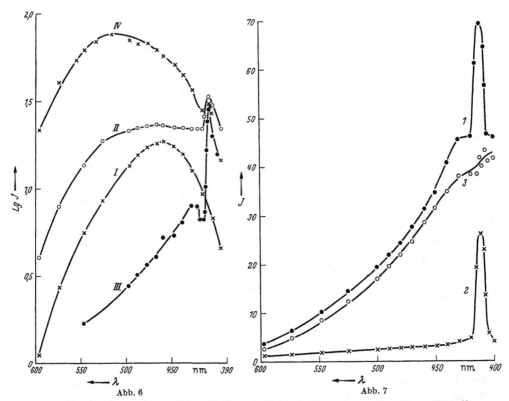

Abb. 6   Abb. 7

Abb. 6. Fluorescenzspektra von *I* Chininsulfatlösung $1 \cdot 10^{-8}$ g/g in 0,1 n-wäßriger Schwefelsäure; *II* Paraffinum
subliquidum; *III* Hexan; *IV* Paraffinum subliquidum nach 8stündiger Bestrahlung mit Quecksilberlampe
(Filter 366 nm) (EISENBRAND, 1962)

Abb. 7. Fluorescenzintensität und Ramanbande einer 1%igen Lösung von Paraffinum durum in Hexan
(Eisenbrand 1962)

Benzpyrens (Abb. 6). Bei den festen Paraffinen und bei Vaselinen wurden aller-
dings Fluorescenzintensitäten gefunden, die wesentlich größer sind als die von
flüssigen Paraffinen. Der Bezug solcher Fluorescenzen auf die Ramanlinien des
Lösungsmittels oder der Paraffine selbst wurde von J. EISENBRAND als innerer
Standard empfohlen: Die Testung einer 1%igen Lösung von Paraffinum in
Hexan mit diesem Verfahren zeigt Abb. 7. *1* ist die Kurve der Paraffinlösung, *2* die
des Hexans, *3* die aus *(1—2)* berechnete Fluorescenzkurve des Paraffins ohne
Ramanbande. Die Berechnung der Fluorescenzstärke erfolgt, indem man auf
100%ige Substanz umrechnet. Bezeichnet man F_R als die auf die Ramanbande
des Lösungsmittels bezogene Fluorescenzintensität, $(I_R - I_U)$ als die Intensität
der Ramanlinie des Lösungsmittels abzüglich der Intensität des Untergrundes
und $(I_a - I_b) \cdot 100)$ im Maximum der Fluorescenzintensität als die Differenz der
Fluorescenzintensitäten von Lösung und Lösungsmittel und *c* als die Konzen-

tration in Prozent so erhält man

$$F_R = \frac{(I_a - I_b) \cdot 100}{(I_R - I_U) \cdot c}$$

Die folgende Tab. 3 zeigt einige Ergebnisse, wobei als Lösungsmittel statt Hexan Iso-Octan verwendet wurde. Man ersieht daraus, daß die Fluorescenzintensität gelber Vaselinen bei 450 mμ 85500mal so groß ist wie die Luminescenzintensität der Ramanbande des Iso-Octans bei 408 mμ. Flüssiges Paraffin dagegen fluoresciert außerordentlich schwach. Festes Paraffin etwa 100mal so stark wie flüssiges und weiße Vaseline etwa 1000mal so stark.

Tabelle 3. *Auf die Ramanbande (408 nm) bezogene Fluorescenzintensitäten*

Substanz	%	$I_a - I_b$	$I_R - I_U$	F_R(450 nm)
Iso-Octan	100	—	17,6	1
Paraffinum subliquidum. . . .	100	—	—	1
Paraffinum durum . .	1	—	—	177
Vaselin weiß.	0,1	41,1	25,7	1 600
Ceresin	0,1	52,8	17,8	3 000
Vaselin gelb	0,001	14,7	17,2	85 500

Damit sind also diese Fluorescenzintensitäten mit Hilfe eines inneren Standards festgelegt, was für zahlreiche Anwendungen sehr praktisch sein dürfte. Ähnliche Festlegungen sind auch in anderen Lösungsmitteln möglich. Auch in wäßrigen Lösungen können die Ramanbanden des Lösungsmittels als Standard dienen.

So zeigt Abb. 8 die mit einem Registrierphotometer der Firma Zeiss, Oberkochen (bisher unveröffentlicht) aufgenommene Kurve einer verdünnten schwefelsauren Chininsulfatlösung (1×10^{-10} g/ml), die steile Bande bei 417,8 ist die Ramanbande des Wassers. Beide Lichtemissionsvorgänge, Fluorescenz und Ramanbande wurden durch die Quecksilberlinie 366 mμ hervorgerufen.

Diese selbst wurde im Sekundärlicht durch intensive Lichtfilterung (2 cm WG1, Schott & Genossen) beseitigt. Solche zusätzlichen Filter sind unbedingt erforderlich, da der Monochromator immer etwas Primärlicht durchläßt und daher das Licht nicht ganz ideal reinigt. Für die Isolierung von 366 mμ wurde nur ein UG2-Filter (2 mm) verwendet, damit die Primärstrahlung möglichst wenig geschwächt wird.

Man ersieht aus Abb. 8 daß die Chininsulfatfluorescenz hier an Intensität bereits erheblich schwächer als die Ramanbande des Wassers ist. Immerhin hat die Chininlösung noch eine Intensität von 14 Galvanometerskalenteilen in Maximum. Die Identifizierung dieser sehr kleinen Fluorescenzintensität als dem Chinin eigen und nicht etwa als Störlicht läßt sich leicht durch einen Löschversuch mit NaCl erreichen (vgl. Abb. 8). Somit liegt die Grenze der Wahrnehmbarkeit mit 1 Galvanometerskalenteil etwa bei 1×10^{-11} g/ml. Ein solches registriertes Spektrum wäre natürlich, um allgemein vergleichbar zu sein, ebenso, wie dies oben für die mit Hand vermessenen Spektra ausgeführt wurde, mit Hilfe der bekannten Standards auf energiegleiches Maß umzurechnen.

Für zahlreiche interne analytische Anwendungen im eigenen Laboratorium ist diese Umrechnung jedoch nicht erforderlich, was die Technik der Serienanalysen naturgemäß sehr vereinfacht. Über weitere Bestimmungen mit solchen Registrier-Instrumenten, die heute von zahlreichen Firmen gebaut werden, und welche die Aufnahme von Fluorescenzspektren in Zeiten von Minuten und weniger gestatten, vgl. besonders das Referat CH. E. WHITE (1962).

Über die Anwendung von Quantenzählern zur Erfassung noch schwächerer Leuchterscheinungen, wie sie z. B. beim Reaktionsleuchten der Bioluminescenz der Luziferase auftreten können, berichtet B. L. STREHLER (1962).

Zur Literatur: Monographien, wie die von P. W. Danckwortt u. J. Eisenbrand (1964) sowie die von J. A. Radley u. J. Grant (1954) enthalten je über 2000 Literaturzitate, die nur zum Teil identisch sind. Die Gesamtzahl der bisher erschienenen Publikationen über Luminescenzanalyse läßt sich nur schätzungsweise angeben. Sie dürfte in der *Größenordnung einer fünfziffrigen Zahl* liegen. Zählt man solche Veröffentlichungen mit, die die Luminescenz als kennzeichnende Materialkonstante angeben, ohne sie im Titel besonders zu erwähnen, so dürfte ein Vielfaches dieser Zahl erreicht werden.

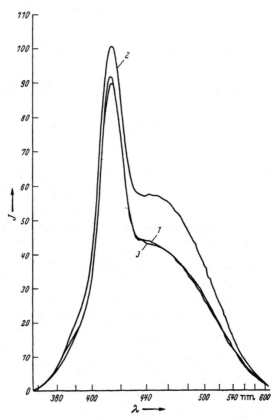

Abb. 8. Registrierdiagramm der Fluorescenzintensität des sauren Chininsulfats zwischen 370 und 600 mμ. 1. Schwefelsäure 0,01 n + 1 n-NaCl-Lösung; 2. Chininsulfat (1 · 10⁻¹⁰ g/ml) in 0,01 n-Schwefelsäure; 3. Chininsulfat (1 · 10⁻¹⁰ g/ml) in 0,01 n-Schwefelsäure + 1 n-NaCl-Lösung

Bibliographie

Danckwortt, P. W.: Handbuch der Lebensmittelchemie, Bd. II/1, S. 439. Berlin: Springer 1933.

—, u. J. Eisenbrand: Luminescenzanalyse im filtrierten ultravioletten Licht. 7. völlig neu bearbeitete und ergänzte Auflage. Leipzig: Akademische Verlagsgesellschaft Geest & Portig K.G. 1964.

Dhéré, Ch.: La fluorescence en biochemie. Paris: Les presses universitaires de France 1937.

Eisenbrand, J., u. G. Werth: Vgl. unter Haitinger, M.

Fischer, H.: Die physikalische Chemie in der gerichtlichen Medizin und in der Toxikologie mit spezieller Berücksichtigung der Spektrographie und der Fluorescenzmethoden. Zürich: Verlag A. Rudolf 1925.

Förster, Th.: Fluoreszenz organischer Verbindungen. Göttingen: Vandenhoeck & Ruprecht 1951.

Haitinger, M.: Fluoreszenzmikroskopie. Neu bearbeitet von J. Eisenbrand u. G. Werth. 2., erweiterte Auflage, Leipzig: Akademische Verlagsgesellschaft Geest & Portig K.-G.1959.

Kortüm, G.: Kolorimetrie — Photometrie — Spektrometrie. Bd. II, 4. Aufl. Berlin-Göttingen-Heidelberg: Springer 1962.

MEYER, H., u. E. O. SEITZ: Ultraviolette Strahlen. 2., erweiterte Auflage, Berlin: Walter de Gruyter & Co. 1949.

PRINGSHEIM, P.: Fluoreszenz und Phosphoreszenz im Lichte der neueren Atomtheorie. Berlin: Springer 1928.

—, u. M. VOGEL: Lumineszenz von Flüssigkeiten und festen Körpern. Weinheim: Verlag Chemie 1951.

RADLEY, J. A., and J. GRANT: Fluorescence analysis in ultra-violett light. IV, 45—58. London: Chapman and Hall Ltd. 1954.

RUDORF, W.: 30 Jahre Züchtungsforschung. Stuttgart: Gustav-Fischer-Verlag 1959.

SCHÖNBERG, F.: Die Untersuchung von Tieren stammender Lebensmittel. 7. Aufl. Hannover: Verlag M. & H. Schaper 1959.

STREHLER, B. L.: Bestimmung von Luziferase in Methoden der enzymatischen Analyse. H. U. BERGMEYER. Weinheim: Verlag Chemie 1962.

STROHECKER, R., u. H. M. HENNING: Vitamin-Bestimmungen. Erprobte Methoden. Weinheim: Verlag Chemie GmbH 1963.

—, u. W. ESSELBORN: Vitaminanalyse. Darmstadt: E. Merck AG. 1960.

Zeitschriftenliteratur

ALBRECHT, A.: Die Gerste im Lichte der Hanauer Analysenlampe. Wschr. Brauerei 44, 459 (1927)*.

BAETSLE, R., u. M. J. DE WEVER: Das Woodsche Licht und seine Verwendung in der Brauerei. Ann. brass. et dest. 32, 318, 331, 360 (1934)*.

BAUD, A., et M. COURTOIS: Recherche des Huiles d'olives raffinées dans les Huiles vierges. Ann. Fals. Fraudes 20, 574—577 (1927).

— — Nachweis von raffinierten Olivenölen in natürlichen Olivenölen. Ann. Chim. analyt. appl. (2) 10, 11—14 (1928).

— — Nachweis von raffiniertem in unbehandeltem Olivenöl. Chemist and Druggist 110, 325 (1929).

— — Die Prüfung der Olivenöle im Wood-Licht. Pharmac. Acta Helv. 8, 83 (1933)*.

BERMANN, V.: Über Fluoreszenz von Malz und Bier. Wschr. Brauerei 47, 215 (1930).

BERSIN, T., u. A. MÜLLER: Fluoreszenzchromatographie von Zuckern. Helv. Chim. Acta 35, 475 (1952)*.

BELLER, K., W. WEDEMANN u. K. PRIEBE: Untersuchungen über den Einfluß der Kühlhauslagerung bei Hühnereiern. Z. Fleisch- u. Milchhyg. 44. Beiheft 1934*.

BERGNER, K. G., u. H. SPERLICH: Anwendungen der Papierchromatographie bei der Untersuchung von Lebensmitteln. Dtsch. Lebensmittel-Rdsch. 47, 134—138 (1951).

BERLINER, E., u. R. RÜTER: Die Ultralampe im Mühlenlaboratorium. Z. ges. Mühlenw. 5, 203—205 (1929).

BIERRY, H., et B. GOUZON: Sur les substances fluorescentes de la coquille d'oeuf de poule. C.R. Acad. Sci. (Paris) 194, 653—655 (1932).

BRAUNBEK, W.: Der Laser, eine neue Lichtquelle. Kosmos 59, 160—164 (1963).

BRAUNSDORF, K., u. W. REIDEMEISTER: Über die Untersuchung von Eiern. Z. Untersuch. Lebensmittel 68, 59—72 (1934).

BROHM, K., u. E. FROHWEIN: Nachweis von durch Säuerung entfärbten künstlichen Eigelbfarbstoffen in Milchspeiseeis. Z. Untersuch. Lebensmittel 73, 30—32 (1937).

BRUNOTTE, W.: Feststellung von Auswuchs bei Getreide mit Hilfe der Fluoreszenz. Dtsch. Getreidesztg. Hannover 14, 418 (1959)*.

BÜTTNER, G., u. A. MIERMEISTER: Beiträge zur Beurteilung von Krebsdauerwaren und zum Nachweis von Krebsbestandteilen. Z. Untersuch. Lebensmittel 57, 431—437 (1929).

BURKHARDT, R.: Einfache und schnelle quantitative Bestimmung der kondensierbaren Gerbstoffe in weißen Weinen und Tresterweinen. Weinberg u. Keller 10, 274 (1963)*.

CIUSA, W.: Fluoreszenzprobe zur Unterscheidung von Olivenöl und raffiniertem Öl. Olii miner. 18, 33 (1938)*.

CORTESE, F.: Über das Verhalten von natürlichen und raffinierten Olivenölen gegenüber filtrierten ultravioletten Strahlen. Ind. chim. 9, 1048 (1934)*.

DANCKWORTT, P., u. E. PFAU: Der Nachweis des Chlorophylls mit Hilfe der Analysenlampe. Arch. Pharmaz. (Weinheim) 265, 560 (1927)*.

DENNINGTON, A. R.: Ultraviolettes Licht, eine neue Kontrolle für den Brauer. Brewers' Digest. 15, 75 (1940)*.

DÉRIBÉRÉ, M.: Prüfung der Eier im Woodschen Licht. Ann. hyg. publ. ind. et sociale (N.S.) 13, 666 (1935)*.

---

* Zit. nach P. W. DANCKWORTT und J. EISENBRAND (1964).

Déribéré, M.: Die pflanzlichen Öle unter dem Woodschen Licht. Ann. hyg. publ. ind. et sociale (N.S.) 14, 8 (1936)*.
— Die Anwendung des Woodschen Lichtes in der Ölindustrie. Mat. grasses 29, 246 (1937)*.
Deuble, J. L., u. R. E. Schoetzow: Olivenölfluoreszenz im ultravioletten Licht. J. Am. Pharm. Assoc. 20, 655—656 (1931).
Dhéré, Ch.: Spectre de Fluorescence de La Coquille De L'oeuf De Poule. C.R. Soc. Biol. (Paris) 112, 1595 (1933)*.
— Die Fluoreszenzspektrochemie bei der Untersuchung biologischer Produkte. Fortschr. Chem. org. Naturstoffe 2, 301 (1939)*.
Diemair, W.: Untersuchungen über Fluoreszenzerscheinungen von Paraffinöl, das zum Paraffinieren von getrockneten Weinbeeren verwendet wird. Schriftenreihe des Bundes für Lebensmittelrecht und Lebensmittelkunde. Hamburg-Berlin-Düsseldorf: B. Behr's Verlag GMBH 1960.
— B. Bleyer u. F. Arnold: Zur Frage der Lumineszenzerscheinungen an Trockenbeerweinen. Z. Untersuch. Lebensmittel 68, 457—467 (1934).
Drawert, F.: Eine Methode zum papierchromatographischen Nachweis der Anthocyane, insbesondere Hybridenanthocyane in Rotmosten und Rotweinen. Vitis 2, 179—180 (1960).
Ehrlich, J.: Nachweis von Soja in Wurstgut. Allg. Fleischer-Ztg. 66, 3 (1948).
Eichhoff, H. J., u. G. Titschack: Nachweis und Bestimmung von aromatischen, polycyklischen Kohlenwasserstoffen in Paraffin. Dtsch. Arzneimittelforsch. 8, 376—379 (1958).
Eisenbrand, J.: Über die Anwendung von Fluoreszenzreaktionen in der Lebensmittelchemie. Dtsch. Lebensmittel-Rdsch. 47, 215—220 (1951).
— Beiträge zur Fluorimetrie. Z. analyt. Chem. 140, 401—416 (1953).
— Intensitätsvergleich von Ramaneffekt und Fluoreszenzstrahlung. Optik 11, 557—561 (1954).
— Beiträge zur Fluorimetrie. V. Chininsulfat als Fluoreszenzstandard, Messungen seiner Fluoreszenzintensität in wäßrigen Lösungen und Eisessiglösungen mit Schwefelsäure- und Perchlorsäurenzusätzen. Einflüsse von Puffergemischen. Z. analyt. Chem. 179, 170—175 (1961).
— Entwicklungslinien der Lumineszenzanalyse in den letzten 30 Jahren. Z. analyt. Chem. 192, 83—91 (1963).
—, u. H. Picher: Über das Auftreten von Ramanstrahlen bei Fluoreszenzuntersuchungen. Z. Elektrochemie 50, 72—74 (1944).
—, u. D. Pfeil: Beiträge zur Bestimmung des Coffeins in verschiedenen Lebensmitteln. Z. analyt. Chem. 151, 241—258 (1956).
— — Beiträge zur Fluorimetrie. II. Über die Verwendung kurzwelligen Ultravioletts zu analytischen Zwecken. Z. analyt. Chem. 154, 167—170 (1957).
—, u. A. Klauck: Beeinflussung der Säureproduktion von Milchsäurebakterien durch Lebensmittelfarbstoffe. Z. Lebensmittel-Untersuch. u. -Forsch. 108, 225—238 (1958).
—, u. H. Meyer: Beiträge zur Fluorimetrie. III. Die fluorimetrische Bestimmung der Naphthionsäure unter Verwendung von kurzwelligem UV-Licht. Z. analyt. Chem. 174, 414—417 (1960).
—, u. M. Raisch: Beiträge zur Fluorimetrie. VI. Die Beeinflussung der Fluoreszenz von Chininsulfat in wäßrigen Lösungen durch Chlorionen in ihrer Abhängigkeit von der Säurekonzentration. Z. analyt. Chem. 179, 352—355 (1961a).
— — Beiträge zur Fluorimetrie. VII. Die Beeinflussung der Fluoreszenz von Chininsulfat in wäßrigen Lösungen durch Halogenionen in ihrer Abhängigkeit von der Salzkonzentration. Z. analyt. Chem. 179, 406—409 (1961b).
— — Beitrag zum Problem der Fluoreszenzlöschung, vergleichende Untersuchung der Löschwirkung von Halogensalzen auf die Fluoreszenz von Chinolin und verschiedenen Chinolinderivaten in saurer Lösung (I). Nahrung 6, 157—165 (1962).
Ekhard, W.: Die ultravioletten Strahlen im Dienste der Nahrungsmitteluntersuchung. Z. Spiritusind. 50, 4 (1927)*.
Englis, D. T., and J. W. Miles: Spectrophotometrie Determination of Theobromine and Caffeine in Caffeine in Cocoa Powders. Analyt. Chemic. 26, 1214 (1954)*.
Fachini, S., u. G. Marinengi: Die Verwendung von Woodschem Licht zur qualitativen und quantitativen Unterscheidung von gepreßtem und raffiniertem Olivenöl. Olii miner. 17, 54 (1937)*.
Fischer, K., G. Brandes u. W. Gohdes: Die Aromatenbestimmung in medizinischen Weißölen. Pharmac. Ind. 19, 293 (1957)*.
Flury, F.: Über die ernährungsphysiologische Bedeutung der fluoreszierenden Bestandteile des Gärungsessigs. Biochem. Z. 215, 422—433 (1929).
Förster, Th., u. E. Kasper: Ein Konzentrationsumschlag des Pyrens. Z. Elektrochem. 59, 976—980 (1955).

* Zit. nach P. W. Danckwortt und J. Eisenbrand (1964).

FREHSE, M.: Application de la lumière de Wood à l'examen des Huiles d'olives. Ann. Falsif. Fraudes 8, 204 (1925)*.

GAGGERMEIER, G.: Versuche zur Frischebestimmung von Hühnereiern. Arb. Reichsgesundh.-Amt 65, 221—225 (1932).

GISSKE, W., u. K. WEBER: Über den Wert der Verwendung moderner UV-Lampen in der Eierkontrolle. Z. Fleisch- u. Milchhyg. 53, 222 (1943)*.

GRAHAM, W. D., P. Y. HSU and J. McGINNIS: Correlation of Browning, Fluorescence, and Amino Nitrogen Change with Destruction of Methionine by Autoclaving with Glukose. Science (Washington) 110, 217 (1949)*.

GRANT, J.: Ultraviolett-Licht und seine Anwendung bei der Kontrolle von Lebensmitteln. Food. Manufact. 8, 202—204 (1933)*.

GRIEBEL, C.: Abnormale Lumineszenzerscheinungen bei Frauenmilch. Z. Untersuch. Lebensmittel 72, 46—50 (1936).

GROSSFELD, J.: Neuere Erkenntnisse in der Chemie des Hühnereies. Z. Untersuch. Lebensmittel 70, 82—91 (1935a).

— Alterungsvorgänge beim Hühnerei. Dtsch. Apoth.-Ztg. 50, 831—833 (1935b).

GRÜNSTEIDL, E.: Die Ultraviolett-Analyse im Mühlenlaboratorium. Mühle 67, 921 (1930)*.

— Die Lumineszenzmikroskopie im Dienste der Mehlprüfung. Z. ges. Mühlenw. 18, 224—227 (1931).

GÜNZEL, CHR., G. WEIDNER u. F. WEISS: Vorschläge für die Artikel Paraffinum subliquidum und Paraffinum perliquidum im deutschen Arzneibuch. Pharmac. Zentralh. 94, 467 (1955).

GUILLOT, J.: Etudes sur la fluorescence des Huiles d'olives. Influence des pigments. Ann. Falsif. Fraudes 28, 75 (1935). (1935, 1, 4001)*.

HAITINGER, M.: Die Fluoreszenzanalyse vom Standpunkt der Materialprüfung unter besonderer Berücksichtigung von Nahrungs- und Genußmitteln. Mitt. staatl. tech. Versuchsamtes 17, 147 (1928)*.

—, H. JÖRG u. V. REICH: Über das Verhalten von Fetten und Ölen im ultravioletten Licht. Z. angew. Chemie 41, 815 (1928)*.

HANSSEN, E.: Mikroskopische Untersuchungen in der Süßwarenindustrie. Aus d. Laboratorium der Bahlsen-Keksfabrik 11. Mitt. (1956).

HEESTERMANN, J., u. J. E. H. VAN WAEGENINGH: Het onderzoek van levensmiddelen in ultraviolet licht. Chem. Weekbl. 29, 650 (1932)*.

HEIDE, C. VON DER: Der Nachweis des Obstweinzusatzes in Traubenwein. Wein u. Rebe 11, 251—271 (1930).

HENNEBERG, O. H.: Über den fluoreszenzmikroskopischen Nachweis von Soja in Fleischwaren mit Hilfe von Coriphosphin. Tierärztl. Rdsch. 48, 334 (1942)*.

HENNIG, K., u. R. BURKHARDT: Über die Farb- und Gerbstoffe, sowie Polyphenole und ihre Veränderungen in Wein. Weinberg u. Keller 4, 374—387 (1957).

— — Der Nachweis phenolartiger Verbindungen und hydroaromatischer Oxycarbonsäuren in Traubenbestandteilen, Wein und weinähnlichen Getränken (I). Weinberg u. Keller 10, 542—552 (1958a).

— — Der Nachweis phenolartiger Verbindungen und hydroaromatischer Oxycarbonsäuren in Traubenbestandteilen, Wein und weinähnliche Getränke (II). Weinberg u. Keller 11, 593—600 (1958b).

— — Vorkommen und Nachweis von Quercitrin und Myricitrin in Trauben und Wein. Weinberg u. Keller 1, 1—3 (1960).

— — Chromatographische Trennung von Eichenholzauszügen und deren Nachweis in Weinbränden. Weinberg u. Keller 9, 223—231 (1962).

HINTERSATZ, R.: Nachweis von Fischfleisch in Wurstwaren im filtrierten ultravioletten Licht. Z. Infektionskr. parasitäre Krankh. und Hyg. d. Haustiere 54, 87—105 (1938).

HÜTTEN, H.: Über den Wert der Acridinorange-Vitalfärbung für das Studium des Fleischfäulnisablaufs. Diss. Hannover 1949, Tierärztl. Hochschule.

JANKE, A.: Über den Nachweis von Stoffwechselprodukten der Essigsäurebakterien in Gärungsessig. Dtsch. Essigind. 34, 33—37 (1930).

—, u. H. LACROIX: Jodzahl und Lumineszenzstärke der Gärungsessige sowie deren Gehalt an Mikrobenwuchsstoffen. Biochem. Z. 215, 460—467 (1929).

JUNG, L.: Contribution à l'étude de la fluorescence des huiles végétales. Isolement, caracterisation et rôle des hydrocarbures polycycliques fluorescents. Dissertation. Straßbourg 1963.

KARSTEN, A.: Die Anwendung des modernen Fluoreszenzmikroskops im Getreide- und Mühlenwesen. Z. Getreide-, Mühlen- u. Bäckereiw. 22, 165 (1935)*.

KAYSER, M. E.: Welcher Leberbestandteil geht in die Frauenmilch über. Dtsch. med. Wschr. 63, 136—137 (1937).

---

* Zit. nach P. W. DANCKWORTT und J. EISENBRAND (1964).

KLATZKIN, C., F. W. NORRIS and F. WOKES: Fluorimetric and microbiological assay of Riboflavine in malted preparations. J. Pharm. Pharmacol. 1, 915 (1949)*.

KOCSIS, E. J., P. CSOKAN u. R. HORVAI: Weinfarbenuntersuchung mittels Capillarlumineszenzanalyse. Z. Untersuch. Lebensmittel 81, 316—321 (1941).

KOLLER, R.: Die Lumineszenz der Hühnereierschale. Tierärztl. Rdsch. 48, 27 (1942)*.

— Die Fluoreszenz einiger Parasiten im Fleisch. Z. Fleisch- u. Milchhyg. 53, 185 (1943a)*.

— Über die Fluoreszenzerscheinungen auf und im Fleisch. Z. Fleisch- u. Milchhyg. 53, 62 (1943b)*.

KORTÜM, G., u. W. HESS: Eine lichtelektrische Nullmethode zur Aufnahme von Fluoreszenzspektren. Z. physik. Chem. Neue Folge 19, 3/4 (1959).

KOTTASZ, J.: Bestimmung des Gesamtsäuregehaltes von Speiseeis durch Lumineszenzanalyse. Z. Lebensmittel-Untersuch. u. -Forsch. 100, 54—56 (1955).

KRAUS, E. J.: Essig unter der Quarzlampe. Dtsch. Essigind. 38, 140 (1934)*.

KUHN, R., P. GYÖRGY u. TH. WAGNER-JAUREGG: Über Lactoflavin, den Farbstoff der Molke. Ber. dtsch. chem. Ges. 66, 1034 (1933)*.

LEHNFELD, J., u. E. NOVACEK: Die Wurstuntersuchung im ultravioletten Licht einer analytischen Quarzlampe im Vergleich mit den Ergebnissen der histologischen Untersuchung dieser Ware. Z. Fleisch- u. Milchhyg. 39, 387—389 (1929).

LENDER, A.: Das schweizerische Arzneibuch V und die Prüfung der Olivenöle im Wood-Licht. Pharmac. Acta Helv. 8, 87 (1933)*.

LIPPERT, E., W. NÄGELE, J. SEIBOLD-BLANCKENSTEIN, U. STAIGER u. W. VOSS: Messung von Fluoreszenzspektren mit Hilfe von Spektralphotometern und Vergleichsstandards. Z. analyt. Chem. 170, 1—18 (1959).

LITTERSCHEID, F. M.: Anwendung der Lumineszenzerscheinungen bei der Untersuchung von Trauben-Obstweinen. Z. Untersuch. Lebensmittel 54, 294—296 (1927a).

— Anwendung der Lumineszenzerscheinung bei der Untersuchung von Milchschmutz. Z. Untersuch. Lebensmittel 53, 263—264 (1927b).

LOEWE, F. H.: Die Fluoreszenzanalyse im Brauerei- und verwandten Gewerbe. Brauerei- u. Hopfenztg. 64, 28 (1937). Gambrinus*.

MARCILLE, R.: Reaction des Huiles à la lumière ultra-violette. Ann. Falsif. Fraudes 21, 189—197 (1928).

MENZEL, E. A.: Zur Brauchbarkeit der Prüfung von Fleisch im filtrierten UV-Licht auf Reifungs- und Fäulnisporphyrine. Diss. Hannover (1949).

MERKER, E.: Die Fluoreszenz der von Pflanzen und Tieren bewohnten Gewässer und ihre verminderte Lichtdurchlässigkeit. Naturwiss. 19, 433 (1931a)*.

— Die Fluoreszenz und die Lichtdurchlässigkeit der bewohnten Gewässer. Zool. Jb. Physiol. 49, 69 (1931b)*.

MILES, J. W., and D. T. ENGLIS: Analysis of Mixtures of Theobromine and Caffeine by Spectrophotometric Methoel. J. Am. pharm. Assoc. Sci. Ed. 43, 589 (1954)*.

MOHLER, H., u. W. HÄMMERLE: Über die Bukettstoffe des Kirschwassers. Z. Untersuch. Lebensmittel 70, 328—344 (1935).

MOLANUS, B. H.: Untersuchungsmethoden bei der Bestimmung der Qualität der Eier. Holland. Diss. ref. Berl. Tier. Wschr. 812 (1936)*.

MÜLLER, K., E. VOGT u. A. RAESCH: Neue Methode zum Nachweis von Obstwein in Traubenwein. Z. Untersuch. Lebensmittel 53, 331—334 (1927).

MÜLLER, R.: Beobachtungen über den Lactoflavingehalt der Frauenmilch und seine Beeinflussung durch die Ernährung. Klin. Wschr. I, 807—810 (1937).

MUSHER, S., and C. E. WILLOUGHBY: Untersuchungsmethode für Olivenöl. II. J. Oil & Fat. Inds. 6, 15 (1929)*.

OYEN, C. F.: Untersuchung von Eiern mit ultravioletten Strahlen. Kälte-Industrie Nr. 6 S.100. Tierärztl. Rdsch. 42, 964 (1936)*.

PARKER, C. A.: Raman Spectra in Spectrofluorimetry. Analyst 84, 446—453 (1959).

PATTON, A. R., and P. CHISM: Paperchromatography of Brownin. Nature (Lond.) 167, 406 (1951)*.

PAVOLINI, T.: Beiträge zur Kenntnis der Farbreaktion des Sesamöls. Olii miner. 10, 41—42 (1930).

PFEIL, D.: Beitrag zur Bestimmung des Gesamtkreatinins in Lebensmitteln. Z. analyt. Chem. 154, 5—7 (1957).

PICKHOLZ, S.: Über einige Anwendungen zur Fluoreszanalyse in der Brauereichemie. Brau- u. Malzind. 25, (32), 20 (1932)*.

POPP, G.: Die Verwendung ultravioletten Lichtes bei der Untersuchung von Nahrungsmitteln. Z. Untersuch. Lebensmittel 52, 165—171 (1926).

RADLEY, J. A.: Fluorescence in Relation to Sewage. Analyst. 57, 28 (1932)*.

---

* Zit. nach P. W. DANCKWORTT und J. EISENBRAND (1964).

RAISCH, M.: Lumineszenzanalytische Studien über quantitative Bestimmungen organischer Stoffe in Stoffgemischen und ihre Anwendung in der Lebensmittelchemie. Diss. Karlsruhe (1961).

REICH, V., u. M. HAITINGER: Über das Verhalten von Trauben- und Obstwein im ultravioletten Licht. Allg. Weinztg. **44**, 6, 7, 18 (1927).

RIBEREAU-GAYON, PASCAL: Recherches sur les Anthocyannes des Végétaux. Application au genre Vitis. Propositions données par la Faculté. Diss. Paris 1959.

ROACH, S. W.: Fluorescence of shell and skeletal material in crab meat faciliates their removal prior to canning. Fish. Res. Bd. Can., Progr. Rett. Pacific Coast Stn., No. **79**, 39 (1949)*.

RÖHLING, A., u. J. RICHARDZ: Zum Nachweis von Obstweinen in Traubenwein mittels des Sorbitverfahrens. Chemiker-Ztg. **54**, 61—62 (1930).

ROLLEFSON, G. K., and R. W. STOUGHTON: The Quenching of Fluorescence in Solutions. III. The Nature of the Quending Process. J. amer. chem. Soc. **63**, 1517 (1941)*.

SCHENK, G. O.: Cancerogene Kohlenwasserstoffe als Photosensibilisatoren. Zum Problem phototoxischer Wirkungen. Naturwiss. **4**, 71—72 (1956).

— Aufgaben und Möglichkeiten der präparativen Strahlenchemie. Angew. Chem. (1957).

SCHMÄHL, D.: Fluoreszenzuntersuchungen an Zigarettenrauch. Z. Lebensmittel-Untersuch. u. -Forsch. **103**, 328 (1955).

—, U. H. DRUCKREY: Fluoreszenzmessungen an Zigarettenrauch. Arzneimittel-Forsch. **4**, 71—75 (1954).

—, u. H. SCHNEIDER: Abnahme der Fluoreszenzintensität von Zigarettenrauch nach Lichteinwirkung. Z. Lebensmittel-Untersuch. u. -Forsch. **106**, 80 (1955).

SEIDEL, K.: Ultraviolettes Licht als Hilfsmittel bei der Beurteilung von Getreide, Mehl und Brot. Z. Getreidewes. **17**, 62—66 (1930).

STARK, J.: Eine neue Analyse im Dienste des Milchlaboratoriums. Alpenländ. Molkerei- u. Käserei-Ztg. **5**, 4 (1931)*.

STRATTA, R., u. A. MANGINI: Über die Fluoreszenz italienischer Olivenöle im Woodschen Licht. Giorn. chim. ind. appl. **10**, 205—207 (1928).

SUMERE, CHR. VAN, F. PAMENTIER u. M. VAN POUCKE: Umwandlung von Kaffeesäure in Aesculin und umgekehrt. Naturwiss. **46**, 668 (1959).

TAUSZ, J., u. H. RUMM: Über die Anwendung der Analysenquarzlampe zur Beurteilung von Getreidekörnern. Z. ges. Mühlenwes. **5**, 113—114 (1928).

THOMAE, E.: Über eine Leuchterscheinung der Trockenmilch. Vorratspfl. u. Lebensmittelforsch. **3**, 418 (1940)*.

TILLMANS, J., H. RIFFART u. A. KÜHN: Bestimmung von Cholesterin und Lecithin. Z. Untersuch. Lebensmittel **60**, 361—389 (1930).

VOLMAR, J.: Utilisation des phénomènes de fluorescence dans l'analyse des matières alimentaires. J. pharm. chim. **5**, 435—443 (1927).

WEHNER: Die Bestimmung des Alters von Eiern mit Hilfe der Analysenquarzlampe. Dtsch. landwirtsch. Geflügelztg. Nr. **11** (1930)*.

WHITE, CH. E.: Fluorometric Analysis. Analytic. Chem. (Analytic. Rev.) **34**, 81 R—91 R (1962).

WOLFF, J.: Über das Vorkommen von Chlorogensäure und ihren Isomeren in Blättern von Steinobstbäumen. Z. Naturwiss. **45**, 130—131 (1958).

WÜSTENFELD, H., u. H. KREIPE: Das Verhalten von Spritessig und Essigessenz im ultravioletten Licht der Hanauer-Quarzlampe. Dtsch. Essigind. **32**, 345—347 (1928).

WUNDRAM, GG.: Untersuchungen über die Größe der Luftkammer von Eiern und die Alterungsbestimmungen von Eiern in ultra-violettem Licht. Berl. tierärztl. Wschr. **49** (1936)*.

---

* Zit. nach P. W. DANCKWORTT und J. EISENBRAND (1964).

Optische Polarimetrie

Von

Dr. JOHANNES FLÜGGE, Göttingen

Mit 40 Abbildungen

Wichtige Warengattungen und Bestandteile der Lebens- und Genußmittel lassen sich nach den Verfahren der optischen Polarimetrie untersuchen. Das gilt in besonderem Maße für Zucker und Zuckerwaren, aber auch für Fette und Öle, für Milcherzeugnisse und andere Substanzen, wenn sie die Eigenschaft besitzen, „optisch aktiv" (vgl. Abschn. C) zu sein. Die Untersuchung erfolgt in Polarimetern mit polarisiertem Licht.

A. Theoretische Grundlagen der optischen Polarisation

Wenn im folgenden über Polarisation abgehandelt wird, so ist stets optische Polarisation gemeint. Elektrochemische Polarisation ist etwas anderes.

I. Natürliches Licht

Licht ist ein elektromagnetischer Schwingungsvorgang, der sich durch den Raum fortpflanzt. Diese Auffassung gibt alle Erscheinungen der Polarisation

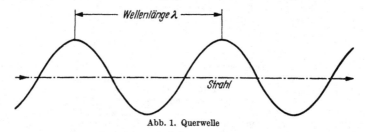

Abb. 1. Querwelle

wieder; die Lichtquantentheorie ist dafür entbehrlich. Die Bahnen der Lichtfortpflanzung heißen Lichtstrahlen. Die Lichtschwingungen erfolgen senkrecht zu den Strahlen. Es bilden sich daher fortschreitende Querwellen aus. Die *Wellen-*

Abb. 2. Natürliches Licht

länge einer fortschreitenden Welle ist der räumliche Abstand zweier aufeinanderfolgender phasengleicher Schwingungen, z. B. zweier Wellenberge (Abb. 1).

Wellenlängen des Lichts in Nanometer (nm) sind in Tab. 1 zusammengestellt (1 nm = 10^{-6} mm = 10^{-9} m = 1 Millimikron [mμ])

Bei natürlichem Licht von natürlichen und künstlichen Lichtquellen folgen begrenzte Querwellenzüge wechselnder Schwingungsrichtungen sehr schnell und regellos aufeinander (Abb. 2).

Tabelle 1. *Polarimetrisch nutzbares Spektrum*

Lichtarten		Wellenlängen [nm]	Relative Helligkeits-empfindlichkeit des Auges	Geeignete Lichtquellen
	Infrarot	2000—750		
Sichtbar	Rot	750—650	0—0,1	—
	Orange	650—590	0,1—0,76	—
	Gelb	590—575	0,76—0,90	Natriumlampe für 589,25 nm
	Grün	575—490	0,90 über 1,0—0,21	Quecksilberlampe für 546,1 nm
	Blau	490—460	0,21—0,06	—
	Indigo	460—420	0,06—0,004	Quecksilberlampe für 435,8 nm
	Violett	420—400	0,004—0,0004	Quecksilberlampe für 404,7 nm
	Unfarbig	400—365	0,0004—0	Quecksilberlampe für 366,5 nm
	Ultraviolett	365—220		Wasserstofflampe, Xenonlampe

II. Polarisiertes Licht

Polarisation des Lichts besteht in einer geregelten Auswahl der Schwingungs-richtungen durch optische Hilfsmittel, die in Abschn. B beschrieben sind.

Linear polarisiertes Licht schwingt in einer bestimmten gleichbleibenden Schwingungsebene, wie in Abb. 3.

Bei *zirkular* polarisiertem Licht erfolgen die Schwingungen auf Kreisbahnen in Ebenen, die senkrecht auf dem Strahl stehen, und um den Durchstoßpunkt des Strahls als Kreisbahn-mittelpunkt (Abb. 4). Die Schwingungen in gleichabständig entlang dem Strahl aufeinander-

Abb. 3. Linear polarisiertes Licht

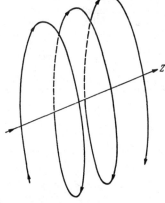

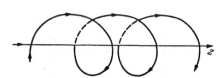

Abb. 4. Rechts-zirkular polarisiertes Licht

Abb. 5. Rechts-elliptisch polarisiertes Licht

folgenden Ebenen sind um gleiche Beträge gegeneinander phasenverschieden. In Ebenen-abständen gleich einer Lichtwellenlänge entsprechen die Phasenversetzungen genau einem Kreisbahnumfang. Man unterscheidet rechts-zirkular und links-zirkular polarisiertes Licht, je nachdem, ob sich für einen dem Strahl entgegenblickenden Beobachter die Kreisschwingung im oder entgegen dem Uhrzeigerdrehsinn darbietet.

Bei *elliptisch* polarisiertem Licht erfolgen die Schwingungen auf elliptischen Bahnen (Abb. 5). Alle Bahnellipsen in aufeinanderfolgenden Ebenen längs dem Strahl haben parallele Hauptachsen. Die Ellipsen führen keine Rotation um den Strahl aus. Hinsichtlich der Phasen-unterschiede gelten dieselben Betrachtungen, wie sie für zirkular polarisiertes Licht gegeben wurden. In einer optisch aktiven (vgl. Abschn. C) Substanz sind aufeinanderfolgende Haupt-achsen der Ellipsen entsprechend dem optischen Drehungsvermögen winkelverschieden.

Dichroismus nennt man die Abhängigkeit der Lichtabsorption in doppel-brechenden Kristallen von der Strahlrichtung und der Schwingungsrichtung.

Sogenannter *linearer* Dichroismus bezieht sich auf die Lichtabsorption für linear polarisiertes Licht und äußert sich darin, daß der Betrag dieser Absorption von der Lage der Schwingungsebene im Kristall abhängt. Dabei gibt es zwei zueinander senkrechte Orientierungen, in denen die Absorption ein Maximum und ein Minimum hat. In diesen beiden Orientierungen der Schwingungsebene verläßt das linear polarisierte Licht eine Platte aus solchem Kristall, z. B. Turmalin, ohne Drehung der Schwingungsebene. In Zwischenstellungen der Schwingungsebene verursacht der lineare Dichroismus eine Drehung der Schwingungsebene, die aber nicht auf natürlicher optischer Aktivität beruht, wie sie weiter unten besprochen wird.

Zirkularer Dichroismus bezieht sich auf die Lichtabsorption für zirkular polarisiertes Licht und äußert sich darin, daß der Betrag dieser Absorption für rechts-zirkular polarisiertes Licht anders ist als für links-zirkular polarisiertes Licht. Dieser Dichroismus spielt beim Cotton-Effekt (vgl. Abschn. G, I, 3) eine Rolle. Auf zirkularem Dichroismus beruht bei gewissen Stoffen die Erscheinung, daß einfallendes, linear polarisiertes Licht nach dem Durchgang elliptisch polarisiert ist, wobei die Richtung der großen Hauptachse zugleich eine Drehung gegen die Schwingungsrichtung des linear polarisierten Lichts erfahren hat.

B. Erzeugung von linear polarisiertem Licht

In Polarimetern wird linear polarisiertes Licht benutzt und im sog. *Polarisator* erzeugt.

I. Lineare Polarisation durch Reflexion

Wenn ein Strahl natürlichen Lichts unter dem Polarisationswinkel ε (gegen das Einfallslot) auf eine polierte Glasoberfläche fällt (Abb. 6), so ist das nach dem Reflexionsgesetz (Reflexionswinkel = Einfallswinkel) gespiegelte Licht linear polarisiert; es schwingt senkrecht zur Einfallsebene (gemeinsame Ebene von einfallendem Strahl, Einfallslot und gespiegeltem Strahl). Der Polarisationswinkel ε hängt von der Brechungszahl n des Glases ab:

$$\operatorname{tg}\varepsilon = n \quad (Brewstersches\ Gesetz)\ .$$

Mit $n = 1,52$ ist der Polarisationswinkel 56,6°. Der Reflexionsgrad beträgt dabei 7,8% des einfallenden Lichts. Die Ausbeute ist also gering und für Polarimeter nicht ausreichend.

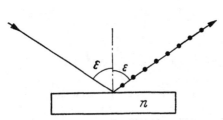

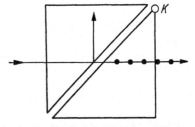

Abb. 6. Durch Reflexion linear polarisiertes Licht. Das nach rechts oben reflektierte Licht schwingt senkrecht zur Zeichenebene (durch Punkte angedeutet). tg $\varepsilon = n$

Abb. 7. Glansches Polarisationsprisma. Das austretende Licht schwingt senkrecht zur Zeichenebene (durch Punkte angedeutet)

II. Lineare Polarisation durch Doppelbrechung

Mit wesentlich besserer Ausbeute wird linear polarisiertes Licht in Prismen aus doppelbrechenden Kristallen erzeugt. In Präzisionspolarimetern werden Polarisatoren aus Kalkspat benutzt, deren Ausbeute an linear polarisiertem Licht nahezu 50% beträgt. Solche Polarisatoren werden aus zwei Kalkspatprismen gebildet, die mit geringem Luftabstand (*Glan*-Typ, Abb. 7) oder mit einer dünnen niedrig brechenden Kittsubstanz (*Glan-Thompson*-Typ, Abb. 8) zusammengelegt sind.

Nicolsche Prismen als Urform moderner Kalkspatprismen genügen nicht den Anforderungen der Polarimetrie. Im Kalkspat findet eine Doppelbrechung statt, d. h.
die auf dem Prismenhauptschnitt senkrechte Komponente der Lichtschwingung
hat eine größere Fortpflanzungsgeschwindigkeit und somit niedrigere Brechungs-

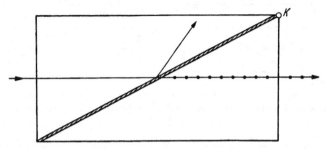

Abb. 8. Glan-Thompsonsches Polarisationsprisma. Das austretende Licht schwingt senkrecht zur Zeichenebene,
wie durch Punkte angedeutet ist

zahl als die Schwingungskomponente im Hauptschnitt. Das Polarisationsprisma
ist so konstruiert, daß die letztgenannte Komponente an der schrägen Innenfläche
seitlich total reflektiert und dadurch unwirksam wird, während die andere Kom-

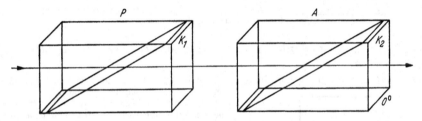

Abb. 9. Das vom Polarisator P durchgelassene Licht ist linear polarisiert und schwingt parallel zur Kante K_1.
Der Analysator A steht parallel zum Polarisator (0°). Er läßt das linear polarisierte Licht des Polarisators (nahezu)
ungeschwächt durch, das austretende Licht ist linear polarisiert und schwingt (nahezu) amplitudengleich parallel
zur Kante K_2

ponente als linear polarisiertes Licht weiterläuft und ausgenutzt wird. Die Schwingungsrichtung ist parallel zur Prismenkante K. Wird das Prisma um den Strahl
gedreht, so dreht sich die Schwingungsebene des polarisierten Lichts mit.

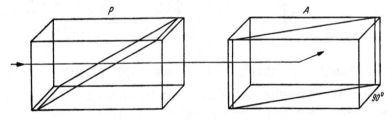

Abb. 10. Der Analysator A steht gekreuzt zum Polarisator P (90°). Er löscht das linear polarisierte Licht
des Polarisators (nahezu) vollkommen aus

Läßt man das linear polarisierte Licht durch ein zweites solches Prisma
(Analysator) gehen, so wird es bei Parallelstellung der Prismen (Abb. 9 und 11)
nahezu ungeschwächt hindurchgelassen, bei Kreuzstellung (Abb. 10 und 12) hingegen wird es vernichtet (Auslöschungsstellung).

Kalkspat ist in optisch brauchbarer Qualität sehr selten in der Natur vorkommend, synthetisch bis jetzt nicht darstellbar. Deshalb wird er heute nur dort verwandt, wo auf ihn nicht verzichtet werden kann, z. B. wenn auch gute Ultra-

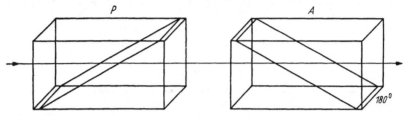

Abb. 11. Der Analysator A steht entgegengesetzt parallel zum Polarisator P (180°). Das austretende Licht ist wie in Abb. 9

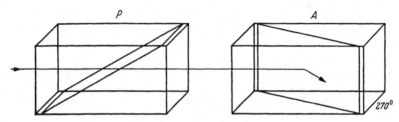

Abb. 12. Der Analysator A steht entgegengesetzt gekreuzt zum Polarisator P (270°). Er löscht (nahezu) vollkommen aus

violettdurchlässigkeit erforderlich ist (wie in modernen Spektralpolarimetern, vgl. Abschn. G, I, 4).

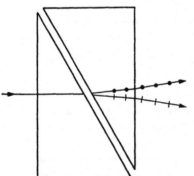

Polarisation durch Doppelbrechung kann auch mit Prismenkombinationen aus Quarz erzeugt werden, der jedoch weniger doppelbrechend ist und daher Polarisatoren anderer Art liefert. Dabei wird die eine Komponente nicht total reflektiert, sondern ebenfalls durchgelassen, wenn auch mit abweichender Strahlrichtung (Abb. 13). Als Polarisatoren werden solche Quarzprismenkombinationen nicht benutzt, allenfalls als Zusatzelemente bei der Analyse von polarisiertem Licht (*Wollastonprisma* in gewissen lichtelektrischen Polarimetern).

Abb. 13. Wollastonprisma aus Quarz. Der einfallende Strahl wird in zwei Strahlen aufgespalten, auf dem oberen schwingt das Licht senkrecht zur Zeichenebene, auf dem unteren in der Zeichenebene. Der Divergenzwinkel ist übertrieben groß gezeichnet, er beträgt im allgemeinen nicht mehr als 2°

III. Polarisation durch Dichroismus (vgl. Abschn. A, II)

Gewisse Kristalle mit linearem Dichroismus löschen die eine Komponente der Doppelbrechung durch Absorption praktisch vollkommen aus, so daß das durchgelassene Licht linear polarisiert ist. Nach vorangegangenen Techniken mit Einkristallfiltern aus Herapathit und strukturell orientierten Vielkristallfolien werden heute *Polarisationsfilter* in Form gedehnter und gefärbter Folien, die auf diese Weise dichroitisch werden, hergestellt. Auf der Basis von Polyvinylalkohol ergeben sich Polarisationsfolien von ganz hervorragenden Eigenschaften. Für polarimetrische Zwecke stehen Präzisions-Polarisationsfilter zur Verfügung, deren Durchlässigkeitswert und Polarisationsgrad sich aus Tab. 2 ergeben.

In Auslöschungsstellung übertreffen die Filter an Qualität die gekreuzten *Glan-Thompson*-Prismen, deren Fehldurchlässigkeit in sichtbarem Licht bei $10^{-3}\%$ und deren Polarisationsgrad bei $100 \cdot (1 - 2 \cdot 10^{-3})\%$ liegt. Dabei ist die Gleichmäßigkeit der Auslöschung über die genutzte Fläche des Filters hervorragend, so daß

Tabelle 2. *Optische Eigenschaften von Präzisions-Polarisationsfiltern*
(nach Messungen im Zeiss-Werk 1962)

| Wellenlänge nm | Durchlässigkeit für natürliches Licht | | | Polarisationsgrad |
	eines Filters %	zweier paralleler Filter %	zweier gekreuzter Filter (Fehldurchlässigkeit) %	%
300	0,35	0,003	$<3,5 \cdot 10^{-4}$	$>100 \cdot (1 - 1 \cdot 10^{-1})$
350	4,5	0,4	$1,2 \cdot 10^{-5}$	$100 \cdot (1 - 3 \cdot 10^{-5})$
400	17,0	5,5	$8,5 \cdot 10^{-5}$	$100 \cdot (1 - 2 \cdot 10^{-5})$
450	29,5	17,4	$1,5 \cdot 10^{-4}$	$100 \cdot (1 - 9 \cdot 10^{-6})$
500	32,0	20,5	$1,3 \cdot 10^{-4}$	$100 \cdot (1 - 6 \cdot 10^{-6})$
550	27,0	14,6	$7,8 \cdot 10^{-5}$	$100 \cdot (1 - 5 \cdot 10^{-6})$
600	30,0	18,0	$7,8 \cdot 10^{-5}$	$100 \cdot (1 - 4 \cdot 10^{-6})$
650	31,0	19,2	$8,0 \cdot 10^{-5}$	$100 \cdot (1 - 4 \cdot 10^{-6})$
700	35,0	24,5	$1,5 \cdot 10^{-4}$	$100 \cdot (1 - 6 \cdot 10^{-6})$
750	40,0	32,0	$1,0 \cdot 10^{-3}$	$100 \cdot (1 - 3 \cdot 10^{-5})$
800	44,0	39,0	$6,6 \cdot 10^{-3}$	$100 \cdot (1 - 2 \cdot 10^{-4})$
850	41,0	34,0	$26 \cdot 10^{-1}$	$100 \cdot (1 - 8 \cdot 10^{-2})$

Präzisionspolarisationsfilter einen vollwertigen Ersatz für teure Kalkspatpolarisatoren bilden, jedenfalls im Spektralbereich von 350—750 nm (M. HAASE 1961).

Polarisationsfilter für photographische Zwecke haben nicht genügende Polarisation für Meßzwecke.

C. Optische Aktivität

Substanzen, die die natürliche Eigenschaft besitzen, die Schwingungsebene von linear polarisiertem Licht zu drehen, bezeichnet man als „optisch aktiv" (Abb. 14).

I. Das optische Drehungsvermögen

Nicht alle Substanzen sind von Natur aus optisch aktiv, trotzdem haben unzählig viele ein natürliches optisches Drehungsvermögen, z. B. Quarz, Kohlenhydrate (insbes. Zucker), Alkohole, Fettsäuren, aromatische Säuren, Eiweißarten und viele andere Stoffe. Solche Substanzen können daher polarimetriert werden.

Hingegen werden alle durchsichtigen festen, flüssigen und gasförmigen Substanzen magneto-optisch aktiv, wenn ein Magnetfeld in Richtung des Lichtdurchgangs auf sie einwirkt, und zwar wächst das magneto-optische Drehungsvermögen proportional mit der magnetischen Feldstärke *(Faraday-Effekt)*. Der Proportionalitätsfaktor ist von Substanz zu Substanz verschieden, aber stofflich charakteristisch

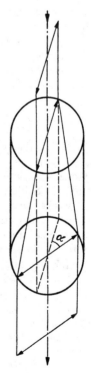

Abb. 14. Der zylindrisch geformte Körper sei optisch aktiv. Von hinten fällt linear polarisiertes Licht ein, dessen Schwingungsebene gezeichnet ist. Während des Durchgangs dreht sich die Schwingungsebene nach rechts, so daß das austretende linear polarisierte Licht eine um den Winkel α gedrehte Schwingungsebene hat

(Verdetsche Konstante, F. Kohlrausch 1960). Durch Umkehrung des Magnet-feldes wird der Sinn der optischen Drehung umgekehrt. Der Faraday-Effekt ist in letzter Zeit technisch interessant geworden als Modulations- und Kompen-sationsmittel bei elektronischen Polarimetern.

1. Natürliches optisches Drehungsvermögen

Für chemische Analysen auf polarimetrischem Wege interessiert nur die *natür-liche optische Aktivität* (W. R. Brode 1951, A. Weissberger 1960). Diese Fähig-keit ist an die Bedingung geknüpft, daß das Molekül der optisch aktiven Substanz durch Translationen oder Rotationen nicht mit seinem Spiegelbild zur Deckung gebracht werden kann. Ein Beispiel bietet die räumliche Konfiguration der optisch aktiven Glucose (s. im Kapitel „Kohlenhydrate").

Meist handelt es sich um Moleküle organischer Verbindungen, in denen min-destens *ein* Kohlenstoff-Atom vorhanden ist, dessen vier Valenzen durch vier voneinander verschiedene Atome oder Radikale abgesättigt sind (asymmetrisches Kohlenstoffatom) (W. Kuhn 1929 u. 1930).

Es gibt rechts drehende und links drehende Substanzen. Als rechtsdrehend, dextrogyr oder positiv drehend [Abkürzungen D oder (+)] bezeichnet man optisch aktive Substanzen, die für einen Beobachter, der dem ankommenden linear polari-sierten Licht entgegenblickt, die Schwingungsebene im Uhrzeigersinn drehen (Abb. 14); gegen den Uhrzeigersinn drehende Substanzen heißen linksdrehend, lävogyr oder negativ drehend [Abkürzungen L oder (−)]. Die optische Drehung ändert sich nicht, wenn man die optisch aktive Untersuchungssubstanz selbst dreht.

2. Optische Isomere und Antipoden

Optisch aktive Verbindungen gleicher Strukturformel, aber verschiedener Kon-figuration, nennt man „Stereoisomere". Tritt in den Molekülen nur *ein* Asymme-triezentrum auf, so sind nur zwei spiegelbildähnliche Konfigurationen (optische „Antipoden") möglich, die entgegengesetzt gleich drehen. Haben die Moleküle mehrere Asymmetriezentren, so treten diastereomere Antipoden-Paare mit unter-schiedlichen Drehungsbeträgen auf.

II. Spezifische Drehung und molekulare Drehung

Das optische Drehungsvermögen einer optisch aktiven Substanz wird durch die *spezifische Drehung* gekennzeichnet. Man versteht darunter den Drehungs-winkel in Graden nach Durchgang des linear polarisierten Lichts durch eine ver-einbarte Schichtdicke. Bei festen Stoffen beträgt diese Schichtdicke 1 mm, bei Flüssigkeiten und Lösungen 1 dm (10 cm, 100 mm). Bei Lösungen einer optisch aktiven Substanz ist noch die Konzentration festzulegen, man wählt dafür meist die Konzentration 1 g in 1 ml Lösung. Bezeichnet wird die spezifische Drehung durch $[\alpha]$ bei flüssigen Substanzen, (α) bei festen Substanzen. Saccharose in wäßri-ger Lösung hat bei 20° C für gelbes Natriumlicht (D-Linie) die spezifische Drehung $[\alpha]_D^{20°} = + 66,52$. Die Einheit ist grad · ml · g^{-1} · dm^{-1}, wird jedoch im weiteren nicht besonders erwähnt. Bemerkenswert ist, daß die spezifische Drehung mit der Temperatur und mit der Wellenlänge des Lichts variabel ist. Die Temperatur-abhängigkeit beispielsweise bei Saccharose nach F. J. Bates u. Mitarb. (1942) ist im Temperaturbereich $t = 10°$ C bis 30° C darstellbar durch

$$[\alpha]^{t°} = [\alpha]^{20°} \cdot \{1 - 0,000184\,(t° - 20°) + 0,0000063\,(t° - 20°)^2\}\,.$$

Im grünen Licht $\lambda = 546,1$ nm beträgt die spezifische Drehung der gelösten Saccharose $[\alpha]_{546,1}^{20°} = +78,34$. Außerdem ist die spezifische Drehung noch abhängig von der Art des Lösungsmittels und von zugesetzten Salzen, die neue Komplexe bilden können.

Besondere Beachtung ist dem Umstand zu zollen, daß die spezifische Drehung konzentrationsvariabel ist. Man muß das so verstehen: die Drehung ist nicht genau proportional der Konzentration; rechnet man mit der einfachen Proportionalität, so ist der Proportionalitätsfaktor nicht konstant, sondern selbst konzentrationsabhängig. Auffällig variabel ist in dieser Beziehung beispielsweise die Fructose in wäßriger Lösung:

Konzentration c	10	20	30	40 g/100 ml
$[\alpha]_D^{20°}$	$-90,72$	$-93,30$	$-95,88$	$-98,47$

Lactose hingegen zeigt überhaupt keine Konzentrationsveränderlichkeit der spezifischen Drehung (vgl. F. J. Bates u. Mitarb. 1942).

Die *molekulare Drehung* $[m]$ ergibt sich aus der spezifischen Drehung $[\alpha]$ gemäß

$$[m] = [\alpha] \cdot M/100,$$

wobei M das Molekulargewicht der gelösten optisch aktiven Substanz ist. $[m]$ interessiert weniger bei polarimetrischen Analysen als vielmehr bei systematischen Vergleichen zwischen verschiedenen optisch aktiven Stoffen und bei Arbeiten über chemische Konstitution (s. A. Weissberger 1960).

D. Die Messung der optischen Drehung

In polarimetrischen Geräten ergibt sich der Meßwert der optischen Drehung aus zwei Einstellungen: 1. ohne drehende Untersuchungssubstanz, 2. mit drehender Untersuchungssubstanz, wobei diese zwischen Polarisator und Analysator untergebracht ist. In beiden Fällen wird nach einem der Photometrie entlehnten Kriterium eingestellt. Die Differenz beider Einstellungen ist gleich dem Winkel der optischen Drehung.

I. Die Meßprinzipien der Polarimetrie

Das Einstellungskriterium bei Polarimetern für visuellen Gebrauch geht davon aus, daß bei Veränderung des Winkels ψ zwischen den Schwingungsrichtungen von Polarisator und Analysator das durchgelassene Licht sich mit $\cos^2\psi$ zwischen

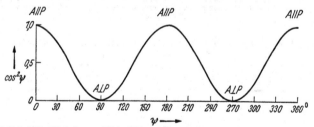

Abb. 15. Horizontal sind die Winkel $\psi = 0°$ bis $360°$ zwischen den Schwingungsrichtungen von Polarisator und Analysator aufgetragen, senkrecht die Funktion $\cos^2\psi$. Die Kurve gibt den Intensitätsverlauf des vom Analysator durchgelassenen Lichts an. Lichtmaxima bei $A \parallel P$, Auslöschung bei $A \perp P$

maximaler Durchlässigkeit und (praktisch) vollkommener Auslöschung verändert (Abb. 15). Dabei ist die Einstellung auf Auslöschung empfindlicher als diejenige auf maximale Durchlässigkeit. Jedoch arbeitet kein Polarimeter nach dem ausschließlichen Auslöschungsprinzip, weil die allmähliche Abnahme und Zunahme der Helligkeit nicht genügend genau zu beurteilen ist.

1. Die Halbschattenmethode

Allgemein üblich ist bei visuellen Polarimetern das Halbschattenprinzip. Das Meßfeld ist in zwei (Abb. 16) (manchmal drei in Abb. 17) Abschnitte unterteilt. Kriterium der Einstellung im Winkel ψ ist der Abgleich der Meßfeldabschnitte auf gleiche minimale Leuchtdichte (Dunkelheit). Wenn man jeden Meßfeldabschnitt

Abb. 16. Zweiteiliges Meßfeld

Abb. 17. Dreiteiliges Meßfeld

einzeln auf Auslöschung einstellt, ergibt sich zwischen beiden Einstellungen ein Winkelunterschied φ (Abb. 18), den man als *Halbschattenwinkel* bezeichnet. Der Abgleich liegt in der Mitte dieses Winkels, er ist recht genau zu treffen, wenn der

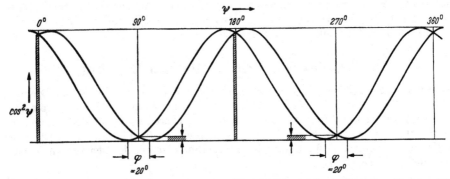

Abb. 18. Intensitätsverlauf gemäß Abb. 15 in den beiden Meßfeldhälften bei dem Halbschattenwinkel $\varphi = 20°$. In den vier möglichen Abgleicheinstellungen 0°, 90°, 180°, 270° geben die schraffierten Höhen die Abgleichshelligkeiten an, maximale bei $\psi = 0°$ und 180°, minimale (nicht Null) bei $\psi = 90°$ und 270°. Bei um kleine Winkel $\varDelta \psi$ abweichenden Einstellungen unterscheiden sich die Helligkeiten in den beiden Meßfeldhälften um Beträge, die durch die Höhenunterschiede zwischen den Kurven veranschaulicht werden. Das Auge vermag 2% Helligkeitsdifferenz zu unterscheiden, d. h. 2% Kurvenhöhendifferenz, gemessen an der jeweils schraffierten Höhe. Es ist somit einleuchtend, daß in den Einstellungen $\psi = 90°$ und 270° mit ihren niedrigen schraffierten Säulen wesentlich geringere absolute Kurvendifferenzen, die der Unterschiedsschwelle 2% entsprechen, wahrnehmbar werden als in den Einstellungen $\psi = 0°$ und 180°; somit liegt die Schwelle für $\psi = 90°$ und 270° bei wesentlich geringeren Fehleinstellungen $\varDelta \psi$

Tabelle 3. *Einstellunsicherheit $\varDelta \psi$ bei verschiedenen Halbschattenwinkeln φ unter Abgleich auf Dunkelheit*

φ	0,5°	1°	1,5°	2°	2,5°	3°	4°	6°	8°	10°	15°
Unpolarisiertes Nebenlicht					$\pm \varDelta \psi$						
normal 0,1‰	0,008°	0,006°	0,006°	0,007°	0,008°	0,009°	0,011°	0,016°	0,020°	0,026°	0,038°
vermehrt[1] 1‰	0,07°	0,04°	0,03°	0,02°	0,02°	0,02°	0,02°	0,02°	0,03°	0,03°	0,04°

[1] Durch unsaubere oder verkratzte Deckgläser, auch bei Trübung der Meßsubstanz.

Beobachter Leuchtdichteunterschiede von 2 % eben noch wahrnehmen kann (bei nicht ermüdetem Auge erreichbar). Die Leuchtdichte im Falle des Abgleichs auf minimale Leuchtdichte ist proportional zu $\sin^2 \frac{\varphi}{2}$, bei kleinen Halbschattenwinkeln also sehr gering. Tab. 3 liefert zu verschiedenen Halbschattenwinkeln die Werte der Einstellunsicherheit.

Diese Tabelle gilt für Abgleich auf Dunkelheit. Bei dem verbotenen Abgleich auf größte Helligkeit liegt die Einstellunsicherheit durchweg wesentlich über ± 1°, ja sogar bis zu ± 20°.

Da unpolarisiertes Nebenlicht nie gänzlich vermeidbar ist, wirkt sich dieses bei kleinen Halbschattenwinkeln und der damit zwangsläufig verbundenen niedrigen Leuchtdichte prozentual zunehmend stark aus, so daß die Einstellunsicherheit bei Abgleich auf Dunkelheit nicht unter ± 0,005° absinkt. Es ist zwecklos, den Halbschattenwinkel kleiner als 2° zu machen (vgl. Tab. 3).

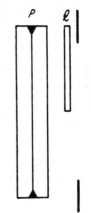

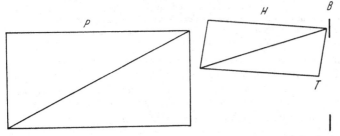

Abb. 19. Lippichscher Halbschatten-Polarisator P mit Halbprisma H. T scharfe Prismenkante, die im Meßfeld als scharfe Trennungslinie erscheint. Das Meßfeld wird nach Maßgabe der Gesichtsfeldblende B begrenzt. Durch Drehen des Polarisators P um die optische Achse des Geräts ist der Halbschattenwinkel wahlweise einstellbar. Die Winkelhalbierende zwischen den Schwingungsrichtungen von P und H, zu der die Schwingungsrichtung des Analysators bei Nullpunktseinstellung gekreuzt steht, dreht sich mit halber Drehgeschwindigkeit der Polarisatorverstellung

Abb. 20. Laurentscher Halbschatten. P Polarisationsfilter. Q Laurentsche Quarzplatte ($\lambda/2$-Plättchen)

Man hat versucht, die Einstellunsicherheit dadurch herabzudrücken, daß man eine *Dreiteilung* des Meßfeldes vornimmt, jedoch ohne ins Gewicht schlagenden Erfolg. Man hat daher das zweiteilige Meßfeld als völlig ausreichend anzusehen (J. FLÜGGE 1952 und 1964).

Die Realisierung des Halbschattenverfahrens ist auf verschiedene Weise möglich und üblich. Sie kann entweder zwischen Polarisator und Meßsubstanz oder zwischen Meßsubstanz und Analysator erfolgen.

Am besten ist die Verwendung eines sog. Lippichschen *Halbprismas*, das einem Glan-Thompson-Prisma ähnelt, nur eine Hälfte des Polarisators bzw. Analysators abdeckt (Abb. 19) und so orientiert ist, daß seine Schwingungsrichtung um den Betrag des Halbschattenwinkels φ von der Schwingungsrichtung des Polarisators bzw. Analysators abweicht. Dieses Hilfsmittel wird in allen visuellen Präzisionspolarimetern angewandt, wobei der Halbschattenwinkel φ gegebenenfalls veränderlich einstellbar ist; dadurch kann man bei stärker absorbierenden Meßsubstanzen mit einem größeren Halbschattenwinkel arbeiten, womit eine wesentliche Aufhellung des Meßfeldes verbunden ist. Veränderung des Halbschattenwinkels ist mit einer Verlagerung des Nullpunkts verknüpft, der daher jeweils bestimmt oder nachjustiert werden muß. Das Halbprisma besitzt eine scharfe Kante, die als Trennungslinie im Meßfeld gesehen wird, aber bei der Weichheit von Kalkspat außerordentlich anfällig gegen Verletzungen ist, wenn beim Putzen nicht ganz vorsichtig verfahren wird. Am besten verwendet man ein Holzstäbchen, auf dessen angespitztes Ende man einen Tupfen saubere langfaserige Watte aufbringt. Die Watte darf nur mit einer Pinzette berührt werden. Sie wird mit Chloroform angefeuchtet. Ohne Druck wird die Fläche des Halbprismas damit nach vorherigem Anhauchen gewischt.

Polarimeter mit Lippich-Halbschatten können in monochromatischem Licht von beliebiger Wellenlänge benutzt werden.

In einfacheren Polarimetern wird als Halbschattenvorrichtung statt eines Halbprismas eine Laurentsche *Quarzplatte* (Abb. 20) benutzt, die allerdings nur für eine bestimmte Lichtwellenlänge einwandfrei arbeitet. Sie ist nicht so leicht verletzlich, weil Quarz ein harter Werkstoff ist. Jedoch gibt sie niemals eine so feine Trennungslinie im Meßfeld wie das Halbprisma. Sie ist parallel zur Hauptachse des Quarzkristalls geschnitten. Ihre Wirkung als Halbschattenelement beruht auf dickenabhängiger Interferenz der um π phasenverschobenen Schwingungskomponenten, wenn diese sich auf die Schwingungsrichtung des Analysators projizieren (G. Bruhat 1930).

Sodann findet man noch Polarimeter mit Halbschattenpolarisatoren nach Jellet oder besser nach Schönrock, jedoch nur mit festem Halbschattenwinkel. Sie arbeiten sehr gut und sind in beliebigen Lichtwellenlängen anwendbar, leider durch die Nichtveränderlichkeit des Halbschattenwinkels im Nachteil gegenüber dem Halbprisma nach Lippich. Neuerdings gibt es auch *Polarisationsfolien* mit festem Halbschatten.

Die Halbschattenmethode wäre auch bei elektronischen Polarimetern anwendbar, aber nicht optimal, weil eine Photozelle besser nach dem Wechsellichtverfahren, also in zeitlicher Folge von Helligkeitsunterschieden angewendet wird. Bei visuellen Polarimetern ist dies gerade unzweckmäßig; diese arbeiten besser mit örtlichem Nebeneinander vergleichbarer Meßfeldhälften.

2. Die Kompensationsmethoden

Die durch eine optisch aktive Untersuchungssubstanz bewirkte Drehung wird bei Kreispolarimetern mit festem Polarisator durch gleich großes Nachdrehen des Analysators bis zum Abgleich oder mit festem Analysator durch gleich großes Rückdrehen des Polarisators bis zum Abgleich bewerkstelligt; der Drehungswinkel wird an einem Teilkreis abgelesen.

Statt dessen kann die Drehung der optisch aktiven Substanz bei feststehend gekreuztem Polarisator und Analysator auch durch eine Kompensationsvorrichtung meßbar aufgehoben werden, dabei steht diese Meßvorrichtung natürlich irgendwo zwischen Polarisator und Analysator.

a) Quarzkeilpolarimeter

Verwirklicht ist diese Methode bei den sog. *Quarzkeil*polarimetern. Kristalliner Quarz, der senkrecht zur optischen Achse des Kristalls geschnitten ist, hat optisches Drehungsvermögen. Die spezifische Drehung (bei 1 mm Dicke) beträgt $(\alpha)_D^{20°} = 21,7182$, $(\alpha)_{546,1}^{20°} = 25,5371$, sie schwankt bei Sorten verschiedener Herkunft um $\pm 0,009°$. Zwei Quarzkeile sind zu einer planparallelen Platte zusammengelegt (Abb. 21). Durch Längsverschiebung des einen Keils wird die Plattendicke stetig und gleichmäßig verändert und hiermit auch die optische Drehung, die ja proportional der Plattendicke ist. Da nun in der Natur die beiden optischen Antipoden als Rechtsquarz und Linksquarz vorkommen, kann man noch eine feste Planparallelplatte aus entgegengesetzt drehendem Quarz mit dem Keilpaar kombinieren, so daß beispielsweise in mittlerer Keilstellung die optische Drehung des gesamten Quarzsystems einen passenden Mittelwert, z. B. Null, besitzt und durch Verschiebung des einen Keils Links- und Rechtsdrehung nach Belieben einstellbar sind. Die Längsverstellung des beweglichen Keils wird an einer linearen Skala abgelesen, die gleich nach Drehwerten geteilt werden kann. Die Teilung ist allerdings für jedes derartige Quarzkompensationssystem individuell zu eichen, da in der technischen Herstellung der Keile und der Platte Toleranzen in Dicken und Keilwinkeln eingehen, außerdem die spezifische Drehung von Quarz keine absolut feste Naturkonstante darstellt. Es ist nicht einmal sichergestellt, daß ein Quarzkeil in seiner ganzen Länge genügend gleiche spezifische Drehung besitzt, weil optisch homogener Quarz selten ist. Insofern arbeitet das Quarzkompensationssystem nicht unbedingt so präzise wie die Drehung des Analysators bzw. Polarisators bei Kreispolarimetern, es sei denn, daß zur Kontrolle die sog. doppelte Keilkompensation angewandt wird.

Das Quarzkompensationssystem hat sich bei *Saccharimetern* lange Zeit als nützlich erwiesen und wird dort auch heute noch angewandt. Das hängt wesentlich damit zusammen, daß bei entsprechenden Schichtdicken Saccharose und Quarz in der langwelligen Hälfte des sichtbaren Spektrums (in der Umgebung von $\lambda = 585$ nm) übereinstimmende Rotationsdispersion (vgl. Abschn. D, II) haben, d. h. eine übereinstimmende Veränderung der optischen Drehung mit der Lichtwellenlänge. Das Verhältnis der spezifischen Drehungen im gelben Natriumlicht und im grünen Quecksilberlicht ist

für Saccharose	0,84922
für Quarz	0,85085
	0,00163,

der Unterschied ist also nur knapp $2^0/_{00}$. Deshalb benötigt man (im Gegensatz zu Kreispolarimetern) bei Saccharimetern mit Quarzkeilkompensation kein streng monochromatisches Licht, man kann mit Glühlicht arbeiten. Lediglich die kurzwellige Hälfte des sichtbaren Spektrums wird durch ein breitbandiges Farbfilter absorbiert. Amtlich festgelegt ist ein Bichromatflüssigkeitsfilter, das aber durch entsprechende Massivglasfilter zweckmäßig reproduzierbar ist.

Andere Zuckerarten als Saccharose mit einem Quarzkeilsaccharimeter in breitbandig gefiltertem Glühlampenlicht zu polarimetrieren, ist *abwegig*, da nur Saccharose die gleiche Rotationsdispersion wie Quarz hat. Leider wird das häufig gemacht. Für derartig erweiterte Zuckeruntersuchungen liefern Kreispolarimeter einwandfreiere Ergebnisse.

Abb. 21. Quarzkeilkompensator. *1* Quarzplatte, *2* verschiebbarer Keil, *3* fester Keil

Deshalb bedienen sich Zuckerprüfstellen in zunehmendem Maße der präziseren und allgemeiner verwendbaren Kreispolarimeter, zumal die moderne Entwicklung elektronischer Polarimeter auch Kreisteilungen bevorzugt.

b) Magneto-optische Kompensationsmethode

Eine *magneto-optische Kompensationsmethode* ist bei photoelektrischen Polarimetern bekannt geworden. Wie schon in Abschnitt C,I ausgeführt wurde, kann man in jedem Stoff magneto-optische Drehung erzeugen. Die Stärke des Magnetfeldes stellt sich mittels einer stromdurchflossenen Spule, die beispielsweise einen Glasstab enthält (Abb. 22), so ein, daß die optische Drehung der Untersuchungssubstanz kompensiert wird, sofern die Drehung einen Maximalbetrag nicht überschreitet. Die magneto-optische Drehung ist wellenlängenabhängig. Nach einem

Zeiss-Patent (DBP Nr. 1110909) wird diese Abhängigkeit konform zur Rotationsdispersion der Untersuchungssubstanz gemacht, so daß man kein monochromatisches Licht benötigt.

Abb. 22. Magneto-optischer Kompensator. *G* Glasstab, *S* stromdurchflossene Spule

II. Lichtquellen und Lichtfilter für die Polarimetrie

Das optische Drehungsvermögen weist Dispersion auf, sog. *Rotationsdispersion;* d. h. der Drehwinkel ist mit der Wellenlänge des Lichts veränderlich (vgl. Abschn. C, II und G). Es muß daher im monochromatischen Licht polarimetriert werden. Lediglich die Quarzkeilkompensation in der Saccharimetrie ist nicht auf monochromatisches Licht angewiesen (vgl. Abschn. D, I, 2a); ebenso nicht die magnetooptische Kompensation, wie sie in Abschn. D, I, 2b beschrieben ist.

Monochromatisches Licht kann man in einfachster Weise durch gefiltertes *Glühlicht* erzeugen, wozu geeignete *Farbfilter* (Abb. 23) als Flüssigkeitsfilter, Gelatinefilter, Glasfilter oder Interferenzfilter dienen. Alle diese Filter haben aber im Spektrum eine gewisse Durchlässigkeitsbreite, die keine für die Präzisionspolarimetrie genügende Monochromasie gewähren. Lediglich für mäßige Genauigkeit reichen solche Filter aus, insbesondere, wenn der spektrale Schwerpunkt z. B. im Gelb liegt und die Abgrenzung durch das Filter nur nach der grünen Seite hin notwendig ist, während die stark abnehmende Helligkeitsempfindlichkeit des Auges nach Rot hin die Abgrenzung nach der anderen Seite gewährleistet. In diesem Falle sind Orangefilter brauchbar, zumal diese eine ziemlich steile Absorptionskante gegen Grün haben.

Die Präzisionspolarimetrie stellt an Monochromasie so hohe Ansprüche wie kaum ein anderes optisches Untersuchungsverfahren, weil die Dispersion der optischen Drehung im allgemeinen sehr beträchtlich ist. Nicht einmal Interferenzfilter sind zusammen mit Glühlicht dafür ausreichend, weil ihre Zehntelwertsbreite noch zu groß ist.

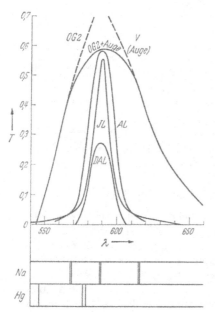

Abb. 23. Transmissionsgrad von Schott-Farbfiltern. *OG 2* Orangefilter, *V* Helligkeitsempfindlichkeit des Auges, *IL* Linieninterferenzfilter, *AL* Bandinterferenzfilter, *DAL* Doppelbandinterferenzfilter, sämtlich für gelbes Na-Licht, aber gleichermaßen für jede andere Wellenlänge herstellbar. Unten Teilspektrum von Na mit der hellen gelben Doppellinie 589,0 und 589,6 sowie Nachbarlinien im Grün bei 568,2 und 568,8, im Rot bei 615,5 und 616,1, im Blau (nicht eingezeichnet) bei 497,9 und 498,3. Ferner Teilspektrum von Hg mit der hellen grünen Linie bei 546,1, der gelben Doppellinie 576,9 und 579,0, sowie nicht gezeichneten Linien im Blau und Violett. Nur das DAL-Filter 589 unterdrückt die grünen und roten Linien des Na-Spektrums in ausreichendem Maße

Es sind daher Lichtquellen mit linienhafter Emission im Spektrum erforderlich. Da keine derartige „*Spektrallampe*" nur eine einzelne Wellenlänge emittiert, sind zusätzlich Filter notwendig, die die Nachbarlinien ausschalten. Wegen ihrer guten Durchlässigkeit im Maximum sind *Interferenzfilter* zweckmäßig, die zudem in der

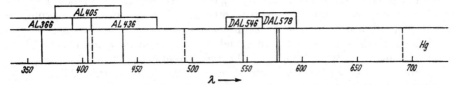

Abb. 24. Das Linienspektrum von Quecksilber. Darüber die Durchlässigkeitsbereiche (Zehntelwertsbreiten) von Bandinterferenzfiltern (*AL*) und Doppelbandinterferenzfiltern (*DAL*) der Firma Schott, Mainz. Vgl. Abb. 23

Ausführungsform als *Bandinterferenzfilter* oder *Doppelbandinterferenzfilter* genügend enge Zehntelwertsbreite haben (Abb. 24). Letztgenannte beide Interferenzfilterarten besitzen noch den Vorzug eines genügend breiten Gipfels der

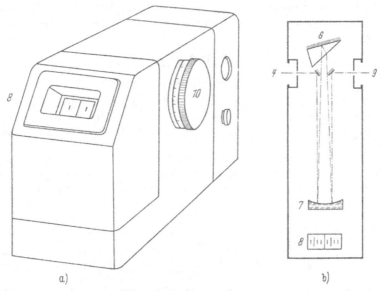

Abb. 25 a und b. Schema und Ansicht des Monochromators M 4 Q III von Carl Zeiss. *4* Eintrittsspalt, *6* Quarzprisma, *7* Hohlspiegel, *8* Wellenlängen- und Wellenzahlenskala, *9* Austrittsspalt, *10* Spaltbreiteneinstellung

Durchlässigkeitskurve und sind daher nicht so toleranzempfindlich in der spektralen Lage des Durchlässigkeitsmaximums.

Polarimetriert wird bis in unsere Zeit hinein noch viel mit *gelbem Natriumlicht*, ein aus weit zurückliegenden Jahrzehnten überkommener Brauch, als der Salzstein in der Spiritusflamme noch eine bequem nutzbare Quelle für monochromatisches Licht war. Inzwischen haben die *Gasentladungslampen (Spektrallampen)* vielfältige Möglichkeiten eröffnet, *Natriumlampen* und insbesondere *Quecksilberlampen* mit ihrer intensiven *grünen Linie* 546,1 nm, die vielerlei Vorzüge vor der gelben Na-Doppellinie 589,0 und 589,6 nm gerade für die Polarimetrie haben, ungeachtet der bequemen Möglichkeit, mit derselben Quecksilberlampe noch gut verteilte weitere intensive Spektrallinien, insbesondere 435,8 nm, 404,7 nm und 366,5 nm zur Verfügung zu haben, jeweils mit dazu passendem Interferenzbandfilter. Auch

die höhere spezifische Drehung bei $\lambda = 546{,}1$ nm gegenüber $\lambda = 589{,}25$ nm (polari-
metrischer Schwerpunkt beider Na-Linien), wofür Saccharose ein gutes Beispiel
darstellt (vgl. Abschn. G, I, 1), bringt es mit sich, daß im grünen Hg-Licht genauer
polarimetriert wird als im gelben Licht. Notfalls bietet die Quecksilberlampe auch
noch im Gelb Linien (579,0 und 576,9 nm), die allerdings gut voneinander getrennt
werden müssen. Quecksilberhöchstdruckbrenner sind wegen der Überlagerung der
Hg-Emissionslinien mit einem kontinuierlichen Spektrum minder geeignet.

Für spektralpolarimetrische Untersuchungen speziell über den Cotton-Effekt
(vgl. Abschn. G, I, 3) genügen keine diskret verteilten Spektrallinien. In diesem
Falle muß mit *kontinuierlichen Strahlern* und *Monochromatoren* (Abb. 25) gearbeitet werden, wobei der letztere gegebenenfalls als *Doppelmonochromator* ausgebildet sein müßte. Dann sind auch spektralpolarimetrische Untersuchungen im
ultravioletten Licht bis an die Durchlässigkeitsgrenze der Kalkspatoptik bei etwa
220 nm möglich, wobei die *Xenonlampe* die geeignete Lichtquelle darstellt. Solche
Messungen im UV können mit photoelektrischen Polarimetern ausgeführt werden,
die natürlich beste Quarzglasoptik enthalten. Es ist aber zu sagen, daß die spektrale Bandbreite, die ein Monochromator aus einem kontinuierlichen Spektrum
aussondert, weniger selektiv ist als eine einzelne Emissionslinie einer Spektrallampe. Dennoch genügt die Selektivität eines Doppelmonochromators in den
Fällen, wo er notwendig ist.

III. Polarimeter

1. Visuelle Kreispolarimeter

Visuelle Kreispolarimeter enthalten als primäre Bauteile den *Polarisator*, das
Halbschattenelement und den *Analysator*, zwischen ihnen eine Auflage für Polarime-
terröhren, die die Untersuchungsflüssigkeit aufnehmen. Man vergleiche dazu den
Abschnitt D, I, 1.

Wichtig ist eine Strahlenführung, die eine gleichmäßige Ausleuchtung des
Meßfeldes gewährleistet und eine für das Beobachterauge zugängliche, gut definierte und gut ausgeleuchtete Austrittspupille dicht hinter dem Okular liefert,

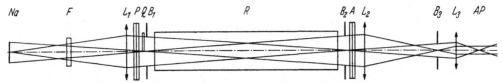

Abb. 26. Optischer Aufbau eines Polarimeters. *Na* Natriumlampe (bzw. Hg-Lampe oder auch Glühlampe);
F Farbfilter; *L*₁ Beleuchtungslinse, die die Lampe auf der Blende *B*₂ abbildet; *P* Polarisator; *Q* Halbschattenelement; *B*₁ Gesichtsfeldblende; *R* Polarimeterröhre mit der Untersuchungsflüssigkeit; *B*₂ Aperturblende; *A* Analysator; *L*₂ Objektiv, das *Q* und *B*₁ in der Blende *B*₃ und das (zusammen mit *L*₃) die Blende *B*₂ in der Austrittspupille abbildet; *B*₃ Okularblende; *L*₃ Okular; *AP* Austrittspupille (Augenort)

wobei die Austrittspupille nicht zu groß sein soll. Diesem Zweck dienen ein
optisches *Beleuchtungssystem* zwischen Lichtquelle und Polarisator und ein optisches *Beobachtungssystem* zwischen Analysator und Auge (Abb. 26). Das Beleuchtungssystem muß die Leuchtfläche der Lichtquelle auf einer Blende scharf ab-
bilden, die in der Nähe desjenigen Endes der Polarimeterröhre sich befindet, das
nicht dem Halbschattenelement zugekehrt ist. Diese Blende muß kleiner als die
lichte Weite der Röhre sein und vom Lichtquellenbild voll ausgeleuchtet werden;
diese Blende und *das Lichtquellenbild auf ihr* werden durch das Beobachtungssystem in der schon erwähnten reellen Austrittspupille am Augenort nochmals
scharf abgebildet. Außerdem muß das Beobachtungssystem scharf auf die Trennungslinie des Halbschattenelements fokussierbar sein.

Das Meßfeld sollte vom Beobachterauge aus unter einem Gesichtswinkel von 2—3° erscheinen. Kleinere Meßfelddurchmesser erschweren den Abgleich, größere Meßfelddurchmesser führen zu Beobachtungsstörungen, die mit der ungleichen

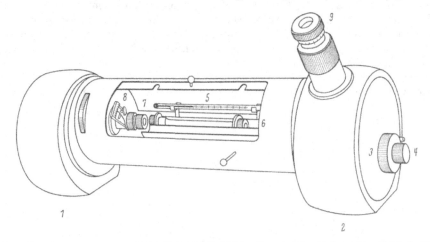

Abb. 27. Präzisionspolarimeter. Im linken Fuß 1 ist die Lichtquelle untergebracht, im rechten Fuß 2 der Glasteilkreis, der mit dem Analysator zusammen gedreht werden kann, was mit dem Grobtriebknopf 3 und koaxialen Feintriebknopf *4* geschieht. Im horizontalen Röhrenraum *5* sind zwei verschiebbare Röhrenbetten *6* enthalten und ein Thermometer *7*. Bei *8* befindet sich die Einstellung des Halbschattenwinkels. Im Schrägeinblickokular *9* sind das Meßfeld und die beiden Ablesefelder gleichzeitig sichtbar (Abb. 28). Die Beleuchtung der Ablesefelder kann durch einen elektrischen Druckknopfschalter neben den Drehknöpfen ausgeschaltet werden

Verteilung von Zäpfchen und Stäbchen auf dem Augenhintergrund zusammenhängen.

Das drehbare Abgleichelement (Analysator oder Polarisator) ist in fester Verbindung mit einem Teilkreis, der genügend vergrößert dem Auge sichtbar sein soll. Sehr bequem ist dabei sog. Innenablesung, bei der der Teilkreisausschnitt neben dem Meßfeld im Okulargesichtsfeld liegt. Auch die Projektion der Ablesestellen auf Mattscheiben ist recht vorteilhaft.

Ein Farbfilter oder mehrere solche in einem Revolver finden sich meist in Lampennähe. Die Lichtquelle selbst wird vorteilhafterweise fest mit dem Polarimeter verbunden.

Abb. 27 zeigt ein visuelles Kreispolarimeter für Röhren bis 200 mm Länge (größere Ausführung für 400 mm) für Präzisionsmessungen mit Kalkspatoptik, Lippichschem Halbschattenprisma (Abschn. D, I, 1), Veränderlichkeit des Halbschattenwinkels, Nullpunktsnachjustierung, dunkelanpassungssicherer roter Innenablesung für zwei Teilkreisstellen (Abb. 28), beleuchtetem Glasteilkreis 0—360° in Intervallen von $^1/_5$ Grad mit Nonius zur direkten Ablesbarkeit von 0,01° und Schätzung von 0,005°, eingebauten Spektrallampen Na oder Hg, Filterrevolver, Röhrenbettwechsel; die Querlage des Röhrenraums und der Schrägeinblick dienen einer bequemen Meßarbeit.

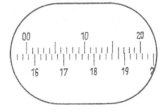

Abb. 28. Meßfeld und Innenablesung im Okular *9* von Abb. 27. Direktablesung mit Nonius 0,01°, Schätzung 0,005°. Ablesungen: oben 15,76°, unten 195,76°

Abb. 29 stellt ein Polarimeter für Routinemessungen mit 0,05° Meßgenauigkeit dar, gleichfalls mit eingebauter Lichtquelle (Glühlampe oder Na-Spektrallampe), Filterrevolver, Glasteilkreis 0—360° mit Nonius für 0,05°, Innenablesung. Dieses Gerät besitzt ein dreiteiliges helles Meßfeld mit Halbschattenquarz nach Laurent (Abschn. D, I, 1) in fester Halbschattenwinkelstellung. Der Halbschatten steht analysatorseitig, so daß die Trennungslinie auch bei getrübten Untersuchungsflüssigkeiten stets scharf bleibt und nicht nachfokussiert werden muß, wenn ohne und mit gefüllter Röhre beobachtet wird.

Das *Arbeiten mit visuellen Kreispolarimetern* (J. Flügge 1954) hoher Präzision (wie Abb. 27) sollte im *abgedunkelten* Raum erfolgen, wenn mit Einstellung auf

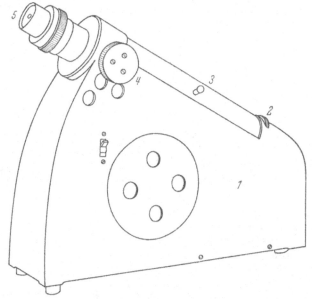

Abb. 29. Polarimeter für Routinearbeiten. Im Gehäuse *1* ist die Lichtquelle eingebaut. Bei *2* wird ein Revolver mit drei Gelbfiltern von abgestuften Halbwertsbreiten betätigt. Bei *3* wird die Röhre eingelegt. Bei *4* wird der Analysator zusammen mit dem Halbschattenquarz gedreht. Im Okular *5* werden Meßfeld und Ablesefeld beobachtet

kleinste Halbschattenwinkel (2—4°) die Meßgenauigkeit des Geräts ausgeschöpft werden soll. Das Auge muß mindestens $^1/_4$ Std an die Abdunklung gewöhnt sein, Meßwertnotierungen sollten nur *in rotem Lampenlicht* erfolgen. Zweckmäßig ist die *Nullpunktsablesung*, die genauer ist als Nullpunktseinjustierung. Gute *Okularfokussierung* auf Schärfe der Trennungslinie im Meßfeld ist erforderlich. Der Abgleich sollte möglichst schnell erfolgen. Langes Blicken auf das Meßfeld führt zu störenden Nachbildern im Auge. Jeder Meßwert sollte mindestens dreimal eingestellt und abgelesen werden. Beide Teilkreisstellen sind abzulesen, die Dezimalen sind zu mitteln.

Beispiel für 5 Einstellungen und Ablesungen mit Mittelbildungen und Angabe der mittleren Fehler (siehe nebenstehende Tabelle).

Der mittlere Fehler ± 0,014° besagt, daß der mittlere Drehwert mit 68% Wahrscheinlichkeit zwischen 11,154° und 11,182° liegt.

Anzuschließen hat sich noch eine *Temperaturkorrektion* auf 20° C gemäß der jeweiligen Temperatur während der Messung und dem Temperaturkoeffizienten der spezifischen Drehung, der natürlich bekannt sein muß. Ist letzteres nicht der Fall, so empfiehlt es sich, mit einer Thermostatenröhre bei 20° C zu messen.

Bei Temperaturkorrektion (vgl. Abschn. E, II) ist auch der *Temperatur-koeffizient der Röhrenlänge* zu berücksichtigen. Letzterer ist bei Glasröhren pro Grad Celsius 0,000008, bei Neusilberröhren 0,000018, bei Röhren aus V2A-Stahl 0,000012.

	Ablesefeld 1	Ablesefeld 2
Nullpunkt	0,07°	180,055°
	0,075°	180,045°
	0,075°	180,05°
	0,06°	180,04°
	0,07°	180,05°
Mittel	0,070° ± 0,006°	180,048° ± 0,006°
Nullpunkt-Mittelwert:	0,059° ± 0,009°	
Meßwert	11,23°	191,22°
	11,23°	191,215°
	11,225°	191,22°
	11,240°	191,22°
	11,23°	191,235°
Mittel	11,231° ± 0,006°	191,222° ± 0,008°
Meßwert. Mittel:	11,227° ± 0,010°	
Drehwert 11,227 — 0,059 = 11,168° ± 0,014°		

Temperaturkorrektionen der Kreisteilung entfallen, ein wesentlicher Vorzug von Kreispolarimetern. Bei *Quarzkeil-Saccharimetern* sind noch Temperaturkorrektionen des Quarzsystems und der linearen Ableseskala zu berücksichtigen (vgl. Abschn. F, III, 2).

2. Quarzkeilkompensationspolarimeter

Arbeiten auch mit Halbschatten, jedoch mit dem Quarzkompensationssystem nach Abschn. D, I, 2a. Näheres hierüber im Abschn. F, III, 2.

3. Lichtelektrische Polarimeter

Die visuelle Polarimetrie unterliegt bei Reihenuntersuchungen einer schnell fortschreitenden Meßunsicherheit infolge von Ermüdungserscheinungen des Auges. Außerdem ist das Arbeiten im abgedunkelten Raum auf die Dauer nicht angenehm, abgesehen davon, daß ausreichende Dunkelanpassung des Auges mindestens $^1/_4$ Std erfordert. Schließlich ist dem Gesichtssinn der ultraviolette Spektralbereich verschlossen.

Diesen Nachteilen unterliegen die lichtelektrischen Polarimeter nicht, da sie das Auge durch eine Photozelle, meist einen *Photoelektronenvervielfacher* — abgekürzt *PEV* — ersetzen.

Mit dem *lichtelektrischen Präzisionspolarimeter* 0,005° von CARL ZEISS kann in taghellem Raum gearbeitet werden (Abb. 30 und 31). Der Platzbedarf ist nicht größer als bei visuellen Polarimetern. Die Direktablesung am Teilkreisnonius ist auf 0,005° genau, Schätzung auf 0,0025°. Die Ablesung erfolgt in Mattscheiben-projektion. Die Meßgenauigkeit bleibt nahezu konstant bis etwa 99% Absorption (Extinktion 2). Eine Quecksilberlampe mit Interferenzfiltern ermöglicht Messungen bei den Wellenlängen 578, 546, 436, 405 und 365 nm. Ein auf dem Faraday-Effekt (vgl. Abschn. C, I) beruhender Modulator ist an Wechselstrom gelegt und erzeugt eine Wechseldrehung der Schwingungsebene des polarisierten Lichts und damit eine periodische, zur Dunkelstellung symmetrische Aufhellung. Die Welligkeit des Wechselphotostroms im PEV wird in einem Resonanzverstärker ausgesiebt, phasenabhängig gleichgerichtet und mit einem Nullinstrument gemessen, dessen Ausschlag Richtung und Betrag der optischen Drehung anzeigt (H. WEN-KING 1957 u. 1958). Der Polarisator wird mit Grob- und Feintrieb zurückgedreht, bis der Ausschlag am Nullinstrument verschwindet. Der Betrag der Rückdrehung wird am Teilkreis (0—360°) abgelesen und liefert den gesuchten Wert der optischen Drehung. Die maximale Röhrenlänge ist 100 mm.

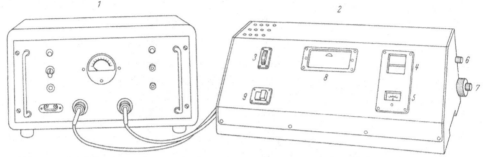

Abb. 30. Lichtelektrisches Präzisionspolarimeter. *1* Anschlußgerät; *2* Meßgerät; *3* Filterrevolver; *4* Mattscheibe für Teilkreisablesung; *5* Nullinstrument zur Anzeige des Abgleichs; *6* Rändel für Nullpunktsjustierung; *7* koaxialer Grob-Feintrieb; *8* Röhrenschacht; *9* Drucktasten

Mit dem gleichen Modulator-Prinzip arbeitet das von CARL ZEISS heraus-gebrachte *automatische Zuckerpolarimeter* 0,05° S (°S = Saccharose-Grade, vgl. Abschn. F, I), das den gesuchten Zuckerwert vollautomatisch in wenigen Sekunden (ohne Nullabgleich von Hand) einstellt (Abb. 32). Dadurch sind bis zu 120 Ana-lysen in der Stunde mit einer einzigen Meßperson möglich. Der mittlere Fehler

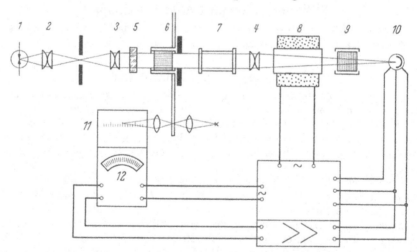

Abb. 31. Schema des Geräts von Abb. 30. *1* Quecksilberlampe; *2, 3, 4* Linsen; *5* Lichtfilter; *6* Polarisator mit Teil-kreis; *7* Meßsubstanz; *8* Magnetspule (Faraday-Modulator); *9* Analysator; *10* Photoelektronenvervielfacher; *11* Ableseprojektion; *12* Nullinstrument; ~ Netztransformator; ≫ Verstärker

der Meßwerte ist bei Proben unter 90% Absorption geringer als 0,05° S, bis 99% Absorption geringer als 0,1° S. Das Gerät arbeitet mit grünem Hg-Licht (J. BEK-KER 1959).

Die Automatik dieses Geräts beruht darauf, daß das verstärkte Wechselphoto-stromsignal des PEV nach Befreiung von störenden Komponenten einem Nach-laufmotor zugeführt wird, der den Polarisator mit dem Teilkreis entsprechend dem

Betrag der optischen Drehung zurückdreht. Der Meßbereich geht von $-100°$ S bis $+100°$ S. Die maximale Röhrenlänge ist 100 mm. Mit einer Durchflußröhre ist die Leistungsfähigkeit hinsichtlich Schnelligkeit noch erheblich besser.

Das auf Faraday-Modulation und Faraday-Kompensation basierende *Automatische Polarimeter* von *Etelco* Ltd. zeigt den Drehwinkel mit einem Digitalzählwerk an. Der Meßbereich beträgt $\pm 0,5°$, der mittlere Fehler $\pm 0,0002°$, die maximale Schichtdicke 20 mm.

Faraday-Modulation und -Kompensation finden sich auch im elektronischen Polarimeter von JOUAN.

Ein *Automatic Polarimeter* von HILGER u. WATTS verwendet zur Modulation der Schwingungsebene eine schwingende Quarzplatte hinter dem Polarisator. Der Analysator wird vor dem Einsetzen der Probe so eingestellt, daß die beiden

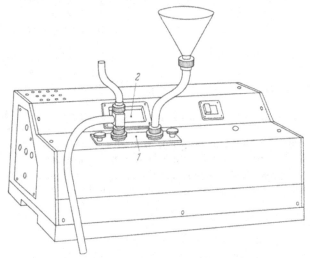

Abb. 32. Automatisches Zuckerpolarimeter (Meßgerätteil).
1 Röhrenschacht; *2* Mattscheibe für Teilkreisablesung

Signale (ohne und mit Quarzplatte) gleiche Amplitude haben. Die Probe bewirkt, daß eins der beiden Signale größer wird. Die Differenzspannung an einem nachfolgenden Verstärker wird dazu benutzt, einen Servomotor drehsinnrichtig zu steuern, der den Analysator in die Stellung bringt, daß beide Signale wieder gleich groß werden. Das Gerät ist durch Digital-Anzeige, Digital-Druckwerk und Kompensations-Linienschreiber gekennzeichnet. Gemessen wird mit der grünen Hg-Linie. Der Meßbereich geht bis 15° S, der mittlere Fehler ist $\pm 0,05°$ S.

Das *Microptic Photoelectric Polarimeter* von HILGER u. WATTS moduliert ebenfalls mit schwingendem Quarzplättchen. Das Prinzip ist das gleiche wie bei dem Automatic Polarimeter, nur wird der Analysator von Hand nachgedreht. Der Teilkreis wird mit Lupe abgelesen. Die Hg-Lampe wird mit Filtern benutzt. Der Meßbereich umfaßt $-150°$ S bis $+150°$ S, dazu Winkelteilung, der mittlere Fehler beträgt $\pm 0,005°$. Die maximale Röhrenlänge ist 400 mm.

Ein automatisches Polarimeter mit schwingendem Polarisator, 5ziffrigem Zählwerk, Geberpotentiometer zum Anschluß eines Schreibers, Na-Lampe und Hg-Lampe für $\lambda = 313, 365, 436, 546, 578, 589$ nm hat PERKIN-ELMER herausgebracht. Der Meßbereich beträgt $\pm 45°$, der mittlere Fehler $\pm 0,002°$, bei 90% Absorption $\pm 0,003°$.

Alle genannten lichtelektrischen Polarimeter arbeiten mit *Wechsellicht*, das in einer für Linearpolarisation artgemäßen Weise erzeugt wird, was besonders gut mit der *Faraday-Modulation* gelingt. Dadurch sind diese Polarimeter durchaus typentsprechend. *Sie stützen sich nicht auf visuelle Vorbilder und tun somit dem Wesen des Verfahrens keinen Zwang an* (E. J. GILLHAM 1956 u. 1957).

IV. Zubehör zu Polarimetern

1. Polarimeterröhren

Die Röhren schließen die Untersuchungsflüssigkeit ein. Ihre Stirnflächen sind weitgehend parallel und senkrecht zur Rohrachse, besser gesagt zur Achse der

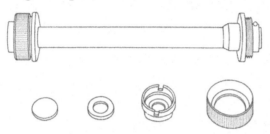

Rohrauflage. Die Längen der Röhren betragen zwischen 10 mm und 400 mm, sie sind in sehr engen Grenzen toleriert ($\pm$ 0,03—0,04 mm). Die lichte Weite beträgt normalerweise etwa 8 mm, für sehr geringe Mengen von Meßsubstanz dienen Mikroröhren mit lichten Weiten bis herab zu 1,5 mm. Bei Verwendung von

Abb. 33. Polarimeterröhre mit erweitertem Ende für Blasenfang

Mikroröhren muß der Strahlengang durch Blenden von etwas kleinerem Durchmesser eingeengt werden, damit keine Wandreflexe auftreten.

Sogenannte *Prozentbeobachtungsröhren* haben eine auf eine bestimmte optisch aktive Substanz abgestimmte Länge, damit der Drehwert in Winkelgraden gleich

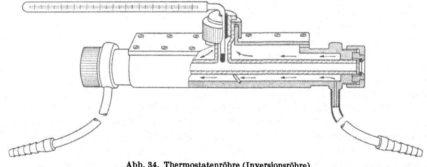

Abb. 34. Thermostatenröhre (Inversionsröhre)

der gesuchten Konzentration ist bzw. der Hälfte. Sie sind *nur* für Lösungen der optisch aktiven Substanz benutzbar, *auf die sie abgestimmt* sind.

Der *Werkstoff* der Röhren ist in den meisten Fällen *Glas*. Es gibt auch Röhren aus *Messing, Neusilber* oder möglichst korrosionsbeständigem *Stahl*. Stahlröhren sind jedoch, soweit sie ferromagnetisch sind, wegen möglicher Beeinflussung der Drehung durch magnetische Felder für Präzisionsmessungen nicht geeignet.

Röhren mit Blasenfang (Abb. 33) lassen sich ohne Mühe füllen, da eine eingeschlossene Blase in die Erweiterung ausweicht. Röhren ohne Blasenfang sind so zu füllen, daß eine kleine Flüssigkeitskuppe übersteht, die mit dem Verschlußglas, das gut trocken und sauber sein muß, durch seitliches Aufschieben auf die Stirnfläche beseitigt wird.

Ferner gibt es *Röhren mit Einfüllstutzen*, der zugleich dazu benutzt werden kann, ein Thermometer einzuführen.

Durchflußröhren haben an den Enden einen Einlauf- und einen Ablaufstutzen, auf die Schläuche gezogen werden können.

Thermostatenröhren (Abb. 34) für Messungen bei einstellbaren konstanten Temperaturen haben eine Umkleidung. Zwischen dieser und der eigentlichen Röhre fließt Wasser aus einem Umlaufthermostaten. Bei Thermostatierung auf niedrige Temperaturen ist es erforderlich, an beiden Röhrenenden mit einigem Abstand je ein zweites Glas aufzuschieben und zur Vermeidung von Beschlag Kieselgel in den Zwischenraum zu geben. Das zweite Glas darf aber nicht von der Kühlflüssigkeit umspült werden. Bei höheren Temperaturen als 60° C ist zweckmäßig die Herstellerfirma vorher zu Rate zu ziehen, doch sind wohl meistens Temperaturen bis nahe 100° C bedenkenlos anzuwenden.

Die *Temperatur* ist durch Einführen eines Thermometers in einen bei Thermostatenröhren im allgemeinen vorhandenen Einfüllstutzen zu messen, man soll sich nicht auf das Thermometer im Thermostaten beschränken.

Die Röhren werden durch planparallele Gläser auf den Stirnflächen mit gutem Kontakt abgeschlossen. Die *Deckgläser* stehen im Strahlengang! Sie sind keine Fenstergläser, sondern *optische Gläser*. An sie werden *hohe Anforderungen hinsichtlich Sauberkeit, Kratzerfreiheit (!), Spannungsfreiheit* (optische Präzisionskühlung!), *Planparallelität* gestellt. Leider wird mit ihnen oft achtlos umgegangen, vor allem beim Säubern. Sobald Kratzer entstanden sind, läßt sich keine präzisionspolarimetrische Messung mehr ausführen. Auf die Gläser kommen elastische *Ringe*, damit die metallischen Verschlußmuffen nicht direkt aufdrücken. Trotzdem sind die Muffen nicht unter Kraftanwendung aufzuschrauben, damit mechanische Druckspannungen in den Gläsern vermieden werden. Solche mechanischen Spannungen gehen nach Lösen der Muffe nicht vollkommen zurück, und *das Glas bleibt für die Zukunft verspannt.* Solche Spannungen in Teilen zwischen Polarisator und Analysator sind störend, mindestens beeinträchtigen sie die Meßgenauigkeit merklich. Man kann störende Spannungen dadurch nachweisen, daß man die verschlossene Röhre im Polarimeter um ihre Achse dreht; treten Abgleichschwankungen auf, so sind störende Spannungen vorhanden. *Die elastischen Zwischenringe sollen rechtzeitig ausgewechselt werden*, bevor sie an Elastizität merklich einbüßen. Sie müssen glatt aufliegen, dürfen keine Aufwerfungen haben.

Röhren, die vor dem Einlegen in das Polarimeter zu lange in der Hand gelegen haben, müssen die *Handwärme* erst abgeben, bevor gemessen wird. Man merkt das oft an Wärmeschlieren, die das Meßfeld verundeutlichen.

2. Thermometer

Thermometer, die in die Röhren eingeführt werden, müssen oft Zehntelgradteilung haben. In den meisten Fällen genügt der Temperaturbereich 10—30° C.

3. Prüfquarze

Prüfquarze zur Kontrolle der Teilung erübrigen sich bei Kreispolarimetern mit Winkelteilung. Sie sind nur bei Saccharimetern mit Quarzkeilkompensation berechtigt (vgl. Abschn. F, III, 3) und dienen bei Kreispolarimetern mit °S-Teilung lediglich dazu, evtl. Meßfehler zu erkennen, die auf unterschiedlichen Schwerpunktswellenlängen verschiedener Lampen (auch desselben Lampentyps) beruhen.

E. Die polarimetrische Analyse

In diesem Abschnitt wird die analytische Anwendung der Polarimeter in grundsätzlicher *meßtechnischer* Hinsicht behandelt, analytische Vorschriften werden nicht gegeben. Diese Ausführungen gelten auch für den Abschnitt F, der die Saccharimetrie als besonders wichtigen Analysenfall gesondert darstellt. Betreffs der speziellen Methoden zur analytischen Bestimmung der jeweiligen Substanzen wird auf die entsprechenden Abschnitte des Handbuches verwiesen.

I. Das Biotsche Gesetz

1. *Ein* optisch aktiver Stoff mit der spezifischen Drehung $[\alpha]$ liege in der Konzentration c Gramm in 100 ml Lösung vor. Er werde in einer Röhre von der Länge l [dm] polarimetriert. Nach dem Biotschen Gesetz ist dann die optische Drehung

$$\alpha = [\alpha] \cdot \frac{c}{100} \cdot l \, .$$

Dieses Gesetz liegt der polarimetrischen Analyse zur Ermittlung einer unbekannten Konzentration c des optisch aktiven Stoffes zugrunde. Man findet

$$c = \frac{\alpha}{[\alpha]} \cdot \frac{100}{l} \, .$$

Dabei ist angenommen, daß nur *eine* optisch aktive Substanz in optisch inaktivem Lösungsmittel gelöst sei.

2. Wird ein Stoff in der Konzentration c gelöst, der aus dem Gewichtsbruchteil x *einer optisch aktiven* Substanz und dem Gewichtsbruchteil $(1 - x)$ *optisch inaktiver* Substanzen besteht, wobei das Lösungsmittel auch optisch inaktiv ist, so errechnet sich x aus dem gemessenen Drehwinkel α zu

$$x = \frac{\alpha}{[\alpha]} \cdot \frac{100}{c \cdot l} \, , \, 0 \leqq x \leqq 1 \, .$$

Dieser Fall liegt bei der *Rübenschnitzel-Saccharimetrie* vor. Aufgabe der Untersuchung ist hierbei die Bestimmung des Gewichtsbruchteils x von Saccharose in der gelösten Rübenprobe, nach diesem Gewichtsbruchteil x wird der Erzeuger von Zuckerrüben bezahlt.

3. *Zwei optisch aktive Stoffe* (ohne optisch inaktive Beimengungen) mit den spezifischen Drehungen $[\alpha]_1$ und $[\alpha]_2$ seien in der Gesamtkonzentration c gelöst. Gesucht wird das *gewichtsmäßige Bruchteilverhältnis* $x_1 : x_2$ der *beiden Stoffe*, wobei $x_2 = 1 - x_1$. Aus der gemessenen Drehung α berechnet man zunächst

$$[\alpha] = \alpha \cdot \frac{100}{c \cdot l} \, ,$$

sodann ergibt sich

$$x_1 = \frac{[\alpha] - [\alpha]_2}{[\alpha]_1 - [\alpha]_2} \, , \, x_2 = 1 - x_1 \, ,$$

Diese Methode setzt aber voraus, daß für die gemessene optische Drehung α die Mischungsregel gilt. Das ist nur der Fall, wenn Wechselwirkungen zwischen den Molekülen nicht auftreten. Bei geringen Konzentrationen c darf man dies meist voraussetzen. Vergleiche dazu Abschn. G, II.

4. Haben die *beiden optisch aktiven Stoffe* noch *optisch inaktive Beimengungen* und will man die optisch aktiven Gewichtsbruchteile x_1 und x_2 ermitteln, so muß man in zwei möglichst verschiedenen Wellenlängen λ und λ' polarimetrieren. Man

bildet dann zunächst

$$[\alpha]_\lambda = \frac{\alpha_\lambda \cdot 100}{c \cdot l} \; ; [\alpha]_{\lambda'} = \frac{\alpha_{\lambda'} \cdot 100}{c \cdot l}$$

und errechnet x_1 und x_2 aus den beiden Gleichungen

$$x_1[\alpha]_{1\lambda} + x_2[\alpha]_{2\lambda} = [\alpha]_\lambda,$$
$$x_1[\alpha]_{1\lambda'} + x_2[\alpha]_{2\lambda'} = [\alpha]_{\lambda'}.$$

Diese Methode setzt die Gültigkeit der Mischungsregel voraus (vgl. Abschn. G, II), außerdem aber noch, daß die beiden optisch aktiven Stoffe *möglichst verschiedene Rotationsdispersion* haben. Bei den verschiedenen Zuckerarten sind die Rotationsdispersionen nicht genügend verschieden! Deshalb kann man Glucose und Saccharose auf diese Weise nicht gewichtsanteilig bestimmen. Hier müssen Inversions- und Reduktionsverfahren zusätzlich angewandt werden.

5. Drückt man die *Konzentration in Gewichtsprozenten p* aus, d. h. in p Gramm optisch aktiver Substanz in 100 g Lösung, so lautet das Biotsche Gesetz:

$$\alpha = [\alpha] \cdot \frac{p}{100} \cdot l \cdot \varrho,$$

wobei ϱ die Dichte der Lösung ist.

Gebräuchlich ist auch die Konzentrationsangabe in q Gramm des optisch inaktiven Lösungsmittels in 100 g Lösung, wobei $q = 100 - p$.

II. Temperaturkorrektion (bei Kreispolarimetern)

Temperaturabweichungen Δt ändern die optische Drehung α um $\Delta \alpha$ gemäß der Beziehung

$$\frac{\Delta \alpha}{\alpha \cdot \Delta t} = \frac{\Delta [\alpha]}{[\alpha] \cdot \Delta t} + \frac{\Delta l}{l \cdot \Delta t} + \frac{\Delta c}{c \cdot \Delta t}.$$

$\frac{\Delta [\alpha]}{[\alpha] \cdot \Delta t}$ ist der (bei Lösungen negative) *Temperaturkoeffizient* der spezifischen Drehung; $\frac{\Delta l}{l \cdot \Delta t}$ ist der *Ausdehnungskoeffizient* der Polarimeterröhre (Glas + 0,000008; Neusilber + 0,000018; V 2 A-Stahl + 0,000012). Für $\frac{\Delta c}{c \cdot \Delta t}$ gelten die dem Chemiker geläufigen Abhängigkeiten. Wenn eine Lösung bei der Temperatur 20° C mit der Konzentration c Gramm in 100 ml Lösung zubereitet wird und bei der Temperatur t in die Polarimeterröhre gefüllt und polarimetriert wird, so ist das eingefüllte Volumen der Lösung gemäß seinem kubischen Ausdehnungskoeffizienten β verändert, mit diesem Koeffizient ist daher auch die Konzentration c anders, d. h. $\frac{\Delta c}{c \cdot \Delta t} = - \beta$. In β sind die Ausdehnung des Kolbens und die der Lösung enthalten.

Beispiel: Wäßrige Saccharoselösung am Kreispolarimeter ($c = 10$). $\beta = + 0,000277$ (z. B. aus Tabellen entnehmbar). $\frac{\Delta [\alpha]}{[\alpha] \cdot \Delta t} = - 0,000184$; Glasrohr $\frac{\Delta l}{l \cdot \Delta t} = + 0,000008$.

Mithin: $\frac{\Delta \alpha}{\alpha \cdot \Delta t} = - 0,000184 + 0,000008 - 0,000277 = - 0,000453$.

Wenn hingegen, wie es der *häufigere* Fall ist, Lösungszubereitung und Polarimetrierung bei *derselben* Temperatur $t°$ C erfolgen, so ist $\beta = 0,000024$ (nämlich nur

bezüglich des Kolbenvolumens) einzusetzen, und es ergibt sich für wäßrige Saccharoselösung am Kreispolarimeter: $\dfrac{\Delta\alpha}{\alpha\cdot\Delta t} = -0{,}000200$.

Es ist nicht unangebracht zu bemerken, daß der Temperaturkoeffizient des
gemessenen optischen Drehwinkels α nicht gleich demjenigen der spezifischen
Drehung $[\alpha]$ ist! Es gibt sogar Fälle, wo beide von verschiedenem Vorzeichen sind
(z. B. bei Nicotin). Auch der Werkstoff der Röhre ist zu beachten!

III. Gültigkeitsgrenzen des Biotschen Gesetzes

Die Gültigkeit des Biotschen Gesetzes ist in Frage gestellt, wenn *Wechselwirkungen* der Moleküle der optisch aktiven Substanzen untereinander oder mit
Molekülen optisch inaktiver Substanzen, wie denen des Lösungsmittels, auftreten.
In gewisser Weise offenbart sich das bereits darin, daß die spezifische Drehung
eines optisch aktiven Stoffes sowohl mit der chemischen Natur des Lösungsmittels
als auch mit der Konzentration variabel
ist, und zwar oft in erheblichen Beträgen
(Abb. 35). Bei Saccharose als einem der
wichtigsten Untersuchungsobjekte in der
optischen Polarimetrie ist die Gültigkeit des
Biotschen Gesetzes ausreichend gesichert.

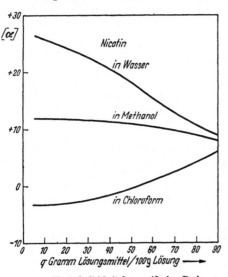

Abb. 35. Veränderlichkeit der spezifischen Drehung
mit der Art des Lösungsmittels und der Konzentration am Beispiel des Nicotin

IV. Mutarotation

Es gibt viele optisch aktive Substanzen, die nach frischem Ansetzen einer
Lösung noch nicht den endgültigen Dreh-

Tabelle 4. *Mutarotation einiger wäßriger
Zuckerlösungen*

Zuckerart	Spezifische Drehung		Zeit Std
	Anfang	Ende	
Glucose	+ 112,2	+ 52,7	7
Lactose	+ 85,0	+ 52,6	8
Mannose	− 17,0	+ 14,2	$2^1/_2$

wert haben, sondern erst nach mehr oder weniger langer Zeit den Endwert annehmen. Tab. 4 gibt beispielsweise für einige Zuckerarten an, in welchen Zeiten
sich die spezifische Drehung vom Anfangswert bis zum konstant bleibenden
Endwert verändert. Man nennt diesen Vorgang Mutarotation. Näheres hierüber
im Kapitel „Kohlenhydrate".

Saccharose zeigt keine Mutarotation. Polarimetrierungen mutarotierender Substanzen können also *erst nach Erreichen des Endwertes* der spezifischen Drehung
vorgenommen werden (F. J. BATES u. Mitarb. 1942).

F. Saccharimetrie

Die polarimetrische Saccharosebestimmung ist ein umfangreiches Arbeitsgebiet
der Lebensmittelchemie. Es muß im Methodischen auf das einschlägige Fach-
schrifttum verwiesen werden. Hier werden nur Grundfragen der polarimetrischen
Verfahrenstechnik berührt, unter wesentlicher Beschränkung auf das Optisch-

Apparative. Für die Saccharosebestimmung ist die Polarimetrie eine sehr genaue und bequeme Bestimmungsmethode und weltweit eingeführt. Richtschnur sind die Empfehlungen der *ICUMSA (International Commission for Uniform Methods of Sugar Analysis)*, die praktisch eine amtliche Verbindlichkeit haben. Das kommt auch darin zum Ausdruck, daß staatliche Institutionen wie die Physikalisch-Technische Bundesanstalt, das National Bureau of Standards u. a. in der ICUMSA durch Mitglieder vertreten sind und Prüfquarzeichungen durchführen.

I. Die °S-Skala

In der Saccharimetrie werden nicht Winkelgrade gemessen, sondern *Saccharosegrade* (°S). Die gleichabständig geteilte Saccharose-Skala (F. J. BATES u. Mitarb. 1942) *(Internationale Zuckerskala)* ist eingeführt worden, um bei den routinemäßigen Saccharosebestimmungen Umrechnungen nach der Biotschen Formel (vgl. Abschn. E, I, 1) zu ersparen. Die Grundlage des *Hundertpunktes* der internationalen Zuckerskala sind Messungen an *Normalzuckerlösungen* mit 26 g reinster Saccharose in 100 ml wäßriger Lösung, die mit dem Quarzkeilsaccharimeter im Licht der Schwerpunktswellenlänge von rund 585 nm durchgeführt wurden. Wegen der schwierigen Herstellung und geringen Haltbarkeit der Zuckerlösungen wurden als Standards für den praktischen Bedarf *Normalquarzplatten* geschaffen. Das sind Quarzplatten, die in derselben Weise wie die Zuckerlösungen gemessen auf der Skala eines Quarzkeilsaccharimeters die gleiche Einstellung wie jene zeigen. Auf Grund genauer Messungen wurden von der ICUMSA für die Wellenlänge 546,1 nm bei 20° C der Drehungswinkel 40,690° $\pm$ 0,002°, bzw. für die Wellenlänge 589,25 nm bei 20° C der Drehungswinkel 34,620° $\pm$ 0,002° als Drehungswerte im 100-Punkt (100° S) für verbindlich erklärt. Diese Werte werden von den autorisierten Staatsinstituten zur Prüfung von Quarzkontrollplatten benutzt.

II. Bedeutung der °S-Skala

Wenn eine saccharosehaltige Substanz, z. B. Rübenbrei, in der Normaleinwaage $c = 26,000$ g auf 100 ml wäßriger Lösung bei 20° C im 200 mm-Rohr bei 20° C mit gelbem Na-Licht polarimetriert wird, liefert der °S-Wert ohne Umrechnung die *Gewichtsprozente* Saccharose in der Rübe oder der jeweiligen saccharosehaltigen Substanz.

Es ist auch üblich, nur die halbe Normaleinwaage (13,000 g) zu lösen, dafür aber im 400 mm-Rohr zu polarimetrieren. Dann ist der °S-Wert wieder den Gewichtsprozenten Saccharose in der eingewogenen Substanz gleich.

Notwendige Temperaturkorrektionen sowie Korrektionen wegen des Zusatzes von Klärmitteln sind in der Fachliteratur ausführlich abgehandelt (vgl. Abschn. C, II, E, II und F, III, 2).

III. Saccharimeter

1. Zuckerpolarimeter mit Kreisteilung

Solche Polarimeter sind grundsätzlich nichts anderes als Kreispolarimeter, z. B. mit Lippichschem Halbprisma in festem Halbschattenwinkel (vgl. Abschn. D, I, 1 und D, III, 1), bei denen die Kreisteilung in °S ausgeführt ist. Bei den visuellen Geräten dieser Art lassen sich Röhren bis 400 mm Länge unterbringen.

Automatische Zuckerpolarimeter auf lichtelektrischer Basis (vgl. Abschn. D, III, 3) müssen sich aus konstruktiven Gründen meist auf kürzere Röhren beschränken. Dafür ist aber die Meßunsicherheit entsprechend geringer. Ihre Skala ist in °S geteilt, wobei die Intervalle entsprechend der kürzeren Röhre enger geteilt sind, natürlich stärker vergrößert dargeboten werden, so daß der °S-Wert mit der gewünschten Genauigkeit die Gewichtsprozente Saccharose in der Einwaage angibt. Diese elektronischen Zuckerpolarimeter arbeiten meist mit grünem Quecksilberlicht, für das der 100-Punkt der °S-Skala einen anderen Winkelwert hat (vgl. Abschn. F, I) als im gelben Licht. Das ist natürlich berücksichtigt.

2. Quarzkeilkompensationsapparate

Auf die Anwendung solcher Geräte wurde schon in Abschn. D, III, 2 hingewiesen. Ergänzend ist nur zu bemerken, daß man das Quarzkeilkompensationssystem für verschiedene Meßbereiche ausführen kann, z. B.

mit *kurzer Quarzkeilkompensation* für Meßbereiche von $-35°$ S bis $+50°$ S oder $0°$ S bis $+40°$ S mit dem mittleren Fehler $\pm 0,1°$ S;

mit einfacher *langer Quarzkeilkompensation* mit dem mittleren Fehler $\pm 0,1°$ S;

mit *doppelter Quarzkeilkompensation* für den Meßbereich $-100°$ S bis $+100°$ S, mit dem mittleren Fehler $\pm 0,1°$ S, speziell zur Messung in verschiedenen Keilabschnitten, um von lokalen Abweichungen in den Keilen und der Skala unabhängig zu werden.

Die Temperaturkorrektion bei diesen Geräten ist größer als bei Kreispolarimetern, weil noch die Temperaturkoeffizienten des Keilsystems und der linearen Skala eingehen. So kommen zu den in Abschn. E, II detaillierten Temperaturkoeffizienten zusätzlich die Temperaturkoeffizienten

der spezifischen Drehung von Quarz	$+ 0,000136$
der achsparallelen Quarzdicke	$+ 0,000008$
der achssenkrechten Quarzlänge	$- 0,000014$
der Länge der Ableseskala (Messing)	$+ 0,000018$
zusammen	$+ 0,000148$

Dieser Betrag ist zum Temperaturkoeffizienten lt. Abschn. E, II mit negativem Vorzeichen hinzuzufügen, so daß der Temperaturkoeffizient beim Quarzkeilkompensationsgerät um diesen Wert größer als beim Kreisgerät wird, und zwar bei dem häufigeren Fall der Lösungszubereitung und Saccharimetrierung bei derselben Temperatur $t°$ gilt $\dfrac{\Delta \alpha}{\alpha \cdot \Delta t} = \dfrac{\Delta S}{S \cdot \Delta t} = -\,0,000200 - 0,000148 = -\,0,000348.$

Diejenigen Temperaturabweichungen, die noch *keine* über die Meßgenauigkeit hinausgehende Korrektion des Meßwerts erfordern, sind somit bei Kreisgeräten fast doppelt so groß wie bei Quarzkeilgeräten. Wenn beim Quarzkeilgerät die Notwendigkeit der Korrektion beispielsweise schon bei $|\Delta t| \geqq 3°$ besteht, gilt beim Kreisgerät erst $|\Delta t| \geqq 5°$. Dieses Zahlenverhältnis gilt aber nur für Saccharose. Für andere Zuckerarten gelten ähnliche, aber numerisch andere Werte. So ist *das Kreisgerät auch von diesem Gesichtspunkt aus in der Praxis vorzuziehen*, unabhängig davon, ob auf visueller oder auf elektronischer Basis.

3. Prüfquarze

Wie schon aus Abschn. F, I hervorgeht, ist die °S-Skala der Saccharimeter an die optische Drehung eines Normalquarzes angeschlossen. Es wurde ferner in Abschn. D, I, 2a angedeutet, daß die Skala eines Quarzkeilkompensations-Polarimeters individuell für jedes derartige Gerät kalibriert sein muß, weil fertigungstechnische Toleranzen des Quarzkompensationssystems eingehen. Dazu dienen Prüfquarze mit bekannten Drehwerten, die in Winkelgraden oder in °S ausgedrückt sein können. Prüfquarze werden aber auch vom Benutzer eines Saccharimeters benutzt, nicht nur zur Kontrolle seines Instrumentes, sondern auch bei gewissen Saccharosebestimmungen, die sich an Prüfquarze nach Art von Lehren direkt anlehnen.

Prüfquarze (Abb. 36) unterliegen Vorschriften der Physikalisch-Technischen Bundesanstalt (E. EINSPORN 1954).

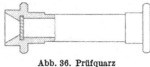

Bei Erfüllung der Vorschriften erhält der Prüfquarz Legitimationszeichen eingraviert.

Abb. 36. Prüfquarz

4. Inversionsröhren

In der Zuckertechnik gebraucht man diese Bezeichnung für Thermostatenröhren, wie sie in Abschn. D, IV, 1 beschrieben sind. Solche Röhren sind unbedingt bei Anwendung der Inversionsmethode zu benutzen, weil der Temperaturkoeffizient des Invertzuckers (und zwar vom Fructoseanteil her) außerordentlich hoch ist. Dabei ist die Temperatur unbedingt *in der Röhre* zu messen.

IV. Bestimmung anderer Zucker in Saccharimetern

Die verschiedenen Zuckerarten haben sehr abweichende spezifische Drehungen (J. BATES u. Mitarb. 1942). Man kann sie dennoch auch in einem Saccharimeter mit °S-Skala polarimetrieren (aber in monochromatischem Licht!), jedoch sind dann Umrechnungsfaktoren erforderlich (Tab. 5).

Diese Faktoren gelten für *gelbes Na-Licht*. Sie sind für grünes Licht anwendbar, wenn nicht zu hohe Meßgenauigkeit gefordert wird.

Man kann auch zu jeder Zuckerart eine gesonderte *Standard-Einwaage* (Saccharose 26,000 g) festlegen, so daß man dann die Ablesewerte nicht umzurechnen braucht. Für Glucose ist diese Einwaage 32,231 g. Trotzdem erfordert Glucose

Tabelle 5. *Saccharosebezogene Umrechnungsfaktoren*

Konzentration in wäßriger Lösung c	Umrechnungsfaktoren bei Einwaage 26000 g/100 ml			
	Glucose	Fructose	Maltose	Lactose
5	1,2646	− 0,7439	0,4807	1,2664
10	1,2613	− 0,7333	0,4810	für alle
15	1,2576	− 0,7230	0,4814	Konzen
20	1,2532	− 0,7130	0,4817	trationen
25	1,2482	− 0,7033	0,4820	
30	1,2427	− 0,6938	0,4823	
35	1,2367	− 0,6845	0,4827	

Tabelle 6. *Korrektionswerte bei Glucosebestimmungen mit Einwaage 32,231 g/100 ml*

Ablesung °S	Korrektion °S	Ablesung °S	Korrektion °S
100	0	40	+ 0,53
90	+ 0,20	30	+ 0,46
80	+ 0,35	20	+ 0,35
70	+ 0,46	10	+ 0,20
60	+ 0,525	5	+ 0,10
50	+ 0,55	2	+ 0,05

wegen ihrer starken Veränderlichkeit der spezifischen Drehung mit der Konzentration noch Korrektionen gemäß Tab. 6.

G. Rotationsdispersion

Die Änderung des optischen Drehungsvermögens (der spezifischen oder geeigneter der molekularen Drehung) mit der Wellenlänge des Lichts bezeichnet man als *Rotationsdispersion*. Sie stellt ein interessantes und aufschlußreiches Arbeitsgebiet der modernen chemischen Forschung dar (T. M. Lowry u. Mitarb. 1930), ist jedoch für polarimetrische Analysen in der Lebensmittelchemie nur von untergeordneter Bedeutung. Ein Anwendungsfall wurde in Abschn. D, I, 2a erwähnt. Es genügt daher, hier nur einige grundsätzliche Hinweise zu geben.

I. Normale und anomale Rotationsdispersion

1. Normale Rotationsdispersion

Das spektrale Drehungsverhalten von Saccharose und Glucose ist beispielhaft für normale Rotationsdispersion (Abb. 37). In angenäherter analytischer Formulierung gilt für

$$\text{Saccharose} \quad [\alpha]_\lambda^{20°} = \frac{21{,}648}{\lambda^2 - 0{,}0213}, \quad 0{,}302 \ \mu m \leqq \lambda \leqq 0{,}547 \ \mu m ,$$

$$c = 10\text{---}26 \ (\text{Wasser})$$

$$\text{Glucose} \quad [\alpha]_\lambda^{20°} = \frac{16{,}980}{\lambda^2 - 0{,}0254}, \quad 0{,}447 \ \mu m \leqq \lambda \leqq 0{,}656 \ \mu m .$$

$$(1 \ \mu m = 10^{-3} \ mm)$$

Auffällig ist die starke Veränderlichkeit von $[\alpha]$ mit λ.

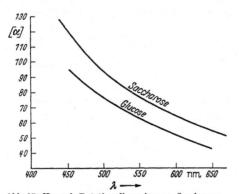

Abb. 37. Normale Rotationsdispersion von Saccharose und Glucose. Die spezifische Drehung $[\alpha]$ nimmt nach kurzen Wellenlängen λ hin in erheblich steigendem Maße zu

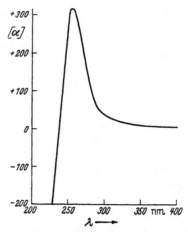

Abb. 38. Anomale Rotationsdispersion einer einbasischen Fettsäure. Die Kurve ist bei $\lambda = 228{,}6$ nm abgebrochen, weil hier die Messung wegen der einsetzenden starken Absorption in den Kalkspatprismen des Polarimeters unmöglich wird

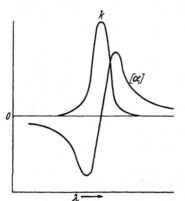

Abb. 39. Typus einer anomalen Rotationsdispersionskurve $[\alpha]$, dazu die Absorptionskurve k

2. Anomale Rotationsdispersion

Die einbasische Fettsäure $CH_3 \cdot CHBr \cdot CO_2H$ (α-Brompropionsäure) in Äthylalkohol beispielsweise zeigt im ultravioletten Spektrum die gemessene Rotationsdispersion der Abb. 38. Sie hat einen Gipfel bei $\lambda = 255{,}6$ nm. Sie würde bei noch kürzeren Wellenlängen unterhalb 228,6 nm ein Tal aufweisen. Der Charakter solcher Kurven wird durch Abb. 39 dargestellt. Obiges Beispiel ist typisch auch insofern, als der anomale Verlauf im ultravioletten Licht auftritt.

3. Der Cotton-Effekt

Rotationsdispersion der Art von Abb. 39 ist mit einer optisch aktiven Absorptionsbande gekoppelt, deren Schwerpunkt im Wendepunkt der Rotationsdispersionskurve liegt. Man spricht dann von Cotton-Effekt.

Viele Stoffe zeigen diesen Effekt bei mehreren Wellenlängen, meist im Ultraviolett. Die Phänomene des Cotton-Effekts sind mannigfaltig und oft durch Überlagerungen kompliziert. Es gibt darüber ein umfangreiches Spezialschrifttum (C. DJERASSY 1960).

4. Spektralpolarimetrie

Anomale Rotationsdispersion mit ausgeprägtem Cotton-Effekt wird mit Methoden der Spektralpolarimetrie messend aufgenommen. Sogenannte *Spektralpolarimeter* sind lichtelektrische Polarimeter der Art, wie z. B. in Abschn. D, III, 3 beschrieben; sie sind mit Registriereinrichtungen gekoppelt. In den letzten Jahren ist die optische Industrie mit der Entwicklung von Spektralpolarimetern eifrig beschäftigt. Das sind kostspielige Apparaturen. Sie werden eine bedeutsame Rolle in der chemischen Forschung spielen, u. a. auch in der Vitaminforschung und zum Nachweis von Verunreinigungen aus der Differenz der optischen Drehungen des reinen und des verunreinigten Stoffes, wobei solche Differenzen im sichtbaren Spektrum außerordentlich gering sein können, jedoch im Ultraviolett merkliche Beträge annehmen.

II. Die Rotationsdispersion von Mischungen

Bei Abwesenheit von Wechselwirkungen zwischen den optisch aktiven Komponenten mit den Gewichtsbruchteilen x_1 und x_2 sowie den spezifischen Drehungen $[\alpha]_1$ und $[\alpha]_2$ gilt additiv: $[\alpha] = x_1[\alpha]_1 + x_2[\alpha]_2$, wobei $x_2 = 1 - x_1 \leqq 1$.

Wenn es sich um Antipoden (vgl. Abschn. C, I, 2) handelt, also $[\alpha]_2 = -[\alpha]_1$ ist, dann gilt

$$\frac{x_2}{x_1} = \frac{[\alpha]_1 - [\alpha]}{[\alpha]_1 + [\alpha]}$$

und

$$\frac{[\alpha]}{[\alpha]_1} = x_1 - x_2 ,$$

so daß bei allen Wellenlängen

$$\frac{[\alpha]_{\lambda_1}}{[\alpha]_{\lambda_2}} = \frac{[\alpha]_{1\lambda_1}}{[\alpha]_{1\lambda_2}} = \frac{[\alpha]_{2\lambda_1}}{[\alpha]_{2\lambda_2}} = \text{konst.}$$

Das ist typisch für Antipodenmischungen.

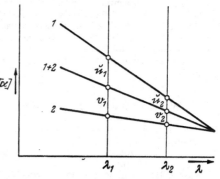

Abb. 40. Darmois-Diagramm. Die spezifischen Drehungen für zwei Wellenlängen λ_1 und λ_2 sind durch Kreise bezeichnet und durch gerade Linien verbunden: Gerade *1* für den optisch aktiven Stoff *1*, Gerade *2* für den optisch aktiven Stoff *2*, Gerade *1 + 2* für das Stoffgemisch. Da die letztgenannte Gerade den Schnittpunkt der Kurven *1* und *2* schneidet, enthält das Stoffgemisch nur die beiden Stoffe *1* und *2* als optisch aktive Bestandteile

Wenn nicht Antipoden vorliegen, so ist (Abb. 40)

$$\frac{u_1}{v_1} = \frac{[\alpha]_{1\lambda_1} - [\alpha]_{\lambda_1}}{[\alpha]_{\lambda_1} - [\alpha]_{2\lambda_1}} = \frac{[\alpha]_{1\lambda_2} - [\alpha]_{\lambda_2}}{[\alpha]_{\lambda_2} - [\alpha]_{2\lambda_2}} = \frac{u_2}{v_2} ,$$

anwendbar in einer graphischen Darstellung nach DARMOIS (G. BRUHAT 1930). Nur wenn die drei Geraden einen gemeinsamen Schnittpunkt haben, ist die Mischung eine solche aus zwei optisch aktiven Stoffkomponenten und ohne Wechselwirkung zwischen diesen. Dann sind die polarimetrischen Analysenmethoden gemäß der Abschnitte E, I, 3 und 4 anwendbar.

Bibliographie

D'ANS, J., u. E. LAX: Taschenbuch für Chemiker und Physiker. Berlin-Göttingen-Heidelberg: Springer 1949.

BRUHAT, G.: Traité de Polarimétrie. Hrsg. v. d. Rev. d'Opt. Paris 1930.

DJERASSY, C.: Optical Rotatory Dispersion. Applications to Organic Chemistry. New York: McGraw-Hill Book Comp. 1960.

FLÜGGE, J.: Grundlagen der Polarimetrie. Druckschr. 50-305 von Carl Zeiss. Oberkochen 1964.
FLÜGGE, S.: (Herausgeber). Hdb. d. Physik, 28. Band. Berlin-Göttingen-Heidelberg: Springer 1957.
GEIGER, H., u. K. SCHEEL: (Herausgeber). Hdb. d. Physik, 19. Band. Berlin: Springer 1926.
HOUBEN-WEYL: Methoden der organischen Chemie. Band 3, Teil 2. Stuttgart: Thieme 1955.
International Critical Tables of Numerical Datas: Band II (1927); Band VII (1930). New York: McGraw-Hill Book Comp.
KOHLRAUSCH, F.: Praktische Physik, Band 1, Stuttgart: Verlag Teubner 1960.
LANDOLT, H.: Das optische Drehungsvermögen organischer Substanzen und dessen praktische Anwendungen. Braunschweig: Vieweg 1898.
LANDOLT-BÖRNSTEIN: I. Band, 3. Teil (1951); II. Band, 8. Teil (1963). Berlin-Göttingen-Heidelberg: Springer
STAUDE, H.: Physikalisch-Chemisches Taschenbuch, Bd. 2. Leipzig: Akademische Verlagsgesellschaft Geest & Portig 1949.
WEISSBERGER, A.: (Herausgeber). Physical Methods of Organic Chemistry, Part III. New York: Interscience Publ. 1960.

Zeitschriftenliteratur

BATES, F. J.: Polarimetry, Saccharimetry and the Sugars. Nat. Bur. Stand. USA. Circ. Nr. 440 (1942).
— — Polarimetry and its Application to the Sugars and their Derivates. Nat. Bur. Stand. USA. Circ. Nr. LC-741 (1944).
BECKER, J.: Anwendung des AZP (Automatisches Zuckerpolarimeter 0,05° S Carl Zeiss) in der Zuckerindustrie. Zucker 12, 15 (1959).
BRODE, W. R.: Optical Rotation of Polarized Light by Chemical Compounds. J. Opt. Soc. Am. 41, 987—996 (1951).
EINSPORN, E.: Normung der Quarzkontrollplatten. Z. Zuckerindustr. 4, 339—341 (1954).
FLÜGGE, J.: Zwei- oder dreiteilige Halbschatten. Chimia 6, 39—42 (1952).
— Über präzises Arbeiten mit Kreispolarimetern. Die pharmazeut. Ind. 16, 305—307 (1954).
GILLHAM, E. J.: Photoelectric polarimeter using the Faraday effect. Nature (Lond.) 178, 1412—1413 (1956).
— A high-precision photoelectric polarimeter. J. Soc. chem. Industr. (Lond.) 34, 435—439 (1957).
HAASE, M.: Optische Eigenschaften neuerer Polarisationsfilter. Zeiss-Mitt. 2, 173—181 (1961).
KUHN, W.: Quantitative Verhältnisse und Beziehungen bei der natürlichen optischen Aktivität. Z. physikal. Chemie B 4, 14—36 (1929).
— Über optische Drehung und chemische Konstitution. Ber. dtsch. chem. Ges. 63, 190—207 (1930).
LOWRY, T. M.: Optical Rotatory Power. A general discussion. Transact. Faraday Soc. 26, 266—461 (1930).
WENKING, H.: Lichtelektrische Polarimeter. Zeiss-Mitt. 1, 19—30 (1957).
— Anwendung der Magnetorotation in lichtelektrischen Polarimetern. Z. Instrkde. 66, 1—5 (1958).

Nephelometrie

Von

Dr. K. FEILING, Wetzlar

Mit 1 Abbildung

Siehe Seite 909 dieses Bandes

Interferometrie

Von

Prof. Dr. J. EISENBRAND, Saarbrücken

Mit 3 Abbildungen

Betrachtet man zwei von einer monochromatischen Lichtquelle ausgehende parallele Lichtbündel 1 und 2, die man auf zwei benachbarte Spalte auftreffen läßt (Abb. 1), so kann man jeden Spalt nach HUYGENS als den Ausgangsort einer Kugelwelle ansehen. Greift man aus den nach allen Seiten verlaufenden Wellenzügen zwei Wellenzüge der Richtung O und A heraus, so haben in Richtung O des auffallenden Lichtbündels alle Wellenzüge dieselbe Phase, sie verstärken sich deshalb. Die Wellenzüge in Richtung O und die in Richtung A, die als je zwei Gerade schematisch dargestellt sind, bilden nun miteinander von jedem der Spalte ausgehend je den Winkel α. Wie nun unmittelbar aus der Abb. 1 hervorgeht, haben die von den beiden Spalten ausgehenden Wellenzüge in

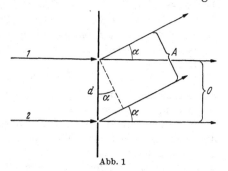

Abb. 1

Richtung A den Gangunterschied $d \cdot \text{sinus}$ gegenüber den Wellenzügen in Richtung O. Dabei bedeutet d, wie unmittelbar aus Abb. 1 hervorgeht, den Abstand der beiden Spalte.

Ist diese Gangdifferenz gleich einer halben Wellenlänge oder einem ungeraden Vielfachen davon, so erfolgt Auslöschung, und man beobachtet in der Richtung A einen dunklen Streifen; ist der Gangunterschied gleich einer ganzen Wellenlänge oder einem Vielfachen davon, so erfolgt maximale Verstärkung, und man beobachtet einen hellen Streifen. Man erhält so eine Reihe von abwechselnd hellen und dunklen Interferenzstreifen, für die gilt:

$$d \cdot \sin \alpha = z \, \frac{\lambda}{2} \quad \text{oder} \quad \sin \alpha = \frac{z \left(\frac{\lambda}{2} \right)}{d} \, . \tag{1}$$

z durchläuft die Reihe der ganzen Zahlen; für ungerade Werte von z tritt maximale Auslöschung, für gerade Werte z maximale Verstärkung auf. Da die Spalte nicht unendlich schmal sind, überlagert sich dem durch beide Spalte erzeugten Interferenzbild noch das Interferenzbild, das von den einzelnen Punkten des gleichen Spaltes herrührt. Ein schematisches Interferenzbild eines solchen Doppelspaltes zeigt Abb. 2. Benützt man nicht monochromatisches, sondern weißes Licht, so bleibt nur der dem ungebeugten Licht entsprechende Mittelstreifen weiß, die Beugungsstreifen erscheinen farbig, weil der Abstand der Interferenzstreifen für jede Wellenlänge ein anderer ist.

Die schematische Abb. 3 zeigt eine Anordnung, wie sie für die üblichen Interferometer benützt wird. Das von einem beleuchteten Spalt kommende Lichtbündel wird durch eine Kollimatorlinse parallel gemacht und in einem Fernrohrobjektiv wieder zum Spaltbild vereinigt, das mit einem stark vergrößernden Ocular betrachtet wird. Wenn man die beiden Spaltblenden vor dem Objektiv einfügt, so werden aus dem Lichtbündel zwei schmale Strahlenbündel ausgesondert, und man erhält statt des Spaltbildes allein auch die entsprechenden Beugungs-

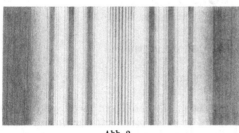

Abb. 2

bilder gemäß Abb. 2. Bringt man jetzt in die Wege der beiden Strahlenbündel vor den Spalten zwei gleich lange Küvetten ein, die mit zwei Medien (z. B. zwei Gasen) von verschiedenen Brechungsindex gefüllt sind, so sind die optischen Weglängen der beiden Strahlenbündel nicht mehr gleich, es tritt eine Phasenverschiebung und damit eine Verschiebung des Interferenzstreifensystems ein (vgl. F. Löwe 1954).

Die Größe der Streifenverschiebung hängt *von der Differenz der optischen Weglängen in den beiden Kammern ab*, jede Änderung dieser Differenz um eine Lichtwellenlänge entspricht einer Verschiebung um einen Streifenabstand. Es gilt also die Beziehung:

$$n_2 L - n_1 L = m \lambda = L(n_2 - n_1) .\qquad(2)$$

Dabei bedeuten n_2 und n_1 die absoluten Brechungsindices der Küvettenfüllungen, L die Länge der Küvetten und m die Anzahl Interferenzstreifen, die an der ursprünglichen Mittellage vorbeigewandert sind, d. h. die Streifenverschiebung, dividiert durch den Streifenabstand.

Die Streifenverschiebung ist besonders bei Verwendung von weißem Licht sehr auffallend, weil man die Verschiebung des weißen Mittelstreifens beobachten kann. Nur das der gleichen optischen Weglänge entsprechende Spaltbild bleibt weiß. Der weiße Mittelstreifen erhält dabei allerdings unter Umständen einen farbigen Saum, und zwar um so mehr, je größer die Verschiebung ist. Dies wird nach Gleichung 2 dann der Fall sein, wenn die Differenz der optischen Weglängen stark von der Wellenlänge des Lichtes abhängt, mit anderen Worten, wenn die Dispersion der beiden Medien sehr verschieden ist. Dann ist die Verschiebung der Streifen nicht für alle Farben gleich; der weiße Mittelstreifen erhält einen farbigen Saum, ist aber immerhin noch als weißer Streifen zu erkennen.

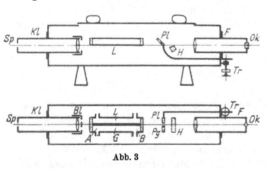

Abb. 3

Meßverfahren

Die praktische Messung der Streifenverschiebung und damit des Brechungsindex soll anhand von Abb. 3 erläutert werden, in der das Gasinterferometer nach Haber-Löwe (Optische Werke, Jena) im Grundriß und im Querschnitt schematisch dargestellt ist. Das aus dem Kollimator Kl kommende Strahlenbündel tritt durch zwei senkrechte Spaltblenden Bl und teils durch die Doppelkammern G und L hindurch, teils über sie hinweg in das Fernrohr F ein. Das Bild des Spaltes und die ganze Reihe der Beugungsbilder werden durch eine als Ocular dienende Zylinderlinse beobachtet. Die Zylinderlinse bewirkt lediglich eine Vergrößerung in horizontaler Richtung, so daß die Interferometerstreifen auseinandergezogen werden. Die untere Wand der Doppelkammer ist als schwarze Trennungslinie zu sehen. Oberhalb davon hat das Licht die beiden Kammern gleicher Länge G und L passiert, unterhalb davon nur Luft.

Wenn die beiden Kammern ebenfalls mit Luft gefüllt sind, sieht man oberhalb und unterhalb der Trennungslinie zwei identische Streifensysteme. Ändert man die optische Weglänge in der Kammer G durch Einfüllung eines anderen Gases, so wird das obere Streifensystem gegenüber dem unteren, das als Einstellmarke dient, verschoben. Man mißt nun nicht diese Verschiebung, da dies etwas mühsam ist, sondern verändert den optischen Lichtweg des Strahlenbündels, welches durch die Kammer hindurchgeht, mit Hilfe eines geeichten Meßkompensators Pl, bis die Verschiebung wieder rückgängig gemacht ist.

Der Meßkompensator Pl besteht aus einer geneigten planparalellen Glasplatte, deren Neigung durch eine Mikrometerschraube über einen langen Hebelarm verändert werden kann. Dadurch kann in diesem Lichtbündel eine Vergrößerung der optischen Weglänge erreicht werden. Der Gang der Mikrometerschraube, die zur Neigung der Platte dient, ist somit stark übersetzt und dies ermöglicht eine sehr genaue Kompensation der Streifenverschiebung. Bei 4% CO_2 in der Kammer G und reiner Luft in der Kammer L sind z. B. 4 ganze Trommelumdrehungen nötig. Ein Trommelteil des Kompensators entspricht somit etwa 0,01% CO_2.

Während man also bei der Refraktometrie den Einfalls- und Austrittswinkel beim Übergang eines Lichtbündels von einem Medium in ein anderes mißt und daraus nach $n = \dfrac{\sin \alpha}{\sin \beta}$ das Verhältnis der Brechungsindices dieser beiden Medien erhält, besteht das Meßprinzip der Interferometrie darin, *daß man die Differenz der optischen Weglängen zweier Medien gleicher Schichtdicke bestimmt und daraus nach Gleichung 2* die Differenz der absoluten Brechungsindices der beiden Medien gleicher Schichtdicke berechnet. Die Differenz $m\lambda$ der optischen Weglängen mißt man, indem man die Interferenzstreifenverschiebung durch Neigen der Kompensatorplatte rückgängig macht. Die Mikrometerschraube, mit der das geschieht, ist z. B. in Werten von $m\lambda$ oder $\dfrac{m\lambda}{L}$ geeicht.

Während man nun die Luft in *einer* Gaskammer durch die zu untersuchende Gasprobe verdrängt, beobachtet man, daß das zugehörige Streifensystem seine Anfangslage verläßt und aus dem Gesichtsfeld abwandert. Betätigt man nun den Kompensator, so rückt das verschwundene Streifensystem allmählich wieder in die Anfangslage.

Man kann nun andererseits die Zahl der an einer festen Marke vorbeigewanderten Streifen (monochromatische Beleuchtung mit Natriumlicht) zählen. Es wurden z. B. in einem Fall 10 Streifen gezählt, die 400 Trommelteilen entsprachen (E. BERL und K. ANDRESS 1921). Man erhält dann:

$$400 \text{ TT} \sim 10 \ \lambda(\text{Na-D}) = 10 \times 5{,}893 \times 10^{-5} \text{ cm}$$

oder

$$(n_2 - n_1) \times 100 = 10 \times 5893 \times 10^{-5} \text{ cm}$$

oder

$$n_2 - n_1 = 5{,}893 \times 10^{-6} \ ,$$

ferner ist nach Gleichung

$$400 \text{ TT} = 5{,}893 \times 10^{-6} = (n_2 - n_1) \ ,$$

$$1 \text{ TT} = 1{,}474 \times 10^{-8} = \Delta n \ .$$

Da man auf 1—2 Trommelteile genau einstellen kann, berechnet sich der Meßfehler des Laboratoriumsinterferometers für Gasgemische, bei Verwendung einer
1 m-Küvette und von Natriumlicht zu $1,5-3 \times 10^{-8}$ Einheiten des Brechungsindex. In obigem Beispiel ist n_1 der Brechungsindex für Luft, n_2 für die unbekannte
Gasmischung.

Es ist erforderlich jedes Interferometer für die zu untersuchenden Gasgemische
zu eichen, zweckmäßig von 100 zu 100 Trommelteilen oder in ähnlichen Abständen.

Wie empfindlich das Interferometer hier ist, ergibt sich aus dem Vergleich der
Brechungsexponenten der Luft, $n_1 = 1,0002922$ mit dem von CO_2, $n_2 = 1,0004480$

$$(n_2 - n_1) = 0,0001478 = 1,478 \times 10^{-4} .$$

Da 1,5 bis $3 \times 10^{-8} = \varDelta n$ die Grenze der Meßbarkeit ist, so ist leicht ersichtlich,
daß eine Menge von 1% CO_2 in Luft in der 1 m-Küvette fast noch einen Ausschlag
von 100 Trommelteilen ergibt und somit mit 1—2% relativem Fehler bestimmt
werden kann.

Die Leistungsfähigkeit der Methode zeigt ferner eine Tabelle nach E. BERL
und K. ANDRESS bei welcher die Äthermengen in einem Äther/Luftgemisch
gemessen und anhand der bekannten Brechungsindices berechnet wurden.

Tabelle. *g/m³ Äthyläther, die ein T.T.
anzeigt* (LÖWE 1954)

Trommelteile	gefunden	berechnet
128	0,388	0,386
368	0,385	0,382
512	0,380	0,380
520	0,376	0,379
564	0,380	0,378
812	0,372	0,374
1013	0,371	0,370
1073	0,366	0,369
1312	0,364	0,365

Mengen von 0,4 g Äther/m³, d. h. 0,4
μg/ml Äther lassen sich so noch in Luft
mit 1—2% relativem Fehler bestimmen.
Für die Flüssigkeitsinterferometrie ist die
Anwendung großer Schichtdicken nicht
üblich. Man begnügt sich hier im allgemeinen, wie auch bei anderen optischen
Methoden (Lichtabsorption, Polarimetrie)
mit kleineren Schichtdicken und zwar
unter 10 cm. Die Größe der Meßfehler ist
in jedem Einzelfall gesondert zu ermitteln.

Im allgemeinen werden interferometrische Messungen nicht zur Bestimmung
von Absolutwerten der Brechungsindices verwendet, sondern ihrer hohen Empfindlichkeit wegen zu *Relativmessungen*, d. h. im wesentlichen für *analytische
Aufgaben*. Man wird dann den Kompensator statt in Differenzen der optischen
Länge direkt in Gehalten (prozentualen oder molaren) der zu bestimmenden Substanzen eichen. Will man z. B. das Mischungsverhältnis von Gasen bestimmen, so
verläuft die empirische Eichkurve meist linear mit der Konzentration (E. BERL
und K. ANDRESS 1921). Wenn man in der Vergleichskammer L ein Medium mit
ungefähr gleichem Brechungsindex hat, wie ihn das zu untersuchende Medium in
der Kammer G besitzt (z. B. zwei Gase desselben Druckes), so sind Druck und
Temperaturabhängigkeit für beide etwa gleich groß und fallen in der Differenz der
Brechungsindices, die die eigentlich zu ermittelnde Größe darstellt, heraus. Es ist
dann trotz der hohen Genauigkeit nicht notwendig, z. B. die Temperatur sehr
genau konstant zu halten.

Für die absolute Eichung des Kompensators in Einheiten von $m\lambda$ oder von
$\dfrac{m\lambda}{L}$ verwendet man nur monochromatisches Licht. Man dreht die Trommel
langsam um eine bestimmte Anzahl Trommelteile und zählt dabei die Zahl m der
Streifen ab, die an der feststehenden Streifenmarke vorbeiwandern. Den Bruchteil eines Streifenabstandes mißt man unter Ausnutzung der Mikrometerschraube.
Die Meßtrommel muß über ihren gesamten Bereich geeicht werden, da die Änderung der optischen Weglänge der Trommelverschiebung nicht proportional ist.

Die Größe ($m\lambda$/Anzahl Trommelteile) wird von der Wellenlänge des verwendeten Lichtes abhängen, da sie durch die optische Länge und damit durch den Brechungsindex der zur Kompensation verwendeten Glasplatte gegeben ist, und da der Brechungsindex von Glas ja eine beträchtliche Wellenlängenabhängigkeit aufweist.

Vielfach wird für interferometrische Messungen weißes Licht benützt. Es wurde bereits darauf hingewiesen, daß bei einer Verschiebung der Interferenzstreifen aus der Mittellage der weiße Mittelstreifen einen farbigen Saum erhält, weil die gleiche optische Weglänge nicht mehr für alle Farben übereinstimmt, wenn sich in dem einen Lichtweg ein Medium mit anderer Dispersion befindet als im anderen. Aus dem gleichen Grund ist auch die Eichung des Kompensators wellenlängenabhängig. Wenn nun die Streifenverschiebung mit Hilfe des Kompensators rückgängig gemacht worden ist, so sind zwar die optischen Weglängen für beide Lichtbündel wieder gleich, aber die Einstellung braucht nicht für alle Wellenlängen übereinzustimmen, weil die optischen Wege durch verschiedene Medien verlaufen. Nur wenn die Dispersion der Kompensatorplatte und die des untersuchten Gases zufällig übereinstimmen, wird man nach der Kompensation wieder einen rein weißen Mittelstreifen erhalten. Andernfalls bleiben mehr oder weniger farbige Ränder bestehen, die eine genaue Einstellung auf das obere Vergleichsstreifensystem erschweren.

Wenn man daher mit weißem Licht messen will, muß man sich vergewissern, ob nicht farbige Ränder die Einstellung innerhalb der gewünschten Meßgenauigkeit verhindern. Ist dies nicht der Fall, so bestehen keine Bedenken für die Verwendung von weißem Licht. Man muß aber trotzdem die Eichung des Kompensators mit monochromatischem Licht vornehmen, und zwar mit Licht der gleichen Wellenlänge für die man die Meßwerte der zu untersuchenden Substanz zu haben wünscht.

Eine Anzahl Anwendungen solcher interferometrischer Messungen führt F. LÖWE (1954) an, so Gasmesser zur Ermittlung von Explosionsgrenzen von Gasgemischen bei Betriebsräumen, Tankschiffen, Gruben. Auch bei Lösungen wird die Interferometrie neben anderen Methoden dann gerne benützt, wenn eine gleichbleibende Gesamtkonzentration laufend kontrolliert werden soll z. B. bei Trink- und Gebrauchswässern (R. FRESENIUS 1941).

Abgesehen von der Untersuchung von Flüssigkeits- und Gasgemischen ist die Interferometrie in letzter Zeit in zunehmendem Maß zur Untersuchung zeitlich veränderlicher Vorgänge benützt worden, wozu sie als optische Methode hervorragend geeignet ist.

Eines der einfachsten Beispiele ist hier die interferometrische Titration nach E. BERL und E. RANIS (1933), bei der die Konzentrationsveränderungen willkürlich durch Zugabe von Meßflüssigkeit herbeigeführt werden. Auch kinetische Messungen sind so möglich. Ebenso können naturgemäß Gasgemische laufend untersucht werden (Grubengasinterferometer). Besondere Fortschritte wurden auch bei der Untersuchung von Diffusions- und Wanderungsvorgängen erzielt, z. B. bei der Elektrophorese. Die Interferenzbilder werden hier teilweise durch andere Anordnungen, wie die oben beschriebene erzielt [vgl. hierzu: H. LABHART und H. STAUB 1947; *Kern & Co.*, Aarau (vgl. Literatur); W. LOTMAR 1949; H. J. ANT-WEILER 1949; F. HARTMANN und G. SCHUMACHER 1950; ferner G. KORTÜM und M. KORTÜM-SEILER 1953; F. WEIGERT 1927]. Die Gleichung läßt ferner erkennen, daß man bei *bekanntem* Brechungsindex umgekehrt sowohl große als auch kleine Weglängen messen kann.

Hierauf beruht die interferometrische Dickenmessung (vgl. F. WEIGERT 1927, M. KORTÜM-SEILER 1953), die interferometrische Längenbestimmung der Längeneinheit des Meters nach KÖSTERS, ENGELHARDT, KINDER, die Beobachtung des

Wachstums von Pflanzen in kurzen Zeitabständen und seine Beeinflussung durch Dämpfe, Schädlingsbekämpfungsmittel, Wuchsstoffe usw. (E. Rüchardt 1952), die Mikrointerferometrie mit Interferenzmikroskopen u. a. m. Abgesehen von den hier aufgezählten Anwendungen sind noch zahlreiche andere in der angewandten Physik und in der Meßtechnik benützt worden, für deren Studium auf die einschlägige Literatur verwiesen sei. Über Interferenzlichtfilter vgl. Kapitel: Messung der Lichtabsorption.

Bibliographie

Berl, E., u. E. Ranis: „Interferometrische Titrationen". In: F. Löwe, Optische Messungen des Chemikers und Mediziners. Bd. VI. S. 304. Dresden und Leipzig: Th. Steinkopff 1954.

Fresenius, R.: Handbuch der Lebensmittelchemie. Bd. VIII, S. 142. Berlin: Springer 1941.

Kortüm, G., u. M. Kortüm-Seiler: „Refraktometrie und Interferometrie. In: Hoppe-Seyler/Thierfelder, Handbuch der physiologisch- und pathologisch-chemischen Analyse 10. Aufl., I. Bd. S. 441. Berlin-Göttingen-Heidelberg: Springer-Verlag 1953.

Löwe, F.: In: Handbuch der Lebensmittelchemie, Bd. II, 1, S. 293. Berlin-Göttingen-Heidelberg: Springer-Verlag 1933.

— Optische Messungen des Chemikers und des Mediziners, Bd. VI. Dresden und Leipzig: Th. Steinkopff 1954.

Rüchardt, E.: Sichtbares und unsichtbares Licht. Berlin-Göttingen-Heidelberg: Springer-Verlag 1952.

Weigert, F.: In: Optische Methoden der Chemie. S. 466. Leipzig: Akademische Verlagsgesellschaft m.b.H. 1927.

Zeitschriftenliteratur

Antweiler, H. J.: Kolloid-Z. 115, 130—137 (1949).
  Hersteller: Boskamp, Hersel bei Bonn.

Berl, E., u. K. Andress: Über die Abscheidung flüchtiger Stoffe aus schwerabsorbierbaren Gasen. Z. angew. Chem. 34, 370—371 (1921).

— — Absorption von organischen Lösungsmitteln durch aktive Kohlen. Z. angew. Chem. 45, 557—559 (1932).

Kern & Co.: Aarau, Schweiz, Bezugsquelle für Mikro-Elektrophoreseapparate. Quantitative Mikro-Elektrophorese. Kinder, W. Zeiss-Nachrichten 43, 3—11 (1962).

Labhart, H., u. H. Staub: Mikro-Elektrophorese. Helv. chim. Acta 30, 1954—1964 (1947).

Leitz-Nachrichten: Mitteilungen für Wissenschaft und Technik. Bd. II, Nr. 2, S. 33—64. Wetzlar: März 1962.

Lotmar, W.: Interferometeranordnungen für Mikro-Elektrophorese. Helv. chim. Acta 32, 1847—1850 (1949).

Polarographie

Von

Prof. Dr. Dr. **W. Diemair** und Dr. **Konrad Pfeilsticker**, Frankfurt/M.

Mit 23 Abbildungen

A. Allgemeine Einführung

Unter der Bezeichnung „Polarographie" hat J. Heyrovsky im Jahr 1923 eine elektrochemische Analysenmethode angegeben, bei der die zu untersuchende Probelösung einer kurzdauernden Elektrolyse mit kontinuierlich ansteigender Spannung[1] unterworfen wird. Als „Abscheidungselektrode" (= Indicator- oder Meßelektrode) dient die schon 1903 von G. Kucera eingeführte vollständig *polarisierbare*, weitgehend indifferente *Quecksilber-Tropf-Elektrode*, als Gegenelektrode eine unpolarisierbare Bezugselektrode konstanten Potentials. Das analytische Maß für die Qualität und Quantität einer Analysenkomponente ergibt sich aus der Abhängigkeit des Elektrolysestromes i von der jeweils angelegten Elektrolysespannung U: es wird eine sog. *Strom-Spannungskurve* registriert, der die analytischen Daten in geeigneter Weise zu entnehmen sind. Die Kurve bezeichnet man speziell als „Polarogramm", das zu seiner *automatischen* Registrierung dienende Analysengerät als „Polarographen". Der erste Apparat dieser Art wurde von J. Heyrovsky und M. Shikata (1925) konstruiert.

Das zunehmende Interesse der Analytik an den Spurenbestandteilen und der Fortschritt der elektronischen Meßtechnik hat der konventionellen Polarographie in den letzten 15 Jahren neue Impulse gegeben. Neben der „klassischen" Gleichstrom-Polarographie sind eine ganze Reihe neuartiger polarographischer Methoden entstanden, die im wesentlichen darauf abzielen, die Selektivität und die Empfindlichkeit des Nachweises zu erhöhen oder das klassische Verfahren zu ergänzen und neue Anwendungsgebiete zu erschließen. Diese polarographischen Methoden sind in der folgenden Übersicht zusammengestellt.

Übersicht: Die polarographischen Methoden

I. Gleichspannungs-Polarographie

(Polarogramm: Gleichstrom-Gleichspannungs-Charakteristik oder deren Ableitung.)

Quasi-stationäre Spannungsanlegung

1. Klassische Gleichspannungs-Polarographie (Heyrovsky)
2. Rapid-Polarographie
3. Differential-Polarographie
4. Derivativ-Polarographie
5. Tast-Polarographie
6. Potentiostatische Polarographie

---

[1] Im allgemeinen in negativer Richtung.

Instationäre Spannungsanlegung

7. Oscillographische Polarographie
  a) Impulsmethode (single-sweep)
  [b) Kippmethode (multi-sweep) gehört zu den Wechselspannungsverfahren]
8. Pulse Polarographie.

II. Wechselspannungs-Polarographie

(Polarogramm: Wechselstrom-Gleichspannungs-Charakteristik oder deren Ableitung.)

1. Gewöhnliche Wechselstrom-Polarographie
2. Square-Wave-Polarographie
3. Wechselstrom-Brücken-Polarographie
4. Hochfrequenz-Polarographie.

III. Oscillographische Polarographie mit Wechselstrom
nach J. Heyrovsky und J. Forejt

(Polarogramm: Wechselspannung-Zeit-Charakteristik oder dV/dt-Zeit-Charakteristik oder dV/dt-Wechselspannungs-Charakteristik.)

IV. Kombinationen

1. Inkrement-Polarographie
2. Inverse Polarographie oder Anodische Amalgam-Voltammetrie
3. Polarometrische Titrationen (Amperometrische Titrationen, Grenzstrom-Titrationen)
4. Komparationstitrationen.

Die polarographischen Methoden gehören neben der Spektralanalyse und den Tracer-Verfahren zu den empfindlichsten und wichtigsten Arbeitsverfahren der Spurenanalyse. Ihr *Anwendungsbereich* erstreckt sich auf alle die *anorganischen* und *organischen Ionen* und *chemischen Verbindungen*, die an der Indicatorelektrode entweder *kathodisch reduziert* oder *anodisch oxydiert* werden. In den allermeisten Fällen ist die Bestimmungsreaktion eine Reduktion. In Tab. 1 sind die anorganischen Stoffe, in Tab. 2, S. 493, die organischen Verbindungen zusammengestellt, die polarographisch erfaßt werden können.

Tabelle 1. *Die polarographisch erfaßbaren anorganischen Stoffe*

	gut bestimmbar	weniger gut bestimmbar
Kationen	Cu, Zn, Cd, Hg, In, Tl^+, Ti, Sn, Pb, V, Mn, Bi, Sb, Fe, Co, Ni, Ba, Cr	Li, Na, K, Rb, Cs, NH_4, Ca, Sr, Ra, Al, Seltene Erden, Ag, Au, Ga, As, Mo, W, U, Pd, Rh
Anionen	BrO_3^-, JO_3^-	ClO_2^-, SeO_3^{--}, TeO_3^{--}, $NO_3^- + NO_2^-$, JO_4^-, NO_2^- neben NO_3^-

Durch Reaktion mit dem Hg der Indicatorelektrode:

$$Cl^-, Br^-, J^-, CNS^-,$$
$$S_2O_3^{--}, CN^-, S^{--},$$

Indirekt bestimmbar sind:

$$Cl^-, Br^-, J^-, CN^-,$$
$$ClO_3^-, BrO_3^-, JO_3^-,$$
$$SO_4^{--}, PO_4^{---}, P_2O_7^{----},$$

Neutralmolekeln: O_2, H_2O_2, SO_2,   S, NO, NO_2, NH_3, $(CN)_2$.

Tabelle 2a. *Die polarographisch direkt erfaßbaren organischen Stoffe*

Stoffklasse, polarographisch wirksame Gruppe	Beispiele
A) Reduktionen 1. Chinone	o-Chinon, Hydro-, Benzo-, Anthrachinon, Juglon, Dioxy-Indol, Chinonfarbstoffe, Fuchsone
2. Halogenderivate	CCl_4, $CHCl_3$, $CHBr_3$, CHJ_3, halogenhaltige Insecticide (Hexachlorcyclohexan, Chloramin T, Brom-Campher, Tyroxin, 3,5-Dijod-Tyrosin
3. Ungesättigte Kohlenwasserstoffe, "-Säuren $=\overset{\mid}{C}-\overset{\mid}{C}=,\ \equiv C-C\equiv,\ =\overset{\mid}{C}-C=O$ $\overset{\mid}{OH}$	cancerogene KW-Stoffe (1,2,5,6-Dibenz-Anthracen, 3-Methylcholanthren), Azulene, Stilbene, Malein-, Fumar-, Phthalsäure, Piperin
4. Sauerstoffhaltige Verbindungen a) Aldehyde $-C=O$ $\overset{\diagdown}{H}$	Form-, Acet-, Benz-, Anis-, Zimtaldehyd, Acrolein, Methylglyoxal, Citral, Citronellal, Vanillin, Streptomycin, Fural
b) Ketone $=C-C=O$ (oberhalb $-2,4$ V auch $-C=O$)	Diacetyl, Dioxyaceton, (Aceton), Carvon, Jonon, Alloxan, Pyrethrine, Ninhydrin, Kynurenin, Tetracycline, (Aureomycin, Tetramycin u. a.) Colchicin
c) Zucker	Glucose, Fruktose, Sorbose (Disaccharide *nicht!*)
d) Ketosäuren	Brenztrauben-, Ketoglutarsäure
e) O-haltige Heterocyclen	Flavone, Rutin, Quercetin, Hesperidin, Hesperitin, Anthocyane, Penicillinsäure, Santonin
5. N-haltige Verbindungen a) aliphatische Nitro-Verbindungen $R-NO_2$	Nitromethan, Nitroäthan
b) aliphatische Amine $R-NH_2$	Mono-, Di-, Trimethylamin
c) aliphatische Nitrile $-C\equiv N$	Dicyan
d) aliphatische Amide $-CONH_2$	Oxamid, Oxamidsäure
e) aromatische Nitro-Verbindungen	Nitrobenzol, Pikrinsäure, Trinitrotoluol, Parathion, Chloramphenicol, Propoxy-m-Nitranilin
f) aromatische Nitroso-Verbindungen, $Ar-NO$	Nitrosobenzol, α-Nitroso-β-Naphthol
g) aromatische Hydroxylamin-Verbindungen	p-Hydroxylaminobenzolsulfonamid
h) aromatische Azo-Verbindungen, $-N=N-$	Azofarbstoffe, Azobenzol
i) aromatische Azoxy-Verbindungen, $-NO=N-$	Azoxybenzol
k) aromatische Azomethin-Verbindungen, $-CN-$	Conteben, Azomethine
l) N-haltige Heterocyclen	Nicotinsäure, Iso-, Nicotinsäureamid, Picolinsäure, Cozymase, Tetrazoliumsalze, Adenin, Acridine
6. Alkaloide	Chinin, Berberin, Piperin
7. Vitamine	Thiamin, Lactoflavin, Lumichrom, Folsäure, K-Vitamine (Oxydationen vgl. unten)
B) Oxydationen 1. Endiole $-C=C-$ $\overset{\mid}{HO}\ \overset{\mid}{OH}$	Ascorbinsäure, Isoascorbinsäure, Reduktinsäure, Redukton, Pyrogallol, Gallussäure, Dioxymaleinsäure, Cumarindol
2. Chromane, Cumarane	6-Oxy-Chroman, 5-Oxy-Cumaran
3. Mercaptane $-SH$	Cystein, Glutathion, Thioglykolsäure

Tabelle 2a. (Fortsetzung)

Stoffklasse, polarographisch wirksame Gruppe	Beispiele

4. N-haltige Verbindungen
  a) Hydrazinderivate
  b) Harnstoff-Derivate
  c) Thioharnstoff-Derivate
 	
C. *Verbindungen unterschiedlicher Konstitution*
	Hydrazide
	Uracil, Barbiturate, Hydantoine
	Thioharnstoff, Thio-Uracile, Thiobarbiturate
	vgl. oben
	
	Saccharin, Terpenoxide, Triphenylmethan-Derivate, Bilirubin, Chlorophyll, Chlorophylline

Tabelle 2b

A) Indirekte Bestimmungen
Methanol, Äthanol, Glycerin, Glykole, Serin, Milchsäure, Mandelsäure, Pentosen, Acetoin, Äpfelsäure, Asparaginsäure, Benzol, Toluol, Dulcin, Phenacetin, Phenylalanin, Tryptophan, Tyrosin, Antipyrin, Penicillin, Aceton, Cyclohexan, 17-Keto-Steroide, Aminosäuren, Citronensäure.

B) Bestimmungen mit Hilfe polarographischer „Maxima"
Kohlenwasserstoffe, Hexachlor-Cyclohexan, Cholesterol, Unterscheidung von künstlichem und natürlichem Honig/Essig/Citronensäure, Bewertung von Raffinade, Reinheit von Wasser.

C) Bestimmungen mit Hilfe „Katalytischer Wellen"
Eiweißstoffe.

Neben den reduzierbaren und oxydierbaren Stoffen können insbesondere mit wechselspannungs-polarographischen Verfahren oberflächenaktive Stoffe „tensammetrisch" erfaßt werden.

Auf Grund dieser breiten Anwendungsmöglichkeiten wird heute die Polarographie auf den verschiedensten Gebieten der Biologie, Pharmazie und Medizin neben den schon klassischen Bereichen der Metallanalyse eingesetzt. Darüber hinaus dient sie in zunehmendem Maß zur Klärung grundlegender elektrochemischer Probleme sowie zur Ermittlung physikalisch-chemischer Konstanten, die die Struktur und Konstitution kennzeichnen (Redox-Normalpotentiale, pK-Werte, Stabilitätskonstanten, Koordinationszahlen, Diffusionskoeffizienten, Konstanten der Hammett-Gleichung). Die Polarographie hat der Entwicklung anderer elektroanalytischer Verfahren neue Impulse gegeben und gilt als eine der wesentlichen Entdeckungen dieses Jahrhunderts (H. W. Nürnberg 1962).

Die Vorteile der polarographischen Methoden. Die Verfahren sind *einfach* und *schnell*, sehr *empfindlich*, auch bei kleinen Konzentrationen *reproduzierbar* und *selektiv*. Sie ermöglichen die *gleichzeitige* (simultane) Bestimmung mehrerer Analysenkomponenten oder Wertigkeitsstufen einer Einzelkomponente nebeneinander, sie erfassen sowohl *anorganische* als auch *organische* Stoffe, sie sind zur *Einzelanalyse* so gut geeignet wie zur *Reihenanalyse* und liefern schließlich in Form des Polarogramms ein beweiskräftiges *Dokument*.

Die Leistungskenngrößen der Verfahren, nämlich die *Nachweisgrenze* (NG), *die Varianz* (V), das *Auflösungsvermögen* (AV) und das *Trennvermögen* (TV), sind in Tab. 3 zusammengestellt. Die Werte sind Richtwerte, die je nach der Arbeitsvorschrift eine gewisse Schwankungsbreite zeigen. Unter Auflösungsvermögen versteht man nach H. Schmidt und M. v. Stackelberg (1961) diejenige Potentialdifferenz in mV, die die Halbstufenpotentiale $E_{1/2}$ (vgl. bei „Grundlagen") zweier

Komponenten aufweisen müssen, um getrennt registriert zu werden. Als Trennvermögen definieren diese Autoren andererseits dasjenige Konzentrationsverhältnis, das die Bestimmung der unedleren neben der edleren Komponente gerade noch zuläßt. Je größer dieses Verhältnis ist, desto größer kann die Konzentration der edleren Komponente sein.

Tabelle 3. *Die Leistungskenngrößen der polarographischen Verfahren*

Methode	NG[3]	V in %	AV in mV	TV
klassische P..	10^{-5} N	1—3	80—100	50:1[1]
			100—120	10:1[2]
Differential P.	10^{-6}	bis 0,2		bis
	10^{-7} N			1000:1[1,2]
Derivativ P..	10^{-8} N		40—50	bis
	10^{-4}			1000:1[1,2]
	10^{-7} N			
Tast P.	10^{-6} M	1—3	80—100	50:1
			100—120	
Oscillographische P.	10^{-6} N			
Wechselspannungsp.	10^{-5} N	1—3	40	100:1[1]
				1000:1[2]
Square Wave	10^{-6}	0,2	20	20000:1
	10^{-8} M			
WS-Brücken P.	10^{-6}	1—3	40	
	10^{-7} N			
Pulse P.	10^{-7} N		40	10000:1
Oscill. P. nach J. Heyrovsky				
u. J. Forejt	10^{-5} N		< 40	
Inverse P..	10^{-9}	15—25		
	10^{-10} M			
Polarometr. Titr..	10^{-3}	1—0,2		
	10^{-5} N			

Die Grenzen der polarographischen Verfahren sind gegeben durch die oft ungenügende Selektivität einer Bestimmung (ungenügendes Auflösungsvermögen), durch ein mangelhaftes Trennvermögen und häufig durch die Unmöglichkeit, simultan mehrere Analysenkomponenten nebeneinander bestimmen zu können, weil für die quantitative Analyse jeweils anders zusammengesetzte Grundelektrolyte angewendet werden müssen. Aus diesen Gründen gewinnen Kombinationen der polarographischen Analyse mit einem ausgesprochenen Trennverfahren, wie etwa der Chromatographie, zunehmend an Bedeutung.

---

[1] Qualitative Analyse.
[2] Quantitative Analyse.
[3] „Normal"-Lösung = N; „Molare" Lösung = M.

B. Das Prinzip

I. Gleichstromverfahren
Quasi-stationäre Spannungsanlegung

1. Die klassische Gleichstrompolarographie
a) Grundlagen

Die klassische Gleichstrompolarographie ist eine *Gleichspannungselektrolyse* und beruht im Prinzip auf zwei Phänomenen: der *Polarisation einer indifferenten Meßelektrode (J)* einerseits und andererseits der *begrenzten Wanderungsgeschwindigkeit* der Teilchen zur Elektrodenoberfläche hin *(Diffusion)*.

Die Polarisation tritt an jeder indifferenten, d. h. nicht angreifbaren, Elektrode in einem bestimmten Potentialbereich dadurch auf, daß die erste Potentialanlegung durch eine äußere Spannung U an oder in nächster Nähe der Elektrodenoberfläche Veränderungen bewirkt, die ein Potential aufrichten, das dem angelegten entgegengesetzt und gleich ist. Daher wird eine weitere Reaktion und damit ein dauernder Elektrolysestrom verhindert (Abb. 1a, Bereich AE_{gl}). Die polarisierte Elektrode ist mit einem Plattenkondensator vergleichbar, an den beliebige Spannungen U angelegt werden können, ohne daß ein Strom fließt.

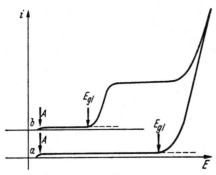

Abb. 1a u. b. a) Strom-Spannungskurve (nur Grundelektrolyt). b) Strom-Spannungskurve mit polarographischer Stufe (A-Egl = Reststrom)

Eine Elektrodenreaktion und damit ein Elektrolysestrom setzt erst dann ein[1], wenn das angelegte Potential E größer (d. h. bei kathodischer Reduktion negativer, bei anodischer Oxydation positiver) ist als das Gleichgewichtspotential E_{gl}, das durch die Nernstsche Gleichung:

$$E_{gl} = E_0 + \frac{R \cdot T}{n \cdot F} \ln C_0/C_r. \tag{1}$$

definiert wird und von den Konzentrationen C (Aktivitäten) der oxydierten (O) und reduzierten Form (R) einer Substanz x und dem Normalpotential E_0 des Systems abhängt. (R = Gaskonstante, T = absolute Temperatur, n = Wertigkeit der Reaktion, F = Faradaysche Konstante.)[2] Die Lage des Stromanstiegs, bezogen auf die Potentialachse, ermöglicht damit eine Aussage über die *Qualität einer Lösungskomponente* (Abb. 1a). – Durch die Elektrodenreaktion wird die Elektrode teilweise *depolarisiert*, da das Konzentrationsverhältnis C_0/C_r laufend verschoben und ein echter Gleichgewichtszustand $E_j = E_{gl}$[3] fast vollkommen erreicht wird. Solche an der Meßelektrode umsetzbaren Substanzen werden daher *Depolarisatoren* genannt.

Die Diffusion der zur Elektrodenoberfläche hinwandernden und in der Elektrodenreaktion umzusetzenden Teilchen tritt dann in Erscheinung, wenn ihre Konzentration C_0 bzw. C_r klein ist (Größenordnung $10^{-3} - 10^{-5}$ molar). Dann wird mit steigendem Elektrodenpotential E_j und damit steigender Reaktionsgeschwindigkeit und steigendem Strom i eine zunehmende Verarmung der Teilchen x im „Elektrodenraum" aufkommen, da in der Zeiteinheit weniger Teilchen aus der Lösung in diesen Bereich hineindiffundieren, als dort umgesetzt und verbraucht werden. Infolgedessen steigt der Elektrolysestrom immer langsamer an, bis er schließlich einen konstanten Betrag erreicht, der einem Gleichgewicht entspricht, in dem ebenso viele Teilchen x umgesetzt als durch Diffusion nachgeliefert werden. Es entsteht somit eine *polarographische Stufe* oder *Welle* (Abb. 1b). Der die Stufe begrenzende Strom heißt *Grenzstrom* oder *Diffusionsstrom* (i_d). Er ist bei Gültigkeit des 1. Fickschen Diffusionsgesetzes der Konzentration C der Teilchen proportional:

$$i_d = k \cdot n \cdot C, \qquad \text{(}n = \text{Zahl der in der Reaktion umgesetzten Elektronen,}$$
$$k = \text{Proportionalitätsfaktor)}$$

da auch die in der Zeiteinheit durch den Flächenquerschnitt hindurchdiffundierende Substanzmenge der Konzentration C der Lösung proportional ist. Folglich ist die *Stufenhöhe h* (vgl. Abb. 1b) *ein Maß für die Quantität der Lösungskomponente.*

---

[1] Wie aus Gl. (1) hervorgeht.

[2] Gilt in dieser Form nur für schnelle (reversible) Reaktionen.

[3] E_j = Momentan-Potential der Meßelektrode J.

Das 1. Ficksche Diffusionsgesetz kennzeichnet den sog. „stationären Zustand". Er ist nach NERNST dadurch charakterisiert, daß auf der Elektrodenoberfläche eine Diffusionsschicht δ zeitlich konstanter Schichtdicke existiert (Abb. 2), die durch kräftige Konvektion der Lösung (Rotation der starren Elektrode, Rotation der Lösung, Abtropfen des Quecksilbers der Tropfelektrode) erreicht wird. Ohne diese Konvektion ist die Schichtdicke zeitabhängig. Es gilt dann das 2. Ficksche Diffusionsgesetz (vgl. Oscillographische Polarographie).

Damit dieses Prinzip auch tatsächlich zur Verwirklichung kommt, wird die Oberfläche der Meßelektrode klein gehalten. Dann stellt sich der polarisierte Zustand vollständig und schnell ein und der Grenzstrom einer Stufe ist wegen der hohen Stromdichte gut ausgebildet (vgl. Quecksilber-Tropfelektrode). Da weiterhin ein Einzelpotential E_j selbst nicht meßbar ist, wird die Indicatorelektrode J mit einer Gegenelektrode zur elektrolytischen Zelle zusammengestellt. Man verwendet dazu meist eine Elektrode 2. Art (gesättigte Kalomel-Elektrode), die ein charakteristisches und immer konstantes Potential E_B aufrechterhält. Dann ist nach der allgemeinen Beziehung

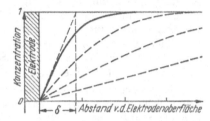

Abb. 2. Die Diffusionsschicht δ nach NERNST bei zeitlicher Veränderung: verschiedene Zustände gestrichelt

$$U = E_B - E_j + i \cdot R, \qquad (2)$$

das Potential E_j der Meßelektrode durch die vorgegebene und also bekannte Spannung U mit $U = -E_j +$ konst. eindeutig bestimmt, wenn gleichzeitig dafür gesorgt wird, daß der Spannungsabfall $i \cdot R$ in der Elektrolytlösung vernachlässigbar klein ist. Das erreicht man einerseits dadurch, daß in der Probelösung bei der Aufarbeitung genügend „indifferentes" Neutralsalz erzeugt oder ein „Grundelektrolyt" zugefügt wird, so daß dessen molare Konzentration 50—100mal größer ist als die des Depolarisators; oder andererseits durch die — implicit gegebene — geringe Stromstärke i, die tatsächlich bei Depolarisatorkonzentrationen von $10^{-3}-10^{-5}$ m zwischen 0,1—100 μA liegt.

b) Die Apparatur und ihre Funktion (Abb. 3)

Die polarographische Anordnung enthält 2 Grundeinheiten: die elektrolytische Zelle Z als Meßobjekt und den Polarographen (schraffiert in Abb. 3). Zur Analyse

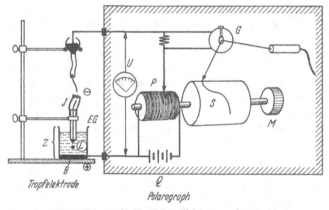

Abb. 3. Schema der klassischen Gleichstrompolarographie

setzt man die Zelle Z aus dem Elektrolysegefäß EG, der Probelösung L (Elektrolyt), der Quecksilber-Tropfelektrode J (Meßelektrode) und der Bezugselektrode B

(Gegenelektrode) zusammen. Von der Spannungsquelle Q (2—4 V, Akkumulator oder Netz) werden dann durch die Kohlrausch-Trommel P (spiralig aufgewickelter Widerstandsdraht, 19 Windungen, 16 Ω) definierte Spannungen U abgezweigt und über das empfindliche Spiegelgalvanometer G ($10^{-8} - 3 \cdot 10^{-8}$ A/mm) an die Zelle Z angelegt. Ein Synchronmotor M dreht dabei den Widerstand P so, daß der Spannungsvorschub 0,1—0,8 V/min beträgt. Das Galvanometer G zeigt den Elektrolysestrom i direkt an und überträgt den Ausschlag mit Hilfe eines feinen Lichtbündels über den Spiegel des Galvanometers auf das photographische Papier der mit dem Synchronmotor gekoppelten Walze S. Da sich die Walze mit der Kohlrausch-Trommel synchron dreht, wird der Elektrolysestrom i als Funktion der Elektrolysespannung U registriert und also das Polarogramm erhalten. — Bei den modernen Polarographen ist die Kohlrausch-Trommel durch ein Präzisionspotentiometer, die Walze S und das Spiegelgalvanometer G durch einen Verstärker und einen Tintenschreiber ersetzt.

Die Quecksilber-Tropfelektrode nach G. Kucera (1903) besteht in ihrem wesentlichen Teil aus einem winzigen Quecksilbertröpfchen (1—2 mm² Oberfläche), das sich etwa alle 3 sec am unteren Ende einer vertikal gestellten Glascapillare (0,05 mm innerer Durchmesser, 0,5 cm äußerer Durchmesser, etwa 10 cm Länge) ausbildet und wieder abfällt. Die Capillare ist in der einfachsten Anordnung über einen PVC-Schlauch mit einem erhöht angeordneten Quecksilber-Vorratsbehälter (= Niveaugefäß) verbunden. Zur Messung wird die Glascapillare 1 cm tief in die Probelösung eingetaucht. — Zur Charakterisierung der Tropfelektrode bedient man sich zweier Größen: der *Fließgeschwindigkeit m* des Quecksilbers (gemessen in mg/sec oder g/sec Hg), die vor allem von der Länge und dem inneren Durchmesser der Capillare und dem Quecksilberdruck, nicht aber vom Potential und der Zusammensetzung der Probelösung abhängt; und der *Tropfzeit t* (gemessen in sec/Tropfen), die eine Funktion der Capillarendimension, des Quecksilberdrucks, des Elektrodenpotentials und der Lösungszusammensetzung ist. Der Quecksilberdruck seinerseits wird festgelegt durch die sog. *Behälterhöhe h*, die den Abstand „unteres Ende der Capillare — Niveau des Quecksilbers" in cm angibt.

Die speziellen Eigenschaften der Tropfelektrode haben eine breitere Anwendung der Polarographie erst ermöglicht. Ihre Vorteile sind: 1. Vollkommen *reproduzierbare Ergebnisse* durch das regelmäßige Abtropfen des Quecksilbers und eine damit verbundene jederzeit glatte und unveränderte Oberfläche; 2. *Eine große Wasserstoff-Überspannung*. In saurer Lösung beginnt eine störende H_2-Abscheidung erst bei etwa 1,1 V. In alkalischer Lösung lassen sich selbst die Alkalimetalle polarographieren (— 1,9—2,5 V). 3. Wegen seines Edelmetallcharakters verhält sich Quecksilber den meisten Lösungen gegenüber *indifferent*. Damit können wie in der Potentiometrie Redox-Reaktionen ungestört ablaufen und Redox-Normalpotentiale bestimmt werden. 4. Die Tropfelektrode ist *vollkommen polarisierbar*. Ihr Potential ändert sich gemäß den Veränderungen der angelegten äußeren Spannung U. — Die Nachteile der Tropfelektrode sind der relativ hohe *Kapazitätsstrom* (vgl. „Die polarographischen Ströme") und die Oxydierbarkeit des Quecksilbers bei positiven Spannungen über +0,3 — 0,4 V.

Die Elektrolysegefäße und die Gegenelektrode. In Abb. 4 sind einige Elektrolysegefäße dargestellt, deren Funktion ohne weiteres klar ist. Man unterscheidet zwischen „Gefäßen mit getrennter Gegenelektrode" und „Gefäßen mit Bodenquecksilber". Die einzusetzenden Volumina reichen von etwa 10 ml bis 0,005 ml bei Mikrogefäßen. Bei getrennter Gegenelektrode *werden die beiden Elektroden durch einen „Strombügel" verbunden, der mit KCl-Agar gefüllt ist. Besonders bewährt hat sich als leitender Abschluß des Verbindungsstücks eine Zellophanfolie; dann kann in den Bügel reiner Elektrolyt ohne Agar-Agar eingefüllt werden. — Die einfachste Gegenelektrode ist eine Schicht Quecksilber am Boden des Elektrolysegefäßes („Bodenquecksilber"), das durch einen geeigneten Platinkontakt mit der elektrischen Leitung verbunden ist. Das Potential dieser Elektrode ist konstant, aber von der Zusammensetzung der Lösung abhängig. Sie ist nur als Anode brauchbar. („Im Betrieb" löst sich anodisch Quecksilber auf.) Sicherer ist die Verwendung einer Elektrode 2. Art, die auch als Kathode verwendbar ist.

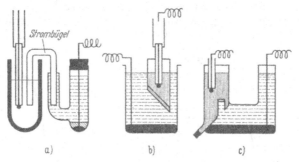

Abb. 4 a—c. Elektrolysegefäße. a), b), c) mit getrennter Bezugselektrode; c) Verbindung durch Zellglas abgetrennt

c) Das Polarogramm und seine Auswertung

Bei der polarographischen Analyse einer Lösung, die neben 1 m NH_3/1 m NH_4Cl und 0,002% Tylose 1 mmol Tl^+ und 0,5 mmol Cd^{++} enthält, registriert der Tintenschreiber des Polarographen das in Abb. 5 wiedergegebene Polarogramm, bei der

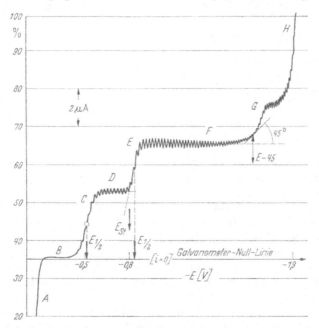

Abb. 5. Polarogramm von 1 mmol Tl^+ und 0,5 mmol Cd^{++} in 1 m NH_3/1 m NH_4Cl, 0,002% Tylose, entlüftet mit Na_2SO_3, Vollausschlag 20 μA, Gerät: PO 4 (Radiometer)

Analyse einer Lösung, die Fe^{II}- und Fe^{III}-Ion bzw. Chinon und Hydrochinon enthält, das Polarogramm der Abb. 6a, b u. c. Aus diesen Strom-Spannungskurven läßt sich ableiten:

1. Reduktionen werden durch *kathodische Stufen über* der Galvanometer-Null-Linie, Oxydationen durch *anodische Stufen unter* der Galvanometer-Null-Linie angezeigt. (Ausnahme: Umkehr, wenn die Probelösung zwei Komponenten enthält,

32*

von denen die eine bei einem Potential *oxydiert* wird, das negativer ist als das Reduktionspotential der anderen Komponente.)

2. Wegen der Additivität der Ströme i können gleichzeitig mehrere Komponenten erfaßt werden, sofern die Halbstufenpotentiale $E_{1/2}$ (vgl. unten) genügend weit auseinander liegen (etwa 150 mV) und die Konzentrationen nicht zu verschieden sind. Insbesondere soll die leichter reduzierbare (bzw. oxydierbare)

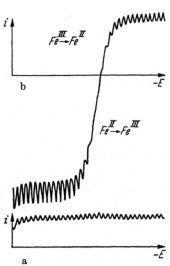

Abb. 6a u. b. Redox-Stufe Fe^{II}/Fe^{III} in 1 M NH_3/1 M NH_4Cl + Triäthanolamin. a) Grundlösung + Rest O_2; b) Fe^{II}-Salz zugesetzt: O_2 + Fe^{II} → Fe^{III} es entsteht Redox-Stufe, bestehend aus anodischer Stufe unter der Null-Linie (Fe^{II} — Fe^{III}) und kathodischer Stufe über Galvanometer Null-Linie (Fe^{II} → Fe^{III})

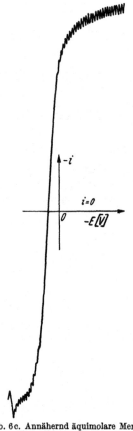

Abb. 6c. Annähernd äquimolare Mengen Hydrochinon und Chinon

Komponente nicht in viel höherer Konzentration vorliegen. Es ergibt sich dann die charakteristische *Staffelung*.

3. Das Polarogramm wird „rechts" begrenzt durch die Reduktion des Grundelektrolytkations, „links" durch die Oxydation des Elektrodenquecksilbers, wobei vor allem dem Grundelektrolytanion eine Bedeutung zukommt (Cl^- fördert die Oxydation). Die Oscillationen, die die Strom-Spannungskurve modulieren, entstehen durch das Abtropfen des Quecksilbers an der Tropfelektrode, wobei jedem Tropfen eine Zacke entspricht. (Bei der Analyse ist auf regelmäßiges Tropfen zu achten.)

Zur Charakterisierung der Stufen in bezug auf die Potentialachse und damit zur *qualitativen polarographischen Analyse* einer Komponente verwendet man das *Halbstufenpotential* oder *Halbwellenpotential* $E_{1/2}$, das dem Potential des Wendepunkts der Stufe und bei reversiblen Prozessen annähernd dem *Redoxpotential* entspricht. Es ist unabhängig von der Konzentration des Stoffes, der Galvanometerempfindlichkeit und der Tropfgeschwindigkeit, abhängig vom Lösungsmedium. Für häufig gebrauchte Grundlösungen sind die Halbstufenpotentiale tabelliert oder graphisch dargestellt. Für eine genaue qualitative Analyse und eine genaue Festlegung von $E_{1/2}$ ist nach Gl. (2) das Glied $i \cdot R$ zu berücksichtigen, also R zu bestimmen oder $E_{1/2}$ auf den Wert $i = 0$ zu extrapolieren. „In der Praxis spielt die qualitative Erkennung eines Stoffes nur eine untergeordnete Rolle" (M. v. STACKELBERG 1960). Neben dem Halbstufenpotential ist das „Depolarisationspotential" (A. WINKEL und G. PROSKE 1937) oder „Stufenfußpotential" (M. v. STACKELBERG 1960) (Abb. 5, bei *E*) und – seltener – das „45°-Tangentenpotential" (J. HEYROVSKY 1941, Abb. 5, bei *G*) gebräuchlich.

Die quantitative polarographische Analyse beruht zunächst auf der Vermessung der geeignet definierten *Stufenhöhe h* einer polarographischen Stufe. Dazu sind verschiedene geometrische Konstruktionen (Abb. 8a—i) angegeben worden, deren Anwendung teilweise von der Stufenform (Abb. 7) abhängt:

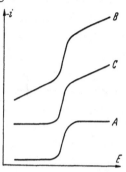

1. *Die Zuwachsmethode* (Abb. 8a und b) ist anwendbar für die Stufen der Form A und B (Abb. 7). Gemessen wird die Zunahme des Stromes zwischen Reststrom (Grundstrom) und Grenzstrom bei einem Potential, das dem Diffusionsstrom entspricht. Bei exakten Bestimmungen wird der Reststrom nicht extrapoliert wie in Abb. 8a und b, sondern direkt — ohne Depolarisator — gemessen (Abb. 8c). Diese Feststellung gilt generell. — Man legt die Konstruktionslinien durch die Mitte der Stromoscillationen.

2. *Die Schnittpunktmethode* (Abb. 8d) ist geeignet für Stufen der Form A und B, wobei die Stufenhöhe definiert ist als vertikaler Abstand der Schnittpunkte.

3. *Die Halbstufenpunktmethode* (Abb. 8e) ist allgemein für alle Stufen verwendbar. Es wird der Vertikalabstand zwischen Rest- und Grenzstrom beim Halbstufenpotential gemessen. Die Ströme sind durch eine Hilfslinie zu extrapolieren. Diese Methode ist den anderen vorzuziehen.

Abb. 7. Die verschiedenen Stufenformen. *A* = ideal, *B* = ideal + Kapazitätsstrom, *C* = nicht ideal

4. *Die Wendepunktmethode* (Abb. 8f und g). Bei schlecht getrennten Stufen ist der Wendepunkt zwischen beiden am ehesten genau festzulegen. Man mißt den Abstand zum Reststrom in diesem Wendepunkt.

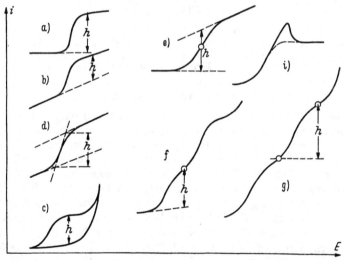

Abb. 8a—i. Ausmessung der Stufenhöhen *h*

Die Konzentrationsbestimmung erfolgt entweder mit Hilfe einer *Eichkurve* oder nach dem *Zugabeverfahren*. Nach LINGANE kann bei bekannter *Diffusionsstrom-Konstante*[1] *I* und *Capillaren-Konstante K* nach

$$C = \frac{1}{I \cdot K} \cdot i_d \frac{i_d}{C \cdot m^{2/3} \cdot t^{1/6}} \tag{3}$$

---
[1] Vgl. S. 504.

auch eine absolute polarographische Analyse durchgeführt werden. Diese Methode wird wegen gewisser Unsicherheiten selten verwendet.

Zur *Aufstellung der Eichkurve* gibt man beispielsweise zu 10 ml einer Grundlösung steigende Mengen einer Grundlösung, die gleichzeitig z. B. 0,01 m an $ZnSO_4$ ist. Nach jeder Zugabe wird die Stufe aufgenommen und die Stufenhöhen in eine Tabelle eingetragen:

Zusatz in ml	molare Konzentration an Zn^{++}	Stufenhöhe in mm	i_d μA	$i_{d/C}$	K

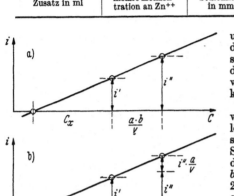

Abb. 9a u. b. Das Zugabeverfahren.
Methode 1 (a) und Methode 2 (b)

und anschließend der Grenzstrom i_d in μA gegen die Konzentration in mmol abgetragen. Es entsteht eine Gerade. Ist das nicht der Fall, so muß die Methode der Stufenvermessung nachgeprüft werden, sofern keine anderen Fehlermöglichkeiten gegeben sind.

Das Zugabeverfahren beruht darauf, daß entweder 2 gleichen Volumina (V ml) einer Probelösung einerseits a ml Wasser (dest.), andererseits a ml einer b-molaren Lösung des gesuchten Stoffes zugesetzt werden (Methode 1) oder aber, daß man zu V ml der Probelösung a ml einer b-molaren Lösung des Stoffes x zufügt (Methode 2). Für Methode 1 (Abb. 9a) ergibt sich die gesuchte Konzentration C_x zu:

$$C_x = \frac{a \cdot b \cdot i'}{V(i'' - i')}. \tag{4}$$

Für Methode 2 (Abb. 9b) gilt:

$$C_x = \frac{a \cdot b \cdot i'}{i''(V + a) - i' \cdot V}. \tag{5}$$

(i' = Diffusionsstrom ohne Zusatz, i'' = „mit Zusatz")

Die Reproduzierbarkeit ist dann am besten, wenn $i' = i''/2$. Anstelle von i kann die Stufenhöhe h eingesetzt werden. Zur Festlegung der ungefähr zuzugebenden Substanzmenge bedient man sich der Faustregel: Der Diffusionsstrom für einfache Ionen in wäßriger Lösung beträgt 3 μA/mval.

d) Die Analysenlösung

Die Zusammensetzung des Elektrolyten ist von mehrfacher Bedeutung und die Ausarbeitung einer Analysenvorschrift besteht vorzugsweise in dem Auffinden einer solchen Zusammensetzung, daß die polarographischen Stufen eine möglichst ideale Form haben, daß dicht beieinanderliegende oder zusammenfallende Stufen getrennt werden, daß eine Komponente auch nur eine einzige Stufe liefert und daß die zu analysierende Substanz wirklich echt gelöst ist. Außerdem soll der Elektrolyt die Wanderung der Depolarisatorteilchen im elektrischen Feld verhindern, damit sie ausschließlich durch Diffusion zur Elektrode gelangen und letztlich soll er den Ohmschen Widerstand und damit das Produkt $i \cdot R$ der Gl. (2) verkleinern. Das wird erreicht durch Zusatz von *Leitsalz* (Zusatzelektrolyt), *Komplexbildnern*, (Stufentrennung, ideale Gestalt), *pH-Puffer* (1 Komponente = 1 Stufe) und durch *Löslichkeitsbeeinflusser* (organische Lösungsmittel, z. B. Äthanol, Methanol, Eisessig, Äthylenglykol, Formamid). Zur Beseitigung einer Koincidenz von Stufen und der Abtrennung einer störenden Substanz bedient man sich der *Fällung*, der *Ausschüttelung*, der *elektrolytischen Abscheidung* (besonders an der großflächigen Quecksilberkathode) und, wenn möglich, der *Komplexbildung*, wodurch zahlreiche Ionen so schwer reduzierbar werden, daß ihre Reduktion nicht mehr im auswertbaren Potentialbereich liegt.

Sämtliche Zusatzlösungen vereinigt man zweckmäßig in sog. *Grundlösungen*, die den pH-Puffer, die Komplexbildner, das Leitsalz und die Lösungsbeeinflusser zusammen enthalten. Man vermischt die Probe mit diesen Grundlösungen im Verhältnis 1:10 und füllt auf ein definiertes Volumen auf. Beispiele für Grundlösungen sind in Tab. 4 angegeben.

Tabelle 4. *Grundlösungen (Beispiele)*

Zusammensetzung	geeignet für
140 g KOH, 200 ml Gelatine (2%) 1800 ml H₂O. Nach H. HOHN (1937)	Pb, Sn⁺⁺, Zn, Cu (in klein. Konz.)
0,5-N-NH₃, 1,5-N-NH₄Cl, 0,1-N-(NH₄)₂CO₃, 0,08-M-Na₂SO₃, 0,005% Gelatine. Nach H. HOHN (1937), verbessert von M. VOŘIŠKOVÁ (1939) und V. CAPITANIO (1941)	Cu, Ni, Co, Zn, Mn
0,01-M-(CH₃)₄NBr + 80% Äthanol. Nach R. TAMAMUSHI u. N. TANAKA (1950)	DDT

Als Leitsalz werden solche Verbindungen verwendet, deren Kation möglichst schwer reduziert wird und deren Anion die Oxydation des Elektrodenquecksilbers möglichst wenig fördert [KCl, K_2SO_4, NH_4Cl, $N(CH_3)_4 \cdot OH$, $N(CH_3)_4 \cdot J$]. Zur Unterdrückung der *Maxima* (vgl. unten) dienen Gelatine, Agar-Agar, Tylose, organische Farbstoffe wie Fuchsin, Methylrot, dann Alkaloide und Seifen (vgl. Abschnitt e, S. 505).

Vor jeder Analyse ist aus der Lösung *der gelöste Sauerstoff* zu entfernen, da er störende Stufen bei $-0,3$ V ($O_2 + 2\,\Theta + 2\,H^+ = H_2O_2$) und $-1,0$ V ($O_2 + 4\,\Theta + 4\,H^+ = 2\,H_2O$) verursacht. (Die O_2-Konzentration von luftgesättigtem Wasser beträgt etwa 0,001 n = 8 mg/l; in konzentrierten Salzlösungen ist sie geringer.) Die *Entlüftung* erfolgt entweder chemisch durch Zugabe von Na_2SO_3 (in neutraler und alkalischer Lösung), Metol, Fe^{++} (in ammoniakalischer und alkalischer Lösung) oder meist durch Einleiten eines indifferenten Gases wie N_2, CO_2 oder H_2 (Reduktionen!) (bei 10 ml Lösung etwa 10 min einleiten).

e) Zur Theorie

Die Idealgestalt der polarographischen Stufe leitet sich aus der Nernstschen Gl. (1) und dem 1. Fickschen Diffusionsgesetz ab. Es gilt:

$$i = \frac{i_d}{10^p + 1}, \text{ wobei } p = \frac{n \cdot (E - E_0)}{0,058}. \tag{6}$$

Für kathodisch-anodische Stufen ist:

$$i = \frac{i_d \cdot C_0}{10^p + 1} - \frac{i_d \cdot C_r}{10^{-p} + 1}. \tag{7}$$

Der Grenzstrom oder *Diffusionsstrom* ist für den stationären Fall bei Verwendung einer starren Meßelektrode:

$$i_d = \frac{n \cdot F \cdot q \cdot D \cdot C}{1000 \cdot \delta} \equiv k \cdot C, \tag{8}$$

(n = Wertigkeit des Prozesses, F = Faraday-Konstante, q = Elektrodenoberfläche, D = Diffusionskonstante, C = Konzentration [Mol/l], δ = Diffusionsschichtdicke.)

Für die *Quecksilber-Tropfelektrode* hat ILKOVIC (1934) unter Berücksichtigung der Fließgeschwindigkeit m des Quecksilbers und der zeitlich veränderlichen Diffusionsschichtdicke δ die folgende Beziehung abgeleitet:

$$i_d = 607 \cdot D^{1/2} \cdot m^{2/3} \cdot t^{1/6} \cdot n \cdot C = I \cdot K \cdot C. \tag{9}$$

Die „Gleichung von ILKOVICZ" wird durch das Experiment gut bestätigt, stellt aber nur eine 1. Näherung dar.

Die Diffusionsstromkonstante I nach Kolthoff und Lingane (1944) ist:

$$I = 607 \cdot n \cdot D^{1/2} \, .$$

Die Capillarenkonstante K nach M. v. Stackelberg (1960)

$$K = m^{2/3} \cdot t^{1/6} \, ,$$

($t =$ Tropfzeit der Hg-Tropfelektrode).

Anodische Anionstufen entstehen bei der Auflösung des Elektrodenquecksilbers in Anwesenheit der Anionen Cl^-, Br^-, J^-, CN^-, SCN^-, S^{--}. Die Grenzstromstärke dieser Stufen ist proportional der Anionkonzentration C_x:

$$i_d = k \cdot C_x \, . \tag{10}$$

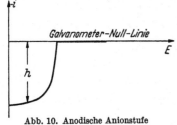

Abb. 10. Anodische Anionstufe

Die Stufenform weicht von der üblichen ab (Abb. 10).

Die Komplexbildung ist mit dem Halbstufenpotential $E_{1/2}$ eines Metallions, der Konzentration C_x des Komplexbildners, der Stabilitätskonstanten K_0 der oxydierten und K_r der reduzierten Form des Komplexes durch folgende Beziehung verknüpft:

$$E_{1/2} = E_0 + \frac{R \cdot T}{n \cdot F} \cdot \ln \left(C_x^{(n-m)} \cdot \frac{K_0}{K_r} \right) . \tag{11}$$

($n =$ Ligandenzahl der reduzierten Form; $m =$ Ligandenzahl der oxydierten Form.)
Auf Grund dieser Beziehung ist eine Stufentrennung und die Bestimmung von Stabilitätskonstanten möglich.

Für *die pH-Abhängigkeit des Halbstufenpotentials* gilt:

$$E_{1/2} = \varepsilon_0 - v \frac{0{,}058}{n} \cdot pH \, . \tag{12}$$

Für die Änderung von $E_{1/2}$ mit dem pH-Wert gilt:

$$\frac{d E_{1/2}}{d pH} = - v \cdot 29 \, mV \, , \tag{13}$$

($v =$ die in der Reaktion umgesetzte Zahl an H^+, $n =$ Zahl der umgesetzten Elektronen).

Die polarographischen Ströme, die im Polarogramm registriert werden, sind nicht immer reine Diffusionsströme. Man unterscheidet:

1. Diffusionsströme i_d durch Diffusion bedingt.
2. Kinetische Ströme i_k bedingt durch begrenzte Lieferung der Depolarisatorteilchen aus einer vorgelagerten Reaktion.
3. Adsorptionsströme i_a Verschiebungsstrom durch Adsorption.
4. Katalytische Ströme i_{kat} meist katalytische Herabsetzung der Wasserstoff-Überspannung.
5. Migrationsströme   bei Mangel an Elektrolyt durch Wanderung der Teilchen im elektrischen Feld.
6. Kapazitätsstrom i_C bedingt durch die Aufladung der elektrischen Doppelschicht der Meßelektrode.
7. Maxima (vgl. Abb. 8, i)   bedingt durch Strömungen, die die Diffusionsschicht zerstören.

Zur Unterscheidung dieser Ströme untersucht man ihre Abhängigkeit von der *Depolarisatorkonzentration,* der *Behälterhöhe h,* vom *pH-Wert* und der *Konzentration des Puffers.*

Von besonderer Bedeutung ist der *Kapazitätsstrom,* der vor allem bei kleinen Depolarisatorkonzentrationen (ab 10^{-5} m) merkbar wird und letztlich die Empfindlichkeit des Verfahrens begrenzt, indem sich die Änderungen des Diffusionsstromes nicht mehr von dem relativ starken Kapazitätsstrom abheben. Der registrierte Strom i setzt sich generell zusammen aus dem Faradayschen Strom i_F (vgl. „Ströme" Nr. 1—5) und dem Kapazitätsstrom i_C: $i = i_F + i_C$. Die erreichbare Empfindlichkeit eines polarographischen Verfahrens wird durch die Größe des Verhältnisses i_F/i_C bestimmt. Der Strom i_C entsteht bei der Aufladung der elektrischen Doppelschicht in der Oberfläche der Elektrode und ist deshalb bei der Quecksilbertropf-Elektrode besonders groß, da stets neue Oberfläche erzeugt wird. Er ist nach der Beziehung:

$$i_C = \frac{dC}{dT} \cdot E + v \cdot \left(C + \frac{dC}{dE} \cdot E \right) , \tag{14}$$

abhängig von der Doppelschichtkapazität C der Elektrode und der Durchlaufgeschwindigkeit v der Polarisationsspannung E. Der zweite Summand ist bei der klassischen Polarographie zu vernachlässigen (vgl. aber die oscillographische Polarographie).

Für die Praxis sehr wichtig sind *die polarographischen Maxima*, da sie einerseits die Ausbildung der Stufe stören, andererseits zum Nachweis oberflächenaktiver Stoffe dienen können. „Ist polarographisch ein Maximum festzustellen, so sind *stets* Strömungen oder Wirbel an der Tropfenoberfläche zu beobachten.“ „Die Intensität dieser Rührung entspricht der jeweiligen Höhe des Maximums (Stromanstieg)“ (M. v. STACKELBERG 1960). Man unterscheidet *positive* und *negative Maxima*, je nach der Lage der Stufe zum elektrocapillaren Nullpotential und solche 1. und 2. Art, je nach der Strömungsrichtung. Gefährlich für die quantitative Analyse sind die „nicht abbrechenden Maxima“. Die Unterdrückung der Maxima erfolgt durch Zugabe von *Maximadämpfern* (vgl. S. 503). Sie werden an der Elektrodenoberfläche adsorbiert und wirken dann ausgleichend auf Stromdichteunterschiede, die die Strömungen verursachen.

f) Weitere Meßelektroden

Die Quecksilbertropfelektrode stellt in vieler Hinsicht ein Optimum dar (H. W. NÜRNBERG 1962). Zur einfachen Herabsetzung des Kapazitätsstromes bei der Ultraspurenanalyse geht man neuerdings auf Elektroden konstanter und gleichbleibender Oberfläche über. Es sind dies die rotierende und vibrierende Pt-, Au-, Ag-, Graphit- und PbO$_2$-Stiftelektrode oder vorteilhaft der hängende oder stehende Quecksilbertropfen. Beispiele sind in Abb. 11 gegeben.

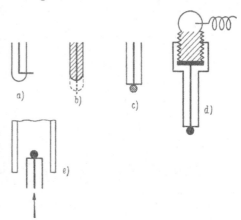

Für die Polarographie in stark positiven Potentialbereichen, in denen die Hg-Elektrode aufgelöst wird, sind in letzter Zeit insbesondere von ADAMS (1958) inerte Festelektroden ausgezeichneter Reproduzierbarkeit eingeführt worden. Es sind dies die „Graphit-Teigelektrode“, die „Graphit-Tropfelektrode“, die „Borcarbid-Elektrode“ und die „Kalomel-Filmelektrode“. Sie sind einfach zu handhaben und schnell zu erneuern. (Die Graphit-Teigelektrode wird durch Vermengen von Graphitpulver mit Bromnaphthalin, oder Nujol, oder Benzol, oder CHBr$_3$ oder CCl$_4$ zu einer Paste angerührt und in Glasröhrchen gestrichen.)

Abb. 11 a—e. Verschiedene Formen starrer Elektroden a) Nach W. NERNST u. E. S. MERRIAM (1905). b) Nach E. D. HARRIS u. A. J. LINDSEY (1948). c) Nach E. BARENDRECHT (1958). d) Nach W. KEMULA u. Z. KUBLIK (1958). e) Nach P. ARTHUR u. Mitarb. (1955)

2. Rapid-Gleichstrom-Polarographie

Dieses Verfahren wurde nach früheren Untersuchungen von L. AIREY und SMALES (1950) bzw. E. WOHLIN und BRESLE (1956) über Vorrichtungen zur künstlichen Auslösung des Tropfenfalls an der Hg-Tropfelektrode von S. WOLF (1960) vervollkommnet. Es beruht darauf, daß mit Hilfe einer elektromechanischen Abklopfvorrichtung die Quecksilbertropfen in schneller Folge von der Capillare abgeschert werden. Die Tropfzeit beträgt noch 0,2—0,25 sec[1]. Da die Fließgeschwindigkeit m nicht geändert ist, kann ein Polarogramm mit einem wesentlich höheren Spannungsdurchlauf, d. h. in etwa 1 min, (gegenüber 5—15 min konventionell) ohne die Nachteile einer schnelltropfenden Elektrode (mit großem Wert m) aufgenommen werden. Besonders vorteilhaft ist, daß die Oscillationen (fast) ohne apparative Dämpfung des Schreibers nahezu völlig unterdrückt werden. Damit entfällt die verfälschende Wirkung einer starken Dämpfung durch R-C-Glieder. Die Empfindlichkeit liegt in der Größenordnung der klassischen P. Der Kapazitätsstrom ist leicht erhöht.

3. Differential-Polarographie

Bei der von G. SEMERANO und L. RICCOBONI (1942) angegebenen Variante sind zwei elektrolytische Zellen über eine Brückenschaltung miteinander kombiniert (Abb. 12). Dabei ist die eine der beiden Zellen „Vergleichszelle“, die den Grundelektrolyten und die nicht interessierenden Analysenbestandteile, die andere Zelle außerdem die zu bestimmenden Komponenten enthält. Auf Grund der Schaltung wird jeweils der Strom, bezogen auf die Vergleichszelle, gemessen. Bei völlig synchron tropfenden Elektroden werden sowohl die

---

[1] 3—5 sec in der konventionellen P.

Oscillationen, als auch sämtliche anderen störenden Faktoren, wie Verunreinigungen des Grundelektrolyten, edlere Hauptbestandteile und der Kapazitätsstrom, ausgeschaltet. Bei dieser Arbeitsweise werden damit das Auflösungsvermögen und das Trennvermögen als auch die Empfindlichkeit und die Genauigkeit verbessert. Wegen der Schwierigkeit, völlig synchron tropfende Elektroden herzustellen, wird das Verfahren nur in Verbindung mit elektromechanischen Abklopfvorrichtungen und insbesondere bei oscillographischer Registrierung des Polarogramms mit großem Erfolg verwendet.

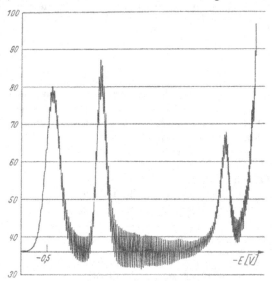

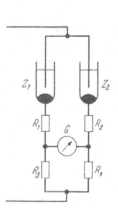

Abb. 12. Schaltschema der Differential-Polarographie

Abb. 13. Polarogramm nach der Derivativ-Methode, elektrisch differenziert. 1 m M Tl+, 0,5 m M Cd++, 1 M NH₃/ 1 M NH₄Cl, 2 μA Vollausschlag, Dämpfung 9; 10fache Empfindlichkeit gegenüber Abb. 4

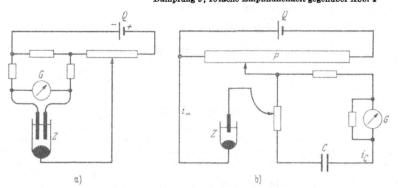

a)   b)

Abb. 14a u. b. Schaltschema der Derivativ-Polarographie
(nach Schmidt u. M. v. Stackelberg). a) Nach Heyrovsky, b) elektrisch

4. Derivativ-Polarographie

Bei diesem Verfahren wird nicht die übliche Strom-Spannungskurve, sondern ihre „erste Ableitung", d. h. ihre Steigung in Abhängigkeit vom Elektrodenpotential registriert. Dadurch entsteht an der Stelle der polarographischen Stufe eine Strom-Spitze, die unabhängig von der „Höhenlage" der Stufe an der Galvanometer-Null-Linie entspringt (vgl. Abb. 13). Das Trennvermögen, aber auch das Auflösungsvermögen sind erhöht, da sich grundsätzlich Spitzen besser voneinander absetzen als Stufen.

Die Realisierung dieses Prinzips ist auf zwei Arten möglich. Nach J. Heyrovsky (1947) werden zwei synchron tropfende Quecksilberelektroden in ein und dieselbe Lösung getaucht und gemäß Abb. 14a so geschaltet, daß zwischen ihnen eine Spannungsdifferenz von 10 mV (gegen die Bezugselektrode) liegt. Im Strom-Meßgerät (Galvanometer) wird dann die Differenz der durch R_2 und R_3 gemessenen Teilströme registriert und somit also *direkt* die Ableitungskurve aufgenommen. Die polarographische Spitze liegt beim Halbstufenpotential $E_{1/2}$, die Spitzenhöhe ist proportional der Konzentration.

Der andere Weg besteht darin, zunächst wie üblich mit einer einzigen Tropfelektrode zu messen und dann diese Ströme *elektrisch* zu *differenzieren* mit Hilfe eines sog. R-C-Gliedes (R = Ohmscher Widerstand, C = Kondensatorkapazität) (Abb. 14b).

Das elektrische Differenzieren beruht auf der Tatsache, daß der Kondensator C nur einen *sich ändernden* Strom passieren läßt. J. J. LINGANE und R. WILLIAMS (1952) (u. a.) haben die Beziehung für den Grenzstrom der polarographischen Spitze theoretisch berechnet. Sie finden:

$$i_{(max)} = \frac{\dfrac{n \cdot F}{R \cdot T} \cdot C \cdot R_1 \cdot i_d}{1 + \dfrac{n \cdot F}{R \cdot T} \cdot i_d \cdot R_k} \cdot \frac{dE_p}{dt}, \tag{15}$$

(i_d = Diffusionsstrom, R_k = Gesamtwiderstand des Zellkreises = Zellwiderstand + R_1).

Die Beziehung gilt nur, wenn die Zeitkonstante $C \cdot (R_2 + R_3 + R_M)$ klein gegen dR_k/dt ist. Sonst verschiebt sich die Spitze zu negativen Potentialen und wird unsymmetrisch und weniger hoch. Ein ziemlicher Nachteil des elektrischen Differenzierens in dieser Form ist die Tatsache, daß auch jede einzelne Tropfenoscillation mitdifferenziert und damit verstärkt wird. Das Meßinstrument muß deshalb stark gedämpft werden, was seinerseits zu einer Verzerrung des Polarogramms führt. Schließlich sind die Höhen der Spitzen der Konzentration nur dann proportional, wenn i_d und R_k klein sind. Beides ist nur begrenzt der Fall, da die Empfindlichkeit der Derivativ-P. geringer ist als die des klassischen Verfahrens. Zur Beseitigung solcher Mängel sind andere elektrische Differenzierungsmethoden angeben worden, wie etwa der Ersatz des Differenzierkondensators durch eine Induktionsspule oder die Verwendung einer sog. T-$R \cdot C$-Filterschaltung. Andererseits wird versucht, die verstärkten Oscillationen durch schnelles Tropfen der Tropfelektrode (vgl. Rapid-P., Elektrode nach I. SMOLER 1953) zu dämpfen.

Auf Grund dieser Mängel hat die Derivativmethode bisher nicht die ihrer Bedeutung zukommende Anwendung gefunden. Es ist aber durch meßtechnische Abwandlungen des elektrischen Differenzierprinzips eine Ausschaltung der eben erwähnten Fehler möglich (H. NÜRNBERG 1962).

5. Die Tast-Polarographie

Bei der Bildung des Quecksilbertropfens an der Tropfelektrode nimmt die Oberfläche und damit der Diffusionsstrom i_d zu, der Kapazitätsstrom i_c ab in der in Abb. 15 dargestellten Weise. Das Verhältnis $i_d : i_c$ ist demnach am Tropfenanfang klein, am Ende sehr groß. Bei der Tast-P. wird nun dafür gesorgt, daß der Diffusionsstrom nur während einer kurzen Zeitspanne (1 sec) *am Ende* des Tropfenlebens (5 sec Tropfzeit) registriert wird. Dadurch wird der Kapazitätsstrom i_c weitgehend ausgeschaltet und die Tropfenoscillationen „natürlich" gedämpft. Die Empfindlichkeit und die Genauigkeit werden beträchtlich erhöht. Da der Kapazitätsstrom i_c unter diesen Umständen linear vom Potential abhängt, wird die lineare Kapazitätsstrom-Kompensation[1] besonders wirksam. Das Auflösungs- und Trennvermögen wird nur insoweit verbessert, als durch den Wegfall einer elektrischen Dämpfung des Meßinstrumentes die Steigung der Stufe x und die Ausbildung des Grenzstromes optimal und die Oscillationen minimal sind. Vor allem

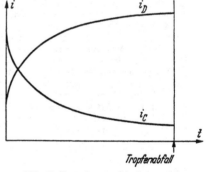

Abb. 15. Tastpolarographie. Stromstärke-Zeit-Kurve für den Einzeltropfen

in Verbindung mit der oben angegebenen Derivativ-P. ist dieses Verfahren bedeutungsvoll. Es wird zusammen mit dem klassischen Prinzip in einigen käuflichen Polarographen verwirklicht[1].

Die erste tast-polarographische Anordnung wurde von E. WÅHLIN und Å. BRESLE (1956) angegeben, bei der durch einen mechanischen Unterbrecher Tropfzeit und Schreiber gesteuert werden. K. KRONENBERGER u. Mitarb. (1957), (1962), haben neuerdings eine Schaltung angegeben, bei der die Steuerung dieses Vorgangs elektronisch vorgenommen wird. Die Tast-P. wird in Zukunft in zunehmendem Maß in die analytischen Arbeitsbereiche eingeführt werden. Für kinetische Untersuchungen kommt sie nicht in Frage, da die Berechnung kinetischer Ströme von der Gesamt-Tropf-Dauer ausgehen.

---

[1] Vgl. S. 515.

6. Potentiostatische Polarographie

Bei dieser Methode wird mit Hilfe einer dicht an der Tropfelektrode befindlichen dritten Elektrode (Vergleichselektrode) das Potential der Tropfelektrode stromlos gemessen. Das Glied $i \cdot R$ der Gl. (2) wird ausgeschaltet, indem mit Hilfe eines Differenzverstärkers eine durch $i \cdot R$ bedingte Spannungsdifferenz verstärkt und damit ein Strom i so durch die elektrolytische Zelle geschickt wird, daß $U = -E_i$ ist. Die polarographischen Stufen sind damit fast vollkommen unabhängig vom Widerstand des Elektrolyten. Das ist vor allem wichtig für physikalisch-chemische Untersuchungen. Näheres vgl. bei H. W. Nürnberg (1962).

Instationäre Spannungsanlegung

7. Oscillographische Polarographie

Nach H. Schmidt und M. von Stackelberg (1962) wird ein Verfahren nicht dadurch zu einem oscillographischen, daß ein Kathodenstrahloscillograph verwendet wird. Die „Oscillographische Polarographie", wie sie die genannten Autoren definieren, ist abzugrenzen von der „Oscillographischen Polarographie mit überlagerter Wechselspannung nach J. Heyrovsky und J. Forejt", die bei den Methoden mit vorgegebenem Strom angeführt ist.

Die oscillographische Polarographie unterscheidet sich von der klassischen im Prinzip nur dadurch, daß die Durchlaufzeit der polarisierenden Spannung klein ist gegenüber der Tropfzeit der Quecksilber-Tropf-Elektrode. Während der Potentialdurchlauf bei der klassischen Methode etwa 0,2 V/min beträgt, liegt er bei der oscillographischen um 6000 V/min. Er wird durch einen einzigen — meist sägezahnförmigen — Spannungsimpuls je Tropfen realisiert ("single sweep", Impulsmethode), so daß das Polarogramm tatsächlich nur mit dem trägheitslosen Kathodenstrahloscillographen registriert werden kann. Durch die große Schnelligkeit des Vorgangs ergeben sich typische Abweichungen vom klassischen Verfahren:

1. Es entstehen *Stromspitzen*, bedingt durch die zeitlich veränderliche Diffusionsschichtdicke δ (instationärer Zustand) an der Elektrode.

2. Der Spannungsimpuls muß sehr genau festgelegt sein in bezug auf die Oberfläche des Einzeltropfens, da ja der Diffusionsstrom von der Oberfläche der Elektrode maßgeblich abhängt. Diese Synchronisation erfordert erheblichen apparativen Aufwand.

3. Die Gleichung für den Grenzstrom, die von J. E. B. Randles (1948) bzw. A. Sevcik (1948) unabhängig voneinander abgeleitet wurde, lautet:

$$i_s = k \cdot n^{3/2} \cdot m^{2/3} \cdot t^{2/3} \cdot D^{1/2} \cdot v^{1/2} \cdot C$$

(k = Konstante, sonst wie oben). Die Spitzenstromstärke ist damit bei gleicher Konzentration größer als die entsprechende Stufenhöhe bei der klassischen Polarographie.

4. Die Randles-Sevciksche Beziehung ist nur gültig, wenn a) die Elektrodenreaktion streng reversibel verläuft (je weniger reversibel die Reaktion, desto kleiner die Spitzenstromstärke; Methode zur Bestimmung der Reversibilität einer Reaktion), b) wenn nur lösliche Produkte an der Elektrodenreaktion beteiligt sind. Sofern unlösliche Produkte entstehen, ist die Reproduzierbarkeit recht schlecht, da die Aktivität dieser Niederschläge in unkontrollierbarer Weise von den jeweiligen Arbeitsbedingungen abhängt. Gleiches gilt für oberflächenaktive Stoffe. Ursache dieser Erscheinung dürfte die Beeinflussung der Kinetik der Elektrodenreaktion in der Art sein, daß sie irreversibler wird.

5. Das Spitzenpotential ist nicht identisch mit dem Halbstufenpotential. Vielmehr gilt für das Spitzenpotential E_s:

$$E_s = E_{1/2} - 1,1 \cdot \frac{R \cdot T}{n \cdot F}, \qquad (16)$$

d. h. das Spitzenpotential E_s ist stets 28/n[1] mV negativer als das Halbstufenpotential.

6. Die Kompensation des Kapazitätsstromes i_c ist wesentlich schwieriger als bei der klassischen Polarographie. Das ergibt sich aus der S. 504 gegebenen allgemeinen Beziehung Gl. (14) für i_c. Bei der klassischen P. kann man den zweiten Summanden, bei der oscillographischen P. den ersten Summanden vernachlässigen. In Abb. 16 sind die Verhältnisse dargestellt.

Danach kann die Durchlaufgeschwindigkeit v der Spannung gemäß der Randles-Sevcik-Gleichung nicht beliebig erhöht werden, um die Empfindlichkeit zu steigern. Vielmehr muß sie gerade bei kleinen Faradayströmen (i_1) klein gehalten werden, damit der Kapazitätsstrom kleiner bleibt als jener.

Insgesamt zeichnet sich die oscillographische Polarographie durch ein erhöhtes Auflösungs- und Trennvermögen und eine erhöhte Empfindlichkeit gegenüber dem klassischen Verfahren

---

[1] n = Molzahl der in der Elektrodenreaktion umgesetzten Elektronen.

aus. Vorteilhaft ist ihre Kombination mit der Derivativ-P. Schließlich ist sie besonders geeignet zur Untersuchung schneller chemischer Reaktionen. Nachteilig sind die geringere Genauigkeit, die sich aus der Kleinheit des Polarogramms (Fläche der Braunschen Röhre), aus dem nicht exakt bestimmbaren Grundstrom (unsichere Extrapolation) und dem recht komplizierten Bau des Polarographen ergibt.

8. Die Pulse Polarographie[1]

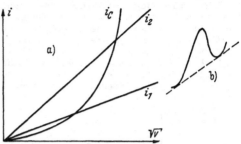

Die von G. C. Barker und A. W. Gardner (1960) angegebene Pulse Polarographie[1] ähnelt insofern der Square-Wave-P.[2], als auch sie rechteckförmige Impulse einer Gleichspannung überlagert. Allerdings wird hier je Quecksilbertropfen der Elektrode nur ein einziger Impuls angelegt und zwar etwa 2 sec nach dem Tropfenbeginn. Die Impulsdauer beträgt $^1/_{25}$ sec (Square-Wave-P. $^1/_{450}$ sec), die eigentliche Meßzeit $^1/_{50}$ sec (Square-Wave-P. $^1/_{3600}$ sec) in der zweiten Hälfte des Impulses. Grundsätzlich sind zwei Varianten angegeben: die eine

Abb. 16a u. b. a) Abhängigkeit des Faradaystromes und des Kapazitätsstromes von der Durchlaufgeschwindigkeit v der polarisierenden Spannung, b) oscillographische Stromspitze

verwendet eine *konstante* Gleichspannung und überlagert Impulse mit zunehmend negativ werdender Amplitude (vgl. Abb. 17a), die andere überlagert einer *stetig ansteigenden* Gleich-

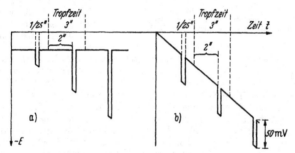

Abb. 17. Zeitlicher Verlauf der Polarisationsspannung bei der Pulse Polarographie. a) bzw. b) vgl. Text

spannung Impulse konstanter Amplitude (vgl. Abb. 17b). Im ersten Fall ergeben sich Polarogramme der in der Gleichstrom-P. üblichen Art, im zweiten die aus der Wechselstrom-P. bekannten Stromspitzen.

Die Vorteile der Pulse-P. sind:

1. Während des relativ langdauernden Impulses fällt der Kapazitätsstrom vollständig auf den Wert Null ab, auch bei kleinen Leitsalzkonzentrationen. Analog der Abb. 19 in der Square-Wave-P (S. 511).

2. Dadurch, daß der Spannungsimpuls erst gegen Ende des Tropfenlebens angelegt wird, ist die Depolarisatorkonzentration im Bereich der Elektrodenoberfläche maximal und nicht, wie etwa bei der Tast-P., durch vorhergehende Elektrolyse vermindert[3]. Dadurch liegt die erfaßbare Grenzkonzentration bei 10^{-7} bis 10^{-8} molaren Lösungen. Das ist eine Empfindlichkeit, die von keiner anderen polarographischen Methode erreicht wird[4].

3. Die Methode ist weniger anfällig bezüglich der Analysenlösung als die Wechselstrom-P. Die Stufenhöhe ist unabhängig davon, ob die Elektrodenreaktion reversibel oder irreversibel verläuft. Das Auflösungsvermögen entspricht etwa dem der Wechselstrom-P., das Trennvermögen ist etwas besser. Nachteilig ist der große apparative Aufwand.

---

[1] Pulse (engl.) = Impuls (Zur Unterscheidung von der Oscillogr. Impulsmethode).

[2] Vgl. S. 511.

[3] „Verarmungseffekt", bei der Intermittenz-Tast-P. dadurch ausgeschaltet, daß nur an jedem zweiten Hg-Tropfen gemessen wird.

[4] Hochfrequenz-P (II, 4).

II. Wechselspannungs-Polarographie

1. Gewöhnliche Wechselstrom-Polarographie

Dieses bedeutsame Verfahren beruht darauf, daß einer in der klassischen Gleichstrom-Polarographie üblichen kontinuierlich ansteigenden Gleichspannung eine Wechselspannung *niederer* und *konstanter* Frequenz (1—250 Hz) und *kleiner* und *konstanter* Amplitude (1—50 mV) überlagert wird. Die elektrische Schaltung, die in Abb. 18a skizziert ist, entspricht ganz der klassischen Gleichstromschaltung mit dem Unterschied, daß in Reihe zur Gleichspannungsquelle Q eine Wechselspannungsquelle W geschaltet ist. Der Kondensator C hat dann die Aufgabe, den Gleichstrom vom Verstärker abzuhalten, so daß *nur* der *resultierende Wechselstrom* verstärkt und nach seiner Gleichrichtung in M gemessen wird.

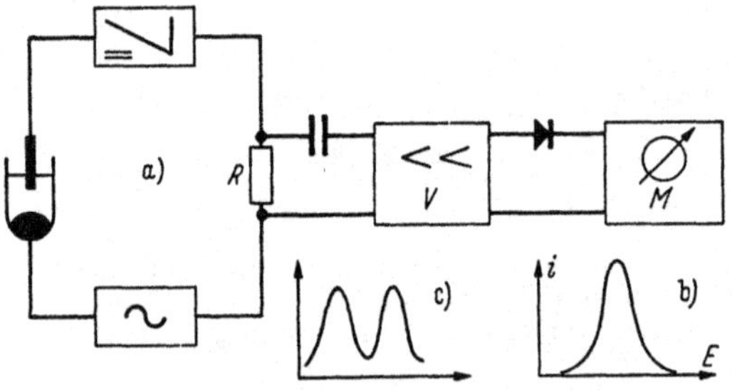

Der gemessene Wechselstrom hängt in charakteristischer Weise vom Elektrodenvorgang ab, der eine elektrische Durchtrittsreaktion darstellt — sofern es sich um eine Redoxreaktion handelt. Beim Halbstufenpotential besteht der Wechselstrom in einem Hin- und Herpendeln von Elektronen zwischen der reduzierten und oxydierten Form der Substanz mit der Frequenz der Wechselspannung (Schmidt und von Stakkelberg 1961). Dieser Wechselstrom wird vor und hinter diesem Potential offensichtlich kleiner sein müssen, da dann jeweils eine der beiden Formen in geringerer Konzentration vorliegt.

Abb. 18a—c. a) Prinzip der Wechselstrompolarographie. V = Verstärker, M = Meßinstrument; b) Wechselspannungspolarographische Spitze, c) tensammetrische Maxima

Demnach bilden sich anstelle der klassischen Stufen polarographische Stromspitzen aus (vgl. Abb. 18b), deren Maximum in erster Näherung beim Halbstufenpotential liegt. Da nur der Wechselstrom gemessen wird, ist das Polarogramm durch Oscillationen nicht gestört. Die Wechselstrom-Polarographie ist damit deutlich und prinzipiell von der Derivativ-Polarographie abgegrenzt.

Aus dem skizzierten Prinzip ergeben sich einige charakteristische Eigenschaften. Besonders interessant ist die Abhängigkeit der Spitzenhöhe nicht nur von der Konzentration, sondern auch von der Reversibilität der Elektrodenreaktion. Das Hin- und Herpendeln der Redoxformen kann nur dann ungehemmt erfolgen, wenn die Amplitude der Wechselspannung sowohl das Reduktions- als auch das Oxydationspotential überstreicht. Mit zunehmender Irreversibilität der Elektrodenreaktion (bei der diese beiden Potentiale mehr oder weniger weit auseinanderliegen), muß der resultierende Wechselstrom und damit die Spitzenhöhe abnehmen.

Anstelle einer elektrischen Durchtrittsreaktion, bei der Elektronen durch die Elektrodenoberfläche hindurchtreten, kann auch lediglich eine Verschiebungsreaktion stattfinden, bei der Ladungen *auf* der Elektrodenoberfläche transportiert werden. Ein solcher Verschiebungs-Wechselstrom wird tatsächlich immer dann registriert, wenn Substanzen — etwa oberflächenaktive Verbindungen — im Rhythmus der Wechselspannungsfrequenz *adsorbiert* und wieder *desorbiert* werden. Es treten dabei zwei Spitzen auf, von denen die eine der Desorption (Desorptionspotential), die andere der Adsorption (Adsorptionspotential) entspricht. Das Potentialgebiet zwischen beiden ist das völliger Adsorption. Die Kurven stellen sich anstelle der Differentialkapazität der Elektrode als Funktion der anliegenden Spannung dar (H. Schmidt und M. von Stackelberg 1961). Da keine Redoxreaktion und keine Depolarisation der Elektrode stattfindet, schlagen B. Breyer und S. Hacobian (1952) für diese Stromspitzen den Namen „*Tensammetrische Maxima*" vor (vgl. Abb. 18c), für die Analyse oberflächenaktiver Substanzen nach diesem Prinzip den Begriff „*Tensammetrie*". Bei der analytischen Konzentrationsbestimmung müssen Eichkurven aufgestellt werden, da die Höhe, die Lage und Frequenzabhängigkeit der Maxima von der Zusammensetzung der Lösung abhängen.

Für die Spitzenstromstärke i_s einer reversiblen Redoxreaktion haben H. Schmidt und M. v. Stackelberg (1959), ausgehend von einer von H. Matsuda (1958) abgeleiteten Beziehung, folgende Gleichung berechnet, die mit dem Experiment befriedigend übereinstimmt:

$$i_s = K \frac{E_0 \sqrt{\omega}}{\sqrt{\omega^2 \cdot R^2 \cdot C^2 + 1}} . \tag{17}$$

(R = Ohmscher Widerstand, C = Kapazität, K = verschiedene Parameter, Wechselspannung: $E = E_0 \cdot \cos \omega t$).

Für die Praxis der Wechselstrom-Polarographie sind folgende Punkte bedeutsam:

1. Die Amplitude der Wechselspannung soll kleiner als 30 mV sein (lineare Elektroden-charakteristik, Auflösungsvermögen).

2. Die Frequenz soll möglichst klein sein (um so kleiner, je größer die Impedanz des Stromkreises; Kapazitätsstrom).

3. Die Impedanz des Stromkreises soll so klein wie möglich sein (zu erreichen durch Herabsetzung des Ohmschen Widerstandes, da die Doppelschichtkapazität des Hg-Tropfens mit 20—40 μF/cm² festliegt). Die Impedanz beeinflußt die Lage der Spitzen, ihre Höhe, ihre Frequenz- und Konzentrationsabhängigkeit und den Kapazitätsstrom.

4. Der Grundelektrolyt und die Untersuchungslösung müssen so beschaffen sein, daß die maßgebliche Elektrodenreaktion reversibel verläuft.

5. Oberflächenaktive Stoffe sind auszuschalten — außer bei ihrer tensammetrischen Bestimmung.

Die hier beschriebene Wechselstrom-Polarographie besitzt etwa — bei reversibler Elektrodenreaktion — die Empfindlichkeit der klassischen Gleichstrom-Polarographie, aber ein wesentlich besseres Auflösungs- und Trennvermögen. Trotz einer größeren Zahl von Variablen, die bei der Ausarbeitung einer neuen Analysenvorschrift zu berücksichtigen sind, dürfte dieses Verfahren bei der Routineanalyse nicht komplizierter sein als die gewöhnliche Polarographie (H. SCHMIDT und M. VON STACKELBERG 1962).

2. Die Square-Wave-Polarographie

Die Square-Wave-Methodik unterscheidet sich von der gewöhnlichen Wechselstrom-Polarographie im wesentlichen dadurch, daß anstelle der sinusförmigen eine rechteckförmige Wechselspannung der Gleichspannung überlagert wird. Dadurch läßt sich derjenige Kapazitätsstrom-Anteil ausschalten, der durch die periodische Umladung der elektrischen Doppelschicht infolge der Wechselspannung entsteht. Dieser Anteil ist bei der gewöhnlichen Wechselstrom-P. noch nicht eliminiert und für die gegenüber der klassischen Gleichstrom-P. nicht erhöhte Empfindlichkeit verantwortlich. Die Wirkungsweise der rechteckförmigen Wechselspannung ergibt sich aus Abb. 19.

Nach Beginn des Rechteckimpulses (Impulsdauer $^1/_{450}$ sec) fällt der Kapazitätsstrom i_C mit der Zeit schneller ab als der Faradaystrom i_F. Jener ist nach einer gewissen Zeit fast vollständig abgeklungen, während dieser noch einen beträchtlichen Wert aufweist. Durch eine entsprechende elektronische Schaltung wird nunmehr dafür gesorgt, daß nur von diesem Zeitpunkt an der fast reine Faradaystrom gemessen wird (Meßzeit $^1/_{3600}$ sec). Damit der Kapazitätsstrom allerdings in der angegebenen Weise abklingt, darf der Ohmsche Widerstand des polarographischen Stromkreises nicht über etwa 100 Ohm hinausgehen. (Daraus ergibt sich die für die Spurenanalyse unangenehme Forderung, hohe Leitsalzkonzentrationen vorzulegen; mindestens 0,1 molar, besser 1 molar). Der auf diese Art nicht eliminierbare, durch das Tropfenwachstum entstehende Kapazitätsstrom wird wie in der Tast-Polarographie dadurch beseitigt, daß jeweils am Ende des Tropfenlebens gemessen wird; der dann noch vorhandene kleine kapazitive Reststrom schließlich wird durch die lineare Kapazitätsstrom-Kompensation[1] wirksam ausgeschaltet.

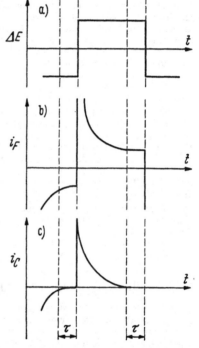

Abb. 19. Kapazitätsstrom-Kompensation mit Hilfe einer diskontinuierlichen Spannung

Die Square-Wave-Polarographie zeichnet sich durch eine beträchtlich gesteigerte Empfindlichkeit, durch etwa gleiches Auflösungsvermögen und etwas besseres Trennvermögen gegenüber der gewöhnlichen Wechselstrom-P. aus. Die „Genauigkeit" ist sehr gut. Nachteilig sind der erhebliche apparative Aufwand, die hohen Leitsalzkonzentrationen und — beim Arbeiten mit höchster Empfindlichkeitseinstellung — der sog. „Capillareffekt" (BARKER), der die Kapazität der Elektrode dadurch in unkontrollierbarer Weise verändert, daß sprunghaft ein dünner Flüssigkeitsfilm in die Capillare eindringt.

---

[1] Vgl. „Geräte".

3. Die Wechselstrom-Brücken-Polarographie

Die von T. Takahashi und E. Niki (1958) angegebene Wechselstrom-Brücken-P. verwendet wie die gewöhnliche Wechselstrom-P. eine sinusförmige Wechselspannung kleiner und konstanter Amplitude und kleiner und konstanter Frequenz, die der kontinuierlich ansteigenden Gleichspannung überlagert wird. Im Unterschied dazu wird aber nicht die Änderung des Wechselstromes, sondern die Änderung der *Impedanz* der polarographischen Zelle mit steigender Gleichspannung gemessen und zwar mit Hilfe einer Brückenschaltung.

Solange die Brücke im Gleichgewicht ist, fließt kein Strom. Ein solcher tritt nur dann auf, wenn die Impedanz der polarographischen Zelle geändert und damit das Gleichgewicht gestört wird. Der dann fließende Wechselstrom induziert in einer Induktionsspule ein Wechselfeld, das eine Phase eines Zweiphasen-Null-Motors steuert. Seine andere Phase wird von der Netzspannung gespeist. Dadurch bewegt sich der motorangetriebene Schleifer des Potentiometers solange, bis wieder Gleichgewicht hergestellt ist. Die Bewegungen des Potentiometerschleifers werden dabei gleichzeitig durch eine mit ihm verbundene Schreibfeder als Polarogramm aufgezeichnet.

Die Vorteile dieser Methode sind einerseits der einfache apparative Aufbau. D. M. Miller (1956) hat eine Schaltung angegeben, mit der man einen üblichen Gleichstrompolarographen gleichzeitig als Wechselstrom-Brücken-Polarographen betreiben kann. Andererseits sind die „Stromspitzen" auf Grund dieser Schaltung unabhängig von der Amplitude der Wechselspannung [vgl. Gl. (17)], d. h. an die Konstanz der Wechselspannung werden keine großen Anforderungen gestellt. Die Kenngrößen des Verfahrens entsprechen weitgehend denen der gewöhnlichen Wechselstrom-P.

4. Hochfrequenz-Polarographie

Bei der von G. C. Barker (1957) entwickelten Methode wird die Hg-Tropfelektrode mit einem hochfrequenten Wechselstrom kleiner Amplitude polarisiert, wobei die Amplitude mit Hilfe eines Square-Wave-Polarographen 100%ig moduliert ist (Hochfrequenz etwa 200 kHz, Frequenz der Modulation 225 Hz). Die infolge der Faradayschen Gleichrichtung auftretende Verschiebung des mittleren Elektrodenpotentials wird nicht gemessen. Es wird vielmehr die Amplitude des niederfrequenten Wechselstroms untersucht, der der Elektrode zugeführt werden muß, um ihr mittleres Potential konstant zu halten. Dieser Strom wird im Square-Wave-Polarographen verstärkt und registriert.

Die Hochfrequenzpolarographie ist durch ein besonders gutes Auflösungsvermögen ausgezeichnet. Die Empfindlichkeit ist sehr groß. Sie beträgt für reversibel 2 wertige Ionen $2 \cdot 10^{-8}$ m, für irreversible 10^{-7} m.

Die Methode steht am Anfang ihrer Entwicklung. Nähere Einzelheiten vgl. bei H. Schmidt und M. v. Stackelberg (1962).

III. Oscillographische Polarographie nach J. Heyrovsky u. J. Forejt

Diese Methode gehört streng genommen nicht zu den polarographischen Verfahren, wenn man nicht als einziges Kriterium die Verwendung einer Quecksilbertropfelektrode gelten lassen will. Aber auch diese wird nicht immer verwendet, sondern sehr oft die strömende Quecksilberelektrode nach J. Heyrovsky und J. Forejt (1943).

Das Prinzip beruht darauf (Abb. 20), daß einer konstanten Gleichspannung G, die das mittlere Elektrodenpotential zwischen 0 und —2 V hält, eine konstante sinusförmige Wechselspannung W (Größenordnung 100 V, Netz) überlagert wird. Durch den großen Widerstand R liegen nur etwa 2 V dieser Wechselspannung an der Zelle Z. Damit ist der im Schaltkreis fließende Strom praktisch vollständig durch W und R bestimmt und also *konstant*. An die Stelle der Strom-Spannungskurve tritt hier die Kurve „Spannung V als Funktion der Zeit t". Sie läßt sich wegen der relativ hohen Frequenz der Wechselspannung nur mit dem Kathodenstrahloscillographen registrieren. Der durch R und W festgelegte Strom ist zunächst ein *reiner Kapazitätsstrom*. Wenn nun die Amplitude des Wechselstromes die Abscheidungsspannung einer Komponente erreicht hat, tritt ein Haltepunkt im aufsteigenden Ast der Kurve ein (vgl. Abb. 21), weil die Aufladung der Doppelschicht durch den jetzt kurzzeitig fließenden Faradaystrom unterbrochen wird: der durch R und W festgelegte Strom i ist im Bereich des Haltepunktes Faradaystrom, die Spannung kann zunächst nicht weiter ansteigen. Das tritt erst dann wieder ein, wenn der Faradaystrom durch eine Verarmung abscheidbarer Teilchen im Bereich der Elektrodenoberfläche zum Erliegen kommt. Demnach stellt die Lage des Haltepunktes ein qualitatives Merkmal, die Zeitdauer ein quantitatives Maß dieser Komponente dar. Wird die Substanz in reversibler Reaktion an der Elektrode umgesetzt, dann zeigt sich symmetrisch zum ersten wieder ein Haltepunkt am absteigenden Ast der Kurve. Bei irreversibler Reaktion sind beide Punkte gegeneinander verschoben. Die Methode ermöglicht also *gleichzeitig* mit der qualitativen und quantitativen Aussage eine solche über die Reversibilität der Elektrodenreaktion. Auf Grund der Schnelligkeit der Registrierung des „Polarogramms" lassen sich auch schnelle Reaktionen untersuchen.

Die Registrierung der V/t-Kurve hat Nachteile: kleiner, oft undeutlicher Haltepunkt, dessen Ausmessung nur ungenau möglich ist. Günstiger ist die Aufzeichnung der „Änderung der Spannung mit der Zeit in Abhängigkeit von der Zeit „also dV/dt gegen t (vgl. Abb. 21). Elektrodenreaktionen zeigen sich durch Einschnitte an, deren Lage die Qualität, ihre Tiefe die Quantität angibt.

Eine dritte, sehr vorteilhafte und meist verwendete Art der Registrierung wurde erstmals von ŠEVČIK angeregt (nach J. HEYROVSKY und R. KALVODA 1960). Danach wird die „Änderung

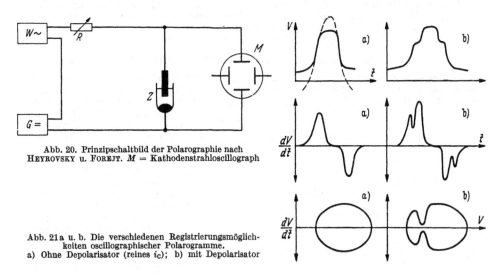

Abb. 20. Prinzipschaltbild der Polarographie nach HEYROVSKY u. FOREJT. M = Kathodenstrahloscillograph

Abb. 21a u. b. Die verschiedenen Registrierungsmöglich-keiten oscillographischer Polarogramme.
a) Ohne Depolarisator (reines i_C); b) mit Depolarisator

der Spannung mit der Zeit gegen die Spannung", also dV/dt gegen V aufgezeichnet. Die reine Kurve ist dann eine Ellipse. Elektrodenreaktionen sind wieder durch Einschnitte an dieser Ellipse charakterisiert. Reduktionen liegen oberhalb, Oxydationen unterhalb der Spannungsachse. Die Qualität einer Komponente ist durch die Lage des Einschnitts, die Quantität durch seine Tiefe gegeben. Liegen der kathodische und der anodische Einschnitt an derselben Stelle der V-Achse, dann ist die Reaktion reversibel, sind beide gegeneinander versetzt, dann ist sie irreversibel. Mit dieser Variante kann man z. B. o-, m- und p-Nitrophenol voneinander unterscheiden, was mit keiner anderen polarographischen Methode möglich ist.

Die Stärke der oscillographischen Polarographie nach HEYROVSKY und FOREJT liegt auf qualitativem Gebiet, da nicht nur reduzierbare und oxydierbare, sondern auch solche Stoffe angezeigt werden, die die Differentialkapazität (= Änderung der Kapazität mit der Spannung) verändern, und da die Ausmessung der Polarogramme wegen der Kleinheit und der Notwendigkeit, eine photographische Aufnahme machen zu müssen, nicht gut reproduzierbar möglich ist. Mit Hilfe der sog. „Komparationstitration" allerdings kann man auf ± 3—5% reproduzierbare Ergebnisse erhalten. Dazu wird die Bestimmungskomponente mit einem geeigneten Reagens solange titriert, bis der durch die Komponente bedingte Einschnitt im Äquivalenzpunkt eben verschwindet. Die Empfindlichkeit der Methode entspricht etwa der der Gleichstrompolarographie, das Auflösungs- und das Trennvermögen sind besser. Ein großer Vorzug ist der preiswerte oscillographische Polarograph (1700,— DM).

IV. Kombinationen

1. Inkrement-Polarographie

Diese neu entwickelte Methode stellt eine Art derivativer Tastpolarographie dar. Näheres vgl. bei C. AUERBACH u. Mitarb. (1961).

2. Inverse Polarographie oder Anodische Amalgam-Voltammetrie

Mit diesem recht einfachen Verfahren, das mit den verschiedensten Apparaten polarograph durchgeführt werden kann, wurden in letzter Zeit große Erfolge erzielt. Es konnten noch 10^{-9} bis 10^{-10} mol/l (!) in günstigen Fällen bestimmt werden. Das Verfahren beruht darauf, daß mit Hilfe eines hängenden Quecksilber-Tropfens (Kemula 1958) oder einer Hg-Napfelektrode (vgl. Abb. 11d u. e) evtl. unter Rühren der Probelösung eine kathodische Abscheidung der (amalgambildenden) Metalle durchgeführt wird und daß dann diese Elektrode als Anode geschaltet wird. Bei der steigend positiver werdenden Polarisationsspannung werden die Metalle hintereinander aufgelöst. Es entstehen den konventionellen Polarogrammen analoge Strom-Spannungskurven. Der Grenzstrom wird durch die begrenzte Diffusion der Metalle *im* Quecksilber bedingt. Kleine Hg-Tropfen sind empfindlicher als die relativ großen Napfelektroden. Bei den zuletztgenannten tritt eine Diffusion der Metalle ins innere der Elektrode und damit eine Verdünnung ein. Die Methode wurde mit sehr gutem Erfolg auch differential-polarographisch und oscillographisch-polarographisch durchgeführt. Eine Zusammenfassung der Ergebnisse vgl. bei H. W. Nürnberg (1962).

3. Grenzstromtitrationen (Amperometrische Titrationen)

Bei dieser sehr genauen, empfindlichen und einfachen Methode wird die gesuchte Lösungskomponente beim Potential des Grenzstromes der polarographischen Stufe so lange mit einer geeigneten Maßlösung titriert, bis die Stufe eben verschwindet. Zur genauen Festlegung des Endpunktes der Titration zeichnet man 3—4 Meßwerte des Diffusionsstromes vor und 3—4 Meßwerte nach dem Äquivalenzpunkt gegen die ml-Maßlösung auf mm-Papier auf. Der Schnittpunkt der beiden Kurvenäste gibt den Äquivalenzpunkt an. So können noch 0,001m Pb-Lösungen auf 0,3% genau mit Chromat titriert werden. Trotz der Notwendigkeit, einige Meßwerte bestimmen und aufzeichnen zu müssen, ist die Methode einfach und schnell, sie erfordert ein Minimum an apparativem Aufwand (vgl. Abb. 22). Da bei konstantem Potential (beim Grenzstrom) gearbeitet wird, kommt man bei geeigneter Wahl der Gegenelektrode

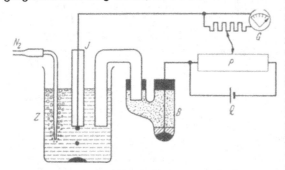

Abb. 22. Einfachstes Schaltbild der Grenzstromtitration.
I = Meßelektrode, *B* = Bezugselektrode, *P* = Potentiometer,
G = Galvanometer mit Empfindlichkeitsregulierung,
Q = Gleichstromquelle

ohne äußere Spannungsquelle aus. — Die für die Titration in Frage kommenden Reaktionen sind vor allem die Fällung (Ba und Pb mit SO_4^{--}), dann Komplexbindung und Redoxreaktionen. Damit ergeben sich gegenüber der konventionellen Polarographie Erweiterungen der An-

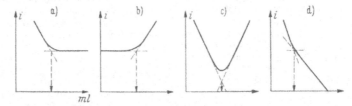

Abb. 23a—d. Schemata für Grenzstromtitrationen, „Titrationskurven"

Beispiel (a):
$Pb^{2+} + SO_4^{--} \rightarrow PbSO_4\downarrow$
Maßlösung: SO_4^{--}

Beispiel (b):
$SO_4^{--} + Pb^{2+} \rightarrow PbSO_4\downarrow$
Maßlösung: Pb^{2+}

Beispiel (c):
$Pb^{2+} + CrO_4^{--} \rightarrow PbCrO_4\downarrow$

Beispiel (d):
$Fe^{3+} + Ti^{3+} \rightleftharpoons Fe^{2+} + Ti^{4+}$

wendung, da auch solche Substanzen bestimmt werden können, die selbst nicht kathodisch reduziert werden oder nur schlecht ausgebildete Stufen geben. In diesen Fällen muß das Reagens polarographisch aktiv sein (Bestimmung von Mg^{++} mit Oxin[1]). Titrationskurven sind in Abb. 23 dargestellt.

---

[1] Mg^{++} gibt eine schlechte Stufe in üblichen Grundelektrolyten.

Die praktische Anwendbarkeit der Grenzstromtitrationen wird oft dadurch eingeschränkt, daß in der Probelösung andere Depolarisatoren anwesend sind, die bei dem gegebenen Arbeitspotential ebenfalls reduziert (bzw. oxydiert) werden. Der Grenzstrom wird dann im Äquivalenzpunkt nicht Null. Bei hoher Konzentration dieses Depolarisators muß er abgetrennt werden.

C. Geräte

Die Standardausstattung moderner klassischer Polarographen umfaßt etwa folgende Bauelemente: gut stabilisiertes Netzgerät zum Anschluß an das Lichtnetz, Potentiometer mit einem Spannungsbereich zwischen + 3 und — 3 V (nach Möglichkeit stufenweise regulierbar), Antriebsmotor mit einer Einrichtung zur Umkehr der Drehrichtung, damit Polarogramme in kathodischer und anodischer Richtung aufgenommen werden können sowie mit der Möglichkeit, verschiedene Spannungssteigerungsraten einzustellen; zur Registrierung Amperometer-Schreiber mit Zerhackerverstärker (Schreiberbreite 10—12 cm, Genauigkeit $\pm$ 1—2% bei Vollausschlag) oder Kompensationsschreiber (Breite 25 cm, Genauigkeit $\pm$ 0,1—0,5% bei Vollausschlag, wobei die Empfindlichkeit stufenweise von 0,01—1000 μA (Vollausschlag) regelbar, der Nullpunkt über die Schreiberbreite verschiebbar und die Papiergeschwindigkeit variabel sein soll; zur Dämpfung der Stromzacken sind R—C-Glieder üblich. Daneben ist in den meisten Geräten die Möglichkeit zur „Kompensation" des Diffusionsstroms und des Kapazitätsstroms gegeben. Die Diffusionsstromkompensation ist lediglich eine konstante Gegenspannung, die Kapazitätsstromkompensation eine linear ansteigende Gegenspannung. Die Wirkung dieser Kapazitätsstromkompensation ist ohne weitergehende meßtechnische Maßnahmen unvollständig [vgl. Gl. (14)]. In der folgenden Tab. 5 sind einige Lieferfirmen von Geräten angegeben. In vielen Fällen kann mit ein und demselben Gerät nach mehreren Verfahren gearbeitet werden.

Tabelle 5. *Polarographen*

Herstellerfirma	polarographische Methode
Radiometer, Kopenhagen	klassisch (PO 3, PO 4) derivativ
Metrohm AG, Herisau, Schweiz	klassisch, Rapid, Wechselstrom mit Zusatzgerät (Polarecord), derivativ
Atlas-Werke, Bremen	klassisch, Tast, Rapid, Intermittierend[1] (Selector), derivativ
Oak Ridge Nat. Lab.	klassisch (nicht verfälschende Dämpfung, ORNL-Q-1988)
Cambridge Instruments, London	klassisch (nicht verfälschende Dämpfung)
Southern Instruments, Camberley, Surrey, England	Kathodenstrahl-Polarograph (K 1000) Pulse-Polarograph
Nash & Thompson, Tolworth, Surrey, Engl.	Kathodenstrahl-Polarograph besonders für derivativ und differential
Mervin Instruments, Woking, Surrey, Engl.	Square-Wave-Polarograph Heyrovsky-Forejt-Polarograph

D. Anwendungen in der Lebensmittelchemie und -Überwachung[2]

Die Polarographie hat bei der Untersuchung der verschiedensten Lebensmittel Anwendung gefunden. Vor allem *Ascorbinsäure* wird bestimmt in Paprika, Apfelsinen, Äpfeln, Apfelsaft, Aprikosen, Bananen, Birnen, Kohlarten, Bohnen, eingesalzenen Lebensmitteln, in grünen Erbsen, Erdbeeren, in Hagebutten, Heidelbeeren, Himbeeren, Holunderbeeren, Johannisbeeren, Karotten, Kartoffeln, und vielen anderen Gemüsen und Früchten, in Milch, in Schokoladepräparaten, in Tabletten, in Vitaminpräparaten, oft gleichzeitig mit den sie begleitenden Sulfhydrylstoffen und Anthocyanen. Die Methode ist recht einfach und spezifischer

---

[1] Intermittierend = nur an jedem zweiten Hg-Tropfen wird gemessen, um den Verarmungseffekt auszuschalten.

[2] Die Literatur dieses Abschnitts ist zitiert nach M. BREZINA und P. ZUMAN, „Die Polarographie in der Medizin, Biochemie und Pharmazie" (1956).

als die maßanalytischen und colorimetrischen Verfahren. Eine Bestimmung ist möglich neben reduzierenden anorganischen Komponenten, neben Thiolen (auch Cystein den Hydrochinonen und Leukoformen einiger Farbstoffe). Färbungen und Trübungen der Probelösung stören nicht. Die Reproduzierbarkeit beträgt $\pm 3-5\%$ bei einer etwas kleineren Empfindlichkeit gegenüber den empfindlichsten colorimetrischen Methoden. Bei der Untersuchung von Schokoladeprodukten können Gluco-Reduktone stören. Die Aufbereitung der Probe ist bei weichen und saftigen Produkten (Obst) sehr einfach.

Es werden entweder mit Hilfe eines Gazesäckchens oder direkt etwa 10 ml Saft in ein kleines Becherglas ausgedrückt. Vorher gibt man in das Polarographiergefäß 5 ml 1 m Acetatpuffer, entlüftet mit N_2 und gibt dazu 5 ml des frischen Preßsaftes. Dann wird sofort das Polarogramm aufgenommen und entweder mit einer Eichkurve oder nach dem Zugabeverfahren ausgewertet. Bei saftarmem Material (Gemüse) muß vorher (in CO_2-Atmosphäre) ein Homogenat in 3% Metaphosphorsäure, Oxalsäure o. ä. hergestellt werden.

A. N. Prater u. Mitarb. (1944) arbeiteten eine Methode aus zum Nachweis von SO_2 in getrockneten Lebensmitteln.

Dazu wird 1 g der Probe mit 48 ml Wasser und 0,5 ml 5n-NaOH versetzt und 10—30 min stehen gelassen. Dann wird mit 1,5 ml 5n-HCl angesäuert und polarographiert (Stufe bei —0,4 V). Besonders bei Proben mit 0,05—0,4% SO_2 wurde gute Übereinstimmung mit Titrations- und Destillationsverfahren gefunden. — Von J. Heyrovsky u. Mitarb. (1933) wurde SO_2 in Wein direkt nach dem Ansäuern mit HCl bestimmt, wenn der Gehalt 0,01% überschritt.

Der polarographische Nachweis von Acetaldehyd ist etwa 20mal empfindlicher als der mit Schiffschem Reagens. Noch 10^{-5} m-Lösungen entsprechend einem Gehalt von 0,00005% können analysiert werden. So wird Acetaldehyd in verschiedenen Spritsorten, Bier, Essig, in Fuselölen, Wein und Obstweinen bestimmt. Zur quantitativen Analyse werden z. B. 25 ml Wein abdestilliert und die ersten 5 ml des Destillates polarographiert. Neben Acetaldehyd kann gleichzeitig Formaldehyd bestimmt werden.

Jod wurde polarographisch ermittelt in Kochsalz, Mineralwässern und Pflanzen. Dazu oxydiert man zum Jodat mit Chlor- oder Bromwasser, obwohl auch direkt Jodid polarographiert werden könnte. Seine Stufe ist jedoch schlecht ausgebildet. Außerdem ist die Jodatstufe 6mal höher als die Jodidstufe, da 6 Elektronen gegenüber nur einem bei Jodid umgesetzt werden. Bis 0,7 p.p.m. Jodid können mit einer Reproduzierbarkeit von 2% bestimmt werden, wenn man 10 g Kochsalz in 50 ml Wasser löst, davon 10 ml nach einigen Zusätzen polarographiert.

Interessant ist der Nachweis von Tetrachlor-Nitrobenzol, das als fungicides Mittel bei der Kartoffellagerung benützt wird. J. G. Webster und J. A. Dawson (1952) übergossen eine gewogene Menge Kartoffeln mit Petroläther und wischten die Oberfläche mit Watte ab, dampften im Luftstrom ein, nahmen den Rückstand mit 5 ml Isopropanol und 5 ml 0,2 M Acetatpuffer (pH = 4,7) auf und polarographierten.

Zur empfindlichen Bestimmung von Eiweiß und Cystin kann man sich der katalytischen Wellen in Co-II-Salz-Lösungen bedienen. SH-Gruppenhaltige organische Verbindungen, insbesondere Cystin (nicht Methionin), setzen nach R. Brdicka (1933) in Co-II-haltigen ammoniakalischen Lösungen die Wasserstoffüberspannung stark herab. Bei Anwesenheit solcher Stoffe entsteht bei etwa — 1,7 V hinter der Co-II-Stufe eine sog. katalytische Welle (Peak), deren Höhe, bezogen auf den Grenzstrom der Reduktionsstufe, ein Maß für den Gehalt an HS-Gruppen-haltiger Substanz ist. Da in Eiweißstoffen allein Cystin in dieser Weise polarographisch aktiv ist, kann Cystin, evtl. nach vorheriger chromatographischer Trennung, aber oft direkt, bestimmt werden. So wurde Cystin in 23 verschiedenen Weizenmehlsorten von B. Wöstmann (1950) ermittelt. Der Fehler beträgt etwa 5%.

Durch oberflächenaktive Stoffe werden Maxima unterdrückt. Zur polarographischen Bestimmung oberflächenaktiver Stoffe bedient man sich daher häufig des starken Sauerstoff-Maximums bei ungefähr $-0,3$ V. Zunächst nimmt man das ungedämpfte Maximum auf und setzt dann solange Probelösung zu, bis das Maximum auf die Hälfte gesenkt ist. Der reziproke Wert dieser Konzentration gilt als Maß für die Dämpfungswirkung. Durch Eichmessungen kann auf die Menge eines betreffenden Stoffes geschlossen werden. Auf dieser Arbeitsweise beruht die Bewertung von Raffinade, die Unterscheidung von Gärungs- und Synthese-Essig bzw. Citronensäure, Honig/Kunsthonig und die Reinheitsprüfung von Trinkwasser. Je mehr hochmolekulare Substanzen, Stoffwechselprodukte, Eiweiß und Fette vorhanden sind, um so stärker wird das Sauerstoffmaximum unterdrückt.

Weitere Anwendungen der Polarographie in der Lebensmittelchemie sind die Bestimmung von Oxymethylfurfurol in Honig, von Diacetyl in Margarine, von Sorbose in Ebereschenextrakt, von Sn, Pb, Cu, Fe und Ni in Gemüsekonserven, Obstkonserven und Ölen, die Bestimmung von Peroxiden, Carotin, Glycerin, Brenztraubensäure, Fumarsäure, Tokopherol, Äpfelsäure, Fructose und noch einigen anderen Stoffen. Übersicht bei BREZINA/ZUMAN, Die Polarographie in der Biochemie, Pharmazie und Medizin. Zusammenfassend darf festgehalten werden, daß die Polarographie in der Lebensmittelüberwachung gute Dienste leisten kann, vor allem, wenn nicht höchste Genauigkeit und einfaches, schnelles Arbeiten erwünscht sind. Gewisse Störungen, mit denen man rechnen muß, und die sich oft nicht voraussehen lassen, können vorteilhaft durch papierchromatographische oder dünnschichtchromatographische Vortrennung beseitigt werden. Meist genügen die hierbei anfallenden Mengen zu einer mikrochemisch-polarographischen Bestimmung.

Bibliographie

BARKER, G. C.: Proceedings of the Congress on Modern Analytical Chemistry in Industry. St. Andrews 1957.

BRDICKA, R.: Polarographie. In: E. BAMANN u. K. MYRBÄCK, Die Methoden der Fermentforschung. S. 580—627. Leipzig: Thieme 1940.

BREZINA, M., u. P. ZUMAN: Polarographie in der Medizin, Biochemie und Pharmazie. Leipzig: Akad. Verlagsges. 1956.

DELAHAY, P.: New Instrumental Methods in Elektrochemistry. S. 437. New York: Interscience 1952.

— Polarography and Voltametry. In: Instrumental Analysis. S. 64—105. New York: Macmillan 1957.

HEYROVSKY, J.: Polarographie. In: W. BÖTTGER, Physikalische Methoden der analytischen Chemie, 2. Teil. 1936, S. 260—322, 2. Aufl. 1948, S. 118—306. Leipzig: Akad. Verlagsges.

— Polarographie, theoretische Grundlagen, praktische Ausführungen und Anwendungen der Elektrolyse mit der tropfenden Quecksilberelektrode. Wien: Springer 1941; Neudruck von Alien Property Custodian, Washington 1944. Edward Brothers, Ann Arbor, Michigan, USA.

— Polarographisches Praktikum. 2. neubearb. Aufl. Berlin-Göttingen-Heidelberg: Springer 1960.

—, u. R. KALVODA: Oscillographische Polarographie mit Wechselstrom. Berlin: Akademie-Verlag 1960.

HOHN, H.: Chemische Analysen mit dem Polarographen. Anleitungen für die chemische Laboratoriumspraxis, Bd. III, hrsg. von E. ZINTL. Berlin: Springer 1937. Neudruck von Alien Property Custodian, Washington, Ann. Arbor, Michigan, USA: Edward Brothers 1944.

KOLTHOFF, I. M., and J. J. LINGANE: Polarography. Polarographic Analysis and Voltammetrie, Amperometric Titrations. New York: Interscience Publishers 1941. Neudruck 1944.

— — Polarography, Vol. I, II. II. Ausg. New York, N. Y.: Interscience 1952.

KRYUKOWA, T. A., S. J. SINIAKOWA u. T. W. AREFIEWA: Die polarographische Analyse (russ.). Moskau: Goschimizdat 1959.

MEITES, L.: Polarographic techniques. New York: Interscience 1955.

MILNER, G. W. C.: The Principles and applications of Polarography and other elektroanalytical processes. London: Longmans, Green & Co. 1957.

Müller, O. H.: The polarographic Method of analysis, 2. Aufl. Easton, Pa.: Chem. Educ. Publ. Co. 1951.
— Polarography. In: A. Weissberger: Physical method of organic chemistry, part. II, 2. Aufl., S. 1785—1884. New York: Interscience 1952.
Schmidt, H., u. M. v. Stackelberg: Neuartige, polarographische Methoden. Weinheim, Bergstraße: Verlag Chemie 1962.
Schwabe, K.: Polarographie und chemische Konstitution organischer Verbindungen, Berlin: Akademie-Verlag 1957.
Songina, O. A.: Amperometrische Titration in der Analyse der Mineralrohstoffe (russ.). Moskau: Gosgeoltechizdat 1957.
Stackelberg, M. v.: Polarographische Arbeitsmethoden. Berlin: W. de Gruyter 1960.
Tachi, I.: Polarography (japanisch). Tokio: Iwanami 1954.

Zeitschriftenliteratur

Adams, R. N.: Carbon Paste Electrodes. Analytic. Chem. **30**, 1576—1576 (1958).
Arthur, P., J. C. Komyathy, R. T. Maness, and A. W. Vaughan: New polarographic Electrode employing controlled stirring. Anal. Chem. 27, 895—898 (1955).
Auerbach, C., H. L. Finston, G. Kissel, J. Glickstein and S. Rankowitz: Incremental Approach to Derivative Polarography. Analytic. Chem. **33**, 1480—1484 (1961).
Barendrecht, E.: A rotating hauging Mercury-drop Electrode. Nature 181, 764—765 (1958).
Barker, G. C., and A. W. Gardner: Pulse Polarography. Z. analyt. Chem. **173**, 79—83 (1960).
Heyrovsky, J., and M. Shikata: Researches with the Dropping Mercury Cathode. Part II: The Polarograph. Recueil Trav. chim. Pays-Bas 44, 496—498 (1925).
Ilkovič, D.: Zitiert nach M. v. Stackelberg (1960). Collection Czedi. Chem. Common. (Prag) [engl.] (erst ab 1947). 6, 498—513 (1934).
Kemula, W., et Z. Kublik: Application de la goutte pendante de mercure à la détermination de minimes quantités de différents lous. Analyt. chim. Acta (Amsterdam) 18, 104—111 (1958).
Konopik, N.: Amperometrische Titrationen, I. und II. Öst. Chem.-Ztg. 54, 289—299, 325 bis 332 (1953). Organischer Teil: Öst. Chem.-Ztg. 55, 127—137 (1954).
Kronenberger, K., u. W. Nickels: Ein neuer Tast-Polarograph. Z. analyt. Chem. **186**, 79 bis 85 (1962).
Kucera, G.: Zur Oberflächenspannung von polarisiertem Quecksilber. Ann. Physik 11, 529 bis 560, 698—725 (1903).
Miller, D. M.: A Method of Recording a.c. Polarograms on a conventional d.c. Polarograph. Canad. J. Chem. **34**, 942—947 (1956).
Nernst, W., u. E. S. Merriam: Zur Theorie des Reststromes. Z. physik. Chem. **53**, 235—244 (1905).
Nürnberg, H. W.: Moderne Methoden der Gleichspannungspolarographie. Z. analyt. Chem. **186**, 1—53 (1962).
Schmidt, H.: Apparate zur Registrierung polarographischer Aufnahmen. Z. Instrumentenk. **67**, 301—310 (1959).
—, u. M. v. Stackelberg: Über den Einfluß des Ohmschen Widerstandes und der Doppelschichtkapazität auf den Spitzenstrom in der Wechselstrompolarographie. J. electroanalyt. Chem. 1, 133—142 (1959).
Smoler, I.: Nový tvar rtutové kapkové elektrody. Chem. listy 47, 1667—1669 (1953).
Stackelberg, M. v.: Die wissenschaftlichen Grundlagen der Polarographie. Z. Elektrochem. **45**, 466—491 (1939).
—, u. H. Schmidt: Neue Wege der Polarographie. Angew. Chem. 71, 505—512 (1959).
Takahashi, T., and E. Niki: An improved Alternating Current Polarograph. Talanta 1, 245—248 (1958).
Tamamushi, R., and N. Tanaka: Polarographic determination of γ-BHC and DDT in their mixtures. Chem. Abstracs 44, 9304 (1950).
Vorträge des Internationalen Polarographischen Kolloquiums vom 22. bis 24. 10. 1958 in Bonn. Z. analyt. Chem. **173**, 1—411 (1960).
Wahlin, E., and Å. Bresle: On the Instantaneous Polarographic Current. Acta. chem. scand. 10, 935—942 (1956).
Winkel, A., u. G. Proske: Anwendungsmöglichkeiten der polarographischen Methode im Laboratorium. Angew. Chem. **50**, 18—25 (1937).
Wolf, S.: Rapid Polarographie. Angew. Chem. 72, 449—454 (1960).

Chromatographische Verfahren
A. Papierchromatographie

Von

Dr. AUGUSTE GRÜNE, Velbert

Mit 18 Abbildungen

A. Geschichtliche Entwicklung

Im Jahre 1944 gelang drei englischen Forschern (R. CONSDEN u. Mitarb.) die Schaffung einer genialen Ultramikromethode, welche wie wenige vorher bestimmt sein sollte, ganz neue Möglichkeiten auf dem Gebiet der Analyse vor allem chemisch ähnlicher Stoffe zu bieten. Sie nannten sie "paper chromatography", also Papierchromatographie.

Die Methode ist somit noch nicht 20 Jahre alt. Ihre Entwicklungsgeschichte ist jedoch viel länger.

Bereits im Jahre 1822 erwähnt F. F. RUNGE in seiner Doktordissertation, daß ungeleimtes Papier gewisse Reaktionen von Stoffen in seiner Ebene möglich macht.

In den Jahren 1850 und 1855 publizierte er zwei interessante Bücher mit von Hand hergestellten Capillarbildern (F. F. RUNGE 1850, 1855).

Nach ihm wurden die von RUNGE entdeckten Möglichkeiten eine Anzahl von Jahren hindurch vergessen, bis SCHOENBEIN im Jahre 1861 eine Zufallsentdeckung machte, welche, wie so oft in der Geschichte der Chemie, einschneidende Folgen mit sich brachte (C. F. SCHOENBEIN 1861). SCHOENBEIN tauchte Filtrierpapierstreifen in Reagenslösungen ein — zum Zwecke der Herstellung von Testpapieren — und konnte feststellen, daß die einzelnen Bestandteile nicht gleichmäßig im Papier aufgestiegen waren. Das war die Geburtsstunde der Papierchromatographie bzw. ihrer Vorläuferin, der Capillaranalyse. GOPPELSROEDER, ein Schüler SCHOENBEINS, baute die neue Methode weiter aus, er publizierte eine sehr große Anzahl von Einzeluntersuchungen, ohne jedoch eine straffe Arbeitsmethodik zu schaffen (FR. GOPPELSROEDER 1901).

Nach ihm hielt die homöopathische Pharmazie die Methode wach, die Ausgabe 2 des homöopathischen Arzneibuches von Dr. W. SCHWABE gibt als Testmethoden für pflanzliche Arzneimittel capillaranalytische Vorschriften (W. SCHWABE 1950).

Die Adsorptionschromatographie in der Säule wurde durch TSWETT weithin bekannt (M. TSWETT 1906). Er zeigte durch Chromatographie an Calciumcarbonat, daß der grüne Blattfarbstoff mindestens aus 4 Komponenten besteht: Chlorophyll a und b, Xanthophyll und Carotin. Es ist allerdings ein Irrtum, anzunehmen, daß er die Methode im Prinzip erfunden hat, sie geht bereits auf ENGLER und ALBRECHT sowie DAY zurück (C. ENGLER u. E. ALBRECHT 1901; D. T. DAY 1900).

Wenn man annehmen kann, daß die Adsorptionschromatographie in der Säule der Papierchromatographie die Nomenklatur gab, die Capillaranalyse die

Erfahrungen über das Verhalten saugfähiger Filtrierpapiere und ihre verschiedene Wanderungsgeschwindigkeit in bezug auf Lösungen, so muß man der Tüpfelanalyse Dank wissen dafür, daß sie Erfahrungen vermittelte über den Nachweis von Substanzen auf dem Papier (F. Feigl 1947 und später).

R. E. Liesegang zeigte praktisch den Übergang der Capillaranalyse zur Papierchromatographie (R. E. Liesegang 1927).

Seine Kreuz- und Kreiscapillaranalyse können bereits als primitive Art der Papierchromatographie angesehen werden. Er setzte als erster Tüpfel der Substanzgemische auf und ließ sie von reinen Lösungsmitteln überwandern.

B. Einführung in die Technik der Papierchromatographie

I. Vergleich Capillaranalyse—Papierchromatographie

Die Capillaranalyse und die Papierchromatographie zeigen einige grundsätzliche Unterschiede. Bei capillaranalytischen Arbeiten tauchte man meistens Streifen saugfähiger Papiere, z. B. Nr. 604, Nr. 597, Nr. 602h, Nr. 595 von C. Schleicher & Schüll in die alkoholischen oder wäßrigen Lösungen oder Extrakte der zu untersuchenden Stoffe, maß nach bestimmter Zeit ihre relative Steighöhe zur Gesamtsteighöhe des Lösungsmittels, betrachtete die Streifen unter der UV-Lampe (Luminescenzcapillaranalyse) oder schnitt zur weiteren Untersuchung Zonen heraus und capillarisierte von neuem. Die Geräte, die man dazu benutzte, sind z. T. primitiv, z. T. den heutigen papierchromatographischen Kammern bereits recht ähnlich. Auf völligen Luftabschluß und Äquilibrierung der Kammer wurde nicht immer Wert gelegt (A. Grüne 1959).

Die Papierchromatographie setzt Tropfen der zu untersuchenden Substanzlösungen auf und läßt von reinen Fließmitteln überwandern (Lösungsmittelgemische). Auf Klimatisierung und Dichtigkeit der Kammer muß geachtet werden.

Demzufolge bietet die Papierchromatographie die Möglichkeit, scharf definierte Flecken (spots) der einzelnen Substanzen zu erhalten, die eluierbar und colorimetrisch mit bekannten Konzentrationen der einzelnen Substanzen vergleichbar sind.

II. Technik des papierchromatographischen Arbeitens

Das Prinzip papierchromatographischen Arbeitens sei kurz erklärt.

Mit Hilfe einer Mikropipette oder einer anderen sehr engen Capillare setzt man im Höchstfalle 5—7 mm im Durchmesser messende Tropfen auf einen Abschnitt (Streifen, Bogen, Rundfilter, Viertelbogen) eines reinen chromatographischen Filtrierpapieres auf. Die Konzentration der Lösung soll zwischen 0,5—2% liegen, je nach Art der zu trennenden Stoffe, wobei die untere Konzentrationsgrenze durch die Nachweisbarkeit auf dem Papier, die obere jedoch durch die störungsfreie Wanderung bestimmt wird.

Ist aus bestimmten Gründen, z. B. wegen der labilen Natur der zu trennenden Stoffe oder ihrer vorherigen Isolierung eine geringere Konzentration vorhanden, so ist eine Konzentrierung auf dem Papier möglich, sei es durch abwechselndes Auftragen mit dazwischen geschalteten Trocknungen, sei es durch Auftragen gekoppelt mit gleichzeitiger Trocknung.

Letztere geschieht zweckmäßigerweise durch den Warmluftstrom eines Föhns, da die strömende Wärme eine schonende Trocknung gewährleistet.

Nach der Trocknung verbringt man das angesetzte Chromatogramm in die Apparatur und klimatisiert (äquilibriert) in der Mehrzahl der Fälle, d. h. man setzt es in geschlossener Apparatur Wasserdampf von Normaltemperatur aus.

Dies gilt für Fälle der reinen Verteilungschromatographie. In Einzelfällen, z. B. bei der Chromatographie einer Anzahl von Lebensmittelfarben, hier und da auch bei Kationen, ist jedoch die Klimatisierung nicht immer angezeigt.

Die Dauer der Klimatisierung richtet sich nach der jeweiligen Aufgabe. Anschließend läßt man das Chromatogramm vom Fließmittel überwandern (vgl. C, VI). Nachdem dieses letztere eine angemessene Strecke durchwandert hat, wobei die Dauer von einer Anzahl aufeinander abzustimmender Faktoren abhängt, nimmt man das Chromatogramm aus der Apparatur heraus, trocknet mit Föhn oder im Trockenschrank und macht die Substanzen auf eine geeignete Art sichtbar. Meistens bedeutet das, daß man mit der Lösung eines Reagenses sprüht, welches den zu analysierenden Substanzen Farbe erteilt, doch sind je nach Natur der getrennten Stoffe auch andere Nachweisreaktionen üblich (vgl. D, IV).

Die als Tropfen in Lösung aufgetragenen Substanzen sind mit dem capillar aufsteigenden Fließmittel gewandert, und zwar mit verschiedener Geschwindigkeit, es hat eine fraktionierte Trennung stattgefunden. Da Wanderungszeit und Wanderungsstrecke des Fließmittels eine gemeinsame Konstante sind, befinden sich die Substanzen verschieden weit vom Auftragspunkt entfernt. Diese fraktionierte Trennung auf dem Papier ermöglicht daher die Trennung auch chemisch ähnlicher Substanzen.

Hiermit ergibt sich ein grundlegender Vorteil gegenüber anderen analytischen Verfahren: ein einfacher fraktionierter Trennungsvorgang auf dem Papier verteilt die zu ermittelnden Substanzen als Einzelflecken oder Banden, die durch Nachweisreaktionen identifizierbar sind.

III. Die grundlegenden Arbeitsmethoden

Drei Haupttechniken papierchromatographischen Arbeitens kann man grundsätzlich unterscheiden:

1. *Absteigende Methode*, wobei das Fließmittel und die Substanzen im Sinne der Erdanziehung wandern. Das Fließmittel befindet sich oben in der Apparatur.

2. *Aufsteigendes Arbeiten*, das Fließmittel und die Substanzen wandern im entgegengesetzten Sinne der Erdanziehung. Das Fließmittel befindet sich unten in der Apparatur und wandert capillar hoch.

3. *Horizontales Arbeiten*, meistens als *Rundfilterverfahren* angewendet. Das Fließmittel wird in der Mehrzahl der Fälle durch Docht dem Zentrum des Papieres zugeführt. Fließmittel und Substanzen wandern horizontal.

Das aufsteigende und das absteigende Verfahren gestatten es, eindimensional und zweidimensional zu arbeiten (Abb. 1 und 2).

Erstere Methode ist die häufiger angewandte, letztere Arbeitstechnik benutzt

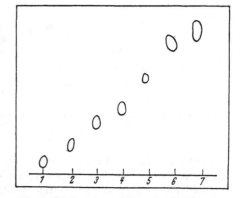

Abb. 1. Schema eines eindimensionalen Chromatogramms von Aminosäuren. Fließmittel Phenol-Wasser. *1* Asparaginsäure; *2* Glutaminsäure; *3* Serin; *4* Glykokoll; *5* Alanin; *6* Valin; *7* Leucin

man oft dann, wenn Substanzen in ihren R_f-Werten sehr nahe beisammen liegen oder wenn eine größere Anzahl chemisch ähnlicher Substanzen zur Trennung vorliegt. Im Falle des zweidimensionalen Arbeitens trägt man die Lösung des Substanzgemisches auf einem Startpunkt in der Ecke des Bogens oder Bogenabschnittes auf, läßt erst in einer Richtung vom Fließmittel 1 überwandern, nimmt aus der Apparatur heraus, trocknet, bis die letzte Spur des ersten Fließmittels entfernt ist, dreht das Chromatogramm um 90 Grad und läßt vom Fließmittel 2 überwandern. Die zuerst in einer Linie unvollständig getrennten Substanzen verteilen sich bei der zweiten Wanderung in der Ebene, wobei bei chemisch ähnlichen Substanzen oft eine gewisse regelmäßige — meist parabolische — Anordnung vorliegt.

Das „*Fließmittelpaar*" besitzt häufig einen gewissen gegensätzlichen Charakter seiner zwei Komponenten, die eine ist mehr sauer, die zweite mehr basisch. Das Fließmittelpaar soll so gewählt sein, daß die R_f-Werte möglichst weit auseinandergezogen werden. (Über R_f-Werte vgl. B, IV).

Als besonders elegante zweidimensionale Trennungsmethode wurde durch INGRAM u. Mitarb. die sog. "finger print-Methode" bekannt, d. h. eine zweidimensionale Verbindung von Papierchromatographie und Papierelektrophorese (V. M. INGRAM 1958).

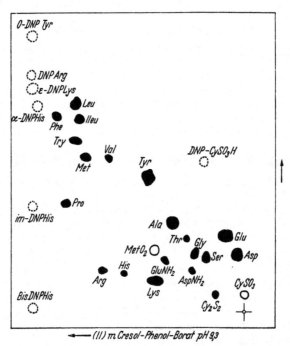

Abb. 2. Zweidimensionales Chromatogramm von Aminosäuren und einigen wasserlöslichen DNP-Aminosäuren. I. Richtung: n-Butanol-Essigsäure-Wasser (4:1:5). II. Richtung: m-Kresol-Phenol (1:1) gesättigt, mit Boratpuffer pH 9,3. Aus „HAIS-MACEK", Papierchromatographie, S. 443. Jena: VEB-Verlag G. Fischer 1958

INGRAM trennte so Peptide durch Elektrophorese in der ersten Dimension unter Benutzung von MICHLI „flüchtigem Puffer", und anschließende Chromatographie der elektrophoretisch vorgetrennten Substanzen mit einem Fließmittel aus n-Butanol, Eisessig und Wasser. SCHOBER u. Mitarb. (R. SCHOBER u. Mitarb. 1961) benutzten das Verfahren zum Studium der Kennzeichen von Käsesorten durch ihre proteolytischen Inhaltsstoffe.

IV. R_f-Werte, Leitchromatogramme, Durchlaufchromatogramme

Als Maß für die Wanderungseigenschaften eines Stoffes dient sein R_f-$Wert$[1], d. h. das Verhältnis der Entfernung seines Massenschwerpunktes vom Startpunkt, gemessen an der Entfernung Startpunkt—Fließmittelfront:

$$R_f = \frac{\text{Entfernung des Massenschwerpunktes vom Startpunkt}}{\text{Strecke Startpunkt—Fließmittelfront}}$$

---

[1] R_f = ratio of fronts oder retention factor.

Da man den Nenner obigen Verhältnisses als Einheit annimmt, sind die R_f-Werte Dezimalzahlen unter 1 und werden als Dezimalzahlen mit zwei Stellen hinter dem Komma angegeben (Abb. 3).

Die R_f-Werte der einzelnen Substanzen sind zugleich ein Maß für ihre chromatographische Trennbarkeit. Je größer der zahlenmäßige Unterschied zwischen den R_f-Werten zweier oder mehrerer Substanzen bei einer gegebenen Fließmittelzusammensetzung ist, um so leichter ist ihre Trennbarkeit, die Abwesenheit besonderer Störfaktoren vorausgesetzt (vgl. F, I—V).

Anstelle des R_f-Wertes hat man andere Zahlen vorgeschlagen:

$$R_L\text{-Wert} = \frac{\text{Entfernung der Spitze eines chromatographischen Fleckens vom Startpunkt}}{\text{Entfernung Startpunkt—Fließmittelfront}}$$

(E. Terres u. Mitarb. 1955),

$$P_K\text{-Wert} = \frac{\text{Von einer Substanz zurückgelegter Wert} \times 100}{\text{von einer Bezugssubstanz zurückgelegter Wert}}$$

(H. Grunze u. E. Thilo 1955),

meistens jedoch wird der R_f-Wert angegeben.

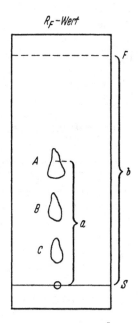

Abb. 3. R_F für $A = \dfrac{a}{b}$;

S = Startlinie; F = Fließmittelfront; a = Entfernung des Massenschwerpunktes von Flecken A bis zum Startpunkt; b = Entfernung S—F

Die Ermittlung der R_f-Werte geschieht durch Messung des Abstandes Startlinie—Massenschwerpunkt des Fleckens im Vergleich zu dem Abstand Startlinie—Fließmittelfront. Letztere wird zweckmäßigerweise beim Herausnehmen des Chromatogramms aus der Apparatur markiert. Wurde das versäumt, so kann man meistens die Fließmittelfront unter der UV-Lampe anhand ihrer Fluorescenz wiederfinden. Zur Automatisierung dieser Messung wurden technische Hilfsmittel empfohlen:

Partogrid, eine durchsichtige liniierte Dreiecksschablone (L. B. Rockland, M. S. Dunn 1950).

Proportionalzirkel. Die Bestimmung geht mit Hilfe dieses Gerätes so vor sich, daß man mit den Zirkelenden die Entfernung Startpunkt—Fließmittelfront einstellt und darauf durch Parallelverschiebung gleiche Skalenteile mit Startpunkt und Mittelpunkt des Fleckens zur Deckung bringt. Der R_f-Wert kann abgelesen werden (D. Jerchel u. W. Jacobs 1954).

Dehnbares Gummiband mit graduierter Einteilung. (D. M. P. Phillips 1948). Hier besteht allerdings die Gefahr, daß bei längerer Benutzung die Dehnung nicht mehr gleichmäßig ist.

Verhältnismaßstab. Sein Grundprinzip ist ebenfalls das elastische Gummiband (K. H. Segel 1961).

Vor allem zwei Formen der übersichtlichen Darstellung der R_f-Werte haben sich eingeführt:

1. die rein zahlenmäßige Angabe in Tabellen unter Berücksichtigung der Fließmittelzusammensetzung (Tab. 1);

2. die graphische Darstellung (Tab. 2).

Beispiele:

Heute gibt die einschlägige wissenschaftliche Literatur eine große Zahl von R_f-Werttabellen für jedes Stoffgebiet.

Die Verteilung der Substanzen auf dem Chromatogramm ist allgemein so anzustreben, daß die R_f-Werte zwischen 0,1 und 0,9 liegen. Substanzen mit R_f unter 0,1 sind schwer trennbar, solche mit R_F über 0,9 liegen oft in der meistens etwas verfärbten Fließmittelfront. Bei R_f-Werten unter 0,1 wendet man oft das *Durchlaufchromatogramm* an, d. h. man beendet beim absteigenden Verfahren den Lauf des Fließmittels nicht an der gegenüberliegenden Kante, sondern läßt

Tabelle 1. R_f-Werte von Aminosäuren in tabellarischer Darstellung

Aminosäure	Fließmittel			
	A	B	C	D
Glykokoll	0,40	0,26	0,10	0,14
Alanin	0,54	0,38	0,16	0,18
Valin	0,77	0,60	0,29	0,29
Leucin	0,85	0,73	0,42	0,43
Isoleucin	0,86	0,72	0,44	0,45
Phenylalanin	0,89	0,68	0,30	0,49
Prolin	0,87	0,43	0,18	0,24
Hydroxyprolin	0,67	0,30	0,09	0,22
Tryptophan	0,83	0,50	0,29	0,50
Serin	0,36	0,27	0,10	0,16
Threonin	0,50	0,35	0,14	0,22
Tyrosin	0,64	0,45	0,19	0,45
Lysin	0,46	0,14	0,04	0,02
Arginin	0,59	0,20	0,04	0,07
Histidin	0,69	0,20	0,08	0,11
Asparaginsäure	0,15	0,24	0,04	0,09
Glutaminsäure	0,25	0,30	0,04	0,12
Cystin	0,30	0,08	0,02	0,06
Methionin	0,90	0,55	0,29	0,35

A = wassergesättigtes Phenol, B = n-Butanol/Eisessig/Wasser = 4 : 1 : 1 $(v : v : v)$;
C = n-Butanol/Äthanol/Wasser = 4 : 1 : 1 $(v : v : v)$; D = 2,6-Lutidin/Wasser = 65 : 35 $(v : v)$.

Tabelle 2. R_f-Werte von Aminosäuren in graphischer Darstellung

	A	B	C	
0,0	R_f	R_f	R_f • Cystin • Lysin	0,0
0,1	 • Asparaginsäure	• Cystin • Lysin	• Hydroxyprolin • Glykokoll • Threonin • Alanin	0,1
0,2	• Glutaminsäure	• Histidin • Asparaginsäure • Serin	• Prolin • Valin	0,2
0,3	• Cystin • Serin	• Glutaminsäure • Threonin	• Phenylalanin	0,3
0,4	• Glykokoll	• Alanin	 • Leucin	0,4
0,5	• Lysin • Threonin • Alanin	• Tyrosin • Tryptophan • Methionin	• Isoleucin	0,5
0,6	• Arginin • Tyrosin • Hydroxyprolin	• Valin		0,6
0,7	• Histidin	• Phenylalanin • Isoleucin		0,7
0,8	• Valin • Tryptophan			0,8
0,9 1,0	• Prolin • Methionin			0,9 1,0

A = wassergesättigtes Phenol
B = n-Butanol/Eisessig/Wasser = 4 : 1 : 1 $(v : v : v)$
C = n-Butanol/Äthanol/Wasser = 4 : 1 : 1 $(v : v : v)$

es abtropfen, wobei man zweckmäßigerweise diese Kante so auszackt, daß der Ablauf gleichmäßig erfolgen kann. Der R_f-Wert entfällt dann logischerweise, an seine Stelle tritt der R_X-Wert, wobei „X" die jeweilige Bezugssubstanz bedeutet, auf welche man die anderen Substanzen bezieht. Bei Zuckern ist es die Glucose, also: R_G-Wert (Abb. 4).

Zur leichteren Identifizierung chromatographisch getrennter Substanzen, vor allem jedoch, da die Reproduzierbarkeit der R_f-Werte von einer Anzahl von Faktoren abhängt, läßt man chromatographisch reine Substanzen mitwandern, welche heute die einschlägige chemische Industrie in reicher Auswahl anbietet (vgl. C, V.).

Die Wanderungseigenschaften dieser Reinsubstanzen sind nicht immer ganz die gleichen, wie diejenigen der aus einem Gemisch heraus chromatographierten gleichen Substanzen, welche gesucht werden. Die R_f-Werte können höher oder auch niedriger liegen. Es empfiehlt sich daher, Gemische reiner Testsubstanzen unter den gleichen

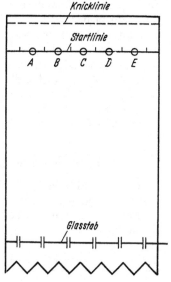

Abb. 4. Schemazeichnung zur Einrichtung eines Durchlaufchromatogramms

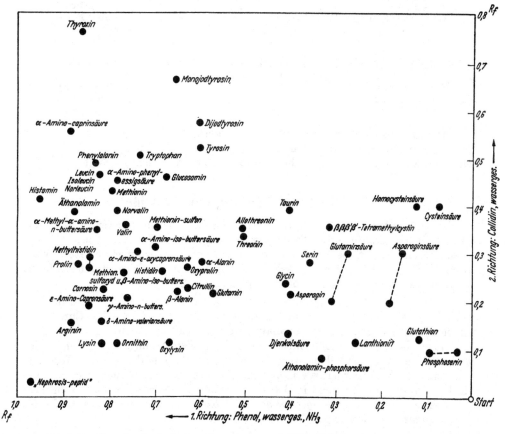

Abb. 5. Zweidimensionales Aminosäure-Chromatogramm. 1. Fließmittel Phenol, wassergesätt. NH₃, 2. Collidin wassergesätt.; Whatman Nr. 1 (nach C. E. DENT)

Bedingungen mitwandern zu lassen, sog. „*Leitchromatogramme*". Der Wert dieser
Arbeitsform liegt vor allem bei der Tatsache, daß die in der gleichen Apparatur
und unter den gleichen Bedingungen in bezug auf Klimatisierung und Temperatur
mitwandernden Reinsubstanzen bessere Vergleichsmöglichkeiten gestatten.

Für die Darstellung von R_f-Werten bei zweidimensionalen Trennungen hat
Dent eine Art von „Landkarte", "*map of spots*", vorgeschlagen, die durch Ein-
tragung von Einzeltrennungen unter gleichen Bedingungen in ein zweidimensionales System hergestellt wurde und Wert als Übersichtskarte bei zweidimensionalen Trennungen hat (C. E. Dent 1948, Abb. 5).

V. Die Nomenklatur in der Papierchromatographie

Die Nomenklatur innerhalb der Papierchromatographie ist noch uneinheitlich,
sowohl im deutschen Sprachgebiet als auch im Ausland.

Einige Benennungen seien angeführt mitsamt ihren zu empfehlenden Syn-
onyma (Tab. 3).

Tabelle 3. *Fachwörter in der Technik der Papierchromatographie*

Papier mit Imprägnierung = (Sättigung mit Wasserdampf, Beladung mit Puffern, wasserlöslichen oder wasserunlöslichen organischen Lösungsmitteln)	Stationäre Phase
Überwanderndes Lösungsmittelgemisch	mobile Phase Fließmittel Laufmittel Steigmittel
Überwandern des Chromatogramms durch das Fließmittel	Entwickeln
Angabe des Fließmittels ohne genaue Angabe des Gewichts- oder Volumverhältnisses	Fließmittelsystem
Sichtbarmachung der Flecken	Identifizierung

Linskens begann als erster, die in- und ausländischen Grundbegriffe in der
Nomenklatur zusammenzustellen (H. F. Linskens 1959). In neuerer Zeit wurde
ein kleines Lexikon der technischen Ausdrücke in 8 Sprachen geschaffen[1].

VI. Wert und Umfang der Methode

Der außerordentliche Wert des Verfahrens liegt bei dem bereits erwähnten
physikalischen fraktionierten Trennungsvorgang, welcher die Identifizierung auch
chemisch ähnlicher Substanzen mit wenig funktionellen Gruppen gestattet. Weiterhin bei der Möglichkeit, mit sehr geringen Mengen Analysen durchzuführen,
was bei wertvollen Substanzen oft von Wichtigkeit ist.

Die Papierchromatographie ist vor allem ein qualitatives Verfahren, quantitatives Arbeiten ist in gewissem Umfange möglich (vgl. H, I—II). Chromatographie ist jedoch keine Spurenanalyse im eigentlichen Sinne. Das Mengenverhältnis der zu trennenden Substanzen muß größenordnungsmäßig gleich sein,
anderenfalls ist es empfehlenswert, die Komponente mit der größten Konzentration vorher zu entfernen bzw. mengenmäßig zu reduzieren. Es ist weiterhin dabei
die bereits erwähnte Tatsache in Betracht zu ziehen, daß der Erfolg papierchromatographischen Arbeitens *weniger von der Trennbarkeit als von der unteren Nachweis-
barkeitsgrenze* auf dem Papier bestimmt wird.

---

[1] C. Schleicher & Schüll, Dassel.

C. Geräte und Hilfsmittel für papierchromatographisches Arbeiten

I. Chromatographische Kammern

Heutzutage sind für alle papierchromatographischen Techniken geeignete Kammern im Handel zu haben[1].

1. Kammern für absteigendes Arbeiten

Hier wird es sich fast immer empfehlen, eines der käuflichen Geräte zu benutzen.

Die wesentlichsten Bestandteile einer Kammer für absteigendes Arbeiten sind:

Die *Glaskammer* selbst;

der *Trog*, auch Cuvette genannt, zur Aufnahme des Fließmittels;

das *Gestell*, auf dem der Trog ruht, mit Führungsstäben, um das Papier im Abstand von der Trogwandung zu halten,

Beschwerungsstab zum Festhalten des Bogens bzw. Bogenabschnittes im Trog.

Selbstherstellung einer kleinen Kammer, z. B. für Demonstrationszwecke, ist möglich unter Benutzung einer ausgedienten Akku-Batterie, auch eines Zylinders passenden Durchmessers. Man bedeckt sie mit einer Kunststoffplatte (Hartmipolam), in welche eine rechteckige Öffnung eingeschnitten ist, auf der ein Glasschiffchen als Trog ruht. Die Führungsstäbe sind dem Schiffchen zweckmäßigerweise angeschmolzen.

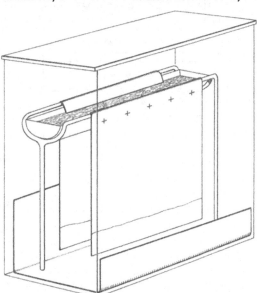

Als Deckel dient eine Glocke oder eine Schottsche Auflaufschale, deren Wandungskante plan geschliffen wurde. Etwaige Undichtigkeiten können durch passende Gummiringe ausgeglichen werden. Eine Kammer für zweidimensionales absteigendes Verfahren zeigt Lins-kens (Abb. 6).

Abb. 6. Chromatographierkammer für zweidimensionale, absteigende Trennung. In einem Ganzglas-Aquarium befindet sich auf 3 Glasstabfüßen der Wannenträger. Die Bogen liegen in der halbzylinderförmigen Wanne, werden mit einem Glasstab beschwert und hängen frei über die Querstäbe nach unten. Am Boden des Aquariums befindet sich ein Fließpapierbogen, der befeuchtet wird zur Sättigung der Atmosphäre. (Aus: H. F. Linskens u. L. Stange: Praktikum der Papierchromatographie, Springer 1961)

2. Kammern für aufsteigendes Arbeiten

Neben der Benutzung käuflicher Kammern kann bei dieser Arbeitstechnik in apparativer Hinsicht stark improvisiert werden. Als provisorische Kammern eignen sich:

---

[1] C. Desaga, GmbH., Heidelberg; VEB Glaswerke Ilmenau (Thüringen); E. Hartnack, Berlin-Steglitz (Chromatobox, Kleinkammer); L. Hormuth, Inh. W. Vetter, Heidelberg-Wiesloch; Normschliff Glasgeräte GmbH., Wertheim a. M.; Gerard Pleuger, S. A. Wijnegem, Belgien; Jenaer Glaswerk Schott & Gen., Mainz; E. Schütt jr., Göttingen; Karl Willers, Paderborn.

Bonbondeckel mit eingeschliffenem oder Überfalldeckel; große Gurkengläser mit passendem Gummiring und Klammer; Zylinder mit eingeschliffenem Rand und bedeckender Glasplatte, wobei letztere ebenfalls geschliffen sein kann. Wenn dies nicht der Fall ist, bewirkt man den dichten Verschluß durch Gummiring oder äußeres Anlegen eines Knetgummifadens.

Die Abmessungen der Zylinder für Viertelbogen sind zweckmäßigerweise:

Höhe des Innenraumes 30—35 cm;

Lichte Weite, ⌀ etwa 15 cm.

Es muß dabei besonders darauf geachtet werden, daß der Gefäßboden möglichst plan ist (Abb. 8).

3. Horizontales Arbeiten

Neben den käuflichen Geräten[1] kann man sehr gut mit Auflaufschalen Nr. 3111 bis 3113 arbeiten[2], deren obere Kante man vom Glasbläser plan schleifen läßt. Als „Trog" benutzt man hier eine kleine Einsatzschale (Abb. 10).

II. Vorbereitung des Chromatogramms, Einbringen in die Kammer, Klimatisieren (Äquilibrieren)

Das Ansetzen des Chromatogramms, d. h. die Beschickung der Papiere, Klimatisierung usw., sind reine Erfahrungstatsachen und richten sich naturgemäß zudem weitgehend nach der Problemstellung. Auch die Ausmaße der chromatographischen Kammer spielen eine Rolle.

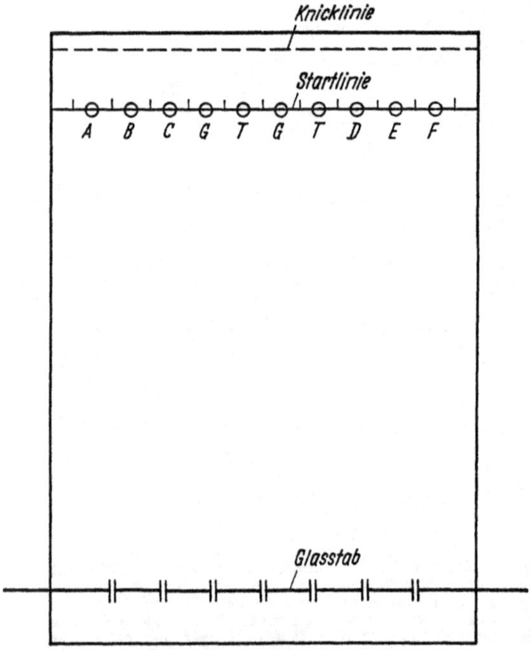

Abb. 7. Schemazeichnung zur Einrichtung eines absteigenden Chromatogramms. A, B, C, D, E, F = Testsubstanzen; G = Analysengemisch; T = Gemisch von A—F

1. Absteigendes Verfahren

Je nach Ausmaß der Apparatur wird ein Bogen oder Streifen Filtrierpapier (meistens in Laufrichtung) eingeteilt.

Die in den Trog tauchende Kante wird man zwecks besseren Einlegens im Abstand von etwa 1 cm von ihr knicken. Von diesem Knick aus mißt man einen solchen Abstand, daß die Startlinie unter dem Führungsstab frei schwebt. Ein meistens stimmendes Maß ist ein Abstand von 9 cm. Man zieht die Startlinie, teilt von jeder Kante 2—2,5 cm ab, die frei bleiben sollen und teilt die restliche Startlinie in je 3 cm breite Einzelchromatogramme ab. Auf dem Zentrum dieser Einzelchromatogramme trägt man die Substanzen auf (Abb. 7).

So befinden sich die seitlichen Flecken jeweils 4 cm von der Kante entfernt, was Lederer (E. Lederer 1960) für unumgänglich notwendig erachtet. Die Länge des Bogens oder Streifens wird naturgemäß durch das Ausmaß der Apparatur

---

[1] Desaga, Heidelberg.

[2] Schott & Gen., Mainz.

bestimmt. Damit der Bogen oder Streifen senkrecht ohne Torsion hängt, empfiehlt es sich, unten einen Glasstab passender Größe anzunähen oder durch eingeschnittene Schlitze zu ziehen. Sehr oft sind die Kammern so eingerichtet, daß man zwei Chromatogramme gleichzeitig bearbeiten kann. In diesem Falle ist es zweckmäßig, die beiden Chromatogramme mit einem ungebleichten Nähgarnfaden mit losen Stichen aneinander zu nähen, sie lassen sich dann wesentlich leichter einhängen.

Die Klimatisierung geschieht durch Einsatzschalen auf dem Boden der Apparatur, welche mit Wasser, Fließmittel oder der wäßrigen Phase eines zweiphasigen Fließmittels gefüllt sind. Die Klimatisierung dauert einige Stunden. In gewissen Einzelfällen (Kationen) scheint eine Klimatisierung nicht notwendig zu sein, meistens jedoch werden die chromatographisch getrennten Flecken dadurch etwas schärfer und runder. Ist eine besonders ausgiebige Klimatisierung erwünscht, so kann man Wände und Deckel der Apparatur mit Filtrierpapier auskleiden, das man feucht hält.

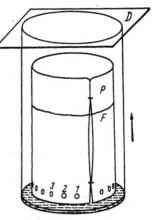

Abb. 8. Apparatur für die aufsteigende Papierchromatographie nach WILLIAMS und KIRBY

2. Aufsteigendes Arbeiten

Man arbeitet meistens mit Viertelbogen. Im passenden Abstand von der Kante, welche in das Fließmittel eintauchen soll, zieht man eine Startlinie, markiert jeweils von den Seitenkanten 2,5 cm entfernt einen Bleistiftstrich und teilt den Rest in 3 cm breite Einzelchromatogramme ein. Da die Breite eines Viertelbogens meistens 29 cm beträgt, kann man bei dem angegebenen Abstand von den Kanten 8 Einzelchromatogramme durchführen. Man wird sie zweckmäßigerweise folgendermaßen einteilen:

Chromato- gramm Nr.	Aufgetragene Substanz
1	Leitchromatogramm
2	Leitchromatogramm
3	Leitchromatogramm
4	Analysengemisch
5	Testgemisch aus 6 Leit- chromatogrammen
6	Leitchromatogramm
7	Leitchromatogramm
8	Leitchromatogramm

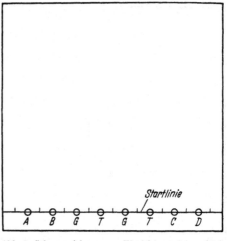

Abb. 9. Schemazeichnung zur Einrichtung eines aufsteigenden Chromatogramms. *A, B, C, D* = Testsubstanzen; *T* = Gemisch aus *A, B, C, D*; *G* = Analysengemisch

So kann man eine unbekannte Substanz, 6 Testsubstanzen und das Gemisch der Testsubstanzen in einem Chromatogramm unterbringen. Die Viertelbogen schließt man zum Zylinder:

a) durch Zusammennähen mit ungebleichtem Garn, wobei die Kanten sich nicht berühren sollen;

b) durch Chromaclip-Klammern[1].

---

[1] Desaga, Heidelberg; H. Hassenzahl, Pfungstadt.

Heften übereinander durch Heftklammern sollte man vermeiden, da sie Schwermetallionen an das Fließmittel abgeben können, welche zumindest eine unsaubere Fließmittelfront verursachen können. Die Äquilibrierung geschieht durch Einsetzen eines kleinen Becherglases innerhalb des Papierzylinders, nach einigen Stunden gibt man vorsichtig das Fließmittel durch Pipette oder Trichter mit langem Ansatzrohr hinein (Abb. 9).

3. Rundfilterchromatogramm

Die alte Ruttersche Methode (L. RUTTER 1948) hat im Verlauf der letztvergangenen Jahre einige Änderungen erfahren.

Wenn keine Apparatur vorhanden ist, so benutzt man heute weniger Kristallisierschalen, sondern Schottsche Auflaufschalen, welche man plan schleifen läßt[1].

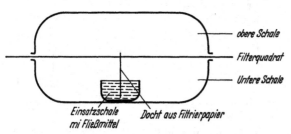

Abb. 10. Schemazeichnung einer einfachen Apparatur aus Jenaer Auflaufschalen für das Rundfilterchromatogramm

Als Filter benutzt man weniger Rundfilter, sondern meistens Bogenquadrate, in der Mehrzahl der Fälle Viertelbogen, wobei die Ecken zum Hantieren und Beschriften geeignet sind. Man markiert das Zentrum des Viertelbogens und schlägt um das Zentrum einen Kreis vom Durchmesser 2—2,5 cm. Auf diesem markiert man acht Punkte, welche zur Aufnahme der Substanzen dienen:

Zu untersuchendes Gemisch,

6 Leitchromatogramme,

Testgemisch aus 6 Leitchromatogrammen.

Im Zentrum bohrt man mit Korkbohrer oder auf eine andere geeignete Art ein Loch von einigen mm Durchmesser. In dieses führt man ein Filterpapierröllchen ein, das man zweckmäßigerweise über einen nicht flexiblen Draht (Stahlstricknadel) wickelt. Das Fließmittel nimmt eine kleine Einsatzschale auf, die Klimatisierung geschieht durch Eingießen von Wasser vor dem eigentlichen Chromatographiervorgang in den Raum zwischen Einsatzschale und Wandung der äußeren Schale (Abb. 10 u. 11).

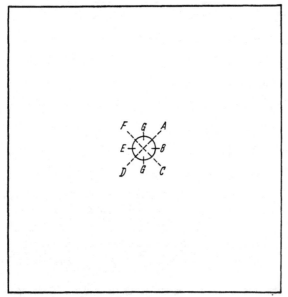

Abb. 11. Schemazeichnung zur Einrichtung eines Rundfilterchromatogramms. A, B, C, D, E, F = Testsubstanzen; G = Analysengemisch

---

[1] Schott & Gen., Auflaufschalen 3111—3113.

III. Papiere für chromatographisches Arbeiten

Hier muß streng unterschieden werden zwischen solchen für reine Verteilungs-aufgaben und solchen für Verfahren nach umgekehrten Phasen sowie Adsorptions-chromatographie.

1. Papiere für die Verteilungschromatographie

Reine Baumwoll-Linters-Papiere mit den verschiedensten Flächengewichten, Dicken und Saugeigenschaften sind im Handel. Am meisten bewährt jedoch haben sich Papiere mit Flächengewichten zwischen 90—150 g/m² und mittleren Saug-eigenschaften.

In Tab. 4 wurden nur die Papiere angeführt, welche etwa diesen Daten ent-sprechen und in lebensmittelchemischen Aufgaben bislang meistens benutzt wurden. Ihre Daten sind so gelagert, daß sie für die meisten Aufgaben eingesetzt werden können (Tab. 4).

Tabelle 4. *Baumwoll-Linters-Papiere für die Verteilungschromatographie*

| Sortennummer | Auswahl | | Lieferfirma |
	Flächengewicht g/m²	Saughöhe mm/30 min, in geschlossener Kammer	
202.	120	125—130	J. C. Binzer, Hatzfeld/Eder
207.	90	105—110	''/S'' = satiniert
208.	120	105—110	
225.	180	über 250	
260.	90	120—130	Macherey, Nagel & Co., Düren
263.	90	60— 70	
212.	120	75— 85	
214.	140	90—100	
FN 1 (2) . . .	90 (120—125)	140—160	VEB Niederschlag, Erzgebirge
FN 3 (4) . . .	90 (120—125)	90—100	
FN 5 (6) . . .	90 (120—125)	60— 70	
2040a (b) . .	87 (122)	170—190	C. Schleicher & Schüll, Dassel
2043a (b) . .	87 (122)	105—115	
2045a (b) . .	90 (122)	70— 80	
2316	165	120—130	
2317	137	90—105	
Black ribbon .	85—90	115—130	C. Schleicher & Schuell AG., Keene
White ribbon .	85—90	95—110	(USA)
Red ribbon . .	85—90	50— 60	
Blue ribbon . .	85—90	50— 60	
1.	87	105—115	Whatman, Reeve Angel, Maidstone
4.	95	160—180	(England)
3.	160	110—120	
3 MM.	170	115—125	

a) Chromatographische Papiere in Zuschnitten

Verschiedene Autoren haben darauf hingewiesen, daß eine gewisse Formgebung des chromatographischen Trägermaterials die Trennfähigkeit erheblich verbessern kann. Fast immer strebt man dabei eine derartige Form des Chromatogramms an, daß man auch im aufsteigenden und absteigenden Verfahren rundfilterähnliche Trennungen erzielt, wobei die als chromatographische Flecken erscheinenden schmalen Banden infolge ihrer Ähnlichkeit mit den Kreissektoren des Rundfilter-chromatogramms eine wesentlich bessere Trennung gewährleisten als die mehr rundlichen Flecken des aufsteigenden und absteigenden Verfahrens. Die Erklärung dieses Phänomens ist einfach: Die gleiche Entfernung der Mittelpunkte zweier

Flecken kann beim rundfilterähnlichen Verfahren bereits eine klare Auftrennung ergeben, während bei mehr rundlichen Flecken diese sich noch teilweise überlagern (vgl. Abb. 12).

Das Grundprinzip stammt von MARCHALL und MITTWER (J. G. MARCHALL u. T. MITTWER 1951). Eine Anzahl von Autoren hat dieses Verfahren aufgegriffen

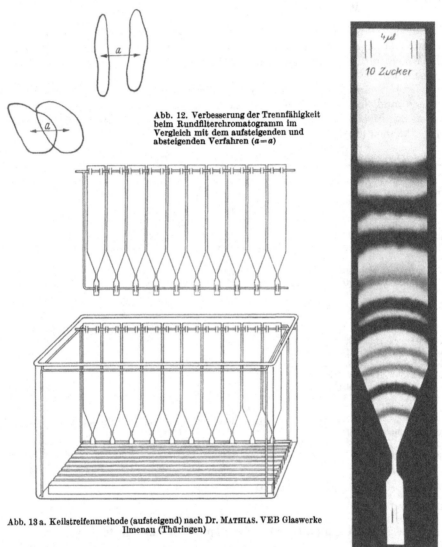

Abb. 12. Verbesserung der Trennfähigkeit beim Rundfilterchromatogramm im Vergleich mit dem aufsteigenden und absteigenden Verfahren ($a = a$)

Abb. 13 a. Keilstreifenmethode (aufsteigend) nach Dr. MATHIAS. VEB Glaswerke Ilmenau (Thüringen)

Abb. 13 b. Trennung einfacher Zucker auf Keilstreifen nach MATTHIAS

und verbessert (F. REINDEL u. W. HOPPE 1953, E. SCHWERDTFEGER 1954, W. MATTHIAS 1954). Die Zuschnitte nach MATTHIAS sind heute im Handel erhältlich[1]. Es gibt drei Formen dieser Zuschnitte, zwei für aufsteigendes Arbeiten und eine mehr breite und kurze Form für schwach geneigtes, nahezu horizontales Arbeiten (Abb. 13a u. b).

---

[1] C. SCHLEICHER & SCHÜLL, Dassel.

Für letztere Form zeigt MATTHIAS eine zweckmäßige Anordnung, die Streifen für aufsteigendes Arbeiten im Großformat wurden ebenfalls apparativ ausgewertet[1].

Es hat sich ebenfalls als günstig erwiesen, breitere Papierstreifen mit rhombenförmigen oder fünfeckigen Ausschnitten zu versehen (Vierfach-Keilstreifen, Fünffach-Keilstreifen, Sechsfach-Keilstreifen).

Das Wesentlichste bei allen diesen Zuschnitten ist, daß der zu chromatographierende Substanztropfen auf einer schmalen Brücke vor einer keilartigen Form des Chromatogramms oder im Neigungswinkel dieses Keils angebracht wird, so daß sich das über die enge Brücke wandernde Fließmittel — dessen Wanderungsgeschwindigkeit man übrigens gegebenenfalls noch durch Variation der Papiersorte oder der Brückenbreite steuern kann — radial ausbreitet und die Substanzen in Banden verteilt, wie beim Rundfilterchromatogramm üblich.

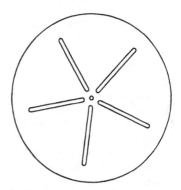

KAWERAU empfiehlt eine ähnliche Formgebung auch für das Rundfilterchromatogramm (E. KAWERAU 1958). Derartige Zuschnitte mit Zentrumsloch und Einteilung in fünf Sektoren sind heute im Handel[2]. Die radial angeordneten Schlitze haben vor allem den Vorteil, den Ausgleich von Temperatur und Feuchtigkeit in der

Abb. 14. Zuschnitt nach KAWERAU für das Rundfilterchromatogramm

Apparatur zu fördern. Unter gleichen Bedingungen erzielt man mit Hilfe dieser Zuschnitte bei gleicher Weglänge ein etwas schärferes Bild (Abb. 14).

Weiterhin schlugen POTTERAT (M. POTTERAT 1956) und SULSER (H. SULSER 1959) andersartige Zuschnitte im Rundfilterchromatogramm vor. Die Zuschnitte nach SULSER sind im Handel erhältlich[3].

b) Säuregewaschene Papiere

Die Papierchromatographie gewisser Stoffgruppen, vor allem der einfachen und kondensierten Phosphate, erfordert vorgereinigte Papiere. In manchen Fällen genügt Vorwäsche mit Komplexonen, für die Phosphatchromatographie jedoch ist eine Vorwäsche mit Säure notwendig, um die Calciumionen zu entfernen, welche die Phosphate als unlösliche oder zumindest schwerlösliche Salze am Startpunkt fällen und ihre Wanderung verhindern würden (H. GRUNZE u. E. THILO 1955). Säuregewaschene chromatographische Papiere sind heute im Handel käuflich[4].

2. Papiere für Arbeiten mit umgekehrten Phasen

Industriell werden silikonierte und acetylierte Papiere gefertigt (Tab. 5 und 6).

Tabelle 5. *Silikonepapiere, C. Schleicher & Schüll, Dassel*

Sorte	Format cm	Flächengewicht g/m²	Bemerkungen
2043a hy	58 × 60	90— 95	mit Dowex 1107 hydrophobiert
2043b hy	58 × 60	125—135	mit Dowex 1107 hydrophobiert

[1] VEB Glaswerke Ilmenau; Firma Pleuger, Wijnegem (Belgien); Firma Desaga, Heidelberg.
[2] J. C. Binzer, Hatzfeld (Eder); C. Schleicher & Schüll, Dassel.
[3] Schleicher & Schüll AG, Feldmeilen/Zürichsee (Schweiz).
[4] J. C. Binzer, Hatzfeld (Eder); Macherey, Nagel & Co., Düren; C. Schleicher & Schüll, Dassel.

Die Silikone-Papiere der Firma Macherey, Nagel & Co. in Düren tragen die Zusatzbezeichnung „Wa", z. B. Nr. 214 Wa.

Tabelle 6. *Acetylpapiere, C. Schleicher & Schüll, Dassel*

Sorte	Format cm	Flächengewicht g/m²	Gehalt an Acetyl, CH₃CO—%
2043 b/ 6 ac	54 × 57	135—145	etwa 6
2043 b/21 ac	54 × 57	160—170	20—25
2045 b/21 ac	54 × 57	160—170	20—25
2043 a/45 ac	54 × 57	160—170	40—45

Zu obiger Tabelle: Die Nummer vor dem Schrägstrich bedeutet das Ausgangspapier, die Zahlenangabe hinter dem Schrägstrich zeigt den etwaigen Gehalt an Absolutprozenten $CH_3 \cdot CO-$ an. Die Acetylpapiere der Firma J. C. Binzer (Ederol) tragen hinter der als Ausgangsmaterial dienenden normalen Linters-Papiersorte den Prozentgehalt der Acetylierung. So ist z. B. Nr. 202/30/100 ein Papier, das bis zu 30% der theroetisch möglichen Menge acetyliert wurde.

Die Acetylpapiere der Firma Macherey, Nagel & Co., Düren, zeigen hinter der Sortennummer die Zusatzbezeichnung „ac". Sie werden mit 10, 20 und 30% Acetyl hergestellt.

Eine gewisse Einheitlichkeit in der Nomenklatur dieser Papiere wird leider noch vermißt, wodurch gelegentlich Irrtümer bei Publikationen auftreten können.

3. Papiere für adsorptionschromatographische Arbeiten

Angeregt durch die Erfolge der Plattenchromatographie bei der Trennung lipophiler Stoffe wurden Papiere geschaffen, welche sehr feinkörniges Aluminiumoxid und Kieselgel als Pigmente enthalten. 35—40% dieser Pigmente kann man in normale Linterspapiere einlagern[1].

4. Filtrierpapiere mit eingelagerten Ionenaustauschern

Auch Ionenaustauscher auf Harzbasis wurden bereits in Filtrierpapier zum Zwecke der Austauschchromatographie eingearbeitet (Tab. 7).

Tabelle 7. *Ionenaustauscherpapiere, C. Schleicher & Schüll, Dassel*

Sorte	Flächengewicht g/m²	Format cm	Bemerkungen
Kationenaustauscherpapier	100—110	45 × 45	etwa 5% Dowex 50
Anionenaustauscherpapier	100—110	45 × 45	etwa 5% Dowex 2 × 8

Die Firma J. C. Binzer, Hatzfeld (Eder), bringt die Ionenaustauscherpapiere Nr. 209/IK und 208/IA in den Handel.

5. Filtrierpapiere aus anorganischer Faser

Papiere aus Glasfaser (amerikanischen Ursprungs) wurden gelegentlich zu chromatographischen Arbeiten benutzt (G. Jayme u. H. Knolle 1956, G. Jayme u. G. Hahn 1960)[1]. Ihre Anwendung liegt weitgehend auf speziellen Gebieten (Aerosolforschung, Abwasseranalyse).

---

[1] C. Schleicher & Schüll, Dassel.

IV. Kartons für chromatographische Arbeiten

Zur chromatographischen Verarbeitung größerer Stoffmengen benutzt man hier und da Kartons, d. h. solche Filtrierpapiererzeugnisse, deren größere Dicke die Auftragung erhöhter Stoffmengen gestattet. Für chromatographische Zwecke bestehen sie ebenfalls aus reiner Lintersfaser (Tab. 8).

Tabelle 8. *Kartons zur Chromatographie*

Nummer	Flächengewicht g/m²	Format cm	Eigenschaften	Hersteller
827	270	50×50	weich	Macherey, Nagel & Co.
866	650	40×50, 50×50	weich	Macherey, Nagel & Co.
2071	630—680	58×58	dicht, trennscharf	C. Schleicher & Schüll
2727	680—720	58×58	weich, sehr saugfähig	C. Schleicher & Schüll

V. Geräte zum Auftragen der Substanzlösungen

Für das Hauptgebiet chromatographischer Arbeiten, d. h. für qualitative Proben, eignet sich zum Zwecke der Auftragung der Substanzlösungen praktisch

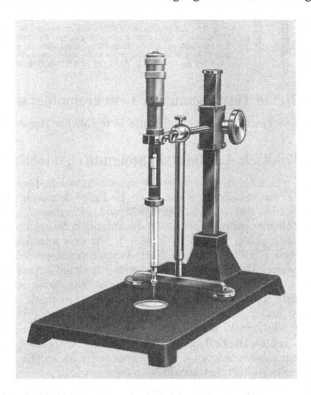

Abb. 15. Desaga-Mikrometer-Dosiergerät Nr. 550. Seine Genauigkeit beruht auf der kontrollierbaren Flüssigkeitsabgabe von 0,00018 ml, das ist der Schub von $^1/_{100}$ mm zwischen zwei Teilstrichen auf dem Mikrometer. Schublänge 25 mm. Nutzbares Volumen der Spritze 0,45 ml

jede Capillare, die fein genug ist, um Flecken von 3—7 mm Durchmesser aufzutragen, wobei naturgemäß die Spitze völlig plan sein muß:

Mikropipetten, z. B. Blutzuckerpipetten, Erythrocytenpipetten, mit einem Fassungsvermögen von einigen Mikrolitern;

beiderseitig offene Schmelzpunktsröhrchen.

Für quantitatives Arbeiten gibt es *Mikrometerdosiergeräte*, welche eine Kombination von Mikropipette und Mikrometerschraube darstellen und naturgemäß eine sehr feine Dosierung gestatten[1] (Abb. 15).

Die *Dosierungspipette nach* BARROLLIER saugt immer das gleiche Flüssigkeitsvolumen auf und ist daher für Reihenchromatogramme eine wertvolle Hilfe[2] (Abb. 16).

Die Drummond *"Microcaps"* nehmen zwei Mikroliter auf und sind zum einmaligen Gebrauch bestimmt[3]. Die Capillaren werden in eine kleine Saugpipette eingeführt und sollen nach Gebrauch weggeworfen werden. Neu ist eine „*Breitbandpipette*", welche die Auftragung abgemessener Mengen als Bande ermöglicht, vor allem auch zum quantitativen Arbeiten[4].

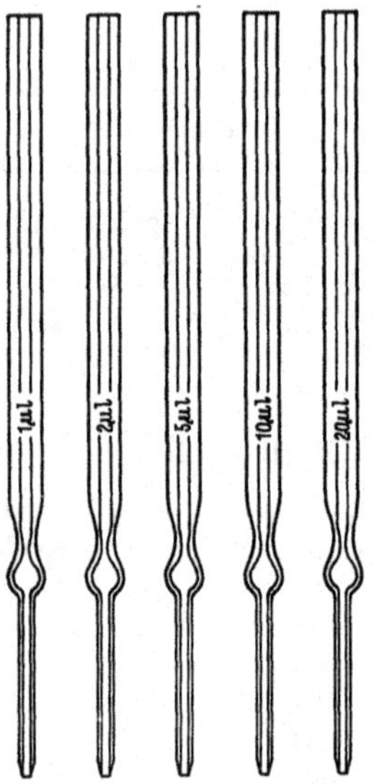

Abb. 16. Automatische Capillar-Dosierungspipetten nach Dr. BARROLIER (DBGM 1788203) zum Auftragen gleicher Substanzmengen bei Reihenuntersuchungen. Die Capillarwirkung zieht stets die gleiche Substanzmenge auf, ablesen einer Graduierungsmarke daher nicht erforderlich. Genauigkeit ± 1%. Inhalt 1, 2, 5, 10, 20 μl. (Firma Normschliff, Wertheim)

VI. Reine Testsubstanzen, Leitchromatogramme

Chemisch reine Testsubstanzen sind heute in reichlicher Auswahl im Handel[5].

VII. Fließmittel, Laufmittel, Steigmittel, mobile Phasen

Es seien hier zunächst die Fließmittel besprochen, welche für die Verteilungschromatographie wasserlöslicher Substanzen in Frage kommen. Es muß dabei unterschieden werden zwischen „*Fließmittel*" und „*Fließmittelsystem*". Ersteres besitzt genaue Zahlenangaben in bezug auf die anteiligen Mengen, welche meistens in Volumteilen angegeben werden ($v : v : v \ldots$), letzteres nur Angaben über die Komponenten. Das Fließmittel für die Verteilungschromatographie besteht praktisch immer aus zwei Hauptkomponenten: nämlich einem organischen Lösungsmittel, z. B. Alkohole, aliphatische Ketone, aliphatische Ester, sowie einer wäßrigen Komponente, z. B. wäßrige Säuren, wäßriges Ammoniak, wäßrige Pufferlösungen. Heute findet man in der einschlägigen Literatur (vgl. Bibliographie unter B) eine große Anzahl brauchbarer Fließmittel, bei deren Benutzung vor allem darauf zu achten ist, daß die R_f-Werte der zu trennenden oder zu identifizierenden Komponenten möglichst weit voneinander liegen. Es gibt einphasige und zweiphasige Fließmittel. Letztere müssen nach gewisser Absitzzeit im Scheide-

---

[1] Mikrometer-Dosiergerät Desaga, Heidelberg; Agla-Micrometer Syringe, Burroughs Welcome & Co., Firma Hormuth-Vetter, Heidelberg.

[2] K. Markgraf, Berlin-Charlottenburg

[3] Drummond Scientific Comp., Philadelphia 31, PA.

[4] Desaga, Heidelberg.

[5] E. Merck, Darmstadt; C. Roth, Karlsruhe; Riedel de Haen, Seelze bei Hannover; Th. Schuchard, München; Hoffmann La Roche, Grenzach, und andere.

trichter getrennt werden, wobei die obere organische Phase zum Chromatographieren, die untere wäßrige Phase zum Äquilibrieren der Kammer dient. Ist die organische Phase noch nicht ganz klar, filtriert man sie zweckmäßigerweise durch ein trockenes Faltenfilter.

Soll schnell für eine neue Aufgabe ein geeignetes Fließmittel gefunden werden, so bedient man sich der Reagensglasmethode nach ROCKLAND und DUNN (L. B. ROCKLAND u. M. S. DUNN 1949), zu der es geeignete Filtrierpapierstreifen gibt[1]. WALDI gab ihnen eine zweckmäßige Form. Eine neuartige Form des Reagensglases für diesen Zweck schlug WINTER vor (E. WINTER 1961).

VIII. Trocknung der Chromatogramme

Nach der Überwanderung mit dem Fließmittel nimmt man das Chromatogramm aus der Apparatur heraus und trocknet es, durch Verhängen an trockener, warmer Luft, gegebenenfalls auch plan liegend oder im Spezialtrockenschrank[2].

Nach eigenen Erfahrungen ist die zweckmäßigste Trocknungsform immer die strömende Wärme des Haarföhns, sei es nach dem Auftragen der Substanzen, sei es nach dem Überwandern durch das Fließmittel.

D. Identifizierung der getrennten Substanzen

Wie bereits erwähnt, ist die beim Papierchromatogramm aufzutragende Substanzmenge wesentlich weniger von der Trennbarkeit als von der Identifizierung mittels geeigneter Nachweisreaktionen abhängig. Letztere bestimmt also weitgehend die aufzutragenden Substanzmengen. Nicht alle im Reagensglas durchführbaren Teste sind auch auf Filtrierpapier anwendbar.

Gewisse Grenzen sind durch das andersartige Trägermaterial sowie die Verträglichkeit der pflanzlichen Cellulose gegen aggressive Chemikalien gegeben. Glasfaserpapier und pigmentbeladene Papiere gestatten zuweilen, die Verträglichkeitsgrenze bedeutend heraufzusetzen. Als papierchromatographische Nachweisreaktionen kommen in Frage:

I. Farbreaktionen mit Reagentien, welche mit den chromatographisch getrennten Substanzen Farbe erzeugen;

II. Betrachtung der Fluorescenz unter der UV-Lampe bei bestimmten Wellenlängen;

III. Absorption im UV bei bestimmter Wellenlänge;

IV. Biologische Teste.

I. Besprühen mit Farbe erzeugenden Reagentien

Die Sichtbarmachung geschieht meistens durch Besprühen mit Hilfe geeigneter Sprühgeräte, die man durch Gummiball und Handantrieb, jedoch auch durch Anschluß an Druckluft oder Stickstoffdruckflasche betätigt. Hier und da empfiehlt sich auch Eintauchen in die Lösung des farbgebenden Reagenses, wobei natürlich darauf zu achten ist, daß die chromatographisch getrennten Substanzen sich nicht im Lösungsmittel des Reagenses lösen (Abb. 17).

Nicht immer sind die so erzielten Farbreaktionen haltbar, es empfiehlt sich daher in jedem Falle, die Flecken durch Bleistift oder Kugelschreiber zu umrunden, um später ihre Lage wieder feststellen zu können.

---

[1] C. Schleicher & Schüll, Dassel.
[2] Desaga, Heidelberg; W. Ehret GmbH, Emmendingen-Kollmarsreute (Baden); Vetter-Hormuth, Heidelberg-Wiesloch.

Im Falle der α-Aminosäuren kann man die Ninhydrinfärbung durch Nachsprühen oder besser durch vorsichtiges Bepinseln mit einer gesättigten Lösung von Kupferacetat in Methanol stabilisieren (Th. Wieland u. E. Kawerau 1951). Auch kann man die Komplexsalz bildenden Metallsalze dem Sprühreagens gleich beifügen (J. Barrollier 1955).

Sprühlösungen in Spray-Dosen zur Anfärbung von reduzierenden Zuckern, Säuren und Basen sowie Aminosäuren und Aminen sind auch im Handel erhältlich[1].

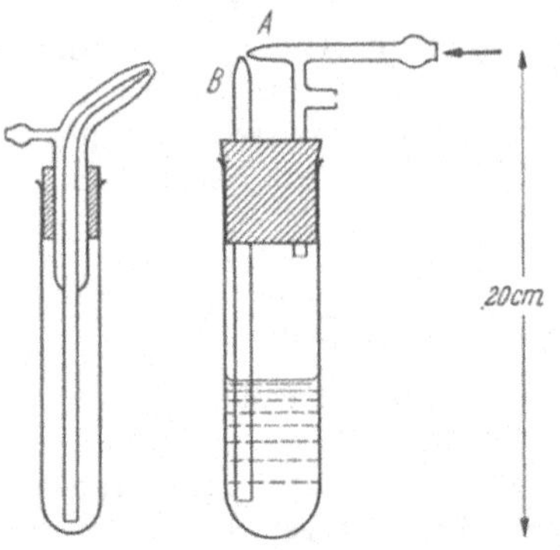

II. Verhalten von Papierchromatogrammen unter der UV-Lampe

Man sollte *generell* jedes Papierchromatogramm unter der UV-Lampe betrachten und bei vorhandener Fluorescenz die Substanzen durch Einrahmen mit Bleistift in ihrer Lage sicherstellen.

Fluorescenz unter der UV-Lampe zeigen beispielsweise:

Abb. 17. Beispiele von Zerstäubern für das Besprühen von Chromatogrammen

Aromaten, vor allem mehrkernige,

Aminosäuren nach vorheriger Erhitzung auf dem Papier (es bilden sich Schiffsche Basen zwischen den Aminogruppen und den Aldehydgruppen der Cellulose),

gewisse Alkaloidgruppen,

einige Kationen nach dem Besprühen (Oxin).

III. Absorption im UV-Photoprintverfahren

Vor allem die Purine und ihre Abkömmlinge zeigen eine charakteristische Absorption bei bestimmten Wellenlängen im UV, die man zum sog. „*Photoprintverfahren*" ausnutzt. Bei der Durchstrahlung des Papieres mit filtriertem Licht von der Wellenlänge 2600 Å stellt man dort, wo die chromatographisch getrennten Substanzen sitzen, dunkle Flecken fest, die durch Photoprintverfahren festgehalten werden können. UV-Licht von der Wellenlänge 2537 Å kann man folgendermaßen gewinnen: Man benutzt zwei Spezialfilter:

1. ein Nickelsulfat-Kobaltsulfatfilter. In eine 3 cm dicke Küvette mit einer lichten Weite von 2,2 cm und Quarzdeckgläsern wird eine wäßrige Lösung von 350 g $NiSO_4 \cdot 7 H_2O$ und 100 g $CoSO_4 \cdot 7 H_2O$ in 1000 ml Wasser eingefüllt (F. Cramer 1958).

2. ein Chlorgasfilter. Eine 3,5 cm lange Küvette enthält Chlorgas, es ist eine kleine Menge Chlorcalcium vorhanden (F. Cramer 1958).

Auf eine konvexe Holzplatte legt man das Photopapier und darauf das Chromatogramm. Man belichtet kurz und behandelt dann wie bei der Photographie üblich.

Belichtungszeit und sonstige Versuchsbedingungen sind Sache des Experimentes und der Erfahrung.

Wieweit salzsaure Extrakte bei der Auswertung von Adenosinphosphaten durch UV-Absorption stören können, zeigten Cartier u. Mitarb. (P. Cartier u. Mitarb. 1959).

IV. Biologische Teste zur Auswertung von Papierchromatogrammen

Papierchromatogramme solcher Substanzen, die Förderung oder Hemmung von Lebensvorgängen bewirken, können durch eben dieses Verhalten ausgewertet werden.

---

[1] E. Merck, Darmstadt.

Beispiele: Vitamine sind Wuchsstoffe, können also das Wachstum von Mikroorganismen im günstigen Sinne beeinflussen. Zum mikrobiologischen Test benutzt man meistens eindimensionale Chromatogramme, von denen Streifen bzw. streifenförmige Ausschnitte aus Rundfilterchromatogrammen etwa 5 min lang auf Agarplatten gelegt werden, die mit der für das spezielle Vitamin spezifischen Bakterienart besät sind. Man läßt über Nacht bei Optimaltemperatur, d. h. meistens zwischen 27 und 37° C entwickeln. Dort, wo sich die Flecken der Vitamine befinden, findet Bakterienwachstum statt. Mit Hilfe von Kontaktphotographie kann man dokumentieren.

Insekticide. Da für den Nachweis von Insekticiden oft Farbreaktionen anwendbar sind, wird der biologische Test nur hier und da ausgeübt.

WELTZIEN (H. C. WELTZIEN 1958) benutzte zur chromatographischen Ermittlung von Fungiciden folgenden biologischen Nachweis: Auf das fertige Chromatogramm wurde eine Suspension von 200000—250000 Pilzsporen pro ml Nährlösung des Testpilzes *Stemphylium consortiale* aufgesprüht. Es wurde anschließend 72 Std bei 27° C in feuchter Kammer bebrütet. 18 verschiedene Fungicide wurden so getestet und in bezug auf die chromatographisch erfaßbaren Mindestmengen und ihre R_f-Werte im Chromatogramm geprüft.

Sulfonamide, Antibiotica. Als Hemmstoffe sistieren sie die Entwicklung spezifischer Lebewesen. Von dieser Tatsache kann man zu ihrer Lagebestimmung im Chromatogramm bzw. ihrer Wirksamkeit in der Betriebskontrolle und in der Forschung Gebrauch machen. Es wird meistens im Streifenchromatogramm oder im Rundfilterchromatogramm gearbeitet.

Im letzteren Falle kann man so verfahren, daß man quer durch die aufgetrennten Substanzen 2 mm breite Schnitte legt. Die so erhaltenen Streifen legt man auf die für das vorliegende Sulfonamid oder Antibioticum spezifisch mit Bakterien besäte Plattenkultur. Dort, wo der Hemmstoff sich befindet, entstehen Hemmzonen. Dokumentation durch Kontaktphotographie ist möglich.

V. Dokumentation und Aufbewahrung von Papierchromatogrammen

Sehr oft ergibt sich die Notwendigkeit, Papierchromatogramme zur Aufbewahrung oder zum wiederholten Berühren so zu konservieren, daß sie nicht unansehnlich werden. Das ist z. B. möglich durch Tränkung in Herbopanlack[1] (J. BARROLLIER 1955) oder durch Aufkleben auf Karton und Überziehen mit Plastikfolie aus PVC-Material.[2] Hier und da vertragen die gefärbten Substanzen des Chromatogramms den Klebstoff der Folie nicht, was durch Experiment erprobt werden muß.

E. Einteilung des Gebietes papierchromatographischer Arbeiten

MACEK und PROCHÁZKA (K. MACEK u. Ž. PROCHÁZKA 1958; vgl. B, Bibliographie) teilen das Gesamtgebiet papierchromatographischer Aufgaben nach den funktionellen Gruppen ein, wobei naturgemäß die anorganische Analyse nicht mit erfaßt wird (Tab. 9).

---

[1] Firma Herbig-Haarhaus, Köln-Bickendorf.
[2] Filmolux®, Firma Neschen, Bückeburg.

Tabelle 9. *Einteilung des Aufgabengebietes papierchromatographischer Arbeiten nach* Hais *und* Procházka

Natur der Gruppe in bezug auf ihre Verwandtschaft zum Wasser	Funktionelle Gruppe
Stark hydrophile Gruppen	Hydroxylgruppe, Carboxylgruppe, primäre Aminogruppe, Amidgruppe, Aldehydgruppe, Sulfogruppe
Mittelhydrophile Gruppen	Ketogruppe, Äthergruppe, tertiäre Amine, Nitrokörper, Nitrile, Ester
Hydrophobe Gruppen	Aliphatische gesättigte Radikale, Methylengruppe, aromatische Kerne

Hydrophile Gruppen setzen die R_f-Werte in Systemen mit polarer stationärer Phase herab, hydrophobe Gruppen erhöhen sie.

Gasparič und Večeřa (J. Gasparič u. M. Večeřa 1958) teilen das Gesamtgebiet papierchromatographisch zu bearbeitender Aufgaben in drei Hauptgruppen ein, wobei die Wasserlöslichkeit der zu trennenden Substanzen als Basis dient. Die Auswahl der Fließmittel soll so erfolgen, daß die zu trennenden Substanzen in der stationären Phase gut, in der mobilen wenig löslich sind (Tab. 10).

Tabelle 10. *Auswahl von Fließmittelsystemen nach* Gasparič *und* Večeřa *(Frei nach den Autoren zusammengestellt)*

Stationäre Phase (Sättigung oder Tränkung des Papieres)	Mobile Phase (Fließmittel)
I. Wasser, wäßrige Puffer, Komplexbildner in wäßriger Lösung, Salzlösungen	Meistens Dreiphasensysteme aus Alkoholen, organischen Basen, aliphatischen Säuren, Estern, aliphatischen Ketonen, mit Wasser, wäßrigen Puffern, verdünnten Säuren, wäßrigem Ammoniak
II. Nicht wäßrige, polare hydrophile Imprägnierung mit Formamid, N-Methylformamid, Dimethylformamid, Acetamid, Propylenglykol, Äthylenglykol, primären Alkoholen	lipophile organische Lösungsmittel, wie Benzol, Toluol, Tetrachlorkohlenstoff, Chloroform, Äther, Äthylacetat, Petroläther, Hepsan, 2,2,4-Trimethylpentan, Methylcyclohexan
III. Hydrophobe Imprägnierung (Umgekehrte Phasen). *Paraffinum liquidum*, in Petroläther, Undecan, weiße Vaseline, Sojaöl, Mineralöl, Kerosin	Wäßrige Alkohole, wäßrige Essigsäure, Formamid/Wasser, Dimethylformamid/Wasser

Gruppe I. Sie umfaßt solche Stoffe, die wenigstens beschränkt wasserlöslich sind. Die Löslichkeit der Substanzen in Wasser einerseits und in dem organischen Lösungsmittel andererseits sind die Grundlagen ihres papierchromatographischen Verhaltens. Die Trennung ist demnach ein reiner Verteilungsvorgang zwischen wäßriger und organischer Phase.

Bleibt die Substanz am Startpunkt liegen ($R_f = 0$), so ist sie zu wenig wasserlöslich, es muß ein stärker hydrophiles System gewählt werden. Wandert sie mit der Fließmittelfront ($R_f = 1$), so ist sie zu stark wasserlöslich, es muß eine mobile Phase mit stärker hydrophoben Eigenschaften gewählt werden.

Die benutzten Fließmittel sind Gemische bzw. gesättigte Lösungen einer organischen Lösungsmittelkomponente mit einer wäßrigen. Die organische Komponente besteht aus Phenol, organischen Basen, Alkoholen, Estern, niedrigen Ketonen, die wäßrige aus Wasser, wäßrigen organischen und anorganischen Säuren, Puffern, Basen, wie z. B. verd. Ammoniak usw.

Nicht immer sind die Komponenten hundertprozentig mischbar, oft entstehen zwei Phasen, die voneinander getrennt werden. In solchen Fällen dient die organische Phase als Fließmittel, die wäßrige zur Sättigung der Kammer.

Innerhalb der organischen Lösungsmittelkomponente können sich chemisch ähnliche Lösungsmittel ohne allzu große Veränderung der R_f-Werte gegenseitig ersetzen (Isopartitive Reihe nach HAIS und MACEK) (K. MACEK u. I. HAIS 1958; vgl. B, Bibliographie).

Beispiele:

n-Butanol ist ersetzbar durch 2-Butanol, Cyclohexanol, Benzylalkohol, n-Hexanol, n-Octanol.

Äthylacetat ist ersetzbar durch: Äthylformiat, Butylacetat, Butylbutyrat.

Isobuttersäure ist ersetzbar durch Valeriansäure, Isovaleriansäure, Capronsäure.

Aceton ist ersetzbar durch Methyläthylketon, Cyclohexanon.

Eine kleine Auswahl von Fließmittelsystemen zur Papierchromatographie wasserlöslicher Substanzen gibt Tab. 11.

Tabelle 11. *Verteilungschromatographie wasserlöslicher Substanzen (Auswahl)*

Stoffgruppe	Stationäre Phase	Mobile Phase = häufig benutzte Fließmittelsysteme
Aliphatische Säuren	Wasser	n-Butanol/Ammoniak, Amylalkohol/Eisessig/Wasser Benzol/Ameisensäure/Wasser
Alkaloide	Je nach Gruppe: Wasser, wäßrige Puffer, wäßrige Salzlösungen	Butanol/Salzsäure, wassergesättigt Butanol/Wasser, Butanol/Ameisensäure/Wasser
Amine, aliphatisch und aromatisch	Wasser, Natriumacetat in wäßriger Lösung	Butanol/Essigsäure/Wasser Butanol/Äthylenchlorid/Ammoniak/Wasser, Äther/Methanol/wäßrige Salzsäure
Aminosäuren	Wasser	Phenol/Kresol/Wasser (Puffer), n-Butanol/Isobutanol/Eisessig/Wasser, Collidin/Lutidin/Pyridin/Wasser und andere
Antibiotica	Wasser oder Phosphatpuffer	Butanol/Eisessig/Wasser, neutrale Fließmittel
Farbstoffe, wasserlöslich	Wasser oder ohne	tert. Natriumcitrat in 2,5% Ammoniak, Essigester/Eisessig/Wasser, Propionsäure/n-Butanol/Wasser, n-Butanol/Eisessig/Wasser, n-Butanol/Ameisensäure/Wasser, Essigester/Pyridin/Wasser, tert. Butanol/Methyläthylketon/Wasser tert. Butanol/Propionsäure/Wasser
Kationen	Wasser oder ohne	Butanol/Salzsäure, aliphatische Ketone/Salzsäure, Butanol/Komplexbildner in wäßriger Lösung
Purine und Verwandte	Wasser	n-Butanol/Diäthylenglykol/Wasser, tert. Butanol/Pyridin/Wasser
Vitamine, wasserlöslich	Wasser	Butanol/Ameisensäure/Wasser, Butanol/Eisessig/Wasser, Propanol/Ammoniak/Wasser, Butanol/Wasser, Butanol/Methanol/Benzol/Wasser
Zucker	Wasser	Phenol/Wasser; Butanol/Essigsäure; Äthylacetat/Pyridin/Wasser Benzol/Butanol/Pyridin/Wasser, Butanol/Dimethylformamid/Wasser

Gruppe II. Diese Gruppe umfaßt Substanzen, welche sehr wenig wasserlöslich sind, wobei man die Wasserlöslichkeit unter gewissen Bedingungen etwas heraufsetzen kann durch Hinzufügung sog. „Lösungsvermittler" oder „hydrotroper Salze", welche die Verteilung des betreffenden Stoffes in Wasser und organischem Lösungsmittel zugunsten des Wassers verschieben: Natrium-p-toluolsulfonat, Lithiumchlorid, Calciumchlorid und andere.

Als stationäre Phase dient sehr oft Papier S & S Nr. 2043 b Mgl, mit Formamid oder Dimethylformamid getränkt, wobei das Fließmittel, die stationäre Phase, ebenfalls mit Formamid bzw. Dimethylformamid gesättigt wurde.

Beispiele: Imprägnierung nach Kaiser (F. Kaiser u. Mitarb. 1956).

Das Filtrierpapier wird genau 5 min in einer Mischung aus einem Gewichtsteil Formamid und 4 Gewichtsteilen Aceton in einer Glaswanne bewegt, dann zwischen Filtrierpapier abgepreßt und auf den vorher markierten Startpunkten mit den zu untersuchenden Substanzen beschickt. Der Formamidanteil kann zur Erniedrigung der R_f-Werte in der Lösung erhöht werden.

Mitchell empfiehlt Tauchung des Papieres Whatman Nr. 1 bis zur Startlinie in Lösungen von

100 ml Dimethylformamid + 400 ml Äthyläther

oder   50 ml Formamid + 450 ml Aceton

oder 150 ml Formamid + 350 ml Aceton.

Tab. 12 gibt eine Anzahl von Problemen, die auf papierchromatographischem Wege nach dieser Methode gelöst werden können.

Tabelle 12.

Substanz	Autoren
Steroide, Sterine, Gallensäuren, Herz- aglykone, herzwirksame Glucoside, Sapogenine, Oestrogene, Harnphenole .	J. C. Bush (1961)
Rauwolfia-Alkaloide.	F. Kaiser (1955, 1956, 1957)
Pesticide	L. C. Mitchell (1958/1960)
Cumarine	K. Riedl u. L. Neugebauer (1952)

Gruppe III. Die dritte Gruppe umfaßt das Gebiet der völlig wasserunlöslichen Stoffe.

Hier ist das Papier völlig wasserabweisend, das Fließmittel polar und meistens wasserhaltig.

Die Hydrophobierung des Papieres wird auf verschiedene Art erzielt, vier häufig benutzte Verfahren seien beschrieben.

1. Tränkung mit Paraffinöl oder weißer Vaseline. Meistens wird eine 2—5%ige Lösung, in Einzelfällen bis zu 10% der Fettsubstanz in Petroläther zur Tränkung benutzt (W. Gruch 1954). Man kann die Lösung auch chromatographisch das Papier überwandern lassen, wobei die Sicherheit gegeben ist, daß Lufteinschlüsse nicht zurückbleiben.

2. Tränkung mit Olivenöl (E. Kröller 1962). Man zieht das Papier S & S Nr. 2043 b Mgl, das $^1/_2$ Std bei 120° C vorgetrocknet wurde, einmal langsam durch eine 10%ige Lösung von Olivenöl in Methylenchlorid und läßt es dann $^1/_2$ Std zwischen zwei Bogen Filtrierpapier trocknen.

3. Tränkung mit Sojaöl kann analog derjenigen mit Olivenöl erfolgen.

4. Tränkung mit Undecan (H. P. Kaufmann u. W. H. Nitsch 1954). Man zieht das Papier S & S Nr. 2043 b Mgl durch eine Lösung von 4 Teilen Undecan in 6 Teilen niedrig siedendem Petroläther, preßt zwischen Filtrierpapier und Glasplatten unter konstantem Druck von etwa 4 kg einige Minuten ab und trocknet dann unter mehrmaligem Umwenden horizontal liegend.

Röth (K. Röth 1955) legte Dekalin als Barriere über die Startlinie eines Fettsäurechromatogramms und erzielte so Schnelltrennungen bei der Analyse von Seifen.

Kaufmann (H. P. Kaufmann u. Mitarb. 1954) trennte und identifizierte eine große Anzahl von Fetten und Wachsen bzw. deren Säuren anhand dieser Methode.

Späterhin (H. P. Kaufmann u. D. K. Chowdhury 1958) wurde vor allem das Gebiet der Fett- und Wachssäuren mit mehr als 24 C untersucht, d. h. also von Verbindungen, die nicht nur wasserunlöslich, sondern generell schwer löslich sind.

Naturgemäß ist in diesem Falle auch die Identifizierung schwierig, da einer sehr langen Kohlenstoffkette nur eine funktionelle Gruppe zukommt und Änderungen im aliphatischen Kohlenwasserstoffrest kaum Veränderungen der chemischen Eigenschaften mit sich bringen.

Zudem liegen bei der nahen chemischen Verwandtschaft der einzelnen Säuren die R_f-Werte außerordentlich nahe beieinander.

KAUFMANN u. Mitarb. (H. P. KAUFMANN u. J. POLLERBERG 1957) überbrückten diese Schwierigkeiten durch Herstellung der Allylester der Fettsäuren. Dadurch wird die Löslichkeit erhöht und die Möglichkeit zur Addition einer leicht nachweisbaren Molekülkomponente gegeben, in diesem Falle Quecksilber in Form von Quecksilberacetat:

$$R \cdot COOH + HO \cdot CH_2 \cdot CH{=}CH_2 \rightarrow R \cdot COOCH_2 \cdot CH{=}CH_2$$

$$R \cdot COOCH_2 \cdot CH{=}CH_2 \xrightarrow[CH_3OH]{Hg(OOC \cdot CH_3)_2} R \cdot COOCH_2 \cdot CH \cdot CH_2OOC \cdot CH_3$$
$$\underset{Hg \cdot OOC \cdot CH_3}{\mid}$$

Im aliphatischen Rest ungesättigte Fettsäuren können durch einen einfachen Vorgang katalytischer Hydrierung auf dem Papier in gesättigte Fettsäuren umgewandelt werden.

Die Hydrierung erfolgt durch aufeinanderfolgendes Aufbringen eines etwa 1 cm im Durchmesser messenden Tropfens von a) 5%iger Palladiumchloridlösung, b) einer frisch bereiteten Lösung von 80 ml 20%iger KOH und 20 ml 40%igem Formaldehyd. Man säuert mit Essigsäure an und trocknet bei 90° C. Schließlich wird das Papier nach Undecan-Imprägnierung und Aufbringen der Substanzen im Exsiccator mit gasförmigem Wasserstoff hydriert.

KAUFMANN konnte z. B. auf diese Art die gesättigten und ungesättigten Fettsäuren in Leinöl und Fischölen identifizieren.

Mit Silikone getränkte Filtrierpapiere befinden sich seit längerer Zeit im Handel (vgl. C, III, 2).

Silikonepapier wurde z. B. für die Chromatographie von Sexualhormonen benutzt (I. E. BUSH 1950, D. KRITSCHEVSKY u. A. TISELIUS 1951) Tab. 13 bringt eine Anzahl von Fließmittelsystemen für die Papierchromatographie mit umgekehrten Phasen.

Tabelle 13

Bearbeitete Stoffgruppe	Papierimprägnierung	Fließmittelsystem	Autoren
Fette und Wachssäuren, Leinöl, Fischöl, Phosphatide	Undecan	Undecan/Eisessig, Undecan/Eisessig/Acetonitril u. a.	H. P. KAUFMANN u. Mitarb. (1954) u. später
Terpene	Kerosin	wäßriger Alkohol	J. S. MILLS u. A. E. A. WERNER (1952/1955)
Pesticide	USP, schweres Mineralöl, Vaseline	Dimethyl-Formamid/ Wasser, wäßriger Alkohol, wäßriger Alkohol/Ammoniak	L. C. MITCHELL (1960), F. P. W. WINTERINGHAM (1950/1956), W. GRUCH (1954)
Fett-Emulgatoren .	Olivenöl	80%iges Äthanol	E. KRÖLLER (1962)
Vitamin D-Gruppe .	Paraffinöl	wäßriger Alkohol	E. KODICEK u. D. R. ASHBY (1954)
Vitamin E (Tokopherole)	Vaseline, Paraffin	Äthanol/Wasser, Aceton/Wasser, Acetonitril/Wasser	J. A. BROWN (1953)
Cholesterin und seine Ester	Paraffinöl, Petroleum 190—220° C	Eisessig/Chloroform/ Paraffinöl, Propanol/Wasser	C. MICHALEK (1955/57) R. F. MARTIN u. I. E. BUSH (1955)
Sterole	Kerosin	wäßriger Alkohol	J. KUCERA u. Mitarb. (1957)
Steroidamine . . .	Kerosin, Paraffinöl	wäßriger Alkohol, wäßriger Alkohol/ Ammoniak	Z. PROCHAZKA u. Mitarb. (1954)

Als stationäre Phase bei papierchromatographischen Arbeiten mit umgekehrten Phasen dient oft acetyliertes Filtrierpapier, das durch Acetylierung fertiger Filtrierpapierbogen hergestellt werden kann. Faserstruktur und Verfilzung des Papierblattes bleiben dabei weitgehend erhalten, und damit vor allem die papierchromatographischen Eigenschaften. Über den inneren Verlauf der Acetylierungsreaktion am Papier herrscht noch weitgehend Unklarheit.

(Über acetylierte Filtrierpapiere vgl. C, III, 2).

Tab. 14 bringt eine Anzahl papierchromatographischer Aufgaben, die bereits an Acetylpapieren gelöst wurden.

Lipophile Stoffe können auch an pigmenthaltigen Filtrierpapieren chromatographiert werden (vgl. C, III, 3).

Als eingelagerte Pigmente kommen vor allem Kieselgel, Aluminiumoxid und seltener Kieselgur in Frage.

Tabelle 14. *Papierchromatographie an Acetylpapier (Auswahl)*

Bearbeitete Substanzen	Autoren und Jahr
3,4-Benzpyren (Abgase in Dieselmotoren) . . .	K. Johne u. Mitarb. (1957)
3,4-Benzpyren im Rauchkammerruß	J. Kolsek u. Mitarb. (1959)
Mehrkernige Aromaten	Th. Wieland u. W. Kracht (1957)
Mehrkernige Aromaten	M. Zander u. U. Schimpf (1958)
Cocosfett in Kakaobutter	E. Pietschmann (1959)
Organische Peroxide, Ätherperoxide	A. Rieche u. M. Schulz (1958)

Tabelle 15. *Papierchromatographie an Papieren mit gefällten Gelen*

Natur des gefällten Gels	Chromatographierte Substanzen	Autoren und Jahr
Aluminiumoxidhydrat . .	Vitamin A	S. Datta u. B. Overell (1949)
Aluminiumoxidhydrat . .	Steroide, Sterine	I. E. Bush (1952)
Kieselgel	2,4-Dinitrophenyl-hydrazone v. Ketonen	J. Kirchner u. G. I. Keller (1950)

Tabelle 16. *Papierchromatographie an Papieren mit eingelagerten anorganischen Pigmenten*

Stoffgruppe	Papier Nr.	Autoren, Jahr
Carotine, Xanthine	S & S Nr. 287	A. Jensen u. S. L. Jensen (1959)
Carotine	S & S Nr. 288	A. Jensen (1960)
Chlorophylle, Carotine, Xanthophylle, Wuchsstoffe	S & S Nr. 288	A. Hager (1960)
Phosphatide	S & S Nr. 289	W. Wober u. O. W. Thiele (1961)
Sudanfarbstoffe	S & S Nr. 289	J. Barrollier (1961) (Privatmitteilung)
lipophile natürliche Lebensmittelfarben	S & S Nr. 288	A. Grüne (1961), unveröff.
Zellsaftlösliche Pigmente. .	S & S Nr. 289	A. Grüne (1961), unveröff.
Steroide, Triterpene . . .	S & S Nr. 288, 289	G. Snatzke (1961), im Druck
Gesamtlipide	S & S Nr. 289	H. Fischer (1962), Privatmitteilung
Hopfen-Inhaltsstoffe . . .	S & S Nr. 288, 289	M. Teuber (1962)
Aloe-Drogen	S & S Nr. 289	L. Hörhammer (1962)

S & S Nr. 288 = Aluminiumoxidpapier
S & S Nr. 289 = Kieselgelpapier
S & S Nr. 287 = Kieselgurpapier

Bereits früh wurden einige dieser Probleme an Papieren gelöst, welche durch Ausfällung gelförmigen Aluminiumoxidhydrats oder gelförmiger Kieselsäure hergestellt wurden. Die Herstellung ist jedoch mühselig und zeitraubend und weitgehend überflüssig geworden, da heute sehr feinkörnige Pigmente im Handel sind, welche sich gut in die Papierfaser einlagern lassen.

Als Papierfaser wurde sowohl pflanzliche Cellulose als auch Glasfaser benutzt. Tab. 15 zeigt einige Beispiele für Chromatographie an mit Gelen beladenen Papieren aus pflanzlicher Cellulose.

Über neuere Arbeiten auf pigmenthaltigen Papieren, die durch Einarbeitung der feinkörnigen Pigmente während der Herstellung des Papieres auf papiermäßigem Wege hergestellt wurden, berichtet Tab. 16.

F. Fehlerquellen bei Papierchromatographischen Arbeiten

Die häufigst vorkommenden Störungen bei papierchromatographischen Arbeiten sind die folgenden:

I. Schwanz- und Kometenbildung,
II. Mehrfache Flecken
III. Verfärbung der Fließmittelfront,
IV. Schiefe Fließmittelfront,
V. Doppelte Fronten.

I. Schwanz- oder Kometenbildung

Sie ist die am meisten beobachtete Störung. Zwei grundlegende Arbeitsfehler können in der Mehrzahl der Fälle dafür verantwortlich gemacht werden:

1. Auftragung zu großer Stoffmengen,
2. Anwesenheit von Fremdstoffen, meistens anorganischen Salzen.

Zu 1.: Der R_F-Wert einer Substanz steht in engem Zusammenhang mit dem Verteilungskoeffizienten α, was in folgender Formel seinen Ausdruck findet:

$$\alpha = \frac{A_L}{A_S}\left(\frac{1}{R_f} - 1\right),$$

A_L und A_S sind Papierkonstanten, TURBA gibt eine Anleitung zu ihrer Bestimmung (F. TURBA 1954).

Dieser enge Zusammenhang bietet eine Erklärung dafür, daß die Löslichkeit der zu chromatographierenden Substanzen in Wasser und organischem Lösungsmittel bzw. das Verhältnis der Löslichkeiten von großer Bedeutung ist, wenigstens, was die Verteilungschromatographie wasserlöslicher Substanzen angeht.

Bleibt eine Substanz am Startpunkt liegen, so ist sie relativ wenig in der mobilen Phase löslich, man muß diese also stärker hydrophil gestalten. Liegt die Substanz in der Fließmittelfront, so ist sie in der stationären Phase zu wenig löslich, die mobile Phase muß stärker hydrophob zusammengesetzt werden.

In die Praxis übertragen heißt das:

Auftragung nicht zu großer Stoffmengen, damit ein brauchbares Löslichkeitsverhältnis in beiden Phasen gewährleistet ist,

daneben zweckmäßige Variation des Fließmittels.

PARTRIDGE (S. M. PATRIDGE 1948) zeigte an einer einprozentigen Lösung von Glucose und Xylose, die er von 4 μl = 40 μg bis zu 0,5 μl = 5 μg abnehmend chromatographierte, daß erst bei einer Stoffkonzentration von 15 μg abwärts eine klare Auftrennung erfolgte.

Tab. 17 zeigt die in der Literatur angegebenen Auftragsmengen, die eine maximal gute Trennung gestatten.

Als Faustregel kann man folgendes annehmen: 3—7 mm im Durchmesser messende Flecken von 0,5—1%igen Lösungen, die also etwa 2—20 μl enthalten.

Weiterhin kann man als ziemlich allgemeingültig folgenden Satz aufstellen:
Die obere Stoffkonzentration in dem zu trennenden Stoffgemisch wird durch
die Trennbarkeit im Chromatogramm, die untere jedoch durch die Nachweisbarkeit
auf dem Papier bestimmt.

Zu 2.: Wie bereits betont, sollen die zu trennenden Stoffgemische möglichst
frei von Störsubstanzen, z. B. von Fremdionen, sein.

Daher muß in vielen Fällen, vor allem bei der Papierchromatographie von
Extrakten aus Naturstoffen, die Lösung der zu chromatographierenden Stoffe
von Begleitstoffen wie anorganischen Salzen befreit werden.

Tabelle 17. *Empfehlenswerte Mengen zur Auftragung im Papierchromatogramm*

Substanz	Menge in μl und Konzentration der Lösungen
α-Aminosäuren	2,5—5 μl einer etwa 0,5%igen Lösung
Antibiotica	Für den mikrobiologischen Test:
	1—2 Penicillineinheiten (1 IE = 0,6 Penicillin G)
	Für den Farbtest: 5—20 μg
Aliphatische Säuren . .	0,5—3 μg
Farbstoffe	einige μl etwa 0,5%iger Lösungen
Hohe Fettsäuren . . .	einige μl der 2%igen Toluollösungen
Kationen	einige μl von 1—2%igen Lösungen in bezug auf das Kation
Vitamine	Unterschiedlich. Bei Vitamin A 1 μg, bei Vitamin C 2—6 μg
Zucker	1—5 μl von 1%igen Lösungen

Das geschieht auf verschiedene Weise:

a) Durch Entsalzung mittels Ionenaustauschersäulen (R. R. Redfield 1953, K. A. Piez
u. Mitarb. 1952);

b) durch elektrolytische Entsalzung (P. Decker 1950, W. H. Stein u. S. Moore 1951);

c) durch Vorreinigung mittels Horizontalelektrophorese. Die anorganischen Ionen wandern wesentlich schneller als die organischen, sind daher bereits in den Puffer abgelaufen,
während die organischen Substanzen sich noch auf dem Träger (Filtrierpapier) befinden.

d) durch Eindampfen und Extraktion mit geeigneten Lösungsmitteln, welche die anorganischen Salze nicht oder nur wenig, die organischen Komponenten jedoch stärker lösen.

II. Auftreten mehrfacher Flecken und unerwarteter Flecken

Die Erscheinung der Doppel- und Mehrfachflecken wurde ausführlich von Zweig
u. Mitarb. studiert (G. Zweig u. Mitarb. 1959).

Die Autoren schufen den Begriff der *"artifacts"*, d. h. der Kunst- und Sekundär-
produkte, die während und infolge des chromatographischen Vorganges entstehen.

Die Autoren gehen so weit, zu behaupten, daß manche sog. ,,neue Aminosäure''
in Wirklichkeit ein Produkt von Sekundärreaktionen ist.

Eine Anzahl von Möglichkeiten, die zu Irrtümern führen können, werden von
verschiedenen Autoren angeführt:

Beispiele: Pflanzenextrakte, die unter Alkohol aufbewahrt werden, bilden leicht Amino-
säureester.

Asparaginsäure, Glutaminsäure, α-Aminobuttersäure, β-Alanin können — vor allem bei
Gegenwart von Salzsäure — Ester mit Alkohol bilden. Das betrifft in diesem Falle allerdings
vor allem den Äthylalkohol, n-Propanol verestert wesentlich schwieriger, weswegen man
alkoholische Lösungen von Pflanzenextrakten immer mit diesem Alkohol bereiten sollte
(R. Koch u. H. Hanson 1953, K. Heyns 1952 u. Mitarb., J. E. de Vay u. Mitarb. 1959).

Mehrbasische anorganische und organische Säuren können in mehreren Ionisationsstufen
auftreten.

Beim Reinigen von Zuckerextrakten über stark basische Austauscher bildet sich leicht
Milchsäure.

In verschiedenen Fällen, z. B. bei der Chromatographie von 2,4-Dinitrophenylhydrazonen,
können sich cis-trans-Isomere mit verschiedener Wanderungsgeschwindigkeit bilden.

Komplex-bildende anorganische Kationen können mit einer geeigneten Fließmittel-komponente reagieren, z. B. Cadmiumacetat in Ammoniak-haltigen Fließmitteln.

Aminosäuren bilden mit Kupferspuren im Papier Komplexe, wodurch zwei Flecken entstehen. Man vermeidet diese Erscheinung durch Zusatz von 0,1% α-Benzoinoxim zum Fließ-mittel oder durch Benutzung säuregewaschener Papiere.

III. Gefärbte Fließmittelfronten

Die Fließmittelfront des Papierchromatogramms enthält alle wanderungs-fähigen Substanzen, die sich im Papier oder Fließmittel als Verunreinigungen be-finden können, oder die sich aus ihnen durch Sekundärreaktionen bilden können. Sie sind hydrophiler und lipophiler Art, wie Oxycellulosen und Fettstoffe (J. N. BALSTON u. B. E. TALBOT 1952, B. Bibliographie). Die Fließmittelfront fluoresciert und ist oft, vor allem bei Anwesenheit von Eisenionen, etwas rötlich oder braun verfärbt. Diese Färbung stört nicht, wenn man darauf achtet, daß die R_f-Werte nicht über 0,9 liegen.

Die Fluorescenz der Front kann dazu verhelfen, diese unter der UV-Lampe wiederzufinden, falls man verabsäumte, sie beim Herausnehmen aus der Kammer mit Bleistiftstrich zu markieren.

IV. Schiefe Fließmittelfront

Sie ist fast immer ein Produkt ungleichmäßiger Erwärmung der Kammer und dadurch des Chromatogramms an beiden Bogenkanten. Mit der erniedrigten Vis-cosität des Fließmittels bei erhöhter Temperatur wandert das Fließmittel an der wärmeren Seite schneller, zudem ändern sich mit Erhöhung der Temperatur die Verteilungsverhältnisse zwischen der wäßrigen und der organischen Phase.

V. Doppelte Fronten

Sie entstehen immer dann, wenn das Fließmittel an einer Komponente über-sättigt ist, was meistens durch Absinken der Arbeitstemperatur geschieht. Die durch Übersättigung ausgeschiedene Komponente ist meistens Wasser, das Fließ-mittel wird in unerwünschter Weise zweiphasig.

Bei mineralsäurehaltigen Fließmitteln erfolgt oft die Bildung zweier Fronten, wenn das Papier nicht genügend klimatisiert war. Ohnehin findet eine capillare Auftrennung bzw. Änderung der Mengenverhältnisse der Komponenten des Fließ-mittels im Verlauf des chromatographischen Vorganges statt, welche den vorderen Teil des Chromatogramms so weit an Wasser und Säure verarmen lassen kann, daß nur noch reines organisches Lösungsmittel vorliegt (A. GRÜNE 1956).

Gemische aus n-Butanol, Ameisensäure und Wasser entmischen sich bereits nach einigen Stunden durch Esterbildung zwischen n-Butanol und Ameisensäure.

Weiterhin ist noch folgendes wichtig:

Wo angängig, verwende man statt der n-Alkohole die tertiären Alkohole, die wesentlich schwieriger von Säuren angreifbar sind.

Man bereite das Fließmittel immer frisch, d. h. nur so viel, wie man für den vorliegenden chromatographischen Versuch benötigt.

Man soll die richtige Entfernung der Startlinie zur Eintauchfront beachten. Bereits LIESEGANG (R. E. LIESEGANG 1927, Bibliographie) konnte feststellen. daß in der Nähe der Eintauchfront die Belastung des Papieres mit Fließmittel stärker und nahe der Fließmittelfront geringer ist als in der Mitte des eintauchen-den Streifens.

Dies dürfte der Grund dafür sein, daß R_f-Werte sich am leichtesten in der Mitte des Chromatogramms reproduzieren lassen.

Man arbeite immer in einer Richtung des Papieres, entweder in Laufrichtung oder senkrecht zu dieser, aber niemals ohne jegliche Orientierung.

Rundfilterchromatogramme laufen am besten untertags, damit sie unter Beobachtung stehen. Wenn nämlich der Rand der Kammer erreicht ist, verdunstet das Fließmittel und die Substanzen wandern sämtlich an den Rand des Chromatogramms. Die Trennung wird illusorisch.

Aufsteigende und absteigende Chromatographie können über Nacht durchgeführt werden. Bei ersterer schadet die Erreichung der Bogenkante durch das Fließmittel meistens nichts, bei letzterer kann man die Arbeitszeit so einteilen, daß das Chromatogramm abends angesetzt wird, über Nacht entwickelt und morgens aufgearbeitet wird.

Wie weit man das Fließmittel steigen läßt, ist ohnehin eine Sache der experimentellen Erfahrung. Alle Arbeitsbedingungen, wie Fließmittel, Papier, Apparatur und Arbeitszeit muß man aufeinander abstimmen.

Der enge Zusammenhang zwischen Verteilungskoeffizienten und R_f-Wert läßt bereits darauf schließen, daß die Arbeitstemperatur eine wichtige Rolle bei chromatographischen Vorgängen spielt. Erhöhung der Temperatur läßt die Löslichkeit

Tabelle 18. *Temperaturabhängigkeit der Rf-Werte — Zucker*

Temperatur und Dauer des Chromatogramms	57° C, 5 Std		37° C, 4 Std		17° C, 17,5 Std	
Entfernung zwischen Startlinie und Front	25,1 cm		14,4 cm		24,5 cm	
Zucker	Wanderungsstrecke	R_f	Wanderungsstrecke	R_f	Wanderungsstrecke	R_f
Raffinose	8,1	0,32	3,7	0,26	4,7	0,19
Melibiose	8,2	0,33	4,0	0,28	5,3	0,22
Maltose	9,9	0,39	—	—	6,6	0,27
Galaktose	11,3	0,45	6,7	0,43	8,5	0,35
Glucose	10,4	0,41	5,0	0,35	7,2	0,29
Fructose	14,0	0,56	7,4	0,51	11,0	0,45
Sorbose	12,2	0,48	5,7	0,40	8,8	0,36
Arabinose	13,6	0,54	7,7	0,53	12,5	0,51
Mannose	11,6	0,46	6,3	0,44	8,5	0,35
Xylose	12,5	0,50	6,5	0,45	8,4	0,34
Fucose	16,0	0,64	8,7	0,61	14,5	0,59
Rhamnose	15,7	0,62	8,7	0,61	13,7	0,56

Tabelle 19. *Temperaturabhängigkeit der Rf-Werte — Aminosäuren*

Fließmittel	Aminosäure	Temperatur				
		10° C	15° C	20° C	25° C	30° C
Aceton/Wasser = 7 : 3 (v/v)	Asparaginsäure	0,23	0,31	0,38	0,53	0,58
	Glykokoll	0,26	0,34	0,36	0,51	0,61
	Prolin	0,46	0,49	0,51	0,65	0,69
	Phenylalanin	0,53	0,63	0,64	0,72	0,72
Pyridin/Wasser = 7 : 3 (v/v)	Asparaginsäure	0,25	0,27	0,33	0,25	0,32
	Glykokoll	0,34	0,35	0,38	0,36	0,36
	Prolin	0,51	0,56	0,60	0,55	0,52
	Phenylalanin	0,63	0,70	0,71	0,72	0,68
Isopropanol/ Wasser = 7 : 3 (v/v)	Asparaginsäure	0,12	0,13	0,17	0,28	0,17
	Glykokoll	0,20	0,23	0,27	0,30	0,26
	Prolin	0,32	0,40	0,46	0,47	0,44
	Phenylalanin	0,47	0,51	0,56	0,57	0,55

ansteigen und erniedrigt die Viscosität des Fließmittels, Erniedrigung der Temperatur bewirkt den gegenteiligen Vorgang.

COUNSELL, HOUGH, WADMAN einserseits sowie BURMA andererseits studierten die Abhängigkeit der R_f-Werte von der Temperatur und legten das Erfahrungsgut tabellarisch fest. (J. N. COUNSELL u. Mitarb. 1950, D. P. BURMA 1951) (Tab. 18 und 19).

G. Radioaktive Markierung, Arbeit mit Isotopen

I. Einführung

Papierchromatographisches Arbeiten mit radioaktiven Isotopen kann unter Umständen die übliche papierchromatographische Arbeit mit den sonst bekannten Nachweisreaktionen sehr viel genauer gestalten.

Gründe:

1. Es ist möglich, die Nachweisbarkeit auf dem Papier um etwa 3 Zehnerpotenzen zu erhöhen.
2. Durch Markierung mit radioaktiven Isotopen können auch solche Stoffe identifiziert werden, für die es keine eindeutig sicheren chemischen oder biologischen Nachweise gibt.
3. Natürliche biologische Lebensabläufe, z. B. Stoffwechselvorgänge bei Pflanzen und Tieren, können einwandfrei verfolgt werden.

II. Markierung mit radioaktiven Isotopen

Verschiedene Arbeitstechniken sind möglich:

1. Die aufgetragenen Substanzen sind bereits radioaktiv.
2. Eine zugesetzte radioaktive Substanz dient als "tracer".
3. Die chromatographierten Substanzen werden in den radioaktiven Zustand übergeführt
a) durch die ,,Pipsylmethode",
b) als Cu^{64}-Komplexe.
4. Inaktive Substanzen werden chromatographiert und nachträglich radioaktiv gemacht:
a) durch Behandlung mit einem radioaktiven Reagens,
b) durch Neutronenbestrahlung.

Zu 1.: Hier ist kaum etwas zu bemerken, da die Arbeit mit von vornherein radioaktiven Substanzen chemisch keine neuen Probleme bietet. Der Chemismus ist der gleiche wie bei inaktiven Substanzen.

Zudem ist das Problem in der Praxis der Lebensmittelchemie im Augenblick noch nicht vordringlich, kann es aber in naher oder fernerer Zukunft einmal werden.

Zu 2.: Zusatz eines aktiven Elementes oder einer aktiven Verbindung zu inaktiven chemischen Verbindungen gleicher chemischer Zusammensetzung kann die Auffindbarkeit inaktiver Substanzen ermöglichen, falls diese durch andere Teste nicht gegeben ist. Die aktiven Substanzen zeigen den gleichen Chemismus und die gleichen Wanderungseigenschaften wie die inaktiven.

Radioaktive Elemente und Verbindungen sind heute im Handel erhältlich[1].

Zu 3.: ,,*Pipsyl*" ist das Radikal ,,p-Jodphenylsulfonyl-" mit ^{131}J, das meistens als Chlorid angewendet und in dieser Form in die inaktiven Verbindungen eingebaut wird. Weiteres vgl. die Spezialliteratur.

Alle Verbindungen, die in der Lage sind, Kupfersalze oder Kupferkomplexe zu bilden, können mit ^{64}Cu umgesetzt werden. Das Schulbeispiel liefern die α-Aminosäuren, welche innere Komplexsalze vom Typ der Spiransysteme mit aktivem Kupfer bilden.

---

[1] Firma Buchler & Co, Braunschweig; C. Roth, Karlsruhe, ,,Deuterierte Verbindungen".

Zu 4a.: Hier ist nichts wesentlich Neues zu bemerken. Aktive Substanzen sind heute im Handel, die man auch als Reagens benutzen kann, wenn ihre chemische Natur das zuläßt.

Zu 4b.: Nachträgliche Aktivierung ist im wesentlichen auf zwei Wegen zu erzielen:

Durch Benutzung einer Neutronenquelle im Laboratorium[1];

durch das sog. „*Angelschnurverfahren*" im "swimming pool" eines Reaktors.

Born und Stärk (H.-J. Born u. H. Stärk 1959) beschreiben die quantitative Bestimmung von Jod und jodhaltigen Verbindungen auf Papierchromatogrammen durch Neutronenaktivierung mittels des Angelschnurverfahrens.

Dieses Verfahren eignet sich zur Aktivierung bzw. zum quantitativen Nachweis der Elemente:

$$S, P, Br, Cl, Co, V.$$

Letzteres darf auch in der Quantität eines Spurenelementes in Pflanzenaschen vorliegen.

Das Verfahren ist in technischer Hinsicht recht einfach: Bis zu 5 gleich große Papierchromatogramme in Streifenform oder sonst geeigneter Größe werden in Polyäthylenbeuteln wasserdicht zusammengepackt und mit Hilfe einer Angelschnur vor das Strahlrohr des Reaktors gebracht. Blindwerte mit unbehandeltem Papier müssen in Rechnung gestellt werden, da das Papier — vielleicht infolge seines Gehaltes an anorganischen Ionen — ebenfalls radioaktiv wird, allerdings sehr schwach.

Die Europäische Atomgemeinschaft „Euratom" hat es sich zum Ziele gesetzt, einen Vorrat von normalerweise nicht im Handel befindlichen markierten organischen Molekülen anzulegen, die zu Forschungsarbeiten zur Verfügung stehen[2].

III. Schutz- und Vorsichtsmaßregeln beim Arbeiten mit Isotopen

Der Umgang mit radioaktiven Stoffen unterliegt den AHK-Gesetzen Nr. 22/53/68.

Vor Beginn der Arbeiten ist daher eine allgemeine Orientierung über die Erlaubnis zum Arbeiten mit Isotopen und weiterhin eine Kenntnis der Bedingungen unerläßlich.

Eine Unterrichtung ist möglich durch:

1. die Empfehlungen der Internationalen Kommission für Strahlenschutz vom 1. XII. 1954 der Physikalisch-Technischen Bundesanstalt Braunschweig,

2. die Unfall-Verhütungsvorschriften und Richtlinien der gewerblichen Berufsgenossenschaften, Ausgabe 1959[3],

3. DIN-Blätter 6804, 6808, 6809, 6843[4].

Die Einheiten radiologischer Messungen wurden durch die "International Commission on Radiological Units" vom Juli 1953 festgelegt.

IV. Auswertung aktiver Papierchromatogramme

Der Nachweis geschieht prinzipiell in zwei Formen:

1. durch Autoradiographie,

2. durch Auswerten mittels der Geräte nach dem Prinzip des Geiger-Müller-Zählrohres.

---

[1] Firma Buchler & Co, Braunschweig; Firma Virus, Bonn, „Gepulster Neutronen-Generator".

[2] Europäische Atomgemeinschaft „Euratom", Generaldirektion Forschung und Ausbildung, Markierte Moleküle, Brüssel (Belgien), Rue Belliard 51—53

[3] Hauptverband der gewerblichen Berufsgenossenschaften, Bonn, Reuterstr. 157.

[4] Beuth-Vertrieb, Berlin W 15, Uhlandstr. 175.

Zu 1.: Treffen ionisierende Strahlen eine photographische Platte, so rufen sie auf dieser Schwärzungen hervor, so daß ein latentes Abbild entsteht. Dieses Bild kann man durch Entwicklung sichtbar machen.

Gewisse Vorsichtsmaßregeln müssen beachtet werden, da z. B. Graphitteilchen von Bleistiften und Staubkörner stören.

Als Filmmaterial benutzt man vorzugsweise Agfa-Röntgenfilm oder Eastman Codak No-Screen X-Ray Film.

Chromatogramm und Photoemulsion müssen sehr eng unter lichtdichten Bedingungen in absolut lichtdichtem Kasten aneinandergepackt werden. Nach HAIS (I. C. HAIS, B. Bibliographie) genügt jedoch auch bereits Einpacken in schwarzes Papier.

Zu 2.: Nach dem Geiger-Müller-Prinzip werden vor allem γ- und harte β-Strahlung gemessen.

Die Geräte arbeiten nach dem Prinzip der Gasionisation (Füllung Argon, Halogen, Methan) oder auch mit Vakuum. Es gibt Zylinderzählrohre und Endfensterzählrohre, wobei erstere meist bei energiereicher Strahlung wie ^{131}J und ^{32}P eingesetzt werden, letztere bei ^{14}C und ^{35}S. Während die Autoradiographie vorwiegend eine qualitative Methode ist, kann die Zählrohrmethode quantitativ ausgestaltet werden. Geeignete Geräte sind heute im Handel[1].

Weitere Information über dieses Gebiet geben HAIS und MACEK (J. C. HAIS u. K. MACEK, B. Bibliographie) sowie H. F. LINSKENS (H. F. LINSKENS, B. Bibliographie).

EISENBERG und LEDER (F. EISENBERG jr. u. I. G. LEDER 1959) sowie DILLER (W. DILLER 1959) beschreiben ebenfalls Geräte zu Messungen auf Papierchromatogrammen.

H. Quantitatives Arbeiten

Papierchromatographie ist immer zuerst und zur Hauptsache eine qualitative Methode, man kann sie jedoch in bestimmten Fällen mit maximal 1% Genauigkeit halbquantitativ gestalten.

Die quantitative Bestimmung der getrennten Substanzen kann generell nach zwei Hauptverfahren erfolgen:

I. „in situ", d. h. direkt auf dem Papier,

II. nach vorheriger Elution.

Zum quantitativen Arbeiten ist es naturgemäß notwendig, daß Lösungen bekannten Gesamtgehaltes vorliegen, von denen genau abgemessene Volumina aufgetragen werden.

Oft muß mit Lösungen der gleichen Substanz in bekannter Konzentration verglichen werden.

I. Methoden „in situ"

1. Visueller Vergleich mit Flecken bekannter Konzentration

Man setzt den Tropfen der Lösung, die zu analysieren ist, zusammen mit Tropfen bekannten Gehaltes der gleichen Substanz in steigender Konzentration und in gleicher Fleckengröße auf derselben Startlinie auf. Nach dem Chromatographiervorgang vergleicht man Farbtiefe und Umfang der Flecken. Die erzielte Genauigkeit ist gering, sie liegt bei etwa 10% ($\pm$).

---

[1] Siemens & Halske AG, Wernerwerk für Bauelemente; Colora Meßtechnik GmbH, Lorch (Württ.); Frieseke & Höpfner, Erlangen-Bruck (Radiopapierchromatograph FH 452); Tracerlab Waltham 54, Mass. (USA) (E. Leybold Nachf. Köln-Bayenthal 7; C. H. F. Müller, Hamburg.

Polson sowie Berry und Dent beschreiben dieses Verfahren (A. Polson 1948; H. K. Berry u. L. Cain 1949; C. E. Dent 1948).

2. Messung der Fleckengröße

Nach Fowler (H. D. Fowler 1951) einerseits und Fisher u. Mitarb. andererseits (R. B. Fisher 1949) besteht eine annähernd lineare Beziehung zwischen der Fleckengröße und dem Logarithmus des Gehaltes an Substanz. Die Messung geschieht planimetrisch oder mit Hilfe eines durchsichtigen Millimeterpapieres, dessen Millimeterquadrate, welche den Flecken bedecken, man auszählt.

Fisher und Holmes (R. B. Fisher u. R. Holmes 1949) geben folgende Formel:

$$\log Q = k \cdot A.$$

Dabei ist Q die Substanzmenge, A die Fläche des Flecken, k eine Konstante.

3. Extinktionsmessung auf dem Papier

Man verschiebt einen aus dem Chromatogramm herausgeschnittenen Streifen entlang einem Schlitz, der länger sein soll, als der Flecken in der gleichen Richtung breit ist. Die richtige Schlitzlänge ist von wesentlicher Bedeutung. Meist macht man das Papier, um die naturgegebenen Wolken auszugleichen, mit Glycerin, Paraffinöl, Bromnaphthalin, Plexisol, Herbopanlack transparent, wobei natürlich sich der Flecken bei diesem Trennvorgang nicht verändern darf, etwa durch Löslichkeit im Transparenzmittel.

Geräte für diese Form der Retentionsmessung sind heute im Handel.

Die gemessenen Extinktionswerte können durch graphische Auftragung auf Millimeterpapier oder automatisch registriert werden.

Die häufigste Anwendung findet dieses Verfahren zur Auswertung der Serumproteine, der Glyco- und Lipoproteide. Seher (A. Seher 1954) zeigte die photometrische Bestimmung papierchromatographisch getrennter langkettiger Carbonsäuren bzw. deren Kupfer-Eisen-Verbindungen mit Hilfe des Chromatometers I. Jackwert und Kloppenburg (E. Jackwert u. H. G. Kloppenburg 1960) werten die nach der Matthiasmethode (vgl. S. 532) gewonnenen Chromatographiestreifen in der Spurenanalyse der Metalle durch Röntgenfluorescenzspektroskopie aus.

Zur Absorptionsmessung im UV benutzt man oft die Zusatzeinrichtung zum Quarz-Spektralphotometer (T. V. Parke u. W. W. Davis 1952, E. Treiber u. H. Koren 1953).

II. Bestimmung nach Elution aus dem Papier

Dieses Verfahren ist bei weitem die genaueste Art der quantitativen Auswertung von Papierchromatogrammen.

Im Grundprinzip wird meistens so gearbeitet, daß man einen Teil des Chromatogramms durch Besprühen sichtbar macht und den anderen Teil dadurch in bezug auf die Lage der getrennten Flecken sicherstellt, ohne ihn anzusprühen zu müssen. Das ist auf verschiedene Weise möglich:

1. Man setzt das Chromatogramm so an, daß die eine Hälfte spiegelbildlich der anderen entspricht. Man sprüht das halbe Chromatogramm und ermittelt durch Vergleich die Lage der Flecken in der zweiten Hälfte.

2. Man setzt das Chromatogramm nicht in Tropfen, sondern als „Bandenchromatogramm" an, d. h. man trägt die Substanzen mit Pipette oder Reißfeder als Linie auf. Die Enden schneidet man ab und ermittelt durch Besprühen oder Tauchen die Lage der getrennten Banden.

Wichtig ist dann das Eluieren, das in der Form geschehen soll, daß die resultierende Lösung möglichst konzentriert wird. Das Elutionsmittel muß naturgemäß von Fall zu Fall individuell gewählt werden, oft eignet sich Wasser, gegebenenfalls unter Zusatz von Säure oder Ammoniak.

Technisch geschieht das Herauslösen der Substanz meistens so, daß man eine Art Keilstreifen herausschneidet, in dessen Spitze sich der Flecken befindet (Abb. 18):

Kante *a* taucht in das Elutionsmittel, die Spitze ist über dem Glas angeordnet, welches das Eluat aufnehmen soll.

Oft ist es notwendig, zur Chromatographie vorgereinigtes Papier zu benutzen, vor allem immer dann, wenn die aus dem Papier extrahierbaren Verunreinigungen die quantitative Bestimmung stören können.

Die Auswertung bzw. die Bestimmung der in den Eluaten befindlichen Konzentrationen geschieht nach den üblichen Methoden, durch Vergleichs- oder Absolutcolorimetrie, hier und da auch polarographisch oder nach sonstigen analytischen Methoden. LACOURT u. Mitarb. beschreiben eine Direkttitration von Molybdän und Vanadium

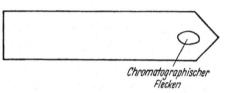

Abb. 18. Form eines Keilstreifens zur quantitativen Elution chromatographisch getrennter Substanzen

mittels Bleinitrat, mit Diphenylcarbacid als Indicator; der ausgeschnittene chromatographische Flecken wird direkt in die Titrationsflüssigkeit gegeben. Die gleichen Autoren geben auch eine halbquantitative Bestimmung von Molybdän, Chrom und Vanadium, ebenfalls durch Direkttitration, daneben jedoch auch durch adsorptionstiometrische Messung (A. LACOURT u. Mitarb. 1954).

PFRENGLE beschreibt ein quantitatives papierchromatographisches Verfahren für kondensierte Phosphate. Es arbeitet ebenfalls mit Elution nach dem sog. „Blindschneideverfahren", das eine Variation der oben angegebenen Elutionsmethode, unter Benutzung von Zuschnitten mit Zungen, darstellt (O. PFRENGLE 1957).

I. Papierchromatographie mit größeren Substanzmengen

Besteht die Notwendigkeit, größere Substanzmengen zu verarbeiten, so erfolgt in der Mehrzahl der Fälle der Übergang vom Papier zur Säule mit Füllungen von Pulvern aus Zellstoff oder Linters. Über Chromatographie an der Säule wird gesondert in einem anderen Kapitel berichtet.

Den Übergang zwischen der eigentlichen Papierchromatographie als Ultramikromethode und der Säule bilden einige Arbeitsmöglichkeiten, welche sich der chromatographischen Papiere und der Kartons bedienen.

I. Zirkularchromatogramm

Es besteht die Möglichkeit, im Rundfilterchromatogramm anstelle der einzelnen Substanztropfen einen geschlossenen Substanzring auf dem um das Zentrum gezogenen Kreis aufzutragen. Die Einzelsubstanzen werden in Form von konzentrischen Kreisen oder sehr rundlichen Ellipsen getrennt, können herausgeschnitten und aufgearbeitet werden.

II. Bandenchromatogramm

In ganz analoger Weise läßt sich im aufsteigenden oder absteigenden Verfahren anstelle der einzelnen Substanztropfen eine Linie ziehen, die Einzelsubstanzen trennen sich in Banden statt in Flecken auf.

III. Chromatographie auf Kartons

Infolge seiner größeren Dicke vermag der Karton mehr an Lösung aufzunehmen als ein Papier. Die Auftragung der Substanzen als Linie muß allerdings unter gewissen Vorsichtsmaßregeln geschehen, um eine völlige Durchtränkung des Kartons zu gewährleisten. Meistens trägt man auf beiden Seiten der Startlinie, vorn und hinten, auf. Auch besteht die Möglichkeit, die Breitbandpipette zu benutzen (vgl. unter C. IV.).

Schließlich kann man auf der Startlinie Einzeltropfen auftragen, die jedoch gleich groß sein müssen, und von denen jeweils die Peripherie des folgenden auf dem Zentrum des vorhergehenden aufsitzt.

K. Aufgabenstellung innerhalb der Lebensmittelchemie und ihre papierchromatographische Bearbeitung (Auswahl)

Innerhalb der amtlichen Lebensmittelkontrolle ist die Papierchromatographie bislang noch nicht ein als Standardmethode allgemein anerkanntes Hilfsmittel, sie verspricht es jedoch zu werden.

Die Aufgabenstellung zeichnet sich im einzelnen etwa folgendermaßen ab:

1. Verbotene Zusätze als solche zu identifizieren,
2. Erlaubte Zusätze festzustellen,
3. Erlaubte Zusätze mengenmäßig zu kontrollieren,
4. Überwachung der Fertigung in der Lebensmittelindustrie und Aufklärung von Vorgängen bei der Zubereitung von Lebensmitteln.

Punkt 3 ist nicht leicht durchzuführen, da die Papierchromatographie vorwiegend eine qualitative Methode ist. Für manche mengenmäßigen Bestimmungen dürften die quantitativen Möglichkeiten nicht ausreichend genau genug sein.

Zu Punkt 4 bringt Tab. 20 einige Beispiele.

Tabelle 20

Bearbeitetes Gebiet	Autor	Jahr
Ausöltest bei Butter . .	E. Knoop u. Mitarb.	1960
Reifung von Käse . . .	Schormüller u. Mitarb.	1955—1958 und später
Schokoladenindustrie .	H. Thaler	1957, 1960
Backwaren	E. Drews	1956, 1958
	R. Schrepfer u. H. Egle	1958
	E. Becker	1956
	R. Kliffmüller	1958
	A. W. Croes	1958

Im folgenden soll lediglich an einigen Beispielen die Leistungsfähigkeit der Papierchromatographie für lebensmittelchemische Aufgabenstellungen gezeigt werden.

Spezielle Arbeitsanweisungen werden in Band II/2 und bei verschiedenen Lebensmitteln gebracht.

I. Sprühmittel auf Citrusfrüchten

Über den Nachweis von Diphenyl und o-Phenylphenol berichten: R. A. Baxter (1957), E. Bohm (1961), H. Sperlich (1962), H. Staritz (1962), H. Thaler u. H. Günder (1960).

II. Suchtmittel auf Basis von Alkaloiden und Barbitalen

Hier sollen vor allem größere und zusammenfassende Arbeiten gebracht werden: A. BETTSCHART u. H. FLÜCK (1956), J. BÜCHI u. M. SOLVIA (1955), R. DEININGER (1955), CH. DORIER (1959), H. JATZKEWITZ u. U. LENZ (1956), K. MACEK (1960), K. MACEK u. Mitarb. (1956), K. MACEK (1960), G. RENTSCH (1958), J. SCHMIDLIN-MÉSZAROS (1958), J. SCHÜTTE (1960).

III. Lebensmittelfarbstoffe

Die Farbstoffverordnung vom 19. 12. 1959 läßt unter Kennzeichnung „mit Farbstoff" eine Anzahl von Farbstoffen zu, die in drei Listen, A, B und C, zusammengestellt sind.

Ihre einwandfreie papierchromatographische Identifizierung ist unter Benutzung eines sauren und eines basischen Fließmittels auf Linterspapier S & S Nr. 2043b Mgl, sowie auf Aluminiumoxidpapier S & S Nr. 288 und Kieselgelpapier S & S Nr. 289 möglich.

Saures Fließmittel: n-Butanol/Ameisensäure/Wasser $= 100 : 24 : 36$ $(v : v : v)$.

Basisches Fließmittel: Essigester/Pyridin/Wasser: $= 70 : 25 : 20$ $(v : v : v)$.

Wertvolle Vorarbeiten in bezug auf die synthetischen roten wasserlöslichen Lebensmittelfarbstoffe leistete THALER (H. THALER u. G. SOMMER 1953).

Weitere Beiträge stammen von H. TILDEN (1953, 1954), B. KOETHER (1960), J. C. RIEMERSMA u. F. J. M. HESLINGA (1960), K. WOIDICH u. Mitarb. (1960) und anderen.

Infolge der Beschränkung des Anwendungsbereiches synthetischer Farbstoffe interessiert auch die Papierchromatographie der natürlichen Farbstoffe. Chlorophylle und andere Naturfarbstoffe ergeben typische Chromatogramme auf Aluminiumoxidpapier S & S Nr. 288 sowie Kieselgelpapier S & S Nr. 289 (Näheres darüber vgl. E, Tab. 16).

GÜNTHER und GRAU berichten über den papierchromatographischen Nachweis natürlicher Farbstoffe bei der Auslandsfleischbeschau (M. GÜNTHER u. R. GRAU 1962).

IV. Fette

1. Peroxidverbindungen. Schnellteste auf Filtrierpapier zum Nachweis peroxidischer Verbindungen haben TÄUFEL u. Mitarb. (K. TÄUFEL u. R. VOGEL 1954, K. TÄUFEL u. R. VOGEL 1955) entwickelt. Obgleich hier keine reinen papierchromatographischen Verfahren vorliegen, sei dennoch auf diese bedeutungsvollen Arbeiten hingewiesen.

2. Antioxydantien. F. BROWN (1952), J. A. BROWN (1953), P. W. R. EGGIT u. L. D. WARD (1953), K. F. GANDER (1956), R. TER HEIDE (1958), K. KAWATA u. Y. HOSOGAI (1957), W. REINHOLD (1961).

3. Emulgatoren in Margarine. E. KRÖLLER (1962).

4. Fremdstoffe in Kakaobutter sowie unerlaubte Harze und Fette bei der Behandlung und Herstellung von Lebensmitteln: H. P. KAUFMANN u. Mitarb. (1956), E. PIETSCHMANN (1959, 1960, 1961), H. SACHER (1960).

V. Pesticide

Pflanzenspritzmittel können sich als Rückstände auf Obst und Gemüse finden. Beiträge zur papierchromatographischen Trennung und Identifizierung lieferten: K. B. AUGUSTINSSON (1957), K. B. AUGUSTINSSON u. G. JONSSON (1957), A. FIORJ

(1956), W. Gruch (1954), H. D. Mallach u. W. Paulus (1957), J. J. Menn
u. Mitarb. (1957, 1960), R. L. Metcalf u. R. B. March (1953), L. C. Mitchell
(1958/60), P. O'Colla (1952), E. Pfeil u. H. J. Goldbach (1953), F. W. Plapp
u. J. E. Casida (1958), J. R. Quayle (1956), H. Sperlich (1957), F. Strache
u. J. Indinger (1961), H. C. Weltzien (1958), F. P. W. Winteringham u. Mitarb.
(1956).

VI. Konservierungsmittel

Ihr Zusatz zu Lebensmitteln ist durch die Konservierungsstoffverordnung
vom 19. 12. 1959 geregelt.

Zur Identifizierung der zugelassenen Konservierungsstoffe und zum Nachweis
verbotener Stoffe lieferten u. a. Arbeiten: E. Bohm (1962), H. Cats u. H. Onrust
(1958), W. Diemair u. K. Franzen (1959), E. Drews (1956), O. Flejschmann
(1957), G. Herold u. G. Dickhaut (1960), J. L. Joux (1957), R. Kliffmüller
(1956), H. Marx (1958), J. Niemöller (1959).

VII. Phosphatzusatz zu Brühwürsten

Wertvolle Arbeiten zur Papierchromatographie der Phosphate stammen von
H. Gruntze u. E. Thilo (vgl. B, Bibliographie) sowie von O. Pfrengle (1956,
1957, 1960).

Speziell auf dem Gebiet der Erkennung verbotener Polyphosphatzusätze und
ihrer Isolierung aus dem Lebensmittel gaben Beiträge: K. Gassner u. G. Ender
(1957), R. Grau u. Mitarb. (1953), J. Schormüller u. G. Würdig (1958).

Einige wertvolle Aufsätze über die Chemie und Papierchromatographie der
kondensierten Phosphate verdanken wir weiterhin Thilo (E. Thilo 1956, 1959).

Als Buchliteratur sei empfohlen: Phosphatsymposion 1956, 1957 (vgl. Bibliographie am Schluß).

VIII. Wein

1. Sorbitnachweis, neben Glucose und Fructose. W. R. Rees u. T. Reynolds
(1958), K. Täufel u. K. Müller (1957), D. Waldi (1962).

2. Hybridenfarbstoffe. H. Bieber (1959, 1960), H. Bieber u. W. Diemair
(1961), H. Grohmann u. F. Gilbert (1957), P. Jaulmes u. M. Ney (1960),
G. Reuther (1960), P. Ribéreau-Gayon (1960).

3. Eiweißstoffe des Weines. J. Koch u. G. Bretthauer (1957).

4. Aromastoffe des Weines. E. Bayer (1957).

5. Zucker und Säuren des Weines. P. Flesch u. D. Jerchel (1955), K. Hennig
u. S. M. Flintje (1954), 1955), Th. Münz (1959), K. Hennig u. S. M. Flintje
(1954).

IX. Branntwein, Weinbrand

W. Deckenbrock (1956), A. Frey u. D. Wegener (1956).

X. Essig

K. G. Bergner u. H. R. Petri (1959, 1960), K. Woidich u. Mitarb. (1959).

XI. Toxische Metalle

Als „toxische", d. h. Vergiftungserscheinungen im menschlichen Körper her-
vorrufende Metalle betrachtet man vor allem: Arsen, Antimon, Quecksilber, Blei,
Wismut, Thallium, Cadmium. Über die Papierchromatographie der Kationen gibt
es eine reichhaltige Buchliteratur (vgl. B IV, Bibliographie).

Einige Spezialarbeiten auf diesem Gebiet lieferten: H. DILLER u. O. REX (1952), A. DYFVERMAN u. R. BONNICHSEN (1960), H. PFEIFFER u. H. DILLER (1956), K. TÄUFEL u. K. ROMMINGER (1956), S. N. TEWARI (1961), D. N. TRIPATHI u. S. N. TEWARI (1960).

Bibliographie

A. Geschichtliche Entwicklung

FEIGL, F.: Qualitative Analyse mit Hilfe von Tüpfelreaktionen. Leipzig 1935.
— Qualitative Analysis by Spot Tests. Elsevier Publ. 1947 und spätere Auflagen.
GOPPELSROEDER, FR.: Über Capillaranalyse und ihre verschiedenen Anwendungen, sowie über das Emporsteigen der Farbstoffe in den Pflanzen. Wien 1901; Verzeichnis der Publikationen 1861—1911.
LIESEGANG, R. E., u. H. SCHMIDT: Kolloidchemische Technologie. Theodor Steinkopff 1927.
RUNGE, F. F.: Zur Farbenchemie, Musterbilder für Freunde des Schönen und zum Gebrauch für Zeichner, Maler, Verzierer und Zeugdrucker, Berlin 1850.
— Der Bildungstrieb der Stoffe, veranschaulicht in selbständig gewachsenen Bildern. Oranienburg 1855.
SCHWABE, F. W.: Homöopathisches Arzneibuch. Berlin: Selbstverlag 1950.

B. Einführung in die Technik der Papierchromatographie

BALSTON, J. N., and B. E. TALBOT: A Guide to Filter Paper and Cellulose Powder Chromatography. London/Maidstone: 1952.
BLOCK, R. J., E. L. DURRUM and G. ZWEIG: A Manual of Paper Chromatography and Paper Electrophoresis. New York: Academic Press 1958.
BRÄUNIGER, H.: Grundlagen und allgemeine Fragen der Papierchromatographie. Berlin: VEB-Verlag Volk und Gesundheit 1955.
BUKATSCH, F.: Nahrungsmittelchemie für jedermann. Stuttgart: Francksche Verlagsbuchhandlung 1959.
CRAMER, F.: Papierchromatographie. Weinheim/Bergstraße: Verlag Chemie. 4. Aufl. 1958; 5. Aufl. 1961.
DAECKE, H.: Papierchromatographie. Frankfurt-Hamburg: Otto Salle-Verlag 1962.
DITTMAR, G.: In ULLMANNs Enzyklopädie der technischen Chemie. 3. Aufl. Bd. VII, S. 214. München-Berlin: Urban & Schwarzenberg 1956.
ERDEM, B.: In, E. LEDERER, Chromatographie en chimie organique et biologique. Paris: Mason & Cie. 1959, 1960.
GRÜNE, A.: Literaturzusammenstellungen über Papierchromatographie, im Selbstverlag C. Schleicher & Schüll, Dassel. Jährliche Folge.
— Papierchromatographie unter besonderer Berücksichtigung der Belange der amtlichen Lebensmittelkontrolle. In Neubearbeitung.
GRUNZE, H., u. E. THILO: Die Papierchromatographie der kondensierten Phosphate. 2. Aufl. Berlin: Akademieverlag 1955.
HAIS, J. M., u. K. MACEK: Handbuch der Papierchromatographie. Band I: Grundlagen und Technik; Band II: Bibliographie und Anwendungen. Jena 1958/1960.
HELLMANN, H.: Papierchromatographie. In V. PAECH, M. C. TRACEY, Moderne Methoden der Pflanzenanalyse, Vol. I. S. 127—148. Berlin-Göttingen-Heidelberg: Springer 1955.
LEDERER, E.: Chromatographie en Chimie organique et biologique. Paris: Mason & Cie. 1959, 1960.
LINSKENS, H. F.: Papierchromatographie in der Botanik. Berlin-Göttingen-Heidelberg: Springer 1959.
—, u. L. STANGE: Praktikum der Papierchromatographie. Berlin-Göttingen-Heidelberg: Springer 1961.
MERCK, E.: Chromatographie unter besonderer Berücksichtigung der Papierchromatographie. Darmstadt 1955.
POLLARD, F. H., and J. F. W. McOMIE: Chromatographic Methods of Inorganic Analysis with Special Reference to Paper Chromatography. London: Butterworths Scientific Publications 1953.
SMITH, I.: Chromatographic and Electrophoretic Techniques, Vol. I. Clinical and Biochemical Applications. London: William Heinemann Medical Books Ltd. 1960.
WIELAND, TH., u. F. TURBA: Chromatographische Analyse. In, HOUBEN-WEYL, Methoden der organischen Chemie. 4. Aufl., Bd. II, Analytische Chemie. S. 867—909. Stuttgart: G. Thieme 1953.

C. Geräte und Hilfsmittel für papierchromatographische Arbeiten

KAWERAU, E.: In, R. J. BLOCK, E. L. DURRUM and G. ZWEIG: A manual of paper chromatography and paper electrophoresis. New York 1958.

E. Einteilung des Gebietes papierchromatographischer Arbeiten

HÖRHAMMER, L.: Praktikum Papierchromatographie. München 1962.

F. Fehlerquellen bei papierchromatischen Arbeiten

TURBA, F.: Chromatographische Methoden in der Proteinchemie. Berlin-Göttingen-Heidelberg: Springer 1954.

K.II. Suchtmittel auf Basis von Alkaloiden und Barbitalen

SCHÜTTE, J.: Entwicklung eines papierchromatographischen Trennungsganges für toxikologisch wichtige basische Wirkstoffe. Inauguraldissertation, Berlin 1960.

Zeitschriftenliteratur

A. Geschichtliche Entwicklung

CONSDEN, R., A. H. GORDON and A. I. P. MARTIN: Qualitative analysis of proteins: A partition chromatographic method using paper. Biochem. J. 38, 224—232 (1944).

DAY, D. T.: The variation in the character of Pennsylvania and Ohio crude oils. Ind. and Techn. Petroleum Rev. 25. 8. 1900 (Beilage). S. 9.

ENGLER, C., u. E. ALBRECHT: Über den Vorgang der Filtration von Petroleum durch Florida-Erde. Z. angew. Chem. 14, 889—892 (1901).

SCHOENBEIN, CHR. F.: Vgl. FR. GOPPELSROEDER (Bibliographie).

TSWETT, M.: Adsorptionsanalyse und chromatographische Methode. Anwendung auf die Chemie des Chlorophylls. Ber. dtsch. bot. Ges. 24, 384—393 (1906); ref. Chem. Zbl. 1906 II, 1286.

B. Einführung in die Technik der Papierchromatographie

DECKER, P.: Papierchromatographie, Pharmazie 8, 371—378, 477—484 (1955).

DENT, C. E.: A study of the behaviour of some sixty amino-acids and other ninhydrin-reacting substances on phenol-"collidine" filter paper chromatograms with notes as to the occurence of some of them in biological fluids. Biochem. J. 43, 169—180 (1948).

GRÜNE, A.: Kapillaranalyse, ein Weg zur Papierchromatographie. Öst. Chem.-Ztg. 60, 301 bis 311 (1959).

— Papierchromatographie und Papierelektrophorese. Chimia (Zürich) 11, 173—203, 213 bis 256 (1957).

INGRAM, V. M.: Abnormal human haemoglobins. I. The comparison of normal human and sickle-cell haemoglobins by "finger-printing".Biochim. biophys. Acta 28, 539—545 (1958).

JERCHEL, D., u. W. JACOBS: N-Oxide der Pyridinreihe und deren Verwendung zur papierchromatographischen Analyse von Pyridingemischen. Angew. Chem. 66, 298 (1954).

PHILLIPS, D. M. P.: Rapid measurement in chromatography. Nature (Lond.) 162, 29 (1948).

ROCKLAND, L. B., and M. S. DUNN: Partogrid, proportional divider for use in paper chromatography (partography). Science (Wash.) 111, 332 (1950).

SCHOBER, R., W. NICLAUS u. W. CHRIST: Anwendung der „Fingerabdruckmethode" auf die Kennzeichnung von Käsesorten durch ihre proteolytischen Inhaltsstoffe. Milchwiss. 16, 140—142 (1961).

SEGEL, K.-H.: Ein Verhältnismaßstab zur schnellen Bestimmung des R_F-Wertes. J. Chromatograph. 5, 177 (1961).

TERRES, E., F. GEBERT, H. HÜLSEMANN, H. PETEREIT, H. TOEPSCH, W. RUPPERT u. D. SCHLEEDE: Anwendung der Papier-Verteilungschromatographie zur Erdölanalyse. Brennstoffchemie 1955. 56 u. 78.

C. Geräte und Hilfsmittel für papierchromatographische Arbeiten

JAYME, G., u. H. KNOLLE: Papierchromatographie von Zuckergemischen auf Glasfaserpapieren. Angew. Chem. 68, 243—246 (1956).

— u. G. HAHN: Bestimmung von Zuckern und verwandten Stoffen an Glasfaserpapier. Angew. Chem. 72, 520—522 (1960).

MARCHAL, J. G., et T. MITTWER: Modification apportée à la technique de chromatographie sur papier. Chromatographie en arcs de cercle. C. R. Soc. Biol. (Paris) 145, 417—421 (1951).

MATHIAS, W.: Serienuntersuchungen mit Hilfe einer neuen Form der Streifenpapierchromatographie. Naturwiss. 41, 17—18 (1954).

POTTERAT, M.: A new technique of paper chromatography. Mitt. Lebensmitteluntersuch. Hyg. 47, 66 —71 (1956).

REINDEL, F., u. W. HOPPE: Verbesserung des Trenneffektes bei der Papierchromatographie durch die Formgebung des Papierstreifens. Naturwiss. 40, 245 (1953).

ROCKLAND, L. B., and M. S. DUNN: A capillary ascent test tube method for separating amino-acids by filter paper chromatography. Science (Wash.) 109, 539—540 (1949).

RUTTER, L.: A modified technique in filter paper chromatography. Nature (Lond.) 161, 435 bis 436 (1948).

SCHWERDTFEGER, W.: Modifizierte eindimensionale Papierchromatographie für quantitative Zwecke. Naturwiss. 41, 18 (1954).

SULSER, H.: Ein einfaches Verfahren zur Herstellung von Vergleichschromatogrammen in der Radialpapierchromatographie. Mitt. Lebensmitteluntersuch. Hyg. 50, 287 (1959).

WINTER, E.: Papierchromatographie in kleinem Maßstab. Mikrochim. Acta (Wien) 1961, 816—818.

D. Identifizierung der getrennten Substanzen

BARBOLLIER, J.: Ein Ninhydrinreagenz für quantitative Aminosäurebestimmungen auf Papierchromatogrammen. Naturwiss. 42, 416 (1955).

— Umwandlung von Papierchromatogrammen und -elektropherogrammen in einen transparenten Trockenfilm. Naturwiss. 42, 126 (1955).

CARTIER, P., J. CHEDRU et P. BAUDEQUIN: Le métabolisme phosphoré des érythrocytes. I. Analyse de répartition du P acido-soluble dans l'érythrocyte humain normal. Bull. Soc. Chim. biol. (Paris) 41, 525—536 1959).

KAWERAU, E., u. TH. WIELAND: Conservation of amino-acid chromatograms. Nature (Lond.) 168, 77—78 (1951).

WELTZIEN, H. C.: Ein biologischer Test für fungicide Substanzen auf dem Papierchromatogramm. Naturwiss. 45, 288—289 (1958).

E. Einteilung des Gebietes papierchromatographischer Arbeiten

BUSH, I. E.: Chromatography of steroids on alumina impregnated filter paper. Nature (Lond.) 166, 445—446 (1950).

— Paper chromatography of steroids applicable to steroids in mammalian blood and tissues. Biochem. J. 50, 370—378 (1952).

BROWN, J. A.: Determination of vitamins A and E by paper chromatography. Analytic. Chem. 25, 774—777 (1953).

DATTA, S. P., and B. G. OVERELL: Chromatography of vitamin A and derivatives on alumina-treated filter paper. Biochem. J. 44, XLIII (1949).

GASPARIČ, J., u. M. VEČEŘA: Über die Wahl der Lösungsmittelsysteme bei der papierchromatographischen Trennung organischer Verbindungen. Mikrochim. Acta (Wien) 1958, 68—91.

GRUCH, W.: Über papierchromatographische Trennung von Kontaktinsecticiden (DDT, E 605, Hexachlorcyclohexan). Naturwiss. 41, 39—40 (1954).

HAACK, E., F. KAISER, M. GUBE u. H. SPINGLER: Die Chemie der Gitalinfraktion. Arzneimittel-Forsch. 6, 176—182 (1956).

— — u. H. SPINGLER: Verodoxin, ein neues Glycosid aus den Blättern von Digitalis purpurea. Naturwiss. 43, 130—131 (1956).

HAGER, A.: Privatmitteilung 1960.

JENSEN, A.: Quantitative determination of carotene by paper chromatography. Acta chem. scand. 13, 1259—1260 (1959).

— Chromatographic separation of carotenes and other chloroplast pigments on aluminium containing paper. Acta chem. scand. 14, 2051 (1960).

— and S. L. JENSEN: Quantitative paper chromatography of carotinoids. Acta chem. scand. 13, 1863—1868 (1959).

JOHNE, K., J. KLEISS u. A. REUTER: Bestimmung von 3,4-Benzpyren in den Abgasen von Dieselmotoren. Angew. Chem. 69, 675 (1957).

KAISER, F.: Die papierchromatographische Trennung von Herzgiftglycosiden. Chem. Ber. 88, 556—563 (1955).

— E. HAACK u. H. SPINGLER: Über Herzglycoside VIII. Über die Mono- und Bis-Digitoxoside des Digitoxogenins, Gitoxigenins und Gitaloxigenins. Liebigs Ann. Chem. 603, 75—88 (1957).

KAUFMANN, H. P., u. W. H. NITSCH: Die Papierchromatographie auf dem Fettgebiet. XVI. Weitere Versuche zur Trennung von Fettsäuren. Fette u. Seifen 56, 154—158 (1954).

— u. J. POLLERBERG: Qualitative und quantitative Papierchromatographie der Wachssäuren nach einem neuen Verfahren (Allylesterverfahren). Fette u. Seifen 59, 815 (1957).

— u. D. K. CHOWDHURY: Die katalytische Hydrierung organischer Verbindungen auf Papier zur papierchromatographischen Analyse. Chem. Ber. 91, 2117—2121 (1958).

Kirchner, J. G., and G. J. Keller: Chromatography on treated filter paper. J. amer. chem. Soc. **72**, 1867—1868 (1950).

Kodicek, E., and D. R. Ashby: Paper chromatography of vitamin D and other sterols. Biochem. J. **57**, XIII (1954).

— — The estimation of vitamin D by paper chromatography. Biochem. J. **57**, XIII (1954).

Kolsek, J., M. Perpar u. M. Zitko: Über den 3,4-Benzpyrengehalt im Rauchkammerruß. Mikrochem. Acta (Wien) **1959**, 299—302.

Kritchevsky, T. H., and A. Tiselius: Reversed phase partition chromatography of steroids on silicone-treated paper. Science (Wash.) **114**, 299—300 (1951).

Kröller, E.: Untersuchungen zum Nachweis von Emulgatoren in Margarine. Mitt.-Bl. GDCh., Fachgr. Lebensmittelchem. **16**, 161—163 (1962).

— Untersuchungen zum Nachweis von Emulgatoren in Margarine. I. Mitt. Fette und Seifen **64**, 85—92 (1962).

Kučera, J., Ž. Procházka and K. Vereš: Steroids XXVI. Paper chromatography of neutral steroids. Chem. listy **51**, 97—102 (1957); ref. Chem. Abstr. **51**, 14780d (1957).

Michalec, Č.: Paper chromatography of cholesterol and cholesterol esters. Naturwiss. **42**, 509—510 (1955).

— V. Jirgl and J. Podzimek: The semiquantitative determination of cholesterol and cholesterol esters by paper chromatography. Experientia (Basel) **13**, 242 (1957).

Mills, J. S., and A. E. A. Werner: Paper chromatography of natural resins. Nature (Lond.) **169**, 1064 (1952).

— — Partition chromatography in the examination of natural resins. J. Oil Colour Chem. Assoc. **37**, 131—142 (1954).

— — Dammar resins. J. chem. Soc. **1955**, 3132—3140.

Mitchell, L. C.: Separation and identification of chlorinated organic pesticides by paper chromatography. XI. A study of 114 pesticide chemicals: technical grades produced in 1957 and reference standards. J. Ass. off. agric. Chem. **41**, 781—816 (1958); ref. Chem. Abstr. **53**, 2525c (1959).

— Separation and identification of eleven organophosphate pesticides by paper chromatography: Delnav, Diazinon, EPN, Guthion, Malathion, Methylparathion, Parathion, Phosdrin, Ronnel, Systox and Trithion. J. Ass. off. agric. Chem. **43**, 810—824 (1960).

Pietschmann, E.: Papierchromatographische Ermittlung geringer Fremdfettmengen der Cocosfettgruppe in Schokolade und deren Zubereitungen. Fette und Seifen **61**, 682—686 (1959).

Procházka, Ž., L. Labler and Z. Kotásek: Paper chromatography of steroid amines. Chem. listy **48**, 1066—1070; ref. Chem. Abstr. **49**, 9673a (1955).

Rieche, A., u. M. Schulz: Autoxydation von Äthern. Papierchromatographie von Ätherperoxiden. Angew. Chem. **70**, 602 (1958).

Riedl, K., u. L. Neugebauer: Über die papierchromatographische Trennung von Cumarinen. Monatsh. Chem. **83**, 1083—1087 (1952).

Röth, K.: Erfahrungen mit der praktischen Papierchromatographie auf dem Seifengebiet. Fette und Seifen **57**, 885 (1955).

Teuber, M.: Diss. München 1962.

Wieland, Th., u. W. Kracht: Papierchromatographie von mehrkernigen Aromaten. Angew. Chem. **69**, 172—174 (1957).

Winteringham, F. P. W., A. Harrison and R. G. Bridges: Separation of the isomers of benzene hexachloride by reversed-phase paper partition chromatography. Nature (Lond.) **177**, 86 (1956).

Wober, W., u. O. W. Thiele: Zur papierchromatographischen Trennung von Phosphatiden auf einem neuartigen Kieselgelpapier. Hoppe-Seylers Z. physiol. Chem. **326**, 89—93 (1961).

Zander, M., u. U. Schimpf: Zur Papierchromatographie polycyclischer aromatischer Kohlenwasserstoffe. Angew. Chem. **70**, 503 (1958).

F. Fehlerquellen bei papierchromatischen Arbeiten

Burma, D. P.: Effect of temperature on the R_F-values of the amino acids during paper chromatography with solvents completely miscible with water. Nature (Lond.) **168**, 565 bis 566 (1951).

Counsell, J. N., L. Hough and W. H. Wadman: Partition chromatography at elevated temperatures. Research **4**, 143—144 (1950).

Decker, P.: Ein einfacher Entsalzungsapparat nach Consden, Gordon und Martin. Chemiker-Ztg. **74**, 268—269 (1950).

Grüne, A.: Papierchromatographie und Papierelektrophorese. Ein Colloquium in 7 Vorträgen. Chimia (Zürich) **11**, 173—203, 213—256 (1957).

Heyns, K., W. Koch u. W. Königsdorf: Über das papierchromatographische Verhalten einer salzsauren Lösung von Glutaminsäure. Naturwiss. **39**, 381 (1952).

Koch, R., u. H. Hanson: Zur Papierchromatographie von Glutamin- und Asparaginsäure. Hoppe-Seylers Z. physiol. Chem. **292**, 180—183 (1953).

Partridge, S. M.: Filter paper partition chromatography of sugars: 1. General description and application to the qualitative analysis of sugars in apple juice, egg white and foetal blood of sheeps. Biochem. J. **42**, 238—253 (1948).

Piez, K. A., E. P. Tooper and L. S. Fosdick: Desalting of amino acid solutions by ion exchange. J. biol. Chem. **194**, 669—672 (1952).

Redfield, R. R.: Two-dimensional paper chromatography systems with high resolving power for amino acids. Biochim. biophys. Acta **10**, 344—345 (1953).

Stein, W. H., and S. Moore: Electrolytic desalting of amino acids. Conversion of arginine to ornithine. J. biol. Chem. **190**, 103—106 (1951).

Vay de, J. E., A. R. Weinhold and G. Zweig: Properties of methyl esters of certain amino acids as related to artifacts in paper chromatography. Analytic. Chem. **31**, 815—817 (1959).

Zweig, G.: Some artifacts in paper chromatography. Analytic. Chem. **31**, 821—824 (1959).

G. Radioaktive Markierung, Arbeit mit Isotopen

Born, H.-J., u. H. Stärk: Quantitative Bestimmung von Jod und jodhaltigen Verbindungen auf Papierchromatogrammen durch Neutronenaktivierung. Atomenergie **4**, 286 (1959).

Diller, W.: Automatisierte Messung von Radiopapierchromatogrammen. Arzneimittel-Forsch. **9**, 181—188 (1959).

Eisenberg jr., F., and I. G. Leder: Improved scanner for radioactive paper strips. Analytic. Chem. **31**, 627—628 (1959).

H. Quantitatives Arbeiten

Berry, H. K., and L. Cain: Paper chromatographie technique for determining excretion of amino acids in the presence of interfering substances. Arch. Biochem. Biophys. **24**, 179—189 (1949).

Dent, C. E.: A study of the behaviour of some sixty amino-acids and other ninhydrin-reacting substances on phenol-"collidine" filter paper chromatograms with notes as to the occurence of some of them in biological fluids. Biochem. J. **43**, 169—180 (1948).

Fisher, R. B., D. S. Parsons and R. Holmes: Quantitative paper chromatography. Nature (Lond.) **164**, 183 (1949).

— — and G. A. Morrison: Quantitative paper chromatography. Nature (Lond.) **161**, 764—765 (1948).

Fowler, H. D.: Quantitative paper chromatography. Nature (Lond.) **168**, 1123—1124 (1951).

Jackwerth, E., u. H. G. Kloppenburg: Quantitative Auswertung von Papierchromatogrammen anorganischer Ionen mittels Röntgenfluoreszenzanalyse. Naturwiss. **47**, 444 (1960).

— — Untersuchungen zur quantitativen Auswertung von Papierchromatogrammen in der Spurenanalyse durch Röntgenfluoreszenzspektroskopie. Z. analyt. Chem. **179**, 186—195 (1961).

Lacourt, A.: Chromatographie quantitative du chrome sur papier. Mikrochim. Acta (Wien) **1954**, 550—583.

—, et P. Heyndrycks: Mise au point de la séparation chromatographique quantitative sur papier pour le cobalt, le cuivre, et le zinc en solution. Mikrochim. Acta (Wien) **1954**, 630—647.

—, et G. Sommereyns: Mise au point de la chromatographie et du dosage du tungstene. Mikrochim. Acta (Wien) **1954**, 604—629.

Parke, T. V., and W. W. Davis: Automatic spectrophotometry of paper strips chromatograms. Analytic. Chem. **24**, 2019—2020 (1952).

Pfrengle, O.: Die Papierchromatographie der kondensierten Phosphate. Z. analyt. Chem. **158**, 81—92 (1957).

— Quantitative Analyse von Alkaliphosphaten. Fette und Seifen **62**, 433—439 (1960).

Polson, A.: Quantitative partition chromatography and the composition of E. coli. Biochim. biophys. Acta **2**, 575—581 (1948).

Seher, A.: Quantitative Bestimmung papierchromatographisch getrennter langkettiger Carbonsäuren auf photometrischem Weg. Fette u. Seifen **58**, 498—504 (1956).

Treiber, E., u. H. Koren: Auswertung von Papierchromatogrammen mit dem Beckman-Photometer. Monatshefte Chem. **84**, 478—481 (1953).

K. Aufgabenstellung innerhalb der Lebensmittelchemie und ihre papierchromatographische Bearbeitung (Auswahl)

Becker, E.: Die Identifizierung von Emulgatoren mit Hilfe der Papierchromatographie. Brot u. Gebäck **14**, 10 (1960).

Croes, A. W.: Het antoonen van lagere vetsuren in deeg en brood volgens en papierchromatografische methode. Chem. Weekbl. **54**, 396—397 (1958).

Drews, E.: Erfahrungen beim papierchromatographischen Nachweis von Konservierungsmitteln in Backwaren. Angew. Chem. **68**, 526 (1956).
— Weitere Einsatzmöglichkeiten der Papierchromatographie auf dem Bäckereisektor. Brot u. Gebäck **12**, 138 (1958).
Kliffmüller, R.: Der Nachweis von Polyoxyäthylenverbindungen als Weichhaltemittel im Brot. Dtsch. Lebensmittel-Rdsch. **54**, 59—61 (1958).
Knoop, E., K.-H. Peters, M. E. Schulz u. E. Voss: Konsistenzuntersuchungen an Winterbutter. Auswertung der Prüfungen von Butter in Kleinpackungen. Milchwiss. **15**, 445—450 (1960).
Schormüller, J., u. H. Müller: Beiträge zur Biochemie der Käsereifung. XII. Z. Lebensmittel-Untersuch. -Forsch. **100**, 380—396 (1955).
—, u. L. Leichter: XIII. Z. Lebensmittel-Untersuch. u. -Forsch. **102**, 13—27 (1955).
— M. Glathe u. H. Huth: XV. Z. Lebensmittel-Untersuch. u. -Forsch. **103**, 14—32 (1956).
—, u. H. Müller: XIX. Z. Lebensmittel-Untersuch. u. -Forsch. **105**, 39—51 (1957).
—, u. H. Huth: XX. Z. Lebensmittel-Untersuch. u. -Forsch. **105**, 82—85 (1957).
— G. Bressau u. H. D. Belitz: XXII. Z. Lebensmittel-Untersuch. u. -Forsch. **108**, 346—355 (1958).
Schrepfer, H., u. H. Egle: Identifizierung von Sorbitanmonofettsäureestern, Polyoxyäthylenfettsäureestern und Polyoxyäthylen-Sorbitanmonofettsäureestern durch Papierchromatographie. Z. Lebensmittel-Untersuch. u. -Forsch. **107**, 510—512 (1959).
Thaler, H.: Die löslichen Kohlenhydrate einiger Rohstoffe der Schokoladenindustrie. II. Mitteilung: Die Oligosaccharide von Nüssen und Mandeln. Z. Lebensmittel-Untersuch. u. -Forsch. **105**, 198—200 (1957).
— Die Oligosaccharide von Rohkakao, Nüssen und Mandeln. Fette u. Seifen **62**, 701—705 (1960).

K.I. Sprühmittel auf Citrusfrüchten

Baxter, R. A.: Determination of biphenyl in citrus products. J. Ass. off. agric. Chem. **40**, 249—253 (1957); ref. Chem. Abstr. **51**, 6036—6036i (1957).
Bohm, E.: Beitrag zur Prüfung von Citrusfrüchten auf Fremdstoffe. Dtsch. Lebensmittel-Rdsch. **57**, 8—9 (1961).
Sperlich, H.: Schnellnachweis von Diphenyl und o-Phenylphenol in Citrusfrüchten. Mitt.-Bl. GDCh., Fachgr. Lebensmittelchem. **16**, 200—201 (1962).
Staritz, H.: Ein Beitrag zur schnellen Bestimmung von Fremdstoffen auf Citrusfrüchten. Mitt.-Bl. GDCh., Fachgr. Lebensmittelchem. **16**, 199—200 (1962).
Thaler, H., u. H. Günder: Zur Analytik des o-Hydroxydiphenyls. Der papierchromatographische Nachweis von o-Hydroxydiphenyl. Dtsch. Lebensmittel-Rdsch. **56**, 262—264 (1960).

K.II. Suchtmittel auf Basis von Alkaloiden und Barbitalen

Bettschart, A., u. H. Flück: Verteilungschromatographie von Alkaloiden, besonders von Opiumkaloiden, in gepufferten Systemen. Pharmac. Acta Helv. **31**, 260—283 (1956).
Büchi, J., u. M. Soliva: Die Anwendung der Papierchromatographie in der qualitativen Arzneimittelanalyse. Pharmac. Acta Helv. **30**, 154—174, 195—210, 265—277, 297—320 (1955).
Deininger, R.: Über den Nachweis der Barbitursäuren mittels Papierchromatographie. Pharmazie **10**, 64—65 (1955).
Dorier, Ch., J. Dauphin, J. C. Redon et J. A. Berger: Application de la chromatographie de partage sur papier à la séparation et à l'identification des alcaloides an analyse toxicologique. Bull. Soc. chim. France **1959**, 620—624.
Jatzkewitz, H., u. U. Lenz: Zur Leistungsfähigkeit einer papierchromatographischen Methode beim klinischen Suchtmittelnachweis an Hand von 1000 laufenden Untersuchungen. Hoppe-Seylers Z. physiol. Chem. **305**, 53—60 (1956).
Macek, K.: Papierchromatographie einiger Barbitursäurederivate. Pharmaz. Zentralh. **99**, 770 (1960).
— Papierchromatographie von Barbitursäurederivaten. Arch. Pharmaz. (Weinheim) **30**, 545 (1960).
— J. Hacaperkova u. B. Kakac: Systematische Analyse von Alkaloiden mittels Papierchromatographie. Pharmazie **11**, 533—538 (1956).
Rentsch, G.: Papierchromatographischer Nachweis der Barbiturate durch Addition von Cl_2 an die Amidgruppe. Naturwiss. **45**, 314 (1958).
Schmidlin-Méscaros, J.: Erfahrungen mit der Papierchromatographie bei toxikologischen Untersuchungen. Chimia (Zürich) **12**, 275—281 (1958).

K III. Lebensmittelfarbstoffe

Günther, H., u. R. Grau: Nachweis natürlicher Farbstoffe bei der Auslandsfleischbeschau. Fleischwirtsch. **14**, 34—36 (1962).

Koether, B.: Papierchromatographische Untersuchungen über das Schicksal einiger zum Färben von Lebensmitteln verwendeter Azofarbstoffe im Organismus. Arzneimittelforsch. **10**, 845—848 (1960).

Riemersma, J. C., u. F. J. M. Heslinga: Über die Papierchromatographie wasserlöslicher Farbstoffe. Mitt. Lebensmitteluntersuch. Hyg. **51**, 94—104 (1960).

Thaler, H., u. G. Sommer: Studien zur Farbstoffanalytik. IV. Mitt. Die papierchromatographische Trennung wasserlöslicher Teerfarbstoffe. Z. Lebensmittel-Untersuch. u. -Forsch. **97**, 345—365 (1953).

— — Studien zur Farbstoffanalytik. V. Mitt. Nachweis und Identifizierung wasserlöslicher Teerfarbstoffe in Lebensmitteln. Z. Lebensmittel-Untersuch. u. -Forsch. **97**, 441—446 (1953).

Tilden, H.: Report on paper chromatography of coal-tar colors. J. Ass. off. agric. Chem. **35**, 423—435 (1952); ref. Chem. Abstr. **46**, 11473i (1952).

— Paper chromatography of coal-tar colors. J. Ass. off. agric. Chem. **36**, 812—817 (1954); ref. Chem. Abstr. **48**, 11790i (1954).

Woidich, K., T. Langer u. L. Schmid: Papierchromatographie wasserlöslicher Teerfarbstoffe. Dtsch. Lebensmittel-Rdsch. **56**, 73—79 (1960).

K. IV. 1. Peroxidverbindungen

Täufel, K., u. R. Vogel: Schnelltest auf Filtrierpapier zum Nachweis peroxidischer Verbindungen. Fette u. Seifen **56**, 901 (1954).

K. IV. 2. Antioxydantien

Brown, F.: The estimation of vitamin E. I. Separation of tocopherol mixtures occuring in natural products by paper chromatography. Biochem. J. **51**, 237—239 (1952).

Brown, J. A.: Determination of vitamins A and E by paper chromatography. Analytic. Chem. **25**, 774—777 (1953).

Eggit, P. W. R., and L. D. Ward: Chemical estimation of vitamin E activity in cereal products. I. Tocopherol pattern of wheat-germ oil. J. Sci. Food Agric. **4**, 569—579 (1953).

Gander, K. F.: Papierchromatographischer Nachweis von Antioxydantien. Fette u. Seifen **57**, 423—425 (1955); **58**, 506 (1956).

ter Heide, R.: Papierchromatographie von Antioxydantien. Fette u. Seifen **60**, 360—362 (1958).

Kawata, K., and Y. Hosogai: Detection of food adjuncts. I. Qualitative analysis of antioxydants by paper chromatography. Chem. Abstr. **51**, 8315 (1957).

Reinhold, W.: Zur Trennung der Tocopherole. Mitt.-Bl. GDCh., Fachgr. Lebensmittelchem. **15**, 151—152 (1961).

K. IV. 3. Emulgatoren in Margarine

Kröller, E.: Untersuchungen zum Nachweis von Emulgatoren in Margarine. I. Mitt. Mitt.-Bl. GDCh., Fachgr. Lebensmittelchem. **16**, 161—163 (1962).

— Untersuchungen zum Nachweis von Emulgatoren in Margarine. Fette u. Seifen **64**, 85—92 (1962).

K. IV. 4. Fremdstoffe in Kakaobutter

Kaufmann, H. P., Th. Lüssling u. A. Karabatur: Über den Nachweis von Rüböl in Olivenöl und die quantitative Papierchromatographie des Rüböls. Fette u. Seifen **58**, 985—991 (1956).

Pietschmann, E.: Papierchromatographische Ermittlung geringer Fremdfettmengen der Cocosfettgruppe in Schokolade und deren Zubereitungen. Fette u. Seifen **61**, 682—686 (1959).

— Papierchromatographische Methode zum Nachweis kleiner Mengen Fremdfett der Cocosfettgruppe in Schokolade und deren Zubereitungen. Mitt.-Bl. GDCh., Fachgr. Lebensmittelchem. **13**, 102—105 (1959); **14**, 195 (1960).

— Über Versuche zur papierchromatographischen Unterscheidung zugelassener Wachse und Öle untereinander und neben Paraffinöl. Mitt.-Bl. GDCh., Fachgr. Lebensmittelchem. **15**, 313—315 (1961).

Sacher, H.: Zum quantitativen papierchromatographischen Nachweis geringer Mengen laurinsäurehaltiger Fremdfette in Cacaobutter. Mitt.-Bl. GDCh. Fachgr. Lebensmittelchem. **14**, 257—258 (1960).

K. V. Pesticide

Augustinsson, K. B.: Chemical determination of parathion and its application to biological material. Acta agric. scand. 7, 165—189 (1957).
—, and G. Jonsson: The biochemical evaluation of paper chromatograms of parathion, its isomers and analogues. Acta chem. scand. 11, 275—282 (1957).
Fiori, A.: Isolation and identification of parathion in biological material. Nature (Lond.) 178, 423—424 (1956).
Gruch, W.: Über papierchromatographische Trennung von Kontaktinsecticiden. Naturwiss. 41, 39—40 (1954).
Mallach, H. D., u. W. Paulus: Der Nachweis vom Diäthyl-p-nitrophenyl-thiophosphor-säureester (E 605) und Sulfonamiden mit Hilfe der Papierchromatographie. Arzneimittel-forsch. 7, 520—523 (1957).
Menn, J. J., M. E. Eldefrawi and H. T. Gordon: Prochromatographic purification of insecticides from insect tissue extracts. J. agric. Food. Chem. 8, 41—42 (1960).
— W. R. Erwin and H. T. Gordon: Colour reaction of 2:4-dibromo-N-chloro-p-quinoneimine with thiophosphate insecticides on paper chromatograms. J. agric. Food. Chem. 5, 601—602 (1957).
Metcalf, R. L., and R. B. March: Reversed phase paper chromatography of parathion and related phosphate esters. Science (Washington) 117, 527—528 (1953).
Mitchell, L. C.: Separation and identification of chlorinated organic pesticides by paper chromatography. XI. A study of 114 pesticide chemicals: technical grades produced in 1957 and reference standards. J. Ass. off. agric. Chem. 41, 781—816 (1958); ref. Chem. Abstr. 53, 2525c (1959).
— Separation and identification of eleven organophosphate pesticides by paper chromatography: Delnav, Diazinon, EPN, Guthion, Malathion, Methylparathion, Parathion, Phosdrin, Ronnel, Systox, and Trithion. J. Ass. off. agric. Chem. 43, 810—824 (1960).
O'Colla, P.: Analysis of chlorinated organic insecticides by partition chromatography on paper and on cellulose columns. J. Sci. Food. Agric. 3, 130 (1952).
Pfeil, E.: Über den Nachweis von E 605. Röntgen- u. Lab. Praxis 7, 147 (1954).
—, u. H. J. Goldbach: Qualitative und quantitative Bestimmung von E 605 in biologischem Material. Klin. Wschr. 31, 1011—1012 (1953).
Plapp, F. W., and J. E. Casida: Ion exchange chromatography for hydrolysis products of organo-phosphate insecticides. Analytic. Chem. 30, 1622—1624 (1958).
Quayle, J. R.: Paper chromatography of pyrethrins and their derivatives. Nature (Lond.) 178, 375—376 (1956).
Sperlich, H.: Zum toxikologischen Nachweis von Pflanzenschutzmitteln. Mitt.-Bl. GDCh. Fachgr. Lebensmittelchem. 11, 197—198 (1957).
Strache, F., u. J. Indinger: Halbquantitative papierchromatographische Bestimmung von HCH, DDT und E 605 auf Obst. Dtsch. Lebensmittel-Rdsch. 57, 197—201 (1961).
Weltzien, H. C.: Ein biologischer Test für fungicide Substanzen auf dem Papierchromatogramm. Naturwiss. 45, 288—289 (1958).
Winteringham, F. P. W., A. Harrison and R. G. Bridges: Separation of the isomers of benzene hexachloride by reversed-phase partition chromatography. Nature (Lond.) 177, 86 (1956).

K. VI. Konservierungsmittel

Bohm, E.: Beitrag zum Nachweis von Konservierungsstoffen in Lebensmitteln. Mitt.-Bl. GDCh., Fachgr. Lebensmittelchem. 16, 136—143 (1962).
Cats, H., en H. Onrust: Het identificeren van conserveermiddelen in levensmiddelen met behulp van papierchromatografie. Chem. Weekbl. 54, 456—459 (1958).
Diemair, W., u. K. Franzen: Zur Analytik der Sorbinsäure. Z. analyt. Chem. 166, 246—253 (1959).
Drews, E.: Erfahrungen beim papierchromatographischen Nachweis von Konservierungsmitteln in Backwaren. Angew. Chem. 68, 526 (1956).
Fleischmann, O.: Erfahrungen beim papierchromatographischen Nachweis von Konservierungsmitteln in Fleischwaren. Mitt.-Bl. GDCh., Fachgr. Lebensmittelchem. 11, 52—53 (1957).
Herold, G., u. G. Dickhaut: Schnellverfahren zum papierchromatographischen Nachweis der zugelassenen Konservierungsmittel in Lebensmitteln. Mitt.-Bl. GDCh., Fachgr. Lebensmittelchem. 14, 160—162 (1960).
Joux, J. L.: Paper partition chromatography used to identify preservatives derived from benzoic acid possibly added to aliments. Ann. Falsif. Fraudes 50, 205—211 (1957).
Kliffmüller, R.: Beitrag zum papierchromatographischen Nachweis von Süßstoffen und Konservierungsmitteln. H. Kliffmüller, Dtsch. Lebensmittel-Rdsch. 52, 182—184(1956).

MARX, H.: Erfahrungen beim papierchromatographischen Nachweis von Estern der p-Oxy-benzoesäure. Riechst. u. Aromen 8, 293—294, 318—320 (1958).
NIEMÖLLER, J.: Zur Analytik der Konservierungsmittel. Mitt.-Bl. GDCh., Fachgr. Lebens-mittelchem. 13, 65—67 (1959).

K. VII. Phosphatzusatz zu Brühwürsten

GASSNER, K., u. G. ENDER: Die quantitative papierchromatographische Bestimmung der Phosphatzusätze in Fleisch- und Wurstwaren. Dtsch. Lebensmittel-Rdsch. 53, 228—234 (1957).
GRAU, R., R. HAMM u. A. BAUMANN: Nachweis Phosphat-haltiger Bratzusatzmittel in Fleisch-erzeugnissen. Angew. Chem. 65, 242 (1953).
PFRENGLE, O.: Neuere Entwicklungen auf dem Gebiet der kondensierten Alkaliphosphate. Fette u. Seifen 58, 81—87 (1956).
— Die Papierchromatograpnie der kondensierten Phosphate. Z. analyt. Chem. 158, 81—92 (1957).
— Quantitative Analyse von Alkali-Polyphosphaten. Fette u. Seifen 62, 433—439 (1960).
SCHORMÜLLER, J., u. G. WÜRDIG: Phosphate und anorganische Phosphorverbindungen in Lebensmitteln. II. Mitt. Beitrag zur Analytik kondensierter Phosphate. Z. Lebensmittel-Untersuch. u. -Forsch. 107, 415—422 (1958).
THILO, E.: Zur Chemie der kondensierten Phosphate. Chem. Techn. 8, 251—258 (1956).
— Die kondensierten Phosphate. Naturwiss. 46, 367—373 (1959).

K. VIII. 1. Sorbitnachweis

REES, W. R., and T. REYNOLDS: A solvent for the paper chromatographic separation of glucose and sorbitol. Nature (Lond.) 181, 767—768 (1958).
TÄUFEL, K., u. K. MÜLLER: Zur oxydimetrischen Bestimmung von Sorbit im Wein unter Heranziehung der papierchromatographischen Arbeitsweise. Z. Lebensmittel-Untersuch. u. -Forsch. 106, 123—128 (1957).
WALDI, D., u. F. MUNTER: Eine papierchromatographische Trennung der Zuckeralkohole Dulcit, Mannit und Sorbit unter Berücksichtigung von Glucose. Naturwiss. 49, 393—394 (1962).

K. VIII. 2. Hybridenfarbstoffe

BIEBER, H.: Der papierchromatographische Nachweis von rotem Hybridenfarbstoff. Wein u. Rebe 42, 104 (1959); Dtsch. Weinz. 96, 104 (1960).
—, W. DIEMAIR: Nachweis von rotem Hybridenwein und -most. Bundesgesundh.-Bl. 1961, Nr. 2, S. 26.
GROHMANN, H., u. F. GILBERT: Zum papierchromatographischen Nachweis von roten Hy-brydenfarbstoffen. Wein u. Rebe 40, 346 (1957).
JAULMES, P., et M. NEY: Recherche des vins d'hybrides rouges par chromatographie de la matière colorante. Ann. Falsif. et de l'Export. chim. 53, 180 (1960).
REUTHER, G.: Untersuchung zum Nachweis roter Hybridencharaktere in Säften und Weinen. Z. Lebensmittel-Untersuch. u. -Forsch. 113, 480—484 (1960).
RIBÉREAU-GAYON, P.: Untersuchungen über die Farbstoffe roter Trauben. Dtsch. Lebens-mittel-Rdsch. 56, 217—223(1960).

K. VIII. 3. Eiweißstoffe des Weines

KOCH, J., u. G. BRETTHAUER: Zur Kenntnis der Eiweißstoffe des Weines. I. Mitt. Chemische Zusammensetzung des Wärmetrubes kurzzeiterhitzter Weißweine und seine Beziehung zur Eiweißtrübung und zum Weineiweiß. Z. Lebensmittel-Untersuch. u. -Forsch. 106, 272 bis 280 (1957).

K. VIII. 4. Aromastoffe des Weines

BAYER, E.: Aromastoffe des Weines. Die Carbonsäureester des Weines und der Trauben. Vitis 1, 34—41, 93—95 (1957).

K. VIII. 5. Zucker und Säuren des Weines

FLESCH, P., u. D. JERCHEL: Papierchromatographie und Ionenaustausch zur quantitativen Bestimmung organischer Säuren im Wein. Weinwiss. 9, Heft 2, S. 5 (1955).
HENNIG, K., u. S. M. FLINTJE: Papierchromatographische und retentiometrische Unter-suchung der Säuren des Weines. Weinwiss. 8, Heft 6, S. 161 (1954).; Weinwiss. 9, Heft 1, S. 1 (1955).
MÜNZ, TH.: Papierchromatographische Bestimmung der Wein- und Äpfelsäure in Weinen, Mosten, Fruchtsäften, Preßsäften und schwerlöslichen Wein- und Äpfelsäuresalzen. Wein-berg u. Keller 12, 455 (1959).
HENNIG, K., u. S. M. FLINTJE: Papierchromatographische Untersuchung der Zucker, Zucker-säuren und Aminosäuren des Weines. Weinwiss. 8, 121, 129 (1954).

K.IX. Branntwein, Weinbrande

Deckenbrock, W.: Der Nachweis einiger unzulässiger Zusätze zum Kornbranntwein. Dtsch. Lebensmittel-Rdsch. 52, 116—119 (1956).

Frey, A., u. D. Wegener: Trennung und Identifizierung von Aromastoffen in Weindestillaten. I. Mitt. Trennung und Identifizierung von freien und veresterten Fettsäuren. Z. Lebensmittel-Untersuch. u. -Forsch. 104, 127—136 (1956).

K. X. Essig

Bergner, K. G., u. H. R. Petri: Aminosäuren des Branntweinessigs. I. Mitt. Aminosäuren im Branntweinessig. II. Mitt. Quantitative Bestimmung der Aminosäuren. Unterscheidung von Gärungs- und Weinessig. Z. Lebensmitteluntersuch. u. -Forsch. 111, 494—504 (1960); Angew. Chem. 71, 31 (1959).

Woidich, K., H. Gnauer u. H. Woidich: Die lebensmittelrechtliche Beurteilung von Gärungsessig. Dtsch. Lebensmittel-Rdsch. 55, 117—121 (1959).

K.XI. Toxische Metalle

Diller, H., u. O. Rex: Papierchromatographischer Nachweis von Thallium in der toxikologischen Analyse. Z. analyt. Chem. 137, 241—244 (1952).

Dyfverman, A., and R. Bonnichsen: Determination of arsenic in biological material by the arsenic mirrir test. Analyt. chim. Acta (Amsterdam) 23, 491—500 (1960).

Pfeiffer, H., u. H. Diller: Erfahrungen in der toxikologischen Analyse, insbesondere mit dem Verfahren von Feldstein und Klendshoj. Z. analyt. Chem. 149, 264—269 (1956).

Täufel, K., u. K. Romminger: Papierchromatographischer Nachweis und Wirkung von Spurenmetallen in Nahrungsfetten. Fette u. Seifen 58, 104—112 (1956).

Tewari, S. N.: Detection of arsenic, antimony and tin in forensic toxicology by paper chromatography. Z. analyt. Chem. 180, 109—110 (1961).

Tripathi, D. N., and S. N. Tewari: The determination, in forensic toxicology, of metallic poisons by paper chromatography. Z. analyt. Chem. 172, 161—162 (1960).

Chromatographische Verfahren
B. Säulen-Chromatographie

Von

Dipl.-Chem. G. WOHLLEBEN, Fa. M. Woelm, Eschwege

Mit 13 Abbildungen

A. Einführung und Definition

Bereits vor der Jahrhundertwende hatten amerikanische Erdöltechniker die Entdeckung gemacht, daß rohes Pennsylvania-Öl bei der Filterung durch ein mit Fullererde gefülltes Rohr dieses nicht unverändert verläßt. Zuerst trat Leichtbenzin aus der Säule aus. Aromatische und ungesättigte Verbindungen wurden ebenso wie stickstoff- und schwefelhaltige Anteile des Erdöls zurückgehalten. Diese Beobachtung nennen wir heute eine „adsorptive Filtration". Sie führte damals zu keinerlei Folgerungen für eine sich anbietende neue Trennmethode.

Erst der russische Botaniker M. TSWETT (1903) erkannte bei seinen Untersuchungen über die Zusammensetzung der Blattfarbstoffe die große Bedeutung eines solchen Säulenvorgangs. Daraufhin prüfte er mehr als 100 verschiedene Substanzen auf ihre Eignung als Sorptionsmittel, wechselte auch während des Fließens das Lösungsmittel und entwickelte systematisch eine neue Trennmethode. Sie erhielt von M. TSWETT (1906) die Bezeichnung „chromatographische Analyse", obwohl er selbst auch schon mit farblosen Substanzen arbeitete.

Heute hat die Chromatographie nicht nur analytische, sondern ebenso präparative Bedeutung. Als „Lösungsmittel" kommen neben flüssigen auch gasförmige Stoffe in Betracht. A. I. M. KEULEMANS (1959) gibt daher folgende Definition: „Die Chromatographie ist eine physikalische Trennmethode, in der die zu trennenden Komponenten auf zwei Phasen verteilt werden, von denen die eine, die stationäre Phase, in einer Säule gelagert ist und eine große Oberfläche besitzt, während die andere, die bewegte Phase, die Säule durchläuft."

B. Chromatographie-Arten und Theorie

Nach der äußeren Erscheinungsform unterscheiden wir heute die Säulen-, die Papier-, die Dünnschicht- und die Gas-Chromatographie. Diese Benennungen sagen jedoch nichts aus über die physikalisch-chemischen Vorgänge, die jeweils der Trennung zugrunde liegen können.

Die stationäre Phase kann ein fester Stoff mit Adsorptions-, Ionenaustausch- oder Molekularsieb-Eigenschaften sein (Adsorptions- und Ionenaustausch-Chromatographie, Molekularsieb-Fraktionierung), ebenso aber eine Flüssigkeit, die in die Mikroporen eines inerten Trägermaterials eingebettet ist oder adsorptiv auf dessen Oberfläche haftet (Verteilungs-Chromatographie).

Die internationale Nomenklatur ordnet die vier möglichen Grundsysteme der Chromatographie nach den Aggregatzuständen der beteiligten Phasen (Tab. 1).

Tabelle 1. *Grundsysteme der Chromatographie*

Mobile Phase	Stationäre Phase	
	Fest	Flüssig
Flüssig	Flüssig-Fest-Chromatographie Liquid-solid chromatography LSC	Flüssig-Flüssig-Chromatographie Liquid-liquid chromatography LLC
Gasförmig	Gas-Fest-Chromatographie Gas-solid chromatography GSC	Gas-Flüssig-Chromatographie Gas-liquid chromatography GLC

Die Kurzbezeichnungen LSC, LLC, GSC und GLC geben die Systeme völlig zutreffend wieder und werden heute oft in Wort und Schrift gebraucht. Der Ausdruck „Säulen-Chromatographie" bleibt allgemein – auch für dieses Kapitel – der

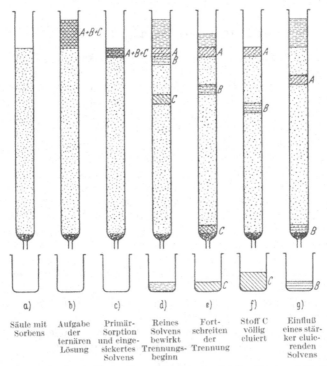

a)	b)	c)	d)	e)	f)	g)
Säule mit Sorbens	Aufgabe der ternären Lösung	Primär-Sorption und einge-sickertes Solvens	Reines Solvens bewirkt Trennungs-beginn	Fort-schreiten der Trennung	Stoff C völlig eluiert	Einfluß eines stär-ker eluie-renden Solvens

Abb. 1. Die einzelnen Stadien der Säulen-Chromatographie einer ternären Lösung mit Elutionsanalyse

flüssigen mobilen Phase vorbehalten, soweit sich die Chromatographie-Vorgänge in einer Säule abspielen.

Die Abb. 1 zeigt schematisch den Vorgang einer säulenchromatographischen Trennung von drei Substanzen A, B und C, die – in einer möglichst geringen Menge eines geeigneten Solvens gelöst – auf eine Säule gebracht wurden.

Für die Entwicklung der primären Sorption, d. h. das Auseinanderziehen in einzelne Zonen, existieren für alle Grundsysteme (LSC, LLC, GSC und GLC) drei Möglichkeiten: Front-, Elutions- und Verdrängungsanalyse[1]. In Abb. 2 sind

---

[1] Obwohl es sich nicht ausschließlich um Analysen handelt, hat sich für diese drei Entwicklungsarten der Annex Analyse eingebürgert. Statt „Analyse" sollte es besser jeweils „Entwicklung" heißen.

diese drei Arten jeweils mit einer Anfangs- und mit einer fortgeschrittenen Phase einander gegenübergestellt.

Die *Frontanalyse* hat ihren Namen deshalb erhalten, weil beim kontinuierlichen Aufgeben einer Ausgangslösung X mit mehreren Komponenten nur eine einzige reine Frontbande aus dem am wenigsten vom Adsorbens zurückgehaltenen Stoff A resultieren kann. Da ständig neue Lösung X nachströmt, kann keine zweite reine Zone entstehen. Daher hat dieses Verfahren praktisch kaum Bedeutung. Ausnahmen bilden allerdings die Reinigung und Absolutierung organischer Lösungsmittel (vgl. S. 583) sowie die Anreicherung von Spurenstoffen.

Die *Elutionsanalyse*, die auch in Abb. 1 dargestellt ist, hat von allen drei Entwicklungsarten die größte Bedeutung. Bei richtiger Wahl des Sorptionsmilieus

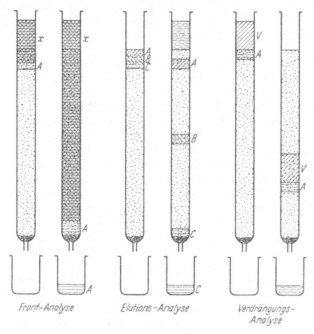

Abb. 2. Entwicklungsmöglichkeiten eines Chromatogramms

(vgl. S. 586) wandern die Zonen A, B und C mit verschiedenen Geschwindigkeiten langsam in der Säule abwärts, und zwischen ihnen liegen Leerstrecken, die nur das Eluens enthalten. Man kann die aus der Säule austretenden Banden in einzelnen Vorlagen auffangen, aber die Säule, d. h. das entwickelte Chromatogramm, auch mechanisch zerteilen (vgl. S. 572).

Die *Verdrängungsanalyse* wird seltener angewandt, hauptsächlich bei homologen Reihen organischer Naturstoffe. Wie aus Abb. 2 ersichtlich, schließt die zusätzlich eingebrachte Verdrängungssubstanz V ohne einen Zwischenraum mit leerem Lösungsmittel direkt an die interessierende Zone A an. Man kann sie daher weder mechanisch noch beim Austreten aus der Säule einwandfrei von der Substanz A abtrennen. Die Auswahl von Verdrängungssubstanzen, die eine etwas größere Adsorptionsaffinität zum Sorbens als die zu verdrängenden Stoffe haben müssen, ist oft langwierig. Allerdings wird häufiger von einer Verdrängung Gebrauch gemacht, als bisher erkannt wurde. So ist z. B. die oft zur stärkeren „Elution" geübte Zumischung eines auch nur geringen Anteils Äthanol zu einem apolaren Solvens bei aktiven Adsorbentien stets eine Verdrängung (vgl. S. 584).

Die *Adsorptions-Chromatographie* benötigt zur Füllung einer Säule meist anorganische Substanzen, an deren Oberfläche die gelösten Stoffe durch van der Waalssche Kräfte adsorbiert werden. Fehlstellen im Kristallgitterbau begünstigen die Adsorptionskapazität. Die Eigenadsorption der Lösungsmittel muß möglichst klein sein, weshalb vor allem apolare Solventien in Betracht kommen (vgl. S. 584). Manchmal kann das gleiche Adsorbens, z. B. Aluminiumoxid, in verschiedenen Aktivitätsstufen eingesetzt werden (vgl. S. 577). Aber auch organische Stoffe spielen in der Säulen-Chromatographie eine Rolle, z. B. Polyamid, an dem einzelne Stoffe vor allem durch Wasserstoffbrücken zur Amidgruppe zurückgehalten werden können.

Die *Ionenaustausch-Chromatographie* benutzt meist Kunstharz-Ionenaustauscher zur Säulenfüllung, weiter aber auch anorganische Austauschermaterialien, z. B. Zeolithe und — vor allem für analytische Zwecke — Aluminiumoxide. Als Fließmittel kommen vorzugsweise wäßrige Lösungen, Säuren und Basen in Betracht.

Die *Verteilungs-Chromatographie* bedient sich möglichst inerter Trägerstoffe mit kleinsten, aber zugänglichen Hohlräumen, wie sie z. B. bei Kieselgur vorhanden sind. Im Normalfall befinden sich in diesen Poren Mikro-Wassertropfen, die die stationäre Phase darstellen. Beim Strömen der mobilen Phase, die aus einem nur beschränkt mit Wasser mischbaren Lösungsmittel besteht und das zu trennende Substanzgemisch enthält, findet in der Säule von oben nach unten ein millionenfacher Ausschüttelungsprozeß zwischen stationärer und mobiler Phase statt. In Abhängigkeit von den Verteilungskoeffizienten der zu trennenden Stoffe wird ein Stoff weitertransportiert oder in den Poren zurückgehalten werden.

Die *Molekularsieb-Fraktionierung* ist der Verteilungs-Chromatographie ähnlich. In den Hohlräumen eines Trägers, die gleichmäßig groß sein müssen, werden Stoffe mit dieser Größe adäquatem Molekulargewicht zurückgehalten, bei weiterem Strömen des Fließmittels aber langsam wieder herausgelöst. Hierzu eignen sich z. B. vernetzte Dextrangele.

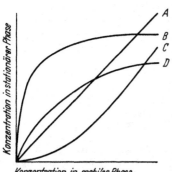

Die Eigenschaften und Funktionen der einzelnen Sorptionsmittel und die bei ihnen zu beachtenden Arbeitsregeln werden in den Abschnitten D und F (S. 575ff. und S. 586ff.) besprochen.

Die *Adsorptions-, Austausch- bzw. Verteilungs-Isothermen* (der Ausdruck stammt von der Messung bei konstanter Temperatur) stellen Diagramme dar, in denen die Konzentration eines Stoffes in der stationären Phase als Funktion seiner Konzentration in der mobilen Phase wiedergegeben ist (Abb. 3). Diese Gleichgewichte gelten für jeden beliebigen Punkt in der Säule. Die Neigung einer

Abb. 3. Die häufigsten Formen von Sorptions-Isothermen der LSC und der LLC im unteren Konzentrationsbereich

Isotherme wird von der Natur des Sorbens und der Konstitution des Sorbendums bestimmt. Bei einem flachen Verlauf wandert ein Stoff schnell von oben nach unten durch die Säule, bei einem steilen Verlauf dagegen langsam. Im Extremfall des Verlaufs in der Abszisse wird er überhaupt nicht sorbiert und mit der Lösungsmittelfront durch die Säule laufen bzw. beim Verlauf in der Ordinate irreversibel festgehalten.

Die *lineare Isotherme* A wird meist in der Verteilungs-Chromatographie, d. h. bei einem von der Konzentration des gelösten Stoffes unabhängigen Verteilungs-Koeffizienten, aber auch bei sehr stark verdünnten Lösungen in der Adsorptions-Chromatographie resultieren. In der Praxis der Adsorptions-Chromatographie stellt sich jedoch ab einer bestimmten Konzentration im Solvens langsam eine Sättigung des Adsorbens ein. Die Isotherme hat dann die Form B, d. h. sie stellt – unter der Annahme einer Adsorption in monomolekularer Schicht – die sog. *Langmuirsche Adsorptions-Isotherme* dar. Sie gilt auch bei der Adsorption von Nichtelektrolyten an gelartigen Austauschern, z. T. auch in der LLC, und ist die am häufigsten vorkommende Isotherme. Die *konvexe Isotherme* D entspricht der Freundlichschen Adsorptions-Isotherme, die bei verdünnten Lösungen wohl der Praxis gehorcht, aber weder bei sehr niedrigen Konzentrationen linear wird noch bei hohen Konzentrationen konstante Werte gibt. Die *konkave Isotherme* C gibt den Austausch von starken Elektrolyten an gelartigen Austauschern nach dem Donnan-Gleichgewicht wieder. Sie trifft auch zu, wenn bei nur schwacher Adsorption die adsorbierten Molekeln zu Assoziationen oder Kristallisationen auf der Oberfläche des Adsorbens tendieren. – Mitunter kommen auch – in der GSC – *irreguläre „treppenförmige"* Isothermen vor.

Aus der Krümmung der Adsorptions-Isothermen B und D ist ersichtlich, daß eine scharfe Begrenzung von chromatographischen Zonen nur bei kleiner Konzentration möglich ist. Bei zunehmender Konzentration zeigt die Bande eine verhältnismäßig scharfe vordere Front und eine rückseitige Schwanzbildung („tail"), da die Substanz aus kleiner Konzentration relativ stärker fixiert wird als aus großer Konzentration und die Vorderfront ständig von höher konzentrierter Lösung überspült ist und somit schneller wandert. Vgl. hierzu A. J. P. Martin (1947) (Abhilfe vgl. S. 586). – Die Mengenverteilung in der Substanzzone des Chromatogramms ist daher asymmetrisch. Bei der linearen Verteilungs-Isotherme A dagegen ist sie symmetrisch, d. h. sie hat – unter Einbeziehung einer Diffusion nach oben und nach unten – den Charakter einer Gaußschen Glockenkurve.

C. Säuleneinrichtungen und Zubehör

Zur Durchführung einer säulenchromatographischen Trennung benötigt man ein Rohr, das mit einem Sorptionsmittel gefüllt werden kann. In jedem Laboratorium finden sich behelfsmäßig hierzu geeignete Glasgeräte wie Meßpipetten, Büretten usw., deren Austrittsöffnungen mit etwas chemisch reiner Watte verschlossen werden.

Für analytische Zwecke benutzt man oft Allihnsche Rohre (20 mm ⌀) oder Glasfilternutschen zur Quecksilberfiltration (30 mm ⌀) sowie die speziellen „Filterrohre für Säulen-Chromatographie" mit eingeschmolzener Glasfilterplatte G 3 (Jenaer Geräteglas 20) der Fa. Schott & Gen., Mainz (30, 40 und 60 mm ⌀) (Abb. 4a). Die gleiche Firma liefert auch einen Apparat zur Säulen-Chromatographie, dessen Kugelkupplungen u. a. das Auswechseln der Filterplatte G 3 und des Säulenteils (250, 400 und 600 mm Höhe) erlauben (Abb. 4b). Grundsätzlich soll bei Glassinterplatten – unabhängig von der Porenweite – ein kleines Rundfilter analytischen Filtrierpapieres eingelegt werden, da die Säulen für die ver-

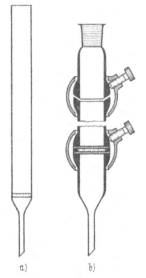

Abb. 4a und b. Handelsübliche Chromatographie-Säulen (nach Katalog Nr. 60 der Fa. Schott & Gen., Mainz). *a* Filterrohr mit Glasfritte; *b* Apparat mit auswechselbaren Teilen

schiedensten Sorptionsmittel anorganischer und organischer Natur benutzt werden, die in sehr verschiedenen Körnungen vorliegen, bzw. bei deren Gebrauch auch Kleinstpartikel abspringen können. Erfahrungsgemäß verringert sich ohne

Filtrierpapierscheibe im Laufe des Gebrauchs stets die Filtriergeschwindigkeit; zu aggressive Reinigungsmaßnahmen der Fritte sind unerwünscht.

Mit Laboratoriumsmitteln kann man sich einfache Säulen-Einrichtungen aber auch selbst herstellen. Die Form eines einfachen „Kugelrohrs" ist aus Abb. 5a zu ersehen. Diese Kugel dient zur Aufnahme einer größeren Menge Solvens, als dies bei einem geraden Rohrstück möglich wäre. Nach dem Verschließen des Auslaufs mit etwas Watte wird das Sorptionsmittel nur bis einige Zentimeter vor Kugelansatz eingefüllt. Durch die Auswahl eines Rohres mit geeignetem Durchmesser

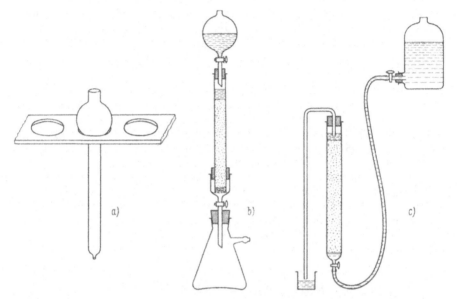

Abb. 5a—c. Einfache Chromatographie-Säulen. *a* Kugelrohr in Leiste mit Bohrungen; *b* Säulen-Anordnung aus Laborbauteilen; *c* Einrichtung zur aufsteigenden Chromatographie

(bis etwa 30 mm ∅) und entsprechender Länge kann man sich praktisch schnell allen vorkommenden Aufgaben anpassen. Zweckmäßigerweise hängt man eine Serie solcher Rohre nebeneinander in ein Holzbrett mit entsprechenden Bohrungen, das in ein Stativ eingeklammert wird[1]. Diese Einrichtung hat sich auch bei quantitativen Bestimmungen bewährt. — Der Aufbau einer Säulenanordnung aus meist vorhandenen Labormitteln kann aus Abb. 5b leicht erkannt werden, ebenso eine Einrichtung für aufsteigende Chromatographie (Abb. 5c). Entsprechende Vorrichtungen mit Normalschliffen statt der Stopfenverbindungen sind auch im Handel erhältlich.

Weitere Säulen tragen speziellen Zwecken Rechnung. So sind die ausbaufähigen Säulen nach A. Winterstein und K. Schön (1934) der Fa. L. Hormuth, Heidelberg, und nach H. Fritz und A. Bauer (1954) (Abb. 6) der Fa. Schott & Gen., Mainz, für präparative Zwecke bestimmt. — Laboratoriumssäulen, bei denen die Glasfritte im Vorstoß eingeschmolzen ist (Abb. 7), haben den Vorteil, daß auch das untere Säulenende mechanisch zugänglich ist bzw. die Säulenfüllung leicht herausgedrückt werden kann, wenn Fritten- und Rohr-∅ gleich sind. Solche Säulen sind auch mit Heizmantel erhältlich. Einrichtungen zur Heiß-Chromatographie werden bei schwer löslichen Substanzen gebraucht. O. Glemser

---

[1] Kugelrohre nach Angabe der Rohrabmessungen liefert z. B. die Fa. Gebr. Buddeberg, Mannheim A 3.5.

u. Mitarb. (1959) benutzten hierzu eine Apparatur nach Abb. 8, wobei der Siedepunkt der Heizflüssigkeit einige Grade unter dem des Solvens lag. E. TERRES und H. H. HAHN (1959) eluierten in einer komplizierten Apparatur mit siedenden Lösungsmitteln, die gleichzeitig die Säule heizen. Da – entgegen der sonstigen chromatographischen Übung – das zu trennende Substanzgemisch in fester Form auf den Säulenkopf gebracht wird, findet bereits vor der chromatographischen Trennung durch selektive Extraktion eine Vortrennung statt. – Wenn die zu isolierenden Stoffe beim Eindampfen der Eluate zu leicht flüchtig sind, empfiehlt sich eine Chromatographie bei tiefen Temperaturen, wie sie W. HÜCKEL und W. HORNUNG (1957) bei – 40° C und tieferen Temperaturen durchführten, um Terpene mit kondensierten Gasen (Propan, Propen, Dimethyläther) zu eluieren (Abb. 9).

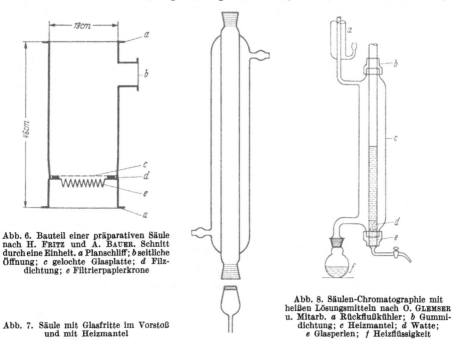

Abb. 6. Bauteil einer präparativen Säule nach H. FRITZ und A. BAUER. Schnitt durch eine Einheit. *a* Planschliff; *b* seitliche Öffnung; *c* gelochte Glasplatte; *d* Filzdichtung; *e* Filtrierpapierkrone

Abb. 7. Säule mit Glasfritte im Vorstoß und mit Heizmantel

Abb. 8. Säulen-Chromatographie mit heißen Lösungsmitteln nach O. GLEMSER u. Mitarb. *a* Rückflußkühler; *b* Gummidichtung; *c* Heizmantel; *d* Watte; *e* Glasperlen; *f* Heizflüssigkeit

Um die Ausbildung eines farblosen Chromatogramms bereits vor vollständiger Elution aller Banden erkennen zu können, ist eine Reihe von „geschlitzten" (aufklappbaren) Säulen beschrieben worden. Es ist nicht einfach, eine solche einmal geöffnete Säule nach Substanzentnahme wieder ohne Störungen zu schließen. Bei A. KURITZKES u. Mitarb. (1959) wird ein Filtrierpapierstreifen eingelegt, die Säule wieder geschlossen und nach 15 min der Streifen mit Reagentien behandelt (Abb. 10). Wegen einiger Kniffe hierbei sei auf das Original verwiesen. – Eine andere Möglichkeit für eine schnelle Beurteilung eines Säulen-Chromatogramms besteht in der Verwendung von Cellophanschläuchen nach A. SABEL und W. KERN (1957), die sowohl für UV als auch für einige Reagentien durchlässig sind und leicht zerschnitten werden können. Sinngemäß können heute auch andere Kunststoffrohre benutzt werden.

Für die *Gradientenelution*, die das exponentielle Anwachsen der Elutionskraft erlaubt, sind verschiedene Einrichtungen zur Programmierung der Lösungsmittel beschrieben worden. In Abb. 11 ist eine Apparatur gezeigt, die man sich in dieser Form oder ähnlich im Laboratorium selbst herstellen kann (vgl. S. 585). Für diesen

Zweck gibt es im Handel jetzt auch ein mit mehreren Mischkammern arbeitendes Gerät *Varigrad®* der Technicon Chromatography Corp., Chauncey, N. Y., USA (deutsche Vertretung: Boskamp Garätebau, Hersel, Krs. Bonn). — Vgl. T. K. LAKSHMANAN und S. LIEBERMAN (1954).

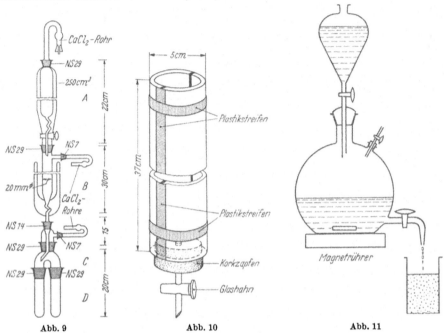

Abb. 9   Abb. 10   Abb. 11

Abb. 9. Säulen-Chromatographie bei —40° C im DEWAR-Gefäß nach W. HÜCKEL und W. HORNUNG. *A* Tropftrichter für kondensierte Gase; *B* Al₂O₃-Säule, eingeschmolzen im DEWAR-Gefäß und gekühlt; *C* Verteilerspinne; *D* Vorlagen

Abb. 10. Geschlitzte Säule nach A. KURITZKES u. Mitarb.

Abb. 11. Einrichtung zur Gradientenelution

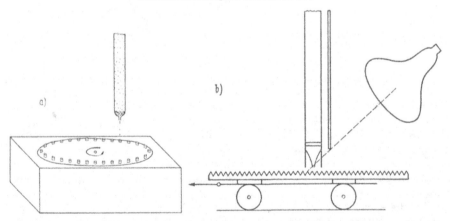

Abb. 12a und b. Fraktionssammler. *a* Sammler für etwa 1—100 ml-Fraktionen im Drehteller; *b* Sammler für Mikrofraktionen nach R. A. DEWAR und D. GUNEW

Um die zahlreichen aus einer Säule abtropfenden Fraktionen mühelos auch über Nacht auffangen zu können, bedient man sich eines Fraktionssammlers, wie ihn im Prinzip das Schema der Abb. 12a zeigt. Es gibt zahlreiche solcher

Geräte im Handel, deren Weiterschaltung von einer Vorlage zur anderen unter dem Säulenausfluß nach verschiedenen Prinzipien gesteuert sein kann (Tropfenzahl, Zeit, Volumen, Gewicht, Füllhöhe). Drehtisch-Einsätze mit verschieden großen Vorlagen erlauben ein relativ universelles Arbeiten. Bei größeren Fraktionen als etwa 100 ml empfiehlt es sich, die Vorlagen stillstehen zu lassen und den Auslauf der Säule über diese hinwegzubewegen. – Eine sehr originelle Einrichtung zum Auffangen von tropfengroßen Mikrofraktionen mit sofort anschließendem Eintrocknen und Betrachten der Eluate nebeneinander auf einem Glasrillen-Sammler nach R. A. DEWAR und D. GUNEW (1957) zeigt die Abb. 12b.

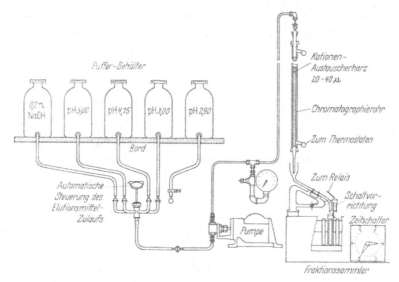

Abb. 13. Schema einer halbautomatischen Apparatur zur Aminosäurebestimmung nach P. B. HAMILTON und R. A. ANDERSON

Zur Identifizierung und Bestimmung der Eluatfraktionen können alle in der chemischen und chemisch-physikalischen Analyse bekannten Methoden herangezogen werden. Hierzu gehören u. a. die Schlierenmethode, der Meßzellen-Einbau für die Bestimmung des Refraktionsindex, des pH-Wertes, der Dielektrizitätskonstanten, der UV-Absorption usw. – Es sind auch Chromatographie-Apparaturen beschrieben worden und z. T. im Handel, die die Chromatogramme in Diagrammform auswerfen, z. B. für die vollautomatische quantitative Aminosäurebestimmung an Ionenaustauschern nach D. H. SPACKMANN u. Mitarb. (1958) bzw. K. HANNIG (1959). – Die Abb. 13 zeigt das Schema einer halbautomatischen Apparatur von P. B. HAMILTON und R. A. ANDERSON (1959) zur Aminosäurebestimmung mit Elutionsmittelzulauf, Pumpen, Säule und Fraktionssammler.

Wegen weiterer Einzelheiten und Beispiele auf dem Gebiet der Chromatographie-Geräte vgl. G. WOHLLEBEN (1959, 1963) sowie die Literatur im Kapitel Bibliographie (S. 592).

D. Sorptionsmittel

I. Anorganische Adsorbentien

Die Auswahl der Adsorptionsmittel erfolgte früher fast ausschließlich empirisch. Die ersten systematischen Versuche zur Bestimmung einer „Adsorptionsmittelreihe" führte H. J. LENNARTZ (1948) aus; seine Experimente bedienten sich der Säulenpraxis. Für die hydrophilen Adsorptionsmittel entwickelte sich in der Folge eine Sequenz, die je nach der Beschaffenheit der einzelnen Stoffe gelegentlich korrigiert werden mußte. Unter Berücksichtigung der aktivsten Vertreter der betreffenden Substanz gilt jetzt die Adsorptionsmittelreihe etwa in der in Tab. 2 wiedergegebenen Reihenfolge, aber streng nur für neutrale Stoffe in apolaren, trockenen Lösungsmitteln.

Bei der ,,Adsorption" handelt es sich um eine freiwillige physikalische Bindung von geladenen oder ungeladenen gelösten Molekeln an der inneren oder äußeren

Tabelle 2. *Anorganische Adsorptionsmittelreihe, geordnet nach fallender Aktivität*

Eisenhydroxid > Magnesiumsilicat ≧ Aluminiumoxid ≧ Kieselgel > Magnesiumoxid > Calciumoxid > Aluminiumhydroxid > Calciumhydroxid > Calciumcarbonat > Calciumsulfat > Calciumphosphat > Talk

Oberfläche eines Adsorbens, die unter Wärmeentwicklung erfolgt (vgl. S. 587). In jedem Fall soll die Adsorption reversibel sein. Die Einstellung des Adsorptionsgleichgewichts soll außerdem möglichst schnell erfolgen, um eine gute Bandenschärfe zu erzielen. Vgl. hierzu G. Hesse u. Mitarb. (1951). – Zu unterscheiden ist zwischen *Aktivität* und *Affinität*. Erstere ist die *Adsorptionskapazität*, letztere die davon unabhängige *Stärke der physikalisch(-chemischen) Bindung*.

1. Aluminiumoxid

Aluminiumoxid ist das seit jeher meist gebrauchte Adsorbens. Dies hat seinen Grund u. a. in der Farblosigkeit des Korns, die sorbierte Substanzen leicht erkennbar macht, und in der praktisch fast völligen Unlöslichkeit in allen in Betracht kommenden Lösungsmitteln. Vor allem aber ist seine Oberfläche chemisch und physikalisch derart variabel, daß der Experimentator ein weites Einsatzfeld bestreichen kann.

Die Adsorptions-Chromatographie ist eine auf jede kleinste Störung im Gefüge ansprechende Methode. Bei der früher üblichen Selbstherstellung eines aktiven Aluminiumoxids aus Aluminiumblech, -hydroxid oder -salz konnte kaum reproduzierbar gearbeitet werden, da z. B. anwesende fremde Kationen oder Anionen, auswaschbare Salze, verschiedene Korngrößen, Wassergehalte oder pH-Werte usw. einen Wiederholungsversuch oder gar eine quantitative Bestimmung in Frage stellten. Oft war hierin auch die Ursache zur Artefaktbildung der Trennsubstanzen zu suchen (z. B. verursacht durch zu hohe Basizität), wodurch die ganze chromatographische Methode selbst in Mißkredit kam. – Fortschritte bedeuteten das Aluminiumoxid ,,standardisiert nach Brockmann" der Fa. Merck, Darmstadt, das ein basisches Oxid der Aktivität II–III darstellt, und – nach den Vorschlägen von G. Hesse u. Mitarb. (1952) – das Aluminiumoxid Woelm, das in drei Oberflächenpräparierungen (basisch, neutral und sauer) und zudem in der höchsten Aktivität I zur Verfügung steht.

Die klassische Einteilung in einzelne Aktivitätsstufen I–V (Tab. 3), die heute international eingeführt ist, stammt von H. Brockmann und H. Schodder (1941).

Je 4 mg der beiden für ein Farbstoffpaar vorgesehenen Farbstoffe werden zusammen in 10 ml wasserfreiem Benzol-Normalbenzin-Gemisch 1:4 (v/v) gelöst und auf die Säule gegeben. Sofort nach dem Einsickern wird mit 20 ml des gleichen Lösungsmittelgemisches entwickelt (Elutionsanalyse, S. 569). Die danach resultierende Verteilung der Farbstoffzonen ist in Tab. 3 wiedergegeben. — Zweckmäßigerweise reinigt man die einzelnen Farbstoffe adsorptionschromatographisch vor. Wegen der cis-trans-Isomerie der Azofarbstoffe kann das Zonenbild etwas unterschiedlich ausfallen. Auch Abweichungen von der Raumtemperatur bringen Verschiebungen mit sich (vgl. S. 587).

Die Bestimmung des *Aktivitätsgrads* kann auch auf andere Weise geschehen, u. a. nach P. B. MÜLLER (1942) durch Messung der Wärmetönung, die mit Wasser eintritt und bei einiger Übung bei hohen Aktivitäten auch mit den Fingerspitzen am Reagensglas abzuschätzen ist. Nach G. WOHLLEBEN (1958) wird — unter Berücksichtigung eines kleinen zur Rehydration verbrauchten Wasseranteils — die Aktivität durch Titration mit Karl Fischer-Lösung bestimmt. Bei beiden Verfahren ist jeder kleinste Unterschied im Wassergehalt, der die Differenzierung der einzelnen Aktivitätsgrade ausmacht, erfaßbar.

Tabelle 3. *Schema der Prüfung auf Aktivität nach* H. BROCKMANN *und* H. SCHODDER *(1941)*

Aktivität		I		II		III		IV		V
Säule Al₂O₃-Höhe	MAZ			SG		SR			AAZ	HAZ
15 mm ∅, 50 mm	AZ	MAZ		MAZ	SG		SG	SR		SR	AAZ
[Filtrat]		AZ			MAZ			SG			

MAZ	p-Methoxyazobenzol	SR	Sudanrot (Sudan III)
AZ	Azobenzol	AAZ	p-Aminoazobenzol
SG	Sudangelb	HAZ	p-Hydroxyazobenzol

Es ist aber selten notwendig, eine Aktivität nachzuprüfen, da man mit einer Wasserzugabe zu den Handelsprodukten der Aktivität I bei allen drei Oberflächenformen zu reproduzierbar desaktivierten Präparaten kommt. Die hierfür erforderlichen Wassermengen nach G. HESSE u. Mitarb. (1952) gibt Tab. 4 an. Die so desaktivierten Aluminiumoxide sind unbegrenzt lagerfähig, doch sollen nach der Wasserzugabe bis zum Einsatz mindestens 2 Std verstreichen, um — nach guter Durchschüttelung — u. a. die gleichmäßige Verteilung des Wassers durch isotherme Destillation auf alle Körner zu gewährleisten und die starke Wärmetönung abklingen zu lassen. — Aluminiumoxid Akt. I ist stark hygroskopisch, weswegen die Behälter stets

Tabelle 4. *Einstellung der Aktivität von Aluminiumoxid durch Zusatz von Wasser*

% Wasserzusatz	Aktivitätsstufe
0	I
3	II
6	III
10	IV
15	V

dicht verschlossen sein müssen. Sonst ist auch eine exakte Desaktivierung hinfällig.

Der pH-Wert eines Aluminiumoxids hat größten Einfluß auf die Adsorption aller Stoffe, die selbst nicht neutral sind wie z. B. Alkaloide, organische Säuren usw. Er tritt aber meist nur in wäßrig-alkoholischem Milieu in Funktion (vgl. S. 582). Bei neutralen Stoffen ist die Oberflächenform eines Oxids wichtig, wenn sie gegen Säuren oder Basen empfindlich sind. — Die Messung des pH-Wertes von Aluminiumoxiden und anderen Adsorbentien ist nur in wäßriger Suspension elektrometrisch mit der Glaselektrode möglich, nicht dagegen mit Indicatoren oder Indicatorpapieren. Vgl. G. HESSE und O. SAUTER (1949). — Aus wäßrigen Lösungen sorbiert neutrales Aluminiumoxid praktisch nicht (Ausnahmen vgl. S. 587), und basisches wie saures Oxid fungieren als Austauscher. Neutrales Aluminiumoxid Woelm kann dies nicht tun, da austauschfähige Ionen auf der Oberfläche fehlen. Bezüglich Aluminiumoxid als Austauscher vgl. S. 582.

Der Einsatzbereich von Aluminiumoxiden erstreckt sich praktisch auf alle Stoffklassen. Nur wenige Substanzen aus dem Anthrachinon- und Flavongebiet entfallen wegen irreversibler Farblackbildung. Man kann sich einen solchen Vorgang aber unter Umständen zur Entfernung der betreffenden Stoffe aus einer Lösung nutzbar machen.

2. Kieselgel

Kieselgel, auch Silicagel genannt, ist nach Aluminiumoxid das verbreitetste Adsorbens. Man kann es sich selbst nach bekanntem Verfahren aus Wasserglas herstellen, aber auch eine der zahlreichen Spezialvorschriften für chromatographisches Kieselgel benutzen. Eine Standardvorschrift existiert nicht. Es gibt aber eine ganze Anzahl von Handelsprodukten, deren Aktivität allerdings sehr unterschiedlich ist.

Über die Entstehung des Kieselgels durch Kondensation der Kieselsäure, die Vorgänge bei der Trocknung, die Bildung von Si—O—Si-Brücken und deren Aufspaltung bei der Rehydration usw. berichtete J. H. de Boer (1958). Mit der Karl Fischer-Titration konnten W. Noll u. Mitarb. (1960) zwischen Silanol- und Wassergehalt unterscheiden. Nach F. Wolf und H. Beyer (1959) tritt zwischen den schwach sauren Silanolgruppen und basischen organischen Molekeln z. T. Salzbildung auf. Die Methylrot-„Adsorption" geht zurück, je mehr Si—O—Si-Bindungen aus den Si—OH-Gruppen entstehen.

Das Zuschneiden eines Kieselgels auf spezifische Eigenschaften führte zu der „Tailor-Made-Methode": Bei der Fällung des Gels wird z. B. ein optischer Antipode mit eingeschlossen. Nach dessen Auswaschung ist später das Gel bei der Beschickung mit dem Racemat für diesen optischen Antipoden selektiv aufnahmefähig. Vgl. R. Curti und U. Colombo (1952) sowie R. Curti u. Mitarb. (1952). Vgl. auch Molekularsiebe, S. 582.

Kieselgel kann auch in sehr verschiedenen Aktivitäten differenziert werden, wozu sinngemäß die vorstehenden Ausführungen zu Aluminiumoxid gelten (aber nicht die dort angegebenen Wasserzusätze; diese sind etwa doppelt so groß). Es gilt die eluotrope Reihe der Tab. 9 (S. 584). Zur Adsorption aus wäßrigen Lösungen ist es nicht geeignet. Es hat eine große Affinität zu sauerstoffhaltigen Verbindungen und wird hauptsächlich bei der Chromatographie von Kohlenwasserstoffen, Lipiden, Fettsäuren, aliphatischen Alkoholen, Steroiden, Flavonen usw. angewendet. Für Olefine etwa gleichen Molekulargewichtes wächst die Aufnahmekapazität in der Reihenfolge geradkettig < verzweigtkettig < cyclisch. — Aktives Kieselgel ist gut verschlossen aufzubewahren. — Kieselgel kann sehr viel Wasser aufnehmen und ist dann zur Verteilungs-Chromatographie geeignet (vgl. S. 570).

3. Eisenhydroxid

Eisenhydroxid ist ein außerordentlich aktives Adsorbens. Da es nicht farblos ist und auch langwierig in der Herstellung, kommt sein Einsatz in der Säulen-Chromatographie nur in Sonderfällen in Betracht. O. Glemser und G. Rieck (1957, 1958) haben seine Eigenschaften und Herstellung sowie Anwendungsbeispiele beschrieben. Es wurde zunächst als Eisenoxid bezeichnet. Die Infrarot-Untersuchungen usw. ergaben, daß es sich um ein Eisen(III)-hydroxid handelt [nicht $Fe(OH)_3$, sondern kondensiertes Hydroxid].

Es wird u. a. für die Reinigung und Trennung von Kohlenwasserstoffen, Streptomyceskultur-Extrakten, Polyhydroxy-anthrachinonen und der Chlorophylle (vgl. auch S. 591) angewendet.

4. Magnesiumsilicat

Es gibt Handelsprodukte von unterschiedlichen Zusammensetzungen, die vor allem bei der Chromatographie von Anthrachinonen, Flavonen, (acetylierten) Zuckern und neutralen Steroiden benutzt werden. Die Aktivität hängt vom Wassergehalt ab, und zwar etwa wie bei Kieselgel.

5. Kohle

Kohle wird schon lange als Entfärbungsmittel gebraucht, doch trotz der hohen Adsorptionskapazität relativ selten in der Säulen-Chromatographie. Der Grund liegt in der Farbe und den je nach Herstellung sehr verschiedenen Eigenschaften. Sie scheint mehrere „Adsorptionsarten" (Adsorption und Austausch) zu besitzen, so daß unterschiedliche selektive Eigenschaften möglich sind. Polare Molekülgruppen haben nur geringen Einfluß, lange Kohlenstoffketten und aromatische Ringe werden bevorzugt. Aminosäuren können daher z. B. aus wäßriger Lösung adsorbiert und mit Phenol eluiert werden. Bezüglich eluotroper Reihe vgl. S. 585. Um eine irreversible Adsorption zu vermeiden, kann man, z. B. mit Pyridin, Phenol, Ephedrin oder Stearinsäure, vorbelegen. Schwermetallspuren können organische Adsorbenden katalytisch oxydieren. Der Anwendungsbereich umfaßt Elektrolyte und Nichtelektrolyte, besonders Zucker, Glykoside, Fettsäuren, Makromolekeln usw.

Aus der hydrophoben Kohle kann durch spezielle Oberflächenbehandlung sogar ein hydrophiles Material entstehen. Auch Kohle-Austauscher sind durch Sulfonierung oder Oxydation erhältlich.

6. Weitere anorganische Adsorbentien

Gelegentlich werden auch noch andere anorganische Adsorptionsmittel benutzt. Hierzu gehören Calciumhydroxid bzw. -oxid (nicht mit wasserhaltigen Lösungsmitteln; für Carotinoide), Calciumcarbonat (bei etwa 150° C aktivieren), Calciumsulfat (Alabastergips; für Anthocyane), Calciumphosphat (für Proteine und Fermente), Magnesiumoxid (Entwässerung des Hydroxids; nur nichtwäßrige Solventien; für Carotin) und manche andere. – Natürliche (meist saure) „Bleicherden" kommen im Laboratorium wenig in Betracht, da sie leicht irreversibel adsorbieren und Fremdionen enthalten können.

II. Organische Sorptionsmittel

Hier sind nur Stoffe aufgeführt, die nicht vornehmlich zu den Ionenaustauschern, den Trägermaterialien für die Verteilung und den Molekularsieben gehören (vgl. die folgenden Abschnitte).

1. Polyamid

Die Möglichkeit, Polyamid zur Sorption polarer Substanzen aus einer Lösung zu benutzen, wurde 1954 erkannt. Das Polymere hat sich seitdem zu einem häufig benutzten organischen Sorptionsmittel entwickelt, u. a. zur Chromatographie von Phenolen, die nicht nur an der Oberfläche, sondern auch im Innern des Polyamids reversibel sorbiert werden. Dadurch ist die Sorptionskapazität um das 100fache höher als bei rein adsorptionschromatographischen Trennungen. Es entsteht eine starke Wasserstoffbrückenbindung zwischen den phenolischen Hydroxylgruppen und den Peptidbindungen des Polykondensationsprodukts. Es findet eine Verteilung zwischen wäßriger Lösung und polymerer Phase statt, die mit derjenigen zwischen zwei flüssigen Phasen verglichen werden kann.

Weitere Anwendungsgebiete sind vor allem Flavone, Anthrachinone, Chalkone, DNP-Aminosäuren, aromatische Carbonsäuren und Nitroverbindungen usw. Letztere werden durch die freien Aminoendgruppen des Polymeren zurückgehalten. Durch Einführung hydrophiler Gruppen in Aromaten, insbesondere der Sulfogruppe, wird die Affinität zum Polyamid vermindert. Bezüglich der eluotropen Reihe bei Polyamid vgl. S. 585. Unter Umständen kann zur starken Elution auch ein Gemisch Dimethylformamid/Eisessig/Wasser/Alkohol herangezogen werden. – Vgl. S. 590, V. Carelli u. Mitarb. (1955), L. Hörhammer und H. Wagner (1959) sowie H. Endres und H. Hörmann (1963).

2. Polyäthylen

Polyäthylen-Pulver wurde wiederholt als Säulenfüllung benutzt für die Trennung von Fettsäuren (vgl. z. B. V. Tišler 1958) sowie für die Reinigung von Chinonen (vgl. z. B. M. Kofler u. Mitarb. 1959). Das Polyäthylen-Pulver ließ man teilweise vorher in Aceton quellen. Als Solvens diente wäßriges Aceton, dessen Wasseranteile stufenweise geringfügig erhöht wurden.

3. Zucker

Auch Puderzucker und Milchzucker werden benutzt, ersterer z. B. für Chlorophylle (vgl. S. 591), letzterer für optische Antipoden. Beide Zucker werden fein gepulvert und scharf getrocknet. Als schwächste Adsorbentien sind sie bei Erweiterung der Adsorptionsmittelreihe in Tab. 2 (S. 576) auf organische Stoffe an deren Ende zu stellen. Man beobachtet jedoch häufig (besonders bei Lactose) Verhaltensunterschiede, die noch nicht geklärt sind.

III. Ionenaustauscher

1. Kunstharz-Ionenaustauscher

Als Säulenfüllung verwendet man (seit 1935) synthetisch hergestellte, feste, in allen üblichen Lösungsmitteln unlösliche, hochmolekulare Polyelektrolyte. Diese sind typische, quellfähige Gele. Ihr Gerüst, die *Matrix*, ist meist ein regelloses, dreidimensionales Netzwerk von Kohlenwasserstoffketten. In der hydrophoben Matrix sind die „*Fest-Ionen*" chemisch verankert; sie verleihen dem Austauscherkorn, das praktisch eine einzige „schwammartige" Riesenmolekel darstellt, einen hydrophilen Charakter. Als „*Gegen-Ionen*" werden die austauschbaren, heteropolar gebundenen Ionen bezeichnet. Je nach ihrem Vorzeichen spricht man von Kationenaustauschern oder Anionenaustauschern. Amphotere Austauscher tragen nebeneinander basische und saure Gruppen, und dem pH-Wert der Lösung entsprechend dissoziieren die einen oder die anderen. Ein Ionenaustausch verläuft genau stöchiometrisch und ist reversibel. Er beruht auf einem Diffusionsvorgang; daher benötigt die Gleichgewichtseinstellung eine gewisse Zeit. Der Austauscher kann in seine Poren außerdem Lösungsmittel (daher die Quellung) und gelöste Stoffe aufnehmen.

Als Grundlagen für die Matrix dienen die verschiedensten *Polykondensations-* und (heute meist) *Polymerisationsharze*, in die die Festionen nachträglich oder während der Herstellung der Matrix eingeführt werden oder aber bereits durch Verwendung entsprechend substituierter Monomerer zur Verfügung stehen. Der Bau (die Vernetzung) der Matrix sowie Zahl und Art der Festionen bestimmen ihr spezielles Verhalten beim Austausch. Tab. 5 führt einige Beispiele bisher verwendeter Festionen an. Je nach der Dissoziationskonstanten

Tabelle 5.
Festionen in Kunstharz-Ionenaustauschern

Kationenaustauscher	Anionenaustauscher
$-SO_3^-$	$-\overset{+}{N}H_3$
$-COO^-$	$\overset{+}{N}H_2$
$-PO_3^{2-}$	$\overset{+}{N}$
$-AsO_3^{2-}$	$\overset{+}{S}$
—⬡—O^-	—⬡—$\overset{+}{N}(CH_3)_3$

der „*Festsäure*" (Wasserstoff-Form) bzw. „*Festbase*" unterscheidet man stark und schwach saure bzw. stark und schwach basische Austauscher. – U. a. kennt man folgende Reaktionsmöglichkeiten für Kationenaustauscher:

[Matrix-Festion]$^-$H$^+$ + Na$^+$OH$^-$ ⇌ [ ]$^-$Na$^+$ + H$_2$O (Neutralisation)
[Matrix-Festion]$^-$H$^+$ + Na$^+$Cl$^-$ ⇌ [ ]$^-$Na$^+$ + H$^+$Cl$^-$ (Entsalzung)
[Matrix-Festion]$^-$Na$^+$ + H$^+$Cl$^-$ ⇌ [ ]$^-$H$^+$ + Na$^+$Cl$^-$ (Regenerierung)

und für Anionenaustauscher:

[Matrix-Festion]$^+$OH$^-$ + H$^+$Cl$^-$ ⇌ [ ]$^+$Cl$^-$ + H$_2$O (Entsäuerung)
2 ([Matrix-Festion]$^+$Cl$^-$) + Na$^+$Na$^+$SO$_4^{2-}$ ⇌ [ ]$^+$[ ]$^+$SO$_4^{2-}$ + 2(Na$^+$Cl$^-$) (Salzkonvertierung)
[Matrix-Festion]$^+$Cl$^-$ + Na$^+$OH$^-$ ⇌ [ ]$^+$OH$^-$ + Na$^+$Cl$^-$ (Regenerierung)

Bei der Ionenaustausch-Chromatographie ist das Solvens ein Elektrolyt, da die Gegenionen von reinem Solvens allein nicht auszuwaschen sind. Die Auftrennung beruht auf der Selektivität des Austauschers, d. h. auf der Lage des Austauschgleichgewichts. Es kann – namentlich bei organischen Ionen – auch eine Wechselwirkung zwischen Gegenionen und Matrix auftreten (Adsorption). – Jüngsten Datums sind die *flüssigen Ionenaustauscher* (vgl. R. KUNIN und A. G. WINGER 1962).

Der Anwendungsbereich ist vielseitig: Entsalzung (Wasseraufbereitung; Zuckerrübensaft), Trennung von anorganischen und organischen Kationen und Anionen, speziell von seltenen Erden und Aminosäuren, Rückgewinnung von Metallen und anderen Stoffen aus Abwässern, Trennung mit Hilfe von Komplexbildnern (falls die zu trennenden Ionen die gleiche Selektivität aufweisen), Isotopenanreicherung, präparative Gewinnung schwierig zugänglicher Säuren, Senkung des Calcium- und Phosphat-Gehalts von Kuhmilch (um sie der Muttermilch anzugleichen), Herstellung und Reinigung von Vitaminen der B-Gruppe und von Antibiotica, biochemische Analysen usw.

Zahl und Art der handelsüblichen Austauscher sind fast Legion. Es sei – auch wegen der Belastbarkeitsgrenzen – hierzu auf die Literatur der Hersteller verwiesen [z. B. Farbenfabriken Bayer, Leverkusen *(Lewatit ®)*, Dow Chemical Comp., Midland, Mich., USA *(Dowex ®)*, Rohm and Haas Comp., Philadelphia, Pa., USA *(Amberlite ®)*, Diamond Alkali Comp., Redwood, Calif., USA *(Duolite ®)*, E. Merck AG., Darmstadt, usw.]. – Vgl. weiter u. a. H. DEUEL und K. HUTSCHNEKER (1955) und U. SCHINDEWOLF (1957) sowie die Literatur im Kapitel Bibliographie (S. 592).

2. Cellulose-Austauscher

Neuerdings spielen – vor allem in der Biochemie – Cellulose-Austauscher eine Rolle. Bereits natürliche Cellulose hat wegen einer kleinen Anzahl von Carboxylgruppen Austauschereigenschaften. Durch Oxydation von Cellulosepulver mit nitrosen Gasen kann man einen Kationenaustauscher, d. h. eine Oxycellulose mit 20% Carboxylgruppen herstellen. – Die Cellulose-Matrix ist hydrophil. Wegen der Fasereigenschaften liegen die austauschaktiven Gruppen nahe der Oberfläche und sind daher großen Ionen leicht zugänglich. Tab. 6 bringt einige der gebräuchlichsten

Tabelle 6. *Häufig gebrauchte Cellulose-Austauscher*

Kationenaustauscher	Anionenaustauscher
C(A)M-Cellulose (schwach sauer)	PAB-Cellulose (schwach basisch)
P-Cellulose (mittel sauer)	ECTEOLA-Cellulose (schwach basisch)
SE-Cellulose (stark sauer)	TEAE-Cellulose (mittel basisch)
	DEAE-Cellulose (stark basisch)
C(A)M Carboxymethyl	PAB p-Aminobenzyl
P Phosphoryliert	ECTEOLA Epichlorhydrintriäthanolamin
SE Sulfoäthyl	TEAE Triäthylaminoäthyl
	DEAE Diäthylaminoäthyl

(Die Kurzbezeichnung geht auf die englische Schreibweise zurück)

Cellulose-Austauscher. Vgl. u. a. E. A. PETERSON und H. A. SOBER (1956) sowie die Firmenschriften der Fa. Schleicher & Schüll, Dassel.

3. Anorganische Ionenaustauscher

Aluminiumoxid ist ein amphoteres Oxid, das nach entsprechender Oberflächenbehandlung wie folgt reagieren kann:

$$>Al\!-\!O^-Na^+ + HOH \rightleftharpoons\ >Al\!-\!OH + Na^+OH^-$$
$$>Al^+\ Cl^-\ \ + HOH \rightleftharpoons\ >Al\!-\!OH + H^+Cl^-$$

Man spricht dann — analog dem pH-Wert der Suspension — von basischem bzw. saurem Aluminiumoxid, für dessen Funktion aber ein wäßriges Milieu Voraussetzung ist. Die adsorptiven Zentren sind dann völlig blockiert. — Auf der Oberfläche eines neutralen Aluminiumoxides dagegen sollen sich keine austauschfähigen Ionen befinden. Mit Hilfe einer wäßrigen Lösung eines basischen bzw. sauren Farbstoffs (Methylenblau bzw. Orange GG) kann man dies leicht nachprüfen. Der pH-Wert allein sagt nichts aus, da z. B. auch eine entsprechende Mischung von basischem und saurem Oxid einen „neutralen" pH-Wert bedingen kann. Demnach dürfte ein neutrales Aluminiumoxid in wäßriger Lösung überhaupt keine Funktionen mehr erfüllen. Dem ist allerdings nicht so. Vgl. hierzu S. 587. — Saures Aluminiumoxid benutzt man z. B. zur Umwandlung vieler Alkaloidsalze in die Chloride, wodurch sich die weitere Aufarbeitung von Naturstoffen vereinfacht. Mischformen von Adsorption und Ionenaustausch sind in wäßrig-alkoholischem Milieu leicht möglich. — Vgl. G. HESSE u. Mitarb. (1952), G. HESSE (1955) und G. WOHLLEBEN (1961).

Die natürlichen *Zeolithe* (Alumino-Silicate, z. B. Chabasit) geben beim Erhitzen leicht Wasser ab, ohne zu zerfallen. Sie sind sowohl als Kationenaustauscher wie auch als Molekularsiebe (vgl. S. 582) zu gebrauchen und werden auch synthetisch hergestellt, haben jedoch als Austauscher in der organisch-chemischen Analyse keine besondere Bedeutung mehr.

IV. Trägermaterialien für die Verteilung

Für die Verteilungs-Chromatographie (S. 570) benötigt man lediglich inerte Träger, die weder adsorptive noch austauschende Eigenschaften haben sollen. Hierzu eignen sich vornehmlich möglichst reine Kieselgur, Kieselgel, Cellulosepulver (alle auch in hydrophobierter Form) und Stärke. Es handelt sich im Prinzip um die chromatographische Anwendung der Gegenstromverteilung.

V. Molekularsiebe

Kunstharz-Ionenaustauscher können eine Siebwirkung durch rein sterische Hinderung ausüben. Sie hängt von der Maschenweite der Matrix und von der Molekülgröße ab. Da die Maschenweite nicht einheitlich ist, ist allerdings eine scharfe Abgrenzung nicht immer zu erzielen. Vgl. hierzu E. BLASIUS und H. PITTACK (1959).

Die Molekularsieb-Fraktionierung mit Sephadex® in der chromatographischen Säule hat in jüngster Zeit einige Fortschritte gemacht. Die Säulenfüllung besteht aus quervernetzten, hydrophilen Polysaccharid-Ketten. Die Dextrangel-Körner sind ungeladen und quellen im Wasser stark. So entsteht ein dreidimensionales Netzwerk mit definierter, ziemlich einheitlicher Maschenweite. Die Substanz steht in verschiedenen Vernetzungsgraden zur Verfügung. Bei dem Typ G-25 (höchster

Vernetzungsgrad) können Substanzen mit einem Molekulargewicht > etwa 4000 nicht in die Gelkörner eindringen, sie wandern vielmehr daran vorbei nach unten und verlassen die Säule zuerst. Die in die Maschen eingedrungenen Substanzen werden verzögert eluiert. Die kleinsten Moleküle folgen zuletzt. Beim Typ G-50 liegt die Grenze bei Molekulargewicht 8000—10000 und bei G-75 bei 40000 bis 50000. Die neuesten Typen haben noch höhere Grenzen bei 100000 und 200000 Mol.-Gew. – Außer Wasser lassen sich z. B. noch Formamid und Aceton/Wasser 1:4 sowie Äthanol/Wasser 1:4 als Lösungsmittel verwenden. Auch Sephadex® – Ionenaustauscher sind jetzt verfügbar. – Anwendungsbeispiele sind die Entsalzung von Substanzen mit hohem Molekulargewicht, die Reinigung von Eiweiß-Körpern, Enzymen usw., Trennung von Aminosäuren und Proteinen jeweils nach der Größe des Molekulargewichtes usw. Vgl. J. PORATH und P. FLODIN (1959), A. N. GLAZER und D. WELLNER (1962) und die Firmenmitteilungen der Pharmacia, Uppsala (Schweden).

E. Lösungsmittel

Die Beschaffenheit der Lösungsmittel ist in der Säulen-Chromatographie von gleicher Wichtigkeit wie die der Sorptionsmittel, mit denen zusammen sie das Sorptionsmilieu bilden (vgl. S. 586). Jedes Einschleppen von Verunreinigungen stört den chromatographischen Prozeß ganz erheblich. Es kann die Adsorptions-Isothermen der zu isolierenden Stoffe beeinflussen, (katalytische) Nebenreaktionen verursachen, die Aktivität des Adsorbens mindern, Verdrängungsentwicklungen bewirken usw.

Daher sollen in der *Adsorptions-Chromatographie* nur *reinste Solventien* angewendet werden, d. h. sie müssen, zumindest beim Gebrauch hochaktiver Adsorbentien, u. a. auch unbedingt wasserfrei sein. Auch der stabilisierende Alkohol in Chloroform ist zu entfernen. – Außerdem ist zu beachten, daß bei Verwendung von basischem Aluminiumoxid z. B. Aceton durch OH-Ionen-Katalyse z. T. zum Diacetonalkohol kondensiert wird (G. HESSE u. Mitarb. 1938) und Essigester durch umgekehrte Tichtschenko-Reaktion Acetaldehyd bildet (R. MEIER und E. KIEFER 1953).

Über die *Entfernung von Wasser* aus organischen Lösungsmitteln durch adsorptive Filtration über Aluminiumoxid nach G. WOHLLEBEN (1955) unterrichtet die Tab. 7. Die Restwassergehalte können weiter reduziert werden, wenn das Solvens ohne Berührung mit der Außenluft in die Vorlage oder ein Reaktions-

Tabelle 7. *Ausgangs- und Restwassergehalte von Lösungsmitteln nach Filtration über hochaktives Aluminiumoxid*

Lösungsmittel		Wassergehalt %	Filtration über Al₂O₃ WOELM Akt. I			Restwasser	
			g	Art	Säulen-⌀ mm	%	in Fraktion ml
Aceton		0,27	100	neutral	22	0,08	50— 250
Diäthyläther		1,28	100	basisch	22	0,01	200— 600
Benzol	wasser-	0,07	25	basisch	15	0,004	100—2500
Chloroform	gesättigt	0,09	25	basisch	15	0,005	50— 800
Essigester		3,25	250	neutral	37	0,01	150— 350

gefäß tropft. Diese Solventien sind dann für alle mit absoluten Lösungsmitteln anzustellenden Reaktionen geeignet. Der Vorlauf ist unbedingt abzutrennen. – Auf ähnliche Weise wird Alkohol aus Chloroform entfernt (G. WOHLLEBEN 1956 b) und die Reinigung von Kohlenwasserstoffen für die UV-Spektroskopie vorgenommen (G. HESSE und H. SCHILDKNECHT 1955).

Für die Entfernung der gefährlichen Peroxide aus Kohlenwasserstoffen und Äthern sei auf Tab. 8 verwiesen. Ein Vorlauf ist hierbei aber nicht zu verwerfen. Prüfmöglichkeit: Reaktion (Empfindlichkeit 0,00035%) mit Vanadinschwefelsäure (0,1 g V_2O_5 in 2 ml 96%iger Schwefelsäure lösen und mit Wasser auf 50 ml auffüllen). Bei sehr stark peroxidhaltigen Solventien muß unter Umständen mehr Oxid eingesetzt werden. Die Peroxide werden adsorbiert, nicht zerstört. Vor einer Regenerierung des Adsorbens sei dringend gewarnt!

Alle Lösungsmittel sind chemische Individuen, die selbst den Adsorptionskräften des Adsorbens unterliegen, und zwar je nach ihrer Konstitution verschieden stark. Dementsprechend eluieren sie auch verschieden, am schwächsten die Kohlenwasserstoffe, am stärksten Alkohole und Wasser. W. TRAPPE (1940) ordnete sie zur „eluotropen Reihe der Lösungsmittel" und untersuchte − ebenso wie J. JACQUES und J. P. MATHIEU (1946) − die Zusammenhänge zwischen Elutionskraft und physikalischen Daten der Solventien. Wir benutzen die „eluotrope Reihe" heute in der Form der Tab. 9, die die gebräuchlichsten Lösungsmittel in eine Reihe mit zunehmender Elutionskraft ordnet. Diese Reihe gilt praktisch für alle sauerstoffhaltigen Adsorbentien. Die Elutionskraft der Solventien ist − mit geringen Ausnahmen − proportional der Dielektrizitätskonstanten. Faustregel: Die Elutionskraft eines Solvens wächst proportional dem Lösungsvermögen für Wasser.

Das einmal eingestellte Sorptionsmilieu soll nicht unbeabsichtigt verändert werden. Das kann aber leicht geschehen, wenn man z. B. auf ein hochaktives Adsorbens wasserhaltiges apolares Solvens bringt: beide werden verändert (vgl. die Vorschriften über die Entwässerung auf S. 583), und ein neues Gleichgewicht mit neuen Adsorptionseigenschaften stellt sich ein, wobei außerdem Säulenanfang und Säulenende bis zur endgültigen Einstellung über

Tabelle 8.
(Nach Woelm-Mitteilungen AL 7)

25 g Al_2O_3 WOELM basisch Akt. I in einer Säule 15 mm ⌀ entfernen Peroxide aus etwa

250 ml Diäthyläther
100 ml Isopropyläther
25 ml Dioxan
250 ml Tetralin

Tabelle 9. *Eluotrope Reihe der Lösungsmittel für hydrophile Adsorbentien, geordnet nach zunehmender Elutionsstärke*

Solvens	$DK \varepsilon$ (20° C)
n-Pentan	1,86
Petroläther, niedrig sied. . . .	(1,86)
Petroläther, höher sied. . . .	(1,88)
n-Hexan	1,89
n-Heptan	1,92
Cyclohexan	2,02
Tetrachlorkohlenstoff	2,24
Trichloräthylen	3,43
Benzol	2,28
Methylenchlorid	8,56
Chloroform (alkoholfrei)	4,81
Diäthyläther (absolut)	4,34
Essigester	6,11
Pyridin	12,4
Aceton	21,4
n-Propanol	21,8
Äthanol	25,8
Methanol	33,6
Wasser	80,4

die ganze Säulenlänge noch Differenzen aufweisen. Dasselbe geschieht *vice versa*, d. h. ein absolutes Eluens kann Desaktivierungswasser aus einer Säule herauslösen. Nach G. HESSE und G. ROSCHER (1960) sind diese Erscheinungen vermeidbar, wenn man solche Wassergehalte im Solvens verwendet, die dem Aluminiumoxid gegenüber isotonisch sind. Diese Wassermengen gibt Tab. 10 an. Bei Petroläther, Cyclohexan und Tetrachlorkohlenstoff ist ein Wasserzusatz nicht nötig. Die Einstellung dieses isotonischen Wassergehaltes geschieht am besten durch entsprechende Mischung von wassergesättigtem und absolutem Solvens, das man über Al_2O_3 Akt. I (vgl. S. 583) schnell und leicht herstellen kann.

Für Aktivkohle ist die eluotrope Reihe der Tab. 9 etwa invers. Benzol und Chloroform sind für Kohle sehr gute (starke) Elutionsmittel.

Für organische Sorptionsmittel gelten andere Folgen, die bisher nur z. T. bekannt sind. Für Polyamid wurde von L. HÖRHAMMER und H. WAGNER (1959) eine Ordnung der Solventien angegeben. Meist benutzt man die Reihenfolge der Tab. 11; z. T. ist bei dieser Reihe die zunehmende Schwächung der Wasserstoffbrückenbindung für den Elutionseffekt verantwortlich[1]. Vgl. S. 579.

Tabelle 10. *Die den Al_2O_3-Aktivitätsstufen isotonischen Wassergehalte im Solvens in Vol.-%*

Al_2O_3-Aktivität	I	II	III	IV	V
Benzol	—	0,012	0,036	0,043	0,045
Chloroform	—	0,036	0,083	0,098	0,11
Methylenchlorid	—	0,05	0,13	0,15	0,17
Diäthyläther	—	0,15	0,55	0,73	0,75
Essigester	—	0,57	2,1	2,4	2,6

Für die *Chromatographie an Ionenaustauschern* werden vor allem Elektrolyte, Säuren, Basen und Salz-Lösungen, besonders auch Puffer-Lösungen, benutzt. Aber auch organische Solventien kommen für Adsorptionen in Betracht. – Bei der Molekularsieb-Fraktionierung sind die Lösungsmittel meist Wasser und Puffer-Lösungen.

Tabelle 11. *Lösungsmittelreihe für Polyamid, geordnet nach zunehmender Elutionsstärke*

Wasser < Äthanol (Methanol) < Aceton <
Formamid < Dimethylformamid < Natronlauge

Bei der *Verteilungs-Chromatographie* (S. 570) haben wir es mit einem Flüssigkeitspaar (= Ausschüttelung) zu tun. Gewöhnlich ist die stationäre Phase „mehr polar" und die mobile Phase „weniger polar", aber es können auch umgekehrte Verhältnisse wünschenswert sein, wenn sich z. B. die gesuchte Substanz vorzugsweise in lipophilen Solventien löst. Dies Verfahren heißt *"Reversed-Phase-Chromatographie"*. Es findet z. B. auf mit Dichlor-dimethyl-silan hydrophobierter Kieselgur statt, die mit flüssigem Paraffin stationär beladen wird. Die mobile Phase kann dann aus paraffingesättigten Aceton-Wasser-Gemischen bestehen, um Fettsäuren zu trennen (vgl. S. 591 und A. PURR 1959). Ein anderes Flüssigkeitspaar ist z. B. eine Butanol-Puffer-Mischung: die deutlich lipophile Phase stationär auf Chloroprenpulver und die wasserreichere Phase als mobile Phase. – Es können in Einzelfällen auch miteinander mischbare Solventien genommen werden, wenn die stationäre Phase z. B. adsorptiv so festgehalten wird, daß eine Ablösung nicht eintreten kann.

Cellulose-Pulver katalysiert die Bildung eines viscosen Öls aus Essigester, Stärke dagegen nicht (R. BACH und N. C. MEHTA 1961).

Eine Aufzählung von Phasen-Systemen mit Substanzhinweisen findet sich u. a. in der Monographie von H. G. CASSIDY (1957), S. 126–130.

Die *Gradienten-Elution* muß noch erwähnt werden. Es handelt sich hierbei um die stufenlose Auswaschung, d. h. die Schwächung des Sorptionsmilieus soll kontinuierlich und selbsttätig erfolgen, wie dies bei Abb. 11 (S. 574) erwähnt ist.

---

[1] Stärker als in anderen Fällen spielt hierbei auch die Eigenart des Adsorbendums eine Rolle. Abweichungen sind möglich.

Deswegen wird laufend ein polares Solvens (z. B. Äthanol) einem apolaren Solvens (z. B. Benzol) zugeführt. Auf diese Weise wird u. a. auch der auf S. 571 erwähnten Schwanzbildung der Zonen vorgebeugt, da auf der rückseitigen Bandenseite das stärker eluierende Solvens ständig nachdrückt und die Bande „zusammenstaucht". Analog kann man Salz-Gradienten bei Ionenaustauscher-Säulen verwenden.

F. Methodisches

Hier sollen noch einige Punkte erwähnt werden, die bisher unberücksichtigt blieben.

Es handelt sich in der Säule stets um das Zusammenspiel eines Dreier-Systems (Sorbens, Solvens und Trennsubstanzen), das ein „*Sorptionsmilieu*" bildet. Weicht auch nur eine Komponente teilweise vom Vorversuch ab, so kann er nicht genau reproduziert werden. Deswegen wird zusätzlich zur Standardisierung des Sorbens auch die „Standardisierung des Solvens" empfohlen. Vgl. G. WOHLLEBEN (1961). — Man muß ein Gefühl für das richtige Einstellen des Milieus entwickeln, denn vorhersehen lassen sich die verschiedenartigsten Einflüsse selten, und auch nur ein einziger zusätzlicher (Ballast-)Stoff in dem Substanzgemisch kann die Isothermen, Zonenfolgen usw. verändern. — Ziel bleibt stets die schonendste Behandlung der Substanzen. Artefakt-Bildungen (z. B. Ester-Spaltungen usw. durch falsches pH, katalytische Veränderungen durch zu hohe Aktivität usw.) müssen erkannt und verhindert werden.

Die Säulenpassage darf nicht zu schnell erfolgen, denn Adsorption, Verteilung und Austausch benötigen zur Gleichgewichtseinstellung einige Zeit. Auch kann z. B. die Sorptionsgeschwindigkeit so substanzspezifisch sein, daß es unter Umständen bei überhöhter Fließgeschwindigkeit zu einer unerwünschten „Überrollung" von Zonen kommen kann. — Alle Verfahren eignen sich zur Anreicherung von Spuren. Sollten diese am oberen Säulenende sehr fest fixiert sein, dann können sie — unter Einsparung von Solvens — auch in umgekehrter Fließrichtung eluiert werden. Auch das mechanische Zerteilen der Säule ist in solchen Fällen ratsam. — Eluate werden bezüglich Reagentien usw. nach den allgemein bekannten Verfahren aufgearbeitet. Für ein IR-Spektrum, eine Analyse oder dergleichen soll die isolierte Substanz noch einmal umkristallisiert werden. — Zonen können, falls sie nicht im UV fluorescieren, auch dadurch sichtbar gemacht werden, daß man die Säule mit einem Leuchtstoff (z. B. Morin) vorbelegt; sie werden dann oft als dunkle Bezirke auf der im UV-Licht fluorescierenden Säule sichtbar. Vgl. H. BROCKMANN und F. VOLPERS (1947) sowie H. BROCKMANN und E. BEYER (1951).

Das Füllen einer Säule mit Sorbens kann auf verschiedene Arten erfolgen. Anorganische Adsorbentien kann man ebensogut trocken einfüllen (auch für quantitative Bestimmungen) wie einschlämmen oder in das mit Solvens gefüllte Rohr gießen. Letztere beide Arten bevorzugt man lediglich bei Säulen mit mehr als etwa 15 mm ⌀, die hochaktive Adsorbentien und polare Solventien benötigen, um die Wärmetönung in der Säule nicht zu groß werden zu lassen. Nach trockenem Einfüllen wird das Sorbens durch vorsichtiges Klopfen nur ganz leicht eingerüttelt. Organische Austausch-Sorbentien läßt man stets erst im Becherglas quellen, ehe man sie in der Säule in die gewünschte Aktivierungsform bringt.

Das Mengenverhältnis von Substanz zu Sorbens wird in der Regel bei der Adsorption und beim Austausch etwa zwischen 1:100 und 1:1000 liegen bzw. bei der Verteilung zwischen 1:1000 und 1:10000. Kleinere Verhältnisse sind möglich, müssen aber gut überprüft werden.

Bei unbekannten Substanzen beginnt man adsorptionschromatographisch möglichst parallel in einem aktiven und einem weniger aktiven Milieu, um schnell eine Auswahl treffen zu können; bei Solvens-Wechsel darf nur ein in der eluotropen Reihe dem ursprünglichen Solvens folgendes Medium (möglichst in reiner Form, d. h. ohne Zumischung eines polaren Anteils zum apolaren Fließmittel) benutzt werden.

Für *Zonen-Verzerrungen* kann es mehrere Gründe geben: Kanalbildung (evtl. durch zu hohe Filtriergeschwindigkeit), ungleichmäßige Aufgabe der Lösung, Temperaturveränderungen in der Säule (verursacht durch Adsorption und Desorption) usw. Die mitunter beträchtliche Wärmetönung bei der Adsorption wird aus dem Säuleninnern nur unvollständig abgeführt, wodurch einmal im Säulenzentrum die Adsorptionskapazität des Adsorbens sinkt und zum anderen das Fließmittel wegen geringer werdender Viscosität schneller fließt: zwei Fehler addieren sich hier in gleicher Richtung (G. HESSE 1961). Das Ausmaß dieses Effektes hängt vom Säulendurchmesser ab. Bis zu 10—15 mm ∅ wird auch die Belastung einer aktiven Säulenfüllung mit polaren Solventien noch tragbar sein. Allerdings bringt auch nach Abklingen der durch das Solvens verursachten Wärmetönung die Adsorption einer Bande eine deutlich meßbare Temperatursteigerung, Verzerrungen können bei Verwendung eines „Front Straightener" nach L. HAGDAHL (1948) wieder ausgeglichen werden, d. h. man läßt nur wenige Milliliter Filtrat sich ansammeln und beginnt mit der Wiederauftrennung jeweils an einer folgenden Säule mit kleinerem Querschnitt. – Eine Säulen-Chromatographie soll wegen der Diffusionsmöglichkeit nie längere Zeit, erst recht nicht über Nacht, unterbrochen werden. Ein Trockenlaufen der Säule ist unbedingt zu vermeiden. – Schliffhähne am Ablauf sind nur mit Siliconfett zu behandeln. – Das Verhältnis Durchmesser zu Säulenhöhe soll zumindest 1:10 betragen.

Die Zusammenhänge zwischen Konstitution und Adsorption an hydrophilen Adsorbentien sind noch zu berücksichtigen. Vgl. hierzu besonders H. BROCKMANN (1947). U. a. sei erwähnt, daß gesättigte Kohlenwasserstoffe gar nicht oder nur schwach adsorbiert werden, ungesättigte um so mehr, je mehr Doppelbindungen sie enthalten und je mehr davon konjugiert sind. Funktionelle Gruppen wirken adsorptionsverstärkend, und zwar in abnehmender Reihenfolge: $-COOH >$ $-OH > -NH_2 > =CO > -COOCH_3 > -OCH_3$. Alkylierung mindert stark die Adsorption der HOOC-, HO- und H_2N-Gruppe. Acylierung der Aminogruppe erhöht, die der Hydroxylgruppe schwächt die Adsorption. Die Carbonylgruppe in Aldehyden, Ketonen und veresterten Carboxylen zeigt dagegen keinen wesentlichen Unterschied in ihrem Einfluß auf die Adsorption. Der Einfluß der Nitrogruppe ist gering, der von Methyl und Halogen im Kern kaum merklich. – Es gilt die Faustregel, daß sich adsorptive Wirkungen des Grundgerüsts und der funktionellen Gruppen etwa additiv verhalten.

Eine besondere Beachtung sollen makromolekulare Lösungsbestandteile finden, denn diese sind an neutralem Aluminiumoxid selbst aus wäßrigen Lösungen fixierbar. Vgl. z. B. bezüglich Pyrogene in Injektionslösungen G. WOHLLEBEN (1956a) und bezüglich Urochrome in Trinkwasser H. O. HETTCHE (1955); vgl. S. 588.

Selten wird es sich bei einem chromatographischen Säulenprozeß um den Idealfall einer Sorption nach chemisch-physikalisch und mathematisch erfaßbaren Regeln handeln. Adsorption, Verteilung und Austausch können sich vielfältig überlagern. Man denke nur an den Fall der Chromatographie eines alkaloidhaltigen alkoholisch-wäßrigen Pflanzenauszuges an basischem Aluminiumoxid: Hierbei handelt es sich um eine Adsorption von niedermolekularen Bestandteilen, um das Entfernen von makromolekularen Anteilen, um einen Kationenaustausch und um die Spaltung eines Alkaloidsalzes. — Mischungen von Sorptionsmitteln sollten vermieden werden.

G. Fehlerquellen

Nachstehend ist in Kurzfassung eine Aufstellung der häufigsten Fehlerquellen und ihrer möglichen Ursachen angegeben. Voraussetzung ist jedoch bereits die Verwendung standardisierter Sorptionsmittel, da die früher üblichen Selbstpräparierungen nicht den heutigen Anforderungen an die Reproduzierbarkeit genügen. Weiter soll angenommen sein, daß am Säulenkopf nur eine geringe Menge Solvens mit Substanzgemisch (von den Säulendimensionen abhängig) aufgetragen ist, d. h. mindestens 90% der Säulenlänge müssen noch für die Entwicklung zur Verfügung stehen (gilt nicht für „adsorptive Filtrationen"). Weiter eingeschlossen ist die Berücksichtigung von Regeln wie Adsorptionsmittelreihe, eluotrope Reihe usw., auch das Einhalten der einmal gewählten Temperatur.

Keine (schwache) Sorption	Milieu zu schwach; ungeeignetes Gegenion; ungeeignetes Phasen-Paar.
Keine Wanderung (Auftrennung). .	Milieu zu aktiv; irreversible Bindung; ungeeignetes Phasen-Paar.
Trennung unvollständig.	Säule zu kurz.
Diffusion sehr groß	Fließgeschwindigkeit zu gering.
Schwanzbildung der Zonen	Konvexe Isotherme (Elutionsgradienten oder Verdränger benutzen).
Farbveränderungen.	Reaktionen; auch bedingt durch Adsorption (dann kein Fehler).
Zonenverzerrungen.	Ungleichmäßiges Aufgeben der Lösung; Kanäle oder Luftblasen in der Füllung; Temperaturverschiebungen (Sonneneinstrahlung).
Artefakte im Filtrat	pH- und katalytische Einflüsse des Sorbens (Milieu schwächen oder anderes Sorbens).
Zu schneller Durchlauf	Körnung zu groß.
Unerwartete Zonen.	Fremdstoffe aus Solvens oder Artefakte.
Ablauf hört auf	Verstopfung durch Feinstpartikel oder Ausfällungen in der Säule; Quellung organischer Sorbentien.
Luft-(Gas-)Blasen	Lufteinschluß; Gasbildung durch Reaktion mit Sorbens.

H. Anwendungsbeispiele

Trennung von Betain und Cholin aus Zuckerrübensäften (A. NIEMANN 1962). Zur Isolierung der in Zuckerrübensäften vorkommenden freien Aminosäuren wurde der (stark saure) Kationenaustauscher Lewatit S 100 (in H^+-Form) verwendet. Er hält die anorganischen Kationen, die Aminosäuren, Betain und Cholin zurück. Elution von Aminosäuren und Betain mit 2 n-Ammoniak. Betain wird nach dem Abdampfen des Ammoniaks mit Reineckesalz gefällt. Der Austauscher wird nach Spülung mit Wasser mit 2 n-Salzsäure regeneriert. Dabei wird gleichzeitig Cholin eluiert, das gleichfalls als Reineckat gefällt wird. Quantitative Elutionen.

Urochrome in Trinkwasser (H. O. HETTCHE 1955). Eine eventuelle Gelbfärbung im Wasser wurde bisher auf Huminsäuren zurückgeführt. Sie kann aber auch von der Urochromgruppe herrühren. Dies sind Abbauprodukte des Porphyrins, die beim ständigen Zerfall der roten Blutkörperchen auftreten und die (bei ausreichendem Jodgehalt der Wässer) als Noxe die Kropfbildung auslösen können. Bakteriologisch und chemisch ist trotzdem das Wasser im üblichen Sinne in Ordnung. — Man kann die Urochrome an Aluminiumoxid sehr leicht anreichern, wenn man größere Mengen des fraglichen Wassers durch Aluminiumoxid schickt. So wurden z. B. 16 g Urochrom aus einer Säule von 25 cm ⌀ und 10 cm Höhe, durch die stündlich 150 l Wasser liefen, mit 5%igem Ammoniak eluiert. Analytisch wird mit heißer Ameisensäure eluiert und das klare Eluat colorimetrisch gemessen. — Bisher Aufteilung in Urochrom A und Urochrom B. — Ab 10 mg Urochrom pro Liter ist die Gelbfärbung des Wassers in weißen Gefäßen deutlich zu erkennen. Ab 20 mg pro Liter schäumt das Wasser beim Einfließen oder Kochen.

Nachweis von künstlichen organischen Farbstoffen in Orangenschalen (H. SUTER u. H. HADORN 1960). Die zerkleinerten und bei 100° C getrockneten Orangenschalen werden mit Petroläther extrahiert und dessen Trockenrückstand verseift. Der Ätherauszug wird getrocknet, sein Rückstand in Petroläther aufgenommen und mit 90%igem Methanol versetzt. Die beiden Schichten werden getrennt aufgearbeitet und chromatographiert, und zwar die Petrolätherphase und der wieder im Petroläther aufgenommene Ätherauszug der Methanolphase. Aus zwei Aluminiumoxid-Säulen (basisch, mit 10% Wasser desaktiviert) werden kleine Fraktionen aufgefangen, die bei folgender Reihenfolge der Eluentien austreten: Petroläther (P.Ä.) — P.Ä./CCl₄ 1:1 — CCl₄ — CCl₄/Benzol 9:1 — CCl₄/Benzol 8:2 — CCl₄/Benzol 1:1 — Benzol — Benzol/Äther 9:1 — Benzol/Äther 8:2 — Benzol/Äther 1:1 — Äther — Methanol. Die Eluatfraktionen werden konzentriert und papierchromatographisch geprüft. Identifizierung mit Hilfe von Vergleichssubstanzen oder durch Aufnahme der Absorptionsspektren.

Vitamin A in Mischfutter (W. HORWITZ, AOAC Methods, S. 652—654). Die zerriebene Probe wird verseift und mit Hexan extrahiert. Der Auszug wird an einer Säule mit neutralem Aluminiumoxid WOELM, mit 5% Wasser desaktiviert, chromatographiert. Zunächst wird Carotin mit Hexan (mit 4% Aceton) eluiert. Die Zone des Vitamin A wird im UV verfolgt. Es wird anschließend mit Hexan (mit 15% Aceton) eluiert, die Lösung i.V. zur Trockne gebracht und colorimetrisch mit Carr-Price-Reagens Vitamin A quantitativ bestimmt.

Zuckeränderungen während der Dicklegung des Joghurts (D. S. GALANOS und K. A. MITROPOULOS 1962). Mit 30%igem Alkohol versetzter Joghurt wird abzentrifugiert, Überstehendes abgetrennt und der Niederschlag wiederholt mit gleichem Äthanol gewaschen. Die vereinigten Auszüge passieren eine Säule, die mit dem (stark sauren) Kationenaustauscher Dowex-50 in der H⁺-Form gefüllt ist. Hierdurch werden die Kationen entfernt, die die Chromatographie der Zuckerboratkomplexe stören. Filtrat und Waschwasser werden mit 0,1 n-Natronlauge neutralisiert, mit 0,1 m-Boratlösung versetzt und mit Wasser aufgefüllt. — Die Lösung der Zuckerborate wird an einer Säule mit dem (stark basischen) Anionenaustauscher Dowex-1 in der Borat-Form chromatographiert. Nach der Sorption der Zucker wird erst mit 0,01 m-Boratlösung ausgewaschen und mit 0,022 m-Boratlösung eluiert. Der Zuckergehalt der einzelnen Fraktionen wird photometrisch bestimmt. — Ergebnis: Lactose-Verlust durch Hydrolyse zu Glucose und Galaktose während der Joghurtbildung. Dabei schnelle Gärung der Glucose, aber nicht der Galaktose. Gleichzeitig Zunahme der alkalimetrisch erfaßten Säure.

Trennung und Charakterisierung von mehrkernigen aromatischen Kohlenwasserstoffen in städtischen Luft-Schwebstoffen (E. SAWICKI u. Mitarb. 1960). Der benzollösliche Anteil des gesammelten Schwebstoffs wurde aus Chloroform an etwas Aluminiumoxid dispergiert und an einer Säule chromatographiert, die aus saurem Aluminiumoxid (mit 13,7% Wasser) und einer geringen Oberschicht aus Kieselgel bestand. Eluiert wurde mit Pentan, dem von 0 auf 3, 6, 9 und 12% steigende Mengen von Äther zugesetzt wurden. Die aufgearbeiteten Fraktionen erbrachten mit Hilfe der verschiedensten physikalisch-chemischen Methoden den Nachweis für die in folgender Reihenfolge eluierten Stoffe: Aliphaten, Olefine, Benzol-Derivate, Naphthalin-Derivate, Dibenzofuran, Anthracen, Pyren, Benzofluoren, Chrysen, Benzopyren, Benzoperylen und Coronen.

Zersetzung von schwefelhaltigen Aminosäuren (H. ZAHN und E. GOLSCH 1962). Es wird die pH-Abhängigkeit der Zersetzung von Cystin, Cystein, Cystin-dihydantoin, Lanthionin und Lanthionin-dihydantoin untersucht. Die Reaktionswege werden diskutiert. Die Zersetzung des Cystin-dihydantoin beginnt bei etwa pH 2,5 und ist bei pH 6 quantitativ. Die Hauptreaktion der alkalischen Zersetzung läuft nicht nach einem schwefelbrückenspaltenden Mechanismus ab, sondern durch β-Eliminierung. Der Nachweis hierzu, d. h. der Nachweis des Disulfidions, gelang durch Umsetzung der Reaktionslösung mit Benzylchlorid. Der CHCl₃-Auszug der gelben Lösung wurde an basischem Aluminiumoxid WOELM chromatographiert; mit dem Fließmittel CHCl₃ lief Dibenzyldisulfid mit der Lösungsmittelfront durch die Säule, während braune Zonen mit Verunreinigungen zurückblieben. Es konnte kristallin in einer Ausbeute von 93,5% d. Th. (bezogen auf 100%ige Zersetzung durch β-Eliminierung) erhalten werden.

Gesättigte Kohlenwasserstoffe in Karnaubawachs [ASTM Designation: D1342-54T (1954)]. An basischem Aluminiumoxid, Aktivität I—II, wird eine Probe des Wachses, gelöst in 50 bis 55° C warmem Heptan, chromatographiert. Beim Nachwaschen entsteht etwa 4 cm vom oberen Säulenanfang entfernt eine gelbe Zone. Das weitere Auswaschen mit Heptan, immer in der Wärme, erfordert die Testung der Fraktionen auf vollständige Auswaschung der Kohlenwasserstoffe. Die Elution ist vollständig, wenn keine Rückstände beim Eindunsten hinterbleiben. Aus ihrer Summe ergibt sich der Gehalt an Paraffin-Kohlenwasserstoffen.

Direkte Bestimmung der freien Fettsäuren in technischen Fettsäuren (DGF-Einheitsmethoden). Eine Probe, deren Menge sich nach dem zu erwartenden Gehalt an freien Fettsäuren richtet (bei 25% etwa 1 g Einwaage), wird in Äther/Methanol 39:1 (v/v), absolut wasserfrei, gelöst und auf eine Säule (20 mm ⌀, 400 mm Höhe) mit 20 g Aluminiumoxid Woelm sauer, Aktivität I, gegeben. Eluiert werden die Ester mit Äther-Methanol-Gemisch. Die Lösungsmittel der gesammelten Eluate werden auf dem Wasserbad abdestilliert und die Reste mit Stickstoff oder Kohlendioxid vertrieben. Bei 105° C etwa 1 Std trocknen und wägen (Gewichtskonstanz). Mit dieser Methode ist die genaue Ermittlung des Spaltgrades von technischen Fettsäuren möglich, da die freien Fettsäuren adsorbiert bleiben.

Entfernung radioaktiver Substanzen aus Trinkwasser (Staatl. Chem. Untersuch.-Anstalt, München). „Zur Entfernung radioaktiver Substanzen aus Trinkwasser wurde ein einfaches Verfahren empfohlen, welches auf der adsorptiven Bindung der Radioisotope an Aluminiumhydroxidgel beruht. Es ist vor allem für die Entseuchung von Zisternen- und Schneeschmelzwasser in kleinen Mengen und im Haushalt für den Fall gedacht, daß keine anderen Dekontaminationsmöglichkeiten zur Verfügung stehen. In 0,5 l Wasser werden zwei Teelöffel Alaun aufgelöst, mit verd. Ammoniak in leichtem Überschuß wird Aluminiumhydroxidgel ausgefällt und über einen Kaffeefilter abfiltriert. Ein Liter verseuchtes Wasser wird mit etwa 1 Teelöffel des ausgewaschenen Gels versetzt, kräftig geschüttelt, 10 min stehen gelassen und durch einen Kaffeefilter filtriert. Das Filtrat wird zur Entfernung eventueller störender Spuren von Ammoniak aufgekocht; 98—99% der vorhandenen Aktivität sollen sich derart entfernen lassen."

Trennung von 2.4-Dinitrophenylaminosäuren und -peptiden an Polyamid (H. Hörmann und H. v. Portatius 1959). DNP-Aminosäuren werden von Polyamid relativ fest zurückgehalten und wandern mit Dimethylformamid oder Pyridin nur sehr breit und verwaschen. Mit dem Solvens Dimethylformamid/Eisessig/Wasser/Äthanol 5:10:30:20 konnten sie in schmalen Banden zur Trennung gebracht werden. Eine Tabelle gibt die R_f-Werte einer Reihe von Verbindungen an. — Eine alkoholische Lösung von DNP-Arginin, DNP-α-Amino-δ-valerolacton, 2.4-Dinitroanilin, DNP-Prolin, DNP-Valin, DNP-Alanin und DNP-Phenylalanin wurde an Polyamid-Pulver chromatographiert. Die drei erstgenannten Verbindungen wurden in der angegebenen Reihenfolge mit dem schwächer eluierenden Gemisch Dimethylformamid/Eisessig/Wasser/Äthanol 4:6:40:20 sauber getrennt ausgewaschen. Mit dem o. a. Gemisch wurden dann die restlichen DNP-Aminosäuren scharf getrennt eluiert. — Ähnlich ließen sich DNP-Peptide trennen.

Verfälschungen im Olivenöl (C. Petronici 1955). Chloroform-Lösungen von Oliven- und neun anderen pflanzlichen Ölen sowie Mischungen hieraus werden an Aluminiumoxid-Säulen chromatographiert. Bei der Entwicklung mit Xylol kann man im UV scharfe Banden erkennen, deren Lage und Fluorescenz für die betreffenden Öle charakteristisch ist. Die Nachweisgrenze einer Verfälschung liegt bei 5%; bei Konzentrationen von mindestens 15—20% können die Zumischungen auch identifiziert werden. — Vgl. Farbaufnahmen im Original.

Entfernung von Strontium 90 durch Ionenaustausch (L. Traubermann 1962). Rohe, mit 0,75 m-Citronensäure auf pH 5,3—5,4 eingestellte Milch wird über einen mit Mineralsalzgemisch beladenen Ionenaustauscher gegeben, dessen Zusammensetzung den Mineralstoffen der Milch entspricht. Dadurch wird die Mineralstoff-Zusammensetzung der Milch nur wenig geändert, jedoch werden 90% des ursprünglichen ^{90}Sr in der Säule zurückgehalten. Regenerierung nach Durchlauf von 25 l Milch pro ein Liter Austauscherharz. Nach der Säulenpassage wird die Milch mit verd. Kalilauge wieder auf normalen pH-Wert eingestellt, pasteurisiert und homogenisiert.

Nachweis von Mandarinensaft in Orangensaft (G. Safina und E. Trifiro 1954). Die Pigmente werden aus den verdünnten angesäuerten Säften bzw. Mischungen mit Isoamylalkohol extrahiert. Der Auszug wird an Aluminiumoxid chromatographiert, mit Natriumbisulfit und Aceton entwickelt und schließlich als Chromatogramm auf der Säule im UV betrachtet. Eine Beimischung von 5% Mandarinensaft zu Orangensaft kann noch erkannt werden. — Vgl. Farbbeilage im Original.

Reversed-Phase-Chromatographie auf polymerem Träger. Trennung von Vitamin A-Estern sowie von Vitamin A-Alkohol und Vitamin D (W. A. Winsten 1962). Als Träger für die stationäre Phase dient ein mikroporöses Polyäthylen, das von einem Paar teilweise miteinander mischbarer Flüssigkeiten vorzugsweise die weniger polare Phase aufnimmt. Das Lösungsmittel-Paar wird aus Petroläther (30—60° C)/Äthanol/Wasser [250:250:30 (I) bzw. 250:250:100 (II) bzw. 250:250:180 (III)] gebildet. — Zuerst wird die petrolätherische Phase in die Säule gegeben, danach mit der mobilen Phase die überschüssige stationäre Phase aus den Hohlräumen zwischen den Körnern verdrängt. Die Vitamin A-Ester (Palmitat und Acetat) werden als Lösung in einer der beiden Phasen auf die Säule gegeben und mit der mobilen Phase (I) eluiert, wobei die Eluat-Fraktionen im UV-Spektrophotometer bei 326 mμ ausgewertet werden. Zunächst verläßt das Acetat die Säule. Das Palmitat wird mit 99%igem Isopropanol eluiert. — Mit Phasen-Paar II wurde Vitamin D vom schneller laufenden Vitamin A-Alkohol getrennt. — Mit Paar III konnte Vitamin A-Acetat von dem zuerst eluierbaren Vitamin A-Alkohol getrennt werden.

Gewinnung der kristallisierten natürlichen Chlorophylle a und b (A. STOLL und E. WIEDE-MANN 1959). Der Aceton-Auszug getrockneter Brennesselblätter wird in Talk eingerührt und durch Wasserzugabe das Chlorophyll ausgefällt. Aus dem am Talk niedergeschlagenen Pigment wird es mit Benzol/Petroläther 1:1 extrahiert. Der Auszug wird auf Puderzucker-Säulen chromatographiert. Alle Operationen sollen mit reinsten Reagentien ohne Unterbrechung und ohne direktes Tageslicht durchgeführt werden. Dann erhält man die Chlorophylle a und b durch Extraktion der betreffenden Säulenabschnitte mit Äther in bisher nicht erreichter Reinheit. Chlorophyll a wird aus 90%igem Aceton, Chlorophyll b z. B. aus 90%igem Äthanol umkristallisiert. Wachsartige Kristalle. — Man beachte die schöne Farbtafel im Original.

Quantitative Bestimmung von Lebensmittel-Farbstoffen (B. KOETHER 1960). Die 15 wasser-löslichen Farbstoffe nach der 8. Mitt. der Farbstoff-Kommission der DFG wurden aus 70%iger alkoholischer Lösung an Aluminiumoxid Woelm sauer fixiert (Farbstoff G IV an einem Gemisch von basischem und saurem Oxid). Verschnittstoffe gelangen ins Eluat. Mit Puffer pH 4,25 werden alle Farbstoffe quantitativ eluiert und können photometrisch bestimmt werden, z. T. auch in Mischungen; die spezifischen Extinktionen sind angegeben.

Reinheitskriterien bei Bixin und Norbixin [Orlean, Annatto] (EWG 1962). Die Konzentration einer Benzollösung von Annatto wird auf die Farbtiefe einer 0,1%igen Kaliumbichromat-lösung gebracht. 3 ml der Lösung werden an Aluminiumoxid (keine Sorte angegeben; basisch und neutral erscheinen möglich) chromatographiert und mit Benzol nachgewaschen. Bixin wird stark in glänzend orangeroter Zone festgehalten (Unterschied zum Crocetin). Eine sehr blaßgelbe Zone durchwandert rasch die Säule. Bixin ist mit Benzol, Petroläther, Chloroform, Aceton, Äthanol und Methanol nicht auswaschbar und verändert bei den beiden Alkoholen die Farbe in gelborange. Nach Benzol-Verdrängung durch wasserfreies Chloroform gibt man 5 ml Carr-Price-Reagens auf die Säule: Bixin-Zone wird grünblau (Unterschied zum Crocetin). — Bixin wird analog aus Chloroformlösung geprüft. — Bei Zugabe von Schwefelsäure zu wäßriger Annattolösung fällt rotes Norbixin aus, das mit Benzol ausgezogen wird. Die Lösung verhält sich auf der Aluminiumoxid-Säule wie die von Annatto.

Nachweis von Benzoylperoxid (G. BIONDA 1954). Der Petrolätherauszug von etwa 1 g Mehl mit 0,003—0,004% Benzoylperoxid wird mit einer 0,1%igen Lösung von Dimethyl-p-phenylen-diamin-hydrochlorid in Alkohol/Äther (1:1) gemischt und nach 2—3 min durch eine Säule aus Aluminiumoxid Woelm neutral oder sauer geschickt. Die Farbe des rotvioletten Adsorpts wird mit der einer Blindprobe verglichen und erlaubt den Nachweis von 10—50 γ Bleichmittel.

Coffein-Bestimmung in Kaffee und Kaffee-Mischungen (L. KUM-TATT 1961). 1,0 g gerösteter Kaffee (oder 0,5 g löslicher Kaffee) wird mit 3 ml 10%igem Ammoniak versetzt und 30 min mit 80 ml Chloroform am Rückfluß erhitzt. Durch einen Trichter mit Wattefilter wird die Lösung zur Reinigung direkt auf eine Säule aus 10 g Aluminiumoxid, Aktivität I, gegeben. Mit weiterem Chloroform wird erst der Kolben nachgespült und dann die Säule eluiert. 120 bis 150 ml Eluat werden gesammelt; sie enthalten normalerweise das ganze Coffein der Probe. Nach entsprechender Verdünnung mit Chloroform wird der Coffein-Gehalt spektrophotome-trisch bei 277 mμ (Max.) ermittelt. Für Routineanalysen geeignet.

Coffein-Bestimmung in Filterkaffee und Nescafé®-Pulver (K. PFANDL 1959). Man geht von 15 g Filterkaffee (auf 1 ml eingeengt) bzw. von 0,2 g Nescafé®-Pulver (in 1 ml heißem Wasser gelöst) aus. In beiden Fällen fügt man nach dem Erkalten 4 ml 90%igen Alkohol zu, gibt die Lösung auf eine erste Säule aus 15 g Aluminiumoxid Woelm basisch, eluiert mit 40 ml Äther/Chloroform 1:2, dampft zur Trockene ein, nimmt in 60%igem Äthanol wieder auf und gibt die Lösung auf eine zweite gleiche Oxid-Säule. Jetzt wird Coffein mit Chloroform eluiert. Nach dem Eindampfen wird der Rückstand bei 105° C getrocknet und gewogen.

Präparative Trennung von hochmolekularen Käse-Peptiden (B. LINDQUIST 1962). Käse wird mit Äthylendiamintetraessigsäure zusammen fein verrieben und mit wäßriger Natronlauge zur Lösung gebracht. Fett wird durch Erwärmen und Zentrifugieren entfernt und danach die Lösung auf eine Säule mit dem Molekularsieb Sephadex® G-25 gegeben. Das mit Hilfe eines Puffers gewonnene Eluat wird mittels UV-Spektrophotometer und Leitfähigkeitsmesser in 7 Hauptfraktionen geordnet, in die sich das Peptidgemisch nach Größe der Molekeln grob aufteilt.

Diphenyl-Bestimmung in Citrusfruchtschalen (H. BÖHME und H. HOFMANN 1961). Unter Zusatz von Wasser wird das Probenmaterial gut zerkleinert und mit Hilfe eines Destillations-aufsatzes ätherisches Öl und Diphenyl in Cyclohexan abgetrennt. Diese organische Phase wird mit Petroläther aufgefüllt und an Aluminiumoxid Woelm sauer, Aktivität I, chromatographiert. Nachwaschen mit Petroläther und Elution des Diphenyls mit Chloroform. Aufarbeitung des Diphenyls mittels Nitrierung usw. sowie spektrophotometrische Bestimmung.

Trennung von Fettsäuren und Fettalkoholen (Reversed-Phase) (W. KAPITEL 1956). Gesättigte natürliche Fettsäuren C_6—C_{22} können quantitativ (Einwaage etwa nur 3 mg) an einer Säule getrennt werden, deren stationäre Phase aus Paraffin auf hydrophobierter Kieselgur besteht.

Fettsäuregemische mit einer JZ > 4 werden zuvor hydriert. Eluiert wird mit paraffingesättigten Aceton-Wasser-Gemischen. Für die niederen Fettsäuren verwendet man wasserreiche, für die höheren Fettsäuren wasserärmere Gemische. Die kurzkettigen Säuren treten zuerst aus der Säule aus. — Fettalkohole wurden zu den entsprechenden Fettsäuren oxydiert und ebenso getrennt.

Trennung von Molkenproteinen am Cellulose-Ionenaustauscher (R. SCHOBER u. Mitarb. 1959). Eine aus Magermilchmolke gewonnene Proteinlösung wird an DEAE-Cellulose, die mit dem Anfangspuffer äquilibriert ist, chromatographiert. Langsamer Durchfluß begünstigt die Trennschärfe. Eluiert wird mit einem Ammoniumacetat-Puffer-Gradienten (vom pH 7,0 auf pH 4,4 sinkend). Die Eluate werden spektralphotometrisch bei 280 mμ ausgemessen und papierelektrophoretisch charakterisiert. Es resultierten so (halbpräparativ) acht scharfe Zonen, die mit bekannten Molkenproteinen übereinstimmten. — Für weniger stabile und höhermolekulare Proteine ist das Verfahren besonders geeignet.

Bestimmung von Antibiotica in Mischfuttermitteln (D. DRESSLER 1960). Mit salzsaurem Aceton (pH 1,1) wird das Untersuchungsmaterial $1^{1}/_{2}$—2 Std ohne Erwärmung extrahiert. An Aluminiumoxid „nach Brockmann", 1:1 mit Seesand gut vermischt, wird nach Vorbehandlung der Säule mit Phosphatpuffer pH 3,5—4 der mit verdünnter Natronlauge auf das gleiche pH eingestellte Extrakt chromatographiert und mit weiterem Phosphatpuffer nachgewaschen. Anschließend wird das adsorbierte Antibioticum mit phosphorsäurehaltiger Waschlösung eluiert und im Eluat bei 366 mμ die Extinktion gemessen. Die Eichkurve wird durch Chromatographie und Messung von Präparaten mit genau bekannter mikrobiologischer Aktivität erhalten. Beim Behandeln der Meßlösung mit Säure und Lauge kann festgestellt werden, ob im Futtermittel Chlor- oder Oxytetrazyklin vorhanden war.

Hopfen-Analyse (M. VERZELE 1956, 1957). Gemahlener Hopfen wird auf eine Säule gegeben, die Kieselgel enthält. Mit Benzol, das Hopfen und Kieselgel durchläuft, wird die α-Säure (Humulon, Cohumulon und Adhumulon), die für den bitteren Geschmack des Bieres verantwortlich ist, eluiert und mit der optischen Drehung quantitativ bestimmt. — Bei der neueren Methode wird Hopfen mit SO_2-haltigem Äther extrahiert und dieser Extrakt an Aktivkohle chromatographiert. Extraktion und Chromatographie können auch hier in der gleichen Säule durchgeführt werden. Vorteil der Kohle: Weniger Lösungsmittel und kleineres Volumen für die optische Drehung.

Bibliographie

BRAUNITZER, G.: Die chromatographische Analyse in Säulen. In: Moderne Methoden der Pflanzenanalyse. Hrsg. von K. PAECH und M. V. TRACEY, Bd. 1, S. 95—126. Berlin-Göttingen-Heidelberg: Springer 1956.

CASSIDY, H. G.: Fundamentals of Chromatography. New York-London: Interscience Publishers 1957.

DORFNER, K.: Ionenaustauscher. Eigenschaften und Anwendungen. Berlin: de Gruyter 1963.
— Ionenaustausch-Chromatographie. Berlin: Akademie-Verlag 1963.

HEFTMANN, E. [editor]: Chromatography. New York: Reinhold Publishing Corp.; London: Chapman & Hall 1961.

HELFFERICH, E.: Ionenaustauscher. Bd. I. Grundlagen. Weinheim: Verlag Chemie 1959.

HESSE, G.: Adsorptionsmethoden im chemischen Laboratorium. Berlin: de Gruyter 1943.
— Isolierung, Reinigung und Trennung durch Adsorption im flüssigen Aggregatzustand. In: Methoden der organischen Chemie (HOUBEN-WEYL). Hrsg. von EUGEN MÜLLER. 4. Aufl., Bd. I/1, S. 465—492. Stuttgart: Thieme 1958.
— Chromatographie. In: ULLMANNs Encyklopädie der technischen Chemie. Hrsg. von W. FOERST. 3. Aufl., Bd. I/1, S. 106—113. München-Berlin: Urban & Schwarzenberg 1961.

HORWITZ, W. [editor]: Official Methods of the Association of Official Agricultural Chemists. 9th edition. Washington: AOAC 1960.

KEULEMANS, A. I. M.: Gas-Chromatographie. Deutsche Übersetzung von E. CREMER. Weinheim: Verlag Chemie 1959.

LEDERER, E.: Chromatographie en chimie organique et biologique. Vol. I. Généralités. Applications en chimie organique. Paris: Masson 1959.
— Chromatographie en chimie organique et biologique. Vol. II. Applications en chimie biologique. Paris: Masson 1960.
— and M. LEDERER: Chromatography. A Review of Principles and Applications. 2nd edition. Amsterdam-London-New York-Princeton: Elsevier 1957.

NACHOD, F. C.: Ion Exchange. Theory and Application. New York: Academic Press 1949.

RAUEN, H. M.: Chromatographie. In: Handbuch der physiologisch- und pathologisch-chemischen Analyse (HOPPE-SEYLER/THIERFELDER). 10. Aufl., Bd. I, S. 122—260. Berlin-Göttingen-Heidelberg: Springer 1953.

SCHINDEWOLF, U.: Ionenaustauscher in der analytischen Chemie. In: ULLMANNs Encyklopädie der technischen Chemie. Hrsg. von W. FOERST. 3. Aufl., Bd. II/1, S. 157—166. München-Berlin: Urban & Schwarzenberg 1961.

SMITH, I.: Chromatographic and electrophoretic techniques. Vol. I. Chromatography. London: Heinemann 1960.

TURBA, F.: Chromatographische Methoden in der Protein-Chemie. Berlin-Göttingen-Heidelberg: Springer 1954.

WIELAND, TH., u. F. TURBA: Chromatographische Analyse. In: Methoden der organischen Chemie (HOUBEN-WEYL). Hrsg. von EUGEN MÜLLER. 4. Aufl., Bd. II, S. 867—909. Stuttgart: Thieme 1953.

ZECHMEISTER, L.: Progress in Chromatography 1938—1947. 3rd impression. London: Chapman & Hall 1953.

— u. L. v. CHOLNOKY: Die chromatographische Adsorptionsmethode. 2. Aufl. Wien: Springer 1938.

Zeitschriftenliteratur

ASTM: American Society for Testing Materials, Designation: D 1342—54 T (1954).

BACH, R., u. N. C. MEHTA: Katalytische Wirkung von Cellulose bei der Chromatographie mit Äthylacetat. Chimia (Zürich) 15, 462 (1961).

BIONDA, G.: La chromatographie dans la recherche du peroxyde de benzoyle. Ann. Falsif. Fraudes 47, 174—176 (1954).

BLASIUS, E., u. H. PITTACK: Ionensiebe. II. Kapillar- und Ionensieb-Eigenschaften von Austauschern. Angew. Chem. 71, 445—450 (1959).

BÖHME, H., u. G. HOFMANN: Über die photometrische Bestimmung von Diphenyl und o-Hydroxy-diphenyl in Citrusfruchtschalen. Z. Lebensmittel-Untersuch. u. -Forsch. 114, 97—105 (1961).

DE BOER, J. H.: Untersuchungen über mikroporöse Salz- und Oxyd-Systeme. Angew. Chem. 70, 383—389 (1958).

BROCKMANN, H.: Neuere Ergebnisse auf dem Gebiet der chromatographischen Adsorption. Angew. Chem. 59, 199—206 (1947).

— u. E. BEYER: Die chromatographische Trennung farbloser Verbindungen an fluorescierenden Adsorbentien. Angew. Chem. 63, 133—136 (1951).

— u. H. SCHODDER: Aluminiumoxyd mit abgestuftem Adsorptionsvermögen zur chromatographischen Adsorption. Chem. Ber. 74, 73—78 (1941).

— u. F. VOLPERS: Zur Kenntnis der chromatographischen Adsorption. II. Mitt. Ein neues Verfahren zur Trennung farbloser Stoffe. Chem. Ber. 80, 77—82 (1947).

CARELLI, V., A. M. LIQUORI, and A. MELE: Sorption chromatography of polar substances on polyamides. Nature (Lond.) 176, 70—71 (1955).

CURTI, R., and U. COLOMBO: Chromatography of stereoisomers with "tailor made" compounds. J. amer. chem. Soc. 74, 3961 (1952).

— u. F. CLERICI: Chromatographie mit spezifischen Adsorbentien. Gazz. chim. ital. 82, 491—502 (1952) [italienisch].

DEUEL, H., u. K. HUTSCHNEKER: Über den Aufbau und die Wirkungsweise von Ionenaustauschern. Chimia (Zürich) 9, 49—65 (1955).

DEWAR, R. A., and D. GUNEW: Glass strip collector for column chromatography. Nature (Lond.) 179, 1245 (1957).

DGF-Einheitsmethoden: Abteilung D — Technische Fettsäuren — D IV 6a (61), S. 1—3.

DRESSLER, D.: Die chromatographische Bestimmung von Chlor- und Oxytetrazyklin in Mischfuttermitteln. Z. Tierphysiol. Tierernährg. Futtermittelkde. 15, 101—119 (1960).

ENDRES, H., u. H. HÖRMANN: Präparative und analytische Trennung organischer Verbindungen durch Chromatographie an Polyamid. Angew. Chem. 75, 288—294 (1963).

EWG: Veröffentlichungen der EWG. Richtlinie des Rats zur Angleichung der Rechtsvorschriften der Mitgliedsstaaten für färbende Stoffe, die in Lebensmitteln verwendet werden dürfen; 23. 10. 1962. Zit. nach Bundesanzeiger 14, Nr. 236, S. 2—5 (1962).

FRITZ, H., u. A. BAUER: Präparative Chromatographie. Chem.-Ing.-Techn. 26, 609—610 (1954).

GALANOS, D. S., u. K. A. MITROPOULOS: Zuckeränderungen während der Dicklegung des Joghurts. Z. Lebensmittel-Untersuch. u. -Forsch. 116, 407—410 (1962).

GLAZER, A. N., and D. WELLNER: Adsorption of proteins on "Sephadex". Nature (Lond.) 194, 862—863 (1962).

GLEMSER, O., u. G. RIECK: Verwendung von Eisenoxyden für die chromatographische Adsorption. Angew. Chem. 69, 91—93 (1957).

— — Chromatographische Trennung von Chlorophyll-a und -b an Eisenoxyd. Naturwiss. 45, 569 (1958).

Glemser, O., G. Rieck u. H. Lackner: Verwendung von Eisenhydroxyd für die Chromatographie mit heißen Lösungsmitteln. Chem. Ber. **92**, 662—667 (1959).

Hagdahl, L.: Technical improvements in adsorption analysis. Acta chem. scand. **2**, 574—582 (1948).

Hamilton, P. B., and R. A. Anderson: Ion exchange chromatography of amino acids. Analytic. Chem. **31**, 1504—1512 (1959).

Hannig, K.: Erfahrungen mit der quantitativen Aminosäurebestimmung an Ionenaustauschersäulen und automatischer Registrierung der Ergebnisse. Clin. chim. Acta **4**, 51—57 (1959).

Hesse, G.: Grundlagen und neuere Erkenntnisse der Säulenchromatographie. Angew. Chem. **67**, 9—13 (1955).

— [1961]: Diskussionsbemerkung zu G. Wohlleben (1961), S. 177.

— I. Daniel u. G. Wohlleben: Aluminiumoxyde für die chromatographische Analyse und Versuche zu ihrer Standardisierung. Angew. Chem. **64**, 103—107 (1952).

— F. Reicheneder u. H. Eysenbach: Die Herzgifte im Calotropis-Milchsaft. II. Mitt. Über afrikanische Pfeilgifte. Liebigs Ann. Chem. **537**, 67—86 (1938).

— u. G. Roscher: Verbesserungen bei der Adsorptionschromatographie. Angew. Chem. **72**, 386 (1960) [Vortr.-Ref.].

— u. O. Sauter: Die pH-Messung an Adsorptionsmitteln. Angew. Chem. **61**, 24—28 (1949).

— u. H. Schildknecht: Reinigung von Kohlenwasserstoffen als Lösungsmittel für die Ultraviolettspektroskopie. Angew. Chem. **67**, 737—739 (1955).

— H. Werther, W. Schnorrenberg u. G. Wohlleben: Der zeitliche Verlauf von Adsorptionsvorgängen in der chromatographischen Trennsäule. Z. Elektrochem. **55**, 60—65 (1951).

Hettche, H. O.: Urochrome im Wasser als Ursache des endemischen Kropfes. Gas- u. Wasserfach **96**, 660—663 (1955).

Hörhammer, L., u. H. Wagner: Polyamidchromatographie. Pharmaz. Ztg. (Frankfurt) **104**, 785—786 (1959).

Hörmann, H., u. H. v. Portatius: Säulenchromatographische Trennung von 2.4-Dinitrophenyl-aminosäuren und -peptiden an Polyamid. Hoppe-Seylers Z. physiol. Chem. **315**, 141—144 (1959).

Hückel, W., u. W. Hornung: Eine Apparatur zur Chromatographie bei tiefen Temperaturen. Chem. Ber. **90**, 2023—2024 (1957).

Jacques, J., et J. P. Mathieu: Rôle de la constante diélectrique dans la chromatographie par élution fractionée. Bull. Soc. chim. France **1946**, 94—98.

Kapitel, W.: Die säulenchromatographische Trennung von Fettsäuren für analytische Zwecke. Fette u. Seifen **58**, 91—94 (1956).

Koether, B.: Über die quantitative Bestimmung von 15 zum Färben von Lebensmitteln verwendeten Farbstoffen. Dtsch. Lebensmittel-Rdsch. **56**, 7—13 (1960).

Kofler, M., A. Langemann, R. Rüegg, L. H. Chopard-Dit-Jean, A. Rayroud u. O. Isler: Die Struktur eines pflanzlichen Chinons mit isoprenoider Seitenkette. Helv. chim. Acta **42**, 1283—1292 (1959).

Kum-Tatt, L.: A routine method for determining caffeine in coffee and coffee mixtures. Analyst **86**, 825—828 (1961).

Kunin, R., u. A. G. Winger: Technologie der flüssigen Ionenaustauscher. Chem.-Ing.-Techn. **34**, 461—467 (1962).

Kuritzkes, A., J. v. Euw u. T. Reichstein: 3-epi-Uzarigenin und 3-epi-17 α-Uzarigenin. Helv. chim. Acta **42**, 1502—1515 (1959).

Lakshmanan, T. K., and S. Lieberman: An improved method of gradient elution chromatography and its application to the separation of urinary ketosteroids. Arch. Biochem. Biophys. **53**, 258—281 (1954).

Lennartz, H. J.: Zur Reihe der Lösungsmittel für die chromatographische Adsorptionsanalyse. Angew. Chem. **59** A, 158—159 (1947).

— Zur Bestimmung der Adsorptionsmittelreihe bei der chromatographischen Adsorptionsanalyse. Z. analyt. Chem. **128**, 275—279 (1948).

Lindquist, B.: Preparative separation of high molecular peptides of cheese. Proceedings XVI. Int. Dairy Congress, Copenhagen, S. 673—678 (1962).

Martin, A. J. P.: Die Grundzüge der Chromatographie. Endeavour [dtsch. Ausgabe] **6**, 21—28 (1947).

Meier, R., u. E. Kiefer: Umgekehrte Tichtschenko-Reaktion des Essigesters bei der Chromatographie an Aluminiumoxyd aus Essigester. Angew. Chem. **65**, 320 (1953).

Müller, P. B.: Methode zur Standardisierung der Aktivität von Aluminiumoxyd. Verhandl. Ver. schweiz. Physiol. **21**, 29—31 (1942).

NIEMANN, A.: Zur Trennung von Betain und Cholin an Ionenaustauschern. J. Chromatograph. **9**, 117—118 (1962).

NOLL, W., K. DAMM u. R. FAUSS: Neue Untersuchungen zur Bestimmung von OH- und H_2O-Gehalten in Kieselsäure-Gelen. Angew. Chem. **72**, 118 (1960) [Vortr.-Ref.].

PETERSON, E. A., and H. A. SOBER: Chromatography of proteins. I. Cellulose ion-exchange adsorbents. J. amer. chem. Soc. **78**, 751—755 (1956).

PETRONICI, C.: Untersuchung von Verfälschungen in Olivenöl mit der chromatographischen Analyse. La Chimica e l'Industria **37**, 273—275 (1955) [italienisch].

PFANDL, K.: Gehaltsbestimmung von Alkaloiden mit Aluminiumoxyd-Säulen. 2. Mitt. (1): Coffein aus Coffeinum citricum, Coffeinum-Natrium salicylicum, Coffeinum-Natrium benzoicum, Coffeinum benzoicum, "Coffea"-Urtinktur HAB, Filterkaffee und Nescafé-Pulver. Dtsch. Apoth.-Ztg. **99**, 141—143 (1959).

PORATH, J., and P. FLODIN: Gel filtration: a method for desalting and group separation. Nature (Lond.) **183**, 1657—1659 (1959).

PURR, A.: Über die Fremdfettbestimmung in Kakaoerzeugnissen. IX. Säulenchromatographischer Nachweis geringer Zusätze eines „Englischen Kakaobutter-Ersatzfettes EKE" auf Palmölbasis in der aus Kakaobutter bei —25° C gewonnenen acetonlöslichen Glyceridfraktion. Fette u. Seifen **61**, 119—126 (1959).

SABEL, A., u. W. KERN: Zur Säulenchromatographie in Cellophanschläuchen. Chemiker-Ztg. **81**, 524—525 (1957).

SAFINA, G., u. E. TRIFIRO: Die chromatographische Methode zum Nachweis von Mandarinensaft im Orangensaft. Conserve e Derivati agrumari **3**, 120—121 (1954) [italienisch].

SAWICKI, E., W. ELBERT, T. W. STANLEY, T. R. HAUSER, and F. T. FOX: Separation and characterization of polynuclear aromatic hydrocarbons in urban air-borne particulates. Analytic. Chem. **32**, 810—815 (1960).

SCHINDEWOLF, U.: Ionenaustauscher in der analytischen Chemie. Entwicklungen in den letzten Jahren. Angew. Chem. **69**, 226—236 (1957).

SCHOBER, R., N. HEIMBURGER u. D. ENKELMANN: Trennung von Molkenproteinen durch Säulenchromatographie an Ionenaustauscher-Cellulose. Milchwiss. **14**, 432—435 (1959).

SPACKMANN, D. H., W. H. STEIN, and ST. MOORE: Automatic recording apparatus for use in the chromatography of amino acids. Analytic. Chem. **30**, 1190—1206 (1958).

Staatl. Chem. Untersuch.-Anstalt München: Zit. nach Nachr. Chem. Techn. **10**, 19 (1962).

STOLL, A., u. E. WIEDEMANN: Die kristallisierten natürlichen Chlorophylle a und b. Helv. chim. Acta **42**, 679—683 (1959).

SUTER, H., u. H. HADORN: Der Nachweis von künstlichen organischen Farbstoffen in Orangenschalen. Mitt. Lebensmitteluntersuch. Hyg. **51**, 293—303 (1960).

TERRES, E., u. H. H. HAHN: Untersuchung eines Druckvergasungsteeres aus südafrikanischer Steinkohle unter Anwendung neuer Verfahrensweisen. Erdöl u. Kohle **12**, 734—739 (1959).

TIŠLER, V.: Quantitative Bestimmung der Fettsäuren im Mutterkornöl. Fette u. Seifen **60**, 95—98 (1958).

TRAPPE, W.: Die Trennung von biologischen Fettstoffen aus ihren natürlichen Gemischen durch Anwendung von Adsorptionssäulen. I. Mitt. Die eluotrope Reihe der Lösungsmittel. Biochem. Z. **305**, 150—161 (1940).

TRAUBERMANN, L.: Ion exchange strips strontium[90]. Food Engng. **34**, 79—80 (1962); zit. nach Z. Lebensmittel-Untersuch. u. -Forsch. **119**, 58 (1962).

TSWETT, M.: Über eine neue Kategorie von Adsorptionserscheinungen und ihre Anwendung in der biochemischen Analyse. Veröff. Warschauer naturforsch. Ges. **14**, Biol. Abt., Nr. 6 (1903) [russisch]; deutsch von G. HESSE u. H. WEIL. Eschwege: M. Woelm 1954.

— Physikalisch-chemische Studien über das Chlorophyll. Die Adsorptionen. Ber. dtsch. botan. Ges. **24**, 316—323 (1906).

VERZELE, M.: Hop analysis. Wallerstein Lab. Commun. **19**, 323—343 (1956).

— Hop analysis — A further revision of the chromatographic-polarometric method. Wallerstein Lab. Commun. **20**, 7—13 (1957).

WINSTEN, W. A.: Reversed-phase partition chromatography on microporous polymeric supports. Analytic. Chem. **34**, 1334—1335 (1962).

WINTERSTEIN, A., u. K. SCHÖN: Fraktionierung und Reindarstellung organischer Substanzen nach dem Prinzip der chromatographischen Adsorptionsanalyse. III. Mitt. Gibt es ein Chlorophyll c? Hoppe-Seylers Z. physiol. Chem. **230**, 139—145 (1934).

WOHLLEBEN, G.: Entfernung von Wasser aus organischen Lösungsmitteln. Angew. Chem. **67**, 741—743 (1955).

— Zur Adsorption von Pyrogenen aus Injektionslösungen. Pharmaz. Ztg. (Frankfurt) **101**, 1286—1287 (1956a).

— Entfernung von Alkohol aus Chloroform. Angew. Chem. **68**, 752—753 (1956b).

Wohlleben, G.: Zur Wasseraufnahme von aktivem Aluminiumoxyd. J. Chromatograph. 1, 271—273 (1958).
— Chromatographie in Labor und Betrieb. DECHEMA-Monographien 35, 96—104 (1959).
— Das Adsorptionsmilieu in der chromatographischen Säule. Séparation immédiate et chromatographie 1961, S. 175—177. Publications G.A.M.S., Paris.
— Chromatographie-Geräte. Teile 2 u. 3. Glas-Instr.-Techn. 7, 1—3, 43—47 (1963).
Wolf, F., u. H. Beyer: Über Änderungen der Oberflächenstrukturen von Kieselgelen durch Tempern bei höheren Temperaturen. Z. anorgan. allg. Chem. 300, 33—40 (1959).
Zahn, H., u. E. Golsch: Über Reaktionen von schwefelhaltigen Aminosäuren. I. Zersetzung von Cystin, Cystein, Cystin-dihydantoin, Lanthionin und Lanthionin-dihydantoin in wäßrigen Lösungen. Hoppe-Seylers Z. physiol. Chem. 330, 38—45 (1962).

Periodica

Journal of Chromatography. Amsterdam: Elsevier.
Chromatographic Reviews. Amsterdam: Elsevier.

Chromatographische Verfahren

C. Dünnschicht-Chromatographie

Von

Prof. Dr. ARTUR SEHER, Münster/Westf.

Mit 19 Abbildungen

A. Einleitung

I. Überblick über die Methode

Als Dünnschicht-Chromatographie bezeichnet man eine Arbeitstechnik, bei der Sorptions-Trennungen statt in Säulen auf ebenen, dünnen Schichten der Adsorbentien ausgeführt werden. Als Träger für die Schichten haben sich Glasplatten bewährt. Durch diese Arbeitsweise sind die Vorteile der Papier-Chromatographie — leichtes Sichtbarmachen der getrennten Komponenten und geringer Substanzbedarf — mit der Ausnutzung der guten Trennwirkung von Adsorbentien vereinigt. Vielfach werden die erfaßbaren Probenmengen noch um 1—2 Zehnerpotenzen geringer als in der Papier-Chromatographie. Die von den Substanzen gebildeten Flecken sind meist schärfer begrenzt. Darüber hinaus ermöglichen anorganische Trennschichten die Verwendung aggressiver Sprühreagentien zur Anfärbung der analysierten Verbindungen. Zum Unterschied von der Gas-Chromatographie lassen sich mit dieser Methode auch solche Stoffe trennen, die nicht unzersetzt verdampft werden können.

Die Methode wird heute auf N. A. ISMAÏLOV und M. S. SHRAÏBER (1938) zurückgeführt, die auf Objektträgern mit losen Pulvern arbeiteten. J. E. MEINHARD und N. F. HALL (1949) erkannten die entscheidende Bedeutung der Verfestigung der Trennschichten durch einen Bindemittel-Zusatz (Stärke). Weitere Impulse gaben Untersuchungen von J. G. KIRCHNER u. Mitarb. (1951), von J. M. MILLER und J. G. KIRCHNER (1953 u. 1954) sowie von R. H. REITSEMA (1954). Vorbedingung für erfolgreiches Arbeiten auf diesem Gebiet ist die Anfertigung gleichmäßiger Trennschichten mit einstellbarer Aktivität. Nachdem E. STAHL (1958a) die technische Lösung dieser Aufgabe gelang, fand die Dünnschicht-Chromatographie eine ständig zunehmende Anwendung. Die Herstellung der Trennschichten ist sehr einfach und die Laufzeit der Chromatogramme gegenüber der Papiertechnik stark herabgesetzt.

Für die Arbeiten haben sich fast alle in der Säulen-Chromatographie benutzten Adsorbentien und einige Ionenaustauscher verwenden lassen. Durch H. K. MANGOLD und D. C. MALINS (1960) sowie H. P. KAUFMANN und Z. MAKUS (1960) wurden ferner imprägnierte Trennschichten in die Dünnschicht-Chromatographie eingeführt. Dadurch sind neben Sorptions-Trennungen auch Verteilungs-Verfahren anwendbar geworden. Diese Möglichkeiten haben den Umfang der bearbeiteten Stoffklassen weiter vermehrt (vgl. E. STAHL 1961a, E. DEMOLE 1961 und E. G. WOLLISH u. Mitarb. 1961).

II. Allgemeine Arbeitstechnik

1. Materialien für die Trennschichten

Zur Erzeugung einwandfreier Trennschichten muß das Beschichtungsmaterial eine feine Körnung besitzen. Jedoch führt zu feinkörniges Material, dessen Oberfläche nicht nachbehandelt ist, leicht zu Schweifbildungen an den Flecken. Zu grobkörniges Pulver läßt sich nicht zu fehlerfreien dünnen Schichten ausstreichen. Als Bindemittel zur Erhöhung der mechanischen Stabilität und zur Erzielung besserer Haftung auf den Glasplatten benutzt man meistens einen Zusatz von 5% Gips. Nach den Erfahrungen von H. P. Kaufmann und T. H. Khoe (1962) kann die Haftung durch Benutzung von Glasplatten mit aufgerauhter Oberfläche weiter verbessert werden. Zur Bindung von Beschichtungsmitteln, die nicht mit Wasser verarbeitet werden können, ist Kollodium geeignet. Es sind auch Adsorbentien im Handel, die ohne Bindemittelzusatz haftfeste Schichten liefern.

Folgende Adsorbentien sind als Spezialpräparate für die Dünnschicht-Chromatographie im Handel:

Tabelle 1. *Beschichtungsmittel für die Dünnschicht-Chromatographie*

1. anorganische	2. organische
Aluminiumoxid (in verschiedenen pH-Abstufungen) Kieselgel Kieselgur Magnesiumsilicat Alabastergips	Cellulose-Pulver Acetylierte Cellulose Carboxymethyl-Cellulose Phosphorylierte Cellulose Diäthylaminoäthyl-Cellulose Ecteola-Cellulose Polyamid-Pulver

2. Herstellung der Trennschichten

Zur Herstellung der Trennschichten verreibt man die Adsorbentien mit Wasser oder einer organischen Flüssigkeit zu einer gleichmäßigen Suspension, die mit einem geeigneten Ausstreicher[1] auf die trocknen, sorgfältig entfetteten und faserfrei gewischten Glasplatten zu einer etwa 0,3 mm dicken Schicht aufgestrichen wird. Die Arbeitsweise geht aus dem Schema der Abb. 1 hervor.

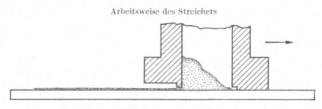

Arbeitsweise des Streichers

Abb. 1. Arbeitsweise des Dünnschicht-Streichgeräts (nach E. Stahl 1959a)

Die Schichtdicke wird von der Höhe des Austritts-Spalts am Beschichtungsgerät und vom Feststoffgehalt der Suspension bestimmt. Zur Erzielung reproduzierbarer Schicht-Dicken ist daher ein stets gleichbleibendes Verhältnis von Beschichtungsmaterial zu Wasser notwendig. Suspensionen, die Gips als Bindemittel enthalten, dicken rasch nach. Um ein vollständiges Auslaufen aus dem Streichgerät zu erreichen, muß die anzuwendende Wassermenge dem Arbeitstempo des Experimentators angepaßt werden. Die Verarbeitungsangaben der Hersteller von Beschichtungsmitteln können daher nur als Richtwerte aufgefaßt werden. Nach dem Aufstreichen sollen die feuchten Schichten bis zum Abbinden des Gipses (etwa 10—15 min) waagerecht an der Luft liegen. Anschließend erfolgt das Trocknen bei 110—150° C im Trockenschrank. Für die wasserfrei vorzunehmende Verarbeitung von Beschichtungs-Materialien sei auf die im speziellen Teil angeführte Original-Literatur verwiesen.

---

[1] Vollständige Ausrüstungen liefern: C. Desaga, Heidelberg, Camag, Berlin und Shandon Labortechnik GmbH., Frankfurt (Main).

3. Einstellung der Aktivität und Lagerung der Platten

Um reproduzierbare Trenneffekte zu erzielen, ist es notwendig, bestimmte Aktivitäts-Stufen der Trennschichten einstellen zu können. Bei den gebräuchlichen Adsorbentien geschieht dies durch Festlegung des Wassergehaltes in den Schichten. Die frisch getrockneten Platten entsprechen im allgemeinen der Aktivitäts-Stufe I (nach Brockmann). Durch Aufbewahren in einem Exsiccator über Phosphorpentoxid läßt sich diese Aktivitäts-Stufe auch beim Lagern aufrecht erhalten. Wird der Exsiccator mit wäßriger Calciumchlorid-Lösung geeigneter Konzentration beschickt, so stellt sich in den Platten eine dem Wasserdampf-druck über der Lösung entsprechende Feuchtigkeit (Aktivitäts-Stufe) ein, die gut reproduziert werden kann. Die Konzentration der Calcium-chlorid-Lösung muß von Fall zu Fall erprobt werden, da die einzelnen Adsorbentien unterschiedliche Wassergehalte benötigen (vgl. Tab. 2). Gleichfalls ist eine Einstellung der Aktivität möglich durch Aufsteigen-lassen eines Lösungsmittels und an-schließende Trocknung unter genau definierten Bedingungen (A. Seher 1959a).

Tabelle 2. *Wassergehalte und Aktivitäts-Stufen von Aluminiumoxiden verschiedener Herkunft* (nach Firmen-Angaben)

Aktivitäts-stufe	Wassergehalt des Aluminiumoxids von		
	Giulini %	Merck %	Woelm %
I	0	0	0
II	0,5	3	3
III	3	4,5	6
IV	6	9,5	10
V	10	15	15

Zur Prüfung der gewählten Aktivitäts-Stufe dienen Testfarben-Gemische. Für Kieselgel hat sich eine Mischung aus Indophenol, p-Dimethylamino-azobenzol und Sudanrot G[1] bewährt. Für Aluminiumoxid ist ein Gemisch aus Azulen, p-Dimethylamino-azobenzol, Ceresrot und Indophenol[2] günstig (E. Stahl 1961 b).

4. Auswahl geeigneter Fließmittel

Zur Erreichung günstiger Trennungen ist neben der Auswahl eines geeigneten Beschichtungsmittels und seiner Aktivitäts-Einstellung ein optimal wirksames Fließmittel notwendig. Für seine Auswahl haben die in der Säulen-Chromatographie gewonnenen Erfahrungen weitgehende Gültigkeit. Daher bietet die von W. Trappe (1940) aufgestellte „eluotrope Reihe" der Lösungsmittel einige Anhaltspunkte für die Arbeit. In Tab. 3 ist eine auf Grund von Erfahrungen bei der Dünnschicht-Chromatographie entwickelte Reihe aufgeführt. Da bei der Einord-

Tabelle 3. *Eluotrope Reihe von Fließmitteln*

Pentan	i-Amyläther	
Hexan	i-Propyläther	
Heptan	Diäthyläther	
Schwefelkohlenstoff	Essigester	zunehmende
Tetrachlorkohlenstoff	Aceton	eluierende
Xylol	Dioxan	Wirkung
Toluol	Propanol	
Benzol	Methanol	
Trichloräthylen	Propionsäure	
Methylenchlorid	Essigsäure	
Chloroform		

---

[1] Testfarben-Gemisch für Dünnschicht-Chromatographie der Fa. C. Desaga, Heidelberg.

[2] Farbkonzentrat des „Aktivitätsstufen-Testbestecks" der Firmen Gebr. Giulini G.m.b.H., Ludwigshafen/Rhein und C. Desaga, Heidelberg.

nung der Fließmittel neben der Polarität auch das Lösungsvermögen für die zu untersuchenden Substanzen bedeutungsvoll ist, kann es gelegentlich zu Überschneidungen in der Reihenfolge kommen.

Um reproduzierbare Ergebnisse zu erhalten, müssen alle Lösungsmittel gut getrocknet sein. Ein Gehalt an Wasser wirkt, wie bei der Säulen-Chromatographie, auf die Schicht aktivitätsmindernd.

Die Adsorptions-Affinität der zu analysierenden Substanzen wird von den vorhandenen funktionellen Gruppen wesentlich beeinflußt. Die Affinität zum Adsorbens steigt in der Reihenfolge:

$$-CH_3 < -O \cdot Alkyl < = CO < -NH_2 < -OH < -COOH.$$

Über den Zusammenhang zwischen Adsorptionsmilieu, Fließmittel und Polarität der zu trennenden Substanzen gibt ein von E. Stahl (1961a) veröffentlichtes Schema die grundsätzlichen Beziehungen wieder.

Sofern eine beabsichtigte Trennung mit einem einheitlichen Lösungsmittel nicht gelingt, bedient man sich Mischungen. Deren Auswahl erfolgt zweckmäßig derart, daß man einem nicht ausreichend polaren Fließmittel (Substanz bleibt am Start oder wandert zu wenig) portionsweise ein stärker eluierendes zufügt. Die zu mischenden Lösungsmittel sollen in der Tab. 3 nicht zu weit von einander entfernt stehen. Gemische aus Lösungsmitteln mit extremen Eigenschaften können sich beim Aufsteigen in der Schicht teilweise entmischen, so daß zwei Lösungsmittel-Fronten zu beobachten sind. Ferner tritt bei Fließmittel-Mischungen in erhöhtem Maße die Gefahr einer Ausbildung gekrümmter Steigfronten auf (vgl. unten).

5. Vorbereitung der Trennkammern

Zur Durchführung der Trennungen arbeitet man im allgemeinen nach dem Prinzip der aufsteigenden Papier-Chromatographie in Glaskästen, deren Größe

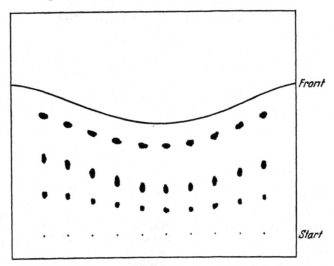

Abb. 2. „Randeffekt" als Folge ungenügender Sättigung des Dampfraumes in der Trennkammer

dem Format der benutzten Dünnschicht-Platten angepaßt ist. Die Gefäße müssen durch einen dichtsitzenden, aufgeschliffenen Deckel verschlossen sein. Nach dem Einfüllen des Fließmittels ist eine sorgfältige Sättigung des Dampfraumes notwendig, da sonst während des Chromatographierens aus der Schicht eine Verdunstung des Fließmittels erfolgt. Sie führt zu erheblichen Abweichungen in den Laufstrecken und verlängert die Trennzeiten. Die niedrigen R_f-Werte werden stark erhöht, während die höheren sich weniger ändern. Vermehrt tritt diese Erscheinung bei Verwendung von Fließmittel-Mischungen durch unterschiedliche Verdampfung der einzelnen Komponenten auf. Dieser Effekt wird vorwiegend an den Rändern der Platten beobachtet und von E. DEMOLE (1958) als „Randeffekt" bezeichnet (vgl. Abb. 2).

Zur Abhilfe schlugen A. SEHER (1959a) und E. STAHL (1959b) vor, die Glaskästen an drei Seiten mit sehr saugfähigem Filterpapier zu bekleiden, das in die Fließmittel-Schicht eintaucht und so für eine fortlaufende Sättigung des Dampfraumes sorgt. Zur Kontrolle des Verlaufes einer Trennung hat es sich bewährt, bei jeder Analyse neben den Proben ein Testfarben-Gemisch (vgl. S. 599) aufzutropfen und zu chromatographieren.

B. Qualitative Trennungen

Die im folgenden referierten Ergebnisse dünnschichtchromatographischer Analysen sollen bewährte Trennverfahren angeben und Hinweise auf verschiedene Arbeitstechniken und -möglichkeiten liefern. Da die Arbeitsweise hauptsächlich von der Art der zu trennenden Substanzen abhängt, erschien eine Gliederung nach Stoffgruppen am vorteilhaftesten.

I. Aminosäuren und Nucleinsäure-Derivate

Eine Auftrennung von *Aminosäuren* aus nicht entionisierten Eiweiß-Hydrolysaten gelang E. MUTSCHLER und H. ROCHELMEYER (1959) auf gepuffertem Kieselgel. Zur Herstellung der Trennplatten rieben sie Kieselgel G im Verhältnis 1:2 mit einem Gemisch aus gleichen Teilen 0,2 m-Lösungen von Kaliumdihydrogenphosphat und Dinatriumhydrogenphosphat zu einer gleichmäßigen Suspension an und beschichteten damit Glasplatten in üblicher Weise. Als Elutionsmittel verwendeten sie die in Tab. 4 angegebenen Mischungen, mit denen sie die aufgeführten R_f-Werte erhielten.

Die in der Papier-Chromatographie beobachteten Regelmäßig-

Tabelle 4. *R_f-Werte verschiedener Aminosäuren auf Kieselgelplatten mit Sörensen-Puffer und verschiedenen Fließmitteln*

Aminosäure	Äthanol-Wasser (7:3) (I)	Äthanol-25%ig. Ammoniak (4:1) (II)	Äthanol-25%ig. Ammoniak-Wasser (7:1:2) (III)
Lysin	0,05	0,05	0,10
Arginin	0,10	0,10	0,15
Histidin	0,25	0,65	0,75
Asparaginsäure . .	0,40	0,15	0,40
Glykokoll	0,34	0,33	0,55
Serin	0,32	0,38	0,60
Prolin	0,40	0,35	0,50
Alanin	0,50	0,50	0,65
Glutaminsäure . .	0,50	0,25	0,55
Threonin	0,50	0,63	—
Valin	0,65	0,70	0,82
Methionin	0,70	0,75	0,75
Leucin	0,75	0,75	0,85
Tyrosin	0,80	0,47	0,85

keiten (vgl. J. M. HAIS und K. MACEK 1958) gelten danach auch weitgehend für die Dünnschicht-Chromatographie. Durch zweidimensionale Arbeitsweise mit den Fließmitteln I und II gelang eine vollständige Auftrennung eines Gemisches aller in Tab. 4 genannten Aminosäuren.

Umfangreiche vergleichende Untersuchungen über das Verhalten von Aminosäuren bei der Papier- und Dünnschicht-Chromatographie führten M. BRENNER und A. NIEDERWIESER (1960) aus. Sie hielten eine Pufferung der Kieselgelschichten nicht für notwendig, benutzten aber durch ausschließliche Trocknung der Platten bei Zimmertemperatur (Liegenlassen über Nacht) nur Trennschichten von geringer Aktivität. Gegenüber der Papier-Chromatographie fanden sie bei Probenmengen von etwa 1 μg je Komponente die Flecken wesentlich kleiner, schärfer begrenzt und besser getrennt. Als Fließmittel benutzten sie für zweidimensionale Trennungen Butanol-Eisessig-Wasser (60:20:20) und Phenol-Wasser (75:25).

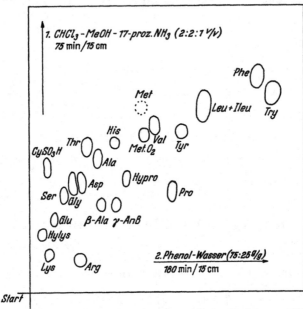

Abb. 3. Zweidimensionale Trennung eines mit Perameisensäure oxydierten Gemisches aus 20 Eiweiß-Aminosäuren + β-Alanin + γ-Amino-n-buttersäure (γ-AnB) (nach A. R. Fahmy u. Mitarb. 1961)

Tabelle 5. R_f-Werte von Nucleotiden an der Ecteola-Schicht
(Kapazität des Ionenaustauschers: 0,41 mval/g N)

Substanz	R_f-Wert
Adenosin-5′-monophosphat	0,57
Adenosin-diphosphat	0,36
P¹-[(Adenosyl-(5′)]-P²-methylpyrophosphat . . .	0,46
P¹-[(Adenosyl-(5′)]-P²-phenylpyrophosphat . . .	0,32
Adenosin-triphosphat	0,21
Guanosin-5′-monophosphat	0,55
Guanosin-diphosphat	0,37
Guanosin-triphosphat	0,17
Uridin-5′-monophosphat	0,80
Uridin-diphosphat	0,63
Uridin-triphosphat	0,44
Cytidin-5′-monophosphat	0,74
Cytidin-diphosphat	0,51
Cytidin-triphosphat	0,34
Inosin-5′-monophosphat	0,74
Adenosin-3′-monophosphat	0,48
Guanosin-3′-monophosphat	0,44
Uridin-3′-monophosphat	0,75
Cytidin-3′-monophosphat	0,71
Hochmolekulare Ribonucleinsäure (aus Spinat). .	0

Zur Sichtbarmachung der getrennten Aminosäuren sind die aus der Papier-Chromatographie bekannten Sprühreagentien geeignet. Die zuletzt genannten fanden zum Anfärben das von E. D. Moffat und R. I. Lytle (1959) modifizierte Ninhydrin-Reagens besonders vorteilhaft. Vor dem Besprühen trockneten sie die Platten etwa 10 min bei 110° C.

Eine noch weitergehende Auftrennung von Aminosäure-Gemischen gelang A. R. FAHMY u. Mitarb. (1961) nach Oxydation mit Perameisensäure auf lufttrocknen Kieselgel G-Platten. Über das Ergebnis der Trennung und die benutzten Fließmittel orientiert die Abb. 3.

Dipeptide konnten M. BRENNER und G. PATAKI (1961) in gewissem Umfange gleichfalls auf Kieselgel G-Platten trennen. Mit Gemischen aus n-Butanol-Eisessig-Wasser (4:1:1 v/v) oder n-Propanol-Wasser (7:3 v/v) gelang die Unterscheidung von 5 Paaren isomerer Dipeptide, die sich lediglich in der Reihenfolge der Verknüpfung unterschieden (z. B. Gly–Val/Val–Gly u. a.).

Weitere Untersuchungen über Aminosäure-Gemische liegen von M. MOTTIER (1958) mit einer etwas abgeänderten Technik sowie von E. NÜRNBERG (1959) vor.

Beim Abbau von Proteinen und Peptiden mit Dinitrofluorbenzol bzw. Phenylsenföl erhält man nach geeigneter Aufarbeitung *Dinitrophenyl-Aminosäuren* (DNP-Aminosäu-

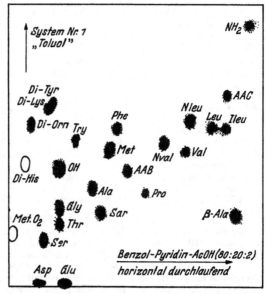

Abb. 4. Zweidimensionales Dünnschichtchromatogramm einer Mischung von je 1 μg DNP-Aminosäuren (nach M. BRENNER u. Mitarb. 1961)

ren) bzw. *Phenylthiohydantoine* (PTH-Aminosäuren). Diese für die Sequenz-Untersuchung wichtigen Produkte lassen sich nach M. BRENNER u. Mitarb. (1961) auf Kieselgel G-Schichten trennen. Die Ergebnisse und die benutzten Fließmittel sind in den Abb. 4 und 5 dargestellt.

Zur Trennung von *Nucleinsäure-Derivaten* benutzte K. RANDERATH (1961) Schichten aus Ecteola-Cellulose (vgl. S. 598), die er nach Pulverisieren und Siebung mit Collodium-Lösung anrührte und auf Glasplatten zu einem dünnen Film aufstreichen konnte. Mit 0,15 m-Natriumchlorid-Lösung als Fließmittel erhielt er die in Tab. 5 aufgeführten R_f-Werte.

Über weitere Nucleotid-Trennungen auf Schichten von Diäthylaminoäthyl-(DEAE-)und Ecteola-Cellulose berichtete K. RANDERATH (1962).

II. Zucker

Verschiedene Mono- und Disaccharide trennten E. STAHL und U. KALTENBACH (1961a) auf Kieselgur-Schichten, die aus 30 g Kieselgur G

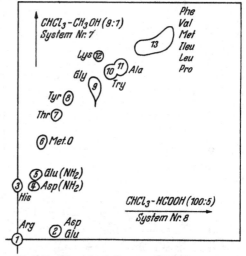

Abb. 5. Zweidimensionale Trennung einer Mischung von je 0,5 μg PTH-Aminosäuren (nach M. BRENNER u. Mitarb. 1961) [Met.O = Methioninsulfoxid]

und 60 ml 0,02 m-Natriumacetat-Lösung in üblicher Weise bereitet waren. Als Fließmittel benutzten die Autoren ein Gemisch aus Essigester-Isopropanol-Wasser

(65:22,7:12,3). Die Analyse ist nur ausführbar, wenn die einzelnen Komponenten des Zuckergemisches in einer Menge von nur je etwa 0,5 μg vorliegen. Bei größeren Auftropfmengen laufen die Flecken ineinander.

Tabelle 6. *R_f-Werte und Farbreaktionen der Zucker*

Zucker	R_f-Werte	Farbreaktion
Lactose	0,04	grünlich
Saccharose	0,08	violett
Glucose	0,17	hellblau
Fructose	0,25	violett
D(+)-Xylose	0,39	grau
D(—)-Ribose	0,49	blau
L(+)-Rhamnose . . .	0,62	grün
D(+)-Digitoxose . . .	0,94	blau
L(+)-Arabinose . . .	0,28	gelbgrün
D(+)-Mannose	0,23	grün
D(+)-Galaktose . . .	0,18	grüngrau
Maltose	0,06	violett
L(—)-Sorbose	0,26	violett

Das Arbeiten mit derart kleinen Probenmengen wurde möglich, nachdem die Genannten fanden, daß die von Kägi und Mischer zum Nachweis von Steroiden angegebene Umsetzung mit Anisaldehyd und Schwefelsäure[1] noch 0,05 μg eines Zuckers im Dünnschicht-Chromatogramm erkennen läßt. Ferner bilden sich charakteristische Farbtöne aus, die für die Identifizierung im Chromatogramm eine Hilfe darstellen. In Tab. 6 sind für verschiedene Zucker die R_f-Werte und Farbtönungen angegeben.

a) Aliphatische Polyalkohole

Glycerin, verschiedene Glykole und andere mehrwertige Alkohole trennten E. Knappe u. Mitarb. (1964) auf Aluminiumoxid G-Schichten mit Chloroform-Toluol-Ameisensäure (80:17:3 v/v/v) oder auf Kieselgel G mit n-Butanol, gesättigt mit 1,5 n Ammoniak als Fließmittel. Zur Sichtbarmachung benutzten sie bekannte Oxydationsmittel. Die Reihe der Polyglycerine konnte A. Seher (1964) mit der auf Seite 603 für Zucker beschriebenen Arbeitsweise trennen. Die Anfärbung gelang spezifisch mit Natriumperjodat und Benzidin.

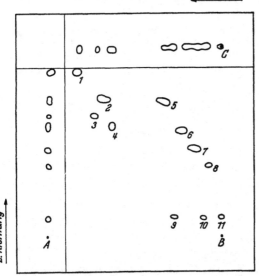

Abb. 6. Zweidimensionale Gruppentrennung von Lipoiden (nach H. P. Kaufmann u. Z. Makus 1960). Trennschicht: Kieselgel G; Fließmittel: 1. Laufrichtung: Diäthyläther, 2. Laufrichtung: Isopropyläther + 1,5% Eisessig. *1* Tristearin, *2* Myristinaldehyd; *3* Distearin; *4* Stearylalkohol; *5* Stearinsäure; *6* 9,10-Epoxy-stearinsäure; *7* 12-Hydroxy-stearinsäure; *8* 9,10-12,13-Diepoxy-stearinsäure; *9* Monostearin; *10* Stearinsäureamid; *11* 9,10-Dihydroxy-stearinsäure

III. Fettsäuren, Fette und Partialglyceride

Durch Arbeiten von H. K. Mangold (1959) sowie H. K. Mangold und D. C. Malins (1960) wurde die Dünnschicht-Chromatographie erstmals auch zur Lösung fettanalytischer Probleme eingesetzt. Zunächst wandten sie die Methode zur Auftrennung in Polaritäts-Gruppen an. Sie benutzten hierfür Kieselgel G-Schichten und als Fließmittel Gemische von Petroläther-Diäthyläther, z. T. mit Zusatz von 1% Eisessig. Um auch Trennungen homologer Verbindungen zu erreichen, imprägnierten sie die Kieselgel G-Schichten in der von ihnen früher bei der Papier-Chromatographie beschriebenen Weise mit Siliconöl (D. C. Malins und H. K. Mangold 1960). Durch diese permanente Hydrophobierung ergeben sich jedoch Schwierigkeiten bei der Sichtbarmachung der getrennten Substanzen.

Grundsätzliche und richtungweisende Untersuchungen führten H. P. Kaufmann und Z. Makus (1960) aus. Durch das Studium zahlreicher Modell-Mischungen

---

[1] Vgl. D. Waldi: Chromatographie, S. 150, Vorschrift Nr. 61. Darmstadt: Verlag E. Merck. 1959.

fanden sie 3 Trennverfahren, die eine systematische Analyse lipophiler Substanzen ermöglichen:

1. auf normalen Kieselgel G-Schichten trennen sich Lipoid-Gemische in Polaritäts-Gruppen;

2. durch Hydrophobierung (Imprägnierung) der Schichten lassen sich innerhalb der Gruppen die einzelnen Komponenten trennen;

3. mit Hilfe eines zweidimensionalen Kombinations-Verfahrens aus den Techniken 1 und 2 gelingt die Zerlegung komplizierter Lipoid-Gemische in alle Bestandteile.

Zu den Verfahren 1 und 2 gibt die Tab. 7 einen Überblick über geeignete Fließmittel und die benötigten Steigzeiten. Beide Arbeitstechniken können für sich

Tabelle 7. *Zusammenstellung von Fließmitteln für Lipoid-Trennungen*
(nach H. P. KAUFMANN und Z. MAKUS 1960)

Trennung in:	Fließmittel	Laufzeit für 12 cm Trennstrecke
1. normale Kieselgel G-Schichten zur Auftrennung in Polaritäts-Gruppen		
Mono-, Di-, Triglyceride und Fettsäure-Gruppe	Isopropyläther	25 min
Triglycerid-, Fettsäure-, Epoxy-, Diepoxy-, Hydroxy- und Dihydroxy-fettsäure-Gruppe	Isopropyläther oder	25 min
	Isopropyläther-Eisessig (98,5:1,5)	40 min
Fettaldehyd-, Fettsäure-, Monoglycerid- und Ketosäure-Gruppe	Diäthyläther	30 min
2. mit Undecan imprägnierte Schichten zur Homologen-Trennung		
Fettsäuren	96%ig. Essigsäure oder	4 Std
	Eisessig-Acetonitril (1:1)	80 min
Epoxy- u. Episulfido-Fettsäuren	80%ig. Essigsäure	4 Std
Fettalkohole	Eisessig-Acetonitril (1:1)	80 min
Diglyceride	Chloroform-Methanol-Wasser (5:15:1)	2,5 Std
Triglyceride	Aceton-Acetonitril (7:3)	75 min

zu zweidimensionalen Trennungen benutzt werden. Als Beispiel für eine zweidimensionale Gruppen-Trennung ist in Abb. 6 das Dünnschicht-Chromatogramm eines Modell-Gemisches dargestellt.

Durch diese Arbeitsweise gelingt es, von einem unbekannten Lipoid-Gemisch einen Eindruck über die Stoffzugehörigkeit der Bestandteile und dadurch Grundlagen für eine systematische Auftrennung zu erhalten. Hiervon machten z. B. H. JATZKEWITZ und E. MEHL (1960) bei Untersuchungen von Gehirnlipoiden Gebrauch.

Die Sichtbarmachung der Lipoide erfolgt durch Besprühen der Platten mit 20%iger (g/v) alkoholischer Lösung von Phosphormolybdänsäure und anschließendes Erhitzen im Trockenschrank auf 120° C bis zum Erscheinen der dunkelblauen Flecken. Die Dauer des Erhitzens ist für die einzelnen Substanzen unterschiedlich. Gesättigte Fettsäuren und trigesättigte Glyceride färben sich am langsamsten.

Ferner kann die Anfärbung nach H. P. KAUFMANN und J. BUDWIG (1951) mit Rhodamin B erfolgen. Diese Art des Nachweises ist besonders empfindlich. Zum einwandfreien Gelingen ist jedoch darauf zu achten, daß beim Ansprühen der Platten mit 0,05%iger wäßriger Rhodamin B-Lösung die Schicht nur von feinsten Nebel-Töpfchen getroffen wird, da größere Tropfen die nachfolgende Betrachtung im UV-Licht beeinträchtigen. Die Auswertung geschieht zweckmäßig an der noch sprühfeuchten Platte. Durch Trocknung sinkt die Empfindlichkeit des Nachweises.

Besonders ist noch auf eine von H. P. Kaufmann u. Mitarb. (1961c) beschriebene Anfärbungsmethode hinzuweisen. In der Papier-Chromatographie ist es vielfach möglich, die Streifen zur Erkennung der getrennten Substanzen durch Reagens-Lösungen hindurchzuziehen und den Reagens-Überschuß anschließend auszuwaschen. Versucht man eine Dünnschicht-Platte in Wasser oder eine wäßrige Lösung einzutauchen, so wird die Schicht zerstört. Es gelang den Autoren durch Behandeln der entwickelten und getrockneten Platten mit dampfförmigem Dichlor-dimethyl-silan im leicht evakuierten Exsiccator, die Schichten so zu verfestigen, daß sie ohne Beschädigung in Lösungen verschiedener Reagentien gelegt und anschließend mit fließendem Wasser ausgewaschen werden können. Durch diese Bearbeitung der Schichten können die in der Papierchromatographie bewährten Färbereagentien für Fettsäuren (Kupferacetat und Rubeanwasserstoff) nunmehr auch zum spezifischen Nachweis von Säuren in der Dünnschichtchromatographie herangezogen werden.

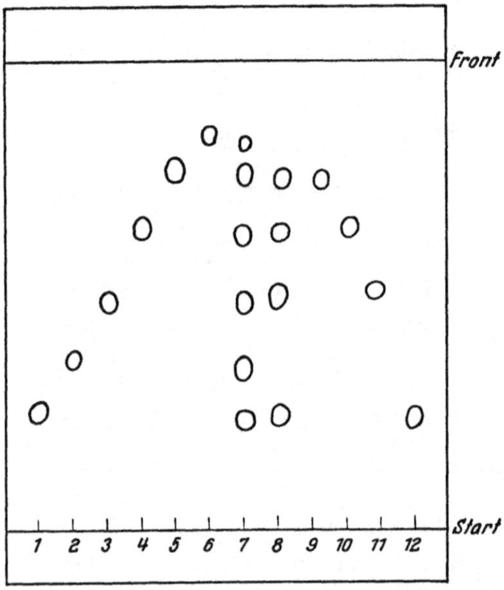

Für Analysen homologer Substanzen empfiehlt sich die Arbeitstechnik 2 (vgl. S. 605) auf hydrophobierten Trennschichten. Die Hydrophobierung erfolgt durch vorsichtiges Eintauchen der beschichteten und getrockneten Platten in eine 2%ige Lösung von Undecan stand.[1] in niedrigsiedendem Petroläther. Anschließend bleibt die Platte bis zur vollständigen Verdunstung des Petroläthers waagerecht an der Luft liegen. Auf der so vorbereiteten Platte werden die Trennungen ausgeführt. Als Beispiel einer Analyse von *Fettsäuren* gibt Abb. 7 die Arbeitsbedingungen und das Ergebnis wieder.

An dem Auftreten „kritischer Partner", in Abb. 8 sind es u. a.

Abb. 7. Trennung von Fettsäuren auf hydrophobierter Kieselgur-G-Schicht (nach H. P. Kaufmann u. Mitarb. 1961c). Trennschicht: Kieselgur G; Imprägnierungsmittel: Undecan stand.; Fließmittel: Eisessig-Acetonitril (1:1); Aufgetragen je 5 µg: *1* Arachinsäure; *2* Stearinsäure; *3* Palmitinsäure; *4* Myristinsäure; *5* Laurinsäure; *6* Caprinsäure; *7* Gemisch 1—6; *8* Gemisch 9—12; *9* Linolensäure; *10* Linolsäure; *11* Ölsäure; *12* Erucasäure

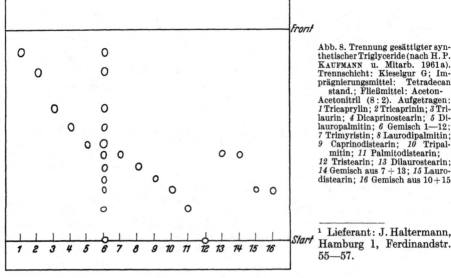

Abb. 8. Trennung gesättigter synthetischer Triglyceride (nach H. P. Kaufmann u. Mitarb. 1961a). Trennschicht: Kieselgur G; Imprägnierungsmittel: Tetradecan stand.; Fließmittel: Aceton-Acetonitril (8:2). Aufgetragen: *1* Tricaprylin; *2* Tricaprinin; *3* Trilaurin; *4* Dicaprinostearin; *5* Dilauropalmitin; *6* Gemisch 1—12; *7* Trimyristin; *8* Laurodipalmitin; *9* Caprinodistearin; *10* Tripalmitin; *11* Palmitodistearin; *12* Tristearin; *13* Dilaurostearin; *14* Gemisch aus 7 + 13; *15* Laurodistearin; *16* Gemisch aus 10+15

[1] Lieferant: J. Haltermann, Hamburg 1, Ferdinandstr. 55—57.

Linol- und Myristinsäure, erkennt man, daß bei diesen Analysen die in der Papier-Chromatographie gefundenen Gesetzmäßigkeiten gleichfalls gültig sind. Durch Verwendung bromhaltiger Fließmittel gelang H. P. KAUFMANN u. Mitarb. (1962) die Auftrennung solcher kritischer Partner.

Vicinal ungesättigte Fettsäuren trennten auf permanent hydrophobierten Platten L. J. MORRIS u. Mitarb. (1960). Langkettige Keto-carbonsäuren, Hydroxy-Fettsäuren und γ-Lactone trennten H. P. KAUFMANN und Y. S. Ko (1961) auf mit Tetradecan stand. imprägnierten Kieselgur G-Platten[1]. Als Fließmittel dienten Essigsäure-Wasser-Mischungen (80:20 und 75:25).

Fettsäure-methylester analysierten D. C. MALINS und K. H. MANGOLD (1960) auf siliconierten Kieselgel G-Schichten mit Acetonitril-Eisessig-Wasser (70:10:25 v/v) als Fließmittel. Mehrfach ungesättigte *Fettaldehyde* untersuchten E. J. GAUGLITZ jr. und D. C. MALINS (1960) mit der gleichen Arbeitstechnik.

Die Trennung von *Triglyceriden* gelang H. P. KAUFMANN u. Mitarb. (1961a) auf Kieselgur G-Schichten, die mit Tetradecan stand.[1] imprägniert waren. Über die Fließmittel und das Verhalten der Glyceride gibt Abb. 8 Auskunft.

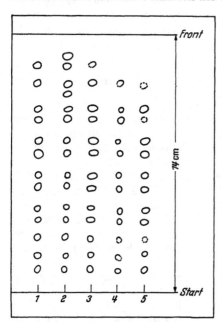

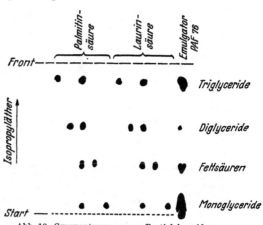

Abb. 10. Gruppentrennung von Partialglyceriden

Abb. 9. Trennung natürlicher Fette in ihre Triglycerid-Komponenten durch mehrfache Entwicklung (nach H. P. KAUFMANN u. B. DAS 1962). Trennschicht: Kieselgur G; Imprägnierungsmittel: Paraffin flüssig; Fließmittel: Aceton — Acetonitril (7:4). Aufgetragen je etwa 25 μg: *1* Sojaöl; *2* Leinöl; *3* Maisöl; *4* Königskerzenöl; *5* Erdnußöl. Die schwachen Flecke sind in der Abbildung punktiert gezeichnet

Hierbei ist, wie bei der Analyse der Zucker erwähnt, die Aufgabe sehr geringer Substanzmengen mitbestimmend für das Ergebnis der Analysen.

Die an den synthetischen Triglyceriden entwickelten Methoden haben sich auch bei Untersuchung der Glycerid-Zusammensetzung natürlicher Fette und Öle bewährt. H. P. KAUFMANN u. B. DAS (1962) erreichten durch wiederholte Entwicklung sehr weitgehende Auftrennungen (Abb. 9).

B. DE VRIES und G. JURRIENS (1963) benutzten Trennschichten aus Kieselgel G, das sie mit der doppelten Menge 12%iger Silbernitrat-Lösung suspendierten. Auf diesen Schichten trennen sich mit Benzol-Äther (8:2 v/v) als Fließmittel Triglyceride und andere Lipide nach der Zahl der im Molekül enthaltenen Doppelbindungen. H. P. KAUFMANN und H. WESSELS (1964) kombinierten diese Methode mit dem Umkehrphasen-System, wodurch sie die Gruppen nach der Kettenlänge der Komponenten weiter zerlegen konnten.

Mit Hilfe derartiger Glycerid-Analysen von Fetten gelingt teilweise die Erkennung von Fremdfett-Beimischungen durch das Auftreten unerwarteter Flecken.

[1] Lieferant und Arbeitsvorschrift vgl. S. 606.

Über die Trennung von *Acetoglyceriden* berichten E. H. GRUGGER jr. u. Mitarb. (1960).

Partialglyceride, besonders Monoglyceride, besitzen Bedeutung als Emulgatoren in Lebensmitteln. Ihre Trennung gelang H. P. KAUFMANN und Z. MAKUS (1960). Auf normalen Schichten von Kieselgel G erfolgt mit Isopropyläther als Fließmittel eine Gruppentrennung, wie sie in Abb. 10 dargestellt ist.

Bei der Untersuchung solcher Emulgatoren hat sich die von den gleichen Autoren entwickelte Kombinations-Trennung (vgl. S. 605) bewährt. Bei zwei-dimensionaler Arbeitsweise erfolgt in der ersten Laufrichtung auf normaler Kieselgel G-Schicht eine Gruppentrennung. Nach Trocknung der Platte wird eine partielle Imprägnierung gemäß Abb. 11 vorgenommen (vgl. S. 606). Nunmehr erfolgt in der zweiten Laufrichtung die Trennung der Gruppen in die vorhandenen Einzelkomponenten.

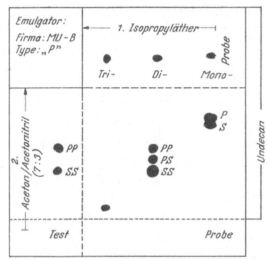

Abb. 11. Kombinationstrennung eines Emulgators aus Partial-glyceriden. Trennschicht: Kieselgel G; Imprägnierungsmittel: Undecan stand.; Fließmittel: 1. Laufrichtung: Isopropyläther, 2. Laufrichtung: Aceton-Acetonitril (7:3); *PP* Dipalmitin; *SS* Distearin; *PS* Palmitostearin; *P* Monopalmitin; *S* Monostearin

IV. Phosphatide

Die Trennung von Phosphatiden gelang H. WAGNER u. Mitarb. (1960) auf normalen Kieselgel G-Schichten. Als Fließmittel benutzten sie ein von C. H. LEA u. Mitarb. (1955) angegebenes Gemisch aus Chloroform-Methanol-Wasser (11:5:1). H. P. KAUFMANN u. Mitarb. (1961 c) machten bei der Nacharbeitung von ihrer Methode der Schichtfixierung mit Dichlor-dimethyl-silan (vgl. S. 608) Gebrauch, wodurch es ihnen möglich war, die Sichtbarmachung mit Phosphormolybdänsäure und Zinn(II)-chlorid-Lösung vorzunehmen.

H. WAGNER (1960 und 1961) berichtet über die Analyse von Cephalin-Lecithin-Gemischen, z. B. dem „Sojalecithin" des Handels. Die Komponenten trennten sich auf Kieselgel G-Schichten bei Verwendung von Chloroform-Methanol-Wasser (65:25:4) als Fließmittel. Das Ergebnis einer Phosphatid-Trennung ist in Abb. 12 dargestellt.

In entsprechender Weise gelang H. WAGNER u. Mitarb.

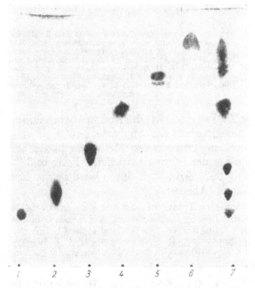

Abb. 12. Dünnschichtchromatogramm von Phosphatiden (nach H. WAGNER u. Mitarb. 1961). Trennschicht: Kieselgel G; Fließmittel: Chloroform-Methanol-Wasser (65 : 25 : 4); Sichtbarma-chung: Rhodamin B und Dragendorff-Lösung. Aufgetragen: *1* Lysolecithin; *2* Sphingomyelin; *3* Lecithin; *4* Colamincepha-lin; *5* Cerebroside; *6* Cardiolipin; *7* Gemisch aus 1—6

(1960) auch die Trennung von Cerebrosid-Schwefelsäureestern und Gangliosiden. Vgl. hierzu auch H. JATZKEWITZ (1960) sowie E. KLENK und W. GIELEN (1961). Zur quantitativen Bestimmung der getrennten Phosphatide vgl. S. 617 (H. WAGNER 1961).

V. Steroide und Gallensäuren

Bei biologischen Untersuchungen über *Cholesterin-ester* hat die Dünnschicht-Chromatographie den Vorteil, daß man die Ester nicht vorher von den Gesamt-lipoiden abtrennen muß. Vielmehr kann man die Lösung der Gesamtlipoide auf-tropfen und anschließend die Cholesterin-ester trennen, da andere Lipoide bei Anwendung schwach eluierender Fließmittel am Startpunkt zurückbleiben.

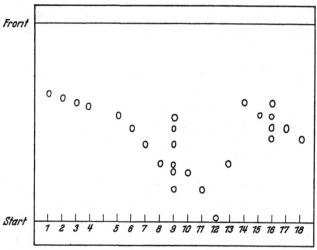

Abb. 13. Trennung von Cholesterinestern (nach H. P. KAUFMANN u. Mitarb. 1961b)). Trennschicht: Kieselgel G; Fließmittel: Tetralin-Hexan (1 : 1); Sichtbarmachung: Phosphormolybdänsäure. Aufgetragen je 1 μg: *1* Stearat; *2* Palmitat; *3* Myristat; *4* Laurat; *5* Caprinat; *6* Caprylat; *7* Capronat; *8* Butyrat; *9* Gemisch aus 1—12; *10* Pro-pionat; *11* Acetat; *12* Cholesterin, frei; *13* Formiat; *14* Erucat; *15* Oleat; *16* Gemisch aus 14—18; *17* Linolat; *18* Linolenat

M. J. D. VAN DAM u. Mitarb. (1960) trennten Cholesterinacetat, -oleat, -palmitat und freies Cholesterin. H. WEICKER (1959) sowie K. HUHNSTOCK und H. WEICKER (1960) trennten aus Blutlipoiden auf Kieselgel G-Schichten mit Tetrachlorkohlen-stoff als Fließmittel Cholesterinacetat, -oleat und -butyrat. Mit dem gleichen Sy-stem arbeiteten H. JATZKEWITZ und E. MEHL (1960). Die vollständige Reihe der gesättigten Cholesterinester vom Formiat bis zum Stearat und zahlreiche un-gesättigte Ester synthetisierten H. P. KAUFMANN u. Mitarb. (1961b). Auf Kiesel-gel G gelang den Genannten die Trennung mit einem Gemisch aus Tetralin und Hexan (1:1) (Abb. 13).

M. BARBIER u. Mitarb. (1959), aus dem Arbeitskreis um REICHSTEIN, prüften die Trennmöglichkeit von 22 *verschiedenen Steroiden* mit Hilfe der Dünnschicht-Chromatographie. Die besten Ergebnisse erzielten sie mit einem aus Cyclohexan und Essigester (85:15 u. 70:30) bestehenden Fließmittel.

D. WALDI u. Mitarb. (1960) entwickelten aus diesen Trennungen einen Schwan-gerschaftstest, der auf der Abtrennung und dem Nachweis von *Pregnandiol* beruht. Nach den bisher damit gewonnenen Erfahrungen gelingt der Test zuverlässig und ohne Tiermaterial in 2—3 Std.

Natürliche *Gallensäuren* konnten H. GÄNSHIRT u. Mitarb. (1960) auf Kiesel-gel G-Schichten mit Gemischen aus Toluol-Eisessig-Wasser (10:10:1 oder 5:5:1) sehr gut analysieren. Mit einem Fließmittel aus Butanol-Eisessig-Wasser (10:1:1) gelang ihnen die Trennung konjugiert ungesättigter Gallensäuren. Die Autoren entwickelten auch eine quantitative Auswertung der Dünnschicht-Chromatogramme (vgl. S. 617).

VI. Alkaloide

Die Möglichkeit, sehr kleine Alkaloidmengen in kurzer Zeit zu trennen und zu identifizieren, ist vor allem bei der toxikologischen Untersuchung und in der Arzneimittelanalyse von großer Bedeutung. Zur Trennung der stärker basischen Alkaloide bewährte sich die Alkalisierung der Trennschichten, durch Suspendieren des Kieselgels in 0,5 n-Kalilauge oder ein Zusatz von Diäthylamin zum Fließmittel (E. STAHL 1959b). Einen systematischen Beitrag zur Analyse von Alkaloiden lieferten D. WALDI u. Mitarb. (1961). Neben der speziellen Trennung und Identifizierung entwickelten die Autoren einen vollständigen Trennungsgang zur Untersuchung unbekannter Alkaloid-Gemische.

Die Tab. 8 enthält Angaben über R_f-Werte von *Opiumalkaloiden* und einigen ihrer Derivate, die aus verschiedenen Veröffentlichungen zusammengestellt wurden.

Fließmittel: I: Chloroform-Äthanol (9:1).
II: Chloroform-Äthanol (8:2).
III: Dimethylformamid-Diäthylamin-Äthanol-Essigester (5:2:20:75).
IV: Benzol-Heptan-Chloroform-Diäthylamin (6:5:1:0,02).
V: Methanol.

Tabelle 8. *Trennungen von Opiumalkoliden und ihren Derivaten* (nach K. TEICHERT u. Mitarb. 1960b, G. MACHATA 1960 u. D. WALDI u. Mitarb. 1961)

Alkaloid	Kieselgel G normal (I)	Kieselgel G alkalisiert (II)	Cellulose-Pulver (III)	Cellulose-Pulver formamid-imprägniert (IV)	Kieselgel G normal (V)
Morphin	0,02	0,02	0,27	0	0,24
Dihydromorphinon	0,05	0,13	0,27	0,06	0,14
Dihydrocodein	0,06	0,22	0,34	—	—
Dihydrocodeinon	0,10	0,28	0,34	0,57	—
Codein	0,12	0,33	0,41	0,37	0,26
Morphinäthyläther	0,14	0,37	0,44	0,57	—
Acetyl-dihydrocodeinon	0,24	0,59	—	0,90	—
Dihydro-hydroxycodeinon	0,47	0,70	0,79	0,75	—
Papaverin	0,74	0,78	0,86	0,89	0,74
Narcotin	0,78	0,81	0,92	0,94	0,69

Die Analyse von *Rauwolfia-Alkaloiden* beschreiben F. SCHLEMMER und E. LINK (1959) sowie K. TEICHERT u. Mitarb. (1960b). Die letzteren nahmen auch eine quantitative Auswertung vor. Vgl. auch E. ULLMANN und H. KASSALYTZKY (1962).

Mit Untersuchungen von *Mutterkorn-Alkaloiden* befaßten sich K. TEICHERT u. Mitarb. (1960a). Um eine vollständige Trennung der Ergotamin- und Ergotoxin-Gruppe zu erzielen, entwickelten sie zweimal in derselben Laufrichtung mit verschiedenen Fließmitteln. Die weiteren Arbeitsbedingungen und das Ergebnis der Trennung sind in Abb. 14 dargestellt.

Den gleichen Autoren gelang auch die Trennung von *Belladonna-Alkaloiden* auf normalen Kieselgel G-Schichten mit Dimethylformamid-Diäthylamin-Äthanol-Essigester (1:1:6:12) als Fließmittel. Zur Sichtbarmachung besprühten sie mit DRAGENDORFFs Reagens.

Weiter sei auf Untersuchungen über *Chinarinden-Alkaloide* von K. H. MÜLLER und H. HONERLAGEN (1960) verwiesen.

Die in Arzneimittel-Gemischen vorkommenden *Purin-Derivate*, Coffein, Theobromin und Theophyllin wurden von K. TEICHERT u. Mitarb. (1960a) ebenfalls getrennt. Sie verwendeten Kieselgel G-Schichten mit Sörensen-Puffer und Chloroform-Äthanol (9:1). Bei der Trennung kann auch das bei der toxikologischen Untersuchung nach dem Trennungsgang von STAS-OTTO in der gleichen Chloroform-Fraktion auftretende Antipyrin neben den Purinen erkannt werden.

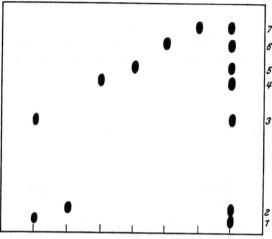

Abb. 14. Trennung von wasserunlöslichen Mutterkorn-Alkaloiden (nach K. TEICHERT u. Mitarb. 1960). Trennschicht: Cellulose-Pulver; Imprägnierungsmittel: Formamid; Fließmittel: Benzol-Heptan-Chloroform (6 : 5 : 3) im 1. Lauf, Benzol-Heptan (6 : 5) im 2. Lauf. Sichtbarmachung: gefiltertes UV-Licht. Aufgetragen: *1* Ergotamin; *2* Ergosin; *3* Ergotaminin; *4* Ergocristin; *5* Ergocornin; *6* Ergokryptin; *7* Ergocristinin

VII. Glykoside

Die Analyse herzwirksamer Glykoside gelang E. STAHL und U. KALTENBACH (1961b) an üblichen Kieselgel G-Schichten mit Methylenchlorid-Methanol-Formamid (80:19:1) als Fließmittel. Zur Sichtbarmachung besprühten sie mit dem

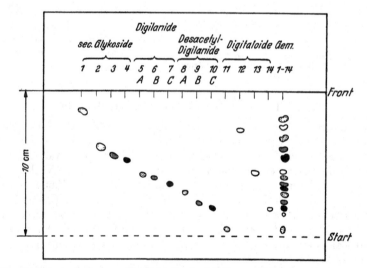

Abb. 15. Dünnschichtchromatogramm von Herzglykosiden (nach E. STAHL u. U. KALTENBACH 1961b). Trennschicht: Kieselgel G; Aufgetragen je 1 μg: *1* Acetyldigitoxin; *2* Digitoxin; *3* Gitoxin; *4* Digoxin; *5* Digilanid A; *6* Digilanid B *7* Digilanid C; *8* Desacetyldigilanid A; *9* Desacetyldigilanid B; *10* Desacetyldigilanid C; *11* k-Strophantosid; *12* Cymarin; *13* Proscillaridin A; *14* Scillaren A. Fluorescenz im langwelligen UV-Licht: offene Flecke = hellgelb; punktierte Flecke = braungelb; gestrichelte Flecke = hellblau; schwarze Flecke = violettblau

von F. KAISER (1955) beschriebenen Trichloressigsäure-Chloramin-Reagens. Im UV-Licht ließen sich auf dem Dünnschicht-Chromatogramm noch 0,01 μg erkennen. In Abb. 15 ist das Schema einer solchen Trennung dargestellt.

Andere Glykoside, z. B. diejenigen der Lignane, konnten in ähnlicher Weise analysiert werden (E. STAHL 1961 a).

VIII. Vitamine

1. Wasserlösliche Vitamine

H. GÄNSHIRT und A. MALZACHER (1960) stellten fest, daß die Dünnschicht-Chromatographie auch bei der Untersuchung von Vitamin-Kombinationspräparaten anwendbar ist. Auf normalen Kieselgel G-Schichten mit Eisessig-Aceton-Methanol-Benzol (5:5:20:70) wurden die in Tab. 9 aufgeführten R_f-Werte erhalten. Die Steighöhen der Fließmittel betrugen 19 cm. Die Trennungen wurden unter Lichtausschluß ausgeführt.

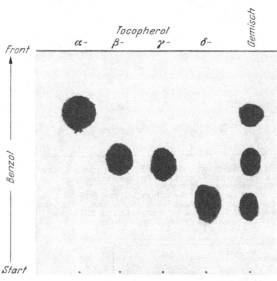

Abb. 16. Trennung der wichtigsten Tocopherole. Trennschicht: Aluminiumoxid G; Fließmittel: Benzol (über Natrium getrocknet)

Tabelle 9. R_f-Werte wasserlöslicher Vitamine

Vitamin	R_f-Wert
B_1	0
B_6	0,15
C	0,30
B_2	0,65
Biotin	0,80

Unter entsprechenden Gesichtspunkten prüfte E. NÜRNBERG (1961a und b) die Trennung Nicotinsäure-Nicotinsäureamid und verschiedener B_6-Derivate untereinander.

2. Fettlösliche Vitamine und Carotinoide

Die klassische Anwendung der Säulen-Chromatographie hat die Forschung auf dem Carotinoid-Gebiet wesentlich befruchtet. Durch Übergang zur dünnen Schicht gelang es in den letzten Jahren, eine große Zahl von Carotinoid-Aldehyden zu entdecken und ihre weite Verbreitung in der Natur nachzuweisen. Nach Anfärbung mit Rhodamin B konnten A. WINTERSTEIN und B. HEGEDÜS (1960a und b) noch 0,03 μg *Carotinaldehyd* erfassen. A. WINTERSTEIN u. Mitarb. (1960) benutzten Trennschichten aus Kieselgel G, die mit Paraffin imprägniert waren und als Fließmittel mit Paraffin gesättigtes Methanol. Ferner wandten sie Schichten aus Kieselgel G und Calciumoxid (5 + 20) an. Hierbei diente als Fließmittel Petroläther-Benzol (1:1).

Vitamin A_1 und sein Palmitat analysierten K. FONTELL und Mitarb. (1960) auf mit Siliconöl imprägnierten Kieselgel G-Schichten mit verschiedenen Fließmitteln. Zur Sichtbarmachung besprühten sie mit 0,2%iger Lösung von Dichlorfluorescein und beobachteten die Fluorescenz im UV-Licht.

Untersuchungen über *Vitamin E* wurden von A. SEHER (1961) ausgeführt. An Aluminiumoxid-Schichten mit Benzol als Fließmittel erhielt er eine Trennung in Trimethyl-, Dimethyl- und Monomethyltocole, wie sie in Abb. 16 gezeigt ist.

β- und γ-Tocopherol besitzen hierbei gleiche R_f-Werte. Ihre Unterscheidung gelang durch Besprühen mit dem von O. E. SCHULZ und D. STRAUSS (1955) modifizierten Cer(IV)-sulfat-Reagens nach SONNENSCHEIN[1]. β-Tocopherol liefert braune, γ-Tocopherol blaue Flecken. Gleichartige Trennungen wurden auf Kieselgel G mit Chloroform erhalten. Die Methode gestattet auch die Untersuchung von Fetten und Ölen auf ihren Vitamin E-Gehalt. Zur Prüfung dient das Unverseifbare. Gemäß Abb. 17 erfolgt deutliche Trennung von den übrigen Inhaltsstoffen.

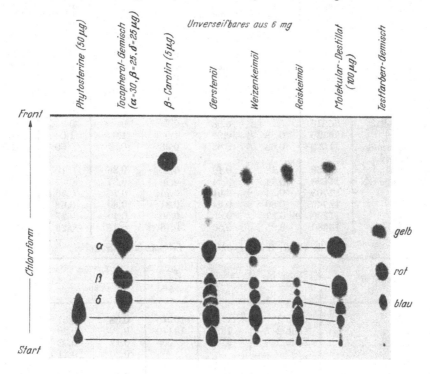

Abb. 17. Dünnschichtchromatogramm des Unverseifbaren verschiedener Pflanzenöle auf Kieselgel G-Platte

Zur Sichtbarmachung wurde mit einer 20%igen alkoholischen Lösung von Phosphormolybdänsäure besprüht. Die Tocopherole bilden in der Kälte dunkelblaue Flecken. Der gelbliche Untergrund wird durch Begasen mit Ammoniak rein weiß. Die Quantitative Auswertung ist auf S. 616 beschrieben.

IX. Ätherische Öle und Terpene

Die Entwicklung der Dünnschicht-Chromatographie basiert auf Untersuchungen über ätherische Öle durch J. G. KIRCHNER u. Mitarb. (1951) sowie J. M. MILLER und J. G. KIRCHNER (1953 u. 1954). Die Trennung erfolgt hauptsächlich in Polaritäts-Gruppen. Später befaßte sich E. STAHL (1958b) mit gleichartigen Trennungen an Kieselgel G-Schichten. Systematische Analysen von Salbeiölen führten D.-H. BRIESKORN und E. WENGER (1960) aus. Sie benutzten Schichten aus Kieselgel G, dem sie 15% gebrannten Gips zusetzten, und Benzol als Fließmittel. Dabei erhielten sie 7 Komponenten, die nach gaschromatographischer Untersuchung nicht alle einheitlich waren. Ähnliche Vergleiche beschrieben E. STAHL und L. TRENNHEUSER (1960). R. TSCHESCHE u. Mitarb. (1961) trennten Triterpensäuren und neutrale Triterpenoide. H. J. PETROWITZ (1960) konnte auf normalen Kieselgel G-Schichten mit verschiedenen Mischungen aus Benzol und Methanol die 4 isomeren Menthole von einander trennen.

---

[1] Vgl. Chromatographie. Darmstadt: E. Merck 1959, daselbst S. 144.

X. Farbstoffe

J. W. Copius-Peereboom (1961) trennte fettlösliche Farbstoffe. Über die benutzten Adsobentien und Fließmittel, sowie über die erhaltenen R_f-Werte gibt die Tab. 10 Auskunft.

Tabelle 10. R_f-Werte fettlöslicher Farbstoffe

Farbstoff	Colour Index 1956	Kieselgel G				Aluminium-oxid G Hexan/ Äthylacetat (98 : 2)	Kieselgur G Cyclohexan
		Hexan/ Äthylacetat (9 : 1)	Chloroform	Petroläther/ Äther/ Eisessig (70 : 30 : 1)	Petroläther/ Äther/ Ammoniak (70 : 30 1)		
Sudanrot I	12055	0,68	0,60	0,77	0,70	0,56	0,63
Sudanrot II	12140	0,72	0,58	0,78	0,67	0,62	0,44
Sudanrot III	26100	0,56	0,52	0,68	0,61	0,41	0,15
Sudanrot IV	26105	0,56	0,53	0,68	0,61	0,38	0,15
Bixin	75120	0	0	0,23	0	0	0
Martiusgelb	10315	0	0	0,28	0	0	0
Chlorophyll	75810	0	0,08	0,21	0	0	0
β-Carotin	75130	0,88	0,92	1,0	1,0	1,0	1,0
Dimethylamino-azobenzol	11020	0,68	0,62	0,68	0,57	0,59	0,85
Ceresrot G	12150	0,18	0,46	0,30	0,36	0,19	0,16
Ceresorange GN	11920	0,14	0,24	0,36	0,37	0	0
Ceresgelb	12700	0,54	0,61	0,74	0,75	0,56	0,54
Gelb XP	12740	0,60	0,64	0,81	0,80	0,68	0,40
Gelb OB	11390	0,27	0,82	0,50	0,49	0,27	0,87
Gelb AB	13380	0,25	0,80	0,46	0,41	0,22	0,88

Tabelle 11. R_f-Werte synthetischer Lebensmittel-Farbstoffe

Farbstoff	Ordnungs-Nr.	Farbstoff-Tabellen (Schultz 1931)	Colour Index 1956	R_f-Wert in Laufmittel		
				1	2	3
Echtgelb	Gelb 1	172	13015	0,58	0,51	0,45
Tartrazin	Gelb 2	737	19140	0,72	0,20	0,10
Chinolingelb	Gelb 3	918	47005	0,12	0,33	0,18
				0,20	0,21	0,07
						0,33
Chrysoin S	Gelb 4	186	14270	0,34	0,60	0,78
Gelb 27175 N	Gelb 5	—	—	0,29	0,26	0,18
Orange GN	Orange 1	—	15980	0,45	0,54	0,51
					0,43	
Gelborange S	Orange 2	—	15985	0,42	0,52	0,48
				0,24	0,40	
Azorubin S	—	208		0,12	0,56	0,63
				0,35	0,55	
Echtrot E	—	210		0,20	0,55	0,56
					0,42	0,62
Amaranth S	—	212		0,31	0,15	0,07
Brillantponceau 4 RC .	—	213		0,55	0,28	0,23
Ponceau 6 R	Rot 1	215	16290	0,76	0,05	0,04
Scharlach GN	—	—		0,90	0,64	0,68
				0,94	0,52	0,62
Erythrosin	Rot 4	887	45430	0,04	0,74	1,00
				0,07		
				0,12		
				0,20		
Indanthrenblau RS . .	Blau 1	1228	69800	0,0	0,0	0,0
Indigotin Ia	Blau 2	1309	73015	0,19	0,22	0,11
				0,07		0,05
Brillantschwarz BN .	Schwarz 1	—	28440	0,10	0,10	0,02
					0,03	

Synthetische Lebensmittelfarbstoffe trennte P. WOLLENWEBER (1962) auf Schichten aus Cellulose-Pulver MN 300 G, die er nach üblicher Beschichtung 10 min bei 105° C trocknete. Die Farbstoffe wurden aus 0,1—0,15%iger Lösung (bei Gemischen etwa 0,1% je Komponente) zu ganz kleinen Startflecken von höchstens 2 mm Durchmesser aufgetragen. Als Fließmittel benutzte er die folgenden drei Gemische:

1: 2,5%ige Natriumcitrat-Lösung—25%iges Ammoniak (4:1),
2: n-Propanol—Essigester—Wasser (6:1:3),
3: tert.-Butanol—Propionsäure—Wasser (50:12:38) mit einem Zusatz von 0,4% Kaliumchlorid.

Über die erhaltenen R_f-Werte gibt die Tab. 11 einen Überblick. Die nach der „Farbstoff-Verordnung" vom 19. 12. 59 und der Änderungs-Verordnung vom 22. 12. 60 zugelassenen Farbstoffe sind in der Tabelle durch die Ordnungsnummer der Anlage 1 gekennzeichnet.

XI. Antioxydantien

Über die Trennung der wichtigsten, in Nahrungsfetten gebräuchlichen Antioxydantien liegen Untersuchungen von A. SEHER (1959a) vor. Auf üblichen Kieselgel G-Schichten gelang in zweidimensionaler Arbeitsweise die in Abb. 18 dargestellte Trennung. Durch Einstellen der Aktivität der Trennschichten konnten die Positionen der einzelnen Antioxydantien soweit konstant gehalten werden, daß bei Serienuntersuchungen die Auswertung mit Hilfe einer Schablone[1] möglich war. Die gleiche Arbeitsweise erlaubt auch eine rasche und sichere Prüfung der Reinheit der einzelnen Antioxydantien, wie sie von der Food and Agriculture Orginazation (1958) empfohlen wurde.

Zur Trennung der stark polaren Gallate eignen sich saure Schichten, die durch Suspendieren von Kieselgel G in 2 n-Oxalsäure hergestellt wurden (A. SEHER 1960). J. W. COPIUS-PEEREBOOM (1964) trennte die stark polaren Antioxydantien auf Polyamid-Schichten, die mit Stärke gebunden waren. Als

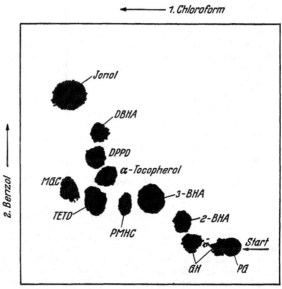

Abb. 18. Trennung von Antioxydantien auf Kieselgel G-Schichten. Fließmittel: 1. Laufrichtung: Chloroform; 2. Laufrichtung: Benzol. Aufgetragen je etwa 5 µg: Butylhydroxytoluol [Jonol]; Dibutylhydroxyanisol [DBHA]; Diphenyl-p-phenylendiamin ([DPPD]; α-Tocopherol; Tetraäthyl-thiuramdisulfid [TETD]; 3-Butylhydroxyanisol [3-BHA]; Pentamethyl-hydroxy-chroman [PMHC]; Monoglycerid-citrat [MGC]; 2-Butylhydroxyanisol [2-BHA]; Guajac-Harz [GH]; Propylgallat [PG]

Fließmittel bewährte sich Petroläther-Benzol-Äther-Eisessig-Dimethylformamid (10:10:5:0,25 v/v). Die Methoden sind geeignet zur Untersuchung tierischer und pflanzlicher Fette auf etwaigen Zusatz von Antioxydantien. Mit Ausnahme der

---

[1] Hersteller: C. Desaga GmbH., Heidelberg.

Tocopherole und des Butylhydroxytoluols (Jonol) können die Substanzen durch Extraktion des in der 5fachen Menge Hexan gelösten Fettes mit 75%igem Methanol abgetrennt werden. Der eingeengte Methanol-Extrakt dient zur Untersuchung auf dem Dünnschicht-Chromatogramm. Auf BHT und die Tocopherole wird im Unverseifbaren geprüft (vgl. S. 612).

XII. Weichmacher

Mit der Frage der Trennung und Identifizierung zahlreicher Weichmacher befaßte sich J. W. Copius-Peereboom (1960). Auf Kieselgel G-Schichten wurden die in Tab. 12 zusammengestellten R_f-Werte mit den dort genannten Fließmitteln erhalten. Zur Sichtbarmachung eignen sich besonders Phosphormolybdänsäure, Resorcin-Schwefelsäure, Thymol-Schwefelsäure oder Besprühen mit einer 0,005%-igen Lösung von Ultraphor und Betrachtung im UV-Licht.

Tabelle 12. R_x-Werte einiger Weichmacher in 3 verschiedenen Fließmitteln bezogen auf Dibutyl-sebacat = 1,00

Weichmacher	R_x-Werte		
	i-Octan-Essigester (9 : 1)	Benzol-Essigester (95 : 5)	Dibutyläther-Hexan (8 : 2)
Triacetin	0,18	0,34	0,17
Äthylglykol-äthylphthalat.	0,22	0,66	0,30
Acetyl-triäthylcitrat	0,26	0,51	0,29
Triphenyl-phosphat	0,33	0,80	0,50
Trikresyl-phosphat	0,42	0,86	0,69
Butylglykol-butylphthalat.	0,43	0,90	0,65
2-Äthyl-hexyl-diphenyl-phosphat.	0,46	0,77	0,58
Diäthyl-phthalat.	0,51	0,79	0,60
Acetyl-tributylcitrat	0,53	0,85	0,70
Di-n-butyl-phthalat	0,74	1,03	0,84
Di-i-butyl-adipat.	0,83	0,86	0,85
Di-butyl-sebacat	1,00	1,00	1,00
Di-nonyl-phthalat	1,01	1,18	1,14
Di-2-äthylhexylphthalat	1,14	1,16	1,15
Butyl-stearat	1,61	1,23	1,28
Paraflex G 62 (epoxydierte Glyceride). . .	0,09	0,06	0,06

C. Quantitative Bestimmungen

Die günstigen Möglichkeiten zur Trennung zahlreicher Substanzen im Dünnschicht-Chromatogramm haben auch zu Versuchen geführt, die auf der Platte getrennten Komponenten quantitativ zu bestimmen. Entsprechend den Erfahrungen aus der Papier-Chromatographie (H. P. Kaufmann 1956) besteht auch bei der Dünnschicht-Chromatographie die Möglichkeit, die Substanzen entweder direkt auf der Platte oder nach Elution quantitativ zu bestimmen. Über beide Wege wird im folgenden referiert.

I. Direkte Methoden

Innerhalb eines Dünnschicht-Chromatogramms ist die Größe der nach Anfärbung erhaltenen Flecken von der zugehörigen Substanzmenge abhängig (A. Seher 1960 u. 1961). Durch Ausmessen der Fleckengröße gelang es, die Mengen der getrennten Substanzen annähernd quantitativ zu bestimmen. Eine Verbesserung der Genauigkeit war dadurch möglich, daß auf einem Dünnschicht-Chromatogramm abwechselnd eine Testsubstanz in steigender Menge und jeweils daneben die zu untersuchende Probe aufgetropft und chromatographiert wurde. Nach dem

Anfärben bestimmte man von der Testreihe die Flächengröße, und gemäß Abb. 19 rechte Seite wurde eine Kurve gezeichnet. Die Menge der zu bestimmenden Komponente konnte nunmehr auf Grund der ermittelten Fleckenfläche von der Probe dem Kurvenzug mit einer Genauigkeit von ±5% entnommen werden.

In entsprechender Weise gelang die quantitative Bestimmung von Antioxydantien (A. SEHER 1960). H. K. MANGOLD (1961) berichtete über eine densitometrische Bestimmung von getrennten Lipoiden. Das Verfahren ist eine Übertragung der von A. SEHER (1956 u. 1959 b) für Papier-Chromatogramme angegebenen Meßtechnik.

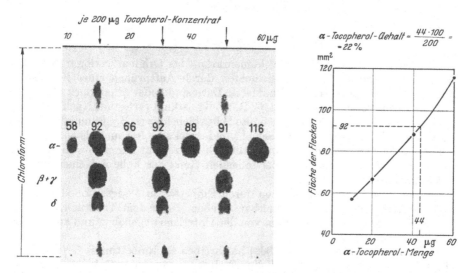

Abb. 19. Quantitative Bestimmung von α-Tocopherol durch Ermittlung der Fleckenfläche. Trennschicht: Kieselgel G; Fließmittel: Chloroform; Test: D,L-α-Tocopherol, synth.; Probe: Tocopherol-Konzentrat (molekulardestilliert); Sichtbarmachung: Phosphormolybdänsäure (10 min bei Zimmertemp.)

II. Elutionsverfahren

H. GÄNSHIRT u. Mitarb. (1960) bestimmten dünnschichtchromatographisch getrennte Gallensäuren colorimetrisch. Hierzu schabten sie eine entsprechende Fläche aus der Trennschicht sorgfältig heraus, eluierten mit 65%iger Schwefelsäure bei 60° C und colorimetrierten nach Zentrifugieren die überstehende Flüssigkeit. Mit Hilfe dieses Verfahrens gelang den Autoren die Bestimmung der Gallensäuren mit einer Standardabweichung von ±3%. H. WAGNER (1961) arbeitete ein entsprechendes Verfahren zur Phosphor-Bestimmung in getrennten Phosphatiden aus. E. SCHLEMMER und E. LINK (1959) bestimmten auf analoge Weise Reserpin-Gehalte. E. VIOQUE und R. T. HOLMAN (1962) entwickelten eine quantitative Bestimmung von Fettsäuremethylestern durch Elution der ausgeschabten Flecken und Colorimetrieren nach Überführung der Ester in die Hydroxamsäuren.

D. Dokumentation

Während bei der Papier-Chromatographie die angefertigten Chromatogramme je nach Dauerhaftigkeit der benutzten Färbemethode als Beleg aufbewahrt werden können, sind die Dünnschicht-Chromatogramme hierfür ungeeignet. Einerseits sind die Trennschichten mechanisch sehr empfindlich, andererseits bedeutet das Aufbewahren der gesammelten Platten die gleichzeitige Lagerung der als Unterlagen benutzten Glasplatten. Um Dünnschicht-Chromatogramme dokumentarisch zu sichern, sind zwei Wege angegeben worden.

I. Photographische Methoden

In zahlreichen Fällen gelingt es nur, Belege der Dünnschicht-Chromatogramme in Form von Photographien zu erhalten. Neben der üblichen Reproduktionstechnik ist hierzu das „Copyrapid"-Verfahren geeignet. Man erhält auf diesem Wege Kontaktpositive in Originalgröße. Der erforderliche Arbeitsaufwand ist gering. (E. Stahl 1958a und A. Seher 1959a). Die Auswahl zwischen beiden Methoden wird durch die im Chromatogramm auftretenden Halbtöne bestimmt, die sich beim Copyrapid-Verfahren nur unvollkommen übertragen lassen. In diesem Falle ist die normale Photographie günstiger.

II. Einbettungs-Verfahren

Da nach photographischer Dokumentation das Original verloren geht, hat W. Lichtenberger (1962) die Schichten durch Aufsprühen einer Kunststoff-Dispersion (z. B. „Neatan" der Fa. Merck, Darmstadt, oder „Fixierlack für Dünnschicht-Chromatogramme" der Fa. C. Roth, Karlsruhe) verfestigt. Nach dem Auftrocknen des Lacks legt man eine breite Selbstklebefolie (z. B. „Filmolux" der Fa. H. Neschen, Bückeburg) auf die Schicht und drückt sie fest und gleichmäßig an. Wenn die Folie gut angedrückt war, läßt sich die Schicht nunmehr von der Glasplatte abziehen und mit dem überstehenden Rand der Folie auf einer Kartonunterlage festkleben.

Ferner lassen sich die Schichten durch Einbetten in 4%iges Collodium, dem 7,5% Glycerin zugesetzt sind, haltbar machen. Nach dem Trocknen kann die fixierte Schicht als elastischer Film von der Unterlage abgehoben und auf Karton aufgeklebt werden.

P. R. Bhandari u. Mitarb. (1962) beschreiben ein Einbettungs-Verfahren mit „Plastikmaterial" der Fa. M. Woelm, Eschwege, das gut aufbewahrungsfähige, hochelastische Filme liefert. Durch Verwendung von zwei unterschiedlichen Filmbildnern „A" und „B" kann das nachträgliche Auslaufen der Flecken im Chromatogramm verhindert werden.

Bibliographie

Cramer, F.: Papier-Chromatographie. S. 55 u. 56. Weinheim: Verlag Chemie G.m.b.H. 1953.
Hais, J. M., u. K. Macek: Handbuch der Papierchromatographie. Bd. I, S. 413. Jena: VEB-Fischer-Verlag 1958.
— — Chromatographie. Darmstadt: E. Merck 1959.
— — Specifications for the Identity and Purity of Food Additives. Third Report of the Joint FAO/WHO Expert Committee on Food Additives. Rom: Food and Agriculture Organization 1958.
Randerath, K.: Dünnschicht-Chromatographie. Weinheim: Verlag Chemie G.m.b.H. 1962.
Stahl, E.: Dünnschicht-Chromatographie. Berlin-Göttingen-Heidelberg: Springer 1962.

Zeitschriftenliteratur

Barbier, M., H. Jäger, H. Tobias u. E. Wyss: Anwendung der Dünnschicht-Chromatographie auf Steroide. Helv. Chim. Acta 42, 2440—2446 (1959).
Barollier, J.: Dokumentation von Dünnschicht-Filmen. Naturwiss. 48, 404 (1961).
Bhandari, P. R., B. Lerch u. G. Wohlleben: Zur einfachen Herstellung von Dünnschichtplatten und Dokumentation der Chromatogramme. Pharmaz. Ztg. 107, 1618—1619 (1962).
Brenner, M., u. A. Niederwieser: Dünnschicht-Chromatographie von Aminosäuren. Experienta (Basel) 16, 378—394 (1960).
— u. G. Pataki: Ein Beitrag zur Theorie der Papier- und Dünnschicht-Chromatographie. Helv. Chim. Acta 44, 1420—1425 (1961).
— A. Niederwieser u. G. Pataki: Dünnschicht-Chromatographie von Aminosäure-Derivaten auf Kieselgel G. N-(2,4-Dinitro-phenyl)-aminosäuren und 3-Phenyl-2-thiohydantoine. Experientia (Basel) 17, 145—168 (1961).

BRIESKORN, D.-H., u. E. WENGER: Analyse des ätherischen Salbeiöles mittels Gas- und Dünnschicht-Chromatographie. Arch. Pharmaz. (Weinheim) **293**, 21—26 (1960).

COPIUS-PEEREBOOM, J. W.: The Analysis of Plasticizers by Micro-Adsorption Chromatography. J. Chromatograph. **4**, 323—328 (1960).

— Toepassing van de dunnelaag-chromatografie van olien en vetten. Chem. Weekbl. **57**, 625—630 (1961).

— Thin-Layer Chromatography on Polyamide Layers: Separation of Fat Antioxydants. Nature (Lond.) **204**, 748—750 (1964).

DAM, M. J. D. VAN, G. J. DE KLEURER and J. G. DE HEUS: Thin-Layer Chromatography of weakly polar Steroids. J. Chromatograph. **4**, 26—33 (1960).

DEMOLE, E.: Application de la microchromatographie sur couches minces. J. Chromatograph. **1**, 24—34 (1958).

— Progres recents de la microchromatographie sur couches minces. J. Chromatograph. **6**, 2—21 (1961).

FAHMY, A. R., A. NIEDERWIESER, G. PATAKI u. M. BRENNER: Dünnschicht-Chromatographie auf Kieselgel G. 2. Mitt. Eine Schnellmethode zur Trennung und zum qualitativen Nachweis von 22 Aminosäuren. Helv. Chim. Acta **44**, 2022—2026 (1961).

FONTELL, K., R. T. HOLMAN and G. LAMBERTSEN: Some new methods for separation and analysis of faty acids and other lipids. J. Lipid Res. **1**, 391—404 (1960).

GÄNSHIRT, H., u. A. MALZACHER: Trennung einiger Vitamine der B-Gruppe und des Vitamins C durch Dünnschichtchromatographie. Naturwiss. **47**, 279—280 (1960).

— F. W. KOSS u. K. MORIANZ: Untersuchung zur quantitativen Auswertung der Dünnschichtchromatographie. 2. Mitt. Trennung und Bestimmung von Gallensäuren. Arzneimittel-Forsch. **10**, 943—947 (1960).

GAUGLITZ, E. J. JR., and D. C. MALINS: The Preparation of Polyunsaturated Aliphatic Aldehydes via the Acyloin Condensation. J. amer. Oil Chem. Soc. **37**, 425—427 (1960).

GRUGER, E. H. JR., D. C. MALINS and E. J. GAUGLITZ JR.: Glycerolysis of Marine Oiles and the Preparation of the Acylated Monoglycerides. J. amer. Oil Chem. Soc. **37**, 214—217 (1960).

HUHNSTOCK, K., u. H. WEICKER: Untersuchungen über quantitative Serumlipidbestimmungen mit der Dünnschichtchromatographie. Klin. Wschr. **38**, 1249—1250 (1960).

JATZKEWITZ, H.: Cerebron- und Kerasinschwefelsäureester als Speichersubstanzen bei der Leukodystrophie, Typ Scholz (metachromatische Form der Sklerose). Hoppe-Seylers Z. physiol. Chem. **320**, 134—148 (1960).

— u. E. MEHL: Zur Dünnschicht-Chromatographie der Gehirn-Lipoide, ihrer Um- und Abbauprodukte. Hoppe-Seylers Z. physiol. Chem. **320**, 251—257 (1960).

KAISER, F.: Die papierchromatographische Trennung von Herzgiftglykosiden. Chem. Ber. **88**, 556—563 (1955).

KAUFMANN, H. P.: Die Papier-Chromatographie auf dem Fettgebiet. XIX. Die quantitative papierchromatographische Bestimmung von geradkettigen Fettsäuren und ihren Gemischen. Fette u. Seifen **58**, 492—498 (1956).

— u. J. BUDWIG: Die Papier-Chromatographie auf dem Fettgebiet. VII. Nachweis und Trennung von Fettsäuren. Fette und Seifen **53**, 390—399 (1951).

— u. Z. MAKUS: Dünnschicht-Chromatographie auf dem Fettgebiet. I. Trennung von Modell-Mischungen. Fette u. Seifen **62**, 1014—1020 (1960).

— u. Y. S. KO: Die Dünnschicht-Chromatographie auf dem Fettgebiet. V. Trennung von Ketosäuren, Lactonen und Hydroxysäuren. Fette u. Seifen **63**, 828—830 (1961).

— u. T. H. KHOE: Die Dünnschicht-Chromatographie auf dem Fettgebiet. VII. Trennung von Fettsäuren und Triglyceriden auf Gips-Schichten. Fette u. Seifen **64**, 81—85 (1962).

— u. B. DAS: Die Dünnschicht-Chromatographie auf dem Fettgebiet. VIII. Triglyceride und ihre kritischen Partner. Fette u. Seifen **64**, 214—217 (1962).

— u. H. WESSELS: Die Dünnschicht-Chromatographie auf dem Fettgebiet. XIV. Die Trennung der Triglyceride durch Kombination der Adsorptions- und der Umkehrphasen-Chromatographie. Fette u. Seifen **66**, 81—86 (1964).

— Z. MAKUS u. B. DAS: Dünnschicht-Chromatographie auf dem Fettgebiet. IV. Trennung der Triglyceride. Fette u. Seifen **63**, 807—811 (1961a).

— — u. F. DEICKE: Dünnschicht-Chromatographie auf dem Fettgebiet. II. Trennung der Cholesterin-Fettsäureester. Fette u. Seifen **63**, 235—238 (1961b).

— — u. T. H. KHOE: Dünnschicht-Chromatographie auf dem Fettgebiet. III. Über die Sichtbarmachung der zu analysierenden Stoffe auf der Platte. Fette u. Seifen **63**, 689—691 (1961c).

— — — Dünnschicht-Chromatographie auf dem Fettgebiet. VI. Die Hydrierung und Bromierung auf der Platte. Fette u. Seifen **64**, 1—5 (1962).

KIRCHNER, J. G., J. M. MILLER and G. J. KELLER: Separation and Identification of Some Terpenes by a New Chromatographic Technique. Analytic. Chem. **23**, 420—425 (1951).

Klenk, E., u. W. Gielen: Über die Gehirnganglioside. Hoppe-Seylers Z. physiol. Chem. **323**, 126—128 (1961).

Knappe, E., D. Peteri u. J. Rohdewald: Dünnschichtchromatographische Identifizierung technisch wichtiger Polyalkohole. Z. analyt. Chem. **199**, 270—276 (1964).

Lea, C. H., D. N. Rhodes and R. D. Stoll: Phospholipids. 3. On the chromatographic separation of Glycerophospholipids. Biochem. J. **60**, 353—363 (1955).

Lichtenberger, W.: Überführen von Dünnschichtchromatogrammen in haltbare Kunststoff-Filme. Z. analyt. Chem. **185**, 111—112 (1962).

Machata, G.: Dünnschicht-Chromatographie in der Toxikologie. Mikrochim. Acta (Wien) **47**, 79—83 (1960).

Malins, D. C., and H. K. Mangold: Analysis of Complex Lipid Mixtures by Thin-Layer Chromatography and Complementary Methods. J. amer. Oil Chem. Soc. **37**, 576—578 (1960).

Mangold, H. K.: Zur Analyse von Lipiden mit Hilfe der Radioreagens-Methode. Fette u. Seifen **61**, 877—881 (1959).

— Thin-Layer Chromatography of Lipids. J. amer. Oil Chem. Soc. **38**, 708—727 (1961).

— and D. C. Malins: Fractionation of Fats, Oils, and Waxes on Thin Layers of Silicic Acid. J. amer. Oil Chem. Soc. **37**, 383—385 (1960).

Meinhard, J. E., and N. F. Hall: Surface Chromatography. Analytic. Chem. **21**, 185—186 (1949).

Miller, J. M., and J. G. Kirchner: Chromatostrips for Identifying Costituents of Essential Oils. Analytic. Chem. **25**, 1107—1109 (1953).

— — Apparatus for the Preparation of Chromatostrips. Analytic. Chem. **26**, 2002 (1954).

Moffat, E. D., and R. I. Lytle: Polychromatic Technique for the Identification of Amino Acids on Paper Chromatograms. Analytic. Chem. **31**, 926—928 (1959).

Morris, L. J., R. T. Holman and K. Fontell: Vicinally Unsaturated Hydroxy Acids in Seed Oils. J. amer. Oil Chem. Soc. **37**, 323—327 (1960).

Mottier, M.: Chromatographie des acides amines sur plasques d'alumina. Mitt. Lebensmitteluntersuch. Hyg. **49**, 454—471 (1958).

Müller, K. H., u. H. Honerlagen: Beiträge zur Analytik der Chinarinde. Arch. Pharmaz. (Weinheim) **293**, Mitt. 30, 202—203 (1960).

Mutschler, E., u. H. Rochelmeyer: Über die Trennung von Aminosäuren mit Hilfe der Dünnschichtchromatographie. Arch. Pharmaz. (Weinheim) **292**, 449—452 (1959).

Nürnberg, E.: Dünnschichtchromatographische Untersuchungen einiger pharmazeutisch verwendeter organischer Stickstoff-Verbindungen. Arch. Pharmaz. (Weinheim) **292**, 610—620 (1959).

— Zur Dünnschicht-Chromatographie auf dem Vitamingebiet. II. Mitt. Dtsch. Apoth.-Ztg. **101**, 142—145 (1961a).

— Zur Dünnschicht-Chromatographie auf dem Vitamingebiet. III. Mitt. Dtsch. Apoth.-Ztg. **101**, 268—269 (1961b).

Petrowitz, H. J.: Zur Kieselgelschicht-Chromatographie der stereoisomeren Menthole. Angew. Chem. **72**, 921 (1960).

Randerath, K.: Dünnschicht-Chromatographie an Ionenaustauscher-Schichten. Trennung von Nucleinsäure-Derivaten. Angew. Chem. **73**, 674—676 (1961).

— Dünnschicht-Chromatographie von Nucleotiden. Angew. Chem. **74**, 484—488 (1962).

Reitsema, R. H.: Characterization of Essential Oils by Chromatography. Analytic. Chem. **26**, 960—963 (1954).

Schlemmer, E., u. E. Link: Bestimmung von Reserpin. Pharmaz.-Ztg. (Frankfurt) **104**, 1349—1351 (1959).

Schulz, E. O., u. D. Strauss: Der Papierchromatographische Nachweis der Alkaloide. Arzneimittel-Forsch. **5**, 342—348 (1955).

Seher, A.: Quantitative Bestimmung papierchromatographisch getrennter langkettiger Fettsäuren auf photometrischem Wege. Fette u. Seifen **58**, 498—504 (1956).

— Der analytische Nachweis synthetischer Antioxydantien in Speisefetten. II. Trennung und Identifizierung synthetischer Antioxydantien durch Dünnschicht-Chromatographie. Fette u. Seifen **61**, 345—351 (1959a).

— Quantitative Papier-Chromatographie der Fettsäuren. II. Das photometrische Verfahren. Fette u. Seifen **61**, 855—859 (1959b).

— Eine neue Methode zur qualitativen und quantitativen Analyse synthetischer Antioxdantien. Nahrung **4**, 466—478 (1960).

— Die Analyse von Tocopherolgemischen mit Hilfe der Dünnschichtchromatographie. Mikrochim. Acta (Wien) **1961**, 308—313.

— Die Analyse nichtionogener grenzflächenaktiver Stoffe. II. Nachweis von Polyglycerinen mit Hilfe der Dünnschicht-Chromatographie. Fette u. Seifen **66**, 371—374 (1964).

STAHL, E.: Dünnschicht-Chromatographie. II. Standardisierung, Sichtbarmachung und Anwendung. Chemiker-Ztg. **82**, 323—329 (1958a).

— Dünnschicht-Chromatographie. III. Mitt. Einsatzmöglichkeiten in der Riechstoffindustrie, Elutionsmittelwahl, Zirkular- und Keilstreifentechnik. Parfümerie u. Kosmetik **39**, 564 bis 568 (1958b).

— Dünnschicht-Chromatographie in der Pharmazie. Pharmaz. Rdsch. **1**, 1—6 (1959a).

— Dünnschicht-Chromatographie. IV. Mitt. Einsatzschema, Randeffekt, „saure und basische" Schichten, Stufentechnik. Arch. Pharmaz. (Weinheim) **292**, 411—416 (1959b).

— Neue Anwendungsgebiete der Dünnschicht-Chromatographie. Angew. Chem. **73**, 646—654 (1961a).

— Adsorptionschromatographie und Schnellbestimmung der Aktivität von Aluminiumoxyden. Chemiker-Ztg. **85**, 371—374 (1961b).

—, u. U. KALTENBACH: Dünnschicht-Chromatographie. VI. Mitt. Spurenanalyse von Zuckergemischen auf Kieselgur G-Schichten. J. Chromatograph. **5**, 351—355 (1961a).

— — Dünnschicht-Chromatographie. IX. Mitt. Schnelltrennung von Digitalis- und Podophyllum-Gemischen. J. Chromatograph. **5**, 458—460 (1961b).

—, u. L. TRENNHEUSER: Gasphasenchromatographie von Terpen- und Hydroxyphenylpropankörpern. Arch. Pharmaz. (Weinheim) **293**, 826—837 (1960).

TEICHERT, K., E. MUTSCHLER u. H. ROCHELMEYER: Beiträge zur analytischen Chromatographie. Dtsch. Apoth.-Ztg. **100**, 283—286 (1960a).

— — — Beiträge zur analytischen Chromatographie. Die plattenchromatographische Trennung von Alkaloiden. Dtsch. Apoth.-Ztg. **100**, 477—479 (1960b).

TSCHESCHE, R., F. LAMPERT u. G. SNATZKE: Über Triterpene. VII. Dünnschicht- und Ionenaustauscherpapier-Chromatographie von Triterpenoiden. J. Chromatograph. **5**, 217—224 (1961).

ULLMANN, E., u. H. KASSALYTZKY: Nachweis und Bestimmung von Reserpin in Anwesenheit von Lösungsvermittlern. Arch. Pharmaz. (Weinheim) **295**, 37—40 (1962).

VIOQUE, E., and R. T. HOLMAN: Quantitative Estimation of Esters by Thin-Layer Chromatography. J. amer. Oil Chem. Soc. **39**, 63—65 (1962).

VRIES, B. DE, u. G. JURRIENS: Trennung von Lipiden mittels Dünnschicht-Chromatographie auf mit Silbernitrat imprägniertem Kieselgel. Fette u. Seifen **65**, 725—727 (1963).

WAGNER, H.: Neuere Ergebnisse auf dem Gebiet der Isolierung und Analytik von Phosphatiden und Glykolipiden. Fette u. Seifen **62**, 1115—1123 (1960).

— Quantitative Bestimmung von Lecithin und Colaminkephalin in pharmazeutischen Präparaten mit Hilfe der Dünnschicht-Chromatographie. Fette u. Seifen **63**, 1119—1123 (1961).

— L. HÖRHAMMER u. P. WOLFF: Dünnschicht-Chromatographie von Phosphatiden und Glykolipiden. Biochem. Z. **334**, 175—184 (1960).

WALDI, D., F. MUNTER u. E. WOLPERT: Ein Frühschwangerschaftsnachweis mit Hilfe der Dünnschichtchromatographie. Medicina Experimentalis (Basel) **3**, 45—52 (1960).

— K. SCHNACKERZ u. F. MUNTER: Eine systematische Analyse von Alkaloiden auf Dünnschichtplatten. J. Chromatograph. **6**, 61—73 (1961).

WEICKER, H.: Adsorptionschromatographische Untersuchungen von Serumlipiden auf Kieselgelplatten. Klin. Wschr. **37**, 763—767 (1959).

WILLIAMS, J. A., A. SHARMA, L. J. MORRIS and R. T. HOLMAN: Fatty Acid Composition of Feces and Fecaliths. Proc. Soc. Exper. Biol. Med. **105**, 192—195 (1960).

WINTERSTEIN, A., u. B. HEGEDÜS: Zum Nachweis biologisch aktiver Aldehyde. Chimia (Zürich) **14**, 18—19 (1960a).

— — Über das Vorkommen des Retinens in der Natur. Hoppe-Seylers Z. physiol. Chem. **321**, 97—106 (1960b).

— A. STUDER u. R. RÜEGG: Neuere Ergebnisse der Carotinoidforschung. Chem. Ber. **93**, 2951—2965 (1960).

WOLLENWEBER, P.: Analyse synthetischer Lebensmittelfarbstoffe. J. Chromatograph. **7**, 557 bis 561 (1962).

WOLLISH, E. G., M. SCHMALL and M. HAWRYLYSHYN: Thin-Layer Chromatography. Recent Developments in Equipment and Application. Analytic. Chem. **33**, 1138—1142 (1961).

Chromatographische Verfahren

D. Gas-Chromatographie

Von

Dr. FRIEDRICH DRAWERT, Siebeldingen

Mit 4 Abbildungen

A. Allgemeines

Nach dem Aggregatzustand der mobilen und der stationären Phase benannt, lassen sich 4 mögliche Grundformen der Chromatographie definieren, die mit 3 Arbeitsmethoden (Eluierungsentwicklung, Frontalanalyse, Verdrängungsentwicklung) denkbar sind und zu 12 möglichen Wegen führen, von denen allerdings einige bislang mehr theoretische als praktische Bedeutung haben. Diese Arbeitsmethoden, ihre Entwicklung und ihre theoretischen und methodischen Besonder-

Mobile Phase	Stationäre Phase	Englische Bezeichnung	Abkürzung
Flüssig	Fest	Liquid-Solid-Chromatography	LSC
	Flüssig	Liquid-Liquid-Chromatography	LLC
Gas	Fest	Gas-Solid-Chromatography	GSC
	Flüssig	Gas-Liquid-Chromatography	GLC

heiten werden in den Monographien von BAYER, BURCHFIELD, KAISER, KEULE-MANS und SCHAY[1] eingehender beschrieben. KAISER nennt als 4. Arbeitstechnik noch die sog. Thermokreislauftechnik, die sich durch Umlaufenlassen eines Temperaturfeldes ergibt. Bei aller methodischen Verschiedenheit weisen diese physi-

---

[1] Dieser Handbuchartikel soll dem Anwender der Gas-Chromatographie praktische Hinweise geben; hinsichtlich weiterer Details wird laufend auf vorwiegend deutschsprachige Monographien Bezug genommen, die im Text wie folgt zitiert werden:

BAYER: BAYER, E.: Gas-Chromatographie. 2. Aufl. Berlin-Göttingen-Heidelberg: Springer-Verlag 1962.

BURCHFIELD: BURCHFIELD, H. P., and E. E. STORRS: Biochemical Applications of Gas Chromatography. New York-London: Academic Press 1962.

KAISER I: KAISER, R.: Chromatographie in der Gasphase. I. Gas-Chromatographie. Mannheim Bibliographisches Institut 1960.

KAISER II: Kapillar-Chromatographie. Mannheim: Bibliographisches Institut 1961.

KAISER III: Tabellen. Mannheim: Bibliographisches Institut 1962.

KEULEMANS: KEULEMANS, A. I. M.: Gas-Chromatographie. Weinheim/Bergstr.: Verlag Chemie 1959.

SCHAY: SCHAY, G.: Theoretische Grundlagen der Gaschromatographie. Berlin: VEB Deutscher Verlag d. Wissenschaften 1960.

194 Einzelbeiträge aus Symposien und Tagungsberichten (S. 683 ff.) werden im Text *vgl. Lit.-Nr.* zitiert.

kalischen Trennmethoden vor allem eine Gemeinsamkeit auf: Die Wiederholung eines „Elementarprozesses" (KEULEMANS, S. 4), dessen genaue Kenntnis zur Beherrschung eines Trennvorganges wünschenswert ist. Die Zahl der möglichen und notwendigen Wiederholungen eines Elementarschrittes (ausgedrückt durch z. B. theoretische Böden pro Längeneinheit einer Säule) charakterisiert den Trennvorgang.

Gas-Chromatographie (GC)

Im allgemeinen faßt man unter dem Begriff *Gas-Chromatographie (GC)* die Gas-Festkörper-Chromatographie *(Gas-Adsorptions-Chromatographie: GSC)* und die Gas-Flüssigkeits-Chromatographie *(Gas-Verteilungs-Chromatographie: GLC)* zusammen. Die GC wird in *Trennsäulen* (TS) durchgeführt, die entweder mit einem festen *Adsorbens* (AD) (Silicagel, Molekularsieb, Aktivkohle u. a.) oder mit

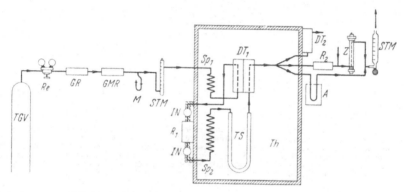

Abb. 1a—h. *Die gas-chromatographische Apparatur mit Baugruppen*

Abb. 1a. *Schema der gas-chromatographischen Apparatur mit Baugruppen.* *TGV* Trägergasvorrat; *Re* Regler; *GR* Gasreiniger; *GMR* Gasmengenregler; *M* Manometer; *STM* Strömungsmesser; *Sp₁*, *Sp₂* Rohre oder Rohrspiralen zum Temperaturangleich; *IN* Injektionsstellen; *R₁,R₂* Reaktoren; *TS* Trennsäule; *DT₁,DT₂* Detektoren; *Th* Thermostat; *A* Ausfrierschleife (Probensammler); *Z* Zählrohr (vgl. F. DRAWERT u. O. BACHMANN 1963).

der *flüssigen Phase* (auf einem *Träger* oder in *Kapillar-Rohren* ohne Träger als Film an der Rohrwand) gefüllt werden. Dabei ist der Begriff flüssige Phase so zu verstehen, daß die Substanz, in welcher sich ein *Verteilungs-Gleichgewicht* einstellt, bei der *Säulentemperatur* in flüssiger Form vorliegt. Die zu trennenden Stoffe werden von einem *Trägergas* (TG) aus einem *Verdampfer* (Probengeber, Probeninjektor: IN) mitgenommen und auf die Trennsäule transportiert. Je nach Affinität werden die einzelnen Komponenten eines zu trennenden Gemisches von der *stationären Phase* der Trennsäule mehr oder weniger stark zurückgehalten und treten, wenn einige methodische Voraussetzungen beachtet werden, am Ende der Säulen als getrennte Fraktionen aus. Entsprechend der Trennaufgabe wird eine vollständige Trennung aller oder auch nur eine Abtrennung einzelner Komponenten gewünscht. Zur Lösung eines Trennproblems stehen zahlreiche, verschiedene stationäre Phasen zur Verfügung (S. 637). Verschiedene *Detektorsysteme* (DT; S. 640) dienen dazu, die aus den Säulen austretenden Substanzen durch Messung ihrer physikalisch-chemischen Eigenschaften kenntlich zu machen. Von den möglichen Arbeitsmethoden hat die Eluierungsentwicklung, auch Elutionstechnik genannt, die größte praktische Bedeutung für gas-chromatographische Trennungen.

Die in Abb. 1 schematisch dargestellten Baugruppen der gas-chromatographischen Apparatur sind in mannigfacher Weise zu kombinieren und im Vergleich zu anderen chromatographischen Methoden dem Trennproblem in geradezu idealer *Art und Weise anzupassen.*

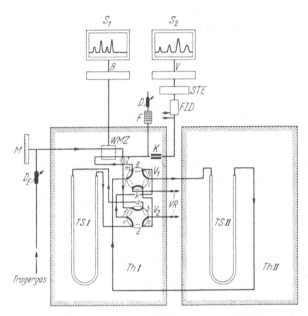

Abb. 1b. *Schema einer universelleren Gas-Chromatographie-Apparatur* (vgl. F. Drawert u. A. Rapp 1964). *Th* Thermostaten; *TS* Trennsäule; *WMZ* Wärmeleitfähigkeitsmeßzelle; *B* Brückenstromversorgungsgerät; *FID* Flammenionisationsdetektor; *STE* Steuer- und Versorgungseinheit für den *FID*; *V* Elektrometerverstärker; *S* Schreiber; *D_E* Eingangs-Torsionsdrossel (Vordruckregler); *M* Manometer; *I* Injektionsstelle; *D* Drossel; *F* Filter; *K* Kapillare; *V* pneumatische Umschaltventile (Membranventile); *VR* Vor- bzw. Rückspülung (Geräte der Fa. Siemens u. Halske AG, Wernerwerk für Meßtechnik, Karlsruhe)

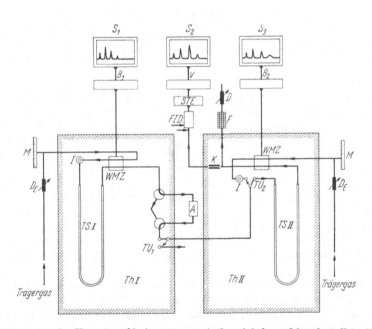

Abb. 1c. *Schema einer Gas-Chromatographie-Apparatur zur Analyse einfacher und komplexer Naturstoffgemische* (vgl. F. Drawert u. A. Rapp 1964); Legende wie Abb. 1b. *TU* Trägergasumschaltung; *A* Absorptionsstrecke. Die *TS* können in Reihe geschaltet oder unabhängig voneinander betrieben werden (3 Detektoren, 2 Injektionsstellen). *Vorteile:* Bei einfacheren Gemischen 2 Gas-Chromatographen in einem Gerät. Bei komplexen Gemischen Auftrennung der hoch- und niedersiedenden Komponenten bei der jeweils optimalen Temperatur an 2 gleichen oder voneinander verschiedenen *TS* (Geräte der Fa. Siemens u. Halske, Wernerwerk für Meßtechnik, Karlsruhe)

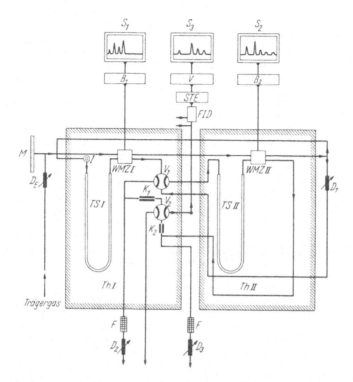

Abb. 1d. *Schema der Spezialausführung einer gas-chromatographischen Apparatur zur Analyse komplexer Natur-stoffgemische* (vgl. F. DRAWERT u. A. RAPP 1964). Legende wie Abb. 1b. *Vorteile:* Die *TS* werden in Reihe oder parallel betrieben; *TS* I bei höherer Temperatur; die niedersiedenden Anteile, die *TS* I rasch und im allgemeinen unvollständig aufgelöst passieren, werden auf *TS* II aufgetrennt. Nach Überführen des entsprechenden Anteiles auf *TS* II werden die *TS* auf Parallelbetrieb geschaltet (Geräte der Fa. Siemens u. Halske AG, Wernerwerk für Meßtechnik, Karlsruhe)

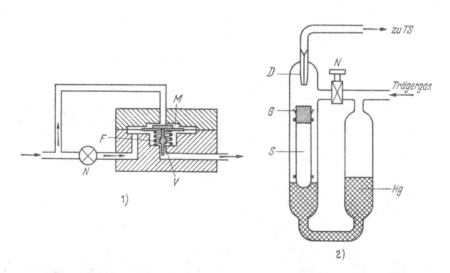

Abb. 1e. *Gasmengenregler.* 1) Membranregler nach L. GUILD 1958 (vgl. Lit.-Nr. 98). *N* Nadelventil; *F* Feder; *M* Membran; *V* Ventil (vgl. BURCHFIELD, S. 109; KAISER I, S. 86). 2) Konstanthalter nach J. H. KNOX 1959. *S* Schwimmer; *G* Gummistopfen (verschließt Düse *D*); *N* Nadelventil; *Hg* Quecksilber (vgl. BURCHFIELD, S. 109; KAISER, S. 87), regelt ±1% bei Temperaturerhöhung von 20 auf 200° C (wichtig: Temperaturprogrammierung)

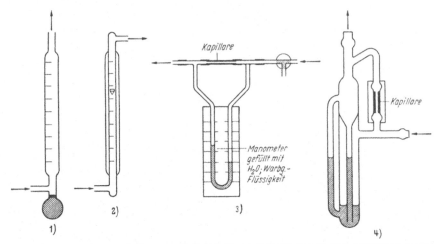

Abb. 1f. *Strömungsmesser* (vgl. BURCHFIELD, S. 110; KAISER I, S. 88). 1) Seifenblasenströmungsmesser; 2) Rotameter; 3) und 4) Staukapillarmesser

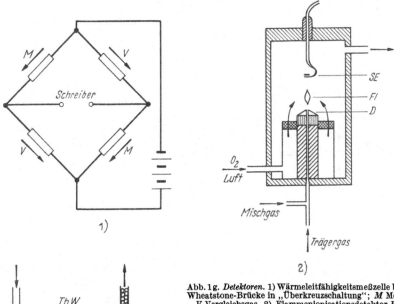

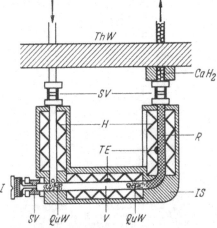

Abb. 1g. *Detektoren.* 1) Wärmeleitfähigkeitsmeßzelle *WMZ*; Wheatstone-Brücke in „Überkreuzschaltung"; *M* Meßgas; *V* Vergleichsgas. 2) Flammenionisationsdetektor *FID*. *SE* Saugelektrode; *Fl* Flamme; *D* Düse

Abb. 1h. *Reaktor* zur chemischen Umwandlung vor oder hinter der *TS*. Beispiel: Blut-Alkohol-Analyse (vgl. F. DRAWERT u. G. KUPFER 1962c). *I* Injektionsstelle; *QuW* Quarzwolle; *V Verdampfer*; *TE* Thermoelemente; *IS* Isolation; *R* Reaktorfüllung; *H* Heizung; *SV* Schlauchverbindungen; *ThW* Thermostatenwand

Die GC hat als automatisierbare Schnellmethode mit breitem Anwendungsbereich (präparative Stofftrennung bis Mikroanalyse) bei der Industrie eine starke
Nutzanwendung gefunden. Von der Industrie gingen auch starke Impulse im
Sinne einer Automatisierung und apparativen Weiterentwicklung aus, wodurch
ein reichhaltiges Angebot an Geräten und speziellen Bauteilen zustande kam
(S. 652). Dementsprechend wächst auch die Zahl der publizierten Arbeiten rasch
an und nach R. KAISER (1962) dürften Anfang März 1962 etwa 6000 Arbeiten

Tabelle 1. *Empfohlene gas-chromatographische Bezeichnungen* (D. AMBROSE *et al. 1960*)

Deutsch	Abk.	Englisch	Französisch
Gas-Chromatographie	GC	Gas chromatography	Chromatographie des gaz
Gas-Flüssigkeits-Chroma-tographie	GLC	Gas-liquid chromato-graphy	Chromatographie gaz-liquide
Gas-Festkörper-Chroma-tographie	GSC	Gas-solid chromato-graphy	Chromatographie gaz-solid
Probeninjektor	IN	Sample injector	Injecteur d'échantillon
Umleitinjektor		By-pass injector	Injecteur à dérivation
Differentialdetektor	DT	Differential detector	Détecteur différential
Integraldetektor		Integral detector	Détecteur intégral
Festkörpervolumen		Solid volume	Volume solide
Flüssigkeitsvolumen		Liquid volume	Volume liquide
Gasraumvolumen		Interstitial volume	Volume interstitiel
Trägergas	TG	Carrier gas	Gaz porteur
mobile Phase		Mobile phase	Phase mobile
stationäre Phase		Stationary phase	Phase stationnaire
flüssige Phase		Liquid phase	Phase liquide
inaktiver oder aktiver Träger		Solid support	Support solide
Adsorbens	AD	Active solid	Solide actif
Chromatogramm		Chromatogram	Chromatogramme
Basislinie		Base line	Ligne de base
Pik		Peak	Pic
Pikbasis		Peak base	Base du pic
Pikoberfläche		Peak area	Surface du pic
Pikhöhe		Peak height	Hauteur du pic
Pikbreite		Peak width	Largeur du pic
Pikbreite bei halber Höhe		Peak width at half height	Largeur du pic à demi-hauteur
Stufe in einem Integral-		Step	Palier
Stufenhöhe Chromato-gramm		Step height	Hauteur de palier
unkorrigiertes Reten-tionsvolumen	V_R	Retention volume	Volume de rétention
reduziertes Retentions-volumen	V'_R	Adjusted retention volume	Volume de rétention réduite
korrigiertes Retentions-volumen	V_R°	Corrected retention volume	Volume de rétention limite
Netto-Retentionsvolumen	V_N	Net retention volume	Volume de rétention absolu
spezifisches Retentions-volumen	V_g	Specific retention volume	Volume de rétention spécifique
Korrekturfaktor für den Druckgradienten	j	Pressure gradient cor-rection factor	Facteur de correction du gradient de pression
Nullretentionsvolumen	V_M	Gas hold-up	Retenue de gaz
relative Retention	r_{12}	Relative retention	Rétention relative
Verteilungskoeffizient	k	Partition coefficient	Coefficient de partage
Trennschärfe der Kolonne		Column performance	Efficacité de la colonne
Pikauflösung		Peak resolution	Résolution des pic
Zahl der theoretischen Stufen der Kolonne	n	Number of theoretical plates	Nombre de plateaux théoriques

Tabelle 2. *Häufig gebrauchte gas-chromatographische Bezeichnungen*
(Deutsch-Englisch-Französisch)

Deutsch	Englisch	Französisch
Abdampfen der Trenn-flüssigkeit	Column bleeding	Entraînement de la phase stationnaire de la colonne
Adapter	Adaptor	Adaptateur
Aktivitätskoeffizient	Activity coefficient	Coefficient d'activité
Anschlüsse	Connections	Connections
Ausgangsdruck	Outlet pressure (P_0)	Pression des sortie
Außendurchmesser	Outside diameter (O.D.)	Diamètre extérieur
Automatische Zündung	Automatic ignitor	Allumeur automatique
Automatischer Empfindlich-keitsregler	Automatic attenuator	Atténuateur automatique
Bedienungsanleitung	Instruction manual	Manuel d'utilisation
β-Strahlen	β-Rays	Rayons β
Beweglichkeit	Permeability	Perméabilité
Brückenschaltung	Balanced bridge	Pont équilibré
Brückenstrom	Bridge circuit	Circuit de pont
Capillare (Trenncapillare)	Capillary	Capillaire
Dampfdruck	Vapor pressure	Tension de vapeur
Detektorblock	Detector block	Bloc de détecteur
Detektorheizung	Detector heater	Chauffage de détecteur
Dichtung	Septum	Membrane
Digitalintegrator	Digital integrator	Intégrateur digital
Dosierspritze	Syringe	Seringue
Druck (1 atü = 1 kg/cm²)	Pressure (1 atü = 14,23 psi)	Tension (1 kg/cm²)
Druckabfall	Pressure gradient	Facteur de pression
Düse	Flame tip (jet)	Extrémité de la flamme (Buse)
Durchflußkontrolle	Flow control	Controle de débit
Durchflußmenge	Flowrate	Débit
Durchflußmesser	Flow-meter	Débit-mètre
Durchflußregler (Nadel-ventil)	Restrictor	Réducteur
Edelstahl	Stainless steel	Acier inoxydable
Ein-Aus-Schalter	On-off-switch	Interrupteur
Eingangsdruck	Inlet pressure (P_i)	Pression d'entrée
Ein-Kolonnen-Anordnung	Single column	Colonne simple
Eisen-Konstanten-Thermo-element	Iron-constantan thermo-couple	Thermocouple fer constantan
Elektrometer	Electrometer	Electromètre
Elektroneneinfang-Detektor	Electron capture detector	Detecteur à capture d'élec-trons
Empfindlichkeit	Sensitivity	Sensibilité
Entwicklung	Elution	Elution
Erde	Ground	Terre
Feststoff-Probengeber	Solid sampler	Dispositif d'introduction d'échantillons solides
Flammenionisations-Detektor (FID)	Flame ionization detector (FID)	Détecteur à ionisation par flamme
Flüssigkeitseingabeort	Injection port	Chambre d'injection
Fraktionssammler	Collection system	Système de récupération
Gasflasche	Cylinder	Bombe on bouteille
Gebläse	Blower	Ventilateur
Gedruckte Schaltung	Printed circuit	Circuit imprimé
Gefüllt, gepackt	Packed	Remplie
Gerade, gestreckt	Straight	Droite
Getriebe	Gears	Engrenages

Tabelle 2. (Fortsetzung)

Deutsch	Englisch	Französisch
Glasperle	Glass bead	Perle de verre
Gleichrichter	Rectifier	Redresseur
Grundliniendrift	Baseline drift	Dérive
Heizdraht	Filament	Filament
Heizpatrone	Cartridge heater	Cartouche de chauffage
Hertz (Hz)	Cycles	Cycles, périodes
Holzkohle	Charcoal	Charbon actif
Innendurchmesser	Internal diameter (I.D.)	Diamètre intérieur
Innerer Standard	Internal standard	Standard intérieur (interne)
Ionisationsdetektor	Ionization detector	Détecteur à ionisation
Ionisationspotential	Ionization potential	Potentiel d'ionisation
Isolator	Insulator	Isolateur
Isotherme Gas-Chromatographie	Isothermal gas chromatography (IGC)	Chromatographie gazeuse isothermique
Koaxialkabel	Coaxial cable	Cable coaxial
Kollektorelektrode	Collector electrode	Electrode réceptrice
Kolonnenanschlüsse	Columns connections	Connections de colonne
Kolonnenheizung	Column heater	Chauffage de colonne
Kompressibilität	Compressibility	Compressibilité
Kondensator	Capacitor	Condensateur
Korngröße	Particle-size	Dimension des particules
Korngröße in mesh-Einheiten	Mesh-size	Granulométrie
Korrekturfaktor	Correction factor	Facteur de correction
Länge	Length	Longueur
Leckfrei	Leak-free	Etanche
Lineare Isotherme	Linear isotherm	Isotherme linéaire
Mikro-(Klein-)Schalter	Micro-switch	Micro interrupteur
Molekulare Diffusion	Molecular diffusion (B)	Diffusion moléculaire
Oberfläche	Surface area	Aire
Parallelkolonnen	Parallel columns	Colonnes en parallèle
Pikform	Peak shape	Forme du pic
Probe	Sample	Echantillon
Probeneinlaßheizung	Injection port heater	Chauffage de la chambre d'injection
Probengeber für Gase	Gas sampling valve	Valve d'introduction d'échantillons gazeuses
Proportionalgeregelte Stromversorgung	Proportional power (supply)	Puissance proportionelle
Pyrolyseraum	Pyrolysis chamber	Chambre de pyrolyse
Rauschpegel	Noise level	Bruit de fond
Retentionstemperatur	Retention temperature	Température de rétention
Retentionszeit	Retention time	Temps de rétention
Ringförmige Kolonnen	Annular Columns	Colonnes annulaires
Röhre	Tube (valve)	Tube électronique
Rückspülsystem	Back-purge system	Système de purge par inversion du vecteur gaz
Saug-(Beschleunigungs-)-Spannung	Accelerating voltage	Tension d'accélération
Serienschaltung von Kolonnen	Columns in series	Colonnes en série
Sicherung	Fuse	Fusible
Signal/Rausch-Verhältnis	Signal/noise	Signal/Bruit

Tabelle 2. (Fortsetzung)

Deutsch	Englisch	Französisch
Spannung	Voltage	Voltage
Spannungskonstanthalter	Stabilized power supply	Alimentation stabilisé
Spiralisiert (gewunden)	Coiled	En spirale
Stofftransport (C)	Mass transfer	Transfert de masse
Streu-Diffusion (A)	Eddy diffusion	Diffusion tourbillonnaire
Strom	Current	Courant
Stromteiler	Splitting system	Système de division
Symmetrisch	Symmetrical	Symetrique
Tailing (Schwanzbildung)	Tailing	Trainée
1 Teil in 10^9 Teilen	ppb (Parts per billion)	Parties par milliard
1 Teil in 10^6 Teilen	ppm (Parts per million)	Parties par million
Temperaturprogrammierte Gas-Chromatographie	Temperature programmed gas chromatography (T.P.G.C.)	Chromatographie gazeuse à température programmée
Thermistor	Thermistor	Thermistance
Thermostat	Column oven	Four de colonne
Theoretische Böden (Trennstufen)	Theoretical plates	Plateaux théoretiques
Totvolumen	Dead volume	Volume libre
Trennleistung der Säule	Column efficiency	Efficacité de colonne
Trennsäule	Column	Colonne
Trennstufenhöhe (HTS)	HETP (height equivalent to a theoretical plate)	Hauteur équivalente à un plateau théoretique (HEPT)
Trennvermögen	Resolving power	Puissance de résolution
Überlappung	Overlapping	Recouvrement
U-Rohr	U-tube	Tube en U
Van Deemter-Gleichung	Van Deemter equation	Equation de Van Deemter
Variabler Transformator (Regeltransformator)	Variac	Autotransformateur
Ventil	Valve	Vanne, valve, robinet
Verbrennungsrohr	Combustion tube	Four à combustion
Verdrängung	Displacement	Déplacement
Verstärker	Amplifier	Amplificateur
Verteilungskoeffizient	Partition coefficient (k)	Coefficient de partition
Verunreinigung	Impurity	Impureté
Wärmekapazität	Heat capacity	Pouvoir calorifique
Wärmeleitfähigkeit	Thermal conductivity	Conductibilité thermique
Wärmeleitfähigkeitsdetektor	Thermal conductivity cell	Cellule à conductibilité thermique
Wheatstonesche Brücke	Wheatstone bridge	Pont de Wheatstone
Widerstand	Resistor	Résistance
Wolfram	Tungsten	Tungstène
Zeitkonstante	Time constant	Constante de temps
Zwei-Kolonnen-Anordnung	Dual column	Double colonne

zum Gesamtgebiet vorgelegen haben. Im Vergleich zu anderen Formen der Chromatographie fand auch die Theorie der GC eine lebhafte Bearbeitung. Es erwies sich als notwendig, sowohl in technischer als auch in theoretischer Hinsicht eine international gültige *Terminologie* zu finden, die in Form einer Empfehlung vorliegt (Tab. 1).

Tab. 2 enthält weitere, bei der GC häufig gebrauchte Ausdrücke in Deutsch, Englisch und Französisch.

Gas-chromatographische Methoden sind anwendbar auf Stoffe, die bei der Arbeitstemperatur eines Gas-Chromatographen gasförmig oder genügend flüchtig sind bzw. Substanzen, die sich reproduzierbar in solche Stoffe umwandeln lassen [*Reaktions-Gas-Chromatographie, Pyrolyse* (S. 648)]. Die Trennsäule mit ihrer festen bzw. festen und flüssigen Phase stellt durchweg eine Sorptionsphase dar, wobei Ad- und Absorptionen wirksam werden können. Ist der Träger ein geeignetes, gekörntes Adsorbens, auf welchem sich die Adsorption aus der mobilen Phase von selbst einstellt, so spricht man von Adsorptions-Chromatographie (GSC).

Auch bei der anderen Hauptform der GC, der GLC, wird ein fester Träger verwendet, doch wird dieser im Unterschied zur GSC als indifferent angenommen und mit einer dünnen Schicht einer geeigneten flüssigen Phase imprägniert, in welcher sich das Verteilungsgleichgewicht zwischen den im Trägergas transportierten gasförmigen Partikeln und der flüssigen Phase einstellen soll. Häufig werden zur Erreichung von großen spezifischen Oberflächen gekörnte Träger mit poröser Struktur, d. h. großer innerer Oberfläche verwendet, in deren Poren die flüssige Phase eindringen soll. Je nach Art der flüssigen Phase und der Methode des Imprägnierens hat man gegebenenfalls damit zu rechnen, daß neben dem die GLC charakterisierenden Verteilungsgleichgewicht auch die Adsorption am Träger selbst am Trennvorgang beteiligt ist. Dieser Sachverhalt, ausgedrückt als Aktivität bzw. *Restaktivität* des *Trägers*, wird häufig nicht genügend beachtet. Da viele bei der GSC verwendete Adsorptionsmaterialien zur Ausbildung von Desorptions-Schwänzen, d. h. einer asymmetrischen Ausbildung der registrierten Piks neigen, suchten JAMES und MARTIN, die die flüssige Phase als Verteilungsprinzip in die GC einführten, zunächst in ihr nur nach einem "Tailing Reducer", einem Verminderer der Verschleppungserscheinungen. Gerade in neuerer Zeit scheint das noch wenig genau definierte Zwischengebiet zwischen GSC und GLC, beispielsweise verifiziert durch chemische Modifikation der Oberflächen von Adsorbentien, erheblich an Bedeutung zu gewinnen. Hinsichtlich Entwicklung und methodischer Besonderheiten der GC vgl. Lit. Nr. 1, 4, 10, 12, 19, 20, 21, 24, 32, 46, 47, 48, 49, 59, 60, 67, 69, 74, 97, 98, 100, 101, 102, 110, 116, 117, 118, 126, 131, 139, 150, 151, 152, 158, 159, 167, 169, 177, 179, 183, 188, 189, 194.

B. Theorie

Unter Theorie wird hier im wesentlichen die Theorie des Trennvorganges bei gepackten Säulen verstanden mit weitgehender Anlehnung an die Empfehlungen der Nomenklaturkommission (D. AMBROSE u. Mitarb. 1960; Tab. 1) unter Berücksichtigung praktischer Belange. Den Vorgängen in der TS (vgl. S. 636), die das Kernstück der GC-Apparatur ist, muß besondere Aufmerksamkeit geschenkt werden.

Die Theorie der GSC ist im Rahmen dieser Abhandlung nicht darzustellen. Sie findet ihre ausführliche Diskussion bei SCHAY, KEULEMANS (vgl. Lit. Nr. 39, 51, 66, 70, 75, 76, 77, 79, 80, 81, 82, 84, 85, 86, 87, 88, 89, 109, 120, 121, 142, 143, 144, 145, 146, 147, 160, 161, 174, 184, 185.

Der GLC liegt die Einstellung eines Verteilungsgleichgewichtes zugrunde, das durch den *Verteilungskoeffizienten k* gekennzeichnet ist:

$$k = \frac{g_L}{g_G} \tag{1}$$

g_L = Gewicht der pro ml stationärer Phase gelösten Substanz
g_G = Gewicht der pro ml mobiler Phase gelösten Substanz (Trägergas)

Der Trennvorgang läuft ab, indem die Komponenten eines Gemisches entsprechend ihren k-Werten unterschiedlich lange zurückgehalten werden, und zwar um so länger, je größer k ist. Bei Auswahl einer geeigneten Verteilungsflüssigkeit mit entsprechender *Selektivität* gegenüber der chemischen Eigenart des zu trennenden Gemisches treten die einzelnen Komponenten nacheinander aus der TS

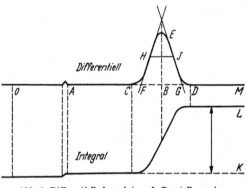

Abb. 2. Differentielle bzw. integrale Darstellung eines Gas-Chromatogramms

aus. Es ist nun Aufgabe des Detektors, die Konzentration der vom Trägergasstrom mitgeführten Substanzen auf Grund meßbarer Eigenschaften (Wärmeleitfähigkeit, Ionisationspotential, Verbrennungswärme u. a.) zu erfassen und die Signale einem Verstärker-Schreibersystem zuzuführen. Je nach Art des Detektors oder Schreibers wird die Substanzkonzentration *differentiell* in Form von Piks (Banden) oder *integral* als Treppenkurve aufgezeichnet (Abb. 2).

Das so erhaltene Chromatogramm repräsentiert durch Form und Lage der zu ein und demselben Trennvorgang gehörenden Piks die Eigenschaften des Trennsystems vom Injektionspunkt bis zum Detektor. Ihm sind folgende Daten zu entnehmen:

O: Zeitpunkt der Injektion (Start)

O—C, D—M: Basis- oder Grundlinie (es fließt nur Trägergas)

A: Luftpik (der von in der TS nicht verzögerten Gasen erzeugte Pik)

O—A: Ausspülzeit der Luft

(O—A) · u: Totvolumen = Nullretentionsvolumen V_M (Volumen des Probeninjektors + Restvolumen der TS + Detektorvolumen)

C—D: Pikbasis

C—E—D—C: Pikfläche

F—G: Pikbreite (Teil der Pikbasis, begrenzt durch die Tangenten an die Wendepunkte der Pikflanken)

B—E: Pikhöhe (Länge des von der Pikspitze E auf die Grundlinie gefällten Lotes)

H—J: Halbwertsbreite des Piks (Breite in halber Pikhöhe)

O—B: unkorrigierte Retentionszeit der Substanz (t_R)

A—B: reduzierte Retentionszeit der Substanz (t'_R)

(O—B) · u: unkorrigiertes Retentionsvolumen der Substanz (V_R)

(A—B) · u: reduziertes Retentionsvolumen der Substanz (V'_R)

u: Volumetrische Strömungsgeschwindigkeit des TG bei dem Druck am Ende der TS und bei der Arbeitstemperatur.

Da t_R und t'_R sowie V_R und V'_R stark von u abhängen, damit also bei ein und derselben Substanz stark schwanken können, besitzen sie keinen ausgesprochen praktischen Wert. Der Übergang zu einer *dimensionslosen* und damit von Arbeitsbedingungen weitgehend unabhängigen Kenngröße ist wünschenswert. Diese bietet sich im Verhältnis der V'_R-Werte zweier Substanzen an, wobei die eine als möglichst allgemein verwendbare Bezugssubstanz (Pentan, Nonan, Benzol, Campher u. a.) geeignet sein sollte.

Der so erhaltene Wert heißt nach den Empfehlungen der Nomenklaturkommission „relative Retention" und errechnet sich zu:

$$r_{rel} = r_{12} = \frac{V'_{R_1}}{V'_{R_2}} \quad \begin{array}{l} 1 = \text{zu messende Substanz} \\ 2 = \text{Bezugssubstanz} \end{array} \tag{2}$$

Die beiden reduzierten Retentionsvolumina müssen unter identischen Bedingungen erhalten sein, d. h. möglichst aus dem gleichen Chromatogramm stammen. Dann kann man auch auf die Umrechnung von den Retentionszeiten in Retentionsvolumina verzichten und das Verhältnis der beiden Retentionszeiten bilden, das den gleichen Wert ergibt:

$$r_{rel} = r_{12} = \frac{t'_{R_1}}{t'_{R_2}} \tag{3}$$

Diese Größe ist jetzt auf alle mit gleichem Trägergas und gleicher stationärer Phase durchgeführten Untersuchungen übertragbar.

Unter der synonymen Bezeichnung V_R^{rel} werden u. a. von BAYER (S. 73, 189 ff.) zahlreiche Substanzen tabelliert.

$$V_R^{rel} = r_{rel} = r_{12} = \frac{\text{Strecke A—C}}{\text{Strecke A—B}} \text{ (Abb. 3)} \tag{4}$$

Ist diese Größe ein Maß für die gegenseitige Lage zweier Piks im Chromatogramm, gibt sie also einen Hinweis auf den *Trennfaktor*, so stellt die Pikbreite oder eine von ihr abgeleitete Größe einen Maßstab für die *Säulenwirksamkeit* (Trennschärfe) dar.

In grober Anlehnung an die Böden einer Destillationskolonne wird die Trennschärfe durch die Zahl der *theoretischen Böden* (Trennstufen) n gekennzeichnet. Vollkommenes Lösungsgleichgewicht zwischen mobiler und stationärer Phase, wie das für exakte Bödenberechnungen er-

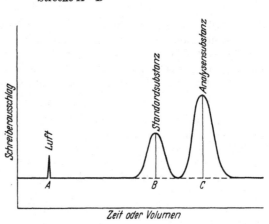

Abb. 3. Diagramm zur Ermittlung der relativen Retention

forderlich wäre, kann in den TS bei der kontinuierlichen Strömung kaum realisiert werden. Deshalb sind auch nur Größen zu ermitteln, die theoretischen Böden oder ihren Bodenhöhen gleichwertig (äquivalent) sind.

Die Zahl der theoretischen Böden einer TS ist:

$$n = 16 \left(\frac{\text{Retentionswert}}{\text{Pikbreite}} \right)^2 = 16 \left(\frac{\text{OB}}{\text{FG}} \right)^2 \tag{5}$$

n ist dimensionslos. Man kann aus n eine *spezifische Bödenzahl* (Trennleistung), die Anzahl theoretischer Böden je Meter TS errechnen:

$$n_{spez} = \frac{n}{L} \; ; \quad L = \text{Länge der TS in Metern} \tag{6}$$

Der *Kehrwert* von n_{spez} ist die einem theoretischen Boden entsprechende Höhe *HETP* (Height Equivalent to one Theoretical Plate). *HETP* ist *Kenngröße einer TS*:

$$HETP = \frac{L}{n} \tag{7}$$

J. J. van Deemter u. Mitarb. (1956) haben eine wichtige Gleichung zur Ermittlung der *HETP* aufgestellt, die von A. I. M. Keulemans u. A. Kwantes (1957) in einer sinnvoll vereinfachten Form wiedergegeben wurde:

$$HETP = A + \frac{B}{u} + C \cdot u \qquad (8)$$

Dies ist eine Hyperbelgleichung, die ein Minimum besitzt, bei dem kleinste *HETP*-Werte und damit größte Bödenzahlen auftreten. Es liegt bei

$$u = \sqrt{\frac{B}{C}}; \qquad (9)$$

dann ist

$$HETP = A + 2\,BC \qquad (10)$$

Man sieht, daß es für jede TS nur eine diskrete lineare Trägergasgeschwindigkeit u gibt, bei der die betreffende TS mit optimaler Wirkung arbeitet.

Die Parameter A, B und C sind ihrerseits wieder mehrgliedrige Ausdrücke, die über Diffusionszustände im Trägergas, in der stationären Phase und über Packungszustände Auskunft geben.

So gibt A den Anteil der Streudiffusion wieder

$$A = 2\,\lambda \cdot d_p \qquad (11)$$

λ = Maß der Unregelmäßigkeit der Säulenfüllung
d_p = Teilchendurchmesser des Trägermaterials
HETP wird also größer und damit die Trennwirkung kleiner, wenn die TS ungleichmäßig gepackt sind und das Füllmaterial grobkörnig ist.

B stellt die Diffusion in der Längsrichtung der TS in Rechnung

$$B = 2\,\gamma \cdot D_G \qquad (12)$$

γ = Labyrinth-Faktor der Porenkanäle
D_G = Diffusionskoeffizient des Gases
HETP wird also um so größer je gewundener die Porenkanäle der Trägersubstanz sind und je leichter das TG diffundieren kann.

C berücksichtigt den Massenübergang zwischen stationärer und mobiler Phase:

$$C = \frac{8}{\pi^2} \cdot \frac{k'}{(1 + k')^2} \cdot \frac{d^2 f}{D_F} \qquad (13)$$

$k' = k \cdot \dfrac{F_{\text{liq}}}{F_{\text{Gas}}}$ wobei k = Verteilungskoeffizient (1), F_{liq} = Anteil der Flüssigkeit im TS-Raum, F_{Gas} = Anteil des Gases im TS-Raum (der Faktor k' ist ein dem Extraktionskoeffizienten äquivalenter Wert), d_f = Dicke des Flüssigkeitsfilmes auf dem Trägermaterial, D_F = molekulare Diffusionskonstante der Substanz in der Flüssigkeit. In C tritt k implizit in k' auf. *C ist also der für das Zustandekommen einer Substanztrennung überhaupt verantwortliche Faktor. HETP* wird dabei um so größer, je kleiner k' ist, je dicker der Flüssigkeitsfilm auf dem Trägermaterial ausgebildet ist, und je weniger die Substanz in der Flüssigkeit diffundieren kann.

Aus den Gleichungen (8) bis (13) geht hervor:

1. Die Trennfähigkeit einer TS wird mit Vorteil durch die theoretische Bodenhöhe (Trennstufe, Trennstufenhöhe, *HETP*) definiert.

2. Für jede TS gibt es hinsichtlich der Trennstufenhöhe nur eine optimale Gasgeschwindigkeit u, die zur Erzielung der maximalen Trennleistung ermittelt werden muß.

3. Der Partikeldurchmesser des Trägers soll zwar möglichst klein sein, aber nicht so klein, daß der Druckabfall längs der TS zu groß wird.

4. Die Schichtdicke der flüssigen Phase auf dem Träger ist quadratischer Faktor. Sie sollte demnach nur gerade so stark sein, daß die Restaktivität des Trägers abgesättigt wird und daß sie der beabsichtigten Belastbarkeit der TS entspricht.

5. Die Konstanten A, B' und C der Gleichung (8) sind auch graphisch zu ermitteln.

Als Maß für die Trennung dient auch die

$$\textit{Pikauflösung} = L = 2 \cdot \frac{\text{Differenz der Retentionsvolumina}}{\text{Summe der Pikbreiten}}$$

$$= 2 \frac{\Delta y}{y_a + y_b} \tag{14}$$

d. h., in praxi interessiert, wieviel Trennstufen zur Pikauflösung notwendig sind (Abb. 4).

BAYER (S. 189ff.) hat eine große Anzahl relativer Retentionvolumina V_R^{rel} tabelliert, aus denen die notwendige Trennstufenzahl zur 100%igen Bandenauflösung zu errechnen ist. Sofern für eine Substanz $V_{R_1}^{\text{rel}}$ und für eine zweite $V_{R_2}^{\text{rel}}$ unter gleichen Bedingungen ermittelt worden sind, läßt sich ein Trennfaktor α errechnen:

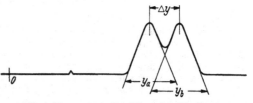

Abb. 4. Diagramm zur Ermittlung der Pikauflösung

$$\alpha = \frac{V_{R_1}^{\text{rel}}}{V_{R_2}^{\text{rel}}} \tag{15}$$

Aus Gleichung (5), (14) und (15) ergibt sich die zur Trennung notwendige Zahl theoretischer Böden n zu

$$n = \left(2 \cdot L \frac{\alpha + 1}{\alpha - 1}\right)^2 \tag{16}$$

Bei unvollständig getrennten Substanzen ist $L < 1$. Durch Multiplikation mit 100 ergibt sich %-Auflösung.

Mit V_R^{rel} wird als *minimale Analysenzeit* für die Trennung zweier Substanzen erhalten:

$$t_{\min} = 243 \left(\frac{V_R^{\text{rel}}}{V_R^{\text{rel}} - 1}\right)^2 \cdot C \tag{17}$$

V_R^{rel} ist in (17) das Verhältnis der Retentionsvolumina der beiden zu trennenden Substanzen, C die Konstante aus (8) (BAYER S. 13).

Zur Charakterisierung der *Trennleistung* einer TS ist es wünschenswert, noch eine Kenngröße der stationären (flüssigen) Phase zu haben, die im *Selektivitätskoeffizienten* zur Verfügung steht (BAYER S. 29):

$$\sigma = \frac{(V_{R_1}^{\text{rel}})_1}{(V_{R_2}^{\text{rel}})_2} \; ; \quad (\text{Kp}_1 = \text{Kp}_2) \tag{18}$$

d. h., eine Trennflüssigkeit ist gegenüber 2 Substanzen gleichen Siedepunktes (Kp₁ = Kp₂) aber aus 2 verschiedenen homologen Reihen selektiv, wenn sich an ihr die V_R^{rel}-Werte stark unterscheiden. (18) ist ein Spezialfall von (15). σ muß graphisch ermittelt werden (BAYER, S. 29).

C. Die Trennsäule (TS)

Sie ist der Hauptbestandteil des chromatographischen Systems und von ihren Eigenschaften hängt der Trennerfolg ab. Obwohl ein umfangreiches Angebot an fertigen Trennsäulen besteht, sollte jeder, der Gas-Chromatographie betreibt, Theorie und Praxis der Trennsäule gut kennen, denn häufig taucht ein neues Trennproblem auf und damit verbunden die Notwendigkeit, eine optimale stationäre Phase aufzufinden. Es ist zweckmäßig, 2 Arten von Trennsäulen zu unterscheiden: Die *gefüllte Trennsäule* und die *Kapillarsäule* (vgl. Lit. Nr. 9, 22, 23, 43, 63, 78, 83, 95, 122, 124, 153, 156, 173, 174, 187).

I. Material und Geometrie

Für gefüllte, analytische Kolonnen werden Rohre von 2—10 mm innerem Durchmesser verwandt, für präparative Säulen Rohre bis ca. 100 mm. Kapillarkolonnen haben im allgemeinen eine lichte Weite um 0,25 mm. Rohrmaterial ist heute zumeist weicher, gut biegefähiger Edelstahl[1]. Es ist besonders darauf hinzuweisen, daß die Innenwandungen der Rohre vor Benutzung gründlich gereinigt werden müssen (BURCHFIELD, S. 48). Von nicht rost- oder korrosionsfreien Materialien sollte Abstand genommen werden. Die Stahlrohre werden im allgemeinen in Längen von 50—100 cm in gestreckter oder U-Form verwendet. Meist werden über die Rohrenden sog. Schneidringe[2] gezogen, die in entsprechenden Rohrverschraubungen[2] einen dichten Sitz der Rohre gewährleisten. Mit Hilfe entsprechender Verschraubungen lassen sich die Trennkolonnen in beliebiger Länge hintereinanderschalten. Die Geometrie der Trennsäule richtet sich nach dem zur Verfügung stehenden Thermostatenraum. Da kleine Thermostaträume besser beheiz- und regelbar sind, findet häufig die spiralisierte Kolonne Verwendung. Bei der Herstellung von Säulenspiralen ist zu beachten, daß der Windungsdurchmesser etwa 10—20 cm betragen soll, um Verluste an Trennwirksamkeit zu vermeiden. Die gestreckte, senkrecht stehende Säule mit ungefüllten oder gefüllten Krümmern des gleichen oder verminderten Querschnittes ist aus verschiedenen Gründen zu empfehlen (BAYER, S. 16ff.). Weniger häufig verwendete Säulenmaterialien sind Kupfer, Messing, Glas oder Kunststoff[3]. Glas- oder Quarzrohre sind chemisch inert. Sie werden meist mit Siliconschläuchen[4] verbunden. Anstelle von Krümmern finden auch sog. Säulenregister Verwendung[5] (BAYER, S. 18). Dies sind Metallblöcke mit Bohrungen für die Gasführung und eingeschraubten bzw. eingeschweißten Trennkolonnen.

II. Die Säulenfüllung

1. Adsorbentien für die GSC

Bei gleicher äußerer Versuchsanordnung gelten für die GSC andere Regeln als für die GLC. Bei der GSC besteht die stationäre Phase aus einem aktiven Adsorbens, während bei der GLC der Träger, auf welchem sich die stationäre Flüssigkeit befindet, weitgehend inaktiv sein soll bzw. inaktiviert werden muß. Es ist ferner zu beachten, daß die Adsorbentien zwar in der Grundform fertig gekauft werden können, daß diese jedoch vor Beginn des Trennprozesses in geeigneter Weise vorbehandelt werden müssen. Um Trennungen mit Hilfe der GSC durchführen zu können, ist es auch notwendig, die verschiedenen Arbeitsweisen genauer zu kennen (KEULEMANS, S. 174ff; BAYER, S. 20). Während bei der GLC, gemäß der Eigenart des Verteilungsprozesses, fast ausschließlich die Elutionstechnik angewandt wird, finden bei der GSC alle 3 Methoden Verwendung: Elutionstechnik, Front-Analyse und Verdrängungs-Entwicklung. Die stationäre Phase ist bei der GSC nach sehr theoretischen Gesichtspunkten auszuwählen und zu betrachten, z. B. kommt es bei Molekularsieben (Zeolithe), Silicaten mit einem Netz von Kanälen, deren lichte Weite etwa der Größe eines Moleküldurchmessers entspricht, womit eine gewisse „Siebwirkung" erreicht wird, sehr darauf an, ob diese Kanäle vor

---

[1] Fa. Schoellerwerk KG, Hellenthal/Eifel.

[2] Fa. Ermeto-Armaturen GmbH, Windelsbleiche b. Bielefeld; Fa. Joh. Schäfer, Hungen/Oberhessen; Fittings der Fa. Crawford Fitting Company, 884 East 140th Street, Cleveland 10, Ohio/USA. Von diesen Firmen sind die verschiedensten Rohrverschraubungen, Übergangsstücke, T-Stücke u. dgl. zu beziehen.

[3] Kunststoffrohre z. B. der Fa. Mecano-Bundy, Heidelberg.

[4] Fa. Freudenberg, Weinheim.

[5] z. B. im Siemens-Gas-Chromatographen.

dem Trennprozeß richtig „entgast" wurden oder nicht. Hinsichtlich der Aktivierung und der Auswahl der Adsorbentien gelten in etwa die gleichen Gesichtspunkte, die z. B. auch bei der Dünnschicht- oder Säulen-Chromatographie von Bedeutung sind. Verwendet werden z. B. Aluminiumoxide, Silicate, Metalloxide oder unterschiedlich aktive Kohlen. Die GSC findet ihre Hauptanwendung bei der Trennung von Gasen bzw. leichtflüchtigen Verbindungen. Hier zeigt sie eine besonders hohe Leistungsfähigkeit, z. B. in der Trennung von Isotopen. Nachteilig sind bei der GSC die häufig auftretenden asymmetrischen Substanzbanden mit einer steilen Stirnfront und einem langgestreckten Schweif (Schwanzbildung: "tailing"). Die Retentionswerte hängen außerdem stark von der Substanzmenge ab, was bei der GLC erst bei hohen Konzentrationen der Fall ist. Um Reproduzierbarkeit der Arbeitsbedingungen zu erreichen ist es deshalb notwendig, hinsichtlich Auswahl der Adsorbentien und deren Aktivierung die Originalliteratur nachzulesen (vgl. Lit. Nr. 2, 30, 33, 66, 172).

2. Übergangsgebiet GSC-GLC

Die sog. modifizierten Adsorbentien gewinnen zunehmend an Bedeutung. Aktive Träger werden entweder mit geringen Mengen von flüssigen Phasen, wie sie für die GLC verwendet werden, imprägniert oder die Oberflächen der Adsorbentien werden chemisch modifiziert. So sind reproduzierbare, unterschiedliche Selektivitäten leichter einzustellen (BAYER, S. 21).

3. Die stationäre Phase der GLC

a) Der Träger

Er soll, wie schon erwähnt, inaktiv (inert), möglichst porös, von kugeliger Gestalt und im Korndurchmesser (Mittelwert 0,2—0,3 mm) gleichmäßig sein. Eine universell verwendbare Trägersubstanz ist Kieselgur. Daneben werden verwendet: Schamottemehl, Metallpulver, Metallwendeln, Glaspulver, Salze, Kunststoffpulver u. a. (KAISER I, S. 58; KAISER III, S. 56; BAYER, S. 23; KEULEMANS, S. 134ff.; BURCHFIELD, S. 38ff.). Es ist darauf zu achten, daß der Träger, bevor er mit der flüssigen Phase imprägniert wird, zweckmäßig vorbehandelt wurde. Der Autor hat die Erfahrung gemacht, daß es in zahlreichen Fällen anzuraten ist, das Trägermaterial selbst herzustellen. Hierzu kann z. B. billiges Kieselgur-Rohmaterial[1] ausgesiebt[2], mit 50 % iger HCl gewaschen, aufgeschlemmt (Entfernung von Beimengungen wie Quarz), nochmals gesiebt und bei 100° C getrocknet werden. Durch die Säurewaschung werden bei Kieselgur Restaktivitäten entfernt. Für die Trennung basischer Substanzen empfiehlt sich KOH als Waschmittel. Auch käufliches, schon vorbehandeltes Kieselgur[3] sollte sorgfältig ausgesiebt werden, um den transportbedingten Abrieb zu entfernen. Hinsichtlich weiterer Behandlungsmethoden werden die Angaben von BAYER, (S. 24) und BURCHFIELD, (S. 41) zugrunde gelegt (vgl. Lit. Nr. 40, 96, 172, 186).

b) Die Trennflüssigkeit

Der Auswahl der Trennflüssigkeit kommt besondere Bedeutung zu. Die verwendeten Substanzen sollten sehr rein sein, bei der Betriebstemperatur der Trennsäule einen geringeren Dampfdruck als 0,3 Torr und geringe Viscosität aufweisen, mit den zu trennenden Verbindungen nicht reagieren und sich nur geringfügig zersetzen. Die Auswahl wird durch die Selektivität der stationären Phase gegenüber dem zu trennenden Substanzgemisch bestimmt. Zweckmäßig orientiert man sich bei BAYER, der die flüssigen Phasen in 48 Tabellen der Retentionsvolumina und Selektivitätskoeffizienten auf 88 Seiten zusammengestellt hat. Auch KAISER (III) gibt einen guten Überblick über die Verwendbarkeit der Trennflüssigkeiten. Sehr wichtig ist das Imprägnierungsverfahren (BAYER, S. 28; KAISER I, S. 69). An und für sich sollte möglichst wenig Trennflüssigkeit aufgebracht werden (van Deemter-Gleichung). Um aber z. B. bei Kieselgur Restaktivitäten des Trägers genügend abdecken zu können, wird im allgemeinen mit 10—20% Trennflüssigkeit imprägniert. Die Menge der Trennflüssigkeit richtet sich auch nach der „Substanzbelastung" der Trennsäule. Besteht z. B. die Absicht, einzelne getrennte Komponenten in nennenswerter Menge wieder zu gewinnen, so muß auf der Trennsäule wegen der großen Substanzbelastung auch eine entsprechende Menge an flüssiger Phase vorhanden sein, obwohl dadurch ein Verlust an Trennwirksamkeit in Kauf genommen werden muß. Hochwirksame Trennsäulen, neuerdings Schnelltrennsäulen genannt, haben im allgemeinen einen geringeren Säulenquerschnitt und nur 1—5% flüssige Phase. Allerdings finden hierfür meist andere Träger, wie Glaspulver oder Teflonpulver[3] Verwendung (vgl. Lit. Nr. 128, 129, 130, 148, 149).

---

[1] Zu beziehen durch Kieselgur-Gruben.

[2] Siebsatz der Fa. Siebtechnik GmbH, Mülheim/Ruhr.

[3] Fa. Merck AG, Darmstadt; Fa. Lehmann & Voss, Hamburg 36, Alsterufer 19 (Chromosorb der Firma Johns-Manville); F & M Scientific (vgl. S. 652).

c) Imprägnieren des Trägers und Füllen der Trennsäule

Die Trennflüssigkeit wird in der 5—50-fachen Menge eines niedrigsiedenden, *reinen* Lösungsmittels (Methanol, Äther, Pentan, Chloroform) gelöst, der Träger darin suspendiert und das Lösungsmittel im Vakuum abgedampft. Es kommt darauf an, während des Abdampfprozesses das Material ständig gut zu durchmischen (Rühren, Rotationsverdampfer) sowie Sauerstoff und Wasserdampf fernzuhalten. Es kann auch, wie es im Laboratorium des Autors üblich ist, in einem Frittenrohr, durch welches ein kräftiger Inertgasstrom (Stickstoff) geblasen wird, in der Wirbelschicht getrocknet werden. Das so getrocknete Material ist schonend nachzusieben. Die stationäre Phase wird sodann in die Trennkolonne eingefüllt, wobei sich bei gestreckten Rohren folgendes Verfahren bewährt hat: Das Rohr wird am unteren Ende mit einem Glaswollepfropfen versehen und die stationäre Phase auf einem Rüttel- oder Schwingtisch solange gerüttelt bis keine stationäre Phase mehr aufgenommen wird. Es kann auch durch Aufstoßen der Säule oder seitliches Beklopfen eingefüllt werden. Sodann wird das andere Ende ebenfalls mit einem Glaswollepfropfen verschlossen. Spiralisierte Säulen wurden früher meist so hergestellt, daß die Rohre erst in gestreckter Form gefüllt und dann gebogen wurden. Inzwischen hat sich aber auch das Verfahren eingeführt, die stationäre Phase im Vakuum unter Rütteln in die Rohrspirale einzusaugen. Vor Inbetriebnahme empfiehlt sich ein Äquilibrieren und Ausheizen der Säulen im Trägergasstrom bei einer Temperatur, die etwa 50° C unterhalb der max. zulässigen Betriebstemperatur liegt. Die Herstellung von Kapillarsäulen ist relativ schwierig (Kaiser II; Bayer, S. 34ff.; Burchfield, S. 47).

d) Beurteilung der Trennsäule

Zunächst wird man die Trennsäule mit Hilfe eines Testgemisches auf ihre Trennleistung prüfen und feststellen, wie die aufgegebenen Substanzen voneinander abgetrennt werden, welche Retentionswerte sie zeigen und ob die Form der Substanzbanden symmetrisch ist. Hierfür empfiehlt es sich, bei einer neuen Trennkolonne zunächst das Testgemisch ein- oder mehrere Male in unterschiedlicher Menge aufzugeben, bevor schließlich die Beurteilung vorgenommen wird.

Die Trennleistung (Säulenwirksamkeit) wird an der Trennstufenzahl pro m Säulenlänge gemessen. Die Selektivität ist ein Charakteristikum der stationären Phase und diese ist als selektiv zu bezeichnen, wenn sich die Retentionsvolumina ähnlicher Substanzen möglichst stark unterscheiden (Bayer, S. 28). Es ist schwierig, Vorhersagen über die Selektivität einer stationären Phase zu treffen, doch gibt es einige Erfahrungswerte. Stark polare flüssige Phasen weisen z. B. bei der Trennung von Kohlenwasserstoffen große Selektivität auf, während schwach polare wenig selektiv wirken. Umgekehrt trennen sich polare Verbindungen häufig an schwach polaren Phasen (Paraffine, Silicone) mit größerer Selektivität auf. Die Selektivität der Trennflüssigkeit kann durch Zusatz von Metallsalzen wie Silbernitrat verändert und abgestuft werden. Weitere Charakteristika sind *Belastbarkeit* und *Leistungsindex* (Kaiser I, S. 49).

D. Das Trägergas (TG)

Die Auswahl eines TG wird weitgehend durch den benutzten Detektor bestimmt. Sein physikalisch-chemischer Zustand soll während des gas-chromatographischen Prozesses in hohem Maße konstant bleiben. Bei Verwendung empfindlicher Detektoren müssen *extreme* Reinheitsforderungen gestellt werden, wobei zu beachten ist, daß Verunreinigungen auch von Teilen der Apparatur an das Trägergas abgegeben werden können, z. B. aus Kautschuk- oder Kunststoffschläuchen, von der flüssigen Phase, wenn diese Verunreinigungen enthält oder bei ungünstigen Temperaturen ausgeschwemmt bzw. zersetzt wird oder von schwer- oder nichtverdampfbaren Rückständen, die sich nach Injektion komplexer Gemische im Probengeber ansammeln und dort unkontrollierbaren Reaktionen anheimfallen (Crackung).

I. Gase

1. *Wasserstoff* gewährleistet wegen seiner geringen Viskosität gemäß der Van Deemter-Gleichung (S. 634) optimale Gasgeschwindigkeiten, auch bei relativ langen Trennsäulen. Allerdings müssen Rohrleitungen und Verschraubungen sorgfältig abgedichtet werden (Explosionsgefahr; evtl. Spülen der gefährdeten Teile mit Schutzgas wie Stickstoff). Wasser-

stoff ist wegen der hohen Wärmeleitfähigkeit gegenüber anderen Gasen für Wärmeleitfähig-keits-Meßzellen als Detektoren sehr geeignet. Zu beachten sind mögliche Reaktionen des Wasserstoffs, besonders an heißen Metalloberflächen. Hydrierungen oder Crackungen, die bei der normalen Gas- Chromatographie mit Wasserstoff als Trägergas unerwünscht sind, werden bei der Reaktions-Gas-Chromatographie (vgl. Abb. 1h) bewußt herbeigeführt.

2. *Helium* und *Argon* stehen, in Deutschland relativ teuer, als Flaschengase von hoher Reinheit zur Verfügung. Es sind chemisch inerte, ungefährliche und universell verwendbare Trägergase.

3. *Stickstoff* ist ein billiges, leicht zu reinigendes Trägergas. Seine Viskosität ist größer als die von Wasserstoff, seine Wärmeleitwerte liegen etwas ungünstig.

4. *Kohlendioxid* wird meist nur für Spezialverfahren verwendet.

Über die Faktoren, die für die Auswahl des Trägergases entscheidend sind (Viskosität, Wärmeleitfähigkeit, Ionisationspotentiale, Adsorbierbarkeit, chemische Reaktivität und Reinheit), berichten BURCHFIELD (S. 93ff.) und KAISER I (S. 77f.). In Tab. 3 werden käuf-liche Flaschen-Gase, deren Reinheit und Preise angegeben (vgl. Lit. Nr. 3).

Tabelle 3. *Käufliche Flaschengasse[1], geeignet als Träger-, Steuer- oder Brenngasse (FID) für die GC*

Gas	Reinheit	Verunreinigungen	DM[2] pro m[3]	Bemerkungen
Wasserstoff[3]	hochprozentig 99,5%		1,50	
	reinst 99,75—99,90%	300 ppm O_2 80 ppm H_2O Rest N_2	3,50	aus Chloralkali-elektrolyse
	Spezial (nach-gereinigt) 99,99%	$N_2 < 100$ ppm Kohlenwasser-stoff < 5 ppm $O_2 < 5$ ppm (Tau-punkt $-60°$ C)	7,50	als Trägergas bestens geeignet
Helium	99,995%	CO_2, Ar, H_2, N_2, CH_4 in Spuren	45,00	
Stickstoff[3]	hochprozentig 99—99,8%	H_2O (Taupunkt $-40°$ C bei 150 atü)	1,50	
	reinst 99,99%	300 ppm Ar 100 ppm O_2 20 ppm H_2O	3,50	
	Spezial (nach-gereinigt) 99,99%	2000 ppm Ar 10 ppm H_2O 5 ppm O_2	7,50	als Trägergas bestens geeignet
Argon[3]	99,95% reinst 99,99%	$O_2 < 0,01\%$ Rest N_2 O_2-Spuren Rest N_2	15,80 22,30	Schweiß-Argon
Sauerstoff	handelsüblich $> 99\%$		1,20	
	hochprozentig 99,7—99,8%		2,20	
	reinst $> 99,90\%$	Rest Inertgas, vor-wiegend Argon	3,50	
Preßluft			0,90	

---

[1] Fa. Messer-Griesheim GmbH (vormals Knapsack). Flaschen mit 6 m[3] bei 150 und 10 m[3] bei 200 atü Fülldruck. Spezial-, Edel- und Reinstgase in Flaschen mit 10 m[3]. Leihgebühren für Gasflaschen: ab 31. Tag 0,10—0,15 DM pro Flasche und Tag.

[2] Richtpreise.

[3] Höhere Qualitäten werden vorbereitet.

II. Reinigung

Zu entfernen sind insbesondere Wasser, Sauerstoff, Kompressorenöl und organische Bestandteile mit Hilfe von Adsorbentien (Kieselgel, Aktivkohle, Blaugel, Molekularsieb), Spezialfiltern[1], Kontaktzonen (CuO bei 400—700° C, Eisenpulver bei 750° C u. a.[2]) oder Reagenzien (P₂O₅, Mg(ClO₄)₂ (Kaiser I, S. 77ff.; Burchfield, S. 101).

III. Kontrolle und Regulierung des Gasstromes

Neben der Reinheit des Trägergases ist der Konstanz des Trägergasstromes größte Bedeutung zu schenken (vgl. Abschnitt Theorie). Nach P. Tóth, E. Kugler, u. E. Kováts (1959) darf für quantitative Bestimmungen die Abweichung des Druckes der Trägergasquelle nur weniger als $\pm$ 0,5% vom Sollwert betragen. Der Trennsäule muß ein konstanter Gasmengenstrom aufgezwungen werden, da längs der Trennkolonne ein Druckabfall erfolgt, der z. B. von der Korngröße des Trägergases, von der Länge der Säule und der Temperatur abhängt. Zwischen dem Durchfluß des Trägergases und dem Wirkungsgrad einer Trennsäule bestehen enge Beziehungen (Burchfield, S. 104 u. 107). Druck- und Durchflußmenge des Trägergases sollten vor und nach der Säule laufend kontrolliert werden (Keulemans, S. 25, 54, 122). Die Gase werden meist Druckvorratsbehältern über besonders konstruierte Reduzierventile (Regler[3]) entnommen. Zur weiteren Gasmengenstrom-Regelung eignen sich Feinregulier-Nadelventile[4], Kapillarrohre (Drosseln) sowie besondere Konstruktionen z. B. ein Gasmengen-Konstanthalter nach J. H. Knox (1959) (vgl. Abb. 1), der mit normalen Labormitteln gefertigt werden kann und welcher bei Temperaturerhöhung um 100° C noch innerhalb $\pm$ 1% genau regelt (wichtig bei Temperaturprogrammierung) oder ein Membranregler nach L. Guild u. Mitarb. (1958) (vgl. Abb. 1) (Kaiser I, S. 86, Burchfield, S. 109). Zur Messung des Mengenstromes dienen Rotameter[5], Staukapillarmesser, Hitzdraht- und Seifenblasen-Strömungsmesser (vgl. Abb. 1). Häufig verwendet werden Rotameter (ein sich drehender Schwebekörper wird in Abhängigkeit vom Gasmengenstrom in einem graduierten konischen Rohr verschieden hoch gehoben), und Seifenblasen-Strömungsmesser (Messen des Hochsteigens eines Seifenhäutchens in einem graduierten Rohr mit der Stoppuhr). Rotameter werden in den Hauptschluß, meist vor die Trennsäule, Seifenblasenmesser in den Nebenschluß oder hinter die Trennsäule geschaltet. Es ist zu beachten, daß Rotameter sehr temperaturabhängig sind. Nach P. Tóth, E. Kugler, u. E. Kováts (1959) darf für quantitative Messungen die Temperatur des Rotameters nur weniger als $\pm$ 0,4° C vom Sollwert abweichen. Seifenblasen-Strömungsmesser sind weitgehend gasartunabhängig, nicht stark temperaturabhängig, einfach und billig. Über weitere physikalische Eigenschaften der Trägergase vgl. Burchfield, S. 93ff., Kaiser I, Keulemans, S. 77—122, Bayer, S. 49 u. 166. Bei normalen Trennsäulen ($\varnothing$ 4—8 mm) werden im allgemeinen Durchflußmengen von 20 bis 120 ml Trägergas/min angewandt.

E. Detektoren (DT)

Zur Charakterisierung und Messung der gaschromatographisch getrennten Substanzen werden Meßzellen bestimmter Geometrie und Größe verwendet, in denen mit physikalischen, physikalisch-chemischen, chemischen oder biologischen Methoden bestimmte Substanzeigenschaften entweder absolut oder in einem bestimmten Bezugssystem erfaßt werden. Der Detektor gibt bei physikalischen und physikalisch-chemischen Meßmethoden einen Meß-Strom (10^{-3} — 10^{-15} A) ab, der von Verstärkern (meist Proportionalverstärker, Bauelemente der Kompensationsschreiber) aufgenommen, proportional verstärkt wird und schließlich ein Schreibwerk betätigt. Die Registrierung kann differentiell erfolgen, d. h. die augenblicklich herrschende Konzentration der Substanz wird vom Detektor in einem

---

[1] Filter der Fa. Drägerwerk Lübeck.

[2] Deoxo-Gasreiniger der Fa. W. C. Heraeus, Hanau.

[3] Im Laboratorium des Autors haben sich die Reduzierventile und Regler der Fa. Drägerwerk Lübeck gut bewährt.

[4] z. B. Feinregulierventile der Fa. Haage, Mühleim/Ruhr; ein spezielles Gasmengenstromventil der Fa. Labotron, Dipl.-Ing. Edelmann, Wolfratshausen b. München.

[5] Fa. Rota, Aachen.

Differentialchromatogramm aufgezeichnet, welches aus sogenannten Piks (Banden) besteht, oder integral, d. h. die Substanzen werden vom Detektor fortlaufend addiert, so daß eine Treppenkurve entsteht (vgl. Abb. 2). Zur qualitativen und quantitativen Auswertung eines Chromatogramms sind Detektor, Verstärker und Schreiber als eine Einheit zu betrachten, an die bestimmte Forderungen zu stellen sind:

1. Der Detektor soll mindestens 10^{-6} g Substanz pro ml Trägergas erfassen. Die Vorteile einer Trennsäule mit geringerem Querschnitt oder geringerem Querschnitt und verminderter Menge an flüssiger Phase müssen wegen der damit verbundenen verminderten Substanzbelastung durch Detektoren mit erhöhter Empfindlichkeit wirksam gemacht werden.

2. Die Trägheit des Detektors und des Schreibers muß gering sein. Die Anzeigeverzögerung des Detektors soll weniger als 1 sec betragen.

3. Entsprechende Anforderungen sind an den Schreiber zu stellen, Fraktionen, welche die Trennsäule in rascher Folge verlassen, müssen registriert werden. Die vom Detektor erzeugten, meist sehr kleinen Stromwerte sind trägheitsfrei zu verstärken. Von einer genauen GC-Analyse werden $\pm$ 0,2% Genauigkeit gefordert, d. h. die Reproduzierbarkeit des Ausschlages des Schreibers, die Linearität der Skala und die Konstanz des Papiervorschubs müssen dann ebenfalls $\pm$ 0,2% erreichen. Solche Forderungen werden von elektronischen Kompensationsschreibern mit einem Skalenwert von $0-1$ bzw. $0-10$ mV, mit Skalendurchlaufzeiten von weniger als $0,5-1$ sec erfüllt. Es ist darauf zu achten, daß die Anpassungswiderstände der Schreiber (im Bereich weniger kOhm oder unterhalb 100 Ohm) genau auf den Detektor abgestimmt sind (KAISER I, S. 137).

4. Der Detektor soll ein günstiges Meßvolumen haben, welches überlappende Messung einströmender Fraktionen ausschließt ($0,5-1$ ml).

5. Der ideale Detektor spricht nur auf die zu messende Substanz an (Detektor „erster Art"). Er ist weitgehend unabhängig gegenüber Änderungen der Temperatur, des Druckes und des Gasmengenstromes.

6. Das Detektorsignal soll in weiten Grenzen linear von der Konzentration einer Substanz abhängen.

Bei Erfüllung der genannten Forderungen ergibt eine Detektorprüfung (System Detektor-Schreiber) die nach quantitativen Gesichtspunkten zu fordernde Reproduzierbarkeit (KAISER I, S. 130).

Einen guten Überblick über die bei der GC verwendeten Detektoren, ihre Eigenart und ihre Leistungsfähigkeit geben BAYER (S. 54, 76 u. 167ff.), BURCHFIELD (S. 49ff.), KAISER I (S. 110ff., II S. 96ff.) und KEULEMANS (S. 64ff.). Eine Aufzählung im Rahmen dieser Darstellung müßte unvollständig und oberflächlich bleiben. Deshalb werden nur die Detektoren beschrieben, die zur Grundausrüstung der handelsüblichen Gas-Chromatographen gehören.

Derzeit werden hauptsächlich Wärmeleitfähigkeits-Meßzellen (WMZ) und Flammenionisationsdetektoren (FID) verwendet. Es sei vorweg erwähnt, daß die rein physikalischen Detektoren, insbesondere WMZ und FID, eine geringe Spezifität hinsichtlich der chemischen Struktur aufweisen, was häufig als Mangel empfunden wird. Diesbezüglich bringen die physikalisch-chemischen oder chemischen Detektoren einen beträchtlichen Gewinn. Mit dem Gasdichtemeter, das leider zu wenig Beachtung findet, können ohne Einwaage Molekulargewichte bestimmt werden. Ein selektiver Detektor wäre das Massenspektrometer. Dieses Gerät bleibt jedoch wegen seines hohen Anschaffungspreises und seines komplizierten Aufbaus nur wenigen spezialisierten Laboratorien vorbehalten (vgl. Lit. Nr. 11, 13, 27, 35, 38, 41, 45, 58, 61, 92, 93, 112, 115, 154, 155).

I. Wärmeleitfähigkeits-Meßzellen (WMZ; DT „zweiter Art")

Sie gehören zur Grundausrüstung der meisten kommerziellen Geräte. Obwohl sie verschiedentlich als Detektoren der Vergangenheit bezeichnet werden, konnten sie wohl wegen ihrer einfachen und robusten Bauart ihren Platz innehalten.

1. Prinzip

In zylinderförmigen Räumen (Bohrungen eines Metallblocks) sind zentrisch Metalldrähte gespannt (Hitzdrahtkammer) oder Thermistoren (Thermistor-Zellen) angebracht. Die Metalldrähte (Platin oder Wolfram) werden definiert aufgeheizt. Sie haben in einer symmetrischen Wheatstone-Brücke mit Vergleichs- und Meßseite einen bestimmten Widerstand. Strömt auf der Meßseite außer dem Trägergas noch eine Substanz an dem Hitzdraht vorbei, so ist die Wärmeleitfähigkeit des Gasgemisches verändert, der Draht wird mehr oder weniger stark abgekühlt und damit sein Widerstand verändert. Wasserstoff und Helium haben gegenüber organischen Verbindungen eine hohe Wärmleitfähigkeit. Es entstehen also relativ große Differenzen und damit größere Empfindlichkeiten als bei anderen Trägergasen (N_2). Dasselbe trifft auch für Thermistoren (Halbleiter) anstelle von Heizdrähten zu. Die Empfindlichkeiten beider Systeme sind vergleichbar. Dem Prinzip nach sind Wärmeleitfähigkeits-Detektoren empfindlich gegen Temperatur-, Druck- und Durchflußschwankungen. Neuere Detektoren werden mechanisch, elektrisch und thermisch weitgehend symmetrisch aufgebaut, womit die Empfindlichkeit gegen die genannten Schwankungen merklich nachläßt. Es ist relativ leicht, durch Variieren der genannten Größen die Eigenschaften einer WMZ zu prüfen, die noch davon abhängen, ob sich Hitzdraht oder Thermistor in einer Durchfluß- oder Teilstromzelle befinden (Kaiser I, S. 118ff.). Die Empfindlichkeit der WMZ hängt auch davon ab, wie hoch der Hitzdraht erhitzt werden kann. Thermistoren sind im allgemeinen nur bis 150° C, Hitzdrähte bis 350 bzw. 500° C teilweise noch höher verwendbar. Im Wasserstoffstrom haben heiße Pt-Hitzdrähte unter Umständen beträchtliche katalytische Wirkungen. Sie sollten deshalb mit Glas überzogen werden (Siemens-Zelle). Der Heizstrom für die WMZ muß konstant gehalten werden. Gute Hitzdrahtdetektoren sowie die zugehörigen Brückenstromversorgungsgeräte und Kompensationsschreiber werden u. a. von der Firma Siemens[1] in den Handel gebracht. Auch die Gow-Mac-Zelle[2] ist bekannt geworden (vgl. Abb. 1g; Lit. Nr. 14, 18, 94, 141, 153, 171).

2. Quantitative Bestimmungen

Hierfür ist neben der Empfindlichkeit die Nullpunktstabilität von Bedeutung, feststellbar an der Basislinie des Schreibers bei bestimmter Empfindlichkeitseinstellung. Die Basislinie darf keine laufende Abweichung (Drift) aufweisen. Am eindeutigsten werden quantitative Messungen mit definierten Substanzmengen über eine Eichkurve (Bandenfläche, Bandenhöhe oder davon abgeleitete Maßzahlen gegen die Substanzmenge aufgetragen) vorgenommen. Indessen ist die genaue Dosierung bei Flüssigkeiten bisweilen schwierig, so daß der Analysenprobe definierte Mengen eines oder mehrerer „Innerer Standards" zugesetzt werden müssen. Geeignet ist auch die Verhältnismethode ("internal normalization"): Man addiert zunächst die Flächen aller Banden, dividiert diese Zahl durch die Bandenfläche jeder Einzelkomponente und erhält nach Multiplizieren mit 100 Prozentzahlen. Die Flächenprozente sind noch mit einem Faktor zu multiplizieren, der mittels reiner Substanzen erhalten worden ist (Bayer, S. 79) (vgl. Lit. Nr. 17, 57, 64, 99).

II. Flammenionisationsdetektor (FID; DT „erster Art")

1. Prinzip

Er wird wegen seiner hohen Empfindlichkeit ($10^{-13} - 10^{-14}$ g/ml; 0,001 ppm; $3 \cdot 10^{-10}$ g/sec) in Verbindung mit Kapillarsäulen, aber auch mit gepackten Säulen, verwendet. Das Prinzip des FID beruht auf der Messung der Ionisation in einer Flamme, die über einer Düse (Elektrode) mit einer Grundionisation gegen eine Saugelektrode brennt. Die Grundionisation hängt von der Ladung der Düse, den Mengenverhältnissen der Gase (Luft, O_2, H_2 He), der Zugspannung u. a. ab (H. Oster 1963). Durch Verbrennung von Kohlenstoffverbindungen in

---

[1] Wernerwerk für Meßtechnik, Karlsruhe.
[2] Deutsche Vertretung: Dipl.-Ing. W. Seifert Co., Düsseldorf, Feldstraße 22.

der Flamme überlagert sich der Nullionisation ein konzentrationsabhängiger Ionenstrom, der von der Saugelektrode aufgenommen, verstärkt und als Chromatogramm aufgezeichnet wird. Der FID ist ein sehr robuster Detektor, der z. B. in der Ausführungsform von Kaiser (Kaiser I, S. 124ff.; II, S. 96) ohne großen Aufwand in einer kleinen Werkstatt hergestellt werden kann. Er ist als Detektor „erster Art" praktisch temperaturunempfindlich, weitgehend unempfindlich gegen Änderungen des Trägergasstromes und gegen mechanische Erschütterungen. Er hat ein prinzipiell kleines Detektorvolumen und damit eine günstige Zeitkonstante (ca. 8 msec). Er spricht nicht oder nur mit geringer Empfindlichkeit auf permanente Gase, H_2O, H_2S und halogen-substituierte Kohlenstoffverbindungen an. Er hat einen großen dynamischen Bereich und arbeitet im Bereich von ca. $0-0,5\%$ Substanz im Trägergas linear. Seine Leistungsfähigkeit hängt sehr stark von der Qualität der verwendeten Verstärker ab (gut geeignet sind Schwingkondensatorverstärker). Allerdings sind einige Gesichtspunkte zu beachten (kapazitätsarme Koaxialkabel mit sehr guter Abschirmung von der Ableitelektrode zum Verstärker, richtiges Verhältnis von Träger- zu Brenngas, Reinheit der Gase). Im Gebrauch sind die verschiedensten Formen, auch Doppelflammendetektoren (Bayer, S. 183). Von H. Oster (1963) wird ein FID beschrieben, der gegenüber einer WMZ 10 000-fache Empfindlichkeit hat und dessen Nachweisgrenze bei $3 \cdot 10^{-12}$ g/sec liegt (vgl. Lit. Nr. 12, 91, 111, 113, 114, 187).

2. Quantitative Analysen

Auch beim FID ist die Empfindlichkeit für verschiedene Substanzen unterschiedlich. Innerhalb einer homologen Reihe nimmt die Empfindlichkeit mit steigender Kohlenstoffzahl weitgehend linear zu. Die Ergebnisse müssen mit Hilfe von Eichfaktoren (Korrekturfaktoren, Kaiser III, S. 133) korrigiert werden (vgl. Lit. Nr. 57, 64).

F. Einführung der Probe

Der reproduzierbaren Einführung der Probe, häufig in Mengen von µl oder µg, kommt in quantitativ-analytischer Hinsicht Bedeutung zu. Vorweg sei erwähnt, daß bei sehr kleinen Probemengen (Kapillarsäulen) eine Dosierung innerhalb des für quantitative Analysen zu fordernden Fehlerbereiches überhaupt nicht möglich ist. Man behilft sich, indem entweder Verdünnungen oder etwas größere Mengen in den Probengeber eingebracht werden (Teilung des Gasstromes zur Trennsäule in einem definierten Verhältnis: Strömungsteiler; "stream splitting") oder durch Zugabe eines „inneren Standards" (vgl. Abschnitt E.I.2., S. 642). Die Art der Probeneingabe richtet sich ferner danach, ob ein Detektor „erster" oder „zweiter Art" verwendet wird (vgl. Abschnitt E.). Ein Detektor „erster Art" (z. B. FID) hängt in der Nullpunktskonstanz des angekoppelten Schreibers wenig oder nicht von der Konstanz des Trägergasstromes ab, so daß zur Probeneinführung hier der Trägergasstrom für kuze Zeit verändert oder unterbrochen werden kann, ohne daß der Schreiber eine wesentliche Nullinienabweichung oder einen Luftpik registriert.

I. Gase

1. Gasdosierspritzen

Häufig werden medizinische Spritzen mit aufgesetzter Nadel verwendet. Genauer und für viele Fragestellungen völlig ausreichend sind gasdichte Spritzen verschiedener Bauart[1] (vgl. Burchfield, S. 161; Kaiser I, S. 94).

2. Gasdosierbüretten oder Gasdosierschleifen

Zwischen zwei oder mehreren Hähnen befindet sich ein dem Volumen nach bekannter Raum, der mit dem Probegas durchströmend gefüllt wird. Durch Betätigung eines Hahnsystems wird das Probevolumen vom Trägergas auf die Trennsäule ausgespült, zweckmäßig

---

[1] Hamilton-Spritzen. Deutsche Vertretung: Fa. G. Schmidt, 2 Hamburg-Sasel, Saselbergweg 50.

mit Hilfe von totvolumenfreien Mehrweghähnen (Gasprobenventile und -hähne). Bei Verwendung von Detektoren „zweiter Art", die z. B. für die Analysen von Permanentgasen in erster Linie in Frage kommen, ist ferner auf Druckangleich der Probe zu achten. Für genaue Analysen sind beträchtliche rechnerische Überlegungen anzustellen (Burchfield, S. 170).

3. Gasdosierhähne

Hierbei handelt es sich meist um relativ komplizierte, präzis gearbeitete Metallkonstruktionen mit Mehrwegschaltung, die von den Herstellern der GC-Geräte zum Teil in ausgezeichneter Qualität angeboten werden.

4. Spezielle Formen

Hierzu sind z. B. Druckdosierung und pneumatisch gesteuerte Dosierung zu rechnen (Kaiser I, S. 98).

II. Flüssigkeiten

Bei gepackten TS mit 0,2—0,8 cm Innendurchmesser beträgt bei WMZ als Detektoren das günstige Probevolumen 0,1—10 µl. R. A. Bernhard (1960) konnte für Terpenproben nachweisen, daß die Zahl der theoretischen Böden einer Polyestersuccinat-Kolonne um 39,5% abfällt, wenn die Probemenge von 0,1 auf 0,5 µl ansteigt (vgl. Bayer, S. 51; Burchfield, S. 68; Kaiser I, S. 102).

1. Dosierspritzen

Dies ist die gebräuchlichste und schnellste Form der Dosierung. Es werden einfache medizinische Spritzen oder besser spezielle Formen verwendet. Spritzen mit graduiertem Hohlkörper und aufsetzbarer bzw. eingearbeiteter Kanüle stehen in guter Qualität zur Verfügung[1]. Die Dosierung kann auch so erfolgen, daß ungraduierte Spritzenkörper in Dosiergeräte eingesetzt werden. Der Spritzenkolben wird dann entweder mit Hilfe von Mikrometerschrauben[2] bewegt oder mit Hilfe von Adaptern[3] definiert vorgeschoben. Die letztere Dosiervorrichtung hat den Vorteil des stoßartigen Injizierens. Es ist darauf zu achten, daß beim Einführen der Spritzenkanüle in den heißen Probeninkejtor meist neben dem Dosiervolumen noch ein zusätzlicher kleiner Volumenanteil aus der Kanüle nachverdampft. Bei Mikrometer-Dosiergeräten kann dieser Volumenfehler durch Nachdrehen der Mikrometerschraube bis zum Erscheinen der Flüssigkeit in der Kanülenöffnung ermittelt werden. In allen anderen Fällen muß entweder stoßartig und rasch injiziert werden bzw. die Injektion gleichartig vorgenommen werden.

2. Mikropipetten und Mikrodipper

Weniger gebräuchlich ist das Einführen von Flüssigkeitsproben mittels Mikropipetten auf die Trennsäule nach Unterbrechen des Trägergasstromes. Ein elegantes Verfahren wird von H. M. Tenney und R. J. Harris (1957) angegeben. Eine Flüssigkeits- bzw. Gaspipette wird durch eine Dichtung so in den Trägergasstrom geschoben, daß sie fest aufsitzt, das Trägergas durch eine seitliche Öffnung des Pipettenstabes durchströmt und das Probevolumen mitnimmt.

3. Kolbendosierer

Kaiser (I, S. 108) gibt noch einen Kolbendosierer für Flüssigkeiten an.

III. Festsubstanzen

Meist werden diese in gelöster Form aufgegeben. Es ist aber auch üblich, die Probensubstanz in Ampullen oder Kapillaren einzubringen und sie mit Hilfe von sog. Kapillarenbrechern im Trägergasstrom freizusetzen (Bayer, S. 53; Burchfield, S. 75; Kaiser I, S. 108).

---

[1] Kühn-Präzedens-Spritze. Fa. Hormuth u. Vetter, Heidelberg; Mikroliter-Spritzen der Fa. Hamilton.

[2] Mikrometerdosiergerät der Fa. Desaga, Heidelberg; Agla-Mikrometerspritze der Fa. Burroughs Wellcome Ltd., England.

[3] Hamilton Spritzen; Beckman-Dosiergerät: Fa. Beckman Instruments GmbH, München.

Neuerdings wurde von D. B. McComas und A. Goldfien (1963) eine Dosiervorrichtung für Submikrogrammengen von Festsubstanzen beschrieben. Durch eine normale Kanüle, die durch die übliche Silicondichtung des Probeninjektors durchgestochen wird, wird eine Spirale, welche die Substanz enthält, in den heißen Verdampfungsraum durchgeschoben.

IV. Probengeber (Injektor IN)

Der Probengeber soll folgende Forderungen erfüllen:

1. Er muß ein schlagartiges Verdampfen der Probe gewährleisten. Es empfiehlt sich, den Verdampfer separat und regelbar (Temperaturkontrolle) zu beheizen. Bei Metallblöcken mit einer Bohrung als Verdampfungskammer ist die Wärmekapazität im allgemeinen groß genug, um die zur Verdampfung aufzubringende Verdampfungswärme schnell genug zu kompensieren. Bei langsamer Verdampfung tritt eine verschleppte Zufuhr zur Trennsäule ein, was seinen Ausdruck in ungenügenden Elutionskurven findet. F. H. Pollard und G. J. Hardy (1955) zeigen sehr eindrucksvoll, daß ein Alkoholgemisch bei 21° eingespritzt ein schlechtes und bei 105° ein gutes Chromatogramm ergibt.

2. Er muß so konstruiert sein, daß das Trägergas die verdampfte Probe in Form eines Gaspfropfens ausspülen kann. Alle Erweiterungen, in denen Substanzteile oder Gemische Substanz-Trägergas zeitweilig liegen bleiben können, sind zu vermeiden.

3. Er soll aus einem chemisch inerten Material bestehen.

4. Der Verdampfungsraum ist zweckmäßigerweise so anzubringen, daß er leicht geöffnet und gereinigt werden kann. Die Forderung 4 ist sehr wichtig, weil häufig Gemische eingespritzt werden, in denen auch schwer oder nicht verdampfbare Anteile vorhanden sind, die teilweise oder ganz am Ort der Injektion zurückbleiben und je nach der dort herrschenden Temperatur mehr oder weniger rasch verkoken. Diese Rückstände vermögen auf weiterhin injizierte Substanzen einzuwirken, indem sie z. B. Crack- und Isomerisierungsreaktionen auslösen (vgl. E. A. Day und P. H. Miller 1962).

Gemäß der Nomenklatur (vgl. Tab. 1), wird als Probeninjektor eine Vorrichtung bezeichnet, mittels der die Einführung der Probe direkt in den Trägergasstrom erfolgt. Als Umleitinjektor wird ein Injektor bezeichnet, der über entsprechende Hähne zeitweilig aus dem Trägergasstrom ausgeschaltet werden kann. Für die Zeit des Ausschaltens ist der Trägergasstrom kurzgeschlossen. Probeninjektoren sind meist in Block- oder Röhrenform gebaut mit einer kurz gehaltenen seitlichen Abzweigung, die entweder mit einer Gummikappe verschlossen wird oder eine Verschraubung zur Aufnahme einer Dichtung hat. Als Faustregel gilt, daß die Temperatur des Probengebers etwa 50° über der Säulentemperatur liegen soll. Nicht bei allen Seriengeräten entspricht der Probeninjektor diesen Erfordernissen.

G. Gewinnung, Anreicherung und Vorbereitung der Probe

I. Gewinnung von Gas-Proben

1. Durchsaugen oder Einströmenlassen in Gaszylinder, deren Volumen von Absperrhahn zu Absperrhahn genau bekannt ist.

2. Aus Atemluft: Ausatmen in ein ca. 150 cm langes Rohr von 2,5 cm lichter Weite. Das Rohr enthält dann hintereinander Luft aus den Atemwegen, den tieferen Teilen der Lunge und den Alveolen. Proben aus diesem Rohr können mit Hilfe von Gaszylindern mit beweglicher Sperrflüssigkeit (Quecksilber; gesättigte Natriumchloridlösung) entnommen werden.

3. Aus Lebensmittelpackungen:

a) *"Head Space"*-Methode. Auf elastische Packungen wird ein Gummischeibchen geklebt, durch welches mit einer Nadel eingestochen und die Gas-Probe in eine gasdichte Spritze eingesaugt wird. Bei Blechdosen wird die Gummischeibe mit einer Klebeschicht auf den Deckel gedrückt und mit einer scharfen Kanüle (mit Absperrventil) durchstochen (W. H. Stahl u. Mitarb. 1960).

b) Einsaugen der flüssigen Probe in eine Bürette nach van Slyke. Senken des Quecksilberspiegels und Erzeugen eines Vakuums. Ausschieben des entstandenen Gasvolumens in den Trägergasstrom (L. H. Ramsey 1959).

c) Chemisch gebundene Gase werden in geeigneten Apparaturen durch Zugabe von Reagentien freigesetzt, z. B. Blutgase (Burchfield, S. 152). Eine Apparatur zur Bestimmung von Gasen in Bier wird von J. L. Bethune und F. L. Rigby (1958) beschrieben.

II. Organische Gase und Dämpfe in der Luft

Anreicherung durch selektive chemische Reaktionen, Kondensation in Kühlfallen oder Sorption an GSC- oder GLC-Vorsäulen. Äthylen z. B. aus reifenden Früchten wird an Quecksilberperchlorat gebunden (R. E. Young u. Mitarb. 1952). Kohlenwasserstoffe können mit Vorteil in Vorsäulen an Dimethylsulfolan (F. T. Eggertsen und F. M. Nelsen 1958) oder Di-n-butylphthalat (P. S. Farrington u. Mitarb. 1959) bei der Temperatur des flüssigen Sauerstoffs angereichert werden. D. A. M. MacKay u. Mitarb. (1959) reichern die Aromastoffe aus zerkleinerten Früchten an Didecyl-phthalat an (Burchfield, S. 212) bzw. in der Ausatemluft nach Genuß von Früchten in U-Rohren bei Trockeneis-Temperatur. N. Brenner und L. S. Ettre (1959) reichern Spurenkomponenten in einer gekühlten Kolonne über ein Dreiweg-Gasprobenventil an, evakuieren die Luft aus der Anreicherungssäule und eluieren durch entsprechende Drehung des Gasprobenventils mit Trägergas. Nach D. M. G. Lawrey und C. C. Cerato (1959) wird Methan aus Luftproben an Aktivkohle mit 1,5% Dinonylphthalat abgetrennt, die Luft nach Strömungsteilung mit geringer Empfindlichkeit des Detektors bestimmt. Das nachfolgende Methan wird über einen Dreiweghahn auf eine weitere Säule gebracht und anschließend mit hoher Empfindlichkeit gemessen. Proben, die weniger als 5 ppm Methan enthalten, werden auf derselben Säule bei Trockeneis-Temperatur angereichert.

III. Flüchtige Verbindungen aus biologischem Material

Häufig benutzte Gewinnungs- und Anreicherungsmethoden sind Extraktion, Vakuumdestillation, Wasserdampfdestillation, Verdampfung in einem inerten Gasstrom. Die Auswahl der Methode richtet sich nach der Empfindlichkeit bzw. Löslichkeit der zu untersuchenden Hauptkomponenten (Burchfield, S. 245ff.).

Beispiele: Extraktion von Geruchs- und Geschmacksstoffen des Fleisches mit Wasser (I. P. F. Hornstein u. Mitarb. 1960). Isolierung von Zwiebelaroma durch Niedertemperaturdestillation unter vermindertem Druck (W. D. Niegisch und W. H. Stahl 1956). Anreicherung der Aromakomponenten von Ananas durch Destillation unter vermindertem Druck bei 40° C und Sammeln der Fraktionen bei 0°, — 80° und — 185° C (A. J. Haagen-Smit u. Mitarb. 1945). Destillation von Milch bei 50° im Vakuum und Stickstoffstrom; Kondensation bei 0°, — 60° und — 185° C (J. D. Wynn u. Mitarb. 1960). Die beim Kochen von Lebensmitteln freigesetzten Aromastoffe können bei Rückflußtemperatur mit einem Inertgasstrom in Kühlfallen überführt werden (niedere Fettalkohole und Ketone aus Käse;

W. H. Jackson und R. V. Hussong 1958). W. E. Kramlich und A. M. Pearson (1960) trieben die beim Kochen von zerkleinertem Fleisch entstandenen flüchtigen Stoffe mit einem Stickstoffstrom aus und kondensierten mit Eis, Trockeneis und flüssiger Luft nacheinander. Nach W. W. Nawar und I.S. Fagerson (1960) werden flüchtige Stoffe aus Lebensmitteln nach einer Kreislauftechnik gewonnen, bei der ein Gas wiederholt über die Probe und durch ein Kühlsystem läuft. Speziell zur Gewinnung von Kaffeearoma ist eine Methode von J. W. Rhoades (1958) geeignet. Die zerkleinerte Probe (trocken) wird in einem erwärmten Raum mit feuchtem Helium beströmt, das Wasser ausgefroren und die flüchtigen Bestandteile in einer Kühlfalle (flüssiger Stickstoff) kondensiert (vgl. Tab. 4 u. 5).

IV. Aldehyde und Ketone

Da ihre Konzentration in Lebensmitteln relativ klein ist, wird zumeist durch Extraktion oder Destillation angereichert. Nach E. L. Pippen u. Mitarb. (1958) wird Luft über mazeriertes Gewebe gesaugt (gekochtes Hühnerfleisch) und flüchtige Carbonyl-Verbindungen in 2,4-Dinitrophenylhydrazin-Lösung niedergeschlagen. Die entstandenen Hydrazone können z. B. nach der Methode der *"Flash exchange* GC" nach J. W. Ralls (1960) mit α-Ketoglutarsäure vor der Trennsäule zersetzt und die regenerierten Carbonylverbindungen gas-chromatographisch getrennt und bestimmt werden. Nach einer Modifikation von R. L. Stephens und A. D. Teszler (1960) werden zuerst α-Ketoglutarsäure und Formaldehyd-2,4-dinitrophenylhydrazon (2:1) in das Kapillarröhrchen gebracht, in welchem die Zersetzung der zu untersuchenden Hydrazone stattfinden soll. Darüber wird die Probe (10—20 μl methanolische Hydrazonlösung auf 8 mg Celite; 3—5 min bei 105° getrocknet + α-Ketoglutarsäure) geschichtet. Das Röhrchen wird über eine entsprechende Dichtung an den GC-Einlaß angeschlossen und innerhalb von 30 sec auf 250° erhitzt (Siliconölbad). Der aus dem Formaldehyd-Hydrazon sehr leicht entstehende Formaldehyd spült die anderen freigesetzten Carbonyle in den Probengeber ein (vgl. Tab. 4).

Weitere Anreicherungen: Als Oxime (J. Cason und E. R. Harris 1959). Als Azine mit 2-Diphenylacetyl-1,3-indandion-1-hydrazon (R. A. Braun und W. A. Mosher 1958). Durch Verteilung komplexer Mischungen zwischen wäßriger Natriumsulfitlösung und Tetrachlorkohlenstoff (R. Basette und C. H. Whitnah 1960). Extraktion aus Citrusölen mit Grignard-Reagens (W. L. Stanley u. Mitarb. 1961).

V. Alkohole und Ester

Zur Bestimmung von Alkoholen in Geweben und Organflüssigkeiten wurden zahlreiche GC-Methoden ausgearbeitet, die auch auf lebensmittelchemische Probleme übertragbar sind. Alkohole und Ester werden als Geschmacks- und Duftkomponenten für Qualitätsbeurteilungen, insbesondere von Getränken, herangezogen. Häufig erlaubt die GC-Analyse der Alkohole und Ester eine Aussage über Herkunft, Vorbehandlung und Echtheit z. B. von Weinbränden und Weinen.

1. Destillation bzw. fraktionierte Destillation

Zur Anreicherung stark hydrophiler Alkohole nur bedingt geeignet. "Stripping-Operation". Rektifikation (J. Corse und K. P. Dimick 1958): Mit Hilfe einer kontinuierlich arbeitenden sehr wirksamen Rektifizierungsanlage wird zunächst eine 60fache und dann eine 600fache Konzentrierung von Erdbeeraroma erreicht. Eine weitere Zerlegung der rektifizierten Fraktionen kann durch Flüssig-Flüssig-Extraktion erfolgen.

2. Extraktion

Für die lipophileren Ester und höheren Alkohole geeignet, wobei zur Gewinnung von Proben für die GC-Analyse Apparaturen mit kleinen Extraktionsvolumen anzustreben sind (F. Drawert u. Mitarb. 1962 a). Die Verteilungskoeffizienten für verschiedene Wasser-Lösungsmittelsysteme werden von R. Collander (1949, 1950, 1951) angegeben. Methanol, Äthanol oder Clycerin z. B. sind wegen der stark hydrophilen Eigenschaften ohne Umwandlung nicht quantitativ zu extrahieren. Mit Äther/Pentan werden bevorzugt Ester und höhere Alkohole ausgezogen, womit eine Abtrennung von der in alkoholischen Getränken vorhandenen Überschußkomponente Äthanol möglich ist. In manchen Fällen empfiehlt sich eine Veresterung der Alkohole mit z. B. Benzoylchlorid zu den Benzoesäureestern (E. Bayer 1958 a) oder mit Keten zu den Essigestern (F. Drawert 1960 a) und nachfolgende Extraktion der Ester. Sehr schonend wird mit Gasen wie CO_2 oder CO_2/Propan bzw. mit niedrigsiedenden Lösungsmitteln wie Äthylchlorid (Kp = 12,1°) und Methylenchlorid extrahiert (F. Drawert u. Mitarb. 1962a, d). Der Propangasstrom wird ausgefroren (fraktioniert) und Propan durch langsames Auftauen auf ca. — 40° vorsichtig entfernt. Dieses Verfahren (auch mit Äthylchlorid) hat den Vorteil, daß niedrigsiedende Komponenten beim Entfernen des Lösungsmittels erhalten bleiben und Substanzumwandlungen praktisch ausgeschlossen sind. E. Bayer und L. Bässler (1961) extrahierten mit Äther/Pentan (1:1), R. Mecke und M. De Vries (1959) mit Äther/Pentan (2:1), H. Mehlitz und K. Gierschner (1962) mit Isopentan (vgl. Tab. 4).

3. Gefrier-Konzentrierung

Unter Rühren wurden Aromakonzentrate aus Äpfeln und Birnen bei — 20 bzw. — 50° in Emailletöpfen eingefroren und der vom Rande her sich bildende Eisring vom Konzentrat in der Mitte abzentrifugiert. Aus Konzentraten 1:200 konnten so hinsichtlich der Alkohole und Aldehyde Konzentrate 1:1000 erreicht werden (H. Rentschler 1962).

4. Adsorption an Aktivkohle

Aromadämpfe werden an Aktivkohle adsorbiert, das Wasser durch Gefriertrocknen entfernt, die Aromastoffe durch langsames Erhitzen ausgetrieben und in Kühlfallen ausgefroren (J. F. Carson und F. F. Wong 1957; K. H. Strackenbrock 1961).

5. Spezielle Methoden

Bei Verwendung von Detektoren, die für organische Verbindungen hochempfindlich sind und Wasser oder Permanentgase nicht oder nur mit geringer Empfindlichkeit anzeigen, kann eine wäßrige Probe direkt injiziert werden. Als Detektor hierfür ist besonders der FID geeignet (F. Drawert 1962a). Nach I. R. Hunter u. Mitarb. (1960) werden in einer einfachen GC-Apparatur das mitchromatographierte Wasser und die aus der Trennsäule austretenden Fraktionen über erhitztes Kupferoxid geleitet, wobei die organischen Fraktionen verbrennen. Wasser wird mit Magnesiumperchlorat entfernt und CO_2 dann bestimmt.

Bei der *Reaktions-Gas-Chromatographie* wird die *wasserhaltige Probe* auf Reaktoren gespritzt, wobei Alkohole in Alkylnitrite, Olefine oder Kohlenwasserstoffe umgewandelt werden (F. Drawert u. Mitarb. 1960 a, b; 1962 a, c). Injektions- und Reaktionswasser wird vor der Trennsäule mit Calciumhydrid zu H_2, welches sich dem Trägergas (H$_2$) störungsfrei beimischt. So wird z. B. Alkohol im Wein quantitativ bestimmt.

Weitere interessante Anreicherungsverfahren und Hinweise auf mögliche Verfahren sind dem Bericht über das 4. Symposium über Fruchtaromen 1962 in Bern zu entnehmen.

VI. Phenole

Viele Phenole können durch erschöpfende Extraktionen aus sauren Lösungen z. B. mit Äther extrahiert werden. Zur GC-Analyse werden die Phenole am besten methyliert, z. B. mit Diazomethan. Auch die Überführung in Trimethylsilyläther (S. H. LANGNER u. Mitarb. 1958) mit einem Überschuß von Hexamethyldisalazan ist vorteilhaft (vgl. Tab. 4 u. 5).

VII. Ätherische Öle

Für diese Gruppe gelten (die Anreicherung betreffend) die Ausführungen bei Alkoholen und Estern. Da ätherische Öle komplexe Mischungen darstellen, empfiehlt sich zur genauen GC-Analyse eine vorherige Gruppentrennung. Häufig wird jedoch auch zur Erzielung eines Hinweis-chromatogrammes („Fingerprint") das Öl direkt eingespritzt, wobei sich jedoch die Anwendung eines temperaturprogrammierten Gerätes empfiehlt, um auch die hochsiedenden Anteile in erträglicher Zeit erfassen zu können. Zu beachten ist, daß zahlreiche Komponenten hitzelabil sind. Über die zahlreichen Verfahren zur Gruppentrennung in z. B. Terpen-Kohlenwasserstoffe, -Alkohole, -Carbonylverbindungen u. a. sowie über die speziellen GC-Bedingungen gibt BURCHFIELD, S. 371—472 einen ausgezeichneten und erschöpfenden Überblick. Zu beachten sind ganz besonders die während der Chromatographie möglichen Umwandlungen verschiedener Terpene (BURCHFIELD, S. 468; vgl. Tab. 4 u. 5).

VIII. Thiole und Sulfide

Bekannt als Bestandteile der Neutralfraktion von Pflanzen und Lebensmitteln (Methyl-, Propyl-mercaptan; Dimethyl-, Diallyl-sulfide).

1. Anreicherung und Abtrennung

Als Bleisalze mit Bleiacetat (Dämpfe aus gekochtem Rindfleisch; W. E. KRAMLICH und A. M. PEARSON 1960). Als Mercaptide mit Hg, Pb, Zn, Cu, Ag, Ni, Fe, Cd. Extraktion von Sulfiden aus organischen Lösungsmitteln mit wäßrigen Hg-Salzen (R. BASETTE und C. H. WHITNAH 1960) (vgl. Tab. 4 u. 5).

2. Probengabe

"Flash exchange" (J. F. CARSON u. Mitarb. 1960): 3—5 mg Quecksilbermercaptid werden in einer Art Schmelzpunktsröhrchen mit Toluol-3,4-dithiol versetzt. Zur Vermischung wird zentrifugiert, das Röhrchen wie bei RALLS oder STEPHENS (S. 647) an den Probengeber angeschlossen und innerhalb 15 sec auf 260° erhitzt. Zur GC beachte man die Angaben bei BURCHFIELD, S. 300 (vgl. Tab. 4 u. 5).

IX. Harzsäuren

Es ist vor allem methodisch interessant, wie die hochsiedenden Verbindungen vom Typus der Abietin- bzw. Pimarsäure (in Lösungsmittelextrakten aus Pinienharz oder aus Blutungssäften von Pinienarten; Tallöl) oder die Bitterstoffe des

Hopfens mit Humulon- bzw. Lupulonstruktur der GC zugänglich gemacht wurden. Die Harze vom *Abietin-* und *Pimarsäuretypus* konnten von J. A. Hudy (1959) bei 225—270° als Methylester einwandfrei aufgetrennt werden. Die *Bitterstoffe* des *Hopfens* sind nicht direkt gas-chromatographisch zu analysieren. Das zu untersuchende Material wird im allgemeinen erschöpfend mit peroxidfreiem Äther extrahiert, der Äther vorsichtig abgedampft und der Rückstand definiert in Methanol gelöst. Die Bitterstoffe fällt man mit methanolischer Bleiacetatlösung. Die Bleisalze werden dann entweder mir H_2S zerlegt und die Na-Salze alkalisch mit H_2O_2 zur Abspaltung der α- und β-Isobuttersäure-, Isovaleriansäure- und α-Methylbuttersäure-seitenketten behandelt (G. A. Howard u. Mitarb. 1957) oder in einer Pyrolyse-Apparatur bei 400° thermisch zerlegt, wobei die Säuren in den Kühlarm der Apparatur überdestillieren (F. L. Rigby u. Mitarb. 1960). Die Isopropylester der Spaltsäuren konnten gas-chromatographisch einwandfrei getrennt werden (vgl. Tab. 4 u. 5).

X. Lipoide

Außer bei den Fett-Kohlenwasserstoffen, die unverändert chromatographiert werden — wie teilweise auch die Fettalkohole und Steroide —, bedarf es bei dieser Stoffgruppe mehr oder weniger umfangreicher Präparationen, um die Proben zur GC-Analyse vorzubereiten.

Zur Gewinnung und Vorfraktionierung der Lipoide aus tierischem und pflanzlichem Material dienen vorwiegend Lösungsmittelkombinationen. Die Fraktionierung erfolgt dann vor oder nach Verseifung mit den Methoden der LLC bzw. LSC. Hierüber gibt Burchfield (S. 488ff.) einen ausgezeichneten Überblick (vgl. Tab. 4 u. 5).

1. Unverseifbare Fraktion

a) Höhere aliphatische Kohlenwasserstoffe

Die höheren aliphatischen Kohlenwasserstoffe C_{12}—C_{33} werden mit Hilfe temperaturprogrammierter GC-Geräte (100→300° C) auf Silicongummisäulen gut getrennt; n- von iso-Paraffinen an Molekularsieb (D. T. Downing u. Mitarb. 1960; Tab. 4).

b) Höhere Fettalkohole

Höhere Fettalkohole C_{10}—C_{20} können direkt chromatographiert werden (Tab. 4). Die beste Trennung der gesättigten und ungesättigten C_{18}-Alkohole wurde durch GC ihrer Acetate (mit Essigsäureanhydrid) auf einer Polyester-Säule erreicht (W. E. Link u. Mitarb. 1959; Tab. 4). Bei mehr als C_{20} empfiehlt sich vor der GC die Umwandlung in die Kohlenwasserstoffe: Überführung in Alkyljodide mit Jod und rotem Phosphor und Reduktion mit Lithiumaluminiumhydrid (Downing).

c) Monoalkyläther des Glycerins

Monoalkyläther des Glycerins kommen als Leber- und Muskellipoide vor. Der Alkylrest des Moleküls variiert von C_{12}—C_{22}. Er kann bis 3 Doppelbindungen enthalten. Vor der GC empfiehlt sich eine Methylierung der beiden OH-Gruppen (Diazomethan/Bortrifluorid; B. Hallgren und S. O. Larsson 1959; Tab. 4) bzw. Acetylierung (Essigsäureanhydrid/Pyridin; R. Blomstrand und J. Gürtler 1959; Tab. 4).

d) Steroide

Steroide werden zumeist unverändert, allerdings in sehr kleinen Probemengen auf mengenmäßig stark herabgesetzten Silicon-Phasen chromatographiert (Tab. 4).

2. Verseifbare Fraktion

a) Glyceride

Mono- und Diglyceride als Produkte der Partialhydrolyse werden zweckmäßig als Acetate (Acetylchlorid; V. R. HUEBNER 1959) oder als Allylester (A. G. McINNES u. Mitarb. 1960) chromatographiert. Auch Triglyceride wurden an kurzen Silicon-Säulen bei 350° C getrennt. Doch sind hierbei thermische Umwandlungen beobachtet worden (F. H. FRYER u. Mitarb. 1960).

b) Fettsäuren

Sofern sie nicht in freier Form chromatographiert werden, was häufig mit mangelhafter Trennung und Schwanzbildung verbunden ist, empfiehlt sich Umwandlung in die Methylester, die ausgezeichnet aufgetrennt werden bzw. Reduktion zu den Alkoholen (LiAlH$_4$). Die zahlreichen Methoden werden von BURCHFIELD (S. 528ff.) ausführlich beschrieben.

XI. Aminosäuren

Auf eine Darstellung der bekannten und vielfach beschriebenen Methoden zur Isolierung und Trennung kann hier verzichtet werden.

Zur GC-Analyse müssen die Aminosäuren in Derivate mit höherem Dampfdruck überführt werden (vgl. Tab. 4 u. 5).

1. Methylester

Nach E. BAYER (1958 b; Tab. 4) durch Methanolyse aus Albumin oder durch Erhitzen von Aminosäuren mit Methanol/Salzsäure. Die Esterhydrochloride werden mit 2n-NaOH in die freien Basen überführt und diese in ätherischer Lösung gas-chromatographisch untersucht.

2. N-Acetyl-butylester

Zunächst wird mit Butanol/Salzsäure verestert, zur Sirupkonsistenz eingedampft und mit Essigsäureanhydrid das Esterhydrochlorid N-acetiliert. Das nach Vakuumdestillation verbleibende Öl wird chromatographiert (C. G. YOUNGS 1959).

3. N-Acetyl-n-amylester

In n-Amylalkohol wird mit HBr verestert. N-Acetylierung wie bei 2. (E. D. JOHNSON 1961).

4. N-Trifluoracetyl-methylester

Die Methylesterhydrochloride werden in Methanol und Triäthylamin mit Trifluoressigsäure-methylester umgesetzt (F. WEYGAND u. Mitarb. 1960; J. WAGNER und G. WINKLER 1961).

5. GC-Analyse von Abbauprodukten

Neben zahlreichen verschiedenen Methoden (Burchfield, S. 583) findet vor allem das Verfahren von H. Zlatkis und Mitarb. (1960) Beachtung: In einem Reaktor von 140° C mit Ninhydrin auf Firebrick erfolgt die Oxydation zu Aldehyden und CO_2. Auf einer Äthylen/Propylencarbonat-Säule trennen sich die Aldehyde untereinander sowie von CO_2 und H_2O. In einem nachfolgenden Reaktor werden die Aldehyde auf einem Nickel-Kieselgur-Katalysator (425° C) zu Methan gecrackt (H_2 als Trägergas). CO_2 reagiert dabei ebenfalls zu Methan, welches in einer WMZ gemessen wird.

Tabelle 4.

Trennproblem	GC-Gerät	Trennsäule						
		L (cm)	D (cm)	T (°C)	Trägergas (Art)	Trägergas (ml/min)	P (μl)	Z (min)
Alkaloide	PE-154-B	200 + 100		70	H_2	60	20	
	PE-154-B	100	0,6	190	He	45	50	100
	Carlo Erba	1000	0,6	200	N_2	25	10	3
	Barb. Col. 10	180	0,4	204	Ar		1—3	80
Alkohole (wasserhaltige Proben) (vgl. S. 647)	Cenco	670	0,64	88	He	85	10—50	60
	Lab.	214	0,95	100	He	80	10	60

[1] In Tab. 4 sind solche gas-chromatographische Arbeiten ausführlicher dargestellt worden, die für die Lebensmittelchemie von Interesse sind und die im Original methodische Details und Anregungen bringen.

Anmerkung zu den Abkürzungen der Tabellen. GC-Gerät: T.p. = Temperaturprogrammierung. Lieferfirmen (vgl. Burchfield S. 640 und Kaiser III S. 197): Aerogr. = Wilkens Instrument and Research Inc., Walnut Creek (Calif.) USA, P.O. Box 313; Barb. Col. = Barber Colman Co., Wheelco Instr. Div., Rockford (Ill.) USA. Deutsche Vertretung: P. Schulte-Stemmerk, Frankfurt/Main, Tilsiter Str. 5; Beckm. = Beckman Instruments, München, Frankfurter Ring 115; Burrell Corp., Pittsburgh-19 (Pa.) USA, 2223 Fifth Ave.; Carlo Erba, Mailand. Deutsche Vertretung: Atlas-Werke, Bremen, Postf. 9; CEC = Consolidated Electrodynames Corp., Pasadena (Calif.) USA. Deutsche Vertretung: Frankfurt/Main, Neue Mainzer Str. 14/16; Cenco = Cenco Instrumenten Maatschappij N.V., Breda (Holland), Konijnenberg 40; Fisher = Fisher Scientific Co., Pittsburgh (Pa.) USA, 711 Forstes Ave.; FM = F & M Scientific Corp., Avondale (Pa.) USA. Deutsche Vertretung: F & M Scientific GmbH, Karlsruhe, Moltkestr. 61; Griffin & George Ltd., Alperton (Wembley) England, Deutsche Vertretung:

XII. Kohlenhydrate

Zur Gewinnung von Derivaten mit einem für die GC geeigneten Dampfdruck sei hier vor allem die elegante Methode zur Permethylierung von Mono- und Oligosacchariden (R. KUHN u. Mitarb. 1963) genannt. In Dimethylformamid oder Dimethylsulfoxid als Lösungsmittel wird in Gegenwart von Bariumoxyd/Bariumhydroxyd (Silberoxyd) mit Methyljodid oder Dimethylsulfat methyliert, bei entsprechender Versuchsführung permethyliert. Um aus Poly- oder Oligosacchariden die Monosen zu erhalten, wird vor oder nach Methylierung hydrolysiert (BURCHFIELD, S. 596ff.) (vgl. Tab. 4 u. 5).

Anwendungsbeispiele[1]

stationäre Phase	Detektor °C (Methode)	Ergebnis und Bemerkungen	Literatur
Carbowax 1500; Triäthanolamin	WMZ	HBr- bzw. HCl-Salze von Cocain, Arecolin u. Phetidin spalten alkalisch äquivalente Mengen Methanol bzw. Äthanol ab, welche bestimmt werden	C. STAINIER u. E. GLOESENER: Farmaco (Milano) 15, 721 (1960)
Polypropylenglykol bzw. Polyäthylenglykol auf Firebrick		Nicotin, Nornicotin, Myosamin, Anabasin, Anatabin aus Tabakrauch	L. D. QUINN: J. organ. Chem. 24, 911 (1959)
Apiezon L auf Celite		Nicotin, Pyridin	R. PILLERI u. M. VIETTI-MICHELINA: Z. analyt. Chem. 174, 172 (1960)
2—3% Silicon-Polymer SE-30 auf Chromosorb W	β-ID	45 K; z. B. Codein, Morphin, Thebain, Papaverin, Brucin, Strychnin	H. A. LLOYD u. Mitarb.: J. amer. chem. Soc. 82, 3791 (1960)
33 Armeen SD auf 67 Chromosorb	WMZ	H_2O, Äthyl-, Isopropyl-, n-Propyl-, sec. Butyl-, Isobutyl- u. n-Butylalkohol	J. E. ZAREMBO u. I. LYSYJ: Analytic. Chem. 31, 1833 (1959)
Carbowax 400 auf C-22 Firebrick	WMZ	Isopropanol, Äthanol, H_2O	S. J. BODNAR u. S. J. MAYEUX: Analytic. Chem. 30, 1384 (1958)

K. Hillerkus, Krefeld, Uerdinger Str. 463; Lab. = Laboratoriums-Gerät; PE = Perkin-Elmer, Bodenseewerk, Überlingen; Podb. = Podbielniak Inc., Chicago-11 (Ill.) USA; Deutsche Vertretung: W. Zeh, Duisburg-Meiderich, Salmstr. 12; Pye = W. G. Pye & Co., Cambridge (England), Deutsche Vertretung: Rohde & Schwarz, Karlsruhe, Kriegsstr. 39; Rumed = Rubarth & Co., Hannover, Ikarusallee 2; Shandon = Shandon Scientific Comp. Ltd., London S. W. 7 (England), Deutsche Vertretung: Shandon Labortechnik, Haan/Rhld., Goethestraße 17; Virus = Dr. Virus KG, Bonn/Rhein, Rosenburgweg 20.

Trennsäule: L = Länge in cm; D = Durchmesser in cm; T = Temperatur in °C; P = Probemenge in μl; Z = Analysenzeit in min.

Detektor: WMZ = Wärmeleitfähigkeits-Meßzelle; FID = Flammenionisationsdetektor; ID = Ionisationsdetektor (β-Strahlen = β-ID; Argon = Ar-ID); Ar = Argon-Detektor; FD = Flammendetektor; GD = Gasdichtemeter; (Methode) = Hilfsmethoden zur Identifizierung von Substanzen: IR = IR-Spektroskopie; UV = UV-Spektroskopie; MS = Massenspektrometrie; PMR = Paramagnetische Resonanz; P. Chr. = Papier-Chromatographie; Rö = Röntgenspektroskopie.

Ergebnis und Bemerkungen: Zum Beispiel 8 K (6) = 8 Komponenten, davon 6 identifiziert.

Tabelle 4.

Trennproblem	GC-Gerät	L (cm)	D (cm)	T (°C)	Trägergas (Art)	Trägergas (ml/min)	P (μl)	Z (min)
Alkohole (wasserhaltige Proben) (vgl. S. 647)	PE-154-C	180	0,6	175	He	60		
		360	0,6	150	He	35		
	PE-154-B	284	0,6	47	He		5	45
	Lab. (Glas)	244	0,4	125	He	106	30	8
	PE-154-C	200	0,6	95	He	90	10—50	
	Rumed Lab.	310 bis 630	0,6	70 bis 125	H$_2$	35—55	15—50	10—40
Isom.aliph. Alkohole C$_1$—C$_8$	PE-116-E	200	0,4	81	He	90		
Isom.aliph. Alkohole C$_1$—C$_5$	Virus		0,8	75	He, H$_2$	63		50
		160	0,8	75	He	75		
Glykole, Polyglykole	FM 500 T.p.	122	0,6	75 →200	He	20 →60	20	25
Polyole (Feuchthaltemittel Tabak)	FM 300 T.p.	183	0,6	50 →200	He	70	10	30
Subst. mit Allylalkohol-Gruppen	Lab.	120	0,6	197				

(Fortsetzung)

stationäre Phase	Detektor °C (Methode)	Ergebnis und Bemerkungen	Literatur
25% Carbowax 1540 auf Chromosorb Silicon DC 550 auf Chromosorb	FID (IR)	Trennung von Alkoholen (auch Terpenalkohole), Estern, Ketonen, Aldehyden, KW durch Verteilung zwischen CCl$_4$/Propylenglykol (Angabe der Verteilungs-%)	R. SUFFIS u. D. E. DEAN: Analytic. Chem. **34**, 480 (1962)
224 cm 25 Paraffinöl auf 75 Chromosorb + 60 cm 25 Polyäthylenglykol, 1500 auf 75 Chromosorb	WMZ	Methanol/Äthanol/Isopropanol/H$_2$O	T. SALO: Z. Lebensmittel-Untersuch. u. -Forsch. **115**, 54 (1961)
15 LAC-296 (Polydiäthylenglykoladipat) auf 100 Firebrick C-22	WMZ	Äthanol aus Gäransätzen; nach TS zu CO$_2$ verbrannt, H$_2$O an Mg(ClO$_4$)$_2$ abs., CO$_2$ gemessen	I. R. HUNTER u. Mitarb.: J. Ass. off. agric. Chem. **43**, 769 (1960)
15—25% Carbowax 1500 auf Celite, Chromosorb oder Firebrick C-22	WMZ	Destillate: Acetaldehyd, Formaldehyd, Äthylformiat, Äthylacetat, Methanol, Äthanol, n-Propanol, H$_2$O, Isoamylalkohol	R. B. CAROLL u. L. C. O'BRIEN: 135. Meeting Am. chem. Soc. 1959, S. 10 A
Siliconfett/Sterchamol (30:100); Dimethylphthalat/Sterchamol (35:100)	WMZ	Reaktions-GC. Umwandlung der Alkohole C$_1$—C$_{10}$ in Reaktoren zu Salpetrigsäureestern, Olefine und KW. Entfernung des H$_2$O mit CaH$_2$; quantitative Blut-Alkoholanalyse	F. DRAWERT u. Mitarb.: Angew. Chem. **72**, 555 (1960) vgl. F. DRAWERT u. G. KUPFER: Hoppe-Seylers Z. physiol. Chem. **329**, 90 (1962)
I. 10 Triäthanolamin auf 37,5 Chromosorb II. 10 Triäthanolamin (1% Na-Capronat) auf Chromosorb III. Butantriol auf Chromosorb IV. Glycerinmonoacetat auf Chromosorb	WMZ	8 isom. Amylalkohole 16 aliph. Alkohole C$_1$—C$_5$ 8 Amylalkohole 8 Amylalkohole	B. DREWS u. Mitarb.: Z. analyt. Chem. **189**, 325 (1962)
I. 15—18% D-Weinsäurediäthylester auf Celite 545 II. 20% Dioctylsebacat auf Celite	WMZ WMZ	8 isomere Amylalkohole 17 K; Isomere C$_1$—C$_5$	A. L. PRABUCKI u. H. PFENNIGER: Helv. chim. Acta **44**, 1284 (1961); (vgl. Schweiz. Brauerei-Rdsch. **72**, Nr. 9 (1961). H. PFENNIGER: Helv. chim. Acta **45**, 460 (1962)
10 Polyphenyläther + 2 Carbowax 20 M auf Fluoropak 80 5 Carbowax 1500 auf 95 Haloport F	WMZ WMZ	I. 12 K (z. B. Äthylenglykol, Glycerin) II. 9 K; Cellosolven I. 8 K; synthetisch II. 3 K; Acetonextrakt aus Zigaretten	I. GHANAYEM u. W. B. SWANN: Analytic. Chem. **34**, 1847 (1962) R. L. FRIEDMANN u. W. J. RAAB: Analytic. Chem. **35**, 67 (1963)
15—20% Äthylenglykoladipinsäurepolyester auf Celite; 15—20% Apiezon L auf Celite	GW	Primäre und tertiäre Alkohole: Nerol, Geraniol, Farnesol, Linalool	G. POPJAK u. R. H. CORNFORTH: J. Chromatograph. 4, 214 (1960)

Tabelle 4.

Trennproblem	GC-Gerät	Trennsäule						
		L (cm)	D (cm)	T (°C)	Trägergas		P (μl)	Z (min)
					(Art)	(ml/min)		
Aminosäuren (vgl. S. 651)								
Methylester	Rumed	200	0,8	140 bis 190	H₂	43 bis 100		
N-Trifluoracetyl-methylester	PE-116-H	100 bis 200		200 bis 209	He	64 bis 107	0,03 bis 0,7 mg	3,5 bis 20
N-Trifluor acetyl-n-butylester	FM 500 T.p.	200	0,6	75 →220	N₂	128	1—10	45
N-Trimethylsilyl-trimethyl silyl-ester		280		165			1—2	14—30
N-Acetyl-butylester	Beckm. GC-2	183	0,64	220	He	80	10	60—70
N-Acetyl-n-amyl-ester	Barb. Col. —10	245	0,5	125 bis 148	Ar	60		45—85
Aromen und ätherische Öle (vgl. S. 678)								
Allgemeines								
Aromen (Kaffee, Pfefferminzöl,	Pye-Argon	120		95	Ar	60		
Bourbon-Whisky, Brandy, Bananen, Zigarettenrauch)		240		73	Ar			
Nahrungsmittel	FM 609, T.p.	225	0,3	40 →125	N₂	12		
Birnen, Karotten, Kartoffeln	Lab.	150	0,6	115	N₂	30	10 ml	70
Äpfel, Birnen	Beckm. GC-2	46	0,6	100	N₂		5	30
Apfel	Virus	400	0,4	58			20 ml	30
				115				70
	Rumed	300 bis 500	0,4 bis 0,8	110 bis 130	H₂	33—43	4,5 bis 18	35—45
	Pye-Ar	120	0,4	100	Ar	20	0,075	40

(Fortsetzung)

stationäre Phase	Detektor °C (Methode)	Ergebnis und Bemerkungen	Literatur
30 Siliconhochvakuumfett mit 10% Na-Capronat auf 100 Sterchamol	WMZ	Val, Leu, Ileu, Ala, Prol, Meth, Phenala, Glu, Asp	E. Bayer: In „Gas-Chromatographie 1958" S. 833 (vgl. Lit. Nr. 103)
Siliconfett bzw. Reoplex auf Celite	WMZ	Auch Trennung einfacher stereoisomerer Peptide	F. Weygand u. Mitarb.: Hoppe-Seylers Z. physiol. Chem. 322, 38 (1960)
Neopentylglykolsuccinat-polyester auf Gas-Chrom A	FD	22 K	C. Zomzely u. Mitarb.: Analytic. Chem. 34, 1414 (1962)
30% Siliconöl 12500 auf Sterchamol	WMZ	Gly, Ala, Leu, Ileu, Val, Glu, Phenala	K. Rühlmann u. W. Giesecke: Angew. Chem. 73, 113 (1961)
10 "Safflower oil" auf 40 Firebrick C-22	WMZ	Gly, Ala, Val, Leu, Ileu, Prol	C. G. Youngs: Analytic. Chem. 31, 1019 (1959)
0,5—1% Carbowax 1540 auf Chromosorb W	Ar-ID	17 Aminosäuren; Meth. interessante Details	D. E. Johnson u. Mitarb.: Analytic. Chem. 33, 669 (1961)
10% Didecylphthalat auf Celite	Ar	"Head Space". 5 ml Probe aus dem Gasraum der erhitzten Probe. Bananenaroma aus Atemluft. Anreicherung an Vorsäulen	D. A. M. MacKay u. Mitarb.: Proc. Sci. Sect. Toilet Goods Assoc. 32, Dez. (1959); Analytic. Chem. 33, 1369 (1961)
10% Polyäthylenglykol 1500 auf Celite			
25% Castor-Wax auf Chromosorb	FID	Konzentrate durch Überleiten eines N₂-Stromes, ausfrieren mit fl. N₂, ankoppeln der Ausfrierschleife vor die TS	I. Hornstein u. P. F. Crowe: Analytic. Chem. 34, 1354 (1962)
30% Apiezon M auf Firebrick	FID	"Head Space". 25 K; Aromagramme zeigen Sortenunterschiede und Lagerungseinflüsse	R. G. Buttery u. R. Teranishi: Analytic. Chem. 33, 1439 (1961)
25% Carbowax 4000-Monostearat auf Firebrick C-22 (Beckm. TS Nr. 70006)	FID	Aroma-Gefrier-Konzentrate 12 K (8). Unterschied Apfel/Birne (2 Ester)	F. Drawert u. Mitarb.: Ber. IV. Symp. Int. Fruchtsaft-Union „Fruchtaromen" S. 235, Zürich: Juris-Verlag 1962
15% Diäthylenglykol-succinat auf Celite	FID	"Head Space". Aromagramme	K. H. Strackenbrock: Ber. IV. Symp. Int. Fruchtsaft-Union „Fruchtaromen" S. 287. Zürich: Juris-Verlag 1962
Carbowax 1500	WMZ	N₂-Strom zur Aromaanreicherung an Aktiv-Kohle. 15 K	
Dinonylphthalat auf Sterchamol	WMZ (IR; UV)	Fruchtsaftkonzentrate; Isopentan-Extrakt aus K₂CO₃-ges. Lösung. 13 K; Alkohole, Ester, Aldehyde, Ketone	A. Mehlitz u. K. Gierschner: Ber. IV. Symp. Fruchtsaft-Union „Fruchtaromen" S. 301. Zürich: Juris-Verlag 1962
Apiezon L auf Firebrick		30 K (22); Anreicherung an Aktivkohle, Extraktion mit CCl₄ oder Pentan	G. Grevers u. J. J. Doesburg: Ber. IV. Symp. Fruchtsaft-Union „Frucht-Aromen" S. 319. Zürich: Juris-Verlag 1962

Tabelle 4.

Trennproblem	GC-Gerät	L (cm)	D (cm)	T (°C)	Trägergas (Art)	(ml/min)	P (μl)	Z (min)
Apfel	Aerogr. A-90-P	180	0,6	130	He	40	5	30
	A-600-B	300	0,3	100	N₂	20		10
	A-600-B	240	0,3	75	N₂	20		4
Bier	Lab.	240		60	He	200	100	20
		247		60	He	200	100	20
	Beckm. GC-2		0,6	75	He	40	50	
	Beckm. GC-2	210	0,6	75	He	43		45
	Beckm. GC-2	250	0,6	76	He	27	5	50
		188	0,6	76	He	29	5	50
				170	N₂			
(Hopfenöl)	Pye	125	0,5	170	Ar	20	0,5	65
Brot	Lab.	305	0,6	100	He	30—40	30	60
				150	He	80		100
				150	He	54		40
				150	He	68		25
Erdbeer	T.p.	7200	Kap.	80 →224			50	80
	T.p.	7200	Kap.	92 →250			20 μg	60
Fleisch	PE-154-B				He			

(Fortsetzung)

stationäre Phase	Detektor °C (Methode)	Ergebnis und Bemerkungen	Literatur
30% Carbowax 400 auf Firebrick C-22	FID	Konzentrierung, Dünnschichtverdampfung und Extraktion Äthylenchlorid. 33 K (26)	H. Sugisawa, D. R. Mac-Gregor u. J. S. Matthews: Ber. IV. Symp. Fruchtsaft-Union „Fruchtaromen" S. 351. Zürich: Juris-Verlag 1962
10% UCON auf Chromosorb W	FID		
5% Silicon SE-30 auf Chromosorb W	FID		
25 Glycerin auf 100 Chromosorb (I)		9 K (8); Vakuumdestillate aus 34 U.S.-Bieren: Aceton, Alkohole (Meth., n-Prop., iso-But.), Ester (Äthyl-, Amylacetat)	A. P. v. d. Kloot u. F. A. Wilcox: Am. Soc. Brew. Chem. (A.S.B.C.)-Proc. 1960, S. 113
25 Carbowax 1500 auf 100 Chromosorb (II) (240 cm II + 7 cm I)			
30 Glycerin auf 100 Firebrick	WMZ	Äthylacetat, Amylacetat, Äthanol, Amylalkohol	V. S. Bavisotto: Comm. Master Brewers Assoc. Am. 19, 11 (1958); (vgl. Proc. Am. Soc. Brew. Chem. 1959, S. 63
25 Glycerin auf 100 Chromosorb; 25 Dibutylsebacat/Glycerin (1:1) auf 100 Chromosorb	WMZ (IR)	10 K; Destillation; Haltbarkeit, Lageraroma; flüchtige Komponenten bei Brauen, Gärung, Lagerung	V. S. Bavisotto u. L. A. Roch: Am. Soc. Brew. Chem. (A.S.B.C.)-Proc. 1960, S. 101
20 Glycerin auf 100 Chromosorb	FID	7 K; Destillation; Abhängigkeit der Bildung flüchtiger Verbindungen von Temperatur, pH, Hefe usw.	V. S. Bavisotto u. Mitarb.: Am. Soc. Brew. Chem. (A.S.B.C.)-Proc. 1961, S. 16
25 Carbowax 1500 auf 100 Chromosorb			
Apiezon M		β-Phenyläthylalkohol aus Äther/Pentan-Extrakt (1:1) aus Dest. von Bier	R. Stevens: J. Inst. Brewing 67, 329 (1961)
25 Apiezon M auf 100 Embacel	Ar	Sesquiterpene: Caryophyllen, Humulen u. a.	F. V. Harold u. Mitarb.: J. Inst. Brewing 66, 395 (1960)
28% UCON-LB-1715 auf Chromosorb	WMZ (IR; MS)	27 K (15); Fermentansatz; Ätherextraktion; Aldehyde, Ester, Alkohole, Ketone, Lactone (Diacetyl, Acetoin)	D. E. Smith u. J. R. Coffman: Analytic. Chem. 32, 1733 (1960)
28% UCON-50-HB-5100 auf Chromosorb			
UCON-75-H-9000 auf Chromosorb			
Craig-Polyester auf Chromosorb (1,4-Butandiolpolysuccinat)			
	Ar	70 K; Aromagramm	R. Teranishi u. Mitarb.: Analytic. Chem. 32, 1384 (1960)
	FID 110 bis 120° (IR; MS; PMR; UV)	"Head Space". Aromagramme zeigen Abhängigkeit von Lagerung	R. Teranishi u. R. G. Buttery: Ber. IV. Symp. Fruchtsaft-Union „Fruchtaromen" S. 257. Zürich: Juris-Verlag 1962
Dinonylphthalat auf Celite; Didecylphthalat auf Celite; Carbowax 400 auf Celite		Kochen von Rindfleisch im N_2-Strom und Ausfrieren. CO_2, Methylmercaptan, Acetaldehyd, Methylsulfid, Aceton	W. E. Kramlich u. A. M. Pearson: Food Res. 25, 712 (1960)

Tabelle 4.

Trennproblem	GC-Gerät	Trennsäule						
		L (cm)	D (cm)	T (°C)	Trägergas (Art)	(ml/min)	P (μl)	Z (min)
Früchte							0,03	
Honig	Virus	400	0,6	175	H_2	30	50	40
	PE-116-E	200	0,6	110	He	78	1,5 ml (Gas)	20
Käse	Lab.	305	0,6	150	He	50—60	10—20	
	Lab.			60—80	He	66 bis 162	20 bis 100	60
Kakao		200	0,6 bis 1,2	90	N_2	36		
				141	N_2	67		
	Pye-Ar; T.p. 5 → 75°	120	0,4	50	Ar	95	1 bis 5 ml	
Kohl	Pye-Ar	120	0,4	98	Ar	60	5 ml	30
Milch	PE-154-B			75	He	44		25
Orangen und Zitronen Citronenöl	Aerogr. A-90 C	275	0,6	100	He	145	10	10
		153	0,6	100	He	145	10	10
		153	0,6	125	He	110	10	10
		305	0,6	150	He	90	5—20	50
		305	0,6	150	He	90	5—20	50
		183	0,6	112	He	140	5—20	50

(Fortsetzung)

stationäre Phase	Detektor °C (Methode)	Ergebnis und Bemerkungen	Literatur
Dinonylphthalat, Diglycerin, Tritolylphthalat	FID	Apfel 29 K (28); Birnen 12 K. Longanbeer 12 K (9); Himbeer 14 K (12); Muskattraube 9 (6); Konzentrieren durch Destillation und Ausfrieren aus Inertgasstrom. Alkohole, Ester, Aldehyde, Ketone	M. E. KIESER u. A. POLLARD: Ber. IV. Symp. Fruchtsaft-Union „Fruchtaromen" S. 249, Zürich: Juris-Verlag 1962
20% Carbowax 4000 auf Sterchamol	WMZ	Ätherextrakt aus Konzentrat	W. DOERRSCHEIDT u. K. FRIEDRICH: J. Chromatograph. 7, 13 (1962)
30% Carbowax 1500 auf Chromosorb	FID	"Head Space". 31 K. Alkohole, Ester	
14 UCON-50-HB-5100 auf Chromosorb	WMZ (IR)	Blue cheese 29 neutrale K (5); 26 saure K; Romano cheese. Säuren, Ester. Anreicherung durch Tieftemperatur-Vakuumdestillation	J. R. COFFMANN, D. E. SMITH u. J. S. ANDREW: Food Res. 25, 663 (1960)
28 UCON-50-HB-5100 auf Chromosorb			
Carbowax 1540	WMZ	Vakuumdestillation; Ätherextraktion; Äthanol, Butanol(2), Diacetyl, Butanon(2), Buttersäure	R. SCARPELLINO u. F. V. KOSIKOWSKI: J. Dairy Sci. 46, 10 (1961)
Dinonylphthalat auf Celite		Ätherextraktion mit Spezial-Apparatur 22 K (12): Isopropanol, Isobutanol, n-Butylacetat, 2-Methylhepten-2-on-6, Linalolacetat, Furfurylalkohol	A. H. M. VAN ELZAKKER u. H. J. VAN ZUTPHEN: Z. Lebensmittel-Untersuch. u.-Forsch. 115, 222 (1960)
Asphalt auf Celite			
10% Didecylphthalat auf Firebrick	β-ID (MS)	"Head Space". 16 K, u. a. Isovaleraldehyd, Diacetyl, Acetaldehyd, Methanol, n-Butyraldehyd	S. D. BAILEY u. Mitarb.: J. Food Sci. 27, 165 (1962)
10% Dinonylphthalat auf Chromosorb W	β-ID (MS)	"Head Space". 20 K: 5 Sulfide, 5 Isothiocyanate, 9 Disulfide, 1 Trisulfid	S. D. BAILEY u. Mitarb.: J. Food Sci. 26, 163 (1961)
20% Dioctylphthalat		Vakuumdestillation bei 50° und Ätherextraktion; Aceton, Methylsulfid, Acetaldehyd	J. D. WYNN u. Mitarb.: Food Technol. 14, 248 (1960)
25-LAC-2-R446 auf 75 Sil-0-Cel	WMZ	Terpen-KW 11 K (18)	J. R. CLARK u. R. A. BERNHARD: Food Res. 25, 389 (1960)
25-LAC-1-R296 auf 75 Sil-0-Cel		Terpen-KW 9 K	
20 Methylabietat auf 80 Sil-0-Cel		Terpen-KW 9 K	
20 LAC-2-R446 auf 80 Sil-0-Cel		Terpen-0-Verbindungen 30 K (24)	J. R. CLARK u. R. A. BERNHARD: Food Res. 25, 731 (1960)
20 LAC-4-R777 auf 80 Sil-0-Cel		Terpen-0-Verbindungen	
20 DEGS auf 80 Sil-0-Cel		Terpen-0-Verbindungen 7 K	
		Vortrennung in Terpen-KW und Terpen-0-Verbindungen an Kieselsäure (Pentan)	

Tabelle 4.

Trennproblem	GC-Gerät	Trennsäule						
		L (cm)	D (cm)	T (°C)	Trägergas (Art)	(ml/min)	P (μl)	Z (min)
Orangenöl								
Kumquotöl								
Terpen-KW	Lab.	3000	0,025	70	N_2	0,25 bis 0,3	0,2 (Strö. Teilg. 1:600)	40
		3000	0,025	50	N_2			20
		4500	0,025	96	N_2			
		3000	0,025	71	N_2			
Orangen	FM 300; T.p.	300	0,6	50 →238	H_2	68	6	50
	FM 202	300	0,6		H_2	68		
Citronenöl				135	N_2	30		60
		360	0,3 bis 0,4	135	Ar	75		
		120	0,3	100 bis 199	N_2	60		
Pfefferminzöl	Burell K-2	215	0,5	170	He	80	2—5	30
Mentha	Rumed	300	0,8	125	H_2	62		
Salviaöl	Beckm. GC-2	180		190	H_2		30	50
Tee	PE-116	200		175	He			40
				150	He			110
Vanilleextrakt	PE-154-C	100	0,6	200	He	100	25	20
Wein und Wein-destillate								
Wein	Rumed	200		120	H_2	100		30
		200		100	H_2	100		30

(Fortsetzung)

stationäre Phase	Detektor °C (Methode)	Ergebnis und Bemerkungen	Literatur
		analog	R. A. BERNHARD: Food Sci. **26**, 401 (1961)
		analog	R. A. BERNHARD u. B. SCRUBIS: J. Chromatograph. **5**, 137 (1961)
Kapillarsäulen: LAC-2-R446	FID	am wirksamsten (polare Phase)	R. A. BERNHARD: Analytic. Chem. **34**, 1576 (1962)
		14 K	
Kapillarsäulen: Tween 20 Kapillarsäulen: n-Butyl-cyclohexylphthalat			
Kapillarsäulen: Apiezon L		8 K	
20% Carbowax 20 M auf Chromosorb		35—40 K (14). Extrakte	F. W. WENZEL: Ber. IV. Symp. Fruchtsaft-Union „Fruchtaromen" S. 205. Zürich: Juris-Verlag 1962
20% Carbowax 20 M auf Chromosorb		18—23 K (14)	
25% Silicon auf Celite	WMZ	48 K aus 3 Fraktionen; Vergleiche verschiedener Öle	C. A. SLATER: Chem. and Industr. **1961**, S. 833
25% Polypropylensebacat auf G-Cel	Ar (IR)	51 Destillations-Fraktionen; Vortrennung in 0-haltige Terpene und KW-Terpene an Silica-gel-Vortrennsäulen (präp. GC)	C. A. SLATER: J. Sci. Food Agric. **12**, 732 (1961)
25% Silicongries auf Celite		6 verschiedene Öle; Extraktion, fraktionierte Destillation, Vortrenn-säule	C. A. SLATER: J. Sci. Food Agric. **12**, 257 (1961)
20 Sucrose-diacetat-hexa-isobutyrat auf 80 Chromosorb W	WMZ	10 K, z. B.: Pinen, Camphen, Limonen, Linalool, Menthol, Pulegon	D. M. SMITH u. E. LEVI: J. Agric. Food Chem. **9**, 230 (1961)
30% Siliconfett (10% Na-capronat) auf Sterchamol	WMZ (IR)	*Mentha piperita.* 42 K; vorwiegend Terpene	F. W. HEFENDEHL: Planta Med. **10**, 179 (1962)
Silicon-DC-550 auf Kieselgur	WMZ	13 K (6): α- und β-Pinen, Linalylacetat, Thujon, Campher, Borneol, Bor-nylacetat	C. H. BRIESKORN u. E. WENGER: Arch. Pharmaz. **293**, 21 (1960)
PE-BA-003 Di-2-hexyl-äthylsebacat/Sebacin-säure		Destillation und Äther-extraktion; Fettsäuren C_1—C_7; 12 K (11)	H. BRANDENBERGER u. S. MÜLLER: J. Chromatograph. **7**, 137 (1961)
PE-Q-168 Apiezon L		Fettsäure-methylester (Diazomethan) C_1—C_{12}; 24 K (19)	
20 Carbowax 1500 auf 80 Firebrick C-22	WMZ	„Fingerprints"; Typen-unterschiede	H. P. BURCHFIELD u. E. A. PRILL: Contrib. Boyce Thompson Inst. **20**, 217 (1959)
20% Dinonylphthalat auf Kieselgur	WMZ	Essigsäure-äthylester, -n-amylester; Isobutanol, Isoamylalkohol	E. BAYER u. L. BÄSSLER: Z. analyt. Chem. **181**, 418 (1961)
20% Carbowax 400 auf Kieselgur	WMZ (P. Chr.; IR)	trennt zusätzlich Äther, Ameisensäure-äthylester und Äthanol (Äther/ Pentan-Extrakte (1:1)	

Tabelle 4.

| Trennproblem | GC-Gerät | Trennsäule | | | | | | |
		L (cm)	D (cm)	T (°C)	Trägergas (Art)	Trägergas (ml/min)	P (μl)	Z (min)
Wein mit Essigstich	Rumed	100	0,6	159	H_2	39		15
Wein	PE-116	200		75 bis 184	He	67		25—45
	Beckm. GC-2	46	0,6	100	N_2		5	55
Gärgase von Traubenmosten	Beckm. GC-2	46	0,6	100	N_2		5	20
	PE-154	200		95	He		40	30
Wein und Cognac (Fuselöle und Ester)		200 bis 600		80 bis 210	H_2; He	15—62		
Alkoholische Getränke (Wein, Bier, Whisky, Rum)	PE-116-E	500		85 bis 100	He			45
		200		100 bis 105	He			45
Wein und Gärungsprodukte aus Melasse und Rüben		400		80	N_2	15		40
Destillate (Wein- und Fruchtmaischen)	PE-154-B	300		70	H_2	45	10	60
"Flash Exchange" (vgl. S. 647) *a) Carbonylverbindungen* Aldehyde und Ketone (C_2—C_6), Säuren (Zwiebel-, Gemüsearoma)	Aerogr. 110-C	150 bis 300	0,6	90 bis 210	He	32,46, 50	4 bis 5 mg	—55
	FM-119	122	0,5	87	He	40	0,5 mg	15
	Lab.	200	0,8	88	He	35	0,1 bis 1 mg	
b) Fettsäuren (C_1–C_{18}) Schwefel-Verbindungen	Barb. Col. 10	245	0,6	60 bis 175	Ar	100	1 bis 10 μg	

(Fortsetzung)

stationäre Phase	Detektor °C (Methode)	Ergebnis und Bemerkungen	Literatur
30 Polyäthylenglykol auf 100 Sterchamol	WMZ	Essig-, Propion-, Butter- und Valeriansäure	E. BAYER: Vitis 1, 298 (1958)
Carbowax 1500; Poly-äthylenglykolsuccinat	WMZ	Äther/Pentan-Extraktion (2:1); 26 K: 4 Alkohole, 4 Aldehyde, Aceton, 17 Ester	R. MECKE u. Mitarb.: Weinwiss. 15, 183 (1960)
Carbowax 4000-Mono-stearat auf Firebrick (Beckman-Säule Nr. 70006	FID	Äther- bzw. CO₂/Propan-Extraktion. Acetaldehyd, Ameisensäure-äthylester, Isopropanol, Butanol (2), Isobutanol, 3-Methyl-butanol (1), Hexanol (1), Heptanol (1)	F. DRAWERT: Vitis 3, 104 (1962)
Carbowax 4000-Mono-stearat auf Firebrick (Beckman-Säule Nr. 70006)	FID	Wie oben ohne Hexanol und Heptanol	oben
PE-K: Carbowax		Destillation; Methanol, Äthanol, Äthylacetat, Acetaldehyd	P. RIBEREAU-GAYON: Chim. analyt. 1961, S.161
30% Silicon E-301, 30% Triäthanolamin, 30% Po-lypropylenglykolsebacat, 25% Carbowax 1500 auf Celite	WMZ	23 K; 9 Alkohole C₁—C₅, 4 Ester, Acetat, 8 Fett-säureäthylester	J. BARAUD: Bull. soc. chim. France 1961, 1874
Triäthanolamin auf Chromosorb Apiezon M + DEGS auf Chromosorb	FID	Destillation, Extraktion; Alkohole, Ester	E. SIHTO, L. NYKÄNEN u. H. SUOMALAINEN: Tek. Kemian Aikakauslehti (Finnisch) 19, 753 (1962)
30% Silicon E-301 auf Celite	WMZ	8 K; Alkohole C₁—C₆ z. B. n- und iso-Propanol, n-Butanol (2), iso-Buta-nol, 3-Methyl-2-Butanol, n-Pentanol (3), iso-Amyl- und n-Hexylalkohol	J. BARAUD u. L. GENEVOIS: C. R. Acad. Sci. (Paris) 247, 2479 (1958)
Polyäthylenglykol	WMZ	Äther/Pentan-Extraktion (2:1) 14 K	R. MECKE u. M. DE VRIES: Z. analyt. Chem. 170, 326 (1959)
22 Siliconöl DC 550 + 3 Stearinsäure auf 75 Fire-brick; 30 LAC-446 auf 70 Firebrick; 30 Carbo-wax 1540 auf 70 Firebrick	WMZ (IR)	2,4-Dinitrophenylhydra-zone mit α-Ketoglutar-säure (1:3) 10 sec bei 250° zersetzen	J. W. RALLS: Analytic. Chem. 32, 332 (1960); vgl. J. Agric. Food Chem. 8, 141 (1960)
Dinonylphthalat auf Celite	WMZ	2,4-Dinitrophenylhydra-zone (vgl. S. 647)	R. L. STEPHENS u. A. P. TESZLER: Analytic. Chem. 32, 1047 (1960)
3 Di-2-äthylhexylphthalat auf 77 Firebrick	WMZ	Oxime	J. CASON u. E. R. HARRIS: J. Organ. Chem. 24, 676 (1959)
5% LAC-I-R 296 auf Firebrick	β-ID	Fettsäuren und K-äthyl-sulfat (1:1) auf Celite durch Injektionsnadel auf Injektor von 275° (Äthylester)	J. R. HUNTER: J. Chro-matograph. 7, 288 (1962)

Tabelle 4.

Trennproblem	GC-Gerät	L (cm)	D (cm)	T (°C)	Trägergas (Art)	Trägergas (ml/min)	P (μl)	Z (min)
Gase (vgl. S. 680)								
Atemgase	Fisher 25	300 250		20 20	He	40 bis 120	1000	5
Anästhetica in Atemgasen	Lab.	61	0,6	75	H_2	30		
		610	0,6	20	H_2	30	3000	4,5
Methan in Luft	Lab.	183	0,6	20	He	20	20000	20
Methan-Äthylen/ O_2, N_2, CO	Carlo Erba Fractovap	200	0,6	50	H_2	167	6000	15
Äthan-Äthylen/ Luft, CO_2		100	0,6	17	H_2	167	6000	10
O_2/N_2	PE-154-A	200	0,4	30 bis 40	He	20	250 bis 1000	8—15
Gase/KW/Olefine	PE-154-B	915	0,64	26	He	100 (4,5 atü)	250	30
C_2—C_5 KW/Olefine	Lab.	750	0,63	0	He	60		
Propadien/Propan	PE-154-A	2000	0,45	25	He	30	25	20
Insecticide, Pesticide								
Insecticide	Aerogr. A-100-C	183	0,6	250	He	53	3 bis 50	20
Pesticide	FM 500; T.p.	61	0,6	50 bis 100	He	50—70		
		183	0,6	50 bis 100	He	50—70		
		61	0,6	50 bis 100	He	50—70		
	Aerogr. A-90-P	920	0,6	275	He	70		
		183	0,6	200	He	55		
	Shandon-UG	61	0,8	163 bis 230	N_2	200	5	25—50

(Fortsetzung)

stationäre Phase	Detektor °C (Methode)	Ergebnis und Bemerkungen	Literatur
30 Octoyl S Molekularsieb 13 X	WMZ (doppelt)	N_2, O_2, CO_2	L. H. HAMILTON u. R. C. CORY: J. Appl. Physiol. **15**, 829 (1960)
15 Dinonylphthalat auf 85 Sil-0-Cel 20 Dimethylsulfoxid auf 80 Sil-0-Cel	WMZ	I. 1. O_2, 2. N_2O, 3. CO_2, 4. Cycloprop. II. 1—4 zus./Äther/„Fluothane". I und II parallel in Vergl.- bzw. Meßseite desselben Detektors	E. R. ADLARD u. D. W. HILL: Nature (Lond.) **186**, 1045 (1960)
1,5% Dinonyl-phthalat auf Aktivkohle (0,3 bis 0,7 mm Korndurchmesser)	WMZ	Spuren CH_4	D. M. G. LAWREY u. C. C. CERATO: Analytic. Chem. **31**, 1011 (1959)
Molekularsieb 5-A (akt. 350°) Silica-Gel (20/60 mesh) (akt. 130°)	WMZ	Zigarettenrauch	N. CARUGNO u. G. GIOVANNOZZI-SERMANNI: Tobacco **62**, 265 (1958)
0,5 ml Citrat-*Blut* pro g Firebrick C-22 (18 ml 3,2%iges Na-Citrat auf 100 ml Blut)	WMZ	Gute Trennung O_2/N_2 bei 30—40°	E. GIL-AV u. V. HERZBERG-MINZLY: J. amer. chem. Soc. **81**, 4749 (1959)
20,8 Propylencarbonat auf 79,2 Alcoa F-10 Aluminium (akt. 110°) (weitere TS: I. Silica-Gel, II. Alcoa)	WMZ	Tr.: Luft, CH_4, C_2H_6, C_2H_4, C_3H_8, C_3H_6, Isobutan, n-Butan, 2,2-Dimethylpropan, 1-Buten, trans-2-Buten, Isopentan, cis-2-Buten, n-Pentan, 1,3-Butadien	T. A. McKENNA u. J. A. IDLEMAN: Analytic. Chem. **32**, 1299 (1960)
40 Dimethylsulfolan auf 100 Firebrick	WMZ 75		F. T. EGGERTSEN u. F. M. NELSON: Analytic. Chem. **30**, 1040 (1958)
35 Äthylenglykol (30% $AgNO_3$) auf 65 Sil-0-Cel Firebrick C-22	WMZ 25	1 bzw. 5 ppm Propadien in Propan	E. BUA u. Mitarb.: Analytic. Chem. **31**, 1910 (1959)
30 Siliconfett DC 11 auf 70 Chromosorb	WMZ (IR)	„Thioden" aus Pflanzen und Früchten	G. ZWEIG u. T. E. ARCHER: Agric. Food Chem. 8, 190 (1960); vgl. daselbst S. 403, **10**, 199 (1962); J. Assoc. Offic. Agr. Chemists **45**, 990 (1962)
20 Siliconfett DC 11 auf 80 Chromosorb	WMZ	Strobane, Toxaphene	H. F. BECKMAN u. P. BERKEN-KOTTER: Analytic. Chem. **35**, 242 (1963)
20 UCON polar auf 80 Chromosorb	WMZ	Strobane, Toxaphene, (Terpene)	
20 Silicongummi SE 30 auf 80 Chromosorb	WMZ	Strobane, Toxaphene	
30 Silicongummi SE 30 auf 70 Chromosorb	WMZ	Strobane, Toxaphene	
20 Siliconöl DC 710 auf 80 Chromosorb	WMZ	Strobane, Toxaphene	
2,5 Silicon-Elastomer + 0,25 „Epikote" 1001 auf Kieselgur	Ar-ID	10 K; Hexanextrakte aus Früchten und Gemüsen 0,1—1 ppm im Extrakt	E. S. GOODWIN, R. GOULDEN u. J. G. REYNOLDS: Analyst **86**, 697 (1961)

Tabelle 4.

Trennproblem	GC-Gerät	L (cm)	D (cm)	T (°C)	Trägergas (Art)	(ml/min)	P (µl)	Z (min)
Kohlenhydrate (vgl. S. 653)								
Sorbit, Mannit	Barb. Col. 15	185	0,8	217	Ar	100	0,5—2	15
Saccharide (Mono-, Di-, Tri-)	Aerogr. A-90-CS	150 bis 300	0,3	200 max.	He	15—40	1	60
	PE bzw. Rumed	300		230	H_2			30
		200	0,6	200	He	100		40
		100	0,6	226	He	80		
		300	0,8	205	H_2	105		50
	Aerogr. A-100-C	183	0,6	190 bis 220	He	34—75	0,5 bis 20	60
Methanolyse-produkte aus methyliertem Glucomannan	Pye-Ar	122	0,5	150 bis 200	Ar	50 bis 100	2 bis 4 µg	25 bis 100
Lipoide (vgl. S. 681) (Fettsäuren)								
Aliphatische Kohlen-wasserstoffe (Wachse: Cuti-cula, Blatt, Vege-tabilien, Insekten) Tabakblätter, Zigarettenrauch		90		288	N_2	26		
Wollwachse	Lab.; T.p.	240	0,4	100 →270	N_2		2,5	160
Wachse aus Tbc-Bacillen	T.p.	240	0,4	265 60 →250	N_2		1 20	50 120
Wachse	Pye-Ar			237	Ar	45	0,1	70

(Fortsetzung)

stationäre Phase	Detektor °C (Methode)	Ergebnis und Bemerkungen	Literatur
1 Fluoralkylsiliconpolymer QF-1 auf 99 Gas-Chrom C	Ar-ID	Hexaacetate; Genaue Vorschrift Herstellung stationäre Phase	J. A. HAUSE, J. A. HUBICKI u. G. G. HAZEN: Analytic. Chem. **34**, 1567 (1962)
5—10 Carbowax 20 M auf 95—90 Chromosorb W; DEGS, Neopentylsuccinat	WMZ (Rö)	13 K; Tetra-, Pentamethyl-Derivate	M. GEE u. H. G. WALKER: Analytic. Chem. **34**, 650 (1962); vgl. Chem. and Industr. **1961**, S. 829
Siliconfett/Na-Capronat auf Sterchamol	WMZ	Fettsäure-methylester aus Gangliosiden	R. KUHN: Gas-Chromatography 1962, S. XVIII. (Lit. If)
20% Butandiol-bernsteinsäurepolyester auf Celite		α- und β-Pentamethylglucose	
10% Butandiol-bernsteinsäurepolyester auf Celite		Octamethyllactose, Octamethylsaccharose, α- u. β-Tetramethyl-N-acetylglucosamin, α-Tetramethylgalactosamin u. a.	
20% permethylierte Hydroxyäthylcellulose auf Chromosorb W		Tri-, Penta-β- u. α-methylglucoside u. -galaktoside	
30 Hydroxyäthylcellulose (methyliert) auf 70 Chromosorb	WMZ	8 K: Permethylierte α- u. β-D-xylo-, arabino-, gluco-, manno-, galakto-pyranoside	H. W. KIRCHER: Analytic. Chem. **32**, 1103 (1960)
20 Apiezon M auf 80 Celite 545; 20 Poly-1,4-Butandiolsuccinat auf 80 Celite 545	Ra-Ar-ID	31 K (28): Di-, Tri-, Tetramethyl-0-methyl-, α- u. β-D-gluco-, manno-, galakto-pyranoside	C. T. BISHOP u. Mitarb.: Can. J. Chem. **38**, 388, 793, 896 (1960)
Siliconfett E 301 auf Sil-0-Cel	(MS; IR)	11 KW C_{24}—C_{34}; C_{24} und C_{34} nur im Rauch. Iso-Verbindungen nur mit MS nachweisbar	W. CARRUTHERS u. R. A. W. JOHNSTONE: Nature **184**, 1131 (1959)
10 Silicon-Elastomer E-301 auf 90 Celite 545	GW (IR)	Hexan-Extraktion. 38 K bis C_{33}; Vortrennsäule (Molekularsieb) für n- u. verzweigte KW; Reduktion von Fettsäuren mit $LiAlH_4 \rightarrow$ Alkohole $\rightarrow$ Alkyljodide + $LiAlH_4 \rightarrow$ KW	T. D. DOWNING u. Mitarb.: Austral. J. Chem. **13**, 80 (1960)
25 Silicon-Elastomer E-301 auf Celite		Acetonextraktion; „10-Methyloctadecanoic acid: Tuberculostearic acid"	K. E. MURRAY: Austral. J. Chem. **12**, 657 (1959)
0,5% Apiezon auf Celite 545	Ar	14 K: KW von C_{29}—C_{35}. Sortenunterschiede	G. EGLINTON u. Mitarb.: Nature **193**, 739 (1962)

Tabelle 4.

Trennproblem	GC-Gerät	L (cm)	D (cm)	T (°C)	Trägergas (Art)	Trägergas (ml/min)	P (μl)	Z (min)
Fettalkohole	Beckm. GC-2	46	0,6	226	He	67	10—15	15—85
				232	He	85	10—15	15—85
Leinöl		275	0,6	228	He	42	2	65
Monoalkyläther des Glycerins Leberöle	PE-116	200	0,6	265	He	70	3—7	15
		100 bis 200	0,6	247	He	50	1—1,5	20
	Pye	122		218	Ar	20		
Steroide	Barb. Col. M-10	100	0,2	220 bis 270	Ar	50 bis 100	10 bis 50 μg	25
	Pye-Ar	183	0,4	222	Ar		5 bis 10 μg	55
	Lab.	90	0,4	287	N₂	24	2 bis 4 mg	225
	Barb. Col.-10	183	0,1 bis 0,6	228	Ar	30		30—90
				222		25		
				228		25		
Fettsäuren Milch, Butter, Käse, Wein, Brot	PE-116	200 200		140 103	He	100	10 bis 15	
biol. Material	PE-154-C	50 u. 100	0,4	137	He	34	20	50
Cocos-Raffinat, Sojaöl	Pye-Ar	118	0,4	140 bis 180	Ar	40—50	0,1	90
Milchprodukte	PE-116			125 (150)	He	166	30 bis 100	30
	PE-116	200	0,64	150	He	50		10

(Fortsetzung)

stationäre Phase	Detektor °C (Methode)	Ergebnis und Bemerkungen	Literatur
Carbowax 4000-Monostearat auf Firebrick C-22	WMZ	C_{10}—C_{20}; Fettalkohole auch durch Reduktion der Fettsäuren mit $LiAlH_3$	W. E. LINK u. Mitarb.: J. amer. Oil Chem. Soc. 36, 20 (1959)
32 Siliconfett auf 68 Firebrick C-22 15 Resoflex 446 auf 85 Chromosorb		Als Acetate; Bessere Trennung der gesättigten u. ungesättigten Alkohole. Gute Trennung von C_{18} Mono-, Di- und Tri-en	W. E. LINK u. Mitarb.: J. amer. Oil Chem. Soc. 36, 300 (1959)
30 Siliconfett DC auf 100 Firebrick C-22 30 Reoplex 400 auf 100 Kieselgur	WMZ	Als Dimethyläther (Diazomethan); Alkyl C_{12}—C_{22}	B. HALLGREN u. S. O. LARSSON: Acta chem. scand. 13, 2147 (1959)
LAC-IR-296 auf Celite	β-ID	Chinyl-, Batyl-, Selachylalkohole als Diacetate (Essigsäure-anhydrid/Pyridin)	R. BLOMSTRAND u. J. GÜRTLER: Acta chem. scand. 13, 1466 (1959)
20 Polyäthylenglykolisophthalat auf 80 Celite 545	Ra-Ar-ID	6 K; Derivate von Cholesterin und Androstan; Phase für Trennung Fettsäureester C_{18}—C_{22} geeignet	C. C. SWEELEY u. E. C. HORNING: Nature 187, 144 (1960)
2—3% methyliertes Silicongummi SE-30 auf Chromosorb W	ID	22 K; Derivate von: Cholesterin, Sitosterin, Stigmasterin, Pregnan, Androstan u. a.	W. J. A. VANDEN HEUVEL u. Mitarb.: J. amer. chem. Soc. 82, 3481 (1960)
20 Midland Silicon 550 auf 80 Celite 545 (Celite mit Dichlordimethylsilan behandelt)	GD	14 K: Cholesterinderivate, Egosterin, Stigmasterin, C_{34} und C_{38} KW	R. K. BEERTHUIS u. J. H. RECOURT: Nature 186, 372 (1960)
6% Neopentyladipat auf Celite 3% Neopentylsebacat auf Celite 3% Neopentyladipat-2-hexanol auf Celite	β-ID	15 K: C_{19}, C_{21} und C_{27} Derivate von: Androsteron, Androstan, Testosteron u. a.	S. R. LIPSKY u. R. A. LANDOWNE: Analytic. Chem. 33, 218 (1961)
Sebacinsäure/Sebacinat Polyäthylenglykol	WMZ	Fettsäuren C_1—C_4 (Aromen im Wein)	W. DIEMAIR u. E. SCHAMS: Z. Lebensmittel-Untersuch. u. -Forsch. 112, 457 (1960)
50 Silicon DC-550 (10% Stearinsäure) auf 100 Celite 545; 2. TS in Serie		C_2—C_5 quantitativ; Vakuumdestillation, Niedertemperatur-Konzentrierungsbad	CH. W. GEHRKE u. W. M. LAMKIN: Agric. Food Chem. 9, 85 (1961)
5—20% Reoplex 400 auf Celite 545	β-ID	C_6—C_{18}	W. STRUVE: Ernährungsindustr. 63, 325 (1961)
PE-Säule BA: Di-2-äthylhexyl-sebacat + 10% Sebacinsäure auf Kieselgur		9 K; Ätherextrakt; C_1—C_6; Problem: Entstehung von Fettsäuren aus Aminosäuren	W. RITTER u. H. HÄNNI: Milchwiss. 15, 296 (1960); vgl. 16, 24 (1961): GC-Analyse der Amylalkohole zur Extraktion von Milchfett
10 Dioctyl-sebacinat (15% Sebacinsäure) auf 30 Celite 545	WMZ	C_1—C_5; Gute Trennung ohne Tailing	G. RAUPP: Angew. Chem. 71, 284 (1959)

Tabelle 4.

Trennproblem	GC-Gerät	L (cm)	D (cm)	T (°C)	Trägergas (Art)	Trägergas (ml/min)	P (μl)	Z (min)
Milchprodukte	Lab. (Glas)	244	0,4	125	He	106		
	PE-154-C	100	0,64	110	N_2	40	25	
Fettsäuren als Methylester Öl aus *Ximenia caffra*	Lab.	115	0,4	270	N_2	25	2 mg	
	Lab.	122	0,4	180	Ar		80 μg	110
biol. Material	Lab.	122	0,4	78	N_2	40		
Mageninhalt (Wiederkäuer)	Lab.	640	0,6	70 bis 110	H_2	100		30
Kakaoerzeugnisse (Kürbiskernöl)	PE-154-B	200		205	He	60—80	—10	
		200		205	He	60—80	1—2	
Seife, Rindertalg, Cocosfett	Rumed	250	0,4	215	H_2	55	1,5 mg	100
Samenöl	Chrom I	160		240 190	N_2	35		30
	Barb. Col.-M-10	275	0,6	158 bis 168	Ar	60—70	0,1 mg	
Sesam- und Gemüseöl		250	0,6	235	He	75	0,5	30
		250	0,6	240	He	45		
Rindertalg und ranziger Käse		400		180 bis 240	H_2	70		
	Lab.	6100	0,02	240	Ar		—1 μg	—340
		3050	0,02	193	Ar		—1 μg	25
Milchfett	Aerogr. A-90-C	185	0,6	199	He	60	1	30

(Fortsetzung)

stationäre Phase	Detektor °C (Methode)	Ergebnis und Bemerkungen	Literatur
15 LAC-296 (Polydiäthylenglykol-adipat) auf 100 Firebrick C-22	WMZ	Fraktionen nach der TS → CO_2; H_2O durch Trocknen entfernt; CO_2 gemessen; *wasserhaltige Proben*	I. R. Hunter u. Mitarb.: Analytic. Chem. **32**, 682 (1960)
22 Tween 80 + H_3PO_4 (9:1) auf 78 Chromosorb W	FID	*Wasserhaltige Proben* freier Fettsäuren	E. M. Emery u. W. E. Koerner: Analytic. Chem. **33**, 146 (1961)
20 Apiezon L auf 80 Celite 545		C_{10}—C_{28}; teilweise Trennung der Isomeren	R. K. Beerthius u. Mitarb.: Ann. N. Y. Acad. Sci. **72**, 616 (1959)
25 Polyäthylenglykol-adipat auf 80 Celite		14 K; gute Trennung der Isomere und ungesättigten Komponenten	A. T. James: J. Chromatograph. **2**, 552 (1959)
Di-2-äthylhexyl-phthalat auf Celite 545	GD	C_1—C_{18}. Veresterung mit Methanol/H_2SO_4 bzw. Methanol/KOH	A. T. James u. A. J. P. Martin: Biochem. J. **63**, 144 (1956)
30 Dinonylphthalat auf 100 Kieselgur	WMZ	*Reaktions-GC.* Vollständige Veresterung (BF$_3$/CH$_3$OH) auf Reaktor (170°); CaH$_2$-Zelle. C_1—C_6-Methylester quantitativ	F. Drawert, H. J. Kuhn u. A. Rapp: Hoppe-Seylers Z. physiol. Chem. **329**, 84 (1962)
PE-Q: Apiezon auf Celite PE-P: Bernsteinsäurepolyester auf Celite	WMZ	C_6—C_{16}. Erkennung von Fremdfetten. Verbrennung der Fraktion an CuO und Messung als CO_2	H. Woidisch, H. Gnauer u. O. Riedl: Z. Lebensmittel-Untersuch. u. -Forsch. **112**, 184 (1960); vgl. **117**, 478 (1962); Dtsch. Lebensmittel-Rdsch. **1962**, S. 220
20% Apiezon L auf Embacel	FID	Aus Seife 10 K (8), Rindertalg 10 K (7) und Cocosfett 9 K (8)	A. H. Ruys u. R. ter Heide: Seifen-Öle-Fette-Wachse **2**, 35 (1960)
20% Apiezon M auf Celite 20% Polyäthylenglykol-succinat auf Celite	FID	Hexanextrakt; alkalische Verseifung; Pentanextrakt; 15 K	I. Zeman u. J. Pokorny: J. Chromatograph. **10**, 15 (1963)
10 Polydiäthylenglykol-succinat auf 90 Celite 545	β-ID	C_{11}—C_{22}	S. R. Lipsky u. Mitarb.: Biochim. biophys. Acta **31**, 336 (1959)
6,6 LAC-3-R-728 auf 20 Chromosorb 3,5 LAC-3-R-728 auf 10,6 Celite	WMZ (UV)	C_{14}—C_{22}	S. F. Herb, P. Magidman u. R. W. Riemenschneider: J. amer. Oil Chem. Soc. **37**, 127 (1960)
I. Apiezon L II. Reoplex 400 III. Siliconfett DC		Rindertalg 18 K (16): C_8—C_{18}; Käse 12 K: C_6—C_{18}. Extraktion, Ester mit Methanol/Säure	A. L. Prabucki: Mitt. Lebensmitteluntersuch. Hyg. **51**, 509 (1960)
Apiezon L, Kap. TS	β-ID	18 K; Fettsäuren und Methylester C_8—C_{22}	S. R. Lipsky u. Mitarb.: Analytic. Chem. **31**, 152 (1959)
Polydiäthylenglykol-glutarat, Kap. TS		18 K; C_8—C_{22}. Herstellung Kap. TS beschrieben	
20 Diäthylenglykol-succinat (DEGS) auf 80 Chromosorb	WMZ	20 K (18) C_4—C_{22} nach Fettverseifung	L. M. Smith: J. Dairy Sci. **44**, 607 (1961)

Tabelle 4.

Trennproblem	GC-Gerät	Trennsäule						
		L (cm)	D (cm)	T (°C)	Trägergas (Art)	Trägergas (ml/min)	P (μl)	Z (min)
Lösungsmittel	PE-154-B	300 bis 400		80 bis 150	H_2	40—65		
Isomere Hexane	Burrell K-2	250	0,5	20	He	44		30
Phenole (vgl. S. 682)	PE-154-D	102 185	0,5 0,6	20 168	He He	70 78	0,5 mg	30 45
	Lab.			150 bis 230	H_2			
	Lab.	6000 bis 7600	0,02	50 bis 130	Ar	0,133 bis 0,3	0,1 μg	
	Lab.	244 bis 366	0,48	200	N_2		1 bis 5 mg	
Säuren (org.) (vgl. S. 682)	Lab.	140	0,4	132	N_2	12—28	0,5	520
Zigarettenrauch	PE-154-B	200	0,6	122 138 190	He	50 45 25		
Dicarbonsäuren (Pilzkulturen)	Aerogr. A-100-C	229	0,6	150	He	150	10 bis 450 μg	10—40
Dicarbonsäuren	Lab.	190	0,8	200	He	13	20—40	35
Schwefelverbindungen (vgl. S. 649)	PE-154-B	200	0,6	84	He	70	3	20
	PE-154-B	152	0,64	50	He	92	10	90
	Podb. 9400-3 A, T.p.	183	0,6	30 →100	He	50	1—5	50
	Aerogr. A-100 nicht linear T.p.	200	0,25	20 →150	He	100	5—10	30

(Fortsetzung)

stationäre Phase	Detektor °C (Methode)	Ergebnis und Bemerkungen	Literatur
20% Octoyl-S + 5% Sebacinsäure; 20% Transformatorenöl auf Celite	WMZ	Reinheitsprüfung von: Chloroform, CCl_4, Trichloräthylen, Tetrachloräthylen u. a.	E. GLOESENER: J. pharm. Belg. 1960, S. 379
3,5 Chinolin + 0,5 Brucin (Chinin) auf 10 Celite 3,0 Squalan auf 97 Celite	WMZ	Sämtliche isomere Hexane (nur bei 20° benutzbar)	A. ZLATKIS: Analytic. Chem. 30, 332 (1958)
25 Nylon auf 75 Firebrick (Träger) benetzt mit 2% UCON-50-HB 2000	WMZ (UV)	20 K; Phenole und Derivate	A. W. SPEARS: Analytic. Chem. 35, 320 (1963)
20—30% Dimethylpolysiloxan, Zuckeralkohole, Apiezon u. a. auf Celite bzw. Sterchamol		29 Phenole bzw. Methyl-, Äthyl-, Propyl-, Butyläther	J. JANAK u. R. KOMERS: In: Gas Chromatography 1958, S. 243. London: Butterworth 1958
Glas-Kap., 0,02—0,1 μ Siliconöl MS 550	Mikro- β-Ar	Trimethylsilyläther von 66 Phenolderivaten	D. W. GRANT u. G. A. VAUGHAN: In: Gas Chromatography 1962, S. 305. London: Butterworth 1962
20 Apiezon L auf 80 Celite 545; 12 Na-Dodecylbenzolsulfonat auf 88 Celite 545; 25 4,4'-Diaminodiphenylsulfon auf 75 Celite 545	FD	70 Phenole bzw. Alkyläther oder Chlorphenole	J. S. FITZGERALD: Austral. J. Appl. Sci. 10, 169 (1959)
30 Siliconöl DC 550 (3 Stearinsäure, Phosphorsäure) auf 100 Celite 545; Angaben über Celite-Aufbereitung und Säulen-Konditionierung	Titr. Zelle	Fettsäuren C_1—C_9; Di- und Tricarbonsäuren; Ionenaustauscher; α-Ketosäuren. Verteilungs-Chromatographie der 2,4-Dinitrophenylhydrazone	J. SCHORMÜLLER u. H. LANGNER: Z. Lebensmittel-Untersuch. u. -Forsch. 113, 104 (1960)
10 Carbowax 1500 auf 30 Firebrick C-22 10 Dioctylphthalat auf 30 Firebrick C-22 10 Flexol R-2-H auf 50 Firebrick C-22	WMZ	8 K: Milch-, Glykol-, Oxal-, Malon-, Fumar-, Laevulin-, Bernsteinsäure als *Dimethylester*	L. D. QUIN u. M. E. HOBBS: Analytic. Chem. 30, 1400 (1958)
25 Polydiäthylenglykolsuccinat bzw. Poly-1,4-butandiol-succinat auf 75 Firebrick C-22	WMZ	5 K: Malon-, Fumar-, Bernstein-, Malein-, Äpfelsäure als *Diäthylester*	C. J. MIROCHA u. J. E. DE VAY: Phytopath. 51, 274 (1961)
10 Siliconfett DC auf 100 Celite 545	WMZ	7 K: Malon-, Bernstein-, Glutar-, Adipin-, Pimelin-, Suberin-, Azelainsäure als *Dimethylester*	J. NOWAKOWSKA u. Mitarb.: J. amer. Oil Chem. Soc. 34, 411 (1957)
28,6 β-β'-Iminodipropionitril auf 71,4 Celite 545	WMZ	15 K; Mercaptane C_3—C_5; Thiophene	J. H. KARCHMER: Analytic. Chem. 31, 1377 (1959)
20 Dinonylphthalat auf 50 Firebrick C-22	WMZ	23 K; Thiole C_1—C_5; Thiopropan bis -heptan	CH. F. SPENCER, F. BAUMANN u. J. F. JOHNSON: Analytic. Chem. 30, 1473 (1958)
20 Triton X-305 auf 80 Chromosorb	WMZ	H_2S, SO_2, Mercaptane, Disulfide	D. F. ADAMS u. R. K. KOPPE: Tappi 42, 601 (1959)
25 Squalan auf 75 Firebrick	WMZ 150°	25 K; Mercaptane C_2—C_9; Sulfide C_1—C_5	J. H. SULLIVAN, J. T. WALSH u. CH. MERRITT: Analytic. Chem. 31, 1827 (1959)

Tabelle 4

Trennproblem	GC-Gerät	L (cm)	D (cm)	T (°C)	Trägergas (Art)	Trägergas (ml/min)	P (μl)	Z (min)
Schwefelverbindungen	Lab.	300	0,6	80	He	35		
		150	0,6	60	He	50		
	PE-154-B, T.p.	732	0,6	35 →180	He	75	40	80
Terpene (vgl. S. 649)	Griffin-George II A	240		135 bis 140	N₂	20		20 bis 120
	Lab.	180	0,6	90/110		40	1	8
	CEC	300	0,4	120	H₂	75	5	30
				100	H₂	75	5	30
				110	H₂	75	5	30
				100	H₂	75	5	30
				70	H₂	60	5	30
Geranienöle		300	0,4	155 bis 162	H₂	27,5 bis 37,5		
Terpentinöl	PE-154	198	0,66	110 bis 150	He	45	15—20	
	Lab.	300	0,4	132	N₂	110	10	90 bis 110
	Beckm. GC-2	183	0,6	100 bis 190	He	39—45	1—50	
	PE-116	300	0,63	190	He	96	5	
Menthole (Stereoisomere)	PE-116	200 bis 400		160 bis 180	He	40—45		30—70

(Fortsetzung)

stationäre Phase	Detektor °C (Methode)	Ergebnis und Bemerkungen	Literatur
Carbowax 1540 Apiezon M		8 K; Mercaptane C_1—C_4 quantitativ über Hg-Mercaptide "*Flash Exchange*" mit Toluol-3,4-Dithiol	J. F. Carson, W. J. Westen u. J. W. Ralls: Nature **186**, 4727 (1960)
29% Didecylphthalat auf Chromosorb W	WMZ 150°	Riechstoffe; 8 Mercaptane, 7 Sulfide quantitativ ± 0,25%	F. Baumann u. S. A. Olund: J. Chromatograph. **9**, 431 (1962)
7—18 Tricresylphosphat auf unglasiertem Ziegel (Kapazität bei 18% flüssige Phase)	WMZ	α-Pinen, Myrcen, Caren, Limonen, p-Cymen. *Keine* katalytische Wirkung des Trägers	V. Lukeš, R. Komers u. V. Herout: J. Chromatograph. **3**, 303 (1960)
I. 0,2% Siliconöl DC-710 auf "glass beads" II. 0,125% Hyprose 80 auf "glass beads" (60—80 U.S. mesh)	(IR)	6 Alkohole, 8 Aldehyde, 3 Ester. GC-Analyse etwa 100° unter Siedepunkt	P. R. Datta u. H. Susi: Analytic. Chem. **34**, 1028 (1962)
20 Apiezon L auf 100 Embacel 20 Siliconöl auf 100 Embacel 20 Reoplex auf 100 Embacel 20 Carbowax 4000 auf 100 Embacel 15-β,β'-Oxidipropionitril auf 100 Embacel		22 Monoterpene $C_{10}H_{16}$	H. M. Klouwen u. R. ter Heide: J. Chromatograph. **7**, 297 (1962)
30 Siliconfett/Na-caproat (9:1), 30 Bienenwachs, 30 Siliconfett/Li-caproat (9:1) auf 100 Sterchamol	WMZ	21 K; „Ausscheidungsanalyse"	E. Bayer u. Mitarb.: Z. analyt. Chem. **164**, 1 (1958)
25 Didecylphthalat auf 75 Celite 545	WMZ	29 Terpen-KW; 8 Hydroxy-, 5 Carbonyl-Terpene.	W. J. Zubyk u. A. Z. Connor: Analytic. Chem. **32**, 912 (1960)
28,5 Carbowax 4000 auf 71,5 Chromosorb		27 Terpen-KW	
20 „Octakis-2-hydroxypropylsucrose" (Hyprose S.P. 80) auf 80 Embacel		6 Hydroxy-, 7 Carbonyl-Terpene; 2 Terpen-Acetate	G. P. Cartoni u. A. Liberti: J. Chromatograph. **3**, 121 (1960)
16,5 Polyäthylenglykoladipat auf 83,5 Chromosorb W		4 Terpen-KW; 2 Hydroxy-, 4 Carbonyl-Terpene; 1 Acetat	E. v. Rudloff: Canad. J. Chem. **38**, 631 (1960)
16,5 Squalen auf 83,5 Chromosorb W		4 Terpen-KW	
16,7 Polyäthylenglykolsuccinat auf 83,3 Chromosorb W		2 Hydroxy-, 4 Carbonyl-Terpene; 1 Terpen-Acetat	
Apiezon L auf Celite		Stereoisomere Hydroxyphenyl-Verbindungen: cis-, trans-, Isoeugenol, cis-, trans-Isosafrole u.a.	E. Stahl u. L. Trennheuser: Arch. Pharm. **293**, 826 (1960)
PE-A: Di-n-Decylphthalat			H. J. Petrowitz, F. Nerdel u. G. Ohloff: J. Chromatograph. **3**, 351 (1960)

Tabelle 5. *Anwendungsbeispiele*[1]

Trennproblem	GC	Ergebnis und Bemerkungen	Literatur
Allgemeines			
Lebensmittel	GC-Übersicht von Dez. 1958 bis Okt. 1960	Verfälschung, Fuselöle, Geschmack- und Aromastoffe, Fettsäuren	J. C. Cavagnol: Analytic. Chem. **33**, 51R—61R (1961)
Alkohole		Übersicht	W. Horak u. Mitarb.: Alkohol-Industr. **73**, 367 (1960)
Acyclische Olefine, Ester, Alkohole, Aldehyde	Acylierte Cyclodextrine auf Chromosorb 200—250°	Gute Gruppentrennung	H. Schlenk, J. L. Gellerman u. D. M. Sand: Analytic. Chem. **34**, 1529 (1962)
Kohlenwasserstoffe, Aromaten	Rohöl auf Vortrennsäule (18% Apiezon auf Firebrick; 90 cm). Flüchtige Komponenten auf TS (N$_2$): 1. 13,4% Isochinolin auf Firebrick; 780 cm; 2. 3,1% 1-Chlornaphthalin auf Firebrick; 1200 cm; 3. 5% β,β'-Oxidipropionitril auf Firebrick; 360 cm	48 K; KW C$_2$—C$_7$ aus Rohöl; Benzol, Toluol	R. L. Martin u. J. C. Winters: Analytic. Chem. **31**, 1954 (1959)
Tabak (Feuchthaltemittel)	Kond. prod. C$_{20}$-Fettalkohol mit Äthylenoxid auf Embacel	1,2-Propylenglycol, 1,3-Butylenglycol; Glycerin (als Acetate)	H. Puschmann u. Mitarb.: Z. Lebensmittel-Untersuch. u. Forsch. **114**, 297 (1961)
Aromen und ätherische Öle (vgl. S. 656)			
Ätherische Öle	GC-Übersicht v. Sept. 1958 bis Aug. 1960	Fettsäuren, Alkohole, Ester, Aldehyde, Ketone, Phenole, Terpene	E. Guenther u. Mitarb.: Analytic. Chem. **33**, 37R bis 45R (1961)
	Poly-1,4-butandiol succinat	C$_7$—C$_{11}$ Aldehyde und Ketone	W. L. Stanley u. Mitarb.: J. Food Sci. **26**, 43 (1961)
Früchte und Konfitüre	UCON; 130°	Vakuumdestillation, Ätherextrakt	A. S. Kovacs u. H. O. Wolf: Industr. Obst- u. Gemüseverwert. **47**, 159 (1962)
Bergamotteöl	Silicon 301 auf Celite 150°; N$_2$; (IR)	Verschiedene Öle zeigen Unterschiede im Gehalt von Linalool	P. Mesnard u. M. Bertucat: Ann. Fraud. Exper. Chim. 1961, S. 389
	360 cm Carbowax; 175°	7 K (4): α-Pinen, D-Limonen, Linalool, Linalylacetat	F. C. Theile, D. E. Dean u. R. Suffis: Drug Cosm. Industr. **86**, 758, 759, 837, (1960)
Bartlett-Birnen	25% Diäthylenglycolsuccinat; 175°; He (IR)	„Aroma-Spektrum" aus Extrakten; Ätherextrakt, Esterverseifung, Säuren als Methylester	W. G. Jennings u. Mitarb.: Food Technol. **14**, 587 (1960); W. G. Jennings: Symp. IV. Fruchtsaft-Union „Fruchtaromen" S. 337. Zürich: Juris-Verlag 1962
Erdbeer-Aroma	Silicon GE-SF-96; He; 200° Carbowax 1540; He; 150° (IR, MS)	Destillation; Anreicherung bis 1:600 („stripping"). Fraktionierte Destillation, 31 K; typisches Erdbeeraroma im höhersiedenden Anteil: Äthylcapronat, n-Hexylacetat, trans-2-Hexen-1-yl-acetat	J. Corse u. K. P. Dimick: In A. D. Little "Flavor Research and Food Acceptance". S. 302—314. New York: Reinhold Publ. Corp. 1958; vgl. Food Technol. **5**, 517 (1951); **10**, 73, 360 (1956); Perfum. Aromat. **71**, 45, 48. 53 (1958); Industr. Eng Chem. **44**, 2487 (1952)
Himbeer-Aroma		GC-Analyse, Aromadampf (37°) ähnlich "Head Space"	C. Weurman: Food Technol **15**, 531 (1961)

[1] Abkürzungen vgl. Tab. 4, S. 652.

Tabelle 5. (Fortsetzung)

Trennproblem	GC	Ergebnis und Bemerkungen	Literatur
Öle aus Zitronen, Orangen, Grapefruits		C_7—C_{11}-Aldehyde mit Girard-T-Reagens abgetrennt; Citral	W. L. STANLEY u. Mitarb.: 20th Annual Meeting-Insert Food Technol. 14, 35 (1960)
Mandarinenöl	Polyäthylenglykol 110°, 184°	α-Pinen, Camphen, β-Pinen, γ-Phellandren, D-Limonen, p-Cymen	M. CALVARANO: Agrumari 28, 107 (1958)
Orangenöl		Unterschiede zwischen süß und bitter; süß zusätzlich: p-Cymen, Nonylalkohol; bitter zusätzlich: γ-Terpinen, Nerylacetat	M. CALVARANO: Agrumari 29, 147, 195 (1959); 30, 32 (1960)
Orangensaft, Orangenöl, Grapefruitöl	Carbowax 1540; 145°; He	Linalol (0,2 mg/l), α-Terpineol (0,8 mg/l)	L. J. SWIFT: J. Agric. Food Chem. 9, 298 (1961)
Citronellol/ Geraniol	Siliconöl, Apiezon L, Polypropylen-sebacat (IR)	Einwirkung von Ameisensäure und GC-Analyse der Reaktions-Produkte	D. HOLNESS: Analyst 86, 231 (1961)
Lavandinöl	Präparative GC	Ketone mit Girard-P-Reagens abgetrennt. Di-isopropyl-, Äthylamyl-Keton; Methylheptenon, Methylheptadienon und Terpen-Ketone	P. A. STADLER: Helv. chim. Acta 43, 1601 (1960)
Terpene	Ölsäureester	Cycl. KW, 0-Derivate; ausführliche Angaben	E. RUDLOFF: Canad. J. Chem. 39, 1, 1190, 1200 (1961); vgl. 38, 631 (1960)
Kaffee	Carbowax 1500	19 K (19)	A. ZLATKIS: Food Res. 25, 731 (1961)
(Aroma Essenz)	Siliconöl; Äthylenpropylencarbonat	27 K (23)	A. ZLATKIS u. M. SIEVETZ: Food Res. 25, 395 (1960)
(Trockenaroma)	(1:1) 25°; Tetraäthylenglykol-dimethyläther	9 K	
Schwarzer Tee (Teearoma)	Perkin-Elmer Säulen BA und A	Dampfdestillation und Ätherextraktion. Fettsäuren: n-C_1—C_{12}; iso-C_6—C_{10}; Isobuttersäure; Isovaleriansäure	H. BRANDENBERGER u. S. MÜLLER: J. Chromatograph. 7, 137 (1962)
Thymusöl	Siliconöl 550 (Celite); 132—156; H_2 Cellosolve	Thymol, Carvacrol, p-Cymen, Linalool, Borneol, Geraniol, D-Camphen, 1-Pinen	C. RUNTI u. Mitarb.: Boll. chim. farm. 99, 435 (1960); Chem. Abstr. 54, 21651 (1960)
Pilzextrakt	Carbowax 1500 Di-n-decylphthalat	6 K 8 K (8)	R. P. COLLINS u. M. E. MORGAN: Science 131, 933 (1960)
Fleisch bestrahlt	Carbowax	9 K (9)	C. MERRITT u. Mitarb.: J. Agric.Food Chem.7,784(1959)
Rindfleisch (bestrahlt)	Di-2-äthyl-hexylsebacat; Silicon/ Stearinsäure, Pluronics F-58	12 K: Methional (3-Methylthiopropion-aldehyd); 7 C_3—C_5-Thioaldehyde	E. L. WICK u. Mitarb.: J. Agric. Food Chem. 9, 289 (1961)
Rindfleisch (gekocht)		CO_2, Acetaldehyd, Methylsulfid, Aceton, Methylmercaptan	W. E. KRAMLICH: Food Res. 25, 712 (1961)
Rindfleisch	20% Diisodecylphthalat auf Celite; 142°; He	Nach Kochen Methylester von: Ameisen-, Essig-, Propion- und Buttersäure	M. H. YUCH u. F. M. STRONG: J. Agric. Food Chem. 8, 491 (1960); vgl. I. HORNSTEIN u. Mitarb.: J. Agric. Food Chem. 8, 494 (1960); vgl. C. W. GEHRKE u. Mitarb.: J. Agric. FoodChem. 9, 85 (1961)

Tabelle 5. (Fortsetzung)

Trennproblem	GC	Ergebnis und Bemerkungen	Literatur
Gase (vgl. S. 666) CO_2	Silicagel; 20°	Apparatur zur Freisetzung von CO_2 vor der TS (quantitativ)	F. G. Carpenter: Analytic. Chem. **34**, 66 (1962)
Olefine abgegeben von Äpfeln	Paraffin auf Firebrick	Methan, Äthylen, Acetylen, Äthan, Propylen, Propan, Cyclopropan, Formaldehyd, Butan	D. F. Meigh: Nature **184**, 1072 (1959)
	FID	< 1 ppm Äthylen in 0,5 ml Luft	D. F. Meigh: J. Sci. Food Agric. **11**, 381 (1960); vgl. F. E. Huelin u. Mitarb.: Nature **184**, 996 (1959); S. P. Burg u. Mitarb.: Proc. nat. Acad. Sci. USA **45**, 335(1959)
Gemüse Kohl	GC und MS	5 Isothiocyanate, 5 Sulfide, 9 Disulfide, 1 Trisulfid	S. D. Bailey u. Mitarb.: J. Food Sci. **26**, 163 (1961)
	Apiezon L; Reoplex 400; 190°	Phospholipide an Kieselsäure fraktioniert; Fettsäuren bzw. Methylester	
Kartoffel	Apiezon L; 220°	Petroläther-Extrakte: Butyliertes Hydroxyanisol und Hydroxytoluol	R. G. Buttery u. Mitarb.: J. Agric. Food Chem. **9**, 283 (1961)
Spinat	Polyester-succinat; 217°	Fettsäuren	F. A. Lee u. Mitarb.: J. Food Sci. **26**, 273 (1961)
Erbsen	Polyester-succinat; 217°	Fettsäuren	F. A. Lee u. Mitarb.: J. Food Sci. **26**, 356 (1961)
Tomaten	GSC Al_2O_3; FID	Äthylen	S. P. Burg u. Mitarb.: Nature **191**, 967 (1961)
Zwiebel	Diäthylhexyl-sebacat	4 K (5)	W. D. Niegisch u. W. H. Stahl: Food Res. **21**, 657 (1956)
	Reoplex 400; Apiezon M	8 Sulfide, 8 Carbonyl-Verbindungen	J. F. Carson: J. Agric. Food Chem. **9**, 140 (1961)
Getränke (vgl. Tab. 4) Bier	Carbowax 1500; He	Acetaldehyd, Äthyl-, Amylacetat Ester, Alkohole	F. Zientra u. Mitarb.: Am. Brewer **93**, 37 (1960) H. Jenard: Brewers Digest **35**, 58 (1960)
Bier		Extraktion mit Äthylenoxid/Pentan. Isoamyl-, Phenyläthyl-, opt.akt. Amyl-, Isobutyl- u. Propylalkohol; Isoamylacetat	E. Sihto u. V. Arkima: J. Inst. Brewing **69**, 20 (1963)
Bier, Hopfenöl	Apiezon M; 170° Diglycerin; Benzyldiphenyl	2 Propanole, 4 Butanole, sec-, iso-Butylacetate, iso-Amylacetat, Myrcen, Methylnonyl-Keton, Humulen, 2-Phenyläthanol	F. V. Harold: J. Inst. Brewing **66**, 395 (1960)
Hopfenöl		Myrcen, Ocimen, Humulen, Caryophyllen	W. Goldkoop: Intern. Tijdschr. Brouw. en Mout. **20**, 39 (1960/61)
Hopfenbitterstoffe	UCON-50-HB-2000	Abspaltung der α-Säuren aus Humulonen durch Pyrolyse der Pb-Salze (400°) und GC der Isopropylester von Iso- und 2-Methylbuttersäure und Isovaleriansäure	F. L. Rigby, E. Sihto u. A. Bars: J. Inst. Brewing **66**, 242 (1960)
Brandy u. Wein	DEGS; 90°; N_2	Acetaldehyd, Acetat	R. L. Morrison: Am. J. Enol. Viticult. **13**, 159 (1961)

Tabelle 5. (Fortsetzung)

Trennproblem	GC	Ergebnis und Bemerkungen	Literatur
Fuselöl	Tetraäthylenglykol-monomethyläther, 74°; Polyäthylenglykol 1500 bei 100°; Dibenzyläther 78°; He	11 Alkohole	A. KAMBAYASHI u. Mitarb.: (Jap.) Anal. Abstr. 8, 158 (1961)
Lipoide (vgl. S. 668)			
Cuticula-Wachs von Äpfeln	200 cm-Silicon-Säule; 275°; 200 cm-Silicon-Säule; 300°	C_{15}—C_{29} Paraffine	P. MAZLIAK: C. R. Acad. Sci. (Paris) 252, 1507 (1961)
	Polypropylenglykol-adipat/Sebacinat;220°	Fettsäuren	P. MAZLIAK: C. R. Acad. Sci. (Paris) 250, 2255 (1960)
	Al_2O_3 bzw. Silicon-Säule	Paraffine C_{23}—C_{33}; Alkohole C_{16}—C_{32}	P. MAZLIAK: C. R. Acad. Sci. (Paris) 251, 2393 (1960)
Glyceride (Hühnerfett, Leinöl, Kakaobutter)	Butandiol-succinat-Polyester; 205°; He	Fettsäuremethylester	C. G. YOUNGS: J. amer. Oil Chem. Soc. 38, 62 (1961)
Triglyceride (Milch)	Diäthylenglykol-succinat-Polyester	Fettsäuremethylester	H. J. AST: J. amer. Oil Chem. Soc. 38, 67 (1961)
Lilikeiöl (Passionsfrüchte)		Saft destilliert, Öl extrahiert. 95% des Öls *n-Hexylcapronat;* n-Hexylbutyrat, Äthylcapronat und Äthylbutyrat	D. N. HIU u. P. SCHEUER: Food Sci. 26, 557 (1961)
Sojabohnenöl	Silicon-Säule, 93°; (IR)	3-cis-Hexenal(3-trans-Hexenal)	G. HOFFMANN: J. amer. Oil Chem. Soc. 38, 1 (1961)
	DC-Siliconöl auf Celite 545; 93 bzw.137°. (IR)	Zersetzungsprodukte bei Fraktionieren: 2-trans-4-cis- u. 2-trans-4-trans-Hepta- und Octadienal	G. HOFFMANN: J. amer. Oil Chem. Soc. 38, 31 (1961)
	Resoflex (Celite);200°; He (Szintillation)	Biosyntheseversuche mit ^{3}H und ^{14}C. Radioaktive Fettsäurederivate	M. J. DUTTON u. Mitarb.: J. Lipid. Res. 2, 63 (1961)
Erdnußöl	Di-n-Octyl-phthalat und Diäthyl-hexyl-sebacat	Molekulardestillation, Kondensation in Spiralsammler (fl. N_2) und Destillation in Capillaren	J. DE BRUYN u. Mitarb.: J. amer. Oil Chem. Soc. 38, 40 (1961)
Baumwollöl	Succinat-Polyester; He	Methylester: Myristin-, Palmitin-, Stearin-, Öl-, Linolensäure	L. K. ARNOLD u. R. B. CHOUDHURI: J. amer. Oil Chem. Soc. 38, 87 (1961)
Olivenöl		64 verschiedene Olivenöle, Reinheitsprüfung	M. VITAGLIANO: Olearia 14, 177 (1960); Chem. Abstr. 55, 8896 (1961)
Kakaobutter	Dielektrische Messung; IR, GC und Säulen-Chromatographie		H. LÜCK u. Mitarb.: Rev. intern. chocolat. 16, 106 (1961); Chem. Abstr. 55, 15961 (1961)
Butterfett	Polydiäthylenglykol-succinat; 150°; Apiezon M; 200°. Ar-Detektor	cis-Δ^9-Heptadecensäure	R. P. HANSEN: Biochem. J. 77, 64 (1960)
Butter-, Margarine-, Copra-, Palmfett	Polyglykol-adipat; 220—240°; He	C_8—C_{18}-Fettsäure-methylester	J. P. WOLFF: Ann. fals. exp. chim. 53, 318 (1960); Chem. Abstr. 54, 21526 (1960)
Milch	Diäthylenglykol-succinat-Polyester; Apiezon L Kapillar-Säule; FID	C_4—C_{18}-Fettsäuren	S. PATTON u. Mitarb.: J. Dairy Sci. 43, 1187 (1960)
Milch	Di-octylphthalat	11 K (4)	J. D. WYNN u. Mitarb.: Food Technol. 14, 248 (1960)
Milch (bestrahlt)	Carbowax 400	6 K	E. A. DAY u. Mitarb.: J. Dairy Sci. 40, 932 (1957)
	Paraffinöl	5 K	
	Dinonylphthalat	5 K	

Tabelle 5. (Fortsetzung)

Trennproblem	GC	Ergebnis und Bemerkungen	Literatur
Magermilch	Carbowax 400	6 K	S. Patton: In "Flavour Research and Food Acceptance". S. 315. New York: Reinhold 1958
Käse (flüchtige Stoffe)	Carbowax 1500	6 K (6)	H. W. Jackson u. R. V. Hussong: J. Dairy Sci. 41, 920 (1958)
Fettsäuren	5 verschiedene TS	Analyse der Fettsäuren C_1—C_{10} als 2-Chloräthylester	K. Oette u. E. H. Ahrens: Analytic. Chem. 33, 1847 (1961)
	Tween 80 und Apiezon L auf Chromosorb	C_2—C_{24}-Fettsäuren und Ester an T.p. Doppelsäulen zur Stabilisierung der Basislinie	E. M. Emery u. W. E. Koerner: Analytic. Chem. 34, 1196 (1962)
Fettsäureester (Aldehyde)	20 Apiezon M auf 100 Celite; H_2; 200°	C_8—C_{20}	J. C. Hawke, W. L. Duncley u. C. N. Hooker: New Zealand J. Sci. Technol. 38, 925 (1957)
	Pluronic F 68 bzw. Tri-m-tolylphosphat auf Firebrick; H_2; 100 bis 150°	C_2—C_7-Aldehyde	
Langkettige Fettaldehyde aus Plasmalogenen (tierische Gewebe)	20% Apiezon L; 23% Reoplex 400; 23% Polyäthylenglykol-adipinsäureester auf Celite	C_{10}—C_{19} n-Aldehyde; C_{13}—C_{17} verzweigte Aldehyde als Dimethylacetale	G. M. Gray: J. Chromatograph. 4, 52 (1960); 6, 236 (1961)
Stickstoffverbindungen			
Pyridine, Chinoline, Aniline	17 stationäre Phasen getestet, u. a. Silicon, Diglycerin, Triäthanolamin, Hyprose, Diäthylenglykol-succinat, Apiezon, Mn-, Zn-, Co-Stearate	26 K; Methyl-Derivate. Retentionswerte; Theoretische Grundlagen	J. S. Fitzgerald: Austr. J. Appl. Sci. 12, 51 (1961)
Amine (Sympathicomimetica)	1% Silicongummi SE 30 auf Gas-Chrom P, 104°	Amphetamine, Phenylpropanolamine, Ephedrin	E. Brochmann-Hanssen u. A. Baerheim-Svendsen: J. Pharm. Sci. 51, 4 (1962)
Peptide	Apiezon/Chromosorb; 260°	Polyaminoalkohol-Derivate MS zur Analyse der Aminosäure-Sequenzen	K. Biemann u. W. Vetter: Biochem. Biophys. Res. Commun. 3, 578 (1960)
Nucleoside	Fluorinisiertes Polymer QF-1 auf siliconisiertem Gas-Chrom P. 200—255°	Acetate von 20 Nucleosiden	H. T. Miles u. H. M. Fales: Analytic. Chem. 34, 860 (1962)
Phenole (vgl. S. 674)	15 stationäre Phasen getestet, u. a. Silicone, Sorbit, Erythrit, Glycerinmonooleat, Paraplex G 50, Phthalat, Sebacat (Celite, Sil-O-Cel, Firebrick)	36 K; Alkyl-Derivate. Retentionswerte; Theoretische Grundlagen	J. S. Fitzgerald: Austral. J. Appl. Sci. 10, 169 (1959)
Tabak (flüchtige Stoffe)	Tetraäthylenglykol-dimethyläther; Silicon 702	22 K (6) 5 K (5)	R. M. Irby u. E. S. Harlow: Tobacco 148, 22 (1959)
Organische Säuren			
Carbonsäuren	Silicon; He; 236° Polyester; He; 236°	Mono- und Dicarbonsäureester (mit Diazomethan)	R. C. Bartsch, F. D. Miller u. F. M. Trent: Analytic. Chem. 32, 1101 (1960)

Symposien und Tagungsberichte

a) ANGELÉ, H. P.: **Gas-Chromatographie 1958.** Vorträge und Diskussionsbeiträge des 1. Symposiums über Gas-Chromatographie, Leipzig 1958. Berlin: Akademie-Verlag 1959.

1. CREMER, E.: Überblick über die Gas-Chromatographie.
2. JANÁK, J., u. M. KREJCI: Beitrag zu einigen Problemen der Chromatographie im System Gas-Adsorbent.
3. STRUPPE, H. G.: Die Bewertung und Herstellung leistungsfähiger Trennsäulen.
4. KAISER, R.: Zum Stand der Anwendung der Gas-Chromatographie.
5. HRAPIA, H.: Über die Eigenschaften von Gas-Liquid-Säulen bei der Verwendung aktiver Trägersubstanzen.
6. LUCHSINGER, W.: Gas-chromatographische Trennung der C_4-Kohlenwasserstoffe.
7. VASILESCU, V.: Gas-flüssig-Chromatographie synthetischer Carbonsäuren und der daraus gewonnenen Alkohole.
8. GNAUCK, G., u. J. FRENZEL: Die Anwendung der Gas-Chromatographie bei der Analyse von Edelgasen und einigen permanenten Gasen.
9. DESTY, D. H.: Coated Capillary Columns.
10. FISCHER, J.: Automatischer Gas-Chromatograph.
11. BOTHE, H.-K.: Ionisationsdetektoren mit radioaktiven Strahlern.
12. BREDEL, H.: Über eine Mikroflammenapparatur zur Hochtemperatur-Gas-Chromatographie.
13. HRAPIA, H.: Ein neuer registrierender Integraldetektor auf der Grundlage des Janák-Prinzips.
14. KUHL, M.: Aufbau und Anpassung eines elektronisch stabilisierten Netzgerätes zur Stromversorgung der Wärmeleitzellen in der Gas-Chromatographie.
15. KÖGLER, H.: Untersuchung von Mineralölprodukten durch Gas-Chromatographie.
16. HOLZHÄUSER, H.: Gas-chromatographische Spurenanalyse an einem Synthesegas.
17. HEFT, C.: Mol- oder Gewichtsprozentangaben bei quantitativen Analysen nach der Wärmeleitmethode.
18. KAISER, R.: Über Detektoren. Eine hochempfindliche Wärmeleitzelle.

b) SCHRÖTER, M., u. K. METZNER: **Gas-Chromatographie 1961.** Vorträge und Diskussionsbeiträge des 3. Symposiums über Gas-Chromatographie, Schkopau 1961. Berlin: Akademie-Verlag 1962.

19. BAYER, E.: Präparative Gas-Chromatographie.
20. DRAWERT, F.: Reaktions-Gas-Chromatographie.
21. EVANS, R. S.: Konstruktion und Anwendung von Gas-Chromatographen hoher Empfindlichkeit.
22. FEJES, P., u. E. FROMM-CZÁRÁN: Untersuchungen über die Gasdiffusion beim Durchströmen von leeren oder mit nichtabsorbierenden Substanzen gefüllten Rohren.
23. FEJES, P., E. FROMM-CZÁRÁN u. G. SCHAY: Bestimmung von Adsorptionsisothermen aus der Gestalt stationärer Fronten im Diffusionsgebiet.
24. FISCHER, J.: Die Regelung von Destillationskolonnen durch Gas-Chromatographie.
25. FRANC, J., u. J. BLAHA: Gruppenmäßige Identifizierung nichtflüchtiger aromatischer Stoffe mit Hilfe der Gas-Chromatographie.
26. GNAUCK, G.: Zur Anwendung von Neon als Schleppgas in der Gas-Chromatographie.
27. GNAUCK, G.: Beitrag zum gaschromatographischen Nachweis von permanenten Gasen mit einem β-Strahlen-Detektor.
28. GRÁF, L., u. J. TÓTH: Bestimmung des Helium- und Wasserstoffgehaltes der ungarischen Erdgase mit Elutions-Chromatographie.
29. GRUBNER, O., u. L. DUSKOVA: Verteilungs-Chromatographie an adsorbierten Schichten.
30. GRUBNER, O.: Über die Anwendung einiger gaschromatographischer Methoden in der Sorptionsforschung.
31. HEFT, C., u. R. AUST: Gaschromatographische Spurenbestimmung in Styrol und Acrylnitril unter Anwendung des β-Strahlen-Ionisationsdetektors.
32. JONES, C. E. R.: Pyrolyse und Gas-Chromatographie.
33. KISELEV, A. V., u. K. D. SCHTSCHERBAKOWA: Die geometrische und chemische Modifizierung von Adsorbentien für die Gas-Chromatographie, Teil I, II, III u. IV.
34. KÖGLER, H.: Gaschromatographische Untersuchungen von Vergaserkraftstoffen.
35. KUHL, M.: Ein Differential-Integralverstärker für Ionisationsströme.
36. KUSÝ, V.: Analyse der Rohphenole 180—270° C aus Tieftemperaturteer.
37. MATOUSEK, S.: Ein gaschromatographischer Atemanalysator.
38. MOHNKE, M.: Über einen neuen elektromechanischen Integrator, speziell zur gaschromatographischen Analyse.

39. PETHÖ, A., u. J. ENGELHARDT: Über eine Näherungsberechnung der Elutionswellen in der Gas-Chromatographie.
40. SCHRÖTER, M., u. E. LEIBNITZ: Gas-Verteilungs-Chromatographie mit kugeligem Trägermaterial.
41. SCHUBERT, G.: Schwingkondensatorelektrometer zur Messung kleiner Gleichströme.
42. SINGLIAR, M., u. A. USAKOV: Die Trennung der Produkte der Oxosynthese durch Gas-Chromatographie.
43. STRUPPE, G. H.: Die Bewertung von Capillarsäulen.
44. SZEPESY, L., u. J. SIMON: Anwendung von Säulenfüllungen mit geringem Imprägnierungsgrad.
45. THIELEMANN, H.: Die Bestimmung gaschromatographisch getrennter Substanzen mit der automatischen Bürette.
46. VASILESCU, V.: Probleme der Hochtemperatur-Gas-Chromatographie organischer Substanzen.
47. VISANI, S., F. POY u. M. LEVY: Anwendungen der Gas-Chromatographie bei der automatischen Prozeß-Kontrolle.
48. WALDEYER-HARTZ, G. VON: Neuere apparative Entwicklungen in der Gas-Chromatographie.
49. WOLF, F., u. F. LORENZ: Über Methoden zur gaschromatographischen Prüfung von Katalysatoren.
50. WOLF, F., A. LOSSE u. G. SCHWACHULA: Über die gaschromatographische Analyse von Vinyl-Verbindungen.

c) ANGELÉ, H.-P., u. H. G. STRUPPE: **Gas-Chromatographie 1963.** Vorabdrucke der Vorträge des 4. Symposiums über Gas-Chromatographie, Leuna 1963. Berlin: Akademie-Verlag 1963.

51. BENEDEK, P., u. L. MÜLLER: Die Bestimmung von Dampfdrucken mit Hilfe der Gas-Chromatographie.
52. ECKNIG, W., H. ROTZSCHE u. H. KRIEGSMANN: Trennung und Identifizierung von Hexamethylcyclotetrasiloxanisomeren durch Kombination der analytischen Gas-Chromatographie mit der IR-Spektroskopie.
53. FEJES, P., J. ENGELHARDT u. G. SCHAY: Ein neuartiger Probengeber für die Kapillar-Chromatographie.
54. FRANC, J., u. S. MICHAJLOVA: Identifizierung organischer Substanzen mit Hilfe der Gas-Chromatographie an Hand chromatographischer Spektren.
55. GARZO, G., u. T. SZEKELY: Untersuchung über thermische Vorgänge in vernetzten siliciumorganischen Polymeren.
56. GORLAS, J.: Die Gas-Chromatographie in der Abwasseranalytik.
57. JONES, C. E. R., u. D. KINSLER: Eine statistische Auswertung der Gas-Verteilungs-Chromatographie als Methode der quantitativen Analyse.
58. NOVÁK, J., u. J. JANÁK: Pneumatisches Analogon der Wheatstoneschen Brücke als Detektor der pneumatischen Strömungswirkungen von gas-chromatographischen Fraktionen.
59. OBST, D.: Besonderheiten im Aufbau des Gas-Chromatographen GCI 2.
60. PETZELT, B.: Überblick über die Entwicklung tschechoslowakischer Laboratoriums-Gas-Chromatographie.
61. PRÖSCH, U., u. H.-J. ZÖPFEL: Testung eines Gas-Chromatographen für ein zweites Detektorsystem.
62. RÜHLMANN, K., u. G. MICHAEL: Zur Gas-Chromatographie der N-Trimethylsilylaminosäure-trimethylsilylester.
63. SAKODYNSKIJ, K. I., S. A. WOLKOW, W. W. BRASHNIKOW u. N. M. SHAWORONKOW: Trennung an präparativen Säulen.
64. SERFAS, O., u. G. GEPPERT: Die Anwendung der Großzahl-Methodik zur Auswertung überlappter Berge von Gas-Chromatogrammen.
65. SZEPESY, L., u. J. SIMON: Gas-chromatographische Untersuchung der Verunreinigungen des Methylmethacrylates.
66. TÓTH, J.: Bewertung der in der Gas-Adsorptions-Chromatographie verwendeten Adsorptionsfüllungen auf Grund einer neuen Adsorptionstheorie.
67. VANKO, A., L. BERLAC, S. ADASEK u. H. HANKUS: Automatischer Betriebschromatograph.
68. VASILESCU, V.: Zur Klärung der Vorgänge bei der selektiven Hochdruckreduktion der Carboxylgruppe ungesättigter Fettsäuren. Gaschromatographie der oxydativ gewonnenen Abbauprodukte der Ozonide entsprechender ungesättigter Fettalkohole.
69. WALDEYER-HARTZ, G. VON: Neuere apparative Entwicklung in der Gas-Chromatographie.
70. WIGERDGAUS, M. S., u. K. A. GOLBERT: Schemata der gas-chromatographischen Trennung von komponentenreichen Gemischen.

71. WIGDERGAUS, M. S., u. K. A. GOLBERT: Gas-chromatographische Analyse von Produkten der Petrolchemie.
72. WURST, M.: Analyse der linearen und cyclischen Polydimethylsiloxane mittels Gas-Chromatographie.
73. ZEMAN, I.: Gas-Chromatographie der Fettsäuren mit Dreifachbindungen.
74. DRAWERT, F.: Reaktions-Gas-Chromatographie und Radio-Gas-Chromatographie.
75. KUCERA, E., u. O. GRUBNER: Beitrag zur Theorie der nichtidealen Separationsprozesse an einem eindimensionalen Modell der Trennsäule
76. PETROWA, R. S., u. K. D. SCHTSCHERBAKOWA: Gas-chromatographische Charakteristiken der Oberflächeneinheit des Adsorbens.
77. STRUPPE, H. G.: Der Bestimmungsfehler bei Retentionswerten und seine Auswirkungen auf die Identifizierung in der Kapillar-Gas-Chromatographie.
78. YASCHIN, YA., S. P. ZHDANOV, A. V. KISELEV: Die Anwendung poröser Gläser in der Gas-Chromatographie.

d) DESTY, D. H.: **Gas Chromatography 1958.** Proceedings of the second symposium, Amsterdam 1958. London: Butterworth Scientific Publications 1958.

79. DEEMTER, J. J. VAN: Theory and experiment.
80. BOHEMEN, J., and J. H. PURNELL: Some applications of theory in the attainment of high column efficiencies in gas-liquid chromatography.
81. LITTLEWOOD, A. B.: An examination of column efficiency in gas-liquid chromatography, using columns of wetted glass beads.
82. GOLAY, M. J. E.: Theory of chromatography in open and coated tubular columns with round and rectangular cross-sections.
83. DIJKSTRA, G., and J. DE GOEY: The use of coated capillaries as columns for gas chromatography.
84. GLUECKAUF, E.: Theory of chromatography. Part XII. Chromatography of highly radioactive gases.
85. GREGG, S. J., and R. STOCK: Sorption isotherms and chromatographic behaviour of vapours.
86. CHMUTOV, K. V., and N. V. FILATOVA: A hydrodynamic model of sorption columns.
87. BOSANQUET, C. H.: The diffusion at a front in gas chromatography.
88. WHITE, D., and C. T. COWAN: Symmetrical elution curves in adsorption chromatography.
89. KWANTES, A., and G. W. A. RIJNDERS: The determination of activity coefficients at infinite dilution by gas-liquid chromatography.
90. MARTIN, A. J. P.: Recent trends and new developments.
91. MCWILLIAM, I. G., and R. A. DEWAR: Flame ionization detector for gas chromatography.
92. GRANT, D. W.: An emissivity detector for gas chromatography.
93. PRIMAVESI, G. R., G. F. OLDHAM and R. J. THOMPSON: Study of the hydrogen flame detector using nitrogen as carrier gas.
94. STUVE, W.: A simple katharometer for use with the combustion method.
95. SCOTT, R. P. W.: The construction of high-efficiency columns for the separation of hydrocarbons.
96. DESTY, D. H., F. M. GODFREY and C. L. A. HARBOURN: Operating data on two stationary phase supports.
97. HARRISON, G. F., P. KNIGHT, R. P. KELLEY and M. T. HEATH: The use of multiple columns and programmed column heating in the analysis of wide-boiling range halogenated hydrocarbon samples.
98. GUILD, L., S. BINGHAM and F. AUL: Base line control in gas-liquid chromatography.
99. CRAATS, F. VAN DE: Some quantitative aspects of the chromatographic analysis of gas mixtures, using thermal conductivity as detection method.
100. EMMETT, P. H.: Applications of gas chromatography.
101. ATKINSON, E. P., and G. A. P. TUEY: An automatic „preparative-scale" gas chromatography apparatus.
102. HOOIMEIJER, J., A. KWANTES and F. VAN DE CRAATS: The automatization of gas chromatography.
103. ELLIS, J. F., and G. IVESON: The application of gas-liquid chromatography to the analysis of volatile halogen and interhalogen compounds.
104. BOVIJN, L., J. PIROTTE and A. BERGER: Determination of hydrogen in water by means of gas chromatography.
105. LIBERTI, A., and G. P. CARTONI: Analysis of essential oils by gas chromatography.
106. BAYER, E.: Separation of derivatives of amino acids using gas-liquid chromatography.
107. JANAK, J., and R. KOMERS: Evaluation of some sugars as stationary phases for separation of phenols by gas chromatography.

108. Adlard, E. R., and B. T. Whitham: Applications of high temperature gas-liquid chromatography in the petroleum industry.
109. Ambrose, D., and J. H. Purnell: The presentation of gas-liquid chromatographic retention data. Part II.

e) Scott, R. P. W.: **Gas Chromatography 1960.** Proceedings of the third symposium, Edinburgh 1960. London: Butterworth 1960.
110. Scott, R. P. W.: Introductory lecture to apparatus and technique.
111. Ongkiehong, L.: Investigation of the hydrogen flame ionization detector.
112. Lovelock, J. E.: Argon detectors.
113. Condon, R. D., P. R. Scholly and W. Averill: Comparative data on two ionization detectors.
114. Desty, D. H., C. J. Geach and A. Goldup: An examination of the flame ionization detector using a diffusion dilution apparatus.
115. Matousek, S.: Comparison of integral and differential ionization detectors for gas chromatography.
116. Riley, B.: Gas analysis by the use of the discharge tube.
117. Boeke, J.: Vapour flow chromatography.
118. Halász, I., and W. Schneider: A new time-voltage integrator and further automation of gas chromatographic analysis.
119. Scott, R. P. W., and C. A. Cumming: Cathode-ray presentation of chromatograms.
120. Golay, M. J. E.: Brief report on gas chromatographic theory.
121. Scott, R. P. W., and G. S. F. Hazeldean: Some factors affecting column efficiency and resolution of nylon capillary columns.
122. Desty, D. H., and A. Goldup: Coated capillary columns — an investigation of operating conditions.
123. Purnell, J. H., and C. P. Quinn: An approach to higher speeds in gas-liquid chromatography.
124. Gerrard, W., S. J. Hawkes and E. F. Mooney: Temperature limitations of stationary phases.
125. Simmons, M. C., D. B. Richardson and I. Dvoretzky: Structural analysis of hydrocarbons by capillary gas chromatography in conjunction with the methylene insertion reaction.
126. Huyten, F. H., W. van Beersum and G. W. A. Rijnders: Improvements in the efficiency of large diameter gas-liquid chromatography columns.
127. Johns, T.: Purification and identification of the components of complex organic materials.
128. Adlard, E. R., M. A. Khan and B. T. Whitham: Determination and use of the specific retention volumes of benzene and cyclohexane in dinonyl phthalate.
129. Cartoni, G. P., R. S. Lowrie, C. S. G. Phillips and L. M. Venanzi: The use of some complexes of the transition metals as column liquids in gas chromatography.
130. Maczek, A. O. S., and C. S. G. Phillips: Retention times and molecular shape; the use of tri-o-thymotide in column liquids.
131. Zhukhovitsky, A. A.: Some developments in gas chromatography in the U.S.S.R.
132. Keller, R. A., and H. Freiser: Gas-liquid partition chromatography for separation of metal halides.
133. Phillips, T. R., and D. R. Owens: The gas chromatographic analysis of inorganic halogen compounds on capillary columns.
134. Marvillet, L., and J. Tranchant: Qualitative and quantitative analysis, by gas-solid chromatography, of mixtures containing nitrogen oxides.
135. Iveson, G., and A. G. Hamlin: A gas chromatographic apparatus for in-line analysis of corrosive inorganic gases.
136. Hill, D. W.: The application of gas chromatography to anaesthetic research.
137. Blundell, R. V., S. T. Griffiths and R. R. Wilson: Analysis of full boiling range gasolines by chromatographic methods.
138. Scott, C. G.: A new approach to the study and assessment of medicinal white oil stability.
139. Janák, J.: Identification of organic substances by the gas chromatographic analysis of their pyrolysis products.
140. Jones, C. E. R.: The gas chromatography of ethylenically unsaturated compounds with particular reference to esters.
141. Boreham, G. R., and F. A. Marhoff: Fuel gas analysis; an apparatus incorporating a multi-cell thermal conductivity detector.

f) Swaay, M. van: **Gas Chromatography 1962.** Proceedings of the fourth symposium, Hamburg 1962. London: Butterworth 1962.
142. Khan, M. A.: Non-equilibrium theory of capillary columns and the effect of interfacial resistance on column efficiency.

143. Petrova, R. S., E. V. Khrapova and K. D. Schtscherbakova: Study of physico-chemical adsorption characteristics by gas chromatographic methods.
144. Huber, J. F. K., and A. I. M. Keulemans: Nonlinear ideal chromatography and the potentialities of linear gas-solid chromatography.
145. Scott, C. G.: Linear gas-solid chromatography.
146. Desty, D. H., A. Goldup, G. R. Luckhurst and W. T. Swanton: The effect of carrier gas and column pressure on solute retention.
147. Adlard, E. R., M. A. Khan and B. T. Whitham: The application of capillary columns in the study of the thermodynamic behaviour of ethanol and carbon tetrachloride in dinonyl phthalate.
148. Freeguard, G. F., and R. Stock: Some static measurements on gas-liquid chromatographic systems involving dinonyl phthalate and squalane.
149. Rotzsche, H.: A new type of polar stationary phase with adjustable selectivity coefficient.
150. Kelker, H., H. Rohleder and O. Weber: Rational integration procedures in gas chromatography, involving novel combinations of instruments.
151. Golay, M. J. E., L. S. Ettre and S. D. Norem: A nomographic approach to some problems in linearly programmed temperature gas chromatography.
152. Baumann, F., R. F. Klaver and J. F. Johnson: Subambient programmed temperature gas chromatography.
153. Amos, R., and R. A. Hurrell: The design of high-efficiency packed columns for use with katharometer detector.
154. Schay, G., Gy. Székely and G. Traply: Experiences in connection with the detection of substances present in minimal amounts by means of a catalytic combustion cell.
155. Henneberg, D., and G. Schomburg: Mass spectrometric identification in capillary gas chromatography.
156. Jentzsch, D., and W. Hövermann: A critical study on Golay columns.
157. Mohnke, M., and W. Saffert: Adsorption chromatography of hydrogen isotopes with capillary columns.
158. Schulz, H.: Continuous counter-current separation under conditions of elution gas chromatography.
159. Kaiser, R., and H. Kienitz: Process control with automatic process gas chromatography.
160. Phillips, T. R., and D. Neylan: A statistical investigation of factors affecting column performance in the chromatography of inorganic gases.
161. Sideman, S., and J. Giladi: Determination of separation factors from unresolved two-component chromatographic peaks.
162. Swoboda, P. A. T.: Quantitative and qualitative analysis of flavour volatiles from edible fats.
163. Schomburg, G.: The importance of gas chromatographic methods for the chemistry of boron alkyls and hydrides.
164. Grant, D. W., and G. A. Vaughan: The analysis of complex phenolic mixtures by capillary column GLC after silylation.
165. Berry, R.: Analysis of milli-microlitre quantities of permanent gas mixtures.
166. Huyten, F. H., G. W. A. Rijnders and W. van Beersum: Trace analyses by means of gas-solid chromatography.
167. Drawert, F.: Reaction gas chromatography.
168. Keulemans, A. I. M., and S. G. Perry: Identification of hydrocarbons by thermal cracking.

g) Vorträge der **Arbeitstagung Anwendung physikalisch-chemischer Methoden** zur qualitativen und quantitativen Analyse sowie zur Aufklärung der Molekülstruktur in Z. analyt. Chem. **170**, Heft 1 (1959).

169. Keulemans, A. I. M.: Fortschritte der Gas-Chromatographie.
170. Cremer, E.: Physikochemische Messungen mit Hilfe der Gas-Chromatographie.
171. McFadden, J. L.: Gas chromatography and the Thermal Conductivity Detector.
172. Schultze, G. R., u. W.-J. Schmidt-Küster: Über die Trennleistung von Kieselgelen in der Gas-Chromatographie.
173. Jentzsch, D., u. G. Bergmann: Über die Kennzeichnung der Trennwirkung von stationären Phasen in der Gas-Chromatographie.
174. Rohrschneider, L.: Zur „Polarität" von stationären Phasen in der Gas-Chromatographie.
175. Oster, H.: Bedingungen zur Erzielung hoher Meßgenauigkeit bei der chromatographischen Gasanalyse.
176. Grosskopf, K.: Dampfförmige Reagentien in der Prüfröhrchentechnik zur Bestimmung organischer Dämpfe und Gase.
177. Bayer, E., u. H. G. Witsch: Präparative Gas-Chromatographie.

178. Schomburg, G., R. Köster u. D. Henneberg: Borverbindungen. II. Gas-chromatographische Analyse von Bortrialkylen unter Einbeziehung massenspektroskopischer Messungen.
179. Herr, W., F. Schmidt u. G. Stöcklin: Radio-Gas-Chromatographie von neutronenbestrahlten Alkylhalogeniden und die Identifizierung von Rückstoß-Reaktionsprodukten.
180. Ritter, H., u. H. Schnier: Zur gas-chromatographischen Analyse von Kohlenwertstoffen, insbesondere von solchen mit hochsiedenden Anteilen.
181. Dupire, F.: Gas-Chromatographie bei hoher Temperatur. Anwendung auf den Steinkohlenteer und dessen Derivate.
182. Mecke, R., u. M. de Vries: Gas-chromatographische Untersuchung von alkoholischen Getränken.

h) Vorträge der **Arbeitstagung über moderne Methoden der Analyse** organischer Verbindungen in Z. analyt. Chem. 181, 1—580 (1961).

183. Keulemans, A. I. M.: Der heutige Stand der Gas-Chromatographie.
184. Kováts, E.: Zusammenhänge zwischen Struktur und gaschromatographischen Daten organischer Verbindungen.
185. Halász, I., u. G. Schreiber: Trennleistung und Bodenzahlen bei gas-chromatographischen Analysen mit Capillarkolonnen.
186. Halász, I., u. E. E. Wegener: Flüssigkeitsbedecktes aktives Aluminiumoxid als stationäre Phase in der Gas-Chromatographie.
187. Halász, I., u. G. Schreyer: Aufbau und Arbeitsweise eines Capillarchromatographiegerätes mit Flammenionisationsdetektor für quantitative Analysen.
188. Bayer, E., G. Wahl u. H. G. Witsch: Präparative Gas-Chromatographie, II. Mitteilung.
189. Schulz, G.: Anwendungsbeispiele der Gas-Chromatographie in der industriellen Praxis.
190. Weygand, F., B. Kolb u. P. Kirchner: Gas-chromatographische Trennung von N-Trifluoracetyl-dipeptid-methylestern. II. Mitteilung.
191. Dijkstra, R., u. E. A. M. F. Dahmen: Analyse von Alkylaluminiumverbindungen mit Hilfe der Gas-Chromatographie.
192. Rotzsche, H., u. H. Rösler: Über Silicone II. Gas-chromatographische Untersuchungen an Methylhydrocyclosiloxanen.
193. Bayer, E., u. L. Bässler: Systematische Identifizierung von Estern im Weinaroma. II. Mitteilung zur systematischen Identifizierung verdampfbarer organischer Substanzen.
194. Ache, H. J., A. Thiemann u. W. Herr: Radio-Gaschromatographische Analyse tritiummarkierter aromatischer Nitro- und Halogenverbindungen bei höheren Temperaturen.

Bibliographie[1]

Ambrose, D., and B. Ambrose: Gas Chromatography. London: George Newnes Ltd. 1961.
— A. T. James, A. I. M. Keulemans, E. Kováts, H. Röck, C. Ranit, and F. H. Stross: Preliminary recommendations on nomenclature and presentation of data in gas chromatography. In: Gas chromatography 1960. Hrsg. von R. P. W. Scott. S. 423. London: Butterworth 1960.
Bayer, E.: Separation of derivatives of amino acids using by gas-liquid chromatography. In: Gas chromatography 1958. Hrsg. von D. H. Desty. S. 833—839. New York: Academic Press 1958.
Brenner, N., J. E. Callen and M. D. Weiss: Gas Chromatography. III. International Symposium. Analysis Instrumental Division 1961. New York-London: Academic Press 1962.
Corse, J., and K. P. Dimick: The volatile flavors of strawberry. In: Flavor Research and Food Acceptance. Hrsg. von A. D. Little. S. 302—314. New York: Reinhold Publ. Corp. 1958.
Guild, L., S. Bingham and F. Aul: Bas line control in gas-liquid chromatography. In: Gas chromatography 1958. Hrsg. von D. H. Desty. S. 226—241. London: Butterworth 1958.
Kaiser, R.: Gas-Chromatographie. Leipzig: Akademische Verlagsgesellschaft Geest u. Portig 1960.
Keulemans, A. I. M., and A. Kwantes: Factors determining column efficiency in gac-liquid partition chromatography. In: Vapour phase chromatography. Hrsg. von D. H. Desty. S. 15—34. London: Butterworth 1957.
Knapman, C. E. H., and C. G. Scott: Gas Chromatography Abstracts 1958, 1959, 1960, 1961. London: Butterworth 1960, 1961, 1962.
Littlewood, A. B.: Gas Chromatography. Principles, Techniques and Applications. London: Academic Press 1962.

---

[1] Vgl. Monographien S. 622.

MEHLITZ, A., u. K. GIERSCHNER: Weitere Untersuchungen über Aromakonzentrate aus Fruchtsäften. Berichte IV. Symposium Internationale Fruchtsaft-Union „Fruchtaromen". S. 301—318. Zürich: Juris-Verlag 1962.

RENTSCHLER, H.: Ein Versuch zur weiteren Konzentrierung von Aromadestillaten durch Kälte. Berichte IV. Symposium Internationale Fruchtsaft-Union „Fruchtaromen" S. 243 bis 248. Zürich: Juris-Verlag 1962.

STRUPPE, H. G.: Fortschritte zur Gas-Chromatographie 1959. Ausw. sowjetischer, tschechischer und chinesischer Arbeiten. Berlin: Akademie-Verlag 1961.

SZYMANSKI, H. A.: Progress in Industrial Gas Chromatography. Vol. 1 (Proceedings). New York: Plenum Press 1961.

— Lectures on Gas Chromatography 1962. Nw York: Plenum Press 1963.

Zeitschriftenliteratur

BASETTE, R., and C. H. WHITNAH: Removal and identification of organic compounds by chemical reaction in chromatographic analysis. Analytic. Chem. 32, 1098—1100 (1960).

BAYER, E.: Anwendung chromatographischer Methoden zur Qualitätsbeurteilung von Weinen und Mosten. Vitis 1, 298—312 (1958a).

—, u. E. BÄSSLER: Systematische Identifizierung von Estern im Weinaroma. Z. analyt. Chem. 181, 418—424 (1961).

BERNHARD, R. A.: Effect of flow-rate and sample-size on column efficiency in gas-liquid chromatography. Nature (Lond.) 185, 311—312 (1960).

BETHUNE, J. L., and F. L. RIGBY: Determination of the oxygen content of air in beer by gas-solid chromatography. J. Inst. Brewing 64, 170—175 (1958).

BLOMSTRAND, R., and J. GÜRTLER: Separation of glycerol ethers by gas-liquid chromatography. Acta chem. scand. 13, 1466—1467 (1959).

BRAUN, R. A., and W. A. MOSHER: 2-Diphenylacetyl-1,3-indandione 1-hydrazone. A new reagent for carbonyl compounds. J. amer. chem. Soc. 80, 3048—3050 (1958).

BRENNER, N., and L. S. ETTRE: Condensing system for determination of trace impurities in gases by gas chromatography. Analytic. Chem. 31, 1815—1818 (1959).

CARSON, J. F., and F. F. WONG: Gas-liquid chromatography of the volatile components of onions. Advances in gas chromatography. Amer. chem. Soc. Symposium, New York 1957; publ. in J. amer. chem. Soc. D-115 (1957).

— W. J. WESTON, and J. W. RALLS: A rapid method for qualitative analysis of volatile mercaptan mixtures. Nature (Lond.) 186, 801 (1960).

CASON, J., and E. R. HARRIS: Utilization of gas phase chromatography for identification of volatile products from alkaline degradation of herqueinone. J. organ. Chem. 24, 676—679 (1959).

COLLANDER, R.: Die Verteilung organischer Verbindungen zwischen Äther und Wasser. Acta chem. scand. 3, 717—747 (1949).

— The distribution of organic compounds between iso-butanol and water. Acta chem. scand. 4, 1085—1098 (1950).

— The partition of organic compounds between higher alcohols and water. Acta chem. scand. 5, 774—780 (1951).

DAY, E. A., and P. H. MILLER: Decomposition of oxygenated terpenes in the injection heaters of gas chromatographs. Analytic. Chem. 34, 869—870 (1962).

DEEMTER, J. J. VAN, F. J. ZUIDERWEG and A. KLINKENBERG: Longitudinal diffusion and resistance to mass transfer as causes of non-ideality in chromatography. Chem. Eng. Sci. 5, 271—289 (1956).

DOWNING, D. T., Z. H. KRANZ and K. E. MURRAY: Studies in waxes. XIV. An investigation of the aliphatic constituents of hydrolysed wool wax by gas chromatography. Austral. J. Chem. 13, 80—94 (1960).

DRAWERT, F.: Anwendung der Gaschromatographie zur Qualitätsbeurteilung von Weinen und Mosten. Vitis 2, 172—178 (1960a).

—, R. FELGENHAUER u. G. KUPFER: Reaktions-Gaschromatographie. Angew. Chem. 72, 555 bis 559 (1960b).

— Über Inhaltsstoffe von Mosten und Weinen. II. Gaschromatographische Methoden zur Analyse von Aromastoffen, insbesondere Alkoholen. Vitis 3, 104—114 (1962a).

— Über Aroma- und Duftstoffe. Gaschromatographische Untersuchung von Aromakonzentraten aus Äpfeln und Birnen. Vitis 3, 115—116 (1962b).

—, u. G. KUPFER: Reaktions-Gaschromatographie. V. Analyse von Blut-Alkohol. Hoppe-Seylers Z. physiol. Chem. 329, 90—96 (1962c).

—, A. RAPP u. O. BACHMANN: Gaschromatographische Untersuchung der Aromastoffe und Alkohole von Früchten. In: Berichte IV. Symposium Internationale Fruchtsaft-Union „Fruchtaromen". Zürich: Juris-Verlag 1962d.

Drawert, F., u. O. Bachmann: Radio- und Reaktions-Gaschromatographie VI. Neuere Methoden zur Trennung und kontinuierlichen Messung von ^{14}C-Verbindungen in der Gasphase. Angew. Chem. **75**, 717—722 (1963).

—, u. A. Rapp: Gaschromatographische Analyse komplexer Stoffgemische (Alkohole, Ester, Ketone, Terpene) unter Anwendung der Mehrstufentechnik. Chemiker-Ztg./ Chem. Apparatur **88**, 267—270 (1964).

Eggertsen, F. T., and F. M. Nelsen: Gas chromatographic analysis of engine exhaust and atmosphere. Determination of C_2 to C_5 hydrocarbons. Analytic. Chem. **30**, 1040—1043 (1958).

Farrington, P. S., R. L. Pecsok, R. L. Meeker and T. J. Olson: Detection of trace constituents by gas chromatography. Analysis of polluted atmosphere. Analytic. Chem. **31**, 1512—1516 (1959).

Fryer, F. H., W. L. Ormand, and G. B. Crump: Triglyceride elution by gas chromatography. J. amer. Oil Chem. Soc. **37**, 589—590 (1960).

Haagen-Smit, A. J., J. G. Kirchner, A. N. Prater and C. L. Deasy: Chemical studies of pineapple (ananas sativus Lindl). I. The volatile flavor and odor constituents of pineapple. J. amer. chem. Soc. **67**, 1646—1650 (1945).

Hallgren, B., and S. O. Larsson: Separation and identification of alkoxyglycerols. Acta chem. scand. **13**, 2147—2148 (1959).

Hornstein, I., P. F. Crowe and W. L. Sulzbacher: Constituents of meat flavor: beef. J. agric. Food Chem. **8**, 65—67 (1960).

Howard, G. A., and C. A. Slater: Evaluation of hops. VII. Composition of the essential oil of hops. J. Inst. Brewing **63**, 491—506 (1957).

Hudy, J. A.: Resin acids. Gas chromatography of their methyl esters. Analytic. Chem. **31**, 1754—1756 (1959).

Huebner, V. R.: Preliminary studies on the analysis of mono- and di-glycerides by gas-liquid partition chromatography. J. amer. Oil Chem. Soc. **36**, 262—263 (1959).

Hunter, I. R., E. W. Cole and J. W. Pence: Determination of ethanol in yeast-fermented liquors by gas chromatography. J. Ass. off. agric. Chem. **43**, 769—771 (1960).

Jackson, H. W., and R. V. Hussong: Secondary alcohols in blue cheese and their relation to methyl ketones. J. Dairy Sci. **41**, 920—924 (1958).

Johnson, D. E., S. J. Scott and A. Meister: Gas-liquid chromatography of amino acid derivatives. Analytic. Chem. **33**, 669—673 (1961).

Kaiser, R.: Neuere Ergebnisse zur Anwendung der Gas-Chromatographie. Z. analyt. Chem. **189**, 1—14 (1962).

Knox, J. H.: Constant flow device for temperature programmed gas chromatography. Chem. and Industr. **1959**, 1085.

Kramlich, W. E., and A. M. Pearson: Separation and identification of cooked beef flavor components. Food Res. **25**, 712—719 (1960).

Kuhn, R., u. H. Trischmann: Permethylierung von Inosit und anderen Kohlenhydraten mit Dimethylsulfat. Chem. Ber. **96**, 284—287 (1963).

Langner, S. H., P. Pantages, and I. Wender: Gas-liquid chromatographic separation of phenols as trimethylsilyl ethers. Chem. and Industr. **1958**, 1664—1665.

Lawrey, D. M. G., and C. C. Cerato: Determination of trace amounts of methane in air. Analytic. Chem. **31**, 1011—1012 (1959).

Link, W. E., H. M. Hickman and R. A. Morrissette: Gas-liquid chromatography of fatty derivatives. II. Analysis of fatty alcohol mixtures by gas-liquid chromatography. J. amer. Oil Chem. Soc. **36**, 300—303 (1959).

MacComas, D. B., and A. Goldfien: A device for the introduction of submicrogram quantities of solids into a gas chromatograph. Analytic. Chem. **35**, 263—264 (1963).

MacInnes, A. G., N. H. Tattrie, and M. Kattes: Application of gas-liquid partition chromatography to the quantitative estimation of monoglycerides. J. amer. Oil Chem. Soc. **37**, 7—11 (1960).

MacKay, D. A. M., D. A. Lang, and M. Berdick: The objective measurement of odor. III. Breath odor and deodorization. Proc. Sci. Sect. Toilet Goods Assoc. **32**, 1959.

Mecke, R., u. M. de Vries: Gaschromatographische Untersuchung von alkoholischen Getränken. Z. analyt. Chem. **170**, 326—332 (1959).

Nawar, W. W., and I. S. Fagerson: Techniques for collection of food volatiles for gas chromatographic analysis. Analytic. Chem. **32**, 1534—1535 (1960).

Niegisch, W. D., and W. H. Stahl: The onion: gaseous emanation products. Food Res. **21**, 657—665 (1956).

Oster, H.: Der Flammenionisationsdetektor für den empfindlichen Nachweis von Kohlenwasserstoffen. Siemens-Z. **37**, 481—487 (1963).

Pippen, E. L., M. Nonaka, F. T. Jones, and F. Stitt: Volatile carbonyl compounds of cooked chicken. I. Compounds obtained by air entrainment. Food Res. **23**, 103—113 (1958).

POLLARD, F. H., and C. J. HARDY: The effect of temperature of injection upon the separation of liquid mixtures by gas-phase chromatography. Chem. and Industr. **1955**, 1145—1146.

RALLS, J. W.: Flash exchange gas chromatography for the analysis of potential flavor components of peas. J. agric. Food Chem. **8**, 141—143 (1960).

RAMSEY, L. H.: Analysis of gas in biological fluids by gas chromatography. Science **129**, 900—901 (1959).

RHOADES, J. W.: Sampling method for analysis of coffee volatiles by gas chromatography. Food Res. **23**, 254—261 (1958).

RIGBY, F. L., E. SIHTO, and A. BARS: Rapid method for detailed analysis of the α-acid fraction of hops by gas chromatography. J. Inst. Brewing **66**, 242—249 (1960).

STAHL, W. H., W. A. VOELKER, and J. H. SULLIVAN: A gas chromatographic method for determining gases in the headspace of cans and flexible packages. Food Technol. **14**, 14—16 (1960).

STANLEY, W. L., R. M. IKEDA, S. H. VANNIER, and L. A. ROLLE: Determination of the relative concentrations of the major aldehydes in lemon, orange and grapefruit oils by gas chromatography. J. Food Sci. **26**, 43—48 (1961).

STEPHENS, R. L., and A. P. TESZLER: Quantitative estimation of low boiling carbonyls by a modified α-ketoglutaric acid-2,4-dinitrophenylhydrazone exchange procedure. Analytic. Chem. **32**, 1047 (1960).

STRACKENBROCK, K. H.: Untersuchungen über Apfelaromen. Dissertation, Universität Bonn 1961.

TENNEY, H. M., and R. J. HARRIS: Sample introduction system for gas chromatography. Analytic Chem. **29**, 317—318 (1957).

TÓTH, P., E. KUGLER u. E. KOVÁTS: Gas-chromatographische Charakterisierung organischer Verbindungen. Helv. chim. Acta **42**, 2519—2530 (1959).

WEYGAND, F., B. KOLB, A. PROX, M. A. TILAK u. I. TOMIDA: N-Tri-fluoracetyl-aminosäuren, XIX. Gaschromatographische Trennung von N-TFA-Dipeptidmethyl-estern. Hoppe-Seylers Z. physiol. Chem. **322**, 38—51 (1960).

WYNN, J. D., J. R. BRUNNER and G. M. TROUT: Gas chromatography as a means of detecting odors in milk. Food Technol. **14**, 248—250 (1960).

YOUNG, R. E., H. K. PRATT and J. B. BIALE: Manometric determination of low concentrations of ethylene. Analytic. Chem. **24**, 551—555 (1952).

YOUNGS, C. G.: Analysis of mixtures of amino acids by gas phase chromatography. Analytic. Chem. **31**, 1019—1021 (1959).

ZLATKIS, A., J. F. ORO and A. P. KIMBALL: Direct amino acid analysis by gas chromatography. Analytic. Chem. **32**, 162—164 (1960).

Elektrophorese

Von

Priv.-Doz. Dr.-Ing. HANS-DIETER BELITZ, Berlin

Mit 12 Abbildungen

A. Einleitung

Als *Elektrophorese* oder *Kataphorese* wurde ursprünglich die Wanderung geladener, *kolloidaler* Teilchen in Lösung unter dem Einfluß eines elektrischen Feldes bezeichnet. Die entsprechende Wanderung niedermolekularer geladener Teilchen wurde davon als *Ionophorese* unterschieden. Heute hat der Begriff Elektrophorese – ähnlich wie z. B. auch der Begriff *Chromatographie* – eine Ausweitung erfahren und wird im allgemeinen auf alle Verfahren angewendet, die zum Zwecke der Analyse oder der präparativen Trennung von geladenen Substanzen, deren Wanderung im elektrischen Feld ausnutzen.

Elektrophoretische Versuche können verschiedene Ziele haben. Es ist möglich, die *Beweglichkeit* von Teilchen zu bestimmen und sie auf diese Weise zu charakterisieren oder auch – im Vergleich zur Beweglichkeit von Testsubstanzen – zu identifizieren. Weiterhin können Stoffgemische auf Grund unterschiedlicher Beweglichkeiten der Komponenten zerlegt werden. Je nach der gewählten Methode ist dann die *qualitative* oder *quantitative analytische Erfassung* der Komponenten, oder auch ihre *Isolierung* im präparativen Maßstab möglich.

Mit der Zielsetzung des Versuchs wechselt naturgemäß die angewendete Methode. Die elektrophoretischen Verfahren lassen sich in zwei große Gruppen einteilen und zwar in

1. *Elektrophorese nach der Methode der wandernden Grenzflächen (Tiselius-Elektrophorese)*,
2. *Zonenelektrophorese.*

Das Prinzip der beiden Verfahren ist aus den Abb. 1 und 2 zu ersehen.

Die *Methode der wandernden Grenzflächen* (Abb. 1) hat durch A. TISELIUS (1937) starke Impulse erhalten und wird deshalb vielfach auch als *Tiselius-Elektrophorese* bezeichnet. Die zu untersuchende Lösung – im vorliegenden Fall die Lösung zweier Proteine, P_1 und P_2, mit den Beweglichkeiten $u_1 > u_2$, in einem alkalischen Puffer mit den Ionen X^+ und Y^- – wird in einem U-Rohr mit dem gleichen Puffer überschichtet, so daß zwei scharfe Grenzflächen entstehen (Abb. 1a). Die Proteine liegen in der alkalischen Lösung als Anionen P_1^- und P_2^- vor und wandern bei Stromdurchgang mit unterschiedlicher Geschwindigkeit in Richtung Anode (Abb. 1b). Dadurch treten vier neue *wandernde Grenzflächen* auf, und zwar zwei steigende im Anodenschenkel und zwei fallende im Kathodenschenkel des U-Rohres. Diese Grenzflächen werden mit Hilfe optischer Methoden in Abhängigkeit von der Schenkelhöhe erfaßt. Aus den Meßwerten sind dann die Beweglichkeiten der Komponenten P_1 und P_2 und auch ihre Konzentrationen im Gemisch zu errechnen. Bei dieser Versuchsanordnung wird nur eine partielle Trennung der Komponenten P_1 und P_2 erreicht: Aus Abb. 1b geht hervor, daß im Anodenschenkel eine bestimmte Menge reiner Lösung des schneller wandernden Proteins P_1 und im Kathodenschenkel eine bestimmte Menge des langsamer wandernden Proteins P_2 vorliegt. Daraus folgt, daß die Hauptanwendung der Tiselius-Methode in der Charakterisierung und quantitativen Analyse von Stoffgemischen besteht und nicht in der Trennung von Stoffgemischen in die Komponenten.

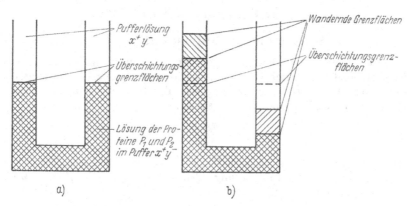

Abb. 1a und b. Prinzip der Elektrophorese nach der Methode der wandernden Grenzflächen; a) vor Stromdurchgang; b) nach Stromdurchgang

Bei der *Zonenelektrophorese* (Abb. 2) wird die zu untersuchende Lösung — hier ebenfalls wieder eine Lösung der Proteine P_1 und P_2 in einem alkalischen Puffer — in schmaler Zone in die reine Pufferlösung eingebracht (Abb. 2a). Die Proteine wandern bei Stromdurchgang in Richtung Anode und liegen nach Beendigung des Versuchs als völlig getrennte Zonen vor (Abb. 2b) — natürlich unter der Voraussetzung, daß die Differenz ihrer Beweglichkeiten im Vergleich zur Versuchsdauer genügend groß ist. Die Erfassung der Zonen mit geeigneten Methoden erlaubt dann auch wieder die Bestimmung der Beweglichkeiten der Komponenten P_1 und P_2 und ihrer Konzentrationen in der Untersuchungslösung. Darüber hinaus ist, infolge der vollständigen Trennung, die Isolierung der reinen Stoffe P_1 und P_2 möglich.

Die Zonenelektrophorese wird — aus später zu besprechenden Gründen — meist in Trägermaterialien durchgeführt. Da hierbei

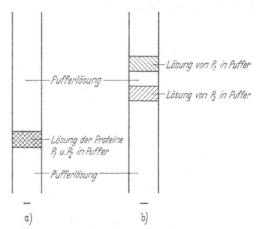

Abb. 2a und b. Prinzip der Zonenelektrophorese; a) vor Stromdurchgang; b) nach Stromdurchgang

eine Wechselwirkung zwischen den zu trennenden Stoffen und dem Träger eintreten kann, kompliziert sich die theoretische Behandlung dieser Methoden. Auch ist nicht ohne weiteres ein Vergleich der erhaltenen Beweglichkeiten und Konzentrationen mit den durch freie Elektrophorese nach der U-Rohrmethode erhaltenen Werten möglich.

B. Elektrophorese nach der Methode der wandernden Grenzflächen

Ausführliche Darstellungen von Theorie und Praxis der Tiselius-Elektrophorese finden sich u. a. bei H. J. Antweiler (1955), L. G. Longsworth (1959 a und b) und B. S. Magdoff (1960).

I. Theoretische Grundlagen

1. Wanderungsgeschwindigkeit und Beweglichkeit

Der ungerichteten Bewegung gelöster, geladener Teilchen ist in einem elektrischen Feld eine gerichtete Bewegung überlagert. Die Wanderungsrichtung ist durch das Vorzeichen der Ladung des Teilchens bestimmt. Die *Wanderungsgeschwindigkeit v* folgt aus der Beziehung:

$$v = \frac{Q \cdot H}{6 \pi r \eta} \; [\text{cm} \cdot \text{sec}^{-1}] \,. \tag{1}$$

(Q Ladung des Teilchens, H Feldstärke, η Viscosität des Lösungsmittels, r Radius des Teilchens), die für kugelförmige Teilchen gilt. Die *Beweglichkeit u* eines Teilchens ist die Wanderungsgeschwindigkeit beim Spannungsgefälle 1 Volt $\times$ cm^{-1}:

$$u = \frac{v}{H} = \frac{Q}{6 \pi r \eta} \,. \tag{2}$$

Für die Wanderung geladener Teilchen in Elektrolytlösungen gilt diese einfache Beziehung nicht, da sich um das geladene Zentralteilchen eine Ionenwolke mit entgegengesetztem Vorzeichen ausbildet, die die Wanderung des Zentralteilchens verzögert *(Debye-Hückel-Effekt)*. Für die Beweglichkeit eines kugelförmigen Teilchens gilt dann:

$$u = \frac{Q}{6 \pi \eta r \, (1 + r \varkappa)} \,. \tag{3}$$

$\varkappa$ ist darin die Dicke der Ionenwolke, die durch folgende Beziehung mit der Ionenstärke μ verknüpft ist:

$$\frac{1}{\varkappa} = \frac{3{,}05 \cdot 10^{-8}}{\sqrt{\mu}} \; [\text{cm}] \,. \tag{4}$$

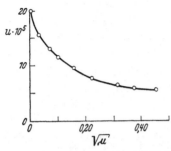

Für große Zentralteilchen kommt noch ein Korrekturfaktor $f(\varkappa \cdot r)$ hinzu, der Werte zwischen 1,0 und 1,5 annehmen kann (D. C. Henry 1931):

$$u = \frac{Q}{6 \pi \eta r \, (1 + r \cdot \varkappa t \eta)} \, f(\varkappa \cdot r) \,. \tag{5}$$

Eine zweite Verzögerung der Teilchenwanderung ist durch den ständigen Abbau und neuen Aufbau der Doppelschicht im Verlauf der Bewegung des Teilchens im Feld bedingt und wird als *Relaxationseffekt* bezeichnet.

Abb. 3. Abhängigkeit der Beweglichkeit von Ovalbumin von der Ionenstärke des Puffers bei pH 7,10

In Abb. 3 ist die Beweglichkeit von Ovalbumin in Abhängigkeit von der Quadratwurzel der Ionenstärke wiedergegeben nach Messungen von A. Tiselius und H. Svensson (1940). Die gemessenen Werte zeigten gute Übereinstimmung mit den berechneten.

2. Scheinbare und wahre Beweglichkeiten und Konzentrationen

Das Prinzip eines elektrophoretischen Versuchs im Trennrohr wurde bereits an Abb. 1 erläutert. In jedem Schenkel des Rohres schließt sich — beim Versuch mit zwei zu trennenden Komponenten — an die Schicht mit reinem Puffer eine Schicht mit reiner Lösung der einen Komponente im Puffer an, auf die dann die Schicht mit der Lösung beider Komponenten in Puffer folgt. Wird der Verlauf des Brechungsindexes mit der Höhe des Rohres verfolgt, so kann aus den Änderungen des Brechungsindexes auf die Konzentrationen der beiden Komponenten geschlossen werden, da die Differenzen annähernd den Konzentrationen in der zu analysierenden Lösung proportional sind. Die Beweglichkeiten der Komponenten folgen aus der Lage der Grenzflächen im Rohr.

Diese Proportionalität gilt unter der Voraussetzung, daß das Potentialgefälle in allen Teilen des Rohres gleich ist. Das ist nur bei unendlich kleinen Konzentrationen der zu analysierenden Komponenten der Fall. Bei den meist vorliegenden Konzentrationen (1%ige Lösung der Komponenten, 1%ige Elektrolytlösung) treten an jeder Grenzfläche Konzentrationssprünge *aller* beteiligten Ionen auf. Diese Konzentrationsänderungen haben bei den üblichen Versuchsbedingungen die Größe einiger Prozente der Gesamtkonzentration (vgl. z. B. Abb. 6). Werden sie vernachlässigt — wie es vielfach üblich ist — so resultieren *scheinbare* Konzentrationswerte, die ohne Angaben der Versuchsbedingungen nicht mit anderen Werten vergleichbar sind. Die *wahren* Konzentrationen sind zugänglich, wenn die genannten Konzentrationsverschiebungen an den Grenzflächen berücksichtigt werden. Das ist mit Hilfe der *beharrlichen Funktion* von Kohlrausch möglich.

Die Beweglichkeit u ist für eine gegebene Substanz eine charakteristische Größe. Es sind aber auch hier Angaben über die Versuchsbedingungen (pH-Wert, Ionenstärke und Temperatur der Lösung) erforderlich, da sonst keine Vergleichsmöglichkeiten bestehen.

3. Konzentrationsänderungen an stehenden Grenzflächen (Extragradienten)

Die *beharrliche Funktion* von Kohlrausch besagt, daß in allen Raumelementen des Rohres die Summe der Quotienten aus Konzentration und Beweglichkeit aller Ionen konstant bleiben muß. Sind also in dem betrachteten Abschnitt n Kationen X_i^+ und n Anionen Y_i^- mit den Beweglichkeiten u_{X_i} und u_{Y_i} anwesend, dann gilt:

$$\sum \frac{[X_i^+]}{u_{X_i}} + \frac{[Y_i^-]}{u_{Y_i}} = K . \tag{6}$$

Wandert also während der Elektrophorese eine neue Komponente in den betrachteten Raum ein, dann nehmen die Konzentrationen aller übrigen Komponenten ab.

Die Lösung eines Proteins P^- im Puffer X^+, Y^- wird mit reinem Puffer X^+, Y^- überschichtet; die Konzentration des Anions Y^- soll im gesamten Rohr gleich groß sein. Die *Kohlrausch-Konstante* ist dann für die Räume a und c bzw. b und d in Abb. 4a jeweils gleich groß:

$$\frac{[X_a^+]}{u_X} + \frac{[Y_a^-]}{u_Y} = \frac{[X_c^+]}{u_X} + \frac{[Y_c^-]}{u_Y} = K_1 , \tag{7}$$

$$\frac{[X_b^+]}{u_X} + \frac{[Y_b^-]}{u_Y} + \frac{[P_b^-]}{u_P} = \frac{[X_d^+]}{u_X} + \frac{[Y_d^-]}{u_Y} + \frac{[P_d^-]}{u_P} = K_2 . \tag{8}$$

Wenn, wie vorausgesetzt, $[Y^-]$ in allen Räumen gleich groß ist, folgt daraus, daß $K_2 > K_1$ ist und weiterhin:

$$\frac{K_2}{K_1} = 1 + \frac{[P^-] \cdot \left(\dfrac{1}{u_X} + \dfrac{1}{u_P}\right)}{[Y^-] \cdot \left(\dfrac{1}{u_X} + \dfrac{1}{u_Y}\right)}. \qquad (9)$$

Bei Stromdurchgang (Abb. 4b) wird die Pufferlösung in Raum a durch Protein-lösung verdrängt. Da die Kohlrauschkonstante dieses Raumes, K_1, erhalten blei-ben muß, wird diese Proteinlösung an allen Ionenarten um den Faktor K_1/K_2 ver-dünnter sein als die Protein-

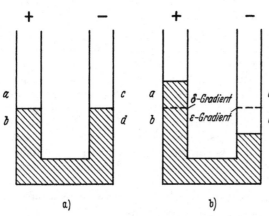

lösung in Raum b. An der ursprünglichen Überschich-tungsfläche bleibt also ein Konzentrationssprung erhal-ten, der als *stehende Grenz-fläche* oder als *Extragradient* (im steigenden Schenkel als δ-*Gradient*) bezeichnet wird. Das gleiche gilt für die zweite Überschichtungsfläche zwi-schen den Räumen c und d. Hier verdrängt Pufferlösung aus Raum c mit der Konstan-ten K_1 die Proteinlösung in Raum d mit der Konstanten K_2. Da K_2 in Raum d erhal-ten bleiben muß, wird die

a)   b)

Abb. 4a und b. Konzentrationsänderungen an stehenden Grenzflächen

Pufferlösung im Verhältnis K_2/K_1 konzentrierter. Es bleibt also auch hier ein Dichtesprung erhalten (im fallenden Schenkel als ε-*Gradient* bezeichnet). Der ε-Gradient ist infolge der geringeren Dichte der Pufferlösung kleiner als der δ-Gradient.

Nach Gleichung (9) sind die Extragradienten um so kleiner, je kleiner die Proteinkonzentration und je größer die Konzentration der Pufferlösung ist, bzw. je größer die Beweglichkeit des Proteins und je kleiner die Beweglichkeit der Puffer-Ionen ist. Die Extragradienten verschwinden wenn $K_2 = K_1$ wird. Eine ent-sprechende experimentelle Einstellung der Kohlrauschkonstanten ist möglich. Es muß aber vermieden werden, daß $K_2 < K_1$ wird. Dann würden bei Stromdurch-gang in den Räumen a und c konzentriertere Lösungen vorliegen als in den Räu-men b und d, und es käme zur Verwirblung der Grenzflächen. Im allgemeinen werden die Extragradienten in Kauf genommen, d.h. die Konzentration der Pufferlösung wird im gesamten Rohr gleich groß gehalten.

4. Konzentrationsänderungen an wandernden Grenzflächen

Es sollen zwei Proteine, P_1 und P_2, gelöst im Puffer X^+, Y^-, mit der gleichen Pufferlösung überschichtet werden. Nach Stromdurchgang (Abb. 5b) enthalten die Räume a und e unveränderten Puffer X^+, Y^-, die Räume d und h unveränderte Untersuchungslösung mit den Ionen X^+, Y^-, P_1^- und P_2^-, wobei die Konzentration an X^+ hier um die Summe der Konzentrationen P_1^- und P_2^- größer sein muß als in den Räumen a und e, wenn die Konzentration an Y^- wieder überall gleich sein soll. Im Raum c sind auch alle vier Ionen (X^+, Y^-, P_1^-, P_2^-) vertreten, doch um den Faktor K_1/K_2 verdünnter als in Raum d: Ausbildung des δ-*Gradienten*. Entsprechend sind die Ionen X^+ und Y^- in Raum f gegenüber Raum e um den Faktor K_2/K_1 konzentrierter: Ausbildung des ε-*Gradienten*.

Die *Kohlrauschkonstante* für die Räume b und c ist gleich K_1. Daraus folgt:

$$\frac{[X_b^+]}{u_X} + \frac{[Y_b^-]}{u_Y} + \frac{[P_{1b}^-]}{u_{P_1}} = K_1 , \tag{10}$$

$$\frac{[X_c^+]}{u_X} + \frac{[Y_c^-]}{u_Y} + \frac{[P_{1c}^-]}{u_{P_1}} + \frac{[P_{2c}^-]}{u_{P_2}} = K_1 . \tag{11}$$

Es ist also:

$$[X_b^+] > [X_c^+]; \quad [Y_b^-] > [Y_c^-]; \quad [P_{1b}^-] > [P_{1c}^-] . \tag{12}$$

Entsprechend läßt sich z. B. für die Konzentrationen des langsamer wandernden Proteins P_2 im fallenden Schenkel des Rohres zeigen, daß gilt:

$$[P_{2g}^-] > [P_{2h}^-] . \tag{13}$$

Die in den Räumen b und g vermessenen Konzentrationen an P_1 und P_2 sind also größer als die in der Untersuchungslösung vorliegenden Konzentrationen. Bei bekannten Beweglichkeiten und Konzentrationen aller beteiligten Komponenten

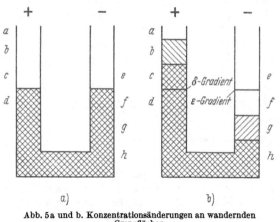

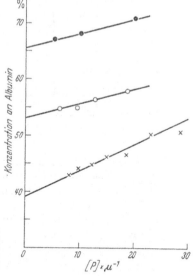

Abb. 5a und b. Konzentrationsänderungen an wandernden Grenzflächen

Abb. 6. Graphische Ermittlung wahrer Konzentrationen aus scheinbaren Konzentrationen durch Extrapolation der bei verschiedenen Proteinkonzentrationen [P] gemessenen Werte auf [P] = 0. (Ordinate: Scheinbare Konzentration an Albumin in %; Abscisse: Verhältnis Proteinkonzentration [P] zu Ionenstärke μ. ●—●—● β-Globulin-Albumin-Gemisch, ○—○—○ Plasma vom Menschen; +—+—+ Serum vom Schwein)

sind diese Konzentrationsänderungen – die hier nur qualitativ erläutert wurden – durch Auflösung der Kohlrausch-Funktionen rechnerisch zu erfassen. Da es normalerweise aber auf die Bestimmung *unbekannter* Konzentrationswerte ankommt, werden entweder die gemessenen *scheinbaren* Werte zusammen mit den Versuchsbedingungen angegeben, oder es werden die *wahren* Werte durch Extrapolation der bei verschiedenen Proteinkonzentrationen gemessenen Werte auf die Proteinkonzentration [P] = 0 ermittelt. Ein Beispiel für dieses Verfahren sind die in Abb. 6 wiedergegebenen Messungen (nach R. A. ALBERTY 1948).

II. Praktische Grundlagen

1. Elektrophoresezellen

Es werden die verschiedensten Elektrophoresezellen verwendet. Ihr Querschnitt ist meist rechteckig, da die Beobachtung und Auswertung der Versuche mit optischen Methoden erfolgt. Übliche Querschnitte für Makrozellen sind 3,5 × 0,25 cm und für Mikrozellen 0,5 × 0,1 cm. Die Überschichtung von Untersuchungslösung und Pufferlösung muß so erfolgen können, daß scharfe Grenzflächen entstehen. Am besten ist diese Forderung bei der Gleitflächenüberschichtung erfüllt. Die entsprechenden Trennküvetten bestehen aus Unterteil, Mittelteil und Oberteil, die gegeneinander zu verschieben sind. Zunächst wird das U-förmige Unterteil mit Untersuchungslösung gefüllt (Abb. 7). Nach dem Verschieben von Mittel- und Oberteil gegen das Unterteil wird der rechte Schenkel von der überstehenden Untersuchungslösung gesäubert und mit Elektrolytlösung gefüllt; der linke Schenkel wird mit Untersuchungslösung gefüllt. Nun wird das Oberteil gegen das Mittelteil verschoben, der linke Ansatz gesäubert und mit Puffer gefüllt. Nach Anschluß der Elektrodenräume und Übereinanderschieben aller Teile ist die Zelle für den Versuch bereit.

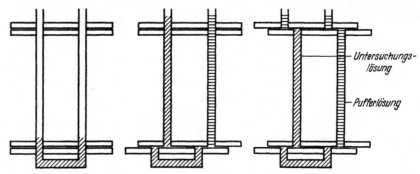

Abb. 7. Schematische Darstellung einer Elektrophoresezelle

Durch die Erwärmung beim Stromdurchgang tritt ein Temperaturgradient und damit auch ein Dichtegradient von den Zellenwänden zur Mitte hin auf. Um eine Verwirblung der Grenzflächen zu vermeiden, wird beim Dichtemaximum des Wassers (+4° C) oder auch beim Dichtemaximum der verwendeten Lösungen (etwa 0° C) gearbeitet, da in diesem Bereich temperaturbedingte Dichteänderungen relativ klein sind.

Die Elektrodenräume müssen im Vergleich zum Meßraum groß sein, damit keine Ionen aus diesen Räumen in den Meßraum übertreten können. Verwendet werden Ag/AgCl-Elektroden, die von konz. KCl- oder NaCl-Lösung umgeben sind.

2. Optische Methoden

Während des Elektrophoreseversuchs treten in der Zelle Konzentrationsänderungen auf, die durch Messung der Brechungszahlen bestimmt werden. Die zu dieser Messung verwendeten Methoden lassen sich in zwei Gruppen einteilen. Bei der ersten Gruppe wird der *Brechungsgradient* dn/dh in Abhängigkeit von der Küvettenhöhe h erfaßt, bei der zweiten Gruppe der *Brechungsindex* n ebenfalls in Abhängigkeit von der Höhe h.

a) Messung des Brechungsgradienten *dn/dh* in Abhängigkeit von der Küvettenhöhe *h*

Bei der Töplerschen *Schlierenmethode* wird die an Grenzflächen auftretende Ablenkung einfallender Lichtstrahlen in Richtung auf die dichtere Lösung hin ausgenutzt: Ein waagrechter Lichtspalt wird über die Küvette auf eine bewegliche Schneide abgebildet. Dicht hinter der Schneide ist ein zweites Objektiv angeordnet, das die Küvette auf die Bildebene projiziert. Befindet sich die Schneide oberhalb der optischen Achse des Systems, so erscheint die Küvette in der Bildebene völlig dunkel. Beim Senken der Schneide werden nacheinander zunächst die Abschnitte der Küvette hell, in denen keine Ablenkung und dann auch die Abschnitte, in denen eine zunehmend stärkere Lichtablenkung auftritt. Schließlich wird ein Punkt erreicht, bei dem die gesamte Küvette hell erscheint. L. G. Longsworth (1939, 1946) hat daraus ein kontinuierlich arbeitendes Verfahren entwickelt, indem er die senkrechte Bewegung der Schneide mit der waagrechten Vorbeiführung einer Photoplatte an einem Schlitz in der Bildebene koppelte. Auf der Platte resultiert eine *dn/dh*, *h*-Kurve.

Die *Zylinderlinsenmethode* von J. St. L. Philpot (1938) und H. Svensson (1939) hat demgegenüber den Vorteil, daß die beweglichen Teile wegfallen und daß das gesamte Bild während des ganzen Versuchs beobachtet werden kann. Bei der Methode wird die Schlierenlinse auf einen schrägen Spalt abgebildet. Eine zweite Linse bildet die Küvette durch eine Zylinderlinse auf der Bildebene ab. Die Zylinderlinse bildet gleichzeitig den Schrägspalt auf der Bildebene ab. Alle Punkte der Küvette mit *dn/dh* = 0 passieren den Schrägspalt an seinem Schnittpunkt mit der optischen Achse und werden auf einer Geraden abgebildet, die die Basislinie darstellt und senkrecht auf der optischen Achse steht. Ist *dn/dh* > 0, dann passieren die Lichtstrahlen den Spalt unterhalb der optischen Achse und damit nach hinten verschoben. Auf der Bildebene resultiert eine *dn/dh*, *h*-Kurve.

Auch *interferometrisch* ist eine Erfassung des Brechungsgradienten in Abhängigkeit von der Küvettenhöhe möglich, wenn die zwei kohärenten Strahlen die Küvette um die Höhe *Δh* versetzt durchlaufen. Entsprechende Anordnungen wurden von H. Svensson u. Mitarb. (1953) und E. Wiedemann (1953) beschrieben.

b) Messung der Brechungszahl *n* in Abhängigkeit von der Küvettenhöhe *h*

Die Erfassung der Brechungszahl *n* erfolgt interferometrisch. Bei den Anordnungen von J. St. L. Philpot und G. H. Cook (1948) sowie von H. Svensson (1949, 1950) wird eine monochromatische Lichtquelle auf ein Strichgitter projiziert; dieses wird über zwei kohärente Lichtbündel, von denen eines durch die Küvette geht, in der Interferenzebene abgebildet. Die Phasenverschiebungen entsprechen der Brechungszahl in der jeweiligen Küvettenhöhe. Das Interferenzbild wird durch eine Zylinderlinse in waagrechtem Schnitt in der Bildebene abgebildet; senkrecht dazu wird über ein anderes Objektiv die Küvettenhöhe abgebildet. Auf dem Bild erscheinen senkrechte Interferenzlinien, die den verschiedenen Höhen *h* zuzuordnen sind.

Zur Empfindlichkeit der optischen Methoden vgl. H. J. Antweiler (1955). Die interferometrischen Verfahren sind um rund eine Zehnerpotenz empfindlicher als die Schlierenverfahren.

3. Versuchsführung und mögliche Störungen

Die zu untersuchende Substanz wird in einer Konzentration von etwa 10 g/l in einer geeigneten Elektrolytlösung gelöst. Da die Wanderungsgeschwindigkeit in den meisten Fällen pH-abhängig ist, muß die Elektrolytlösung eine ausreichende Pufferkapazität besitzen. Sie soll auch so wenige Ionen wie möglich enthalten; vorzuziehen sind einwertige Ionen gegenüber mehrwertigen Ionen. Die Beweglichkeit der Begleit-Ionen darf nicht zu groß sein, damit die Leitfähigkeit der Lösung und damit der Stromfluß nicht zu hoch wird. Ihre Beweglichkeit muß aber größer sein als die der zu analysierenden Teilchen, weil sonst, infolge der Ausbildung konzentrierterer Schichten über verdünnteren Schichten, eine Verwirblung der Grenzflächen eintritt. Viel verwendet werden Veronalpuffer und Acetatpuffer mit Ionenstärken von 0,1 μ, doch haben sich auch andere Pufferlösungen bewährt. Liegt die Substanz bereits in Lösung vor oder enthält sie Salze, so wird gegen die gewählte Pufferlösung dialysiert. Die vorbereitete Substanzlösung wird im allgemeinen mit der reinen Pufferlösung überschichtet.

Bei jedem Versuch ist die Wahl der optimalen Spannung von großer Bedeutung. Zu kleine Spannungen erlauben keine ausreichende Trennung; zu große Spannungen bedingen Störungen durch zu starke Erwärmung.

Neben thermischen Störungen, die zu einer Verwirblung der Schichten führen, sind noch die durch Elektroosmose bedingten Störungen zu erwähnen. Die elektroosmotische, kathodische Strömung der wandnächsten Flüssigkeitsschichten führt zu einer anodischen Mittelströmung. Die Folge ist das Auftreten gekrümmter Grenzflächen und eine der elektrophoretischen Wanderung überlagerte Bewegung in Richtung der Anode. Bei großen Trennstrecken können durch Aufspaltung von Grenzflächen auf diese Weise mehr Komponenten vorgetäuscht werden als tatsächlich vorhanden sind. Nach H. J. Antweiler (1955) kann die Elektroosmose durch Zusatz oberflächenaktiver Substanzen zum Puffer herabgedrückt werden.

4. Auswertung

a) Bestimmung der Beweglichkeit

Die Wanderungsgeschwindigkeit einer Substanz wird meist bestimmt, indem die Lage der entsprechenden Grenzfläche zu zwei verschiedenen Zeiten während des Versuchs vermessen wird. Auf die Größe der elektroosmotischen Wanderung kann z. B. aus der Verschiebung der Extragradienten geschlossen werden.

b) Bestimmung der Konzentration

Die Differenz der Brechungszahlen (Δn) von zwei durch eine Grenzfläche getrennten Räumen in der Küvette ist der Konzentration der Substanz proportional, die nur in einem der Räume vorkommt. In Abb. 5 ist also die Konzentration des schneller wandernden Proteins P_1:

$$[P_1] = \frac{1}{k} \Delta n_{b,a} = \frac{1}{k} (n_b - n_a)\,, \tag{14}$$

bzw. auch:

$$[P_1] = \frac{1}{k} \Delta n_{h,g} = \frac{1}{k} (n_h - n_g)\,, \tag{15}$$

und die Konzentration des langsamer wandernden Proteins P_2:

$$[P_2] = \frac{1}{k} \Delta n_{c,b} = \frac{1}{k} (n_c - n_b)\,, \tag{16}$$

bzw. auch:

$$[P_2] = \frac{1}{k} \Delta n_{g,f} = \frac{1}{k} (n_g - n_f)\,. \tag{17}$$

Die Differenz Δn ergibt sich bei den n,h-Kurven durch direktes Ausmessen, bei den dn/dh, h-Kurven durch Planimetrieren der einzelnen Gipfel (Abb. 8).

Die Konstante k, das *spezifische Brechungsinkrement*, ist gleich der Differenz der Brechnungsindices zwischen einer 1%igen Lösung der Substanz und dem reinen Lösungsmittel.

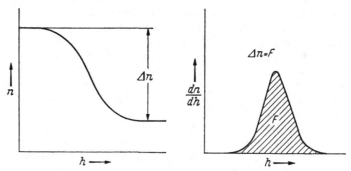

Abb. 8. Beispiel für eine n, h-Kurve und eine dn/dh, h-Kurve

5. Isolierung reiner Komponenten

Aus Abb. 5 ist zu ersehen, daß nach Beendigung des Versuchs im aufsteigenden Schenkel eine Zone mit reiner Komponente P_1 und im absteigenden Schenkel eine Zone mit reiner Komponente P_2 vorliegt, die isoliert werden können. Das Ausmaß der Trennung ist von der Differenz der Beweglichkeiten Δu der Komponenten abhängig. Grundsätzlich ist zu sagen, daß verschiedene zonenenelektrophoretische Verfahren im allgemeinen eine größere Bedeutung in präparativer Hinsicht haben.

C. Zonenelektrophorese

I. Allgemeines

Bei der *Zonenelektrophorese* wird die Lösung der zu analysierenden Substanz in Form einer schmalen Zone in die Elektrolytlösung eingebracht. Sind die Unterschiede der Beweglichkeiten groß genug, dann erfolgt eine vollständige Trennung in die Komponenten (vgl. Abb. 2). Auf diese Weise ist es z. B. möglich, Verbindungen in großer Reinheit und in höherer Ausbeute als bei der Tiselius-Elektrophorese zu isolieren. Auch ist der apparative Aufwand bei der Zonenelektrophorese im allgemeinen geringer, ein Gesichtspunkt, der bei Routineanalysen Bedeutung hat. Dafür müssen vielfach Nachteile in Hinsicht auf die quantitative Auswertung in Kauf genommen werden.

Die Stabilität der einzelnen Schichten unterschiedlicher Dichte beruht bei der Tiselius-Elektrophorese darauf, daß stets weniger dichte Lösungen den dichteren Lösungen überschichtet sind. Bei der Zonenelektrophorese erfolgt eine Trennung in einzelne Substanzzonen, die durch reines Lösungsmittel voneinander abgesetzt sind, d. h. es wechseln Schichten größerer Dichte mit solchen geringerer Dichte ab. Eine derartige Anordnung ist instabil; die Schichten vermischen sich, wenn sie nicht stabilisiert werden. Eine Stabilisierung kann erzielt werden sowohl mit einem Dichtegradienten (der mit einer inerten Substanz, z. B. Rohrzucker erzeugt wird), als auch mit Hilfe inerter Trägermaterialien. Bei der überwiegenden Zahl zonenelektrophoretischer Verfahren handelt es sich um *Trägerelektrophorese*.

II. Zonenelektrophorese in Dichtegradienten

Die *Elektrophorese in Dichtegradienten* (vgl. dazu H. SVENSSON 1960) bietet gegenüber anderen zonenelektrophoretischen Verfahren den Vorteil, daß sie ohne Trägermaterialien arbeitet. Alle störenden Wechselwirkungen zwischen den zu trennenden Substanzen und dem Träger fallen damit weg. Eine typische Anordnung wird z. B. von R. L. BERG u. R. G. BEELER (1958) beschrieben: In einer vertikalen Säule befindet sich die Pufferlösung, die nach oben kontinuierlich abnehmende Mengen an Rohrzucker enthält. Eine zu analysierende Proteinlösung wird über die Pufferlösung geschichtet. Die Elektroden werden so gepolt, daß die Proteine in die zunehmend dichtere Lösung hineinwandern. Nach beendeter Elektrophorese wird der Säuleninhalt unten abgezogen und mit Hilfe eines Fraktionssammlers unterteilt. Die Fraktionen werden mit einer geeigneten Methode analysiert. Auf diese Weise sind z. B. Mengen von 50—300 mg Protein zu trennen.

Auch in der Tiselius-Zelle sind Versuche unter Verwendung von Dichtegradienten möglich, mit optischer Erfassung der Zonen. Eindeutige Aussagen über die Beweglichkeiten der Komponenten sind infolge der kontinuierlichen Viscositätsänderung in der Zelle nicht möglich, wohl aber semiquantitative Konzentrationsbestimmungen.

III. Zonenelektrophorese in Trägermaterialien

Unter den hier zu behandelnden Methoden hat die *Papierelektrophorese* die weiteste Verbreitung. Sie soll deshalb etwas ausführlicher behandelt werden. Es folgt ein Abschnitt über Methoden, bei denen andere Trägermaterialien verwendet werden.

1. Papierelektrophorese

(Vgl. dazu: CH. WUNDERLY 1954 und 1959; Ciba foundation symposium, 1956; R. J. BLOCK u. Mitarb. 1958.)

a) Theorie

Die Wanderungsgeschwindigkeit geladener Teilchen ist bei der Trägerelektrophorese zusätzlich vom Trägermaterial abhängig und deshalb nicht so definiert wie bei der freien Elektrophorese. Im allgemeinen sind die gemessenen Beweglichkeiten unter sonst gleichen Bedingungen kleiner als die durch Tiselius-Elektrophorese bestimmten Werte. H. G. KUNKEL u. A. TISELIUS (1951) führen diese Beobachtung auf den verlängerten Weg zurück, den das Teilchen im Träger durchlaufen muß. Der Weg eines Teilchens ist bei freier Elektrophorese gegeben durch:

$$s = \frac{u \cdot i \cdot t}{q \cdot \varkappa} , \tag{18}$$

(u Beweglichkeit, t Zeit in Sekunden, i Stromstärke in Ampere, q Querschnitt der Zelle in cm², $\varkappa$ spezifische Leitfähigkeit in Ohm⁻¹ × cm⁻¹.)

Bei der Trägerelektrophorese tritt an Stelle von s der längere Weg s':

$$s' = \frac{u \cdot i \cdot t}{q_T \cdot \varkappa} , \tag{19}$$

(q_T Querschnitt des Trägers in cm².)

Nach Abb. 9 verhält sich:

$$\frac{s'}{s} = \frac{l'}{l} . \tag{20}$$

Daraus folgt:

$$s = \frac{u \cdot i \cdot t}{q_T \cdot \varkappa} \left(\frac{1}{1'} \right) . \tag{21}$$

Der Korrekturfaktor l/l' wurde von KUNKEL und TISELIUS für verschiedene Papiersorten bestimmt. Er lag zwischen 0,58 und 0,77. Die korrigierten Beweglichkeiten stimmen gut mit den durch trägerfreie Elektrophorese ermittelten Werten überein. Zur Korrektur von Beweglichkeiten vgl. auch E. W. BERMES jr. und H. J. McDONALD (1960).

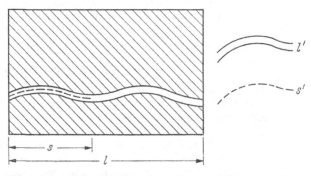

Abb. 9. Schematische Darstellung des verlängerten Teilchenweges bei der Elektrophorese in Trägermaterialien

b) Apparatives

In der Literatur sind die verschiedensten Anordnungen beschrieben (vgl. die eingangs zitierten Übersichten). Zwei typische Apparaturen sind in den Abb. 10 und 11 schematisch wiedergegeben.

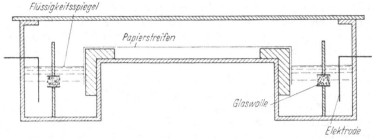

Abb. 10. Schematische Wiedergabe einer Apparatur für die Papierelektrophorese

Die Elektroden bestehen im allgemeinen aus Platin oder aus Kohle. Es ist Sorge zu tragen, daß Elektrolyseprodukte nicht auf den Papierstreifen gelangen können. Um ein Austrocknen des Streifens zu verhindern, wird meist in einer abgeschlossenen, feuchtigkeitsgesättigten Kammer gearbeitet. Die Stromstärke darf nicht zu groß werden, damit keine übermäßige Erwärmung auftritt. Gegebenenfalls ist zu kühlen.

Bei der Trennung niedermolekularer Substanzen ist es zur Vermeidung von störenden Diffusions-

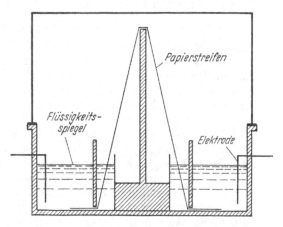

Abb. 11. Schematische Wiedergabe einer Apparatur für die Papierelektrophorese

erscheinungen wesentlich, die Versuchsdauer so kurz wie möglich zu halten. Das ist nur durch Erhöhung der angelegten Spannung möglich. Bei dieser *Hochspannungselektrophorese* muß für eine gute Ableitung der Stromwärme gesorgt werden. Das geschieht zum Teil durch Einsenken des zwischen zwei Glasplatten gelagerten, puffergetränkten Papierstreifens in ein organisches Lösungsmittel (z. B. Chlorbenzol), neuerdings vielfach durch Auflegen des Streifens auf eine gekühlte Platte (vgl. dazu R. Clotten u. A. Clotten 1962).

c) Durchführung von Trennungen

Die Substanzlösung wird in schmaler Zone auf das trockene oder vorher mit Elektrolytlösung angefeuchtete Papier aufgetragen. Das geschieht mit Hilfe einer Mikropipette oder auch – bei qualitativen Untersuchungen – mit Hilfe eines Objektträgers, der mit der Schmalseite in die Untersuchungslösung eingetaucht wurde. Als Elektrolyte sind Veronal-, Acetat-, Borat-, Bicarbonat-, Phosphat- und Phthalatpuffer gebräuchlich. Wie schon unter a) gesagt, ist die Wanderung stark vom verwendeten Papier abhängig. Für spezielle Zwecke werden auch chemisch veränderte Papiere, z. B. Ionenaustauschpapiere eingesetzt. Präparatives Arbeiten ist mit dickem Papier bzw. mit Karton möglich.

Die bereits unter B II 3 erwähnte Elektroosmose spielt bei der Papierelektrophorese eine größere Rolle als bei der Tiselius-Elektrophorese, da hier die Berührungsfläche zwischen Papier und Puffer wesentlich größer ist als die Wandfläche einer Elektrophoresezelle. Der Puffer hat gegenüber dem Papier eine positive Ladung und strömt demzufolge in Richtung auf die Kathode. Bei Verwendung von hartem Papier, bei hoher Ionenstärke und geringer Streifenfeuchtigkeit wird der elektroosmotische Effekt herabgesetzt. Korrekturen der Beweglichkeiten sind durch Zusatz ungeladener Substanzen zur Untersuchungslösung – z. B. Dextran, Glucose, Coffein, o-Nitroanilin – möglich. Die Verschiebung dieser Substanzen von der Startlinie ist ein Maß für die Größe der elektroosmotischen Wanderung.

Zu achten ist auch auf gleiche Höhe des Flüssigkeitsspiegels in den beiden Elektrodenräumen, da sonst ein „*Siphon-Effekt*" auftritt.

Durch die infolge der Stromwärme eintretende Verdampfung von Lösungsmittel, erhöht sich die Ionenstärke des Puffers im Papierstreifen. Die Folge ist eine Sogströmung von beiden Seiten in Richtung auf die Streifenmitte („*Dochteffekt*"). Diese Sogströmung ist der elektroosmotischen Strömung auf der einen Seite positiv, auf der anderen negativ überlagert.

d) Auswertung

Nach beendeter Trennung empfiehlt es sich, die Streifenenden, die in die Pufferlösung eingetaucht haben, abzuschneiden und die Streifen dann in *horizontaler* Lage im Trockenschrank oder mit einem Fön zu trocknen. Die Zonen werden durch geeignete Farbreaktionen sichtbar gemacht. Meist werden dazu die von der Papierchromatographie her bekannten Reaktionen benutzt (vgl. die zitierten Übersichten).

Eine Bestimmung der wahren Beweglichkeiten ist aus den unter a) genannten Gründen schwierig, aber in den meisten Fällen auch entbehrlich. Meist werden die scheinbaren Beweglichkeiten angegeben unter definierten Bedingungen, also z. B. die Abstände der zu untersuchenden Substanzzonen von einer inerten, ungeladenen Substanz, dividiert durch Potentialdifferenz und Zeit. Es ist auch möglich, die Wanderungsstrecken der zu untersuchenden Substanzen – ähnlich wie bei der Papierchromatographie – zur Wanderungsstrecke einer Testsubstanz in Beziehung zu setzen.

Eine Bestimmung von Konzentrationen kann direkt erfolgen durch Ausmessen des Streifens mit einem Densitometer. In manchen Fällen muß der Streifen dazu vorher transparent gemacht werden. Andererseits ist es auch möglich, den Streifen in gleichmäßige Abschnitte zu zerschneiden, die Abschnitte mit geeigneten Lösungsmitteln zu eluieren und mit den Eluaten entsprechende Reaktionen durchzuführen.

2. Elektrophorese in anderen Trägermaterialien

(Vgl. dazu H. G. Kunkel und R. Trautman 1959; H. Bloemendahl 1963.)

a) Methoden

Bei der *Block-* oder *Trogmethode* wird das Trägermaterial in unterschiedlicher Schichtdicke auf eine Glas- oder Kunststoffplatte aufgebracht und mit einer Polyäthylenfolie abgedeckt. Die Verbindung zu den Elektrodenräumen wird mit Papierstreifen hergestellt. Zum Teil werden auch halbierte Glasrohre mit Träger gefüllt und ebenfalls mit Polyäthylen abgedeckt *(Halbzylindermethode)*. Bei der *Säulenelektrophorese* dient eine vertikale Säule zur Aufnahme des Trägermaterials. Hier werden die Substanzzonen nach beendeter Trennung aus der gesamten Säule oder gegebenenfalls nach dem Zerteilen der Säule aus den einzelnen Abschnitten eluiert (vgl. den Abschnitt über Elektrophorese in Dichtegradienten).

b) Trägermaterialien

Als Trägermaterialien werden hauptsächlich *Cellulosepulver, Stärke, Polyvinylchloridpulver* und verschiedene *Gele (Agargel, Stärkegel, Polyacrylamidgel)* verwendet. *Stärke* ist besonders gut für die Blockelektrophorese einzusetzen; gute Trennungen wurden bei hochmolekularen Verbindungen, z. B. bei Proteinen erzielt. Weniger gute Ergebnisse liefert Stärke dagegen bei der Trennung von Verbindungen mit Molekulargewichten < 30000. Für diese Verbindungen ist *Polyvinylchloridpulver* besser geeignet. Nachteilig ist der große elektroosmotische Effekt. Sehr scharfe Trennungen wurden mit den vielseitig anwendbaren *Gelen* erzielt (vgl. O. Smithies 1959, S. Raymond u. L. Weintraub 1959, S. Raymond u. Yi-ju Wang 1960, H. Ott 1960, H. Bloemendahl 1960 u. 1963, A. W. B. Cunningham u. O. Magnusson 1961, V. Lange 1961).

3. Kontinuierliche Verfahren

(Vgl. Z. Pučar 1960.)

Die Zonenelektrophorese ist auch kontinuierlich durchführbar und kann dann zur präparativen Trennung größerer Substanzmengen dienen. Das Prinzip der kontinuierlichen Methoden ist aus Abb. 12 zu ersehen: Ein vertikal in einer Kammer hängender Papierbogen wird von Pufferlösung durchströmt. An einem geeigneten Punkt wird der Bogen kontinuierlich mit der zu analysierenden Lösung beschickt. Die Substanzen werden von der Pufferlösung nach unten gespült und gleichzeitig — entsprechend ihrer Ladung — durch ein senkrecht zur Strömungsrichtung angelegtes elektrisches Feld in verschiedenem Maße abgelenkt. Die Methode wird deshalb auch als *kontinuierliche Ablenkungselektrophorese* bezeichnet. Am unteren Ende des Bogens wird die Pufferlösung über eine Reihe von Papierzungen kontinuierlich abgenommen (W. Grassmann u. K. Hannig 1950). Es sind auch trägerfreie Modifikationen dieser Methode beschrieben (J. Barrollier, E. Watzke u. H. Gibian 1958; K. Hannig 1961), bei denen der Puffer zwischen

zwei horizontalen, gekühlten Glasplatten strömt, die einen Abstand von 0,5 bis
1 mm haben. Mit diesen Anordnungen können etwa 2 ml Substanzlösung pro
Stunde durchgesetzt werden.

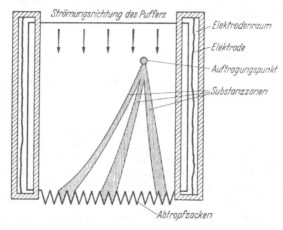

Abb. 12. Prinzip der kontinuierlichen Ablenkungselektrophorese

D. Anwendungen

Für die Bestimmung von Beweglichkeiten und für die quantitative Analyse
von Gemischen — besonders Proteingemischen — ist die *Tiselius-Elektrophorese*
als Methode der Wahl zu bezeichnen. Allerdings ist bei dieser Methode der experimentelle Aufwand relativ groß und es ist auch eine relativ lange Einarbeitung
erforderlich. Für viele — mehr routinemäßige — Untersuchungen wird deshalb die
Zonenelektrophorese, besonders die *Papierelektrophorese* herangezogen, die einfacher durchzuführen ist und die auch die Analyse einer großen Anzahl von Proben
in kurzer Zeit erlaubt. Als Kriterium für die Reinheit von Substanzen (besonders
von Proteinen) hat in letzter Zeit die Elektrophorese in Gelen große Bedeutung
erlangt.

Bei der Vielzahl der vorliegenden Arbeiten, die sich mit der Anwendung elektro-
phoretischer Verfahren auf spezielle analytische und präparative Probleme befassen, ist es unmöglich, in diesem Rahmen einen auch nur auszugsweisen Überblick zu geben. Um aber den Zugang zur Originalliteratur zu erleichtern, wurden
— nach Stoffklassen geordnet — einige Beispiele für die Anwendung elektro-
phoretischer Methoden ausgewählt, die aus lebensmittelchemischer Sicht von
Interesse sind. Ansonsten wird auf die Übersichten von Ch. Wunderly (1954),
R. J. Block, E. L. Durrum und G. Zweig (1958), Th. Wieland (1959), R. Clotten und A. Clotten (1962) verwiesen.

I. Proteine

Das Proteingebiet, von dem die Elektrophorese mit den Arbeiten von A. Tiselius ihren Ausgang nahm, ist auch heute noch das Hauptanwendungsgebiet. Aus
elektrophoretischen Versuchen sind wesentliche Informationen erhältlich, z. B.
über die Einheitlichkeit von Proteinen, über die Zusammensetzung von Gemischen, über die Ladung, über Wechselwirkungen von Proteinen untereinander
oder mit anderen Stoffen. Zusammenfassend berichten R. A. Brown und S. N.

TIMASHEFF (1959) über die Probleme bei der Anwendung der Tiselius-Elektrophorese auf Proteinsysteme.

Zahlreiche Arbeiten befassen sich mit der Trennung und Charakterisierung der *Milchproteine*. N. J. HIPP u. Mitarb. (1952) trennten Casein in α-, β- und γ-Casein. Später gelang es T. L. McMEEKIN u. Mitarb. (1959) α-Casein weiter zu zerlegen. Auch H. A. McKENZIE u. R. G. WAKE (1959) trennten *Caseinfraktionen* mit Hilfe der Tiselius-Elektrophorese, während R. G. WAKE u. R. L. BALDWIN (1961) die Stärkegel-Elektrophorese und L. M. LIBBEY u. U. S. ASHWORTH (1961) die Papierelektrophorese heranzogen. Die *gesamten Milchproteine* wurden von J. TOBIAS u. R. M. SERF (1959) mit Hilfe der Tiselius-Elektrophorese getrennt. R. F. PETERSON u. L. W. NAUMAN (1960) trennten verschiedene *Milchproteine* präparativ durch kontinuierliche Ablenkungselektrophorese. B. LINDQUIST u. T. STORGARDS (1957) konnten an Hand von Veränderungen im Elektrophoresebild des *Caseins* Aussagen über den Reifungsverlauf verschiedener Käsesorten machen.

Auch über die Elektrophorese von *Eiproteinen* liegen viele Arbeiten vor. R. H. FORSYTHE u. J. F. FOSTER (1950) untersuchten *Eiklar*, H. SUGANO (1957), G. BERNARDI u. W. H. COOK (1960), H. SUGANO u. I. WATANABE (1961) verschiedene *Proteinfraktionen des Eidotters* mit Hilfe der Tiselius-Elektrophorese. Papierelektrophoretisch wurden *Proteine des Eiklars* und *Eidotters* von D. HELLHAMMER u. O. HÖGL (1958a u. b) und von K. A. McCULLY u. Mitarb. (1959, 1962) getrennt.

Bei der Untersuchung von *Extrakten aus Muskeln* verschiedener *Meer-* und *Süßwasserfische* durch Tiselius-Elektrophorese und Zonenelektrophorese wurden 7—10 unterschiedliche Fraktionen erhalten, die deutliche Artdifferenzen aufwiesen (vgl. G. HAMOIR 1955, J. J. CONNELL 1953a u. b, O. E. NIKKILÄ u. R. R. LINKO 1955).

Die Uneinheitlichkeit verschiedener *pflanzlicher Proteine* konnte ebenfalls elektrophoretisch nachgewiesen werden. G. A. H. ELTON u. J. A. D. EWART (1960) suspendierten *Gluten* in 0,01 n-Essigsäure und unterwarfen das Zentrifugat der Elektrophorese in Stärkegel. Sie erhielten 8 Zonen, deren Anteil bei Mehlen verschiedener Backqualität stark differierte. H. ZENTNER (1960) zerlegte *Weizenkleberdispersionen* durch kontinuierliche Ablenkungselektrophorese in 7 Fraktionen. E. M. CRAINE u. K. E. FAHRENHOLTZ (1958) trennten die *wasserlöslichen Maisproteine* in 8 Komponenten. J. W. PENCE u. A. H. ELDER (1953) wiesen im *Weizenmehl* elektrophoretisch 6 Albumine und drei Globuline nach. *Hordein* aus Gerste wurde von E. WALDSCHMIDT-LEITZ u. H. BRUTSCHECK (1958) papierelektrophoretisch in fünf Fraktionen getrennt.

II. Aminosäuren und Peptide

Zahlreiche Arbeiten liegen über die elektrophoretische Trennung von *Aminosäuren* vor. So sind z. B. Gruppentrennungen in saure, neutrale und basische Fraktionen ohne weiteres in einem Arbeitsgang möglich. Für eine weitergehende Trennung wird meist zweidimensional bei zwei verschiedenen pH-Werten gearbeitet (E. L. DURRUM 1950, 1951, D. GROSS 1959a, D. F. EVERED 1959), oder es wird auch eine papierelektrophoretische Trennung in einer Richtung mit einer papierchromatographischen Trennung in der anderen Richtung kombiniert (J. K. WHITEHEAD 1958, V. RICHMOND u. B. S. HARTLEY 1959).

Ausgezeichnete Ergebnisse wurden mit dieser kombinierten Methode auch bei der Trennung von *Peptidgemischen* erzielt (A. M. KATZ, W. J. DREYER u. C. B. ANFINSEN 1959), wie sie z. B. bei der partiellen Hydrolyse von Proteinen anfallen. Die Methode ist besonders geeignet für die vergleichende Untersuchung von „ähnlichen" Proteinen, da selbst geringe Unterschiede in der Primärsequenz zu

einer Änderung des zweidimensionalen „Peptidmusters" führen. Von V. M. Ingram (1958) wurde wegen der Empfindlichkeit dieser Methode die Bezeichnung
„finger-printing" eingeführt.

Aus Partialhydrolysaten von Phosvitin und Casein wurden von J. Williams
u. F. Sanger (1959) durch Hochspannungspapierelektrophorese stark saure Phosphopeptide abgetrennt. J. Schormüller u. Mitarb. (1959 u. 1961) zerlegten Phos-
phopeptidgemische aus Casein durch kontinuierliche Ablenkungselektrophorese im
präparativen Maßstab.

III. Kohlenhydrate

Die elektrophoretische Trennung von Kohlenhydraten ist erst nach der Überführung in geladene Komplexe möglich. Besondere Bedeutung haben die Borat-
komplexe. So geben R. Consden u. W. M. Stanier (1952) die Beweglichkeiten
verschiedener Mono- und Disaccharide in Boratpuffer an. J. L. Frahn u. J. A.
Mills (1959) untersuchten das Verhalten von Kohlenhydraten in vier verschiedenen Elektrolytlösungen. E. J. Bourne u. Mitarb. (1960a) erzielten eine gute
Trennung verschiedener Zucker und anderer Polyhydroxyverbindungen durch Papierelektrophorese in Ammonmolybdatlösung bei pH 5 und auch in Borat- und
Arsenitpuffern (1960b). Hochspannungselektrophoretisch trennten W. Thorn u.
E. W. Busch (1960) Glucose, Fructose, Mannose, Galaktose, Ribose, Xylose, Sorbose
und Rhamnose in Arsenitpuffern. Die Zucker wurden nach der Trennung auf
fermentativem Wege quantitativ bestimmt. Die Polysaccharide Glykogen, Inulin,
Mannan und Galactan wurden an einer Glaspulversäule in Boratpuffer pH 9,2
präparativ von B. J. Hocevar u. D. H. Northcote (1957) getrennt.

IV. Nucleinsäuren und ihre Bausteine

Verschiedene Nucleotide wurden von R. Markham u. J. D. Smith (1952a, b
u. c) durch Elektrophorese getrennt. D. N. Harris u. F. F. Davis (1960) zerlegten
Hefe-Ribonucleinsäure durch Elektrophorese in Silicagel in hoch- und niedermolekulare Fraktionen. Eine Trennung von Nucleinsäuren und Proteinen gelang
R. Eliasson u. Mitarb. (1960) durch präparative Säulenelektrophorese mit strömendem Puffer.

V. Aldehyde und Ketone

Carbonylverbindungen können als Hydroxysulfonate elektrophoretisch getrennt
werden. O. Theander (1957) gibt die Beweglichkeiten verschiedener Aldehyde und
Ketone im Vergleich zur Beweglichkeit des Vanillins an.

VI. Organische Säuren

D. Gross (1959b) untersuchte zahlreiche organische Säuren, die von biologischem Interesse sind, mit Hilfe der Hochspannungspapierelektrophorese und gibt
Beweglichkeitswerte im pH-Bereich von 2—9 an. H. Michl u. G. Högenauer
(1959) trennten verschiedene Dicarbonsäuren (Malonsäure, Methylmalonsäure, Di-
äthylmalonsäure, Bernsteinsäure, Glutarsäure, Adipinsäure, Pimelinsäure) hochspannungselektrophoretisch in Pyridinacetatpuffer bei pH 3,9—4,15 und geben
auf Malonsäure bezogene Wanderungswerte an. Höhere Fettsäuren wurden von
A. J. G. Barnett u. D. K. Smith (1954), niedere Fettsäuren von O. Perilä (1955)
papierelektrophoretisch untersucht.

VII. Amine

Eine Trennung verschiedener *Amine* und *quaternärer Ammoniumbasen (Betain, Crotonbetain, Carnitin, Kreatin, Kreatinin, Cholin, Neurin, Trimethylamin, Tetramethylammoniumhydroxid, Monomethylamin, Trimethylaminoxid)* wurde von E. Mevelede u. Mitarb. (1959) papierelektrophoretisch erreicht. Auch J. Blass u. A. Sarraff (1960) trennten verschiedene *nichtflüchtige Amine* durch Papierelektrophorese allein oder auch zweidimensional durch Kombination mit Papierchromatographie.

VIII. Verschiedene Verbindungen

P. Ph. Legrand (1959) gibt ein mikroelektrophoretisches Verfahren zur Erfassung verschiedener *Lebensmittelfarbstoffe* an.

B. Sansoni u. R. Klement (1953) trennten *Orthophosphat, Pyrophosphat, Triphosphat* und auch *höherkondensierte Phosphate* bei pH 10 papierelektrophoretisch.

Bibliographie

Antweiler, H. J.: Quantitative Elektrophorese im Trennrohr. In: Houben/Weyl, Methoden der org. Chemie. Hrsg. von E. Müller, Bd. III, 2, S. 211—253. Stuttgart: Georg Thieme-Verlag 1955.

Block, R. J., E. L. Durrum and G. Zweig: A manual of paper chromatography and paper electrophoresis. New York: Acad. Press Inc., Publ. 1958.

Bloemendahl, H.: Zone electrophoresis in blocks and columns. Amsterdam: Elsevier Publ. Comp. 1963.

Brown, R. A., and S. N. Timasheff: Application of moving boundary electrophoresis to protein systems. In: Electrophoresis. Hrsg. von M. Bier, S. 317—367. New York: Acad. Press Inc., Publ. 1959.

Ciba foundation Symposium on paper electrophoresis. London: J. and A. Churchill 1956.

Clotten, R., u. A. Clotten: Hochspannungselektrophorese. Stuttgart: Georg Thieme-Verlag 1962.

Kunkel, H. G., and R. Trautman: Zone electrophoresis in various types of supporting media. In: Electrophoresis. Hrsg. von M. Bier, S. 225—262. New York: Acad. Press Inc., Publ. 1959.

Longsworth, L. G.: Moving boundary electrophoresis — theory. In: Electrophoresis. Hrsg. von M. Bier, S. 91—136. New York: Acad. Press Inc., Publ. 1959 a.

— Moving boundary electrophoresis — practice. In: Electrophoresis. Hrsg. von M. Bier, S. 137—178. New York: Acad. Press Inc., Publ. 1959 b.

Magdoff, B. S.: Electrophoresis of proteins in liquid media. In: A laboratory manual of analytical methods of protein chemistry. Hrsg. von P. Alexander u. R. J. Block. Bd. 2, S. 170—214. London: Pergamon Press 1960.

Svensson, H.: Zonal density gradient electrophoresis. In: A laboratory manual of analytical methods of protein chemistry. Hrsg. von P. Alexander u. R. J. Block, Bd. I, S. 195—244. London: Pergamon Press 1960.

Wieland, Th.: Applications of zone electrophoresis. In: Electrophoresis. Hrsg. von M. Bier, S. 493—530. New York: Acad. Press Inc., Publ. 1959.

Wunderly, Ch.: Die Papierelektrophorese. Aarau: H. R. Sauerländer u. Co. 1954.

— Paper electrophoresis. In: Electrophoresis. Hrsg. von M. Bier, S. 179—224. New York: Acad. Press Inc., Publ. 1959.

Zeitschriftenliteratur

Alberty, R. A.: An introduction to electrophoresis. II. Analysis and theory. J. Chem. Educ. **25**, 619—625 (1948).

Barnett, A. J. G., and D. K. Smith: Electrophoretic movement of higher fatty acids on filter paper. Nature (Lond.) **174**, 659—660 (1954).

Barrollier, J., E. Watzke u. H. Gibian: Einfache Apparatur für die trägerfreie präparative Ablenkungselektrophorese. Z. Naturforsch. **13** b, 754—755 (1958).

Berg, R. L., and R. G. Beeler: Improved method for performing density gradient electrophoresis. Analytic Chem. **30**, 126—129 (1958).

BERMES, E. W. JR., and H. J. MCDONALD: A practical experimental method for converting electrophoretic mobilities in paper-stabilized media to free solution values. The isoelectric points of human serum lipoproteins. J. Chromatograph. **4**, 34—41 (1960).

BERNARDI, G., and W. H. COOK: An electrophoretic and ultracentrifugal study on the proteins of the high-density fraction of egg yolk. Biochim. biophys. Acta **44**, 86—96 (1960).

BLASS, J., et A. SARRAFF: Analyse des amines biologiques par les techniques de chromato-ionophorèse, electrophorèse et chromatographie sur papier. J. Chromatograph. **3**,168—177 (1960).

BLOEMENDAHL, H.: Starch electrophoresis. III. Starch gel electrophoresis. J. Chromatograph. **3**, 509—519 (1960).

BOURNE, E. J., D. H. HUTSON and H. WEIGEL: Paper ionophoresis of sugars and other cyclic polyhydroxy compounds in molybdate solution. J. chem. Soc. **1960**, 4252—4256, a.

— — — Paper ionophoresis of glucopyranosyl-fructose and other substituted fructoses. Chem. and Industr. **1960**, 1111—1112, b.

CONNELL, J. J.: Proteins of fish skeletal muscle. I. Electrophoretic analysis of codling extracts of low ionic strength. Biochem. J. **54**, 119—126 (1953a).

— Studies on the proteins of fish skeletal muscle. II. Electrophoretic analysis of lowstrength extracts of several species of fish. Biochem. J. **55**, 378—388 (1953b).

CONSDEN, R., and W. M. STANIER: Ionophoresis of sugars on paper and some applications to the analysis of protein polysaccharide complexes. Nature (Lond.) **169**, 783—785 (1952).

CRAINE, E. M., and K. E. FAHRENBHOLTZ: The proteins in water extracts of corn. Cereal Chem. **35**, 245—259 (1958).

CUNNINGHAM, A. W. B., and O. MAGNUSSON: Simple technique for starch gel electrophoresis. J. Chromatograph. **5**, 90—91 (1961).

DURRUM, E. L.: A microelectrophoretic and microionophoretic technique. J. amer. chem. Soc. **72**, 2943—2948 (1950).

— — Continuous electrophoresis and ionophoresis on filter paper. J. amer. chem. Soc. **73**, 4875—4880 (1951).

ELIASSON, R., E. HAMMARSTEN and H. PALMSTIERNA: Separation of nucleic acids and protein by electrophoresis combined with counter flow. Acta chem. scand. **14**, 1212—1213 (1960).

ELTON, G. A. H., and J. A. D. EWART: Starch-gel electrophoresis of wheat proteins. Nature (Lond.) **187**, 600—601 (1960).

EVERED, D. F.: Ionophoresis of acidic and basic amino acids on filter paper using low voltages. Biochim. biophys. Acta **36**, 14—19 (1959).

FORSYTHE, R. H., and J. F. FOSTER: Egg white proteins. I. Electrophoretic studies on whole white. J. biol. Chem. **184**, 377—383 (1950).

FRAHN, J. L., and J. A. MILLS: Paper ionophoresis of carbohydrates. I. Procedure and results for four electrolytes. Austral. J. Chem. **12**, 65—89 (1959).

GRASSMANN, W., u. K. HANNIG: Ein einfaches Verfahren zur kontinuierlichen Trennung von Gemischen an Filterpapier durch Elektrophorese. Naturwiss. **37**, 397—399 (1950).

GROSS, D.: Two-dimensional high-voltage paper electrophoresis of amino- and other-organic acids. Nature (Lond.) **184**, 1298—1301 (1959a).

— High-voltage paper electrophoresis of organic acids and determination of migration rates. Chem. and Industr. **1959**, 1219—1220, b.

HAMOIR, G.: Fish proteins. In: Advanc. Protein. Chem. **10**, S. 227—288. New York: Acad. Press Inc., Publ. 1955.

HANNIG, K.: Die trägerfreie kontinuierliche Elektrophorese und ihre Anwendung. Z. Analyt. Chem. **181**, 244—254 (1961).

HARRIS, D. N., and F. F. DAVIS: Electrophoresis of nucleic acids in silica gel. Biochim. biophys. Acta **40**, 373—374 (1960).

HELLHAMMER, D., u. O. HÖGL: Die Papierelektrophorese von Eierproteinen. Anwendung der Papierelektrophorese auf die Untersuchung von Lebensmitteln. I. Mitt. Lebensmittelunters. Hyg. **49**, 79—114 (1958a).

— — Ergebnisse der papierelektrophoretischen Untersuchungen an Vogeleiern. II. Mitt. Lebensmitteluntersuch. Hyg. **49**, 165—171 (1958b).

HENRY, D. C.: The cataphoresis of suspended particles. I. The equation of cataphoresis. Proc. roy. Soc. Ser. A (Lond.) **133**, 106—129 (1931).

HIPP, N. J., M. L. GROVES, J. H. CUSTER and T. L. MCMEEKIN: Separation of α-, β- and γ-casein. J. Dairy Sci. **35**, 272—281 (1952).

HOCEVAR, B. J., and D. H. NORTHCOTE: Preparative column electrophoresis of polysaccharides. Nature (Lond.) **179**, 488—489 (1957).

INGRAM, V. M.: Abnormal human haemoglobins. I. The comparison of normal human and sickle-cell haemoglobin by "finger-printing". Biochim. biophys. Acta **28**, 539—545 (1958).

KATZ, A. M., W. J. DREYER and C. B. ANFINSEN: Peptide separation by two-dimensional chromatography and electrophoresis. J. biol. Chem. **234**, 2897—2900 (1959).

KUNKEL, H. G., and A. TISELIUS: Electrophoresis of proteins on filter paper. J. Gen. Physiol. **35**, 89—118 (1951).

LANGE, V.: Zur Methodik der Zonenelektrophorese in Stärkegel. Biochem. Z. **333**, 503—510 (1961).

LEGRAND, P. PH.: Identification par microelectrophorèse de faibles quantités de colorants alimentaires synthétiques. Ann. Falsif. Fraudes **52**, 5—14 (1959).

LIBBEY, L. M., and U. S. ASHWORTH: Paper electrophoresis of casein. I. The use of buffers containing urea. J. Dairy Sci. **44**, 1016—1024 (1961).

LINDQUIST, B., u. T. STORGARDS: Untersuchungen über die Käsereifung. IV. Veränderungen im Elektrophoresebild des Caseins während der Reifung verschiedener Käsesorten. Milchwiss. **12**, 462—472 (1957).

LONGSWORTH, L. G.: A modification of the schlieren method for use in electrophoretic analysis. J. amer. chem. Soc. **61**, 529—530 (1939).

— Optical methods in electrophoresis. Principles, apparatus, determination of apparatus constants, and applications to refractive index measurements. Industr. Engin. Chem. **18**, 219—233 (1946).

MARKHAM, R., and J. D. SMITH: Structure of ribonucleic acids. I. Cyclic nucleotides produced by ribonuclease and by alkaline hydrolysis. Biochem. J. **52**, 552—557 (1952a).

— — Structure of ribonucleic acids. II. Smaller products of ribonuclease digestion. Biochem. J. **52**, 558—565 (1952b).

— — Structure of ribonucleic acids. III. The end groups, the general structure, and the nature of the core. Biochem. J. **52**, 565—571 (1952c).

McCULLY, K. A., W. A. MAW and R. H. COMMON: Zone electrophoresis of the proteins of the fowl's serum and egg yolk. Canad. J. Biochem. Physiol. **37**, 1457—1468 (1959).

— CHI-CHING MOK and R. H. COMMON: Paper electrophoretic characterization of proteins and lipoproteins of hen's egg yolk. Canad. J. Biochem. Physiol. **40**, 937—952 (1962).

McKENZIE, H. A., and R. G. WAKE: Studies of casein. II. Moving boundary electrophoresis of casein fractions with particular reference to α-casein. Austral. J. Chem. **12**, 723—733 (1959).

McMEEKIN, T. L., N. J. HIPP and M. L. GROVES: The separation of the components of α-casein. I. The preparation of α_1-casein. Arch. Biochem. Biophys. **83**, 35—43 (1959).

MEVELEDE, E., F. POTTIEZ et E. VANDAMME: Séparation et identification des bases ammonium quaternaires dans les milieux biologiques par electrophorèse sur papier. Arch. int. Pharmacodyn. **122**, 474—489 (1959).

MICHL, H., u. G. HÖGENAUER: Über Papierionophorese bei Spannungsgefällen von 50 V/cm. IV. Über die Papierionophorese von Abbausäuren (Dicarbonsäuren). J. Chromatograph. **2**, 380—383 (1959).

NIKKILÄ, O. E., and R. R. LINKO: Paper electrophoretic analysis of proteins extracted at low ionic strength from fish skeletal muscle. Biochem. J. **60**, 242—247 (1955).

OTT, H.: Elektrophoretische Trennung von Serum in Acrylamidgel. Med. Welt **1960**, 2697 bis 2700.

PENCE, J. W., and A. H. ELDER: The albumin and globulin proteins of wheat. Cereal Chem. **30**, 275—287 (1953).

PERILÄ, O.: Separation of saturated straight chain fatty acids. II. Quantitative paper ionophoresis. Acta chem. scand. **9**, 1231—1232 (1955).

PETERSON, R. F., and L. W. NAUMAN: Factors affecting the separation of milk proteins and partially hydrolyzed proteins by continuous flow paper electrophoresis. J. Chromatograph. **4**, 42—51 (1960).

PHILPOT, J. ST. L.: Direct photography of ultracentrifuge sedimentation curves. Nature (Lond.) **141**, 283—284 (1938).

— and G. H. COOK: A self-plotting interferometric optical system for the ultracentrifuge. Research (Lond.) **1**, 234—236 (1948).

PUČAR, Z.: Kontinuierliche Elektrophorese und zweidimensionale Elektrochromatographie. J. Chromatograph. **4**, 261—318 (1960).

RAYMOND, S., and L. WEINTRAUB: Acrylamide gel as a supporting medium for zone electrophoresis. Science (Washington) **130**, 711 (1959).

— and YI-JU WANG: Preparation and properties of acrylamide gel for use in electrophoresis. Analytic. Biochem. (N. Y.) **1**, 391—396 (1960).

RICHMOND, V., and B. S. HARTLEY: A two dimensional system for the separation of amino acids and peptides on paper. Nature (Lond.) **184**, 1869—1870 (1959).

SANSONI, B., u. R. KLEMENT: Trennung von Phosphaten durch Papierelektrophorese. Angew. Chem. **65**, 422—423 (1953).

Schormüller, J., u. K. Lehmann: Phosphate und organische Phosphorverbindungen in Lebensmitteln. V. Trennung von Phosphopeptiden durch kontinuierliche Ablenkungselektrophorese. Z. Lebensmittel-Untersuch. u. -Forsch. 110, 363—366 (1959).

— H.-D. Belitz u. E. Bachmann: Phosphate und organische Phosphorverbindungen in Lebensmitteln. X. Phosphopeptide aus enzymatischen Hydrolysaten von α- und β-Casein. Z. Lebensmittel-Untersuch. u. -Forsch. 115, 402—409 (1961).

Smithies, O.: Zone electrophoresis in starch gels and its applications to studies of serum proteins. In: Advanc. Protein Chem. 14, S. 65—113. New York: Acad. Press Inc., Publ. 1959.

Sugano, H.: Studies on egg yolk proteins. II. Electrophoretic studies on phosvitin, lipovitellin and lipovitellenin. J. Biochem. (Tokyo) 44, 205—215 (1957).

—, and I. Watanabe: Isolation and some properties of native lipoproteins from egg yolk. J. Biochem. (Tokyo) 50, 473—480 (1961).

Svensson, H.: Direkte photographische Aufnahme von Elektrophorese-Diagrammen. Kolloid-Z. 87, 181—186 (1939).

— An interferometric method for recording the refractive index derivative in concentration gradients. Acta chem. scand. 3, 1170—1177 (1949).

— Optical arrangement for getting simultaneous records of the refractive index and its derivative for stratified solutions. Acta chem. scand. 4, 399—403 (1950).

— R. Forsberg and L.-A. Lindström: An interferometric method for recording the refractive index derivative in concentration gradients. III. The construction of the optical differentiators and an experimental test of the method. Acta chem. scand. 7, 159—166 (1953).

Theander, O.: Paper ionophoresis of aldehydes and ketones in the presence of hydrogen sulphite. Acta chem. scand. 11, 717—723 (1957).

Thorn, W., u. E. W. Busch: Hochspannungselektrophorese und optischer Fermenttest eingesetzt zur Trennung und quantitativen Bestimmung von Zuckern in Gemischen und Gewebsextrakten. Biochem. Z. 333, 252—262 (1960).

Tiselius, A.: A new apparatus for electrophoretic analysis of colloidal mixtures. Trans. Faraday Soc. 33, 524—531 (1937).

— and H. Svensson: The influence of electrolyte concentration on the electrophoretic mobility of egg albumin. Trans. Faraday Soc. 36, 16—22 (1940).

Tobias, J., and R. M. Serf: Electrophoresis of unfractionated protein from homogenized whole milk. J. Dairy Sci. 42, 550—552 (1959).

Wake, R. G., and R. L. Baldwin: Analysis of casein fractions by zone electrophoresis in concentrated urea. Biochim. biophys. Acta 47, 225—239 (1961).

Waldschmidt-Leitz, E., u. H. Brutscheck: Über die Zusammensetzung der elektrophoretisch unterscheidbaren Komponenten des Hordeins. II. Mitt. über Samenproteine. Hoppe-Seylers Z. physiol. Chem. 311, 1—5 (1958).

Whitehead, J. K.: Separation of amino acids and their N-acetyl derivatives by paper chromatography and paper ionophoresis. Biochem. J. 68, 653—662 (1958).

Wiedemann, E.: Die interferometrische Aufzeichnung von Brechungsindexgradienten-Kurven (dn/dx, x-Diagrammen). Helv. chim. Acta 35, 2314—2322 (1953).

Williams, J., and F. Sanger: The grouping of serine phosphate residues in phosvitin and casein. Biochim. biophys. Acta 33, 294—296 (1959).

Zentner, H.: The continuous electrophoresis of wheat gluten. Chem. and Industr. 1960, 317—318.

Multiplikative Verteilung

Von

Prof. Dr. ERICH HECKER, Heidelberg

Mit 27 Abbildungen

Die klassischen Verfahren der Substanztrennung, wie fraktionierte Destillation und fraktionierte Kristallisation, sind zur Auftrennung von Stoffgemischen biologischer Herkunft oft ungeeignet, weil sie die Anwendung erhöhter Temperaturen erfordern. Dies kann zur Zerstörung empfindlicher Substanzen führen. Es bedeutete daher einen wesentlichen Fortschritt, als A. J. P. MARTIN und R. L. M. SYNGE (1941) sowie L. C. CRAIG (1944), auf dem Nernstschen Verteilungssatz aufbauend, einfache und leistungsfähige Apparaturen zur multiplikativen Verteilung entwickelten. Sie fanden schnelle Verbreitung und sind in kurzer Zeit zu unentbehrlichen Methoden geworden, da sie eine Zerlegung von Stoffgemischen in wirkungsvoller Weise und bei größter Schonung der Substanzen sowohl in analytischem als auch in präparativem Maßstab gestatten. Es gibt heute im anorganischen und organisch-biochemischen Bereich kaum eine Stoffklasse, die nicht der Trennung durch Verteilung unterworfen worden wäre. Eine Übersicht vermittelt Tab. 1.

Tabelle 1. *Die wichtigsten Stoffklassen, auf die multiplikative Verteilungsverfahren angewandt wurden* (E. HECKER *1955, 1961*)

Anorganische Kationen und Anionen
Alkohole, Glykole, Zucker und Zuckeralkohole
Zuckerester und Glykoside
Nucleoside und Nucleotide
Nucleinsäuren
Aminosäuren, Peptide
Proteine
Aliphatische und aromatische Säuren
Phenole und phenolische Naturstoffe
Aliphatische und aromatische Amine
Purine, Pyrimidine
Porphyrine und Pterine
Alkaloide
Steroide und Gallensäuren
Chinoide Naturstoffe
Kohlenwasserstoffe und Azulene
Antibiotica
Biologische Faktoren und Stoffwechselprodukte
Synthetische Polymere
Zellbestandteile

Die folgenden Abschnitte beschränken sich auf die Verteilung organischer Verbindungen. Es werden die wichtigsten multiplikativen Verteilungsverfahren besprochen, die auf der Anwendung von zwei freien, flüssigen Phasen beruhen.

Auf die Methodik der Verteilungs- und Papierchromatographie, bei der die eine der beiden Phasen an einen festen Träger gebunden ist, wird im Abschnitt „Chromatographische Verfahren" eingegangen. Wegen theoretischer und methodischer Einzelheiten, die über den Rahmen dieser Einführung hinausgehen, wird auf die einschlägigen Monographien und Zusammenfassungen verwiesen (H. M. Rauen und W. Stamm 1953; E. Hecker 1955; L. C. Craig, D. Craig und G. Scheibel 1956; O. Jübermann 1958; E. Hecker 1961; E. Hecker 1963a). Wegen der Verteilung anorganischer Verbindungen vgl. E. Hecker (1955), G. H. Morrison und H. Freiser (1957).

A. Grundlagen der multiplikativen Verteilung

I. Der Nernstsche Verteilungssatz; Parameter der Verteilung

Die Verteilung von Substanzen durch Ausschütteln ist eine der einfachsten und am längsten bekannten Trennungsmethoden. Als Gerät dazu dient der Scheidetrichter. So kann man z. B. durch mehrfaches Ausschütteln der wäßrigen Lösung eines Gemisches von Valeriansäure und Kochsalz mit Äther die organische Säure vom anorganischen Salz trennen. Nicht ohne weiteres lassen sich auf diese Weise jedoch Gemische mehrerer organischer Säuren, z. B. von Buttersäure, Valeriansäure und Capronsäure, in die reinen Komponenten zerlegen; die Trennung derartiger Gemische durch Verteilung zwischen zwei nicht mischbaren Flüssigkeiten erfordert Verfahren mit größerer Trennleistung als das einfache Ausschütteln. Es ist eine Reihe solcher Verfahren bekannt, die alle darauf beruhen, daß man eine Vielzahl von einzelnen Verteilungen nach einem bestimmten Schema ausführt. Diese Verfahren werden unter dem Begriff „Multiplikative Verteilungsverfahren" zusammengefaßt. Ihre verschiedenen Ausführungsformen werden nach denjenigen Autoren benannt, die das betreffende Verfahren zuerst und in wirkungsvoller Weise angewandt haben (E. Hecker und K. Allemann 1954).

Die einfache Verteilung durch Ausschütteln und die verschiedenen Verfahren der multiplikativen Verteilung sind Anwendungen des Nernstschen Verteilungssatzes (W. Nernst 1926), der quantitative Aussagen über das Verhalten einer Substanz beim Schütteln mit zwei nicht mischbaren Flüssigkeiten macht:

1. Eine gelöste Substanz, die sich im Gleichgewicht mit zwei beschränkt mischbaren Flüssigkeiten befindet, ist in einem konstanten und reproduzierbaren Verhältnis zwischen diesen Flüssigkeiten verteilt. Das Verteilungsverhältnis ist außer vom Lösungsmittelsystem nur von der Temperatur (und vom Druck), nicht aber von der Konzentration der gelösten Substanz abhängig.

2. Bei Gegenwart mehrerer Molekelarten in beiden Flüssigkeitsschichten verteilen sich die einzelnen Molekeln so, als ob die anderen nicht zugegen wären. Für jede Molekelart gilt die einfache Beziehung

$$\frac{c_l}{c_s} = k_i \text{ (T. System)} , \tag{1}$$

wobei c_l die Konzentration in der leichteren Flüssigkeitsschicht, c_s die Konzentration derselben Molekelart in der schwereren Flüssigkeitsschicht (z. B. in Mol/Liter) und k_i den individuellen Verteilungskoeffizienten jeder Molekelart bedeutet. Der Nernstsche Verteilungssatz [Gl. (1)] ist ein Grenzgesetz, das nur für genügend verdünnte Lösungen gilt.

Die beiden Flüssigkeitsschichten l und s werden im folgenden als „leichte Phase" bzw. „schwere Phase" bezeichnet. Beide Phasen zusammengenommen bilden das „Lösungsmittelsystem".

Wenn die verteilte Substanz in leichter und schwerer Phase nur in *einer* Molekelform vorkommt, ist das Verhältnis c_l/c_s in Gl. (1) identisch mit dem Verhältnis der Gesamtkonzentration C_l/C_s der Substanz in den beiden Phasen, das zum Unterschied von Gl. (1) mit

$$\frac{C_l}{C_s} = K \qquad (2)$$

bezeichnet werden soll. Nur dieser auf die Gesamtkonzentration einer Substanz bezogene Verteilungskoeffizient K ist für die praktische Anwendung der Verfahren der Verteilung von Bedeutung, da der individuelle Verteilungskoeffizient k_i meist nicht in einfacher Weise bestimmt werden kann. Auch der auf die Gesamtkonzentration bezogene Verteilungskoeffizient K ist von der Konzentration unabhängig, wenn die Substanz in beiden Phasen nur in einer Molekelform vorkommt.

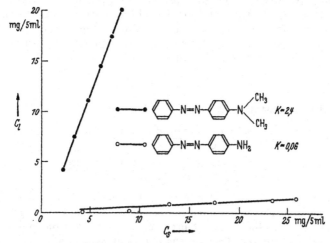

Abb. 1. Verteilungsisotherme von Dimethylamino- und Aminoazobenzol im System n-Heptan (120), Benzol (3)/Methanol (120), Wasser (24) bei 20° C (E. HECKER 1960)

Verteilt man z. B. verschiedene Mengen der Farbstoffe Dimethylamino-azobenzol (Buttergelb) und Amino-azobenzol durch anhaltendes Schütteln in jeweils gleichen Volumina der beiden Phasen eines bestimmten Lösungsmittelsystems (Abb. 1) im Scheidetrichter, so erhält man von der Konzentration unabhängige, konstante K-Werte. Trägt man C_l und C_s in der Reihenfolge steigender Konzentrationen in einem Koordinatensystem auf, so ergeben sich Geraden mit dem Anstieg K (Abb. 1), die als Verteilungsisothermen bezeichnet werden.

Infolge von Assoziation oder Dissoziation können von derselben Substanz aber auch mehrere Molekelarten in einer Phase oder in beiden Phasen zugleich auftreten. Dann ist zwar nach Nernst für jede einzelne Molekelart ein konzentrationsunabhängiger, individueller Verteilungskoeffizient k_i zu erwarten, das auf einfache Weise bestimmbare Verhältnis der Gesamtkonzentration C_l und C_s wird aber konzentrationsabhängig, weil Assoziations- und Dissoziationsgleichgewichte in den Ausdruck für die Verteilung eingehen. In vielen Fällen kann man durch geschickte Auswahl der Lösungsmittel trotzdem eine lineare Verteilungsisotherme erzielen (vgl. S. 738). Das ist von praktischer Bedeutung, weil die Trennung von Substanzgemischen durch multiplikative Verteilung bei linearer Verteilungsisotherme mit minimalem Aufwand möglich ist.

Wenn nicht anders vermerkt, gelten alle im folgenden angestellten Überlegungen für Substanzen mit linearer Verteilungsisotherme. Unter dieser Voraussetzung ist der Verteilungskoeffizient K eine einfache und leicht zu bestimmende physikalische Konstante, die wie Schmelz- und Siedepunkt zur Charakterisierung einer Substanz herangezogen werden kann.

Die Angabe eines Verteilungskoeffizienten ist nur dann sinnvoll, wenn gleichzeitig die Zusammensetzung des Lösungsmittelsystems und die Temperatur vermerkt sind, etwa in der Form

$$\text{Propionsäure } K_{20°C} = 1,8 \text{ (Äther/Wasser)}.$$

Besteht das Lösungsmittelsystem aus mehr als zwei Flüssigkeiten, so drückt man seine Zusammensetzung am besten durch das Volumenverhältnis der reinen Lösungsmittel aus, wie etwa (vgl. Abb. 1) n-Heptan (120), Benzol (3)/Methanol (120), Wasser (24). Das heißt zur Bereitung des Lösungsmittelsystems werden 120 Volumenteile n-Heptan, 3 Volumenteile Benzol, 20 Volumenteile Methanol und 1 Volumenteil Wasser ins Gleichgewicht gesetzt. Die Verteilung wird mit den beiden dabei entstehenden Phasen vorgenommen.

Beim einfachen Ausschütteln und für die multiplikative Verteilung ist das Volumenverhältnis der beiden Phasen eine wichtige Variable. Es ist daher zweckmäßig, Gl. (2) umzuformen und statt des klassischen Verteilungskoeffizienten K das Verhältnis der relativen Substanzmengen in den beiden Phasen, die *Verteilungszahl* G zu verwenden. Es gilt dann

$$\begin{aligned} p/q &= G_{(T, V, \text{System})} \\ &= K \cdot V, \end{aligned} \qquad (3)$$

wobei die relativen Substanzmengen als Verhältnis

$$p = \frac{\text{Substanzmenge in der leichten Phase}}{\text{Gesamtsubstanzmenge}}$$

$$q = \frac{\text{Substanzmenge in der schweren Phase}}{\text{Gesamtsubstanzmenge}},$$

angegeben werden, so daß $p + q = 1$ wird. $V = V_l/V_s$ ist das Verhältnis Volumen der leichten Phase/Volumen der schweren Phase. Die Form der Gl. (3) ist dieselbe wie die der Gl. (2). Der Unterschied besteht nur darin, daß die Verteilungszahl G außer von der Temperatur und dem System auch vom Volumenverhältnis der Phasen abhängt. Für den einfachsten Fall $V = 1$ ist $G = K$.

Da die Kenntnis des Volumenverhältnisses zur Nacharbeitung einer multiplikativen Verteilung notwendig ist, gibt man zweckmäßig mit der Verteilungszahl G auch V an.

Aus der Verteilungszahl G leiten sich zwei weitere wichtige Größen ab, die den zur Trennung eines Substanzgemisches nötigen apparativen Aufwand entscheidend bestimmen. Der *Volumenfaktor* α ist als Produkt der Verteilungszahlen der zu trennenden Substanzen A und B definiert (E. HECKER 1955):

$$\alpha = G_A \cdot G_B. \qquad (4)$$

Bei gegebenem Lösungsmittelsystem wird optimale Trennung zweier Substanzen erzielt, wenn man das Volumenverhältnis der Phasen so wählt, daß α den Wert 1 annimmt, d. h. daß $G_A = 1/G_B$ wird. Für ein Substanzpaar A und B ergibt sich dieses Verhältnis in einfacher Weise aus ihren Verteilungskoeffizienten:

$$V_{opt} = \frac{1}{\sqrt{K_A \cdot K_B}}. \qquad (5)$$

Der *Trennfaktor* β ist definiert als das Verhältnis der Verteilungszahlen der zu trennenden Substanzen A und B, nämlich

$$\beta = \frac{G_A}{G_B} = \frac{K_A}{K_B} \geq 1. \qquad (6)$$

Je größer der Trennfaktor ist, desto leichter sind die Substanzen zu trennen. Für $\beta = 1$ $(G_A = G_B)$ ist eine Trennung durch Verteilung unmöglich.

Der Zahlenwert des Trennfaktors β hängt entscheidend von der Zusammensetzung des Lösungsmittelsystems ab: Jedem Lösungsmittelsystem kommt für ein bestimmtes Substanzpaar eine gewisse „Selektivität" zu, die durch den Trennfaktor zahlenmäßig ausgedrückt wird. Man hat also die Möglichkeit, den Trennfaktor durch geeignete Wahl der Lösungsmittel zu vergrößern und dadurch die Trennung zu erleichtern.

Zusammenfassend kann festgestellt werden: Bei der Trennung von Substanzgemischen durch Verteilung sollte durch geeignete Wahl des Lösungsmittelsystems (S. 738) dafür Sorge getragen werden, daß die Verteilungsisothermen der zu trennenden Substanzen linear sind und daß die Verteilungskoeffizienten etwa zwischen $K = 0,1$ und 10 liegen. Ferner sollen

$$\alpha = 1 \quad \text{sowie} \quad \beta \gg 1$$

sein.

Die zur Verteilung wichtigen Parameter für Dimethylaminoazobenzol und Aminoazobenzol sind in Tab. 2 für das in Abb. 1 angegebene Lösungsmittelsystem zusammengestellt:

Tabelle 2. *Parameter der Verteilung für Dimethylamino- und Aminoazobenzol im System n-Heptan (120), Benzol (3)/Methanol (120), Wasser (24) bei 20° C, nach* E. HECKER *1960*

Substanz	K	$V_{opt.}$	G bei $\alpha = 1$	β
Dimethylamino-azobenzol	2,40		6,34	
		2,64		40
Aminoazobenzol . . .	0,06		0,16	

II. Bestimmung von Verteilungskoeffizienten

Zur Bestimmung des Verteilungskoeffizienten füllt man in einen kleinen Scheidetrichter oder ein Scheideröhrchen (Abb. 2) z. B. je 5 ml leichte und schwere Phase, gibt 10—20 mg der zu verteilenden Substanz hinzu und stellt durch Umschütteln das Verteilungsgleichgewicht ein. Hierbei ist es ratsam, das Scheideröhrchen nur an Stopfen und Hahn anzufassen, um Temperaturänderungen der Lösungsmittel zu vermeiden. Nach der Trennung der Phasen wird der Substanzgehalt der leichten und der schweren Phase mit einer geeigneten analytischen Methode bestimmt. Wenn man das Verhältnis der in beiden Phasen enthaltenen Substanzmengen bildet, erhält man die Verteilungszahl G, die mit dem verwendeten Volumenverhältnis der beiden Phasen nach Gl. (3) leicht auf K umgerechnet werden kann. Das Verfahren liefert zuverlässige Werte, wenn K zwischen 0,1 und 10 liegt. Für die genaue Bestimmung größerer oder kleinerer K-Werte zieht man besser das Verfahren der Austauschverteilung heran (C. GOLUMBIC und S. WELLER 1950). — Verteilungskoeffizienten einiger einfacher Verbindungen in zwei verschiedenen Lösungsmittelsystemen sind in Tab. 3 wiedergegeben.

Nur unter gleichen Umständen bestimmte K- bzw. G-Werte sind ohne weiteres vergleichbar. Um zuverlässige Werte zu erhalten, müssen bestimmte Voraussetzungen erfüllt sein. Am besten verwendet man zur Verteilung destillierte Lösungsmittel; die beiden Phasen müssen vorher durch längeres Schütteln gegeneinander abgesättigt werden; die zu verteilende Substanz ist so lange mit den beiden Phasen zu schütteln, bis das Verteilungsgleichgewicht vollständig erreicht ist. Bei Einhaltung dieser Bedingungen wird man im allgemeinen mit einer Reproduzierbarkeit der Zahlenwerte von $\pm\,3\%$ rechnen können.

Die Geschwindigkeit, mit der sich das Verteilungsgleichgewicht beim Schütteln im Scheidetrichter einstellt, hängt wesentlich von der Art des Durchmischens der beiden Phasen ab. Zu kräftiges Durchschütteln führt mehr oder weniger leicht zu Emulsionen, die den Austausch der Substanz zwischen den Tröpfchen der beiden Phasen verhindern, und zu schwaches Schütteln schafft nicht genügend Berührungsflächen. Ein Austausch mit optimaler Geschwindigkeit findet dagegen statt, wenn die Tropfen der beiden Phasen laufend neu gebildet und wieder zerstört werden. Dies wird am besten durch Kippungen des Scheideröhrchens (Abb. 2)

Tabelle 3. *Verteilungskoeffizienten einfacher Verbindungen in zwei verschiedenen Lösungsmittelsystemen. Werte nach* R. Col-lander *1949 und 1950*

Substanz	°C	Äther/Wasser K	Isobutanol/Wasser K
Methylamin	20	0,0023	0,62
Dimethylamin	21	0,055	1,20
Trimethylamin	21	0,46	3,10
Äthylamin	18	0,06	1,20
n-Propylamin	19	0,29	3,70
n-Butylamin	19	1,1	9,20
Acetamid	19	0,0025	0,33
Propionamid	19	0,013	0,69
n-Butyramid	18	0,058	1,50
Acetaldehyd	19	0,41	1,8
Propionaldehyd	18	2,0	6,7
n-Butyraldehyd	20	—	16,0
Essigsäure	19	0,52	1,20
Propionsäure	20	1,8	3,3
n-Buttersäure	21	6,5	8,7
n-Valeriansäure	22	23	—
Bernsteinsäure	23	0,15	0,96
Glutarsäure	19	0,27	2,0
Adipinsäure	22	0,54	3,5
o-Aminobenzoesäure	20	27	15
m-Aminobenzoesäure	20	1,5	2,9
p-Aminobenzoesäure	20	7,6	7,7

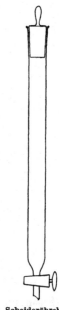

Abb. 2. Scheideröhrchen zur Bestimmung von Verteilungskoeffizienten; Länge 15 cm, Durchmesser 1,5 cm. (Nach E. Hecker 1955)

um eine horizontale Achse erreicht. Dreht man das Scheideröhrchen schnell um 180°, so steigt die eingeschlossene Luft unter Durchmischung der beiden Phasen auf. Wenn die Luftblasen das obere Ende des Röhrchens erreicht haben, dreht man wieder um 180° in die Ausgangsstellung zurück usw. Auf diese Weise wird ein sehr intensiver Substanzaustausch zwischen den Phasen erzielt. Zwei solcher Kippungen sollen im folgenden immer als eine (Standard-)Umschüttelung (ν) bezeichnet werden. Das Scheideröhrchen befindet sich also nach einer Standard-Umschüttelung wieder in der Ausgangsstellung (Abb. 2).

Die Geschwindigkeit der Gleichgewichtseinstellung bei dieser Schütteltechnik ist an zahlreichen Verbindungen gemessen worden. Es wurde gefunden, daß keine der Substanzen mehr als 50 Umschüttelungen zur vollständigen Einstellung des Verteilungsgleichgewichts benötigt (G. T. Barry u. Mitarb. 1948). Meist kommt man mit weniger Umschüttelungen ($\nu = 20$ bis 30) aus.

Als Vorversuch zur Trennung eines Substanzgemisches unbekannter Zusammensetzung bestimmt man den Verteilungskoeffizienten K_M bzw. die Verteilungszahl G_M des Gemisches (E. Hecker 1955). Es ist

$$\frac{p_M}{q_M} = G_M, \tag{7}$$

p_M und q_M bedeuten die relative Menge des Gemisches, die sich nach Gleichgewichtseinstellung in leichter und schwerer Phase befindet. Die Verteilungszahl G_M hat naturgemäß keine Bedeutung als Stoffkonstante, sie gibt jedoch nützliche Anhaltspunkte über die Brauchbarkeit des gewählten Systems zur multiplikativen Verteilung. So sollte der Zahlenwert von G_M für die meisten multiplikativen Verteilungsverfahren zwischen 0,5 und 2,0 liegen.

Bei der Wahl der Bestimmungsmethoden für die verteilte Substanz wird man sich vor allem an Verfahren halten, die ein rasches Arbeiten erlauben. Meist genügt eine Genauigkeit der Bestimmung auf $\pm 1-3\%$. Von den in Frage kommenden Verfahren (z. B. gravimetrische Bestimmung, Titration, Polarimetrie, Polarographie, Bestimmung der Radioaktivität, biologischer Test u. a.) ist die gravimetrische Bestimmung (Trockenrückstand) die zuverlässigste Methode. Voraussetzung zur Anwendung der Methode ist, daß sich die Lösungsmittel vollständig verdampfen lassen und daß die zu wägenden Substanzen nicht flüchtig sind. Wenn nur eine Phase flüchtig ist (z. B. im System organisches Lösungsmittel/Puffer), kann man oft die zu bestimmende Substanz quantitativ aus der nicht flüchtigen Phase in die flüchtige Phase überführen, z. B. durch Aussalzen usw. Bei bekannter Gesamtmenge genügt es häufig, den Gehalt der einen Phase zu bestimmen und den der anderen aus der Differenz zu ermitteln.

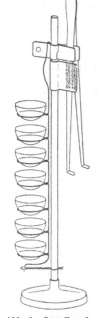

Zur Bestimmung des Trockenrückstandes zahlreicher Fraktionen sind verschiedene Apparaturen vorgeschlagen worden. Bei dem Gerät nach L. C. CRAIG u. Mitarb. (1951a) werden aliquote Teile der zu bestimmenden Lösungen eingedampft. Man bringt dazu beispielsweise je 1—3 ml der Lösung mittels einer Injektionsspritze in dünnwandige Glasschälchen. Diese wiegen etwa 0,5 g und hängen, nach aufsteigenden Gewichten geordnet, in Drahtösen, die an einem einfachen Gestell befestigt sind (Abb. 3). Ein Schälchen dient als Tara und macht die Arbeitsgänge der anderen mit.

Das Entfernen der Lösungsmittel wird einzeln auf einem Dampfbad vorgenommen und durch einen Luftstrom beschleunigt, der auf die Flüssigkeitsoberfläche in den Schälchen geblasen wird. Während ein Schälchen eindampft, werden die anderen vorgewärmt. Ist das Lösungsmittel soweit wie möglich aus einem Satz von Schälchen entfernt, so werden sie auf ihr Gestell gebracht, samt

Abb. 3. Gestell und Abdampfschälchen zur Bestimmung von Trockenrückständen. (L. C. CRAIG u. Mitarb. 1951a)

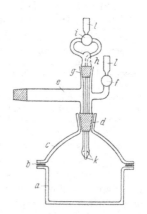

Abb. 4. Eindampfgerät[1] mit Bodengefäß a, Gummidichtung b, Glasdeckel c, Schliff d, Abdampfrohr e, Entlüftungshahn f, Schliff g, Capillareneinsatz h, Dreiwegehahn i, Capillaren k, Röhren für Wattebausch l. (E. HECKER 1955)

diesem in einen evakuierbaren Glasmantel gestellt und in einem Dampfbad im Ölpumpenvakuum einige Zeit getrocknet. Bei Eindampfrückständen von 0,5 bis 5 mg braucht man ein Verspritzen von Substanz nicht zu befürchten.

Gleichzeitig und ohne Aufsicht kann das Eindampfen von größeren Lösungsmittelmengen (bis 40 ml) oder aliquoten Teilen davon in einer einfachen Apparatur ausgeführt werden, die einem heizbaren Vakuumexsiccator ähnlich ist (E. HECKER 1955). Sie besteht aus einem glockenförmigen Glasdeckel c (Abb. 4) und einem angeschliffenen Porzellanbodengefäß a und ist mit einem besonders konstruierten

---

[1] Das Gerät kann komplett von der Fa. E. Bühler, Fabrik wissenschaftlicher Apparate, 74 Tübingen, Reutlinger Straße 6, bezogen werden.

Capillareneinsatz h versehen, durch den ein regelbarer Luft- oder Inertgasstrom zugeführt werden kann. Zum Auffangen wertvoller Lösungsmittel ist das Gerät mit einer Kühlfalle (im Anschluß an e) ausgestattet. Das Bodengefäß taucht in ein Wasserbad ein.

Die einzudampfenden Lösungen werden in dünnwandigen, weithalsigen Spezialerlenmeyer-kölbchen geeigneter Größe in das Bodengefäß der Apparatur gestellt. Nach Aufsetzen des Deckels mit Abdampfrohr und Capillareneinsatz wird mit der Wasserstrahlpumpe evakuiert. Hierbei können am Capillareneinsatz drei Vakuumstufen eingestellt werden. Die Einstellung der richtigen Vakuumstufe läßt sich auf einfache Weise kontrollieren: Man stellt beim Ein-dampfen ein zusätzliches Testkölbchen in die Apparatur, das dieselben Lösungsmittel wie die anderen Kölbchen, aber keine gelöste Substanz, sondern ein Siedesteinchen aus Bimsstein enthält. Wird ein zu hohes Vakuum eingestellt, so zeigen dies die am Siedesteinchen auf-steigenden Dampfblasen sofort an. Ein Verspritzen von Substanz durch Aufsieden des Lösungsmittels kann auf diese Weise zuverlässig vermieden werden.

Die Beheizung des Wasserbades richtet sich nach der Flüchtigkeit der verwendeten Lösungsmittel und der Empfindlichkeit der Substanz und kann durch ein Kontaktthermometer geregelt werden. Bei empfindlichen Substanzen werden die Lösungsmittel ohne Beheizung im Luft- oder Inertgasstrom entfernt. Nach Einstellung des Vakuums kann man das Gerät ohne weitere Aufsicht betreiben. Man dampft am besten über Nacht ein und kann dann am anderen Morgen wiegen, nachdem die Kölbchen kurze Zeit in einem Vakuumexsiccator gestanden haben.

B. Verfahren der multiplikativen Verteilung

Wenn man ein Gemisch zweier Substanzen A und B durch einmaliges Aus-schütteln verteilt, so kann nur bei großen Trennfaktoren eine praktisch quanti-tative Trennung erwartet werden.

Man kann auf Grund der in Tab. 3 für Dimethylamino- und Aminoazobenzol angegebenen Daten leicht nachrechnen, daß die einmalige Verteilung eines Gemisches aus gleichen Mengen dieser Substanzen bei einem Volumenfaktor von $\alpha = 1$ ($V_{opt} = 2,64$, Tab. 3) in der leichten Phase ein Gemisch aus 86% Dimethylaminoazobenzol und 14% Aminoazobenzol und in der schweren Phase ein Gemische aus 86% Aminoazobenzol und 14% Dimethylamino-azobenzol liefert. Eine einmalige Verteilung bringt also auch bei optimalem Volumenverhältnis und einem relativ großen Trennfaktor von $\beta = 40$ noch keine auch nur annähernd quantitative Trennung der Substanzen.

Als Faustregel gilt, daß bei $\beta < 100$ der durch die einmalige Verteilung − den Einzelprozeß − erzielbare Trenneffekt − der Einzeleffekt − vervielfacht werden muß, wenn man zu praktisch brauchbaren Trennungen kommen will. Dies wird mit den Verfahren der multiplikativen Verteilung erreicht. Man benötigt dazu mehrere Scheidetrichter oder andere geeignete Gefäße, allgemeiner als Verteilungs-elemente bezeichnet und dementsprechend mehr Lösungsmittel sowie eine Vor-schrift, wie diese Verteilungselemente zu gebrauchen sind. Solche „Vorschriften" werden zweckmäßig als Fließschema angegeben.

I. Diskontinuierliche Verfahren

1. Fließschema

Die einfachste Ausführungsform der multiplikativen Verteilung ist der Grund-prozeß der *Craig*-Verteilung. Fünf Verteilungselemente seien nebeneinander auf-gestellt und zur Kennzeichnung von $r = 0-4$ numeriert. In jedes Element wird 5 ml schwere Phase gegeben, dann löst man in 5 ml leichter Phase z. B. 1 g einer Substanz A, die in dem verwendeten System eine Verteilungszahl $G = 1$ haben soll. Die Lösung gibt man in das Element mit der Nummer $r = 0$, das dann gleiche Volumina substanzfreie schwere Phase und substanzhaltige leichte Phase enthält. Dieser Zustand der Reagensgläser ist im Fließschema Abb. 5 als „Ausgangs-zustand" gekennzeichnet. Nun stellt man in Element 0 durch Umschütteln das

Verteilungsgleichgewicht ein. Entsprechend der Verteilungszahl ($G = 1$) befindet sich nach der Phasentrennung 0,5 g der Substanz A in der leichten und 0,5 g in der schweren Phase. Jetzt transportiert man z. B. mittels eines kleinen Hebers die leichte Phase von Element 0 nach Element 1. In Reagensglas 0 wird frische leichte Phase nachgefüllt. Damit ist der erste Verteilungsschritt ($n = 1$) beendet (Abb. 5).

Zur Ausführung des nächsten Verteilungsschrittes wird sowohl in Element 0 als auch in Element 1 das Verteilungsgleichgewicht eingestellt; nach der Schichtentrennung werden die leichten Phasen jeweils in das Element mit der nächst höheren Nummer transportiert. In Element 0 wird wieder frische leichte Phase nachgefüllt und damit der Verteilungsschritt $n = 2$ beendet; es sind jetzt die Elemente $= 0, 1, 2$ mit schwerer und leichter Phase gefüllt. Die Verteilung der Substanz auf die Phasen ist in Abb. 5 angegeben.

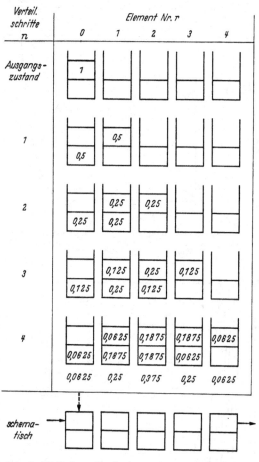

Der 3. Verteilungsschritt beginnt wieder mit der Gleichgewichtseinstellung durch Umschütteln der einzelnen Elemente, darauf folgt der Transport der leichten Phasen ins jeweils nächste Element sowie das Nachfüllen der leichten Phase in Reagensglas 0 (Abb. 5).

Fährt man auf diese Weise fort, bis alle $z = 5$ Elemente ($r = 0 - 4$) eine leichte und schwere Phase enthalten, so hat man $n = z - 1 = 4$ Verteilungsschritte ausgeführt, und die Substanz ist auf die leichten und schweren Phasen der 5 Elemente verteilt, wie im einzelnen aus Abb. 5 ($n = 4$) hervorgeht. Die Substanzmenge in jedem Element – leichte und schwere Phase zusammengenommen – bilden eine Fraktion r. Die Nummern der Fraktionen sind beim Grundprozeß mit den Nummern der zugehörigen Elemente identisch und laufen von $r = 0$ bis $r = n$ (Abb. 5).

Abb. 5. Fließschema für die ersten Verteilungsschritte beim Grundprozeß der Craig-Verteilung; einmalige Substanzzufuhr am Anfang, mobile leichte, stationäre schwere Phase. Weitere Erläuterungen im Text

Nach beendeter Verteilung gießt man den Inhalt eines jeden Reagensglases in ein Erlenmeyerkölbchen und verdampft das Lösungsmittel (vgl. S. 719). Der Rückstand wird gewogen. Die Gewichte der Fraktionen sind in Abb. 5 unten angegeben; trägt man sie auf der Ordinate und die zugehörigen Fraktionsnummern auf der Abszisse eines rechtwinkligen Koordinatensystems ab, so wird eine Verteilungskurve erhalten, deren Maximum über $r = 2$ liegt. Führt man den Grundprozeß der *Craig*-Verteilung in $z = 25$ Verteilungselementen z. B. mit einem Gemisch aus gleichen Teilen einer Substanz B ($K_B = 1,0$) und einer Substanz A ($K_A = 0,1$) aus, so erhält man die im Verteilungsdiagramm Abb. 6 wiedergegebenen Verteilungskurven mit Maxima über $r = 2$ und $r = 12$. Man erkennt, daß eine Substanz bei mobiler leichter Phase um so schneller die Reihe der

Elemente entlang wandert, je größer ihre Verteilungszahl ist. Bei näherer Betrachtung der Verteilungskurven für $K_B = 0,1$ und $K_A = 1,0$ erkennt man, daß eine ganze Anzahl der Fraktionen unter den beiden Kurven jeweils reine Substanz enthält. Allerdings überlappen sich die Kurven noch in den Fraktionen $r = 5, 6, 7$ und 8, d. h. in diesen Fraktionen ist die eine Substanz durch größere Mengen der anderen verunreinigt. Um optimale Trennung in den gegebenen 24 Elementen zu erzielen, müßte man die Verteilung nach Gl. (4) bzw. (5) mit einem Volumenfaktor ($\alpha = 1$), also von $V_{opt} = 1/\sqrt{0,1} = 3,16$ durchführen. Dann hätte man die in Abb. 6 gestrichelt eingezeichneten Kurven zu erwarten, die symmetrisch zu $r = 12$ liegen. Der Grad der Überschneidung dieser beiden Verteilungskurven (im Bereich von $r = 12$) ist geringer, d. h. man erhält von B und A bei $\alpha = 1$ eine höhere Ausbeute an reiner Substanz.

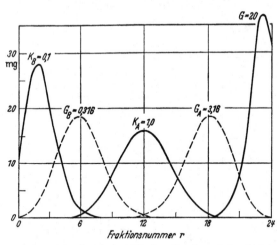

Abb. 6. Verteilungskurven für den Grundprozeß der Craig-Verteilung bei n = 24. Berechnet nach E. HECKER, 1955. Weitere Erläuterungen im Text

Der Trennfaktor der Substanzen B und A hat den Wert $\beta = 10$. Bei der Trennung von Gemischen mit $\beta < 10$ sind mehr als 24 Verteilungsschritte, d. h. beim Grundprozeß auch mehr Elemente erforderlich, um die gleiche Ausbeute an reinen Substanzen wie in Abb. 6 zu erzielen. Auch müßten mehr als 24 Verteilungsschritte ausgeführt werden, wenn sich die gestrichelten Verteilungskurven in Abb. 6 überhaupt nicht mehr überschneiden sollten. Eine quantitative Beziehung zwischen dem Trennfaktor β, der Zahl der Verteilungsschritte n und der Ausbeute an reiner Substanz gibt die vereinfachte Trennfunktion des Grundprozesses (E. HECKER 1955),

$$n = \frac{C_{R,a}}{\frac{\beta+1}{\sqrt{\beta}} - 2}, \qquad (8)$$

die in Abb. 7 graphisch dargestellt ist. $C_{R,a}$ ist eine Reinheits-Ausbeutenkonstante, die für

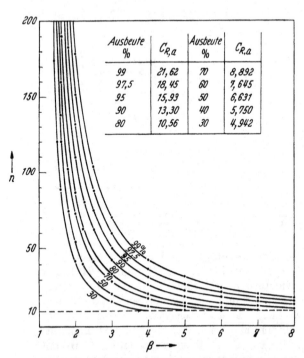

Ausbeute %	$C_{R,a}$	Ausbeute %	$C_{R,a}$
99	21,62	70	8,892
97,5	18,45	60	7,645
95	15,93	50	6,631
90	13,30	40	5,750
80	10,56	30	4,942

Abb. 7. Die vereinfachte Trennfunktion des Grundprozesses der Craig-Verteilung für gleiche Mengen zweier Substanzen A und B und $\alpha = 1$. Die einzelnen Kurven gelten für 99% reine Substanzen sowie die an den Kurven angegebenen Ausbeuten. Aus der Tabelle gehen die Zahlenwerte der Konstante $C_{R,a}$ für verschiedene Ausbeuten an 99% reiner Substanz hervor, nach E. HECKER 1963a

gewünschte Reinheitsgrade und Ausbeuten bestimmte Zahlenwerte annimmt (E. HECKER 1963 a). Die Werte von $C_{R,a}$ für 99% reine Substanzen und verschiedene Ausbeuten können der in Abb. 7 eingefügten Tabelle entnommen werden. — Man erkennt aus dem Verlauf der Kurvenschar in Abb. 7, daß die Zahl der Verteilungsschritte n mit kleiner werdendem Trennfaktor β und hohen Anforderungen an die Ausbeute an 99% reiner Substanz rasch ansteigt.

Wenn eine gegebene Zahl von Scheidetrichtern oder eine Verteilungsapparatur (vgl. unten) zur Trennung zweier Substanzen nach dem Grundprozeß der *Craig*-Verteilung nicht ausreicht, so kann man die Verteilung mit Hilfe der Verfahren der Nachfraktionierung zu größeren Trenneffekten fortführen. Wegen der Ausführung dieser Verfahren wird auf die Spezialliteratur verwiesen (H. M. RAUEN und W. STAMM 1953, E. HECKER 1955, L. C. CRAIG, D. CRAIG und G. SCHEIBEL 1956).

2. Apparaturen und Beispiele für Trennungen

Die *Craig*-Verteilung läßt sich schon mit einfachsten Mitteln (Scheidetrichter, Reagensgläsern usw.) durchführen; besser geeignet sind spezielle Apparaturen, die die Ausführung von vielen hundert einzelnen Ausschüttelungen in kurzer Zeit

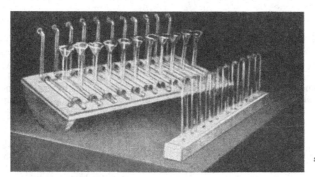

Abb. 8 a u. b. Gesamtansicht (*a*) und einzelnes Verteilungselement (*b*) der Apparatur nach WEYGAND. Das Element faßt 10 ml leichte Phase. (F. WEYGAND 1950)

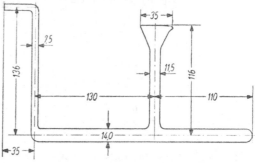

ermöglichen. Solche *Verteilungsbatterien* bestehen aus einer Anzahl von sinnreich konstruierten Verteilungselementen, die auf einer drehbaren Achse hintereinander angeordnet sind.

Eine einfache Verteilungsapparatur, bei der die Verteilungselemente auf einer Wippe montiert sind (Abb. 8 a), hat WEYGAND (1950) beschrieben; der Transport der leichten und schweren Phasen erfolgt manuell mit Hilfe eines Satzes von Reagensgläsern, in die die Phasen alle gleichzeitig eingegossen werden. Man verschiebt dann den Satz der Reagensgläser um eine Einheit und gießt die Phasen, wiederum alle gleichzeitig, zurück. Die Verteilungselemente (Abb. 8 b) sind zum Ausgießen und zum Nachfüllen der leichten Phase mit einem trichterförmig erweiterten Stutzen versehen; zum Ausgießen der schweren Phase dient ein schnabelförmig gebogenes Rohr (am linken Ende des Verteilungselementes Abb. 8 b). Mehrere Wippen können auch hintereinander geschaltet werden.

Auch das von Lathe und Ruthven beschriebene Gerät kann mit relativ einfachen Mitteln zusammengestellt werden (G. H. Lathe und C. R. J. Ruthven 1951). Die Verteilungselemente bestehen im wesentlichen aus einem U-Rohr, dessen weite Schenkel A und B (Abb. 9) durch Polyäthylenschläuche von kleinem Querschnitt verbunden sind.

Bis zu 50 Elemente dieses Typs können zu einer Verteilungsbatterie zusammengefaßt werden, wobei die gemeinsame Achse zweckmäßig zwischen den Schenkeln der U-Rohre verläuft. Die Verbindung von Schenkel B des einen zu Schenkel A des nächsten Elementes wird

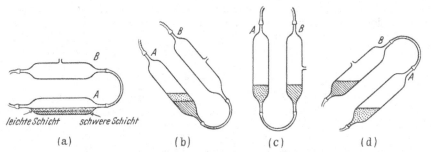

leichte Schicht   schwere Schicht

(a)   (b)   (c)   (d)

Abb. 9. Verteilungselemente der Batterie nach G. H. Lathe und C. R. J. Ruthven 1951

ebenfalls durch Polyäthylenschläuche hergestellt. Schenkel A des U-Rohres (Abb. 9) dient zur Einstellung des Verteilungsgleichgewichts mit je 5—40 ml beider Phasen. Wenn sich die Phasen getrennt haben (Abb. 9a), wird das Verteilungselement aufgerichtet (Abb. 9b). Dabei tritt schwere Phase in den Schenkel B des Verteilungselementes über (Abb. 9c). Durch Verschieben des Schenkels B in vertikaler Richtung wird der Meniskus im Verbindungsschlauch so eingestellt, daß er sich am tiefsten Punkt befindet. Wenn sich die Volumina der Phasen nicht ändern, braucht diese Manipulation nur einmal zu Beginn der Verteilung vorgenommen zu werden. Führt man jetzt eine Schwenkung des Verteilungselementes um nahezu 180° (Abb. 9d) aus, so werden die Phasen getrennt. Durch geeignetes Drehen der Apparatur dann jeweils die leichte Phase in Schenkel A mit der schweren Phase in Schenkel B des nächsten Elementes kombiniert.

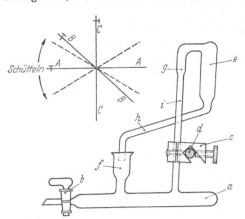

Abb. 10. Standardisiertes Verteilungselement. A Einfüllstellung, B Phasentrennung, C Dekantierstellung (E. Hecker 1955)

Einfacher und universell in der Anwendung ist das Verteilungselement Abb. 10, das in standardisierten Größen bezogen werden kann[1]. Es besteht im wesentlichen aus dem Schüttelrohr (a) mit Glashahn (b) und dem Überlaufgefäß (e). Es wird mit Hilfe der Halterung (c) auf einer horizontalen Achse (d) befestigt. Zur Ausführung einer Verteilung dienen drei Arbeitsstellungen A, B und C.

Einfüllstellung (A). Das Schüttelrohr a liegt horizontal (Abb. 10, A). In das Verteilungselement wird mittels Pipette durch den Dekantierstutzen (f) eine abgemessene Menge (z. B. je 20 ml) schwere und leichte Phase sowie die zu verteilende Substanz eingefüllt. Nun wird das Verteilungsgleichgewicht durch Kippungen um die horizontale Achse eingestellt. Das Schüttelrohr a soll dabei mit etwa $\pm 30°$ um die Horizontale pendeln (vgl. Skizze Abb. 10, gestrichelt).

Phasentrennung (B). Zur Entmischung der Phasen neigt man das Verteilungselement so, daß das Schüttelrohr a einen Winkel von 45° mit der Horizontalen bildet (Abb. 10, B). Der Hahn

---

[1] Vgl. Fußnote S. 275.

zeigt dabei nach oben, und die leichte Phase kann noch nicht durch das Dekantierrohr g ablaufen. Die Verteilungsbatterie wird in dieser Stellung solange arretiert, bis die beiden Phasen in allen Elementen vollständig getrennt sind.

Dekantierstellung (C). Wenn sich die Phasen getrennt haben, wird das Schüttelrohr a aufgerichtet, so daß es vertikal steht (Abb. 10, C). Die leichte Phase fließt nun durch das Dekantierrohr g und seine Erweiterung in das Überlaufgefäß e. Die Erweiterung bei d verhindert das Zustandekommen einer unerwünschten Saugwirkung beim Dekantieren. Dreht man das Verteilungselement aus der Dekantierstellung wieder in die Einfüllstellung zurück, so fließt die leichte Phase durch das Ablaufrohr h des Überlaufgefäßes und — im Verband der Verteilungsbatterie — durch den Dekantierstutzen des nächsten Elements zu dessen schwerer Phase.

Abb. 11. Verteilungsbatterie mit 25 Verteilungselementen[1]

Der Hahn des Verteilungselementes — aus Glas oder Teflon — wird durch das jeweilige Lösungsmittel abgedichtet. Er macht das Phasenpaar in jedem Element auch während der Verteilung zugänglich. Dies ist besonders bei Emulsionsbildung wichtig, damit der Inhalt einzelner Elemente zentrifugiert werden kann; der Hahn ermöglicht außerdem, in Verbindung mit der speziellen Halterung der Verteilungselemente, die Durchführung kontinuierlicher Verteilungsverfahren (S. 731 ff.).

Um sowohl mit kleinen und kleinsten als auch mit größeren Substanzmengen arbeiten zu können, sind Verteilungsbatterien (Abb. 11) und -elemente verschiedener Größe erhältlich. Die Verteilungselemente sind außerdem so beschaffen, daß man mit dem Volumenverhältnis der Phasen zwischen $V = 0{,}5$ und $V = 2{,}0$ variieren kann.

Tabelle 4. *Volumen und Anfangskonzentration der leichten Phase bei verschieden konzentrierten Ausgangslösungen bei der Craig-Verteilung*

Substanzmenge in g	Volumen der Unterphase in ml	Anfangskonzentration bezogen auf das Volumen der Unterphase in %
3—30	300	1—10
1—3	50	2—6
0,3—1	20	1,5—5
0,1—0,3	10	1—3
0,001—0,1	3	0,03—3

In Tab. 4 sind fünf Größen für Verteilungselemente angegeben, die zur Verteilung von Substanzmengen zwischen 1 mg und 30 g als praktisch erwiesen haben[1]. Wie man leicht

---

[1] Komplette Verteilungsbatterien und Einzelteile können von der Fa. E. Bühler, 74 Tübingen, Reutlinger Straße 6, bezogen werden.

überschlagen kann, entspricht eine 1,5%ige Lösung bei einem mittleren Molekulargewicht ($M = 150$) einer Konzentration von $c = 0,1$ Mol/l. Bei einem Volumenverhältnis von $V = 1$ ist also die Grenzkonzentration, bei der man im allgemeinen noch eine lineare Verteilungsisotherme erwarten kann, in den in Tab. 4 angegebenen Verteilungselementen erreicht. Sie kann im Interesse einer größeren Kapazität der Apparaturen beim ersten Verteilungsschritt je nach Substanz auch über $c = 0,1$ Mol/l liegen, ohne daß dadurch eine wesentliche Störung der Verteilung entstehen würde. Für die Elemente mit 3 und 10 ml sowie mit 20 und 50 ml Fassungsvermögen kann jeweils ein Gestell verwendet werden. Die Gestelle sind außerdem in ihren Abmessungen so dimensioniert, daß man eine 25 Elemente umfassende Batterie durch Zusatz weiterer Elemente um etwa 10 Einheiten erweitern kann. Die Trennung von Amino- und Dimethylaminoazobenzol mit der 3 ml-Apparatur zeigt Abb. 12.

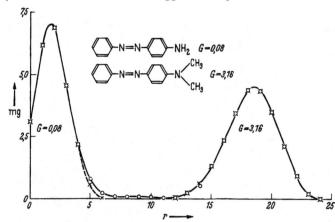

Abb. 12. Trennung von Amino- ($G = 0,08$) und Dimethylamino-azobenzol ($G = 3,16$) in dem in Abb. 1 angegebenen Lösungsmittelsystem durch einen Grundprozeß mit n = 24 Verteilungsschritten bei 20° C. Volumenverhältnis 4/3. (—o—) experimentell ermittelte, (- - -×- - -) berechnete Verteilungskurve (vgl. nächster Abschnitt), nach E. Hecker 1960

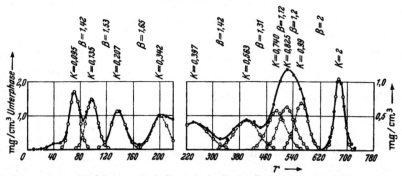

Abb. 13. Trennung eines Gemisches aus 10 Aminosäuren im System Butanol:5% wäßr. HCl (—•—) gefunden, (- - -o- - -) berechnet (vgl. nächster Abschnitt). Von links nach rechts: Glycin, Alanin, α-Aminobuttersäure, Valin, Methionin, Tyrosin, Isoleucin, Leucin, Phenylalanin, Tryptophan. (L. C. Craig u. Mitarb. 1951b)

L. C. Craig u. Mitarb. sowie F. A. v. Metzsch haben im Prinzip ähnlich gebaute Verteilungsbatterien beschrieben, die 220[1] und 1000[1] bzw. 200[2] Elemente umfassen und vollautomatisch arbeiten (L. C. Craig u. Mitarb. 1951b; L. C. Craig und T. P. King 1958; F. A. Metzsch 1953a). Diese Apparaturen finden Anwendung zur Trennung von Substanzen mit sehr kleinen Trennfaktoren und erlauben die Ausführung von mehreren tausend Verteilungsschritten. Die Trennung einiger α-Aminosäuren ist in Abb. 13 wiedergegeben.

---

[1] Zu beziehen von H. O. Post, Scientific Instruments Comp., Inc., 69—57 Juniper Boulevard South, Middle Village 79, N. Y., USA.

[2] Zu beziehen von H. Rettberg, Glasapparatebau, 34 Göttingen, Hospitalstraße 9c.

Außer Verteilungsbatterien mit schubweisem Phasentransport, für die voranstehend Beispiele angegeben wurden, sind auch Apparaturen bekannt, bei denen die mobile Phase in gleichförmigem Strom bewegt wird. Diese Apparaturen haben sich jedoch für die diskontinuierliche multiplikative Verteilung nicht durchsetzen können. Wegen Einzelheiten wird auf die monographischen Darstellungen verwiesen (z. B. E. HECKER 1955; L. C. CRAIG, D. CRAIG und G. SCHEIBEL 1956; O. JÜBERMANN 1958; E. HECKER 1963a).

3. Reinheitsprüfung durch Craig-Verteilung

Der Vorteil der *Craig*-Verteilung besteht darin, daß gleichzeitig mit der Trennung der Substanzen auch eine Prüfung auf Reinheit vorgenommen werden kann. Die Anwendung der *Craig*-Verteilung zur Reinheitsprüfung beruht auf dem Vergleich der experimentell gewonnenen Verteilungskurve mit einer berechneten Verteilungskurve. Wenn sich experimentell gefundene und berechnete Kurve decken (z. B. Abb. 12), kann man die verteilte Substanz mit gewissen Einschränkungen als rein ansehen. Voraussetzung für die Reinheitsprüfung durch *Craig*-Verteilung ist, daß die zu prüfende Substanz in dem verwendeten Lösungsmittelsystem eine lineare Verteilungsisotherme hat. Wie bei allen Verfahren zur Reinheitsprüfung von Substanzen kann nur scharfe Kritik bei der Auswertung der Resultate vor Fehlschlüssen bewahren.

Die Verteilung einer Substanz mit der Verteilungszahl $G = p/q$ auf die Fraktionen r eines Grundprozesses der *Craig*-Verteilung folgt der binomischen Verteilung

$$(q + p)^n = 1 , \tag{9}$$

wobei p und q die relativen Substanzmengen[1] in den beiden Phasen nach Gl. (3) und n die Zahl der ausgeführten Verteilungsschritte bedeutet. Die $n + 1$-Glieder der binomischen Verteilung stellen die relativen Substanzmengen $T_{n,r}$ in den Fraktionen der Verteilung, numeriert von $r = 0$ bis $r = n$ dar (vgl. Abb. 5 u. 6). Sie lassen sich auf einfache Weise mit dem Ausdruck

$$T_{n,r} = \frac{n!}{r!(n-r)!} \frac{G^r}{(1+G)^n} , \tag{10}$$

berechnen, wobei n die Zahl der Verteilungsschritte, r die Fraktionsnummer und G die Verteilungszahl bedeutet.

Kennt man also die Verteilungszahl G einer Substanz, so kann man nach Gl. (10) die relative Substanzmenge berechnen, die sich nach einem n-fachen Grundprozeß in jeder einzelnen Fraktion r befindet. Mit Hilfe eines einfachen Rechenverfahrens läßt sich die Berechnung in kürzester Zeit ausführen (E. HECKER 1955). Die errechneten relativen Substanzmengen werden auf Gewichtsmengen umgerechnet, so daß die experimentell erhaltene Verteilungskurve und die theoretische Verteilungskurve unmittelbar verglichen werden kann.

In der großen Mehrzahl der Fälle ist die Verteilungszahl einer Substanz vor der Verteilung nicht bekannt. Trotzdem kann man eine theoretische Verteilungskurve berechnen, denn der Zahlenwert von G ergibt sich in einfacher Weise aus der Lage des Maximums der experimentell gefundenen Verteilungskurve. Bezeichnet man mit r_{max} die Nummer derjenigen Fraktion auf die das Maximum der Verteilungskurve entfällt, und mit n die Zahl der ausgeführten Verteilungsschritte, so ergibt sich G aus

$$G = \frac{r_{max} + 0{,}5}{n - r_{max} + 0{,}5} . \tag{11}$$

---

[1] Wenn man die Gl. (9) und (10) auf beiden Seiten mit dem Faktor 100 multipliziert, kann man statt der „relativen Substanzmenge" den anschaulicheren Begriff „prozentuale Substanzmenge" verwenden.

Der Zahlenwert für r_{max}, der aus dem Verteilungsdiagramm entnommen wird, braucht nicht ganzzahlig zu sein.

Bei großen n ($n > 100$) kann an Stelle von Gl. (10) zur Berechnung der theoretischen Verteilungskurve eine Näherungsformel herangezogen werden. Eine ausführliche Anleitung sowie Hilfstabellen zur Berechnung theoretischer Verteilungskurven findet man bei E. Hecker (1955).

Ist eine reine Substanz verteilt worden, so muß der nach dem binomischen Ansatz berechnete Substanzgehalt der Fraktionen innerhalb der Fehlergrenze der Methode ($\pm 3\%$) mit dem experimentell ermittelten übereinstimmen, wenn die Verteilungsisotherme der Substanz linear ist. So konnten beispielsweise aus den Wurzeln von Trypterygium wolfordii Hook zwei bis dahin nicht bekannte Esteralkoloide Wilforgin und Wilfortrin mit insecticider Wirkung isoliert werden (M. Beroza 1952), die sich durch *Craig*-Verteilung als einheitlich erwiesen. Die Verteilungskurve für Wilfortrin ist in Abb. 14 wiedergegeben. Ein weiteres Beispiel für gute Übereinstimmung experimentell ermittelter und berechneter Kurven gibt Abb. 12. In ähnlicher Weise wurden die verschiedensten Naturstoffe durch *Craig*-Verteilung auf ihre Einheitlichkeit geprüft. Dabei ergab sich in vielen Fällen, daß Substanzen, die nach den üblichen Kriterien für rein gehalten wurden, in Wirklichkeit Gemische darstellten, deren Trennung mit den bisher bekannten Methoden nicht möglich war.

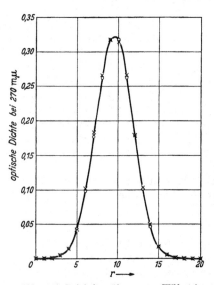

Abb. 14. Reinheitsprüfung von Wilfortrin durch Craig-Verteilung (Grundprozeß) im System Benzol/1,8%ige HCl; ×—× experimentelle Kurve, o—o berechnete Kurve. (M. Beroza 1952)

Es ist zu beachten, daß auch bei guter Übereinstimmung der theoretischen mit der experimentellen Verteilungskurve ein Gemisch aus zwei oder mehreren Substanzen vorliegen kann, die gleiche oder sehr ähnliche Verteilungszahlen haben. Mit dieser Möglichkeit ist besonders bei strukturell nahe verwandten Verbindungen zu rechnen. Ein Beispiel dafür ist die in Abb. 15 dargestellte Verteilungskurve ($G = 1{,}50$), die weitgehend mit der theoretischen Kurve $G = 1{,}50$ übereinstimmt. Trotzdem enthalten die Fraktionen ein Gemisch aus zwei isomeren Triterpenen, die sich nur durch die Lage der Doppelbindung unterscheiden. Häufig ist die Trennung derartiger Gemische in Systemen größerer Selektivität oder durch Anwendung von mehr Verteilungsschritten möglich.

Wenn bei der Reinheitsprüfung durch *Craig*-Verteilung Abweichungen der experimentellen von der theoretischen Verteilungskurve auftreten, so muß zunächst der Verlauf der Verteilungsisotherme überprüft werden (S. 715). Ist sie linear, so kann mit Sicherheit auf die Anwesenheit einer oder mehrerer Verunreinigungen geschlossen werden. Durch Bestimmung von physikalischen Konstanten in den Fraktionen links und rechts des Maximums der Verteilungskurve lassen sich Verunreinigungen noch zusätzlich sicherstellen. In vielen Fällen ist dabei auch die Anwendung der Papier- oder Dünnschichtchromatographie von Nutzen. *Als Beispiel soll die Reinheitsprüfung eines Antimalariamittels ausführlicher erörtert werden.*

Plasmochin ist eine stickstoffhaltige Base, die als Antimalariamittel Verwendung findet; der reinen Substanz kommt die obenstehende Konstitution I zu. Ein Handelspräparat wurde vor der klinischen Anwendung durch Verteilung auf seine Reinheit geprüft (L. C. CRAIG u. Mitarb. 1948). Nach wiederholter Umkristallisation des Hydrojodids lag der Schmelzpunkt des Citrats bei 126—128° C und veränderte sich bei weiterem Umkristallisieren nicht mehr. Die Analyse ergab Werte, die in Übereinstimmung mit der Formel I waren. Das Präparat hätte also als rein angesprochen werden können. Ein 19facher Grundporzeß im System Cyclohexan/2,1 m Phosphatpuffer, pH 5,33, ergab das Verteilungsdiagramm Abb. 16a.

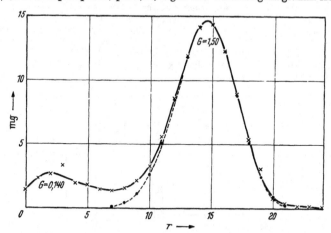

Abb. 15. 24fache Craig-Verteilung eines Gemisches aus Taraxasterolen (Isomerengemisch, $G = 1,50$). System Benzin (Kp. 150—175° C)/Methanol; $V = 5/6,8$. $G = 0,14$ ist eine Verunreinigung. — × — gefunden, • • • • • • für $G = 1,50$ berechnet. (E. HECKER 1955)

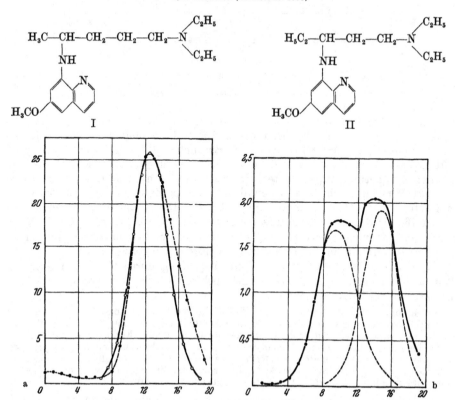

Abb. 16a u. b. Reinheitsprüfung von Plasmochin. Die Substanzmengen in den Fraktionen wurden durch UV-Absorption bei 370 mμ gemessen (L. C. CRAIG u. Mitarb. 1948)

Die Abweichung der experimentellen von der theoretischen Verteilungskurve in den Fraktionen 15—19 wird durch eine Verunreinigung verursacht, denn die Bestimmung der Verteilungskoeffizienten ergab in den Fraktionen 9—11 konstante Werte, in den Fraktionen 15—19 dagegen Werte, die etwa 3 mal größer waren. Bei nochmaliger Verteilung der Fraktion 11 im gleichen System wurde eine Verteilungskurve erhalten, die mit der theoretischen Kurve übereinstimmte. Um die Verunreinigung in den Fraktionen 15—19 fassen zu können, wurde der Inhalt dieser Fraktionen ebenfalls einer zweiten Verteilung in demselben System unterworfen. Dabei erhielt man das Verteilungsdiagramm Abb. 16 b, bei dem sich deutlich zwei Maxima abzeichnen. Das Citrat der Fraktionen 16 und 17 (Abb. 16 b) hatte einen Schmelzpunkt von 136—139° C, das Citrat aus der Fraktion 12 (Abb. 16 a) einen Schmelzpunkt von 126—128° C, der Mischschmelzpunkt der Citrate lag bei 118—133° C. Es konnte durch Syntheseversuche wahrscheinlich gemacht werden, daß es sich bei der Verunreinigung um ein Isomers (II) des Plasmochins handelt.

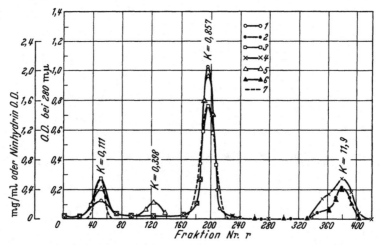

Abb. 17. Reinigung von Serumalbumin durch Craig-Verteilung, *1* Ninhydrin schwere Phase, *2* Ninhydrin leichte Phase, *3* 280 mμ schwere Phase, *4* 280 mμ leichte Phase, *5* mg/ml schwere Phase, *6* mg/ml leichte Phase, *7* berechnet. Weitere Erläuterungen im Text (nach W. Hausmann u. Mitarb. 1958)

Auch hochmolekulare Substanzen sind durch *Craig*-Verteilung auf Einheitlichkeit geprüft worden (vgl. E. Hecker 1961). Es gelingt z. B., menschliches Serumalbumin (M = 68000) im System 2-Butanol(25)/0,1 % Trichloressigsäure in 0,01 m-Essigsäure(25), Äthanol (1) ohne Denaturierung zu verteilen. Ein durch Ultrazentrifugierung vorgereinigtes Präparat zeigt nach einem Grundprozeß mit $n = 401$ Verteilungsschritten neben dem Hauptprodukt mit $K = 0,857$ noch mindestens vier weitere Komponenten (Abb. 17). Die Hauptbande in den Fraktionen 160—220 konnte durch Dialyse gegen das Natriumsalz des Acetyltryptophans bei 4° C unverändert zurückgenommen werden, wie immunologisch, elektrophoretisch und durch die Farbstoffbindungsreaktion gezeigt wurde.

Besonders wirkungsvoll ist die Reinheitsprüfung durch *Craig*-Verteilung als Test auf radiochemische Einheitlichkeit bei der Verdünnungsanalyse und bei Träger-("carrier"-)Experimenten.

So fügt man bei der Untersuchung von Stoffwechselsequenzen radioaktiv markierter Verbindungen den zu erwartenden Metaboliten dem Ansatz in nicht markierter Form als Trägersubstanz zu und isoliert ihn nach Ablauf der Reaktion wieder. Enthält nun die isolierte Verbindung Radioaktivität, so darf man schließen, daß sie in der Reaktion als Folgeprodukt des radioaktiven Ausgangsmaterials auftritt. Voraussetzung dabei ist, daß man mit einer an Sicherheit grenzenden Wahrscheinlichkeit zeigen kann, daß die Radioaktivität des isolierten Trägermaterials nicht auf radioaktive Verunreinigungen zurückzuführen ist.

Im Rahmen von Versuchen zur Biosynthese des Coniins, dem Hauptalkaloid des gefleckten Schierlings, konnte gezeigt werden, daß sich nach Injektion

von ^{14}C-markiertem Lysin in die junge Pflanze radioaktive Coniinpräparate isolieren lassen. Das Ergebnis einer *Craig*-Verteilung (Grundprozeß) des isolierten
Coniinhydrochlorids im System 2-Butanol/Wasser über $n = 18$ Verteilungsschritte
zeigt Abb. 18. Die für eine Verteilungszahl $G = 0,76$ berechnete und gestrichelt
eingezeichnete Kurve stimmt gut mit der experimentell gewonnenen überein. Das
spricht für die chemische Einheitlichkeit des in den Fraktionen enthaltenen
Materials. Zusätzlich wurden auch die spezifischen Aktivitäten einzelner Fraktionen links und rechts des Maximums bestimmt und gefunden, daß sie innerhalb
der Fehlergrenze der Zählmethode konstant sind. Damit ist auch die radiochemische Einheitlichkeit der Substanz gesichert, und man darf aus dem Befund
schließen, daß Lysin eine Vorstufe
der Corniinbiosynthese im Schierling
darstellt. Die hohe Empfindlichkeit
der Methode ist am Beispiel der
Verteilung von Steroiden eingehend
untersucht worden (B. BAGGETT und
L. L. ENGEL 1957).

II. Kontinuierliche Verfahren

1. Das Fließschema

Für die Trennung von großen
Substanzmengen in präparativem
Maßstab (bis mehrere Kilogramm)
sind die Verfahren der diskontinuierlichen multiplikativen Verteilung
ungeeignet: ihre Anwendung ist zeitraubend und bedingt einen relativ
großen Lösungsmittelverbrauch (E.
HECKER 1961, 1963a). Für große
Substanzmengen wendet man daher
zweckmäßig die rationeller arbeitenden Verfahren der kontinuier-

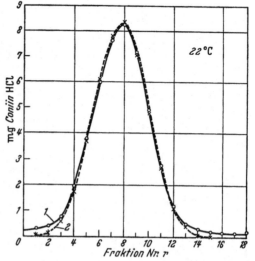

Abb. 18. Craig-Verteilung (Grundprozeß) radioaktiven
Coniinhydrochlorids, V = 2,0. *1* experimentell gewonnene
Kurve; *2* für $G = 0,76$ berechnete Kurve. Die spezifischen
Aktivitäten der Fraktionen 4, 6, 8, 9, 11 sind in 10³ Imp./
min/mg 4,0, 4,5, 4,2, 4,3, 4,5, nach E. HECKER 1961

lichen multiplikativen Verteilung an. Für diese Verfahren ist charakteristisch,
daß man das Substanzgemisch der Verteilungsbatterie fortlaufend — kontinuierlich — zuführt. Das bedingt — als *notwendige* Voraussetzung für eine wirkungsvolle
Trennung — daß die Phasen im Gegenstrom bewegt werden (E. HECKER 1963a).

Am wirkungsvollsten arbeitet die *O'Keeffe*-Verteilung. $z = 5$ Scheidetrichter
oder Elemente seien jeweils mit leichten und schweren Phasen gefüllt (Abb. 19).
Das mittlere Element erhält die Nummer $r' = 0$, die rechts stehenden Elemente
werden mit positiven und die links stehenden mit negativen Zahlen numeriert,
einschließlich einem Sammelgefäß (z. B. Becherglas), das sich jeweils an den
Enden der Batterie befindet und die Nummer $r' = \pm S$ erhält. In Element 0 wird
eine erste Portion des zu trennenden Gemisches gegeben, das Gleichgewicht eingestellt und die leichte Phase um ein Element nach rechts transportiert (Abb. 19).
Dann stellt man wieder Gleichgewicht ein und transportiert jetzt die schwere
Phase um ein Element nach links. Damit sind 2 Verteilungsschritte n oder ein
erster *Verteilungscyclus* N beendet. Es ist $N = n/2$ (vgl. dazu auch Abb. 5, $n = 1, 2$).

In Weiterführung der Verteilung wird jetzt dem mittleren Element erneut eine ebenso
große Portion der Substanz wie zuerst zugeführt und wieder Gleichgewicht eingestellt (Abb. 19).
Dann enthalten beide Phasen der Elemente $r' = \pm 1$ Substanz, die der ersten Portion entstammt,
die Phasen im Element $r' = 0$ dagegen enthalten Substanz, die sowohl von der 1. als auch

von der 2. Portion stammt. Die Herkunft der Substanz ist im Fließschema Abb. 19 durch unterschiedliche Strichelung markiert. Man transportiert nun die leichten Phasen um eine Einheit nach rechts, stellt danach Gleichgewicht ein und transportiert die schweren Phasen um eine Einheit nach links. Am Ende des 2. Verteilungscyclus ist dann die Substanz aus der 1. Portion auf alle 5, die Substanz aus der 2. Portion auf die mittleren 3 Elemente verteilt. Mit der Zufuhr einer 3. Portion der Substanz wird ein neuer Verteilungscyclus begonnen; durch Gleichgewichtseinstellung erhält man die durch Strichelung angedeutete Substanzverteilung. Beim Transport der leichten Phasen kann nun die erste Substanzmenge die Batterie verlassen; sie wird im Sammelgefäß $+ S$ aufgefangen. Am linken Ende der Batterie

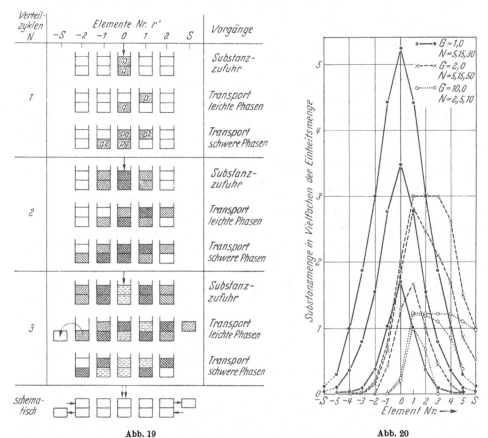

Abb. 19   Abb. 20

Abb. 19. Fließschema einer O'Keeffe-Verteilung, wiederholte Substanzzufuhr in der Mitte der Batterie, im Gegenstrom bewegte Phasen. Weitere Erläuterungen im Text

Abb. 20. Einstellung des stationären Zustands bei der O'Keeffe-Verteilung in Abhängigkeit von der Verteilungszahl G und der Zahl der Verteilungscyclen N. Die Elemente r' der Batterie sind mit Zahlen, die entnommenen Fraktionen mit $\pm S$ bezeichnet. In Element 0 wird zu Beginn eines jeden Verteilungscyclus N die Substanzmenge 1 zugeführt. Die Substanzmengen auf der Ordinate sind in Vielfachen dieser Einheitsmenge angegeben, nach E. HECKER 1961

wird gleichzeitig eine schwere Phase frei und in das Sammelgefäß $— S$ entleert. Nach erneuter Gleichgewichtseinstellung in den verbleibenden 4 Elementen, Transport der schweren Phasen nach links und Zufuhr frischer leichter Phase in Element $— 2$ sowie frischer schwerer Phase in $+ 2$ ist der 3. Verteilungscyclus beendet. Die Batterie ist zur Aufnahme einer 4. Portion Substanz bereit usw.

Ebenso wie bei der *Craig*-Verteilung läßt sich der Verlauf einer *O'Keeffe*-Verteilung an Hand von Verteilungskurven leicht übersehen. Verteilungskurven von Substanzen mit verschiedenen Verteilungszahlen in einer Batterie mit $z = 11$ Elementen sind in Abb. 20 dargestellt. Man erkennt, daß z. B. bei $G = 10$ die

Substanzmenge in den Elementen mit positiven Nummern (Wanderungsrichtung der leichten Phase) mit zunehmender Zahl der Verteilungscyclen N zunimmt, bis sie bei $N = 10$ Verteilungscyclen in fast allen Elementen einen konstanten Wert erreicht hat, der beim 1,2fachen der in Element 0 zugeführten Menge liegt. Die Substanzmenge in den Elementen ändert sich dann bei fortschreitender Verteilung nicht mehr. Es verläßt daher die Batterie mit jedem Verteilungscyclus ebensoviel Substanz in Fraktion S wie ihr in der Mitte zugeführt wird: Die Batterie befindet sich im *stationären Zustand*. Dieser wird um so langsamer erreicht, je näher die Verteilungszahl bei $G = 1$ liegt (vgl. Abb. 20, $G = 2{,}0$). Bei $G = 1$ verläßt die eine Hälfte der Substanz die Batterie mit der leichten Phase, die andere Hälfte mit der schweren Phase, wenn die Akkumulierung von Substanz in den Elementen genügend weit fortgeschritten ist (Abb. 20).

Optimale Trennung eines Substanzpaares wird, wie bei der *Craig*-Verteilung, bei $\alpha = 1$ [Gl. (4)] erzielt. Dann liegen − bei gleichen Mengen zweier Substanzen im Gemisch − die Verteilungskurven symmetrisch um den Zufuhrort $r' = 0$ und bei entsprechendem Trennfaktor verläßt reine Substanz mit $G > 1$ die Batterie mit den leichten, reine Substanz mit $G < 1$ mit den schweren Phasen. Daraus ergibt sich, daß durch *O'Keeffe*-Verteilung in einem Durchgang nur 2 Substanzen getrennt werden können. Gemische mit mehr als 2 Komponenten werden in 2 Fraktionen zerlegt (vgl. S. 735, Tab. 6), die dann einzelnen weiter getrennt werden können.

Den quantitativen Zusammenhang zwischen dem Trennfaktor β und der Zahl der Verteilungselemente z, die zur Erzielung eines bestimmten Reinheitsgrades erforderlich sind, stellt die vereinfachte Trennfunktion des Verfahrens

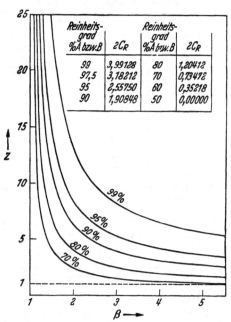

Abb. 21. Die vereinfachte Trennfunktion der O'Keeffe-Verteilung für verschiedene Reinheitsgrade in graphischer Darstellung. Die Tabelle gibt die Zahlenwerte von 2 C_R für verschiedene Reinheitsgrade an, nach HECKER 1963 a. Weitere Erläuterungen im Text

her. Es gilt unter der Voraussetzung, daß gleiche Mengen zweier Substanzen bei $\alpha = 1$ getrennt werden (E. HECKER 1957a, 1963a)

$$z = \frac{2\,C_R}{\log \beta} \, . \tag{9}$$

Die Reinheitskonstante C_R ist eine Maßzahl für die Reinheit der Substanzen, die die Batterie in $\pm S$ verlassen. Einige Zahlenwerte für 2 C_R kann man der Tabelle in Abb. 21 entnehmen. Aus dem Verlauf der Kurvenschar in Abb. 21 ist zu ersehen, daß die Zahl z der Verteilungselemente bei kleiner werdendem Trennfaktor und mit zunehmenden Anforderungen an die Reinheit der Substanzen in $\pm S$ zunimmt. Die Trennwirkung des Verfahrens ist im stationären und im nicht stationären Zustand der Batterie gleich groß.

Von praktischem Interesse ist ein Vergleich des Aufwandes, ausgedrückt durch die Zahl der Verteilungselemente z, den man bei der *Craig*- bzw. der *O'Keeffe*-Verteilung treiben muß, um ein gegebenes Substanzpaar zu trennen. In Tab. 5

sind einige Zahlenwerte von z zusammengestellt, die für die Gewinnung 99%
reiner Substanz gelten und die den Trennfunktionen Abb. 7 bzw. Abb. 21 unmittelbar entnommen werden können. Ein Vergleich der Zahlen zeigt, daß die
Craig-Verteilung, je nach Trennfaktor, die 4- bis 100fache Zahl von Elementen
benötigt, um Substanzen desselben Reinheitsgrades wie die *O'Keeffe*-Verteilung
zu liefern.

Tabelle 5. *Zahl der Verteilungselemente zur Tren-*
nung zweier Substanzen mit dem Trennfaktor β
(bei α = 1 und einem Mengenverhältnis von 1:1
im Ausgangsgemisch) für Craig- und O'Keeffe-
Verteilung. Geforderter Reinheitsgrad 99%.
Weitere Erläuterungen im Text

Trennfaktor	Zahl der Elemente	
	Craig-Verteilung	O'Keeffe-Verteilung
$β$	z^1	z
10	16	4
8	19	4
6	26	5
5	33	6
4	44	7
3	71	8
2	180	13
1,5	526	23
1,1	9521	96

[1] nach Gl. (8) mit $z = n + 1$; 99% reine Substanz *in 99%iger Ausbeute.*

Man beachte jedoch, daß in die Werte
von z für die *Craig*-Verteilung außer der
Reinheit der Substanzen (99%) nach
Gl. (8) auch deren Ausbeute (99%, Tab. 5)
eingeht, wohingegen die Zahlenwerte bei
der *O'Keeffe*-Verteilung nicht von der
Ausbeute abhängen. Ein sinnvoller Vergleich der beiden Verfahren ist daher nur
möglich, wenn auch die Ausbeute bei der
O'Keeffe-Verteilung einer Betrachtung
unterzogen wird: sie hängt wesentlich
davon ab, welche Substanzmenge nach
der letzten Substanzzufuhr in $r' = 0$ in
der Batterie enthalten ist. Nur wenn
diese Restmenge im Vergleich zur durch-
gesetzten Menge klein ist, nähert sich die
Ausbeute auch der *O'Keeffe*-Verteilung
99% und wird dadurch mit der Ausbeute
der *Craig*-Verteilung vergleichbar. Dies ist
umso eher der Fall, wenn die zu trennenden
Substanzen einen nicht zu kleinen Trennfaktor haben und große Mengen Gemisch
durchgesetzt werden.

Außer der eingehend erörterten *O'Keeffe*-Verteilung gibt es eine Variante des
Verfahrens (O'Keeffe u. Mitarb. 1949), die als *O'Keeffe*-Verteilung 2. Art bezeichnet wird (E. Hecker 1963a). Dieses Verfahren unterscheidet sich von der
oben beschriebenen *O'Keeffe*-Verteilung (1. Art) dadurch, daß es zu derselben
Trennung doppelt so viele Elemente benötigt (E. Hecker 1963a), allerdings auch
den doppelten Durchsatz ermöglicht.

Anstatt das Substanzgemisch der Batterie kontinuierlich in der Mitte zu-
zugeben, kann eine Zufuhr am Anfang der Batterie von Vorteil sein. Dieses Fließschema wird als *Watanabe-Morikawa*-Verteilung bezeichnet. Das Verfahren läßt
sich bei bekannter Verteilungszahl G ebenso wie die *O'Keeffe*-Verteilung rechnerisch vollständig übersehen (Verteilungskurven, Trennfunktion). Es ist vor allem
dann vorteilhaft, wenn aus einem Gemisch von mehreren Substanzen die Komponente mit der größten oder der kleinsten Verteilungszahl abgetrennt werden
soll. Wegen Einzelheiten wird auf die Literatur verwiesen (E. Hecker 1963a, b).

2. Apparaturen und Beispiele für Trennungen

Die kontinuierlichen Verteilungsverfahren 1. und 2. Art können mit Scheidetrichtern durchgeführt werden. So haben z. B. Jantzen und Andreas (1959)
Stearinsäure- und Ölsäuremethylester im System Isooctan/95% Methanol, Quecksilberacetat durch *O'Keeffe*-Verteilung in 3 Scheidetrichtern quantitativ trennen
können. Die Handhabung einer größeren Anzahl von Scheidetrichtern, wie sie bei
kleineren Trennfaktoren erforderlich wird (vgl. Abb. 21), ist jedoch mühsam und
zeitraubend. Rationeller arbeiten Verteilungsbatterien mit Elementen, die auf
dem Dekantierprinzip beruhen. Es muß dabei zwischen Elementen für kontinuierliche Verfahren 1. und 2. Art unterschieden werden.

Zu kontinuierlichen Verfahren 1. Art können die von HECKER beschriebenen Elemente (vgl. Abb. 10) herangezogen werden, wenn man − bei stationärer schwerer Phase − den Zufuhrort halb so schnell wie die mobile Phase bewegt (E. HECKER 1957b). Auf diese Weise sind *O'Keeffe-* und *Watanabe-Morikawa-*Verteilungen mit bis zu 15 Elementen ohne großen Aufwand durchzuführen.

Tabelle 6. *Trennung von Crotonöl DAB 6 in hydrophile und hydrophobe Anteile im System Petroläther (37), Methanol (30), Wasser (3) V = 1:1, durch ein kontinuierliches (O'Keeffe-Verteilung 1. Art) und ein diskontinuierliches Verteilungsverfahren (Craig-Verteilung), nach* E. HECKER 1962a. (Weitere Erläuterungen im Text)

Verfahren	durch-gesetzte Menge	Trennung in Anteile		Zahl		Zeit-aufwand	Durch-satz	Lösungsmittel-aufwand	
		hydro-phil	hydro-phob	Vertei-lungs-elemente	Vertei-lungs-schritte			total	spezif.
	g	Gew.-%	Gew.-%	z	n	h	g/h	l	ml/g
O'Keeffe-Verteilung	1000	10	90	5	45[1]	8	125	13,8	13,8
Craig-Verteilung	200	10	90	10	23[2]	4	50	7,2	36

[1] Nach beendeten $N = 20$ Verteilungscyclen ($n = 40$) Zweiphasige Entnahme bis $n = 45$ (Leerlaufen der Batterie).

[2] Einphasige Entnahme mit $n = 13$, dann Zweiphasige Entnahme bis $n = 23$ (Leerlaufen der Batterie).

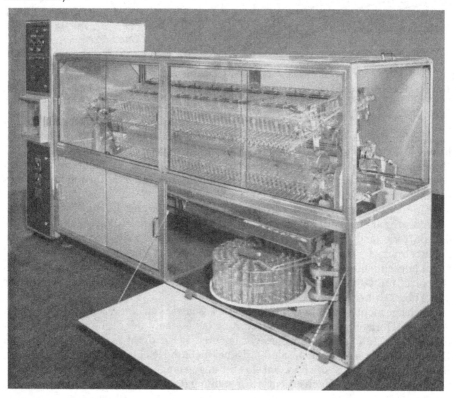

Abb. 22. Verteilungsbatterie nach ALDERWEIRELDT. Der Schrank links enthält Antrieb und Automatik, unten rechts ist der Fraktionssammler zu sehen (vgl. Fußnote 2, S. 736)

So läßt sich z. B. 1 kg Crotonöl DAB 6 durch *O'Keeffe*-Verteilung 1. Art in einer Batterie aus $z = 5$ Elementen (Fassungsvermögen 300 ml schwere Phase, vgl. Tab. 4) quantitativ in hydrophile (10 Gew.-%) und in hydrophobe (90 Gew.-%) Anteile zerlegen (Tab. 6). Diese Trennung benötigt insgesamt $n = 45$ Verteilungsschritte, die sich mit dem angegebenen Lösungsmittelsystem (Tab. 6) in 8 Std ausführen lassen. Das entspricht einem Durchsatz von 125 g Crotonöl/h. Für die Trennung sind insgesamt 13,8 l Lösungsmittel (leichte und schwere Phasen zusammen), d. h. ein spezifischer Lösungsmittelaufwand von 13,8 ml/g Crotonöl erforderlich (Tab. 6). Bei Anwendung eines geeigneten Verfahrens der *Craig*-Verteilung (Tab. 6) können 200 g Crotonöl in 10 Elementen desselben Typs mit dem gleichen Lösungsmittelsystem ebenfalls zu 10% in hydrophile und zu 90% in hydrophobe Anteile zerlegt werden. Dazu sind 23 Verteilungsschritte erforderlich, die in 4 Std ausgeführt werden. Wie der Vergleich des Durchsatzes und des spezifischen Lösungsmittelaufwandes zeigt (Tab. 6), ist das kontinuierliche Verfahren hier dem diskontinuierlichen eindeutig überlegen.

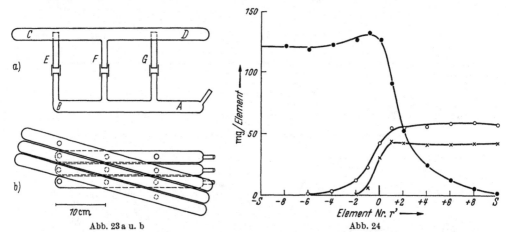

Abb. 23 a u. b
Abb. 24.

Abb. 23. Verteilungselemente nach Alderweireldt (1961). *A—B* Schüttelrohr, *C—D* Überlaufgefäß, *E, G* Dekantierrohre, *F* Überlaufrohr. Weitere Erläuterungen im Text

Abb. 24. Abtrennung von Cohumulon (•—•) aus einem Gemisch mit Humulon (o—o) und Adhumulon (×—×) durch O'Keeffe-Verteilung 1. Art im System Benzol/Triäthanolamin (150 g), Äthylenglykol (250 g), HCl (11 n, 24 ml), Wasser (ad 1 L), nach F. Alderweireldt 1961

Automatisch arbeitende Batterien mit einer größeren Anzahl von Elementen haben F. A. v. Metzsch (1959) sowie F. Alderweireldt (1961) beschrieben. Die Batterie von v. Metzsch[1] verwendet im Prinzip das von Verzele und Alderweireldt (1954) angegebene Verteilungselement, das die Ausführung kontinuierlicher Verteilungen 1. Art gestattet.

Eine verbesserte Form dieses Elements kommt in der Batterie von Alderweireldt[2] zur Anwendung, die in Abb. 22 wiedergegeben ist. Verteilungselemente der Batterie sind in Abb. 23a, b schematisch dargestellt. Sie bestehen aus einem Schüttelrohr $A - B$, das durch einen Stutzen (rechts) zugänglich und bei A auf 20 ml (einschließlich Stutzen) geeicht ist. Das darüberliegende Überlaufgefäß $C - D$ ist bei C für 20 ml geeicht und schräg über dem Schüttelrohr angeordnet, wie aus Abb. 23b hervorgeht.

Gleichgewichtseinstellung erfolgt durch Schwenken der Elemente um $\pm 20°$ gegen die Horizontale, die Phasentrennung bei horizontaler Stellung des Schüttelrohres, Abb. 23a. Zum Transport der leichten Phase dreht man die Elemente im Uhrzeigersinn um etwas mehr als 90°. Dabei fließt die leichte Phase durch G nach D. Beim Zurückdrehen in die horizontale Stellung gelangt die leichte Phase durch F in das nächste Element. Nach erneuter Einstellung des Verteilungsgleichgewichts und

---

[1] Hersteller: H. Rettberg, Glasapparatebau, 34 Göttingen, Hospitalstraße 9c.
[2] Hersteller: Quickfit Laborglas GmbH, 62 Wiesbaden-Schierstein, Sportplatzweg.

Phasentrennung wird die schwere Phase transportiert: man dreht das Element im Gegenuhrzeigersinn um 90°, wodurch zunächst der gesamte Inhalt des Schüttelrohrs in das Überlaufgefäß gelangt. Beim Zurückdrehen in die horizontale Stellung fließt die leichte Phase durch E wieder in das ursprüngliche Schüttelrohr zurück, während die schwere Phase durch F ins nächste Element transportiert wird.

Den Verlauf einer Trennung der α-Säurefraktion aus Hopfen mit dieser Batterie gibt Abb. 24 wieder. Cohumulon verläßt die Batterie mit den schweren Phasen in $-S$. Ein Gemisch aus Humulon und Adhumulon tritt mit den leichten

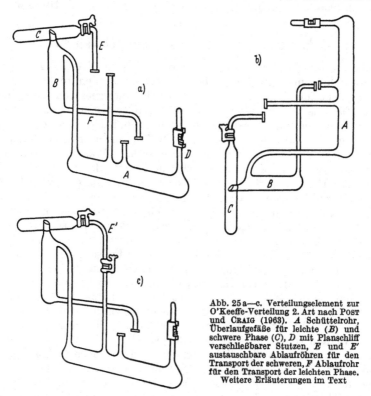

Abb. 25a—c. Verteilungselement zur O'Keeffe-Verteilung 2. Art nach Post und Craig (1963). A Schüttelrohr, Überlaufgefäße für leichte (B) und schwere Phase (C), D mit Planschliff verschließbarer Stutzen, E und E' austauschbare Ablaufröhren für den Transport der schweren, F Ablaufrohr für den Transport der leichten Phase. Weitere Erläuterungen im Text

Phasen bei $+\,S$ aus der Batterie. Aus 50 g α-Säurefraktion konnte auf diese Weise 12 g reines Cohumulon erhalten werden.

Die von O. Post und L. C. Craig (1963) beschriebene automatische Verteilungsbatterie ist mit Elementen (Abb. 25) für kontinuierliche Verfahren 2. Art ausgestattet. Sie sind in üblicher Weise auf eine gemeinsame Achse montiert, durch einen mit Planschliff verschließbaren Stutzen D zugänglich und mit austauschbaren Röhren (z. B. E) über Planschliffe gasdicht miteinander verbunden. — Tauscht man E gegen E' aus, so kann das Element zur $Craig$-Verteilung benutzt werden (Abb. 25c).

Das Gleichgewicht wird im Schüttelrohr A durch Schwenken gegen die Horizontale eingestellt (Abb. 25a). Sofort nach der letzten Inversion und bevor sich die Phasen getrennt haben, wird die Batterie um 90° gedreht, so daß die Elemente die in Abb. 25b wiedergegebene Position einnehmen. Die noch dispergierten Phasen fließen dabei aus dem Schüttelrohr A in die Trenngefäße B und C. Wenn sich die Phasen getrennt haben, sammelt sich die schwerere in dem vertikalen Trenngefäß C und die leichtere im horizontalen Trenngefäß B. Wird jetzt die

Batterie wieder um 90° zurück in die Ausgangsstellung (Abb. 25a) gedreht, so fließt die schwere Phase aus C durch E in das nächste Element auf der einen und die leichte Phase aus B durch E in das nächste Element auf der entgegengesetzten Seite. — Diese Batterie ist von den Autoren zur Trennung der α- und β-Kette des Hämoglobins herangezogen worden.

Verteilungskolonnen und -säulen, die mit *gleichförmig* strömenden Phasen arbeiten, spielen für kontinuierliche Trennungen in der Technik eine gewisse Rolle. Wegen dieser Apparaturen muß auf die Spezialliteratur verwiesen werden (E. Hecker 1955, L. C. Craig, D. Craig und G. Scheibel 1956, O. Jübermann 1958).

III. Auswahl von Lösungsmittelsystemen

Da die verschiedenen Verfahren der multiplikativen Verteilung bei bekannter Verteilungszahl heute vollständig vorausberechnet werden können, ist das entscheidende experimentelle Problem die Auswahl eines geeigneten Lösungsmittelsystems. Für das Aufsuchen von Lösungsmittelsystemen können Regeln angegeben werden, die erste Anhaltspunkte vermitteln, jedoch den Vorversuch durch Bestimmung von Verteilungskoeffizienten (S. 717) nicht ersetzen können.

Verteilt man z. B. Essigsäure im System Benzol/Wasser, so wird eine annähernd parabelförmige Verteilungsisotherme anstatt der erwünschten Geraden erhalten. Die Ursache dafür ist die Assoziation der Essigsäuremolekeln in der Benzolphase. Außerdem ist ein Teil der Molekeln in der wäßrigen Phase dissoziiert. Dadurch wird der durch das Verhältnis der Gesamtkonzentration in den Phasen bestimmte Verteilungskoeffizient K im System Benzol/Wasser konzentrationsabhängig. Wählt man aber z. B. einen höheren Äther als leichte Phase und eine Pufferlösung von geeignetem pH-Wert als schwere Phase, so erhält man auch für Essigsäure eine lineare Verteilungsisotherme (E. Hecker 1962a).

Außer dem Verlauf der Verteilungsisotherme ist natürlich auch der Zahlenwert des Verteilungskoeffizienten durch die Zusammensetzung des Phasenpaares bestimmt (vgl. Tab. 3). Erwünscht sind Werte etwa zwischen $K = 0{,}1$ und $K = 10$; sie können durch Variation des Volumenverhältnisses in einem gewissen Bereich verändert werden, so daß mittlere Verteilungszahlen von etwa $G = 0{,}2$ bis $G = 5{,}0$ resultieren. Um möglichst viel Substanz auf einmal trennen zu können, muß die Substanz außerdem in dem gewählten System genügend löslich sein.

Auch die Größe des Trennfaktors β hängt stark von der Zusammensetzung des Lösungsmittelsystems ab. Er ist in der Regel um so größer, je weniger sich die beiden Phasen gegenseitig lösen. An ein Lösungsmittelsystem, das zur multiplikativen Verteilung Anwendung finden soll, müssen also zahlreiche Anforderungen gestellt werden. Die wichtigsten sind:

Linearität der Verteilungsisotherme;
Passender Wert des Verteilungskoeffizienten;
Große Selektivität $(\beta \gg 1)$;
Große Kapazität;
Keine irreversible Reaktion mit der Substanz;
Große Dichteunterschiede der Phasen;
Geringe Viscosität;
Keine Neigung zu Emulsionsbildung;
Möglichkeit zur leichten Rückgewinnung der Substanz.

Trotz der Vielzahl der Bedingungen, denen ein zur multiplikativen Verteilung brauchbares Phasenpaar genügen muß, findet man unter den üblichen Lösungsmitteln fast immer eine Kombination, die sich für ein bestimmtes Trennungsproblem eignet. Von praktischem Nutzen bei der Auswahl der Lösungsmittel ist die mixotrope Reihe der Flüssigkeiten (E. HECKER 1955).

Das offene Fünfeck (Abb. 26) gibt eine Übersicht über die Mischbarkeit von Flüssigkeiten. Links oben steht n-Heptan, rechts oben Wasser. Schüttelt man diese beiden Flüssigkeiten, so trennen sie sich danach in 2 Flüssigkeitsschichten: sie sind nicht mischbar, und zwar löst die leichte Phase (n-Heptan) so gut wie kein Wasser und die schwere Phase (Wasser) so gut wie kein n-Heptan. Dies soll im Schema durch die gepunktete Linie angedeutet werden. An der unteren Ecke des Fünfecks steht Pyridin, das sowohl mit n-Heptan als auch mit Wasser vollkommen mischbar ist (ausgezogene Linie). In der Mitte zwischen n-Heptan und Pyridin steht Chloroform auf der einen Seite des Fünfecks, Methanol auf der anderen Seite. Beide Flüssigkeiten bilden mit n-Heptan bzw. Wasser zwei Phasen, die jedoch teilweise ineinander löslich sind (gestrichelte Linie). Auf der linken Seite des Schemas stehen also Flüssigkeiten, die mit Wasser zwei Phasen bilden (hydrophobe Flüssigkeiten) und auf der rechten Seite

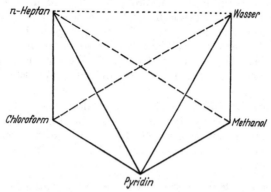

Abb. 26. Mischbarkeit von Flüssigkeiten, schematisch. ..... praktisch nicht mischbar, - - - - - teilweise mischbar, ——— vollkommen mischbar, nach E. HECKER 1955. Weitere Erläuterungen im Text

Tabelle 7. *Die mixotrope Reihe der Flüssigkeiten (E. HECKER 1955)*

Salzlösungen (Puffer)	Essigester und Homologe
Anorganische Säuren	Methyläthylketon
Wasser	Diäthyläther und Homologe
Milchsäure	Methylenchlorid
Formamid	Tetrachloräthan
Morpholin	*Chloroform*
Ameisensäure	Dichloräthan
Nitromethan	Trichloräthan
Acetonitril	Benzol
Essigsäure und Homologe	Toluol
Methanol	Tetrachlorkohlenstoff
Glykolmonomethyläther	Schwefelkohlenstoff
Äthanol und Homologe	Cyclopentan
Phenol	Cyclohexan
Anilin	2,2,4-Trimethylpentan
Aceton	*n-Heptan*
Dioxan	Hexan
Tetrahydrofuran	Paraffinöl
Pyridin	

Flüssigkeiten, die mit n-Heptan zwei Phasen bilden (lipophobe oder hydrophile Flüssigkeiten). Das Pyridin in der Mitte hat sowohl hydrophile als auch hydrophobe Eigenschaften. Zwischen diesen fünf typischen Lösungsmitteln gibt es alle Übergänge, und man kann die gebräuchlichen Lösungsmittel entsprechend ihrer Mischbarkeit mit n-Heptan bzw. Wasser in einer Reihe anordnen (Mixotrope Reihe, Tab. 7). Je weiter zwei Lösungsmittel in dieser Folge voneinander entfernt stehen, desto weniger sind sie miteinander mischbar. Man kann daher aus der mixotropen Reihe entnehmen, welche Lösungsmittelkombinationen beim Vermischen voraussichtlich zwei Flüssigkeitsschichten ausbilden.

Außer über die Mischbarkeitsbeziehungen zwischen den reinen Lösungsmitteln gibt die mixotrope Reihe auch Anhaltspunkte über die möglichen Phasenpaare, die zur Verteilung einer bestimmten Substanz in Frage kommen. Man ordnet dazu die zu verteilende Substanz entsprechend ihrer chemischen Konstitution in die mixotrope Reihe ein; aus der Stellung der Substanz in der Reihe läßt sich etwa abschätzen, welche Lösungsmittel als Komponenten für ein Phasenpaar geeignet sein können, und eine ganze Anzahl von Flüssigkeitspaaren kann auf diese Weise ausgeschlossen werden.

Steht die zu verteilende Substanz z. B. in der Nähe von Pyridin, so wird man im allgemeinen ein Lösungsmittelsystem leicht auffinden können: Lösungsmittel-kombinationen wie n-Heptan/Wasser eignen sich im Hinblick auf möglichst geringe Mischbarkeit [großer Trennfaktor (S. 738)] am besten. Auch andere Kohlenwasser-stoffe und Kohlenwasserstoffgemische sind als leichte Phasen, Alkohole mit ver-schiedenem Wassergehalt als schwere Phasen geeignet. In mehreren günstig erscheinenden Lösungsmittelkombinationen wird man den Verteilungskoeffi-zienten der Substanz bestimmen und dann die Zusammensetzung des Phasen-paares so lange ändern, bis ein System mit den gewünschten Eigenschaften vorliegt.

Auch für Substanzen, die in der Nähe von Chloroform bzw. Methanol stehen, macht das Auffinden eines geeigneten Systems im allgemeinen keine größeren Schwierigkeiten. Dagegen ist es meist nicht leicht, für Substanzen in der Nähe von n-Heptan oder Wasser ein System zu finden, das brauchbare Verteilungs-koeffizienten liefert.

Die β-Anthrachinoncarbonsäureester höherer Alkohole müssen in der mixotropen Reihe in der Nähe von Pyridin eingeordnet werden. Sie haben wegen der großen hydrophoben Teile der Molekel in Systemen mit wäßriger Phase große Verteilungskoeffizienten. Als schwere Phase kommt daher nur ein dem Methanol nahestehendes Lösungsmittel in Betracht und als leichte Phase zwangsläufig ein aliphatischer Kohlenwasserstoff. n-Heptan siedet nicht zu hoch und ist mit Methanol relativ wenig mischbar. Allerdings ist die Verteilungszahl der Ester in n-Heptan/Methanol sehr klein. Um die Verteilungszahl zu erhöhen, kann man dem n-Heptan etwas Benzol zusetzen. Sie läßt sich auch durch Wasserzusatz in der schweren Phase erhöhen. Gleichzeitig erreicht man durch den Wasserzusatz, daß die Mischbarkeit der Phasen absinkt und damit der Trennfaktor ansteigt. Ähnliche Überlegungen, deren Richtigkeit stets durch Bestimmung von Verteilungskoeffizienten geprüft werden muß, führen meist zu Systemen mit mehr als zwei Komponenten. Sinnvoll zusammengestellte Mehrkomponentensysteme leisten im allgemeinen mehr als Zweikomponentensysteme.

Besondere Bedeutung kommt der Lösungsmittelauswahl bei der Verteilung von Säuren und Basen zu. Alle Lösungsmittel um n-Heptan und Chloroform fördern die Eigenassoziation; ihre Anwendung zur Verteilung von Säuren und Basen führt daher zu mehr oder weniger großen Abweichungen der Verteilungs-isotherme von der linearen Form. Bei Verwendung von höheren Äthern und höheren Ketonen wird jedoch die Eigenassoziation auch von Carbonsäuren weit-gehend unterdrückt. Dagegen kann die Dissoziation in der wäßrigen Phase zu Störungen Anlaß geben. Verwendet man aber eine Pufferlösung als schwere Phase, so ist das Dissoziationsgleichgewicht festgelegt, solange die Kapazität des Puffers nicht überschritten wird, und man erhält den erwünschten, konzentrations-unabhängigen Verteilungskoeffizienten. Die Verwendung von Pufferlösungen zur Verteilung bringt aber noch weitere Vorteile: man kann den Wert von K durch Variation des pH-Wertes der wäßrigen Phase in weiten Bereichen ändern (Tab. 8, 9). Auch ist der Trennfaktor zweier Substanzen in gepufferten Systemen oft höher als in nicht gepufferten Systemen, wie die in Tab. 9 aufgeführten Beispiele zeigen. Aus diesem Grunde wird man einem gepufferten System meist den Vorzug geben, wenn mehrere Phasenpaare in die engere Auswahl kommen.

Besondere Probleme hinsichtlich der Lösungsmittelauswahl stellt die Verteilung hochmolekularer Substanzen, z. B. von synthetischen Polymeren, von Proteinen und Nucleinsäuren und von Zellbestandteilen. Hier wie auch bei niedermolekularen Substanzen geben die in der Literatur niedergelegten Erfahrungen,

Tabelle 8. *Verteilungskoeffizienten einiger Alkaloide in einem System mit gepufferter wäßriger Phase bei 24 ± 2° C* (C. O. BADGETT u. *Mitarb. 1952*)

Substanz	tert. Amylalkohol/0,05 m Citrat- bzw. Phosphatpuffer		
	pH 6,0 K	pH 7,0 K	pH 8,0 K
N-Methylmyosmin	0,01	$0{,}01_6$	0,06
4-Methylamino-1-(3-pyridyl)-1-butanol	0,01	0,02	$0{,}04_5$
Nornicotin	$0{,}01_3$	0,08	0,46
Anabasin	$0{,}03$	0,14	0,86
Metanicotin	0,03	0,07	0,17
Nicotindioxid	0,04	0,04	0,04
Nicotinoxid	$0{,}11_0$	$0{,}11_7$	$0{,}12_2$
Nicotin	0,29	$2{,}05_7$	$5{,}59$
Dihydronicotyrin	0,53	2,99	5,89
Myosmin	4,70	5,36	5,56
Nicotyrin	$12{,}8_5$	13,4	13,6
Nornicotyrin	$14{,}0$	14,1	14,4
Pyridin	3,6	4,03	4,04
2-Methyl-6-(3-pyridyl)-tetrahydro-1,2-oxazin . .	6,21	6,24	6,34

Tabelle 9. *Trennfaktoren einiger Phenole und Chinoline bei pH 7 und in Pufferlösungen von verschiedenem pH-Wert* (C. GOLUMBIC u. *Mitarb. 1949;* C. GOLUMBIC und M. ORCHIN *1950*)

Substanzpaare	Cyclohexan		
	Wasser pH 7,0 β	Puffer pH 11,08 β	pH 3,72 β
o- m- Kresol	1,91	2,66	—
2,4- 3,5- Xylenol	1,63	4,94	—
o- m- Äthylphenol	2,55	4,68	—
Chinolin, Isochinolin . . .	1,38	—	3,71
4- 6- Methylchinolin	1,53	—	4,18
2- 8- Methylchinolin	3,73	—	28,4

die bei ähnlichen Stoffklassen gewonnen wurden, Anhaltspunkte für die eigenen Probleme. Zusammenfassungen von Lösungsmittelsystemen für zahlreiche Substanzen findet man z. B. bei F. A. v. METZSCH (1953b); E. HECKER (1955); E. HECKER (1961); E. HECKER und R. LATTRELL (1963).

C. Möglichkeiten und Grenzen multiplikativer Verteilung

Die Verfahren der multiplikativen Verteilung werden entsprechend der Art der Substanzzufuhr im Fließschema in diskontinuierliche und in kontinuierliche Verfahren unterteilt.

Für die *diskontinuierlichen* Verfahren ist die einmalige Substanzzufuhr charakteristisch. Sie erfolgt in den gebräuchlichen Batterien am Anfang, wobei eine Phase stationär gehalten und die andere bewegt wird. Dabei erhält man für jede Substanz eine einzelne Verteilungskurve, wenn der Trennfaktor in dem verwendeten Lösungsmittelsystem genügend groß ist. Es handelt sich daher um Verfahren mit vorwiegend *analytischem* Anwendungsbereich (vgl. Abb. 27).

Für die *kontinuierlichen* Verfahren ist die dauernde Zufuhr des Substanzgemisches und die Verwendung von zwei gegeneinander bewegten Phasen charakteristisch. Die Wahl des Zufuhrortes wird durch den verfolgten Zweck bestimmt. Im Gegensatz zu den diskontinuierlichen Verfahren erhält man auch von Gemischen mit vielen Komponenten nur 2 Fraktionen, die dann einzelnen weiter

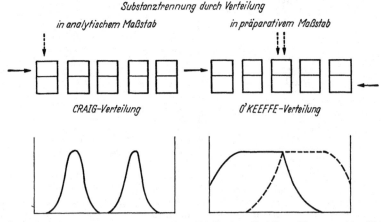

Abb. 27. Übersicht über die wichtigsten Verfahren der multiplikativen Verteilung. Die waagrechten Pfeile deuten die Richtung und Art der Phasenbewegung, die senkrechten Pfeile Art und Ort der Substanzzufuhr an

getrennt werden müssen. Der sich einstellende stationäre Zustand ermöglicht jedoch die Trennung von beliebigen Substanzmengen im Dauerbetrieb. Es handelt sich daher um Verfahren mit vorwiegend *präparativem* Anwendungsbereich (vgl. Abb. 27).

Diskontinuierliche und kontinuierliche Verfahren der multiplikativen Verteilung ergänzen sich gut und geben die Möglichkeit, Gemische durch Verteilung sowohl im Mikromaßstab als auch in technischem Umfang zu trennen. Verbesserte und in den letzten Jahren wesentlich erweiterte Anwendungsmöglichkeiten sollten aber hier ebensowenig wie bei anderen Trennverfahren zur Einseitigkeit in der Anwendung führen. Schwierige Trennprobleme können oft nur gelöst werden, wenn man mehrere Trennverfahren wirkungsvoll zu kombinieren versteht. Voraussetzung dazu ist sowohl die Kenntnis der physikalisch-chemischen Vorgänge, auf denen die jeweiligen Einzeleffekte beruhen, als auch die Kenntnis der Möglichkeiten, die in den verschiedenen Ausführungsformen des Multiplikationsprinzips liegen.

Bibliographie

Craig, L. C., D. Craig, and G. Scheibel: Laboratory extraction and countercurrent distribution. In: Technique of Organic Chemistry. Hrsg. A. Weissberger, 2. ed., Vol. III, S. 149. New York: Intersience Pub. 1956.

Hecker, E.: Verteilungsverfahren im Laboratorium. Weinheim/Bergstraße: Verlag Chemie 1955.

— Multiplikative Verteilung. In: Moderne Methoden der Pflanzenanalyse. Hrsg. K. Paech und M. v. Tracey, Bd. I, S. 66. Berlin-Göttingen-Heidelberg: Springer 1956.

HECKER, E.: Ideale und nicht ideale Verhältnisse bei der Flüssig-Flüssig-Verteilung. In: Ionenaustauscher in Einzeldarstellungen. Hrsg. R. GRIESSBACH, Bd. 1, S. 81, Berlin: Akademie-Verlag 1962 a.
— u. R. LATTRELL: Multiplikative Verteilung. In: Biochemisches Taschenbuch Bd. II, S. 785. Hrsg. H. M. RAUEN. Berlin-Göttingen-Heidelberg: Springer 1964.
JÜBERMANN, O.: Verteilen und Extrahieren. In: HOUBEN-WEYL, Methoden der organischen Chemie. Hrsg. E. MÜLLER, 4. Aufl., Bd. I/1. Stuttgart: Thieme 1958.
MORRISON, G. H., and H. FREISER: Solvent extraction in analytical chemistry. New York: John Wiley Sons Inc. 1957.
NERNST, W.: Theoretische Chemie. 11.—15. Aufl., Stuttgart: Ferd. Enke 1926.
RAUEN, H. M., u. W. STAMM: Gegenstromverteilung. Berlin-Göttingen-Heidelberg: Springer 1953.

Zeitschriftenliteratur

ALDERWEIRELDT, F.: New instruments of continued batchwise separation by extraction. Analyt. Chem. **33**, 1920—1924 (1961).
BADGETT, C. O., A. EISNER, and H. A. WALENS: Distribution of Pyridine alkaloids in the system Buffer-t-amyl alcohol. J. amer. chem. Soc. **74**, 4096—4098 (1952).
BAGGETT, B., and L. L. ENGEL: The use of counter current distribution for the study of radiochemical purity. J. biol. Chem. **229**, 443—450 (1957).
BARRY, G. T., Y. SATO and L. C. CRAIG: Distribution studies. X. Attainment of Equilibrium. J. biol. Chem. **174**, 209—215 (1948).
BEROZA, M.: Alkaloids from Triperygium wilfordii Hook: Wilforgine and Wilfortrine. J. amer. chem. Soc. **74**, 1585—1587 (1952).
COLLANDER, R.: Die Verteilung organischer Verbindungen zwischen Äther und Wasser. Acta chem. scand. **3**, 717—747 (1949).
— The distribution of organic compounds between iso-Butanol and water. Acta chem. scand. **4**, 1085—1098 (1950).
CRAIG, L. C.: Identification of small amounts of organic compounds by distribution studies. II. Separation by countercurrent distribution. J. biol. Chem. **155**, 519—534 (1944).
— W. HAUSMANN, E. H. AHRENS JR., and E. J. HARFENIST: Determination of weight curves in column processes. Analyt. Chem. **23**, 1326—1327 (1951 a); Automatic countercurrent distribution equipment. Analyt. Chem. **23**, 1236—1244 (1951 b).
— and T. P. KING: Design and use of a 1000-tube countercurrent distribution apparatus. Federat. Proc. **17**, 1126—1134 (1958).
— H. MIGHTON, E. TITUS, and C. GOLUMBIC: Identification of small amounts of organic compounds by distribution studies. Purity of synthetic antimalarials. Analyt. Chem. **20**, 134—139 (1948).
GOLUMBIC, C., and M. ORCHIN: Partition studies. V. Partition coefficients and ionization constants of Methyl substituted Pyridines and Quinolines. J. amer. chem. Soc. **72**, 4145—4147 (1950).
— — and S. WELLER: Partition studies on Phenols. I. Relation between partition coefficient and ionization constant. J. amer. chem. Soc. **71**, 2624—2627 (1949).
— and S. WELLER: Measurement of large partition coefficients by interchange extraction. Analyt. Chem. **22**, 1418—1419 (1950).
HAUSMANN, W., and L. C. CRAIG: Counter Current Distribution of Serum Albumin. J. amer. Chem. Soc. **80**, 2703—2709 (1958).
HECKER, E.: Zur mathematischen Behandlung multiplikativer Verteilungsverfahren. III. Mitt. Die O'Keeffe-Verteilung. Z. Naturforsch. **12** b, 519—527 (1957 a).
— Kontinuierliche Verteilungsverfahren im Laboratoriumsmaßstab. Chem.-Ing.-Techn. **29**, 23—24 (1957 b).
— Neuere Ergebnisse und Probleme der Substanztrennung durch multiplikative Verteilung in analytischem und präparativem Maßstab. Mitteilungsbl. d. Chem. Ges. DDR, Sonderheft 1960, 21—27.
— Neue Entwicklungen und Ergebnisse der Substanztrennung durch multiplikative Verteilung. Z. analyt. Chem. **181**, 284—303 (1961).
— — Kontinuierliche Verteilungsverfahren im Laboratorium. Chem. Ztg. **86**, 272 (1962 b).
— Der Mechanismus multiplikativer Verteilungsverfahren. Naturwiss. **50**, 165—171, 290—299 (1963 a).
— Zur mathematischen Behandlung multiplikativer Verteilungsverfahren. V. Mitt. Trennfunktion der Watanabe-Morikawa-Verteilung. Z. Naturforsch. **18** b, 242—245 (1963 b).
— u. K. ALLEMANN: Trennung von Substanzen durch Verteilung zwischen zwei flüssigen Phasen. Nomenklaturvorschläge. Angew. Chem. **66**, 557—561 (1954).

Jantzen, E., u. H. Andreas: Reaktion ungesättigter Fettsäuren mit Quecksilber(II)-acetat. Anwendungen für präparative Trennungen, I. Chem. Ber. **92**, 1427—1437 (1959).

Lathe, G. H., and C. R. J. Ruthven: The construction of a countercurrent apparatus. Biochem. J. **49**, 540—544 (1951).

Martin, A. J. P., and R. L. M. Synge: Separation of the higher monoaminoacids by Countercurrent Liquid-Liquid Extraction: the Amino-acid Composition of Wool. Biochem. J. **35**, 91—121 (1941).

Metzsch, F. A. v.: 200stufige, vollautomatische Apparatur zur fraktionierten Gegenstromverteilung. Chem.-Ing.-Techn. **25**, 66—72 (1953a).

— Wahl der Lösungsmittel für die Verteilung zwischen zwei flüssigen Phasen. Angew. Chem. **65**, 586—589 (1953b).

— Vollautomatische Laboratoriumsapparatur für Verteilungsverfahren mit schubweise bewegten Phasen. Chem.-Ing.-Techn. **31**, 262—267 (1959).

O'Keeffe, A. E., M. A. Dolliver, and E. T. Stiller: Separation of the Streptomycins. J. amer. chem. Soc. **71**, 2452—2457 (1949).

Post, O., and L. C. Craig: A new type of stepwise countercurrent distribution train. Analyt. Chem. **35**, 641—647 (1963).

Verzele, M., and F. Alderweireldt: A new glass cell for preparative countercurrent distribution. Nature (Lond.) **174**, 702—703 (1954).

Weygand, F.: Einfache Apparatur zur Gegenstromverteilung. Chem.-Ing.-Techn. **22**, 213—214 (1950).

Nachweis von Radionucliden in Lebensmitteln

Von

Prof. Dr. **K. G. Bergner** und

Dr. **P. Jägerhuber,** Stuttgart

Mit 7 Abbildungen

A. Einleitung — Allgemeines

I. Die Radionuclide

Radionuclide[1] sind Elemente, deren Atomkerne sich meist unter Aussendung einer charakteristischen Strahlung spontan in andere Elemente umwandeln. Hierbei können z. B. Heliumkerne (α-Strahler), Negatronen (β^-), Positronen (β^+) emittiert oder Elektronen der K-Schale in den Kern aufgenommen werden. Daneben tritt häufig eine elektromagnetische Strahlung (γ-Strahlung) auf.

Die Energie der Strahlung wird üblicherweise in Elektronenvolt (eV, keV, MeV) angegeben (1 eV $= 1,602 \cdot 10^{-12}$ erg). Zum Nachweis der einzelnen Radionuclide kann die Messung ihrer charakteristischen Strahlungsenergie herangezogen werden.

Die Zahl der Kernumwandlungen in der Zeiteinheit ist bei einem bestimmten radioaktiven Isotop nur abhängig von der Zahl der vorhandenen Atome und seiner Zerfallskonstanten λ (Reaktion I. Ordnung). Die Zerfallswahrscheinlichkeit wird üblicherweise durch die Halbwertszeit T beschrieben $\left(T = \dfrac{\ln 2}{\lambda} \right)$. Kurzlebige Strahler können somit auch durch Beobachtung des zeitlichen Aktivitätsabfalls (Halbwertszeitbestimmung) unterschieden werden. Eine weitere Möglichkeit ist in geeigneten Fällen die Bestimmung der Folgeprodukte.

Die Menge eines radioaktiven Stoffes wird in Curie angegeben, das ist die Menge, von der sich in der Sekunde $3,7 \cdot 10^{10}$ Atome[2] umwandeln, entsprechend der Umwandlung von rund 1 g Ra (ohne Folgeprodukte).

Die Kernübergänge der Radionuclide werden üblicherweise durch Termschemata (Abb. 1—4) dargestellt, aus denen Folgeprodukte, Strahlenarten, Energie, Halbwertszeit usw. ersichtlich sind. (D. Strominger u. Mitarb., 1958).

Die wichtigsten Begriffe und Einheiten sind in den EURATOM-Grundnormen wie folgt definiert:

---

[1] Nuclid ist das durch Massenzahl, Ordnungszahl und Energiezustand definierte Atom.

[2] 1 C $= 3,7 \cdot 10^{10}$ Zerfälle/sec $= 222 \cdot 10^{10}$ Zerfälle/min
1 mC $= 3,7 \cdot 10^{7}$ Zerfälle/sec $= 222 \cdot 10^{7}$ Zerfälle/min
1 μC $= 3,7 \cdot 10^{4}$ Zerfälle/sec $= 222 \cdot 10^{4}$ Zerfälle/min
1 nC $= 3,7 \cdot 10$ Zerfälle/sec $= 222 \cdot 10$ Zerfälle/min
1 pC $= 3,7 \cdot 10^{-2}$ Zerfälle/sec $=\ \ \ 2,22$ Zerfälle/min

„*Aktivität*" ist die Anzahl der Zerfallsakte in der Zeiteinheit; die Aktivität wird in „Curie" ausgedrückt[1].

Die „*Energiedosis*" ist die Energiemenge, die von ionisierenden Teilchen an die Massen-einheit des bestrahlten Stoffes an dem Ort der Wirkung abgegeben wird, gleichgültig welcher Art die verwendete ionisierende Strahlung ist. Die Einheit der Energiedosis ist das „rad".

Das „*rad*" ist die Einheit der von der Strahlung erzeugten Energiedosis:

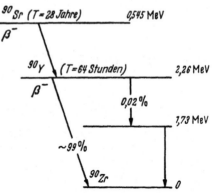

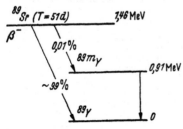

Abb. 1. Termschema ^{89}Sr

Abb. 2. Termschema ^{90}Sr — ^{90}Y

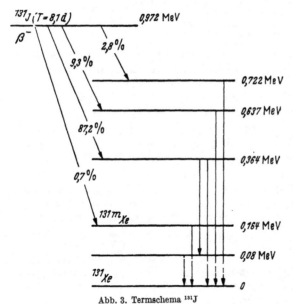

Abb. 3. Termschema ^{131}J

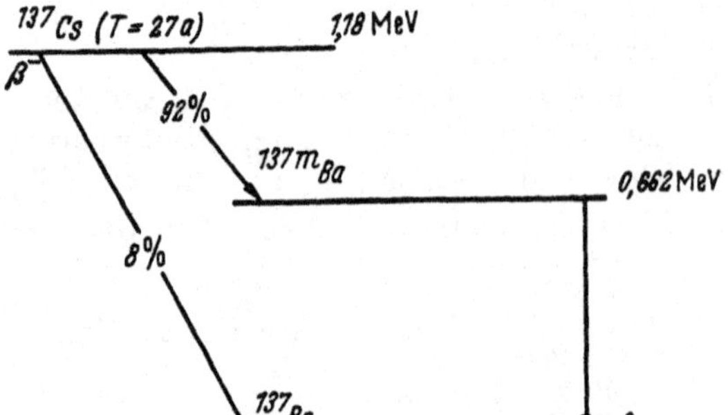

Abb. 4. Termschema ^{137}Cs

1 rad = 100 erg pro Gramm bestrahlten Stoffes am Ort der Wirkung[2].

Das „*rem*" ist die vom menschlichen Körper absorbierte Dosis ionisierender Strahlungen, welche die gleiche biologische Wirkung hervorrufen wie ein rad einer im gleichen Gewebe absorbierten Röntgenstrahlung (die als Bezugs-größe gewählte *Röntgenstrahlung* ist diejenige, deren mittlere spezifische Ionisation gleich 100 Ionen-paaren pro Mikron Wasser ist. Dies entspricht Röntgenstrahlen von etwa 250 kV).

Die „*Expositionsdosis*" bei Röntgen- oder Gammastrahlen an einem gegebenen Ort ist die Strahlendosis nach Maßgabe ihrer Fähigkeit Ionisation zu erzeugen. Die Einheit der Expositionsdosis bei Röntgen- oder Gammastrahlen ist das „Röntgen" (r).

---

[1] Die Umrechnung von Aktivität" (C) in „Dosisleistung" (r/h) ist bei einem bekannten Nuclid mittels der „spezifischen Gamma-strahlenleistung" möglich (Documenta Geigy, 1960).

[2] Wenn in der Lebensmittel-Bestrahlungs-VO vom 19. XII. 1959 (Bundesgesetzbl. 1960 I S. 76) die von Lebensmitteln absorbierte Energie 10 rad nicht übersteigen darf, so bedeutet dies, daß je g Gewebe nicht mehr als 1000 erg absorbiert werden dürfen. Die Messung könnte über die bei der Bestrahlung auftretenden Radikale geführt werden. Vgl. auch H. Lück u. Mitarb. (1963).

Das „*Röntgen*" ist eine solche Menge einer Röntgen- oder Gammastrahlung, daß die mit ihr verbundene Korpuskularemission in Luft je 0,001293 g Luft-Ionen erzeugt, die eine der elektrostatischen Einheit gleiche Menge positiver oder negativer Elektrizität tragen.

Die „*relative biologische Wirksamkeit*" (RBW) entspricht dem Verhältnis einer als Bezugsgröße gewählten Röntgenstrahlendosis zu der in Betracht gezogenen Dosis der ionisierenden Strahlung, welche die gleiche biologische Wirkung hervorruft.

Die „*biologische Wirkungsdosis*", genannt „RBW-Dosis", ist das Produkt aus der Energiedosis in rad und dem RBW-Faktor. Die RBW-Dosis wird in „rem" ausgedrückt.

„*Höchstzulässige Dosen*, bei denen ausreichende Sicherheit gewährleistet ist", sind diejenigen Dosen ionisierender Strahlungen, bei deren Aufnahme sich nach dem heutigen Stand unserer Kenntnisse für die Einzelperson während ihres Lebens oder für die Bevölkerung keine nennenswerten gesundheitlichen Schäden ergeben. Die höchstzulässigen Dosen werden ermittelt unter Berücksichtigung der von der Einzelperson oder von der Bevölkerung aufgenommenen Bestrahlung mit Ausnahme der Bestrahlung, die von dem natürlichen Strahlenpegel und von ärztlichen Untersuchungen und Behandlungen herrührt.

Ältere Einheiten sind:

Das *rep* (roentgen equivalent physical) definiert als die Dosis, herrührend von Strahlung beliebiger Natur, die die gleiche Energieabsorption wie 1 r in Luft ergibt, unabhängig vom Absorber.

Für den Rn-Gehalt in Wasser (vgl. auch Band VIII) waren folgende Bezeichnungen üblich

$$
\begin{aligned}
1 \text{ Eman} &= 10^{-10} \text{ C Rn/l} \\
1 \text{ Mache-Einheit} &= 3{,}64 \cdot 10^{-10} \text{ C/l} \\
1 \text{ Millistat/l} &= 1 \text{ Mache Einheit}
\end{aligned}
$$

II. Herkunft und Bedeutung der Radionuclide in den Lebensmitteln

1. Herkunft

Der Mensch ist seit jeher einer natürlichen ionisierenden Strahlung ausgesetzt, von der angenommen werden kann, daß sie für seine Entwicklung und seinen Fortbestand nicht schädlich, für erstere sogar vielleicht förderlich ist (E. HADORN, 1962).

Die *äußere* Strahlenbelastung ist bedingt durch die Höhenstrahlung und durch radioaktive Stoffe in der Umgebung, z. B. in Gesteinen, zu der Röntgenstrahlen, Elektronenstrahlen und andere β- und γ-Strahlen aus der wissenschaftlichen, medizinischen und waffentechnischen Anwendung radioaktiver Stoffe kommen. Sie kann daher hier außer Betracht bleiben.

Die *innere* Strahlenbelastung ergibt sich aus der Aufnahme natürlicher und künstlicher radioaktiver Stoffe in den Körper mit Atemluft, Wasser und Lebensmitteln, wenn man von medizinischen Anwendungen absieht.

Die Gesamtheit der beteiligten Radionuclide macht die Umweltradioaktivität aus.

Sie entstammt

a) den natürlich vorkommenden radioaktiven Elementen,
b) dem "fall out",
c) der kontrollierten Kernspaltung,
d) den sonstigen Anwendungen radioaktiver Stoffe.

Zu a) Die natürlichen radioaktiven Stoffe gehören zu etwa 80% den Zerfallsreihen des Urans, Thoriums und Aktiniums an. Weiter liefern $^{40}K - 0{,}012\%$ des natürlichen Isotopengemischs — und ^{14}C — durch (n, p) aus ^{14}N als Folge der Höhenstrahlung gebildet —, einen wesentlichen Beitrag zur natürlichen Strahlenbelastung.

Zu b) fall out: Bei der Explosion von Kernwaffen werden Spaltprodukte erzeugt, deren Menge, Zusammensetzung und Verteilung über die Erdoberfläche von der Art der Bombe, deren Sprengkraft, von der Höhe und der geographischen Breite des Explosionsorts abhängig ist. Außerdem ändert sich die Zusammensetzung des Spaltproduktgemisches mit der Zeit, die seit der Explosion vergangen ist.

Neben den Spaltprodukten finden sich im fall out unveränderte Bestandteile des spaltbaren Materials der Bombe (z. B. ^{239}Pu) sowie infolge des hohen Neutronenflusses entstandene Aktivierungsprodukte der Bombenbaustoffe und sonstiger am Explosionsort befindlicher Stoffe.

Vom fall out sind ^{131}J, ^{89}Sr, ^{90}Sr und ^{137}Cs, sowie etwa vorhandenes ^{239}Pu wegen ihrer Radiotoxizität von besonderem Interesse.

Zu c) Die im Reaktor ablaufenden Kernspaltungen führen im wesentlichen zu den gleichen Spaltprodukten, wie die Spaltbomben. Während der Herstellung der Kernbrennstoffe können durch Unfall usw. U und Pu freigesetzt werden. Beim Betrieb entstehende Spaltprodukte können vor allem auch bei der Aufarbeitung (reprocessing) außer Kontrolle geraten und die Umgebung kontaminieren. Die hierbei auftretenden Spaltprodukte sind vom Reaktortyp, der Zeitdauer seines Betriebs und evtl. von der Art des Unfalls abhängig.

Zu d) Die aus natürlichem Vorkommen angereicherten oder künstlich erzeugten Radionuclide finden in Wissenschaft, Medizin und Technik zunehmend Verwendung und können gelegentlich durch Unachtsamkeit oder Unfälle in die Umwelt gelangen. Hierzu gehören ^{3}H, ^{14}C, ^{24}Na, ^{32}P, ^{51}Cr, ^{55}Fe, ^{60}Co, ^{82}Br, ^{131}J, ^{198}Au, ^{226}Ra.

2. Bedeutung

Die biologische Wirkung ionisierender Strahlen ist bedingt durch chemische Veränderungen der Zellbestandteile infolge Ionisation, Anregung oder Dissoziation. Da jede über die natürliche hinausgehende Strahlenbelastung das Risiko einer zusätzlichen somatischen und genetischen Gefährdung mit sich bringt, wurde für die friedliche Nutzung der radioaktiven Stoffe in den Empfehlungen der Internationalen Strahlenschutzkommission (ICRP) Report of Committee II, in den Euratom-Grundnormen und in der 1. Strahlenschutz-Verordnung vom 24. VI. 1960 (Bundesgesetzbl. I S. 430) die als maximal zulässig erachtete Strahlenbelastung festgelegt. Hieraus errechnen sich für die maximale Aufnahme in den Körper z. B. die in Tab. 1 aufgeführten Werte.

Tabelle 1. *Euratom-Grundnormen;*
Höchstzulässige Konzentration in Trinkwasser

^{3}H	$3 \cdot 10^{-2}$	μC/cm^3
^{14}C	$8 \cdot 10^{-3}$	μC/cm^3
^{89}Sr	$1 \cdot 10^{-4}$	μC/cm^3
^{137}Cs	$2 \cdot 10^{-4}$	μC/cm^3
^{131}J	$1 \cdot 10^{-5}$	μC/cm^3
^{90}Sr	$1 \cdot 10^{-6}$	μC/cm^3
^{226}Ra	$1 \cdot 10^{-7}$	μC/cm^3

Die Werte unterscheiden sich sehr erheblich voneinander. Bei Inkorporation von Radionucliden ist nämlich für deren Wirkung entscheidend, welche Strahlendosis (rem) im Körper absorbiert wird und an welcher Stelle dies erfolgt. Die Gefährlichkeit eines Radionuclids hängt daher im wesentlichen ab

a) von der Resorption,

b) von der Verteilung im Körper („Kritische Organe" sind z. B. für Sr und Ra die Knochen mit dem Knochenmark als Blutbildungszentrum, für Jod die Schilddrüse, für das dem Kalium ähnliche Cs dagegen der ganze Körper einschließlich den Gonaden),

c) von den ausgesandten Strahlenarten (α, β, γ) und ihren Energien,

d) von der Dauer seiner Einwirkung, die sich aus der „effektiven Halbwertszeit" ergibt. Hierin sind sowohl die Ausscheidungsgeschwindigkeit aus dem Organismus als auch das Abklingen der Aktivität mit der physikalischen Halbwertszeit berücksichtigt, von der sie sich daher z. T. erheblich unterscheidet (Tab. 2).

Tabelle 2. *Halbwertszeit und kritisches Organ für wichtige Radionuclide*

Nuclid	Krit. Organe	Halbwertszeit (Tage)		
		physik.	biolog.	effektiv
^{89}Sr	Knochen	$50,5$	$1,8 \cdot 10^4$	$50,4$
^{90}Sr	Knochen	10^4	$1,8 \cdot 10^4$	$6,4 \cdot 10^3$
^{90}Y	Knochen	$2,68$	$1,8 \cdot 10^4$	$2,68$
^{131}J	Schilddrüse	8	138	$7,6$
^{137}Cs	Gesamtkörper	$1,1 \cdot 10^4$	70	70
^{226}Ra	Knochen	$5,9 \cdot 10^5$	$1,64 \cdot 10^4$	$1,6 \cdot 10^4$

Die in Tab. 1 angegebenen Werte gelten zunächst nur für die Aufnahme mit Wasser über einen Zeitraum von 50 Jahren durch beruflich strahlenexponierte Erwachsene und sind unter Anwendung zahlreicher Vereinfachungen abgeschätzt.

Für die Ernährung der Allgemeinbevölkerung ist eine strengere Beurteilung erforderlich als für den verhältnismäßig kleinen Kreis strahlenbeschäftigter Personen, der ein gewisses berufliches Risiko auf sich nimmt.

Die Abschätzung ist sehr schwierig, da die Verzehrgewohnheiten altersmäßig, landschaftlich oder gewohnheitsmäßig außerordentlich verschieden sind und mit unterschiedlichen Resorptionsverhältnissen zu rechnen ist. Trotzdem müssen aus der praktischen Notwendigkeit heraus Richtwerte aufgestellt werden, die aber sehr kritisch anzuwenden sind. So hat z. B. das amerikanische FEDERAL RADIATION COUNCIL folgende Orientierungsgrundlagen(RADIATION PROTECTION GUIDE – RPG –) empfohlen (Tab. 3, 4, 5).

Tabelle 3. *RPG-Werte der Organbelastung*

Organ	für Einzelpersonen	für den Durchschnitt der Bevölkerung
Schilddrüse	1,5 rem/Jahr	0,5 rem/Jahr
Knochenmark	0,5 rem/Jahr	0,17 rem/Jahr
Knochen	1,5 rem/Jahr	0,5 rem/Jahr

oder

0,003 Mikrogramm | 0,001 Mikrogramm

^{226}Ra im Erwachsenen-Skelet (oder das biologische Äquivalent)

Tabelle 4. *Einstufung der täglichen Aufnahmen (in pC)*

Radionuclide	Maßnahmen Stufe I	Maßnahmen Stufe II	Maßnahmen Stufe III
^{226}Ra	0— 2	2— 20	20— 200
^{131}J	0— 10	10— 100	100— 1000
^{90}Sr	0— 20	20— 200	200— 2000
^{89}Sr	0— 200	200—2000	2000—20000

Tabelle 5. *Maßnahmen in Stufe I bis III*

Stufe   I: Orientierende Überwachung im erforderlichen Umfang
Stufe II: Quantitative Überwachung und routinemäßige Maßnahmen
Stufe III: Zusätzliche gezielte Maßnahmen.

Zu diesen Richtwerten ist weiter zu bemerken, daß sie für eine tägliche Aufnahme über 365 Tage hinweg gelten. Beträgt z. B. der tägliche Maximalwert nach Stufe II für ^{131}J 100 pC, so errechnet sich ein Jahreswert von 36500 pC. Die Überwachung muß daher die Aufnahme an den einzelnen Strahlern genau kennen und über das ganze Jahr verfolgen (vgl. Summationskurven, z. B. K. G. BERGNER, P. JÄGERHUBER, 1963).

Sie muß erfassen:

a) den natürlichen Strahlenpegel,

b) die mit ionisierenden Strahlen und mit radioaktiven Stoffen umgehenden Personen,

c) die Abluft, das Abwasser und die festen Abfallstoffe der mit radioaktiven Stoffen arbeitenden Betriebe usw.,

d) die Oberflächengewässer zum Aufspüren von Verseuchungsquellen,

e) nach Kernwaffenexplosionen, Reaktorzwischenfällen usw. die Luft, die Niederschläge, den Boden, das Oberflächenwasser, das Trinkwasser und die Ernährungskette (vgl. Abb. 5: Kontaminationskette des fall out).

3. Dekontamination

Die — recht begrenzten — Möglichkeiten einer Dekontamination von Lebensmitteln kann hier nicht behandelt werden, doch sei auf folgende allgemeinere Arbeiten hingewiesen: F. SCHEFFER, F. LUDWIEG (1958); D. MERTEN, E. KNOOP (1961); H. LAGONI u. Mitarb. (1963) (Milch).

III. Probeentnahme

Die Ermittlung der Gesamtstrahlenbelastung durch die mit der Nahrung aufgenommenen Radionuclide soll die Strahlenbelastung der verschiedenen Bevölkerungsgruppen erkennen lassen und gegebenenfalls die Grundlagen für Schutzmaßnahmen liefern. Dies setzt wegen der unterschiedlichen Radiotoxicität der einzelnen Strahler voraus, daß nicht nur die Gesamtaktivität, sondern vor allem die in der Nahrung enthaltenen höher toxischen Radionuclide einzeln nach Art und Menge bestimmt werden (vornehmlich ^{89}Sr, ^{90}Sr, ^{131}J, ^{137}Cs, ^{239}Pu).

Die Ermittlung der inneren Strahlenbelastung des Körpers durch die Nahrung ist relativ einfach durch *Untersuchung der Gesamtkost* möglich. Die Proben sind dabei aber nur für örtlich begrenzte Bereiche und auch dort nur für spezielle Bevölkerungsgruppen repräsentativ, der Anteil der Einzelkomponenten an der Belastung wird nicht erfaßt. Da außerdem das für eine Verseuchung ursächliche Lebensmittel nicht erkannt wird, ist die Einleitung von Gegenmaßnahmen schwierig. Demgegenüber erlaubt die *Untersuchung der einzelnen Lebensmittel* eine Berechnung der Kontamination durch die verschiedensten Diäten. Der Beitrag eines Lebensmittels zur Gesamtverseuchung der Nahrung ergibt sich aus der verzehrten Menge und seinem Gehalt an den einzelnen Radionucliden.

Bei der Untersuchung einzelner Lebensmittel können die Proben entweder aus der Erzeuger- oder aus der Verbraucherstufe gezogen werden.

Proben aus der Verbraucherstufe liefern Durchschnittswerte und ermöglichen einen schnellen Überblick für einen größeren Bevölkerungskreis, z. B. durch Untersuchung der von einer großstädtischen Milchversorgung ausgegebenen Milch. Hierbei werden zweckmäßig z. B. täglich entnommene kleine Proben wöchentlich oder monatlich zu einer Analyse vereinigt. Überdurchschnittlich verseuchte Produktionsgebiete bleiben dabei aber unerkannt.

Sie werden durch *Proben aus der Erzeugerstufe* erfaßt. Die sich aus den geographischen, meteorologischen und Produktionsverhältnissen ergebenden Gesichtspunkte wurden zusammenfassend von K. G. BERGNER und P. JÄGERHUBER (1963) behandelt.

Bei der *Auswahl der zu überwachenden Lebensmittel* ist zu berücksichtigen, daß sie in unterschiedlichem Umfang einer Kontamination ausgesetzt sind. Der Weg der Kontamination, die „Kontaminationskette", ergibt sich schematisch aus Abb. 5.

Die Pflanzenwurzel nimmt aus Boden oder Wasser bevorzugt die sog. Bioelemente und ihre Isotope auf. Die dadurch in die Pflanze gelangenden Mengen an Radionucliden sind je nach Wurzeltiefe verschieden, aber relativ gering. Man hat berechnet, daß von dem im Boden vorhandenen ^{90}Sr in einer Vegetationsperiode im Mittel nur 1% von den Pflanzen aufgenommen wird. Dabei ist die Höhe der Aufnahme umgekehrt proportional dem Gehalt an austauschbarem Calcium, da dieses mit dem ^{90}Sr bei der Resorption konkurriert.

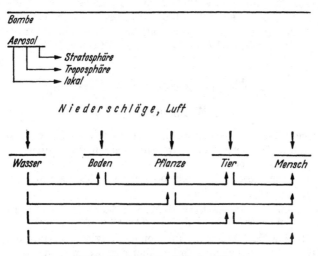

Abb. 5. Kontaminationskette des fall out

Auf die Pflanzenoberfläche gelangen dagegen sämtliche im fall out anzutreffenden Radionuclide. Wieweit sie hieraus in die Futtermittel oder Lebensmittel gelangen, hängt von der weiteren Behandlung ab.

Einfaches Abwaschen z. B. von Salat, führt nicht immer zu einer deutlichen Verringerung. Hierfür dürfte die oft beträchtliche Resorption durch das Blatt die Ursache sein, vielleicht auch eine Haftwirkung der Cuticula, so daß das Waschwasser nur den grobdispersen Anteil wegschwemmt.

Dagegen werden beim Schälen von Obst oder Gemüse größere Anteile entfernt. Bei Getreide geht der überwiegende Teil des fall out in die Kleie, während weiße Mehle, die im wesentlichen dem Mehlkörper, also dem inneren Teil des Korns entstammen, wenig Radionuclide enthalten. Selbstverständlich wird auch hier die Menge der vorhandenen kurzlebigen Strahler durch die Lagerdauer beeinflußt.

Als Beispiel für den Übergang auf tierische Lebensmittel sei die Milch genannt. Nimmt die Kuh Grünfutter auf, so erhält sie darin mit steigenden Niederschlagsmengen zunehmende Mengen fall out. Ist gleichzeitig der Bewuchs der Futterflächen schwach, wie etwa in Gebirgslagen, so müssen größere Flächen abgeweidet werden, wodurch sich die Radionuclidaufnahme weiter erhöhen kann.

Die Resorption im Verdauungstrakt ist von sehr zahlreichen Faktoren abhängig, z. B. von der Art des Radionuclids, seiner Löslichkeit, den Begleitstoffen, dem Alter und Ernährungsstand des Tieres. Insgesamt kann man sagen, daß die Selektivität der tierischen Membranen höher ist, als die der Pflanzen und daß Alkalimetalle (Cs) und Jod gut, Erdalkalimetalle etwas weniger gut und die im fall out reichlich vorhandenen seltenen Erden wenig resorbiert werden. Dabei spielt z. B. für Sr das Ionenverhältnis Sr^{++}/Ca^{++} eine so bedeutende Rolle, daß man es der Beurteilung der Kontamination von Lebensmitteln mit ^{90}Sr gerne zugrunde legt, indem man den Wert pC $^{90}Sr/g$ Ca, die sog. Sunshine-Einheit, angibt.

Für die Überwachung einer frischen fall out-Verseuchung (Kernwaffenversuche, u. U. Reaktorzwischenfälle) ist die Milch bevorzugtes Untersuchungsgut: sie ist Hauptlebensmittel für Kleinkinder, Hauptquelle der ^{131}J-Verseuchung, daneben auch für die ^{89}Sr, ^{90}Sr und ^{137}Cs-Überwachung wichtig und ein über das ganze Jahr erzeugtes, daher auch allen Veränderungen der Umweltradioaktivität ausgesetztes Lebensmittel.

Mengenmäßig ist daneben vornehmlich die Untersuchung von Cerealien auf ^{137}Cs und ^{90}Sr wichtig, da sie nach Menge und Aktivität einen sehr wesentlichen Beitrag zur Gesamtverseuchung der Nahrung ausmachen. Außerdem müssen Gemüse, Obst, Kartoffeln und insbesondere für ^{137}Cs auch Fleisch berücksichtigt werden.

B. Möglichkeiten der Messung
I. Meßanordnungen

Der Nachweis und die Bestimmung radioaktiver Stoffe kann in den hier in Frage kommenden Konzentrationen im allgemeinen nur indirekt über die Ionisations-, Dissoziations- oder Anregungswirkung der von ihnen ausgehenden Korpuskularstrahlung (α-, β-Strahler) oder über Sekundärprozesse erfolgen, die durch γ-Quanten ausgelöst werden.

Nur bei den natürlichen radioaktiven Stoffen sehr langer Halbwertszeit sind z. B. auch Fluoreszensmessungen üblich (U, Th. Vgl. J. H. Harley u. Mitarb., 1962).

Der quantitative Nachweis wird über eine Aktivitätsbestimmung (Curie), der qualitative Nachweis in einzelnen Fällen über die Bestimmung der Energie (keV) der ausgesandten Teilchen oder Photonen geführt. Bei α- und γ-Strahlern ist auch die gleichzeitige Bestimmung beider Größen nebeneinander möglich.

Als Detektoren für Strahlung werden verwendet

1. Gasionisations-Detektoren

a) Ionisationskammern
b) Proportionalzählrohre
c) Geiger-Müller-Zählrohre.

2. Szintillations-Detektoren

mit folgenden Phosphoren:

anorganische Einkristalle (z. B. ZnS, NaJ, CsJ) meist „aktiviert" durch Gitterstörungen (z. B. durch Ag bei ZnS oder Tl bei NaJ),

organische Einkristalle (z. B. Anthrazen), Plaste mit gelösten Szintillatoren (z. B. Terphenyl in Polystrol) und flüssige organische Szintillatoren (z. B. Diphenyloxazol in Toluol).

3. Halbleiter-Detektoren

4. Photographische Emulsion

Zur α-Energiemessung und in der Dosimetrie kann die photographische Emulsion eingesetzt werden (Kernspurplatten für α-Strahler, Filmdosimeter zur Überwachung strahlenbeschäftigter Personen).

Die Detektoren 1 bis 3, die die Strahlenquanten in elektrische Impulse umwandeln, benötigen zum Betrieb eine Spannungsversorgung sowie Impulsverstärker und Impulszähler, meist mit einer Uhr kombiniert[1].

Bau und Wirkungsweise der einzelnen Detektoren haben FÜNFER und NEUERT (1959) näher beschrieben.

Zu 1. Gasionisations-Detektoren bestehen aus gasgefüllten Kammern mit zwei Elektroden. Tritt eine ionisierende Strahlung ein, so werden im Füllgas Ionen erzeugt. Liegt an den Elektroden keine Spannung, so wird auf ihnen keine Ladung gesammelt und die Gasionen rekombinieren, die Kammer spricht nicht an. Ist die angelegte Spannung groß genug, diese Rekombination zu verhindern, arbeitet der Detektor als Ionisationskammer. Die Entladestromstärke kann

a) durch Entladen eines Elektroskops (z. B. beim Füllhalterdosimeter, Fontaktoskop) ermittelt, oder

b) nach hinreichender elektronischer Verstärkung als Strom gemessen werden.

c) Nach ausreichender Verstärkung ist es auch möglich, die durch die Entladung bedingte plötzliche Spannungsänderung als Impuls zu zählen.

Die Amplitude der Impulse (Impulshöhe) ist der Strahlenart und der Teilchenenergie proportional und kann daher zur Unterscheidung von α- und β-Strahlern und zur Energiebestimmung herangezogen werden. Die Zahl der Impulse entspricht der Zahl der eingestrahlten Teilchen.

Wird durch geeignete Anordnung der Elektroden (z. B. als Anode ein axial in einer zylindrischen Kathode gespannter Draht) und durch Erhöhung der angelegten Spannung die Feldstärke wesentlich erhöht, so werden die primären Ionen so beschleunigt, daß Sekundärionisation und damit „Gasverstärkung" eintritt. Solange die Impulshöhe, wie bei der Ionisationskammer, noch von der Art und Energie der Strahlung abhängig ist, wird der Detektor als Proportionalzähler bezeichnet. Auch hier ist für die Zählung wie für die Impulshöhenanalyse elektronische Verstärkung der Spannungsimpulse notwendig.

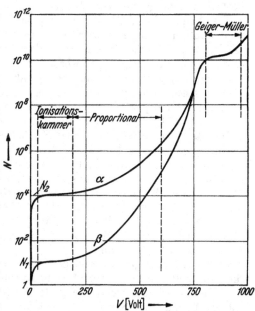

Abb. 6. Impulshöhe (N = Zahl der Ionen) in Abhängigkeit von der angelegten Spannung. (Aus: LINDNER, R.: Kern- und Radiochemie. S. 129. Berlin-Göttingen-Heidelberg: Springer 1961)

Wird die Feldstärke noch weiter erhöht, kommt es beim Einfall einer ionisierenden Strahlung zur Ausbildung einer von der Strahlenenergie unabhängigen Ionenlawine und der Detektor arbeitet im „Auslösebereich" als Geiger-Müller-Zähler. Er ist ausschließlich zur Impuls*zählung* geeignet. Durch geeignete Schaltung oder durch Zusätze zum Füllgas muß für ein „Löschen" der Entladung gesorgt werden, damit das Zählrohr genügend rasch auf ein neues Teilchen ansprechen kann. Abb. 6 zeigt die Abhängigkeit der Impulshöhe von der angelegten Spannung.

---

[1] Für empfindliche Messungen ist die Temperaturabhängigkeit der Detektoren durch Klimatisierung des Meßraums Rechnung zu tragen. A. SCHNEIDER, A. WESSEL (1961).

2. *Szintillationszähler.* Für die α-Aktivitätsbestimmung werden ZnS- oder CdS-Kristalle verwendet, die für Energiemessungen jedoch wenig geeignet sind. In geringerem Umfang sind auch Plastikszintillatoren für α- und β-Aktivitätsmessungen im Gebrauch. Für die Aktivitäts- und Energiemessung der γ-Strahlung über 100 keV sind NaJ- und CsJ-Einkristalle die Detektoren der Wahl. Flüssigszintillatoren werden bevorzugt zur Messung sehr weicher β-Strahler (z. B. ^{3}H, ^{14}C) eingesetzt.

Bei der Wechselwirkung eines γ-Quants mit dem Szintillator entsteht (indirekt über Elektronen) ein Lichtimpuls, dessen Intensität proportional der von der Strahlung an den Szintillator abgegebenen Energie ist. Die Lichtquanten werden über eine Photokatode in Stromimpulse umgewandelt und in einem Sekundärelektronenvervielfacher (multiplier) verstärkt. Die Amplitude der Stromimpulse ist der Energie der γ-Quanten proportional. Bedingt durch die unterschiedliche Wechselwirkung der γ-Quanten im Kristall und dessen Umgebung (im Probenmaterial selbst, an der Abschirmung usw.), treten in dem hier meist interessierenden Energiebereich (100 bis 2000 keV) neben dem Photoeffekt auch Comptonstreuungen (und über 1,02 MeV Paarbildung) auf. Infolgedessen wird nur ein Teil der Quantenenergie im Kristall wirksam.

Die Amplitude („Höhe") der Impulse ist, wie beim Proportionalzähler, der eingestrahlten Energie proportional. Durch geeignete Schaltung (Differentialdiskriminatoren) läßt sich erreichen, daß nur Impulse eines bestimmten Höhenbandes („Kanales") registriert werden. Durch Variation dieses Kanales und Registrierung der jeweiligen Impulsarten erhält man eine Impulshöhenverteilung und damit das Energiespektrum der eingestrahlten Quanten. Über die Möglichkeiten der Impulshöhenspektroskopie durch Variation von Multiplier-Spannung, Verstärkung und Kanallage berichten A. J. DUIVENSTIJI und L. A. J. VENVERLOV (1961), über Graukeilspektrometrie K. FRÄNZ (1959).

Im Gegensatz zum Einkanalspektrometer, bei dem jeweils nur Impulse einer bestimmten, eingestellten Höhe erfaßt werden können, registrieren Vielkanalspektrometer jeden Impuls und sortieren ihn entsprechend seiner Höhe. Hierdurch wird, besonders bei geringen Impulsraten, die erforderliche Meßzeit für die Aufnahme der Spektren wesentlich verkürzt. Abb. 7 zeigt die Spektren von 9 Strahlern. Man erkennt die „Photomaxima" (peaks) und die zugehörigen Comptoncontinua. Die Spektren der meisten γ-Strahler geben E. CROUTHAMEL (1960) und R. L. HEATH (1957) an.

In wieweit Energieunterschiede noch als zwei verschiedene Energiestufen zu erkennen sind, hängt vom Auflösungsvermögen der Meßanordnung ab. Dieses wird i. a. für die Halbwertsbreite des ^{137}Cs-^{137m}Ba-peaks angegeben. Mit steigendem Ausmaß der Szintillatoren steigt zwar die Ansprechwahrscheinlichkeit, jedoch sinkt das Auflösungsvermögen, doch kann für einen Kristall von 12 cm $\times$ 12 cm heute ein „Auflösungsvermögen", das besser ist als 9% gefordert werden. Die größere Reichweite der γ-Quanten erlaubt die Messung wesentlich größerer Probemengen; sie erschwert andererseits aber gegenüber der β-Messung die Eliminierung der Höhenstrahlung (vergl. B, II, 4).

Bei γ-Aktivitätsbestimmungen kann der Nulleffekt wesentlich vermindert werden, wenn nur die Halbwertsbreite des wichtigsten Photopeaks des interessierenden Strahlers quantitativ ausgewertet wird, alle anderen Impulse einschließlich derjenigen des Nulleffekts, also unberücksichtigt bleiben.

Weisen zwei γ-Strahlenübergänge etwa gleiche Energie auf, so können quantitative Aussagen nur gemacht werden, wenn wenigstens einer der Strahler außerdem noch einen „ungestörten" peak aufweist. Über die Möglichkeiten der Analyse komplexer Spektren vgl. T. SCHNEIDER und H. MÜNZEL (1962), M. GEISLER und H.BRUNNER (1962), für Milch C. HAGEE u. Mitarb. (1960), mittels Digitalrechnern H. I. WEST und B. JOHNSTON (1960).

3. *Halbleiterdetektoren.* Halbleiter-Detektoren konnten sich bisher nur für die α-Spektroskopie einführen. Sie zeichnen sich durch ein hohes Auflösungsvermögen (besser als 1%) aus, verlangen aber infolge der sehr niedrigen Primärimpulse eine sehr gute Verstärkung der Impulse.

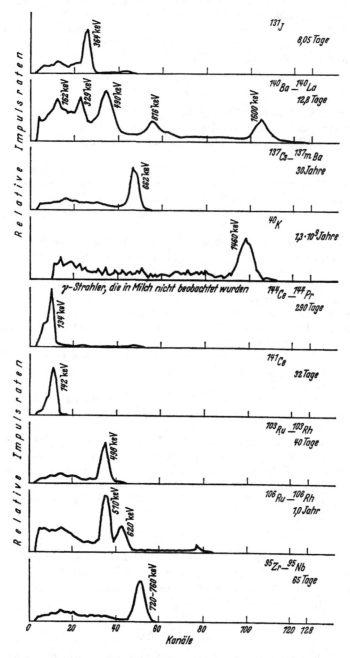

Abb. 7. 9 γ-Spektren, aufgenommen unter gleichen geometrischen Bedingungen mit 5″ · 5″ ⌀ NaJ (Tl)-Kristall in Bleibunker (110 · 110 · 150 cm, Wandstärke 10 cm) und Vielkanalanalysator

48*

II. Einflüsse auf die Messung

1. Aktivität

Bei der Untersuchung von Lebensmitteln müssen u. U. noch außerordentlich geringe Aktivitäten bestimmt werden. So werden z. B. für die allgemeine Umweltradioaktivitätsüberwachung der Gesamtdiät und der Milch Nachweisgrenzen von 1 pC/l bei ^{90}Sr, 5 pC/l bei ^{89}Sr und ^{137}Cs und 10 pC/l bei ^{131}J verlangt (J. G. TERRILL, 1962). Dies setzt besonders sorgfältige Auswahl der Meßanordnungen und höchstmögliche Empfindlichkeit voraus.

2. Wirkungsgrad

Der Wirkungsgrad einer Meßanordnung, d. h. das Verhältnis der Zerfallsrate im Meßpräparat zur registrierten Impulsrate ist wesentlich von der geometrischen Anordnung des Präparats zum Detektor wie auch von der Absorption und Streuung der Strahlung abhängig.

a) Ein radioaktiver Stoff sendet seine Strahlen nach allen Richtungen in den Raum. Registriert wird jedoch nur der Bruchteil, der im Meßdetektor zur Wirkung kommt. Üblicherweise werden für routinemäßige Aktivitätsmessungen die Präparate unter dem Detektor angebracht und dadurch weniger als 50% der Strahlen erfaßt.

b) Durch Absorption im Meßgut selbst („Selbstabsorption"), zwischen Meßgut und Detektor und in der Detektorwandung können Verluste eintreten. α-Strahler müssen daher möglichst *in* den Detektor eingebracht werden (sogenannte Innenzähler), für die Messung von β-Strahlern werden an den Zählrohren möglichst dünne „Fenster" angebracht.

c) Durch Streuung der Strahlung im Meßpräparat selbst, an der Unterlage des Präparats oder an der Umgebung der Meßeinrichtung kann eine höhere Aktivität vorgetäuscht werden.

d) Die Reichweite besonders der α- und β-Strahler ist sehr von der Dicke und Masse des Meßpräparats abhängig, die (wie die der Detektorwandung) meist in mg/cm^2 angegeben wird.

Die hierdurch auftretenden Fehler der Meßanordnung werden i. a. durch Vergleichsmessungen von Eich-Präparaten des gleichen Strahlers bekannter Aktivität unter genau gleichen geometrischen Bedingungen kompensiert. Auch eine rechnerische Berücksichtigung dieser Fehler ist möglich, wobei die Zerfallsvorgänge einschließlich etwaiger Sekundärprozesse und deren Auswirkungen auf die Detektoren berücksichtigt werden müssen. In Abschnitt III sind hierfür typische Beispiele angeführt; im übrigen sei auf G. FRIEDLANDER und J.W. KENNEDY (1962), L. HERFORTH, H. KOCH (1959) und C. E. CROUTHAMEL (1960) verwiesen.

3. Genauigkeit

Die Genauigkeit der Aktivitätsbestimmung ist, entsprechend der statistischen Natur des radioaktiven Zerfalls, von der Zahl der beobachteten Zerfallsereignisse abhängig. Um eine bestimmte Fehlerbreite einzuhalten, muß daher jeweils eine Mindestimpulszahl gemessen werden (vgl. C, I, 1).

4. Nulleffekt

Jedes Strahlenmeßgerät spricht auch auf die Höhen- und Umgebungsstrahlung an (Nulleffekt). Die Meßergebnisse errechnen sich als Differenz Meßeffekt — Nulleffekt. Da auch der Nulleffekt ein statistischer Wert ist, wirkt sich dies besonders bei niederen Meßraten (in der Größenordnung des Nulleffekts und darunter) ungünstig aus.

Zur Verminderung des Nulleffekts werden die Detektoren durch Blei, Stahl, Quecksilber usw. gegen die Umgebungsstrahlen abgeschirmt.[1]

Da sich hierdurch jedoch die harte Höhenstrahlung nicht ausschalten läßt, ist es für β-Messungen vielfach zweckmäßig, diese durch den Einsatz eines zweiten, über dem eigentlichen Meßzählrohr angebrachten Schutzzählrohres zu eliminieren. Dieses registriert einfallende Höhenstrahlung gleichzeitig mit dem Meßzählrohr; es wird mit diesem in Antikoinzidenz geschaltet, d. h. gleichzeitig in beiden Zählrohren registrierte Impulse werden nicht gezählt. (Über die Senkung des Nulleffekts durch Impulshöhendiskriminierung vgl. B, I, 2).

III. Messung und Unterscheidung der Strahler

1. α-Strahler

Die Isolierung und quantitative Bestimmung von ^{239}Pu in pflanzlichem Material beschreibt F. LUDWIEG (1962). Verfahren zur Bestimmung von ^{226}Ra geben J. H. HARLEY u. Mitarb. (1962) und A. S. GOLDIN (1961). Die Rn-Bestimmung im Wasser ist in Band VIII beschrieben.

2. β-Strahler

Beim β-Zerfall wird neben einem β-Teilchen auch ein Neutrino emittiert, wobei sich die Umwandlungsenergie eines Strahlers so verteilt, daß die β-Teilchen ein kontinuierliches Energiespektrum zeigen. Lediglich die *Maximal*energie ist für den Strahler charakteristisch.[2]

Die Messung und Unterscheidung von β-Strahlern sei am Beispiel des ^{89}Sr und ^{90}Sr, die beide praktisch reine β-Strahler sind, dargestellt. Bei der unterschiedlichen Radiotoxizität dieser Isotope ist die Bestimmung beider Nuclide nebeneinander notwendig, sobald mit größeren Mengen ^{89}Sr gerechnet werden muß (z. B. in frischem fall out).

Ihre Unterscheidung ist möglich auf Grund

a) der unterschiedlichen β-Maximalenergie;

b) der Messung der isolierten Tochterprodukte ^{90}Y (β-Strahler; ^{89}Y ist stabil) *und* der Gesamt-Sr-Aktivität;

c) der verschiedenen Halbwertszeit von ^{89}Sr, ^{90}Sr, ^{90}Y.

Zu a) Zur Messung der β-Maximalenergie wurden folgende wichtigeren Verfahren vorgeschlagen:

Magnet- oder Impulshöhenspektrometer setzen wegen der Selbstabsorption praktisch gewichtslose (trägerfreie) Präparate genügend hoher Aktivität (μC-Bereich) voraus, zwei Forderungen, die bei der Lebensmitteluntersuchung meist nicht zu erfüllen sind. Dies gilt auch für die spektroskopische Erfassung der energieabhängigen Rückstreuung an CsJ-Kristallen (K. H. KÖNIG, mündl. Mitt., 1963). Auch die Messung der Rückstreuung nach H. FESSLER u. Mitarb. (1961) wird zur Bestimmung des ^{89}Sr/^{90}Sr-Verhältnisses vorgeschlagen. Die β-Maximalenergie kann ferner auch dadurch erfaßt werden, daß man die Schwächung der Strahlenenergie durch Absorber (z. B. Aluminium in steigender Dicke) verfolgt. Dies sollte

---

[1] Bei der Aufstellung der Strahlenmeßgeräte muß das u. U. erhebliche Gewicht der Abschirmungen berücksichtigt werden.

[2] Die als Folge von Sekundärprozessen („Innere Umwandlung") auftretenden sogenannten Konversionselektronen weisen dagegen eine bestimmte, für den betreffenden Strahler typische Energie auf. Sie können daher für Eichzwecke benützt werden, wenn, z. B. bei Magnetspektrometern, monoenergetische Elektronen benötigt werden. K. SIEGBAHN (1955).

über mindestens 4 Größenordnungen erfolgen und ist daher für geringe Aktivitäten meist nicht geeignet.

Aus dem gleichen Grund ist auch die Methode von F. J. Bryant u. Mitarb. (1959) nur beschränkt anwendbar. Die Autoren messen ein Sr-Präparat sofort nach Abtrennung des ^{90}Y (^{89}Sr und ^{90}Sr) durch einen Al-Absorber von 100 mg/cm^2. Dieser ist für die weiche β-Strahlung des ^{90}Sr, nicht jedoch für die härtere ^{89}Sr-Strahlung praktisch undurchlässig. Da die noch härtere ^{90}Y-Strahlung noch weniger geschwächt wird, muß die Messung so schnell beendet sein, daß seine Nachbildung vernachlässigt werden kann. Der ^{90}Sr-Gehalt wird durch die unter b) beschriebene Messung des im Zerfallgleichgewicht mit ^{90}Sr befindlichen ^{90}Y berechnet.

C. Porter (1963) berechnet den ^{89}Sr- und ^{90}Sr-Gehalt aus der Messung eines Sr-Präparats mit und ohne Absorber.

Zu b) Üblicherweise, insbesondere wenn nur ^{90}Sr bestimmt werden soll, wird die ^{90}Sr-Aktivität aus der Messung des im Zerfallsgleichgewicht befindlichen ^{90}Y errechnet. Man trennt hierzu zunächst nach Zugabe von inaktivem Sr und Y das ^{90}Y ab und gibt erneut inaktives Y zu. Nach Einstellung des Zerfallsgleichgewichts ^{90}Sr — ^{90}Y, also praktisch wenigstens 14 Tage nach der Sr- Y-Trennung, wird das nachgebildete ^{90}Y abgetrennt und gemessen. Da nach Einstellung des Gleichgewichts der Zerfall der Tochtersubstanz ^{90}Y nur noch von der Nachbildung aus der Muttersubstanz ^{90}Sr abhängt, ist ^{90}Y = ^{90}Sr. F. J. Bryant u. Mitarb. (1959), I. H. Harley (1962).

R. Osmond u. Mitarb. (1961) ziehen das ursprünglich in der Analysenlösung vorhandene ^{90}Y für die ^{90}Sr-Bestimmung heran, sodaß die Einstellung des ^{90}Sr-^{90}Y-Gleichgewichts nicht abgewartet werden muß. R. Velten und A. Goldin (1961) und J. Goffart (1960) trennen ^{90}Y durch Flüssig-Flüssigextraktion von anderen Spaltprodukten ab.

Zu c) Auf der verschiedenen Halbwertszeit der beiden Sr-Isotope beruht das von F. J. Bryant u. Mitarb. (1959) vorgeschlagene Verfahren zur Unterscheidung geringster Aktivitäten. Hierzu wird ein Sr-Präparat 14 Tage nach erfolgter Sr-Y-Trennung gemessen und dann der Abfall der ^{89}Sr-Aktivität durch wiederholte Messungen im Abstand von 6 bis 8 Wochen verfolgt. Das Verfahren ist recht ungenau und kommt für schnelle Bestimmungen nicht in Betracht.

^{89}Sr und ^{90}Sr können zur Beschleunigung der Untersuchung auch vor Einstellung des Zerfallsgleichgewichts ^{90}Sr/^{90}Y bestimmt werden, da sich die zeitabhängige Aktivitätszunahme nach der Abtrennung des ^{90}Y berechnen läßt.[1]

Hierzu wird ein Sr-Präparat, in dem kurz vor der ersten Messung das Y abgetrennt wurde, zweimal gemessen. Liegt das ^{89}Sr/^{90}Sr-Verhältnis über 10, wird aber zweckmäßiger das SrCO$_3$-Präparat nach der ersten Messung aufgelöst und mittels inaktivem Y-Träger ein Y-Meßpräparat hergestellt. F. Ludwieg (1958), W. Feldt und J. Lange (1962), P. Jägerhuber (1963).

3. γ-Strahler

γ-Strahler können durch Auswertung des Spektrums gleichzeitig qualitativ und quantitativ bestimmt werden. Ihre Messung und Unterscheidung sei am Beispiel ^{131}J und ^{137}Cs dargestellt.

Bei Abwesenheit kurzlebiger γ-Strahler wird in Lebensmitteln der Nachweis von ^{137}Cs nur vom natürlichen ^{40}K gestört, dessen Comptonkontinuum im Bereich des 662-keV-peaks aber leicht rechnerisch oder graphisch berücksichtigt werden kann.

---

[1] Sie beträgt z. B. 9,7 Std nach der Trennung 10% der ^{90}Y-Sättigungsaktivität (= ^{90}Sr-Aktivität), nach 2,7 Tagen 50%, nach 6,2 Tagen 80% und nach 18 Tagen 99%. Der Anteil der Sättigungsaktivität kann aus Tabellen entnommen werden (Erläuterungen zur Nuclidkarte, Bundesminister für Atomkernenergie, 1961).

Bei Anwesenheit kurzlebiger γ-Strahler, z. B. durch frisches fall out auf pflanzlichen Lebensmitteln, wird die Auswertung der γ-Spektren sehr erschwert. In Abb. 7 sind die Spektren der in einem Spaltproduktgemisch (z. B. 14 Tage nach einer Atombombenexplosion in der Atmosphäre) zu erwartenden γ-Strahler aufgeführt. Die Überlagerung der peaks der einzelnen Strahler und ihrer Comptonkontinua ist deutlich zu erkennen. Durch Summierung der für jeden einzelnen Strahler bestehenden statistischen Ungenauigkeit der Messung wird der quantitative Aussagewert auch bei Einsatz elektronischer Rechenmaschinen zur Auflösung des Spektrums sehr unsicher.

Es ist dann zweckmäßiger, den oder die interessierenden Strahler chemisch abzutrennen und für sich zu bestimmen. Auch hier ist eine γ-Messung einer β-Messung i. a. vorzuziehen, da das Meßpräparat nicht so dünn und extrem rein vorliegen muß.

Einfacher liegen die Verhältnisse bei Milch. Durch biologische Selektionierung scheidet die Kuh von den aufgenommenen Spaltprodukten nur die γ-Strahler ^{131}J, ^{140}Ba-La, ^{137}Cs und ^{40}K aus. Der gegenseitige Einfluß dieser Strahler kann rechnerisch berücksichtigt werden, da, wie aus Abb. 7 ersichtlich, jeder der Strahler einen peak aufweist, der nicht im peak-Bereich eines anderen Strahlers liegt. Steht ein Vielkanalspektrometer zur Verfügung, ist die direkte Spektroskopie der Milch zur Bestimmung der genannten γ-Strahler das Verfahren der Wahl.

C. Chemische Aufarbeitung

I. Allgemeines

1. Abschätzung der nötigen Probenmenge

Wie oben ausgeführt, ist für die Radioaktivitätsüberwachung bei Lebensmitteln die Nachweisgrenze festgelegt (vgl. B II 1). Sie sollte mindestens mit einem relativen mittleren statistischen Fehler[1] von $\pm$ 10% (besser $\pm$ 1%) erreicht werden. Dieser setzt, wie erwähnt, nach statistischen Gesetzen die Messung einer Mindestimpulszahl voraus. Die Meßzeit kann aus praktischen Gründen (Inkonstanz der Geräte, nötige Durchsatzgeschwindigkeit) nicht beliebig ausgedehnt werden. Andererseits ist für jede Art der chemischen Aufarbeitung der Proben mit einem bestimmten Verlust an den nachzuweisenden Radionucliden (vgl. G I 3) und für die benützte Apparatur mit einem bestimmten Wirkungsgrad (vgl. B II 2) zu rechnen. Da alle diese Größen in engen Grenzen festliegen, kann im vorliegenden Fall nur die Probemenge variiert werden.

Die einzusetzende Probenmenge läßt sich abschätzen aus der geforderten Nachweisgrenze $K = $ [pC/kg], den Verlusten während der chemischen Aufarbeitung (s. G II 3, W_{Ch}), dem Nulleffekt B [Impulse/min] und dem Wirkungsgrad W der Meßanordnung, dem für zulässig erachteten relativen mittleren statistischen Fehler ε und der Meßzeit MZ_B für Nulleffekt und MZ_N für das Präparat.

Nehmen wir vereinfachend an, daß die Meßzeit für Nulleffekt und Probe gleich lang gewählt wurde (MZ), wie dies für geringe Impulsraten in der Größenordnung des Nulleffekts (statistisch) zweckmäßig ist, so ist

$$\varepsilon^2 = \frac{N + 2B}{10^{-4} N^2 MZ},$$

wobei $N = 2{,}22 \cdot K \cdot G \cdot W \cdot W_{Ch}$ ist.

---

[1] Der statistisch bedingte Fehler ist nur einer der Versuchsfehler. Zur Beurteilung der Genauigkeit der Analysen müssen daneben die systematischen und zufälligen Fehler bei der Probenaufbereitung und Messung berücksichtigt werden.

2. Notwendigkeit und Arten der Aufarbeitung

Wie bereits erwähnt, ist es in einigen Fällen möglich, das Untersuchungs-material unmittelbar zu messen (vgl. B III 3). Im allgemeinen ist jedoch eine chemische Aufarbeitung notwendig. Üblicherweise erfordert die Abtrennung ein-zelner Elemente die Zerstörung der organischen Substanz, die durch die meist sehr großen Probenmengen sehr erschwert werden kann. Für die Untersuchung von Lösungen, wie Wasser, evtl. auch Milch, kommen auch Ionenaustauscher-, Flüssigextraktions- oder direkte Fällungsverfahren in Frage (vgl. C II 3).

3. Trägerzusatz und Ausbeutebestimmung

Die Gewichtsmenge des im Untersuchungsguts vorhandenen Gesamt-Sr oder Cs reicht nur ausnahmsweise für quantitative Fällungen aus. Deshalb muß inak-tives Sr bzw. Cs zugesetzt werden. Dadurch wird zugleich verhindert, daß das aktive Sr oder Cs in unkontrollierbarer Weise von anderen Niederschlägen oder durch die Glaswand usw. adsorbiert wird. Ist die zugesetzte Trägermenge bekannt, so kann nach Beendigung des Gesamttrennungsgangs die chemische Ausbeute (W_{Ch}) durch Vergleich der zugesetzten mit der wieder gefundenen Trägermenge errechnet werden. Dies setzt voraus, daß der natürliche Gehalt an dem betref-fenden inaktiven Element, wie üblich, entweder vernachlässigbar klein oder be-bekannt ist.

II. Vorbereitung

1. Trocknung

Flüssigkeiten und stark wasserhaltiges Material, z. B. Früchte, müssen nach dem Zerkleinern zunächst unter dem Oberflächenerhitzer, der ein Stoßen oder Schäumen der Flüssigkeiten vermeidet, eingedampft werden. Weniger wasser-reiches Material (Gemüse, Salat) wird *vor* dem Zerkleinern zweckmäßigerweise auf Hürden im Umlufttrockenschrank getrocknet, wobei ein Rost als Unterlage verwendet werden kann. Für zerkleinertes Material haben sich Backbleche oder Al-Folie, die zur Erfassung von ausgetretenem Saft ausgekocht werden kann, bewährt. Die Temperatur im Trockenschrank sollte 150° nicht übersteigen, damit der Trockenschrank nicht durch Zersetzungsprodukte verunreinigt wird.

Die nasse Veraschung läßt sich wegen der großen Probenmengen nur in Spezial-fällen anwenden (z. B. J. H. Harley, 1962).

2. Veraschung

Die je nach den zu bestimmenden Radionucliden erforderlichen Vorsichts-maßnahmen bei der Veraschung seien am Beispiel des ^{131}J, ^{137}Cs und ^{90}Sr dar-gestellt.

Um Verluste an ^{131}J zu verhindern, muß alkalisch verascht werden. Für die chemische Aufarbeitung ist ein Trägerzusatz (inaktives Jodid) notwendig. Au-ßerdem ist das Jod zu seiner vollständigen Erfassung in eine einheitliche Wertig-keitsstufe überzuführen.

So nimmt z. B. J. E. Marriot (1959) zunächst eine Oxydation mit KMnO$_4$ vor und trennt das Jod anschließend nach Reduktion durch Destillation ab. (Weitere Literatur bei P. Jägerhuber, 1962.)

Bei der Bestimmung von Cs darf wegen der Flüchtigkeit seiner Verbindungen die Veraschungstemperatur 400 bis 450° nicht übersteigen. Hierbei ist auf den

Temperaturunterschied im Veraschungsgut und im Luftraum des Ofens zu achten[1]. Öffnen des heißen Ofens kann durch Luftzutritt zum Aufglühen des Veraschungsguts und damit zu erheblichen Cs-Verlusten führen. J. H. HARLEY (1962) empfiehlt für Cs nur naß zu veraschen.

Sollen nur die Sr-Isotope ermittelt werden, kann die Veraschung unbedenklich bei 800° durchgeführt werden.

3. Sonstige Verfahren

Es hat nicht an Versuchen gefehlt, die zeitraubende und unangenehme Veraschung des Untersuchungsgutes zu vermeiden.

Für die *Wasser*untersuchung findet sich eine Literaturübersicht bei H. KNAPSTEIN (1962) und H. HINZPETER (1963) für ^{90}Sr und bei P. JÄGERHUBER (1962) für ^{131}J.

Eine Chelatextraktion von ^{90}Sr aus Wasser beschreibt K. D. BECCU (1963).

Aus Frischmilch kann, solange die Proben nicht chemisch konserviert werden müssen, ionisiert vorliegendes ^{131}J mittels Anionenaustauscher abgetrennt und γ-spektroskopisch gemessen werden (C. PORTER, 1963; P. COSSLETT und R. E. WATTS, 1959).

Durch Formalinzusatz zur Milch wird das Jod an Eiweiß gebunden, das mittels Trichloressigsäure abgetrennt und unmittelbar auf den γ-Detektor gebracht werden kann (G. K. MURTHY u. Mitarb., 1960).

Das Verfahren läßt sich zur Abscheidung der Sr-Isotope nach G. K. MURTHY und J. E. CAMPBELL (1960) mit einer Karbonatfällung der Erdalkalien (aus dem Filtrat der Eiweißfällung) kombinieren (s. Anh. II). Auch G. S. SPICER (1961) vermeidet bei der Sr-Bestimmung in Milch eine Veraschung. Er fällt das Eiweiß nach Zusatz von Sr- und Ba-Träger aus der erhitzten Milch mit konz. Salzsäure und scheidet im Filtrat die Erdalkalien als Oxalate ab.

III. Aufarbeitung der Asche

Die Asche muß zunächst in Lösung gebracht werden. Säureunlöslich bleiben vornehmlich SiO_2 und Erdalkalisulfate, die u. U. Sr absorbieren. Daher lassen J. H. HARLEY u. Mitarb. (1962) die ganze Asche mit Soda aufschließen, mit $HClO_4$ aufnehmen und danach die erforderlichen Träger zusetzen. Nach Abrauchen der $HClO_4$ wird der Rückstand in Wasser aufgenommen und das Unlösliche verworfen. Die Abscheidung der Erdalkalien erfolgt als Karbonate.

Englische Verfahren (G. J. HUNTER, 1960) ziehen die Asche nach Zusatz von Trägern mit HCl aus, veraschen das Unlösliche nochmals bei 800° C, rauchen es mit HNO_3 und $HClO_4$ ab und ziehen den Rückstand mit H_2O aus.

Nach F. J. BRYANT u. Mitarb. (1959) wird die Asche nach Trägerzusatz mit H_2F_2 und $HClO_4$ aufgeschlossen. Die Erdalkalien werden als Phosphate abgetrennt.

Auch F. LUDWIEG (1958) gibt die Träger in wäßriger Lösung unmittelbar zur Asche. Nach Dehydratisierung der Kieselsäure mit HCl schließt er den unlöslichen Rückstand durch eine Sodaschmelze auf. Die Erdalkalien werden als Oxalate bei pH 4 gefällt.

H. VOLCHOK u. Mitarb. (1957) ziehen die Asche mit Salzsäure aus und fällen Sr zusammen mit Ca als nichtisotopem Träger als Oxalat bei pH 1,5 bis 2. Dabei fallen noch keine Phosphate mit, so daß der Niederschlag von geringem Volumen und leicht filtrierbar wird. Die Autoren verzichten auf einen Aufschluß und verwerfen den unlöslichen Rückstand.

---

[1] C. L. KRUSE (1963; unveröffentlicht) ermittelte bis zu 80° höhere Temperatur im Veraschungsgut. Vgl. auch R. RITTER (1964).

IV. Beispiele für die radiochemische Isolierung

1. Caesium

Für die Abtrennung von ^{137}Cs sind zahlreiche Verfahren entwickelt worden. B. Kahn u. Mitarb. (1957) geben eine Übersicht über die Eignung von Kalignost, Ammoniummolybdat und Kalium-natrium-hexanitrito-kobaltat als Cs-Fällungsmittel sowie über stark saure Austauscher zur Wasseranalyse. F. Ludwieg (1958) trennt Cs aus der Lösung von Lebensmittelasche nach Entfernung der Erdalkalien als Kieselwolframat ab. Nach J. E. Harley (1962) wird Cs mit NH_4 Al $(SO_4)_2 \cdot 12 H_2O$ abgeschieden (Mitkristallisation) und als Hexachloroplatinat zur Messung präpariert.

[137]Cs kann auch unmittelbar aus der salzsauren Aschelösung mittels AMP-Austauscher[1] isoliert werden, der in stark saurer Lösung nur einwertige Elemente absorbiert. Wie J. van R. Smitt u. Mitarb. (1959) zeigten, wird hierbei Cs außerordentlich bevorzugt. R. W. Broadbank u. Mitarb. (1963) verwenden ein ähnliches Verfahren für die ^{137}Cs-Bestimmung in Milchasche.

2. Strontium

Die Sr-Isotope werden üblicherweise unter Zusatz von inaktivem Träger zusammen mit den anderen Erdalkalien als Phosphate, Karbonate oder Oxalate abgeschieden. Für die β-Messung muß hierbei die Trägermenge möglichst klein gehalten werden (Abhängigkeit des Wirkungsgrades von der Schichtdicke des Präparats)[2].

Zur Isolierung des Sr ist in den meisten Fällen eine Abtrennung von den großen, in Lebensmitteln enthaltenen Ca-Mengen (z. B. 100 mg zugesetzter Sr-Träger und 2,4 g Ca in 2 l Milch) erforderlich. Hierfür werden Ionenaustauscher, Flüssigextraktionsverfahren und Fällungsreaktionen herangezogen. (Überblick bei H. Knapstein, 1962). Sehr gebräuchlich ist die „Nitrattrennung", bei der die unterschiedliche Löslichkeit von Ca $(NO_3)_2$ und Sr $(NO_3)_2$ in konzentrierter Salpetersäure ausgenutzt wird[3].

Das abgetrennte Sr wird durch Fe $(OH)_3$-Fällungen von Seltenen Erden, Y und anderen Radionucliden, die nicht durch inaktive Träger in der Lösung zurückgehalten werden, sowie durch $BaCrO_4$-Fällungen von Ba, Ra, Pb-Ionen radiochemisch gereinigt. Für die Messung wird das Sr als Karbonat gefällt (vgl. Anhang II).

V. Herstellung der Meßpräparate

Für die Herstellung der β-Meßpräparate kann der Niederschlag mit Aceton in Meßschälchen mit Rand überspült und durch kreisende Bewegungen gleichmäßig verteilt werden. Häufig wird der Niederschlag über eine zerlegbare Hahn'-sche Nutsche abfiltriert und das Filter in ein Zählschälchen mit oder ohne Rand eingeklebt oder in eine geeignete Vorrichtung (Ring + Scheibe) eingespannt. Mittels besonderer Zentrifugeneinsätze kann er auch direkt in Zählschälchen zentrifugiert werden (L. Herforth und H. Koch, 1959).

---

[1] AMP-1 Ammonium Molybdophosphate Microcrystals der Bio-Rad Laboratories, Richmond, Calif.

[2] Soll nur ^{90}Sr bestimmt werden, genügt eine Messung der harten β-Strahlung des isolierten und präparierten Tochternuclids ^{90}Y, so daß die Sr-Trägermenge ohne Bedeutung ist.

[3] Wird die Salpetersäure-Nitrat-Trennung in Zentrifugengläsern durchgeführt, die mit Teflonkappen verschlossen sind und gleichzeitig ein Magnetrührer verwendet, so läßt sich die Belästigung durch Salpetersäure weitgehend vermeiden.

VI. Andere Radionuclide

Für die radiochemische Isolierung anderer Radionuclide sei auf J. A. HARLEY u. Mitarb. (1962), F. LUDWIEG (1958), FAO and WHO Methods of Radiochemical Analysis (1959), und Y. KUSAKA und W. WAYNE MEINKE (1961) verwiesen. Über radiochemische Wasseranalysen referierte H. SCHRÖDER (1961).

Eine Zusammenstellung radiochemischer Informationen und Analysenmethoden wurde auf Veranlassung des Subcommittee of Radiochemistry des US National Research Council als Nuclear Science Series, herausgegeben von der National Academy of Science. In dieser Serie sind die meisten radioaktiven Elemente abgehandelt. Eine Übersicht über die Bestellmöglichkeiten, Bestellnummern usw. findet man bei E. SCHAUMLÖFFEL (1963).

D. Auswertung

Die Ergebnisse werden heute international in der Überwachung in pC/kg Frischsubstanz oder pC/g Asche angegeben, wobei man sich, soweit möglich, auf den genießbaren Anteil bezieht. Daneben wird meist auch das $^{90}Sr/Ca$-Verhältnis (pC ^{90}Sr/g Ca)[1] und das ^{137}Cs/K-Verhältnis (pC^{137}Cs/gK) angegeben.

Die Meßergebnisse der Umweltradioaktivitätsüberwachung werden in der Bundesrepublik Deutschland in den Vierteljahresberichten „UMWELTRADIOAKTIVITÄT UND STRAHLENBELASTUNG" des Bundesministeriums für wissenschaftliche Forschung, Bad Godesberg, veröffentlicht.

E. Radionuclide in der quantitativen und qualitativen Analyse

Analytische Probleme der Lebensmittelchemie mit Hilfe markierter Verbindungen zu lösen wurde bisher nur in sehr geringem Umfang versucht. Hierfür dürften neben dem Mangel an gut ausgearbeiteten Vorschriften die strengen Bestimmungen der 1. Strahlenschutz-Verordnung mitbestimmend sein.

Zur Markierung kommen für organische Substanzen z. B. ^{14}C, vor allem aber ^{3}H infrage, das sich nach WITZBACH besonders leicht in organische Verbindungen einführen läßt. Weitere Möglichkeiten sind durch Einführung von ^{32}P, ^{35}S, ^{131}J, in einzelnen Fällen auch durch radioaktive Metalle möglich.

Bei der Anwendung unterscheidet man (N. GETOFF, 1957)

1. Radioindikatorenanalysen,
2. Verdünnungsmethoden,
3. Reagenzmethoden,
4. Aktivierungsanalysen.

Zu 1. Bei der Indikatorenanalyse wird das Verhalten der markierten Verbindung verfolgt. So kann z. B. der Übergang des Weichmachers auf die in Kunststoffen verpackten Lebensmittel mittels ^{14}C-markiertem Weichmacher untersucht werden.

Zu 2. Die Verdünnungsmethode läßt drei Variationen zu. Die *einfache* Verdünnungsmethode besteht darin, daß eine bekannte Menge eines radioaktiven Stoffes einem Gemisch zugegeben wird, welches dieselbe Stoffart, deren Konzentration zu bestimmen ist, in inaktiver Form enthält. Die Methode ist besonders für die Analyse schwer trennbarer Elemente geeignet.

Bei der *umgekehrten* Verdünnungsmethode wird eine bekannte Menge eines nicht radioaktiven Stoffes als Träger zugegeben, um in einem Gemisch eine unbekannte Menge der aktiven Stoffart zu erfassen (vgl. ^{90}Sr-Analyse).

---

[1] Sunshine-unit oder Strontium-Einheit.

Die *doppelte Isotopenverdünnung* wird angewandt, wenn eine Substanz sowohl in aktiver als in inaktiver Form in einem Gemisch vorliegt. Hierbei werden zwei verschiedene, aber bekannte Mengen inaktiven Stoffes als Träger zu aliquoten Teilen des zu untersuchenden Gemischs zugesetzt und nach Durchmischen jeweils die spezifische Aktivität bestimmt. Man erhält so zwei Gleichungen mit zwei Unbekannten für die gesuchten Mengen. Die Methode wurde auch schon für Stoffwechseluntersuchungen verwendet. Eine Variation der Verdünnungsmethode sind die ^{14}C- und ^{3}H-Altersbestimmungen (^{3}H: M. J. Pro und A. D. Etienne, 1959; ^{14}C : W. F. Libby, 1961).

Zu 3. Bei der Reagenzmethode wird die gesuchte Substanz mit einem radioaktiven Reagenz umgesetzt und so erfaßt. Sie findet in der Analytik vielfältige Verwendung (z. B. R. Otto, 1961: ^{60}Co-Seifen höherer Fettsäuren in Verbindung mit der Papierchromatographie).

Zu 4. Aktivierungsanalysen setzen eine Neutronenquelle voraus. Sie wurden bisher in der Toxikologie und Kriminaltechnik eingesetzt (vgl. F. Thomas u. Mitarb., 1963 und F. Baumgärtner und A. Schöntag, 1962).

Die Messungen erfolgen je nach Art des angewandten Strahlers mit einem der beschriebenen Geräte. Da das Radionuclid bekannt ist und die Aktivität wenigstens annäherungsweise geschätzt werden kann, ergeben sich für die Aufarbeitung von Präparaten wesentliche Vereinfachungen (Y. Kusaka und W. W. Meinke, 1961).

Anhang I

Vorschläge für die Einrichtung eines Meß-Laboratoriums zur Untersuchung von Lebensmitteln

1. Zur Feststellung des Kontaminationsgrades

Eine allgemein gültige Voraussage über die Verseuchungsmöglichkeiten mit Radionucliden ist nicht zu machen. Unter den Spaltprodukten sind kurz nach erfolgter Atomkernspaltung zunächst ^{131}J und ^{140}Ba-La von besonderem Interesse. Auch eine elementar eingerichtete Meßstelle wird daher ihr Augenmerk zunächst auf ^{131}J, das rasch zu einer Gefahr werden kann, richten müssen. ^{131}J kann mit hinreichender Genauigkeit z. B. aus Milch oder Wasser abgetrennt und mittels eines kleineren NaJ-Szintillationszählers mit Einkanalimpulshöhenanalysators, wie beschrieben, bestimmt werden.

Vornehmlich für die Bestimmung von Gesamt-α- und von α- und β-Aktivitäten in Wasser, z. B. auch für die Abwasserüberwachung, ist ein Großflächendurchflußzähler nach H. Kiefer und R. Maushart (1961), möglichst als Antikoinzidenzgerät, empfehlenswert. Diese Einrichtung wird wirksam ergänzt durch Oberflächenerhitzer zum Eindampfen von Flüssigkeiten.

Für die Bestimmung der Sr-Isotope, insbesondere wenn in einem Katastrophenfall ^{89}Sr und ^{90}Sr nebeneinander in möglichst kurzer Zeit bestimmt werden müssen, sind an die Ausstattung höhere Anforderungen zu stellen. Hier sind leistungsfähige Trockenschränke, Muffelöfen und eine größere Zentrifuge sowie ein Säureabzug notwendig. Als Meßgeräte empfiehlt sich ein β-Antikoinzidenzmeßplatz mit gutem Wirkungsgrad für Präparate mit 3 bis 5 cm Durchmesser.

Der Analytiker benötigt für die Isolierung des Strontiums wie auch für die Eichung, Messung und Auswertung eine gewisse radiochemische Erfahrung.

2. Meßstelle zur qualitativen und quantitativen Messung auch niedrigster Aktivitäten

Für eine Meßstelle, die auch Aktivitäten im Bereich der geringen natürlichen Umweltradioaktivität messen soll, sind erforderlich

Einrichtungen zur Aufarbeitung großer Probenmengen

Umlufttrockenschränke und Muffelöfen entsprechender Größe, in einem wirksamen Abzug wegen der Geruchsbelästigung untergebracht. Eine Küchenmaschine mit Mahl-, Schnitzel-

und Fleischwolf-Aufsatz zum Zerkleinern des Probenmaterials. Abzüge zum Eindampfen von Flüssigkeiten und zum Arbeiten mit aggressiven Säuren. Die erheblichen Probenmengen müssen auch bei der Dimensionierung der Arbeitstische, Ionenaustauschersäulen, Filtervorrichtungen usw. berücksichtigt werden.

Meßgeräte

α-Meßplatz zur Messung von ^{239}Pu und ^{226}Ra,
α-Spektroskopieeinrichtung (Halbleiterdetektor oder Frisch-Gitterkammer)
β-Antikoinzidenzgeräte für ^{89}Sr- und ^{90}Sr-Bestimmungen in genügender Zahl
3″ bis 5″ große NaJ-Kristalle, abgeschirmt in 10 cm Pb-Äquivalent mit Vielkanalysator, zur direkten Bestimmung von ^{131}J, ^{137}Cs, ^{140}Ba-La z. B. in unbearbeiteter Milch,
Flüssigszintillationszähler, falls ^{3}H oder andere sehr weiche β-Strahler gemessen werden müssen,
eine elektrische Rechenmaschine.
Sorgfältig geschulte Mitarbeiter, die in der Lage sind, die erforderlichen umfangreichen Trennungen chemisch zu übersehen und selbständig durchzuführen und die meßtechnischen Fragen beherrschen, müssen in genügender Zahl zur Verfügung stehen.
Zur Einrichtung einer Meßstelle vgl. K. G. BERGNER und P. JÄGERHUBER (1963).

Anhang II

Arbeitsvorschrift zur Bestimmung von ^{89}Sr, ^{90}Sr, ^{131}J und ^{137}Cs in Milch

Das Verfahren hat sich in zahlreichen schnell durchzuführenden Analysen bewährt und wurde nach G. R. HAGEE u. Mitarb. (1960), G. K. MURTHY u. Mitarb. (1960), F. LUDWIEG (1958) kombiniert und modifiziert von P. JÄGERHUBER (1963), K. G. BERGNER und P. JÄGERHUBER (1963, 1964). Es soll hier als Beispiel einer Analyse wiedergegeben werden.

γ-Spektroskopie der Milch (^{131}J, ^{137}Cs, ^{140}Ba — ^{140}La und ^{40}K)

Prinzip

Die γ-Strahlung im Energiebereich 100—1800 keV wird spektroskopisch ausgewertet. Berücksichtigt wird die Halbwertsbreite folgender peaks

Bereich I	364 keV für ^{131}J
Bereich II	490 keV für ^{140}La
Bereich III	662 keV für ^{137m}Ba
Bereich IV	1462 keV für ^{40}K

Durch Messung der einzelnen Strahler in gleicher geometrischer Anordnung wird mit Eichlösungen der Einfluß jedes der 4 Strahler auf den Energiebereich der drei anderen ermittelt und rechnerisch eliminiert (Matrizenrechnung).
Ebenso wird durch Eichmessung der Wirkungsgrad aller 4 Strahler unter den gewählten geometrischen Bedingungen bestimmt.

Meßgeräte

Szintillationszähler, NaJ(Tl)-Vollkristall ($> 3″\varnothing \times 3″$) mit Vielkanalspektrometer.

Analysengang

Die Milchprobe (4 l) wird in eine 4 l-Ringschale eingefüllt und diese über den Kristall gesetzt.

Berechnung

Die Berechnung erfolgt mittels den nach dem oben angegebenen Verfahren errechneten Matrizen. Diese werden zweckmäßigerweise auf durchsichtige Kunststofffolien festgehalten, so daß diese Folien auf die Druckerstreifen des Vielkanalanalysators aufgelegt werden können. ^{131}J und ^{140}Ba müssen zuletzt für den Zeitraum zwischen Entnahme und Messung korrigiert werden.
^{131}J kann — wie erwähnt — auch ohne Vielkanalanalysator bestimmt werden.

Abtrennung und Bestimmung von ^{131}J in Frischmilch

Prinzip

Das vornehmlich in ionogener Form in der Milch enthaltene ^{131}J wird durch Behandlung mit Formaldehyd an das Milcheiweiß gebunden, letzteres durch CCl_3COOH gefällt, abgetrennt, gewaschen, und zur Messung in einen Plexiglaszylinder eingefüllt. ^{131}J wird durch Messung der 364 keV-γ-Strahlung bestimmt.

Nach der Eiweißabtrennung kann das Filtrat für die Isolierung von ^{89}Sr und ^{90}Sr verwendet werden. Hierzu wird eine bekannte Menge inaktiven Sr- und Cs-Trägers vor der Eiweißfällung zugesetzt (C I 3).

Störungen

Das Verfahren ist nur bei Frischmilch, nicht bei Kondensmilch oder Frauenmilch anwendbar.

Meßgeräte

Szintillationszähler, NaJ(Tl)-Vollkristall mit Ein- oder Vielkanalspektrometer.

Eichung

Bestimmung des Wirkungsgrades der Meßanordnung ($W_{131\text{J}}$) für verschiedene Füllhöhen des Plexiglaszylinders mittels Eichlösung ($A_{131\text{J}} = 2$—5 nC). Auszuwerten ist die Halbwertsbreite des 364 keV-peaks.

Analysengang

A 1: Die Entnahme der Proben erfolgt in 1 l-Polyäthylenflaschen, die mit 5 ml Formaldehyd beschickt sind. Wird der Formaldehyd erst nachträglich zugesetzt, muß er vor der Weiterverarbeitung wenigstens eine Stunde lang auf die Milch eingewirkt haben.

A 2: Die Probe wird in ein 3 l-Becherglas überführt und unter Rühren mit 1 ml Trägerlösung (genau 20 mg Sr als Nitrat enthaltend) versetzt.

A 3: Zu der Milch wird unter Rühren langsam 1 l Trichloressigsäurelösung (DAB 6; 24%ige, wäßrige Lösung, g/v) gegeben.

A 4: Nach etwa $1^1/_2$ Std hat sich das Eiweiß abgesetzt. Es wird durch ein Faltenfilter abfiltriert (Schleicher & Schüll 520a $^1/_2$, $\varnothing = 38,5$ cm).

A 5: Der Rückstand wird mit 250 ml Trichloressigsäurelösung (12%ig) sorgfältig ausgewaschen.

Die vereinigten Filtrate werden für die Bestimmung von ^{89}Sr und ^{90}Sr (ArbeitsvorschriftB) benötigt.

A 6: Das Eiweiß wird nach dem Abtropfen in einen Plexiglaszylinder ($\varnothing = \varnothing$ des NaJ-Kristalls) eingedrückt und die Füllhöhe bestimmt.

A 7: Der mit einer Plexiglasplatte bedeckte Zylinder wird auf einem NaJ (Tl)-Vollkristall gemessen.

Berechnung

$$K = \frac{N}{2,22 \cdot W_{131\text{J}} \cdot G} \text{ pC/l } ^{131}\text{J},$$

$$\varepsilon N = \pm \sqrt{\frac{N + 2\,B}{N^2 \cdot MZ}} \,\% \,.$$

Das Ergebnis ist für den Zeitraum zwischen Probenahme und Messung zu korrigieren. (Umrechnungsfaktoren z. B. in Documenta Geigy, 1960.)

Abtrennung und Bestimmung von ^{89}Sr und ^{90}Sr in Frischmilch

Prinzip

Das Sr wird aus dem Filtrat der Eiweißabtrennung durch Carbonatfällung abgetrennt. Störende Elemente werden durch Nitratfällungen, Hydroxidfällungen und Chromatfällungen entfernt. Das Sr wird zuletzt wieder als Carbonat gefällt und durch Säuretitration W_{Ch} bestimmt. ^{89}Sr und ^{90}Sr kann aus dem Ergebnis zweier β-Messungen errechnet werden. Zur ersten Messung wird ein SrCO$_3$-Präparat möglichst bald nach der Sr-Y-Trennung (letzte Hydroxidfällung) hergestellt. Dieses Präparat wird z. B. 3 Tage nach der Messung in HCl, die genau 40 mg Y-Träger enthält, gelöst, das Y vom Sr getrennt und als $Y_2(C_2O_4)_3$-Präparat gemessen (Berechnung nach a, s. S. 769).

Notfalls kann anstelle des $Y_2(C_2O_4)_3$-Präparats auch das $SrCO_3$-Präparat für die zweite Messung herangezogen werden, wodurch sich jedoch der statistisch bedingte Meßfehler wesentlich erhöht (Berechnung nach b, s. S. 769).

Störungen

Der verwendete Y-Träger ist durch β-Messung auf Aktivitätsfreiheit zu prüfen und erforderlichenfalls zu reinigen[1].

Meßgeräte

Proportional- oder Geiger-Müller-Endfenster-Zählrohr mit niederem Nulleffekt (< 2 Imp./min) und hohem Wirkungsgrad ($W_{90_{Sr}} > 0,2$) (Antikoinzidenzmeßplatz).

Eichung

Bestimmung der Wirkungsgrade $W_{90_{Sr}}$ und W_{90_Y} durch Herstellung von $^{90}SrCO_3$-Präparaten gleichen Durchmessers für Sr-Mengen von 10—100 mg Sr ($A_{90_{Sr}} = 2$ nC) nach B 21 bis B 31, B 34 und B 35.

$$W_{90_Y} = \frac{N_2 - N_1}{(a_2 - a_1) A_{90_{Sr}}},$$

$$W_{90_{Sr}} = \frac{N_1 - a_1 W_{90_Y} A_{90_{Sr}}}{A_{90_{Sr}}}.$$

Bestimmung des Wirkungsgrads $W_{89_{Sr}}$ durch Herstellung von $^{89}SrCO_3$-Präparaten gleichen Durchmessers für Sr-Mengen 10—100 mg Sr ($A_{89_{Sr}} = 2$ nC).

$$W_{89_{Sr}} = \frac{N}{z\, A_{89_{Sr}}}.$$

Aus den Meßwerten sind Eichkurven anzufertigen.

Bestimmung des Wirkungsgrads W'_{90_Y} durch Herstellung von $Y_2(C_2O_4)_3$-Präparaten gleichen Durchmessers für eine Y-Menge von 40 mg nach B 37 bis B 47 (Wartezeit 27 Tage).

$$W'_{90_Y} = \frac{N_Y}{f\, A_{90_{Sr}}}.$$

Analysengang

B 1 bis B 5: entspricht A 1 bis A 5.

B 6: Das Filtrat wird mit einigen Tropfen Indicatorlösung (0,1 g Thymolblau + 0,1 g Phenolphthalein + Äthanol 50%ig zu 100 ml) versetzt.

B 7: Die Lösung wird bis zum Farbumschlag des Indicators nach gelb mit 6 n-NaOH neutralisiert, wozu etwa 250 ml benötigt werden.

B 8: Unter Rühren werden 50 ml 3 n-Na_2CO_3-Lösung zugegeben.

B 9: Mit wenigen ml 6 n-NaOH wird die Lösung auf pH 8,5 bis 9 eingestellt (Indicatorumschlag gerade nach blau).

B 10: Den sich bildenden Niederschlag läßt man 4 Std lang absitzen.

B 11: Der Niederschlag wird auf einem Filter (Ederol Nr. 1 Ausw. 290, $\varnothing$ 24 cm) gesammelt und mit 400 ml H_2O sorgfältig ausgewaschen.

B 12: Der Niederschlag wird mittels Hornlöffel möglichst vollständig in eine Porzellanschale überführt und in 20 ml HNO_3 (25%ig) gelöst.

B 13: Der Schaleninhalt wird auf dem Sandbad zur Trockene gebracht.

Die Filtrate von insgesamt vier ^{131}J-Bestimmungen (= 4 l Milch) werden in gleicher Weise behandelt, die nach B 13 erhaltenen Trockenrückstände werden vereinigt.

Ist eine ^{131}J-Bestimmung nicht erforderlich, werden 4 l Milch unmittelbar nach B 1 bis B 13 aufgearbeitet.

B 14: Der vereinigte Rückstand wird mit 40 ml 25%iger HNO_3 in ein 250 ml Zentrifugenglas überspült und ein teflonüberzogenes Magnetrührstäbchen zugefügt.

B 15: Der Lösung werden 40,4 ml rauchende Salpetersäure[1] zugefügt und das Glas mit einem passenden Teflondeckel verschlossen.

---

[1] Y_2O_3 des Handels ist nach unseren Untersuchungen häufig radioaktiv verunreinigt. Es kann nach E. ERDELEN (1959) vollständig von Fremdaktivitäten befreit werden.

B 16: Das Zentrifugenglas wird in ein mit Eisstückchen versehenes 600 ml-Becherglas eingesetzt, das Becherglas auf den Magnetrührer gesetzt und der Inhalt des Zentrifugenglases 30 min lang gerührt.

B 17: Der Niederschlag wird abzentrifugiert, die Flüssigkeit abdekantiert[1], mit wenig HNO_3 (65%ig) gewaschen, zentrifugiert und die überstehende Flüssigkeit verworfen.

B 18: Der Rückstand wird erneut in 40 ml 25%iger HNO_3 gelöst und mit 35 ml rauchender HNO_3[1] gefällt und das Zentrifugenglas verschlossen. B 16 und B 17 wiederholen.

B 19: Der Rückstand wird zum dritten Male in 40 ml 25%iger HNO_3 gelöst und mit 31,4 ml rauchender HNO_3[1] gefällt und das Zentrifugenglas verschlossen. B 16 und B 17 wiederholen.

B 20: Der Rückstand wird in 20 ml H_2O gelöst.

Die folgenden Stufen B 20 bis B 35 müssen hintereinander (innerhalb von 2 Std) ausgeführt werden!

B 21: Nach Zusatz von 1 Tropfen H_2O_2 und 1 ml Fe-Trägerlösung (10 mg Fe als $FeCl_3$) wird in der Hitze (nicht kochend) tropfenweise mit carbonatfreiem NH_3 25%ig gefällt.

B 22: Nach 5 min wird der gebildete Niederschlag über ein Schwarzbandfilter abgetrennt und verworfen.

B 23: Dem Filtrat werden 3 Tropfen Methylrotlösung, dann bis zum Umschlagpunkt HCl (18%ig) und 10 mg Fe-Träger zugesetzt. B 21 und B 22 wird wiederholt.

B 24: Dem Filtrat werden bis zum Umschlagpunkt HCl (18%ig), 10 mg Fe- und 10 mg Y-Träger (als Nitrat) zugesetzt. B 21 und B 22 wird wiederholt.

B 25: Der Zeitpunkt der letzten Filtration wird notiert (Sr-Y-Trennung, t_0).

B 26: Dem Filtrat werden 3 Tropfen Methylrot, bis zum Umschlagpunkt Essigsäure (1 + 3), 1 ml Essigsäure im Überschuß und 2 ml 3 n-Ammoniumacetatlösung zugesetzt.

B 27: Nach Zusatz von 10 mg Ba-Träger wird zum Sieden erhitzt und das Ba mit 1 ml 1,5 m-Na_2CrO_4-Lösung gefällt.

B 28: Nach 5 min wird das $BaCrO_4$ über Weißbandfilter abgetrennt und verworfen.

B 29: Dem Filtrat werden 10 mg Ba-Träger zugesetzt und die Fällung nach B 27 und B 28 wiederholt.

B 30: Das Filtrat wird erhitzt und das Sr mit festem $(NH_4)_2CO_3$ gefällt.

B 31: Nach dem Abkühlen wird der Niederschlag über Membranfilter abfiltriert, mit 20 ml H_2O sorgfältig ausgewaschen, mit 10 ml Äthanol (10 + 2) nachgewaschen und trocken gesaugt.

B 32: Das Filter wird in genau 25 ml n/10 HCl eingebracht und der Niederschlag unter Erwärmen gelöst. Der n/10 HCl-Verbrauch wird durch Titration mit n/10 NaOH gegen Methylorange ermittelt und der Sr-Gehalt berechnet (1 ml n/10 HCl = 4,381 mg Sr).

B 33: Die titrierte Lösung wird schwach angesäuert und B 30 und B 31 wiederholt.

B 34: Das Membranfilter wird vom Filtriergerät abgenommen, in ein Stahlschälchen (Präparateträger) gebracht, das 1 ml einer 10%igen Lösung von Uhukleber in Aceton (v/v) enthält.

B 35: Wenn das Aceton nach etwa 10 min verdampft ist, wird das Präparat 5 min lang im Exsiccator getrocknet und gemessen.

Anstelle der folgenden Stufen B 36 bis B 47 kann das Präparat nach etwa 3 Tagen nochmals gemessen und ^{89}Sr und ^{90}Sr nach (b) berechnet werden.

B 36: Nach 2—3 Tagen wird das Filter mit Propanol vom Stahlschälchen gelöst, in ein 150 ml-Becherglas überführt und unter Erwärmen in verdünnter HCl, die genau 40 mg Y-Träger enthält, gelöst.

B 37: Die Lösung wird mit 5 ml HNO_3 und 2 Tropfen H_2O_2 aufgekocht und das $Y(OH)_3$ mit carbonatfreiem NH_3 gefällt.

B 38: Der Niederschlag wird über Membranfilter abgesaugt und die Zeit notiert (Sr/Y-Trennung t_0').

Das Filtrat wird angesäuert und nach Zusatz von 40 mg Y-Träger in einer Polyäthylenflasche für eine etwa notwendig werdende Wiederholung der Analyse beiseite gestellt.

B 39: Der auf dem Membranfilter befindliche Rückstand wird in wenig HNO_3 gelöst, 10 mg Sr-Träger werden zugegeben und das $Y(OH)_3$ mit carbonatfreiem NH_3 erneut in der Hitze gefällt.

B 40: Der Niederschlag wird über Membranfilter abgetrennt, das Filtrat verworfen und der Rückstand in wenig HNO_3 gelöst.

B 41: Nach Zusatz von 20 ml Oxalsäurelösung (80 g/l) wird die Lösung mit NH_3 auf pH 4 eingestellt; sie verbleibt etwa 10 min lang auf dem Wasserbad.

---

[1] Vorsicht! Unter dem Abzug arbeiten! Schutzbrille und Gummihandschuhe benützen! Rauchende HNO_3 mit Fortunapipette abmessen!

B 42: Der Niederschlag wird über Membranfilter abgesaugt, mit wenig Wasser und 10 ml Äthanol (8 + 2) gewaschen und trockengesaugt.

B 43: Das Membranfilter wird vom Filtriergerät abgenommen, in ein Stahlschälchen (Präparateträger) gebracht, das 1 ml einer 10%igen Lösung von Uhukleber in Aceton (v/v) enthält.

B 44: Wenn nach etwa 10 min das Aceton verdampft ist, wird das Präparat 5 min (105° C) getrocknet, im Exsiccator abgekühlt und gemessen.

B 37 bis B 44 kann zur Kontrolle nach einer Wartezeit von 3 Tagen aus Lösung B 38 wiederholt werden.

Berechnung

a) Aus Meßwerten eines $SrCO_3$- *und* eines $Y_2(C_2O_4)_3$-Präparats

$$A_{90Sr} = \frac{N_Y}{a' \cdot f \cdot W_{90Y}} \text{ (Zerfälle/min) .}$$

Hierbei ist $a' = 1 - e^{-\lambda''(t'_0 - t_0)}$

und

$$f = e^{-\lambda''(t_y - t'_0)}$$

wobei sich t_0 aus B 25, t'_0 aus B 38 und t_y aus dem Zeitpunkt der Y-Messung (entsprechend t_1 bei der Messung eines $SrCO_3$-Präparats) ergibt.

$$A_{89Sr} = \frac{N_1 - A_{90Sr}(W_{90Sr} + a_1 W_{90Y})}{z_1 W_{89Sr}} \text{ (Zerfälle/min) ,}$$

$$\varepsilon_{N_y} = \pm \sqrt{\frac{N_y + 2B}{N_y^2 \cdot MZ} 10^{40}\%} .$$

b) Aus der *zweimaligen* Messung eines $SrCO_3$-Präparats

$$A_{90Sr} = \frac{z_1 N_2 - z_2 N_1}{(z_1 - z_2) W_{90Sr} + (a_2 z_2 - a_1 z_2) W_{90Y}} \text{ (Zerfälle/min) ,}$$

$$\varepsilon_{z_1 N_2 - z_2 N_1} = \pm \sqrt{\frac{(z_1 N_2 - z_2 N_1) + 4B}{(z_1 N_2 - z_2 N_1)^2 \cdot MZ} 10^4 \%} ,$$

$$A_{89Sr} = \frac{N_1 - A_{90Sr}(W_{90Sr} + a_1 W_{90Y})}{z_1 W_{89Sr}} \text{ (Zerfälle/min) ,}$$

$$K = \frac{A_{90Sr}}{2,22 \cdot W_{Ch} \cdot G} \text{ pC/kg } ^{90}Sr ,$$

$$K = \frac{A_{89Sr}}{2,22 \cdot W_{Ch} \cdot G} \text{ pC/kg } ^{89}Sr .$$

Für W_{Ch} braucht nur die Sr-Ausbeute berücksichtigt werden, da nach zahlreichen Untersuchungen die Y-Ausbeute $\approx 100\%$ ist.

Abkürzungsverzeichnis

A	= Aktivität eines Radionuclids (Zerfälle/min)
A_{89Sr}	= Aktivität ^{89}Sr zur Zeit t_0 (Zerfälle/min)
A_{90Sr}	= Aktivität ^{90}Sr zur Zeit t_0 (Zerfälle/min)
A_{90Y}	= Aktivität ^{90}Y im Zerfallsgleichgewicht mit ^{90}Sr (Zerfälle/min) ($= A_{90Sr}$)
A_{131J}	= Aktivität ^{131}J zur Zeit t_1 (Zerfälle/min)
A_{137Cs}	= Aktivität ^{137}Cs zur Zeit t_1 (Zerfälle/min)
B	= Nulleffektimpulsrate (Impulse/min)
C	= Curie (1 C $= 222 \cdot 10^{10}$ Zerfälle/min)
D_0	= (große) Anzahl gleichartiger Atomkerne, deren Zerfallskonstante λ ist, zu einem Zeitpunkt $t = 0$
D	= (große) Anzahl der nach einer bestimmten Zeit t von D_0 noch vorhandenen Atome

E_s = (große) Anzahl gleichartiger Atomkerne, deren Zerfallskonstante λ ist, im Zerfallsgleichgewicht mit einer wesentlich längerlebigen Muttersubstanz

E = (große) Anzahl der nach einer bestimmten Zeit t nach Abtrennung von der Muttersubstanz nachgebildeten Tochteratome

G = Probenmenge (kg)

I = Bruttoimpulsrate $N + B$ (Impulse/min)

K = Konzentration (pC/kg)

MZ_B = Meßzeit des Nulleffekts (min)

MZ_N = Meßzeit eines Präparats (min)

MZ = $MZ_B = MZ_N$ (min) $= MZ_1 = MZ_2$

N = Nettoimpulsrate $I - B$ (Impulse/min)

N_1 = Nettoimpulsrate zur Zeit t_1 (Impulse/min)

N_2 = Nettoimpulsrate zur Zeit t_2 (Impulse/min)

N_y = Nettoimpulsrate eines ^{90}Y-Präparats zur Zeit t_0

T = Halbwertszeit $\dfrac{\ln 2}{\lambda}$

$T_{^{89}\text{Sr}}$ = Halbwertszeit ^{89}Sr (50,5 Tage)

$T_{^{90}\text{Sr}}$ = Halbwertszeit ^{90}Sr (28 Jahre)

$T_{^{90}\text{Y}}$ = Halbwertszeit ^{90}Y (64,2 Std)

W = Wirkungsgrad einer Meßordnung $\left(\dfrac{\text{Impulse/min}}{\text{Zerfälle/min}}\right)$ für ein bestimmtes Radionuclid, bei gegebener Flächenbelegung

$W_{^{89}\text{Sr}}$ = Wirkungsgrad für ^{89}Sr

$W_{^{90}\text{Sr}}$ = Wirkungsgrad für ^{90}Sr

$W_{^{90}\text{Y}}$ = Wirkungsgrad für ^{90}Y

$W_{^{131}\text{J}}$ = Wirkungsgrad für ^{131}J

$W_{^{137}\text{Cs}}$ = Wirkungsgrad für ^{137}Cs

W_{Ch} = Wirkungsgrad einer chemischen Trennung $\left(\dfrac{\text{erfaßte Trägermenge}}{\text{eingesetzte Trägermenge}}\right)$

a, a' = Nachbildungsfaktoren für ^{90}Y*

$\dfrac{E_s}{E} = (1 - e^{-\lambda''t})$ — Reaktion erster Ordnung —

f = Zerfallsfaktor für ^{90}Y

$\dfrac{D_0}{D} = (e^{-\lambda''t})$

m = 10^{-3}

n = 10^{-9}

p = 10^{-12}

z = Zerfallsfaktor für ^{89}Sr*

$\dfrac{D_0}{D} = e^{-\lambda't}$ — Reaktion erster Ordnung —

t_0, t_0', t_0'' = Zeitpunkt der Trennung ^{90}Sr — ^{90}Y (in Arbeitsvorschrift B definiert)

t_{1b} = Zeitspanne von t_0 bis zum Beginn der ersten Messung

t_{1e} = Zeitspanne von t_0 bis zum Ende der ersten Messung

t_1 = $t_{1e} - 0,5\,(t_{1e} - t_{1b})$

$t_{2b, 2e, 2}$ = entsprechende Zeitspanne von t_0 für eine zweite Messung

t_y = entsprechende Zeitspanne für eine ^{90}Y-Messung

ε_N = prozentualer mittlerer statistischer Fehler einer Nettoimpulsrate N

$= \pm \dfrac{100\,\sigma_N}{N}\,\%$

---

* Theoretisch ist es notwendig a und z über die Meßzeit zu integrieren:

$$a_1 = \frac{a_{1e} - 1_{1b}}{MZ \cdot \lambda} \quad \text{und} \quad z_1 = \frac{z_{1b} - z_{1e}}{MZ \cdot \lambda}$$

In der Praxis hat sich aber gezeigt, daß dies nicht notwendig ist, da aus dem Mittelwert der Zeit praktisch die gleichen Faktoren erhalten werden. Auch W. Feldt und J. Lange (1962) konnten zeigen, daß für Meßzeiten bis zu 20 Std eine Verwendung des zeitlichen Mittelwerts völlig ausreicht. Hierdurch wird die Rechnung vereinfacht.

$\varepsilon_{z_1 N_2 - z_2 N_1}$ = prozentualer mittlerer statistischer Fehler der Differenz zweier Nettoimpuls-raten $z_1 N_2 - z_2 N_1$

$$= \pm \sqrt{\frac{(z_1 N_2 - z_2 N_1) + 4 B}{(z_1 N_2 - z_2 N_1)^2 \cdot M Z \cdot 10^{-4}}} \ \%$$

σ_I = mittlerer statistischer Fehler der Impulsrate I

$$= \pm \sqrt{\frac{I}{M Z_N}}$$

σ_N = mittlerer statistischer Fehler der Nettoimpulsrate N

$$= \pm \sqrt{\sigma_I^2 + \sigma_B^2} = \pm \sqrt{\sigma_{N+B}^2 + \sigma_B^2}$$

λ = Zerfallskonstante $\dfrac{\ln 2}{T}$

λ' = Zerfallskonstante ^{89}Sr

λ'' = Zerfallskonstante ^{90}Y

μ = 10^{-6}.

Bibliographie

BELL, C. G., and F. N. HAYES: Liquid scintillation counting. Oxford-London-New York-Paris-Los Angeles: Pergamon Press 1958.

BROOKS, R. O. R.: Collected laboratory procedures for the determination of radioelements in urine. U.K. Atomic Energy Authority AERE—AM 60, 1960.

BRYANT, F. J., A. MORGAN and G. S. SPICER: The determination of radiostrontium in biological materials. U.K. Atomic Energy Authority AERE—R 3030, 1959.

Bundesminister für Atomkernenergie: Erläuterungen zur Nuklidkarte. 2. Aufl. München: Gersbach & Sohn, Verlag 1961.

Bundesminister für wissenschaftliche Forschung: Umweltradioaktivität und Strahlenbelastung. III. Vierteljahr. München: Gersbach & Sohn 1962.

COSSLETT, P., and R. J. WATTS: The removal of radioaktive iodine and strontium from milk by ion exchange. U.K. Atomic Energy Authority AERE-R-2881, 1959.

CROUTHAMEL, C. E.: Applied Gamma-Ray Spectrometry. Oxford-London-New York-Paris: Pergamon Press 1960.

Documenta Geigy: Wissenschaftliche Tabellen. 6. Aufl. Basel: J. R. Geigy AG. 1960

FAO und WHO: Methods of Radiochemical Analysis. In FAO Atomic Energy Series No. 173. Rom: FAO Expert Committee, 1959.

FAO: Radioactive Materials in Food and Agriculture. In FAO Atomic Energy Series No. 2. Rom: FAO Expert Committee, 1959.

Federal radiation council: Radiation protection guidance for federal agencies. US Federal Register of Sep. 26, 1961.

FRIEDLANDER, G., u. J. W. KENNEDY: Lehrbuch der Kern- und Radiochemie. München: K. Thiemig K.G. 1962.

FÜNFER, E., u. H. NEUERT: Zählrohre und Szintillations-Meßmethoden für die Strahlung der künstlichen und natürlich radioaktiven Substanzen. 2. Aufl. Karlsruhe: G. Braun 1959.

GRAUL, E. H., u. H. DREIHELLER: Über Bau und Einrichtung von Radioisotopenabteilungen. In Fortschr. d. angew. Radioisotopie und Grenzgebiete, Bd. II. Erlangen: Siemens-Reiniger-Werke 1957.

HARLEY, J. H.: Handbuch der Standardverfahren für die Bestimmung von Radionukliden. Godesberg: Bundesminister für wissenschaftliche Forschung 1962.

HEATH, R. L.: Scintillation spectrometry gamma-ray spectrum catalogue. Washington: Office of Techn. Services U. S. Department of Commerce, 1957.

HERFORTH, L., u. H. KOCH: Radiophysikalisches und radiochemisches Grundpraktikum. Berlin: VEB Deutscher Verlag der Wissenschaften 1959.

HERRMANN, G., u. G. ERDELEN: Radiochemische Methoden zur Bestimmung von Radionukliden. Strahlenschutz H. 10, Braunschweig: Gersbach & Sohn 1959.

HINZPETER, A.: Ionenaustausch-Verfahren zur Messung der Beta-Aktivität von Wassern und zur Strontium 90-Bestimmung von Wassern und Aschen. Strahlenschutz H. 23. München: Gersbach & Sohn 1963.

ICRP, Report of Committee II: Permissible dose for internal radiation. London-New York-Paris-Los Angeles: Pergamon Press 1959.

Internationale Atomenergie-Organisation: Sicherheitsmaßnahmen beim Umgang mit Radioisotopen. Strahlenschutz, H. 14. München: Gersbach & Sohn 1960.

Kahn, B., G. K. Murthy, C. Porter, G. R. Hagee, G. J. Karches and A. S. Goldin: Rapid methods for estimating fission product concentrations in milk. Washington: Health, Eduction and Welfare 1963.

Kiefer, H., u. R. Maushart: Überwachung der Radioaktivität in Abwasser und Abluft. Stuttgart: Teubner 1961.

Kuprianoff, J., u. K. Lang: Strahlenkonservierung und Kontamination von Lebensmitteln. Darmstadt: Steinkopff 1957.

Kusaka, Y., and W. Wayne Meinke: Rapid radiochemical separations. U.S. Atomic Energy Commission. NAS-NS 3104, 1961.

Lindner, R.: Kern- und Radiochemie. Berlin-Göttingen-Heidelberg: Springer 1961.

Ludwieg, F.: Radioaktive Isotope in Futter- und Nahrungsmitteln. München: K. Thiemig K.G. 1962.

Porter, C.: Rapid determination of strontium-89 and strontium-90 in milk. In: Kahn, B., G. K. Murthy, C. Porter, G. R. Hagee, G. J. Karches and A. S. Goldin, Rapid methods for estimating fission product concentrations in milk. Washington: Health, Education and Welfare 1963.

Siegbahn, K. E.: β- and γ-ray spectroscopy. Amsterdam: North Holland Publ. Comp. 1955.

Spicer, G. S.: The determination of radiostrontium in liquid milk. U.K. Atomic Energy Authority. AERE-AM 80, 1961.

Technical Manager (Chemistry): Analytical methods for the determination of caesium-137, strontium-89 and -90 in milk, vegetation, organic ion exchange resins, seaweed and fish flesh, and strontium-89 and -90 in bone. Risley: U. K. Atomic Energy Authority PG Report 156 (W) 1960.

Terrel, J.: Hearings 1962: Radiation standards including fall out. S. 177. U.S. Government Printing Office. Washington.

Wenzel, M., u. P. E. Schulze: Tritium-Markierung. Berlin: Walter de Gruyter-Verlag 1962.

Zeitschriftenliteratur

Baumgärtner, F., u. A. Schöntag: Aktivierungsanalyse in der Kriminaltechnik. Kerntechnik 4, 51—53 (1962).

Beccu, K. D.: Untersuchung über die Chelatextraktion von Sr-90 aus Wasser mit 2-Thenoyltrifluoraceton. Dissertation. Berlin 1963.

Bergner, K. G.: Umweltradioaktivität und Lebensmitteln. Dtsch. Apoth.-Ztg. 103, 551—556 (1963).

— u. P. Jägerhuber: Beiträge zur Durchführung der Umweltradioaktivitätsüberwachung. Dtsch. Lebensmittel-Rdsch. 59, 42—46, 78—85 (1963). Beiträge zur schnellen Bestimmung wichtiger Radionuclide in Lebensmitteln und Wasser. Dtsch. Lebensmittel-Rdsch. 59, 359—365 (1963); 60, 11—14, 207—210, 253—255 (1964).

Broadbank, R. W., J. D. Hand and R. D. Harding: A rapid assay of radioactive caesium in milk. Analyst 88, 43—88 (1963).

Bryant, E. A., J. E. Sattizahn and B. Warren: Strontium-90 by an ion exchange method. Analytic. Chem. 31, 334—337 (1959).

Duivenstijn, A. J., and L. A. J. Venverloo: Gamma-spectrometry with constant relative channel width. Science and Industry 8, Nr. 6, 25—28 (1961).

Euratom-Grundnormen: Amtsblatt der Europäischen Gemeinschaft 1959, S. 221.

Feldt, W., u. J. Lange: Der ^{90}Strontium- und ^{137}Cäsium-Gehalt von Brassen aus norddeutschen Binnengewässern. Z. Lebensmittel-Untersuch. u. -Forsch. 117, 103—113 (1962).

Fessler, H., H. Kiefer u. R. Maushart: Messung der rückgestreuten Strahlung als Mittel zur Identifizierung von β-Strahlern. Kerntechnik 3, 151—153 (1961).

— — — Einfache Antikoinzidenzanordnungen mit zwei Proportionaldurchflußzählern zur Bestimmung kleinerer β-Aktivitäten. Kerntechnik 2, 324—326 (1960).

Fränz, K.: Ein- und Mehrkanal-Impulshöhenanalysatoren. Atompraxis 5, 2—7 (1959).

Geisler, M., u. G. Brunner: Ein Beitrag zur quantitativen Auswertung von γ-Szintillationsspektrogrammen. Atomkernenergie 7, 21—28 (1962).

Getoff, N.: Methodik der Anwendung radioaktiver Isotope bei chemischen Untersuchungen. Atompraxis 3, 458—468 (1957).

Goffart, J.: Bestimmung von Strontium-90 in Knochengeweben, Milch und Pflanzen. Bull. Soc. Chim. biol. (Paris) 41, 251—257 (1960); zit. nach Z. analyt. Chem. 182, 391 (1961).

Goldin, A.-S.: Determination of dissolved radium. Analytic. Chem. 33, 406—409 (1961).

Hadorn, E.: Gefährdetes und gesichertes Leben in der Sicht der heutigen biologischen Forschung. Universitas 17, 1197—1208 (1962).

Hagee, G. R., G. J. Karches and A. S. Goldin: Determination of ^{131}J, ^{137}Cs and ^{140}Ba in fluid milk by gamma spectroscopy. Talanta 41, 36—43 (1960).

HOUTMAN, A.: Anwendung der Radionuclide in der Kriminaltechnik. Kerntechnik 4, 53—54 (1962).

JÄGERHUBER, P., D. STOLL u. K. G. BERGNER: Radioaktivitätsmessungen an Lebensmitteln Dtsch. Lebensmittel-Rdsch. 57, 333—335 (1961).

— Die Bestimmung von Jod-131 in Wasser. In: Bundesminister für wissenschaftl. Forschung. Umweltradioaktivität und Strahlenbelastung, III. Vierteljahr 1962, S. 244—247.

— Beiträge zur schnellen Bestimmung wichtiger Radionuclide (^{89}Sr, ^{90}Sr, ^{131}J u. ^{137}Cs) in Lebensmitteln und Wasser. Dissertation Stuttgart 1963.

KAHN, B., and A.-S. GOLDIN: Radiochemical procedures for the identification of the more hazardous nuclides. J. Am. Water Works Ass. 49, 767—771 (1957).

— D. K. SMITH and C. P. STRAUB: Determination of low concentrations of radioaktive Cs in water. Analytic. Chem. 29, 1210—1213 (1957).

KNAPSTEIN, H.: Probleme der Methodik zur Sr-90-Bestimmung im Wasser. In: Bundesminister für wissenschaftl. Forschung. Umweltradioaktivität und Strahlenbelastung. III. Vierteljahr 1962, S. 228—242.

KÖNIG, K. H.: Mündl. Mitt. (1963), Frankfurt.

LAGONI, H., O. PANKKOFER u. K. H. PETERS: Untersuchungen über die quantitative Verteilung radioaktiver Falloutprodukte in Milch. Milchwiss. 18, 340—344 (1963).

LIBBY, W. F.: Radiokohlenstoff-Datierung. Angew. Chem. 73, 225—231 (1961).

LÜCK, H., C. U. DEFFNER u. R. KOHN: Nachweis von Radikalen in γ-bestrahlten Fetten durch Elektronenspinresonanzspektroskopie. Z. Lebensmittel-Untersuch. und -Forsch. 123, 200—205 (1963).

LUDWIEG, F.: Die quantitative Bestimmung von Strontium-89, Strontium-90, Barium-140 und Cäsium-137 in Pflanzen und Milch. Landwirtsch. Forsch. 11, 257—265 (1958).

— Nachweis und Bestimmung von Plutonium 239 in Pflanzen. Atompraxis 8, 57—59 (1962).

MARRIOTT, J. E.: The determination of iodine-131 in urine. Analyst 84, 994, 33—37 (1959).

MAYNARD, J. PRO, and A. D. ETIENNE: Dating distilled spirits. J. Assoc. Offic. Agr. Chemists 42, 386—392 (1959).

MERTEN, D., u. E. KNOOP: Zur Dekontamination der Nahrungsmittel. Ernährungs-Umsch. 8, 34—37 (1961).

MURTHY, G. K., and J. E. CAMPBELL: A simplified method for the determination of iodine 131 in milk. J. Dairy Sci. 43, 1042—1049 (1960).

— J. E. COAKLEY and J. E. CAMPBELL: A method for the elimination of ashing in strontium 90 determination of milk. J. Dairy Sci. 43, 151—154 (1960).

PLESCH, R.: Die Minimalwerte der Strahlungsmeßtechnik und ihre Abhängigkeit vom Nulleffekt. Atompraxis 7, 300—305 (1961).

RITTER, R.: Veraschung von Lebensmitteln im Hinblick auf die Flüchtigkeit von Radiocaesium. Dtsch. Lebensmittel-Rdsch. 60, 210—211 (1964).

SCHAUMLÖFFEL, E.: Monographie-Serie über "The Radiochemistry of the Elements". Atompraxis 9, 208 (1963).

SCHEFFER, F., u. F. LUDWIEG: Das Verhalten von Sr^{90} in Boden und Pflanzen und landwirtschaftliche Maßnahmen zur Verminderung der Sr^{90}-Verseuchung der Nahrungsmittel. Atompraxis 4, 416—419 (1958).

— — Bestimmung künstlich radioaktiver Isotope der Seltenen Erden in pflanzlichen Futter- und Nahrungsmitteln. Landwirtsch. Forsch. 12, 280—289 (1959).

SCHNEIDER, H., u. H. WASSEL: Temperaturabhängigkeit von Szintillationszählern. Atomkern-energie 6, 98—101 (1961).

SCHNEIDER, T., u. H. MÜNZEL: Zur Analyse einfacher und kompl. γ-Spektren. Atompraxis 7, 412—419 (1961).

SCHROEDER, H.: Radiochemische Bestimmung von Radionucliden im Wasser. Atompraxis 7, 426—433 (1961).

SMIT, J. VAN R., W. ROBB and J. J. JACOBS: AMP-effective ion exchanger for treating fission waste. Nucleonics 17, 116—123 (1959).

STROMINGER, D., J. M. HOLLANDER and P. T. SEABORG: Table isotopes. Rev. mod. phys. 30, 585—904 (1958).

VELTEN, R. J., and A. S. GOLDIN: Simplified determination of strontium-90. Analytic. Chem. 33, 128—131 (1961).

VOLCHOK, H. L., J. L. KULP, W. R. ECKELMANN and J. E. GAETJEN: Determination of Sr 90 and Ba 140 in bone, dairy products, vegetation and soil. Ann. N. Y. Acad. Sci. 71, 295—301 (1957).

WEISS, H. V., and M. G. LAI: Radiochemical determination of radium in urine. Analytic. Chem. 33, 39—41 (1961).

— and W. H. SHIPMAN: Radiochemical determination of plutonium in urine. Analytic. Chem. 33, 37—39 (1961).

Mikroskopie

Von

Dr. Dr. HUGO FREUND, Wetzlar

Mit 35 Abbildungen

1. Allgemeines

Die neuzeitliche Lebensmittelforschung und Lebensmittelüberwachung, wie sie an den Instituten der Universitäten und Technischen sowie Tierärztlichen Hochschulen, an den staatlichen und kommunalen Lebensmittel-Untersuchungsanstalten, an den Veterinäruntersuchungsämtern und nicht zuletzt in den Laboratorien der Nahrungs- und Genußmittel-Industrie betrieben und gepflegt wird, kann auf die Anwendung des Mikroskopes mit seinen vielseitigen Verfahren und Hilfsinstrumenten nicht verzichten.

Dem Lebensmittelchemiker begegnen in der täglichen Laboratoriumsarbeit vielerlei Aufgaben, die im Bereich der Biologie, der Mikrobiologie, der Histologie, der Serologie, Parasitologie usw. ihre wissenschaftliche Grundlage haben. Er wird daher weit über die chemische Analytik hinaus mit den mikroskopischen Untersuchungsverfahren vertraut sein müssen, wie sie in ihrem speziellen Arbeitsgebiet der Botaniker, der Zoologe, der Bakteriologe und der Tierarzt bei den Untersuchungen von Objekten des Pflanzen- und Tierreiches laufend anwenden.

Sinn und Zweck dieses Abschnittes des Handbuches der Lebensmittelchemie ist es, dem Lebensmittel-Wissenschaftler aufzuzeigen, welche instrumentellen Möglichkeiten die Mikroskophersteller ihm heute für seine Arbeit bieten. Hierbei soll bewußt davon abgesehen werden, auf die Theorie des Mikroskopes und der mikroskopischen Abbildung einzugehen, für deren Studium geeignete Literatur empfohlen wird.

Im Mikroskopbau haben sich bald nach dem Erscheinen der ersten Auflage dieses Handbuches grundlegende Wandlungen vollzogen. Es erscheint deshalb sinnvoll, auf diese näher einzugehen.

Die traditionelle Mikroskop-Stativform, der Hufeisenfuß mit dem mittels Gelenk kippbaren Oberteil, ist einer grundsätzlich neuen, erstmalig im Leitz-Ortholux realisierten Bauweise gewichen, die in bezug auf die Anordnung der Mechanik für die Grob- und Feineinstellung des Bildes im Stativunterteil bedeutsam ist und welche vor allem die organische Verbindung der sonst lose dem Mikroskop zugeordneten künstlichen Lichtquelle mit dem Stativfuß gewährleistet. Dies ist überall von Vorteil da, wo die Mikroskopierlampe, wie z. B. bei der Dunkelfeldbeleuchtung, bei der Phasenkontrastmikroskopie, bei der Fluorescenzbeleuchtung, in der Mikrophotographie und schließlich bei der mikroskopischen Photometrie, wichtige Funktionen zu erfüllen hat.

Es war das Bestreben der Mikroskophersteller, für die Benutzung im Laboratorium einerseits einfache und handliche, dabei trotzdem vielseitig einsatzfähige Instrumente zu entwickeln, also Mikroskope für bestimmte Zwecke zu schaffen; andererseits galt es, das Mikroskop so auszubauen, daß möglichst alle Nebenapparate und Hilfsgeräte an einem Universal-Stativ verwendet werden können.

An Beispielen aus der Praxis sollen solche Mikroskope mit ihren mechanischen und optischen Einrichtungen dargestellt werden. Es darf dabei zum Ausdruck gebracht werden, daß bei der Fülle von Fabrikaten (z. B. Ernst Leitz, Wetzlar; Carl Reichert, Wien und Carl Zeiss, Oberkochen) nur einzelne Typen beispielhaft behandelt werden können, womit keinerlei Werturteil für das eine oder andere Instrument verbunden sein soll.

Die Mikroskop-Anschaffung ist Vertrauenssache. Im allgemeinen verbürgen die Erzeugnisse namhafter Firmen eine Qualität, der zufolge das Instrument bei pfleglicher Behandlung jahrzehntelang leistungsfähig bleibt. Voraussetzung für lange Haltbarkeit ist freilich, daß Mikroskope nicht im chemischen Laboratorium aufbewahrt werden, da die Metallteile wie auch die Optik durch atmosphärische Einflüsse (Säuredämpfe, Ammoniak, Schwefelwasserstoff und dgl.) leiden.

Nach beendeter mikroskopischer Untersuchung muß das Instrument in seinen vom Hersteller mitgelieferten Aufbewahrungsschrank gestellt werden oder es wird durch eine Glasglocke vor Verstauben bzw. gegen Atmosphärilien geschützt. In neuerer Zeit bewähren sich hierfür auch Kunststoffhauben in starrer wie auch flexibler Ausführung.

Von irgendwelchen Eingriffen in das Instrument, wie z.B. Reparaturen an dem Grob- und Feintrieb, am Kreuztisch, an der Optik, der Polarisationseinrichtung usw. ist dringend abzuraten. Sie sollen dem Fachmann im Betrieb des Herstellers überlassen bleiben.

Die Reinigung der zugänglichen Linsen, der Objektive, Okulare und des Beleuchtungsapparates erfolgt mit einem Pinsel oder mit reinem, weichem Wildleder. Die Ölimmersion wird nach jedesmaligem Gebrauch durch Abwischen mit einem reinen Leinwandläppchen oder Fließpapier vom Zedernholzöl gereinigt. Die letzten Ölreste entfernt man durch schnelles Nachwischen mit einem Lederläppchen, das mit etwas Xylol oder Benzin getränkt ist.

2. Mechanische Einrichtung des Mikroskopes

a) Das Stativ

Die Gesamtheit der mechanischen Einrichtungen des Mikroskopes bezeichnet man als das Stativ. Im Gegensatz zu Instrumenten der älteren, konventionellen Bauart, bei welchen sich auch heute noch das Oberteil des Mikroskopes durch ein zwischen Fuß und Tubusträger befindliches Gelenk umlegen läßt, ist das moderne Instrument, nicht nur das große Forschungsmikroskop, sondern auch das übliche Laboratoriumsmikroskop, aus einem Guß gefertigt. Am Oberteil des Statives ist die Wechselvorrichtung für den monokularen bzw. binokularen Tubus angebracht, wie auch weiterhin die Haltevorrichtung für den Objektivsatz (Objektiv-Revolver, Dreipunkt-Zentrierzange bzw. auch noch Schlittenwechsler). Am Unterteil des Statives befindet sich die Auflage für den Objekttisch, der in der optischen Achse zwecks Einstellung des Bildes grob und fein verstellt werden kann. Unter ihm ist der Mikroskopbeleuchtungsapparat gleichfalls mit einer Höhenverstellung durch Zahntrieb in der optischen Achse versehen. Aus Abb. 1 sind die Hauptbestandteile eines modernen Mikroskopes ersichtlich.

So erfüllt z. B. das vielseitig verwendbare Gebrauchsstativ SM (Abb. 2) von E. Leitz, Wetzlar für sowohl monokulare wie auch binokulare Betrachtungen alle Erfordernisse, die man heute an ein Laboratoriumsmikroskop stellen muß.

Für weiterreichende Ansprüche an die Ausbaufähigkeit eines über die normalen Laboratoriumsbedürfnisse hinausgehenden Forschungsmikroskopes steht das große Universalmikroskop „Ortholux" (Abb. 20, 21 u. 29) derselben Herstellerfirma zur Verfügung, dessen konstruktive Konzeption durch die vor 30 Jahren erstmalig in das Mikroskopstativ eingebaute Beleuchtung für die spätere Entwicklung des Mikroskopbaues allgemein wegweisend wurde.

Der folgerichtige Ausbau dieses Instrumentes in bezug auf seine Verwendung in der Mikrophotographie hat zu einem neuen Mikroskoptyp, nämlich dem „Kamera-Mikroskop" geführt, dessen Darstellung später im Abschnitt „Mikrophotographie" erfolgt.

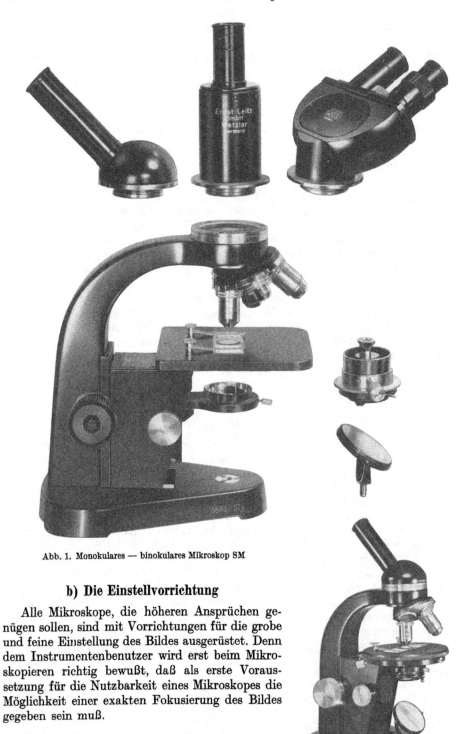

Abb. 1. Monokulares — binokulares Mikroskop SM

b) Die Einstellvorrichtung

Alle Mikroskope, die höheren Ansprüchen genügen sollen, sind mit Vorrichtungen für die grobe und feine Einstellung des Bildes ausgerüstet. Denn dem Instrumentenbenutzer wird erst beim Mikroskopieren richtig bewußt, daß als erste Voraussetzung für die Nutzbarkeit eines Mikroskopes die Möglichkeit einer exakten Fokusierung des Bildes gegeben sein muß.

Abb. 2. Kurs- und Arbeits-Mikroskop SM

Länger zurückliegende Untersuchungen von M. BEREK (1927) über die Ganggenauigkeit von Feinstellvorrichtungen und Hand in Hand damit die technische Weiterentwicklung der Feintriebsysteme (1959) führten bei E. Leitz zur Schaffung einer neuartigen, doppelseitig zu betätigenden, auf den Objekttisch wirkenden Einknopfbedienung (Abb. 3) für die grobe und feine Einstellung des Bildes, wobei der Objekttisch in seiner Höhe innerhalb 18 mm verstellbar ist. Die Gleitbahnen dieser kombinierten Grob-Feineinstellung sind kugelgelagert; sie bietet eine bequeme, sichere und vor allem schnelle Einstellung des mikroskopischen Bildes in allen Vergrößerungsbereichen und arbeitet zuverlässig ohne jeden toten Gang.

c) Die Tuben

Bei einfacheren Mikroskopen ist der in der Regel nur monokulare Tubus am Stativoberteil nicht auswechselbar, er ist wie alle Tuben in seinem Inneren zur Vermeidung von störenden Reflexen geschwärzt und besitzt vielfach einen Auszug mit mm-Teilung zur Einstellung der für die höchstmögliche Leistung der Objektive nötigen Tubuslänge. In seine obere Öffnung werden die Okulare eingeschoben. Das untere Ende des Tubusrohrs ist zur Aufnahme der Objektiv-Wechselvorrichtung (meistens eines Revolvers) eingerichtet.

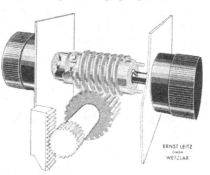

Abb. 3. Schnitt durch die Einstellvorrichtung. — Die beidseitige *Einknopfbedienung* für Grob- und Feineinstellung ermöglicht ein sehr schnelles und sicheres Arbeiten in allen Vergrößerungsbereichen. Dreht man den Bedienungsknopf nur in einer Richtung, so wirkt der Mechanismus als Grobtrieb. Beim Wechsel der Drehrichtung schaltet sich automatisch die Feineinstellung ein. Ihr Bereich umfaßt etwa $^1/_3$ Umdrehung des Einstellknopfes. Dreht man den Knopf über den fühlbaren Anschlag der Feineinstellung hinaus, so schaltet sich wieder der Grobtrieb ein

Die mit einem hohen Stand der Präzisions- und damit Qualitätsfertigung fortschreitende technische Entwicklung bot im Laufe der Jahrzehnte dem Mikroskophersteller die Möglichkeit des Austauschbaues. Dieser beinhaltet die gleichzeitige, wechselseitige Verwendung eines Mikroskopes für sowohl monokulare wie auch binokulare Betrachtung des von nur einem Objektiv entworfenen Bildes.

Moderne Mikroskope besitzen meistens den für das praktische Arbeiten (bei horizontalem Objekttisch!) bequemeren monokularen Tubus mit Schrägeinblick, gegen ihn austauschbar allerdings auch einen einfachen geradsichtigen Monokulartubus für die Zwecke der Mikrophotographie bzw. Mikroprojektion des Bildes (vgl. Abb. 1).

Ebenso werden solche Instrumente der größeren Bequemlichkeit wegen besonders beim Mikrophotographieren auch mit einem kombinierten gerad- und schrägsichtigen Monokulartubus ausgerüstet.

Das beidäugige Sehen, dem das Binokularmikroskop seine große Beliebtheit verdankt, läßt das mikroskopische Bild in größerer Lebhaftigkeit (1913) erscheinen. Das Binokularmikroskop bietet eben den Vorteil, daß beide Augen gleichmäßig zur Betrachtung herangezogen werden, so daß also keine Ermüdung eintreten kann. Am Binokularmikroskop können Objektive mit den stärksten Eigenvergrößerungen Anwendung finden.

Der auswechselbare Binokulartubus (vgl. Abb. 1 u. 29) wird wiederum in zwei Ausführungen gebaut, einmal als normaler schrägsichtiger Beobachtungstubus und außerdem in Kombination mit einem geradsichtigen Tubusrohr für mikrophotographische Aufnahmen.

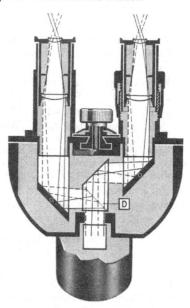

Abb. 4. Strahlengang im Binokulartubus

Das Binokularmikroskop benutzt *ein* Objektiv. Es führt die aus ihm austretenden Strahlen durch ein Prismensystem mit physikalischer Strahlengangsteilung (Abb. 4) ohne Beschränkung der numerischen Apertur gleichmäßig zwei (parallelstehenden) Okularen zu.

Wenn die Vorzüge des Binokularmikroskopes voll zur Geltung kommen sollen, so muß auf eine sorgfältige Anpassung des Okularabstandes an die Pupillendistanz des Beobachters geachtet werden. Etwaige Refraktionsunterschiede beider Augen werden alsdann mit Hilfe der Einzeleinstellung eines Okulares ausgeglichen.

d) Die Objekttische

Es gibt mehrere Ausführungsformen des Objekttisches, den gewöhnlichen viereckigen oder runden Tisch. Er soll geräumig sein, damit nicht nur der normale Objektträger (76 × 26 mm), sondern auch größere Präparate, ja sogar Petrischalen, auf ihm Platz haben.

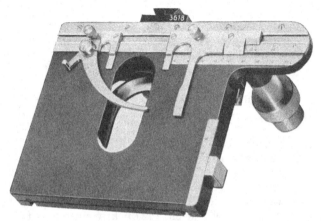

Abb. 5. Mikroskop-Kreuztisch

Die neuzeitlichen Stative besitzen meistens einen dreh- und zentrierbaren Objekttisch, wodurch in bescheidenem Umfang eine Verschiebung des Objektes ermöglicht wird.

Für das systematische Absuchen der Präparate geeigneter sind die Kreuztische, die das Objekt mittels zweier Triebschrauben in der Ebene des Tisches in zwei aufeinander senkrechten Richtungen hin- und herführen.

Es werden aufsetzbare Objektführer zum Aufschrauben auf den viereckigen oder runden Objekttisch geliefert. Als vorteilhafter erweisen sich freilich die fest an das Instrument angebauten Kreuztische, die heute sämtlich eine große Bewegungsbreite aufweisen. An zwei Skalen mit Nonien lassen sich die Verschiebungen ablesen; auch kann man, falls die Nonienangaben notiert werden, leicht interessante Stellen im Präparat wiederauffinden (Abb. 5).

Um Präparate bei höheren Temperaturen unter dem Mikroskop betrachten zu können, werden heizbare Objekttische (vgl. S. 802/803) benutzt.

3. Optische Einrichtung des Mikroskopes

a) Im Durchlicht

Als ein sehr wichtiger optischer Bestandteil des Mikroskopes ist der von E. Abbe angegebene Beleuchtungsapparat anzusehen, der zur Erzielung der vollen Leistungsfähigkeit der Objektive und Okulare benötigt wird. Bei seiner Benutzung erreicht man, daß das Objekt als nicht selbstleuchtender Gegenstand eine ausreichende Helligkeit erhält und daß vom Objekt ein ausreichend weiter Strahlenkegel ausgeht, um die Apertur des Objektives voll auszufüllen.

Zum Beleuchtungsapparat gehören als notwendige Bestandteile der Plan- und Hohlspiegel, die regulierbare Apertur-Irisblende und schließlich ein in sehr vielen Fällen ausreichender zweilinsiger Kondensor kurzer Brennweite und hoher Apertur der Beleuchtungsstrahlen. Als optisches System dient er zum Konzentrieren der Beleuchtungsstrahlen auf das Untersuchungsobjekt. An den Korrektionszustand der Kondensorlinsen werden nicht so weitgehende Anforderungen gestellt wie bei Objektivlinsen. Gute chromatische und aplanatische Korrektion ist allerdings bei Verwendung von Kondensoren in Verbindung mit mikrophotographischen Apparaten erforderlich.

Die Anwendung eines Kondensors wird immer angebracht sein, wenn die Apertur eines Objektives hoher Eigenvergrößerung (z. B. Immersionssystem) mit entsprechend hoher Apertur voll ausgenutzt werden soll.

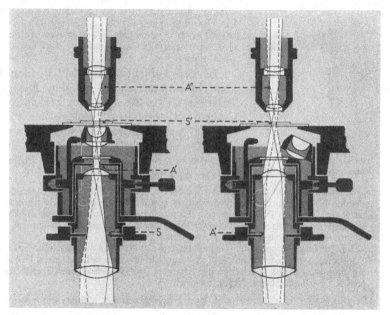

Abb. 6. Strahlengang im Zweiblenden-Kondensor nach BEREK

Der „Abbesche" Beleuchtungsapparat ist mit einem dreilinsigem Kondensor ausgerüstet, dessen Apertur-Irisblende durch einen Zahntrieb exzentrisch eingestellt werden kann (schiefe Beleuchtung!). Der optische Aufbau des Kondensors gleicht im wesentlichen dem eines Objektives, das in umgekehrter Stellung unterhalb des Präparates, also unter dem Objekttisch, in einer Schiebehülse angebracht ist. Durch die mittels Zahntrieb mögliche Höhenverstellung des Kondensors in der optischen Achse läßt sich die Beleuchtungsapertur (num. Apertur 1,20) je nach Stellung des Kondensors entsprechend variieren. Dasselbe Ziel wird erreicht durch Abschrauben der Frontlinse des Kondensors bzw. durch Ausklappen derselben aus dem Strahlengang.

Abb. 6 stellt den von M. BEREK entwickelten Zweiblendenkondensor dar, der mit zwei Irisblenden versehen ist. Bei stärker vergrößernden Objektiven erfüllt die untere die Funktion der Leuchtfeldblende, die obere wirkt als Apertur-Irisblende. Bei Objektiven geringerer Eigenvergrößerung dagegen wirkt nach dem

Ausschalten der Frontlinse durch seitliches Ausklappen die untere Blende als Aperturblende, wobei die obere Blende bei voller Öffnung alsdann keine Funktion hat.

b) Im Auflicht

Um undurchsichtige Objekte mikroskopisch untersuchen zu können und dabei von oben her zu beleuchten, bedient man sich des Auflichtilluminators, wie er z. B. im Leitz-Ultropak unter Anwendung des Ringspiegels bzw. des Ringkondensors in vollkommener Weise verwirklicht wurde.

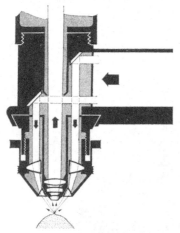

Abb. 7. Strahlengang im Ultropak

Bei diesem wird (Abb. 7), wie beim Opakilluminator des Metall- oder Erzmikroskopes, das Lichtbündel von oben, allerdings außerhalb des Systems um das Objektiv herum auf das Untersuchungsobjekt unmittelbar unter der Objektivfrontlinse konzentriert. Der Ringkondensor (vgl. Abbildung des UO-Objektives) ist in seiner Schnittweite auf das jeweils benutzte Objektiv abgestimmt und in Richtung der optischen Achse verschiebbar, so daß für alle Vergrößerungsbereiche (vom schwächsten System bis zur stärksten Ölimmersion) eine einwandfreie Ausleuchtung des Gesichtsfeldes gewährleistet ist.

In der Auflichtmikroskopie können Reflexionsglanzlichter an spiegelnden Flächen des Präparates, wie sie mitunter bei nassen oder fettigen Oberflächen biologischer Objekte (Fleisch- und Fleischwaren) auftreten, empfindlich stören. Ihre Ausschaltung gelingt in einfacher Weise durch Vorschalten eines Polarisators vor den Kondensor.

Für die Ultropak-Mikroskopie steht eine besondere Objektivserie zur Verfügung, die sich von den normalen Mikroskopobjektiven durch ihre besondere, spitze Fassung unterscheiden. Sie sind auf eine mechanische Tubuslänge von 185 mm berechnet, um die durch die Zwischenschaltung des Ultropak-Gehäuses bedingte größere Tubuslänge auszugleichen. Im übrigen sind sie auf den Gebrauch ohne Deckglas konstruiert.

Bei Objekten mit ausgesprochener Oberflächenstruktur läßt sich die plastische Beleuchtung der Oberfläche vielfach dadurch verbessern, daß anstelle des üblichen zu einem UO-Objektiv gehörigen Ringkondensors als beleuchtendes Element der Reliefkondensor tritt, der eine nahezu streifende Oberflächenbeleuchtung bewirkt.

Der Ultropak-Auflichtilluminator kann praktisch an allen normalen Mikroskopstativen benutzt werden. Mikroskoptypen wie „Ortholux" oder „Panphot" besitzen hierfür eine besondere Lichtzuführungseinrichtung.

c) Objektive

Jedes Mikroskopobjektiv besteht aus einer mehr oder weniger großen Anzahl von Einzellinsen, die aus optischem Glas (Kronglas und Flintglas), natürlichem oder synthetischem Flußspat, Quarz und Alaun gefertigt sein können und in eine Metallfassung von erfahrenen Feinmechanikerhänden kunstvoll eingesetzt werden.

Äußerlich betrachtet sieht man nur die dem Präparat zugewendete Objektivlinse, die sog. Frontlinse. Die dem Okular zugewandte Hinterlinse wird nur nach dem Herausschrauben des Objektives bzw. beim Einblick in den Tubus nach Entfernung des Okulares sichtbar. Flächenmäßig ist sie viel größer als die Frontlinse.

Gewisse Objektive haben Einstellringe, die eine Einstellung auf die Deckglasdicke oder eine Veränderung der Vergrößerung gestatten. Es gibt auch Objektive, bei denen, z. B. in Ölimmersionen, eine Irisblende eingebaut ist. Hierdurch eignen sich diese Objektive für die Dunkelfeldbeobachtung besser. Es läßt sich so die Apertur der Objektive durch Zuziehen der Objektiv-Irisblende verringern. In neuerer Zeit werden stärker vergrößernde Objektive (stärkere Trockenobjektive und insbesondere Ölimmersionen) mit federnder Fassung versehen, um zu vermeiden, daß bei der Bewegung des Tubus nach unten die empfindliche Frontlinse oder das Präparat zerdrückt werden. In seiner Fassung federt das Objektiv zurück, wodurch also Frontlinse und Präparat vor Bruch bewahrt bleiben.

Bezüglich des Leistungsvermögens der Objektive ist nicht die Höhe der Vergrößerung die wichtigste Eigenschaft, sondern vielmehr ihr Auflösungs- und Zeichnungsvermögen.

Selbstverständlich spielt das Vergrößerungsvermögen insofern eine beachtliche Rolle, als bestimmte Einzelheiten im Bild des Präparates erst ab einer gewissen Vergrößerung überhaupt sichtbar werden. Das Maß für das Vergrößerungsvermögen ist die Brennweite des Objektives. Ein System vergrößert um so stärker, je kleiner die Brennweite ist.

Mit dem Begriff „Auflösungsvermögen" bezeichnet man die Fähigkeit eines Objektives, feine, ja feinste Strukturen in ihre Elemente zerlegt wiederzugeben. Was nun ein Objektiv an Auflösungsvermögen erreicht, wird durch den Wert seiner numerischen Apertur (n. A.) ausgedrückt, ein Begriff, den ERNST ABBE geschaffen und eingeführt hat. Die numerische Apertur ist das Produkt aus dem Brechungsexponent des zwischen dem Präparat und der Objektivfrontlinse befindlichen Mediums (Luft, Wasser, Zedernholzöl) und dem Sinus des halben Öffnungswinkels des Systems. Unter diesem Öffnungswinkel versteht man den Winkel zwischen den vom Brennpunkt ausgehenden, den äußersten Linsenrand treffenden Strahlen. Das Auflösungsvermögen erfährt noch eine Steigerung, wenn man mit schief einfallender Beleuchtung arbeitet.

Unter dem Zeichnungsvermögen versteht man die Fähigkeit eines Objektives, ein scharfes, von Farbsäumen freies Bild zu liefern. Es ist allerdings abhängig von dem Grad der bei der Berechnung eines Systemes erreichten Korrektur der sphärischen und chromatischen Aberration.

In der mikroskopischen Untersuchungspraxis unterscheidet man zwischen Gruppen von Objektiven, nämlich den Trockensystemen und den Immersionssystemen (Wasserimmersionen und homogene Ölimmersionen), bei welchen die Frontlinse in ein entsprechend lichtbrechendes Medium (z. B. Zedernholzöl) eingetaucht wird.

Bei beiden Objektivgruppen gibt es zwei Haupttypen, nämlich die Achromate einerseits und die Apochromate andererseits. Ein Bindeglied zwischen beiden bilden die sog. Fluoritsysteme, auch gelegentlich Halbapochromate genannt. Diese Typen unterscheiden sich hauptsächlich durch den mehr oder minder hohen Grad der erreichten Farbenkorrektion.

Ein Blick in die Prospekte der Mikroskop-Herstellerfirmen zeigt, daß für die Ausrüstung eines Mikroskopes eine stattliche Anzahl von Objektiven zur Verfügung steht. Ihre optischen Daten und Leistungen sind meistens in tabellarischen Zusammenstellungen zusammengefaßt. Als praktisches Beispiel möge genügen eine Übersicht über die gebräuchlichen Objektivtypen von E. Leitz.

Hinsichtlich des optischen Korrektionszustandes werden also in dem Objektiv-Verzeichnis von E. Leitz unterschieden: Achromatische und apochromatische Objektive sowie Fluoritsysteme und Planobjektive.

Bezüglich der Verwendung werden hier unterschieden: Trockensysteme, Wasserimmersionen und homogene Ölimmersionen. Zur genaueren Kennzeichnung dienen noch in der Tab. 1 Angaben über Eigenvergrößerung, Brennweite, numerische Apertur, freien Objektabstand und schließlich den Mikrometerwert bei Angabe eines bestimmten Okulares.

Diese Begriffe und deren Bedeutung für den Benutzer sollen kurz erläutert werden. Die Bauweise eines Objektives veranschaulicht am besten ein Längsschnittbild gemäß Abb. 8a und b. Den Aufbau eines apochromatischen Objektives in Sonderfassung für Deckglaskorrektur zeigt Abb. 9. Die einzelnen Systeme unter-

Tabelle 1. *Mikroskop-Objektive für Hellfeld oder Dunkelfeld*

Vergrößerungen der Mikroskop-Objektive in Verbindung mit den Huygens- und Periplan-Okularen, bezogen auf die konventionelle Sehweite von 250 mm. Tubuslänge 170 mm. Die Werte der Gesamtvergrößerungen sind gerundet und den Normvergrößerungszahlen angepaßt.

Bezeichnung (Maßstab/Apertur)	Deckglas Korrektion	Okular-typ	Brennweite mm	Freier Arbeitsabstand mm	Gesamtvergrößerungen mit Huygens- bzw. Periplan-Okularen								
					6×	6,3×	8×	10×	12×	15×	16×	20×	25×
Achromatische Trocken-Systeme													
2,5/0,05	DO	H	32,6	20	15	16	20	25	30	38	40	50	63
3,5/0,10	DO	H	31,6	23	21	22	28	35	42	53	56	70	88
6/0,18	DO	H	23,1	17	36	38	48	60	72	90	96	120	150
10/0,25	DO	H	16,3	5,7	60	63	80	100	120	150	160	200	250
13/0,40	DO	H	13,3	3,4	78	82	105	130	155	195	210	260	325
25/0,50	D	P	7,1	0,92	150	160	200	250	300	375	400	500	630
45/0,65	D	HP	4,0	0,60	270	285	360	450	540	675	720	900	1125
63/0,85	D!	P	2,9	0,29	380	400	500	630	750	950	1000	1250	1600
Achromatische Immersionen (W = Wasser-Immersionen) Öl + 10/0,25	DO	H	16,1	0,58	60	63	80	100	120	150	160	200	250
W 22/0,65	DO	P	8,1	0,32	130	135	175	220	265	330	350	440	550
W 50/1,00	D	P	3,6	0,44	300	320	400	500	600	750	800	1000	1250
W 90/1,20	D	P	2,1	0,09	540	570	720	900	1100	1350	1450	1800	2250
Öl 100/1,30	D	P	1,9	0,13	600	630	800	1000	1200	1500	1600	2000	2500
Fluorit-Trocken-Systeme Fl 40/0,85	D!	P	4,3	0,38	240	250	320	400	480	600	630	800	1000
Fl 70/0,90	D!	P	2,6	0,26	420	440	560	700	840	1050	1125	1400	1750
Fluorit-Öl-Immersionen Fl Öl 54/0,95	DO	P	3,4	0,22	325	340	430	540	650	810	860	1080	1350
Fl Öl 70/1,30	D	P	2,5	0,20	420	440	560	700	840	1050	1125	1400	1750
Fl Öl 95/1,32	D	P	1,9	0,15	570	600	760	950	1150	1425	1525	1900	2375
Fl Öl 114/1,32	D	P	1,6	0,08	685	720	910	1150	1375	1700	1825	2300	2850
Apochromatische Trocken-Systeme Apo 12,5/0,30	DO	P	13,0	2,5	75	80	100	125	150	185	200	250	320
Apo 25/0,65	D!	P	7,3	0,86	150	160	200	250	300	375	400	500	630
Apo 40/0,95	D!	P	4,4	0,12	240	250	320	400	480	600	630	800	1000
Apo 63/0,95	D!	P	3,0	0,12	380	400	500	630	750	950	1000	1250	1600
Apochromatische Öl-Immersionen Apo Öl 90/1,32	D	P	2,0	0,12 }	540	570	720	900	1100	1350	1450	1800	2250
Apo Öl 90/1,40	D	P	2,0	0,06 }									
Spezial-Objektive mit eingebaut. Irisblende für Dunkelfeld 63/0,85	D	P	2,9	0,29	380	400	500	630	750	950	1000	1250	1600
Fl Öl 95/1,32-1,10	D	P	1,96	0,15	570	600	760	950	1150	1425	1525	1900	2375
Öl 100/1,30-1,10	D	P	1,86	0,13	600	630	800	1000	1200	1500	1600	2000	2500
Planobjektive													
Pl 4/0,10	DO	P	41,5	15	24	25	32	40	48	60	63	80	100
Pl 10/0,25	DO	P	17,9	7,5	60	63	80	100	120	150	160	200	250
Pl 25/0,50	D	P	7,5	0,90	150	160	200	250	300	375	400	500	625
Pl 40/0,65	D	P	4,63	0,58	240	250	320	400	480	600	630	800	1000
Pl Apo Öl 100/1,32	DO	P	2,43	0,27	600	630	800	1000	1200	1500	1600	2000	2500

Sollen normale Objektive und Planobjektive an einem Revolver benutzt werden, sind die Normalobjektive mit Zwischenstück *Plezy* zu versehen. Planobjektive besitzen eine größere Abgleichlänge.

scheiden sich sowohl durch die Anzahl der das Objektiv bildenden Einzellinsen bzw. Linsengruppen als auch durch deren Abstände im Inneren des Objektives.

Der geometrische Optiker korrigiert bei den Achromaten weitgehend auf die Beseitigung der chromatischen Aberration; hier sind zwei Spektralfarben auf die gleiche Brennweite gebracht. Deshalb werden diese Systeme nicht vollständig farbenrein, sondern sie zeigen noch das sekundäre Spektrum. Auch die auf die Kugelgestalt der Linsen zurückzuführenden Fehler lassen sich durch die heute gegenüber früheren Jahrzehnten größere Auswahl optischer Glassorten, Linsenformen und durch den Einbau geeigneter Blenden fühlbar einschränken. Ihrer verhältnismäßig einfachen Bauart nach sind sie für die meisten praktischen Arbeiten im Laboratorium, für die direkte Beobachtung bei schwachen und mittleren Vergrößerungen ohne weiteres ausreichend.

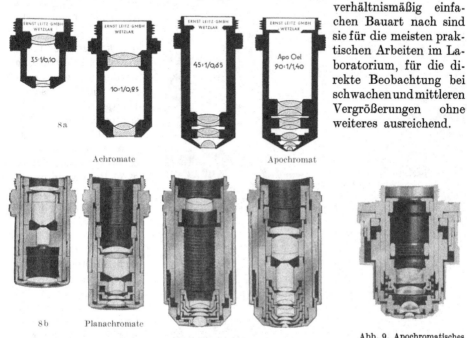

Abb. 8a u. b. a) Längsschnitte charakteristischer normaler Objektive;
b) Längsschnitte von Planobjektiven

Abb. 9. Apochromatisches
Objektiv mit
Deckglaskorrektur

Da die Fluoritsysteme dem optischen Aufbau der Achromaten ähneln, sei zunächst dieser Typus kurz beschrieben. Durch Einführung meist schon einer allerdings beträchtlich verteuernden Fluoritlinse wird das sekundäre Spektrum stark reduziert. Hierdurch wird ein dem Korrektionsgrad der Apochromate in etwa ähnlicher Zustand erreicht. Sie erweisen sich deshalb gegenüber den Achromaten als leistungsfähiger, insbesondere bei Dunkelfeldbeobachtung.

Einen noch höheren Korrektionszustand weisen die Apochromate auf, die unter Verwendung von meist mehreren Fluoritlinsen hergestellt werden. Durch Einbau entsprechender Glassorten unter gleichzeitiger Kombination mit mehreren Fluoritlinsen gelang es ERNST ABBE, bereits 1886 einen Objektivtypus herzustellen, der drei Farben des Spektrums in einem Punkt vereinigt. Die Apochromate stellen somit Objektive mit dem höchsten Korrektionszustand dar. Dementsprechend sind sie auch gegenüber der Veränderung der optischen Verhältnisse, unter denen sie arbeiten, recht empfindlich.

Bei Apochromaten von höherer numerischer Apertur als 0,65 tritt deshalb der Einfluß des zur Bedeckung des Präparates benutzten Deckgläschens auf die Güte des Bildes deutlich zutage.

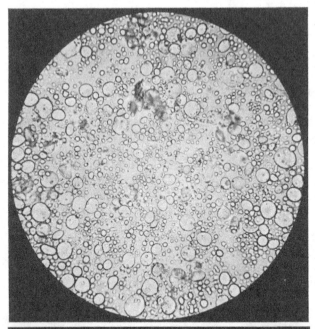

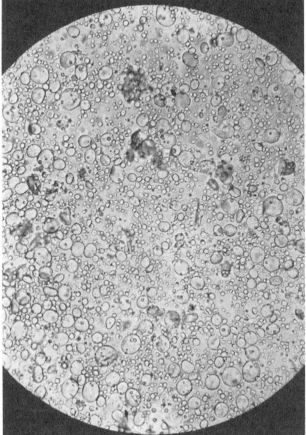

Ein zu dünnes Deckglas bewirkt nämlich sphärische Unterkorrektion, ein zu dickes sphärischeÜberkorrektion, weil die gewöhnlichen Trockensysteme für eine Deckglasdicke von 0,16—0,17 mm korrigiert sind. Soll daher eine Beeinträchtigung der Leistungsfähigkeit starker Trokkensysteme vermieden werden, so muß man zuvor die Dicke seiner Deckgläser selbst bestimmen und die brauchbarsten auswählen, was mit Hilfe eines bei den Mikroskop-Baufirmen in der Regel erhältlichen Deckglastasters leicht möglich ist.

Um Systeme höherer Eigenvergrößerung auch für andere Deckglasdicken brauchbar zu machen, werden von den bedeutenderen Mikroskopherstellern Objektive mit Korrektionsfassung (vgl. Abb. 9) angeboten, bei welchen sich der Abstand der Linsen bzw. Linsengruppen regulieren läßt, so daß durch Drehung an einem mit Teilung versehenen Ring direkt die Einstellung für eine bestimmte Deckglasdicke möglich ist.

Abb. 10. Oben: Weizenmehl V = 250 × ; Achromat 25:1; Okular 10 × ; unten: Weizenmehl V = 250 × ; Planachromat Pl 25:1; Okular GF 10

Von besonderer Bedeutung sind endlich Objektive, deren Bildfeldwölbung weitestgehend behoben ist. Eine geringe Bildfeldwölbung macht sich beim visuellen Mikroskopieren allerdings nicht in dem Maße bemerkbar, da der Beobachter ohnehin sein Präparat durch ständige Betätigung der Mikrometerschraube abtastet. Dagegen kann sich die Bildfeldwölbung beim Mikrophotographieren sehr störend bemerkbar machen, insbesondere dann, wenn das ganze Gesichtsfeld ausgenutzt werden muß.

Die geometrischen Optiker waren deshalb bestrebt, einen Mikroobjektiv-Typus zu entwickeln, bei welchem die Ebnung des Bildes auch in den Randgebieten bis zum höchstmöglichen Ausmaß getrieben wurde. Solche „Planobjektive" genannten Systeme werden sowohl von Carl Zeiss wie auch Ernst Leitz als Planapochromate und Planachromate in den Handel gebracht. Als ein wesentlicher Vorzug gilt, daß die Ebnung das Gesichtsfeld der üblichen Okulare weit überschreitet, so daß sie in Kombination mit „Großfeldokularen" zu einer erheblich erweiterten Nutzungsfläche des Gesichtsfeldes führen, eine Tatsache, die sich wiederum als sehr vorteilhaft bei der Verwendung dieser neuen Systeme in der Mikrophotographie erweist. Der optisch größere Aufwand an Einzellinsen bzw. Linsengruppen rechtfertigt indes angesichts der Überlegenheit dieser Objektive den höheren Preis derselben. Abb. 10 möge den Unterschied in der Ausnutzung des Gesichtsfeldes der vergleichbaren Objektive zeigen.

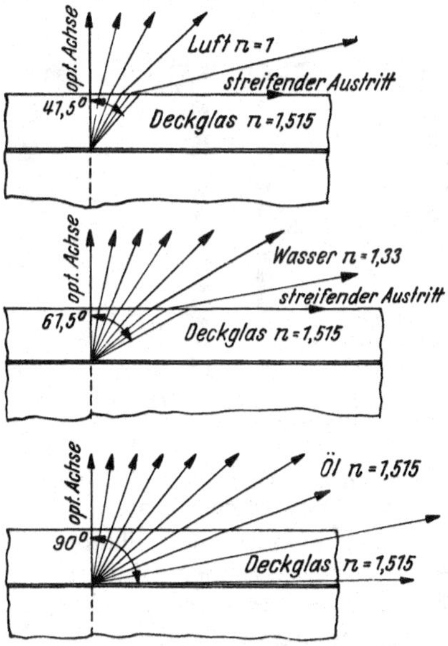

Abb. 11. Wirkung von Deckglas und Medium zwischen Objekt und Objektiv auf den Verlauf der Abbildungsstrahlen

Im Gegensatz zu Trockenobjektiven, bei deren Benutzung zwischen Deckglas und Frontlinse Luft vorhanden ist, ist bei den Immersionssystemen dieser Raum mit einer Flüssigkeit ausgefüllt. Als Immersionsflüssigkeit kommen in Betracht Wasser (Wasserimmersionen) oder ein im Brechungsindex mit Glas übereinstimmendes Öl, in der Regel Zedernholzöl (homogene Ölimmersion), bzw. auch in neuerer Zeit synthetische Produkte von geeignetem Brechungsvermögen.

Bei allen stark vergrößernden Objektiven ist die Frontlinse der Gestalt einer Halbkugel angenähert, deren ebene oder wenig gekrümmte Fläche dem Präparat zugewendet ist. Diese Fläche, besser die Fassung der Frontlinse, bestimmt den Umfang des Lichtkegels, der vom Objektiv aufgenommen werden kann. Die zwischen Objekt und Objektiv vorhandene optische Substanz aber bestimmt, welche Strahlen aus dem Objekt in den vom Objektiv erreichbaren Raum austreten können.

Abb. 11 zeigt, daß ein vom Objekt ausgehender Lichtstrahl an der Oberseite des Deckglases totalreflektiert wird, wenn diese an Luft grenzt und wenn der Winkel am Einfallslot größer wird als 41,5° (Grenzwinkel der Totalreflektion im System Glas-Luft). Grenzt das Deckglas dagegen an Wasser, so treten alle Lichtstrahlen in den Zwischenraum über, die weniger als 61,5° gegen die optische Achse geneigt sind. Die Totalreflektion scheidet schließlich völlig aus, wenn der Brechungsindex von Deckglas und Zwischenraum mit einer dem Glas im Brechungsindex gleichen Flüssigkeit ausgefüllt wird. Diese Eigenschaft besitzt das Zedernholzöl. Der Raum zwischen Objekt und Objektiv wird also optisch homogen (daher die Bezeichnung homogene Immersion), es tritt also kein Lichtverlust auf dem Weg vom Objekt zum Objektiv durch Totalreflektion ein; den Umfang des aufgenommenen Lichtkegels bestimmt allein der Durchmesser der Frontlinse.

d) Okulare

Der Besprechung der einzelnen Objektivtypen folgt nun die Behandlung der Okulare, die das vom Mikroskopobjektiv entworfene Bild soweit vergrößern, daß es bequem betrachtet werden kann.

Das gebräuchlichste Huyghensokular (Abb. 12a) besteht aus zwei Linsen, der unteren Kollektiv- und der oberen Augenlinse. Erstere hat die Aufgabe, die vom Objektiv kommenden Lichtstrahlen zu sammeln und das Bild in der Bildebene zu entwerfen. Letztere vergrößert das reelle Bild, das vom Objektiv entworfen wird, wie eine normale Lupe. In den Huyghens-Okularen ist an der Stelle, wo das reelle Bild erscheint, zur kreisförmigen Abgrenzung des Gesichtsfeldes eine geschwärzte Metallblende angebracht, welche schädliche Randstrahlen abschneidet. Hier können Maßstäbe bzw. Fadenkreuze für Meßzwecke, auch Zeiger für Zeigerokulare angebracht werden. Spezielle Meßokulare besitzen eine verstellbare Augenlinse, die auf den Maßstab scharf eingestellt werden kann.

Das Huyghens-Okular reicht für die Benutzung von schwachen und mittleren Achromaten stets aus.

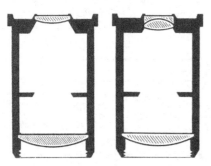

Abb. 12a u. b. Längsschnitt durch das Okular; a) Huygens 8 × ; b) Periplan 8 ×

Fehler der Bildfeldebnung, wie sie beim Gebrauch von kurzbrennweitigen Objektiven (Apochromaten) vorkommen, können durch die Benutzung eines Okulartypus, wie z. B. des Periplanokulares (Abb. 12b) von E. Leitz, erheblich gemildert werden. Die Fehlerkorrektur wird bei diesem Okulartyp mit Hilfe einer achromatischen Linse als Augenlinse bewirkt. Das Periplan-Okular ist deshalb auch für die Mikrophotographie empfehlenswert.

In Kombination mit Planobjektiven, deren Gesichtsfeldebnung sich über den Bereich der normalen Objektive hinaus erstreckt, dienen zur rationellen Ausnutzung des erweiterten Feldes Großfeldokulare, welche ein flächenmäßig um 100% erweitertes Gesichtsfeld zulassen und dadurch den Überblick über ausgedehnte Objektbereiche erleichtern.

Bei den gebräuchlichen Okularen liegt die Austrittspupille des Mikroskopes wenige Millimeter über der Augenlinse, so daß es für einen Brillenträger nicht möglich ist, bei Gebrauch der Brille nahe genug mit den Augen an die Austrittspupille heranzukommen und somit das ganze Sehfeld zu übersehen. Deshalb sind Brillenträger-Okulare entwickelt worden, bei denen der Abstand von Augenlinse bis Austrittspupille ausreichend vergrößert wurde.

4. Das stereoskopische Binokularmikroskop

In der Nahrungs- und Genußmittelkontrolle fallen häufig Objekte zur Untersuchung an, die ein echtes stereoskopisches Sehen des Präparates wünschenswert erscheinen lassen, da es hierbei weniger auf relativ hohe Vergrößerungen als vielmehr auf ein hinreichend großes Gesichtsfeld ankommt.

Diese Bedingungen erfüllen je nach der gewünschten Vergrößerungshöhe zweierlei binokulare Instrumente.

Dem erzielbaren Vergrößerungsbereich nach (3,5—30fach) sei die vor vier Jahrzehnten von E. Leitz geschaffene ,,Binokulare Lupe'' (vielfach auch Präparierlupe genannt) zuerst erwähnt. Sie liefert durch den Einbau des bildumkehrenden Porro-Prismas ein seitenrichtiges, aufrechtstehendes Bild, welches die Benutzung von Präparationsinstrumenten, des Mikromanipulators z. B., anbietet. Ihr Gesichtsfeld ist durch die Verwendung von Großfeldokularen stark erweitert. Das Arbeiten mit der Binokularlupe wird zudem durch Einbau von Objektiven mit ungewöhnlich großem Objektabstand ganz wesentlich erleichtert.

Die Leitz-Binokularlupe vermittelt mit Hilfe von zwei Lupenkörpern zwei Vergrößerungsbereiche:

für schwache Vergrößerungen 3,5 × ; 7,5 × und 10,5 ×
für starke Vergrößerungen 10 × ; 20 × und 30 ×.

Beide Lupenkörper besitzen das festeingebaute Doppelobjektiv sowie einen Zahntrieb mit doppelseitigen Bedienungsknöpfen zur Bildeinstellung. Die verschiedenen Vergrößerungen werden durch den Wechsel der Okularpaare bzw. der Lupenkörper erzielt. Die Okularstutzen können ähnlich wie beim Fernglas auf den Augenabstand eingestellt werden. Ferner besitzt jeweils ein Okular eine Einstellfassung zum Ausgleich von Refraktionsunterschieden. Messungen mit einem Okularmikrometer sind möglich, ebenso sind Zeichenapparate anwendbar.

Abb. 13 veranschaulicht den mechanischen und optischen Aufbau der Binokular-Lupe, für die vom Hersteller verschiedene praxisnahe Sonderstative entwickelt wurden.

Bezüglich der Höhe der erreichbaren Vergrößerung übertrifft das von C. Zeiss auf Anregung des amerikanischen Zoologen H. S.

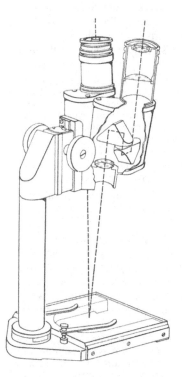

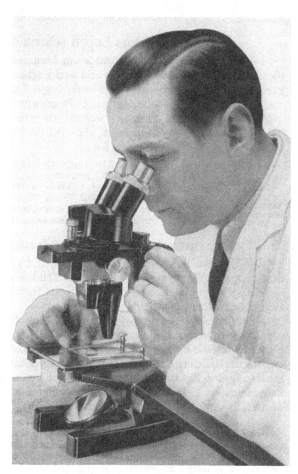

Abb. 13. Schemazeichnung des optischen Aufbaues einer Präparierlupe mit bildaufrichtenden Prismen

Abb. 14. Stereomikroskop nach GREENOUGH

Tabelle 2. *Vergrößerungen, Objektabstand und Sehfeld*

Objektiv-paar	Freier Objekt-abstand mm	Mikro-meterwert mit G 12,5 × und G 18 × μ	Okularpaare					
			G 8 ×		G 12,5 ×		G 18 ×	
			Vergr.	Sehfeld mm	Vergr.	Sehfeld mm	Vergr.	Sehfeld mm
1 ×	80	100	8	20	12,5	18	18	12
2 ×	57	50	16	10	25	9	36	6
4 ×	45	25	32	5	50	4,5	72	3
8 ×	24	13	64	2,5	100	2,3	144	1,5
12 ×	16	8,6	96	1,7	150	1,5	216	1

50*

Greenough bereits 1897 konstruierte stereoskopische Binokularmikroskop die Binokularlupe beträchtlich. Dieses Stereomikroskop hat unter dem Namen seines Anregers bis in die Gegenwart hinein große Verbreitung gefunden. Auch hier sind zwei der Grundform nach normale Mikroskoptuben mit bildaufrichtendem Prisma im Winkel von etwa 14° auf das Untersuchungsobjekt gerichtet. Die beiden Tuben sind, ebenso wie bei der Binokularlupe, auf einem gemeinsamen Träger befestigt.

An dem Greenough-Mikroskop ergeben fünf austauschbare Objektivpaare in Verbindung mit drei Okularpaaren lt. vorstehender Tab. 2 Vergrößerungen zwischen 8- und 216fach. Abb. 14 gibt die Ansicht dieses in der Laboratoriumspraxis begehrten Instrumentes wieder.

5. Gewöhnliche Lupen schwacher Vergrößerung

Für den Gebrauch im Laboratorium kommen nur solche Lupen in Betracht, die ein bis zum Rande deutliches und von Farbenfehlern freies Bild liefern. Dieser Forderung genügen die aus drei verkitteten Linsen bestehenden aplanatischen Lupen nach Steinheil (Abb. 15), die die optischen Firmen sowohl als Einschlaglupe wie auch als Stativlupe mit abgestuften Vergrößerungen zwischen 6- und 20fach liefern.

Abb. 15. Querschnitt durch eine achromatische Lupe mit 6facher Vergrößerung

Die Stativlupe wird fälschlicherweise auch vielfach „Lupenmikroskop" genannt; die Lupe ist hier an einem in der Höhe verschiebbaren Trieb einstellbar. Das Objekt liegt wie beim Mikroskop auf einem Objekttisch und wird mit einem Spiegel beleuchtet. Die Naturwissenschaftler schätzen ein solches Lupenmikroskop besonders beim Präparieren.

6. Instrumente für Kulturplatten-Untersuchungen

Zur Untersuchung von Kulturplatten und zur Entnahme von Kolonien aus ihnen zwecks Weiterimpfung (z. B. bei Trinkwasser- und Milchuntersuchungen) erweist sich ein eigens hierfür geschaffenes Instrument mit binokularer Betrachtungsmöglichkeit als sehr nützlich.

Schon zur Zeit der Entwicklung der binokularen Präparierlupe entstand das „binokulare Plattenkulturmikroskop" (1924), das sich in der Praxis bewährt hatte. Durch die binokulare Betrachtungsweise ist infolge des plastischen Hervortretens der Bakterienkolonien mit ihren morphologischen Einzelheiten die Unterscheidung der Kolonien untereinander und von fremden Bestandteilen wesentlich erleichtert. Selbst bei schlecht gegossenen Platten mit unregelmäßiger Schichtdicke läßt sich jede Tiefe klar erkennen.

Seit längerer Zeit wird für diese Arbeiten am Plattenkulturmikroskop der schrägsichtige Stereotubus nach Greenough (vgl. S. 787) benutzt. Infolge des hohen Arbeitsabstandes des Objektives von der zu prüfenden Kulturplatte, der beim Abstechen unter dem Mikroskop hinreichend Bewegungsspielraum läßt, ist auch eine Verschmutzung des Objektives mit z. B. infektiösem Material ausgeschlossen. Bei der hohen optischen Leistung des Greenough-Mikroskopes kann die Kultur sowohl durch den Deckel wie auch durch den Boden der Kulturschale betrachtet werden.

Kulturplatten werden außer im Durchlicht auch im Auflicht untersucht. Das Untersuchungsinstrument besitzt hierfür besondere Vorrichtungen für die Halterung der Kulturschalen.

In jüngster Zeit bedient man sich aber auch in der Antibiotica-erzeugenden Industrie, in Hygiene-Instituten usw. einer Modifikation des „Trichinoskopes" als Ablesegerät, worüber K. H. Wallhäuser (1963) berichtete.

7. Die Dunkelfeldbeleuchtung

Für bakteriologische Untersuchungen beliebiger Art von z. B. Trinkwasser, Abwässern, Milch, Fleischwaren, Fischkonserven und dergleichen ist die Dunkelfeldbeleuchtung im Mikroskop nicht zu entbehren. Sie allein sichert den eindeutigen Nachweis von Bakterien. Bei Anwendung der Dunkelfeldbeleuchtung erscheinen die Objekte hell leuchtend auf dunklem Grunde, wodurch die Sichtbarkeit ganz erheblich verbessert wird.

Obwohl die Möglichkeit, im Dunkelfeld zu beobachten, schon verhältnismäßig alt ist, kam diese Beleuchtungsart erst mit der Schaffung der Spiegelkondensoren bei Beginn dieses Jahrhunderts zu einer befriedigenden Lösung. Der Spiegelkondensor wird anstelle des normalen Hellfeld-Kondensors in den Beleuchtungsapparat des Mikroskopes eingeschoben. Er führt das einfallende Licht in einem weit geöffneten Hohlkegel auf das Untersuchungsobjekt. Hierdurch entsteht unter Ausnutzung der vollen verfügbaren Objektivapertur ein allseitig schräges Dunkelfeld.

Man unterscheidet Trocken- und Immersions-Dunkelfeldkondensoren. Objektive mit geringerer Eigenvergrößerung und entsprechend niedrigerer Apertur werden zusammen mit dem Trockenkondensor benutzt, wohingegen beim Gebrauch von Objektiven hoher Apertur einschließlich den Ölimmersionen die Immersions-Kondensoren Verwendung finden. Sie werden

Abb. 16. Immersions-Dunkelfeld-Kondensor D 1,20 A

zur Erzielung eines Optimums ihrer Leistung mit der Unterseite des Objektträgers durch einen Tropfen Zedernholzöl verbunden. Im Falle der Verwendung von stärker vergrößernden Objektiven, hauptsächlich Ölimmersionen, mit dementsprechend höherer Apertur ist bei Dunkelfeldbeobachtung die Reduktion der Objektiv-Apertur unter die des Kondensors durch Benutzung einer Apertur-Irisblende im Objektiv erforderlich.

Der Leitz-Immersions-Dunkelfeldkondensor D 1,20 A (Abb. 16) in Zentrierfassung ist in erster Linie für bakteriologische Untersuchungen mit Ölimmersionen bei hohen Vergrößerungen gedacht. Aus der Reihe der weiteren Leitz-Mikroobjektive eignen sich für diese Zwecke besonders die achromatische Ölimmersion 100 ×, num. Ap. 1,30 und für noch höhere Ansprüche an die Bildqualität die Fluorit-Ölimmersion Fl 95 ×, num. Ap. 1,32. Für die Dunkelfeldmikroskopie wird dieses System von E. Leitz in einer Sonderausführung mit der von vornherein auf 1,15 reduzierten numerischen Apertur hergestellt. Diese spezielle Dunkelfeldimmersion wird also ohne zusätzliche Abblendung benutzt. Für die beiden anderen Immersionen bedient man sich zwecks Reduktion der Objektivapertur von 1,30 bzw. 1,32 auf eine Apertur unterhalb der des Spiegelkondensors (hier 1,20) je nach Art der Objektivfassung (mit oder ohne abschraubbaren Objektivkopf) der Irisblende oder der Einhängeblende.

Bei Reihen-Dunkelfelduntersuchungen mit Trockenobjektiven mittlerer Eigenvergrößerung empfiehlt sich der Gebrauch des in seiner Handhabung gegenüber dem Immersionskondensor einfacheren Trocken-Dunkelfeldkondensors D 0,80.

Bezüglich der Erzielung eines wirklich einwandfreien Dunkelfeldbildes sei auf die folgenden Hinweise der Hersteller von Spiegelkondensoren (E. Leitz, C. Reichert und C. Zeiss) aufmerksam gemacht.

Kondensor, Objektträger und Deckglas müssen kratzerfrei, gründlich gereinigt und in jeder Beziehung staubfrei sein. Die Dicke des Objektträgers soll zwischen 0,9 und 1,1 mm betragen. Die Deckglasdicke soll wegen der Abstimmung der oben erwähnten Mikroobjektive auf dieses Maß möglichst bei 0,17 mm liegen.

Das Präparat soll nicht zu dick, auch nicht zu dicht sein, da hierdurch eine Kontrastminderung hervorgerufen wird. Gegebenenfalls ist die zu untersuchende Substanz zwecks Anfertigung eines Dunkelfeldpräparates zu verdünnen.

Präparate, die im Dunkelfeld mit Kondensor-Apertur höher als 1,0 beobachtet werden, müssen zwischen Objektträger und Deckglas in ein Medium eingebettet sein, dessen Brechzahl etwas größer als die untere Grenzapertur des Kondensors ist. Im Falle der Verwendung des Spiegelkondensors D 1,20 A ist also Wasser schon ein geeignetes Einbettungsmittel.

Voraussetzung für die absolut einwandfreie Einstellung des Dunkelfeldes ist die exakte Zentrierung der Lichtquelle, die notfalls mit Hilfe des Hellfeldkondensors zu überprüfen ist, derart, daß man das Okular herausnimmt und beim Einblick in den Tubus feststellt, ob die Hinterlinse des Objektives voll ausgeleuchtet ist. Vor dem Einsetzen des Dunkelfeldkondensors wird die Zentrierfassung des Kondensors durch Betätigen der Zentrierschrauben ungefähr auf Mittelstellung gebracht. Dann erst wird der Spiegelkondensor in die Schiebehülse des Beleuchtungsapparates am Mikroskop bis gegen Anschlag eingeschoben. Bezüglich der nunmehr folgenden Handgriffe sei auf die eigentlichen Gebrauchsanweisungen der Herstellerfirmen verwiesen.

8. Phasenkontrast-Mikroskopie

Die meisten mikroskopischen Präparate erscheinen im natürlichen Zustand bei der Betrachtung im Hellfeldmikroskop strukturarm und kontrastlos. Die wenigen angedeuteten und noch unterscheidbaren Strukturelemente − abgesehen von natürlich gefärbten Partien (wie z. B. Chlorophyll, Karotin, Chitin usw.) − werden dem Auge des Beobachters dadurch noch gerade sichtbar, daß die sie durchlaufenden Lichtanteile durch Absorption geschwächt werden. In Wirklichkeit enthält ein ungefärbtes mikroskopisches Präparat jedoch noch eine ganze Fülle von Strukturdetails, die sich nur mehr in ihrer Dicke und in ihrer Brechzahl voneinander unterscheiden.

Die durch diese Präparatstellen laufenden Lichtwellen bleiben gegenüber denjenigen Lichtanteilen, die das objektfreie Umfeld passieren, zeitlich etwas zurück oder eilen diesen voraus; sie erfahren eine „Phasenverschiebung". Diese Phasenverschiebung ist im mikroskopischen Bild wohl enthalten, nur kann sie nicht wahrgenommen oder photographisch dargestellt werden, da sowohl Auge wie Photoplatte nur Farb- oder Helligkeitsunterschiede, nicht aber Phasenunterschiede registrieren.

Will man diese Präparatstellen der Beobachtung im Mikroskop zugängig machen, so können sie zunächst einmal im Dunkelfeld einigermaßen brauchbar dargestellt oder, für die Hellfeldbeobachtung, durch färberische Methoden hervorgehoben werden. Im letzteren Falle werden die Dicken- und Brechzahlunterschiede durch Einlagerung von lichtabsorbierenden Farbstoffteilchen in Helligkeitsunterschiede (Amplitudenunterschiede) umgewandelt. Dieser Eingriff in das bestehende Gleichgewicht einer Strukturordnung führt unweigerlich zu Veränderungen des morphologischen Gefüges und, so notwendig und erkenntnisreich dieses Präparationsverfahren für mikroskopische Untersuchungen auch ist, es wird dann nicht mehr das gleiche Bild, welches das Objekt im Lebendzustand aufweisen würde, vermittelt.

Durch die Erfindung des Phasenkontrastverfahrens in den Jahren 1935−1942 durch den holländischen Physiker F. Zernike (1934) sind wir jedoch in der Lage, die am unbehandelten und lebenden Präparat vorhandenen Dicken- und Brechzahlunterschiede auf optischem Wege durch einen Eingriff in den Strahlengang des Mikroskopes als Helligkeitsunterschiede (Amplitudenunterschiede) darzustellen. Wir verwandeln also das Phasenobjekt in ein für uns beobachtbares Amplitudenobjekt, ohne daß am Präparat selbst irgendeine schädigende Manipulation vorgenommen werden muß.

ZERNIKE erkannte, daß im Mikroskop das sog. direkte (nicht gebeugte) Licht gegenüber dem an der Objektstruktur gebeugten Licht um $^1/_4$ Wellenlänge vorauseilen oder zurückbleiben muß, um die Umwandlung von Phasenunterschieden in Amplitudenunterschiede hervorzubringen. Dieser Eingriff in den Mikroskop-Strahlengang ist insofern möglich, als sich das direkte Licht nach dem Durchlaufen der Präparatebene in der hinteren Brennebene des Objektives vereinigt und

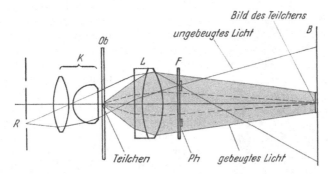

Abb. 17. Strahlengang eines Phasenkontrast-Mikroskops für Durchlicht. *R* Ringblende; *K* Kondensor; *Ob* Objekt; *L* Objektiv; *F* Brennebene; *Ph* Phasenring; *B* Bildebene (dahinter Okular)

dort nun in bestimmter Weise beeinflußt werden kann (Abb. 17). Das gebeugte Licht wird hierbei nicht gestört, da es gleichmäßig über die ganze hintere Brennebene verteilt ist. Benutzt man nun einen Mikroskopkondensor mit ringförmiger Aperturblende, so entsteht in der hinteren Brennebene bei der Vereinigung des

Abb. 18. Phasenkontrast-Einrichtung für Durchlicht. C. Zeiss, Oberkochen. Phasenkontrast-Kondensor; Achromat Ph 16/0,32; Achromat Ph 40/0,65; Achromat Ph 100/1,25; Einstellupe; außerdem Apochromat 100/1,32

direkten Lichtes ebenfalls ein Lichtring. An diese Stelle legt man im Objektiv den sog. Phasenring, d. h. eine ringförmig aufgedampfte Schicht, die den Lichtring deckt und so eine Phasenverschiebung des direkten Lichtes verursacht. Der Phasenring schwächt außerdem noch aus Gründen des Bildkontrastes das direkte Licht um ein gewisses Maß. In der Bildebene entsteht sodann durch Überlagerung des in seiner Phase bewußt beeinflußten direkten Lichtes und des gebeugten Lichtes das Phasenkontrastbild. Hat man den Phasenring so gewählt, daß das direkte Licht um $^1/_4$ Wellenlänge vorauseilt, entsteht der sog. positive Phasenkontrast, d. h. alle Strukturen mit größerer Dicke und Brechzahl als ihre Umgebung erscheinen dunkler, und alle Strukturen mit geringerer Dicke und Brechzahl als das Umfeld erscheinen heller gegenüber dem Bildhintergrund. Die Verhältnisse kehren sich um, wenn der Phasenring das direkte Licht um $1/4$ λ verzögert (sog. negativer Phasenkontrast). In Abb. 17 ist der Strahlengang eines Phasenkontrastmikroskopes schematisch dargestellt.

Abb. 19. Strahlengang bei Phasenkontrastbeleuchtung

Die erste Phasenkontrasteinrichtung wurde etwa 1941 von Carl Zeiss angeboten. Bei ihr wird beim Objektivwechsel auch die Kondensorringblende gewechselt; es stehen also für die einzelnen Phasenobjektive auch einzelne, auf den Phasenring des Objektives abgestimmte Kondensorblenden zur Verfügung (Abb. 18).

Die Phasenkontrasteinrichtung von Ernst Leitz benutzt für alle zur Verfügung stehenden Phasenkontrastobjektive nur einen Kondensor. Dieser von H. Heine entwickelte Kondensor besitzt einen verstellbaren Spiegelkörper, so daß eine kontinuierliche Variationsmöglichkeit für den Durchmesser des Kondensor-Lichtringes besteht und somit also eine genaue Anpassung an die Größe des Phasenringes des jeweils benutzten Objektives vorgenommen werden kann. Darüber hinaus ist auch natürlich für ein und dasselbe Objektiv der Lichtring-Durchmesser kleiner oder größer als der des Phasenringes einzustellen. Dadurch ist eine einfache und schnelle Variation der Beleuchtungsart für das Präparat möglich, und man erhält so alle Übergänge vom Hellfeld über Phasenkontrast bis zum reinen Dunkelfeld. Der Vorgang ist in Abb. 19 für die charakteristische Phasenkontrast-Einstellung schematisch dargestellt. Es wäre noch zu erwähnen, daß E. Leitz außer üblichen Phasenkontrastobjektiven für positiven und negativen Kontrast eine besondere Phasenkontrastoptik mit hoher Absorption anbietet (s. Tab. 3). Bei diesen Objektiven ist die Absorption des Phasenringes größer, wodurch bei der Beob-

Tabelle 3. *Mikroskop-Objektive für Phasenkontrast*

Bezeichnung (Maßstab/Apertur)	Deckglas Korrektion	Okulartyp	Brennweite mm	Freier Arbeitsabstand mm	Gesamtvergrößerungen mit Huygens- bzw. Periplan-Okularen									Ausführung mit Absorption		
					6 ×	6,3 ×	8 ×	10 ×	12 ×	15 ×	16 ×	20 ×	25 ×	75 ± 5%	88 ± 2%	88 ± 2%
Pv 10/0,25	DO	P	15,9	5,8	60	63	80	100	120	150	160	200	250	n[4]	h	—
Immersions- ansatz hierzu				0,3										—	—	—
Pv 20/0,45	D	H(P)	9,31	2,0	120	125	160	200	240	300	320	400	500			
Pv Apo L 40/0,70	D!	P	4,50	0,38	240	250	320	400	480	600	630	800	1000	n	h	-h
Pv Apo L 63/0,70	D!	P	2,88	0,35	380	400	500	630	750	950	1000	1250	1600			
Pv WE 22/0,60	O	P	7,70	0,05	130	135	175	220	265	330	350	440	550			
Pv WE 50/0,70	O	P	3,41	0,05	300	320	400	500	600	750	800	1000	1250	n	h	—
Pv WE 80/1,00	O	P	2,31	0,06	480	500	630	800	960	1200	1250	1600	2000			
Pv Fl Öl 70/1,15	DO	P	2,55	0,20	420	440	560	700	840	1050	1125	1400	1750	n	h	-h
Pv Apo Öl 190/1,15	DO	P	2,03	0,12	540	570	720	900	1100	1350	1450	1800	2250	n	h	—

achtung besonders dünner und im normalen positiven Phasenkontrast zu kontrastarm erscheinender subtiler Strukturelemente (Ultramikrotom-Schnitte, Chromosomen) eine bessere Abstufung der Bildkontraste erreicht wird.

Das Phasenkontrastverfahren hat in der Mikroskopie heute eine große Bedeutung, insbesondere hinsichtlich der Untersuchungsmöglichkeiten für lebende Objekte und Nativpräparate. Es darf jedoch nicht unerwähnt bleiben, daß eine Einschränkung in der Anwendbarkeit der Methode darin liegt, daß nur relativ dünne Präparate wirklich befriedigend untersucht werden können. Denn sobald Strukturen in mehreren Schichten übereinander liegen, beeinflussen die unteren Schichten die phasenoptischen Verhältnisse.

Ein weiteres, mitunter störendes Phänomen im Phasenkontrastbild ist der die Objektstruktur umgebende, als „Halo" bezeichnete Lichthof. Dieser „Halo" ist verfahrensbedingt. Er tritt besonders stark bei runden, kugeligen Objekten in Erscheinung.

9. Fluorescenzmikroskopie

Bekanntlich haben eine ganze Reihe von Strukturen des Tier- und Pflanzenkörpers wie auch von nichtbiologischen Stoffen die Eigenschaft, bei Bestrahlung mit energiereichem Licht ihrerseits wiederum Licht auszusenden, dessen Wellenlänge dann größer ist als die erregende Strahlung, mit anderen Worten: sie werden bei Bestrahlung mit blauem oder ultraviolettem Licht zu Selbstleuchtern. Diese Erscheinung wird als Luminescenz bezeichnet; man spricht von Phosphorescenz, wenn die Lichtaussendung nach Wegfall der Erregerstrahlung noch eine Zeitlang fortdauert, dagegen von Fluorescenz, wenn die Leuchterscheinung mit der Wegnahme des Erregerlichtes sogleich erlischt.

In der Mikroskopie ist die Fluorescenz von Interesse und spielt bei der Untersuchung lebender oder abgetöteter Objekte dann eine Rolle, wenn es auf die selektive Darstellung bestimmter Struktureinzelheiten oder um den Nachweis spezieller, am Aufbau der Struktur beteiligter Stoffe ankommt. In manchen Fällen tritt die Fluorescenzerscheinung im mikroskopischen Präparat ohne jegliche Vorbehandlung des Objektes als sog. Primärfluorescenz auf. Dies gilt besonders für pflanzliches Material. Es gelingt aber auch, an primär nicht fluorescierenden Strukturen nach Anfärbung mit besonderen Fluorescenzfarbstoffen (den Fluorochromen) eine sog. Sekundärfluorescenz zu erregen.

Obwohl man von den in Frage kommenden Stoffen die spezifische Fluorescenzfarbe bei einer vorgegebenen Erregerstrahlung genau kennt — so fluoresciert das Chlorophyll z. B. rot, das Berberin gelb — ist eine spezifische Unterscheidung beispielsweise von zwei rot fluorescierenden Strukturen nicht so ohne weiteres möglich. Man muß dann durch entsprechende Veränderungen der Untersuchungsbedingungen eine unterschiedliche Beeinflussung der Fluorescenzintensität und Fluorescenzfarbe herbeiführen. Somit gelingt es, qualitativ-mikroskopische Untersuchungen mit Hilfe der Fluorescenzmethode, insbesondere bei Anwendung der Fluorochromierungstechnik, wesentlich zu verfeinern.

Es ist vornehmlich das Verdienst von HAITINGER (1934, 1938), die Fluorescenzmikroskopie als Untersuchungsverfahren in die Mikroskopie eingeführt zu haben. In der Folge hat sie dann durch die grundlegenden Arbeiten von STRUGGER (1949) zum Problem der Vitalfluorochromierung eine wertvolle methodische Bereicherung erfahren. In jüngster Zeit ist es auch gelungen, eine absolut spezifische, fluorescenzmikroskopische Nachweismethode zu entwickeln, die z. B. im Rahmen der klinischen Diagnostik unschätzbaren Wert besitzt. Es ist dies die von COONS und KAPLAN ausgearbeitete Technik der Fluorescenzmarkierung von Antikörpern. Hierbei wird unter Ausnutzung der aus der Immunologie bekannten hochspezifischen Antigen-Antikörper-Reaktion ein bestimmtes Antigen mit dem „passenden", mit Fluorescëinisothiocyanat markierten Antikörper konjugiert und somit im Fluorescenzmikroskop durch die charakteristische Fluorescenz des Isothiocyanats einwandfrei nachgewiesen.

Die Durchführung fluorescenzmikroskopischer Untersuchungen im Laboratorium ist unmittelbar mit der Notwendigkeit der Verwendung einer speziellen fluorescenzmikroskopischen

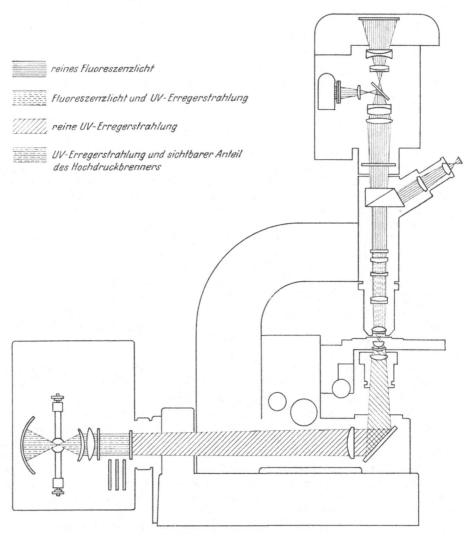

reines Fluoreszenzlicht

Fluoreszenzlicht und UV-Erregerstrahlung

reine UV-Erregerstrahlung

UV-Erregerstrahlung und sichtbarer Anteil des Hochdruckbrenners

Abb. 20. Strahlengang in der Leitz-Fluorescenzeinrichtung mit Orthomat

Einrichtung verbunden. Behelfsmäßige Einrichtungen lassen keine befriedigenden Ergebnisse erwarten. Den wichtigsten Teil der Einrichtung stellt die Lichtquelle dar, von der zu fordern ist, daß sie noch eine hinreichend große Intensität im Blauen und im UV besitzt. Denn nur Strahlung dieser Wellenlänge wird zur Fluorescenzerregung benutzt. Heute sind allgemein die Quecksilber-Höchstdrucklampen von Osram (Typ HBO 200) und von Philips (Typ CS 150) in Gebrauch. Diese Lichtquellen müssen in besonderen Lampengehäusen untergebracht werden, die einmal der Größe des Brenners Rechnung tragen, zum anderen die beim Betrieb der Lampe auftretende Erwärmung berücksichtigen und darüber hinaus den notwendigen

Bestimmungen zum Schutz des Arbeitenden bei einer unvorgesehenen Explosion des Brenners genügen.

An diesen Lampengehäusen werden meistens auch gleich die Blau- oder UV-Filter zur Auswahl der Erregerstrahlung untergebracht. Ebenso müssen Zentriereinrichtungen für die Lampe, Kollektor und Kondensor zur Abbildung des Lichtbogens in die Objektebene vorhanden sein. Die Abbildung der Lichtquelle in die Objektebene ist in der Fluorescenzmikroskopie üblich, um an diesem Ort möglichst hohe Lichtintensitäten zu konzentrieren. Aus diesem Grunde ist auch am Mikroskop die Verwendung eines Kondensors hoher Apertur eine Selbstverständlichkeit. Normalerweise benutzt man Hellfeldkondensoren. Im Falle der Antikörper-Fluorescenzuntersuchungen geht man jedoch aus Kontrastgründen auf Dunkelfeldbeleuchtung über.

Das vom Präparat ausgehende Fluorescenzlicht gelangt durch das Mikroskopobjektiv und Okular in das Auge des Beobachters und mit ihm auch der Anteil des durch die Leerstellen im Präparat hindurchgehenden Erregerlichtes. Dieses jetzt beobachtungsseitig unnötige Erregerlicht mindert durch Überstrahlung die Qualität des Fluorescenzbildes und schädigt außerdem die Netzhaut des menschlichen Auges. Daher wird in den Strahlengang des Mikroskopes zwischen Objektiv und Okular ein weiteres Filter zur Absorption des Erregerlichtes eingeschaltet. Es läßt also nur das vom Präparat ausgesandte Fluorescenzlicht passieren. Dieses Filter bezeichnet man als Sperrfilter. In der Regel sind mehrere Sperrfilter auf einem Schieber oder einer Revolverscheibe im Mikroskoptubus untergebracht, so daß je nach der verwendeten Erregerstrahlung der eine oder der andere Filtertyp benutzt werden kann.

Abb. 20 zeigt eine schematische Darstellung des Strahlenganges in dem Leitz-Fluorescenzmikroskop. Hierbei steht das Mikroskop auf einem passenden Untersatz, der an seinem hinteren Ende das mittels Bajonettverriegelung angesetzte Leitz-Universal-Lampenhaus 250 trägt. In dem Lampenhaus sind die Quecksilber-Höchstdrucklampe nebst den zugehörigen Zentriervorrichtungen, der Lampenkollektor und die Blau- bzw. UV-Erregerfilter in Wechselfassung untergebracht. Zwischen Lampenhaus und eigentlichem Untersatzteil befindet sich entweder eine kurze Zwischenschiene für nur Durchlichtbeleuchtung oder eine lange Schiene für Durchlicht- und/oder Auflicht-Fluorescenz. An der Schiene ist mikroskopseitig noch ein Spiegelhaus angebracht, in welchem für den Fall der Beleuchtung des Präparates mit der seitlich an diesem Gehäuse ansetzbaren Glühlampe ein Umlenkspiegel eingeschaltet werden kann. Im Mikroskop selbst sind die Sperrfilter auf einem Schieber befestigt, der in einem seitlichen Führungsschlitz des Objektivrevolvers verschoben werden kann (Sperrfilterwechsel). Bezüglich der optischen Ausrüstung stehen für die Fluorescenzmikroskopie geeignete Kondensoren und Objektive (s. Tab. 4) zur Verfügung.

Tabelle 4. *Fluorescenzobjektive*
(Spezial-Objektive zur Verwendung ohne das übliche Deckglas)

Bezeichnung (Maßstab/Apertur)	Deckglas Korrektion	Okulartyp	Brennweite mm	Freier Arbeitsabstand mm	Gesamtvergrößerungen mit Huygens- bzw. Periplan-Okularen								
					6 ×	6,3 ×	8 ×	10 ×	12 ×	15 ×	16 ×	20 ×	25 ×
Apo 25/0,65	O	P	7,3	0,86	150	160	200	250	300	375	400	500	630
Fl 40/0,85	O	P	4,3	0,36	240	250	320	400	480	600	630	800	1000
Fl 70/0,90	O	P	2,6	0,26	420	440	560	700	840	1050	1125	1400	1750
Fl Öl 95/1,32	O	P	1,9	0,11	570	600	750	950	1150	1425	1525	1900	2375

Die Fluorescenzmikroskopie wird, wie bereits erwähnt, sowohl im durchfallenden Licht wie auch im Auflicht betrieben. Es kann unter Umständen auch eine Kombination beider Beleuchtungsarten von Nutzen sein. Die bevorzugte Anwendung fluorescenzmikroskopischer Untersuchungen liegt allerdings auf dem Gebiet der Durchlichtmikroskopie, die für den Lebensmittelchemiker hauptsächlich in Frage kommt.

10. Das Polarisationsmikroskop

Die Untersuchung im polarisierten Licht gibt Aufschlüsse, die sonst kaum auf anderem Wege so leicht und sicher gewonnen werden können. Viele Bestandteile des Pflanzen- und Tierkörpers sind der polarisationsmikroskopischen Beobachtung leicht zugänglich. Sie bieten interessante Beispiele für das Verhalten doppelbrechender (optisch anisotroper) Stoffe.

Früher verwandte man für polarisationsmiskroskopische Arbeiten als Zusatz zum gewöhnlichen Mikroskop den mikroskopischen „Polarisationsapparat", bestehend aus dem auf das Okular aufsetzbaren Analysator und dem Polarisations-Kondensor im Beleuchtungsapparat.

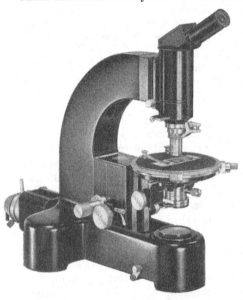

Die Untersuchungen erfolgen in der Regel bei gekreuzten Nicols. Optisch anisotrope Substanzen zeigen bei der Drehung des Präparates auf dem Mikroskop-Drehtisch um 360° viermal abwechselnd Aufhellung und Verdunklung.

Angesichts der insbesondere in den letzten Jahrzehnten von W. J. Schmidt (1959) erarbeiteten Verfeinerung der polarisationsmikroskopischen Untersuchungstechnik empfiehlt sich allerdings anstelle der nur in bescheidener Weise mit dem mikroskopischen Polarisationsapparat durchführbaren Beobachtungen der Gebrauch eines speziell auf solche Arbeiten zugeschnittenen Polarisations-Mikroskopes, zwar nicht eines Instrumentes, wie es von Petrographen und Kristallographen benutzt wird, sondern eines ausschließlich für die Bedürfnisse des Biologen konstruierten Polarisations-Mikroskopes. Abb. 21 stellt ein derartiges für den Lebensmittelchemi-

Abb. 21. Polarisationsmikroskop Ortholux-Biopol

ker in Betracht kommendes Polarisationsmikroskop dar.

Da der analytisch tätige Lebensmittelchemiker sich gelegentlich auch mit der optischen Bestimmung anorganischer Substanzen zu befassen hat, sei hier noch auf die Arbeiten von E. Kordes (1960, 1963) verwiesen.

11. Lichtquellen und Lichtfilter

Wenn auch für visuelle mikroskopische Untersuchungen mit einfacheren Durchlichtmikroskopen meistens das diffuse Tageslicht ausreicht, so wird selbst hier vielfach schon die Benutzung künstlicher Lichtquellen angestrebt. Denn sie weisen nicht die Nachteile auf, die das Tageslicht besitzt (Intensitätsschwankungen, Änderung der spektralen Zusammensetzung zu verschiedenen Tageszeiten usw.). Bezüglich der großen Forschungsmikroskope und vor allem mikrophotographischer Einrichtungen stehen solche Überlegungen überhaupt nicht zur Diskussion, da derartige Instrumente und Apparate von Haus im Besitz künstlicher Lichtquellen sind.

Die verschiedenen Lichtquellen, die heute dem Mikroskopiker zur Verfügung stehen, unterscheiden sich durch eine Reihe technischer und physikalischer Eigenschaften, deren Kenntnis für ihre Anwendung von Wichtigkeit ist. Es sind hier zu nennen: die Leuchtdichte, die Größe der Leuchtfläche, die Helligkeitsverteilung, die spektrale Zusammensetzung des ausgesandten Lichtes, die Farbtemperatur, die Wärmeentwicklung und schließlich die Lebensdauer.

Die Leuchtdichte, gemessen in „Stilb", erlaubt eine Aussage über die Lichtmenge, die für die Abbildung zur Verfügung steht; die Größe der Leuchtfläche und die Helligkeitsverteilung sind entscheidend für den optischen Aufwand im Beleuchtungsstrahlengang, und die spektrale Zusammensetzung des Lichtes bestimmt mit die Verwendungsmöglichkeit der Lichtquelle, z. B. für die Mikrophotographie auf Schwarzweiß- oder Farbfilm, für Projektionszwecke, für Mikroskopierverfahren, wie die Fluorescenzmikroskopie, UV-Mikroskopie usw. Die Farbtemperatur, gemessen in „Kelvin"-Graden ($^\circ$K), ist im Zusammenhang mit der Mikrophotographie für die verschiedenen Farbfilm-Emulsionen von Wichtigkeit. Die Wärmeentwicklung ist bei der Anordnung der Lichtquelle am Mikroskop hinsichtlich ihres Einbaus, insbesondere auch in bezug auf die Gestaltung des Lampengehäuses zu berücksichtigen.

Die verbreitetsten Lichtquellen in der Mikroskopie sind die Glühlampen, die entweder als Netzanschlußlampen oder als Niedervoltlampen zur Verfügung stehen (vgl. Abb. 22). Die Niedervolt-Glühlampen haben den Vorteil, daß Intensität und Farbtemperatur über einen Transformator reguliert

Abb. 22. Leitz-Monla-Lampe

Abb. 23. Leitz-Xenonlampe

werden können. Eine hauptsächlich für mikrophotographische Zwecke und für die Mikroprojektion benutzte Lichtquelle von etwa 10- bis 20mal größerer Helligkeit als die der Glühlampen ist das Licht des Kohlenbogens. Die Bogenlampe wird heute jedoch mehr und mehr von den noch etwa 2mal helleren Xenon-Gasentladungslampen (Hochdrucklampen) abgelöst; Abb. 23 zeigt eine solche Lichtquelle.

Glühlampen, Kohlenbogenlampen und Xenon-Hochdrucklampen haben ein mehr oder weniger kontinuierliches Spektrum. Es gibt jedoch unter den Gasentladungslampen auch solche, die ein Linienspektrum besitzen, wie z. B. die Quecksilber-Höchstdrucklampen für Fluorescenzmikroskopie oder die Speziallampen für die Photometrie bzw. Spektroskopie.

Schließlich muß noch der Elektronenblitz als Lichtquelle für die Mikrophotographie von sich rasch bewegenden Objekten erwähnt werden. Er gehört auch zu den Gasentladungslampen mit einer Xenonfüllung; hier bewirkt ein hochgespannter Stromstoß eine kurzzeitige Entladung ($^1/_{500}$—$^1/_{3000}$ sec) hoher Leuchtdichte.

In der nachstehenden Tab. 5 (entnommen aus „Handbuch der Mikroskopie in der Technik" von H. FREUND, Band I, Teil 2, „Die mikrophotographischen Geräte und ihre Anwendung") sind die wichtigsten Lichtquellentypen und deren Eigenschaften zusammengestellt:

Je nach der Art der mikroskopischen Untersuchung wird das von der Lichtquelle ausgesandte Licht entweder in seiner gesamten Intensität und spektralen Zusammensetzung benutzt oder man ändert die eine oder andere Komponente bzw. beide gleichzeitig durch Lichtfilter. Besonders in der Mikrophotographie ist die Anwendung von Filtern allgemein üblich.

Je nach ihren Eigenschaften und der daraus resultierenden Art der Verwendung unterscheidet man u. a. Konversionsfilter, Kontrastfilter, Selektionsfilter, Monochromat- sowie Interferenz-Filter und Neutralfilter.

Tabelle 5. *Die wichtigsten mikroskopischen Lichtquellen*

| Typus und Bezeichnung | Betriebs- | | Leistungs-Aufnahme | Leuchtdichte Stilb | Regulierung der Helligkeit |
	Spannung Volt	Stromstärke Amp.	Watt		
Netzanschluß-Lampe 15 Watt	220	0,07	15	450	nein
Niedervolt-Glühlampe 15 Watt	6	2,5	15	600	mit Reguliertransformator
Niedervolt-Glühlampe 30 Watt	6	5—6	30	850	mit Reguliertransformator
Hochleistungsglühlampe 100 Watt	12	8	100	1500	mit Reguliertransformator
Wolfram-Bandlampe	6	16	100	800	mit Filter
Pointolite-Lampe	45	2	100	1500	mit Filter
Sun-lamp	11		300	4600	mit Reguliertransformator
Kohle-Bogen-Lampe Gleichstrom	70	10	700	16000	mit Filter
Xenon-Hochdruck-Lampe XBO 162	20	7,5	150	9000—30000 je nach Fläche	mit Filter
Xenon-Hochdruck-Lampe XBO 501	25	20	500	45000	mit Filter
Quecksilber-Höchstdrucklampe					
Osram HBO 200	55	4	200	25000	mit Filter
Philips CS 150	50	3	150	25000	mit Filter
Elektronenblitz *(Leitz)*			150—300 Wattsek.		mit Filter
Mikroblitz *(Zeiss)*			30—60		mit Filter oder Lichtregler

K = Kunstlichtfarbfilme (Sensibilisierung = 3200° K). T = Tageslichtfarbfilme (Sensibilisierung = 5800° K).

Die Konversionsfilter dienen z. B. in der Mikrophotographie dazu, um bei Farbaufnahmen die Farbtemperatur der Lichtquelle auf die des Aufnahmematerials abzustimmen, wie etwa bei Aufnahmen mit Glühlampenbeleuchtung auf Tageslicht-Farbfilm.

Kontrastfilter benutzt man zur Steigerung der Kontraste in einem gefärbten mikroskopischen Präparat, um bei Aufnahmen auf Schwarzweiß-Photomaterialien das interessierende Strukturdetail gegenüber seiner Umgebung dunkler hervorzuheben.

Die Selektionsfilter sondern aus der Gesamtheit der Lichtquellenstrahlung einen bestimmten, relativ eng begrenzten Spektralbereich aus. Sie werden hauptsächlich in der Fluorescenzmikroskopie benutzt.

Monochromatfilter sind Selektionsfilter mit stark eingeengtem Durchlässigkeitsbereich; es gelingt mit ihnen z. B. die Aussonderung einer bestimmten Spektrallinie aus der Strahlung einer Gasentladungslampe.

Interferenzfilter weisen bei hoher Durchlässigkeit eine sehr gute Monochromasie des durchgelassenen Lichtes auf, da alle anderen Lichtanteile im Filter selbst durch Interferenz gelöscht werden. Sie werden sowohl für die Mikrophotographie wie auch für qualitativ-mikroskopische Methoden benutzt.

Die Neutralfilter („Graugläser") schließlich sind lediglich Lichtschwächungsfilter und werden zur Regulierung der Intensität elektrisch nicht regelbarer Lichtquellen verwendet.

und ihre Eigenschaften nach MICHEL 1957 *z. T.*

Leuchtfläche mm	Farb-temperatur °K	Eignung für Farbfilm	Homo-genität	Lebensdauer Stunden	Haupt-Anwendungsbereich und Bemerkungen
ca 10 × 10	1800	—	gering	> 1000	Nur subjektive Hellfeld-Durchlichtbeobachtung, nicht für Mikrophotographie
1,8 × 1,8	bis 3200	K	aus-reichend	100	Als Einbau-Leuchte geeignet. Mikrophotographie nicht bewegter Objekte
2,2 × 2,2	bis 3200	K	aus-reichend	50—300	Als Einbau-Leuchte für alle mikrophotographischen Aufgaben nicht-bewegter Objekte
7,5 × 1,8	bis 3200	K	aus-reichend	100	Alle mikrophotographischen Gebiete mit hohen Lichtansprüchen
8,0 × 2,0	bis 3200	K	sehr gut	> 50	Stabilität gering
2,5 ⌀	3200	K	sehr gut		Mechan. Stabilität gering
3,0 ⌀	3200	K	sehr gut		Mechan. Stabilität gering
5 ⌀	4200	—	gut	1 Std pro Kohlen-paar	Schwarzweiß-Mikrophoto, Auflicht, Dunkelfeld, Makrophotographie (Farbaufnahmen mit Korr.-Filtern)
1,2 × 2,0 bis 0,6 × 1,0	6000	T	gering	1200	Alle mikrophotographischen Bereiche mit schwierigen Lichtverhältnissen. Farbphotogr.
2,2 × 2,0	6200	T	gut	1200	Mikroprojektion mit extrem hohem Lichtbedarf
2,5 × 1,3					Linien-Spektrum mit hohem UV-Anteil, Fluorescenz- und UV-Mikroskopie einschl. -Mikrophotographie
2,5 × 1,3	—	—	aus-reichend	250	
9 ⌀	6000	T	sehr gut	8000 bis 10000 Blitze	Blitzdauer $^1/_{500}$—$^1/_{1000}$ sec. Für Mikrophotographie bewegter Objekte und für Farbmikrophotographie
3 ⌀	6000	T	sehr gut		Blitzdauer $^1/_{2000}$—$^1/_{3000}$ sec

Wenn es bei einer mikroskopischen Untersuchung erforderlich ist, das Objekt nacheinander mit monochromatischem Licht bestimmter Wellenlängen zu beleuchten, so wird häufig anstelle von Filtern ein Monochromator benötigt. In einem Monochromator wird das durch einen Spalt eintretende Licht der Strahlungsquelle (Glühlampe, Wasserstofflampe, Xenonlampe) durch ein Dispersionsprisma in seine monochromatischen Anteile zerlegt, von welchen dann durch entsprechende Einstellung des Prismas (Drehen um seine senkrechte Achse) nur mehr monochromatisches Licht der gewünschten Wellenlänge den Austrittsspalt des Gerätes verläßt.

Es gibt Monochromatoren für den sichtbaren Bereich, für Infrarot- und UV-Strahlung. Eine kombinierte Ausführung für sichtbares Licht, UV-Strahlung und kurzwelliges Infrarot stellt der Geradsicht-Spiegelmonochromator von E. Leitz dar. Bei diesem Gerät bildet die optische Achse des austretenden monochromatischen Strahlenbündels die geradlinige Verlängerung der optischen Achse des Beleuchtungsstrahlenganges. Der Monochromator läßt sich daher bequem, ohne die sonst bei Monochromatoren notwendige Abwinklung zum Beobachtungsinstrument, zum Mikroskop aufstellen. Nähere Literaturangaben hierüber finden sich (1961) im Literaturverzeichnis.

12. Hilfsmittel für die Auswertung des mikroskopischen Bildes

Die Deutung und Auswertung des im Mikroskop gesehenen Bildes ist für den Mikroskopiker die Grundlage zur Erlangung einer möglichst vielseitigen Information über die Objektbeschaffenheit. Diese Bildanalyse muß zunächst einmal auf rein subjektivem Wege erfolgen. Die auf diese Weise ermittelten Resultate stellen die Basis dar, von der aus eine zweckentsprechende Entscheidung getroffen werden kann für weitere Maßnahmen, die auf eine präzise Erfassung und auf die Dokumentation des individuell Gesehenen hinzielen, um so die Untersuchungsergebnisse sicherzustellen und deren verständliche Übermittlung an andere zu gewährleisten.

Bei verschiedenen Proben eines unter sich gleichen Materials, wie Getreidekörnern oder Hülsenfrüchten, führt unter Umständen schon ein direkter mikroskopischer Vergleich der Untersuchungsobjekte mit einem Standard zu einer befriedigenden Aussage über Form- und Größenverhältnisse. In der Praxis also werden Probe und Standard neben einander im gleichen mikroskopischen Bild betrachtet. Hierzu bedient man sich eines Vergleichsokulares. Als Brücke verbindet es zwei einfache Miskroskope und vereinigt mit einem Dachkantprisma jeweils nur die eine Bildhälfte jedes Mikroskopes zu einem Gesamtbild. In diesem erscheinen die zu vergleichenden Bilder nur durch eine dünne senkrechte Mittellinie (,,Dachkante'' des Prismas) getrennt.

Abb. 24. Schraubenmikrometerokular. — Schema des Schraubenmikrometerokulars mit eingezeichneter Teilung im Sehfeld. Die erste Ablesung sei 8,00. Die Ablesung ist im abgebildeten Falle: 1,67. Das Objekt erstreckt sich demzufolge über 8,00 — 1,67 = 6,33 Intervalle. Die Größe ergibt sich aus der Multiplikation von 6,33 mit dem Mikrometerwert des benutzten Objektivs

Vielfach ist ein reiner Vergleich im obigen Sinne für die Ermittlung charakteristischer Größen einer Objektstruktur nicht ausreichend; es müssen vielmehr mikroskopische Messungen (1959) durchgeführt werden, um genaue Angaben über die Dimensionen des Objektdetails machen zu können. Hierbei handelt es sich in der Regel um Längen-, Tiefen- und Flächen-Messungen.

Die Längenmessungen erfolgen mit Hilfe von Mikrometerteilungen (z. B. 10 mm in 100 Teile), die in der Blendenebene eines Okulares eingebaut werden. Es wird also im Mikroskop das Bild des Objektes gleichzeitig mit der Mikrometerteilung gesehen. Die meisten Meßokulare besitzen eine verstellbare Augenlinse zwecks Scharfeinstellung des Meßskala für das Auge des Beobachters.

Die Okular-Mikrometerteilung muß für das einzelne Objektiv, welches bei der Messung benutzt wird, geeicht werden. Diese geschieht mit Hilfe eine sog. Objektmikrometers, einer sehr feinen Teilung (z. B. 1 mm in 100 Teile), welche anstelle eines Objektes unter das Mikroskop gebracht wird. An dem durch das Objektiv vergrößerten Bild dieser Teilung erfolgt sodann die Bestimmung des sog. ,,Mikrometerwertes''.

Eine noch höhere Meßgenauigkeit verbürgt ein Schraubenmikrometerokular (Abb. 24). Es enthält eine feststehende Teilung mit 12 Intervallen von je 0,5 mm Länge. Über den Bereich dieser Teilung läßt sich durch Drehen der seitlichen Mikrometerschraube des Okulares eine Meßlinie führen. Die Trommel der Mikrometerschraube ist in 100 Teile geteilt; ein Intervall der Teilung entspricht einem hundertstel Intervall der feststehenden Okularteilung. Die Eichung des Schraubenmikrometerokulares erfolgt prinzipiell in gleicher Weise wie die der normalen Meßokulare.

Tiefenmessungen werden auf einfache Art und Weise mit Hilfe der Mikrometerschraube des Mikroskopes durchgeführt, indem man nacheinander den oberen und unteren Fokuspunkt der Struktur einstellt und die Einstelldifferenz abliest. Dieser Wert wird dann mit dem Quotienten $\frac{n_0}{n}$ multipliziert (n_0 = Brechzahl im Präparat n = Brechzahl des Mediums zwischen Präparat und Objektivfrontlinse).

Flächenmessungen an mikroskopischen Objekten lassen sich sehr genau sowohl nach planimetrischen wie integrierenden Methoden durchführen. Das Prinzip der Integration beruht auf der Möglichkeit, aus Flächengrößen von einzelnen Komponenten auf den Flächeninhalt der Objektstruktur zu schließen. Für die Messung wird das Objekt entlang einer möglichst großen Zahl von Meßlinien vermessen. Dabei verhält sich die Gesamtlänge der durch das Präparat gelegten Meßlinie zu

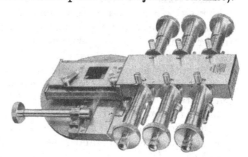

Abb. 25. Integrationstisch

den Längenanteilen der Komponente wie die Gesamtfläche zu den Flächenanteilen. Es werden also immer nur Längsanteile der Komponenten längs der Meßlinie gemessen und addiert. Dieser an und für sich recht umständliche Meßvorgang wird in seiner Durchführung bequem und präzis, wenn man als Meßeinrichtung einen sog. Integrationstisch benutzt, bei dem die Meßwerte für die einzelnen Komponenten sich automatisch auf den entsprechenden Präzisions-Meßspindeln summieren, so daß die Gesamtlänge der Meßlinie dann leicht durch Addition der an den Spindeln registrierten Werte ermittelt werden kann. Abb. 25 zeigt den Integrationstisch (1960) von E. Leitz.

Neben der Bestimmung von Objektgröße und Objektfläche ist auch die Feststellung des zahlenmäßigen Anteils bestimmter Komponenten im gesamten Objekt von Wichtigkeit. Bei dieser Art der mikroskopischen Analyse werden also Auszählungen vorgenommen. Man benutzt hierzu besondere Zählkammern, wie sie z. B. von Carl Zeiss hergestellt werden.

Diese Zählkammern sind praktisch Objektträger mit einer Vertiefung, die am Boden eine Netzteilung besitzt, wobei die Seitenlänge der sie bildenden Quadrate genau bekannt ist. Die Kammer wird mit einem Deckglas bedeckt. Ihre Tiefe ist ebenfalls genau bekannt. Die Zählkammern dienen hauptsächlich zur Bestimmung von Teilchenzahl pro Volumeneinheit.

Erfolgt eine Zählung mit dem Ziel, das Verhältnis der Anzahl von verschiedenartigen Bestandteilen zu ermitteln, kann man sich auf das Auszählen einer durch eine Quadratblende oder eine Netzteilung im Okular bestimmten Fläche des Gesichtsfeldes beschränken. Durch Einlegen einer Strichplatte mit Netzteilung kann man im Prinzip jedes normale Okular in ein Zähllokular verwandeln; jedoch ist die Benutzung von Okularen mit verstellbarer Augenlinse vorzuziehen.

Neben der messenden Erfassung eines mikroskopischen Bildes ist das dokumentarische Festhalten des Gesehenen in einem Mikrophotogramm oder in einer

Zeichnung notwendig, um einmal für spätere Vergleiche eine Aufzeichnung der mikroskopischen Verhältnisse des Präparates jederzeit zur Hand zu haben und die Übermittlung der Beobachtungsergebnisse des Mikroskopikers an andere Personen zu ermöglichen bzw. erläuternd und beweiskräftig zu unterstützen.

Die Mikrophotographie hat sich seit Jahrzehnten im Rahmen der gesamten Mikroskopie zu einem methodisch selbstständigen Verfahren der Dokumentation entsprechend entwickelt. Sie wird daher auch ihrer Bedeutung wegen in einem Kapitel gesondert behandelt.

Hier soll lediglich einiges zur Frage des mikroskopischen Zeichnens gesagt werden. Der didaktische Wert einer Zeichnung nach dem Bild im Mikroskop dürfte wohl einwandfrei anerkannt sein. Man lernt nämlich erst richtig beim Zeichnen das mikroskopische Sehen und natürlich die Deutung des Bildes. In der angewandten Mikroskopie ist bei der Bewertung einer Zeichnung jedoch eine gewisse Vorsicht am Platze, da es dem Mikroskoptiker letztlich überlassen ist, Objektstrukturen und Präparateinzelheiten, die zunächst nur ihm wichtig erscheinen, in die Zeichnung einzutragen. Das mikroskopische Zeichnen wird jedoch immer dann eine aussagekräftige Art der Dokumentation darstellen, wenn auf Grund der Präparatgegebenheiten (z. B. verhältnismäßig dicke Handschnitte) das Mikrophotographieren unangebracht erscheint. Damit das zeichnerisch dargestellte Bild in seinen Größenverhältnissen auch genau dem mikroskopischen Bild entspricht, werden Zeichen-Einrichtungen bzw. -Apparate zusammen mit dem Mikroskop benutzt.

Diese Einrichtungen sind entweder sog. Zeichenaufsätze oder mit mehr oder weniger optischem Aufwand arbeitende sog. Zeichenapparate von E. Leitz bzw. Carl Zeiss.

Im einfachsten Falle arbeiten diese Apparate in der Weise, daß über einen Spiegel und ein Prismensystem das mikroskopische Bild und das des Zeichenblattes übereinander gelegt werden. Der Mikroskopiker sieht beim Einblick in das Okular bzw. in den Zeichenapparat beide Bilder gleichzeitig. Ebenso erscheint der Zeichenstift in diesem kombinierten Bild. Man kann sodann bequem die Präparatstruktur nachzeichnen. Allerdings ist vorher ein Angleichen der Helligkeiten beider Bilder notwendig; dies geschieht mittels des vorschaltbaren Graufilters des Zeichenapparates bzw. auch durch Regulierung der Beleuchtung am Mikroskop.

Eine andere Möglichkeit besteht im Nachzeichnen eines Projektionsbildes. Hierbei wird das mikroskopische Bild durch einen Projektionsspiegel oder durch ein Projektionsprisma auf die Zeichenfläche projiziert, und es werden dann die Konturen und Strukturdetails nachgezeichnet. Für diese Art des mikroskopischen Zeichnens ist freilich eine leistungsstarke Mikroskopbeleuchtung unbedingt notwendig.

13. Mikroskop-Heiztische

Das Interesse des Lebensmittelchemikers konzentriert sich in der Hauptsache auf einen Heiz- und Kühltisch mit automatischer Thermoregulierung für mikrobiologische und bakteriologische Untersuchungen bei konstanten oder veränderlichen Temperaturen zwischen $-20°$ C und $+80°$ C.

Der von E. Leitz nach den Angaben von Eisenberg gebaute Heiz- und Kühltisch entspricht in seinen äußeren Abmessungen dem dreh- und zentrierbaren Objekttisch der biologischen Mikroskope und wird am Stativ gegen diesen ausgewechselt (Abb. 26).

Die elektrische Heizung mit automatischem Thermoregulator wird über einen Reguliertransformator an Wechselstrom angeschlossen. Eine in die Tischplatte eingebaute Kühlkammer kann zur Durchflußkühlung mit Wasser, andererseits zur Tiefkühlung mit Kohlensäure benutzt werden. Ferner kann das Beschlagen des Deckglases oder des Objektträgers bei tiefen Temperaturen durch Aufsetzen einer Stickstoffkammer vermieden werden.

Die Temperaturmessung erfolgt mit dem kreisförmig gebogenen Thermometer, welches in einer Vertiefung der Tischplatte liegt. Für ganz exakte Temperaturmessungen am Objekt selbst wird dem Eisenberg-Heiz- und Kühltisch noch ein zusätzliches, auf den Objektträger aufsetzbares Thermometer beigegeben.

Gelegentlich mögen den Lebensmittelchemiker auch die Identifizierung bestimmter Substanzen durch genaueste Schmelzpunkt-Bestimmungen unter dem Mikroskop interessieren; ferner der Nachweis z. B. irgendwelcher Konservierungsmittel (wie z. B. Benzoesäure) auf dem Wege über die Mikrosublimation. So kann

Abb. 26. Heiztisch mit aufgelegter Temperaturausgleichskammer

auch ein Heiztisch sich als nützlich erweisen bei mikrochemischen Reaktionen mit Hilfe des Mikroskopes.

Für solche Arbeiten ist der Heiz- und Kühltisch für den Temperaturbereich von —20° bis + 350° C von E. Leitz sehr geeignet. Er besteht aus dem Hauptteil mit eingebauter Heizspule und der Objektkammer. Die Befestigung des Heiztisches auf dem Mikroskopstativ erfolgt mit zwei Schrauben. Das Hauptteil hat eine Grundplatte mit Zentriereinrichtung, mit deren Hilfe man das Objekt verschieben kann. Die um die Heizspule angeordnete Kühlkammer ist zur Durchleitung von Wasser bzw. Kohlensäure vorgesehen. Zur Vermeidung von Luftströmungen ist der Tisch von unten mit einer auswechselbaren Glasplatte verschlossen. Die Heizung wird mittels Reguliertransformator eingestellt. Die aufschiebbare Objektkammer kann gegen andere Einrichtungen ausgewechselt werden. Die Thermometer werden in eine Bohrung eingeschoben und sind in dieser Lage geeicht. Für Temperaturmessungen stehen drei Thermometer in Temperaturabstufungen von — 25° bis + 120°, ferner + 100° bis + 240° und endlich + 220° bis + 350° zur Verfügung.

Die Größe des an diesem Heiztisch verwendbaren Objektträgers beträgt $38 \times 26 \times 1$ mm. Durch einen Schieber mit auswechselbarem Glasfenster wird die Objektkammer verschlossen.

Die in den Fuß des Heiztisch-Mikroskopstativs einsteckbare Niedervolt-Lampe 8 V, 0,6 A dient der Durchlichtbeleuchtung. Der Drehtisch

Abb. 27. Heiz- und Kühltisch für einen Temperaturbereich von —20° C bis + 350° C

ist aus Gründen der Erwärmung einfach gehalten. Der Tubus mit Schrägeinblick besitzt einen Zahntrieb zur Höhenverstellung. Für Untersuchungen im polarisierten Licht ist eine Filter-Polarisationseinrichtung vorhanden. Es können beliebige Kompensatoren, Gips- und Glimmer-Plättchen, sowie der Berek-Kompensator benutzt werden.

Die Thermometerablesung erfolgt im Okular. Mit Hilfe eines verschiebbaren Prismas, welches einen Ausschnitt der Thermometerskala in das Sehfeld spiegelt, ist eine Ablesung der Temperatur bei gleichzeitiger ununterbrochener Beobachtung des Präparates gewährleistet. Das Feld für die Temperaturablesung läßt sich durch Verschieben des Prismas verändern.

Die mit dem Ramsden-Okular 8 × erzielbaren Vergrößerungen betragen je nach der Wahl des Objektives 48- und 80fach. Dieser Heiztisch ist in Abb. 27 dargestellt.

14. Mikrospektroskop

Zur Untersuchung irgendwelcher Absorptionsspektren wird das Mikrospektroskop benutzt, d. h. die Verbindung eines Okulares mit einem Spektroskop. Es hat sich für diese Kombination auch die Bezeichnung „Mikrospektralokular" eingebürgert.

Ein Halter vereinigt das Ramsden-Okular mit dem Handspektroskop, dessen symmetrisch verstellbarer Spalt in der Austrittspupille des Mikroskopes liegt. Die Irisblende am Okular kann soweit zugezogen werden, daß nur die zu untersuchende Stelle des Präparates sichtbar bleibt.

Über ein Prisma läßt sich das Licht einer anderen Lichtquelle einspiegeln, um das Untersuchungsspektrum mit dem Normalspektrum vergleichen zu können. Zur Orientierung im Spektrum bei künstlicher Beleuchtung dient der seitlich verschiebbare Stutzen mit Wellenlängenskala.

15. Das optische Gerät für die Trichinenschau

Zur Trichinenschau wird in der tierärztlichen Praxis das Trichinenmikroskop benutzt. Im Gegensatz zum normalen Mikroskop wird beim Trichinenmikroskop das Objekt (auf Trichinen zu untersuchendes Fleisch) zwischen zwei verhältnismäßig dicken Glasplatten (Kompressorium) plattgedrückt und durch die obere Glasplatte hindurch beobachtet.

Das Mikroskop ist in der Regel mit einem 10fach vergrößernden, auf die Dicke des Kompressoriums abgestimmten, achromatischen Objektiv und einem Okular von 10maliger Eigenvergrößerung ausgerüstet. Die 100fache Gesamtvergrößerung reicht in allen Fällen aus. Ein Bestandteil des Objektivs kann als selbständige Linsengruppe ausgeklappt werden, wodurch wechselweise eine schwächere Vergrößerung einstellbar ist.

Das deutsche Fleischbeschaugesetz schreibt bezüglich der Vergrößerungen vor: 35fache Vergrößerung bei ausgeschwenkter Frontlinse und einem Sehfelddurchmesser von 5,5 mm bzw. 100fache Vergrößerung bei voll ausgenutztem Objektiv und einem Sehfelddurchmesser von 2,0 mm.

Zur Erhöhung der diagnostischen Sicherheit bei der Trichinenschau wird neuerdings auch die Dunkelfeldbeleuchtung (1956) herangezogen. Neuere Untersuchungen von Fachleuten haben ergeben, daß die Trichinen auf dunklem Untergrund hell aufleuchten und deshalb schon bei schwacher Vergrößerung deutlich sichtbar werden. Da bei dieser Beleuchtungsart besonders Innenstrukturen sichtbar werden, erleichtert die Dunkelfeldbeleuchtung vor allem die sichere Erkennung der Trichinellen, also des Frühstadiums der Trichine.

Für Dunkelfeldbeleuchtung wird ein Spiegelkondensor num. Apertur 0,35 und eine an das Trichinenmikroskop ansetzbare Mikroskopierleuchte (15 W) benötigt.

Während das leicht transportierbare Trichinenmikroskop zur ambulanten Fleischbeschau bei z. B. Hausschlachtungen in erster Linie gedacht ist, benötigen Schlachthöfe, Beschauämter, Auslandsfleischbeschaustellen und Fleischkonservenfabriken der rationellen Arbeitsweise wegen ein stationär aufgebautes Trichinoskop (1959), welches den Vorteil bietet, das ganze Objekt im projizierten Bild darzustellen.

Das Leitz-Glühlampentrichinoskop ist für eine 50fache Grundvergrößerung und darüber hinaus für eine 80fache Zusatzvergrößerung eingerichtet und auf

Grund der gesetzlichen Vorschriften für die amtliche Fleischbeschau zugelassen. Die 50fache Vergrößerung gewährt einen Überblick über den größten Teil des Präparates und läßt gleichzeitig etwa vorhandene Trichinen gut erkennen. Die starke Vergrößerung wird hingegen meistens nur zur Klärung zweifelhafter Befunde gebraucht.

In dem Trichinoskop (Abb. 28) findet ein Leitz-Doppelanastigmat „Summar" f = 2 cm 1:2,8 Verwendung, der zusammen mit dem zweilinsigen asphärischen Kondensor ein sehr helles, farbenreines und kontrastreiches Bild liefert. Die Beleuchtungseinrichtung ist mit einer 12 V 100 W-Glühbirne ausgerüstet.

Wesentlich an dieser Konstruktion ist die zwangsläufige „Einwegführung" für das Kompressorium, wobei durch eine automatische Sperrvorrichtung vermieden wird, daß eine Präparatreihe in der Durchmusterung versehentlich ausgelassen wird.

Das Leitz-Trichinoskop ist ein Tischgerät von geringem Platzbedarf und hat den Vorteil der vollkommen geschlossenen Bauweise. Die Einblickseite kann durch einen herunterziehbaren Rolladen abgeschlossen werden.

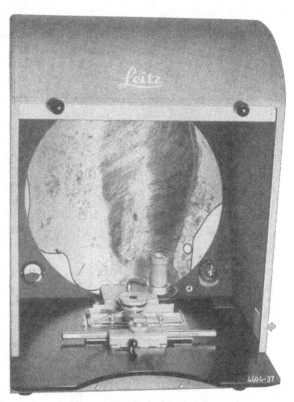

Abb. 28. Leitz-Glühlampen-Trichinoskop

16. Mikrophotographie

Die Darstellung eines mikroskopischen Objektes durch die photographische Aufnahme hat im allgemeinen gegenüber der Zeichnung den Vorzug größerer Naturtreue, wohingegen das gezeichnete Bild Ausdruck subjektiver Beobachtungseindrücke bleibt. Das Photogramm wird stets vorzuziehen sein, wenn das Bild z. B. als Beweisstück vor Gericht dienen soll, was bei forensischen Untersuchungen meistens der Fall ist.

Die Technik der Mikrophotographie (1960, 1962) hat in den beiden letzten Jahrzehnten gewaltige Fortschritte gemacht; die Apparaturen für die mikrophotographischen Aufnahmen sind im Laufe der Jahre in vielerlei Hinsicht vervollkommnet worden. Wenn noch vor dreißig Jahren zeitraubende Vorbereitungen zur Anfertigung eines Mikrophotogrammes erforderlich waren, so hat sich durch die Entwicklung der „Kameramikroskope" und in neuerer Zeit der automatisch arbeitenden Mikrophoto-Einrichtungen eine Entwicklung vollzogen, die selbst für den weniger Geübten die photographische Dokumentation des mikroskopischen Bildes denkbar vereinfacht.

Zu den konventionellen Einrichtungen der Vergangenheit gehört noch immer die lose Kombination Mikroskop — mikrophotographischer Apparat. Nicht nur der historischen Entwicklung wegen, sondern weil solche Geräte heute noch im Gebrauch und beliebt sind, soll zunächst eine derartige Einrichtung dargestellt werden.

a) Das Mikroskop

Früher wurden von einigen Firmen für mikrophotographische Aufnahmen bestimmte Mikroskopstative mit weitem Tubus (50 mm Durchmesser), dessen Okularaufsatz abnehmbar war, hergestellt. Diese Sonderausführungen des Mikroskopes sind entbehrlich geworden, zumal ein Mikroskop vom Typ des Leitz-Ortholux in Verbindung mit einer Vertikal-Spiegelreflexkamera alle Ansprüche an ein Spezialgerät für Mikrophotographie erfüllt, nicht auch zuletzt deshalb, weil die feste Verbindung der Lichtquelle mit dem Mikroskopstativ für diese Aufgaben wie geschaffen ist.

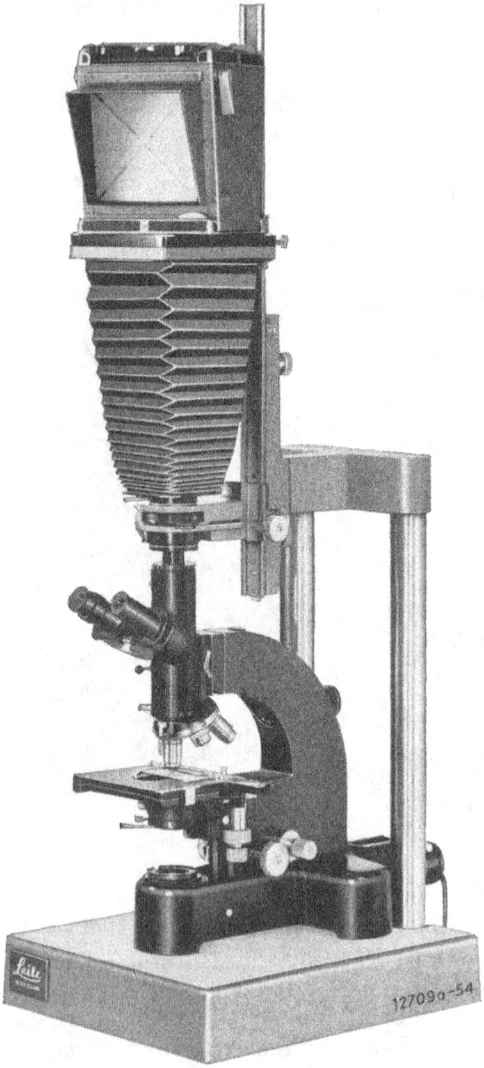

Der auswechselbare Beobachtungs-Phototubus ·stellt den weiten Tubus dar, mit welchem auch nach dem Entfernen des Okularstutzens Aufnahmen mit Mikroskop-Objektiven allein ohne Okular gemacht werden können. Es können sogar nach dem Ersatz der Mikroskop-Objektive am Objektivrevolver durch relativ kurzbrennweitige Photo-Objektive (Doppelanastigmate vom Typ des Leitz-Mikrosummar f: 4,5, 2,4 cm, 3,5 cm und 4,2 cm Brennweite) Übersichtsbilder größerer Präparate aufgenommen werden, die hin und wieder dem Lebensmittelchemiker in seiner Praxis begegnen.

Zur Ausstattung des Mikroskopes in optischer Hinsicht ist nichts Besonderes zu bemerken. In der Regel ist ein gutes Mikroskop mit solchen Objektiven versehen, mit denen einwandfreie mikrophotographische Aufnahmen gemacht werden können. Planobjektive eignen sich natürlich am besten für mikrophotographische Zwecke (vgl. Abb. 8b u. 10). Zu achten ist lediglich auf die Kondensorausstattung im Beleuchtungsapparat. Auch ist die Ausrüstung des Instrumentes mit einem Kreuztisch empfehlenswert.

Abb. 29. Mikrophotographischer Apparat „Aristophot"
mit Mikroskop „Ortholux"

b) Die mikrophotographische Kamera

Mikrophotographische Apparate werden praktisch von allen bedeutenden Mikroskopherstellern gebaut. Ihre Ausführungen ähneln sich weitgehend. Für die Zwecke des Lebensmittelchemikers ist der Apparat in vertikaler Stellung der Kamera am geeignetsten, weil überwiegend frisch hergestellte Präparate photographiert werden, bei denen sich das Untersuchungsobjekt oft in einer Beobachtungsflüssigkeit (Wasser mit oder ohne Zusatz von Glycerin, Choralhydratlösung und ähnlichen) befindet.

Bei den heutigen Konstruktionen ist eine ständige, schnelle Aufnahmebereitschaft gewährleistet, weil das Mikroskop ohnehin dauernd mit der Kamera verbunden bleibt. Der Kombinationstubus, schrägsichtiger Binokulartubus mit Phototubus, erlaubt dabei, auch ohne daß mikrophotographiert wird, die Benutzung des Mikroskopes für die laufenden visuellen Beobachtungen.

Als Beispiel eines mikrophotographischen Apparates, dessen Konstruktion sich in der Praxis bewährt hat, sei z. B. der „Aristophot" von E. Leitz genannt (Abb. 29). Er stellt eine vielseitig verwendbare Kamera für mikro- und makrophotographische Aufnahmen (letztere sowohl im Durchlicht als auch im Auflicht) dar.

Die Doppelsäule und die stabile, leicht transportierbare Grundplatte sind fest miteinander verbunden. Die Grundplatte ist mit einer zentrierten Einsatzplatte zur Aufnahme des Mikroskopes, hier z. B. des Ortholux-Statives, versehen, damit dasselbe stets zur Achse der Aufnahmekamera ausgerichtet bleibt. Die Kamera mit ihrem dazugehörigen Spiegelreflexaufsatz ist an einer 60 cm langen Prismenschiene beliebig in der Höhe verstellbar.

Entsprechend den Forderungen der Praxis kann eine Balgenkamera für das Plattenformat 9 × 12 cm mit Hilfe besonderer Einlagen auch für Platten 6,5 × 9 cm verwendet werden. Anstelle dieser allgemein gebräuchlichen Balgenkamera kann auch eine solche mit drehbarem Kassettenrahmen und internationalem Rückteil 4 × 5″ Anwendung finden. Immerhin hat der drehbare Kassettenrahmen den großen Vorteil, die Kassette in jeder gewünschten Lage zum Objekt zu orientieren. Das internationale Rückteil sowohl des Balgens wie auch des Spiegelreflexaufsatzes erweist sich als vorteilhaft bei der Verwendung der meisten international benutzten Kassetten, vor allem aber bei der Ausnutzung des Polaroid-Land-Verfahrens, das bekanntlich innerhalb einer Minute ein fertiges Schwarzweiß-, in neuerer Zeit sogar ein Farbbild in beachtlicher Qualität liefert.

Weitere Bestandteile der 9 × 12-Kamera sind die zugehörigen matten und klaren Einstellscheiben, Kassetten und die Einstellupe, der Balgenträger mit Bajonettverriegelung für den Balgen selbst und ein schwingungsgedämpfter, synchronisierter Zeit- und Momentverschluß. Für die lichtdichte Verbindung der Kamera mit dem Mikroskop sorgt an der Unterseite des Balgenträgers ein Lichtabschluß, an dessen Stelle nach Bedarf bei Makroaufnahmen ein Photo-Objektiv angeschraubt werden kann. Weiterhin gehören zur Ausrüstung der Kamera ein ausziehbares Bandmaß zur Kontrolle der Balgenlänge und schließlich ein Drahtauslöser. Ohne den Spiegelreflexaufsatz mißt der größte Balgenauszug 60 cm, mit demselben 75 cm.

Der Spiegelreflexaufsatz, in den drehbaren Kassettenrahmen einzusetzen, dient je nach Stellung des ein- und ausklappbaren Spiegels zur Beobachtung und Scharfeinstellung des Mattscheibenbildes vom Arbeitsplatz aus bzw. zur Ausführung der mikrophotographischen Aufnahme bei aus dem Strahlengang ausgeklapptem Spiegel.

Im Falle von Serienaufnahmen erweist sich eine Kleinbildkamera, z. B. die Leica-Kamera, insbesondere bei schneller Aufnahmebereitschaft als besonders wirtschaftlich, hauptsächlich dann, wenn farbige Mikroaufnahmen (im polarisierten Licht, bei Fluorescenzbeleuchtung usw.) auf Kleinbild-Farbfilm gemacht werden sollen.

Die kleinbild-photographische Ausrüstung besteht aus den zwei Hauptbestandteilen, nämlich dem Mikrospiegelreflexansatz und dem Kameragehäuse, eben der Leica.

Den Mikrospiegelreflexansatz stellt ein Einstellaufsatz „Mikas" (Abb. 30) mit Zentralverschluß, mit fokussierbarem Einstellfernrohr, Lichtabschluß sowie einem Zwischenstutzen $1/_3 \times$ dar.

In der mikrophotographischen Praxis wird das mikroskopische Bild bei schwachen Vergrößerungen auf der Mattscheibe des Mikrospiegelreflexansatzes, bei starken Vergrößerungen hingegen auf der Klarglasscheibe oder im Einstellfernrohr scharfgestellt. Das Einstellfernrohr ist mit einer Teilung gemäß Abb. 31, die durch Drehen der Okularfassung scharf einstellbar ist, versehen. Die starke Linie dieser Teilung zeigt den Bildausschnitt für das Aufnahmeformat 9 × 12 cm und für den Zwischenoptikstutzen $1/_3$, welcher das mikroskopische Bild im Maßstab 1:3 der visuellen Gesamtvergrößerung auf die Mattscheibe des Spiegelreflexansatzes projiziert.

Das Prisma im Einstellfernrohr, das den Lichtstrahl zum seitlichen Beobachtungs- und Einstellfernrohr umlenkt, ist teildurchlässig (75%) und ausschaltbar. Normalerweise wird es bei der Aufnahme mit dem automatischen Auslöser ausgeschwenkt, doch es besteht ohne weiteres die Möglichkeit, das mikroskopische Bild bei eingeschaltetem Prisma während der Belichtung des Filmes zu beobachten.

Zur vollen Ausnutzung des Kleinbildformates 24 × 36 mm wird der Mikrostutzen $1/_3$ im allgemeinen mit einem Okular von 10facher Eigenvergrößerung kombiniert. Für Sonderfälle, zwecks Heraushebens zentraler Partien des Sehfeldes durch vergrößerte Darstellung, kann man sich eines Mikrostutzens $1/_2 \times$ bedienen. Der mit diesem Stutzen erhaltene Bildausschnitt wird in der Teilung des Einstellfernrohres durch die gestrichelte Linie wiedergegeben.

Der selbstspannende Momentverschluß ist für die Zeiten T, B, 1—$1/_{125}$ sec eingerichtet und vollsynchronisiert. Verschluß und Umlenkprisma im Einstellfernrohr werden durch zwei Drahtauslöser betätigt; beide lassen sich durch einen automatischen Auslöser kuppeln.

Als Kameragehäuse kann jedes beliebige, vorhandene Leica-Gehäuse Verwendung finden, gleich ob das Leica-Objektiv durch Schraubgewinde oder durch Bajonett gewechselt wird.

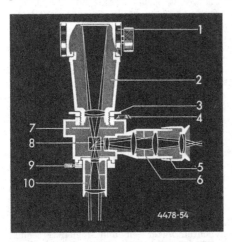

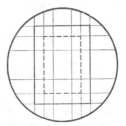

Abb. 31. *Teilung des Einstellrohres.* Die starke Linie zeigt den Bildausschnitt für das Aufnahmeformat 9×12 cm bzw. für den Stutzen $1/_3 \times$ des Mikroansatzes *Mikas* an, die gestrichelte Linie den Ausschnitt für den zum Mikroansatz lieferbaren Stutzen $1/_2 \times$; die innere Linie gibt den Bildausschnitt des früher gelieferten Stutzens $1 \times$ an.

Abb. 30. *Mikroansatz Mikas: 1* Kleinbildkamera *Leica*; *2* Stutzen mit Zwischenoptik $1/_3 \times$; *3* Feststellring für das Ausrichten des Einstellaufsatzes; *4* Einstellknopf für die Belichtungszeit; *5* Drehbare Okularfassung; *6* Blende mit Teilung des Einstellfernrohres; *7* Zentralverschluß, synchronisiert; *8* Umlenkprisma; *9* Rändelschraube zum Festklemmen des Mikroansatzes; *10* Okular

Es darf nicht unerwähnt bleiben, daß mit der Aristophot-Mikrokamera ebenso vorteilhaft auch mikrokinematographische Aufnahmen gemacht werden können von z. B. Wachstumsvorgängen oder Zellbewegungen, Zellteilungen und dgl. Anstelle der Balgenkamera 9×12 tritt hierbei ein Einstellaufsatz (natürlich ohne Verschluß) mit fokussierbarem Einstellfernrohr mit 95% durchlässigem Beobachtungsprisma, das durch einen Drahtauslöser wiederum ein- und ausschaltbar ist. In den Einstellaufsatz eingebaut ist ein Periplan-Okular 10×. Bezüglich der Ausstattung der Aristophot-Kamera für Schmalfilmaufnahmen, der Wahl der Schmalfilmkamera usw. lasse man sich im Einzelfalle von der Herstellerfirma beraten.

Bezüglich der Lichtquellen für mikrophotographische Zwecke sei auf den Abschnitt „Lichtquellen und Lichtfilter" S. 796 verwiesen. In der Regel ist heute bei der Beleuchtungseinrichtung eines guten Forschungsmikroskopes die übliche 6 V-Niedervolt-Glühlampe vorhanden. Sie eignet sich infolge ihrer hohen Intensität vorzüglich für Mikroaufnahmen bei jedweder Beleuchtungsart. Für höhere Ansprüche an die Beleuchtungseinrichtung eines mikrophotographischen Apparates, z. B. bei Fluorescenz-Aufnahmen oder in der Mikro-Kinematographie, stehen als intensivere Lichtquellen die modernen Gasentladungslampen zur Verfügung.

Da heute meistens orthochromatisches Aufnahmematerial benutzt wird, empfiehlt sich die Verwendung von Gelbgrün-Filtern zur Hebung der Kontraste im Bild.

Auf Erörterung der Aufnahmetechnik, des Negativ- und Positiv- (bzw. auch Vergrößerungs-) Prozesses kann hier verzichtet werden, zumal hierfür genügend einschlägige Literatur vorhanden ist.

In der Mikrophotographie wird die richtige Belichtungszeit durch die photoelektrische Lichtmessung ermittelt. Es gibt hierfür Belichtungsmesser mit Selen-Photoelementen. Höhere Empfindlichkeit weisen allerdings solche mit Vakuum-Photozellen auf. In den meisten Fällen wird der Belichtungsmesser anstelle des Okulares eingesetzt; er registriert die Gesamthelligkeit über das Gesichtsfeld.

c) Kamera-Mikroskop

Schon die Kombination eines neuzeitlichen Forschungsmikroskopes mit einem stabilen, vertikal arbeitenden mikrophotographischen Gerät bedeutet eine wesentliche Erleichterung in der praktischen Arbeit gegenüber früheren Jahren. Den größten Bedienungskomfort bieten jedoch nur die „Kamera-Mikroskope", deren geradezu verblüffende Universalität erst in größeren Laboratorien bei reichlichem Anfall mikrophotographischer Aufgaben und bei einem stets gleichbleibenden Höchstmaß an Aufnahmequalität zur vollen Geltung und Ausnutzung kommt.

Hier hat der Konstrukteur schon vor bald drei Jahrzehnten durch die geschickte Vereinigung von Mikroskop, Kamera und Lichtquelle in fest justierter

Abb. 32. Leitz-Panphot

Zusammengehörigkeit den Weg zu einer Apparatur gewiesen, nämlich dem „Panphot" von E. Leitz, das unter weitestgehender Anpassungsfähigkeit des Instrumentes an die dem Mikroskopiker geläufigen mikroskopischen Methoden alle Wünsche des Praktikers ausnahmslos erfüllt.

Das Leitzsche Panphot (Abb. 32) ähnelt in seinem Aufbau in etwa der Kombination des Forschungsmikroskopes Ortholux mit der Aristophot-Mikrokamera. Es vereinigt Lichtquelle, Beleuchtungsführung, Mikroskop und Kamera in einem geschlossenen vertikalen Aufbau. Die Zentrierung der Beleuchtungsführung bleibt stets erhalten, so daß dieses Kameramikroskop ständig betriebsbereit ist. Dabei liegen alle Bedienungselemente für den Mikroskopiker in bequemer Grifflage.

Charakteristisch für die Panphot-Konstruktion sind ihre vielseitigen Ausbau- und dementsprechend auch Verwendungsmöglichkeiten. Sie enthält sämtliche Bauelemente eines großen Universalmikroskopes für Durch- und Auflicht.

Im Inneren des Leichtmetall-Grundstatives befinden sich die der Beleuchtungsführung dienenden Oberflächenspiegel. Die Beleuchtungseinrichtung, der Mikroskopträger sowie die Kamera sind an der vertikalen Säule des Grundstatives abnehmbar befestigt.

Die Beleuchtungseinrichtung stellt eine Wechselbeleuchtung dar, derart, daß mit der immer vorhandenen Niedervolt-Lampe 12 V 60 W entweder eine Kohlenbogenlampe oder eine der modernen Gasentladungslampen (s. S. 797) kombiniert wird. In den meisten Fällen, vor allem bei visueller Betrachtung, reicht die Niedervolt-Lampe aus. Die Quecksilber-Höchstdrucklampe CS 150 ist eine sehr starke Strahlungsquelle für den sichtbaren und den UV-Bereich und wird hauptsächlich in der Fluorescenz-Mikroskopie benutzt. Die Xenon-Lampe

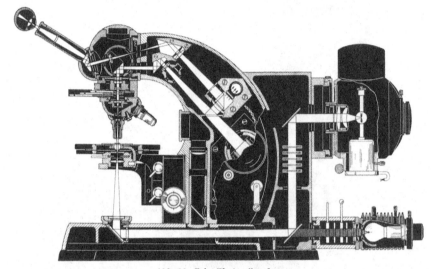

Abb. 33. Zeiss-Photomikroskop

XBO 150 W eignet sich besonders für Hellfeld-Untersuchungen, ihre Farbtemperatur entspricht derjenigen des Tageslichtes. Das Lampengehäuse, in welchem die vorstehend beschriebenen Lichtquellen angeordnet werden können, wird mit einem Filtersatz ausgerüstet, bei welchem ganz nach Bedarf jedes Filter einzeln oder eine Kombination mehrerer Filter bequem durch Knopfdruck in den Strahlengang ein- und ausschaltbar sind.

Der frontal an der vertikalen Säule angebrachte, an- und abschraubbare Mikroskopträger mit der auf den Objekttisch wirkenden Grob- und Feineinstellung nimmt, wie beim Ortholux, die hauptsächlichsten Mikroskop-Bestandteile: Kreuztisch, Beleuchtungsapparat mit Kondensor, Objektivrevolver für 4 oder 5 Objektive und den Beobachtungstubus, auf. Das Mikroskop ist ein Universalmikroskop, das durch beliebige Zusätze allen bisher bekannten mikroskopischen Untersuchungsmethoden zugänglich gemacht werden kann.

Bezüglich der Ausstattung des Panphot für mikrophotographische Zwecke gelten praktisch dieselben Variationsmöglichkeiten wie bei der Mikrokamera Aristophot.

Ein ganz andersartiger Typ des Kameramikroskopes ist das Zeiss'sche „Photomikroskop" (Abb. 33), das aus dem Bedürfnis heraus entstanden ist, zu jedem Zeitpunkt einer visuellen mikroskopischen Untersuchung auch die Möglichkeit der schnellen photographischen Dokumentation als selbstverständlichen, der Beobachtung organisch folgenden Untersuchungsschritt zur Verfügung zu haben. Hierbei spielt der Bedienungsaufwand die Hauptrolle, er muß so klein sein, daß es praktisch nur der Betätigung eines Druckknopfes bedarf, um blitzartig der subjektiven Beobachtung die photographische Aufnahme folgen lassen zu können.

Infolge seiner gedrängten Bauweise ähnelt das Photomikroskop sehr einem großen, universell verwendbaren Forschungsmikroskop. Es ist für Durchlicht- und

Auflicht-Untersuchungen verwendbar. Im Inneren des Stativs ist der rein äußerlich kaum ins Auge fallende Kamerateil mit der Kleinbildkamera untergebracht.

Abb. 33 läßt den inneren optischen Aufbau und den Strahlenverlauf im Photomikroskop erkennen. Dieser ist durch zwei Umlenkprismen gekennzeichnet, an die sich ein umschaltbares Projektiv anschließt, welches das mikroskopische Bild auf die Filmebene der Kamera abbildet. Zuvor durchlaufen die Lichtstrahlen eine Strahlenteilung, die einen Teil des Lichtes einer Photozelle zuführt. Der Meßstrom der Photozelle gelangt über einen Röhrenverstärker in die Aufnahme-Automatik, die durch einen Auslösedruckknopf im Mikroskopfuß jederzeit betätigt

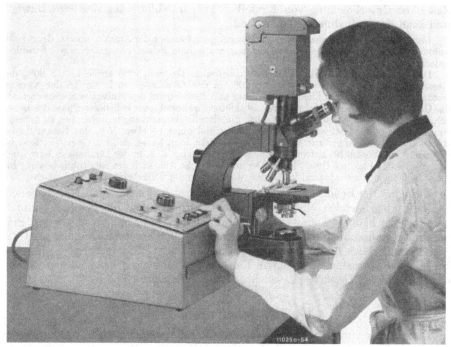

Abb. 34. Leitz vollautomatische Mikro-Aufsatzkamera „Orthomat" auf Mikroskop „Ortholux"

werden kann. Hierbei öffnet sich vor der Filmschicht ein Schlitzverschluß, der so lange geöffnet bleibt, wie es die gerade wirksame Helligkeit zur Erzielung einer optimalen Belichtung erfordert. Nach automatischem Weitertransport des Filmes um jeweils eine Bildlänge mittels Federwerk wird der Schlitzverschluß erneut gespannt.

Die Beleuchtungseinrichtung und die optische Ausrüstung des Photomikroskopes sind weitgehendst vergleichbar mit der der sonstigen großen Zeiss-Mikroskope.

Im Gegensatz zu dem Photomikroskop von Zeiss, in dessen Stativ die Kleinbildkamera fest eingebaut ist, ist die „Orthomat"-Mikrokamera von Leitz (Abb. 34) als Ergänzung zu jedwedem bereits vorhandenen großen Forschungsmikroskop gedacht.

Die Orthomat-Mikrokamera zeichnet sich durch eine vollautomatische Belichtungssteuerung und Kamerafunktion aus. Sie eignet sich besonders für mikrophotographische Aufnahmen in Verbindung mit einem Mikroskoptyp wie z. B. dem Ortholux oder einem ähnlichen Stativ, dessen in das Stativ eingebaute Beleuchtungseinrichtung optimale Ausleuchtung des mikroskopischen Bildes sicherstellt. Dem Mikroskopiker ist damit die Möglichkeit gegeben, sich ganz auf die Beobachtung des Bildes zu konzentrieren und davon unabhängig jede wichtige

Beobachtungsphase durch Druck auf eine einzige Taste des Schaltgerätes mikrophotographisch festzuhalten. Nach beendeter Belichtung ist die Kamera sofort für neue Aufnahmen wieder schußbereit.

Durch Niederdrücken der Taste erfüllt die Automatik die folgenden Funktionen: Zunächst die richtige Belichtungsregelung, die auf die Charakteristik des Präparates einstellbar ist, weiterhin das Öffnen und Schließen des völlig erschütterungsfrei arbeitenden, elektromagnetischen Kamera-Verschlusses und endlich den Filmtransport um eine Bildlänge für die folgende Aufnahme sowie die Betätigung des Bildzählwerkes.

Die überraschend einfache Bedienungsweise erleichtert den Wechsel des mit einem eigenen Zählwerk ausgestatteten Filmmagazins, so daß in kürzester Zeit ohne Unterbrechung von demselben Präparat hintereinander Schwarzweiß- und auch Farbaufnahmen möglich sind.

Der Leitz-Orthomat besteht aus drei Baugruppen, nämlich der Aufsatzkamera, der Schaltautomatik und dem Binokulartubus mit automatischem Schärfenausgleich sowie Strahlenteiler.

Der optische Aufbau enthält zwei Strahlenteiler. Dadurch wird erreicht, daß 80% des Gesamtlichtes in den Photostutzen und 20% in den Okularstutzen fallen. In der Kamera werden nochmals 10% des Lichtes über Filter und Blenden auf den Multiplier abgezweigt. Da das Gerät somit ständig aufnahmebereit ist, können während jeder beliebigen Phase der Beobachtung Aufnahmen gemacht werden, ohne die visuelle Betrachtung unterbrechen zu müssen. Angesichts dieser günstigen Aufteilung des Lichtstromes — etwa 75% des Gesamtlichtes stehen für die Aufnahme zur Verfügung — erreicht man kurze Belichtungszeiten. Dies ist besonders von Vorteil bei extrem schwacher Beleuchtung, z. B. in der Dunkelfeld- bzw. auch Fluorescenz-Mikroskopie (1961, 1963). Der automatische Ausgleich des Binotubus bewirkt für jeden beliebigen Augenabstand im Okular wie auch in der Filmebene volle Bildschärfe.

Bezüglich der Belichtungsregelung kann man sich zweierlei Meßarten bedienen. Bei der integrierenden Messung wird das ganze Bildfeld als Meßfeld benutzt. Diese ist die häufigst angewandte bei Aufnahmen von z. B. histologischen Präparaten, Metallschliffen und im Phasenkontrast. Bei der Detailmessung wird dagegen nur $^1/_{100}$ des Bildfeldes als Meßbereich benutzt. Hierdurch ist es möglich, bei hohen Kontrasten bildwichtige Einzelheiten herauszustellen und den Einfluß des Umfeldes bei Dunkelfeldbeleuchtung zu eliminieren.

17. Elektronenmikroskopie

Die Untersuchung submikroskopischer Strukturen in einem mikroskopischen Präparat ist lichtoptisch nur mit Hilfe der Methoden der Polarisationsmikroskopie (1959) möglich. Aus dem Charakter der Doppelbrechung lassen sich Rückschlüsse auf die sublichtmikroskopische Ordnung der Feinstrukturen ziehen. Die polarisationsoptische Methode versagt bekanntlich am isotropen Objekt, von dem man also keinerlei Aussagen über den submikroskopischen Aufbau erhalten kann. Aber auch das polarisationsmikroskopische Bild läßt zuletzt nur das Ergebnis des geordneten Feinbaues in einer lichtmikroskopisch sichtbaren Struktureinheit feststellen und vermag nicht die feinsten Strukturordnungen oder gar die Feinbauelemente selbst darzustellen. Der Grund für diese dem Lichtmikroskop gesetzte Grenze im Erkennen von Struktureinzelheiten liegt in der Wellennatur des Lichtes, die nunmehr einen bestimmten kleinsten Wert für das mikroskopische Auflösungsvermögen zuläßt. Die Grenze des Auflösungsvermögens beim Lichtmikroskop liegt theoretisch bei 0,1 μm. In der Praxis erreicht man heute 0,2 μm. Eine Steigerung des Auflösungsvermögens läßt sich somit nur erreichen, wenn man wesentlich kürzerwellige Strahlung, z. B. Elektronenstrahlen verwendet.

Heute ist das Elektronenmikroskop (1949) im Bereich der Grundlagenforschung ein unersetzliches Hilfsmittel geworden. Auch im Rahmen der Lebensmitteluntersuchung ist es in Benutzung, und zwar nicht nur im reinen Forschungsbetrieb, sondern auch schon zur Gütekontrolle der Produkte der Lebensmittelindustrie (1962).

In seinem Grundaufbau gleicht das elektrostatische wie auch das elektromagnetische Elektronenmikroskop einem inversen Lichtmikroskop, bei welchem das Okular als Projektiv verwendet wird (Abb. 35). Anstelle der Glaslinsen

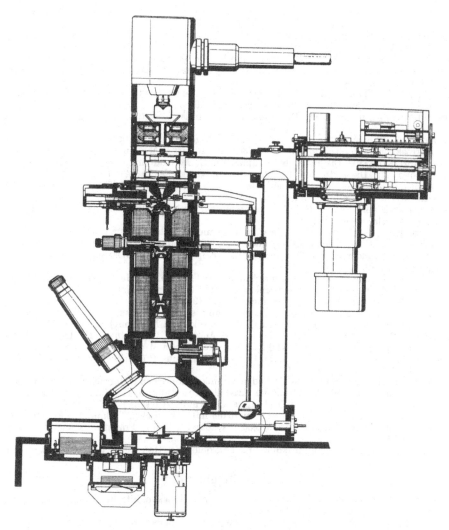

Abb. 35. Zeiss-Elektronenmikroskop

fungieren elektrische Kondensor-, Objektiv- und Projektiv-Linsen bzw. -Spulen. Das vom Projektiv entworfene Bild wird auf einem Fluorescenzschirm beobachtet. Die Lichtquelle bildet eine Wolframdraht-Kathode, die bei einer Aufheizung auf etwa 2600° C Elektronen emittiert. Das Auflösungsvermögen des Elektronenmikroskopes beträgt theoretisch etwa zwei Ångström-Einheiten; es lassen sich in der Praxis mit den heutigen technischen Möglichkeiten durchschnittlich Werte von etwa 8—10 Å erzielen.

Das Gebiet der Elektronenmikroskopie ist heute schon derart bearbeitet, so daß dem Leser eine umfassende Literatur (1959) zur Verfügung steht. Als ein gewisser Nachteil der elektronenmikroskopischen Methode wird empfunden, daß Lebendbeobachtungen nicht möglich sind, da die Präparate im Elektronenmikroskop im Vakuum untersucht werden müssen.

Bibliographie

Appelt, H.: Einführung in die mikroskopischen Untersuchungsmethoden. 3. Auflage. Leipzig: Akademische Verlagsgesellschaft 1955.

v. Borries: Die Übermikroskopie. Berlin: Verlag Dr. W. Sänger 1949.

Bräutigam, F., u. A. Grabner: Beiträge zur Fluoreszenzmikroskopie. Wien: Verlag Georg Fromme & Co. 1949.

Coons, A. H.: Fluorescent antibody methods. In: General cytochemical methods. Vol. I. J. Danielli. New York: Academie Press. Juc. 1958.

Ehringhaus, A., u. L. Trapp: Das Mikroskop. 5. Auflage. Stuttgart: Verlag B. G. Teubner 1958.

Grehn, J.: Mikroskopische Instrumente und Hilfsgeräte. In: Freund, H., Handbuch der Mikroskopie in der Technik, Band I, Teil 1. Frankfurt a. M.: Umschau-Verlag 1959.

—, u. H. Haselmann: Die mikrophotographischen Geräte und ihre Anwendung, siehe Grehn.

Haitinger, M.: Die Methoden der Fluoreszenzmikroskopie. In: Abderhalden, E., Handbuch der biologischen Arbeitsmethoden, Abt. II, Teil 3 (1934), 3307/37. Verlag Urban & Schwarzenberg, Berlin u. Wien.

— Fluoreszenzmikroskopie. Ihre Anwendung in der Histologie und Chemie. Leipzig: Akademische Verlagsgesellschaft 1938.

Kordes, E.: Optische Daten zur Bestimmung anorganischer Substanzen mit dem Polarisationsmikroskop. Weinheim/Bergstraße: Verlag Chemie G.m.b.H. 1960.

Michel, K.: Grundlagen der Theorie des Mikroskops. Stuttgart: Wissenschaftliche Verlagsgesellschaft 1950.

— Die mikrokinematographische Einrichtung. In: Freund, H., Handbuch der Mikroskopie in der Technik, Band I, Teil 2. Frankfurt a. M.: Umschau-Verlag 1960.

— Die Mikrophotographie. Wien: Springer-Verlag 1962.

Perner, E. S.: Die Methoden der Fluoreszenzmikroskopie. In: Freund, H., Handbuch der Mikroskopie in der Technik, Band I, Teil 1. Frankfurt a.M.: Umschau-Verlag 1959.

Pfeiffer, H. H.: Mikroskopisches Messen und Auszählen. In: Freund, H., Handbuch der Mikroskopie in der Technik, Band I, Teil 1. Frankfurt a.M.: Umschau-Verlag 1959.

Reimer, L.: Elektronenmikroskopische Untersuchungs- und Präpariermethoden. Berlin-Göttingen-Heidelberg: Springer 1959.

Schmidt, W. J.: Instrumente und Methoden zur mikroskopischen Untersuchung optisch anisotroper Materialien mit Ausschluß der Kristalle. In: Freund, H., Handbuch der Mikroskopie in der Technik, Band I, Teil 1. Frankfurt a.M.: Umschau-Verlag 1959.

Schuchardt, E.: Das Integrationsverfahren in der mikroskopischen Technik. In: Freund, H., Handbuch der Mikroskopie in der Technik, Band I, Teil 1. Frankfurt a.M.: Umschau-Verlag 1959.

Strugger, S.: Fluoreszenzmikroskopie und Mikrobiologie. Hannover: Verlag Schoper 1949.

Zeitschriftenliteratur

Berek, M.: Grundlagen der Tiefenwahrnehmung im Mikroskop. Sitz Ber. Ges. Beförder. ges. Naturwiss. Marburg 62, 189—223 (1927).

Eder, M., u. H. Fritzsche: Zur Farbphotographie fluoreszenzmikroskopischer Objekte. Leitz-Mitt. Wiss. u. Techn. 5, 143—145 (1963).

Frenk, H.: Einige Probleme der automatischen Mikro-Photographie und ihre Lösung in der Mikrophoto-Automatik. Leitz-Mitt. Wiss. u. Techn. 8, 228—235 (1961).

Harders-Steinhäuser, M., u. G. Bauer: Bewährung der vollautomatischen Mikroskopkamera Orthomat bei der Fluoreszenzmikroskopie. Leitz-Mitt. Wiss. u. Techn. 6, 182 bis 183 (1963)

Haselmann, H.: 20 Jahre Phasenkontrastmikroskopie. Historischer Rückblick und aktuelle Sonderfragen. Z. wiss. Mikr. 64, 453—468 (1960).

Jentzsch, F.: Das binokulare Mikroskop. Z. wiss. Mikr. 30, 299—318 (1913).

— Beobachtungen an einem binokularen Mikroskop. Physik. Z. 15, 56—62 (1914).

Karmann, P.: Ein neues binokulares Plattenkulturmikroskop. Zentr. Bakteriol. Parasitenk. 92, 475—480 (1924).

KÖHLER, A., u. W. LOOS: Das Phasenkontrastverfahren und seine Anwendungen. Naturwiss. **29**, 49—61 (1941).

KNOOP, E., u. A. WORTMANN: Die Butterstruktur im elektronenmikroskopischen Bild. Proc. XVI. Int. Dairy Conr. Kopenhagen. Sect. B. 104—112 (1962).

KORDES, E.: Die Bedeutung des Polarisationsmikroskopes für die Bestimmung von chemischen Substanzen. Leitz-Mitt. Wiss. u. Techn. **6**, 176—178 (1963).

KOTTER, L., u. E. DEGENKOLB: Über die Entwicklung des Trichinenmikroskops mit zusätzlicher Dunkelfeldbeleuchtung. Arch. Lebensmittelhyg. **7**, Nr. 5/6 (1956).

KRÜGER, H. G.: Anwendung des Geradsicht- und Spiegelmonochromators zum Aufbau eines registrierenden Spektralphotometers und eines UV-Mikroskopes. Leitz-Mitt. Wiss. u. Tech. **8**, 247—249 (1961).

LERCHE, M., u. H. J. SINELL: Zur Verwendung des Leitz-Integrationstisches bei der histologischen Wurstuntersuchung. Leitz-Mitt. Wiss. u. Tech. **5**, 140 (1960).

LUDWIG, C.: Mikro-Photo-Automatik. Leitz-Mitt. Wiss. u. Tech. **8**, 225—228 (1961).

WALLHÄUSER, K. H.: Ablesegerät für Antibiotica-Auswertung im Diffusionsplattentest. Leitz-Mitt. Wiss. u. Tech. **5**, 146—147 (1963).

ZERNIKE, F.: Beugungstheorie des Schneideverfahrens in seiner verbesserten Form, der Phasenkontrastmethode. Physica I, 689—704 (1934).

ZETTL, K.: Trichinoskopie. Leitz-Mitt. Wiss. u. Tech. **3**, 69—73 (1959).

Das mikroskopische Präparat

Von

Dr. FRIEDRICH WALTER, Wetzlar

Mit 30 Abbildungen

A. Einleitung

Die im Mikroskop zu untersuchenden Objekte tierischer, pflanzlicher oder anorganischer Natur müssen im allgemeinen in einer ganz bestimmten Weise für die Beobachtung vorbereitet werden. Das Ergebnis dieser Vorbereitung ist das mikroskopische Präparat, das ja nach der Grundart mikroskopischer Betrachtung entweder die Objekte in einer dünnen transparenten Schicht enthält (Mikroskopie im durchfallenden Licht) oder sie in einer geeigneten Lage so unter das Mikroskop bringt, daß man im auffallenden Licht die Oberflächenbeschaffenheit untersuchen kann (Auflichtmikroskopie). Um hierzu einige beliebige Beispiele herauszugreifen, sei auf die Notwendigkeit der Herstellung von Ausstrichen oder aber von Mikrotomschnitten hingewiesen, da andernfalls die natürliche Dichte z. B. eines Bakterienrasens bzw. eines tierischen oder pflanzlichen Organs eine mikroskopische Beobachtung von Detailstrukturen unmöglich macht. Andererseits bringt beispielsweise der Versuch, den Pilzbefall eines Nahrungsmittels oder die Schichtenstruktur eines Überzuges (Schokoladenguß, Imprägnierung usw.) auflichtmikroskopisch „in situ" zu untersuchen, wenig ein, wenn man im ersten Falle nicht für eine zweckmäßige, die Oberfläche mit dem Fremdorganismus klar hervorhebende Anordnung der Probe unter dem Mikroskop sorgt, und wenn man es im zweiten Falle unterläßt, nötigenfalls mit der Rasierklinge oder dem Mikrotom eine Anschnittfläche durch das Objekt zu legen, damit auf dem in der Aufsicht zu betrachtenden Querschnitt eine Bestimmung der Eindringtiefe oder eine Messung der Schichtdicke erfolgen kann.

Von den für mikroskopische Präparate bestehenden Möglichkeiten einer Beobachtung im durchfallenden oder im auffallenden Licht spielt für die Lebensmitteluntersuchung naturgemäß die Durchlichtmikroskopie die weitaus größte Rolle; denn oft läßt sich das Untersuchungsziel nur durch Anwendung der verschiedenen Mikroskopierverfahren für transparente Objekte und mit Hilfe der hierfür geschaffenen mikroskopischen Optik erreichen. Die Vielseitigkeit der mikroskopischen Beobachtung im durchfallenden Licht mit Hilfe einer ganzen Reihe von unterschiedlichen Beleuchtungsarten für das Präparat verlangt, neben der grundsätzlichen Forderung nach einer durchstrahlbaren Schicht, die Anpassung der Präparatherstellung an die mikroskopische Untersuchungsmethode bzw. an die Gegebenheiten des optischen Systems. Man wird somit zu entscheiden haben, ob ein Lebendpräparat anzufertigen ist oder ob ein fixiertes Präparat geeigneter erscheint. Diese können entweder ungefärbt mikroskopiert werden (Phasenkontrast, Ultraviolettmikroskop, Dunkelfeldmikroskop, Fluorescenzmikroskop) oder aber erst nach vorausgegangener Vitalfärbung, Färbung nach

Fixation oder Durchführung einer spezifischen Farbreaktion für die mikroskopisch-morphologische, -histologische oder -chemische Untersuchung brauchbar sein. Parallel dazu ist die Frage zu klären, ob man mit einem Total- bzw. Stückpräparat (Streupräparat pulverförmiger Objekte, Ausstrich von Mikroorganismen, Quetsch- und Zupfpräparate von Gewebeteilen o. ä.) auskommt oder ob man auf Grund der Objektdicke und -undurchsichtigkeit Mikrotomschnitte herstellen muß. Diese Überlegungen müssen unter anderem die später bei der Untersuchung herrschenden mikroskopisch-optischen Bedingungen (schwache oder starke Vergrößerung, Objektivtypus, Beleuchtungsart usw.) mit einschließen. Schließlich ist bei der Wahl der Präpariermethode noch daran zu denken, daß gegebenenfalls ein Dauerpräparat für spätere Vergleiche mit ähnlichen Untersuchungsfällen angefertigt werden muß.

Der hier angeschnittene Fragenkomplex der Präparatbeschaffenheit erstreckt sich nicht nur auf die Untersuchungsmethoden der Lichtmikroskopie. Er spielt eine noch bedeutendere Rolle in der Elektronenmikroskopie, in der bestimmte Vorschriften der Präpariermethodik ganz streng eingehalten werden müssen, damit man überhaupt zu einer guten Darstellung der Objektstruktur durch den Elektronenstrahl gelangt. Auch in der Lebensmittelforschung ist das Elektronenmikroskop im Einsatz; wenn auch nicht in dem Umfange wie beispielsweise in der biologisch-medizinischen Wissenschaft. Wenn im folgenden eine Zusammenstellung von Herstellungsmethoden für mikroskopische Präparate erfolgt, so muß auch die elektronenmikroskopische Präpariertechnik — sei es auch nur in Form einiger genereller Bemerkungen — gestreift werden, damit dem Leser Anhaltspunkte und Hinweise für die weitere Vertiefung in dieses spezielle Gebiet gegeben werden können. Den Hauptteil der Abhandlung bildet natürlich die lichtmikroskopische Präparation. Es liegt in der Natur der Aufgabe, nur die für die Untersuchung der Nahrungsmittel anwendbaren Standardverfahren zu beschreiben. Im Einzelfall möglicherweise notwendige Spezialvorschriften möge der Leser daher dem umfangreichen einschlägigen Schrifttum entnehmen.

B. Die Herstellung von Präparaten für die Lichtmikroskopie

I. Vorbemerkungen

Als Unterlage für mikroskopische Präparate benutzt man *Objektträger* aus schlierenfreiem hellem Glas. Im allgemeinen haben sie eine Abmessung von 76 × 26 mm (sog. englisches Format) und sind etwa 1 mm dick. Praktisch alle Durchlichtpräparate können auf diesen Objektträgern angefertigt werden. Allerdings sind auch Objektträger des englischen Formates mit einem kreisförmigen Hohlschliff in der Mitte erhältlich. Sie dienen fast ausschließlich zur Anfertigung von Präparaten im „hängenden Tropfen" und evtl. noch für mykologische Arbeiten und mikrochemische Reaktionen.

Wegen des relativ hohen Stückpreises von etwa 0,45 DM verzichtet man jedoch oft auf ihre Verwendung. — Ebenso sind normale Objektträger mit geschliffenen Kanten mehr oder weniger ein Luxus.

Objektträger, die aus Quarzglas hergestellt sind, muß man für Präparate benutzen, die im Ultraviolettmikroskop untersucht werden sollen; denn das normale Glas ist für UV-Strahlung unter 300 nm nicht mehr durchlässig. Hier sei gleichzeitig bemerkt, daß man für fluorescenzmikroskopische Zwecke durchaus die normalen Glasobjektträger benutzen kann, da im allgemeinen mit ultraviolettem

Erregerlicht gearbeitet wird, dessen Maximum nicht unter 300 nm liegt. Die Anschaffung der sehr teuren Quarzglasobjektträger für die normale Fluorescenzmikroskopie ist daher eine unnötige Investition.

Wegen des hohen Preises (18,— DM pro Stück) werden diese Quarzglasobjektträger von der Fa. Leitz im Format 30 × 25 mm und in einer Dicke von 0,5 mm geliefert. Um sie in den

Abb. 1. Leitz-Spezialhalter für Quarzglasobjektträger

Objektträgerhalter der serienmäßigen Mikroskoptische am Leitz-Ultraviolettmikroskop bzw. am Leitz-Mikrospektrographen wie normale Objektträger einspannen zu können und einer vorzeitigen Beschädigung zu begegnen, werden sie in einem besonderen Halter befestigt, der die Längsabmessung der normalen Objektträger besitzt (Abb. 1).

Schließlich sind für die Herstellung von Auflichtpräparaten entweder geschwärzte Metallobjektträger oder Schwarzglas-Objektträger in Gebrauch. Sie haben das normale Format und verhindern durch ihre Schwärzung einen Lichteinfall von unten her bzw. störende Reflexionen an ihrer Oberfläche.

Abb. 2. Leitz-Deckglastaster (1 Teilstrich = 0,01 mm)

Zum Abdecken der Präparate werden Deckgläser aus Glas oder — für die Ultraviolettmikroskopie — aus Quarzglas verwendet. Erstere haben in der Regel ein Format von 18 × 18 mm, jedoch sind auch größere Formate erhältlich. Die Quarzglasdeckgläser sind quadratisch oder rund und haben eine Kantenlänge von 18 × 18 mm bzw. einen Durchmesser von 18 mm. Die normalerweise im Handel erhältlichen Deckgläser haben eine Dicke zwischen 0,10 und 0,22 mm. Die unterschiedliche Deckglasdicke spielt beim Mikroskopieren keine merkliche Rolle, wenn man Mikroobjektive schwachen und mittleren Abbildungsmaßstabes und üblicher achromatischer Korrektion benutzt. Bei den starken Objektiven, insbesondere bei den Fluoriten und Apochromaten, sollte man Deckgläser mit einer Dicke um 0,17 mm verwenden; denn eine Reihe dieser Objektive ist unter Zugrundelegung einer Deckglasdicke von 0,17 mm gerechnet.

In der Regel sind von Seiten der optischen Firmen diejenigen Objektive bezeichnet, bei denen 0,17 mm Deckgläser vorgeschrieben sind. Der Handel liefert gegen Mehrpreis ausgesuchte Deckgläser einer gewünschten Dicke. Andererseits hat man die Möglichkeit, mit

Hilfe eines Deckglastasters (Abb. 2) aus dem vorhandenen Bestand die erforderlichen Gläser auszusortieren.

Neuerdings werden hier und da Deckgläser aus Plastik angeboten. Mit diesen sind bisher keine guten Erfahrungen gemacht worden, da sie nicht gegen alle in der Mikroskopie benutzten Chemikalien beständig sind. Außerdem sind sie viel dicker als die „Glas-Deckgläser".

Das Reinigen der Glas- und Quarzglasobjektträger sowie der Deckgläser geschieht bei starker Verschmutzung durch Einlegen in Chromschwefelsäure (über Nacht oder länger), anschließendes, gründliches Abspülen mit destilliertem Wasser und Abtrocknen mit einem sauberen Leinentuch oder besser weichem Seidenpapier. Vor der Verwendung des heute üblichen Linsenpapieres sei ausdrücklich gewarnt, da diese Papiere oft eine wenn auch nur sehr schwache Silicon-Imprägnierung besitzen können, die einen unerwünschten Fettfilm auf dem Glase zurückläßt.

Herstellung der Chromschwefelsäure. In rohe, konzentrierte Schwefelsäure so lange pulverisiertes Kaliumbichromat einrühren (dicker Glasstab), bis das Bichromat im Überschuß vorhanden ist. Größte Reinigungskraft der Lösung besteht, so lange sie dunkelbraun gefärbt ist. Wird sie dunkelgrün, ist die Reinigungskraft stark vermindert.

Objektträger und Deckgläser, die mit lebendem Material in Berührung kommen sollen, dürfen nicht einer Chromschwefelsäure-Reinigung unterzogen werden. Hier nimmt man am besten frische Gläser. Diese werden, wie auch alle weniger stark verschmutzten, in einer *Rei-* oder *Pril*-Lösung gereinigt, anschließend mit dest. Wasser abgespült und mit Seidenpapier trockengerieben. Die Reinigung mit den genannten handelsüblichen Spül- und Reinigungsmitteln hat sich derart bewährt, insbesondere was die Entfernung von Fettspuren auf Glas betrifft, daß sie die althergebrachten Methoden mit Alkohol/Äther oder Alkohol/Salzsäure immer mehr verdrängt.

II. Stückpräparate und Handschnitte

1. Das Lebendpräparat

Die Lebendpräparate können entweder als sog. *Trockenpräparate* vorliegen, oder das Objekt muß sich in einer geeigneten Untersuchungsflüssigkeit befinden *(Feuchtpräparat)*. Typische Trockenpräparate sind z. B. vom Pilz bewachsene Untersuchungsmaterialien, Bakterienrasen, kleine Insekten, Spinnen, Würmer usw., an denen orientierende Untersuchungen und Bestimmungen vorgenommen werden sollen. Die pflanzlichen Objekte werden z. T. mit einem Stück des Nährbodens oder nach Abkratzen von der Unterlage auf den Objektträger gebracht und unter Umständen sogar ohne Auflegen eines Deckglases mikroskopiert. Verschiedentlich ist hierbei eine Art Auflichtbeleuchtung mit Hilfe einer Mikroskopierlampe (einfache Tischlampe genügt oft schon) von Nutzen, um z. B. charakteristische Merkmale an der Oberfläche des Objektes zu erkennen. Selbstverständlich ist bei dieser orientierenden Untersuchung relativ großer Objekte (hierzu zählt auch ein Bakterienrasen) nur eine schwache bis mittlere Mikroskopvergrößerung sinnvoll. Sehr dienlich ist in diesen Fällen ein stereoskopisches Binokularmikroskop. Die tierischen Objekte sind oft beweglich und erschweren dadurch die Beobachtung. Deshalb legt man sie mit einem Deckglas fest.

Dabei kann man auf verschiedene Weise vorgehen:

1. Benutzung hohlgeschliffener Objektträger und aufgelegtes, mit Vaseline umrandetes Deckglas (Abb. 3).

2. Benutzung normaler Objektträger und mit Wachsfüßchen aufgesetztes Deckglas (Abb. 4). Dieses soll so aufliegen, daß es gerade die Bewegung des Tieres hemmt.

3. Benutzung normaler Objektträger mit aufgesetztem Deckglas, wobei sich zwischen Deckglas und Objektträger rundum eine Vaselineschicht befindet, die den Bewegungsraum

nach den Seiten hin abgrenzt und ihn in der Höhe variabel macht (durch Druck auf das Deckglas). Vor Auflegen des Deckglases wird die Vaseline mit der Fingerbeere durch Abstreichen an den Glaskanten gleichmäßig auf die Ränder des Deckglases aufgebracht. Der Vorgang wird in Abb. 5 veranschaulicht.

Oft befindet sich aber auch das zu untersuchende Objekt im Inneren der Probe und ist von anderem Gewebe fest umschlossen, oder das gesamte Objekt besteht aus einem dichten Verband gleichartiger Gebilde. In diesen Fällen muß man entweder ein *Quetschpräparat* oder ein *Zupfpräparat* herstellen.

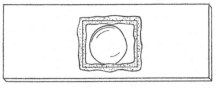
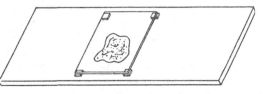

Abb. 3   Abb. 4

Abb. 3. Hohlschliff-Objektträger mit Vaseline-umrandetem Deckglas. Die erwärmte Vaseline wird mit einem feinen Pinsel entlang den Kanten des aufgelegten Deckglases aufgetragen

Abb. 4. Befestigung eines Deckglases mit Wachsfüßchen zum Zwecke der Beobachtung größerer lebender Objekte

Typische Quetschpräparate werden bei der Fleischbeschau angefertigt, wenn der Zwerchfellmuskel des geschlachteten Tieres zwischen zwei dicken Glasplatten (Kompressorium) auseinandergedrückt wird, so daß die zwischen den Muskelfasern befindlichen Trichinen sichtbar werden. Aber auch mit Hilfe zweier Objektträger oder, bei zarten Objekten, mit Objektträger und Deckglas (nicht zu dünn!) können Quetschpräparate erhalten werden.

Bei der Herstellung von Zupfpräparaten, wie man sie in der Hauptsache von Muskelgewebe und pflanzlichem Material gewinnt, erfolgt ein feines Zerteilen der Objekte mittels Präpariernadeln, am besten unter einer binokularen Lupe oder einem Stereomikroskop.

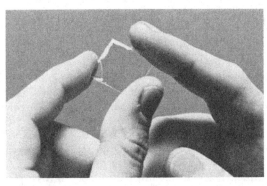

Abb. 5. Anbringen eines Vaseline-Wulstes am Deckglasrand (vgl. Text)

Diese Präparate können allerdings nur z. T. ohne Verwendung eines Untersuchungsmediums mikroskopiert werden (Trichinen z. B.). — Die Mehrzahl aller Lebendpräparate muß nämlich doch als *Feuchtpräparate* hergestellt werden; denn erstens ist eine mikroskopische Beobachtung in Luft befindlicher Objekte auf Grund der großen Brechzahlendifferenz zwischen Luft und Objekt nicht besonders aufschlußreich im Hinblick auf feine Strukturierungen, und zum anderen möchte man bei starker Mikroskopvergrößerung die aus der Gesamtheit eines Gebildes herausgenommene Einzelheit genau untersuchen. Dies erfordert eine relativ dünne Präparatschicht (Quetsch- oder Zupfpräparat), die dann ohne Untersuchungsmedium nicht beständig ist.

Es kommt nun darauf an, die Objekte in einem Milieu zu studieren, in dem sie ohne Schaden zu nehmen weiterleben können. Dies ist bei Kleinlebewesen in der Regel nicht schwierig, da meist ein flüssiges Nährmedium existiert, das man dann auch als Untersuchungsmilieu verwendet. Bei Bakterien und Protozoen, die sich rasch durch das Gesichtsfeld bewegen, ist es notwendig, dem Untersuchungsmedium etwas Gummi arabicum-Lösung zuzusetzen, wodurch die Bewegung stark verlangsamt und eine hinreichend genaue Beobachtung im Mikroskop möglich wird.

Herstellung der Gummi arabicum-Lösung. 5 g pulverisiertes Gummi arabicum werden in 20 ml dest. Wasser gelöst. Evtl. filtrieren und weiter verdünnen. Am besten jedesmal vor Gebrauch frisch zubereiten.

Ist kein flüssiges Nährmedium vorhanden, so kann man in fast allen Fällen bei Protozoen mit gefiltertem Brunnen- oder Teichwasser arbeiten und für Bakterien-Aufschwemmungen Leitungswasser benutzen.

Anspruchsvoller sind dagegen die Zellen höherer Organismen. Hier müssen die Präparate in besonderen physiologischen Salzlösungen untersucht werden. Für tierisches Material benutzt man entweder physiologische Kochsalzlösung, Ringer- oder Tyrode-Lösung, für pflanzliches Material bis zu gewissem Grade Leitungswasser mit etwas Rohrzuckerzusatz oder sicherer die sog. Knopsche Lösung, die durch Zusatz von 2—4% Rohrzucker isotonisch gemacht werden muß.

Rezepte für die Untersuchungsmedien.

Physiologische Kochsalzlösung. Amphibien 0,64—0,8%⎫
                     Vögel 0,75%   ⎬ NaCl p. a. in aqua dest.
                     Säuger 0,9%   ⎭

Ringer-Lösung. NaCl 0,85 g (Kaltblütler 0,65 g); KCl 0,025 g; CaCl$_2$ 0,03 g; Aqua dest. 100 ml.

Die Lösung der Salze erfolgt in der angegebenen Reihenfolge; CaCl$_2$ erst zugeben, wenn alle anderen Salze gelöst sind. Lösung ist nicht sehr haltbar und darf nicht gekocht werden.

Tyrode-Lösung. NaCl 0,8 g; CaCl$_2$ 0,02 g; KCl 0,02 g; MgCl$_2$ 0,01 g; NaH$_2$PO$_4$ 0,005 g; NaHCO$_3$ 0,1 g; Saccharose 0,1 g; Aqua bidest. 100 ml.

Nacheinander lösen, nicht kochen!

Knop-Lösung. I Ca(NO$_3$)$_2$ krist! 10% in aqua bidest. II KNO$_3$ 5% in aqua bidest. III MgSO$_4$· 7 H$_2$O 5% in aqua bidest. IV KH$_2$PO$_4$ 5% in aqua bidest.

Aus diesen 4 Stammlösungen wird eine 1%ige Knop-Lösung wie folgt hergestellt: 150 ml aqua bidest.; 10 ml Lösung I; je 5 ml Lösung II bis IV.

Lösung IV wird zuletzt und tropfenweise zugesetzt. Für die Mikroskopie wird diese 1%ige Knop-Lösung nochmals mit mindestens der gleichen Menge aqua bidest. verdünnt. Isotonie beachten (s. o.)!

Neben der Technik des Quetschens oder Zerzupfens von Untersuchungsmaterialien, gelangt man auch zu isolierten Zellen, wenn man eine Schnittfläche nach Befeuchten mit einem physiologischen Medium (s. o.) mittels eines Skalpells abschabt und das Geschabsel auf einen Objektträger mit Untersuchungsflüssigkeit überträgt. Auf die gleiche Weise gewinnt man auch einzelne Epithelzellen durch Abkratzen, wenn sich das Epithel nicht von der Unterlage abziehen läßt.

Subtile Einschlüsse oder Einzelzellen können sehr elegant mit Hilfe des Mikromanipulators (Abb. 6) isoliert und auf einen vorbereiteten Objektträger gebracht werden.

Schließlich wird es in einigen Fällen bei pflanzlichem Material angebracht sein, mit einer Rasierklinge einen mehr oder minder dicken *Handschnitt* herzustellen (Quer- oder Flächenschnitt), um so eine bestimmte Zellgruppe oder einen Zelltyp im intakten Zustand einwandfrei erkennen zu können.

Der Handschnitt wird so ausgeführt, daß zwischen Daumen und Zeigefinger der linken Hand das Objekt kurz gefaßt wird und die rechte Hand mit der Rasierklinge flach und ziehend durch das Objekt schneidet. Flächenschnitte von flachen Organen, wie z. B. von Blättern, werden von dem über das zweite Zeigefingerglied gelegten und von Daumen und Mittelfinger gespannt gehaltenen Objekt abgetrennt.

Bei der Herstellung von Querschnitten empfiehlt es sich, Objekte der genannten Art durch Einklemmen zwischen zwei Korkscheiben oder besser zwei Holundermarkstücken zu stabilisieren. Für die Handschnitte können im Prinzip alle Rasierklingenarten verwendet werden. Sehr vorteilhaft sind die recht stabilen *Pal-* oder *Schick*-Injector blades (überall in einschlägigen Handlungen erhältlich). Die früher übliche Verwendung von Rasiermessern ist überholt.

Die Handschnitte kleben meist an der Rasierklinge fest. Die Übertragung erfolgt am besten durch Eintauchen der Klinge in das bereits auf dem Objektträger befindliche Untersuchungsmedium. Bisweilen ist auch vor dem Schneiden ein Anfeuchten der Klinge von Nutzen, da dann eine leichtere Schnittführung möglich ist, und auch das Abnehmen der Schnitte besser vonstatten geht.

Die mit einer der genannten Methoden hergestellten *Feuchtpräparate* müssen für die Dauer des Mikroskopierens vor dem Austrocknen geschützt werden. Dies erfolgt am besten durch Umrandung des Deckglases mit Vaseline (s. o.). Besteht

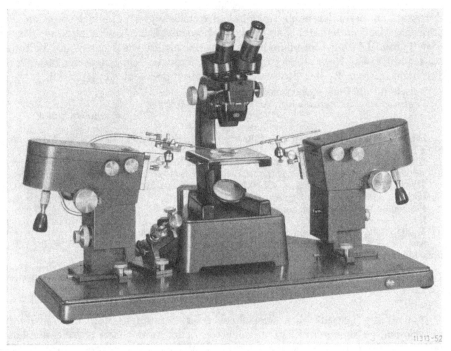

Abb. 6. Leitz-Mikromanipulator in Verbindung mit dem Leitz-Stereomikroskop nach Greenough

jedoch die Gefahr, daß durch den Atmungsstoffwechsel eine allmähliche Vergiftung des ja nun durch die Vaseline von der Außenluft abgeschirmten Objektraumes stattfindet, muß auf ein Umranden verzichtet, und nach einiger Zeit neue Untersuchungsflüssigkeit zugeführt werden. Dies führt bei beweglichen Bakterien und Protozoen, wie überhaupt bei nicht festliegenden Einzelzellen zum Wegschwemmen der Objekte. Daher wird man hier eher ein neues Präparat anfertigen, wobei für Protozoen die Verwendung eines hohlgeschliffenen Objektträgers oft Vorteile bietet, da im sog. hängenden Tropfen (Flüssigkeit + Objekt „hängen" frei am Deckglas) beobachtet werden kann. Bei festliegenden Präparaten, wie z. B. gequetschten Objekten oder Handschnitten, kann man ohne Schwierigkeiten neue Untersuchungsflüssigkeit mittels eines Filterpapierstreifens während der mikroskopischen Beobachtung ansaugen:

Hierzu setzt man an eine Kante des Deckglases einen neuen Tropfen Medium und saugt dann gemäß Abb. 7 von der gegenüberliegenden Kante her mit dem Filterpapierstreifen das verbrauchte Medium ab. Frische Flüssigkeit fließt nun in gleichem Maße aus dem Tropfen unter das Deckglas.

Viele mikroskopische Untersuchungen können an diesen Lebendpräparaten mit Hilfe des Phasenkontrastmikroskopes durchgeführt werden. Strukturen mit unterschiedlicher Brechzahl werden kontrastmäßig gut voneinander abgegrenzt. Allerdings ist das Phasenkontrastverfahren nur für dünne Präparate besonders gut geeignet, so daß man häufig auch nur Hellfeld- oder Dunkelfeldmikroskopie betreiben kann. Für die Hellfeldmikroskopie besteht die Möglichkeit, das Präparat vital zu färben, um z. B. Vacuolen und deren Abgrenzung sichtbar zu machen. Zur Vitalfärbung gehört auch die Vitalfluorochromierung mit Acridinorange. Hierbei erreicht man eine spezifische Anlagerung des Farbstoffes an bestimmte Zellstrukturen, die dann im Fluorescenzmikroskop in einer charakteristischen Farbe aufleuchten.

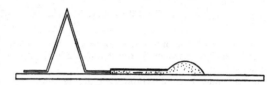

Abb. 7. Durchsaugen eines Flüssigkeitstropfens durch das Präparat mittels eines Fließpapierstreifens. Dieser wird in der dargestellten Weise geknickt und auf den Objektträger gestellt

Als Farbstoffe zur Vitalfärbung kommen Neutralrot, Methylenblau, Chrysanilin, Dahliaviolett, Malachitgrün, Eosin und das eben genannte Fluorochrom Acridinorange in Frage. Die Farblösungen müssen stets kurz vor Gebrauch hergestellt werden.

a) Färbevorschriften für die Vitalfarbstoffe Neutralrot, Methylenblau und Chrysanilin

Eine 1⁰/₀₀-Farbstofflösung in dest. Wasser wird gefiltert und mit weiterem dest. Wasser bis zu einer Konzentration von 1:5000 bis 1:10000 verdünnt.

Das Präparat wird für 5—10 min in die Farblösung gebracht (Uhrglas), dann mit dest. Wasser ausgewaschen und auf den Objektträger mit einem Tropfen Ringerlösung übertragen.

Ergebnis. Protoplasma und Membranen farblos.

Vacuolen: Neutralrot = rot
Methylenblau = blau
Chrysanilin = gelb

Die Vitalfärbung ist für Protozoen mit Vacuolen und für alle pflanzlichen Zellen, die eine Vacuole besitzen, anzuwenden. Bei pflanzlichen Zellen lassen sich außer den Vacuolen auch die Zellkerne vital färben. Hierzu verwendet man 0,05 bis 0,1%ige Lösungen von Dahliaviolett, Malachitgrün (Bakterien!) oder Eosin. Die Zellkerne tierischer Zellen sind unter normalen Lebensbedingungen im allgemeinen nicht durch die genannten Vitalfärbungen darzustellen. Es gelingt dies nur mit der Vitalfluorochromierung. Die zu erzielenden Ergebnisse bei einer Vitalfluorochromierung mit Acridinorange sind leider sehr unterschiedlich. Der Farbstoff zeigt eine eigenartige, von der Konzentration abhängige Metachromasie. Bei einer Verdünnung von 1:10000 fluoresciert es grün, bei 1:100 rot. Dazwischen treten gelbe und orange Farbtöne auf. Die ursprünglich von S. STRUGGER (1949) aufgestellte Hypothese, lebendes Zellplasma fluoresciere grün, totes dagegen rot, trifft nur unter ganz speziellen Bedingungen zu; nämlich dann, wenn Farbstoffüberschuß vorhanden ist, der pH-Wert der Farblösung zwischen 5 und 7,5 liegt und *keine Schädigung des Objektes durch die Präparation* erfolgte. Durch jede Art der Schädigung des lebenden Cytoplasmas wird die Fluorescenz ins Rötliche verlagert. Da man bei der Herstellung von Stückpräparaten eine geringfügige Schädigung der Zellen nicht vermeiden kann, wollen wir uns hier darauf beschränken, die Vitalfluorochromierung nur als ein Hilfsmittel zur Unterscheidung strukturell verschiedener Bereiche heranzuziehen.

b) Vorschrift für die Vitalfluorochromierung pflanzlicher und tierischer Zellen mit Acridinorange

Die Objekte werden 10—15 min mit wäßriger, phosphatgepufferter Acridinorange-Lösung 1:10000 bei pH 5—7 bzw. pH 8 (Kerndarstellung) im Überschuß behandelt, danach mit physiologischer Salzlösung (s. o.) gewaschen und auf einen Objektträger mit frischer Salzlösung übertragen. Nach Auflegen des Deckglases wird das Präparat im Fluorescenzmikroskop untersucht.

Ergebnis. Je nach den Färbebedingungen differenzierte Darstellung von Membranen, Cytoplasma, Kern und Einschlüssen durch charakteristische Grün-, Gelb-, Orange- oder Rotfluorescenz.

c) Vitalfluorochromierung von Bakterien mit Acridinorange NO nach S. STRUGGER (1949)

Man bringt einen Tropfen Acridinorange NO 1:30000 in physiologischer Kochsalzlösung auf einen Objektträger, verreibt darin mit einer Impföse etwas Material und legt ein Deckglas auf.

Ergebnis. Lebende Bakterien fluorescieren grün, derbe Membranen, Kapseln usw. kupferrot.

Im Rahmen der vorausgegangenen Erörterungen haben wir immer in stiller Übereinkunft mit der Biologie alle die Präparate als Lebendpräparate bezeichnet, die eine lebende Zelle oder einen intakten Zellverband enthalten. Aber auch isolierte Zellbestandteile können noch eine Zeitlang unter bestimmten Bedingungen ohne ihre natürliche Bindung an das Zellgefüge weiterleben. Auch dann können wir noch von einem Lebendpräparat sprechen. Unter dem Gesichtspunkt der Nahrungsmittelchemie mögen wir jedoch diesen Begriff noch weiter fassen, indem wir die nicht denaturierten und unbehandelten Produkte des lebenden Organismus, wie sie z. B. die Milch, der Latex, der Honig, die Stärkekörner u. a. m. darstellen, auch noch mit einbeziehen. Von diesen Stoffen werden auch in der geschilderten Weise einfache Durchlichtpräparate hergestellt und man könnte diese dann zur Unterscheidung von wirklichen Lebendpräparaten als *Nativpräparate* bezeichnen.

2. Fixierte und gefärbte Präparate

Nicht immer zeigt das lebende Präparat alle die Einzelheiten, die man für die Identifizierung einer bestimmten Substanz oder Struktur erkennen muß. So lassen sich kleine, sehr harte pflanzliche Objekte beispielsweise nicht direkt durch Quetschen oder Zerzupfen zu einem Präparat verarbeiten. Man muß vielmehr auf chemischem Wege eine *Maceration* vornehmen.

Zu diesem Zweck wird nach dem Verfahren von P. SCHULZE (1922) das Material mit einigen Milliliter Salpetersäure (2 n) unter Zusatz einer kleinen Menge von Kaliumchlorat in einem Reagensglas zum Sieden erhitzt. Dann gießt man die Flüssigkeit mit dem Objekt in eine Schale mit Wasser, fischt das Untersuchungsmaterial heraus, wäscht es zur Entfernung des Chlors nochmals mit Wasser aus und zerfasert es dann mit Hilfe von Präpariernadeln, sofern die Zellen nicht schon durch Andrücken des Deckglases auseinanderfallen.

Häufig sind auch bestimmte chemische Reaktionen auszuführen, wobei dann durch die Reagentien eine Schädigung des lebenden Cytoplasmas erfolgt. Die nach der Schädigung am Organismus vorgehenden Veränderungen, die mit dem Absterben der Zellen besonders stark einsetzen, sind in erster Linie Zersetzungsprozesse, die das Bild des Präparates völlig verändern und keine Vergleiche mit dem ursprünglichen, intakten Zustand mehr zulassen. Um dies zu verhindern, werden lebende Objekte oder Teile eines Organismus vor Beginn einer ins Detail gehenden mikroskopischen Untersuchung fixiert; d. h. das Gewebe oder der gesamte Organismus werden mittels bestimmter Chemikalien, Hitze oder Trocknung abgetötet. Alle Fixierungsverfahren haben das Ziel, das Abtöten so vorzunehmen, daß die Strukturen möglichst unverändert und lebensgetreu erhalten werden (s. o.). Dies ist allerdings nur ein Ideal; denn alle Fixierungsmittel rufen auf Grund der von ihnen verursachten Fällung der Eiweißstoffe Artefakte hervor. Diese Artefakte kennt man. Es gelingt daher durch entsprechende Wahl des Fixierungsmittels für eine bestimmte Untersuchung die Artefaktbildung an der interessierenden Struktur auf ein Mindestmaß zu beschränken, wenngleich auch andere Strukturen dann unter Umständen völlig denaturiert werden. Einige Fixierungsmittel und ihre Wirkung werden in dem Abschnitt über Mikrotomschnitte behandelt werden.

Stückpräparate und Handschnitte werden in erster Linie ohne vorherige spezielle Fixierung direkt mit Chemikalien in Verbindung gebracht, um an Hand von Farbreaktionen eine Diagnose der Inhaltsstoffe vornehmen zu können. Die für diese Reaktionen benutzten Chemikalien wirken dann zum Teil auch fixierend. Werden allerdings an irgendeinem Ort Proben genommen, die später im Laboratorium untersucht werden müssen, so ist — wenn man nicht lebendes Material sammeln kann — eine Fixierung notwendig.

Als schnell wirkende Fixierungsmittel für Stückpräparate sind *absoluter Alkohol* oder ein *Gemisch von Eisessig und Alkohol 1:1* in Gebrauch. Ferner benutzt man häufig *10%iges Formol*. Auch die *Dämpfe von Eisessig* oder von *Osmiumtetroxid* haben gute fixierende Wirkung. Letztere Fixierungsart wird für Mikroorganismen angewendet. Man legt dazu die sich auf einem Objektträger in wenig Flüssigkeit befindenden Objekte in eine flache, bedeckte Schale, in der ein kleines Gefäß mit Eisessig oder Osmiumtetroxid-Lösung untergebracht ist. Nach einigen Minuten Dampfeinwirkung ist die Fixierung beendet, und die Objektträger können in einer feuchten Kammer (Petrischale mit angefeuchtetem Filtrierpapier) bis zur Weiterverarbeitung aufbewahrt werden. Größere Objekte werden einfach in ein Gefäß mit Fixierungsflüssigkeit gebracht und verweilen darin bis zum Untersuchungszeitpunkt. Vor der Weiterverarbeitung muß man den Überschuß des Fixierungsmittels durch *Auswässern* der Objekte entfernen. Es genügt in diesem Falle, die Präparate etwa 15 min unter langsam fließendem Wasser zu belassen (z. B. in einem Becherglas).

Im folgenden soll nurmehr die Untersuchungsmethode für pflanzliche Objekte, die zu Quetsch- bzw. Zupfpräparaten oder zu Handschnitten verarbeitet wurden, erörtert werden. Die Technik für bakteriologische und hämatologische Präparate ist im Abschnitt über das Ausstrichpräparat besprochen, während die Herstellung von pflanzlichen Schnittpräparaten und fixierter und gefärbter Präparate von tierischem Gewebe in dem Kapitel über das Mikrotomschneiden abgehandelt ist.

Pflanzenzellen sind vielfach mit Inhaltsstoffen voll gepackt, so daß z. B. ein Erkennen der Anordnung und Abgrenzung von Festigungsgeweben oder eine klare Darstellung bestimmter Gewebe wie Leitbündel o. ä. erschwert werden. Für eine Nahrungsmitteluntersuchung können weiterhin stark gefärbte Produkte (z. B. durch Rösten oder durch Einfärben) vorliegen, die im Mikroskop schwer zu diagnostizieren sind. Man führt dann in solchen Fällen eine *Bleichung* oder eine *Aufhellung* durch. So wirkt der Zusatz von *Glycerin* oder *Chloralhydrat* in konzentrierter Lösung stark aufhellend. Während Glycerin mehr eine optische Wirkung entfaltet (Brechzahlerhöhung des Einschlußmediums), löst das Chloralhydrat die Zellinhaltsstoffe wie Harze, Fette, Stärke, Aleuron auf, ohne eine Quellung der Zellwände hervorzurufen. Die Wirkung des Chloralhydrats läßt sich durch gelindes Erwärmen beschleunigen. Ein ebenfalls sehr gebräuchliches Bleichungsmittel ist die unter dem Namen *Eau de Javelle* bekannte, konzentrierte *Kaliumhypochlorit-Lösung*.

Da der wirksame Faktor des Eau de Javelle das Chlorgas darstellt, welches von der Lösung abgegeben wird, muß man die Bleichung in einem bedeckten Gefäß vornehmen, um die volle Wirkungskraft auszunutzen. Nach dem Bleichen werden die Präparate mit dest. Wasser, dem eine Spur Essigsäure zugesetzt ist, ausgewaschen. Das Eau de Javelle wird folgendermaßen hergestellt:

1. 20 Teile Chlorkalk mit 100 Teilen Wasser übergießen und öfters umschütteln. Einen Tag stehen lassen.

2. 25 Teile Kaliumcarbonat in 25 Teilen Wasser lösen.

Lösung I und II zusammengießen und einen bis mehrere Tage absitzen lassen. Überstehende Flüssigkeit abgießen und in dunkler Flasche gut verschlossen aufbewahren.

Ein Bleichen pflanzlichen Materials mittels *Kali- oder Natronlauge* ist im allgemeinen nicht zu empfehlen, da die Zellmembranen und auch alle anderen membranartigen Systeme in der Zelle (z. B. Chloroplasten) unter dem Einfluß von Alkalien aufquellen. Nur wenn man einmal bewußt eine Struktur „aufblättern" will, behandelt man sie mit 3—5%iger Kalilauge. In diesem Zusammenhang sei bemerkt, daß allerdings tierisches Material durch Behandlung mit 5%iger Kalilauge aufgehellt werden kann bzw. durch Kochen in der Lauge eine Maceration und Auflösung von Weichteilen erfolgt. Letzteres Verfahren benutzt man bei der Herstellung von Insektenpräparaten.

So wie im einen Falle die Entfernung der Inhaltsstoffe aus den Zellen durch Bleichung erforderlich ist, müssen andererseits Untersuchungen durchgeführt werden, die über die Zusammensetzung dieser Inhaltsstoffe und der Zellmembranen Aufschluß geben. Dies geschieht im allgemeinen in der Weise, daß man einen „nicht entleerten Schnitt", ein Pulver oder das durch Zerzupfen gewonnene Material auf dem Objektträger in eine bestimmte Reagensflüssigkeit bringt und ein Deckglas auflegt, oder indem man die Reagensflüssigkeit mittels der in Abb. 7 ersichtlichen Technik durch Einsaugen mit Fließpapier zwischen Objektträger und Deckglas zu dem in Wasser liegenden Objekt zutreten läßt.

Die wichtigsten Reagentien zum Nachweis der Cytoplasma-Bestandteile und -Einschlüsse und zur Färbung der Membranen sind im folgenden aufgeführt.

a) Prüfung von Kristallen in Pflanzenzellen

Vorwiegend handelt es sich um Calciumoxalat- oder Calciumcarbonat-Kristalle, die als große Einzelkristalle, als Drusen oder als Nadeln vorkommen.

Reagentien: Essigsäure 30%; Salzsäure 2-n.

Nachweisreaktion: Carbonatkristalle und -Inkrusten lösen sich unter Aufschäumen in Essigsäure und Salzsäure, Oxalatkristalle werden ohne Gasentwicklung nur von der Salzsäure langsam gelöst.

b) Millonsches Reagens zum Nachweis von Eiweißkörpern

Salpetersäure konz. (D = 1,42) . . . . 17 ml
Quecksilber . . . . 1 ml

Quecksilber in der Kälte in Salpetersäure lösen.

Färberesultat: Eiweißkörper ziegelrot.

c) Jod-Jodkalium zum Nachweis von Stärke

Kaliumjodid . . . . 0,3 g
aqua dest. . . . . 45 ml
Jod . . . . 0,1 g

Erst Kaliumjodid in Wasser lösen, dann die Jodkristalle zugeben.

Färberesultat: Stärke blau bis blauschwarz, Eiweißkörper braun.

d) Chloraljod zum Nachweis sehr kleiner und gering vorhandener Stärkekörner

Chloralhydrat . . . . 5 g ⎫
aqua dest. . . . . 2 ml⎭ Lösung I
Jodtinktur   Lösung II

Auf dem Objektträger Chloralhydratlösung und Jodtinktur zu gleichen Teilen mischen und Objekt einlegen. Nach Auflegen des Deckglases mikroskopieren.

Färberesultat: Kleine Stärkekörner durch Aufquellen vergrößert und blau gefärbt.

e) Fehlingsches Reagens zum Nachweis reduzierenden Zuckers

Fehling   I: Kupfersulfat . . . .   2,5 g
           aqua dest. . . . . 100 ml
Fehling II: Seignettesalz . . . . 17,3 g
           aqua dest. . . . . 100 ml
Fehling III: Natriumhydroxid . . . . 10 g
           aqua dest. . . . . 100 ml

Alle drei Lösungen vor Gebrauch zu gleichen Teilen mischen.

Durchführung des Nachweises: Etwas dickere Schnitte auf dem Objektträger in Fehlingscher Lösung leicht erhitzen. *Nicht aufkochen lassen!* Mit Wasser abspülen, Deckglas auflegen.
Färberesultat: Zellen, die Zucker enthalten bzw. der ganze Schnitt wird braunrot gefärbt (Kupferoxydul).

f) Alkoholische Fuchsinlösung zum Nachweis von Reserveeiweiß

Fuchsin, basisch. . . . . 1 g
Alkohol 96% . . . . 100 ml
Ausführung: Schnitte mit dem Reagens übergießen, nach einigen Minuten mit Wasser abspülen und mikroskopieren.
Färberesultat: Reserveeiweiß (Aleuronkörner) rot.

g) Eisen-III-chlorid zum Nachweis von Gerbstoffen

Eisen-II-chloridlösung 5%ig
Ausführung: Schnitte 2—10 min in dem Reagens belassen. Mit Wasser abspülen und mikroskopieren.
Färberesultat: Gerbstoffe blau bis blauschwarz.

h) Vanillin-Salzsäure zum Nachweis von Gerbstoffen

Vanillin . . . . 0,005 g
Alkohol . . . . 1,000 g
Salzsäure 25%ig . . . . . . 2,000 ml
Färberesultat: Gerbstoffe leuchtend rot.

i) Sudan-Glycerin zum Nachweis von Lipoiden, Cutin und Suberin

Sudan III . . . . 0,01 g
Alkohol 96% . . . . 5 ml
Glycerin . . . . 5 ml
Färberesultat: Lipoide, Cutin- und Suberinlamellen rot. (Lipoide zur Unterscheidung evtl. mit Alkohol oder Äther herauslösen).

j) Chlorzinkjodid zur Färbung von Cellulosemembranen

Zinkchlorid. . . . . 25 g
Kaliumjodid . . . . 8 g
Jod . . . . 1,5 g
aqua dest. . . . . 8 ml
Färberesultat: Cellulose = schmutzigblau bis violett; Lignin, Suberin = braungelb bis braunrot.
Kerne = gelb; Stärke = blau; Eiweiß = braun; Pilzhyphen = gelblich.

k) Phloroglucin-Salzsäure zur Färbung des Lignins

Phloroglucin . . . . 0,1 g   Lösung I
Alkohol 96% . . . . 8 ml
konz. Salzsäure . . . . 8 ml   Lösung II
Lösungen I und II vor Gebrauch mischen. Gemisch ist nicht beständig.
Färberesultat: Nur Lignin rot.

Von den gefärbten Handschnitten können auch Dauerpräparate hergestellt werden. Dazu bringt man die Schnitte für einige Zeit in Glycerin-Wasser 1:1, anschließend in reines Glycerin und schließt sie dann in Glycerin-Gelatine nach KAISER (E. Merck/Darmstadt) ein.

Dazu wird das Gefäß mit der Glycerin-Gelatine im Wasserbad erwärmt, bis die Masse dünnflüssig geworden ist. Nun wird auf einen sauberen Objektträger mittels eines Glasstabes etwas Glycerin-Gelatine aufgebracht, rasch das Objekt eingelegt und das Ganze sofort mit einem Deckglas bedeckt. Die Glycerin-Gelatine trocknet im Laufe einiger Wochen relativ stark ein, und das Deckglas wird dadurch auf das Objekt gepreßt. Um einer hierbei evtl. auftretenden Beschädigung des Präparates vorzubeugen, empfiehlt es sich, das Deckglas nach einigen Tagen Trocknungszeit mit Deckglaskitt zu umranden. Für diesen Zweck eignet sich gut, der von der Fa. E. Merck/Darmstadt zu beziehende Deckglaskitt nach Krönig. Von diesem Kitt wird ein Teil in eine flache Blechdose (etwa 4 cm ∅) eingeschmolzen. Zum Umranden benutzt man einen Spatel von der in Abb. 8 gezeigten Form. Dieser wird in der Bunsenflamme erhitzt, kurz in den (nun schmelzenden) Kitt gedrückt und rasch an den Deckglasrand geführt. Der noch heiße, flüssige Kitt schließt dann nach Erkalten das Deckglas fest an den Objektträger.

Neben diesen hier aufgeführten Standardmethoden zur Diagnostizierung der pflanzlichen Inhaltsstoffe und Membranen bestehen für den Spezialfall noch eine

Abb. 8. Dreieckspatel zum Umranden von Deckgläsern mit Deckglaskitt

ganze Reihe von Nachweisverfahren. Die entsprechenden Vorschriften sind der Fachliteratur zu entnehmen. Das Buch von D. A. Johansen "Plant Microtechnique" McGraw-Hill Book Comp., New York und London (1940), sei hierzu sehr empfohlen.

3. Das Ausstrichpräparat

a) Vorbemerkungen

Bakterien und andere Mikroorganismen ähnlicher Größe, parasitische Protozoen, ein Teil der wäßrig-schleimigen Zellinhalte, sowie Blut und andere Körperflüssigkeiten, die celluläre Elemente enthalten, werden vorwiegend zu Ausstrichpräparaten verarbeitet. Diese Ausstriche enthalten dann in dünner Schicht die fixierten und gefärbten Objekte. Starke mikroskopische Vergrößerungen sind bei der Untersuchung eines Ausstriches angebracht; denn nur so können Form und charakteristische Färbung einwandfrei erkannt werden. Gewöhnlich wird Hellfeldbeobachtung vorgenommen. Dunkelfeld- und Phasenkontrastmikroskopie am ungefärbten, fixierten Ausstrich spielen eine geringere Rolle und werden nur in Spezialfällen angewendet.

Wichtiger ist allerdings die Fluorescenzmikroskopie, da anhand spezifischer Färbungen, z. B. in der Tbc-Diagnostik, ein besseres Erkennen der Objekte möglich ist. Besonders sei in diesem Zusammenhang auf die immer mehr Bedeutung erlangenden immunhistologischen Methoden (Antikörper-Technik) hingewiesen (Walter 1964). Hier werden unter Ausnutzung der hochspezifischen Antigen-Antikörperreaktion Antigene (pathologische Bakterien z. B.) mittels fluorescenzmarkierter Antikörper im Gewebeschnitt oder im Ausstrichpräparat sicher nachgewiesen. Die Methode ist zweifellos auch für den Lebensmittelchemiker nicht unbedeutend. Ihre Beschreibung geht jedoch über den Rahmen dieses Beitrages hinaus. Es sei daher der interessierte Leser auf die Handbücher der Histochemie verwiesen (z. B. H. Graumann und K. Neumann 1958). – Ebenso soll auf die Frage der Kultivierung von Mikroorganismen nicht eingegangen werden, obwohl z. B. das Anlegen einer Bakterien-Reinkultur zur Klärung der mikroskopischen Diagnose im Einzelfalle zu erwägen ist. Aber auch hierüber ist eine umfangreiche Spezialliteratur vorhanden (T. J. Mackie und J. E. McCartney 1956; A. Rippel-Baldes 1955). Gleiches gilt für die Fülle der Färbevorschriften für einzelne Bakterienarten. Wir wollen im folgenden lediglich die Herstellung von Ausstrichpräparaten behandeln und einige grundsätzliche, wichtige Färbevorschriften besprechen.

b) Die Technik der Ausstrichherstellung

Ausstriche kann man auf zweierlei Art und Weise herstellen: durch Ausbreiten eines Tropfens einer Suspension auf dem Objektträger mittels einer Impföse und durch dünnes Ausstreichen der Untersuchungsflüssigkeit auf dem Deckglas oder dem Objektträger. Die erste Methode ist bei Bakterien üblich, das zweite Verfahren benutzt man vorwiegend beim Anfertigen von But- und Protozoen-Präparaten. In beiden Fällen sind saubere und fettfreie Objektträger unbedingte Voraussetzung.

α) Bakterienausstriche

Mit einer Impföse wird etwas Untersuchungsmaterial aufgenommen und gemäß Abb. 9 auf dem Objektträger verrieben. Den Ausstrich läßt man an der Luft trocknen und zieht ihn zwecks Fixierung etwa 3mal rasch durch die Flamme eines Bunsenbrenners. Damit ist das Präparat färbebereit, wenn nicht im Dunkelfeld oder Phasenkontrast direkt beobachtet werden soll.

Vor der Materialentnahme und nach der Herstellung des Ausstriches muß die Impföse in der Flamme des Bunsenbrenners ausgeglüht werden, damit einerseits keine Verschleppung der Bakterien auf ein anderes Präparat erfolgt und andererseits einer Infektion mit pathologischen Keimen vorgebeugt wird. Ebenso halte man stets ein größeres Gefäß mit einem Desinfektionsmittel (z. B. 2—3%ige Sagrotan-

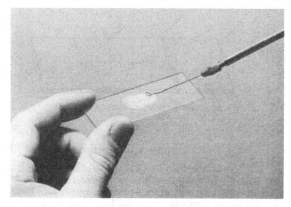

Abb. 9. Herstellung eines Bakterienausstriches mittels der Impföse

Lösung) bereit, damit darin Präparierinstrumente und abgelegte Ausstriche desinfiziert werden können. Eine Desinfektion der Hände nach der Arbeit versteht sich von selbst.

β) Blutausstriche

Deckglasausstriche stellt man nur dann her, wenn wenig Material zur Verfügung steht; denn das Manipulieren mit den zerbrechlichen Deckgläschen während der Färbung und beim Mikroskopieren ist unbequem und zeitraubend.

Für die Bereitung dieser Ausstriche hebt man mit einem Deckglas einen kleinen Blutstropfen ab. Nun wird gemäß Abb. 10 ein zweites Deckglas ohne Druck um 45° gedreht auf das erste aufgelegt. Der Tropfen breitet sich aus, und man zieht nun beide Gläser mit einem Zug sanft auseinander. Die Ausstriche werden an der Luft getrocknet.

Objektträgerausstriche werden folgendermaßen hergestellt: ein Blutstropfen wird auf das eine Ende des Objektträgers gebracht. Dann stellt man einen zweiten Objektträger gemäß Abb. 11 in einem Winkel von 45° auf den ersten, wartet bis sich der Blutstropfen entlang der Kante ausgebreitet hat und streicht dann in Richtung aus das freie Ende des ersten Objektträgers aus. Den Ausstrich läßt man darauf an der Luft trocknen.

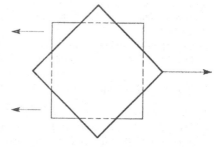

Abb. 10. Technik des Deckglas-Ausstriches (Näheres vgl. Text)

Ausstriche von anderen Körperflüssigkeiten, von Zellinhalten oder von Protozoen werden auf die gleiche Weise wie Blutausstriche erhalten, wobei häufig vor dem Ausstreichen noch ein Tropfen Untersuchungsflüssigkeit zugesetzt wird. Nach Art des Bakterienausstriches werden sehr dünnflüssige Stoffe behandelt. Zur Färbung der Ausstrichpräparate wird ein sog. Färbebänkchen (Abb. 12) benutzt.

Man legt die Objektträger auf den oberen Steg des Bänkchens. Farblösungen und Spül-flüssigkeiten werden immer im Überschuß auf das Präparat gebracht, wobei darauf zu achten ist, daß sie nicht an den Rändern herunterlaufen. Abgegossene Flüssigkeitsreste werden im Unterteil des Färbebänkchens gesammelt.

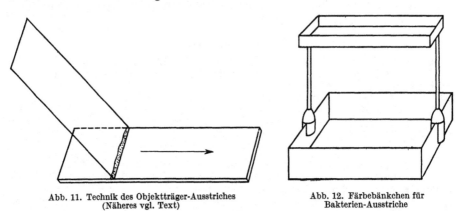

Abb. 11. Technik des Objektträger-Ausstriches   Abb. 12. Färbebänkchen für
(Näheres vgl. Text)   Bakterien-Ausstriche

c) Die Färbung von Blutausstrichen (Methode nach GIEMSA)

Zur Herstellung der Farblösung werden 10 ml mit 0,49 g KH_2PO_4 und 1,14 g Na_2HPO_4 pro Liter gepufferten destillierten Wassers in ein 50 ml (!) fassendes Becherglas vorgelegt. Sodann fügt man mit einer sauberen, trockenen Meßpipette 0,25 ml Giemsa-Stammlösung (Fa. E. Merck/Darmstadt) hinzu. Die Mischung erfolgt durch leichtes Umschwenken (nicht schütteln!).

Färbevorgang. Lufttrockene Ausstriche vor Herstellung der Farblösung 2 bis 5 min in Methanol (reinst) fixieren, dann mit Fließpapier abtrocknen (Objektträger leicht auf das Papier aufdrücken) und Farbgemisch aufgießen. 15—45 min ein-wirken lassen, dann mit kräftigem Strahl gepufferten dest. Wassers abspülen (Spritzflasche), mit Fließpapier abtupfen und an der Luft trocknen lassen.

Färberesultat. *Weiße Blutkörperchen*: Kern blau, eosinophile Granula: rötlich-braun, basophile Granula: blau, neutrophile Granula: rotviolett, Protoplasma der Lymphocyten: blau, lymphoide Azurkörnelung: purpurrot, *rote Blutkörperchen (Erythrocyten)*: blaßrötlich, *Blutplättchen (Thrombocyten)*: blau mit violettem Innenkörper.

Die Giemsa-Färbung kann auch für Mikroorganismen (außer Bakterien) angewendet werden. Sie liefert dort sehr klare Darstellungen von Kern und Protoplasma.

d) Darstellung von Geißeln, Cilien, Oberflächenstrukturen und Membranen bei Protozoen durch Opalblauausstriche

Reagens. Opalblaulösung nach BRESSLAU, 10%ige wäßrige Lösung. (Nach längerem Stehen aufkochen, um ausgeflockte Farbstoffteile wieder zu lösen.)

Ausführung. Zu einem kleinen auf dem Objektträger befindlichen Tropfen, in dem möglichst viele Protozoen enthalten sind, wird ein gleichgroßer Tropfen Opalblaulösung gegeben und das Ganze schnell ausgestrichen. Zum Ausstreichen das nach der Technik des Blutausstriches vorgenommen wird, benutzt man hier jedoch ein dreieckig gebogenes Drahtstück, dessen einer Schenkel etwa objekt-trägerbreit ist. Ausstrich so dünn wie möglich herstellen und schnell lufttrocknen lassen. Danach ist sofortiger Einschluß in Canadabalsam (s. u.) notwendig.

Färberesultat. Geißeln, Cilien, Oberflächenstrukturen usw. heben sich in einem dunkleren Blau von dem blaßblauen Umfeld ab.

e) Die Färbung von Bakterienausstrichen

α) Tuschemethode nach Burri

Auf einem fettfreien Objektträger verreibt man mit der Öse einen Tropfen chinesischer Tusche mit einem gleich großen Tropfen des Untersuchungsmaterials. Mit der Kante eines zweiten Objektträgers wird die Mischung schnell ausgestrichen (Blutausstrich-Technik). Die Methode ist zur Darstellung von Spirochäten und anderen Bakterien gut geeignet. Diese erscheinen hell auf dunklem Untergrund.

β) Färbung mit Methylenblau nach Löffler

Die Färbung dient zum allgemeinen Nachweis von Bakterien. Sie ist auch zur Darstellung von Protozoen oder ausgestrichenen Zellinhalten geeignet.

Ausführung. Lufttrockene Ausstriche in der Flamme fixieren. Färbung mit Methylenblau nach Löffler, einige Minuten, Abspülen mit Wasser, zwischen Fließpapier trocknen und mit Ölimmersion mikroskopieren.

Färberesultat. Bakterien dunkelblau, Untergrund heller blau.

γ) Färbung nach Gram

Mit der Gram-Färbung werden Lipoproteide, die nur in ganz bestimmten Bakterien, den „Grampositiven" vorkommen, dargestellt. Sie fehlen den sog. „Gramnegativen". Durch Gentianaviolett können die Lipoproteide so gefärbt werden, daß sie bei einer anschließenden Behandlung mit Jod-Jodkalium (Lugolsche Lösung) alkoholfest sind. Die Gramnegativen werden hingegen durch Alkohol entfärbt.

Reagentien. Karbol-Gentianaviolett; Lugolsche Lösung; 95% Alkohol oder 3% Aceton-Alkohol; Karbol-Fuchsin.

Zur Herstellung von Carbol-Gentianaviolett werden 10 ml einer gesättigten alkohol. Gentianaviolettlösung mit 1 ml Carbolsäure (phenol. liquefact.) und 100 ml dest. Wasser gemischt; etwa 14 Tage haltbar.

Lugolsche Lösung. 2 g KJ in 100 ml dest. Wasser lösen und 1 g Jod zugeben, vor Gebrauch mit 1—2 Teilen aqua dest. verdünnen.

Carbol-Fuchsin erhält man durch Auflösen von 1 g bas. Fuchsin in 10 ml 96% Alkohol und anschließendem Zusatz von 100 ml 5% wäßriger Carbolsäure.

Ausführung der Färbung. Lufttrockene Ausstriche in der Flamme fixieren, färben mit Carbol-Gentianaviolett, 2—3 min, abgießen der Farbe ohne zu spülen und Lugolsche Lösung auftropfen, 2—3 min beizen, abgießen und mit 95%igem Alkohol solange behandeln, bis keine Farbwolken mehr abgehen, spülen mit dest. Wasser, gegenfärben mit Carbol-Fuchsin (evtl. verdünnen mit dest. Wasser 1:20), 15—30 sec, abspülen mit Wasser, trocknen zwischen Fließpapier, mikroskopieren mit Ölimmersion.

Färberesultat. Grampositive Bakterien blauschwarz, gramnegative Bakterien rot.

Gram + sind u. a.: Staphylokokken, Pneumokokken, Enterokokken, Diphtheriebacillen, Actinomyceten, Milzbrandbacillen, Tetanusbacillen, Botulinusbacillen, sept. Vibrion.

Gram — sind u. a.: Gonokokken, Coli-Typhus-Gruppe, Dysenteriebacillen, Choleravibrionen, Brucellen, Friedländerscher Pneumobacillus, Rotzbacillen, Proteus-Bakterien, Influenzbacillen, Keuchhustenbacillen.

δ) Tuberkelbacillusfärbung nach Ziehl-Neelsen

Reagentien. Carbol-Fuchsin nach Ziehl-Neelsen, 5% Salzsäurealkohol, Methylenblau nach Löffler.

Ausführung. Lufttrockene Ausstriche in der Flamme fixieren.

Übergießen der Ausstriche mit frisch filtrierter Carbol-Fuchsin-Lösung; den Farbstoff auf dem Objektträger während 1—2 min wiederholt aufkochen lassen (evtl. neuen Farbstoff nachgießen), Farbe abschleudern, nicht spülen (!), 5% Salzsäurealkohol bis Präparate farblos, spülen mit Wasser, gegenfärben mit Methylenblau nach Löffler, 1 min, Abspülen mit Wasser, trocknen zwischen Fließpapier, mikroskopieren mit Ölimmersion.

Färberesultat. Tbc-Bacillen und andere säurefeste Stäbchen (!) rot; Untergrund blau.

ε) Tbc-Fluorescenzfärbung nach Hagemann mit Auramin

Reagentien. Phenol-Auramin (1 g Auramin + 50 ml Phenol + 950 ml. aqua dest.). Salzsäurealkohol (1000 ml 95% Alkohol + 4 ml reine Salzsäure + 4 g NaCl).

Ausführung. Lufttrockene Ausstriche in der Flamme fixieren; Phenol-Auramin aufgießen, 15 min einwirken lassen; gut mit Wasser abspülen; entfärben mit Salzsäurealkohol, 3 min, spülen mit Wasser, trocknen lassen.

Beobachtung im Fluorescenzmikroskop (Blaulicht) mit mittelstarkem Trockenobjektiv oder Ölimmersion. Kein Deckglas!

Resultat. Die säurefesten Stäbchen leuchten goldgelb auf dunklem Grund.

ζ) Geißelfärbung nach Löffler mod. nach Nicolle u. Morax, für Flagellaten und Bakterien

Ausstriche dünner, homogener Bakteriensuspensionen auf trockenen, fettfreien Objektträgern herstellen. Lufttrocknen lassen, *nicht fixieren!*

Reagentien. Löfflerbeize = 10 ml 20%ige Tanninlösung + 5 ml kaltgesättigte Eisen-II-sulfatlösung + 1 ml kaltgesättigte alkohol. Fuchsinlösung. Carbol-Fuchsin nach Ziehl-Neelsen.

Ausführung. Ausstrich mit Beize übergießen und bis zur Dampfbildung erhitzen, spülen mit dest. Wasser, erneut Beize aufgießen und erwärmen; dieses 3—4mal, übergießen mit Carbol-Fuchsin Ziehl-Neelsen, erwärmen bis zur Dampfbildung, 10—15 sec, spülen mit dest. Wasser, trocknen.

Färberesultat. Geißeln und Bakterien rot.

η) Färbung der Bakterien-Sporen (Methode nach Dorner)

Reagentien. Carbol-Fuchsin Ziehl-Neelsen, Nigrosin Dorner.

Die Reagentien sind durch die CIBA A.G., Wehr/Baden, oder durch die CIBA A.G., Basel/Schweiz, zu beziehen.

Ausführung. In kleinem Reagenzglas mit 2—3 Tropfen aqua dest. dichte Bakterienaufschwemmung herstellen, gleiche Menge frisch filtriertes Carbol-Fuchsin zusetzen, Gemisch 10—12 min in kochendes Wasserbad, 1 Öse voll dieser gefärbten Aufschwemmung mit 1 Öse voll Nigrosinlösung auf einem Objektträger vermischen, dünn ausstreichen und trocknen lassen.

Färberesultat. Sporen rot, Bakterienkörper fast farblos, Untergrund schwarz.

Gefärbte Ausstrichpräparate werden meist mit der Ölimmersion ohne aufgebrachtes Deckglas mikroskopiert, wobei das Immersionsöl direkt auf das Präparat aufgetropft wird. Dies hat keinen Einfluß auf die Färbung und auf die mikroskopische Abbildung.

Die Präparate behalten für eine geraume Zeit ihre Färbung unverändert bei. Später hingegen verblassen die Farben allmählich. Man kann dem dadurch etwas vorbeugen, daß man Dauerpräparate herstellt. Zu diesem Zweck tropft man auf eine besonders gute Stelle im Präparat ein wenig Canadabalsam-Lösung (E. Merck/Darmstadt) und legt ein Deckglas auf. Nach einiger Zeit erhärtet der Canadabalsam durch Verdunstung des Lösungsmittels und kittet so das Deckglas fest auf das Präparat.

4. Präparate für Auflicht- und Durchlichtmikroskopie von Pulvern und kompakten Stoffen

Zur Untersuchung von pulvrigen Substanzen, von Kristallen, Körnern, Teigwaren, Süßigkeiten usw. muß man je nach den Gegebenheiten des Untersuchungszweckes entscheiden, ob ein Durchlicht-Präparat oder ein Auflicht-Präparat zweckmäßig ist.

Entweder fertigt man Streupräparate an, indem man die pulverartige Substanz — falls es erlaubt ist — in Wasser oder Glycerin einstreut und das Ganze für die Durchlichtbetrachtung mit einem Deckglas bedeckt, oder man benutzt als Unterlage einen Schwarzglas-Objektträger, auf dem man die Probe fein verteilt und so ein Trockenpräparat erhält, das im Auflichtmikroskop oder im Stereomikroskop bei auffallendem Licht betrachtet werden kann.

Die genannte Art der Auflicht-Präparation ist vor allem dann am Platze, wenn man irgendwelche Schädigungen (z. B. durch Pilzbefall) an Körnern, Hülsenfrüchten, Back- und Teigwaren beobachten will.

Die Beurteilung von Schichten in natürlicher Lage, beispielsweise an gefüllten Schokoladen oder Keksen, kann dadurch ermöglicht werden, daß man mit einer Rasierklinge oder besser einem Mikrotom eine Anschnittfläche in der interessierenden Ebene anlegt und nun Schichtenfolge und Schichtendicke in dieser Fläche auflichtmikroskopisch untersucht. Dabei ist zu beachten, daß das Präparat gut ausgerichtet unter das Mikroskop gebracht wird.

Von steinharten Objekten (harte Samenschalen usw.) empfiehlt es sich mitunter, einen Dünnschliff herzustellen.

Zu diesem Zweck kittet man ein kleines, möglichst flaches Stück der Probe mittels Canadabalsam auf einen Objektträger so auf, daß die spätere Schliffebene nahezu parallel zur Fläche des Objektträgers verläuft. Das Aufkitten nimmt man mit festem Canadabalsam vor, indem man ein kleines Stück auf dem Objektträger über der Flamme zerfließen läßt und sofort das Objekt aufdrückt. Nach dem Erhärten wird das Objekt auf einem flachen Schleifstein (Arkansas-Stein) unter Benetzung mit Wasser so lange dünn geschliffen, bis es transparent geworden ist. Dann wird der feuchte Objektträger mit dem Schliff getrocknet und durch anschließendes Einlegen in Xylol (evtl. gelinde erwärmen) das Präparat abgelöst. Nach nochmaligem Auswaschen in reinem Xylol überträgt man den Dünnschliff mit einem Tropfen gelösten Canadabalsam auf einen Objektträger und legt ein Deckglas auf.

Diese wenigen Beispiele mögen genügen, um einen Hinweis zu geben, wie man im Einzelfalle versuchen muß, die günstigsten mikroskopischen Untersuchungsbedingungen zu schaffen. Bei der Vielfalt der hier anfallenden Objekte wird der Untersuchende sehr auf seine eigene präparative Geschicklichkeit angewiesen sein.

5. Mikrotomschnitt-Präparate

a) Vorbemerkungen

Zum Studium feiner Strukturen in pflanzlichen oder tierischen Zellen und Geweben sowie zur genauen mikroskopischen Analyse der die Qualität bestimmenden Bestandteile eines Nahrungsmittels reichen Stückpräparate oder Handschnitte nicht aus, da diese in den allermeisten Fällen durch ihre relativ große Schichtdicke ein Ausnutzen der vollen Leistungsfähigkeit des Mikroskopes verhindern. Nur dünne Schnitte in einer Stärke von wenigen Tausendstel eines Millimeters, wie sie allein mit Hilfe von Mikrotomen erhalten werden können, sind geeignet, einen Einblick in die Zusammenhänge des Feinbaus zu vermitteln. Die Mikrotomschnittmethode ist daher ein dominierender Zweig der mikroskopischen Präparationstechnik. Das Instrument zur Herstellung von Schnitten gleichmäßiger und geringer Schichtdicke — *das Mikrotom* — besteht aus einer feinmechanischen Einrichtung, die geringe, meist zwischen 1 und 20 μm liegende Vorschübe des zu

schneidenden Objektes über eine Schnittebene ermöglicht, die von einem am
Mikrotom in fixer Position zur Vorschubrichtung des Objektes befestigten Messer
festgelegt ist. Durch Bewegen des Messers gegen das feststehende Objekt mittels
eines in der Schnittebene geradlinig oder kreisbogenförmig geführten Lauf-
schlittens bzw. Messerhalters oder sinngemäß des Objektes gegen das unbeweglich
eingespannte Messer wird das Abtrennen des Schnittes ermöglicht. Außer den
Mikrotomen, die im „normalen" Schnittdickenbereich zwischen 1 und 50 μm
arbeiten, gibt es spezielle Geräte, die Schnitte unter einem Mikron ermöglichen.

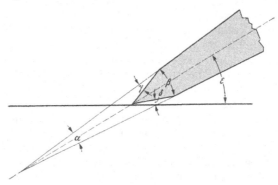

Abb. 13. Winkelverhältnisse am Mikrotommesser. α = Klingenwinkel, β = Schneidenwinkel, γ = oberer und
δ = unterer Abzugswinkel, ε = Neigungswinkel

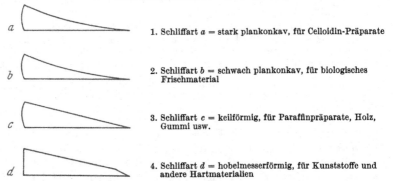

1. Schliffart a = stark plankonkav, für Celloidin-Präparate

2. Schliffart b = schwach plankonkav, für biologisches
Frischmaterial

3. Schliffart c = keilförmig, für Paraffinpräparate, Holz,
Gummi usw.

4. Schliffart d = hobelmesserförmig, für Kunststoffe und
andere Hartmaterialien

Abb. 14. Schematische Darstellung der 4 gebräuchlichen Messerprofile zur Herstellung von Mikrotomschnitten

Die sehr dünnen Schnitte bis etwa in die Größenordnung von 0,1 μm werden für
phasenkontrastmikroskopische Untersuchungen benutzt oder bei sehr dichten, im
Hellfeld schlecht durchstrahlbaren Objekten durchgeführt. Ausgesprochene Ultradünnschnitte im Schnittdickenbereich zwischen 0,1 und 0,01 μm sind für elektronenmikroskopische Zwecke notwendig.

Zur Herstellung normaler Mikrotomschnitte werden Messer aus besonderem
Stahl benutzt. Ihre Länge liegt zwischen 10 und 30 cm. Sie haben alle einen
charakteristischen „Facettenschliff". Auf Grund dieses Facettenschliffs müssen
die Mikrotommesser zum Schneiden in einer bestimmten Neigung zur Objektoberfläche gestellt werden, damit sie optimale Schnittleistung zeigen. Die aus
diesen Gegebenheiten resultierenden Winkelverhältnisse am schneidenden Messer
sind in Abb. 13 schematisch wiedergegeben. Außer der Messerneigung muß beim
Mikrotomschneiden auch noch die Stellung des Messers zur Schnittrichtung beachtet werden. Man unterscheidet eine Quer- und eine Schrägstellung. Für bestimmte
Schneidemethoden ist jeweils eine bestimmte Messerstellung vorgeschrieben.

Außerdem sind vier verschiedene Schliffarten der Mikrotommesser gebräuchlich (Abb. 14). Messer der einen oder der anderen Schliffart werden je nach der Beschaffenheit des Objektes bevorzugt. Beste Schärfe und Schartenfreiheit der Mikrotommesserschneide sind für die Herstellung von Schnitten unbedingte Voraussetzung.

Außer den üblichen Stahlmessertypen sind für das Anfertigen von Schnitten unter einem Mikron und von Ultradünnschnitten sog. Glasmesser, das sind nach besonderem Verfahren hergestellte, natürliche Glasbruchkanten, oder speziell geschliffene Schneidediamanten (Diamantmesser) im Gebrauch.

Nur wenige Objekte lassen sich ohne jegliche Vorbereitung auf dem Mikrotom schneiden. Hierzu gehören in erster Linie feste, pflanzliche oder nicht organische

Abb. 15. Gefriereinrichtung mit Halbleiter-Kühlelementen am Leitz-Grundschlittenmikrotom. Hersteller der Einrichtung: De La Rue Frigistor Ltd. Langley Bucks. — England

Materialien. Die Mehrzahl aller tierischen und pflanzlichen Gewebe muß jedoch zunächst einmal in einen schneidefähigen Zustand übergeführt werden. Dies kann entweder dadurch geschehen, daß man die Präparate einfriert und von dem gefrorenen Objektblock nunmehr „Gefrierschnitte" herstellt, oder aber es werden die Objektstücke mit einer leicht zu verflüssigenden Substanz durchtränkt, die man anschließend dann erstarren läßt. Dadurch werden die Objekte in der Masse „eingebettet" und somit schneidefähig.

Gefrierschnitte stellt man mit Hilfe besonders konstruierter Gefriermikrotome her, die ein Tiefkühlen der Objekte und des Mikrotommessers mit Hilfe flüssiger Kohlensäure ermöglichen. Man kann auch mittels Halbleiter-Kühlelementen, die unter Ausnutzung des sog. Peltier-Effektes arbeiten, eine Kühlung von Objekt und Messer vornehmen. Eine solche Einrichtung zeigt die Abb. 12. Neuerdings sind aber insbesondere elektrische Zusatzaggregate, die nach dem Verdampferprinzip (Kühlschrank) arbeiten (Frigomat v. Jung) oder durch umgewälzte Kühlmittel Tieftemperaturen erzeugen (Kryomat v. Leitz) in Gebrauch. Schließlich arbeitet man in der Histochemie zur Herstellung von Gefrierschnitten auch mit dem sog. Kryostaten. Dieser stellt praktisch eine Tiefkühltruhe dar, in der ein Mikrotom aufgestellt ist. Die Schnitte werden im Kälteraum des Kryostaten weiterverarbeitet oder zumindest so vorbehandelt, daß nach ihrer Entnahme aus der kalten Umgebung keine unerwünschten Veränderungen durch die dann stattfindende Erwärmung auf Zimmertemperatur mehr eintreten.

Gefrierschnitte können entweder von frischem, unfixiertem Material oder von bereits fixierten Objekten erhalten werden.

Alle Gewebe aber, die eingebettet werden sollen, müssen vor der Behandlung fixiert werden. Über die Wirkungsweise der Fixierung haben wir bereits in einem der vorausgegangenen Abschnitte etwas erfahren. Die Auswahl des geeigneten Fixierungsmittels richtet sich immer nach dem Untersuchungsziel.

Es hat nicht an Versuchen gefehlt, die übliche Art der Fixierung durch andere Methoden zu ersetzen. Erfolge wurden hierbei besonders durch Anwendung des Gefriertrocknungs-Verfahrens erzielt. Man entzieht tiefgefrorenen Objekten allmählich alles Wasser und bewahrt sie dadurch vor dem Zersetzungsprozeß. Das Verfahren wird hauptsächlich in der histochemischen Präparationstechnik angewendet. Wir wollen es hier nicht besprechen, obwohl es vom Konservierungsstandpunkt für den Lebensmittelchemiker von unmittelbarem Interesse ist. Für normale Mikrotomarbeiten jedoch ist es einfach zu aufwendig. – Wir beschränken uns im folgenden auf die in der Histologie üblichen Fixierungsmethoden, die im Zusammenhang mit den Einbettungsverfahren zu besprechen sind.

Zur Einbettung benutzt man in der Lebensmitteluntersuchung entweder Gelatine oder Paraffin. Neben diesen klassischen Einbettungsverfahren wird heute auch mitunter die aus der elektronenmikroskopischen Präpariertechnik bekannte Einbettung in Plexiglas oder in Gießharz angewendet. Sie ist besonders dann am Platze, wenn die zu schneidenden Objekte von Natur aus sehr hart sind, z. B. Getreidekörner, Kaffeebohnen, Kakaobohnen, trockene Teigwaren usw.; man kann nämlich die Härte der Einbettungsmasse hier recht gut der Objekthärte anpassen. Außerdem ist der Zusammenhalt zwischen Präparat und Einbettungsmedium größer.

Gelatine-Einbettungen werden in der Hauptsache gefriergeschnitten. Die anderen Einbettungen schneidet man auf sog. Schlittenmikrotomen. Diese besitzen entsprechende Objektklemmen, mit denen der zu schneidende Block auf dem Mikrotom befestigt und zur Schnittebene ausgerichtet wird.

Gefriermikrotome und Schlittenmikrotome sollen im nächsten Abschnitt genauer beschrieben werden.

b) Beschreibung der Mikrotomtypen und ihrer Arbeitsweise

Alle Mikrotome weisen eine konstruktive Gliederung in Mikrotomkörper, Objektteil und Messerteil auf. Diese Grundelemente sind im Einzelfalle je nach der Verwendungsart des Mikrotoms zueinander in zweckentsprechender Weise angeordnet.

Bei den *Gefriermikrotomen* (Abb. 16 u. 17) ist der Mikrotomkörper so gestaltet, daß eine Befestigung des Gerätes am Labortisch ermöglicht wird. Dadurch lassen sich die Kohlensäurezuleitungen für Objekt- und Messerkühlung günstig anbringen und vor allem läßt sich das notwendige schwungvolle Abtrennen der Gefrierschnitte vom gefrorenen Objektblock sowie ihr Auffangen in einer vorgehaltenen Schale bequem durchführen. Diese und andere schneidetechnische Gesichtspunkte erfordern somit beim Gefriermikrotom die Anwendung des Arbeitsprinzips: feststehendes Objekt – bewegliches Messer. Demnach ist der Objektteil als vertikal gegen die Schnittebene verschiebbarer Schlitten ausgebildet, und der Messerteil stellt einen horizontal und kreisbogenförmig gegen das Objekt beweglichen Arm dar.

Im *Objektschlitten*, gegen den eine Mikrometerspindel als Vorschubmechanismus arbeitet, wird der Gefriertisch eingesetzt. Der Gefriertisch ist als Kammer ausgebildet. Oben auf die Kammerdecke wird das einzufrierende Objektstück aufgelegt, und die nunmehr beim Öffnen des Zulaßventils am Mikrotom in das Innere des Tisches einströmende, aus einer Stahlflasche entnommene, flüssige Kohlensäure prallt mit erheblichem Druck an die Kammerdecke, verdampft dort sehr rasch und kühlt auf Grund ihrer großen Verdampfungswärme das Objekt bis weit unter den Gefrierpunkt ab.

Durch Zurückführen des Messerarms bis zu einem vorher festgelegten Anschlag wird der Mechanismus des Objekttransportes so weit betätigt, daß der gewünschte

Abb. 16. Kleines Gefriermikrotom Typ 1213 von Leitz

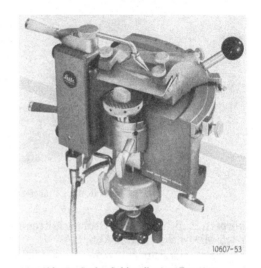

Abb. 17. Großes Gefriermikrotom Typ 1310 von Leitz

Präparatvorschub gegen die Schnittebene erfolgt. Beim Vorschwenken des Messerarms trennt dann das beidseitig fest eingespannte Mikrotommesser den Schnitt ab.

Für die Tiefkühlung des Mikrotommessers steht eine flache Düse mit Sperrventil zur Verfügung. Das Kühlprinzip ist das gleiche wie für die Objektkühlung. Der Messertiefkühler ist entweder im Mikrotomkörper fest eingebaut (Abb. 17, großes Gefriermikrotom) oder kann auf dem Messerarm aufgeschraubt werden (Abb. 16, kleines Gefriermikrotom).

Die mit den abgebildeten Gefriermikrotomen erzielbare Schnittdicke pro Objekthub liegt zwischen 2,5 bzw. 5 und 50 μm.

Abb. 18. Leitz-Schlittenmikrotom mit schiefer Ebene Typ 1201. Dieser Mikrotomtyp wird z. Z. von der Fa. Leitz nicht mehr gefertigt

Schlittenmikrotome arbeiten nach beiden Grundprinzipien für Mikrotome. Im einen Falle schiebt sich das Objekt vertikal gegen das Messer vor, und dieses wird zum Schneiden auf einer horizontalen Bahn mit Hilfe eines speziellen Messerschlittens geführt. Auf diese Weise arbeitet z. B. das in Abb. 18 gezeigte Schittenmikrotom mit schiefer Ebene. Im anderen Falle ist das Messer stationär und durch

zwei seitliche Messerklemmen an einem sog. Messerbock befestigt. Der Objekt-
transport erfolgt auch hier senkrecht zur Schnittebene, jedoch wird die Schneidebewegung durch einen besonderen Laufschlitten ausgeführt, der den eigentlichen
Objektschlitten mit der Transporteinrichtung trägt. Diesen Mikrotomtyp ver-

Abb. 19. Leitz Grundschlittenmikrotom Typ 1300

körpern z. B. das Leitz-Grundschlittenmikrotom (Abb. 19) oder das Mikrotom
nach Minot von Leitz (Abb. 20).

Das Grundschlittenmikrotom ist ein Universalgerät, da mit ihm alle Schneidemethoden
durchführbar sind. Es kann mit ein paar Handgriffen leicht für die eine oder andere Schnitt-
technik hergerichtet werden. Durch die Verschiebbarkeit der Messerklemmen auf dem Messerbock ist jede gewünschte Messerstellung möglich.

Demgegenüber ist das Mikrotom nach Minot ein ausgesprochenes Spezialmikrotom, das nur für Paraffinschnitte eingerichtet ist. Dadurch, daß die Schneidebewegung an diesem Gerät in der Vertikalen abläuft und durch Drehen eines Handrades ausgeführt wird, können sehr viele Serienschnitte in kürzester Zeit hergestellt werden.

Die erzielbaren Schnittdicken pro Objekthub betragen beim Grundschlittenmikrotom 1—20 μm und beim Minot-Mikrotom 1—25 μm.

Schlittenmikrotome besitzen im Gegensatz zu Gefriermikrotomen eine orientierbare Objekthalterung. Sie besteht aus einer stabilen Klemmvorrichtung zur Aufnahme des auf eine Unterlage aufgeklebten Objektblockes und einer stabilen Kugelgelenkklemme.

Abb. 20. Leitz-Mikrotom nach Minot Typ 1212

lage aufgeklebten Objektblockes und einer stabilen Kugelgelenkklemme.

Zur Frage der Verwendung des einen oder anderen Mikrotomtyps im Rahmen
der Präparation von Lebensmittelproben für die mikroskopische Untersuchung ist
zu sagen, daß die Wahl des geeigneten Instrumentes in erster Linie von der Art
der anfallenden Untersuchungsmaterialien abhängt. Ein bevorzugtes Gerät ist das
Gefriermikrotom, da eine ganze Reihe von Nahrungsstoffen als Frischschnitte oder

als Gefrierschnitte nach Einbettung in Gelatine präpariert werden können. Es ist hierbei jedoch zu bedenken, daß Gefrierschnitte niemals so dünn herzustellen sind, wie z. B. Schnitte von in Paraffin oder Plexiglas eingebettetem Material. Wird es also aus Gründen des Untersuchungszwecks unbedingt erforderlich, z. B. dünne Paraffinschnitte anzufertigen, dann ist ein Schlittenmikrotom notwendig. Ob man nun ein einfaches Schlittenmikrotom oder ein Universal-Gerät wie das Grundschlittenmikrotom oder ein Minot-Mikrotom wählt, muß der Entscheidung des Untersuchers überlassen werden. Diese Entscheidung wird erleichtert, wenn man die spezielle Literatur zu Rate zieht. Der Autor hat sich bemüht, diese Fragen, wie auch die der Praxis des Schneidens, in einer gesonderten Schrift ausführlich zu behandeln (WALTER 1961). Hier, im Rahmen des vorliegenden Beitrags jedoch, sei es ihm erlaubt, nur das Grundlegende der Mikrotomschnitt-Herstellung, zugeschnitten auf die Belange der Nahrungsmitteluntersuchung, zu erörtern.

c) Die Herstellung von Nativschnitten auf dem Schlittenmikrotom

Mikrotomtypen. Schlittenmikrotome normaler Bauart, kein Minot-Typ.

Mikrotommesser. Je nach Objekt, Schliff b oder c.

Nur von solchen Objekten, die sich direkt in die Objektklemme eines Schlittenmikrotoms so einspannen lassen, daß sie ohne zu zerbrechen auch wirklich fest gehalten werden, sind Nativschnitte möglich. Dies kommt somit in erster Linie für verholzte Pflanzenteile (Stengel usw.) und nicht zu kleine Samen in Frage. Stark wasserhaltige oder auch dünnschichtige Objekte wie Wurzeln oder Blätter, sind nicht geeignet, sondern müssen als Gefrierschnitte hergestellt werden.

α) Schnitte von Pflanzenstengeln

Grundsätzlich wird mit schrägem bis extrem schrägem Messer geschnitten. Bei nicht stark verholzten Stengeln ein- oder zweijähriger Pflanzen: Messer Schliff b; bei stark verholzten Stengeln: Messer Schliff c.

Die Objekte werden in der Objektklemme fest eingespannt und unter Benetzung des Messers mit Wasser oder Glycerin-Wasser, evtl. auch Alkohol-Glycerin, bei langsamer Schneidegeschwindigkeit geschnitten. Schnittdicke nicht zu gering einstellen, da sonst das Objekt dem Messer ausweicht und auch die Zellinhaltsstoffe herausgerissen werden. Mittlerer Schnittdickenbereich: 15—30 µm. Weiterbehandlung der Schnitte wie Handschnitte.

β) Schnitte von Getreidekörnern

Getreidekörner werden entweder in ungequollenem Zustand oder besser nach Vorquellung in Rohrzuckerlösung zwischen zwei entsprechend der Größe des Kornes leicht eingekerbte Korkscheiben oder Pappelholzstücke gebracht und in der Mikrotomklemme eingespannt. Das Korn soll dabei zu einem Drittel nach oben aus dem Stützmaterial herausragen, und letzteres so bemessen sein, daß es auf dem Boden der Objektklemme aufsitzt. Außer dieser Einklemm-Methode in Kork oder Holz kommt, wenn es die Präparate nicht schädigt, ein Einschmelzen in Paraffin in Frage. Hierzu etwas Paraffin erwärmen, bis es gerade geschmolzen ist und in ein selbstgefertigtes Staniolschiffchen gießen. Samenkörner einbringen und das Paraffin erstarren lassen; unter Umständen durch „Schwimmenlassen" des Schiffchens auf einer Wasseroberfläche. Später, nach Bildung einer Oberflächenhaut, untertauchen und aushärten lassen.

Ein Staniolschiffchen, etwa in der Art wie in Abb. 21, läßt sich leicht herstellen, indem man ein entsprechend bemessenes Holzklötzchen auf ein Stück Staniolfolie stellt und diese an den 4 senkrechten Kanten zu Öhrchen ausfaltet.

Von dem ausgehärteten Paraffinblock wird das Staniol gelöst, und der Block selbst mit einem scharfen Skalpell unter Abtragung dünner Paraffinschichten an den Seiten so zugeschnitten, daß er etwa die in Abb. 22 gezeigte Form hat. Dann klebt man den Block auf ein in die Mikrotomklemme passendes Klötzchen aus Hartholz oder besser aus Stabilit auf (vgl. Abb. 22), indem man eine kleine Menge Paraffin mit einem heißen Spatel auf der Oberfläche des Klötzchens zum Schmelzen bringt, den Paraffinblock auf den noch warmen Spatel aufsetzt, dann rasch den Spatel wegzieht und den Block fest auf die Unterlage aufdrückt. Der so vorbereitete Block wird in der Mikrotomklemme eingespannt.

Schnittherstellung bei vorgequollenen Körnern mit Messer Schliff b in Schrägstellung, bei nichtgequollenen und Paraffin-eingeschmolzenen Körnern in leichter Schrägstellung bis Querstellung mit Schliff c. Schneidegeschwindigkeit nicht zu schnell, aber zügig; Schnittdicke etwa 10—15 μm. Weiterbehandlung der Schnitte wie Handschnitte.

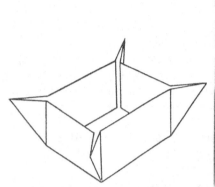

Abb. 21. Selbstgefertigtes Einbettungsschiffchen aus Staniolfolie

Abb. 22. Paraffinblock, vorschriftsmäßig auf Stabilitklötzchen aufgekittet und zugeschnitten

γ) Schnitte von trockenen, harten Samen und Samenschalen

Zum Schneiden harter Samen (Kaffeebohnen, Bohnen, Kerne von Steinfrüchten usw.) und harter Samenschalen (Walnußschalen, Haselnußschalen usw.) benötigt man ein stabiles Schlittenmikrotom. Das Leitz-Grundschlittenmikrotom ist hier bestens zu empfehlen.

Stabile Mikrotommesser sind notwendig: Je nach Härte und Größe des Objektes, Messer der Schliffart c (Typ nach Löw) oder der Schliffart d. Messer immer in Querstellung.

Schnitte von den genannten Objekten brechen oder zerbröckeln auf Grund der Trockenheit und Härte des Materials schon während der Herstellung. Daher müssen sie während des Schneidens und evtl. auch später mit einer Trägerfolie überklebt werden. Die Technik dieser Schnittherstellung ist folgende: Man legt am Objekt zunächst eine plane Schnittfläche an. Material hierbei nur schrittweise abtragen, um das Mikrotommesser zu schonen. Dann klebt man ein Stück Tesafilm durch gelindes Aufdrücken mit dem Finger auf die Anschnittfläche, hebt das Objekt um den erforderlichen Schnittdickenbetrag und führt nun erst den Schnitt aus.

Es ist zweckmäßig, die Klebefolie vorne und hinten über das Objekt hinausragen zu lassen, damit das Abnehmen des Schnittes erleichtert wird. Das Schneiden soll nicht zu langsam erfolgen. Schnittdicke: je nach Objekt 7—15 μm.

Dieser Schnitt wird von dem Tesafilm zusammengehalten und kann trocken auf einen Objektträger geklebt werden. Ablösen der Folie ist nicht ratsam, da der Schnitt dabei zerfällt. Am aufgeklebten Folienschnitt lassen sich jedoch chemische Reaktionen durchführen, wenngleich dieser dann unter Umständen den Zusammenhalt einbüßt. Will man ein Dauerpräparat herstellen, so bringt man den Schnitt nach sauberem Abschneiden der Folienränder auf einen Objektträger in einen Tropfen Canadabalsam und legt ein Deckglas auf.

δ) Butterschnitte nach der Methode VON GAVEL

Schnitte von frischer Butter in einer Dicke zwischen 5 und 20 μm werden nach VON GAVEL erhalten, wenn man mit einem Schlittenmikrotom mit beweglichem Messer bei 0 bis +3° C in einem Kühlraum arbeitet. Mit einem absolut fettfreien, vollständig mit Wasser benetzten und stark schräggestellten Messer der Schliffart b wird langsam ein „ziehender Schnitt" durch den Block geführt. Den fertigen Butterschnitt überträgt man mit einem nassen Pinsel auf ein Deckglas und läßt das Wasser verdunsten. Jede Art der Weiterbehandlung der Schnitte (Fettfärbung, Bakterienfärbung nach GRAM und mit Methylenblau nach LÖFFLER) verläuft ohne Schwierigkeiten.

d) Das Gefrierschnitt-Verfahren

Gefrierschnitte werden in der Hauptsache von stark wasserhaltigem Material oder von Fett oder Öl enthaltenden Objekten gewonnen. Man kann entweder frisches, unfixiertes Material oder auch formalin-fixiertes Material gefrierschneiden. Bei ersterem hat man den Vorteil, die Schnitte nachher in beliebiger Weise fixieren zu können. Die Herstellung dieser Frisch-Gefrierschnitte ist jedoch nicht immer leicht. Fixiertes Material schneidet sich besser, jedoch liegt ein gewisser Nachteil darin, daß die Fixierung nur in 10%igem Formalin vorgenommen werden darf. – Oft ist auch bei gewissen Objekten eine Einbettung in Gelatine notwendig, um überhaupt zusammenhängende Gefrierschnitte herstellen zu können.

Zum Gefrierschneiden friert man den Objektblock zunächst zusammen mit einem Tropfen Wasser auf dem Gefriertisch fest. Unter gleichzeitig vorzunehmender Tiefkühlung des Messers wird darauf das Material bis zur Splitterhärte weiter eingefroren; das Messer soll dann gleichzeitig mit einem feinen Reif überzogen sein. Nach Beendigung des Kühlens stellt man Probeschnitte her. Die ersten Schnitte zersplittern; der Block ist zu kalt; nach einer gewissen Zeit jedoch ist auf Grund der weiteren Erwärmung des Objektblockes die optimale Schneidetemperatur erreicht. Dies erkennt man daran, daß die Schnitte nicht mehr splittern, sondern als pergamentartige Scheibchen vom Messer abkommen. Jetzt muß rasch geschnitten werden, um möglichst viele gute Schnitte zu erhalten; denn durch die nun immer weiter fortschreitende Erwärmung des Objektblockes werden die Schnitte bald zu weich und schieben sich zusammen. Wichtig ist, daß während des Schneidens das Messer immer auf tiefer Temperatur gehalten wird. Objektblock und Messer müssen also nach einer bestimmten Zeit erneut gekühlt werden.

Die Schnitte von unfixiertem Material werden vom Messer direkt auf den Objektträger übertragen. Dies geschieht nach Ausbreiten mit einem trockenen Pinsel auf dem kalten Messer durch Heranführen eines Objektträgers an den Schnitt (Objektträgerfläche etwa parallel zur Messerfläche). Dieser taut dann von selbst an der warmen Glasfläche an. Die Frischschnitte kleben durch das nicht denaturierte Gewebeeiweiß fest auf dem Glas. Zur Fixierung wird der Objektträger mit dem noch feuchten Schnitt in eine Schale mit Fixierflüssigkeit gebracht und anschließend nach Wunsch weiterverarbeitet.

Gefrierschnitte von formalinfixierten Objekten können in einer vor den Gefriertisch gehaltenen Schale mit Wasser gesammelt werden. Sie werden anschließend mit einem Pinsel vorsichtig auf einen mit Eiweißglycerin dünn bestrichenen Objektträger aufgezogen und im Thermostaten bei 35° C getrocknet. Danach kleben sie fest auf dem Glase und können nun in Färbeflüssigkeiten gebracht werden, ohne daß die Gefahr des „Abschwimmens" besteht.

Auf die gleiche Weise wie bei der Herstellung von Schnitten nur gefrorener Objekte verfährt man im Falle des Gefrierschneidens von Gelatineblöcken. Nur müssen letztere vor dem Beginn des Schneidens einmal richtig durchgefroren und wieder aufgetaut werden, damit später die Schnitte nicht zersplittern.

α) Fixierung in Formalin 10%

Die Objektstücke werden in ein Schliffglas mit 10%igem Formalin gebracht. Die Dauer der Fixierung richtet sich nach der Objektgröße: Sie muß für Stückchen, die im kleinsten Durchmesser 3—4 mm dick sind, 12—24 Std bei Zimmertemperatur, 2—5 Std bei 37° C betragen.

Anschließend kann der Block nach kurzem Abspülen mit Wasser sofort geschnitten werden. Das Formalineis ist jedoch nicht so sehr fest, und es empfiehlt sich daher, das Fixierungsmittel durch Auswässern unter fließendem Leitungswasser (12 Std in kaltem, 2—3 Std in warmem

Wasser) zu entfernen. Zum Wässern beschickt man ein sog. Siebröhrchen (Abb. 23) mit den Objektstückchen und läßt es in einem Becherglas im fließenden Wasser schwimmen.

Eine längere Aufbewahrung von formalinfixiertem Material bis zu einem späteren Zeitpunkt muß in 2—3%igem Formalin erfolgen, da bei längerer Einwirkung der 10%igen Lösung die Schneidbarkeit und die Färbbarkeit des Gewebes leidet.

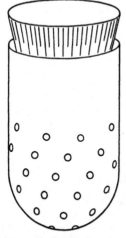

β) Einbettung in Gelatine

Zur Einbettung sind zwei Gelatinelösungen erforderlich. Die Herstellung einer 25%igen Lösung erfolgt durch Auflösen eines Gewichtsteils Einbettungsgelatine (E. Merck/Darmstadt) in 3 Teilen 1%igem Carbolwasser bei 37° C. Aus der Lösung wird dann durch entsprechende Verdünnung mit Carbolwasser eine 12,5%ige Gelatine erhalten. Der Carbolzusatz dient zur Verhinderung von Schimmelbildung.

Frisches Untersuchungsmaterial, das lediglich mittels Gelatine gestützt werden soll, wird in einem kleinen Porzellanschälchen mit 37° warmer 25%iger Gelatinelösung übergossen und das Ganze auf kaltem Wasser oder im Kühlschrank erstarren lassen. Danach kann der zurechtgeschnittene Gelatineblock mit Objekt sofort auf dem Gefriermikrotom eingefroren und geschnitten werden.

Abb. 23. Siebröhrchen aus Porzellan zum Wässern fixierter Objekte

Formalinfixierte Objekte werden zunächst in der bereits beschriebenen Weise gewässert und 2—5 Std bei 37° C in die 12,5%ige Gelatinelösung eingelegt. Anschließend Überwechseln in die 25%ige Lösung und Verweilen bei gleicher Temperatur für ebenfalls 2—5 Std. Darauf wird, wie für Frischmaterial beschrieben, eingebettet und geschnitten.

e) Herstellung der Eiweißglycerinlösung zum Aufkleben von Gefrierschnitten fixierter Objekte

Das Eiklar eines Hühnereies wird mit der gleichen Menge reinem Glycerin innig gemischt und das Ganze durch ein weitporiges Faltenfilter filtriert. Die klare Eiweißglycerinlösung wird durch Zusatz eines Körnchens Thymol oder Phenol vor Pilzbefall geschützt.

f) Spezielle Gefrierschnitt-Verfahren für die Nahrungsmitteluntersuchung

Im Handbuch der Mikroskopie in der Technik von H. FREUND berichtet M. HARDERS-STEINHÄUSER (1957) zusammenfassend über folgende Schneidemethoden:

α) Gefrierschnitte von Teigmassen und Gebäck

Teige lassen sich nach einfachem Gefrieren auf dem Gefriermikrotom schneiden. Bei dem schnellen und plötzlichen Gefrieren erstarren alle Bestandteile in natürlicher Anordnung. Auch beim Auftauen der 5—10 μm dicken Gefrierschnitte sollen sekundär keine Strukturveränderungen auftreten. Die Schnitte werden mit 92%igem Glycerin auf Objektträger gezogen. Gebäck läßt sich auf die gleiche Weise gut schneiden.

β) Gefrierschnitte von trockenem Backwerk nach Gelatineeinbettung

2 cm große Gebäckstückchen werden bei 40° C im Vakuum (Exsiccator in Thermostat einstellen!) in 25%ige Gelatine eingebettet. Nach 5 min ist alle Luft entwichen, und das Präparat vollständig durchtränkt. Der abgekühlte, erstarrte Block wird dann für 15 min in 5%igem Formalin gehärtet, in fließendem Wasser 30 min gewässert und anschließend auf dem Gefriermikrotom geschnitten. Schnittdicken: 5—10 μm.

γ) Gefrierschneiden von Wurst- und Fleischwaren

Feste Wurst- und Fleischwaren: Nach 12—24 stündiger Härtung in 4% igem Formalin und anschließendem gründlichen Wässern können normale Gefrierschnitte hergestellt werden.

Weiche Wurst- und Fleischwaren: Das zerschnittene Probegut 12—24 Std in 4% iger Formalinlösung härten und anschließend 24 Std gut wässern. 1—2 cm große Stückchen bei 37° C (Thermostat) 3—24 Std in 12,5% ige Gelatinelösung einlegen, dann für die gleiche Zeit in 25% ige Gelatine umbetten. Nach Erstarren der Gelatine, geeignete Blöckchen herausschneiden und diese etwa 1 Tag in 4% igem Formalin härten. Nach gründlicher Wässerung erfolgt das Schneiden auf dem Gefriermikrotom.

g) Die Einbettungsverfahren

In der *Gelatineeinbettung* haben wir bereits eines der Einbettungsverfahren kennengelernt. Wenngleich die Gelatineblöcke nach besonderer Aushärtung auch auf dem Schlittenmikrotom geschnitten werden können, bevorzugt man doch das Gefrierschnittverfahren; denn sie fordern auf Grund ihres Wassergehaltes geradezu die Anwendung dieser Methode. Hinzu kommt, daß in relativ kurzer Zeit von dem eingebetteten Material die fertigen Schnitte vorliegen — ein für die Praxis der Routineuntersuchung sehr wichtiger Gesichtspunkt.

Die anderen Einbettungsmethoden benötigen einen erheblichen Aufwand an Zeit. Sie liefern dafür jedoch in der Regel die besseren Ergebnisse.

Am gebräuchlichsten ist die *Paraffineinbettung*. Sie nimmt 5—8 Tage in Anspruch. Daneben ist die Einbettung in *Celloidin* (Nitrocellulose) oder das kombinierte *Celloidin-Paraffin-Verfahren* gebräuchlich. Diese Methoden sind jedoch wegen der ausgesprochenen langen Einbettungszeit von 4—6 Wochen nur wenig beliebt. Wir wollen sie daher hier auch nicht besprechen.

Die Paraffineinbettung ist dagegen die Standardmethode der Mikrotomie. Sie kann praktisch für alle pflanzlichen oder tierischen Objekte angewendet werden.

Wichtig für die Untersuchung von Nahrungsmitteln ist auch die *Plexiglas-Einbettungsmethode*. Sie wurde erst in jüngerer Zeit im Rahmen der elektronenmikroskopischen Ultradünnschnitt-Technik entwickelt, findet aber auch in der normalen Mikrotomie ihre Anwendung für die Schnittgewinnung von harten Objekten. — Paraffineinbettung und Plexiglaseinbettung sollen hier beschrieben werden.

α) Der Einbettungsprozeß

Bevor die Präparate in Paraffin oder Plexiglas eingebettet werden können, sind zwei andere Vorbehandlungen erforderlich: die Objekte müssen fixiert und anschließend entwässert werden.

Notwendigkeit und Wirkungsweise der *Fixierung* wurde bereits in einem der vorhergehenden Abschnitte beschrieben. Für Einbettungszwecke ist im allgemeinen eine sorgfältigere Auswahl der Fixierungsgemische zu treffen wie für die Handschnitt- oder Stückpräparation, da es auf eine gute Darstellung der Feinstrukturen ankommt. Sie richtet sich grundsätzlich nach dem Untersuchungsziel.

Eine *Entwässerung* der Objekte ist notwendig, um das nach dem Auswaschen des Fixierungsmittels (Siebröhrchen, vgl. Abb. 23) sehr stark wasserhaltige Gewebe für die nicht mit Wasser mischbaren Einbettungsmittel durchdringbar zu machen. Als Entwässerungsmedium benutzt man in der Regel Äthyl- oder Isopropylalkohol. Wegen der beim Wasserentzug auftretenden Gewebeschrumpfung werden die Objekte stufenweise entwässert; d. h. sie passieren eine sog. Alkoholreihe, die mit niedrigem Alkohol beginnt und im absoluten Alkohol endet.

Zur Durchführung der Entwässerung benutzt man am besten die Entwässerungsgefäße nach ROMEIS (Abb. 24, Fa. Wagener und Munz/München). Durch das eingehängte Porzellansieb werden hier die Objekte immer in der gewünschten Alkoholkonzentration gehalten, während sich der ausfließende Alkohol der vorhergehenden Stufe im unteren Bereich des Glasgefäßes ansammelt.

Nach der Entwässerung muß noch ein *Intermedium* passiert werden, das die Objekte mit einem Lösungsmittel für die Einbettungssubstanz durchtränkt, wenn letztere nicht mit Alkohol direkt mischbar ist. Schließlich werden die Präparate in das reine Einbettungsmittel überführt. Im Falle der Paraffineinbettung also in geschmolzenes Paraffin, das man dann nach völliger Durchtränkung des Objektes, mit diesem zusammen in einem Staniolschiffchen erstarren läßt (vgl. oben:

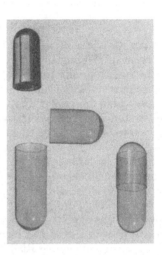

Abb. 25. Gelatinekapseln zur Herstellung von Plexiglaseinbettungen. Links oben im Bild ein auspolymerisierter Plexiglasblock (Näheres im Text)

Abb. 24. Entwässerungsgefäß nach ROMEIS
(Näheres vgl. Text)

Mikrotomschnitte von Frischmaterial). Für die Plexiglas-Einbettung bringt man Objekt und Plexiglas-Monomer in eine Gelatinekapsel (Abb. 25) und polymerisiert das Ganze im Thermostaten.

β) Das Schneiden der eingebetteten Objekte auf dem Mikrotom

Der erstarrte und das Objekt enthaltende *Paraffinblock* wird in der im Abschnitt über Mikrotomschnitte von Frischmaterial beschriebenen Weise zurechtgeschnitten und auf ein Stabilit-Klötzchen aufgeschmolzen.

Zum Schneiden benutzt man ein Schlittenmikrotom mit beweglichem Messer, ein Grundschlittenmikrotom oder ein Minot-Mikrotom. Paraffinschnitte werden normalerweise mit einem quergestellten Messer der Schliffart c geschnitten, da dann die Einzelschnitte auf Grund der Klebrigkeit der Paraffinschnittkanten „im Band" erhalten werden (vgl. Abb. 26). Das Schnittband kann man dann in kleinere Abschnitte (etwa 4—5 Schnitte oder mehr, je nach Objektgröße) unterteilen, und diese auf etwa 35° C warmem Wasser strecken. Hierbei geht die beim Schneiden hervorgerufene Stauchung der Schnitte zurück. Die gestreckten Schnitte werden nun mit einem Pinsel auf einen dünn mit Eiweißglycerin bestrichenen Objektträger aufgezogen und im Thermostaten getrocknet (etwa 30—40° C). Durch die Coagulierung des Eiweißes haften sie nunmehr fest am Objektträger und können so unbeschadet in die verschiedenen Nachbehandlungs-Flüssigkeiten gebracht werden (vgl. Gefrierschnitte von fixiertem Material).

Den *Plexiglasblock* (Abb. 25) kann man nach Ablösen der Gelatinekapsel (warmes Wasser) ebenfalls auf einem Stabilitklötzchen aufkitten. Dazu benutzt man am besten den schnellhärtenden Kunststoff „Technovit" (Fa. Kulzer & Co./

Bad Homburg v.d.H.). Besser ist aber ein festes Einspannen in einer Spezialklemme. Zum Leitz-Grundschlittenmikrotom wird für diesen Zweck eine Klemme
geliefert, die auf die normale Ku-
gelgelenkklemme aufgeschraubt
werden kann (vgl. Abb. 27).

Es besteht die Möglichkeit, entweder Plexiglas-Schnitte bis herunter
zu einer Dicke von 1 μm oder dünnere
Schnitte unter 1 μm bis zu der Größenordnung von 0,1 μm herzustellen.
Im ersten Falle benutzt man ein normales Mikrotom mit schräg gestelltem
Stahlmesser der Schliffart c. Für die
Schrägstellung des Mikrotommessers
am Minot-Mikrotom ist dann ein besonderer, schräger Messerbock erforderlich. Man schneidet langsam und
zügig von dem nach Art der Paraffin-
blöcke zugeschnittenen (Rasierklinge)
Plexiglasblock möglichst ungefaltete
Schnitte herunter. Besonderes Augenmerk ist beim Plexiglas-Schneiden auf
einwandfreie Beschaffenheit der Mes-
serschneide sowie auf Messerneigung
und vor allem Messerstellung zu richten. — Dünnschnitte unter einem
Mikron werden mit dem Grundschlittenmikrotom in Sonderausführung für
Dünnschnitte (Abb. 28) gewonnen.
Diese Dünnschnitte lassen sich nicht
mehr mit den üblichen Stahlmessern
herstellen, sondern es müssen Glasmesser verwendet werden, die in einem
besonderen Glasmesserhalter befestigt
werden (vgl. Abb. 28). Diese Schnei-
detechnik wie auch die Glasmesser-
herstellung hat der Autor an anderer
Stelle im einzelnen beschrieben.

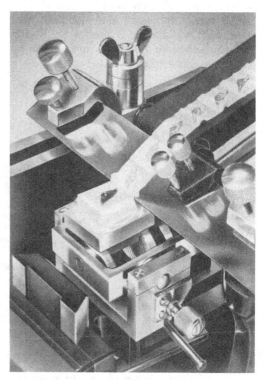

Abb. 26. Entstehung eines Schnittbandes beim Paraffin-
schneiden (Leitz-Grundschlittenmikrotom)

Plexiglasschnitte nimmt man
mit einem feinen Haarpinsel vom
Messer und streckt sie auf einem
Gemisch von dest. Wasser mit
Aceton. Der Acetongehalt beträgt
für Schnitte bis zu einem Mikron:
20—30 %, für Schnitte unter
1 μm: 50%. Gelindes Erwärmen
der Streckflüssigkeit fördert das
rasche Ausbreiten. Ebenso kann
man einen mit Chloroform benetzten Pinsel über die Schnitte
halten: Die herabfallenden Chlo-
roformdämpfe verursachen ein
Glätten der dünnen Plexiglas-
scheibchen.

Die dickeren Schnitte werden
mit Eiweißglycerin auf den Objektträger aufgeklebt; für die
dünneren Schnitte ist dies nicht

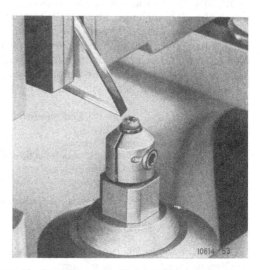

Abb. 27. Spezialklemme für Plexiglasblöcke und Glasmesser
zur Herstellung von Dünnschnitten unter einem Mikron von
Plexiglaseinbettungen (Leitz-Grundschlittenmikrotom)

unbedingt erforderlich, da sie im allgemeinen von selbst so fest am Glas haften, daß ein Abschwimmen beim Herauslösen des Einbettungsmittels oder beim Färben nicht zu befürchten ist. Man kann bei den Dünnschnitten, die phasenkontrastoptisch untersucht werden sollen, auch auf das Herauslösen des Plexiglases verzichten, wenn man sie in ein Medium einschließt, das etwa die gleiche Brechzahl wie Plexiglas besitzt (z. B. Ricinusöl). Dadurch wird im Mikroskop die Einbettmasse praktisch unsichtbar und nur die Strukturen des Objektes treten im Phasenkontrast hervor.

Abb. 28. Leitz-Grundschlittenmikrotom in Spezialausführung für Schnitte unter einem Mikron mit Glasmesser

γ) Vorschrift für die Einbettung in Paraffin und in Plexiglas

γ_1) **Die Fixierung.** Zur Fixierung müssen die Objekte in kleine Stückchen — möglichst nicht dicker als 4 mm — zerteilt werden, damit das Fixierungsmedium rasch überall hingelangt. Andernfalls treten postmortale Veränderungen der Struktur in den Objektbereichen ein, die noch nicht mit dem Fixiergemisch in Berührung gekommen sind. Dies gilt besonders für die Fixierung in Osmiumsäure; sie dringt von allen Fixierungsflüssigkeiten am langsamsten in das Objekt ein. Daher dürfen hier die Objektstückchen nur 1 mm dick sein. — Die Fixierung nimmt man immer in Glasgefäßen mit eingeschliffenem Deckel oder in entsprechenden Weithalsflaschen vor.

Fixiergemisch nach Bouin

Eisessig . . . . 1 ml
40% Formalin . . . . 5 ml
gesättigte wäßrige Pikrinsäurelösung . . 15 ml

Geeignet für: Übersicht, Kerne, Cytoplasma.
Fixierdauer: 2—24 Std oder länger. Anschließend in 80%igem Alkohol auswaschen.

Fixiergemisch nach Carnoy

Chloroform . . . . 3 ml
absoluter Alkohol . . . . 6 ml
Eisessig . . . . 1 ml

Geeignet für: fast alle Objekte, Fettgewebe, Knochen.
Fixierdauer: 2—3 Tage oder länger.
Schnellfixierung: 3—10 Std im Thermostaten bei 40° C. Aufbewahrung in 4%igem Formalin.

Sublimat-Eisessig (Susa)

Stammlösung: 45 g Sublimat und 5 g NaCl in 800 ml aqua dest. lösen (erwärmen) und dann 20 g Trichloressigsäure und 200 ml 40%iges Formalin zugeben.

Vor Gebrauch mischt man 100 ml der Stammlösung mit 4 ml Eisessig.

Geeignet für: Übersicht, Kerne, Bindegewebe.

Fixierdauer: 1—24 Std, je nach Objektdicke. Anschließend in 90%igen Alkohol übertragen. Keine Metallinstrumente mit Fixierungsgemisch in Berührung bringen!

Chromessigsäure

10%ige Essigsäure	10 ml
1%ige Chromsäure	50 ml
aqua dest.	40 ml

Geeignet für: botanisch-anatomische Präparate, auch für sehr wasserhaltiges Material.

Fixierdauer: 12—24 Std. Nach der Fixierung mehrere Stunden gründlich wässern und in 70%igem Alkohol aufbewahren.

Formol-Eisessig-Alkohol (FAA)

96%iger Alkohol	50 ml
Eisessig	5 ml
Formaldehyd konz.	10 ml
aqua dest.	35 ml

Geeignet für: anatomische Untersuchungen von Stengeln, Blättern, Wurzeln, Rhizomen usw.

Fixierdauer: einige Tage. Aufbewahrung im Fixierungsmittel.

Flemmingsches Gemisch

schwaches Gemisch:	1%ige Chromsäure	72 ml
	Eisessig	4,8 ml
	2%ige Osmiumsäure	10 ml
	aqua dest.	104 ml
mittelstarkes Gemisch:	1%ige Chromsäure	50 ml
	10%ige Essigsäure	10 ml
	2%ige Osmiumsäure	10 ml
	aqua dest.	30 ml

Geeignet für: botanisch-histologische und -cytologische Untersuchungen. Eiweißreiches Material im schwachen Gemisch fixieren!

Fixierdauer: einige Stunden bis mehrere Tage, je nach Objekt. Nach der Fixierung 12 bis 24 Std in fließendem Wasser waschen. Aufbewahren in 70%igem Alkohol.

Osmiumsäurefixierung nach PALADE, für Dünnschnitte

Natriumveronal-Natriumacetat-Puffer, 0,14 molar	5 ml
Salzsäure 1/10 normal	5 ml
Osmiumsäurelösung	12,5 ml
aqua dest.	17,5 ml

Geeignet für: alle zoologischen und botanischen Objekte.

Fixierdauer: 2 Std oder länger. Fixierung unmittelbar vor dem Einbetten vornehmen, vorher pH kontrollieren; Sollwert: pH 7,2—7,4!

γ_2) **Die Paraffineinbettung.** Alle mit wasserhaltigen Medien fixierten Objekte bzw. alle die Präparate, die im Fixierungsmittel aufbewahrt wurden, müssen zunächst gründlich unter fließendem Wasser ausgewaschen werden. Dann folgt die Entwässerung in der steigenden Alkoholreihe. Material, das sich bereits in Alkohol befindet, wird von der Konzentrationsstufe des Aufbewahrungs-Alkohols an weiter behandelt.

Die Paraffineinbettung verläuft nach folgendem Schema:

Auswaschen des Fixierungsmittels (12—24 Std)
↓
Entwässerung in der Alkoholreihe

zoologische Objekte:	botanische Objekte:
70%-Stufe 4—8 Std	5%, 10%, 20% usw. bis 40% Stufe
90%-Stufe 4—8 Std	je 2—3 Std
96%-Stufe 4—24 Std	50%, 60% usw. bis 96%-Stufe
100% Alkohol, 2 × je 4 Std	je 4—5 Std
bis 24 Std	100% Alkohol etwa 3 Tage,
	mehrmals wechseln.

↓
Intermedium — Alkohol

Benzol-Alkohol 1:1 15 min	Alkohol-Xylol 3:1 2 Std
	Alkohol-Xylol 1:1 2 Std
	Alkohol-Xylol 1:3 2 Std

↓
Intermedium

Benzol I 15 min	Xylol I 30—45 min
Benzol II 15 min	Xylol II 10—15 min

↓
Intermedium — Paraffin
(im Thermostaten bei 30° C)

Benzol-Paraffin 2:1 15—30 min	Xylol-Paraffin 1:1 15—30 min

↓
geschmolzenes Paraffin, Kp. 56—58° C
24 Std und länger, Paraffin mehrmals wechseln
↓
Paraffinblock herstellen

γ_3) **Die Einbettung in Plexiglas.** Zur Plexiglas-Einbettung wird im Normalfalle ein Gemisch von 8 Teilen monomerem n-Methacrylsäurebutylester[1] und 2 Teilen Methacrylsäuremethylester[1] benutzt. Durch erhöhten Zusatz von Methylmethacrylat kann jedoch, falls erforderlich, die Blockhärte heraufgesetzt werden.

Die Monomeren werden von der Herstellerfirma (Röhm & Haas/Darmstadt) mit einem Stabilisator versehen, damit sie nicht auspolymerisieren. Dieser Stabilisator — meist Hydrochinon — muß vor dem Einbetten durch Ausschütteln mit n-Natronlauge entfernt werden. Anschließend wird mit dest. Wasser bis zur Alkalifreiheit gewaschen, und das entstabilisierte Monomer über Calciumchlorid im Kühlschrank getrocknet und aufbewahrt.

Zur Einbettung mischt man die beiden Monomeren im gewünschten Verhältnis. Einen Teil dieser Mischung muß dann später mit dem für die Polymerisation notwendigen Beschleuniger versetzt werden. Als Beschleuniger wird die von der Oxydo GmbH./ Emmerich hergestellte Perkadox-Paste benutzt.

Die Einbettung eignet sich vor allem für härtere Objekte, z. B. für Nahrungsmittel wie Teigwaren und ähnliche Produkte. Nahrungsmittelproben brauchen unter Umständen gar nicht fixiert und in der Alkoholreihe entwässert zu werden, sondern es genügt lediglich eine kurze Vorbehandlung in absolutem Alkohol.

Beim Einbetten verfährt man nach folgender Vorschrift:

1. Fixierung: für Dünnschnitte in OsO_4-Lösung nach PALADE, für normale Mikrotomschnitte beliebig.
2. Wässern.
3. Alkoholreihe (3mal absoluter Alkohol).
4. Methacrylat-Gemisch ohne Beschleuniger, 3 × je 3 Std.
5. Methacrylat-Gemisch mit Beschleuniger, 30 min.
6. Polymerisation in Gelatinekapseln bei 47° C im Thermostaten, 12—24 Std.

Da beim Auspolymerisieren des Methacrylates oft Spannungen auftreten, die das Objekt zerreißen können, polymerisiere man zunächst das Präparat in einer kleinen Menge Plexiglas

---

[1] Methacrylate sind als Monomere in gewissem Maße gesundheitsschädlich (Dämpfe und Flüssigkeit). Daher als Vorsichtsmaßnahme: Abzug und Gummihandschuhe!

am Boden der Gelatinekapsel ein. Danach erfolgt Zugabe von getrennt vorpolymerisiertem Methacrylat (Sirupkonsistenz) und Endpolymerisation des Ganzen in der Kapsel.

Zum Einstellen der Gelatinekapsel in den Thermostaten fertigt man sich ein einfaches Pappbänkchen, in das man eine Anzahl entsprechend großer Löcher stanzt.

h) Die Färbung von Mikrotomschnittpräparaten

Aus den zu färbenden Gelatine- und Paraffinschnitten muß grundsätzlich das Einbettungsmittel entfernt werden, da dieses sonst von den Farbstoffen mitgefärbt wird. Plexiglasschnitte brauchen nicht unbedingt von der Einbettmasse befreit werden, da eine Reihe von Färbungen durchgeführt werden kann, ohne daß ein Mitfärben des Plexiglases erfolgt.

Gelatineschnitte, sofern sie nicht von formalingehärteten Blöcken erhalten wurden, legt man bei 37—40° C (Thermostat) in Wasser, welches die Gelatine herauslöst (Näheres vgl. B. ROMEIS 1948).

Formalingehärtete Gelatine ist dagegen wasserunlöslich. Sie kann nur durch Einlegen der Schnitte in 10%ige Natron-oder Kalilauge (30 min) herausgelöst werden. Anschließend wäscht man die Schnitte 1 Std lang in mehrfach zu wechselndem Wasser aus. Dabei schwimmen nun alle aufgeklebten Schnitte vom Objektträger ab (Nachteil der Methode).

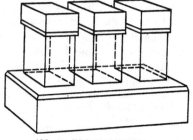

Abb. 29. Färbeküvetten für Mikrotomschnitt-Präparate

Paraffinschnitte werden durch Einstellen in Xylol vom Paraffin befreit. Man benutzt hierzu wie auch für die weiteren Behandlungen am besten die in Abb. 29 gezeigten Färbegläser, in die man die Objektträger senkrecht einstellen kann. Nach dem Entparaffinieren führt man die Präparate über absoluten Alkohol, 96%igen, 70%igen und 40%igen Alkohol in destilliertes Wasser. Anschließend wird gefärbt.

Zum Herauslösen des Einbettungsmittels aus Plexiglasschnitten stellt man diese für 1 Std in eine Färbeküvette mit Aceton. Danach folgt, wie für Paraffinschnitte, absteigende Alkoholreihe, Überführung in dest. Wasser und Färbung.

Frischschnitte werden über destilliertes Wasser direkt in die Farblösung gebracht.

Schnitte, an denen Bakterienfärbungen ausgeführt werden sollen, um die Mikroorganismen im Gewebe nachzuweisen, werden vom Einbettungsmittel befreit, in Wasser überführt und nach der Vorschrift für Bakteriendarstellung behandelt.

Die Mehrzahl aller histologischen Färbungen werden in einer wäßrigen Lösung des Farbstoffs vorgenommen. Zumindest gilt dies für die Hauptfarbe, mit der man die zu untersuchende Struktur darstellt (z. B. die Zellkerne). An diese Färbung schließt sich meist noch ein weiterer Färbungsschritt — die Gegenfärbung — an, mit der man das übrige Gewebe im Kontrast zur Hauptfarbe darstellt. Die Gegenfärbung erfolgt bisweilen in alkoholischer Lösung. Nach der Färbung werden die Schnitte wieder die Alkoholreihe hochgeführt und in Xylol gebracht.

Die Herstellung eines Dauerpräparates erfolgt durch Einschließen in Canadabalsam: Auf den noch feuchten Schnitt tropft man etwas Canadabalsamlösung (E. Merck/Darmstadt) und legt vorsichtig ein Deckglas auf. Dabei achte man darauf, etwa im Präparat befindliche Luftblasen durch leichtes Andrücken des Deckglases nach außen entweichen zu lassen. Gelingt dies nicht, so hilft in jedem Falle ein Einlegen der Präparate für einige Stunden in den Thermostaten bei 35—40° C.

Außer Canadabalsam sind noch andere Einschlußmittel in Gebrauch. Das „Caedax" (E. Merck/Darmstadt), das „Euparal" (Bayer/Leverkusen) — ein wassertolerantes Einschlußmittel — und das neuerdings von der Fa. E. Merck auf den Markt gebrachte, schnellhärtende

Einschlußmittel „Entellan" seien hier genannt. Fluorescenzfärbungen müssen dagegen in ein nicht fluorescierendes Einschlußmittel gebracht werden; am besten in fluorescenzfreies Immersionsöl oder in paraffinum liquidum. Präparate, die im Ultraviolett-Mikroskop untersucht werden sollen, müssen in ein Einschlußmittel gebracht werden, das auch noch das kurzwellige UV durchläßt. Hierzu verwendet man wasserhaltiges Glycerin mit einem Brechungsindex von $nD^{20°} = 1,440$. — Deckgläser der Fluorescenz- und UV-Präparate sind mit Deckglaskitt zu umranden.

Von den histologischen Färbemethoden ist am gebräuchlichsten die *Hämalaun-Eosin-Färbung.*

Färbevorschrift. Man bringt die entparaffinierten Schnitte aus destilliertem Wasser in Hämalaunlösung nach MAYER (E. Merck/Darmstadt) und färbt 2—3 min. Anschließend werden die Schnitte etwa 15—30 min mit fließendem Leitungswasser behandelt (Färbeküvette mit Objektträgern unter schwach fließendem Leitungswasser aufstellen): die zuerst rot gefärbten Partien des Schnittes werden blau. Danach führt man die Objektträger bis in 70%igen Alkohol hoch und stellt sie dann in eine Lösung von 1% Eosin in 80%igem Alkohol ein. Nach etwa 2—5 min Gegenfärbung erfolgt Übergang in 96%igen Alkohol, absoluten Alkohol (beides kurz!) und Xylol. Anschließend Einschluß in Canadabalsam.

Färbeergebnis. Zellkerne blau, Cytoplasmastrukturen rot.

Pflanzliche Schnitte kann man auch mit *Safranin-Gentianaviolett* färben. Dadurch gelingt eine detaillierte Darstellung von Kernen, Chromatin, verholzten Strukturen, Stärke und Cytoplasma.

Als **Reagentien** werden benötigt: 1%ige wäßrige Safraninlösung mit 2—3 Tropfen Anilin, 1—2%ige wäßrige Gentianaviolettlösung.

Ausführung der Färbung. Entparaffinierte Schnitte in absteigende Alkoholreihe bis 70% Alkohol. Einbringen des Schnittes für 5 sec (!) in die Safraninlösung. Rasch mit Wasser abspülen. Gegenfärben mit Gentianaviolett 1—3 min. Spülen mit Wasser. Spülen mit 5%igem Alkohol; Absoluter Alkohol 3 ×, höchstens 1—2 min (Vorsicht Entfärbung!)

Übertragen in Nelkenöl; Xylol 3 ×, je 5 min; Xylol IV über Nacht; Einschluß in Canadabalsam.

Färbeergebnis. Kerne rot; Chromatin blaurot; Holz blau; Stärke blau; Cytoplasma rosa.

Schließlich sei noch die Vorschrift zur *Fluorescenzfärbung* von Schnittpräparaten mit *Coriphosphin-Fuchsin* bzw. *Acridinorange NO* mitgeteilt, die an Formalin- oder Carnoy-fixierten Präparaten durchgeführt werden kann.

Coriphosphin-Fuchsin-Fluororchromierung nach BUKATSCH und HAITINGER.

Reagentien. Coriphosphin O-Lösung 1:10000; Fuchsin-Lösung 1:10000.

Ausführung der Färbung. Schnitte entparaffinieren und bis in dest. Wasser führen. Einstellen der Schnitte in Coriphosphin O-Lösung 2—5 min. Sofort in Fuchsin-Lösung übertragen für 1 bis wenige Sekunden. Gründlich mit Wasser abspülen. Einschluß in Paraffinöl.

Färberesultat. Chromatin leuchtend gelbgrün bis gelb, Nucleolen orange, Cytoplasma tiefrot.

Verwendet man anstelle von Coriphosphin O nach der gleichen Färbevorschrift Acridinorange NO, so fluorescieren dann im Präparat Chromatin grün bis gelbgrün, Nucleolen rot und Cytoplasma orange.

Die hier mitgeteilten drei Standard-Färbungen für histologische Präparate liefern mit Sicherheit gute Resultate, auch wenn sie von dem Anfänger durchgeführt werden müssen. Sie stellen natürlich nur einen Bruchteil aus der fast unübersehbaren Fülle von Färbevorschriften dar, die in der Histologie und Cytologie angewendet werden können. Eine gute Zusammenstellung dieser Recepturen mit interessanten Hinweisen auf Variationsmöglichkeiten für die Grundmethode im Einzelfall bringt B. ROMEIS (1948). Neben diesem Standardwerk sind auch der „Leitfaden der mikroskopischen Technik" von H. HAUG (1959) und das Buch von E. SCHULZE und H. GRAUPNER (1960) „Anleitung zum mikroskopischtechnischen Arbeiten in Biologie und Medizin" nützliche Ratgeber für die Anwendung allgemeiner und spezieller mikroskopisch-präparativer Verfahren.

Abschließend mögen noch einige Worte über die *Aufbewahrung der Mikropräparate* gesagt sein. Grundsätzlich sollte man es sich zur Gewohnheit machen,

Dauerpräparate zu beschriften; denn nach einiger Zeit fallen so viele Präparate an, daß man sich später vielleicht nicht mehr genau erinnert, welches Objekt vorlag, wie man fixierte, welche Einbettung benutzt und wie gefärbt wurde oder welche Schnittdicke das Präparat besitzt. Alle diese Dinge kann man – natürlich in abgekürzter Form – auf den heute erhältlichen Selbstklebeetiketten, die man rechts und links neben dem Deckglas auf dem Objektträger anbringt, festhalten. Eine andere Möglichkeit der Protokollierung besteht im Durchnummerieren der Präparate und dem Festhalten der zugehörigen Angaben in einem Tagebuch.

Frische und noch zu mikroskopierende Präparate legt man sogleich nach der Herstellung in flache Präparatemappen. So sind sie bis zur Untersuchung und auch für später beschädigungssicher aufbewahrt. Für das Anlegen einer Präparatesammlung ist späterhin ein Einordnen in Präparatekästen zweckmäßiger, da sich darin viele Präparate auf engem Raum übersichtlich geordnet unterbringen lassen.

6. Elektronenmikroskopische Präpariertechnik

Wie einleitend bemerkt, wird das Elektronenmikroskop für Forschungszwecke bereits auch auf dem Lebensmittelsektor eingesetzt. Die Herstellung der für elektronenoptische Untersuchungen benötigten Präparate muß den Verhältnissen im Elektronenmikroskop insofern besonders Rechnung tragen, als Präparatschichten dicker als 0,1 μm wegen der auftretenden Streuung und Absorption von Elektronen keine detaillierte Abbildung der Objektstrukturen durch Elektronenstrahlen mehr zulassen.

Es ist daher erforderlich, von Suspensionen sog. „*Spray-Präparate*" herzustellen, welche in dünnschichtiger Verteilung die zu untersuchenden Objekte – z. B. Bakterien – enthalten. Dabei ist es im allgemeinen noch üblich, die Präparate durch *Bedampfung* mit Metallen unter einem bestimmten Winkel zu stabilisieren und sie im Elektronenmikroskop dadurch außerdem noch plastisch darzustellen.

Ein anderes Präparierverfahren stellt die Anfertigung von *Oberflächenabdrucken* dar. Von der Objektoberfläche wird ein Folienabdruck hergestellt, den man nach anschließender Schrägbedampfung dann im Elektronenmikroskop durchstrahlen kann.

Schließlich hat sich in den letzten zehn Jahren ein drittes Präparationsverfahren, das besonders für biologische Objekte in Frage kommt, nämlich die *Ultramikrotomie*, stark entwickeln können. Hier werden die Objekte nach Einbettung in Kunststoffmassen, wie z. B. Plexiglas, auf einem besonderen Mikrotom – dem Ultramikrotom – geschnitten (vgl. Abb. 30). Die mit diesem Gerät zu erhaltenden Ultradünnschnitte haben eine Dicke zwischen 0,01 und 0,07 μm. Besondere Fixierungsverfahren und Einbettungsvorschriften müssen für diese Art der Objektpräparation angewendet werden.

Aber nicht allein die notwendige Dünnschichtigkeit der Objekte ganz allgemein, sondern auch die ebenfalls vom Mikroskop her vorgeschriebene geringe Flächenausdehnung der Präparate (bis maximal etwa 4 mm²) hat in der Elektronenmikroskopie schließlich zu einer ganz speziellen Präpariertechnik geführt. Sie ist schon aus Dimensionsgründen heraus so verschieden von der lichtmikroskopischen Technik, daß sie der letzteren nicht untergeordnet sein, sondern neben dieser als selbständige Methode bestehen muß. – Es ginge über das bei der Abfassung des vorliegenden Beitrags ins Auge gefaßte Ziel, die für mikroskopische Untersuchungen von Nahrungsmitteln ganz allgemein interessierenden Herstellungsverfahren für Mikropräparate zu beschreiben, hinaus, wollte man der elektronenmikroskopischen Präpariertechnik außer dem hier gegebenen Hinweis auf das Grundsätzliche eine ins einzelne gehende Darstellung zukommen lassen. Dazu steht dem interessierten Leser eine Reihe guter Fachbücher zur Verfügung.

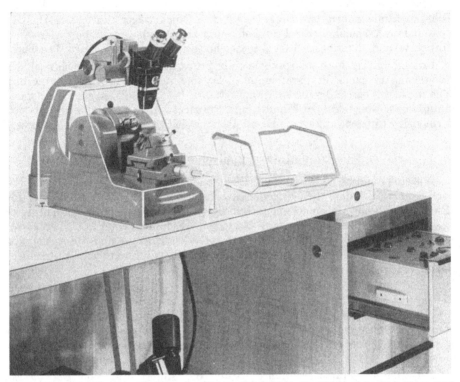

Abb. 30. Leitz-Ultramikrotom nach Fernandez-Moran; Detailansicht. Das Objekt wird mittels Motorantrieb nur einmal am Messer vorbeigeführt (Rotationsprinzip), der Objektvorschub erfolgt durch thermische Ausdehnung eines Stahlstabes. Als Messer kommen Glas- oder Diamantmesser zur Anwendung

Bibliographie

Brontë Gatenby, J., and H. W. Beams: The microtomist's vade-mecum (Bolles Lee). London: J. & A. Churchill Ltd. 1950.

CIBA-Aktiengesellschaft/Basel: Färbevorschriften für mikroskopische Farbstoffe — Ciba; Histologischer Teil, Botanischer Teil, Bakteriologischer und Hämatologischer Teil.

Davenport, H. A.: Histological and histochemical technics. London: W. B. Saunders Company Philadelphia 1961.

Graumann, H., u. K. Neumann: Handbuch der Histochemie I/1. Stuttgart: G. Fischer-Verlag 1958.

Griebel, C.: Mikroskopie, Teil II: Herstellung mikroskopischer Präparate; in Handbuch der Lebensmittelchemie, allgem. Untersuchungsmethoden. 1. Teil, Physikal. Verfahren. Berlin: Springer-Verlag 1933.

Haitinger, M.: Fluoreszenz-Mikroskopie. 2. Aufl. Leipzig: Akademie-Verlag 1960.

Harders-Steinhäuser, M.: Das Mikrotom und seine Anwendung, in H. Freund, Handbuch der Mikroskopie in der Technik. Bd. I/1. Frankfurt/Main: Umschau-Verlag 1957.

Haug, H.: Leitfaden der mikroskopischen Technik. Stuttgart: Georg Thieme-Verlag 1959.

Johansen, D. A.: Plant microtechnique. New York and London: McGraw-Hill Book Comp. 1940.

Kay, D.: Techniques for electron microscopy. Oxford: Blackwell Scientific Publ. 1961.

Mackie, T. J., and J. E. McCartney: Handbook of practical bacteriology. Edinburgh and London: E. & S. Livingstone Ltd. 1956.

REIMER, L.: Elektronenmikroskopische Untersuchungs- und Präpariermethoden. Berlin-Göttingen-Heidelberg: Springer 1959.
RIPPEL-BALDES, A.: Grundriß der Mikrobiologie, 3. Aufl. Berlin-Göttingen-Heidelberg: Springer 1955.
ROMEIS, B.: Mikroskopische Technik. München: Leibniz-Verlag 1948.
SCHNEIDER, H., u. A. ZIMMERMANN: Botanische Mikrotechnik. Jena: Verlag G. Fischer 1922.
SCHULZE, E., u. H. GRAUPNER: Anleitung zum mikroskopisch-technischen Arbeiten in Biologie und Medizin, 2. Aufl. Leipzig: Akadem. Verlagsges. Geest & Portig K.G. 1960.
SCHULZE, P.: Ein neues Verfahren zum Bleichen und Erweichen tierischer Hartgebilde. Sitz.-Ber. Ges. naturf. Freunde 135—139 (1922).
STRASBURGER, E., u. M. KOERNICKE: Das kleine botanische Praktikum. 11. Aufl. Jena: Gustav Fischer 1949.
STRUGGER, S.: Fluoreszenzmikroskopie und Mikrobiologie. Hannover: Schaper-Verlag 1949.
WALTER, F.: Das Mikrotom, Leitfaden der Präparationstechnik und des Mikrotomschneidens. Wetzlar: Techn. Pädag. Verlag Scharfes Druckereien K.G. 1961.
ZAPF, K., u. J. LUDVIK: Einführung in die elektronenmikroskopische Präpariertechnik in der Mikrobiologie. Jena: VEB G. Fischer-Verlag 1961.

Zeitschriftenliteratur

GAVEL, L. VON: Die Butterstruktur auf Grund von Beobachtungen an Butterschnitten. Z. Lebensmittel-Untersuch. u. -Forsch. 104, 1—21 (1956).
HAGEMANN, D. K. H.: Fluoreszenzfärbung von Tuberkelbakterien mit Auramin. Münch. med. Wschr. 85, 1066—1068 (1958).
KNOOP, E., u. A. WORTMANN: Die Butterstruktur im elektronenmikroskopischen Bild. Proc. XVI. Int. Dairy Congr. Kopenhagen, Sect B, 104—112, 1962.
WALTER, F.: Ultramikrotomie. I. Das Ultramikrotom nach FERNANDEZ-MORAN. Leitz-Mitt. Wiss. u. Techn. I/8, 236—243 (1961).
— Über die Fluoreszenzmikroskopie mit markierten Proteinen. Leitz-Mitt. Wiss. u. Techn. II/7, 207—215 (1964).

Eichung von Meßgeräten

Von

Dipl. Ing. H. Johannsen, Berlin

Mit 4 Abbildungen

A. Rechtsgrundlagen

I. Gesetzliche Vorschriften

Für den Erlaß der das Maß- und Eichwesen regelnden Rechtsvorschriften ist nach Art 73 Nr. 4 des Grundgesetzes für die Bundesrepublik Deutschland (GG) ausschließlich der Bund zuständig. Wichtigstes Gesetz ist zur Zeit das Maß- und Gewichtsgesetz vom 13. 12. 1935 (MuGG), das bis 1945 mehrfach geändert und ergänzt worden ist; nach Art 123 Abs. 1 GG gilt es als Bundesgesetz fort. Im MuGG sind u. a. die gesetzlichen Maßeinheiten, der Umfang der Eichpflicht von Meßgeräten, deren Nacheichpflicht sowie technische Vorschriften über Schankgefäße und Flaschen behandelt.

Auf Grund der im MuGG erteilten Ermächtigungen sind die nachfolgenden Durchführungsvorschriften erlassen worden:

1. Die Ausführungsverordnung (AusfVO) zum MuGG vom 20. 5. 1936, ebenfalls bis 1945 mehrfach geändert; in ihr sind u. a. die Pflichten der Meßgerätebenutzer sowie die Aufgaben der Eichbehörden, der Maß- und Gewichtspolizei und der Gemeinden näher festgelegt.

2. Die Eichordnung (EO) vom 24. 1. 1942 mit den inzwischen erlassenen zehn Änderungsverordnungen (Zehnte Verordnung zur Änderung der Eichordnung vom 7. 11. 1964); sie enthält die bei der Eichung und bei betrieblicher Benutzung an die Meßgeräte hinsichtlich ihrer baulichen Beschaffenheit und ihrer meßtechnischen Eigenschaften zu stellenden Anforderungen einschließlich der gesetzlichen Fehlergrenzen. In ihr ist ferner festgelegt, welche Meßgerätebauarten, bevor sie von den Eichbehörden zur Eichung angenommen werden dürfen, besonders zur Eichung zugelassen sein müssen und welche Meßgeräte ohne Bauartzulassung allgemein zulässig sind.

3. Die Eichanweisungen, nach denen die Eichungen von den Eichbehörden durchzuführen sind. Bis 1945 wurden die Eichanweisungen von der Physikalisch-Technischen Reichsanstalt (PTR) erlassen. Seit Errichtung der Physikalisch-Technischen Bundesanstalt (PTB) im Jahre 1949 werden die Entwürfe zu Eichanweisungsvorschriften bundeseinheitlich von der Vollversammlung der PTB aufgestellt, die aus den Leitern der Eichverwaltungen der Länder und einigen Vertretern der PTB besteht. Da die Durchführung der maß- und eichrechtlichen Vorschriften nach Art. 83 GG Sache der Länder ist, die hierfür jeweils eine Landeseichverwaltung unterhalten, wurde die erste seit 1945 fertiggestellte Eichanweisung (Eichanweisung — Allgemeine Vorschriften —) in Übereinstimmung mit Art. 84 Abs. 1 GG entsprechend einer Ländervereinbarung als Muster im Amtsblatt der PTB veröffentlicht und alsdann durch besondere Verfügungen in jedem Land in Kraft gesetzt. Neuerdings beabsichtigt das Bundesministerium für Wirtschaft, die Eichanweisungen nach Art. 84 Abs. 2 GG von der Bundesregierung mit Zustimmung des Bundesrates erlassen zu lassen.

4. Die Verordnung über die Stempel der Eichbehörden vom 3. 9. 1937, geändert 1938 und 1940; sie bestimmt die von den Eichbehörden bei der Meßgeräteprüfung anzuwendenden Stempel.

5. Die Gebührenordnung für die Amtshandlungen der Eichbehörden (Eichgebührenordnung — EGO —) vom 30. 6. 1959, geändert durch die Verordnungen vom 30. 5. 1962 und vom 9. 12. 1964.

Über die nach § 33 Abs. 3 der AusfVO zum MuGG erforderliche besondere Behandlung der maschinellen Abfülleinrichtungen für Fertigpackungen sowie die zulässigen Mindergewichte der Füllmengen in Fertigpackungen hat die Eichdirektion Berlin ein Merkblatt für Abfüllbetriebe herausgegeben (letzte Ausgabe vom 21. 2. 1964).

Verwendete Abkürzungen:

AusfVO = Ausführungsverordnung
EO   = Eichordnung
EWG   = Europäische Wirtschaftsgemeinschaft
GG   = Grundgesetz für die Bundesrepublik Deutschland
MuGG   = Maß- und Gewichtsgesetz
RGBl. I = Reichsgesetzblatt Teil I
PTB   = Physikalisch-Technische Bundesanstalt
PTR   = Physikalisch-Technische Reichsanstalt.

II. Begriff und Bedeutung der Eichung; Nacheichfrist und Fehlergrenzen

Durch das Anbringen des Eichstempels bescheinigt die Eichbehörde, daß das Meßgerät bei der Prüfung den Eichvorschriften entsprochen hat, insbesondere, daß seine meßtechnischen Fehler innerhalb der gesetzlichen Eichfehlergrenzen gelegen haben und es bei verkehrsüblicher Benutzung während der Gültigkeitsdauer der Eichung voraussichtlich innerhalb der Verkehrsfehlergrenzen richtig bleiben wird. Die Nacheichfrist der in der Lebensmittelwirtschaft benutzten Meßgeräte beträgt im allgemeinen zwei Jahre, doch ist sie für Meßgeräte, die ganz aus Glas bestehen oder ganz von Glas umschlossen sind (Thermometer, Aräometer), zeitlich nicht begrenzt. Die Gültigkeit der Eichung erlischt früher, sobald das Meßwerk des Meßgerätes verändert wird oder die Fehler des Meßgeräts, etwa durch Abnutzung, die Verkehrsfehlergrenzen überschreiten. In einem solchen Fall darf das Meßgerät im eichpflichtigen Verkehr erst wieder benutzt werden, nachdem es instandgesetzt und anschließend erneut geeicht worden ist.

Die Verkehrsfehlergrenzen der Meßgeräte mit beschränkter Nacheichfrist sind mit Rücksicht auf die unvermeidliche Änderung der Meßgeräte während ihres Gebrauchs größer als die Eichfehlergrenzen. Sie betragen meistens das Doppelte, z. T. aber auch das 1,5fache der Eichfehlergrenzen. Bei den Meßgeräten mit unbeschränkter Nacheichfrist, z. B. den Meßgeräten aus Glas, sind die Verkehrsfehlergrenzen gleich den Eichfehlergrenzen.

III. Zulassungs- und Eichbehörden

1. Zulassungsbehörde für die Meßgerätebauarten ist die Physikalisch-Technische Bundesanstalt (PTB) in Braunschweig und Berlin.

2. Eichbehörden (Eichämter) sind meßtechnisch arbeitende Landes-Fachbehörden, die von einer Eichaufsichtsbehörde (Eichdirektion) geleitet werden. Zu den Aufgaben der Eichbehörden gehört außer der Prüfung der eichpflichtigen Meßgeräte u. a. die Abgabe der gesetzlichen Maßeinheiten, meist durch Beglaubigung der entsprechenden Normalgeräte, die Überwachung des Zustandes der im eichpflichtigen Verkehr benutzten Meßgeräte, der Tätigkeit der öffentlichen Wägebetriebe und vereidigten Wäger sowie die Überwachung der Herstellung der Flaschen und der Schankgefäße.

Die allgemeinen Aufgaben der Landeseichverwaltung sind in der Regel auf mehrere regional zuständige Eichämter verteilt. Spezialaufgaben, wie die Prüfung von Thermometern, anderen Laboratoriumsmeßgeräten aus Glas, elektrischen Meßgeräten und Manometern, werden im allgemeinen zentral wahrgenommen.

Die Dienstaufsicht über die Eichdirektionen liegt mit Ausnahme von Bremen (hier ist der Senator für Arbeit zuständig) bei den für die Wirtschaft zuständigen Ministern (Senatoren).

IV. Arten der Eichstempel

Die vollzogene Eichung wird durch den sog. Hauptstempel, bestehend aus dem Eichzeichen und dem Jahreszeichen, bescheinigt (vgl. Abb. 1).

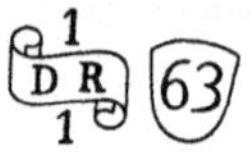

Abb. 1

Im Eichzeichen bedeuten die Zahlen über dem gewundenen Band die deutschen Länder entsprechend der folgenden Aufstellung:

1 Berlin	10 Hessen
4 Rheinland-Pfalz und Saarland	11 Nordrhein-Westfalen, Landesteil Nordrhein
7 Schleswig-Holstein	19 Bremen
8 Niedersachsen	20 Hamburg
9 Nordrhein-Westfalen, Landesteil	22 Baden-Württemberg
Westfalen und Lippe	23 Bayern,

während die Zahl unter dem gewundenen Band das Eichamt kennzeichnet. Das Jahreszeichen enthält die beiden letzten Ziffern des Prüfungsjahres. Bei einer Nacheichung wird dem bereits vorhandenen Jahreszeichen nur das neue Jahreszeichen hinzugefügt. Zu etwa erforderlichen zusätzlichen Sicherungsstempeln wird das Eichzeichen ohne Jahreszeichen verwendet.

Bei Meßgeräten, die in verschiedenen Genauigkeitsstufen hergestellt und entsprechend verschieden geprüft werden, wird das Eichzeichen im Hauptstempel durch zusätzliche Zeichen modifiziert (vgl. das folgende Beispiel für Waagen, Abb. 2):

Handelswaage

Präzisionswaage in einfacher Ausführung

Abb. 2

Präzisionswaage in Sonderausführung

Feinwaage

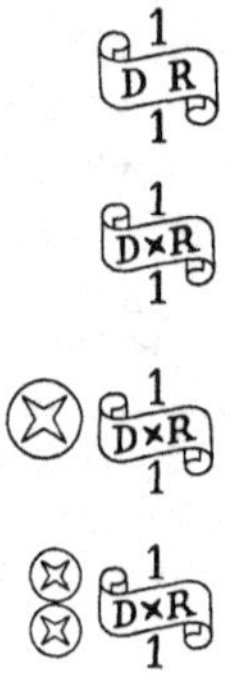

Bei beglaubigten Meßgeräten enthält der Hauptstempel statt des Eichzeichens das Beglaubigungszeichen (Abb. 3).

Abb. 3

V. Umfang der Eichpflicht; betriebsmäßige Prüfungen

Im Bereich der Wirtschaft sind Meßgeräte eichpflichtig, wenn sie zum Bestimmen von wirtschaftlichen Leistungen angewendet oder bereitgehalten werden (§ 9 MuGG). Zu den eichpflichtigen Meßgeräten gehören alle Einrichtungen,

1. mit denen Waren mengenmäßig abgeteilt (abgewogen oder abgemessen) werden können,

2. die zur Kontrolle der Füllmengen von Fertigpackungen dienen,

3. mit denen im Betriebe der Anteil eines Zusatzes (Gehalt) einer Ware hergestellt wird, *sofern* die Zusammensetzung dem Käufer in irgendeiner Form (Angebot, Liefervertrag, Rechnung, gesetzliche Vorschrift) garantiert wird, oder

4. mit denen ein Gehalt nach Nr. 3 nachgeprüft wird, z. B. im Kontrolllaboratorium.

Ihrer Art nach sind z. Z. nur Meßgeräte eichpflichtig, mit denen Wägungen, Raummessungen oder Gehaltsbestimmungen (B, II) ausgeführt werden, einschließlich der erforderlichen Hilfsmeßgeräte, z. B. Thermometer. Abfüllmaschinen (B, I, 1, b) werden nicht geeicht, sondern statt dessen einer eichamtlichen Betriebsprüfung unterzogen (§ 33 Abs. 3 der AusfVO zum MuGG). Nach dem Merkblatt für Abfüllbetriebe der Eichdirektion Berlin werden bereits benutzte andere Abfülleinrichtungen, deren Bauart noch nicht zur Eichung zugelassen ist, wie Abfüllmaschinen behandelt. Bei der eichamtlichen Betriebsprüfung wird auf eine Prüfung der baulichen Beschaffenheit verzichtet und nur die Einhaltung der Verkehrsfehlergrenzen verlangt. Da diese Betriebsprüfungen anläßlich der Nacheichung der zugehörigen Kontrollwaagen durchgeführt werden sollen, gilt auch für sie praktisch die zweijährige Nacheichfrist.

VI. Anwendungsbereich der Meßgeräte

Der prozentuale Fehler eines Meßgerätes nimmt innerhalb seines Meßbereiches im allgemeinen mit kleiner werdender Meßgröße (Gewicht, Volumen) zu. Bei vielen Meßgeräten ist deshalb eine Beschränkung des Meßbereiches durch Aufschrift vorgeschrieben, z. B. durch den Wägebereich, die Mindestlast u. ä. Entsprechend wächst auch die Streuung der maschinellen Abfülleinrichtungen mit zunehmender Füllgeschwindigkeit, so daß bei ihnen außerdem die Füllgeschwindigkeit durch Aufschrift beschränkt werden muß. Da die Meßgeräte nur innerhalb des auf ihnen angegebenen Anwendungsbereiches als geeicht gelten, dürfen sie auch nur diesem entsprechend benutzt werden. Zum Anwendungsbereich der Kontrollmeßgeräte vgl. B, I, 4.

B. Eich- und prüfpflichtige Meßgeräte

I. Meßgeräte zum Abteilen, Ermitteln und Kontrollieren der Füllmengen von Fertigpackungen

Zum Herstellen, Ermitteln und Nachprüfen der Füllmenge von Fertigpackungen verwenden die Betriebe hauptsächlich folgende Meßeinrichtungen:

1. Einrichtungen zum serienmäßigen Abfüllen von Lebensmitteln aller Art nach Gewicht.

2. Einrichtungen zum serienmäßigen Abfüllen von flüssigen Lebensmitteln nach Raummaß.

3. Waagen mit Preisrechen- und Druckwerk, die das Gewicht und den Stückpreis anderweit hergestellter Fertigpackungen zusammen mit dem Preis für die Gewichtseinheit (1 kg) auf ein Etikett drucken.

4. Kontrollmeßeinrichtungen zur Überwachung der Arbeitsweise der Abfülleinrichtungen nach Nr. 1 und 2.

1. Einrichtungen zum serienmäßigen Abfüllen von Packungen (Füllungen) nach Gewicht

Dies sind in erster Linie die selbsttätigen und halbselbsttätigen Waagen zum Abwägen, auch Wägemaschinen genannt, sowie die volumetrisch arbeitenden Abfüllmaschinen.

a) Selbsttätige und halbselbsttätige Waagen zum Abwägen
(Wägemaschinen)

α) Selbsttätige Waagen

Geeignet für pulverige, flüssige oder rieselnde Füllgüter, bei Verwendung von ausgesuchtem feinstückigen Füllgut für den letzten Feinausgleich auch geeignet für gröberstückige Füllgüter. Mengenangabe in Gewichtseinheiten.

Meßprinzip. Entweder: Abwägen der Füllmenge mittels einer gleicharmigen Balkenwaage, deren Gewichtsseite mit Gewichten belastet ist. Abschalten der Füllgutzufuhr mechanisch-elektrisch durch einen Schalthebel bei Erreichen der Einspielungslage des Balkens. Zur Beschleunigung des Füllvorganges fließt das Füllgut als sog. „Hauptstrom" anfangs stärker zu; kurz vor Erreichen der eingestellten Füllmenge wird der Hauptstrom durch einen sehr viel schwächeren „Feinstrom" ersetzt. Oder: Abwägen mittels einer Selbsttätigen Waage mit Neigungsgewichtseinrichtung, Abschaltung fotoelektrisch durch den Waagenzeiger.

Eichamtliche Behandlung. Neueichung und Nacheichung möglichst am Gebrauchsort.

Betriebliche Überwachung durch Kontrollwägungen von Stichproben gesetzlich nicht vorgeschrieben, aber dringend erforderlich.

β) Halbselbsttätige Waagen zum Abwägen mit Ausrückeinrichtung
und Abgleichsicherung

Geeignet zum maschinellen Vorabfüllen von besonders grobstückigen Füllgütern, wie z. B. Äpfeln, Zwiebeln, Knollengemüse usw., letzter Abgleich von Hand durch Stücke verschiedenen Gewichtes. Angabe der Füllmenge in Gewichtseinheiten.

Meßprinzip. Waage mit Neigungsgewichtseinrichtung, Schaltung fotoelektrisch. Automatische Zufuhr des Füllgutes, kurz vor Erreichen des gewünschten Füllgewichts abgeschaltet. Die Lastschale kann erst entleert werden, wenn der Zeiger an der Neigungsskale innerhalb eingestellter Toleranzmarken einspielt.

Eichamtliche Behandlung. Neueichung und Nacheichung am Gebrauchsort.

Betriebliche Überwachung der Füllmenge bei Waagen mit Abgleichsicherung im allgemeinen erst nach längerer Benutzung erforderlich.

b) Abfüllmaschinen (auch Dosiermaschinen genannt)

Geeignet für pulverige oder rieselnde feinstückige Füllgüter, für Flüssigkeiten, pasteuse oder teigige Massen, auch mit stückigen Beimischungen. Mengenangabe in Gewichtseinheiten.

Meßprinzip. Abmessen der Füllmenge nach Raummaß mittels eines einstellbaren Hohlraumes oder durch die Bewegung der Füllgutfördereinrichtung.

Eichamtliche Behandlung. Statt Eichung eichamtliche Betriebsprüfung am Gebrauchsort, für wenige Bauarten Eichung möglich, die auch als Neueichung am besten am Gebrauchsort stattfindet.

Betriebliche Überwachung. Nachwägen von Stichproben auf geeigneter geeichter Kontrollwaage gesetzlich vorgeschrieben.

2. Einrichtungen zum serienmäßigen Abfüllen nach Raummaß

Hierfür kommen als eichfähige Meßeinrichtungen in Frage Maßfüllmaschinen, Flüssigkeitsmeßwerkzeuge und Flüssigkeitszähler mit Voreinstellwerk, als nicht eichfähige Ausführungen sog. Höhenfüller, die besonders für gleichartige Flaschen verwendet werden.

a) Maßfüllmaschinen, Flüssigkeitsmeßwerkzeuge und Flüssigkeitszähler mit Mengeneinstellwerk

Geeignet für flüssige und leicht pasteuse Füllgüter. Füllmengenangabe in Raumeinheiten.

Meßprinzip. Abmessen der Füllmenge nach Raummaß.

Eichamtliche Behandlung. Maßfüllmaschinen müssen am Gebrauchsort neu- oder nachgeeicht werden. Kleinere Flüssigkeitsmeßwerkzeuge können unter Umständen vom Hersteller geeicht bezogen werden. Nacheichung am Gebrauchsort. Flüssigkeitszähler mit Mengeneinstellwerk werden in der Regel beim Hersteller eichamtlich vorgeprüft; sie müssen am Gebrauchsort vor Inbetriebnahme geeicht und später auch nachgeeicht werden.

Betriebliche Überwachung. Soweit die Einrichtungen nicht mit einer geteilten Skale oder einem Zählwerk versehen sind, z. B. Maßfüllmaschinen und ein Teil der Flüssigkeitsmeßwerkzeuge, empfiehlt sich gelegentliche Kontrolle durch Wägung oder Raummessung.

b) Höhenfüller für formfeste Packungsbehälter

Geeignet nur für flüssige Füllgüter. Füllmengenangabe in Raumeinheiten, gelegentlich auch in Gewichtseinheiten.

Meßprinzip. Füllen gleichgeformter, hinreichend fester Behälter, wie Flaschen, Blechdosen u. ä. mit dem flüssigen Füllgut bis zu einer eingestellten Füllhöhe.

Eichamtliche Behandlung. Höhenfüller, die zum Befüllen von Flaschen mit Getränken nach den Flaschenvorschriften des MuGG dienen, brauchen, da die Herstellung der Flaschen eichamtlich überwacht wird, nicht geeicht oder eichamtlich geprüft zu werden. Andere Höhenfüller werden wie Abfüllmaschinen einer eichamtlichen Betriebsprüfung unterzogen.

Betriebliche Überwachung. Die Übereinstimmung der Form und des Rauminhaltes der zu füllenden Packungsbehälter sollte bei Anlieferung stichprobenweise kontrolliert werden. Die Füllmengen müssen stichprobenweise durch Kontrollwaagen oder durch Kontrollraummeßgeräte nachgeprüft werden.

3. Waagen mit Preisrechen- und Druckwerk

Geeignet für Portionspackungen aus einem Stück oder Packungen von grobstückigen Waren mit etwas verschiedenem Gewicht, wie ganzen Würsten, Käsestücken, Fleischportionen u. ä. Auf einem beizufügenden Packzettel wird das Packungsgewicht, der auf die Gewichtseinheit bezogene Preis (z. B. Kilogrammpreis) und der Stückpreis abgedruckt.

Meßprinzip. Wägung jeder Packung mittels einer Neigungswaage, Umformung des Gewichtes in elektrische Stromstöße, Ausrechnen des Stückpreises entsprechend dem eingestellten Preis der Gewichtseinheit.

Eichamtliche Behandlung. Neueichung und Nacheichung am Gebrauchsort.

Betriebliche Überwachung. Es empfiehlt sich, die Ausrechnung des Stückpreises stichprobenweise zu überprüfen, da die Rechen- und Druckwerke z. Z. noch nicht hinreichend störungsfrei arbeiten.

4. Geeignete Kontrollmeßeinrichtungen

Alle maschinell oder anderweitig im Dauerbetrieb benutzten Meßeinrichtungen unterliegen infolge ihrer starken Inanspruchnahme einem gewissen Verschleiß der bewegten Teile, der sich in einer Änderung der Richtigkeit oder wachsender Streuung der Abfüllung bemerkbar macht. Sie müssen deshalb durch geeignete

Kontrollmeßgeräte stichprobenweise überwacht werden. Die Genauigkeit der dabei benutzten Kontrollmeßgeräte muß ausreichen, um die zu erwartenden Fehler der Abfülleinrichtungen zuverlässig festzustellen. Im allgemeinen genügen hierfür die sog. Plus-Minus-Waagen (in den Eichvorschriften Waagen für gleiche Packungen oder Abpackwaagen genannt), die an einer Skala mit in der Mitte liegendem Nullpunkt die Abweichung vom eingestellten Sollgewicht nach plus oder minus auf den beiden links und rechts vom Nullpunkt liegenden Skalen angeben. Die Höchstlast der Kontrollwaagen bzw. der Meßbereich etwa zur Kontrolle benutzter Raummeßgeräte muß der nachzuprüfenden Füllmenge angemessen sein.

Im einzelnen kommen als Kontrollmeßeinrichtungen in Frage:
a) Von Hand bediente Kontrollwaagen (evtl. mit Gewichten),
b) Selbsttätige Kontrollwaagen,
c) Volumetrische Kontrollmeßgeräte.

a) Kontrollwaagen und Kontrollgewichte

Entsprechend der Auslegung durch die Eichdirektion Berlin sind Kontrollwaagen zur Feststellung des Füllgewichtes von Fertigpackungen geeignet, wenn

Tabelle 1. *Anwendungsbereich der Kontrollwaagen für maschinelle Abfülleinrichtungen*

Höchstlast der Waage	Waagen für gleiche Packungen [1] (Plus-Minus-Waagen) (EO IX D)	Handelswaagen mit einer Einspielungslage (EO IX A)	Präzisionswaagen und Präzisionswaagen mit Neigungsgewichtseinrichtung in einfacher Ausführung (möglichst Plus-Minus-Waagen) (EO IX §§ 533 und 573)	Präzisionswaagen und Präzisionswaagen mit Neigungsgewichtseinrichtung in Sonderausführung (EO IX §§ 534 und 574)	Feinwaagen (Analysenwaagen) (EO IX Q)
		geeignet zu Kontrollwägungen von Packungen mit einem Gewicht von bis			
1	2	3	4	5	6
20 g 30 g 50 g		Gleicharmige Waagen	1 g bis 20 g 1,5 g bis 30 g 2,5 g bis 50 g	200 mg bis 20 g 300 mg bis 30 g 500 mg bis 50 g	4 mg bis 20 g 6 mg bis 30 g 50 mg bis 50 g
100 g	20 g bis 100 g	20 g bis 100 g	5 g bis 100 g	1 g bis 100 g	100 mg bis 100 g
200 g 500 g	40 g bis 200 g 100 g bis 500 g	20 g bis 200 g 50 g bis 500 g	5 g bis 200 g 15 g bis 500 g	1 g bis 200 g 2,5 g bis 500 g	100 mg bis 200 g 250 mg bis 500 g
1 kg	200 g bis 1 kg	100 g bis 1 kg	25 g bis 1 kg	5 g bis 1 kg	500 mg bis 1 k
1,5 kg 2 kg 2,5 kg 3 kg 5 kg	200 g bis 1,5 kg 200 g bis 2 kg 250 g bis 2,5 kg 300 g bis 3 kg 500 g bis 5 kg	150 g bis 1,5 kg 200 g bis 2 kg 250 g bis 2,5 kg 300 g bis 3 kg 500 g bis 5 kg	40 g bis 1,5 kg 50 g bis 2 kg 80 g bis 2,5 kg 80 g bis 3 kg 100 g bis 5 kg		
10 kg	1 kg bis 10 kg	500 g bis 10 kg	100 g bis 10 kg		
15 kg 20 kg 25 kg 30 kg 50 kg	2,5 kg bis 15 kg 2,5 kg bis 20 kg 3 kg bis 25 kg 4 kg bis 30 kg 6 kg bis 50 kg	800 g bis 15 kg 1 kg bis 20 kg Dezimalwaagen mit Eisengestell 5 kg bis 50 kg	150 g bis 15 kg 200 g bis 20 kg		
100 kg	12 kg bis 100 kg	10 kg bis 100 kg			
150 kg 200 kg 350 kg 500 kg	30 kg bis 150 kg 40 kg bis 200 kg	25 kg bis 150 kg 40 kg bis 200 kg 60 kg bis 350 kg 100 kg bis 500 kg			

[1] Nach der Neunten VO. zur Änderung der EO sind seit dem 24. Januar 1964 Plus-Minus-Waagen auch mit einer Mindestlast im Betrage von $^1/_{10}$ der Höchstlast zulässig, wenn sie die für die Mindestlast geltenden engeren Fehlergrenzen einhalten und eine Angabe dieser Mindestlast tragen.

ihre Verkehrsfehlergrenzen bei einer Belastung gleich dem Packungsfüllgewicht nicht größer sind als die Höchstlast-Verkehrsfehlergrenzen einer Plus-Minus-Waage, deren Höchstlast gleich dem Packungsgewicht ist. Die Anwendungsbereiche der hiernach in Frage kommenden Kontrollwaagen sind in Tab. 1 (S. 860) zahlenmäßig angegeben. Dabei ist zu beachten, daß in Verbindung mit Präzisionswaagen in einfacher Ausführung (Spalte 4) möglichst nur geeichte Präzisionsgewichte, in Verbindung mit Präzisionswaagen in Sonderausführung und mit Feinwaagen (Spalten 5 u. 6) nur geeichte Feingewichte verwendet werden.

b) Selbsttätige Kontrollwaagen

Diese werden in Verpackungsstraßen hinter der automatischen Abfülleinrichtung eingebaut und dienen dazu, jede oder jede n^{te} Packung unabhängig von der Arbeitsweise der Abfülleinrichtung auf das richtige Gewicht zu prüfen und durch Sortieren entsprechend zu kennzeichnen, z. B. als richtig, zu leicht und zu schwer. Einige Ausführungen der Selbsttätigen Kontrollwaagen werden gleichzeitig dazu benutzt, die Abfülleinrichtung zu verstellen (Regeleinrichtung), wenn die Fehler der Packungen bei mehrfacher Wiederholung stets auf der gleichen Seite die eingestellten Toleranzgrenzen überschreiten. Da die Fehler der Selbsttätigen Kontrollwaagen im allgemeinen etwa den Fehlern der Abfülleinrichtungen bei leicht abfüllbaren Füllgütern entsprechen, ist eine nennenswerte Steigerung der Genauigkeit mit den Selbsttätigen Kontrollwaagen nur bei Fertigpackungen mit grobstückigen Füllgütern zu erreichen. Die Selbsttätigen Kontrollwaagen sind jedoch durchaus geeignet, die Änderung der Füllmenge, die durch eine Änderung der Füllguteigenschaften (etwa durch andere Herkunft) bedingt wird, sogleich anzuzeigen und damit eine schnelle Regelung der Abfülleinrichtung zu ermöglichen.

c) Volumetrische Kontrollmeßgeräte

Im allgemeinen ist eine Kontrolle durch Wägung vorzuziehen, da sie die genauesten Ergebnisse erbringt und, wenn die Behältergewichte hinreichend übereinstimmen, ohne Entleerung des Behälters durchgeführt werden kann. Als volumetrische Kontrollmeßgeräte eignen sich Meßkolben, Meßflaschen, Vollpipetten und Meßpipetten. Die Genauigkeit geeichter Meßzylinder reicht bei kleinen Füllmengen zu einer einwandfreien Mengenkontrolle nicht aus, doch kann auf sie bei schäumenden Flüssigkeiten manchmal nicht verzichtet werden.

II. Meßgeräte zur Gehaltsbestimmung und -nachprüfung

Von den zur Gehaltsermittlung benutzten Meßgeräten sind die folgenden Gattungen eichpflichtig:
1. Feinwaagen und Feingewichte,
2. volumetrische Meßgeräte,
3. Dichtemeßgeräte,
4. die einen Prozentgehalt angebenden Meßgeräte, soweit sie auf Wägungen, Raum- oder Dichtemessungen zurückzuführen sind.

1. Feinwaagen und Feingewichte

Feinwaagen können seit 1957, Feingewichte seit 1955 geeicht werden (in Berlin beide seit 1953).

a) Feinwaagen

(Höchstlast im allgemeinen 100—200 g) sind in folgenden Ausführungen eichfähig:

α) als Waage mit einer Einspielungslage für Gewichtsausgleich ausschließlich durch lose Feingewichte,

β) **als Waage mit Neigungsbereich,** wodurch mindestens die kleinsten losen Feingewichte entbehrlich werden, und mit einem eingebauten Schaltgewichtssystem, das je nach Umfang auch die größeren losen Feingewichte entbehrlich macht. Der Umfang des Neigungsbereichs liegt zwischen 10 und 1000 mg mit einer Skalenteilung von 0,2—10 mg. Die eingebauten Schaltgewichte, die in der Regel aus nichtrostendem Stahl bestehen, sind so justiert, daß sie Normalgewichten aus Messing mit der Dichte 8,4 g/ml in Luft der Dichte 0,0012 g/ml das Gleichgewicht halten. Die eingebauten Schaltgewichte können also zusammen mit losen Feingewichten aus Messing verwendet und hinsichtlich des Luftauftriebs bei mittlerer Luftdichte wie Messinggewichte behandelt werden.

b) Feingewichte

Feingewichte sind in den Größen von 0,5 mg bis 1 kg eichfähig. Sie müssen in passenden Gewichtskästen aufbewahrt sein.

2. Volumetrische Meßgeräte

Eichfähig sind u. a. Meßkolben, Meßflaschen, Meßkugeln, Meßzylinder, Pipetten, Büretten, Meßröhren. Bei ihrer Anwendung ist zu beachten, ob sie auf Einguß (Aufschrift: E oder In) oder Ausguß bzw. Ablauf (Aufschrift: A oder Ex) geeicht sind.

3. Dichtemeßgeräte

Nach den Vorschriften der Eichordnung ist Dichte das Verhältnis $\frac{\text{Masse}}{\text{Volumen}}$ und Dichteeinheit $\left(\frac{\text{Gramm}}{\text{Milliliter}}\right)$ die Dichte des reinen Wassers bei 4° C unter dem Druck einer physikalischen Atmosphäre (760 Torr). Da die Dichte von Lösungen in festem Zusammenhang mit dem Gehalt an gelöster Substanz steht und die Dichte von Flüssigkeiten mit den folgenden Meßgeräten ohne erheblichen Aufwand recht genau gemessen werden kann, werden diese bevorzugt zur Gehaltsermittlung von Flüssigkeiten (Lösungen) benutzt:

a) Dichte-Aräometer,

b) Pyknometer,

c) hydrostatische Waagen.

Die Qualität des Getreides wird an Hand der Schüttdichte, das ist das Verhältnis von $\frac{\text{Masse}}{\text{Volumen}}$ lose geschütteter Getreidekörner, beurteilt. Dies geschieht mit dem

d) Getreideprober (Schüttdichtemesser).

a) Dichte-Aräometer

Dichte-Aräometer sind nur zulässig mit einer gleichmäßig geteilten Skale, die nach 0,01; 0,005; 0,002; 0,001; 0,0005; 0,0002 oder 0,0001 g/ml fortschreitet; als Bezugstemperaturen sind nur 15 oder 20° C zulässig. Da die Dichte von Lösungen mehr oder weniger temperaturabhängig ist, muß deren Temperatur hinreichend sicher bestimmt werden (Probegefäß im Thermostat oder Wasserbad, Umrühren vor der Messung). Am zuverlässigsten ist die Verwendung eines besonderen, hinreichend fein geteilten geeichten Thermometers, doch werden auch Aräometer mit eingebautem Thermometer (Thermoaräometer) geeicht.

b) Pyknometer

Pyknometer sind zulässig mit beliebigem Maßrauminhalt bis 250 ml. Die Größe des Maßraumes wird bei der Eichung ermittelt und auf dem Gefäß angegeben. Als Bezugstemperatur sind 20° C zu bevorzugen (zulässig jedoch 0—100° C). Das zur Temperaturmessung erforderliche Thermometer kann in das Pyknometer eingebaut sein. Für genaue Messungen muß das Pyknometer in einem Thermostaten befüllt werden, dessen Temperatur mit einem geeichten Thermometer bestimmt wird. Die Wägungen sind auf einer geeichten Feinwaage durchzuführen.

c) Hydrostatische Waagen

Hydrostatische Waagen (Mohrsche oder Westphalsche Waagen) sind eichfähig nur mit einem Senkkörper von 10 ml, 50 ml oder 100 ml Rauminhalt und der Masse 30 g, 150 g bzw. 300 g. Das erforderliche Thermometer muß geeicht sein; Einbau in den Senkkörper ist nicht zulässig.

d) Getreideprober

Getreideprober (Schüttdichtemesser) werden als Zwanzigliterprober, als Literprober und als Viertelliterprober mit einem Hohlmaß entsprechenden Rauminhalts ausgeführt. Die Schüttdichte wird als sog. Hektolitergewicht (Gewicht von 100 l Getreide) in Kilogramm angegeben. Beim Zwanzigliterprober ist das festgestellte Getreidegewicht mit 5 zu multiplizieren. Da der Literprober und der Viertelliterprober bei der Benutzung nicht mit dem Zwanzigliterprober geometrisch ähnlich sind, kann das Hektolitergewicht aus ihren Angaben nur mit Hilfe von empirisch aufgestellten Umrechnungstafeln erhalten werden. Zu jedem Getreideprober (Schüttdichtemesser) gehört eine Waage mit Gewichten. Dem Literprober und dem Viertelliterprober muß außerdem die amtliche Umrechnungstafel der PTB zur Ermittlung des Hektolitergewichts aus dem Litergewicht bzw. dem Viertellitergewicht beigegeben sein.

4. Prozent-Meßgeräte

Eichfähige Meßgeräte, die den Mengenanteil eines bestimmten Stoffes in einer Substanz angeben, sind:
   a) Prozent-Aräometer,
   b) Butyrometer,
   c) Getreidefeuchtemesser,
   d) Prozent-Waagen für Laboratoriumszwecke,
   e) Schmutzprozent- und Stärkegehaltswaagen.
Prozent-Meßgeräte werden benutzt, um den Anteil an werterhöhenden (z. B. Alkohol in Trinkbranntwein, Fett in der Milch, Stärke in Kartoffeln) oder an wertmindernden Stoffen (Wasser in Getreide, Schmutz an Rüben oder Kartoffeln) zu ermitteln.

a) Prozent-Aräometer

Als solche können nur Alkoholometer und Sacharimeter geeicht werden. Alkoholometer geben den Alkoholgehalt weingeistiger Flüssigkeiten einschließlich des vergällten Branntweines bei 15° C in Gewichtsprozenten an. In Volumenprozent geteilte Alkoholometer, die nicht geeicht, sondern eichamtlich beglaubigt werden, dürfen nur für steuer- oder zollamtliche Zwecke verwendet werden. Sacharimeter geben bei 20° C oder einer höheren Temperatur den Gehalt an reinem Zucker in Gewichtsprozenten an. Sie werden ausgeführt als Aräometer für reine Zuckerlösungen und als Bierwürze-Aräometer. Die Skaleneinteilungen aller eichfähigen

Prozent-Aräometer müssen nach 1 %, 0,5 %, 0,2 %, 0,1 % oder 0,05 % gleichmäßig fortschreiten.

b) Butyrometer

Zur Eichung sind nur Butyrometer und Zubehörgeräte nach dem Gerber-Verfahren zugelassen. Sie dienen zur Bestimmung des Fettgehaltes der Milch, des Rahms oder von Käsen in Gewichtsprozenten. Eichpflichtige Zubehörgeräte sind: Vollpipetten auf Ablauf für Milch, Schwefelsäure oder Amylalkohol; Rekord-spritzen für Milch; selbsttätige Pipetten (Meßhähne) für Schwefelsäure oder für Amylalkohol; Geräte zur reihenmäßigen Füllung von Butyrometern mit Milch, Schwefelsäure oder Amylalkohol; Zentrifugen zur Fettabscheidung sowie Waagen und Gewichte zum Abwägen von Rahm und Käse.

Die Butyrometer für Milch sind eingerichtet zur Aufnahme von

10,75 ml Milch,

10 ml Schwefelsäure der Dichte 1,820—1,825 bei 20° C und

1 ml Amylalkohol der Dichte 0,814—0,816 bei 20° C, siedend bei 128—132° C.

Es entspricht dann 1 % Fett einem Rauminhalt von 0,125 ml. — Bei einem Meßbereich von 0—4 % muß die Skala gleichmäßig in 0,05 %, bei größeren Bereichen gleichmäßig in 0,1 % geteilt sein, jedoch ist bei Butyrometern mit einem Meßbereich von 0—6 % mit kugelförmiger Erweiterung zwischen 0 und 3 % im Bereich von 3—6 % auch eine Einteilung in 0,05 % zulässig.

Die Butyrometer für Rahm und für Käse sind eingerichtet zur Aufnahme von

5 g Rahm bzw. 3 g Käse,

17,5 ml Schwefelsäure der Dichte 1,50—1,53 bei 20° C und

1 ml Amylalkohol gleicher Beschaffenheit wie für Butyrometer für Milch.

Bei den Butyrometern für Rahm entspricht 1 % Fett einem Rauminhalt von 0,0575 ml, bei denen für Käse 0,0335 ml. Die Skala der Rahmbutyrometer muß einen Meßbereich von 5—40 %, 30—55 %, 50—75 % oder 70—90 % (Butterbutyrometer) haben und gleichmäßig in 0,5 % geteilt sein. Die Skala des Käse-butyrometers muß von 5—40 % reichen und in 0,5 % gleichmäßig geteilt sein.

Die Zubehörgeräte müssen so beschaffen sein, daß sie die angegebenen Flüssigkeitsmengen abgeben.

c) Getreidefeuchtemesser

Getreidefeuchtemesser sind als Getreideprober unabhängig von der Art des Meßverfahrens eichpflichtig. Das eichamtliche Normalverfahren zur Bestimmung der Getreidefeuchte beruht auf Wägung und Trocknung im Vakuum. Der Feuchtegehalt in Prozent wird bestimmt aus der Massedifferenz der Getreideprobe vor und nach der Trocknung bezogen auf die Masse der Getreideprobe vor der Trocknung. Vor der Trocknung wird das Getreide in vorgeschriebener Weise geschrotet. Die Trocknungstemperatur beträgt 130° ± 2° C, der Druck im Vakuumtrockenschrank 20 ± 3 Torr, die Trocknungszeit 60 min.

Zur Eichung zugelassen sind Meßgeräte, die den Feuchtegehalt von geschrotetem Getreide ähnlich dem Normalverfahren durch Wägung und Trocknung oder durch Messung der elektrischen Leitfähigkeit oder der Kapazität bestimmen. Allen Getreidefeuchtemessern zugelassener Bauarten muß eine eichamtlich abgestempelte Bedienungsvorschrift beigegeben sein, die das erforderliche Zubehör angibt und genaue Vorschriften über die Arbeitsweise enthält. Die elektrisch arbeitenden Getreidefeuchtemesser liefern Ergebnisse größenordnungsmäßig in einer Minute, die Wägetrocknungsverfahren erst nach 20—60 min. Jedoch ist die Genauigkeit der Wägetrocknungsverfahren merklich größer als die der elektrischen. Als Präzisionsmeßgeräte werden nur Wäge-Trocknungs-Geräte geeicht.

d) Prozent-Waagen für Laboratoriumszwecke

Für die Benutzung im Laboratorium, z. B. zur Ermittlung des Wassergehaltes von Butter oder Margarine, sind besondere Prozent-Waagen zugelassen. Die Prozentskala muß einen Meßbereich von mindestens 25% umfassen.

e) Schmutzprozent- und Stärkegehaltswaagen

Für die Ermittlung des Stärkegehalts von Kartoffeln in Brennereibetrieben sind eichfähige Spezialwaagen entwickelt worden, die aus dem Unterwassergewicht von 5 oder 2,5 kg Kartoffeln auf einer besonderen Prozentskala den Stärkegehalt angeben. Entsprechend sind Waagen mit einer Prozentskala zur Ermittlung des Schmutzgehaltes von Rüben, Kartoffeln u. ä. Feldfrüchten eichfähig. Die Ermittlung des Schmutzgehaltes und des Stärkegehaltes von Kartoffeln kann auf einer einzigen Waage mit zwei getrennten Prozentskalen für den Schmutzgehalt und den Stärkegehalt vorgenommen werden.

C. Gesetzliche Verkehrsfehlergrenzen der eich- und prüfpflichtigen Meßgeräte

Die in den Eichvorschriften festgelegten Verkehrsfehlergrenzen sind die größten Fehler, die Meßgeräte im eichpflichtigen Verkehr aufweisen dürfen. Sie gelten, wenn nicht anders angegeben, gleichermaßen im Mehr und im Minder.

I. Abfülleinrichtungen für Fertigpackungen nach Gewicht

1. Selbsttätige und halbselbsttätige Waagen zum Abwägen, Abfüllmaschinen und Höhenfüller

Die Fehlergrenzen der Selbsttätigen Waagen zum Abwägen sind durch die Achte Verordnung zur Änderung der EO vom 27. 7. 1961 unter Berücksichtigung der Stückigkeit des Füllgutes neu festgesetzt worden. Die sich hiernach ergebenden Verkehrsfehlergrenzen, die zugleich auch für die halbselbsttätigen Waagen zum Abwägen, für die Abfüllmaschinen und für Höhenfüller, soweit sie wie Abfüllmaschinen behandelt werden, gelten, sind in Tab. 2 für die gebräuchlichsten Füllgewichte zusammengestellt. Das dort angegebene Stückgewicht S des Füllgutes wird bestimmt, indem man das Gesamtgewicht G von 10 nach dem Augenschein aus dem Vorratsbehälter der Abfülleinrichtung entnommenen größten Einzelstücken feststellt; dann ist S = G : 10. Nach Tab. 2 sind die Verkehrsfehlergrenzen für Mindergewichte bei allen Füllgütern in bezug auf den Stückigkeitsgrad des Füllgutes konstant und nur vom Füllgewicht abhängig.

Wie sich die Verkehrsfehlergrenzen für Mehrgewichte mit wachsender Stückigkeit ändern, zeigt anschaulich Abb. 4 am Beispiel des Füllgewichts 100 g. Die eingezeichnete Linie S entspricht dem Durchschnittsgewicht eines einzelnen Stückes.

2. Waagen mit Preisrechen- und Druckwerk

Die Verkehrsfehlergrenzen dieser Waagen (vgl. B, I, 3) für den Gewichts- und Stückpreisabdruck hängen mit der jeweiligen Druckstufe des Druckwerkes zusammen. Da diese Meßgeräte sich noch in der Entwicklung befinden, hat die PTB als Mindestlast 75 Druckstufen zugelassen und als Verkehrsfehlergrenzen für den Gewichtsabdruck 1,5 Druckstufen festgesetzt. Der Fehler kann demnach in der Nähe der Waagenmindestlast 2% der Füllmenge erreichen.

Tabelle 2. *Verkehrsfehlergrenzen der Abfülleinrichtungen für Fertigpackungen nach Gewicht (verschiedener Stückigkeitsgrad des Füllgutes)*

Füllgewicht	Grenzen für das durchschnittliche Stückgewicht S (Stückigkeitsgrenzen)			bei Mindergewichten für alle Füllgüter unabhängig vom Stückgewicht S		bei Mehrgewichten für durchschnittliche Stückgewichte S							
						$S \leqq I$		$I < S \leqq II$		$II < S \leqq III$		$S > III$	
	I	II	III	E_{2-}	M_{2-}	E_{2+}^{1}	M_{2+}	E_{2+}^{1}	M_{2+}	E_{2+}^{1}	M_{2+}	E_{2+}^{1}	M_{2+}
1	2	3	4	5	6	7	8	9	10	11	12	13	14
1 g	5 mg	10 mg	40 mg	− 60 mg	− 24 mg	+ 60 mg	+ 24 mg			+ 120 mg	+ 48 mg		
2 g	10 mg	20 mg	80 mg	− 120 mg	− 48 mg	+ 120 mg	+ 48 mg			+ 240 mg	+ 96 mg		
5 g	25 mg	50 mg	200 mg	− 300 mg	− 120 mg	+ 300 mg	+ 120 mg			+ 600 mg	+ 240 mg		
8 g	40 mg	80 mg	320 mg	− 480 mg	− 192 mg	+ 480 mg	+ 192 mg			+ 960 mg	+ 384 mg		
10 g	50 mg	100 mg	400 mg	− 600 mg	− 240 mg	+ 600 mg	+ 240 mg			+ 1,2 g	+ 480 mg		
12,5 g	62 mg	125 mg	500 mg	− 750 mg	− 300 mg	+ 750 mg	+ 300 mg			+ 1,5 g	+ 600 mg		
50 g	62 mg	125 mg	500 mg	− 750 mg	− 300 mg	+ 750 mg	+ 300 mg			+ 1,5 g	+ 600 mg		
62,5 g	78 mg	156 mg	625 mg	− 938 mg	− 375 mg	+ 938 mg	+ 375 mg			+ 1,88 g	+ 750 mg		
75 g	94 mg	188 mg	750 mg	− 1,13 g	− 450 mg	+ 1,13 g	+ 450 mg			+ 2,25 g	+ 900 mg		
100 g	125 mg	250 mg	1 g	− 1,5 g	− 600 mg	+ 1,5 g	+ 600 mg			+ 3 g	+ 1,2 g		
125 g	156 mg	312 mg	1,25 g	− 1,88 g	− 750 mg	+ 1,88 g	+ 750 mg	+ 12 S	+ 4,8 S	+ 3,75 g	+ 1,5 g	+ 3 S	+ 1,2 S
200 g	250 mg	500 mg	2 g	− 3 g	− 1,2 g	+ 3 g	+ 1,2 g			+ 6 g	+ 2,4 g		
250 g	312 mg	625 mg	2,5 g	− 3,75 g	− 1,5 g	+ 3,75 g	+ 1,5 g			+ 7,5 g	+ 3 g		
500 g	625 mg	1,25 g	5 g	− 7,5 g	− 3 g	+ 7,5 g	+ 3 g			+ 15 g	+ 6 g		
750 g	938 mg	1,88 g	7,5 g	− 11,25 g	− 4,5 g	+ 11,25 g	+ 4,5 g			+ 22,5 g	+ 9 g		
1 kg	1,25 g	2,5 g	10 g	− 15 g	− 6 g	+ 15 g	+ 6 g			+ 30 g	+ 12 g		
2 kg	2,5 g	5 g	20 g	− 30 g	− 12 g	+ 30 g	+ 12 g			+ 60 g	+ 24 g		
5 kg	2,5 g	5 g	20 g	− 30 g	− 12 g	+ 30 g	+ 12 g			+ 60 g	+ 24 g		
7,5 kg	3,75 g	7,5 g	30 g	− 45 g	− 18 g	+ 45 g	+ 18 g			+ 90 g	+ 36 g		
10 kg	5 g	10 g	40 g	− 60 g	− 24 g	+ 60 g	+ 24 g			+ 120 g	+ 48 g		
20 kg	10 g	20 g	80 g	− 120 g	− 48 g	+ 120 g	+ 48 g			+ 240 g	+ 96 g		
50 kg	25 g	50 g	200 g	− 300 g	− 120 g	+ 300 g	+ 120 g			+ 600 g	+ 240 g		
100 kg	25 g	50 g	200 g	− 300 g	− 120 g	+ 300 g	+ 120 g			+ 600 g	+ 240 g		
200 kg	50 g	100 g	400 g	− 600 g	− 240 g	+ 600 g	+ 240 g			+ 1,2 kg	+ 480 g		

S = Durchschnittl. Stückgewicht. E = Verkehrsfehlergrenzen für die Einzelabwägung. M = Verkehrsfehlergrenzen für das Mittel aus 10 Abwägungen.

¹ 10% der geprüften Füllungen dürfen bis zum 1,5fachen der angegebenen Fehlergrenzen abweichen.

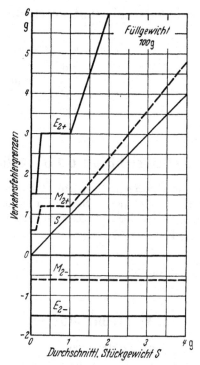

Abb. 4. Verkehrsfehlergrenzen der Abfülleinrichtungen
bei stückigen Füllgütern für das Füllgewicht 100 g in Abhängigkeit vom durchschnittlichen Stückgewicht S.

E_{2-} = zulässiges Mindergewicht einer Einzelpackung;
M_{2-} = zulässiges Mindergewicht im Durchschnitt von 10 Packungen;
E_{2+} = Verkehrsfehlergrenze bei Mehrgewicht für die
Einzelabwägung (Einzelabfüllung); M_{2+} = Verkehrsfehlergrenze bei Mehrgewicht für das Mittel
aus 10 Abwägungen (Abfüllungen)

II. Flüssigkeitsabfülleinrichtungen für Fertigpackungen nach Raummaß

Unter den Flüssigkeitsabfülleinrichtungen nach Raummaß (vgl. B, I, 2) haben die Maßfüllmaschinen die größte Bedeutung. Da für sie Fehlergrenzen zur Zeit in der EO noch nicht vorgeschrieben sind, gelten entsprechend den Zulassungsbedingungen der PTB die Fehlergrenzen der Flüssigkeitsmeßwerkzeuge.

1. Maßfüllmaschinen und Flüssigkeitsmeßwerkzeuge

Innerhalb der wichtigsten Verwendungsbereiche betragen
bei Füllmengen von   die Verkehrsfehlergrenzen
0,1—0,2 l   4 ml
0,2—0,5 l   2 % der Füllmenge
0,5—1 l   10 ml
1 l oder mehr   1 % der Füllmenge, jedoch nicht weniger als die Hälfte der Fehlergrenze für den Gesamtrauminhalt des Meßgerätes.

55*

2. Flüssigkeitszähler mit Voreinstellwerk

Es betragen

bei Füllmengen von	die Verkehrsfehlergrenzen
0,1—0,2 l	6 ml
0,2—0,5 l	3% der Füllmenge
0,5—1 l	15 ml
1 l oder mehr	1,5% der Füllmenge.

III. Kontrollmeßeinrichtungen für Fertigpackungen

Die durch die Abfülleinrichtungen abgeteilten Füllmengen zu überwachen, ist nur sinnvoll, wenn die Fehler der hierzu benutzten Kontrollmeßgeräte merklich kleiner sind als die Fehlergrenzen der Abfülleinrichtungen.

Als Kontrollmeßgeräte kommen in Frage:

1. Wägeeinrichtungen,
2. volumetrische Einrichtungen.

1. Wägeeinrichtungen

a) Kontrollwaagen

Als Kontrollwaagen besonders entwickelt sind die Plus-Minus-Waagen (Waagen für gleiche Packungen — Abpackwaagen — vgl. B, I, 4). Es sind

für eine Belastung mit	die Verkehrsfehlergrenzen
1 kg oder weniger	0,4% der Belastung
1—2 kg	4 g
2—12 kg	0,2% der Belastung
12—20 kg	24 g
20 kg oder mehr	0,12% der Belastung.

Diese Fehlergrenzen werden jedoch nur innerhalb des in Tab. 1 Spalte 2 angegebenen Anwendungsbereiches eingehalten.

Die Fehlergrenzen der zu Kontrollwägungen benutzten Waagen anderer Gattungen sollen nach Ansicht der Eichdirektion Berlin die angegebenen Verkehrsfehlergrenzen der Plus-Minus-Waagen nicht überschreiten. Das trifft für die in B, I, 4a in den Spalten 3—6 der Tab. 1 genannten Waagen zu, wenn die dort aufgeführten Anwendungsbereiche eingehalten werden.

Die Verkehrsfehlergrenzen der selbsttätigen Kontrollwaagen (vgl. B, I, 4b) sind so gehalten, daß sie die Einhaltung der Verkehrsfehlergrenzen der selbsttätigen Abfülleinrichtungen mit Sicherheit garantieren.

b) Kontrollgewichte

Soweit Kontrollwaagen in Verbindung mit Gewichten benutzt werden, empfiehlt es sich, statt geeichter Handelsgewichte möglichst geeichte Präzisionsgewichte oder Feingewichte zu verwenden. Die Verkehrsfehlergrenzen der wichtigsten Gewichtsgrößen sind:

Gewichtsgröße	Verkehrsfehlergrenzen	
	Präzisions-gewichte	Feingewichte
100 mg, 200 mg und 500 mg	2 mg	0,075 mg
1 g	4 mg	0,15 mg
2 g	6 mg	0,15 mg
5 g	12 mg	0,225 mg
10 g	20 mg	0,225 mg
20 g	30 mg	0,3 mg
50 g	50 mg	0,45 mg
100 g	60 mg	0,75 mg
200 g	100 mg	1,5 mg
500 g	250 mg	3 mg
1 kg	400 mg	7,5 mg

Die Verkehrsfehlergrenzen der Handelsgewichte zu 10 g bis 1 kg betragen das Doppelte der Verkehrsfehlergrenzen für entsprechende Präzisionsgewichte.

2. Volumetrische Kontrolleinrichtungen

Die Verkehrsfehlergrenzen der in B, I, 4c genannten, zu Kontrollen geeigneten (vgl. C, IV, 2) Raummeßgeräte liegen im allgemeinen erheblich unter $\pm$ 0,5% und erreichen diesen Betrag nur bei den kleinsten Raumgrößen.

IV. Gehaltsmeßgeräte

Meßgerät   *Verkehrsfehlergrenzen*

1. Feinwaagen und Feingewichte

Feinwaagen
$2 \cdot 10^{-5}$ des Gewichts, jedoch mindestens $0,4 \cdot 10^{-5}$ der Waagenhöchstlast, bei Waagen mit Neigungsbereich mindestens 1 Skalenteil

Feingewichte
vgl. C, III, 1b.

2. Volumetrische Meßgeräte

Weithalsmeßkolben und Meßflaschen (25 bis 10000 ml)
$0,4-2,4 \cdot 10^{-3}$ des Rauminhalts

Enghalsmeßkolben und Meßkugeln (bis 10000 ml)
$0,2-1,6 \cdot 10^{-3}$ des Rauminhalts

Meßzylinder
$^1/_3-^2/_3$ Skalenteil

Vollpipetten (bis 2000 ml)
$0,1-3 \cdot 10^{-3}$ des Rauminhalts

Meßpipetten (bis 50 ml)
etwa $1-5 \cdot 10^{-3}$ des Rauminhalts

Büretten und Meßröhren (bis 500 ml)
etwa $1-4 \cdot 10^{-3}$ des Rauminhalts

Meßgerät *Verkehrsfehlergrenzen*

3. Dichtemeßgeräte

a) Dichtemeßgeräte für Flüssigkeiten

Aräometer, Thermoaräometer	1 Skalenteil
Pyknometer	etwa $0,5-2 \cdot 10^{-4}$ des Rauminhalts
Hydrostatische Waagen mit 10-ml-Senkkörper	etwa 0,001 g/ml
Hydrostatische Waagen mit 50-ml-Senkkörper	etwa 0,0002 g/ml
Hydrostatische Waagen mit 100-ml-Senkkörper	etwa 0,0001 g/ml
die zu den Dichtemeßgeräten gehörigen Thermometer	etwa $^3/_4$ Skalenteil

b) Getreideprober (Schüttdichtemesser)

Meßgerät	Verkehrsfehlergrenzen	
	durchschnittl. Gewichts-abweichung gegen Normal g	Einzelgewichts-abweichung gegen Durchschnitt g
Zwanzigliterprober, Prüfung mit Weizen und Roggen. . .	30	30
Prüfung mit Gerste und Hafer.	60	60
Literprober, Prüfung mit Weizen	1,5	3
Viertelliterprober, Prüfung mit Weizen	0,75	1,5

4. Prozent-Meßgeräte

a) Prozent-Aräometer einschließlich zugehörigem Thermometer

etwa $^1/_2-1$ Skalenteil

b) Butyrometer und zugehörige Meßgeräte

Butyrometer	$^1/_2$ Skalenteil
zugehörige Milchpipetten und Milchspritzen	75 μl
zugehörige Schwefelsäurepipetten	150 μl
zugehörige Amylalkoholpipetten	50 μl
Waagen zum Abwägen des Rahms	etwa 30 mg
Gewichte zum Abwägen des Rahms	vgl. C, III, 1 b

c) Getreidefeuchtemesser

α) Präzisionsmeßgeräte

bei einem Feuchtegehalt bis 18%	0,4% Feuchtegehalt
bei einem Feuchtegehalt über 18%	0,6% Feuchtegehalt

β) Handelsmeßgeräte

bei einem Feuchtegehalt bis 18%	0,6% Feuchtegehalt
bei einem Feuchtegehalt über 18%	1,0% Feuchtegehalt

Meßgerät   *Verkehrsfehlergrenzen*

d) Prozentwaagen für Laboratoriumszwecke

z. B. Butterwasserwaagen $2 \cdot 10^{-3}$ des Probengewichts

e) Schmutzprozent- und Stärkegehaltswaagen

$2 \cdot 10^{-3}$ des Probengewichts.

D. Der Mengeninhalt von Lebensmittelfertigpackungen; behördliche Kontrollen

Die Angabe des Mengeninhaltes auf Lebensmittelfertigpackungen wird durch die Lebensmittel-Kennzeichnungsverordnung vom 8. 5. 1935 und eine Reihe weiterer Rechtsvorschriften für einzelne Lebensmittel gefordert; und zwar muß der Mengeninhalt im Zeitpunkt der Füllung im allgemeinen in gesetzlichen Einheiten (Gewicht oder Raummaß) oder nach Stück angegeben sein. Die Verbrauchervertretungen fordern, daß entsprechende Inhaltsangaben auch auf Fertigpackungen gesetzlich noch nicht erfaßter Lebensmittel gemacht werden. Die Füllmengenangabe ist eine rechtsverbindliche Erklärung, daß die aufgeführte Menge in den Packungsbehälter eingefüllt worden ist. Nach Ansicht der Eichdirektion Berlin sind deshalb Mindermengen nur in dem Maße zulässig, wie sie unvermeidlich bei der Anwendung eichrechtlich richtiger Abfülleinrichtungen entstehen können, d. h. höchstens bis zu den Verkehrsfehlergrenzen der Abfülleinrichtung. Demnach gilt für Mindergewichte von Fertigpackungen Tab. 3.

Tabelle 3. *Zulässige Mindergewichte von Packungen im Zeitpunkt der Abfüllung*

Packungs-füllgewicht (Sollgewicht)	Zulässiges Mindergewicht	
	von Einzelpackungen	im Durchschnitt von 10 beliebigen Packungen
200 mg	12 mg	4,8 mg
500 mg	30 mg	12 mg
1 g	60 mg	24 mg
2 g	120 mg	48 mg
5 g	300 mg	120 mg
8 g	480 mg	192 mg
10 g	600 mg	240 mg
12,5 g	750 mg	300 mg
50 g	750 mg	300 mg
62,5 g	937,5 mg	375 mg
75 g	1,125 g	450 mg
100 g	1,5 g	600 mg
125 g	1,875 g	750 mg
200 g	3 g	1,2 g
250 g	3,75 g	1,5 g
500 g	7,5 g	3 g
750 g	11,25 g	4,5 g
1 kg	15 g	6 g
2 kg	30 g	12 g
5 kg	30 g	12 g
7,5 kg	45 g	18 g
10 kg	60 g	24 g
20 kg	120 g	48 g
50 kg	300 g	120 g
100 kg	300 g	120 g
Größere Füllgewichte	3 v. T. vom Sollgewicht	1,2 v. T. vom Sollgewicht

Bei späteren Nachprüfungen können mit Rücksicht auf den Schwund durch Austrocknen u. ä. unter Umständen größere Mindermengen zugestanden werden.

E. Gesetzliche Maßeinheiten

Nach § 8 MuGG dürfen alle Leistungen nach Maß und Gewicht innerhalb Deutschlands nur nach den gesetzlichen Einheiten oder den daraus abgeleiteten Einheiten angeboten, verkauft und berechnet werden. Mengen- und Gehaltsangaben, insbesondere auf Fertigpackungen, müssen, mit Ausnahme von biologischen Einheiten für Wirkstoffe und von Prozentangaben, in einer der nachfolgenden Einheiten nach Gewicht oder nach Rauminhalt mit der ausgeschriebenen Bezeichnung oder der daneben angegebenen gesetzlichen Abkürzung angegeben sein:

Gewichtseinheiten	Raumeinheiten
Milligramm . . . . . mg	Mikroliter . . . . . . μl
Gramm . . . . . . g	Milliliter . . . . ml
Hektogramm . . . . hg	Zentiliter cl
Kilogramm . . . . . kg	Liter l
Doppelzentner . . . dz	Hektoliter . . . . . . hl
Tonne . . . . . . t	Kubikmillimeter . . . mm³
	Kubikzentimeter . . . cm³
	Kubikdezimeter . . . dm³
	Kubikmeter . . . . . m³

Die Abkürzung γ für 10^{-6} g ist ungesetzlich. Der Entwurf eines neuen Einheitengesetzes sieht statt dessen μg vor. — Zwischen dem Liter und dem Kubikdezimeter besteht die Beziehung:

$$1 \, l = 1{,}000028 \, dm^3 \, .$$

Im eichpflichtigen Verkehr werden beide Raumeinheiten als gleich angesehen, entsprechend also auch ml und cm³ sowie μl und mm³.

F. Überstaatliche Organisationen im Eichwesen

Für internationale Fragen auf dem Gebiete des Eichwesens sind die Organe der internationalen Meterkonvention und die Internationale Organisation für gesetzliches Meßwesen zuständig. Daneben ist im Rahmen der Europäischen Wirtschaftsgemeinschaft eine Arbeitsgruppe Meßgeräte tätig.

I. Die internationale Meterkonvention

Die im Jahre 1875 von den Regierungen der damals wichtigsten Kulturnationen abgeschlossene Meterkonvention hatte zum Ziel, das ursprünglich von Frankreich vorgeschlagene metrische Dezimalsystem mit den Grundeinheiten Meter und Kilogramm in der Welt zu verbreiten. Zu diesem Zweck wurde u. a. damals ein Internationales Büro für Maß und Gewicht in Sèvres bei Paris errichtet, dem die Aufgabe zufiel, Verkörperung des Meters und des Kilogramms aus Platiniridium zu beschaffen und an die angeschlossenen Nationen als nationale Prototype zu verteilen; später sollten diese auf Wunsch mit den in Sèvres aufbewahrten internationalen Prototypen verglichen werden. Die Aufgaben der Meterkonvention sind inzwischen auf andere physikalische Maßeinheiten ausgedehnt worden. Die Generalkonferenz für Maß und Gewicht von 1954 hat den Mitgliedern der Organisation die Annahme eines für alle Zweige der Physik geeigneten internationalen Einheitsystems vorgeschlagen, das auf den 6 Grundeinheiten der Länge (das Meter), der Masse (das Kilogramm), der Zeit (die Sekunde), der elektrischen Stromstärke (das Ampere), der Temperatur (der Grad Kelvin) und der Lichtstärke (die Candela) basiert. Ferner wurden die Vorsätze zu den Einheitennamen für die Vielfachen und die Teile der Einheiten vorgeschlagen. Für dieses Einheitsystem ist seit 1958 die Bezeichnung Système International d'Unités (Internationales Einheitsystem) angenommen worden, für seine Einheiten die Bezeichnung SI-Einheiten.

II. Die Internationale Organisation für gesetzliches Meßwesen

Hauptaufgabe der durch internationale Übereinkunft im Jahre 1955 geschaffenen Internationalen Organisation für gesetzliches Meßwesen (Organisation Internationale de Métrologie Légale — OIML) ist es, zu einer internationalen Angleichung der Vorschriften des gesetzlichen Prüfwesens (Eichwesens) zu gelangen, Untersuchungen über die zweckmäßigste Organisation und die Prinzipien des Eichwesens anzustellen und den Mitgliedsländern entsprechende Vorschläge zu machen sowie Erfahrungen über Meß- und Prüfmethoden auszutauschen. Die OIML unterhält zur Durchführung ihrer Aufgaben ein ständiges internationales Büro in Paris. Die fachliche Arbeit wird in etwa 50 internationalen Arbeitsgruppen geleistet. Bis Ende 1964 lagen acht vorläufige internationale Empfehlungen vor, u. a. über Eichvorschriften für Handelsgewichte von 1 g bis 50 kg und über Fehlergrenzen der im Handel benutzten Waagen mittlerer Genauigkeit.

III. Das Eichwesen in der Europäischen Wirtschaftsgemeinschaft

Bei der Kommission der Europäischen Wirtschaftsgemeinschaft (EWG) in Brüssel ist 1962 eine ständige Arbeitsgruppe „Hindernisse beim Warenverkehr, die sich aus technischen Vorschriften ergeben — Meßgeräte" errichtet, deren Aufgabe es ist, im EWG-Raum alle Handelshindernisse zu beseitigen, die sich aus unterschiedlichen Eichvorschriften in den Mitgliedsländern ergeben. Es wird das Ziel angestrebt, zu einer Freizügigkeit geeichter Meßgeräte im EWG-Raum zu gelangen. Die fachliche Arbeit wird von Expertengruppen der nationalen Meßdienste (Eichoberbehörden) geleistet. Die ersten konkreten Ergebnisse sind wegen der Schwierigkeit der Aufgabe nicht vor Ende 1966 zu erwarten. Die Angleichung der Fehlergrenzen der Meßgeräte wird vermutlich auch zu einheitlichen Festsetzungen über die Fehlergrenzen der Fertigpackungen im EWG-Raum führen.

Literatur

1. *Rechtsgrundlagen:*
Maß- und Gewichtsgesetz vom 13. 12. 1935 (RGBl. I S. 1499), Ausführungsverordnung zum Maß- und Gewichtsgesetz vom 20. 5. 1936 (RGBl. I. S. 459) sowie andere einschlägige Rechtsvorschriften in den zur Zeit geltenden Fassungen abgedruckt und erläutert bei Dr. H.-W. QUASSOWSKI, Die Grundlagen des Maß- und Eichrechts, 4. Auflage, Deutscher Eichverlag GmbH., Berlin 1962, sowie bei Dr. A. STRECKER in Abschnitt VII (Maß- und Eichwesen) des von C. H. ULE herausgegebenen „Wirtschaftsverwaltungsrecht", 2. Halbband, Carl Heymanns Verlag KG, Köln-Berlin-Bonn-München 1964/65.

2. *Bauartvorschriften für eichfähige Meßgeräte:*
Eichordnung vom 24. 1. 1942 (RGBl. I S. 63 und 146), Amtliche Buchausgabe, Ergänzungen durch die Erste bis Zehnte Verordnung zur Änderung der Eichordnung aus den Jahren 1943, 1945, 1953, 1954, 1956, 1960 (2 Verordnungen), 1961 und 1964 (2 Verordnungen. Zehnte Änderungsverordnung vom 7. 11. 1964 verkündet im Bundesanzeiger Nr. 212 vom 11. 11. 1964).

3. *Zulassungen von Meßgerätebauarten durch die PTB:*
Fortlaufend verkündet im Amtsblatt der PTB, Braunschweig und Berlin.

4. *Fehlergrenzen der Meßgeräte:*
   a) Eichordnung a.a.O.
   b) Fehlergrenzen in der Ende 1962 geltenden Fassung abgedruckt bei Dr. H.-W. QUASSOWSKI a.a.O.

5. *Zulässige Mindermengen bei Lebensmittelpackungen:*
   a) Eichdirektion Berlin, Maß- und gewichtsrechtliche Anforderungen an Abfülleinrichtungen und Fertigpackungen, Merkblatt für Abfüllbetriebe vom 21. 2. 1964 (Amtsblatt für Berlin S. 240). Sonderdruck bei der Eichdirektion Berlin erhältlich.
   b) JOHANNSEN, H.: Maß- und gewichtsrechtliche Gesichtspunkte, in Heft 15 der Verpackungswirtschaftlichen Schriftenreihe (Verpackung von Nahrungs- und Genußmitteln), Die Neue Verpackung ım Verlag für Fachliteratur GmbH.: Berlin 1963.
   c) — Fehlergrenzen der maschinellen Abfülleinrichtungen und ihre Bedeutung für das Füllgewicht von Lebensmittelfertigpackungen; eichbehördliche Tätigkeit. Verpackungs-Rundschau, Technisch-wissenschaftliche Beilage, Heft 11, S. 83—91 (1963).

6. *Maßeinheiten:*
STILLE, U.: Messen und Rechnen in der Physik, 2. Aufl., Braunschweig: Verlag Friedrich Vieweg & Sohn 1961.

7. *Internationale Fachorgane:*
   a) Metrologia, Internationale Zeitschrift für wissenschaftliche Metrologie, herausgegeben von Mitgliedern des Internationalen Komitees für Maß und Gewicht, Springer-Verlag, Berlin-Heidelberg-New York (erscheint seit Januar 1965).
   b) Bulletin de l'Organisation Internationale de Métrologie Légale, herausgegeben vom Bureau International de Métrologie Légale, Paris (erscheint seit Sommer 1960).

Refraktometrie

Von

Dr. R. RAMB, Hanau/Main

Mit 27 Abbildungen

A. Grundlagen der Theorie

I. Die Brechungszahl

Die Geschwindigkeit, mit der das Licht eine durchlässige Substanz durchdringt, hängt ab von der Dichte des Mediums und seiner chemischen Beschaffenheit. Die Lichtgeschwindigkeit ist in Materie kleiner als im Vakuum. Das Verhältnis dieser beiden Geschwindigkeiten bezeichnet man als ,,*absolute Brechungszahl*".

$$n_{0,1} = \frac{c_0}{c_1}$$

$n_{0,1}$ = absolute Brechungszahl

c_0 = Lichtgeschwindigkeit im Vakuum

c_1 = Lichtgeschwindigkeit im Medium 1.

In der Praxis mißt man die Brechungszahl im allgemeinen nicht gegen Vakuum, sondern gegen die Luft, in der wir leben. Man bezeichnet diese Zahl als ,,*relative Brechungszahl*".

Zwischen der relativen und der absoluten Brechungszahl gilt die Beziehung:

$$n_{1,2} = \frac{n_{0,2}}{n_{0,1}}$$

$n_{1,2}$ = Relative Brechungszahl des Mediums 2 bezogen auf die des Mediums 1

$n_{0,2}$ = Absolute Brechungszahl des Mediums 2 bezogen auf Vakuum

$n_{0,1}$ = Absolute Brechungszahl des Mediums 1 bezogen auf Vakuum.

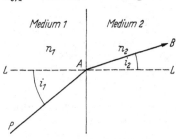

Abb. 1. Brechung eines Lichtstrahles

Die absolute Brechungszahl der Luft $n_{0,L}$ hat bei 760 Torr, 20° C und der Lichtwellenlänge 589 nm (Na-Lampe) den Wert $n_{0,L} = 1,0002724$, unterscheidet sich also nur wenig von 1 ($\approx 3 \cdot 10^{-4}$). Der Unterschied zwischen der absoluten und der auf Luft bezogenen relativen Brechungszahl von Stoffen ist also sehr gering ($\approx 0,03\%$).

Wenn ein Lichtstrahl unter dem Einfallswinkel i_1 (Abb. 1) auf eine Grenzfläche zwischen einem Medium 1 (z. B. Luft $n_1 \approx 1$) und einem Medium 2 (z. B. Glas $n_2 \approx 1,5$) auftrifft, so wird er infolge der verschiedenen Lichtgeschwindigkeiten in diesen beiden Medien aus seiner ursprünglichen Richtung abgelenkt. Er wird gebrochen. Der gebrochene

Strahl AB liegt in der durch das Einfallslot LL und den einfallenden Strahl PA bestimmten Einfallsebene. Der Einfallswinkel „i_1" und der Brechungswinkel „i_2" gehorchen dem Snelliusschen Brechungsgesetz

$$n_1 \cdot \sin i_1 = n_2 \cdot \sin i_2 . \tag{1}$$

Das Produkt $n \cdot \sin i$ bleibt also konstant und man kann die relativen oder auch die absoluten Werte von n einsetzen.

In Kristallen (ausgenommen die des regulären Systems) und in unter Spannung stehenden Körpern tritt optische Anisotropie auf. Die Lichtbrechung ist dann abhängig von der Orientierung der Lichtstrahlen zu den Kristall- bzw. Spannungsachsen. Zur Beschreibung der Lichtausbreitung in solchen Stoffen sind im allgemeinen 3 Brechungszahlen notwendig (vgl. E. BUCHWALD 1952).

II. Die Abhängigkeit der Brechungszahl von der Wellenlänge des Lichtes

Die Brechungszahl n ist mit der Wellenlänge des Lichtes veränderlich. Man nennt dies Dispersion. Im allgemeinen nimmt die Brechungszahl eines Stoffes mit abnehmender Wellenlänge, also nach dem violetten bzw. ultravioletten Teil des Spektrums hin, zu. Da die Dispersion eng mit der Absorption des Lichtes und diese wieder mit dem Aufbau des Atoms bzw. der Molekel zusammenhängt, wird (neben der Brechungszahl für eine bestimmte Wellenlänge) auch die Dispersion zur Charakterisierung eines Stoffes herangezogen. Dazu bedarf es einer Festlegung derjenigen Lichtwellenlängen, zwischen denen die Dispersion gemessen werden soll.

Diese Wellenlängen sind in Tab. 1 zusammengestellt.

Wie man der Tab. 1 entnehmen kann, handelt es sich um die Spektrallinien bestimmter leuchtender Gase und Dämpfe. (Mit den Buchstaben C, D, F bezeichnete FRAUNHOFER die entsprechenden Absorptionslinien im Sonnenspektrum. Die Buchstaben d, e usw. wurden später eingeführt.)

Tabelle 1. *Zur Messung der Brechungszahl und der Dispersion häufig benutzte Spektrallinien*

Bezeichnung der Spektrallinie	Emittierendes Element	Wellenlänge λ in nm	Farbe
h	Hg	404,7	violett
g	Hg	435,8	blau
F (H_β)	H	486,1	blaugrün
e	Hg	546,1	grün
d	He	587,6	gelb
D	Na	589,3*	gelb
C (H_α)	H	656,3	rot
A'	K	768,5**	dunkelrot

* Doppellinie 589,0 und 589,6.
** Doppellinie 766,5 und 769,9.

Häufig wird nun als Dispersion die Differenz der Brechungszahlen für zwei Wellenlängen angegeben. Zum Beispiel:

$$n_F - n_C .$$

$$n_F = n \text{ für die Linie } F$$
$$n_C = n \text{ für die Linie } C.$$

Diesen Wert $n_F - n_C$ bezeichnet man auch als „mittlere Dispersion".

Zur Kennzeichnung der Dispersion optischer Gläser wird in der Regel die Abbesche Zahl

$$\nu = \frac{n_D - 1}{n_F - n_C}$$

benutzt.

Für die analytische Darstellung der Brechungszahl in Abhängigkeit von der Wellenlänge dient häufig die von Hartmann angegebene Formel

$$n = A + \frac{B}{(\lambda - \lambda_0)^m} \, .$$

λ = Wellenlänge, A, B, λ_0 und m sind Konstanten; m ist meist = 1. Die Formel ist auf den Bereich normaler Dispersion beschränkt, also im Bereich zunehmender n mit abnehmender λ.

III. Die Abhängigkeit der Brechungszahl von der Temperatur

Da bei den meisten Stoffen die Dichte mit zunehmender Temperatur abnimmt, wird damit auch die Brechungszahl kleiner. Das heißt: der Temperaturkoeffizient der Brechungszahl $\frac{dn}{dt}$ ist in der Regel negativ. Ausnahmen durch sich überlagernde Ursachen (Verschiebung von Absorptionsfrequenzen im Atom oder der Molekel) sind möglich. — Der Temperaturkoeffizient für viele Flüssigkeiten liegt in der Größenordnung von $-4 \cdot 10^{-4}$; für Wasser ist er verhältnismäßig klein, nämlich $-1 \cdot 10^{-4}$. Die nachstehende Tab. 2 gibt einige Beispiele. Die aus der Tabelle ersichtliche relativ große Änderung der Brechungszahl mit der Temperatur, insbesondere bei Flüssigkeiten, erfordert eine Temperierung der Proben und des Refraktometers bei der Messung, wenn größere Ansprüche an die Genauigkeit gestellt werden.

Tabelle 2. *Temperaturkoeffizient $\frac{dn}{dt}$ der Brechungszahl für einige Stoffe*

Stoff	n_D^{20*}	$\frac{dn}{dt}$ bei 20° C
Wasser	1,3330	$-0,9 \cdot 10^{-4}$
Methylalkohol	1,3305	$-3,9 \cdot 10^{-4}$
Aceton	1,3589	$-5,3 \cdot 10^{-4}$
Benzol	1,5014	$-6,5 \cdot 10^{-4}$
Quarz	1,5442	$-0,04 \cdot 10^{-4}$
Flintglas Schott F$_2$	1,6199	$+0,03 \cdot 10^{-4}$

* n_D^{20} bedeutet die Brechungszahl für die D-Linie 589,3 nm gemessen bei 20° C.

Bei wäßrigen Lösungen muß die Temperatur der Proben mindestens auf 1° genau eingehalten werden, wenn man eine Genauigkeit der Brechungszahl auf $\pm 1 \cdot 10^{-4}$ erreichen will und auf 0,1°, wenn die Genauigkeit $\pm 1 \cdot 10^{-5}$ betragen soll. Für andere Flüssigkeiten sind entsprechend der Tabelle noch größere Anforderungen an die Temperaturkonstanz zu stellen.

IV. Die Abhängigkeit der Brechungszahl vom Druck

ist bei Flüssigkeiten sehr gering und etwa $\Delta n \approx 5 \cdot 10^{-5}$ bei einer Druckänderung von 1 Atm. Sie kann also in den meisten praktischen Fällen vernachlässigt werden.

Bei Gasen entspricht sie der Änderung der Dichte und muß berücksichtigt werden.

V. Spezifisches und molekulares Brechungsvermögen

Um eine Meßgröße zu erhalten, die von Temperatur, Druck und Aggregatzustand eines Stoffes möglichst wenig abhängig ist, hat man Beziehungen entwickelt, bei denen die Dichte als Reduktionsfaktor auftritt. Nach H. A. Lorentz und L. LORENZ ist folgender Ausdruck unabhängig von äußeren Bedingungen:

$$r = \frac{n^2-1}{n^2+2} \cdot \frac{1}{\varrho}$$

r = spezifisches Brechungsvermögen

n = Brechungszahl des Stoffes

ϱ = Dichte des Stoffes.

Multipliziert man r mit dem Molekulargewicht M des Stoffes, so heißt $r \cdot M$ sein molekulares Brechungsvermögen oder seine „Molekularrefraktion".

$$r \cdot M = R = \frac{n^2-1}{n^2+2} \cdot \frac{M}{\varrho}$$

Besteht der Stoff aus einer physikalischen oder chemischen Mischung verschiedener Bestandteile vom Prozentgehalt $p_1, p_2 \ldots$ und nennt man $p_1 r_1, p_2 r_2 \ldots$ usw. die Refraktionsäquivalente der einzelnen Bestandteile, so gilt der Satz, daß das Refraktionsäquivalent der Mischung sehr nahe gleich ist der Summe der Refraktionsäquivalente der einzelnen Bestandteile.

$$100 \, r = p_1 r_1 + p_2 r_2 + \cdots, \text{ wobei } r_1 = \frac{n^2-1}{n^2+2} \cdot \frac{1}{\varrho_1} \text{ usw.}$$

Da also die Molekular-Refraktion eine Molekelkonstante ist und sich bei Molekelmischungen additiv verhält, bildet man analog Atomrefraktionen und addiert diese für die Zusammensetzung von Molekeln aus Atomen. Tabellen über Atomrefraktionen (s. bei EISENLOHR, F. u. LÖWE, F., LANDOLT-BÖRNSTEIN unter Bibliographie. Ferner ASMUS, E., HÜCKEL, W., EISENLOHR, F., MOHLER, H. unter Bibliographie).

Die Atomrefraktionen sind jedoch nicht streng additiv, da die chemische Bindung die Polarisierbarkeit der Atome beeinflußt. Man muß daher die Bindungsarten durch verschiedene Refraktionswerte bzw. sogenannte Inkremente berücksichtigen. Die häufig benutzten Werte der Atomrefraktionen in organischen Verbindungen sind in Tab. 3 wiedergegeben:

Tabellen der Vielfachen dieser Werte bei EISENLOHR, LÖWE und LANDOLT BÖRNSTEIN, unter „Bibliographie".

Tabelle 3. *Häufiger benutzte Atomrefraktionen*

Spektrallinie Wellenlänge in nm	G' 434,0	F 486,1	D 589,3	C 656,3
Wasserstoff	1,122	1,115	1,100	1,092
Sauerstoff, Carbonyl-	2,267	2,247	2,211	2,189
Sauerstoff, Äther	1,662	1,649	1,643	1,639
Sauerstoff, Hydroxyl	1,541	1,531	1,525	1,522
Kohlenstoff	2,466	2,438	2,418	2,413
Inkrement $\models$ für C = C-Doppelbindung	1,893	1,824	1,733	1,686
Inkrement $\models$ für C ≡ C-Dreifachbindung	2,538	2,506	2,398	2,328
Stickstoff in primären aliphatischen Aminen	2,397	2,368	2,322	2,309
Stickstoff in sekundären aliphatischen Aminen	2,603	2,561	2,499	2,475
Stickstoff in tertiären aliphatischen Aminen	3,000	2,940	2,840	2,807
Stickstoff in aliphatischen Nitrilen	3,173	3,151	3,118	3,102
Chlor	6,101	6,043	5,967	5,933
Brom	9,152	8,999	8,865	8,803
Jod	14,521	14,224	13,900	13,757

VI. Mischungsregeln

Für analytische Zwecke muß man den Zusammenhang zwischen der Brechungszahl einer Lösung bzw. Mischung und den Brechungszahlen der einzelnen Komponenten ermitteln. Das geschieht in den meisten Fällen empirisch. Die theoretischen Ansätze gehen von der spezifischen Refraktion aus. Dabei nimmt man an, daß sich bei Mischungen die spezifischen Refraktionen entsprechend den Gewichten addieren. Es gilt also für 2 Komponenten mit den Gewichten g_1 und g_2 folgender Ansatz:

$$g_m \cdot r_m = g_1 \cdot r_1 + g_2 \cdot r_2$$

$$g_m = g_1 + g_2$$

$g_m =$ Gewicht der Mischung

$r_m =$ Spez. Refr. d. Mischung

$g_1 =$ Gew. der Komp. 1

$g_2 =$ Gew. der Komp. 2

$r_1 =$ Spez. Refr. d. Komp. 1

$r_2 =$ Spez. Refr. d. Komp. 2

Wie wir gesehen haben, ist die spezifische Refraktion proportional $1/\varrho$. Nun ist $\frac{g}{\varrho} = v$, also gleich dem Volumen. Man kann daher unter Zuhilfenahme der Lorentz-Lorenz-Gleichung die Mischungsregel folgendermaßen schreiben:

$$v_m \frac{n_m^2 - 1}{n_m^2 + 2} = v_1 \frac{n_1^2 - 1}{n_1^2 + 2} + v_2 \frac{n_2^2 - 1}{n_2^2 + 2} .$$

$v_m =$ Volumen der Mischung

$v_1 =$ Volumen der Komponente 1

$v_2 =$ Volumen der Komponente 2

$n_m =$ Brechungszahl der Mischung.

Newton bzw. Gladstone benutzen für die spezifische Refraktion die Ansätze

$$r = \frac{n^2 - 1}{\varrho}$$

bzw.

$$r = \frac{n - 1}{\varrho} .$$

Dementsprechend ergeben sich etwas einfachere Mischungsregeln:

$$v_m \cdot n_m^2 = v_1 \cdot n_1^2 + v_2 \cdot n_2^2 \qquad \text{(Newton)}$$

$$v_m \cdot n_m = v_1 \cdot n_1 + v_2 \cdot n_2 \qquad \text{(Gladstone)}.$$

Welche Mischungsregeln jeweils anzuwenden sind, muß durch Versuche ermittelt werden. Beispiele für die Übereinstimmung der Mischungsregeln mit den Messungen an Fettlösungen gibt H. Littmann (1938). Zu beachten ist, daß die Anwendung der spezifischen Refraktion auf eine Beziehung der Volumina und nicht der Gewichte führt. Es ist dabei vorausgesetzt, daß das Gesamtvolumen bei der Mischung erhalten bleibt, daß also $v_m = v_1 + v_2$.

B. Grundlagen der Messung

I. Messung mit Hilfe des Grenzwinkels der Totalreflexion

Für die Messung der Brechungszahl von festen, flüssigen oder gasförmigen Substanzen kommen sehr verschiedene Methoden zur Anwendung[1]. Von allen diesen Methoden ist für die Aufgaben des Lebensmittel-Chemikers die Methode der Beobachtung des „Grenzwinkels der Totalreflexion" die wichtigste. Die meisten Typen technischer Refraktometer arbeiten nach diesem Meßprinzip.

1. Messung im durchfallenden Licht

Wie wir gesehen haben, vollzieht sich der Übergang des Lichtes aus einem Medium durch eine ebene Trennungsfläche in ein anderes Medium nach dem Snelliusschen Brechungsgesetz (S. 874, Abb. 1). Nimmt der Winkel i_1 seinen größten Wert $i_1 = 90°$ an, so erhält auch i_2 seinen größten Wert, der mit e bezeichnet sei (Abb. 2). Gleichung (1) S. 874 schreibt sich in diesem Fall:

$$n_1 \cdot \sin 90° = n_2 \cdot \sin e$$

$$\text{da } \sin 90° = 1 \qquad\qquad (2)$$

$$n_1 = n_2 \cdot \sin e$$

oder mit vereinfachter Bezeichnung $n = N \cdot \sin e$.

Diesen Eintritt eines Strahles unter 90° gegen die Normale der brechenden Fläche nennt man „streifenden Eintritt" und den durch Gleichung (2) bestimmten, in der höher brechenden Substanz gelegenen Winkel e den „Grenzwinkel". Dieser Grenzwinkel ist zugleich der „Grenzwinkel der Totalreflexion" wie auf S. 881 erläutert wird. Gleichung (2) zeigt, daß die Messung des Grenzwinkels ein Mittel bietet, um das Verhältnis $n : N$ zu bestimmen oder falls N bekannt ist, um n zu messen.

Abbildung 3 zeigt die schematische Darstellung des Strahlenverlaufs in einem Refraktometer, mit dessen Hilfe die unbekannte Brechungszahl einer Flüssigkeit bestimmt werden soll.

Die Zeichnung zeigt das Meßprisma M und das Beleuchtungsprisma B zwischen

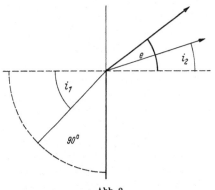

Abb. 2.
Streifender Eintritt eines Lichtstrahles

denen sich eine dünne Schicht der Flüssigkeit befindet, deren Brechungszahl bestimmt werden soll. Aus der mattierten Prismenfläche des Beleuchtungsprismas B treten die Lichtstrahlen *1, 2, 3, 4, 5* usw. unter den verschiedensten Winkeln in die Flüssigkeit ein und von da entsprechend dem Brechungsgesetz in die polierte Fläche des Meßprismas M. Sie durchsetzen dann nach Austritt aus dem Prisma, ein Objektiv und in der Brennebene des Objektives eine Glasplatte mit einer Skala. Diese Skala kann mit einem (nicht gezeichneten) Okular in geeigneter Vergrößerung betrachtet werden.

Zu der Winkelmessung (Messung des Grenzwinkels) dienen nun in der Praxis nicht einzelne Strahlen, sondern unendlich viele, wie sie unter den verschiedensten

---

[1] Näheres siehe bei F. Kohlrausch (1962), und J. Flügge (1954) (s. unter „Bibliographie")

Winkeln die matte Fläche des Beleuchtungsprismas verlassen. Suchen wir uns aus dieser Vielzahl diejenigen heraus, die alle unter dem gleichen Winkel und parallel zueinander in die Fläche des Meßprismas eintreten und das Prisma und das Objektiv durchsetzen, dann werden diese in der Brennebene des Objektivs zu einem Bildpunkt vereinigt. Nehmen wir nun einen Winkel, der gegen den der Strahlen dieses ersten Büschels ein wenig geneigt ist, dann erhalten wir wieder einen Bildpunkt, der zum ersten benachbart ist. Setzen wir nun dieses Verfahren fort, dann können wir eine Bildlinie entstehen lassen, deren einzelne Elemente jeweils einem parallelen Strahlenbüschel vor der Linse entsprechen. Diese Linie kann gerade oder auch gekrümmt sein.

Dem größten Einfallswinkel an der Grenzfläche Flüssigkeit — Meßprisma von 90° entspricht dann im Meßprisma der größte Brechungswinkel e (Grenzwinkel). Strahlen unter einem größeren Winkel als e können in das Prisma nicht eintreten. Von jedem Punkt der Prismenfläche treten die Grenzstrahlen unter dem Grenzwinkel e ein. Denkt man sich nun die Ebene der Zeichnung um die Normale $N — N$ als Achse ein wenig gedreht, so verlaufen auch in dieser neuen Einfallsebene Grenzstrahlen, die vom Objektiv in einem Punkte der Brennebene vereinigt werden. Dieser Punkt liegt je nach der Drehung ein wenig über oder unter der Ebene der Zeichnung. Die Gesamtheit aller mit der Prismenfläche den Grenzwinkel e bildenden Strahlen erzeugt in der Brennebene des Objektivs eine geschlossene Bildlinie. In gleicher Weise entstehen für jeden anderen Winkel, der kleiner ist als e, für die diesen Winkeln entsprechenden Strahlen helle Bildlinien, soweit die Größe und Form des Prismas, des Objektivs und der Skala solche Strahlen ermöglichen. Betrachtet man die Skala mit einem Okular, so sieht man ein Gesichtsfeld, das links von der Grenzlinie aus hell ist und rechts von der Grenzlinie dunkel. Die Lage dieser scharfen Grenzlinie zur Skala ist abhängig von der Brechungszahl der Flüssigkeit, wenn alle anderen Bedingungen konstant bleiben. Damit kann man die Brechungszahl der Flüssigkeit

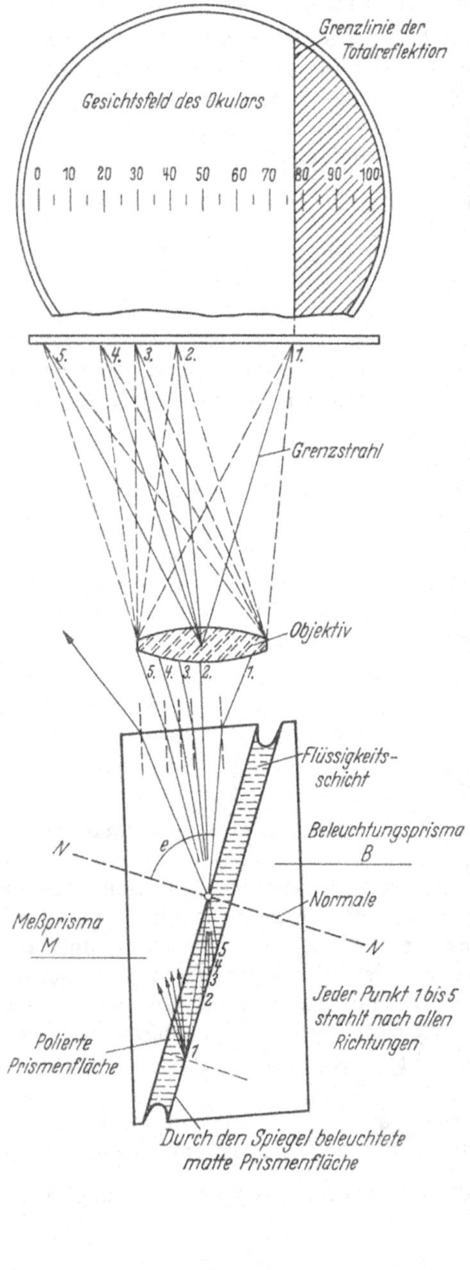

Abb. 3. Schematische Darstellung der Entstehung der Grenzlinie im durchfallenden Licht

messen, wenn entweder die Skala in Brechungsindices geeicht wird, oder an ihr direkt die Brechungszahlen abgelesen werden können.

2. Messung im reflektierten Licht

Wie Abb. 4 zeigt, kann man eine Messung der Brechungszahl der Flüssigkeit auch im reflektierten Licht vornehmen. Dazu denken wir uns das Licht in die linke Fläche des Meßprismas einfallend, so daß an jedem beliebigen Punkt B der polierten Fläche des Meßprismas Strahlen unter den verschiedensten Winkeln auffallen. Alle Strahlen (2—5), deren Einfallswinkel in B kleiner als e, der Grenz-

winkel, sind, spalten sich in je einen in das Prisma zurück gespiegelten und einen in die flüssige Probe hinein-gebrochenen Strahl gleicher Ord-nungszahl; die Strahlen mit größerem Einfallswinkel als e dagegen werden nur gespiegelt und behalten ihre volle Helligkeit. Die Gesamtheit dieser hel-len, der „total reflektierten" Strahlen beleuchtet jetzt das rechte helle Feld, die weniger hellen „partiell reflektier-ten" Strahlen dagegen das linke halb-helle Feld. Grenzwinkel $e =$ Grenz-winkel der Totalreflexion. Die in die flüssige Probe eingedrungenen Strah-len gehen verloren. Der Helligkeits-sprung vom halbhellen zum hellen Feld, wie er sich bei der Bildung einer Grenzlinie aus reflektiertem Lichte ergibt, ist nicht so stark wie derjenige im ersten Falle bei durchfallendem Licht bzw. streifendem Eintritt. Die Messung im reflektierten Licht wird angewandt bei dunklen Proben, also z. B. bei der Messung von Teerölen oder Melassen u. a., sowie in Sonder-fällen bei Refraktometern, die in die Wand eines Vakuumkochapparates oder einer Rohrleitung eingebaut sind.

Die oben angestellten Betrachtun-gen über die Entstehung der Grenz-linie sind der Einfachheit halber unter der Voraussetzung gemacht worden, daß nur Lichtstrahlen einer

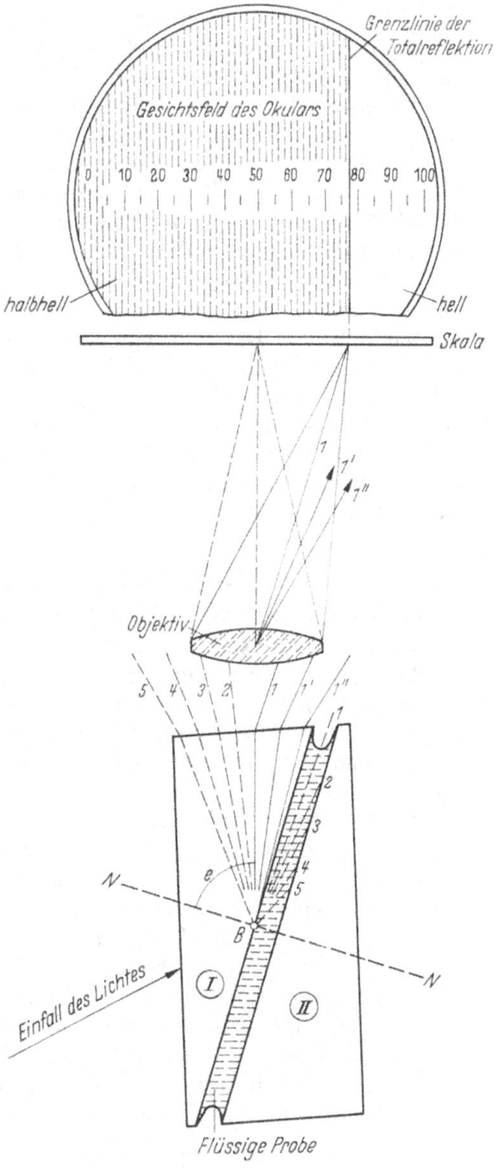

Abb. 4. Schematische Darstellung der Entstehung der Grenzlinie im reflektierten Lichte. Das von links in das linke Prisma z. B. auf den Punkt B fallende Licht spaltet sich zum großen Teile in reflektierte und gebrochene Strahlen gleicher Ord-nungszahl (2 bis 5); nur die unter großem Einfalls-winkel auftreffenden Strahlen 1, 1′, 1″, werden in unverminderter Helligkeit „total" reflektiert und beleuchten im Okulare das rechte helle Feld, das heller ist als das halbhelle, von den gespaltenen Strahlen 2 bis 5 beleuchtete

bestimmten Wellenlänge (z. B. $\lambda = 589{,}3$ nm, gelbe Doppellinie der Na-Lampe) zur Beleuchtung verwendet wurden. Verwenden wir aber weißes Licht einer Glühlampe, dann liegen wegen der Dispersion des Lichtes die Grenzlinien für die verschiedenen Wellenlängen an verschiedenen Orten. Anstelle einer scharfen Grenzlinie entsteht ein Spektrum. Zur Kompensation dieser Farbzerstreuung schuf ABBE ein Paar von geradsichtigen Prismen *(Amici-Prismen)*, die gegensinnig um die Fernrohrachse eines Refraktometers drehbar sind. Diese Prismen bilden ein System kontinuierlich veränderlicher Dispersion, so daß damit die Dispersion im Refraktometer ausgeglichen werden konnte. Diesen Kompensator kann man so ausbilden, daß er für die Na-Linie (*D*-Linie) keine Ablenkung ergibt. Da die Dispersion des Kompensators bekannt ist und der Drehwinkel gemessen werden kann, läßt sich diese Einrichtung eines Refraktometers auch benutzen, um die Dispersion der Probe zu ermitteln. Die dazu notwendigen Angaben sind in den Gebrauchsanleitungen für technische Refraktometer enthalten. — Anstelle eines Kompensators kann man natürlich auch sogenannte Spektrallampen, z. B. eine Na-Spektrallampe verwenden. Mit Hilfe von Farbfiltern läßt sich eine einzelne Spektrallinie herausfiltern, also streng monochromatisches Licht erzeugen.

In den meisten Fällen sind die technischen Refraktometer so aufgebaut wie in Abb. 3 und Abb. 4 schematisch dargestellt. Das Beleuchtungsprisma dient nicht nur zur Beleuchtung, sondern auch dazu, eine möglichst dünne Flüssigkeitsschicht der Meßprobe zu ermöglichen, einmal um Substanz zu sparen und zum anderen, um eine rasche und genaue Temperierung der Proben zu ermöglichen. Dazu werden Meß- und Beleuchtungsprisma mit Temperiermänteln umgeben. — Wenn nur ein kleiner Meßbereich verlangt wird, dann sind Prisma, Objektiv und Ablese-lupe (Fernrohr) fest mit einander verbunden (Skalenrefraktometer S. 890). Für größere Meßbereiche werden Fernrohr und Prisma gegeneinander geschwenkt, oder es wird neuerdings ein drehbarer Spiegel zwischen Meß-Prisma und Fernrohr gesetzt, wobei dann beide wieder fest zueinander montiert werden können (Abbe-Refraktometer).

II. Messung durch Lichtablenkung

Bei der Methode der Lichtablenkung benutzt man ein prismatisch begrenztes Stück der Probesubstanz (Abb. 5).

Bei festen durchsichtigen Körpern, wie z. B. Gläsern, Kristallen oder Kunststoffen stellt man durch Schleifen und Polieren geeignete Prismen her. Flüssigkeiten und Gase füllt man in Hohlprismen. Die Platten der Hohlprismen müssen durch ebene und parallele Flächen begrenzt sein, damit sie die Ablenkung nicht beeinflussen.

Der Ablenkungswinkel hängt ab von der Brechungszahl der Substanz und dem brechenden Winkel des Prismas. Als Meßinstrument benutzt man ein „Spektrometer“. Ein solches Instrument besteht aus einem Kollimator[1] und einem Fernrohr, die um eine gemeinsame parallel zur Prismenkante liegende Achse gedreht werden können. Die Winkelstellung von Kollimator und Fernrohr ist an einem Teilkreis ablesbar. In der Brennebene des Kollimators liegt ein Spalt, der von einer Lichtquelle beleuchtet wird. Das Licht durchsetzt dann im parallelen Strahlengang das Prisma, wird dort abgelenkt und in der Brennebene des Beobachtungsfernrohres wieder zu einem Bild des Spaltes vereinigt. Die Lage des Spaltbildes wird mit Hilfe einer Lupe an einem Teilkreis abgelesen. Die Ablesung ergibt den Ablenkungswinkel δ. Mit dem gleichen Instrument kann auch der

---

[1] Kollimator: Vorrichtung bei der sich eine beleuchtete Marke, z. B. Spalt in der vorderen Brennebene einer Sammellinse befindet.

Prismenwinkel φ bestimmt werden, wenn er unbekannt ist. Die Messung selbst erfolgt im sogenannten Minimum der Ablenkung, das ist der Minimumwert des Ablenkungswinkels $\delta = \delta_0$, der bei symmetrischem Durchgang des Lichtes durch das Meßprisma erreicht wird. Diese Stellung ergibt die größte Meßgenauigkeit. Sie ist exakt zu beobachten, indem man beim Drehen des Prismas die Wanderung des Spaltbildes bis zur Umkehr der Wanderungsrichtung verfolgt. Die Brechungszahl des Prismas errechnet sich dann nach nachstehender Formel:

$$n = \frac{\sin \dfrac{\delta_0 + \varphi}{2}}{\sin \dfrac{\varphi}{2}}.$$

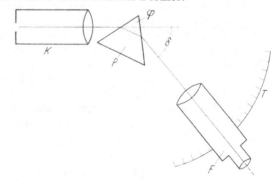

Näheres über die Genauigkeit dieser Methode bei J. Flügge (1954) und H. Kessler (1927).

Anstelle der beschriebenen Anordnung kann man auch mit nur einem Kollimator in einer sog. Autokollimationsanordnung messen. Das Meßprisma ist dann als Halbprisma ausgebildet, dessen Rückfläche verspiegelt ist, so daß das eintretende Lichtbüschel in sich reflektiert wird. Nähere Angaben bei H. Kessler (1927).

Abb. 5. Messung der Brechungszahl durch Lichtablenkung. P = Prisma (Probe); φ = Prismenwinkel; K = Kollimator; F = Fernrohr; T = Teilkreis; δ = Ablenkungswinkel

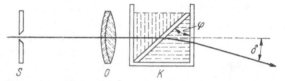

Diese spektrometrische Methode eignet sich insbesondere bei der Autokollimationsan-

Abb. 6. Messung der Brechungszahl im Differenz-Refraktometer. S Spalt; O Objektiv; K Doppelküvette; Ablenkung $\delta \approx \Delta n \cdot \mathrm{tg}\varphi$

ordnung für die Benutzung elektrischer Strahlungsempfänger und damit für Messungen im ultravioletten und infraroten Spektralgebiet.

Eine weitere Anwendung der Lichtablenkung finden wir bei den „Differenz-Refraktometern". Das Schema dieser Anordnung zeigt die obige Abb. 6. Das Meßprisma besteht aus zwei Hohlprismen, die aus einer Küvette mit einer diagonal angeordneten Trennungswand gebildet werden.

Sind die Brechungszahlen der beiden Flüssigkeiten gleich, dann erfährt das Strahlenbündel keine Ablenkung. Sind sie verschieden, dann ist der gemessene Ablenkungswinkel ein Maß für die Brechungsdifferenz. Die Ablenkung kann aber auch durch einen Kompensator z. B. eine drehbare Glasplatte rückgängig gemacht werden. Die dazu notwendige Drehung des Kompensators ist dann ein Maß für die Brechungsdifferenz und diese durch Eichung des Kompensators zu ermitteln. Solche Geräte haben den Vorteil, daß sich die Temperaturen der beiden zu vergleichenden Flüssigkeiten sehr gut gleich halten lassen und damit eine hohe Meßgenauigkeit erreicht werden kann. Differenz-Refraktometer finden Anwendung dort, wo es nicht auf eine Absolutmessung der Brechungszahl ankommt, sondern darauf, ob irgendeine Substanz z. B. ein technisches Produkt stets in gleicher Zusammensetzung oder Reinheit anfällt oder vorliegt. Die Anwendung beschränkt sich allerdings auf Substanzen, die genügend lichtdurchlässig, also nicht stärker gefärbt oder getrübt sind, damit die von der Küvette durchgelassene Intensität noch für die Messung ausreicht. Näheres s. H. Svensson (1954), ferner H. Kessler (1927). Typen von Ablenkungsrefraktometern s. S. 895.

III. Messung durch Einbettung

Während die Messung der Brechungszahl fester Körper durch entsprechende Formgebung (Prismen oder Anschleifen einer Planfläche) vorgenommen wird, können unregelmäßig geformte Körper (Mineralien, Glasbruchstücke, Kunststoffe, Fasern usw.), die nicht verändert werden sollen oder deren Flächen zu klein sind, um genügend große Meßflächen für die technischen Refraktometer zu ergeben, mit Hilfe der sog. *Einbettungsmethode* z. B. unter dem Mikroskop gemessen werden.

Dabei geht man so vor, daß man entweder die Brechungszahl der Einbettungsflüssigkeit durch Variation der Temperatur so lange verändert, bis sie gleich derjenigen der Probe ist; oder man verwendet mehrere Einbettungsflüssigkeiten mit abgestuften Brechungszahlen. Die Gleichheit beobachtet man durch Feststellung des Verschwindens der Konturen des eingebetteten Körpers. Das geschieht am besten durch Beobachtung unter dem Mikroskop *(Becksche Linie)*[1].

Eine dafür geeignete Zusatzeinrichtung zum Mikroskop mit der zugleich auch die Brechungszahl der Einbettungsflüssigkeit (aber auch jeder belieben Flüssigkeit) gemessen werden kann, ist auf S. 896 beschrieben (Mikroskop-Refraktometer).

IV. Messung durch Reflexion

Wie wir auf S. 881 gesehen haben, ist der an einer Grenzfläche reflektierte Anteil von Lichtstrahlen abhängig vom Einfallswinkel und der relativen Brechungszahl. Wenn man nun z. B. einen Glasstab in die zu messende Flüssigkeit einbettet und ihn an einer seiner beiden Endflächen beleuchtet, so tritt ein Teil des unter verschiedenen Winkeln in den Glasstab eintretenden Lichtes am anderen Ende wieder aus. Ist der Unterschied zwischen den Brechungszahlen von Glasstab und Flüssigkeit genügend groß, dann können die in den Glasstab eingetretenen Lichtstrahlen nicht in die Flüssigkeit austreten, da sie total reflektiert werden. Der ganze Lichtstrom wird also bis an das Ende des Stabes fortgeleitet und tritt erst dort wieder aus (Prinzip der Faseroptik). Je geringer aber die Differenz der beiden Brechungszahlen wird, um so mehr Lichtstrahlen können unter geeigneten Winkeln aus dem Stab austreten (unter partieller Reflexion), so daß der Lichtstrom am Ende des Stabes geringer wird. Fängt man ihn dort auf einem lichtelektrischen Empfänger auf, so kann man auf diese Weise lichtelektrisch arbeitende Refraktometer bauen, mit denen man Veränderungen in der Brechungszahl von Flüssigkeiten (z. B. im Durchfluß) messen und registrieren kann.

Näheres siehe bei KARRER, E. und R. S. ORR (1946); KAPANY, N. S. und J. N. PIKE (1957); JONES, H. E. u. Mitarb. (1949).

V. Messung durch Interferenz

Für die Messung von Brechungszahlen kann man auch verschiedene Verfahren verwenden, deren Grundlagen auf der Interferenz des Lichtes beruhen. Unter Interferenz versteht man die Überlagerung von Lichtwellen, wobei Verstärkung oder Auslöschung eintritt.

Die Interferenzverfahren zeichnen sich unter allen optischen Methoden — also auch der Refraktometrie — durch ihre hohe Genauigkeit aus. Sie sind aber auf der anderen Seite sehr empfindlich gegen Störungen von außen (Erschütterungen,

---

[1] Befindet sich ein Objekt unter dem Mikroskop in einem Einbettungsmittel von nahezu der gleichen Brechungszahl, so beobachtet man bei Heben und Senken des Tubus eine helle Kontur, die Becksche Linie. Beim Heben des Tubus wandert die helle Linie in das Medium mit der höheren Brechungszahl hinein.

Lichtunruhe, Temperaturschwankungen usw.). Größere technische Anwendung hat aus diesen Gründen in erster Linie das Verfahren von RAYLEIGH in der technischen Ausgestaltung durch HABER und LÖWE gefunden, das gegen äußere Einflüsse verhältnismäßig unempfindlich ist. Näheres siehe in diesem Band des Handbuches unter „Interferometrie", EISENBRAND, J., S. 485—490.

Der Einsatz von Interferometern zur Messung von Brechungszahldifferenzen hat für den Lebensmittelchemiker erst dann einen Sinn, wenn für besondere Fälle Genauigkeiten gebraucht werden, die unter $1 \cdot 10^{-5}$ (Eintauch-Refraktometer, S. 893) liegen.

C. Technische Refraktometer
I. Grenzwinkel-Refraktometer
1. Abbe-Refraktometer

Unter dem Titel „Neue Apparate zur Bestimmung des Brechungs- und Zerstreuungsvermögens fester und flüssiger Körper" beschreibt ERNST ABBE (1874) das Prinzip des Refraktometers. Die nachstehend daraus zitierten Sätze kennzeichnen die besonderen Vorzüge, die das Abbe-Refraktometer seit über 90 Jahren auszeichnen.

„Sehr viel weitergehenden Ansprüchen an die Vereinfachung des Apparates und an die Abkürzung der erforderlichen Operationen kann aber in der Tat bei Flüssigkeiten genügt werden, wenn die ganze Messung gegründet wird auf Beobachtung der Totalreflexion, welche die betreffende Flüssigkeit, in sehr dünner Schicht zwischen Prismen aus stärker brechender Substanz eingeschlossen, an durchfallenden Strahlen ergibt. Ich habe diese Methode seit dem Jahre 1869, zuerst zur Bestimmung von Balsamen und Harzen benutzt und zu ihrer bequemen Anwendung besondere Apparate — Refraktometer — construirt, durch welche es möglich gemacht wird, bei jeder flüssigen oder halbflüssigen Substanz den Brechungsexponenten und, wenn nötig, auch die Dispersion durch die allereinfachsten Manipulationen zu bestimmen. Dabei genügt ein einziger Tropfen der betreffenden Flüssigkeit, die in dickeren Schichten beliebig undurchsichtig sein kann. Die ganze Beobachtung besteht in einer einzigen kunstlosen Einstellung und in der nachfolgenden Ablesung an einem Gradbogen oder an einer Mikrometerskala, welche Ablesung den gesuchten Brechungsexponenten unmittelbar, das heißt ohne jede Rechnung ergibt."

Die grundsätzliche Konstruktion von ABBE (Prisma und schwenkbares Fernrohr getrennt, offen liegender Teilkreis) hat sich erstaunlich lange bewährt und ist erst vor wenigen Jahren verfeinert und vervollkommnet worden. Die neue Konstruktion ist völlig geschlossen. Das Meßprisma steht fest. Die Fläche für das Meßgut liegt waagrecht. Die Einstellung der Grenzlinie der Totalreflexion erfolgt im gleichen Sehfeld, in dem auch der Meßwert abgelesen wird. Der Teilkreis ist aus Glas und liegt geschützt im Innern des Instrumentes. Das Meßprisma kann leicht vom Benutzer ausgewechselt werden, wenn es durch langen Gebrauch beschädigt sein sollte (Abb. 7 und 8).

Zur Messung der Brechungszahl einer Flüssigkeit klappt man das Beleuchtungsprisma nach oben, bringt wenige Tropfen der Flüssigkeit auf die freiliegende, waagrechte Fläche des Meßprismas und schließt das Beleuchtungsprisma. Als Beleuchtung dient Tageslicht oder eine künstliche Lichtquelle (Abb. 9).

Beim Einblick in das Okular stellt man durch Drehen eines Triebknopfes (Drehspiegel) die Grenzlinie in das Fadenkreuz. Ist sie farbig, dann dreht man den Kompensator, bis sie farblos und scharf erscheint. Die Brechungszahl kann dann unmittelbar im unteren Teil des Sehfeldes an einer Skala abgelesen werden (Abb. 10).

Stark gefärbte Proben werden im reflektierten Licht gemessen. Hierzu wird die Lichteintrittsöffnung am Beleuchtungsprisma geschlossen und dafür die des Meßprismas geöffnet, wobei die Klappe gleichzeitig als Beleuchtungsspiegel dient. Das Licht tritt von unten über

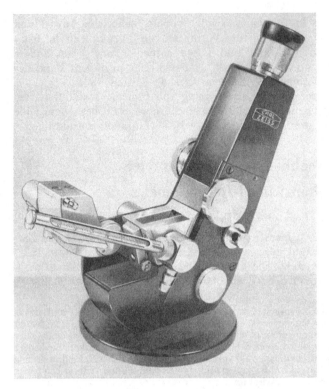

Abb. 7

Abb. 8

Abb. 7 u. 8. Abbe-Refraktometer Modell A und Abbe-Refraktometer Modell B (Hersteller: Carl Zeiss, Oberkochen). Meßbereich n_D 1,3—1,7; mit Sonderprismen n_D 1,17—1,56 und n_D 1,45—1,85. Genauigkeit: 1—2 Einheiten der 4. Dezimale der Brechungszahl. Geschlossene, handliche Bauart, temperierbare Prismen, Durchflußküvetten. Modell A für das Untersuchungslabor; Modell B besonders geschützt gegen Feuchtigkeit und Korrosion für das Betriebslabor. Besonders geeignet für Messung bei hohen Temperaturen

den Spiegel in das Meßprisma ein und wird an der waagrechten Grenzfläche Meßprisma-Probe in einem gewissen Winkelbereich total reflektiert. Die Beobachtung und Einstellung der Grenzlinie der Totalreflexion sowie die Ablesung der Brechungszahl erfolgen auf die gleiche Weise wie bei der Messung im durchfallenden Licht.

Feste Körper, deren Brechungszahl gemessen werden soll, müssen eine ebene, polierte Fläche haben (Abb. 11). Sie werden mit einem kleinen Tropfen einer hochbrechenden Flüssigkeit (Monobromnaphthalin) auf das Meßprisma aufgesetzt und im reflektierten Licht gemessen. Hat eine wenig gefärbte Probe zwei zueinander senkrecht stehende polierte Flächen, die eine scharfe Kante bilden, so kann man sie unter optimalen Bedingungen im streifend durchfallenden Licht messen. Man erhält in diesem Falle einen auffälligeren Kontrast bei der Einstellung der Grenzlinie als bei der Messung im reflektierten Licht.

Mit einem, jedem Gerät beigegebenen Glasplättchen, dessen genaue Brechungszahl eingraviert ist, kann man das Abbe-Refraktometer im gleichen Verfahren wie bei der Messung fester Proben justieren. Normalerweise ist allerdings die Justierung unveränderlich und daher nur sehr selten vorzunehmen.

Plastische Substanzen werden im reflektierten Licht gemessen, wobei die Probe ohne Luftblasen dicht auf das Meßprisma aufgelegt wird.

Wie wir auf S. 876 gesehen haben, ist die Brechungszahl von der Temperatur abhängig. Um die Temperatur über längere Meßreihen konstant halten zu können, sind die Prismenfassungen des Refraktometers für den Durchlauf einer Temperierflüssigkeit, d. h. zum Anschluß an einen Thermostaten vorgesehen.

Abb. 9. Meßvorgang

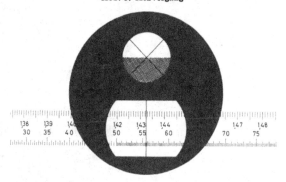

Abb. 10. Sehfeld des Gerätes, oben Einstellfeld — unten Skalen (n_D und Zuckerprozente, g/100 ml Lösung)

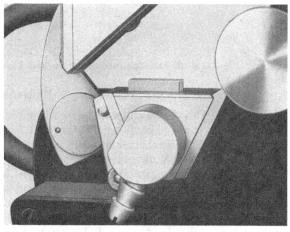

Abb. 11. Messung fester oder plastischer Proben

Der normale Temperaturbereich für Modell A reicht von 0° C bis $+80°$ C, für Modell B bis zu 140° C, und wenn die zu untersuchenden Substanzen bei hohen

Temperaturen die Kittschicht nicht angreifen, bis etwa 200° C. Modell B ist mit
zusätzlicher Temperierung des Gehäusefußes versehen. Hierdurch werden störende
Einflüsse durch die Temperatur des Prismenteiles auf das Gerät vermieden.

Das Instrument kann mit einer Durchflußküvette ausgerüstet werden. Diese
besitzt zwei Stutzen mit Schlauchanschlüssen für Messungen im kontinuierlichen
Durchfluß. Wie Abb. 12 zeigt, kann auch ein Einfülltrichter für einzelne Proben
aufgesetzt werden, die man nach der Messung einfach absaugt.

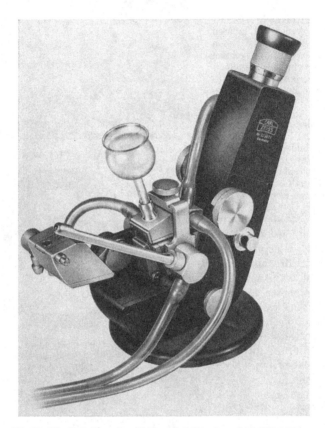

Abb. 12. Abbe-Refraktometer mit Durchfluß-Küvette und Einfülltrichter

a) Meßbereich — Meßgenauigkeit

Mit dem Abbe-Refraktometer, ausgerüstet mit dem normalen Meßprisma,
kann man die Brechungszahlen flüssiger und fester Stoffe in dem Bereich von
n_D 1,3—1,7 und den Zuckergehalt wäßriger Lösungen direkt messen. Zwei Sonderprismen zum Modell A, die gegen das Normalprisma ausgetauscht werden können,
umfassen die Brechungszahlbereiche n_D 1,17—1,56 und n_D 1,45—1,85. Da die
Ablese-Skala im Innern des Gehäuses eingebaut ist und nicht mit den Prismen
ausgewechselt werden kann, ist die Ablesung auf die Sondermeßbereiche umzurechnen, wofür die entsprechenden Umrechnungstafeln mitgeliefert werden. Das
Meßergebnis stellt die für die Beleuchtung mit gelbem Natriumlicht gültige
Brechungszahl dar. Die Messung geschieht jedoch bei weißem Licht. Die erforderliche Achromasie der Grenzlinie der Totalreflexion wird durch den Abbeschen
Kompensator hergestellt.

Die obenliegende Skala der Brechungszahlen ist in Einheiten der dritten
Dezimale geteilt. Auf Einheiten der vierten Dezimale kann leicht interpoliert
werden. Die untere Skala ist direkt in Zuckerprozente geteilt und reicht von 0
bis 95%, wobei die internationale Zuckerskala 1936 zugrunde gelegt ist. Die Skala
ist in Intervalle von 0,5% unterteilt. Zwischenwerte können gut abgeschätzt
werden.

Bei Modell B ist die Zuckerskala für Werte über 50% in Intervalle von 0,2%
geteilt. Das Abbe-Refraktometer kann auch als Butter- und Milchfett-Refrakto-
meter benutzt werden.

b) Dispersionsbestimmung mit dem Abbe-Refraktometer

Aus der Brechungszahl n_D und der Ablesung der Kompensatorteilung kann
mittels eines der Gebrauchsanweisung beigegebenen Diagramms die mittlere
Dispersion

$$n_F-n_C \text{ und die Abbesche Zahl } \nu = \frac{n_D-1}{n_F-n_C} \text{ ermittelt werden.}$$

Mit dem Abbe-Refraktometer kann man auch die Brechungszahl bei verschiedenen,
durch die Kombination von Spektrallampen mit Filtern isolierten Wellenlängen
im sichtbaren Spektralgebiet messen (vgl. R. RATH 1954, 1957).

Nach der ursprünglichen Abbeschen Form gebaut ist das „Precision-
Refraktometer" von BAUSCH und LOMB. Die Prismendrehachse liegt senkrecht.
Es besitzt keinen Kompensator und wird daher mit einer Na-Lampe benutzt.
Der Bereich von 1,20—1,70 wird durch drei auswechselbare Prismen überdeckt.
Die Meßgenauigkeit ist etwa $3 \cdot 10^{-5}$.

2. Halbkugel-Refraktometer

Das Halbkugel-Refraktometer nach E. ABBE (Hersteller R. Fuess, Berlin-
Steglitz) verwendet als „Meßprisma" eine Halbkugel aus hochbrechendem Glas.

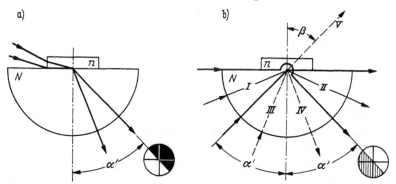

Abb. 13a u. b. Halbkugel-Refraktometer. a) Messung im streifenden Licht; b) Messung im reflektierten Licht

Das Untersuchungsmaterial wird auf die Planfläche der Kugel aufgelegt. Flüssig-
keiten werden aufgetropft, oder es werden besondere Glasröhren verwendet. Das
Instrument ist in erster Linie für Kristalle und feste Körper vorgesehen. Der
Meßbereich: 1,25—1,8. Meßgenauigkeit ca. $3 \cdot 10^{-4}$ (s. Abb. 13a u. 13b).

3. Pulfrich-Refraktometer

Beim Pulfrich-Refraktometer ist der Aufbau ähnlich dem Halbkugel-Refraktometer. Anstelle der Halbkugel wird ein Meßprisma mit dem Prismenwinkel von
90° verwendet (s. Abb. 14).

Durch einen Umlenkspiegel vor dem Fernrohr wird das Licht um 90° umgelenkt, so daß der Einblick in das Fernrohr immer waagrecht erfolgt. Die Meßfläche liegt waagerecht. Für Flüssigkeiten dient ein Glascylinder, der aufgekittet
wird oder aufgesprengt werden muß. Das Fernrohr wird um das Prisma geschwenkt, bis die Grenzlinie im Fadenkreuz liegt. Aus dem Drehwinkel, den man
an einem Teilkreis abliest, ermittelt man mit Hilfe von Tabellen die Brechungszahl. Da kein Dispersionskompensator eingebaut ist, muß man monochromatisches

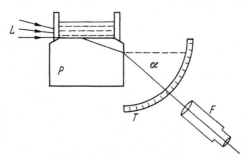

Abb. 14. Pulfrich-Refraktometer. *P* Meß-Prisma, *F* Fernrohr, *T* Teilkreis zur Ablesung des Fernrohrwinkels;
L Lichteinfall; α Drehwinkel

Licht (Spektrallampen, Geisler-Röhren) verwenden. Die den verschiedenen Wellenlängen entsprechenden Grenzlinien können nebeneinander beobachtet und nacheinander eingestellt werden. Für genaue Dispersionsbestimmungen wird eine
Mikrometerschraube für die Feineinstellung des Fernrohres benutzt. Meßbereich
für Prisma I: 1,30—1,61; Prisma III bis 1,86. Meßgenauigkeit etwa 2—$5 \cdot 10^{-5}$ je
nach Bereich von n, für die Dispersion etwa $1 \cdot 10^{-5}$.

II. Skalen-Refraktometer

Sie gehören zu den in der Lebensmittelchemie am häufigsten benutzten Geräten. Meß-Prisma, Fernrohr, Skala und Okular sind fest miteinander verbunden.
Die Skalen sind häufig nicht nach Brechungszahlen, sondern nach Gewichtsprozenten Zucker (wäßrige Zuckerlösung) geteilt. Die Brechungszahl reiner wäßriger Saccharose-Lösungen und deren Temperaturkoeffizient ist international festgelegt. (Internat. Kommission für einheitliche Methoden der Zuckeranalyse.
London 1936.)

Abdruck der Tabelle S. 902. Diese einfachen und handlichen, daher auch oft
als Hand-Refraktometer bezeichneten Geräte sind auch nicht mit einem Di-
spersions-Kompensator ausgerüstet. Bei ihnen wird die Farbfreiheit durch geeignete Wahl der optischen Gläser erreicht, natürlich nur für einen begrenzten
Dispersionsbereich.

1. Hand-Zucker-Refraktometer

Zahlreiche Anwendungsgebiete der Hand-Zucker-Refraktometer (Näheres
S. 904) erfordern einen Meßbereich, der, in Zuckerprozenten ausgedrückt, von
0—85% reicht. Bei dem abgebildeten Modell (Abb. 15) ist es durch Anwendung
besonderer optischer Hilfsmittel gelungen, diesen großen Konzentrationsbereich
mit einem Gerät zu erfassen, ohne auf die Bequemlichkeit der Ablesung und die
Genauigkeit der bisher häufig benutzten Spezialmodelle zu verzichten.

Das Gerät ist mit 2 Skalen, und zwar von 0—55%, und 50—85% ausgestattet
(Abb. 16). Je nach Bedarf wird durch einen Rändelknopf eine dieser Skalen in

das Sehfeld des Okulars gebracht. Es kann im durchfallenden und im reflektierten Licht gemessen werden. Ein in die Metallfassung des Prismas eingebautes Thermometer erlaubt die Überwachung der Meßtemperatur und falls nötig entsprechende Korrekturen.

Abb. 15. Hand-Zucker-Refraktometer 0/85 (Hersteller: Carl Zeiss, Oberkochen)

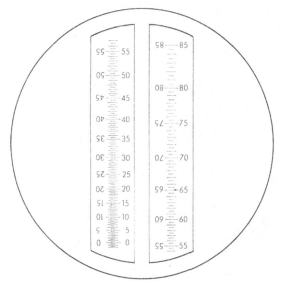

Abb. 16. Skalen im Hand-Zucker-Refraktometer

Abb. 17. Hand-Zucker-Refraktometer als Laboratoriumsgerät

Das Beleuchtungsprisma läßt sich zur besseren Reinigung der Prismen abnehmen. Mit Hilfe eines einfachen Tischstatives ist das speziell für den Feldgebrauch gebaute Hand-Zucker-Refraktometer auch sehr gut als Laboratoriumsgerät zu benutzen (Abb. 17).

Filter vor dem Meß- und Beleuchtungsprisma färben das Sehfeld gelb. Um die Grenzlinie kontrastreich zu erhalten, sind wenig gefärbte, gut durchsichtige Flüssigkeiten im durchfallenden, stark gefärbte dagegen im reflektierten Licht zu messen.

Für den Transport im Freien sind entsprechend Abb. 18 Lederbehälter vorhanden, die entweder nur das Refraktometer oder aber das Gerät mit einem Rübenstecher und einer Handsaftpresse aufnehmen.

Meßgenauigkeit ca. $2 \cdot 10^{-4}$ entsprechend $0,1\%$ Zucker. (Modell 0/30/Oe).

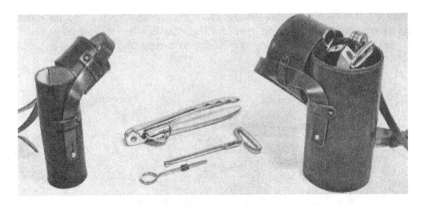

Abb. 18. Hand-Zucker-Refraktometer mit Lederbehälter für Instrument, Rübenstecher und Handsaftpresse

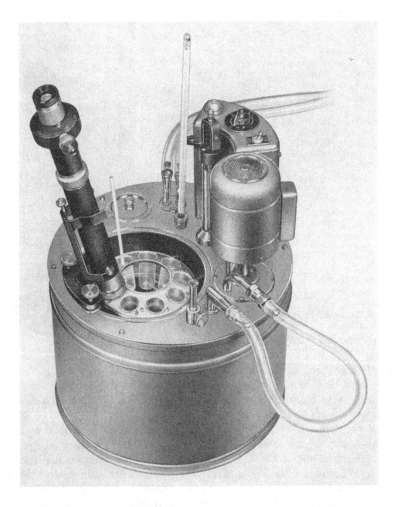

Abb. 19. Eintauch-Refraktometer mit Temperiereinrichtung und Thermostat

2. Eintauch-Refraktometer

Für besonders hohe Ansprüche an die Meßgenauigkeit (ca. $1 \cdot 10^{-5}$) wurde von PULFRICH das sog. „Eintauch-Refraktometer" entwickelt. Wie dieser Name sagt, ist das Gerät so konstruiert, daß das Meßprisma in die zu messende Probe, die sich z. B. in einem Bechergläschen befindet, eintaucht.

Von der Temperiereinrichtung werden 9 Bechergläser aufgenommen. Jedes Becherglas kann durch Drehen des Halteringes für die Bechergläser unter das Refraktometer gebracht werden. Die Temperiereinrichtung wird, wie Abb. 19 zeigt, in einen Thermostaten eingesetzt (mit freier Öffnung von 18 cm). Der Halter für das Fernrohr wird am Rande der Öffnung des Thermostaten durch zwei Rändelschrauben befestigt.

Unterhalb der Bechergläser ist am Fernrohrhalter ein kippbarer Spiegel befestigt, durch den das von oben einfallende Licht zur Beleuchtung des Meßprismas umgelenkt wird. Die Kontrolle der Temperatur erfolgt mit einem genauen Thermometer. Skaleneinteilung 0,1° C.

Durch Kombination des Refraktometers mit einem Stativ und Verwendung leicht auswechselbarer temperierbarer Prismen entsteht ein Tischgerät mit waagerechter Meßfläche und günstig liegendem Okulareinblick (s. Abb. 20). Zur Umlenkung des Lichtes ist zwischen Meßprisma und Fernrohr ein kugelförmiges Zwischenstück mit Umlenkspiegel angeordnet. Auf das Meßprisma läßt sich — wie beim Abbe- und Handrefraktometer — ein Beleuchtungsprisma aufklappen, so daß dann nur wenige Tropfen Flüssigkeit zur Messung ausreichen. Durch die Temperierfassungen der Prismen ist mit Hilfe eines Thermostaten die notwendige genaue Temperierung der Proben gewährleistet.

Zur laufenden Kontrolle einer strömenden Flüssigkeit kann das Beleuchtungsprisma durch eine Durchflußküvette ersetzt werden. Auch für Serienmessungen an einer größeren Reihe von Proben ist die Durchflußküvette zu empfehlen, da

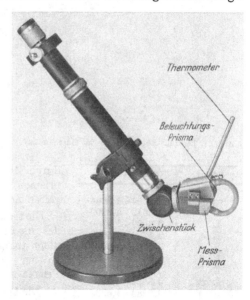

Abb. 20. Eintauch-Refraktometer mit temperierbaren Prismen auf Stativ (Hersteller: Carl Zeiss, Oberkochen)

bei ihrer Benutzung keine Verdunstungseffekte auftreten, die beim Aufbringen nur weniger Tropfen auf das Meßprisma Meßfehler ergeben können. Auch die günstige Temperierwirkung der geschlossenen Gruppe Meßprisma — Durchflußküvette — spricht für deren Anwendung bei Serienmessungen. Eine völlig scharfe Grenzlinie ist bei Verwendung der temperierbaren Prismen oder der Durchflußküvette viel leichter zu erreichen als bei der Arbeitstechnik mit Eintauchen.

Bei Serienmessungen wird die Probe durch einen Glastrichter in den vorderen oberen Stutzen der Durchflußküvette eingegossen, zur Entleerung mit einer Pumpe über eine Flasche als Vorlage abgesaugt (Abb. 21). Zur Füllung der Küvette benötigt man nur etwa 1 ml Flüssigkeit, zur Spülung zweimal etwa 2 ml. Gesamt-

verbrauch für 1 Messung etwa 5 ml. — Bei Flüssigkeiten mit großen Konzentrations-
unterschieden oder größerer Zähigkeit benötigt man natürlich größere Mengen.

Da wegen der hohen Meßgenauigkeit — große Fernrohrlänge — der erfaßbare
Winkelbereich klein ist, kann man einen großen Meßbereich (1,3254—1,6470) nur

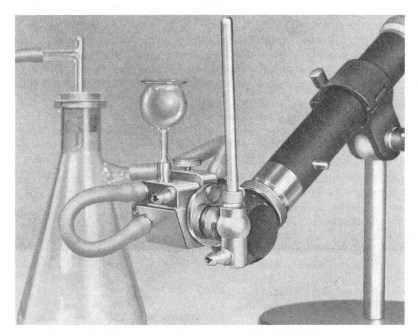

Abb. 21. Eintauch-Refraktometer mit Durchflußküvette betriebsfertig (Hersteller: Carl Zeiss, Oberkochen)

Prisma	Meßbereich in n_D
I bzw. L 1	1,3254—1,3664
L 2	1,3642—1,3999
L 3	1,3989—1,4360
L 4	1,4350—1,4678
L 5	1,4668—1,5021
L 6	1,5011—1,5322
L 7	1,5312—1,5631
L 8	1,5621—1,5899
L 9	1,5889—1,6205
L 10	1,6195—1,6470

durch 10 gegeneinander austauschbare Meß-
prismen erfassen. Für die einzelnen Prismen
gelten nebenstehende Meßbereiche.

Die traditionelle Bezeichnung I für das Prisma
des niedrigsten Brechungszahlbereiches in der
nicht temperierbaren Form wurde beibehalten.
In der temperierbaren Ausführung wird das
Prisma als L 1 bezeichnet.

Die Genauigkeit der Messung liegt bei einer
Einheit der 5. Dezimale der Brechungszahl. Diese
Genauigkeit kann aber nur erreicht werden, wenn
die Untersuchungsprobe sorgfältig temperiert wird. Wie auf S. 876 aufgeführt, hat
die Änderung der Brechungszahl mit der Temperatur bei den meisten Flüssigkeiten
den Wert von etwa $4 \cdot 10^{-4}$ bei 1° Temperaturänderung (bei Wasser $1 \cdot 10^{-4}$). Die
Temperatur muß daher auf weniger als 0,1° C konstant gehalten werden. Dazu ist
ein Thermostat nicht nur für die temperierbaren Prismen, sondern auch für die
Temperiereinrichtung mit Bechergläsern unerläßlich.

3. Natrium-Spektralleuchte

Die Messung an Substanzen hoher Dispersion und die Justierung der Meß-
prismen höherer Bereiche ist leichter und genauer durchzuführen, wenn man kein

Glühlampenlicht, sondern das einer
Natrium-Spektral-Lampe (Hersteller Osram) verwendet. Eine der
gebräuchlichsten dieser Leuchten
ist nachstehend abgebildet.

Die Natrium-Spektrallampe ist
in ihrem Gehäuse mit der Vor-
schaltdrossel für Speisung aus dem
Netz zu einer Einheit verbunden.
Das Lampengehäuse kann in einer
Führungshülse verschoben, gedreht
und geschwenkt werden, so daß
sich die Lage der Lichtöffnung
nach Höhe und Richtung verändern läßt. Auf diese Weise können
auch die temperierbaren Prismen
günstig beleuchtet werden, und
die Einheit ist für viele Refraktometertypen brauchbar (Abb. 22).

Abb. 22. Natrium-Spektralleuchte mit Netzanschlußgerät
(Hersteller: Carl Zeiss, Oberkochen)

III. Ablenkungs-Refraktometer

Während die Grenzwinkel- und
Skalenrefraktometer in der Lebens-
mittelchemie- und zur Betriebs- und Einkaufskontrolle eine starke Verbreitung
gefunden haben, bleiben andere Refraktometertypen mehr auf gelegentliche oder
ganz spezielle Anwendungen beschränkt. Hierzu gehören die Ablenkungs-Refraktometer, die automatischen Refraktometer und die Interferenz-Refraktometer.
Sie seien daher nur kurz erwähnt.

1. Das Mikro-Refraktometer

Das Mikro-Refraktometer nach E. E. JELLEY
(1934) (Hersteller: E. Leitz, Wetzlar) mißt die
Lichtablenkung durch ein kleines mit der
Flüssigkeit gefülltes Prisma (Abb. 23). Der

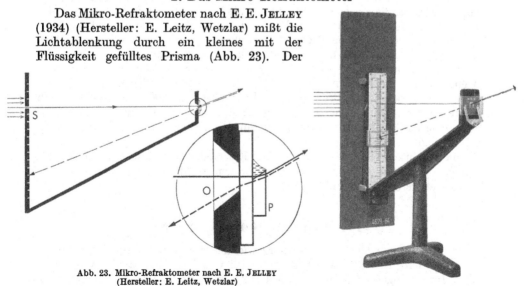

Abb. 23. Mikro-Refraktometer nach E. E. JELLEY
(Hersteller: E. Leitz, Wetzlar)

von dem Lichtspalt S kommende Strahl wird im Prisma P abgelenkt, wobei der
Ablenkungswinkel, wie S. 882 erläutert, von der Brechungszahl abhängt. Das
Auge sieht ein virtuelles Bild des Spaltes an der Stelle einer Skala, die in
Brechungswerten geeicht ist. Meßbereich: $n_D = 1,333$—$1,92$ mit logarithmisch
geteilter Meß-Skala. Spezialprisma für Bereich $n_D = 1,116$—$2,35$ mit zusätzlicher
Millimeter-Skala. Spezialprisma für Saccharoselösungen $n_D = 1,333$ bis $1,530$
für den Bereich von 0—94% Trockensubstanz. Meßgenauigkeit ca. $1 \cdot 10^{-3}$ der
Brechungszahl.

2. Hilger-Chance-Refraktometer

Ein genaueres Ablenkungs-Refraktometer, bei dem aber auf die Temperierung
sehr geachtet werden muß, ist das *Hilger-Chance-Refraktometer* (Hersteller: Hilger
& Watts, London). Es ist vorzugsweise für die Messung an Gläsern, aber auch für
Flüssigkeiten geeignet. Das Hohlprisma bildet einen Winkel von 90°. Feste Proben

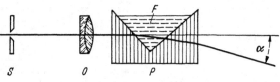

Abb. 24. Ablenkungsrefraktometer

werden mit einer Immersionsflüssigkeit beiderseits mit dem Prismenblock in Kon-
takt gebracht (Abb. 24). Gemessen wird der Ablenkungswinkel mit Fernrohr und
Teilkreis: Bereich 1,30—1,85 für die Normalausführung. Meßgenauigkeit $1 \cdot 10^{-4}$
(Medium-Modell) und $1 \cdot 10^{-5}$ (Precisions-Modell).

3. Mikroskop-Refraktometer

Die Erweiterung eines Mikroskopes zu einem Refraktometer bietet das
Mikroskop-Refraktometer der Fa. Carl Zeiss, Oberkochen.

Wie die Abb. 25a—c zeigen, wird eine einfache Zusatzeinrichtung zum Mikroskop verwendet, die aus einem Glaskörper mit linsenförmiger Vertiefung besteht.
In diese Vertiefung wird die Flüssigkeit eingefüllt, deren Brechungszahl gemessen
werden soll, und mit einem Deckglas abgedeckt. Durch eine mechanische Verschiebung wird das Bild einer auf der Einrichtung aufgebrachten Skala der
Brechungszahl im Okular des Mikroskopes verschoben. Die bewirkte Ablenkung
ist ein Maß für die Brechungszahl, die direkt abgelesen werden kann.

Die Meß-Skala ist in Brechungszahl-Intervalle von 0,005 unterteilt, so daß
Differenzen von 0,001 mühelos schätzbar sind. Eine noch genauere Ablesung ist
durch eine direkte feinere Unterteilung mit Hilfe eines Okularschraubenmikro-
meters möglich.

Mikroskopische Objekte in Form kleiner Einzelteilchen, beispielsweise Kristalle,
können zusammen mit der Flüssigkeit in den Hohlraum gebracht und dort
beobachtet werden s. H. PILLER 1961).

IV. Differenz-Refraktometer

Im Zusammenhang mit Molekulargewichtsbestimmungen durch Streulicht-
messungen haben sehr genaue Bestimmungen von Brechungszahldifferenzen erhöhtes Interesse gefunden. Man benutzt Differenz-Refraktometer (Prinzip S. 883.

Abb. 6) wie z. B. das von O. BODMANN (1957) angegebene. Die Beugungsfigur eines Spaltbildes wird photometrisch ausgemessen und daraus die Ablenkung des Helligkeitsmaximums sehr genau bestimmt. Die erreichbare Meßgenauigkeit beträgt etwa $2 \cdot 10^{-7}$.

a

b

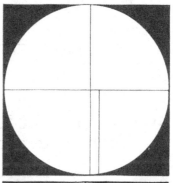

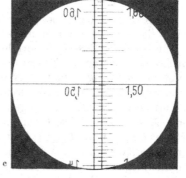

c

Abb. 25a—c. a) Mikroskop-Refraktometer am Mikroskop (Hersteller: Carl Zeiss, Oberkochen); b) Mikroskop-Refraktometer allein, daneben zweiter Meßkörper für den höheren Meßbereich; c) oben: Skalenfußpunkt und Okular-Fadenkreuz sind zur Deckung gebracht; unten: die Brechungszahl ist am Schnittpunkt von Skala und Okular-Fadenkreuz ablesbar

Ein weiteres Differenz-Refraktometer stellt die Firma Phoenix Precisions-Instruments her (B. A. BRICE 1946). Hier wird die Ablenkung eines Spaltbildes visuell mit einem Mikroskop ausgemessen. Bereich der Brechungszahldifferenzen 0,01; Meßgenauigkeit etwa $3 \cdot 10^{-6}$.

V. Automatische Refraktometer

Sie haben den Zweck, den Wert der Brechungszahl selbsttätig aufzuschreiben und gegebenenfalls für Steuerungszwecke zu verwenden. Der Aufwand ist entsprechend groß. Geräte dieser Art werden vor allem für die Betriebskontrolle eingesetzt.

1. Automatische Grenzwinkel-Refraktometer

Der Refraktograph (Hersteller: Carl Zeiss, Oberkochen) mißt die Brechungszahl wie bei dem Abbe-Refraktometer mit Hilfe der Grenzlinie der Totalreflexion. Diese Grenzlinie zwischen Hell und Dunkel wird durch eine Photozelle abgetastet.

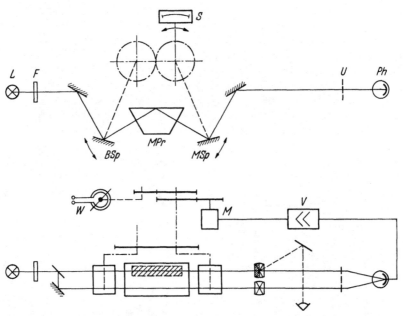

Abb. 26. Refraktograph: Schema im Aufriß und Grundriß

Der Photostrom steuert über einen Verstärker und Nachstellmotor einen Spiegel so, daß die Grenzlinie immer mit einem Fadenkreuz in Deckung gehalten wird. Bei dem benutzten Zweistrahlverfahren wird das Licht aus dem Meß-Strahlengang abwechselnd mit dem Licht aus dem Vergleichsstrahlengang auf die Photozelle geleitet. Die Messung ist dadurch von Schwankungen der Lichtquelle unabhängig. Das von der Lichtquelle L kommende Licht durchsetzt ein Interferenzfilter F (589 nm) und wird über 2 Spiegel, von denen $B\,Sp$ beweglich ist, in das Meß-prisma $M\,Pr$ geleitet. Die Grenzfläche ist von der Meßflüssigkeit bedeckt. Das reflektierte Lichtbündel wird über den schwenkbaren Meß-Spiegel $M\,Sp$ und einen weiteren Spiegel und den Unterbrecher U auf die Photozelle Ph gelenkt. Mit dem Spiegel $M\,Sp$ ist die Skala S fest verbunden. Letztere wird auf eine Mattscheibe projiziert. Der Meßwert — Brechungszahl — kann also unabhängig von der elektrischen Registrierung jederzeit vom Beobachter abgelesen werden. Der *untere Teil des Schemabildes* — Grundriß — zeigt die Aufspaltung des Lichtbündels in zwei Strahlengänge (Abb. 26). Der eine trifft den Teil der Fläche des Meßprismas, der mit Hilfe einer Durchflußküvette mit der Meßflüssigkeit bedeckt ist, der andere Strahlengang die unbedeckte Fläche. Bei letzterem entsteht keine

Grenzlinie. Das am Prisma reflektierte Licht dient als Vergleich zum Meß-Strahlengang. Von beiden werden durch Blenden schmale Zonen ausgeblendet und in schnellem Wechsel der Photozelle dargeboten. Wenn diese beiden Lichtströme verschieden sind, gibt die Photozelle eine Wechselspannung ab, die verstärkt durch den Verstärker V, den Nachlaufmotor M antreibt. Von diesem wird der Spiegel $M\,Sp$ so lange gedreht, bis beide Lichtströme gleich sind. Das ist nur der Fall, wenn die Grenzlinie der Totalreflexion von einer spaltförmigen Blende im Meß-strahlengang genau eingefangen ist. An der Skala S kann jetzt die Brechungszahl abgelesen werden. Ferner wird die Stellung des Spiegels auf das als Meßwertgeber dienende Potentiometer W übertragen. Dieses gibt eine Spannung ab, die inner-halb des Drehbereiches eindeutig mit der Brechungszahl verknüpft ist. Die ab-gegebene Spannung wird direkt dem Schreibgerät zugeführt. Für Regelanlagen wird ein zweiter Geber eingebaut. Meßbereich etwa n_D 1,3000—1,6800; Meß-genauigkeit etwa $1 \cdot 10^{-4}$. Näheres bei H. PLESSE (1955).

Ein photoelektrisches Refraktometer zum Einbau in Rohrleitungen oder Kessel baut die Firma Maselli, Parma. Gemessen wird in reflektiertem Licht. Das Meßprisma sitzt in einer sog. Peilgruppe, die zugleich die Beleuchtung und die Photozelle enthält, und steht in direktem Kontakt mit dem Inhalt der Rohrleitung oder des Kessels. Bei diesen Konstruktionen muß bei zähflüssigem Meßgut sehr darauf geachtet werden, daß die Meßfläche gleichmäßig bedeckt ist und daß Ab-lagerungen aus dem Meßgut auch während des Meßvorganges leicht zu beseitigen sind. Der Photostrom wird einer Ablesegruppe zugeführt, wo an einem Zeiger-instrument das Meßergebnis abgelesen werden kann. Die gleiche Gruppe dient auch zur Regelung und bei Anschluß eines Schreibers zur Registrierung.

2. Automatische Ablenkungs-Refraktometer

Hier baut die Firma Bellingham und Stanley ein „Recording Refraktometer R 300". Die Meßflüssigkeit wird durch ein Hohlprisma geleitet und die Ablenkung des Lichtes durch einen Kompensator gemessen. Bereich etwa $1 \cdot 10^{-2}$. Meß-genauigkeit etwa $1 \cdot 10^{-4}$.

3. Automatische Differenz-Refraktometer

Entsprechend dem Schema auf Abb. 6 wird das Lichtbündel in einer Differenz-küvette abgelenkt und diese Ablenkung z. B. durch eine drehbare Glasplatte oder einen drehbaren Spiegel wieder kompensiert. Der Kompensator wird automatisch durch einen Nachlaufmotor gesteuert. Die jeweilige Stellung des Kompensators ist ein Maß für die zu messende Differenz der Brechungszahlen (Hersteller: Barms; Hilger; Phoenix; Consolidated — Phillips). Zusammenfassende Übersicht bei B.W. THOMAS (1953); A. FINK (1954). Beschreibungen: G. R. THOMAS (1950); E. C. MILLER (1952) u. a. Ein Interferenz-Refraktometer mit automatischer Zählung der Interferenzstreifen wird beschrieben von W. I. DIANOW-KLOKOW und E. A. SCHIBALOW (1956).

Bei Differenz-Refraktometern kann eine hohe Empfindlichkeit vorgesehen werden. Man muß nur darauf achten, daß Temperaturgleichheit zwischen Meß- und Vergleichsflüssigkeit besteht. Die Meßgenauigkeit liegt je nach Konstruktion zwischen etwa $1 \cdot 10^{-4}$ bis $2 \cdot 10^{-6}$. In den meisten Fällen sind die Geräte für die Kontrolle von Flüssigkeiten im Durchflußverfahren ausgebildet. Ihre Anwendung beschränkt sich im allgemeinen auf helle Flüssigkeiten genügender Lichtdurch-lässigkeit und auf solche Fälle, bei denen der Absolutwert der Brechungszahl nicht erforderlich ist.

D. Die Anwendungen der Refraktometrie

Die Anwendung refraktometrischer Verfahren ist recht umfangreich und vielfältig. Man kann diese Vielfalt gliedern in 2 große Gruppen.

I. Qualitative Analyse
  1. Identifizierung von Stoffen
  2. Reinheitskontrolle

II. Quantitative Analyse
  1. Zwei-Stoff-Gemische
  2. Mehr-Stoff-Gemische.

I. Qualitative Analyse

1. Identifizierung von Stoffen

Hierfür stehen heute die im Laufe mehrerer Jahrzehnte von zahlreichen
Autoren ermittelten Werte der Brechungszahlen und der Dispersion zur Verfügung. (Häufig werden neben diesen refraktometrisch ermittelten Werten auch
physikalische Größen wie Dichte, Schmelzpunkt, Siedepunkt u. a. benutzt.) Diese
Werte sind in Tabellenwerken zusammengestellt und in der Literaturübersicht
aufgeführt. Insbesondere finden sich in der Monographie von F. Löwe
(s. Bibliographie), ausführliche Angaben und Tabellen über die Brechungszahlen
von pflanzlichen und tierischen Ölen und Fetten sowie von organischen Lösungsmitteln mit Angaben der Grenzwerte von reinen Produkten (Tab. 4).

Tabelle 4. *Brechungszahlen ausgewählter Öle und Fette*
(nach F. Löwe 1954)

A. Pflanzliche Fette bei 40° C

Kakaofett (-butter)	1,4537—1,4578
Kokosfett (-butter)	1,4478—1,4497
Palmfett (-butter) aus dem Fleische der Früchte	1,4499
Palmkernfett	1,4495—1,4499

B. Fette von Landtieren, bei 40° C

Gänsefett	1,4593—1,4603
Hammeltalg	1,4550
Hasenfett	1,4586
Klauenöl, technisches	1,4612
Klauenöl, gebleicht	1,4607
Knochenfett	1,4593—1,4597
Knochenöl, kältebeständig bis 5° C	1,4614
Knochenöl, kältebeständig bis 10° C	1,4622
Kuhbutterfett	1,4528—1,4555
Pferdefett	1,4600—1,4616
Rindermarkfett	1,4584
Rindernierenfett	1,4562
Rindstalg	1,4550—1,4590
Schafbutterfett	1,4555
Schweineschmalz	1,4580—1,4606
Ziegenbutterfett	1,4500—1,4550
Bienenwachs, berechnet	1,4544—1,4563

C. Pflanzliche Öle, bei 20° C

Arachisöl (Erdnußöl)	1,4680—1,4720
Baumöl, aus dem Fleisch der Oliven	1,4670—1,4710
Baumwollsamenöl	1,4740—1,4760
Bucheckernöl	1,4710

Erdnußöl (Arachisöl) . . . . 1,4680—1,4720
Hanföl 1,4517
Holzöl (Elaeacoccaöl) 1,5200
Holzöl, japanisches 1,5060
Leindotteröl 1,4760
Leinöl . . . . 1,4840—1,4870
Maisöl 1,4750
Mandelöl 1,4713
Mohnöl 1,4780
Olivenöl aus Kernen 1,4700
Rapsöl (Rüböl) 1,4740
Rizinusöl . . . . 1,4770—1,4780
Rüböl (Rapsöl) 1,4740
Senfsaatöl . . . . 1,4730—1,4740
Sesamöl 1,4750
Sojabohnenöl 1,4754
Sonnenblumenöl 1,4754
Walnußöl 1,4809

D. Fischtrane, bei 20° C

Delphintran 1,4683
Dorschlebertran 1,4783
Robbentran 1,4760
Sardinenöl 1,4729
Walfischtran 1,4704

Weitere Angaben findet man in den großen Tabellenwerken von LANDOLT-BÖRNSTEIN (1962), R. KANTHAK (1918), J. N. GOLDSMITH (1918) (s. „Bibliographie").

Da Öle und Fette keine einheitlichen chemischen Verbindungen sind, können Schwankungen der Brechungszahlen in gewissen Grenzen vorkommen. Hier sei auf die Arbeit von F. UTZ (1920) hingewiesen. Ferner auf die Arbeit von W. ARNOLD (1957), der eine Übersicht gibt über Zusammenhänge zwischen Brechungszahl, Jodzahl und Verseifungszahl.

H. P. KAUFMANN und J. G. THIEME (1954) beschreiben eine Methode, die sie „Mehrphasen-Refraktometrie" nennen, als Hilfsmittel zur Identifizierung eines Fettes, zur Messung der Konsistenz, der Erkennung polymorpher Modifikationen, zum Nachweis von Fremdfetten und Verfälschungen und Untersuchung der festen und flüssigen Phasen von Fetten sowie Kristall-Modifikationen von Kakaobutter.

2. Reinheitsprüfung

Ein besonders breites Feld der Anwendung refraktometrischer Messungen bildet die Reinheitsprüfung. Sie ist überall da zweckmäßig, wo bereits geringe Verunreinigungen — oder auch Fälschungen — die Brechungszahlen meßbar verändern, also genügend große Unterschiede in den Brechungszahlen oder Dispersionswerten vorhanden sind. Die Empfindlichkeit der Methode ist nach den Mischungsregeln (S. 878) leicht abzuschätzen, wenn die Brechungszahlen der möglichen Verunreinigungen bekannt sind.

II. Quantitative Analyse
1. Zweistoffgemische

Bei den vielfachen Anwendungen der Refraktometrie für quantitative Analysen wird in den meisten Fällen eine Eichkurve oder Eichtabelle aufgestellt. Ist in einem Lösungsmittel — z. B. Wasser — ein bestimmter Stoff — z. B. Zucker —

in abgestuften Mengen gelöst, so führt die Nebeneinanderstellung der Prozentzahlen der einzelnen Lösungen und der entsprechenden Brechungszahlen zu einer Eichtabelle, oder, wenn man die Ergebnisse graphisch aufzeichnet, zu einer Eichkurve. Je größer die Differenz der Brechungszahlen von Lösungsmittel und gelöstem Stoff ist, um so genauer kann die quantitative Analyse ausgeführt werden. Entsprechend der gewünschten Genauigkeit ist dann auch das Refraktometer zu wählen. Aus der Differenz der Brechungszahlen und der angegebenen Meßgenauigkeit des jeweiligen Refraktometers läßt sich die zu erwartende Analysengenauigkeit leicht abschätzen.

a) Die refraktometrische Zuckerbestimmung

Als Beispiel für eine viel benutzte Eichtabelle sei die Internationale Skala 1936 der Brechungszahlen von Zuckerlösungen aufgeführt. Sie wurde von der Inter-

Tab. 5. *Internationale Skala der Brechungsindices von Zuckerlösungen bei 20° C und 28° C (1936)*

% Zucker	n_D 20° C	n_D 28° C	% Zucker	n_D 20° C	n_D 28° C
0	1,33299	1,33219	43	1,4056	1,4043
1	1,33443	1,33362	44	1,4076	1,4063
2	1,33588	1,33506	45	1,4096	1,4083
3	1,33733	1,33649	46	1,4117	1,4104
4	1,33880	1,33795	47	1,4137	1,4124
5	1,34027	1,33941	48	1,4158	1,4145
6	1,34176	1,34089	49	1,4179	1,4166
7	1,34326	1,34238	50	1,4200	1,4187
8	1,34477	1,34387	51	1,4221	1,4207
9	1,34629	1,34538	52	1,4242	1,4228
10	1,34783	1,34691	53	1,4264	1,4250
11	1,34937	1,34844	54	1,4285	1,4271
12	1,35093	1,34999	55	1,4307	1,4293
13	1,35250	1,35155	56	1,4329	1,4315
14	1,35408	1,35312	57	1,4351	1,4337
15	1,35567	1,35470	58	1,4373	1,4359
16	1,35728	1,35630	59	1,4396	1,4382
17	1,35890	1,35791	60	1,4418	1,4403
18	1,36053	1,35953	61	1,4441	1,4426
19	1,36218	1,36117	62	1,4464	1,4449
20	1,36384	1,36282	63	1,4486	1,4471
21	1,36551	1,36448	64	1,4509	1,4494
22	1,36719	1,36615	65	1,4532	1,4517
23	1,36888	1,36782	66	1,4555	1,4540
24	1,37059	1,36952	67	1,4579	1,4564
25	1,3723	1,3712	68	1,4603	1,4588
26	1,3740	1,3729	69	1,4627	1,4612
27	1,3758	1,3747	70	1,4651	1,4635
28	1,3775	1,3764	71	1,4676	1,4660
29	1,3793	1,3782	72	1,4700	1,4684
30	1,3811	1,3800	73	1,4725	1,4709
31	1,3829	1,3818	74	1,4749	1,4733
32	1,3847	1,3835	75	1,4774	1,4758
33	1,3865	1,3853	76	1,4799	1,4783
34	1,3883	1,3871	77	1,4825	1,4809
35	1,3902	1,3890	78	1,4850	1,4834
36	1,3920	1,3908	79	1,4876	1,4860
37	1,3939	1,3927	80	1,4901	1,4884
38	1,3958	1,3946	81	1,4927	1,4910
39	1,3978	1,3966	82	1,4954	1,4937
40	1,3997	1,3985	83	1,4980	1,4963
41	1,4016	1,4003	84	1,5007	1,4990
42	1,4036	1,4023	85	1,5033	1,5016

nationalen Kommission für einheitliche Methoden der Zuckeranalyse 1936 in London durch Vereinbarung festgelegt (Tab. 5).

Als normale Meßtemperatur für Zuckersäfte gelten in der gemäßigten Zone 20° C (in den Tropen 27,5° C). Die in den beschriebenen technischen Refraktometern (Hand-Refraktometer, Abbe-Refraktometer) eingebauten Zuckerskalen beziehen sich auf die internationale Zuckerskala 1936 und die Meßtemperatur von 20° C. Werden die Proben nicht bei dieser Temperatur gemessen, so tritt ein kleiner Fehler auf, der bei einer Abweichung von 5° C etwa 0,4% Zucker beträgt.

Bei den Hand-Refraktometern wird man daher — wenn man die volle Meßgenauigkeit ausnutzen will — eine Temperaturkorrektion vornehmen mit Hilfe der beigefügten Korrektionstabelle. Beim Abbe- oder Eintauch-Refraktometer bringt man zweckmäßigerweise die temperierbaren Prismen auf die vorgeschriebene Meßtemperatur.

Die refraktometrische Messung ergibt den genauen Trockensubstanzgehalt bei reinen wäßrigen Zuckerlösungen. Enthalten die zu untersuchenden Proben noch andere gelöste Stoffe, so kommt der angezeigte Prozentgehalt dem Trockensubstanzgehalt meist recht nahe. Der Grund dafür liegt darin, daß die Beimengungen, die in natürlichen Säften und dergleichen außer Zucker noch enthalten sind, die Brechungszahl der Lösungen in ähnlicher Weise beeinflussen, wie der Hauptbestandteil der gelösten Substanz, nämlich Zucker. Wo das nicht der Fall ist, müssen durch Parallelbestimmungen der Trockensubstanz auf dem üblichen chemischen Wege und mit dem Refraktometer Korrekturen festge-

Tabelle 6. *Tabelle über den Zusammenhang zwischen Zucker-Prozenten und Öchsle-Graden, der den Skalen der Zeiss-Hand-Refraktometer zugrunde liegt*

% Zucker	Grad Öchsle	% Zucker	Grad Öchsle
3,5	20,0	17,0	72,3
4,0	21,4	17,5	74,6
4,5	22,9	18,0	76,8
5,0	24,4	18,5	79,1
5,5	26,0	19,0	81,4
6,0	27,7	19,5	83,7
6,5	29,4	20,0	86,0
7,0	31,1	20,5	88,2
7,5	32,9	21,0	90,5
8,0	34,7	21,5	92,8
8,5	36,5	22,0	95,0
9,0	38,4	22,5	97,3
9,5	40,3	23,0	99,6
10,0	42,3	23,5	101,8
10,5	44,3	24,0	104,0
11,0	46,3	24,5	106,2
11,5	48,3	25,0	108,4
12,0	50,4	25,5	110,6
12,5	52,5	26,0	112,7
13,0	54,7	26,5	114,9
13,5	56,8	27,0	117,0
14,0	59,0	27,5	119,1
14,5	61,2	28,0	121,1
15,0	63,4	28,5	123,2
15,5	65,6	29,0	125,2
16,0	67,8	29,5	117,2
16,5	70,0	30,0	129,1

legt werden, die — einmal sorgfältig bestimmt — bei späteren Messungen mit dem Refraktometer berücksichtigt werden, um den genauen Trockensubstanzgehalt auf dem einfachen und schnellen Wege mit einem Refraktometer zu ermitteln.

Als Beispiel für die Ermittlung des Zusammenhanges der Brechungszahlen mit einer anderen Größe, z. B. den Gewichtsprozenten, gibt die obenstehende Tabelle die Werte für Zuckerprozente gemessen mit einem Hand-Refraktometer und den Öchsle-Graden, nach denen der Trockensubstanzgehalt der Weinbeeren und Moste angegeben wird. Die Öchsle-Grade bedeuten den Gewichtsunterschied in Gramm zwischen 1 l des Mostes und 1 l Wasser bei 20° C.

Die in den Hand-Refraktometern der Fa. Carl Zeiss, Oberkochen, verwendeten Zahlenwerte (für die Zuordnung von Zuckerprozenten zu Öchsle-Graden) beruhen auf Messungen an einer sehr großen Anzahl von Traubensäften nach L. TEICHMANN (1940) und nach Mitteilungen von Prof. HENNIG, Lehr- und Forschungsanstalt für Wein, Obst und Gartenbau, Geisenheim am Rhein.

A. Arnold (1957) hat ebenfalls eine Skala für Öchsle-Grade im Zucker-Refraktometer aufgestellt. Sie stimmt im Bereich zwischen 40 und 110° Öchsle mit der vorstehenden Skala überein. Für besonders niedrige und hohe Werte betragen die Abweichungen 2° Öchsle und mehr.

Mit Hilfe der Tab. 6 können auch Refraktometer, die nur eine Zuckerprozentskala haben, für die Ermittlung der Öchsle-Grade verwendet werden.

Aus der großen Zahl der weiteren Anwendungsmöglichkeiten refraktometrischer Messungen seien einige Beispiele aufgeführt:

b) Untersuchung von Rüben

Mit einem besonderen Rübenstecher (Abb. 18, S. 892) wird ein Bohrkern der Rübe entnommen und in einer Handsaftpresse ausgedrückt. Wenige Tropfen des Saftes werden auf das Refraktometerprisma gebracht und der Prozentwert abgelesen. Da der Rübensaft noch andere Stoffe gelöst enthält, wird nach Erfahrungswerten eine Korrektur vorgenommen: z. B. Ablesung 20%, Zuckergehalt etwa $20—2 = 18\%$[1].

c) Untersuchung von Zuckerrohr

Die Probe wird mit einem Spezialmesser entnommen und aus dem Bohrkern etwas Saft ausgedrückt und wie beschrieben mit dem Refraktometer der Prozentwert abgelesen. Proben aus verschiedenen Höhen des Zuckerrohres haben etwas verschiedenen Zuckergehalt. Um einen Übersichtswert zu erhalten, wird der Mittelwert aus einer größeren Zahl von Messungen ermittelt[1].

d) Untersuchung von Tomaten und Tomatenpürees

Die Messung geschieht in gleicher Weise wie bei der Untersuchung von Beeren bzw. Marmeladen. Aus frischen Früchten wird etwas Saft ausgepreßt. Bei Pürees nimmt man ein sauberes Leinenläppchen und preßt damit einige Tropfen Saft aus (s. a. L. Weidenmann-Martienssen 1954).

e) Untersuchung von Marmeladen, Gelee, Jam, Konfitüren, Obstmusen usw.

Die refraktometrische Bestimmung erfaßt selbstverständlich nur den Gehalt der gelösten Anteile. Dieser ist aber in den meisten praktischen Fällen ein guter Anhalt für den Gehalt an Zucker und für die Führung des Eindickungsprozesses. Die Ermittlung des unlöslichen Anteils bleibt den üblichen Verfahren, der Wägung des getrockneten Filterrückstandes, überlassen. Wo Erfahrungswerte vorliegen, kann man dann auf Grund der einfachen und schnellen refraktometrischen Messung entsprechende Korrekturen anbringen und auf das Eintrocknungsverfahren verzichten[1].

f) Untersuchung von Honig, Kunsthonig und Stärkesirup

Auch hier wird die Refraktometrie häufig mit gutem Erfolg zur Überwachung der Produktion und zur Prüfung fertiger Produkte eingesetzt[1].

g) Untersuchung von Fruchtsäften und Pflanzensäften

Von großer Bedeutung ist hier die Prüfung der angelieferten Früchte und unvergorenen Säfte. Die Einfachheit der Messung mit einem Hand-Refraktometer und dessen Verwendungsmöglichkeit sowohl auf dem freien Felde als auch im Betrieb oder Laboratorium bieten große Vorteile (s. a. E. Dachs 1959).

---

[1] Ausführliche Literaturhinweise bei F. Löwe (1954) (s. „Bibliographie"). Dort finden sich auch Hinweise auf Originalveröffentlichungen.

h) Die refraktometrische Fett- und Ölgehaltsbestimmung

Die Methode beruht darauf, daß die auf ihren Fettgehalt zu untersuchende Probe (meist 2 g) mit einem Fettlösungsmittel (meist 3 cm³) (z. B. Monobromnaphthalin, Spezialbenzin u. a.) versetzt und das Öl oder Fett extrahiert wird. Nach beendeter Extraktion wird bei Unterdruck filtriert. Die Ausbeute an Flüssigkeit beträgt ca. 0,5—1,5 cm³. Die Brechungszahl der Lösung wird mit Hilfe des Abbe- oder Eintauch-Refraktometers gemessen. Zu der so ermittelten Differenz der Brechungszahlen von Lösungsmittel und Lösung entnimmt man aus einer Eichkurve oder Tabelle den Öl- bzw. Fettgehalt in Gewichtsprozenten.

Von den zahlreichen Anwendungen dieser Methode seien folgende Beispiele für die Untersuchung von Lebensmitteln genannt:

Blocksahne	Milch
Erdnuß	Mohn
Kakao	Olive
Käse	Palmkern
Cocos	Raps
Kondensmilch	Rizinus
Kopra	Schokolade
Kürbiskerne	Sesam
Leinsaat	Sojabohne und -mehl
Lupine	Sonnenblume
Mais	Trockenmilch u. a.

Nähere Angaben und ausführliche Literaturhinweise bei F. LÖWE, H. LITTMANN und W. LEITHE (1936a, 1936b, 1937) (s. Bibliographie).

2. Mehrstoffgemische

Zur quantitativen Bestimmung von Mischungen aus mehr als 2 Komponenten ist die Brechungszahl allein nicht ausreichend. Die Dispersion liefert zwar eine weitere Bestimmungsgröße, die aber häufig nicht empfindlich genug auf die Änderung der Komponenten anspricht. Man muß daher weitere physikalische Größen heranziehen. Da für den Analytiker nur ein Nutzen mit solchen physikalisch-chemischen Meßmethoden verbunden ist, die einfach und zeitsparend sind, hat sich bisher die Verknüpfung der Refraktometrie mit folgenden Methoden bewährt: Bestimmung des spez. Gewichtes, des Schmelzpunktes, der Viscosität oder der optischen Drehung (Polarimetrie).

Als ein Beispiel für die Benutzung von Refraktion und Schmelzpunkt sei die Untersuchung des Dreistoffsystems Palmkernöl, Arachisöl und Cocosfett durch F. H. TRIM (1920) erwähnt. Aus den Eichkurven für die binären Gemische: Palmkernöl mit Arachisöl, Arachisöl mit Cocosnußöl und Cocosnußöl mit Palmkernöl läßt sich ein Diagramm zeichnen, das in Abb. 27 wiedergegeben ist.

Die Brechungszahlen der synthetischen binären Gemische wurden als Ordinaten, die Schmelzpunkte als Abszissen eingetragen. Jedes Ende der Kurve entspricht einem der drei reinen Öle, jeder Punkt im Innern des gekrümmten Dreiecks einer bestimmten Mischung der drei Bestandteile. Es ist leicht ersichtlich, daß man nach Messung der Brechungszahl und des Schmelzpunktes einer unbekannten Mischung der drei Bestandteile aus dem Diagramm die Prozentwerte der Anteile ohne jede Rechnung entnehmen kann.

Die graphische Darstellung der Zusammenhänge zwischen zwei physikalischen Größen und den drei Konzentrationen eines Dreistoffsystems ist nicht an ein rechtwinkliges Koordinatensystem gebunden. Man wird jeweils die für die Lösung der Aufgabe geeignete Darstellung wählen und erhält auf diese Weise Nomogramme, deren Zweck es ist, unter Vermeidung von Rechnung, Zahlenwerte abzulesen oder abzugreifen; z. B. Nomogramm zur Bestimmung des Alkohol- und Extraktgehaltes von Bier von E. Schild, Verlag H. Carl, Nürnberg 2. Ausführliche Beschreibung der Methode bei E. Schild und G. Irrgang (1956, 1957). Weitere

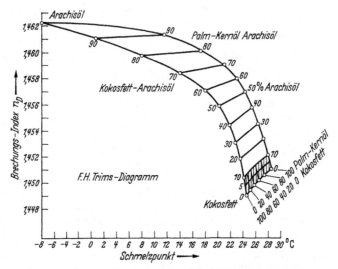

Abb. 27. Trims Diagramm. Die Ecken stellen reines Cocosfett, Palmkernöl und Arachisöl dar

Literatur bei F. Löwe (s. „Bibliographie"). Ausführliche Hinweise für die Anwendung refraktometrischer Verfahren im Gärungsgewerbe bei F. Löwe (s. „Bibliographie"), ferner bei P. Böhringer (1951), E. Kielhöfer (1953), H. Rebelein (1955), Anonym 1960.

Bibliographie

Asmus, E.: Refraktometrie. In: Houben-Weyls Methoden der organischen Chemie. 4. völlig neu gest. Aufl., Bd. III, Teil 2, S. 407—424. Stuttgart: Thieme 1955.

Buchwald, E.: Einführung in die Kristalloptik. 4. verb. Aufl. Berlin: Walter de Gruyter & Co. 1952.

Eisenlohr, F., u. F. Löwe: Refraktometrisches Hilfsbuch. Begr. von W. A. Roth u. F. Eisenlohr. 2. verb. Aufl. Berlin: Walter de Gruyter & Co. 1952.

Flügge, J.: Einführung in die Messung der optischen Grundgrößen. Karlsruhe: Verlag G. Braun 1954.

Hückel, W.: Theoretische Grundlagen der organischen Chemie. 5. Aufl., Bd. II. Leipzig: Akademische Verlagsgesellschaft Geest & Portig 1948.

International Critical Tables of Numerical Data, Physics, Chemistry, and Technology. Hrsg. von National Research Council. Bd. I bis VII. New York: McGraw-Hill 1926/1933.

Kessler, H.: Die Messung der Brechungszahlen von Gasen, flüssigen und festen Körpern, Kristallen usw. Methoden. Apparate. In: Handbuch der Physik. Hrsg. von H. Geiger und K. Scheel. Bd. XVIII., S. 623—721. Berlin: Verlag von Julius Springer 1927.

Kohlrausch, F.: Praktische Physik. 21. überarb. u. erg. Aufl., Bd. II. Stuttgart: Teubner Verlagsgesellschaft 1962.

Landolt-Börnsteins Zahlenwerte und Funktionen aus Physik, Chemie, Astronomie, Geophysik, Technik. 5. Aufl., Bd. 1, 2. Ergänzungsband: 1, 2, 3, 5. Springer 1923—1936.

— Zahlenwerte und Funktionen aus Physik, Chemie, Astronomie, Geophysik, Technik. 6. Aufl., Bd. II., Teil 8. Berlin-Göttingen-Heidelberg: Springer-Verlag 1962.

Löwe, F.: Optische Messungen des Chemikers und Mediziners. 6. neubearb. Aufl. Dresden-Leipzig: Verlag von Theodor Steinkopff 1954.

MOHLER; H.: Chemische Optik. 1. Aufl. Aarau: Verlag von Sauerländer 1951.

Tables of Refractive Indices. Zusammengest. von R. KANTHACK. Hrsg. von J. N. GOLDSMITH. Bd. II. London: Adam Hilger 1918.

Taschenbuch für Chemiker und Physiker. Hrsg. von J. D'ANS und E. LAX. 2. ber. Aufl. Berlin-Göttingen-Heidelberg: Springer-Verlag 1949.

WAGNER, B.: Tabellen zur Ermittlung des Prozentgehaltes wäßriger Lösungen chemisch reiner Substanzen mit Hilfe des Eintauch-Refraktometers, ausgerüstet mit dem nicht heizbaren Meßprisma I. 4. Aufl. Jena: VEB G. Fischer-Verlag 1955.

Zeitschriftenliteratur

ABBE, E.: Neue Apparaturen zur Bestimmung des Brechungs- und Zerstreuungsvermögens fester und flüssiger Körper. Jenaische Z. Naturwiss. 8, 78 S. (1874).

Anonym: Mindestzuckerkonzentration der Obstkonserven und die refraktometrische Messung. Konserventechnische Informationen für die Obst- und Gemüseverwertung, Fleisch- und Fischkonserven-Industrie 8, Ausg. 85, Nov. (1956).

Anonym: Allgemeine Verwaltungsvorschrift für die Untersuchung von Wein und ähnlichen alkoholischen Erzeugnissen, sowie von Fruchtsäften, vom 26. April 1960. Beilage z. Bundesanzeiger Nr. 86 (1960).

ARNOLD, A.: Beiträge zur refraktometrischen Methode der Mostgewichtsbestimmung. Vitis 1, 109—120 (1957/58).

ARNOLD, W.: Über Refraktometerangaben und deren Beziehungen zu chemischen Konstanten. Z. Untersuch. Nahrungs- u. Genußmittel 27, 311—318 (1914).

BODMANN, O.: Ein Differentialrefraktometer für Präzisionsmessungen. Chem. Ingenieur-Techn. 29, 468—473 (1957).

BÖHRINGER, P.: Bestimmung des Alkohol- und Extraktgehaltes von trockenen Weinen aus der Refraktion bei 20° C und dem Gewichtsverhältnis $\gamma_L \frac{20°}{20°}$. Z. Lebensmittel-Untersuch. u. -Forsch. 93, 65—75 (1951).

BRICE, B. A., and R. SPEISER: A differential refractometer. J. optic. Soc. America 36, 363—364 (1946).

DACHS, E.: Das Handzuckerrefraktometer im Mineralwasserbetrieb. Dtsch. Getränkeindustrie 14, 168—169 (1959).

DIANOW-KLOKOW, W. I., u. E. A. SCHIBALOW: Ein automatisches Durchfluß-Refraktometer. Feingerätetechn. 5, 448—451 (1956).

FINK, A.: Registrierende Refraktometer als Analysen- und Betriebskontrollgeräte. Öst. Chem.-Ztg. 55, 93—102 (1954).

JELLEY, E. E.: Microrefractometer and its use in chemical microscopy. J. roy. microscopic. Soc. 54, 234—245 (1934).

JONES, H. E., L. E. ASHMAN, and E. E. STAHLY: Recording refractometer. Analytic. Chem. 21, 1470—1474 (1949).

KAPANY, N. S., and J. N. PIKE: Fiber optics. IV: A photorefractometer. J. optic. Soc. Amer. 47, 1109—1117 (1957).

KARRER, E., and R. S. ORR: A photoelectric refractometer. J. optic. Soc. America 36, 42—46 (1946).

KAUFMANN, H. P., u. J. G. THIEME: Zur Refraktometrie der Fette. II: Das Prinzip der Mehrphasen-Refraktometrie. Fette u. Seifen 56, 990—996 (1954).

— — u. U. WÖHLERT: Zur Refraktometrie der Fette. III: Mehrphasen-Refraktometrie der polymorphen Kakaobutter-Glyceride. Fette u. Seifen 57, 21—24 (1955).

KIELHÖFER, E.: Die Bestimmung des Gehalts an unvergorenem Zucker in der Praxis. Wein u. Rebe, Dtsch. Wein-Ztg. 35, Nr. 10 (1953).

LEITHE, W.: Refraktometrische Fettbestimmung in Ölsaaten mit Monobromnaphthalin. Z. Untersuch. Lebensmittel 71, 33—38 (1936a).

— Refraktometrische Fettbestimmungen in Milch und Milcherzeugnissen. Z. Untersuch. Lebensmittel 71, 245—251 (1936b).

— Neue refraktometrische Schnellverfahren in der Lebensmittel- und Fettanalyse. Öst. Chem.-Ztg. 3, 1 (1937).

LEITHE, W.: Neue Anwendungen des Refraktometers in der Fettanalyse. Chemiker-Ztg 59, 325 (1935).

LITTMANN, H.: Die refraktometrische Fettbestimmung. Zeiss-Nachr., Folge 2, 241—266 (1938).

MILLER, E. C., F. W. CRAWFORD, and B. J. SIMMONS: A differential refractometer for process control. Analytic. Chem. 24, 1087—1090 (1952).

PILLER, H.: Ein neues Mikroskop-Refraktometer. Mikroskopie 16, 88—92 (1961).

PLESSE, H.: Neue registrierende optische Meßgeräte. Optik 12, 29—40 (1955).

Rath, R.: Dispersionsbestimmung mit Zeiss'schen Abbe-Refraktiometern. Neues Jb. Mineralog.
    87, 163—184 (1954).
Rath, R.: Dispersionsbestimmung mit Zeiss'schen Abbe-Refraktometern. Neues Jb. Mine-
    rolog., Abh. 90, Nr. 1, S. 1—6 (1957).
Rebelein, H.: Ein Beitrag zur Untersuchung und Beurteilung von Nährbieren. Dtsch.
    Lebensmittel-Rdsch. 51, 204—209 (1955).
Schild, E., u. G. Irbgang: Zur refraktometrischen Bieranalyse. Die Entwicklung von Be-
    rechnungsformeln für Alkohol und wirklichem Extrakt aus der Refraktionszahl und dem
    spezifischen Gewicht eines Bieres. A. Theoretischer Teil. Brauwiss. 9, 314—323 (1956).
— — Zur refraktometrischen Bieranalyse. Die Entwicklung von Berechnungsformeln für
    Alkohol und wirklichem Extrakt aus der Refraktionszahl und dem spezifischen Gewicht
    eines Bieres. B. Praktischer Teil. Brauwiss. 10, 19—24 (1957).
Svensson, H.: Some improved forms of the differential-prismatic cell. J. optic. Soc. Amer.
    44, 140—146 (1954).
Teichmann, L.: Anwendung des Zeiss'schen Handzuckerrefraktometers im Weinbau. Züchter
    12, 237—243 (1940).
Thieme, J. G.: Zur Refraktometrie von Fetten. I.: Untersuchungen in gemischt-phasigen
    Systemen. Fette u. Seifen 56, 286—291 (1954).
Thomas, B. W.: Instrumentation — New techniques, automatic instruments, and process
    analyzers were received enthusiastically at Chicago ACS meeting. Industr. Engin. Chem.
    45, Nr. 12, 85 A—88 A (1953).
Thomas, G. R., C. T. O'Konski, and C. D. Hurd: Automatically and continuously recording
    flow refractometer. Analytic. Chem. 22, 1221—1223 (1950).
Trim, F. H.: The use of the refractometer in ascertaining the purity of certain refined edible
    oils. J. Soc. chem. Industr. (Lond.) 39, 307 T—308 T (1920).
Utz, F.: Die Bedeutung des Brechungsvermögens für die Beurteilung von Ölen und Fetten.
    Z. angew. Chem. 33/I, 264 (1920a).
— Die Bedeutung des Brechungsvermögens für die Beurteilung von Ölen und Fetten. Z.
    angew. Chem. 33/I, 268—269 (1920b).
Weidemann-Martienssen, L.: Trockensubstanzbestimmung in Tomatenmark. Industr. Obst-
    u. Gemüseverwert. 39, 2—3 (1954).

Nephelometrie

Von

Dr. K. Feiling, Wetzlar

Mit 1 Abbildung

Unter den optischen Meßmethoden haben Photometrie und Luminometrie eine besonders vielfältige Anwendung in der analytischen Chemie gefunden; daneben hat aber auch die *Nephelometrie* eine gewisse Bedeutung erlangt. Alle diese Verfahren werden sowohl zu quantitativen Konzentrationsbestimmungen als auch zur Konstitutionsaufklärung herangezogen. Zusätzlich erlauben nephelometrische Messungen Rückschlüsse auf Molekülform und Molekulargewicht hochpolymerer Stoffe; sie werden aber vor allem zur Bestimmung kleinster Substanzmengen herangezogen. Denn diese Verfahren, die zum Teil untereinander eine Analogie in der Methodik aufweisen, sind schnell auszuführen und besitzen bei großer Selektivität ein hohes Maß an Genauigkeit. Je nachdem welche Eigenschaften der Substanzen interessieren, wird man das Meßverfahren auswählen. Im folgenden soll nur der sichtbare Spektralbereich berücksichtigt werden, da im UV alle Substanzen Absorptionsbanden besitzen, die bei Auswertung nephelometrischer Messungen zu Verfälschungen führen können.

Schickt man ein starkes, paralleles, weißes Lichtbündel durch eine farblose Flüssigkeit, in der sich eine Substanz kolloidal gelöst befindet, so wird die Intensität des austretenden Lichtes geschwächt sein. Innerhalb der Lösung wird ein Anteil an den Teilchen gestreut, während der Rest unbeeinflußt aus der Lösung austritt. Der gestreute Anteil läßt sich senkrecht zur Bestrahlungsrichtung gut beobachten und ist unter dem Begriff Tyndallicht bekannt. Methoden, die auf der Messung dieses *Tyndalleffektes* beruhen, werden als nephelometrische oder Streuungs-Verfahren bezeichnet. Dagegen soll die Messung der Intensitätsabnahme des durch die trübe Lösung hindurchtretenden Lichtanteils als Trübungsmessung unterschieden werden. Letzteres Verfahren steht in Analogie zur Absorptions- (Extinktions-)Messung gefärbter Lösungen; es ist aber nicht so empfindlich wie die Nephelometrie und an relativ große Schichtdicken der durchstrahlten Substanz gebunden, was bei Vorhandensein von Färbungen Meßwertabweichungen ergibt. Sie werden daher weniger angewandt, wenn es auf Genauigkeit und Nachweisempfindlichkeit ankommt, und sollen nicht weiter behandelt werden.

Dagegen hat sich die Tyndallmessung zur Untersuchung fester, flüssiger und dampfförmiger Substanzen bewährt. Für verdünnte Lösungen und Teilchendurchmesser, die wesentlich kleiner als die Meßstrahlung λ sind, hat Rayleigh theoretisch abgeleitet, daß die gestreute Intensität

$$I = I_0 \frac{N\,V^2}{r^2\,\lambda^4}\,k \qquad (1)$$

ist.

I_0 ist die Intensität des Primärstrahls, N ist die Zahl der kolloidal gelösten Teilchen in der Volumeneinheit, V ist das Volumen des Einzelteilchens, r ist die Entfernung vom beleuchteten Volumenelement, λ ist die Wellenlänge der Meßstrahlung und k enthält eine Funktion des Winkels zwischen Primärstrahl und Beobachtungsrichtung.

Die Gleichung (1) läßt erkennen, daß die Streuintensität mit dem Quadrat des Teilchenvolumens — also mit der 6. Potenz des Radius — wächst, wodurch eine starke Beeinflussung durch die Teilchengröße entsteht. Daher muß man bei quantitativen Messungen möglichst konstante Bedingungen einhalten. Die λ^{-4}-Abhängigkeit deutet auf die stärkere Streuung des kurzwelligen Anteils der Strahlung hin, wodurch das Streulicht bläulich erscheint (blauer Himmel). Daher ist monochromatische Strahlung Voraussetzung für einwandfreie Messungen. Die Proportionalität mit der Teilchenzahl N — und damit der Konzentration — ist eine der wichtigsten Eigenschaften für die analytischen Anwendungen und wird daher im folgenden nur behandelt.

Die im Faktor k enthaltene Winkelabhängigkeit der Streustrahlung wird einerseits zur Bestimmung des Molekulargewichts von Hochpolymeren herangezogen, andererseits gibt sie Hinweise für den günstigsten Aufbau der Untersuchungsgeräte. Für größere Teilchen hat Mie eine Theorie entwickelt und für nicht kugelförmige Teilchen wurden empirische Formeln abgeleitet. Diese Untersuchungen bleiben hier unberücksichtigt. Zusammenfassende Darstellungen finden sich in Houben-Weyls Methoden der organischen Chemie, Band III/1 und 2.

Zur Ermittlung der Streuintensitäten kann man verschiedene Verfahren heranziehen. In vielen Laboratorien findet man noch die früher üblichen visuellen Photometer mit Nephelometerzusätzen. Da das Auge als Strahlungsempfänger nicht direkt das Intensitätsverhältnis Primär- zu Streustrahlung angeben, sondern nur die Helligkeitsgleichheit zweier Lichtströme feststellen kann, mußte man in diesen Geräten die Strahlengänge aufteilen in einen Meßweg, der die zu untersuchende Substanz enthielt, und in einen Vergleichsweg, der mit einer meßbar veränderlichen Lichtschwächungseinrichtung ausgestattet war. Mit dem Auge wurde der Abgleich auf gleiche Helligkeit in beiden Lichtwegen festgestellt. Aus der Stellung der Meßeinrichtung konnte dann der Meßwert ermittelt werden. Dieses Verfahren wird auch heute wieder bei einigen elektrischen Photometern und Nephelometern angewandt, wobei anstelle des Auges hochempfindliche objektive Strahlungsempfänger — u. a. Photovervielfacher — treten. Die gestiegenen Anforderungen an Meßgenauigkeit und Empfindlichkeit ließen sich nur durch derartige Maßnahmen ermöglichen, zumal es bei der Nephelometrie immer um die Messung sehr schwacher Lichtströme geht. Die Meßempfindlichkeit wird dann durch das Signal-Rausch-Verhältnis der Empfänger-Verstärker-Anordnungen begrenzt. Eine Erhöhung der Empfindlichkeit ist nur möglich, wenn man die Primärstrahlung vergrößert, wenn man empfindlichere Empfänger verwendet bzw. besondere Anordnungen wählt, wie Lichtmodulation und Wechselstromverstärkung mit engem Frequenzband zur selektiven Verstärkung des Photostromes. So haben sich im Laufe der Weiterentwicklung von den subjektiven Geräten diese *elektrisch arbeitenden Apparate* immer mehr durchgesetzt. Nur bei geringen Anforderungen an die Genauigkeit wendet man die einfacheren *Ausschlagsverfahren* an, bei denen man das Intensitätsverhältnis Primär- zu Streustrahlung zeitlich nacheinander mittels Photozelle und Galvanometer bestimmt. Diese Anordnung macht eine mehr oder weniger hohe Stabilisierung von Lichtquelle und Strahlungsempfänger erforderlich, wenn man eine konstante Anzeige erhalten will. Um von solchen möglichen Störquellen frei zu sein, ist man auf die zuvor angeführten *Zweistrahlverfahren* angewiesen. Wenn es dann noch um höchste Genauigkeit oder Langzeitkonstanz geht, wie sie bei Betriebsmeßgeräten erforderlich werden, die zur Überwachung von Produktionsprozessen, zu Automatisierungs- und regeltechnischen Aufgaben herangezogen werden, so greift man zu Zweistrahlgeräten, die unter Verwendung eines einzigen Strahlungsempfängers nach der optischen Nullmethode arbeiten. Hierbei erzielt man die besten und sichersten Ergebnisse.

Laborgeräte

Von den visuellen Photometern mit Zusätzen zur Ausführung nephelometrischer Konzentrationsbestimmungen sollen lediglich das *Pulfrich-Photometer* von C. Zeiss und das *Kompensations-Photometer* von E. Leitz, Wetzlar erwähnt werden. Zur besseren Einstellung auf Helligkeitsgleichheit werden bei diesen Geräten die Meßstrahlung mit Hilfe von Spektralfiltern monochromatisch gemacht und im Vergleichsstrahlengang zusätzlich mattierte Blaufilter angeordnet. Dadurch wird vermieden, daß die beiden Gesichtsfeldhälften verschiedenen Farbton besitzen (I prop. λ^{-4}).

Auch zu den elektrischen Photometern gibt es meist Nephelometerzusätze, die in verschiedener Weise die Ausführung von Streuungsmessungen erlauben. Unter der reichhaltigen Auswahl von Typen sollen nur die Geräte *Eppendorf-Photometer* von Eppendorf-Gerätebau, Hamburg, *Elko III* von C. Zeiss, Oberkochen, und *Universal-Kolorimeter* von B. Lange, Berlin, aufgeführt werden. Für spezielle Anwendungen stellt Hellige, Freiburg zur Bestimmung der Erythrocytenzahl das *Elektrohämoskop* her, das durch seine besondere Strahlenführung auch zur photometrischen Bestimmung des Hämoglobins im Blut geeignet ist. Agfa-Physik, München, fertigt ein *automatisches Trübungstitrationsphotometer*, das das Streulicht unter 90° mißt und mit Thermostatisierung und Rühreinrichtung ausgestattet ist (H. GIESEKUS 1958).

Das *Elektrophotometer LEIFO-E* von E. Leitz, Wetzlar, wird der zunehmenden Bedeutung optischer Methoden in der analytischen Chemie besonders gerecht, denn es kann auf Grund seines Aufbaues ohne weitere Zusatzeinrichtungen sowohl für photometrische, als auch nach einfacher Spiegelumschaltung für nephelometrische und luminometrische Messungen benutzt werden. Hierbei ist es sogar möglich, die Streustrahlung wahlweise unter einem Winkel von 90° oder 45° zur Primärstrahlung zu messen. In Abb. 1 wird der optische Aufbau gezeigt: das von der Lichtquelle *1* bzw. *17* ausgehende Strahlenbündel wird zunächst durch die Kollimatorlinse *2* parallel gerichtet und dann in einen Vergleichsstrahlengang *5* und einen Meßstrahlengang *6* aufgeteilt. Letzterer durchsetzt die Nephelometerküvette *19*, die die zu untersuchende Lösung enthält. Der unter 90° gestreute Lichtanteil fällt auf den nach Stellung *20a* umgeschalteten Spiegel und wird in Richtung Photovervielfacher *13* umgelenkt (in Stellung *20b* gelangt der unter 45° gestreute Anteil zum Spiegel *21* und von da zum Photovervielfacher). Der Vergleichsstrahlengang wird durch die Revolverscheibe *3*, die zur Anpassung an die Streuintensität ein mattiertes Blaufilter enthält, und durch das Polarisationsprismensystem *7*, das als meßbar veränderliche Lichtschwächungseinrichtung wirkt, zum Photovervielfacher *13* geführt, wo beide Strahlen die gleiche Stelle der Photokathode ausleuchten. Vor dem Auftreffen passieren die beiden Strahlen noch ein monochromatisches Spektralfilter *12*. Der Intensitätsabgleich wird wie folgt erreicht: die Schwingblende *10* deckt im Betrieb jeweils von einem Lichtbündelquerschnitt so viel ab, wie sie gleichzeitig vom anderen freigibt. Dadurch ist die auf den Photovervielfacher einwirkende Lichtmenge stets konstant, wenn die Intensitäten in beiden Strahlengängen gleich sind. Der Photovervielfacher liefert einen Gleichstrom, der vom Wechselstromverstärker *15* gesperrt wird: das Schattenzeigerinstrument *9a* steht auf Null. Erhält einer der Strahlengänge mehr

Licht — durch Einbringen einer stärker getrübten Lösung — so entsteht durch die unterschiedlichen Lichtintensitäten im Photovervielfacher ein (Photo-)Wechselstrom, der über Verstärker und Phasengleichrichter einen Ausschlag des Schattenzeigers bewirkt. Durch Betätigen der Polarisationsprismen wird der Abgleich wieder hergestellt, wobei der Zeigerausschlag auf Null zurückgeht. An der Projektionsskala *9* wird der Meßwert abgelesen. Die Empfindlichkeit der elektroni-

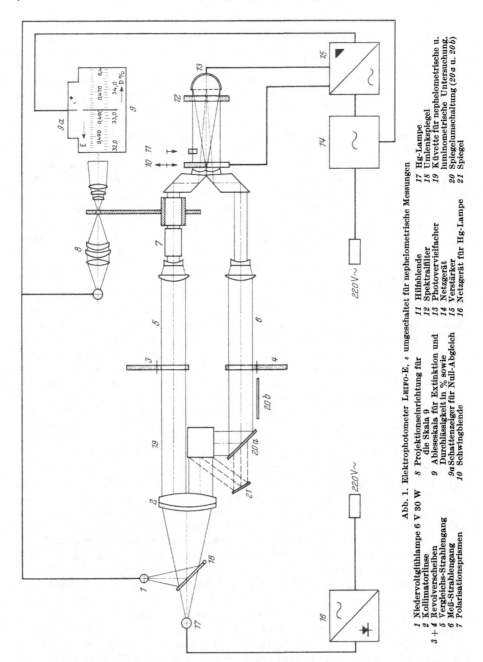

Abb. 1. Elektrophotometer LEIFO-E, ε umgeschaltet für nephelometrische Messungen

1 Niedervoltglühlampe 6 V 30 W
2 Kollimatorlinse
3 + 4 Revolverscheiben
5 Vergleichs-Strahlengang
6 Meß-Strahlengang
7 Polarisationsprismen

8 Projektionseinrichtung für die Skala 9
9 Ablesesskala für Extinktion und Durchlässigkeit in % sowie
9a Schattenzeiger für Null-Abgleich
10 Schwingblende

11 Hilfsblende
12 Spektralfilter
13 Photovervielfacher
14 Netzgerät
15 Verstärker
16 Netzgerät für Hg-Lampe

17 Hg-Lampe
18 Umlenkspiegel
19 Küvette für nephelometrische u. luminometrische Untersuchung.
20 Spiegelumschaltung (20a u. 20b)
21 Spiegel

schen Anordnung in Verbindung mit der Einstellgenauigkeit des Schattenzeiger-instrumentes ermöglichen eine Dehnung der Ableseskala auf 3 m, so daß nephelo-metrische Messungen auf $< 0,1\%$ einzustellen und zu reproduzieren sind. Die Konstanz der Nullpunkteinstellungen trägt dazu bei, daß diese Genauigkeit auch über längere Meßreihen erhalten bleibt. Die Anwendung dieser Zweistrahlverfahren mit optischer Nullmethode hat sich heute vor allem bei registrierenden Photo-metern und Nephelometern durchgesetzt.

Nach der Substitutionsmethode arbeitet das *Photometer Elko II* von C. Zeiss, Oberkochen, zu dem eine Trübungsmeßeinrichtung geliefert wird. Als Strahlungs-empfänger werden zwei Photozellen, zur Lichtschwächung eine Sektorblende verwendet.

Betriebsmeßgeräte

Von der labormäßigen, diskontinuierlichen Überwachung durch zahlreiche Probenahmen zur kontinuierlichen, automatischen Kontrolle von Fabrikations-prozessen wurde der Schritt getan, als es gelang, zuverlässige, konstante und robuste Nephelometer zu bauen. Auch hier war man zunächst auf die Anwendung der Ausschlagsmethoden angewiesen, und sie genügen auch noch bei nicht zu hohen Genauigkeitsansprüchen. Doch der Fortschritt in der elektronischen Meß-technik und das Angebot an billigen Bauteilen erlaubt heute, automatische Zwei-strahlgeräte mit Registrierzusätzen und Signalkontakteinrichtungen äußerst preiswert zu fertigen.

Das *Registrierende Nephelometer* von E. Leitz, Wetzlar, stellt eine modifizierte Anordnung des zuvor beschriebenen Photometers LEIFO-E dar. Die Nephelo-meterküvette ist als Durchflußküvette ausgebildet. Der Intensitätsabgleich erfolgt selbsttätig über ein Servosystem, das von der Schwingblende gesteuert wird. Die Anzeige in Prozent-Trübung wird durch Fernübertragung auf einen Schreiber gegeben, der auch außerhalb des Gerätes, z. B. in einer Schaltwarte, betrieben werden kann. Als Lichtschwächung wird ein Polarisationsfiltersystem verwendet, das gegenüber anderen Geräten den Vorteil bietet, daß im unteren Bereich bei schwachen Trübungen eine Spreizung der Ableseskala erreicht wird. Geeichte Trübungsnormalien dienen zur 100%-Einstellung und sind in einem verstellbaren Küvettenrevolver untergebracht, so daß eine schnelle Überprüfung der Ein-stellungen während des Betriebes möglich ist.

Ein ebenfalls nach dem Zweistrahlverfahren arbeitendes Nephelometer wird von Sigrist-Photometer AG, Zürich, hergestellt. Der Strahlungswechsel erfolgt über einen Flimmerspiegel, zur Nullkompensation wird eine mechanische Blende verwendet, die linear in Prozent-Trübung geeicht ist. Auch hier erfolgt die Messung gegen Trübglasstandards.

Auf ein Sondergebiet sei aufmerksam gemacht, das der *Staubmeßgeräte*. Die Streulichtmethode dient hierbei zur quantitativen Ermittlung und Beurteilung von Staubteilchen. Die Messungen erfolgen unter einem möglichst spitzen Winkel zur Primärstrahlung. Visuelle und elektrische Geräte werden u. a. von E. Leitz, Wetzlar, E. Sick, Waldkirch, hergestellt (K. Hoffmann 1956).

Anwendungen

Die in Gleichung (1) zum Ausdruck kommende starke Abhängigkeit der Streulichtintensität von der Teilchengröße deutet an, daß nephelometrische Kon-zentrationsbestimmungen nur dann sinnvoll sind, wenn es bei derselben Substanz stets gelingt, die Größe und Form der Teilchen reproduzierbar einzuhalten. Dies wird nicht oft erreicht, so daß die Zahl dieser Methoden — trotz der hohen Empfindlichkeit — relativ klein ist, verglichen mit der Zahl photometrischer Untersuchungen (F. Löwe 1954). Die mangelnde Reproduzierbarkeit der kolloiddispersen Lösungen beruht auf verschiedenen Ursachen. Unter anderem wird die Teilchengröße beeinflußt durch Anwesenheit von Neutralsalzen und anderen Substanzen, Temperatur, pH, Geschwindigkeit der Ausfällung, Reihenfolge der Reagentienzusätze. In gewissen Grenzen kann man durch zugegebene Schutzkolloide eine Stabilisierung erreichen; man kann die Schwierigkeiten auch reduzieren, indem man ein titrimetrisches Verfahren anwendet, wobei die Veränderung der Streustrahlung während der Ausfällung gemessen wird. Läßt sich die Größe der Teilchen in der Lösung reproduzierbar in engen Grenzen halten, was man durch mehrmalige Wiederholung der Trübungsreaktion mit der gleichen Konzentration prüfen und was immer denselben Streuungswert ergeben muß, so ist die Methode brauchbar, und man erhält eine direkte Proportionalität der Streuintensität I mit der Teilchenzahl N und damit mit der Konzentration c in der Lösung. Die graphische Darstellung von I gegen c ergibt eine Gerade durch den Koordinatennullpunkt. Bei höheren Konzentrationen treten in der Regel Abweichungen auf, wobei mit wachsendem c die I-Werte geringer ansteigen als es der Proportionalität entspricht. Diese Abweichungen werden zum Teil dadurch hervorgerufen, daß einmal das Primärlicht beim Durchgang durch die trübe Lösung immer mehr geschwächt wird, wodurch auch die Streustrahlung gemäß Gleichung (1) kleiner wird, und daß zum anderen das Streulicht selbst nochmals sekundär gestreut wird. Mit steigender Konzentration und Schichtdicke der durchstrahlten Substanz wächst der Einfluß durch Mehrfachstreuungen. Man wird daher möglichst kleine Untersuchungsgefäße verwenden oder durch besondere Verfahren Korrekturwerte ermitteln (H. Rinde 1934). In ähnlicher Weise wird die Streustrahlung in gefärbten Lösungen beeinflußt.

Die nephelometrischen Analysenmethoden müssen mit Standardlösungen geeicht werden. Bei der Bestimmung des Trübungswertes von Wasser verwendet man z. B. als Vergleichsstandard Kieselgurlösungen (K. Höll 1960). Um sich bei Routinemessungen das wiederholte Ansetzen solcher Lösungen zu ersparen, werden zu den Geräten *Trübungsnormalien* (das sind Trübglaskörper mit konstanten Streuwerten) geliefert, die nach einmaliger Eichung mit der jeweiligen Methode einer bestimmten Konzentration entsprechen. Vielfach erhalten diese Normalien vom Hersteller Eichwerte, die nur Apparatekonstanten darstellen, aber den Vergleich von Meßwerten verschiedener Geräte des gleichen Typs zulassen. H. Sauer (1931) hat ein absolutes physikalisches Maß zur Ermittlung von Eichwerten für Trübungsstandards angegeben.

Wie bei allen optischen Verfahren, so kommt es gerade bei der Nephelometrie auf größte Sauberkeit in der Präparation an. Alle Lösungsmittel müssen frei von Staubteilchen oder Filterfasern sein. Die Prüfung, daß sie „optisch leer" sind, sollte immer durchgeführt werden. Bei Auftreten von Tyndallicht ist eine Reinigung durch Filtration (Glasfritten) oder besser noch durch Zentrifugieren anzuraten.

Arbeitsvorschriften werden den Geräten meist mitgegeben. In ihnen sind genaue Angaben über Analysendurchführung, Berechnung und Störungen enthalten. Ob es um die Erfassung von Trübungen in Trink-, Kesselspeise- oder Rohwasser, in Bier oder Most, in Zuckersäften, in Speiseöl geht, oder ob man Spuren Sulfat, Chlorid oder auch Silber quantitativ bestimmen will, die Nephelometrie ist ein wichtiges Hilfsmittel geworden. Im *Chemischen Zentralblatt* oder in der Zeitschrift *Analytical Chemistry* findet man viele Anregungen und Hinweise auf neue Methoden.

Bibliographie

HÖLL, K.: Untersuchung, Beurteilung und Aufbereitung von Wasser. 3. Aufl. Berlin: W. de Gruyter-Verlag 1960.

HOFFMANN, K.: Physikalische Analysenverfahren. In: Messen und Regeln in der chemischen Technik. Hrsg. von J. HENGSTENBERG, B. STURM u. O. WINKLER. S. 411—441. Berlin-Göttingen-Heidelberg: Springer 1956.

KORTÜM, G.: Kolorimetrie, Photometrie und Spektrometrie. 4. Aufl. Berlin-Göttingen-Heidelberg: Springer 1962.

LANGE, B.: Kolorimetrische Analyse. 5 Aufl. Weinheim: Verlag Chemie 1956.

LÖWE, F.: Optische Messungen des Chemikers und des Mediziners. 6. Aufl. Dresden und Leipzig: Theodor-Steinkopff-Verlag 1955.

STUART, H. A.: Lichtzerstreuung. In: Methoden der organischen Chemie (HOUBEN-WEYL). Hrsg. von E. MÜLLER. 4. Aufl. Bd. III/2. S. 447—476. Stuttgart: Thieme 1955.

Zeitschriftenliteratur

GIESEKUS, H.: Ein automatisches Trübungstitrationsphotometer. Kolloid-Z. **158**, 35—39 (1958).

RINDE, H.: Eine Methode zur Bestimmung der Intensität des Tyndallichtes innerhalb des ultravioletten Spektralbereiches und die Intensität des Tyndallichtes bei nach der Keimmethode hergestellten Goldhydrosolen. Kolloid-Z. **69**, 1—11 (1934).

SAUER, H.: Beiträge zur Trübungsmessung. Z. techn. Physik. **12**, 148—162 (1931).

Sachverzeichnis

Die wichtigste Verweisung ist durch *kursiv*-gedruckte Seitenzahl gekennzeichnet